AF620180

Periodensystem der Elemente mit Gmelin-Systemnummern

1 H 2																1 H 2	2 He 1
3 Li 20	4 Be 26											5 B 13	6 C 14	7 N 4	8 O 3	9 F 5	10 Ne 1
11 Na 21	12 Mg 27											13 Al 35	14 Si 15	15 P 16	16 S 9	17 Cl 6	18 Ar 1
19 K * 22	20 Ca 28	21 Sc 39	22 Ti 41	23 V 48	24 Cr 52	25 Mn 56	26 Fe 59	27 Co 58	28 Ni 57	29 Cu 60	30 Zn 32	31 Ga 36	32 Ge 45	33 As 17	34 Se 10	35 Br 7	36 Kr 1
37 Rb 24	38 Sr 29	39 Y 39	40 Zr 42	41 Nb 49	42 Mo 53	43 Tc 69	44 Ru 63	45 Rh 64	46 Pd 65	47 Ag 61	48 Cd 33	49 In 37	50 Sn 46	51 Sb 18	52 Te 11	53 J 8	54 Xe 1
55 Cs 25	56 Ba 30	57** La 39	72 Hf 43	73 Ta 50	74 W 54	75 Re 70	76 Os 66	77 Ir 67	78 Pt 68	79 Au 62	80 Hg 34	81 Tl 38	82 Pb 47	83 Bi 19	84 Po 12	85 At	86 Rn 1
87 Fr	88 Ra 31	89*** Ac 40	104 71	105 71													

* NH_4 23

**Lanthanide 39	58 Ce	59 Pr	60 Nd	61 Pm	62 Sm	63 Eu	64 Gd	65 Tb	66 Dy	67 Ho	68 Er	69 Tm	70 Yb	71 Lu
***Actinide	90 Th 44	91 Pa 51	92 U 55	93 Np 71	94 Pu 71	95 Am 71	96 Cm 71	97 Bk 71	98 Cf 71	99 Es 71	100 Fm 71	101 Md 71	102 No(?) 71	103 Lr 71

Reihenfolge der Gmelin-Systemnummern siehe Innenseite des hinteren Deckels

Gmelin Handbuch der anorganischen Chemie

Ab 1. Januar 1974 Alleinvertrieb durch den Springer-Verlag
Berlin · Heidelberg · New York

As of January 1, 1974 Sole Distributor Springer-Verlag
Berlin · Heidelberg · New York

Library of Congress Catalog Card Number: Agr 25-1383

ISBN 3-540-93 155-4 Springer-Verlag, Berlin · Heidelberg · New York
ISBN 0-387-93 155-4 Springer-Verlag, New York · Heidelberg · Berlin

SPRINGER-VERLAG BERLIN HEIDELBERG GMBH

GMELINS HANDBUCH
DER ANORGANISCHEN CHEMIE

ACHTE AUFLAGE

GMELINS HANDBUCH DER ANORGANISCHEN CHEMIE

ACHTE VÖLLIG NEU BEARBEITETE AUFLAGE

BEGONNEN VON

R. J. MEYER

IM AUFTRAGE DER

DEUTSCHEN CHEMISCHEN GESELLSCHAFT

FORTGEFÜHRT VON

E. H. ERICH PIETSCH

HERAUSGEGEBEN VOM

GMELIN-INSTITUT
FÜR ANORGANISCHE CHEMIE UND GRENZGEBIETE IN DER MAX-PLANCK-GESELLSCHAFT ZUR FÖRDERUNG DER WISSENSCHAFTEN

IN VERBINDUNG MIT DER

GESELLSCHAFT DEUTSCHER CHEMIKER

HAUPTREDAKTEUR

ALFONS KOTOWSKI

WISSENSCHAFTLICHE REDAKTEURE

ANNA BOHNE-NEUBER, KARL-CHRISTIAN BUSCHBECK, GERHART HANTKE, ARTHUR HIRSCH, GERHARD KIRSCHSTEIN, HERBERT LEHL, WOLFGANG MÜLLER, LUDWIG ROTH, FRANZ SEUFERLING, HILDEGARD WENDT

STÄNDIGE WISSENSCHAFTLICHE MITARBEITER

KRISTA VON BACZKO, HILDEGARD BANSE, KARL BEEKER, LIESELOTTE BERG, ERICH BEST, ELISABETH BIENEMANN-KÜSPERT, HUBERT BITTERER, ERNA BRENNECKE, GERHARD CZACK, MARIANNE DRÖSSMAR-WOLF, HELLMUT FEICHT, INGE FLACHSBART, ROSTISLAW GAGARIN, HERMANN GEDSCHOLD, GERTRUD GLAUNER-BREITINGER, RICHARD GLAUNER, VERA HAASE, ELISABETH VON HERMANNI, WINFRIED HOFFMANN, KONRAD HOLZAPFEL, LORE IWAN-HILTERHAUS, RUDOLF KEIM, ELEONORE KIRCHBERG, MARIE-LUISE KLAAR, ERNST KOCH, PAUL KOCH, KARL KOEBER, DIETER KOSCHEL, IRMINGARD KREUZBICHLER, ISA KUBACH, HANS KARL KUGLER, ADOLF KUNZE, MARGARETE LEHL-THALINGER, IRMBERTA LEITNER, ANNE-LISE NEUMANN, GERTRUD PIETSCH-WILCKE, FRITHJOF PLESSMANN, KARL REHFELD, FRIEDEMANN REX, HEINZ RIEGER, KARL RUMPF, WERNER SCHAFFERNICHT, EDITH SCHLEITZER-STEINKOPF, WILHELM SCHRÖDER, PETER SCHUBERT, MANFRED SIEGLING, PHILIPP STIESS, KURT SWARS, LEOPOLD THALER, ERHARD ÜHLEIN, URSULA VETTER, SUSANNE WASCHK, HERTHA WINKLER

1965

SPRINGER-VERLAG BERLIN HEIDELBERG GMBH

GMELINS HANDBUCH
DER ANORGANISCHEN CHEMIE

ACHTE VÖLLIG NEU BEARBEITETE AUFLAGE

PHOSPHOR

TEIL C

DIE VERBINDUNGEN DES PHOSPHORS

MIT 158 FIGUREN

SYSTEM-NUMMER

16

1965

SPRINGER-VERLAG BERLIN HEIDELBERG GMBH

REDAKTEURE DIESES TEILES

GERHART HANTKE
GERHARD KIRSCHSTEIN, FRANZ SEUFERLING, KURT SWARS

MITARBEITER DIESES TEILES

HUBERT BITTERER, GERHARD CZACK, GERHARD KIRSCHSTEIN,
ADOLF KUNZE, HERBERT LEHL, GERTRUD PIETSCH-WILCKE,
LEOPOLD THALER, ERHARD ÜHLEIN

ENGLISCHE FASSUNG DER STICHWÖRTER NEBEN DEM TEXT

T. G. MAPLE, MENLO PARK, CALIF.

Die Literatur ist vollständig bearbeitet bis Ende 1960
und in Einzelfällen bis zur Gegenwart ergänzt

Library of Congress Catalog Card Number: Agr 25-1383

Die vierte bis siebente Auflage dieses Werkes erschien im Verlage von
Carl Winter's Universitätsbuchhandlung in Heidelberg

ISBN 978-3-662-11552-7 ISBN 978-3-662-11551-0 (eBook)
DOI 10.1007/978-3-662-11551-0

Ursprünglich erschienen bei Verlag Chemie, GmbH 1965
Softcover reprint of the hardcover 8th edition 1965

Inhaltsverzeichnis – Table of Contents

Phosphor und Stickstoff

Phosphorus and Nitrogen

Seite

Page

Seite

Page

Phosphor und Silicium 635

Phosphorus and Silicon 635

Reihenfolge (Systemnummern) der im Gesamtwerk behandelten Elemente

Gmelin System of Elements and Compounds

System-Nr.	Symbol	Element
1		Edelgase
2	H	Wasserstoff
3	O	Sauerstoff
4	N	Stickstoff
5	F	Fluor
6	**Cl**	**Chlor**
7	Br	Brom
8	J	Jod
	At	Astat
9	S	Schwefel
10	Se	Selen
11	Te	Tellur
12	Po	Polonium
13	B	Bor
14	C	Kohlenstoff
15	Si	Silicium
16	P	Phosphor
17	As	Arsen
18	Sb	Antimon
19	Bi	Wismut
20	Li	Lithium
21	Na	Natrium
22	K	Kalium
23	NH_4	Ammonium
24	Rb	Rubidium
25	Cs	Caesium
	Fr	Francium
26	Be	Beryllium
27	Mg	Magnesium
28	Ca	Calcium
29	Sr	Strontium
30	Ba	Barium
31	Ra	Radium
32	**Zn**	**Zink**
33	Cd	Cadmium
34	Hg	Quecksilber
35	Al	Aluminium
36	Ga	Gallium
37	In	Indium
38	Tl	Thallium
39		Seltene Erden
40	Ac	Actinium
41	Ti	Titan
42	Zr	Zirkonium
43	Hf	Hafnium
44	Th	Thorium
45	Ge	Germanium
46	Sn	Zinn
47	Pb	Blei
48	V	Vanadium
49	Nb	Niob
50	Ta	Tantal
51	Pa	Protactinium
52	**Cr**	**Chrom**
53	Mo	Molybdän
54	W	Wolfram
55	U	Uran
56	Mn	Mangan
57	Ni	Nickel
58	Co	Kobalt
59	Fe	Eisen
60	Cu	Kupfer
61	Ag	Silber
62	Au	Gold
63	Ru	Ruthenium
64	Rh	Rhodium
65	Pd	Palladium
66	Os	Osmium
67	Ir	Iridium
68	Pt	Platin
69	Tc	Technetium[1])
70	Re	Rhenium
71		Transurane

Dem einzelnen Element werden alle Verbindungen mit denjenigen Elementen zugeordnet, die im Gmelin-System vor diesem Element stehen. Bei dem Element Zink mit der System-Nr. 32 stehen z. B. alle Verbindungen mit den Elementen der System-Nr. 1 bis 31.

The material under each element number contains all information on the element itself as well as on all compounds with other elements which preceed this element in the Gmelin System.
For example, zinc (system number 32) as well as all zinc compounds with elements numbered from 1 to 31 are classified under number 32.

[1]) Diese System-Nr. ist im Jahre 1941 unter der Bezeichnung „Masurium" erschienen.

Die Verbindungen des Phosphors

The Compounds of Phosphorus

Phosphor und Edelgase

Phosphorus and Rare Gases

Helium

Helium. Beim Erhitzen von P-Dampf mit He im Verbrennungsrohr wird keine Verb.-Bldg. festgestellt, W. RAMSAY, J. N. COLLIE (*Proc. Roy. Soc.* [*London*] **60** [1896] 53/6). Unter der Einw. einer elektr. Entladung wird He durch P adsorbiert. Je g P werden 0.16 cm^3 He aufgenommen. Da beim Erhitzen nahezu das gesamte He wieder freigesetzt wird, wird eine mechan. Bindung des He an P angenommen, R. J. STRUTT (*Proc. Roy. Soc.* [*London*] A **87** [1912] 381/4). Über die Adsorption von He an P bei der Glimmentladung s. auch V. KOHLSCHÜTTER, A. FRUMKIN (*Z. Elektrochem.* **20** [1914] 110/23, 117). Wird ein Gemisch aus P-Dampf und He einer elektr. Entladung in Ggw. einer durch fl. Luft gekühlten Oberfläche ausgesetzt, so verschwindet das He nahezu vollständig und sehr schnell. Auf der kalten Oberfläche kondensiert sich eine feste Subst., die als Verb. von P mit He angesehen wird. Die Subst. besitzt bei —185°C einen Dampfdruck der Größenordnung 0.005 Torr; bei —125°C tritt Zers. ein, E. H. BOOMER (*Nature* **115** [1925] 16; *Proc. Roy. Soc.* [*London*] A **109** [1925] 198/205). Vgl. dazu auch C. LAPP (*Rev. Gen. Sci. Pures Appl. Bull. Assoc. Franc. Avan. Sci.* **37** [1927] 301/5).

Argon

Argon. Keine Verb.-Bldg. beim Erhitzen von P-Dampf mit Ar im geschlossenen Rohr auf Rotglut, LORD RAYLEIGH, W. RAMSAY (*Proc. Roy. Soc.* [*London*] **57** [1895] 265/87, 282), sowie bei elektr. Entladungen in einem P-Ar-Gasgemisch, G. HERZBERG (*Nature* **126** [1930] 131/2). Bei der Einw. einer Glimmentladung auf ein Gemisch aus P-Dampf und Ar wird mechan. Adsorption von Ar an P festgestellt, V. KOHLSCHÜTTER, A. FRUMKIN (*l. c.*).

Phosphor und Wasserstoff

Phosphorus and Hydrogen

Allgemeine Literatur:

J. W. MELLOR, *A Comprehensive Treatise on Inorganic and Theoretical Chemistry, Bd.* 8, *New York-London-Toronto* 1928, *Nachdruck* 1958, S. 802/22, 828/33.

D. M. YOST, H. RUSSELL, *Systematic Inorganic Chemistry, New York* 1944, S. 245/8.

R. DUBRISAY in: P. PASCAL, *Nouveau Traité de Chimie Minérale, Bd.* 10, *Paris* 1956, S. 750/62.

J. R. VAN WAZER, *Phosphorus and its Compounds, Bd.* 1, *New York-London* 1958, S. 179/93, 215/9.

Review

Übersicht. Von den Verbb. des Phosphors mit Wasserstoff ist die Existenz der Molekel PH nur spektroskopisch durch ihr Bandenspektrum nachgewiesen, vgl. beispielsweise E. B. LUDLAM (*Nature* **128** [1930] 271), R. W. B. PEARSE (*Proc. Roy. Soc.* [*London*] A **129** [1930] 328/54). Sicher existieren das bei gewöhnl. Temp. gasf. Phosphin PH_3 (s. S. 7) und das bei gewöhnl. Temp. fl. Diphosphin P_2H_4 (s. S. 51). Der lange Zeit als definierte Verb. angesehene „feste Phosphorwasserstoff" $P_{12}H_6$ (s. S. 54) wurde zeitweise ebenso wie sein vorher als definierte Verb. betrachtetes Zers.-Prod. P_9H_2 als eine Additionsverb. von PH_3 an amorphes, weißes P gedeutet, vgl. beispielsweise P. ROYEN (*Z. Anorg. Allgem. Chem.* **229** [1936] 369/400). Neuere Unterss. sprechen jedoch für die Existenz von festen Phosphorwasserstoffen, die, vermutlich hochpolymer, eine empir. Zus. nahe P_2H bzw. P_9H_4 aufweisen, E. C. EVERS, E. H. STREET (*J. Am. Chem. Soc.* **78** [1956] 5726/30). Obwohl die Best. des Molgew. und die systemat. fraktionierte Dest. von P_2H_4 ebenso wie der Verlauf der Disproportionierung von P_2H_4 mit großer Wahrscheinlichkeit die Abwesenheit höherer Homologen des PH_3 ergeben hatten, P. ROYEN, K. HILL (*Z. Anorg. Allgem. Chem.* **229** [1936] 97/111, 101), tritt, wie ramanspektroskop. Unterss. ergeben, beim Belichten oder Erwärmen von P_2H_4 eine Dismutation ein, wobei PH_3 und höhere Phosphorwasserstoffe gebildet werden (s. S. 52). Sicher nachgewiesen ist davon das Triphosphin P_3H_5, P. ROYEN, C. ROCKTÄSCHEL, W. MOSCH (*Angew. Chem.* **76** [1964] 860). Ebenfalls erst in neuerer Zeit aufgefunden ist der feste gelbe Phosphorwasserstoff $(PH)_X$ (s. S. 56), der sich in polymerer Form beispielsweise bei der Red. von PBr_3 mit LiH in Äther bei 0°C bildet, E. WIBERG, G. MÜLLER-SCHIEDMAYER (*Chem. Ber.* **92** [1959] 2372/84). Nicht zu existieren scheinen dagegen die in der Lit. beschriebenen Verbb. P_3H, das sich bei der Einw. von wss. NH_3-Lsg. auf gewöhnl., nicht auf rotes P bilden soll, A. COMMAILLE (*Compt. Rend.* **68** [1869] 263/5; *Mon. Sci. Docteur Quesneville* [3] **1** [1871] 701/7), und P_2H_3, das als in hexagonalen Prismen kristallisierende, sehr explosive Verb.

beim Kochen von P mit $Ca(OH)_2$-Lsg. entstehen soll, G. JANSSEN (*Repert. Chim. Appl.* **3** [1861] 393/8, 394). Nicht existenzfähig bei Tempp. oberhalb —100°C scheint PH_5 zu sein. Bei Verss. zur Darst. von PH_5 durch Red. von PCl_5 mit $Li[BH_4]$ oder $Li[AlH_4]$ werden nur seine Zerfallsprodd. PH_3 und H_2 erhalten, E. WIBERG, K. MÖDRITZER (*Z. Naturforsch.* **11b** [1956] 747/8). Auch frühere Verss. zur Darst. von PH_5 durch Einw. von atomarem H auf PH_3 bei gewöhnl. Temp. und bei der Temp. von fl. Luft, K. G. DENBIGH (*Trans. Faraday Soc.* **35** [1939] 1432/5), führen ebenso wie andere Verss. nicht zur Bldg. von PH_5, G. WITTIG laut J. R. VAN WAZER (*Phosphorus and its Compounds, Bd.* 1, *London* 1958, S. 192 Fußnote 53).

The P–H Bond

Die P–H-Bindung. In PH_3 bestehen zwischen dem P-Atom und den H-Atomen fast reine σ-Bindungen (s. S. 16). Die 3d-Elektronen sind an P–H-Bindungen fast gar nicht beteiligt, so daß eine stabile PH_5-Molekel nicht existieren kann, D. P. CRAIG, C. ZAULI (*J. Chem. Phys.* **37** [1962] 609/15). Über negativ verlaufene Verss. zur Herst. von PH_5 s. oben unter „Allgemeines“. Über die 3d-Orbitale in einer hypothet. PH_5-Molekel s. auch R. A. BUCKINGHAM, C. CARTER (*J. Phys. Chem.* **61** [1957] 19/23).

Die Bindungslänge r liegt bei den meisten Verbb., insbesondere bei den Hydriden, zwischen 1.42 und 1.44 Å. Einen auffallend geringen P–H-Abstand findet B. O. LOOPSTRA (*JENER Publ.* Nr. 15 [1958] 1/64, 59, *C.A.* **1959** 6725) bei Neutronenbeugungsunterss. an H_3PO_3 und $Ca(H_2PO_2)_2$, nämlich 1.39 Å. — Bei wellenmechan. Berechnungen für PH_3 ergibt sich r = 1.414 Å, R. MOCCIA (*J. Chem. Phys.* **37** [1962] 910/1), 1.44 Å, E. R. LIPPINCOTT, M. OAKLEY DAYHOFF (*Spectrochim. Acta* **16** [1960] 807/34, 832). Ber. Werte für r und die Kraftkonst. von zahlreichen Hydridbindungen, darunter P–H, s. bei J. TOMIŠKA (*Chemie* [*Prague*] **4** [1948] 200/1).

Die Bindungsenergie D (in kcal/Mol) läßt sich theoretisch, da die Elektronegativitäten von P und H sich kaum unterscheiden, aus den Atominkrementen (25 bzw. 52) additiv zu D = 77 berechnen, M. L. HUGGINS (*J. Am. Chem. Soc.* **75** [1953] 4123/6). Massenspektroskop. Unterss. ergeben im Mittel 76.8, F. E. SAALFELD, H. J. SVEC (IS-386 [1961], *C.A.* **57** [1962] 236). Weitere experimentelle Werte liegen nur für die P–H-Bindung in PH_3 vor, da die Dissoz.-Energie der PH-Molekel nicht sicher bekannt ist (s. S. 5). Aus thermochem. Daten berechnet H. A. SKINNER (*Trans. Faraday Soc.* **41** [1945] 645/62, 651) D = 75.9, während sich aus neueren Daten (für 18°C) D = 78 ergibt, E. WICKE (in: LANDOLT-BÖRNSTEIN, 6. *Aufl., Bd.* 1, *Tl.* 2, 1951, S. 24). Aus der Anharmonizität der Valenzschwingung läßt sich D = 75 abschätzen, M. DE HEMPTINNE, J.-M. DELFOSSE (*Ann. Soc. Sci. Bruxelles* B **56** [1936] 373/82). Aus der Kraftkonst. f_d (3.09 mdyn/Å) berechnen E. R. LIPPINCOTT, R. SCHROEDER (*J. Am. Chem. Soc.* **78** [1956] 5171/8) D = 79. — Nach 2 empir. Formeln ergibt sich D = 81.2 bzw. 84.0, J. R. ARNOLD (*J. Chem. Phys.* **22** [1954] 757/8). — Ältere Abschätzung (3.3 eV) s. bei L. PAULING (*J. Am. Chem. Soc.* **54** [1932] 3570/82, 3579).

Die Wellenzahl, die der P–H-Valenzschwingung (ν) zuzuordnen ist, liegt nach ramanspektroskop. Unterss. an Estern der phosphorigen und der Phosphorsäure zwischen 2425 und 2450 cm^{-1}; aus Lit.-Daten über die UR-Spektren folgt, daß ν zwischen 2350 und 2440 cm^{-1} liegt, M. BAUDLER (*Z. Elektrochem.* **59** [1955] 173/84). In diesem Bereich liegen auch die an PH (2380 cm^{-1}) und PH_3 (2448 cm^{-1}) beob. Wellenzahlen, s. S. 3 und 22. — An primären und sekundären Phosphinen sind im UR-Spektrum außer dem Max., das der Valenzschwingung (ν = 2270 bis 2285 cm^{-1}) entspricht, auch die Wellenzahlen der Deformationsschwingungen (δ = 1070 bis 1080, γ = 800 bis 820 cm^{-1}) zu beobachten; entsprechende Werte für die P–D-Bindung: ν = 1665 bis 1670, δ = 770 bis 780 cm^{-1}, H. SCHINDLBAUER, E. STEININGER (*Monatsh. Chem.* **92** [1961] 868/75). Bei umfangreichen Unterss. an ~500 Verbb. erhalten L. C. THOMAS, R. A. CHITTENDEN (*Chem. Ind.* [*London*] **1961** 1913) für ν Werte zwischen 2288 und 2440 cm^{-1}, während δ zwischen 965 und 1150 cm^{-1} liegt; vgl. auch L. C. THOMAS, K. P. CLARK (*Nature* **198** [1963] 855/6). In Säureanionen liegt ν zwischen 2280 und 2400 ($H_2PO_2^-$) bzw. 2300 und 2430 cm^{-1} (HPO_3^{2-}), D. E. C. CORBRIDGE, E. J. LOWE (*J. Chem. Soc.* **1954** 493/502, 501). In einem zusammenfassenden Bericht über die Schwingungsspektren phosphororgan. Verbb. behandeln E. M. POPOV, M. I. KABAČNIK, L. S. MAJANC (*Usp. Khim.* **30** [1961] 846/76; *Russ. Chem. Rev.* **30** [1961] 362/77) auch die P–H-Valenzschwingung. — Bei Auflösung von Verbb. des Typs OPRR'H in CS_2 wird ν kleiner, C. D. MILLER, R. C. MILLER, W. ROGERS (*J. Am. Chem. Soc.* **80** [1958] 1562/5).

Die Bindungselektronen bewirken eine Aufspaltung der Kernresonanzlinien, indem sie eine Wechselwrkg. zwischen dem P- und dem H-Kern ermöglichen („indirekte“ Spin-Spin-Wechselwirkung). Demzufolge besteht in PH_3 die ^{31}P-Resonanzlinie aus 4, die Protonenresonanzlinie aus 2 Komponenten, H. S. GUTOWSKY, D. W. MCCALL, C. P. SLICHTER (*Phys. Rev.* [2] **84** [1951] 589/90; *J. Chem. Phys.* **21** [1953] 279/92, 282/3); vgl. auch J. HENNEQUIN (*Arch. Sci.* [*Geneva*] **13** [1960]

Sonderh. S. 634/9). Die Aufspaltung der Resonanzlinien ist nach Unterss. an $H_2PO(OH)$ und $HPO(OH)_2$ unabhängig von der äußeren Feldstärke, D. ROUX (*Helv. Phys. Acta* **31** [1958] 511/41, 532). — Zum Vergleich der Wechselwrkg. zwischen P und H mit derjenigen zwischen P und F (vgl. S. 364) s. P. J. FRANK (*Helv. Phys. Acta* **31** [1958] 542/5). — Zwischen den Kernspins von P und H kommt möglicherweise auch dann eine Kopplung zustande, wenn die Atome nicht unmittelbar miteinander verbunden sind, G. KLOSE (*Ann. Physik* [7] **9** [1962] 262/78).

Die P–H-Bindung stellt einen Dipol dar, dessen positives Ende am P-Atom liegt, H. A. LEHMANN, S. BÄHR (*Z. Anorg. Allgem. Chem.* **287** [1956] 1/11, 8). Das Dipolmoment μ (in Debye) berechnet C. K. MØLLER (*J. Chem. Phys.* **20** [1953] 203/4) aus dem Kernabstand (1.45 Å), der Kraftkonst. (3.33 mdyn/Å) und der Ionenrefraktion (18 cm³) von PH_2^- zu $\mu = 0.21$. Die Analyse des UR-Spektrums von PH_3 zeigt, daß eine so genaue Best. von μ kaum möglich ist; immerhin dürfte $\mu \approx 0.2$ sein, D. C. MCKEAN, P. N. SCHATZ (*J. Chem. Phys.* **24** [1956] 316/25). Das Auswertungsverf. dieser Autoren wird allerdings von L. M. SVERDLOV (*Opt. i Spektroskopiya* **7** [1959] 152/63; *Opt. Spectry.* [*USSR*] **7** [1959] 97/103) kritisiert; wenn die Änderungen von μ bei Änderung der Bindungslängen und -winkel korrekter berücksichtigt werden, ergibt sich $\mu = 0.3389$, L. M. SVERDLOV (*l. c.*). — Aus dem Dipolmoment und dem Bindungswinkel von PH_3 ergibt sich $\mu = 0.36$, J. G. MALONE (*J. Chem. Phys.* **1** [1933] 197/9), C. P. SMYTH (*J. Phys. Chem.* **41** [1937] 209/19, 212). — Bei „rein homöopolarer" P–H-Bindung wäre $\mu = 1.75$, J. H. GIBBS (*J. Phys. Chem.* **59** [1955] 644/9). In dieser Größenordnung liegt nach D. V. G. L. NARASIMHA RAO (*Trans. Faraday Soc.* **53** [1957] 1160/4) der von den P–H-Bindungen herrührende Anteil des Dipolmoments von PH_3. Weitere ber. Werte für das Bindungsmoment s. bei J. K. WILMSHURST (*J. Phys. Chem.* **62** [1958] 631/3).

Wird die Molrefraktion von H-haltigen P-Verbb. auf die beteiligten Atome und die Bindungen aufgeteilt, so entfällt auf die P–H-Bindung das Inkrement 2.2, H. TOLKMITH (*Ann. N. Y. Acad. Sci.* **79** [1959] 189/231, *C. A.* **1960** 11607). Aus Angaben von I. L. KNUNJANC, R. N. STERLIN (*Dokl. Akad. Nauk SSSR* [2] **56** [1947] 47/50) für einige Phosphine erhalten G. QUESNEL, G. MAVEL (*Compt. Rend.* **248** [1959] 695/7) im Mittel das Inkrement 4.07.

P-H-Molekeln und -Ionen

P–H Molecules and Ions

Die Molekeln PH_3 und P_2H_4 sind im Zusammenhang mit den betreffenden Verbb. auf S. 16 und 51 abgehandelt.

Die PH-Molekel.

The PH Molecule

Im folgenden werden außer P^1H auch P^2H (= PD) und P^3H (= PT) behandelt.

Bildungsenthalpie ΔH in cal/Mol. Bei 298.15°K gilt für die Bldg. von PH aus den Atomen $\Delta H = -76995.2$, aus den Elementen $\Delta H = 50282.5$, B. J. MCBRIDE, S. HEIMEL, J. G. EHLERS, S. GORDON (*NASA SP*-3001 [1963] 261). *Formation Enthalpy*

Elektronenkonfiguration. Terme. Die 5 Valenzelektronen des P-Atoms und das Elektron des H-Atoms bilden im Grundzustand $^3\Sigma^-$ die Konfiguration $(3s\sigma)^2\,(3p\sigma)^2\,(3p\pi)^2$, im 1. Anregungszustand $^3\Pi_i$ dagegen $(3s\sigma)^2\,(3p\sigma)\,(3p\pi)^3$, R. S. MULLIKEN (*Rev. modern Phys.* **4** [1932] 1/86, 37). Zur Aufspaltung der Terme s. Fig. 1, S. 5. Nach E. B. LUDLAM (*J. chem. Phys.* **3** [1935] 617/20) soll es auch einen $^1\Sigma$-Anregungszustand geben; vgl. auch M. PEYRON (*AD* 271740 [1961], *C. A.* **60** [1964] 4975). *Electron Configuration. Terms*

Termenergie. Aus den Angaben von M. ISHAQUE, R. W. B. PEARSE (*Proc. Roy. Soc.* A **173** [1939] 265/77) schätzt G. HERZBERG (*Spectra of diatomic Molecules, New York-Toronto-London* 1950, S. 564) die Anregungsenergie des $^3\Pi_i$-Zustandes von PH zu 29560 cm⁻¹, während für PD keine Zahlenangabe möglich ist. — Die Lage der $^3\Pi_i$-Niveaus weicht infolge Spin-Spin-Wechselwirkung und wegen einer Störung des $^1\Pi$-Terms von der für Triplettzustände theoretisch erwarteten ab, I. KOVÁCS (*Acta phys. hung.* **13** [1961] 303/10). *Term Energy*

Molekelkonstanten. Kernabstände r_0 in Å, Rotationskonstt. B_0 und D_0 in cm⁻¹, Schwingungsfrequenzen ω in cm⁻¹ in der üblichen Anordnung: *Molecular Constants*

	Term	ω	B_0	$10^4 \cdot D_0$	r_0
PH	$A^3\Pi_i$	1910	8.025	−5.7	1.466_9
	$X^3\Sigma^-$	2380	8.412	−4.3	1.432_8
PD	$A^3\Pi_i$	—	4.175	−1.52	1.461
	$X^3\Sigma^-$	—	4.363	−1.20	1.429

M. ISHAQUE, R. W. B. PEARSE (*l. c.* S. 277), R. W. B. PEARSE (*Proc. Roy. Soc.* A **129** [1930] 328/54, 345); r_0- und (unsichere) ω-Werte nach G. HERZBERG (*l. c.*). Für PH gibt E. B. LUDLAM (*J. chem. Phys.* **3** [1935] 617/20) $B'' = 8.22$, $r'' = 1.41$ an. Ältere Werte auf Grund der vorläufigen Angaben von R. W. B. PEARSE (*Proc. Roy. Soc.* A **129** [1930] 328/54, 335) s. bei R. S. MULLIKEN (*Rev. modern Phys.* **4** [1932] 1/86, 80). — Aus der Analyse der (1,0)-Bande ergeben sich für den Anregungszustand von PH die Konstt. $B_e = 8.261_9$, $D_e = -5.2_3 \times 10^{-4}$, F. LEGAY (*Canad. J. Phys.* **38** [1960] 797/805, 803).

Nach der Meth. von E. L. HILL, J. H. VAN VLECK (*Phys. Rev.* [2] **32** [1928] 250/72, 252) berechnet A. BUDÓ (*Z. Phys.* **98** [1936] 437/44, 443; *Mat. természettudományi Értesitö* **54** [1936] 387/408 [ungar.]) für PH $B' = 8.026$, $D' = -5.7 \times 10^{-4}$. Mittels des Isotopiefaktors berechnet C. H. D. CLARK (*Proc. Leeds phil. lit. Soc. sci. Sect.* **5** III [1947/50] 244/53, 249) für PD $\omega_e'' = 1710$. Zur Berechnung von ω_e aus der Gesamtzahl der Valenzelektronen s. K. M. GUGGENHEIMER (*Proc. phys. Soc.* **58** [1946] 456/68, 464). Einen aus der Gruppennummer von P (5) abgeschätzten Wert für r_e gibt H. C. CORBEN (*Phil. Mag.* [7] **22** [1936] 144/5). — Über die theoret. Erfassung der Kopplung zwischen Schwingung und Rotation bei PH, PD und PT berichtet ohne Angabe von Ergebnissen L. HAAR (*Phys. Rev.* [2] **98** [1955] 1551).

Außer den Rotationskonstt. sind aus dem Spektrum auch Spinkopplungskonstt. (alle Werte in cm^{-1}) abzuleiten, die für den Grundzustand als ε und γ bezeichnet werden; Zahlenwerte: $\varepsilon = 0.733$, $\gamma = -0.078$ für PH, $\varepsilon = 0.743$, $\gamma = -0.042$ für PD, M. ISHAQUE, R. W. B. PEARSE (*Proc. Roy. Soc.* A **156** [1936] 221/32, 229); vgl. R. W. B. PEARSE, M. ISHAQUE (*Nature* **137** [1936] 457). Theoretisch abgeleiteter Wert: $\gamma = -0.078$, A. BUDÓ (*l. c.*). — Für das unterste Schwingungsniveau des $^3\Pi_i$-Zustandes ergibt sich die Spinkopplungskonst. $A_0 = -115.5$ (PH und PD); Konstt. für die Λ-Verdopplung von PH bzw. PD: $\gamma = 0.70$ bzw. 0.70, $\delta = -0.19$ bzw. -0.10, $\varepsilon = 0.007$ bzw. 0.0018, M. ISHAQUE, R. W. B. PEARSE (*Proc. Roy. Soc.* A **173** [1939] 265/77, 272, 275). Theoretisch abgeleiteter Wert für PH: $A_0 = -115.6$, A. BUDÓ (*l. c.*). Vergleich mit theoretisch bestimmten Konstt. für die Λ-Verdopplung ergibt gute Übereinstimmung, C. GILBERT (*Phys. Rev.* [2] **49** [1936] 619/24, 622). Im nächsten Schwingungsniveau ist $A_1 = -115.11$, F. LEGAY (*l. c.*).

Force Constant

Kraftkonstante k in mdyn/Å. Aus der Schwingungsfrequenz $\omega = 2380\ cm^{-1}$ ergibt sich für PH $k = 3.2571$, G. HERZBERG (*Spectra of diatomic Molecules, New York-Toronto-London* 1950, S. 98, 564). — Nach einem statist. Atommodell findet Y. P. VARSHNI (*Ann. Phys. [Leipzig]* [6] **19** [1956] 233/41, 238) $k = 2.11$, während sich nach dem THOMAS-FERMI-Modell $k = 2.069$ ergibt, T. TIETZ (*J. chem. Phys.* **30** [1959] 1104/5). Mit einer empir. Formel schätzt J. R. PLATT (*J. chem. Phys.* **18** [1950] 932/5) $k = 3.01$ ab. Auch nach einer von Y. P. VARSHNI (*J. chem. Phys.* **28** [1958] 1078/80, 1081/9) abgeleiteten empir. Beziehung ist der aus dem Spektrum ermittelte Wert 3.257 zu hoch. Dagegen ist $k = 3.27$ das geometr. Mittel der Kraftkonstanten von H_2 und P_2 und somit der theoretisch kleinstmögliche Wert, der sich nur bei rein homöopolarer Bindung ergibt, G. R. SOMAYAJULU (*J. chem. Phys.* **28** [1958] 814/21, 816). Beziehungen, nach denen k ermittelt werden kann, s. bei R. K. SHELINE (*J. chem. Phys.* **18** [1950] 927/32), C. H. D. CLARK (*Proc. Leeds phil. lit. Soc. sci. Sect.* **5** [1947/50] 318/29), S. S. MITRA (*J. chem. Phys.* **22** [1954] 564/5), S. S. MITRA, Y. P. VARSHNI (*J. chem. Phys.* **22** [1954] 1269/70).

Band Spectrum

Bandenspektrum. Die erstmals von P. GEUTER (*Z. wiss. Photogr.* **5** [1907] 1/23, 33/60, 47) bei 3400 Å beob. Bande wird auf Grund neuer Aufnahmen von R. W. B. PEARSE (*Proc. Roy. Soc.* A **129** [1930] 328/54, 329) der PH-Molekel zugeordnet und als (0,0)-Bande eines $^3\Pi_i \rightarrow {}^3\Sigma$-Übergangs analysiert. Eingehendere Unterss. von M. ISHAQUE, R. W. B. PEARSE (*Proc. Roy. Soc.* A **156** [1936] 221/32, **173** [1939] 265/77, 275) gelten dem Vergleich der Spektren von PH und PD und einer verfeinerten Rotationsanalyse.

Als günstigste Form der Anregung erweist sich eine Entladung im Geissler-Rohr zwischen Al-Elektroden, das H_2 und einen kleinen Zusatz von P-Dampf enthält, M. ISHAQUE, R. W. B. PEARSE (*l. c.* S. 265/6). Auch zahlreiche Linien des Sonnenspektrums sind mit den von R. W. B. PEARSE (*l. c.*) beob. Linien identisch; ferner gehören 9 Linien des von R. W. SHAW (*Astrophys. J.* **83** [1936] 225/37) aufgenommenen Arcturus-Spektrums zum PH-Spektrum, M. NICOLET (*Bull. Soc. Roy. Sci. Liége* **6** [1937] 58/67). — In Absorption läßt sich die Bande erhalten, wenn im Innern eines Quarzglasgefäßes, das Phosphordampf und H_2 enthält, eine Blitzentladungslampe als Lichtquelle, eventuell auch als Entladungsträger wirkt, L. S. NELSON, D. A. RAMSAY (*J. chem. Phys.* **25** [1956] 372/3).

Auch das Rk.-Prod., das bei einer Entladung in einem PH_3-Ar-Gemisch entsteht, absorbiert die Bande, wenn es unter den Schmp. von Ar abgekühlt wird, M. McCarthy, G. W. Robinson (*J. Chim. phys.* **56** [1959] 723/30).

Die (0,0)-Bande besteht aus 3 Teilbanden mit je 9 Zweigen, wie es in **Fig. 1** veranschaulicht ist, M. Ishaque, R. W. B. Pearse (*Proc. Roy. Soc.* A **173** [1939] 265/77, 267). Aus der Messung der relativen Intensitäten ihrer Rotationslinien ergibt sich bei allen Zweigen, daß die Verteilung der Molekeln auf die verschiedenen Zustände von einer Boltzmann-Verteilung, die der Temp. 696°K entspricht, nur wenig abweicht. Die Intensitätsfaktoren für die einzelnen Zweige stehen in Einklang mit denjenigen, die R. S. Mulliken (*Rev. modern Phys.* **3** [1931] 89/155, 144) für einen $^3\Sigma$-$^3\Pi$-Übergang theoretisch berechnet, P. Nolan, F. A. Jenkins (*Phys. Rev.* [2] **50** [1936] 943/9, **46** [1934] 327). Auch mit den nach E. L. Hill, J. H. van Vleck (*Phys. Rev.* [2] **32** [1928] 250/72, 252) ber. Intensitätsverhältnissen stimmen die von P. Nolan, F. A. Jenkins (*l. c.*) beobachteten gut überein, A. Budó (*Z. Phys.* **98** [1936] 437/44, 443, **105** [1937] 579/87, 586). Von den 27 Zweigen der (1,0)-Bande sind bei ~3200 Å in Absorption 23 registriert worden; sie haben, abgesehen von Abweichungen infolge Störung des $^3\Pi_0$-Terms, eine ganz analoge Struktur wie die Zweige der (0,0)-Bande, F. Legay (*Canad. J. Phys.* **38** [1960] 797/805, 798). — Oszillatorstärke für diesen Übergang: 0.0078 ± 0.0008; Lebensdauer von PH im angeregten Zustand: $(4.4 \pm 0.5) \times 10^{-7}$ s, E. Fink, K. H. Welge (*Z. Naturforsch.* **19a** [1964] 1193/201, 1201).

Fig. 1.

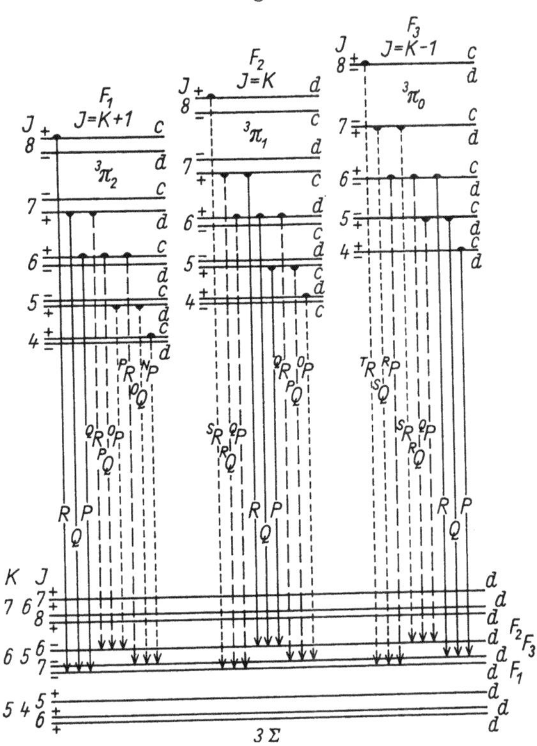

Energieniveaus von PH und Zweige seiner (0,0)-Bande.

Drei Banden im sichtbaren Bereich bei 5698, 5251 und 5599 Å werden bei der Verbrennung von H_2 beobachtet, das zuvor mit weißem P in Berührung war. Sie gehören wahrscheinlich zu einem System, das einem $^1\Sigma \rightarrow {}^3\Sigma$-Übergang entspricht; die Rotationskonst. im unteren Zustand ist so groß, daß das Spektrum keiner anderen Molekel als PH zugeschrieben werden kann, E. B. Ludlam (*Nature* **128** [1931] 271; *J. chem. Phys.* **3** [1935] 617/20).

Dissociation Energy

Dissoziationsenergie D in eV. Aus spektroskop. Daten ermittelt Jevons laut R. S. Mulliken (*Rev. modern Phys.* **4** [1932] 1/86, 80) $D_0'' = 3.2$. Bei Berücksichtigung thermodynam. Daten ergibt sich $D_e = 2.74$, R. W. Berriman, C. H. D. Clark (*Proc. Leeds phil. lit. Soc. sci. Sect.* **3** [1935/40] 465/76). Beide Werte sind jedoch nach A. G. Gaydon (*Dissociation Energies and Spectra of diatomic Molecules*, 2. *Aufl., London* 1953, S. 229) nicht zuverlässig. — Zur Berechnung von D aus dem Kernabstand s. C. H. D. Clark (*Trans. Faraday Soc.* **36** [1940] 370/6).

Thermodynamic Functions

Thermodynamische Funktionen. Enthalpie H° in cal/Mol, Wärmekapazität C_p° in cal $mol^{-1} grd^{-1}$, Entropie S° in cal $mol^{-1} °K^{-1}$. Die freie Energie ergibt sich nach $G° = H° - TS°$. Auswahl aus 61, aus spektroskop. Daten für 100, 200, 298.15, 300°K usw. ber. Werten:

T in °K	100	298.15	400	600	800	1000	1500	2000
$H°-H_0°$	687.6	2067.3	2778.3	4196.1	5670.0	7209.1	11284.6	15567.3
C_p°	6.9595	6.9687	7.0003	7.2099	7.5345	7.8489	8.3988	8.7044
S°	39.2632	46.8687	48.9200	51.7916	53.9093	55.6252	58.9226	61.3846

T in °K	2500	3000	3500	4000	4500	5000	5500	6000
$H^\circ - H^\circ_0$	19969.8	24450.1	28988.1	33574.6	38207.7	42891.2	47632.4	52440.9
C°_p	8.8921	9.0229	9.1261	9.2192	9.3146	9.4217	9.5463	9.6912
S°	63.3486	64.9820	66.3809	67.6056	68.6969	69.6837	70.5874	71.4241

B. J. McBride, S. Heimel, J. G. Ehlers, S. Gordon (*NASA SP*-3001 [1963] 261).

The PH^+ Ion

Das PH^+-Ion.

Über die Bildung von PH^+ bei der Dissoz. von PH_3 s. S. 24.

Die Elektronenkonfiguration im Grundzustand $^2\Pi$ ist $(3s\sigma)^2$ $(3p\sigma)^2$ $(3p\pi)$, im ersten Anregungszustand $^2\Delta$ ist sie $(3s\sigma)^2$ $(3p\sigma)$ $(3p\pi)^2$. Beide Zustände sind regulär, $^2\Delta$ zeigt schmale, $^2\Pi$ weite Spinaufspaltung. Rotations- und Kopplungskonstt. B, D bzw. A in cm^{-1}, Kernabstände r_e in Å:

	B_e	B_0	B_1	$10^4\ D_0$	$10^4\ D_1$	A_0	A_1	r_e
$^2\Delta$	7.195_5	6.983_3	6.5588	6.28	6.2	1.38	0.82	1.548_3
$^2\Pi$	8.505_1	8.385_1	8.1450	4.16	4.0	295.94	296.2	1.425_1

Die (0,0)-, die (0,1)- und die (1,0)-Bande des $^2\Delta \rightarrow {}^2\Pi$-Übergangs wird in einem Entladungsrohr emittiert, das He sowie etwas Phosphordampf und H_2 enthält; die rotabschattierten Banden liegen bei 3854, 4428 und 3567 Å und haben P-, Q- und R-Zweige. Da von $^2\Delta$ kein Schwingungsniveau mit $v > 1$ vorhanden ist, ist eine Schwingungsanalyse nicht möglich. Für $v = 0$ sind die Rotationsniveaus F_1 bzw. F_2 von $^2\Delta$ mit dem 13. bzw. 15. Glied prädissoziiert. Für $v = 1$ sind die Linien von F_1 des $^2\Delta$ -Zustandes sehr schwach gegen die vom F_2-Niveau. Aus diesen Prädissoziationserscheinungen ergibt sich als obere Grenze für die Dissoz.-Energie im Grundzustand $D = 3.35$ eV. Nach einer Beziehung zwischen den Rotationskonstt. und ω wird das Schwingungsquant und daraus $D = 3.06 \pm 0.25$ eV berechnet, N. A. Narasimham (*Canad. J. Phys.* **35** [1957] 900/11).

The PH^- Ion

Das PH^--Ion.

Durch Resonanzeinfang entsteht bei der Dissoz. von PH_3 neben PH_2^- auch PH^-, O. Rosenbaum, H. Neuert (*Z. Naturforsch.* **9a** [1954] 990/1).

The PH_2 Molecule

Die PH_2-Molekel.

Die durch Photolyse gebildeten Radikale PH_2 und PD_2 emittieren zwischen 3600 und 5500 Å 11 bzw. 13 Banden; wegen der komplizierten Struktur ist eine Rotationsanalyse noch nicht durchgeführt. Es handelt sich wahrscheinlich um Deformationsschwingungen in den angeregten Zuständen, D. A. Ramsay (*Nature* **178** [1956] 374/5; *Ann. N. Y. Acad. Sci.* **67** [1957] 485/98, 493). Einige Banden von PH_2 mit etwas kleineren Wellenzahlen (19147 bis 22858 cm^{-1}) sind auch in Absorption an den Rk.-Prodd. zu beobachten, die durch eine Entladung in einem Ar-PH_3-Gemisch entstehen, M. McCarthy, G. W. Robinson (*J. Chim. Phys.* **56** [1959] 723/30, 724). — PH_2^+ und PH_2^- entstehen z. B. bei der Dissoz. von PH_3, s. S. 24, 31. — Zum Stromtransport durch PH_2^- s. S. 31.

The PH_4^+ Ion

Das PH_4^+-Ion.

Das freie PH_4^+-Ion, das als Prod. der Wechselwrkg. von PH_3 mit PH_3^+ massenspektroskopisch von A. Giardini-Guidoni, G. G. Volpi (*Nuovo Cimento* [10] **17** [1960] 919/27, 923 [engl.]) nachgewiesen worden ist, hat tetraedr. Symmetrie (Punktgruppe T_d). In solchen Molekeln sind 4 Schwingungen möglich: eine totalsymmetr. Valenzschwingung (Typ A_1, Wellenzahl ν_1), eine doppelt entartete Deformationsschwingung (E, ν_2) und je eine dreifach entartete Valenz- bzw. Deformationsschwingung (F_2, ν_3 bzw. F_2, ν_4), G. Herzberg (*Infrared and Raman Spectra of Polyatomic Molecules, New York-Toronto-London* 1945, *Nachdruck* 1951, S. 140); vgl. auch „*Silicium*" *Tl.* B, S. 235/6. Zur Theorie des Rotationsschwingungsspektrums von XY_4-Molekeln s. K. T. Hecht (*J. Mol. Spectry.* **5** [1960] 355/89). Unter der Voraussetzung, daß die Symmetrie genau tetraedrisch ist und die P–H-Bindungen in Richtung auf die benachbarten J^--Ionen weisen, die das P-Atom tetraedrisch umgeben, läßt sich aus der Linienform der Protonenresonanz in PH_4J der P–H-Abstand zu 1.42 ± 0.02 Å berechnen, L. Pratt, R. E. Richards (*Trans. Faraday Soc.* **50** [1954] 670/4). Das Trägheitsmoment ist dann $I = (9.00 \pm 0.25) \times 10^{-40}\ g \cdot cm^2$, A. P. Altshuller (*J. Am. Chem. Soc.* **77** [1955] 4220/1). — Die Elektronenverteilung ist kugelsymmetrisch, D. A. Brown (*J. Chem. Phys.* **29** [1958] 451/2).

In Kristallen, besonders in PH_4Br und PH_4J, hat das PH_4^+-Ion eine geringere Symmetrie (Punktgruppe V_d). Hierdurch sind Aufspaltungen der Absorptionslinien (ν_i, ν_i') im UR-Spektrum von PH_4J

bedingt, wobei auch antisymmetr. Schwingungen (Typ B_1, B_2) zustande kommen. Bei −190°C sind an PH_4J und PD_4J folgende Linien zu beobachten (aus Kombinationslinien erschlossene Wellenzahlen in Klammern):

Schwingungstyp .	$\nu_2 + \nu_3'$	$\nu_3' + \nu_4'$	$\nu_3'(E)$	$\nu_3(B_2)$	$\nu_2 + \nu_4$	$2\,\nu_4'$	$\nu_2 + \nu_6'$
$\nu\,(PH_4)$ in cm^{-1} .	3417	3277	2372	2280	2025	1854	1360 bis 1430
$\nu\,(PD_4)$ in cm^{-1} .	2527	2425	1740	1658	1460	—	—
Schwingungstyp .	$\nu_4' + \nu_6'$	$\nu_2(A_1)$, $\nu_2'(B_1)$	$\nu_4' + \nu_6$	$\nu_4(B_2)$	$\nu_4'(E)$	$\nu_6'(E)$	$\nu_6(B_2)$
$\nu\,(PH_4)$ in cm^{-1} .	1268	(1093)	1078	954	932	(336)	(146)
$\nu\,(PD_4)$ in cm^{-1} .	922	(777)	790	701	683	(239)	(107)

Ferner treten bei PH_4J die Linien 2650, 1000 und 763, bei PD_4J die Linien 2357 und 1835 auf; ν_6 und ν_6' sind Torsionsschwingungen, J. V. MARTINEZ, E. L. WAGNER (*J. Chem. Phys.* **27** [1957] 1110/3). Im UR-Spektrum von PH_4BCl_4 und PH_4BF_3Cl sind die an PH_4J beobachtbaren Linien $\nu_3 = 2345$ und $\nu_4 = 945$ nach $\nu_3 = 2445$ bzw. 2380 und $\nu_4 = 982$ bzw. 980 verschoben, T. C. WADDINGTON, F. KLANBERG (*J. chem. Soc.* **1960** 2339/43). Die ν_1-Schwingung hat im Ramanspektrum von krist. PH_4J, das aus 7 Linien besteht, die Wellenzahl 2304, N. G. PAI (*Indian J. Phys.* **7** [1932] 285/97, 286). Die entsprechende Wellenzahl von PD_4^+ läßt sich hieraus zu 1625 abschätzen, J. V. MARTINEZ, E. L. WAGNER (*l. c.*). Vergleichende Betrachtungen über die Spektren von PH_4J und NH_4-Halogeniden führen zu dem Schluß, daß für PH_4^+ $\nu_2 = 1040$, $\nu_3 = 2370$, $\nu_4 = 930$ ist, R. MECKE, F. KERKHOF (in: LANDOLT-BÖRNSTEIN, 6. *Aufl.*, *Bd.* 1, *Tl.* 2, 1951, S. 226/327, 257). Auf Grund dieser Zuordnung ergibt sich nach der WILSONschen Meth. die Kraftkonst. der P-H-Valenzschwingung zu $f_d = 1.172$ mdyn/Å, ferner eine Wechselwirkungskonst. $f_{dd} = 0.660$ mdyn/Å, C. W. F. T. PISTORIUS (*J. Chem. Phys.* **27** [1957] 965/7). Zum Vergleich dieser Molekelkonstt. mit denen von AlH_4^- und SiH_4 s. L. A. WOODWARD (*Trans. Faraday Soc.* **54** [1958] 1271/9). Bei einer neueren Unters. des Ramanspektrums von PH_4J werden $\nu_1 = 2306$ und $\nu_3 = 2370$ cm^{-1} gefunden, 4 weitere Linien bei 924, 1270, 1369 und 1725 cm^{-1} erst nach längerer Belichtungsdauer, wobei eine sichere Zuordnung zur E- und zur anderen F-Schwingung als nicht ausführbar erscheint. Somit kann als einzige Kraftkonst. nur $f_d = 3.155$ mdyn/Å und hieraus mit den Werten für SiH_4 nach $f_d \cdot r^3 =$ konst. der Atomabstand zu $r = 1.41$ Å berechnet werden, L. A. WOODWARD, H. L. ROBERTS (*Trans. Faraday Soc.* **52** [1956] 1458/61).

Unter der Voraussetzung, daß den Schwingungen des PH_4-Ions die von R. MECKE, F. KERKHOF (*l. c.*) zugeordneten Wellenzahlen zukommen, ergeben sich für die thermodynam. Funktionen (Wärmekapazität C_p, Enthalpie H, Entropie S) eines aus PH_4-Gruppen bestehenden idealen Gases folgende Werte:

T in °K	200	250	298.16	400	500	600	700	800	900	1000
$(H° - H_0°)/T$ in cal mol^{-1} $°K^{-1}$.	8.05	8.20	8.42	9.09	9.85	10.64	11.40	12.13	12.83	13.48
$C_p°$ in cal mol^{-1} grd^{-1} . . .	8.41	9.13	10.01	11.98	13.73	15.28	16.63	17.81	18.83	19.91
S° in cal mol^{-1} $°K^{-1}$	45.19	47.14	48.82	52.04	54.90	57.55	60.00	62.30	64.47	66.50

A. P. ALTSHULLER (*J. Am. Chem. Soc.* **77** [1955] 4220/1).

Die Wärmetönung (in kcal/Mol) der Rk. $PH_4^+ \rightarrow PH_3 + H^+$ ergibt sich nach dem Modell des HABER-BORNschen Kreisprozesses zu 200 ± 10 in PH_4J, zu 209 ± 21 in PH_4Br, zu 217 ± 22 in PH_4Cl, W. W. WENDLANDT (*Science* [2] **122** [1955] 831). — Die Bildungswärme berechnet K. B. JACIMIRSKIJ (*Izv. Sektora Platiny i Drug. Blagorodn. Metal. Inst. Obshch. i Neorgan. Khim. Akad. Nauk SSSR* **25** [1950] 5/26, 9) zu Q = −163.5 kcal/Mol.

Die PH_5-Molekel.

The PH_5 Molecule

Eine Bindung von 5H-Atomen an 1 P-Atom wäre denkbar, wenn für das P-Atom sp^3d-Hybridisation angenommen wird. Theoret. Überlegungen über die Molekeleigenfunktionen in der PH_5-Molekel werden von C. CARTER (*Proc. Phys. Soc.* B **69** [1956] 1297/1300) und R. A. BUCKINGHAM, C. CARTER (*J. Phys. Chem.* **61** [1957] 19/23) angestellt, ohne daß Schlußfolgerungen über die Stabilität dieser Molekel gezogen werden.

Phosphin PH_3

Phosphine

Bildung

Formation

Aus den Elementen. Bei der Einw. von nasc. H auf Phosphor, A. F. FOURCROY, L. D. DE VAUQUELIN (*Ann. Chim.* [*Paris*] **21** [1797] 189/220, 202), H. DAVY (*Phil. Trans. Roy. Soc. London* **1809** 39/104, 450/70), bei 40 bis 60°C, L. DUSART (*Compt. Rend.* **43** [1836] 1126/7), A. R. LEEDS

From the Elements

(*Am. Chemist* **7** [1876] 183/6), J. Brössler (*Ber. Deut. Chem. Ges.* **14** [1881] 1757/9), bei 400 bis 450°C in H_2-Atm., A. C. Vournasos (*Compt. Rend.* **150** [1910] 464/5), bei 1300 bis 2400°K, I. Langmuir (*J. Am. Chem. Soc.* **34** [1912] 1310/25, 1321); und zwar mit weißem, K. F. Bonhoeffer (*Z. Physik. Chem.* **113** [1924] 199/219, 205), oder rotem Phosphor, H. Kroepelin, E. Vogel (*Z. Anorg. Allgem. Chem.* **229** [1936] 1/15, 9), D. M. Wiles, C. A. Winkler (*J. Phys. Chem.* **61** [1957] 620/2). Zur Bldg. von PH_3 aus den Elementen vgl. auch „*Phosphor*" *Tl.* B, S. 282.

Über die Bldg. von PH_3 aus P-H_2O-Gasgemischen in Entladungsröhren s. R. J. Strutt (*Proc. Roy. Soc.* [*London*] A **87** [1912] 381/4), F. H. Newman (*Proc. Phys. Soc.* [*London*] **33** [1921] 73/82).

From Phosphorus and Water

Aus Phosphor und Wasser. Beim längeren Erwärmen von weißem P mit H_2O oder wss. Fll., z. B. Magensaft oder Blut, auf 35 bis 41°C wird Bldg. von PH_3 beobachtet, W. Dybkowsky (*Med.-Chem. Unters.* **1** [1866] 49/70, 64). In erheblichen Mengen wird PH_3 bei der Einw. von H_2O auf weißes P bei gewöhnl. Temp. in CO_2-Atm. gefunden. Das CO_2 wird dabei nicht angegriffen, A. R. Leeds (*Ber. Deut. Chem. Ges.* **12** [1879] 1834/6, 2131). Über die Bldg. von PH_3 beim Erhitzen von weißem P mit H_2O s. auch C. F. Cross, A. Higgins (*J. Chem. Soc.* **35** [1879] 249/56, 255), T. Weyl (*Ber. Deut. Chem. Ges.* **39** [1906] 1307/14), mit Metallsalzlsgg. s. O. J. Walker (*J. Chem. Soc.* **1926** 1370/81, 1380). Auch bei der Rk. von rotem P mit H_2O, besonders beim Erwärmen, entsteht PH_3, vgl. „*Phosphor*" *Tl.* B, S. 277. Bei der Ox. von weißem und rotem P durch H_2O bei höheren Tempp. und unter Druck tritt neben H_2 und Phosphorsauerstoffsäuren auch PH_3 auf, dessen Anteil mit steigender Temp. abnimmt; nähere Angaben s. „*Phosphor*" *Tl.* B, S. 277/8.

From Phosphorus and Ammonia or Hydrazine

Aus Phosphor und Ammoniak oder Hydrazin. PH_3 bildet sich bei der Einw. von fl. NH_3 auf weißes P oberhalb des Schmp. von P, wahrscheinlich auf Grund von Feuchtigkeitsspuren, A. Stock (*Ber. Deut. Chem. Ges.* **36** [1903] 1120/3, **41** [1908] 1593/1607, 1600), beim Erhitzen von weißem, nicht von rotem P mit einer wss. NH_3-Lsg., F. A. Flückiger (*Pharm. Vierteljahr* **12** [1863] 321/32, 332), A. Commaille (*Compt. Rend.* **68** [1869] 263/5), bei der Einw. einer alkohol. NH_3-Lsg. auf weißen Phosphor, A. Commaille (*Mon. Sci. Docteur Quesneville* [3] **1** [1871] 701/7), W. R. Hodgkinson (*Chem. News* **34** [1876] 67). PH_3 bildet sich bei der Rk. von P mit $N_2H_4 \cdot H_2O$, C. A. Lobry de Bruyn (*Rec. Trav. Chim.* **14** [1895] 85/8). Über die Bldg. von PH_3 bei der Einw. von aktivem P in Ar als Trägergas auf NH_3 und N_2H_4 s. E. R. Zabolotny, H. Gesser (*J. Am. Chem. Soc.* **81** [1959] 6091). Vgl. auch „*Phosphor*" *Tl.* B, S. 305.

From Phosphorus and Various Compounds

Aus Phosphor und verschiedenen Verbindungen. Beim Erwärmen von weißem P mit einer 6- oder 30%igen wss. H_2O_2-Lsg. auf 60°C. Mit rotem P reagiert eine $>$ 8%ige H_2O_2-Lsg. unter stürmischer PH_3-Entw., T. Weyl (*Ber. Deut. Chem. Ges.* **39** [1906] 1307/14). Beim Erhitzen von weißem P in Terpentinöl auf 250°C im geschlossenen Rohr, A. Colson (*Compt. Rend.* **146** [1908] 401/3; *Ann. Chim. Phys.* [8] **14** [1908] 554/65), bei der Einw. von aktivem P in Ar als Trägergas auf Methan, Propan, Äthylen, Propylen oder Buten, E. R. Zabolotny, H. Gesser (*l. c.*), beim 16std. Erhitzen von rotem P mit konz. HCl-Lsg. auf 200°C im geschlossenen Rohr, vermutlich nach $2\ P + 3HCl \rightarrow PH_3 + PCl_3$, A. Oppenheim (*Bull. Soc. Chim. France* [2] **1** [1864] 163/5), vgl. hierzu wie auch zu der ebenfalls PH_3 liefernden Rk. mit H_2SO_4 T. Weyl (*Ber. Deut. Chem. Ges.* **39** [1906] 4340/3). Bei der Einw. von wss. Laugen auf Phosphor, A. Michaelis, M. Pitsch (*Liebigs Ann. Chem.* **310** [1900] 45/74, 54), R. Schenck (*Ber. Deut. Chem. Ges.* **36** [1903] 979/95, 982), T. Weyl (*Ber. Deut. Chem. Ges.* **39** [1906] 1307/14). Beim Erhitzen von rotem P mit festem LiOH, NaOH, einem Erdakalihydroxid oder $Zn(OH)_2$, J. Datta (*J. Indian Chem. Soc.* **29** [1952] 751/8, 965). Zum Mechanismus der Rk. zwischen P und Alkalien s. S. 12.

By Decomposition of Phosphides

Durch Zersetzung von Phosphiden. Bei der Zers. von Te_3P_2 durch wss. HNO_3, E. Montignie (*Bull. Soc. Chim. France* **9** [1942] 658/61); bei der Rk. von BP mit heißer, konz. Alkalihydroxidlsg., A. Besson (*Compt. Rend.* **113** [1891] 78/80), oder mit verd. NH_3-Gas, R. C. Vickery (*Nature* **184** [1959] 268); bei der alkal. Hydrolyse von Si_2P in der Wärme, G. Fritz, H. O. Berkenhoff (*Z. Anorg. Allgem. Chem.* **300** [1959] 205/9). Bei der Hydrolyse von Alkali- und Erdalkaliphosphiden, vgl. hierzu die Darst. von PH_3 auf S. 12 und das chem. Verh. dieser Verbb., sowie bei der Einw. von Säuren auf andere Metallphosphide, wie z. B. die des Zn, In, Zr, Th, Ni, Co und Cu; nähere Angaben s. bei den betreffenden Verbindungen. Bei der Zers. von LaP, CeP und PrP an feuchter Luft, A. Iandelli, E. Botta (*Atti Accad. Naz. Lincei Rend. Classe Sci. Fis. Mat. Nat.* [7] **24** [1936] 459/64), und bei der Zers. von Cu-Phosphid durch alkohol. KCN-Lsg., R. Böttger (*Ann. Physik* [2] **101** [1857] 453/9). Über die Bldg. von PH_3 bei der C_2H_2-Gewinnung aus CaC_2 s. A. Müller (*Angew. Chem.* **62** [1950] 166/7), bei der Aufarbeitung der aus Al-Schrott erhaltenen heißen Krätze s. G. A. Hunold (*Chemiker*

Ztg. **75** [1951] 146/7), bei der Einw. von H_2O oder feuchter Luft auf Ferrosilicium, s. beispielsweise W. Schut, J. D. Jansen (*Rec. Trav. Chim.* **51** [1932] 321/41), oder Ferromangan, G. I. Barnabishvili (*Zh. Prikl. Khim.* **11** [1938] 1589/94, *C.* **1939** II 3032). Weitere Angaben: PH_3-Bldg. bei der Rk. von $NaPH_2$ oder Na_4P_2 mit überschüssigem H_2O oder NH_4Br in fl. NH_3, E. C. Evers, E. H. Street, S. L. Jung (*J. Am. Chem. Soc.* **73** [1951] 5088/91), bei der therm. Zers. von NH_3-Addukten des $Ca(PH_2)_2$, L. L. Pytlewski (*Diss. Univ. Pennsylvania* 1960 nach *Diss. Abstr.* **21** [1960] 751), R. I. Wagner, A. B. Burg (*J. Am. Chem. Soc.* **75** [1953] 3869/71), bei der Zers. von $Ni(PH_2)_2$ bei 0°C, O. Schmitz-Dumont, F. Nagel, W. Schaal (*Angew. Chem.* **70** [1958] 105).

By Thermal Decomposition of Phosphorus Acids and Their Salts

Durch thermische Zersetzung von Phosphorsäuren oder deren Salzen. PH_3 bildet sich bei der therm. Zers. von trocknem H_3PO_3, vgl. beispielsweise B. Pelletier (*Ann. Chim.* [*Paris*] **13** [1792] 101/12, 108, **14** [1792] 113/22) und S. 13, und von H_3PO_2, P. L. Dulong (*Ann. Chim. Phys.* **2** [1816] 141/50), H. Rose (*Ann. Physik* [2] **58** [1843] 301/14), J. B. Dumas (*Ann. Chim. Phys.* [2] **31** [1826] 113/54), A. W. Hofmann (*Ber. Deut. Chem. Ges.* **4** [1871] 200/5). Auch beim Erhitzen von H_3PO_4 in H_2-Atm. wird PH_3 entwickelt, H. N. Terem, S. Akalan (*Compt. Rend.* **228** [1949] 1437/9). Bei 280°C zersetzt sich festes H_3PO_3 unter PH_3-Entw., I. N. Bushmakin, A. V. Frost (*Zh. Prikl. Khim.* **6** [1933] 613/20, *C.* **1935** I 2336); lokale Überhitzung kann zu Explosionen führen, R. D. Coghill (*J. Am. Chem. Soc.* **60** [1938] 488). Auch beim Erhitzen von wss. H_3PO_3-Lsgg. auf 275 bis 350°C bildet sich neben Wasserstoff PH_3. Bei konst. Temp. hängt die Zus. der Gase nur von der Konz. der Lsg. ab und ist unabhängig von der Erhitzungsdauer. Oberhalb 325°C nimmt der PH_3-Anteil bei einer Erhitzungsdauer über 15 Std. infolge Sekundärrkk. ab. Bei einer Konz. der H_3PO_3-Lsg. <50 Gew.-% bildet sich nur wenig PH_3, bei höheren Konzz. nimmt der PH_3-Gehalt mit steigender Temp. zu, L. Hackspill, J. Weiss (*Chim. Ind.* [*Paris*] *Sonder-Nr.* **1932** 453/7).

PH_3 wird bei der therm. Zers. von Phosphiten und Hypophosphiten gebildet, H. Rose (*Ann. Physik* [2] **9** [1827] 23/48, 215/28, 361/86), C. F. Rammelsberg (*Ber. Deut. Chem. Ges.* **5** [1872] 492/7; *Sitzber. Preuss. Akad. Wiss. Physik.-Math. Klasse* **1872** 409/53). Näheres s. beim chem. Verh. dieser Salze.

By Reduction of Phosphorus Acids or Their Salts

Durch Reduktion von Phosphorsäuren oder deren Salzen. W. Herapath (*Pharm. J.* [2] **7** [1865] 57/8) findet bei der Red. von H_3PO_4 durch nasc. H die Bldg. von etwas PH_3; s. dagegen C. Neubauer (*Z. Anal. Chem.* **5** [1866] 471/8, 473), R. Fresenius (*Z. Anal. Chem.* **6** [1867] 195/205, 203). — PH_3 bildet sich beim Erhitzen von HPO_3 mit Zn vor dem Lötrohr, W. A. Ross (*Chem. News* **32** [1875] 283/4), und neben P bei der Red. von HPO_3 und $Ca(PO_3)_2$ durch H_2 oder CH_4 bei >700°C, Ya. P. Berkman, A. I. Kumovich (*Nauchn. Zap. L'vovsk. Politekhn. Inst., Ser. Khim.-Tekhnol.* Nr. 3 [1958] 32/41, 42/9 nach *C.A.* **1960** 14600). Bei der Red. von P_2O_5 durch H_2 in Ggw. von Ni, P. Neogi, B. B. Adhicáry (*Z. Anorg. Allgem. Chem.* **69** [1911] 209/14), sowie bei der Einw. von atomarem Wasserstoff, H. Kroepelin, E. Vogel (*Z. Anorg. Allgem. Chem.* **229** [1936] 1/15, 9). — H_3PO_3 und H_3PO_2 werden durch nasc. Wasserstoff, H. J. Lemkes (*Pharm. Weekblad* **53** [1916] 1496/513 nach *C.* **1917** I 604), H_3PO_3, Alkali- und NH_4-Phosphate bei >600°C durch H_2 zu PH_3 reduziert, H. N. Terem, S. Akalan (*Istanbul Univ. Fen Fak. Mecmuasi* A **14** [1949] 128/42, 138). PH_3 bildet sich nach thermodynam. Berechnungen oberhalb 1500°K bei der Red. von $Ca_3(PO_4)_2$ durch CH_4 in Ggw. von SiO_2, A. I. Klimovich (*Izv. Vysshikh Uchebn. Zavedenii, Khim. i Khim. Tekhnol.* **1958** Nr. 6, S. 71/8 nach *C.A.* **1959** 12815). Auch andere Phosphate ergeben bei der Red. PH_3, so z. B. $PbHPO_4$ mit Wassergas bei 400°C und 416 at, W. Ipatiew (*Ber. Deut. Chem. Ges.* **59** [1926] 1412/26, 1424), UO_2HPO_3 mit nasc. Wasserstoff, E. Montignie (*Bull. Soc. Chim. France* [5] **4** [1937] 1142/4). Über die Bldg. von PH_3 bei der Red. von Phosphorsäureestern durch $LiAlH_4$ in äther. Lsg. s. P. Karrer, E. Jucker (*Helv. Chim. Acta* **35** [1952] 1586).

From Various Phosphorus Compounds

Aus verschiedenen Phosphorverbindungen. PH_3 bildet sich bei der Zers. von P_2H_4 durch HCl, HBr, PCl_3 oder andere leicht flüchtige Substt. und durch Licht nach $5P_2H_4 \rightarrow 6PH_3 + 2P_2H$, P. Thénard (*Compt. Rend.* **18** [1844] 652/5, **19** [1844] 313/6), L. Gattermann, W. Haussknecht (*Ber. Deut. Chem. Ges.* **23** [1890] 1174/90), A. Michaelis, M. Pitsch (*Liebigs Ann. Chem.* **310** [1900] 45/74), ferner beim Überleiten über gekörntes $CaCl_2$ oder andere poröse Substt., A. Stock, W. Böttcher, W. Lenger (*Ber. Deut. Chem. Ges.* **42** [1909] 2839/47, 2842). Bei der photochem. Zers. sind Wellenlängen von 250 bis max. 300 mμ wirksam, D. Berthelot, H. Gaudechon (*Compt. Rend.* **156** [1913] 1243/5). Weitere Unterss. s. bei P. Royen, K. Hill (*Z. Anorg. Allgem. Chem.* **229** [1936] 97/111, 112/28), E. C. Evers, E. H. Street (*J. Am. Chem. Soc.* **78** [1956] 5726/30), E. H. Street, D. M. Gardner, E. C. Evers (*J. Am. Chem. Soc.* **80** [1958] 1819/22), M. Baudler, L. Schmidt (*Naturwissenschaften* **46** [1959] 577/8).

PH_3 bildet sich beim Erhitzen von festem, gelbem Phosphorwasserstoff oder bei der Einw. von alkohol. KOH-Lsg. auf diesen, P. THÉNARD (*Ann. Chim. Phys.* [3] **14** [1845] 5/40; *Liebigs Ann. Chem.* **55** [1845] 27/45, 39). Als Zers.-Temp. von $P_{12}H_6$ im Vak. wird 135°C von L. AMAT (*Ann. Chim. Phys.* [6] **24** [1891] 289/373, 360), 60°C von A. STOCK, W. BÖTTCHER, W. LENGER (*Ber. Deut. Chem. Ges.* **42** [1909] 2847/53, 2848), 80°C von L. HACKSPILL (*Compt. Rend.* **156** [1913] 1466/8) angegeben; die entsprechende Temp. von P_9H_2 beträgt 260 bis 300°C, A. STOCK u. a. (*l. c.* S. 2852). Vgl. dazu auch P. ROYEN (*Z. Anorg. Allgem. Chem.* **229** [1936] 369/400). Zur analogen Zers. von $(PH)_x$ im Hochvak. s. E. WIBERG, G. MÜLLER-SCHIEDMAYER (*Ber. Deut. Chem. Ges.* **92** [1959] 2372/84).

PH_3 bildet sich bei der neutralen oder alkal. Hydrolyse von P_4O bzw. P_4OH, vgl. das chem. Verh. des Suboxids gegen H_2O und Basen, S. 62/3, aus P_2O_3 bei der vorsichtigen Einw. von H_2O oder H_2O-Dampf, J. J. MANLEY (*J. Chem. Soc.* **121** [1922] 331/7, 335), C. C. MILLER (*Proc. Roy. Soc. Edinburgh* **46** [1926] 76/85), B. BLASER (*Ber. Deut. Chem. Ges.* **64** [1931] 614/9, 617), L. WOLF, W. JUNG, M. TSCHUDNOWSKY (*Ber. Deut. Chem. Ges.* **65** [1932] 488/91), ebenso bei der Rk. mit HCl, C. C. MILLER (*J. Chem. Soc.* **1928** 1847/62, 1848). Theoret. Überlegungen zur Hydrolyse von P_2O_3 s. bei YA. I. MIKHAILENKO, V. I. SEMISHIN (*Zh. Obshch. Khim.* **14** [1944] 1025/9, *C.A.* **1946** 7033).

Hydrolyse von PN bei 100°C im Bombenrohr oder in N_2-Atm., P. RENAUD (*Compt. Rend.* **198** [1934] 1159/61; *Ann. Chim.* [*Paris*] [11] **3** [1935] 443/512, 502), und Red. von PN mit atomarem Wasserstoff liefert PH_3. Die Red. verläuft bei 60°C langsam, bei 300°C schnell, D. M. WILES, C. A. WINKLER (*J. Phys. Chem.* **61** [1957] 902/3). Auch beim Erhitzen von $P_2(NH)_3$ auf 500 bis 600°C, H. MOUREU, G. WETROFF (*Compt. Rend.* **201** [1935] 1381/3), und bei der Zers. von $POH(NH_2)_2$ durch verd. HCl-Lsg. entsteht PH_3, T. E. THORPE, A. E. TUTTON (*J. Chem. Soc.* **59** [1891] 1019/29, 1028).

Zur PH_3-Bldg. aus PH_4J und PCl_3, $SbCl_5$ bzw. $SnCl_4$ s. S. 527, zur Darst. aus PH_4J vgl. S. 13. PH_3 entsteht bei der Einw. von konzentrierten Alkalilaugen auf P_4J, wahrscheinlich identisch mit P_2J_4, R. BOULOUCH (*Compt. Rend.* **141** [1905] 256/8), bei der Hydrolyse von P_2J_4, J. H. KOLITOWSKA (*Roczniki Chem.* **15** [1935] 29/36), und von PCl_3, PBr_3 oder PJ_3, und zwar in mit steigendem Molgew. zunehmendem Maße, E. THILO, D. HEINZ (*Z. Anorg. Allgem. Chem.* **281** [1955] 303/21), ferner bei der Red. von PCl_5 durch $LiBH_4$ in Äther bei −80°C, oder durch $LiAlH_4$ bei −100°C, E. WIBERG, K. MÖDRITZER (*Z. Naturforsch.* **11b** [1956] 747/8), sowie bei der Umsetzung von PCl_3 oder PBr_3 in äther. Lsg. mit LiH, AlH_3 oder $LiAlH_4$, E. WIBERG, G. MÜLLER-SCHIEDMAYER (*Chem. Ber.* **92** [1959] 2372/84). Bei der Red. von $(PNCl_2)_3$ durch metall. Na in fl. NH_3, W. E. BULL (*Diss. Univ. Illinois* 1957 nach *Diss. Abstr.* **18** [1958] 384); bei der Hydrolyse von $(P_3O_6J_2)_n$, M. BAUDLER, G. FRICKE (*Z. Anorg. Allgem. Chem.* **319** [1963] 211/29, 217), von P_4S_3, A. STOCK (*Ber. Deut. Chem. Ges.* **43** [1910] 150/7, 156), von $P_4O_4S_3$ bei 300°C im Vak., A. STOCK, K. FRIEDERICI (*Ber. Deut. Chem. Ges.* **46** [1913] 1380/7, 1382), von P_4Se_3, J. MAI (*Ber. Deut. Chem. Ges.* **61** [1928] 1807/11), und von $PH(CH_3)_2$, N. DAVIDSON, H. C. BROWN (*J. Am. Chem. Soc.* **64** [1942] 718). Bei der sauren und alkal. Hydrolyse, bei der Ammonolyse und Alkoholyse sowie bei der therm. Zers. oberhalb 400°C von SiH_3PH_2, G. FRITZ (*Z. Anorg. Allgem. Chem.* **280** [1955] 332/45), G. FRITZ, H. O. BERKENHOFF (*Z. Anorg. Allgem. Chem.* **289** [1957] 250/61), bei der Hydrolyse von Mg_2PN_3, H. MOUREU, G. WETROFF (*Compt. Rend.* **210** [1940] 436/8), und bei der therm. Zers. der Additionsverbb. von Halogenwasserstoffen an $CdHPO_3$, $Cd(H_2PO_2)_2$, $PbHPO_3$ und $Pb_3(PO_4)_2$, F. EPHRAIM, A. SCHÄRER (*Ber. Deut. Chem. Ges.* **61** [1928] 2161/73, 2169).

By Electrolysis

Durch Elektrolyse. PH_3 tritt in geringen Mengen auf beim Durchleiten von elektr. Strom durch geschmolzenen, H_2O-haltigen Phosphor, H. DAVY (*Schweiggers J. Chem. Phys.* **1** [1811] 473/83, 482), W. R. GROVE (*J. Chem. Soc.* **16** [1863] 263/73, 268), bei der Elektrolyse von Lsgg. von $NaPH_2$ oder Na_4P_2 in fl. NH_3, E. C. EVERS, J. M. FINN (*J. Phys. Chem.* **57** [1953] 559/63), von $LiPO_3$- und $NaPO_3$-Schmelzen, H. HARTMANN, J. ORBAN (*Z. Anorg. Allgem. Chem.* **226** [1936] 257/64, 263), von sauren Na_2O-P_2O_5-Schmelzen mit einem geringen H_2O-Gehalt bei 900°C, H. HARTMANN, W. MÄSSING (*Z. Anorg. Allgem. Chem.* **266** [1951] 98/104).

By Biological Methods

Auf biologischem Wege. Entgegen älteren Auffassungen bildet sich PH_3 nach systemat. Unterss., wenn überhaupt, nur in Spuren bei der bakteriellen Red. von phosphathaltigen, organ. Substt., W. RUDOLFS, G. W. STAHL (*Ind. Eng. Chem.* **34** [1942] 982/4). Es wird bei der Einw. von Hydrogenase, z. B. Philothion, auf roten Phosphor beobachtet, M.-E. POZZI-ESCOTT (*Bull. Soc. Chim. France* [3] **27** [1902] 346/9).

Thermodynamic Data of Formation

Thermodynamische Daten der Bildung. Bldg.-Enthalpie ΔH in kcal/Mol bei der Bldg. von gasf. PH_3 aus festem, weißem P und H_2 bei 25°C: $\Delta H = 4.9$, R. DE FORCRAND (*Compt. Rend.* **133** [1901]

513/5); $\Delta H = 5.8$, P. LEMOULT (*Compt. Rend.* **145** [1907] 374/6); $\Delta H = 2.355$, ber. aus der Gleichgew.-Konst., V. N. IPAT'EV [IPATIEW], A. V. FROST (*Zh. Russ. Fiz.-Khim. Obshchestva Chast' Khim.* **62** [1930] 1123/9; *Ber. Deut. Chem. Ges.* **63** [1930] 1104/10); $\Delta H = 5.8$, H. LEPP (*Metal Ind.* [*London*] **53** [1938] 103/7); $\Delta H^\circ = 2.3$, D. T. HURD (*An Introduction to the Chemistry of the Hydrides, New York-London* 1952, S. 127); $\Delta H^\circ = 2.21$, F. D. ROSSINI, D. D. WAGMAN, W. H. EVANS, S. LEVINE, I. JAFFE (*Selected Values of Chemical Thermodynamic Properties, Natl. Bur. Std.* [*U.S.*] *Circ.* Nr. 500 [1952] S. 73); $\Delta H^\circ = 2$, geschätzt, C. J. O'BRIEN, J. R. PERRINE, J. PERRINE (*Proc. Conf. 1st Kinetics, Equilibria Performance High Temp. Systems, Los Angeles, Calif.*, 1959 [1960], S. 5/17, 9); $\Delta H^\circ = 1.4 \pm 0.4$[1]), massenspektrometrisch ber., F. E. SAALFELD, H. J. SVEC (IS-386 [1961] 68/77, 72, *C.A.* **1962** 236); $\Delta H^\circ = 1.3 \pm 0.4$, ber. aus der Explosionswärme, S. R. GUNN, L. G. GREEN (*J. Phys. Chem.* **65** [1961] 779/83); $\Delta H = 4.627$ für 18 bis 20°C, J. C. THOMLINSON (*Chem. News* **99** [1909] 133). Ältere, teilweise stark abweichende Werte s. bei J. OGIER (*Ann. Chim. Phys.* [5] **20** [1880] 5/66, 9/14), M. BERTHELOT, P. PETIT (*Compt. Rend.* **108** [1889] 546/50). — Bldg.-Enthalpie ΔH in kcal/Mol bei der Bldg. von gasf. PH_3 aus den gasf. Elementen: $\Delta H_{700} = 5.525$; $\Delta H_{298} = 4.1$, aus Lit.-Daten ber., D. M. YOST, T. F. ANDERSON (*J. Chem. Phys.* **2** [1934] 624/7); $\Delta H_{298} = 5.04$, L. PAULING, M. SIMONETTA (*J. Chem. Phys.* **20** [1952] 29/34). — Bldg.-Enthalpie von festem PH_3 aus den festen Elementen $\Delta H = 1.1$ kcal/Mol, ber., R. DE FORCRAND (*J. Chim. Phys.* **15** [1917] 517/40, 532). Über die Periodizität der Bldg.-Enthalpien der Hydride der 5. Hauptgruppe s. S. M. MARIYA, M. P. MOROZOVA, S. A. SHCHUKAREV (*Zh. Obshch. Khim.* **27** [1957] 1131/6; *J. Gen. Chem. USSR* **27** [1957] 1213/8).

Freie Bldg.-Enthalpie von gasf. PH_3 bei der Bldg. aus festem P und H_2: $\Delta G^\circ_{298} = -3.296$ kcal/Mol, aus dem Dissoz.-Gleichgew. ber., D. H. DRUMMOND (*J. Am. Chem. Soc.* **49** [1927] 1901/4); $\Delta G^\circ_{298} = -3.14$ kcal/Mol, ber., D. P. STEVENSON, D. M. YOST (*J. Chem. Phys.* **9** [1941] 403/8, 408); $\Delta G^\circ = 4.36$ kcal/Mol, aus Lit.-Daten ber., F. D. ROSSINI u. a. (*l. c.*). Freie Bldg.-Enthalpie von gasf. PH_3 bei der Bldg. aus den gasf. Elementen: $\Delta G^\circ_{700} = 9.27$ kcal/Mol, $\Delta G^\circ_{298} = 1.29$ kcal/Mol, aus Lit.-Daten ber., D. M. YOST, T. F. ANDERSON (*l. c.*).

Bldg.-Entropie bei der Bldg. von PH_3 aus den Elementen unter Standardbedingungen: $\Delta S^\circ_{298} = -3.4$ cal/Mol · grad, aus Lit.-Daten ber., $\Delta S^\circ_{298} = -3.3$ cal/Mol · grad, nach einer Analogieregel ber., H. P. MEISSNER (*Ind. Eng. Chem.* **40** [1948] 904/8).

Darstellung

Preparation

General

Allgemeines. PH_3 wird im Prinzip noch nach den gleichen Verff., die auch zu seiner ersten Darst. geführt haben, erhalten, vgl. hierzu die Umsetzung von weißem P mit Alkalilsg., P. GENGEMBRE (*Hist. Mém. Acad. Roy. Sci.* **10** [1785] 651/8; *Chem. Ann. Crell* **1789** I 450/7), R. KIRWAN (*Phil. Trans. Roy. Soc. London* **76** [1786] 118/54, 150), mit Kalk, J. M. RAYMOND (*Ann. Chim.* [*Paris*] **10** [1791] 19/28), die Hydrolyse von Ca-Phosphid, G. PEARSON (*Phil. Trans. Roy. Soc. London* **1792** 289/308, 303), die therm. Zers. von H_3PO_3, B. PELLETIER (*Ann. Chim.* [*Paris*] **13** [1792] 101/12, 108, **14** [1792] 113/22), die Hydrolyse von PH_4Br und PH_4J, J. J. HOUTON-LABILLADIÈRE (*Ann. Chim. Phys.* **6** [1817] 304/7), G. S. SÉRULLAS (*Ann. Chim. Phys.* **48** [1831] 87/99, 91). Die früher übliche Unterscheidung der Darst.-Methh. in solche, die zu selbstentzündlichem, d. h. P_2H_4-haltigem PH_3 führen, und solche, bei denen PH_3 in nicht selbstentzündlicher, P_2H_4-freier Form erhalten wird, vgl. P. THÉNARD (*Compt. Rend.* **18** [1844] 652/5, **19** [1844] 313/6; *Ann. Chim. Phys.* [3] **14** [1845] 5/40, 36), ist nicht mehr angebracht. Durch geeignete Reinigungsmethh., vgl. S. 14, beispielsweise durch fraktionierte Kondensation, kann auch aus dem selbstentzündlichen Präp. leicht reines, nicht selbstentzündliches PH_3 erhalten werden.

From Phosphorus and Alkalies

Aus Phosphor und Alkalien. Vgl. auch „*Phosphor*" *Tl.* B, S. 317/8. — PH_3 wird erhalten durch Erhitzen von weißem P mit der doppelten Menge konz. NaOH- oder KOH-Lsg., P. GENGEMBRE (*l. c.*). Ähnliche Darst.-Vorschriften, bei denen teilweise mit verd. Laugen gearbeitet wird, s. bei R. KIRWAN (*l. c.*), J. B. A. DUMAS (*Ann. Chim. Phys.* [2] **31** [1826] 113/54), H. ROSE (*Ann. Physik* [2] **24** [1832] 109/65, 295/341, **32** [1834] 467/73), F. BRANDSTÄTTER (*Z. Physik. Chem. Unterricht* **11** [1898] 65/8), T. WEYL (*Ber. Deut. Chem. Ges.* **39** [1906] 3307/14). Die Rk. mit konz. KOH-Lsg. geht auch ohne Erhitzen vor sich, A. COMMAILLE (*J. Pharm.* [2] 8 [1868] 321). Das entstehende PH_3 ist bis zu 90 Vol.-% durch H_2 und Spuren P_2H_4 verunreinigt, H. ROSE (*Ann. Physik* [2] **24** [1832] 109/65, 295/341, 109), A. W. HOFMANN (*Ber. Deut. Chem. Ges.* **4** [1871] 200/5). Nach J. B. A. DUMAS (*l. c.*

[1]) Im Original: ± 4.

S. 129/32) ist es nicht möglich, den H_2-Gehalt des Gases unterhalb 60 Vol.-%, nach T. GRAHAM (*Phil. Mag.* [3] **5** [1834] 401/15) unterhalb von 25 bis 50% zu halten. — Bei Verwendung eines P-Überschusses, G. LANDGREBE (*Schweiggers J. Chem. Phys.* **55** [1829] 96/107, 100), wird ein PH_3-Gehalt von 30 bis 35 Vol.-% erreicht, A. W. HOFMANN (*l. c.*). Ein relativ geringer H_2-Gehalt stellt sich auch mit einer möglichst konz. und reinen KOH-Lsg. ein, H. ROSE (*Ann. Physik* [2] **32** [1834] 467/73). Vorschriften zur explosionsfreien Darst. von PH_3 aus P und KOH-Lsg. im Labor. s. bei W. KNOP (*Pharm. Centralblatt* **1848** 649/50), E. LÖWENHARDT (*Z. Physik. Chem. Unterricht* **25** [1912] 368), H. REBENSTORFF (*Z. Physik. Chem. Unterricht* **26** [1913] 303/5). Neuere Angaben zur Reindarst. s. bei P. ROYEN, K. HILL (*Z. Anorg. Allgem. Chem.* **229** [1936] 97/111, 98), T. WARTIK, E. F. APPLE (*J. Am. Chem. Soc.* **80** [1958] 6155/8).

Wird an Stelle von wss. KOH-Lsg. eine alkohol. KOH-Lsg. verwendet, so steigt der PH_3-Gehalt des entwickelten Gases auf ~45 Vol.-%, das Gas ist gewöhnlich nicht selbstentzündlich, A. W. HOFMANN (*l. c.*), und die PH_3-Entw. findet bei niedrigeren Tempp. statt, doch ist das Gas durch Alkoholdämpfe verunreinigt, H. ROSE (*l. c.*), J. GEWECKE (*Liebigs Ann. Chem.* B **61** [1908] 79/88, 83), vgl. auch T. v. GROTTHUSS (*Schweiggers J. Chem. Phys.* **32** [1821] 271/6, 274). Läßt man $NaOC_2H_5$ in alkohol. Lsg. auf P einwirken, so wird relativ reines, nicht selbstentzündliches PH_3 erhalten, W. R. HODGKINSON (*Chem. News* **34** [1876] 67).

1 Tl. weißes P wird mit 16 Tl. trocknem $Ca(OH)_2$ und 4 Tl. H_2O erhitzt. Auch die Hydroxide der anderen Erdalkalimetalle sowie ZnO und FeO können verwendet werden, J. M. RAYMOND (*Ann. Chim.* [*Paris*] **10** [1791] 19/28). Mit einem P-Überschuß arbeitet J. J. HOUTON-LABILLADIÈRE (*Schweiggers J. Chem. Phys.* **21** [1817] 100/5). Der PH_3-Strom ist zwar gleichmäßig, jedoch ist das PH_3 durch sehr viel H_2 verunreinigt, H. ROSE (*Ann. Physik* [2] **6** [1826] 199/214, 201). Beim Arbeiten mit wss. $Ca(OH)_2$-Lsg. beträgt der H_2-Gehalt bis zu 90%, J. B. A. DUMAS (*Ann. Chim. Phys.* **31** [1826] 113/54). Beim Erhitzen von rotem P mit festem $Mg(OH)_2$ im Gew.-Verhältnis 1:8 auf 225°C entsteht ein Gas, das anfangs 45%, gegen Ende der Rk. nur noch 25% PH_3 enthält. Mit $Ca(OH)_2$ werden analog 20 bzw. 6% PH_3 erhalten, J. DATTA (*J. Indian Chem. Soc.* **29** [1952] 101/4). Über die Darst. von PH_3 durch Einw. von wss. $Ba(OH)_2$- oder BaS-Lsg. auf weißes P s. auch R. PARIS, P. TARDY (*Compt. Rend.* **223** [1946] 242/3).

Der Mechanismus der PH_3-Bldg. aus P und Alkalien ist noch nicht völlig aufgeklärt. Folgende Gleichungen werden angenommen:

$$4\,P + 3\,KOH + 3\,H_2O \rightarrow PH_3 + 3\,KH_2PO_2$$
$$6\,P + 4\,KOH + 4\,H_2O \rightarrow P_2H_4 + 4\,KH_2PO_2$$
$$2\,P + 2\,KOH + 2\,H_2O \rightarrow H_2 + 2\,KH_2PO_2$$

Die H_2-Bldg. läßt sich auch durch Ox. des Hypophosphits zu Phosphit, Phosphat oder Diphosphat erklären, was die erhöhte H_2-Entw. gegen Ende der Rk. verständlich machen würde, vgl. dazu P. L. DULONG (*Ann. Chim. Phys.* [2] **2** [1816] 141/50), H. ROSE (*Ann. Physik* [2] **6** [1826] 199/214, 203, **12** [1828] 288/98, 297). Vers. einer Erklärung des Rk.-Verlaufes über K_3P und H_3PO_3: $4P + 6KOH \rightarrow 2K_3P + 2H_3PO_3$. Mit überschüssigem KOH soll H_3PO_3 nach $2H_3PO_3 + 4KOH \rightarrow 2K_2HPO_3 + 4H_2O$ weiterreagieren, während sich K_3P mit H_2O nach $2K_3P + 7H_2O \rightarrow PH_3 + KH_2PO_2 + 5KOH + 2H_2$ umsetzt. Die Brutto-Rk. wird durch $4P + 5KOH + 3H_2O \rightarrow PH_3 + KH_2PO_2 + 2K_2HPO_3 + 2H_2$ wiedergegeben, W. P. WINTER (*J. Am. Chem. Soc.* **26** [1904] 1484/512, 1509). — Unter bestimmten Rk.-Bedingungen erscheinen als Rk.-Prodd. gleiche Mengen von P als PH_3 und Phosphit; auch ist das Vol. des entwickelten H_2 nahezu proportional dem gebildeten Hypophosphit. Diese Tatsachen führen in etwa zu folgenden Rk.-Gleichungen: $P_4 + 4OH^- + 4H_2O \rightarrow 4H_2PO_2^- + 2H_2$ und $P_4 + 4OH^- + 2H_2O \rightarrow 2HPO_3^{2-} + 2PH_3$. Zusätzlich scheint noch eine geringe Zers. des $H_2PO_2^-$ durch das Alkali nach $H_2PO_2^- + OH^- \rightarrow HPO_3^{2-} + H_2$ einzutreten, J. C. VAN WAZER (*Phosphorus and its Compounds*, Bd. 1, *New York-London* 1958, S. 356).

By Decomposition of Phosphides

Durch Zersetzung von Phosphiden. Völlig reines PH_3 wird durch Erhitzen von festem Phosphorwasserstoff auf 200°C dargestellt, A. STOCK, W. BÖTTCHER, W. LENGER (*Ber. Deut. Chem. Ges.* **42** [1909] 2847/53, 2849).

Auf einfache Weise wird Phosphin durch Hydrolyse von Calciumphosphid erhalten, G. PEARSON (*Phil. Trans. Roy. Soc. London* **1792** 289/308, 303), da zugleich neben festem Phosphorwasserstoff auch P_2H_4 entsteht, ist das Prod. selbstentzündlich, P. THÉNARD (*Compt. Rend.* **18** [1844] 652/5, **19** [1844] 313/6; *Ann. Chim. Phys.* [3] **14** [1845] 5/40). Ziemlich reines, nicht selbstentzündliches PH_3 wird bei der Hydrolyse von einem Ca-Phosphid erhalten, das durch Red. von $Ca_3(PO_4)_2$ mit C im elektr. Ofen hergestellt wird, H. MOISSAN (*Compt. Rend.* **128** [1899] 787/93). Auch das bei der aluminotherm. Red. von $Ca_3(PO_4)_2$ erhaltene Ca_3P_2 liefert bei der Zersetzung durch H_2O in CO_2-Atm. und unter Eiskühlung relativ reines PH_3, das nur durch etwas H_2 verunreinigt ist. Die weitere Reinigung erfolgt durch fraktionierte Kondensation und Dest., C. Matignon, R. Trannoy (*Compt. Rend.* **148** [1909] 167/70), G. ter Gazarian (*J. Chim. Phys.* **7** [1909] 337/61, 345; *Compt. Rend.* **148** [1909] 1397/9). Dann noch vorhandenes C_2H_2, vgl. auch unten, kann durch Stehen über Molekularsieb 4 A bei 100°C vollständig entfernt werden, W. E. Addison, J. Plummer (*Chem. Ind.* [*London*] **1961** 935/6). — Ein reineres Prod. entsteht bei der Zers. von Ca-Phosphid durch verd. HCl-Lsg. unter Luftausschluß, T. Thomson (*Ann. Phil. Thomson* [2] **8** [1816] 87/93, 89), J. Dalton (*Ann. Phil. Thomson* [2] **11** [1818] 7/9), oder durch Eintragen von Ca-Phosphid in konz. HCl-Lsg. Daneben entstehen beträchtliche Mengen an festem Phosphorwasserstoff, P. Thénard (*l. c.*). Der bei der Zers. von Ca_3P_2 durch verd. HCl-Lsg. im H_2-Strom entstehende feste Phosphorwasserstoff wird durch Überleiten des Gases über Natronkalk und P_2O_5 zersetzt. Weitere Reinigung des Gases durch fraktionierte Dest., P. Royen, K. Hill (*Z. Anorg. Allgem. Chem.* **229** [1936] 112/28, 115), vgl. auch S. A. Shchukarev, M. P. Morozova, Myao-Syu li (*Zh. Obshch. Khim.* **29** [1959] 3142/4; *J. Gen. Chem. USSR* **29** [1959] 3109/11). Das Auftreten von P_2H_4 wird völlig vermieden, wenn man HCl-Lsg. zu einer sd. alkohol. Suspension zutropfen läßt, die 10 Gew.-Tl. grobgemahlenes Ca_3P_2 und 1 Tl. CuCl enthält. Die Geschw. der PH_3-Entw. wird durch die Tropfgeschw. und die Temp. geregelt. Außer Alkohol können auch andere mit H_2O mischbare Lsgmm., beispielsweise Aceton, und auch andere Phosphide verwendet werden. Bei Verwendung von Al- oder Zn-Phosphid ist das entstehende PH_3 auch frei von C_2H_2, während Ca_3P_2, je nach seinem Reinheitsgrad, ein Gas mit max. 3% C_2H_2 liefert, G. Quesnel (*Compt. Rend.* **253** [1961] 1450/1). Zur Entfernung des C_2H_2 vgl. oben das Verf. von W. E. Addison, J. Plummer (*l. c.*).

Zur Zersetzung von Aluminiumphosphid mit Wasser, H. Fonzes-Diacon (*Compt. Rend.* **130** [1900] 1314/6), muß warmes Wasser benutzt werden. Bei Verwendung von heißem H_2O oder verd. Säuren bildet sich ein H_2-haltiges Prod., F. Bodroux (*Bull. Soc. Chim. France* [3] **27** [1902] 568/9). Auf einfache Weise wird PH_3 dargestellt durch Zugabe von H_2O zu einer Suspension von AlP in einer mit H_2O mischbaren Fl., beispielsweise Dioxan, E. V. Kuznetsov, R. K. Valetdinov, T. Ya. Roitburd, L. B. Zakharova (*Tr. Kazakhsk. Khim.-Tekhnol. Inst.* **1960** Nr. 29, S. 20/1 nach *C. A.* **58** [1963] 547), F. Pass, E. Steininger, H. Zorn (*Monatsh. Chem.* **93** [1962] 230/6). Zur Zers. durch verd. Säuren vgl. C. Matignon (*Compt. Rend.* **130** [1900] 1391/4), L. Moser, A. Brukl (*Z. Anorg. Allgem. Chem.* **121** [1922] 73/94, 74), G. Quesnel (*l. c.*), durch konz. Laugen s. W. E. White, A. H. Bushey (*J. Am. Chem. Soc.* **66** [1944] 1666/72), E. Montignie (*Bull. Soc. Chim. France* **1946** 276/8).

Über die Darstellung von Phosphin durch Zersetzung von Mg-, Zn- oder Sn-Phosphid durch H_2O, verd. Säuren oder Laugen s. H. Schwarz (*Dinglers Polytech. J.* **191** [1869] 396/400), F. Brandstätter (*Z. Phys. Chem. Unterricht* **11** [1898] 65/8), R. Lüpke (*Z. Phys. Chem. Unterricht* **3** [1890] 280/9), F. Bodroux (*l. c.*), M. S. Malinovskii, P. I. Bogatkov (*Nauchn. Raboty Khim. Lab. Gor'kovsk. Nauchn.-Issled. Inst. Gigieny Truda i Prof. Boleznei* **6** [1957] 33/7 nach *Ref. Zh. Khim.* **1959** Nr. 1868), G. Quesnel (*l. c.*).

Der Ablauf der Reaktion von Ca_3P_2 mit H_2O ist sicher komplizierter, als durch die Rk.-Gleichung $Ca_3P_2 + 6H_2O \rightarrow 2PH_3 + 3Ca(OH)_2$ ausgedrückt wird, zumal unter den Rk.-Prodd. geringe Mengen an Hypophosphit und Phosphit gefunden werden. Der wahrscheinliche, mit Na_3P formulierte Rk.-Ablauf wird durch $4Na_3P + 14H_2O \rightarrow 2PH_3 + NaH_2PO_2 + Na_2HPO_3 + 9NaOH + 5H_2$ wiedergegeben. Das die Selbstentzündlichkeit des PH_3 bewirkende P_2H_4 wird vermutlich durch Zers. von Na_4P_2 nach $2Na_4P_2 + 10H_2O \rightarrow P_2H_4 + NaH_2PO_2 + Na_2HPO_3 + 5NaOH + 4H_2$ erhalten, W. P. Winter (*J. Am. Chem. Soc.* **26** [1904] 1484/512).

By Decomposition of H_3PO_3

Durch Zersetzung von H_3PO_3. Darst. von mit H_2 verunreinigtem PH_3 durch therm. Zers. von krist. H_3PO_3, H. Rose (*Ann. Physik* [2] **8** [1826] 191/214, 192, **24** [1832] 109/65, 109). Erhitzen von krist. H_3PO_3 in N_2-Atm., D. R. Martin, R. E. Dial (*J. Am. Chem. Soc.* **72** [1950] 852/6).

By Hydrolysis of Phosphonium Salts

Durch Hydrolyse von Phosphoniumsalzen. Relativ reines, nicht selbstentzündliches PH_3 wird bei der Zers. von PH_4J durch H_2O, wss. Säuren, Laugen, NH_3 und Alkohol entwickelt, J. J. Houton-Labillardière (*Ann. Chim. Phys.* **6** [1817] 304/7), H. Rose (*Ann. Physik* [2] **24** [1832] 109/65, 153), während das aus PH_4Br erhaltene PH_3 durch HBr verunreinigt ist, G. S. Sérullas (*Ann. Chim. Phys.* **48** [1831] 87/99, 91). Zur Darst. eines regelmäßigen PH_3-Stromes läßt man auf körniges PH_4J, das mit Glasstücken vermischt ist, KOH-Lsg. zutropfen. Das entwickelte PH_3 ist vollkommen rein und frei von H_2. Ausbeute 95 bis 96% der Theorie, A. W. Hofmann (*Ber. Deut. Chem. Ges.* **4** [1871]

200/5); vgl. auch B. LEPSIUS (*Ber. Deut. Chem. Ges.* **23** [1890] 1642/6). Gelegentlich (keine Angabe der Bedingungen) soll dabei auch selbstentzündliches Gas entstehen, C. RAMMELSBERG (*Ber. Deut. Chem. Ges.* **6** [1873] 88). An die Stelle von KOH-Lsg. kann wss. Äther treten. Die Geschw. der PH_3-Entw. wird durch den H_2O-Gehalt des Äthers geregelt, J. MESSINGER, C. ENGELS (*Ber. Deut. Chem. Ges.* **21** [1888] 326/36, 326). Bei Anwendung von 20- bis 50%iger NaOH- oder KOH-Lsg. arbeitet man in inerter Atm., wäscht das PH_3 mit H_2O, trocknet über KOH, $CaCl_2$ und P_2O_5 und reinigt durch fraktionierte Dest. im Vak., A. STOCK, F. HENNING, E. KUSS (*Ber. Deut. Chem. Ges.* **54** [1921] 1119/29, 1125); vgl. dazu auch R. ROBERTSON, J. J. FOX, E. S. HISCOCKS (*Proc. Roy. Soc.* [*London*] A **120** [1928] 149/60, 159), M. RITCHIE (*Proc. Roy. Soc.* [*London*] A **128** [1930] 551/79, 562), A. FRANK, K. CLUSIUS (*Z. Physik. Chem.* B **42** [1939] 395/421, 408).

By Reduction of Phosphorus Halogenides

Durch Reduktion von Phosphorhalogeniden. In guten Ausbeuten erhält man PH_3 bei der Red. von PCl_3 durch $LiAlH_4$ in äther. Lsg. bei 0°C nach $4PCl_3 + 3LiAlH_4 \rightarrow 4PH_3 + 3LiCl + 3AlCl_3$. Ohne Lsgm. führt die Rk. selbst bei 75°C nur zu einer 0.25%igen Ausbeute an PH_3, N. L. PADDOCK (*Nature* **167** [1951] 1070/1), F. E. SAALFELD, H. J. SVEC (IS-386 [1961] 68/77, 68, *C.A.* **1962** 236). Zur Red. von PCl_3 oder PBr_3 in äther. Lsg. dienen neben $LiAlH_4$ auch LiH oder AlH_3. Gleichzeitig verläuft auch die Red. des P-Halogenids zu $(PH)_X$ nach $PX_3 + 3H^- \rightarrow PH + H_2 + 3X^-$. Mit fallender Temp., zunehmender Elektronegativität des Halogens und wachsender Hydriergeschw. des Hydrierungsmittels wird die PH_3-Bldg. zu Lasten der $(PH)_X$-Bldg. gefördert. Bei der Hydrierung von PCl_3 mit $LiAlH_4$ bei −115°C gehen beispielsweise ~80% des PCl_3 in PH_3 über, E. WIBERG, G. MÜLLER-SCHIEDMAYER (*Ber. Deut. Chem. Ges.* **92** [1959] 2372/84). In 70%iger Ausbeute wird PH_3 durch Red. von PCl_3 durch feinverteiltes Na in Toluol hergestellt. Ohne anschließendes Erhitzen wird durch Zugabe von H_2O das PH_3 in Freiheit gesetzt, L. HORNER, P. BECK, H. HOFFMANN (*Chem. Ber.* **92** [1959] 2088/94).

Purification

Reinigung. Läßt man auf unreines, P_2H_4-haltiges PH_3 Sonnenlicht einwirken, so zersetzt sich P_2H_4, und das Gas ist nicht mehr selbstentzündlich, A. VOGEL (*J. Prakt. Chem.* **6** [1835] 343/8, 348). Die Abtrennung des P_2H_4 geht beim Durchleiten des selbstentzündlichen Gases durch eine mit $CaCl_2$ gefüllte Röhre vor sich, da dabei P_2H_4 unter Bldg. von PH_3 und festem Phosphorwasserstoff zersetzt wird, H. ROSE (*Ann. Physik* [2] **46** [1839] 633/9). Durch Einleiten in eine salzsaure CuCl-Lsg. wird P_2H_4 zersetzt und PH_3 absorbiert. Beim Erhitzen der Lsg. wird reines PH_3 in Freiheit gesetzt, J. RIBAN (*Bull. Soc. Chim. France* [2] **31** [1879] 385/90), A. GRANGER (*Ann. Chim. Phys.* [7] **14** [1898] 5/90, 14).

Die Abtrennung von AsH_3 aus PH_3 geschieht durch Überleiten des Gasgemisches über aktiviertes Al bei 150°C, wobei AsH_3 quantitativ in As und H_2 zerlegt wird. Durch Abkühlen mit fl. Luft wird das resultierende PH_3-H_2-Gemisch getrennt und PH_3 in reiner Form erhalten, H. GUÉRIN, J. BASTICK (*Compt. Rend.* **233** [1951] 1452/3). Trocknung von PH_3 durch Behandeln mit Al_2O_3, F. M. G. JOHNSON (*J. Am. Chem. Soc.* **34** [1912] 911/2). — Über weitere Methh. zur Reinigung und Trocknung von PH_3 s. bei den einzelnen Darst.-Vorschriften. Vgl. auch S. 15.

Industrial Preparation

Technische Darstellung

Vgl. auch die Angaben in „*Phosphor*“ *Tl.* B, S. 35.

Preparation Methods

Herstellungsverfahren. In guten Ausbeuten wird PH_3 gewonnen, wenn man einen H_2-Strom oder KW-Stoff enthaltende Gase mittels eines heißen, leistungsstarken Hochstromlichtbogens aktiviert und während oder nach dieser Aktivierung auf elementares P einwirken läßt. Das entstehende PH_3 wird durch Abschrecken am therm. Zerfall gehindert, METALLGESELLSCHAFT A.-G., H. CLASEN (*D.P.* 934764 [1953/55], *C.A.* **1958** 19044). Sehr kleine, genau bestimmte Mengen von PH_3 zur Dotierung von Si-Kristallen erhält man beim Durchleiten von gereinigtem H_2 durch erhitzte W-Elektroden und anschließende Rk. der aktivierten H_2-Molekeln mit einer dünnen Schicht von reinem, rotem P bei 35°C, LABORATOIRES D'ÉLECTRONIQUE ET DE PHYSIQUE APPLIQUÉES L. E. P., J. J. BRISSOT, H. RAYNAUD (*F.P.* 1288869 [1961/62], *C.A.* **57** [1962] 15974).

Reines, P_2H_4-freies PH_3 wird in einer Ausbeute von wenigstens 95% bei der Umsetzung von weißem P mit den ber. Mengen NaOH und H_2O bei 50 bis 55°C erhalten, wobei als Rk.-Medium 70- oder höherprozentiges Methanol oder Äthanol verwendet wird. Durch diese Darst.-Bedingungen werden hohe Rk.-Tempp., lange Rk.-Dauer, geringe Ausbeuten und Verunreinigung durch P_2H_4 vermieden, wie sie bei der gewöhnl. Darst. aus P und wss. Laugen üblich sind, FOOD MACHINERY AND CHEMICAL CORP., R. W. CUMMINS (*U.S.P.* 2977192 [1958/61], *C.A.* **1961** 18039).

Red. von PCl_3, gelöst in Mineralöl, durch NaH, suspendiert in Mineralöl, in Ggw. von $B(C_2H_5)_3$ bei −10 bis +30°C. Red.-Mittel ist dabei das intermediär entstehende $Na[BH(C_2H_5)_3]$. Nach beendigter Rk. wird PH_3 im Vak. abgezogen, Kali-Chemie A.-G., H. Jenkner (*B.P.* 823483 [1957/59], *C.A.* **1960** 14125; *D.P.* 1061302 [1956/59].

PH_3 wird bei der Elektrolyse eines Breies aus P_2O_3 und 10%igem wss. H_2SO_4 unter Zusatz von 5% K_2SO_4 erhalten. Das an der Kathode intermediär entstehende metall. K bildet bei der Rk. mit H_2O nasc. H, das teilweise mit P zu PH_3 reagiert. An der Kathode entweicht PH_3 zusammen mit dem restlichen H_2, während an der Anode O_2 entsteht, H. Blumenberg (*U.S.P.* 1375819 [1919/21], *C.* **1922** II 559). Elektrolyse eines wss. Elektrolyten, z. B. 40%iger wss. H_3PO_4-Lsg., bei 60 bis 100°C mit einer Pb- oder Hg-Kathode, die periodisch oder dauernd mit fein verteiltem oder geschmolzenem weißem P in Berührung ist; die Anode besteht aus Pt, Pb, PbO, Stahl oder Graphit, das erforderliche Diaphragma aus Sinterglas. Das Verf. von H. Blumenberg (*l. c.*) ist zur Darst. von PH_3 unbrauchbar, Albright & Wilson Ltd., The Hooker Chemical Corp., D. T. Price, I. Gordon (*D.P.* 1112722 [1960/62], *C.A.* **56** [1962] 11366).

Natürliches $Ca_3(PO_4)_2$, wie Phosphorit oder Apatit, wird durch Kohle in einem Hochofen in Ggw. von Sand, H_2O-Dampf und O_2 reduziert, wobei sich ein an PH_3 reiches Gas bildet, I. S. Rozenkrants, M. O. Dembo (*UdSSR.P.* 54391 [1936/39], *C.* **1939** II 3735). Sehr reines PH_3 wird bei der Zers. von Mg-Phosphid durch H_2O oder verd. Säuren erhalten, Schering A.-G. (*F.P.* 870802 [1941/42], *C.* **1942** II 939). Die Selbstentzündlichkeit des aus Metallphosphiden hergestellten PH_3 wird durch Zumischen von CO_2-entwickelnden Substt., beispielsweise $NaHCO_3$, zu den Phosphiden unterdrückt, Deutsche Gold- und Silber-Scheideanstalt vorm. Roessler, L. Hüter (*D.P.* 923006 [1952/55], *C.A.* **1957** 18512), oder durch Umsetzung von Al-Phosphid, suspendiert in einem mit H_2O mischbaren organ. Lsgm., mit H_2O herabgemindert, E. V. Kuznetsov, R. K. Valetdinov, P. M. Zavlina (*UdSSR.P.* 121551 [1959/60], *C.A.* **1960** 15874). Zur Regulierung der Bldg.-Geschw. werden den Phosphiden leicht flüchtige, Verdunstungskälte erzeugende organ. Fll. zugemischt, W. Freyberg (*D.A.S.* 1023265 [1955/58]). Wird Ca_3P_2 mit einem wasserlösl. Überzug einer Salzschmelze, wie Alkalisilicat, Borax, Alkalipyrophosphat, $K_2Cr_2O_7$ oder NaCl, überzogen, so tritt die PH_3-Entw. mit H_2O verzögert ein, F. Hebler (*B.P.* 279751 [1927/27], *C.* **1928** II 833). PH_3 zur Verwendung als Schädlingsbekämpfungsmittel wird durch Hydrolyse von Metallphosphiden hergestellt. Dazu wird das Phosphid erst im Augenblick und am Ort der Verwendung durch therm. Red. von Salzen der Phosphorsauerstoffsäuren durch feingemahlenes Ca, Mg oder Al gebildet und hydrolysiert dann unter der Einw. der Erdfeuchtigkeit unter PH_3-Entw., E. Ritter v. Herz, E. Ritter v. Herz (*D.P.* 923999 [1950/55], *C.A.* **1958** 2328). Über Betriebsgefahren bei der Herstellung von PH_3 s. F. Barillet (*Industrie Chimique* **27** [1940] 123/6).

Entfernen aus Gasen. Vgl. die Ox. von PH_3, das als Verunreinigung in anderen Gasen vorliegt, unter H_3PO_4-Gewinnung in „*Phosphor*" *Tl.* B, S. 58. *Removing from Gases*

Wasserstoff. Phosphorwasserstoff wird aus H_2 durch Einleiten des Gasgemisches in einen mit CaO oder $CaCO_3$ gefüllten Turm abgetrennt, wobei PH_3 in $Ca(PO_3)_2$ übergeführt wird, E. V. Britzke, N. E. Pestov (*Tr. Nauchn. Inst. po Udobr. i Insektofung.* **59** [1929] 5/160 nach *C.A.* **1930** 208). Durch Zusatz von Cl_2 entstehen P-Chloride, die sich größtenteils durch Abkühlen, vollkommen durch Waschen mit organ. Lsgmm., z. B. Tetrachloräthan oder H_2O entfernen lassen, R. Decker, H. Holz, B. Kellner (*D.P.* 803295 [1949/51], *C.A.* **1951** 6812). Absorption von PH_3 in angefeuchteter, mit HCl-Gas gesätt. Aktivkohle, A.-G. für Stickstoffdünger (*D.P.* 625920 [1934/36], *C.* **1936** I 3734). Waschen mit einer HNO_3-Lsg., die eine dem PH_3-Gehalt des Gases angepaßte Menge Hg^{2+}- oder Ag^{+}-Ionen gelöst enthält, Süddeutsche Kalkstickstoffwerke A.-G., R. Wendlandt, F. J. Kaess, J. Roeder (*D.P.* 882845 [1944/53]). Katalyt. Ox. des PH_3 (aus der Rk. von P mit H_2O) durch die Endgase einer HNO_3-Anlage bei 400°C über Cu-Katalysatoren oder mit H_2O-Dampf bei 300 bis 400°C über Cu- oder Pt-Katalysatoren. Durch die Ox. mit H_2O wird der PH_3-Gehalt des H_2 von 0.1 bis 0.5% auf $<0.0003\%$ herabgesetzt, durch die HNO_3-Ox. wird PH_3 vollständig entfernt, J. F. Schultz, G. Tarbutton, T. M. Jones, M. E. Deming, C. M. Smith, M. B. Cantelou (*Ind. Eng. Chem.* **42** [1950] 1608/15, 1613). Als Katalysator für die Ox. mit H_2O bei 300°C dient Cu-Phosphid, I. N. Bushmakin, M. V. Rysakov (*Zh. Prikl. Khim.* **5** [1932] 705/14, *C.A.* **1933** 168). Um techn. H_2 mit einem PH_3-Gehalt von max. 4% zu reinigen, wird das Gas bei ≤ 500 at durch eine auf Rotglut erhitzte Röhre geleitet, wo das PH_3 durch O_2, Luft oder H_2O zu H_3PO_4 oxydiert wird, Soc. d'Études Scientifiques & Industrielles (*F.P.* 696512 [1930/30], *C.* **1931** I 1337). *Hydrogen*

Acetylene

Acetylen. Zur Abtrennung von PH_3 aus techn. C_2H_2 wird das Gas mit feuchtem Chlorkalk, G. LUNGE, E. CEDERCREUTZ (*Z. Angew. Chem.* **10** [1897] 651/5), oder mit einer sehr verd., im Kreislauf geführten NaOCl-Lsg. behandelt, SOLVAY & CIE. (*B.P.* 608237 [1945/48], *C.A.* **1949** 2381). Ox. mit einer im Gegenstrom geführten, verd. Cl_2-Lsg. unter Lichtausschluß, DEUTSCHE GOLD- UND SILBER-SCHEIDEANSTALT VORM. ROESSLER, H. MÜLLER (*U.S.P.* 2673885 [1952/54], *C.A.* **1954** 10264). Wirkungsvolle Abtrennung von PH_3 von weitgehend getrocknetem C_2H_2 durch Waschen mit konz. H_2SO_4 bei einer Temp. $\leq 25°C$, LONZA ELEKTRIZITÄTSWERKE UND CHEMISCHE FABRIKEN A.-G. (*Schwz.P.* 148755 [1930/31], *C.* **1932** I 1856). Neben konz. H_2SO_4 können auch andere nicht oxydierende konz. Mineralsäuren, in denen PH_3 lösl. ist und die ständig durch Ox. mit O_2-Gas regeneriert werden, zur Entfernung von PH_3 herangezogen werden, GESELLSCHAFT FÜR LINDE'S EISMASCHINEN A.-G., F. ROTTMAYR (*D.P.* 715678 [1939/42], *C.A.* **1944** 2171), ALIEN PROPERTY CUSTODIAN, F. ROTTMAYR (*U.S.P.* 2313022 [1940/43], *C.A.* **1943** 5224), ferner H_2SO_4 mit 20% $(NH_4)_2SO_4$, I. I. STRIZHEVSKII (*UdSSR.P.* 76999 [1949] nach *C.A.* **1953** 10815), oder HNO_3-Lsg., die dem PH_3-Gehalt des Gases angepaßte Mengen Hg^{2+} oder Ag^{+} enthält, SÜDDEUTSCHE KALKSTICKSTOFFWERKE A.-G., R. WENDLANDT, F. J. KAESS, J. ROEDER (*D.P.* 882845 [1944/53]).

Blast-furnace Gas

Gichtgas. PH_3 wird durch O_2 quantitativ in Ggw. von HNO_3 oxydiert. Die Ox.-Geschw. nimmt mit steigender Temp. und steigender HNO_3-Konz. zu; sie ist begrenzt durch die Absorption des entstehenden P_2O_5-Nebels, I. S. ROZENKRANTS (*Izv. Akad. Nauk SSSR, Otd. Khim. Nauk* **1938** Nr. 1, S. 75/98, *C.A.* **1938** 8709). Die Ox. läßt sich auch durch 1.5- bis 2fachen Überschuß an O_2 nach Verd. mit N_2 bei 350 bis 400°C bewirken. Nach Zusatz von NO und NO_2 zum Gasgemisch verläuft die Ox. mit großer Geschw. auch bei gewöhnl. Temperatur. Vermutlich reagieren NO und NO_2 nicht nur als O-Überträger, sondern sie starten eine Kettenrk., I. S. ROZENKRANTS (*Khim. Prom.* **1944** Nr. 10/11, S. 32/3 nach *C.A.* **1946** 2275).

Phosphorus Vapor

Phosphordampf. Der auf übliche Weise von Staub, H_2S und anderen Verunreinigungen befreite Dampf wird wiederholt mit im Kreislauf geführtem Cl_2-Wasser behandelt, N. N. POSTNIKOV (*UdSSR.P.* 58767 [1936/41] nach *C.A.* **1944** 5051). Über weitere Vorschläge, die besonders die Behandlung von Abgasen der Phosphoröfen betreffen, s. „*Phosphor*" *Tl.* B, S. 42.

Molecule

Molekel

Type of Bond. Symmetry

Bindungsart. Symmetrie. Aus der Differenz zwischen dem gem. Kernabstand und der Summe der kovalenten Atomradien, die von M. L. HUGGINS (*J. Am. Chem. Soc.* **75** [1953] 4126/33) für P und H angegeben werden, ist zu schließen, daß die P–H-Bindungen in PH_3 fast reine σ-Bindungen sind und auf jede σ-Bindung höchstens 0.1 π-Bindung entfällt; mit thermochem. Daten wird diese Abschätzung bestätigt, J. R. VAN WAZER (*J. Am. Chem. Soc.* **78** [1956] 5709/15, 5711). Außer den drei 3p-Elektronen sind demnach — wenn auch nur in geringem Maße — s-Elektronen an der Bindung beteiligt. Über die Valenzhybridisierung in PH_3 s. auch T. OHKI (*Nagoya Sangyo Kagaku Kenkyujo Kenkyu Hokoku* Nr. 8 [1955] 13/16), G. SCHOTT (*Z. Naturforsch.* **11b** [1956] 735/47, 747) und J. K. WILMSHURST (*J. Chem. Phys.* **33** [1960] 813/20). Wie die Valenzhybridisierung sich während der Molekelschwingungen mit dem Kernabstand ändert, wird von P. T. NARASIMHAN (*Proc. Natl. Inst. Sci. India* A **24** [1958] 55/65) auf Grund der Intensitäten in den UR-Banden diskutiert. Außer den bindenden Elektronen behandelt R. S. MULLIKEN (*J. Chem. Phys.* **3** [1935] 506/14) auch die nicht bindenden, für die die im Atom geltende Eigenfunktion bei der Molekelbldg. unverändert bleibt. — Die Elektronendichte in PH_3 versuchen R. A. BALLINGER, N. H. MARCH (*Proc. Cambridge Phil. Soc.* **52** [1956] 703/11) zu berechnen, indem sie außer dem P-Kern eine die 3H-Kerne repräsentierende ringförmige Ladung annehmen und in dem hierdurch bestimmten Feld die Elektronenbewegung untersuchen. In gedrängter Form werden die Berechnungsweise und die Ergebnisse von N. H. MARCH (*Advan. Phys.* **6** [1957] 1/101, 40/42) wiedergegeben. Für Hydride führt H. SIEBERT (*Z. Anorg. Allgem. Chem.* **274** [1953] 24/33) den Begriff „Bindungsgrad" ein; diese Größe soll für $PH_3 < 1$ sein und eine Verschiebung der Bindungselektronen zu den H-Atomen anzeigen. Über den Zusammenhang zwischen Elektronendichte und Stabilität s. R. T. SANDERSON (*J. Chem. Phys.* **20** [1952] 535). — Energet. Betrachtungen über Spinvalenz und lokalisierte Valenz, die am Beispiel von H_2S explizit ausgeführt werden, sollen nach K. ARTMANN (*Z. Physik* **144** [1956] 549/71) auch für PH_3 gelten.

Anregungszustände der PH_3-Molekel entstehen nicht nur durch Übergang eines Elektrons in den 4s-Zustand, sondern auch durch Umwandlung eines der bindenden Elektronen in ein antibindendes, A. D. WALSH (*J. chem. Soc.* **1953** 2296/2301).

Die chemische Verschiebung der Kernresonanz von ^{31}P (s. „*Phosphor*“ *Tl.* B, S. 200), bezogen auf eine wss. H_3PO_4-Lsg., ergibt sich zu $\delta = +241$ ppm, H. S. Gutowsky, D. W. McCall, C. P. Slichter (*J. Chem. Phys.* **21** [1953] 279/92, 283). Die auffallend große Abschirmung ist möglicherweise dadurch bedingt, daß die P–H-Bindungen teilweise heteropolar (mit Überschuß der negativen Ladung am P-Atom) sind, H. S. Gutowsky, D. W. McCall (*J. Chem. Phys.* **22** [1954] 162/4). Diese Deutung wird jedoch von N. Muller, P. C. Lauterbur, J. Goldenson (*J. Am. Chem. Soc.* **78** [1956] 3557/61) verworfen; für die Größe von δ soll vielmehr die Anzahl der nicht kompensierten („unbalanced“) p-Elektronen ausschlaggebend sein. Der hohe Wert von δ, der nach neuen Messungen $+238 \pm 1$ ppm beträgt, kann auch allein dadurch bedingt sein, daß in PH_3 praktisch nur p-Elektronen an der Bindung beteiligt sind, so daß die Bindungswinkel nur wenig von dem theoret. Wert 90° abweichen, J. R. van Wazer, C. F. Callis, J. N. Shoolery, R. C. Jones (*J. Am. Chem. Soc.* **78** [1956] 5715/26, 5719). Die chem. Verschiebung von PHD_2 ist fast dieselbe wie die von PH_3 (Differenz 0.004 ppm), R. M. Lynden-Bell (*Trans. Faraday Soc.* **57** [1961] 88/892). — Über die Protonenresonanz in gasf. und fl. PH_3 s. W. G. Schneider, H. J. Bernstein, J. A. Pople (*J. Chem. Phys.* **28** [1958] 601/7). In PHD_2 ist die Protonenresonanzlinie aufgespalten (Quintett) und von der PH_3-Linie und dem PH_2D-Triplett überlagert, R. M. Lynden-Bell (*l. c.*).

Bevor der Bindungswinkel aus dem Trägheitsmoment berechnet werden konnte, ermöglichte schon eine qualitative Analyse der Angaben von R. Robertson, J. J. Fox (*Proc. Roy. Soc.* [*London*] A **120** [1928] 161/89, 163) über das Ultrarotspektrum von PH_3 den Schluß, daß die PH_3-Molekel pyramidale Struktur hat, P. M. Morse, E. C. G. Stückelberg (*Helv. Phys. Acta* **4** [1931] 337/54 [dtsch.]). Die Punktgruppe ist somit C_{3v}. Zur Bestätigung dieses Befundes durch Unterss. über Bindungsart und magnet. Abschirmung s. oben, durch Best. des Bindungswinkels s. S. 18. — Enthält die PH_3-Molekel 2 verschiedene H-Isotope, so ist die Punktgruppe C_s.

Inversionsschwingung. In allen Molekeln, in denen die Atome die Ecken einer wenigstens dreiseitigen Pyramide besetzen, ist grundsätzlich eine Schwingung möglich, bei der das Atom an der Pyramidenspitze sich durch die Basisebene hindurch bis zum spiegelbildlichen Punkt an der Spitze der inversen Pyramide und wieder zurück bewegt. Die potentielle Energie einer solchen Molekel ist durch 2 Minima der gleichen Form und Tiefe charakterisiert, zwischen denen ein Potentialwall liegt. Die aus dieser Modellvorstellung sich ergebenden Folgerungen sind von G. Herzberg (*Infrared and Raman Spectra of Polyatomic Molecules, New York-Toronto-London* 1945, *Nachdruck* 1951, S. 220/5, 411/3) dargelegt; erste Ansätze hierzu s. bei D. M. Dennison (*Rev. Mod. Phys.* **3** [1931] 280/345) und P. M. Morse, E. C. G. Stückelberg (*l. c.*). *Inversion Vibration*

Praktisch wirkt sich die Inversionsschwingung als Aufspaltung der Schwingungsniveaus aus. Diese kann jedoch nicht mit der von L. W. Fung, E. F. Barker (*Phys. Rev.* [2] **45** [1934] 238/41) gefundenen Aufspaltung der zur ν_2-Schwingung (s. S. 22) gehörenden Bande (990 und 992 cm^{-1}) gleichgesetzt werden, die durch Messungen von V. M. McConaghie, H. H. Nielsen (*Proc. Natl. Acad. Sci. U.S.* **34** [1948] 455/64) im wesentlichen bestätigt wurde. Die von G. B. B. M. Sutherland, E. Lee, C. K. Wu (*Trans. Faraday Soc.* **35** [1939] 1373/9) vorgeschlagene und von G. Herzberg (*l. c.* S. 224) übernommene Deutung dieser Aufspaltung wird vielmehr von H. H. Nielsen (*Discussions Faraday Soc.* Nr. 9 [1950] 85/92, 90) widerlegt; über die recht komplizierten Ursachen für die Aufspaltung der ν_2-Bande s. H. H. Nielsen (*J. Phys. Radium* [8] **21** [1960] 8/12 S). — Die Inversionsaufspaltung ist jedenfalls kleiner als die Breite der $3_{03} \rightarrow 3_{13}$-Linie im Mikrowellenspektrum, C. C. Loomis, M. W. P. Strandberg (*Phys. Rev.* [2] **81** [1951] 798/807, 804). Eine theoret. Abschätzung, die für die NH_3-Molekel mit den Meßwerten gut übereinstimmende Daten liefert, ergibt für PH_3, daß die Aufspaltung des Grundzustandes $4.76 \times 10^{-4} cm^{-1}$ beträgt; für den 1., 4. und 5. Anregungszustand ergeben sich die Niveauabstände 2.38×10^{-4}, 0.9 bzw. 33.2 cm^{-1}, C. C. Costain, G. B. B. M. Sutherland (*J. Phys. Chem.* **56** [1952] 321/4). Von M. Simonetta, A. Vaciago (*Nuovo Cimento* [10] **5** [1957] 587/91) werden sogar noch kleinere Aufspaltungen berechnet: $5.27 \times 10^{-9} cm^{-1}$ für den Grundzustand, 6.71 $\times 10^{-7} cm^{-1}$ für den 1. Anregungszustand. Dementsprechend finden diese Autoren auch eine höhere Potentialschranke zwischen den beiden Minima (7110 cm^{-1}, 20.33 kcal/Mol) als C. C. Costain, G. B. B. M. Sutherland (*l. c.*), die 6085 cm^{-1} angeben. Noch höher liegen die von R. E. Weston (*J. Am. Chem. Soc.* **76** [1954] 2654/8) nach 2 verschiedenen Formeln ber. Werte 27.4 bzw. 31.8 kcal/Mol. Der von J. F. Kincaid, F. C. Henriques (*J. Am. Chem. Soc.* **62** [1940] 1474/7) ber. Wert 47 kcal/Mol ist mit den neueren spektroskop. Daten nicht vereinbar.

Zur Berechnung der Frequenz ν der Inversionsschwingung leitet R. S. Berry (*J. Chem. Phys.* **32** [1960] 933/8) 2 Näherungsformeln ab; dabei sind die beiden Möglichkeiten, daß entweder die P–H-Abstände oder die H–H-Abstände während der Schwingung konst. bleiben, zu berücksichtigen.

Nuclear Distance. Angle of Bond

Kernabstand r in Å. **Bindungswinkel** α. Der einzige direkt gem. Wert von r ist durch Elektronenbeugung bestimmt worden; danach ist in PH_3 der Abstand der Schwerpunkte der H-Atome vom Schwerpunkt des P-Atoms $r_g = 1.437 \pm 0.004$ (Standardfehler). Infolge der Anharmonizität der Valenzschwingungen ist der Gleichgew.-Abstand der Kerne etwas kleiner: $r_0 \approx 1.419$. Die entsprechenden Abstände r(P–D) in $PH_{3-x}D_x$ (x = 1, 2 oder 3) sind um ~0.002 Å kürzer, L. S. BARTELL, R. C. HIRST (*J. Chem. Phys.* **31** [1959] 449/51). Wird diese Differenz vernachlässigt, so ergeben sich aus den Mikrowellenspektren von PH_2D und PHD_2 die mittleren Abstände zu $\bar{r} = 1.4177$ bzw. 1.4116, die Bindungswinkel zu $\alpha = 93°\ 21.6'$ bzw. 93° 15.4', M. H. SIRVETZ, R. E. WESTON (*J. Chem. Phys.* **21** [1953] 898/902). Eine nachträgliche Auswertung der Meßergebnisse dieser Autoren führt unter der Voraussetzung, daß r(P–H) = r(P–D) + 0.002 ist, zu den Mittelwerten $\bar{r} \approx 1.414$ bzw. 1.408, L. S. BARTELL, R. C. HIRST (*l. c.*). Der spektroskopisch bestimmte r_0-Wert ist nicht mit dem Gleichgew.-Abstand r_e identisch; die Differenz $r_g - r_e$ berechnet K. KUCHITSU (*J. Mol. Spectry.* **7** [1961] 399/409, 408) für PH_3 zu 0.022 Å, so daß $r_e = 1.415$ erwartungsgemäß etwa 0.005 Å kleiner als r_0 ist; für PD_3 ergibt sich $r_g - r_e = 0.016$ Å. — Wellenmechanisch ber. Werte: r(P–H) = 1.414, $\alpha = 88°34'$, R. MOCCIA (*J. Chem. Phys.* **37** [1962] 910/1). Mit der Annahme, daß der Bindungswinkel in der Reihe PH_3–PH_2D–PHD_2–PD_3 linear abnimmt, lassen sich aus den zitierten Werten für PH_2D und PHD_2 die Bindungswinkel von PH_3 und PD_3 zu 93°27' bzw. 93°10' extrapolieren; hieraus und aus den Rotationskonstt. ergeben sich die Kernabstände r(P–H) = 1.4206, r(P–D) = 1.4166, C. A. BURRUS, A. JACHE, W. GORDY (*Phys. Rev.* [2] **95** [1954] 706/8). Der Umstand, daß der r(P–D)-Wert zwischen den $\bar{r}$-Werten von PH_2D und PHD_2 liegt, ist jedoch nach L. S. BARTELL, R. C. HIRST (*l. c.*) ein Anzeichen dafür, daß das Extrapolationsverf. für α nicht zulässig ist.

Berücksichtigt man die Wechselwrkg. zwischen Rotation und Schwingung, so können aus dem Ultrarotspektrum beide Trägheitsmomente ermittelt werden, und für PH_3 ergibt sich r = 1.424, α = 93°50', H. H. NIELSEN (*J. Chem. Phys.* **20** [1952] 759); später wird der r-Wert von V. M. MCCONAGHIE, H. H. NIELSEN (*J. Chem. Phys.* **21** [1953] 1836/8) auf 1.42 abgerundet. Bei der Analyse der Daten von D. P. STEVENSON (*J. Chem. Phys.* **8** [1940] 285/7) über das Ultrarotspektrum von PH_3 gelangen C. C. LOOMIS, M. W. P. STRANDBERG (*Phys. Rev.* [2] **81** [1951] 798/807, 804) zu den Werten r = 1.419, α = 93°30'.

Aus Kraftkonstt. und älteren spektroskop. Daten abgeschätzte Werte für r s. bei L. W. FUNG, E. F. BARKER (*Phys. Rev.* [2] **45** [1934] 238/41), D. M. YOST, T. F. ANDERSON (*J. Chem. Phys.* **2** [1934] 624/7), C. C. STEPHENSON, W. F. GIAUQUE (*J. Chem. Phys.* **5** [1937] 149/58), D. F. HEATH, J. W. LINNETT, P. J. WHEATLEY (*Trans. Faraday Soc.* **46** [1950] 137/46), K. VENKATESWARLU, S. SUNDARAM (*Proc. Phys. Soc.* [*London*] A **69** [1956] 180/3).

Aus den kovalenten Radien ergibt sich bei Berücksichtigung der Differenz der Elektronegativitäten (d. h. des polaren Bindungsanteils) r = 1.426, bei Berücksichtigung der Dissoz.-Energie r = 1.428, M. L. HUGGINS (*J. Am. Chem. Soc.* **75** [1953] 4126/33, 4128). Ältere Angaben hierzu s. bei V. SCHOMAKER, D. P. STEVENSON (*J. Am. Chem. Soc.* **63** [1941] 37/40). Für eine Berechnung des Bindungswinkels α wären genauere Angaben über die Elektronenverteilung in der PH_3-Molekel erforderlich. Zwar läßt sich, wie A. D. WALSH (*J. Chem. Soc.* **1953** 2296/301) zeigt, plausibel machen, daß $\alpha \neq 120°$ ist (pyramidale, nicht ebene Struktur), jedoch werden zu der Frage, ob das Ausmaß der Valenzhybridisierung die Größe von α bestimmt oder umgekehrt, verschiedene Ansichten vertreten; s. beispielsweise C. E. MELLISH, J. W. LINNETT (*Trans. Faraday Soc.* **50** [1954] 657/64), R. S. MULLIKEN (*J. Am. Chem. Soc.* **77** [1955] 887/91). Nach einem elektrostat. Modell wird α von A. W. SEARCY (*J. chem. Phys.* **28** [1958] 1237/42) berechnet. Daß α nur wenig von 90° verschieden ist, erklärt R. J. GILLESPIE (*J. Am. Chem. Soc.* **82** [1960] 5978/83) mit der Wrkg. des einsamen Elektronenpaares. Qualitative Betrachtungen über die Bindungswinkel von PH_3, NH_3, AsH_3 sowie von P- und N-Halogeniden s. bei T. OHKI (*Nagoya Sangyo Kagaku Kenkyusho Kenkyu Hokoku* Nr. 8 [1955] 13/6 [japan.]), W. KOŁOS (*J. Chem. Phys.* **23** [1955] 1554; *Acta Phys. Polon.* **14** [1956] 471/82 [engl.]), K. HELMERS (*Diss. Hamburg* 1956).

Der Wirkungsquerschnitt der PH_3-Molekel ergibt sich aus Viscositätsmessungen (s. S. 28) zu 9.11 Å², A. O. RANKINE, C. J. SMITH (*Phil. Mag.* [6] **42** [1921] 601/14, 613); vgl. auch A. O. RANKINE (*Trans. Faraday Soc.* **17** [1921] 719/27, 720; *Proc. Phys. Soc.* [*London*] **33** [1921] 362/76).

Moments of Inertia. Rotational Constants

Trägheitsmomente I_A, I_B in 10^{-40} g cm². **Rotationskonstanten.** Das aus der Rotationskonstanten B_0 ber. Trägheitsmoment I_B bezieht sich auf eine senkrecht zur Symmetrieachse durch den Molekelschwerpunkt gehende Achse; I_A gilt für die Rotation um die Symmetrieachse. Zur Definition der übrigen Rotationskonstt. D_J, D_{JK} und D_K s. G. HERZBERG (*Infrared and Raman Spectra of Poly-*

atomic Molecules, New York-Toronto-London 1945, *Nachdruck* 1951, S. 26); vgl. auch H. H. NIELSEN (in: S. FLÜGGE, *Handbuch der Physik, Bd.* 37/1, *Berlin-Göttingen-Heidelberg* 1959, S. 249).

Aus der Analyse des Rotationsspektrums (s. unten) ergeben sich die Rotationskonstt. von PH_3 zu $B_0 = 4.454$ cm^{-1}, $4D_J = 0.000421$ cm^{-1}, diejenigen von PD_3 zu 2.316 bzw. 0.000095 cm^{-1}, R. E. STROUP, R. A. OETJEN, E. E. BELL (*J. Opt. Soc. Am.* **43** [1953] 1096/9); Einzelheiten s. bei R. E. STROUP (*Diss. Ohio State Univ.* 1953, *Diss. Abstr.* **20** [1959] 336/7). Analog für PD_3 ermittelt: D_J = 0.80 MHz, $D_{JK} = -1.3$ MHz, C. A. BURRUS (*J. Chem. Phys.* **28** [1958] 427/9). Aus den angeführten D_J-Werten und den Frequenzen der $J = 0 \rightarrow 1$-Übergänge erhalten C. A. BURRUS, A. JACHE, W. GORDY (*Phys. Rev.* [2] **95** [1954] 706/8) $B_0 = 133478.3$ MHz, $I_B = 6.28499_7$ für PH_3, $B_0 = 69470.41$ MHz, $I_B = 12.0758_0$ für PD_3. Eine genaue Analyse des Rotationsschwingungsspektrums ermöglicht die Best. beider Trägheitsmomente von PH_3: $I_A = 7.24$, $I_B = 6.29$, V. M. MCCONAGHIE, H. H. NIELSEN (*J. Chem. Phys.* **21** [1953] 1836/8). Durch diese Ergebnisse ist der Wert $I_B = 6.221$, den N. WRIGHT, H. M. RANDALL (*Phys. Rev.* [2] **44** [1933] 391/8, 395) aus 4 Linien des Rotationsspektrums ermittelten, überholt; die mit seiner Hilfe ber. Werte für I_A können somit nur angenähert zutreffen. Wird der Bindungswinkel als $\alpha = 100°$ geschätzt, so ergibt sich $I_A = 8.13$, D. M. YOST, T. F. ANDERSON (*J. Chem. Phys.* **2** [1934] 624/7). Aus der Standardentropie $S^\circ_{298.1} = 50.35$ berechnen C. C. STEPHENSON, W. F. GIAUQUE (*J. Chem. Phys.* **5** [1937] 149/58, 158) nach der SACKUR-TETRODE-Gleichung $I_A = 7.9 \pm 0.8$. Mit älteren Daten für Kernabstände und Bindungswinkel ergibt sich $I_A = 7.73$, Z. I. SLAWSKY, D. M. DENNISON (*J. Chem. Phys.* **7** [1939] 509/21, 517). — Ber. Rotationskonstt. für PH_3 und PD_3 in MHz: $D_J = 3.27$ bzw. 0.81, $D_{JK} = -3.76$ bzw. -0.90, $D_K = 3.55$ bzw. 0.86, S. SUNDARAM, F. SUSZEK, F. F. CLEVELAND (*J. Chem. Phys.* **32** [1960] 251/4). Analog ber. Werte für PT_3: $D_J = 0.4186$, $D_{JK} = -0.4665$, $D_K = 0.3897$, S. SUNDARAM, F. F. CLEVELAND (*J. Mol. Spectry.* **5** [1960] 61/64). — Nach der Meth. von D. KIVELSON, E. B. WILSON (*J. Chem. Phys.* **20** [1952] 1575/9, **21** [1953] 1229/36) ergeben sich für PH_2D und ähnliche Molekeln folgende Rotationskonstt.:

Molekel .	PH_2D	PHD_2	PH_2T	PHT_2	PD_2T	PDT_2
D_J	4.272	2.198	5.457	1.573	1.077	0.796
$-D_{JK}$ . . .	6.675	2.858	11.448	2.637	1.185	0.849
D_K	4.414	1.770	8.293	1.867	0.560	0.388

G. THYAGARAJAN, S. SUNDARAM, F. F. CLEVELAND (*J. Mol. Spectry.* **5** [1960] 307/18, 311).

Wenn die Deformationsschwingungen angeregt sind, nimmt die Rotationskonst. B geringfügig veränderte Werte an. Zur Abschätzung dieser Differenz an Hand spektroskop. Daten s. H. H. NIELSEN (*J. Chem. Phys.* **22** [1954] 1383/4).

Rotationsspektrum. Die Linien des Rotationsspektrums liegen teils im fernen UR, teils im Millimeterbereich. Für PH_3 werden 4 Linien schon von N. WRIGHT, H. M. RANDALL (*Phys. Rev.* [2] **44** [1933] 391/8, 395) bei $\lambda = 102.72$, 94.255, 87.073 und 80.951 μ, d. h. bei $\nu = 97.355$, 106.10, 114.84 und 123.53 cm^{-1} gefunden; vgl. auch H. M. RANDALL, N. WRIGHT (*Phys. Rev.* [2] **43** [1933] 1043). Den $0 \rightarrow 1$-Übergängen entsprechen Linien im Millimeterbereich: $\nu = 266944 \pm 1$ MHz, $\lambda = 1.12$ mm für PH_3, $\nu = 138937.98 \pm 0.30$ MHz, $\lambda = 2.16$ mm für PD_3, C. A. BURRUS, A. JACHE, W. GORDY (*Phys. Rev.* [2] **95** [1954] 706/8). Der $1 \rightarrow 2$-Übergang in PD_3 ist ein Dublett: $\nu = 277857.08$, 277851.84 (jeweils ± 0.60) MHz, C. A. BURRUS (*J. Chem. Phys.* **28** [1958] 427/9). Für die Übergänge $J \rightarrow J+1$ $= 5 \rightarrow 6$ bis $22 \rightarrow 23$ ergeben sich bei $K = 0$ folgende Wellenzahlen (in cm^{-1}): *Rotational Spectrum*

J	5	6	7	8	9	10	11	12	13
$\nu(PH_3)$	53.21	62.22	71.00	79.83	88.68	97.44	106.12	114.86	123.63
$\nu(PD_3)$	—	—	—	—	—	—	55.38	60.1	64.58
J	14	15	16	17	18	19	20	21	22
$\nu(PH_3)$	132.22	140.86	149.46	158.76	166.37	174.77	183.15	191.49	199.73
$\nu(PD_3)$	69.14	73.71	78.24	82.79	87.39	91.89	96.29	101.07	—

R. E. STROUP, R. A. OETJEN, E. E. BELL (*J. Opt. Soc. Am.* **43** [1953] 1096/9).

Den teilweise deuterierten Molekeln lassen sich folgende Wellenzahlen zuordnen:

$\nu(PH_2D)$ . . . 56.1	58.9	63.5	68.0	72.3	75.0	76.4	81.9	85.0	90.6	93.6
$\nu(PHD_2)$ . . . 53.5	57.7	63.4	67.7	70.6	74.6	76.5	79.0	86.1	98.8	99.0

R. E. STROUP, R. A. OETJEN (*J. Chem. Phys.* **21** [1953] 2092). An PH_2D finden M. H. SIRVETZ, R. E. WESTON (*J. Chem. Phys.* **21** [1953] 898/902) die Linien $2_{12} \rightarrow 2_{11}$, $3_{03} \rightarrow 3_{13}$ und $4_{04} \rightarrow 4_{14}$ bei $\nu = 18070.96$, 28158.53 und 20815.38 MHz, ferner an PHD_2 die Linien $1_{01} \rightarrow 1_{10}$, $3_{12} \rightarrow 3_{22}$ und $5_{23} \rightarrow 5_{33}$ bei $\nu =$

29073.21, 19415.19 und 24079.48 MHz. Eine ältere Messung ergibt $\nu = 28157.72$ MHz für die $3_{03} \rightarrow 3_{13}$-Linie von PH_2D, C. C. LOOMIS, M. W. P. STRANDBERG (*Phys. Rev.* [2] **81** [1951] 798/807, 806).

Theoret. Betrachtungen über die Änderung der Rotationsenergie infolge Verzerrung durch die Zentrifugalkraft s. bei Z. I. SLAWSKY, D. M. DENNISON (*J. Chem. Phys.* **7** [1939] 509/21).

Dipole Moment

Dipolmoment μ in Debye. Aus der DK berechnet H. E. WATSON (*Proc. Roy. Soc.* [*London*] A **117** [1927] 43/62, 61) für gasf. PH_3 $\mu = 0.55$. Aus dem STARK-Effekt im Mikrowellenbereich ergibt sich $\mu = 0.578$, C. A. BURRUS (*J. Chem. Phys.* **28** [1958] 427/9). Das Dipolmoment läßt sich als Differenz der Momente der 3 P–H-Bindungen (s. S. 3) und des Moments μ' auffassen, das durch das einsame Elektronenpaar zustande kommt. Diese Zerlegung wird für PH_3 erstmals von J. H. GIBBS (*J. Chem. Phys.* **59** [1955] 644/9) vorgenommen, wobei sich $\mu' = 4.86$ ergibt. Berechnungen von D. V. G. L. NARASIMHA RAO (*Trans. Faraday Soc.* **53** [1957] 1160/4) ergeben $\mu' = 5.18$ und das Gesamtmoment $\mu = 0.11$. Demgegenüber halten D. C. MCKEAN, P. N. SCHATZ (*J. Chem. Phys.* **24** [1956] 316/25) die Summe der Bindungsmomente und μ' für parallel (nicht antiparallel) und gelangen mit einem Bindungsmoment $\mu \approx 0.2$ zu $\mu' \approx 0.2$. Aus den Daten dieser Autoren berechnet D. H. WHIFFEN (*Trans. Faraday Soc.* **54** [1958] 327/9) den Anteil der Polarisation, der durch die Verschiebung der Atome gegeneinander bedingt ist, zu $P_a = 0.20$. — Aus Atomabstand und Elektronegativitäten berechnet B. V. NEKRASOV (*Zh. Obshch. Khim.* **16** [1946] 1797/1804) $\mu = 0.63$. — Für fl. PH_3 läßt sich μ aus dem Dampfdruck und der Verdampfungswärme zu 1.35 bis 1.41 abschätzen, J. A. POPLE (*Proc. Roy. Soc.* [*London*] A **215** [1952] 67/83, 80). Aus dem STARK-Effekt im Mikrowellenbereich ergibt sich für PH_2D $\mu = 0.55 \pm 0.01$, C. C. LOOMIS, M. W. P. STRANDBERG (*Phys. Rev.* [2] **81** [1951] 798/807, 804). Genauere Messungen ergeben $\mu = 0.579 \pm 0.012$ für PH_2D, $\mu = 0.565 \pm 0.008$ für PHD_2, M. H. SIRVETZ, R. E. WESTON (*J. Chem. Phys.* **21** [1953] 898/902). — Über die Änderung von μ bei der Substitution von H-Atomen durch C_2H_5-Radikale s. H. YONEDA (*Bull. Chem. Soc. Japan* **31** [1958] 708/14).

Magnetic Moment

Magnetisches Moment. Bei PH_3 und PD_3 ist das durch Rotation entstehende Moment (vgl. S. 370) so klein, daß es auch bei einer Feldstärke von 10080 Oe nicht gemessen werden kann; der g-Faktor ist < 0.03, wenn das Moment in Kernmagnetonen gemessen wird, C. A. BURRUS (*J. Chem. Phys.* **30** [1959] 976/83).

Force Constants

Kraftkonstanten f in mdyn/Å. In den Formeln, die die potentielle Energie V von Molekeln mit der Zus. AB_3 und der Symmetrie C_{3v} ausdrücken, können grundsätzlich höchstens 4 Parameter aus dem Schwingungsspektrum bestimmt werden, weil es aus nur 4 Linien besteht. Dementsprechend setzen J. B. HOWARD, E. B. WILSON (*J. Chem. Phys.* **2** [1934] 630/4) die Potentialfunktion so an, daß außer den beiden Hauptkonstt. f_d und f_α noch die beiden Wechselwirkungskonstt. f_{dd} und $f_{\alpha\alpha}$ auftreten, und lassen die Wechselwirkungen zwischen der Dehnung einer Bindung einerseits und der Änderung des gegenüberliegenden Winkels ($f_{d\alpha}$) bzw. der beiden anliegenden Winkel ($f_{d'\alpha}$) andrerseits außer Betracht, weil sie vermutlich nur sehr klein sind. Somit wird $2V = f_d \cdot \Sigma \Delta r_i^2 + f_\alpha \cdot r^2 \cdot \Sigma \Delta \alpha_{ij}^2 + 2 f_{dd} \cdot \Sigma \Delta r_i \cdot \Delta r_j + 2 f_{\alpha\alpha} \cdot r^2 \cdot \Sigma \Delta \alpha_{ij} \cdot \Delta \alpha_{ik}$; hierin bedeuten r den Gleichgew.-Wert des Abstandes zwischen P-Atom und H-Atomen, Δr_i die während der Schwingungen entstehenden Differenzen zwischen den tatsächlichen Bindungslängen und r, $\Delta \alpha_{ij}$ die analogen Änderungen der Bindungswinkel α_{ij} zwischen den Bindungen, deren Länge r_i und r_j beträgt. Wird die Wechselwirkung völlig vernachlässigt ($f_{dd} = f_{\alpha\alpha} = 0$), so sind die Wellenzahlen $\nu_1 = 2327$, $\nu_4 = 1121$ cm^{-1} ableitbar, wenn $f_d = 3.09$, $f_\alpha = 0.34$ gesetzt wird, J. B. HOWARD (*J. Chem. Phys.* **3** [1935] 207/11). Mit denselben Kraftkonstt. ergeben sich jedoch für PD_3 Wellenzahlen, die von den gemessenen beträchtlich abweichen, vermutlich infolge Vernachlässigung der Terme mit $f_{d\alpha}$ und $f_{d'\alpha}$, G. B. B. M. SUTHERLAND, G. K. T. CONN (*Nature* **138** [1936] 641/2). Die Wellenzahlen der harmon. Schwingungen von PH_3 ergeben sich nach derselben einfachen Formel mit $f_d = 3.352$ und $f_\alpha = 0.375$, M. DE HEMPTINNE, J.-M. DELFOSSE (*Ann. Soc. Sci. Bruxelles* B **56** [1936] 373/82).

Bei der isolierten Auswertung der Daten von PD_3 können, da nur 3 Wellenzahlen gemessen sind, nur 3 Kraftkonstt. bestimmt werden. R. E. WESTON, M. H. SIRVETZ (*J. Chem. Phys.* **20** [1952] 1820/1) setzen daher eine Potentialgleichung mit den Konstt. f_d, f_α und $f_{\alpha\alpha}$ an und erzielen Übereinstimmung mit gem. Wellenzahlen, wenn $f_d = 3.215$, $f_\alpha = 0.299$, $f_{\alpha\alpha} = -0.0210$ gesetzt wird; analoge Werte für PH_3: $f_d = 3.113$, $f_\alpha = 0.292$, $f_{\alpha\alpha} = -0.0213$. Bei Berücksichtigung des 4. Terms erhält G. HERZBERG (*Infrared and Raman Spectra of Polyatomic Molecules, New York* 1945, *Nachdruck* 1951, S. 177) für PH_3 aus den Wellenzahlen 2327, 991, 2421 und 1121 cm^{-1} die Konstt. $f_d = 3.24$, $f_\alpha = 0.33$, $f_{dd} = -0.07$, $f_{\alpha\alpha} = 0$. Eine Umrechnung auf harmon. Schwingungen ergibt statt $f_d = 3.24$ den korr. Wert $f_d = 3.47$, H. SIEBERT (*Z. Anorg. Allgem. Chem.* **274** [1953] 24/33, 33).

Die von J. B. Howard, E. B. Wilson (*l. c.*) noch vernachlässigten 2 Wechselwirkungskonstt., die nach L. Burnelle, J. Duchesne (*J. Chem. Phys.* **18** [1950] 1300/1) in den Termen $f_{d\alpha} \cdot r \cdot \Sigma \Delta r_i \cdot \Delta \alpha_{jk}$ und $f_{d'\alpha} \cdot r \cdot \Sigma \Delta r_i(\Delta \alpha_{ij} + \Delta \alpha_{ik})$ vorkommen, lassen sich bestimmen, wenn man annimmt, daß für PH_3 und PD_3 dieselben Kraftkonstt. gelten, und die Wellenzahlen der Schwingungen beider Molekeln zugrunde legt; unter diesen Voraussetzungen ergibt sich $f_d = 3.389$, $f_\alpha = 0.396$, $f_{dd} = 0.066$, $f_{\alpha\alpha} = -0.071$, $f_{d\alpha} = 0.005$, $f_{d'\alpha} = -0.057$, I. Gamo (*Compt. Rend.* **239** [1954] 1478/80). Mit dem gleichen Ansatz ermitteln S. Sundaram, F. Suszek, F. F. Cleveland (*J. Chem. Phys.* **32** [1960] 251/4) die Werte $f_d = 3.32847$, $f_\alpha = 0.73330$, $f_{dd} = 0.05482$, $f_{\alpha\alpha} = -0.02874$, $f_{d\alpha} = -0.00758$, $f_{d'\alpha} = -0.07341$. Wird in das Kraftfeld nach Urey-Bradley die Wechselwirkung mit dem einsamen Elektronenpaar einbezogen, so ergeben sich die 6 Konstanten 3.282, 0.393, 0.012, 0, 0.170, 0.180, M. Pariseau, E. Wu, J. Overend (*J. Chem. Phys.* **39** [1963] 217/23, 221). Vgl. auch W. M. Ward (*Diss. Ohio State Univ.* 1951, *Diss. Abstr.* **18** [1958] 1823). Erheblich abweichende Werte, für die sehr große Fehlergrenzen angegeben werden, finden sich bei G. I. Rybakova, D. S. Kovalčuk, V. P. Morozov (*Opt. i Spektroskopiya* **9** [1960] 34/39; *Opt. Spectry.* [*USSR*] **9** [1960] 18/20); das System der „reduzierten" Kraftkonstt. ($\nu_1 = f_d + 4f_{dd}$, $\nu_2 = f_{d\alpha} + 2f_{d'\alpha}$ usw.) wird von G. I. Rybakova, B. I. Naugol'nikov, V. P. Morozov (*Opt. i Spektroskopiya* **9** [1960] 166/9; *Opt. Spectry.* [*USSR*] **9** [1960] 88/89) nach einem anderen Näherungsverf. neu berechnet. — Aus den 4 Wellenzahlen der PH_3-Schwingungen leiten K. Venkateswarlu, S. Sundaram (*Proc. Phys. Soc.* [*London*] A **69** [1956] 180/3) unter der Voraussetzung, daß $f_d = 3.24$ ist, außer $f_\alpha = 0.3379$ noch 3 Wechselwirkungskonstt. ab.

Wird die potentielle Energie als Funktion der Symmetriekoordinaten angesetzt, so treten in der entsprechenden Formel 6 Potentialkonstt. auf; s. hierzu beispielsweise G. Herzberg (*l. c.* S. 155). Werte für diese Potentialkonstt., aus denen sich unter anderem $f_d = 3.223$, $f_{dd} = 0.029$ ergibt, s. bei D. C. McKean, P. N. Schatz (*J. Chem. Phys.* **24** [1956] 316/25, 320).

Statt der Terme mit Wechselwirkungskonstt. führen D. F. Heath, J. W. Linnett, P. J. Wheatley (*Trans. Faraday Soc.* **46** [1950] 137/46) in die Potentialgleichung 2 Terme mit sog. „Folgekonstanten" (following constants) k_φ und k_Θ ein, durch welche das Mitgehen der an der Bindung beteiligten Bahnfunktion des P-Atoms mit der Bewegung des H-Atoms quer zur Gleichgewichtsrichtung der P–H-Bindung, d. h. die Änderung der Valenzhybridisierung bei Deformationsschwingungen erfaßt werden soll.

Ohne Potentialgleichung, sondern allein aus Betrachtungen über die Elektronendichteverteilung versuchen H. C. Longuet-Higgins, D. A. Brown (*J. Inorg. Nucl. Chem.* **1** [1955] 60/67), die in der PH_3-Molekel wirkenden Kräfte quantitativ zu erfassen.

Molekelschwingungen. In Molekeln der Punktgruppe C_{3v} sind 4 Schwingungen möglich, die sowohl im Ultrarot- als auch im Ramanspektrum beobachtbar sind. Von diesen 4 Schwingungen sind 2 totalsymmetrisch (Typ A_1) und 2 doppelt entartet (Typ E), S. Bhagavantam (*Indian J. Phys.* **5** [1930] 73/95, 84); systemat. Unterss. hierüber s. bei M. V. Vol'kenstein (*Usp. Fiz. Nauk* **16** [1936] 329/78, 367/8); vgl. auch K. W. F. Kohlrausch (*Ramanspektren, Leipzig* 1943, S. 130/1), G. Herzberg (*Infrared and Raman Spectra of Polyatomic Molecules, New York* 1945, *Nachdruck* 1951, S. 175/7). Die Schwingungen lassen sich nach R. Mecke (*Z. Physik. Chem.* B **16** [1932] 409/20; in: *Hand- und Jahrbuch der chemischen Physik, Bd.* 9, *Tl.* 2, *Leipzig* 1934, S. 319/98, 339, 350) auch in 2 Valenz- und 2 Deformationsschwingungen (stretching resp. bending vibrations) gruppieren. Zu ihrer Unterscheidung sind folgende 3 Notationssysteme in Gebrauch:

Molecular Vibrations

Valenzschwingungen symmetrisch	Valenzschwingungen entartet	Deformationsschwingungen symmetrisch	Deformationsschwingungen entartet	Autoren
ν_1	ν_{23}	δ_3	δ_{12}	R. Mecke (*l. c.*), M. V. Vol'kenstein (*l. c.*)
ω_1	$\omega_{2,4}$	ω_6	$\omega_{3,5}$	K. W. F. Kohlrausch (*l. c.*)
ν_1	ν_3	ν_2	ν_4	G. Herzberg (*l. c.*)

Die 4 Schwingungstypen sind in **Fig. 2**, S. 22, nach K. W. F. Kohlrausch (*l. c.* S. 130) mit der Notation von G. Herzberg (*l. c.*) veranschaulicht. Dabei sind ν_i die gem. Wellenzahlen, während die Wellenzahlen der entsprechenden harmon. Schwingungen mit ω_i bezeichnet werden; s. G. Herzberg (*l. c.* S. 205).

Den 4 Schwingungen ν_1, ν_2, ν_3, ν_4 der PH_3-Molekel entsprechen 4 Banden, deren Zentren bei 2322.9, 992.0, 2327.7 und 1122.4 cm^{-1} liegen, V. M. McConaghie, H. H. Nielsen (*J. Chem. Phys.* **21** [1953] 1836/8; *Phys. Rev.* [2] **73** [1948] 1250; *Proc. Natl. Acad. U.S.* **34** [1948] 455/64). Bei Berücksichtigung der Anharmonizität ergeben sich die Wellenzahlen (in cm^{-1}) $\omega_1 = 2448$, $\omega_2 = 1045$, $\omega_3 = 2390$, $\omega_4 = 1153$; der Anharmonizitätsfaktor der totalsymmetr. Schwingungen ist 0.054, derjenige der entarteten Schwingungen 0.027, D. C. McKean, P. N. Schatz (*J. Chem. Phys.* **24** [1956] 316/25, 320). — Über ω-Werte, die aus den im Ramanspektrum gem. Wellenzahlen abgeleitet sind, s. M. de Hemptinne, J.-M. Delfosse (*Ann. Soc. Sci. Bruxelles* B **56** [1936] 373/82).

Wegen der geringen Differenz der Wellenzahlen von ν_1 und ν_3, die sich schon bei Berechnungen von J. B. Howard (*J. Chem. Phys.* **3** [1935] 207/11) an Hand eines einfachen Molekelmodells mit 2 Kraftkonstt. ergibt ($\nu_1 = 2327$, $\nu_3 = 2340$), sind bei früheren Unterss. nur 3 Banden gefunden worden. Die erste zutreffende Zuordnung stammt von R. M. Badger, R. Mecke (*Z. Physik. Chem.* B **5** [1929] 333/54, 346), die auf Grund der Angaben von R. Robertson, J. J. Fox (*Nature* **122** [1928] 774/6; *Proc. Roy. Soc.* [*London*] A **120** [1928] 161/89, 163, 189/210) und eigener Meßergebnisse $\nu_1 = 2327$, $\nu_2 = 993$, $\nu_4 = 1125$ cm^{-1} finden. Mit einer verbesserten Meßapp. registrieren L. W. Fung, E. F. Barker (*Phys. Rev.* [2] **45** [1934] 238/41) außer $\nu_1 = 2327$ und $\nu_4 = 1121.4$ cm^{-1} zwei Max.

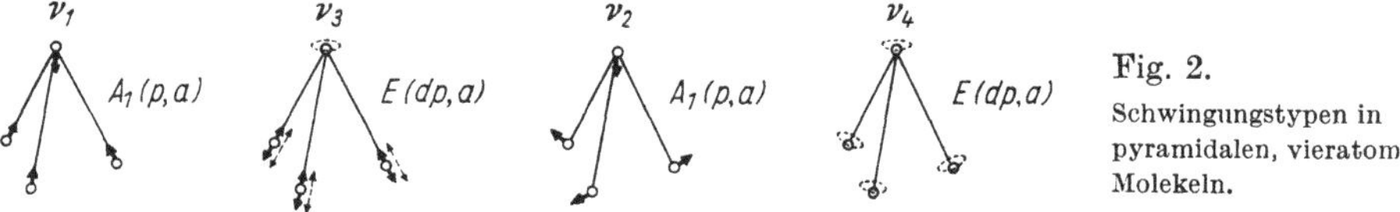

Fig. 2.
Schwingungstypen in pyramidalen, vieratomigen Molekeln.

bei 990.0 und 992.4 cm^{-1}, die sie versuchsweise den beiden anderen Schwingungen zuordnen. Diese beiden Wellenzahlen sind jedoch, wie E. Lee, C. K. Wu (*Trans. Faraday Soc.* **35** [1939] 1366/73, 1368) bemerken, der ν_2-Schwingung zuzuordnen; vgl. auch F. Halverson (*Rev. Mod. Phys.* **19** [1947] 87/131, 112).

Diejenigen Teile des Rotationsschwingungsspektrums, die den entarteten Schwingungen von PH_3 entsprechen (880 bis 1240 cm^{-1}) sind von J. M. Hoffman, H. H. Nielsen, K. Narahari Rao (*J. Chem. Phys.* **32** [1960] 1597/8; *Z. Elektrochem.* **64** [1960] 606/16) in allen Einzelheiten analysiert worden, wobei besonders auf die Aufspaltung einzelner Linien eingegangen wird und die Ergebnisse von H. H. Nielsen (*J. Chem. Phys.* **21** [1953] 142/4, **22** [1954] 1383/4) über die Coriolis-Wechselwrkg. zwischen den entarteten Schwingungen ergänzt werden; s. hierzu auch J. M. Hoffman (*Diss. Ohio State Univ.* 1959, *Diss. Abstr.* **21** [1960] 215), V. M. McConaghie, H. H. Nielsen (*J. Chem. Phys.* **21** [1953] 1836/8), H. H. Nielsen (*Soc. Franç. Phys. Procès-Verb.* **1960** 8/12 S, beigefügt dem *J. Phys. Radium* [8] **21** [1960]) und J. Hawkins Meal, S. R. Polo (*J. Chem. Phys.* **24** [1956] 1126/33). Auch im Rahmen eines Vortrags über Rotationsschwingungsspektren im allgemeinen erwähnt H. H. Nielsen (*J. Phys. Radium* [8] **21** [1960] 24/30, 26) kurz das PH_3-Spektrum. — Über die theoret. Grundlagen der Analyse von Rotationsschwingungsspektren von axial symmetr. Molekeln s. G. Herzberg (*l. c.* S. 400/33), H. H. Nielsen (in: S. Flügge, *Handbuch der Physik*, *Bd.* 37, *Berlin-Göttingen-Heidelberg* 1959, S. 173/313, 252/61).

Im UR-Spektrum von krist. PH_3 sind die bei 65 und 25°K gem. Wellenzahlen $\nu_1 = 2305$, 2304, $\nu_2 = 981$, 979, $\nu_3 = 2310$, 2314, $\nu_4 = 1101$, 1097 cm^{-1}; bei 4°K spalten ν_1 und ν_2 auf, ν_3 und ν_4 nicht, A. H. Hardin, K. B. Harvey (*Can. J. Chem.* **42** [1964] 84/9).

Im Ramanspektrum von fl. PH_3 findet J.-M. Delfosse (*Bull. Classe Sci. Acad. Roy. Belg.* [5] **20** [1934] 1157/9) nur die Linie $\nu_1 = 2306$ cm^{-1}; spätere Unterss. ergeben $\nu_1 = 2306$, $\nu_2 = 979$, $\nu_4 = 1115$ cm^{-1}, M. de Hemptinne, J.-M. Delfosse (*Ann. Soc. Sci. Bruxelles* B **56** [1936] 373/82). Für gasf. PH_3 ist $\nu_1 = 2327$ cm^{-1}, M. de Hemptinne, J.-M. Delfosse (*Bull. Classe Sci. Acad. Roy. Belg.* [5] **21** [1935] 793/9).

Nach 3 eigenen Formeln ber. Wellenzahlen: $\omega_1 = 2424$, —, 2419, $\omega_2 = 1028$, 1030, 1036, $\omega_3 = 2442$, —, 2226, $\omega_4 = 1148$, 1148, 1168, N. K. Morozova, V. P. Morozov (*Opt. i Spektroskopiya* **5** [1958] 535/41). Zur Berechnung der Wellenzahlen ohne Kraftkonstt. s. H. C. Longuet-Higgins, D. A. Brown (*J. Inorg. Nucl. Chem.* **1** [1955] 60/7).

Für PD_3 sind in den vorliegenden experimentellen Arbeiten stets nur 3 Wellenzahlen angegeben. Die Analyse des UR-Spektrums ergibt (in cm^{-1}) $\nu_1 = 1670$, $\nu_2 = 730$, $\nu_4 = 790$, G. B. B. M. Sutherland, G. K. T. Conn (*Nature* **138** [1936] 641/2), $\nu_1 = 1694$, $\nu_2 = 730$, $\nu_4 = 806$, E. Lee, C. K. Wu (*Trans. Faraday Soc.* **35** [1939] 1366/73, 1368). Im Ramanspektrum findet H. Kopper (*Anz. Oesterr. Akad. Wiss. Math.-Naturw. Kl.* **72** [1935] 218/9) die Linien $\nu_1 = 1679$, $\nu_2 = 725$ und eine weitere Linie bei 550 cm^{-1}, während M. de Hemptinne, J.-M. Delfosse (*Ann. Soc. Sci. Bruxelles* B **56** [1936] 373/82) $\nu_1 = 1668$, $\nu_2 = 728$, $\nu_4 = 807$ angeben. Die Wellenzahl der 4. Linie sollte nach R. E. Weston,

M. H. SIRVETZ (*J. Chem. Phys.* **20** [1952] 1820/1) bei 1658 cm^{-1}, nach D. F. HEATH, J. W. LINNETT, P. J. WHEATLEY (*Trans. Faraday Soc.* **46** [1950] 137/46, 145) bei 1698 cm^{-1}, nach F. HALVERSON (*Rev. Mod. Phys.* **19** [1947] 87/131, 115) bei 1730 cm^{-1} liegen. — Zur Berechnung der Schwingungszahlen von PD_3 aus denen von PH_3 s. M. ITO, W. MIZUSHIMA (*Mem. Fac. Sci. Kyushu Univ.* C **3** [1958] Nr. 1, S. 11/9, 14). Mit den für PH_3 geltenden Anharmonizitätsfaktoren ergeben sich für PD_3 $\omega_1 = 1760$, $\omega_2 = 759$, $\omega_4 = 822$ und — nach der Produktregel berechnet — $\omega_3 = 1720$, S. SUNDARAM, F. SUSZEK, F. F. CLEVELAND (*J. Chem. Phys.* **32** [1960] 251/4). Nach derselben Meth. ergeben sich für PT_3 die Werte $\omega_1 = 1443$, $\omega_2 = 643$, $\omega_3 = 1424$, $\omega_4 = 679$ und $\nu_1 = 1398$, $\nu_2 = 623$, $\nu_3 = 1401$, $\nu_4 = 668$, S. SUNDARAM, F. F. CLEVELAND (*J. Mol. Spectry.* **5** [1960] 61/4). — Dagegen finden N. K. MOROZOVA, V. P. MOROZOV (*l. c.*) nach Formeln von V. M. TATEVSKIJ (*Zh. Fiz. Khim.* **25** [1951] 274/82) für PD_3 $\nu_1 = 1685$, $\nu_2 = 732$, $\nu_3 = 1694$, $\nu_4 = 810$, nach eigenen Formeln analog wie für PH_3 die Werte $\omega_1 = 1738$, —, 1734, $\omega_2 = 749.0$, 750.3, 754.9, $\omega_3 = 1756$, —, 1745, $\omega_4 = 818.7$, 819.2, 833.1.

In PH_2D und ähnlichen Molekeln sind wegen der geringeren Symmetrie 6 Schwingungen möglich, 4 (ω_1 bis ω_4) vom Typ A′, 2 (ω_5, ω_6) vom Typ A″. Nach der WILSON-Meth. ber. Werte:

Molekel	ω_1	ω_2	ω_3	ω_4	ω_5	ω_6
PH_2D	2431	1735	1107	960	2391	997
PHD_2	2411	1747	945	792	1722	1006
PH_2T	2430	1444	1128	884	2391	938
PHT_2	2410	1452	886	659	1432	950
PD_2T	1748	1440	811	709	1721	751
PDT_2	1735	1450	724	653	1430	754

G. THYAGARAJAN, S. SUNDARAM, F. F. CLEVELAND (*J. Mol. Spectry.* **5** [1960] 307/18, 311). Im UR-Spektrum sind Linien mit den Wellenzahlen 1700, 1097, 892 für PH_2D, 2320, 906, 980 für PHD_2 zu beobachten, R. E. WESTON, M. H. SIRVETZ (*l. c.*). Die stärksten Linien im Ramanspektrum sind: 1755 (PH_2D) bzw. 1825 (PHD_2), M. DE HEMPTINNE, J.-M. DELFOSSE (*Bull. Classe Sci. Acad. Roy. Belg.* [5] **21** [1935] 793/9).

Die Amplitude der P–H-Valenzschwingung läßt sich durch Elektronenbeugung zu u = 0.085 ± 0.008 Å bestimmen, L. S. BARTELL, R. C. HIRST (*J. Chem. Phys.* **31** [1959] 449/51). Aus spektroskop. Daten ergibt sich die mittlere Amplitude ū = 0.0862 Å bei 0 und 298°K, für den H–H-Abstand dagegen ū = 0.1516 bzw. 0.1521 Å, J. BAKKEN (*Acta Chem. Scand.* **12** [1958] 594 [engl.]). Neuere Werte für ū, gem. bei 25°C: 0.08624 bzw. 0.15170 Å für PH_3, 0.07293 bzw. 0.12922 Å für PD_3, 0.06681 bzw. 0.11852 Å für PT_3, S. SUNDARAM (*J. Mol. Spectry.* **7** [1961] 53/57); ber. Werte: 0.084 bzw. 0.071 Å für PH_3 bzw. PD_3, K. KUCHITSU (*J. Mol. Spectry.* **7** [1961] 399/409, 408). Nach zwei verschiedenen Näherungsverfahren erhalten S. J. CYVIN, J. BAKKEN (*Acta Chem. Scand.* **12** [1958] 1759/61 [engl.]) ū (P–H) = 0.0866 bzw. 0.0862 Å, ū (H–H) = 0.1512 bzw. 0.1514 Å bei 298°K. — Theoret. Berechnung der Intensitäten im UR-Spektrum s. bei L. M. SVERDLOV (*Opt. i Spektroskopiya* **7** [1959] 152/63; *Opt. Spectry.* **7** [1959] 97/103).

Elektronenspektrum. Durch Absorption im Bereich von ~2200 bis 2400 Å wird eines der äußersten a_1-Elektronen in den 4s-Zustand versetzt, durch Absorption von energiereicheren Quanten wird aus einem bindenden a_1-Elektron ein antibindendes; die beiden Übergänge sind als Bandenspektrum bzw. kontinuierliches Spektrum zu beobachten, A. D. WALSH (*J. Chem. Soc.* **1953** 2296/2301). Die von H. W. MELVILLE (*Proc. Roy. Soc.* [*London*] A **139** [1933] 541/57, 542; *Nature* **129** [1932] 546) und G. H. CHEESMAN, H. J. EMELÉUS (*J. Chem. Soc.* **1932** 2847/8) beob. Banden zwischen 2400 und 2200 Å sind vermutlich durch Verunreinigungen bedingt. In reinem PH_3 nimmt das Absorptionsvermögen monoton zu, L. MAYOR, A. D. WALSH, P. WARSOP (*J. Mol. Spectry.* **10** [1963] 320); vgl. auch M. HALMANN (*J. Chem. Soc.* **1963** 2853/6). Die Zunahme der Absorption zu kürzeren Wellenlängen hin wird durch Vermischen mit H_2O etwas verringert, D. P. STEVENSON, G. M. COPPINGER, J. W. FORBES (*J. Am. Chem. Soc.* **83** [1961] 4350/2). *Electronic Spectrum*

Jenseits eines Kontinuums, dessen Max. bei ~1800 Å liegt, sind in PH_3 und PD_3 mehrere, sich teilweise überlappende Bandenserien zu beobachten; Wellenzahlen der jeweils 1. Serie: $\nu = 62801 + 488.0\, n' + 7.84\, n'^2$ (n′ = 0, 1, ...8, PH_3) bzw. $\nu = 62865 + 361.6\, n' + 4.0\, n'^2$ (n′ = 0, 1, ...11, PD_3); für die 2. Serie von PD_3 gilt $\nu = 74946 + 356.4\, n' + 2.11\, n'^2$ (n′ = 0, 1, ...13). Es handelt sich um RYDBERG-Banden bei angeregter ν_2-Schwingung, C. M. HUMPHRIES, A. D. WALSH, P. A. WARSOP (*Discussions Faraday Soc.* Nr. 35 [1963] 148/57, 151).

Ionization. Dissociation

Ionisation. Dissoziation. Beim Beschuß von PH_3 mit Elektronen von 100 eV werden die Ionen (relative Intensitäten in Klammern): PH_3^+ (100), PH_2^+ (32.4), PH^+ (117.5), P^+ (29.4), H_2^+ (11.3), H^+ (4.7), PH_2^- (0.1) und H^- (0.1) gebildet. Die Ionisation bzw. Dissoz. des PH_3 ist durch folgende krit. Pott. V_K bestimmt:

Ion.	PH_3^+	PH_2^+	PH^+	P^+
V_K in eV	10.0 ± 0.2	13.9 ± 0.3	12.0 ± 0.3 und 14.2 ± 1	16.7 ± 1

H. NEUERT, H. CLASEN (*Z. Naturforsch.* **7a** [1952] 410/6). Neuere Werte für die Auftrittspotentiale: 11.5 ± 0.3 ($PH_3 \rightarrow PH_3^+$), 14.4 ± 0.2 ($PH_3 \rightarrow PH_2^+ + H$), 12.4 ± 0.2 ($PH_3 \rightarrow PH^+ + H_2$), 16.4 ± 0.3 ($PH_3 \rightarrow PH^+ + 2H$), 16.5 ± 0.2 ($PH_3 \rightarrow P^+ + H_2 + H$), 20.8 ± 0.3 ($PH_3 \rightarrow P^+ + 3H$). Die zur Abtrennung der 3H-Atome aus PH_3^+ aufzuwendende Energie beträgt 2.9, 2.0 bzw. 4.4 eV, F. E. SAALFELD, H. J. SVEC (IS-386 [1961] 1/116, 75, 77, *N.S.A.* **16** [1962] Nr. 9282). Energet. Betrachtungen über die Rk. $PH_3^+ \rightleftarrows PH^+ + H_2$ s. bei D. P. STEVENSON (*Radiation Res.* **10** [1959] 610/21). Die negativen Ionen PH_2^-, PH^- und P^- entstehen aus PH_3 beim Elektronenstoß überwiegend infolge Dissoz. mit Elektroneneinfang (Resonanzeinfang). Für die Auftrittspott. E_a der Resonanzlinien werden folgende Werte bestimmt:

Ion	PH_2^-	PH^-	P^-
E_a in eV	2.8 und 5.3	6.8 und 8.6	6.2

Die Resonanzmax. E_{max} liegen bis auf $E_{max} = 3.5$ und 6.4 für PH_2^- jeweils um 1 eV höher als die entsprechenden Auftrittspott., O. ROSENBAUM, H. NEUERT (*Z. Naturforsch.* **9a** [1954] 990/1).

Der Ionisierungswirkungsquerschnitt von PH_3 durch einen einzigen Elektronenstoß wird massenspektrographisch für 75 eV-Elektronen zu 14.7mal größer als der der H-Molekel bestimmt, J. W. OTVOS, D. P. STEVENSON (*J. Am. Chem. Soc.* **78** [1956] 546/51, 548). Die Ionisierungsenergie wird von D. P. STEVENSON (*l. c.*) zu 10.1 eV abgeschätzt.

Parachor

Parachor [P]. Die Messung der Dichte und der Oberflächenspannung von fl. PH_3 zwischen $-101°C$ und dem Sdp. ergibt als Mittelwert [P] = 94.65, A. A. DURRANT, T. G. PEARSON, P. L. ROBINSON (*J. Chem. Soc.* **1934** 730/5).

Modifications

Zustandsformen

Wie die auf S. 29 wiedergegebene Temp.-Abhängigkeit der Wärmekapazität erkennen läßt, existiert festes PH_3 bei gewöhnl. Druck in 3 oder 4 verschiedenen Modifikationen I bis IV.

Transition Points. Melting Point. Transition Heats. Heat of Fusion

Umwandlungspunkte T_u. **Schmelzpunkt** T_f. **Umwandlungswärmen** L_u und **Schmelzwärme** L_f in cal/Mol.

IV↔II		III↔II		II↔I		I↔Schmelze		Lit.
T_u in °K	L_u	T_u in °K	L_u	T_u in °K	L_u	T_f in °K	L_f	
30.29	19.6	49.43	185.7	88.10	115.8	139.35	270.4	1)
30.32	19.6	—	—	88.52	114.3	139.66	267.9	2)
—	—	—	—	—	—	139.41	268.2	3)

1) C. C. STEPHENSON, W. F. GIAUQUE (*J. Chem. Phys.* **5** [1937] 149/58, 151, 156). — 2) K. CLUSIUS, A. FRANK (*Z. Physik. Chem.* B **34** [1936] 405/19, 406/9), K. CLUSIUS (*Z. Elektrochem.* **39** [1933] 598/601). — 3) K. CLUSIUS, K. WEIGAND (*Z. Physik. Chem.* B **46** [1940] 1/37, 24). Ältere Angabe für den Schmp.: $t_f = -133 \pm 0.5°C$, K. OLSZEWSKI (*Monatsh. Chem.* **7** [1886] 371/4; *Phil. Mag.* [5] **39** [1895] 188/212, 210; *Bull. Acad. Crac.* **1908** 375/98, 390).

Die Modifikation II kann bei genügend schneller Abkühlung ohne nennenswerte Umwandlung in die unterhalb 49.43°K stabile Modifikation III bis zur Temp. des fl. H_2 unterkühlt werden, geht aber beim Erwärmen bei 36°K plötzlich in die Modifikation III über. Die vollständige Umwandlung II→III dauert bei 40°K einige Tage. Am Übergang I→II werden Überhitzungen bzw. Unterkühlungen um 0.1 bis 0.2 grd beob., nicht dagegen beim Übergang der bei Tempp. $< 30°K$ vorkommenden, unstabilen Modifikation IV in II, C. C. STEPHENSON, W. F. GIAUQUE (*l. c.* S. 152). Von K. CLUSIUS, A. FRANK (*l. c.* S. 416) wird durch einige ihrer unreproduzierbaren Wärmekapazitätsmessungen ein weiterer Umwandlungspunkt bei 37.0°K mit der Umwandlungswärme 31.9 cal/Mol aufgefunden.

Triple Point Pressure

Tripelpunktsdruck $p_{tr} = 27.25$ Torr; bis p = 200 at gilt für die Druckabhängigkeit des Schmp. $T_f = 139.408 + 2.834 \times 10^{-2} p - 7.35 \times 10^{-5} p^2$, woraus dp/dT = 35.3 atm/grd am Tripelpunkt folgt, K. CLUSIUS, K. WEIGAND (*l. c.* S. 24/25). Nach C. C. STEPHENSON, W. F. GIAUQUE (*l. c.*) ist $p_{tr} = 27.33$ Torr.

Physikalische Eigenschaften

Physical Properties

Lattice Structure

Gitterstruktur. Röntgenograph. Unterss. mit Fe-Strahlung an festem PH_3 bei ~135°K (Modifikation I) ergeben nach der Pulvermeth., daß die P-Atome in einem kubisch-flächenzentrierten Gitter mit 4 Molekeln in der Elementarzelle angeordnet sind; Gitterkonst. (gewonnen durch Extrapolation auf große Ablenkungswinkel): a = 6.31 ± 0.01 Å. Aus der Größe der Atomradien von P und H wird auf die Raumgruppe T_h^2–Pn3 geschlossen; wäre die Raumgruppe O_h^4–Pn3m, so müßten die H–H-Abstände unwahrscheinlich groß sein, G. NATTA, E. CASAZZA (*Gazz. Chim. Ital.* **60** [1930] 851/9, 854). Nach C. HERMANN, O. LOHRMANN, H. PHILIPP (*Strukturbericht, Bd.* 2, 1928/32, S. 287) lassen obige Vers.-Ergebnisse jedoch auch die Möglichkeit von PH_3-Molekeln im DO_1-Typ (NH_3-Typ) offen. Dieser Typ hat die Raumgruppe T^4, s. T. ERNST (in: LANDOLT-BÖRNSTEIN, 6. *Aufl., Bd.* 1, *Tl.* 4, 1955, S. 176/7). An den Umwandlungspunkten ändert sich die gegenseitige Orientierung der im Kristallgitter benachbarten Molekeln nahezu sprunghaft, bis in der Modifikation I die Molekeln praktisch ungehemmt rotieren können. Näheres hierüber, sowie aus dem Temp.-Verlauf der Rotationswärme abgeschätzte Umwandlungsentropien s. in den zusammenfassenden Arbeiten von A. EUCKEN (*Z. Elektrochem.* **45** [1939] 126/50; *Chemie* [*Berlin*] **55** [1942] 163/72, 170).

Constitution of the Liquid Phase

Konstitution der flüssigen Phase. Aus dem Wert für die TROUTONsche Konst. schließen A. A. DURANT, T. G. PEARSON, P. L. ROBINSON (*J. Chem. Soc.* **1934** 730/5), daß fl. PH_3 nur wenig assoziiert ist. Dies wird durch neuere therm. Daten bestätigt, L. A. K. STAVELEY, W. J. TUPMAN (*J. Chem. Soc.* **1950** 3597/3606, 3602). — Ein sehr geringer Assoziationsgrad ergibt sich auch aus dem Vergleich der chem. Verschiebung der Protonen in fl. und in gasf. PH_3; von 9 untersuchten anorgan. Fll. ist PH_3 am schwächsten assoziiert, W. G. SCHNEIDER, H. J. BERNSTEIN, J. A. POPLE (*J. Chem. Phys.* **28** [1958] 601/7, 604).

Equation of State

Zustandsgleichung. Von E. A. LONG, E. A. GULBRANSEN (*J. Am. Chem. Soc.* **58** [1936] 203/5) werden die Druck- und Temp.-Abhängigkeit des Volumens von gasf. PH_3 bei niedrigen Drucken und Tempp. von 190 bis 300°K durch direkten Vergleich mit He untersucht, und die Temp.-Abhängigkeit des zweiten Virialkoeff. B in der Zustandsgleichung von KAMERLINGH ONNES $pv \approx RT + Bp$ ermittelt. Bei 0°C liegt B zwischen −197 und −198 cm³, bei ~−72°C zwischen −396 und −400 cm³ in guter Übereinstimmung mit den nach der Gleichung von BERTHELOT aus den krit. Konstt. abgeleiteten Werten. — Aus Literaturwerten für das Molvol. V_{mol} berechnet K. CLUSIUS (in: H. STAUDE, *Physikalisch-chemisches Taschenbuch, Bd.* 1, *Leipzig* 1945, S. 924) nach $B = V_{mol} - 22414$ den Wert B = −142 cm³ bei 0°C. Aus der Verdampfungswärme in Verbindung mit der CLAUSIUS-CLAPEYRONschen Gleichung ber. B-Werte s. bei C. F. CURTISS, J. O. HIRSCHFELDER (*J. Chem. Phys.* **10** [1942] 491/6).

Die Konstt. a und b in der VAN DER WAALSschen Gleichung $p + a/v^2 = RT/(v-b)$ ergeben sich aus Lit.-Daten für die krit. Konstt. zu $a \cdot 10^6 = 5.74_3$ atm·cm⁶, b = 52.20 cm³, K. CLUSIUS (*l. c.*).

Die für Sättigungsbedingungen aufgestellte Gleichung $p = [RT/M(v+B)] - [A/T(v+B)^2]$ gibt die experimentellen Ergebnisse für 58 geprüfte Substt. genauer wieder als die Gleichungen von VAN DER WAALS und BERTHELOT; Konstt. für PH_3: A = 0.77489, B = 2.7782×10^{-3} (p in atm), J. E. HAGGENMACHER (*J. Am. Chem. Soc.* **68** [1946] 1123/6).

Auch an gasf. PH_3 geprüfte neue Formen einer Zustandsgleichung befinden sich bei J. HIMPAN (*Monatsh. Chem.* **86** [1955] 259/68, 263), T. ISHIKAWA (*Bull. Chem. Soc. Japan* **26** [1953] 78/83). Über eine allgemeine Zustandsgleichung der gesättigten Dämpfe s. E. KORDES (*Z. Elektrochem.* **57** [1953] 731/8).

Critical Data

Kritische Daten. Meßwerte für die krit. Temp. t_k und den krit. Druck p_k von PH_3:

t_k in °C	p_k in atm	Literatur
51.3 ± 0.2	64.5 ± 0.4	E. BRINER (*J. Chim. Phys.* **4** [1906] 476/85, 479); vgl. auch W. R. GAMBILL (*Chem. Eng.* **66** [1959] Nr. 14, S. 157/60)
52.8	64	A. LEDUC, P. SACERDOTE (*Compt. Rend.* **125** [1897] 379/8)
54	70.5	S. SKINNER (*Proc. Roy. Soc.* [*London*] **42** [1887] 283/9)

Von S. F. PICKERING (*Natl. Bur. Std.* [*U.S.*] *Circ.* Nr. 279 [1926] 1/85, 61) wird t_k = 52°C, p_k = 65 atm als zutreffend bezeichnet. — Berechnung der VAN DER WAALSschen Konstt. a und b am krit. Punkt s. bei J. J. VAN LAAR (*J. Chim. Phys.* **17** [1919] 266/324, 312).

An PD_3 findet H. KOPPER (*Z. Physik. Chem.* A **175** [1936] 469/72) t_k = 50.4°C.

Vapor Pressure

Dampfdruck p in Torr, p' in atm. Nach Messungen unterhalb des Siedepunkts gilt über festem PH_3 die Dampfdruckgleichung: lg p = −895.700/T + 7.86434, überfl. PH_3: lg p = −1027.300/T −0.0178530 T + 0.000029135 T^2 + 10.73075; einzelne Meßwerte:

T in °K . . .	128.67	132.76	136.10	139.35 (= T_f)	144.521	148.960	152.549
p in Torr . .	7.98	13.12	19.21	27.33	44.77	66.35	89.39
T in °K . .	156.699	161.724	167.369	172.560	178.043	185.562	
p in Torr . .	123.80	179.14	263.50	366.74	507.90	767.24	

C. C. Stephenson, W. F. Giauque (*J. Chem. Phys.* **5** [1937] 149/58, 151). Die ältere, von F. Henning, A. Stock (*Z. Physik* **4** [1921] 226/40, 236), A. Stock, F. Henning, E. Kuss (*Ber. Deut. Chem. Ges.* **54** B [1921] 1119/29, 1127) für fl. PH_3 ermittelte Dampfdruckgleichung lg p = −845.57/T + 1.75 lg T −0.0061931 T + 4.61480 liefert für entsprechende Drucke um 0.09 grd (bei 150°K) bis 0.27 grd (bei T_v) höhere Tempp. als obige Gleichung. Eine krit. Auswahl von Meßergebnissen für fl. PH_3 nach F. Henning, A. Stock (*l. c.* S. 239) (für −90 bis −130°C) und B. D. Steele, D. McIntosh, E. H. Archibald (*Z. Physik. Chem.* **55** [1906] 129/99, 138), D. McIntosh, B. D. Steele (*Proc. Roy. Soc.* [*London*] **73** [1904] 450/3) (für −86 bis −106°C) befindet sich bei K. K. Kelley (*U.S. Bur. Mines Bull.* Nr. 383 [1935] 1/132, 113).

Oberhalb des Siedepunktes. Aus der auf Grund der Lit.-Werte für T_v, T_k und p_k von E. Berl (*Chem. Met. Eng.* **53** [1946] 130/3) dargestellten Dampfdruckkurve entnimmt man folgende Werte:

p' in atm.	1	2	5	10	20	40	60
T in °K	186	204	230	254	280	306	323

G. G. Grau (in: Landolt-Börnstein, 6. *Aufl.*, *Bd.* 2, *Tl.* 2a, 1960, S. 59). — Von E. Briner (*J. Chem. Phys.* **4** [1906] 476/85, 479) werden Dampfdruckmessungen zwischen 25 und 50°C bei 38 atm durchgeführt. — Aus einer neu aufgestellten allgemeinen Zustandsgleichung der gesätt. Dämpfe werden folgende Dampfdruckwerte ermittelt: p' = 21.3 bei 273°K, p' = 38.4 bei 303°K, E. Kordes (*Z. Elektrochem.* **57** [1953] 731/8, 736).

Boiling Point

Siedepunkt T_v in °K, t_v in °C. Für den normalen Sdp. (bei 760 Torr) werden von C. C. Stephenson, W. F. Giauque (*J. Chem. Phys.* **5** [1937] 149/58, 151) und K. Clusius, A. Frank (*Z. Physik. Chem.* B **34** [1936] 405/19, 407) jeweils aus eigenen Dampfdruckmessungen die Temp.-Werte T_v = 185.38 (t_v = −87.78) bzw. T_v = 185.72 (t_v = −87.44) ermittelt. Wahrscheinlicher Wert: T_v = 185.42°K, F. D. Rossini, D. D. Wagman, W. H. Evans, S. Levine, I. Jaffe (*Natl. Bur. Std.* [*U.S.*] *Circ.* Nr. 500 [1952] 571). F. Henning, A. Stock (*Z. Physik.* **4** [1921] 226/40, 236) extrapolieren aus ihrer Dampfdruckgleichung den Wert t_v = −87.43. Etwas höher liegen die älteren Meßergebnisse t_v = −86.4 bzw. −85 von D. McIntosh, B. D. Steele (*Proc. Roy. Soc.* [*London*] **73** [1904] 450/3) bzw. K. Olszewski (*Monatsh. Chem.* **7** [1886] 371/4; *Phil. Mag.* [5] **39** [1895] 188/212, 210; *Anz. Akad. Wiss. Krakau Math.-Naturw. Klasse* **1908** 375/98, 390).

Heat of Vaporization

Verdampfungswärme L_v in cal/Mol. Eine calorimetr. Präzisionsbest. ergibt unter Berücksichtigung aller Wärmeverlustkorrekturen durch Extrapolation auf unendlich rasche Verdampfung L_v = 3493 ± 3 bei T_v = 185.72°K, A. Frank, K. Clusius (*Z. Physik. Chem.* B **42** [1939] 395/421, 415). Hiermit wird der früher von K. Clusius, A. Frank (*Z. Physik. Chem.* B **34** [1936] 405/19, 410) bestimmte Wert L_v = 3492 ± 4 praktisch genau bestätigt. C. C. Stephenson, W. F. Giauque (*J. Chem. Phys.* **5** [1937] 149/58, 156) bestimmen calorimetrisch L_v = 3489 ± 3 und aus ihrer Dampfdruckgleichung L_v = 3472 (bei T_s = 185.38°K). Nach krit. Sichtung der vorhandenen Meßdaten als wahrscheinlichster Wert angegeben: L_v = 3490 cal/Mol, F. D. Rossini u. a. (*l. c.*). — Zur Auswertung der älteren Dampfdruckmessungen s. K. K. Kelley (*U.S. Bur. Mines Bull.* Nr. 383 [1935] 1/132, 83), A. A. Durrant, T. G. Pearson, P. L. Robinson (*J. Chem. Soc.* **1934** 730/5), T. G. Pearson, P. L. Robinson (*J. Chem. Soc.* **1934** 736/43), F. Paneth, E. Rabinowitsch (*Ber. Deut. Chem. Ges.* **58** [1925] 1138/63, 1152).

Density

Dichte D in g/cm³. Gasförmiges PH_3. Das Normallitergewicht (bei 0°C, 760 Torr, g = 980.616 cm s^{-2}) wird von M. Ritchie (*Proc. Roy. Soc.* [*London*] A **128** [1930] 551/79, 574) zu L = 1.5307 g bestimmt. Für die relativen, auf Luft (L = 1.2928) bzw. auf Sauerstoff (L = 1.42893) bezogenen Dichten ergeben sich hieraus die Werte L_{PH_3}/L_{luft} = 1.1840 und L_{PH_3}/L_{O_2} = 1.0712. Bei korrigierter Auswertung der Meßergebnisse von M. Ritchie (*l. c.*) ergibt sich das auf Normalbedingungen reduzierte Litergew. auf Grund der Best. bei 1.00, 0.75, 0.50 und 0.25 atm zu 1.530755, 1.527270, 1.523785 bzw. 1.520305; die Daten lassen sich durch die Formel $L_p = L_0 + 0.013938$ p erfassen, E. Moles (*Bull. Soc. Chim.*

Belgique **62** [1953] 67/72). Ältere Ergebnisse für das Normallitergew.: L = 1.5317 g, M. RITCHIE (*Nature* **123** [1929] 838), L = 1.5293 g, G. TER GAZARIN (*J. Chim. Phys.* **7** [1909] 337/61, 353, **9** [1911] 101/2; *Compt. Rend.* **148** [1909] 1397/9), L_{PH_3}/L_{luft} = 1.1845, A. LEDUC (*Ann. Chim. Phys.* [7] **15** [1898] 1/114, 94), L_{PH_3}/L_{O_2} = 1.07172, D. BERTHELOT (*Compt. Rend.* **126** [1898] 1415/8).

Die Flüssigkeitsdichte- und Dampfdruckmessungen von B. D. STEELE, D. MCINTOSH, E. H. ARCHIBALD (*Z. Physik* **55** [1906] 129/199, 138, 142) führen auf folgende Dichten von dampfförmigem PH_3 im Gleichgew. mit der fl. Phase:

t in °C	−106.0	−101.3	−97.7	−93.2
D in g/cm³ . . .	0.00079	0.00101	0.00122	0.00151

S. VALENTINER (in: LANDOLT-BÖRNSTEIN, 6. *Aufl.*, *Bd.* 2, *Tl.* 2a, 1960, S. 191).

Flüssiges PH_3. Im Gleichgew. mit der Gasphase werden folgende Werte gemessen:

t in °C	−106.0	−101.0	−98.1	−93.2	−88.7	−86.7	−80.3
D	0.7604	0.7560	0.7534	0.7504	0.7465	0.7448	0.7392

Daraus interpoliert: D = 0.743 für fl. PH_3 bei t_V = −86.4°C, B. D. STEELE, D. MCINTOSH, E. H. ARCHIBALD (*l. c.* S. 142). Demgegenüber liegen die Ergebnisse von A. A. DURRANT, T. G. PEARSON, P. L. ROBINSON (*J. Chem. Soc.* **1934** 730/5) für Tempp. zwischen −57.5 und −87.4°C etwas zu hoch:

t in °C	−87.4	−71.5	−69.0	−60.2	−57.5
D	0.7653	0.7389	0.7348	0.7204	0.7161

Das Molvol. V_{mol} ergibt sich aus der Dichte am Sdp. T_V (D = 0.7653) nach der Formel V_{mol} (0°K) $= V_{mol}(T_V)/1.27$ zu 35.04 cm³/Mol, T. G. PEARSON, P. L. ROBINSON (*J. Chem. Soc.* **1934** 736/43, 742). Oberhalb 0°C nimmt D folgendermaßen ab:

t in °C	2.4	8.4	18.4	24.6	29.4	39.4	44.4	49.4
D	0.618	0.595	0.559	0.545	0.536	0.502	0.469	0.417

Daraus läßt sich D = 0.218 für die krit. Temp. t_k = 54.0°C extrapolieren, S. SKINNER (*Proc. Roy. Soc.* [*London*] **42** [1887] 283/9).

Für festes PH_3 ergibt sich die Röntgendichte bei −135°C aus der Gitterkonst. a = 6.31 Å zu D = 0.896, G. NATTA, E. CASAZZA (*Gazz. Chim. Ital.* **60** [1930] 851/9, 854). Am Schmp. ist das Molvol. von festem PH_3 um 2.25 cm³/Mol kleiner als das von fl. PH_3, K. CLUSIUS, K. WEIGAND (*Z. Physik. Chem.* B **46** [1940] 1/37, 25).

Coefficients of Expansion and Tension

Ausdehnungskoeffizient γ. Spannungskoeffizient β. Für den mittleren Ausdehnungskoeff. für gasf. PH_3 zwischen 0 und 100°C und den wahren Ausdehnungskoeff. bei 0°C, jeweils bei Normaldruck, ergeben sich die Werte $\bar{\gamma}_{0,100°}$ = 0.00375 grd⁻¹, γ_0 = 0.00379 grd⁻¹; analoge Werte für β bei 1 atm Anfangsdruck: $\bar{\beta}_{0,100°}$ = 0.00374 grd⁻¹, β_0 = 0.00376 grd⁻¹, A. LEDUC (*Ann. Phys.* [*Paris*] [9] **5** [1916] 180/217, 185; *Ann. Chim. Phys.* [7] **15** [1898] 1/114, 100). Zwischen −87.4 und −57.5°C wird der mittlere Ausdehnungskoeff. γ = 0.00227 grd⁻¹ gemessen, A. A. DURRANT, T. G. PEARSON, P. L. ROBINSON (*J. Chem. Soc.* **1934** 730/5).

Compressibility

Kompressibilität. Der Kompressibilitätskoeff. von gasf. PH_3 $1+\lambda = (p\,v)_0/(p\,v)_1 = 1/(1-A_0^1)$ bei 0°C zwischen p_0 = 0 und p_1 = 1 atm ergibt sich aus Messungen des Litergew. bei 0.25, 0.50, 0.75 und 1.00 atm zu 1.0091 (vorläufige Mitteilung: 1.0097), M. RITCHIE (*Proc. Roy. Soc.* [*London*] A **128** [1930] 551/79, 576; *Nature* **123** [1929] 838). Auf Grund korrigierter Litergeww. präzisierter Wert: A_0^1 = 0.00910, E. MOLES (*Bull. Soc. Chim. Belges* **62** [1953] 67/72, 69). Ältere Kompressibilitätsunterss. ergeben dafür A_0^1 = 0.00828 ($1+\lambda$ = 1.0084), G. TER GAZARIAN (*Compt. Rend.* **148** [1909] 1397/9; *J. Chim. Phys.* **7** [1909] 337/61, 359), A_0^1 = 0.00937 ($1+\lambda$ = 1.0095), D. BERTHELOT (*Compt. Rend.* **126** [1898] 1415/8). Aus den krit. Daten von A. LEDUC, P. SACERDOTE (*Compt. Rend.* **125** [1897] 397/8) und E. BRINER (*J. Chim. Phys.* **4** [1906] 476/85, 479) werden die Werte $1+\lambda$ = 1.0094 bzw. 1.0098 (A_0^1 = 0.00939 bzw. 0.00967) hergeleitet, M. RITCHIE (*l. c.* S. 552).

Für p·v werden bei verschiedenen Drucken und Tempp. folgende, auf das Vol. bei 1 atm bezogene Werte gemessen:

p in atm		10	15	20	25	30	35	40	45	50	55	60	65
$(pv)/(pv)_1$ bei	t = 24.6°C . . .	0.97	0.88	0.80	0.75	0.70	—	—	—	—	—	—	—
	t = 33.6°C . . .	0.94	0.89	0.85	0.82	0.77	—	0.62	—	—	—	—	—
	t = 46.2°C . . .	—	—	—	—	0.79	0.75	0.71	0.66	0.61	—	—	—
	t = 54.4°C . . .	—	0.92	—	—	0.83	0.80	0.76	0.72	0.66	0.61	0.54	0.47

E. BRINER (*l. c.* S. 477).

Viscosity

Viscosität η in 10^{-4} Poise. Bezogen auf den Wert $\eta_{15°} = 1.799$ für Luft, ergibt sich nach der Capillarmeth. $\eta_{15°} = 1.129$, $\eta_{100°} = 1.450$; daraus nach der SUTHERLANDschen Gleichung (SUTHERLAND-Konst. $C = 290$) extrapoliert: $\eta_{0°} = 1.070$, A. O. RANKINE, C. J. SMITH (*Phil. Mag.* [6] **42** [1921] 601/14).

Surface Tension

Oberflächenspannung γ in dyn/cm. Aus der Steighöhe in Capillaren ermittelte Werte für γ und die molare Oberflächenenergie $\gamma \cdot V_{mol}^{2/3}$ in erg:

T in °K.	167.1	171.8	175.4	179.9
γ	22.783	22.095	21.553	20.798
$\gamma \cdot V_{mol}^{2/3}$	287.2	279.6	273.4	265.4

In diesem Temp.-Bereich ist $d(\gamma \cdot V_{mol}^{2/3})/dT = -1.70$, D. MCINTOSH, B. D. STEELE (*Proc. Roy. Soc.* [*London*] **73** [1904] 450/3). Diese Werte werden auf Grund eigener Dichtebestt. für fl. PH_3 korrigiert zu $\gamma = 23.0$ bei $t = -101.2$°C, 21.6 bei -93.1°C und 20.4 bei -87.4°C ($= t_V$); daraus folgt $d\gamma/dt = 0.178$. Nach der WALDENschen Beziehung wird γ am Sdp. zu 20.33 berechnet, A. A. DURRANT, T. G. PEARSON, P. L. ROBINSON (*J. Chem. Soc.* **1934** 730/5).

Thermodynamic Functions

Thermodynamische Funktionen. Enthalpie H in cal/Mol, Wärmekapazität C_p in cal $mol^{-1}grd^{-1}$, Entropie S in cal $mol^{-1}°K^{-1}$.

Festes und flüssiges PH_3. Der beob. Temp.-Verlauf der Wärmekapazität von festem Phosphin weist mehrere Sprungstellen auf, die Übergängen zwischen polymorphen Modifikationen zugeordnet werden. Näheres s. bei „Zustandsformen" S. 24. An kondensiertem PH_3 bei 15°K bis T_V gewonnene Meßergebnisse sind in der folgenden Tabelle unter den Modifikationsbezeichnungen I bis IV (unstabile Modifikation in Klammern) sowie in **Fig. 3b** wiedergegeben.

T in °K	15	20	25	30		35	40	45	50	60	70	80
C_p [IV]: . . .	1.56	2.46	3.85	6.23	[II]:	10.90	9.77	10.32	10.78	11.42	11.79	12.06
C_p III:	0.96	1.79	2.66	3.56		4.48	5.38	6.31	—	—	—	—

T in °K	90	100	110	120	130		140	150	160	170	180	185
C_p I:.	11.15	11.21	11.28	11.37	11.53	Fl.:	14.75	14.52	14.45	14.44	14.46	14.49

C. C. STEPHENSON, W. F. GIAUQUE (*J. Chem. Phys.* **5** [1937] 149/58, 155).

Neben den Umwandlungsstellen weiterhin auffallend ist die abnorm hohe Wärmekapazität der unterkühlten Modifikation II zwischen 30.29 und 35.66°K. Bei letzterer Temp. fällt C_p abrupt um 15% ohne Evidenz einer latenten Wärme, C. C. STEPHENSON, W. F. GIAUQUE (*l. c.* S. 153). Die entsprechenden Messungen von K. CLUSIUS, A. FRANK (*Z. Physik. Chem.* B **34** [1936] 405/19, 407/8), K. CLUSIUS (*Z. Elektrochem.* **39** [1933] 598/601) ergeben ebenfalls ein Wärmekapazitätsmax. bei 35°K, dagegen keinen Umwandlungssprung bei ~49°K (keine zwei Modifikationen unterhalb 49°K), sondern bei 51°K ein weiteres, reproduzierbares und durch keine therm. Vorbehandlung des PH_3 zu beseitigendes Max., s. **Fig. 3a**. Ausgewählte Werte:

T in °K	11.2_5	18.3_3	24.1	29.0	31.5	33.1	36.1	37.1	45.7
C_p	0.76_9	2.04_2	3.45_8	5.52_0	8.32_4	9.11_8	10.36	9.80_5	10.42

T in °K	51.4	53.5	66.5	76.2_5	86.1	91.3	99.9	110.0	136.7
C_p	13.72	10.98	11.58	11.94	11.87	10.84	10.97	11.10	11.67

K. CLUSIUS, A. FRANK (*l. c.*).

Gasförmiges PH_3. Aus den Wellenzahlen der harmon. Schwingungen (s. S. 22/3) ergeben sich nach dem Modell des starren Rotators und harmon. Oszillators für die Enthalpie H°, die Entropie S° und die Wärmekapazität C_p° folgende Werte:

T in °K		100	200	298.16	400	500	600	700	800	900	1000	Lit.
$(H°-H_0^\circ)/T$	PH_3	7.95	7.96	8.10	8.40	8.79	9.23	9.69	10.15	10.59	11.02	1)
	PH_2D	7.95	7.98	8.17	8.55	9.03	9.54	10.05	10.54	11.01	11.46	2)
	PHD_2	7.95	8.01	8.30	8.78	9.33	9.90	10.46	10.99	11.49	11.94	2)
	PD_3	7.95	8.06	8.46	9.05	9.68	10.32	10.92	11.49	12.00	12.47	1)
	PD_2T	7.95	8.09	8.55	9.19	9.88	10.54	11.16	11.74	12.26	12.73	2)
	PDT_2	7.95	8.14	8.67	9.38	10.10	10.79	11.43	12.01	12.54	13.01	2)
	PT_3	7.95	8.19	8.79	9.56	10.32	11.05	11.71	12.30	12.83	13.30	3)
	PHT_2	7.95	8.07	8.46	9.05	9.70	10.33	10.94	11.49	11.99	12.46	2)
	PH_2T	7.95	7.99	8.23	8.66	9.18	9.73	10.26	10.77	11.25	11.70	2)

T in °K		100	200	298.16	400	500	600	700	800	900	1000	Lit.
C_p°	PH_3	7.95	8.08	8.76	9.83	10.92	11.95	12.91	13.76	14.51	15.16	1)
	PH_2D	7.95	8.16	9.06	10.31	11.52	12.61	13.58	14.42	15.13	15.74	2)
	PHD_2	7.95	8.34	9.49	10.88	12.18	13.31	14.28	15.10	15.77	16.33	2)
	PD_3	7.95	8.58	10.00	11.53	12.89	14.06	15.02	15.81	16.44	16.95	1)
	PD_2T	7.96	8.74	10.28	11.88	13.26	14.42	15.35	16.10	16.70	17.18	2)
	PDT_2	7.97	8.93	10.60	12.26	13.66	14.80	15.72	16.43	16.99	17.44	2)
	PT_3	7.98	9.12	10.92	12.65	14.08	15.21	16.09	16.77	17.30	17.71	3)
	PHT_2	7.96	8.59	10.00	11.57	12.93	14.06	14.99	15.73	16.34	16.84	2)
	PH_2T	7.95	8.24	9.27	10.63	11.88	12.98	13.93	14.74	15.42	15.99	2)
S°	PH_3	41.34	46.86	50.20	52.91	55.22	57.30	59.22	61.00	62.66	64.23	1)
	PH_2D	44.43	49.97	53.37	56.20	58.64	60.84	62.86	64.72	66.46	68.10	2)
	PHD_2	45.13	50.71	54.25	57.23	59.80	62.12	64.25	66.21	68.03	69.71	2)
	PD_3	43.62	49.26	52.94	56.10	58.81	61.27	63.51	65.58	67.47	69.23	1)
	PD_2T	46.28	51.95	55.72	58.96	61.78	64.30	66.59	68.70	70.63	72.42	2)
	PDT_2	46.72	52.46	56.33	59.68	62.57	65.17	67.52	69.67	71.64	73.46	2)
	PT_3	44.98	50.75	54.73	58.19	61.16	63.84	66.25	68.44	70.46	72.30	3)
	PHT_2	46.20	51.85	55.53	58.68	61.42	63.88	66.13	68.17	70.05	71.81	2)
	PH_2T	45.08	50.63	54.10	57.00	59.51	61.78	63.85	65.77	67.54	69.20	2)

1) S. SUNDARAM, F. SUSZEK, F. F. CLEVELAND (*J. Chem. Phys.* **32** [1960] 251/4). — 2) G. THYAGARAJAN, S. SUNDARAM, F. F. CLEVELAND (*J. Mol. Spectry.* **5** [1960] 307/18, 314/5). — 3) S. SUNDARAM,

Fig. 3.

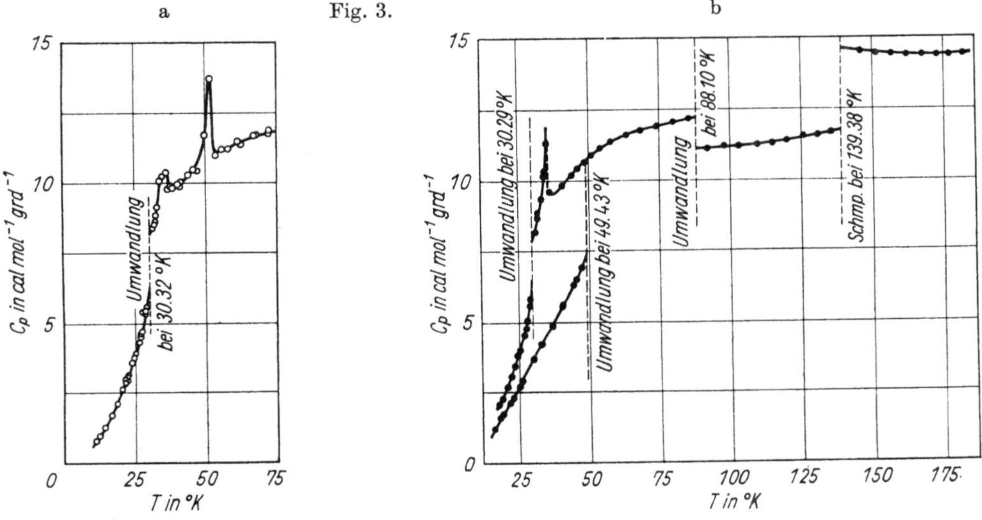

Temp.-Abhängigkeit der Wärmekapazität C_p von PH_3,
a) nach CLUSIUS-FRANK,
b) nach STEPHENSON-GIAUQUE.

F. F. CLEVELAND (*J. Mol. Spectry.* **5** [1960] 61/64). — Mit anderen Ausgangsdaten ($\nu_1 = 2328.9$, $\nu_2 = 990$, $\nu_3 = 2328$, $\nu_4 = 1121$, $I_A = 7.1745 \times 10^{-40}$, $I_B = 6.261 \times 10^{-40}$) ergeben sich für die freie Energie F° von PH_3 sowie für C_p° und S° folgende Werte (in Auswahl):

T in °K	298.15	400	700	1000	1500	2000	2500	3000	4000	5000
$-(F^\circ - H_0^\circ)/T$	42.094	44.525	49.591	53.323	58.211	62.118	65.388	68.200	72.862	76.642
C_p°	8.872	9.992	13.134	15.371	17.407	18.366	18.869	19.160	19.462	19.607
S°	50.222	52.982	59.404	64.493	71.164	76.319	80.477	83.945	89.504	93.864

R. L. POTTER, V. N. DI STEFANO (*J. Phys. Chem.* **65** [1961] 849/55, 854). Nur geringfügig abweichende Werte werden von B. J. MCBRIDE, S. HEIMEL, J. G. EHLERS, S. GORDON (NASA SP-3001 [1963]

262) für den Bereich von 100 bis 5000°K ber.; zusätzliche Werte für 6000°K: $C_p^\circ = 19.6871$, $H^\circ - H_0^\circ = 105754.4$, $S^\circ = 97.4426$. — Wird die Wellenzahl ν_1 zu 2322.9 angenommen, so ergeben sich im Bereich bis 1500°K im wesentlichen dieselben Werte für C_p° und S°; am Sdp. $T_V = 185.38$°K ist $S^\circ = 43.26 \pm 0.1$, A. P. ALTSHULLER (*J. Am. Chem. Soc.* **77** [1955] 4220/1). Auf Grund der spektroskopischen Daten von V. M. MCCONAGLIE, H. H. NIELSEN (*J. Chem. Phys.* **21** [1953] 1836/8) berechnen V. N. CHLEBNIKOVA, V. P. MOROZOV (*Ukr. Khim. Zh.* **24** [1958] 3/6) für PH_3 im Bereich von 298.2 bis 1000°K Werte für H°, C_p° und S°, die von den von A. P. ALTSHULLER (*l. c.*) ermittelten nur wenig abweichen, für PD_3 dagegen Werte für $(H^\circ - H_0^\circ)/T$ zwischen 8.50 und 12.57, für C_p° zwischen 10.12 und 17.04, für S° zwischen 52.97 und 69.41.

Aus älteren spektroskop. Daten für PH_3 ber. Werte werden von K. K. KELLEY (*U.S. Bur. Mines Bull* Nr. 476 [1949] 1/241, 135, Nr. 477 [1950] 1/147, 111) tabellarisch zusammengestellt. Vgl. auch D. M. YOST, T. F. ANDERSON (*J. Chem. Phys.* **2** [1934] 624/7), D. P. STEVENSON, D. M. YOST (*J. Chem. Phys.* **9** [1941] 403/8), H. M. SPENCER, G. N. FLANNAGAN (*J. Am. Chem. Soc.* **64** [1942] 2511/3).

Aus calorimetr. Messungen an PH_3 leiten sowohl K. CLUSIUS, A. FRANK (*Z. Physik. Chem.* B **34** [1936] 405/19, 410) als auch C. C. STEPHENSON, W. F. GIAUQUE (*J. Chem. Phys.* **5** [1937] 149/58, 157) den Wert $S^\circ = 46.39$ am Sdp. (185.72 bzw. 185.38°K) ab. — Aus der Entropieänderung bei der therm. Dissoz. von PH_3 ergibt sich $S_{298}^\circ = 52.4$, D. H. DRUMMOND (*J. Am. Chem. Soc.* **49** [1927] 1901/4).

Nach empir. Formeln ber. Werte für $S_{298.16}^\circ$: 49.3, K. OTOZAI, S. KUME, S. FUKUSHIMA (*Bull. Chem. Soc. Japan* **25** [1952] 302/9), 52.4, G. GEISELER (*Z. Physik. Chem.* **202** [1954] 424/39, 429), 51.3, S. W. BENSON, J. H. BUSS (*J. Chem. Phys.* **29** [1958] 546/72, 549).

Chemical Constant

Chemische Konstante. Die quantenstatist. Ermittlungsmeth. führt mit den Trägheitsmomenten (in 10^{-40} g·cm²) $I_A = 8.26$, $I_B = I_C = 6.22$ und der Symmetriezahl s = 3 auf den Wert $\gamma_K = -0.662$. Der auf Grund eigener therm. Messungen aus der allgemeinen Dampfdruckformel ermittelte Wert γ_P (= Dampfdruckkonst.) $= -0.666 \pm 0.02$ stimmt damit gut überein, K. CLUSIUS, A. FRANK (*Z. Physik. Chem.* B **34** [1936] 405/19, 414). — Für die konventionelle chem. Konst. berechnet sich aus der Formel $i = 1.33 \lg T_V - 0.00098\, T_V$ mit $T_V = 185.7$°K der Wert i = 2.841, A. A. DURRANT, T. G. PEARSON, P. L. ROBINSON (*J. Chem. Soc.* **1934** 730/5).

Dielectric Constant

Dielektrizitätskonstante ε. Für gasf. PH_3 ergeben sich aus mindestens je 4 übereinstimmenden Messungen bei hohen Frequenzen (290 bis 1820 kHz) folgende, auf 760 Torr umgerechnete Mittelwerte:

t in °C	—47	16	100
ε	1.003373	1.002381	1.001687

H. E. WATSON (*Proc. Roy. Soc.* [*London*] A **117** [1927] 43/62, 61). Siehe dort auch Meßergebnisse der Druckabhängigkeit der DK bei —47°C zwischen 53 und 745 Torr in willkürlichen Einheiten.

Fl. PH_3 hat unter seinem eigenen Dampfdruck bei der Wellenlänge λ = 71.5 m die DK-Werte 2.55 bei —60°C, 2.71 bei —25°C; durch lineare Extrapolation folgt aus diesen Meßwerten ε = 2.91 bei 20°C, R. C. PALMER, H. SCHLUNDT (*J. Phys. Chem.* **15** [1910] 381/86, 385).

Magnetic Susceptibility

Magnetische Suszeptibilität χ. Messungen bei gewöhnl. Temp. ergeben $\chi = -26.2 \times 10^{-6}$ cm³/g, C. BARTER, R. G. MEISENHEIMER, D. P. STEVENSON (*J. Phys. Chem.* **64** [1960] 1312/6).

Refractive Index

Brechungszahl n von gasförmigem PH_3 bei 0°C und 760 Torr gegen Vak., gemessen mit weißem Licht: 1.000789, P. L. DULONG (*Ann. Chim. Phys.* [2] **31** [1826] 154/81, 172).

Für die Brechungszahl von flüssigem PH_3 (durch Druck von 30 atm verflüssigt) gegen Luft mißt L. BLEEKRODE (*Proc. Roy. Soc.* [*London*] **37** [1884] 339/62, 351) die Werte n = 1.323 für weißes Licht (Tageslicht) bei 11°C und $n_D = 1.317$ für Na-Licht (D-Linie) bei 17.5°C. Für n_D bei der krit. Temp. 52.8°C wird daraus unter Benutzung der Regel von MATHIAS der Wert 1.137 berechnet, C. SMITH (*Proc. Roy. Soc.* [*London*] A **87** [1912] 366/71, 369).

Faraday Effect

Faraday-Effekt. Magnet. Drehungsvermögen von gasf. PH_3 bei 0°C, 1 atm und λ = 5700 Å: $[M]_\omega = 57 \cdot 10^{-6}$ rad m⁴ V⁻¹s⁻¹ = 0.30 min cm² Gauss⁻¹ mol⁻¹, R. DE MALLEMANN, P. GABIANO (*Compt. Rend.* **199** [1934] 600/1).

Electrochemical Behavior

Elektrochemisches Verhalten

Normalpot. der PH_3-Elektrode für den Vorgang $PH_{3\,gasf} \rightarrow P_{weiß} + 3H^+ + 3e^-$ bei 25°C: ${}_0E_h = -0.063$ V, für den Vorgang $PH_3 + 3\,OH^- \rightarrow P_{weiß} + 3H_2O + 3e^-$: ${}_0E_h = -0.89$ V, A. J. DE BETHUNE,

T. S. LICHT, N. SWENDEMAN (*J. Electrochem. Soc.* **106** [1959] 616/25, 624). Bei der Elektrolyse einer gesätt. PH_3-Lsg. in wasserfreiem, fl. NH_3 wird infolge des hohen Widerstandes ($\varkappa_{-55} = 1.8 \times 10^{-5}$) nur ein sehr geringer Umsatz beobachtet. An beiden Elektroden wird eine schwache Gasentw. festgestellt, an der Anode wird P in Spuren abgeschieden. Der Stromtransport dürfte hauptsächlich durch das Ion PH_2^- erfolgen, P. ROYEN (*Z. Anorg. Allgem. Chem.* **235** [1938] 324/36, 332).

Chemisches Verhalten

Chemical Reactions

Isotopic Exchange

Isotopenaustausch. Die bei Drucken von 100 bis 500 Torr und bei Tempp. von 20 bis 620°C untersuchte, durch Hg photosensibilisierte Austauschrk. zwischen gasf. PH_3 und gasf. D_2 bzw. PD_3 und H_2 verläuft bei gewöhnl. Temp. nach $PH_3 + Hg^* \rightarrow PH_2 + H + Hg$; $D_2 + Hg^* \rightarrow 2D + Hg$; $PH_2 + D \rightarrow PH_2D$. Die Austauschgeschw. ist temperaturunabhängig. Bei höherer Temp. verläuft der Austausch nach $D_2 + Hg^* \rightarrow 2D + Hg$; $D + PH_3 \rightarrow PH_2D + H$; $H + D_2 \rightarrow HD + D$. Diese Rk. besitzt einen hohen Temp.-Koeff., aus dem sich die Aktivierungsenergie für die Rk. $PH_3 + D \rightarrow PH_2D + H$ zu Q = 14.4 kcal/Mol und für die Rk. $PD_3 + H \rightarrow PD_2H + D$ zu Q = 15.0 kcal/Mol berechnet. Gleichgew.-Konst. k der Rk. $PH_3 + HD \rightleftharpoons PH_2D + H_2$, ber. für verschiedene Tempp. t in °C aus spektroskop. Daten:

t	0	100	200	300	400	500	600	700
k	1.37	1.24	1.18	1.13	1.10	1.08	1.06	1.05

H. W. MELVILLE, J. L. BOLLAND (*Proc. Roy. Soc.* [*London*] A **160** [1937] 384/406). Der Häufigkeitsfaktor der Rk. $PH_3 + D \rightarrow PH_2D + H$ in gasf. Zustand beträgt $1.5 \times 10^{13} cm^3 \cdot mol^{-1} \cdot sec^{-1}$, K. J. LAIDLER (*J. Chim. Phys.* **54** [1957] 485/92, 485).

Die Gleichgew.-Konst. des Austauschgleichgew. $PH_2D_{gasf} + H_2O_{fl} \rightleftharpoons PH_{3\,gasf} + HDO_{fl}$ bei 25°C unter Verwendung von verd. H_2SO_4 und Pufferlsgg. als Katalysatoren wird zu k = 1.52 gefunden. Aus spektroskop. Daten errechnet sich k = 1.46 bei 25°C, R. E. WESTON, J. BIGELEISEN (*J. Chem. Phys.* **20** [1952] 1400/2). Gleichgew.-Konst. der Rk. $PH_2D_{gasf} + H_2O_{gasf} \rightleftharpoons PH_{3\,gasf} + HDO_{gasf}$ im Temp.-Bereich von gewöhnl. Temp. bis 130°C: $k = 0.781 \times e^{198/T}$. Die Rk. wird durch H^+-Ionen katalysiert, J. BIGELEISEN, R. E. WESTON (BNL-156 [1952] 1/4, *N.S.A.* **10** [1956] Nr. 2308). Aktivierungsenergie der Austauschrk. zwischen gasf. PH_3 und fl. D_2O: A = 17.6 kcal/Mol, R. E. WESTON, J. BIGELEISEN (*J. Am. Chem. Soc.* **76** [1954] 3074/8). Über den Isotopenaustausch zwischen PH_3 und D_2O s. auch R. E. WESTON, M. H. SIRVETZ (*J. Chem. Phys.* **20** [1952] 1820/1), J. BIGELEISEN (in: J. KISTEMAKER, J. BIGELEISEN, A. O. C. NIER, *Proc. Intern. Symp. Isotope Seperation, Amsterdam* 1958, S. 121/57, 144). Über den Isotopenaustausch zwischen PH_3 und anderen Nichtmetallhydriden s. YA. M. VARSHAVSKII, S. E. VAISBERG (*Zh. Fiz. Khim.* **29** [1955] 523/32, *C.* **1956** 11928; *Dokl. Akad. Nauk SSSR* **100** [1955] 97/100, *C.A.* **1955** 13709).

Decomposition. By Radiation

Zersetzung. Durch Strahlung. Nach massenspektrometr. Unterss. bilden sich bei der Einw. von Elektronen von 100 eV auf PH_3 folgende Ionenarten (relative Intensitäten): PH_3^+ (100), PH_2^+ (32.4), PH^+ (117.5), P^+ (29.4), H_2^+ (11.3), H^+ (4.7), PH_2^- (0.1) H^- (0.1), H. NEUERT, H. CLASEN (*Z. Naturforsch.* **7a** [1952] 410/6, 411). Bei der Bestrahlung von PH_3 mit Neutronen und γ-Strahlung bildet sich ein stark radioaktives Gas, das aus 56 Mol-% PH_3 und 44 Mol-% H_2 besteht, während an den Wänden des Rk.-Gefäßes rotes, radioaktives P abgeschieden wird. Bei der Bestrahlung mit γ-Strahlung allein wird ein Gasgemisch aus 95 Mol-% PH_3 und 5 Mol-% H_2 erhalten, P. A. SELLERS, T. R. SATO, H. H. STRAIN (*J. Inorg. Nucl. Chem.* **5** [1957] 31/47, 43).

By Mechanical Action

Durch mechanische Einwirkung. Reines PH_3 zersetzt sich unter der Einw. von Stoßwellen in rotes P und H_2 unter Aussendung einer Strahlung, die nur in der Reflexion sichtbar ist. Mit Ar verd. PH_3 liefert bei der Einw. von Stoßwellen weißes P unter Aussendung von sichtbarem Licht, H. GUENEBAUT, B. PASCAT (*Compt. Rend.* **255** [1962] 1741/3).

By Thermal Action

Durch thermische Einwirkung. PH_3 wird beim Erhitzen in die Elemente zersetzt. Die Gleichgew.-Konst. der Rk. $4\,PH_3 \rightleftharpoons P_4 + 6\,H_2$ beim Durchleiten von PH_3 durch ein auf 300 bis 340°C erhitztes Quarzrohr (ohne Angabe der Strömungsgeschw.) berechnet sich aus den Analysenergebnissen zu $\log K_p = \log p_{PH_3}^4/p_{P_4} \cdot p_{H_2}^6 = 0.316$ für 340°C und 0.812 atm, D. H. DRUMMOND (*J. Am. Chem. Soc.* **49** [1927] 1901/4). Mit abnehmender Strömungsgeschw. nimmt dieser Wert ständig ab und weist bei einem Rohr von 30 cm Länge und 2 cm Durchmesser bei einer Strömungsgeschw. von 0.2 cm^3/Min. einen Wert von −0.32 auf. Bei der umgekehrten Rk. $P_4 + 6\,H_2 \rightarrow 4\,PH_3$ wird bei 340°C und minimaler Durchleitgeschw. ein 0.03% PH_3 enthaltendes Gasgemisch gefunden, was $\log K_p \sim -13$ entspricht.

Bei Präzisionsbestt. der Gleichgew.-Konst. in einer Hochdruckapp. im Temp.-Bereich von 354 bis 498°C liegen die Durchschnittswerte von log K_p zwischen —10.95 und —12.36. Innerhalb der Vers.-Fehlergrenzen wird log K_p durch die Gleichung log $K_p = -A/T + B$ erfaßt, wobei $A = -4956$ und $B = -18.68$ ist und T die absol. Temp. bedeutet. Bei 340°C und darunter verläuft also die Zers. von PH_3 mit äußerst geringer Geschw., praktisch ist PH_3 bei diesen Tempp. stabil, W. N. IPATIEW [IPAT'EV], A. W. FROST (*Ber. Deut. Chem. Ges.* **63** [1930] 1104/10; *Zh. Russ. Fiz.-Khim. Obshchestva Chast' Khim.* **62** [1930] 1123/9). Unter Berücksichtigung der experimentellen Daten von D. H. DRUMMOND (*l. c.*) und W. N. IPATIEW, A. W. FROST (*l. c.*) ergibt sich die in **Fig. 4** als Funktion der Temp. wiedergegebene Gleichgew.-Konst. $K_p = p_{P_4} \cdot p_{H_2}^6 / p_{PH_3}^4$. Danach sollte PH_3 auch bei gewöhnl. Temp. weitgehend dissoziiert sein; $\Delta H_0^\circ = 1.53$ kcal. Jedoch ist die Geschw. der Gleichgew.-Einstellung unter ~300°C unmeßbar gering. Bei gewöhnl. Temp. oder darunter ist daher PH_3 praktisch stabil, T. D. FARR laut J. R. VAN WAZER (*Phosphorus and its Compounds, Bd.* 1, *New York-London* 1958, S. 188/9). In Übereinstimmung damit wird eine meßbare therm. Zers. von PH_3 erst oberhalb 550°C festgestellt, G. FRITZ (*Z. Naturforsch.* **8b** [1953] 776/7; *Z. Anorg. Allgem. Chem.* **280** [1955] 332/45, 333). Über die therm. Stabilität von PH_3 und anderen kovalenten Hydriden als Funktion der Atomradien s. R. T. SANDERSON (*J. Chem. Phys.* **20** [1952] 535).

Fig. 4.

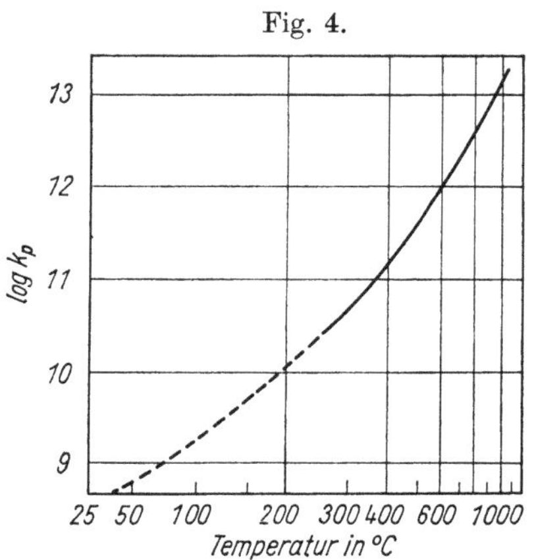

Dissoz.-Gleichgew. von PH_3.

Die Geschw. der therm. Zers. von PH_3 ist zwischen 583 und 785°K proportional der Konz. des Gases. Die Zers. ist jedoch keine reine Gasrk. 1. Ordnung, da durch entglaste Gefäßwände die Rk.-Geschw. bedeutend erhöht werden kann, D. M. KOOIJ (*Z. Physik. Chem.* **12** [1893] 155/61). Zwischen 845 und 956°K wird eine Reaktion 1. Ordnung festgestellt; oberhalb 956°K verläuft die Rk. unmeßbar schnell. Sie wird bei 936°K durch H_2O-Dampf etwas verzögert, durch Cu etwas beschleunigt, M. TRAUTZ, D. S. BHANDARKAR (*Z. Anorg. Allgem. Chem.* **106** [1919] 95/125). Nach C. N. HINSHELWOOD, B. TOPLEY (*J. Chem. Soc.* **125** [1924] 393/406) ist die Geschw. der therm. Zers. von PH_3 im untersuchten Temp.-Intervall von 828 bis 1044°K druckunabhängig, während eine Vergrößerung der Wandoberfläche einen Anstieg der Zerfallsgeschw. bewirkt. Wenigstens bis 1044°K liegt daher eine heterogene Rk. vor. Die Aktivierungsenergie ist konstant und beträgt zwischen 40 und 50 kcal/Mol. Mit diesen Ergebnissen nicht in Einklang stehende Schlußfolgerungen von M. TRAUTZ, D. S. BHANDARKAR (*l. c.*), vgl. auch S. DUSHMAN (*J. Am. Chem. Soc.* **43** [1921] 397/433, 405), sind damit widerlegt, C. N. HINSHELWOOD, B. TOPLEY (*l. c.*). — Über den Einfluß der Gefäßwände auf die therm. Zers. von PH_3 s. auch E. YAMAZAKI (*J. Tokyo Chem. Soc.* **40** [1919] 606/8 nach *C. A.* **1919** 3053), M. BODENSTEIN (*Z. Elektrochem.* **35** [1929] 535/9). — Die Zers. von PH_3 an einem heißen W-Draht bei Drucken zwischen 10^{-2} und 300 Torr bei ~773°K verläuft immer nach einer Rk. 1. Ordnung und ist vom Druck unabhängig. Die Rk.-Ordnung ist die gleiche an Mo-Draht, bei niedrigen Drucken geht sie aber mit steigendem Druck in die nullte Ordnung über. Das entstehende H_2 ist ohne Einfluß auf den Verlauf der Rk., H. W. MELVILLE, H. I. ROXBURGH (*J. Chem. Soc.* **1933** 586/95). Auch die Zers. von PH_3 und PD_3 an W-Draht bei 800 bis 970°K ist bei einem Druck von 10^{-3} bis 5×10^{-2} Torr eine Rk. 1. Ordnung; sie geht mit zunehmendem Druck allmählich, völlig bei 1 Torr, in eine Rk. nullter Ordnung über. Geschwindigkeitsbestimmend ist die Neuordnung der H-Bindungen, da Unterschiede in der Nullpunktsenergie von PH_3 und PD_3 von 550 kcal bestehen. Die Aktivierungsenergie für die Rk. 1. Ordnung beträgt 25 kcal/Mol, für die Rk. nullter Ordnung 32.2 kcal/Mol, R. M. BARRER (*Trans. Faraday Soc.* **32** [1936] 490/501).

Geschw.-Konst. k der Zers. von PH_3: k = 0.0031 bis 0.0033 bei 673°K, J. H. VAN'T HOFF (*Études de Dynamique Chimique, Amsterdam* 1884, S. 86).

T in °K	583	640	719	785
$k \cdot 10^3$	0.21	0.67	2.5	8.1

D. M. KOOIJ (*l. c.*). Die graphisch interpolierte Geschw.-Konst. steigt von 0.54×10^{-3} bei 845°K auf 18.3×10^{-3} bei 956°K, M. TRAUTZ, D. S. BHANDARKAR (*l. c.*). Geschw.-Konst. der therm. Zers. von PH_3 an Glasoberflächen bei 684°K: experimentell bestimmt $k = 4.7 \times 10^{-7}$; ber. $k = 2.2 \times 10^{-8}$, K. J.

Laidler, S. Glasstone, H. Eyring (*J. Chem. Phys.* 8 [1940] 667/76, 668). Über die Berechnung von k s. auch W. C. M. Lewis (*Phil. Mag.* [6] **39** [1920] 26/31), S. C. Roy (*Proc. Roy. Soc.* [*London*] A **110** [1926] 543/60, 555), M. Temkin (*Acta Physicochim. URSS* 8 [1938] 141/70, 158).

Durch optische Einwirkung. Reines PH_3 wird von sichtbarem Licht nicht verändert. Durch Licht einer Hg-Lampe wird es dagegen schnell unter P-Abscheidung zersetzt, D. Berthelot, H. Gaudechon (*Compt. Rend.* **156** [1913] 1243/5). Aus der Aktivierungsenergie der therm. Zers. wird berechnet, daß PH_3 durch Strahlung von 329 mμ, M. Trautz, D. S. Bhandarkar (*Z. Anorg. Allgem. Chem.* **106** [1919] 95/125, 123), nach S. Dushman (*J. Am. Chem. Soc.* **43** [1921] 397/433, 405) von 392 mμ zersetzt werden sollte. Da aber die Verbindung in diesem Bereich nicht absorbiert, kann die Molekel nicht durch Licht dieser Wellenlängen aktiviert werden, I. Langmuir (*J. Am. Chem. Soc.* **42** [1920] 2190/205, 2192). *By Optical Action*

P_2H_4-haltiges, selbstentzündliches PH_3 zersetzt sich unter der Einw. von Sonnenlicht unter Abscheidung von festem Phosphorwasserstoff, U. J. J. Leverrier (*Ann. Chim. Phys.* **60** [1835] 174/94, 175), P. Thénard (*Ann. Chim. Phys.* [3] **14** [1845] 5/40). Durch Licht einer Hg-Lampe wird es in einer SiO_2-Röhre augenblicklich zersetzt. In Röhren aus gewöhnl. oder Uviolglas, die für Licht einer Wellenlänge unterhalb 300 bzw. 250 mμ undurchlässig sind, wird eine Zers. im Verlaufe von 30 Min. nicht beobachtet, D. Berthelot, H. Gaudechon (*l. c.*).

Die durch Hg photosensibilisierte Zers. von PH_3 verläuft bei den untersuchten PH_3-Drucken zwischen 0.05 und 760 Torr nach $4PH_3 \rightarrow P_4 + 6H_2$. Der erste Schritt der photosensibilisierten Rk. ist wahrscheinlich $PH_3 + Hg(2^3P_1) \rightarrow PH_2 + H + Hg(1^1S_0)$. Die Dissoz.-Prodd. diffundieren vermutlich an die Wände der SiO_2-Röhre, wo Rekombination stattfinden kann; eine Rekombination in der Gasphase ist sehr unwahrscheinlich. Durch Vereinigung der H-Atome an den Wänden oder durch eine Rk. der PH_2-Radikale an den Wänden nach $2PH_2 \rightarrow P_2 + 2H_2$ wird molekulares H_2 gebildet; die P_2-Molekeln polymerisieren zu rotem Phosphor. Eine Bldg. von P_2H_4 während der Zers. wird als unbedeutend angesehen. Ob zuerst P-Dampf bei der Zers. gebildet wird, ist unbekannt, da dieser durch das Licht der Hg-Lampe in rotes P umgewandelt wird. Zugabe von zusätzlichem P-Dampf verzögert die Rk. geringfügig. Da molekulares H_2 ein wirksamer Deaktivator für angeregte $Hg(2^3P_1)$-Atome ist, nimmt die Zers.-Geschw. von PH_3 durch die Bldg. von H_2 während der Zers. auch bei konst. PH_3-Druck ständig ab. Bei niedrigen PH_3-Drucken ist die Inhibition durch H_2 stärker ausgeprägt als bei höheren Drucken.

Fig. 5.

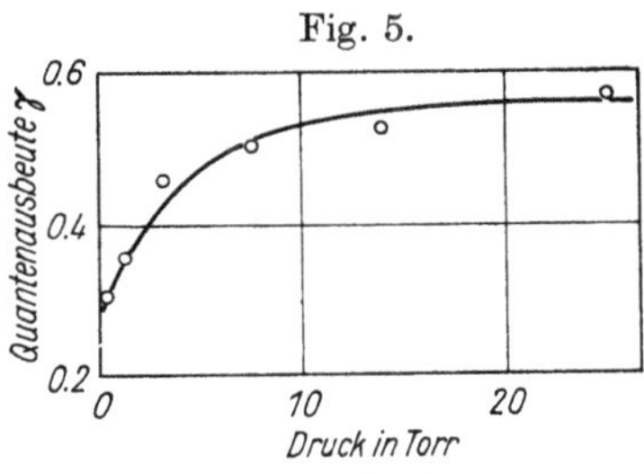

Quantenausbeute der photosensibilisierten Zers. von PH_3.

Darüber hinaus tritt in Ggw. von H_2 Rekombination der wahrscheinlich primären Zers.-Prodd. PH_2 oder PH mit photochemisch gebildetem atomarem H unter Rückbldg. von PH_3 ein, da eine Rekombination von H mit P-Dampf unter den Rk.-Bedingungen nicht möglich ist. Die Zers.-Geschw. von PH_3 nimmt dadurch noch stärker ab. Zugabe von H_2 verzögert die photosensibilisierte Zers. weiter. Auch mit abnehmendem Durchmesser des Rk.-Gefäßes, also mit zunehmendem Verhältnis Oberfläche : Vol., nimmt die Zers.-Geschw. ab, was als Beweis für die Rekombination der Zers.-Prodd. an der Oberfläche anzusehen ist. Der Einfluß von O_2 auf die Geschw. der photosensibilisierten Zers. von PH_3 kann nur bei ganz bestimmten Drucken untersucht werden, da zwischen bestimmten krit. Drucken spontane Explosion der PH_3-O_2-Gemische stattfindet, vgl. S. 35. Unterhalb des unteren krit. Explosionsdruckes beschleunigt O_2 die photosensibilisierte PH_3-Zers. sehr stark durch Abfangen der primären Dissoz.-Prodd. und Verhinderung ihrer Rekombination. Die energiereichen Ox.-Prodd. starten darüber hinaus durch Aktivierung der PH_3- oder O_2-Molekeln eine stabile Kettenrk. zwischen PH_3 und O_2, wodurch die Zers.-Geschw. weiter erhöht wird. Auf diese Weise wird z. T. auch die von C. N. Hinshelwood, K. Clusius (*Proc. Roy. Soc.* [*London*] A **129** [1930] 589/98) beob. Herabsetzung des unteren krit. Explosionsdrucks von PH_3-O_2-Gemischen bei Bestrahlung mit UV-Licht erklärt. Durch Zugabe von Ar zu den PH_3-O_2-Gemischen wird die Zers.-Geschw. erhöht, während Ar in Abwesenheit von O_2 die Zers.-Geschw. nicht beeinflußt, H. W. Melville (*Proc. Roy. Soc.* [*London*] A **138** [1932] 374/95; *Nature* **129** [1932] 546). Die Quantenausbeute nimmt mit fallendem PH_3-Druck ab, s. **Fig. 5**, da die Neben- und Rückrkk. bei geringen Drucken wirksamer werden; das gilt auch für die Quantenausbeute der photosensibilisierten PD_3-Zers., H. W. Melville, J. L. Bolland, H. L. Roxburgh (*Proc. Roy. Soc.* [*London*] A **160** [1937] 406/23, 408).

Auch die direkte photochem. Zers. von PH_3 durch Licht eines Zn- oder Al-Funkens verläuft bei gewöhnl. Temp. nach $4PH_3 \rightarrow P_4 + 6H_2$, wobei P ebenfalls in der roten Modifikation abgeschieden wird. Die Quantenausbeute γ beträgt in einer Quarzkugel von 7 cm Durchmesser 0.56, in einer zylindr. Röhre von 2 cm Durchmesser 0.49. Temp.-Erhöhung hat bis 300°C, wo die therm. Zers. des PH_3 beginnt, keinen Einfluß auf γ. Zwischen 760 und 40 Torr ist γ auch unabhängig vom PH_3-Druck; unterhalb 40 Torr nimmt γ in Übereinstimmung mit der photosensibilisierten Zers. wegen der unvollständigen Absorption der Strahlung ab. Als Mechanismus wird eine photochem. Dissoz. des PH_3 in PH_2 und H angenommen, die Folgerkk. entsprechen denen der durch Hg* angeregten Rk., s. oben, H. W. MELVILLE (*Proc. Roy. Soc. [London]* A **139** [1933] 541/57, 543/52). Die direkte Photozers. (Al-Funke, 2100 Å) von PD_3 verläuft um den Faktor 1.11 schneller als die Zers. von PH_3 unter den gleichen Bedingungen. Dieser Unterschied in der Quantenausbeute wird auf die unterschiedliche Wirksamkeit der Sekundärrkk. zurückgeführt. Bei niedrigen Drucken überwiegt der höhere Extinktionskoeff. von PH_3 die höhere Quantenausbeute von PD_3, weshalb sich bei niedrigen Drucken PH_3 schneller als PD_3 zersetzt, H. W. MELVILLE u. a. (*l. c.* S. 414).

Die PH_3-Zers. unter der Einw. energiereicher Lichtblitze verläuft in ähnlicher Weise wie die von H. W. MELVILLE und Mitarbeitern (Lit. s. oben) untersuchte Zers.-Methode. Es werden spektroskopisch PH_2, PH und P_2 nachgewiesen. Für die Zers. wird folgender Mechanismus angenommen: $PH_3 + h\nu \rightarrow PH_2 + H$; $2PH_2 \rightarrow PH + PH_3$; $2PH \rightarrow P_2 + H_2$; $H + H \rightarrow H_2$ (Wandrk.). Die Zunahme von γ bei höheren Tempp. wird durch die zusätzliche Rk. $PH_3 + H \rightarrow PH_2 + H_2$ erklärt. Die P_2-Molekeln in der Gasphase dimerisieren entweder unter Bldg. von P_4 oder kondensieren zu größeren Aggregaten von festem P, die bei genügend großem Inertgasdruck in der Gasphase suspendiert bleiben, bis sie sich durch Koagulation am Boden absetzen. Im Gegensatz zu den Angaben von MELVILLE (s. oben) gehen die Umsetzungen der Radikale als homogene Rkk. in der Gasphase vor sich, da durch die gegenüber den Funken erhöhte Energie höhere Konzz. an Radikalen vorhanden sind, R. G. W. NORRISH, G. A. OLDERSHAW (*Proc. Roy. Soc. [London]* A **262** [1961] 1/9).

By Action of Current

Durch elektrische Einwirkung. Gasf. PH_3 wird durch den elektr. Strom in die Elemente zersetzt, z. B. durch elektr. Funken, im Lichtbogen oder durch dunkle elektr. Entladung. Auch durch elektrisch glühende Drähte erfolgt Zers.; vgl. dazu T. THOMSON (*Ann. Phil. Thomson* [2] **8** [1816] 87/93; *Schweiggers J. Chem. Phys.* **18** [1816] 357/67, 358), J. DALTON (*Ann. Phil. Thomson* [2] **11** [1818] 7/9), H. BUFF, A. W. HOFMANN (*Liebigs Ann. Chem.* **113** [1860] 129/50, 147; *J. Prakt. Chem.* **80** [1860] 317/22, 321), A. W. HOFMANN (*Ber. Deut. Chem. Ges.* **4** [1871] 200/5, 243/6), P. THÉNARD, A. THÉNARD (*Compt. Rend.* **76** [1873] 1508/14), M. BERTHELOT (*Bull. Soc. Chim. France* [2] **26** [1876] 101/4), B. LEPSIUS (*Ber. Deut. Chem. Ges.* **23** [1890] 1642/6).

With Air

Gegen Luft. Das durch alkal. Hydrolyse von P oder durch Hydrolyse von Phosphiden hergestellte PH_3 entzündet sich bei gewöhnl. Temp. und gewöhnl. Druck spontan an der Luft. Im Gegensatz dazu ist das durch therm. Zers. von H_3PO_3 oder durch Hydrolyse von PH_4-Halogeniden erhaltene PH_3 im allgemeinen nicht selbstentzündlich. Von U. J. J. LEVERRIER (*Ann. Chim. Phys.* **60** [1835] 174/94; *Liebigs Ann. Chem.* **18** [1836] 333/8) wird als Ursache der Selbstentzündlichkeit eine Verunreinigung des PH_3 durch P_2H_4 vermutet. Dies wird von D. AMATO (*Gazz. Chim. Ital.* **14** [1884] 57/72) und J. W. RETGERS (*Z. Anorg. Allgem. Chem.* **7** [1894] 265/6) eindeutig bestätigt.

Reines PH_3 ist bei gewöhnl. Temp. nicht selbstentzündlich. Es entzündet sich erst beim Erhitzen auf ~100°C, P. THÉNARD (*Compt. Rend.* **18** [1844] 652/5; *Ann. Chim. Phys.* [3] **14** [1845] 5/40). Dagegen brennt selbstentzündliches PH_3 auch noch bei −78°C. Erst bei ~−90°C erlischt die Flamme, K. OLSZEWSKI (*Monatsh. Chem.* **7** [1886] 371/4). In sehr trocknem Zustand entzündet sich auch reines, P_2H_4-freies PH_3 spontan an der Luft bei gewöhnl. Temp., während es in leicht feuchtem Zustand an der Luft stabil ist, M. TRAUTZ, W. GABLER (*Z. Anorg. Allgem. Chem.* **180** [1929] 321/54), M. RITCHIE (*Proc. Roy. Soc. [London]* A **128** [1930] 551/79, 565), C. C. STEPHENSON, W. F. GIAUQUE (*J. Chem. Phys.* **5** [1937] 149/58, 150), vgl. jedoch S. 36.

Weitere Angaben beim Verh. gegen Sauerstoff, S. 35.

With Water

Gegen Wasser. PH_3 wird durch H_2O-Dampf zu H_3PO_4, H_3PO_3 und H_2 umgesetzt. Die Ox.-Geschw. des PH_3 durch H_2O wird durch H_2 nicht merklich beeinflußt. Ag-Späne beschleunigen die Rk., durch H_2O-Überschuß wird die Ox. des PH_3 gehemmt, I. N. BUSHMAKIN, A. V. FROST (*Zh. Prikl. Khim.* **6** [1933] 607/12, *C.A.* **1934** 3677). Bei tiefen Tempp. verläuft die Rk. mit H_2O-Dampf unter Druck sehr langsam, bei 300 bis 350°C rasch. Überschüssiges H_2O hemmt, komprimiertes H_2, O_2 oder N_2 beschleunigt die Rk., W. N. IPATIEFF, C. FREITAG (*Z. Anorg. Allgem. Chem.* **215** [1933] 388/414, 401). Über die Löslichkeit in H_2O s. S. 50.

Gegen Nichtmetalle. Wasserstoff. Bei der Einw. von atomarem H auf PH_3 bei gewöhnl. Temp. und bei der Temp. der fl. Luft tritt nur Rekombination der H-Atome ein. Daneben wird etwas fester Phosphorwasserstoff abgeschieden. PH_5 wird nicht gebildet, K. G. DENBIGH (*Trans. Faraday Soc.* **35** [1939] 1432/5); zwischen 73 und 286°C sind rotes P und H_2 die einzigen Rk.-Prodd., D. M. WILES, C. A. WINKLER (*J. Phys. Chem.* **61** [1957] 620/2); mit PH_3, das mit 90% Ar verdünnt ist, wird eine intensive gelbgrüne Emission festgestellt, H. GUENEBAUT, B. PASCAT (*Compt. Rend.* **256** [1963] 677/80). *With Nonmetals. Hydrogen*

Sauerstoff. Bei der Ox. von PH_3 wird H_3PO_4 gebildet, vgl. beispielsweise J. DALTON (*Ann. Phil. Thomson* **11** [1818] 7/9). Bei niedrigem Druck wird PH_3 durch Luft-O_2 hauptsächlich zu P_4O_6 oxydiert, M. S. MALINOWSKII, P. I. BOGATKOV (*Nauchn. Raboty Khim. Lab. Gog'kovsk. Nauchn.-Issled. Inst. Gigieny Truda i Prof. Boleznei* **6** [1957] 33/7 nach *Ref. Zh. Khim.* **1959** Nr. 1868), jedoch variieren die Prodd. nach dem Verhältnis PH_3:O_2. In möglichst trocknem Zustand vereinigen sie sich im Verhältnis 2:3 unter blendender Lichterscheinung nach $2PH_3+3O_2 \rightarrow 2H_3PO_3$. Läßt man eine äquimolare Mischung bei 25 Torr langsam ineinander diffundieren, so tritt im Dunkeln anstelle der hellen H_3PO_3-Flamme eine grünblau gefärbte, intermittierende Verbrennung nach $PH_3+O_2 \rightarrow HPO_2 + H_2$ ein, wobei HPO_2 in krist. Form an den Wänden des Rk.-Gefäßes abgeschieden wird. Bei der langsamen Ox. bei höherem Druck (~1 atm) laufen beide Rkk. etwa mit gleicher Geschw. nebeneinander ab, etwa nach $4PH_3+5O_2 \rightarrow 2HPO_2+2H_3PO_3+2H_2$, wobei $H_4P_2O_5$ anstelle von H_3PO_3 auftreten kann, H. J. VAN DE STADT (*Z. Physik. Chem.* **12** [1893] 322/32), vgl. S. 155. *Oxygen*

In Ggw. von viel H_2 werden mit Luft-O_2 bei 300°C unter Druck schnell und quantitativ H_3PO_3 und H_3PO_4 gebildet. Explosion tritt unter diesen Bedingungen nicht ein, solange die PH_3-Menge weniger als 9% der H_2-Menge beträgt und P-Dampf und P_2H_4 abwesend sind. Bei 20°C verläuft die Rk. sehr langsam. In diesem Fall ist die Rk.-Geschw. unabhängig von den Partialdrucken von PH_3, H_2 und N_2, aber direkt proportional dem O_2-Partialdruck, I. N. BUSHMAKIN, A. A. VVEDENSKII, A. V. FROST (*Zh. Obshch. Khim.* **2** [1932] 415/20, *C.A.* **1933** 1806). Über die Ox. von PH_3 in Ggw. von CO s. F. I. DUBOVITSKII (*Dokl. Akad. Nauk SSSR* [2] **63** [1948] 689/92, *C.A.* **1949** 4548), F. I. DUBOVITSKII, M. F. KUZ'MINA (*Zh. Fiz. Khim.* **30** [1956] 837/46, *C.A.* **1956** 16316). Zur Rk. mit N_2O s. S. 41.

Verbrennungswärme bei konst. Vol. $Q_V = 310$ kcal/Mol, bei konst. Druck $Q_p = 311.2$ kcal/Mol, beide calorimetrisch bestimmt, P. LEMOULT (*Compt. Rend.* **145** [1907] 374/6). Explosionswärme bei der explosiven Zers. zu den Elementen: $\Delta E = -1.6 \pm 0.4$ kcal/Mol, S. R. GUNN, L. G. GREEN (*J. Phys. Chem.* **65** [1961] 779/83).

Innerhalb der kritischen Druckgrenzen. Reines PH_3 reagiert bei Normalbedingungen nicht mit Sauerstoff. Das Gasgemisch explodiert nur durch Einw. eines elektr. Funkens, J. DALTON (*Ann. Phil. Thomson* [2] **11** [1818] 7/9). Vermindert man den Druck des PH_3-O_2-Gemisches, so tritt ebenfalls Explosion ein, J. J. HOUTON-LABILLADIÈRE (*Ann. Chim. Phys.* **6** [1817] 304/7; *J. Pharm.* **3** [1817] 454/61; *Schweiggers J. Chem. Phys.* **21** [1817] 100/4). Unterhalb eines O_2-Partialdrucks von ~0.1 atm verläuft die Ox. von PH_3 sehr schnell, bei höheren Drucken kommt die Rk. vollständig zum Stillstand. Eine Steigerung des PH_3-Partialdrucks setzt die Explosionsgrenze, die auch von unten her erreicht werden kann, nur wenig herab, J. H. VAN'T HOFF (*Études de Dynamique Chimique, Amsterdam* 1884, S. 60). Die Erhöhung der Ox.-Geschw. bei Druckverminderung erfolgt nicht kontinuierlich, sondern bei einem bestimmten Grenzdruck tritt plötzliche, explosionsartige Rk. ein. Bei geringem Druck wirkt Feuchtigkeit hemmend und senkt die obere Explosionsgrenze oder verhindert die Explosion völlig. In Übereinstimmung mit J. H. VAN'T HOFF (*l. c.*) wird die obere Explosionsgrenze bei gewöhnl. Temp. und trocknen Gasen bei einem O_2-Partialdruck von ~0.1 atm beobachtet, H. J. VAN DE STADT (*Z. Physik. Chem.* **12** [1893] 322/32). Der Zünddruck wird als von der Natur der Gefäßwand unabhängig gefunden, er steigt mit steigendem PH_3-Teildruck etwas und fällt mit zunehmendem H_2O-Gehalt der Gase. Durch Zusatz von H_2, N_2, NH_3, N_2O, CO oder CO_2 wird der Zünddruck etwas, durch CH_3PH_2 stark herabgesetzt. NO oder Halogene zünden sofort. Mit steigender Temp. steigt der Zünddruck stark an. Der Zündung voraus geht eine Nebelbldg.; der Nebel leuchtet im Dunkeln und ist stark elektrizitätsleitend, M. TRAUTZ, W. GABLER (*Z. Anorg. Allgem. Chem.* **180** [1929] 321/54). Durch Dämpfe von Aceton oder Äther wird die Entzündung des PH_3-O_2-Gemisches unter vermindertem Druck verhindert. Benzol, CH_3Cl, Kohlengas und NH_3 sind weniger wirksam. Bei der Explosion der PH_3-O_2-Gemische unter vermindertem Druck wird ebenso wie beim Verbrennen von PH_3 in O_2-Atm. bei atmosphär. Druck Licht ausgesandt, das dieselben Banden im UV aufweist, wie sie beim Leuchten von P oder P_2O_3 (s. „*Phosphor*" *Tl.* B, S. 265/75) beobachtet werden, H. J. EMELÉUS (*Nature* **115** [1925] 460/1; *J. Chem. Soc.* **127** [1925] 1362/8). Entgegen den Beobachtungen von M. TRAUTZ, W. GABLER (*l. c.*), die vermutlich mit weniger trocknen Gasen gearbeitet haben, sind

PH_3-O_2-Gemische auch in völlig trocknem Zustand bei hohen Drucken praktisch stabil. Explosion infolge einer Kettenrk. tritt erst bei abnehmendem Druck unterhalb eines oberen krit. Druckes ein. Dieser ist für O_2-reiche Gemische klein und nimmt mit zunehmendem PH_3-Gehalt erst stark, dann langsam zu. An der oberen Explosionsgrenze verhindert die Deaktivierung in der Gasphase die Kettenverzweigung; der Grenzdruck ist von den Abmessungen des Gefäßes und von der Natur der Wandung unabhängig, durch Zusatz eines Inertgases wird er erniedrigt. Es wird eine einfache Kettenrk. angenommen, die bei einem Dreierstoß in der Gasphase abbricht. Die obere Druckgrenze ist bei Anwesenheit von N_2 durch die Gleichung

$$p_{PH_3} = \frac{4.3\ p_{O_2}^2 + 10\ p_{O_2} \cdot p_{N_2}}{1 - 9.1\ p_{O_2}} \cdot 10^{-3}$$

charakterisiert, R. H. DALTON (*Proc. Roy. Soc.* [*London*] A **128** [1930] 263/75). Theoret. Betrachtungen über den oberen krit. Explosionsdruck s. auch bei N. SEMENOFF (*Physik. Z. Sowjetunion* **4** [1933] 709/22, 715).

Auch unterhalb eines unteren krit. Druckes, dessen Existenz von früheren Autoren z. T. bestritten wurde, ist die Rk.-Geschw. unendlich klein; das Gasgemisch ist praktisch stabil. Oberhalb dieser Grenze tritt infolge einer Kettenrk. Explosion ein; die Kettenverzweigung ist größer als der Wand-

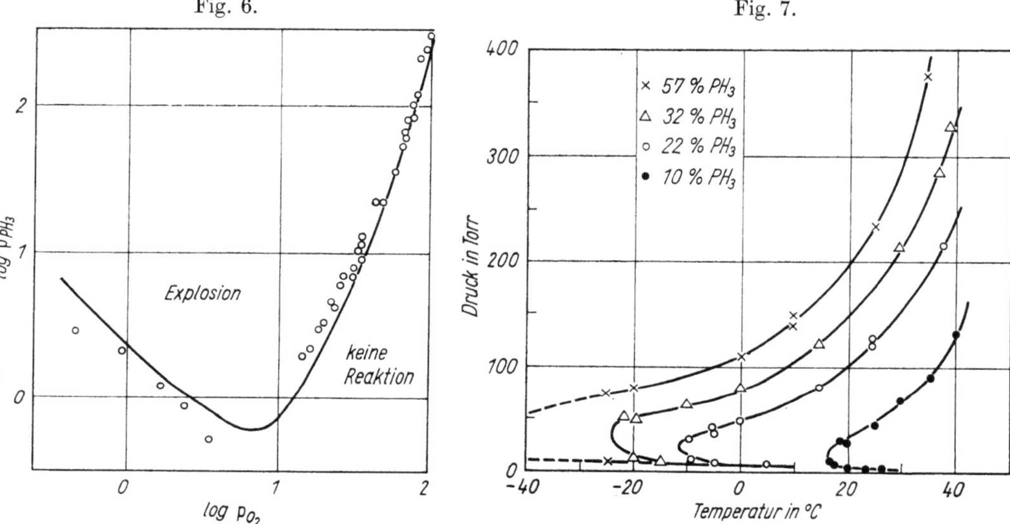

Krit. Drucke (in Torr) für die Ox. von PH_3.

Abhängigkeit des Explosionsdruckes verschiedener PH_3–O_2-Gemische von der Temperatur.

abbruch. Bei sehr kleinen Drucken stehen die Teildrucke der einzelnen Gase an der unteren Explosionsgrenze in der Beziehung: $p_{O_2} \cdot p_{PH_3} [1 + p_{N_2}/(p_{O_2} + p_{PH_3})] d^2 = K$ (d = Durchmesser des zylindr. Rk.-Gefäßes). In Abwesenheit eines Inertgases ist $p_{PH_3} \cdot p_{O_2}$ allerdings nicht völlig konstant, sondern läuft durch ein Max. bei $p_{PH_3} = p_{O_2}$. Ebenso besitzt das Inertgas nicht ganz den ber. Effekt, ferner steigt das Prod. $p_{PH_3} \cdot p_{O_2} \cdot d^2$ mit der Zunahme von d. Diese Abweichungen werden der Tatsache zugeschrieben, daß einige der Rk.-Ketten auch in der Gasphase gebrochen werden und nicht nur an den Gefäßwänden, wie die Theorie fordert, R. H. DALTON, C. N. HINSHELWOOD (*Proc. Roy. Soc.* [*London*] A **125** [1929] 294/308). Zusätze von Ne, Ar, H_2, N_2, N_2O, SO_2, CO_2 oder P-Dampf setzen den unteren krit. Explosionsdruck herab, indem sie die Diffusion der Rk.-Prodd. an die Wände verhindern. Ist der Druck der Fremdgase von der gleichen Größenordnung wie der von PH_3 und O_2, so wird keine meßbare Inhibition in der Gasphase festgestellt. C_2H_4, C_6H_6, CCl_4 und $Pb(CH_3)_4$ setzen die untere Explosionsgrenze herauf, S. C. GRAY, H. M. MELVILLE (*Trans. Faraday Soc.* **31** [1935] 452/61), H. MELVILLE (*Trans. Faraday Soc.* **28** [1932] 308/15, 315, 814/8). Durch Bestrahlung mit UV-Licht von 2500 bis 2800 Å erniedrigt sich der untere Grenzdruck. Als Ursache dazu wird die Bldg. einer aktiven Subst. angenommen, welche die Explosivität des Gasgemisches erhöht, C. N. HINSHELWOOD, K. CLUSIUS (*Proc. Roy. Soc.* [*London*] A **129** [1930] 589/98). Vgl. S. **33**. Entsprechend wird bei

Belichtung der obere Grenzdruck nach höheren Drucken verschoben, H. W. MELVILLE, H. L. ROXBURGH (*J. Chem. Phys.* **2** [1934] 739/52). In **Fig. 6** sind die krit. Drucke (in Torr) der Ox. von PH_3 wiedergegeben. Die Meßpunkte des linken Kurvenastes geben die Unterss. von R. H. DALTON, C. N. HINSHELWOOD (*l. c.*), die des rechten Kurvenastes die von R. H. DALTON (*l. c.*) wieder. Die ausgezogene Linie stellt die theoretisch ermittelten Explosionsdrucke dar, L. S. KASSEL (*The Kinetics of Homogeneous Gas Reactions, New York* 1932, S. 297/302, 301). Die Abhängigkeit des oberen und unteren Grenzdruckes von der Temp. ist in **Fig. 7** dargestellt. Mit abnehmender Temp. nimmt der untere Grenzdruck zu, der obere Grenzdruck ab. Der Schnittpunkt der beiden Kurven stellt die niedrigste Temp. dar, bei der das betreffende Gasgemisch explodiert, P. S. SCHANTAROVITSCH (*Acta Physicochim. URSS* **6** [1937] 65/70).

Obwohl die Einzelheiten der in dem Kettenmechanismus ablaufenden chem. Rkk. noch nicht aufgeklärt worden sind, werden folgende Rkk. als wichtige Schritte des Gesamtprozesses angesehen: $PH_3 + O \rightarrow PH + H_2O$; $PH + O_2 \rightarrow HPO + O$, N. N. SEMENOV (*Acta Physicochim. URSS* **9** [1938] 453/74, 454; *Probl. Kinetiki i Kataliza, Sb. Tr. Konf. Posvyashchennoi Sorokaletiy u Perekisnoi Teorii Bakha-Englera* 1940, *Bd.* 4, S. 46/63, *C.A.* **1943** 1642). Über einen Ox.-Mechanismus, bei dem OH-Radikale die Kettenfortpflanzung bewirken sollen, s. V. N. KONDRAT'EV (*Usp. Khim.* **8** [1939] 195/240, *C.A.* **1940** 1216).

Zur Explosion von PH_3-O_2-Gemischen innerhalb der krit. Druckgrenzen vgl. auch L. S. KASSEL (*The Kinetics of Homogeneous Gas Reactions, New York* 1932, S. 297/302), N. N. SEMJONOW [SEMENOFF] (*Chemical Kinetics and Chain Reactions, Oxford* 1935, S. 191/8; *Einige Probleme der chemischen Kinetik und Reaktionsfähigkeit, Berlin* 1961, S. 374/8). Über die analog verlaufende Ox. von P durch O_2 vgl. „*Phosphor*" *Tl.* B, S. 265/75.

Photochemische Oxydation. Oberhalb des oberen und unterhalb des unteren krit. Explosionsdrucks sind PH_3-O_2-Gemische praktisch stabil. Es erfolgt aber auch bei diesen Drucken Rk., wenn die Rk. künstlich eingeleitet wird. Die photochem. Ox. von PH_3 unterhalb des unteren krit. Druckes unter der Einw. von Licht eines Zn-Funkens bei 18°C verläuft als Kettenrk. mit einer Kettenlänge von $\sim$200. Es wird angenommen, daß zuerst die PH_3-Molekel nach $PH_3 + h\nu \rightarrow PH_2 + H$ photolytisch zersetzt wird und dann das PH_2-Radikal durch Stoß mit einer O_2-Molekel unter Bldg. einer Molekel oder eines Radikals reagiert, das wegen seines Energiegehalts oder seines chemisch ungesätt. Charakters in der Lage ist, eine Kettenrk. zwischen PH_3 und O_2 einzuleiten. Die Bldg. von angeregtem H_2O oder OH durch einen Dreierstoß ist unwahrscheinlich; sie kommt für einen Kettenstart nicht in Frage. Aus der Gegenüberstellung der ber. und beob. Werte der Kettenlänge wird auf gerade Ketten geschlossen. Die Wahrscheinlichkeit einer Kettenverzweigung ist kleiner als $5 \cdot 10^{-3}$, H. W. MELVILLE (*Proc. Roy. Soc.* [*London*] A **139** [1933] 541/57, 552). Die photochem. Ox. von PD_3 ist identisch mit der von PH_3, beide verlaufen mit gleichen Geschww., H. W. MELVILLE, J. L. BOLLAND, H. L. ROXBURGH (*Proc. Roy. Soc.* [*London*] A **160** [1937] 406/23, 419). Die durch Lichtblitzphotolyse angeregte Ox. von PH_3 verläuft nach spektroskop. und kinet. Unterss. oberhalb der oberen und unterhalb der unteren Explosionsgrenze über PH_2 und OH als Kettenträger. O-Atome treten nur bei Verzweigung und Kettenabbruch in Erscheinung, R. G. W. NORRISH, G. A. OLDERSHAW (*Proc. Roy. Soc.* [*London*] A **262** [1961] 10/8). Oberhalb der oberen Explosionsgrenze gilt für die direkte photochem. Ox. die Gleichung $-d[PH_3]/dt = k[PH_3]^2/[O_2]^2$. Beim Kettenabbruch wird der Kettenträger (sehr wahrscheinlich ein O-Atom), der normalerweise mit PH_3 reagiert, in einem Dreierstoß mit 2 O_2-Molekeln oder einer O_2- und einer N_2-Molekel bzw. einem Ar-Atom abgefangen, H. W. MELVILLE, H. L. ROXBURGH (*J. Chem. Phys.* **2** [1934] 739/52).

Hg-sensibilisierte Oxydation. Bei Bestrahlung eines stabilen PH_3-O_2-Gemisches mit UV-Licht tritt oberhalb des oberen Grenzdruckes schnelle, aber nicht explosionsartige Rk. ein, R. H. DALTON laut C. N. HINSHELWOOD, K. CLUSIUS (*l. c.* S. 589). Auch die von C. N. HINSHELWOOD, K. CLUSIUS (*l. c.*) beob. Herabsetzung des unteren krit. Explosionsdruckes von PH_3-O_2-Gemischen bei Bestrahlung mit UV-Licht von 250 bis 280 mμ wird auf die photosensibilisierte Zers. von PH_3 in Ggw. von etwas Hg-Dampf zurückgeführt (vgl. S. 33), da PH_3 im angegebenen Bereich nicht absorbiert. Die dabei gebildeten Zersetzungsprodukte, H-Atome und wahrscheinlich PH_2 oder PH, werden an den Gefäßwänden absorbiert, so daß der Kettenabbruch der therm. Rk. verhindert und so der Explosionsdruck herabgesetzt wird, H. W. MELVILLE (*Proc. Roy. Soc.* [*London*] A **138** [1932] 374/95). Bei konst. PH_3-Druck nimmt die Rk.-Geschw. der durch optisch angeregte Hg(2^3P_1)-Atome initiierten Ox. von PH_3 mit steigendem O_2-Druck erst zu, durchläuft ein Max. und nimmt dann wieder ab, s. **Fig. 8**, S. 38. Der Sauerstoffdruck im Max. ist von derselben Größenordnung wie jener beim Schnittpunkt der Kurven des oberen und unteren Grenzdrucks. Die Kettenlänge nimmt daher mit steigendem Druck unterhalb der unteren Grenze zu, oberhalb der oberen Grenze ab. Die Abnahme der Kettenlänge wird durch die zunehmende Desaktivierung der angeregten Hg-Atome durch O_2 mit steigendem Druck erklärt. Diese Desaktivierung vermindert sich beim Erreichen der oberen Grenze, bis die Kettenverzweigung ihr die Waage hält und Explosion eintritt, H. W. MELVILLE, H. L. ROXBURGH (*Nature* **131** [1933] 690/1). Oberhalb der oberen Explosionsgrenze wird die Hg-sensibilisierte Rk. beschrieben durch die Gleichung $-d[PH_3]/dt = k \cdot I[PH_3]/[O_2]^2$, wobei I die Intensität der Strahlung bedeutet. Dabei führen $^1/_5$ aller Stöße zwischen O_2 und den angeregten Hg-Atomen zur Ausbildung einer Kette, H. W. MELVILLE, H. L. ROXBURGH (*J. Chem. Phys.* **2** [1934] 739/52).

Fig. 8.

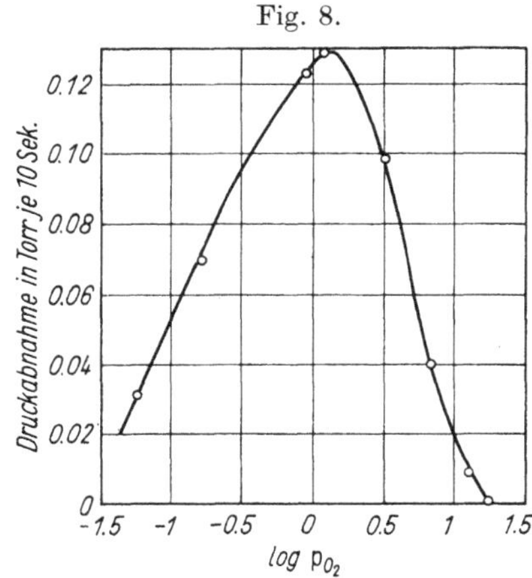

Rk.-Geschw. der Hg-sensibilisierten Ox. von PH_3 in Abhängigkeit vom O_2-Druck.

Katalytische Oxydation. Die Rk. von PH_3-O_2-Gemischen an heißen Mo- oder W-Drähten (768 bzw. 836°K) bei Drucken unterhalb des unteren krit. Explosionsdruckes verläuft bei verschiedenen Verhältnissen PH_3:O_2 nach kinet. Unterss. nicht als homogene Kettenrk., sondern nahezu vollständig an der Oberfläche des heißen Drahtes. Nur ein schwaches Leuchten während der Ox. deutet auf eine geringe homogene Rk. hin. Je nach den Verhältnissen PH_3:O_2 bilden sich verschiedene Rk.-Produkte. Bei sehr kleinem O_2-Druck erfolgt praktisch nur therm. Zers. des PH_3 in die Elemente. Bei großem O_2-Partialdruck wird H_3PO_4 gebildet; sind die Teildrucke von PH_3 und O_2 etwa gleich, so entstehen HPO_2 und H_2, H. W. MELVILLE, H. L. ROXBURGH (*J. Chem. Soc.* **1934** 264/72). Nach einer anderen Deutung reagiert das auf der W-Oberfläche entstehende und anfangs als Radikal anzusehende W-Oxid mit der schwachen Lewis-Base PH_3 zu Phosphoniumwolframatradikal. Dieses Radikal bildet mit O_2 eine Kettenrk. aus, wobei H_3PO_2 und wieder W-Oxidradikal gebildet werden. Bei höherem O_2-Partialdruck entsteht wahrscheinlich auch H_3PO_4, A. KRAUSE (*Roczniki Chem.* **36** [1962] 973/5, *C. A.* **58** [1963] 964).

Während bei 18°C und einem O_2-Druck von 9 Torr die Adsorption von O_2 an Cu-haltiger Aktivkohle unwesentlich ist, findet unter demselben niedrigen O_2-Druck eine Adsorption von O_2 mit meßbarer Geschw. an Cu-haltiger Kohle statt, die aktiviert adsorbiertes PH_3 enthält. Es erfolgt eine heterogene Ox. des adsorbierten PH_3 durch O_2. Die katalyt. Ox. von PH_3 an Cu-Kohle verläuft demnach über das Stadium der aktivierten Adsorption des PH_3. Zwischen 17 und 108°C nimmt die Aktivierungsenergie der Ox. mit zunehmender Menge des adsorbierten O_2 zu, von $\sim$4.2 kcal bei 2 auf $\sim$9 kcal bei 6 ml/g. Die Geschw. nimmt etwa proportional dem Quadrat des O_2-Druckes zu: $c \sim p^2$. Mit frisch adsorbiertem PH_3 verläuft die Ox. schneller. Bei wiederholter Adsorption und Desorption des PH_3 bei 18°C an Cu-Kohle mit anschließender Ox. des chemisorbierten PH_3 durch O_2 beobachtet man — wohl infolge einer Desorption des Reaktionsprodukts — eine vollständige Regeneration der aktiven Zentren. Eine Hemmung der Adsorptionsgeschw. des PH_3 durch nichtflüchtige Ox.-Prodd. wird jedenfalls nicht festgestellt. Im Temp.-Bereich von 18 bis 120°C wird die Kinetik der Rk. ausgedrückt durch die Gleichung von ROGINSKII-ZELDOVICH: $\log(t-t_0) = (\alpha/2.3)q - \log(a\alpha)$ mit $t = 1/\alpha a$, wobei a die Anfangsgeschw., α eine Konst., q die Menge des adsorbierten O_2 und t die Zeit in Min. bedeuten. Durch eine überschlagsmäßige Berechnung ergibt sich die Zahl N der Stöße der O_2-Molekeln mit adsorbiertem PH_3 zu $N \sim 10^9$, von denen nur ein geringer Bruchteil zur Rk. führt, E. A. ANDREEV, N. N. KAVTARADZE (*Dokl. Akad. Nauk SSSR* [2] **60** [1948] 1193/5, *C. A.* **1949** 6898; *Probl. Kinetiki i Kataliza, Akad. Nauk SSSR* Nr. 6 [1949] 293/305, *C. A.* **1953** 5776). Mit steigender Temp. (130 bis 264°C) nehmen Ausmaß und Geschw. der Ox. des PH_3 durch O_2 (9 bis 10 Torr) an Cu-Oxid enthaltender Kohle zu, ändern sich aber nicht mehr von 264 bis 320°C, weil dann offenbar nicht nur die Cu-Oxide als Katalysatoren auftreten, sondern die gesamte Oberfläche einschließlich der Kohle katalytisch wirkt. Die Ox. des aktiv adsorbierten PH_3 erfolgt größtenteils durch aktiv adsorbiertes O_2, zunächst durch die Bldg. eines PH_3-O_2-Komplexes an der Kohleoberfläche. Durch die Desorption des chemisorbierten PH_3 wird eine für O_2 hochaktive Oberfläche erhalten. Überschlagsmäßige Berechnungen ergeben, daß unter diesen Bedingungen nur wenige Stöße von gasf. O_2 zur Adsorption genügen. Zyklen von abwechselnder Adsorption von PH_3 (100 Torr), Desorption, Adsorption von O_2

(9 Torr), Desorption usw. am selben Katalysator bei 264 bis 320°C zeigen Reproduzierbarkeit der adsorbierten O_2-Menge bei Wiederholung des gesamten Zyklus. Die Ox. des PH_3 verläuft (vermutlich über PH_3O) somit über eine alternierende Red. und Ox. der Katalysatoroberfläche. Aus einem Vergleich der Adsorptionsgeschww. der einzelnen Rk.-Partner und der Ox.-Geschw. folgt, daß bei einem PH_3-O_2-Druck von ~0.4 Torr bei 18°C nicht die aktivierte Adsorption die Geschw. der Ox. bestimmt, sondern die Rk. mit bereits adsorbierten PH_3-Molekeln stattfindet, E. A. ANDREEV, N. N. KAVTARADZE (*Izv. Akad. Nauk SSSR, Otd. Khim. Nauk* **1952** 1021/32; *Bull. Acad. Sci. USSR, Div. Chem. Sci.* **1952** 895/902). Vgl. hierzu auch unten. Die Geschw. der Ox. von chemisorbiertem PH_3 an Cu-Oxiden ist — offenbar z. T. in Abhängigkeit von den spezif. Oberflächen — viel geringer als an Cu-Oxiden auf Aktivkohle, an CuO viel langsamer als an Cu_2O und zeigt eine Induktionsperiode, E. A. ANDREEV, N. N. KAVTARADZE (*l. c.*).

Stickstoff. Die Hauptprodd. der Rk. zwischen aktivem N und PH_3 zwischen 83 und 290°C sind H_2 und α-$(PN)_n$. Zur Umwandlung einer Molekel PH_3 in $(PN)_n$ scheinen 2 N-Atome nötig zu sein, D. M. WILES, C. A. WINKLER (*J. Phys. Chem.* **61** [1957] 902/3). *Nitrogen*

Chlor. PH_3 entzündet sich in Cl_2-Atm. und bildet PCl_5, A. F. DE FOURCROY (*Ann. Chim. Phys.* **4** [1790] 249/60, 254), T. THOMSON (*Ann. Phil. Thomson* [2] **8** [1816] 87/93). Mit überschüssigem Cl_2 reagiert PH_3 selbst bei —100°C sehr heftig unter Bldg. von PCl_5 als Endprod.; mit wenig Cl_2 verläuft die Rk. langsam unter Bldg. von festem Phosphorwasserstoff. Zwischenprodd. sind vermutlich PH_2Cl und P_2H_4, A. STOCK (*Ber. Deut. Chem. Ges.* **53** [1920] 837/42, 839). Durch wss. Cl_2-Lsg. wird PH_3 zu H_3PO_4 oxydiert, V. K. SOLOV'EV (*Gorn. Zh.* **115** [1939] Nr. 10/1, S. 34/7, *C.* **1940** I 3967). *Chlorine*

Brom. Bei der Umsetzung von überschüssigem PH_3 mit Br_2 im Vak. bei tiefen Tempp. bilden sich als Endprodd. PH_4Br und fester Phosphorwasserstoff. Möglicherweise tritt als Zwischenprod. PH_2Br auf, P. ROYEN, K. HILL (*Z. Anorg. Allgem. Chem.* **229** [1936] 112/28, 115). Selbstentzündliches PH_3 wird durch Br_2 unter Wärmeentw. zersetzt, A. J. BALARD (*Ann. Chim. Phys.* **32** [1826] 337/81, 348). Durch wss. Br_2-Lsg. wird PH_3, J. OGIER (*Compt. Rend.* **87** [1878] 210/3; *Bull. Soc. Chim. France* [2] **32** [1879] 296), ebenso wie in C_2H_2 gelöstes PH_3 durch Br_2 zu Phosphat oxydiert, F. KAWAMURA, H. NAMIKI (*J. Electrochem. Soc. Japan* **26** [1958] E 155/6). *Bromine*

Jod. Beim Erhitzen von J_2 mit überschüssigem, trocknem PH_3 bilden sich P_2J_4 und HJ. Letzteres reagiert mit dem PH_3-Überschuß zu PH_4J weiter, A. W. HOFMAN (*Liebigs Ann. Chem.* **103** [1857] 355/6), A. HOLT, J. E. MYERS (*Z. Anorg. Allgem. Chem.* **82** [1913] 278/82). Vgl. auch T. THOMSON (*l. c.*). Durch eine wss. J_2-Suspension wird PH_3 zu H_3PO_2 oxydiert, R. PARIS, P. TARDY (*Compt. Rend.* **223** [1946] 242/3). *Iodine*

Schwefel. Beim Erhitzen von PH_3 mit Schwefel auf 450°C bilden sich H_2S und ein festes Prod., das vermutlich aus einem Gemisch verschiedener P-Sulfide besteht, F. JONES (*J. Chem. Soc.* **29** [1876] 641/50, 648), L. DELACHAUX (*Helv. Chim. Acta* **10** [1927] 195/7). Nähere Angaben s. „*Schwefel*" *Tl.* A, S. 702. *Sulfur*

Kohlenstoff. 1 Vol. Holzkohle adsorbiert ~10 Vol. PH_3, T. GRAHAM (*Phil. Mag.* [3] **5** [1834] 401/15, 406). Bei gewöhnl. Temp. adsorbiert 1 Vol. entgaste Cocosnußkohle, reduziert auf 0°C und 760 Torr, 69.1 Vol. trocknes PH_3, 1 Vol. Kampecheholzkohle 27.5 Vol. PH_3, J. HUNTER (*Phil. Mag.* [4] **29** [1865] 116/20). Vgl. auch P. H. EMMETT (*Chem. Rev.* **43** [1948] 69/148, 128). *Carbon*

Gasf. PH_3 wird bei 18°C und unter einem Druck von 109 Torr von gewöhnl., zuvor bei 320°C entgaster Aktivkohle sehr schnell und fast vollständig reversibel bis zu einer bestimmten Sättigungskonz. adsorbiert (physikal. Adsorption). Im Gegensatz dazu verläuft die Adsorption von PH_3 unter denselben Bedingungen an Kohle, die mit $CuSO_4$-Lsg. imprägniert ist und dadurch 4% Cu enthält, langsamer, jedoch bis zu einer höheren Sättigungskonz.; die Adsorption ist aber nur für die auch an Cu-freier Kohle aufgenommene PH_3-Menge reversibel. Der schnellen physikal. Adsorption ist also eine langsamere aktivierte Adsorption (Chemisorption) überlagert. Erhöhung der Entgasungstemp. der Kohle führt zu einer Zunahme, Befeuchten der Cu-haltigen Kohle mit H_2O zu einer Abnahme der irreversiblen Adsorption. Durch Vorbehandlung der Cu-Kohle mit H_2 bei 280°C und 17 Torr geht die Fähigkeit zur irreversiblen Adsorption von PH_3 bei gewöhnl. Temp. völlig verloren, d. h. die Adsorption wird vollständig reversibel. Durch nachfolgende Behandlung mit O_2 bei 300°C und 73 Torr wird die Fähigkeit zur irreversiblen Adsorption, für die offenbar Cu-Oxide verantwortlich sind, regeneriert. Die Isotherme der Gesamtadsorption von PH_3 an vorher bei 320°C aktivierter Cu-haltiger Kohle bei 18°C ist im Druckintervall von 2 bis 245 Torr eine FREUNDLICH-Isotherme $a = kp^{1/n}$ mit $1/n =$

0.39, wobei a die adsorbierte Menge in ml PH_3/g Kohle, k eine Konstante und p den Druck in Torr bedeuten. Die Aktivierungsenergie der aktivierten Adsorption von PH_3 an bei 320°C aktivierter, Cu-haltiger Kohle berechnet sich bei einer Bedeckung von 5 ml PH_3/g Kohle im Temp.-Intervall von 18 bis 130°C zu E = 1.6 kcal/Mol, E. A. ANDREEV, N. N. KAVTARADZE (*Dokl. Akad. Nauk SSSR* [2] **60** [1948] 1193/5, *C.A.* **1949** 6898; *Probl. Kinetiki i Kataliza, Akad. Nauk SSSR* Nr. 6 [1949] 293/305, *C.A.* **1953** 5776). Bei der Adsorption von PH_3 an Cu-freier Aktivkohle bei 315°C und nachfolgender Desorption durch entgaste Aktivkohle ist die Menge des desorbierten Prod. dreimal größer als die des adsorbierten PH_3. An der Kohle war demnach O_2 in aktiver Form adsorbiert gewesen, durch das das PH_3 oxydiert wurde; vgl. S. 38. Bei der Wiederholung der Adsorption von PH_3 an derselben Kohleprobe wird lediglich eine geringe Ox. festgestellt. Die Menge des adsorbierten PH_3 ist nun beträchtlich größer als bei der ersten Adsorption. Bei nochmaliger Adsorption findet keine Ox. mehr statt; es wird die gleiche Menge PH_3 adsorbiert und desorbiert. Bei der Hochtemp.-Adsorption von PH_3 an Cu-haltiger Kohle nimmt die gesamte Adsorption (physikal. Adsorption und Chemisorption) anfangs ab und steigt dann wieder, da mit steigender Temp. die physikal. Adsorption abnimmt, die Chemisorption jedoch in verstärktem Ausmaß zunimmt. Dabei findet die Chemisorption bei hohen Tempp. nicht nur an den Cu-Zusätzen statt, sondern auch an der Kohleoberfläche selbst. Wie durch wiederholte Adsorption und Desorption an der gleichen Kohleprobe festgestellt wird, findet auch bei der durch Cu aktivierten Kohle bei 320°C bei der ersten Adsorption eine Ox. des adsorbierten PH_3 statt. Bei der wiederholten Adsorption ist die adsorbierte PH_3-Menge wesentlich größer, E. A. ANDREEV, N. N. KAVTARADZE (*Izv. Akad. Nauk SSSR, Otd. Khim. Nauk* **1952** 1021/32; *Bull. Acad. Sci. USSR, Div. Chem. Sci.* **1952** 895/902).

An bei 800°C entgaster Aktivkohle (Cocosnußkohle) nach verschiedenen Methh. bestimmte Adsorptionsisothermen und daraus ber. Adsorptionswärmen zeigen Abweichungen, die auf teilweise chem. Natur der PH_3-Adsorption schließen lassen, J. BASTICK (*Compt. Rend.* **230** [1950] 1163/5; *Bull. Soc. Chim. France* **1952** 169/71).

With Metals. Alkali Metals

Gegen Metalle. Alkalimetalle. Beim Einleiten von PH_3 in Lsgg. von metall. Li, Na oder K in fl. NH_3 bildet sich unter H_2-Entw. krist. $LiPH_2 \cdot 4NH_3$, $NaPH_2$ bzw. KPH_2, A. JOANNIS (*Compt. Rend.* **119** [1894] 557/9; *Ann. Chim. Phys.* [8] **7** [1906] 5/118, 101/7), W. C. FERNELIUS, G. W. WATT (*Chem. Rev.* **20** [1937] 195/258, 212), C. LEGOUX (*Compt. Rend.* **207** [1938] 634/6; *Ann. Chim.* [*Paris*] [11] **17** [1942] 100/70), I. L. KNUNYANTS, R. N. STERLIN (*Dokl. Akad. Nauk SSSR* [2] **56** [1947] 47/50, *C.A.* **1948** 519), R. I. WAGNER, A. B. BURG (*J. Am. Chem. Soc.* **75** [1953] 3869/71). Vgl. hierzu „*Lithium*" *Erg.-Bd.*, S. 521, „*Natrium*" S. 888, „*Kalium*" S. 981. Die Rk. führt nach konduktometr. und gasvolumetr. Unterss. mit einer Na-Lsg. in fl. NH_3 bei −63.5°C nur zur Bldg. von $NaPH_2$. Die Verb. Na_2PH wird nicht gebildet, H. J. EMELÉUS, K. M. MACKAY (*J. Chem. Soc.* **1961** 2676/80). Beim Erhitzen von PH_3 mit metall. Na oder K bildet sich unter H_2-Entw. Na- bzw. K-Phosphid, L. J. GAY-LUSSAC, L. J. THÉNARD (*Rech. Phys.-Chim.* **1** [1811] 184), H. DAVY (*Schweiggers J. Chem. Phys.* **1** [1811] 473/83, 482, **7** [1813] 494/517, 498).

Alkaline Earth Metals

Erdalkalimetalle. Bei der Einw. von PH_3 auf eine Lsg. von metall. Ca in fl. NH_3 bilden sich unter H_2-Entw. festes, krist. $Ca(PH_2)_2 \cdot nNH_3$, C. LEGOUX (*Compt. Rend.* **209** [1939] 47/9), $Ca(PH_2)_2 \cdot 6NH_3$, C. LEGOUX (*Ann. Chim.* [*Paris*] [11] **17** [1942] 100/70), R. I. WAGNER, A. B. BURG (*l. c.*), $Ca(PH_2)_2 \cdot 5NH_3$, L. L. PYTLEWSKI (*Diss. Univ. Pennsylvania* 1960 nach *Diss. Abstr.* **21** [1960] 751), vgl. „*Calcium*" *Tl.* B, S. 1119. Bei der analogen Umsetzung einer Lsg. von metall. Sr in fl. NH_3 wird nur ein schlecht definiertes Rk.-Gemisch erhalten, C. LEGOUX (*l. c.*).

Other Metals

Weitere Metalle. Beim Erhitzen von Ti, Zr, V, Nb, Ta, Cr, Mo oder W mit PH_3 im elektr. Ofen auf 800°C in H_2-Atm. bilden sich die Diphosphide der Metalle, N. SCHÖNBERG (*Acta Chem. Scand.* **8** [1954] 226/39, 226). Mit Ti werden bei 700 bis 850°C in Ar-Atm. die Phosphide TiP, Ti_2P und Ti_3P erhalten, L. L. VEREIKINA, G. V. SAMSONOV (*Zh. Neorgan. Khim.* **5** [1960] 1888/9; *Russ. J. Inorg. Chem.* **5** [1960] 916/7). Metall. Cu wird durch PH_3 bei 180 bis 200°C unter Bldg. von Cu_3P angegriffen, E. RUBÉNOVITCH (*Compt. Rend.* **128** [1899] 1398/401). Über die Vergiftung von Pt-Katalysatoren durch PH_3 s. G. B. TAYLOR, J. H. CAPPS (*J. Ind. Eng. Chem.* **11** [1919] 27/8), E. DECARRIÈRE (*Compt. Rend.* **174** [1922] 460/1, 756/8), E. B. MAXTED, A. MARSDEN (*J. Chem. Soc.* **1938** 839/40).

With Nonmetal Compounds

Gegen Nichtmetallverbindungen

Hydrides

Hydride. Über die Rk. von PH_3 mit H_2S und mit B_2H_6 s. S. 42, mit SiH_4 s. S. 43. Über die Löslichkeit von PH_3 in fl. NH_3 s. S. 50.

Oxide. PH_3 wird durch H_2O_2-Lsgg. verschiedener Konzz. nicht oxydiert, L. MOSER, A. BRUKL (*Z. Anorg. Allgem. Chem.* **121** [1922] 73/94, 75). In 100%igem H_2O_2 ist es nur äußerst wenig lösl., eine Verb. wird nicht gebildet, G. L. MATHESON, O. MAASS (*J. Am. Chem. Soc.* **51** [1929] 674/87). *Oxides*

Keine Rk. mit NO oder N_2O bei Normalbedingungen. Unter der Einw. eines elektr. Funkens tritt jedoch Explosion unter N_2-Bldg. ein, T. THOMSON (*Ann. Phil. Thomson* [2] **8** [1816] 87/93), J. DALTON (*Ann. Phil. Thomson* [2] **11** [1818] 7/9). Die Ox. von PH_3 durch N_2O verläuft bei 600° C und einem Gesamtdruck von 200 Torr ziemlich langsam, bei 320 Torr tritt Explosion ein. Voraussetzung für die Ox. ist die vorherige Dissoz. von N_2O, E. W. R. STEACIE, R. D. MCDONALD (*Can. J. Res.* **12** [1935] 711/4). Zum Verh. gegen N_2O_3 s. unten beim Verh. gegen HNO_2.

Mit gasf. Cl_2O tritt Explosion ein, A. J. BALARD (*Ann. Chim. Phys.* [2] **57** [1834] 225/304, 277).

Festes SO_3 reagiert mit trocknem PH_3 unter SO_2-Entw. und Abscheidung von rotem Phosphor, H. ROSE (*Ann. Physik* [2] **24** [1832] 109/65, 139).

Beim Durchleiten von PH_3 zusammen mit CO oder CO_2 durch ein erhitztes Glasrohr zersetzt sich PH_3 unter Bldg. von H_2 und Spuren von CH_4, M. BERTHELOT (*Ann. Chim. Phys.* [3] **53** [1858] 69/208, 110/4). Über die durch PH_3 induzierte Ox. von CO-O_2-Gemischen s. F. I. DUBOVITSKII (*Dokl. Akad. Nauk SSSR* [2] **63** [1948] 689/92, *C.A.* **1949** 4548), F. I. DUBOVITSKII, M. F. KUZ'MINA (*Zh. Fiz. Khim.* **30** [1956] 837/46, *C.A.* **1956** 16316).

PH_3 reagiert weder in der Kälte noch in der Wärme mit P_2O_3, T. E. THORPE, A. E. TUTTON (*J. Chem. Soc.* **59** [1891] 1019/29, 1029).

Säuren. Protonenaffinität P von PH_3 in PH_4J, PH_4Br oder PH_4Cl bei 0°C: $P = -200 \pm 10$, -209 ± 21 bzw. -217 ± 22 kcal, ber. aus der Gitterenergie der Halogenide und der Elektronenaffinität der Halogene, W. WENDLANDT (*Science* [2] **122** [1955] 831). *Acids*

Durch HNO_2 oder dessen Anhydrid N_2O_3 wird reines PH_3 selbstentzündlich. Vermutlich erfolgt dabei Bldg. von P_2H_4, H. LANDOLT (*Liebigs Ann. Chem.* **116** [1860] 193/4). Durch konz. HNO_3 wird PH_3 bei gewöhnl. Temp. in heftiger Rk. zersetzt, A. W. HOFMANN (*Ber. Deut. Chem. Ges.* **3** [1870] 658/66, 660). Bei −25°C tritt keine Rk. ein, A. BESSON (*Compt. Rend.* **109** [1899] 644/5). Bei 60 bis 70°C wird PH_3 durch 42%iges HNO_3 zu H_3PO_4 oxydiert. Ox.-Mittel bei dieser Rk. ist hauptsächlich Luft-O_2, während die Säure nur katalytisch wirkt. Erfolgt die Ox. bei Luftausschluß, so enthält das Rk.-Prod. mit der PH_3-Konz. steigende Mengen an NO, während in Ggw. von Luft-O_2 das meiste NO zu NO_2 oxydiert wird, I. S. ROZENKRANTS, M. O. DEMBO (*Zh. Khim. Prom.* **14** [1937] 1381/6, 1526/32, 1618/22 nach *C.A.* **1938** 1903).

Mit wss. $HClO_2$-Lsg. reagiert PH_3 zu H_3PO_3 und HCl, A. J. BALARD (*Ann. Chim. Phys.* [2] **57** [1834] 225/304, 260). Beim Einleiten von PH_3 in starke $HClO_4$-Lsg. bildet sich nach V. EVRARD (*Natuurw. Tijdschr. Ghent* **12** [1930] 6/11) kristallines $[PH_4]ClO_4$, während von F. FICHTER, H. ARNI (*Helv. Chim. Acta* **17** [1934] 222/4) beim Einleiten von PH_3 in eine gekühlte, 70%ige $HClO_4$-Lsg. eine kristalline Verb. der wahrscheinlichen Zus. $2PH_3 \cdot 3HClO_4$ erhalten wird. — Mit wss. HJO_3-Lsg. erfolgt beim Einleiten von PH_3 in quantitativer Rk. Abscheidung von J_2, L. MOSER, A. BRUKL (*Z. Anorg. Allgem. Chem.* **121** [1922] 73/94, 76).

Wss. H_2SO_3-Lsg. oxydiert PH_3 bei 60 bis 70°C unter Bldg. von H_3PO_4, A. CAVAZZI (*Gazz. Chim. Ital.* **16** [1886] 169/71). — Beim Einleiten von PH_3 in wasserfreies H_2SO_4 bilden sich gelbe Dämpfe, die sich an den Wänden niederschlagen und mit überschüssigem SO_3 blaues S_2O_3 bilden, G. AIMÉ (*J. Prakt. Chem.* **6** [1835] 79/81). Konz. H_2SO_4 wird durch PH_3 unter S-Abscheidung reduziert, H. ROSE (*Ann. Physik* [2] **24** [1832] 109/65, 139). Beim Einleiten in konz. H_2SO_4 wird PH_3 anfangs absorbiert. Sobald die Lsg. gesättigt ist, tritt heftige Rk. ein, wobei die Säure zu SO_2, S und H_2S reduziert wird, W. R. HODGKINSON (*Chem. News* **34** [1876] 14). Wird die Rk. unter Kühlung bei −20 bis −25°C vorgenommen, so kann das bei der Absorption des PH_3 gebildete, krist. PH_4-Sulfat isoliert werden, A. BESSON (*Compt. Rend.* **109** [1899] 644/5). Heißes konz. H_2SO_4 oxydiert bei 237°C zu H_3PO_4, Pd katalysiert die Rk., J. MILBAUER (*Chem. Obzor.* **12** [1937] 57/62; *Collection Czech. Chem. Commun.* **9** [1937] 393/406, 397).

Keine Rk. mit H_2CrO_4 in schwefel- oder essigsaurer Lsg.; auch durch CrO_3 auf Bimsstein wird bei 80°C keine vollständige Ox. erreicht, L. MOSER, A. BRUKL (*l. c.* S. 75). Mit einer konz. $HReO_4$-Lsg. wird beim Einleiten von PH_3 keine Salzbldg. festgestellt, F. FICHTER, H. ARNI (*l. c.*).

Halogenwasserstoffe. Mit gasf. HCl reagiert gasf. PH_3 bei 14°C unter gewöhnl. Druck nicht; unter einem Druck von 20 atm erfolgt jedoch leicht Rk. unter Bldg. von PH_4Cl, bei gewöhnl. Druck tritt die Rk. bei −30°C ein, J. OGIER (*Bull. Soc. Chim. France* [2] **32** [1879] 483/6; *Ann. Chim. Phys.* [5] **20** [1880] 5/66, 63/6). Mischt man 4.6 Vol. fl. PH_3 nahe seiner krit. Temp. mit 3.7 Vol. fl. HCl von *Hydrogen Halogenides* etwa der gleichen Temp., so bildet sich PH_4Cl unter Vol.-Verminderung auf etwa die Häfte des Ausgangsvol., S. Skinner (*Proc. Roy. Soc.* [*London*] **42** [1887] 283/9). PH_4Cl bildet sich auch beim Einleiten von PH_3 in fl. HCl, T. C. Waddington, F. Klanberg (*J. Chem. Soc.* **1960** 2332/8, 2337). — Aus selbstentzündlichem PH_3 bewirkt HCl-Gas Abscheidung von festem, gelbem Phosphorwasserstoff (vgl. S. 54), P. Thénard (*Ann. Chim. Phys.* [3] **14** [1845] 5/40, 8). — Mit gasf. HBr oder wss. HBr-Lsg. reagiert PH_3 unter Bldg. von PH_4Br, G. S. Sérullas (*Ann. Chim. Phys.* **48** [1831] 87/99, 91), J. Ogier (*l. c.*). Analog verläuft die Rk. von PH_3 mit gasf. HJ unter Bldg. von kristallinem PH_4J, J. J. Houton-Labilladière (*Ann. Chim. Phys.* **6** [1817] 304/7). Wie aus Messungen des Dissoz.-Druckes von PH_4J hervorgeht, bilden die Dissoz.-Prodd. PH_3 und HJ in geringem Ausmaß H_2 und PJ_3, A. Smith, R. P. Calvert (*J. Am. Chem. Soc.* **36** [1914] 1363/82). Vgl. auch A. Holt, J. E. Myers (*Z. Anorg. Allgem. Chem.* **82** [1913] 278/82).

Sulfur and Tellurium Compounds

Schwefel- und Tellurverbindungen. Mit H_2S unterhalb 320°C keine Umsetzung. Oberhalb 320°C erfolgt langsame Rk. unter Bldg. von H_2 und verschiedenen P-Sulfiden, L. Delachaux (*Helv. Chim. Acta* **10** [1927] 195/7). Mit S_2Cl_2 reagiert PH_3 unter HCl-Entw., H. Rose (*Ann. Physik* [2] **24** [1832] 109/65, 295/341, 303/6). Auch mit SCl_2 Rk. unter HCl-Entw. und vermutlich Bldg. von $ClSPH_2$. Mit CF_3SCl wird je nach den Mengenverhältnissen der Rk.-Partner $(CF_3S)_2PH$ oder $(CF_3S)_3P$ erhalten, H. J. Emeléus, S. N. Nabi (*J. Chem. Soc.* **1960** 1103/8). Mit SO_2Cl_2 reagiert trocknes PH_3 bei gewöhnl. Temp. unter Bldg. von HCl, P_4S_3, rotem P, $POCl_3$ und P_2O_3. Mit $SOCl_2$ werden als hauptsächliche Rk.-Prodd. HCl, P_4S_3 und rotes P erhalten, A. Besson (*Compt. Rend.* **122** [1896] 467/9, **123** [1896] 884/6).

Wss. Lsgg. von Te-Salzen werden durch PH_3 als Te-Phosphid gefällt, R. Boettger (*Beitr. Phys. Chem.* **2** [1840] 116/8).

Boron Compounds

Borverbindungen. Diboran. PH_3 reagiert langsam oberhalb —30°C in der Gasphase und ziemlich schnell oberhalb —110°C in fl. Phase mit B_2H_6 im Molverhältnis $2PH_3:1B_2H_6$ unter Bldg. einer krist. Verb. der empir. Zus. $PH_3 \cdot BH_3$, E. L. Gamble, P. Gilmont (*J. Am. Chem. Soc.* **62** [1940] 717/21), vgl. auch H. I. Schlesinger, A. B. Burg (*J. Am. Chem. Soc.* **60** [1938] 290/9, 291 Fußnote 14) und „*Bor*" *Erg.-Bd.*, S. 102. Über die Kinetik der homogenen Gasphasenrk. s. H. Brumberger, R. A. Marcus (*J. Chem. Phys.* **24** [1956] 741/6). Wird ein Gemisch aus PH_3 und B_2H_6 im Molverhältnis 2:1 mehrere Tage lang auf 65°C erhitzt, so bildet sich unter H_2-Entw. ein festes, hochpolymeres Rk.-Prod. der empir. Zus. $PB_{1.15}H_{3.91}$, dem vermutlich die tatsächliche Zus. $(PBH_{3.75})_n$ zukommt, A. B. Burg, R. I. Wagner (*J. Am. Chem. Soc.* **75** [1953] 3872/7).

Borfluorid. Bei gewöhnl. Temp. reagiert PH_3 nicht mit BF_3. Bei —50°C tritt Rk. ein unter Bldg. von festem, weißem $PH_3 \cdot 2BF_3$, A. Besson (*Compt. Rend.* **110** [1890] 80/2). Bei —130°C wird bei der Einw. von überschüssigem BF_3 auf PH_3 im Hochvak. in lebhafter Rk. $PH_3 \cdot BF_3$ erhalten. Das von A. Besson (*l. c.*) erhaltene $PH_3 \cdot 2BF_3$ wird als ein sekundäres Rk.-Prod. angesehen und als $[PH_3(BF_2)][BF_4]$ formuliert, E. Wiberg, U. Heubaum (*Z. Anorg. Allgem. Chem.* **225** [1935] 270/2). Nach systemat. Unterss. des Systems PH_3–BF_3 existieren beide Verbb., D. R. Martin, R. E. Dial (*J. Am. Chem. Soc.* **72** [1950] 852/6). Vgl. auch S. 614, 615.

Borchloride. Unterhalb 20°C bildet PH_3 mit BCl_3 in heftiger, exothermer Rk. festes, weißes $PH_3 \cdot BCl_3$ (s. S. 617), A. Besson (*Compt. Rend.* **110** [1890] 516/8). Vgl. auch R. C. Vickery (*Nature* **184** [1959] 268). Weitere Angaben s. „*Bor*" *Erg.-Bd.*, S. 201. Bei —78°C reagiert überschüssiges PH_3 mit B_2Cl_4 im geschlossenen Rohr unter Bldg. von festem, weißem $2PH_3 \cdot B_2Cl_4$ (s. S. 618). Daneben wird infolge Zers. des B_2Cl_4 in BCl_3 auch etwas $PH_3 \cdot BCl_3$ erhalten, T. Wartik, E. F. Apple (*J. Am. Chem. Soc.* **80** [1958] 6155/8; CCC-1024-TR-132 [1955] 60/4, 89, *N.S.A.* **9** [1955] Nr. 6870).

Borbromide. PH_3 bildet mit BBr_3 bei gewöhnl. Temp. festes, weißes $PH_3 \cdot BBr_3$ (s. S. 619), A. Besson (*Compt. Rend.* **113** [1891] 78/80), vgl. auch R. C. Vickery (*l. c.*). Bei 1250°C entsteht schwarzes BP, A. Fischer (*Z. Naturforsch.* **13a** [1958] 105/10). Bei der Umsetzung von PH_3 mit $(CH_3)_2BBr$ in Ggw. von $(C_2H_5)_3N$ bildet sich krist. $H_2PB(CH_3)_2$, das sich in äther. Lsg. in eine hochpolymere Subst. umwandelt, A. B. Burg, R. I. Wagner (*l. c.*).

Carbon Compounds

Kohlenstoffverbindungen. Vgl. hierzu auch S. 49. — Fl. PH_3 und CCl_4 sind ohne Bldg. einer Verb. bei —100°C ineinander lösl., R. Höltje (*Z. Anorg. Allgem. Chem.* **190** [1930] 241/56). Leitet man in eine 20%ige Lsg. von $COCl_2$ in Toluol PH_3 ein, so scheidet sich allmählich gelbes $CO(PH_2)_2$ aus, G. Cuneo (*Atti Accad. Naz. Lincei Rend. Classe Sci. Fis. Mat. Nat.* **32** II [1923] 230/7). Beim Erhitzen einer äther. PH_3-Lsg. mit ClCN bei 100°C im Bombenrohr entsteht $PH(C_2H_5)CN$, L. Darmstädter,

A. Henniger (*Ber. Deut. Chem. Ges.* **3** [1870] 179/80). Metallcarbide werden oberhalb 300°C durch PH_3 unter Bldg. von Graphit reduziert, A. Frank (*D.P.* 174846 [1904/06], *Zus.-P.* zu 112416, *C.* **1906** II 1092).

Siliciumverbindungen. Monosilan. Gleiche Tl. PH_3 und SiH_4 reagieren bei 450 bis 500°C und einem Druck von ~200 Torr im Bombenrohr, wobei gasf. und fl. Verbb. sowie ein festes Prod. gebildet werden. Aus dem Rk.-Prod. kann gasf. SiH_3PH_2 isoliert werden, G. Fritz (*Z. Naturforsch.* **8b** [1953] 776/7; *Z. Anorg. Allgem. Chem.* **280** [1955] 332/45; *Silicium, Schwefel, Phosphate, Colloq. Sek. Anorg. Chem. Intern. Union Reine Angew. Chem., Muenster* 1954 [1955], S. 53/60). Als festes Rk.-Prod. wird bei dieser Rk. blauschwarzes, amorphes Si_2P isoliert, G. Fritz, H. O. Berkenhoff (*Z. Anorg. Allgem. Chem.* **300** [1959] 205/9).

Silicon Compounds

Kieselsäuregel. Die differentielle Adsorptionswärme bei gewöhnl. Temp., extrapoliert auf die Konz. $a = 0$, beträgt für zuvor bei 200, 400 bzw. 800°C entgastes Gel (Granulation 12/20) $q_d = 7.55$, 7.4 bzw. 5.7 kcal/Mol. q_d fällt stetig mit steigender Adsorptionsmenge bis $a = 14 \cdot 10^{-4}$ Mol/g. Bei $a = 6 \cdot 10^{-4}$ Mol/g ist $q_d = 6.30$, 6.15 bzw. 4.6 kcal/Mol (Werte der Fig. des Originals entnommen). Die Adsorption ist also physikal. Natur, J. Bastick (*Compt. Rend.* **234** [1952] 1279/81).

Siliciumhalogenide. Mit SiF_4 reagiert PH_3 erst unter starkem Druck. Bei —22°C und 50 at werden aus einem Gemisch beider Gase im Molverhältnis 3:2 glänzende, weiße Kristalle erhalten, A. Besson (*Compt. Rend.* **110** [1890] 80/2).

PH_3 reagiert bei gewöhnl. Temp. nicht mit $SiCl_4$, bei tieferer Temp. wird PH_3 absorbiert. Bei —60°C entspricht die aufgenommene PH_3-Menge etwa der Zus. 2 $PH_3 \cdot SiCl_4$. Die von A. Besson (*Compt. Rend.* **110** [1890] 240/2) vermutete Bldg. einer Verb. wird von R. Höltje (*Z. Anorg. Allgem. Chem.* **190** [1930] 241/56) nicht bestätigt, vgl. „*Silicium*" *Tl.* B, S. 689. Auch die Bldg. eines Phosphids wird nicht beobachtet, J. Gewecke (*Liebigs Ann. Chem.* **361** [1908] 79/88). Mit Si_2Cl_6 reagiert PH_3 selbst bei —10°C lebhaft unter Abscheidung von festem Phosphorwasserstoff, A. Besson (*Compt. Rend.* **110** [1890] 516/8).

Mit $SiBr_4$ reagiert PH_3 unter Druck unter Bldg. einer weißen, amorphen Verb., A. Besson (*Compt. Rend.* **110** [1890] 240/2).

Mit SiH_3J reagiert PH_3, wobei möglicherweise Silylphosphine gebildet werden, B. J. Aylett, H. J. Emeléus, A. G. Maddock (*J. Inorg. Nucl. Chem.* **1** [1955] 187/93).

Phosphorverbindungen. Phosphorchloride. Nach $3\,PCl_5 + PH_3 \rightarrow 4\,PCl_3 + 3\,HCl$ bildet sich PCl_3, das mit weiterem PH_3 einen roten Nd. gibt, der zu ~94% aus P besteht, H. Rose (*Ann. Physik* [2] **24** [1832] 109/65, 295/341, 307/8), R. Mahn (*Z. Chem.* [2] **5** [1869] 729/31; *Jena. Z. Med. Naturw.* **5** [1870] 158/66, 158). Die von H. Rose (*l. c.*) angenommene Rk. $PH_3 + PCl_3 \rightarrow 2\,P + 3\,HCl$ wird nach thermodynam. Daten für unwahrscheinlich gehalten. Vielmehr soll PCl_3 mit PH_3 sehr langsam unter HCl-Entw. und Bldg. von festem Phosphorwasserstoff reagieren, P. de Wilde (*Bull. Classe Sci. Acad. Roy. Belg.* [3] **3** [1882] 770/5). Auch bei der Einw. von PH_3 auf eine Lsg. von PCl_3 in CCl_4 bei gewöhnl. Temp. wird die Bldg. von festem Phosphorwasserstoff, aber nicht von elementarem P festgestellt, A. Besson (*Compt. Rend.* **111** [1890] 972/4). Als Rk.-Prodd. finden A. Stock, W. Böttcher, W. Lenger (*Ber. Deut. Chem. Ges.* **42** [1909] 2839/47, 2839) nicht reines $P_{12}H_6$, sondern dieses im Gemenge mit viel elementarem Phosphor. — Mit in fl. HCl gelöstem PCl_5 reagiert PH_3 nicht, T. C. Waddington, S. N. Nabi (*Proc. Pakistan Sci. Conf.* **12** [1960] *Tl.* 3, C 7 nach *C. A.* **56** [1962] 9678).

Phosphorus Compounds

Phosphorbromide. Die Rkk. von PBr_5 bzw. PBr_3 mit PH_3 sind prinzipiell gleichartig mit denen der Cl-Verbb., nur reagieren die Br-Verbb. etwas schneller, vgl. beispielsweise J. H. Gladstone (*Phil. Mag.* [3] **35** [1849] 345/55, 347), P. de Wilde (*l. c.*), A. Stock u. a. (*l. c.*). Bei der Rk. von PH_3 mit PBr_5 bei —90°C bilden sich fester Phosphorwasserstoff und PH_4Br, P. Royen, K. Hill (*Z. Anorg. Allgem. Chem.* **229** [1936] 112/28, 117).

Arsenverbindungen. As_2O_5 wird durch PH_3 zu As_2O_3 reduziert, T. Graham (*Phil. Mag.* [3] **5** [1834] 401/15; *Trans. Roy. Soc. Edinburgh* **13** [1835] 88/106). Beim Einleiten von PH_3 in eine salzsaure As_2O_3-Lsg. entsteht As-Phosphid, A. Cavazzi (*Gazz. Chim. Ital.* **13** [1883] 324/5). Gasf. PH_3 reagiert mit AsF_3, $AsCl_3$, $AsBr_3$ und AsJ_3 unter Entw. von Halogenwasserstoff und Bldg. von As-Phosphid, A. Besson (*Compt. Rend.* **110** [1890] 1258/61), J. V. Janovsky (*Ber. Deut. Chem. Ges.* **8** [1875] 1636/40), V. Gutmann (*Z. Anorg. Allgem. Chem.* **266** [1951] 331/44, 334). Nach Ansicht von Fulhame (*Essay on Combustion, London* 1794, S. 119) ist die Ggw. von Feuchtigkeit für den Ablauf der Rk. erforderlich.

Arsenic Compounds

With Metal Compounds

Gegen Metallverbindungen

Antimony Compounds

Antimonverbindungen. Wss. Lsgg. von Sb-Salzen geben mit PH_3 keine Fällung, R. BOETTGER (*Beitr. Phys. Chem.* **2** [1840] 116/8), P. KULISCH (*Liebigs Ann. Chem.* **231** [1885] 327/60, 359). Trocknes K-Sb-Tartrat wird von PH_3 nicht angegriffen, während in Ggw. von H_2O Rk. unter Bldg. einer weißen Verb. erfolgt, FULHAME (*l. c.* S. 120). Bei der Rk. von $SbCl_5$ mit PH_3 wird unter HCl-Entw. die Bldg. von $SbCl_3$ und PCl_5, nicht jedoch eine von H. ROSE (*Ann. Physik* [2] **24** [1832] 109/65, 165) beschriebene Additionsverb. beobachtet; beim Einleiten von PH_3 in fl. $SbCl_3$ fällt ein schwarzer Nd. aus, der vermutlich aus Sb, P und O im Verhältnis 3:2:2 besteht, R. MAHN (*Z. Chem.* [2] **5** [1869] 729/31; *Jena. Z. Med. Naturw.* **5** [1870] 158/66, 158). Sb_2S_3 wird durch PH_3 unter H_2S-Entw. zu metall. Sb reduziert, H. ROSE (*Ann. Physik* [2] **24** [1832] 295/341, 335).

Bismuth Compounds

Wismutverbindungen. Keine Rk. bei der Einw. von PH_3 auf festes $Bi(NO_3)_3$, in wss. Lsg. langsame Red. zu metall. Bi, FULHAME (*l. c.* S. 119). Entgegen R. BOETTGER (*l. c.*), der keinen Nd. erhält, wird beim Einleiten von PH_3 in eine wss. Bi-Salzlsg. die Bldg. von schwarzem Bi-Phosphid festgestellt, J. J. BERZELIUS, F. WÖHLER (*Lehrbuch der Chemie, Bd.* 2, *Abt.* 1, *Dresden* 1826, S. 264), P. KULISCH (*l. c.* S. 349), G. LANDGREBE (*Schweiggers J. Chem. Phys.* **55** [1829] 96/107). Diese Verb. wird auch unter HCl-Entw. beim Erhitzen von festem $BiCl_3$ mit PH_3 auf 100°C erhalten, A. CAVAZZI (*Gazz. Chim. Ital.* **14** [1884] 219/20). Aus $BiCl_3$-Lsg. wird Bi-Phosphid nur in schwach saurer Lsg. ausgefällt, L. MOSER, A. BRUKL (*Z. Anorg. Allgem. Chem.* **121** [1922] 73/94, 93). Bei der Einw. von PH_3 auf eine Lsg. von $BiBr_3$ in absol. Äther erhält man eine schwarze Subst., die Bi, P und Br im Verhältnis 3:1:7 enthält, A. CAVAZZI, D. TIVOLI (*Gazz. Chim. Ital.* **21** [1891] 306/8). Bi_2S_3 wird durch PH_3 unter H_2S-Entw. zu elementarem Bi reduziert, H. ROSE (*Ann. Physik* [2] **24** [1832] 295/341, 335).

Alkali and Alkaline Earth Metal Compounds

Alkali- und Erdalkalimetallverbindungen. Beim Einleiten von PH_3 in die wss. Lsgg. der Alkali- oder Erdalkalimetallsalze bilden sich die entsprechenden Phosphite und Hypophosphite, A. WINKLER (*Ann. Physik* [2] **111** [1860] 443/59), vgl. dagegen P. KULISCH (*Liebigs Ann. Chem.* **231** [1885] 327/60, 330). Bei gewöhnl. Temp. keine Rk. mit LiH in äther. Suspension, E. WIBERG, G. MÜLLER-SCHIEDMAYER (*Chem. Ber.* **92** [1959] 2372/84, 2374). Durch NaOCl-Lsg., $Ca(OCl)_2$-Lsg. oder Chlorkalk wird PH_3 leicht zu H_3PO_4 oxydiert, G. LUNGE, E. CEDERCREUTZ (*Z. Angew. Chem.* **10** [1897] 651/5), J. DALTON (*Ann. Phil. Thomson* [2] **11** [1918] 7/9). Durch verd. KOH-Lsg. wird PH_3 unter H_2-Entw. und Abscheidung von festem Phosphorwasserstoff zersetzt. Als Zwischenprod. wird PH_2OK angenommen, B. FRANKE (*J. Prakt. Chem.* [2] **35** [1887] 341/9, 346). Beim Erhitzen von PH_3 mit K_2S entwickelt sich H_2S, H. ROSE (*Ann. Physik* [2] **24** [1832] 295/341, 313). $BeCl_2$, $BeBr_2$ oder BeJ_2 reagieren weder bei tiefer noch bei hoher Temp. mit PH_3, R. HÖLTJE, F. MEYER (*Z. Anorg. Allgem. Chem.* **197** [1931] 93/102). Beim Durchleiten von selbstentzündlichem PH_3 durch Natronkalk wird fester Phosphorwasserstoff abgeschieden. Das Gas ist danach nicht mehr selbstentzündlich, I. GUARESCHI (*Atti Accad. Sci. Torino* **51** [1916] 263/78, 269).

Zinc Compounds

Zinkverbindungen. Keine Rk. beim Einleiten von PH_3 in wss. Zn-Salzlsgg., T. THOMSON (*Ann. Phil. Thomson* [2] **8** [1816] 87/93), R. BOETTGER (*Beitr. Phys. Chem.* **2** [1840] 116/8), P. KULISCH (*Liebigs Ann. Chem.* **231** [1885] 327/60, 359). Auch mit festem $ZnCl_2$ oder $ZnSO_4$ wird keine Rk., in Ggw. von H_2O jedoch Red. zu metall. Zn gefunden, FULHAME (*Essay on Combustion, London* 1794, S. 122). Beim Erhitzen von $ZnCl_2$ mit PH_3 wird unter HCl-Entw. Zn-Phosphid gebildet, H. ROSE (*Ann. Physik* [2] **24** [1832] 295/341, 335).

Cadmium Compounds

Cadmiumverbindungen. R. BOETTGER (*l. c.*) findet keine Rk. zwischen Cd-Salzlsgg. und PH_3. Auch P. KULISCH (*l. c.* S. 346) beobachtet in neutraler oder saurer Lsg. keine Rk.; in ammoniakal. Lsg. wird jedoch ein schwarzer Nd. von Cd-Phosphid erhalten. — Bestätigung dieser Ergebnisse s. bei L. MOSER, A. BRUKL (*Z. Anorg. Allgem. Chem.* **121** [1922] 73/94), A. BRUKL (*Z. Anorg. Allgem. Chem.* **125** [1922] 252/6).

Mercury Compounds

Quecksilberverbindungen. Mit wss. Hg-Salzlsgg. gibt eine wss. PH_3-Lsg., T. THOMSON (*l. c.*), ebenso gasf. PH_3 einen Nd., R. BOETTGER (*l. c.*), von diesem als Hg-Phosphid angesehen. — Festes $Hg_2(NO_3)_2$ wird durch PH_3 nicht angegriffen. Die wss. Lsg. wird unter Abscheidung einer schwarzen Subst., wahrscheinlich Hg-Phosphid, reduziert, das sich leicht unter Bldg. von metall. Hg zersetzt, FULHAME (*l. c.* S. 116), R. BOETTGER (*l. c*). $Hg(NO_3)_2$-Lsg. gibt mit PH_3 einen weißen Nd., der eine Verb. von Hg_3P_2 mit bas. Hg^{II}-Nitrat darstellt, H. ROSE (*Ann. Physik* [2] **40** [1837] 75/93), vgl. „*Quecksilber*" *Tl.* A, S. 851. Festes $HgCl_2$ bildet beim Erhitzen mit PH_3 unter HCl-Entw. zersetzliches

Hg-Phosphid, H. ROSE (*Ann. Physik* [2] **24** [1832] 295/341, 335). Bei gewöhnl. Temp. wird festes $HgCl_2$ durch PH_3 nicht angegriffen; die wss. Lsg. soll unter Abscheidung von metall. Hg reduziert werden, FULHAME (*l. c.*). Bei der Rk. von PH_3 mit wss. $HgCl_2$-Lsg. bildet sich Hg_3P_2, das mit überschüssigem $HgCl_2$ zu $Hg_3P_2 \cdot 3HgCl_2$ weiterreagiert, H. ROSE (*Ann. Physik* [2] **40** [1837] 75/93), P. LEMOULT (*Compt. Rend.* **145** [1908] 1175/7), M. WILMET (*Compt. Rend.* **185** [1927] 206/8), L. MOSER, A. BRUKL (*Z. Anorg. Allgem. Chem.* **121** [1922] 73/94, 86), A. BRUKL (*Z. Anorg. Allgem. Chem.* **125** [1922] 252/6), K. BEYER (*Z. Anorg. Allgem. Chem.* **250** [1943] 312/20). Vgl. dazu auch A. BERGÉ, A. REYCHLER (*Bull. Soc. Chim. France* [3] **17** [1897] 218/21), D. VITALI (*Boll. Chim. Farm.* **44** [1903] 49/55 nach *C.* **1905** I 769). Dagegen wird beim Einleiten von PH_3 in wss. $HgCl_2$-Lsg. nacheinander gelbes 3 $Hg_3P_2 \cdot 7$ $HgCl_2$, rotes 4 $Hg_3P_2 \cdot 5$ $HgCl_2$ und braunes $Hg_3P_2 \cdot HgCl_2$ erhalten, K. A. ASCHAN (*Chemiker-Ztg.* **10** [1886] 82, 102/3).

Beim Einleiten von PH_3 in eine wss. $HgBr_2$-Lsg. wird ein Nd. erhalten, der vermutlich analog der Cl-Verb. zusammengesetzt ist, H. ROSE (*l. c.*). Bei der Rk. von PH_3 mit wss. $HgBr_2$-Lsg. bildet sich $Hg_3P_2 \cdot 2HgBr$, P. LEMOULT (*l. c.*).

Mit wss. HgJ_2-Lsg. bildet PH_3 einen Nd. von $Hg_3P_2 \cdot 3HgJ_2$, P. LEMOULT (*Compt. Rend.* **139** [1904] 478/80).

Beim Einleiten von PH_3 in eine mit H_2SO_4 angesäuerte Hg_2SO_4-Lsg. bildet sich schwarzes Hg_3P, A. BRUKL (*l. c.*). Mit $HgSO_4$ wird ein weißer Nd. erhalten, der eine Verb. von Hg_3P_2 und bas. Hg^{II}-Sulfat darstellt, H. ROSE (*l. c.*).

Beim Einleiten von PH_3 in eine wss. oder alkohol. $Hg(CN)_2$-Lsg. bildet sich unter HCN-Entw. ein lichtempfindlicher gelber Nd., der Hg, P, CN und H enthält, W. R. HODGKINSON (*Chem. News* **34** [1876] 167).

Aluminum Compounds

Aluminiumverbindungen. PH_3 reagiert weder bei —80°C noch bei gewöhnl. Temp. noch im Einschlußrohr bei 100°C mit AlH_3 oder $LiAlH_4$ in Äther, E. WIBERG, A. MAY, H. NÖTH (*Z. Naturforsch.* **10b** [1955] 239/40), E. WIBERG, G. MÜLLER-SCHIEDMAYER (*Chem. Ber.* **92** [1959] 2372/84, 2374).

Bei gewöhnl. Temp. reagiert wasserfreies $AlCl_3$ mit PH_3 nicht. Bei 70°C tritt jedoch Rk. ein unter Bldg. von weißem, kristallinem $AlCl_3 \cdot PH_3$. Ebenso wird bei 70°C mit $AlBr_3$ weißes $AlBr_3 \cdot PH_3$ und bei 100°C mit AlJ_3 weißes $AlJ_3 \cdot PH_3$ erhalten, R. HÖLTJE, F. MEYER (*Z. Anorg. Allgem. Chem.* **197** [1931] 93/102), weitere Angaben s. „*Aluminium*" *Tl.* B, S. 212. Über die Bldg. von $AlCl_3 \cdot PH_3$ s. auch F. PASS, E. STEININGER, H. ZORN (*Monatsh. Chem.* **93** [1962] 230/6). In fl. PH_3 ist $AlCl_3$ unlösl. und reagiert nicht, R. HÖLTJE (*Z. Anorg. Allgem. Chem.* **190** [1930] 241/56).

Gallium, Indium, and Thallium Compounds

Gallium-, Indium- und Thalliumverbindungen. Beim Erhitzen von Ga_2O_3 mit PH_3 im elektr. Ofen unter Ar-Atm. bei der Vers.-Temp. von 600 bis 950°C bildet sich GaP, s. G. V. SAMSONOV, L. L. VEREIKINA, YU. V. TITKOV (*Zh. Neorgan. Khim.* **6** [1961] 749/51; *Russ. J. Inorg. Chem.* **6** [1961] 382/3; *Zh. Prikl. Khim.* **35** [1962] 242/5; *J. Appl. Chem. USSR* **35** [1962] 228/30). Beim Einleiten von PH_3, verd. mit N_2, in geschmolzenes $GaCl_2$ oder InCl bei 300°C bildet sich GaP bzw. InP, D. EFFER, G. R. ANTELL (*J. Electrochem. Soc.* **107** [1960] 252/3). Tl_2SO_4 wird in neutraler oder saurer Lsg. von PH_3 nicht angegriffen. In ammoniakal. Lsg. bildet sich schwarzes Tl-Phosphid, in KOH-alkal. Lsg. metall. Tl, W. CROOKES (*J. Chem. Soc.* **17** [1864] 112/52, 135), P. KULISCH (*Liebigs Ann. Chem.* **231** [1885] 327/60, 348).

Titanium, Zirconium, and Thorium Compounds

Titan-, Zirkonium- und Thoriumverbindungen. Mit $TiCl_4$ bildet PH_3 bei tiefen Tempp. die Verbb. $TiCl_4 \cdot PH_3$ und $TiCl_4 \cdot 2PH_3$, analog mit $TiBr_4$ die Verbb. $TiBr_4 \cdot PH_3$ und $TiBr_4 \cdot 2PH_3$. Dagegen reagieren TiJ_4 und $ZrCl_4$ nicht; sie sind in fl. PH_3 unlösl., R. HÖLTJE (*l. c.*). Vgl. auch H. ROSE (*Ann. Physik* [2] **24** [1832] 109/65, 141/51). Beim Erhitzen von $TiCl_4$ oder $ZrCl_4$ mit PH_3 bildet sich Ti- bzw. Zr-Phosphid, J. GEWECKE (*Liebigs Ann. Chem.* **361** [1908] 79/88), W. BILTZ, A. RINK, F. WIECHMANN (*Z. Anorg. Allgem. Chem.* **238** [1938] 395/405, 398). Mit ThH_4 reagiert PH_3 bei 400°C unter H_2-Entw. und Bldg. von Th_3P_4, H. LIPKIND, A. S. NEWTON (TID-5223 [1952] *Tl.* 1, S. 398/404, 402; *N.S.A.* **11** [1957] Nr. 11493).

Germanium, Tin, and Lead Compounds

Germanium-, Zinn- und Bleiverbindungen. Keine Rk. von PH_3 mit Ge-Halogeniden. Fl. $GeCl_4$ und fl. PH_3 lösen sich ineinander; $GeBr_4$ und GeJ_4 sind in fl. PH_3 unlösl., R. HÖLTJE (*l. c.*).

$SnCl_4$ soll durch PH_3 nicht angegriffen werden; in wss. Lsg. soll langsame Red. zu metall. Sn erfolgen, FULHAME (*Essay on Combustion, London* 1794, S. 118). Beim Einleiten von PH_3 in eine wss. Sn-Salzlsg. wird jedoch von H. ROSE (*Ann. Physik* [2] **24** [1832] 295/341, 326), R. BOETTGER (*Beitr. Phys. Chem.* **2** [1840] 116/8), P. KULISCH (*Liebigs Ann. Chem.* **231** [1885] 327/60, 359) kein Nd. erhalten. Mit $SnCl_4$ bildet PH_3 eine gelbrote, an der Luft nicht rauchende Verb. $Sn_3Cl_6P_2$. Die von H. ROSE (*Ann. Physik* [2] **24** [1832] 109/65, 159/65) erhaltene, an der Luft rauchende Verb. stellt vermutlich durch $SnCl_4$ verunreinigtes $Sn_3Cl_6P_2$ dar, R. MAHN (*Z. Chem.* [2] **5** [1869] 729/31; *Jena. Z. Med. Naturw.* **5** [1870] 158/66). Bei der Rk. von $SnCl_4$ oder $SnBr_4$ mit fl. PH_3 bildet sich gelbes $2SnCl_4 \cdot 3PH_3$ bzw. gelbbraunes $2SnBr_4 \cdot 3PH_3$. In fl. PH_3 ist SnJ_4 unlösl. und reagiert nicht, R. HÖLTJE (*l. c.*). SnS wird durch PH_3 unter H_2S-Entw. zu metall. Sn reduziert, H. ROSE (*Ann. Physik* [2] **24** [1832] 295/341, 335).

Festes $Pb(CH_3CO_2)_2$ wird durch PH_3 nicht angegriffen, erst in Ggw. von H_2O soll Red. zu metall. Pb stattfinden, FULHAME (*l. c.*). Beim Erhitzen von $PbCl_2$ mit PH_3 erfolgt unter HCl-Entw. Red. zu metall. Pb, H. ROSE (*l. c.* S. 334). $PbCl_4$ wird in festem Zustand bereits bei $-10°C$ durch PH_3 zu $PbCl_2$ reduziert; in fl. PH_3 ist es unlösl., R. HÖLTJE (*l. c.*). Mit Pb-Salzlsgg. gibt PH_3 weder in neutraler noch in saurer Lsg. einen Nd.; in ammoniakal. Lsg. tritt jedoch schnelle Rk. ein unter Bldg. von Pb-Phosphid, P. KULISCH (*Liebigs Ann. Chem.* **231** [1885] 327/60, 344), L. MOSER, A. BRUKL (*Z. Anorg. Allgem. Chem.* **121** [1922] 73/94, 93). Mit $Pb(CH_3CO_2)_2$-Lsg. wird langsam schwarzes Pb_3P_2 gefällt, H. ROSE (*l. c.* S. 326), A. BRUKL (*Z. Anorg. Allgem. Chem.* **125** [1922] 252/6). Zur Rk. von PH_3 mit Pb-Salzlsgg. vgl. auch T. THOMSON (*Ann. Phil. Thomson* [2] 8 [1816] 87/93; *Schweiggers J. Chem. Phys.* **18** [1816] 357/67), R. BOETTGER (*l. c.*).

Chromium, Uranium, and Manganese Compounds

Chrom-, Uran- und Manganverbindungen. Mit Cr-Chlorid reagiert PH_3 in der Hitze unter HCl-Entw. und Bldg. von Cr-Phosphid, H. ROSE (*l. c.* S. 302, 333).

U-Salze werden in wss. Lsg. von PH_3 nicht angegriffen, R. BOETTGER (*l. c.*). Mit UH_3 reagiert PH_3 bei 400°C unter Bldg. von dunkelgrauem U_2P_3. Der Rk.-Partner des PH_3 ist dabei vermutlich metall. U, das bei der Zers. des UH_3 bei der Rk.-Temp. gebildet wird, A. S. NEWTON, J. C. WARF, F. H. SPEDDING, O. JOHNSON, I. B. JOHNS, R. W. NOTTORF, J. A. AYRES, R. W. FISCHER, A. KANT (*Nucleonics* **4** [1949] Nr. 2, S. 17/25, 20), U.S. ATOMIC ENERGY COMMISSION, A. S. NEWTON, O. JOHNSON (*U.S.P.* 2534676 [1945/50], *C.A.* **1951** 2162), UNITED KINGDOM ATOMIC ENERGY AUTHORITY (*B.P.* 806732 [1946/58], *C.A.* **1959** 9593).

Wss. Lsgg. von Mn-Salzen geben mit PH_3 keine Ndd., T. THOMSON (*l. c.*), R. BOETTGER (*l. c.*), P. KULISCH (*l. c.* S. 359). $KMnO_4$-Lsg. wird jedoch durch PH_3 zu Mn_2O_3 reduziert, F. JONES (*J. Chem. Soc.* **33** [1878] 95/101, 97; *Chem. News* **37** [1878] 36), während PH_3 zu Phosphit und Phosphat oxydiert wird, A. CAVAZZI (*Gazz. Chim. Ital.* **13** [1883] 324/5), W. MÜLLER (*Arch. Hyg. Bakteriol.* **129** [1943] 286/92). Festes Mn-Chlorid setzt sich beim Erhitzen mit PH_3 unter HCl-Entw. zu Mn-Phosphid um, H. ROSE (*l. c.* S. 335).

Nickel, Cobalt, and Iron Compounds

Nickel-, Kobalt- und Eisenverbindungen. Bei der Einw. von PH_3 auf Ni-Salzlsgg. wird kein Nd. erhalten, R. BOETTGER (*Beitr. Phys. Chem.* **2** [1840] 116/8). Ein Gemenge aus Ni-Phosphid und metall. Ni wird nur aus einer ammoniakal. Ni-Salzlsg. gefällt. In neutraler oder saurer Lsg. erfolgt keine Rk., P. KULISCH (*Liebigs Ann. Chem.* **231** [1885] 327/60, 357/8). Bei der Einw. von PH_3 auf Ni-Salzlsgg. bildet sich legierungsartiges Phosphornickel mit einem Verhältnis P:Ni von 0.4 bis 1.0. Die Fällung der definierten Ni-Phosphide Ni_5P_2, Ni_2P und NiP gelingt nur unter bestimmten Rk.-Bedingungen, R. SCHOLDER, A. APEL, H. L. HAKEN (*Z. Anorg. Allgem. Chem.* **232** [1937] 1/16). So wird aus $NiCl_2$ in Ggw. von Weinsäure Ni_2P gefällt, R. SCHENK (*J. Prakt. Chem.* [2] **9** [1874] 204/8; *J. Chem. Soc.* **27** [1874] 214/6). Beim Erhitzen von $NiCl_2$ mit PH_3 wird unter HCl-Entw., H. ROSE (*Ann. Physik* [2] **24** [1832] 295/341, 332), beim Erhitzen von NiS unter H_2S-Entw. Ni-Phosphid gebildet, H. ROSE (*Ann. Physik* [2] **6** [1826] 199/214, 210). Keine Rk. beim Einleiten von PH_3 in fl. $Ni(CO)_4$. Bei der Umsetzung von gasf. $Ni(CO)_4$ mit PH_3 bei 50°C bildet sich jedoch leicht schwarzes NiP, M. BERTHELOT (*Ann. Chim. Phys.* [6] **26** [1892] 560/70, 567), C. M. W. GRIEB, R. H. JONES (*J. Chem. Soc.* **1932** 2543/6).

Keine Rk. zwischen trocknem $CoCl_2$ und PH_3; in Ggw. von H_2O erfolgt langsame Abscheidung metall. Flitter, FULHAME (*Essay on Combustion, London* 1794, S. 121). Beim Erhitzen von Co-Chlorid mit PH_3 wird Co-Phosphid erhalten, H. ROSE (*Ann. Physik* [2] **24** [1832] 295/341, 331). Beim Einleiten von PH_3 in eine wss. Co-Salzlsg. bildet sich kein Nd., R. BOETTGER (*l. c.*). Ein Nd. von Co-Phosphid und metall. Co wird nur in ammoniakal. Lsg. erhalten, P. KULISCH (*l. c.* S. 358/9).

Mit festem $FeCl_3$ reagiert PH_3 sofort unter HCl-Entw.; beim Erwärmen von FeS_2 mit PH_3 bildet sich Fe-Phosphid, H. ROSE (*Ann. Physik* [2] **6** [1826] 199/214, 210, **24** [1832] 295/341, 301, 333). Mit festem $Fe_2(SO_4)_3$ keine Rk., in Ggw. von H_2O erfolgt Red. zu metall. Fe, FULHAME (*l. c.*), nach R. SCHENK (*J. Chem. Soc.* **26** [1873] 826/8) zu Fe_3P_2. Dagegen wird von T. THOMSON (*Ann. Phil.*

Thomson [2] **8** [1816] 87/93; *Schweiggers J. Chem. Phys.* **18** [1816] 357/67, 364), R. BOETTGER (*l. c.*) keine Red. von Fe-Salzlsgg. durch PH_3 festgestellt. P. KULISCH (*l. c.*) findet keine Red. von Fe^{II}; $FeCl_3$ wird jedoch zu $FeCl_2$ reduziert.

Kupferverbindungen. Eine wss. Cu-Salzlsg. gibt mit wss. PH_3-Lsg. einen Nd., T. THOMSON (*l. c.*); in alkal. Lsg. erfolgt Red. zu metall. Cu, R. SCHENK (*l. c.*). Von R. BOETTGER (*l. c.*) wird dagegen beim Einleiten von PH_3 in eine wss. Cu-Salzlsg. keine Rk. festgestellt. *Copper Compounds*

Kupferoxide. Beim Erhitzen von Cu_2O oder CuO mit PH_3 bildet sich Cu-Phosphid, H. ROSE (*Ann. Physik* [2] **6** [1826] 199/214, 204), E. RUBÉNOVITCH (*Compt. Rend.* **128** [1899] 1398/401). Dagegen wird von P. D. ARCULUS (*School Sci. Rev.* **40** [1959] 344) unter den gleichen Bedingungen Red. zu metall. Cu festgestellt. — An feingepulvertem CuO oder Cu_2O ist die Adsorption von PH_3 bei gewöhnl. Temp. sehr gering; sie beträgt 2 mg PH_3 je g Oxid. Bei 130°C beträgt sie nach 20- bis 30minütiger Vorbehandlung des Oxids mit O_2 bei 130°C und 30 Torr 9 bis 10% des Oxidgewichts. Bei 130°C und einem Druck von 100 Torr verläuft die Adsorption von PH_3 an CuO sehr viel langsamer als an Cu_2O und erst nach einer Wartezeit von 10 Minuten. Die Sättigungsmengen sind jedoch bei beiden Oxiden etwa gleich und betragen ~60 ml PH_3/g Oxid, E. A. ANDREEV, N. N. KAVTARADZE (*Izv. Akad. Nauk SSSR, Otd. Khim. Nauk* **1952** 1021/32, 1029; *Bull. Acad. Sci. USSR, Div. Chem. Sci.* **1952** 895/902, 900). Vgl. hierzu auch S. 38. Zum Verh. von Kohle, die mit Cu-Oxiden imprägniert ist, s. S. 39.

Kupferhalogenide. Läßt man auf eine mit HCl angesäuerte CuCl-Lsg. PH_3 einwirken, so bildet sich ein weißer, kristalliner Nd. von $CuCl \cdot PH_3$, J. RIBAN (*Compt. Rend.* **88** [1879] 581/4; *Bull. Soc. Chim. France* [2] **31** [1879] 385/90). Auch mit HCl-saurer alkohol. CuCl-Lsg. bei —15°C entsteht $CuCl \cdot PH_3$; in analoger Weise entstehen $CuBr \cdot PH_3$ und $CuJ \cdot 2PH_3$, R. SCHOLDER, K. PATTOCK (*Z. Anorg. Allgem. Chem.* **220** [1934] 250/6). Bei —80°C nimmt CuCl langsam, bei —20°C schnell PH_3 auf unter Bldg. von $CuCl \cdot PH_3$. Läßt man bei 0°C unter 20 atm PH_3 auf CuCl einwirken, so wird $CuCl \cdot 2PH_3$ erhalten. $CuBr \cdot PH_3$ entsteht aus CuBr und PH_3 bei 0 bis 30°C; unter 20 atm Druck entsteht $CuBr \cdot 2PH_3$. Die Verbb. $CuJ \cdot PH_3$ und $CuJ \cdot 2PH_3$ werden analog erhalten, R. HÖLTJE, H. SCHLEGEL (*Z. Anorg. Allgem. Chem.* **243** [1940] 246/51). Vgl. „*Kupfer*" *Tl.* B, S. 241, 362, 410. Ältere Angaben bei H. ROSE (*Ann. Physik* [2] **24** [1832] 295/341, 329). — Bei der Einw. von PH_3 auf $CuCl_2$ bildet sich Cu_3P_2 unter HCl-Entw., H. ROSE (*Ann. Physik* [2] **6** [1826] 199/214, 205, **24** [1832] 295/341, 329). Wss. $CuCl_2$-Lsg. wird von PH_3 nicht angegriffen, E. RUBÉNOVITCH (*Compt. Rend.* **128** [1899] 1398/401).

Kupfersulfat. Beim Erhitzen von H_2O-freiem $CuSO_4$ mit PH_3 bildet sich Cu-Phosphid, H. ROSE (*Ann. Physik* [2] **24** [1832] 295/341, 330), vgl. dagegen FULHAME (*l. c.* S. 117). Beim Einleiten von PH_3 in eine wss. $CuSO_4$-Lsg. fällt ein aus Cu-Phosphid bestehender Nd. aus, J. DUMAS (*Ann. Chim. Phys.* **31** [1826] 113/54, 121), G. LANDGREBE (*Schweiggers J. Chem. Phys.* **53** [1828] 460/71, 464), H. BUFF (*Ann. Physik* [2] **16** [1829] 363/6), H. ROSE (*l. c.* S. 320/6). Sekundär tritt z. T. Bldg. von metall. Cu durch Red. des Cu-Phosphids ein, G. LANDGREBE (*Schweiggers J. Chem. Phys.* **60** [1830] 184/97, 193), J. BUFF (*Ann. Physik* [2] **22** [1831] 242/55, 252); vgl. auch P. KULISCH (*Liebigs Ann. Chem.* **231** [1885] 327/60, 335), L. MOSER, A. BRUKL (*Z. Anorg. Allgem. Chem.* **121** [1922] 73/94, 91). Bei völligem Luftausschluß soll sich nur Cu_5P_2 bilden, E. RUBÉNOVITCH (*Compt. Rend.* **127** [1898] 270/3, **128** [1899] 1398/401).

Weitere Kupfersalze. Beim Erhitzen von CuS mit PH_3 bildet sich unter H_2S-Entw. Cu-Phosphid, H. ROSE (*Ann. Physik* [2] **6** [1826] 199/214, 210). Wss. Lsgg. von $Cu(HCO_2)_2$ und $Cu(CH_3CO_2)_2$ geben mit Phosphin O-haltige Phosphide. Bei Luftausschluß in ammoniakal. Lsg. wird mit diesen Salzen Cu_3P erhalten, E. RUBÉNOVITCH (*Compt. Rend.* **128** [1899] 1398/401).

Silberverbindungen. Eine wss. Ag-Salzlsg. gibt mit wss. PH_3-Lsg. einen Nd., T. THOMSON (*Ann. Phil. Thomson* [2] **8** [1816] 87/93; *Schweiggers J. Chem. Phys.* **18** [1816] 357/67, 364), der als metall. Ag, H. ROSE (*Ann. Physik* [2] **14** [1828] 183/9), als Ag-Phosphid, R. BOETTGER (*Beitr. Phys. Chem.* **2** [1840] 116/8), als ein Gemisch beider Substt. angesehen wird, P. KULISCH (*Liebigs Ann. Chem.* **231** [1885] 327/60, 352). *Silver Compounds*

Silberhalogenide. Beim Erwärmen von festem AgCl mit PH_3 bilden sich unter HCl-Entw. elementares P und Hg, H. ROSE (*Ann. Physik* [2] **24** [1832] 295/341, 334). Beim Einleiten von PH_3 in eine alkohol. AgJ-Lsg. wird $AgJ \cdot 0.5PH_3$ erhalten, AgCl und AgBr bilden keine Additionsverbb. mit PH_3, R. SCHOLDER, K. PATTOCK (*Z. Anorg. Allgem. Chem.* **220** [1934] 250/6). Unter 20 atm Druck nimmt AgJ bis zu 0.9 Mol PH_3 je Mol AgJ auf, was auf die Existenz einer Verb. $AgJ \cdot PH_3$ schließen läßt. Tensimetrisch wird jedoch nur die Verb. $AgJ \cdot 0.5\ PH_3$ nachgewiesen, R. Höltje, H. Schlegel (*l. c.*).

Silbernitrat. Festes $AgNO_3$ wird durch PH_3 nicht angegriffen, die wss. Lsg. wird schnell unter Abscheidung von metall. Ag reduziert, Fulhame (*Essay on Combustion, London* **1794**, S. 115). Dagegen findet R. Boettger (*l. c.*) Rk. unter Bldg. von Ag-Phosphid auch in trocknem Zustand. — Beim Einleiten von gegebenenfalls mit CO_2 verd. PH_3 in eine wss. $AgNO_3$-Lsg. entsteht instabiles $Ag_3P \cdot 3AgNO_3$, das im weiteren Verlauf der Rk. schnell zu metall. Ag reduziert wird, T. Poleck, K. Thümmel (*Ber. Deut. Chem. Ges.* **16** [1883] 2435/48, 2442), D. Vitali (*Orosi* **15** [1892] 397), H. Malissa, A. Musil, R. Kreibich (*Mikrochemie* **38** [1951] 385/402, 399). Ältere Angaben, H. Rose (*Ann. Physik* [2] **14** [1828] 183/9, **24** [1832] 295/341, 318), G. Landgrebe (*Schweiggers J. Chem. Phys.* **55** [1829] 96/107), R. Fresenius, C. Neubauer (*Z. Anal. Chem.* **1** [1862] 336/52, 340). Mit verd. alkohol. $AgNO_3$-Lsg. bildet sich ein Gemisch aus Ag_3P und Ag wechselnder Zus.; beim Zutropfen von wss. $AgNO_3$-Lsg. zu PH_3-Gas im Überschuß wird Ag_3P, beim Einleiten von PH_3 in eine konz. wss. $AgNO_3$-Lsg. instabiles $Ag_3P \cdot 3AgNO_3$ erhalten, L. Moser, A. Brukl (*Z. Anorg. Allgem. Chem.* **121** [1922] 73/94, 78, 85).

Gold Compounds

Goldverbindungen. Festes $AuCl_3$ wird von PH_3 nicht angegriffen, in wss. Lsg. erfolgt leicht Red., Fulhame (*l. c.* S. 114), R. Boettger (*l. c.*), T. Thomson (*l. c.*). Je nach den Vers.-Bedingungen wird $AuCl_3$ zu Au-Phosphid oder metall. Au reduziert, Oberkampf (*Ann. Chim. Phys.* **80** [1811] 140/62, 146), H. Rose (*Ann. Physik* [2] **14** [1828] 183/9), P. Kulisch (*l. c.* S. 354). Ist PH_3 im Überschuß, so bildet sich schwarzes Au_3P, während bei $AuCl_3$-Überschuß Red. zu metall. Au erfolgt, L. Moser, A. Brukl (*l. c.* S. 88); vgl. hierzu „*Gold*" S. 659. Nach neueren Unterss. bildet sich bei der Rk. von wss. $AuCl_3$-Lsg. mit PH_3 zuerst AuP, das mit Luft, sd. H_2O oder überschüssigem $AuCl_3$ zu metall. Au weiterreagiert, A. Baker, F. L. Usher (*Trans. Faraday Soc.* **36** [1940] 385/92, 386), H. Malissa, A. Musil, R. Kreibich (*Mikrochemie* **38** [1951] 385/402, 399). Auch eine äther. $AuCl_3$-Lsg. reagiert mit PH_3 unter HCl-Entw. zu AuP, das durch Luft oder beim Erhitzen mit H_2O oder Alkalien unter Bldg. von metall. Au zersetzt wird, A. Cavazzi (*Gazz. Chim. Ital.* **15** [1885] 40/3).

Festes AuJ nimmt bereits bei —80°C, schneller bei 0°C PH_3 unter Bldg. von $AuJ \cdot PH_3$ auf. AuCl und AuBr lagern kein PH_3 an, sondern zersetzen sich bereits bei gewöhnl. Temp. mit PH_3 unter HCl- bzw. HBr-Entw. und Abscheidung von Phosphor, R. Höltje, H. Schlegel (*Z. Anorg. Allgem. Chem.* **243** [1940] 246/51).

Compounds of Platinum Metals

Verbindungen der Platinmetalle. Die von T. Thomson (*l. c.*) bei der Einw. von PH_3 auf eine Pt-Salzlsg. beob. Bldg. eines Nd. wird von R. Boettger (*l. c.*) nicht bestätigt. Keine Einw. wird auch bei festem H_2PtCl_6 festgestellt, die wss. Lsg. wird jedoch schnell unter Abscheidung von metall. Pt reduziert, Fulhame (*l. c.* S. 115/6). Beim Einleiten eines großen Überschusses PH_3 in eine wss. $PtCl_4$-Lsg. bildet sich PtH_2P_2, A. Cavazzi (*Gazz. Chim. Ital.* **13** [1883] 324/5); vgl. „*Platin*" *Tl.* C, S. 134, 136). Von P. Kulisch (*l. c.*) wird beim Einleiten von PH_3 in $PtCl_4$-Lsg. die Bldg. von PtP_2 festgestellt, das leicht PH_3 unter Bldg. phosphorreicherer, zersetzlicher Verbb. addiert. — OsO_4 wird durch PH_3 erst oberhalb 70°C reduziert; die Bldg. einer Additionsverb. wird nicht beobachtet, M. L. Hair, P. L. Robinson (*J. Chem. Soc.* **1958** 106/8). Lsgg. von Rh- und Ir-Salzen werden durch PH_3 nicht, von Pd-Salzen jedoch ebenso wie festes $Pd(NO_3)_2$ leicht unter Bldg. von Pd-Phosphid reduziert, R. Boettger (*l. c.*).

With Organometallic Compounds

Gegen metallorganische Verbindungen

Beim Einleiten von überschüssigem PH_3 in eine äther. C_6H_5Li-Lsg. unter N_2-Atm. bildet sich reines $LiPH_2$, N. Kreutzkamp (*Chem. Ber.* **87** [1954] 919/21); mit äther. C_4H_9Li-Lsg. werden Li_3P, Li_2PH und $LiPH_2$ erhalten, G. W. Parshall, R. V. Lindsey (*J. Am. Chem. Soc.* **81** [1959] 6273/5). Reines $NaPH_2$ entsteht beim Einleiten von PH_3 in eine äther. $(C_6H_5)_3CNa$-Lsg. unter N_2-Atm.; mit C_2H_5MgBr bildet sich sehr instabiles, nicht isolierbares $BrMgPH_2$, H. Albers, W. Schuler (*Ber. Deut. Chem. Ges.* **76** [1943] 23/6). Von A. Job, G. Dussolier (*Compt. Rend.* **184** [1927] 1454/6) wird dagegen ein weißes Prod., vermutlich $(BrMg)_2PH$, erhalten. — Zur Rk. einer äther. $Zn(C_2H_5)_2$-Lsg. mit PH_3 vgl. C. Schultz-Sellack (*Z. Chem.* [2] **13** [1870] 513), E. Drechsel, E. Finkelstein (*Ber. Deut. Chem. Ges.* **4** [1871] 352/6), s. auch „*Zink*" S. 276. — $In(CH_3)_3$ reagiert mit PH_3 bei dessen Sdp. unter Bldg. von $In(CH_3)_3 \cdot PH_3$, das sich bereits bei —78°C in die Ausgangsubstt. und in hochpolymeres $(CH_3InPH)_n$ zersetzt. Dieselbe hochpolymere Verb. bildet sich auch beim Einleiten von PH_3 in eine benzol. $In(CH_3)_3$-Lsg. bei 0 bis 25°C in quantitativer Rk., R. Didchenko, J. E. Alix, R. H. Toeniskoetter (*J. Inorg. Nucl. Chem.* **14** [1960] 35/7).

Gegen organische Verbindungen

With Organic Compounds

PH_3 reagiert in einer photo- oder peroxidsensibilisierten Rk. mit ungesätt. Verbb. (z. B. Buten, Cyclohexen, Allylverbb.) unter Bldg. von Organophosphinen RPH_2, R_2PH und R_3P, A. R. Stiles, F. F. Rust, W. E. Vaughan (*J. Am. Chem. Soc.* **74** [1952] 3282/4). Über die Rk. von PH_3 mit Olefinen s. auch G. M. Kosolapoff (*Organophosphorus Compounds, New York-London* 1950, S. 14). Bei der Einw. einer elektr. Entladung bilden sich aus C_2H_4-PH_3-Gemischen organ. Phosphine, P. Thénard, A. Thénard (*Compt. Rend.* **76** [1873] 1508/14). Über die Selbstentzündlichkeit von C_2H_2-PH_3-Gemischen s. P. Schläpfer, M. Brunner (*Schweiz. Arch. Angew. Wiss. Tech.* **4** [1938] 42/8). Beim Erhitzen von Alkylenoxiden mit einer äther. PH_3-Lsg. im Autoklaven entstehen Alkanolphosphine H_2PROH, $HP(ROH)_2$, $P(ROH)_3$, I. L. Knunyants, R. N. Sterlin (*Dokl. Akad. Nauk SSSR* [2] **56** [1947] 47/50, *C. A.* **1948** 519). Mit Fluoroolefinen reagiert PH_3 bei 150°C im Bombenrohr unter Bldg. von Fluoroalkylphosphinen, G. W. Parshall, D. C. England, R. V. Lindsey (*J. Am. Chem. Soc.* **81** [1959] 4801/2). PH_3 reagiert mit Acetylbromid in äther. Lsg. unter HBr-Entw. und Abscheidung von festem Phosphorwasserstoff und NH_4Br. Mit Acetylchlorid in Ggw. von $AlCl_3$ und mit Acetanhydrid in Ggw. von wenig konz. H_2SO_4 tritt die analoge Rk. ein. Keten zeigt selbst bei 250°C keine Rk., H. Albers, W. Künzel, W. Schuler (*Chem. Ber.* **85** [1952] 239/49, 242). Über die Rk. von PH_3 mit Alkyl- und Acylhalogeniden s. auch G. M. Kosolapoff (*l. c.*). Mit CH_3J oder C_2H_5J bildet PH_3 unter Druck $(CH_3PH_3)J$ bzw. $(C_2H_5PH_3)J$, E. Drechsel, E. Finkelstein (*Ber. Deut. Chem. Ges.* **4** [1871] 352/6). Nitrobenzol wird bei 100°C im Bombenrohr durch PH_3 zu Anilin reduziert, T. Weyl (*Ber. Deut. Chem. Ges.* **39** [1906] 4340/3).

Beim Einleiten von PH_3 in eine wss. Formaldehydlsg. erhält man bei 80°C in Ggw. von HCl kristallines $[(CH_2OH)_4P]Cl$, A. Hoffman (*J. Am. Chem. Soc.* **43** [1921] 1684/8). Die Rk. findet auch bereits bei gewöhnl. Temp. statt, W. A. Reeves, F. F. Flynn, J. D. Guthrie (*J. Am. Chem. Soc.* **77** [1955] 3923/4), E. V. Kuznetsov, R. K. Valetdinov, T. Ya. Roitburd, L. B. Zakharova (*Tr. Kazakhsk. Khim.-Tekhnol. Inst.* **1960** Nr. 29, S. 20/1 nach *C. A.* **58** [1963] 547), J. Horák, V. Ettel (*Collection Czech. Chem. Commun.* **26** [1961] 2401/9). Andere aliphat. oder aromat. Aldehyde geben in Ggw. von Halogenwasserstoff bei gewöhnl. Temp. analoge Rkk. unter Bldg. von $[(RCH_2OH)_4P]X$, J. Messinger, C. Engels (*Ber. Deut. Chem. Ges.* **21** [1888] 326/36). Mit Benzaldehyd in wss. Methanol reagiert PH_3 in Ggw. von HCl unter Mitwrkg. von Methanol unter Bldg. von $[C_6H_5CH(OCH_3)]_3P$. Mit höheren Alkoholen tritt eine analoge Rk. ein, V. Ettel, J. Horák (*Collection Czech. Chem. Commun.* **25** [1960] 2191/5). Mit Ketosäuren bilden sich P-haltige Heterocyclen. Mit Ketonen oder Äthern tritt keine Rk. ein, J. Messinger, C. Engels (*l. c.*). Bei der Rk. von PH_3 in Ggw. von HCl mit α-verzweigten Dialdehyden werden P-haltige Heterocyclen, mit geeigneten Dialdehyden Spirophosphoniumsalze erhalten, S. A. Buckler, V. P. Wystrach (*J. Am. Chem. Soc.* **80** [1958] 6454/5). Von Chloramin-T wird überschüssiges PH_3 in wss. Lsg. zu H_3PO_2 und H_3PO_3 oxydiert; Chloramin-T-Überschuß oxydiert langsam zu H_3PO_4, J. R. Bendall, F. G. Mann, D. Purdie (*J. Chem. Soc.* **1942** 157/63).

Entwässertes Kaliumbenzolsulfonat $C_6H_5SO_3K$ adsorbiert bei 0°C und 760 Torr 0.143 Mol PH_3/Mol $C_6H_5SO_3K$, W. Lange, G. v. Krueger (*Z. Anorg. Allgem. Chem.* **216** [1933] 49/65, 58).

Das System PH_3–H_2O

The PH_3–H_2O System

Komprimiert man PH_3 in Ggw. von H_2O, so schwimmt der Hauptteil des fl. PH_3 auf dem H_2O, während ein Tl. sich löst. Wird der Druck dann plötzlich vermindert, so vermischen sich die beiden Fll., und es bildet sich ein weißes, kristallines, als $PH_3 \cdot H_2O$ oder PH_4OH angesehenes Produkt. Dieses verschwindet wieder, sobald die Druckminderung eine gewisse Grenze überschritten hat. Die Kristallbldg. erfolgt bei 2.2°C unter 2.8 atm, bei 11.0°C unter 6.7 atm und bei 20.0°C unter 15.1 atm. Oberhalb 28°C wird das krist. Prod. nicht mehr erhalten. Komprimiert man gleiche Vol. PH_3 und CO_2 in Ggw. von H_2O, so erhält man eine weiße Kristallmasse, die noch bei 22°C beständig ist. Ebenso erhält man aus PH_3, CS_2 und H_2O krist. Substt., L. Cailletet, L. Bordet (*Compt. Rend.* **95** [1882] 58/61), S. Skinner (*Proc. Roy. Soc.* [*London*] **42** [1887] 283/9, 285). Das auf diese Weise erhaltene PH_3-Hydrat enthält 5.9 Molekeln H_2O. Es besitzt die Hydratstruktur von Gashydraten kleiner Molekeln. Die kub. Elementarzelle mit a $\sim$ 12 Å enthält 46 Molekeln H_2O, die ein Gerüst mit 2 Hohlräumen der KZ = 20 und 6 Hohlräumen der KZ = 24 bilden. Die ideale Zus. bei Besetzung aller Hohlräume mit PH_3-Molekeln ist 8 $PH_3 \cdot 46 H_2O$ oder $PH_3 \cdot 5^3/_4 H_2O$. Raumgruppe O_h^3–Pm3n. Dissoz.-Druck bei 0°C: 1.6 atm, Zers.-Temp. bei 1 atm: −6.4°C, krit. Zers.-Temp. 28°C, W. F. Claussen (*J. Chem. Phys.* **19** [1951] 1425/6), M. v. Stackelberg, H. R. Müller (*Z. Elektrochem.* **58** [1954] 25/39). Vgl. auch M. v. Stackelberg (*Naturwissenschaften* **36** [1949] 327/33, 359/62), H. M. Powell (*J. Chem. Soc.* **1954** 2658/63) sowie „*Schwefel*“ *Tl.* B, S. 1090/4.

Aqueous Solution of PH_3

Wäßrige Lösung von PH_3

Solubility

Löslichkeit. In 100 cm^3 H_2O lösen sich bei 17°C 26 cm^3 PH_3, D. M. Yost, H. Russel (*Systematic Inorganic Chemistry, New York* **1944**, S. 245), 22.8 cm^3 PH_3, N. L. Paddock (*Chem. Ind.* [*London*] **1955** 900/5). Der Ostwaldsche Löslichkeitskoeff. β, d. h. das Verhältnis der Konz. des Gelösten in der Lsg.-Phase zur Konz. des Gelösten in der Gasphase, bei 297.5°K beträgt $\beta = 0.201$. Er ist unabhängig vom Druck von 100 bis 700 Torr, so daß das Henry-Gesetz zumindest unterhalb 1 atm erfüllt ist. β fällt mit steigender Temp. auf 0.137 bei 323.2°K. Lsg.-Enthalpie $\Delta H = -2.95 \pm 0.1$ kcal/Mol, ber. aus der Temp.-Abhängigkeit von β, R. E. Weston (*J. Am. Chem. Soc.* **76** [1954] 1027/8).

Ältere Löslichkeitsangaben (in Vol. PH_3 je 100 Vol. H_2O): 1.8, P. Gengembre (*Hist. Mem. Acad. Roy. Sci.* **10** [1785] 651/8); 25 bei ~7°C, J. M. Raymond (*Phil. Mag.* 8 [1800] 154/61; *Allgem. J. Chem. Scherer* **5** [1801] 389/99); 2.14 bei 60°C, W. Henry (*Phil. Trans. Roy. Soc. London* **1803** 29/42, 274/6); 12.5, H. Davy (*Phil. Trans. Roy. Soc. London* **1812** 405/15, 408), J. Dalton (*Ann. Phil. Thomson* [2] **11** [1818] 7/9); >2, T. Thomson (*Ann. Phil. Thomson* [2] 8 [1816] 87/93); 11.22 bei 15°C, W. Dybkowsky (*Med. Chem. Untersuch.* **1** [1866] 49/70, 60); 26 bei 17°C, A. Stock, W. Böttcher, W. Lenger (*Ber. Deut. Chem. Ges.* **42** [1909] 2853/63, 2855, Fußnote 4).

Nature of Solution

Konstitution der Lösung. Nach D. M. Yost, H. Russell (*l. c.*) soll sich die wss. PH_3-Lsg. langsam unter H_2-Entw. und Abscheidung von P und niedrigen Phosphorwasserstoffen zersetzen. Dagegen finden R. E. Weston, J. Bigeleisen (*J. Chem. Phys.* **20** [1952] 1400/2) die Lsg. als relativ stabil. Beim 8std. Schütteln der Lsg. bei 50°C wird keine H_2-Entw. festgestellt, auch nicht beim tagelangen Aufbewahren bei gewöhnl. Temperatur. — Da der Zusatz von Neutralsalzen zu wss. PH_3-Lsgg. die im Grunde gleiche Wrkg. auf die Löslichkeit von PH_3 in H_2O besitzt wie der Zusatz von Säuren oder Basen, wird angenommen, daß die wss. PH_3-Lsg. für alle prakt. Zwecke weder saure noch bas. Eigg. besitzt, R. E. Weston (*l. c.*). Aus der Geschw. des Isotopenaustausches zwischen PH_3 und D_2O wird die bas. Dissoz.-Konst. $K_B = [PH_4^+]\,[OH^-]/[PH_3]\,[H_2O]$ zu $\sim 4 \cdot 10^{-28}$ und die saure Dissoz.-Konst. $K_A = [PH_2^-]\,[H_3O^+]/[PH_3]\,[H_2O]$ zu $\sim 1.6 \times 10^{-29}$ jeweils bei 27°C geschätzt, R. E. Weston, J. Bigeleisen (*J. Am. Chem. Soc.* **76** [1954] 3074/8).

Nonaqueous Solution of PH_3

Nichtwäßrige Lösung von PH_3

Bei ~18°C lösen sich in Äthanol 0.5, in Äther 2 und in Terpentinöl 3.25 Vol. PH_3, T. Graham (*Phil. Mag.* [3] **5** [1834] 401/15, 408). In 1 l Cyclohexanol lösen sich bei 26°C und 766 Torr 2856 cm^3 PH_3, G. Cauquil (*J. Chim. Phys.* **24** [1927] 53/5). In CF_3CO_2H beträgt die Löslichkeit von PH_3 bei 26°C und einem Partialdruck von 653 Torr 15.9 ml PH_3/ml CF_3CO_2H, G. S. Fujioka, G. H. Cady (*J. Am. Chem. Soc.* **79** [1957] 2451/4). In konz. H_2SO_4 löst sich PH_3 anfangs ohne Rk., dann unter Red. der Säure, H. Buff (*Ann. Physik* [2] **16** [1829] 363/6). In 50%igem H_2SO_4 lösen sich 0.05 Vol. PH_3 je Vol. H_2SO_4, A. Stock, W. Böttcher, W. Lenger (*Ber. Deut. Chem. Ges.* **42** [1909] 2853/63, 2855).

Beim Lösen von PH_3 in fl. NH_3 bildet sich nach Leitf.- und elektrolyt. Unterss. das Gleichgew. $NH_3 + PH_3 \rightleftharpoons NH_4^+ + PH_2^-$ aus, das in Anbetracht der geringen Leitf. stark nach links verschoben sein muß, P. Royen (*Z. Anorg. Allgem. Chem.* **235** [1938] 324/36, 326).

$(PH_3)_x$

$(PH_3)_x$.

PH_3 in fester, polymerer Form (x = 2, 3, 4 usw.) wird bei der Umsetzung einer Emulsion von weißem P in verd. NaOH-Lsg. bei 40 bis 50°C erhalten. Durch Erhitzen auf 85°C erfolgt Zers. in monomeres PH_3, La Fonte Électrique S.A., R. R. Pahud (*B.P.* 803179 [1956/58], *C.A.* **1959** 13526; *B.P.* 821388 [1957/59], *C.A.* **1960** 2680; *Schwz.P.* 322980/1 [1955/57], *C.A.* **1958** 15855, **1959** 660).

PD_3

PD_3.

Die Darst. von PD_3 erfolgt durch Deuterolyse von pulverisiertem, entgastem Ca_3P_2. Spuren von D_2O und P_2D_4 werden durch fraktionierte Dest. entfernt. Aus dem Vergleich der relativen Dichten von PH_3 und PD_3 wird der D-Gehalt des Präp. auf $97 \pm 0.5\%$ geschätzt, H. W. Melville, J. L. Bolland (*Proc. Roy. Soc.* [*London*] A **160** [1937] 384/406, 385); vgl. auch H. Erlenmeyer (*Z. Elektrochem.* **44** [1938] 8/13). Darst. von PD_3 kann auch erfolgen durch Deuterolyse von Mg_3P_2, H. v. Ubisch (*Arkiv Fysik* **2** [1951] 517/21), durch Einw. einer 20%igen NaOD-Lsg. in D_2O auf PD_4J, M. de Hemptinne, J.-M. Delfosse (*Bull. Classe Sci. Acad. Roy. Belg.* [5] **21** [1935] 793/9), oder durch Einw. von D_2O auf PJ_3, D. A. Ramsay (*Nature* **178** [1956] 374/5). Über den Isotopenaustausch mit H_2 s. S. 31. Über die photosensibilisierte und direkte Photozers. von PD_3 s. S. 33, 34. Die photochem. Ox. von PD_3 verläuft in gleicher Weise wie die von PH_3, s. S. 37. Zur Molekel und zu den physikal. Eigg. vgl. die entsprechenden Angaben bei PH_3 ab S. 16.

Diphosphin P_2H_4. *Diphosphine*

Bildung. P_2H_4 bildet sich stets zusammen mit PH_3, s. S. 7/10. Zur Existenz von P_2H_4 im selbstentzündlichen PH_3 vgl. S. 11 und U. J. J. LEVERRIER (*Ann. Chim. Phys.* **60** [1835] 174/94). Über das Auftreten eines festen Phosphorwasserstoffs einer empir. Zus. nahe P_2H_4 s. S. 54. — P_2H_4 bildet sich beim Erhitzen von rotem P im H_2-Strom auf höhere Tempp., J. W. RETGERS (*Naturw. Rundschau* **10** [1895] 384), bei der Einw. von atomarem H auf roten Phosphor, D. M. WILES, C. A. WINKLER (*J. Phys. Chem.* **61** [1957] 620/2), von konz. KOH-Lsg. auf eine Mischung von weißem P und Glycerin bei gewöhnl. Temp. im Dunkeln, E. MONTIGNIE (*Bull. Soc. Chim. France* [5] **8** [1941] 541/2), beim Erhitzen einer Mischung von rotem P und $Ba(OH)_2$ im Verhältnis 1:8 auf 225°C, J. DATTA (*J. Indian Chem. Soc.* **29** [1952] 101/4), beim Erhitzen von P mit KNO_3 in Ggw. von NaOH oder $Ba(OH)_2$, J. DATTA (*J. Indian Chem. Soc.* **29** [1952] 751/8), bei der Einw. von H_2O-Dampf ($p_{H_2O} = 2.5$ bzw. 5 Torr) auf P_2O_3 bei gewöhnl. Temp. im Vak., C. C. MILLER (*Proc. Roy. Soc. Edinburgh* **46** [1926] 76/85), bei der Zers. von Phosphiden durch H_2O oder HCl-Lsg., P. THÉNARD (*Compt. Rend.* **19** [1844] 313/6), bei der Umsetzung von H_3PO_2 mit Acetylchlorid, vermutlich in einer Nebenrk. nach $4H_3PO_2 \rightarrow H_3PO_4 + H_3PO_3 + P_2H_4 + H_2O$, A. MICHEALIS, M. PITSCH (*Liebigs Ann. Chem.* **310** [1900] 45/74, 62). *Formation*

Bildungsenthalpie für die Bldg. von P_2H_4 aus den Elementen unter Standardbedingungen $\Delta H^\circ_{298} = 5.0 \pm 1.0$ kcal/Mol, aus der Explosionswärme ber., S. R. GUNN, L. G. GREEN (*J. Phys. Chem.* **65** [1961] 779/83).

Darstellung. Durch Zers. von Ca-Phosphid mit H_2O bei 60 bis 70°C und Abkühlen des dabei entwickelten Gases auf ~ −20°C, wobei P_2H_4 kondensiert, während gasf. PH_3 entweicht, P. THÉNARD (*Compt. Rend.* **18** [1844] 652/5; *Ann. Chim. Phys.* [3] **14** [1845] 5/40), A. W. HOFMANN (*Ber. Deut. Chem. Ges.* **7** [1874] 530/5). Die Rk. wird unter Vermeidung von direktem Sonnenlicht vorgenommen, L. GATTERMANN, W. HAUSSKNECHT (*Ber. Deut. Chem. Ges.* **23** [1890] 1174/90, 1176). Sorgfältiger O_2-Ausschluß ist erforderlich; P_2H_4 wird von den anderen Zers.-Prodd. des Ca_3P_2 (hauptsächlich PH_3, etwas H_2, eventuell AsH_3 und SiH_4) bei −78°C abgetrennt und das Rohprod. im Hochvak. destilliert. Apparative Anordnung zur Darst. größerer Mengen von sehr reinem P_2H_4 im Original, M. BAUDLER, L. SCHMIDT (*Z. Anorg. Allgem. Chem.* **289** [1957] 219/28, 220/3). Ähnliche Arbeitsweisen s. bei E. C. EVERS, E. H. STREET (*J. Am. Chem. Soc.* **78** [1956] 5726/30), E. R. NIXON (*J. Phys. Chem.* **60** [1956] 1054/9). — Die Darst. von P_2H_4 kann auch durch Umsetzung von mehrmals dest. P mit starker KOH-Lsg. bei 60°C unter Überleiten eines kräftigen H_2-Stromes erfolgen. Das Gasgemisch wird einer mehrmaligen fraktionierten Kondensation unterworfen, P. ROYEN, K. HILL (*Z. Anorg. Allgem. Chem.* **229** [1936] 97/111, 98). *Preparation*

Molekel. Die Punktgruppe ist wahrscheinlich C_2, wie sowohl von M. BAUDLER, L. SCHMIDT (*Z. Anorg. Allgem. Chem.* **289** [1957] 219/28) aus dem Ramanspektrum als auch von E. R. NIXON (*J. Phys. Chem.* **60** [1956] 1054/9) aus dem UR-Spektrum geschlossen wird. Auch beim Vergleich mit anderen Molekeln mit ebenso vielen Valenzelektronen (14), besonders mit N_2H_4, ergibt sich, daß die Punktgruppe eher C_2 als D_{2h} ist, P. J. WHEATLEY (*J. Chem. Soc.* **1956** 4514/7). Die Ebenen der beiden PH_2-Gruppen bilden einen Winkel von 90° bis 100°; die Kernabstände, nach der BADGERschen Regel aus den Kraftkonstt. $f_{P-P} = 1.85$, $f_{P-H} = 2.99$ mdyn/Å berechnet, sind $r_{P-P} = 2.11$, $r_{P-H} = 1.44$ Å, M. BAUDLER, L. SCHMIDT (*l. c.* S. 227). *Molecule*

Die Kopplung zwischen den Spins der P- und der H-Kerne wird von R. M. LYNDEN-BELL (*Trans. Faraday Soc.* **57** [1961] 888/92) durch Analyse der beiden Kernresonanzspektren bestimmt.

Die 12 Molekelschwingungen, die in Molekeln der Zus. X_2Y_4 und der Punktgruppe C_2 möglich sind, sollen theoretisch sowohl im Raman- als auch im UR-Spektrum beobachtbar sein. Es handelt sich um 4 P–H-Valenzschwingungen (ν_1, ν_2, ν_8, ν_9), die P–P-Valenzschwingungen (ν_6), die Torsionsschwingungen um die Molekelachse (ν_7), 2 Deformationsschwingungen der H–P–H-Winkel (ν_3, ν_{10}) und 4 Deformationsschwingungen der H–P–P-Winkel (ν_4, ν_5, ν_{11}, ν_{12}). Im Ramanspektrum von fl. P_2H_4, das mittels zahlreicher kurzzeitiger Belichtungen bei 0°C genügend deutlich registrierbar ist, sind nur 8 Linien (in cm^{-1}) zu beobachten, davon 3 mit sicherer Zuordnung: $\nu_4 = 437$, $\nu_7 = 161$, ν_1 (oder ν_2, ν_8, ν_9) $= 2286$; 5 der 6 Schwingungen ν_3, ν_4, ν_5, ν_{10}, ν_{11}, ν_{12} haben die Wellenzahlen 412, 456, 653, 856, 1070, M. BAUDLER, L. SCHMIDT (*l. c.* S. 224/5). Analoge Wellenzahlen für fl. P_2D_4: $\nu_6 = 432$, ν_1 (ν_2, ν_8, ν_9) $= 1661$, ferner: 575, 774, M. BAUDLER, L. SCHMIDT (*Naturwissenschaften* **46** [1959] 577/8).

Von den ultraroten Banden von gasf. P_2H_4 sind nach Messungen zwischen 400 und 3500 cm^{-1} folgende sicher identifizierbar: ν_1 (ν_2, ν_8, ν_9) $= 2312$, ν_{10} (3 Zweige) $= 1071$ (P), 1081 (Q), 1091 (R),

ν_{11} (3 Zweige) = 823, 827, 835, ν_{12} (4 Zweige) = 780, 788, 792, 801, ν_5 = 633; ferner treten 2 Max. bei 735 und 743 cm^{-1} auf. Da P_2H_4 ein Molekelgitter bildet, sind auch an der festen Verb. die Wellenzahlen der Molekel zu beobachten. Bei —180°C ergeben sich folgende Max.:

P_2H_4	2305/2297/2280	1066/1051/975	780	642	626
P_2D_4	—/1674/1660	765	582	466	448

E. R. NIXON (*l. c.*).

Die massenspektroskop. Unters. von P_2H_4 ergibt, daß P_2^+ mit der weitaus größten Häufigkeit auftritt; Dissoz.-Prodd. mit nur einem P-Atom sind kaum nachweisbar. Die P–P-Bindung ist demnach bedeutend fester als die P–H-Bindungen. Auftrittspott. lassen sich nicht angeben, F. E. SAALFELD, H. J. SVEC (IS-386 [1961] 1/116, 71, *N.S.A.* **16** [1962] Nr. 9282).

Physical Properties. Lattice Structure. Lattice Constants. Density

Physikalische Eigenschaften. Gitterstruktur. Gitterkonstanten. Dichte. Das P_2H_4-Gitter besteht nach röntgenograph. Unterss. bei —136°C aus monoklinen (vielleicht auch aus rhomb.) Elementarzellen mit je 2 Molekeln; Raumgruppe: C_2^1 oder C_s^1; Gitterkonstt.: a = 3.6, b = 6.6, c = 5.2 Å, β = 104°; Dichte: 0.9 g/cm^3, E. R. NIXON (*J. Phys. Chem.* **60** [1956] 1054/9). Relative Dichte von fl. P_2H_4: D_{16}^{16} = 1.016, D_{12}^{12} = 1.007, L. GATTERMANN, W. HAUSSKNECHT (*Ber. Deut. Chem. Ges.* **23** [1890] 1174/90, 1189). Nach E. R. NIXON (*l. c.*) hat jedoch fl. P_2H_4 eine geringere Dichte als Wasser.

Vapor Pressure. Boiling Point. Heat of Vaporization

Dampfdruck. Siedepunkt. Verdampfungswärme. Der Dampfdruck über fl. P_2H_4 steigt zwischen —33.5 und 0.0°C von 10.0 auf 73.0 Torr; hieraus läßt sich der Sdp. zu t_V = 66.7°C extrapolieren und die Verdampfungswärme zu L_V = 6728 cal/Mol berechnen, C. EVERS, E. H. STREET (*J. Am. Chem. Soc.* **78** [1956] 5726/30). Nach Messungen von P. ROYEN, K. HILL (*Z. Anorg. Allgem. Chem.* **229** [1936] 97/111, 104) steigt der Dampfdruck von 1 Torr bei —70°C auf 145.3 Torr bei 10.8°C, so daß sich t_V = 51.7°C und L_V = 7890 cal/Mol ergibt. Mittelwertbldg. aus diesen Dampfdruckdaten führt zu der Formel lg p = 7.330—1498/T, aus der t_V = 63.5°C und L_V = 6889 cal/Mol folgt, C. EVERS, E. H. STREET (*l. c.*). Von L. GATTERMANN, W. HAUSSKNECHT (*l. c.*) wird t_V zwischen 57 und 58°C gefunden.

Melting Point

Schmelzpunkt t_f = —99°C, P. ROYEN, K. HILL (*l. c.*).

Chemical Reactions. In the Air

Chemisches Verhalten. An der Luft. P_2H_4 entzündet sich sehr leicht an der Luft und verbrennt mit weißer Flamme unter Bldg. von P_2O_5 bzw. H_3PO_4, P. THÉNARD (*Compt. Rend.* **18** [1844] 652/5). Verbrennt P_2H_4 bei ungenügendem Luftzutritt, so bildet sich neben H_2O rotes P, das etwas weißes P enthält, aber kein P-Oxid, V. MERZ, W. WEITH (*Ber. Deut. Chem. Ges.* **13** [1880] 718/24, 724). Explosionswärme bei der explosiven Zers. zu den Elementen: $\Delta E = -5.6 \pm 1.0$ kcal/Mol, calorimetrisch bestimmt, S. R. GUNN, L. G. GREEN (*J. Phys. Chem.* **65** [1961] 779/83).

Stability. Decomposition

Stabilität. Zersetzung. P_2H_4 wird durch Licht oder Wärme unter Bldg. von PH_3 und festem Phosphorwasserstoff zersetzt, P. THÉNARD (*Compt. Rend.* **18** [1944] 652/5; *Ann. Chim. Phys.* [3] **14** [1845] 5/40, 8), L. GATTERMANN, W. HAUSSKNECHT (*Ber. Deut. Chem. Ges.* **23** [1890] 1174/90). P_2H_4 wird nur durch Licht im Wellenlängenbereich von 250 bis max. 300 mμ zersetzt, D. BERTHELOT, H. GAUDECHON (*Compt. Rend.* **156** [1913] 1243/5). Die therm. Zers. soll nicht, wie von P. THÉNARD (*l. c.*) und L. GATTERMANN, W. HAUSSKNECHT (*l. c.*) formuliert, nach $5P_2H_4 \rightarrow 6PH_3 + 2P_2H$ bzw. $15P_2H_4 \rightarrow 18PH_3 + P_{12}H_6$ verlaufen, sondern nach $3P_2H_4 \rightarrow 2P + 4PH_3$. Phosphor soll dabei als weiße, amorphe Modifikation auftreten und max. ~21% seines Gew. an PH_3 teils gelöst, teils adsorbiert enthalten und den festen, gelben Phosphorwasserstoff bilden. Bei der Zers. von P_2H_4 erhält man je nach den Vers.-Bedingungen Prodd., die in der summar. Zus. zwischen $P_{12}H_{4.9}$ und $P_{12}H_{7.2}$ schwanken. Die Zus. des gelben Körpers ist stark oberflächenbedingt, P. ROYEN, K. HILL (*Z. Anorg. Allgem. Chem.* **229** [1936] 97/111, 106, 112/28), Bei gewöhnl. Temp. zersetzt sich P_2H_4 im geschlossenen, absolut wasserfreien System unter PH_3-Entw. und Bldg. eines festen, gelben Hydrids, das eine Zus. nahe P_9H_4 aufweist. Die STOCKsche Verb. $P_{12}H_6$ (s. S. 54) wird unter diesen Bedingungen nicht erhalten. Wird P_2H_4 jedoch in Ggw. von Feuchtigkeit zersetzt, so hat das entstehende gelbe Prod. eine Zus. nahe $P_{12}H_6$. Wird P_2H_4 erhitzt, so hat das entstehende gelbe Prod. ein niedrigeres H:P-Verhältnis. Es scheint, daß beim Erhitzen von P_2H_4 nicht-stöchiometr., feste Hydride mit praktisch jeder Zus. unterhalb P_9H_4 erhalten werden, E. C. EVERS, E. H. STREET (*J. Am. Chem. Soc.* **78** [1956] 5726/30). Nach spektroskop. Unterss. tritt beim Belichten oder Erwärmen von P_2H_4 Dismutation ein, wobei PH_3 und höhere Phosphorwasserstoffe gebildet werden. Die Bldg. von elementarem P wird nach ramanspektroskop. Unterss. ausgeschlossen, M. BAUDLER, L. SCHMIDT (*Naturwissenschaften* **46** [1959] 577/8).

Sehr reines P_2H_4 ist im Hochvak. bei —78°C und strengem Lichtausschluß monatelang unverändert haltbar, M. BAUDLER, L. SCHMIDT (*Z. Anorg. Allgem. Chem.* **289** [1957] 219/28, 223), E. R. NIXON (*J. Phys. Chem.* **60** [1956] 1054/9).

Gegen anorganische Verbindungen. Durch sd. NH_3 wird P_2H_4 unter PH_3-Entw. zersetzt. Dabei werden ~63% des P_2H_4-Phosphors als PH_3 entwickelt; als Rückstand bleibt ein schwarzes, in fl. NH_3 lösl. Prod. wechselnder Zus., E. H. STREET, D. M. GARDNER, E. C. EVERS (*J. Am. Chem. Soc.* **80** [1958] 1819/22). P_2H_4 wird durch HCl-Gas unter Entw. von PH_3 und Abscheidung von festem Phosphorwasserstoff zersetzt. Die gleiche Zers. bewirken auch HBr, PCl_3 und andere leichtflüchtige Verbb., P. THÉNARD (*l. c.*). Wird P_2H_4 über gekörntes $CaCl_2$ oder andere poröse Substt. geleitet, so zersetzt es sich unter PH_3-Entw. und Abscheidung von $P_{12}H_6$, A. STOCK, W. BÖTTCHER, W. LENGER (*Ber. Deut. Chem. Ges.* **42** [1909] 2839/47, 2842). Reagiert mit B_2H_6 bei —35 bis —118°C oder bei gewöhnl. Temp. und Druck unter Bldg. von $P_2H_4 \cdot B_2H_6$. Mit BF_3 wird bei —118°C $P_2H_4 \cdot 2BF_3$ gebildet, G. J. BEICHL, E. C. EVERS (*J. Am. Chem. Soc.* **80** [1958] 5344/5).

With Inorganic Compounds

Löslichkeit. Unlösl. in H_2O. Lösl. in Alkohol und Terpentinöl; die Lsgg. zersetzen sich jedoch schnell, P. THÉNARD (*l. c.*). Nur wenig lösl. in fl. NH_3, E. H. STREET u. a. (*l. c.*).

Solubility

***P_2D_4*.** Darst. durch Deuterolyse von Ca-Phosphid, M. BAUDLER, L. SCHMIDT (*Naturwissenschaften* **44** [1957] 488).

P_2D_4

Höhere Phosphorwasserstoffe P_nH_{n+2} und P_nH_n, n > 2.

Higher Hydrogen Phosphides

Die Verbb. werden in der Lit. auch als „Phosphane" bezeichnet.

Best. des Molgew. und systemat. fraktionierte Dest. von P_2H_4 hat zwar ebenso wie der Verlauf der Disproportionierung von P_2H_4 mit großer Wahrscheinlichkeit die Abwesenheit höherer Homologer des P_2H_4 ergeben, P. ROYEN, K. HILL (*Z. Anorg. Allgem. Chem.* **229** [1936] 97/111, 101), jedoch tritt, wie ramanspektroskop. Unterss. ergeben, beim Belichten oder Erwärmen von P_2H_4 eine Dismutation ein, wobei PH_3 und höhere Phosphorwasserstoffverbb., aber kein elementares P, vgl. S. 52, gebildet werden. Beim Altern von P_2H_4 treten völlig neue Ramanlinien auf, die allein durch die Bldg. von höheren Phosphorwasserstoffen verursacht sein können. Bei diesen handelt es sich nach den spektroskop. Befunden um normale Hauptvalenzverbb. und nicht um lockere Adsorbate von PH_3 an elementaren Phosphor. Bei der destillativen Trennung der gealterten P_2H_4-Präpp., die bereits mit höheren Homologen angereichert sind, läßt sich im Hochvak. als Hauptfraktion ramanreines P_2H_4 abdestillieren. Es hinterbleibt ein Rückstand von fl. höheren Phosphorwasserstoffen, der auch bei schwachem Erwärmen im Hochvak. nicht zu verflüchtigen ist. Er ist bei gewöhnl. Temp. hellgelb und viscos und erstarrt beim Abkühlen zu einer nahezu farblosen, wachsartigen Masse. Es erscheint möglich, daß bei der Dismutation von P_2H_4 neben Ketten der Form P_nH_{n+2}, insbesondere Triphosphin P_3H_5, auch ringförmige Phosphorwasserstoffe der Zus. P_nH_n gebildet werden, M. BAUDLER, L. SCHMIDT (*Naturwissenschaften* **46** [1959] 577/8). Massenspektroskopisch wird bei der sauren Hydrolyse von Mg_3P_2 oder Ca_3P_2 das Auftreten von P_3H_5 nachgewiesen, P. ROYEN, C. ROCKTÄSCHEL, W. MOSCH (*Angew. Chem.* **76** [1964] 860).

Feste Phosphorwasserstoffe.

Solid Hydrogen Phosphides

General

Allgemeines. Die therm. Zers. von P_2H_4 führt je nach den Vers.-Bedingungen zur Bldg. von PH_3 und dessen höheren Homologen (s. oben), oder es wird nach (3x—y) $P_2H_4 \rightarrow$ (4x—2y) $PH_3 + 2P_xH_y$ mit x > y fester, gelber Phosphorwasserstoff erhalten. Die letztere Zers. ist bei niedrigen Tempp. (~—80°C) langsam, bei 0°C und darüber verläuft die Zers. in der Gasphase oder in fl. Phase schnell. Fl. P_2H_4 wird bei gewöhnl. Temp. bereits einen Tag nach der Herst. merklich gelb, nach einigen Tagen erstarrt die gesamte Flüssigkeit. Im Verlauf der Zeit erreicht der Festkörper nach Entfernen des locker gebundenen PH_3 eine empir. Zus. nahe P_2H, J. R. VAN WAZER (*Phosphorus and its Compounds, Bd.* 1, *New York-London* 1958, S. 216). Bei der Zers. von P_2H_4 unter völligem H_2O-Ausschluß bei gewöhnl. Temp. bildet sich unter PH_3-Entw. ein festes, gelbes Hydrid, das eine Zus. nahe P_9H_4 aufweist. Prodd. mit höheren Verhältnissen H:P enthalten noch P_2H_4; solche Präpp. entzünden sich an der Luft. Wird die Zers. von P_2H_4 in Ggw. von Feuchtigkeitsspuren vorgenommen, so bilden sich stabile Prodd. einer Zus. nahe $P_{12}H_6$. Wasser scheint daher Verbb. einer Zus. nahe $P_{12}H_6$ in bestimmter Weise zu stabilisieren. Bei der Zers. von P_2H_4 bei höherer Temp. bilden sich mehr rötliche Prodd., die keine stöchiometr. Zus. aufweisen und weniger H als P_9H_4 enthalten, E. C. EVERS, E. H. STREET (*J. Am. Chem. Soc.* **78** [1956] 5726/30). Diese festen Phosphorwasserstoffe wurden früher als einfache, definierte Verbb. mit einem relativ niederen Polymerisationsgrad angesehen, sind aber wahrscheinlich hochpolymer. Vermutlich ident. feste Phosphorwasserstoffe werden auch bei anderen Rkk. als der therm. Zers. von P_2H_4 erhalten, J. R. VAN WAZER (*l. c.*).

Bei der Darst. von P_2H_4 wird bei $-78°C$ neben dem wasserklaren, fl. P_2H_4 eine geringe Menge eines weißen Festkörpers erhalten, der bei $\sim -34°C$ im Kontakt mit der Fl. schmilzt und durch fraktionierte Kondensation im Vak. abgetrennt wird. Die Zus. des festen Prod. entspricht sehr nahe einer Verb. P_2H_4, doch liegt das Verhältnis P:H bei 2:3.936 bis 3.844. Es wird angenommen, daß die Verb. keine Modifikation des Diphosphins P_2H_4, sondern ein anderes, flüchtiges, festes Hydrid darstellt. Beim Erwärmen auf gewöhnl. Temp. wird die Verb. gelb und entwickelt PH_3. Ähnliche Beobachtungen werden bei P_2D_4 gemacht, E. C. EVERS, E. H. STREET (*l. c.*).

$P_{12}H_6$(?). Formation. Preparation

$P_{12}H_6$(?). **Bildung und Darstellung.** Durch Einw. einer dunklen elektr. Entladung auf PH_3, M. BERTHELOT (*Compt. Rend.* **82** [1876] 1360/3; *Bull. Soc. Chim. France* [2] **26** [1876] 101/4), bei der Einw. einer elektr. Entladung auf ein Gemisch aus P-Dampf und H_2, V. KOHLSCHÜTTER, A. FRUMKIN (*Z. Elektrochem.* **20** [1914] 110/23, 117), beim Erhitzen von rotem P im H_2-Strom auf höhere Tempp., J. W. RETGERS (*Naturw. Rundschau* **10** [1895] 384), beim Erhitzen einer Lsg. von P in Terpentinöl auf 250°C, A. COLSON (*Compt. Rend.* **146** [1908] 401/3; *Ann. Chim. Phys.* [8] **14** [1908] 554/65).

Fester, gelber Phosphorwasserstoff bildet sich bei der Zers. von P_2H_4-haltigem PH_3 durch Licht oder beim Durchleiten von Cl_2 oder HCl-Gas durch selbstentzündliches PH_3, U. J. J. LEVERRIER (*Ann. Chim. Phys.* **60** [1835] 174/94), P. THÉNARD (*Ann. Chim. Phys.* [3] **14** [1845] 5/40, 8), beim Einleiten von selbstentzündlichem PH_3 in wss. HCl-Lsg., P. THÉNARD (*Compt. Rend.* **18** [1844] 652/5). Die Darst. kann durch Einleiten von P_2H_4-haltigem PH_3, wie es bei der Hydrolyse von Ca_3P_2 entsteht, in konz. HCl-Lsg. erfolgen, R. SCHENCK (*Ber. Deut. Chem. Ges.* **36** [1903] 979/95, 990, 4202/9).

Fester Phosphorwasserstoff bildet sich bei der Hydrolyse von K-Phosphid, H. ROSE (*Ann. Physik* [2] **12** [1828] 543/54, 547), bei der neutralen Hydrolyse von M_2P_5 (M = Na, K, Rb oder Cs) bereits bei $-15°C$, L. HACKSPILL, R. BOSSUET (*Compt. Rend.* **154** [1912] 209/11). Wird beim Eintragen von Ca_3P_2 in konz. HCl-Lsg., P. THÉNARD (*Compt. Rend.* **19** [1844] 313/6; *Ann. Chim. Phys.* [3] **14** [1845] 5/40, 8), und bei der Zers. von NH_4-Polyphosphid $[NH_4][PH_2 \cdot P_X]$ durch HCl-Lsg. erhalten, P. ROYEN (*Z. Anorg. Allgem. Chem.* **235** [1938] 324/36, 334), ferner bei der Einw. von trocknem HCl-Gas auf AlP, W. E. WHITE, A. H. BUSHEY (*J. Am. Chem. Soc.* **66** [1944] 1666/72, 1672), bei der Zers. von ZnP_2, P. JOLIBOIS (*Compt. Rend.* **147** [1908] 801/3), und von Co–Sn-Phosphiden durch konz. HCl-Lsg., I. MATHIESEN, F. W. WRIGGE, W. BILTZ (*Z. Anorg. Allgem. Chem.* **232** [1937] 284/8).

Fester Phosphorwasserstoff bildet sich unter HCl- bzw. HBr-Entw. bei der Rk. von PH_3 mit PCl_3 oder PBr_3, P. DE WILDE (*Bull. Classe Sci. Acad. Roy. Belg.* [3] **3** [1882] 770/5). Er wird beim Einleiten von PH_3 in eine Lsg. von PCl_3 oder PBr_3 in CCl_4 bei gewöhnl. Temp. in guten Ausbeuten erhalten, A. BESSON (*Compt. Rend.* **111** [1890] 972/4). Weitere Bldg.-Weisen: Bei der Einw. von Si_2Cl_6 auf PH_3, A. BESSON (*Compt. Rend.* **110** [1890] 516/8), in beträchtlichen Ausbeuten beim Einleiten von PH_3 in eine äther. Acetylbromidlsg., H. ALBERS, W. KÜNZEL, W. SCHULER (*Chem. Ber.* **85** [1952] 239/49, 242).

Das Verf. von A. BESSON (*Compt. Rend.* **111** [1890] 972/4) führt zu einem stark mit P verunreinigten Präparat. Ein reines Prod. wird durch Zers. von P_2H_4 an gekörntem $CaCl_2$ erhalten. Durch Behandeln des mit festem Phosphorwasserstoff beladenen $CaCl_2$ mit verd. HCl-Lsg. wird $CaCl_2$ gelöst, während reiner fester Phosphorwasserstoff zurückbleibt, A. STOCK, W. BÖTTCHER, W. LENGER (*Ber. Deut. Chem. Ges.* **42** [1909] 2839/47, 2839, 2842).

Bldg. bei der Einw. von Cl_2 oder PCl_5 auf PH_4J, J. C. CAIN (*Chem. News* **70** [1894] 80/1), bei der Hydrolyse von P_2J_4, F. RÜDORFF (*Ann. Physik* [2] **128** [1866] 473/6), J. H. KOLITOWSKA (*Roczniki Chem.* **15** [1935] 29/36 nach *C.A.* **1935** 3929), beim Erhitzen eines Gemisches von HPO_3 und H_3PO_3, A. JOLY (*Compt. Rend.* **102** [1886] 110/2), oder von H_3PO_3 und P_2O_3, L. AMAT (*Ann. Chim. Phys.* [6] **24** [1891] 289/373, 358), bei der Rk. von P_2O_3 mit H_2O, R. SCHENCK, E. BREUNING (*Ber. Deut. Chem. Ges.* **47** [1914] 2601/11).

Bildungsenthalpie von festem P_2H aus den Elementen s. bei J. OGIER (*Compt. Rend.* **87** [1878] 210/3, **89** [1879] 705/8; *Bull. Soc. Chim. France* [2] **32** [1879] 296, 484/6; *Ann. Chim. Phys.* [5] **20** [1880] 5/66, 15/7), L. PAULING, M. SIMONETTA (*J. Chem. Phys.* **20** [1952] 29/34).

Physical Properties

Physikalische Eigenschaften. Ältere Angaben: Molgew.-Best., Formel $P_{12}H_6$, R. SCHENCK, E. BUCK (*Ber. Deut. Chem. Ges.* **37** [1904] 915/7); pyknometrisch bestimmte Dichte bei 19°C 1.83, A. STOCK, W. BÖTTCHER, W. LENGER (*Ber. Deut. Chem. Ges.* **42** [1909] 2839/47, 2847); Struktur, H. HENSTOCK (*Chem. News* **126** [1923] 337/40). — L. HACKSPILL (*Compt. Rend.* **156** [1913] 1466/8) schließt aus dem

Verh. der Subst. beim Erhitzen, daß eine Verb. $P_{12}H_6$ nicht existiert. Es soll vielmehr P_5H_2 vorliegen, das eine geringe Menge P_2H_4 enthält. Diese Sorptionstheorie wird von P. ROYEN (*Z. Anorg. Allgem. Chem.* **229** [1936] 369/400, **235** [1938] 324/36), P. ROYEN, K. HILL (*Z. Anorg. Allgem. Chem.* **229** [1936] 97/111) in dem Sinn erweitert, daß die Subst. eine Sorptionsverb. von PH_3 an amorphes, weißes P darstellt, deren Zus. je nach den Herstellungsmethh. zwischen $P_{12}H_{4.9}$ und $P_{12}H_{7.2}$ schwankt. Dagegen wird von H. HARNISCH (*Z. Anorg. Allgem. Chem.* **300** [1959] 261/74, 271) eine Adsorption von PH_3 an P mit einer relativ lockeren adsorptiven Bindung nicht für zutreffend gehalten, da fester Phosphorwasserstoff durch Behandeln im Hochvak. kein PH_3 abgibt und so nicht in H-ärmere Verbb. übergeführt werden kann. Vielmehr wird angenommen, daß auch die mit H verbundenen P-Atome durch chem. Bindung fest in den aus einem polymeren Netzwerk bestehenden Verband der übrigen P-Atome eingefügt sind. Durch die eingebauten H-Atome soll dieses Netzwerk gewissermaßen aufgelockert und dadurch chemisch leichter angreifbar sein, H. HARNICSH (*l. c.*). Auch J. R. VAN WAZER (*Phosphorus and its Compounds, Bd.* 1, *New York-London* 1958, S. 217/8) ist der Ansicht, daß es sich bei den festen niedrigen Phosphorwasserstoffen um hochpolymere Substt. handelt (ähnlich in mancher Beziehung den Organoplasten und den Phosphatgläsern), die aus einem dreidimensionalen Netzwerk aufgebaut sind, in welches kleinere Strukturen eingelagert sind. Diese können gerade Ketten sein oder auch verzweigte und miteinander verbundene Ketten. Zur Konstit. vgl. auch S. 53.

Electrochemical Behavior

Elektrochemisches Verhalten. Spezif. Leitf. einer Lsg. von festem gelbem Phosphorwasserstoff in fl. NH_3 bei —65°C: $\varkappa_{-65} = 3 \cdot 10^{-4} \Omega^{-1}$ cm^{-1}, durch langsame Zers. von P_2H_4 im Vak. hergestelltes Präp.; $\varkappa_{-65} = 1.43 \times 10^{-3}$ Ω^{-1} cm^{-1}, durch Zers. von P_2H_4 an $CaCl_2$ hergestelltes Präp., P. ROYEN (*Z. Anorg. Allgem. Chem.* **235** [1938] 324/36, 333).

Chemical Reactions

Chemisches Verhalten. Gelbes, geruchloses, amorphes Pulver. Über H_2SO_4 oder P_2O_5 im Dunkeln stabil. Zersetzt sich an der Luft oder im Licht schnell, A. STOCK, W. BÖTTCHER, W. LENGER (*Ber. Deut. Chem. Ges.* **42** [1909] 2839/47, 2846). Zersetzt sich bei Tempp., bei denen P absublimiert, unter H_2-Entw., G. MAGNUS (*Ann. Physik* [2] **17** [1829] 521/8, 527). Beim Erhitzen im Vak. tritt oberhalb 135°C Zers. unter PH_3-Entw. ein, L. AMAT (*Ann. Chim. Phys.* [6] **24** [1891] 289/373, 360); die Zers. im Vak. soll bereits oberhalb 60°C unter Entw. von PH_3 und etwas H_2 eintreten. Beim Erhitzen auf 300°C bleibt als Rückstand orangerotes P_9H_2, A. STOCK, W. BÖTTCHER, W. LENGER (*Ber. Deut. Chem. Ges.* **42** [1909] 2847/53, 2848). Als Zers.-Prodd. bei 80°C im Vak. werden PH_3 und P_5H_2 genannt, L. HACKSPILL (*Compt. Rend.* **156** [1913] 1466/8).

Br_2-Wasser oxydiert zu P_2O_5, J. OGIER (*Compt. Rend.* **87** [1878] 210/3; *Bull. Soc. Chim. France* [2] **32** [1879] 296), alkohol. KOH-Lsg. verursacht Zers. unter H_2-Entw., B. FRANKE (*J. Prakt. Chem.* [2] **35** [1887] 341/9, 346), mit Piperidin wird eine schwarze Subst. gebildet, R. SCHENCK (*Ber. Deut. Chem. Ges.* **36** [1903] 979/95, 4202/9).

Solubility

Löslichkeit. Der feste Phosphorwasserstoff ist in allen gebräuchlichen Lsgmm. unlösl.; nur lösl. in geschmolzenem P und in P_2H_4, R. SCHENCK, E. BUCK (*Ber. Deut. Chem. Ges.* **37** [1904] 915/7), A. STOCK, W. BÖTTCHER, W. LENGER (*Ber. Deut. Chem. Ges.* **42** [1909] 2839/47, 2846). Löst sich unter PH_3-Entw. in fl. NH_3 zu einer roten, vermutlich kolloiden Lsg.; beim Abdampfen des Lsgm. bleibt eine schwarze Subst. zurück, die eine Zus. zwischen $P_9H_2 \cdot NH_3$ und $(P_9H_2)_2 \cdot NH_3$ aufweist, A. STOCK, W. BÖTTCHER, W. LENGER (*Ber. Deut. Chem. Ges.* **42** [1909] 2853/63).

P_9H_2(?)

P_9H_2(?). Eine Verb. der Zus. P_9H_2 soll beim raschen Erhitzen von festem gelben Phosphorwasserstoff $P_{12}H_6$ auf 175°C bis zur Beendigung der Gasentw. erhalten werden. Orangefarbener Festkörper. $D^{16} = 1.95$. Unlösl. in allen gebräuchlichen Lsgmm., zersetzt sich an der Luft oder mit H_2O. Beim Erhitzen auf 260 bis 300°C Zers. unter Entw. von PH_3 und H_2, A. STOCK, W. BÖTTCHER, W. LENGER (*Ber. Deut. Chem. Ges.* **42** [1909] 2847/53, 2851). Löst sich bei gewöhnl. Temp. in fl. NH_3 zu einer roten Lsg.; beim Abdampfen des Lsgm. bleibt eine schwarze Subst. zurück, deren Zus. zwischen $P_9H_2 \cdot NH_3$ und $(P_9H_2)_2 \cdot NH_3$ schwankt, A. STOCK, W. BÖTTCHER, W. LENGER (*Ber. Deut. Chem. Ges.* **42** [1909] 2853/63). Die Verb. stellt kein einheitliches Hydrid dar, sondern soll ebenso wie $P_{12}H_6$ eine Sorptionsverb. von PH_3 an amorphes P sein, P. ROYEN (*Z. Anorg. Allgem. Chem.* **229** [1936] 369/400).

P_5H_2(?)

P_5H_2(?). Die Verb. soll sich bei der Hydrolyse der Alkaliphosphide M_2P_5 (M = Na, K, Rb oder Cs) und von PbP_5 durch verd. HCl-Lsg. oder stark verd. Essigsäure sowie unter PH_3-Entw. beim Erhitzen von $P_{12}H_6$ im Vak. auf 80°C bilden, L. HACKSPILL (*Compt. Rend.* **156** [1913] 1466/8), R. BOSSUET, L. HACKSPILL (*Compt. Rend.* **157** [1913] 720/1). Bildet sich auch als unlösl. gelber Nd. bei der Einw. von konz. KOH-Lsg. auf eine Mischung von weißem P in Glycerin im Dunkeln. Die Rk. verläuft unter Entw. von P_2H_4, das an der Luft verpufft. Die Verb. wird durch feuchte Luft und durch Licht zersetzt. Sie reduziert sehr leicht Cu- und Ag-Salze, E. MONTIGNIE (*Bull. Soc. Chim. France* [5] 8 [1941] 541/2).

$(PH)_X$

***$(PH)_X$*.** Bildet sich bei der Umsetzung von PCl_3 oder PBr_3 in äther. Lsg. mit LiH, AlH_3 oder $LiAlH_4$ nach $PX_3 + 3H^- \rightarrow PH + H_2 + 3X^-$. Gleichzeitig verläuft auch die Red. des P-Halogenids zu PH_3 nach $PX_3 + 3H^- \rightarrow PH_3 + 3X^-$, die jedoch durch die Wahl geeigneter Vers.-Bedingungen zurückgedrängt werden kann, vgl. S. 14. Zur ausschließlichen $(PH)_X$-Darst. setzt man zweckmäßig PBr_3 mit LiH bei 0°C oder höher um. Man trägt dazu in einer Hochvak.-App. eine äther. PBr_3-Lsg. unter Rühren in überschüssige äther. LiH-Suspension ein, wobei unter gleichzeitiger Bldg. von 1 Mol H_2 und 3 Mol LiBr je Mol PBr_3 in praktisch quantitativer Ausbeute der polymere Phosphorwasserstoff $(PH)_X$ als gelber, flockiger Nd. ausfällt. Wegen seiner Unlöslichkeit in allen gebräuchlichen anorgan. und organ. Lsgmm. wird er von den beigemengten Li-Salzen LiH und LiBr leicht mittels dest. H_2O oder gekühlter methanol. HCl-Lsg. unter N_2-Atm. befreit. Über den möglichen Bldg.-Mechanismus s. das Original, E. WIBERG, G. MÜLLER-SCHIEDMAYER (*Chem. Ber.* **92** [1959] 2372/84). Bildet sich bei der Red. von $POBr_3$ mit LiH in Äther oberhalb −30°C in quantitativer Rk. nach $POBr_3 + 4LiH \rightarrow PH + H_2 + 3LiBr + LiOH$. Mit $POCl_3$ tritt eine analoge Rk. nicht ein. Als Zwischenprod. wird wahrscheinlich PH_3O gebildet, das sofort unter Bldg. von PH und H_2O zerfällt. Auch die entsprechenden Ester PH_2OR zerfallen unter Freisetzung von ROH und Bldg. von $(PH)_X$, E. WIBERG, G. MÜLLER-SCHIEDMAYER (*Z. Anorg. Allgem. Chem.* **308** [1961] 352/68, 354, 363, 366). Bildet sich bei der Hydrolyse von LiP, I. MAAK, A. RABENAU (*Angew. Chem.* **72** [1960] 268).

Wegen ihrer Unlöslichkeit in allen Lsgmm. wird die Verb. als hochpolymer angenommen. Über die wahrscheinliche Konstit. vgl. das Original. Schmilzt noch nicht bei 300°C. Die bei gewöhnl. Temp. gelbe Farbe vertieft sich beim Erwärmen im Hochvak. nach Braun, beim Erhitzen an der Luft nach Schwarz. Bei stärkerem Erwärmen im Hochvak. setzt PH_3-Entw. ein. Oberhalb 400°C entsteht weißer Phosphor. Die Zers. verläuft über orangegelbe und rote Zwischenstufen P_nH ($n \geq 2$). Beim Erhitzen mit LiH auf 300°C wird H_2 entwickelt. Die Verb. lagert leicht Basen wie CH_3O^- oder $N(CH_3)_3$ an, wobei sich die Verb. braun bis schwarzbraun färbt. Durch halbkonz. HCl-Lsg. oder durch Abdest. des $N(CH_3)_3$ läßt sich der gelbe Körper aus diesen Addukten unverändert zurückgewinnen. Beim Erwärmen mit konz. H_2SO_4 bildet sich H_2S, $(PH)_X$ selbst wird zu H_3PO_4 oxydiert; mit H_2O_2, NaClO, KJO_3, HNO_3 oder auch mit anderen starken Ox.-Mitteln erfolgt leicht Ox. zu H_3PO_4, E. WIBERG, G. MÜLLER-SCHIEDMAYER (*l. c.*).

Phosphorus and Oxygen

Phosphor und Sauerstoff

Allgemeine Literatur:

J. R. VAN WAZER, *Phosphorus and its compounds, Bd.* 1, *New York* 1958, 954 S. Im folgenden zitiert als: VAN WAZER (*Phosphorus*).

F. D. ROSSINI, D. D. WAGMAN, W. H. EVANS, S. LEVINE, I. JAFFE, *Selected values of chemical thermodymanic properties, Circ. Bur. Stand.* Nr. 500 [1952] 1268 S. Im folgenden zitiert als: ROSSINI (*Selected values*).

Review

Übersicht. In den Oxiden und Säuren ist P drei- und fünfwertig (koordinativ drei- und vierzählig); die Oxydationsstufe kann alle Werte zwischen 1 und 5 annehmen. Die große Anzahl von Verbb. in dieser Gruppe beruht jedoch vor allem auf der Fähigkeit des P, durch Verknüpfung über P–P- und P–O–P-Bindungen polymere und kondensierte Molekeln zu bilden. So tritt das Pentoxid (S. 78) in einer niedermolekularen und in 2 hochpolymeren Formen auf; auch das Suboxid (S. 58) ist eine hochpolymere Phase. Außer den einfachen Säuren H_3PO_2 (S. 94) und H_3PO_3 (S. 117) existieren kondensierte Säuren niedriger Oxydationsstufe, unter denen pyrophosphorige Säure $H_4P_2O_5$ (S. 139) und Unterphosphorsäure $H_4P_2O_6$ (S. 147) schon lange bekannt sind, während die übrigen, darunter $H_6P_6O_{12}$ mit Sechsringstruktur (S. 154), erst vor kurzem entdeckt wurden. H_3PO_4 (S. 155) kondensiert unter Bldg. von Molekeln mit geraden Ketten (Polyphosphorsäuren im engeren Sinn, s. S. 212), Ringen (Metaphosphorsäuren, s. S. 280), verzweigten Ketten (Isopolyphosphorsäuren, s. S. 294), Ringen mit Seitenketten (Isometaphosphorsäuren, s. S. 294) und Netzstrukturen (Ultraphosphorsäuren, s. S. 294). Isolierung und Strukturaufklärung der überwiegenden Mehrzahl dieser Verbb. sind erst in jüngster Zeit erfolgt.

Die P–O-Bindung. Art der Bindung. Die Eigg. (Länge, Polarität, Energie, Wellenzahl) der P–O-Bindungen hängen in erster Linie davon ab, ob das O-Atom ein- oder zweizählig ist (nach älteren Vorstellungen handelt es sich um den Unterschied zwischen P = O und P–O–X, wobei X ein beliebiges Atom, auch P, bedeutet). Während im 2. Fall die beiden vom O-Atom ausgehenden Bindungen etwa gleichartige Einfachbindungen sind, ist die Art der oft als P = O bezeichneten Bindung nicht so eindeutig bestimmbar. Die Frage, ob (bzw. in welchen Molekeln) es sich um eine echte Doppelbindung (P = O) oder um eine semipolare Bindung (P→O) handelt, haben schon G. M. PHILLIPS, J. S. HUNTER, L. E. SUTTON (*J. chem. Soc.* **1945** 146/62) aufgeworfen, jedoch ist eine Entscheidung auf Grund der wenigen damals vorliegenden Daten über Dipolmomente und Kernabstände nicht möglich gewesen. Außerdem lassen, wie schon A. F. WELLS (*J. chem. Soc.* **1949** 55/67) bemerkt, die Unterschiede zwischen P–O-Abständen im PO_4-Ion (s. S. 170) und in den Molekeln P_4O_6 und P_4O_{10} (s. S. 70, 82) erkennen, daß die Bindungslänge von der Koordinationszahl des P-Atoms abhängt und von der Summe der kovalenten Atomradien auch bei Einfachbindungen abweichen kann. Auch nach einer neueren Berechnungsmeth. bleibt die Summe der Atomradien r(P) + r(O) größer als der P–O-Abstand in P_4O_6, M. L. HUGGINS (*J. Am. chem. Soc.* **75** [1953] 4126/33). Eine sehr kleine Differenz ergibt sich in den Metaphosphaten von NH_4 und Rb: im P–O-Ring ist der P–O-Abstand 1.61 Å, und r(P) + r(O) beträgt 1.63 Å, D. E. C. CORBRIDGE (*Acta crystallogr.* [*Copenhagen*] **9** [1956] 308/14).

The P–O Bond. Type of Bond

Zu einer systemat. Prüfung der Frage, welche der beiden Formeln P = O und P→O der Wirklichkeit besser entspricht, zieht L. LARSEN (*Svensk. Kem. Tidskr.* **71** [1959] 336/42) Lit.-Daten über Kernabstände, Dissoz.-Energien, Dipolmomente, Kraftkonstt. (Wellenzahlen), chem. Verschiebung der kernmagnet. Resonanz und die Bindungsrefraktion heran und gelangt dabei zu dem Ergebnis, daß — wie nach den theoret. Überlegungen von D. P. CRAIG, A. MACCOLL, R. S. NYHOLM, L. E. ORGEL, L. E. SUTTON (*J. chem. Soc.* **1954** 332/53) und H. H. JAFFÉ (*J. phys. Chem.* **58** [1954] 185/90) zu erwarten — in der Regel keiner der beiden Grenzfälle, sondern eine Überlagerung („resonance hybrid") vorliegt. Mit Hilfe von Molekelorbitalen bestimmt E. L. WAGNER (*J. Am. chem. Soc.* **85** [1963] 161/4) die Elektronenverteilung zwischen dem P- und dem O-Atom in Molekeln der Zus. Y_3PO (Y = Halogen, CH_3, C_6H_5, CH_3O, C_6H_5O usw.) und findet, daß der Charakter dieser P–O-Bindung sich von Molekel zu Molekel fast kontinuierlich ändert und von der (fast) dreifachen Bindung in F_3PO zu einer (fast) einfachen Bindung in $(CH_3)_3PO$ übergeht. Dementsprechend ändern sich auch das Bindungsmoment und die Anzahl der π-Bindungen. Über die π-Bindungen in F_3PO und im PO_4-Ion s. D. W. J. CRUICKSHANK (*J. chem. Soc.* **1961** 5486/504, 5488). Nach H. SIEBERT (*Z. anorg. allg. Chem.* **275** [1954] 210/24, 217) bestehen in F_3PO, Cl_3PO und Br_3PO Doppelbindungen. Über die P–O-Bindung in organ. Verbb. s. auch R. G. GILLES, J. F. HORWOOD, G. L. WHITE (*J. Am. chem. Soc.* **80** [1958] 2999/3002). P–O-Bindungen von unterschiedlichem Charakter nimmt schon C. ROMERS (*Chem. Weekbl.* **48** [1952] 81/8 [niederl.]) nach einem krit. Vergleich von Lit.-Daten an, wobei auch die Hybridisierung der Valenzelektronen und die Möglichkeit der Resonanz zwischen mehreren Konfigurationen berücksichtigt wird. Somit dürfte die Absicht von B. LAKATOS (*Z. Elektrochem.* **61** [1957] 944/9), der P = O-Bindung einen bestimmten, für alle Molekeln gleichen Polaritätsgrad zuzuschreiben, verfehlt sein.

Bindungsenergie D in kcal/Mol. In Carboxylphosphaten nimmt D bei zunehmendem Kernabstand (1.45 bis 1.60 Å) für die Einfachbindung von 61 auf 79 zu, für die Doppelbindung, die meist kürzer als 1.50 Å ist, von 154 auf 134 ab, B. GRABE (*Ark. Fys.* **15** [1959] 207/24, 211 [engl.]). Aus der Bildungswärme von P_4O_6 ergibt sich für die P–O-Bindung D = 86; in Verbb. des Typs $(RO)_3P$ mit R = CH_3, C_2H_5, C_3H_7 liegt D bei 92; in Verbb. des Typs Y_3PO (Y = Halogen oder organ. Rest) liegt D für die P→O-Bindung zwischen 125 und 156, S. B. HARTLEY, W. S. HOLMES, J. K. JACQUES, M. F. MOLE, J. C. McCOUBREY (*Quart. Rev.* **17** [1963] 204/23, 216/7). Ältere Angaben für die Einfachbindung sowie für die P→O-Bindung in den Oxidhalogeniden s. bei M. L. HUGGINS (*J. Am. chem. Soc.* **75** [1953] 4123/6) bzw. T. CHARNLEY, H. A. SKINNER (*J. chem. Soc.* **1953** 450/2).

Bond Energy

Schwingungszahlen. Wie die Bindungsart durch die übrigen an das P-Atom gebundenen Atome oder Radikale beeinflußt wird, läßt sich besonders deutlich an den Spektren der einzelnen P-Verbb. erkennen, weil durch die Elektronenverteilung um das P-Atom die Festigkeit der P–O-Bindung und damit die Kraftkonst. und die Wellenzahl der Valenzschwingung bestimmt werden. Angaben über UR- und Ramanspektren werden beispielsweise von L. W. DAASCH, D. C. SMITH (*Anal. Chem.* **23** [1951] 853/68), M. BAUDLER (*Z. Elektrochem.* **59** [1955] 173/84), R. R. ŠAGIDULLIN (*Izvestija Akad. Nauk SSSR Ser. fiz.* **22** [1958] 1079/82), E. M. POPOV, M. I. KABAČNIK, L. S. MAJANC (*Uspechi Chim.* **30** [1961] 846/76; *Russ. Chem. Rev.* **30** [1961] 362/77) zusammengestellt. Nach einer empir. Formel kann die Differenz zwischen der gem. Wellenzahl der P–O-Valenzschwingung und einer Bezugswellenzahl

Vibrational Frequencies

aus Inkrementen für die Halogenatome und organ. Gruppen berechnet werden, J. V. Bell, J. Heisler, H. Tannenbaum, J. Goldenson (*J. Am. chem. Soc.* **85** [1963] 161/4). Den umfassendsten Wellenzahlenbereich für die P = O- oder P→O-Bindung geben L. C. Thomas, R. A. Chittenden (*Chem. Ind.* **1961** 1913) an: ν zwischen 1160 und 1350 cm^{-1}. Bei Phosphinoxiden (OPR_2H) verschiebt sich ν für P→O vom Bereich zwischen 1150 und 1155 cm^{-1} im festen Zustand nach 1190 cm^{-1} in CS_2-Lösung. Die P→O-Wellenzahl wird noch weiter verringert (auf 1097 bis 1136 cm^{-1} im festen Zustand, auf 1160 bis 1165 cm^{-1} in CS_2-Lsg.), wenn eines der Radikale R eine α-Hydroxyalkylgruppe ist, die eine H-Bindung zum O-Atom bildet, C. D. Miller, R. C. Miller, W. Rogers (*J. Am. chem. Soc.* **80** [1958] 1562/5). Auch durch die Anlagerung von Halogenmolekeln an OPR_3 wird ν verringert, und zwar um 60 bis 73 cm^{-1}, am stärksten durch JCl, weniger durch JBr, J_2, Br_2, R. A. Zingaro, R. M. Hedges (*J. phys. Chem.* **65** [1961] 1132/8). — Bei Verbb. der Zus. OP(OR)(OR')OP(OC_2H_5)$_2$ finden J. Quinchon, M. le Sech, P. Chabrier (*Compt. Rend.* **253** [1961] 2499/501) das der P→O-Bindung entsprechende Max. zwischen 1260 und 1282 cm^{-1}. Im UR-Spektrum von je 9 Verbb. der Zus. $ROPCl_2$ bzw. ROP(O)(OH)H registrieren L. C. Thomas, K. P. Clark (*Nature* **198** [1963] 859/6) die den verschiedenen P–O-Bindungen entsprechenden Absorptionsmaxima. — Die Wellenlänge der P→O-Valenzschwingung im UR-Spektrum soll nach J. V. Bell, J. Heisler, H. Tannenbaum, J. Goldenson (*J. Am. chem. Soc.* **76** [1956] 5185/9) aus Inkrementen der an das P-Atom gebundenen Atome und Radikale, die etwa der Elektronegativität entsprechen, in einfacher Weise zu berechnen sein.

In der Gruppe P–O–C hängt die Wellenzahl der P–O-Schwingung davon ab, ob der organ. Rest aliphatisch oder aromatisch ist; die Wellenzahlen im UR-Spektrum liegen bei 950 bis 1055 bzw. 914 bis 994 cm^{-1}; entsprechende Werte für P–O in der P–O–H- und P–O–P-Gruppe: 909 bis 1040 bzw. 900 bis 980 cm^{-1}, L. C. Thomas, R. A. Chittenden (*l. c.*); nach M. Baudler (*l. c.*) sind diese Wellenzahlen im Ramanspektrum meist etwas kleiner als im UR-Spektrum. Der P–O-Schwingung der P–O–C-Gruppe ordnen J. Quinchon u. a. (*l. c.*) ein zwischen 740 und 770 cm^{-1} liegendes Max. zu. — Bei der Unters. von zahlreichen Salzen von Phosphorsauerstoffsäuren ergibt sich als Merkmal der Orthophosphate ein breites Absorptionsmax. zwischen 1000 und 1060 cm^{-1}, D. E. C. Corbridge, E. J. Lowe (*J. chem. Soc.* **1954** 493/502, 4555/64). Zwischen den Wellenzahlen der symmetr. und der asymmetr. P–O-Valenzschwingung besteht eine lineare Beziehung, E. A. Robinson (*Canad. J. Chem.* **41** [1963] 173/9, 175).

Bond Moment

Bindungsmoment der P–O-Einfachbindung: 2.7 Debye, C. P. Smyth (*J. phys. Chem.* **59** [1955] 1121/4).

Bond Length

Bindungslänge. Wie die Streuung der ν-Werte für die P–O-Valenzschwingung erkennen läßt, sind die P–O-Bindungen in verschiedenen Molekeln verschieden fest und daher verschieden lang. Beispielsweise findet B. O. Loopstra (*Jener-Publ.* **15** [1958] 1/64, 34, 61, *N.S.A.* **13** [1959] Nr. 56) durch Neutronenbeugung an $H_2PO_2^-$ für P–O Abstände von 1.34 und 1.46 Å, im Mittel 1.40 Å, an H_3PO_3 die Abstände 1.482 und 1.50 Å für P = O, 1.549 Å für P–OH. — Weitere Angaben s. S. 70, 83, 170, 384.

Refraction Increments

Refraktionsinkremente. Auch für das Inkrement, das P–O-Bindungen zur Molrefraktion von Verbb. beitragen, ergeben sich keine konst. Werte. Der P–O-Einfachbindung schreiben V. A. Kuchtin, K. M. Kirillova (*Žurnal obščej Chim.* **32** [1962] 2797/800; *J. gen. Chem. USSR* **32** [1962] 2755/7) den Mittelwert R = 1.54, der P = O-Bindung den Wert R = 3.65 zu. Demgegenüber gelangt H. Tolkmith (*Ann. New York Acad. Sci.* **79** [1959] 189/231) zu den Werten R(P = O) = 4.15 und R(P–O) = 1.45 (in POH oder POP), 1.35 (in POC oder POSi). Das Auswertungsverf., nach dem R. Sayre (*J. Am. chem. Soc.* **80** [1958] 5438/40) für die P = O-Bindung R = —1.032 und für die P–O-Bindung R = 3.102 erhält, dürfte einen systemat. Fehler enthalten; vgl. auch R. G. Gilles, J. F. Horwood, G. L. White (*J. Am. chem. Soc.* **80** [1958] 2999/3002). — Ältere Refraktionsinkremente s. bei A. I. Vogel (*J. chem. Soc.* **1948** 1804/9, 1833/55, 1837, 1843).

Phosphorus Suboxide

Phosphorsuboxid.

Constitution

Konstitution. Amorphe, unlösl. Prodd. von gelber bis roter Farbe, von den Entdeckern als definierte Verbb. mit stöchiometr. Zus. (meistens P_4O oder P_4OH) betrachtet, werden von anderen Autoren als roter Phosphor mit beigemengten oder stark adsorbierten Verunreinigungen angesehen, vgl. A. Schrötter (*Sitz.-Ber. Akad. Wiss. Wien, Math.-naturwiss. Kl.* 8 [1852] 246), D. L. Chapman, F. A. Lidbury (*J. chem. Soc.* **75** [1899] 973/8), C. H. Burgess, D. L. Chapman (*J. chem. Soc.* **79** [1901] 1235/45), L. J. Chalk, J. R. Partington (*J. chem. Soc.* **1927** 1930/6).

Nach neuen, aber noch nicht abschließenden Unterss. sind diese Prodd. höherpolymere Stoffe mit P–P-Bindungen, deren P-Gerüst dem des roten P (s. „*Phosphor*" *Tl.* B, S. 216/7) ähnlich ist und an jedem vierten bis fünften P-Atom statistisch verteilt ein endständiges O-Atom oder eine OH-Gruppe trägt. Der Unterschied gegen roten Phosphor geht aus Analyse, Bldg. und Eigg. hervor, das Vorliegen von P–P-Bindungen ist durch partielle Ox. bewiesen, s. Verh. „Gegen Oxydationsmittel in wäßriger Lösung" S. 63. Fester Phosphorwasserstoff ($P_{4n}H_{2n}$, s. S. 54) und der (Br-haltige) „Schencksche Phosphor" (s. „*Phosphor*" *Tl.* B, S. 230) weisen dasselbe Bauprinzip auf, H. HARNISCH (*Z. anorg. allg. Chem.* **300** [1959] 261/74), H. KREBS (*Angew. Chem.* **65** [1953] 293/9); vgl. ferner J. GOUBEAU, P. SCHULZ (*Z. anorg. allg. Chem.* **294** [1958] 224/32) und schon A. GAUTIER (*C. r. Acad. Sci.* [*Paris*] **76** [1873] 49/52). Vgl. hierzu auch den röntgenograph. Vergleich der Strukturen von rotem P und P_4O bei A. I. SOKLAKOV, V. V. ILLARIONOV (*Zh. Strukt. Khim.* **5** [1964] 242/5 nach *C.A.* **61** [1964] 1289).

Zur Frage der Identität anderer, teilweise mit einem Gehalt an H formulierter P-Suboxide (P_3O, P_5H_3O, $P_{13}H_3O_3$, P_2O, P_4HOH) mit dem hier behandelten Prod. s. A. MICHAELIS, M. PITSCH (*Liebigs Ann. Chem.* **310** [1900] 45/74, 52, 64/66).

Bildung und Darstellung. Aus Phosphor und Sauerstoff. Weißer Phosphor bedeckt sich an trockner Luft mit einem orangegelben Häutchen der angenäherten Zus. P_4O (88.2% P, theoretisch 88.57% P). Bei der Ox. von auf Quarzpulver verteiltem P mit trockner Luft bei 20°C gehen etwa 20% des P in P_4O über, der Rest in höhere Oxide; das gebildete P_4O wird erst bei Ggw. von Feuchtigkeit oder O_3 weiteroxydiert, T. A. KRJUKOVA (*Ž. obščej Chim.* **9** [1939] 577/86). Im Widerspruch hierzu geht P nach den Befunden von C. C. MILLER (*J. chem. Soc.* **1929** 1829/46) und F. S. DAINTON, H. M. KIMBERLEY (*Trans. Faraday Soc.* **46** [1950] 629/41) unter ähnlichen Bedingungen nahezu vollständig in höhere Oxide über; ein kleiner unlösl. Rest (~1.5% des gesamten Ox.-Prod.) ist roter Phosphor, F. S. DAINTON, H. M. KIMBERLEY (*l. c.*).

Formation. Preparation. From Phosphorus and Oxygen

Bei der Verbrennung von weißem P im langsamen Luftstrom entsteht neben den flüchtigen Oxiden P_2O_3, P_2O_4 und P_2O_5 ein hellrotes Suboxid mit der definierten Zus. P_4O. Größere Mengen dieses Oxids bilden sich beim Erhitzen des Gemisches der flüchtigen Oxide im vorher evakuierten Rohr auf ~290°C nach $7\,P_2O_3 = 5\,P_2O_4 + P_4O$, s. T. E. THORPE, A. E. TUTTON (*J. chem. Soc.* **49** [1886] 833/9); s. auch die therm. Zers. von P_2O_3, S. 72; oberhalb 500°C zersetzt sich auch P_2O_4 unter Bldg. eines orangeroten Stoffes, s. S. 77. Bei der Verbrennung von P im offenen Gefäß bildet sich stets auch P_4O (P-Gehalte von 2 Proben 88.19 und 88.42%); bei der techn. P-Verbrennung gebildetes P_4O bewirkt die Gelbfärbung der Phosphorsäure, T. A. KRJUKOVA (*l. c.*). Über P_4O als Prod. der langsamen Ox. von weißem P vgl. „*Phosphor*" *Tl.* B, S. 263, 269.

Bei der Ox. von P-Dampf (2.5 mg l^{-1}) im N_2-Strom mit im Rk.-Raum zugesetztem O_2 (2 Vol.-%) in Ggw. von Spuren H_2O ($p_{H_2O} < 0.02$ Torr) bei Tempp. zwischen 125 und 450°C und Verweilzeiten von 23 bis 180 Sek. entsteht ein in CS_2 und H_2O unlösl. P-Oxid der Zus. P_4O (Analysen an je ~0.02 g Subst. ergeben 90.00, 86.40 und 90.15, im Mittel 88.9% P); bei 125°C liegen (unabhängig von der Verweilzeit) 28% des oxydierten P als P_4O vor, bei 250°C 20%, bei 350°C 10%, bei 450°C 0%, K. ZAGVOZDKIN, N. BARILKO (*Ž. fiz. Chim.* **14** [1940] 505/12). In Einklang damit bildet sich P_4O aus P-Dampf in Ggw. geringer Mengen O_2 bei der techn. Darst. von P, s. H. HARNISCH (*Z. anorg. allg. Chem.* **300** [1959] 261/74, 262), vgl. auch „*Phosphor*" *Tl.* B, S. 50.

Zusatz von wenig Luft zu einem durch Wasserdampfdest. von weißem P bei 1 atm erhaltenen P_4-H_2O-Dampfgemisch und nachfolgende Kondensation ergibt ein gelbliches, trübes Kondensat, aus dem sich beim Ansäuern weißes P und ein orangegelber fester Stoff abscheiden. Bei Zusatz von viel Luft fällt diese Subst. als voluminöser Nd. im Kondensat aus, das unter diesen Bedingungen größere Mengen von Säuren des P (H_3PO_2, H_3PO_3, H_3PO_4, $H_4P_2O_6$) enthält. Auswaschen mit Wasser und Aceton, Extraktion mit CS_2, Waschen mit Äther und Trocknen im Vak. ergibt ein orangegefärbtes Prod., das unabhängig von dem bei der Darst. angewandten O : P-Verhältnis (0.29 bis 4.7) im Mittel 89 Gew.-% P (die Einzelwerte liegen zwischen 87.6 und 90.7%) und 0.8% H (Einzelwerte zwischen 0.6 und 1.0%) enthält. Die P-ärmsten Prodd. haben nahezu die Zus. P_4OH (87.9% P, 0.7% H). Bei extrem niedrigem bzw. hohem Luftzusatz nimmt lediglich der Anteil des nichtumgesetzten P bzw. der höher oxydierten P-Verbb. im Kondensat zu, ohne daß sich die Zus. des unlösl. Ox.-Prod. in systemat. Weise ändert, H. HARNISCH (*l. c.*). Weißes P soll unter H_2O im Sonnenlicht in fast reines P_4O übergehen, A. MICHAELIS, K. v. AREND (*Liebigs Ann. Chem.* **314** [1901] 259/75, 260).

Bei der Ox. von weißem, in PCl_3 oder organ. Lsgmm. gelöstem Phosphor bildet sich ein gelber, in H_2O leicht lösl. Stoff; die wss. Lsg. zersetzt sich bei gewöhnl. Temp. langsam, bei höherer Temp. rasch unter Ausscheidung von gelbem, gelartigem P_4O, s. „amorphes P_2O_3" S. 67. Gefrierenlassen des feuchten Nd. macht ihn leicht filtrierbar. Nach dem Auswaschen mit heißem H_2O und Trocknen im

Vak. über H_2SO_4 hinterbleibt reines (Cl- und H-freies) P_4O (analyt. P-Gehalt 88.64%) als hellgelbes Pulver, LE VERRIER (*Ann. Chim. Phys.* [2] **65** [1837] 257/79; *Liebigs Ann. Chem.* **27** [1838] 167/82), B. REINITZER, H. GOLDSCHMIDT (*Ber. dtsch. chem. Ges.* **13** [1880] 845/51).

From Phosphorus and Alcoholic NaOH Solution

Aus Phosphor und alkoholischer Natronlauge. Fein granuliertes weißes P löst sich beim Schütteln mit einer Mischung aus 1 Vol. 10%iger wss. NaOH-Lsg. und 2 Vol. Äthanol unter Entw. von H_2 (und wenig PH_3) zu einer dunkelroten Lsg. auf, die beim Filtrieren in kalter, verd. Salzsäure einen grünlichen, voluminösen Nd. liefert, der sich beim Gefrieren und Wiederauftauen des feuchten Filterkuchens in ein gelbes, leicht auswaschbares Pulver umwandelt. Die mit Wasser und Alkohol gewaschene und im Vak. bei gewöhnl. Temp. getrocknete Subst. enthält im Mittel 88.44 Gew.-% P (4 Einzelwerte zwischen 88.22 und 88.83%), 11.30% O (3 Einzelwerte zwischen 11.07 und 11.60%) und vermutlich kein H (2 Bestt. ergeben max. 0.25 bzw. 0.18%). Die Bldg.-Rk. verläuft im wesentlichen nach $P_4 + H_2O = P_4O + H_2$; ein kleiner Anteil des H in statu nascendi reagiert mit P_4 zu PH_3. Die rote alkal. Lsg. des P_4O zersetzt sich schon bei gewöhnl. Temp. langsam unter Bldg. von H_2, PH_3 und Hypophosphit; letzteres ist nach der Fällung mit Salzsäure im Filtrat nachweisbar, A. MICHAELIS, M. PITSCH (*Liebigs Ann. Chem.* **310** [1900] 45/74, 56); vgl. ferner A. GUTBIER (*Sitz. Ber. phys.-med. Soc. Erlangen* **40** [1908] 176/83), K. WEIDNER (*Diss. Erlangen* 1909, S. 1/32), T. A. KRJUKOVA (*Ž. obščej Chim.* **9** [1939] 577/86); die Subst. enthält stets bis zu 1 Gew.-% H, s. A. STOCK (*Ber. dtsch. chem. Ges.* **41** [1908] 1593/1607; *Chemiker-Ztg.* **33** [1909] 1354), C. H. BURGESS, D. L. CHAPMAN (*J. chem. Soc.* **79** [1901] 1235/45). Bei rascher Zugabe der roten Lsg. zu nicht gekühlter Salzsäure tritt Erwärmung ein; das Endprod. kann dann 2 bis 3 Gew.-% P mehr enthalten als der Formel P_4O entspricht, vgl. A. MICHAELIS, M. PITSCH (*Ber. dtsch. chem. Ges.* **32** [1899] 337/9), D. L. CHAPMAN, F. A. LIDBURY (*J. chem. Soc.* **75** [1899] 973/8), läßt sich jedoch leicht durch Wiederauflösen in eiskalter alkohol. Natronlauge (100 ml auf 3 g Subst.) und Fällung in eiskalter, 5%iger Essigsäure reinigen, A. MICHAELIS, K. v. AREND (*Liebigs Ann. Chem.* **314** [1901] 259/75, 261, **325** [1902] 361/7). Weitere Angaben s. „*Phosphor*" *Tl.* B, S. 317/8.

From Hypophosphorous Acid or NH_4 Hypophosphite

Aus unterphosphoriger Säure oder NH_4-Hypophosphit. Konz. wss. H_3PO_2 geht mit wasserentziehenden Mitteln in P_4O über, vermutlich nach $5H_3PO_2 = P_4O + H_3PO_3 + 6H_2O$. Am besten eignet sich dazu Essigsäureanhydrid, das reines P_4O in guter Ausbeute liefert, während mit HCl, CH_3COCl oder PCl_3 Prodd. entstehen, die durch festen Phosphorwasserstoff und amorphen Phosphor verunreinigt sind, A. MICHAELIS, M. PITSCH (*Liebigs Ann. Chem.* **310** [1900] 45/74, 59). Zur Darst. werden 30 g einer reinen, möglichst konz. wss. Lsg. von H_3PO_2 (D$\sim$1.46) in 100 g Eisessig gelöst und allmählich 90 g Essigsäureanhydrid zugegeben. Die Fl. verwandelt sich unter starker Erwärmung in eine gelbe, gallertartige Masse, die durch Schütteln verflüssigt und langsam in 1 bis 2 l Eiswasser gegossen wird. Nach Dekantation läßt man den Rückstand gefrieren, wäscht nach dem Auftauen mit Wasser und Alkohol und trocknet im Vak. neben P_2O_5, Ausbeute 6.5 g P_4O (67% der Theorie), A. MICHAELIS, K. v. AREND (*Liebigs Ann. Chem.* **314** [1901] 259/75, 265), A. MICHAELIS, M. PITSCH (*l. c.*); vgl. auch K. WEIDNER (*Diss. Erlangen* 1909, S. 1/32, 17).

Noch höhere Ausbeuten (bis 91% der Theorie) erzielt man durch Anwendung von krist. $NH_4H_2PO_2$ (30 g auf 50 bis 100 g Eisessig und 90 g Essigsäureanhydrid) anstelle von H_3PO_2-Lsg., A. MICHAELIS, K. v. AREND (*l. c.*); s. auch K. WEIDNER (*l. c.* S. 20).

From P_2O_3 and by Hydrolysis of Phosphorus Halogen Compounds

Aus P_2O_3 und durch Hydrolyse von Phosphorhalogenverbindungen. Die partielle Hydrolyse von PCl_3 (s. S. 424) liefert stets auch geringe Mengen P_4O, dessen Zus. um $\sim$2% um den Sollwert schwankt. Vermutlich entsteht es als höherpolymere, P–P-Bindungen enthaltende Verb. durch Umlagerung und Kondensation aus dem (nicht isolierbaren) PCl_2OH. Auch beim Durchleiten eines H_2-O_2-Gemisches durch PCl_3 entsteht etwas P_4O, s. J. GOUBEAU, P. SCHULZ (*Z. anorg. allg. Chem.* **294** [1958] 224/32).

Beim Erwärmen von PCl_3 mit krist. H_3PO_3 auf 79°C setzt sich am Boden des Gefäßes ein gelber Nd. ab, der nach Abdestillieren des überschüssigen PCl_3, Aufnehmen in eiskaltem H_2O, Filtrieren, Waschen und Trocknen erst im Vak., dann im CO_2-Strom bei 140°C die Zus. P_4OH (Zus.: 86.92 bis 87.76% P, 0.80 bis 0.93% H) hat und in seinen Eigg. mit dem von LE VERRIER (*Ann. Chim. Phys.* [2] **65** [1837] 257/79) beschriebenen P_4O (s. Darst. aus P und O_2, oben) übereinstimmt. Der H-Gehalt ist nach 2 verschiedenen Methh. bestimmt. Bei Tempp. $>$80°C entsteht ein mit rotem P (das sich in Kalilauge nicht auflöst) verunreinigtes Prod., bei 170°C bildet sich ausschließlich roter Phosphor, A. GAUTIER (*C. r. Acad. Sci.* [*Paris*] **76** [1873] 49/52); im wesentlichen bestätigt von A. MICHAELIS, M. PITSCH (*Liebigs Ann. Chem.* **310** [1900] 45/74, 64), die jedoch den H-Gehalt auf Ggw. von H_3PO_3 zurückführen. Nach A. BESSON (*C. r. Acad. Sci.* [*Paris*] **125** [1897] 1032/3) hat die bei 100° gebildete Verb.

die Zus. P_2O (79.49% P), K. WEIDNER (*Diss. Erlangen* 1909, S. 1/32, 27) findet 83.8 bis 84.8% P; L. J. CHALK, J. R. PARTINGTON (*J. chem. Soc.* **1927** 1930/6) erhalten bei 100°C und bei 70°C Prodd. mit Zuss. $P_4O_{0.84\,bis\,1.54}\,H_{0.98\,bis\,1.40}$ und halten diese für Gemische aus rotem P mit stark adsorbiertem H_3PO_3 und festen P-Hydriden. Im Anschluß an A. BESSON (*l. c.*) wird dem bei 10 bis 76°C entstandenen gelben Stoff die Formel P_2O erteilt, L. WOLF, E. KALAEHNE, H. SCHMAGER (*Ber. dtsch. chem. Ges.* **62** [1929] 1441/9); er entsteht auch aus H_3PO_3 und P_2O_3 schon bei 24°C, L. WOLF, W. JUNG, M. TSCHUDNOWSKY (*Ber. dtsch. chem. Ges.* **65** [1932] 488/91), und daher auch bei der Hydrolyse von P_2O_3 mit wenig Wasser, s. S. 74. Erhitzen von H_3PO_3 auf 150°C oder von H_3PO_3 mit P_2O_3 auf 100°C führt zu einer gelben Subst., die 98.1% P enthält und vermutlich eine Mischung aus rotem P und festem $(P_2H)_X$ ist, L. AMAT (*Ann. Chim. Phys.* [6] **24** [1891] 289/373, 357). Weitere Angaben s. S. 427.

Bei der Hydrolyse von P_2J_4, s. A. GAUTIER (*C. r. Acad. Sci.* [*Paris*] **76** [1873] 173/6), vgl. auch B. FRANKE (*J. prakt. Chem.* [2] **35** [1887] 341/9), entstehen unreine Prodd., die durch Auflösen in alkohol. Natronlauge und Ausfällen mit Säure in reines P_4O überführbar sind, A. MICHAELIS, M. PITSCH (*l. c.*), K. WEIDNER (*Diss. Erlangen* 1909, S. 1/32, 30). Der aus weißem P durch Erhitzen in PBr_3 dargestellte Schencksche Phosphor geht bei mehrfachem Auskochen mit Wasser in ein Prod. über, das Br enthält, sonst aber sehr große Ähnlichkeit mit dem aus P_4-H_2O-Dampf und Luft erhaltenen P_4OH aufweist, H. HARNISCH (*Z. anorg. allg. Chem.* **300** [1959] 261/74); s. auch das chem. Verh. S. 63.

Aus PH_4Br und $POCl_3$ bei 50°C im zugeschmolzenen Rohr entsteht ein orangeroter Stoff, der nach Reinigung und Trocknung 79.88% P, Spuren Cl, jedoch kein H enthält, und daher als P_2O formuliert wird, A. BESSON (*C. r. Acad. Sci.* [*Paris*] **124** [1897] 763/5, **132** [1901] 1556/7; *Bl. Soc. chim. Paris* [3] **23** [1900] 582/5); das Prod. enthält viel Cl, das sich durch die von A. BESSON (*l. c.*) vorgeschriebene Behandlung nicht entfernen läßt, außerdem H und geringe Mengen H_3PO_4. Es liegt keine einheitliche Subst. vor, K. WEIDNER (*Diss. Erlangen* 1909, S. 1/32, 29).

Beim Erhitzen von $POCl_3$ mit Zn, Mg oder Al im zugeschmolzenen Rohr auf 100°C (Mg reagiert schon bei gewöhnl. Temp., nach H. SPANDAU, A. BEYER (*Naturwissenschaften* **46** [1959] 400) jedoch überhaupt nicht) bildet sich Metallchlorid, Metallphosphat und hellrotes P_4O, das mit dem nach LE VERRIER (*l. c.*) dargestellten identisch ist. Weißes P reagiert erst bei 250°C mit $POCl_3$; das rote Prod. hat die Zus. P_4O, ist jedoch viel reaktionsträger als das bei 100° erhaltene, B. REINITZER, H. GOLDSCHMIDT (*l. c.*), vgl. S. 471. Mit Zn bzw. Mg dargestellte Prodd. enthalten nach mehrstd. Trocknen bei 150°C im Vak. 91.4 bzw. 91.5% P, s. D. L. CHAPMAN, F. A. LIDBURY (*J. chem. Soc.* **75** [1899] 973/8).

Weitere Bildungsweisen. Fester Phosphorwasserstoff der Zus. P_4H_2 löst sich in alkohol. Natronlauge unter H_2-Entw.; die rote Lsg. ist identisch mit der aus weißem P hergestellten und gibt mit Salzsäure P_4O, s. A. MICHAELIS, M. PITSCH (*Liebigs Ann. Chem.* **310** [1900] 45/74, 58). *Other Methods of Formation*

Das schwarze Prod. der Einw. von NH_3 auf weißes P (s. „*Phosphor*“ *Tl.* B, S. 305) geht mit verd. Säuren in eine rote, in Zus. und Eigg. dem P_4O von A. MICHAELIS, M. PITSCH (*l. c.*) ähnliche Subst. über, A. STOCK (*Ber. dtsch. chem. Ges.* **36** [1903] 1120/3, **41** [1908] 1593/1607).

Zur Bldg. von P_4O bei der Verbrennung von rotem P in Ggw. von Na s. „*Phosphor*“ *Tl.* B, S. 289.

Physikalische Eigenschaften. Amorphes, je nach Verteilungsgrad hellgelbes bis rotes Pulver. Pyknometr. Dichte 1.912 bis 1.913, unabhängig vom Darst.-Verf., A. MICHAELIS, M. PITSCH (*Liebigs Ann. Chem.* **310** [1900] 45/74, 60), A. MICHAELIS, K. v. AREND (*Liebigs Ann. Chem.* **314** [1901] 259/75, 266), D_4 1.910 bis 1.920, K. WEIDNER (*Diss. Erlangen* 1909, S. 1/32, 21). Röntgenamorph. Dichte des durch Ox. von P dargestellten Prod.: ~2.10, des Schenckschen Phosphors nach dem Auskochen mit Wasser: ~2.04, des amorphen roten Phosphors: ~2.17, H. HARNISCH (*Z. anorg. allg. Chem.* **300** [1959] 261/74). *Physical Properties*

Chemisches Verhalten. Trocknes P_4O ist geruch- und geschmacklos; es läßt sich in trockner Luft oder trocknem O_2 unverändert aufbewahren, ist aber gegen feuchte Luft oder O_2 sehr empfindlich, vgl. weiter unten, LE VERRIER (*Ann. Chim. Phys.* [2] **65** [1837] 257/79, 261; *Liebigs Ann. Chem.* **27** [1838] 167/82, 170); vgl. auch A. GAUTIER (*C. r. Acad. Sci.* [*Paris*] **76** [1873] 49/52), A. MICHAELIS, M. PITSCH (*Liebigs Ann. Chem.* **310** [1900] 45/74, 60). *Chemical Reactions*

Thermische Zersetzung. P_4O verträgt mehrstd. Erhitzen bei 300°C unter Luftausschluß; nur die Farbe ändert sich dabei von Gelb nach Rot. Knapp unterhalb des Hg-Sdp. tritt rasche Zers. in P-Dampf und rein weißes P_2O_5 ein, LE VERRIER (*l. c.*); vgl. ferner B. REINITZER, H. GOLDSCHMIDT *Thermal Decomposition*

(*Ber. dtsch. chem. Ges.* **13** [1880] 845/51), A. MICHAELIS, M. PITSCH (*l. c.*). Bei 100°C ist die Zers. kaum merklich; nach 12std. Erhitzen gehen beim Auswaschen 0.47% des P in Lsg., A. MICHAELIS, K. v. AREND (*Liebigs Ann. Chem.* **314** [1901] 259/75, 268).

Ein H-haltiges Präp. der ungefähren Zus. P_4OH gibt beim Erhitzen im CO_2-Strom erst bei 265°C PH_3 ab, zugleich mit geringen Mengen P-Dampf; rasches Abdestillieren von P erfolgt erst bei 350 bis 360°C. Der Rückstand greift Glas an. Die beim Erhitzen mit Na_2CO_3 gebildete Menge PH_3 beträgt 80% des nach der Formel P_4OH zu erwartenden Betrages, A. GAUTIER (*C. r. Acad. Sci.* [*Paris*] **76** [1873] 49/52). P_4OH-Präpp. spalten bei 270°C im N_2-Strom P und weitere Zers.-Prodd. ab. Nach 15std. Erhitzen hinterbleibt ein Gemisch aus sirupöser Polyphosphorsäure und einer homogenen, hellroten Subst., die 94.4% P enthält und nach ihren Eigg. etwa in der Mitte zwischen P_4OH und rotem P steht. Das Austrittsgas enthält auch bei langsamer Temp.-Steigerung auf 400°C nur Spuren PH_3; vermutlich ist der Wasserstoff in P_4OH zum größten Tl. nicht direkt an P gebunden, H. HARNISCH (*Z. anorg. allg. Chem.* **300** [1959] 261/74).

With Air, O_2, and O_3 in Absence of Moisture

Gegen Luft, O_2 und O_3 bei Ausschluß von Feuchtigkeit. Trocknes P_4O entflammt in Luft erst bei Tempp. >300°C, bei denen P-Abspaltung eintritt, LE VERRIER (*Ann. Chim. Phys.* [2] **65** [1837] 257/79, 262; *Liebigs Ann. Chem.* **27** [1838] 167/82, 170); in einer Standardapp. bestimmte Entflammungstempp. liegen zwischen 270 und 280°C, T. A. KRJUKOVA (*Ž. obščej Chim.* **9** [1939] 577/86). Ox. von P-Dampf mit der zur Bldg. von P_4O_{10} ausreichenden O_2-Menge (2 Vol.-% in N_2) liefert noch bei 350°C P_4O-haltige Ox.-Prodd.; erst bei 450°C tritt kein P_4O mehr auf, K. ZAGVOZDKIN, N. BARILKO (*Ž. fiz. Chim.* **14** [1940] 505/12).

Trocknes P_4OH ist bis 150°C nicht selbstentzündlich, H. HARNISCH (*l. c.*), entflammt in Luft bei 260°C, A. GAUTIER (*C. r. Acad. Sci.* [*Paris*] **76** [1873] 49/52).

Bei der Ox. von weißem, auf Quarzsand verteiltem P mit Luft bei 20°C gebildetes P_4O wird von O_3-haltiger Luft rasch weiteroxydiert, T. A. KRJUKOVA (*l. c.*).

Other Reactions with Anhydrous Substances

Weitere Reaktionen mit wasserfreien Substanzen. Trocknes NH_3-Gas wird von trocknem P_4O unter Schwarzfärbung absorbiert; bei gewöhnl. Temp. und 1 atm werden 4.8 bis 4.9 g NH_3 von 100 g P_4O aufgenommen. An trockner Luft wird ein Tl. des NH_3 abgegeben, der Rest bei Behandlung mit Salz- oder Schwefelsäure, LE VERRIER (*Ann. Chim. Phys.* [2] **65** [1837] 257/79, 266; *Liebigs Ann. Chem.* **27** [1838] 167/82, 173). Das absorbierte NH_3 wird an der Luft leicht abgegeben; das Suboxid nimmt die ursprüngliche Farbe an, A. MICHAELIS, M. PITSCH (*Liebigs Ann. Chem.* **310** [1900] 45/74, 61); die Additionsverb. gibt NH_3 langsam beim Erwärmen, rasch bei Einw. von HCl-Gas ab, A. GAUTIER (*C. r. Acad. Sci.* [*Paris*] **76** [1873] 49/52). Die Schwarzfärbung mit NH_3 unterscheidet P_4O vom festen Phosphorwasserstoff, LE VERRIER (*l. c.* S. 268; *l. c.* S. 175), vgl. S. 55.

Die Halogene wirken auf trocknes P_4O leicht ein; mit Cl_2 entstehen $POCl_3$ und PCl_5. Feuchtes P_4O wird zu H_3PO_4 oxydiert, von J_2 jedoch sehr langsam, A. MICHAELIS, M. PITSCH (*l. c.* S. 60). Cl_2 wandelt P_4O in PCl_3 und P_2O_5 um. HCl-Gas wirkt auch in der Hitze nicht ein, LE VERRIER (*l. c.* S. 262; *l. c.* S. 170).

Mischungen mit $KClO_3$ sind explosiv. Eine Mischung mit CuO schmilzt leicht, vermutlich unter Bldg. von Cu-Phosphid, LE VERRIER (*l. c.*), entflammt auf Schlag ohne Detonation, A. GAUTIER (*l. c.*).

With Moist Air (and O_2)

Gegen feuchte Luft (und O_2). An feuchter Luft zieht P_4O Wasser an, wird sauer und riecht nach PH_3, s. LE VERRIER (*l. c.*), A. GAUTIER (*l. c.*). Dabei tritt langsame Ox. (bei 20°C in 5 Wochen ~30%, bei 70°C in 2 Wochen 80% der Ausgangsmenge) zu H_3PO_2, H_3PO_3 und H_3PO_4 ein; der Rückstand hat nach dem Auswaschen die Zus. des Ausgangsprod., H. HARNISCH (*l. c.*), A. MICHAELIS, K. v. AREND (*Liebigs Ann. Chem.* **314** [1901] 259/75, 268); das durch Geruch festgestellte PH_3 (vgl. oben) entsteht sekundär aus H_3PO_2, s. A. MICHAELIS, M. PITSCH (*Liebigs Ann. Chem.* **310** [1900] 45/74, 60); Entflammungstemp. 120°C, T. A. KRJUKOVA (*l. c.*).

With Water

Gegen Wasser. P_4O ist in H_2O unlösl., reagiert bei O_2-Ausschluß nicht mit kaltem H_2O und wird auch beim Auswaschen mit sd. H_2O nicht verändert. Nach 12std. Erhitzen mit sd. H_2O in CO_2-Atm. gehen beim Auswaschen 1.69% des P in Lsg., A. MICHAELIS, K. v. AREND (*Liebigs Ann. Chem.* **314** [1901] 259/75, 268). Durch Wasser von 170°C wird P_4OH leicht unter Bldg. von PH_3, H_3PO_2 und H_3PO_3 zersetzt; bei noch höherer Temp. entstehen auch H_3PO_4 und kleine Mengen H_2, s. A. GAUTIER (*C. r. Acad. Sci.* [*Paris*] **76** [1873] 49/52).

Das frisch gefällte, gelartige Suboxid ist entgegen LE VERRIER (*Ann. Chim. Phys.* [2] **65** [1837] 257/79, 262; *Liebigs Ann. Chem.* **27** [1838] 167/82, 171), der es als $P_4O \cdot 2H_2O$ formuliert, kein definiertes Hydrat, A. MICHAELIS, M. PITSCH (*Liebigs Ann. Chem.* **310** [1900] 45/74, 60); der aus der roten Lsg. des Suboxids in wss.-alkohol. Natronlauge durch Säuren gefällte, dunkelgrüne Nd. (s. S. 60), der erst beim Trocknen gelbrot wird, ist vielleicht ein Hydroxid $P_4(OH)_2$, s. A. MICHAELIS, K. v. AREND (*l. c.* S. 264).

With Acids

Gegen Säuren. Salzsäure beliebiger Konz. greift P_4O auch in der Hitze nicht an. Verd. H_2SO_4 und HNO_3 sind in der Kälte ohne Wrkg., beim Erwärmen oxydiert verd. HNO_3 zu H_3PO_4. Konz. HNO_3 reagiert unter Entflammung. Konz. H_2SO_4 wird in der Hitze zu SO_2, unter Umständen zu H_2S, reduziert, LE VERRIER (*l. c.*; *l. c.* S. 170), A. GAUTIER (*l. c.*), A. MICHAELIS, M. PITSCH (*l. c.* S. 61), T. A. KRJUKOVA (*Ž. obščej Chim.* **9** [1939] 577/86).

With Bases

Gegen Basen. Beim Übergießen mit wss. Alkalien schwärzt sich P_4O; Ansäuern stellt die ursprüngliche Farbe wieder her. Zugleich tritt schon bei gewöhnl. Temp. und mit verd. Laugen Zers. unter Entw. von fast reinem H_2 ein; bei Laugeüberschuß geht das gesamte P_4O als Orthophosphat in Lsg., LE VERRIER (*l. c.* S. 265; *l. c.* S. 172); beim Kochen mit Kalilauge enthält die Lsg. Phosphit und Phosphat, B. REINITZER, H. GOLDSCHMIDT (*Ber. dtsch. chem. Ges.* **13** [1880] 845/51); in der Kälte entstehen auch PH_3 und Hypophosphit, T. A. KRJUKOVA (*l. c.*). P_4OH entwickelt mit kalter 2%iger Natronlauge H_2 neben wenig PH_3 und wandelt sich in eine braune Verb. um, die sich in überschüssiger Lauge mit der Zeit vollkommen auflöst; die Lsg. enthält Hypophosphit und Phosphat, A. GAUTIER (*C. r. Acad. Sci.* [*Paris*] **76** [1873] 49/52).

Die reversible Farbänderung tritt auch mit wss. (und gasf.) NH_3, s. LE VERRIER (*l. c.*), und mit organ. Basen (Pyridin) ein. Aber auch beim H-haltigen Suboxid können die vielleicht vorhandenen P-OH-Gruppen nur sehr schwach sauer sein. Beim Vers., die überschüssige Lauge aus der braunen Subst. mit H_2O auszuwaschen, tritt Farbumschlag nach Orange ein; der Alkaligehalt des Prod. liegt weit unter dem für $P_{4n}(ONa)_n$ zu erwartenden Wert, H. HARNISCH (*Z. anorg. allg. Chem.* **300** [1959] 261/74, 266); s. auch LE VERRIER (*l. c.*), A. GAUTIER (*l. c.*). Die Zers. macht sich schon in der Kälte durch PH_3-Geruch bemerkbar. Außerdem entsteht H_2. In der Lsg. ist papierchromatographisch Hypophosphit, Phosphit, Phosphat und (unsicher) Hypophosphat nachzuweisen, H. HARNISCH (*l. c.*).

Wss. Lsgg. von $Ca(OH)_2$ und $Ba(OH)_2$ verhalten sich ähnlich wie Kalilauge, LE VERRIER (*l. c.*).

Durch konz. Lsgg. von KOH in absol. Alkohol wird P_4O unter Bldg. von H_2 und K_3PO_4 zersetzt, in verd. Lsgg. dagegen löst sich P_4O praktisch ohne Zers. zu einer kräftig rot gefärbten Lsg. auf, aus der es bei tropfenweisem Zusatz zu verd. H_2SO_4 wieder ausfällt, LE VERRIER (*l. c.*). Die Lsg. in alkohol. wss. Alkalilauge zersetzt sich schon bei gewöhnl. Temp. langsam unter Bldg. von H_2, PH_3 und Hypophosphit, A. MICHAELIS, M. PITSCH (*Liebigs Ann. Chem.* **310** [1900] 45/74, 61); in eiskaltem alkohol.-wss. Alkali geht die Auflösung des P_4O (im Gegensatz zu der des weißen P, vgl. „*Phosphor*" *Tl.* B, S. 317) rasch und ohne jede Gasentw. vor sich, A. MICHAELIS, K. v. AREND (*Liebigs Ann. Chem.* **314** [1901] 259/75, 268).

With Oxidizing Agents in Aqueous Solution

Gegen Oxydationsmittel in wäßriger Lösung. Gegen O_2 in Ggw. von H_2O s. S. 62.

Salpetersäure, Na-Hypochlorit, Bromwasser und Permanganat in saurer Lsg. oxydieren P_4O quantitativ zu H_3PO_4, s. A. MICHAELIS, M. PITSCH (*l. c.* S. 60, 67); vgl. auch H. HARNISCH (*Z. anorg. allg. Chem.* **300** [1959] 261/74).

Bei der Ox. von $(P_4OH)_n$ mit alkal. Hypojodit- oder Jodatlsg. entstehen isolierbare Ox.-Prodd., die noch mehrere P-Atome enthalten. Nach Eintragen des fein gepulverten Suboxids in eine auf 30 bis 60°C erwärmte Lsg. von 100 g NaOH und 170 g Jod in 1 l H_2O und Abkühlen scheidet sich das krist. Na-Salz der Blaserschen $(\text{-}\overset{3}{P}\text{-})_6$-Ringsäure (s. S. 154) aus; das leichter lösl. K-Salz kristallisiert erst beim Eindampfen der Lsg. im Vakuum. In der Lsg. sind papierchromatographisch Hypophosphat und mindestens noch 2 weitere Verbb. mit 2 oder mehr P-Atomen, darunter die $\overset{4}{P}\text{-}\overset{3}{P}\text{-}\overset{4}{P}$-Säure (s. S. 144) nachzuweisen, ferner Hypophosphit, Phosphit und Phosphat. Die gleichen Ox.-Prodd. bilden sich aus (mit H_2O ausgekochtem) Schenckschem Phosphor und aus festem Phosphorwasserstoff der ungefähren Zus. P_4H_2; rotes P liefern alle Prodd. mit Ausnahme der $(\text{-}\overset{3}{P}\text{-})_6$-Ringsäure. Vermutlich liegt diesen Substt. dasselbe Bauprinzip, ein polymeres Netzwerk aus P-Atomen, zugrunde, H. HARNISCH (*l. c.*).

With Solvents

Gegen Lösungsmittel. Das Suboxid ist unlösl. in H_2O, Alkohol, Äther, LE VERRIER (*Ann. Chim. Phys.* [2] **65** [1837] 257/79, 261; *Liebigs Ann. Chem.* **27** [1838] 167/82, 170), ferner in Benzin, $CHCl_3$, Terpentin (noch bei 150°C), Glycerin, Eisessig, H_3PO_3, PCl_3, $SbCl_3$, s. A. GAUTIER (*C. r. Acad. Sci.* [*Paris*] **76** [1873] 49/52), in CS_2 und anderen organ. Lsgmm., T. A. KRJUKOVA (*Ž. obščej Chim.* **9** [1939] 577/86), in Aceton, H. HARNISCH (*Z. anorg. allg. Chem.* **300** [1959] 261/74). Auch sd. Äthanol wirkt nicht ein, A. MICHAELIS, K. v. AREND (*Liebigs Ann. Chem.* **314** [1901] 259/75, 268). Alkohol. oder wss.-alkohol. Alkalilauge ist das einzige bisher bekannte Lsgm., in dem sich P_4O leicht und (in der Kälte) ohne Zers. löst, s. das Verh. gegen Basen S. 63. In der wss.-alkohol. Lsg. liegt vermutlich ein Alkoholat $P_4(ONa)(OC_2H_5)$ vor, A. MICHAELIS, M. PITSCH (*Liebigs Ann. Chem.* **310** [1900] 45/74, 61).

The PO Molecule

Die PO-Molekel.

Formation Enthalpy

Bildungsenthalpie ΔH in cal/Mol. Bei 298.15°K gilt für die Bldg. von PO aus den Atomen ΔH $= -140843.4$, aus den Elementen $\Delta H = -6106.7$, B. J. MCBRIDE, S. HEIMEL, J. G. EHLERS, S. GORDON (*NASA SP*-3001 [1963] 264).

Electron Configuration. Terms

Elektronenkonfiguration. Terme. Die PO-Molekel hat 1 Elektron mehr als die PN-Molekel (s. S. 308); die Elektronenkonfiguration im Grundzustand ist demnach KKL $(z\sigma)^2$ $(y\sigma)^2$ $(x\sigma)^2$ $(w\pi)^4$ $(v\pi)$, Termtyp $^2\Pi$; s. hierzu K. DRESSLER (*Helv. phys. Acta* **28** [1955] 563/90, 584). — Zur Konfiguration $(w\pi)^4$ $(x\sigma)$ $(v\pi)^2$ gehören die 3 Anregungszustände B, C und C′, zur Konfiguration $(w\pi)^3$ $(x\sigma)^2$ $(v\pi)^2$ die beiden Zustände D und D′. Wenn aus dem lockernden $(v\pi)$-Orbital ein nicht bindendes wird, geht die PO-Molekel in einen der Zustände A, E oder E′ über, C. V. V. S. N. K. SANTARAM, P. TIRUVENGANNA RAO (*Z. Phys.* **168** [1962] 553/9, 559). Einzelne Terme werden zuvor von K. DRESSLER (*l. c.*), N. L. SINGH (*Canad. J. Phys.* **37** [1959] 136/43), K. SURYANARAYANA RAO (*Canad. J. Phys.* **36** [1958] 1526/36, 1533), K. K. DURGA, P. TIRUVENGANNA RAO (*Indian J. Phys.* **32** [1958] 223/9) näher untersucht.

Type of Bond

Bindungsart. In der PO-Molekel bestehen 2 σ-Bindungen und eine π-Bindung, J. R. VAN WAZER (*J. Am. chem. Soc.* **79** [1957] 5709/15, 5711). Die π-Bindung kommt ausschließlich oder überwiegend durch p-Elektronen zustande, H. H. JAFFÉ (*J. inorg. nucl. Chem.* **4** [1957] 372/3).

Term Energies. Molecular Constants

Termenergien T_e, T_0 in cm^{-1}. **Molekelkonstanten.** Kernabstand r_e, r_0 in Å, Rotationskonstt. B_e, B_0 und α, Schwingungsfrequenzen ω_e, Anharmonizitätsfaktoren $\omega_e x_e$, alle in cm^{-1}.

Aus eigenen Messungen an einigen Bandensystemen (s. S. 65) und nach krit. Durchsicht der Literaturdaten ergibt sich, daß der Grundzustand X sowie die Anregungszustände D, D′ und E′ aufgespalten sind:

Zustand . . .	$X^2\Pi_r$	$B^2\Sigma$	$A^2\Sigma$	$C'(^2\Sigma,^2\Delta)$	$C(^2\Sigma,^2\Delta)$	$D^2\Pi_r$	$D'^2\Pi_a$	$E'^2\Pi_a$	E
T_e	0	30841.3	40406.8	43854.5	47250.6	48718.1	48757.5	48779	53204
	224					48745.0	48854.7	48823	
ω_e	1232.5	1166.2	1391.2	825.8	745	<1166	>1166	1305	1458
$\omega_e x_e$	6.50	14.10	6.99	6.44	3.5	—	—	—	—

C. V. V. S. N. K. SANTARAM, P. TIRUVENGANNA RAO (*Z. Phys.* **168** [1962] 553/9, 558). Für die Zustände B, C, D und E werden Termenergien von K. DRESSLER (*Helv. phys. Acta* **28** [1955] 563/90, 582), für den Zustand A von R. RAMANADHAM, G. V. S. RAMACHANDRA RAO (*Current Sci.* **14** [1945] 230) angegeben; Aufspaltung des Grundzustands nach diesen Autoren: 222.6 bzw. 223.8 cm^{-1}.

Pot.-Kurven für die Zustände X und A s. bei H. LESSHEIM, R. SAMUEL (*Z. Phys.* **84** [1933] 637/56, 643), für die Zustände X, B und C′ bei C. V. V. S. N. K. SANTHARAM, P. TIRUVENGANNA RAO (*Indian J. Phys.* **37** [1963] 14/7).

Ergebnisse der Rotationsanalyse:

Term	B_e	α	r_e	Lit.
E	0.792	0.008	1.420	1)
B	0.7769	0.0095	1.434	1)
B	0.7476	0.0088	1.462	2)
X	0.7348	0.0055	1.475	2)
A	0.7801	0.0054	1.431	3)
X	0.7331	0.0055	1.473	3)

1) K. DRESSLER (*l. c.*). — 2) N. L. SINGH (*Canad. J. Phys.* **37** [1959] 136/43, 142). — 3) K. SURYANARAYANA RAO (*Canad. J. Phys.* **36** [1958] 1526/36, 1533). — Für den C′-Zustand läßt sich $B_0 = 0.64$, $r_0 = 1.58$ abschätzen, C. V. V. S. N. K. SANTHARAM, P. TIRUVENGANNA RAO (*l. c.*). Weitere Zahlenwerte für einige dieser Konstt., die von P. N. GHOSH, G. N. BALL (*Z. Phys.* **71** [1931] 362/70, 366), J. CURRY, L. HERZBERG, G. HERZBERG (*Z. Phys.* **86** [1933] 348/66, 364), A. K. SEN GUPTA (*Proc. phys. Soc.* **47** [1935] 247/57, 249) und R. RAMANADHAM, G. V. S. RAMACHANDRA RAO (*l. c.*) aus älteren spektroskop. Daten ber. sind, s. bei G. HERZBERG (*Spectra of diatomic Molecules*, 2. *Aufl.*, *New York-Toronto-London* 1950, S. 564); vgl. auch P. N. GHOSH, A. K. SEN GUPTA (*Nature* **131** [1933] 841).

Zur Berechnung von ω_e s. K. M. GUGGENHEIMER (*Proc. phys. Soc.* **58** [1946] 456/68, 462).

Für den Grundzustand ergibt sich die Spinaufspaltungskonst. zu A = 223.99 cm^{-1}, die Λ-Verdoppelungskonst. zu p = 0.0077 cm^{-1}, für den B-Zustand die Spinverdopplungskonst. zu $\gamma = 0.0074$ cm^{-1}, N. L. SINGH (*l. c.*).

Kraftkonstante k in mdyn/Å. Aus älteren spektroskop. Daten berechnet A. D. WALSH (*Proc. Roy. Soc.* A **207** [1951] 13/30, 16) für den Grundzustand k = 9.42, nachdem J. W. LINNETT (*Trans. Faraday Soc.* **38** [1942] 1/9, 4) k = 9.57 für den Grundzustand und k = 12.225 für den A-Zustand angegeben hatte. *Force Constant*

Bandenspektrum. Außer 7 Bandensystemen im UV, die Übergängen von Anregungszuständen zum Grundzustand entsprechen, sind noch 2 Bandensysteme im sichtbaren Bereich bekannt, die Übergängen zwischen den Anregungszuständen D und D′ und dem untersten (B) zuzuordnen sind. *Band Spectrum*

Die Banden, deren Struktur zuerst geklärt werden konnte, sind die sog. γ-Banden; sie bilden das $A^2\Sigma \rightarrow X^2\Pi$-System. Die Dublettbanden, die P- und Q-Zweige haben, liegen im Bereich von 2280 bis 2800 Å und können beispielsweise im Kohlebogen, dessen Elektroden P_2O_5 enthalten, beobachtet werden. Durch die Schwingungsanalyse von O. N. GHOSH, G. N. BALL (*Z. Phys.* **71** [1931] 362/70) ist PO als die Molekel identifiziert worden, die diese Banden emittiert. Von anderen Autoren war das System versuchsweise dem P_2O_5 zugeschrieben worden, nach Verss. mit gründlich gereinigtem P_2O_5, an dem die Banden nicht auftreten, auch dem P_2O_3; s. hierzu A. PETRIKALN (*Naturwissenschaften* **16** [1928] 205; *Z. Phys.* **51** [1928] 395/409). Die erste Beobachtung ist schon P. GEUTER (*Z. wiss. Photogr.* **5** [1907] 1/23, 33/60, 47) mit Hilfe eines Geissler-Rohres gelungen; im Entladungsrohr wird das System auch von H. J. EMELÉUS, R. H. PURCELL (*J. chem. Soc.* **1927** 788/93) beobachtet, im Funken und in der Flamme von A. DE GRAMONT, C. DE WATTEVILLE (*C. r.* **149** [1909] 263/6), C. DE WATTEVILLE (*Z. wiss. Photogr.* **7** [1909] 279/85). — Die Rotationsanalyse von 7 Banden zeigt, daß jede einzelne aus 2 Teilbanden mit je 6 Hauptzweigen ($P_{1,2}$, $Q_{1,2}$, $R_{1,2}$) und 6 Satellitenzweigen (${}^OP_{12}$, ${}^PQ_{12}$, ${}^QR_{12}$, ${}^SR_{21}$, ${}^RQ_{21}$, ${}^QP_{21}$) besteht. Die Spinverdopplung im $A^2\Sigma$-Zustand ist extrem klein. Im Niveau v = 0 des ${}^2\Sigma$-Zustandes treten Störungen auf, K. SURYANARAYANA RAO (*Canad. J. Phys.* **36** [1958] 1526/36). Mit diesen Ergebnissen werden Aussagen von A. K. SEN GUPTA (*Proc. phys. Soc.* **47** [1935] 247/57) über die Rotationsstruktur der γ-Banden korrigiert. Im Spektralbereich der γ-Banden treten einige Banden auf, die wahrscheinlich einem ${}^2\Pi$–${}^2\Pi$-Übergang entsprechen, H. GUENEBAUT, C. COUET, D. HOULON (*C. r.* **258** [1964] 3457/60).

Weitere 4 UV-Bandensysteme haben Kanten zwischen 3200 und 3560 Å (B→X), 1976 und 2138 Å (C→X), 2053 und 2170 Å (D→X) sowie 1825 und 1929 Å (E→X). Die Banden der Systeme C→X und D→X sind von denen des A→X-Systems von P_2 überlagert, so daß die spektroskop. Daten für eine Rotationsanalyse nicht ausreichen. Die Banden des B→X-Systems, die sog. β-Banden, sind wegen einer eigentümlichen Abhängigkeit der Rotationskonstt. B_v von der Schwingungsquantenzahl v teils rot, teils violett abschattiert, K. DRESSLER (*Helv. phys. Acta* **28** [1955] 563/90, 566/71); vorläufige Angaben hierzu s. bei K. DRESSLER, E. MIESCHER (*Proc. phys. Soc.* A **68** [1955] 542/4). Hiermit wird die Deutung von R. RAMANADHAM, G. V. S. RAMACHANDRA RAO, C. R. SASTRY (*Indian J. Phys.* **20** [1946] 161/6), die aus den β-Banden 2 Systeme konstruieren, widerlegt. Auch dieses System ist schon von P. GEUTER (*l. c.*) beobachtet worden; erste provisorische Angaben zu seiner Analyse s. bei J. CURRY, L. HERZBERG, G. HERZBERG (*Z. Phys.* **86** [1933] 348/66). Eine gründliche Rotationsanalyse der 3 β-Banden (0,0), (0,1) und (1,1), bestehend aus je 2 um 224 cm^{-1} voneinander getrennte Teilbanden, wird von N. L. SINGH (*Canad. J. Phys.* **37** [1959] 136/43) durchgeführt, wobei unter anderem der Typ des B-Zustandes (${}^2\Sigma$) endgültig geklärt wird. Die frühere Klassifizierung (${}^2\Pi$) wird schon von K. DRESSLER (*l. c.*) nicht anerkannt.

Die Banden des E→X-Systems brechen wegen Prädissoziation ab; die Dublettaufspaltung beträgt 223 cm^{-1}, K. DRESSLER (*l. c.* S. 574/5).

Die Banden des Systems C′–X liegen im selben Spektralbereich wie die des Systems A–X (2200 bis 2900 Å); einige Banden des Systems E′–X sind in dem Bereich nachweisbar, in dem sich die Systeme C–X und D–X überlappen (2045 bis 2115 Å), C. V. V. S. N. K. SANTARAM, P. TIRUVENGANNA RAO (*Z. Phys.* **168** [1962] 553/9).

Die beiden Bandensysteme im sichtbaren Bereich (bei 4400 und 5500 Å) werden emittiert, wenn der Dampf über feuchtem rotem P bei niedrigem Druck mit Hochfrequenzentladung angeregt wird; unter anderem ergibt sich die Dublettaufspaltung beim System D→B zu 27 cm^{-1}, beim System D′→B zu 97 cm^{-1}, K. KANAKA DURGA, P. TIRUVENGANNA RAO (*Indian J. Phys.* **32** [1958] 223/9).

Die β- und γ-Banden sowie das Bandensystem im grünen Bereich treten auch im Luminescenzspektrum auf, A. D. WALSH (*Proc. Conf. Chem. Aeronomy, Cambridge, Mass.*, 1956 [1957], S. 165/8, *C.A.* **1958** 14343). Die Banden im sichtbaren Bereich, die von der kalten P-Flamme emittiert werden, sind schon von K. RUMPF (*Z. physik. Chem.* B **38** [1938] 469/73) der PO-Molekel zugeschrieben worden.

Dissociation Energy

Dissoziationsenergie D in eV. Wenn bei der Dissoz. von PO im Grundzustand ein P-Atom im ^{2}D-Zustand und ein O-Atom im ^{3}P-Zustand entstehen, ist $D_0 = 5.4 \pm 0.1$. Kleinere Werte — 4.5 für die Dissoz. in P(^{2}P) + O(^{3}P) oder 3.5 für die Dissoz. in P(^{2}D) + O(^{1}D) — sind mit dem Wert 7.1, der sich durch lineare Extrapolation der Grundschwingungsquanten ergibt, kaum vereinbar, K. DRESSLER (*Helv. phys. Acta* **28** [1955] 563/90, 589). Auch aus dem Spektrum, das bei der Ox. von P beobachtet wird (s. „*Phosphor*" *Tl.* B ab S. 263), ergibt sich $D_0 = 5.4$, A. D. WALSH (*l. c.*). Hiermit wird die Abschätzung von L. GERÖ, C. FONO (*J. chem. Phys.* **17** [1949] 345/6), die durch Interpolation aus entsprechenden Daten für NO und AsO zu $D_0 = 5.3$ gelangen, recht gut bestätigt. Demgegenüber ergibt eine Diskussion über die lineare Extrapolation der Schwingungsniveaus, daß bei der Dissoz. der PO-Molekel in den Zuständen X, A, B und C′ das entstehende O-Atom sich immer im Grundzustand befindet, das P-Atom nur bei der Dissoz. aus den Zuständen X und B; aus dem C′-Zustand entstehen P(^{2}D) + O(^{3}P). Dissoz.-Energie im Grundzustand: 6.7 bis 6.8 eV, C. V. V. S. N. K. SANTHARAM, P. TIRUVENGANNA RAO (*Indian J. Phys.* **37** [1963] 14/7).

Zuvor wird von A. G. GAYDON (*Dissociation Energies and Spectra of diatomic Molecules*, 2. *Aufl.*, *London* 1953, S. 22) der von K. RUMPF (*l. c.*) geschätzte Wert 6.2 für am zuverlässigsten gehalten; vgl. auch J. BERKOWITZ (*J. chem. Phys.* **30** [1959] 858/60). Älterer spektroskopisch bestimmter Wert: $D_0 = 7.4$, P. N. GHOSH, G. N. BALL (*Z. Phys.* **71** [1931] 362/70, 366).

Nach einer neu aufgestellten Pot.-Funktion ergibt sich $D_0 = 5.609$ ($\triangleq$ 129.3 kcal/Mol), E. R. LIPPINCOTT, R. SCHROEDER (*J. chem. Phys.* **23** [1955] 1131/41, 1137). Ältere theoret. Werte: $D_0 \approx 3.5$, L. PAULING (*J. Am. chem. Soc.* **54** [1932] 3570/82, 3579), $D_0 = 4.50 \pm 0.08$, M. A. COOK (*J. phys. Chem.* **51** [1947] 407/14).

Thermodynamic Functions

Thermodynamische Funktionen. Enthalpie H° in cal/Mol, Wärmekapazität C_p° in cal mol^{-1}grd^{-1}, Entropie S° in cal mol^{-1}°K^{-1}.

Vorläufige Abschätzung von G° und S° bei 293.16 und 3000°K s. bei G. A. CHAČKURUZOV, B. I. BROUNŠTEJN (*Ž. fiz. Chim.* **30** [1956] 2412/23, **31** [1957] 770/9). Aus spektroskop. Daten erhalten R. L. POTTER, V. N. DI STEFANO (*J. phys. Chem.* **65** [1961] 849/55, 853) für $(G^\circ - H_0^\circ)/T$, C_p° und S° im Bereich von 273.15 bis 5000°K Werte, die durch die nachstehend wiedergegebenen im wesentlichen bestätigt werden. Auswahl aus Werten für 61 verschiedene Tempp.:

T in °K	100	298.15	400	600	800	1000	1500	2000
$H^\circ - H_0^\circ$	719.8	2245.4	3023.8	4609.6	6265.9	7968.6	12333.6	16776.8
C_p°	7.7217	7.5874	7.7241	8.1262	8.4155	8.5975	8.8276	8.9348
S°	44.7861	53.2245	55.4695	58.6788	61.0594	62.9583	66.4949	69.0506

T in °K	2500	3000	3500	4000	4500	5000	5500	6000
$H^\circ - H_0^\circ$	21261.7	25774.3	30308.7	34862.2	39433.7	44023.7	48633.7	53265.7
C_p°	9.0003	9.0484	9.0885	9.1250	9.1612	9.1993	9.2411	9.2878
S°	71.0519	72.6972	74.0951	75.3111	76.3880	77.3552	78.2339	79.0399

B. J. MCBRIDE, S. HEIMEL, J. G. EHLERS, S. GORDON (*NASA SP*-3001 [1963] 264). Einzelne Werte für $(G^\circ - H_0^\circ)/T$ zwischen 298 und 3000°K s. bei L. BREWER, M. S. CHANDRASEKHARAIAH (*UCRL*-8713 [1959] 16).

The PO⁺ Ion

Das PO^+-Ion.

Im Grundzustand unterscheidet sich die Elektronenkonfiguration von derjenigen der PO-Molekel dadurch, daß das vπ-Elektron fehlt. Dementsprechend ist der Grundzustand (X) ein $^1\Sigma$-Zustand. Die Analyse des Bandensystems, von dem 8 rotabschattierte Banden zwischen 1900 und 2200 Å zu beobachten sind, ergibt, daß ein Anregungszustand (A) 49930 cm^{-1} über dem Grundzustand existiert. Schwingungsfrequenzen ω_e = 1405 (X), 1017 (A), Anharmonizitätsfaktoren: $\omega_e x_e = 8$ (A), im Grundzustand $\sim$5. Das Spektrum ist im Geissler-Rohr zu beobachten, das He (oder ein anderes Edelgas) und P_2O_5-Dampf enthält, K. DRESSLER (*Helv. phys. Acta* **28** [1955] 317/8, 563/90).

Polymeres Phosphormonoxid $(PO)_x$.

Polymeric Phosphorus Monoxide

Bei der Elektrolyse von wasserfreiem, zur Erhöhung der Leitf. mit $(C_2H_5)_3NHCl$ gesätt. $POCl_3$ an Pt-Elektroden bei 0°C scheidet sich an der Kathode eine feste braune Subst. der Zus. PO ab; das anodisch entstehende Cl_2 bleibt im Lsgm. gelöst. $(PO)_x$ besteht aus einem röntgenamorphen und einem krist. Anteil; dieser ist kubisch mit $a_0 = 6.46$ Å. $(PO)_x$ ist gegen Wasser beständig und darin wie auch in üblichen organ. Lsgmm. unlöslich, wird von wss. NaOH unter PH_3-Entw. zersetzt und geht im O_2-Strom bei 300°C quantitativ in P_2O_5 über. Aus $POBr_3$ und Mg in sd. Äther bildet sich ebenfalls ein Prod. der Zus. PO, das aber völlig röntgenamorph und viel reaktionsfähiger ist; es wird schon von feuchter Luft hydrolytisch zersetzt, s. H. Spandau, A. Beyer (*Naturwissenschaften* **46** [1959] 400), H. Spandau, A. Beyer, F. Preugschat (*Z. anorg. Ch.* **306** [1960] 13/20, 14/16).

Amorphes $(P_2O_3)_x$***(?).***

Amorphous $(P_2O_3)_x$ *(?)*

Bei der Einw. von O_2 auf weißen, in CCl_4, PCl_3 oder anderen Fll. gelösten Phosphor bildet sich nach mehreren, in den Hauptpunkten miteinander verträglichen Angaben eine amorphe Subst. der ungefähren Zus. P_2O_3, die sich besonders durch ihre Unlöslichkeit in organ. Lsgmm. auffallend vom gewöhnl. P_2O_3 unterscheidet. Aus den Angaben geht nicht mit völliger Sicherheit hervor, ob eine definierte Verb. (etwa eine hochpolymere P_2O_3-Modifikation) vorliegt und ob es sich bei den von verschiedenen Autoren dargestellten Präpp. um die gleiche Subst. (vielleicht in verschiedenem Verteilungsgrad) handelt.

Beim Einleiten von trocknem O_2 in eine Suspension von weißem P (2 bis 5 g) in CCl_4 (100 ml) in einer Schüttelbirne mit Kühlmantel (Wassertemp. 20 bis 30°C) scheidet sich unter hellem Leuchten ein schwach gelber, voluminöser Nd. ab. Die Rk.-Geschw. (am günstigsten: 100 bis 200 cm^3h^{-1} O_2-Aufnahme, Vers.-Dauer 1 bis 2 Tage) hängt stark von der Temp. und der Reinheit der Komponenten ab. Bei 30 bis 40°C Kühlwassertemp. werden unter Wärmeentw. bis zu 2000 cm^3 h^{-1} O_2 aufgenommen, bei 8 bis 10°C kann die Rk. ganz zum Stillstand kommen. Kleine Mengen CS_2 verhindern die O_2-Aufnahme vollständig. Die Rk. hört auf, wenn ~3.2 Mol O_2 (Mittel aus 5 Einzelwerten zwischen 3.12 und 3.29) je Mol P_2 absorbiert sind. Der äußerst hygroskop. Nd. wird unter N_2-Druck filtriert, mit 300 bis 400 ml CS_2 gewaschen, über P_2O_5 bei gewöhnl. Temp. und bei 80 bis 100°C im Vak. (0.5 Torr) getrocknet. Das rein weiße, mikroskopisch amorphe Prod. enthält P und O im Atomverhältnis 2 : 3.2 (Einzelwerte: 3.17, 3.21), außerdem (in Gew.-%) 0.7 bis 2 C, 3 bis 4 Cl und 0.2 bis 0.4 H. Der C- und Cl-Gehalt rührt vermutlich von einer organ. P-Verb. her, der H-Gehalt von aufgenommener Luftfeuchtigkeit. Die Waschfl. enthält nur Spuren P ($<0.1\%$ der angewandten Menge); gewöhnliches P_2O_3 ist in CS_2 und CCl_4 leicht löslich. Bei vorzeitiger Unterbrechung des Vers. beträgt das Atomverhältnis P : O im Endprod. 2 : 2.97, der C- und Cl-Gehalt 0.4 bzw. 1.8%; das überschüssige P befindet sich in der Waschfl., B. Blaser (*Ber. dtsch. chem. Ges.* **64** [1931] 614/9).

Die Verb. verändert sich im Licht nicht. Sie verträgt langes Erhitzen im Vak. bei 100°C und zersetzt sich erst bei höheren Tempp., ohne vorher zu schmelzen. In feuchter Luft färbt sie sich sofort gelb und riecht nach PH_3; beim Vers., die feuchtgewordene Subst. bei erhöhter Temp. zu trocknen, zersetzt sie sich unter Rotfärbung und Abspaltung von P-Dampf. Auf Wasser geworfen, fangen auch kleine Teilchen Feuer; dagegen entsteht bei vorsichtigem Eintragen der in CCl_4 suspendierten Verb. in kaltes Wasser eine gelbe, stark reduzierende, nach PH_3 riechende Lsg., aus der sich später ein gelber Nd., vermutlich Phosphorsuboxid (s. S. 58), abscheidet. Darst. und Eigg. deuten darauf hin, daß eine Modifikation des P_2O_3 vorliegt, B. Blaser (*l. c.*). Das Verh. gegen Wasser ist dem des gewöhnl. P_2O_3 ähnlich (s. S. 74); seiner Rk.-Fähigkeit nach kann das Prod. keine höherpolymere Verb. sein, L. Wolf, W. Jung, M. Tschudnowsky (*Ber. dtsch. chem. Ges.* **65** [1932] 488/91); vgl. jedoch die große Rk.-Fähigkeit des $(PO)_x$, s. oben. Nach A. Besson (*C. r. Acad. Sci.* [*Paris*] **125** [1897] 1032/3) reagiert ein Tl. des in CCl_4-Lsg. gebildeten gelblichen Nd. unter Wärmeentw. mit Wasser; der gegen H_2O beständige Anteil ist ein Phosphorsuboxid der Zus. P_2O, nach K. Weidner (*Diss. Erlangen* 1909, S. 1/32, 23) unreines P_4O.

Bei ein- bis zweitägigem Stehen einer ständig gesätt. Lsg. von weißem P in PCl_3 oder in wasserfreiem Äther an der Luft in einem enghalsigen Kolben bilden sich unter O_2-Aufnahme neben Säuren des P geringe Mengen eines festen gelben Stoffes, der bei vorsichtigem Eintragen in kaltes H_2O eine klare, gelbe Lsg. liefert. Diese zersetzt sich bei gewöhnl. Temp. in einigen Std., bei 80°C sofort unter Ausscheidung von gelbem P_4O-Gel (s. S. 59) und Bldg. von H_3PO_4. Alkalizusatz färbt die Lsg. dunkelbraun, ohne in der Kälte einen Nd. zu geben. Der gelbe Stoff ist auch in Alkohol leicht lösl. und läßt sich daraus mit Äther ausfällen; das nach dem Auswaschen und dem Verdunsten des Äthers hinterbleibende, mäßig hygroskop. Pulver enthält (nach unsicherer Analyse) P und O ungefähr im Atomverhältnis 22 : 19, außerdem kleine Mengen einer Äther-Phosphorsäure-Verb., LE VERRIER (*Ann. Chim. Phys.* [2] **65** [1837] 257/79; *Liebigs Ann. Chem.* **27** [1838] 167/82). Die Angaben von LE VERRIER (*l. c.*) werden bestätigt, B. REINITZER, H. GOLDSCHMIDT (*Ber. dtsch. chem. Ges.* **13** [1880] 845/51); bei der Ox. einer Lsg. von P in PCl_3, Äther, $CHCl_3$ oder C_6H_6 mit trockner Luft entsteht eine zitronengelbe, amorphe Subst., die nach Absaugen des Lsgm. fast weiß erscheint, sich in eiskaltem Wasser mit intensiv goldgelber Farbe löst und die Zus. P_2O_3 besitzt. Die gelbe Lsg. läßt sich durch Dialyse von den bei der Darst. gleichzeitig entstandenen Säuren befreien und reagiert dann neutral; demnach ist die gelbe Subst. kolloid gelöst. Die neutrale Lsg. ist auch beim Kochen beständig; angesäuert zersetzt sie sich unter Ausscheidung von gelbem, flockigem P_4O; die Mutterlauge ist farblos und enthält H_3PO_4, H_3PO_3, H_3PO_2 und PH_3, s. B. REINITZER nach A. MICHAELIS, M. PITSCH (*Liebigs Ann. Chem.* **310** [1900] 45/74, 51), B. REINITZER (*Ber. dtsch. chem. Ges.* **14** [1881] 1884/7).

Die bei der Verbrennung von P mit beschränkten Luftmengen entstehenden Prodd. liefern nur ausnahmsweise eine gelbgefärbte Lsg.; die Farbe rührt von feinverteiltem P_4O her, das sich durch wiederholte Filtration abtrennen läßt, T. E. THORPE, A. E. TUTTON (*J. chem. Soc.* **49** [1886] 833/9). Aus wasserfreiem H_3PO_3 und PCl_3 bei 10 bis 76°C bildet sich ein gelb bis orange gefärbtes, sirupöses Prod., das ein Gemenge verschiedener Substt. ist. Es reagiert mit H_2O und Alkohol stark exotherm unter Bldg. einer farblosen Lsg. und eines orangegelben Rückstandes, der kein P_2O_3 enthält und vermutlich ein P-Suboxid ist, L. WOLF, E. KALAEHNE, H. SCHMAGER (*Ber. dtsch. chem. Ges.* **62** [1929] 1441/9); vgl. auch A. GAUTIER (*C. r. Acad. Sci. [Paris]* **76** [1873] 49/52). Das gewöhnl. P_2O_3 bildet mit wenig Wasser einen klaren, gelben Sirup, aus dem sich nach einigen Tagen P-Suboxid ausscheidet, s. S. 74. Über die Bldg. einer trüb-gelben Lsg. bei der Wasserdampfdest. von P, aus der beim Ansäuern P_4OH ausfällt, s. S. 59. In feiner Verteilung ist auch P_2O_3 äußerst feuchtigkeitsempfindlich, s. die Darst. in fl. SO_2, S. 69.

Die Unlöslichkeit in CCl_4, CS_2, Äther, $CHCl_3$ und C_6H_6, ferner das Fehlen eines Schmp., die Feuchtigkeitsempfindlichkeit, das Verh. des feuchten Prod. beim Erhitzen und die Beständigkeit gegen O_2 sind auch Eigg. des P_2O_4, s. S. 76/77.

Diphosphorus Trioxide

Diphosphortrioxid P_2O_3.

Formation. Preparation. By Partial Combustion of White Phosphorus

Bildung und Darstellung. Durch unvollständige Verbrennung von weißem Phosphor. Bei der langsamen, mit Luminescenz ohne Entflammung verknüpften Ox. des P durch trocknes oder feuchtes O_2 bei niedriger Temp. entsteht ein Gemisch aus P_2O_4 und P_2O_5; P_2O_3 ist weder als Zwischenprod. noch in den Endprodd. nachweisbar. Es ist jedoch wahrscheinlich, daß intermediär angeregte P_2O_3-Molekeln auftreten, die rasch (vielleicht unter Aussendung des „Phosphorleuchtens") weiter oxydiert werden, C. C. MILLER (*J. chem. Soc.* **1929** 1829/46). Dagegen befindet sich P_2O_3 unter den Endprodd., wenn P mit heißer Flamme verbrennt und die Weiterox. durch beschränkten Luftzutritt unterbunden wird. So bildet sich P_2O_3 neben P_2O_5 beim Verbrennen von P in einem nach oben gebogenen Glasrohr, dessen waagerechter Tl. bis auf eine stecknadelgroße Öffnung zugeschmolzen ist, J. J. BERZELIUS (*Lehrbuch der Chemie*, 5. *Aufl.*, *Bd.* 1, *Dresden-Leipzig* 1843, S. 558). Vgl. hierzu „*Phosphor*" *Tl.* B, S. 263/4.

Größere Mengen (30 g in 6 Std.) von fast reinem P_2O_3 erhält man durch Entzünden von P-Stangen in einem luftdurchströmten Verbrennungsrohr, an das (zur Kondensation von P-Dampf) ein mit Wasser von 50 bis 60°C umgebenes und (zum Abfangen von P_2O_5) am Ende mit einem lockeren Glaswollepfropfen versehenes Rohr angeschlossen ist; das P_2O_3 kondensiert in mit Eis-NaCl gekühlten U-Rohren, aus denen es von Zeit zu Zeit durch Schmelzen (Handwärme genügt, Schmp. 22.5°C) und Abfließenlassen in eine Vorlage entfernt wird. Die Ausbeute steigt mit der Geschw. des Luftstroms, T. E. THORPE, A. E. TUTTON (*J. chem. Soc.* **57** [1890] 545/73). Ausbeute 3 g P_2O_3 aus 30 g P bei 2std. Vers.-Dauer. Das Verf. eignet sich in vereinfachter Ausführung als Vorlesungsvers., H. BILTZ, A. GROSS (*Ber. dtsch. chem. Ges.* **52** [1919] 762/8); Ausbeute im Mittel 5 g von 70 g P, s. C. C. MILLER (*Proc. Roy. Soc. Edinburgh* **46** [1925/26] 76/85). Verbrennung unter vermindertem Druck (300 bis 400 Torr) ergibt 4 g P_2O_3 aus 40 bis 50 g P in 2 bis 3 Std., H. J. EMELÉUS (*J. chem. Soc.* **127** [1925] 1362/8).

Möglichst kurze Verweilzeit in der 600 bis 750°C heißen Verbrennungszone (hohe Strömungsgeschw. und schmale Verbrennungszone), rasche Abkühlung und niedriger P_2O_3-Partialdruck des Verbrennungsgases erhöhen die Ausbeute durch Zurückdrängung von Ox. und therm. Zers. des gebildeten P_2O_3, s. S. 72, 73. Optimale Ausbeuten (49 g P_2O_3 auf 50 g P) erhält man nach systemat. Verss. mit Variation der Zus. des O_2-N_2-Gemisches (10 bis 100 Vol.-% O_2), der Strömungsgeschw. und des Druckes im Verbrennungsrohr bei Verwendung einer trocknen Mischung mit 75 Vol.-% O_2, die mit 30 $Ndm^3\ h^{-1}$ durch ein Quarzrohr von 17 mm lichter Weite strömt, in dem ein Gesamtdruck von 20 bis 120 Torr (am besten 90 Torr) aufrechterhalten wird. Das auf beiden Seiten unter 40° nach aufwärts gebogene, im horizontalen Tl. 24 cm lange Rohr ist mit 50 g P in 2 bis 3 cm langen, 1.5 cm dicken Stangen beschickt und liegt in einer Wanne mit Wasser von 46 bis 50°C. Nach Entfernung des Flugstaubes (P_2O_5, rotes P, P-Suboxide) in aerodynam. Abscheidern wird das P_2O_3 in Kühlfallen mit Eis-NaCl, Aceton-CO_2 und fl. Luft kondensiert. Die App. wird vor und nach dem Vers. mit CO_2 ausgespült, L. Wolf, H. Schmager (*Ber. dtsch. chem. Ges.* **62** [1929] 771/86), L. Wolf (*D.P.* 444664 [1926/27] nach *C.* **1927** II 481); vgl. auch P. M. van Doormaal, F. E. C. Scheffer (*Recueil Trav. chim. Pays-Bas* **50** [1931] 1100/4), G. C. Hampson, A. J. Stosick (*J. Am. Soc.* **60** [1938] 1814/22), H. Gerding, H. v. Brederode, H. C. J. de Decker (*Recueil Trav. chim. Pays-Bas* **61** [1942] 549/60), R. Klement (in: G. Brauer, *Handbuch der präparativen anorganischen Chemie, Stuttgart* 1954, S. 410/6).

Auf anderem Wege. Die Verbrennung von rotem P läßt sich nach zahlreichen Verss. niemals so durchführen, daß dabei P_2O_3 in nachweisbarer Menge entsteht. Unter gemäßigten Bedingungen geht der (zur Vermeidung der Zerstäubung im Gasstrom) in lockere Stangen gepreßte rote Phosphor ohne Flamme und ohne Verdampfung in P_2O_5 über, bei starker O_2-Zufuhr verbrennt er rasch zu P_2O_5, s. L. Wolf, H. Schmager (*Ber. dtsch. chem. Ges.* **62** [1929] 771/86, 779). Bei der Verbrennung von rotem P mit NO im Strömungscalorimeter (elektr. Zündung) entsteht ein Gemisch aus P_2O_3 und P_2O_5 mit 20 bis 40 Mol-% P_2O_3, s. W. E. Koerner, F. Daniels (*J. chem. Phys.* **20** [1952] 113/5). *Other Methods*

Die Entwässerung von H_3PO_3 führt nicht zu P_2O_3, s. C. C. Miller (*J. chem. Soc.* **1928** 1847/62, 1854); s. auch das chem. Verh. von H_3PO_3, S. 121.

Nach $H_3PO_3 + PCl_3 = P_2O_3 + 3HCl$ läßt sich P_2O_3 entgegen F. Krafft, R. Neumann (*Ber. dtsch. chem. Ges.* **34** [1901] 565/9) nicht erhalten; die Rk. verläuft bei —30°C und 760 Torr quantitativ von rechts nach links, bei höheren Tempp. entsteht unter den verschiedensten Bedingungen (Mengenverhältnis, Druck, Ausführung der Rk. in äther. Lsg.) stets derselbe gelbe Stoff (Phosphorsuboxid? s. S. 60), der sich auch bei der Rk. zwischen P_2O_3 und H_3PO_3 (s. S. 61) bildet, L. Wolf, E. Kalaehne, H. Schmager (*Ber. dtsch. chem. Ges.* **62** [1929] 1441/9); s. auch W. P. Jorissen, A. Tasman (*Recueil Trav. chim. Pays-Bas.* **48** [1929] 324/7). Auch bei der Einw. von PCl_3 auf Ameisensäure, Essigsäure oder Essigsäureanhydrid entsteht entgegen älteren Angaben kein P_2O_3, s. A. van Druten (*Recueil Trav. chim. Pays-Bas* **48** [1929] 312/23), L. Wolf u. a. (*l. c.*), B. T. Brooks (*J. Am. Soc.* **34** [1912] 492/9), ebensowenig aus PCl_3 und Trichloressigsäure, Buttersäure oder Na-Formiat, W. P. Jorissen, A. Tasman (*l. c.*).

Dagegen gelingt die Darst. von P_2O_3 aus PCl_3 und Tetramethylammoniumsulfit in fl. SO_2. Nach konduktometr. Unterss. geht bei Zugabe des Sulfits zu einer Lsg. von PCl_3 in fl. SO_2 (~0.1 g in 50 ml) bei —40°C quantitativ die Rk. $2PCl_3 + 3[(CH_3)_4N]_2SO_3 = P_2O_3 + 3SO_2 + 6(CH_3)_4NCl$ vor sich; P_2O_3 fällt als weißer, flockiger Nd. aus und wird durch wiederholte Extraktion mit fl. SO_2 gereinigt, filtriert und getrocknet. Das äußerst feuchtigkeitsempfindliche Prod. enthält nach jodometr. Analyse 98.4% P_2O_3, es ist frei von Cl^-, SO_3^{2-}, SO_4^{2-} und N-haltigen Verunreinigungen. Bei Zugabe von mehr als 3 Mol Sulfit auf 2 Mol PCl_3 löst sich das P_2O_3 unter Bldg. eines Metaphosphits, s. S. 155. Es kann durch Rücktitration mit $SOCl_2$ wieder ausgefällt werden, G. Jander, H. Wendt, H. Hecht (*Ber. dtsch. chem. Ges.* **77** [1944] 698/704). PCl_3 und $[(C_2H_5)_3Sn]_2O$ setzen sich beim Kochen unter Rückfluß zu P_2O_3 und $(C_2H_5)_3SnCl$ um, H. H. Anderson (*J. org. Chem.* **19** [1954] 1766/9).

Reinigung. Das durch P-Verbrennung dargestellte Prod. enthält auch nach mehrfacher Dest. über Cu-Draht unter niederem Druck etwa 1 Gew.-% weißen Phosphor. Bei zu weitgehender Dest. treten P-Tröpfchen auf, die sich im fl. P_2O_3 nicht mehr auflösen; die bei 25°C gesätt. Lsg. von fl. (unterkühltem) P in fl. P_2O_3 enthält 1.7% Phosphor. P-haltige Prodd. erstarren meistens wachsartig, während reines P_2O_3 durchsichtige Kristalle bildet. Auch andere, früher dem P_2O_3 zugeschriebene Eigg. beruhen auf dem P-Gehalt der Präpp., so die Lichtempfindlichkeit, die Rk.-Fähigkeit mit Sauerstoff (Luft) bei niederen Tempp. und die dabei auftretende Luminescenz. Wiederholtes Umkristallisieren aus CS_2 oder Leichtpetroleum bei —18°C (mit 33% Ausbeute) setzt den P-Gehalt auf 0.02% herab. Zu seiner Entfernung wird das fl. Oxid in dünner Schicht auf die Wand der untersten Kugel eines evakuierten Dreikugelrohres verteilt und einige Std. dem Licht ausgesetzt; dabei wandelt sich der weiße Phosphor zum größten Tl. in roten um. Nach Wiederholung des Prozesses in der 2. und 3. Kugel, in die das Oxid jeweils durch Dest. bei 40°C überführt wird, ist es nicht mehr lichtempfindlich und wird durch ein P_2O_5-Trockenrohr in eine vorher evakuierte 4. Kugel *Purification* destilliert, die dann samt Trockenrohr mit CO_2 gefüllt wird, C. C. MILLER (*J. chem. Soc.* **1928** 1847/62). Innerhalb der Nachweisgrenzen (Lichtempfindlichkeit, O_2-Aufnahme bei gewöhnl. Temp.) P-freies P_2O_3 erhält man ohne vorhergehende Umkristallisation, wenn das Rohprod. insgesamt 12mal, wie vorstehend beschrieben, belichtet wird, C. C. MILLER (*J. chem. Soc.* **1929** 1823/46, 1824); 34 je 2std. Belichtungen mit einer Hg-Lampe ergeben reines P_2O_3, s. P. M. VAN DOORMAAL, F. E. C. SCHEFFER (*Recueil Trav. chim. Pays-Bas* **50** [1931] 1100/4).

Das von P_2O_5 und rotem P durch Filtration unter CO_2 befreite Rohprod. wird im Hochvak. bei gewöhnl. Temp. destilliert; P-Gehalt des Destillats $\leq 0.2\%$, L. WOLF, H. SCHMAGER (*Ber. dtsch. chem. Ges.* **62** [1929] 771/86). Das Oxid enthält auch nach wiederholter Vak.-Dest. noch 1 bis 2% P, von dem es durch 2tägige Bestrahlung mit Hg-Licht und erneute Vak.-Dest. befreit wird, G. C. HAMPSON, A. J. STOSICK (*J. Am. Soc.* **60** [1938] 1814/22).

Storage and Handling

Aufbewahrung und Handhabung. P_2O_3 ist hygroskopisch und wird deshalb zweckmäßig in Ggw. von P_2O_5 aufbewahrt, vgl. C. C. MILLER (*J. chem. Soc.* **1928** 1847/62, 1856); vgl. das Verh. gegen Wasserdampf S. 74, Aufbewahrung im Dunkeln und inerter Atm. (CO_2, N_2), vgl. L. WOLF, H. SCHMAGER (*Ber. dtsch. chem. Ges.* **62** [1929] 771/86), ist nur bei durch weißen Phosphor verunreinigten Präpp. notwendig, s. das Verh. gegen Licht und gegen Sauerstoff S. 72.

Heat of Formation

Bildungswärme. Eine indirekte Best. durch calorimetr. Unters. der Verbrennung von rotem P in strömendem NO, bei der ein Gemisch aus P_2O_3 (20 bis 40 Mol-%) und P_2O_5 entsteht, ergibt für die Bldg. von fl. P_2O_3 aus rotem P und O_2: $\Delta H_{298} = -262 \pm 4$ kcal/Mol P_2O_3. Für die Bldg. aus weißem P folgt daraus: $\Delta H_{298} = -270$ kcal/Mol P_2O_3, W. E. KOERNER, F. DANIELS (*J. chem. Phys.* **20** [1952] 113/5). Freie Bldg.-Enthalpie, geschätzt: 249 kcal/Mol P_2O_3; Dissoz.-Energie in gasf. Atome bei 0°K: 1180 ± 15 kcal/Mol P_4O_6, s. L. BREWER (*Chem. Rev.* **52** [1953] 2/75, 10, 47).

The P_4O_6 Molecule

Die P_4O_6-Molekel. Die 4 P-Atome befinden sich an den Ecken, die 6 O-Atome auf den nach außen geknickten Kanten eines Tetraeders; die Punktgruppe ist wie bei P_4O_{10} (s. Fig. 10, S. 83) T_d. Aus Elektronenbeugungsunterss. ergeben sich die Kernabstände r (P–O) $= 1.65 \pm 0.02$ Å, r(P–P) $= 2.95 \pm 0.03$ Å sowie die Bindungswinkel α(O–P–O) $= 99 \pm 1°$, γ(P–O–P) $= 127.5 \pm 1°$, G. C. HAMPSON, A. J. STOSICK (*J. Am. chem. Soc.* **60** [1938] 1814/22), r(P–O) = 1.67, r(P–P) = 3.00 Å, $\gamma = 128.5°$, L. R. MAXWELL, S. B. HENDRICKS, L. S. DEMING (*J. chem. Phys.* **5** [1937] 626/37). Der kleine P–O-Abstand deutet auf Doppelbindungscharakter, G. C. HAMPSON, A. J. STOSICK (*l. c.*), L. PAULING (*J. phys. Chem.* **56** [1952] 361/5).

Da sich die P_4O_6-Molekel von der P_4O_{10}-Molekel durch das Fehlen von 4 O-Atomen (dort O_{II} genannt, s. S. 83) unterscheidet, sind die Schwingungsmöglichkeiten ähnlich; die Schwingungen, an denen O_{II}-Atome beteiligt sind, entfallen natürlich. Die Unters. des UR- und des Ramanspektrums ergibt folgende Wellenzahlen (in cm^{-1}): 613 (A); 302, 723 (E); 407, 643, 919 (F), D. H. ZIJP (*Advances in molecular spectroscopy, Bd.* 1, *Oxford* 1962, S. 345/53, 346). Demgegenüber finden H. GERDING, H. v. BREDERODE, H. C. J. DE DECKER (*Recueil Trav. chim. Pays-Bas* **61** [1942] 549/60) im Ramanspektrum außer der A-Linie (613 cm^{-1}) 2 E-Linien bei 465, 1029 cm^{-1} und 5 F-Linien bei 302, 370, 407, 643, 919 cm^{-1}; vgl. auch H. GERDING (*J. Chim. phys.* **46** [1949] 118/9). Bei neueren Messungen werden nur 2 von insgesamt 9 Ramanlinien (639 und 911 cm^{-1}) auch im UR-Spektrum nachgewiesen; weitere 9 UR-Max. zwischen 532 und 1851 cm^{-1} sind als Kombinationslinien zu deuten, T. A. SIDOROV, N. N. SOBOLEV (*Opt. i Spektroskopija* **2** [1957] 710/6; *Fiz. Sborn. L'vovsk. Gos. Univ.* **1957** Nr. 3, S. 148/54, *C. A.* **1961** 16143); vgl. auch T. A. SIDOROV (*Tr. fiz. Inst. Akad. Nauk SSSR* **12** [1960] 225/73, *C.A.* **1961** 16168).

Das (infolge Zers. im Licht) unvollständige Ramanspektrum des festen P_4O_6 (Schmp. 20.8°) weist 2 Frequenzen bei 602 und ~ 630 cm^{-1} auf, die den stärksten Frequenzen der Fl. entsprechen und auf Strukturgleichheit deuten, H. GERDING, H. v. BREDERODE, H. C. J. DE DECKER (*l. c.* S. 559).

Constitution

Konstitution. Der Dampf von Phosphorsesquioxid besteht, wie Elektronenbeugungsunterss. zeigen, aus P_4O_6-Molekeln, L. R. MAXWELL, S. B. HENDRICKS, L. S. DEMING (*J. chem. Phys.* **5** [1937] 626/37). Die Dampfdichte, bezogen auf Luft, beträgt demnach theoretisch 7.62. Messungen bei 132, 159 und 184 °C ergeben 7.67, 7.71, 7.69, T. E. THORPE, A. E. TUTTON (*J. chem. Soc.* **57** [1890] 545/73, 551).

Die fl. Phase besteht, wie aus der Anzahl der Linien im Ramanspektrum (s. oben) zu entnehmen ist, ebenfalls aus P_4O_6-Molekeln, H. GERDING, H. v. BREDERODE, H. C. J. DE DECKER (*Recueil Trav. chim. Pays-Bas* **61** [1942] 549/60). Das Molgewicht bleibt zwischen 34 und 109°C unverändert, R. SCHENCK, F. MIHR, H. BANTHIEN (*Ber. dtsch. chem. Ges.* **39** [1906] 1506/21, 1520).

Bei der Vermischung mit organ. Fll. (Benzol, Naphthalin) bleiben die P_4O_6-Molekeln erhalten, T. E. THORPE, A. E. TUTTON (*l. c.*), R. SCHENCK u. a. (*l. c.*).

Würde P_2O_3 kubisch kristallisieren, so würde dieses Gitter vermutlich analog dem von As_2O_3 aus P_4O_6-Molekeln bestehen, s. „*Arsen*" S. 255. Die bekannte, wahrscheinlich monokline Form dürfte wie monoklines As_2O_3 in einem Schichtgitter kristallisieren; s. K. BECKER, K. PLIETH ,I. N. STRANSKI (*Z. anorg. allgem. Chem.* **266** [1951] 293/301).

Physikalische Eigenschaften. Struktur. Kristallform. Die aus der Schmelze, dem Dampf und aus Lsgg. in Benzol oder CS_2 erhaltenen Kristalle sind wahrscheinlich monoklin. Aus dem Dampf rasch kondensiertes P_2O_3 bildet eine schneeweiße, wachsartige Masse, an den Wänden der Vorlage strahlige, eisblumenähnliche Aggregate. Aus der Schmelze entsteht es in Form von dünnen Prismen mit aufgesetzten Pyramiden, bis 3 cm lang, außerordentlich weich und plastisch, T. E. THORPE, A. E. TUTTON (*J. chem. Soc.* **57** [1890] 545/73, 549, 554). Reines P_2O_3 bildet durchsichtige Kristalle; das wachsartige Aussehen nicht genügend gereinigter Prodd. rührt vermutlich von weißem P her, das sich beim Erstarren der Schmelze ausscheidet, C. C. MILLER (*J. chem. Soc.* **1928** 1847/62, 1858), s. auch T. E. THORPE, A. E. TUTTON (*J. chem. Soc.* **59** [1891] 1019/29, 1020).

Physical Properties. Structure. Crystal Form

Über ein mikroskopisch amorphes Prod., vermutlich eine andere Modifikation des P_2O_3, s. S. 67.

Dichte. Thermische Ausdehnung. Pyknometr. Dichte des fl. P_2O_3 (Schmp. 22.5°C): $D_4^{24.8} = 1.9358$. Dilatometr. Messungen ergeben für die Dichte des festen P_2O_3: $D_4^{21} = 2.135$, für die therm. Ausdehnung des fl. P_2O_3 zwischen 25°C und dem Sdp. 173.1°C: $V_t/V_{25} = 1 + 9.1377 \times 10^{-4}$ (t—25)—1.1175 $\times 10^{-7}$ $(t-25)^2 + 3.8607 \times 10^{-9}$ $(t-25)^3$; daraus folgt: $D_4^{21} = 1.9431$, $D_4^{24.8} = 1.9354$, $D_4^{173.1} = 1.6897$, $V_{173.1} = 130.2$ ml/Mol P_4O_6, s. T. E. THORPE, A. E. TUTTON (*J. chem. Soc.* **57** [1890] 545/73, 557).

Density. Thermal Expansion

Oberflächenspannung γ in dyn·cm^{-1}, molare Oberflächenenergie $E = \gamma(M/D_4)^{2/3}$ und Temp.-Koeff. k der letzteren, nach Messungen (Steighöhenmeth.) an einem Präp. mit Schmp. 22°C:

Surface Tension

Temp. in °C . .	34.3		60.3		79.0		109.4
γ	36.58		33.16		31.35		27.76
E	863		794		760		685
k		2.6		1.9		2.4	

R. SCHENCK, F. MIHR, H. BANTHIEN (*Ber. dtsch. chem. Ges.* **39** [1906] 1506/21, 1521).

Dampfdruck. Siedepunkt. Verdampfungswärme. Stat. Messungen an reinem P_2O_3 (Schmp. 23.8°C) ergeben:

Vapor Pressure. Boiling Point. Heat of Vaporization

Temp. in °C . . .	50	60	70	80	90	100	110
p in Torr.	8.1	13.6	22.0	34.6	52.8	78.3	113.2
Temp. in °C . . .	120	130	140	150	160	170	175
p in Torr.	159.8	221	299	398	520	668	753

P. M. VAN DOORMAAL, F. E. C. SCHEFFER (*Recueil Trav. chim. Pays-Bas* **50** [1931] 1100/4). Diese Daten lassen sich durch die Formel lg p = —2860/T + 11.0510 — 0.0040 T wiedergeben; daraus folgt $L_V = 13082 - 0.01830\ T^2$ cal/Mol P_4O_6; Werte bei 23.8°C (Tripelpunkt): p = 1.71 Torr, $L_V = 11470$; Verdampfungsentropie bei 175.4°C (Sdp.): $\Delta S_V = 21.0$ cal·Mol^{-1}·°K^{-1}, T. D. FARR (*Tennessee Valley Authority chem. Engng. Rep.* Nr. 8 [1950] 1/93, 20). — An einigen Präpp. finden T. E. THORPE, A. E. TUTTON (*J. chem. Soc.* **57** [1890] 545/73, 550) t_V-Werte zwischen 173.0 und 173.4°C.

Dynam. Messungen an einem Präp. mit Schmp. 22°C ergeben (in Auswahl):

Temp. in °C . .	22.4	30.8	40.8	50.0	54.7	64.4
p in Torr. . . .	2.7	4.1	6.0	9.5	11.9	18.4

R. SCHENCK, F. MIHR, H. BANTHIEN (*Ber. dtsch. chem. Ges.* **39** [1906] 1506/21, 1518); die weiteren, von diesen Autoren zwischen 70 und 91°C gem. p-Werte sind viel zu hoch, vermutlich infolge PH_3-Bldg. durch Rk. mit H_2O-Dampf, C. C. MILLER (*J. chem. Soc.* **1929** 1823/9), P. M. VAN DOORMAAL, F. E. C. SCHEFFER (*l. c.*).

Schmelzpunkt. Reines P_2O_3 (s. „Reinigung" S. 69) schmilzt bei 23.8°C, C. C. MILLER (*J. chem. Soc.* **1928** 1847/62, 1859), P. M. VAN DOORMAAL, F. E. C. SCHEFFER (*Recueil Trav. chim. Pays-Bas* **50** [1931] 1100/4). Nur durch Dest. gereinigte Prodd. enthalten stets elementaren Phosphor; eine Probe mit 1.7 Gew.-% P (bei 25°C gesätt. Lsg. von weißem P in fl. P_2O_3, s. S. 74) schmilzt bei 22.4°C,

Melting Point

C. C. MILLER (*l. c.*); die Prodd. zeigen keinen konst. Schmp., sondern Schmelzintervalle von 1°C und mehr, P. M. VAN DOORMAAL, F. E. C. SCHEFFER (*l. c.*); Schmp. 22.5°C, Erstarrungspunkt 21°C, T. E. THORPE, A. E. TUTTON (*J. chem. Soc.* **57** [1890] 545/73, 550).

Cryoscopic Constant

Kryoskopische Konstante. $E_g = 11000$, berechnet aus der Gefrierpunktserniedrigung von Naphthalinlsgg., C. C. MILLER (*J. chem. Soc.* **1928** 1847/62, 1859).

Optical Properties

Optische Eigenschaften. P_2O_3-Dampf zeigt kontinuierliche Absorption im Quarz-UV, deren langwellige Grenze bei Druckerhöhung nach langen Wellen hin verschoben wird; bei 1 atm (~130°C) liegt sie bei ~2950 Å. Fl. P_2O_3 absorbiert bis 3350 Å, s. A. PETRIKALN (*Z. Phys.* **51** [1928] 395/409).

Brechungszahl n im Vak. des fl. P_2O_3 bei 27.4°C:

λ in Å	6705	6562	5892	5348	4861	4340
n	1.5350	1.5359	1.5404	1.5454	1.5518	1.5615

$\lambda = 1.5171 + 817670/\lambda^2 - 31659 \cdot 10^7/\lambda^4$, s. T. E. THORPE, A. E. TUTTON (*J. chem. Soc.* **57** [1890] 545/73, 564); daraus ber. Molrefraktionen s. W. J. JONES, W. C. DAVIES, W. J. C. DYKE (*J. phys. Chem.* **37** [1933] 583/96).

Spezif. Drehungsvermögen des fl. P_2O_3 bei 24.8°C (λ nicht angegeben), bezogen auf das von H_2O bei derselben Temp. (im Original keine Angabe; vgl. hierzu LANDOLT-BÖRNSTEIN, 5. *Aufl.*, *Bd.* 2, S. 1015): 1.5832, PERKIN nach T. E. THORPE, A. E. TUTTON (*l. c.* S. 567).

Electric Properties

Elektrische Eigenschaften. Am Schmp. (22°C) haben festes und fl. P_2O_3 die DK $\varepsilon = 3.2$; die spezif. elektr. Leitf. bei 25°C liegt unter $1.2 \times 10^{-7}\ \Omega^{-1} \cdot cm^{-1}$, R. SCHENCK, F. MIHR, H. BANTHIEN (*Ber. dtsch. chem. Ges.* **39** [1906] 1506/21, 1521).

Chemical Reactions. With Light

Chemisches Verhalten. Gegen Licht. Reines P_2O_3 bleibt am Licht auch bei wiederholtem Schmelzen und Erstarren durchsichtig und farblos. Bereits Spuren ($\ll 0.02\%$) von beigemengtem weißem P bewirken Rotfärbung durch Umwandlung in roten Phosphor, C. C. MILLER (*J. chem. Soc.* **1928** 1847/62, 1859); vgl. auch T. E. THORPE, A. E. TUTTON (*J. chem. Soc.* **59** [1891] 1019/29, 1020); s. ferner „Reinigung“ S. 69.

Thermal Decomposition

Thermische Zersetzung. Beim Erhitzen unter dem eigenen Dampfdruck bleibt P_2O_3 bei 200°C unverändert, bei ~210°C trübt sich die Schmelze und scheidet bei weiterer Temp.-Steigerung eine feste, zuerst gelbe, dann dunkelrote Subst. aus. Bei 300°C ist die Zers. nach 1 Std. noch nicht beendet, bei 440°C ist sie vollständig. Im oberen, kalten Tl. des Rohrs bildet sich ein Sublimat von P und von P_2O_4-Kristallen. Die Zers. verläuft im wesentlichen nach $2P_4O_6 = 3P_2O_4 + 2P$, s. T. E. THORPE, A. E. TUTTON (*J. chem. Soc.* **57** [1890] 545/73, 552); ähnlich C. A. WEST (*J. chem. Soc.* **81** [1902] 923/9), C. C. MILLER (*J. chem. Soc.* **1928** 1847/62, 1861), P. M. VAN DOORMAAL, F. E. C. SCHEFFER (*Recueil Trav. chem. Pays-Bas* **50** [1931] 1100/4), L. WOLF, H. SCHMAGER (*Ber. dtsch. chem. Ges.* **62** [1929] 771/86, 773). Die zuerst entstehende gelbrote Subst. ist P_4O, vgl. T. E. THORPE, A. E. TUTTON (*J. chem. Soc.* **49** [1886] 833/9); das Suboxid geht bei noch höheren Tempp. in P und P_2O_5 über, s. S. 61. Unter vermindertem Druck ist die Zers.-Geschw. kleiner. Bei der Dest. von P_2O_3 (1 bis 2 g in 3 bis 5 Std.) unter 0.001 bis 0.01 Torr durch ein erhitztes Quarzrohr von 30 cm Länge und 5 mm lichter Weite werden bei 220 und 340°C keine nachweisbaren Mengen zersetzt, bei 475, 560, 670 bzw. 790°C beträgt die zersetzte Menge 0.17, 1.71, 8.75 bzw. 27.90% der Einwaage, L. WOLF, H. SCHMAGER (*l. c.*).

Decomposition by Electron Beams

Zersetzung durch Elektronenstrahlen. Im Geisslerrohr zersetzt sich P_2O_3 rasch unter Bldg. nichtflüchtiger Oxide, darunter P_2O_5; dabei wird grünlichweißes Licht mit kontinuierlichem Spektrum im Sichtbaren ausgesandt; das im Quarz-UV auftretende Bandenspektrum ist mit dem Luminescenzspektrum des weißen P identisch, s. A. PETRIKALN (*Z. Phys.* **51** [1928] 395/409); vgl. das PO-Spektrum S. 65.

With Oxygen and Ozone

Gegen Sauerstoff und Ozon. Reines P_2O_3. Von weißem P vollkommen freies P_2O_3 (s. „Reinigung“ S. 69) leuchtet nicht beim Zerreiben zwischen den Fingern und entzündet sich nicht, wenn es auf Kleiderstoff verstreut wird. Es reagiert bei 25°C weder mit trocknem noch mit feuchtem O_2 von 18, 100 oder 600 Torr. Beim Erhitzen von ~0.3 g P_2O_3 mit trocknem O_2 (300 Torr) im zugeschmolzenen Glasrohr (Vol. 6 ml) tritt erst bei 220°C langsame Rk. unter Rauchbldg. und schwachem Leuchten ein (vgl. hierzu die therm. Zers. oben); feuchtes O_2 verhält sich ähnlich. Die entgegengesetzten Befunde älterer Unterss., vgl. T. E. THORPE, A. E. TUTTON (*J. chem. Soc.* **57** [1890] 545/73, **59** [1891] 1019/29), H. B. WEISER, A. GARRISON (*J. phys. Chem.* **25** [1921] 349/84, 473/90), H. J. EMELÉUS (*J.

chem. Soc. **127** [1925] 1362/8), C. C. Miller (*Proc. Roy. Soc. Edinburgh* **46** [1925/26] 76/85, 239/44), beruhen auf Verunreinigung der Präpp. durch weißen Phosphor, C. C. Miller (*J. chem. Soc.* **1928** 1847/62, **1929** 1823/9, 1829/46).

Beim Überleiten von ozonisiertem Sauerstoff (1% O_3) über reines P_2O_3 bei 25°C und 1 atm tritt Ox. ohne Luminescenz ein, C. C. Miller (*J. chem. Soc.* **1928** 1847/62, 1860); dabei entstehen ausschließlich P_2O_4 und P_2O_5 (beide in krist. Form) im Molverhältnis 5:3, unter Verbrauch von 1 Mol O_3 je 4 Mol P_2O_3. Die Rk. verläuft daher unter Beteiligung von O_2 nach der Bruttogleichung $8P_4O_6 + 4O_3 + 5O_2 = 5P_4O_8 + 3P_4O_{10}$. Das verbrauchte O_3 ist dem gebildeten P_4O_{10} äquivalent. Die Bldg. von P_4O_8 beruht nicht auf unvollständiger Rk., P_4O_8 wird von O_3 bei 25°C nicht angegriffen, s. S. 77, C. C. Miller (*J. chem. Soc.* **1929** 1829/46, 1838). Die Angaben von T. A. Krjukova (*Žurnal obščej Chim.* **9** [1939] 577/86), wonach P_2O_3 (in Mischung mit anderen Ox.-Prodd. des weißen P) bei gewöhnl. Temp. nicht mit ozonisierter Luft reagiert, beruhen offenbar darauf, daß nicht P_2O_3, sondern P_2O_4 vorlag, das sich bei der angewandten Analysenmeth. (H_3PO_3-Best.) wie eine äquimolare Mischung aus P_2O_3 und P_2O_5 verhält, s. S. 77.

In Gegenwart von weißem Phosphor. Bei Ausschluß von H_2O-Dampf reagieren Lsgg. von weißem P in P_2O_3 (mit 1 bis 1.7 Gew.-% P, s. „Reinigung" S. 69) außerordentlich langsam und ohne merkliche Luminescenz mit trocknem O_2 von 25°C und 25 bis 600 Torr, C. C. Miller (*J. chem. Soc.* **1928** 1847/62, 1848; *Proc. Roy. Soc. Edinburgh* **46** [1925/26] 76/85); in 3 Monaten werden nur sehr kleine Mengen O_2 absorbiert, C. C. Miller (*Proc. Roy. Soc. Edinburgh* **46** [1925/26] 239/44), s. auch R. Schenck, F. Mihr, H. Banthien (*Ber. dtsch. chem. Ges.* **39** [1906] 1506/21, 1518). Bei etwas höheren Tempp. tritt Luminescenz auf, die jedoch nach kurzer Zeit in Entflammung übergeht, C. C. Miller (*J. chem. Soc.* **1929** 1829/46, 1844). In O_2 von 300 Torr setzt die Entflammung bei 40°C ein, C. C. Miller (*J. chem. Soc.* **1928** 1847/62, 1860). Unter Vers.-Bedingungen, die die Anwesenheit von Spuren H_2O-Dampf nicht ausschließen, ist die Ox.-Geschw. bei 40°C der Quadratwurzel aus dem O_2-Druck proportional, R. Schenck u. a. (*l. c.*). Die Inaktivität gegen trocknes O_2 bei gewöhnl. Temp. steht im Gegensatz zu dem Verh. des reinen oder in Paraffinöl gelösten weißen Phosphors, der bei 25°C und 100 Torr O_2-Anfangsdruck in wenigen Min. unter hellem Leuchten oxydiert wird. Sie beruht auf Inhibition der Tieftemp.-Ox. des P durch P_2O_3-Dampf, C. C. Miller (*l. c.* S. 1854). Die Inhibitorwrkg. je Mol P_4O_6 ist 3mal so groß wie die des C_2H_4. Sie wird durch H_2O-Dampf und durch O_3 herabgesetzt, weil diese rasch mit P_2O_3 reagieren, vgl. S. 74 und oben, C. C. Miller (*J. chem. Soc.* **1929** 1823/9); vgl. auch „*Phosphor*" *Tl.* B, S. 273.

Demgemäß wird eine Lsg. von 1 Gew.-% P in P_2O_3 (0.5 g in Glasrohr von 30 ml Vol.) in Ggw. von H_2O-Dampf (0.2 Torr) bei 25°C durch O_2 langsam oxydiert. Das Leuchten tritt nicht an der Oberfläche des fl. P_2O_3 auf, sondern erst in größerer Entfernung davon, vorwiegend in der Nähe der H_2O-Dampf-Quelle (97%ige H_3PO_4-Lsg.). Bei konstant gehaltenem O_2-Druck bleibt auch die Absorptionsgeschw. konstant. Sie beträgt ~1.4 $Ncm^3 h^{-1}$ bei 600 und bei 300 Torr und steigt auf 1.6, 2.1 bzw. 3.1 $Ncm^3 h^{-1}$, wenn der O_2-Druck auf 200, 100 bzw. 50 Torr erniedrigt wird, C. C. Miller (*J. chem. Soc.* **1928** 1847/62, 1853). Dabei wird nicht nur das P, sondern auch (im Gegensatz zum Verh. des reinen P_2O_3, s. oben) das P_2O_3 oxydiert. Wie bei der Ox. von reinem P mit trocknem oder feuchtem O_2 bei 25°C, s. „*Phosphor*" *Tl.* B, S. 263, und bei der Ox. von reinem P_2O_3 mit Ozon, s. oben, treten als Prodd. nach Ablauf der Rk. nur P_2O_4 und P_2O_5 im Molverhältnis 5:3 auf. Die Rk. hört auf, wenn der weiße Phosphor verbraucht ist; je Mol P_4 werden bei 25°C, 200 Torr O_2 und 0.2 Torr H_2O 5 Mol P_4O_6 oxydiert. Demnach induziert P die Ox. von P_2O_3 durch feuchtes O_2 bei 25°C. Vermutlich wird diese Wrkg. durch O_3 oder aktives O verursacht, die sich bei der P-Ox. in Ggw. von H_2O bilden (s. „*Phosphor*" *Tl.* B, S. 264). Da 1 Mol O_3 zur Ox. von 2 Mol P_4O_6 erforderlich ist (s. oben), müßten bei der P-Ox. 2.5 Mol O_3 je Mol P_4 entstehen, C. C. Miller (*J. chem. Soc.* **1929** 1829/46, 1842).

Bei 90°C verläuft die Rk. unter Entflammung; das Ox.-Prod. besteht fast ganz aus P_2O_5, C. C. Miller (*l. c.* S. 1837). Ozonisierter Sauerstoff (1% O_3) reagiert bei 25°C auch bei Feuchtigkeitsausschluß rasch unter hellem Leuchten, manchmal unter Entflammung, C. C. Miller (*J. chem. Soc.* **1928** 1847/62, 1860); vgl. auch T. E. Thorpe, A. E. Tutton (*J. chem. Soc.* **57** [1890] 545/73, 571).

Das Spektrum der Luminescenz im Quarz-UV und im Sichtbaren stimmt (von Intensitätsunterschieden abgesehen) mit dem des leuchtenden Phosphors und des brennenden PH_3 überein, H. J. Emeléus (*J. chem. Soc.* **127** [1925] 1362/8), ferner mit dem Emissionsspektrum des P_2O_3-Dampfs im Geisslerrohr, A. Petrikaln (*Z. Phys.* **51** [1928] 394/409); wegen des P-Gehalts der untersuchten P_2O_3-Proben sind die aus dieser Übereinstimmung gezogenen Folgerungen unsicher, C. C. Miller (*J. chem. Soc.* **1929** 1829/46, 1845).

With Water Vapor

Gegen Wasserdampf. Fl. P_2O_3 reagiert bei 25°C mit gasf. H_2O unter Bldg. von H_3PO_3. Bei 0.2 Torr H_2O verläuft die Rk. langsam, bei 17 Torr werden 0.4 g P_2O_3 in 10 Min. vollständig in H_3PO_3 umgewandelt. Die bei früheren Unterss., s. C. C. MILLER (*Proc. Roy. Soc. Edinburgh* **46** [1925/26] 76/85), festgestellte PH_3-Bldg. wird nicht durch H_2O-Dampf allein, sondern durch gleichzeitige Rkk. mit HCl oder SO_3 verursacht, C. C. MILLER (*J. chem. Soc.* **1928** 1447/62, 1448); bei höheren Tempp. (>70°C) wird vermutlich auch PH_3 gebildet, C. C. MILLER (*J. chem. Soc.* **1929** 1823/9). Beim Überleiten eines feuchten Gasstromes (N_2, H_2, Luft, O_2) über (P-haltiges) P_2O_3 bei 20 bis 25°C entsteht ein mit fl. Luft kondensierbarer, bei —80°C noch merklich flüchtiger Stoff, der das Trägergas ionisiert. Die Erscheinung tritt nur bei Ggw. von H_2O-Dampf ein, ist jedoch nicht an die Ggw. von O_2 gebunden, R. SCHENCK, E. BREUNING (*Ber. dtsch. chem. Ges.* **47** [1914] 2601/11).

With Liquid Water

Gegen flüssiges Wasser. Beim Stehen mit kaltem Wasser lösen sich festes und fl. P_2O_3 sehr langsam unter Bldg. von H_3PO_3 auf. Die Rk. ist erst nach Wochen beendet; als Rückstand hinterbleibt der als Verunreinigung im Trioxid enthaltene Phosphor (1.0 Gew.-%), T. E. THORPE, A. E. TUTTON (*J. chem. Soc.* **57** [1890] 545/73, 567). Mit wenig Wasser in ein evakuiertes Rohr eingeschmolzen, bildet P_2O_3 einen klaren gelben Sirup, aus dem sich nach einigen Tagen geringe Mengen eines gelben Stoffes, vermutlich eines P-Suboxides, ausscheiden. Gasf. Rk.-Prodd. entstehen dabei nicht, C. C. MILLER (*J. chem. Soc.* **1928** 1847/62, 1861). Mit wenig H_2O bei gewöhnl. Temp. bildet sich krist. $H_4P_2O_5$, s. F. HOSSENLOPP, M. MCPARTLIN, P.-J. EBEL (*Bl. Soc. chim.* **1960** 791); vgl. „Pyrophosphorige Säure" S. 139. Beim Schütteln mit überschüssigem kaltem Wasser tritt in wenigen Min. vollständige Auflösung unter quantitativer Bldg. von H_3PO_3 ein. Dagegen verläuft die bei ruhigem Stehen eintretende, äußerst langsame Rk. komplizierter; an der Grenzschicht H_2O–P_2O_3 scheiden sich gelbe Flocken ab, die Lsg. enthält außer H_3PO_3 geringe Mengen H_3PO_4. Das primär entstandene H_3PO_3 reagiert unter diesen Umständen und ebenso beim Schütteln mit wenig Wasser mit dem noch vorhandenen P_2O_3 nach $2H_3PO_3 + P_2O_3 \rightarrow 2H_3PO_4 + P_2O$, s. unten, L. WOLF, W. JUNG, M. TSCHUDNOWSKY (*Ber. dtsch. chem. Ges.* **65** [1932] 488/91); zum quantitativen Übergang in H_3PO_3 mit H_2O-Überschuß s. auch G. JANDER, H. WENDT, H. HECHT (*Ber. dtsch. chem. Ges.* **77** [1944] 698/704).

Mit heißem Wasser erfolgt bereits unterhalb 100°C energ., unter Umständen explosionsartige Rk. unter Ausscheidung einer roten Subst. (P oder P-Suboxid), Entw. von spontan entflammendem PH_3 und Bldg. von H_3PO_4, s. T. E. THORPE, A. E. TUTTON (*l. c.*). Die heftige Rk. setzt bei 75 bis 80°C ein, außer roten entstehen auch gelbe Festkörper, C. C. MILLER (*l. c.* S. 1860). Temp.-Erhöhung beschleunigt die obengenannte Sekundärrk. zwischen H_3PO_3 und P_2O_3; außerdem zersetzt sich H_3PO_3 unter Bldg. von PH_3, vermutlich infolge lokaler Überhitzungen oder Katalyse durch P_2O, vgl. das chem. Verh. von H_3PO_3 auf S. 122, L. WOLF u. a. (*l. c.*).

With Alkaline Solution

Gegen Alkalilauge verhält sich P_2O_3 in der Kälte und in der Hitze analog wie gegen Wasser, T. E. THORPE, A. E. TUTTON (*l. c.* S. 569).

With Phosphorus and P Compounds

Gegen Phosphor und P-Verbindungen. Fl. P_2O_3 löst bei 25°C 1.7 Gew.-% weißen Phosphor, s. „Reinigung" S. 69. P_2O_3 und H_3PO_3 bilden bei gewöhnl. Temp. pyrophosphorige Säure $H_4P_2O_5$, s. F. HOSSENLOPP u. a. (*l. c.*). Fl. P_2O_3 reagiert schon bei 24°C langsam mit festem H_3PO_3 unter Bldg. einer gelben, unlösl. Verb. und von H_3PO_4, vermutlich nach $P_2O_3 + 2H_3PO_3 = 2H_3PO_4 + P_2O$; unterphosphorige Säure und Unterphosphorsäure entstehen dabei nicht, L. WOLF, W. JUNG, M. TSCHUDNOWSKY (*Ber. dtsch. chem. Ges.* **65** [1932] 488/91); bei 80°C verläuft die Rk. rasch, L. WOLF, E. KALAEHNE, H. SCHMAGER (*Ber. dtsch. chem. Ges.* **62** [1929] 1441/9). Beim Erhitzen von P_2O_3 und H_3PO_3 in CO_2-Atm. auf 100°C scheidet sich langsam eine gelbe Subst. aus; bei höheren Tempp. erfolgt rasche Abscheidung eines erst gelben, später orange gefärbten Stoffes und Entw. von PH_3. Der gefärbte Stoff ist nach Analyse vermutlich eine Mischung aus rotem P und festem $(P_2H)_X$, s. L. AMAT (*Ann. Chim. Phys.* [6] **24** [1891] 289/373, 358); vgl. „Phosphorsuboxid" S. 61.

PCl_3 und P_2O_3 sind bei gewöhnl. Temp. mischbar, ohne daß Rk. eintritt. Bei mehrstd. Erhitzen auf 180°C im geschlossenen Rohr entsteht ein festes Gemisch, bestehend aus P_2O_5, PCl_5 und rotem P. Dagegen erfolgt mit PCl_5 schon bei gewöhnl. Temp. heftige, stark exotherme Rk. (Eiskühlung notwendig) nach $P_2O_3 + 3PCl_5 = 3POCl_3 + 2PCl_3$. Mit PH_3 reagiert P_2O_3 nicht, T. E. THORPE, A. E. TUTTON (*J. chem. Soc.* **59** [1891] 1019/29, 1028).

With Nitrogen and N Compounds

Gegen Stickstoff und N-Verbindungen. N_2 und NO reagieren nicht mit P_2O_3. Mit fl. N_2O_4 von gewöhnl. Temp. entstehen P_2O_5 und N_2O_3. Gasf. NH_3 reagiert bei 25°C unter Entflammung und Bldg. roter Prodd. (P oder P-Suboxide). Beim Einleiten von NH_3 in die benzol. oder äther. Lsg. von P_2O_3 unter

Kühlung fällt das Diamid der phosphorigen Säure, $OHP(NH_2)_2$, aus, T. E. THORPE, A. E. TUTTON (*J. chem. Soc.* **59** [1891] 1019/29, 1026). Mit konz. HNO_3 reagiert P_2O_3 außerordentlich heftig, T. E. THORPE, A. E. TUTTON (*J. chem. Soc.* **57** [1890] 545/73, 547).

Gegen Halogen und Halogenwasserstoff. In Cl_2-Gas brennt P_2O_3 mit schwach leuchtender grüner Flamme. Bei Einw. eines langsamen Cl_2-Stroms auf eisgekühltes P_2O_3 erfolgt quantitativ Rk. nach $P_2O_3 + 2\,Cl_2 = POCl_3 + PO_2Cl$, s. T. E. THORPE, A. E. TUTTON (*J. chem. Soc.* **57** [1890] 545/73, 572). Fl. Br_2 reagiert unter Entflammung. Mit gasf. Br_2 bei gewöhnl. Temp. entstehen zunächst PBr_5 und P_2O_5, die sich dann weiter zu $POBr_3$ und PO_2Br umsetzen. Jod reagiert auch noch bei 150°C langsam, wobei ein orangeroter Festkörper entsteht. Beim Erhitzen in CS_2 unter Druck entstehen P_2O_5 und orangerote Kristalle von P_2J_4, s. T. E. THORPE, A. E. TUTTON (*J. chem. Soc.* **59** [1891] 1019/29, 1020).

With Halogen and Hydrogen Halogenide

HCl-Gas wird rasch und fast quantitativ nach $P_2O_3 + 3\,HCl = PCl_3 + H_3PO_3$ absorbiert; ein kleiner Tl. des H_3PO_3 zersetzt sich sekundär zu P und H_3PO_4, T. E. THORPE, A. E. TUTTON (*l. c.* S. 1022), bei −30°C unterbleibt die Sekundärrk. vollständig, L. WOLF, E. KALAEHNE, H. SCHMAGER (*Ber. dtsch. chem. Ges.* **62** [1929] 1441/9).

Gegen Schwefel und Schwefelverbindungen. Beim Erhitzen mit S schmelzen die beiden Stoffe zunächst und bilden 2 fl. Schichten; bei ~160°C setzt heftige Rk. unter Bldg. von $P_4O_6S_4$ ein. Mit gasf. SO_3 setzt sich P_2O_3 bei gewöhnl. Temp. zu P_2O_5 und SO_2 um; festes SO_3 ergibt dieselben Prodd. in stürm. Rk. Beim Auftropfen von konz. H_2SO_4 bilden sich H_3PO_4 und SO_2, bei Verwendung größerer Mengen tritt Entflammung ein. S_2Cl_2 reagiert heftig unter Bldg. von $POCl_3$, $PSCl_3$, SO_2 und S. Mit SO_2 reagiert P_2O_3 nicht, T. E. THORPE, A. E. TUTTON (*J. chem. Soc.* **59** [1891] 1019/29, 1022, 1026, 1029); in fl. SO_2 ist es wenig löslich, s. unten.

With Sulfur and Sulfur Compounds

Gegen verschiedene Elemente. H_2 ist inert. Se bildet beim Erhitzen mit P_2O_3 eine krist. Verb., vermutlich $P_4O_6Se_4$, T. E. THORPE, A. E. TUTTON (*J. chem. Soc.* **59** [1891] 1019/29, 1029, 1026). Bei 6std. Erhitzen von aus PCl_3 und H_3PO_3 dargestelltem P_2O_3 mit überschüssigem As auf 290°C unter CO_2 im Einschmelzrohr findet vollständiger Umsatz in As_2O_3 und P statt. Sb verhält sich analog, F. KRAFFT, R. NEUMANN (*Ber. dtsch. chem. Ges.* **34** [1901] 565/9); vgl. jedoch Darst. von P_2O_3 „Auf anderem Wege“ S. 69. Zn, Al, Mg und Na reagieren nach M. LEMERCHANDS (*C. r. Acad. Sci.* [*Paris*] **193** [1931] 49/50) — vermutlich infolge Deckschichtenbldg. — nicht mit P_2O_3.

With Various Elements

Gegen Kohlenstoffverbindungen. CO, CO_2, $(CN)_2$ und C_2H_4 wirken auch in der Wärme nicht ein, T. E. THORPE, A. E. TUTTON (*J. chem. Soc.* **59** [1891] 1019/29, 1029). Beim Strömen durch ein auf 1000°C erhitztes Porzellanrohr reagieren P_2O_3 und CO_2 zu P_2O_4, P_2O_5 und CO, P. H. EMMETT, J. F. SCHULTZ (*Ind. Engng. Chem.* **31** [1939] 105/11). In Äther, CS_2, C_6H_6 und $CHCl_3$ löst sich P_2O_3 ohne Rk. auf. Mit absol. Äthanol reagiert es unter Entzündung (P-haltig ?). Beim Auftropfen von Äthanol auf gekühltes P_2O_3 bildet sich quantitativ der Diäthylester der phosphorigen Säure, T. E. THORPE, A. E. TUTTON (*J. chem. Soc.* **57** [1890] 545/73, 569). Beim Erwärmen mit Na-Formiat entwickelt sich CO, s. W. P. JORISSEN, A. TASMAN (*Recueil Trav. chim. Pays-Bas* **48** [1929] 324/7).

With Carbon Compounds

Nichtwässrige Lösung. In fl. SO_2 ist P_2O_3 bei −60°C sehr wenig lösl., mit steigender Temp. geht es reichlicher in Lsg. und fällt beim Abkühlen unverändert wieder aus. Die Lsg. ist farblos und auch bei gewöhnl. Temp. wochenlang beständig. Spezif. elektr. Leitf. einer Lsg. von 370 mg P_2O_3 in 100 ml SO_2 bei −30°C: $\sim 2 \cdot 10^{-4}\,\Omega^{-1}\,cm^{-1}$. Konduktometr. Titration mit $[(CH_3)_4N]_2SO_3$ zeigt die Bldg. des Metaphosphits $(CH_3)_4NPO_2 \cdot SO_2$ an, das sich als blaßgelbes, feinkristallines, feuchtigkeitsempfindliches Salz isolieren läßt. Bei der Rücktitration mit $SOCl_2$ entsteht wieder P_2O_3 nach $2(CH_3)_4NPO_2 \cdot SO_2 + SOCl_2 = 2(CH_3)_4NCl + P_2O_3 + 3SO_2$, s. G. JANDER, H. WENDT, H. HECHT (*Ber. dtsch. chem. Ges.* **77** [1944] 698/704).

Nonaqueous Solution

In CS_2, $CHCl_3$, Äther und C_6H_6 ist P_2O_3 ohne Zers. löslich, T. E. THORPE, A. E. TUTTON (*J. chem. Soc.* **57** [1890] 545/73, 569).

Diphosphortetroxid P_2O_4.

Diphosphorus Tetroxide

Nach D. HEINZ (*Z. anorg. Ch.* **336** [1965] 137/55) sind Substt., die der Zus. PO_2 nahekommen, Phosphor(III, V)-Oxide. Angaben über Zus., Struktur, physikal. Eigg. und Hydrolyse dieser Verbb. s. im Original. Zur Struktur vgl. auch K. H. JOST (*Acta cryst.* [*Copenhagen*] **17** [1964] 1593/8).

Bildung und Darstellung. P_2O_4 bildet sich neben P_2O_5 als Endprod. der langsamen Ox. von weißem P mit O_2 (100 bis 1200 Torr) oder Luft bei niedriger Temp. (11°C, 25°C) bei Ausschluß und bei Ggw.

Formation. Preparation

von H_2O-Dampf (0.2 Torr), ferner bei der Ox. von mit weißem P verunreinigtem P_2O_3 mit O_2 in Ggw. von H_2O-Dampf (s. S. 74) und bei der Ox. von reinem P_2O_3 mit O_3-haltigem Sauerstoff (s. S. 73); in allen Fällen entstehen P_2O_4 und P_2O_5, und zwar etwa 5 Mol P_2O_4 auf 3 Mol P_2O_5, s. C. C. MILLER (*J. chem. Soc.* **1929** 1829/46). P_2O_4 entsteht neben rotem P (oder P-Suboxiden) bei der therm. Zers. von P_2O_3, s. S. 72, und deshalb auch beim Erhitzen des im wesentlichen aus P_2O_3 bestehenden Prod. der unvollständigen Verbrennung von P, s. T. E. THORPE, A. E. TUTTON (*J. chem. Soc.* **49** [1886] 833/9). Zur Darst. werden $\sim$10 g P_2O_3 in einem mit trocknem CO_2 gefüllten und zugeschmolzenen Glasrohr 2 bis 3 Tage auf 200 bis 250°C erhitzt. Bei langsamem Erhitzen des entstandenen, glänzend karminroten Gemisches im Vak. destilliert zunächst P ab, das durch erneutes Verdampfen in das entfernte Ende des Rohrs getrieben wird, dann sublimiert P_2O_4 und scheidet sich an der Rohrwand in farblosen, durchsichtigen, äußerst feuchtigkeitsempfindlichen Kristallen aus, C. A. WEST (*J. chem. Soc.* **81** [1902] 923/9); vgl. auch P. H. EMMETT, J. F. SCHULTZ (*Ind. Engng. Chem.* **31** [1939] 105/11).

Werden P- und P_2O_5-Dampf in N_2 als Trägergas durch ein auf 1000°C erhitztes Porzellanrohr geleitet, so reagieren sie unter Bildung von P_2O_4. Aus P_2O_3-Dampf und CO_2 bildet sich unter ähnlichen Bedingungen P_2O_4 neben P_2O_5 und CO. Bei 800 bis 1200°C und Verweilzeiten von 5 bis 6 Sek. reagiert P-Dampf mit CO_2 unter Bldg. von P_2O_4, P_2O_5 und CO; dabei stellt sich Gleichgew. zwischen den Rk.-Partnern ein. Bei Molverhältnissen $CO_2:P_4 > 8:1$ ist das Austrittsgas P-frei und enthält äquimolare Mengen P_2O_4 und P_2O_5, wenn $CO_2:CO$ etwa 2:1 ist, P. H. EMMETT, J. F. SCHULTZ (*l. c.*). Nach E. V. BRICKE, N. E. PRESTOV (*Tr. naučn. Inst. Udobrenijam i Insektofungisidam* Nr. 59 [1929] 5/169, 43/60 [engl. Zusammenfassung]) führt die letztgenannte Rk. bei 800 bis 1300°C auch bei großem CO_2-Überschuß ($CO_2:P_4 = 21:1$) ausschließlich zu P_2O_4. Vgl. hierzu auch „*Phosphor*“ *Tl.* B, S. 307. Auch aus P- und H_2O-Dampf entstehen bei 1000° bis 1100°C P_2O_4 und P_2O_5 (neben PH_3 und H_2); das Molverhältnis $P_2O_4 : P_2O_5$ steigt in unerwarteter Weise von 1:10 auf 1:2, wenn das Molverhältnis $H_2O:P_4$ im Eintrittsgas von 10:1 auf 55:1 erhöht wird, S. BRUNAUER, F. J. SCHULTZ (*Ind. Engng. Chem.* **33** [1941] 828/32); ähnlich E. V. BRICKE, N. E. PESTOV (*l. c.*); s. ferner „*Phosphor*“ *Tl.* B, S. 54, 277.

Physical Properties

Physikalische Eigenschaften. 4 Dampfdichtebestt. nach VICTOR MEYER in einem App. aus Pt mit N_2 oder CO_2 als Füllgas bei 1400°C ergeben $M = 458.6 \pm 5\%$. Den Formeln P_7O_{14} und P_8O_{16} entsprechen die Werte 441 bzw. 504; vermutlich liegt P_8O_{16} vor. Verss. bei 900°C mißlingen, weil dabei (aus 0.2 g Subst.) nur sehr kleine Mengen Dampf entstehen, C. A. WEST (*J. chem. Soc.* **81** [1902] 923/9). Vermutlich lag bei diesen Verss. eine schwerflüchtige Hochtemp.-Modifikation vor, da sich das bekannte P_2O_4 bei 200°C sublimieren läßt (s. unten). Eigene Dampfdichtebestt. bei 500°C und vermindertem Druck (100 bis 200 Torr) ergeben weit streuende M-Werte zwischen 293 und 721, s. P. H. EMMETT, J. F. SCHULTZ (*Ind. Engng. Chem.* **31** [1939] 105/11). Im Porzellanrohr zersetzt sich P_2O_4 schon bei 1000°C vollständig, s. S. 77.

Ein etwa äquimolares Gemisch von P_2O_4 und P_2O_5 liefert ein Elektronenbeugungsdiagramm, das dem von reinem P_4O_{10}-Dampf sehr ähnlich ist, L. R. MAXWELL, S. B. HENDRICKS, L. S. DEMING (*J. chem. Phys.* **5** [1937] 626/37, 636). Die einfachste mit tetraedr. Molekelstruktur (wie bei P_4O_6 und P_4O_{10}) verträgliche Formel ist P_8O_{16}; die Molekel würde dann 2 P–P-Bindungen zwischen 2 P_4O_8-Tetraedern aufweisen, T. D. FARR (*Tennessee Valley Authority chem. Engng. Rep.* Nr. 8 [1950] 1/93, 18).

Farblose, durchsichtige Kristalle von kub. Habitus; nach ihrem Verh. im Polarisationsmikroskop höchstwahrscheinlich orthorhombisch, isomorph mit Cervantit Sb_2O_4, s. T. E. THORPE, A. E. TUTTON (*J. chem. Soc.* **49** [1886] 833/9). Das bei 25°C aus P_2O_3 und O_2 dargestellte P_2O_4 bildet eine schneeweiße Masse, die durch Sublimation im Vak. in kleine, stark doppelbrechende und glänzende Kristalle übergeht. Fig. im Original, C. C. MILLER (*Proc. Roy. Soc. Edinburgh* **46** [1925/26] 239/44).

Dichte der Kristalle, bestimmt nach der Schwebemeth. in CH_2J_2-C_6H_6-Mischungen: $D_4^{22.6} = 2.537$, s. C. A. WEST (*J. chem. Soc.* **81** [1902] 923/9).

Im vorher evakuierten Rohr sublimieren die Kristalle unzersetzt bei $\sim$180°C, ohne zu schmelzen. Bei 100°C tritt noch keine merkliche Verdampfung ein, T. E. THORPE, A. E. TUTTON (*l. c.*), C. C. MILLER (*l. c.*), C. A. WEST (*l. c.*), P. H. EMMETT, J. F. SCHULTZ (*l. c.*).

Chemical Reactions

Chemisches Verhalten. Gegen Luftfeuchtigkeit ist P_2O_4 sehr empfindlich. Die Kristalle zerfließen an der Luft in wenigen Min., T. E. THORPE, A. E. TUTTON (*J. chem. Soc.* **49** [1886] 833/9), C. C. MILLER (*Proc. Roy. Soc. Edinburgh* **46** [1925/26] 239/44); jedoch ist P_2O_4 weniger hygroskopisch als P_2O_5, s. C. C. MILLER (*J. chem. Soc.* **1929** 1829/46, 1835).

Beim Erhitzen im Vak. sublimiert P_2O_4 unterhalb 200° C, s. oben. Mit feuchter Luft kurz in Berührung gekommene Kristalle geben beim Sublimieren ein explosibles Gas, vermutlich PH_3, ab und hinterlassen einen braunroten Ring, C. A. West (*J. chem. Soc.* **81** [1902] 923/9). Beim raschen Erhitzen im Victor-Meyer-App. auf 500° C entstehen manchmal beträchtliche Mengen eines glänzend roten Prod., vermutlich infolge Rk. der Kristalle mit Feuchtigkeitsspuren. Beim Durchleiten von P_2O_4-Dampf im N_2-Strom durch ein auf 1000° C erhitztes Porzellanrohr zersetzt es sich vollständig unter Bldg. eines orangeroten Stoffes, P. H. Emmett, J. F. Schultz (*Ind. Engng. Chem.* **31** [1939] 105/11).

Mit O_2 von 160 Torr wird die Rk.-Geschw. erst bei ~350° C merklich, bei 410° C findet rasch vollständige Umwandlung in P_2O_5 statt. Sauerstoff mit 1% O_3 wirkt bei 25° C nicht ein, C. C. Miller (*J. chem. Soc.* **1929** 1829/46, 1836). Beim Sublimieren von P_2O_4 im Luftstrom durch ein geheiztes Porzellanrohr mit ~10 Sek. Verweilzeit beginnt die Ox. bei 350° C und wird bei 500° C vollständig. Pt-Asbest erhöht die Ox.-Geschw. beträchtlich, P. H. Emmett, J. F. Schultz (*l. c.*).

P_2O_4 löst sich in H_2O fast augenblicklich unter starker Wärmeentw. zu einer stark sauren Lsg., die durch Kochen nicht verändert wird und zugleich die Rkk. von phosphoriger Säure und Phosphorsäure gibt. Demnach zeigt P_2O_4 ein dem N_2O_4 analoges Verh. gegen H_2O und ist nicht das Anhydrid der Unterphosphorsäure $H_4P_2O_6$, s. T. E. Thorpe, A. E. Tutton (*J. chem. Soc.* **49** [1886] 833/9) in Übereinstimmung mit C. A. West (*J. chem. Soc.* **81** [1902] 923/9), der aber angibt, daß die Auflösung langsam unter zischendem Geräusch und Auftreten von PH_3-Geruch vor sich geht.

P_2O_4 ist unlöslich in Benzol, Phenol, Naphthalin, Nitrobenzol, $CHCl_3$, CS_2 und Äther. Aceton und Essigsäure werden braun gefärbt, C. A. West (*l. c.*).

Phosphorpentoxid P_2O_5

Phosphorus Pentoxide

Zustandsformen

Modifications

Review

Überblick. P_2O_5 kann in 4 festen und mindestens 2 fl. Formen existieren; mit allen kondensierten Phasen steht derselbe, aus P_4O_{10}-Molekeln bestehende Dampf im Gleichgewicht. — Der Unterschied zwischen krist. und glasigem P_2O_5 wird schon von P. Hautefeuille, A. Perrey (*C. r.* **99** [1884] 33/5) bemerkt. 2 krist. Phasen werden erstmals von A. Smits, A. J. Rutgers (*J. chem. Soc.* **125** [1924] 2573/9) unterschieden. Anzeichen (aber kein sicherer Beweis) für die Existenz einer 3. krist. Phase werden von J. M. A. Hoeflake, M. F. E. C. Scheffer (*Rec. Trav. chim.* **45** [1926] 191/200) und C. H. MacGillavry, H. C. J. de Decker (*Chem. Weekbl.* **39** [1942] 227/32 [holl.]) gefunden. — Der Unterschied zwischen den fl. Formen ist dadurch bedingt, daß wenigstens 2 der krist. Formen beim Schmelzen ihre Konstit. beibehalten (vgl. S. 78).

Nomenclature

Nomenklatur. Bei der Klärung der Beziehungen zwischen den 3 krist. Formen von P_2O_5 wählten W. L. Hill, G. T. Faust, S. B. Hendricks (*J. Am. Soc.* **65** [1943] 794/802) eine Bezeichnungsweise, die auf den vermeintlichen Unterschieden der Kristallklassen beruhte: H für die leicht flüchtige, als hexagonal angesehene Form, O für die rhomb. („orthorhombische") und T für die als tetragonal vermutete Form. Tatsächlich sind aber, wie auf S. 80 dargelegt, 2 der P_2O_5-Modifikationen rhombisch, und die dritte ist trigonal. Die beiden rhomb. Modifikationen sind polymere Formen und unterscheiden sich dadurch, daß eine ein Schichtengitter und die andere ein Raumnetzgitter hat; die dritte Form hat ein Molekelgitter. Daher wird im folgenden die von E. Thilo, W. Wieker (*Z. anorg. Ch.* **277** [1954] 27/36, 29) eingeführte Nomenklatur verwendet, wonach die 3 Formen mit M (früher H), R (früher O) bzw. S (früher T) bezeichnet werden. — Handelsübliches P_2O_5 besteht meist ganz oder überwiegend aus der M-Form.

Triple Points

Tripelpunkte. Die Bedingungen, unter denen die 3 krist. Phasen miteinander im Gleichgew. stehen, sind nicht bekannt, ebenso auch Tripelpunkte zwischen 2 festen und 1 fl. Phase oder dem Dampf oder zwischen 2 fl. Phasen und dem Dampf. Bekannt sind nur 4 Tripelpunkte, bei denen der Dampf sich mit einer krist. und einer fl. Phase im Gleichgew. befindet, s. **Fig. 9**: 1) festes und fl. M–P_2O_5: $t_{tr\,1} = 420°C$, $p_{tr\,1} = 3600$ Torr; 2) festes und fl. R–P_2O_5: $t_{tr\,2} = 571°C$, $p_{tr\,2} = 569$ Torr; 3) festes und fl. S–P_2O_5: $t_{tr\,3} = 580°C$, $p_{tr\,3} = 555$ Torr; 4) festes R–P_2O_5 und fl. S–P_2O_5: $t_{tr\,4} = 562°C$, $p_{tr\,4} = 437$ Torr. Im zugeschmolzenen Glasrohr gem. Schmelztempp.: $422 \pm 6°C$ (M), $558 \pm 6°C$ (R), $580 \pm 5°C$ (S), W. L. Hill u. a. (*l. c.*).

Ähnliche Werte werden angegeben für $t_{tr\,1}$, $p_{tr\,1}$ von A. Smits, E. P. S. Parvé, P. G. Meermann, H. C. J. de Decker (*Z. phys. Ch.* B **46** [1940] 43/61), für $t_{tr\,3}$, $p_{tr\,3}$ von A. Smits, H. W. Deinum (*Z.

phys. Ch. A **149** [1930] 337/63), für $t_{tr\ 4}$, $p_{tr\ 4}$ von A. SMITS, A. J. RUTGERS (*J. chem. Soc.* **125** [1924] 2573/9), J. M. A. HOEFLAKE, M. F. E. C. SCHEFFER (*Rec. Trav. chim.* **45** [1926] 191/200) und J. C. SOUTHARD, R. A. NELSON (*J. Am. Soc.* **59** [1937] 911/6).

Phase Transformations

Phasenumwandlungen. Aus dem Dampf kristallisiert unterhalb 420°C zuerst stets die M-Form aus (s. „Darstellung der leicht flüchtigen M-Form" S. 80); bei der Abkühlung des Dampfes tritt auch bei Ggw. von $M-P_2O_5$ häufig Übersättigung mit Überdrucken bis zu 0.5 atm ein, die dann plötzlich aufgehoben wird, J. M. A. HOEFLAKE, M. F. E. C. SCHEFFER (*l. c.*). Flüssiges $M-P_2O_5$ polymerisiert, wie A. SMITS, E. P. S. PARVÉ, P. G. MEERMANN, H. C. J. DE DECKER (*l. c.*) bemerken, auch bei raschem Schmelzen kleiner Mengen in Capillaren binnen höchstens 10 Sek. zu einem Glase, aus dem sich (bei 428°C) nach einigen Min. $R-P_2O_5$ ausscheidet.

Fig. 9.

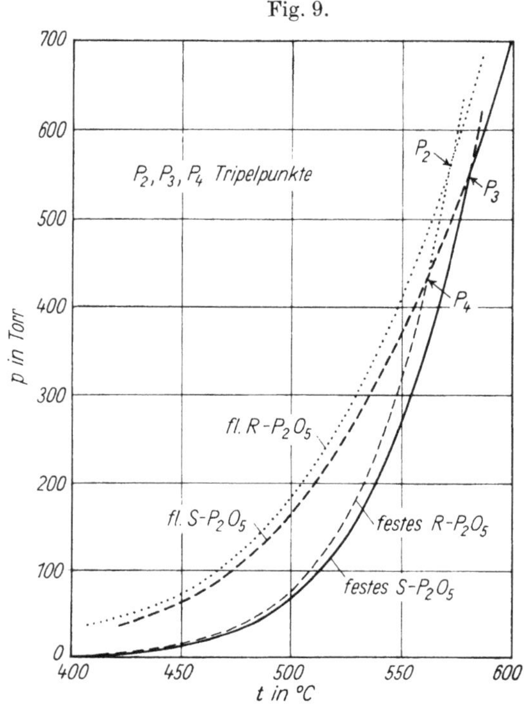

Dampfdruck p über den schwerflüchtigen Formen von P_2O_5.

Festes $M-P_2O_5$ wandelt sich bei 70°C äußerst langsam (nach 76 Tagen noch nicht feststellbar), bei 180°C in 60 Tagen, bei 378°C in 1 Std., bei 416°C in 20 Min. vollständig in die R-Form um, ohne daß intermediär eine glasige Phase auftritt, W. L. HILL, G. T. FAUST, S. B. HENDRICKS (*J. Am. Soc.* **65** [1943] 794/802). Damit sind ältere, teilweise hierzu im Widerspruch stehende Befunde von J. M. A. HOEFLAKE, M. F. E. C. SCHEFFER (*l. c.*) korrigiert; vgl. auch A. SMITS, A. J. RUTGERS (*J. chem. Soc.* **125** [1924] 2573/9).

$R-P_2O_5$ geht bei 120°C in 30 Tagen fast vollständig in $S-P_2O_5$ über, bei 70°C ist die Umwandlung nach 46 Tagen gerade merklich, W. L. HILL u. a. (*l. c.*).

Die S-Form schmilzt beim Tripelpunkt 580°C äußerst träge zu einer zähen, nur langsam die Form des Behälters annehmenden Fl.; sie ist leicht überhitzbar: noch bei 600°C dauert das Schmelzen 135 Std., W. L. HILL u. a. (*l. c.*). Bei 590°C schmilzt die schwerflüchtige Form (nach dem Dampfdruck handelt es sich um $S-P_2O_5$, s. S. 79) nach längerer Zeit vollständig. Wenn sie jedoch binnen 1 Std. von 400 auf 700°C erhitzt wird, tritt kein Schmelzen ein; der Dampfdruck der überhitzten Kristalle bleibt etwa 300 Torr unter dem der Fl., A. SMITS, H. W. DEINUM (*Z. phys. Ch.* A **149** [1930] 337/63; *Proc. Koninkl. Akad. Wetenschap.* **33** [1930] 514/25, 619/31).

$R-P_2O_5$ beginnt bei 562°C (s. den Tripelpunkt P_2 in Fig. 9) langsam zu schmelzen; dabei entstehen zugleich geringe Mengen von $S-P_2O_5$. Oberhalb 571°C (Tripelpunkt P_4 in Fig. 9) schmilzt $R-P_2O_5$ rasch, W. L. HILL u. a. (*l. c.*).

Die hochviscosen Schmelzen von R- und $S-P_2O_5$ erstarren bei gewöhnl. Abkühlungsgeschw. zu Gläsern, die sehr träge kristallisieren.

Constitution of Vapor

Konstitution des Dampfes. Dampfdichtebestt. an ungesätt. Dämpfen der stabilen Form durch Messung des Drucks bekannter Mengen und Vol. bei verschiedenen Tempp. in Quarzapp. ergeben für den Quotienten n aus dem Molgew. des Dampfs und dem P_4O_{10}-Formelgew. (283.9) folgende Werte (in Auswahl):

t in °C	602	634	627	651	650	650	670	674	674
p in Torr	202	253	694	376	711.5	1000	385	739	1056
n	1.00	0.995	1.025	1.00	1.025	1.04	1.00	1.01	1.01

Über $M-P_2O_5$ ergeben sich zwischen 363 und 357°C für n Werte zwischen 1.04 und 1.16. Danach besteht der Dampf bei 600 bis 675°C und 200 bis 1000 Torr fast nur aus P_4O_{10}-Molekeln, obwohl der Druckeinfluß schon merkbar ist. Dagegen ist bei 360°C mit zunehmendem Druck partielle Assoziation festzustellen. Oberhalb 700°C greift der Dampf Quarz an, A. SMITS, J. A. A. KETELAAR, J. L. MEYERING (*Z. phys. Ch.* B **41** [1938] 87/97). Mit der Verdrängungsmeth. in Quarzapp. bei 670 bis 1100°C ausgeführte Bestt. ergeben nahezu unabhängig von der Temp. Molgeww. von ~300 (n = 1.06). Die Temp.-Unabhängigkeit deutet auf das ausschließliche Vorliegen von P_4O_{10}-Molekeln im Dampf; die Abweichungen vom Formelgew. kommen vermutlich durch Rk. des Dampfs mit Quarz zustande, E. V. BRITZKE, E. HOFFMANN (*Monatsh. Chem.* **71** [1938] 317/24). Ältere, von C. A. WEST (*J. chem. Soc.* **81** [1902] 923/9) und W. A. TILDEN, R. E. BARNETT (*J. chem. Soc.* **69** [1896] 154/60) angegebenen Werte liegen, vermutlich infolge Korrosion des Gefäßmaterials, zu hoch, A. SMITS u. a. (*l. c.*).

Dampfdruck p. Die Meßdaten mehrerer Autoren werden von W. L. HILL, G. T. FAUST, S. B. HENDRICKS (*J. Am. chem. Soc.* **65** [1943] 794/802) in einem Diagramm zusammengestellt; danach besteht über allen kondensierten Phasen eine lineare Beziehung zwischen lg p und 1/T. Die Parameter der Formel lg p = A—B/T werden jedoch erst von T. D. FARR (*Tennessee Valley Authority Chem. Engg. Rep.* Nr. 8 [1950] 1/93, 25) ermittelt. *Vapor Pressure*

Über der leicht flüchtigen M-Form steigt p schon unterhalb des Schmp., nämlich bei 359°C auf 1 atm. Bis zum Schmp. (420°C) gilt, wenn p in cm Hg eingesetzt wird, A = 9.7163, B = 4963, oberhalb des Schmp. (gem. bis 485°C) A = 7.6663, B = 3542; ausgewählte Werte:

t in °C	250	300	350	400	420	440	460	480	485
p in cm Hg . . .	1.7	11.4	56.5	221	360	501	684	919	987

T. D. FARR (*l. c.*). — Der Befund von A. SMITS, A. J. RUTGERS (*J. chem. Soc.* **125** [1924] 2573/9) und A. SMITS, H. W. DEINUM (*Z. phys. Ch.* A **149** [1930] 337/63, 350), wonach für M–P_2O_5 p von der Sublimationsgeschw. abhängt, wird von J. C. SOUTHARD, R. A. NELSON (*J. Am. Soc.* **59** [1937] 911/6) widerlegt; die p-Werte sind einwandfrei reproduzierbar. Vgl. auch J. M. A. HOEFLAKE, M. F. E. C. SCHEFFER (*Rec. Trav. chim.* **45** [1926] 191/200). Infolge partieller Kondensation des Dampfes an der Wand zu einer nichtflüchtigen Form (ähnlich der „erzwungenen Kondensation" von As_4O_6-Dampf, s. „*Arsen*" S. 255), die durch Glas stärker katalysiert wird als durch Quarz, ergeben sich über M–P_2O_5 in einer Glasapp. kleinere p-Werte als in einer Quarzapp. Aus der zeitlichen Abnahme von p läßt sich aus den in Quarz bzw. Glas bei 357°C erhaltenen Werten 726 bzw. 743 Torr der wahre Dampfdruck zu 747.2 Torr extrapolieren, A. SMITS, J. A. A. KETELAAR, J. L. MEYERING (*Z. phys. Ch.* B **41** [1938] 87/97).

Über den schwerflüchtigen Formen ist p unterhalb 400°C kaum meßbar; auch bei höheren Tempp. stellen sich die Gleichgew.-Werte von p nur langsam ein, A. SMITS, H. W. DEINUM (*Z. phys. Ch.* A **149** [1930] 337/63; *Proc. Koninkl. Ned. Akad. Wetenschap.* **33** [1930] 514/25, 619/31), J. C. SOUTHARD, R. A. NELSON (*J. Am. Soc.* **59** [1937] 911/6). Ausgewählte Werte (in cm Hg):

t in °C	440	470	480	490	500	530	550	562	580	600	656
p (R)	1.0	2.9	—	—	7.5	—	31.7	43.7	—	—	—
p (S, krist.)	—	—	3.9	—	7.0	16.0	26.8	—	55.5	—	—
p (S, fl.)	—	—	—	15.1	17.7	—	37.1	—	—	71.5	137

Parameter der Interpolationsformel: A = 11.1698, B = 7958 für R–P_2O_5 zwischen 440 und 562°C, A = 10.4314, B = 7411.5 für krist. S–P_2O_5 zwischen 480 und 580°C, A = 6.5359, B = 4088 für fl. S–P_2O_5 zwischen 480 und 656°C, T. D. FARR (*l. c.*). — Über den Dampfdruck von fl. und glasigem R–P_2O_5 s. J. C. SOUTHARD, R. A. NELSON (*l. c.*), J. M. A. HOEFLAKE, M. F. E. C. SCHEFFER (*Rec. Trav. chim.* **45** [1926] 191/200).

Latente Wärmen L in kcal/Mol. Aus der Temp.-Abhängigkeit des Dampfdrucks ergeben sich je Mol P_4O_{10} die Sublimationswärmen L_S = 22.7 (M), 36.4 (R), 33.9 (S) und die Verdampfungswärmen der fl. Formen L_V = 16.2 (M), 20.3 (R), 18.7 (S). Die Schmelzwärmen lassen sich daraus zu 6.5 (M), 16.1 (R), 15.2 (S) abschätzen, W. L. HILL u. a. (*l. c.*). Der von M. FRANDSEN (*J. Res. nat. Bur. Stand.* **10** [1933] 35/58) calorimetrisch ermittelte Wert L_S = 17.8 gilt ebenso wie die Enthalpie (s. S. 86) für ein Gemisch aus M– und R–P_2O_5. *Latent Heats*

Frühere Dampfdruckmessungen ergeben L_S = 21.1 (M), 33.8 (S), L_V = 17.5 (M), 18.8 (S), A. SMITS, E. P. S. PARVÉ, P. G. MEERMANN, H. C. J. DE DECKER (*Z. phys. Ch.* B **46** [1940] 43/61). Als Differenz der Lösungswärmen von krist. und glasigem P_2O_5 wird eine Umwandlungswärme von H. GIRAN (*C. r.* **136** [1903] 550/2) und P. HAUTEFEUILLE, A. PERREY (*C. r.* **99** [1884] 33/5) bestimmt.

Bildung und Darstellung

Formation. Preparation

Bildung. P_2O_5 entsteht als weißes voluminöses Pulver beim Verbrennen von P in Luft oder O_2, s. „*Phosphor*" *Tl.* B ab S. 50. Bldg. aus P und CO_2 bei 1000°C s. „*Phosphor*" *Tl.* B, S. 57, 307. *Formation*

$K_4P_2O_7$, KPO_3 (hochpolymer) und K_3PO_4 reagieren mit fl. SO_3 bei 40°C stark exotherm unter Bldg. einer weißen, kristallinen, an der Luft allmählich zerfließenden Mischung aus $K_2S_3O_{10}$ und P_2O_5, s. P. BAUMGARTEN, C. BRANDENBURG (*Ber.* **72** [1939] 555/63). Bei der Elektrolyse von geschmolzenem $NaPO_3$ oberhalb 640°C bilden sich an der Anode primär O_2 und P_2O_5; letzteres löst sich im Elektrolyten unter Bldg. von Na-Polyphosphaten, M. CENTNERSZWER, J. SZPER (*Bl. Acad. Polon.* A **1931** 364/8).

$AlPO_4$ zersetzt sich von ~1000°C an in P_2O_5 und Al_2O_3, H. GUERIN, R. MARTIN (*C.r.* **234** [1952] 1777/9).

Außer der gewöhnl., leicht sublimierbaren, trigonalen M-Form sind zwei rhomb. Modifikationen des P_2O_5 (R- und S-Form) bekannt, die ebenso wie das glasige P_2O_5 schwer flüchtig sind, s. „Zustandsformen" S. 77. Aus der Gasphase scheidet sich unterhalb 420°C (Schmp. der M-Form) primär stets M-P_2O_5 ab, das oberhalb 400°C in die schwerflüchtigen Formen übergeht, s. S. 78.

Preparation

Darstellung. Die laboratoriumsmäßige und die techn. Darst. erfolgt hauptsächlich durch Ox. von P und ergibt vorwiegend M-P_2O_5; vgl. die röntgenograph. Unters. eines Handelsprod. bei S. GLIXELLI, K. BORATYNSKI (*Z. anorg. Ch.* **235** [1938] 225/41).

In einer großen tubulierten Glasglocke wird unter Einleiten von trockenem O_2 das am Boden in einem Porzellantiegel befindliche P durch Berühren mit einem heißen Fe-Stab entzündet, R. F. MARCHAND (*J. pr. Ch.* **16** [1839] 373/5, 373). Vgl. J. MIJERS (*Maandblad Natuurwetensch.* **1** [1870] 106/7). In einem geräumigen Glasballon wird in kleinen Stückchen eingeworfenes P in einem mit $CaCl_2$ getrockneten Luftstrom verbrannt. Das P_2O_5 setzt sich an den Wänden ab, ist aber mit rotem P-Oxid verunreinigt, Z. DELALANDE (*Ann. Chim. Phys.* [3] **1** [1841] 117/9; *J. pr. Ch.* **23** [1841] 300/2). Reines P wird auf einem Löffel verbrannt, der sich in einem Blechzylinder befindet, welcher oben einen regulierbaren Abzug aufweist und mittels eines Trichters auf einem, der Aufbewahrung des P_2O_5 dienenden Glasgefäß lose aufsitzt. Durch Klopfen wird das an den Wänden abgeschiedene P_2O_5 leicht in das Glasgefäß gebracht, A. GRAF GRABOWSKI (*Ber. Wien. Akad.* **52** II [1865] 170/1; *Lieb. Ann.* **136** [1865] 119/20). Verbrennung von P in einer zylindr. Kammer aus Fe-Blech in einem mit $CaCl_2$ getrockneten kräftigen Luftstrom; das Prod. enthält eine geringe Menge P, s. J. P. COOK laut R. THRELFALL (*Phil. Mag.* [5] **35** [1893] 1/35, 14). Aus einem in einem Verbrennungsrohr liegenden, mit rotem P gefüllten Röhrchen tritt nach vorsichtigem Erhitzen aus einer engen Öffnung P-Dampf aus, der mit dem durch das Rohr streichenden Luftstrom über eine erhitzte Pt-Spirale geführt wird, D. L. CHAPMAN, H. E. JONES (*J. chem. Soc.* **99** [1911] 1811/9).

Ältere Lit. zur Herst. von P_2O_5 im Labor. durch P-Verbrennung s. beispielsweise H. DAVY (*Ann. Chim. Phys.* [2] **10** [1819] 207/19, 218; *Gilb. Ann.* **35** [1810] 278/91, 290, **46** [1814] 273/87, 280; *Phil. Trans.* **1818** 316/37, 336; *Schw. J.* **1** [1811] 473/83, 481, **7** [1813] 494/516, 505), B. MEYLINK (*Repert. Pharm. Buchner* **46** [1833] 489/92).

Preparation of the Easily Volatile M-Form

Darstellung der leicht flüchtigen M-Form. Das bei der Verbrennung von P gewonnene Gemenge aus krist. und amorphem P_2O_5 läßt sich durch Sublimation vollständig in die leichtflüchtige krist. Modifikation überführen, P. HAUTEFEUILLE, A. PERREY (*C.r.* **99** [1884] 33/5). Ein Gehalt an niederen P-Oxiden (vermutlich P_2O_3) verrät sich durch die Bldg. von rotem P_4O (s. S. 58) beim Erhitzen des Präp. auf ~250°C oder durch stark exotherme Rk. z. B. mit NH_3-Gas, H_2O-Dampf, Wasser, vgl. H. BILTZ (*Ber.* **27** [1894] 1257/64); s. auch die therm. Zers. des P_2O_3, S. 72. Zur Entfernung der niederen P-Oxide wird das Handelsprod. im trockenen O_2-Strom aus einem auf Hellrotglut erhitzten Fe-Rohr in eine Glasflasche sublimiert. Die von R. THRELFALL (*Phil. Mag.* [5] **35** [1893] 1/35, 15), W. A. SHENSTONE, C. R. BECK (*J. chem. Soc.* **63** [1893] 475/8) vorgeschlagene Anwendung von Pt-Asbest oder Pt-Schwamm als Katalysator ist unnötig, G. I. FINCH, R. H. K. PETO (*J. chem. Soc.* **121** [1922] 692/3); in einer größeren App. können bis zu 500 g/Std. mit einer Ausbeute von 70 bis 80% sublimiert werden. Das kristalline, sehr voluminöse Prod. eignet sich vorzüglich zum Trocknen von Gasen, G. I. FINCH, R. P. FRAZER (*J. chem. Soc.* **129** [1926] 117/9); zur App. s. auch H. WHITAKER (*J. chem. Soc.* **127** [1925] 2219/21). Sublimation in trockenem O_2 in vorher ausgeglühtem Glas- oder Quarzrohr bei 220 bis 270°C, s. A. SMITS (*J. chem. Soc.* **125** [1924] 1068/75), A. SMITS, H. W. DEINUM (*Z. phys. Ch.* A **149** [1930] 337/63, 339; *Pr. Acad. Amsterdam* **33** [1930] 514/25), ergibt ein noch reineres Prod., A. SMITS, J. A. A. KETELAAR, J. L. MEYERING (*Z. phys. Ch.* B **41** [1938] 87/97). Bei unreinerem Ausgangsmaterial ist einmalige Sublimation in O_2 nicht hinreichend; Ozon entfernt auch größere Mengen niederer P-Oxide, vgl. hierzu J. J. MANLEY (*J. chem. Soc.* **121** [1922] 331/7), jedoch läßt sich das Sublimat auch im Hochvak. nur schwer von adsorbiertem O_3 befreien, A. SMITS (*Z. phys. Ch.* B **28** [1935] 31/42).

Bis 10 mm lange Kristalle mit 50% Ausbeute durch Sublimation in O_2 im Fe-Rohr bei gewöhnl. Druck, K. BORATYNSKI, A. NOWAKOWSKI (*C. r.* **194** [1932] 89/91). Sublimation in O_2 bei 15 Torr und 250°C mit 80% Ausbeute, K. BORATYNSKI (*Roczniki Chem.* **13** [1933] 340/5), S. GLIXELLI, K. BORATYNSKI (*Z. anorg. Ch.* **235** [1938] 225/41, 226). Nur ~10% Ausbeute bei 270°C und gewöhnl. Druck. Sublimation in O_2 bei 800°C und Kondensation bei 500°C[1]) ergibt gut krist. Prod. mit geringem, leicht abtrennbarem, glasigem Anteil, W. BILTZ, O. HÜLSMANN (*Z. anorg. Ch.* **207** [1932] 377/84, 380).

Darst. verschiedener Wachstumsformen des M-P_2O_5 durch Erhitzen des Handelsprod. auf ~320°C in einem (hinter dem Ofen nach unten) gebogenen Glasrohr im O_2-Strom. An der Biegung des Rohrs (bei ~200°C) kondensieren große Kristalle mit Dimensionen bis 1 × 1 × 2 mm. Aus kälterem Dampf scheiden sich Nädelchen von ~0.4 × 0.4 × 3.2 mm Größe ab, vgl. „Kristallform" S. 85. Die größten Kristalle bilden sich noch bei 400°C, H. C. J. DE DECKER, C. H. MACGILLAVRY (*Rec. Trav. chim.* **60** [1941] 153/75, 156).

Darstellung der schwerflüchtigen Formen R und S. Über die Umwandlungen M→R→S s. „Phasenumwandlungen" S. 78. *Preparation of the Difficultly Volatile Forms R and S*

5 g M-P_2O_5 in einem mit Pt-Blech verschlossenen Pt-Tiegel werden im zugeschmolzenen Glasrohr 2 Std. auf 400°C erhitzt; dabei tritt vollständige Umwandlung in ein kreidiges Aggregat der R-Form ein. Wenn das Rohr anschließend 6 Tage in einem Temp.-Gefälle erhitzt wird, entstehen am kälteren Rohrende (bei ~375°C) 2 bis 3 mm lange, unregelmäßig geformte Platten der R-Modifikation, im heißen Rohrteil (~470°C) hinterbleibt S-P_2O_5 als harte, poröse Masse, W. L. HILL, G. T. FAUST, S. B. HENDRICKS (*J. Am. Soc.* **65** [1943] 794/802); bei der Polymerisation treten fast keine Verluste durch Verdampfen von M-P_2O_5 ein, wenn dieses vor dem Erhitzen mit etwa derselben Menge R- bzw. S-P_2O_5 gemischt wird, MONSANTO CHEMICAL Co., W. F. TUCKER (*U.S.P.* 2907635 [1959] nach *C.A.* **1960** 3885). 5tägiges Erhitzen von M-P_2O_5 (im Original: S_1-Form) auf 500 bis 530°C im Supremaxrohr ergibt eine kristalline, harte Masse, aus der sich R-Einkristalle (im Original: S_2-Form) mit Dimensionen bis 1 × 1 × 1.5 mm abtrennen lassen, H. C. J. DE DECKER (*Rec. Trav. chim.* **60** [1941] 413/27).

Die S-Form bildet sich als horniges Aggregat latten- oder nadelförmiger Kristalle bei 24std. Erhitzen von M-P_2O_5 auf 450°C, W. L. HILL u. a. (*l. c.*). Bei der Darst. der R-Form treten plattenförmige Kristalle mit faseriger Spaltbarkeit auf, C. H. MACGILLAVRY, H. C. I. DE DECKER (*Chem. Weekbl.* **39** [1942] 227/32), die nach röntgenograph. Unterss. mit der S-Form identisch sind, C. H. MACGILLAVRY, H. C. J. DE DECKER, L. M. NIJLAND (*Nature* **164** [1949] 448/9).

P_2O_5-Gläser entstehen durch Unterkühlung der Schmelzen von R- und S-P_2O_5, ferner sehr rasch ohne Unterkühlung aus der metastabilen Schmelze der M-Form, s. S. 78; diese Gläser sind vermutlich strukturell verschieden, vgl. W. L. HILL, G. T. FAUST, S. B. HENDRICKS (*J. Am. Soc.* **65** [1943] 794/802). Eine bei ~640°C im Bombenrohr aus M-P_2O_5 hergestellte Schmelze erstarrt beim Abkühlen zu blasenfreiem, leicht von der Rohrwand ablösbarem Glas, W. BILTZ, O. HÜLSMANN (*Z. anorg. Ch.* **207** [1932] 377/84). Ein Adsorptionsfilm von P_2O_5 auf fl. FeO bei 1480°C besteht nach Unterss. der Oberflächenspannung aus vernetzten PO_4-Tetraedern, hat also die Struktur eines 2-dimensionalen P_2O_5-Glases, P. KOZAKEVITCH (*J. Chim. phys.* **47** [1950] 24/32). *P_2O_5 Glasses*

Amorphes, pulverförmiges P_2O_5, ein Glas in feiner Verteilung, bildet sich durch Polymerisation der M-Form unterhalb des Schmelzpunktes. M-Kristalle wandeln sich oberhalb 400°C in ein mikroskopisch amorphes Pulver um, das beim Erhitzen kontinuierlich in durchsichtiges Glas übergeht, J. M. A. HOEFLAKE, M. F. E. C. SCHEFFER (*Rec. Trav. chim.* **45** [1926] 191/200), P. HAUTEFEUILLE, A. PERREY (*C. r.* **99** [1884] 33/5). *Amorphous P_2O_5 Powder*

Aerosol. Durch Verbrennung von P erhaltener P_2O_5-Rauch reagiert mit H_2O-Dampf vom Druck p unter Bldg. von H_3PO_4-Lsg., die konzentrierter ist als der Wasserdampftension p entspricht; Einfluß der Teilchengröße ist nicht feststellbar, V. J. KAPUSTINA (*Koll. Žurnal* **5** [1939] 781/95). Rasche Absorption von P_2O_5-Rauch in Fll., die durch oberflächenaktive Stoffe zum Schäumen gebracht werden, G. P. LUČINSKIJ (*Žurnal fiz. Chim.* **13** [1939] 302). *Aerosol*

Organosol. Beim Trocknen von Nitrobenzol, das (zur Molgew.-Best. mittels Gefrierpunktserniedrigung) organ. Säuren, Alkohole oder Phenole gelöst enthält, mit P_2O_5 bilden sich unter dem peptisierenden Einfluß der gelösten Substt. kolloide Lsgg. oder Gele von P_2O_5, s. F. S. BROWN, C. R. BURY (*J. phys. Chem.* **29** [1925] 1312/6). *Organosol*

---

[1]) Angabe zu hoch. Der Tripelpunkt liegt bei 420°C, s. S. 77.

Handling

Handhabung. Wegen der großen Hygroskopizität besonders der M-Form (s. S. 88) sind die Unterss. an P_2O_5 unter vollständigem Ausschluß von Feuchtigkeit auszuführen. Verwendung eines Trockenkastens mit Gummihandschuhen, W. L. HILL, G. T. FAUST, S. B. HENDRICKS (*J. Am. Soc.* **65** [1943] 794/802), Glasapp. zur Auswahl, opt. Unters. und Abtrennung der Kristalle sowie zu ihrer Überführung in Glascapillaren zwecks röntgenograph. Unters. s. H. C. J. DE DECKER, C. H. MACGILLAVRY (*Rec. Trav. chim.* **60** [1941] 153/75, 156).

Beim Feuchtwerden entstehende Wärme kann brennbare Stoffe entzünden, vgl. J. CREEVEY (*Chem. Age* **46** [1942] 155).

Formation Data

Bildungsgrößen. Bildungsenthalpie in kcal für die Bldg. von P_2O_5 durch Verbrennung von P mit O_2:

$-\Delta H$	Temperatur	P-Modifikation	Methode	Lit.
für 1 Mol M-P_2O_5:				
363.0	18°C	weiß	calorimetrisch, $p_{O_2} = 15$ bis 20 at, vermutlich v = konst.	1)
360.0	18°C	weiß	neu ber. aus Daten nach 1)	2)
365.5 ± 5	298°K	weiß	ber. aus Lit.-Angaben; $-\Delta G^\circ_{298} = 335 \pm 5$	3)
360.0	298°K	weiß	ber. aus Lit.-Angaben	4)
360.0	298°K	weiß	aus statist. Berechnungen und calorimetr. Daten; $-\Delta G_{298} = 325$	5)
355.6	18°C	rot, amorph	calorimetrisch, $p_{O_2} = 15$ bis 20 at, vermutlich v = konst.	6)
352.6	18°C	rot, amorph	neu ber. aus Daten nach 6)	2)
353.6	18°C	violett, krist.	calorimetrisch, p = 15 bis 20 at, vermutlich v = konst.	6)
350.6	18°C	violett, krist.	neu ber. aus Daten nach 6)	2)
für 1 Mol R-P_2O_5:				
368.7	20°C	rot	calorimetrisch, $p_{O_2} = 36$ at, Prod. „sublimiertes" P_2O_5; $-\Delta G^\circ = 370.1$	7)
368.4 ± 7	25°C	weiß	ber. aus Lsg.-Wärme in HCl und calorimetr. Daten	8)
367.0	0° bis 298°K	weiß	ber. aus Lit.-Angaben; für „amorphes" P_2O_5	4)
für 1 Mol S-P_2O_5:				
370 ± 5	298°K		ber. aus Lit.-Angaben; $-\Delta G^\circ_{298} = 338$	3)
für 1 Mol gasf. P_4O_{10}:				
696	298°K	weiß	aus statist. Berechnungen und calorimetr. Daten; $-\Delta G^\circ_{298} = 637$	5)

Lit.: 1) H. GIRAN (*C. r.* **136** [1903] 550/2). — 2) F. R. BICHOWSKY, F. D. ROSSINI (*The Thermochemistry of the chemical Substances, New York* 1936, S. 219). — 3) L. BREWER (*Chem. Rev.* **52** [1953] 2/75, 11). — 4) F. D. ROSSINI u. a. (*Selected Values* 1952, S. 73). — 5) B. TOPLEY (*Chem. Ind.* **1959** 431/2). — 6) H. GIRAN (*C. r.* **136** [1903] 677/80). — 7) W. A. ROTH, A. MEICHSNER, H. RICHTER (*Arch. Eisenhüttenw.* 8 [1934/35] 239/41). — 8) C. G. STEVENS, E. T. TURKDOGAN (*Trans. Faraday Soc.* **50** [1954] 370/3).

Theoret. Betrachtungen, L. H. LONG (*Quart. Rev.* [*London*] **7** [1953] 134/74), D. HART (*J. phys. Chem.* **56** [1956] 202/14). Bldg.-Wärme der gasf. Molekel P_4O_{10} aus den Atomen bei 0°K 1588 ± 15 kcal, L. BREWER (*l. c.*); 1584.5 kcal, F. S. DAINTON (*Trans. Faraday Soc.* **43** [1947] 244/56, 246), ber. aus Daten von F. R. BICHOWSKY, F. D. ROSSINI (*l. c.*).

The P_4O_{10} Molecule

Die P_4O_{10}-Molekel

Symmetry. Structure

Symmetrie. Struktur. Durch Elektronenbeugungsunterss. gelangen G. C. HAMPSON, A. J. STOSICK (*J. Am. Soc.* **60** [1938] 1814/22) nach einem ergebnislosen Vers. von L. R. MAXWELL, S. B. HENDRICKS, L. S. DEMING (*J. chem. Phys.* **5** [1937] 626/37) zu dem Ergebnis, daß P_4O_{10} die in **Fig. 10** dargestellte Struktur hat, also aus 4 PO_4-Tetraedern besteht, wobei 6 O_I-Atome an je 2 P-Atome,

4 O_{II}-Atome an je 1 P-Atom gebunden sind; Punktgruppe T_d. Da jedes P-Atom an 3 O_I-Atome und 1 O_{II}-Atom gebunden ist, sind die PO_4-Tetraeder nicht regulär. Das einsame Elektronenpaar am O_{II}-Atom bewirkt, daß der P–O_{II}-Abstand r_{II} kleiner als der P–O_I-Abstand r_I ist und daß der O_I–P–O_I-Winkel kleiner, der O_{II}–P–O_I-Winkel demnach größer als der Tetraederwinkel ist. — Die Verschiedenartigkeit der P-O-Bindungen läßt sich dadurch quantitativ erfassen, daß ihnen der Bindungsgrad 1.19 (P–O_I) bzw. 2.27 (P–O_{II}) zugeschrieben wird, H. SIEBERT (*Z. anorg. Ch.* **275** [1954] 210/24, 218). Über den Anteil von π-Elektronen an den P–O-Bindungen s. L. PAULING (*J. phys. Chem.* **56** [1952] 361/5).

Fig. 10.

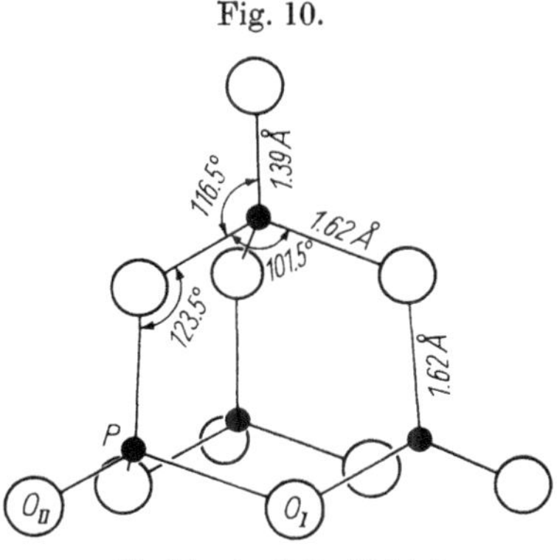

Struktur der P_4O_{10}-Molekel.

Kernabstände r in Å. **Bindungswinkel. Trägheitsmoment.** Die Elektronenbeugungsdiagramme sind am besten mit den Werten $r_I = 1.60 \pm 0.01$, $r_{II} = 1.40 \pm 0.03$, γ (P–O_I–P) = 124.5° $\pm$ 1.0° vereinbar, P. A. AKIŠIN, N. G. RAMBIDI, E. Z. ZASORIN (*Kristallografija* **4** [1959] 360/4; *Soviet. Phys. Cryst.* **4** [1959] 334/8). Damit sind frühere, ebenso ermittelte Daten fast genau bestätigt: $r_I = 1.62 \pm 0.02$, $r_{II} = 1.39 \pm 0.02$, α (O_I–P–O_I) = 101.5 $\pm$ 1.0°, β (O_{II}–P–O_I) = 116.5 $\pm$ 1.0°, γ = 123.5 $\pm$ 1.0°, G. C. HAMPSON, A. J. STOSICK (*l. c.*). Hieraus ergibt sich das Trägheitsmoment zu 1.45×10^{-37} g cm², T. D. FARR (*Tennessee Valley Authority Chem. Engg. Rep.* Nr. 8 [1950] 1/93, 22).

Nuclear Distances. Bond Angle. Moment of Inertia

Kraftkonstanten f in mdyn/Å. Wird eine Pot.-Funktion mit 8 Parametern angesetzt, so lassen sich mit den nachstehend angegebenen f-Werten Wellenzahlen berechnen, die von den beob. um max. 5% abweichen: f(P–O_I) = 3.902, f(P–O_{II}) = 10.84, f_α = 0.21, f_β = 0.557, f_γ = 0.42, f(P–P) = 0.66, f(O_I–O_I) = 0.11, f′(P–O_{II}) = 0.08; der letzte Wert betrifft die Wechselwrkg. zwischen einem P-Atom und einem an ein anderes P-Atom gebundenen O_{II}-Atom, D. H. ZIJP (in: *Advances in Molecular Spectroscopy, Bd.* 1, *Oxford* 1962, S. 345/53). Aus älteren Wellenzahlen leiten H. VAN BREDERODE, H. GERDING (*Rec. Trav. chim.* **67** [1948] 677/84) f(P–O_I) = 4.75, f(P–O_{II}) = 11.0, $f_\alpha = f_\gamma$ = 0.35, f_β = 0.81 ab.

Force Constants

Molekelschwingungen. Infolge der Symmetrie T_d sind in der P_4O_{10}-Molekel 15 Normalschwingungen möglich, 3 totalsymmetr. (A_1), drei zweifach entartete (E) und 9 dreifach entartete ($3F_1$, $6F_2$). Theoretisch sind im UR-Spektrum die F_2-Schwingungen, im Ramanspektrum die A_1-, die E- und die F_2-Schwingungen zu erwarten. Im UR-Spektrum von P_4O_{10}-Dampf finden T. A. SIDOROV, N. N. SOBOLEV (*Optika Spektroskopija* **2** [1957] 717/23) zwischen 2.5 und 24 μ außer einigen Kombinationslinien 4 der 6 F_2-Schwingungen (ν_7 = 1390, ν_8 = 1015, ν_9 = 764, ν_{10} = 573 cm⁻¹) und — sehr schwach — eine totalsymmetr. Schwingung (ν_2 = 714 cm⁻¹); die Wellenzahlen der restlichen F_2-Schwingungen liegen außerhalb des Meßbereichs. — Im Ramanspektrum von M-P_2O_5 (Struktur s. S. 84) treten 11 Linien auf, von denen die mit den Wellenzahlen ν_1 = 1417, ν_2 = 721, ν_3 = 424 cm⁻¹ wahrscheinlich den A_1-Schwingungen zuzuordnen sind, H. GERDING, H. C. J. DE DECKER (*Rec. Trav. chim.* **64** [1945] 191/3). Zuordnung der übrigen Linien: ν_4 = 952, ν_5 = 650, ν_6 = 278 cm⁻¹ (E), ν_7 = 1386, ν_8 = 1033, ν_{10} = 559, ν_{11} = 329, ν_{12} = 257 cm⁻¹ (F_2), T. A. SIDOROV, N. N. SOBOLEV (*l. c.*). Demgegenüber erhält D. H. ZIJP (in: *Advances in Molecular Spectroscopy, Bd.* 1, *Oxford* 1962, S. 345/53, 346) bei der Analyse des UR- und des Ramanspektrums die Wellenzahlen 1417, 721, 559 (A), 952, 329, 257 (E), 1386, 1010, 763, 424, 329, 278 (F_2).

Molecular Vibrations

Bindungsenergien. Wenn die Wärmetönung bei der Bldg. von P_4O_{10} aus den Atomen 1584.5 kcal/Mol = 68.7 eV je Molekel beträgt, dürften auf jede P–O_I-Bindung 3.47 $\pm$ 0.08, auf jede P–O_{II}-Bindung 6.76 $\pm$ 0.26 eV entfallen, F. S. DAINTON (*Trans. Faraday Soc.* **43** [1947] 244/56). Aus der Absorptionsgrenze im UV abgeleitete Werte s. bei M. JAN-KHAN, R. SAMUEL (*Pr. phys. Soc.* **48** [1936] 626/41, 636).

Bond Energies

Physikalische Eigenschaften

Physical Properties

Gitterstruktur. Gitterkonstanten. Vergleichende Betrachtungen über die verschiedenen P_2O_5-Gitter s. bei A. F. WELLS (*Acta crystallogr.* [*Copenhagen*] **7** [1954] 842/8).

Lattice Structure. Lattice Constants

Molecular Lattice

Molekelgitter (M-P_2O_5). LAUE-, Drehkristall- und WEISSENBERG-Aufnahmen ergeben, daß das Gitter aus P_4O_{10}-Molekeln aufgebaut ist, die die Ecken und den Mittelpunkt der rhomboedr. Elementarzelle besetzen, s. **Fig. 11**. Raumgruppe R3c–C_{3v}^6; Z = 2. Gitterkonstt.: a = 7.44 Å, α = 87°; für die hexa-

Fig. 11.

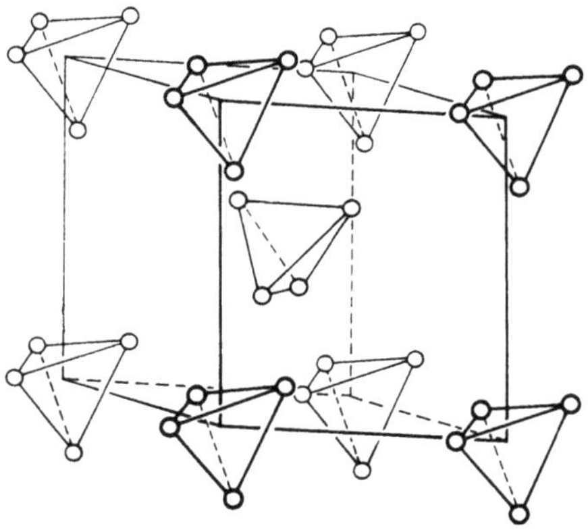

Elementarzelle der P_2O_5-Modifikation mit Molekelgitter (M–P_2O_5).

Fig. 12.

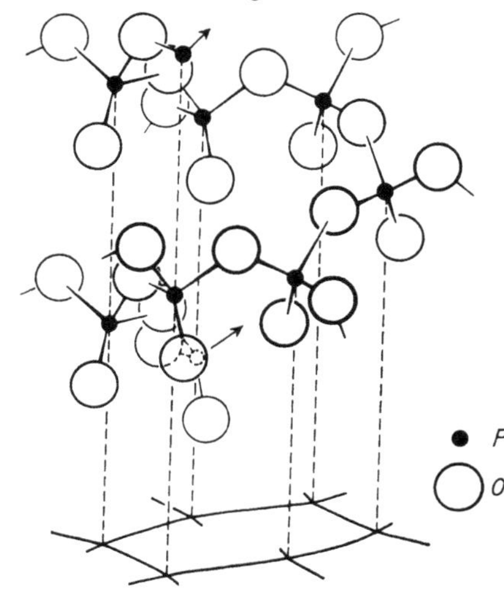

Ausschnitt aus dem P_2O_5-Raumnetz.

gonale Elementarzelle gilt a = 10.31, c = 13.3 Å. Atomlagen: 2 P_I und 2 O_I in 2 (a): x, x, x; $^1/_2$ + x, $^1/_2$ + x, $^1/_2$ + x; 6 P_{II}, 6 O_{II}, 6 O_{III} und 6 O_{IV} in 6 (b): x, y, z; z, x, y; y, z, x; $^1/_2$ + y, $^1/_2$ + x, $^1/_2$ + z; $^1/_2$ + z, $^1/_2$ + y, $^1/_2$ + x; $^1/_2$ + x, $^1/_2$ + z, $^1/_2$ + y mit

	P_I	P_{II}	O_I	O_{II}	O_{III}	O_{IV}
x	0.131	0.122	0.236	−0.056	0.056	0.225
y	—	−0.192	—	0.061	−0.061	−0.347
z	—	−0.062	—	0.228	−0.228	−0.114

Atomabstände r(P_I–O_I) = 1.40, r(P_I–O_{II}) = 1.64, r(P_{II}–O_{II}) = 1.60, r(P_{II}–O_{III}) = 1.64, r(P_{II}–O_{IV}) = 1.42 Å, H. C. J. DE DECKER, C. H. MACGILLAVRY (*Rec. Trav. chim.* **60** [1941] 153/75 [dtsch.]). Pulverdiagrammlinien s. bei W. L. HILL, G. T. FAUST, S. B. HENDRICKS (*J. Am. Soc.* **65** [1943] 794/802).

Überholte Angaben, K. BORATYNSKI, A. NOWAKOWSKI (*C. r.* **194** [1932] 89/91, **196** [1933] 691), K. BORATYNSKI (*Roczniki Chem.* **13** [1933] 340/5, 346/50 [poln.]).

Net (3-dimensional) Lattice

Raumnetzgitter (R-P_2O_5). Nach Drehkristall- und WEISSENBERG-Aufnahmen hat R-P_2O_5 ein aus PO_4-Tetraedern bestehendes Raumnetzgitter, von denen jedes über 3 O-Atome mit 3 anderen PO_4-Tetraedern verknüpft ist, s. **Fig. 12** und **13**. Raumgruppe: Fdd2–C_{2v}^{19}; Z = 8 P_2O_5. Gitterkonstt.: a = 16.3, b = 8.14, c = 5.26 Å. Atomlagen: (0, 0, 0; 0, $^1/_2$, $^1/_2$; $^1/_2$, 0, $^1/_2$; $^1/_2$, $^1/_2$, 0) + 16 P, 16 O_{II}, 16 O_{III} in 16 (b): x, y, z; x̄, ȳ, z; $^1/_4$−x, $^1/_4$+y, $^1/_4$+z; $^1/_4$+x, $^1/_4$−y, $^1/_4$+z, 8 O_I in 8 (a): 0, 0, z; $^1/_4$, $^1/_4$, $^1/_4$+z mit

	P	O_I	O_{II}	O_{III}
x	0.075	—	0.114	0.058
y	0.083	—	0.178	0.161
z	−0.153	0	0.089	−0.383

Atomabstände: r(P–O_I) = 1.61, r(P–O_{II}) = 1.61 oder 1.62, r(P–O_{III}) = 1.39 Å, H. C. J. DE DECKER (*Rec. Trav. chim.* **60** [1941] 413/27 [dtsch.]). Pulverdiagrammlinien s. bei W. L. HILL u. a. (*l. c.*).

Layer Lattice

Schichtgitter (S-P_2O_5). Nach Drehkristall- und WEISSENBERG-Aufnahmen hat S-P_2O_5 ein Schichtengitter, in dem PO_4-Tetraeder über je drei O-Atome zu welligen Schichten vernetzt sind, s. **Fig. 14**; Raumgruppe: Pnam–D_{2h}^{16}; Z = 4 P_2O_5. Gitterkonstt.: a = 9.23, b = 7.18, c = 4.94 Å. Atomlagen: 4 P_I, 4 P_{II}, 4 O_I, 4 O_{II}, 4 O_{III} in 4 (c): ±(x, y, $^1/_4$; $^1/_2$+x, $^1/_2$−y, $^1/_4$), 8 O_{IV} in 8 (d): ±(x, y, z; $^1/_2$+x, $^1/_2$−y, $^1/_2$−z; x̄, ȳ, $^1/_2$+z; $^1/_2$−x, $^1/_2$+y, z̄) mit z = 0.000 und

	P_I	P_{II}	O_I	O_{II}	O_{III}	O_{IV}
x	0.244	−0.098	−0.219	−0.142	0.055	0.136
y	0.288	−0.156	−0.011	0.346	−0.089	0.282

C. H. MacGillavry, H. C. J. de Decker, L. M. Nijland (*Nature* **164** [1949] 448/9), Pulverdiagrammlinien s. bei W. L. Hill u. a. (*l. c.*).

Crystal Form. M-P_2O_5

Kristallform. M-P_2O_5. Durch Kondensation aus dem Dampf oberhalb 200°C bis 1 × 1 × 2 mm große Kristalle, manchmal hexagonale Prismen mit schlecht ausgebildeten Gipfelflächen. Nach Einkristallaufnahmen weisen die rhomboedr. Kristalle [001], [111] oder [11$\bar{1}$] als bevorzugte Wachstumsrichtungen auf. Durch Kondensation bei niedriger Temp. feine Nädelchen (0.4 × 0.4 × 3.2 mm), die aus aufgereihten, kreuzartig verzwillingten Einkristallen (0.1 × 0.1 × 0.3 mm) bestehen, deren Längsachse die Richtung [001] der Rhomboederkante besitzt, H. C. J. de Decker, C. H. MacGillavry (*Rec. Trav. chim.* **60** [1941] 153/75). Dünne, leicht deformierbare Plättchen mit hexagonalem Umriß, gewöhnlich polysynthetisch verzwillingt. Manchmal rhomboedr. Körner, W. L. Hill, G. T. Faust, S. B. Hendricks (*J. Am. Soc.* **65** [1943] 794/802).

R-P_2O_5

R-P_2O_5. Bis 1 × 1 × 1.5 mm große Einkristalle, schwer spaltbar mit muscheligem Bruch, H. C. J. de Decker (*Rec. Trav. chim.* **60** [1941] 413/27). Unregelmäßig geformte, längliche Kristalle, C. H.

Fig. 13.

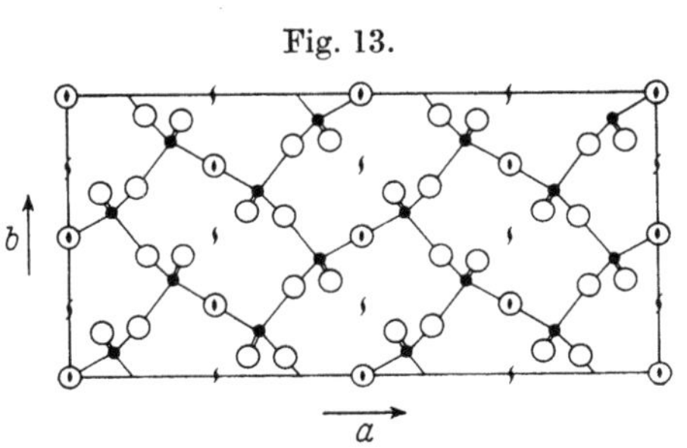

Projektion der PO_4-Spiralen in R-P_2O_5 auf die (001)-Ebene.

Fig. 14.

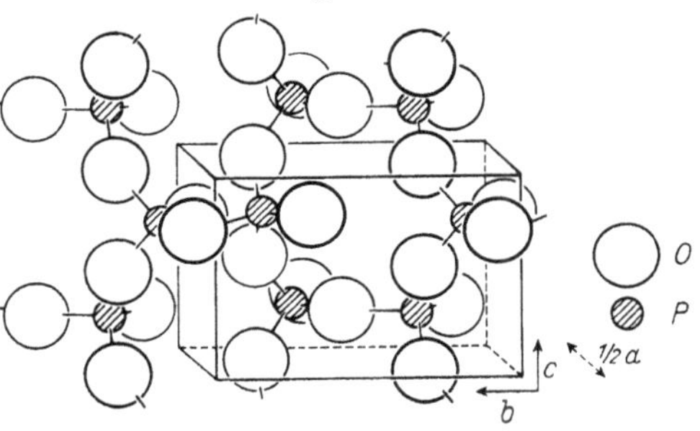

Gitterstruktur der P_2O_5-Modifikation mit Schichtengitter (S-P_2O_5).

MacGillavry, H. C. J. de Decker (*Chem. Weekbl.* **39** [1942] 227/32). Plattige Aggregate mit guter Spaltbarkeit parallel zur opt. Achsenebene und schlechter senkrecht dazu, W. L. Hill, G. T. Faust, S. B. Hendricks (*l. c.*). Nadeln oder Blättchen, J. M. A. Hoeflake, M. F. E. C. Scheffer (*Rec. Trav. chim.* **45** [1926] 191/200).

S-P_2O_5

S-P_2O_5. Meist flache Prismen mit ausgezeichneter prismat. Spaltbarkeit, manchmal Nadeln. Gut ausgebildete Endflächen. Gelegentlich einfach verzwillingt, W. L. Hill u. a. (*l. c.*). Platten mit ausgesprochen faseriger Spaltbarkeit, C. H. MacGillavry, H. C. J. de Decker (*l. c.*).

Structure and Constitution of Liquid and Amorphous Forms

Struktur und Konstitution der flüssigen und amorphen Formen. P_2O_5-Gläser haben vermutlich die von W. H. Zachariasen (*J. Am. Soc.* **54** [1932] 3841; *J. chem. Phys.* **3** [1935] 162) für Gläser angenommene dreidimensionale Netzstruktur, in der PO_4-Gruppen in derselben Art wie bei R-P_2O_5 zu verschieden großen Ringen aus alternierenden P- und O-Atomen verknüpft sind, van Wazer (*Phosphorus*, Bd. 1, S. 272, 722). Vgl. hierzu „Reorganisationstheorie" S. 218. Zum Vergleich der Strukturen von P_2O_5-Glas mit Quarzglas s. E. Kordes, W. Vogel, R. Feterowsky (*Z. Elektroch.* **57** [1953] 282/9).

Wegen der netzartigen Struktur sind in amorphem P_2O_5 weder PO_4- noch P_2O_5-Gruppen vorhanden, so daß das UR-Spektrum weder die Banden des PO_4-Ions noch die der P_4O_{10}-Molekel enthält. Beobachtet werden folgende Linien: 446, 496, 531, 572, 626, 770, 854, 905, 990, 1039, 1123, 1275, 1340, 1444, 1590, 1766 cm^{-1}, V. A. Kolesova (*Optika Spektroskopija* **2** [1957] 165/73).

Eine sehr ähnliche Konstit. wie das glasige P_2O_5 hat wahrscheinlich auch die hochviscose, leicht unterkühlbare Schmelze, in die S-P_2O_5 bei ~580°C übergeht. Über die strukturellen Unterschiede zwischen den beiden thermodynamisch unterscheidbaren fl. Formen R-P_2O_5 und S-P_2O_5 liegen keine Angaben vor. Fl. M-P_2O_5 polymerisiert nach W. L. Hill, G. T. Faust, S. B. Hendricks (*J. Am. Soc.* **65** [1943] 794/802, 796) unmittelbar nach dem Schmelzen, scheint also zunächst aus P_4O_{10}-Molekeln zu bestehen.

Density. Molar Volume

Dichte D in g/cm³. **Molvolumen** V_{mol} in cm³/Mol. Für M-P_2O_5 ergibt sich aus den Gitterkonstt. D =2.30, H. C. J. DE DECKER, C. H. MACGILLAVRY (*Rec. Trav. chim.* **60** [1941] 153/75, 154 [dtsch.]). — Pyknometrisch bestimmte Werte: $D^{20} = 2.284 \pm 0.001$, K. BORATYNSKI, A. NOWAKOWSKI (*C. r.* **196** [1933] 691), K. BORATYNSKI (*Roczniki Chem.* **13** [1933] 340/5 [poln.]); $D^{26.9} = 2.291$ (irrtümlich als amorph bezeichnet), A. N. CAMPBELL, A. J. R. CAMPBELL (*Trans. Faraday Soc.* **31** [1935] 1567/74). Gasvolumetrisch ergibt sich als Mittelwert für 2 Proben $D^{-78} = 2.331 \pm 0.07\%$, $V_{mol}^{-78} = 60.94$, $D^{-195} = 2.379$, $V_{mol}^{-195} = 59.72$, daraus durch Extrapolation auf 0°K: D = 2.40, $V_{mol} = 59.3$, W. BILTZ, O. HÜLSMANN (*Z. anorg. Ch.* **207** [1932] 377/84).

Für R-P_2O_5 röntgenographisch bestimmte Dichte: D = 2.72, pyknometrisch bestimmte: D ≈ 3.0, H. C. J. DE DECKER (*Rec. Trav. chim.* **60** [1941] 413/27, 415 [dtsch.]). An einer Probe, die durch 3wöchiges Erhitzen von M-P_2O_5 bei 450°C erhalten war, finden A. N. CAMPBELL, A. J. R. CAMPBELL (*l. c.*) $D^{26.9} = 2.737$. — Aus den Brechungszahlen von S-P_2O_5 schätzen W. L. HILL, G. T. FAUST, S. B. HENDRICKS (*J. Am. Soc.* **65** [1943] 794/802) D = 2.89.

Für glasiges P_2O_5 gilt bei gewöhnl. Temp. D = 2.37, H. NORTON, W. D. KINGERY (*1. Quart. Progr. Rep. Massachusetts Inst. Technol.*, 1954, S. 1/12). Bei —78 und —195°C ergibt sich D = 2.382 ± 0.11% bzw. 2.422 ± 0.07%, $V_{mol} = 59.63$ bzw. 58.65, daraus durch Extrapolation auf 0°K: D = 2.43_5, $V_{mol} = 58.3$, W. BILTZ, O. HÜLSMANN (*l. c.*).

Nach der Auftriebsmeth. ergibt sich für fl. P_2O_5 bei 725°C D = 2.07 ± 2%, H. NORTON, W. D. KINGERY (*l. c.*), W. D. KINGERY (*J. Am. ceramic Soc.* **42** [1959] 6/10).

Vapor Pressure. Melting Point

Dampfdruck. Schmelzpunkt. Angaben hierzu s. unter ,,Zustandsformen" S. 77, 78.

Surface Tension

Oberflächenspannung. Nach der Meth. des hängenden Tropfens ergibt sich für glasiges P_2O_5 zwischen 100 und 400°C eine Abnahme von 60 auf 50 dyn/cm, W. D. KINGERY (*l. c.*).

Enthalpy. Heat Capacity. Entropy

Enthalpie H in kcal/Mol. **Wärmekapazität** C_p in cal·mol⁻¹·grd⁻¹. **Entropie** S in cal·mol⁻¹·°K⁻¹. Die folgenden Angaben beziehen sich auf 1 Mol P_4O_{10}. — Die Meßergebnisse, die an einer im Vak. sublimierten M-P_2O_5-Probe von M. FRANDSEN (*J. Res. nat. Bur. Stand.* **10** [1933] 35/58) zwischen 25 und 360°C erhalten wurden, lassen sich mit der Formel $H_T - H_{298.16} = 16.75\ T + 54.0 \times 10^{-3} T^2 - 9795$ auf 1% genau erfassen; die daraus ber. Entropiedifferenz $S_T - S_{298.16}$ nimmt bei 400, 500, 600 und 631°K die Werte 15.97, 30.47, 44.34 bzw. 48.51 an, K. K. KELLEY (*U.S. Bur. Mines Bl.* Nr. 476 [1949] 1/241, 135). Da die Probe sich, wie M. FRANDSEN (*l. c.*) mitteilt, vor dem Einbringen in das Calorimeter mindestens 3 Std. im Heizbad befunden hat, dürften die Messungen — zumindest bei höheren Tempp. — an einem Gemisch aus M- und R-P_2O_5 ausgeführt worden sein, W. L. HILL, G. T. FAUST, S. B. HENDRICKS (*J. Am. Soc.* **65** [1943] 794/804, 798). — Die Entropie S_{298} läßt sich abschätzen aus der Entropie des Dampfes bei 631°K, der Sublimationsentropie und der Differenz $S_{631} - S_{298}$; danach ist $S_{298} = 51.0$, B. TOPLEY (*Chem. Ind.* **1959** 431/2).

Die mittlere spezif. Wärmekapazität zwischen gewöhnl. Temp. und 150°C beträgt 0.17 cal·g⁻¹·grd⁻¹, K. KATO (*Sogo Igaku* **13** [1956] 331/5 nach *C. A.* **1960** 21972).

Die Differenz der Enthalpien von P_4O_{10}-Dampf und von M-P_2O_5 bei 298.16°K läßt sich auf Grund der calorimetrisch bestimmten Daten von M. FRANDSEN (*l. c.*) für den Bereich von 631 bis 1400°K durch die Formel $H_T - H_{298.16} = 73.60\ T - 6570$ erfassen; Entropiewerte in diesem Bereich (analog auf M-P_2O_5 bezogen):

T in °K . .	631	700	800	900	1000	1100	1200	1300	1400
$S_T - S_{298.16}$.	76.40	84.05	93.86	102.51	110.31	117.32	123.72	129.59	135.04

K. K. KELLEY (*l. c.*). — Aus spektroskop. Daten ergeben sich für den als ideales Gas betrachteten P_4O_{10}-Dampf folgende Werte:

T in °K	298	631	900	1000	1100	1200	1300	1400
$H^\circ - H^\circ_0$	6.7	24.5	43.0	50.0	57.5	65.0	72.5	80.0
S°	92	131	156	163	170	177	183	188

Danach ist zwischen 900 und 1400°K $C^\circ_p = 74.0$, B. TOPLEY (*l. c.*).

Magnetic Susceptibility

Magnetische Suszeptibilität. Der Beitrag der P_2O_5-Gruppe zur Susz. von Iso- und Heteropolymolybdaten und -wolframaten beträgt $-51 \cdot 10^{-6}$, A. PACAULT, P. SOUCHAY (*Bl. Soc. chim.* **1949** D 377/86).

Optical Absorption and Emission

Lichtabsorption und -emission. P_2O_5-Dampf zeigt im Quarz-UV auch bei 1 atm und 50 cm Schichtdicke keine Absorption, A. PETRIKALN (*Z. Phys.* **51** [1928] 395/409, 396). An festem P_2O_5 (S-Form) verschiebt sich die langwellige Absorptionsgrenze von 2270 Å (44039 cm^{-1}) bei 450°C nach 2530 Å (39514 cm^{-1}) am Schmp. $t_f = 563$°C, M. JAN-KHAN, R. SAMUEL (*Pr. phys. Soc.* **48** [1936] 626/41, 630).

Im Geisslerrohr angeregtes P_2O_5 ergibt im Quarz-UV nur das Bandenspektrum des durch Spaltung der Molekel entstandenen O_2; das Emissionsspektrum des P_2O_5 liegt vermutlich im Schumann-Gebiet. Abweichende Ergebnisse von H. J. EMELÉUS, R. H. PURCELL (*J. chem. Soc.* **1927** 788) beruhen auf einem P_2O_3-Gehalt ihres Präp., A. PETRIKALN (*l. c.*).

Brechungszahl n. M- und S-P_2O_5 sind einachsig positiv, R-P_2O_5 ist zweiachsig negativ, 2 V $\approx$ 65°. Brechungszahlen für die D-Linie, auf $\pm$0.002 genau bestimmt: M-P_2O_5: $n_\omega = 1.469$, $n_\varepsilon = 1.471$; R-P_2O_5: $n_\alpha = 1.545$, $n_\beta = 1.578$, $n_\gamma = 1.589$; S-P_2O_5: $n_\omega = 1.599$, $n_\varepsilon = 1.624$, W. L. HILL, G. T. FAUST, S. B. HENDRICKS (*J. Am. Soc.* **65** [1943] 794/802). *Refractive Index*

Nach H. C. J. DE DECKER, C. H. MACGILLAVRY (*Rec. Trav. chim.* **60** [1941] 153/75) zeigen die großen M-Kristalle (s. „Kristallform" S. 85) gerade, die kleinen schiefe Auslöschung. Nach H. C. J. DE DECKER (*Rec. Trav. chim.* **60** [1941] 413/27) weisen R-Einkristalle gerade Auslöschung auf.

P_2O_5-Gläser haben Brechungszahlen zwischen 1.500 und 1.518, vermutlich abhängig von Art und Grad der Polymerisation. Den tiefsten Wert hat ein durch 10 Min. langes Erhitzen der M-Form auf 480°C erhaltenes Glas; 3 bis 7 Min. langes Erhitzen auf 540 bis 580°C erhöht n auf 1.506 bis 1.511. Zweitägiges Erhitzen führt bei allen Formen zu Gläsern mit n-Werten zwischen 1.516 und 1.518, W. L. HILL u. a. (*l. c.*).

Chemisches Verhalten

Chemical Reactions

Gegen Elemente. Red. (in Form von Phosphat) zu P mit H_2, atomarem H und C s. „*Phosphor*" *Tl.* B, ab S. 21. P_2O_5 reagiert nicht mit Ozon, J. SCHMIDLIN, P. MASSINI (*Ber.* **43** [1910] 1162/71, 1165). Reagiert in der Kälte nicht mit F_2; bei dunkler Rotglut entweichen unter Flammenerscheinung PF_5 und POF_3, H. MOISSAN (*Das Fluor und seine Verbindungen*, 1900, S. 134). Amorphes B reduziert bei 800°C zu P, s. H. MOISSAN (*Ann. Chim. Phys.* [7] **6** [1895] 296/320, 313). *With Elements*

Gegen Oxide. Stickstoffoxide. Sublimiertes P_2O_5 und trocknes NO reagieren bei 250°C im geschlossenen Glasrohr unter Bldg. einer weißen, glasigen, wenig hygroskop. Subst. mit der Brutto-Zus. $P_2O_5 \cdot 2NO$ (auf 1% genau), die von Wasser heftig unter NO-Entw. und Bldg. von Phosphorsäure zersetzt wird. Dieselbe Verb. bildet sich neben O_2 aus P_2O_5 und NO_2 bei 250°C, entgegen J. W. SMITH (*J. chem. Soc.* **1928** 1886/94), der die Subst. irrtümlich als Additionsverb. von P_2O_5 mit NO_2 betrachtet, E. M. STODDART (*J. chem. Soc.* **1938** 1459/61). Mit NO_2 Bldg. von $(NO)_2P_8O_{21}$, s. S. 332, F. SEEL, R. SCHMUTZLER, K. WASEM (*Ang. Ch.* **71** [1959] 340). Die Rkk. mit NO und mit NO_2 gehen langsam schon bei gewöhnl. Temp. vor sich; darauf beruht das (scheinbare) Ansteigen der NO-Dampfdichte und des N_2O_4-Dampfdrucks beim Trocknen mit P_2O_5, s. E. M. STODDART (*J. chem. Soc.* **1945** 448/51). *With Oxides. Nitrogen Oxides*

Schwefeltrioxid. Bei der Rk. von gasf. SO_3 mit P_2O_5 bei Tempp. nahe 30°C ist die Bldg. einer Verb. $P_4O_{10} \cdot SO_3$ wahrscheinlich. Die Rk. ist reversibel, bei 60°C ist die Verb. völlig in ihre Komponenten dissoziiert. Aus kinet. Studien ergibt sich für die Rk. in beiden Richtungen eine Aktivierungsenergie von 17.9 kcal/Mol, J. BERNARD (*Ann. Chim.* [13] **4** [1959] 145/201, 152/82). *Sulfur Trioxide*

Boroxid. Exotherme Rk. zu BPO_4 beim Eintragen in geschmolzenes B_2O_3 bei 600°C, AMERICAN POTASH & CHEMICAL CORP., J. KAMLET (*U.S.P.* 2646344 [1953] nach *C.A.* **1953** 10815). *Boron Oxide*

Kohlenstoffmonoxid. Zur Red. von P_2O_5 (in Form von Phosphat) durch CO s. „*Phosphor*" *Tl.* B, S. 22. *Carbon Monoxide*

Siliciumdioxid und Glas. Bei vollständigem Ausschluß von Feuchtigkeit wird Glas bei 450°C nur leicht geätzt, W. L. HILL, G. T. FAUST, S. B. HENDRICKS (*J. Am. Soc.* **65** [1943] 794/802), Quarz ab 700°C angegriffen, A. SMITS, J. A. A. KETELAAR, J. L. MEYERING (*Z. phys. Ch.* B **41** [1938] 87/97). Feuchtes P_2O_5 ist viel agressiver; damit gefüllte Gefäße aus Glas und Quarz brechen leicht beim Abkühlen, vgl. M. FRANDSEN (*J. Res. nat. Bur. Stand.* **10** [1933] 35/58); Quarz wird ab 300°C angegriffen, Supremaxglas ist etwas beständiger, J. C. SOUTHARD, R. A. NELSON (*J. Am. Soc.* **59** [1937] 911/6). Beim Durchleiten im CO_2-Strom durch ein erhitztes Quarzrohr verbindet sich P_2O_5 oberhalb 800°C vollständig mit dem Quarz, P. H. EMMETT, J. F. SCHULTZ (*Ind. engg. Chem.* **31** [1939] 105/11). Diffusion von P_2O_5-Dampf durch SiO_2-Filme unter Bldg. eines SiO_2-P_2O_5-Glases, C. T. SAH, H. SELLO, D. A. TREMERE (*Bl. Am. phys. Soc.* **4** [1959] 221; *Phys. Chem. Solids* **11** [1959] 288/98 nach *C.A.* **1960** 13868), vgl. S. 638. *Silicon Dioxide and Glass*

Arsenic Trioxide

Arsentrioxid. Bldg. von $AsPO_4$ bei 8std. Erhitzen mit As_2O_3 auf 250°C, K. WIECZFFINSKI (*Biul. Wojskowej Akad. Tech.* **6** [1957] Nr. 32, S. 40/3 nach *C.A.* **1959** 2907).

Metal Oxides

Metalloxide. Siehe hierzu das chem. Verh. der Metalloxide und die Bldg. der Phosphate. — Metaphosphate aus P_2O_5 und gepulverten Oxiden (Hydroxiden, Carbonaten, bas. Phosphaten), CHEMISCHE FABRIK BUDENHEIM A.-G., K. SCHILL, K. HERNES, O. PFRENGLE, R. HUBOLD (*D.P.* 944849 [1956] nach *C.A.* 19042).

Akt.-Koeff. des P_2O_5 in Schlacken der Stahlerzeugung, E. T. TURKDOGAN, J. PEARSON (*J. Iron Inst.* **175** [1953] 398/401).

With Steam. Drying Effect

Gegen Wasserdampf. Trockenwirkung. M-P_2O_5 (monomeres P_4O_{10}) ist besonders in feinverteilter Form äußerst hygroskopisch, große Kristalle sind beständiger und können ohne merkliche Zers. einige Min. der Luft ausgesetzt werden, C. H. MACGILLAVRY, H. C. J. DE DECKER (*Chem. Weekbl.* **39** [1942] 227/32). Im Gegensatz dazu wird die Oberfläche des hochpolymeren R-P_2O_5 an der Luft erst in einigen Std. merklich feucht, H. C. J. DE DECKER (*Rec. Trav. chim.* **60** [1941] 413/27), ebenso verhält sich grobkristallines S-P_2O_5. Bei gleicher Siebfeinheit jedoch nehmen die 3 Modifikationen in den ersten 20 Min. die gleiche H_2O-Menge aus feuchter Luft auf, erst dann absorbiert M-P_2O_5 am schnellsten, s. **Fig. 15**. Nach 24 Std. sind die M-Kristalle unter Bldg. einer klaren Lsg. und einiger Gel-Teilchen verschwunden; die Proben von R- und S-P_2O_5 bilden dann eine sandige, mit klarer Lsg. bedeckte Kristallmasse. Im Mikroskop zeigen sich die ersten aufgenommenen H_2O-Mengen bei M-P_2O_5 als an den Kristallen haftende Tröpfchen, während auf den R- und S-Kristallen Ränder auftreten, die keine genauen opt. Unterss. erlauben, jedoch nicht amorph (glasig) sind, W. L. HILL, G. T. FAUST, S. B. HENDRICKS (*J. Am. Soc.* **65** [1943] 794/802, 799).

Fig. 15.

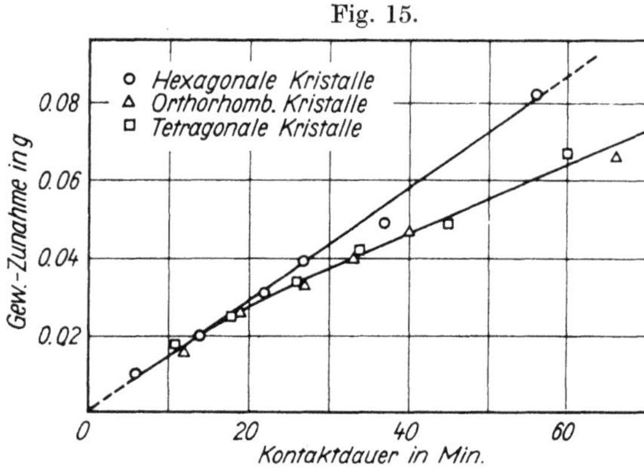

Geschw. der Wasserdampfaufnahme durch die P_2O_5-Modifikationen M, R und S (zur Nomenklatur vgl. S. 77).

Glasiges P_2O_5 zeigt auffallende Resistenz gegen Luftfeuchtigkeit; 4g in Stücken von 2 bis 4 mm Durchmesser nehmen in 5 Min. nur um 6 mg an Gew. zu, W. BILTZ, O. HÜLSMANN (*Z. anorg. Ch.* **207** [1932] 377/84, 380).

Der unmeßbar kleine Wasserdampfpartialdruck über P_2O_5 und seinen Rk.-Prodd. mit H_2O (Ultraphosphorsäuren) macht es zum wirksamsten aller bisher bekannten Trockenmittel. Ein Gasstrom von 2 l/Std. enthält nach dem Passieren eines in geeigneter Weise mit P_2O_5 gefüllten Trockenrohrs von 25 cm³ Fassungsvermögen etwa 0.1 mg $H_2O + P_4O_{10}$ in 4300 l, E. W. MORLEY (*Am. J. Sci.* [3] **34** [1887] 199/204); eine getrennte Best. des mitgeführten P_4O_{10}-Dampfs ergibt 0.1 mg in 4300 l; die H_2O-Menge ist demnach unmeßbar klein, E. W. MORLEY (*J. Am. Soc.* **26** [1904] 1171/3). Gew. in mg des in 1 l Luft von 25°C enthaltenen H_2O-Dampfes nach Durchgang der Luft (1 bis 3 l/Std.) durch eine 30 cm lange, 1.5 cm dicke Schicht des Trockenmittels bei Verwendung von M-P_2O_5 (resublimiert) <0.002, KOH 0.002, $Al_2O_3 \cdot xH_2O$ 0.003, MgO 0.008, NaOH 0.16, CaO 0.2, $CaBr_2$ 0.2, 95.1%iges H_2SO_4 0.3, $CaCl_2$ 0.36, $ZnCl_2$ 0.8, $ZnBr_2$ 1.1, $CuSO_4$ 1.4, M. V. DOVER, J. W. MARDEN (*J. Am. Soc.* **39** [1917] 1609/14).

Bei 90°C ist P_2O_5 zur Gastrocknung ebenso geeignet wie bei gewöhnl. Temp. Ein Luftstrom von 650 cm³/Std., der 35 Tage lang durch ein mit P_2O_5 in 1.25 cm dicken, durch geglühten Asbest getrennten Lagen beschicktes und auf 90°C erhitztes U-Rohr von 80 cm³ Kapazität geleitet wird (insgesamt 558 l Luft), gibt keine wägbaren Mengen H_2O (und P_4O_{10}) an dahintergeschaltete, bei gewöhnl. Temp. befindliche, mit $Mg(ClO_4)_2$ und P_2O_5 gefüllte Trockenrohre ab. Selbst wenn die nicht erfaßte H_2O-Menge 0.5 mg betragen würde, wäre die H_2O-Tension über P_2O_5 bei 90°C höchstens um 0.0009 Torr höher als bei Normaltemp., D. A. LACOSS, A. W. C. MENZIES (*J. Am. Soc.* **59** [1937] 2471/2). Mit käuflichem P_2O_5 läßt sich Hochvak. nicht halten; der Druck steigt um $2 \cdot 10^{-4}$ Torr/Tag. Nach Dest. im O_3-haltigen Luftstrom beträgt der Druckanstieg nur $3 \cdot 10^{-5}$ Torr/Tag. Ursache ist ein geringer P_2O_3-Gehalt des Handelsprod., J. J. MANLEY (*J. chem. Soc.* **121** [1922] 331/7).

P_2O_5 ist als Trockenmittel in Hochvak.-App. geeigneter als fl. Luft. Nach Messungen der Sorptionsgeschw. von H_2O-Dampf an P_2O_5 beträgt die H_2O-Gleichgew.-Tension $1 \cdot 10^{-6}$ Torr bei 10°C, $2 \cdot 10^{-5}$ Torr bei 53°C, s. C. Hayashi (*J. phys. Soc. Japan* **6** [1951] 414/5).

Gegen Wasser. *With Water* M-P_2O_5 löst sich augenblicklich klar auf, die pulvrige amorphe Form gibt durchsichtige gallertartige Klümpchen, die erst nach längerer Zeit in Lsg. gehen, glasiges P_2O_5 löst sich sehr langsam, P. Hautefeuille, A. Perrey (*C.r.* **99** [1884] 33/5); ähnlich K. Boratynski (*Roczniki Chem.* **13** [1933] 340/5). R-P_2O_5 quillt in Wasser langsam unter Bldg. eines milchartigen Sols, das nach etwa 10 Min. in ein formfestes Gel übergeht, H. C. J. de Decker (*Rec. Trav. chim.* **60** [1941] 413/27). M-Kristalle lösen sich unter zischendem Geräusch, fein gepulvert mit explosiver Heftigkeit. Dagegen bilden fein gepulverte R-Kristalle eine Suspension, die auch bei 100°C nur langsam in eine Lsg. übergeht. S-P_2O_5 liefert mit einer beschränkten Menge H_2O fast augenblicklich unter starker Wärmeentw. ein steifes Gel, das sich nach kurzer Zeit zu einer klaren Lsg. verflüssigt, W. L. Hill, G. T. Faust, S. B. Hendricks (*J. Am. Soc.* **65** [1943] 794/802).

R-Kristalle werden von Wasser (und von feuchter Luft) stets längs einer Kante angegriffen; vermutlich beginnt die Rk. an den O-Atomen der längs der c-Achse aufgereihten P = O-Gruppen, s. „Gitterstruktur" S. 84. R-Kristalle sind einige Tage unter Wasser haltbar; die plattenförmigen S-Kristalle werden binnen 1 Min. in dünne Nadeln aufgespalten, C. H. MacGillavry, H. C. J. de Decker (*Chem. Weekbl.* **39** [1942] 227/32).

Auf Grund der Struktur der M-Modifikation (s. S. 84), in der alle P–O–P-Bindungen gleichwertig sind, ist zu erwarten, daß nach dem Schema

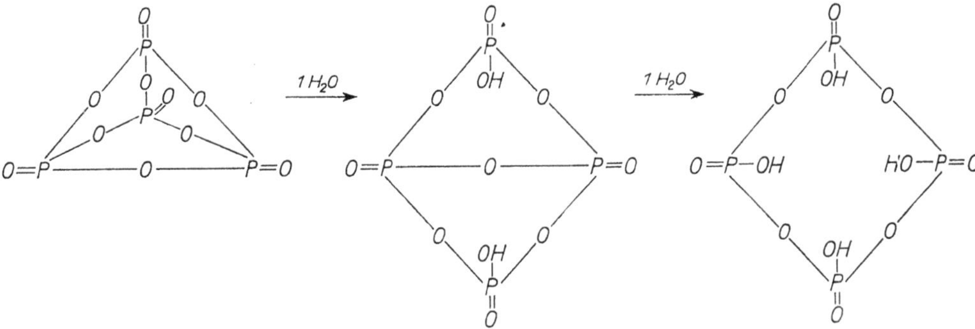

als erster Schritt die cycl. O-Brückenverb. $H_2P_4O_{11}$ entsteht, die vermutlich unter Anlagerung einer weiteren H_2O-Molekel an die P–O–P-Brücke in die cycl. Tetrametaphosphorsäure $H_4P_4O_{12}$ übergeht, die dann unter Ringsprengung über die Polyphosphorsäuren $H_6P_4O_{13}$, $H_5P_3O_{10}$, $H_4P_2O_7$ zu H_3PO_4 abgebaut wird, J. V. Chodakov (*C. r. Acad. URSS* **43** [1944] 203/6); B. Raistrick (*Scient. J. Roy. Coll. Sci.* **19** [1949] 9/27, 15). Diese Annahme wird bestätigt durch die Isolierung von krist. $Na_4P_4O_{12} \cdot 10H_2O$, das in guter Ausbeute aus M-P_2O_5 und kalter Natronlauge entsteht, B. Raistrick (*l. c.*); vgl. hierzu auch W. Teichert, M. Bonnevie-Svendsen (*Acta chem. Scand.* **3** [1949] 72/81), die jedoch das Salz auf Grund von Dialyse-Unterss. als Hexametaphosphat betrachten.

Die älteren Unterss. beruhen alle auf der Annahme, daß in wss. Lsg. außer H_3PO_4 und $H_4P_2O_7$ nur „Metaphosphorsäure" $(HPO_3)_x$ aufträte, vgl. S. 280. Im Einklang mit Vorstehendem ergeben calorimetr. Unterss., daß frische Lsgg. kein $H_4P_2O_7$ enthalten; der Wärmeeffekt bei der Neutralisation dieser Lsgg. mit wss. NaOH ist gleich groß (~35 kcal/Mol P_2O_5) wie bei Lsgg. von glasiger „Metaphosphorsäure" und viel kleiner als bei frischen $H_4P_2O_7$-Lsgg. (~56 kcal/Mol P_2O_5), H. Giran (*C.r.* **136** [1903] 550/2). Dasselbe Ergebnis haben analyt. Unterss. an in der Kälte hergestellten frischen Lsgg.; erst nach längerem Stehen ist auch H_3PO_4 nachweisbar, D. Balareff (*Z. anorg. Ch.* **69** [1911] 215/6, **96** [1916] 99/107). Bei Anwendung von 0.1 Mol P_2O_5 je 1000 g H_2O ist die Hydrolyse bei 25°C in 867 Std. vollendet; nach colorimetr. und titrimetr. Unterss. treten als Zwischenprodd. $(HPO_3)_n$, $H_4P_2O_7$ und weitere, nicht identifizierte Säuren auf, S. Glixelli, S. Jaroszówna (*Roczniki Chem.* **18** [1938] 515/23); ähnliche Folgerungen aus p_H- und Leitf.-Messungen, S. Glixelli, K. Boratynski (*Z. anorg. Ch.* **235** [1938] 225/41). In der Kälte bei rascher Abführung der Lsg.-Wärme durch Arbeiten in feuchtem, von Luft durchströmtem Äther läßt sich auch $H_4P_2O_7$ nachweisen, von dem angenommen wird, daß es aus primär gebildeter Dimetaphosphorsäure $(HPO_3)_2$ entstanden ist, A. Travers, Y. K. Chu (*C. r.* **198** [1934] 2169/71); vgl. jedoch S. 280.

Nach neueren Unterss. machen die Struktur der M-Modifikation und der Hydrolyseverlauf bei Meta- und Polyphosphorsäuren den in **Fig. 16** nach R. N. BELL, L. F. AUDRIETH, O. F. HILL (*Ind. engg. Chem.* **44** [1952] 568/72) schematisch dargestellten Hydrolysemechanismus wahrscheinlich. Die im folgenden beschriebenen Unterss. ergeben, daß tatsächlich der über die Stufen IIa und IIIa führende Weg eingeschlagen wird.

Die Titration einer frischen, bei Tempp. unter 15°C hergestellten Lsg. von 50 g M-P_2O_5 in 300 ml H_2O ergibt fast genau 2 Äquivv. H^+ je Mol P_4O_{10}; nach Zusatz von 30 g NaCl zur neutralisierten Lsg. fällt unterhalb 25°C $Na_4P_4O_{12} \cdot 10H_2O$, oberhalb 40°C $Na_4P_4O_{12} \cdot 4H_2O$ aus. Demnach entsteht in der Kälte als erstes, faßbares Hydrolyseprod. Tetrametaphosphorsäure $H_4P_4O_{12}$ (IIa in Fig. 16), R. N. BELL, L. F. AUDRIETH, O. F. HILL (*l. c.*) in Übereinstimmung mit B. RAISTRICK (*Scient. J. Roy. Coll. Sci.* **19** [1949] 9/27, 15).

Fig. 16.

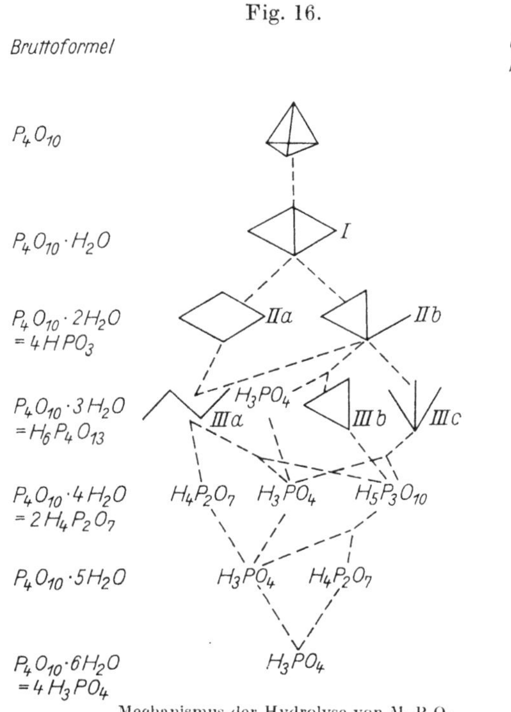

Mechanismus der Hydrolyse von M-P_2O_5.

Zum selben Ergebnis führen Unterss., bei denen aus der Differenz zwischen Gesamt-P-Gehalt und den titrimetrisch und gravimetrisch bestimmten Gehalten an $P_3O_{10}^{5-}$, $P_2O_7^{4-}$ und PO_4^{3-} auf den $P_4O_{12}^{4-}$-Gehalt geschlossen wird, N. I. RODIONOVA, JU. V. CHODAKOV (*Žurnal obščej Chim.* [russ.] **20** [1950] 1347/57; engl. Übers.: *J. gen. Chem. USSR* **20** [1950] 1401/11).

Endgruppentitration ergibt einen konst. Gehalt (4H^+ je 4P) an stark sauren H^+-Ionen; der anfangs minimale Gehalt an schwach saurem H^+ (∼0.2 H^+ je 4 P) wird sehr langsam größer. Demnach entstehen im ersten Schritt nur kondensierte Phosphorsäuren mit 1 OH-Gruppe je P-Atom. Diese werden sekundär zu Säuren mit 2 oder 3 an dasselbe P-Atom gebundenen OH-Gruppen abgebaut, von denen nur eine stark dissoziiert, vgl. S. 213. Insbesondere ist iso-Tetrametaphosphorsäure (IIb in Fig. 16) auch in frischen Lsgg. nicht in erheblichen Mengen vorhanden, weil 1/4 ihrer OH-Gruppen nur schwach dissoziiert sein kann. Nach papierchromatograph. Unterss. enthält eine bei 0°C hergestellte Lsg. nach 2 Std. etwa 75% des Gesamt-P als Tetrametaphosphorsäure $H_4P_4O_{12}$, 15% als Triphosphorsäure $H_5P_3O_{10}$, 5% als H_3PO_4, 2 bis 3% als Trimetaphosphorsäure $H_3P_3O_9$, ∼3% als hochmolekulare Phosphorsäuren; ausnahmsweise auch bis 2% als $H_4P_2O_7$. Das Auftreten von H_3PO_4 und $H_5P_3O_{10}$ in äquimolarem Verhältnis deutet darauf hin, daß als Primärprod. nur Tetrametaphosphorsäure entsteht, s. die Hydrolyse dieser Verb. S. 289. Die Bldg. geringer Mengen von Trimetaphosphorsäure widerspricht dieser Annahme nicht; wie besondere Verss. beweisen, bildet sich diese nicht bei der Hydrolyse von reinem M-P_2O_5 (aus iso-Tetrametaphosphorsäure nach Fig. 16), sondern aus gelartigen Flocken hochmolekularer Phosphorsäuren (Atomverhältnis H:P ≈ 0.8), in die sich ein kleiner Tl. (max. 6%) des M-P_2O_5 bei Berührung mit H_2O (auch bei vorsichtigem Eintragen) umwandelt, E. THILO, W. WIEKER (*Z. anorg. Ch.* **277** [1954] 27/36); zur zuletzt genannten Beobachtung s. auch N. I. RODIONOVA, JU. V. CHODAKOV (*l. c.*). Im Gegensatz dazu entstehen bei der Ätherolyse des M-P_2O_5 vorwiegend Ester der iso-Tetrametaphosphorsäure, s. S. 294. Zur Erklärung wird angenommen, daß bei der Hydrolyse als nichtisolierbares Primärprod. die (im Gegensatz zum nichtionisierten Ätherolyse-Primärprod. $R_2P_4O_{11}$) vollständig dissoziierte Säure $H_2P_4O_{11}$ (I in Fig. 16), mit einer P–O–P-Brückenbindung gebildet wird, deren Anion aus elektrostat. Gründen in die Ebene aufklappt und dadurch die Bldg. des ebenen Tetrametaphosphorsäure-Ions präformiert. Diese Deutung wird durch die Beobachtung gestützt, daß beim Auflösen von M-P_2O_5 in mit wenig H_2O versetztem Äther nur H_3PO_4, $H_4P_2O_7$ und $H_5P_3O_{10}$ entstehen, während Tetrametaphosphorsäure nicht gebildet wird, E. THILO, W. WIEKER (*l. c.*). Die Ergebnisse von

E. THILO, W. WIEKER (*l. c.*) lassen sich auch auf Grund des Gesamt-Schemas, Fig. 16, deuten, wenn man annimmt, daß die zur Tetrametaphosphorsäure führende Rk. I → IIa bei dieser (als relativ stabiler Verb.) stehen bleibt und 3.9mal schneller verläuft als die Aufspaltung aller andern im Schema vorkommenden P–O–P-Bindungen mit Ausnahme von IIb → IIIc, für die der Faktor 3.5 gewählt werden muß, VAN WAZER (*Phosphorus*, S. 694).

Frische Lsgg. von amorphem P_2O_5 weisen bei allen Konzz. eine viel kleinere elektr. Leitf. auf als solche von M-P_2O_5; auch die zeitliche Änderung der Leitf. ist verschieden. Die Unterschiede beruhen auf der hochpolymeren Struktur des amorphen P_2O_5, S. GLIXELLI, K. BORATYNSKI (*l. c.*), K. BORATYNSKI, A. NOWAKOWSKI (*C. r.* **194** [1932] 89/91). Bei der Hydrolyse der hochpolymeren R- und S-Formen des P_2O_5 bilden sich nach papierchromatograph. Unterss. neben wenig H_3PO_4, $H_4P_2O_7$ und $H_3P_3O_9$ nur hochpolymere Säuren (schleimige Flocken) mit $H/P \approx 0.8$, E. THILO, W. WIEKER (*l. c.*).

Lösungswärme in Wasser und Natronlauge. Nach calorimetr. Messungen werden beim Auflösen von M-P_2O_5 in Wasser (10 bis 80 Millimol P_2O_5 auf 1000 g H_2O) bei 25°C 44 bis 48 kcal/Mol P_2O_5 frei, je nach dem Verhältnis $HPO_3:H_3PO_4$ in der gebildeten Lsg., für das in der verdünntesten Lsg. 80:20, in der konzentriertesten 50:50 gefunden wird. Bei Vernachlässigung der Verdünnungswärme des H_3PO_4 ergibt sich daraus: M-$P_2O_5 + 3H_2O + aq = 2H_3PO_4(aq) + 54.4 \pm 2.1$ kcal; M-$P_2O_5 + H_2O + aq = 2HPO_3(aq) + 42.0 \pm 2.1$ kcal, M. FRANDSEN (*J. Res. nat. Bur. Stand.* **10** [1933] 35/58).

Calorimetr. Lsg.-Wärme von M-P_2O_5, amorphem (pulvrigem, s. S. 81) und glasigem P_2O_5 in Wasser: 40.8, 33.8 bzw. 29.1 kcal/Mol P_2O_5; in den frischen Lsgg. liegt das P_2O_5 fast ausschließlich als Metaphosphorsäure vor, H. GIRAN (*C. r.* **136** [1903] 550/2); 35.6 kcal/Mol P_2O_5, J. THOMSEN (*Thermochemische Untersuchungen, Bd. 2, Leipzig* 1882, S. 226). Lösungswärme der R-Modifikation in 1 n-HCl bei 75°C, Endkonz. der Lsg. 0.019 Mol P_2O_5/l Lsg., calorimetrisch gemessen: $\Delta H = -52.250 \pm 0.420$ kcal/Mol P_2O_5, s. C. G. STEVENS, E. T. TURKDOGAN (*Trans. Faraday Soc.* **50** [1954] 370/3). Calorimetr. Lösungswärme (Neutralisationswärme) in wss. NaOH von M-P_2O_5 bzw. amorphem P_2O_5: 89.2 bzw. 82.6 kcal/Mol P_2O_5; glasiges P_2O_5 erlaubt infolge kleiner Auflösungsgeschw. keine genaue Messung, P. HAUTEFEUILLE, A. PERREY (*C. r.* **99** [1884] 33/5); aus Messungen von H. GIRAN (*l. c.*) ergeben sich um ~10 kcal kleinere Werte.

Gegen Ammoniak. Siehe hierzu „*Stickstoff*" S. 489/90. Das amorphe Rk.-Prod., dessen Bruttozus. vom angewandten $P_2O_5:NH_3:H_2O$-Verhältnis abhängt, ist ein kompliziertes Gemisch aus Verbb., die zugleich P–O–P- und P–N–P-Bindungen enthalten; ein Tl. des N liegt als NH_4^+ vor, VAN WAZER (*Phosphorus*, S. 842/3). M-P_2O_5 und überschüssiges fl. NH_3 reagieren im Bombenrohr bei Normaltemp. rasch miteinander, jedoch wird die Rk. wegen Krustenbldg. erst nach 4 bis 6 Wochen vollständig; sie ergibt *With Ammonia*

Diammoniumdiamidodiphosphat $H_2N-\overset{\displaystyle O}{\underset{\displaystyle ONH_4}{P}}-O-\overset{\displaystyle O}{\underset{\displaystyle ONH_4}{P}}-NH_2$. Im Rührautoklaven bei 40 bis 50°C erfolgt vollständige Reaktion binnen 24 Std., sie führt zu einem glasigen, nach chromatographischen Unterss. uneinheitlichen Rk.-Prod., das beim Erhitzen auf 100 bis 110°C unter NH_3-Abspaltung in ein hellgraues Pulver mit $P:N_{gesamt}:N_{Ammonium} = 1:1.5:1.06$ übergeht, vermutlich

$$HO-\overset{O}{\underset{ONH_4}{P}}-O-\left[\overset{O}{\underset{ONH_4}{P}}-NH-\overset{O}{\underset{ONH_4}{P}}-O-\right]_4\overset{O}{\underset{ONH_4}{P}}-NH_2$$

Ältere Literatur s. Original, M. BECKE-GOEHRING, J. SAMBETH (*Z. anorg. Ch.* **297** [1958] 287/95).

Gegen Halogenide. Gasförmiges HF reagiert unter Bldg. von POF_3 und H_2O, s. „*Fluor*" S. 39, „*Fluor*" *Erg.-Bd.* S. 185; mit fl. HF oder konz. wss. HF-Lsgg. entstehen H_2PO_3F, HPO_2F_2 und HPF_6, s. „*Fluor*" *Erg.-Bd*, S. 208. *With Halogenides*

Beim Erwärmen mit JF_5 Bldg. von JOF_3 und POF_3, E. E. AYNSLEY, R. NICHOLS, P. L. ROBINSON (*J. chem. Soc.* **1953** 623/6); mit SF_4 entstehen POF_3 und PF_5, A. L. OPPEGARD, W. C. SMITH, E. L. MUETTERTIES, V. A. ENGELHARDT (*J. Am. Soc.* **82** [1960] 3835/8). Rk. mit SeF_4 s. E. E. AYNSLEY, R. D. PEACOCK, P. L. ROBINSON (*J. chem. Soc.* **1952** 1231/4).

Beim Erwärmen mit HSO_3F Rk. nach $P_2O_5 + 3HSO_3F = POF_3 + HPO_3 + 2SO_3 + H_2SO_4$, s. E. HAYEK, A. AIGNESBERGER, A. ENGELBRECHT (*Monatsh.* **86** [1955] 735/40).

$H_3BO_2F_2$ reagiert in der Kälte unter starker Wärmeentw. zu BPO_4 und HF, s. L. H. LONG, D. DOLLIMORE (*J. chem. Soc.* **1951** 1608/12).

Beim Erhitzen mit NH_4F entsteht in heftiger Rk. $NH_4PO_2F_2$, s. „*Ammonium*" S. 146. P_2O_5 bildet mit CaF_2 bei 400 bis 600°C POF_3; PF_5 entsteht dabei nicht, entgegen H. J. LUCAS, F. J. EWING (*J.

Am. Soc. **49** [1927] 1270); mit Fluorapatit bei 700°C bildet sich vorwiegend SiF_4 neben PF_3, POF_3 und CO_2, G. TARBUTTON, E. P. EGAN, S. G. FRARY (*J. Am. Soc.* **63** [1941] 1782/9); vgl. ferner die Bldg. von POF_3, S. 401. Beim Erhitzen eines gepulverten CaF_2-P_2O_5-Gemisches auf Tempp. bei 900°C tritt ab 300°C Entw. von POF_3 auf; nach röntgenograph. Unterss. bilden sich außerdem CaP_2O_6, $Ca_2P_2O_7$, $Ca_3P_2O_8$ und $Ca_5(PO_4)_3F$, je nach Mengenverhältnis und Temperatur. $Ca_5(PO_4)_3F$ reagiert ab 600°C unter Bldg. flüchtiger P-Fluoride, darunter POF_3, und CaP_2O_6, $Ca_2P_2O_7$ und $Ca_3P_2O_8$, G. MONTEL (*Bl. Soc. chim.* **1952** 379/82).

P_2O_5 eignet sich als Stabilisator für UF_6 in Glas- und Quarzgefäßen; es bindet H_2O- und HF-Spuren, ohne daß flüchtige P-Fluoride entstehen, H. MARTIN, A. ALBERS, H.-P. DUST (*Z. anorg. Ch.* **265** [1951] 128/38).

Nach Unterss. bei 16 bis 21°C und Anfangsdrucken zwischen 50 und 80 Torr hat die Rk. zwischen gasf. HCl und M–P_2O_5 autokatalyt. Charakter. Ein merkbarer Druckabfall tritt erst nach längeren, mit dem Trocknungsgrad des HCl wachsenden Berührungsdauern (3 bis 7 Tage) ein. Die Rk.-Prodd. $POCl_3$ und HPO_3 (feuchtes P_2O_5) beschleunigen die Rk. nicht, wohl aber ein viscoses, aus $POCl_3$ und H_2O dargestelltes Gemisch aus PO_2Cl und $P_2O_3Cl_4$, das für sich allein (ohne Ggw. von P_2O_5) nur langsam mit HCl reagiert, J. M. A. HOEFLAKE (*Rec. Trav. chim.* **48** [1929] 973/8); vgl. ferner G. H. BAILEY, G. J. FOWLER (*J. chem. Soc.* **53** [1888] 755/61), S. GUTMANN (*Lieb. Ann.* **299** [1898] 267/86), H. B. BAKER (*J. chem. Soc.* **65** [1894] 611/24, **73** [1898] 422/6). Absolut trocknes HCl von ~70 Torr läßt sich bei 25°C 1 Monat über reinem M–P_2O_5 aufbewahren, bevor Druckabnahme eintritt; bei höheren Anfangsdrucken wird diese Zeitspanne rasch kleiner, A. SMITS (*Z. phys. Ch.* B **28** [1935] 31/42). Mit PCl_5 Bldg. von $POCl_3$ und $P_2O_3Cl_4$; M–P_2O_5 bildet mit $POCl_3$ bei 200°C ein Kondensationsprod., aus dem durch fraktionierte Dest. $P_2O_3Cl_4$ zu erhalten ist, s. S. 455. Mit überschüssigem CCl_4 bei 200°C Bldg. von $COCl_2$, CO_2 und $POCl_3$, s. G. GUSTAVSON (*Ber.* **5** [1872] 30).

Die Rk. mit NaCl beginnt bei 250°C und führt zu $POCl_3$ neben wenig PCl_3; $CaCl_2$ reagiert erst bei 400°C. Mit NaCl-CaF_2-Gemischen reagiert P_2O_5 bei 350 bis 600°C je nach den angewandten Mengenverhältnissen unter Bldg. von $POCl_3$; oberhalb 500°C ist POF_3 Hauptprod., G. TARBUTTON, E. P. EGAN, S. G. FRARY (*l. c.*).

WCl_6 in $CHCl_3$-Lsg. reagiert mit P_2O_5 im wesentlichen unter Bldg. von WO_3 und $POCl_3$; $W_3(PO_4)_4$ entsteht nicht, E. HAYEK, E. RHOMBERG (*Monatsh.* **83** [1952] 1318/20).

Widersprechende Angaben zur Rk. mit HBr s. „*Brom*" S. 211, mit HJ s. „*Jod*" S. 290.

With Acids. Hydrohalogenic Acids

Gegen Säuren. Halogenwasserstoffsäuren. Siehe vorangehenden Abschnitt.

Nitric Acid

Salpetersäure. HNO_3 (hochkonz. oder wasserfrei) reagiert unter Bldg. von N_2O_5, s. „*Stickstoff*" S. 819/20, 1005, dessen Ramanfrequenz 1400 cm^{-1} in der Lsg. auftritt, J. CHÉDIN (*C. r.* **200** [1935] 1397/8).

Anhydrous H_3PO_4

Wasserfreies H_3PO_4. P_2O_5 (vermutlich M-Modifikation) bildet beim Erhitzen mit krist. H_3PO_4 im Molverhältnis 1:4 auf 50 bis 80°C binnen 10 Min. eine homogene Schmelze (Bruttozus. $H_4P_2O_7$), deren wss. Lsg. eine der angewandten Menge H_3PO_4 entsprechende Gesamtacidität aufweist. Die Probe enthält daher kein freies P_2O_5 mehr; dieses würde rasch hydrolysieren und die Acidität der Lsg. erhöhen. Endgruppentitration zeigt, daß jedes der im P_2O_5 ausschließlich vorliegenden „tertiären" (über 3 ihrer 4 nächsten O-Atome mit 3 P-Atomen verknüpften) P-Atome mit dem „isolierten" P einer H_3PO_4-Molekel unter Aufspaltung einer P–O–P-Bindung und Bldg. je eines mittelständigen (mit stark saurem H) und eines endständigen P-Atoms (mit einem stark und einem schwach sauren H) reagiert hat. Wie bei der thermischen Entwässerung des H_3PO_4 (s. S. 165) und bei der Hydrolyse der Phosphorsäureester beginnt die Reaktion vermutlich mit der Anlagerung eines Protons an die P=O-Bindung, nach

$$\cdots P{-}O{-}\underset{\underset{O}{\|}}{\overset{\overset{\vdots}{\overset{P}{|}}}{\overset{O}{|}}}\!\!\!P{-}O{-}P\cdots \xrightarrow{H^+} \cdots P{-}O{-}\underset{\underset{OH}{|}}{\overset{\overset{\vdots}{\overset{P}{|}}}{\overset{O}{|}}}\!\!\!P^{\pm}{-}O\vdots P\cdots \xrightarrow{H_2PO_4^-} \cdots P{-}O{-}\underset{\underset{OH}{|}}{\overset{\overset{\vdots}{\overset{P}{|}}}{\overset{O}{|}}}\!\!\!P{=}O + H_2O_3P{-}O{-}P\cdots$$

Die Schmelze ist demnach eine Mischung unverzweigter Polyphosphorsäuren. Im weiteren Verlauf verschwinden die mittelständigen P-Atome langsam; nach 7 Tagen bei 50°C hat das Rk.-Prod. einen mittleren Kondensationsgrad n = 2.4, nach 18 Std. bei 85°C beträgt n = 2.1 und entspricht damit nahezu der Zus. $H_4P_2O_7$. Einen analogen Verlauf zeigt die schon bei gewöhnl. Temp. vor sich gehende Rk. mit $(C_2H_5)_3PO_4$, s. E. CHERBULIEZ, J.-P. LEBER, M. SCHWARZ (*Helv. chim. Acta* **36** [1953] 1189/99).

Gegen organische Verbindungen. Alkohole. Bei Zugabe von mit dem gleichen Vol. Äther verd. Alkoholen ROH (Methanol, Äthanol, Isopropanol, Isoamylalkohol) zu M–P_2O_5 unter Kühlung in einer Kältemischung und anschließendem Erhitzen unter Rückfluß geht M–P_2O_5 binnen 5 bis 10 Std. in Lsg. Die Unters. des Estergemisches mittels Endgruppentitration zeigt, daß zunächst partiell veresterte Polyphosphorsäuren entstehen, die bei Alkohol-Überschuß und längerer Rk.-Zeit zu Orthophosphorsäuren abgebaut werden. Dabei bilden sich vorwiegend RH_2PO_4 und R_2HPO_4 entsprechend der Bruttogleichung $P_4O_{10} + 6ROH = 2RH_2PO_4 + 2R_2HPO_4$, außerdem etwas H_3PO_4, jedoch kein R_3PO_4. Bei gleicher Wahrscheinlichkeit für die Aufspaltung aller P–O–P-Bindungen wären H_3PO_4, RH_2PO_4, R_2HPO_4 und R_3PO_4 im Molverhältnis 1:3:3:1 zu erwarten, E. CHERBULIEZ, H. WENIGER (*Helv. chim. Acta* **28** [1945] 1584/91); die Rk. wird durch tertiäre Basen (Pyridin, Triäthylamin) gebremst, E. CHERBULIEZ, J.-P. LEBER, M. SCHWARZ (*Helv. chim. Acta* **36** [1953] 1189/99); vgl. auch E. THILO, W. WIEKER (*Z. anorg. Ch.* **277** [1954] 27/36). Mit n-Octylalkohol Bldg. von $(n\text{-}C_8H_{17})_2H_2P_2O_7$, R. S. LONG, D. A. ELLIS, R. H. BAILES (*Pr. int. Conf. peaceful Uses at. Energy, Geneva* 1955 [1956], *Bd.* 8, S. 77/80) laut M. ZANGEN (*J. inorg. nuclear Chem.* **16** [1960] 165/6). — Ältere Unterss. z. B. bei J. CAVALIER (*Bl. Soc. chim.* [3] **19** [1898] 883/7).

With Organic Compounds. Alcohols

Äther. Äthyläther R_2O in $CHCl_3$-Lsg. reagiert bei 60°C mit M–P_2O_5 unter Bldg. eines schwach gelblich gefärbten Öls mit der Bruttozus. RPO_3, das durch H_2O rasch in RH_2PO_4 (50% des Gesamt-P), R_2HPO_4 (21%), H_3PO_4 (23%) und $R_2H_2P_2O_7$ (6%) zerlegt wird. Daraus wird geschlossen, daß das Öl ein Gemisch der Ester der iso-Tetrametaphosphorsäure (80 Mol-%)[1]) und der Tetrametaphosphorsäure (20 Mol-%)[1]) ist. Die Rk. des Estergemisches mit NH_3 bestätigt diesen Schluß. Oberhalb 60°C geht die Ätherolyse bis zur Bldg. von Orthophosphorsäure-Estern weiter, R. RÄTZ, E. THILO (*Lieb. Ann.* **572** [1951] 173/89); dort auch ältere Literatur. Mit Isopropyläther entstehen 70 Mol-% iso-Ester und 30 Mol-% normaler Ester. Nach dem Solvolyse-Mechanismus, Fig. 16, S. 90, ist bei gleicher Aufspaltungsgeschw. aller P–O–P-Bindungen das Verhältnis 80:20 zu erwarten, E. THILO, H. WOGGON (*Z. anorg. Ch.* **277** [1954] 17/26).

Ethers

Magnet. Kernresonanzmessungen am Prod. der Solvolyse mit Äthyläther („Äthylmetaphosphat") sind mit der von R. RÄTZ, E. THILO (*l. c.*) erschlossenen Zus. nicht zu vereinbaren, J. R. VAN WAZER, C. F. CALLIS, J. N. SHOOLERY, R. C. JONES (*J. Am. Soc.* **78** [1956] 5715/26, 5718).

Säuren. P_2O_5 spaltet bei 150 bis 160°C aus Fettsäuren CO_2 und CO ab; aus primären Säuren fast nur CO_2, aus sekundären vorwiegend CO, aus tertiären nur CO; die Ausbeuten an CO_2 bzw. CO steigen mit zunehmendem Molgew. der Säure, F. C. WHITMORE, H. M. CROOKS (*J. Am. Soc.* **60** [1938] 2078/9); vgl. F. S. KIPPING (*J. chem. Soc. Trans.* **57** [1890] 532/40, 980/8).

Acids

Amine. M–P_2O_5 bindet je Mol P_4O_{10} 5.5, 7.8 bzw. 7.2 Mol Triäthylamin, Anilin bzw. Chloranilin, vermutlich unter primärer Bldg. von diamidierten Salzen der Tetrametaphosphorsäure, die langsam weiter zu Gemischen aus Amido- und Diamidoorthophosphorsäure aufgespalten werden, E. CHERBULIEZ, J.-P. LEBER, M. SCHWARZ (*Helv. chim. Acta* **36** [1953] 1189/99, 1198/9).

Amines

Katalytische Wirkung bei der Ozon-Zers. s. „*Sauerstoff*" S. 1018, 1163. Bei der Isomerisierung von Olefinen, H. N. DUNNING (*Ind. engg. Chem.* **45** [1953] 551/64), bei der Abspaltung von Alkylphenolen, s. K. WIMMER (in: J. HOUBEN, TH. WEYL, E. MÜLLER, 4. *Aufl.*, *Bd.* 4, *Tl.* 2, *Stuttgart* 1955, S. 225).

Catalytic Effect

Nichtwäßrige Lösung

Nonaqueous Solution

Die Löslichkeit in wasserfreiem fl. SO_2 ist äußerst gering, G. JANDER, K. WICKERT (*Z. phys. Ch.* A **178** [1936] 57/73, 64). In $SOCl_2$, SO_2Cl_2, $POCl_3$ und CCl_4 auch beim Sdp. praktisch unlösl.; nur $CHCl_3$ löst einige %, E. HAYEK, E. RHOMBERG (*Monatsh.* **83** [1952] 1318/20). Von einer als glasig bezeichneten Form, die jedoch nach Darst. und Dichte mit R– oder S–P_2O_5 zu identifizieren sein dürfte, lösen sich bei 26.9°C 1.5 mg in 100 g $CHCl_3$, A. N. CAMPBELL, A. J. R. CAMPBELL (*Trans. Faraday Soc.* **31** [1935] 1567/74). In $AsCl_3$ mäßig lösl., V. GUTMANN (*Z. anorg. Ch.* **266** [1951] 331/44).

Phosphorperoxide.

Phosphorus Peroxides

Beim Durchleiten von P_4O_{10}-Dampf und O_2 (Molverhältnis ~1:20) durch ein Entladungsrohr (aus Glas; Al-Elektroden, 3 kV, 150 mA) bei einem Gesamtdruck von ~1 Torr scheidet sich in einer mit Eiswasser gekühlten Kugel unmittelbar hinter der Entladungszone ein uneinheitlicher, violetter Stoff ab, der bei Zimmertemp. beständig ist, bei 130°C im Vak. unter Entfärbung und O_2-Abgabe in P_4O_{10}

[1]) Im Original 90 bzw. 10; nach E. THILO, H. WOGGON (*Z. anorg. Ch.* **277** [1954] 17/26, 20 Fußnote) irrtümlich.

übergeht und mit Wasser eine farblose Lsg. gibt, die aus KJ langsam J_2 freimacht und die Rkk. der Peroxodiphosphorsäure $H_4P_2O_8$ (s. S. 300) gibt. Unter der Annahme, daß der aktive Anteil des Prod. das Anhydrid O_2P–O–O–PO_2 des $H_4P_2O_8$ ist, ergeben sich aus O_2-Abgabe und J_2-Titration P_2O_6-Gehalte zwischen 2 und 6 Gew.-%. Durch Extraktion mit $CHCl_3$, in dem P_2O_6 im Gegensatz zum P_4O_{10} unlösl. ist, läßt sich der P_2O_6-Gehalt auf 11% steigern. In geringer Ausbeute entstehen P_2O_6-haltige Prodd. (neben elementarem P), auch bei der Entladung in reinem (O_2-freiem) P_4O_{10}-Dampf. Die Farbe könnte vielleicht durch Spuren von violettem P verursacht sein, P. W. Schenk, H. Platz (*Naturw.* **24** [1936] 651), P. W. Schenk, H. Rehaag (*Z. anorg. Ch.* **233** [1937] 403/10). Das in der Glimmentladung dargestellte Prod. besteht aus einer violetten instabilen und einer farblosen, bis etwa 120°C stabilen Form. Die violette Form hat Radikalcharakter, der farblosen kommt die Formel P_4O_{11} zu; diese wird durch Wasser in $H_4P_2O_8$ und $H_4P_2O_7$ gespalten. Struktur vermutlich

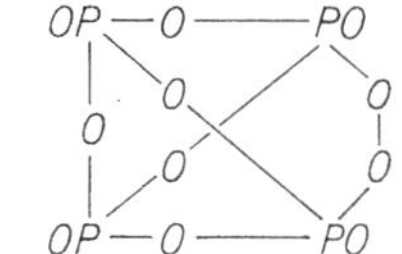

P. W. Schenk, H. Vietzke (*Ang. Ch.* **74** [1962] 75).

Phosphine Oxide

Phosphinoxid (Hydroxylphosphin) $PH_3O \rightleftarrows PH_2OH$.

Das zum Hydroxylamin $NH_2OH \rightleftarrows NH_3O$ elementhomologe PH_2OH ist nicht beständig, sondern kondensiert beim Vers. zu seiner Darst. aus $POBr_3$ und LiH (oder $LiAlH_4$, AlH_3) selbst bei −115°C sofort unter H_2O-Austritt zu hochpolymerem $(PH)_X$. Analog verhalten sich die Halogenderivate PH_2X und die Alkoxylphosphine PH_2OR. Dagegen reagiert $POCl_3$ oder $POBr_3$ mit $LiBH_4$ in äther. Lsg. bei −115°C unter Bldg. der weißen, kristallinen Additionsverb. $PH_3O \cdot BH_3$ mit der Konstit.
H H
HP O BH, in der PH_3O am tautomeren Übergang in PH_2OH und damit an der Kondensation zu
H H
$(PH)_X$ verhindert ist. Bei −90°C geht PH_3OBH_3 unter H_2-Entw. in ätherlösl. PH_2OBH_2 über, das beim Abdampfen des Äthers polymerisiert, E. Wiberg, G. Müller-Schiedmayer (*Z. anorg. Ch.* **308** [1961] 352/68).

PH_3O als vermutliches Zwischenprod. bei der katalyt. Ox. von PH_3 mit O_2 an Aktivkohle, CuO und Cu_2O, s. E. A. Andreev, N. N. Kavtaradze (*Bl. Acad. URSS Sci. chim.* [russ.] **1952** 1021/32); vgl. S. 38. Mit Trimethylaminoxyd oder Pyridinoxyd reagiert PH_3 bei gewöhnl. Temp. nicht, E. Wiberg, G. Müller-Schiedmayer (*l. c.*).

$PH_3O \cdot BH_3$

***$PH_3O \cdot BH_3$*.** Siehe oben.

Hypophosphorous Acid

Unterphosphorige Säure H_3PO_2

Formation. Preparation

Bildung und Darstellung

Formation

Bildung. H_3PO_2 entsteht neben P_4O, H_3PO_3, $H_4P_2O_6$ und H_3PO_4 bei der langsamen Ox. von weißem P durch feuchte Luft, s. T. Milobedzki, M. Makulec (*Roczniki Chem.* **23** [1949] 13/8). Aus rotem P und konz. H_3PO_4 bei 200°C im geschlossenen Rohr; ein Tl. der Säure zersetzt sich dabei in H_3PO_3 und PH_3, s. Oppenheim (*Bl. Soc. chim.* [2] **1** [1864] 163/5).

Hypophosphit bildet sich neben Phosphit und P-Wasserstoff aus weißem P und Alkalilaugen, s. beim chem. Verh. des P in „*Phosphor*" *Tl.* B, S. 317; mit wss. Lsgg. von $Ca(OH)_2$, s. „*Calcium*" *Tl.* B, S. 1119; mit $Sr(OH)_2$ oder SrS, s. „*Strontium*" S. 211; mit $Ba(OH)_2$ oder BaS, s. „*Barium*" S. 335, vgl. auch „*Phosphor*" *Tl.* B, S. 318. Zum ersten Mal wurden Hypophosphite durch Zers. von (vermutlich P-haltigen) Erdalkaliphosphiden mit H_2O dargestellt, Dulong (*Mém. Phys. Chim. Soc. Arcueil* **3** [1817] 405/52, 410); vgl. „*Calcium*" *Tl.* B, S. 1116.

PH_3 wird durch H_2O_2, SO_2, Hypochlorit, Cl_2 und Br_2 zu H_3PO_2, H_3PO_3 und H_3PO_4 oxydiert; mit J_2 in wss. Suspension entsteht ausschließlich H_3PO_2, R. Paris, P. Tardy (*C. r.* **223** [1946] 242/3); s. auch bei der Darst. unten. Einleiten von PH_3 in eine wss. Lsg. von Chloramin-T (p-$CH_3 \cdot C_6H_4 \cdot SO_2NNaCl$) bis zur Sättigung liefert H_3PO_2 neben H_3PO_3, s. J. R. Bendall, F. G. Mann, D. Purdie (*J. chem. Soc.* **1942** 157/63). PH_3 reagiert mit wss. SO_2-Lsg. und Hg bei 60 bis 70°C unter Bldg. von H_3PO_2 und HgS; ohne Hg entsteht H_3PO_4 über die Zwischenstufen H_3PO_2 und H_3PO_3, s. A. Cavazzi (*Gazz.* **16** [1886] 169/71). Bldg. von Hypophosphiten aus PH_3 und Alkali- sowie Erdalkalisalzlsgg. s. beim chem. Verh. des PH_3, S. 44. Bldg. als Zwischenprod. bei der katalyt. Ox. von PH_3 mit O_2 s. S. 38.

H_3PO_2 bildet sich neben $PbHPO_3$ und Pb-Oxid aus $PbHPO_4$, H_2O und H_2 bei 360 bis 399°C und 220 bis 298 at. Wassergas statt H_2 ergibt bei 400°C und 416 at H_3PO_2 (0.2 g auf 1 g $PbHPO_4$) und PH_3, s. W. Ipatiew (*Ber.* **59** [1926] 1412/26, 1423).

Bldg. durch Hydrolyse von $(PS)_n$ neben H_3PO_3 und H_2S, s. S. 573.

Preparation. From Na Hypophosphite by Cation Exchange

Darstellung. Aus Na-Hypophosphit durch Kationenaustausch. Eine Lsg. von 15 g NaH_2PO_2 in 60 ml H_2O wird auf ~70 g des vorher mit 5n HCl aktivierten Austauscherharzes (Wofatit KS) aufgegeben. Nach 15 Min. läßt man die Lsg. langsam abtropfen und wäscht mit 50 ml, danach mit 25 ml H_2O nach, R. Klement (*Z. anorg. Ch.* **260** [1949] 267/72).

From Ba Hypophosphite and Sulfuric Acid

Aus Ba-Hypophosphit und Schwefelsäure. Man fügt zu einer Lsg. von 285 g (1 Mol) $Ba(H_2PO_2)_2 \cdot H_2O$ in 5 l H_2O eine Lsg. von 98 g H_2SO_4 in 3 bis 4 l H_2O, rührt gut um und hebert nach eintägigem Stehen die klare, nur Spuren von Ba^{2+} enthaltende Lsg. vom $BaSO_4$ ab, J. Thomsen (*Ber.* **7** [1874] 994/5); vgl. Dulong (*Ann. Chim. Phys.* **2** [1816] 141/50), H. Rose (*Pogg. Ann.* **9** [1827] 215/28, 227). Anwendung auch sehr geringfügiger H_2SO_4-Überschüsse führt zur Abscheidung von S beim Konzentrieren der Lsg., A. Geuther (*J. pr. Ch.* [2] **8** [1874] 359/72, 366). Bei Fällung aus sd. Lsgg. setzt sich das $BaSO_4$ rasch ab. Zur möglichst vollständigen Entfernung von Ba^{2+} und SO_4^{2-} wird in der vom $BaSO_4$ getrennten Lsg. nachgefällt; dazu werden verd., einander äquiv. Lsgg. von Ba-Hypophosphit und H_2SO_4 benutzt, C. Marie (*C. r.* **138** [1904] 1216/7). Entfernung des überschüssigen H_2SO_4 durch Schütteln mit PbO, Abfiltrieren vom $PbSO_4$ und Fällung mit H_2S s. H. Rose (*Pogg. Ann.* **12** [1828] 77/93, 79), A. Wurtz (*Lieb. Ann.* **43** [1842] 318/34, 319).

From Ca Hypophosphite and Oxalic Acid

Aus Ca-Hypophosphit und Oxalsäure. Versetzen einer heißen Lsg. von 2 Mol $Ca(H_2PO_2)_2$ in 2500 ml H_2O mit einer heißen Lsg. von 2 Mol $H_2C_2O_4$ in 100 ml H_2O unter Umrühren, Abkühlen, Filtrieren und Eindampfen auf 384 ml im N_2-Strom bei 45°C unter vermindertem Druck ergibt eine 52%ige Säure mit $<0.1\%$ $H_3PO_3 + H_3PO_4$, s. M. Halmos (*Acta Univ. Szegediensis, Acta phys. chem.* [2] **2** [1956] 85/6 [engl.]). Die durch Fällung in der Kälte erhaltene noch etwas Ca-Oxalat gelöst enthaltende verd. Lsg. der Säure wird durch Erhitzen auf 100°C, 5tägiges Stehenlassen und erneute Filtration vom Ca-Oxalat befreit, G. Lunan (*Pharm. J.* [3] **18** [1888] 872). Reinigung einer Ca-haltigen Säure durch Eindampfen auf dem Wasserbad und Ausfällen der Ca-Salze mit einer absol. Alkohol-Äther-Mischung, A. Michaelis, K. v. Arend (*Lieb. Ann.* **314** [1901] 259/75, 265).

By Oxidation of PH_3 with Iodine

Durch Oxydation von PH_3 mit Jod. Auf direktem Wege gelingt die Darst. von H_3PO_2, indem man (aus techn. Ca-Phosphid und Salzsäure erhaltenes) PH_3 aus einem Gasometer unter Schütteln in eine wss. J_2-Suspension einleitet, die sich unter CO_2 oder N_2 in einem Rundkolben befindet. Nach 3 bis 4 Min. zeigt die Entfärbung der zuerst braun gewordenen Lsg. das Ende der Rk. $PH_3 + 2J_2 + 2H_2O \rightarrow H_3PO_2 + 4HJ$ an. HJ und H_2O werden durch 3malige Dest. bei ~40°C und 40 Torr entfernt; dabei fügt man nach der 1. und 2. Dest. eine geringe Menge H_2O zum Rückstand. Die erhaltene Säure ist rein; das daraus hergestellte Na-Salz genügt den Normen der französ. Pharmakopoe, R. Paris, P. Tardy (*C. r.* **223** [1946] 242/3).

Preparation of Anhydrous Acid

Darstellung der wasserfreien Säure. Zu trocknem NaH_2PO_2 fügt man langsam die theoret. Menge möglichst wasserfreier Schwefelsäure, schüttelt die nach 2tägigem Stehen fast ganz fl. gewordene Mischung mit absol. Alkohol (2 l auf 300 g NaH_2PO_2), filtriert das Na_2SO_4 ab und dampft den Alkohol zuerst bei gewöhnl. Druck, dann im Vak. ab. Die kein SO_4^{2-} und nur geringe Mengen Na^+ enthaltende Säure kristallisiert beim Abkühlen in einer Kältemischung, C. Marie (*C. r.* **138** [1904] 1216/7). Die durch Kationenaustausch (s. oben) erhaltene wss. Lsg. wird bis zu einem Gehalt von ~50% H_3PO_2 auf dem Wasserbad eingedampft, anschließend im Hochvakuum über P_2O_5, bis sich dieses infolge einer Rk. mit der etwas flüchtigen Säure rotbraun verfärbt. Die in einer Kältemischung abgeschiedenen Kristalle befreit man auf gekühlten Tontellern von anhaftender Mutterlauge, schmilzt sie und wiederholt die Kristallisation. Das Prod. enthält dann ~98% H_3PO_2, R. Klement (in: G. Brauer, *Handbuch der präparativen anorganischen Chemie*, 2. *Aufl.*, *Bd.* 1, *Stuttgart* 1960, S. 496), A. Simon, F. Feher, G. Schulze (*Z. anorg. Ch.* **230** [1937] 289/307).

Die durch Eindampfen einer 50%igen Lsg. bei 40°C im Vak. erhaltenen Kristalle werden zur Entfernung von H_2O-Resten 6mal unter trocknem Äther geschmolzen und zur Krist. gebracht, H. Erlenmeyer, W. Schoenauer, G. Schwarzenbach (*Helv. chim. Acta* **20** [1937] 726/32). Siehe auch „Reinigung“ unten.

Die aus Ba-Hypophosphit und Schwefelsäure erhaltene, auf $^1/_{10}$ des Anfangsvol. in einer Porzellanschale kochend eingedampfte Lsg. wird anschließend in einer Pt-Schale allmählich bis auf 105°C und nach Filtration bis auf 130°C erhitzt. Die Säure erstarrt in einer Kältemischung zu einer weißen, blättrigen Masse. Sie enthält mehr als 98% H_3PO_2, der Rest ist H_3PO_3 oder H_3PO_4, s. J. Thomsen (*l. c.*). Die Lsg. wird durch Kochen auf einen Gehalt von ~25% H_3PO_2 gebracht, von ausgeschiedenem $BaSO_4$ abfiltriert und im CO_2-Strom unter vermindertem Druck bei 80 bis 90° fast vollständig entwässert. Fraktionierte Krist. in einer Kältemischung und Trocknen über P_2O_5 führt zu einem Anstieg des Schmp. von 12 auf 26.5°C. Die Säure enthält nur Spuren H_3PO_3, s. C. Marie (*l. c.*).

Purification

Reinigung der handelsüblichen, 2 bis 3 Mol-% H_3PO_3 enthaltenden Säure. Die 50%ige Säure (Merck) wird an der Wasserstrahlpumpe unter Durchleiten eines schwachen N_2-Stroms bei 40 bis höchstens 45°C auf die Hälfte ihres Vol. eingedampft, in CO_2-Aceton zum Erstarren gebracht und durch 12std. Stehenlassen bei ~5°C zu 30 bis 40% wieder verflüssigt. Die durch Filtration in der Kälte von der Mutterlauge befreiten Kristalle werden noch 2mal zu ~30% aufgeschmolzen und nach der dritten Filtration im Vakuumexsiccator über $Mg(ClO_4)_2$ im Kühlraum aufbewahrt. Das Prod. enthält nur noch 0.05 Mol-% H_3PO_3 und innerhalb der Nachweisgrenze (0.1 Mol-%) kein H_3PO_4. Umkristallisation aus n-Butanol ergibt große Kristalle, die jedoch schwer vom Lsgm. zu befreien sind, W. A. Jenkins, R. T. Jones (*J. Am. Soc.* **74** [1952] 1353/4).

Purity Test

Reinheitsprüfung. Best. von H_2SO_4, H_3PO_3, H_3PO_4, Oxalsäure und Weinsäure in wss. H_3PO_2 durch Titration mit wss. $Ba(OH)_2$-Lsg., H. North (*Am. J. Pharm.* **85** [1913] 147/8). Best. des Schwermetallgehaltes durch Ox. mit H_2O_2, Neutralisation, Eindampfen, Auflösen des Na_3PO_4 in verd. HCl und Fällung mit H_2S, R. A. Kuever, K. H. Stahl (*Am. J. Pharm.* **113** [1941] 327/8).

Industrial Preparation

Technische Darstellung. H_3PO_2 durch Abkühlen einer Mischung von NaH_2PO_2, Na_2HPO_3, Na_2CO_3, H_2SO_4 und H_2O auf −39°C, Hooker Electrochemical Co., J. C. Pernert (*U.S.P.* 2843457 [1958] nach *C.A.* **1958** 19038). 80%ige H_3PO_2-Lsg. aus NaH_2PO_2, H_2SO_4 und $Ba(OH)_2$, H. H. Bricard (*F.P.* 1218063 [1960] nach *C.A.* **1961** 19162). Nach 16std. Elektrolyse (3 V, 2 A) von 10%iger Schwefelsäure an einer Anode aus Ferrophosphor und einer Graphitkathode enthält der Elektrolyt ~25% H_3PO_2. Mit alkal. Elektrolyten und Ni-Kathode erhält man Hypophosphite, Omnium de Produits Chimiques pour l'Industrie et l'Agriculture „Opcia" (*F.P.* 1130548 [1955/57] nach *C.* **1960** 1639).

Hypophosphite durch Behandeln einer wss. Erdalkalihydroxidsuspension mit P, Verbrennung des PH_3 und Eindampfen der vom Erdalkaliphosphit abfiltrierten Lsg. im Vak., E. Merck (*B.P.* 234138 [1925/25] nach *C.* **1925** II 1787), E. Merck, O. Wolfes, H. Maeder (*D.P.* 442210 [1924/27], *C.* **1927** I 2590). Die Hypophosphitausbeute wird auf ~70% gesteigert, wenn das P in der alkal. Lsg. emulgiert und die Rk. bei 45 bis 50°C ausgeführt wird, La Fonte Électrique S.A., R. R. Pahud (*Schwz.P.* 322980 [1955/57] nach *C.* **1958** 6362); die Rk.-Dauer wird durch Zusatz eines wasserlösl. Alkohols mit langer C-Kette, beispielsweise Amylalkohol, von 90 auf 15 Min. herabgesetzt, La Fonte Électrique S.A., R. R. Pahud (*Schwz.P.* 322981 [1956/57] nach *C.* **1958** 6362).

Heat of Formation

Bildungswärme. Aus Messungen von J. Thomsen (*Ber.* **7** [1874] 996/1002; *J. pr. Ch.* [2] **11** [1875] 133/85, 172) neu ber. Bldg.-Wärme des krist. H_3PO_2 aus den Elementen (weißes P): $\Delta H^\circ_{291} = -141.4$ kcal/Mol, F. R. Bichowsky, F. D. Rossini (*The Thermochemistry of the chemical Substances, New York* 1936, S. 38, 220); $\Delta H^\circ_{298} = -145.5$ kcal/Mol, Rossini u. a. (*Selected Values*, 1952, S. 74).

Molecule and Ion

Molekel und Ion

The H_3PO_2 Molecule. Structure

Die H_3PO_2-Molekel. Struktur. Das Ramanspektrum der wasserfreien fl. Säure weist gleich viele Frequenzen in ähnlicher Lage und Intensität auf wie das Spektrum des $H_2PO_2^-$-Ions, s. unten. Danach ist auch für die Molekeln tetraedr. Struktur mit der Symmetrie C_{2v} anzunehmen.

Die Struktur $H_2PO(OH)$ mit 4zähligem P ergibt sich auch aus der Lage der K-Absorptionskante des P in Hypophosphiten, O. Stelling (*Z. anorg. Ch.* **131** [1923] 48/56), vgl. auch „*Phosphor*" *Tl.* B, S. 184, und aus der magnet. P-Kernresonanzabsorption, vgl. J. R. van Wazer, C. F. Callis, J. N. Shoolery, R. C. Jones (*J. Am. Soc.* **78** [1956] 5715/26), P. J. Frank (*Helv. phys. Acta* **31** [1958] 542/5).

In wss. Lsg. ist in äußerst geringen Konzz. eine aktive Form des H_3PO_2 vorhanden, höchstwahrscheinlich $HP(OH)_2$ mit 3zähligem P, s. „Tautomerie" S. 101.

Raman Spectrum of the Free Acid

Ramanspektrum der freien Säure. Das Ramanspektrum der 97.86%igen Säure zeigt die Frequenzen 429 (m), 794 (s), 927 (st), 991 (st), 1072 (s), 1127 (st), 2415 (sehr st) und entspricht daher dem Spektrum des $H_2PO_2^-$. Eine OH-Bande tritt nicht auf. Beim Verdünnen bis auf 20% H_3PO_2 bleibt die Linienzahl und der Habitus des Spektrums unverändert, A. SIMON, F. FEHÉR, G. SCHULZE (*Z. anorg. Ch.* **230** [1937] 289/307, 305). Eine 50%ige Lsg. ergibt die Ramanfrequenzen 429 (3), 521 (0), 806 (1), 916 (5), 972 (2), 1035 (1), 1073 (0), 1136 (5), 1362 (1d), 2398 (9), H. REMY, H. FALIUS (*Ber.* **92** [1959] 2199/205).

Das $H_2PO_2^-$-Ion. Bindungslängen und -winkel. Nach Röntgen- und Neutronenstreuungs-Unterss. an $Ca(H_2PO_2)_2$ hat das Ion $H_2PO_2^-$ tetraedr. Bau mit der Symmetrie C_{2v}; eine Symmetrieebene geht durch das P- und die H-Atome, die zweite durch das P- und die O-Atome. P–O = 1.505 ± 0.015 Å, P–H = 1.39 ± 0.01 Å, O–P–H = 108.3° ± 1.5°, O–P–O = 117.3°, H–P–H = 105.3°, B. O. LOOPSTRA (*JENER Publ.* Nr. 15 [1958] 1/64, 34). In Einklang damit ergeben röntgenograph. Unterss. an $NH_4H_2PO_2$: P–O = 1.51 ± 0.11 Å, O–P–O = 120° ± 8°, P–H = 1.5 Å, H–P–H = 92°, O–P–H = 117°, W. H. ZACHARIASEN, R. C. L. MOONEY (*J. chem. Phys.* **2** [1934] 34/7), an $Mg(H_2PO_2)_2 \cdot 6H_2O$: P–O = 1.52 Å, O–P–O = 109°, s. A. R. PEDRAZUELA, S. GARCIA-BLANCO, L. RIVOIR (*An. Españ.* A **49** [1953] 255/62).

The $H_2PO_2^-$ Ion. Bond Lengths and Angles

Schwingungsspektrum. Eine fünfatomige Gruppe mit der Symmetrie C_{2v} besitzt 4 (totalsymmetr., polarisierte) Schwingungen der Klasse A_1, je 2 Schwingungen der Klassen B_1 und B_2 und eine Schwingung der Klasse A_2, sämtliche raman- und mit Ausnahme der letzten ultrarotaktiv, vgl. KOHLRAUSCH (*Ramanspektren*, S. 136).

Vibration Spectrum

Die in nachfolgender Tabelle aufgeführten Raman- und UR-Spektren des $H_2PO_2^-$-Ions (Frequenz in cm^{-1}, in Klammern relative Intensität und Depolarisationsfaktor) bestätigen diese Erwartungen, obwohl einige Autoren zusätzliche Frequenzen finden und die Angaben zum Polarisationszustand z. T. schlecht übereinstimmen. Auch die in der Tabelle getroffene Zuordnung nach M. TSUBOI (*J. Am. Soc.* **79** [1957] 1351/4) ist nicht vollkommen gesichert; z. T. abweichende Zuordnungsverss. s. J.-P. MATHIEU, J. JACQUES (*C. r.* **215** [1942] 346/7), C. DUVAL, J. LECOMTE (*C. r.* **240** [1955] 66/68).

Raman- und Ultrarotspektren von Hypophosphiten.

Klasse		A_1	B_1	A_2	Lit.
Schwingung		δ (PO_2)	δ (PH_2)	δ (PH_2)	
KH_2PO_2	50%ige wss. Lsg., Raman	467 (5, 0.74)	822 (1, dp ?)	924 (7, 0.84)	1)
NaH_2PO_2	~50%ige wss. Lsg., Raman	465 (1, 0.91)	827 (1, 0.61)	931 (4, 0.82)	2)
NaH_2PO_2	~50%ige wss. Lsg., Raman	466 (m, 0.84)	821 (s, 0.86)	922 (st, 0.85)	3)
KH_2PO_2	~50%ige wss. Lsg., Ultrarot	469 (m)	811 (st)	— (inaktiv)	1)
KH_2PO_2	Kristall, Ultrarot	476 (st)	808 (st, ‖)	— (inaktiv)	1)

Klasse		A_1	B_2	A_1	Lit.
Schwingung		ν (PO_2)	δ (PH_2)	δ (PH_2)	
KH_2PO_2	50%ige wss. Lsg., Raman	1048 (10, < 0.5)	1088 (5, 0.94)	1157 (7, 0.71)	1)
NaH_2PO_2	~50%ige wss. Lsg., Raman	1045 (9, 0.19)	1093 (2, 0.78)	1160 (3, 0.78)	2)
NaH_2PO_2	~50%ige wss. Lsg., Raman	1043 (st, 0.25)	1087 (s, 0.75)	1153 (s, 0.84)	3)
KH_2PO_2	~50%ige wss. Lsg., Ultrarot	1042 (st)	1086 (m)	1160(st)	1)
KH_2PO_2	Kristall, Ultrarot	1046 (st, ⊥)	1080 (s, ⊥)	1171 (st, ⊥)	1)

Klasse		B_2	B_1	A_1	Lit.
Schwingung		ν (PO_2)	ν (PH_2)	ν (PH_2)	
KH_2PO_2	50%ige wss. Lsg., Raman	—	2311 (5, dp ?)	2357 (10, < 0.5)	1)
NaH_2PO_2	~50%ige wss. Lsg., Raman	—	—	2350 (10, 0.37)	2)
NaH_2PO_2	~50%ige wss. Lsg., Raman	—	—	2352 (st, 0.36)	3)
KH_2PO_2	~50%ige wss. Lsg., Ultrarot	1180 (st)	2314 (st)	2363 (s)	1)
KH_2PO_2	Kristall, Ultrarot	1230 (st, ⊥)	2312 (st, ‖)	2375 (m, ⊥)	1)

1) M. TSUBOI (*l. c.*). Die mit ‖ und ⊥ bezeichneten UR-Banden des Kristalls sind parallel bzw. senkrecht zur großen Achse polarisiert. — 2) Außerdem werden weitere Frequenzen bei 586 (3, 0.36) und 770 (1, 0.43) beobachtet, T. J. HANWICK, P. O. HOFFMAN (*J. chem. Phys.* **19** [1951] 708/11). — 3) Außerdem tritt die Frequenz 589 (s, 0.4) auf, J.-P. MATHIEU, J. JACQUES (*l. c.*).

Die von M. TSUBOI (*l. c.*) nicht bestätigte, von J.-P. MATHIEU, J. JACQUES (*l. c.*) der Schwingung A_1 δ(PO_2) zugeordnete Frequenz bei ~590 cm^{-1} wird (neben allen anderen Ramanfrequenzen der Tabelle) mit sehr schwacher Intensität auch von A. SIMON, F. FEHÉR, G. SCHULZE (*Z. anorg. Ch.*

230 [1937] 289/307) und O. REDLICH, T. KURZ, W. STRICKS (*Monatsh.* **71** [1937] 1/5) gefunden; sie tritt auch im Ramanspektrum des $(H_3C)_2PO_2^-$ auf, H. GERDING, J. W. MAARSEN, D. H. ZIJP (*Rec. Trav. chim.* **77** [1958] 361/73, 370). Andererseits sollte die von M. TSUBOI (*l. c.*) nur in UR-Absorption beob. und der Schwingung B_2 $\nu(PO_2)$ zugeordnete Frequenz bei $\sim$1200 cm^{-1} auch ramanaktiv sein, im Gegensatz zu seinen eigenen Befunden und denjenigen aller anderen Autoren.

Im Bereich >650 cm^{-1} an Kristallpulvern gemessene UR-Spektren der Hypophosphite von Li, Na, K, Mg, Ca, Sr, Ba, Pb und Mn, s. D. E. C. CORBRIDGE, E. J. LOWE (*J. chem. Soc.* **1954** 493/502), stehen mit Vorstehendem in Einklang, obwohl häufig Aufspaltung der Banden eintritt; vgl. hierzu auch M. TSUBOI (*l. c.*), C. DUVAL, J. LECOMTE (*C. r.* **240** [1955] 66/68).

Force Constants

Kraftkonstanten. f und f′ in 10^4 dyn cm^{-1} der P–O-Bindungen im Ion $H_2PO_2^-$, mit der Matrizenmeth. aus Ramanfrequenzen ber.: f = 81.1, f′ = 4.3. Weitere Wechselwirkungskonstt. im Original, H. GERDING, J. W. MAARSEN, D. H. ZIJP (*Rec. Trav. chim.* **77** [1958] 361/73). f = 74.3, f′ = −0.02; daraus ergibt sich der Bindungsgrad der P–O-Bindungen zu 1.65. Weitere Konstt. im Original, H. SIEBERT (*Z. anorg. Ch.* **275** [1954] 225/40, 237).

Physical Properties

Physikalische Eigenschaften

Crystal Form

Kristallform. Blättrige Masse, J. THOMSEN (*Ber.* **7** [1874] 996/1002), C. MARIE (*C. r.* **138** [1904] 1216/7); große, durchsichtige, prismat. Kristalle, J. THOMSEN (*J. pr. Ch.* [2] **11** [1875] 133/85, 157).

Density

Dichte der fl. (unterkühlten) Säure $D_4^{18.8} = 1.493$, $V_{mol} = 44.20$ ml, J. THOMSEN (*l. c.* S. 160). $D_4^{10} = 1.49$, A. GEUTHER (*J. pr. Ch.* [2] 8 [1874] 359/72, 367).

Melting Point

Schmelzpunkt. Durch fraktionierte Krist. gereinigtes und über P_2O_5 getrocknetes H_3PO_2 schmilzt bei 26.5°, C. MARIE (*C. r.* **138** [1904] 1216/7), W. A. JENKINS, R. T. JONES (*J. Am. Soc.* **74** [1952] 1353/4). Schmp. 17.4°C; H_2O-Gehalt setzt den Schmp. stark herab, J. THOMSEN (*l. c.* S. 157).

Heat of Fusion

Schmelzwärme aus der Differenz der Lsg.-Wärmen: 2400 cal/Mol, J. THOMSEN (*Ber.* **7** [1874] 996/1002), 2310 cal/Mol, J. THOMSEN (*J. pr. Ch.* [2] **11** [1875] 133/85, 160).

Chemical Reactions

Chemisches Verhalten

With Air

Gegen Luft. Wasserfreies H_3PO_2 ist bei gewöhnl. Temp. vollkommen beständig, J. THOMSEN (*J. pr. Ch.* [2] **11** [1875] 133/85, 157); die Kristalle zeigen nach 3monatigem Stehen an trockner Luft keine Veränderung, W. A. JENKINS, R. T. JONES (*J. Am. Soc.* **74** [1952] 1353/4).

Thermal Decomposition

Thermische Zersetzung. Die nahezu wasserfreie Säure verträgt vorsichtiges Erwärmen bis auf 138°C, ohne daß Zers. eintritt, J. THOMSEN (*Ber.* **7** [1874] 994/5). Die therm. Zers. erfolgt in 2 Stufen. Die bei 100°C einsetzende PH_3-Entw. geht zwischen 110 und 115°C rasch und unter Schäumen vor sich; es hinterbleibt H_3PO_3, das oberhalb 250°C weiter in H_3PO_4 und PH_3 disproportioniert, A. GEUTHER (*J. pr. Ch.* [2] 8 [1874] 359/72, 370). Die Rk. $3H_3PO_2 \rightarrow 2H_3PO_3 + PH_3$ beginnt bei 100°C und verläuft rasch bei 130 bis 140°C. Die Zers. des H_3PO_3 erfolgt bei 160 bis 170°C, C. MARIE (*C. r.* **138** [1904] 1216/7). Siehe ferner DULONG (*Ann. Chim. Phys.* **2** [1816] 141/50), H. ROSE (*Pogg. Ann.* **9** [1827] 215/28, 225).

With Dehydrating Agents

Gegen wasserentziehende Mittel. Wenn die Konz. der Säure beim Trocknen im Hochvak. über P_2O_5 auf 94 Gew.-% gestiegen ist, färbt sich das P_2O_5 rotbraun. Die 94%ige Säure bildet beim Zusammenbringen mit P_2O_5 unter Feuererscheinung und PH_3-Entw. einen rotbraunen Stoff, A. SIMON, F. FEHÉR, G. SCHULZE (*Z. anorg. Ch.* **230** [1937] 289/307). H_3PO_2 geht mit wasserentziehenden Mitteln (Essigsäureanhydrid, CH_3COCl, PCl_3, HCl) mit unterschiedlicher Ausbeute in P_4O über, s. Darst. von P_4O S. 60.

With Phosphorus Chlorides

Gegen Phosphorchloride. PCl_3 reagiert stark exotherm nach $3H_3PO_2 + PCl_3 \rightarrow 2H_3PO_3 + 2P(\text{rot}) + 3HCl$. Ein Tl. des gebildeten H_3PO_3 geht mit PCl_3 in H_3PO_4 und P über, s. S. 123. Mit $POCl_3$ findet primär die Rk. $6H_3PO_2 + 3POCl_3 \rightarrow 3HPO_3 + 2H_3PO_3 + 4P + 9HCl$ statt; die Gesamtrk. entspricht der Gleichung $3H_3PO_2 + 3POCl_3 \rightarrow 3HPO_3 + PCl_3 + 2P + 6HCl$. Auf Zugabe von PCl_5 in kleinen Anteilen scheidet sich unter Bldg. von $POCl_3$, PCl_3 und HCl rotes P ab, das später durch Rk. mit PCl_5 unter Bldg. von PCl_3 wieder verschwindet. Gesamtrk.: $H_3PO_2 + 3PCl_5 \rightarrow 2POCl_3 + 2PCl_3 + 3HCl$, s. A. GEUTHER (*J. pr. Ch.* [2] 8 [1874] 359/72). Zur Bldg. von P_4O bei der Rk. mit PCl_3 vgl. S. 60, 123.

Gegen KBH_4. Beim Erhitzen eines Hypophosphits mit der doppelten Gew.-Menge KBH_4 tritt unter Entflammung Red. zu Phosphid ein, das mit H_2O unter Bldg. von PH_3 reagiert, P. ROMAIN, R. MERLAND, H. LAUBIE (*Bl. Trav. Soc. Pharm. Bordeaux* **92** [1954] 131/4, *C. A.* **1956** 722). *With KBH_4*

Gegen organische Verbindungen. H_3PO_2 läßt sich aus Äthanol umkristallisieren, s. Darst. aus NaH_2PO_2 und H_2SO_4, S. 95; ebenso aus n-Butanol, s. „Reinigung" S. 96. Ester des H_3PO_2 sind nicht bekannt; bei Verss. zu ihrer Darst. treten Redoxrkk. ein, J. R. VAN WAZER (*Phosphorus and its Compounds, Bd.* 1, *New York* 1958, S. 348). Die CHOH-Gruppe in aromatischen Alkoholen wird durch H_3PO_2 zur CH_2-Gruppe reduziert, vgl. J. HOUBEN (*Die Methoden der organischen Chemie,* 3. *Aufl., Bd.* 2, *Leipzig* 1925, S. 227). *With Organic Compounds*

Aldehyde und Ketone addieren bei mehrtägigem Erhitzen auf dem Wasserbad H_3PO_2 unter Bldg. einer hydroxylierten phosphorigen Säure nach $R_1R_2CO + H_3PO_2 \rightarrow R_1R_2COH \cdot HPO(OH)$, vgl. G. M. KOSOLAPOFF (*Organophosphorus Compounds, New York* 1950, S. 129). 1 Gew.-% H_3PO_2 verzögert die Autoxydation von Furfurol und Benzaldehyd, C. MOUREU, C. DUFRAISSE, M. BARDOCHE (*C. r.* **187** [1928] 157/61).

Alkylhalogenide reagieren mit Hypophosphiten in wss. Alkohol vorwiegend nach $3NaH_2PO_2 + 3RX \rightarrow 3NaX + RPH_2 + 2RPO(OH)_2$, vgl. G. M. KOSOLAPOFF (*l. c.* S. 22). Acetylchlorid und Essigsäureanhydrid führen H_3PO_2 in P-Suboxid über, s. S. 60.

Nitroverbindungen werden durch H_3PO_2 in Ggw. von Cu-Schwamm zu primären Aminen reduziert, vgl. J. HOUBEN (*l. c.* S. 394).

Diazoniumsalze reagieren mit H_3PO_2 in wss. Lsg. unter Ersatz der Diazoniumgruppe durch H entsprechend der Gleichung $ArN_2X + H_3PO_2 + H_2O \rightarrow ArH + H_3PO_3 + HX + N_2$ (Ar = Aryl). Die Rk. wird durch $KMnO_4$ und $CuSO_4$ beschleunigt; sie verläuft vermutlich über Radikalketten, N. KORNBLUM, G. D. COOPER, J. E. TAYLOR (*J. Am. Soc.* **72** [1950] 3013/21); nach Unterss. in D_2O geht das an P gebundene H des H_3PO_2 an die Arylgruppe, G. P. MIKLUCHIN, A. F. REKAŠEVA (*Doklady Akad. Nauk SSSR* [2] **85** [1952] 827/30). Über die angeblich zu phosphorigen Säuren führende Rk. von Diazoniumsalzen mit NaH_2PO_2 s. G. M. KOSOLAPOFF (*l. c.* S. 142).

Kakodylsäure $(CH_3)_2AsO(OH)$ wird durch H_3PO_2 in HCl-Lsg. zu Kakodylchlorid $(CH_3)_2AsCl$ reduziert, primäre Alkyl- und Arylarsinsäuren $RAsO(OH)_2$ werden zu Arsenoverbb. RAs:AsR, sekundäre Arylarsinsäuren ArRAsO(OH) zu Diarsinen ArRAs·AsRAr reduziert, vgl. J. HOUBEN (*l. c.* S. 442/6).

Methylenblau wird durch Hypophosphit in neutraler Lsg. in Ggw. von feinverteiltem Pd, Cu oder Graphit entfärbt, J. COURSIER (*Ann. Chim.* [12] **9** [1954] 353/98, 379).

Chloramin-T ($p\text{-}C_6H_4CH_3 \cdot SO_2 \cdot NNaCl$) oxydiert NaH_2PO_2 in neutraler Lsg. langsam, in essigsaurer Lsg. schneller zu Phosphit und Phosphat, J. R. BENDALL, F. G. MANN, D. PURDIE (*J. chem. Soc.* **1942** 157/63).

Wäßrige Lösung

Aqueous Solution

Lösungswärme bei Auflösung von 1 Mol krist. bzw. fl. H_3PO_2 in 150 Mol H_2O: $\Delta H = +170$ bzw. -2140 cal bei 18°C, J. THOMSEN (*J. pr. Ch.* [2] **11** [1875] 133/85, 160). *Heat of Solution*

Elektrochemisches Verhalten

Electrochemical Behavior

Normalpotentiale. Aus thermodynam. Daten ber. Normalpott. $_0E_h$ in V bei 25°C: *Standard Potentials*

$H_3PO_2 + H_2O = H_3PO_3 + 2H^+ + 2\ominus$ . . . . . . $_0E_h = -0.50$

$H_2PO_2^- + 3OH^- = HPO_3^{2-} + 2H_2O + 2\ominus$ . . . . . . $_0E_h = -1.57$

Demnach ist H_3PO_2 ein starkes Red.-Mittel in saurer und in bas. Lsg. Das Ox.-Vermögen ist sehr schwach:

$2H_2O + P = H_3PO_2 + H^+ + \ominus$ . . . . . . $_0E_h = -0.51$

$2OH^- + P = H_2PO_2^- + \ominus$ . . . . . . $_0E_h = -2.05$

W. M. LATIMER (*The oxidation states of the elements and their potentials in aqueous solutions,* 2. *Aufl., New York* 1952, S. 109).

Potentiale. Blanke Pt- oder Au-Elektroden in Hypophosphit-Phosphit-Lsgg. nehmen nichtreproduzierbare, gegen die Normalwasserstoffelektrode positive Pott. an. Nach Bedeckung mit Pd-Schwarz, *Potentials* das die Rk. $H_3PO_2 + H_2O = H_3PO_3 + H_2$ katalysiert (s. S. 108), ergeben sie ein reproduzierbares, stark negatives, von der Dicke der Pd-Schicht unabhängiges Pot. E. Bei konst. p_H ändert sich E linear mit log [Hypophosphit], ist jedoch von der Phosphitkonz. unabhängig. E-Werte in mV, gemessen gegen die 3.5 m Kalomelelektrode (Pot. bezogen auf die Normalwasserstoffelektrode + 254 mV), als Funktion der molaren Hypophosphitkonz. c in verschiedenen Pufferlsgg. (E_1 in 1 n HCl + 1 m KCl, E_2 in 0.25 n HAc + 0.25 m NaAc + 0.5 m KCl, E_3 in 0.25 m KH_2PO_4 + 0.25 m Na_2HPO_4 + 1 m KCl, E_4 in 0.918 n NaOH + 1 m KCl) bei 20°C:

c	0.001	0.002	0.005	0.01	0.02	0.05	0.1
$-E_1$	245	259	269	279	289	301	307
$-E_2$	513	526	536	545	559*)	—	—
$-E_3$	614	—	633	642	—	661	—
$-E_4$	1059	1070**)	1083	1094	—	—	1150

*) bei c = 0.025; **) bei c = 0.0025.

dE/d log c entspricht in allen Puffern ziemlich genau dem theoret. Wert —0.029, P. Nylén (*Ark. Kem. Chim.* B **11** Nr. 29 [1934] 6). Zwischen $p_H = -0.27$ und 13.66 ändert sich E bei konst. c genau so wie das Pot. der Wasserstoffelektrode. Fe^{2+} und Cu^{2+} (bis $2 \cdot 10^{-4}$ Mol/l) sind ohne Einfluß auf E. Sichtbare H_2-Entw. an der Elektrodenoberfläche tritt bei c > 0.005 auf. Die Unabhängigkeit von der Phosphitkonz. deutet darauf hin, daß das primäre Ox.-Prod. (vielleicht HPO_2) irreversibel in H_3PO_3 übergeht, P. Nylén (*l. c.*). Ältere Messungen an platinierten Pt-Elektroden, W. D. Bancroft (*Z. phys. Ch.* **10** [1892] 387/409, 392), B. Neumann (*Z. phys. Ch.* **14** [1894] 193/230, 228).

Eine Pt-Elektrode, die in eine mit Raney-Ni oder Pd-Pulver versetzte Hypophosphitlsg. taucht, weist das dem p_H-Wert der Lsg. entsprechende Pot. der Wasserstoffelektrode auf. Am Katalysator stellt sich ein (nicht meßbares) Mischpot. zwischen H_2/H^+ und Hypophosphit/Phosphit ein, J. Coursier (*Ann. Chim.* [12] **9** [1954] 353/98, 379).

Conductance

Elektrische Leitfähigkeit. Bei 18°C. Spezifische Leitf. $\varkappa$ (in Ω^{-1} cm^{-1}) und molare Leitf. μ (in Ω^{-1} cm^2 mol^{-1}) in Abhängigkeit von der Verd. v (l Lsg./Mol H_3PO_2):

v	20	40	100	200	400	1000
$\varkappa \cdot 10^3$	11.5	6.58	2.91	1.53	0.786	0.321
μ	230	263	291	306	315	321

Spezif. Leitf. des benutzten Wassers 1.1×10^{-6}, I. M. Kolthoff (*Rec. Trav. chim.* **46** [1927] 350/8). Aus der Beweglichkeit der Ionen $H_2PO_2^-$ (37.5, s. S. 101) und H^+ (315) folgt $\mu = 352.5$ bei $v = \infty$, I. M. Kolthoff (*l. c.*).

Bei 25°C. Aus Messungen von W. Ostwald (*J. pr. Ch.* [2] **31** [1885] 433/62, 452) ber. Werte:

v	2	4	8	16	32	64	128	256	512	1024
μ	140	172	207	245	281	312	335	352	361	367

F. Kohlrausch, L. Holborn (*Das Leitvermögen der Elektrolyte*, 2. *Aufl., Leipzig* 1916, S. 177).

c (Mol/l)	0.5004	0.2502	0.1251	0.06255	0.03128	0
μ	137.1	168.5	205.0	242.9	279.5	392.5

Spezif. Leitf. des benutzten Wassers 1.0 bis 1.5×10^{-6}, Temp.-Konstanz ±0.02°, E. Ramstedt (*Medd. Vetenskapsakad. Nobelinst.* **3** Nr. 7 [1915/18] 1/33, 12).

Bei verschiedenen Temperaturen. Aus den Angaben des Originals durch Multiplikation mit 0.1069×10^8, vgl. F. Kohlrausch, L. Holborn (*l. c.* S. 4), umgerechnete Werte bei 18°, 25° und 52°C:

v	2	4	10	20	100	1000	∞
μ (18°)	135	161	204	232	276	338	350
μ (25°)	—	171	—	250	—	—	392
μ (52°)	154	—	244	—	380	506	542

S. Arrhenius (*Z. phys. Ch.* **4** [1889] 96/116, 100).

Leitf. einer 1.014 molaren Lsg. in Abhängigkeit von der Temp. t:

t (°C)	25	34	39	44	49	54	59
μ	118.7	124.5	126.3	127.5	128.6	129.0	128.6
t (°C)	65	71	75	79	83	87	91
μ	127.8	126.2	124.5	123.2	121.0	119.1	117.3

Das Auftreten eines Max. von μ bei 54 bis 55°C beruht auf dem Rückgang der Dissoz. mit steigender Temp., S. ARRHENIUS (*l. c.* S. 113).

Beweglichkeit u des $H_2PO_2^-$-Ions in $\Omega^{-1} \cdot cm^2 \cdot mol^{-1}$: u = 37.5 bei 18°C, aus der Leitf. von wss. NaH_2PO_2, s. I. M. KOLTHOFF (*Rec. Trav. chim.* **46** [1927] 350/8). u = 44.7[1]) bei 25°C, aus der Leitf. von wss. $Ba(H_2PO_2)_2$, s. G. BREDIG (*Z. phys. Ch.* **13** [1894] 191/288, 217, 232). u = 45.3 bei 25°C, aus der Leitf. von wss. NaH_2PO_2, s. E. RAMSTEDT (*Medd. Vetenskapsakad. Nobelinst.* **3** Nr. 7 [1915/18] 1/33, 11). *Mobility*

Glimmlichtelektrolyse (480 V, 60 mA, 12 Torr, Anodenabstand von der Fl.-Oberfläche 8 mm) führt NaH_2PO_2 in NaH_2PO_4 über. Die „Stromausbeute" steigt vom Grenzwert 60% bei c = 0 auf ~400, 600, 850 bzw. 1100% bei c = 0.01, 0.02, 0.1 bzw. 0.25 Mol/l. Höhe und Konz.-Abhängigkeit der Ausbeute lassen sich quantitativ auf Grund der Annahme deuten, daß im Glimmbogen durch Spaltung des H_2O-Dampfes gebildete OH-Radikale in der Fl.-Oberfläche nach $H_2PO_2^- + 4OH = H_2PO_4^- + 2H_2O$ reagieren, W. KOHL, A. KLEMENC (*Monatsh.* **84** [1953] 1053/60). *Glow Discharge Electrolysis*

Chemisches Verhalten

Chemical Reactions

Tautomerism

Tautomerie. Die Kinetik der Rkk. des H_3PO_2 mit Jod, $HgCl_2$, $CuCl_2$ und $AgNO_3$ in saurer Lsg. deutet daruf hin, daß der Ox. die relativ langsame, durch H^+ katalysierte Bldg. einer aktiven Form des H_3PO_2 vorangeht, mit der das Ox.-Mittel rasch reagiert, so daß (außer bei sehr kleinen Konzz. des Ox.-Mittels) die Ox.-Geschw. mit der Einstellungsgeschw. RG des Gleichgew.

$$H_3PO_2\,(\text{normal}) \underset{k_2}{\overset{k_1}{\rightleftharpoons}} H_3PO_2\,(\text{aktiv})$$

von links nach rechts übereinstimmt, die durch $RG = k_1[H^+][H_3PO_2]$ gegeben ist. Die gemessenen k_1-Werte liegen zwischen 0.222 und 0.268 $l \cdot mol^{-1} \cdot min^{-1}$ bei 25°C, s. S. 110, 113 und 116. Die auf anderem Wege nicht nachweisbare aktive Form des H_3PO_2 ist im Gleichgew. nur in sehr kleiner Konz. vorhanden. Vermutlich handelt es sich um $HP(OH)_2$ mit 3wertigem P, so daß eine tautomere Umwandlung vorliegt. Dafür spricht auch, daß $AgNO_3$ durch phosphonige Säuren RHPO(OH) reduziert wird, während Phosphinsäuren $R_2PO(OH)$ unwirksam sind, A. D. MITCHELL (*J. chem. Soc.* **123** [1923] 629/35).

Diese Annahme wird dadurch gestützt, daß neben weiteren Oxydationsrkk. (mit Chlor, s. S. 109, Brom, S. 109, Jodsäure, S. 112) auch der Wasserstoffaustausch (s. S. 103) dieselbe Kinetik aufweist. Unter der Voraussetzung, daß die Ox. des aktiven H_3PO_2 keine Aktivierungsenergie erfordert, ergibt sich $k_2 \approx 3 \times 10^{10}$ und damit die Konst. des Tautomeriegleichgew. $K = k_1/k_2 \approx 10^{-12}$ bei 10°C, s. R. O. GRIFFITH, A. MCKEOWN (*Trans. Faraday Soc.* **30** [1934] 530/8); aus der Kinetik des H-Austausches folgt $K \gtrsim 10^{-11}$ bei 30°C, s. W. A. JENKINS, D. M. YOST (*J. inorg. nuclear Chem.* **11** [1959] 297/308).

Die Einstellung des Tautomeriegleichgew. wird nicht nur durch H_3O^+, sondern durch alle BRÖNSTED-Säuren HA katalysiert, so daß allgemein die Gleichung $RG = [H_3PO_2]\sum_{HA} k_{HA}[HA]$ gilt (vgl. S. 103), die in halogenwasserstoffsauren Lsgg. bei großem HX-Überschuß in die einfache, von A. D. MITCHELL (*l. c.*) gefundene übergeht, P. NYLÉN (*Z. anorg. Ch.* **230** [1937] 385/404), vgl. hierzu J. N. BRÖNSTED (*Chem. Rev.* **5** [1928] 231/338). Für die Rk. H_3PO_2 (normal) → H_3PO_2 (aktiv) ergeben sich aus der Kinetik der Rk. mit Jod in sauren Medien folgende Werte der Konst. k_{HA} (in $l \cdot mol^{-1} \cdot min^{-1}$) bei 30°C und Ionenstärken zwischen 0.2 und 0.5:

HA	H_3O^+	H_3PO_2	H_3PO_3	H_3PO_4	$(COOH)_2$
$k_{HA} \cdot 10^3$	353	126	237	236	253

HA	HSO_4^-	$CH_2ClCOOH$	Citronensäure	$CH_2OH \cdot COOH$	CH_3COOH
$k_{HA} \cdot 10^3$	233	35.4	59.4	11.8	4.18

R. O. GRIFFITH, A. MCKEOWN, R. P. TAYLOR (*Trans. Faraday Soc.* **36** [1940] 752/66). Nach P. NYLÉN (*l. c.*) beträgt das Verhältnis $k_{HA}/k_{H_3O^+}$ für HA = Phosphorsäure bzw. Citronensäure 0.85 bzw. 0.23 bei 20°C, in Einklang mit den aus vorstehenden Daten ber. Werten 0.67 bzw. 0.17. Mit Ausnahme des abnorm niedrigen Wertes für H_3O^+ erfüllen die angegebenen k_{HA}-Werte befriedigend die BRÖN-

[1]) Aus dem im Original in Quecksilbereinheiten angegebenen Wert 41.8 umgerechnet.

STEDsche Gleichung, R. O. GRIFFITH, A. MCKEOWN, R. P. TAYLOR (*l. c.*). Aus der Geschw. des H-T-Austausches ber. k_{HA}-Werte (in l $mol^{-1} \cdot min^{-1}$) bei 30°C:

HA	H_3O^+	H_3PO_2	HSO_4^-	$(COOH)_2$
$k_{HA} \cdot 10^3$	55	33	67	60

Der Abfall gegenüber den obenstehenden Werten hat die für den Tritiumisotopeneffekt zu erwartende Größenordnung, W. A. JENKINS, D. M. YOST (*J. inorg. nuclear Chem.* **11** [1959] 297/308). Aktivierungsenergie $E_{H_3O^+} = 20$ kcal/Mol, R. O. GRIFFITH, A. MCKEOWN, R. P. TAYLOR (*l. c.*); $E_{H_3O^+} = 25.6 \pm 1.3$, $E_{H_3PO_2} = 15.5 \pm 1.0$ kcal/Mol, W. A. JENKINS, D. M. YOST (*l. c.*).

Die Umwandlungen H_3PO_2 (normal)$\rightleftarrows H_3PO_2$ (aktiv) verlaufen wie alle prototropen Umwandlungen nach dem nebenstehenden Schema über $H_3PO_2 \cdot H^+$ (vorwiegend in saurer Lsg.) oder $H_2PO_2^-$ (in neutraler Lsg.) als Zwischenstufen. Unter der Annahme, daß sich die Gleichgeww. $H_3PO_2 \rightleftharpoons H^+ + H_2PO_2^-$ und $H_3PO_2 \cdot H^+ \rightleftharpoons H_3PO_2$ (aktiv) + H^+ momentan einstellen, ergeben sich aus der Rk.-Geschw. mit Jod in Phosphat- und Arsenatpufferlsgg. (p_H etwa 6) die Werte $k''_{HA} = 3.0 \times 10^{-6}$ bzw. 4.3×10^{-6} l·mol^{-1}·min^{-1} für HA = $H_2PO_4^-$ bzw. $H_2AsO_4^-$ bei 30°C und $\mu = 1.15$, R. O. GRIFFITH, A. MCKEOWN, R. P. TAYLOR (*l. c.*).

H_3PO_2 (normal) — k_{HA} — $H_3PO_2 \cdot H^+$ — k'_{HA} — H_3PO_2 (aktiv) — k''_{HA} — $H_2PO_2^-$

Daß die normale Form des H_3PO_2 in verd. wss. Lsg. ebenso wie in konz. Lsgg. und im festen Zustand (s. Molekelstruktur S. 96) die Konstitution $H_2PO(OH)$ mit 5wertigem P besitzt, geht aus der Größe der Dissoziationskonst. hervor, G. SCHWARZENBACH (*Helv. chim. Acta* **19** [1936] 1043/52), F. GALLAIS (*Bl. Soc. chim.* **1947** 425/30).

Dissociation Constant. Degree of Dissociation

Dissoziationskonstante K. Dissoziationsgrad α (nach ARRHENIUS). Wss. H_3PO_2 ist eine einbas., starke, gegen Methylorange oder Phenolphthalein titrierbare Säure, I. M. KOLTHOFF (*Rec. Trav. chim.* **46** [1927] 350/8); zum einbas. Charakter s. auch E. CORNEC (*Ann. Chim. Phys.* [8] **29** [1913] 491/540, 515), E. BLANC (*J. Chim. phys.* **18** [1920] 28/45, 34), W. V. BHAGWAT, N. R. DHAR (*J. Indian chem. Soc.* **6** [1929] 781/91) sowie S. 103. $K_a = a_{H^+} \cdot a_{H_2PO_2^-}/a_{H_3PO_2} = 8.0 \times 10^{-2}$ bei 18°C und ∞ Verd., ber. aus den Leitf.-Werten von I. M. KOLTHOFF (*l. c.*) mit der Gleichung von T. SHEDLOVSKY (*J. Franklin Inst.* **225** [1938] 739/43). $\alpha \approx 0.70$ bzw. 0.33 bei c = 0.05 bzw. 0.5 Mol/l, T. D. FARR (in: *Tennessee Valley Authority, Chem. Engg. Rep.* Nr. 8 [1950] 1/93, 27).

Aus potentiometr. Messungen folgt $K = a_{H^+} \cdot [H_2PO_2^-]/[H_3PO_2] = 7.6 \times 10^{-2}$ bei 20°C und $\mu = 2$, P. NYLÉN (*Z. anorg. Ch.* **230** [1937] 385/404); $K = 8.5 \times 10^{-2}$ bei 18°C, s. C. MORTON (*Quart. J. Pharm. Pharmacol.* **3** [1930] 438/49). $K_c = [H^+] \cdot [H_2PO_2^-]/[H_3PO_2]$ bei verschiedenen Tempp. und Ionenstärken, potentiometrisch mit der Meth. von J. W. H. LUGG (*J. Am. Soc.* **53** [1931] 2554) bestimmt:

μ	0.16	0.57	1.13	2.13
K_c (16°) . . .	0.096	0.106	0.094	0.071
K_c (30°) . . .	0.075	0.079	0.074	0.056
K_c (45°) . . .	—	0.06	—	—

R. O. GRIFFITH, A. MCKEOWN, R. P. TAYLOR (*Trans. Faraday Soc.* **36** [1940] 752/66, 759). $K_c = 0.097$ bei 10°C und $\mu = 1.137$, aus kinet. Unterss. der Rk. mit Brom, R. O. GRIFFITH, A. MCKEOWN (*Trans. Faraday Soc.* **30** [1934] 530/8).

$\alpha = \Lambda_c/\Lambda_\infty$ und $K = \alpha^2 c/(1-\alpha)$ bei 18°C, aus Leitf.-Messungen:

c (Mol/l) . .	0.001	0.0025	0.005	0.01	0.025	0.05
α	0.917	0.90	0.87	0.83	0.75	0.654
$K \cdot 10^2$ . . .	1.0	2.0	2.9	4.0	5.6	6.2

I. M. KOLTHOFF (*l. c.*).

α bei 25°C, aus Leitf.-Messungen:

c (Mol/l) . .	0.5004	0.2502	0.1251	0.06255	0.03128
α	0.349	0.429	0.522	0.619	0.712

E. RAMSTEDT (*Medd. Vetenskapsakad. Nobelinst.* **3** Nr. 7 [1915/18] 1/33, 12).

α und K bei 25°C, aus Leitf.-Messungen (in Auswahl):

v (l/Mol) . .	2	4	8	16	32	128	512	2048
α	0.360	0.442	0.532	0.630	0.722	0.861	0.928	0.948
$K \cdot 10^2$ . . .	10.12	8.76	7.57	6.70	5.87	4.17	2.34	0.82

A. D. Mitchell (*J. chem. Soc.* **117** [1920] 957/63). Für $v > 8$ gilt die empir. Gleichung $K = 0.1015 - (1/35) \cdot \log v$. Aus der Geschw. der Verseifung von Methylacetat mit H_3PO_2-HCl-Lsg. ergibt sich bei Ggw. fremder H-Ionen: $K = 0.1015 - (1/35) \cdot \log (\alpha/[H^+])$, s. A. D. Mitchell (*l. c.*).

Aus magnet. Kernresonanzmessungen an wss. NaH_2PO_2-H_3PO_2- und NaH_2PO_2-HCl-Lsgg. ergibt sich:

c (Mol/l) . . .	3.0	6.1	8.5
α	0.42	0.28	0.16

D. Roux (*Helv. phys. Acta* **31** [1958] 511/41, 539).

Dissoziationswärme, ber. aus der Temp.-Abhängigkeit der Leitf.: $\Delta H = -3.75$ bzw. -4.30 kcal/Mol bei 21.5 bzw. 35°C, s. S. Arrhenius (*Z. phys. Ch.* **9** [1892] 339/42, **4** [1889] 96/116).

Neutralisationswärme in kcal/Mol bei 18°C, kalorimetrisch gemessen, 15.16, J. Thomsen (*J. pr. Ch.* [2] **11** [1875] 133/85, 154); aus Dissoz.-Wärmen ber., 15.50 bei 21.5°C, 15.34 bei 35°C, S. Arrhenius (*Z. phys. Ch.* **9** [1892] 339/42, **4** [1889] 96/116).

Heat of Neutralization

Salzbildung. Fällungsreaktionen. H_3PO_2 bildet aus wss. Lsg. meist kristallwasserhaltige Salze mit Li, Na, K, NH_4, Tl, Be, Mg, Ca, Sr, Ba, Zn, Cd, Pb, Mn^{II}, Ni, Co, Fe^{II}, Cu, Al, Cr^{III}, Ce und UO_2, vgl. Rammelsberg (*Ber. Berl. Akad.* **1872** 409/53), A. Wurtz (*Lieb. Ann.* **58** [1846] 49/84; *Ann. Chim. Phys.* [3] **16** [1846] 190/231), H. Rose (*Pogg. Ann.* **12** [1828] 77/93, 288/98), Dulong (*Ann. Chim. Phys.* **2** [1816] 141/50). In diesen Salzen ist ein Äquiv. H der Säure durch ein Äquiv. Metall ersetzt; die beiden übrigen H-Äquivv. sind nicht ersetzbar. Die wss. Lsgg. der Salze reagieren neutral; H_3PO_2 ist eine einbasige Säure, A. Wurtz (*Lieb. Ann.* **43** [1842] 318/34, 333). Zur Bldg. eines sekundären Salzes in fl. NH_3 s. S. 116.

Salt Formation. Precipitation Reactions

Mit Ausnahme des mäßig lösl. Pb-Salzes sind alle genannten Hypophosphite leicht lösl. in Wasser, A. Wurtz (*l. c.*); vgl. auch Rammelsberg (*l. c.*), H. Rose (*l. c.*). Aus Lsgg. von 5 bis 50 mg Kation in 25 ml 1n HCl fallen auf Zusatz von 2 ml 30%iger wss. H_3PO_2-Lsg. Hypophosphit-Ndd. folgender Kationen aus: Sc^{III}, Zr^{IV}, Hf^{IV}, Th^{IV} und Ta^{V}. Red. zu einer unlösl. Form tritt ein bei Cu^{II}, Ag^{I}, Au^{III}, Hg^{I}, Bi^{III}, Sb^{III}, As^{III}, Se^{III}, Te^{IV} und Pd^{IV}, s. das Verh. gegen diese Kationen S. 113 und folgend. Li, Na, K, Rb, Cs, Be, Mg, Ca, Sr, Ba, Zn, Cd, B, Tl^{I}, La^{III}, Ce^{III}, Pb^{II}, NH_4, Mn^{II}, Ni^{II}, Ru^{IV} und Ir^{IV} geben unter diesen Bedingungen keine Fällung, D. R. Bomberger (*Anal. Chem.* **30** [1958] 1907/8). Aus H_2SO_4-saurer TiO_2-Lsg. fällt wss. NaH_2PO_2 einen weißen Nd. von $Ti(OH)_2(H_2PO_2)_2 \cdot 2H_2O$, R. Castagnou, Guilhem-Ducleon (*Bl. Trav. Soc. Pharm. Bordeaux* **88** [1950] 18/23).

Wasserstoffaustausch. In saurer Lösung. Unterss. mit HTO-haltigem Wasser ergeben folgende Werte für die Geschw. RG (in $mol \cdot l^{-1} \cdot h^{-1}$) des Austausches zwischen dem unmittelbar an P gebundenen Wasserstoff des H_3PO_2 und dem Wasserstoff des H_2O in wss. H_3PO_2-Lsgg. der Konz. c (in Mol/l) bei 27.23°C:

Hydrogen Exchange

c	0.300	0.490	0.572	0.700	0.795	0.891	0.997
RG	0.125	0.368	0.520	0.815	1.03	1.37	1.60

W. A. Jenkins, D. M. Yost (*J. inorg. nuclear Chem.* **11** [1959] 297/308). Danach und nach den Ergebnissen weiterer Unterss. mit Zusatz von TlH_2PO_2, HBr, H_2SO_4 und Oxalsäure gilt die Gleichung $RG = [H_3PO_2] \cdot \Sigma k_{HA}[HA]$, in der die Summe über alle in der Lsg. vorhandenen Brönsted-Säuren HA zu erstrecken ist. Werte der Konstt. k_{HA} (in $l \cdot mol^{-1} \cdot h^{-1}$) und der Aktivierungsenergie E_{HA} (in kcal/Mol):

HA	H^+	H_3PO_2	HSO_4^-	$(COOH)_2$
k_{HA} bei 27.30°C	2.28 ± 0.11	2.28 ± 0.11	3.4 ± 1.2	3.0 ± 0.7
k_{HA} bei 30°C	3.3	2.0	~4	~3.6
k_{HA} bei 35.30°C	7.0 ± 0.4	4.5 ± 0.2	—	—
E_{HA}	25.6 ± 1.3	15.5 ± 1.0	—	—

Die k_{HA}-Werte sind im Ionenstärkenbereich 0.1 bis 0.25 von μ unabhängig, W. A. Jenkins, D. M. Yost (*l. c.*). Demnach gehorcht der H-Austausch demselben Geschw.-Gesetz wie die Ox. in saurer Lsg. bei höherer Konz. des Ox.-Mittels, s. das Verh. gegen Chlor, S. 109, Brom, S. 109, Jod, S. 110, Jodat, S. 112, $HgCl_2$, S. 113, $CuCl_2$, S. 116, $AgNO_3$, S. 116. Die Konstt. k_{HA} haben dieselbe Größenordnung; der Unterschied beruht auf dem Tritiumisotopeneffekt. Dadurch wird die Annahme eines Tautomerie-Gleichgew. $H_2PO(OH) \rightleftharpoons HP(OH)_2$ sehr wahrscheinlich gemacht, dessen Einstellungsgschw. von links nach rechts durch obenstehende Gleichung gegeben ist, s. „Tautomerie" S. 101, W. A. Jenkins, D. M. Yost (*l. c.*; *J. chem. Phys.* **20** [1952] 538/9); dieselbe Schlußfolgerung aus einem

H-D-Austauschvers. s. A. I. BRODSKIJ, L. V. SULIMA (*Doklady Akad. Nauk SSSR* [2] **85** [1952] 1277/80), vgl. A. E. BRODSKY (*J. Chim. phys.* **55** [1958] 26/39, 36). Qualitative Angaben zum H-D-Austausch in saurer Lsg., H. ERLENMEYER, W. SCHOENAUER, G. SCHWARZENBACH (*Helv. chim. Acta* **20** [1937] 726/32), R. B. MARTIN (*J. Am. Soc.* **81** [1959] 1574/6).

In neutraler Lösung findet bei gewöhnl. Temp. in 3 Std. kein nachweisbarer H-T-Austausch zwischen $TlHTPO_2$ und H_2O oder HTO und TlH_2PO_2 statt. Bei längerer Vers.-Dauer tritt Zers. des Hypophosphits ein und verhindert den Nachweis eines vielleicht vor sich gehenden sehr langsamen Austausches, W. A. JENKINS, D. M. YOST (*J. inorg. nuclear Chem.* **11** [1959] 297/308). In neutraler Lsg. kein H-D-Austausch bei 25°C, sehr langsamer (Geschw.-Konst. $k = 10^{-5} min^{-1}$) bei 100°C, A. I. BRODSKIJ, L. V. SULIMA (*l. c.*); kein H-D-Austausch bei gewöhnl. Temp., H. ERLENMEYER, W. SCHOENAUER, G. SCHWARZENBACH (*l. c.*), R. B. MARTIN (*l. c.*), bei 38°, W. FRANKE, J. MÖNCH (*Lieb. Ann.* **550** [1941] 1/31, 8).

In basischer Lösung (NaH_2PO_2 in 10n KOD, Lsgm. D_2O) findet bei 98°C in 20 Min. vollständiger, bei 25°C in 400 Min. weitgehender H-D-Austausch statt, W. FRANKE, J. MÖNCH (*l. c.* S. 16). TlH_2PO_2 und HTO tauschen in Ggw. von TlOH im Lauf einiger Tage bei 20°C bis zu 80% des Wasserstoffs aus; die Ergebnisse sind jedoch wegen der eintretenden Rk. $H_2PO_2^- + OH^- \rightarrow HPO_3^{2-} + H_2$ (s. S. 108) unsicher, W. A. JENKINS, D. M. YOST (*l. c.*).

Other Exchange Reactions

Weitere Austauschreaktionen. Zwischen H_3PO_2 und $H_2{}^{18}O$ findet bei 40°C O-Austausch mit einer Halbwertszeit <12 Min. statt; Na_2HPO_2 ergibt bei 100°C die Halbwertszeit 10 h. Der Austausch erfolgt vermutlich über eine Orthoform $H_2P(OH)_3$ des H_3PO_2, s. A. I. BRODSKIJ, L. V. SULIMA (*Doklady Akad. Nauk SSSR* [2] **92** [1953] 589/92). Zwischen $H_3{}^{32}PO_2$ und H_3PO_3 sowie $KH_2{}^{32}PO_2$ und K_2HPO_3 findet in wss. Lsg. weder bei gewöhnl. Temp. noch bei 70°C P-Austausch statt, auch nicht in Ggw. von J_2 oder KJ. Diese Befunde bestätigen die Annahme eines Tautomerie-Gleichgew. $H_2PO(OH) \rightleftharpoons HP(OH)_2$, s. S. 101, A. I. BRODSKIJ, D. N. STAŽESKO, L. L. ČERVJACOVA (*Doklady Akad. Nauk SSSR* [2] **75** [1950] 823/5).

Thermal Decomposition

Thermische Zersetzung. Beim Eindampfen auf dem Wasserbad beginnt die Lsg. der freien Säure nach Erreichen einer bestimmten Konz. schwach nach PH_3 zu riechen, A. WURTZ (*Lieb. Ann.* **43** [1842] 318/34, 319); vgl. auch die Angaben unter „Thermische Zersetzung" des wasserfreien H_3PO_2, S. 98. Lsgg. der Salze verändern sich beim Kochen unter Luftausschluß nicht, H. ROSE (*Pogg. Ann.* **12** [1828] 288/98, 297).

With Hydrogen

Gegen Wasserstoff. Die Red. zu PH_3 mit nasc. Wasserstoff aus Zn und 30%iger Schwefelsäure nach L. DUSART (*C. r.* **43** [1856] 1126/7), BLONDLOT (*C. r.* **52** [1861] 1197/1200) verläuft sehr langsam; in der benutzten App. werden je Std. 0.337% der Ausgangsmenge reduziert, J. H. KŘEPELKA, J. CHMELAŘ (*Collect. Trav. chim. Tchécosl.* **6** [1934] 307/24).

With Oxygen. Autoxidation without Inductors

Gegen Sauerstoff. Autoxydation ohne Induktoren. Eine verd. H_3PO_2-Lsg. nimmt bei gewöhnl. Temp. aus einer Atm. von reinem O_2 in 8 Tagen kein O_2 auf, A. WURTZ (*Lieb. Ann.* **43** [1842] 318/34, 319). Bei 4std. Durchleiten von Luft durch eine neutrale oder schwefelsaure Hypophosphitlsg. tritt keine Änderung des Jodverbrauches ein, A. SIEVERTS (*Z. anorg. Ch.* **64** [1909] 29/64, 32). Nach längerem Stehen der wss., freien Säure an der Luft tritt Ox. zu H_3PO_3 ein, C. RAMMELSBERG (*Ber.* **1** [1868] 185/6). Der H_3PO_3-Gehalt einer 0.1 m H_3PO_2-Lsg. nimmt in 3 Monaten bei 5°C infolge Ox. durch Luft um 0.1% zu. In salzsauren, 0.05 m NaH_2PO_2-Lsgg. zersetzen sich bei gewöhnl. Temp. in 1 Jahr 0.8% bzw. 85% des Hypophosphits bei $p_H = 1.5$ bzw. 5, W. A. JENKINS, R. T. JONES (*J. Am. Soc.* **74** [1952] 1353/4).

Wss. Alkalihypophosphite nehmen bei längerem Stehen O_2 aus der Luft auf, A. WURTZ (*l. c.* S. 321); Ox. beim Kochen der Lsgg., H. ROSE (*Pogg. Ann.* **12** [1828] 288/98, 297). Vollkommen schwermetallfreie Alkalihypophosphitlsgg. reagieren vermutlich nicht mit O_2. Eine 0.2 m Lsg. des käuflichen Na-Salzes zeigt beim Schütteln mit O_2 nach 2 bis 4 Std. plötzlich eine sich rasch verstärkende O_2-Aufnahme. Wiederholte Umkristallisation verlängert die Induktionszeit auf max. 10 Std., vgl. Kurve 2 der Fig. 19, S. 106, W. BOCKEMÜLLER, T. GÖTZ (*Lieb. Ann.* **508** [1934] 263/97).

Induction by Fe Ions

Induktion durch Fe-Ionen. Wss. H_3PO_2 oxydiert sich beim Schütteln mit Luft auch bei Ggw. von Fe^{3+} äußerst langsam. Ggw. von Fe^{2+} bewirkt schnelle O_2-Aufnahme, wobei Fe^{2+} und gleichzeitig ein Tl. des H_3PO_2 oxydiert werden, in 1 m H_3PO_2 bei 25°C 5.5 Äquiv. H_3PO_2 je Äquiv. Fe^{2+}, s. D. RICHTER (*Ber.* **64** [1931] 1240/3). Nach Verss. mit reinem O_2 bei 10°C geht die induzierte Autoxydation in den ersten 2 Min. vor sich; eine 0.25 m NaH_2PO_2-Lsg. mit 1.25×10^{-3} Mol Fe^{2+}/l nimmt bei $p_H = 4.7$ das 5.6fache der zur Ox. des Fe^{2+} erforderlichen O_2-Menge auf. Die Aktivierung des O_2 durch Fe^{2+} kann daher nicht auf intermediäre Bldg. eines Peroxids Fe_2O_4 zurückgeführt werden, H. Wieland, W. Franke (*Lieb. Ann.* **464** [1928] 101/226, 181/8); vgl. auch D. Richter (*l. c.*).

Die aktivierte O_2-Menge wächst mit der Fe^{2+}-Konz. (0.5 bis 5×10^{-3} Mol/l) etwas weniger stark als proportional. Zwischen $p_H = 0$ und 7 ist die p_H-Abhängigkeit gering, die optimale Induktionswrkg. tritt bei $p_H = 4$ bis 5 ein. Im alkal. Gebiet ($p_H = 12.5$) findet nur geringe Aktivierung statt. Mit zunehmender Hypophosphitkonz. (0.25 bis 8.85 Mol/l) steigt die je Äquiv. Fe^{2+} aktivierte O_2-Menge, H. Wieland, W. Franke (*l. c.*).

Nach Ox. des Fe^{2+} geht die Autoxydation sehr langsam weiter; dabei bleibt die je Zeiteinheit aufgenommene O_2-Menge konstant. Diese Rk. kommt dadurch zustande, daß Fe^{3+}, das selbst keine Induktionswrkg. hat, durch Hypophosphit langsam zu Fe^{2+} reduziert wird (s. S. 115). Die katalyt. Wrkg. von Fe^{3+} wird durch kleine Mengen (50 mg/l) Dioxymaleinsäure außerordentlich gesteigert,

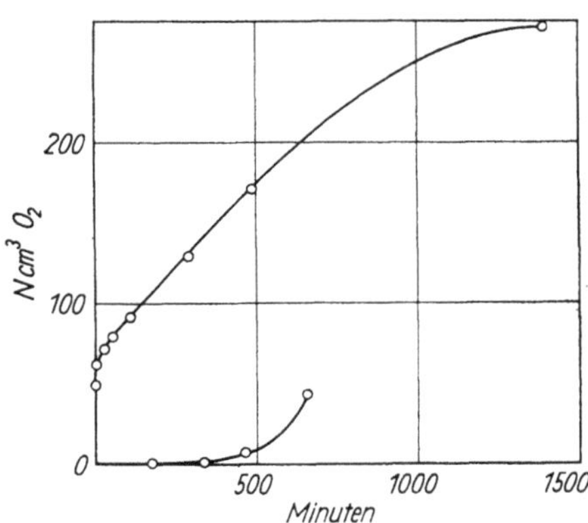

Fig. 17.

Obere Kurve: Von 100 ml 0.2 m NaH_2PO_2 bei 25°C aufgenommene O_2-Menge im Lauf der Ox. durch eine O_2–O_3-Mischung mit 10.7 Vol.-% O_3. Vollständige Ox. zu Phosphat erfordert 448 Ncm^3O_2. Untere Kurve: Anfang der (durch Schwermetallspuren ausgelösten) Ox. derselben Lsg. durch reines O_2.

in deren Ggw. die Red. rasch vor sich geht. Ähnlich wirken Dioxyweinsäure und Thioglykolsäure, schwächer Weinsäure und Glycerinsäure, H. Wieland, W. Franke (*l. c.* S. 191/8, 206/10); ferner Acetessigsäure, Oxalessigsäure, Acetondicarbonsäure und Benzoylessigsäure. Während die O_2-Aufnahme bei Ggw. von Fe^{2+} allein nach wenigen Min. nahezu zum Stillstand kommt, geht sie in Ggw. dieser Stoffe stundenlang mit hoher Geschw. weiter, H. Wieland, W. Franke (*Lieb. Ann.* **475** [1929] 19/37); zur Katalyse durch Fe^{3+} und Acetondicarbonsäure s. auch W. Bockemüller, T. Götz (*Lieb. Ann.* **508** [1934] 263/97, 291). Hydrochinon und Diphenylamin hemmen die durch Fe^{2+} induzierte Ox., $2 \cdot 10^{-3}$Mol J_2/l verhindert sie ganz, D. Richter (*Ber.* **64** [1931] 1240/3).

Induction by Other Heavy Metal Ions

Induktion durch andere Schwermetall-Ionen. Ag^+, Pd^{2+}, Cu^+, Cr^{2+} und V^{3+} lösen die Autoxydation aus; beim Vers. mit Cu^+ ist intermediär gebildetes H_2O_2 mit der Überchromsäurerk. nachweisbar. Vermutlich entsteht primär nach $Cu^+ + O_2 + H_2O \rightarrow Cu^{2+} + OH^- + HOO$ das Hydroperoxidradikal, das durch Rk. mit dem Hypophosphit-Ion ähnlich wie bei der durch Ozon induzierten Autoyxdation (s. unten) einen Radikalkettenmechanismus auslöst, W. Bockemüller, T. Götz (*Lieb. Ann.* **508** [1934] 263/97, 290). Cu^{2+} induziert nicht und hemmt die Induktion durch Fe^{2+}. Zusammen mit Enolcarbonsäuren (Oxalessigsäure, Acetondicarbonsäure, Benzoylessigsäure, Dioxymaleinsäure) wirkt Cu^{2+} ebenso wie Fe^{3+}, s. oben. In Ggw. von Cu^{2+}, Fe^{3+} und Enolcarbonsäuren ist der O_2-Umsatz viel höher als mit Enolcarbonsäuren und Fe^{3+} oder Cu^{2+} allein, H. Wieland, W. Franke (*Lieb. Ann.* **475** [1929] 19/37).

Induction by Ozone

Induktion durch Ozon. O_3 reagiert rasch mit Hypophosphit (s. S. 107) und induziert die Ox. desselben durch O_2. Im Gegensatz zur Wrkg. des Fe^{2+} (s. oben) geht die Autoxydation auch nach Verbrauch des O_3 verhältnismäßig rasch weiter und bricht erst bei hohen Umsätzen ab. Beim Schütteln einer 0.2 m NaH_2PO_2-Lsg. unter einem O_2-O_3-Gemisch mit ~11 Vol.-% O_3 bei 25°C hört die O_2-Aufnahme bei ~75% Umsatz (bezogen auf Ox. zu Phosphat) nach ~23 Std. auf, s. **Fig. 17**. Bei kleinen O_3-Gehalten (~2 Vol.-%) ist die Absorption in den ersten Min. langsamer als bei großen (10 bis 16%), später wird die mit konz. O_3 ausgelöste Rk. wieder eingeholt. Im Bereich 10 bis 16% O_3 treten keine merklichen Unterschiede im Rk.-Verlauf ein. Ersatz des O_2 durch Luft bewirkt Erniedrigung der Geschw. und früheres Abbrechen der Ox., W. Bockemüller, T. Götz (*Lieb. Ann.* **508** [1934] 263/97). Zwischen $p_H = 5.9$ und 7.6 nimmt die Ox.-Geschw. mit zunehmendem p_H ab, s. **Fig. 18**, S. 106;

in stark saurer Lsg. (0.1 n H_2SO_4) bricht die Ox. rasch ab. Mit steigender NaH_2PO_2-Konz. wächst die Ox.-Geschw., s. **Fig. 19**. Bei 40°C geht die Ox. schneller, aber nicht weiter, als bei 25°. Bei 0°C verläuft sie langsam und bricht früh ab; Zahlenangaben im Original, W. BOCKEMÜLLER, T. GÖTZ (*l. c.*).

Als Ox.-Prod. tritt neben H_3PO_3 und H_3PO_4 noch eine Säure auf, die J^- sofort zu J_2 oxydiert, Titanschwefelsäure und Vanadinsäure gelb färbt, jedoch keine Chromperoxidrk. gibt, vermutlich peroxophosphorige Säure HO·OPH·OOH (s. S. 138). Konz.-Änderungen im Lauf der Ox. einer 0.2 m

Fig. 18.

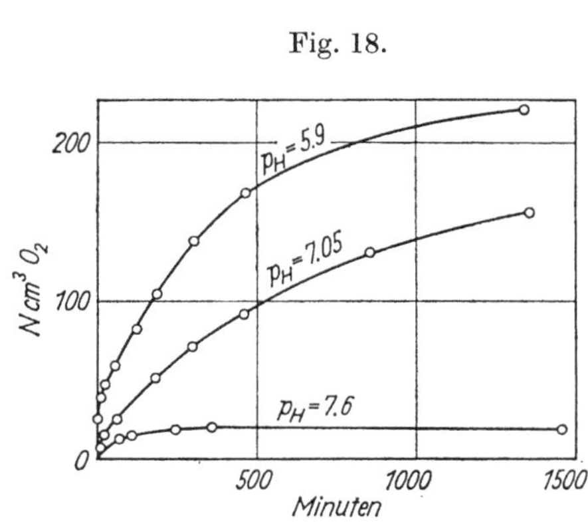

Abhängigkeit der Ox.-Geschw. in Hypophosphit-Lsgg. vom p_H-Wert.

Fig. 19.

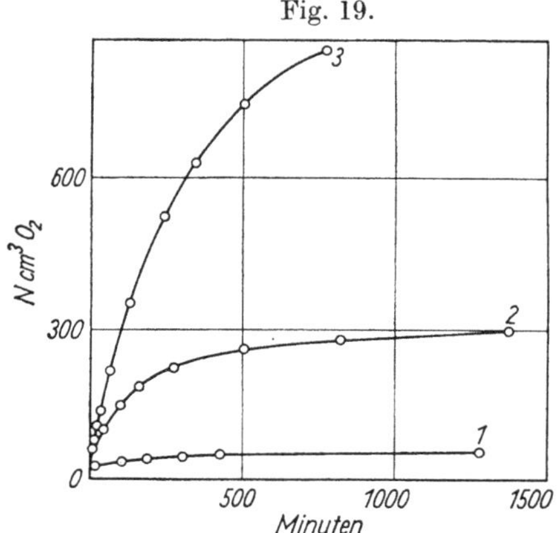

Ox.-Geschw. in NaH_2PO_2-Lsgg. verschiedener Konzentration. Kurve 1: 0.005 n Lsg., Kurve 2: 0.05 n Lsg., Kurve 3: 0.1 n Lsg.

NaH_2PO_2-Lsg. in reinem H_2O und in 2 Pufferlsgg. s. **Fig. 20** und **21**. Die Ox.-Geschw. als Funktion der Zeit zeigt nach dem ersten, durch die rasche Rk. mit O_3 bedingten Max. noch ein zweites Max. 30 bis 60 Min. nach Rk.-Beginn, Fig. im Original, W. BOCKEMÜLLER, T. GÖTZ (*l. c.*).

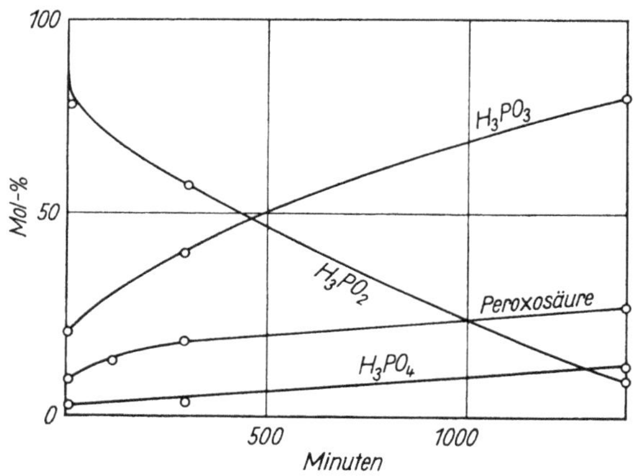

Fig. 20.

Ox.-Verlauf von Hypophosphit in ungepufferter Lsg.

Cu^{2+} in Konzz. bis 0.1 g/l beschleunigt die durch O_3 induzierte Autoxydation, größere Konzz. hemmen sie, bei 1.2 g/l tritt nur noch die Rk. mit O_3 ein. Ähnlich wirken Ag^+, Hg^{2+}, Mn^{2+}, Fe^{2+}, Cr^{3+} und Sn^{2+}. KOH, KJ, HCN, Chinon, Crotonsäure, Acetondicarbonsäure und Pyrogallol bewirken Abbruch, W. BOCKEMÜLLER, T. GÖTZ (*l. c.*).

Bei der Rk. mit O_3 wird vermutlich ein Radikal (HPO_2^-) oder eine Peroxosäure gebildet, vgl. oben; die Autoxydation verläuft dann als Radikalkettenrk., etwa nach

$$\underset{\text{H}}{\overset{\text{O}^-}{\text{OP}}}\cdot + O_2 \rightarrow \underset{\text{H}}{\overset{\text{O}^-}{\text{OP}}}\text{OO}\cdot, \quad \underset{\text{H}}{\overset{\text{O}^-}{\text{OP}}}\text{OO}\cdot + H_2PO_2^- \rightarrow \underset{\text{H}}{\overset{\text{O}^-}{\text{OP}}}\text{OOH} + \underset{\text{H}}{\overset{\text{O}^-}{\text{OP}}}\cdot$$

Die Kette wird durch Dimerisierung oder Disproportionierung der Radikale, oder durch Rk. mit Schwermetall-Ionen abgebrochen, W. BOCKEMÜLLER, T. GÖTZ (*l. c.*).

Induktion durch F_2O und H_2O_2. F_2O hat die gleiche Wrkg. wie Ozon. H_3PO_5 und H_2SO_5 setzen die Induktionszeit (9 bis 10 Std. bei wiederholt umkristallisiertem NaH_2PO_2, s. „Autoxydation ohne Induktoren" S. 104) auf 8 bzw. 30 Min. herab, H_2O_2 auf 2 Std., W. BOCKEMÜLLER, T. GÖTZ (*Lieb. Ann.* **508** [1934] 263/97, 265, 281). *Induction by F_2O and H_2O_2*

Gegen Ozon. O_3 wird von Hypophosphitlsgg. rasch absorbiert, vgl. Fig. 17, S. 105. Dabei bleibt das Gasvol. unverändert, wenn die (durch O_3 induzierte) Autoxydation durch Zusatz von Cu^{2+} unterdrückt wird. Danach reagiert nur eines der 3 O-Atome des Ozons mit dem Hypophosphit, W. BOCKE- *With Ozone*

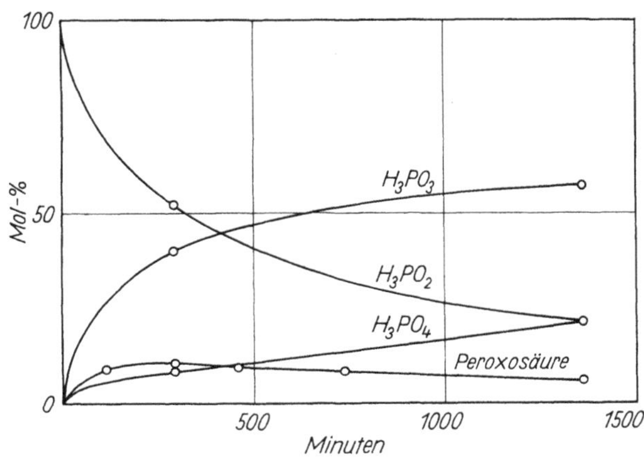

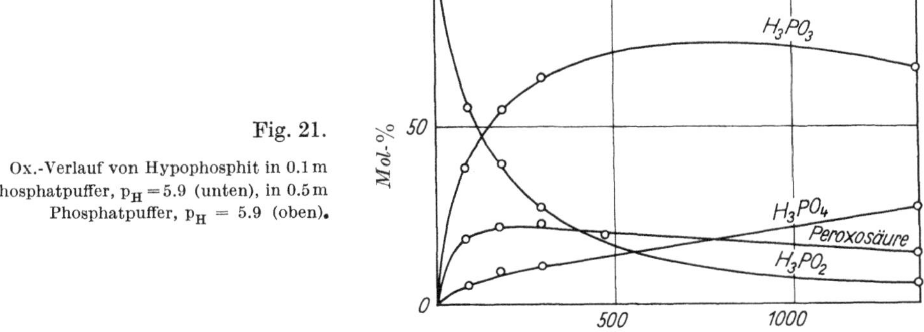

Fig. 21.

Ox.-Verlauf von Hypophosphit in 0.1 m Phosphatpuffer, $p_H = 5.9$ (unten), in 0.5 m Phosphatpuffer, $p_H = 5.9$ (oben).

MÜLLER, T. GÖTZ (*Lieb. Ann.* **508** [1934] 263/97). Quantitative Ox. zu Phosphat, H. H. WILLARD, L. L. MERRITT (*Ind. engg. Chem. anal. Edit.* **14** [1942] 486/90).

Gegen Metalle. Aus dem Oxid durch Red. mit H_2 bei 320°C erhaltenes feinverteiltes Co löst sich in wss. H_3PO_2 in geringer Menge auf, A. SIEVERTS (*l. c.*). *With Metals*

Fe löst sich in wss. H_3PO_2 unter H_2-Entw. zum Fe^{II}-Salz auf, H. ROSE (*Pogg. Ann.* **12** [1828] 288/98, 292), A. SIEVERTS (*Z. anorg. Ch.* **64** [1909] 29/64, 61). Zur Katalyse der Rk. $H_2PO_2^- + H_2O = H_2PO_3^- + H_2$ durch Co, Ni, Cu, Ag, Au, Pd und Pt sowie an Pd-Cu-, Pd-Ag- und Pd-Au-Legg. s. unten und S. 108.

Gegen Wasser. Die nach Lage des Normalpot. (s. S. 99) zu erwartende Rk. $H_3PO_2 + H_2O \rightarrow H_3PO_3 + H_2$ tritt nur in Ggw. von feinverteilten Metallen ein. Pd, Co und Ni bewirken H_2-Entw. *With Water* schon in der Kälte; Cu, Ag und Au katalysieren noch bei 100°C mäßig; Pt-Schwarz entwickelt auch aus sd., neutralen oder sauren Lsgg. kein H_2, s. A. SIEVERTS (*Z. anorg. Ch.* **64** [1909] 29/64, 61); vgl. ferner „*Natrium*" S. 889. Das bei Red. von Pd-Salzen mit Hypophosphit gefällte Pd bewirkt bei 50°C in 1 Std. fast vollständige Ox. des H_3PO_2 zu H_3PO_3; H_3PO_4 ist erst nach halbstd. Kochen der Lsg. nachweisbar. Die Rk. verläuft in saurer und neutraler Lsg. schneller als in hydrogencarbonat-alkal., A. SIEVERTS (*l. c.* S. 57); s. auch R. ENGEL (*C. r.* **110** [1890] 786/7).

Die katalyt. Wirksamkeit der Metalle Cu, Ag und Pd ist nicht an einen H-Gehalt derselben oder an Hydridbldg. gebunden, A. SIEVERTS, F. LOESSNER (*Z. anorg. Ch.* **76** [1912] 1/29).

Die durch Messung des entwickelten H_2 gemessene Anfangsgeschw. der Ox. von wss. NaH_2PO_2 in Ggw. von Pd-Mohr entspricht der Gleichung $-dc/dt = kc^{0.18}$. Die Zeiten gleichen Umsatzes sind der Pd-Menge proportional. Der Temp.-Koeff. zwischen 15 und 32°C beträgt etwa 2 je 10 Grad, A. SIEVERTS, E. PETERS (*Z. phys. Ch.* **91** [1915] 199/231); vgl. ferner A. SIEVERTS, F. LOESSNER (*Z. anorg. Ch.* **76** [1912] 1/29), A. BACH (*Ber.* **42** [1910] 4463/70).

An feinverteilten Pd-Au-Legg. verläuft die Rk. bei 18 und 35°C nach 1. Ordnung. Die Geschw.-Konst. k bleibt bis zu einem Au-Gehalt von 55% konst. und nimmt dann kontinuierlich auf den Wert Null bei reinem Au ab, I. A. MOSEVIČ, I. P. TVERDOVSKIJ, Ž. L. VERT (*Trudy gosud. Inst. prikladnoj Chim.* **1960** Nr. 46, S. 191/8 nach *C.A.* **1962** 10964). An Pd-Ag-Legg. ist k bis zu Ag-Gehalten von 75% konst., steigt auf ein Max. bei 95 bis 98% Ag und fällt auf Null bei 100% Ag. An Pd-Cu-Legg. steigt k zwischen 0 und 60% Cu und fällt dann auf Null bei 95 bis 100% Cu. Die Aktivierungsenergie ist bei Pd-Ag-Legg. im Gegensatz zu den Pd-Au- und Pd-Cu-Legg. nahezu unabhängig von der Zus., Ž. L. VERT, I. P. TVERDOVSKIJ (*Trudy gosud. Inst. prikladnoj Chim.* **1960** Nr. 46, S. 257/60 nach *C.A.* **56** [1962] 10965).

Ausführung mit D_2O und Best. des D-Gehalts im entwickelten Gas ergibt, daß die Rk. in konz. neutraler Lsg. in Ggw. von Cu, Pd, Co oder Ni bei Tempp. zwischen 17 und 98°C im wesentlichen als Dehydrierung nach

$$OP\begin{cases}O{:}H\\H\\H\end{cases} \xrightarrow{-2H} OP\begin{matrix}O\\H\end{matrix} \xrightarrow{+H_2O} OPH(OH)_2$$

oder

$$H_3PO_2 \xrightarrow{+H_2O} \begin{matrix}HO\\HO\end{matrix}{>}P\begin{cases}O{:}H\\H\\H\end{cases} \xrightarrow{-2H} OPH(OH)_2$$

vor sich geht, wie bereits von H. WIELAND, A. WINGLER (*Lieb. Ann.* **434** [1923] 198/203) auf Grund der Analogie mit dem HCOOH-Zerfall angenommen wird. Daneben findet noch eine mit zunehmender Hypophosphit-Konz. begünstigte Dehydrierungsrk. statt, bei der beide an P gebundenen H-Atome abgespalten werden, W. FRANKE, J. MÖNCH (*Lieb. Ann.* **550** [1941] 1/31).

In alkohol. Lsg. wird NaH_2PO_2 in Ggw. von gefälltem Pd nicht verändert; erst H_2O-Zusatz bewirkt Ox., A. SIEVERTS (*Z. anorg. Ch.* **64** [1909] 29/64, 59); daß H_2O notwendig ist, beruht vielleicht darauf, daß nicht H_3PO_2, sondern das Hydrat H_5PO_3 dehydriert wird, vgl. die obige zweite Gleichung und das Verh. von H_3PO_3 gegen H_2O auf S. 122.

With Alkaline Solutions

Gegen Alkalilaugen. Beim Erhitzen mit überschüssiger Lauge geht Hypophosphit unter H_2-Entw. in Phosphit über, A. WURTZ (*Lieb. Ann.* **43** [1842] 318/34, 321), A. SIEVERTS, F. LOESSNER (*Z. anorg. Ch.* **76** [1912] 1/29, 18); Phosphat entsteht erst bei hohen Laugekonzz., H. ROSE (*Pogg. Ann.* **58** [1843] 301/14, 310); s. das Verh. von Phosphit gegen Lauge S. 129.

Nach kinet. Unterss. (Titration mit Jod) verläuft die Rk. $H_2PO_2^- + H_2O = H_2PO_3^- + H_2$ in Ggw. von NaOH oder KOH nach 1. Ordnung. Geschw.-Konst. $k = dc/c \cdot dt$ in min^{-1} bei 100°C als Funktion der molaren NaOH-Konz. c:

c	1.23	1.28	1.84	2.43	2.49	3.94	4.90
$k \cdot 10^5$	41	53	97	152	159	516	983

Äquivalente Mengen NaOH und KOH haben gleiche Wrkg.; der Temp.-Koeff. zwischen 91 und 100°C beträgt etwa 2 je 10 Grad, A. SIEVERTS, F. LOESSNER (*l. c.*).

Die Rk. $H_2PO_2^- + OH^- \rightarrow HPO_3^{2-} + H_2$ geht bei 20°C in Lsg. von 0.75 Mol TlH_2PO_2/l in 0.8 m TlOH in 24 Std. in merklichem Ausmaß vor sich, W. A. JENKINS, D. M. YOST (*J. inorg. nuclear Chem.* **11** [1959] 297/308, 305); in verd. NaOH verläuft sie bei Ggw. von Raney-Ni bei gewöhnl. Temp. in 10 Min. quantitativ, J. BOUGAULT, E. CATTELAIN, P. CHABRIER (*Bl. Soc. chim.* [5] **5** [1938] 1699/1712).

Gegen Wasserstoffperoxid. H_2O_2 in saurer, neutraler oder alkal. Lsg. wirkt bei gewöhnl. Temp. binnen 24 Std. nicht nachweisbar auf Hypophosphit ein. Beim Kochen der Lsg. erfolgt langsame Ox.; auch K-Percarbonat und K-Persulfat oxydieren langsam und unvollständig, I. M. KOLTHOFF (*Pharm. Weekbl.* **53** [1916] 909/16).

With Hydrogen Peroxide

In schwach saurer Lsg. (10 ml 1 m NaH_2PO_2, 2 ml 0.1 m $FeSO_4$, 2 ml 0.1 m H_2SO_4, 10 ml 1 m H_2O_2, 26 ml H_2O; $p_H = 4.6$) wird das sonst unwirksame H_2O_2 durch Fe^{2+} aktiviert, so daß im Lauf der ersten 30 Sek. nach Zugabe des H_2O_2 rund 31% des Hypophosphits zu Phosphat oxydiert werden, entsprechend einer Aktivierung von ~30 Mol H_2O_2 je Mol Fe^{2+}. Nach diesem Primärstoß, bei dem das gesamte Fe^{2+} in Fe^{3+} übergeht, findet keine weitere Ox. statt; Fe^{3+} ist inaktiv. Die Aktivierungswrkg. des Fe^{2+} ist der Konz. des Fe^{2+} und des Hypophosphits ungefähr proportional und nur wenig abhängig von der H_2O_2-Konz.; sie ist am größten bei $p_H = 4.6$, gering bei $p_H = 0.6$ und noch kleiner bei $p_H = 7$. Cu^{2+}-Zusatz setzt sie herab. Zusatz von Dioxymaleinsäure bewirkt wie bei der Autoxydation (s. S. 105) eine katalyt. Fortsetzung der Rk.; ähnlich verhalten sich Thioglykolsäure und Dioxyweinsäure, H. WIELAND, W. FRANKE (*Lieb. Ann.* **475** [1929] 1/19, 6).

Gegen Salpetersäure. In verd. Lsg. reagiert HNO_3 bei gewöhnl. Temp. nicht mit H_3PO_2, s. A. D. MITCHELL (*J. chem. Soc.* **123** [1923] 629/35). Beim Erwärmen mit mäßig starker Salpetersäure tritt bald Ox. zu H_3PO_3 unter Entw. roter Dämpfe ein. Diese hört bei weiterem Eindampfen auf und beginnt erst wieder, wenn in der konz. Lsg. die Ox. des H_3PO_3 zu H_3PO_4 einsetzt, A. GEUTHER (*J. pr. Ch.* [2] 8 [1874] 359/72, 367); vgl. auch H. ROSE (*Pogg. Ann.* **9** [1827] 215/28, 217). 55%iges HNO_3 in 2fachem Überschuß oxydiert bei 90°C in 45 Min. quantitativ zu H_3PO_4. Für das Eintreten der Rk. ist die Ggw. von Stickoxiden notwendig, s. das Verh. von H_3PO_3 gegen Salpetersäure, S. 130, I. S. ROZENKRANC (*Ž. chim. Promyšlennosti* [russ.] **15** [1938] 30/3).

With Nitric Acid

Gegen Difluoroxid. F_2O wird von Hypophosphitlsgg. rasch absorbiert und induziert ebenso wie O_3 die Autoxydation, s. S. 107, W. BOCKEMÜLLER, T. GÖTZ (*Lieb. Ann.* **508** [1934] 263/97).

With Difluorine Oxide

Gegen Chlor und Chlorverbindungen. In neutraler und schwach saurer Lsg. reagiert nach kinet. Unterss. nur das freie Cl_2 mit $H_2PO_2^-$, nicht aber (hydrolytisch gebildetes) HOCl. Es gilt: $-d[\Sigma H_3PO_2]/dt = k[H_2PO_2^-]\cdot[Cl_2]$ mit $k = 18\ l\ mol^{-1}\cdot min^{-1}$ bei 0.2°C und (durch NaCl-Zusatz eingestellter) Ionenstärke $\mu = 1.012$. In stark saurer Lsg. liegt die gleiche Kinetik vor wie bei der Rk. mit Brom. Geschw.-Konst. $k_1 = 0.029\ l\cdot mol^{-1}\cdot min^{-1}$, $k_2/k_3 = 0.0087$ bei 0.2°C und $\mu = 1.012$, s. R. O. GRIFFITH, A. MCKEOWN (*Trans. Faraday Soc.* **30** [1934] 530/9); vgl. unten die Rk. mit Brom.

With Chlorine and Chlorine Compounds

In alkal. Lsg. wirkt Hypochlorit nicht auf Hypophosphit ein, A. SCHWICKER (*Z. anal. Ch.* **110** [1937] 161/84).

ClO_2 reagiert äußerst langsam mit wss. NaH_2PO_2 und induziert die Autoxydation nicht, W. BOCKEMÜLLER, T. GÖTZ (*Lieb. Ann.* **508** [1934] 263/97, 282). $NaClO_2$ reagiert auch bei langem Kochen nicht mit Hypophosphiten in neutraler oder alkal. Lsg., G. R. LEVI, C. C. BISI (*Gazz.* **87** [1957] 366/70). $KClO_3$ und H_3PO_2 wirken in verd. Lsg. nicht aufeinander ein, in konz. Lsg. (> 0.25 m $KClO_3$, 4 m H_3PO_2) tritt langsame Rk. ein, B. N. SEN (*Gazz.* **78** [1948] 423). 5 g H_3PO_2 und 10 g $KClO_3$ in 45 ml H_2O reagieren erst nach Zusatz von 1 ml 1.5%iger OsO_4-Lsg. miteinander, K. A. HOFMANN (*Ber.* **45** [1912] 3329/36).

Gegen Brom. Ba-Hypophosphit wird von überschüssigem, 2.5%igem Bromwasser in einigen Min. zum Phosphat oxydiert, J. THOMSEN (*Ber.* **7** [1874] 996/1002). H_3PO_2 oder Hypophosphit wird bei gewöhnl. Temp. von überschüssiger 0.1 n Bromlsg. in 1 n KBr erst in ~3 Std. vollständig oxydiert. In Na-Acetatlsg. ist die Ox. bei 60°C in ~30 Min. quantitativ. In $NaHCO_3$-Lsg. verläuft die Ox. langsam, im Gegensatz zu H_3PO_3, das momentan oxydiert wird, W. MANCHOT, F. STEINHÄUSER (*Z. anorg. Ch.* **138** [1924] 304/10).

With Bromine

Kinet. Unterss. ergeben für die Ox. des H_3PO_2 durch Brom in HBr-saurer Lsg. dasselbe Gesetz wie für die Ox. durch Jod (s. S. 110) und andere Ox.-Mittel: $-d[\Sigma H_3PO_2]/dt = k_1[H^+][H_3PO_2]/(1 + k_2[H^+]/k_3[\Sigma Br_2])$, wobei sich k_1, k_2 und k_3 auf die Rkk. $H_3PO_2 \underset{k_2}{\overset{k_1}{\rightleftarrows}} H_3PO_2\ (aktiv) \overset{k_3}{\rightarrow} H_3PO_3$ beziehen und $[\Sigma H_3PO_2] = [H_3PO_2] + [H_2PO_2^-]$ ist und ΣBr_2 das gesamte titrierbare Brom bedeutet. Nach Verss. mit KBr-Zusatz ist k_3 nahezu unabhängig von $[Br^-]$; demnach reagieren sowohl freies Br_2 als auch Br^{3-} mit H_3PO_2 (aktiv), nicht aber das (hydrolytisch gebildete) HOBr. k-Werte bei Ionenstärke $\mu = 1.137$ und 10 bzw. 0.25°C: $k_1 = 0.041$ bzw. 0.010 $mol\cdot l^{-1}\cdot min^{-1}$, $k_2/k_3 = 0.0072$ bzw. 0.0067. Temp.-Koeff. der Rk. $H_3PO_2 \rightarrow H_3PO_2$ (aktiv): 3.25, Aktivierungsenergie E = 18.2 kcal. Unter der Annahme, daß die Ox. von H_3PO_2 (aktiv) keine Aktivierungsenergie erfordert, ergibt sich

$k_3 \approx 4 \times 10^{12}$, $k_2 \approx 3 \times 10^{10}\ l \cdot mol^{-1} \cdot min^{-1}$ und E = 2.7 kcal für die Rk. H_3PO_2 (aktiv) → H_3PO_2. Die Werte stimmen gut mit den von A. D. MITCHELL (*J. chem. Soc.* **117** [1920] 1322/35) für die Rk. mit Jod gefundenen überein, R. O. GRIFFITH, A. MCKEOWN (*Trans. Faraday Soc.* **30** [1934] 530/8).

In schwach sauren und neutralen Lsgg. reagiert nur das freie Br_2 mit $H_2PO_2^-$, nicht aber Br^{3-} und HOBr. Es gilt $-d[\Sigma H_3PO_2]/dt = k_1[H_2PO_2^-][Br_2]$ mit $k_1 = 3.9$ bzw. $0.975\ l \cdot mol^{-1} \cdot min^{-1}$ bei 10 bzw. 0.25°C und $\mu = 1.137$, R. O. GRIFFITH, A. MCKEOWN (*l. c.*). Bei 0°C und $p_H = 4.6$ bzw. 6.5 sind die Anfangsgeschww. der Bromkonz. proportional, variieren aber nicht nennenswert mit der Acidität, P. NYLÉN (*Z. anorg. Ch.* **230** [1937] 385/404).

With Bromine Compounds

Gegen Bromverbindungen. HOBr reagiert nicht mit H_3PO_2 oder $H_2PO_2^-$, s. vorstehend.

Beim Erhitzen bis zum beginnenden Sieden wird H_3PO_2 von $KBrO_3$ in schwefelsaurer Lsg. rasch über H_3PO_3 zu H_3PO_4 oxydiert; BrO_3^- geht dabei in Br_2 über, A. SCHWICKER (*Z. anal. Ch.* **110** [1937] 161/84).

Der Rk. zwischen H_3PO_2 und $KBrO_3$ in wss. Lsg. geht eine Induktionsperiode voran, deren Dauer umgekehrt proportional der Konz. der Rk.-Partner ist. Sie beträgt 360 s bei $[H_3PO_2] = 0.019$ Mol/l, $[KBrO_3] = 0.0022$ Mol/l und 30°, 185 s bei 40°, 0 s bei 55°C. HCl, $Na_2S_2O_3$, NH_4CNS, $Na_2S_4O_6$, KBr und kolloides S setzen die Induktionszeit herab; H_2SO_4, Sulfate, Chloride, Nitrate, Citrate und Tartrate der Alkalimetalle sowie Albumin erhöhen sie. Alkohole wirken teils erhöhend, teils erniedrigend. Die Rk. verläuft homogen; Zusatz von Glaswolle ändert die Induktionszeit nicht, B. N. SEN (*Collect. Trav. chim. Tchécosl.* **10** [1938] 321/9).

In einer $KBrO_3$-KBr-Lsg. bewirkt das durch einen geringen HCl-Zusatz freigemachte und sich im Lauf der Rk. ständig neu bildende Br_2 in kurzer Zeit (bei gewöhnl. Temp. in 1 Std.) vollständige Ox. des $H_2PO_2^-$ zu $H_2PO_4^-$, s. A. SCHWICKER (*l. c.*), vgl. auch E. RUPP, KROLL (*Arch. Pharm.* **249** [1911] 493/7), I. M. KOLTHOFF (*Pharm. Weekbl.* **53** [1916] 909/16). Die aus $HBrO_3$ und HCl in wss. Lsg. entstehenden Bromchloride oxydieren H_3PO_2 bei gewöhnl. Temp. in 90 Min. quantitativ zu H_3PO_4, s. A. SCHWICKER (*l. c.*), K. BURGER, L. LADÁNYI (*Acta pharm. Hung.* [ungar.] **30** [1960] 80/3 nach *C.A.* **1960** 21643).

With Iodine. In Strongly Acid Solution

Gegen Jod. In stark saurer Lösung. Überschüssiges Jod in H_2SO_4-saurer Lsg. oxydiert H_2PO_3 bei gewöhnl. Temp. in 12 bis 15 Std. vollständig zu H_3PO_3; nur ~1% des H_3PO_3 wird gleichzeitig zu H_3PO_4 weiteroxydiert, E. RUPP, FINCK (*Arch. Pharm.* **240** [1902] 663/75). In 0.8 n H_2SO_4 bei 24°C tritt in etwa 1 Std. Ox. zu H_3PO_3 ein, L. WOLF, W. JUNG (*Z. anorg. Ch.* **201** [1931] 337/46), in 1n bis 2n HCl bei gewöhnl. Temp. in 3 Std., R. T. JONES, E. H. SWIFT (*Anal. Chem.* **25** [1953] 1272/4). In einer Druckflasche bei 70°C ist die Ox. in 30 Min. mit Sicherheit beendet, A. SIEVERTS (*Z. anorg. Ch.* **64** [1909] 29/64, 31); vgl. auch A. ROSENHEIM, J. PINSKER (*Z. anorg. Ch.* **64** [1909] 327/41). In 40 ml Lsg., die 0.1 g NaH_2PO_2, 20 ml 0.1n Jodlsg. und 0.5, 1, 3 bzw. ≧5 g H_2SO_4 enthält, erfolgt bei gewöhnl. Temp. vollständige Ox. zu H_3PO_3 nach 17, 12, 3 bzw. 1 Std., BOYER, BAUZIL (*J. Pharm. Chim.* [7] **18** [1918] 321/34). Die Oxydationsgeschw. nimmt in 0.1n bis 1n H_2SO_4 mit steigender H_2SO_4-Konz. rasch zu, weitere Erhöhung der Acidität ist ohne erheblichen Einfluß, s. **Fig. 22** nach J. KAMECKI (*Roczniki Chem.* **16** [1936] 199/206). Die Lichtabsorption zwischen 2000 und 5000 Å einer frisch bereiteten H_3PO_2-J_2-Mischung ist größer als die Summe der Absorption der Komponenten bei gleicher Konz., N. R. DHAR, A. K. BHATTACHARYA (*J. Indian chem. Soc.* **11** [1934] 311/23).

Bei 18 und 25°C ist die Oxydationsgeschw. bis zu kleinen Jodkonzz. herab von der Jodkonz. unabhängig. Sie ist proportional zur H_3PO_2-Konz. und wird durch H^+ erhöht; die Rk. verläuft daher autokatalytisch. Temp.-Koeff. 3.1 je 10 Grad, B. D. STEELE (*J. chem. Soc.* **1907** 1641/59); vgl. auch E. I. ORLOV (*Ž. Russk. fiz.-chim. Obščestva* **46** [1914] 535/59). Aus Unterss. an Lsgg. mit anfänglich (in Mol/l) 0.0025 bis 0.1 H_3PO_2 und 0.001 bis 0.05 J_2 (KJ-J_2 mit 3.76 Mol KJ je Mol J_2) in Wasser, 0.05 bis 0.5n HCl und Phosphatpufferlsg. ergibt sich: $-d[\Sigma H_3PO_2]/dt = k_1[H^+] \cdot [H_3PO_2]/(1 + k_2[H^+]/k_3[J_3^-])$ mit $\Sigma H_3PO_2 = H_3PO_2 + H_2PO_2^-$, $k_1 = 0.256\ l \cdot mol^{-1} \cdot min^{-1}$, $k_2/k_3 = 0.012$ bei 25°C. Wegen des kleinen k_2/k_3-Wertes gilt bei Jodkonzz. > 0.01 Mol/l: $-d[\Sigma H_3PO_2]/dt = k_1[H^+][H_3PO_2]$. Ein Vers. bei 11.6°C ergibt den Temp.-Koeff. 3.14 je 10 Grad. Die Rk. mit $HgCl_2$ verläuft bei äquivalenten Ausgangskonzz. mit der gleichen Geschw. wie die mit Jod, s. S. 113, A. D. MITCHELL (*J. chem. Soc.* **117** [1920] 1322/35); das gilt auch für die Rkk. mit $CuCl_2$ (S. 116), $AgNO_3$ (S. 116), HJO_3 (S. 112), Brom (S. 109), Chlor (S. 109).

Zur Deutung des gefundenen Geschw.-Gesetzes wird angenommen, daß das Ox.-Mittel rasch mit einer in sehr geringer Konz. vorhandenen aktiven Form des H_3PO_2 reagiert, deren Bldg. aus der normalen Form relativ langsam erfolgt und durch H^+ katalysiert wird, entsprechend dem Mechanismus

(1) H_3PO_2 (normal) $\xrightarrow{k_1}$ H_3PO_2 (aktiv) langsam

(2) H_3PO_2 (aktiv) $\xrightarrow{k_2}$ H_3PO_2 (normal) schnell

(3) H_3PO_2 (aktiv) + Ox. $\xrightarrow{k_3}$ H_3PO_3 sehr schnell

A. D. Mitchell (*J. chem. Soc.* **117** [1920] 1322/35, **119** [1921] 1266/77, **123** [1923] 629/35), vgl. bereits E. I. Orlov (*l. c.*).

Aus Messungen in HCl-Lsg. bei kleinen H_3PO_2-Konzz. ergeben sich folgende Werte der Geschw.-Konstt. (in $l \cdot mol^{-1} \cdot min^{-1}$) bei Ionenstärke $\mu = 0.15$ und verschiedenen Tempp.:

°C	30	40	50	60
k_1	0.349	1.03	2.73	7.07
$10^4\, k_2/k_3$	140	164	177	188

R. O. Griffith, A. McKeown, R. P. Taylor (*Trans. Faraday Soc.* **36** [1940] 752/66). Bei $[J^-] < 0.05$ Mol/l ändert sich k_2/k_3 deutlich mit der J^--Konzentration. Aus der gefundenen Abhängigkeit geht

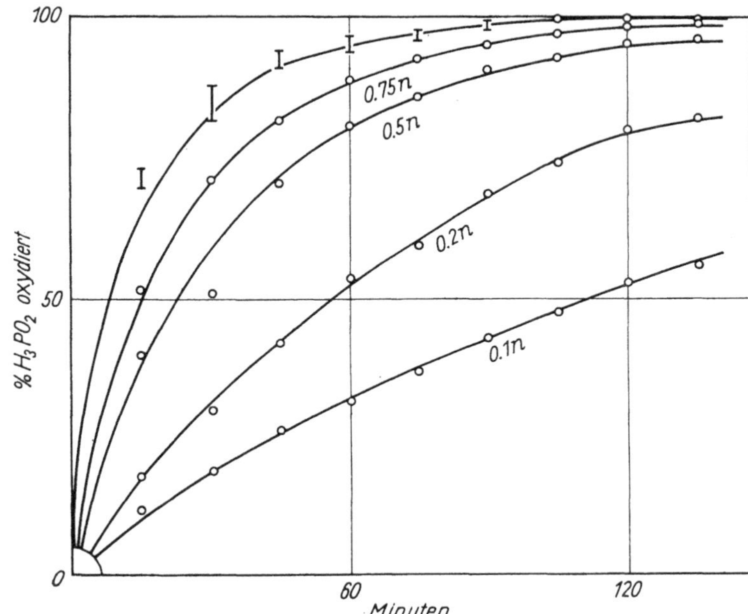

Fig. 22.

Ox. von H_3PO_2 (~ 0.02 molare Lsg.) durch J_2-Lsg. (0.025 molar) in 0.1 bis 0.75n H_2SO_4-Lsg. bei 20°C. Die oberste Kurve gibt Messungen in 1n, 2n und 4n Säure zusammengefaßt wieder.

hervor, daß entgegen A. D. Mitchell (*J. chem. Soc.* **117** [1920] 1322/35) nicht nur J_3^--Ionen, sondern auch J_2-Molekeln nach Rk. (3) mit aktivem H_3PO_2 reagieren, und zwar etwa 3.5mal schneller als J_3^-. Aus der Temp.-Abhängigkeit von k_1 berechnet sich die Aktivierungsenergie der Rk. (1) zu 20 kcal, R. O. Griffith, A. McKeown, R. P. Taylor (*l. c.*).

Die aktive Form hat höchstwahrscheinlich die Struktur $HP(OH)_2$ mit 3wertigem P, s. „Tautomerie" S. 101. Nach kinet. Unterss. der Rk. mit Jod in Ggw. von HCl, H_3PO_4 und Citronensäure unterliegen die Rkk. (1) und (2) allgemeiner Säure-Basen-Katalyse, P. Nylén (*Z. anorg. Ch.* **230** [1937] 385/404); in der Gleichung für die Oxydationsgeschw. ist dementsprechend $k_1[H^+]$ und $k_2[H^+]$ durch $\Sigma k_{HA}[HA]$ bzw. $\Sigma k'_{HA}[HA]$ zu ersetzen, wobei sich die Summe über alle in der Lsg. vorhandenen Brönsted-Säuren HA erstreckt, R. O. Griffith, A. McKeown, R. P. Taylor (*l. c.*), W. A. Jenkins, D. M. Yost (*J. inorg. nuclear Chem.* **11** [1959] 297/308). k_{HA}-Werte für verschiedene Säuren s. unter „Tautomerie" S. 101.

In schwach saurer, neutraler und alkalischer Lösung. Hypophosphit wird in alkal. Lsg. sehr langsam oxydiert, E. Rupp, Finck (*Arch. Pharm.* **240** [1902] 663/75); in hydrogencarbonatalkal. Lsg. ist bei 12, 19 und 24°C nach 5 Std. noch kein Jodverbrauch feststellbar, L. Wolf, W. Jung (*Z. anorg. Ch.* **201** [1931] 337/46), vgl. auch Boyer, Bauzil (*J. Pharm. Chim.* [7] **18** [1918] 321/34); in neutraler Lsg. sind nach 18 Std. erst 0.35% des $H_2PO_2^-$ oxydiert, R. T. Jones, E. H. Swift (*Anal. Chem.* **25**

In Weakly Acid, Neutral, and Alkaline Solution

[1953] 1272/4). Gegen Methylorange neutrale Hypophosphitlsg. (Anfangskonz. in Mol/l 0.05 $H_2PO_2^-$ + H_3PO_2, 0.025 Jod) reduziert bei 25°C in 5 Std. weniger als 5% des Jods, A. D. MITCHELL (*J. chem. Soc.* **117** [1920] 1322/35, 1333).

Bei p_H 3.4 bis 6 ist außer der im vorstehenden Abschnitt beschriebenen Rk. noch eine weitere, durch BRÖNSTED-Säuren katalysierte Rk. nachweisbar, bei der H_3PO_2 (aktiv) nicht über $H_3PO_2 \cdot H^+$, sondern (mit viel kleinerer Geschw.) aus $H_2PO_2^-$ gebildet wird, s. „Tautomerie" S. 102. Bei $p_H = 6$ bis 8 (in Phosphat-, Arsenat- und Phthalatpufferlsgg.) reagiert $H_2PO_2^-$ sehr langsam unmittelbar mit freiem J_2 zu $H_2PO_3^-$, das dann sehr rasch zu $H_2PO_4^-$ weiteroxydiert wird (s. S. 134). Die Rk.-Geschw. entspricht der Gleichung $-d[H_2PO_2^-]/dt = k_0[H_2PO_2^-][J_2]$ mit $k_0 = 0.71$ bzw. 0.92 $l \cdot mol^{-1} \cdot min^{-1}$ bei 60°C und $\mu = 1.10$ bzw. 2.05, $k_0 = 0.0163$ bzw. 0.282 $l \cdot mol^{-1} \cdot min^{-1}$ bei 30 bzw. 50°C und $\mu = 2.05$. Aktivierungsenergie 25.2 kcal, R. O. GRIFFITH, A. MCKEOWN, R. P. TAYLOR (*Trans. Faraday Soc.* **36** [1940] 752/66).

With Iodine Chlorides

Gegen Jodchloride. JCl in salzsaurer Lsg. und H_3PO_2 reagieren unter Jodabscheidung nach $H_3PO_2 + 4JCl + 2H_2O \rightarrow H_3PO_4 + 2J_2 + 4HCl$. In schwach saurer Lsg. (5 ml 0.1n NaH_2PO_2 + 25 ml 0.1n JCl in 0.4n HCl) werden bei gewöhnl. Temp. in 0.5, 1, 3 bzw. 4 Std. 51.2, 79.5, 97.9 bzw. 99.8% des H_3PO_2 oxydiert. Bei größeren HCl-Konzz. verläuft die Rk. langsamer. Vermutlich reagieren die nach $HJCl_2 = H^+ + JCl_2^-$, $JCl_2^- = J^+ + 2Cl^-$ gebildeten J^+-Ionen mit der aktiven Form $HP(OH)_2$ des H_3PO_2, s. „Tautomerie" S. 101, JA. A. FIALKOV, F. E. KAGAN (*Ž. obšč ej Chim.* **24** [1954] 3/10).

Mit JCl_3 in NaCl-Lsg. erfolgt langsame Rk. nach $3H_3PO_2 + 4JCl_4^- + 6H_2O \rightarrow 3H_3PO_4 + 2J_2 + 12HCl + 4Cl^-$. Bei 60 bis 70°C werden in einer Lsg. aus 5 ml 0.025n NaH_2PO_2 + 25 ml 0.1n $NaJCl_4$ in 1, 2 bzw. 42 Std. 80.3, 80.9 bzw. 99.9% des H_3PO_2 oxydiert; Zusatz von 1, 5 bzw. 20 ml 1n HCl ergibt nach 1 Std. Oxydationsgrade von 86.9, 99.9 bzw. 95.3%, s. JA. A. FIALKOV, F. E. KAGAN (*l. c.*).

With Iodic Acid

Gegen Jodsäure. HJO_3 reagiert langsam schon in der Kälte, rasch und quantitativ bei Siedehitze nach $3H_3PO_2 + 2HJO_3 = 3H_3PO_4 + 2HJ$, $5HJ + HJO_3 = 3H_2O + 3J_2$, s. A. BRUKL, M. BEHR (*Z. anal. Ch.* **64** [1924] 23/8). Auch das gebildete J_2 beteiligt sich an der Ox. des H_3PO_2. Beim Kochen werden ~80% des H_3PO_2 in den ersten 15 Min. oxydiert; vollständige Ox. erfordert je nach den angewandten Konzz. 2 bis 4 Stunden. Bei gewöhnl. Temp. geht die Rk. in 16 bis 21 Std. bis zum H_3PO_3, das nur sehr langsam weiteroxydiert wird, s. S. 134. In alkal. Lsg. verläuft die Ox. langsamer als in saurer, V. HOVORKA (*Collect. Trav. chim. Tchécosl.* **2** [1930] 559/70); vgl. auch D. VITALI (*Boll. chim. farm.* **38** [1899] 201). Die Ausscheidung von J_2 tritt nach einer Induktionsperiode auf, deren Dauer umgekehrt porportional zur Konz. der Rk.-Teilnehmer ist. Bei $[H_3PO_2] = 12.5$ Millimol/l und $[NaJO_3] = 16.2$ Millimol/l fällt die Induktionszeit von 160 s bei 30°C auf 8 s bei 70°C. Sie wird erniedrigt z. B. durch Mineralsäuren, $Na_2S_2O_3$, NH_4CNS, $Na_2S_4O_6$ und KJ, ferner durch Methanol, während Äthanol erhöhend wirkt. In Ggw. von n-Propanol (2.5 ml auf 100 ml Lsg.) tritt binnen 1800 s keine J_2-Ausscheidung ein, P. NEOGI, B. SEN (*J. Indian chem. Soc.* **8** [1931] 725/37). n-Propanol inhibiert nur die Rk. zwischen HJ und HJO_3, nicht aber die Ox. des H_3PO_2 durch JO_3^-. Bei Zusätzen bis 7 Vol.-% sind die Induktionszeiten der zugesetzten Menge proportional, P. HAYWARD, D. M. YOST (*J. Am. Soc.* **71** [1949] 915/9).

Kinet. Unterss., bei denen die Rk. zwischen HJO_3 und HJ durch Zusatz von AgCl oder n-Propanol unterdrückt wird, ergeben für die Rk.-Geschw. dasselbe Gesetz wie bei der Ox. durch J_2 und andere Ox.-Mittel: $-d(JO_3^-)/dt = k_1[H^+][H_3PO_2]/(1 + k_2[H^+]/k_3[JO_3^-])$, wobei sich die Konstt. auf die Rkk. $H_3PO_2 \underset{k_2}{\overset{k_1}{\rightleftarrows}} H_3PO_2$ (aktiv) $\overset{k_3}{\rightarrow} H_3PO_3$ beziehen. Bei Ionenstärken zwischen 0.27 und 0.65 ergibt sich $k_1 = 9.7 \pm 0.8$ $l \cdot mol^{-1}$ h^{-1}, $k_2/k_3 = 0.44 \pm 0.03$ bei 30.06°C; $k_1 = 3.66$ $l \cdot mol^{-1}$ h^{-1}, $k_2/k_3 = 0.35$ bei 20.27°C; Temp.-Koeff. 2.7 bzw. 1.3 je 10 grd, Aktivierungsenergie 17 bzw. 4.5 kcal. Während k_1 mit dem von A. D. MITCHELL (*J. chem. Soc.* **117** [1920] 1322/35) gefundenen Wert (9.0 bei 30°C) innerhalb der Fehlergrenzen übereinstimmt, ist dessen k_2/k_3-Wert (0.012) viel kleiner; demnach reagiert JO_3^- etwa 35mal langsamer mit der aktiven Form von H_3PO_2 als J_2 und Hg^{II}-Chlorid, P. HAYWARD, D. M. YOST (*l. c.*).

With Sulfur Compounds

Gegen Schwefelverbindungen. H_2S reagiert mit H_3PO_2 unter Ausscheidung von kolloidem S nach $H_3PO_2 + 2H_2S \rightarrow PH_3 + 2H_2O + S$, s. R. A. KUEVER, K. H. STAHL (*Am. J. Pharm.* **113** [1941] 327/8). Nach R. K. MCALPINE, B. A. SOULE (*Qualitative chemical analysis*, 11. *Aufl.*, *New York* 1948, S. 505) werden die Sauerstoffsäuren des P durch H_2S nicht reduziert.

Mit wss. SO_2-Lsg. entstehen H_3PO_3, H_3PO_4 ,H_2S und S, s. „*Schwefel*" *Tl.* B, S. 544.

Beim Eindampfen einer wss. H_3PO_2-Lsg., die geringe Mengen H_2SO_4 enthält, nimmt die Säure indigoblaue Farbe an, die schließlich unter Bldg. von S und H_2S verschwindet, A. GEUTHER (*J. pr. Ch.* [2] **8** [1874] 359/72, 366). Beim Erwärmen mit konz. H_2SO_4 bilden sich S und SO_2, s. A. WURTZ (*Lieb. Ann.* **43** [1842] 318/34, 320).

In alkal. Lsg. reagieren Thiosulfate mit Hypophosphiten auch beim Kochen nicht, R. F. WEINLAND, A. GUTMANN (*Z. anorg. Ch.* **17** [1898] 409/21, 419). In konz. Salzsäure bei —10°C wird Thiosulfat durch H_3PO_2 mit 95% Ausbeute in $H_2S_6O_6$ übergeführt, I. V. JANICKIJ, I. N. VALANČUNAS (*Sbornik Statej obščej Chim.* **1** [1953] 732/9 nach *C.A.* **1955** 8023).

With Selenium and Tellurium Compounds

Gegen Selen- und Tellurverbindungen. Selenit und Selenat werden in der Wärme zu Se, in saurer Lsg. auch zu H_2Se reduziert, s. „*Selen*" *Tl.* A, S. 275, *Tl.* B, S. 66, 104. Verwendung der Rk. mit Na_2SeO_3 in salzsaurer Lsg. zum Nachweis von Hypophosphit, W. JUNG (*An. Argent.* **132** [1941] 201/11). Die Red. der Selensäure verläuft in salzsaurer Lsg. schneller als in schwefelsaurer; auch KCl und KBr beschleunigen, A. K. BABKO, T. T. MITJUREVA (*Žurnal neorg. Chim.* [russ.] **3** [1958] 2082/6).

Tellurit und Tellurat werden in saurer Lsg. zu Te reduziert, s. „*Tellur*" S. 242, 250, 258.

Rk. mit K_2TeO_3 in schwefelsaurer Lsg. bei 100°C als empfindlicher Nachweis von Hypophosphit s. W. JUNG (*An. Argent.* **29** [1941] 101/20). Red. von $TeBr_4$ zu Te durch NaH_2PO_2, s. E. MONTIGNIE (*Bl. Soc. chim.* **1947** 376/7).

With Arsenic, Antimony, and Bismuth Compounds

Gegen Arsen-, Antimon- und Wismutverbindungen. As^{III}- und As^{V}-Verbb. in stark salzsaurer Lsg. werden durch H_3PO_2 zu metall. As reduziert, s. „*Arsen*" S. 321, 356. Bei 25°C nimmt die Red.-Geschw. unter sonst gleichen Umständen in der Reihe $AsCl_3$, $AsBr_3$, AsJ_3 zu, B. CRISTAU (*Bl. Soc. Pharm. Marseille* **7** [1958] 39/42, *C.A.* **1959** 109).

Beim Kochen salzsaurer Lsgg. von Sb^{III}-Verbb. mit H_3PO_2 tritt binnen 5 Min. quantitative Red. zu Sb ein, B. S. EVANS (*Analyst* **56** [1931] 171/7).

Aus Bi-Nitratlsgg. scheidet sich beim Erwärmen mit H_3PO_2 graugelbes, kolloides Bi ab, das bei längerem Erhitzen unter heftiger Rk. in weißes $BiPO_4$ übergeht. Die Fällung ist entgegen W. MUTHMANN, F. MAWROW (*Z. anorg. Ch.* **13** [1897] 209/10) auch aus salzsaurer Lsg. nicht quantitativ, L. MOSER, M. NIESSNER (*Z. anal. Ch.* **63** [1923] 240/52).

Die zur Red. erforderliche Acidität nimmt in der Reihenfolge As, Sb, Bi ab. As wird nur aus stark salzsaurer, Sb aus schwefelsaurer, Bi schon aus phosphorsaurer Lsg. gefällt. Dieser Umstand läßt sich zum Nachweis und zur näherungsweisen Best. der drei Elemente nebeneinander benutzen, R. CASTAGNOU, P. CAZAUX, P. DAVID (*Bl. Trav. Soc. Pharm. Bordeaux* **87** [1949] 72/9, 106/11), R. CASTAGNOU, DAVID (*Trav. Soc. Pharm. Montpellier* **9** [1949] Nr. 2, S. 26/8).

With Mercury Salts

Gegen Quecksilbersalze. Mit $HgCl_2$ bildet H_3PO_2 in wss. Lsg. Hg_2Cl_2 und H_3PO_4, s. H. ROSE (*Pogg. Ann.* **9** [1827] 361/86, 375). Überschüssiges H_3PO_2 fällt in der Kälte nach einigen Sek. Hg_2Cl_2, das sich beim Erwärmen unter Abscheidung von Hg schwarz färbt, L. MOSER, M. NIESSNER (*Z. anal. Ch.* **63** [1923] 240/52). Die Red. zu Hg_2Cl_2 wird durch Ag^+-Ionen (1 γ/l) beschleunigt, F. L. HAHN (*Ber.* **65** [1932] 840/2), S. SAKURABA (*J. chem. Soc. Japan* [japan.] **72** [1951] 479/81, 941/4 nach *C.A.* **1952** 3451, 6992); ebenso wirken feinverteiltes Ag, Pt oder Pd, s. J. COURSIER (*Ann. Chim.* [12] **9** [1954] 353/98, 381).

In salzsaurer Lsg. geht die Ox. zu H_3PO_3 bei gewöhnl. Temp. ziemlich schnell, die Weiteroxydation zu H_3PO_4 sehr langsam, A. SCHWICKER (*Z. anal. Ch.* **110** [1937] 161/84). Nach kinet. Unterss. an Lsgg. mit Anfangsgehalten von (in Mol/l) 0.005 bis 0.1 H_3PO_2, 0.005 bis 0.2 $HgCl_2$ und 0 bis 0.05 HCl bei 25°C entspricht die Brutto-Rk. unter diesen Bedingungen auch bei $HgCl_2$-Überschuß der Gleichung $H_3PO_2 + 2HgCl_2 + H_2O = H_3PO_3 + Hg_2Cl_2 + 2HCl$; weitergehende Ox. zu H_3PO_4 tritt nicht ein. Bei $[HgCl_2] > 0.05$ Mol/l ist die Rk.-Geschw. unabhängig von $[HgCl_2]$ und gleich groß wie bei der Ox. mit äquivalenten Konzz. Jod; beispielsweise sind in Lsgg. mit anfänglich (in Mol/l) 0.103 H_3PO_2 und 0.095 $HgCl_2$ (0.049 J_2) nach 5, 10, 15, 20, 25, 30, 35 bzw. 40 Min. 4.1 (4.4), 8.5 (8.8), 13.3 (13.6), 18.5 (19.0), 24.2 (24.2), 30.6 (30.2), 36.0 (36.0) bzw. 41.0 (41.4) % der Anfangsmenge oxydiert. Wie bei der Rk. mit J_2 gilt näherungsweise: $-d[H_3PO_2]_{gesamt}/dt = k[H_3PO_2]\cdot[H^+]$; k = 0.268 bzw. 0.0786 $l\cdot mol^{-1}\cdot min^{-1}$ bei 25 bzw. 15°C, Temp.-Koeff. 3.26 je 10 grd. Wie bei der Rk. mit Jod ist k die Geschw.-Konst. der Umwandlung H_3PO_2 (normal) $\rightarrow$ H_3PO_2 (aktiv). Erst bei $[Hg\,Cl_2] < 0.050$ Mol/l gewinnt die Oxydationsrk. H_3PO_2 (aktiv) $\xrightarrow{HgCl_2}$ H_3PO_3 meßbaren Einfluß auf die Gesamtgeschwindigkeit. Die Messungen deuten darauf hin, daß sie zwischen einer $HgCl_2$-Molekel und 2 H_3PO_2-Molekeln über eine rasch zerfallende Komplexverb. erfolgt, A. D. MITCHELL (*J. chem. Soc.* **119** [1921] 1266/77).

Über die Rk. mit $Hg(NO_3)_2$ s. „*Quecksilber*" *Tl.* A, S. 851.

With Cerium(IV) Salts

Gegen Cer(IV)-salze. Beim Titrieren in Siedehitze werden zur Ox. von 1 Mol NaH_2PO_2 2 Mol $Ce(SO_4)_2$ verbraucht. Dabei geht die Ox. nur bis zur phosphorigen Säure, A. Benrath, K. Ruland (*Z. anorg. Ch.* **114** [1920] 267/77). Mit überschüssigem $Ce(SO_4)_2$ in 4.5 n H_2SO_4-Lsg. wird H_3PO_2 bei gewöhnl. Temp. in 90 Min., bei 60°C in 30 Min. quantitativ zu H_3PO_3 oxydiert; vollständige Ox. zu H_3PO_4 erfolgt bei Siedehitze in 15 Min., D. N. Bernhart (*Anal. Chem.* **26** [1954] 1798/9). Auf dem Wasserbad ist die Ox. zu H_3PO_4 nach 2 Std. noch nicht vollständig; Ggw. von Ag_2SO_4 bewirkt quantitative Ox. in 30 Min., K. Bhaskara Rao, G. Gopala Rao (*Z. anal. Ch.* **147** [1955] 279/83); ähnlich M. N. Sastri, C. Kalidas (*Rec. Trav. chim.* **74** [1955] 1045/8).

With Titanium (IV) Salts

Gegen Titan(IV)-salze. Ti^{IV} in schwefelsaurer Lsg. wird gefällt (s. S. 103), aber nicht reduziert, R. Castagnou, Guilhem-Ducleon (*Bl. Trav. Soc. Pharm. Bordeaux* **88** [1950] 18/23).

With Germanium, Tin, and Lead Compounds

Gegen Germanium-, Zinn- und Bleiverbindungen. Gefälltes GeO_2 wird durch H_3PO_2 in HCl-, HBr- bzw. HJ-Lsg. zu Hypophosphit-Halogenid-Doppelsalzen des Ge^{2+} reduziert, s. „*Germanium*" *Erg.-Bd.*, S. 558. Red. und Ox. von Ge^{2+} an der Hg-Tropfelektrode in Ggw. von H_3PO_2 s. „*Germanium*" *Erg.-Bd.*, S. 456.

Sn^{IV}-Salze in stark salzsaurer Lsg. werden bei Siedehitze in 15 Min. quantitativ zu Sn^{2+} reduziert; $HgCl_2$ beschleunigt die Rk., B. S. Evans (*Analyst* **56** [1931] 171/7).

Überschüssiges PbO wird von H_3PO_2 in der Wärme langsam reduziert, die neutrale oder saure Lsg. des $Pb(H_2PO_2)_2$ dagegen nicht, H. Rose (*Pogg. Ann.* **12** [1828] 288/98, 291). Pb^{II}-Salze werden nicht reduziert, L. Moser, M. Niessner (*Z. anal. Ch.* **63** [1923] 240/52). — PbO_2 geht beim Eintragen in konz. H_3PO_2-Lsg. unter heftiger Wärmeentw. in $PbHPO_3$ über, A. Wurtz (*Lieb. Ann.* **43** [1842] 318/34, 320).

With Vanadium Compounds

Gegen Vanadiumverbindungen. Überschüssiges Na-Vanadat in stark schwefelsaurer Lsg. führt Hypophosphit in Ggw. von Ag_2SO_4 als Katalysator bei 100°C in 20 Min. quantitativ in Phosphat über; ohne Ag^+ ist die Rk. noch nach 2 Std. unvollständig, G. Gopala Rao, H. S. Gowda (*Z. anal. Ch.* **146** [1955] 167/73). In Ggw. von feinverteiltem Pd färbt sich eine schwefelsaure Lsg. von H_3PO_2 auf Zusatz von Metavanadat unter H_2-Entw. blaugrün. Dabei wird V^{5+} über V^{3+} (grün) zu V^{2+} (violett) reduziert; V^{2+} zersetzt H_2O und geht wieder in V^{3+} über, J. Coursier (*Ann. Chim.* [12] **9** [1954] 353/98, 379).

With Chromium Compounds

Gegen Chromverbindungen. Überschüssiges $K_2Cr_2O_7$ (200% der stöchiometr. Menge) in 2n-H_2SO_4-Lsg. oxydiert H_3PO_2 bei Wasserbadtemp. in Ggw. geringer Mengen von Ag_2SO_4 (2 ml 5%ige Lsg. je 50 ml Rk.-Lsg.) in 50 Min. quantitativ zu H_3PO_4; ohne Ag^+ dauert die Rk. länger als 2 Stunden. Bei gewöhnl. Temp. verläuft sie sehr langsam; auch in Ggw. von Ag^+ ist sie nach 24 Std. noch unvollständig, G. Gopala Rao, K. Bhaskara Rao (*Z. anal. Ch.* **150** [1956] 333/9). Die Red. von $Cr_2O_7^{2-}$ durch H_3PO_2 in H_2SO_4-Lsg. bei 25°C verläuft nach 2. Ordnung bezüglich $[HCrO_4^-]$ und nach 1. Ordnung bezüglich $\Sigma[H_3PO_2]$. Vermutlich reagiert die aktive Form des H_3PO_2 (s. „Tautomerie" S. 101) mit $HCrO_4^-$ unter Bldg. von H_3PO_3 und $HCr_2O_6^-$; letzteres wird rasch zu Cr^{3+} reduziert, Kuan Pan, Sheng-hsin Lin (*J. Chinese chem. Soc.* **7** [1960] 75/84 [engl.], *C.A.* **56** [1962] 14965); im Einklang mit A. D. Mitchell (*J. chem. Soc.* **125** [1925] 564/75), s. „*Chrom*" *Tl.* A, S. 688.

Die Lichtabsorption (2000 bis 5000 Å) einer frisch bereiteten Chromsäure-H_3PO_2-Mischung ist größer als die Summe der Absorption der Komponenten bei gleicher Konz., N. R. Dhar, A. K. Bhattacharya (*J. Indian chem. Soc.* **11** [1934] 311/23).

With Molybdenum, Tungsten, and Uranium Compounds

Gegen Molybdän-, Wolfram- und Uranverbindungen. Hypophosphitlsgg. färben sich auf Zusatz von NH_4-Molybdat tiefblau, A. Winkler (*Pogg. Ann.* **111** [1860] 443/59, 456). Konz. Mischungen von wss. H_3PO_2 und Molybdänsäure sind zuerst gelb, dann braun; erst beim Erwärmen der verd. Mischung tritt die blaue Farbe auf, die einer Mo^V-Verb. zugehört, C. Ebaugh, E. F. Smith (*J. Am. Soc.* **21** [1899] 384/6); vgl. „*Molybdän*" S. 137, 143. Aus konz. salzsauren Lsgg. der Komponenten fällt bei 0°C ein Molybdänsäurehypophosphit aus, s. „*Molybdän*" S. 346.

Bldg. von Wolframsäurehypophosphiten s. „*Wolfram*" S. 376.

Bei Bestrahlung mit UV-Licht wird $UO_2(NO_3)_2$ durch NaH_2PO_2 in schwachsaurer Lsg. ($p_H \approx 4$) zu schwerlösl. U^{IV}-Hypophosphit reduziert. Bei $p_H = 1$ fällt UO_2-Hypophosphit aus, V. G. Knjaginina, O. G. Nemkova (*Radiochimija* [russ.] **1** [1959] 665/7, *C.A.* **1960** 17135). Aus Lsgg. von $U(SO_4)_2$ und H_3PO_2 fällt grünes $U(H_2PO_2)_4$, s. „*Uran*" S. 179.

With Permanganate

Gegen Permanganat. Bei der Titration von Hypophosphit mit $KMnO_4$ in schwefelsaurer Lsg. bei gewöhnl. Temp. werden die zu Beginn zugesetzten $KMnO_4$-Mengen sofort, die weiter zugefügten immer träger entfärbt, bis schließlich ungefähr bei dem Punkte, bei dem die Ox. zu H_3PO_3 erreicht ist, MnO_4^- nur mehr zu MnO_2-Hydrat reduziert wird. Quantitative Ox. zu H_3PO_4 tritt ein, wenn das 2fache der stöchiometr. Menge $KMnO_4$ langsam zugegeben und anschließend 30 Min. auf 50°C erwärmt wird. Die Ox.-Geschw. wird durch Zugabe einiger Tropfen 5%iger NH_4-Molybdatlsg. erheblich vergrößert, A. SCHWICKER (*Z. anal. Ch.* **110** [1937] 161/84); vgl. auch L. AMAT (*C. r.* **111** [1890] 676/9), ferner L. PÉAN DE SAINT-GILLES (*Ann. chim. Phys.* [3] **55** [1859] 374/99, 383). Mit 2½fachem $KMnO_4$-Überschuß ist die Ox. in saurer Lsg. bei gewöhnl. Temp. in 24 Std. vollständig, I. M. KOLTHOFF (*Pharm. Weekbl.* **61** [1924] 954/60). 24 Std. reichen nicht aus. In Ggw. von KBr genügen 2 bis 3 Std., J. R. POUND (*J. chem. Soc.* **1942** 307). Rasche Ox. bei 80 bis 90°C, A. ROSENHEIM, J. PINSKER (*Z. anorg. Ch.* **64** [1909] 327/41), beim Kochen, L. ZIVY (*Bl. Soc. chim.* [4] **39** [1926] 496/500).

$KMnO_4$ in neutraler Lsg. oxydiert bei Siedehitze in 5 Min. zu Phosphat, D. KÖSZEGI (*Z. anal. Ch.* **68** [1926] 216/20, **70** [1927] 347/9); vgl. hierzu I. M. KOLTHOFF (*Z. anal. Ch.* **69** [1926] 36/8). In Ggw. von Ba^{2+} wird MnO_4^- durch Hypophosphit in alkal. Lsg. nur zu MnO_4^{2-} reduziert, das als $BaMnO_4$ ausfällt; die Rk. ist in 1 Min. beendet, H. STAMM (*Ang. Ch.* **47** [1934] 791/5).

With Nickel and Cobalt Salts

Gegen Nickel- und Kobaltsalze. Ni^{II}-Salze werden in saurer Lsg. nicht reduziert, A. SIEVERTS (*Z. anorg. Ch.* **64** [1909] 29/64, 60), R. SCHOLDER, H. L. HAKEN (*Ber.* **64** [1931] 2870/7), R. SCHOLDER, H. HECKEL (*Z. anorg. Ch.* **198** [1931] 329/51). Aus wss. $Ni(H_2PO_2)_2$-Lsg. scheidet sich bei 100°C unter H_2-Entw. Ni ab, A. WURTZ (*Lieb. Ann.* **58** [1846] 49/84, 55). In verd. Lsgg. von $NiSO_4$ und NaH_2PO_2 beginnt die Red. bei Wasserbadtemp. erst nach einigen Std., in konz. Lsg. (20 g $NiSO_4$ + 70 g NaH_2PO_2 in 100 g H_2O) setzt sie sofort ein und ist in 1 Std. vollendet, P. BRETEAU (*Bl. Soc. chim.* **9** [1911] 518/9); dabei entsteht ebenso wie in konz. alkal. Lsg. ein Gemenge aus Ni-Metall und Ni-Phosphiden. Der entwickelte Wasserstoff enthält keine Spur PH_3, s. R. SCHOLDER, H. HECKEL (*l. c.*); die Rk. verläuft in ammoniakal. $NiSO_4$-Lsg. viel schneller als in neutraler, noch schneller in Ggw. von Pd, s. C. PAAL, L. FRIEDERICI (*Ber.* **64** [1931] 1766/76). Co^{II}-Salze verhalten sich ähnlich wie Ni^{II}-Salze, s. „*Kobalt*" *Erg.-Bd.*, S. 355.

With Iron Salts

Gegen Eisensalze. Auch bei O_2-Ausschluß wird Fe^{3+} durch Hypophosphit bei gewöhnl. Temp. nur sehr langsam zu Fe^{2+} reduziert. Bei $p_H = 4.6$ ist in einer 0.25m NaH_2PO_2-Lsg. mit 56 mg Fe^{3+}/l nach 5 Min. mit der Berlinerblau-Rk. noch kein Fe^{2+} nachweisbar. Bei 50facher Fe^{3+}- und 2facher NaH_2PO_2-Konz. werden in 10 Min. etwa 0.05%, in 2 Std. 4% des Fe reduziert. Ggw. von Dioxymaleinsäure (< 50 mg/l) oder Dioxyweinsäure bewirkt augenblickliche Red., H. WIELAND, W. FRANKE (*Lieb. Ann.* **464** [1928] 101/226, 187, 195).

Bei Siedehitze erfolgt in saurer Lsg. schnelle Red. zu Fe^{2+}, H. ROSE (*l. c.*), A. SIEVERTS (*l. c.* S. 30), in 2n HCl-Lsg. in 20 Min., M. N. SASTRI, C. RADHAKRISHNAMURTHI (*Z. anal. Ch.* **147** [1955] 16/8); dabei wird H_3PO_2 auch bei Fe^{3+}-Überschuß nur zu H_3PO_3 oxydiert, A. SIEVERTS (*l. c.*), M. N. SASTRI, C. KALIDAS (*Rec. Trav. chim.* **75** [1956] 1122/4).

$Fe_2(SO_4)_3$ und H_3PO_2 reagieren bei 70°C in wss. Lsg. bei Molverhältnissen $q = c_{Fe} : c_{Hypophosphit} = 8$, 1.0 und 0.44 nach 1. Ordnung. Bei q = 2, 1.2 und 0.7 ist der Rk.-Verlauf komplizierter. Der Temp.-Koeff. zwischen 70 und 100°C beträgt 2.62, s. A. F. BOGOJAVLENSKIJ (*Učenye Zapiski Kazansk. gosud. Univ.* **100** Nr. 3 [1940] 69/93 nach *C.* **1943** I 1137).

In alkal. Lsg. wird $H_2PO_2^-$ durch $[Fe(CN)_6]^{3-}$ zu PO_4^{3-} oxydiert, P. C. BOUDAULT (*J. Pharm. Chim.* [3] **7** [1845] 440; *J. pr. Ch.* **36** [1845] 23; *Phil. Mag.* [3] **27** [1845] 309); die sonst langsame Rk. geht bei Ggw. von OsO_4 augenblicklich vor sich, F. SOLYMOSI (*Naturw.* **44** [1957] 374/5; *Magyar kém. Folyóirat* **63** [1957] 294 nach *C.A.* **1958** 13524).

Thermometr. Titration, Lichtabsorptions- und Überführungsmessungen ergeben die Existenz der Komplexe $Fe[Fe(H_2PO_2)_6]$ und $Fe(H_2PO_2)^{2+}$. Die Formulierung des erstgenannten als $[Fe_3(H_2PO_2)_6](H_2PO_2)_3$ durch R. F. WEINLAND, W. HIEBER (*Z. anorg. Ch.* **106** [1919] 15/45) ist durch Überführungsverss. widerlegt, S. BANERJEE (*Sci. and Culture* **16** [1950] 115). Siehe ferner „*Eisen*" *Tl.* B, S. 768.

With Copper Salts

Gegen Kupfersalze. Überschüssiges $CuSO_4$ und Hypophosphit in neutraler oder schwefelsaurer Lsg. reagieren beim Erhitzen auf dem Wasserbad unter O_2-Ausschluß entgegen C. RAMMELSBERG (*Ber. Berl. Akad.* **1872** 571/8) ohne H_2-Entw. nach $Cu^{2+} + H_2PO_2^- + H_2O \rightarrow Cu + H_2PO_3^- + 2H^+$; ein Teil des $H_2PO_3^-$ wird zu $H_2PO_4^-$ weiteroxydiert, A. SIEVERTS (*Z. anorg. Ch.* **64** [1909] 29/64, 48), übereinstimmend mit H. ROSE (*Pogg. Ann.* **58** [1843] 301/14, 312). Mit Hypophosphitüberschuß findet primär Fällung von CuH statt, das dann in Cu und H_2 zerfällt. Bei längerem Erhitzen tritt außerdem die durch Cu katalysierte Rk. des $H_2PO_2^-$ mit H_2O (s. S. 108) ein, A. SIEVERTS (*l. c.*); weitere Angaben s.

„*Kupfer*“ *Tl.* B, S. 10/12. Die Rk. verläuft in schwefelsaurer Lsg. schneller als in neutraler, C. RAMMELSBERG (*l. c.*), A. SIEVERTS (*l. c.*), S. RAMACHANDRAN (*Chem. N.* **135** [1927] 214/5).

$CuCl_2$ oder $CuSO_4$ in HCl-Lsg. wird bei 60 bis 70°C zu CuCl reduziert, A. CAVAZZI (*Gazz.* **16** [1886] 167/8), das beim Erhitzen mit wss. H_3PO_2 in CuH übergeht, A. SIEVERTS (*l. c.* S. 49). Kinet. Unterss. der Rk. zwischen H_3PO_2 und $CuCl_2$ bei 25°C in wss. Lsg., ferner in wss. NaCl- und HCl-Lsg. sowie in KH_2PO_4-H_3PO_4-Pufferlsg. bei Anfangskonzz. (in Mol/l) von 0.05 bis 0.11 H_3PO_2 und 0.002 bis 0.4 $CuCl_2$ ergeben, daß unter diesen Bedingungen die Bruttork. der Gleichung $H_3PO_2 + 2CuCl_2 + H_2O = H_3PO_3 + Cu_2Cl_2 + 2HCl$ entspricht; Ox. zu H_3PO_4 tritt nicht ein. Bei $[CuCl_2] > 0.1$ (in Lsgg. mit 0.5 NaCl noch bei $[CuCl_2] > 0.02$) weist die Rk. dieselbe Kinetik auf wie die Rkk. mit Jod und $HgCl_2$ (s. S. 110, 113); Geschw.-Konst. $k = 0.222\ l \cdot mol^{-1} \cdot min^{-1}$ bei 25°C, A. D. MITCHELL (*J. chem. Soc.* **121** [1922] 1624/38). Bei $[CuCl_2] < 0.025$ ist die Rk. zwischen der aktiven Form des H_3PO_2 und $CuCl_2$ geschwindigkeitsbestimmend. Ihre Geschw. ist annähernd proportional der Konz. des undissoziierten H_3PO_2 und dem Quadrat der $CuCl_2$-Konz.; sie wird durch NaCl erhöht, durch HCl erniedrigt. Vermutlich verläuft die Rk. über ein komplexes Cu^I-Phosphit-Ion, A. D. MITCHELL (*l. c.*).

With Silver Salts

Gegen Silbersalze. Ag-Salze werden schon in der Kälte ohne H_2-Entw. zum Metall reduziert, H. ROSE (*Pogg. Ann.* **9** [1827] 361/86, 375), A. WURTZ (*Lieb. Ann.* **43** [1942] 318/34, 321). H_3PO_2 und Ag-Phosphat setzen sich in phosphorsaurer Lsg. bei Raumtemp. und auf dem Wasserbad bei beliebigem Mengenverhältnis der Rk.-Partner nach $4Ag^+ + H_2PO_2^- + 2H_2O \rightarrow 4Ag + H_2PO_4^- + 4H^+$ um. Die bei längerem Kochen eintretende H_2-Entw. rührt von der durch Ag katalysierten Rk. zwischen H_3PO_2 und H_2O (s. S. 108) her. Bei Anwendung von $AgNO_3$ beteiligt sich auch NO_3^- an der Ox. des H_3PO_2, wie aus der Bldg. von NO hervorgeht, A. SIEVERTS (*Z. anorg. Ch.* **64** [1909] 29/64, 42). Äquimolare Mengen von $AgNO_3$ und H_3PO_2 reagieren ohne H_2-Entw. unter Bldg. von Ag, H_3PO_3 und H_3PO_4. Aus konz. Lsgg. von NaH_2PO_2 und $AgNO_3$ fällt zuerst weißes AgH_2PO_2 aus, das sich beim Erwärmen rasch unter Ag-Abscheidung zersetzt, T. AJELLO (*Gazz.* **64** [1934] 351/9).

Bei Anfangskonzz. (in Mol/l) von 0.05 bis 0.13 H_3PO_2 und 0.02 bis 1.0 $AgNO_3$ erfolgt die Bruttork. nach $2AgNO_3 + H_3PO_2 + H_2O = 2Ag + 2HNO_3 + H_3PO_3$; im Bereich der höheren $AgNO_3$-Konzz. geht die Ox. teilweise bis zum H_3PO_4. Rk. mit HNO_3 tritt nicht ein. Bei $[AgNO_3] > 0.01$ liegt dieselbe Kinetik vor wie bei der Ox. durch nicht zu verd. Lsgg. von Jod, $HgCl_2$ und $CuCl_2$ (s. S. 110, 113 und oben); Geschw.-Konst. $k = 0.260\ l \cdot mol^{-1} \cdot min^{-1}$ bei 25°C, A. D. MITCHELL (*J. chem. Soc.* **123** [1923] 629/35).

With Gold Salts

Gegen Goldsalze. Eine 5%ige $AuCl_3$-Lsg. färbt sich nach Zusatz von 5%igem NaH_2PO_2 allmählich grün und scheidet nach einigen Std. braunes Au ab. Beim Kochen tritt Au-Abscheidung und H_2-Entw. ein. Quantitative Unters. ergibt, daß dabei die Rk. $2Au^{3+} + 3H_2PO_2^- + 3H_2O \rightarrow 2Au + 3H_2PO_3^- + 6H^+$ stattfindet; die H_2-Entw. beruht auf der durch das gefällte Au katalysierten Rk. $H_2PO_2^- + H_2O = H_2PO_3^- + H_2$, s. A. SIEVERTS (*Z. anorg. Ch.* **64** [1909] 29/64, 34); vgl. ferner H. ROSE (*Pogg. Ann.* **9** [1827] 361/86, 375), L. MOSER, M. NIESSNER (*Z. anal. Ch.* **63** [1923] 240/52).

With Palladium and Platinum Salts

Gegen Palladium- und Platinsalze. Pd^{II}-Salze werden schon in der Kälte reduziert; das gefällte Pd katalysiert die Rk. des Hypophosphits mit Wasser (s. S. 107), A. SIEVERTS (*Z. anorg. Ch.* **64** [1909] 29/64, 57); mit $PdSO_4$ im Überschuß erfolgt quantitativ Rk. nach $2Pd^{2+} + H_2PO_2^- + 2H_2O \rightarrow 2Pd + H_2PO_4^- + 4H^+$ ohne H_2-Entw., A. SIEVERTS, F. LOESSNER (*Z. anorg. Ch.* **76** [1912] 1/29). Vgl. ferner P. BRETEAU (*Bl. Soc. chim.* **9** [1911] 515/7), L. MOSER, M. NIESSNER (*Z. anal. Ch.* **63** [1923] 240/52) sowie „*Palladium*“ S. 280.

$PtCl_4$ in neutraler oder saurer Lsg. wird nicht zum Metall reduziert, A. SIEVERTS (*l. c.* S. 56); in Ggw. von Pd^{2+} wird aus essigsaurer Lsg. Pt quantitativ gefällt, L. MOSER, M. NIESSNER (*l. c.*). Weitere Angaben s. „*Platin*“ *Tl.* C, S. 171/176, 184.

With Organic Compounds

Gegen organische Verbindungen. Vgl. S. 99 und unten.

Nonaqueous Solution

Nichtwäßrige Lösung

In Liquid NH_3

In flüssigem NH_3. Bringt man KH_2PO_2 mit 2 Äquivalenten KNH_2 in fl. NH_3 zur Rk., dann zerfallen die groben Kristalle des schwer lösl. KH_2PO_2 allmählich zu einem feinen Pulver, das nach dem Auswaschen mit fl. NH_3 die Zus. K_2HPO_2 aufweist. Somit verhält sich H_3PO_2 in fl. NH_3 als zweibasige Säure, O. SCHMITZ-DUMONT, H. RECKHARD (*Z. anorg. Ch.* **294** [1958] 107/12).

In Ethanol

In Äthanol. In absolutalkohol. Lsg. wird NaH_2PO_2 auch in Ggw. von Pd nicht zersetzt; erst auf Zusatz von H_2O tritt die Rk. $H_2PO_2^- + H_2O \rightarrow H_2PO_3^- + H_2$ ein. Die alkohol. Lsg. reduziert andererseits $HgCl_2$ schon in der Kälte zu HgCl, s. A. SIEVERTS (*Z. anorg. Ch.* **64** [1909] 29/64, 59).

Phosphorige Säure H_3PO_3

Phosphorous Acid

Formation

Bildung. Aus weißem Phosphor unter oxydierenden Bedingungen in Ggw. von H_2O bildet sich neben anderen Säuren auch H_3PO_3. Durch Ox. mit feuchter Luft, s. „*Phosphor*" *Tl.* B, S. 264, lassen sich bis 21% des P in H_3PO_3 überführen, T. MILOBEDZKI, M. MAKULEC (*Roczniki Chem.* **23** [1949] 13/8). Auch bei der Ox. mit Jod oder Halogenat entsteht H_3PO_3, s. „*Phosphor*" *Tl.* B, S. 285, 320; ferner aus P und H_2O, s. „*Phosphor*" *Tl.* B, S. 276; in Ggw. von NaOH bildet sich bei 160 bis 225°C fast ausschließlich Phosphit, V. N. IPATIEFF, P. V. USACHEV (*J. Am. Soc.* **57** [1935] 300/2). Bei Ox. mit Salpetersäure, s. „*Phosphor*" *Tl.* B, S. 279, Schwefelsäure, s. „*Phosphor*" *Tl.* B, S. 281, Cu^{II}-Salzen, s. „*Phosphor*" *Tl.* B, S. 324; gesätt. $CuSO_4$-Lsg. liefert Cu_3P, H_2SO_4 und H_3PO_3, s. H. SCHIFF (*Lieb. Ann.* **114** [1860] 199/204). Beim Erhitzen von P mit H_3PO_4 im geschlossenen Rohr bildet sich bei 200°C sehr langsam H_3PO_3, aus konz. H_2SO_4 und P entstehen H_3PO_3 und SO_2, mit wss. SO_2 geht P in H_3PO_3 und H_2S über, mit sirupöser Phosphorsäure bilden sich H_3PO_2, H_3PO_3 und PH_3, s. OPPENHEIM (*Bl. Soc. chim.* [2] **1** [1864] 163/5).

Zur Bldg. aus Phosphoroxiden s. das chem. Verh. von P_4O gegen feuchte Luft, Wasserdampf, Laugen, Hypojodit, Jodat S. 62, 63; von P_2O_3 gegen Wasser und Wasserdampf, S. 74; von P_2O_4 gegen Wasser, S. 77.

Die Ox. der unterphosphorigen Säure bleibt unter Umständen bei der Phosphitstufe stehen, vgl. das Verh. gegen Sauerstoff (S. 104), Wasser (S. 107), Laugen (S. 108), Salpetersäure (S. 109), Jod (S. 110), Salze des Hg^{2+} (S. 113), Ce^{4+} (S. 114), Cu^{2+} (S. 115), Ag^+ (S. 116) und Au^{3+} (S. 116). Aus $Pb(H_2PO_2)_2$, H_2O und H_2 bei 280°C und 300 at bildet sich H_3PO_3 neben PbO und schwarzem Phosphor, W. IPATIEFF (*Ber.* **59** [1926] 1412/26, 1424).

Unterphosphorsäure wird hydrolytisch in H_3PO_3 und H_3PO_4 gespalten, s. S. 148.

Aus Phosphorwasserstoff PH_3 und O_2 unter niedrigem Druck, s. S. 35. Aus PH_3 und SO_2Cl_2 s. S. 42. Neben H_3PO_2 beim Einleiten von PH_3 in wss. Chloramin-T-Lsg., J. R. BENDALL, F. G. MANN, D. PURDIE (*J. chem. Soc.* **1942** 157/63).

Aus Phosphortrihalogeniden durch Hydrolyse s. S. 422, 495, 523, ferner „Darstellung" unten und Fig. 27, S. 140. An feuchter Luft geht PCl_3 in krist. H_3PO_3 über, A. BESSON (*C. r.* **125** [1897] 771), ebenso beim Überleiten von feuchtem CO_2, s. V. AUGER (*C. r.* **136** [1903] 814/5). Aus PCl_3 und wasserfreier Ameisensäure oder Oxalsäure s. „Darstellung" unten. Eisessig liefert H_3PO_3, das mit zugleich gebildetem CH_3COCl schon bei 50°C rasch zu $CH_3COOP(OH)_2$ weiterreagiert, B. T. BROOKS (*J. Am. Soc.* **34** [1912] 492/9). Bldg. aus PCl_3 und H_3PO_4 oder $H_4P_2O_7$ s. S. 427.

Laboratory Preparation

Darstellung im Laboratorium. Fast ausschließlich angewandt wird die Zers. von PCl_3 mit H_2O, vgl. bereits H. DAVY (*Phil. Trans.* **1812** 405/15, 407), DULONG (*Ann. Chim. Phys.* [2] **2** [1816] 141/50). Sie verläuft stark exotherm (s. S. 424) und kann zur therm. Zers. des H_3PO_3 unter Bldg. von PH_3 und H_3PO_4 führen, s. S. 122; auch beim Eindampfen der wss. H_3PO_3-Lsg. entsteht H_3PO_4, vgl. C. RAMMELSBERG (*Pogg. Ann.* **132** [1867] 481/516, 505). Temp.-Erhöhung ist fast ganz zu vermeiden, wenn statt H_2O konz. Salzsäure verwendet wird, mit der PCl_3 zwei fl. Schichten bildet, so daß immer nur ein Tl. in Rk. tritt, T. MILOBEDZKI, M. FRIEDMAN (*Chemik Polski* **15** [1917] 76/9 nach *C.* **1918** I 993), T. MILOBEDZKI, K. BORATYNSKI (*Roczniki Chem.* **8** [1928] 554/62, 556). Zur Erzielung des gleichen Ergebnisses leitet man mit PCl_3-Dampf bei 60°C gesätt. Luft durch eiskaltes H_2O, wäscht die ausgeschiedenen H_3PO_3-Kristalle mit Eiswasser und trocknet im Vak., H. GROSHEINTZ (*Bl. Soc. chim.* [2] **27** [1877] 433/4).

Auf diesen Wegen ist es schwierig, HCl vollständig aus dem Krist.-Prod. zu entfernen. Deshalb fügt man zweckmäßig 75 g H_2O tropfenweise im Lauf von 1 Std. zu einer eisgekühlten, ständig gerührten Lsg. von 200 g PCl_3 in 600 ml CCl_4, die sich in einem mit Rückflußkühler und KOH-Turm versehenen Rundkolben befindet. Dann wird die Eiskühlung entfernt, 1 Std. kräftig weitergerührt, die Lsg. in einem Scheidetrichter durch 4maliges Waschen mit dem gleichen Vol. CCl_4 weitgehend von HCl befreit, filtriert und an der Wasserstrahlpumpe mit Zwischenschaltung eines mit festem NaOH beschickten Rundkolbens abgepumpt, zuerst bei gewöhnl. Temp., nach Schluß der Gasentw. bei 60°C. Beim Abkühlen erhält man 114 g (90% der Theorie) H_3PO_3 in schneeweißen Kristallen von 99.5% Reinheit, D. VOIGT, F. GALLAIS (in: W. C. FERNELIUS, *Inorganic syntheses, Bd.* 4, *New York-London* 1953, S. 55/8).

Krist. Oxalsäure (3 Mol) und PCl_3 (1 Mol) reagieren schon bei gewöhnl. Temp. rasch unter Bldg. von H_3PO_3, CO, CO_2 und HCl. Gegen Schluß der Rk. wird auf dem Wasserbad unter Einleiten von CO_2 gelinde erwärmt, bis die schaumige Masse in eine klare, beim Erkalten erstarrende Fl. übergeht,

L. Hurtzig, A. Geuther (*Lieb. Ann.* **111** [1859] 159/73, 170). Die entsprechende Rk. mit Ameisensäure verläuft bei 40°C in einigen Std. quantitativ, A. van Druten (*Rec. Trav. chim.* **48** [1929] 312/23).

Eine wss. Lsg. von $Na_2HPO_3 \cdot 5H_2O$ wird mit der äquivalenten Menge Pb-Acetat versetzt, das ausgewaschene Pb-Phosphit in wss. Suspension mit H_2S behandelt und die vom PbS abfiltrierte Lsg. durch Auskochen von H_2S befreit, I. M. Kolthoff (*Rec. Trav. chim.* **46** [1927] 350/8).

Gut entwickelte Kristalle durch Umkristallisieren aus Alkohol, S. Furberg, P. Landmark (*Acta chem. Scand.* **11** [1957] 1505/11), durch Abkühlen einer geimpften Schmelze, B. O. Loopstra (*JENER Publ.* Nr. 15 [1958] 1/64, 38).

Industrial Preparation

Technische Darstellung. In kontinuierlichem Verf. aus fl. PCl_3 und 20 bis 40% überschüssigem fl. H_2O unterhalb 76°C, J. L. Krieger (*U.S.P.* 2684286 [1951/54], *C.A.* **1954** 13179); aus PCl_3, H_2O und H_2O-Dampf bei 140 bis 160°C, Monsanto Chemical Co., O. C. Jones (*U.S.P.* 2670274 [1951/54], *C.A.* **1954** 7266); aus PCl_3-Dampf und wss. konz. H_3PO_3 im Gegenstrom bei 86 bis 90°C, Monsanto Chemical Co., J. W. Lefforge, R. B. Hudson (*B.P.* 665174 [1949/52], *C.A.* **1952** 6340; *U.S.P.* 2595198/9 [1952] nach *C.A.* **1952** 9812). Durch Hydrolyse von PCl_3 mit rauchender Salzsäure wird die stark exotherme Rk. des bei der Hydrolyse entstehenden HCl mit H_2O praktisch ausgeschaltet, so daß die Rk.-Temp. leicht unterhalb 25°C gehalten und damit die Bldg. von unerwünschten Nebenprodd. verhindert werden kann, E. Merck A.-G., J. Hefele (*D.A.S.* 1042551 [1956/58], *C.* **1959** 5599).

Ausführung der Hydrolyse in einem Gemisch von 85% H_3PO_3 und 15% HCl bei 90°C, dem laufend PCl_3 und H_2O zugegeben wird, Société des Produits Chimiques Coignet, P. Revol (*F.P.* 1214039 [1959] nach *C.A.* **56** [1962] 1147).

Konz. wss. H_3PO_3 aus gesätt. Na_2HPO_3-Lsg. und wss. $NaHSO_4$ oder wss. H_2SO_4 durch Abkühlen auf tiefe Tempp. (—23 bzw. —44°C) und Abfiltrieren von ausgeschiedenem $Na_2SO_4 \cdot 10H_2O$, s. Hooker Electrochemical Co., J. C. Pernert (*U.S.P.* 2843457 [1954/58], *C.A.* **1958** 19038).

Abtrennung von krist. H_3PO_3 aus wss. Mischungen von H_3PO_3 und H_3PO_4 mit mindestens 35 bis 45 Gew.-% H_3PO_3 und 10 bis 25 Gew.-% H_2O durch Abkühlung auf +5 bis —10°C, Monsanto Chemical Co., J. E. Malowan (*U.S.P.* 2857246 [1952/58], *C.A.* **1959** 4670).

Heat of Formation

Bildungswärme. Aus von J. Thomsen (*Ber.* **7** [1874] 996/1002; *J. pr. Ch.* [2] **11** [1875] 133/85, 172), gemessenen Reaktions- und Lösungswärmen neu ber. Bildungswärme aus den Elementen (weißes P) von krist. H_3PO_3: $\Delta H^\circ_{291} = -228.93$ kcal/Mol, F. R. Bichowsky, F. D. Rossini (*The Thermochemistry of the chemical Substances, New York* 1936, S. 38, 220); $\Delta H^\circ_{298} = -232.2$ kcal/Mol, Rossini u. a. (*Selected Values,* 1952, S. 74).

Molecule and Ions

Molekel und Ionen

The H_3PO_3 Molecule. Structure

Die H_3PO_3-Molekel. Struktur. Die Molekel H_3PO_3 besitzt im Kristall die in **Fig. 23** angegebene Gestalt. Die O-H-Bindungen liegen annähernd in der durch $P-O_I$ und $P-O_{II}$ aufgespannten Ebene; H_I und H_{II} bilden H-Brücken zu benachbarten Molekeln, O_{III} nimmt zwei H-Bindungen von Nachbarmolekeln auf, s. Fig. 24, S. 121. Deshalb weicht die Gruppe HPO_3^{2-} in krist. H_3PO_3 beträchtlich von der Symmetrie C_{3v} des Ions HPO_3^{2-} im Mg-Phosphit (s. S. 119) ab, S. Furberg, P. Landmark (*Acta chem. Scand.* **11** [1957] 1505/11), B. O. Loopstra (*JENER Publ.* Nr. 15 [1958] 1/64, 61).

Fig. 23.

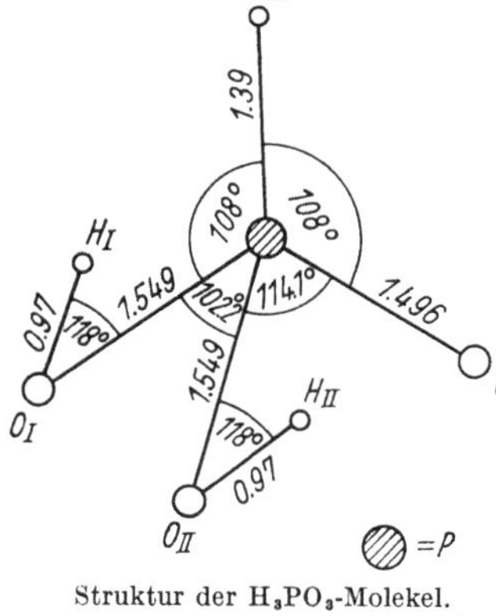

Struktur der H_3PO_3-Molekel. Atomabstände (Mittelwerte) in Å.

Die Dimensionen in Fig. 23 sind von B. O. Loopstra (*l. c.*) aus Röntgen- und Neutronenstreuungs-Unterss. erhaltene Mittelwerte. Schwankungsbreite der an 2 kristallographisch verschiedenen Molekeln (s. „Gitterstruktur" S. 120) gemessenen Einzelwerte: $P-O_{I(II)}$ 1.540 bis 1.558 Å, $P-O_{III}$ 1.482 bis 1.509 Å, O-H 0.96 bis 0.98 Å, O_I-P-O_{II} 101.5 bis 103.0°, $O_{III}-P-O_{I(II)}$ 113.6° bis 114.4°, $H_{III}-P-O$ 106 bis 113°, P-O-H 117 bis 121°. Der $P-H_{III}$-Abstand stimmt innerhalb der Fehlergrenzen mit dem im $H_2PO_2^-$-Ion (s. S. 119) überein, B. O. Loopstra (*l. c.*). In Einklang damit ergeben röntgenograph. Unterss. $P-O_I = P-O_{II} = 1.54$ Å, $P-O_{III} = 1.47$ Å, $O_I-P-O_{II} = 102° \pm 3°$, $O_I-P-O_{III} = 113° \pm 5°$, S. Furberg, P. Landmark (*l. c.*).

Diese Struktur der Säure (und der Ionen) wird durch Raman- und Ultrarotspektren bestätigt, s. unten; ferner durch die magnet. Kernresonanzabsorption, J. R. VAN WAZER, C. F. CALLIS, J. N. SHOOLERY, R. C. JONES (*J. Am. Soc.* **78** [1956] 5715/26), D. ROUX (*Helv. phys. Acta* **31** [1958] 511/41), P. J. FRANK (*Helv. phys. Acta* **31** [1958] 542/5), A. ERBEIA (*C. r.* **251** [1960] 1493/5), die Lage der K-Absorptionskante des P, s. O. STELLING (*Z. anorg. Ch.* **131** [1923] 48/56; *Z. phys. Ch.* **117** [1925] 194/208), vgl. auch „*Phosphor*“ *Tl.* B, S. 183, und den Faraday-Effekt, s. S. 121. Eine Struktur mit 3zähligem P liegt nur in den Triestern $P(OR)_3$ vor, O. STELLING (*Z. phys. Ch.* **117** [1925] 194/208), C. F. CALLIS, J. R. VAN WAZER, J. N. SHOOLERY, W. A. ANDERSON (*J. Am. Soc.* **79** [1957] 2719/26).

Die Ergebnisse zahlreicher älterer Unterss. zur Konstit.-Ermittlung auf chem. Wege, Lit.-Übersicht s. beispielsweise O. STELLING (*l. c.*), A. SIMON, F. FEHÉR, G. SCHULZE (*Z. anorg. Ch.* **230** [1937] 289/307), stehen damit in Einklang, liefern aber keinen sicheren Konstit.-Beweis, O. STELLING (*l. c.*), G. SCHWARZENBACH (*Helv. chim. Acta* **19** [1936] 1043/52).

In wss. Lsg. ist vermutlich $P(OH)_3$ in sehr geringer Konz. neben $HPO(OH)_2$ vorhanden, s. „Tautomerie“ S. 126.

Ramanspektrum. H_3PO_3 weist (ebenso wie D_3PO_3, s. S. 138) mehr als die 6 Ramanfrequenzen des HPO_3^{2-}-Ions (s. unten) auf, in Einklang mit der niedrigeren Symmetrie der HPO_3-Gruppen in der Molekel, s. vorstehend. Die in der folgenden Tabelle im Anschluß an M. TSUBOI (*J. Am. Soc.* **79** [1957] 1351/4) getroffene Zuordnung auf Grund der Symmetrie C_{3v} hat daher nur orientierenden Charakter. *Raman Spectrum*

Klasse	E	A_1	A_1	E	E	A_1	Lit.
Gruppenschwingung	$\delta(PO_3)$	$\delta(PO_3)$	$\nu(PO_3)$	$\delta(PH)$	$\nu(PO_3)$	$\nu(PH)$	
krist. H_3PO_3 . . .	—	—	961 (6) 990 (3)	1038 (2)	1104 (1)	2485 (8) 2511 (7)	1)
fl. H_3PO_3	425 (m)	523 (schw)	946 (st)	1014 (m)	—	2485 (st)	2)
30%ige wss. Lsg. .	422 (8)	528 (3)	942 (20)	1024 (15)	—	2457 (22)	3)

1) R. ANANTHAKRISHNAN (*Nature* **138** [1936] 803; *Pr. Indian. Acad. Sci.* A **5** [1937] 200/21). — 2) A. SIMON, F. FEHÉR, G. SCHULZE (*Z. anorg. Ch.* **230** [1937] 289/307). 1014 ist $\nu(PO_3)$- Schwingung; die (im Spektrum fehlende) δ(PH)-Frequenz liegt zwischen 1100 und 1200 cm^{-1}, A. W. REITZ, R. SABATKY (*Z. phys. Ch.* B **41** [1938] 151/62), entgegen M. TSUBOI (*l. c.*). — 3) Außerdem tritt eine Frequenz 1172 (4) auf, R. B. MARTIN (*J. Am. Soc.* **81** [1959] 1574/6). Die bei $\sim$1030 cm^{-1} zu erwartende δ(PH)-Frequenz ist durch die starke $\nu(PO_3)$-Frequenz bei 1024 cm^{-1} verdeckt, R. B. MARTIN (*l. c.*) entgegen M. TSUBOI (*l.c.*). Nach H. REMY, H. FALIUS (*Ber.* **92** [1959] 2199/205) treten im Spektrum der gesätt. wss. Lsg. zwischen 1018 (4) und 2473 (7) drei Linien 1111 (2), 1211 (1) und 1386 (2) auf.

Ultrarotspektrum. Krist. H_3PO_3 weist im Bereich 700 bis 1660 cm^{-1} Banden bei etwa 920, 1020, 1085 und 1460 cm^{-1} auf, C. DUVAL, J. LECOMTE (*Bl. Soc. chim.* 8 [1941] 713/24). *Infrared Spectrum*

Das $H_2PO_3^-$-Ion. Das Ramanspektrum einer 69%igen wss. KH_2PO_3-Lsg. zeigt die Frequenzen 441 (m), 548 (s), 916 (m), 1031 (st), 2396 (st), A. SIMON, F. FEHÉR, G. SCHULZE (*Z. anorg. Ch.* **230** [1937] 289/307), und unterscheidet sich somit vom Spektrum des HPO_3^{2-}-Ions (s. unten) durch die auf 916 cm^{-1} erniedrigte Frequenz der symmetr. PO_3-Valenzschwingung und die Erhöhung der P–H-Frequenz auf 2396 cm^{-1}. *The $H_2PO_3^-$ Ion*

Das HPO_3^{2-}-Ion. Bindungsgrößen. HPO_3^{2-} in $MgHPO_3 \cdot 6\,H_2O$ hat nach röntgenograph. Unterss. dreizählige Symmetrie (C_{3v}) um die P–H-Bindung. $P–O = 1.51 \pm 0.05$ Å, $P–H \approx 1.47$ Å, $O–P–O = 110°$, $H–P–O = 109°$, s. D. E. C. CORBRIDGE (*Acta crystallogr.* [*Copenhagen*] **9** [1956] 991/4). *The HPO_3^{2-} Ion. Bonding Data*

Schwingungsspektrum. Eine fünfatomige Gruppe mit der Symmetrie C_{3v} besitzt drei totalsymmetr. (Klasse A_1) und drei zweifach entartete (Klasse E) Normalschwingungen, sämtliche raman- und ultrarotaktiv, vgl. K. W. F. KOHLRAUSCH (*Ramanspektren, Leipzig* **1943**, S. 141). Die an Phosphiten in krist. Zustand und in wss. Lsg. gemessenen Ramanspektren des Ions HPO_3^{2-} entsprechen dieser Erwartung, ebenso das Ultrarotspektrum der wss. Lsg., während in Ultrarotspektren von krist. Phosphiten häufig Aufspaltung von Banden eintritt, vermutlich weil die Entartung durch erniedrigte Symmetrie aufgehoben wird, vgl. M. TSUBOI (*J. Am. Soc.* **79** [1957] 1351/4), C. DUVAL, J. LECOMTE (*C. r.* **240** [1955] 66/8). *Vibration Spectrum*

Ramanspektren neutraler Phosphite. *Raman Spectra of Neutral Phosphites*

Klasse	E	A_1	A_1	E	E	A_1	Lit.
Schwingung	$\delta(PO_3)$	$\delta(PO_3)$	$\nu(PO_3)$	$\delta(PH)$	$\nu(PO_3)$	$\nu(PH)$	
Na_2HPO_3*)	459 (m, dp)	550 (s)	993 (st, 0.1)	1032 (m, 0.8)	1100 (s)	2330 (st, 0.25)	2)
K_2HPO_3**)	458 (m)	551 (s)	982 (st)	1029 (m)	—	2314 (st)	1)
Na_2HPO_3***)				1046 (1)	1057 (1)	2338 (6)	3)

*) 30%ige wss. Lsg. — **) 63%ige wss. Lsg. — ***) krist.

1) A. SIMON, F. FEHÉR, G. SCHULZE (*Z. anorg. Ch.* **230** [1937] 289/307). — 2) J.-P. MATHIEU, J. JACQUES (*C. r.* **215** [1942] 346/7), die zweite Angabe in den Klammern gibt den Depolarisationsgrad an. — 3) R. ANATHAKRISHNAN (*Pr. Indian Acad. Sci.* A **5** [1937] 200/21; *Nature* **138** [1936] 803).

Zur Zuordnung s. J.-P. MATHIEU, J. JACQUES (*l. c.*), M. TSUBOI (*J. Am. Soc.* **79** [1957] 1351/4). Unvollständige, z. T. abweichende Angaben, J. C. GHOSH, S. K. DAS (*J. phys. Chem.* **36** [1932] 586/94).

Infrared Spectra of Neutral Phosphites

Ultrarotspektren neutraler Phosphite.

Klasse	E	A_1	A_1	E	E	A_1	Lit.
Gruppenschwingung	$\delta(PO_3)$	$\delta(PO_3)$	$\nu(PO_3)$	$\delta(PH)$	$\nu(PO_3)$	$\nu(PH)$	
K_2HPO_3 wss. Lsg.	465 (m)	567 (m)	979 (m)	1027 (schw)	1085 (st)	2315 (m)	1)
Na_2HPO_3 krist.	—	—	972 (schw)	1037 (schw)	1082 (st)	2300 (m)	2)
			993 (m)		1116 (st)		
$BaHPO_3$ krist.	471 (m)	591 (m)	977 (m)	1006 (schw)	1083 (st)	2410 (m)	1)
	498 (m)			1021 (schw)	1110 (st)		
$PbHPO_3$ krist.	—	—	963 (st)	1012 (m)	1075 (st)	2340 (m)	2)
			988 (st)	1028 (st)	1126 (st)	2373(schw)	
6 krist. Phosphite .	460	560	990	1058 (st)			
	460	575		1030	1120	2300	3)
		610		1050			

1) M. TSUBOI (*J. Am. Soc.* **79** [1957] 1351/4). — 2) D. E. C. CORRBRIDGE, E. J. LOWE (*J. chem. Soc.* **1954** 493/502); im Original außerdem die Spektren von $BaHPO_4$ und von kristallwasserhaltigen Phosphiten des Li, Na, Ca, Sr und Ni. — 3) C. DUVAL, J. LECOMTE (*C. r.* **240** [1955] 66/8).

Force Constants

Kraftkonstanten. f und f′ in 10^4 dyn cm^{-1} der P–O-Bindungen im Ion HPO_3^{2-}, mit der Matrizenmeth. aus Ramanfrequenzen ber.: f = 63.35, f′ = 6.78. Weitere Wechselwirkungskonstt. im Original, H. GERDING, J. W. MAARSEN, D. H. ZIJP (*Rec. Trav. chim.* **77** [1958] 361/73). f = 60.3, f′ = 7.4; daraus ber. Bindungsgrad der P–O-Bindungen: 1.51. Weitere Wechselwirkungskonstt. im Original, H. SIEBERT (*Z. anorg. Ch.* **275** [1954] 225/40, 237). Aus dem Ramanspektrum von H_3PO_3 für eine (hypothet.) PO_3^{3-}-Gruppe der Symmetrie D_{3h} ber. Wechselwirkungskonstt., K. VENKATESWARLU, S. SUNDARAM (*J. chem. Phys.* **23** [1955] 2368/9), C. W. F. T. PISTORIUS (*J. chem. Phys.* **29** [1958] 1174/6).

Physical Properties

Physikalische Eigenschaften

Crystal Form. Cleavage

Kristallform. Spaltbarkeit. Durchsichtige, orthorhomb. Kristalle. Bei Abkühlung einer geimpften Schmelze entstehen große, gut entwickelte Bipyramiden {111}. Muscheliger Bruch, keine ausgeprägte Spaltbarkeit, B. O. LOOPSTRA (*JENER Publ.* Nr. 15 [1958] 1/64, 38); das Fehlen der Spaltbarkeit beruht auf dem Vorliegen eines dreidimensionalen Netzwerks von H-Bindungen, s. „Gitterstruktur" unten.

Lattice Structure

Gitterstruktur. H_3PO_3 kristallisiert orthorhombisch, in der Raumgruppe $Pna2_1$, mit 8 Molekeln je Elementarzelle, von denen je 2 eine asymmetr. Einheit bilden. Gitterkonstt. a = 7.27, b = 12.06, c = 6.85 Å, auf 0.5% genau, S. FURBERG, P. LANDMARK (*Acta chem. scand.* **11** [1957] 1505/11); a = 7.257, b = 12.044, c = 6.845 Å, s. B. O. LOOPSTRA (*JENER Publ.* Nr. 15 [1958] 1/64, 39). Aus röntgenograph. und Neutronenstreuungs-Unterss. (mit drei- bzw. zweidimensionaler Auswertung) ber. Atomlagen s. bei B. O. LOOPSTRA (*l. c.* S. 57, 61), aus Röntgenaufnahmen mit zweidimensionaler Auswertung s. bei S. FURBERG, P. LANDMARK (*l. c.*). Aus den Atomlagen ber. Bindungslängen und -winkel der H_3PO_3-Molekel s. „Struktur" S. 118. Die Molekeln sind durch ein dreidimensionales Netzwerk von Wasserstoffbindungen (Länge im Mittel 2.565 Å, Einzelwerte zwischen 2.525 und 2.599 Å) verknüpft, s. **Fig. 24**. Von den O-Atomen der beiden OH-Gruppen geht je eine H-Brücke aus, vom dritten (isolierten) O-Atom zwei; letztere liegen in einer Ebene mit der P–O-Bindung. Die H-Bindungen sind nicht vollkommen gestreckt; der Winkel O–H...O beträgt im Mittel 172°, s. B. O. LOOPSTRA (*l. c.* S. 58); ähnlich S. FURBERG, P. LANDMARK (*l. c.*).

Constitution of Melt

Konstitution der Schmelze. Im Ramanspektrum der wasserfreien Säure (s. S. 119) tritt keine O–H-Bande auf; die Säure liegt daher nicht in der Pseudoform (mit kovalenten O–H-Bindungen) vor, A. SIMON, F. FEHÉR, G. SCHULZE (*Z. anorg. Ch.* **230** [1937] 289/307).

Dichte. Dichte des krist. H_3PO_3 bei gewöhnl. Temp. nach der Schwebemeth.: 1.806, S. Furberg, P. Landmark (*Acta chem. scand.* **11** [1957] 1505/11), 1.80_9, röntgenograph. Dichte 1.821, B. O. Loopstra (*JENER Publ.* Nr. 15 [1958] 1/64, 39). *Density*

Dichte des fl. 99.5%igen H_3PO_3: $D_4^{76} = 1.597$, D. Voigt (*Ann. Chim.* [12] **4** [1949] 393/446, 427); einer unterkühlten fl. Säure vom Schmp. 70.1°C: $D_4^{21.2} = 1.651$, Molvol. 49.66 $cm^3 \cdot mol^{-1}$, J. Thomsen (*J. pr. Ch.* [2] **11** [1875] 133/85, 160; *Thermochemische Untersuchungen, Bd.* 2, *Leipzig* 1882, S. 212).

Schmelzpunkt (in °C). **Schmelzwärme.** Durch Umkristallisieren gereinigtes H_3PO_3 schmilzt bei 74.4°C, s. H. L. Redfield, G. B. King (*J. phys. Chem.* **40** [1936] 919/25). Schmp. 73.6°, B. O. Loopstra (*JENER Publ.* Nr. 15 [1958] 1/64, 38), A. Rosenheim, W. Stadler, F. Jacobsohn (*Ber.* **39** [1906] 2837/44), 73°, S. Furberg, P. Landmark (*Acta chem. scand.* **11** [1957] 1505/11); 73° bis 74°, D. Voigt (*Ann. Chim.* [12] **4** [1949] 393/446, 427). Schmp. 74° bis 76°, A. van Druten (*Rec. Trav. chim.* **48** [1929] 312/23). Eine durch Erhitzen auf 180°C wasserfrei gemachte Säure schmilzt bei 70.1°C; die *Melting Point. Heat of Fusion*

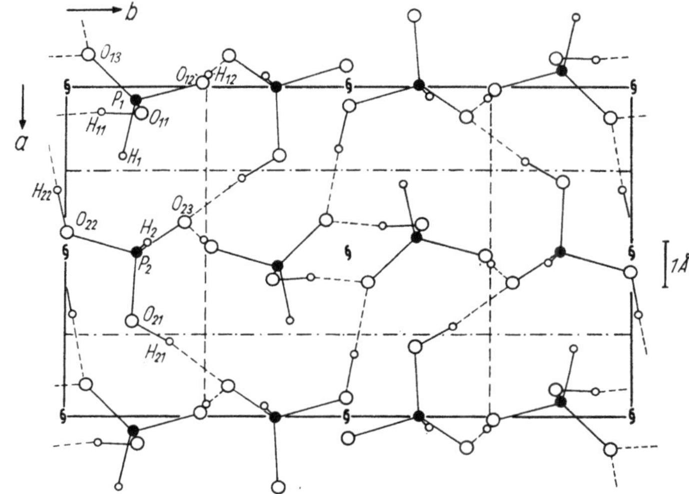

Fig. 24.

Gitterstruktur von H_3PO_3. Projektion in Richtung der c-Achse. Gestrichelte Linien zwischen den Atomen bedeuten H-Bindungen.

Schmelze läßt sich leicht auf gewöhnl. Temp. unterkühlen. Schmelzwärme, bestimmt als Differenz der Lsg.-Wärmen: 3070 $cal \cdot mol^{-1}$, J. Thomsen (*J. pr. Ch.* [2] **11** [1875] 133/85, 158, 160; *Thermochemische Untersuchungen, Bd.* 2, *Leipzig* 1882, S. 212); die Probe war vermutlich H_3PO_4-haltig, s. Darst. S. 117, therm. Zers. unten.

Brechungszahl n. Molrefraktion R_M. $n_D = 1.4315$, $R_M = 13.28$ für 99.5%iges fl. H_3PO_3 bei 76°C, D. Voigt (*Ann. Chim.* [12] **4** [1949] 393/446, 432). Die Kristalle zeigen gerade Auslöschung, A. Bolland (*Monatsh.* **31** [1910] 387/419, 402). *Refractive Index. Molecular Refraction*

Faraday-Effekt. Magnet. Molekulardrehung $[M]_W$ in 10^{-2} Winkelmin. $cm^2/Oe \cdot mol$ von fl. 99.5%-igem H_3PO_3 bei 578 $m\mu$ und 76°C: $[M]_W = 83$. Aus den gemessenen Drehungen von Alkylphosphorsäureestern $RPO(OR)_2$ ergibt sich $[M]_W = 81$, aus denen von Trialkylphosphiten $P(OR)_3$ folgt $[M]_W = 132$. Daher hat wasserfreies fl. H_3PO_3 die Konstitution $OPH(OH)_2$, s. D. Voigt (*l. c.*), F. Gallais, D. Voigt (*C. r.* **226** [1948] 577/9). Genauere Ber. aus den an $RPO(OR)_2$ gemessenen Werten ergibt $[M]_W = 86.9$; der niedrigere experimentelle Wert (83) wird auf Dimerisation des H_3PO_3 (s. S. 127) zurückgeführt, D. Voigt (*Bl. Soc. chim.* **1953** 517/20). *Faraday Effect*

Magnetische Suszeptibilität. $\chi_{mol} = -37.6 \times 10^{-6}$, K. Kido (*Sci. Rep. Tohoku* I **21** [1932] 869/81, 878). *Magnetic Susceptibility*

Piezoelektrischer Effekt ist nicht vorhanden, S. Furberg, P. Landmark (*Acta chem. scand.* **11** [1957] 1505/11). *Piezoelectric Effect*

Chemisches Verhalten

Chemical Reactions

Thermische Zersetzung. Therm. Entwässerung bei 80°C im Vak. ergibt pyrophosphorige Säure $H_4P_2O_5$, s. F. Hossenlopp, M. McPartlin, P.-J. Ebel (*Bl. Soc. chim.* **1960** 791). *Thermal Decomposition*

H_3PO_3 zerfällt oberhalb 250°C in H_3PO_4 und PH_3, s. A. GEUTHER (*J. pr. Ch.* [2] 8 [1874] 359/72, 370), L. HURTZIG, A. GEUTHER (*Lieb. Ann.* **111** [1859] 159/73, 170); vgl. ferner H. DAVY (*Phil. Trans.* **1812** 405/15, 407), H. ROSE (*Pogg. Ann.* 8 [1826] 191/214; *Ann. Chim. Phys.* **34** [1827] 170/86, 177). Die schwach exotherme Rk. $4H_3PO_3 \rightarrow 3H_3PO_4 + PH_3$ verläuft langsam bei 150°C, rasch oberhalb 220°C, s. L. HACKSPILL, J. WEISS (*Chim. Ind.* **27** [1932] 453/7 S); ähnlich A. GEUTHER (*J. pr. Ch.* [2] 8 [1874] 359/72, 370), C. MARIE (*C. r.* **138** [1904] 1216/7). Neben PH_3 tritt H_2 auf, besonders gegen Ende der Rk., A. W. HOFMANN (*Ber.* **4** [1871] 200/5).

Bei gewöhnl. Druck verläuft die Zers. nach $2H_3PO_3 \rightarrow H_4P_2O_5 + H_2O$, $2H_4P_2O_5 \rightarrow H_4P_2O_7 + HPO_3 + PH_3$; außerdem entstehen geringe Mengen von festem Phosphorwasserstoff. Unterhalb 10 Torr bilden sich auf Kosten des PH_3 mehr feste Phosphorwasserstoffe von gelber bis oranger Farbe, die z. T. weiter in rotes P und PH_3 zerfallen, J. WEISS (*Thèse Strasbourg* 1931) nach J.-P. EBEL, N. BUSCH, G. HERTZOG (*Bl. Soc. chim.* **1958** 203/7); vgl. L. AMAT (*Ann. Chim. Phys.* [6] **24** [1891] 289/373, 356).

Im Bombenrohr (Vol. 725 ml) werden bei 280°C und ~12 at in 1 Std. 96% des eingewogenen H_3PO_3 (40 g) zersetzt, bei 250°C nur 15%. Der Rk.-Verlauf entspricht ziemlich genau der Gleichung $4H_3PO_3 \rightarrow PH_3 + 3H_3PO_4$. Bei Tempp. > 280°C besteht das entwickelte Gas aus PH_3 und H_2, dessen Anteil mit steigender Temp. wächst; bei 400°C (Enddruck ~38 at) enthält das Gas nur noch Spuren, bei 450°C kein PH_3 mehr. H_2 wird vorwiegend nach $PH_3 + 4H_2O \rightarrow H_3PO_4 + 4H_2$ gebildet (s. S. 34); das erforderliche H_2O entsteht durch Entwässerung des H_3PO_4. Daneben tritt Zerfall des PH_3 in P_2H_4 und H_2 ein, I. N. BUŠMAKIN, A. V. FROST (*Žurnal prikladnoj Chim.* [russ.] **6** [1933] 613/20).

With Atmospheric Humidity

Gegen Luftfeuchtigkeit. Bei > 20% relativer Luftfeuchtigkeit ziehen H_3PO_3-Kristalle H_2O an, B. O. LOOPSTRA (*JENER Publ.* Nr. 15 [1958] 1/64, 38); vgl. auch A. WURTZ (*Lieb. Ann.* **58** [1846] 49/84, 63).

With Water and Water Vapor at Elevated Temperatures

Gegen Wasser und Wasserdampf bei hohen Temperaturen. Beim Erhitzen mit 1 Mol H_2O je Mol H_3PO_3 findet vorwiegend therm. Zers. nach $4H_3PO_3 \rightarrow 3H_3PO_4 + PH_3$ statt, A. A. VVEDENSKIJ, A. V. FROST (*Žurnal obščej Chim.* [russ.] **1** [1931] 1108/13); technisch tragbare Rk.-Geschww. werden erst oberhalb 330°C erreicht, I. N. BUŠMAKIN, A. V. FROST (*Žurnal prikladnoj Chim.* [russ.] **6** [1933] 613/20).

Mit steigendem Molverhältnis H_2O/H_3PO_3 wird die therm. Zers. durch die Rk. $H_3PO_3 + H_2O \rightarrow H_3PO_4 + H_2$ abgelöst. Bei $H_2O/H_3PO_3 > 10$ geht ausschließlich diese Rk. vor sich. Nach Verss. im Bombenrohr verläuft sie annähernd nach 1. Ordnung bezüglich H_3PO_3; die Geschw.-Konst. hat bei 300°C die Größenordnung $10^{-5} min^{-1}$, A. A. VVEDENSKIJ, A. V. FROST (*l. c.*); s. auch I. N. BUŠMAKIN, A. V. FROST (*l. c.*). Nach Verss. im geschlossenen Rohr bei Tempp. zwischen 275 und 345°C nimmt das Molverhältnis PH_3/H_2 annähernd linear mit dem Molverhältnis H_3PO_3/H_2O zu. Bei 275°C enthält das aus Lsgg. mit w = 53 bzw. 95 Gew.-% H_3PO_3 gebildete Gas 98 bzw. 51 Vol.-% H_2; auch bei höheren Tempp. erhält man aus Lsgg. mit w < 50 fast reines H_2. Die Rk.-Geschw. nimmt mit Konz. und Temp. zu; bei 315°C und w = 53, 78 bzw. 86 wird vollständiger Umsatz zu H_3PO_4 in 15, 7 bzw. 4 Std. erzielt, bei w = 53 und 345°C in 2 Std., L. HACKSPILL, J. WEISS (*Chim. Ind.* **27** [1932] 453/7 S).

Kolloides Pt erhöht die Rk.-Geschw. auf das 50fache, Ag und Cu beschleunigen nur wenig. Die Pt-katalysierte Rk. wird durch geringe Mengen H_3PO_4, NaH_2PO_4 und KH_2PO_4 weiter beschleunigt. HCl hat keine Wrkg. H_2SO_4 wird zu H_2S reduziert, das den Katalysator vergiftet, A. A. VVEDENSKIJ, A. V. FROST (*l. c.*); Cd^{2+} und Cr^{2+} beschleunigen, I. N. BUŠMAKIN, A. V. FROST (*l. c.*).

Nach Strömungsverss. bei gewöhnl. Druck und 450, 600 und 860°C findet in einem H_3PO_3-Wasserdampf-Gemisch (erhalten durch tropfenweises Verdampfen von 2n H_3PO_3-Lsg. im Rk.-Raum) bei geeigneten Strömungsgeschww. nahezu vollständiger Umsatz nach $H_3PO_3 + H_2O \rightarrow H_3PO_4 + H_2$ statt. Die H_3PO_4-Ausbeute wird durch Kontaktkatalysatoren (Monel-Legierung, Cu, Ag) nicht beeinflußt, B. SCHÄTZEL (*Umsetzung von Phosphor mit Wasserdampf zu Phosphorsäure und Wasserstoff im Temperaturgebiet von 200—1000°C bei Atmosphärendruck, Berlin* 1929, S. 1/53, 14, 41).

With Oxygen

Gegen Sauerstoff. Krist. H_3PO_3 reagiert bei 25°C nicht mit O_2, s. C. C. MILLER (*J. chem. Soc.* **1928** 1447/62, 1451). Nach A. WURTZ (*Lieb. Ann.* **58** [1846] 49/84, 63; *Ann. Chim. Phys.* [3] **16** [1846] 190/231, 207) absorbieren die zerfließlichen Kristalle langsam O_2 aus der Luft.

With Halogens

Gegen Halogene. Beim Überleiten von Cl_2 über H_3PO_3 auf dem Wasserbad bildet sich HCl, jedoch kein PCl_3, s. O. ORDINAIRE (*C. r.* **64** [1867] 364/5). Mit fl. Br_2 reagiert wasserfreies H_3PO_3 beim Erwärmen unter Bldg. von HBr, $(HPO_3)_4$, $(HPO_3)_3$ sowie von $H_4P_2O_7$ und höheren Polyphosphorsäuren. Die (exotherme) Rk. setzt bei gewöhnl. Temp. erst nach längerem Stehen ein; die Induktionsperiode wird durch das UV-Licht einer Hg-Lampe nicht verkürzt, wohl aber durch die Ggw. der Rk.-Prodd., A. SIMON, W. SCHULZE (*Z. anorg. Ch.* **296** [1958] 287/304, 300). Aus äquimolaren Mengen H_3PO_3 und Br_2 entstehen beim Erwärmen im zugeschmolzenen Rohr auf 100°C HBr und Metaphosphorsäure; mit H_3PO_3-Überschuß bilden sich HBr, H_3PO_4 und PBr_3, s. G. GUSTAVSON (*J. pr. Ch.* **101** [1867] 123/5; *Bl. Acad. Pétersb.* [3] **11** [1867] 299/301); bei öfterem Abblasen des HBr hinterbleiben zerfließliche, in Äther unlösl. Nadeln, vermutlich $BrPO(OH)_2$, s. O. ORDINAIRE (*l. c.*).

J_2 reagiert mit überschüssigem H_3PO_3 bei mehrstd. Erhitzen auf dem Wasserbad unter Bldg. von HJ, H_3PO_4, PH_4J und PJ_2, s. G. GUSTAVSON (*l. c.*).

Gegen Halogenide. H_3PO_3 reagiert bei 80°C nicht mit HCl, s. L. WOLF, E. KALAEHNE, H. SCHMAGER (*Ber.* **62** [1929] 1441/9). *With Halogenides*

Die Rk. mit PCl_3 und PBr_3 führt bei gewöhnl. Temp. zu einem Gleichgew. $PX_3 + 5H_3PO_3 = 3H_4P_2O_5 + 3HX$. Beim Abpumpen des HX im Vak. verläuft die Rk. vollständig, s. die Darst. der pyrophosphorigen Säure, S. 139. Die ausschließliche Bldg. von $H_4P_2O_5$ ist durch Papierchromatographie und magnet. Kernresonanzmessungen erwiesen; P_2O_3 wird nicht gebildet, F. HOSSENLOPP, J.-P. EBEL (*C. r.* **250** [1960] 354/5), s. auch S. 427. Bei 30 bis 40°C reagieren H_3PO_3 und PCl_3 im Molverhältnis 5 : 1 unter Bldg. von HCl und pyrophosphoriger Säure $H_4P_2O_5$; letztere setzt sich mit überschüssigem PCl_3 schon bei 45°C zu Phosphor, Phosphorsuboxid, H_3PO_4 und $H_4P_2O_7$ um, V. AUGER (*C. r.* **136** [1903] 814/5). Beim Erwärmen auf dem Wasserbad entsteht rotes P nach $4H_3PO_3 + PCl_3 \rightarrow 3H_3PO_4 + 2P + 3HCl$, s. KRAUT (*Lieb. Ann.* **158** [1871] 332), A. GEUTHER (*J. pr. Ch.* [2] **8** [1874] 359/72, 366), ebenso bei 12std. Erhitzen auf 150°C im Einschmelzrohr, A. MICHAELIS, K. v. AREND (*Lieb. Ann.* **325** [1902] 361/7, 366); bei 60 bis 80°C bildet sich P-Suboxid, s. S. 60.

Mit $POCl_3$ findet schon bei gewöhnl. Temp. schwach exotherme Rk. nach $2H_3PO_3 + 3POCl_3 \rightarrow 3HPO_3 + 2PCl_3 + 3HCl$ statt. PCl_5 reagiert lebhaft nach $H_3PO_3 + 3PCl_5 \rightarrow PCl_3 + 3POCl_3 + 3HCl$, A. GEUTHER (*l. c.*). $POCl_2Br$ reagiert ähnlich wie $POCl_3$, E. CHAMBON (*Jenaische Z. Med. Naturw.* [2] **3** [1876] 2. *Suppl.-H.* S. 92/103).

Gegen weitere anorganische Verbindungen. Konz. H_2SO_4 oxydiert bei 100°C noch nicht; erst bei 130°C tritt Zers. unter Schwarzfärbung ein, P. NYLÉN (*Ber.* **57** [1924] 1023/38, 1026 Fußnote). *With Other Inorganic Compounds*

Mit gasf. NH_3 entsteht NH_4-Phosphit, H. DAVY (*Phil. Trans.* **1812** 405/15, 408). Halbstd. Erhitzen mit wss. NH_3-Lsg. auf 300 bis 350°C im geschlossenen Rohr liefert reines NH_4-Phosphat, I. N. BUŠMAKIN, A. V. FROST (*Ž. prikladnoj Chim.* [russ.] **6** [1933] 613/20).

Beim Erhitzen eines Phosphits mit der doppelten Gew.-Menge KBH_4 tritt unter Entflammung Red. zu Phosphid ein, P. ROMAIN, R. MERLAND, H. LAUBIE (*Bl. Trav. Soc. Pharm. Bordeaux* **92** [1954] 131/4, *C.A.* **1956** 722).

Zum Verh. gegen K_2PtCl_4 vgl. S. 137.

Gegen organische Verbindungen. **Alkohole.** Bei gewöhnl. Temp. wirken H_3PO_3 und wasserfreies Äthanol sehr langsam aufeinander ein. Beim Erhitzen im zugeschmolzenen Rohr auf ~100°C stellt sich nach ~2 Tagen ein (auch durch Verseifung des Diesters erreichbares) Gleichgew. zwischen Monoester HPO(OH)(OR), Diester $HPO(OR)_2$, H_2O und den Ausgangsstoffen ein. Die Gleichgew.-Konstt. (Konz. = Molenbruch) $K_1 = [\text{Monoester}] \cdot [H_2O]/[\text{Äthanol}] \cdot [H_3PO_3]$ und $K_2 = [\text{Diester}] \cdot [H_2O]/[\text{Monoester}] \cdot [\text{Äthanol}]$ haben bei 100°C die Größenordnung 10^{-2} bzw. 10^{-3}; bei 80°C ist die Gleichgew.-Lage nahezu dieselbe. Abnahme der H_3PO_3-Konz. mit der Zeit bei 96°C: *With Organic Compounds. Alcohols*

Min.	0	65	100	250
Gew.-% H_3PO_3	40.0	28.4	27.8	27.3

P. NYLÉN (*Svensk kem. Tidskr.* **48** [1936] 2/22).

Andere Alkohole verhalten sich ähnlich. Wegen der schwierigen Trennbarkeit der Mischungen werden die Ester der phosphorigen Säure zweckmäßig auf anderem Wege dargestellt, vgl. hierzu G. M. KOSOLAPOFF (*Organophosphorus Compounds, New York* 1950, S. 189, 201/6).

Bldg. von Additions- und Komplexverbb. mit Polyalkoholen und Oxysäuren s. „Nichtwäßrige Lösung" S. 137.

Acetylchlorid. H_3PO_3 und CH_3COCl reagieren bei 50°C rasch unter Bldg. von HCl und Monoacetylphosphit, B. T. BROOKS (*J. Am. Soc.* **34** [1912] 492/9), dem die Struktur $CH_3 \cdot CO \cdot PO(OH)_2$ zukommt, J. A. CADE (*J. chem. Soc.* **1960** 1948/50). *Acetylchloride*

Aldehydes and Ketones

Aldehyde und Ketone addieren bei mehrtägigem Erhitzen auf dem Wasserbad H_3PO_3 unter Bldg. einer hydroxylierten Phosphorsäure nach $R_1R_2CO + HPO(OH)_2 \rightarrow R_1R_2COH \cdot PO(OH)_2$, vgl. G. M. Kosolapoff (*l. c.* S. 129). Zum Verh. gegen Furfurol und Benzaldehyd vgl. S. 136.

Diazo Compounds

Diazoverbindungen. H_3PO_3 und Diazoäthan reagieren in äther. Lsg. bei 0°C rasch und quantitativ nach $H_3PO_3 + 2C_2H_4N_2 \rightarrow 2N_2 + HPO(OC_2H_5)_2$, F. C. Palazzo, F. Maggiacomo (*Gazz.* **38** II [1908] 115/23). Analog verhält sich Phenyldiazomethan, F. R. Atherton, H. T. Howard, A. R. Todd (*J. chem. Soc.* **1948** 1106/11).

Aqueous Solution

Wäßrige Lösung

Solubility

Löslichkeit zwischen 0 und 39°C, Bodenkörper H_3PO_3:

°C	0°	20.3°	25.4°	30°	35°	39.4°
Gew.-% H_3PO_3	75.58	81.95	82.64	84.12	85.00	87.42

Die angegebenen Werte für 20 und 35°C weichen von der aus den übrigen Werten interpolierten Löslichkeitskurve ab, A. Italiener (*Diss. Berlin* 1917, S. 1/60, 25); aus dieser ergibt sich 81.2 bzw. 85.6 Gew.-% bei 20 bzw. 35°C. Löslichkeit bei 18 bis 20°C: 82.8 Gew.-% H_3PO_3, s. T. Milobedzki, K. Boratynski (*Roczniki Chem.* 8 [1928] 554/62, 557).

Thermochemical Data

Thermochemische Daten. Lösungswärme bei Auflösung von 1 Mol H_3PO_3 in 150 Mol H_2O: $\Delta H_{291} = +130$ cal für krist. H_3PO_3, $\Delta H_{291} = -2940$ cal für fl. H_3PO_3, s. J. Thomsen (*J. pr. Ch.* [2] **11** [1875] 154/73, 160).

Bildungswärme und Entropie:

	H_3PO_3	$H_2PO_3^-$	HPO_3^{2-}	Lit.
$-\Delta H^\circ_{291.16}$	228.8	228	227	1)
$-\Delta H^\circ_{298.16}$	232.2	233.3	233.0	2)
$-\Delta G^\circ_{298.16}$	204.8	202.35	194.0	3)
$S^\circ_{298.16}$	40	19	—	3)

1) F. R. Bichowsky, F. D. Rossini (*The Thermochemistry of the chemical Substances, New York* 1936, S. 38, 220). — 2) Rossini u. a. (*Selected Values*, 1952, S. 74). — 3) W. M. Latimer (*The Oxidation States of the Elements and their Potentials in aqueous Solutions*, 2. *Aufl., New York* 1952, S. 106).

Physical Properties

Physikalische Eigenschaften. Dichte:

Gew.-% H_3PO_3	26.78	30.66	73.69
°C	10°	26.8°	25.6°
D_4	1.13361	1.16089	1.46648

F. Zecchini (*Gazz.* **35** II [1905] 65/86, 73).

g H_3PO_3/100 ml Lsg.	7.698	8.567	9.397	10.68	15.37
°C	19°	17.2°	16.8°	18.6°	14.2°
D_4	1.0344	1.0387	1.0424	1.0482	1.0696
g H_3PO_3/100 ml Lsg.	18.76	34.01	38.80	45.96	82.21
°C	17°	25°	17°	24°	25°
D_4	1.0839	1.1445	1.1705	1.1973	1.3462

D. Voigt (*Bl. Soc. chim.* **1953** 517/20).

Sorption an Al- und Fe^{III}-Oxidhydrat sowie an Mastixsol und $Fe(OH)_3$-Sol, N. Schilow (*Z. phys. Ch.* **100** [1922] 425/62, 429, 430, 436, 438); zur Sorption an Fe^{III}-Oxidhydrat s. auch A. Krause, Z. Alaszewska, Z. Jankowski (*Ber.* **71** [1938] 1033/40).

Gefrierpunktserniedrigung Δ in °C in Abhängigkeit von der molaren Konz. c:

c	1.186	0.593	0.296	0.148
Δ	2.941°	1.538°	0.835°	0.455°

A. Rosenheim, M. Schapiro, A. Italiener (*Z. anorg. Ch.* **129** [1923] 196/205).

Siedepunktserhöhung in °C:

c	0.976	0.488	0.244	0.122
Δ	0.51°	0.28°	0.16°	0.13°

A. Rosenheim u. a. (*l. c.*).

Ultraviolettabsorption. Im untersuchten Bereich 280 bis 310 mμ weisen 2 m Lsgg. von H_3PO_3 und Na_2HPO_3 schwache, kontinuierliche Absorption auf. Vergleich mit Estern und mit bei der sauren Hydrolyse von PBr_3 gebildeten Lsgg. im Original, T. MILOBEDZKI, W. BOROWSKI (*Roczniki Chem.* **18** [1938] 725/31).

Brechungszahl:

Gew.-% H_3PO_3	26.78	30.66	73.69
°C	10°	26.8°	25.6°
n_D	1.36069	1.36436	1.41815

F. ZECCHINI (*Gazz.* **35** II [1905] 65/86, 73).

g H_3PO_3/100 ml Lsg. . .	8.567	10.68	38.80
°C	17.2°	18.6°	17°
$n_{578\mu}$	1.3406	1.3427	1.3666

D. VOIGT (*Bl. Soc. chim.* **1953** 517/20).

Faraday-Effekt. Molekulare magnet. Drehung der Polarisationsebene $[M]_\omega$ in Winkelmin. für $\lambda = 5780$ Å; Werte in Auswahl:

g H_3PO_3/100 ml Lsg. .	7.698	8.567	9.397	10.68	15.37	45.96	82.21
°C	19°	17.2°	16.8°	18.6°	14.2°	24°	25°
$[M]_\omega \cdot 10^2$	92.7	87.9	88.6	87.8	85.4	85.8	83.7

Der Abfall von $[M]_\omega$ mit zunehmender Konz. wird auf Dimerisation zurückgeführt, D. VOIGT (*Bl. Soc. chim.* **1953** 517/20).

Messungen an wss. Alkaliphosphitlsgg. ergeben für die Ionen $H_2PO_3^-$ und HPO_3^{2-} $[M]_\omega = 95$ bzw. 100, D. VOIGT (*C. r.* **236** [1953] 1028/30).

Magnetische Suszeptibilität einer 63.4 Gew.-%igen Lsg. bei 24°C $\chi_{mol} = -42.5 \times 10^{-6}$. Daraus ber. Ionensusz. des PO_3^{3-} $\chi_{ion} = 42.5 \times 10^{-6}$, K. KIDO (*Sci. Rep. Tohoku* I **21** [1932] 869/81, 872, 874).

Elektrochemisches Verhalten. Normalpotentiale. Aus thermodynam. Daten ber. Normalpotentiale $_0E_h$ in V bei 25°C: *Electrochemical Behavior*

$$H_3PO_3 + H_2O = H_3PO_4 + 2H^+ + 2\ominus \quad \ldots \quad {}_0E_h = -0.276$$
$$HPO_3^{2-} + 3OH^- = PO_4^{3-} + 2H_2O + 2\ominus \quad \ldots \quad {}_0E_h = -1.12$$
$$2H_3PO_3 = H_4P_2O_6 + 2H^+ + 2\ominus \quad \ldots \quad {}_0E_h = +0.4$$

Der letzte Wert ist geschätzt, W. M. LATIMER (*The Oxidation States of the Elements and their Potentials in aqueous Solutions*, 2. *Aufl.*, *New York* 1952, S. 107, 108).

Elektrische Leitfähigkeit. Spezif. Leitf. $\varkappa$ (in $\Omega^{-1}cm^{-1}$) und molare Leitf. μ (in $\Omega^{-1}cm^2mol^{-1}$) bei 18°C in Abhängigkeit von der Verd. v (in l Lsg./Mol H_3PO_3):

v	9.06[1]	20	100	500	1000
$\varkappa$ (18°)	1.91×10^{-2}	1.12×10^{-2}	2.94×10^{-3}	6.72×10^{-4}	3.37×10^{-4}
μ (18°)	187	220	288	328	330

Spezif. Leitf. des benutzten H_2O 1.1×10^{-6}, I. M. KOLTHOFF (*Rec. Trav. chim.* **46** [1927] 350/8).

Aus Messungen von W. OSTWALD (*J. pr. Ch.* [2] **31** [1885] 433/62, 456) ber. molare Leitf. bei 25°C:

v	2	4	8	16	32	64	128	256	512	1024
μ (25°)	129	156	187	222	257	292	318	337	351	358

F. KOHLRAUSCH, L. HOLBORN (*Das Leitvermögen der Elektrolyte*, 2. *Aufl.*, *Leipzig* 1916, S. 177).

In guter Übereinstimmung damit:

v	35	70	140	280	560	1120
μ (25°)	260.4	298	320	334	358	367

A. ROSENHEIM, M. SCHAPIRO, A. ITALIENER (*Z. anorg. Ch.* **129** [1923] 196/205).

Glimmlichtelektrolyse (480 V, 60 mA, 12 Torr, Anodenabstand von der Fl.-Oberfläche 8 mm) führt H_3PO_3 in H_3PO_4 über. Die Stromausbeute steigt vom Grenzwert 60% bei c = 0 auf ~400, 650, 800 bzw. 900% bei c = 0.02, 0.05, 0.1 bzw. 0.3 Mol/l. Höhe und Konz.-Abhängigkeit der

[1]) Im Original Druckfehler.

Ausbeute sind quantitativ auf Grund der Annahme deutbar, daß im Glimmbogen durch Spaltung von H_2O gebildete OH-Radikale in der Fl.-Oberfläche nach $H_3PO_3 + 2OH = H_3PO_4 + H_2O$ reagieren, W. KOHL, A. KLEMENC (*Monatsh.* **84** [1953] 1053/60). Ebenso verläuft die Ox. von Na_2HPO_3, s. A. KLEMENC, W. KOHL (*Monatsh.* **84** [1953] 498/511).

Chemical Reactions

Chemisches Verhalten

With Ionizing Radiation

Gegen ionisierende Strahlung. Bei Einw. von Röntgen- oder γ-Strahlung auf wss. Phosphitlsgg. (10^{-5} bis 10^{-1}molar, p_H 0.1 bis 10.8) erfolgt auch bei Luftausschluß Ox. zu Phosphat unter Entw. von 1 Mol H_2 je Mol Phosphat. Die Energieausbeute (Anzahl der oxydierten Phosphit-Ionen je 100 eV absorbierter Energie) in $8 \cdot 10^{-4}$molarer Phosphitlsg. fällt von 3.15 bei $p_H = 0.1$ auf 1.8 bei $p_H = 7.7$. In Ggw. von O_2 sind die Ausbeuten etwa 10mal so groß. In O_2-freier Lsg. verläuft die Ox. vermutlich nach folgendem Schema: $H_2O \rightarrow H + OH$, $H_2PO_3^- + H \rightarrow HPO_3^- + H_2$, $H_2PO_3^- + OH \rightarrow HPO_3^- + H_2O$, $2HPO_3^- + H_2O \rightarrow H_2PO_3^- + H_2PO_4^-$. In Ggw. von O_2 ist ein Kettenmechanismus wahrscheinlich. α-Strahlung ergibt geringere Oxydationsausbeuten; neben H_2 entstehen auch O_2 und H_2O_2, M. COTTIN (*J. Chim. phys.* **53** [1956] 917/28); vgl. ferner M. COTTIN, M. HAISSINSKY (*J. Chim. phys.* **50** [1953] 195), M. COTTIN (*J. Chim. phys.* **51** [1954] 404/5), M. LEFORT (*J. Chim. phys.* **51** [1954] 351/3), M. HAISSINSKY (*J. Chim. phys.* **53** [1956] 542/7).

With Ultrasonics

Gegen Ultraschall. Einw. von Ultraschall (960 kHz) auf 0.01m-H_3PO_3-Lsgg. bewirkt auch bei O_2-Ausschluß vollständige Ox. zu H_3PO_4; außerdem entsteht H_2O_2. In Ggw. von O_2 sind die Energieausbeuten höher; neben H_3PO_4 und H_2O_2 bildet sich Ozon. Vermutlich liegt ein ähnlicher Radikalmechanismus vor wie bei der Einw. von α-Strahlen, in Ggw. von O_2 außerdem Ox. durch das gebildete Ozon, M. HAISSINSKY, A. MANGEOT (*N. Cim.* [10] **4** [1956] 1086/95).

Tautomerism

Tautomerie. Aus der Kinetik der Rk. mit Jod in saurer Lsg. ergibt sich die Existenz einer aktiven Form des H_3PO_3 in sehr geringer Konz., die mit der normalen Form $HPO(OH)_2$ (s. Molekelstruktur S. 118) in einem Gleichgew. steht, dessen Einstellung allgemeiner Säure-Basen-Katalyse unterliegt, s. S. 133. Die aktive, mit dem Ox.-Mittel reagierende Form hat wahrscheinlich die Struktur $P(OH)_3$ mit freiem Elektronenpaar am P-Atom, R. O. GRIFFITH, A. MCKEOWN (*Trans. Faraday Soc.* **36** [1940] 766/79); vgl. ferner A. D. MITCHELL (*J. chem. Soc.* **123** [1923] 2241/54), E. I. ORLOV (*Ž. Russk. fiz.-chim. Obščestva* **46** [1914] 535/59). Die gleiche Schlußfolgerung ergibt sich aus der Kinetik der Rk. mit $HgCl_2$ in saurer Lsg. (s. S. 134), A. D. MITCHELL (*J. chem. Soc.* **125** [1924] 1013/30). Der mit beträchtlicher Geschw. vor sich gehende, durch Säure beschleunigte H-Austausch zwischen dem unmittelbar an P gebundenen Wasserstoff des H_3PO_3 und dem des H_2O (s. S. 128) bestätigt die Annahme einer prototropen Umlagerung $HPO(OH)_2 \rightarrow P(OH)_3$, s. R. B. MARTIN (*J. Am. Soc.* **81** [1959] 1574/6); ebenso die Katalyse der Rk. mit Ag^+ (S. 135) durch H^+, s. A. SIMON, W. SCHULZE (*Z. anorg. Ch.* **296** [1958] 287/304), ferner Bldg. und Struktur von Pt-Komplexverbb., s. S. 137.

$P(OH)_3$ kann nur in sehr geringen Konzz. vorhanden sein; Ultrarotspektrum, Ramanspektrum und weitere physikal. Methh. ergeben keinen Anhaltspunkt für die Existenz desselben, s. Molekelstruktur S. 119. Daß auch in verd. Lsg. fast ausschließlich H_3PO_3 mit der Struktur $HPO(OH)_2$ vorliegt, geht aus dem Vergleich der Dissoz.-Konstt. mit denen anderer Säuren hervor, G. SCHWARZENBACH (*Helv. chim. Acta* **19** [1936] 1043/52). Auf Grund der Struktur $HPO(OH)_2$ ber. Dissoz.-Konstt. stimmen mit den experimentellen Werten gut überein; die Struktur $P(OH)_3$ ergibt weit abweichende Werte, A. KOSSIAKOFF, D. HARKER (*J. Am. Soc.* **60** [1938] 2047/55); s. auch F. GALLAIS (*Bl. Soc. chim.* **1947** 425/30).

Auch frischbereitete Hydrolysate von P-Trihalogeniden enthalten entgegen A. D. MITCHELL (*J. chem. Soc.* **127** [1925] 336/42), R. DOLIQUE, A. GRANGIENS (*C. r.* **197** [1933] 618/20; *Bl. Soc. chim.* [5] **1** [1934] 380/7), T. MILOBEDZKI, W. BOROWSKI (*Roczniki Chem.* **18** [1938] 725/31), J. H. KOLITOWSKA (*Roczniki Chem.* **27** [1953] 191/206) keine größeren, chromatographisch nachweisbaren Mengen $P(OH)_3$, E. THILO, D. HEINZ (*Z. anorg. Ch.* **281** [1955] 303/21); vgl. ferner B. BLASER (*Ber.* **86** [1953] 563/72), D. VOIGT (*Bl. Soc. chim.* **1953** 212/4) sowie bei der Hydrolyse von PCl_3 und PBr_3, S. 423, 495. Die verschiedene Geschw., mit der Ag^+ durch Suspensionen von kalt- bzw. heißgefälltem $BaHPO_3$ reduziert wird, beruht entgegen A. HANTZSCH (*Z. Elektroch.* 8 [1902] 484) nicht auf verschiedener Konstit. der Präpp., sondern auf verschiedener Acidität der Lsgg., A. SIMON, W. SCHULZE (*Z. anorg. Ch.* **296** [1958] 287/304). Vollkommen analoge Verhältnisse liegen bei den Dialkylphosphiten $HPO(OR)_2$ vor, vgl. G. O. DOAK, L. D. FREEDMAN (*Chem. Rev.* **61** [1961] 31/44 mit 114 Lit.-Zitaten).

Elektrolytische Dissoziation. Wss. H_3PO_3 ist eine zweibasige Säure, in beiden Dissoz.-Stufen etwas stärker als H_3PO_4 und wie diese mit Dimethylgelb (1. Stufe) und Thymolphthalein titrierbar, I. M. Kolthoff (*Rec. Trav. chim.* **46** [1927] 350/8); Titration mit Bromphenolblau (1. Stufe) und α-Naphtholphthalein, T. Milobedzki, K. Boratynski (*Roczniki Chem.* 8 [1928] 554/62). Zum zweibasigen Charakter s. auch E. Cornec (*Ann. Chim. Phys.* [8] **29** [1913] 491/540, 514), E. Blanc (*J. Chim. phys.* **18** [1920] 28/45, 35), W. V. Bhagwat, N. R. Dhar (*J. Indian chem. Soc.* **6** [1929] 781/91); ferner „Salzbildung" S. 128. *Electrolytic Dissociation*

Erste Dissoziationskonstante $K_1 = a_{H^+} \cdot a_{H_2PO_3^-}/a_{H_3PO_3} = 5.1 \times 10^{-2}$ bei 18°C, aus den Leitf.-Werten von I. M. Kolthoff (*Rec. Trav. chim.* **46** [1927] 350/8) mit der Gleichung von T. Shedlovsky (*J. Franklin Inst.* **225** [1938] 739/43) ber., T. D. Farr (in: *Tennessee Valley Authority, Chem. Engg. Rep.* Nr. 8 [1950] 1/93, 27). $K_1 = 3.89 \times 10^{-2}$ bei 20°C, aus potentiometr. Messungen, P. Nylen (*Diss. Uppsala* 1930, S. 1/239, 151). $K_1 = 3.98 \times 10^{-2}$ bei 25°C, aus Leitf.-Messungen von W. Ostwald (*J. pr. Ch.* [2] **31** [1885] 433/62) berechnet, P. Nylén (*l. c.*). $K_1 = 2.11 \times 10^{-2}$ bis 3.13×10^{-2} bei 25°C, aus potentiometr. Titration (Glaselektrode) von Lsgg. mit 11.9 bis 38.5 Millimol/l H_3PO_3. Der Anstieg wird auf Dimerisation (s. unten) zurückgeführt, K. Takahasi, N. Yui (*Bl. Inst. phys. chem. Res.* [*Tokyo*] **20** [1941] 521/8, *Abstr. Rikwagakū-Kenkyū-jo Ihō* **14** [1941] 35/6, *C.A.* **1942** 1231).

Aus potentiometr. Unterss. folgt $K_1' = a_{H^+} \cdot c_{H_2PO_3^-}/c_{H_3PO_3} = 10.7 \times 10^{-2}$ bei 0°C und Ionenstärke $\mu = 1$, P. Nylén (*Z. anorg. Ch.* **230** [1937] 385/404, 396); $K_1' = 1.00 \times 10^{-2}$ bei 18°C, C. Morton (*Quart. J. Pharm. Pharmacol.* **3** [1930] 438/49).

Die Konzentrationskonst. $K_1'' = c_{H^+} \cdot c_{H_2PO_3^-}/c_{H_3PO_3}$, ber. aus der Leitfähigkeit, steigt von 1.6×10^{-2} in 0.001 molarer Lsg. auf 6.2×10^{-2} in 0.1 molarer Lsg., I. M. Kolthoff (*l. c.*). Potentiometr. Messungen mit der Meth. von J. W. H. Lugg (*J. Am. Soc.* **53** [1931] 3554) ergeben bei $\mu = 0.58$ bis 0.60 $K_1'' = 0.098$ bzw. 0.068 bei 18° bzw. 45°C, R. O. Griffith, A. McKeown (*Trans. Faraday Soc.* **36** [1940] 766/79, 776).

Zweite Dissoziationskonstante K_2 aus potentiometr. Titration:

3.16×10^{-7}	bei 26°C und Ionenstärke $\mu = 0.08$, H. E. Robertson, P. D. Boyer (*Arch. Biochem. Biophys.* **62** [1956] 396/401).
1.5×10^{-7}	bei 25°C, K. Takahasi, N. Yui (*l. c.*).
1.7×10^{-7}	bei 20°C, P. Nylén (*Diss. Uppsala* 1930, S. 1/239, 151).
2.63×10^{-7}	bei 18°C, C. Morton (*l. c.*).
2×10^{-7}	bei 18°C, I. M. Kolthoff (*l. c.*).
6.6×10^{-7}	bei 0°C und $\mu = 1$, P. Nylén (*Z. anorg. Ch.* **230** [1937] 385/404, 396).

Aus der Kinetik der Rk. zwischen H_3PO_3 und Jod ergibt sich $K_2 = 8 \times 10^{-7}$ bei 20°C und $\mu = 1.15$, $K_2 = 5.9 \times 10^{-7}$ bei 30°C und $\mu = 0.4$, s. R. O. Griffith, A. McKeown (*Trans. Faraday Soc.* **36** [1940] 766/79, 771).

Dissoziationsgrad. Aus der Leitf. ber. scheinbare Dissoziationsgrade α bei 18°C in Abhängigkeit von der Konz. c in Mol/l: *Degree of Dissociation*

c	0.1102	0.05	0.01	0.002	0.001
α	0.534	0.628	0.823	0.937	0.943

I. M. Kolthoff (*Rec. Trav. chim.* **46** [1927] 350/8).

Aus magnet. Kernresonanzmessungen ergibt sich für die 1. Dissoz.-Stufe $\alpha_1 = 0.39$ bzw. 0.01 bei c = 5.0 bzw. 10.0 Mol/l, für die 2. Dissoz.-Stufe $\alpha_2 = 0.12$ bei c = 5.0 Mol/l, D. Roux (*Helv. phys. Acta* **31** [1958] 511/41, 539).

Assoziation. Aus Messungen der Gefrierpunktserniedrigung und Sdp.-Erhöhung (s. S. 124) schließen A. Rosenheim, M. Schapiro, A. Italiener (*Z. anorg. Ch.* **129** [1923] 196/205) auf Dimerisation in 0.1 bis 1 molaren Lösungen. Bei richtiger Auswertung sprechen diese Messungen jedoch für das Vorliegen der monomeren Form, O. Stelling (*Z. phys. Ch.* **117** [1925] 194/208); s. auch W. V. Bhagwat, N. R. Dhar (*J. Indian chem. Soc.* **6** [1929] 781/91). Die Konz.-Abhängigkeit der magnet. Drehung der Polarisationsebene (s. S. 125) deutet darauf hin, daß oberhalb 15 Gew.-% H_3PO_3 vorwiegend die dimere Form, unterhalb 7 Gew.-% H_3PO_3 vorwiegend die monomere Form vorliegt, D. Voigt (*Bl. Soc. chim.* **1953** 517/20). Vgl. auch die Angaben zum Molgew. in nichtwss. Lsg., S. 137. *Association*

Die Dialkylphosphite $HPO(OR)_2$ sind monomer, vgl. G. O. Doak, L. D. Freedman (*Chem. Rev.* **61** [1961] 31/44).

pH Values

p_H-Werte. Potentiometr. Messungen ergeben bei gewöhnl. Temp.:

Mol/l	1.0	0.50	0.25	0.10	0.01	0.005
p_H	0.631	0.885	1.803	1.377	2.223	2.541

A. Rosenheim, M. Schapiro, A. Italiener (*Z. anorg. Ch.* **129** [1923] 196/205).

Acidity Function

Aciditätsfunktion H_0 (vgl. S. 200) bei 25°C in Abhängigkeit von der Konz. (c in Mol/l, w in Gew.-%), spektralphotometrisch bei der Wellenlänge maximaler Absorption der benutzten 3 Indicatorbasen gemessen:

c	0.096	0.235	0.596	0.99	1.18	2.01	4.01	6.04
w	0.436	1.06	2.66	4.36	5.15	8.55	15.6	22.7
H_0	1.26	0.96	0.67	0.39	0.31	0.20	−0.08	−0.38

Die bei noch höheren Konzz. (bis 46.1 Gew.-%) erhaltenen H_0-Werte hängen stark von der Wellenlänge ab, K. N. Bascombe, R. P. Bell (*J. chem. Soc.* **1959** 1096/1104).

Neutralization

Neutralisation. Die p_H-Änderung bei der Neutralisation von 0.10n-H_3PO_3 mit 0.10n-NaOH zeigt Pufferwrkg. bei dem p_H-Wert 5.5 bis 7.5 an; die größte Pufferwrkg. weist die Lsg. auf, in der 50% des sekundären H^+ neutralisiert sind. Der p_H-Wert dieser Lsg. (6.5 bei 26°C und Ionenstärke $\mu = 0.08$) steigt nur um 0.15 an, wenn die Temp. von 0° auf 50°C wächst, H. E. Robertson, P. D. Boyer (*Arch. Biochem. Biophys.* **62** [1956] 396/401).

Calorimetrisch gemessene Neutralisationswärme 28.45 kcal/Mol bei 18°C, J. Thomsen (*J. pr. Ch.* [2] **11** [1875] 133/85, 154).

Salt Formation. Precipitation Reactions

Salzbildung. Fällungsreaktionen. H_3PO_3 bildet saure und neutrale Salze, in denen ein bzw. zwei H-Atome durch Metall ersetzt sind, vgl. A. Wurtz (*Ann. Chim. Phys.* [3] **16** [1846] 190/231; *Lieb. Ann.* **58** [1846] 49/84), L. Amat (*Ann. Chim. Phys.* [6] **24** [1891] 289/373). Na_2HPO_3 bindet entgegen C. Zimmermann laut J. Wislicenus (*Ber.* **7** [1874] 286/98, 289) kein NaOH mehr, L. Amat (*l. c.* S. 295/9), I. M. Kolthoff (*Rec. Trav. chim.* **46** [1927] 350/8). Konstit. und Einheitlichkeit des von J. Sperber, J. F. Bodmer (*Ber.* **69** [1936] 974/6) auf trockenem Wege erhaltenen angeblichen Na_3PO_3 sind fraglich, vgl. A. Simon (*Z. Elektroch.* **49** [1943] 413/26, 424 Fußnote).

Die Salze der Alkalimetalle und das saure Tl-Salz sind in Wasser sehr leicht lösl., A. Wurtz (*l. c.*), L. Amat (*l. c.*), M. Ebert (*Collect. Trav. chim. Tchécosl.* **23** [1958] 165/71, **24** [1959] 1389/93, 3348/52). Vom neutralen Tl-Salz und den sauren Salzen des Mg, Ca, Sr und Ba lösen sich bei 20°C 23.8, 19.5, 35.9, 25.9 bzw. 25.0 g in 100 g Wasser, M. Ebert (*l. c.* S. 3348/52), Z. Dlouhý, M. Ebert, V. Veselý (*Collect. Trav. chim. Tchécosl.* **24** [1959] 2801/3), vgl. auch L. Amat (*l. c.*), A. Wurtz (*l. c.*). Die neutralen Salze der Erdalkalimetalle, des Cu^{II}, Pb^{II}, Mn^{II} und Sn^{II} sind schwer lösl., A. Wurtz (*l. c.*); das saure Pb^{II}-Salz zersetzt sich mit H_2O zu Neutralsalz und H_3PO_3, s. L. Amat (*l. c.*). Schwer lösl. Cr^{II}-Phosphite s. M. Ebert, J. Podlaha (*Collect. Trav. chim. Tchécosl.* **25** [1960] 2435/9). Über Cr^{III}-Phosphit s. „*Chrom*" *Tl.* B, S. 440.

Exchange Reactions. Hydrogen

Austauschreaktionen. Wasserstoff. Aus der zeitlichen Änderung der Intensität der P-D- und P-H-Ramanfrequenzen in einer aus 2.5 g H_3PO_3 und 5.0 ml D_2O hergestellten Lsg. ergibt sich für die Geschw. der Rk. $P\text{-}H + D \rightarrow P\text{-}D + H$ eine Halbwertszeit $\tau_{1/2}$ von 198 Min. bei 23°C. In einer Lsg. von anfänglich 5.0 g H_3PO_3 in 5.0 ml D_2O beträgt $\tau_{1/2}$ 204 Min.; Säuren katalysieren den Austausch: in 4.8 bzw. 11.2m DCl-Lsg. nimmt $\tau_{1/2}$ auf 64 bzw. 23 Min. ab. Der Austausch $P\text{-}D + H \rightarrow P\text{-}H + D$ in einer Mischung aus 2.5 g D_3PO_3 und 5.0 ml H_2O verläuft mit $\tau_{1/2} = 540$ Min. bei 23°C. KH_2PO_3 in D_2O ergibt sehr langsamen, Na_2HPO_3 in D_2O überhaupt keinen Austausch. Die Austauschrkk. verlaufen vermutlich über die tautomeren Formen $P(OH)_3$ und $P(OD)_3$ mit freiem Elektronenpaar am P-Atom, R. B. Martin (*J. Am. Soc.* **81** [1959] 1574/6); in Einklang mit qualitativen Ergebnissen von A. Simon, W. Schulze (*Z. anorg. Ch.* **296** [1958] 287/304).

Im Gegensatz dazu erfolgt nach Dichtemessungen (Schwebemeth., Genauigkeit 5 γ) bei Versuchsdauern bis 45 Std. kein Austausch $P\text{-}H + D \rightarrow P\text{-}D + H$ zwischen H_3PO_3 und D_2O bei 25°C, A. I. Brodskij, L. V. Sulima (*Doklady Akad. Nauk SSSR* [2] **85** [1952] 1277/80).

Oxygen

Sauerstoff. Dichtemessungen (Schwebemeth., Genauigkeit 5 γ) ergeben für den O-Austausch zwischen H_3PO_3 und mit ^{18}O angereichertem H_2O (Dichteerhöhung gegenüber gewöhnl. Wasser 600 bis 800 γ) eine Halbwertszeit von 6.5 Std. bei 63°C. Der Austausch erfolgt vermutlich über das Hydrat $HP(OH)_4$. In einer Na_2HPO_3-Lsg. ist bei 100°C nach 10 Std. noch kein O-Austausch feststellbar, A. I. Brodskij, L. V. Sulima (*Doklady Akad. Nauk SSSR* [2] **92** [1953] 589/92).

Phosphor. Kein P-Austausch zwischen H_3PO_3 und H_3PO_2 s. „Weitere Austauschreaktionen“ des H_3PO_2, S. 104. Kein P-Austausch zwischen H_3PO_3 und H_3PO_4 s. Hydrolyse des $H_4P_2O_6$, S. 148. *Phosphorus*

Gegen Wasserstoff. Die Red. zu PH_3 mit nasc. H aus Zn und 30%iger Schwefelsäure nach L. DUSART (*C. r.* **43** [1856] 1126/7), BLONDLOT (*C. r.* **52** [1861] 1197/1200) verläuft sehr langsam; in der benutzten App. werden je Std. 0.159% des H_3PO_3 reduziert, J. H. KŘEPELKA, J. CHMELAŘ (*Collect. Trav. chim. Tchécosl.* **6** [1934] 307/24). *With Hydrogen*

Gegen Sauerstoff. Ohne Katalysatoren. Bei einjährigem Stehen an der Luft verändert sich wss. H_3PO_3 nicht, T. SALZER (*Lieb. Ann.* **232** [1886] 114/21). H_3PO_3-Lsg. reagiert bei 25°C nicht mit O_2, s. R. LUTHER, J. PLOTNIKOV (*Z. phys. Ch.* **61** [1908] 513/44, 529), C. C. MILLER (*J. chem. Soc.* **1928** 1447/62, 1451). 0.2 molare Lsgg. von H_3PO_3 oder $H_3PO_3 + 3KOH$ bleiben bei 41std. Schütteln unter O_2 unverändert, W. BOCKEMÜLLER, T. GÖTZ (*Lieb. Ann.* **508** [1934] 263/97, 294); vgl. auch H. WIELAND, A. WINGLER (*Lieb. Ann.* **434** [1923] 198/203). 0.05 molare Phosphitlsgg. sind im p_H-Bereich 1.5 bis 7.6 bei Tempp. bis 60°C beständig gegen O_2, H. E. ROBERTSON, P. D. BOYER (*Arch. Biochem. Biophys.* **62** [1956] 396/401). Nach 2std. Eindampfen einer 10%igen H_3PO_3-Lsg. auf dem Wasserbad tritt keine Änderung des Jodverbrauchs ein, A. SIEVERTS (*Z. anorg. Ch.* **64** [1909] 29/64, 32). *With Oxygen. Without Catalysts*

Durchleiten von Luft durch wss. H_3PO_3 bei 90°C ergibt nach 3 Std. höchstens 4%ige Ox.; feinverteiltes Pt (auf Silberwatte) beschleunigt die Ox. nicht. Bei 50 at Anfangsluftdruck und 300 bzw. 350°C werden in einem mit Ag ausgekleideten Autoklaven in 15 Min. 50% bzw. 81% des H_3PO_3 zu H_3PO_4 oxydiert, I. N. BUŠMAKIN, I. R. MOL'KENTIN, F. YU. RAČINSKIJ (*Ž. prikladnoj Chim.* **5** [1932] 557/66).

Mit Katalysatoren. In Ggw. von feinverteiltem Pd erfolgt rasche Autoxydation. 10 ml 2.8%iges H_3PO_3 geht beim Schütteln mit 0.2 g Pd-Schwarz in O_2-Atm. binnen 45 Min. fast vollständig in H_3PO_4 über. Vermutlich wird dabei das Hydrat H_5PO_4 der phosphorigen Säure durch Pd dehydriert, vgl. die Rk. in äther. Lsg. S. 137. Tierkohle (Merck) hat keine katalyt. Wrkg., auch nicht bei 40°C, s. H. WIELAND, A. WINGLER (*l. c.*). An frischer, mit wss. H_3PO_3 getränkter Holzkohle (4 g H_3PO_3 in 15 ml H_2O auf 15 g Kohle) werden bei 40std. Stehen an der Luft 25 bis 28% des H_3PO_3 zu H_3PO_4 oxydiert, V. N. OSIPOV (*Ž. obščej Chim.* **6** [1936] 1096/1100). *With Catalysts*

In Ggw. von J_2 oder HJ erfolgt im Licht (Uviollampe) Ox., weil das nach $H_3PO_3 + J_2 + H_2O \rightarrow H_3PO_4 + 2HJ$ verbrauchte J_2 durch die im Licht rasch verlaufende Rk. $2HJ + {}^1/_2O_2 \rightarrow J_2 + H_2O$ wieder gebildet wird, R. LUTHER, J. PLOTNIKOW (*Z. phys. Ch.* **61** [1908] 513/44). Analog wirkt Cu^{2+}, das nach Red. zu Cu^+ durch O_2-Aufnahme aus der Luft regeneriert wird, A. SIEVERTS (*Z. anorg. Ch.* **64** [1909] 29/64).

Fe^{2+} induziert bei $p_H = 5$ bis 7 die Autoxydation, die jedoch früher abbricht als beim Hypophosphit (s. S. 104). Fe^{3+} hat nur geringe Wrkg.; im Gegensatz zum Verh. des Hypophosphits hat Dioxymaleinsäure keinen erheblichen Einfluß auf die durch Fe^{2+} aktivierte Autoxydation, H. WIELAND, W. FRANKE (*Lieb. Ann.* **464** [1928] 101/226, 189).

Ozon induziert in neutraler und alkal. Lsg., s. **Fig. 25**, S. 130. Während der Autoxydation bilden sich geringe Mengen Peroxomonophosphorsäure und sehr kleine Mengen einer mit J^- langsam reagierenden Subst., vermutlich Peroxodiphosphorsäure, s. **Fig. 26**, S. 130. Bei 0°C bleibt die Ox. zu der Kurve 3, Fig. 25, gehörenden Lsg. schon nach 10 Min. bei ~18% Umsatz (davon 3% durch O_3) stehen; bei 25° bzw. 40°C sind nach 700 bzw. 150 Min. 97% des H_3PO_3 oxydiert. Die durch F_2O induzierte Autoxydation von 0.2 m K_2HPO_3 verläuft mit derselben Geschw. wie die durch O_3 induzierte. Im Gegensatz zu O_3 wirkt F_2O auch in saurer Lsg. induzierend. Die Autoxydation verläuft vermutlich ebenso wie die des Hypophosphits (s. S. 105) über Radikalketten, W. BOCKEMÜLLER, T. GÖTZ (*Lieb. Ann.* **508** [1934] 263/97, 294).

Durch Sulfit induzierte Ox. s. „*Schwefel*“ *Tl.* B, S. 1516.

Gegen Ozon. Ozon reagiert rasch und induziert in neutraler und alkal. Lsg. die Ox. durch O_2, s. Fig. 25 und 26, S. 130, W. BOCKEMÜLLER, T. GÖTZ (*Lieb. Ann.* **508** [1934] 263/97, 294); vgl. auch H. H. WILLARD, L. L. MERRITT (*Ind. engg. Chem. anal. Edit.* **14** [1942] 486/90). *With Ozone*

Gegen Wasser. Die Rk. $H_3PO_3 + H_2O \rightarrow H_3PO_4 + H_2$ geht erst bei hohen Tempp. mit merklicher Geschw. vor sich, s. S. 108. Auch in Ggw. von gefälltem Pd reagieren bei 98°C in saurer Lsg. nur 4 bis 9% des H_3PO_3 je Std., in $NaHCO_3$-Lsg. etwa 3%. In Ggw. von feinverteiltem Ni zersetzt sich wss. Na_2HPO_3 bei 98°C nicht, A. SIEVERTS (*Z. anorg. Ch.* **64** [1909] 29/64, 58, 60). *With Water*

Gegen Lauge. Beim Kochen einer Lsg. von 6 g Na-Phosphit in 10 ml H_2O mit 40 ml kaltgesättigter Kalilauge tritt keine Rk. ein, A. SIEVERTS, F. LOESSNER (*Z. anorg. Ch.* **76** [1912] 1/29, 18). In Ggw. *With Alkaline Solution*

von festem KOH erfolgt beim Kochen der Lsg. Rk. nach $HPO_3^{2-} + OH^- \rightarrow PO_4^{3-} + H_2$, s. F. P. TREADWELL (*Kurzes Lehrbuch der analytischen Chemie, Bd.* 1, 21. *Aufl., Wien* 1948, S. 377 Fußnote); vgl. auch H. ROSE (*Pogg. Ann.* **58** [1843] 301/14, 310).

With Peroxo Compounds

Gegen Peroxoverbindungen. Wasserstoffperoxid allein reagiert nicht mit wss. H_3PO_3. In Ggw. von feinverteiltem Pd findet rasche Ox. zu H_3PO_4 statt. Vermutlich wird dabei das Hydrat H_5PO_4 der phosphorigen Säure durch Pd dehydriert, H. WIELAND, A. WINGLER (*Lieb. Ann.* **434** [1923] 198/203); vgl. die Rk. in äther. Lsg., S. 137.

In saurer Lsg. (10 ml 1 m H_3PO_3, 2 ml 0.1 m $FeSO_4$, 2 ml 0.1 n H_2SO_4, 26 ml H_2O, 10 ml 1 m H_2O_2) wird H_2O_2 durch Fe^{2+} aktiviert, so daß in der ersten halben Min. rund 23% des H_3PO_3 oxydiert werden, entsprechend einer Aktivierung von ~10 Mol H_2O_2 je g-Atom Fe. Danach findet keine weitere Ox. mehr statt; Fe^{3+} ist unwirksam. Zusatz von Dioxymaleinsäure (20 mg) bewirkt (im Gegensatz

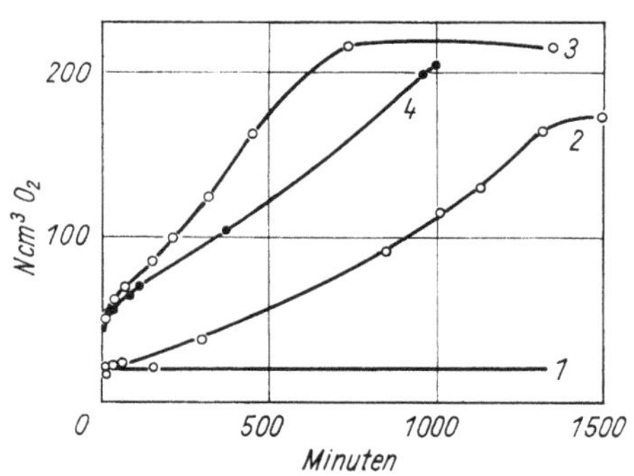

Fig. 25.

O_2-Aufnahme bei der Ox. von Phosphit mit O_2–O_3-Gemisch bei 25°C.
Kurve 1: 0.2 m H_3PO_3, Kurve 2: 0.2 m K_2HPO_3, Kurve 3 und 4: 0.2 Mol H_3PO_3/l + 0.6 bzw. 0.8 Mol KOH/l.

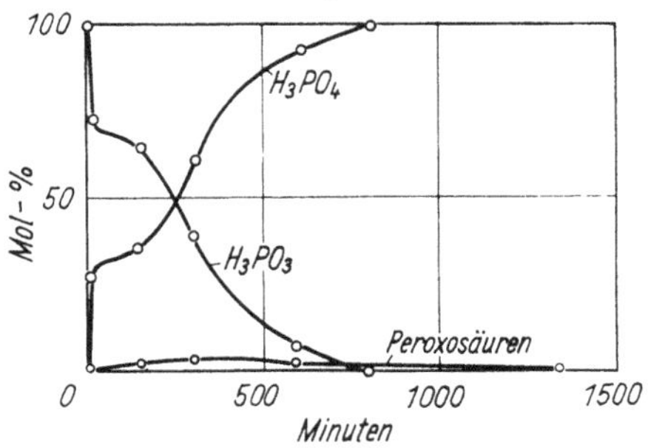

Fig. 26.

Verlauf der durch O_3 induzierten Oxydation von Phosphit.

zum Verh. des H_3PO_2, s. S. 105) ebensowenig wie bei der Autoxydation (s. S. 104) eine fortlaufende Katalyse der Oxydation. Die Aktivierungswrkg. des Fe^{2+} hängt nur wenig von der H_2O_2-Konz. ab, H. WIELAND, W. FRANKE (*Lieb. Ann.* **475** [1929] 1/19).

Beim Eintropfen der $FeSO_4$-Lsg. in die Rk.-Lsg. steigt die Aktivierungswrkg. mit zunehmender Eintropfzeit (0 bis 64 Min.). Beim Durchleiten von O_2 findet fast nur Autoxydation statt; H_2O_2 tritt kaum in Rk. Vermutlich bricht O_2 die Rk.-Kette schneller ab als H_2O_2. Umsatzkurven im Original, K. NERZ, C. WAGNER (*Ber.* **70** [1937] 446/9). Während amorphes Fe^{III}-Hydroxid die Ox. von Ameisen- und Essigsäure durch H_2O_2 katalysiert, ist es bei H_3PO_3 unwirksam, vermutlich infolge Blockierung seiner aktiven H-Atome durch adsorbiertes H_3PO_3, s. A. KRAUSE, Z. ALASZEWSKA, Z. JANKOWSKI (*Ber.* **71** [1938] 1033/40).

K-Peroxodisulfat und H_3PO_3 reagieren in schwefelsaurer Lsg. bei 25°C und höheren Tempp. kaum miteinander. Zusatz von HJ bewirkt langsame Ox. des H_3PO_3 infolge des Ablaufs des Reaktionscyclus $2J^- + S_2O_8^{2-} \rightarrow J_2 + 2SO_4^{2-}$, $J_2 + H_2PO_3^- + H_2O \rightarrow H_2PO_4^- + 2H^+ + 2J^-$. Die Geschw. der Gesamtrk. setzt sich additiv aus den Geschww. der Folgerkk. zusammen, W. FEDERLIN (*Z. phys. Ch.* **41** [1902] 565/600). Peroxosulfate oxydieren in saurer Lsg. in Ggw. eines Katalysators Phosphite zu Phosphat, vgl. „*Schwefel*" *Tl.* B, S. 827. In HCl-saurer und alkal. Lsg. wird H_3PO_3 durch $(NH_4)_2S_2O_8$ quantitativ zu Phosphat oxydiert, vgl. die Trennung Phosphat–Phosphit–organ. Phosphat in „*Phosphor*" *Tl.* B, S. 382.

With Nitric Acid

Gegen Salpetersäure. Stickoxidfreie Salpetersäure wirkt auf H_3PO_3 auch bei mehrstd. Erhitzen auf dem Wasserbad nicht ein. Stickoxidhaltige Säure oxydiert zu H_3PO_4; da die Rk. unter Bldg. von Stickoxiden vor sich geht, verläuft sie autokatalytisch. Mit HNO_3 (17 Gew.-%) tritt bei Wasserbadtemp. in 45 Min. keine nachweisbare Ox. ein; 31-, 44- bzw. 55%ige Säure oxydiert unter diesen Bedingungen 7, 96 bzw. 100% des H_3PO_3, s. B. BLASER, I. MATEI (*Ber.* **64** [1931] 2286/9); selbst 80%ige Säure, der zur Bindung der Stickoxide etwas Harnstoff zugesetzt ist, reagiert bei Siedetemp. nicht mit H_3PO_3, s. I. S. ROZENKRANC (*Ž. chim. Promyšlennosti* [russ.] **15** [1938] 30/3). Zur Ox. des in techn. Phosphorsäure enthaltenen H_3PO_3 sind auch bei Anwendung eines 3fachen HNO_3-Überschusses und bei Tempp. von 110° bis 135°C etwa 6 Std. Reaktionszeit nötig, I. N. Bušmakin, I. R. Mol'-kentin, F. Ju. Račinskij (*Ž. prikladnoj Chim.* **5** [1932] 557/66).

With Fluorine Compounds

Gegen Fluorverbindungen. F_2O oxydiert rasch zu Phosphat und induziert die Ox. durch O_2, s. S. 129, W. Bockemüller, T. Götz (*Lieb. Ann.* **508** [1934] 263/97, 294).

With Chlorine

Gegen Chlor. Chlor und H_3PO_3 reagieren in wss. Lsg. rasch zu H_3PO_4 und HCl. Nach kinet. Unterss. gilt $-d[\Sigma H_3PO_3]/dt = k[\Sigma Cl_2][\Sigma H_3PO_3]$[1]). Die Rk. wird durch H^+ verzögert. Werte von k (in $l \cdot mol^{-1} \cdot min^{-1}$) bei 10°C und veränderlicher Ionenstärke in Ggw. von HCl (Konz. in Mol/l), sowie bei konst. Ionenstärke in Ggw. von HCl und NaCl bzw. KCl:

[HCl]	0.1265	0.2025	0.253	0.506	1.012
k	3.40	2.29	1.936	0.930	0.3924
[HCl]	0.1265	0.2025	0.253	0.506	1.012
[NaCl]	0.8855	0.813	0.762	0.508	—
k	4.73	2.63	2.075	0.9145	0.3924
[HCl]	0.263	0.512			
[KCl]	0.749	0.500			
k	2.385	1.012			

R. O. Griffith, A. McKeown (*Trans. Faraday Soc.* **29** [1933] 611/8).

Die Rk.-Geschw. ist unabhängig von $[Cl^-]$; demnach reagiert nur das freie Cl_2, nicht aber (infolge Hydrolyse vorhandenes) HClO. Auch die Verzögerung durch H^+ ist von ähnlicher Art wie bei der Rk. mit Brom (s. unten); der Gesamtprozeß setzt sich aus Teilrkk. des Cl_2 mit $H_2PO_3^-$ und HPO_3^{2-} zusammen, R. O. Griffith, A. McKeown (*l. c.*). Vermutlich findet wie bei der Rk. mit Jod (s. S. 132) auch eine (durch H^+ beschleunigte) Rk. zwischen undissoziiertem H_3PO_3 und Cl_2 statt, die jedoch von den viel schneller ablaufenden Rkk. des $H_2PO_3^-$ und HPO_3^{2-} verdeckt wird, R. O. Griffith, A. McKeown (*Trans. Faraday Soc.* **30** [1934] 530/8).

With Chlorine Compounds

Gegen Chlorverbindungen. Hypochlorit in saurer Lsg. reagiert nicht mit H_3PO_3, s. vorstehend. Alkal. NaClO-Lsg. im Überschuß oxydiert Phosphit (im Gegensatz zu Hypophosphit, das nicht angegriffen wird, s. S. 109) bei gewöhnl. Temp. binnen 10 Min. zu Phosphat, A. Schwicker (*Z. anal. Ch.* **110** [1937] 161/84).

$NaClO_2$ reagiert auch bei langem Kochen mit Phosphit weder in neutraler noch in alkal. Lsg., G. R. Levi, C. C. Bisi (*Gazz.* **87** [1957] 366/70).

Königswasser oxydiert in der Wärme rasch und vollständig. $KClO_3$ wirkt in Ggw. von HCl nicht so energisch, A. Geuther (*J. pr. Ch.* [2] **8** [1874] 359/72, 367).

With Bromine

Gegen Brom. 2.5%iges, überschüssiges Bromwasser oxydiert H_3PO_3 in 3 bis 4 Min. vollständig zu H_3PO_4; dabei werden bei 18°C je Mol krist. H_3PO_3 64890 cal frei, J. Thomsen (*Ber.* **7** [1874] 996/1002). 1½facher Überschuß einer 0.1 n Bromlsg. in 1 n KBr ergibt nach ½std. Stehen fast vollständige, nach 2 Std. quantitative Oxydation. In HCl- oder H_2SO_4-saurer Lsg. ist die Rk. viel langsamer, H_3PO_4 verzögert nur wenig. In $NaHCO_3$- oder Na-Acetat-Lsg. erfolgt momentane Ox., W. Manchot, F. Steinhäuser (*Z. anorg. Ch.* **138** [1924] 304/10); vgl. auch I. M. Kolthoff (*Rec. Trav. chim.* **46** [1927] 350/8), ferner das Verh. gegen Hypobromit S. 132.

Nach Zugabe von 2.5%igem Bromwasser in kleinem Überschuß zu 3%igem H_3PO_3 ist die Rk. bei gewöhnl. Temp. nach 6 Std. beendet. Titration zeigt ausschließlich die Bldg. von H_3PO_4 an; das bei einfacher Dehydrierung zu erwartende HPO_3 ist nicht nachweisbar. Verss. in äther. Lsg. (s. S. 137) zeigen, daß zur Ox. die Ggw. von H_2O notwendig ist; vermutlich tritt das H_3PO_3 in Form eines Hydrates $HP(OH)_4$ in Rk., das durch Br_2 dehydriert wird, H. Wieland, A. Wingler (*Lieb. Ann.* **434** [1923] 198/203).

In schwach saurer Lsg. reagiert H_3PO_3 so rasch mit Brom, daß sich Geschw.-Messungen nicht ausführen lassen. Auch im stark sauren Bereich verläuft die Rk. viel rascher als die mit Jod. Die Anfangsgeschw. ist der Bromkonz. proportional, P. Nylén (*Z. anorg. Ch.* **230** [1937] 385/404, 398).

Nach kinet. Unterss. an stark HBr- und H_2SO_4-sauren Lsgg. gilt

$$-d[\Sigma H_3PO_3]/dt = k\frac{[\Sigma Br_2][\Sigma H_3PO_3]}{K+[Br^-]} = k[Br_2][\Sigma H_3PO_3]$$

mit $K = \dfrac{[Br_2][Br^-]}{[Br_3^-]}$, $[\Sigma H_3PO_3] = [H_3PO_3] + [H_2PO_3^-] + [HPO_3^{2-}]$, $[\Sigma Br_2] = [Br_2] + [Br_3^-] + [HOBr]$.

---

[1]) $[\Sigma H_3PO_3] = [H_3PO_3] + [H_2PO_3^-] + [HPO_3^{2-}]$; $[\Sigma Cl_2] = [Cl_2] + [HOCl]$

Demnach reagiert nur das freie Br_2, nicht aber Br_3^- oder (hydrolytisch gebildetes) HOBr. Die Rk. wird durch H^+ gebremst. Werte von k (in $l \cdot mol^{-1} \cdot min^{-1}$) bei $[\Sigma H_3PO_3] = 0.0108$, $\mu = [HBr] + [KBr] = 0.9035$, Temp. 10 bzw. 20°C:

$[H^+]$	0.0625	0.0904	0.1168	0.2269	0.4493	0.4537	0.9045
k (10°)	4.607	2.855	1.946	0.735	0.268	0.260	0.093
$[H^+]$	0.1179	0.1734	0.2291	0.4537	0.9045		
k (20°)	4.483	2.510	1.671	0.616	0.235		

Weitere k-Werte für $\mu = 0.2236$, 0.4517 und 10°C sowie $\mu = 1.355$, 1.789 und 20°C im Original, R. O. GRIFFITH, A. MCKEOWN (*Trans. Faraday Soc.* **29** [1933] 611/8). Falls H_3PO_3, $H_2PO_3^-$ bzw. HPO_3^{2-} mit Br_2 reagiert, ist unter diesen Vers.-Bedingungen zu erwarten, daß k fast unabhängig von $[H^+]$, umgekehrt proportional zu $[H^+]$ bzw. umgekehrt proportional zu $[H^+]^2$ ist. Die gefundene Abhängigkeit liegt zwischen den beiden letztgenannten Fällen; demnach reagieren $H_2PO_3^-$ und HPO_3^{2-}. Für die bimolekularen Geschw.-Konstt. dieser Teilrkk. ergeben sich bei 10° bzw. 20°C und $\mu = 0.9035$ die Werte $k_1 = 10.1$ bzw. 25.3, $k_2 = 4.8 \times 10^7$ bzw. 9.6×10^7 $l \cdot mol^{-1} \cdot min^{-1}$. Den Temp.-Koeff. 2.5 bzw. 2.0 entsprechen Aktivierungsenergien von 15.1 bzw. 11.4 kcal, R. O. GRIFFITH, A. MCKEOWN (*l. c.*). Vermutlich findet wie bei der Rk. mit Jod (s. unten) auch eine (durch H^+ beschleunigte) Rk. zwischen undissoziiertem H_3PO_3 und Br_2 statt, die durch die raschen Rkk. mit $H_2PO_3^-$ und HPO_3^{2-} verdeckt wird, R. O. GRIFFITH, A. MCKEOWN (*Trans. Faraday Soc.* **30** [1934] 530/8).

With Bromine Compounds

Gegen Bromverbindungen. HOBr in stark saurer Lsg. reagiert nicht mit H_3PO_3, s. vorstehend. In Na-Acetat-Essigsäure-Lsg. ($p_H = 4$ bis 5) und in $NaHCO_3$-Lsg. oxydiert Hypobromit in 15 bzw. 30 Min. quantitativ, I. M. KOLTHOFF (*Rec. Trav. chim.* **46** [1927] 350/8).

Bei der Ox. von H_3PO_3 mit $KBrO_3$ tritt freies Br_2 erst nach einer Induktionszeit τ auf, die bei 29°C und $[H_3PO_3] = 6.13$ Mol/l von 16.5 Sek. bei $[KBrO_3] = 0.259$ Mol/l auf 117.0 Sek. bei $[KBrO_3] = 0.0365$ Mol/l ansteigt und annähernd umgekehrt proportional dem Produkt der beiden Konzz. ist. Die Temp.-Abhängigkeit zwischen t = 30 und 70°C entspricht der Gleichung $\log \tau = a - bt$ mit $a = 2.975$, $b = 0.025$. τ wird erhöht durch n-Propanol, NO_3^- und SO_4^{2-}, erniedrigt durch Methanol, Äthanol, Isopropanol, n-Butanol, Glycerin, HCl, Cl^-, $S_2O_3^{2-}$ und kolloides S. Glaswolle ist ohne Einfluß, P. NEOGI, B. N. SEN, S. MUKHERJEE (*J. chem. Soc.* **1934** 767/9). Bromat in H_2SO_4-Lsg. oxydiert langsam; in HCl-Lsg. oxydieren die entstehenden Bromchloride in 1½ Std. quantitativ zu H_3PO_4. In $KBrO_3$-KBr-Lsg. bewirkt das durch Zusatz von wenig HCl freigemachte und im Lauf der Rk. ständig neu entstehende Br_2 bei gewöhnl. Temp. in 1 Std. vollständige Ox., A. SCHWICKER (*Z. anal. Ch.* **110** [1937] 161/84).

With Iodine. pH Dependence

Gegen Jod. p_H-Abhängigkeit. Jod in KJ-Lsg. oxydiert Phosphit zu Phosphat. Die Ox.-Geschw. ist stark p_H-abhängig. Im Gegensatz zu H_3PO_2 wird H_3PO_3 in saurer Lsg. sehr langsam, in neutraler und schwach alkal. Lsg. rasch oxydiert. Verss. in Pufferlsgg. ergeben, daß 0.05n Jodlsg. in 100%igem Überschuß bei 25°C in 3 Min. folgende Bruchteile (in %) des H_3PO_3 oxydiert:

p_H	3	4	5	6	7	8	9	10	11	12	13
% oxydiert	0	5	25	77	90	92	94	95	20	7	2

Danach verläuft die Ox. nur im p_H-Bereich 6 bis 10 rasch; das Geschw.-Max. liegt bei $p_H = 10$, S. J. KIEHL, M. F. MOOSE (*J. Am. Soc.* **60** [1938] 47/9).

In Strongly Acid Solution (pH < 1)

In stark saurer Lösung ($p_H < 1$). In schwefelsaurer Lsg. verläuft die Rk. $H_3PO_3 + J_2 + H_2O \rightarrow H_3PO_4 + 2HJ$ bei gewöhnl. Temp. sehr langsam, E. RUPP, A. FINCK (*Ber.* **35** [1902] 3691/3; *Arch. Pharm.* **240** [1902] 663/75). Bei 25°C werden in einer Lsg. aus 4.8 g H_3PO_3, 200 ml 2n H_2SO_4 und 200 ml 0.1n Jodlsg. in den ersten 3 Std. 2 ml 0.1n Jodlsg. verbraucht, L. WOLF, W. JUNG (*Z. anorg. Ch.* **201** [1931] 337/46), entgegen BOYER, BAUZIL (*J. Pharm. Chim.* **18** [1918] 321/34), denen zufolge in saurer Lsg. überhaupt keine Rk. eintritt. In einer Lsg., die im Liter 0.025 Mol H_3PO_3, 0.0125 Mol Jod und je 1 Mol H_3PO_4 und KH_2PO_4 enthält, sind bei 25°C nach 3 Std. weniger als 0.5% des Jods reduziert; H_3PO_2 (s. S. 110) reduziert unter diesen Bedingungen 50% in 22 Min., A. D. MITCHELL (*J. chem. Soc.* **117** [1920] 1322/35, 1333). Jodüberschuß oxydiert in 1.5n HCl in 3 bzw. 4 Std. 6.4 bzw. 6.9% des H_3PO_3, s. R. T. JONES, E. H. SWIFT (*Anal. Chem.* **25** [1953] 1272/4). Bei 3std. Erhitzen auf 100°C in einer Druckflasche wird H_3PO_3 in salzsaurer Lsg. quantitativ oxydiert, A. ROSENHEIM, J. PINSKER (*Z. anorg. Ch.* **64** [1909] 327/41).

Die Lichtabsorption (2000 bis 5000 Å) einer frisch bereiteten wss. H_3PO_3-J_2-Mischung ist (vermutlich infolge Eintritts der Rk.) größer als die Summe der Absorption der Komponenten bei gleicher

Konz., N. R. DHAR, A. K. BHATTACHARYA (*J. Indian chem. Soc.* **11** [1934] 311/23); das Licht einer Uviollampe beeinflußt die Rk.-Geschw. nicht, R. LUTHER, J. PLOTNIKOW (*Z. phys. Ch.* **61** [1908] 513/44, 529).

Aus kinet. Unterss. bei 25°C ergibt sich: $d[\Sigma H_3PO_3]/dt = -k'[H_3PO_3]/(1 + k''/k_3[J_3^-])$, wobei $[\Sigma H_3PO_4] = [H_3PO_3] + [H_2PO_3^-] + [HPO_3^{2-}]$ bedeutet. k' und k''/k_3 steigen ungefähr proportional mit $[H^+]$, A. D. MITCHELL (*J. chem. Soc.* **123** [1923] 2241/54). $k_1 = k'/[H^+] = 0.073\ l \cdot mol^{-1} \cdot h^{-1}$ bei 25°, A. D. MITCHELL (*J. chem. Soc.* **125** [1924] 1013/30, 1027). Dieses Geschw.-Gesetz hat dieselbe Form wie das der Rk. zwischen H_3PO_2 und Jod (s. S. 110) und läßt sich durch einen analogen Rk.-Mechanismus deuten: H_3PO_3 (normal) $\underset{k''}{\overset{k'}{\rightleftarrows}}$ H_3PO_3 (aktiv) $\underset{k_3}{\overset{J_3^-}{\rightarrow}}$ H_3PO_4, wobei die (vermutlich tautomere) Umwandlung durch H^+ beschleunigt wird. Für die intermediäre Bldg. von $H_4P_2O_6$ ergibt sich kein Anhaltspunkt, A. D. MITCHELL (*J. chem. Soc.* **123** [1923] 2241/54). Teilweise abweichende Angaben zur Kinetik s. A. BERTHOUD, W. E. BERGER (*J. Chim. phys.* **25** [1928] 568/80), E. I. ORLOV (*Ž. Russk. fiz.-chim. Obščestva* **46** [1914] 535/59), B. D. STEELE (*J. chem. Soc.* **93** [1908] 2203/13), W. FEDDERLIN (*Z. phys. Ch.* **41** [1902] 565/600). Die Rk. unterliegt ebenso wie diejenige zwischen H_3PO_2 und Jod allgemeiner Säure-Basenkatalyse[1]), R. O. GRIFFITH, A. MCKEOWN (*Trans. Faraday Soc.* **36** [1940] 766/79), entgegen P. NYLÉN (*Z. anorg. Ch.* **230** [1937] 385/404, 391), dem zufolge das nur für die Rkk. der Mono- und Dialkylphosphite mit Jod zutrifft. In der von A. D. MITCHELL (*l. c.*) angegebenen Geschw.-Gleichung sind daher k' und k'' durch $\Sigma k'_{HA}[HA]$ bzw. $\Sigma k''_{HA}[HA]$ zu ersetzen, wobei die Summe über sämtliche, in der Lsg. vorhandenen Brönsted-Säuren HA zu erstrecken ist. Unterss. in Ggw. verschiedener Säuren ergeben folgende Konstt. k'_{HA} (in $l \cdot Mol^{-1} \cdot min^{-1}$) bei 45°C und Ionenstärke 0.5 bis 0.6:

HA	H_3O^+	H_3PO_3	H_3PO_4	HSO_4^-	$CH_2ClCOOH$	$CH_2OHCOOH$	CH_3COOH
$10^3 \cdot k'_{HA}$	9.87	6.34	7.22	5.52	1	0.6	0.31

Temp.-Koeff. der ersten 3 Werte: 3.18 zwischen 35° und 45°C, Aktivierungsenergie 22.5 kcal. Die k'-Werte erfüllen mit Ausnahme des abnorm niedrigen Wertes für H_3O^+ die BRÖNSTEDsche Beziehung zwischen katalyt. Koeff. und Dissoz.-Konstante. Diese Ergebnisse bestätigen den von A. D. MITCHELL (*l. c.*) angenommenen Rk.-Mechanismus; die aktive Form des H_3PO_3 ist das Tautomere $P(OH)_3$ mit 3wertigem Phosphor, R. O. GRIFFITH, A. MCKEOWN (*l. c.*).

$k_3^\circ = k_3 \cdot k'_{HA}/k''_{HA}$ hat bei $\mu = 0.5$ bis 0.6, $[KJ] = 0.25$ Mol/l und 35° bzw. 45°C die Werte 0.067 bzw. 0.202 $l \cdot mol^{-1} \cdot min^{-1}$; Temp.-Koeff. 3.0, Aktivierungsenergie 21.4 kcal. Aus der Änderung von k_3° mit der Jodidkonz. bei 45°C zwischen $[J^-] = 0.0090$ ($k_3^\circ = 0.319$) und 0.3493 ($k_3^\circ = 0.206$) ergibt sich entgegen A. D. MITCHELL (*l. c.*), daß nicht nur J_3^-, sondern auch J_2 mit H_3PO_3 (aktiv) reagiert; das Verhältnis der k_3-Werte, bezogen auf J_2 bzw. J_3^-, beträgt 4.05, ähnlich wie bei der Rk. von H_3PO_2 mit Jod, R. O. GRIFFITH, A. MCKEOWN (*l. c.*).

In Lösungen mit einem p_H-Wert > 2. In gesättigter $NaHCO_3$-Lösung verläuft die Oxydation mit überschüssiger 0.1 n Jodlsg. bei gewöhnlicher Temperatur in ~1 Std. quantitativ, E. RUPP, A. FINCK (*Ber.* **35** [1902] 3691/3; *Arch. Pharm.* **240** [1902] 663/75). In einer Lsg. mit 0.0087 Mol/l H_3PO_3, 0.021 Mol/l J_2 und 0.1984 Mol/l $NaHCO_3$ sind bei 20°C nach 3 Min. 99.2% des H_3PO_3 oxydiert, B. BLASER (*Ber.* **86** [1953] 563/72, 571), s. ferner „p_H-Abhängigkeit" S. 132. Nach Zusatz von Na-Acetat verschwindet das Jod aus Lsgg. mit 0.01 bis 0.04 Mol/l Jod und überschüssigem H_3PO_3 in 1 bis 7 Min., B. D. STEELE (*J. chem. Soc.* **93** [1908] 2203/13). In 50 ml Lsg., die 0.1 g Na_2HPO_3, 20 ml 0.1 n Jodlsg. und 2.5 ml 1 n Alkalilsg. enthält, erfolgt vollständige Ox. in 30 Min. bzw. 3 Std., wenn als Alkali $NaHCO_3$ bzw. Na_2CO_3 angewandt wird. Bei Verwendung von NaOH sind nach 16 Std. erst 25% oxydiert; ein Tl. des Jods reagiert mit NaOH unter Jodatbldg., BOYER, BAUZIL (*J. Pharm. Chim.* [7] **18** [1918] 321/34).

In Solutions with (pH > 2)

Zwischen $p_H = 3.2$ und 6.8 nimmt die Rk.-Geschw. bei 0°C mit wachsendem p_H stark zu; sie ist auch bei höheren Jodkonzz. der Jodkonz. proportional. Nach Verss. in Acetat- und Phosphatpuffern liegt keine Säure-Basenkatalyse vor. Aus der p_H-Abhängigkeit und den Dissoz.-Konstt. des H_3PO_3 (s. S. 127) ergibt sich, daß nur HPO_3^{2-} mit Jod reagiert. Wie aus der Abhängigkeit der Rk.-Geschw. von der J^--Konz. hervorgeht, tritt neben J_2 in geringem Maße auch J_3^- mit HPO_3^{2-} in Rk.; das Verhältnis der beiden Geschw.-Konstt. beträgt etwa 1000:1, s. P. NYLÉN (*Z. anorg. Ch.* **230** [1937] 385/404); in Einklang mit Unterss. von A. D. MITCHELL (*J. chem. Soc.* **123** [1923] 2241/54) und A. BERTHOUD, W. E. BERGER (*J. Chim. phys.* **25** [1928] 568/80).

[1]) Vgl. J. N. BRÖNSTED (*Chem. Rev.* **5** [1928] 231/338).

In Übereinstimmung damit ergeben Unterss. in verschiedenen Pufferlsgg. bei $p_H = 2$ bis 9 und Tempp. zwischen 0° und 45°C das Geschw.-Gesetz $-d[\Sigma H_3PO_3]/dt = k[HPO_3^{2-}][J_2]$ mit $k = 5710$ bzw. 98600 $l \cdot mol^{-1} \cdot min^{-1}$ bei 20°C und $\mu = 0.4$ bzw. 45°C und $\mu = 0.56$. Aus der Aktivierungsenergie E = 22.05 kcal ergibt sich für den Faktor P in der Gleichung $k = P \cdot Z_0 \cdot \exp -E/RT$ der außerordentlich hohe Wert von $\sim 3 \cdot 10^7$, ähnlich wie bei anderen bimolekularen Rkk. der Halogene in wss. Lösung. Eine Rk. von J_3^- mit HPO_3^{2-} ist entgegen P. Nylén (*l. c.*) nicht nachweisbar; ebensowenig eine solche von $H_2PO_3^-$ mit Jod, R. O. Griffith, A. McKeown (*Trans. Faraday Soc.* **36** [1940] 766/79).

Bei $p_H > 10$ nimmt die Ox.-Geschw. stark ab, s. „p_H-Abhängigkeit" S. 132.

With Iodic Acid

Gegen Jodsäure. HJO_3 reagiert beim Kochen am Rückflußkühler nach $3H_3PO_3 + HJO_3 = 3H_3PO_4 + HJ$, $HJO_3 + 5HJ = 3H_2O + J_2$, s. A. Bruckl, M. Behr (*Z. anal. Ch.* **64** [1924] 23/8); bei Siedetemp. ist die Ox. nach 4 Std. vollständig, bei gewöhnl. Temp. sind nach 16 Std. erst 1.8% des H_3PO_3 oxydiert. In alkal. Lsg. findet keine Rk. statt, V. Hovorka (*Collect. Trav. chim. Tchécosl.* **2** [1930] 559/70). Jodausscheidung tritt mit $NaJO_3$ nach einer Induktionsperiode auf, deren Dauer τ annähernd umgekehrt proportional dem Prod. der H_3PO_3- und $NaJO_3$-Konz. ist; bei 30°C und $[H_3PO_3] = 4.322$ Mol/l steigt τ von 6.6 s bei $[NaJO_3] = 0.1404$ Mol/l auf 242 s bei $[NaJO_3] = 0.00348$ Mol/l. Alkohole, besonders n-Propanol, erhöhen τ; HCl, $S_2O_3^{2-}$ und kolloides S erniedrigen. Fumarsäure erhöht, Maleinsäure erniedrigt. Glaswolle ist ohne Einfluß, P. Neogi, B. N. Sen, S. Mukherjee (*J. chem. Soc.* **1934** 767/9).

With Sulfur, Selenium, and Tellurium Compounds

Gegen Schwefel-, Selen- und Tellurverbindungen. Wss. SO_2-Lsg. oxydiert zu H_3PO_4 und wird dabei über $H_2S_2O_4$ zu H_2S reduziert, s. „*Schwefel*" *Tl.* B, S. 544. Konz. H_2SO_4 wird durch wss. H_3PO_3 bei mäßigem Erwärmen zu schwefliger Säure reduziert, A. Wurtz (*Lieb. Ann.* **43** [1842] 318/34, 320). Thiosulfate reagieren auch beim Kochen nicht mit Alkaliphosphiten, s. „*Schwefel*" *Tl.* B, S. 919.

Selenit in salzsaurer Lsg. wird beim Kochen rasch zu Se reduziert, s. „*Selen*" *Tl.* B, S. 66, Tellurit langsam zu Te, s. „*Tellur*" S. 242. Rk. mit K_2TeO_3 in schwefelsaurer Lsg. bei 100°C als empfindlicher Phosphit-Nachweis s. W. Jung (*An. Argent.* **29** [1941] 101/20).

With Metals

Gegen Metalle. Von wss. H_3PO_3 wird Nickel unter H_2-Entw. gelöst, A. Sieverts (*Z. anorg. Ch.* **64** [1909] 29/64, 60). Stahl mit 18% Cr und 9% Ni ist gegen kochende, 0.01n bis 1n H_3PO_3-Lsg. beständig, C. F. Poe, R. M. Malcom (*Ind. engg. Chem.* **43** [1951] 2572/5).

With Metal Salts

Gegen Metallsalze. Quecksilbersalze. Hg^{2+} wird durch H_3PO_3 schon bei gewöhnl. Temp. langsam zu Hg^+ und Hg reduziert, s. „*Quecksilber*" *Tl.* A, S. 824, 852.

Unterss. der Rk. $H_3PO_3 + 2HgCl_2 + H_2O \rightarrow H_3PO_4 + Hg_2Cl_2 + 2HCl$ bei Anfangskonzz. (in Mol/l) von rund 0.09 H_3PO_3, 0.05 bis 0.16 $HgCl_2$ und 0 bis 0.45 HCl ergeben für die Rk.-Geschw. in salzsaurer Lsg.: $d[\Sigma H_3PO_3]/dt = -k_1[H^+][H_3PO_3]/(1 + k_2[H^+]/k_3[HgCl_2])$, mit $k_1 = 0.070\ l \cdot mol^{-1} \cdot h^{-1}$, $k_2/k_3 = 0.0475$ bei 25°C, $[\Sigma H_3PO_3] = [H_3PO_3] + [H_2PO_3^-] + [HPO_3^{2-}]$. Das Geschw.-Gesetz hat dieselbe Form wie bei der Rk. mit Jod; auch die k_1-Werte stimmen gut überein, s. S. 133. Offenbar liegt ein analoger Mechanismus vor: $H_3PO_3\ (\text{normal}) \underset{k_2}{\overset{k_1}{\rightleftarrows}} H_3PO_3\ (\text{aktiv}) \xrightarrow{k_3} H_3PO_4$. An der Ox. des aktiven H_3PO_3 sind $HgCl_2$ und $HgCl_3^-$ in etwa demselben Ausmaß beteiligt, A. D. Mitchell (*J. chem. Soc.* **125** [1924] 1013/30).

Beim Fehlen fremder Cl^--Ionen in der Ausgangslsg. (Verss. ohne HCl-Zusatz oder mit HNO_3 anstatt HCl) wird die Gesamtgeschw. zuerst von einer sehr raschen Rk. bestimmt, die jedoch nach kurzer Zeit abklingt und dem vorstehend angegebenen Mechanismus Platz macht. Die Geschw. dieser durch das gebildete Cl^- abgebremsten Rk. entspricht annähernd der Gleichung $d[\Sigma H_3PO_3]/dt = -k[HgCl_2][\Sigma H_3PO_3]/[Cl^-]$, in der $[Cl^-]$ die Konz. der freien (nicht in $HgCl_3^-$ gebundenen) Cl^--Ionen bedeutet. k hat bei 25°C den Wert $1.8 \times 10^{-4} h^{-1}$. Danach handelt es sich um eine Rk. zwischen $HgCl^+$ und H_3PO_3 (normal), A. D. Mitchell (*l. c.*).

In salzsaurer Lsg. sind die Geschww. zu Beginn der Rk. etwas kleiner als nach obenstehender Gleichung zu erwarten. Das deutet auf eine weitere Teilrk., an der eine sich langsam bildende, intermediäre Verb. beteiligt ist, A. D. Mitchell (*l. c.*).

In neutraler Lsg. verläuft die Red. des $HgCl_2$ viel schneller als in saurer. In einer Lsg. mit (in Mol/l) 0.091 H_3PO_3, 0.018 $HgCl_2$, 0.5 Na-Acetat und 0.083 Essigsäure verlaufen 96% der Gesamtrk. in 9 Min.; in $\sim$0.1n Mineralsäure sind dazu 24 Std. nötig. Ähnliche Verhältnisse liegen bei der Rk. mit Jod vor, s. S. 133, A. D. Mitchell (*l. c.*).

Ausführliche Diskussion älterer kinet. Unterss. bei A. D. Mitchell (*l. c.*); weitere Angaben zur Rk. s. „*Quecksilber*" *Tl.* B.

Cer(IV)-salze. H_3PO_3 wird beim Kochen mit überschüssigem $Ce(SO_4)_2$ in 4.5n H_2SO_4 in 15 Min. quantitativ oxydiert, D. N. BERNHART (*Anal. Chem.* **26** [1954] 1798/9). Bei 93°C ist die Ox. nach 2 Std. noch unvollständig; in Ggw. von Ag_2SO_4 wird sie in 30 Min. quantitativ, K. BHASKARA RAO, G. GOPALA RAO (*Z. anal. Ch.* **147** [1955] 279/83).

Chromverbindungen. Durch Chromsäure wird H_3PO_3 langsam oxydiert, H_2SO_4 beschleunigt, $MnCl_2$ hemmt die Rk., vgl. „*Chrom*" *Tl.* A, S. 688. Die Lichtabsorption (2000 bis 5000 Å) einer frisch bereiteten wss. H_3PO_3-$H_2Cr_2O_7$-Mischung ist größer als die Summe der Absorption der Komponenten bei gleicher Konz.; daraus wird geschlossen, daß zwischen beiden Substt. eine chem. Rk. stattfindet, N. R. DHAR, A. K. BHATTACHARYA (*J. Indian chem. Soc.* **11** [1934] 311/23). Die Rk. wird durch ein Magnetfeld (1700 Gauß) beschleunigt, S. S. BHATNAGAR, R. N. MATHUR, R. N. KAPUR (*Phil. Mag.* [7] 8 [1929] 457/73, 464). Die Ox.-Geschw. steigt mit der Acidität der Lsg.; auch Zusatz von Neutralsalzen, besonders von Cr^{III}-Sulfat, beschleunigt die Ox. in saurer Lsg.; Temp.-Koeff. zwischen 5° und 25°C: 1.7 je 10 Grad, B. KIRSON (*Bl. Soc. chim.* **1948** 521/4). Überschüssiges $K_2Cr_2O_7$ (200% der stöchiometr. Menge) in 2n H_2SO_4-Lsg. oxydiert H_3PO_3 in Ggw. von Ag_2SO_4 (2 ml 5%ige Lsg. je 50 ml Rk.-Lsg.) in 50 Min. quantitativ zu H_3PO_4; ohne Ag^+ dauert die Rk. länger als 2 Std. Bei gewöhnl. Temp. ist die Ox. auch in Ggw. von Ag^+ nach 24 Std. noch nicht quantitativ, G. GOPALA RAO, K. BHASKARA RAO (*Z. anal. Ch.* **150** [1956] 333/9). Die Rk. weist vermutlich einen ähnlichen Mechanismus auf wie die Ox. von HCOOH durch Chromsäure, F. H. WESTHEIMER (*Chem. Rev.* **45** [1949] 419/51, **443**), vgl. „*Chrom*" *Tl.* A, S. 698.

Zur Rk. mit $CrCl_3$ s. „Komplexbildung" S. 136 sowie „*Chrom*" *Tl.* A, S. 650.

Manganverbindungen. Permanganat in saurer Lsg. oxydiert H_3PO_3 bei gewöhnl. Temp. in 2 Std. quantitativ zu H_3PO_4, I. M. KOLTHOFF (*Rec. Trav. chim.* **46** [1927] 350/8), bei 50°C in 30 Min., L. AMAT (*C. r.* **111** [1890] 676/9); vgl. ferner A. ROSENHEIM, J. PINSKER (*Z. anorg. Ch.* **64** [1909] 327/41), L. ZIVY (*Bl. Soc. chim.* [4] **39** [1926] 496/500); Fe^{II}-Salze beschleunigen die Rk., A. SIEVERTS (*Z. anorg. Ch.* **64** [1909] 29/64, 30). In neutraler und alkal. Lsg. verläuft die Rk. langsamer, I. M. KOLTHOFF (*l. c.*). In Ggw. von Ba^{2+} wird MnO_4^- durch Phosphit in alkal. Lsg. nur zu MnO_4^{2-} reduziert, das als $BaMnO_4$ ausfällt; die Rk. ist in 1 Min. beendet, H. STAMM (*Ang. Ch.* **47** [1934] 791/5).

Zur Rk. mit Mn^{III}-Salzen s. „Komplexbildung" S. 136.

Eisensalze. Fe^{3+} wird durch H_3PO_3 auf dem Wasserbad in 1 Std. nicht nachweisbar reduziert, A. SIEVERTS (*Z. anorg. Ch.* **64** [1909] 29/64, 30), M. N. SASTRI, C. KALIDAS (*Rec. Trav. chim.* **75** [1956] 1122/4); in Ggw. von $PdCl_2$ ist die Ox. von H_3PO_3 durch überschüssiges $FeNH_4(SO_4)_2$ in 0.1n bis 0.2n H_2SO_4 bei Wasserbadtemp. in 10 Min. quantitativ, G. GOPALA RAO, G. SOMIDEVAMMA (*Z. anal. Ch.* **164** [1958] 391/4).

In alkal. Lsg. wird Phosphit durch $[Fe(CN)_6]^{3-}$ zu Phosphat oxydiert, P. C. BOUDAULT (*J. Pharm. Chim.* [3] **7** [1845] 440; *J. pr. Ch.* **36** [1845] 23; *Phil. Mag.* [3] **27** [1845] 309); die sonst langsame Rk. geht bei Ggw. von OsO_4 augenblicklich vor sich, F. SOLYMOSI (*Naturw.* **44** [1957] 374/5; *Magyar Kém. Folyoirat* **63** [1957] 294 nach *C. A.* **1958** 13524).

Kupfersalze. Nach Unterss. in CO_2-Atm. wird $CuCl_2$ durch wss. H_3PO_3 auf dem Wasserbad zu weißem CuCl reduziert, $CuSO_4$ zu metall. Cu. Die Rk. verläuft ohne H_2-Entwicklung. In neutraler und alkal. Lsg. tritt keine Red. ein. In Ggw. von O_2 geht die Red. auch in $CuSO_4$-Lsg. nur bis zum Cu^+, das durch O_2 rasch wieder in Cu^{2+} übergeführt wird, A. SIEVERTS (*Z. anorg. Ch.* **64** [1909] 29/64, 44); vgl. ferner RAMMELSBERG (*Ber. Berl. Akad.* **1872** 571/8).

Fehlende Komplexbldg. mit Cu^I-Halogeniden s. S. 137.

Silbersalze. H_3PO_3 und Phosphite werden durch Ag-Salze unter Abscheidung von Ag zu H_3PO_4 oxydiert, RAMMELSBERG (*Ber. Berl. Akad.* **1872** 571/8).

Beim Versetzen einer H_3PO_4-sauren Lsg. von Ag_2O mit 10%iger H_3PO_3-Lsg. fällt aus der zuerst rotgefärbten Lsg. ein schwarzer Nd. aus, der beim Erwärmen weiß wird. Ammoniakal. Ag_2O-Lsg. verhält sich ähnlich. Quantitative Unters. der mit Ag^+- oder H_3PO_3-Überschuß ausgeführten Umsetzung ergibt, daß in beiden Fällen die Rk. $2Ag^+ + H_2PO_3^- + H_2O = H_2PO_4^- + 2Ag + 2H^+$ vor sich geht. Entgegen O. VON DER PFORDTEN (*Ber.* **18** [1885] 1407/8, **20** [1887] 1458/74, 1465) entsteht dabei kein Ag-Suboxid. $AgNO_3$ oxydiert größere Mengen H_3PO_3, als der vorstehenden Gleichung entspricht, weil sich auch HNO_3 an der Ox. beteiligt, wie auch aus dem bei Wasserbadtemp. auftretenden Stickoxidgeruch hervorgeht. Dabei bildet sich entgegen RAMMELSBERG (*l. c.*) kein H_2. Eine Lsg. von Ag_2O in KCN wird durch H_3PO_3 nicht reduziert, A. SIEVERTS (*Z. anorg. Ch.* **64** [1909] 29/64, 37). Aus einer bei 20°C gesätt. $BaHPO_3$-Lsg. fällt auf $AgNO_3$-Zusatz zuerst Ag_2HPO_3 aus, aus dem sich unter Braunfärbung Ag abscheidet. Die (an der Färbung gemessene) Red.-Geschw. fällt zwischen p_H

= 8 und 6 mit zunehmender Acidität. Bei $p_H < 6$ sinkt die Geschw. zunächst auf nahezu Null und steigt bei $p_H < 1$ wieder an. Letzteres deutet auf eine prototrope Umlagerung in eine aktive Form des H_3PO_3 wie bei der Rk. mit Jod, A. SIMON, W. SCHULZE (*Z. anorg. Ch.* **296** [1958] 287/304).

Eine $AgNO_3$-Lsg. in 1- bis 2%iger Salpetersäure wird bei gewöhnl. Temp. von H_3PO_3 sehr langsam reduziert. Bei tropfenweisem NH_3-Zusatz fällt Ag-Phosphit aus, das sich durch Ausscheidung von Ag verfärbt, bei weiterem NH_3-Zusatz schließlich in Lsg. geht und schwarzes Ag zurückläßt. Aus der stark ammoniakal. Lsg. wird kein Ag mehr abgeschieden. Die bei gleicher Zutropfgeschw. gebildete Ag-Menge steigt bis auf ein Vielfaches, wenn die Ausgangslsg. H_3PO_4 enthält. Die max. Wrkg. des H_3PO_4 tritt unabhängig von der H_3PO_3- und $AgNO_3$-Konz. beim Molverhältnis $H_3PO_3 : H_3PO_4 \approx 1:0.76$ auf. Durch diesen Effekt ist H_3PO_4 noch in einer Verd. von $1:10^6$ nachweisbar. Ähnlich wirken andere, mindestens dreibas. Säuren wie H_3AsO_4, $H_4P_2O_7$, $(HPO_3)_n$, Citronensäure und Aconitsäure. Ein- und zweibas. Säuren sind unwirksam, B. BLASER (*Z. phys. Ch.* A **166** [1933] 64/75).

Goldsalze. Beim Erwärmen einer 5%igen $AuCl_3$-Lsg. mit dem gleichen Vol. einer 10%igen H_3PO_3-Lsg. auf dem Wasserbad scheidet sich ein brauner Nd. von Au ab. Nach quantitativen Unterss. entspricht die Rk. der Gleichung $2Au^{3+} + 3H_2PO_3^- + 3H_2O = 2Au + 3H_2PO_4^- + 6H^+$, A. SIEVERTS (*Z. anorg. Ch.* **64** [1909] 29/64, 34); intermediäre Bldg. von Au^+ wird nicht beobachtet, V. LENHER (*J. Am. Soc.* **35** [1913] 546/52).

Palladium- und Platinsalze. Pd-Salze werden durch phosphorige Säure zu Metall reduziert, A. SIEVERTS (*Z. anorg. Ch.* **64** [1909] 29/64, 58 Fußnote), G. GOPALA RAO, G. SOMIDEVAMMA (*Z. anal. Ch.* **164** [1958] 391/4).

Über die Red. von $PtCl_6^{2-}$ und $PtCl_4^{2-}$ s. „*Platin*" *Tl.* C, S. 176. Pt-Komplexe mit H_3PO_3 s. S. 137.

With Organic Compounds

Gegen organische Verbindungen. Diazoniumsalze reagieren mit H_3PO_3 in wss. Lsg. unter Ersatz der Diazoniumgruppe durch H entsprechend der Gleichung $ArN_2X + H_3PO_3 + H_2O \rightarrow ArH + H_3PO_4 + HX + N_2$. Die Rk. ist viel langsamer als die analoge mit H_3PO_2 (s. S. 99). Sie wird durch $KMnO_4$ oder Ätherperoxid beschleunigt und verläuft vermutlich auch über einen Radikalkettenmechanismus, N. KORNBLUM, A. E. KELLEY, G. D. COOPER (*J. Am. Soc.* **74** [1952] 3074/6).

Chinon und Methylenblau oxydieren wss. H_3PO_3 in Ggw. von Pd-Schwarz bei gewöhnl. Temp. rasch zu H_3PO_4; Aktivkohle hat auch bei 40°C keine katalyt. Wrkg.; bei vollständigem Ausschluß von H_2O (in äther. Lsg.) tritt auch in Ggw. des Katalysators keine Rk. ein; vermutlich wird ein Hydrat des H_3PO_3 dehydriert, vgl. S. 137, H. WIELAND, A. WINGLER (*Lieb. Ann.* **434** [1923] 198/203).

Chloramin-T ($p-C_6H_4CH_3 \cdot SO_2 \cdot NNaCl$) oxydiert wss. H_3PO_3 bei 28.5° und 38.5°C in 1 Std. vollständig zu H_3PO_4. In neutraler Lsg. tritt in 24 Std. keine nachweisbare Rk. ein, J. R. BENDALL, F. G. MANN, D. PURDIE (*J. chem. Soc.* **1942** 157/63).

Primäre aromat. Arsinsäuren werden durch H_3PO_3 zu As^{III}-Verbb. reduziert, sekundäre Arsinsäuren zu Diarsinen, vgl. J. HOUBEN (*Die Methoden der organischen Chemie, 3. Aufl., Bd. 2, Leipzig* 1925, S. 442, 444, 446). 1 Gew.-% H_3PO_3 verzögert die Autoxydation von Furfurol und Benzaldehyd, C. MOUREU, C. DUFRAISSE, M. BADOCHE (*C. r.* **187** [1928] 157/61).

Complex Formatiox

Komplexbildung. Bei Zusatz von Natronlauge zu wss. $CuSO_4$-H_3PO_3-Lsg. entsteht ein in überschüssiger Lauge lösl. Niederschlag. Ähnlich verhalten sich Salze der Erdalkalien, des Cd, Mn, Co, Ni und Fe. Die Lsgg. geben keine oder nur unvollständige Fällungen mit Na_2CO_3, H_2S und NH_4-Sulfid, L. VANINO (*Pharm. Zentralhalle* **40** [1899] 637/8). Aus konz. Lsgg. von $NiSO_4$ und NH_4- bzw. K-Phosphit sind die hellgrünen, krist. Salze $(NH_4)_2[Ni_3(HPO_3)_4] \cdot 18H_2O$ bzw. $K_2[Ni_3(HPO_3)_4] \cdot 32H_2O$ isolierbar. $CoSO_4$ gibt die entsprechenden hellrot gefärbten Salze, vgl. auch „*Kobalt*" *Tl.* A, S. 432, 442, „*Kobalt*" *Tl.* A *Erg.-Bd.*, S. 817. Mit Salzen des Zn, Cd, Sn^{II}, Pb^{II}, Mn^{II}, Fe^{II} und Cu^{II} entstehen nur einfache Phosphite, A. ROSENHEIM, S. FROMMER, H. GLÄSER, W. HÄNDLER (*Z. anorg. Ch.* **153** [1926] 126/42).

Mit $CrCl_3$ bilden sich grauviolette Alkaliphosphitochromate(III) vom Typus $M^I[Cr(HPO_3)_2] \cdot nH_2O$, vgl. auch „*Chrom*" *Tl.* A, S. 650. Beim Zutropfen von salzsaurer $MnCl_3$-Lsg. zu konz., eisgekühlter Na_2HPO_3-Lsg. entsteht die purpurrote Färbung der komplexen Mn^{III}-Salze, die infolge Red. bald wieder verschwindet. $FeCl_3$ ergibt hellgelbe Salze der Zus. $M_2^I[Fe(OH)(HPO_3)_2] \cdot nH_2O$, vgl. auch „*Eisen*" *Tl.* B, S. 910, 993, 1028. Mit Uranylnitrat entstehen tiefgelbe Verbb. $M_2^I[UO_2(HPO_3)_2]$, A. ROSENHEIM, S. FROMMER, H. GLÄSER, W. HÄNDLER (*l. c.*), vgl. auch „*Uran*" S. 196, 211, 220.

Aus Gemischen von Alkaliphosphit und Alkalimolybdat (6 Mol je Mol Phosphit) scheiden sich nach dem Ansäuern mit HCl bei schwachem Erwärmen analog zur Rk. mit H_3PO_4 gelbe, schwer lösl. Ndd. der Zus. $2M_2^IO \cdot P_2O_3 \cdot 12MoO_3 \cdot nH_2O$ ab. Mit 2 Mol Molybdat je Mol Phosphit bilden sich bei

Siedehitze weiße Ndd. der Zus. $2M_2^IO \cdot P_2O_3 \cdot 5MoO_3 \cdot nH_2O$. A. ROSENHEIM, M. SCHAPIRO, A. ITALIENER (*Z. anorg. Ch.* **129** [1923] 196/205), s. ferner „*Molybdän*" S. 346/7. Über Wolframsäurephosphite s. „*Wolfram*" S. 375.

Beim Erhitzen von wasserfreiem H_3PO_3 mit K_2PtCl_4 bilden sich die Verbb. $[Pt\{P(OH)_3\}_4]Cl_2$, $[PtCl\{P(OH)_3\}_3]Cl$ und $[Pt\{P(OH)_2O\}_2\{P(OH)_3\}_2]$. Die zuletzt genannte Verb. ist auch aus wss. Lsg. erhältlich, zerfällt aber besonders in alkal. Lsg. leicht unter Abscheidung von Pt und Bldg. von PO_4^{3-}. In diesen Komplexen liegt H_3PO_3 als $P(OH)_3$ mit 3wertigem P vor. Demnach ist diese Form in sehr geringer Konz. bereits in der freien phosphorigen Säure enthalten (s. „Tautomerie" S. 126), oder sie entsteht durch Umlagerung aus der gewöhnl. Form $HPO(OH)_2$ in Ggw. von Pt^{2+}. Die Dialkylphosphite $HPO(OR)_2$ verhalten sich der Säure analog, A. D. TROICKAJA (*Žurnal neorg. Chim.* **6** [1961] 1147/9; engl. Übers.: *Russ. J. inorg. Chem.* **6** [1961] 585/6); s. ferner A. A. GRINBERG, T. B. ICKOVIČ, A. D. TROICKAJA (*Žurnal neorg. Chim.* **4** [1959] 79/81; engl. Übers.: *Russ. J. inorg. Chem.* **4** [1959] 30/2), A. A. GRINBERG (*Doklady Akad. Nauk SSSR* **105** [1955] 1256/7).

Im Gegensatz zu PBr_3 und den neutralen Estern $P(OR)_3$ bilden H_3PO_3 und die Estersäuren $HPO(OR)_2$ ebenso wie die Ester der Orthophosphorsäure keine Additionsverbb. mit CuCl, CuBr und CuJ. Daher hat H_3PO_3 die Konstit. $HPO(OH)_2$ mit 5wertigem Phosphor, A. E. ARBUZOV (*Ž. Russk. fiz.-chim. Obščestva* **38** [1906] 293/319, 318). Vermutlich ist die Komplexbildungstendenz gegenüber P-Verbb. bei Cu^+ erheblich kleiner als bei Pt^{2+}, s. A. D. TROICKAJA (*l. c.*).

Nichtwäßrige Lösung

Nonaqueous Solution

Die Gefrierpunktserniedrigung (0.814°) einer Lsg. von 0.762 g H_3PO_3 in 100 g $POCl_3$ entspricht dem Molgew. M = 67.4; demnach ist H_3PO_3 in $POCl_3$ teilweise dissoziiert, G. ODDO, A. MANNESSIER (*Gazz.* **42** II [1912] 194/204). Nach kryoskop. Messungen in Eisessig ist H_3PO_3 oberhalb C = 7 g H_3PO_3/100 g Eisessig dimer (M = 161); mit abnehmender Konz. verschiebt sich das Gleichgew. zugunsten des Monomeren, D. VOIGT (*Bl. Soc. chim.* **1953** 517/20); vgl. „Assoziation" in wss. Lsg., S. 127. Verd. Lsgg. in Eisessig ergeben das einfache Molgew., P. NYLÉN (*Diss. Uppsala* 1930, S. 1/239, 20).

Nach osmot. Unterss. von Lsgg. in wss. Alkoholen (C_1 bis C_4) besitzt H_3PO_3 zwei OH-Gruppen je Molekel und daher die Konstit. $HPO(OH)_2$, B. STEHLIK (*Chem. Zvesti* [tschech.] **2** [1948] 197/201; *Collect. Trav. chim. Tchécosl.* **14** [1949] 241/7).

In wasserfreiem Äther wird H_3PO_3 durch Br_2 binnen 8 Std. nicht nachweisbar oxydiert; nach Zusatz eines Tropfens H_2O tritt Ox. ein. O_2 oder Chinon reagieren auch in Ggw. von Pd nicht; beim Schütteln mit wasserdampfhaltigem O_2 erfolgt in 1 Std. weitgehende Oxydation. Vermutlich reagiert H_3PO_3 als Hydrat H_5PO_4, das durch den H-Akzeptor zu H_3PO_4 dehydriert wird, H. WIELAND, A. WINGLER (*Lieb. Ann.* **434** [1923] 198/203); vgl. S. 129.

Essigsäure, Trichloressigsäure, Brenztraubensäure, Phenol, Piperonal, Cumarin und Acetophenon bilden mit H_3PO_3 einfache eutekt. Systeme; feste Verbb. werden nicht gebildet. Schmelzdiagramme im Original, H. L. REDFIELD, G. B. KING (*J. phys. Chem.* **40** [1936] 919/25); dasselbe gilt für Dioxan, JA. F. MEŽENNYJ (*Ž. obščej Chim.* [russ.] **19** [1949] 404/6). Die Löslichkeit von Oxalsäure, Citronensäure, Bernsteinsäure und Phenol in wss. H_3PO_3 steigt nach anfänglichem Abfall mit zunehmender H_3PO_3-Konz. wieder an; das deutet auf Bldg. von Additionsverbb. in wss. Lsg., H. L. REDFIELD, G. B. KING (*l. c.*). Die elektr. Leitf. wäßriger Mischungen von H_3PO_3 mit Milchsäure, Brenztraubensäure, Glucose, Äthylacetonat, Brenzkatechin bzw. Pyrogallol ist kleiner als die Summe der Leitff. der Komponenten, vermutlich infolge reversibler Bldg. von schwach sauren Komplexen mit der Struktur $\begin{matrix}>C-O\diagdown \\ | \\ >C-O\diagup\end{matrix}$ POH, s. R. DUCKERT, P. KOHLER, P. WENGER (*Helv. chim. Acta* **26** [1943] 2026/30), P. KOHLER (*Arch. phys. nat.* **26** [1944] 157/79, 183/94).

Das System H_3PO_3-H_3PO_4

The H_3PO_3-H_3PO_4 System

Längere Zeit auf ~60°C erhitzte, wasserfreie H_3PO_3-H_3PO_4-Gemische erstarren eutektisch, ohne daß Verb.-Bldg. eintritt. Das Eutektikum liegt bei 39.0 Mol-% H_3PO_3 und −13.0°C. Liquidustempp. in °C in Auswahl:

Mol-% H_3PO_3	100.0	78.5	68.5	50.0	45.5	39.0	37.5	31.2	18.2	8.5	0.0
Temp. . . .	73.6°	53.7°	42.2°	12.7°	3.0°	−13.0°	−10.5°	+1.5°	21.0°	30.3°	35.0°

A. ROSENHEIM, W. STADLER, F. JACOBSOHN (*Ber.* **39** [1906] 2837/44).

Deutero-phosphorous Acid

Deuterophosphorige Säure D_3PO_3.

Darst. aus krist. H_3PO_3 und D_2O durch mindestens 20std. Stehenlassen der Lsg. und anschließendes Eindampfen im Vak. über $CaSO_4$ und $Mg(ClO_4)_2$. Nach 5maliger Wiederholung der Operation treten im Ramanspektrum der Lsg. keine Änderungen mehr auf, R. B. MARTIN (*J. Am. Soc.* **81** [1959] 1574/6).

Das Ramanspektrum einer 30%igen Lsg. von D_3PO_3 in D_2O zeigt die Frequenzen: 412 (9), 525 (3), 750 (13), 933 (20), 1036 (3), 1066 (5), 1203 (9), 1793 (22); 750 und 1793 cm^{-1} sind Frequenzen der P–D-Deformations- bzw. Streckschwingung, R. B. MARTIN (*l. c.*); zur Zuordnung der übrigen Frequenzen s. S. 119. Eine wss. Lsg. von K_2DPO_3 ergibt Ramanlinien bei 755, 969 und 1744 cm^{-1}, s. A. SIMON, W. SCHULZE (*Z. anorg. Ch.* **296** [1958] 287/304, 303).

Peroxo-phosphorous Acid

Peroxophosphorige Säure HPO(OH)(OOH).

Bei der durch O_3 oder F_2O induzierten Autoxydation wäßriger Hypophosphitlsgg. entsteht als unbeständiges Zwischenprod. in Konzz. bis zu 0.1 Mol/l eine Peroxoverb., die auf Grund ihrer Eigg. sowie der Mengenverhältnisse der bei der Autoxydation entstehenden Stoffe als peroxomonophosphorige Säure betrachtet wird, s. Fig. 20 und 21, S. 106, 107. Die Rk.-Lsg. macht aus KJ sofort Jod frei, gibt (im Gegensatz zu Peroxomonophosphorsäure) die Peroxidrkk. mit Titanschwefelsäure und Vanadinsäure, jedoch (im Gegensatz zu H_2O_2) keine Chromperoxidreaktion. Die Isolierung der Säure gelingt wegen ihrer Zersetzlichkeit nicht. Sie spaltet in schwefelsaurer Lsg. H_2O_2 ab und zerfällt in alkal. Medium rasch unter O_2-Entwicklung. In einer Probe, die der Rk.-Lsg. ($p_H = 5.9$) während der Autox. entnommen und unter N_2 oder CO_2 gebracht wird, bleibt der Persäuregehalt einige Min. konstant und fällt dann rasch ab. Vermutlich ist die Persäure beständig, solange die Lsg. noch O_2 enthält. $CuSO_4$, $FeCl_3$ und Mannit verlangsamen den Zerfall, W. BOCKEMÜLLER, T. GÖTZ (*Lieb. Ann.* **508** [1934] 263/97, 272).

Mit Benzoylchlorid bildet die mit NaOH oder Pyridin versetzte Lsg. Dibenzoylperoxid. Der Persäuregehalt der Lsg. läßt sich (neben Hypophosphit, Phosphit und Phosphat) nach Sättigung mit $NaHCO_3$ durch gleichzeitige Zugabe von KJ- und Arsenitlsg. bestimmen; die letztere reagiert unter diesen Bedingungen viel schneller mit dem durch die Persäure freigemachten J_2 als mit dem Phosphit, W. BOCKEMÜLLER, T. GÖTZ (*l. c.*).

Poly-phosphorous Acids

Polyphosphorsäuren niedriger Oxydationsstufe

Nomenclature

Nomenklatur. Phosphorsäuren mit mehreren P-Atomen, in denen alle oder ein Tl. der P-Atome Oxydationszahlen < 5 aufweisen, können in mehreren isomeren Formen auftreten, beispielsweise $H_4P_2O_5$ als

$$\mathrm{(HO)(H)P(O)\!-\!O\!-\!P(O)(OH)(H)}$$ (Pyrophosphorige Säure) und

$$\mathrm{(HO)(H)P(O)\!-\!P(O)(OH)_2}$$ (Diphosphorige Säure),

$H_4P_2O_6$ als

$$\mathrm{(HO)_2P(O)\!-\!P(O)(OH)_2}$$ (Unterphosphorsäure) und

$$\mathrm{(HO)(H)P(O)\!-\!O\!-\!P(O)(OH)_2}$$ (Isounterphosphorsäure).

Bei Säuren mit 3 und mehr P-Atomen läßt sich diese Bezeichnungsweise nicht mehr anwenden. Bis zur Festlegung einer rationellen Nomenklatur wird deshalb entsprechend dem Vorschlag von B. BLASER, K.-H. WORMS (*Z. anorg. Ch.* **300** [1959] 225/8) unter Verzicht auf eine Namengebung die Struktur dieser Säuren in abgekürzter Form bezeichnet, indem das Phosphor-Sauerstoff-Skelett mit den Ox.-Zahlen der P-Atome angegeben wird. So erhält z. B. die Säure $\mathrm{(HO)(H)P(O)\!-\!O\!-\!P(O)(OH)\!-\!P(O)(OH)_2}$ die Bezeichnung $\overset{3}{P}$–O–$\overset{4}{P}$–$\overset{4}{P}$-Säure; die obengenannten Säuren sind als $\overset{3}{P}$–O–$\overset{3}{P}$-Säure, $\overset{2}{P}$–$\overset{4}{P}$-Säure, $\overset{4}{P}$–$\overset{4}{P}$-Säure bzw. $\overset{3}{P}$–O–$\overset{5}{P}$-Säure zu bezeichnen. Diese Bezeichnung ist eindeutig, weil in wss. Lsg. (bei geeignetem p_H) beständige Phosphorsäuren stets die Gruppe $\mathrm{-P(O)(OH)-}$ enthalten, vgl. B. BLASER, K.-H. WORMS (*l. c.*).

Unterdiphosphorige Säure ($\overset{2}{P}$–$\overset{2}{P}$-Säure) $H_2(H_2P_2O_4)$. *Subdiphosphorous Acid*

Bei der Hydrolyse von festem oder in CS_2 gelöstem P_2J_4 in sauren, neutralen und alkal. Lsgg. bei 0°C bilden sich neben PH_3, H_3PO_3, $H_4P_2O_6$ und H_3PO_4 kleine Mengen einer Säure, deren Ba-Salz aus den Hydrolysaten in angereicherter Form abgetrennt werden kann. Nach ihrem chem. und papierchromatograph. Verh. kommt der Säure die Formel $\begin{matrix}HO & O & O & OH\\ & >P—P< & & \\ H & & & H\end{matrix}$ zu. Sie ist in wss. Lsg. am beständigsten bei $p_H \approx 7$; bei der hydrolyt. Spaltung entstehen PH_3, H_3PO_3 und H_3PO_4. Sie wird durch Luftsauerstoff und durch Jod in saurer, neutraler und alkal. Lsg. leicht unter Bldg. von diphosphoriger ($\overset{2}{P}$–$\overset{4}{P}$-)Säure und Unterphosphorsäure oxydiert. Das Ba-Salz $BaH_2P_2O_4$ ist in 2n Essigsäure wenig löslich. Der R_f-Wert im ammoniakal. Papierchromatogramm ist nahezu gleich dem des Pyrophosphits, M. Baudler (*Z. Naturf.* **14b** [1959] 464/5); vgl. auch J. H. Kolitowska (*Roczniki Chem.* [poln.] **15** [1935] 29/36).

Pyrophosphorige Säure ($\overset{3}{P}$–O–$\overset{3}{P}$-Säure) $H_2(H_2P_2O_5)$. *Pyrophosphorous Acid*

Bildung und Darstellung. Krist. $H_4P_2O_5$ erhält man durch etwa 5std. Schütteln einer H_3PO_3-PCl_3-Mischung bei 30 bis 40°C entsprechend der Gleichung $5H_3PO_3 + PCl_3 \rightarrow 3H_4P_2O_5 + 3HCl$, s. V. Auger (*C. r.* **136** [1903] 814/5), E. Thilo, D. Heinz (*Z. anorg. Ch.* **281** [1955] 303/21). Die analoge Rk. mit PBr_3 führt bei gewöhnl. Temp. infolge der hohen Löslichkeit des HBr in H_3PO_3 (37 Gew.-% bei 1 Atm und Raumtemp.) zu einem Gleichgew.; erst durch Abpumpen des HBr im Vak. wird die Rk. quantitativ, F. Hossenlopp, J.-P. Ebel (*C. r.* **250** [1960] 354/5). PCl_3 und PBr_3 bilden quantitativ $H_4P_2O_5$, wenn sie mit der stöchiometr. Menge H_3PO_3 im zugeschmolzenen Glasrohr auf Tempp. von 25 bis 100°C erhitzt werden; das erhaltene $H_4P_2O_5$ ist mindestens 99%ig, E. Schwarzmann, J. R. van Wazer (*J. inorg. nuclear Chem.* **14** [1960] 296/7). *Formation. Preparation*

Zur Darst. werden stöchiometr. Mengen H_3PO_3 und PCl_3 in einem mit Rührwerk und $CaCl_2$-Rohr versehenen Rundkolben vermischt und auf 35°C erwärmt, wobei Verflüssigung eintritt. Nach 5 Std. wird die hochviscose, noch stark rauchende Säure im Vak.-Exsiccator einige Tage im Dunkeln stehen gelassen; meistens tritt nach einigen Tagen Krist. ein. Die Präpp. enthalten 94.7 bis 98.1 Gew.-% $H_4P_2O_5$, s. M. Baudler (*Z. Naturf.* **12b** [1957] 347/8).

$H_4P_2O_5$ läßt sich auch aus P_2O_3 und H_2O sowie aus P_2O_3 und H_3PO_3 bei gewöhnl. Temp. darstellen, ferner durch Entwässerung von H_3PO_3 bei 80°C im Vak. und durch Einw. von Dicyclohexylcarbodiimid auf H_3PO_3, s. F. Hossenlopp, M. McPartlin, P.-J. Ebel (*Bl. Soc. chim.* **1960** 791). Bldg. bei der Hydrolyse von PCl_3 in Äther oder CS_2 bei —20 bis —80°C s. J. Goubeau, P. Schulz (*Z. anorg. Ch.* **294** [1958] 224/32).

Pyrophosphite der Zus. $M^I_2H_2P_2O_5$ bzw. $M^{II}H_2P_2O_5$ (M^I = Li, Na, K, Tl, M^{II} = Ca, Sr, Ba, Pb) entstehen bei der therm. Entwässerung der entsprechenden Hydrogenphosphite, L. Amat (*Ann. Chim. Phys.* [6] **24** [1891] 289/373); Darst. des NH_4-Salzes, S. J. Kiehl, M. F. Moose (*J. Am. Soc.* **60** [1938] 47/9), des Na-Salzes, E. Thilo, D. Heinz (*l. c.*).

Darst. von Pyrophosphiten aus Phosphortrihalogeniden und wss. Phosphatlsgg., Henkel & Cie. (*B.P.* 820953 [1959] nach *C.A.* **1960** 3886).

Beim Einleiten von PCl_3 (11 Millimol/h im N_2-Strom) in eine wss. Suspension von $NaHCO_3$ (2.5 Mol in 1 l H_2O) bei 0°C gehen über 70% des P in Pyrophosphit über, wenn mehr als 2 Mol PCl_3 eingeleitet werden nach **Fig. 27**, S. 140, entsteht das Pyrophosphit aus PCl_3 und primär gebildetem Phosphit; dementsprechend bilden sich bei der Hydrolyse von PCl_3 in Na_2HPO_3-Lsgg. noch größere Mengen Pyrophosphit, Fig. im Original. Auf dieser Bldg. von Pyrophosphit beruht zur Hauptsache das von B. Blaser (*Ber.* **68** [1935] 1670/4, **86** [1953] 563/72), T. Milobedzki (*Roczniki Chem.* **24** [1950] 48/63), J. H. Kolitowska (*Roczniki Chem.* **27** [1953] 191/206) bei der Ox. von neutralen PCl_3-Hydrolysaten mit Jod festgestellte Oxydationsdefizit, vgl. das chem. Verh. von Pyrophosphit gegen Jod, S. 141. Bei der Hydrolyse von PBr_3 in wss. $NaHCO_3$ entsteht sehr wenig Pyrophosphit, bei derjenigen von PJ_3 überhaupt keines, E. Thilo, D. Heinz (*Z. anorg. Ch.* **281** [1955] 303/21).

Molekel. Nach Bildungsweise, Zus. und chem. Verh. der Salze kommt der Säure die Konstit. (HO)HPOPH(OH) mit 2 nichtdissoziierbaren H-Atomen zu, L. Amat (*Ann. Chim. Phys.* [6] **24** [1891] 289/373). *Molecule*

Aus der Erniedrigung der Umwandlungstemp. von Glaubersalz durch $Na_2H_2P_2O_5$ ergibt sich das der Formel entsprechende Molgew., E. Thilo, D. Heinz (*Z. anorg. Ch.* **281** [1955] 303/21, 316).

Das Ramanspektrum der wasserfreien Säure (s. unten) und der wss. Lsg. des Na-Salzes (S. 141) bestätigen die angegebene Struktur. Insbesondere liegt keine P–P-Bindung vor, wie aus dem Fehlen einer Ramanfrequenz <300 cm^{-1} hervorgeht, M. BAUDLER (*Z. Naturf.* **12b** [1957] 347/8). Nach magnet. Kernresonanz-Unterss. hat pyrophosphorige Säure (im Gegensatz zur diphosphorigen Säure, s. S. 142) symmetr. Struktur, C. F. CALLIS, J. R. VAN WAZER, J. N. SHOOLERY, W. A. ANDERSON (*J. Am. Soc.* **79** [1957] 2719/26), E. SCHWARZMANN, J. R. VAN WAZER (*J. inorg. nuclear Chem.* **14** [1960] 296/7).

Physical Properties

Physikalische Eigenschaften. Farblose Nadeln, Schmp. 38°C, V. AUGER (*C. r.* **136** [1903] 814/5). Schmp. 39°C, M. BAUDLER (*Z. Naturf.* **12b** [1957] 347/8), Schmp. 36°C, E. SCHWARZMANN, J. R. VAN WAZER (*J. inorg. nuclear Chem.* **14** [1960] 296/7). Ramanspektrum (Frequenzen in cm^{-1}, in Klammern relative Intensitäten) der geschmolzenen Säure: 316 (3), 407 (2), 439 (2), 506 (2), 542 (2), 654 (3), 708 (5, breit), 948 (6), 1020 (7), 1105 (4), 1220 (3), 1271 (3), 2502 (8, diffus). Der diffuse Charakter der

Fig. 27.

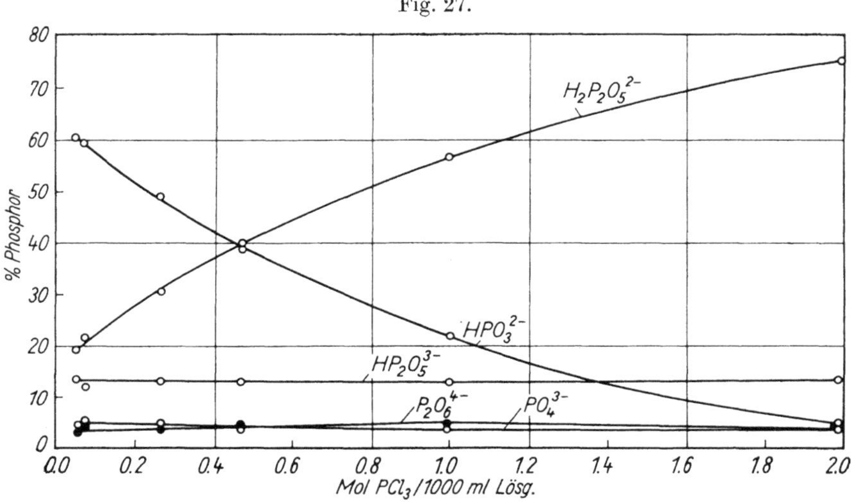

Die relativen Konzz. von Phosphit, Pyrophosphit, Diphosphit, Subphosphat und Phosphat im Hydrolysat von PCl_3 in $NaHCO_3$-Lsg. in Abhängigkeit von der angewandten PCl_3-Menge nach E. THILO, D. HEINZ (*l. c.* S. 307).

P–H-Frequenz bei 2502 cm^{-1} weist auf Wasserstoffbrücken hin. Eine OH-Bande (im Bereich 3000 bis 3600 cm^{-1}) tritt auch in kräftig belichteten Spektren nicht auf, M. BAUDLER (*l. c.*).

Chemical Reactions

Chemisches Verhalten. Beim Stehen im Exsiccator zersetzt sich die Säure langsam unter Abscheidung einer gelben Trübung; ein geringer HCl-Gehalt hemmt die Zers., Tageslicht beschleunigt sie. Bei 40 bis 50°C färbt sich die Säure in einigen Std. gelb, M. BAUDLER (*Z. Naturf.* **12b** [1957] 347/8). Bei 30°C tritt nach 2 bis 3 Tagen Gelbfärbung auf, die Säure kristallisiert nicht mehr und hinterläßt nach Auflösung in Wasser gelbe Flocken, vermutlich ein P-Suboxid (vgl. S. 58). Bei 100°C wird sie rasch rotgelb, bei 130°C entwickelt sie Phosphorwasserstoff, V. AUGER (*C. r.* **136** [1903] 814/5). Reorganisationsgleichgewichte wie in fl. H_3PO_4 und $H_4P_2O_7$ (s. S. 165, 218) sind in fl. $H_4P_2O_5$ mit magnet. Kernresonanzmessungen nicht nachweisbar. Auch Verss. zur weiteren Kondensation mit P_2O_3 oder Dicyclohexylcarbodiimid ergeben keine nachweisbaren Mengen höher kondensierter Säuren, F. HOSSENLOPP, M. MCPARTLIN, P.-J. EBEL (*Bl. Soc. chim.* **1960** 791); vgl. auch E. THILO, D. HEINZ (*Z. anorg. Ch.* **281** [1955] 303/21, 314).

Mit HBr liefert $H_4P_2O_5$ in unvollständiger Rk. (Umkehrung der Bildungsrk.) H_3PO_3 und PBr_3, s. F. HOSSENLOPP, J.-P. EBEL (*C. r.* **250** [1960] 354/5).

Mit PCl_3 setzt sich $H_4P_2O_5$ schon bei 45°C in HCl ,Phosphor, H_3PO_4 und $H_4P_2O_7$ um, V. AUGER (*l. c.*). Bei Anwendung eines PCl_3-Überschusses zur Darst. der Säure aus H_3PO_3 und PCl_3 bei 25 bis 100°C im geschlossenen Rohr bilden sich 2 fl. Schichten, von denen die eine aus $H_4P_2O_5$ mit gelöstem HCl, die andere aus PCl_3 besteht, E. SCHWARZMANN, J. R. VAN WAZER (*J. inorg. nuclear Chem.* **14** [1960] 296/7); demnach reagiert PCl_3 wenigstens in Ggw. von HCl nicht mit $H_4P_2O_5$.

Die an der Luft zerfließlichen Kristalle gehen mit wenig H_2O sofort in H_3PO_3 über, V. AUGER (*l. c.*); zur Hydrolyse s. unten.

Wäßrige Lösung. Pyrophosphite sind in neutraler Lsg. ziemlich beständig, in saurer und bas. Lsg. tritt sehr rasch Hydrolyse zu Phosphit ein, s. unten. *Aqueous Solution*

Bildungswärme. Aus der von L. AMAT (*Ann. Chim. Phys.* [6] **24** [1891] 289/373) bestimmten Wärmetönung der Hydrolyse (s. unten) ergibt sich $\Delta H^\circ_{291} = -384.3$ kcal/Mol, F. R. BICHOWSKY, F. D. ROSSINI (*The Thermochemistry of the chemical Substances, New York* 1936, S. 38, 220); $\Delta H^\circ_{298} = -391.2$ kcal/Mol, ROSSINI u. a. (*Selected values*, 1952, S. 76). *Heat of Formation*

Physikalische Eigenschaften. Ramanspektrum (Frequenzen in cm^{-1}, in Klammern relative Intensität) einer gesätt. $Na_2H_2P_2O_5$-Lsg.: 335 (4), 449 (2), 469 (2), 529 (2), 559 (2), 720 (3, breit), 917 (2), 1009 (6), 1033 (7), 1068 (3), 1107 (10), 1212 (3, breit), 2417 (8, breit). Das Spektrum zeigt weitgehende Parallelität mit dem der wasserfreien Säure, M. BAUDLER (*Z. Naturf.* **12b** [1957] 347/8); teilweise abweichende Angaben, H. REMY, H. FALIUS (*Naturw.* **43** [1956] 177; *Ber.* **92** [1959] 2199/205). *Physical Properties*

Chemisches Verhalten. Basizität. Pyrophosphorige Säure ist 2basig; die frisch bereitete Lsg. von $Na_2H_2P_2O_5$ reagiert neutral gegen Methylorange und Phenolphthalein; bei der Neutralisation von 1 Mol $H_4P_2O_5$ mit 2 Mol NaOH in verd. Lsg. werden 28.6 kcal frei; ein weiterer Laugezusatz ergibt keinen wesentlichen Wärmeeffekt mehr, L. AMAT (*Ann. Chim. Phys.* [6] **24** [1891] 289/373, 325, 368); elektrometr. Titration ergibt nur einen Potentialsprung entsprechend der Bldg. des Dinatriumsalzes, B. BLASER (*Ber.* **86** [1953] 563/72). *Chemical Reactions*

Hydrolyse. Pyrophosphit zerfällt in wäßriger Lösung nach $H_2P_2O_5^{2-} + H_2O \rightarrow 2\,H_2PO_3^-$. Die Hydrolyse verläuft sehr langsam zwischen $p_H = 5$ und $p_H = 7$; in einer Lsg., die anfänglich je 0.1 Mol/l $(NH_4)_2H_2P_2O_5$ und NaOH enthält und in der bei 30°C in den ersten 240 Std. 56% des Pyrophosphits unter Abfall des p_H-Wertes von 9.3 auf 7 zerfallen, erfordert die mit einem p_H-Abfall auf 6.5 verbundene Erhöhung des Hydrolysengrades auf 78% rund 1000 Std., S. J. KIEHL, M. F. MOOSE (*J. Am. Soc.* **60** [1938] 257/62). In $NaHCO_3$-Lsg. (0.0065 Mol/l $Na_2H_2P_2O_5$, 0.119 Mol/l $NaHCO_3$) zerfallen bei 20°C in 32, 56, 129 bzw. 416 Std. 4.8, 8.2, 16.4 bzw. 38.5%, s. B. BLASER (*Ber.* **86** [1953] 563/72, 372); vgl. L. AMAT (*Ann. Chim. Phys.* [6] **24** [1891] 289/373, 334).

In alkal. Lsg. verläuft die Hydrolyse im Gegensatz zum Verh. der diphosphorigen Säure und der Unterphosphorsäure rasch; nach 5, 10, 30 bzw. 60 Min. sind bei 20°C in einer anfänglich 0.036 bzw. 0.099 Mol $Na_2H_2P_2O_5$ bzw. NaOH/l enthaltenden Lsg. 71.0, 84.0, 96.2 bzw. 97.8% hydrolysiert, B. BLASER (*l. c.*); in überschüssigem 0.1n NaOH verläuft die Hydrolyse nach erster Ordnung mit einer Halbwertszeit von ~3 Min. bei 20°C, B. BLASER, K.-H. WORMS (*Z. anorg. Ch.* **301** [1959] 18/35, 19). In 0.5n NaOH ist die Hydrolyse bei 20°C in 70 Min. quantitativ, E. THILO, D. HEINZ (*Z. anorg. Ch.* **281** [1955] 303/21, 319); vgl. ferner L. AMAT (*l. c.* S. 328), S. J. KIEHL, M. F. MOOSE (*l. c.*).

In 0.5n HCl-saurer Lsg. bei 20°C erfolgt vollständige Hydrolyse in 30 Min., E. THILO, D. HEINZ (*l. c.*), beträchtlich schneller als bei der diphosphorigen Säure, B. BLASER (*l. c.* S. 568). In Lsg. mit anfänglich 0.1 Mol $(NH_4)_2H_2P_2O_5$/l und 0.1 Mol Essigsäure/l ($p_H = 2.87$) sind bei 30°C nach 5, 10, 20 bzw. 30 Std. rund 40, 60, 80 bzw. 90% hydrolysiert, wobei das p_H nach 30 Std. auf 3.10 steigt. In 0.1n HCl-Lsg. ($p_H = 1.2$ bis 1.5) wird nach 5, 10, 20 bzw. 30 Min. ein Hydrolysengrad von 54, 73, 90 bzw. 96% erreicht, S. J. KIEHL, M. F. MOOSE (*l. c.*); vgl. ferner L. AMAT (*l. c.* S. 335).

Aus calorimetr. Unterss. ergibt sich für gewöhnl. Temp.: $H_4P_2O_5$ (gelöst) + H_2O (fl.) = $2\,H_3PO_3$ (gelöst) + 4.9 kcal, L. AMAT (*l. c.* S. 371).

Gegen Halogene. Jod (in KJ-Lsg.) reagiert außerordentlich langsam mit Pyrophosphit. Zur jodometr. Best. ist deshalb vorhergehende Hydrolyse zu Phosphit notwendig, S. J. KIEHL, M. F. MOOSE (*J. Am. Soc.* **60** [1938] 47/9). In $NaHCO_3$-Lsg. (~0.0063 Mol $Na_2H_2P_2O_5$/l, 0.12 Mol $NaHCO_3$/l, 0.037 val Jod/l) werden bei 20°C in 17, 43.5 bzw. 99 Std. 4.0, 7.9 bzw. 14.9% des Pyrophosphits (zu Phosphat) oxydiert. Die Ox.-Geschw. ist von derselben Größenordnung wie die Geschw. der Hydrolyse; vermutlich reagiert das Jod mit dem gebildeten Phosphit. Durch dieses Verh. unterscheidet sich die pyrophosphorige Säure von der isomeren diphosphorigen Säure, B. BLASER (*Ber.* **86** [1953] 563/72, 571).

Durch Brom wird Pyrophosphit in $NaHCO_3$-Lsg. binnen 30 Min. nicht oxydiert, E. THILO, D. HEINZ (*Z. anorg. Ch.* **281** [1955] 303/21, 317).

Chlor oxydiert zu Orthophosphat, während Diphosphit und Subphosphat in Pyrophosphat übergeführt werden. In einer Lsg. mit ~0.013 Mol/l $Na_2H_2P_2O_5$, 0.25 Mol/l $NaHCO_3$ und 0.082 Mol/l Cl_2 ist die Ox. bei 20°C nach längstens 26 Std. vollständig, B. BLASER (*l. c.* S. 572).

Fällungsreaktionen. Vermutlich existiert kein schwerlösl. Pyrophosphit; Schwermetallsalze geben entweder keine Fällung oder (durch Rk. mit hydrolytisch gebildetem $H_2PO_3^-$) einen Nd. von Phosphit. Aus konz. (gesätt.) $Na_2H_2P_2O_5$-Lsg. fällt auf Zusatz von $Pb(NO_3)_2$ ein Nd. von $PbHPO_3 \cdot Pb(NO_3)_2$; verd. Lsgg. ergeben (im Gegensatz zu Phosphit) keine Fällung. $AgNO_3$ bildet auch mit konz. Lsgg. erst nach längerer Zeit einen Nd. von metall. Ag ohne vorhergehende Fällung von Ag-Phosphit, L. Amat (*Ann. Chim. Phys.* [6] **24** [1891] 289/373, 345).

$Th(NO_3)_4$ reagiert mit $Na_2H_2P_2O_5$-Lsg. zu einem in Salzsäure schwer lösl. Nd., der sich in der sauren Lsg. (vermutlich infolge Hydrolyse des Anions) langsam wieder auflöst, H. Remy, H. Falius (*Ber.* **92** [1959] 2199/205).

Diphosphorous Acid

Diphosphorige Säure ($\overset{2}{P}$–$\overset{4}{P}$-Säure) $H_3(HP_2O_5)$.

Formation. Preparation

Bildung und Darstellung. Beim Einleiten von gasf. PCl_3 in $NaHCO_3$-Lsg. werden ~13% des P in diphosphorige Säure umgesetzt, deren Menge von der des eingeleiteten PCl_3 unabhängig ist, obwohl die Säure mit PCl_3 in wss. Lsg. nicht reagiert, s. Fig. 27, S. 140. Bei der Hydrolyse von PCl_3 in Natronlauge gehen 10 bis 20% des Phosphors in Diphosphit über, dessen Menge bei $p_H > 7$ mit abnehmendem p_H-Wert zunimmt; bei $p_H < 7$ tritt rasch Hydrolyse (s. unten) ein. Auch bei der Hydrolyse von PBr_3 und PJ_3 in wss. $NaHCO_3$ entsteht neben anderen Säuren niedriger Ox.-Stufe diphosphorige Säure, E. Thilo, D. Heinz (*Z. anorg. Ch.* **281** [1955] 303/21). Aus dem PBr_3-Hydrolysat ist das Na-Salz $Na_3HP_2O_5 \cdot 12H_2O$ durch Fällung mit Alkohol isolierbar, B. Blaser (*Ber.* **86** [1953] 563/72), mit 2% Ausbeute, bezogen auf PBr_3; aus dem Hydrolysat von PCl_3 mit 2.4% Ausbeute, E. Thilo, D. Heinz (*l. c.* S. 317).

Darst. von Diphosphiten aus Phosphortrihalogeniden und wss. Phosphatlsgg., Henkel & Cie. (*B.P.* 820953 [1959] nach *C.A.* **1960** 3886). Bldg. bei Bestrahlung von Na_2HPO_4 mit Neutronen, L. Lindner, G. Harbottle (*J. inorg. nuclear Chem.* **15** [1960] 386/7).

Structure

Struktur. Die Erniedrigung des Umwandlungspunktes von Glaubersalz durch $Na_3HP_2O_5$ entspricht dem Formelgew., E. Thilo, D. Heinz (*l. c.*). Die Dreibasigkeit der Säure (s. unten) spricht für die Struktur

```
HO\  O   O  /OH
    >P — P<
 H/         \OH
```

mit P–P-Bindung, B. Blaser (*l. c.*). Sie wird durch das Ramanspektrum bestätigt. Ramanfrequenzen (in cm^{-1}, in Klammern relative Intensität) von geschmolzenem $Na_3HP_2O_5 \cdot 12H_2O$ bei 65°C: 312 (6, breit), 427 (5), 480 (2), 504 (2), 586 (0), 615 (4), 919 (6), 950 (1), 983 (6), 1022 (1), 1052 (8), 1098 (1, breit), 1145 (0, breit), 2271 (7, breit). Die tiefste und höchste Frequenz gehören zur P–P- bzw. P–H-Valenzschwingung, M. Baudler (*Z. anorg. Ch.* **292** [1957] 325/9). Auch die magnet. Kernresonanz entspricht der angegebenen Struktur, C. F. Callis, J. R. van Wazer, J. N. Shoolery, W. A. Anderson (*J. Am. Soc.* **79** [1957] 2719/26).

Chemical Reactions. Hydrolysis

Chemisches Verhalten. **Hydrolyse.** Diphosphit ist in neutraler und alkal. Lsg. sehr beständig; bei 1std. Kochen mit 2n NaOH bleibt es unverändert, B. Blaser (*Ber.* **86** [1953] 563/72), E. Thilo, D. Heinz (*Z. anorg. Ch.* **281** [1955] 303/21, 319); Verh. gegen konz. Lauge bei hoher Temp. s. unten.

In 0.5n HCl tritt bei 20°C in 200 Min. vollständige Hydrolyse zu H_3PO_3 ein, E. Thilo, D. Heinz (*l. c.*); die Rk. verläuft nach erster Ordnung mit $k = 3 \times 10^{-2}\ min^{-1}$ (Halbwertszeit 23 Min.), B. Blaser (*l. c.*).

Neutralization. Precipitation. Salt Formation

Neutralisation. Fällung. Salzbildung. Elektrometr. Titration ergibt Wendepunkte für 3 H-Atome. Auch aus stark alkal. Lsgg. kristallisiert das Trinatriumsalz. Das Di- und Mononatriumsalz sind wegen großer Zersetzlichkeit (vgl. „Hydrolyse" vorstehend) schwierig darstellbar. Magnesiamixtur gibt in mäßig konz. Diphosphit-Lsgg. keinen Nd. In neutralem Medium schwer lösl. sind das Ba-Salz $Ba_3(HP_2O_5)_2$ und das rein weiße, sich schon in der Kälte unter Ag-Abscheidung verfärbende Ag-Salz, B. Blaser (*l. c.*). Das Ba-Salz ist röntgenamorph und fällt auch aus essigsaurer Lsg. vom p_H-Wert 5.5, s. E. Thilo, D. Heinz (*l. c.*).

With Concentrated Alkalies

Gegen konzentrierte Alkalien. Beim Kochen mit 30- bis 80%iger Natronlauge (118 bis 180°C) zersetzt sich die Säure nach $H_3(HP_2O_5) + H_2O \rightarrow 2H_3PO_3$ und nach $H_3(HP_2O_5) + H_2O \rightarrow H_4P_2O_6$ (Unterphosphorsäure) $+ H_2$; die zweite Rk. wird durch steigende NaOH-Konz. begünstigt, B. Blaser, K.-H. Worms (*Z. anorg. Ch.* **300** [1959] 229/36).

With Halogens

Gegen Halogene. In $NaHCO_3$-Lsg. ($p_H \approx 8$) oxydiert Jod rasch und quantitativ zu Hypophosphat, B. Blaser (*Ber.* **86** [1953] 563/72), E. Thilo, D. Heinz (*Z. anorg. Ch.* **281** [1955] 303/21). In 0.01n HCl erfordert die vollständige Ox. zu Unterphosphorsäure ($\overset{4}{P}$–$\overset{4}{P}$-Säure) bei 24°C etwa 15 Std. Bei höherer Acidität ist die Ox.-Geschw. größer; jedoch tritt dabei teilweise Hydrolyse der $\overset{2}{P}$–$\overset{4}{P}$-Säure ein, so daß die Ausbeuten an $\overset{4}{P}$–$\overset{4}{P}$-Säure absinken, B. BLASER, K.-H. WORMS (*Z. anorg. Ch.* **300** [1959] 229/36).

Brom oxydiert in saurer Lsg. rasch zu Unterphosphorsäure, in $NaHCO_3$-Lsg. zu Pyrophosphat, vgl. hierzu das Verh. von Unterphosphorsäure gegen Brom, S. 150. Chlor in $NaHCO_3$-Lsg. verhält sich ebenso, B. BLASER (*l. c.*).

In stark alkal. Lsg. wird Diphosphit durch Hypobromit zu Hypophosphat oxydiert, B. BLASER, K.-H. WORMS (*Z. anorg. Ch.* **300** [1959] 237/49, 238).

Unterphosphorsäure ($\overset{4}{P}$–$\overset{4}{P}$-Säure) $H_4P_2O_6$.

Hypophosphoric Acid

Formation. Preparation. From White Phosphorus

Bildung und Darstellung. Aus weißem Phosphor. P wird durch feuchte Luft bei gewöhnl. Temp. langsam in ein Gemisch aus H_3PO_4 (Hauptprod.), H_3PO_3 und $H_4P_2O_6$ umgewandelt; letzteres ist daraus als verhältnismäßig wenig lösl. $Na_2H_2P_2O_6 \cdot 6H_2O$ isolierbar, T. SALZER (*Lieb. Ann.* **187** [1877] 322/40, 324). Wenn teilweise mit Wasser bedeckte P-Stangen in einem lose verschlossenen Gefäß mehrere Tage in einem kühlen Raum stehen gelassen werden, erhält man das Na-Salz mit ~7% Ausbeute bezogen auf oxydiertes P, s. T. SALZER (*Lieb. Ann.* **194** [1878] 28/39); bei 15°C mit ~10%, bei 8°C mit 12 bis 14% Ausbeute, A. JOLY (*C. r.* **101** [1885] 1058/61). Bequeme Ausführung der Ox. in einer Schale mit geriffeltem Boden, J. CAVALIER, E. CORNEC (*Bl. Soc. chim.* [4] **5** [1909] 1058/60). Etwas höhere Ausbeuten bei der Anwendung von 25%iger Na-Acetatlsg. anstatt Wasser, P. DRAWE (*Ber.* **21** [1888] 3401/4), C. BANSA (*Z. anorg. Ch.* **6** [1894] 128/42), und Tempp. von höchstens 6 bis 8°C, A. ROSENHEIM, W. STADLER ,F. JACOBSOHN (*Ber.* **39** [1906] 2837/44); unterhalb 5°C tritt keine Ox. mehr ein, A. ROSENHEIM, J. PINSKER (*Ber.* **43** [1910] 2003/14). Ox. in Berührung mit 20%iger Na_2CO_3-Lsg., R. G. VAN NAME, W. J. HUFF (*Am. J. Sci.* [4] **46** [1918] 587/90). Beim Überleiten von feuchter Luft (~120 l in 6 Tagen) über weißen Phosphor (25 g) bei gewöhnl. Temp. gehen etwa 1% des P in H_3PO_2 über, 15 bis 21% in H_3PO_3, 72 bis 77% in H_3PO_4 und 6 bis 8% in $H_4P_2O_6$, s. T. MILOBEDZKI, M. MAKULEC (*Roczniki Chem.* [poln.] **23** [1949] 13/8). Vgl. ferner das chem. Verh. von P in „*Phosphor*“ *Tl.* B, S. 264.

Beim Eintragen von weißem P in warme $Cu(NO_3)_2$-Lsg. bilden sich unter Entw. von Stickoxiden sowie Abscheidung von Cu und Cu-Phosphid H_3PO_3, H_3PO_4 und $H_4P_2O_6$, J. CORNE (*J. Pharm. Chim.* [5] **6** [1882] 123/4). Dabei verlaufen nebeneinander die Rkk. $5Cu(NO_3)_2 + 4P + 8H_2O = 2H_3PO_4 + Cu_3P_2 + 2Cu + 10HNO_3$ und $4Cu(NO_3)_2 + 4P + 6H_2O = H_4P_2O_6 + Cu_3P_2 + Cu + 8HNO_3$; anschließend reagiert HNO_3 mit P unter Bldg. von Stickoxid, H_3PO_3 und H_3PO_4. Andere Cu^{II}-Salze (Sulfat, Formiat, Phosphat, Hypophosphat) sowie CuO und Cu_2Cl_2 verhalten sich ähnlich; jedoch tritt unter den Rk.-Prodd. fast kein H_3PO_3 auf, F. TAUCHERT (*Z. anorg. Ch.* **79** [1913] 350/4); vgl. auch W. JUNG (*An. Argent.* **32** [1944] 105/26, *C.A.* **1945** 2463). Beim Erwärmen von weißem P (9 g) mit einer HNO_3-sauren Lsg. von $AgNO_3$ (6 g in 200 ml HNO_3 der Dichte 1.1) löst sich P unter stürm. Gasentw. auf; aus der Lsg. kristallisiert beim Erkalten $Ag_4P_2O_6$ aus, J. PHILIPP (*Ber.* **16** [1883] 749/52), W. D. TREADWELL, G. SCHWARZENBACH (*Helv. chim. Acta* **11** [1928] 405/16). Bei Verwendung der Nitrate von Zn, Mn, Ni, Co, Hg^{II} und Fe^{III} an Stelle von Cu- oder Ag-Nitrat bildet sich keine Unterphosphorsäure. Zur Darst. werden kleine Phosphorstücke langsam zu einer warmen (50 bis 70°C) Lsg. von 100 g Kupferspänen in 100 ml H_2O und 200 ml HNO_3 der Dichte 1.4 gegeben. Nach Entfärben der Lsg. dekantiert man vom ausgeschiedenen Cu-Schwamm und Cu-Phosphid, neutralisiert die Hälfte der Lsg. mit Na_2CO_3 und erhält nach Zusatz der anderen Hälfte $Na_2H_2P_2O_6 \cdot 6H_2O$ mit ~10% Ausbeute bezogen auf P, s. A. ROSENHEIM, J. PINSKER (*Ber.* **43** [1910] 2003/14), B. BLASER, P. HALPERN (*Z. anorg. Ch.* **215** [1933] 33/43, 41 Fußnote), W. JUNG (*An. Argent.* **30** [1942] 99/111, *C.A.* **1943** 47). Vgl. hierzu auch die Angaben in „*Phosphor*“ *Tl.* B, S. 324/7.

From Red Phosphorus

Aus rotem Phosphor. Roter Phosphor wird durch verschiedene Ox.-Mittel zu einem Gemisch von P-Säuren oxydiert, unter denen sich auch $H_4P_2O_6$ befindet, s. beim chem. Verh. des P in „*Phosphor*“ *Tl.* B, beispielsweise S. 276, 319/20, 324.

Roter Phosphor, der in einer mit Na-Acetat-Essigsäure gepufferten KJ-J_2-Lsg. (p_H 4.6 bis 5.7) suspendiert ist, wird bei Anwendung der für die Ox. zu H_3PO_4 erforderlichen Jodmenge in 24 Std. praktisch vollständig oxydiert, wobei 30 bis 34% des P in $H_4P_2O_6$ übergehen, T. MILOBEDZKI, J. H. KOLITOWSKA, Z. BERKAN (*Roczniki Chem.* **17** [1937] 620/9). Natriumchloritlsg. führt 42% des oxydierten P in $H_4P_2O_6$ über; außerdem entstehen H_3PO_4 (19%), H_3PO_3 (35%) und H_3PO_2 (2%), s. E. LEININGER, T. CHULSKI (*J. Am. Soc.* **71** [1949] 2385/7), sowie $\overset{4}{P}-\overset{3}{P}-\overset{4}{P}$-Säure, B. BLASER, K.-H. WORMS (*Z. anorg. Ch.* **300** [1959] 250/60). Zur Darst. wird ein Rohr (35 × 3.5 cm), das außen und innen mit Kühlrohren (6 bzw. 0.4 cm ∅) versehen und abwechselnd mit Glasperlen (0.3 bis 0.4 cm ∅) und 35 g rotem Phosphor gefüllt ist, mit einer Lsg. von 135 g $NaClO_2$ in 750 ml H_2O beschickt; Aufgabegeschw. (~150 ml/h) und Kühlung werden so geregelt, daß die Lsg. mit 15 bis 18°C abläuft. Zugabe von NaOH-Lsg. bis zum p_H-Wert 5.2, Kühlung auf 0°C, Krist. und 2malige Umkrist. aus H_2O ergibt 45 g $Na_2H_2P_2O_6 \cdot 6H_2O$ von mindestens 99.5% Reinheit, entsprechend 25.4% Ausbeute bezogen auf angewandten Phosphor, J. A. R. GENGE, B. A. NEVETT, J. E. SALMON (*Chem. Ind.* **1960** 1081/2), vgl. M. BAUDLER (*Z. anorg. Ch.* **279** [1955] 115/28), E. LEININGER, T. CHULSKI (*l. c.*). Darst. von radioaktivem Hypophosphat aus ^{32}P-haltigem Phosphor und $NaClO_2$ s. T. MOELLER, G. H. QUINTY (*J. Am. Soc.* **74** [1952] 6122/3).

Im Lauf von 5 Std. werden unter kräftigem Rühren 170 g $NaClO_2$ in 350 ml H_2O zu einer Aufschlämmung von 100 g P in 1000 ml H_2O getropft, die sich in einem mit Leitungswasser gut gekühlten Rundkolben befindet. Nach Filtration von überschüssigem P und Entfärbung mit Aktivkohle wird mit konz. NaOH auf $p_H = 5.4$ eingestellt, aufgekocht und filtriert. Abkühlen auf 0°C und mehrfaches Umkrist. ergibt 120 g Na-Salz, entsprechend 23.7% Ausbeute bezogen auf eingesetzten Phosphor. Dabei tritt vorwiegend der hellrote Anteil des P in Rk., H. REMY, H. FALIUS (*Naturw.* **43** [1956] 177; *Z. anorg. Ch.* **306** [1960] 211/5).

Beim Aufgießen von 10%iger Chlorkalklsg. (1 l) auf 5 g roten Phosphor werden sofort etwa 65% des P (vorwiegend der hellrote Anteil) oxydiert, hauptsächlich zu $H_4P_2O_6$, s. M. SPETER (*Rec. Trav. chim.* **46** [1927] 588/9; *Ch.-Ztg.* **54** [1930] 599). Langsames Eintragen von rotem P (9 g) in alkal. Hypochloritlsg. (500 ml mit 1.5 Mol/l NaClO und 0.2 Mol/l NaOH) unter Rühren und Kühlung auf 5°C ergibt $Na_2H_2P_2O_6 \cdot 6H_2O$ mit 25% Ausbeute, bezogen auf eingesetzten Phosphor, J. PROBST (*Z. anorg. Ch.* **179** [1929] 155/60). Alkal. Lsgg. von NaBrO und NaJO ergeben neben Phosphit, Phosphat, Pyrophosphat und Polyphosphaten auch Hypophosphat, das aus der großen Menge der Fremdsalze schwer zu isolieren ist. Dieselben Prodd. bilden sich aus rotem P und $KBrO_3$ oder $NaJO_3$ in 2n H_2SO_4, H. REMY, H. FALIUS (*Z. anorg. Ch.* **306** [1960] 211/5).

Schütteln von rotem P mit alkal. Lsgg. von H_2O_2 oder $KMnO_4$, Ansäuern mit Essigsäure und Fällung mit $BaCl_2$ ergibt $Ba_2P_2O_6$ in guter Ausbeute, F. VOGEL (*Ang. Ch.* **42** [1929] 263); die Fällung enthält außerdem Phosphit, Phosphat und Polyphosphate, H. REMY, H. FALIUS (*l. c.*).

From Phosphorus Halogenides

Aus Phosphorhalogeniden. Bei der Hydrolyse von Phosphortrihalogeniden in $NaHCO_3$-Lsg. bildet sich neben PH_3 und einer Reihe anderer P-Säuren auch Unterphosphorsäure, vgl. Fig. 27, S. 140, deren Anteil zugleich mit dem der Oxydo-Red. (PH_3-Bldg.) in der Reihenfolge PCl_3, PBr_3, PJ_3 wächst, E. THILO, D. HEINZ (*Z. anorg. Ch.* **281** [1955] 303/21). Aus der durch Hydrolyse von PCl_3, PBr_3 bzw. PJ_3 bei 0°C und $p_H = 5.7$ (Acetatpuffer) erhaltenen Lsg. ist durch Ox. mit Jod in $NaHCO_3$-Lsg. $H_4P_2O_6$ in Form des Ag-Salzes mit Ausbeuten von 10, 55 bzw. 37%, bezogen auf PX_3, zu gewinnen, J. H. KOLITOWSKA (*Roczniki Chem.* [poln.] **16** [1936] 313/7, **17** [1937] 616/9, **27** [1953] 191/206; *Z. anorg. Ch.* **230** [1937] 310/4). Die Bldg. von $H_4P_2O_6$ beruht jedoch nicht, wie von J. H. KOLITOWSKA (*l. c.*) angenommen, auf Ox. der tautomeren Form $P(OH)_3$ der phosphorigen Säure (vgl. S. 133) durch Jod. Ein Tl. des $H_4P_2O_6$ entsteht durch Oxydo-Red. bereits bei der Hydrolyse, der andere durch Ox. der ebenfalls bei der Hydrolyse gebildeten diphosphorigen Säure ($\overset{2}{P}-\overset{4}{P}$-Säure, s. S. 142), B. BLASER (*Ber.* **86** [1953] 563/72), E. THILO, D. HEINZ (*l. c.*).

Ox. von P_2J_4 in alkal. H_2O_2-Lsg. bei 0°C liefert 24% des P als $H_4P_2O_6$, s. J. H. KOLITOWSKA (*Roczniki Chem.* **15** [1935] 29/36); bei Ox. mit Jod ($p_H \approx 5.7$) bildet sich $H_4P_2O_6$ mit 44% Ausbeute, J. H. KOLITOWSKA (*Roczniki Chem.* **17** [1937] 616/9), dabei entsteht ein Tl. schon bei der Hydrolyse, der Rest durch Ox. der $\overset{2}{P}-\overset{2}{P}$-Säure, s. S. 139.

Other Methods

Weitere Methoden. Anod. Ox. von Phosphiden des Cu, Ag, Co, Ni und Sn bei 3 bis 10 V in 1- bis 2%iger Schwefelsäure oder 3- bis 5%iger Ameisensäure bei 15°C führt bis zu 60% des in Lsg. gehenden P in $H_4P_2O_6$ über, A. ROSENHEIM, J. PINSKER (*Ber.* **43** [1910] 2003/14), A. ROSENHEIM, R. J. MEYER, J. KOPPEL (*D.P.* 230927 [1910/11], *C.* **1911** I 600); die Ausbeuten sind gering, H. REMY, H. FALIUS (*Z. anorg. Ch.* **306** [1960] 211/5). Gute Ausbeuten bei der Ox. von Kupferphosphid mit Nitrit in Ggw. von Essigsäure, W. D. TREADWELL, G. SCHWARZENBACH (*Helv. chim. Acta* **11** [1928] 405/16, 407 Fußnote).

Der Menthylester $(C_{10}H_{19})_4P_2O_6$ zerfällt bei Vak.-Dest. in Menthen $C_{10}H_{18}$ und $H_4P_2O_6$, s. T. MIŁOBEDZKI, J. WALCZYNSKA (*Roczniki Chem.* **8** [1928] 486/501).

Bldg. bei Bestrahlung von Na_2HPO_4 mit Neutronen, L. LINDNER, G. HARBOTTLE (*J. inorg. nuclear Chem.* **15** [1960] 386/7). Bldg. durch Ox. von $\overset{2}{P}$–$\overset{4}{P}$-Säure mit Halogen s. S. 142.

Zur Reindarst. der wss. Lsg. s. S. 147.

Fragliche Bildungsweisen. Die Ox. von H_3PO_3 auf chem. oder elektrolyt. Wege geht nach Verss. unter verschiedensten Bedingungen stets bis zum H_3PO_4, ohne Anzeichen für eine Bldg. von $H_4P_2O_6$, s. H. REMY, H. FALIUS (*l. c.* S. 215); bei der Ox. von H_3PO_3 mit $AgNO_3$ bildet sich kein $H_4P_2O_6$, B. BLASER, P. HALPERN (*Z. anorg. Ch.* **215** [1933] 33/43, 36 Fußnote), entgegen A. SÄNGER (*Lieb. Ann.* **232** [1886] 1/42, 35), demzufolge H_3PO_3 in neutraler oder schwach ammoniakal. Lsg. mit $AgNO_3$ zunächst unter Bldg. von $Ag_4P_2O_6$ und Ag_2O reagieren soll. *Doubtful Formation Methods*

Schüttelt man 0.1 g Magnesiumammonium-orthophosphat, das mit ^{32}P markiert ist, und 0.1 g inaktives NH_4-Orthophosphit 5 Min. mit 5 ml H_2O, und fällt nach Zugabe von 0.1 g Ca-Hypophosphat (als Trägersubstanz) bei $p_H = 1.5$ mit $AgNO_3$, so erhält man radioaktives $Ag_4P_2O_6$ mit $\sim 50\%$ der Aktivität des angewandten $MgNH_4PO_4$. Danach reagieren Phosphat und Phosphit in Umkehrung der Hydrolyse partiell zu Hypophosphat. Dieses bildet sich auch aus Phosphat und Na- oder Ca-Hypophosphit in wss. Lsgg., J. G. A. FISKELL (*Science* [2] **113** [1951] 244/6). Anwendung der gleichen Meth. mit Versuchsdauern bis 631 Std. bei 25°C und bis 191 Std. bei 100°C ergibt keine nachweisbare Hypophosphatbldg. aus Phosphit und Phosphat in 5.6n HCl-Lsg., J. N. WILSON (*J. Am. Soc.* **60** [1938] 2697/9). In Einklang damit verlaufen Verss. zur Darst. von aktivem Hypophosphat aus inaktivem durch P-Austausch mit aktivem Ortho- oder Pyrophosphat negativ, T. MOELLER, G. H. QUINTY (*J. Am. Soc.* **74** [1952] 6122/3). Auf 60°C erhitzte, wasserfreie H_3PO_3-H_3PO_4-Mischungen erstarren eutektisch, ohne Verb.-Bldg., s. S. 137.

Darstellung von wasserfreiem $H_4P_2O_6$. Kristalle von $H_4P_2O_6 \cdot 2H_2O$ wandeln sich bei gewöhnl. Temp. im trocknen Vak. unter partieller Verflüssigung langsam in kleine Kristalle um, die nach Trocknung auf Ton die Zus. $H_4P_2O_6$ haben, A. JOLY (*C. r.* **102** [1886] 110/2). Um Zers. in H_3PO_3 und H_3PO_4 (s. S. 146) zu vermeiden, wird das Dihydrat schon während der Entwässerung im Vak. auf porösem Ton ausgebreitet, A. JOLY (*C. r.* **102** [1886] 1065/8). Die Entwässerung des Dihydrats im Vak. über P_2O_5 dauert 1 Std., P. NYLÉN (*Z. anorg. Ch.* **229** [1936] 36/44), 2 Monate, H. REMY, H. FALIUS (*Naturw.* **43** [1956] 177). *Preparation of Anhydrous $H_4P_2O_6$*

Struktur. Die schon von T. SALZER (*Lieb. Ann.* **211** [1882] 1/35) auf Grund der Vierbasigkeit der Säure vorgeschlagene Formel $H_4P_2O_6$ wird durch kryoskop. Unterss. in der eutekt. KNO_3-H_2O-Lsg., H. J. MULLER (*Ann. Chim.* [11] **8** [1937] 143/241, 191), und in rein wss. Lsg., s. P. NYLÉN, O. STELLING (*Z. anorg. Ch.* **212** [1933] 169/81, 173), E. CORNEC (*C. r.* **150** [1910] 108/10; *Ann. Chim. Phys.* [8] **30** [1913] 63/163, 110), bestätigt; ferner durch den Diamagnetismus der Hypophosphate des Na, Ag und Guanidins. Ein Stoff mit der monomeren Formel H_2PO_3 müßte paramagnetisch sein, F. BELL, S. SUDGEN (*J. chem. Soc.* **1933** 48/9). Die elektr. Leitf. der Lsgg. steht im Einklang mit der dimeren Formel, E. CORNEC (*l. c.*), N. PARRAVANO, C. MARINI (*Gazz.* **37** II [1907] 268/84). Die von A. ROSENHEIM, W. STADLER, F. JACOBSOHN (*Ber.* **39** [1906] 2837/44), A. ROSENHEIM, M. PRITZE (*Ber.* **41** [1908] 2708/11), A. ROSENHEIM, J. PINSKER (*Ber.* **43** [1910] 2003/14) ebullioskopisch untersuchten, das einfache Molgew. ergebenden Ester waren nicht einheitlich. Auch bisher dargestellte einheitliche Ester mit Hypophosphat-Zus. stehen in keiner genet. Beziehung zur Säure, P. NYLÉN, O. STELLING (*l. c.*), vgl. auch A. ROSENHEIM, H. ZILG (*Z. phys. Ch.* A **139** [1928] 12/21); sie sind nach ramanspektroskop. Unterss. Ester der $\overset{5}{P}$–O–$\overset{3}{P}$-Säure. Die echten Ester der $\overset{4}{P}$–$\overset{4}{P}$-Säure haben das theoret. Molgew., M. BAUDLER (*Z. Naturf.* **8b** [1953] 326/7). *Structure*

$$\begin{matrix} HO & & O & & O & & OH \\ & \diagdown & \| & & \| & \diagup & \\ & & P & - & P & & \\ & \diagup & & & & \diagdown & \\ HO & & & & & & OH \end{matrix}$$

Die Säure hat die nebenstehende symmetr. Struktur. Das folgt aus der Gitterstruktur des sekundären NH_4-Salzes, B. RAISTRICK, E. HOBBS (*Nature* **164** [1949] 113) und der Natriumsalze, D. E. C. CORBRIDGE (*Acta crystallogr.* [*Copenhagen*] **10** [1957] 85), ferner aus der magnet. Kernresonanzabsorption, C. F. CALLIS, J. R. VAN WAZER, J. N. SHOOLERY, W. A. ANDERSON (*J. Am. Soc.* **79** [1957] 2719/26), und wird durch das Ramanspektrum bestätigt, in dem die P–P-Frequenz (274 cm^{-1}), aber keine P–H-Frequenz (im Bereich 2300 bis 2450 cm^{-1}) auftritt.

Ramanfrequenzen (in cm^{-1}, in Klammern relative Intensität) der freien Säure in wss. Lsg.: 274 (7, diffus), 403 (0), 459 (4, diffus), 651 (6), 972 (4), 1068 (5, breit), 1177 (3). Das Monoammoniumsalz ergibt dieselben Frequenzen, M. BAUDLER (*Z. anorg. Ch.* **279** [1955] 115/28); etwas abweichende Werte, J. GUPTA, A. K. MAJUMDAR (*J. Indian chem. Soc.* **19** [1942] 286/7). Das Ultrarotspektrum fester Hypophosphate weist Banden bei 720 bis 767, 980 bis 1000 und 1070 bis 1157 cm^{-1} auf, D. E. C. CORBRIDGE, E. J. LOWE (*J. chem. Soc.* **1954** 4555/64). Das $P_2O_6^{4-}$-Anion hat vermutlich die Symmetrie D_{3d} (wie $S_2O_6^{2-}$) mit um 60° gegeneinander verdrehten PO_3-Gruppen, M. BAUDLER (*l. c.*); vgl. auch J. GUPTA, A. K. MAJUMDAR (*l. c.*). Auch die (echten) Ester der Unterphosphorsäure weisen die P–P-Frequenz auf, M. BAUDLER (*Z. Naturf.* **8b** [1953] 326/7).

Im Einklang mit der symmetr. Struktur steht die einfache K-Röntgenabsorptionskante des P in Hypophosphaten. Auch die schwere Oxydierbarkeit deutet auf das Vorliegen einer P–P-Bindung, P. NYLÉN, O. STELLING (*Z. anorg. Ch.* **212** [1933] 169/81). Die von B. BLASER, P. HALPERN (*Z. anorg. Ch.* **215** [1933] 33/43) auf Grund der zu $H_4P_2O_7$ führenden Ox. durch Brom angenommene Struktur $(HO)_2OP \cdot O \cdot P(OH)_2$ würde 2 Absorptionskanten (für 3- und 5wertiges P) aufweisen; die Ox. zu $H_4P_2O_7$ ist auch mit der symmetr. Struktur verträglich, P. NYLÉN, O. STELLING (*Z. anorg. Ch.* **218** [1934] 301/3); vgl. auch A. HANTZSCH (*Z. anorg. Ch.* **221** [1934] 63/4).

Chemical Reactions

Chemisches Verhalten. $H_4P_2O_6$-Kristalle bleiben bei 0 bis 5°C unter Ausschluß von Feuchtigkeit beliebig lange unverändert, H. REMY, H. FALIUS (*Naturw.* **43** [1956] 177), A. JOLY (*C. r.* **102** [1886] 110/2). Bei gewöhnl. Temp. zerfließen die Kristalle im Lauf von einigen Tagen ohne Gew.-Änderung zu einer hochviscosen, bei Abkühlung in CO_2-Aceton glasig erstarrenden Fl., die sich in Wasser und in Alkohol stark exotherm unter Bldg. von H_3PO_3 (50%), H_3PO_4 (25%) und $H_4P_2O_7$ (25%) löst und vermutlich ganz oder z. T. aus dem Isomeren $(HO)_2PO \cdot O \cdot OPH(OH)$, s. Isounterphosphorsäure, $\overset{3}{P}$–$\overset{5}{P}$-Säure, S. 151, besteht, P. NYLÉN (*Z. anorg. Ch.* **229** [1936] 36/44); vgl. auch E. THILO, D. HEINZ (*Z. anorg. Ch.* **281** [1955] 303/21, 313). Im Ramanspektrum des (wasserfreien) Umwandlungsprod. sind Unterphosphorsäure, H_3PO_3 und H_3PO_4 nicht nachweisbar, H. REMY, H. FALIUS (*l. c.*). Nach chromatograph. und ramanspektroskop. Unterss. geht bei der Umwandlung etwa 70% der $\overset{4}{P}$–$\overset{4}{P}$-Säure durch Isomerisierung in $\overset{3}{P}$–$\overset{5}{P}$-Säure über, der Rest durch Oxydo-Red. in $H_4P_2O_7$ und pyrophosphorige ($\overset{3}{P}$–$\overset{3}{P}$-)Säure, H. REMY, H. FALIUS (*Ber.* **92** [1959] 2199/205); aus dem Umwandlungsprod. ist das Na-Salz $Na_3HP_2O_6 \cdot 8H_2O$ der $\overset{3}{P}$–$\overset{5}{P}$-Säure isolierbar, verunreinigt mit Pyro- und Triphosphat, B. BLASER, K.-H. WORMS (*Z. anorg. Ch.* **301** [1959] 18/35, 23).

Beim Erwärmen werden die Kristalle bei 70°C plötzlich flüssig, wobei unter Wärmeentw. Zers. ohne Gew.-Änderung eintritt. Bei Auflösung in H_2O geht das Zers.-Prod. in H_3PO_3 und H_3PO_4 über, A. JOLY (*C. r.* **102** [1886] 259/62, 760/3). Die Verflüssigung tritt je nach der Erhitzungsgeschw. zwischen 70 und 95°C ein, M. BAUDLER (*Z. anorg. Ch.* **279** [1955] 115/28, 116); dabei entsteht das gleiche Umwandlungsprod. wie bei gewöhnl. Temp., H. REMY, H. FALIUS (*l. c.* S. 2204).

Wasserfreie NaOH-Schmelze oxydiert in 30 Min. zu Orthophosphat, B. BLASER, K.-H. WORMS (*Z. anorg. Ch.* **300** [1959] 229/36). Lösungsenthalpie in Wasser bei 11°C: $\Delta H = -3.85$ kcal/Mol, A. JOLY (*C. r.* **102** [1886] 259/62).

Wasserfreies $H_4P_2O_6$ reagiert mit überschüssiger äther. Diazomethanlsg. schon bei 0°C lebhaft unter Bldg. des Unterphosphorsäure-tetramethylesters $(CH_3O)_4P_2O_2$. Diazoäthan verhält sich analog, M. BAUDLER (*Z. Naturf.* **8b** [1953] 326/7).

$H_4P_2O_6 \cdot H_2O$ (?)

$H_4P_2O_6 \cdot H_2O$ (?). Nach wochenlangem Eindampfen einer wss. $H_4P_2O_6$-Lsg. im Vak. über konz. H_2SO_4 scheiden sich aus der sirupdicken, etwas dunkel gefärbten Fl. weiße, würfelförmige Kristalle ab, die die Zus. des Monohydrats haben und bei 79.5 bis 81.5°C schmelzen. Die einmal geschmolzene und wieder erstarrte Subst. schmilzt schon bei 70°C und kristallisiert beim Abkühlen nicht mehr, A. SÄNGER (*Lieb. Ann.* **232** [1886] 1/42, 37). Die Entwässerung des Dihydrats im trockenen Vak. führt ohne Zwischenstufe zur wasserfreien Verb.; in wss. Lsg. tritt zwischen 0 und 60°C nur das Dihydrat als Bodenkörper auf; vermutlich ist das von A. SÄNGER (*l. c.*) erhaltene Prod. eine Mischung von Dihydrat und wasserfreier Säure, A. JOLY (*C. r.* **102** [1886] 1065/8), A. ROSENHEIM, M. PRITZE (*Ber.* **41** [1908] 2708/11).

$H_4P_2O_6 \cdot 2H_2O$ Preparation

$H_4P_2O_6 \cdot 2H_2O$. **Darstellung.** Beim Verdunsten der wss. Lsg. im trockenen Vak. beginnt das Dihydrat auszukristallisieren, sobald die Lsg. eine ungefähr der Formel $H_4P_2O_6 \cdot 3H_2O$ entsprechende Zus. erreicht hat. Die Kristalle werden sofort von der zähen Mutterlauge getrennt und auf unglasiertem Porzellan vollständig getrocknet. Bei längerer Berührung mit der Mutterlauge tritt Zers. ein, s. unten, A. JOLY (*C. r.* **102** [1886] 110/2). Beim Einengen der Lsg. im Vak. oder im CO_2-Strom zwischen 0 und 60°C tritt stets $H_4P_2O_6 \cdot 2H_2O$ als Bodenkörper auf, A. ROSENHEIM, M. PRITZE (*Ber.* **41** [1908] 2708/11). 2std. Eindampfen von 1 l 7%iger Lsg. auf ~60 ml im Vak.-Umlaufverdampfer bei 10 bis 22°C (3 bis 7 Torr), Krist. bei —78°C und Absaugen durch eine Glasfritte unter Ausschluß von Feuchtigkeit ergibt 40 bis 43 g $H_4P_2O_6 \cdot 2H_2O$ mit einem H_3PO_3-Gehalt von 0.3 bis 1%, s. M. BAUDLER (*Z. anorg. Ch.* **279** [1955] 115/28, 126). Das Dihydrat ist gut aus Eisessig umkristallisierbar, P. NYLÉN, O. STELLING (*Z. anorg. Ch.* **212** [1933] 169/81).

Physikalische Eigenschaften. Vierseitige, wahrscheinlich orthorhomb., an feuchter Luft leicht zerfließliche Tafeln, A. JOLY (*C. r.* **101** [1885] 1148/51). Orthorhombisch, a:b:c = 0.5635:1:1.7. Meist rechtwinklig umgrenzte Tafeln, selten prismatisch (pseudohexagonal). Nach 4 Ebenen spaltbar. Die opt. Achsen liegen in {010}; die spitze Bisektrix ist parallel zur a-Achse, H. STEINMETZ nach A. ROSENHEIM, J. PINSKER (*Ber.* **43** [1910] 2003/14, 2013). *Physical Properties*

Schmilzt bei 62 bis 62.5°C ohne Zers., A. JOLY (*C. r.* **102** [1886] 110/12, 1065/8), und löst sich in Wasser bei 11°C unter Absorption von 1.1 kcal/Mol. Beim Auflösen des geschmolzenen Dihydrats werden 3.3 kcal/Mol frei; daraus ergibt sich die Schmelzwärme zu 4.4 kcal/Mol, A. JOLY (*C. r.* **102** [1886] 259/62). Schmp. 64 bis 65°C, P. NYLÉN, O. STELLING (*l. c.*). Bis 1 cm^2 große Tafeln und Prismen, Schmp. 62°C, H. REMY, H. FALIUS (*Naturw.* **43** [1956] 177). Schmp. 62 bis 64°C, M. BAUDLER (*l. c.* S. 117).

Chemisches Verhalten. $H_4P_2O_6 \cdot 2H_2O$ bleibt bei 0 bis 5°C und Ausschluß von Feuchtigkeit beliebig lange unverändert, H. REMY, H. FALIUS (*l. c.*), A. JOLY (*C. r.* **102** [1886] 110/12); bei Ggw. von Spuren Mutterlauge tritt bei gewöhnl. Temp. auch im geschlossenen Rohr langsame Zers. in H_3PO_3 und H_3PO_4 ein, A. JOLY (*C. r.* **102** [1886] 1065/8). Beim Aufbewahren im offenen oder im geschlossenen Rohr werden die Kristalle nach einigen Tagen klebrig und sind nach 1 bis 2 Monaten in eine klare Fl. umgewandelt, in der 95% des $H_4P_2O_6$ zu H_3PO_3 und H_3PO_4 hydrolysiert sind, P. NYLÉN (*Z. anorg. Ch.* **229** [1936] 36/44). Nach 15 Min. Erhitzen bei 65°C ist in der Schmelze bereits H_3PO_3 nachweisbar, M. BAUDLER (*l. c.*); die etwas oberhalb des Schmp. langsam vor sich gehende Zers. in H_3PO_3 und H_3PO_4 erfolgt unter Wärmeentw.; die Temp. steigt einige Grade über die des Bades. Etwas oberhalb 100°C entweicht H_2O, bei 180°C entwickelt sich PH_3, s. A. JOLY (*C. r.* **102** [1886] 1065/8). *Chemical Reactions*

Entwässerung der von Mutterlauge freien Kristalle im trockenen Vak. ergibt wasserfreies $H_4P_2O_6$, s. S. 145.

Wäßrige Lösung

Aqueous Solution

Reindarstellung. Aus der wss. Lsg. von $Na_2H_2P_2O_6 \cdot 6H_2O$ durch Kationenaustausch in einer mit dem Austauscher (ZeOCarb 225) gefüllten Säule, J. A. R. GENGE, B. A. NEVETT, J. E. SALMON (*Chem. Ind.* **1960** 1081/2); über das durch Fällung mit Pb-Acetat erhältliche $Pb_2P_2O_6$ durch Einleiten von H_2S in die wss. Suspension des letzteren, T. SALZER (*Lieb. Ann.* **187** [1877] 322/40, 324), unter Eiskühlung, M. BAUDLER (*Z. anorg. Ch.* **279** [1955] 115/28); durch Umsatz von $BaH_2P_2O_6 \cdot 2H_2O$ mit 1n H_2SO_4 in der Kälte, T. SALZER (*Lieb. Ann.* **211** [1882] 1/35, 4), A. JOLY (*C. r.* **101** [1885] 1148/51), A. ROSENHEIM, M. PRITZE (*Ber.* **41** [1908] 2708/11). *Preparation in Pure State*

Elektrochemisches Verhalten. Aus dem auf 30 kcal geschätzten Wert für die Abnahme der freien Enthalpie bei der Rk. $H_4P_2O_6 + H_2O = H_3PO_3 + H_3PO_4$ ergibt sich die freie Standard-Bldg.-Enthalpie des $H_4P_2O_6$ in wss. Lsg. zu $\Delta G° = -392$ kcal. Daraus folgt für das Normalpotential der Halbreaktionen $H_4P_2O_6 + 2H_2O = 2H_3PO_4 + 2H^+ + 2e^-$ und $2H_3PO_3 = H_4P_2O_6 + 2H^+ + 2e^-$: ${}_0E_h = -0.9$ bzw. $+0.4$ V bei gewöhnl. Temp., W. M. LATIMER (*The oxidation states of the elements and their potentials in aqueous solutions*, 2. *Aufl.*, *New York* 1952, S. 108). *Electrochemical Behavior*

Molare Leitf. μ (in Ω^{-1} cm^2 mol^{-1}) in Abhängigkeit von der Verd. v (in l Lsg./Mol $H_4P_2O_6$):

v	31.6	63.2	126.4	252.8	505.6	1111.2	2222.4
μ (25.6°C) . . .	367.4	399.0	443.4	491.4	549.8	608.8	739.2

A. ROSENHEIM, J. PINSKER (*Ber.* **43** [1910] 2003/14, 2012). $H_4P_2O_7$ ergibt sehr ähnliche Leitf.-Werte, E. CORNEC (*Ann. Chim. Phys.* [8] **30** [1913] 63/163, 108), W. D. TREADWELL, G. SCHWARZENBACH (*Helv. chim. Acta* **11** [1928] 405/16).

v	32	64	128	256	512	1024
μ (25°C)	384.7	419.0	459.5	509.6	569.3	629.3

R. G. VAN NAME, W. J. HUFF (*Am. J. Sci.* [4] **45** [1918] 103/18). Höhere Werte, N. PARRAVANO, C. MARINI (*Atti Linc.* [5] **15** [1906] 305/11).

Chemical Reactions. Hydrolysis

Chemisches Verhalten. Hydrolyse. $H_4P_2O_6$ zerfällt in saurer Lsg. allmählich in H_3PO_3 und H_3PO_4. Die Hydrolyse geht auch bei Siedetemp. nur langsam vor sich, T. SALZER (*Lieb. Ann.* **187** [1877] 322/40, 325), A. SÄNGER (*Lieb. Ann.* **232** [1886] 1/41, 40); die von T. SALZER (*Lieb. Ann.* **211** [1882] 1/35, 8) festgestellte Bldg. von $H_4P_2O_7$ beruht auf sehr weitgehendem Eindampfen der Lsg., s. „Konstitution" des wasserfreien H_3PO_4, S. 165.

Bei 24°C in 0.8n H_2SO_4 ist nach 22 Std. die Hydrolyse durch Titration mit Jod noch kaum nachweisbar, L. WOLF, W. JUNG (*Z. anorg. Ch.* **201** [1931] 337/46), bei 25°C in 1.5n HNO_3 sind nach 20 Std. einige Prozent hydrolysiert, B. BLASER, K. H. WORMS (*Z. anorg. Ch.* **300** [1959] 250/60, 253), bei 100°C in 0.5n HCl ist die Hydrolyse in 40 Min. quantitativ, E. THILO, D. HEINZ (*Z. anorg. Ch.* **281** [1955] 303/21, 319). In gesätt. Lsgg. von $H_4P_2O_6 \cdot 2H_2O$ und $NH_4H_3P_2O_6$ verschwinden die Ramanfrequenzen des $P_2O_6^{4-}$ im Lauf einiger Tage, M. BAUDLER (*Z. anorg. Ch.* **279** [1955] 115/28, 120).

Die Hydrolyse in überschüssigen starken Säuren (bei annähernd konst. p_H) verläuft nach 1. Ordnung mit einem Temp.-Koeff. von 2.7 je 10 grd zwischen 25 und 60°C, R. G. VAN NAME, W. J. HUFF (*Am. J. Sci.* [4] **45** [1918] 103/18). Auch in konz. Säuren zerfällt $H_4P_2O_6$ nach erster Ordnung. In HCl- und HNO_3-Lsg. ergeben sich bei 40.0°C folgende Werte von $k \cdot 10^3$ in min^{-1} als Funktion der Normalität n:

n . . .	1.9	3.36	5.75	7.50	8.39	14.50
HCl . .	0.32	1.2	4.6	10.1	14.0	—
HNO_3 .	0.31	0.8	2.1	3.4	4.1	6.7

Danach ist HNO_3 bei höheren Konzz. schwächer als HCl, s. B. BLASER (*Z. phys. Ch.* A **166** [1933] 59/63). Werte von $k \cdot 10^3$ in min^{-1} bei 40.0°C in HCl, HNO_3, H_2SO_4, $HClO_4$, Trichloressigsäure, Benzol- und p-Toluolsulfonsäure s. **Fig. 28** nach B. BLASER (*Z. phys. Ch.* A **167** [1934] 441/57). Die Hydrolysengeschw. hat einen außerordentlich hohen Temp.-Koeff.; Werte von $k \cdot 10^3$ in min^{-1} in schwefelsaurer Lsg.:

n	0.5	1.0	0.25	0.50
°C. . . .	60	60	100	100
$k \cdot 10^3$ . .	0.11	0.25	4.3	6.9

A. ROSENHEIM, H. ZILG (*Z. phys. Ch.* A **139** [1928] 12/21).

In neutraler und alkal. Lsg. ist Hypophosphat beständig. Einstd. Erhitzen mit 80- bis 90%igem NaOH auf 200°C ist ohne Wirkung. Wasserfreie NaOH-Schmelze oxydiert oberhalb 320°C binnen 30 Min. zu Orthophosphat, B. BLASER, K.-H. WORMS (*Z. anorg. Ch.* **300** [1959] 229/36).

Zwischen H_3PO_3 und H_3PO_4 in saurer oder alkal. Lsg. findet bei 25 und 100°C in 631 bzw. 191 Std. kein nachweisbarer Austausch von ^{32}P statt. Daraus folgt für die Gleichgew.-Konst. der Hydrolyse $K = [H_4P_2O_6]/[H_3PO_3] \cdot [H_3PO_4] < 8 \cdot 10^{-5}\ l \cdot mol^{-1}$ bei 25°C in 5.6n HCl-Lsg., J. N. WILSON (*J. Am. Soc.* **60** [1938] 2697/9); vgl. auch T. MOELLER, G. H. QUINTY (*J. Am. Soc.* **74** [1952] 6122/3). Widersprechende Angaben s. J. G. A. FISKELL (*Science* [2] **113** [1951] 244/6).

Dissociation. Neutralization

Dissoziation. Neutralisation. Potentiometr. Titration von 0.2246 g $Na_4P_2O_6$ in 90 ml 0.0485 n HCl mit 0.1n NaOH ergibt 3 Sprünge, die der vollendeten Bldg. der Salze $Na_2H_2P_2O_6$, $Na_3HP_2O_6$ und $Na_4P_2O_6$ entsprechen. Aus der Neutralisationskurve ber. scheinbare Dissoz.-Konstt. $K = a_H \cdot [\text{Anion}]/[\text{Säure}]$ bei gewöhnl. Temp.: $pK_1 \leq 2.2$, $pK_2 = 2.81$, $pK_3 = 7.27$, $pK_4 = 10.03$. Aus einer Neutralisationskurve in etwas verdünnterer (Anfangsvol. 110 ml) und statt mit Salzsäure mit Schwefelsäure angesäuerter Lsg. ergeben sich infolge Verkleinerung der Aktivitätskoeff. etwas andere Werte: $pK_1 \leq 2.5$, $pK_2 = 3.01$, $pK_3 = 7.34$, $pK_4 = 10.15$. In der ersten Dissoziationsstufe ist $H_4P_2O_6$ vermutlich eine starke, praktisch vollständig dissoziierte Säure, ebenso wie $H_4P_2O_7$. Das geht auch aus den von A. ROSENHEIM, J. PINSKER (*Ber.* **43** [1910] 2003/14) gemessenen Gefrierpunktserniedrigungen und den molaren Leitff. (s. S. 147) hervor, W. D. TREADWELL, G. SCHWARZENBACH (*Helv. chim. Acta* **11** [1928] 405/16). Aus der potentiometr. Neutralisations-Kurve einer $\sim$0.001 m Hypophosphatlsg. ergibt sich: $pK_1 < 2$, $pK_2 = 2.1 \pm 0.01$, $pK_3 = 6.77 \pm 0.01$, $pK_4 = 9.48 \pm 0.01$ in 0.1n KCl-Lsg. bei 20°C. $H_4P_2O_6$ ordnet sich als nulltes Glied in die Reihe $(HO)_2OP{-}(CH_2)_n{-}PO(OH)_2$ der Diphosphorsäuren ein, G. SCHWARZENBACH, J. ZURC (*Monatsh.* **81** [1950] 202/12).

Die konduktometr. Neutralisation zeigt die Bldg. von $Na_2H_2P_2O_6$ und $Na_4P_2O_6$ an, s. N. PARRAVANO, C. MARINI (*Atti Linc.* [5] **15** [1906] 305/11). Die kryoskop. Neutralisation ergibt ein Minimum bei der Bldg. von $Na_4P_2O_6$, s. E. CORNEC (*C. r.* **150** [1910] 108/10; *Ann. Chim. Phys.* [8] **30** [1913] 63/163, 112).

Calorimetrisch gemessene Neutralisationswärme in verd. Lsg. bei 10 bis 11°C: 27.11 kcal/Mol, A. JOLY (*C. r.* **102** [1886] 259/62).

p_H-Werte mit der Chinhydronelektrode bei 0°C gemessen:

g $H_4P_2O_6$/l Lsg. . .	3.6	7.4	7.7	14.2	16.8
p_H	1.52	1.35	1.25	1.02	0.97

P. NYLÉN, O. STELLING (*Z. anorg. Ch.* **212** [1933] 169/81, 179).

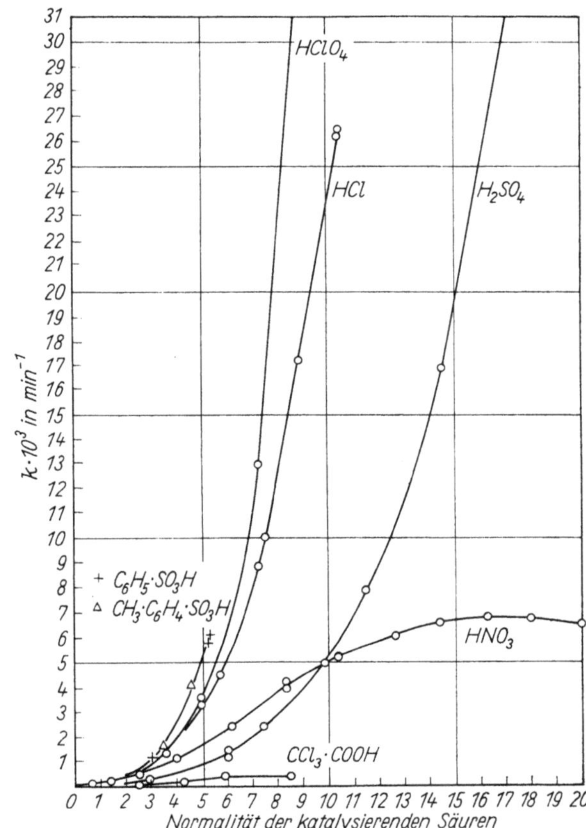

Fig. 28.

Geschw.-Konst. der Hydrolyse von $H_4P_2O_6$ in Säuren bei 40°C.

Salzbildung. Fällungsreaktionen. Komplexbildung. Unterphosphorsäure bildet ihrer Vierbasigkeit entsprechend 4 Reihen von Alkalisalzen, von denen $Na_2H_2P_2O_6 \cdot 6H_2O$ und $Na_4P_2O_6 \cdot 10H_2O$ relativ wenig löslich sind, vgl. T. SALZER (*Lieb. Ann.* **187** [1877] 322/40, **211** [1882] 1/35), I. MÜLLER (*Z. anorg. Ch.* **96** [1916] 29/63), ferner „Bildung und Darstellung" S. 143. Das Tetraguanidinium-Salz ist in neutraler Lsg. schwer löslich, s. A. ROSENHEIM, J. PINSKER (*Ber.* **43** [1910] 2003/14), I. MÜLLER (*l. c.* S. 57), L. WOLF, W. JUNG (*Z. anorg. Ch.* **201** [1931] 353/60).

Salt Formation. Precipitation Reactions. Complex Formation

$Ca_2P_2O_6$ und $Ba_2P_2O_6$ sind in Wasser und Essigsäure schwer, in Mineralsäuren leicht löslich, T. SALZER (*Lieb. Ann.* **194** [1878] 28/39); ebenso verhalten sich die Hypophosphate von Zn, Cd, Co, Ni und Cu, s. P. DRAWE (*Ber.* **21** [1888] 3401/4).

Auch in starken, konz. Säuren schwer lösl. sind TiP_2O_6, ZrP_2O_6, UP_2O_6, vgl. W. D. TREADWELL, G. SCHWARZENBACH (*Helv. chim. Acta* **11** [1928] 405/16), und ThP_2O_6, vgl. L. WOLF, W. JUNG (*Z. anorg. Ch.* **201** [1931] 353/60). ThP_2O_6 ist noch in 4n HCl praktisch unlösl. (Löslichkeit 1.65×10^{-4} Mol/l), während $Nd_4(P_2O_6)_3$ und $Y_4(P_2O_6)_3$ in stark saurer Lsg. merklich löslich sind, T. MOELLER, G. H. QUINTY (*J. Am. Soc.* **74** [1952] 6123). Die Fällungsrkk. mit Ag^+, Ti^{4+} und Th^{4+} erhält man noch in 10^{-3} molarer Lsg. Die Rkk. mit Ba^{2+}, Ti^{3+} (violettes Salz, lösl. in Säuren), UO_2^{2+} (gelbes Salz, lösl. in verd. Säuren) und U^{4+} (weißes Salz, unlösl. in verd. Säuren) fallen in 10^{-2} molarer Lsg. noch positiv aus, nicht aber in 10^{-3} molarer Lsg., F. P. TREADWELL (*Kurzes Lehrbuch der analytischen Chemie*, 21. *Aufl.*, *Bd.* 1, *Wien* 1948, S. 381).

$H_4P_2O_6$ bildet zahlreiche Alkalimetall-Schwermetall-Doppelsalze, die in saurer Lsg. in die einfachen Salze zerfallen, vgl. C. BANSA (*Z. anorg. Ch.* **6** [1894] 128/42). Mit Cr^{III}, Cu und Ni tritt Bldg. der komplexen Anionen $[Cr\ P_2O_6]^-$, $[Cu\ P_2O_6]^{2-}$ und $[Ni\ P_2O_6]^{2-}$ ein, A. ROSENHEIM, H. ZILG (*Z. phys. Ch.* A **139** [1928] 12/21).

Unterphosphorsäure gibt die für H_3PO_4 charakterist. Rk. mit Molybdänsäure nicht; sie tritt erst beim Erwärmen in Ggw. von Oxydationsmitteln (HNO_3, $KClO_3$) auf, T. SALZER (*Lieb. Ann.* **187** [1877] 322/40, 326). Komplexe Molybdänsäurehypophosphate s. „*Molybdän*" S. 360; Komplexe mit Wolframsäure s. N. PARRAVANO, C. MARINI (*Gazz.* **37** II [1907] 268/84).

Das noch in verd. H_2SO_4 oder HNO_3 schwer, in wss. NH_3 leicht lösl. $Ag_4P_2O_6$ ist (im Gegensatz zum gelben Ag_3PO_4) weiß und wird (im Gegensatz zum Phosphit und Hypophosphit) auch bei Siedehitze nicht zu Ag reduziert, vgl. T. SALZER (*Lieb. Ann.* **187** [1877] 322/40, 327, **232** [1886] 114/21). $Ag_4P_2O_6$ fällt bei $p_H = 1$ bis 2 (in phosphorsaurer oder ameisensaurer Lsg.) und $AgNO_3$-Überschuß quantitativ aus, während Ag_3PO_4 und Ag_2HPO_3 in Lsg. bleiben, L. WOLF, W. JUNG (*Z. anorg. Ch.* **201** [1931] 347/52); es ist bei jedem p_H-Wert schwerer löslich als Ag_3PO_4, s. L. WOLF, W. JUNG, L. P. USPENSKAJA (*Z. anorg. Ch.* **206** [1932] 125/28).

Vs. Oxidizing Agents

Gegen Oxydationsmittel. Die wss. Lsg. der Säure ist vollkommen luftbeständig. H_2O_2 ist auch in der Wärme unwirksam. Salpetersäure bewirkt nur Hydrolyse zu H_3PO_4 und H_3PO_3; letzteres wird bei weiterem Kochen oxydiert, T. SALZER (*Lieb. Ann.* **187** [1877] 322/40, 325); auch bei mehrmaligem Eindampfen mit konz. HNO_3 erfolgt keine quantitative Ox., W. D. TREADWELL, G. SCHWARZENBACH (*Helv. chim. Acta* **11** [1928] 405/16 [dtsch.], 408 Fußnote). Überhaupt keine Ox. tritt bei 15minütigem Kochen mit stickoxidfreiem, 65%igem HNO_3 ein, B. BLASER (*Z. phys. Ch.* A **166** [1933] 59/63); vgl. das Verh. von H_3PO_3 gegen HNO_3, S. 130.

Chlor in $NaHCO_3$-Lsg. oxydiert bei 20°C in 26 Std. quantitativ zu Pyrophosphat, B. BLASER (*Ber.* **86** [1953] 563/72, 572), E. THILO, D. HEINZ (*Z. anorg. Ch.* **281** [1955] 303/21, 319); in saurer Lsg. wirkt Chlor auch bei Siedehitze nicht ein, T. SALZER (*l. c.* S. 327).

Brom reagiert in saurer Lsg. nicht, T. SALZER (*l. c.*); in neutraler oxydiert es schon bei gewöhnl. Temp. zu Pyrophosphat, T. SALZER (*Lieb. Ann.* **232** [1886] 114/21). Die Ox. durch Brom führt ausschließlich zu Pyrophosphat. Die Rk.-Geschw. ist stark p_H-abhängig. In 1 Min. werden in einer Mischung aus 5 ml 0.0488 m $Na_2H_2P_2O_6$ und 100 ml Pufferlsg. durch 10 ml 0.1 n Bromwasser bei gewöhnl. Temp. folgende Anteile (in %) des Hypophosphats oxydiert:

p_H	5.3	6.3	7.2	7.9	8.0	8.9	9.2	9.9	11.0	12.3
% oxydiert . . .	7.8	30.3	71.3	71.3	79.5	50.8	33.4	12.9	0	0

B. BLASER, P. HALPERN (*Z. anorg. Ch.* **215** [1933] 33/43). Das Max. liegt bei $p_H = 8$ (gesätt. $NaHCO_3$-Lsg.). In stark sauren oder alkal. Lsgg. tritt auch bei mehrstd. Einw. von überschüssigem Brom keine Ox. ein. Die p_H-Abhängigkeit deutet darauf hin, daß vorwiegend $H_2P_2O_6^{2-}$ und $HP_2O_6^{3-}$ mit undissoziiertem HOBr reagieren, während $H_4P_2O_6$ und BrO^- reaktionsträge sind, B. BLASER, P. HALPERN (*l. c.*).

In Ggw. von Spuren Cu oxydiert auch Hypobromit in stark alkal. Lsg. rasch, B. BLASER, P. HALPERN (*l. c.*); dabei entsteht mehr Orthophosphat als Pyrophosphat, B. BLASER, K.-H. WORMS (*Z. anorg. Ch.* **300** [1959] 229/36); Leimzusatz zerstört die aktivierende Wrkg. des Kupfers, B. BLASER, P. HALPERN (*l. c.*).

Durch Jod wird $H_4P_2O_6$ nicht oxydiert; erst nach Hydrolyse in saurer Lsg. läßt sich das gebildete H_3PO_3 mit Jod in $NaHCO_3$-Lsg. titrieren, E. RUPP, FINCK (*Arch. Pharm.* **240** [1902] 663/75); s. auch A. ROSENHEIM, J. PINSKER (*Z. anorg. Ch.* **64** [1909] 327/41), L. WOLF, W. JUNG (*Z. anorg. Ch.* **201** [1931] 337/36), B. BLASER (*Ber.* **86** [1953] 563/72). Jodat verhält sich analog, W. JUNG (*An. Argent.* **29** [1941] 15/32).

Hg^{2+}, Ag^+, Au^{3+}, Pt^{4+} und CrO_4^{2-} werden durch Unterphosphorsäure (im Gegensatz zu H_3PO_2 und H_3PO_3) nicht reduziert, T. SALZER (*Lieb. Ann.* **187** [1877] 322/40, 327); $HgCl_2$ reagiert in sd. salzsaurer Lsg. mit dem hydrolytisch entstandenen H_3PO_3 unter Bldg. von Hg_2Cl_2 und H_3PO_4, s. L. AMAT (*C. r.* **111** [1890] 676/9).

Mit Cer(IV)-salzen findet beim Erhitzen in salpetersaurer Lsg. quantitative Rk. nach $P_2O_6^{4-} + 2Ce^{4+} + 2H_2O \rightarrow 2PO_4^{3-} + 2Ce^{3+} + 4H^+$ statt, T. MOELLER, G. H. QUINTY (*Anal. Chem.* **24** [1952] 1354/5).

Permanganat in schwefelsaurer Lsg. oxydiert auch in der Hitze noch relativ langsam unter Bldg. eines Gemisches von Pyro- und Orthophosphorsäure, B. BLASER, P. HALPERN (*Z. anorg. Ch.* **215** [1933] 33/43); vgl. auch T. SALZER (*Lieb. Ann.* **187** [1877] 322/40, 327, **232** [1886] 114/21), A. ROSENHEIM, J. PINSKER (*Z. anorg. Ch.* **64** [1909] 327/41).

Vs. Reducing Agents

Gegen Reduktionsmittel. H_2 aus Zn und H_2SO_4, H_2S und wss. SO_2 wirken auf Unterphosphorsäure nicht ein, T. SALZER (*Lieb. Ann.* **187** [1877] 322/40, 327).

Phosphorylization

Phosphorylierung. Mit $POCl_3$ oder $(HO)_2PONH_2$ in $KHCO_3$-Lsg. tritt unter Abspaltung von HCl bzw. NH_3 Kondensation zur $\overset{5}{P}$–O–$\overset{4}{P}$–$\overset{4}{P}$-Säure (s. S. 153) ein, B. BLASER, K.-H. WORMS (*Z. anorg. Ch.* **301** [1959] 7/17).

Isounterphosphorsäure ($\overset{3}{P}$–O–$\overset{5}{P}$-Säure) $H_3(HP_2O_6)$.

Isosubphosphoric Acid

Formation. Preparation

Bildung und Darstellung. Die Säure bzw. ihr Na-Salz $Na_3HP_2O_6$ entsteht in geringer Menge neben anderen Phosphorsäuren niedriger Oxydationsstufe bei der Hydrolyse von Phosphortrihalogeniden in wss. $NaHCO_3$ oder wss. NaOH, s. E. THILO, D. HEINZ (*Z. anorg. Ch.* **281** [1955] 303/21, 306), ferner bei der Autoxydation weißen Phosphors in neutraler Lsg., B. BLASER, K.-H. WORMS (*Z. anorg. Ch.* **301** [1959] 18/35).

Bei 8tägigem Erhitzen einer äquimolaren Mischung von H_3PO_3 und H_3PO_4 auf 110°C in einer Trockenpistole (P_2O_5, 3 Torr) entsteht ein farbloses Öl, das neben höher kondensierten Säuren $\overset{3}{P}$–O–$\overset{5}{P}$-Säure enthält. Die Säure bildet sich ähnlich auch aus Gemischen von H_3PO_3 mit P_2O_5, Na-Orthophosphaten oder Polyphosphorsäuren, B. BLASER, K.-H. WORMS (*l. c.*), HENKEL & CIE. (*B.P.* 811937 [1959] nach *C.A.* **1959** 15505), sowie beim Erhitzen von $Na_2HPO_4 \cdot 12H_2O$ mit $NaH_2PO_3 \cdot 2.5H_2O$ auf 180°C bis zur Gew.-Konstanz, H. REMY, H. FALIUS (*Naturw.* **44** [1957] 419/20). Ferner neben Pyrophosphit und Pyrophosphat nach $PCl_3 + 3H_3PO_4 + 2H_3PO_3 \rightarrow 3HCl + 3H_3(HP_2O_6)$ bei 50°C in 10 Std., E. THILO, D. HEINZ (*l. c.* S. 313), und nach $PCl_3 + 2H_2O + H_3PO_4 = H_3(HP_2O_6) + 3HCl$ bei 40 bis 50°C, H. REMY, H. FALIUS (*l. c.*). Das Dihydrat der $\overset{4}{P}$–$\overset{4}{P}$-Säure wandelt sich bei 5tägigem Stehen über P_2O_5 im Vak.-Exsiccator in ein Öl um, aus dem $Na_3HP_2O_6 \cdot 8H_2O$ isoliert werden kann, B. BLASER, K.-H. WORMS (*l. c.*); vgl. auch S. 146.

Beim Eintropfen von 1 Mol $POCl_3$ in die kalte, mit überschüssigem $NaHCO_3$ versetzte Lsg. von 1 Mol Na_2HPO_3 gehen 30 bis 35% des P in $\overset{3}{P}$–O–$\overset{5}{P}$-Säure über; ähnlich reagiert PCl_3 mit gepufferter Orthophosphatlsg., B. BLASER, K.-H. WORMS (*l. c.*); zur zweiten Meth. s. auch HENKEL & CIE. (*B.P.* 820953 [1959] nach *C.A.* **1960** 3886).

Alkalipyrophosphite setzen sich mit überschüssigem Orthophosphat in konz. Lsg. fast quantitativ zur $\overset{3}{P}$–O–$\overset{5}{P}$-Säure um, B. BLASER, K.-H. WORMS (*l. c.*); die Rk. kommt bei Raumtemp. nach 1 Woche zum Stillstand. Die Lsg. enthält außerdem Pyrophosphit, Phosphit und Phosphat, H. REMY, H. FALIUS (*l. c.*). Auch die $\overset{3}{P}$–O–$\overset{4}{P}$–$\overset{4}{P}$-Säure reagiert mit Orthophosphat unter Bldg. der $\overset{3}{P}$–O–$\overset{5}{P}$-Säure, B. BLASER, K.-H. WORMS (*l. c.*).

Bldg. bei Bestrahlung von Na_2HPO_4 mit Neutronen, L. LINDNER, G. HARBOTTLE (*J. inorg. nuclear Chem.* **15** [1960] 386/7).

Structure

Struktur. Bildungsweisen, Zus. und chem. Verh., besonders die Dreibasigkeit der Säure, sind nur mit der Struktur

$$\begin{matrix} HO & & O & & O & & OH \\ & \diagdown & \| & & \| & \diagup & \\ & & P & -O- & P & & \\ & \diagup & & & & \diagdown & \\ H & & & & & & OH \end{matrix}$$

zu vereinbaren.

Demnach ist die Isounterphosphorsäure das gemischte Anhydrid der phosphorigen Säure und der Orthophosphorsäure, B. BLASER, K.-H. WORMS (*Z. anorg. Ch.* **301** [1959] 18/35), s. auch E. THILO, D. HEINZ (*Z. anorg. Ch.* **281** [1955] 303/21, 313). Diese Struktur wird durch magnet. Kernresonanzunters. bestätigt, C. F. CALLIS, J. R. VAN WAZER, J. N. SHOOLERY, W. A. ANDERSON (*J. Am. Soc.* **79** [1957] 2719/26). Ramanfrequenzen (in cm^{-1}, in Klammern relative Intensität) einer wss. $Na_3HP_2O_6$-

Lsg.: 345(3), 504(2), 597(2), 704(3), 916(2), 1024(4), 1086(6), 1225(2), 1331(0), 1380(1), 1655(0), 1748(1), 1868(1), 2025(4), 2098(4), s. H. Remy, H. Falius (*Naturw.* **44** [1957] 419/20; *Ber.* **92** [1959] 2199/205).

Im alkal. Chromatogramm wandert die Säure unzersetzt und hat nahezu den gleichen R_f-Wert wie Phosphit, B. Blaser, K.-H. Worms (*l. c.*), H. Remy, H. Falius (*Naturw.* **44** [1957] 419/20).

Chemical Reactions. Hydrolysis

Chemisches Verhalten. Hydrolyse. Die $\overset{3}{P}$–O–$\overset{5}{P}$-Säure ist in neutraler Lsg. beständig, in saurer und alkal. Lsg. tritt Hydrolyse zu H_3PO_3 und H_3PO_4 ein, die bei großem Säure- bzw. Alkaliüberschuß nach 1. Ordnung verläuft. Geschw.-Konst. in 0.2n HCl bei 0°C: k = 1.4 × 10^{-2}min^{-1} (Halbwertszeit 50 Min.); in 1n-NaOH bei 34.2°C: k = 5.4 × 10^{-3}min^{-1} (Halbwertszeit 130 Min.), bei 20°C beträgt die Halbwertszeit 440 Min. $\overset{3}{P}$–O–$\overset{3}{P}$-Säure wird in alkal. Lsg. viel rascher aufgespalten (Halbwertszeit in 0.1n-NaOH bei 20°C etwa 3 Min.), B. Blaser, K.-H. Worms (*Z. anorg. Ch.* **301** [1959] 18/35); vgl. auch E. Thilo, D. Heinz (*Z. anorg. Ch.* **281** [1955] 303/21, 314).

Neutralization. Precipitation

Neutralisation. Fällung. Potentiometr. Titration gibt 2 Potentialsprünge bei p_H ~ 4.5 und 8.5, entsprechend der Bldg. des Di- und Trinatriumsalzes. Erdalkali- und Ag-Ionen geben in nicht zu verd. Lsgg. Ndd. der tertiären Salze; das Ag-Salz zersetzt sich langsam unter Abscheidung von Ag. Das Pb-Salz zerfällt sofort nach der Fällung in Phosphit und Phosphat. Mit Magnesiamixtur in ammoniakal. Lsg. entsteht erst nach längerem Stehen ein Nd., B. Blaser, K.-H. Worms (*l. c.*).

With Halogens

Gegen Halogene. Jod in $NaHCO_3$-Lsg. wirkt nicht ein; Brom oxydiert langsam (~95% nach 20 Std.) zu Pyrophosphat, im Gegensatz zu $\overset{2}{P}$–$\overset{4}{P}$- und $\overset{4}{P}$–$\overset{4}{P}$-Säure, die in wenigen Min. oxydiert werden, B. Blaser, K.-H. Worms (*l. c.*).

$\overset{4}{P}$–$\overset{3}{P}$–$\overset{4}{P}$ Acid

$\overset{4}{P}$–$\overset{3}{P}$–$\overset{4}{P}$-Säure $H_5P_3O_8$.

Formation. Preparation

Bildung und Darstellung. Die Säure bildet sich bei der Ox. von $(-\overset{3}{P}-)_6$-Ringsäure durch Jod (s. S. 155), am besten (mit 19% Ausbeute) in verd. $KHCO_3$-Lsg. bei gewöhnl. Temp.; bei der Ox. von rotem Phosphor in alkal. Lsg. mit Hypobromit (3.3% Ausbeute bezogen auf Brom) oder Hypochlorit sowie in saurer Lsg. mit HClO oder $HClO_2$ (3.3 bzw. 2.5% Ausbeute), ferner bei der Hydrolyse von PCl_3 oder PBr_3 (0.7% Ausbeute) in $NaHCO_3$-Lösung. Das Na-Salz $Na_5P_3O_8$ ist durch Äthanol fällbar und oberhalb 50°C erheblich leichter in H_2O lösl. als das zugleich gebildete Tetranatriumhypophosphat, während die Ag-Salze der beiden Säuren etwa dieselbe (geringe) Löslichkeit aufweisen.

Von der $\overset{4}{P}$–$\overset{3}{P}$–$\overset{3}{P}$–$\overset{4}{P}$-Säure läßt sich die $\overset{4}{P}$–$\overset{3}{P}$–$\overset{4}{P}$-Säure durch vorsichtige Hydrolyse mit verd. Mineralsäuren trennen, bei der vorwiegend die erstere abgebaut wird, B. Blaser, K.-H. Worms (*Z. anorg. Ch.* **300** [1959] 250/60).

Structure

Struktur. Bldg.-Weise und Zus. der Salze, sowie das chromatograph. und chem. Verhalten entsprechen der Struktur

```
HO\  O   O   O  /OH
   >P———P———P<
HO/     OH      \OH
```

Die potentiometr. Titration ergibt 3 Potentialsprünge bei der Bldg. des Penta-, Tetra- und Trinatrium-Salzes, B. Blaser, K.-H. Worms (*l. c.*).

Chemical Reactions

Chemisches Verhalten. In alkal. Lsg. ist die $\overset{4}{P}$–$\overset{3}{P}$–$\overset{4}{P}$-Säure (ähnlich wie die $\overset{2}{P}$–$\overset{4}{P}$- und die $\overset{4}{P}$–$\overset{4}{P}$-Säure) sehr beständig; nach mehrstd. Kochen mit 60%iger Kalilauge tritt nur geringfügige Spaltung in H_3PO_3 und Unterphosphorsäure ein. Auch in saurer Lsg. wird die Säure relativ langsam zersetzt; in 1.5n HNO_3 bei 25°C beträgt die Halbwertszeit 220 Minuten. Die Hydrolyse verläuft zu 82% nach $\overset{4}{P}$–$\overset{3}{P}$–$\overset{4}{P}$ + H_2O → $\overset{3}{P}$ + $\overset{4}{P}$–$\overset{4}{P}$ unter Bldg. von phosphoriger Säure und Unterphosphorsäure, zu 18% nach $\overset{4}{P}$–$\overset{3}{P}$–$\overset{4}{P}$ + H_2O → $\overset{5}{P}$ + $\overset{2}{P}$–$\overset{4}{P}$ unter Bldg. von Orthophosphorsäure und diphosphoriger Säure, wobei letztere weiter zu phosphoriger Säure abgebaut wird. Beim Kochen mit Mineralsäure entstehen nur H_3PO_3 und H_3PO_4, s. B. Blaser, K.-H. Worms (*l. c.*).

Neutralisation s. „Struktur" oben. Aus essigsaurer Lsg. des $Na_5P_3O_8 \cdot 14H_2O$ läßt sich durch Fällung mit Alkohol krist. $Na_3H_2P_3O_8 \cdot aq$ gewinnen. Aus der wss. Lsg. des Pentanatriumsalzes sind die schwer lösl. neutralen Salze des Mg, Ba und Ag fällbar; $Ag_5P_3O_8$ fällt auch aus phosphorsaurer und aus ameisensaurer Lsg., B. Blaser, K.-H. Worms (*l. c.*).

In saurer Lsg. ist die Säure bei gewöhnl. Temp. gegen Jod und Brom beständig. In $NaHCO_3$-Lsg. greift Jod binnen 1 Std. nicht an, nach 168 Std. ist weitgehende Ox. zu H_3PO_4, $\overset{4}{P}-\overset{4}{P}$-Säure und (wenig) $\overset{5}{P}-O-\overset{4}{P}-\overset{4}{P}$-Säure eingetreten. Brom oxydiert in 30 Min. fast ausschließlich zur $\overset{5}{P}-O-\overset{4}{P}-\overset{4}{P}$-Säure, die in $NaHCO_3$-Lsg. gegen Brom resistent ist, B. BLASER, K.-H. WORMS (*l. c.*).

$\overset{3}{P}-O-\overset{4}{P}-\overset{4}{P}$-Säure $H_4(HP_3O_8)$. Bldg. aus $\overset{3}{P}-O-\overset{3}{P}$-Säure und $\overset{4}{P}-\overset{4}{P}$-Säure bei kurzem Kochen der neutralen Lsg.; Isolierung als Tetraguanidiniumsalz, B. BLASER, K.-H. WORMS (*Z. anorg. Ch.* **312** [1961] 146/68). *$\overset{3}{P}-O-\overset{4}{P}-\overset{4}{P}$ Acid*

$\overset{5}{P}-O-\overset{4}{P}-\overset{4}{P}$-Säure $H_5P_3O_9$. *$\overset{5}{P}-O-\overset{4}{P}-\overset{4}{P}$ Acid*

Bildung und Darstellung. Die Säure bildet sich mit fast quantitativer Ausbeute bei der Ox. der $\overset{4}{P}-\overset{3}{P}-\overset{4}{P}$-Säure in $KHCO_3$-Lsg. durch Brom bei gewöhnl. Temp., s. S. 153. Aus der Rk.-Lsg. läßt sich über das Na- und das Ag-Salz das krist. NH_4-Salz $(NH_4)_5\,P_3O_9\cdot aq$ mit 70% Ausbeute gewinnen. Die Ox. der $\overset{3}{P}-O-\overset{4}{P}-\overset{4}{P}$-Säure auf demselben Wege führt nur zu ~50% zu $\overset{5}{P}-O-\overset{4}{P}-\overset{4}{P}$-Säure, der Rest wird zu H_3PO_4 und $H_4P_2O_7$ oxydiert; Ausbeute an NH_4-Salz 25%. Die Aufspaltung der $(-\overset{3}{P}-)_6$-Ringsäure durch Brom in $KHCO_3$-Lsg. gibt ebenfalls ein schwierig zu trennendes Rk.-Gemisch (s. S. 155) und deshalb NH_4-Salzausbeuten von nur etwa 20%. Die Unterphosphorsäure ($\overset{4}{P}-\overset{4}{P}$-Säure) geht in $KHCO_3$-Lsg. beim Zutropfen von $POCl_3$ (3 Mol je Mol $\overset{4}{P}-\overset{4}{P}$-Säure) bei 20°C zu ~30% in $\overset{5}{P}-O-\overset{4}{P}-\overset{4}{P}$-Säure über; die Ggw. weiterer Rk.-Prodd. erschwert die Aufarbeitung, sodaß die Ausbeute an reinem NH_4-Salz nur 4% beträgt. Auch durch Monoamidophosphorsäure wird die $\overset{4}{P}-\overset{4}{P}$-Säure in Konz. wss. Lsg. beim $p_H = 4.5$ bis 8 phosphoryliert. Bei Anwendung äquimolarer Mengen verläuft die Rk. zu ~25% entsprechend der Gleichung *Formation. Preparation*

$$(HO)_2\overset{O}{P}-\boxed{NH_2 + H}O-\underset{OH}{\overset{O}{P}}-\overset{O}{P}(OH)_2 \rightarrow (HO)_2\overset{O}{P}-O-\underset{OH}{\overset{O}{P}}-\overset{O}{P}(OH)_2$$

Ausbeute an NH_4-Salz ~10%. Genaue Angaben zur Isolierung der Säure, für die die Löslichkeit der Salze (s. unten) und die größere Unbeständigkeit einer (bei den letzten 3 Bldg.-Weisen auftretenden) höherkondensierten Säure (mit vermutlich 4 P-Atomen), ferner die chromatograph. Analyse von Bedeutung sind, im Original, B. BLASER, K.-H. WORMS (*Z. anorg. Ch.* **301** [1959] 7/17).

Struktur. Nach Bldg.-Weisen, Zus., Oxydationszahl, dem chromatograph. und chem. Verh. kommt der Säure die Struktur *Structure*

$$(HO)_2\overset{O}{P}-O-\underset{OH}{\overset{O}{P}}-\overset{O}{P}(OH)_2$$

zu, B. BLASER, K.-H. WORMS (*l. c.*). Sie wird durch das Ramanspektrum bestätigt. Ramanfrequenzen (in cm^{-1}, in Klammern relative Intensität) des Pentaammoniumsalzes: 299(5, breit), 329(1), 459(1) 496(2, breit), 662(5), 700(1), 903(2), 957(6), 1009(4), 1051(1), 1070(8), 1102(2), 1161(2), 1417(1, diffus), 1701(3, breit). Die beiden höchsten Frequenzen gehören zum NH_4-Ion. Die tiefste ist die der P-P-Bindung. Eine P-H-Frequenz tritt nicht auf, M. BAUDLER laut B. BLASER, K.-H. WORMS (*l. c.* S. 11 Fußnote).

Chemisches Verhalten. In Alkalien ist die Verb. ziemlich beständig; bei 1std. Kochen mit 2 bis 5n KOH zersetzen sich 5 bis 10%. Kochende 60%ige Kalilauge hydrolysiert quantitativ zu H_3PO_4 und $\overset{4}{P}-\overset{4}{P}$-Säure. Beim Kochen mit konzentrierteren Mineralsäuren (1 Std. mit 4n HCl) entstehen je Mol der Verb. 2 Mol H_3PO_4 und 1 Mol H_3PO_3. Bei Konzz. und Tempp., bei denen die $\overset{4}{P}-\overset{4}{P}$-Säure nicht hydrolysiert wird, tritt Zerfall in je 1 Mol H_3PO_4 und $\overset{4}{P}-\overset{4}{P}$-Säure ein; die Hydrolyse verläuft nach 1. Ordnung mit einer Halbwertszeit von 95 Min. in 0.8n HNO_3 bei 25°C, B. BLASER, K.-H. WORMS (*Z. anorg. Ch.* **301** [1959] 7/17). *Chemical Reactions*

Bei der potentiometr. Titration treten 3, der Bldg. des Penta-, Tetra- und Trinatriumsalzes entsprechende Potentialsprünge auf. $AgNO_3$ fällt aus neutralen Lsgg. des Na- oder NH_4-Salzes quantitativ weißes $Ag_5P_3O_9$, das schwerer lösl. ist als Ag_3PO_4 und $Ag_4P_2O_7$, jedoch leichter als $Ag_4P_2O_6$. Leichter lösl. als die Na-Salze der letztgenannten 3 Säuren ist das Pentanatriumsalz; es ist mit Äthanol als ölig-kristalliner Nd. fällbar. Im Gegensatz dazu ist $(NH_4)_5P_3O_9 \cdot aq$ durch Fällung mit Äthanol und Umkristallisieren aus konz. NH_3–NH_4Cl-Lsg. in gut kristallisierter Form zu erhalten, B. BLASER, K.-H. WORMS (*l. c.*).

Gegen Brom und Jod ist die Verb. in neutraler und in saurer Lsg. beständig. Erst nach wochenlangem Stehen mit überschüssigem Brom tritt merkliche oxydative Spaltung ein, B. BLASER, K.-H. WORMS (*l. c.*).

Phosphorous Acids with 4 P Atoms

Phosphorsäuren mit 4 P-Atomen.

$(-\overset{4}{P}-\overset{4}{P}-O-)_2$-Ringsäure $H_4P_4O_{10}$ aus dem K-Salz der $\overset{4}{P}-\overset{4}{P}$-Säure und Essigsäureanhydrid bei 40std. Erhitzen auf 90°C. Isolierung als Tetraguanidiniumsalz. Bei mehrstd. Stehen einer Lsg. des Tetranatriumsalzes in 1.5n NaOH tritt Ringaufspaltung unter Bldg. der *$\overset{4}{P}-\overset{4}{P}-O-\overset{4}{P}-\overset{4}{P}$-Säure* $H_6P_4O_{11}$ ein, die mit Alkohol als krist. Hexanatriumsalz gefällt werden kann, B. BLASER, K.-H. WORMS (*Z. anorg. Ch.* **311** [1961] 313/24).

Chromatographisch nachgewiesene Bldg. einer Säure mit 4 P-Atomen, vermutlich *$\overset{4}{P}-\overset{3}{P}-\overset{3}{P}-\overset{4}{P}$-Säure* bei der Ox. der $(-\overset{3}{P}-)_6$-Ringsäure mit Brom oder Jod, B. BLASER, K.-H. WORMS (*Z. anorg. Ch.* **300** [1959] 237/49), bei der Ox. von rotem P mit Hypobromit, Hypochlorit oder HClO, s. B. BLASER, K.-H. WORMS (*l. c.* S. 250/60), bei der Phosphorylierung der $\overset{4}{P}-\overset{4}{P}$-Säure mit $POCl_3$ oder $(HO)_2PONH_2$, s. B. BLASER, K.-H. WORMS (*Z. anorg. Ch.* **301** [1959] 7/17). Chromatographisch nachgewiesene Bldg. einer *Säure mit mindestens je einer P–P- und P–O–P-Bindung* bei der Hydrolyse von Phosphortrihalogeniden in $NaHCO_3$-Lsg.; die Säure ist gegen Alkalien beständig und wird von Säuren in $\overset{3}{P}-O-\overset{5}{P}$- und $\overset{4}{P}-\overset{4}{P}$-Säure gespalten, E. THILO, D. HEINZ (*Z. anorg. Ch.* **281** [1955] 303/21, 315).

$(-\overset{3}{P}-)_6$ Ring Acid

$(-\overset{3}{P}-)_6$-Ringsäure $H_6P_6O_{12}$.

Formation. Preparation

Bildung und Darstellung. Darst. einer Subst., die wasserfreies $H_6P_6O_{12}$ sein könnte, s. „Metaphosphorige Säure" S. 155.

Die Alkalisalze dieser Säure bilden sich mit kleiner Ausbeute bei der Ox. von in Alkalilauge suspendiertem, rotem Phosphor mit Hypobromit oder Hypochlorit bei Tempp. um 0°C. Zur Darst. des K-Salzes werden in einer Suspension von 74.4 g P in 1200 ml Kalilauge unter Rühren 800 ml 3n KOCl-Lsg. zugetropft. Aus der vom nicht umgesetzten P abfiltrierten Lsg. läßt sich das Salz mit Äthanol ausfällen. Ausbeute nach wiederholter Umfällung 46 g, entsprechend 2.9% bezogen auf KOCl. Bei Anwendung von Brom oder von Lsgg. von Chlor oder Brom in CCl_4 an Stelle von KOCl-Lsg. sind die Ausbeuten etwas niedriger, B. BLASER, K.-H. WORMS (*Z. anorg. Ch.* **300** [1959] 237/49).

Structure

Struktur. In den Salzen ist das Atomverhältnis $M^I:P = 1:1$. Die mittlere Oxydationszahl des P ist 3. Im Ultrarotspektrum tritt keine P–H-Frequenz auf. 1%ige Lsgg. der Alkalisalze haben p_H-Werte zwischen 6.3 und 6.7, auch wenn die Salze aus stark alkal. Lsgg. hergestellt sind. Die potentiometr. Titration ergibt einen einzigen scharfen Sprung, ähnlich wie Tri- und Tetrametaphosphorsäure. Dies deutet auf eine Ringstruktur. Ster. Gründe und der Umstand, daß die Verb. nur aus rotem Phosphor (nicht aus weißem) erhalten werden kann, machen die nebenstehende 6-Ringstruktur wahrscheinlich, mit der nach J. R. VAN WAZER, C. F. CALLIS (mündliche Mitteilung) auch das magnet. Kernresonanzspektrum verträglich ist, B. BLASER, K.-H. WORMS (*l. c.*).

```
          OH
          P
        /   \
  HOPO   O   OPOH
    |          |
  HOPO   O   OPOH
        \   /
          P
          OH
```

Die 6-Ringstruktur wird durch röntgenograph. Unterss. am Cs-Salz bestätigt. 4 P-Atome liegen in einer Ebene, eines darüber, eines darunter (Sesselform). Der mittlere P–P-Abstand 2.20 Å entspricht dem normalen P–P-Einfachbindungsabstand. Die P–O-Abstände betragen im Mittel 1.50 ± 0.5 Å. Die Winkel P–P–P sind mit (im Mittel) 103° etwas kleiner als der Tetraederwinkel; in der Nähe desselben liegen auch die anderen Winkel am P-Atom, J. WEISS (*Z. anorg. Ch.* **306** [1960] 30/4).

Chemical Reactions

Chemisches Verhalten. In 0.1n HCl ist die $(-\overset{3}{P}-)_6$-Ringsäure bei gewöhnl. Temp. nach 30 Min. chromatographisch nicht mehr nachweisbar; beim Kochen der mineralsauren Lsg. tritt vollständiger

Zerfall in H_3PO_3 (76%), H_3PO_2 (12%) und H_3PO_4 (12%) ein. 1- bis 2std. Kochen mit 2n KOH spaltet in Phosphit und Diphosphit ($\overset{2}{P}-\overset{4}{P}$); Erdalkalimetall-Ionen beschleunigen die alkal. Hydrolyse. 50%ige Lauge hydrolysiert schon bei gewöhnl. Temp. in wenigen Min. vollständig, B. BLASER, K.-H. WORMS (*l. c.*).

Neutralisation s. „Struktur" oben. Aus verd. wss. Lsgg. fällt auf $MgCl_2$-Zusatz das Mg-Salz aus; das ebenfalls schwer lösl. Zn-Salz wird schon während der Fällung teilweise hydrolysiert. $CaCl_2$ und $BaCl_2$ geben weiße Ndd., mit $AgNO_3$ entsteht ein schleimiger, schnell dunkel werdender Niederschlag. Aus der wss. Lsg. des K-Salzes läßt sich durch Fällung mit Tl_2SO_4 das Tl-Salz und aus diesem durch Umsatz mit den entsprechenden Jodiden die Salze des Cs und NH_4 erhalten. Bei gewöhnl. Temp. lösen sich in 100 ml H_2O etwa 170 g Cs-Salz, 20 g K-Salz und nur 0.2 g Na-Salz; schon kleine Zusätze von Fremdionen beeinflussen die Löslichkeit stark, B. BLASER, K.-H. WORMS (*l. c.*).

Jod in saurer Lsg. oxydiert bei gewöhnl. Temp. in 30 bis 60 Min. zu $\overset{4}{P}-\overset{4}{P}$-Säure (Hauptprodukt), H_3PO_3, H_3PO_4, $\overset{4}{P}-\overset{3}{P}-\overset{4}{P}$-Säure und (vermutlich) $\overset{4}{P}-\overset{3}{P}-\overset{3}{P}-\overset{4}{P}$-Säure. In $NaHCO_3$-Lsg. sind nach 24 Std. die gleichen Ox.-Prodd. vorhanden. Brom oxydiert schneller; in saurer Lsg. entstehen $\overset{4}{P}-\overset{4}{P}$-Säure, H_3PO_4 und wenig $\overset{4}{P}-\overset{3}{P}-\overset{4}{P}$- sowie (vermutlich) $\overset{4}{P}-\overset{3}{P}-\overset{3}{P}-\overset{4}{P}$-Säure; in $NaHCO_3$-Lsg. bilden sich H_3PO_4, $H_4P_2O_7$ und $\overset{5}{P}-O-\overset{4}{P}-\overset{4}{P}$-Säure, ferner eine Säure mit 4 P-Atomen, B. BLASER, K.-H. WORMS (*l. c.*).

Meta-phosphorous Acid

Metaphosphorige Säure $(HPO_2)_n$ ***(?).*** Bei intermittierendem Einlassen kleiner O_2-Mengen in PH_3 von 28 Torr erfolgt jedesmal eine Rk. mit blauer Flamme, nach der der Druck wieder auf 28 Torr sinkt. An Stelle des durch die Rk. verbrauchten PH_3 entsteht H_2; an der Wand des Glaskolbens bildet sich ein gelber bis brauner Anflug, der z. T. in H_2O lösl. ist, offenbar ein uneinheitliches Sekundärprod. Das entsprechend der Gleichung $PH_3 + O_2 = HPO_2 + H_2$ zu erwartende HPO_2 läßt sich jedoch isolieren, wenn O_2 von 25 Torr langsam in PH_3 von 25 Torr diffundiert. Es bildet glänzende, federförmige Kristalle, die bei 80°C noch nicht schmelzen und mit H_2O-Dampf in lange Nadeln von (offenbar) H_3PO_3 und schließlich in eine wss. Lsg. übergehen, welche mit $AgNO_3$ die Rk. der phosphorigen Säure gibt, H. J. VAN DE STADT (*Z. phys. Ch.* **12** [1893] 322/32), vgl. S. 35. Die Verb. muß mindestens trimer sein und würde dann die nebenstehende Ringstruktur aufweisen, B. TOPLEY (*Quart. Rev.* **3** [1949] 345/68, 347 Fußnote), und ein nichtionisierender Stoff sein, J. R. VAN WAZER (*Phosphorus and its Compounds, Bd.* 1, *New York* 1958, S. 413). Möglicherweise ist sie hexamer und mit der $(-\overset{3}{P}-)_6$-Ringsäure identisch, s. vorstehend. Aus P_2O_3 und $[(CH_3)_4N]_2SO_3$ in fl. SO_2 bildet sich ein Sulfitometaphosphit der Zus. $[(CH_3)_4N][PO(SO_3)]$, s. G. JANDER, H. WENDT, H. HECHT (*Ber.* **77** [1944] 698/704). Über krist. Ester der Zus. RPO_2 vgl. J. R. VAN WAZER (*l. c.*).

```
       O
      / \
H—PO     OP—H
  |       |
  O       O
   \  O  /
    \ P /
      |
      H
```

Ortho-phosphoric Acid

Orthophosphorsäure H_3PO_4

Das System P_2O_5–H_2O

The P_2O_5–H_2O System

Solubility Diagram

Löslichkeitsdiagramm. Unterss. im Bereich bis 72.4 Gew.-% P_2O_5 (100% H_3PO_4) ergeben das Diagramm (**Figg. 29**, S. 156, und **30**, S. 157) nach W. H. ROSS, R. M. JONES (*J. Am. Soc.* **47** [1925] 2165/70), in das auch die Ergebnisse von A. SMITH, A. W. C. MENZIES (*J. Am. Soc.* **31** [1909] 1183/91) und H. GIRAN (*Ann. Chim. Phys.* [8] **14** [1908] 565/74; *C. r.* **146** [1908] 1270/2) eingetragen sind. Im untersuchten Bereich treten die kongruent schmelzenden Verbb. $H_3PO_4 \cdot {}^1/_2H_2O$, Schmp. 29.32°C, und H_3PO_4, Schmp. 42.35°C auf, die ein Eutektikum bei 68.64% P_2O_5 und 23.50°C bilden; das Eutektikum Eis–$H_3PO_4 \cdot {}^1/_2H_2O$ liegt bei 45.2% P_2O_5 und −85°C. Die Löslichkeitsbestt. erfolgen nach mindestens 3 Tagen Einstellzeit, unterhalb 19°C an geimpften Lösungen. Bei tiefen Tempp. wird die Unters. durch hohe Viscosität der Lsgg. erschwert, W. H. ROSS, R. M. JONES (*l. c.*). Nach A. SMITH, A. W. C. MENZIES (*l. c.*) tritt außer $H_3PO_4 \cdot {}^1/_2H_2O$ ein weiteres, bei 26.2°C inkongruent schmelzendes Hydrat $H_3PO_4 \cdot {}^1/_{10}H_2O$ auf, dessen Existenz von W. H. ROSS, R. M. JONES (*l. c.*) nicht bestätigt wird. Die Gleichgew.-Einstellung erfordert >2 Std.; die durch Beobachtung des Krist.-Beginns erhaltenen Liquidustempp. von H. GIRAN (*l. c.*) beruhen vermutlich auf Unterkühlung, A. SMITH, A. W. C. MENZIES (*l. c.*). Die im Teilbereich 0 bis 100% H_3PO_4 durch Löslichkeitsunterss. ermittelte Liquiduskurve stimmt bis auf die eutekt. Temp. Eis–$H_3PO_4 \cdot {}^1/_2H_2O$ sehr gut mit der von W. H. ROSS, R. M. JONES (*l. c.*) angegebenen überein; für das genannte Eutektikum ergeben sich durch Extrapolation der bis —65°C durchgeführten Messungen die Koordinaten 46.2 Gew.-% P_2O_5, —100°C. Der Wert —85°C von W. H. Ross, R. M. JONES (*l. c.*) beruht vermutlich auf einem durch die glasartige Konsistenz der Lsg. bedingten Irrtum. Hohe Viscosität und Neigung zur Unterkühlung erschweren die Messungen auch im Bereich > 100% H_3PO_4. Orientierende Unterss. ergeben die in **Fig. 31** eingetragenen Werte, H. BASSETT (*J. chem. Soc.* **1958** 2949/55). Das Eutektikum H_3PO_4–$H_4P_2O_7$ liegt nach unveröffentlichten Unterss. von C. L. WARD, J. L. CROSS bei 76.0 Gew.-% P_2O_5 und 16°C, VAN WAZER (*Phosphorus*, S. 619).

Fig. 29.

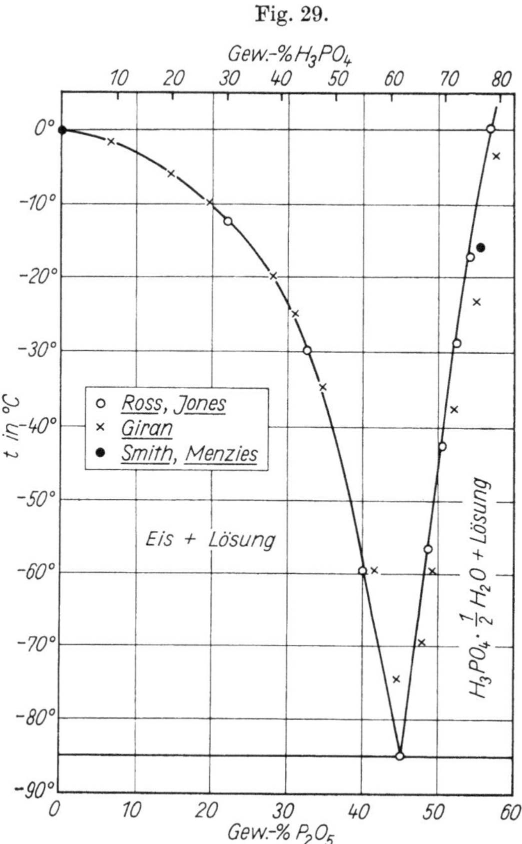

Löslichkeitsdiagramm des Systems P_2O_5–H_2O im Bereich 0 bis 80 Gew.-% H_3PO_4.

Eutekt. Temp. H_3PO_4–$H_3PO_4 \cdot {}^1/_2 H_2O$ 23.89°C nach calorimetr. Messungen, E. P. EGAN, Z. T. WAKEFIELD (*J. phys. Chem.* **61** [1957] 1500/4). H_3PO_4 verhält sich wegen der relativ langsamen Einstellung des in der Schmelze vorliegenden Gleichgew. $2H_3PO_4 = H_4P_2O_7 + H_2O$ (s. Konstitution S. 165) pseudobinär; die Temp. 42.3°C, bei der H_3PO_4-Kristalle bei üblichen Versuchsdauern schmelzen, ist der „ideale" Schmp.; der „natürliche" Schmp. liegt bei 34.6°C, s. „Schmelzpunkt" von H_3PO_4 S. 163. Vgl. hierzu „*Schwefel*" *Tl.* A, S. 530.

Von weiteren krist. Verbb. der Komponenten im System P_2O_5–H_2O ist bisher mit Sicherheit nur $H_4P_2O_7$ bekannt, das nach H. GIRAN (*l. c.*) kongruent bei 61°C schmilzt. Löslichkeitsdiagramm des (infolge Hydrolyse des gelösten $H_4P_2O_7$) metastabilen Systems $H_4P_2O_7$–H_2O s. S. 227. Angaben zum stabilen Löslichkeitsgleichgew. liegen nicht vor. Während $H_3PO_4 \cdot {}^1/_2 H_2O$ ohne Verzögerung kristallisiert, zeigen H_3PO_4 und $H_4P_2O_7$ große Neigung zur Unterkühlung, s. S. 155, 227, die mit steigendem P_2O_5-Gehalt noch weiter zunimmt. Daher sind Polyphosphorsäuren $H_{n+2}P_nO_{3n+1}$ mit $n > 2$, Metaphosphorsäuren ($H_3P_3O_9$, $H_4P_4O_{12}$) und Ultraphosphorsäuren ($H_2O/P_2O_5 < 1$) in krist. Zustand bisher nicht bekannt; vermutlich irrtümliche Angaben über krist. $H_6P_4O_{13}$ und hochpolymere Polyphosphorsäure s. S. 248, 255. Die hochviscosen, z. T. glasartigen Mischungen sind unterkühlte Fll. und auch bei stöchiometr. Zus. keine einheitlichen Stoffe, s. „Konstitution" S. 85. Auch die bei 580°C zu einer zähen Fl. schmelzende stabile Form des P_2O_5 unterkühlt leicht zu einem Glas, s. S. 77. Aus den Daten von W. H. Ross, R. M. JONES (*l. c.*) interpolierte Liquidustempp. von wss. H_3PO_4-Lsgg.:

Gew.-% H_3PO_4	5	10	15	20	25	30	35	40	45	50	55	60
t (°C)	—0.8	—2.1	—3.8	—6.0	—8.6	—11.8	—15.9	—21.9	—30.0	—41.9	—58.6	—76.1
Bodenkörper	Eis											

Gew.-% H_3PO_4	65	70	75	80	85	90	92.5	95	97.5	100
t (°C)	—70.5	—43.0	—17.5	+4.6	21.1	28.8	28.6	24.7	34.3	42.4
Bodenkörper	$H_3PO_4 \cdot {}^1/_2 H_2O$							H_3PO_4		

MONSANTO CHEMICAL COMPANY (*Techn. Bl.* Nr. P-26 [1946] 1/12).

Vapor Pressure of Saturated Solutions

Dampfdruck gesättigter Lösungen. Bei 25.0°C an $H_3PO_4 \cdot {}^1/_2 H_2O$ gesätt. Lsg.: 0.85 Torr, A. SMITH, A. W. C. MENZIES (*J. Am. Soc.* **31** [1909] 1183/91); aus den Angaben zum Dampfdruck ungesätt. Lsgg.

geht hervor, daß sich diese Angabe auf die konzentriertere der beiden bei 25°C möglichen gesätt. Lsgg. bezieht. Weitere Messungen liegen nicht vor. Ungesättigte Lsgg. s. S. 177.

Vaporization Equilibria. Azeotropy

Verdampfungsgleichgewichte. Azeotropie. Im System P_2O_5–H_2O tritt keine kongruent sd. Verb. auf, wohl aber eine azeotrope Mischung mit Sdp.-Maximum. Dest.-Verss. bei p $\leq$ 1 atm (Gefäßmaterial Pt und Porzellan), bei denen die Zus. des Azeotrops von beiden Seiten her erreicht wird, ergeben folgende Abhängigkeit zwischen Temp., Dampfdruck und Zus. der konstant sd. Mischung:

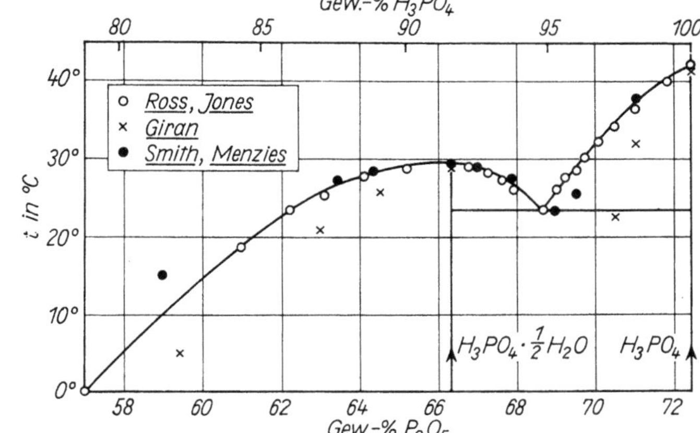

Fig. 30.

Löslichkeitsdiagramm des Systems P_2O_5–H_2O im Bereich 80 bis 100 Gew.-% H_3PO_4.

t (°C)	694	737	773	796	840	869
p (Torr)	104	181	280	377	555	753
c (Gew.-% P_4O_{10}) . .	91.1	91.5	91.6	91.8	92.0	92.1
x (Mol-% P_4O_{10}) . .	39.3	40.6	40.9	41.5	42.2	42.5

log p = —5459/T + 7.6547; p hängt innerhalb der Fehlergrenzen linear von x ab, G. Tarbutton, M. E. Deming (*J. Am. Soc.* **72** [1950] 2086/8). Bei 1 Atm enthält die azeotrope Mischung 92 bis 93 Gew.-% P_2O_5 und siedet bei 866°C, vgl. **Fig. 32**, S. 158, E. H. Brown, C. D. Whitt (*Ind. engg. Chem.* **44** [1952] 615/8). Dementsprechend lassen sich $H_4P_2O_7$ und höher kondensierte Phosphorsäuren nicht unmittelbar durch therm. Entwässerung von H_3PO_4 erhalten; vielmehr entstehen dabei fl. Mischungen, deren Zus. nur unter bestimmten Bedingungen mit derjenigen einer definierten Verb. übereinstimmt, s. S. 165. Extrapolation der vorstehenden Ergebnisse auf 475°C ergibt c = 88.8 (x = 33.3), p = 2 Torr; in Übereinstimmung mit der Beobachtung, daß H_3PO_4 bei 475°C in strömendem N_2 rasch H_2O abgibt, bis eine etwa der Formel HPO_3 entsprechende Zus. erreicht ist, die sich bei 475°C nicht mehr ändert, G. Tarbutton, M. E. Deming (*l. c.*). Zum Teil abweichende Angaben über die bei therm. Entwässerung von H_3PO_4 erreichbare P_2O_5-Maximalkonz. s. „Isothermes Gleichgewicht" S. 158, ferner Bildung und Darstellung von Mischungen kondensierter Phosphorsäuren S. 214.

Fig. 31.

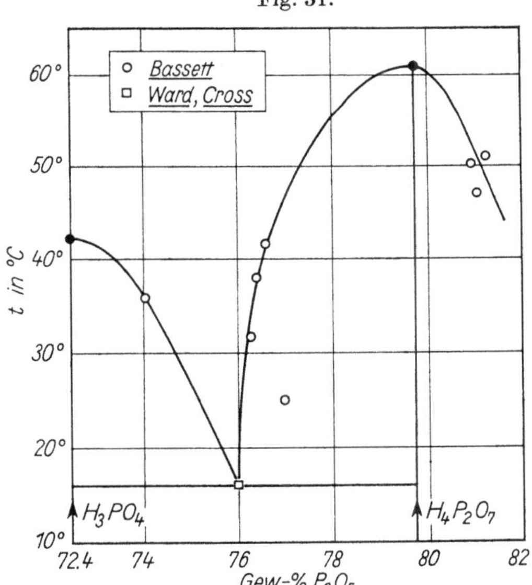

Löslichkeitsdiagramm des Systems P_2O_5–H_2O im Bereich 72.4 bis 82 Gew.-% P_2O_5.

Boiling Diagram

Siedediagramm bei normalem Druck nach Unterss. im Bereich 61 bis 93 Gew.-% P_2O_5

(Gefäßmaterial: Borsilicatglas bis 79, Hastelloy B oberhalb 79% P_2O_5) s. Fig. 32. Die Fl.-Kurve schließt sich gut an die zwischen 9 und 71% P_2O_5 von E. V. BRICKE, N. E. PESTOV (*Trudy naučnogo Inst. Udobrenijam Insektofungisidam* Nr. 59 [1929] 5/169, 93/95 [engl. Zusammenfassung S. 161/9]) bestimmten Sdpp. an. Der Punkt auf der 100%-Ordinate stellt den Sdp. des fl. P_2O_5 (stabile Form, s. S. 79) dar, auf den Dampf- und Fl.-Kurve von der Temp. der azeotropen Mischung (866°C bei ~92% P_2O_5) her abfallen.

Sdpp. bei 760 Torr, Werte in Auswahl:

Gew.-% P_2O_5 . .	61.6	66.1	72.4[1]	79.7[2]	88.5[3]	92.7[4]
t (°C)	154.2	177.6	255.3	427.3	732.4	865.8

[1]) Zus. H_3PO_4. — [2]) Zus. $H_4P_2O_7$. — [3]) Zus. ~HPO_3 (88.8% P_2O_5). — [4]) Azeotrope Mischung.

E. H. BROWN, C. D. WHITT (*Ind. engg. Chem.* **44** [1952] 615/8). Im Bereich 10 bis 80% P_2O_5 gem. Sdpp.

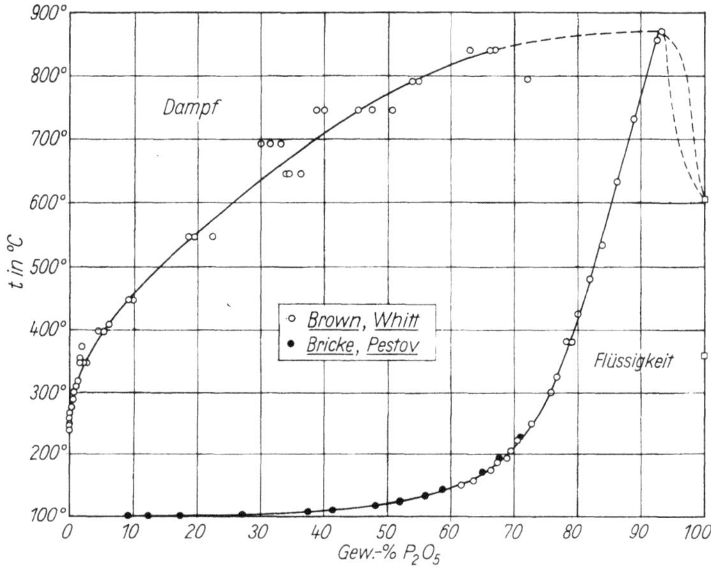

Fig. 32.
Siedediagramm des Systems $P_2O_5-H_2O$; Fl.-Kurve bei 760 Torr, Dampfkurve bei ~750 Torr.

stimmen gut mit Fig. 32 überein; jedoch zeigt die Fl.-Kurve einen schwachen Knick bei der Zus. H_3PO_4 (72.4% P_2O_5), A. I. GEL'BSTEJN, M. I. TEMKIN (*Žurnal obščej Chim.* [russ.] **23** [1953] 1278/83). Nach Fig. 32 enthält der Dampf bis 300°C nur Spuren P_2O_5, vgl. auch K. I. ZAGVOZDKIN, JU. M. RABINOVIČ, N. A. BARILKO (*Žurnal prikladnoj Chim.* [russ.] **13** [1940] 29/37), B. J. FONTANA (*J. Am. Soc.* **73** [1951] 3348/50), E. THILO, R. SAUER (*J. pr. Ch.* [4] **4** [1957] 324/48).

Isothermal Equilibrium

Isothermes Gleichgewicht. Aus dem Gew.-Verlust bei der isothermen Entwässerung von H_3PO_4 und der titrimetrisch bestimmten Zus. der Schmelze ber. Zus. des Dampfes bei 450°C:

Gew.-% P_2O_5 in der Schmelze	86.5	88.2	89.5	89.8	89.9
Mol H_2O je Mol P_2O_5 im Dampf . . .	39	22	9.8	3.6	0.8
Gew.-% P_2O_5 im Dampf[1])	16.8	26.4	44.7	68.6	90.8

[1]) Aus den Angaben des Originals berechnet, E. THILO, R. SAUER (*l. c.* S. 330).

Vapor Pressure Measurements at ≤ 1 Atm

Dampfdruckmessungen bei ≤ 1 Atm. Dampfdruck (in Torr) von fl. Mischungen mit > 72.4 Gew.-% P_2O_5 nach stat., auf ±0.25 Torr genauen Messungen bei 150°, 200°, 250° und 300°C:

Gew.-% P_2O_5 . .	73.30	76.65	78.80			
$p_{150°}$	3.5	0.5	0.0			
Gew.-% P_2O_5 . .	74.3	77.23	82.42	83.90		
$p_{200°}$	86.0	32.5	2.5	0.0		
Gew.-% P_2O_5 . .	74.0	78.6	81.6	83.5	84.3	85.1
$p_{250°}$	563.0	135.5	15.5	6.0	2.5	0.5

Gew.-% P_2O_5 . .	77.1	78.9	80.7	85.1	86.0	88.7
$p_{300°}$	589.0	166.5	85.0	11.5	1.5	0.5

Der Dampf enthält kein P_2O_5 in nachweisbarer Menge, K. I. Zagvozdkin, Ju. M. Rabinovič, N. A. Barilko (*Žurnal prikladnoj Chim.* [russ.] **13** [1940] 29/37). Siedepunktsbestt. bei Drucken bis 1 Atm an Mischungen mit 61 bis 93 Gew.-% P_2O_5 ergeben folgende p-Werte:

61.6% P_2O_5:

t (°C). .	85.5	96	104	111.5	120	130.5	154
p (Torr).	53.3	89.2	124.9	170.2	234.7	344.0	752.0

66.1% P_2O_5:

t (°C). .	104	117	126	137.5	147	154	177
p (Torr).	52.1	93.3	128.9	199.4	286.8	352.6	750.0

72.4% P_2O_5 (Zus. H_3PO_4):

t (°C). .	166	175	183	195.5	211	227	256
p (Torr).	32.2	59.7	88.6	131.4	223.5	356.1	758.9

79.7% P_2O_5 (Zus. $H_4P_2O_7$):

t (°C). .	341	357	370	383	392	399	408	412	419	428
p (Torr).	109.3	168.6	231.0	317.1	380.2	436.6	527.2	581.8	645.4	746.7

88.5% P_2O_5:

t (°C). .	631	655	672	689	698	708	717	723	733
p (Torr).	170.9	233.1	306.2	382.7	459.0	533.0	608.3	679.5	754.0

92.7% P_2O_5:

t (°C). .	694	716	745	768	786	808	824	839	851	866
p (Torr).	88.0	135.3	190.1	254.8	317.0	414.3	483.1	568.4	656.9	754.7

Angaben für weitere Konzz. im Original, E. H. Brown, C. D. Whitt (*Ind. engg. Chem.* **44** [1952] 615/8). Zwischen 760 und ~100 Torr gehorcht p der Beziehung log p (Torr) = —A/T + B mit folgenden Werten der Konstt.:

Gew.-% P_2O_5	61.6	66.1	72.4	79.7	88.5	92.7
A	2515	2677	3130	4106	6097	5805
B	8.76803	8.82154	8.80520	8.74361	8.94513	7.97852
Temp.-Bereich (in °C) .	96 bis 154	104 bis 177	183 bis 255	341 bis 427	631 bis 732	694 bis 866

Bei niedrigeren Tempp. ist p kleiner als der so ber. Wert, E. H. Brown, C. D. Whitt (*l. c.*). Dynam. Messungen in strömender Luft (Genauigkeit ±5°) bis p = 250 Torr führen zu folgenden, im untersuchten Temp.-Bereich gültigen Werten der Konstt. A und B:

Gew.-% P_2O_5	62.7	69.7	72.5	74.5	79.6
A	2430	2586	3065	3433	4486
B	8.455	8.210	8.626	8.992	9.757
Temp.-Bereich (in °C) .	35 bis 110	56 bis 155	79 bis 220	110 bis 239	221 bis 277

Die Übereinstimmung mit den Angaben von M. M. Striplin (*Ind. engg. Chem.* **33** [1941] 910/5) ist nicht sehr gut, B. J. Fontana (*J. Am. Soc.* **73** [1951] 3348/50). Die Ergebnisse von E. H. Brown, C. D. Whitt (*l. c.*) erfüllen die Gleichungen $\log p\,(\text{Torr}) = 8.61 - \frac{2450 + (c-60)^2/0.268}{T}$, c = Gew.-% P_2O_5, J. R. van Wazer (in: Kirk, Othmer, *Bd.* 10, *New York* 1953, S. 411), und $\log p\,(\text{Torr}) = 8.7788 - 5.9080\,T_S/T$, T_S = Sdp. (°K) bei 760 Torr, van Wazer (*Phosphorus*, S. 773). Nomogramm s. bei D. S. Davis (*Chem. Eng.* **59** Nr. 7 [1952] 224). Aus Messungen der Sorptionsgeschw. von H_2O-Dampf an P_2O_5 im Hochvak. wird der H_2O-Dampfdruck über festem P_2O_5 und seinen Rk.-Prodd. mit H_2O (Ultraphosphorsäuren) zu $1 \cdot 10^{-6}$ Torr bei 10°C, $2 \cdot 10^{-5}$ Torr bei 53°C geschätzt, C. Hayashi (*J. phys. Soc. Japan* **6** [1951] 414/5).

Measurements at $p \geqq 1$ Atm

Messungen bei $p \geqq 1$ Atm. Stat. Messungen nach einer Meth., bei der die Fl., deren Dampfdruck zu messen ist, zugleich als Manometerfl. dient, ergeben die in **Fig. 33** dargestellten Resultate. Für c > 72.4 Gew.-% P_2O_5 (Zus. H_3PO_4) gilt die Beziehung: $\log p/p_{H_3PO_4} = (0.671 - 500/T)\,(c - 72.4)$. Bei c = 72.4 tritt ein Knick in den log p-Isothermen auf, sie steigen mit fallendem c stärker an als der Gleichung entspricht, A. I. GEL'BSTEJN, M. I. TEMKIN (*Žurnal obščej Chim.* [russ.] **23** [1953] 1278/83).

Anhydrous Orthophosphoric Acid

Wasserfreie Orthophosphorsäure H_3PO_4

(Monophosphorsäure)

Formation. Preparation

Bildung und Darstellung. Wasserfreies H_3PO_4 kristallisiert aus wss. Lsgg. mit $\geq$94.8 Gew.-% H_3PO_4, s. „Löslichkeitsdiagramm" S. 156.

H_3PO_4 kristallisiert viel schwieriger als $H_3PO_4 \cdot {}^1/_2 H_2O$; die Unterkühlung wird durch Einstellen in eine Kältemischung und Rühren, rascher durch Impfen mit krist. H_3AsO_4 behoben, A. SMITH, A. W. C. MENZIES (*J. Am. Soc.* **31** [1909] 1183/91). Lineare Krist.-Geschw., bestimmt in horizontalem Pyrexrohr (3 mm Durchmesser: 33.3 cm/min bei 20°C, W. H. ROSS, R. M. JONES (*J. Am. Soc.* **47** [1925] 2165/70). Im Rohr von 2 mm Durchmesser bestimmte Krist.-Geschw. einer bei 36.6°C schmelzenden Probe (vgl. „Schmelzpunkt" S. 163) in mm/min bei 19°C 0.22, 14°C 0.76, 12°C 1.09, 9°C 0.80, 0°C 0.46; Max. bei 12°C, W. BORODOWSKY (*Z. phys. Ch.* **43** [1903] 75/88). Vgl. ferner P. L. HUSKISSON (*Pharm. J.* [3] **14** [1884] 644/5), H. P. COOPER (*Pharm. J.* [3] **12** [1881] 371), J. THOMSEN (*Ber.* **7** [1874] 996/1002, 997), E. ZETTNOW (*Pogg. Ann.* **145** [1872] 643/4), G. KRÄMER (*Ber.* **2** [1869] 310).

Fig. 33.

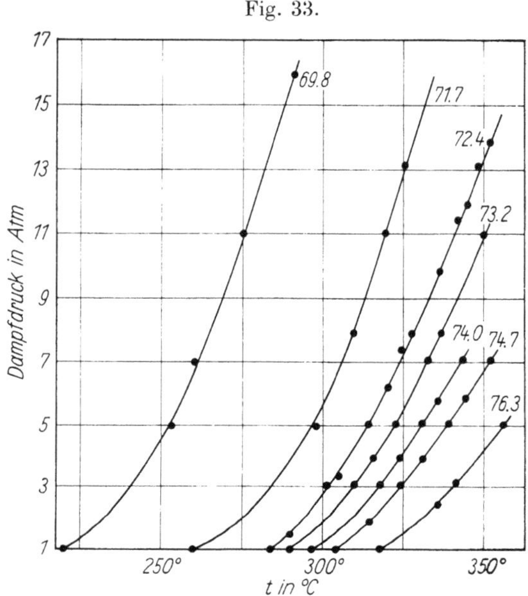

Dampfdruck von P_2O_5–H_2O-Schmelzen mit 69.8 bis 76.3 Gew.-% P_2O_5.

Durch 85%iges H_3PO_4 wird über $CaCl_2$, H_2SO_4 und P_2O_5 getrocknete Luft geleitet unter gleichzeitiger Erwärmung auf einem Dampfbad und das restliche H_2O bei 1 bis 3 Torr abdestilliert. Die Entwässerung muß bei niedrigem Druck und niedriger Temp. erfolgen, um die Bldg. des Hemihydrats zu vermeiden. Die durch Unterkühlung erhaltenen Kristalle werden einige Tage im Vak. getrocknet, App. s. im Original, A. G. WEBER, G. B. KING (in: H. S. BOOTH, *Inorganic syntheses*, *Bd.* 1, *New York-London* 1939, S. 101/3). — Darst. von wasserfreiem H_3PO_4 durch Erhitzen im Becherglas zum Sieden, bis kein H_2O mehr entweicht, Erhöhung der Temp. auf 350°C, bis am H_3PO_4-Meniskus eine Trübung entsteht (Angriff des Glases), Abkühlen auf ~80°C und Einschmelzen in Ampullen, H. ROUX, E. THILO, H. GRUNZE, M. VISCONTINI (*Helv. chim. Acta* **38** [1955] 15/21).

Die beim Eindampfen von wss. H_3PO_4-Lsg. bei 120°C und höheren Tempp., vgl. G. TAMMANN (*J. pr. Ch.* [2] **45** [1892] 417/74, 428), A. SMITH, A. W. C. MENZIES (*l. c.*), W. BILTZ, O. HÜLSMANN (*Z. anorg. Ch.* **207** [1932] 377/84), oder im Hochvak. bei 80°C in Pt-Au-Schale erhältliche 100%ige H_3PO_4-Schmelze enthält stets geringe, durch Fällung mit Zn^{2+} sowie ramanspektroskopisch nachweisbare Mengen Pyrophosphorsäure; diese tritt auch bei 20°C auf, sobald die Konz. der Lsg. 85 Gew.-% H_3PO_4 überschreitet, vgl. „Konstitution der Schmelze" S. 165. Zur Gewinnung reiner H_3PO_4-Kristalle wird eine Schmelze mit >98% H_3PO_4 im evakuierten Gefäß bis zur Bldg. eines Krist.-Keims in eine Kältemischung (CO_2-Alkohol) gestellt, auf 38°C erwärmt und dann allmählich auf ~35°C abgekühlt. Das nach 2 bis 3 Tagen entstandene Kristallgeflecht läßt sich durch Absaugen leicht von der Mutterlauge trennen, weil die Kristalle nicht von ihr benetzt werden. Nach einmaliger Wiederholung der Operation ist das krist. Prod. innerhalb der Nachweisgrenze (0.1%) frei von $H_4P_2O_7$, A. SIMON, G. SCHULZE (*Z. anorg. Ch.* **242** [1939] 313/68, 319). Eine aus 83%iger Säure und der entsprechenden Menge P_2O_5 nach 70std. Erhitzen bei 90°C im geschlossenen Gefäß erhaltene Schmelze, vgl. L. MÉDARD (*C. r.* **198** [1934] 1407/9), enthält große Mengen $H_4P_2O_7$, die erst nach längerer Zeit zurückgehen, A. SIMON, F. FEHÉR, G. SCHULZE (*Z. anorg. Ch.* **230** [1937] 289/307). P_2O_5 und H_2O in Au-Pt-Schale, die in eine geschlossene Glasapp. eingeschmolzen ist, werden zuerst mit Eis gekühlt. Nach Zusatz von einigen Tropfen HNO_3 und Br_2 erhitzt man 4 bis 5 Tage auf 100°C, kühlt ab und saugt von der Mutterlauge ab, A. SIMON, M. WEIST (*Z. anorg. Ch.* **268** [1952] 301/26). Nach papierchromatograph. Unterss. erhält man $H_4P_2O_7$-freie H_3PO_4-Kristalle, wenn die Krist. abgebrochen wird, sobald ~50% der Schmelze kristallisiert sind, und die von der Restschmelze kaum benetzten Kristalle im trockenen Luftstrom scharf abgesaugt werden. Bei vollständiger Krist. werden kleine Mengen des in der Schmelze vorhandenen $H_4P_2O_7$ im festen H_3PO_4 eingeschlossen, E. THILO, R. SAUER (*J. pr. Ch.* [4] **4** [1957] 324/48, 327); vgl. ferner E. CHERBULIEZ, J.-P. LEBER (*Helv. chim. Acta* **35** [1952] 644/64, 654), E. P. EGAN, Z. T. WAKEFIELD (*J. phys. Chem.* **61** [1957] 1500/4), N. N. GREENWOOD, A. THOMPSON (*J. chem. Soc.* **1959** 3485/92).

Beim Eintragen der ber. Menge $POCl_3$ in eisgekühlte 83%ige Säure bildet sich eine homogene Mischung, ohne daß HCl-Entw. eintritt; vermutlich entstehen zunächst Chlorophosphorsäuren, s. S. 481. Erst bei 10°C erfolgt beim Schütteln stürm. Reaktion. Das Prod. wird 5 Std. bei 100°C in trockner Luft erhitzt und anschließend weitere trockne Luft darüber geleitet. Man erhält eine Cl-freie 100%ige Schmelze mit geringem $H_4P_2O_7$-Gehalt, A. SIMON, G. SCHULZE (*l. c.*). H_2SO_4-freies H_3PO_4 mit >70% Ausbeute durch Umsatz von tertiärem Ca-Phosphat mit konz. H_2SO_4 in einer Kugelmühle und Extraktion mit Äther, B. HELFERICH, U. BAUMANN (*Ber.* **85** [1952] 461/3). Durch Rk. von trocknem Ag_3PO_4 mit H_2 im geschlossenen Rohr bei 70 bis 100°C nach: $2\,Ag_3PO_4 + 3\,H_2 = 2\,H_3PO_4 + 6\,Ag$, P. NEVEN, A. VAN TIGGELEN (*Bl. Soc. chim. Belg.* **61** [1952] 328/9), A. VAN TIGGELEN, L. VANREUSEL, P. NEVEN (*Bl. Soc. chim. Belg.* **61** [1952] 651/82, 667).

Zur techn. Darst. von krist. H_3PO_4, vgl. auch „*Phosphor*" *Tl.* B, S. 70, wird F-, Pb- und As-arme Handelssäure durch Eindampfen bei 95°C auf eine Dichte von 1.85 gebracht, unter 40°C gekühlt und mit einem Kristall geimpft. Nach Abtrennen der Kristalle in einer Porzellanzentrifuge werden sie bei 50°C geschmolzen und mit H_2O auf D = 1.85 verd.; der Vorgang wird 2- bis 3mal wiederholt, W. H. ROSS, R. M. JONES, C. B. DURGIN (*Ind. engg. Chem.* **17** [1925] 1081/5), W. H. ROSS, R. M. JONES (*J. Am. Soc.* **47** [1925] 2165/70, 2165), vgl. auch THE UNITED STATES, W. H. ROSS, C. B. DURGIN, R. M. JONES (*U.S.P.* 1451786 [1922/23], *C.* **1923** IV 195), FEDERAL PHOSPHOROUS CO., J. N. CAROTHERS, A. B. GERBER (*U.S.P.* 1538089 [1922/25], *C.* **1925** II 681). Trennung von H_3PO_4-Kristallen durch Windsichtung nach Korngrößen, H. HARDINGE (*Ind. engg. Chem.* **26** [1934] 1139/42). Über mehr gelegentliches Auftreten von H_3PO_4-Kristallen im Cottrell-App. vgl. J. N. CAROTHERS, W. H. ROSS (*U.S.P.* 1283398 [1918/18], *C.A.* **1919** 166).

Heat of Formation

Bildungswärme. Aus den calorimetr. Messungen (Lsg.- und Rk-Wärmen) von H. GIRAN (*Ann. Chim. Phys.* [7] **30** [1903] 203/88, 228; *C. r.* **136** [1903] 550/2) und J. THOMSEN (*J. pr. Ch.* [2] **11** [1875] 154/73; *Thermochemische Untersuchungen, Bd.* 2, *Leipzig* 1882, S. 206/26) ergibt sich für die Bldg.-Wärme des krist. H_3PO_4 aus den Elementen (weißes P) bei 18°C: Q = 303.37 kcal/Mol, F. R. BICHOWSKY, F. D. ROSSINI (*The thermochemistry of the chemical substances, New York* 1936, *Neudruck* 1951, S. 38, 220). $\Delta H^\circ_{298} = -306.2$ kcal/Mol, F. D. ROSSINI, D. D. WAGMAN, W. H. EVANS, S. LEVINE, I. JAFFE (*Circ. Nat. Bur. Std.* Nr. 500 [1952] 75). Fl. H_3PO_4: $\Delta H^\circ_{298} = -303.57$, $\Delta G^\circ_{298} = -268.73$ kcal/Mol, T. D. FARR (*Tennessee Valley Authority Chem. Engg. Rep.* Nr. 8 [1950] 1/93, 51).

Die H_3PO_4-Molekel

The H_3PO_4 Molecule

Zwischen 100 und 130°C sollen zwar H_3PO_4-Molekeln aus der fl. in die Gasphase übergehen (s. hierzu „Dampfdruck" S. 163), jedoch scheint die freie H_3PO_4-Molekel so instabil zu sein, daß sie nicht zum Gegenstand von Unterss. gemacht werden konnte. Die sichersten Angaben über die Molekel ergeben sich bei Strukturunterss. an krist. H_3PO_4, wenn auch die Protonen H-Brücken bilden und somit die O–H-Bindungen nicht fixiert sind. Die beim Schmelzen zunehmende Beweglichkeit der Protonen, die sich in einer ungewöhnlich hohen elektr. Leitf. (s. S. 164) äußert, hat zur Folge, daß in der fl. Phase die H-Atome noch weniger jeweils bestimmten Molekeln zugeordnet werden können und O–H-Bindungen kaum auftreten. Somit sind auch in festem und in fl. H_3PO_4 keine H_3PO_4-Molekeln spektroskopisch identifizierbar, erst recht nicht in wss. Lsg. Dementsprechend finden A. SIMON, G. SCHULZE (*Z. anorg. Ch.* **242** [1939] 313/68, 332) im Ramanspektrum von fl. H_3PO_4 keine OH-Linien (vgl. „*Sauerstoff*" S. 1569). Den gegenteiligen Befund von L. MÉDARD (*C. r.* **198** [1934] 1407/9) erklären A. SIMON, F. FEHÉR, G. SCHULZE (*Z. anorg. Ch.* **230** [1937] 289/307) damit, daß das Präp. infolge des Darst.-Verf. verhältnismäßig viel H_2O und $H_4P_2O_7$ enthalten habe. Ebenso scheint das aus einer 90%igen H_3PO_4-Lsg. und P_2O_5 hergestellte Präp., an dem R. M. BADGER, S. H. BAUER (*J. chem. Phys.* **5** [1937] 839/51, 846) die 2. Oberschwingung ($3\,\nu$) der OH-Frequenz im UR-Spektrum bei 9803 cm^{-1} registrieren, nicht völlig wasserfrei gewesen zu sein. — Der Parachor von H_3PO_4 ergibt sich aus dem auf S. 171 zitierten Wert für PO_4 oder aus den an Phosphorsäureestern von B. A. ARBUZOV, V. S. VINOGRADOVA (*Izvestija Akad. Nauk SSSR Otdel. chim. Nauk* **1951** 733/40) erhaltenen Werten zu [P] = 155.16, aus den Atomparachoren dagegen [P] = 167.6. Für wss. Lsgg. von H_3PO_4 gehen die aus der Oberflächenspannung und der Dichte ber. Werte mit zunehmender Konz. gegen 155 (153.2 bei 84.9 Gew.-%, 154.7 bei 89.0 Gew.-%). Bei zunehmender Verdünnung wird [P] infolge Dissoz. kleiner, V. G. VAIDYA, B. K. MAHESHWASI (*J. Indian chem. Soc.* **34** [1957] 711/2).

Physical Properties

Physikalische Eigenschaften

Lattice Structure and Constants

Gitterstruktur. Gitterkonstanten. Die naheliegende Vermutung, daß H_3PO_4 und $HNO_3 \cdot H_2O$ isomorph sein könnten, wird durch Vergleich der bei −80°C erhaltenen Pulverdiagramme nicht[1]) bestätigt, E. ZINTL, W. HAUCKE (*Z. phys. Ch.* A **174** [1935] 312/6). Unterss. an Einkristallen ergeben,

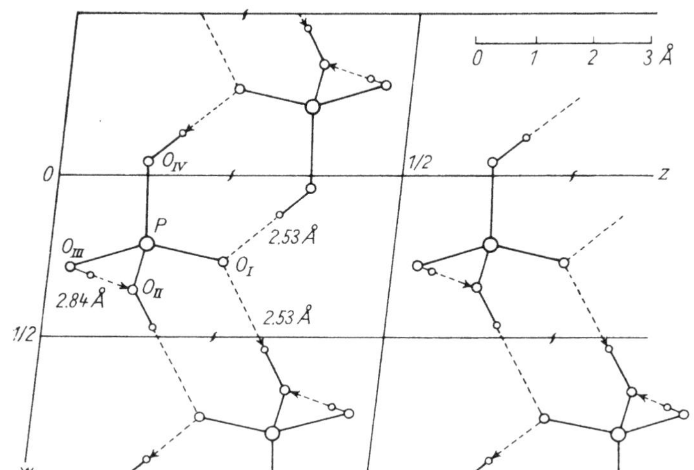

Fig. 34.

Projektion des Schichtengitters von wasserfreiem H_3PO_4 auf die xz-Ebene.

daß H_3PO_4 eine monokline Elementarzelle mit Z = 4 hat, Raumgruppe: C_{2h}^5–$P2_1/c$. Gitterkonstt. bei gewöhnl. Temp. (auf 0.5% genau): a = 5.78, b = 4.84, c = 11.65 Å, β = 95°30′, S. FURBERG (*Acta chem. Scand.* **8** [1954] 532, **9** [1955] 1557/66 [engl.]). Praktisch in Übereinstimmung hiermit finden J. P. SMITH, W. E. BROWN, J. K. LEHR (*J. Am. Soc.* **77** [1955] 2728/30) a = 5.80 ± 0.02, b = 4.85 ± 0.02, c = 11.62 ± 0.04 Å, β = 95°20′ ± 20′, obwohl sie in Einzelheiten (Kernabstände, H-Brücken) andere Ergebnisse als S. FURBERG (*l. c.*) erhalten. Das Gitter besteht aus PO_4-Tetraedern (in denen eine P–O-Bindung 0.05 bis 0.06 Å kürzer als die 3 übrigen ist), die durch H-Brücken zu Schichten verknüpft sind, wie es in **Fig. 34** dargestellt ist; die 2.84 Å lange H-Brückenbindung verbindet 2 übereinanderliegende Molekeln. Atomparameter: 0.211, 0.202, 0.1402 für P, 0.282, 0.346, 0.2538 für O_I, 0.328, 0.910, 0.1295 für O_{II}, 0.277, 0.371, 0.0330 für O_{III}, 0.942, 0.157, 0.1205 für O_{IV}. Atomabstände in Å: $r(P-O_I) = 1.517 \pm 0.013$, $r(P-O_{II}) = 1.577 \pm 0.024$, $r(P-O_{III}) = 1.570 \pm 0.013$, $r(P-O_{IV}) = 1.568 \pm 0.008$; Bindungswinkel: $\alpha(O_I-P-O_{II,\,III,\,IV}) = 112.8$, 112.2, 110.9°, $\beta(O_{II}-P-O_{III}$, $O_{III}-P-O_{IV}$, $O_{IV}-P-O_{II}) = 105.3$, 105.3, 106.8°, S. FURBERG (*l. c.*).

Crystal Form

Kristallform. H_3PO_4 kristallisiert in durchsichtigen Prismen oder Nadeln, A. SMITH, A. W. C. MENZIES (*J. Am. Soc.* **31** [1909] 1183/91), W. BILTZ, O. HÜLSMANN (*Z. anorg. Ch.* **207** [1932] 377/84). Die monoklin-holoedrischen Kristalle (β = 95°30′) haben gut ausgebildete Flächen in den Zonen {100}, {001} und {102}; die Endflächen gehören zu den Zonen {120}, {012}, manchmal {010}; schnell gewachsene Kristalle sind in b-Richtung gestreckt. Polysynthet. Zwillingsbldg. an (100), keine Spaltbarkeit, J. P. SMITH, W. E. BROWN, J. R. LEHR (*J. Am. Soc.* **77** [1955] 2728/30).

Density. Specific Volume

Dichte D in g/cm^3. **Spezifisches Volumen** v in cm^3/g. Für festes H_3PO_4 berechnen J. P. SMITH, W. E. BROWN, J. R. LEHR (*l. c.*) aus den Gitterkonstt. D = 1.99; ebenso ermittelt S. FURBERG (*Acta*

[1]) Die Raumgruppe von $HNO_3 \cdot H_2O$ ist C_{2v}^9-Pnc, die NO_3-Gruppen sind eben; s. hierzu J. WYART (in: *Structure Rep. Bd.* 15, 1957, S. 276).

chem. Scand. **9** [1955] 1557/66 [engl.]) D = 2.00, nach der Schwebemeth. D = 2.0. Zwischen 9.55 und 31.45°C nimmt v von 0.5001 auf 0.5104 zu, im Mittel um 0.457×10^{-3} je grd, H. Block (*Z. phys. Ch.* **78** [1912] 385/425, 409). Die gasvolumetrisch bei −78 und −195°C erhaltenen Werte D = 2.021 bzw. 2.064 lassen sich auf D = 2.08 bei −273°C extrapolieren, W. Biltz, O. Hülsmann (*Z. anorg. Ch.* **207** [1932] 377/84). Für flüssiges H_3PO_4 gilt zwischen 25 und 65°C die Formel $D = 1.8876 - 7.691 \times 10^{-4}t$, N. N. Greenwood, A. Thompson (*J. chem. Soc.* **1959** 3485/92). Nach dieser Formel wäre bei 100 und 150°C D = 1.8107 bzw. 1.7722. Dagegen gibt T. D. Farr (*Tennessee Valley Authority Chem. Engg. Rep.* Nr. 8 [1950] 1/93, 44) D um 0.1 bis 0.2% niedriger mit 1.808 bzw. 1.771 an. Um 0.4% niedriger liegen die bei 25 bzw. 40°C von P. S. Tutundžić, M. Liler, D. Kosanović (*Glasnik hem. Društva Beograd* **20** [1955] 3/21, 17) gefundenen Werte 1.8609 bzw. 1.8497. Zur Temp.-Abhängigkeit zwischen 20 und 90°C s. Z. V. Kondratenko, I. G. Fedorčenko (*Žurnal neorg. Chim.* [russ.] **4** [1959] 985/8). Die älteren D-Werte liegen noch niedriger, beispielsweise D = 1.836 bzw. 1.848 bei 51.5 bzw. 36.1°C, s. C. B. Durgin, J. H. Lum, J. E. Malowan (*Chem. met. Engg.* **44** [1937] 721/5; *Trans. Am. Inst. chem. Eng.* **33** [1937] 643/67); vgl. auch die v-Werte für den Bereich zwischen 31.14 und 47.24°C von H. Block (*l. c.*). Weitere Angaben für unterkühltes fl. H_3PO_4 s. bei T. Takeda (*Nippon Kagaku Zasshi* **60** [1939] 885/94), J. Thomsen (*J. pr. Ch.* [2] **11** [1875] 154/73).

Vapor Pressure. Boiling Point

Dampfdruck. Siedepunkt. Nach titrimetr. Bestt. des P-Gehalts von Rückstand und Kondensat verdampft H_3PO_4 bei 100 bis 130°C ohne Zers.; durch Vergleich mit der Flüchtigkeit anderer Stoffe läßt sich der Dampfdruck bei 130°C größenordnungsmäßig zu 10^{-3} Torr abschätzen, E. Cherbuliez, J.-P. Leber (*Helv. chim. Acta* **33** [1950] 2264/7); vgl. dagegen die höheren Dampfdruckwerte zwischen 25 und 100°C auf S. 158. Der Dampfdruck erreicht bei 255.3°C 760 Torr, der Dampf besteht fast nur aus H_2O, s. Fig. 32, S. 158.

Melting Point

Schmelzpunkt t_f. Durch partielles Schmelzen und Dekantieren gereinigte H_3PO_4-Kristalle schmelzen, wie schon W. H. Rass, R. M. Jones (*J. Am. Soc.* **47** [1925] 2165/70) feststellen, bei 42.35°C. Der Erstarrungspunkt der Schmelze sinkt im Laufe einiger Wochen auf 34.6°C; dieser Wert entspricht dem heterogenen Gleichgew. zwischen Kristall und im homogenen Gleichgew. befindlicher Schmelze, s. „Konstitution der Schmelze" S. 165, N. N. Greenwood, A. Thompson (*J. chem. Soc.* **1959** 3485/92). Demnach verhält sich H_3PO_4 pseudobinär, hat also einen idealen und einen natürlichen Schmp.; vgl. „*Schwefel*" *Tl.* A, S. 530. — Ältere Angaben über t_f, teilweise an nicht völlig wasserfreien Proben erhalten, s. bei A. Smith, A. W. C. Menzies (*J. Am. Soc.* **31** [1909] 1183/91), Berthelot (*Ann. Chim. Phys.* [5] **14** [1878] 441/3), J. Thomsen (*Ber.* **7** [1874] 996/1002, 1001).

Viscosity

Viscosität η bzw. ν.

t in °C	25.0	30.0	35.0	40.0	45.0	50.0	55.0	60.0	65.0
η in cP	177.5	140.8	112.2	92.69	76.45	64.01	54.83	46.11	39.64

log η hängt linear von $1/T^2$ ab; mit zunehmender Temp. fällt die Aktivierungsenergie wegen Abnahme der Stärke der H-Brückenbindungen von 7.92 bei 25°C auf 7.54 bzw. 7.09 kcal/Mol bei 40 bzw. 60°C. Im Gegensatz zur elektr. Leitf. und zur Erstarrungstemp. zeigt η keine meßbare Änderung während der Einstellung des Kondensationsgleichgew. in den Schmelzen, N. N. Greenwood, A. Thompson (*J. chem. Soc.* **1959** 3485/92). — Kinemat. Viscosität:

t in °C	20	50	100	150	180
ν in cSt	140	36	9.2	4.1	2.9

Meßfehlergrenze ~10%, Monsanto Chemical Company (*Techn. Bl.* Nr. P-26 [1946] 1/12, 7).

Surface Tension

Oberflächenspannung. Messungen an einer 100.65%igen Säure (Steighöhenmeth.) ergeben 79.93, 79.73 bzw. 79.50 dyn/cm bei 20, 25 und 30°C. Daraus und aus Werten für Konzz. < 100% wird für 100.00%ige Säure interpoliert: 79.92, 79.70 bzw. 79.48 dyn/cm, T. Takeda (*Nippon Kagaku Zasshi* **60** [1939] 885/94).

Enthalpy. Heat Capacity. Entropy

Enthalpie H, Wärmekapazität C_p, **Entropie** S. Calorimetr. Messungen an krist. H_3PO_4 (Reinheitsgrad > 99.5%) ergeben für die Molwärme C_p (in $cal \cdot mol^{-1} \cdot grd^{-1}$) unter anderem folgende Werte:

T in °K	10	15	20	30	40	50	75	100	125
C_p	0.122	0.500	1.01	2.44	3.92	5.24	8.01	10.24	12.31

T in °K	150	175	200	225	250	273.16	298.16	300
C_p	14.32	16.24	18.13	19.99	21.83	23.53	25.35	25.48

Die Genauigkeit der Messungen beträgt zwischen 30 und 300°K 0.1%, unterhalb 30°K nimmt die Fehlergrenze auf 10% bei 10°K zu. $H_{298.16}-H_0 = 4059$, $H_{273.16}-H_0 = 3448$ cal/Mol; $S_{298.16} = 26.41$, $S_{273.16} = 24.27$ cal·mol⁻¹·°K⁻¹, E. P. EGAN, Z. T. WAKEFIELD (*J. phys. Chem.* **61** [1957] 1500/4). — Extrapolierte C_p-Werte von fl. H_3PO_4 bei Tempp. zwischen 15 und 80°C s. unter „Spezifische Wärmekapazität" der wss. Lsg. S. 183. Die an wss. Lsgg. erhaltenen Werte für die partiellen Größen (Enthalpie, freie Enthalpie, Wärmekapazität, Entropie) von H_3PO_4 sind auf S. 184/186 wiedergegeben.

Heat of Fusion

Schmelzwärme L_f in cal/Mol. Calorimetr. Messungen an 2 Proben ergeben $L_f = 3068$ bzw. 3104, E. P. EGAN, Z. T. WAKEFIELD (*l. c.*). Durch Extrapolation aus Lsg.-Wärmen findet T. D. FARR (*Tennessee Valley Authority Chem. Engg. Rep.* Nr. 8 [1950] 1/93, 50) den Wert $L_f = 2630$, der mit dem aus den Gefrierpunktsdaten von W. H. ROSS, R. M. JONES (*J. Am. Soc.* **47** [1925] 2165/70) ber. Wert $L_f = 2660$ gut übereinstimmt. Vgl. ferner E. K. RIDEAL (*Phil. Mag.* [6] **42** [1921] 156/63), J. THOMSEN (*Ber.* **7** [1874] 996/1002).

Magnetic Susceptibility

Magnetische Suszeptibilität. Für die unterkühlte Schmelze gilt bei 25°C $\chi_{mol} = -47.2 \times 10^{-6}$ cm³/Mol, K. KIDO (*Sci. Rep. Tohoku Univ.* I **21** [1932] 869/81, 871).

Electric Conductivity

Elektrische Leitfähigkeit. In festem Zustand ist H_3PO_4 fast ein Isolator; die spezif. Leitf. $\varkappa$ von durchsichtigen Kristallen liegt in der Größenordnung $10^{-4}\,\Omega^{-1}\cdot cm^{-1}$; fl. H_3PO_4 leitet etwa 100mal besser, M. RABINOWITSCH (*Z. anorg. Ch.* **129** [1923] 60/6). Die elektr. Leitung kommt, wie K. WIRTZ (*Z. Elektrochem.* **54** [1950] 47/51) in einer zusammenfassenden Übersicht feststellt, durch die gleichzeitige Bewegung der Protonen auf den H-Brücken zwischen je $2H_3PO_4$-Molekeln zustande. Die Ergebnisse neuerer Messungen, nach denen $\varkappa$ in fl. H_3PO_4 zwischen 25 und 65°C von 0.04675 auf $0.1406\,\Omega^{-1}\cdot cm^{-1}$ steigt, lassen sich nicht mit der Bewegung von Ionen erklären, sondern nur mit dem Übergang von Protonen zwischen H_3PO_4-Molekeln und (durch die Abspaltung von Protonen unmittelbar zuvor entstandenen) H_2PO_4-Ionen („proton-switch"); die effektive Beweglichkeit der Protonen beträgt ~ 200000 cm²·s⁻¹·V⁻¹, N. N. GREENWOOD, A. THOMPSON (*J. chem. Soc.* **1959** 3485/92). Den Leitungsmechanismus versucht N. I. ŠIŠKIN (*Žurnal techn. Fiz.* [russ.] **26** [1956] 1461/82) im Zusammenhang mit anderen Prozessen (Diffusion, Viscosität) für einige Fll. und Gläser zu deuten, wobei unter anderem Meßwerte von P. P. KOBEKO, E. V. KUVSHINSKI, N. J. SHISHKIN (*Acta physicochim. URSS* **6** [1937] 255/62) über die Leitf. von H_3PO_4 zwischen 140 und 330°K herangezogen werden. — Die früher gem. Werte von $\varkappa$ liegen höher, wahrscheinlich wegen eines geringen H_2O-Gehalts; s. hierzu A. V. TOPČIEV, JA. M. PAUŠKIN, T. P. VIŠNJAKOVA, M. V. KURAŠOV (*Doklady Akad. Nauk SSSR* [russ.] [2] **80** [1951] 381/4), G. HETHERINGTON, M. J. NICHOLS, P. L. ROBINSON (*J. chem. Soc.* **1955** 3141/6), P. S. TUTUNDŽIĆ, M. LILER, D. KOSANOVIĆ (*Glasnik hem. Društva Beograd* **20** [1955] 3/21, 349/61, 363/79, 481/95).

Optical Properties

Optische Eigenschaften. Bei $\lambda \geq 2400$ Å absorbiert wasserfreies H_3PO_4 etwa ebenso wie die wss. Lsg. und der Trimethylester, A. SIMON, G. SCHULZE (*Z. anorg. Ch.* **242** [1939] 313/68, 338). Krist. H_3PO_4 ist zweiachsig negativ; Achsenebene (010), Achsenwinkel 2 V = 9°32′ bei 610 mμ, 13°38′ bei 425 mμ, 12°16′ für weißes Licht. $n_\alpha = 1.455$, $n_\beta = 1.504$, $n_\gamma = 1.505$, J. P. SMITH, W. E. BROWN, J. R. LEHR (*J. Am. Soc.* **77** [1955] 2728/30). — An fl. H_3PO_4 ergibt sich bei 20°C für Na-Licht $n_D = 1.4503$, N. N. GREENWOOD, A. THOMPSON (*J. chem. Soc.* **1959** 3485/92). Bei der Unters. mehrerer binärer Systeme gelangen P. S. TUTUNDŽIĆ, M. LILER, D. KOSANOVIĆ (*Glasnik hem. Društva Beograd* **20** [1955] 3/21, 12, 363/79, 375, 481/95, 492) für reines H_3PO_4 zu den Werten $n_D = 1.45030$, 1.45024, 1.45040 bei 25°C, 1.44770, 1.44765, 1.44776 bei 40°C. Für $\lambda = 5461$ Å ist bei 25°C n = 1.45805, V. SIVARAMA-KRISHNAN (*J. Indian Inst. Sci.* A **36** [1954] 193/9).

Zum molekularen Drehvermögen $[M]_\omega$ einer 99.7 Gew.-% H_3PO_4 enthaltenden Säure s. S. 187.

Electrochemical Behavior

Elektrochemisches Verhalten

Elektrolyse der wasserfreien Säure liefert H_2 und O_2 im Molverhältnis 2:1, N. N. GREENWOOD, A. THOMPSON (*J. chem. Soc.* **1959** 3485/92). Bei 10std. Durchgang eines Gleichstroms von etwa 3.25 bis 108 A/dm² durch 100% H_3PO_4 enthaltende Säure bei gewöhnl. Temp. (Pt-Elektroden) wird H_2O durch Elektrolyse entfernt, und es entstehen Polyphosphorsäuren mit bis zu 3.5 Atomen P/Molekel, MONSANTO CHEMICAL CO., E. J. GRIFFITH (*U.S.P.* 2839408 [—/1958] nach *C.A.* **1958** 14395).

Chemisches Verhalten

Chemical Reactions

Constitution of Melt

Konstitution der Schmelze. Im Gegensatz zu anderen Säuren (H_2SO_4, HNO_3, $HClO_4$, HJO_3, H_2SeO_3, H_6TeO_6, H_2SO_5, H_3AsO_4), die im wasserfreien Zustand Pseudosäuren (mit unpolar gebundenem H) sind und erst beim Verd. mit Wasser in die Aciform übergehen, liegt im wasserfreien H_3PO_4 nicht die Pseudoform vor. Das Ramanspektrum (s. S. 161) weist keine OH-Frequenz auf und ändert sich beim Verd. nicht wesentlich (s. S. 187); nach Zahl und Intensität der Linien haben die streuenden Molekeln tetraedrische Symmetrie T_d (s. S. 170). Die beim Ersatz von H durch D eintretende Frequenzerniedrigung beweist jedoch, daß das H in der Schmelze nicht als vollständig freies Proton auftritt. Vermutlich liegen intermolekulare, die Symmetrie der Molekeln nicht beeinträchtigende H-Bindungen vor. Darauf deutet auch die hohe Viscosität (S. 163) der Schmelze hin. Die Schmelze enthält stets geringe Mengen Pyrophosphorsäure, die auch noch in wasserhaltiger Säure mit $\geqq 85$ Gew.-% H_3PO_4 ($H_3PO_4 \cdot xH_2O$, $x \leq 1$) auftritt, s. „Darstellung" S. 160, und nach $3H_3PO_4 = [H_3O]^+[H_2PO_4]^- + H_4P_2O_7$ entsteht; sie bildet sich nicht in Essigsäureäthylesterlsg. mit 26 Gew.-% H_3PO_4. Diese innere Anhydrisierung ist mit der Annahme von H-Bindungen leicht deutbar, A. SIMON, G. SCHULZE (*Z. anorg. Ch.* **242** [1939] 313/68, 332), s. ferner A. SIMON, F. FEHÉR, G. SCHULZE (*Z. anorg. Ch.* **230** [1936] 289/307). Für Assoziation über H-Bindungen spricht auch die UR-Absorption, s. S. 173.

Papierchromatograph. Unterss. bestätigen, daß beim Schmelzen und Erhitzen der Schmelze auf Tempp. bis etwa 100°C die oben formulierte partielle Kondensation ohne H_2O-Austritt aus der Schmelze stattfindet; das Gleichgew. stellt sich relativ langsam ein, E. THILO, R. SAUER (*J. pr. Ch.* [4] **4** [1957] 324/48, 327); vgl. ferner E. CHERBULIEZ, J.-P. LEBER (*Helv. chim. Acta* **35** [1952] 644/64, 654), E. P. EGAN, Z. T. WAKEFIELD (*J. phys. Chem.* **61** [1957] 1500/4). Die Schmelze enthält etwa 6 Mol-% $H_4P_2O_7$ und ebensoviel „freies" H_2O; Gleichgew.-Konst. $K = [H_4P_2O_7][H_2O]/[H_3PO_4]^2 = 5 \cdot 10^{-3}$, A.-L. HUHTI, P. A. GARTAGANIS (*Canad. J. Chem.* **34** [1956] 785/97); das Gleichgew. ist vermutlich nur wenig temperaturabhängig, s. „Konstitution" von Polyphosphorsäuregemischen S. 217. Ionenaustauscherharz- und Papierchromatographie ergibt für die Zus. der Schmelze in Mol-%: 86.3 H_3PO_4, 6.8 $H_4P_2O_7$, 6.8 H_2O, 0.03 $H_5P_3O_{10}$, s. R. F. JAMESON (*J. chem. Soc.* **1959** 752/9). Aus der Differenz zwischen idealem und natürlichem Schmp. (s. S. 163) und der aus der Schmelzwärme (3.10 kcal/Mol, s. S. 164) ber. kryoskop. Konst. $k_F = 6.26$ grd · kg/Mol ergibt sich der $H_4P_2O_7$-Gehalt zu 5.8 Mol-%, aus der Abnahme der elektr. Leitf. der Schmelze während der Gleichgewichtseinstellung folgt $[H_4P_2O_7] = 7.5$ Mol-%. Das Kondensationsgleichgew. wird als $2H_3PO_4 = H_3O^+ + H_3P_2O_7^-$ formuliert; seine Einstellung von der linken Seite her dauert bei 40°C drei Wochen, N. N. GREENWOOD, A. THOMPSON (*J. chem. Soc.* **1959** 3485/92). Vgl. hierzu auch „Kondensation" in konz. H_3PO_4-Lsgg. S. 193.

Im Gegensatz dazu stellt sich das Autoprotolysegleichgew. $2H_3PO_4 = H_4PO_4^+ + H_2PO_4^-$ rasch ein. Aus der elektr. Leitf. ergibt sich unter Annahme einer Protonensprungbeweglichkeit (proton switch mobility) von $20 \cdot 10^{-4}$ cm^{-2} · sec^{-1} · V^{-1} die Autoprotolysekonst. $K_{ap} = [H_4PO_4^+][H_2PO_4^-] = 1.7 \times 10^{-2}$ mol^2 · kg^{-2} bei 25°C, entsprechend einem Dissoz.-Grad von 2.56%. Demnach ist die Gesamtionenkonz. in frisch geschmolzenem H_3PO_4 etwa 8mal so groß wie in H_2SO_4 und 1.3×10^6mal so groß wie in Wasser, N. N. GREENWOOD, A. THOMPSON (*l. c.*).

Das Vorhandensein von Wasserstoffbindungen, s. „Gitterstruktur" S. 162, erklärt die hohe Viscosität und die Aggressivität der Schmelze, ferner ihr Verhalten gegen $HClO_4$ (s. S. 167) und die katalyt. Wrkg. bei der KW-Stoff-Polymerisation, A. SIMON, M. WEIST (*Z. anorg. Ch.* **268** [1952] 301/26). Folgerungen auf die Konstit. aus dem Wert für den Parachor s. T. TAKETA (*J. Sci. Hiroshima Univ.* **17** [1953] 151/60).

Hygroscopicity

Hygroskopizität. H_3PO_4 ist äußerst hygroskopisch, A. SMITH, A. W. C. MENZIES (*J. Am. Soc.* **31** [1909] 1183/91). Es nimmt auch beim Erhitzen auf ~100°C noch H_2O aus der Luft auf, erst bei ~110°C wird die H_2O-Tension der Schmelze größer als der gewöhnl. H_2O-Partialdruck der Luft, E. THILO, R. SAUER (*J. pr. Ch.* [4] **4** [1957] 324/48, 328).

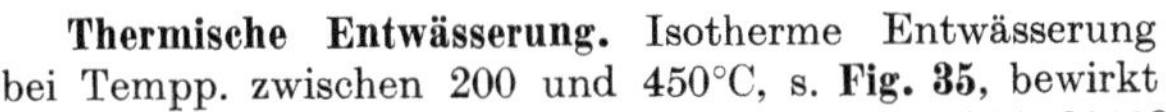

Fig. 35.

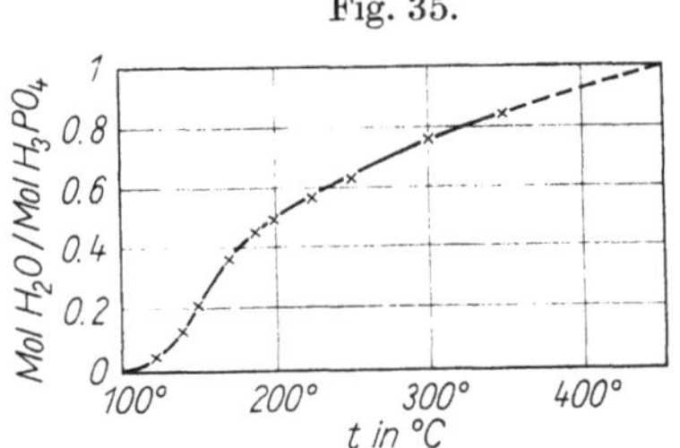

Abgabe des Konstit.-Wassers von H_3PO_4 in Abhängigkeit von der Temperatur.

Thermal Dehydration

Thermische Entwässerung. Isotherme Entwässerung bei Tempp. zwischen 200 und 450°C, s. **Fig. 35**, bewirkt zuerst rasches Ansteigen des P_2O_5-Gehalts, wobei bis 300°C fast nur H_2O abgegeben wird; ab 300°C ist P_2O_5-Entw. an der Rauchbldg. erkennbar und analytisch bestimmbar, s. „Isothermes Gleichgewicht" S. 158. Die Entwässerungskurven weisen keine Diskontinuität auf; nach etwa 30 Std. wird ein Grenzzustand bei einer von der Temp. abhängigen Zus. der Schmelze erreicht, s. **Fig. 36**. Die Entwässerung von H_3PO_4 zeigt in bezug auf den zeitlichen Verlauf und die Zus. der Prodd. vollständige Analogie zu derjenigen des LiH_2PO_4. Vermutlich wird in beiden Fällen das Ion $H_2PO_4^-$ entwässert; die Rk. wird durch H^+ oder H_3O^+ und Li^+ in derselben Weise beeinflußt, E. Thilo, R. Sauer (*l. c.*). Weitere Angaben s. „Azeotropie" S. 157, Darst. und Konstit. kondensierter Phosphorsäuremischungen S. 214, 217.

Die therm. Entwässerung von H_3PO_4 ergibt Schmelzen, in denen H_3PO_4, $H_4P_2O_7$ und HPO_3 nebeneinander in einem vom Entwässerungsgrad abhängigen Gleichgew. auftreten; bei Entwässerung über die Bruttozus. $H_4P_2O_7$ hinaus ist die Bldg. von $H_5P_3O_{10}$, $H_6P_4O_{13}$ und höheren Polyphosphorsäuren anzunehmen, Berthelot, André (*C. r.* **123** [1896] 776/82). Die

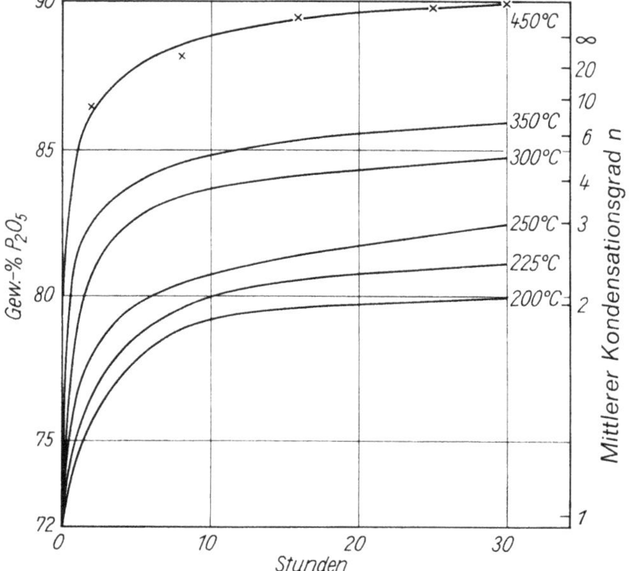

Fig. 36.

Zunahme des P_2O_5-Gehalts der Schmelze bei der therm. Entwässerung von H_3PO_4 in Abhängigkeit von Vers.-Dauer und Temperatur.

Temp., bei der $H_4P_2O_7$ bzw. HPO_3 nachweisbar ist, nachdem bis zur Gew.-Konstanz erhitzt wurde, steigt von 74 bzw. 187°C beim Erhitzen im trocknen Luftstrom auf 165 bzw. 245°C beim Erhitzen in feuchter Luft, deren H_2O-Gehalt der H_2O-Tension bei 52°C entspricht, D. Balareff (*Z. anorg. Ch.* **67** [1910] 234/41). Die Entwässerung (Au-Tiegel, Luftstrom) bleibt nicht bei der Zus. HPO_3 (88.75% P_2O_5) stehen, sondern geht je nach Erhitzungsdauer und H_2O-Tension bis 93.4 Gew.-% P_2O_5 weiter. Ältere Lit. im Original, D. Balarew (*Z. anorg. Ch.* **102** [1917] 34/40). Entwässerungskurven bei gleichmäßig von 400 auf 800°C steigender und bei konst. Temp. (180 und 240°C); Schluß auf Bldg. von $HPO_3 \cdot {}^1/_2H_2O$, H. N. Terem, S. Akalan (*C. r.* **228** [1949] 1437/9; *Rev. Fac. Sci. Univ. Istambul* A **14** [1949] 128/42).

Entwässerung zu $H_4P_2O_7$ durch $POCl_3$, $POBr_3$ und PBr_3 s. „Bildung und Darstellung" S. 225. H_3PO_4 wird durch konz. H_2SO_4 und HNO_3 sowie durch HCl-Gas auch bei 100°C nicht verändert, Berthelot, G. André (*C. r.* **124** [1897] 265/9).

Behavior with Radiation

Verhalten gegen Strahlung. Nach paramagnet. Resonanzmessungen wird bei Einw. von ^{60}Co γ-Strahlung auf 100%iges H_3PO_4 bei 77°K atomares H gebildet, das im Gitter eingeschlossen bleibt und erst bei höheren Tempp. als H_2 entweicht, R. Livingston, H. Zeldes, E. H. Taylor (*Discuss. Faraday Soc.* Nr. 19 [1955] 166/73); vgl. das Verh. von wss. H_3PO_4, S. 206.

Reactions with Inorganic Substances

Reaktionen mit anorganischen Substanzen. H_3PO_4, gemischt mit SiO_2, wird durch H_2 bei 700°C und 1 Atm zu P reduziert; dabei verhindert die intermediäre Bldg. von Si-Phosphat die Verflüchtigung von H_3PO_4, s. État Français, P. Jolibois (*F.P.* 1025199 [1953] nach *C.A.* **1958** 674); s. ferner bei der Darst. von P in „*Phosphor*" *Tl.* B, S. 22. Überleiten von H_2 über einen H_3PO_4-Aktivkohle-

Katalysator bei $\geq 400°C$ liefert weißes P. Oberhalb 600°C tritt auch in inertem Gas (N_2) Red. (durch C der Aktivkohle) zu P ein. Die Rkk. gehen vermutlich an besonders aktiven Zentren des Katalysators vor sich, A. A. BALANDIN, M. B. TUROVA-POLJAK, G. I. LÉVI, L. A. CHEJFIC (*Izvestija Akad. Nauk SSSR* [russ.] **1959** 1499 [engl. Text S. 1452]). H_2 von 1 Atm reduziert ab 650°C zu P, in Ggw. von SiO_2 ab 550°C, von feinverteiltem Ag ab 425°C, J.-C. HUTTER (*Ann. Chim.* 8 [1953] 450/97, 484, 491).

Sb-Pulver reagiert bei 330°C unter Bldg. von SbH_3 und $SbPO_4$, s. S. M. HORSCH (*Praktika Akad. Athenon* [griech.] **2** [1927] 517).

Wasserfreies H_3PO_4 greift ebenso wie die konz. wss. Lsgg. und die Schmelzen kondensierter Phosphorsäuren bei höherer Temp. die meisten Gefäßmaterialien an, s. bei der Darst. kondensierter Mischungen S. 214. Beim Erhitzen im Au-Schiffchen auf Tempp. bis 600°C bildet sich nie der von RECHID (*C. r.* **196** [1933] 860/1; *Thèse Paris* 1933) beob., unlösl., als hochpolymeres HPO_3 betrachtete Stoff, wohl aber in Glasgefäßen bei 300°C; nach röntgenograph. Unterss. liegt eine P_2O_5-SiO_2-Verb. vor, A. BOULLÉ, R. JARY (*C. r.* **237** [1953] 161/3, 258/60). Greift bei 100°C Glas, Quarz, Ag, Au, Pt, Rotosil und Ta an; am widerstandsfähigsten sind Pt-Au-Legg., A. SIMON, G. SCHULZE (*Z. anorg. Ch.* **242** [1939] 313/68, 319).

Fl. N_2O_4 und H_3PO_4 sind begrenzt miteinander mischbar. Bei 25°C enthält die untere Schicht 11.5 Mol-% N_2O_4; die obere besteht aus fast reinem N_2O_4. Auch bei starker Abkühlung der Mischungen kristallisiert kein Nitrosylphosphat aus. Aus Farbe, elektr. Leitf. und Viscosität wird auf das Vorliegen des Gleichgew. $N_2O_4 + 3H_3PO_4 = NO_4^+ + NO_2^+ + H_3O^+ + 3H_2PO_4^-$ in den Lsgg. von N_2O_4 in H_3PO_4 geschlossen, G. HETHERINGTON, M. J. NICHOLS, P. L. ROBINSON (*J. chem. Soc.* **1955** 3141/6).

Fl. H_3PO_4 nimmt bis zu 8 Gew.-% trocknes HCl auf, vermutlich unter Bldg. der Verb. $[P(OH)_4]^+Cl^-$, s. J. A. CRANSTON, H. F. BROWN (*J. Roy. techn. Coll.* **3** [1936] 569/75); vgl. dagegen A. SIMON, G. SCHULZE (*Z. anorg. Ch.* **242** [1939] 313/68, 337), ferner das chem. Verh. der wss. Lsg. S. 206. Die Absorptionswärmen von HCl und HBr in 99.5%igem H_3PO_4 nehmen mit steigender Temp. ab, vermutlich infolge Eintretens der Rk. $H_3PO_4 + 3HX = POX_3 + 3H_2O$, s. S. G. ENTELIS, N. M. ČIRKOV (*Žurnal fiz. Chim.* [russ.] **30** [1956] 2568/79). Aciditätsfunktion von HCl-Lsgg. in wasserfreiem H_3PO_4 s. S. G. ENTELIS, N. M. ČIRKOV (*Žurnal fiz. Chim.* [russ.] **31** [1957] 1311/20).

Aus H_3PO_4-$HClO_4$-Mischungen kristallisiert bei Abkühlung das salzartige $P(OH)_4^+ClO_4^-$ aus, E. J. ARLMAN (*Rec. Trav. chim.* **56** [1937] 919/22), vgl. S. 480; Viscosität und Ramanspektrum zeigen die Existenz der Verb. in den fl. Mischungen, A. SIMON, M. WEIST (*Z. anorg. Ch.* **268** [1952] 301/26).

$TeBr_4$ wird durch H_3PO_4 in der Hitze zu $TeBr_2$ reduziert, E. MONTIGNIE (*Bl. Soc. chim.* **1947** 376/7).

H_3PO_4 absorbiert bei gewöhnl. Temp. unter beträchtlicher Wärmeentw. bis zu 1.084 Mol BF_3/Mol H_3PO_4; die Additionsverb. $H_3PO_4 \cdot BF_3$ erstarrt bei etwa −100°C zu einem Glas. Mit zunehmendem BF_3-Gehalt fallen Viscosität und elektr. Leitf. rasch ab; die Stromleitung durch Protonensprung wird durch den normalen Ionenleitungsmechanismus ersetzt. Die Additionsverb. ist fast vollständig in die Ionen $H_4PO_4^+$ und $H_2PO_4(BF_3)_2^-$ dissoziiert, N. N. GREENWOOD, A. THOMPSON (*J. chem. Soc.* **1959** 3493/6). Beim Erhitzen mit KBH_4 tritt unter Entflammung Red. zu PH_3 ein, P. ROMAIN, R. MERLAND, H. LAUBIE (*Bull. Soc. pharm. Bordeaux* **92** [1954] 131/4).

Aus Mischungen mit wasserfreiem HCN scheidet sich bei 0°C im Lauf mehrerer Tage die Verb. $H_3PO_4 \cdot HCN$ ab; die Bldg.-Rk. verläuft nach erster Ordnung, A. W. COBB, J. H. WALTON (*J. phys. Chem.* **41** [1937] 351/63).

Zu Rk. mit P_2O_5 s. S. 92. PCl_3 und $POCl_3$ wirken bei gewöhnl. Temp. nicht ein. Beim Erwärmen von 1 Mol H_3PO_4 mit 3 Mol PCl_3 auf dem Wasserbad bilden sich HCl, $H_4P_2O_7$ und (vermutlich über H_3PO_3) weißer Phosphor. $POCl_3$ liefert je nach dem angewandten Mengenverhältnis Meta- oder Pyrophosphorsäure. PCl_5 bildet schon bei gewöhnl. Temp. $POCl_3$, das beim Erwärmen wie vorstehend weiterreagiert, A. GEUTHER (*J. pr. Ch.* [2] 8 [1874] 359/72).

Reaktionen mit organischen Verbindungen. Bldg. von Additionsverbb. s. nichtwss. Lsg. in organ. Lsgmm. S. 209. *Reactions with Organic Compounds*

Fl. H_3PO_4 absorbiert Äthylen von 1 Atm unter Bldg. von $C_2H_5H_2PO_4$, am besten bei 140°C, A. MÜLLER (*Ber.* **58** [1925] 2105/9).

Im Gegensatz zu den Carbonsäuren wird krist. H_3PO_4 durch Alkohole (Methanol, Äthanol, Glycerin, Phenol; bei 78°C) äußerst langsam verestert; die Rk.-Geschw. ist nicht dem Prod. aus Säure- und Alkoholkonz., sondern dem Quadrat der Säurekonz. proportional. Die Rk. wird durch Protonen (HCl, H_2SO_4) nicht beschleunigt und schon durch geringe H_2O-Mengen fast ganz unterdrückt. Sie verläuft über $H_4P_2O_7$, das durch innere Anhydrisierung (vgl. „Konstitution der Schmelze“ S. 165) in der alkohol.

Lsg. gebildet wird und mit ROH unter Spaltung der P–O–P-Bindung zu RH_2PO_4 und H_3PO_4 weiterreagiert. Die unmittelbare Veresterung der koordinativ gesätt. H_3PO_4-Molekel nach dem bei den Carbonsäuren ablaufenden Mechanismus ist nicht möglich, E. CHERBULIEZ, J.-P. LEBER (*Helv. chim. Acta* **35** [1952] 644/64).

Bldg. von Acetylpolyphosphorsäuren (mittlere Kettenlänge ~3) bei 1std. Erwärmen von H_3PO_4 mit Acetylchlorid oder Essigsäureanhydrid auf 50 bis 60°C s. I. GRUNZE, E. THILO, H. GRUNZE (*Ber.* **93** [1960] 2631/8).

HCOOH-Zerfall in Ggw. von 95- und 100%igem H_3PO_4 s. J. H. WALTON, H. M. STARK (*J. phys. Chem.* **34** [1930] 359/66).

Phosphorsäure allein oder auf Trägern (Al_2O_3, SiO_2, Holzkohle) als Katalysator bei der Isomerisierung von Olefinen, Übersicht s. H. N. DUNNING (*Ind. engg. Chem.* **45** [1953] 551/64), bei Isomerisierung, Polymerisation, Wasserabspaltung und -anlagerung, Alkylierung und Entalkylierung sowie weiteren Rkk. s. J. HOUBEN, T. WEYL, E. MÜLLER (*Methoden der organischen Chemie*, 4. *Aufl.*, *Bd.* 4, *Tl.* 2, *Stuttgart* 1955).

$H_3PO_4 \cdot H_2O$ (?)

$H_3PO_4 \cdot H_2O$ (?).

Kristalle dieser Zus., die beim Verwittern in das Halbhydrat übergehen, scheiden sich aus einer Lsg. von H_3PO_4 in wss. Äthyläther aus, B. HELFERICH, U. BAUMANN (*Ber.* **85** [1952] 461/3). Durch Zusatz ber. Mengen von P_2O_5 zu 64%igem H_3PO_4 wird eine der Zus. $H_3PO_4 \cdot H_2O$ entsprechende Lsg. hergestellt. Die Fl. erwärmt sich stark, wird heiß filtriert und über P_2O_5 im Eisschrank der Krist. überlassen. Nach 2 bis 14 Tagen bilden sich strahlenförmig von einem Punkt ausgehend säulige Kristalle der Zus. $H_3PO_4 \cdot H_2O$, die auf Ton abgepreßt werden. Über P_2O_5 aufbewahrt, beginnt nach 48 Std. die Verwitterung, welche bis zum Halbhydrat führt, U. BEERBAUM (*Diss. Bonn* 1950, S. 1/63, 27). Löslichkeitsunterss. geben keine Andeutung für die Existenz dieses Hydrats, s. S. 155.

$H_3PO_4 \cdot {}^1/_2H_2O$

$H_3PO_4 \cdot {}^1/_2H_2O$.

Formation. Preparation

Bildung. Darstellung. Krist. aus wss. Lsgg. mit 62.5 bis 94.8 Gew.-% H_3PO_4 s. „Löslichkeitsdiagramm" S. 155, spontan und fast ohne Unterkühlung, A. SMITH, A. W. C. MENZIES (*J. Am. Soc.* **31** [1909] 1183/91). Impfverff. s. A. MÜLLER, F. URBACH, F. BLANK (*Koll.-Z.* **44** [1928] 185/6), W. H. ROSS, R. M. JONES (*J. Am. Soc.* **47** [1925] 2165/70), E. E. ZUSSER (*Žurnal chim. Promyšlennosti* [russ.] **13** [1936] 536/42, *C.* **1936** II 2195), L. V. VLADIMIROV, M. O. BRUN, S. F. ŠATERKINA (*Mineral'nye Udobrenija Insektofungisidy* [russ.] **1935** Nr. 3, S. 74/78, *C.* **1936** I 1935).

Bldg.-Wärme aus den Elementen $\Delta H^{\circ}_{298} = -342.9$ kcal/Mol, F. D. ROSSINI u. a. (*Selected Values* 1952, S. 76). Bldg.-Wärme des krist. Hydrats aus krist. H_3PO_4 und Wasser 2.55 kcal/Mol, H. GIRAN (*Ann. Chim. Phys.* [8] **14** [1908] 565/74; *C. r.* **146** [1908] 1270/2).

Physical Properties

Physikalische Eigenschaften. Kristallform und -wachstum. Prismat. Lamellen ähnlich den H_3PO_4-Kristallen, jedoch mit schief abgeschnittenem Prisma; isomorph mit $H_3AsO_4 \cdot {}^1/_2H_2O$, s. A. JOLY (*C. r.* **100** [1885] 447/50). Lineare Krist.-Geschw. im Rohr mit 3 mm Durchmesser: 2.6 cm/Min. bei 20°C, W. H. ROSS, R. M. JONES (*J. Am. Soc.* **47** [1925] 2165/70). Monoklin-holoedrisch, $\beta = 109°$. Tafel- und stabförmige Kristalle mit gut ausgebildeten Flächen in {021}, {001}, {010}, {120}, weniger gut in {121}, {324} und {201}. Häufig meroedrisch. Keine Zwillingsbldg. Schlechte Spaltbarkeit || (010). Bei rascher Abkühlung zerbrechen die Kristalle im Inneren, J. P. SMITH, W. E. BROWN, J. R. LEHR (*J. Am. Soc.* **77** [1955] 2728/30).

Gitterstruktur. Nach Einkristallaufnahmen in Glascapillaren monoklin, Raumgruppe C^5_{2h}–$P2_1/a$, $Z = 8\,H_3PO_4 \cdot {}^1/_2H_2O$; Gitterkonstt.: $a = 7.94 \pm 0.04$, $b = 12.94 \pm 0.02$, $c = 7.38 \pm 0.02$ Å, $\beta = 109°25' \pm 30'$. Röntgenograph. Dichte 1.98. Bei gleicher Raumgruppe weisen H_3PO_4 und $H_3PO_4 \cdot {}^1/_2H_2O$ große Unterschiede in den Gitterkonstt. und daher vermutlich auch in der Struktur auf, J. P. SMITH u. a. (*l. c.*).

Schmelzpunkt. Schmelzwärme. Aus calorimetr. Messungen bestimmter Schmp. 29.25°C, Schmelzwärme 8752 bis 8773 cal/Mol $2\,H_3PO_4 \cdot H_2O$, E. P. EGAN, Z. T. WAKEFIELD (*J. phys. Chem.* **61** [1957] 1500/4).

Schmp. 29.32°C, W. H. ROSS, R. M. JONES (*J. Am. Soc.* **47** [1925] 2165/70), 29.35°C, A. SMITH, A. W. C. MENZIES (*l. c.*). Ältere Angabe der Schmelzwärme, ber. aus der von A. JOLY (*C. r.* **100** [1885] 447/50) calorimetrisch gem. Lsg.-Wärme in H_2O: 3.64 kcal/Mol $H_3PO_4 \cdot {}^1/_2H_2O$, H. GIRAN (*Ann. Chim. Phys.* [8] **14** [1908] 565/74; *C. r.* **146** [1908] 1270/2).

Molwärme, Enthalpie, Entropie. Molwärme C_p in $cal \cdot grd^{-1} \cdot mol^{-1}$, bezogen auf $2H_3PO_4 \cdot H_2O$, nach calorimetr. Messungen, Werte in Auswahl:

°K	10	15	20	30	40	50	75	100	125
C_p	0.245	0.996	2.26	5.52	8.81	11.80	18.40	23.88	28.95
°K	150	175	200	225	250	273.16	298.16	300	
C_p	33.81	38.48	42.97	47.40	51.76	55.84	60.24	60.56	

Reinheitsgrad der Proben: 99.9%, Genauigkeit der Messungen: 6% bei 10°K, 0.04% zwischen 16 und 280°K, 0.2% zwischen 280 und 300°K. Enthalpie $H_{298.16}-H_0 = 9569$, $H_{273.16}-H_0 = 8118$ cal/Mol $2H_3PO_4 \cdot H_2O$. Entropie $S_{298.16} = 61.73$, $S_{273.16} = 56.65$ $cal \cdot grd^{-1} \cdot mol^{-1}$ für $2H_3PO_4 \cdot H_2O$, s. E. P. Egan, Z. T. Wakefield (*J. phys. Chem.* **61** [1957] 1500/4).

Brechungszahlen für weißes Licht bei 25°C: $n_\alpha = 1.485$, $n_\beta = 1.492$, $n_\gamma = 1.519$; $n_\gamma - n_\alpha = 0.034$. Zweiachsig positiv, Achsenebene (010), $2V = 56° \pm 2°$, aus den Brechungszahlen ber. 54°58'. Sehr schwache Dispersion mit $r > v$, J. P. Smith u. a. (*l. c.*).

Elektrische Eigenschaften. Spezif. elektr. Leitf. des Kristalls bei −13.0 und +29.3°C 0.9×10^{-4} bzw. 56×10^{-4}, der Fl. bei 0, 29.3 und 35.0°C 243, 826 bzw. $963 \times 10^{-4}\ \Omega^{-1} \cdot cm^{-1}$; Zers.-Spannung 1.70 V, s. M. Rabinowitsch (*Z. anorg. Ch.* **129** [1923] 60/66). Elektr. Leitf. der Schmelze s. Fig. 40, S. 189.

Chemisches Verhalten. Sehr hygroskop., A. Smith, A. W. C. Menzies (*l. c.*). Calorimetrisch gem. Lsg.-Wärme des Kristalls und der Fl. 0.14 bzw. 3.78 kcal/Mol in Wasser von 18°C, A. Joly (*C. r.* **100** [1885] 447/50). $H_3PO_4 \cdot {}^1/_2H_2O$ ist leicht lösl. in Benzonitril, Aceton, Methyläthylketon, Essigester, Malonester und Tetrahydrofuran. Aus der Lsg. in Benzonitril (oder aus 80%iger wss. H_3PO_4-Lsg.) kristallisiert auf Zusatz von Dioxan das Dioxoniumsalz $C_4H_8O_2 \cdot 2H_3PO_4$, s. B. Helferich, U. Baumann (*Ber.* **85** [1952] 461/3). *Chemical Reactions*

$H_3PO_4 \cdot {}^1/_{10}H_2O$ (?). *$H_3PO_4 \cdot {}^1/_{10}H_2O$ (?)*

Siehe „Löslichkeitsdiagramm" S. 155.

Deuteriumorthophosphat D_3PO_4. *Deuterium Orthophosphate*

Darstellung. Zur Darst. von konz. D_3PO_4-Lsgg. in D_2O läßt man in einer evakuierten Glasapp. D_2O über die Gasphase auf P_2O_5 (Merck) einwirken und kocht die entstandene, etwa 53%ige Lsg. $6^1/_2$ Std. am Rückflußkühler; der D_2O-Dampf wird in einer CO_2-Äther-Falle ausgefroren. Zur Entfernung der im käuflichen P_2O_5 enthaltenen niederen P-Oxide (1.25%) leitet man 1 Std. bei 70°C Ozon durch die Lsg., gibt einen Tropfen Brom zu und vertreibt den Br_2-Überschuß durch $^1/_2$std. Durchblasen von Sauerstoff. Schließlich wird im Vak. bei 45°C auf 83 Gew.-% D_3PO_4 (Zus. $D_3PO_4 \cdot 1.034\ D_2O$) eingedampft und filtriert. Das Prod. ist frei von $D_4P_2O_7$. Darst. einer verd. Lsg. aus $POCl_3$ und D_2O in großem Überschuß; ferner aus $Ba_3(PO_4)_2$ und verd. D_2SO_4, s. A. Simon, G. Schulze (*Z. anorg. Ch.* **242** [1939] 313/68, 325). *Preparation*

Physikalische Eigenschaften. In einer Vak.-App. aus D_2O und P_2O_5 bereitetes und durch fraktioniertes Schmelzen gereinigtes D_3PO_4 schmilzt bei 46.0°C und zeigt folgende Werte der Dichte D (in g/cm^3), der Viscosität η (in cP) sowie der spezif. elektrischen Leitfähigkeit $\varkappa$ (in $\Omega^{-1} \cdot cm^{-1}$; eingeklammerte Werte extrapoliert): *Physical Properties*

t in °C	25.0	30.0	35.0	40.0	45.0	50.0	55.0	60.0	65.0
D	1.9083	1.9042	1.9001	1.8959	1.8922	1.8888	1.8846	(1.8807)	(1.8767)
η	231.8	182.4	147.8	118.7	95.93	77.44	64.73	55.18	46.86
$10^2\varkappa$	2.818	3.378	3.998	4.632	5.275	5.940	6.558	7.261	(7.94)

$D^t = 1.9279 - 7.873 \times 10^{-4}t$. Die Leitf. beträgt etwa 60% derjenigen des H_3PO_4 und sinkt von den angegebenen, an frisch geschmolzenen Proben bestimmten Anfangswerten langsam auf niedrigere, dem Kondensationsgleichgew. entsprechende Werte. Die Stromleitung geschieht durch Deuteronensprünge zwischen $D_2PO_4^-$-Ionen, vgl. S. 164, N. N. Greenwood, A. Thompson (*J. chem. Soc.* **1959** 3485/92). Messungen an unreinem Präp. s. G. Pannetier, H. Guenebaut (*Bl. Soc. chim.* **1955** 636/7).

Aus dem Ramanspektrum wird auf das Vorliegen von D-Bindungen geschlossen, A. Simon, G. Schulze (*l. c.*); vgl. „Konstitution der Schmelze" S. 165.

Das Ultrarotspektrum (2 bis 12 μ) einer aus P_2O_5 und D_2O hergestellten ~4n-Lsg. weist außer den der PO_4-Gruppe zugehörigen Banden bei 4.8 und 9.8 μ (2080 und 1020 cm^{-1}) Banden bei

3.4 und 5.5 μ (2940 und 1820 cm^{-1}) auf, die denen des wss. H_3PO_4 und weiteren wss. H-Säuren bei 2.4 und 5.5 μ (4160 und 1820 cm^{-1}) entsprechen. Da die erste Bande den ber. Isotopieeffekt zeigt, wird sie dem H_3O^+ bzw. D_3O^+-Ion zugeschrieben, während die zweite einem Assoziationsprod. der undissoziierten Säuremolekeln mit H_2O bzw. D_2O entspricht, D. WILLIAMS, E. K. PLYLER (*J. chem. Phys.* **4** [1936] 460; *J. Am. Soc.* **59** [1937] 319/21).

Chemical Reactions

Chemisches Verhalten. D_3PO_4 absorbiert bei gewöhnl. Temp. etwa 1 Mol BF_3. Die schlecht definierte Additionsverb. erstarrt bei —100°C zu einem Glas und weist wesentlich kleinere η- und $\varkappa$-Werte auf als D_3PO_4. Der Leitungsmechanismus geht mit steigendem BF_3-Gehalt unter Verschwinden der D-Bindungen in die gewöhnl. Ionenwanderung über; die Additionsverb. ist vollständig in $D_4PO_4^+$ und $D_2PO_4(BF_3)_2^-$ dissoziiert, N. N. GREENWOOD, A. THOMPSON (*J. chem. Soc.* **1959 3493/6**); vgl. das Verh. von H_3PO_4, S. 167.

Dissoziationskonstanten in D_2O. Aus EK-Messungen an der Kette Pt, Chinhydron | KH_2PO_4, Na_2HPO_4, KCl, gelöst in D_2O–H_2O mit 91 bis 98 Mol-% D_2O | AgCl, Ag ergibt sich für Lsgg. in 100%igem D_2O bei 25°C: $K_2 = a_D \cdot a_{DPO_4}/a_{D_2PO_4} = 1.78 \times 10^{-8} \pm 2\%$, $pK_2 = 7.750$; mit $K_2^\circ = a_H \cdot a_{HPO_4}/a_{H_2PO_4} = 6.46 \times 10^{-8}$ in H_2O bei 25°C folgt $K_2^\circ/K_2 = 3.62 \pm 2\%$, C. K. RULE, V. K. LA MER (*J. Am. Soc.* **60** [1938] **1974/81**). EK-Messungen an der Kette D_2, Pt | KD_2PO_4, DCl bzw. NaOD, gelöst in 99.6%igem D_2O | gesätt. KCl | Hg_2Cl_2, Hg ergeben bei 20°C: $pK_1 = -\log a_D \cdot a_{D_2PO_4}/a_{D_3PO_4} = 2.188$, $pK_2 = 7.666$; $K_1^\circ/K_1 = 1.62$, $K_2^\circ/K_2 = 2.90$, G. SCHWARZENBACH, A. EPPRECHT, H. ERLENMEYER (*Helv. chim. Acta* **19** [1936] 1292/1304; *Naturw.* **24** [1936] 714).

Ions of Orthophosphoric Acid

Ionen der Orthophosphorsäure

The PO_4^{3-} Ion

Das Ion PO_4^{3-}.

Type of Bond

Bindungsart. Infolge der sp^3-Hybridisierung am P-Atom sind die vier P–O-Bindungen gleich; den σ-Bindungen sind π-Bindungen überlagert, so daß der Bindungsgrad zwischen 1 und 2 liegt und die P–O-Abstände (s. unten) erheblich kürzer als bei einfacher σ-Bindung (vgl. S. 57) sind. Der aus der Kraftkonst. abschätzbare Bindungsgrad N = 1.41 ist etwas größer als theoret. erwartet (1.25), H. SIEBERT (*Z. anorg. Ch.* **275** [1954] 225/40, 231); vgl. auch F. HANIC (*Chem. Zvesti* **10** [1956] 268/81 [slowak.], *C. A.* **1956** 12569), H. H. JAFFÉ (*J. phys. Chem.* **58** [1954] 185/90), D. P. CRAIG, A. MACCOLL, R. S. NYHOLM, L. E. ORGEL, L. E. SUTTON (*J. chem. Soc.* **1954 332/53**, 350). In Orthophosphaten scheint der Anteil n_π der π-Bindungen zu variieren; aus den Atomabständen von 6 Verbb. ergeben sich für n_π Werte zwischen 0.2 und 0.9 je O-Bindung, im Mittel 0.4, J. R. VAN WAZER (*Phosphorus and its compounds, Bd.* 1, *New York* 1958, S. 39). Wegen der Differenz der Elektronegativitäten von P und O müssen die Bindungen in PO_4 partiell heteropolar sein; den Ionenanteil schätzt L. PAULING (*The nature of the chemical bond*, 3. *Aufl., Ithaca, N. Y.*, 1960, S. 320/3) auf 39%; dem P-Atom ist formal die Ladung + 0.85 zuzuschreiben.

Symmetry. Atomic Distances

Symmetrie. Atomabstände. Da die P–O-Bindungen gleichwertig sind, hat das PO_4-Ion theoretisch die Form eines regulären Tetraeders, Punktgruppe T_d. In krist. Orthophosphaten treten meist geringe Verzerrungen auf, so daß die Symmetrie nur näherungsweise gegeben ist. Der P–O-Abstand beträgt im Mittel 1.56 Å. Entsprechende Angaben sind von C. DUC-MAUGÉ (*Bl. Soc. chim.* **1959** 1032/42) zusammengestellt und mit denen für Hydrogenphosphate verglichen. Eine Übersicht über die strukturellen Daten für Erdalkaliphosphate ergibt, daß in den PO_4-Gruppen der P–O-Abstand zwischen 1.514 und 1.56 Å liegt, R. W. MOONEY, M. A. AIA (*Chem. Rev.* **61** [1961] 433/62, 449/54). Auch in $NaBePO_4$ sind die P–O-Abstände verschieden lang (1.48 bis 1.56 Å), N. I. GOLOVASTIKOV (*Kristallografija* **6** [1961] 909/17; engl. Übers.: *Sov. Phys. Cryst.* **6** [1961] 733/9).

Force Constants

Kraftkonstanten f in mdyn/Å. Außer den Kraftkonstt. für die Dehnung der P–O-Bindung f_d und die Deformation des O–P–O-Winkels f_α sind theoretisch mindestens 5 Wechselwirkungskonstt. zu berücksichtigen: zwischen 2 P–O-Bindungen (f_{dd}), zwischen 2 benachbarten bzw. nicht benachbarten O–P–O-Winkeln ($f_{\alpha\alpha}$ bzw. $f_{\alpha\alpha'}$), zwischen einer P–O-Bindung und einem anliegenden bzw. nicht anliegenden O–P–O-Winkel ($f_{d\alpha}$ bzw. $f_{d\alpha'}$). Da im Schwingungsspektrum nur 4 Eigenschwingungen auftreten, können die Kraftkonstt. selbst nur unter willkürlichen zusätzlichen Annahmen (z. B. daß einige vernachlässigt werden dürfen) ber. werden. Ohne solche Annahmen bleiben 3 Konstt. unbestimmt. Aus dem Spektrum von K_3PO_4 ergeben sich die Werte: $f_d = 5.797$, $f_\alpha - f_{\alpha\alpha'} = 1.033$, $f_{dd} = 0.815$, $f_{d\alpha} - f_{d\alpha'} = -0.134$, $f_{\alpha\alpha} - f_{\alpha\alpha'} = 0.240$; entsprechende, aus dem H_3PO_4-Spektrum abgeleitete Werte: 5.928, 0.873,

0.980, —0.217, 0.235, C. W. F. T. PISTORIUS (*J. chem. Phys.* **28** [1958] 514/5, **27** [1957] 965/7). Mit der willkürlichen Annahme, daß f_{dd}, $f_{d\alpha'}$ und $f_{\alpha\alpha'}$ zu vernachlässigen seien, gelangen K. VENKATESWARLU, S. DUNDARAM (*J. chem. Phys.* **23** [1955] 2365/7) zu einem Wert für f_d, aus dem sich der Kernabstand zwischen P und O wesentlich kleiner als der gem. ergibt; demnach können die ber. Kraftkonstt. nicht den tatsächlichen Kräfteverhältnissen im PO_4-Ion entsprechen. Dies gilt um so eher für die von G. HERZBERG (*Infrared and Raman spectra of polyatomic molecules, New York-Toronto-London* 1945, S. 182) abgeleiteten 2 Kraftkonstt., die unter Vernachlässigung aller 5 Wechselwirkungskonstt. ermittelt sind. Dagegen liefert das von H. SIEBERT (*Z. anorg. Ch.* **275** [1954] 225/40, 238) angewandte Näherungsverf. für f_d und f_α die mit den oben zitierten Daten befriedigend übereinstimmenden Werte 5.65 bzw. 0.87.

Schwingungsspektrum. Im Spektrum des PO_4-Ions treten wegen seiner Symmetrie (T_d) 4 Normalschwingungen auf: eine totalsymmetr. (ν_1, Typ A_1), eine doppelt entartete (δ_{12}, E) und 2 dreifach entartete (ν_{234} und δ_{345}, F_2). Im Ramanspektrum von wss. Lsgg. des Na_3PO_4, K_3PO_4, Rb_3PO_4 ergeben sich fast unabhängig vom Kation die Wellenzahlen (in cm^{-1}) $\nu_1 = 938, 932, 936$, $\nu_{234} = 1020, 1026, 1027$, $\delta_{12} = 420, 415, 423$, $\delta_{345} = 557, 548, 559$; in fl. H_3PO_4 sind sie folgendermaßen verschoben: $\nu_1 = 910$, $\nu_{234} = 1079$, $\delta_{12} = 359$, $\delta_{345} = 496$, A. SIMON, G. SCHULZE (*Z. anorg. Ch.* **242** [1939] 313/68, 332/3). Neuere Angaben, erhalten an wss. K_3PO_4-Lsgg.: 939, 419, 560, J.-P. MATHIEU, J. JACQUES (*C. r.* **215** [1942] 346/7); 936, 1014, 420, 573, T. J. HANWICK, P. HOFFMANN (*J. chem. Phys.* **17** [1949] 1166); $\nu_1 = 940$, $\nu_{234} = 1067$, A. SIMON, H. RICHTER (*Z. anorg. Ch.* **304** [1960] 1/11, 5). Die von N. R. RAO (*Indian J. Phys.* **17** [1943] 357/64) für δ_{12} und δ_{345} gefundenen Wellenzahlen (390, 515 cm^{-1}) sind erheblich kleiner. — Auch in wss. Lsgg. von D_3PO_4 sind die PO_4-Wellenzahlen verschoben; bei einem D_3PO_4-Gehalt von 83% ist $\nu_1 = 901$, $\delta_{12} = 365$, $\delta_{345} = 486$ cm^{-1}; die ν_{234}-Schwingung ist aufgespalten: 1039, 1157 cm^{-1}. Entsprechende Werte für die 25%ige Säure: 873, 366, 492, 1055, 1204 cm^{-1}, A. SIMON, G. SCHULZE (*l. c.* S. 345). — Bei den Linien mit den Wellenzahlen 919 und 1100 cm^{-1}, die R. ANANTHAKRISHNAN (*Pr. Indian Acad. Sci.* A **5** [1937] 200/21) im Ramanspektrum von krist. H_3PO_4 registriert, handelt es sich offenbar um die Valenzschwingungen des PO_4-Ions (ν_1, ν_{234}). *Vibration Spectrum*

Im UR-Spektrum sind die Absorptionsbanden des PO_4 nicht ganz sicher identifizierbar. An wss. Lsgg. zahlreicher Phosphate wird das UR-Spektrum bei höheren Wellenzahlen von C. DUVAL, J. LECOMTE (*Bl. Soc. chim.* **1947** 101/6), F. A. MILLER, C. H. WILLIAMS (*Anal. Chem.* **24** [1952] 1253/94) und D. E. C. CORBRIDGE, E. J. LOWE (*J. chem. Soc.* **1954** 493/502), im Bereich von 300 bis 880 cm^{-1} von F. A. MILLER, G. L. CARLSON, F. F. BENTLEY, W. H. JONES (*Spectrochim. Acta* **16** [1960] 135/235, 147/8) aufgenommen; vgl. auch L. W. DAASCH, D. C. SMITH (*Anal. Chem.* **23** [1951] 853/68). Bei krit. Vergleich der für Erdalkaliphosphate vorliegenden Daten gelangen R. W. MOONEY, M. A. AIA (*l. c.* S. 458) zu dem Schluß, daß dem PO_4-Ion nicht das breite Max. zwischen 1000 und 1050 cm^{-1}, sondern 2 Max. bei 980 und 1082 cm^{-1} zuzuordnen seien. Im langwelligen Bereich ist das von der δ'_{345}-Schwingung herrührende Absorptionsmax. zwischen (vermutlich) 540 und 580 cm^{-1} durch die dem HPO_4-Ion zukommende Bande zwischen 530 und 580 cm^{-1} überdeckt, F. A. MILLER u. a. (*l. c.* S. 162/3). — An einer 4n D_3PO_4-Lsg. finden D. WILLIAMS, E. K. PLYLER (*J. chem. Phys.* **4** [1936] 460; *J. Am. Soc.* **59** [1937] 319/21) zwei Absorptionsmax. bei 1020 und 2080 cm^{-1}, die wahrscheinlich den Schwingungen ν_{234} und $2\nu_{234}$ zuzuordnen sind.

Ionenparachor. Ionenrefraktion. Aus Messungen an einigen Trialkylphosphaten lassen sich für die Refraktion R bei den Wellenlängen der Linien C, D, F, G′, d. h. 6563, 5893, 4861 bzw. 4340 Å die Werte (in cm^3) $R_C = 10.733$, $R_D = 10.769$, $R_F = 10.821$, $R_{G'} = 10.905$ ableiten; das Inkrement von PO_4 zu Molekelparachoren beträgt 107.8, A. I. VOGEL (*J. chem. Soc.* **1948** 1833/55, 1837). *Ionic Parachor. Ionic Refraction*

Wärmeleitfähigkeitsinkrement α. Die Wärmeleitf. von wss. Lsgg. von vollständig dissoziierten Elektrolyten setzt sich additiv aus derjenigen des Wassers λ (H_2O) und den mit den Konzz. c_i multiplizierten Ioneninkrementen α_i zusammen: $\lambda = \lambda(H_2O) + \Sigma c_i\alpha_i$. Der α-Wert des PO_4-Ions ergibt sich aus Messungen an wss. Na_3PO_4-Lsgg. zu $\alpha = 18.0$ cal $m^{-1} \cdot h^{-1} \cdot grd^{-1} \cdot mol^{-1}$, L. RIEDEL (*Chemie Ing. Techn.* **23** [1951] 59/64; *Mitt. kältetechn. Inst. T.H. Karlsruhe* Nr. 2 [1948] 1/45). *Increment of Thermal Conductivity*

Wärmekapazitätsinkrement. Der Anteil des PO_4-Ions zur Molwärme von wss. Lsgg. von Phosphaten und H_3PO_4 bei 25°C läßt sich zu 18.45 cal·$mol^{-1} \cdot grd^{-1}$ abschätzen, A. P. RUCKOV (*Žurnal fiz. Chim.* **34** [1960] 734/41; engl. Übers.: *Russ. J. phys. Chem.* **34** [1960] 347/51). *Increment of Heat Capacity*

Increment of Entropy

Entropieinkrement S in cal·mol^{-1}·°K^{-1}. Für ein aus PO_4-Ionen bestehendes ideales Gas berechnet A. P. ALTSHULLER (*J. chem. Phys.* **24** [1956] 642/3) $S^\circ_{298} = 63.9 \pm 0.4$. Nach K. B. JACIMIRSKIJ (*Žurnal fiz. Chim.* **31** [1957] 2121/6) ist $S^\circ_{298} = 63.5$.

Die Hydratationsentropie des PO_4^{3-}-Ions ist $\Delta S_{298} = \bar{S}_{aq} - S^\circ = -109 \pm 2$, A. P. ALTSHULLER (*l. c.*); $\Delta S_{298} = 110$, K. B. JACIMIRSKIJ (*l. c.*).

In wss. Lsg. lassen sich den Ionen PO_4^{3-}, HPO_4^{2-} und $H_2PO_4^-$ die Inkremente $S_{298} = -52 \pm 2$, -8.7 ± 1.0, 21.6 ± 0.3 zuordnen, C. C. STEPHENSON (*J. Am. Soc.* **66** [1944] 1436/7). Bei Überprüfung dieser Daten gelangen F. D. ROSSINI, D. D. WAGMAN, W. H. EVANS, S. LEVINE, I. JAFFE (*Circ. Bur. Stand.* Nr. 500 [1952] 73/4) zu den Werten -52.0, -8.6, $+21.3$, die auch von W. M. LATIMER (*Oxidation Potentials*, 2. *Aufl.*, *New York* 1952, S. 106) übernommen werden. Empir. Gleichungen für S als Funktion der Ladung, der Masse und des Radius der Ionen ergeben Werte, die mit den zitierten gut vereinbar sind; s. hierzu J. W. COBBLE (*J. chem. Phys.* **21** [1953] 1443/6), R. E. CONNICK, R. E. POWELL (*J. chem. Phys.* **21** [1953] 2206/7).

Als Bestandteil von festen Verbb. hat das $H_2PO_4^-$-Ion das Inkrement $S_{298} = 22.8$, W. M. LATIMER (*J. Am. Soc.* **73** [1951] 1480/2).

Der Anteil des PO_4-Ions an der Verdampfungsentropie von Orthophosphaten beträgt je nach der Wertigkeit des Kations S = 40 (1), 47 (2) bzw. 52 (3), A. P. ALTSHULLER (*J. chem. Phys.* **26** [1957] 404/6).

Ionic Susceptibility

Ionensuszeptibilität χ_{ion}. Messungen an festen Salzen ergeben für das PO_4^{3-}-Ion $\chi_{ion} = -40.53 \times 10^{-6}$, M. PRASAD, D. M. DESAI (*Pr. nat. Inst. Sci. India* **15** [1949] 145/60); -47.2×10^{-6}, K. KIDO (*Sci. Rep. Tôhoku* I **21** [1932] 869/81).

Increment of Magnetic Rotation

Inkrement der magnetischen Drehung. Der Beitrag der PO_4-Gruppe zur magnet. Drehung von Estern ergibt sich zu 1.89×10^{-4} rad·cm^2·Oe^{-1}·mol^{-1}, D. VOIGT (*Ann. Chim.* [12] **4** [1949] 393/446, 431).

The HPO_4^{2-} and $H_2PO_4^-$ Ions · Structure

Die Ionen HPO_4^{2-} und $H_2PO_4^-$.

Struktur. Die Verzerrung der PO_4-Tetraeder ist nicht allein durch H-Atome bedingt, denn sie ist einerseits an manchen neutralen Phosphaten zu beobachten, andererseits sind die P–O-Abstände auch in einem Hydrogenphosphat innerhalb der Meßgenauigkeit gleich, s. hierzu beispielsweise die Angaben über KH_2PO_4 bei B. FRAZER, R. PEPINSKY (*Phys. Rev.* [2] **85** [1953] 479/80; *Acta crystallogr.* [*Copenhagen*] **6** [1953] 273/85 [engl.]), G. E. BACON, R. S. PEASE (*Pr. Roy. Soc.* A **220** [1953] 397/421, 417). Vgl. auch die von C. DUC-MAUGÉ (*Bl. Soc. chim.* **1959** 1032/42, 1037) zusammengestellten Daten. Somit kann aus der Gleichartigkeit der Formel Me_2HPO_4 bzw. MeH_2PO_4 nicht geschlossen werden, daß in solchen Salzen Ionen von gleicher Symmetrie und mit gleichen Bindungsverhältnissen vorliegen. In der Gruppe der Erdalkalihydrogenphosphate, deren Strukturdaten von R. W. MOONEY, M. A. AIA (*Chem. Rev.* **61** [1961] 433/62, 449/51) zusammengestellt sind, sind besonders die Ca-Salze intensiv untersucht worden. Sichere Ergebnisse über $CaHPO_4$ und $Ca(H_2PO_4)_2 \cdot H_2O$ werden von D. W. JONES, D. W. J. CRUICKSHANK (*Z. Krist.* **116** [1961] 101/25 [engl.]) erst durch Kombination der Röntgenstrukturanalyse von G. MACLENNAN, C. A. BEEVERS (*Acta crystallogr.* [*Copenhagen*] **8** [1955] 579/83, **9** [1956] 187/90), deren Auswertung verfeinert wird, und eigener Daten über die UR-Spektren und die Protonenresonanz erhalten und bestätigen, daß die PO_4-Tetraeder in mehreren verschiedenen Arten über H-Brücken verbunden sein können. In den beiden genannten Salzen gibt es je 2 verschiedene PO_4-Tetraeder, die sich durch die mittleren P–O-Abstände (1.53, 1.54_5 Å in $CaHPO_4$, 1.55_2, 1.57_5 Å in $Ca(H_2PO_4)_2 \cdot H_2O$) unterscheiden; nur an 2 dieser 4 Tetraeder sind die brückenbildenden H-Atome sicher lokalisierbar, während sie bei den übrigen beiden zwischen mehreren O-Atomen „verteilt" sind.

Type of Bond

Bindungsart. Die Frage, unter welchen Bedingungen die beiden H-Atome im Dihydrogenphosphat-Ion ebenso an das PO_4-Tetraeder gebunden sind wie das H-Atom im Hydrogenphosphat-Ion, kann auf Grund der vorliegenden Daten nicht entschieden werden. — Wird ein O-Atom des PO_4-Ions durch eine OH-Gruppe ersetzt, so ändert sich die magnet. Abschirmung des P-Kerns und somit auch die chem. Verschiebung δ der Kernresonanz. Nach J. R. VAN WAZER, C. F. CALLIS, J. N. SHOOLERY, R. C. JONES (*J. Am. Soc.* **78** [1956] 5715/26, 5718) ist für die wss. Lsgg. von K_2HPO_4 oder $(NH_4)_2HPO_4$ δ um 5 ppm größer als für die wss. Lsgg. der neutralen Phosphate, unterscheidet sich aber nicht von den Werten für die Dihydrogenphosphate und für Orthophosphorsäure. Die Erklärung dafür ist, daß nur an ein O-Atom des PO_4-Ions ein H-Atom kovalent gebunden werden kann, daß dagegen ein zweites und drittes H-Atom heteropolar gebunden werden, d. h. es gibt in wss. Lsg. ein $HOPO_3$-Ion, aber kein $(HO)_2PO_2$-Ion. Diese Unterss., deren Ergebnisse schon kurz von J. R. VAN WAZER, C. F. CALLIS, J. N. SHOOLERY (*J. Am. Soc.* **77** [1955] 4945/6) mitgeteilt werden, sind jedoch nach R. A. Y. JONES, A. R. KATRITZKY (*J. inorg. nuclear Chem.* **15** [1960] 193/4) wegen unzureichender Empfindlichkeit der App. für die Bindung von H-Atomen an das PO_4-Ion nicht beweiskräftig; an den wss. Lsgg. von neutralen und sauren Phosphaten von Na und K ergibt sich, daß Mono- und Dihydrogenphosphate verschiedene δ-Werte haben, daß es also außer $HOPO_3$-Ionen auch $(HO)_2PO_2$-Ionen gibt. Die chem. Verschiebung, Definition s. „*Phosphor*" *Tl.* B, S. 200, der wss. Lsgg. von NaH_2PO_4 und KH_2PO_4 unterscheidet sich nur wenig (0.5 bzw. 0.4 ppm) von der der als Standardsubst. dienenden 85%igen H_3PO_4-Lsg., weil diese Lsg. zum großen Tl. aus $(HO)_2PO_2$-Ionen besteht, vgl. auch R. A. Y. JONES, A. R. KATRITZKY (*Angew. Chem.* **74** [1962] 60/8, 64).

Schwingungsspektren. In den Ionen $HOPO_3$ und $(HO)_2PO_2$ sind wegen ihrer Symmetrie (Punktgruppe C_{3v} bzw. C_{2v}), abgesehen von den OH-Schwingungen, 6 bzw. 9 Schwingungen möglich, die mit denen des PO_4-Ions folgendermaßen zusammenhängen: *Vibration Spectra*

PO_4	$\nu_1(A_1)$	$\nu_{234}(F_2)$			$\delta_{12}(E)$			$\delta_{345}(F_2)$	
$HOPO_3$	$\nu_1(A_1)$	$\nu_{23}(E)$		$\nu_4(A_1)$	$\delta_{12}(E)$		$\delta_3(A_1)$	$\delta_{45}(E)$	
$(HO)_2PO_2$ ...	$\nu_1(A_1)$	$\nu_2(B_1)$	$\nu_3(B_2)$	$\nu_4(A_1)$	$\delta_1(A_1)$	$\delta_2(B_1)$	$\delta_3(A_1)$	$\delta_4(B_2)$	$\delta_5(A_2)$

In den UR-Spektren von Monohydrogenphosphaten Me_2HPO_4 und Me_2DPO_4 sind folgende Linien identifizierbar:

Formeltyp	Me_2HPO_4			Me_2DPO_4	
Me	K	$K \cdot 3H_2O$	$^1/_2$Ba	K	$^1/_2$Ba
OH- und OD-Schwingungen .	2940	2940	2882, 2755	2210, 2105	2115
	2490	2285	2420	1825	1745
	1910	1740	1730	—	—
	1289, 1275	1214	1255	924	943
ν_1	850, 835	882, 871	882	848, 836	896, 884
ν_{23}	1128, 1085	1093, 1068	1119, 1073	1129, 1083	1137, 1085
ν_4	978, 949	998, 950	948	975, 940	986
δ_{12}	426	442, 426	426	425	430, 416
δ_3	517	517	?	517	514
δ_{45}	544	541	540	540	542

Die γ(OH,OD)-Schwingung hat bei Ca-Silicaten die Wellenzahl 712 bzw. 526 cm^{-1} und wird an Phosphaten nicht beobachtet, JA. I. RYSKIN, G. P. STAVICKAJA (*Optika Spektroskopija* **8** [1960] 606/13, **7** [1959] 834/6; engl. Übers.: *Optics and Spectroscopy* **8** [1960] 320/4, **7** [1959] 488/90).

Im Ramanspektrum einer 62%igen wss. Lsg. von K_2HPO_4 treten die Linien 867, 1121/1092, 980, 400, 532 cm^{-1} auf, A. SIMON, G. SCHULZE (*Z. anorg. Ch.* **242** [1939] 313/68, 333, 347); vgl. auch T. J. HANWICK, P. HOFFMANN (*J. chem. Phys.* **17** [1949] 1166). Demgegenüber geben J.-P. MATHIEU, J. JACQUES (*C. r.* **215** [1942] 346/7) nach Unterss. an einer wss. K_2HPO_4-Lsg. die Zuordnung $\nu_1 = 981$, $\nu_{23} = 1090$, $\nu_4 \approx 950$, $\delta_{12} = 390$, $\delta_3 = 878$, $\delta_{45} = 524$ cm^{-1} an. Im UR-Spektrum der wss. Lsgg. der K-, Na- und Ca-Salze finden C. DUVAL, J. LECOMTE (*Bl. Soc. chim.* **1947** 276/9) von den 6 Schwingungen des $HOPO_3$-Ions diejenigen mit den größten Wellenzahlen zwischen 850 und 900 cm^{-1} (δ_3), zwischen 950 und 1000 (ν_4) und zwischen 1050 und 1080 (ν_{23}); vgl. auch F. A. MILLER, C. H. WILKINS (*Anal. Chem.* **24** [1952] 1253/94, 1292). In den Spektren von pulverisierten Kristallen registrieren (ohne Zuordnung) D. E. C. CORBRIDGE, E. J. LOWE (*J. chem. Soc.* **1954** 493/502, 494) die ν- und die OH-Schwingungen, F. A. MILLER, G. L. CARLSON, F. F. BENTLEY, W. H. JONES (*Spectrochim. Acta* **16** [1960] 135/235, 148/9, 162) die δ-Schwingungen.

Die Schwingungsspektren der Dihydrogenphosphate sind erwartungsgemäß denen der Monohydrogenphosphate ziemlich ähnlich, und zwar nicht nur wegen der geringen Strukturunterschiede, sondern auch deswegen, weil in beiden Salzreihen die H-Atome sich zwischen je 2 O-Atomen auf H-Brücken befinden, auf denen es für sie 2 Stellen minimaler potentieller Energie gibt. Am Beispiel des KH_2PO_4 läßt sich durch Neutronenbeugung bei 293, 132 und 77°K zeigen, daß die Bewegung der Protonen auf den H-Brücken auf die Nullpunktsenergie zurückzuführen ist, G. E. BACON, R. S. PEASE (*Pr. Roy. Soc.* A **230** [1955] 359/81). Wenn also die H-Atome ständig zwischen PO_4- oder HPO_4-Ionen hin- und herpendeln, ist nicht zu erwarten, daß im UR-Spektrum charakterist. Wellenzahlen eindeutig identifizierbar sind. Dies gilt insbesondere für Erdalkaliphosphate, weil die Struktur der

Kristalle, insbesondere der Unterschied zwischen Apatit- und „reiner" Phosphatstruktur, bei den spektroskop. Unterss. nicht immer einwandfrei bekannt war, R. W. MOONEY, M. A. AIA (*Chem. Rev.* **61** [1961] 433/62, 458). In den UR-Spektren von MeH_2PO_4 und MeD_2PO_4 (Me = Na, K, NH_4) treten folgende Linien auf (Wellenzahlen in cm^{-1}):

Formeltyp	Me H_2 PO_4			Me D_2 PO_4		
Me	Na	K	NH_4	Na	K	NH_4
OH- und OD-Schwingungen	2900	2750	2850	2100	2050	1950
	2400	2400	2350	1780	1770	1750
	1650	1580	~1600	1200	1200	1280
	1300	1300	1280	910	942	940
$\nu_1(PO_4)$	930	920	890	930	912	880
$\nu_{234}(PO_4)$	975	1040	1030	975	1041	—
	1040	1080	1090	1040	1080	1100
	1160	1118	—	1140	1118	—
$\delta_{12}(PO_4)$	—	450, 465, 485	—	—	445, 490, 500	—
$\delta_{345}(PO_4)$	—	526	—	—	524	—

R. BLINC, D. HADŽI (*Molecular Phys.* **1** [1958] 391/405, 393). Bei der Reflexion an KH_2PO_4- und $NH_4H_2PO_4$-Einkristallen finden G. M. MURPHY, G. WEINER, J. J. OBERLY (*J. chem. Phys.* **22** [1954] 1322/8) ähnliche Wellenzahlen. Über den Unterschied zwischen den OH-Banden in KH_2PO_4 und den OD-Banden in KD_2PO_4 s. auch A. N. LAZAREV, A. S. ZAJCEVA (*Fiz. tverdogo Tela* **2** [1960] 3026/8; engl. Übers.: *Sov. Phys. Solid State* **2** [1960] 2688/90). Im Ramanspektrum der wss. Lsgg. von NaH_2PO_4 und KH_2PO_4 sind je 4 Linien (395, 573, 877, 1074 bzw. 402, 514, 877, 1075 cm^{-1} bei einem Salzgehalt von 10%) beobachtbar, deren Lage von der Konz. abhängt, A. SIMON, G. SCHULZE (*l. c.*); vgl. auch T. J. HANWICK, P. HOFFMANN (*l. c.*). Eine abweichende Zuordnung ($\nu_1 = 883$, $\nu_2 = 947$, $\nu_3 \approx 1050$, $\nu_4 = 1082$, δ_1 und δ_3 zwischen 366 und 381, $\delta_2 = 515$ cm^{-1}) geben J.-P. MATHIEU, J. JACQUES (*l. c.*) für die Ramanlinien einer wss. KH_2PO_4-Lsg. an. — Im Ramanspektrum von krist. $NaH_2PO_4 \cdot 2H_2O$ gem. Wellenzahlen: 913 (Typ A_1), 388 bis 394, 415, 458, 485, 526/537/547, 948, 993, 1133, A. GALY (*J. Phys. Rad.* [8] **12** [1951] 827); entsprechend für krist. KH_2PO_4: 358, 370 und 913 cm^{-1} (Typ A_1), 393, 467, 2500, 2700 (Typ B), 528, 570, 1080 (Typ E ?), P. S. NARAYANAN (*Pr. Indian Acad. Sci.* A **33** [1951] 240/4). — An MeH_2PO_4-Pulver (Me = Na, K, NH_4, $^1/_2$ Mg, $^1/_2$Ca) werden Teile der UR-Spektren (vgl. oben) von F. A. MILLER u. a. (*l. c.*) sowie von D. E. C. CORBRIDGE, E. J. LOWE (*l. c.*) registriert.

Die Lage der OH-Banden zwischen 1500 und 3000 cm^{-1} wird an einigen Phosphaten und Salzen anderer Sauerstoffsäuren von I. T. BRAUNHOLTZ, G. E. HALL, F. G. MANN, N. SHEPPARD (*J. chem. Soc.* **1959** 868/72) untersucht. Auch R. BLINC, D. HADŽI (*Spectrochim. Acta* **16** [1960] 852/63) finden an sauren Phosphaten 2 zwischen 1900 und 3000 cm^{-1} liegende, durch eine 300 bis 500 cm^{-1} breite Lücke getrennte Absorptionsbanden, die von Valenzschwingungen herrühren, und zeigen durch gleichzeitige Protonenresonanzmessungen, daß die H-Atome auf den H-Brücken infolge Tunneleffekt von einem der beiden Potentialminima zum anderen gelangen. Vgl. auch R. BLINC (*Phys. Chem. Solids* **13** [1960] 204/11), L. WINAND, M. J. DALLEMAGNE, G. DUYCKAERTS (*Nature* **190** [1961] 164/5). Die Valenzschwingung der OH-Bindung wird an $(i\text{-}C_3H_7O)_2P(OH)O$ bei 2655 cm^{-1}, die Knickschwingung bei 1712 cm^{-1} gefunden, J. W. MAARSEN, M. C. SMIT, J. MATZE (*Rec. Trav. chim.* **76** [1957] 713/23, 720 [engl.]).

Demgegenüber glauben A. I. STECHANOV, A. A. KLOČICHIN (*Vestnik Leningradsk. Univ.* **15** [1960] Nr. 16, S. 145/8, *C. A.* **1961** 1183), daß die im Ramanspektrum von $NaH_2PO_4 \cdot 2H_2O$ und $NH_4H_2PO_4$ auftretenden Linien im Bereich zwischen 2000 und 3000 cm^{-1} nicht für OH-Schwingungen in Kristallen mit kurzen H-Brücken charakteristisch, sondern dem $(HO)_2PO_2$-Ion zuzuordnen sind.

Die Pendelschwingung längs der H-Bindung (vgl. „*Sauerstoff*" S. 1578) wird von D. HADŽI (*J. chem. Phys.* **34** [1961] 1445) an KH_2PO_4 und RbH_2PO_4 zwischen 100 und 500 cm^{-1} untersucht.

Increment of Entropy

Entropieinkrement. Siehe unter PO_4-Ion, S. 172.

Phosphoric Acid in Aqueous Solution

Phosphorsäure in wäßriger Lösung

Preparation

Darstellung. Zur techn. Darst. von wss. H_3PO_4-Lsgg. vgl. „*Phosphor*" *Tl.* B, S. 1/80.

Ältere Lit. zur Ox. von P s. bei W. P. JORISSEN (*Chem. N.* **138** [1929] 97/102, 114/7) sowie in „*Phosphor*" *Tl.* B ab S. 263. Stücke von weißem P werden mit dem 16fachen Gew. HNO_3 (D = 1.2) zum Sieden erhitzt, bis P vollständig oxydiert ist. Dann wird die Fl. in einer Pt-Schale — unter Zusatz von HNO_3 zur Ox. von H_3PO_3 — zur Sirupdicke eingedampft, bis weiße Dämpfe von HPO_3 erscheinen, mit H_2O verdünnt und zur Fällung von As und Pt gasf. H_2S eingeleitet. Zur Zers. von noch anwesendem HPO_3 und $H_4P_2O_7$ wird erhitzt, G. H. Abbott, W. C. Bray (*J. Am. Soc.* **31** [1909] 729/63, 732). Ältere Angaben hierzu s. in „*Phosphor*" *Tl.* B, S. 279. Zur rascheren Ox. des P dient Zusatz einer kleinen Menge Br_2 oder HBr oder J_2, G. F. H. Markoe (*Arch. Pharm.* **209** [1876] 531/9), W. F. Horn (*Pharm. J.* [3] **10** [1879/80] 468/9), G. A. Ziegeler (*Pharm. Zentralhalle* **26** [1885] 421/2).

$Ca(PO_3)_2$ wird mit Na_2CO_3 geschmolzen, in 0.5n-HNO_3 gelöst und bei Siedehitze $Bi(NO_3)_3$ im Überschuß zugesetzt. Das ausfallende $BiPO_4$ wird abfiltriert, gewaschen, in HCl-Lsg. gelöst und Bi_2S_3 durch Einleiten von H_2S gefällt. Nach Filtration enthält das Filtrat nur H_3PO_4, HCl und H_2O; durch Eindampfen kann reines H_3PO_4 erhalten werden, D. E. Hull, J. H. Williams (*Rev. sci. Instruments* **11** [1940] 299).

Darst. gut definierter verd. H_3PO_4-Lsgg. durch Zers. von Ag_3PO_4 mittels H_2S s. J. Clérin (*Ann. Chim.* [11] **20** [1945] 244/321, 305).

2mal dest. PCl_3 wird in einer gekühlten flachen Porzellanschale langsam mit H_2O gemischt, die erhaltene phosphorige Säure so lange erhitzt, bis sie keinen Nd. mit $AgNO_3$ mehr gibt; dann wird mit verd. HNO_3 oxydiert und überschüssiges HNO_3 durch Erhitzen vertrieben, H. E. W. Phillips (*Pr. chem. Soc.* **24** [1908] 239/40; *J. chem. Soc.* **95** [1909] 59/66, 59).

Solubility

Löslichkeit s. „Das System P_2O_5–H_2O" S. 155.

Standard Formation Data

Standardbildungsgrößen $\Delta H^\circ_{298} = -309.44$ kcal/Mol, $\Delta G^\circ_{298} = -274.40$ kcal/Mol, T. D. Farr (*Tennessee Valley Authority, Chem. Engg. Rep.* Nr. 8 [1950] 1/93, 51).

Integral Heats of Solution and Dilution

Integrale Lösungs- und Verdünnungswärmen. Aus calorimetr. Messungen von J. Thomsen (*Thermochemische Untersuchungen, Bd.* 2, *Leipzig* 1882, S. 212, *Bd.* 3, *Leipzig* 1882, S. 34), A. Joly (*C. r.* **100** [1885] 447/50) und K. S. Pitzer (*J. Am. Soc.* **59** [1937] 2365/71) ber. Enthalpieänderung bei der Auflösung von 1 Mol krist. H_3PO_4 in n Mol H_2O bei 25 und 18°C in kcal/Mol H_3PO_4:

n	1	2	3	4	5	9	10	20	30	40
$-\Delta H_{lsg}$ bei 25°C	−0.6	+0.2	1.0	1.5	1.8	—	2.36	2.62	2.77	2.84
$-\Delta H_{lsg}$ bei 18°C	−0.88	—	+0.68	—	—	1.89	—	2.32	—	—

n	50	100	200	300	400	500	1000	2000	3000	∞
$-\Delta H_{lsg}$ bei 25°C	2.86	2.98	3.08	3.10	3.12	3.14	3.16	3.19	3.2	3.24
$-\Delta H_{lsg}$ bei 18°C	2.55	2.65	2.73	—	2.79	—	—	—	—	—

25°C-Werte, F. D. Rossini u. a. (*Selected Values* 1952, S. 75), Extrapolation auf unendliche Verd., T. D. Farr (in: *Tennessee Valley Authority, Chem. Engg. Rep.* Nr. 8 [1950] 1/93, 50); 18°-Werte, F. R. Bichowsky, F. D. Rossini (*Thermochemistry* 1936, S. 38). Verdünnungsenthalpie ΔH_{verd} in cal/Mol H_3PO_4 bei Verd. der Lsgg. auf die Konz. Null:

Gew.-% H_3PO_4	5	10	15	20	25	30	35	45	50	55
$-\Delta H_{verd}$ bei 25°C	227	342	446	550	660	778	909	1430	1660	1890

Gew.-% H_3PO_4	60	65	70	75	80	85	90	95	98	100
$-\Delta H_{verd}$ bei 25°C	2150	2420	2730	3060	3440	3880	4410	5050	5510	5870

Die Werte zwischen 5 und 35 Gew.-% H_3PO_4 sind aus den oben angegebenen Lsg.-Enthalpien interpoliert; sie gehorchen der Gleichung $-\Delta H_{verd} = 2240\sqrt{x} + 8760\sqrt{x^3}$ (x Molenbruch des H_3PO_4). Die Werte für 45 bis 98 Gew.-% H_3PO_4 sind aus der Gleichung $-\Delta H_{verd} = 6957.3\sqrt{x} - 1087$ erhalten; diese gibt eigene Messungen mit einer mittleren Abweichung von 39 bzw. 90 cal im Bereich 45 bis 80 bzw. 80 bis 98 Gew.-% H_3PO_4 wieder, T. D. Farr (*l. c.*). Aus diesen Verdünnungswärmen ber. Werte der partiellen Enthalpie $\overline{H} - \overline{H}^\circ$ weichen z. T. erheblich von neueren Angaben ab, s. S. 185.

Physikalische Eigenschaften

Physical Properties

Density

Dichte D in g/ml. Nach pyknometr. Bestt. an Lsgg. von reinstem $H_3PO_4 \cdot {}^1/_2 H_2O$ und gravimetr. Präzisionsanalysen einer Bezugslsg. mit dem H_3PO_4-Gehalt $w = 35.686 \pm 0.015$ Gew.-% gilt bei 25.000 ± 0.002°C im Bereich von w = 5 bis 90 Gew.-% für die Differenz $D^{25} - 0.99707 = \overline{D}^{25}$ die Formel $10^6\overline{D}^{25} = 5369.1\,w + 17.913\,w^2 + 0.21238\,w^3 - 5.510 \times 10^{-4} w^4$ (Genauigkeit: ±0.0001 g/ml). Auswahl aus den hiernach ber. Werten:

w in Gew.-%	0.2	0.4	0.6	0.8	1.0	1.2	1.4	1.6	1.8	2.0
D^{25}	0.9982	0.9994	1.0005	1.0016	1.0027	1.0038	1.0048	1.0059	1.0070	1.0081

w in Gew.-%	3.0	4.0	5.0	6.0	8.0	10.0	12.0	14.0	16.0	18.0
D^{25}	1.0135	1.0190	1.0245	1.0301	1.0413	1.0528	1.0644	1.0763	1.0884	1.1006

w in Gew.-%	20	24	28	34	40	50	60	70	80	90
D^{25}	1.1132	1.1390	1.1658	1.2080	1.2527	1.3334	1.4223	1.5202	1.6275	1.7438

Umgekehrt kann aus der Dichte der Massengehalt nach der Formel $w = 186.35222\,\overline{D} - 130.8834\,\overline{D}^2 + 57.6796\,\overline{D}^3$ berechnet werden, J. H. Christensen, R. B. Reed (*Ind. engg. Chem.* **47** [1955] 1277/80).

Die Konz.-Abhängigkeit von D bei 15, 25, 40, 60 und 80°C und die daraus sich ergebende Temp.-Abhängigkeit zeigt folgende Tabelle, in der δ^t für dD^t/dt steht (Daten für w $\geq$ 90% extrapoliert):

w in Gew.-%	D^{15}	$10^4 \cdot \delta^{15}$	D^{25}	$10^4 \cdot \delta^{25}$	D^{40}	$10^4 \cdot \delta^{40}$	D^{60}	$10^4 \cdot \delta^{60}$	D^{80}	$10^4 \cdot \delta^{80}$
0	0.9991		0.9971		0.9922		0.9832		0.9718	
5	1.0268	2.3	1.0241	2.9	1.0189	3.9	1.0097	5.2	0.9977	6.4
10	1.0553	2.9	1.0523	3.4	1.0468	4.3	1.0373	5.3	1.0247	6.4
15	1.0852		1.0819		1.0759		1.0661		1.0531	
20	1.1165	3.2	1.1129	3.8	1.1065	4.6	1.0963	5.8	1.0829	6.9
25	1.1493		1.1453		1.1385		1.1280		1.1142	
30	1.1837	3.9	1.1794	4.5	1.1721	5.3	1.1611	6.3	1.1472	7.4
35	1.2198		1.2151		1.2074		1.1960		1.1818	
40	1.2577	5.3	1.2527	5.6	1.2444	6.2	1.2326	6.8	1.2183	7.6
45	1.2974		1.2920		1.2834		1.2710		1.2566	
50	1.3391	5.6	1.3334	5.9	1.3242	6.2	1.3114	6.7	1.2969	7.2
55	1.3828		1.3767		1.3672		1.3539		1.3392	
60	1.4287	6.2	1.4223	6.4	1.4122	6.7	1.3985	7.1	1.3836	7.5
65	1.4768		1.4700		1.4596		1.4453		1.4303	
70	1.5271	7.3	1.5200	7.3	1.5092	7.4	1.4945	7.5	1.4792	7.5
75	1.5798		1.5725		1.5613		1.5462		1.5305	
80	1.6350	7.6	1.6275	7.7	1.6159	7.8	1.6003	7.8	1.5843	8.0
85	1.6928		1.6850		1.6732		1.6572		1.6406	
90	1.7532	8.0	1.7452	8.0	1.7331	8.1	1.7168	8.2	1.6996	8.3
95	1.8163		1.8082		1.7959		1.7792		1.7612	
100	1.8823	8.3	1.8741	8.4	1.8616	8.4	1.8446	8.5	1.8257	8.6

Zur Berechnung von D^t aus dem H_3PO_4-Gehalt w dient die Formel $D^t = A + Bw + Cw^2 + Dw^3$ mit folgenden Parametern:

t in °C	A	10^2B	10^4C	10^6D
15	0.9995	0.5336	0.2334	0.1158
25	0.9971	0.5285	0.2276	0.1209
40	0.9923	0.5216	0.2214	0.1263
60	0.9833	0.5176	0.2109	0.1328
80	0.9720	0.5022	0.2387	0.1128

E. P. Egan, B. B. Luff (*Ind. engg. Chem.* **47** [1955] 1280/1). Auf Grund dieser Tabelle entworfenes Nomogramm s. bei D. S. Davis (*Chem. Processing* **20** [1957] Nr. 4, S. 86).

Konz.-Abhängigkeit bei 0, 25 und 50°C:

w in Gew.-%	0.38	2.30	9.32	15.64	25.04	38.91	44.94	48.00	59.71	64.46
D^0	1.0020	1.0136	1.0546	—	1.1546	1.2565	1.3078	1.3307	1.4429	1.4779
D^{25}	0.9991	1.0101	1.0500	1.0875	1.1470	1.2468	1.2960	1.3174	1.4282	1.4623
D^{50}	0.9904	1.0011	1.0402	1.0766	1.1348	1.2326	1.2817	1.3036	1.4124	1.4460

w in Gew.-%	68.89	75.53	81.32	83.58	90.82	95.69	98.50
D^{25}	1.5115	1.5841	1.6400	1.6656	1.7522	1.8168	1.8544
D^{50}	1.4950	1.5664	1.6215	1.6464	1.7336	1.7988	1.8366

M. A. Kločko, M. Š. Kurbanov (*Ivzestija Sektora fiz.-chim. Anal.* [russ.] **24** [1954] 252/63); die Werte für 25°C stimmen gut mit denen von J. H. Christensen, R. B. Reed (*l. c.*) überein. Bei geringeren Ansprüchen an die Genauigkeit kann D als lineare Funktion von w und t angesehen werden. Aus der Ergänzung älterer Lit.-Daten durch Messungen ergibt sich zwischen 25 und 160°C die Formel $D^t =$

$(a + a'w') - (b + b'w') \cdot t$, wobei w' der P_2O_5-Gehalt in Gew.-% ist. Im Bereich $44\% < w' < 60\%$ (d. h. bei H_3PO_4-Gehalten von 60 bis 83 Gew.-%) ist $a = 0.7972$, $a' = 0.01472$, $b = 3.30 \times 10^{-4}$, $b' = 8.00 \times 10^{-6}$; bei $w' > 60\%$ ist $a = 0.7102$, $a' = 0.01617$, $b = 11.7 \times 10^{-4}$, $b' = 6.00 \times 10^{-6}$. Daraus ber. Werte für den in der vorstehenden Tabelle nicht erfaßten Temp.-Bereich:

w in Gew.-%	60.75	66.28	69.04	74.56	80.08	85.61	91.13	96.65	99.41
D^{100}	1.377	1.432	1.460	1.516	1.572	1.633	1.700	1.767	1.801
D^{125}	1.360	1.415	1.442	1.497	1.552	1.613	1.681	1.748	1.782
D^{150}	1.343	1.397	1.424	1.478	1.532	1.593	1.661	1.730	1.764

T. D. FARR (in: *Tennessey Valley Authority, Chem. engg. Rep.* Nr. 8 [1950] 1/93, 44).

Pyknometrisch gem. Werte:

w in Gew.-%	D^{20}	D^{25}	D^{30}
86.01	1.7004	1.6970	1.6934
90.33	1.7547	1.7513	1.7477

T. TAKEDA (*Nippon Kagaku Zasshi* **60** [1939] 885/94 [japan.]); aus der Tabelle von E. P. EGAN, B. B. LUFF (*l. c.*) ergibt sich durch Interpolation $D^{25} = 1.6970$ bzw. 1.7494.

Weitere, vielfach schon in der 3. Dezimale von den Angaben von E. P. EGAN, B. B. LUFF (*l. c.*) abweichende Werte für w zwischen 1.5 und 97.4 Gew.-% H_3PO_4 bei 25, 35, 42, 50 und 75°C s. bei S. I. SKLJARENKO, I. V. SMIRNOV (*Žurnal fiz. Chim.* [russ.] **25** [1951] 24/8); für 90%iges H_3PO_4 bei Tempp. von 20 bis 90°C s. Z. V. KONDRATENKO, I. G. FEDORČENKO (*Žurnal neorg. Chim.* [russ.] **4** [1959] 985/8). Dichte von 100%igem H_3PO_4 s. S. 162.

Partielle Molvolumina. Für das partielle Molvol. von H_3PO_4 $\overline{V}_2$ (in ml/Mol H_3PO_4) und für das relative partielle Molvol. von H_2O (in ml/Mol H_2O) $\overline{V}_1 - \overline{V}_1^\circ$ ergeben sich aus Dichtemessungen folgende Werte: *Partial Molar Volumes*

w in Gew.-%	$\overline{V}_2$ 15°C	25°C	40°C	60°C	80°C	$(\overline{V}_1 - \overline{V}_1^\circ)$ 15°C	25°C	40°C	60°C	80°C
10	46.64	47.12	47.77	48.26	49.16	0.0164	0.0099	0.0104	0.0115	0.0080
20	47.47	47.92	48.52	49.09	49.63	0.0434	0.0360	0.0347	0.0380	0.0235
30	48.28	48.68	49.23	49.80	50.20	0.0932	0.0827	0.0780	0.0820	0.0586
40	49.08	49.43	49.91	50.48	50.83	0.1730	0.1570	0.1462	0.1495	0.1222
50	49.85	50.16	50.59	51.14	51.52	0.2893	0.2675	0.2489	0.2491	0.2264
60	50.57	50.84	51.24	51.75	52.18	0.4517	0.4209	0.3948	0.3875	0.3756
70	51.19	51.43	51.81	52.30	52.78	0.6639	0.6233	0.5896	0.5761	0.5815
80	51.66	51.90	52.25	52.74	53.26	0.9247	0.8814	0.8347	0.8190	0.8477
90	51.96	52.18	52.54	53.03	53.57	1.2427	1.1827	1.1377	1.1161	1.1719
100	52.06	52.29	52.64	53.13	53.68	1.5825	1.5112	1.4900	1.4880	1.5014

E. P. EGAN, B. B. LUFF (*Ind. engg. Chem.* **47** [1955] 1280/1). Abweichende, aus älteren D_4-Daten ber. Werte von $\overline{V}_1^\circ - \overline{V}_1$ bei 25°C s. bei G. S. KASBEKAR, S. M. NEALE (*Trans. Faraday Soc.* **43** [1947] 517/28, 526).

Dampfdruck. Aktivität von H_2O. Dampfdruck von gesätt. Lsgg. s. S. 156. *Vapor Pressure. Activity of H_2O*

Auf ±0.005 Torr genaue Differenzmessungen mit Membranmanometer ergeben folgende Werte des Dampfdrucks p und der Akt. $a_1 = p/p_{H_2O}$ des H_2O bei 0°C in Abhängigkeit von der H_3PO_4-Molalität m:

m in Mol/kg	0.984	2.278	4.020	7.914	12.74	22.47	39.88
p in Torr	4.510	4.377	4.135	3.496	2.710	1.557	0.636
$a_1 = p/p_{H_2O}$	0.975	0.947	0.8960	0.7577	0.5851	0.3375	0.1380

C. DIETERICI (*Wied. Ann.* **50** [1893] 45/87, 61).

Aus isopiest. Messungen (Bezugslsgg. wss. NaCl, KCl und H_2SO_4, Meßgenauigkeit 0.01% bis m = 10, 0.5% bei m = 75) mit einem Fehler <0.5% bis m = 25, ~0.5% bei m > 25 erhaltene Werte (in Auswahl) der Akt. $a_1 = p/p_{H_2O}$ bei 25.00 ± 0.01°C:

m in Mol/kg	0.1659	0.4798	0.6406	1.0134	2.0445	3.0575	3.9978	5.5092
$a_1 = p/p_{H_2O}$	0.9964	0.9902	0.9871	0.9796	0.9570	0.9321	0.9067	0.8611

m in Mol/kg . . .	7.5356	8.7020	10.284	12.647	15.685	19.006	24.854	28.768
$a_1 = p/p_{H_2O}$ . . .	0.7932	0.7517	0.699	0.6237	0.5323	0.4432	03289	0.2732
m in Mol/kg . . .	31.044	35.773	41.184	50.010	57.265	64.659	74.726	
$a_1 = p/p_{H_2O}$ . . .	0.2470	0.1963	0.1625	0.1202	0.0957	0.0786	0.0627	

Fig. 37.

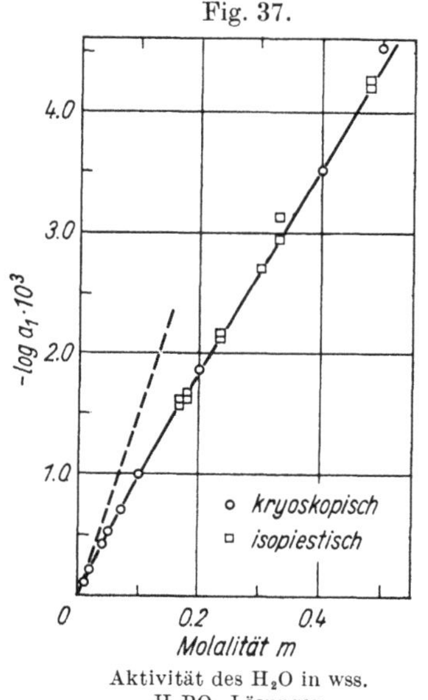

Aktivität des H_2O in wss. H_3PO_4-Lösungen.

Im Bereich m = 0.1 bis 7.5 gilt die empir. Gleichung $-\log a_1 = Fm^{-1/2} + Gm + Hm^{3/2} + Im^2$ mit $F = 3.85103 \times 10^{-5}$, $G = 9.19754 \times 10^{-3}$, $H = 1.44925 \times 10^{-3}$, $I = 1.08557 \times 10^{-3}$, K. L. ELMORE, C. M. MASON, J. H. CHRISTENSEN (*J. Am. Soc.* **68** [1946] 2528/32). Um bis 10% tiefere Werte, G. S. KASBEKAR (*J. Indian chem. Soc.* **17** [1940] 657/62); bis m = 30 im allgemeinen gut übereinstimmende, bei m > 30 beträchtlich höhere Werte finden I. A. KABLUKOV, K. I. ZAGWOSDKIN (*Z. anorg. Ch.* **224** [1935] 315/21).

Für 0.01 < m < 0.5 aus der Gefrierpunktserniedrigung berechnete a_1-Werte siehe **Fig. 37**. Sie stimmen mit den aus der H_3PO_4-Akt. (s. S. 199) bei m < 0.1 ber. Werten (ausgezogene Kurve in Fig. 37) überein, ferner mit den isopiestisch zwischen m = 0.16 und 0.5 bestimmten Werten. Die in Fig. 37 angegebene Grenzneigung (für m = 0) hat den theoret. Wert, K. L. ELMORE, u. a. (*l. c.*).

Aus vorstehenden a_1-Werten bei 25°C, der partiellen Enthalpie und der Verdampfungsenthalpie des reinen H_2O ergibt sich für die Temp.-Abhängigkeit des Dampfdrucks: $\lg p = -A/T - 4.9373 \lg T + 1.639 \times 10^{-5}T + 4.874 \times 10^{-8}T^2 + B$; Werte der Konstt. und aus der Gleichung ber. Dampfdrucke in Auswahl:

Gew.-% H_3PO_4	A	B	25°C	40°C	50°C	60°C	75°C	80°C	100°C
1.60	2935.3	23.4260	23.64	55.0	92.0	149	287	352	749
8.14	2935.9	23.4220	23.30	54.3	90.7	146	283	347	739
20.07	2938.6	23.4135	22.39	52.2	87.3	141	272	335	713
29.80	2943.8	23.4092	21.29	49.7	83.3	135	261	320	684
39.18	2956.9	23.4170	19.59	46.0	77.2	125	243	299	642
50.20	2981.4	23.4275	16.61	39.3	66.4	108	212	261	565
60.59	3013.8	23.4170	12.63	30.3	51.5	84.5	167	207	452
70.90	3066.2	23.3827	7.80	19.1	32.8	54.5	109	136	303
80.14	3145.0	23.3422	3.86	9.7	17.0	28.7	59.0	73.9	170
87.99	3265.6	23.3335	1.49	3.9	7.1	12.2	26.1	33.0	78.8

Diese Werte stimmen mit denen von I. A. KABLUKOV, K. I. ZAGWOSDKIN (*l. c.*) für 40, 60 und 80°C angegebenen innerhalb der Meßfehlergrenzen überein; für aus den Sdp.-Bestt. von E. V. BRICKE, N. E. PESTOV (*Trudy naučnogo Inst. Udobrenijam Insektofungisidam* [russ.] Nr. 59 [1929] 5/160) interpolierte Siedetempp. von 11 Lsgg. mit 13 bis 85 Gew.-% H_3PO_4 ergeben sich aus obenstehender Gleichung p-Werte, die im Mittel um 2 Torr, max. um 6 Torr vom Wert 760 Torr abweichen, T. D. FARR (in: *Tennessee Valley Authority, Chem. Engg. Rep.* Nr. 8 [1950] 1/93, 45). Höhere Werte bei 100°C s. G. TAMMANN (*Mém. Acad. Pétersb.* [7] **35** [1887] Nr. 9; *Jber.* **1888** 185); vgl. ferner J. H. PERRY, H. C. DUUS (*Chem. met. Engg.* **41** [1934] 74/7), M. M. STRIPLIN (*Ind. engg. Chem.* **33** [1941] 910/5). Aus den Angaben von T. D. FARR (*l. c.*) ber. a_1-Werte bei 100°C als Funktion der molaren Konz. c (Mol H_3PO_4/l Lsg. bei 100°C):

c in Mol/l	6.0	8.0	10.0	12.0	14.0	15.0	16.0	17.0	17.5	18.0	18.5
a_1	0.770	0.625	0.480	0.315	0.158	0.102	0.061	0.0360	0.0230	0.0135	0.00667

B. KEISCH, J. W. KENNEDY, A. C. WAHL (*J. Am. Soc.* **80** [1958] 4778/82).

Stat. Messungen (Genauigkeit ±0.25 Torr) ergeben folgende Dampfdrucke von Lsgg. mit 63.40, 66.90 und 72.20 Gew.-% P_2O_5 (87.6, 92.5 und 99.7 Gew.-% H_3PO_4) bei 150°C: 468.5, 185.0 bzw. 31.5 Torr. Eine Lsg. mit 68.60% P_2O_5 (94.8% H_3PO_4) hat bei 200°C 447.5 Torr Dampfdruck. Im Dampf ist kein P_2O_5 nachweisbar, K. I. Zagvozdkin, Ju. M. Rabinovič, N. A. Barilko (*Žurnal prikladnoj Chim.* [russ.] **13** [1940] 29/37). Weitere Dampfdruckwerte bei hohen Tempp. und Konzentrationen s. S. 158. Statistisch ber. Dampfdrucke stimmen befriedigend mit den gem. überein, A. B. D. Cassie (*Nature* **168** [1951] 382).

Siedepunkt siehe beim System P_2O_5–H_2O, S. 157. *Boiling Point*

Verdampfungswärme. Calorimetrisch auf etwa ±1 cal genau bestimmte Verdampfungswärme ΔH bei 80.0°C: *Heat of Vaporization*

w in Gew.-% H_3PO_4	0	12.65	21.18	27.95	36.79	42.99	51.45	58.22
ΔH (cal/g H_2O)	552.6	553.5	556.1	560.3	564.6	569.2	576.6	583.5
ΔH (cal/Mol H_2O)	9950	9960	10010	10100	10170	10250	10380	10520

K. I. Zagvozdkin (*Žurnal prikladnoj Chim.* [russ.] **11** [1938] 1543/7); bei früheren Messungen gelangen I. A. Kablukov, K. I. Zagwosdkin (*Z. anorg. Ch.* **224** [1935] 315/21) zu tieferen Werten.

Aus der Verdampfungswärme des Wassers und seiner partiellen Enthalpie in H_3PO_4-Lsgg. ergeben sich für ΔH (in cal/Mol H_2O) folgende Werte:

w in Gew.-%	1.60	13.63	20.07	29.80	39.18	50.20	60.59	70.90	80.14	87.99
$\Delta H_{298.16}$	10520	10530	10535	10560	10620	10730	10880	11120	11480	12030
$\Delta H_{378.16}$	9800	9805	9815	9840	9900	10010	10160	10400	10760	11310

T. D. Farr (in: *Tennessee Valley Authority, Chem. Engg. Rep.* Nr. 8 [1950] 1/93, 45); im Einklang mit K. I. Zagvozdkin (*l. c.*).

Schallgeschwindigkeit u. Bei 20°C ergeben sich als Funktion der Molarität c folgende, auf 1% genaue Werte: *Velocity of Sound*

c in Mol/l	3.2	6.4	9.56	12.8
u in m/s	1552	1593	1635	1687

B. Braune (*Diss. Leipzig* 1937, S. 1/42, 33). Die molare Schallgeschw. hängt zwischen 10 und 30 Mol-% H_3PO_4 linear vom Molenbruch ab, P. R. K. L. Padmini, K. Subba Rao, B. Ramachandra Rao (*J. chem. Phys.* **33** [1960] 1268/9).

Oberflächenspannung γ in dyn/cm. Für einen größeren Konz.-Bereich liegen nur Meßwerte vor, die bei einzelnen Tempp. zwischen 18.9 und 25.8°C erhalten wurden; in diesem Temp.-Intervall kann sich γ um größenordnungsmäßig 1 dyn/cm ändern. Die Temp.-Abhängigkeit nimmt bei den höchsten Konzz. w (in Gew.-% H_3PO_4) allmählich ab: *Surface Tension*

w	20°C	25°C	30°C
86.01	79.70	79.20	78.72
90.33	79.76	79.36	78.96
100.0	79.92	79.70	79.48

T. Takeda (*Nippon Kagaku Zasshi* **60** [1939] 885/94 [japan.]). Werden von den zwischen 18.9 und 25.8°C die bei den äußersten Tempp. gem. Werte weggelassen, so ergibt sich folgende Abhängigkeit der Oberflächenspannung vom Gewichtsgehalt w (aus der im Original angegebenen Konz. in Mol/l und der Dichte umgerechnet):

w	46.1	49.7	53.6	58.9	63.0	67.1	74.4	78.4	80.8	84.9	89.0
t in °C	21.7	20.6	21.5	22.0	23.0	23.6	21.7	23.0	21.0	22.2	21.6
γ	75.78	76.15	75.91	78.96	79.23	80.69	81.02	80.19	79.52	81.70	82.87

V. G. Vaidya, B. K. Maheshwari (*J. Indian chem. Soc.* **34** [1957] 711/2). Trotz der schwankenden Tempp. ist ein kleines Max. bei ~75 Gew.-% und ein Minimum bei ~80% zu erkennen, auf das ein weiterer Anstieg bei zunehmender Konz. folgt. — Relativmessungen, bei denen $(\gamma_{lsg}-\gamma_{H_2O})/\gamma_{H_2O}$ bei 21°C gemessen wird, ergeben ein Max. bei 60 Gew.-%, L. Abonnenc (*C. r.* **185** [1927] 948/50). An einer 3.16%igen Lsg. finden J. L. R. Morgan, G. A. Bole (*J. Am. Soc.* **35** [1913] 1750/9) zwischen 0 und 30°C eine Abnahme von γ von 75.77 auf 71.11. Bemerkungen hierzu s. bei K. Ariyama (*Bl. chem. Soc. Japan* **12** [1937] 109/13).

Ausbreitung von Lsgg. auf Filtrierpapier, K. Prosad, B. N. Ghosh (*Koll.-Z.* **84** [1938] 275/83), auf Quecksilber, B. Ghosh (*J. Indian chem. Soc.* **20** [1943] 349/54).

Viscosity

Viscosität. Dynam. Viscosität η in cP, kinemat. Viscosität $\nu = \eta/D$ in cSt.

Auf 0.01 s genaue Messungen der Ausflußzeit (Cannon-Fenske-Viscosimeter) ergeben Werte bei 25.000 ± 0.005°C, deren Abhängigkeit von der Molalität m der Lsg. durch folgende Gleichungen wiedergegeben wird ($\eta_W = 0.8902$, Viscosität von H_2O bei 25°C): $\eta = \eta_W + 0.22330\,m + 0.017841\,m^2$ im Bereich m = 0.2 bis 2.7, mittlere Abweichung von den experimentellen Werten ±0.15%, max. Abweichung 0.34%; $\eta = \eta_W + 0.20566\,m + 0.0275378\,m^2 - 0.000744285\,m^3$ im Bereich m = 2.69 bis 9.9, mittlere bzw. max. Abweichung ±0.31% bzw. 1.28%; $\log(\eta - \eta_W) = 1.334646 \log m - 0.723152$ im Bereich m = 9.89 bis 50, mittlere bzw. max. Abweichung ±0.77% bzw. 1.75%. Die mittleren Abweichungen sind ungefähr ebenso groß wie die bei Verwendung verschiedener Viscosimeter an derselben Lsg. gefundenen Abweichungen der Meßwerte. Zwei weitere Meßwerte: $\eta = 46.30$ bzw. 59.76 bei m = 64.84 bzw. 84.77 (entsprechend 86.4 bzw. 89.3 Gew.-% H_3PO_4) sind um 8 bzw. 17% niedriger als aus der dritten Gleichung ber. Werte. Die Gleichungen liefern folgende η-Werte bei 25°C (w in Gew.-% H_3PO_4):

w	5	10	15	20	25	30	35	40
η_{25}	1.015	1.166	1.350	1.576	1.879	2.254	2.728	3.329
w	45	50	55	60	65	70	75	80
η_{25}	4.094	5.090	6.378	8.105	10.48	13.90	19.08	27.60

O. W. Edwards, E. O. Huffman (*J. chem. engg. Data* **3** [1958] 145/54), in sehr guter Übereinstimmung mit Messungen von C. Drucker (*Ark. Kem. Min.* **22** A Nr. 21 [1946] 1/17, 13) im Bereich 0 bis 12 Gew.-% H_3PO_4; abweichende Angaben, G. S. Kasbekar, S. M. Neale (*Trans. Faraday Soc.* **43** [1947] 517/28). η-Werte bei 0, 25 und 50°C in Auswahl:

w	0.38	9.32	25.04	38.91	48.00	59.71	64.46
η_0	1.793	2.313	3.884	6.738	10.129	19.315	25.085
η_{25}	0.9688	1.146	1.884	3.102	4.564	8.122	9.840
η_{50}	0.5823	0.7160	1.090	1.768	2.529	4.294	5.108
w	71.60	75.53	81.32	83.58	90.82	95.69	98.50
η_{25}	15.245	20.247	29.400	35.418	65.820	107.598	156.071
η_{50}	7.454	9.472	12.921	15.000	25.225	38.599	53.700

M. A. Kločko, M. Š. Kurbanov (*Izvestija Sektora fiz.-chim. Anal.* [russ.] **24** [1954] 252/63); die 25°-Werte sind in Einklang mit denen von O. W. Edwards, E. O. Huffman (*l. c.*).

Aus Messungen der Sinkgeschw. (Höppler-Viscosimeter) erhaltene η-Werte bei 20°C:

w	9.41	18.89	29.33	38.78	49.22	59.98	68.24	73.27	81.88	88.45	95.99	99.98
η_{20}	2.23	3.87	5.34	8.12	18.86	23.19	36.22	46.47	69.59	89.13	204.22	326.08

A. Simon, M. Weist (*Z. anorg. Ch.* **268** [1952] 301/26, 314).

Bei Werten von w zwischen 0.38 und 48% nimmt η oberhalb 60°C folgendermaßen ab:

w	60°C	70°C	80°C	85°C
0.38	0.5184	0.4690	0.4288	0.4093
9.32	0.6286	0.5562	0.4938	0.4778
25.04	0.9336	0.8105	0.7209	—
48.00	2.114	1.776	1.529	—

Die Abhängigkeit des Temp.-Koeff. von Konz. und Temp. (Zahlenwerte und graph. Darst. im Original) entspricht vollkommen derjenigen des Temp.-Koeff. der elektr. Leitf. (s. S. 189), M. A. Kločko, M. Š. Kurbanov (*l. c.*).

Relative Viscosität η/η_{H_2O} (Ostwald-Viscosimeter) in Abhängigkeit von Temp. und Konz.:

w	25°C	35°C	42°C	50°C	75°C
1.519	1.052	1.050	1.044	1.046	1.031
9.950	1.310	1.294	1.285	1.273	1.236
27.08	2.255	2.206	2.161	2.119	1.967
54.72	7.196	6.793	6.543	6.250	5.480
68.08	13.87	12.86	12.17	11.35	9.506
81.39	33.53	29.00	26.31	23.58	17.38

w	25°C	35°C	42°C	50°C	75°C
88.22	62.53	51.89	45.80	39.84	28.61
93.10	101.0	80.77	70.28	60.79	41.24
97.35	159.2	124.4	105.9	90.16	59.24

S. I. SKLJARENKO, I. V. SMIRNOV (*Žurnal fiz. Chim.* [russ.] **25** [1951] 24/8), in guter Übereinstimmung mit N. D. LITVINOV, T. A. KRJUKOVA, E. A. KUROČKINA (*Žurnal prikladnoj Chim.* [russ.] **7** [1934] 1121/4); für die 5 Lsgg. mit 1.519 bis 68.08% H_3PO_4 ergibt sich aus den Gleichungen von O. W. EDWARDS, E. O. HUFFMAN (*l. c.*) mit $\eta_{H_2O} = 0.890$ bei 25°C: $\eta/\eta_{H_2O} = 1.045, 1.314, 2.278, 7.10$ bzw. 14.02. Messungen der Ausflußzeit ergeben folgende (im Original auf 5 Dezimalen angegebene) η-Werte bei 20 bis 90°C in Auswahl:

w	90.0	94.0	96.0	97.6	98.5	99.2
20°C	88.58	166.1	171.0	213.0	231.8	279.0
50°C	27.75	48.49	49.52	57.59	64.47	73.97
80°C	12.70	20.98	21.59	24.61	26.90	29.89
90°C	10.28	16.60	16.67	19.28	21.32	23.70

Z. V. KONDRATENKO, I. G. FEDORČENKO (*Žurnal neorg. Chim.* [russ.] **4** [1959] 985/8); die Werte passen schlecht zu denen von A. SIMON, M. WEIST (*l. c.*) und S. I. SKLJARENKO, I. V. SMIRNOV (*l. c.*).

Die kinemat. Viscosität ν wird an 7 Lsgg. mit P_2O_5-Gehalten zwischen 54.1 und 86.0% bei 85, 100, 120, 168, 210 und 300°F von C. B. DURGIN, J. H. LUM, J. E. MALOWAN (*Trans. Am. Inst. chem. Eng.* **33** [1937] 643/67, 655) gemessen; aus den graphisch dargestellten Ergebnissen lassen sich folgende Werte (auf 10% genau) interpolieren (die Indices von ν beziehen sich auf die Celsius-Skala):

w	10	20	30	40	50	60	70	80	90	95	100
ν_{100} . . .	0.38	0.48	0.62	0.81	1.1	1.4	2.0	3.0	4.8	6.2	9.2
ν_{120} . . .	—	—	—	—	—	—	1.6	2.3	3.5	4.4	6.2
ν_{140} . . .	—	—	—	—	—	—	—	1.8	2.8	3.3	4.5
ν_{160} . . .	—	—	—	—	—	—	—	—	2.1	2.6	3.5
ν_{180} . . .	—	—	—	—	—	—	—	—	—	2.1	2.9

MONSANTO CHEMICAL COMPANY (*Techn. Bl.* Nr. P-26 [1946] 1/12). Auf —180°C abgeschreckte Lsgg. mit 0.5 bis 10 Mol-% H_3PO_4 sollen nach G. VUILLARD (*C. r.* **241** [1955] 1126/8; *Ann. Chim.* [13] **2** [1957] 233/97, 252) unabhängig von der Konz. bei —114°C vom unterkühlten, glasartigen in den fl. Zustand übergehen.

Diffusion Coefficient

Diffusionskoeffizient D in 10^{-6} cm²/s. Interferometr. Messungen (Gouy-Interferometer. Tiselius-Diffusionszelle) ergeben die in **Fig. 38**, S. 182, dargestellte Konz.-Abhängigkeit des Diffusionskoeff. in wss. H_3PO_4-Lsg. bei 25.000 ± 0.005°C; ausgewählte Werte (Genauigkeit ± 0.3%):

C in Mol/l. . . .	0.0360	0.0714	0.1	0.3	0.5	1.0	2.0	3.0
D_{25}	10.41	9.912	9.392	8.734	8.514	8.295	8.126	8.026
C in Mol/l. . . .	4.0	5.0	6.0	7.772	8.940	10.238	13.257	15.992
D_{25}	7.956	7.836	7.597	6.879	6.263	5.302	3.043	1.322

Aus den Grenzleitff. von H^+ und $H_2PO_4^-$ nach NERNST ber. Grenzwert von D für $C \to 0, \alpha \to 1: D_i^\circ = 16.05$. Der hypothet. Grenzwert des undissoz. H_3PO_4 in unendlich verd. Lsg. läßt sich zu $D_m^\circ = 7.6$ abschätzen, O. W. EDWARDS, E. O. HUFFMAN (*J. phys. Chem.* **63** [1959] 1830/3). Für die Diffusion der gelösten Partikel aus einer H_3PO_4-Lsg. der Konz. C_0 in reines Wasser gelten bei 20°C folgende, auf ± 0.3 genaue Werte:

C_0 in Mol/l	1.0	0.667	0.5	0.333	0.167	0.083
D_{20}	7.5	7.6	7.9	8.0	8.5	8.9

L. W. ÖHOLM (*Finska Kemistsamfundets Medd.* **30** [1921] 69/78, 71).

Ein Maß für die mittlere Beweglichkeit aller in H_3PO_4-Lsgg. enthaltenen Ionen ist der Selbstdiffusionskoeffizient D*, der bei konst. Konz. innerhalb der Diffusionszelle aus der Verteilung von mit ^{32}P markierten Ionen ermittelt werden kann; ausgewählte Werte bei 18°C:

C in Mol/l . .	0.029	0.080	0.477	0.737
D^*_{18}	6.3 ± 0.3	5.8 ± 0.3	5.5 ± 0.2	5.2 ± 0.2

Bei Verwendung einer trägerfreien Lsg. von $H_3^{32}PO_4$ einerseits und reinem Wasser andrerseits, d. h. für C = 0 ergibt sich $D_{18}^* = 6.0 \pm 0.1$, J. ROLFE (*Pr. phys. Soc.* B **67** [1954] 401/8); vgl. auch L. A. WALKER (*Science* [2] **112** [1950] 757/8). Selbstdiffusion in den Poren von Aktivkohlen, I. E. AMPILOGOV, A. N. CHARIN (*Žurnal fiz. Chim.* [russ.] **29** [1955] 2185/93), in organ. Ionenaustauscherharzen, B. A. SOLDANO, G. E. BOYD (*J. Am. Soc.* **75** [1953] 6099/104).

Für die beiden Ionen $H_2PO_4^-$ und HPO_4^{2-} geben R. BRODERSEN, H. KLENOW (*Kgl. Danske Vidensk. Selsk. Viol. Medd.* **20** [1947] Nr. 7, S. 1/28) als Diffusionskoeff. in 1 m KCl-Lsg. bei 10°C die Werte 5.73 bzw. 5.42 an. Im Einklang damit steigt $D_{10}\eta/\eta_{H_2O}$ mit abnehmendem p_H-Wert (10 bis 0) von 5.32 auf 6.25, G. JANDER, K. F. JAHR (*Koll.-Beih.* **41** [1935] 297/354, 319), G. JANDER, W. HEUKESHOVEN (*Z. anorg. Ch.* **201** [1931] 361/82, 364). Aus der Leitf. bei unendlicher Verd., gemessen bei 25°C (s. S. 190), leiten O. W. EDWARDS, E. O. HUFFMAN (*l. c.*) für das $H_2PO_4^-$-Ion $D° = 8.79$ ab. — Für das HPO_4^{2-}-Ion ergeben sich bei Selbstdiffusionsmessungen in wss. Lsgg. von $Na_2H^{32}PO_4$ bei 0.2 und 25°C folgende Werte:

C in Mol/l. . . .	0.025	0.05	0.1	0.15	0.2
$D_{0.2}$	3.57 ± 0.04	3.46 ± 0.02	3.23 ± 0.05	2.98 ± 0.03	2.89 ± 0.03
D_{25}	11.28 ± 0.14	10.31 ± 0.10	9.31 ± 0.10	8.98 + 0.07	8.65 ± 0.08

D wird in erster Linie durch die Viscosität η der Lsgg. bestimmt. Konz.- und Temp.-Abhängigkeit sowie der Einfluß von Nichtelektrolytzusätzen (Harnstoff, Glucose, Lactose) werden durch die Gleichung $D \cdot \eta^{1.44} = 8.16 \pm 0.5$ (η in cP) wiedergegeben, P. JA. SIVER (*Žurnal fiz. Chim.* [russ.] **33** [1959] 1065/70). Die Abhängigkeit von Konz.-Gradienten wird unter Verwendung von ^{32}P als praktisch linear ermittelt, auch bei Zusatz der genannten Nichtelektrolyte oder von Glycerin, P. JA. SIVER (*Doklady Akad. Nauk SSSR* **127** [1959] 1062/5; engl. Übers.: *Pr. Acad. Sci. USSR, Phys. Chem. Sect.* **124/9** [1959] 703/5).

Fig. 38.

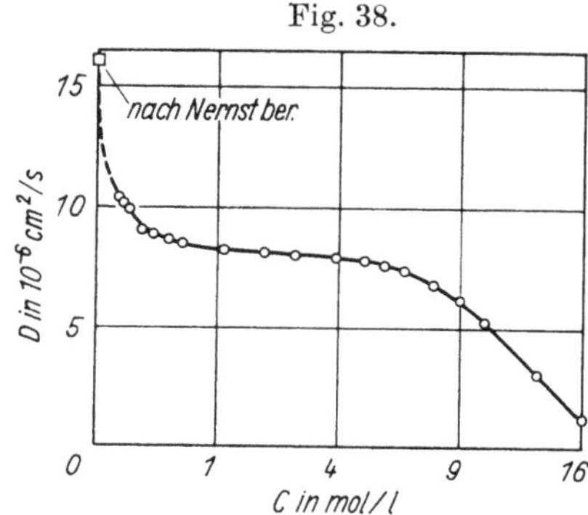

Diffusionskoeff. D von wss. H_3PO_4-Lsgg. bei 25°C.

Diffusion durch Membranen, H. BRINTZINGER (*Z. anorg. Ch.* **225** [1935] 221/4), M. E. WYMAN (*Pr. Minnesota Acad. Sci.* **19** [1951] 27/35 nach *C. A.* **1956** 6873), E. CANALS, R. MARGINAN, L. BARDET (*Trav. Soc. Pharm. Montpellier* **14** [1954] 52/7 nach *C. A.* **1954** 13344). Über Osmose s. J. DUCLAUX, C. COHN (*J. Chim. phys.* **53** [1956] 278/83), B. STEHLICK, A. TKAČ (*Collect. Trav. chim. Tchécosl.* **14** [1949] 10/19), L. BRAUNER (*Rev. Fac. Sci. Univ. Istanbul* B **10** [1945] 1/59, 35, 41), L. PLANTEFOL (*C. r.* **217** [1943] 83/4).

Diffusion in Gelatine-Gel, G. CETINI, F. RICCA (*Pr. 2nd U.N. Int. Conf. peaceful Uses At. Energy, Geneva* 1958, *Bd.* 20, S. 120/2, *C. A.* **1960** 23615), J. SALVINIEN, R. MARIGNAN, S. CORDIER (*C. r.* **238** [1954] 888/90, 1710/1), S. CORDIER (*Publ. sci. techn. Ministère de l'Air., Note techn.* Nr. 57 [1956] 1/71 nach *C. A.* **1956** 10483), R. MARIGNAN, G. CROUZAT-REYNES (*J. Chim. phys.* **55** [1958] 149/51); vgl. auch S. AFFONSKY (*Bioch. Z.* **195** [1928] 387/95).

Thermodiffusion, K. HIROTA (*J. chem. Soc. Japan* **63** [1942] 1061/7, *C. A.* **1947** 3346).

Thermal Conductivity

Wärmeleitfähigkeit λ in $kcal \cdot m^{-1} \cdot h^{-1} \cdot grd^{-1}$. Messungen nach einem nichtstationären Verf. (Fehler < 2%) bei 19.5°C ergeben eine lineare Beziehung zwischen λ und dem H_3PO_4-Gehalt w in Gew.-%:

w	32.3	64.5	86
λ.	0.468	0.428	0.401

E. F. M. VAN DER HELD, F. G. VAN DRUNEN (*Physica* [2] **15** [1949] 865/81). — Relativmessung (stationäres Zylinderverf., Meßfehler < 1%) ergibt mit $\lambda_{29}(H_2O) = 0.5249$ bei 29°C:

c in Mol/l	3.20	6.40	9.56	12.8	16.0
λ.	0.472	0.430	0.402	0.392	0.383

B. BRAUNE (*Diss. Leipzig* 1937, S. 1/42, 23). Daraus durch graph. Interpolation und Umrechnung auf 20°C erhaltene Werte (geschätzte Genauigkeit 1 bis 2%):

w	5	10	15	20	25	30	40	50
λ	0.505	0.498	0.489	0.479	0.468	0.458	0.438	0.418

Bei höheren Konzz. ist die Umrechnung unsicher. Interpolierte Werte bei 29°C:

w	50	60	70	80	90
λ_{29}	0.427	0.410	0.399	0.392	0.385

L. RIEDEL (*Chemie Ing. Techn.* **23** [1951] 59/64).

Specific Heat Capacity

Spezifische Wärmekapazität c_p in cal·g^{-1}·grd^{-1}. Die Wärmemengeneinheit, die in den folgenden Abschnitten verwendet wird, ist die thermochem. Calorie: 1 cal = 4.184 J. — Mit einer mittleren Genauigkeit von ± 0.0004 ausgeführte calorimetr. Messungen ergeben folgende graphisch und rechnerisch ausgeglichenen (für H_3PO_4-Gehalte w ≧ 90 Gew.-% extrapolierte) c_p-Werte:

w	15°C	25°C	40°C	60°C	70°C	80°C
0	1.0004	0.9990	0.9987	1.0010	1.0013	1.0030
5	0.9576	0.9591	0.9631	0.9638	0.9654	0.9666
10	0.9172	0.9208	0.9251	0.9282	0.9330	0.9347
15	0.8794	0.8839	0.8895	0.8946	0.8980	0.9017
20	0.8414	0.8465	0.8534	0.8622	0.8652	0.8639
25	0.8042	0.8102	0.8184	0.8287	0.8303	0.8297
30	0.7679	0.7743	0.7833	0.7945	0.7956	0.7968
35	0.7322	0.7387	0.7479	0.7601	0.7623	0.7658
40	0.6971	0.7036	0.7134	0.7256	0.7294	0.7342
45	0.6622	0.6689	0.6803	0.6911	0.6969	0.7008
50	0.6281	0.6353	0.6477	0.6580	0.6649	0.6674
55	0.5952	0.6030	0.6149	0.6274	0.6334	0.6350
60	0.5639	0.5725	0.5838	0.5970	0.6021	0.6042
65	0.5361	0.5439	0.5545	0.5673	0.5724	0.5754
70	0.5096	0.5166	0.5264	0.5385	0.5440	0.5474
75	0.4844	0.4960	0.4998	0.5114	0.5172	0.5202
80	0.4606	0.4662	0.4746	0.4861	0.4919	0.4941
85	0.4380	0.4434	0.4511	0.4614	0.4666	0.4692
90	0.4174	0.4228	0.4294	0.4389	0.4429	0.4454
95	0.3994	0.4045	0.4096	0.4187	0.4212	0.4227
100	0.3839	0.3889	0.3918	0.4008	0.4013	0.4010

Die auffallend starke Abnahme von dc/dt zwischen 60 und 70°C ist vermutlich durch die Änderung des Hydratationsgrades der Phosphat-Ionen bedingt, E. P. Egan, B. B. Luff, Z. T. Wakefield (*J. phys. Chem.* **62** [1958] 1091/5); Nomogramm s. bei A. M. P. Tans (*Industrial Chemist chem. Manufact.* **35** [1959] 277). Die von M. M. Popoff, S. M. Skuratoff, N. N. Feodossjeff (*Z. phys. Ch.* A **167** [1933] 42/48) erhaltenen Werte für die wahre spezif. Wärme bei 21.3°C sowie die mittlere spezif. Wärme zwischen 20°C und dem Sdp. liegen um ~0.3% höher als die aus der vorstehenden Tabelle interpolierten. — Text zu folgender Tabelle s. S. 184.

w	15°C	25°C	40°C	60°C	70°C	80°C	15°C	25°C	40°C	60°C	70°C	80°C
5	534	559	583	656	708	800	16.23	21.90	26.51	26.97	32.70	33.68
10	756	831	875	982	1029	1113	23.95	24.84	27.20	30.09	30.24	34.48
15	953	1017	1050	1191	1283	1360	22.86	23.73	27.13	34.96	32.85	30.39
20	1074	1147	1199	1337	1403	1462	23.30	25.05	28.02	32.64	30.60	29.05
25	1139	1227	1293	1422	1478	1545	24.78	26.25	28.64	30.76	30.18	31.88
30	1261	1359	1424	1539	1605	1699	25.94	26.80	28.02	30.77	32.18	35.43
35	1545	1648	1723	1847	1915	2010	26.71	27.41	28.67	30.59	32.57	35.18
40	1977	2081	2169	2320	2392	2489	26.92	27.62	30.45	30.58	33.00	34.69
45	2308	2422	2525	2686	2762	2852	27.70	28.68	31.26	30.56	33.50	32.27
50	2607	2731	2845	3024	3112	3209	28.46	29.87	31.32	33.29	33.99	33.14
55	2917	3057	3189	3387	3485	3587	29.97	31.40	32.04	34.60	34.41	34.17
60	3247	3405	3562	3764	3879	3994	32.06	33.10	33.70	34.93	35.10	36.35
65	3574	3747	3917	4146	4257	4381	33.96	34.11	34.63	35.49	36.17	36.86
70	3945	4126	4308	4554	4675	4808	34.85	34.94	35.52	36.27	37.09	37.40
75	4321	4509	4703	4969	5099	5237	35.43	35.70	36.28	37.42	37.91	37.93
80	4676	4871	5076	5352	5487	5629	36.07	36.46	36.97	37.74	38.26	38.41
85	5034	5234	5449	5735	5874	6019	36.45	37.03	37.56	38.27	38.45	38.82
90	5306	5512	5734	6030	6172	6320	37.13	37.61	38.01	38.84	38.97	39.09
95	5510	5720	5947	6249	6393	6544	37.50	37.98	38.28	39.17	39.24	39.24
100	5569	5780	6009	6313	6458	6610	37.63	38.11	38.39	39.28	39.33	39.33

Partial Enthalpy, Free Enthalpy, Molar Heat

Partielle Enthalpie $\overline{H}$ in cal/Mol. **Partielle freie Enthalpie** $\overline{G}$ in cal/Mol. **Partielle Molwärme** $\overline{C}$ in $cal \cdot mol^{-1} \cdot grd^{-1}$. Der Index 1 bezeichnet das Lsgm. (H_2O), der Index 2 den gelösten Stoff (H_3PO_4); die für unendliche Verd. extrapolierten Größen werden mit dem oberen Index° geschrieben.

Aus den Werten für die spezif. Wärmekapazität (s. oben) und unveröffentlichten Daten für die integrale Verd.-Wärme bei 25°C ergeben sich folgende Werte für $\overline{H}_2-\overline{H}_2^\circ$ (linker Tl. der Tabelle) und $\overline{C}_2$ (rechter Tl. der Tabelle), w = H_3PO_4-Gehalt in Gew.-% (s. Tabelle auf S. 183 unten).
Für die 0.01 molale Lsg. gilt $\overline{H}_2-\overline{H}_2^\circ = 41$ bei 25°C; die Konz.-Abhängigkeit von $\overline{C}$ ändert sich besonders stark, wenn die Molalität m = 2.2 Mol/kg beträgt, daneben auch bei m = 0.1, 4, 8 und 15 (entsprechende Gew.-Gehalte: w = 1, 28, 44, 60%). Daher kann $\overline{C}_2^\circ$ nach den üblichen Methh. nicht extrapoliert werden, E. P. Egan, B. B. Luff, Z. T. Wakefield (*J. phys. Chem.* **62** [1958] 1091/5).

Differentiale Verdünnungswärmen $\overline{H}_1^\circ-\overline{H}_1$:

w	15°C	25°C	40°C	60°C	70°C	80°C
5	1.942	2.150	2.448	2.700	2.936	3.511
10	5.051	6.141	4.616	5.447	5.678	5.938
15	10.16	10.82	11.14	13.42	14.90	14.82
20	13.84	15.22	16.63	18.34	18.36	17.90
25	17.74	19.56	21.19	22.27	21.94	22.28
30	26.83	29.21	30.84	30.66	31.04	33.18
35	52.32	55.23	57.73	58.15	58.70	60.96
40	100.1	103.2	107.4	110.7	111.4	113.8
45	144.6	149.1	155.2	159.9	161.4	162.8
50	194.4	200.6	208.2	216.6	220.6	222.8
55	257.8	267.0	278.5	291.2	296.6	300.1
60	340.1	354.2	371.9	389.4	396.1	403.4
65	441.1	459.4	481.2	502.8	512.0	521.5
70	580.6	602.1	628.8	657.1	669.7	682.3
75	766.0	790.9	823.1	860.9	878.3	894.2
80	993.6	1023	1062	1106	1125	1144
85	1294	1328	1375	1429	1452	1473
90	1661	1703	1760	1828	1857	1883
95	2128	2178	2247	2328	2364	2395

E. P. Egan, B. B. Luff, Z. T. Wakefield (*l. c.*). — Ebenso ber. Werte für $\overline{C}_1^\circ-\overline{C}_1$:

w	15°C	25°C	40°C	60°C	70°C	80°C
5	0.0214	0.0203	0.0196	0.0001	0.0481	0.0638
10	0.1527	0.0711	0.0293	0.0521	−0.0185	0.0633
15	0.1261	0.0319	0.0202	0.1904	+0.0717	−0.0569
20	0.1451	0.1258	0.0611	0.1008	−0.0368	−0.0511
25	0.2241	0.1428	0.0878	−0.0029	−0.0564	+0.0933
30	0.3046	0.1817	0.0394	−0.0064	+0.1007	0.3532
35	0.3741	0.2365	0.1005	−0.0216	0.1348	0.3268
40	0.3897	0.2538	0.3021	−0.0235	0.1823	0.2750
45	0.4974	0.4006	0.4114	−0.0247	0.2499	−0.0320
50	0.6223	0.5984	0.4136	+0.4309	0.3310	+0.1140
55	0.9298	0.9103	0.5734	0.6768	0.4138	0.3234
60	1.4653	1.3402	0.9921	0.7604	0.6007	0.8789
65	2.0226	1.6466	1.2754	0.9321	0.9243	1.0377
70	2.3718	1.9602	1.6143	1.2395	1.2773	1.2395
75	2.6566	2.3350	1.9896	1.8024	1.6742	1.4994
80	3.0615	2.8133	2.4214	1.9814	1.8661	1.7990
85	3.3829	3.3125	2.9380	2.4691	2.0640	2.1543
90	4.2544	4.0608	3.5217	3.1911	2.7221	2.5047
95	5.1070	4.9046	4.1712	3.9555	3.3217	2.8522

E. P. Egan, B. B. Luff, Z. T. Wakefield (*l. c.*).

Die von T. D. Farr (*Tennessee Valley Authority, Chem. Engg. Rep.* Nr. 8 [1950] 1/93, 50) aus Verd.-Wärmen für 25°C ber. Enthalpiewerte sind zwischen 5 und 35 Gew.-% H_3PO_4 um 100 bis 300 cal kleiner, zwischen 45 und 98% weichen sie nach beiden Seiten um max. 130 cal ab.

Für das Ion $H_2PO_4^-$ ergibt sich aus Lit.-Daten unter der Annahme, daß $\bar{C}^\circ_{298}$ $(NH_4^+) = \bar{C}^\circ_{298}$ (Cl^-) ist, die partielle Molwärme bei 298°K zu 14.4 cal·grd⁻¹·mol⁻¹, K. P. Miščenko, A. M. Ponomareva (*Žurnal fiz. Chim.* [russ.] **26** [1952] 998/1006). Daraus und aus dem Wert $\Delta C_p^\circ = -36.8$ für die erste Dissoz.-Stufe (s. S. 194) folgt $\bar{C}^\circ_{H_3PO_4} = 51.2$ cal·grd^{-1}·mol^{-1}.

Relative partielle molare Enthalpie $\bar{H}_1$–H_1° des H_2O in wss. H_3PO_4-Lsgg. — die Tabelle enthält die negativen Werte $\bar{H}_1^\circ$–$\bar{H}_1$ (differentiale Verdünnungswärmen) — und Werte für $\bar{C}_1^\circ$–$\bar{C}_1$ s. auf S. 184.

Werte für die partielle Enthalpie des Lsgm. s. auch bei I. D. Judin (*Žurnal fiz. Chim.* [russ.] **13** [1939] 1346/54; *C. r. Acad. URSS* **23** [1939] 804/7), K. I. Zagvozdkin (*Žurnal prikladnoj Chim.* [russ.] **11** [1938] 1543/7).

Aus der Akt. des H_2O (s. „Dampfdruck" S. 177) ergeben sich für $\bar{G}_2$–$\bar{G}_2^\circ$ und $\bar{G}_1$–$\bar{G}_1^\circ$ in Abhängigkeit von der Molalität m (in Mol/kg) bei 25°C unter anderem folgende Werte:

m	0.01	0.02	0.04	0.06	0.08	0.10	0.2	0.4	0.6	0.8
$\bar{G}_2-\bar{G}_2^\circ$	−3275	−2710	−2186	−1889	−1681	−1520	−1083	−636	−369	−176
$-(\bar{G}_1-\bar{G}_1^\circ)$	0.171	0.317	0.588	0.852	1.11	1.37	2.50	4.84	7.21	9.63
m	1.0	2.0	3.0	4.0	5.0	6.0	8.0	10.0	14	18
$\bar{G}_2-\bar{G}_2^\circ$	−23	487	829	1105	1347	1568	1973	2305	2864	3306
$-(\bar{G}_1-\bar{G}_1^\circ)$	12.10	25.46	40.72	58.08	77.66	99.53	149.7	203.6	323.6	450.1
m	22	26	30	34	38	42	46	50	54	58
$\bar{G}_2-\bar{G}_2^\circ$	3646	3922	4143	4323	4470	4592	4696	4786	4865	4935
$-(\bar{G}_1-\bar{G}_1^\circ)$	574.6	688.0	803.3	906.1	1013	1096	1174	1266	1333	1393
m	62	66	70	74	78	80				
$\bar{G}_2-\bar{G}_2^\circ$	4997	5052	5098	5138	5171	5186				
$-(\bar{G}_1-\bar{G}_1^\circ)$	1459	1525	1578	1631	1673	1698				

K. L. Elmore, C. M. Mason, J. H. Christensen (*J. Am. Soc.* **68** [1946] 2528/32).

Mit neueren Werten für $\bar{G}_2-\bar{G}_2^\circ$ werden auch aus den vorstehenden Daten umgerechnete Werte (hier kursiv) wiedergegeben:

w	15°C	25°C		40°C	60°C	70°C	80°C
5	−424.8	−458.5	*−444*	−510.2	−582.2	−620.1	−659.9
10	+89.22	+64.67	*+55*	+24.86	−32.70	63.86	−96.79
15	424.4	404.9	*399*	372.9	+326.0	+298.6	+268.8
20	700.8	686.6	*685*	661.8	623.3	600.9	576.7
25	953.4	945.4	*943*	929.1	902.1	885.7	867.5
30	1203	1199	*1197*	1189	1171	1159	1144
35	1464	1459	*1460*	1447	1426	1412	1396
40	1746	1736	*1733*	1716	1683	1663	1640
45	2044	2035	*2034*	2012	1975	1952	1927
50	2347	2336	*2336*	2313	2273	2250	2223
55	2674	2663	*2660*	2640	2598	2573	2580
60	3030	3020	*3016*	2996	2954	2928	2899
65	3402	3393	*3391*	3371	3328	3302	3272
70	3789	3780	*3780*	3758	3715	3688	3657
75	4181	4173	*4172*	4151	4107	4079	4048
80	4565	4558	*4557*	4537	4494	4466	4434
85	4939	4932	*4932*	4911	4868	4840	4807
90	5269	5264	—	5246	5205	5178	5147
95	5594	5593	—	5581	5548	5524	5497
100	5708	5709	—	5699	5670	5649	5623

E. P. Egan, B. B. Luff, Z. T. Wakefield (*J. phys. Chem.* **62** [1958] 1091/5).

Entsprechende Werte für $-(\bar{G}_1 - \bar{G}_1^\circ)$:

w	15°C	25°C	40°C	60°C	70°C	80°C
5	6.31	6.46	6.67	6.93	7.05	7.17
10	13.52	13.79	14.20	14.78	15.06	15.33
15	22.25	22.66	23.24	23.96	24.25	24.52
20	32.98	33.62	34.51	35.60	36.11	36.64
25	46.48	47.44	48.80	50.52	51.37	52.23
30	63.90	65.14	66.90	69.20	70.35	71.47
35	87.06	88.21	89.80	91.82	92.83	93.80
40	118.2	118.8	119.5	120.4	120.8	121.0
45	158.4	158.8	159.1	159.2	159.2	159.1
50	208.9	209.3	209.5	209.4	209.1	208.7
55	275.2	275.6	275.7	275.2	274.6	273.9
60	364.6	365.2	365.3	364.3	363.4	362.4
65	477.8	478.7	479.1	478.3	477.4	476.3
70	627.3	628.5	629.2	628.2	627.2	625.8
75	818.0	819.4	820.0	818.6	817.1	815.0
80	1065	1067	1068	1067	1066	1064
85	1387	1390	1392	1391	1390	1388
90	1813	1818	1822	1824	1824	1822
95	2543	2557	2574	2592	2600	2607
100	—	3365	—	—	—	—

Partial Entropy

Partielle Entropie $\bar{S}$. Die Werte von $\bar{S}$ ergeben sich aus den vorstehend tabellierten Werten für $\bar{H}$ und $\bar{G}$. — Für die Standardentropie $\bar{S}_2^\circ = S^\circ_{H_3PO_4}$ ergibt sich aus Löslichkeitsprodd., Lösungs- und Dissoz.-Wärmen bei 298°K der Wert 37.6 ± 1.0 cal·mol⁻¹·°K⁻¹, C. C. Stephenson (*J. Am. Soc.* **66** [1944] 1436/7); vgl. W. M. Latimer, K. S. Pitzer, W. V. Smith (*J. Am. Soc.* **60** [1948] 1829/31).

Magnetic Susceptibility

Magnetische Suszeptibilität χ_{mol} in cm³/Mol. Bei 20 ± 0.2°C nimmt nach Messungen bei 7000 und 4400 Oe der Betrag von χ_{mol} mit steigendem H_3PO_4-Gehalt w folgendermaßen zu:

w in Gew.-% . . .	10.19	20.17	29.61	40.25	51.27	60.66	71.63	78.03	85.53	99.73
$-10^6\chi_{mol}$	42.54	42.69	42.80	42.98	43.05	43.10	43.32	43.50	43.79	44.30

Reproduzierbarkeit 0.1 bis 0.2%. Die χ_{mol}-w-Kurve besteht aus 2 nahezu linearen Ästen mit Knick bei w ≈ 72 Gew.-%, O. E. Frivold, N. G. Olsen (*Avh. Akad. Oslo* **1944** I Nr. 7, S. 1/30, 16).

Fig. 39.

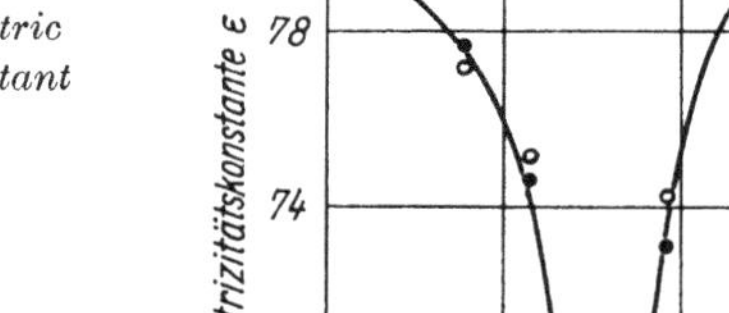

Dielektrizitätskonst. von wss. H_3PO_4-Lösungen.

Dielectric Constant

Dielektrizitätskonstante ε. Stat. und ballist. Messungen bei 21°C und 50 Hz ergeben die in **Fig. 39** dargestellte Abhängigkeit von der Konz. c, O. Milicka, A. Slama (*Ann. Phys.* [5] **8** [1931] 663/701); das Minimum tritt bei derjenigen Konz. auf, bei der die Wasserhüllen der Ionen einander gerade berühren, R. Fürth (*Phys. Z.* **32** [1931] 184/7).

Electric Conductivity

Elektrische Leitfähigkeit s. S. 188.

Optical Transparency

Optische Durchlässigkeit. Eine Bande bei 2630 Å findet S. N. Ali (*Indian J. Phys.* **13** [1939] 309/19). Kein Unterschied zwischen Lsg., wasserfreiem H_3PO_4 und Trimethylphosphat bis 2400 Å; Abbildungen im Original, A. Simon, G. Schulze (*Z. anorg. Ch.* **242** [1939] 313/68, 338). Die 0.1 m Lsg. absorbiert im untersuchten Bereich ≧ 2200 Å praktisch nicht, R. P. Buck, S. Singhadeja, L. B. Rogers (*Anal. Chem.* **26** [1954] 1240/2).

Refractive Index

Brechungszahl n. Für die D-Linie ergeben sich bei 25 und 40°C folgende Werte ($x = H_3PO_4$-Gehalt in Mol-%):

x	10.16	20.14	30.52	39.92	49.86	60.40	68.15	79.10	87.17
n_D (25°C)	1.37031	1.39394	1.41036	1.42081	1.42883	1.43577	1.43937	1.44390	1.44650
n_D (40°C)	1.36776	1.39124	1.40751	1.41796	1.42593	1.43277	1.43667	1.44120	1.44395

P. S. Tutundžić, M. Liler, D. Kasanović (*Glasnik hem. Društva Beograd* **20** [1955] 1/21, 14 [serb.]). Aus Messungen von B. Wagner (*Tabellen zum Eintauchrefraktometer, Sonderhausen* 1907) bei 17.5°C ber. Werte (w = H_3PO_4-Gehalt in Gew.-%):

w	1	2	3	4	5	6	7	8
n_D	1.33418	1.33509	1.33599	1.33688	1.33775	1.33860	1.33946	1.34031
w	10	12	15	20	25	30	35	40
n_D	1.34203	1.34367	1.34616	1.35032	1.35442	1.35846	1.36241	1.36633

A. Mahlke (in: L. B. V, *Bd.* 2, 1923, S. 988). Bei 0°C ist n_D im Bereich von 0.5 bis 0.12 Mol/l eine lineare Funktion der Konz., H. C. Jones, F. H. Getman (*Z. phys. Ch.* **46** [1903] 244/86, 278). Bei λ = 5461 Å hängen n und $dn/d\lambda$ folgendermaßen von w ab[1]):

w	12.26	24.29	37.00	53.94	61.00	87.4	100
n	1.3459	1.35818	1.37225	1.39315	1.40266	1.43979	1.45805
$dn/d\lambda$ in $Å^{-1}$	0.3769	0.3887	0.4027	0.4151	0.4218	0.4486	0.4594

V. Sivaramakrishnan (*J. Indian Inst. Sci.* A **36** [1954] 193/9).

Nach differential-refraktometr. Messungen bei 5461 Å und 1.0 ± 0.1°C (Genauigkeit 1×10^{-6} in Δn) ist $\Delta n/c$ eine lineare Funktion des Dissoz.-Grads α, der nach $\alpha^2c/(1-\alpha) = 8.734 \times 10^{-3}$ aus der Konz. c (in Mol/l) zu berechnen ist: $\Delta n/c = (n_{lsg} - n_{H_2O})/c = 0.00860 + 0.00738\,\alpha$; für α-Werte zwischen 0.12 und 0.24 beträgt die mittlere Abweichung der gem. Werte 0.12%, E. B. Dismukes, R. A. Alberty (*J. Am. Soc.* **75** [1953] 809/14).

Faraday-Effekt. Die Verdetsche Konst. ω (in Winkelmin./cm Oe) der Lsg. bei 5461 Å steigt linear von 0.01549 bei 12.26 Gew.-% H_3PO_4 auf 0.01571 bei 100% H_3PO_4 an. Der magneto-opt. Anomaliefaktor steigt im selben Konz.-Bereich von 0.48 auf 0.62, V. Sivaramakrishnan (*J. Indian Inst. Sci.* A **36** [1954] 193/9). Molekulares Drehvermögen der Säure mit 99.7 Gew.-% H_3PO_4 bei 578 mμ und 97°C: $[M]_\omega = \omega\, M/D_4 = 2.14 \times 10^{-4}$ rad·cm²·Oe⁻¹·mol⁻¹, D. Voigt (*Ann. Chim.* [12] **4** [1949] 393/446, 429, 431).

Faraday Effect

Ultrarot- und Ramanspektrum. Da die Zuordnung von Linien zu den Schwingungen der Ionen $HOPO_3^{2-}$ und $(HO)_2PO_2^-$ (vgl. S. 172) nicht ganz eindeutig ist, kann auch das Vorhandensein bestimmter Ionen (außer PO_4) in H_3PO_4-Lsgg. keinen sicher identifizierbaren Ausdruck im Schwingungsspektrum finden. — In einem Spektrogramm, das von M. Falk, P. A. Giguère (*Canad. J. Chem.* **35** [1957] 1195/204) an Lsgg. mit 17 und 51 Mol-% H_3PO_4 aufgenommen ist, sind Absorptionsbanden bei ~1000, ~1150 und ~1650 cm^{-1} zu erkennen.

Infrared and Raman Spectra

Das Ramanspektrum einer 16%igen Lsg. weist ähnliche Linien wie das einer K_2HPO_4-Lsg. (vgl. S. 173) auf; Wellenzahlen in cm^{-1}:

K_2HPO_4-Lsg.	$\nu_1 = 981$	$\nu_{23} = 1090$	$\nu_4 \approx 950$	$\delta_{12} = 390$	$\delta_3 = 878$	$\delta_{45} = 524$
H_3PO_4-Lsg.	890	1078	1008	345 bis 390	—	499

Bei 1190 cm^{-1} tritt eine polarisierte Linie auf, J.-P. Mathieu, J. Jacques (*C. r.* **215** [1942] 346/7). Diese Ergebnisse zeigen, daß in der H_3PO_4-Lsg. nicht die gleichen Ionen ($HOPO_3$) wie in K_2HPO_4-Lsg. vorliegen. Außerdem werden von anderen Autoren nur 4 Linien gefunden, deren Lage von der Konz. abhängt. Bei Erhöhung des H_3PO_4-Gehaltes von 10 auf 84 Gew.-% verschiebt sich vor allem die Linie bei 900 cm^{-1} (ν_1), und zwar von 888 nach 910 cm^{-1}, während die 3 anderen Linien bei 368 bis 370, 495 und 1054 bis 1062 cm^{-1} fast unabhängig von der Konz. sind, A. Simon, G. Schulze (*Z. anorg. Ch.* **242** [1939] 313/68, 332), A. Simon, F. Fehér, G. Schulze (*Z. anorg. Ch.* **230** [1936] 289/307). Ebenso findet N. R. Rao (*Indian J. Phys.* **17** [1943] 357/64) an Lsgg. mit 15 bis 75 Gew.-% H_3PO_4 eine Verschiebung von 886 nach 914 cm^{-1} und 3 von der Konz. unabhängige Linien bei 360, 480 und 1060 cm^{-1}. — Einzelangaben über das Ramanspektrum s. bei T. J. Hanwick, P. Hoffmann (*J. chem. Phys.* **17** [1949] 1166), C. S. Venkateswaran (*Pr. Indian Acad. Sci.* A **3** [1936] 25/30), M. A. Jeppesen, R. M. Bell (*J. chem. Phys.* **3** [1935] 363), J. C. Gosh, S. K. Das (*J. phys. Chem.* **36** [1932] 586/94), H. Nisi (*Japan. J. Phys.* **5** [1929] 119).

---

[1]) Im Original keine Temp.-Angabe. In einer anderen Arbeit des Autors (*Pr. Indian Acad. Sci.* A **39** [1954] 31/40) ist als Bezugstemp. 25 ± 0.5°C angegeben.

Electrochemical Behavior

Elektrochemisches Verhalten

Cells

Ketten (EK-Werte in V).

1) H_2 | H_3PO_4(m) | Hg_2HPO_4, Hg bei 25.00° ± 0.05°C (m = Molalität):

m	0.02	0.03	0.05	0.10	0.20	0.60	1.0	2.0	4.0
E	0.7568	0.7509	0.7429	0.7329	0.7228	0.7071	0.6999	0.6900	0.6802

Reproduzierbarkeit: ± 0.2 mV; Rk.: $H_2 + Hg_2HPO_4 = 2Hg + H^+ + H_2PO_4^-$; $E = E° - (RT/2F) \ln a_H \cdot a_{H_2PO_4} = E° - (RT/2F) \ln K_1 a_u = E° - (RT/2F) \ln K_1 m (1-\alpha) \gamma_u$. Mit dem Akt.-Koeff. des undissoziierten Tl. der Säure $\gamma_u = 1$ und den α-Werten von K. L. Elmore, C. M. Mason, J. H. Christensen (*J. Am. Soc.* **68** [1946] 2528/32), s. „Dissoziationsgrad" S. 199, ergibt sich E° = 0.6359 ± 0.0001 V, W. D. Larson (*J. phys. Chem.* **54** [1950] 310/5). Vgl. ferner T. de Vries, D. Cohen (*J. Am. Soc.* **71** [1949] 1114/5).

2) Hg, Hg_2HPO_4 | H_3PO_4(m) | H_3PO_4 (0.02 m) | Hg_2HPO_4, Hg bei 25.00° ± 0.05°C:

m	0.05	0.10	0.20	0.30	0.50	0.80	2.00	4.00
E_t	0.0124	0.0213	0.0297	0.0341	0.0403	0.0458	0.0575	0.0667

Daraus ber. Überführungszahl s. S. 190, M. Kerker, W. F. Espenscheid (*J. Am. Soc.* **80** [1958] 776/9).

3) Pb–Hg (Zweiphasenamalgam), $PbHPO_4$ | H_3PO_4(m) | H_2 bei 25.00° ± 0.01°C; Meßgenauigkeit ± 0.1 mV bei m > 0.1, bis ± 0.3 mV bei m < 0.1; Werte in Auswahl:

m	0.001	0.002	0.005	0.01	0.05	0.10	1.0	5.0	10.0
E	0.06229	0.07814	0.09775	0.11133	0.13831	0.14920	0.18275	0.21336	0.23428

$E = E° + (RT/2F) \ln a_H \cdot a_{H_2PO_4}$; unter Verwendung von α-Werten (s. S. 199) und des Debye-Hückelschen Grenzgesetzes ergibt sich E° = 0.2448 ± 0.0001 V, C. M. Mason, W. M. Blum (*J. Am. Soc.* **69** [1947] 1246/50).

4) Pb–Hg (Zweiphasenamalgam), $PbHPO_4$ | H_3PO_4(m) | H_3PO_4 (0.01 m) | $PbHPO_4$, Pb–Hg (Zweiphasenamalgam) bei 25.0000° ± 0.0005°C; Meßgenauigkeit ± 0.1 mV bei m > 0.1, bis ± 0.3 mV bei m < 0.1; Werte in Auswahl:

m	0.02	0.05	0.1	0.5	1.0	3.0	5.0	7.0	10.224
E_t	0.0102_6	0.0224_2	0.0311_0	0.0505_3	0.0587_1	0.0732_1	0.0815_5	0.0878_3	0.0959_7

Daraus ber. Überführungszahl s. S. 190, C. M. Mason, J. B. Culvern (*J. Am. Soc.* **71** [1949] 2387/93).

Potentials

Potentiale. ζ-Pot. an der Grenzfläche verschieden konz. saurer Elektrolyte, aus Messungen der Wanderungsgeschw. durch ein Diaphragma, H. Isobe, S. Imai (*Sci. Pap. Inst. Tokyo* **22** [1933] 448/53; *Bl. Inst. phys. chem. Res. Abstr.* **12** [1933] Nr. 10, S. 2/4 nach *C.* **1934** I 355). Einfluß der Gravitation auf Membranpott., L. Brauner (*Rev. Fac. Sci. Univ. Istanbul* B **10** [1945] 1/59 nach *C.A.* **1946** 787). An der Hg-Tropfelektrode treten zwei, der Red. von H^+ und $H_2PO_4^-$ entsprechende Halbwellenpott. auf; das erste wird durch neutrale Elektrolyte erniedrigt, das zweite erhöht, W. Kemula, T. Stanczuk (*Roczniki Chem.* **28** [1954] 158/9).

Conductance. Specific Conductance

Elektrische Leitfähigkeit. Spezifische Leitfähigkeit $\varkappa$ in $\Omega^{-1} \cdot cm^{-1}$. Die Isothermen für 0°, 18°, 25°, 40° und 50°C zeigen ein mit steigender Temp. nach höheren Konzz. verschobenes Max. zwischen 45 und 55 Gew.-% H_3PO_4, s. **Fig. 40** nach Messungen von M. A. Kločko, M. Š. Kurbanov (*Izvestija Sektora fiz.-chim. Anal.* [russ.] **24** [1954] 252/63), C. M. Mason, J. B. Culvern (*J. Am. Soc.* **71** [1949] 2387/93), H. E. W. Phillips (*J. chem. Soc.* **95** [1909] 59/66), A. N. Campbell (*J. chem. Soc.* **1926** 3021/2), F. Kohlrausch (*Pogg. Ann.* **159** [1876] 233/75) nach L. B. III, 1905, S. 742, N. N. Greenwood, A. Thompson (*J. chem. Soc.* **1959** 3485/92). Bei 25, 35, 42, 50 und 75°C von S. I. Skljarenko, I. V. Smirnov (*Žurnal fiz. Chim.* [russ.] **25** [1951] 24/8) angegebene Isothermen liegen viel tiefer; die bei 25 und 75°C decken sich ungefähr mit den in Fig. 40 für 18 bzw. 50°C eingezeichneten. Die 25°-Werte von C. M. Mason, J. B. Culvern (*l. c.*) sind aus deren Angaben für die molare Leitf. umgerechnet, s. S. 190.

Zahlenwerte in Auswahl:

Gew.-% H_3PO_4	0.382	3.77	9.32	25.04	38.91	42.78	44.94	47.40	51.83
$\varkappa$ (0°C)	0.0036	0.0191	0.0413	0.1051	0.1402	0.1429	0.1430	0.1414	0.1358
$\varkappa$ (25°C)	0.0052	0.0268	0.0584	0.1525	0.2191	0.2287	0.2316	0.2321	0.2292
$\varkappa$ (50°C)	0.0062	0.0311	0.0679	0.1882	0.2841	0.3010	0.3091	0.3134	0.3171

Gew.-% H_3PO_4	55.25	59.71	64.46	71.60	81.32	90.82	95.69	98.50
$\varkappa$ (0°C)	0.1290	0.1149	0.1020	—	—	—	—	—
$\varkappa$ (25°C)	0.2211	0.2058	0.1899	0.1524	0.1068	0.0703	0.0565	0.0484
$\varkappa$ (50°C)	0.3137	0.3016	0.2856	0.2462	0.1913	0.1413	0.1221	0.1072

M. A. Kločko, M. Š. Kurbanov (*l. c.*). Die Leitf. zeigt keine Besonderheit bei der Zus. $H_3PO_4 \cdot {}^1/_2 H_2O$ (91.6 Gew.-% H_3PO_4); bei der Zus. H_3PO_4 tritt kein Minimum (wie bei H_2SO_4) sondern ein Knick auf, s. Fig. 40. Die Leitung wird im untersuchten Konz.-Bereich vorwiegend durch Protonensprünge zwischen im elektr. Feld orientierten $H_2PO_4^-$-Ionen besorgt, N. N. Greenwood, A. Thompson (*l. c.*); vgl. hierzu die Leitf. des wasserfreien H_3PO_4, S. 164.

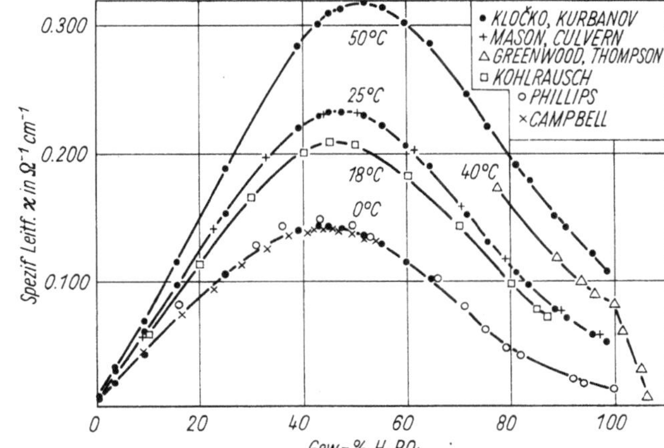

Fig. 40.

Leitf.-Isothermen wäßriger H_3PO_4-Lösungen.

Polythermen für Konzz. zwischen 0.38 und 48 Gew.-% H_3PO_4 s. **Fig. 41**, S. 191, nach M. A. Kločko, M. Š. Kurbanov (*l. c.*). Werte in Auswahl:

t in °C	40	70	80	100	115	135	150	180
$\varkappa$ (0.38%)	0.0059	0.0066	0.0067	0.0067	—	—	—	—
$\varkappa$ (9.32%)	0.0651	0.0715	0.0715	0.0702	—	—	—	—
$\varkappa$ (25.04%)	0.1771	0.2043	0.2095	0.2132	0.2122	0.2051	—	—
$\varkappa$ (48.00%)	0.2812	0.3681	0.3909	0.4362	0.4441	0.4615	0.4688	0.4643

Demnach wird der Temp.-Koeff. von $\varkappa$ im untersuchten Konz.-Bereich bei höheren Tempp. negativ (s. auch „Molare Leitfähigkeit" unten); die Temp.-Abhängigkeit ist fast genau die umgekehrte wie die der Viscosität; Zahlenwerte im Original. Als Funktion der Zus. weist der Temp.-Koeff. (ebenso wie der der Viscosität, s. S. 180) einen schwach ausgeprägten Wendepunkt bei der Zus. $H_3PO_4 \cdot {}^1/_2 H_2O$ auf, M. A. Kločko, M. Š. Kurbanov (*l. c.*); vgl. ferner F. Kohlrausch (*l. c.*), A. N. Campbell (*l. c.*), S. Arrhenius (*Z. phys. Ch.* **4** [1889] 96/116), H. Wegelius (*Z. Elektroch.* **14** [1908] 514/8), P. P. Kobeko, E. V. Kuvšinskij, N. I. Šiškin (*Žurnal fiz. Chim.* [russ.] **9** [1937] 387/92), N. D. Greene (CF-53-5-149 [1953] 1/9, *N.S.A.* **8** [1954] Nr. 91).

Zur Beziehung zwischen Leitf. und Viscosität s. A. V. Izmailov (*Žurnal fiz. Chim.* [russ.] **29** [1955] 1725/7, **30** [1956] 2599/601).

Widerstandsmessungen an H_3PO_4-Filmen zur Best. des H_2O-Gehaltes von Gasen, E. R. Weaver, E. E. Hughes, A. W. Diniak (*J. Res. nat. Bur. Stand.* **60** [1958] 489/508).

Molare Leitfähigkeit μ (in $\Omega^{-1} \cdot cm^2 \cdot mol^{-1}$) in Abhängigkeit von der H_3PO_4-Konz. c (in Mol/l). Für die Leitf. des H_2O ($\varkappa = 2.0 \times 10^{-6}\,\Omega^{-1} \cdot cm^{-1}$) korrigierte Werte bei 0°C: *Molar Conductance*

c	0.065	0.130	0.260	0.520	1.040	2.080	3.120
μ	82.18	62.06	50.38	42.92	37.70	34.89	33.16

H. C. Jones, F. H. Getman (*Z. phys. Ch.* **46** [1903] 244/86, 278). Um ~50% höhere Werte bei c = 0.14 bis 0.55 finden H. E. W. Phillips (*J. chem. Soc.* **95** [1909] 59/66); vgl. auch Fig. 40. In einem mit Au ausgekleideten Druckgefäß unter Benutzung von Pt-Ir-Elektroden gem., durch graph. Interpolation auf runde Konzz. (in Mol/l bei Meßtemp.) umgerechnete Werte bei Tempp. zwischen 18 und 156°C, H_2O-Leitf. $< 10^{-6}\,\Omega^{-1} \cdot cm^{-1}$:

c	μ(18°C)	μ(25°C)	μ(50°C)	μ(75°C)	μ(100°C)	μ(128°C)	μ(156°C)
0.0020	283.1	311.9	401	464	498	508	489
0.0100	203.0	222.0	273	300	308	298	274
0.0500	122.7	132.6	157.8	168.6	167.8	158	142
0.1000	96.5	104.0	122.7	129.9	128.4	120.2	107.7

A. A. NOYES, G. W. EASTMAN (*Carnegie Inst.* Nr. 63 [1907] 239/81), A. A. NOYES (*J. Am. Soc.* **30** [1908] 335/53; *J. Chim. phys.* **6** [1908] 505/23), A. A. NOYES, A. C. MELCHER, H. C. COOPER, G. W. EASTMAN (*Z. phys. Ch.* **70** [1910] 335/77). Demnach hat μ als Funktion der Temp. ein Max.; vgl. hierzu die gestrichelte Linie in Fig. 41, S. 191. Leitf. und Dichte D_4^{25} von Lsgg. (Gehalt an Verunreinigungen nach Spektralanalyse in der Größenordnung 10^{-3}%) bei 25 ± 0.0005°C, ausgewählte Werte:

c	0.001	0.003	0.004	0.006	0.008	0.01	0.02	0.04	0.05	0.07	0.08	0.09
μ (25°C) .	336.38	291.82	276.21	253.71	236.99	223.00	180.95	143.73	133.05	117.89	112.59	108.00

c	0.10	0.1976	0.2951	0.6759	0.9523	1.820	2.6188	3.3495	4.0220	4.6420	5.7510
μ (25°C) .	104.5	83.10	73.96	61.17	58.20	55.44	53.95	51.63	49.02	46.07	40.18
D_4^{25} . . .	1.0026	1.0075	1.0125	1.0318	1.0457	1.0890	1.1290	1.1654	1.1988	1.2287	1.2825

c	7.0	8.0	9.0	10.0	11.0	12.0	13.0	14.0	15.887	18.02
μ (25°C) .	33.03	27.53	22.52	18.16	14.47	11.43	9.04	7.16	4.80	3.14
D_4^{25} . . .	1.3422	1.3882	1.4346	1.4806	1.5255	1.5719	1.6152	1.6591	1.7345	1.8224

Die μ-Werte bei c < 0.1 stimmen gut mit denen von A. A. NOYES, G. W. EASTMAN (*l. c.*) überein, C. M. MASON, J. B. CULVERN (*J. Am. Soc.* **71** [1949] 2387/93); bei höheren Konzz. ausgezeichnete Übereinstimmung mit M. A. KLOČKO, M. Š. KURBANOV (*Izvestija Sektora fiz.-chim. Anal.* [russ.] **24** [1954] 252/63), vgl. Fig. 40, S. 189. μ bei 20 und 40°C s. „Druckabhängigkeit" nachstehend.

Druckabhängigkeit. **Fig. 42** zeigt die relative Leitf.-Zunahme $\Delta\Lambda/\Lambda_1 = (\Lambda_p - \Lambda_1)/\Lambda_1$ bei Erhöhung des Drucks von 1 kg · cm^{-2} auf 500, 1500 bzw. 3000 kg · cm^{-2} als Funktion der Normalitäten (val · l^{-1} bei 1 kg · cm^{-2}). Die Kurven weisen ein Max. bei n ~1 auf; ihre Form wird im wesentlichen durch die Druckabhängigkeit des Dissoz.-Grades (s. S. 199) und der Ionenreibung bestimmt; der Einfluß des Drucks auf die Ionenreibung stimmt in erster Näherung mit dem auf die Viscosität des H_2O überein. Werte der Äquiv.-Leitf. Λ bei 1 kg cm^{-2} und 20° bzw. 40°C:

n	0.001	0.01	0.1	0.5	1.0	2.18	4.36	8.73
Λ (20°C)	103.2	87.0	47.7	28.2	22.8	19.0	17.1	15.96
Λ (40°C)	140.7	110.1	56.76	33.2	27.4	22.0	20.1	18.10

Zahlenwerte für $\Delta\Lambda/\Lambda_1$ bei 500, 1000, 1500, 2000, 2500 und 3000 kg · cm^{-2} im Original, G. TAMMANN, W. TOFAUTE (*Z. anorg. Ch.* **182** [1929] 353/81, 357).

Limiting Conductance

Grenzleitfähigkeit μ_∞ in $\Omega^{-1} \cdot cm^2 \cdot mol^{-1}$. Aus den μ-Werten von A. A. NOYES, G. W. EASTMAN (*Carnegie Inst.* Nr. 63 [1907] 239/81) ergibt sich durch Extrapolation nach T. SHEDLOVSKY (*J. Franklin Inst.* **225** [1938] 739/43) μ_∞ (25°C) = 378.3; Korrektur dieses Wertes unter Benutzung des K_1-Wertes von L. F. NIMS (*J. Am. Soc.* **56** [1934] 1110/2) ergibt μ_∞ (25°C) = 379.48, K. L. ELMORE, C. M. MASON, J. H. CHRISTENSEN (*J. Am. Soc.* **68** [1946] 2528/32). Aus den Grenzleitff. der Ionen H^+ (349.82) und $H_2PO_4^-$ (33.0, s. unten) folgt μ_∞ (25°C) = 382.74, C. M. MASON, J. B. CULVERN (*J. Am. Soc.* **71** [1949] 2387/93). μ_∞ (18°C) = 340.5, aus den Grenzleitff. der Ionen, J. W. H. LUGG (*J. Am. Soc.* **53** [1931] 1/8). Extrapolation der μ-Werte von A. A. NOYES, G. W. EASTMAN (*l. c.*) ergibt μ_∞ (18°C) = 341.4, G. A. ABBOTT, W. C. BRAY (*J. Am. Soc.* **31** [1909] 729/63); zur Extrapolation vgl. S. J. BATES (*J. Am. Soc.* **35** [1913] 519/35).

Grenzleitfähigkeit (Beweglichkeit) der Phosphat-Ionen. Aus Leitf.-Messungen an wss. Lsgg. von NaH_2PO_4 und KH_2PO_4 ergibt sich μ_∞ ($H_2PO_4^-$) = 33.745 bzw. 32.267, im Mittel 33.0 bei 25°C. Aus der Leitf. von wss. H_3PO_4 folgt der tiefere Wert 29.7, C. M. MASON, J. B. CULVERN (*J. Am. Soc.* **71** [1949] 2387/93); Berechnung aus der Überführungszahl s. S. 191. Aus der Leitf. von Phosphat-lsgg. ber. Werte bei 18°C: μ_∞ ($H_2PO_4^-$) = 26.4 ± 1.0, μ_∞ ($^1/_2 HPO_4^{2-}$) = 53.4 ± 1, μ_∞ ($^1/_3 PO_4^{3-}$) = 69.0 ± 10.0; die Werte sind annähernd der Ionenladung proportional, G. A. ABBOTT, W. C. BRAY (*J. Am. Soc.* **31** [1909] 729/63).

Transference Numbers

Überführungszahlen. Überführungszahl t_H des H^+ bei 25°C in wss. H_3PO_4 der Molalität m ($t_{H_2PO_4}$ = $1 - t_H$), ber. nach $dE_t/dE = 2t_H - 1$ aus EK-Messungen an Ketten mit und ohne Überführung von (I) M. Kerker, W. F. Espenscheid (*J. Am. Soc.* **80** [1958] 776/9) und W. D. Larson (*J. phys. Chem.* **54** [1950] 310/5) bzw. (II) C. M. Mason, J. B. Culvern (*J. Am. Soc.* **71** [1949] 2387/93) und C. M. Mason, W. M. Blum (*J. Am. Soc.* **69** [1947] 1246/50):

m . . .	0.00	0.02	0.05	0.10	0.20	0.30	0.50	0.80	2.00	4.00
t_H(I) . .	0.960	0.952	0.941	0.933	0.925	0.920	0.914	0.908	0.897	0.889
t_H(II) .	0.957	0.945	0.93	0.92	0.91	0.905	0.90	0.895	0.88	0.865

Aus $t_H^\circ = 0.960$ folgt mit $\mu^\circ(H_3PO_4) = 383 : \mu^\circ(H_2PO_4^-) = 16$, im Widerspruch zum viel wahrscheinlicheren Wert 33 aus Leitf.-Messungen (s. S. 190). Die Diskrepanz verschwindet unter der Annahme,

Fig. 41.

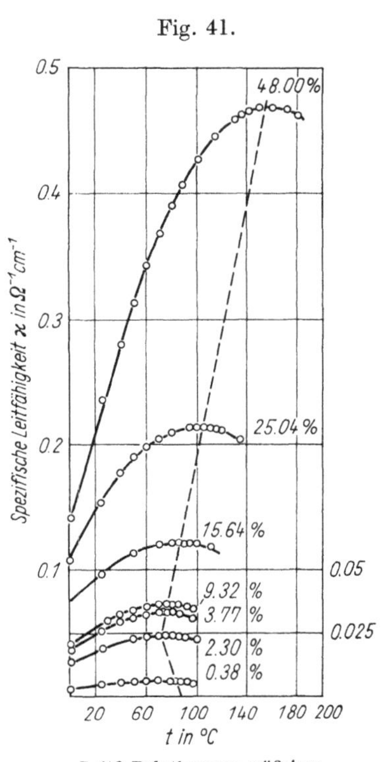

Leitf.-Polythermen wäßriger H_3PO_4-Lösungen.

Fig. 42.

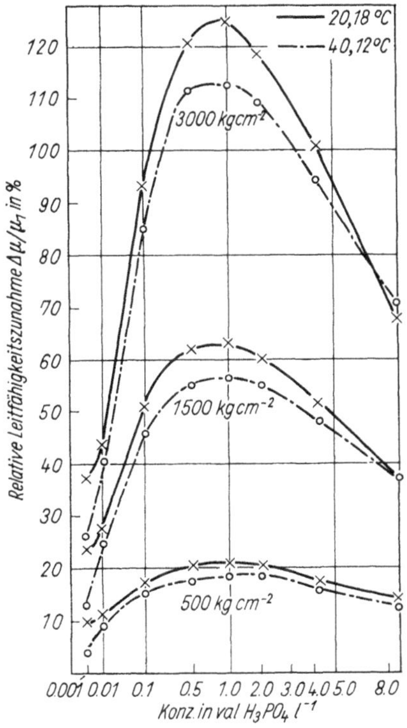

Druckabhängigkeit der Leitf. wäßriger H_3PO_4-Lösungen bei 20 und 40°C.

daß ein Bruchteil des H^+ (1.5% bei m = 0.001) nach $H^+ + H_3PO_4 = H_4PO_4^+$ zu $H_4PO_4^+$ (mit $\mu(H_4PO_4^+)$ = 250 bei m = 0.001) assoziiert ist, M. Kerker, W. F. Espenscheid (*l. c.*). Mit der (unzutreffenden, s. vorstehend) Beziehung $dE_t/dE = t_H$ ergibt sich $t_H^\circ = 0.914$ und daraus $\mu^\circ(H_2PO_4^-) = 33$, C. M. Mason, J. B. Culvern (*J. Am. Soc.* **71** [1949] 2387/93); zur Ber. von t_H s. auch M. Spiro (*Trans. Faraday Soc.* **55** [1959] 1207/10). Mit der Meth. der wandernden Grenzflächen im Bereich m = 0.0088 bis 0.0440 bei 25°C erhaltene Werte erfüllen die empir. Gleichung $t_H = 0.8973 + 0.33\,m - 0.15\,m^2$ und führen zum Wert 40.2 für $\mu^\circ(H_2PO_4^-)$. Vermutlich ist die EK-Meth. bei m < 0.1 ungenau, M. Kerker, H. E. Bowman, E. Matijevič (*Trans. Faraday Soc.* **56** [1960] 1039/42).

Electrophoresis. Rate of Ionic Migration

Elektrophorese. Ionenwanderungsgeschwindigkeit. Messung der Elektrophorese mit der Sondenmeth. in wss. H_3PO_4, $NH_4H_2PO_4$, $(NH_4)_2HPO_4$ und $(NH_4)_3PO_4$ ($c = 10^{-4}$ bis $2 \cdot 10^{-3}$ Mol/l) ergibt unter Berücksichtigung der in den Lsgg. vorhandenen Anteile der einzelnen Phosphat-Ionenarten die Werte 3.1×10^{-4} bzw. 5.7×10^{-4} $cm \cdot sec^{-1} (V \cdot cm^{-1})^{-1}$ für die Wanderungsgeschw. der Ionen $H_2PO_4^-$ bzw. HPO_4^{2-} bei 25°C. Die Werte sind im untersuchten Bereich unabhängig von c; Fehlergrenze < 5%, J. Gilbert (*Bl. Soc. chim.* **1957** 955/72, 967, 969); vgl. auch J. Clérin (*Ann. Chim.* [11] **20** [1945] 244/321, 282, 296). Die Grenzflächenmeth. ergibt in Na_2HPO_4-NaH_2PO_4-Lsg. (6.8, 4.0 bzw. 3.6 $Millimol \cdot l^{-1}$ Na^+, H^+, PO_4^{3-}) 4.29×10^{-4} $cm^2 \cdot V^{-1} \cdot sec^{-1}$ als Brutto-Wanderungsgeschw. der vorhandenen Phosphat-Ionen $H_2PO_4^-$ und HPO_4^{2-}, H. Svensson (*Acta chem. Scand.* **9** [1955] 1689/99). Relative Wanderungsgeschw. des PO_4^{3-} bei Papierelektrophorese, D. Gross (*Chem. Ind.* **1957** 1597), M. Mach (*Chem. Průmysl* **8** [1958] 236/9 nach *C.A.* **1958** 19681).

Electrolysis

Elektrolyse. Neben H_2- und O_2-Bldg. kann unter bestimmten Bedingungen anod. Bldg. von H_2O_2 (s. „*Sauerstoff*") und O_3 (s. „*Sauerstoff* "S. 1086/7, 1091) eintreten; Peroxophosphorsäuren entstehen dabei nicht, s. S. 299. Der bei der Elektrolyse von wss. H_3PO_4-Lsgg. ($c = 6$ bis $18.5\ mol \cdot l^{-1}$) an Pt-Elektroden entwickelte Sauerstoff stammt nach massenspektroskop. Unterss. unter Verwendung von $H_2{}^{18}O$ nur aus dem Lsgm., B. Keisch, J. W. Kennedy, A. C. Wahl (*J. Am. Soc.* **80** [1958] 4778/82). Anwendung von unterbrochenem (tangensförmigem) Strom bewirkt fast völliges Verschwinden der H_2-Überspannung auch an der Hg-Elektrode und erniedrigt somit die Zers.-Spannung der Säuren nahezu auf den theoret. Wert; die Wrkg. hängt vom Anion ab, O. K. Kudra, G. G. Bržosek (*Izvestija Kiev. politechn. Inst.* [russ.] **20** [1957] 76/89 nach *C.A.* **1959** 8882/3). Elektrolyse unter Verwendung von Anoden aus Graphit (schwacher Angriff mit 50%iger Säure), H. Thiele, E. Weise (*Z. Elektroch.* **55** [1951] 193/9); Kupfer (Auflösung), M.-C. Petit, G. Y. Petit (*C. r.* **250** [1960] 846/8), D. Laforgue-Kantzer (*C. r.* **233** [1951] 547/50, **234** [1952] 1284/7; *J. Chim. Phys.* **52** [1955] 314/22), G. S. Vozdviženskij, V. A. Dmitriev, A. G. Možanova, E. V. Rževskaja (*Žurnal prikladnoj Chim.* [russ.] **29** [1956] 63/68), I. K. Ninomiya (*J. electrochem. Soc. Japan* **17** [1949] 177/9, 228/31 nach *C.A.* **1954** 13483/4), K. Ninomiya, K. Sasaki (*Kôgyô Kagaku Zasshi* **61** [1958] 46/8 nach *C.A.* **1959** 16765); Gold (Auflösung als Komplexanion, nachher Abscheidung von $Au_2O + Au_2O_3$), F. H. Jeffery (*Chem. N.* **112** [1915] 227/31); Blei, J. Kamecki, Z. Zembura, E. Trau (*Bl. Acad. Polon.* **3** [1955] 37/40 nach *C.A.* **1958** 2607); Eisen, J. Kamecki, Z. Zembura (*Bl. Acad. Polon.* **4** [1956] 101/5 nach *C.A.* **1957** 1754).

Bei der Glimmlichtelektrolyse (50 mA, 16 Min. Dauer, 15 Torr, Eiskühlung) von 0.1 n H_3PO_4 entsteht H_2O_2 mit 69% Stromausbeute, S. Glasstone, A. Hickling (*J. chem. Soc.* **1934** 1772/3); bei 1std. Durchgang von 60 mA steigt die Stromausbeute für aktives O von 60% in sehr verd. Lsg. auf ~150% in 4 m-Lsg.; der größte Anteil (bei $c = 0.6\ mol \cdot l^{-1}$ 97%) des aktiven O liegt als H_2O_2 vor, der Rest vermutlich als Peroxophosphorsäure, W. Kohl, A. Klemenc (*Monatsh.* **84** [1953] 365/71). Vgl. hierzu A. Klemenc, H. F. Hohn (*Z. phys. Ch.* A **154** [1931] 385/420, 406, 419); spektroskop. Unterss. der Vorgänge im Gasraum, W. R. Cousins (*Z. phys. Ch.* B **4** [1929] 440/52), s. ferner Bldg. und Darst. von H_2O_2, „*Sauerstoff*".

Chemical Behavior

Chemisches Verhalten

Nature of Solution

Konstitution der Lösung

Types of Molecules and Ions. In Diluted Solution

Molekel- und Ionenarten. In verdünnter Lösung. Die wss. Lsg. von H_3PO_4 ist eine mittelstarke Säure mit einer 1. Dissoz.-Konst. der Größenordnung 10^{-2}, s. S. 195; der Dissoz.-Grad beträgt ~60% in 0.01 m-, 29% in 0.1 m-Lsg., s. S. 199. Die 2. und 3. Dissoz.-Konst. haben die Größenordnungen 10^{-7} und 10^{-13}; daher sind $[HPO_4^{2-}]$ und $[PO_4^{3-}]$ in saurer Lsg. im allgemeinen vernachlässigbar klein, s. S. 197, 198. Das kryoskop. Molgew. ist kleiner als das Formelgew., A. Holt, J. E. Myers (*J. chem. Soc.* **99** [1911] 384/91, 389), J. Kendall, J. E. Booge, J. C. Andrews (*J. Am. Soc.* **39** [1917] 2303/23). Kondensation zu Diphosphat wird erst in konz. Lsgg. nachweisbar, s. „Gleichgewicht" der Hydrolyse von $H_4P_2O_7$ S. 230, „In konzentrierten Lösungen" nachstehend.

Dialyse-Verss. deuten auf Bindung von 4, 8 und 16 H_2O-Molekeln an $H_2PO_4^-$, HPO_4^{2-} bzw. PO_4^{3-} in 0.05 m-Lsgg., H. Brintzinger, C. Ratanarat (*Z. anorg. Ch.* **228** [1936] 61/64).

In Concentrated Solutions

In konzentrierten Lösungen. Die nur geringfügige Änderung des Ramanspektrums bei Verd. der wasserfreien Säure (s. S. 187) deutet darauf hin, daß die H-Brückenstruktur des 100%igen H_3PO_4 (s. S. 162, 165) im wesentlichen auch noch in der 10%igen Lsg. vorhanden ist. Die in Lsgg. von H_3PO_4 und von primären Orthophosphaten etwas verschiedene Konz.-Abhängigkeit der totalsymmetr. Frequenz läßt sich durch den Einfluß von Hydratation und Dissoz. erklären, A. Simon, G. Schulze (*Z. anorg. Ch.* **242** [1939] 313/68, 348). Nach röntgenograph. Unterss. enthalten Lsgg. mit 86 bzw. 54 Gew.-% H_3PO_4 tetraedr. PO_4-Gruppen, die durch H-Bindungen (Länge 2.85 Å) vorwiegend untereinander bzw. mit H_2O-Molekeln verknüpft sind, O. Bastiansen, C. Finbak (*Tidsskr. Kjemi Bergvesen* **4** [1944] 40/44). Die Stromleitung in konz. Lsgg. (>77.5 Gew.-% H_3PO_4) erfolgt durch Protonensprung zwischen $H_2PO_4^-$-Ionen, N. N. Greenwood, A. Thompson (*J. chem. Soc.* **1959** 3485/92); vgl. die elektr. Leitf. der wasserfreien Säure S. 164. Lsgg. mit 17 und 51 Mol-% H_3PO_4 zeigen nur schwache H_3O^+-Banden im UR, M. Falk, P. A. Giguère (*Canad. J. Chem.* **35** [1957] 1195/1204).

Die abrupte Änderung der partiellen Molwärme $\bar{C}_2$ (s. S. 184), der Dichte, Leitf., Akt. und des p_H-Wertes bei m = 2.2 (17.7 Gew.-%) und (weniger ausgeprägt) bei weiteren Konzz. beruht vermutlich auf Änderung der Zahl oder der Konz. der in Lsg. vorhandenen Teilchenarten, E. P. EGAN, B. B. LUFF, Z. T. WAKEFIELD (*J. phys. Chem.* **62** [1958] 1091/5). Die Konz.-Abhängigkeit von dD^4/dc (c = Konz. in Gew.-%) und des Dampfdrucks deuten auf die Existenz von Hydraten (mit 0.5, 1, 4, 8, 12 und 28 Mol H_2O je Mol H_3PO_4) in Lsg., T. G. O. BERG (*Acta chim. Acad. Sci. Hungar.* **8** [1956] 439/76, 465). Die Konz.-Abhängigkeit der Viscosität und der elektr. Leitf. zeigt die Existenz des Halbhydrats an, M. A. KLOČKO, M. Š. KURBANOV (*Izvestija Sektora fiz.-chim. Anal.* [russ.] **24** [1954] 252/63). Schluß auf die Existenz von $H_3[PO_4(H_2O)_2]$ aus der Konz.-Abhängigkeit des p_H-Werts, R. RIPAN, C. LITEANU (*Acad. Republ. Populare Romane Bul. ştiinţe.* A **1** [1949] 387/96), S. DONGOROZI (*Revista chim. Bucaresti* **6** [1955] 30/32 nach *C. A.* **1955** 10018), P. SPACU, D. SANDULESCU (*Revista chim. Bucaresti* **6** [1955] 205/7 nach *C. A.* **1956** 15158). In hochkonz. Lsgg. tritt nach Leitf.-Messungen in geringem Ausmaß Autoprotolyse nach $2H_3PO_4 = H_4PO_4^+ + H_2PO_4^-$ ein, s. „Konstitution der Schmelze" S. 165. Das Acidium-Ion $P(OH)_4^+$ tritt auch in fl. Mischungen mit $HClO_4$ und im Salz $P(OH)_4ClO_4$ auf, s. S. 480. In größerem Umfang findet Kondensation zu $H_4P_2O_7$ statt, s. im folgenden.

Condensation

Kondensation. In hochkonz. Lsg. tritt partielle Kondensation nach $2H_3PO_4 = H_4P_2O_7 + H_2O$ ein, s. Fig. 52, S. 218, A. -L. HUHTI, P. A. GARTAGANIS (*Canad. J. Chem.* **34** [1956] 785/97); andere Formulierungen: $3H_3PO_4 = H_4P_2O_7 + [H_3O]^+[H_2PO_4^-]$, vgl. A. SIMON, M. WEIST (*Z. anorg. Ch.* **268** [1952] 301/26); $2H_3PO_4 = H_3O^+ + H_3P_2O_7^-$, N. N. GREENWOOD, A. THOMPSON (*J. Chem. Soc.* **1959** 3485/92). Die 85%ige Lsg. enthält auch nach 30 Tagen Kochen am Rückfluß keine nachweisbare Menge (> 1%) $H_4P_2O_7$, s. A. CHERBULIEZ, J. P. LEBER (*Helv. chim. Acta* **35** [1952] 644/64, 656); von 85 Gew.-% H_3PO_4 ab ist $H_4P_2O_7$ durch Fällung mit Zn^{2+} nachweisbar, A. SIMON, G. SCHULZE (*Z. anorg. Ch.* **242** [1939] 313/68, 319, 324); chromatographisch bestimmbare Gehalte (> 0.5 %) treten von 95 Gew.-% H_3PO_4 an auf, A.-L. HUHTI, P. A. GARTAGANIS (*l. c.*). Isotopenverdünnungsanalyse mit $H_2^{18}O$ (massenspektrograph. Best. des Isotopenverhältnisses im elektrolytisch aus der Lsg. entwickelten Sauerstoff; dieser stammt nur aus dem H_2O) an bei 100°C im Gleichgew. befindlichen Lsgg. (Darst. aus 85%iger Säure und P_2O_5, 1 Woche Einstelldauer, Abschrecken in CO_2-Aceton) ergibt folgende Werte für die wahre molare Konz. c_{H_2O} des H_2O als Funktion der Bruttokonz. (mit H_3PO_4 und H_2O als Komponenten) w (Gew.-% H_3PO_4), $f_{H_3PO_4}$ und f_{H_2O} (Mol je 1 Lsg.):

w . . .	82.9	91.1	95.3	97.1	97.5	98.1	98.9	99.3	99.8
$f_{H_3PO_4}$.	13.60	15.91	17.11	17.70	17.84	18.02	18.31	18.45	18.63
f_{H_2O} . .	15.30	8.40	4.75	3.00	2.60	2.00	1.18	0.75	0.15
c_{H_2O} . .	15.35	8.42	4.78	3.11	2.80	2.53	1.88	1.63	1.28

Die Werte stimmen vorzüglich mit denen von A.-L. HUHTI, P. A. GARTAGANIS (*l. c.*) überein, die an bei 350°C equilibrierten Lsgg. bestimmt sind, B. KEISCH, J. W. KENNEDY, A. C. WAHL (*J. Am. Soc.* **80** [1958] 4778/82). Die Gleichgew.-Konst. $K = [H_4P_2O_7]\cdot[H_2O]/[H_3PO_4]^2 \sim 0.005$ ist vermutlich nur wenig temperaturabhängig, A.-L. HUHTI, P. A. GARTAGANIS (*l. c.* S. 790, 795).

Die Einstellung des Gleichgew. $2H_3PO_4 = H_4P_2O_7 + H_2O$ von der linken Seite her dauert in 100%igem H_3PO_4 bei 40°C etwa 3 Wochen, s. „Konstitution der Schmelze" S. 165. Für die Gegenrk. (Hydrolyse des $H_4P_2O_7$) ergeben sich mit der Isotopenverdünnungsmeth. bei w = 98.0% und 25°C bzw. w = 98.5% und 60°C die Geschw.-Konstt. $k = 1.5 \times 10^{-6}$ bzw. 8×10^{-5} $l \cdot mol^{-1} \cdot sec^{-1}$; das Gleichgew. stellt sich in einigen Tagen bzw. Std. ein. Die hohe Geschw. bei 100°C läßt sich mit dieser Meth. nicht mehr messen, B. KEISCH, J. W. KENNEDY, A. C. WAHL (*l. c.*). Nach der Lage des Gleichgew. (K ~0.005, s. oben) ist die Geschw.-Konst. der Kondensationsrk. um den Faktor 10^2 bis 10^3 kleiner als die der Hydrolyse. — Über enzymat. Kondensation zu Pyrophosphat in konz. Lsg. s. J. ROCHE (*Helv. chim. Acta* **29** [1946] 1253/67).

Oxygen Exchange with Water

O-Austausch mit H_2O. Der Austausch von ^{18}O in $H_2{}^{18}O$ gegen ^{16}O in $H_3P\,{}^{16}O_4$ gehorcht nach massenspektrograph. Bestt. des Austauschgrades $F = ([^{18}O]_0 - [^{18}O]_t) : ([^{18}O]_0 - [^{18}O]_\infty)$ im H_2O der Geschw.-Gleichung 1. Ordnung $\ln(1-F) = -kt$. Die (zeitunabhängige) Geschw. R des gesamten O-Austausches zwischen H_2O und H_3PO_4 ergibt sich daraus nach $R = (c_{H_2O} \cdot 4\,c_{H_3PO_4} \cdot k)/(c_{H_2O} + 4\,c_{H_3PO_4})$, vgl. hierzu A. C. WAHL, N. A. BONNER (*Radioactivity applied to chemistry, New York* 1951, S. 7/11). Aus den Halbwertszeiten des ^{18}O-Austausches ($t_{1/2} = \ln 2/k$, Zahlenwerte im Original) ber. Werte von R (in g-Atom O/l·sec) bei 100°C als Funktion der Bruttokonz. $f_{H_3PO_4}$ (in $mol \cdot l^{-1}$; s. „Kondensation" oben) der Lsg.; in Auswahl:

$f_{H_3PO_4}$.	5.9	8.9	11.11	12.55	13.4	14.02	15.60	16.97	17.76	18.02	18.20	18.35
10^4R . .	0.111	0.352	0.711	1.25	1.75	2.36	4.50	6.93	10.0	11.0	12.9	13.4

Demnach steigt die Austauschgeschw. sehr rasch mit zunehmender Konz. der Lsg., B. KEISCH, J. W. KENNEDY, A. C. WAHL (*J. Am. Soc.* **80** [1958] 4778/82). Werte von 10^4R bei verschiedenen Tempp. in °C und daraus ber. Aktivierungsenergie E ($kcal \cdot mol^{-1}$) des Austausches:

$f_{H_3PO_4}$	25°C	40°C	60°C	80°C	90°C	100°C	110°C	E
8.8	—	—	—	—	0.141	0.341	0.78	26.5
12.2	—	—	0.0286	0.221	0.511	1.14	2.62	24.0
15.1	—	0.0137	0.106	0.672	1.59	3.45	8.65	23.1
17.8	0.0148	0.070	0.462	2.05	4.53	9.47	—	19.7

B. KEISCH, J. W. KENNEDY, A. C. WAHL (*l. c.*). Die Austauschgeschw. in konz. Lsgg. ($f_{H_3PO_4} > 12$) wird durch KH_2PO_4-Zusatz nicht verändert, durch TiO_2 etwas erhöht. Die Erhöhung durch $HClO_4$ ist kleiner als die durch einen äquimolaren H_3PO_4-Zusatz bewirkte. In hochkonz. Lsgg. ($f_{H_3PO_4} \sim 18$) ist R annähernd gleich groß wie die Hydrolysegeschw. des $H_4P_2O_7$ in solchen Lsgg. (s. ,,Kondensation" S. 193). Vermutlich geht der Austausch bei $f_{H_3PO_4} < 13$ vorwiegend direkt vor sich, bei höheren Konzz. dagegen über Bldg. und Hydrolyse von $H_4P_2O_7$, bei $f_{H_3PO_4} > 18$ zusätzlich über $H_5P_3O_{10}$. Die Konz.-Abhängigkeit von R läßt sich dementsprechend durch $R = k_1\, a_{H_3PO_4} \cdot a_{H_2O} + k_2 a^2_{H_3PO_4} + k_3 a^3_{H_3PO_4}/a_{H_2O}$ ausdrücken, wobei das 1. Glied bestimmend für niedrige, das 2. Glied für höhere Konz. ist, während das 3. Glied einen wesentlichen Beitrag nur bei Konzz. > 18f H_3PO_4 liefert; $k_1 = 3.8 \times 10^{-5}$, $k_2 = 2.4 \times 10^{-7}$, $k_3 = 4.5 \times 10^{-12}$ g-Atom/l·sec bei 100°C. Empirisch wird sie befriedigend durch $-\log R = 5.33 + 0.62\, H_0$ (H_0 Aciditätsfunktion, s. S. 200) wiedergegeben, ferner durch $R = 1.4 \times 10^{-5}\, c^2_{H_3PO_4}/c_{H_2O}$ sowie $R = 2.1 \times 10^{-5} \sqrt{a_{H_3PO_4}/a_{H_2O}}$, s. B. KEISCH, J. W. KENNEDY, A. C. WAHL (*l. c.*). Unterss. des ^{18}O-Austausches mittels Dichtebest. ergeben: bei 100°C Austausch mit H_3PO_4, kein Austausch mit primären, sekundären und tertiären Alkaliphosphaten, A. I. BRODSKIJ, L. V. SULIMA (*Doklady Akad. Nauk SSSR* [russ.] [2] **92** [1953] 589/92), Austausch mit KH_2PO_4 bei 100°C, E. R. S. WINTER, H. V. A. BRISCOE (*J. chem. Soc.* **1942** 631/7), T. TITANI, K. GOTO (*Bl. chem. Soc. Japan* **14** [1939] 77/85), in saurer, neutraler und alkal. Lsg. bei 100°C kein Austausch, E. R. S. WINTER, M. CARLTON, H. V. A. BRISCOE (*J. chem. Soc.* **1940** 131/8), rascher Austausch mit K_3PO_4 bei gewöhnl. Temp., E. BLUMENTHAL, J. B. M. HERBERT (*Trans. Faraday Soc.* **33** [1937] 849/52).

Statist. Berechnung des Austausch-Gleichgew. zwischen $H_2{}^{18}O$ und $P^{16}O_4$ s. K.-H. LEE (*J. Chinese chem. Soc.* **18** [1951] 121/34 nach *C. A.* **1952** 6907), G. VOJTA (*Kernenergie* **3** [1960] 927/30).

Electrolytic Dissociation. General

Elektrolytische Dissoziation. Allgemeines. Zur theoret. Berechnung der Dissoz.-Konstt. mehrbasiger Säuren vgl. N. BJERRUM (*Z. phys. Ch.* **106** [1923] 219/42), T. L. HILL (*J. Am. Soc.* **65** [1943] 1564/6), J. E. RICCI (*J. Am. Soc.* **70** [1948] 109/13), N. FÉLICI (*C. r.* **249** [1959] 1505/7). Berechnung aus der Auflösungsgeschw. von Ti und Zr s. T. G. O. BERG (*Z. anorg. Ch.* **275** [1954] 283/8). Beziehungen zwischen katalyt. Akt. und Dissoz.-Konstt., S. W. BENSON (*J. Am. Soc.* **80** [1958] 5151/4). Berechnung der Dissoz.-Entropie, E. L. KING (*J. phys. Chem.* **63** [1959] 1070/2).

Thermodynamic Data

Thermodynamische Größen. Erste Dissoziationsstufe $H_3PO_4 = H^+ + H_2PO_4^-$. Aus der Temp.-Abhängigkeit der Dissoz.-Konst. K_1 ber. Werte von $\Delta G°$, Genauigkeit $\pm 30\, j \cdot mol^{-1}$ ($\pm 7\, cal \cdot mol^{-1}$):

°C	0	5	10	15	20	25	30
$\Delta G°$ in $j \cdot mol^{-1}$	10752	11034	11319	11618	11932	12261	12600
$\Delta G°$ in $cal \cdot mol^{-1}$	2570	2637	2707	2778	2850	2930	3011
°C	35	40	45	50	55	60	
$\Delta G°$ in $j \cdot mol^{-1}$	12956	13328	13705	14087	14500	14906	
$\Delta G°$ in $cal \cdot mol^{-1}$	3099	3187	3277	3370	3467	3563	

R. G. BATES (*J. Res. nat. Bur. Stand.* **47** [1951] 127/34); im Original nur Angaben in $j \cdot mol^{-1}$. Werte von $\Delta H°$, $\Delta S°$ und $\Delta C_p°$, Genauigkeit $\pm 150\, j \cdot mol^{-1}$, $0.5\, j \cdot mol^{-1} \cdot grd^{-1}$ bzw. $5\, j \cdot mol^{-1} \cdot grd^{-1}$ bei 25°C:

°C	$-\Delta H°$		$-\Delta S°$		$-\Delta C_p$	
	$j \cdot mol^{-1}$	$cal \cdot mol^{-1}$	$j \cdot mol^{-1} \cdot grd^{-1}$	$cal \cdot mol^{-1} \cdot grd^{-1}$	$j \cdot mol^{-1} \cdot grd^{-1}$	$cal \cdot mol^{-1} \cdot grd^{-1}$
15	6136	1467	61.6	14.7	149	35.6
20	6886	1646	64.2	15.4	151	36.1
25	7650	1828	66.8	16.0	154	36.8
30	8426	2014	69.4	16.6	157	37.5
35	9216	2202	72.0	17.2	159	38.0
40	10018	2396	74.5	17.8	162	38.7
45	10832	2590	77.1	18.4	164	39.2

Aus den K_1-Daten von L. F. NIMS (*J. Am. Soc.* **56** [1934] 1110/2) folgt: $\Delta H^\circ_{298} = -7420$ j·mol⁻¹, $\Delta S^\circ_{298} = -65.7$ j·mol⁻¹·grd⁻¹, R. G. BATES (*l. c.*). Mittlere Dissoz.-Enthalpie zwischen 18 und 37°C $\Delta H^\circ = -2430$ cal·mol⁻¹, N. BJERRUM, A. UNMACK (*Medd. Danske Selsk.* **9** [1929] Nr. 1, S. 1/208, 151). Aus dem Temp.-Verlauf von K_1'' (s. S. 196) ergibt sich für eine 0.1 n-Lsg. zwischen 18 und 37°C $\Delta H = -1460$ cal·mol⁻¹, in befriedigender Übereinstimmung mit dem Wert -1550 cal·mol⁻¹ bei 18°C, der aus Neutralisationswärmen von J. THOMSEN (*Termokemiske Undersøgelsers Resultater, Kopenhagen* 1905, S. 73), s. auch S. 202, berechnet ist, N. BJERRUM, A. UNMACK (*l. c.*). Calorimetr. Messung der Wärmetönung von $(Na^+ + H_2PO^-) + (H^+ + Cl^-) = H_3PO_4 + Na^+ + Cl^+$ führt zum Wert $\Delta H^\circ_{298} = -1950 \pm 80$ cal·mol⁻¹, K. S. PITZER (*J. Am. Soc.* **59** [1937] 2365/71).

Volumenänderung bei der Rk. $H_3PO_4 = H^+ + H_2PO_4^-$ in 1 m-Lsg., unter verschiedenen Annahmen ber.: $\Delta V = -12.98$ ml·mol⁻¹, G. TAMMANN, W. TOFAUTE (*Z. anorg. Ch.* **182** [1929] 353/81, 372). Änderung des Partialvol. des H_3PO_4: $\Delta \overline{V}^\circ_2 = -16.2$ ml·mol⁻¹, J. S. SMITH nach S. D. HAMANN, S. C. LIM (*Austral. J. Chem.* **7** [1954] 329/34).

Zweite Dissoziationsstufe $H_2PO_4^- = H^+ + HPO_4^{2-}$. Aus der Temp.-Abhängigkeit von K_2 ber. Werte (cal, grad, mol) in Auswahl:

°C	ΔG°	ΔH°	ΔS°	ΔC_p°
25	9830	976.1	−29.63	−51.78
30	9971	723.8	−30.50	−52.64
40	10285	188.6	−32.24	−54.38
50	10616	−363.8	−33.98	−56.12
60	10965	−932.7	−35.71	−57.85

F. ENDER, W. TELTSCHIK, K. SCHÄFER (*Z. Elektroch.* **61** [1957] 775/81).

°C	ΔG° in cal·mol⁻¹	ΔH° in cal·mol⁻¹	ΔS° in cal·mol⁻¹·grd⁻¹	ΔC_p in cal·mol⁻¹·grd⁻¹
5	9263 ± 1.7	1927 ± 51.1	−26.4 ± 0.18	−44.5 ± 2.1
25	9823 ± 1.0	1003 ± 15.3	−29.6 ± 0.05	−47.8 ± 2.3
50	10613 ± 1.7	−13 ± 56.4	−33.6 ± 0.18	−51.9 ± 2.5

A. K. GRZYBOWSKI (*J. phys. Chem.* **62** [1958] 555/9). Im allgemeinen befriedigend übereinstimmende Werte, R. G. BATES, S. F. ACREE (*J. Res. nat. Bur. Stand.* **34** [1945] 373/94, **30** [1943] 129/55), stärker abweichende Werte, L. F. NIMS (*J. Am. Soc.* **55** [1933] 1946/51), N. BJERRUM, A. UNMACK (*Medd. Danske Selsk.* **9** [1929] Nr. 1, S. 1/208, 151). Aus der calorimetrisch bestimmten Wärmetönung der Rk. $Na_2HPO_4 + HCl = NaH_2PO_4 + NaCl$ in verd. Lsg. ergibt sich $\Delta H^\circ_{298} = 800 \pm 80$ cal·mol⁻¹, K. S. PITZER (*J. Am. Soc.* **59** [1937] 2365/71). Aus den von J. THOMSEN (*Termokemiske Undersøgelsers Resultater, Kopenhagen* 1905, S. 73) gem. Neutralisationswärmen (s. S. 202) folgt $\Delta H = 1470$ cal·mol⁻¹ in 0.1 n-Lsg. bei 18°C, N. BJERRUM, A. UNMACK (*l. c.*).

Dritte Dissoziationsstufe $HPO_4^{2-} = H^+ + PO_4^{3-}$. Aus der Temp.-Abhängigkeit von K_3 und K_3'' folgt $\Delta H^\circ = 6200$ bzw. ΔH (0.1 n-Lsg.) = 5150 cal·mol⁻¹ zwischen 18 und 37°C. Aus den von J. THOMSEN (*l. c.*) gem. Neutralisationswärmen (s. S. 202) ergibt sich ΔH (0.1 n-Lsg.) = 4270 cal·mol⁻¹ bei 18°C, N. BJERRUM, A. UNMACK (*l. c.*). Die calorimetrisch gem. Wärmetönung der Rk. $Na_3PO_4 + HCl = NaH_2PO_4 + NaCl$ in verd. Lsg. führt zum Wert $\Delta H^\circ_{298} = 3500 \pm 500$ cal·mol⁻¹, K. S. PITZER (*l. c.*). $\Delta G^\circ_{298} = 16330$ cal·mol⁻¹, aus dem pK_3-Wert von C. E. VANDERZEE, A. S. QUIST (*J. phys. Chem.* **65** [1961] 118/23).

Erste Dissoziationskonstante. EK-Messungen an den Ketten $H_2 \mid KH_2PO_4$ (xm), HCl (m) | AgCl, Ag und $H_2 \mid KH_2PO_4$ (xm), HCOOH (m), KCl (0.005 Mol/1000 g H_2O) | AgCl, Ag mit insgesamt 71 verschiedenen Lsgg. (Ionenstärke $\mu = 0.01$ bis 0.4) und Neuberechnung der Messungen von L. F. NIMS (*J. Am. Soc.* **56** [1934] 1110/2) an 18 weiteren Lsgg. ergeben nach Extrapolation auf $\mu = 0$ unter Verwendung geeigneter Ionengrößenparameter folgende Werte der thermodynam. Konst. $K_1 = a_H \cdot a_{H_2PO_4}/a_{H_3PO_4}$:

First Dissociation Constant

°C	0	5	10	15	20	25	30	35	40	45	50	55	60
$K_1 \cdot 10^3$	8.79	8.45	8.17	7.82	7.46	7.11	6.75	6.37	5.97	5.61	5.28	4.92	4.59
pK_1	2.056	2.073	2.088	2.107	2.127	2.148	2.171	2.196	2.224	2.251	2.277	2.308	2.338

Genauigkeit der pK_1-Werte ±0.005 (entsprechend ±1.2% für K_1). Die Temp.-Abhängigkeit wird mit einer mittleren Abweichung von ± 0.0005 durch $pK_1 = 799.31/T - 4.5535 + 0.013486\,T$ wiedergegeben. Aus der Gleichung folgt $pK_1 = 2.119$ bei 18°C, 2.206 bei 37°C, R. G. BATES (*J. Res. nat. Bur. Stand.* **47** [1951] 127/34). Weitere pK_1-Werte (zum Vergleich sind die entsprechenden Werte von R. G. BATES (*l. c.*) mit aufgeführt):

Temp. in °C	pK_1	Aus Messungen der	Literatur
18	2.081	Leitf.	A. A. NOYES, G. W. EASTMAN (*Carnegie Inst.* Nr. 63 [1907] 239/81), M. S. SHERRILL, A. A. NOYES (*J. Am. Soc.* **48** [1926] 1861/73)
	2.09	Leitf.	J. W. H. LUGG (*J. Am. Soc.* **53** [1931] 1/8)
	2.119 $\pm$ 0.005	EK	R. G. BATES (*l. c.*)
	2.120 $\pm$ 0.015	EK	N. BJERRUM, A. UNMACK (*Medd. Danske Selsk.* **9** [1929] Nr. 1, S. 1/208, 115/28)
25	2.124	EK	L. F. NIMS (*l. c.*)
	2.126	Leitf.	C. M. MASON, J. B. CULVERN (*J. Am. Soc.* **71** [1949] 2387/93)
	2.148 $\pm$ 0.005	EK	R. G. BATES (*l. c.*)
	2.161 $\pm$ 0.015	EK	N. BJERRUM, A. UNMACK (*l. c.*)
	2.172 $\pm$ 0.025	Pufferkapazität von Phosphatlsgg.	Y. HENTOLA (*Akad. Avh. Julkaisuja* **13** Nr. 2 [1946] 1/62, 42 [dtsch.], *C. A.* **1950** 5193)
37	2.206 $\pm$ 0.005	EK	R. G. BATES (*l. c.*)
	2.232 $\pm$ 0.015	EK	N. BJERRUM, A. UNMACK (*l. c.*)

Zur Druckabhängigkeit s. S. 199.

Die scheinbare Dissoz.-Konst. $K_1' = a_H \cdot c_{H_2PO_4}/c_{H_3PO_4}$ hängt in NaCl-haltigen Na-Phosphatlsgg. bei Ionenstärken μ zwischen 0 und 0.1 in folgender Weise von μ und der Temp. (in °C) ab: $pK_1'(18°C) = 2.120 - 0.499\sqrt{\mu} - 0.34\mu$, $pK_1'(25°C) = 2.161 - 0.504\sqrt{\mu} - 0.43\mu$, $pK_1'(37°C) = 2.232 - 0.515\sqrt{\mu} - 0.54\mu$, N. BJERRUM, A. UNMACK (*l. c.* S. 126), N. BJERRUM (*Medd. Danske Selsk.* **31** [1958] Nr. 7, S. 1/79, 66); im Bereich $0.1 < \mu < 0.5$ gilt nach pH-Messungen (Glaselektrode): $pK_1'(38°C) = 2.137 - 0.522\sqrt{\mu} + 0.041\mu$, J. S. ELLIOT, R. F. SHARP, L. LEWIS (*J. phys. Chem.* **62** [1958] 686/9). $pK_1' = 1.6 \pm 0.2$ in 0.1 n-KCl-Lsg. bei 20°C, A. E. MARTELL, G. SCHWARZENBACH (*Helv. chim. Acta* **39** [1956] 653/61).

Für $K_1'' = c_H \cdot c_{H_2PO_4}/c_{H_3PO_4}$ in reinwss. H_3PO_4-Lsg. folgt aus Leitf.-Messungen: $pK_1'' = 2.09 - \sqrt{\mu}/(1 + 1.0\sqrt{\mu}) - 1.8\mu$ bei 18°C und $\mu < 0.04$, J. W. H. LUGG (*l. c.*); $pK_1'' = 2.126 - 1.017\sqrt{\mu} - B\mu$ bei 25°C und $\mu < 0.03$, $B = 0.8$ (aus Fig. im Original abgelesen), C. M. MASON, J. B. CULVERN (*l. c.*). In NaCl-haltigen Na-Phosphatlsgg. gilt für $\mu < 0.03$: $pK_1'' = 2.120 - 0.998\sqrt{\mu} + 0.98\mu$ bei 18°C, $pK_1'' = 2.161 - 1.008\sqrt{\mu} + 1.21\mu$ bei 25°C, $pK_1'' = 2.232 - 1.030\sqrt{\mu} + 1.48\mu$ bei 37°C, N. BJERRUM, A. UNMACK (*l. c.* S. 128).

Titrimetr. Best. des Minimums der Pufferkapazität am 1. Äquivalenzpunkt von Lsgg. mit 0.01 Mol MH_2PO_4/l neben 0.01 bis 4 Mol MCl/l (M = Li, Na, K) oder 0.1 Mol MH_2PO_4/l neben 0.1 bei 4 Mol HCl/l oder 0.05 bis 1 Mol MH_2PO_4/l (ohne Zusatz), ergibt mit einer Genauigkeit von ± 0.01: $pK_1'' = pK_1 - \sqrt{\mu}/(1 + \alpha_1\sqrt{\mu}) + B_1\mu$ ($\mu \leq 4$) mit folgenden Werten der Konst. bei 25°C:

pK_1	α_1(KCl)	α_1(NaCl)	α_1(LiCl)	B_1(KCl)	B_1(NaCl)	B_1(LiCl)
2.172	0.926	0.979	0.808	0.1560	0.1244	0.0529

Die Werte für NaCl-Lsgg. stimmen sehr gut mit denen von N. BJERRUM, A. UNMACK (*l. c.*) überein, Y. HENTOLA (*Akad. Avh. Julkaisuja* **13** [1946] Nr. 2, S. 1/62, 41 [dtsch.], *C. A.* **1950** 5193). Potentiometr. Messungen mit der Meth. von J. W. H. LUGG (*J. Am. Soc.* **53** [1931] 2554) ergeben $K_1'' = 0.0173$ bzw. 0.0133 bei $\mu = 0.56$ und 18° bzw. 45°C, R. O. GRIFFITH, A. MCKEOWN (*Trans. Faraday Soc.* **36** [1940] 766/79, 776).

Zweite Dissoziationskonstante. Aus EK-Messungen an der Kette H_2, Pt | KH_2PO_4(m), Na_2HPO_4(m), Na Cl(m) | AgCl | Ag ber. Werte von $pK_2 = -\log a_H \cdot a_{HPO_4}/a_{H_2PO_4}$: *Second Dissociation Constant*

°C . . .	25	30	35	40	45	50	55	60
pK_2 . .	7.19988	7.1891	7.1814	7.1777	7.1776	7.1796	7.1859	7.1918
	± 0.0002	± 0.0002	± 0.0003	± 0.0003	± 0.0003	± 0.0005	± 0.0006	± 0.0008

Die pK_2-Werte gehen bei 43.45°C durch ein Minimum (7.1774), F. ENDER, W. TELTSCHIK, K. SCHÄFER (*Z. Elektroch.* **61** [1957] 775/81). EK-Messungen an der Kette Pt, H_2 | $KH_2PO_4(m_1)$, $KNaHPO_4(m_2)$, $NaCl(m_3)$ | Hg_2Cl_2 | Hg ergeben:

°C . . .	5	10	15	20	25	30	35	40	45	50
pK_2 . .	7.2797	7.2525	7.2305	7.2129	7.2004	7.1902	7.1828	7.1783	7.1758	7.1764
	± 0.0013	± 0.0013	± 0.0013	± 0.0010	± 0.0011	± 0.0014	± 0.0012	± 0.0013	± 0.0019	± 0.0027

Die Werte werden mit einer mittleren Abweichung von ± 0.0011 durch die Gleichung $pK_2 = 1775.812/T - 3.9762 + 0.0175089$ T wiedergegeben. Aus dieser folgt $pK_2 = 7.1798$ bei 37°C. pK_2 weist der Gleichung zufolge ein Minimum (7.1759) bei 45.3°C auf, A. K. GRZYBOWSKI (*J. phys. Chem.* **62** [1958] 555/9).

Messungen an der Kette Pt, H_2 | $KH_2PO_4(m_1)$, $Na_2HPO_4(m_2)$, $NaCl(m_3)$ | AgCl, Ag mit insgesamt 75 Lsgg. im μ-Bereich 0.01 bis 0.5 führen zu pK_2-Werten, deren Genauigkeit zu ±0.003 geschätzt wird; sie werden zwischen 0° und 50°C durch $pK_2 = 2073.0/T - 5.9884 + 0.020912$ T (mittlere Abweichung ±0.0007) dargestellt; pK_2 (55°) = 7.1870, pK_2 (60°) = 7.1944, pK_2 (0°) = 7.3131, R. G. BATES, S. F. ACREE (*J. Res. nat. Bur. Stand.* **34** [1945] 373/94, **30** [1943] 129/55).

Diese Werte stimmen innerhalb der Fehlergrenze bis 35°C mit den eigenen überein; oberhalb 40°C sind sie etwas höher, s. **Fig. 43**; noch höher sind die von L. F. NIMS (*J. Am. Soc.* **55** [1933] 1946/51) ebenfalls aus Messungen mit der Ag-AgCl-Elektrode abgeleiteten Werte, A. K. GRZYBOWSKI (*l. c.*). Messungen an der Kette Pt, H_2 | $NaH_2PO_4(c_1)$, $Na_2HPO_4(c_2)$, $NaCl(c_3)$ | KCl(3.5 mol·l^{-1}) | KCl 0.1 mol · l^{-1} | Hg Cl, Hg ergeben $pK_2 \pm 0.01 = 7.228 - (t - 18)\,0.0033$ bei $18° < t < 37°C$, N. BJERRUM, A. UNMACK (*Medd. Danske Selsk.* **9** [1929] Nr. 1, S. 1/208, 129/38). Aus p_H-Messungen (Glaselektrode) erhaltene Werte:

Fig. 43.

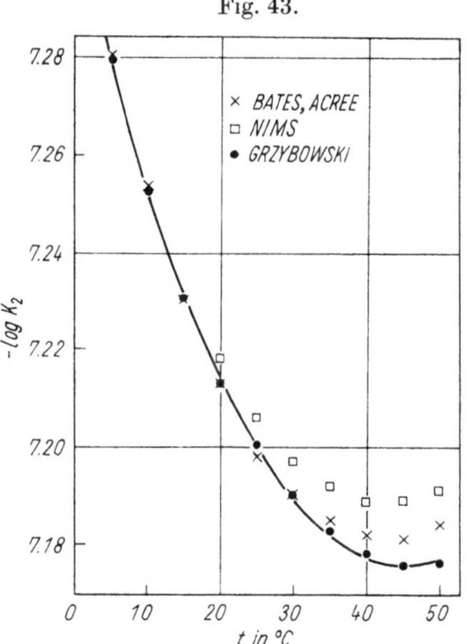

Temp.-Abhängigkeit der 2. Dissoz.-Konstanten der Phosphorsäure.

°C	60	70	80	90
pK_2	7.214	7.235	7.240	7.245

F. ČUTA, B. POLEJ (*Chem. Listy* **49** [1955] 473/7); der 60°-Wert ist beträchtlich höher als der Wert 7.194 von R. G. BATES, S. F. ACREE (*l. c.*). $pK_2 = 7.211 \pm 0.018$ bei 25°C aus dem Puffervermögen von Phosphatlsgg., Y. HENTOLA (*Akad. Avh. Julkaisuja* **13** [1946] Nr. 2, S. 1/62, 48 [dtsch.], *C. A.* **1950** 5193). Vergleich mit älteren Bestt. s. N. BJERRUM, A. UNMACK (*l. c.* S. 135/8), R. G. BATES, S. F. ACREE (*J. Res. nat. Bur. Stand.* **30** [1943] 129/55, 146).

Die scheinbare Dissoz.-Konst. $K_2' = a_H \cdot c_{HPO_4}/c_{H_2PO_4}$ in NaCl-haltigen Na-Phosphatlsgg. (μ 0.1) wird durch pK_2' (18°C) = $7.227 - 1.497\sqrt{\mu} + 1.04\,\mu$, pK_2' (25°C) = $7.207 - 1.512\sqrt{\mu} + 1.07\,\mu$, pK_2' (37°C) = $7.165 - 1.545\sqrt{\mu} + 1.12\,\mu$ wiedergegeben, N. BJERRUM, A. UNMACK (*l. c.* S. 133), N. BJERRUM (*Medd. Danske Selsk.* **31** [1958] Nr. 7, S. 1/79, 66); im μ-Bereich 0.1 bis 0.5 gilt nach pH-Messungen (Glaselektrode): pK_2' (38°C) = $7.198 - 1.566\sqrt{\mu} + 0.937\,\mu$, J. S. ELLIOT, R. F. SHARP, L. LEWIS (*J. phys. Chem.* **62** [1958] 686/9). $pK_2' = 6.77 \pm 0.01$ in 0.1n-KCl-Lsg. bei 20°C, A. E. MARTELL, G. SCHWARZENBACH (*Helv. chim. Acta* **39** [1956] 653/61, 654). Erniedrigung von pK_2' durch NaCl, KCl, $MgCl_2$ und $MgSO_4$; steigende Wrkg. in der Reihenfolge $K^+ < Na^+ < Mg^{2+}$, $PO_4^{3+} < SO_4^{2+} < Cl^-$ s. K. SHIMA (*J. Biochem.* **29** [1939] 121/45, 147/53); durch Glycin, H. S. SIMMS (*J. phys. Chem.* **33** [1929] 745/54).

Für $K_2'' = c_H \cdot c_{HPO_4}/c_{H_2PO_4}$ in NaCl- haltigen Na-Phosphatlsgg. ergibt sich bei μ 0.03: pK_2'' (18°C) $= 7.227 - 1.996\sqrt{\mu} + 2.36\ \mu$, pK_2'' (25°C) $= 7.207 - 2.016\sqrt{\mu} + 2.71\ \mu$, pK_2'' (37°C) $= 7.165 - 2.060\sqrt{\mu} + 3.14\ \mu$, N. BJERRUM, A. UNMACK (*l. c.* S. 134).

Titrimetr. Best. der minimalen Pufferkapazität am 1. Äquivalenzpunkt von Lsgg. mit 0.01 Mol MH_2PO_4/l + 0.01 bis 4 Mol MCl/l (M = Li, Na, K) sowie 0.1 Mol MH_2PO_4/l + 0.1 bis 4 Mol HCl/l sowie 0.05 bis 1 Mol MH_2PO_4/l (ohne Zusatz) ergibt mit einer geschätzten Genauigkeit von ± 0.01: $pK_2'' = pK_2 - 2\sqrt{\mu}/(1 + \alpha_2\sqrt{\mu}) + B_2\mu$ für $\mu \leq 4$ mit folgenden Werten der Konstt. bei 25°C:

pK_2	α_2(KCl)	α_2(NaCl)	α_2(LiCl)	B_2(KCl)	B_2(NaCl)	B_2(LiCl)
7.211	1.181	1.119	0.757	0.1591	0.0945	0.0578

Die Werte für NaCl-Lsg. stimmen sehr gut mit denen von N. BJERRUM, A. UNMACK (*l. c.*) überein, Y. HENTOLA (*Akad. Avh. Julkaisuja* **13** [1946] Nr. 2, S. 1/62, 48 [dtsch.], *C. A.* **1950** 5193). Verhältnis der Dissoz.-Konstt. von $H_2PO_4^-$ und H_2CO_3 in 0.1 m-Pufferlsg.: 0.299 ± 0.004, H. GRAETZ, E. NEGELEIN (*Bioch. Z.* **329** [1958] 463/6).

Third Dissociation Constant

Dritte Dissoziationskonstante. Spektralphotometr. Absorptionsmessungen an Na_2HPO_4-Na_3PO_4-Lsgg. (Ionenstärke μ = 0.01 bis 0.5), die einen im pH-Bereich 8 bis 13.3 umschlagenden Farbindicator enthalten, ergeben durch Vergleich mit entsprechenden Messungen an $NaHCO_3$-Na_2CO_3-Lsg. den Wert $pK_3 = -\log\ a_H \cdot a_{PO_4}/a_{HPO_4} = 12.375 \pm 0.010$ ($K_3 = 4.22 \times 10^{-13}$) bei 25°C, wenn der von H. S. HARNED, S. R. SCHOLES (*J. Am. Soc.* **63** [1941] 1706), D. A. MACINNES, D. BELCHER (*J. Am. Soc.* **55** [1933] 2630, **57** [1935] 1683) elektrometrisch bestimmte Wert $pK_2 = 10.329$ bei 25°C für die 2. Dissoz.-Stufe des H_2CO_3 zu Grunde gelegt wird, C. E. VANDERZEE, A. S. QUIST (*J. phys. Chem.* **65** [1961] 118/23). Aus EK-Messungen an der Kette Pt, H_2 | $Na_2HPO_4(c_1)$, $Na_3PO_4(c_2)$ | KCl(3.5 Mol/l) | KCl(0.1 Mol/l) | HgCl, Hg (Ionenstärke 0.01 bis 0.18) mit einer Unsicherheit von ± 0.03 bis 0.04 erhaltene Werte:

t in °C . . .	18	25	37
pK_3	12.465	12.325	12.180

$pK_3 = 12.45 - (t - 18)\ 0.015$, N. BJERRUM, A. UNMACK (*Medd. Danske Selsk.* **9** [1929] Nr. 1, S. 1/208, 138/46); die Übereinstimmung der pK_3-Werte bei 25°C wird vollkommen, wenn den von N. BJERRUM, A. UNMACK (*l. c.*) bei $\mu < 0.02$ erhaltenen Meßdaten geringeres Gewicht beigelegt wird, C. E. VANDERZEE, A. S. QUIST (*l. c.*).

Aus der Pufferkapazität von Phosphatlsgg. ergibt sich $pK_3 = 12.360 \pm 0.016$, Y. HENTOLA (*Akad. Avh. Julkaisuja* **13** [1946] Nr. 2, S. 1/62, 53 [dtsch.], *C. A.* **1950** 5193). Die scheinbare Konst. $K_3' = a_H \cdot c_{PO_4}/c_{HPO_4}$ in Na-Phosphatlsgg. ($\mu < 0.17$) wird durch pK_3' (18°C) $= 12.465 - 2.495\sqrt{\mu} + 2.25\ \mu$, pK_3' (25°C) $= 12.325 - 2.520\sqrt{\mu} + 2.42\ \mu$, pK_3' (37°C) $= 12.180 - 2.575\sqrt{\mu} + 2.63\ \mu$, dargestellt, N. BJERRUM, A. UNMACK (*l. c.* S. 142), N. BJERRUM (*Medd. Danske Selsk.* **31** [1958] Nr. 7, S. 1/79, 66); im μ-Bereich 0.1 bis 0.5 gilt nach pH-Messungen (Glaselektrode): pK_3'(38°C) $= 12.483 - 261\sqrt{\mu} + 1.006\ \mu$, J. S. ELLIOT, R. F. SHARP, L. LEWIS (*J. phys. Chem.* **62** [1958] 686/9). $pK_3' = 11.71 \pm 0.1$ in 0.1 n-KCl-Lsg. bei 20°C, A. E. MARTELL, G. SCHWARZENBACH (*Helv. chim. Acta* **39** [1956] 653/61). pK_3' in Seewasser, R. C. WELLS (*J. Washington Acad.* **32** [1942] 321/6).

Für $K_3'' = c_H \cdot c_{PO_4}/c_{HPO_4}$ in Na-Phosphatlsgg. ergibt sich bei $\mu < 0.03$: pK_3''(18°C) $= 12.465 - 2.994\sqrt{\mu} + 3.57\ \mu$, pK_3''(25°C) $= 12.325 - 3.024\sqrt{\mu} + 4.06\ \mu$, pK_3''(37°C) $= 12.180 - 3.090\sqrt{\mu} + 4.65\ \mu$. Die benutzten Akt.-Koeff. des H^+ sind aus EK-Messungen an NaCl-HCl-Lsgg. abgeleitet, N. BJERRUM, A. UNMACK (*l. c.*). Titrimetr. Best. des Minimums der Pufferkapazität am 2. Äquivalenzpunkt von Na_2HPO_4-Lsgg. mit Zusätzen von NaCl bzw. KCl ergibt mit einer geschätzten Genauigkeit von ± 0.03: $pK_3' = pK_3 - 3\sqrt{\mu}/(1 + \alpha_3\sqrt{\mu}) + B_3\ \mu$ ($\mu \leq 4$) mit folgenden Werten der Konstt. bei 25°C:

pK_3	α_3(KCl)	α_3(NaCl)	B_3(KCl)	B_3(NaCl)
12.360	1.268	1.133	0.1853	0.0918

Für NaCl-Lsgg. gute Übereinstimmung mit N. BJERRUM, A. UNMACK (*l. c.*), Y. HENTOLA (*Akad. Avh. Julkaisuja* **13** [1946] Nr. 2, S. 1/62, 53 [dtsch.], *C. A.* **1950** 5193). Die aus der minimalen Pufferkapazität am 2. Äquivalenzpunkt ber. Gleichgew.-Konst. K der Rk. $2\,HPO_4^{2-} = PO_4^{3-} + H_2PO_4^-$ ($K = K_3''/K_2''$) in wss. Lsg. von NaCl, NaBr, $NaClO_4$, Na_2SO_4 und KCl (Normalität ≤ 2) ist in allen Na-Salzlsgg. bei derselben Na^+-Konz. gleich groß, unabhängig von der Art des Anions; dagegen unterscheidet sich die Elektrolytwrkg. in KCl-Lsgg. erheblich von der in Na-Salzlsgg., S. KILPI, K. S. MIKKOLA, M. K. VALANKI (*Ann. Acad. Fenn.* A II Nr. 52 [1953] 1/7 [dtsch.]), beides im Einklang mit der Theorie von J. N. BRÖNSTED (*J. Am. Soc.* **44** [1922] 877).

Aus colorimetr. (lichtelektr.) Messungen an wss. Na_3PO_4-Lsgg. (c = 0.01 bis 0.033 Mol/l) unter Verwendung eines bei pH 11.5 bis 12.5 umschlagenden Farbindicators ergeben sich Werte von $pK_3^* = -\log a_H(c - a_{OH})/a_{OH}$ zwischen 11.95 und 11.70 bei 20°C, N. KONOPIK, O. LEBERL (*Monatsh.* **80** [1948] 655/69). Ausführliche Übersicht und Kritik der älteren Angaben zur 3. Dissoz.-Konst. s. N. BJERRUM, A. UNMACK (*l. c.* S. 143/6), N. KONOPIK, O. LEBERL (*l. c.* S. 665/8).

Dissoziationsgrad α. Aus Leitf.-Messungen von A. A. NOYES, G. W. EASTMAN (*Carnegie Inst.* Nr. 63 [1907] 239/81, 262) unter Benutzung des pK_1-Wertes von L. F. NIMS (*J. Am. Soc.* **56** [1934] 1110/2), vgl. S. 195, nach der Meth. von W. H. BANKS (*J. chem. Soc.* **1931** 3341/2) ber. α-Werte bei 25°C als Funktion der H_3PO_4-Molalität m: *Degree of Dissociation*

m . . .	0.01	0.02	0.03	0.04	0.05	0.06	0.07	0.08	0.09	0.10
α . . .	0.6027	0.4946	0.4359	0.3970	0.3688	0.3473	0.3301	0.3162	0.3040	0.2938

Die Meth. von T. SHEDLOVSKY (*J. Franklin Inst.* **225** [1938] 739/43) liefert innerhalb der Fehlergrenzen übereinstimmende Ergebnisse, K. L. ELMORE, C. M. MASON, J. H. CHRISTENSEN (*J. Am. Soc.* **68** [1946] 2528/32), C. M. MASON, W. M. BLUM (*J. Am. Soc.* **69** [1947] 1246/50); Bestätigung durch eigene Leitf.-Messungen, C. M. MASON, J. B. CULVERN (*J. Am. Soc.* **71** [1949] 2387/93). Vgl. ferner die Angaben zur Dissoz.-Konst. K_1'' S. 196. Aus der Leitf. unter Berücksichtigung des Viscositätseinflusses ber. α-Werte bei höheren Konzz. c (Mol/l bei) 25°C:

c	0.1422	0.2143	0.3586	0.4992
α	0.27	0.24	0.20	0.20

O. W. EDWARDS, E. O. HUFFMAN (*J. phys. Chem.* **63** [1959] 1830/3). Der Dissoz.-Grad nimmt mit steigendem Druck entsprechend $d\ln K/dp = -\Delta v/1000\,RT$ zu; für die Vol.-Änderung Δv von 1000 ml Lsg. bei Dissoz. eines Mols ergibt sich unter verschiedenen Annahmen: $\Delta v = -12.98$ ml bei 20°C. Mit $\Delta v = -10$ ml und $K = 10^{-2}$ aus Leitf.-Messungen ber. Werte von $(\alpha_p - \alpha_1)/\alpha_1$ steigen mit der Konz. auf einen Wert an, der bei weiterer Konz.-Erhöhung nahezu konst. bleibt; bei p = 500 bzw. 3000 $kg\cdot cm^{-2}$ auf etwa 11% bei c ~5 $val\cdot l^{-1}$ bzw. 84% bei c ~10 $val\cdot l^{-1}$, G. TAMMANN, W. TOFAUTE (*Z. anorg. Ch.* **182** [1929] 353/81, 362, 372). Nach Lichtabsorptionsmessungen an mit Farbindicatoren versetzten Phosphatpufferlsgg. steigt die (erste) Dissoz.-Konst. um ~100% bei Erhöhung des Drucks von 1 auf 10^3 bar (~10^3 atm), R. E. GIBSON, O. H. LOEFFLER (*Trans. Am. geophys. Union* **1941** 503 nach *C. A.* **1942** 2778).

Aktivität. Wasser. Akt. a_1 von H_2O s. „Dampfdruck" S. 177. *Activity. Water*

Undissoziiertes H_3PO_4. Die Akt. a_2 von H_3PO_4 ist identisch mit der Akt. a_u des undissoziierten Anteils, vgl. P. VAN RYSSELBERGHE (*J. phys. Chem.* **39** [1935] 403/14). Aus der EK der Kette 3) S. 188 nach $E = E° + (RT/2F)\ln a_H \cdot a_{H_2PO_4} = E° + (RT/2F)\ln K_1 \cdot a_u$ ber. a_u-Werte bei 25°C: *Undissociated H_3PO_4*

m . . .	0.001	0.002	0.003	0.004	0.005	0.006	0.007	0.008	0.009	0.01
$a_u \cdot 10^4$.	0.8947	3.074	6.162	9.816	14.15	18.81	23.61	29.20	34.82	40.75

Zur Best. von E° werden die im Bereich m = 0.01 bis 0.1 aus Leitf.-Messungen ber. Werte des Dissoz.-Grades α (s. oben) benutzt, C. M. MASON, W. M. BLUM (*J. Am. Soc.* **69** [1947] 1246/50). Aus der Beziehung $a_u = (\alpha m \gamma_\pm)^2/K_1$ ergibt sich mit nach DEBYE-HÜCKEL ber. Werten des mittleren Ionenakt.-Koeff. $\gamma_\pm$ bei 25°C:

m . . .	0.01	0.02	0.03	0.04	0.05	0.06	0.07	0.08	0.09	0.10
a_u . . .	0.003969	0.01031	0.01738	0.02495	0.03291	0.04120	0.04975	0.05851	0.06752	0.07688

Diese Werte stimmen mit aus kryoskopisch bestimmten a_1-Werten ber. überein, vgl. Fig. **37**, S. 178. $(a_u + \sqrt{K_1 \cdot a_u}/\gamma_\pm)/m$ als Funktion von m ergibt eine glatte Kurve mit dem Grenzwert 1 für $m \to 0$, K. L. ELMORE, C. M. MASON, J. H. CHRISTENSEN (*J. Am. Soc.* **68** [1946] 2528/32). Aus EK-Messungen erhaltene Werte sind um 1.1 bis 2.7% höher, C. M. MASON, W. M. BLUM (*l. c.*). Unter der Annahme $\gamma_u = a_u/m(1-\alpha) = 1$[1]), die zu konst. E°-Werten führt, aus der EK der Kette 1), S. 188, ohne Benutzung des Grenzgesetzes ber. Werte bei 25°C:

m	0.02	0.03	0.05	0.08	0.10
a_u	0.01154	0.01771	0.03200	0.05521	0.06973

W. D. LARSON (*J. phys. Chem.* **54** [1950] 310/5). Aus der Akt. des H_2O (s. „Dampfdruck" S. 177) ber. Werte (in Auswahl) von $a_2 = a_u$ bei 25°C:

[1]) m = Molalität, γ_u = Akt.-Koeff. des undissoziierten Tl. der Säure, a_u = Akt. des undissoziierten H_3PO_4, α = klass. Dissoz.-Grad.

m	0.2	0.4	0.6	0.8	1.0	2.0	3.0	4.0	5.0	6.0	7.0
a_2	0.1605	0.3417	0.5360	0.7425	0.9615	2.275	4.051	6.461	9.721	14.12	20.03
m	8.0	10.0	14	18	22	26	30	34	38	42	
a_2	27.96	48.97	125.9	265.6	471.7	751.4	1091	1479	1895	2330	
m	46	50	54	58	62	66	70	74	78	80	
a_2	2775	3228	3690	4155	4615	5058	5473	5850	6189	6343	

Zwischen m = 0.1 und 7.5 wird a_2 durch die Gleichung $\log a_2 = A\, m^{-3/2} + B \log m + C\, m^{1/2} + D\, m + F$ mit $A = 7.12466 \times 10^{-4}$, $B = 1.175517$, $C = -0.241327$, $D = 0.120512$, $F = 0.103062$ wiedergegeben, K. L. ELMORE, C. M. MASON, J. H. CHRISTENSEN (*l. c.*). Um 6.4% (bei m = 0.2) bis 20% (bei m = 10) höhere Werte aus EK-Messungen, vermutlich bedingt durch den nicht berücksichtigten Anstieg der $PbHPO_4$-Löslichkeit in konzentierteren H_3PO_4-Lsgg., C. M. MASON, W. M. BLUM (*l. c.*); die Hg | Hg_2HPO_4-Elektrode ergibt Werte, die zwischen m = 0.2 und 1.0 um 3 bis 5%, bei m = 2.0 bzw. 4.0 um etwa 15 bzw. 50% niedriger sind als die obenstehenden, aus Dampfdruckmessungen erhaltenen, W. D. LARSON (*l. c.*). Vgl. hierzu ferner die Werte von $\bar{G}_2 - \bar{G}_2^\circ = RT \cdot \ln a_u$ bei Tempp. zwischen 15 und 80°C, S. 184. Aus der H_2O-Akt. (s. S. 177) unter Berücksichtigung des $H_4P_2O_7$-Gehalts in hochkonz. Lsgg. (s. „Kondensation" S. 193) ber. Relativwerte der Molenbruch-Akt. a_2^* bei 100°C, bezogen auf $a_2^* = 0.05$ bei x_2 (Molenbruch) = 0.05, als Funktion der Bruttokonz. $f_{H_3PO_4}$ (Mol H_3PO_4/l Lsg. bei 100°C):

$f_{H_3PO_4}$	6.0	8.0	10.0	12.0	14.0	15.0	16.0	17.0	17.5	18.0	18.5
a_2^*	0.355	1.09	2.75	7.70	20.1	29.3	40.8	51.0	57.8	63.0	67.0

B. KEISCH, J. W. KENNEDY, A. C. WAHL (*J. Am. Soc.* **80** [1958] 4778/82).

pH Value

pH-Wert. Elektrometrisch gem. pH-Werte (Genauigkeit ±0.01) bei 25±0.02°C als Funktion der Molalität m:

m	0.1	0.5	0.8	1.0	1.5	2.0	2.121	4.0	6.0	8.0	10.0
pH	1.58_6	1.10_2	0.94_7	0.85_1	0.67_3	0.50_9	0.49_9	0.12_3	-0.15_7	-0.34_5	-0.51_6

Als Funktion des P_2O_5-Gehaltes, in Auswahl:

Gew.-% P_2O_5	0.0000	0.0005	0.0010	0.003	0.010	0.02	0.04	0.10	0.30	0.50
pH	7.00	4.16	3.86	3.40	2.92	2.68	2.44	2.16	1.83	1.68
Gew.-% P_2O_5	1.0	2.0	5.0	10.0	15.0	20.0	25.0	30.0	35.0	38.0
pH	1.49	1.28	0.96	0.63	0.38	0.14	−0.08	−0.28	−0.48	−0.60

A. J. SMITH, E. O. HUFFMAN (*Chem. Engg. Data Ser.* **1** [1956] 99/117). Elektrometrisch gem. pH-Werte (Genauigkeit ±0.006) bei 25±0.01°C als Funktion der Molarität c:

c	0.414	0.634	0.931	1.104	1.345	1.753	2.483
pH	1.174	1.013	0.818	0.717	0.620	0.419	0.181
c	4.257	4.966	5.493	5.960	6.662	7.450	8.514
pH	−0.226	−0.363	−0.551	−0.705	−0.824	−0.942	−1.061

R. RIPAN, C. LITEANU (*Acad. Republ. Populare Române Bl. ştiinţ.* A **1** [1949] 387/96).

Acidity Function

Aciditätsfunktion. $H_0 = p\, a_{H^+} - \log f_B/f_{BH^+}$, wobei das Verhältnis f_B/f_{BH^+} der Akt.-Koeff. der Indicatorbase für Basen gleichen Ladungstyps annähernd gleich groß ist, sodaß H_0 ein Maß für die Acidität des Mediums ist, vgl. M. A. PAUL, F. A. LONG (*Chem. Rev.* **57** [1957] 1/45). Spektralphotometr. Messungen unter Verwendung von 5 Indicatoren (im Konz.-Bereich 0 bis 85 Gew.-% H_3PO_4) ergeben bei 19±2°C:

Gew.-% H_3PO_4	5	10	15	20	25	30	35	40	45	50
H_0	1.08	0.73	0.48	0.28	0.06	−0.16	−0.37	−0.59	−0.83	−1.05

Gew.-% H_3PO_4	55	60	65	70	75	80
H_0	−1.32±0.05	−1.63±0.10	−2.00±0.10	−2.40±0.10	−2.86±0.10	−3.34±0.10

E. HEILBRONNER, S. WEBER (*Helv. chim. Acta* **32** [1949] 1513/7). Wie bei den wss. Lsgg. der starken Säuren steigt $h_0 = a_{H^+} \cdot f_B/f_{BH^+}$ zunehmend stärker an als die molare Konz. $c_{H_3PO_4}$ der Säure; aus vorstehenden H_0-Werten ergibt sich:

$c_{H_3PO_4}$	0.1	1.0	3.0	6.0	10.0
h_0	0.045	0.23	1.2	11	390

Die katalyt. Wrkg. der Säure (Depolymerisation von Trioxan, Hydrolyse von Essigsäureanhydrid) ist annähernd proportional zu h_0, F. A. LONG, M. A. PAUL (*Chem. Rev.* **57** [1957] 935/1010, 937, 958,

965). Die vorstehenden H_0-Werte gehorchen im gesamten Konz.-Bereich der empir. Gleichung $H_0 = 0.80 - 0.98 \log a_{H_3PO_4}/a_{H_2O}$ mit den von K. L. Elmore, C. M. Mason, J. H. Christensen (*J. Am. Soc.* **68** [1946] 2528/32) bestimmten Aktt. von H_3PO_4 (s. S. 200) und H_2O (S. 177). Das Bestehen einer solchen Beziehung ist zu erwarten, wenn $c_{H_3PO_4}$ proportional c_{H^+} ist, H. G. Kuivila (*J. phys. Chem.* **59** [1955] 1028/30). Colorimetr. Messungen (Pulfrich-Photometer) ergeben folgende H_0-Werte (in Auswahl) bei verschiedenen Tempp.:

Gew.-% H_3PO_4 . . .	5	10	20	30	40	50	60	70	80	90	100
H_0 (20°C)	+1.06	+0.75	+0.30	−0.14	−0.59	−1.03	−1.52	−2.32	−3.29	−4.30	−5.18
H_0 (40°C)				−0.12	−0.55	−0.97	−1.43	−2.17	−3.07	−3.98	−4.85
H_0 (60°C)				−0.11	−0.51	−0.90	−1.35	−2.02	−2.85	−3.68	−4.53
H_0 (80°C)				−0.09	−0.47	−0.83	−1.26	−1.88	−2.64	−3.39	−4.21

H_0 (4°C, 90%) = −4.60, H_0 (4°C, 100%) = −5.43; bei 25°C in guter Übereinstimmung mit E. Heilbronner, S. Weber (*l. c.*). Die Acidität ($-H_0$) einer Lsg. sinkt mit steigender Temp.; der Temp.-Koeff. ist im Temp.-Bereich 20 bis 80°C nahezu konstant. Bei Erhöhung der P_2O_5-Konz. über 72.4 Gew.-% (100% H_3PO_4) hinaus steigt $-H_0$ weiter an und erreicht ein Maximum bei der Zus. $H_4P_2O_7$, A. I. Gel'bštejn, G. G. Ščeglova, M. I. Temkin (*Žurnal neorg. Chim.* [russ.] **1** [1956] 282/97; *Doklady Akad. Nauk SSSR* [russ.] **107** [1956] 108/11). Vgl. ferner N. M. Milaeva (*Nauchn. Zapiski Uzhgorodsk. Gos. Univ.* **22** [1957] 70/80 nach *C. A.* **1960** 12732). Beziehung zwischen H_0 und Akt. des H_2O s. P. A. H. Wyatt (*Discuss. Faraday Soc.* Nr. 24 [1957] 162/70).

Activity Coefficients

Aktivitätskoeffizienten. Der Akt.-Koeff. $\gamma_2 = a_2/m = a_u/m$ ergibt sich aus vorstehenden Werten von a_2, S. 199, als Funktion von m. Mit dem Wert 1 des Akt.-Koeff. der undissoziierten Säure $\gamma_u = a_u/m\,(1-\alpha)$ im Bereich m = 0.01 bis 0.1 bei 25°C ergeben sich nach $E^0 = E + (RT/2F)\ln a_H \cdot a_{H_2PO_4} = E + (RT/2F)\ln K_1\, m(1-\alpha)\, \gamma_u$ konst. Werte für das Normalpot. der Kette 1), S. 188. Dagegen führt die Anwendung des Debye-Hückelschen Grenzgesetzes zu systematisch veränderlichen E°-Werten, W. D. Larson (*J. phys. Chem.* **54** [1950] 310/5). Aus der dem Grenzgesetz gehorchenden Konz.-Abhängigkeit von $\gamma_\pm$ (s. nachstehend) folgt $\log \gamma_u = B\mu$ für $m < 0.1$ ($\mu < 0.03$); B = 0.8 bei 25°C (aus Fig. im Original abgelesen), C. M. Mason, J. B. Culvern (*J. Am. Soc.* **71** [1949] 2387/93); B = 1.8 bei 18°C für $\mu < 0.04$, J. W. H. Lugg (*J. Am. Soc.* **53** [1931] 1/8). Aus den mittleren Ionenakt.-Koeff. in wss. NaH_2PO_4, KH_2PO_4, NaCl und KCl ergibt sich unter der Annahme $\gamma_K = \gamma_{Cl} = \gamma_{\pm\,KCl}$, daß $\gamma_{H_2PO_4}$ bis $\mu = 2.0$ dem Grenzgesetz gehorcht. Unter der Voraussetzung, daß auch γ_H bis $\mu = 0.03$ dem Grenzgesetz folgt, gilt für den mittleren Akt.-Koeff. $\gamma_\pm = \sqrt{\gamma_H \cdot \gamma_{H_2PO_4}}$ in wss. H_3PO_4: $\log \gamma_\pm = -0.5085\,\sqrt{\alpha m}$ bei 25°C und $\mu < 0.03$ ($m < 0.1$), K. L. Elmore, C. M. Mason, J. H. Christensen (*J. Am. Soc.* **68** [1946] 2528/32). Unter der Annahme $\gamma_u = 1$ aus EK-Messungen an Natriumphosphat-NaCl-Lsgg. ber. Näherungsgleichungen für die Akt.-Koeff. der Phosphat-Ionen bei 18, 25 und 37°C: $-\log \gamma_{ion} = A\sqrt{\mu} - B\mu$ mit folgenden Werten der Konstt.:

Ion	A_{18}	B_{18}	A_{25}	B_{25}	A_{37}	B_{37}	gültig bei
$H_2PO_4^-$	0.499	−0.34	0.504	−0.43	0.515	−0.54	$\mu < 0.1$
HPO_4^{2-}	1.996	(+)0.70	2.016	0.64	2.060	0.58	$\mu < 0.15$
PO_4^{3-}	4.491	2.95	4.536	3.06	4.635	3.21	$\mu < 0.18$

N. Bjerrum, A. Unmack (*Medd. Danske Selsk.* **9** [1929] Nr. 1, S. 1/208, 16, 146). Nach Debye-Hückel mit $10^8 \cdot a_i = 4.5$, 4 und 4 für $H_2PO_4^-$, HPO_4^{2-} bzw. PO_4^{3-} (a_i = effektiver Durchmesser des hydratisierten Ions) ber. rationale Akt.-Koeff. f_i bei 25°C:

μ	0.0005	0.001	0.0025	0.005	0.01	0.025	0.05	0.1
$f_{H_2PO_4}$	0.975	0.964	0.947	0.928	0.902	0.86	0.82	0.775
f_{HPO_4}	0.903	0.867	0.803	0.740	0.660	0.545	0.445	0.355
f_{PO_4}	0.796	0.725	0.612	0.505	0.395	0.25	0.16	0.095

Die Werte von f_{PO_4} stimmen mit denen von N. Bjerrum, A. Unmack (*l. c.*) gut überein, J. Kielland (*J. Am. Soc.* **59** [1937] 1675/8).

Neutralization

Neutralisation. Die pH-Titrationskurve **Fig. 44**, S. 202, einer etwa 0.1 molaren Ausgangslsg. zeigt gut ausgeprägte Wendepunkte im ersten und zweiten Äquivalenzpunkt; der dritte Äquivalenzpunkt wird nicht angezeigt, H. Rudy, H. Schloesser (*Ber.* **73** [1940] 484/92), vgl. auch A. B. Gerber, F. T. Miles (*Ind. engg. Chem. anal. Edit.* **10** [1938] 519/24), R. G. Bates, S. F. Acree (*J. Res. nat. Bur. Stand.* **30** [1943] 129/55), I. M. Kolthoff (*Chem. Weekbl.* **12** [1915] 644/53). Bei der elektrometr. Titration von extrem verd. Ausgangslsgg. (0.275 bis 0.967 Millimol/l) mit 0.0205 n NaOH fällt der erste Wendepunkt noch genau in den ersten Äquivalenzpunkt, während der zweite, schwach ausgeprägte Wendepunkt erst bei Neutralisationsgraden > 2 (in der verdünntesten Lsg. bei ∼2.5) auftritt. Die konduktometr. Titrationskurven weisen ein scharfes Max. am ersten Äquivalenzpunkt auf, C. C. Higgins, D. R. McCullagh, F. Hovorka, E. E. Mendenhall (*J. Am. Soc.* **63** [1941] 2295/8); dort auch Übersicht über die ältere Lit.; Nachweis der dreibas. Natur durch kryoskop. Titration, E. Cornec (*Am. Chim. Phys.* [8] **29** [1913] 491/540; *C. r.* **153** [1911] 341/3).

Im pH-Bereich 6 bis 8 liegt fast nur $H_2PO_4^-$ und HPO_4^{2-} vor; der Anteil an undissoziiertem H_3PO_4 ist kleiner als 0.01% des $H_2PO_4^-$, der von PO_4^{3-} kleiner als 0.05% des HPO_4^{2-}. In verd. Na_2HPO_4-NaH_2PO_4-Lsgg. stimmt das Pufferverhältnis $m_{H_2PO_4}/m_{HPO_4} = a_H/K_2'$ praktisch mit dem stöchiometr. überein, R. G. Bates, S. F. Acree (*l. c.* S. 135); vgl. auch N. Bjerrum (*Medd. Danske Selsk.* **31** Nr. 7 [1958] 1/68, 66). Zum p A_H von Alkaliphosphatpufferlsgg. vgl. ferner N. Bjerrum, A. Unmack (*Med. Danske Selsk.* **9** Nr. 1 [1929] 1/208, 115/50), R. B. Bates, S. F. Acree (*J. Res. nat. Bur. Stand.* **34** [1945]

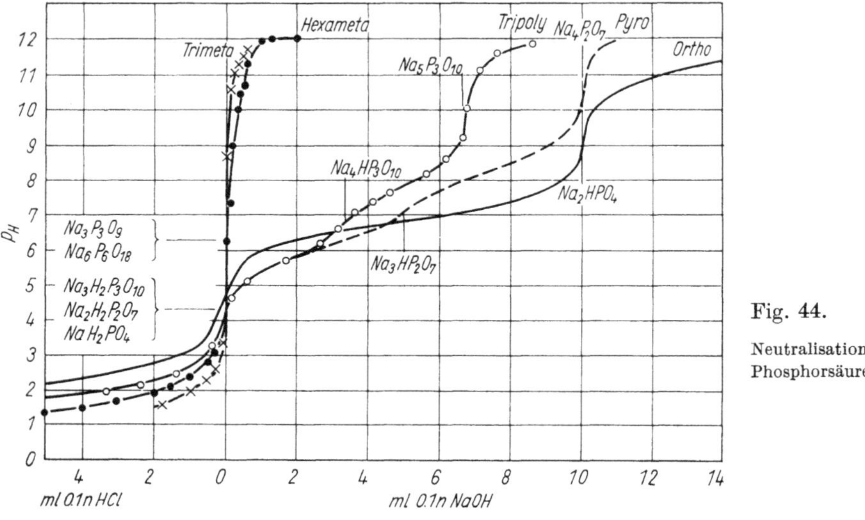

Fig. 44.

Neutralisationskurven von Phosphorsäuren.

373/94), R. G. Bates (*J. Res. nat. Bur. Stand.* **39** [1947] 411/7), Y. Hentola (*Akad. Avh. Julkaisuja* **13** Nr. 2 [1946] 1/62 [dtsch.], *C.A.* **1950** 5193).

Neutralisationswärme. Nach calorimetr. Unterss. werden bei 18°C bei Zugabe von 0.5, 1, 2, 3 und 6 Mol NaOH in verd. Lsg. zu 1 Mol H_3PO_4 in verd. Lsg. 7330, 14830, 27080, 34030 bzw. 35280 cal frei, J. Thomsen (*Thermochemische Untersuchungen, Bd.* 2, *Leipzig* 1882, S. 208).

Volumenänderung bei der Neutralisation, I. I. Zaslavskij, V. I. Sacharov (*Žurnal obščej Chim.* [russ.] **4** [1936] 1199/1203).

Reactions

Reaktionen

Precipitation Reactions

Fällungsreaktionen. Die tertiären Orthophosphate sind mit Ausnahme derjenigen des Na, K, NH_4, Rb und Cs in H_2O wenig löslich. Die meisten lösen sich jedoch (infolge der sehr geringen Acidität des HPO_4^{2-}-Ions, s. „Dritte Dissoziationskonstante" S. 198) in Säuren; $AlPO_4$, $FePO_4$ und $Pb_3(PO_4)_2$ sind noch in Essigsäure praktisch unlösl., $BiPO_4$ und $ZrOHPO_4$ auch noch in 0.3n Salzsäure. Die meisten primären und einige sekundäre Phosphate sind in H_2O leicht lösl., vgl. C. J. van Nieuwenburg, J. W. L. van Ligten (*Qualitative chemische Analyse, Wien* 1959, S. 104). Größenordnung der Löslichkeitsprodd. L schwer löslicher tertiärer Orthophosphate bei 20° bis 25°C:

Kation	Li^+	Bi^{3+}	$Mg^{2+}NH_4^+$	Ca^{2+}	Zn^{2+}	Al^{3+}	Th^{4+}
—log L	9	23	13	26	32	18	79
Kation	Pb^{2+}	VO^{2+}	Cr^{3+}	$UO_2^{2+}K^+$	$UO_2^{2+}NH_4^+$	Fe^{3+}	Ag^+
—log L	42	24	17	23	26	22	20

vgl. J. Bjerrum, G. Schwarzenbach, L. G. Sillén (*Stability constants, Bd.* 2, *London* 1958, S. 57/61); zu Li^+ s. „*Lithium*" *Erg.-Bd.*, S. 522. Die Erdalkalimetalle und Pb bilden außerdem sehr schwer lösliche bas. Orthophosphate der Zus. $M_5(PO_4)_3OH$ (Hydroxylapatite), vgl. R. W. MOONEY, M. A. AIA (*Chem. Rev.* **61** [1961] 433/62), ferner „*Calcium*“ *Tl.* B, S. 1126, 1296. Größenordnung von L für sekundäre Orthophosphate:

Kation	Ca^{2+}	Hg_2^{2+}	Th^{4+}	Pb^{2+}	UO_2^{2+}
—log L	7	12	20	10	11

J. BJERRUM u. a. (*l. c.*).

Die (potentiometrisch gemessenen) p_H-Änderungen im Laufe der Fällung von 0.04n-Metallsalzlsgg. mit 0.1n Na_3PO_4 zeigen, daß zu Beginn im allgemeinen die tertiären Phosphate ausfallen,

Fig. 45.

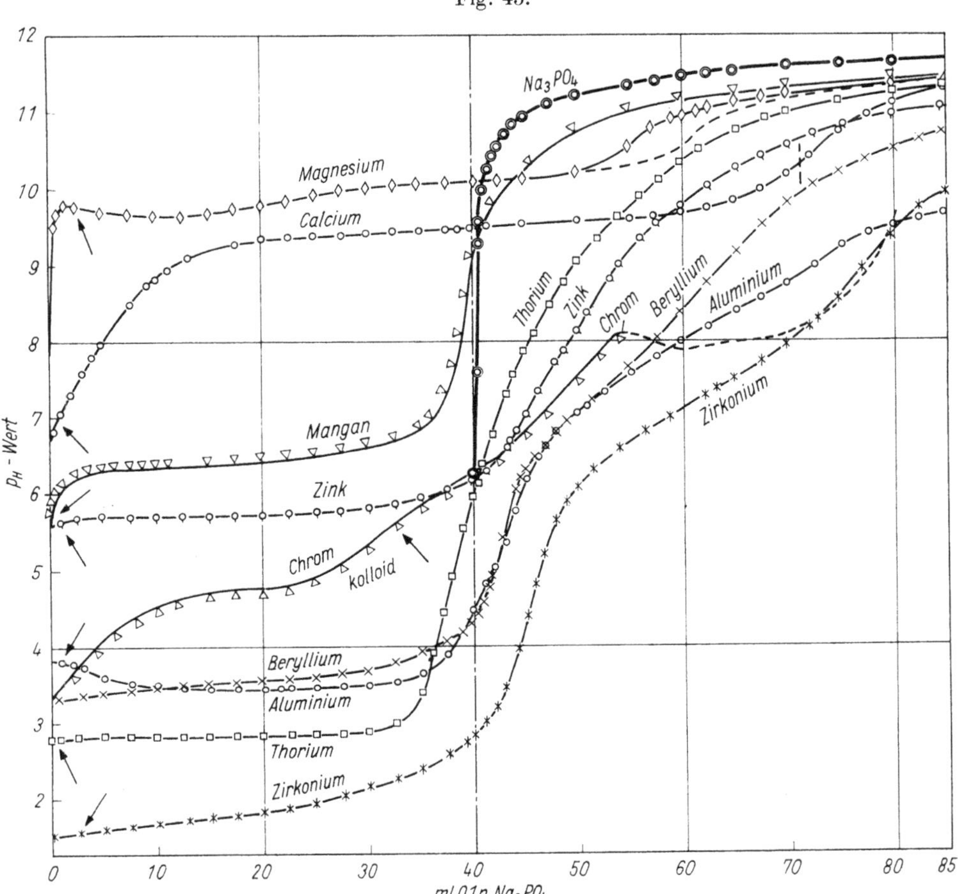

p_H-Änderung während der Fällung von 100 ml 0.04n Metallsalzlsg. mit 0.1n Na_3PO_4-Lsg. Die Pfeile zeigen den Beginn der Fällung an. Die mit Na_3PO_4 bezeichnete Kurve gibt das bei vollständiger Fällung als tertiäres Phosphat zu erwartende p_H an.

dann aber bei weiterer Na_3PO_4-Zugabe in bas. Phosphate umgewandelt werden, noch bevor die äquiv. Na_3PO_4-Menge zugesetzt ist, s. **Fig. 45**. Dementsprechend sind die p_H-Werte, bei denen auf NaOH-Zusatz unter sonst gleichen Umständen die Ausfällung der Hydroxide beginnt, nur wenig höher als das p_H des Beginns der Phosphatfällung. Aus der $ZrCl_4$-Lsg. fällt von Anfang an bas. Phosphat, das im Äquivalenzpunkt eine etwa der Formel $6ZrO_2 \cdot P_2O_5$ entsprechende Zus. hat. Al-Phosphat wird zu Al-Oxidhydrat hydrolysiert, das sich in überschüssiger Na-Phosphatlsg. unter Bldg. von Na-Aluminat auflöst. Be fällt als bas. Phosphat der Zus. $BeO \cdot Be_3(PO_4)_2 \cdot aq$. Die violette Cr^{3+}-Lsg. wird nach Zusatz von wenig Na_3PO_4 grün, bei weiterem Zusatz bildet sich eine kolloide Lsg., die nach Zugabe von ~80 % der äquiv. Menge Na_3PO_4 zu einem grünen, flockigen Nd. koaguliert, der geringe Anteile von krist., violettem $CrPO_4 \cdot xH_2O$ enthält. Im Äquivalenzpunkt liegt nur noch bas. Cr-Phosphat vor. Aus der Mg-Salzlsg. fällt $MgNaPO_4$ aus, das teilweise zu $MgHPO_4$ und NaOH hydrolysiert wird, H. T. S. BRITTON (*J. chem. Soc.* **1927** 614/30). Aus Ca-Salzlsgg. fällt bei $p_H > 4$ Hydroxylapatit $Ca_5(PO_4)_3OH \cdot aq$, der bei Phosphatüberschuß Zuss. nahe bei $Ca_3(PO_4)_2 \cdot aq$ annimmt, s. „*Calcium*" *Tl.* B, S. 1153, 1156. Zn-Salzlsgg. ergeben $Zn_3(PO_4)_2 \cdot 4H_2O$ zwischen $p_H = 5$ und 6.5, vgl. O. T. QUIMBY, H. W. MCCUNE (*Anal. Chem.* **29** [1957] 248/53).

Bei $p_H < 5$ werden nach Fig. 45 die Phosphate von Zr, Th, Al, Be und Cr gefällt; auch $FePO_4$ fällt aus saurer Lsg. Bei $p_H > 5$ werden Zn, Mn, Ca und Mg, s. Fig. 45, ferner Co, Ni, Sr, Ba und Seltene Erden gefällt, H. T. S. BRITTON (*l. c.*); vgl. auch I. G. LAKOMKIN (*Trudy Leningrad. technol. Inst.* Nr. 35 [1956] 34/71 nach *C. A.* **1958** 9858). Zur Reihenfolge der Fällung der Seltenen Erden s. M. K. CARRON, C. R. NAESER, H. J. ROSE, F. A. HILDEBRAND (*U.S. geol. Surv. Bl.* Nr. 1036-N [1958] 253/75 nach *C. A.* **1958** 12665). Nach papierchromatograph. Unterss. steigt die Löslichkeit der auf Zusatz einer 3.5%igen Na_2HPO_4-Lsg. zu 0.1 n-Lsgg. der Metallnitrate ausfallenden Ndd. (Oxidhydrate bei Al, Cr und Fe, Phosphate bei den anderen Metallen) in der Reihenfolge

$$\begin{array}{l} Hg^{2+} - Fe^{3+} - Al^{3+} - Cr^{3+} - Bi^{3+} - Pb^{2+} - Cu^{2+} - Ag^{+} - Cd^{2+} - Mn^{2+} - Ni^{2+} - Sr^{2+} - Mg^{2+} \\ \quad\quad | \quad\quad\quad\quad\quad\quad\quad\quad\quad\quad\quad\quad\quad\quad\quad\quad\quad\quad\quad\quad\quad | \quad\quad\quad | \\ \quad Hg_2^{2+} \quad\quad\quad\quad\quad\quad\quad\quad\quad\quad\quad\quad\quad\quad\quad\quad\quad\quad\quad Zn^{2+} \quad Co^{2+} \end{array}$$

F. N. KULAEV (*Žurnal anal. Chim.* [russ.] **14** [1959] 278/82; engl. Übers.: *J. anal. Chem. USSR* **14** [1959] 293/7).

Analytisch wichtig (s. hierzu „Nachweis und Bestimmung" in „*Phosphor*" *Tl.* B ab S. 339) sind die Fällungen als $MgNH_4PO_4 \cdot 6H_2O$, vgl. H. DE SAINT-CHAMANT, R. VIGIER (*Bl. Soc. chim.* **1954** 180/8); als Ag_3PO_4, vgl. A. B. GERBER, F. T. MILES (*Ind. engg. Chem. anal. Edit.* **10** [1938] 519/24), M. VALLERY (*Ann. Falsificat. Fraudes* **46** [1953] 24/31); als $BiPO_4$, s. W. RATHJE (*Ang. Ch.* **51** [1938] 256/8), W. P. THISTLETHWAITE (*Analyst* **77** [1952] 48/49); als KUO_2PO_4, vgl. E. G. COGBILL, J. C. WHITE, C. D. SUSANO (*Anal. Chem.* **27** [1955] 455/7); als $FePO_4$, vgl. W. HUBICKI, K. WIACEK, J. WYSOCKA (*Ann. Univ. M. Curie-Sklodowska Lublin* [poln.] A **6** [1951] 169/75). Entfernung von H_3PO_4 als Zr-Phosphat, D. J. COLE, D. W. WILSON (*Analyst* **79** [1954] 174/6).

Das aus salpetersaurer H_3PO_4-Lsg. auf Zusatz von überschüssigem NH_4-Molybdat quantitativ ausfallende, kanariengelbe NH_4-Molybdatophosphat $(NH_4)_3[PO_4 \cdot 12MoO_3] \cdot nH_2O$, vgl. W. P. THISTLETHWAITE (*Analyst* **72** [1947] 531/40), P. CANNON (*Talanta* **3** [1960] 219/31) weist die Struktur $(NH_4)_3P(Mo_{12}O_{40})$ auf, I. W. ILLINGWORTH, J. F. KEGGIN (*J. chem. Soc.* **1935** 575/80); in saurem Medium sehr schwer löslich sind auch die analog zusammengesetzten Molybdatophosphate des Chinolins, vgl. H. N. WILSON (*Analyst* **76** [1951] 65/76, **79** [1954] 535/46), und des Oxins, J. A. BRABSON, O. W. EDWARDS (*Anal. Chem.* **28** [1956] 1485/7).

Das NH_4- und das K-Salz der Wolframatophosphorsäure $H_3P(W_{12}O_{40})$ sind ebenfalls wenig löslich, vgl. J. W. ILLINGWORTH, J. F. KEGGIN (*l. c.*).

Complex Formation

Komplexbildung. Im Vergleich mit der ausgeprägten Komplexbildungstendenz der Polyphosphate (s. S. 238, 246) ist Orthophosphat ein schwacher Komplexbildner, J. R. VAN WAZER, C. F. CALLIS (*Chem. Rev.* **58** [1958] 1011/46).

p_H-Titration zeigt die Bildung der Komplexe $LiHPO_4^-$, $NaHPO_4^-$ und $KHPO_4^-$ mit den Bildungskonstanten $K = [MHPO_4^-]/[M^+][HPO_4^{2-}] = 5.2 \pm 0.5$, 4.0 ± 0.4 bzw. 3.1 ± 0.4 bei 25°C und $\mu = 0.2$, $K = 2.1 \pm 0.3$, 1.2 ± 0.3 bzw. 1.2 ± 0.3 bei 0°C und $\mu = 0.2$. Daraus folgt für die Bldg.-Rkk. der 3 Komplexe: $\Delta H = 6$ kcal·mol^{-1}, $\Delta S = 24$ cal·grd^{-1}·mol^{-1}, R. M. SMITH, R. A. ALBERTY (*J. Chem. Phys.* **60** [1956] 180/4). Aus p_H-Messungen ber. Bldg.-Konstt. der Komplexe $SrHPO_4$, $CaHPO_4$, $MgHPO_4$ und $MnHPO_4$ bei $\mu = 0.2$ und 25°C: 33 ± 2, 50 ± 2, 76 ± 3 bzw. 382 ± 29; bei $\mu = 0.2$ und 0°C: 18 ± 2, 23 ± 2, 32 ± 2, 187 ± 9; $\Delta H = 5$ kcal/Mol, $\Delta S = 25$ cal/grd·mol, R. M. SMITH, R. A. ALBERTY (*J. Am. Soc.* **78** [1956] 2376/80); Diskussion älterer Angaben im Original. Die niedrigen K-Werte deuten darauf hin, daß die Komplexbldg. bei den Alkali- und Erdalkalimetallen in einer vorwiegend durch elektrostat. Anziehung bedingten Ionenassoziation besteht, J. R. VAN WAZER, C. F. CALLIS (*l. c.* S. 1015, 1037).

Die Sorption vom Metall und Phosphat aus H_3PO_4-sauren Lösungen der Metallphosphate an einem Anionenaustauscherharz (Phosphatform) zeigt die Bildung anionischer Komplexe zwischen Phosphat und den 3wertigen Metallen Al, Cr, Fe, In und Bi an. Unter den 2wertigen Metallen wird Mn schwach sorbiert; keine Sorption ist feststellbar bei Ba, Ca, Cd, Co, Cu, Hg, Mg, Ni, Pb, Sr und Zn. Sorption aus H_3PO_4-saurer Lsg. an einem Kationenaustauscherharz (H-Form) und somit die Bldg. kation. Komplexe wird beobachtet bei Cr^{3+}, Al^{3+} (schwach) und Mn^{2+} (schwach), nicht aber bei Fe^{3+}, In^{3+} und den obengenannten 2wertigen Metallen. Teilweise abweichend davon ergibt sich aus der p_H-Titration der Metallsulfate mit H_3PO_4 die Existenz kation. Komplexe mit Al, Cr, Fe und In; in rein phosphorsaurer Lsg. (bei Abwesenheit von Anionen starker Säuren wie SO_4^{2-}, Cl^-) sind daher die Gleichgeww. $M^{3+} \rightleftharpoons M(HPO_4)^+ \rightleftharpoons M(HPO_4)_2^- \rightleftharpoons M(HPO_4)_3^{3-}$ stark auf die rechte Seite verschoben. Die p_H-Titration ergibt kein Anzeichen für Komplexbldg. bei Cd, Co, Cu, Mg, Ni und Zn, s. A. Holroyd, J. E. Salmon (*J. chem. Soc.* **1956** 269/72). Die auf der verschiedenen Komplexbildungstendenz beruhenden Unterschiede bei der Sorption an Ionenaustauscherharzen gestatten die analyt. Trennung der 2wertigen von den 3wertigen Metallen, s. J. A. R. Genge, A. Holroyd, J. E. Salmon, J. G. L. Wall (*Chem. Ind.* **13** [1955] 357/8). Zwischen wss. H_3PO_4 (p_H 0.25 bis 1.00) und einem Kationenaustauscherharz mit 3wertigen Kationen stellt sich bei gewöhnl. Temp. in etwa 7 Tagen ein Gleichgew. ein; der Anteil des aus dem Harz in die Lsg. übergegangenen Metalls steigt mit seiner Tendenz zur Bldg. anion. Komplexe mit Phosphat-Ionen. Ausgeprägte Komplexbldg. tritt bei Al, Fe, Ti, In und Sc auf; sie steigt in der Reihenfolge Al (Ionenradius r = 0.5 Å), In, Sc (~0.8 Å), Fe (0.6 Å) auf ein Max. bei Ti mit r~0.7 Å. Dieselbe Reihenfolge ergibt sich aus p_H-Titrationen der Metallchloridlsgg. mit H_3PO_4. Vermutlich werden vorwiegend einkernige Komplexe mit 1 bis 3 Phosphat-Ionen gebildet, in denen das Phosphat-Ion als zweizähniger Ligand fungiert. Die Spannungen im nebenstehenden 4-Ring sind am kleinsten für $r(M^{3+}) = 0.72$ Å, in Übereinstimmung mit dem experimentellen Befund. Yb, Er, Nd und La (r = 0.9 bis 1.2 Å) zeigen geringe, mit wachsendem r fallende Tendenz zur Komplexbldg., J. A. R. Genge, J. E. Salmon (*J. chem. Soc.* **1959** 1459/63).

$M\langle{}^{O}_{O}\rangle P\langle{}^{O}_{O}$

Die Komplexbldg. mit Fe^{3+} äußerst sich unter anderem dadurch, daß H_3PO_4 Eisen(III)-chloridlsgg. entfärbt, das Fe^{2+}-Fe^{3+}-Redoxpot. erniedrigt und das Gleichgew. $Fe^{2+} + {}^1/_2J_2 = Fe^{3+} + 3J^-$ vollständig nach rechts verschiebt. Die Störung der colorimetr. Fe^{3+}-Best. mit CNS^- durch Phosphat zeigt, daß die Stabilität des Fe^{3+}-Phosphatkomplexes derjenigen des Thiocyanatkomplexes nahekommt, vgl. J. E. Salmon (*J. chem. Soc.* **1952** 2316/23). Unterss. des Systems Fe_2O_3–P_2O_5–H_2O und Ionenaustauschverss. unter verschiedenen Bedingungen deuten auf die Existenz der Komplexe $Fe(HPO_4)^+$ und $Fe(HPO_4)_3^{3-}$ oder $Fe(PO_4)_3^{6-}$ s. J. E. Salmon (*J. chem. Soc.* **1952** 2316/23, **1953** 2644/9), R. F. Jameson, J. E. Salmon (*J. chem. Soc.* **1954** 28/34), $Fe(HPO_4)^+$, $Fe(PO_4)_3^{6-}$, $Fe_2(PO_4)(OH)_2^+$ oder $Fe_2(PO_4)(OH)^{2+}$, $Fe_2(PO_4)^{3+}$ und $Fe(PO_4)(SO_4)^{2-}$, s. A. Holroyd, J. E. Salmon (*J. chem. Soc.* **1957** 959/63); die Existenz zweikerniger Komplexe mit PO_4:Fe = 1:2 wird durch Messungen der magnet. Susz. bestätigt, A. Holroyd, R. F. Jameson, A. L. Odell, J. E. Salmon (*J. chem. Soc.* **1957** 3239/42). Übersicht über die ältere Lit. zur Konstit. der Fe^{3+}-Phosphatkomplexe s. J. E. Salmon (*J. chem. Soc.* **1952** 2316/23). In verd. $FeCl_3$-H_3PO_4-Lsgg. liegt nach polarograph. Unterss. und UV-Absorptionsmessungen als einziger Komplex $Fe(HPO_4)^+$ vor; Dissoz.-Konst. 1.76×10^{-10}, s. G. D'Amore (*Atti Soc. Peloritana Sci. fis. mat. nat.* **3** [1956/57] 95/111 nach *C.A.* **1957** 16177).

Nach Ionenaustauschversuchen mit Cr^{III}-Phosphatlösungen tritt bei 0°C (Farbe der Lsgg. purpurrot) keine Komplexbildung zwischen Cr^{3+} und Phosphat-Ionen ein. Bei 40°C liegen in den (grünen) Lösungen anionische und kationische Komplexe vor, vermutlich $Cr(PO_4)_2^{3-}$ und $Cr(HPO_4)^+$, s. R. F. Jameson, J. E. Salmon (*J. chem. Soc.* **1955** 360/7). Ionenaustausch und p_H-Titration deuten auf die Existenz der Komplexe $Al(HPO_4)_3^{3-}$ und $Al(HPO_4)_2^-$, s. R. F. Jameson, J. E. Salmon (*J. chem. Soc.* **1954** 4013/7), sowie kation., ein- und zweikerniger Komplexe. Die Stabilität ist geringer als die der Fe^{3+}-Komplexe, J. E. Salmon, J. G. L. Wall (*J. chem. Soc.* **1958** 1128/34); in beiden Veröff. ausführliche Diskussion der vorausgehenden Literatur.

Ce^{3+} bildet nach Ionenaustauschverss. den Komplex $CePO_4$ mit der Bldg.-Konst. 3.4×10^{18} bei 25°C, s. S. W. Mayer, S. D. Schwartz (*J. Am. Soc.* **72** [1950] 5106/10). Aus Extraktionsgleichgeww. wird auf die Existenz von $Th(H_3PO_4)^{4+}$, $Th(H_2PO_4)^{3+}$, $Th(H_2PO_4\,H_3PO_4)^{3+}$ und $Th(H_2PO_4)_2^{2+}$ geschlossen, E. L. Zebroski, H. W. Alter, F. K. Heumann (*J. Am. Soc.* **73** [1951] 5646/50). Lichtabsorptionsmessungen deuten auf die Bldg. von undissoziiertem $(ZrO)_3(PO_4)_2$, s. J. Bril (*Bl. Soc. chim.* **1960** 1140/1). In H_3PO_4-sauren Uranylphosphatlsgg. bilden sich nach Lichtabsorptionsmessungen und Extraktionsunterss. die Komplexe $UO_2H_2PO_4^+$, $UO_2(H_2PO_4)_2$ und $UO_2(H_2PO_4)_2 \cdot H_3PO_4$, s. B. J. Thamer (*J. Am. Soc.* **79** [1957] 4298/4305); vgl. ferner J. M. Schreyer, C. F. Baes (*J. Am. Soc.* **76** [1954] 354/7; *J. phys. Chem.* **59** [1955] 1179/81), C. F. Baes (*J. phys. Chem.* **60** [1956] 878/83), Y. Marcus (*Pr. 2nd U.N. Int. Conf. peaceful Uses At. Energy, Geneva* 1958, *Bd.* 3, S. 465/71 nach *C.A.* **1959** 8765). Über Phosphato-ammin-kobalt(III)-Komplexalze s. S. S. Daniel, J. E. Salmon (*J. chem. Soc.* **1957** 4207/12), H. Siebert (*Z. anorg. Ch.* **296** [1958] 280/6). Komplexe Ir^{IV}-Phosphate s. N. K. Pšenicyn, S. I. Ginzburg, L. G. Sal'skaja (*Žurnal neorg. Chim.* [russ.] **5** [1960] 832/41; engl. Übers.: *J. anal. Chem. USSR* **5** [1960] 399/404).

Lichtabsorptionsmessungen ergeben Komplexbldg. in H_2CrO_4-H_3PO_4-Lsgg. nach $HCrO_4^- + H_2PO_4^- = HCrPO_7^{2-} + H_2O$ und $HCrO_4^- + H_3PO_4 = H_2CrPO_7^- + H_2O$ mit den Bldg.-Konstt. 3 bzw. 9 $mol^{-1} \cdot l^{-1}$ bei 25°C und $\mu = 0.25$, s. F. HOLLOWAY (*J. Am. Soc.* **74** [1952] 224/7). In H_2MoO_4-H_3PO_4-Lsgg. liegen nach kinet. Unterss. die Komplexe $MoPO_6^-$ und $MoP_2O_{10}^{4-}$ vor; die Gleichgew.-Konst. der Rk. $H_2MoO_4 + H_3PO_4 = MoPO_6^- + H^+ + 2H_2O$ hat den Wert 10.5 ± 0.7 bei 23°C, K. B. JACIMIRSKIJ, I. I. ALEKSEEVA (*Žurnal neorg. Chim.* [russ.] **1** [1956] 952/7); zur Komplexbldg. mit Molybdat und Wolframat in wss. Lsg. vgl. ferner P. CANNON (*J. inorg. nucl. Chem.* **13** [1960] 261/8), mit Wolframat s. V. I. SPICYN (*Žurnal neorg. Chim.* [russ.] **2** [1957] 502/9), V. I. SPICYN, F. M. SPIRIDONOV, I. D. KOLLI (*Žurnal fiz. Chim.* [russ.] **32** [1958] 1143/7).

On Irradiating

Bei Bestrahlung. Nach Unterss. der paramagnet. Resonanzabsorption bildet sich bei Einw. von ^{60}Co γ-Strahlung auf wss. Lsgg. mit 10 bis 83 Mol-% H_3PO_4 bei 77°K (Temp. des fl. N_2) atomares H, das im Gitter der glasig oder kristallin erstarrten Lsgg. stabil eingeschlossen bleibt und erst bei höherer Temp. nach einem Geschw.-Gesetz zweiter Ordnung verschwindet, wobei vorwiegend H_2 gebildet wird. In krist. Proben wird die max. H-Ausbeute bei 25 Mol-% H_3PO_4 erreicht, in glasigen bei 50 Mol-%. Das Max. der H_2-Ausbeute liegt in beiden Fällen bei ~20 Mol-%, R. LIVINGSTON, H. ZELDES, E. H. TAYLOR (*Discuss. Faraday Soc.* Nr. 19 [1955] 166/73), R. LIVINGSTON (*J. chem. Educat.* **36** [1959] 349/53), R. LIVINGSTON, A. J. WEINBERGER (*J. chem. Phys.* **33** [1960] 499/508). Röntgenstrahlen ($\lambda \sim 1$ Å), γ-Strahlung des Ra und α-Strahlung des Rn reduzieren HPO_4^{2-} in wss. Lsg. nicht, M. COTTIN, M. HAISSINSKY (*J. Chim. phys.* **50** [1953] 195), M. COTTIN (*J. Chim. phys.* **53** [1956] 917/28).

With Elements

Gegen Elemente. Aus Zn und Schwefelsäure entstehender Wasserstoff reduziert H_3PO_4 nicht, BLONDLOT (*C. r.* **52** [1861] 1197/1200), R. FRESENIUS (*Z. anal. Ch.* **6** [1867] 195/205), J. H. KŘEPELKA, J. CHMELAR (*Collect. Trav. chim. Tchécosl.* **6** [1934] 307/24). Durch H_2 unter hohem Druck bei 350°C wird H_3PO_4 in 1n-Lsg. nicht reduziert, W. IPATIEW (*Ber.* **59** [1926] 1412/26, 1423). Auch andere Reduktionsmittel sind gegen H_3PO_4 in wss. Lsg. unwirksam; mit Ausnahme einer Bemerkung von N. W. FISCHER (*Schw. J.* **51** [1827] 192/204, 193; *Pogg. Ann.* **71** [1847] 431/44, 437), der zufolge konz. H_3PO_4 beim Erhitzen mit Pd-Pulver eine geringe Menge desselben unter Bldg. von H_3PO_3 auflösen soll, liegt keine entsprechende Angabe in der Lit. vor. Zur Deutung der Nichtreduzierbarkeit vgl. W. M. LATIMER (*The oxidation states of the elements and solutions*, 2. *Aufl.*, *New York* 1952, S. 109).

Graphit und C-Steine sind gegen heiße H_3PO_4-Lsgg. aller Konzz. beständig, vgl. W. P. BATRAKOW (*Korrosion metallischer Werkstoffe in aggressiven Mitteln, Berlin* 1954, S. 328/68), F. RITTER (*Korrosionstabellen metallischer Werkstoffe*, 3. *Aufl.*, *Wien* 1952, S. 156/9), „*Phosphor*" *Tl.* B, S. 69. Si wird angegriffen, s. „*Silicium*" *Tl.* B, S. 121. Die meisten Metalle, wie beispielsweise Fe, Al, Zn, Cd, Mg, Sn, Co, Mo, Sb werden schon von kaltem verd. H_3PO_4 unter H_2-Entw. gelöst; vgl. die entsprechenden Bände des Handbuchs, ferner W. P. BATRAKOW (*l. c.*), F. RITTER (*l. c.*). Fe und Zn lassen sich durch Behandlung mit H_3PO_4-sauren Phosphatlsgg. mit einer schützenden Phosphatschicht überziehen; grundsätzlich möglich (aber technisch bisher nicht ausgenutzt) ist das auch bei Mg, Al, Cu, Cd, Ni, Co, Sn, vgl. W. MACHU (*Die Phosphatierung, Weinheim/Bergstr.* 1950). Gegen heiße, verd. und konz. Lsgg. sind praktisch beständig: Pt (bis 300°C), Ir, Rh, Ru, Ag (bis 300°C), Ta (noch bei 350°C), Cr, Chromguß und Cr-Stähle, Cr-Ni-, Cr-Ni-Mo- und Cr-Mn-Stähle, Ni-Fe-Mo-Lsgg., Ferrosilicium; bei O_2-Ausschluß auch Au und Cu, vgl. W. P. BATRAKOW (*l. c.*), F. RITTER (*l. c.*). Ti ist bei gewöhnl. Temp. gegen H_3PO_4 jeder Konz. beständig; bei 80°C greift 10%ige Säure geringfügig an, s. „*Titan*" S. 195. Zr wird nur von heißer (> 100°C), konz. Säure angegriffen, s. „*Zirkon*" S. 170. Ag, Au, Pt und Ta bewirken ähnlich wie Glas und Quarz bei 100°C eine die Aufnahme des Ramanspektrums erschwerende Trübung der hochkonz. Säure; das geeignetste Gefäßmaterial ist eine Pt-Au-Leg., A. SIMON, G. SCHULZE (*Z. anorg. Ch.* **242** [1939] 313/68, 319). Über geeignete App.-Baustoffe s. auch bei der techn. Darst. in „*Phosphor*" *Tl.* B unter „Konzentrierung" S. 67, „Handhabung und Versand" S. 74.

With Inorganic Compounds

Gegen anorganische Verbindungen. Die Lsg. mit 83 bzw. 30 Gew.-% H_3PO_4 absorbiert bei gewöhnl. Temp. und gewöhnl. Druck 7.3 bzw. 19.5 Gew.-% HCl; das Ramanspektrum unterscheidet sich nicht von dem der HCl-freien Lsgg., A. SIMON, G. SCHULZE (*Z. anorg. Ch.* **242** [1939] 313/68, 337). Nach Überführungsmessungen an 0.08n- bis 0.72n-HCl-Lsgg., die außerdem 0.24 val/l H_3PO_4 enthalten, unterdrückt HCl die Dissoz. des H_3PO_4 in diesen Lsgg. vollständig, obwohl sie niedrigere p_H-Werte aufweisen als die H_3PO_4-freien Lsgg., H. SADEK (*J. Indian chem. Soc.* **28** [1951] 619/25). Die Erniedrigung von p_H und Leitf. deutet auf Bldg. von $(P(OH)_4)^+Cl^-$, s. J. A. CRANSTON, H. F. BROWN (*J. Roy. techn. Coll.* **3** [1936] 569/75). Aciditätsfunktion H_0 von HCl-Lsgg. in H_3PO_4 von 80 Gew.-%, s. S. G. ENTELIS, N. M. ČIRKOV (*Žurnal fiz. Chim.* [russ.] **31** [1957] 1311/20).

Im Ramanspektrum einer Mischung von 83%igem H_3PO_4 mit 75%igem $HClO_4$ überlagern sich die Spektren der Komponenten; für den von G. JANDER, K. F. JAHR (*Z. anorg. Ch.* **219** [1934] 263), C. STÜBER, A. BRAIDA, G. JANDER (*Z. phys. Ch.* A **171** [1934] 320) auf Grund der UV-Absorption angenommenen Übergang des H_3PO_4 von der Aci- in die Pseudoform ergibt sich kein Anhaltspunkt, A. SIMON, G. SCHULZE (*l. c.*). Nach Überführungsmessungen verhält sich H_3PO_4 in verd. $HClO_4$-Lsgg. wie ein Nichtelektrolyt, H. SADEK (*l. c.*).

H_2S setzt die Leitf. von 1 bis 5n H_3PO_4 herab, wohl durch Bldg. einer Additionsverb., H. JABLCZYNSKA-JEDRZEJEWSKA, J. GROYECKA (*Roczniki Chem.* **17** [1937] 392/7). Aus Lsgg. von SiO_2-Gel in wss. H_3PO_4 bildet sich bei 90°C eine feste Phase mit variabler Zus. $nSiO_2 \cdot mP_2O_5 \cdot qH_2O$, s. V. N. SVEŠNIKOVA, E. P. DANILOVA (*Žurnal neorg. Chim.* [russ.] **2** [1957] 928/32); s. ferner S. 639. 83%iges H_3PO_4 und $POCl_3$ vermischen sich bei 0°C fast ohne HCl-Entwicklung. Bei 10°C erfolgt stürm. Rk., vermutlich unter intermediärer Bldg. von Chlorophosphorsäuren. 5std. Erwärmen bei 100°C führt zu vollständiger Hydrolyse des $POCl_3$, s. A. SIMON, G. SCHULZE (*Z. anorg. Ch.* **242** [1939] 313/68, 319). Temp.-Steigerung bei der Rk. zwischen 68.7%igem H_3PO_4 und einer großen Reihe von gepulverten Metalloxiden, Oxidhydraten und Hydroxiden sowie Erhärtungsdauer der Prodd. s. W. D. KINGERY (*J. Am. ceramic Soc.* **33** [1950] 242/7).

Gegen organische Substanzen. Bldg. von Additionsverbb. s. nichtwss. Lsg. in organ. Lsgmm., S. 210. Katalyse der Rk. $CO + H_2O \rightarrow HCOOH$ durch wss. H_3PO_4, H. PICHLER, H. BUFFLEB (*Brennstoff-Ch.* **23** [1942] 73/77). Kinetik der Hydrolyse von Cellulose und der Zers. von Glucose durch verd. H_3PO_4, E. E. HARRIS, B. G. LANG (*J. phys. Chem.* **51** [1947] 1430/41). *With Organic Substances*

Sorption. An Gefäßmaterialien wie Gläsern, Quarz, Polyäthylen, Teflon, Pt, Ag, Al, Cu, tritt bei $p_H = 2$ bis 5 merkliche Adsorption von Orthophosphat-Ionen, vorwiegend $H_2PO_4^-$, aus wss. Lsg. ein, D. O. CAMPBELL, M. L. KILPATRICK (*J. Am. Soc.* **76** [1954] 893/901); s. ferner P. C. TOMPKINS, O. M. BIZZELL (*Ind. engg. Chem.* **42** [1950] 1469/75), N. G. ROZOVSKAJA (*Radiochimija* **2** [1960] 20/23). Sorption an Pt-Elektroden, N. A. BALAŠOVA, N. S. MERKULOVA (*Tr. IV Soveščanija po Elektrochim., Moskva* 1956 [1959], S. 48/52 nach *C.A.* **1959** 21286). *Sorption*

Sorption an Kieselsäure-Gel, D. N. STRAZHESKO, G. F. YANKOVSKAYA' (*Ukrain. chim. Žurnal* **25** [1959] 471/6 [russ.], *C.A.* **1960** 8390), K. D. JAIN (*J. Indian chem. Soc.* **32** [1955] 225/7), an Kieselsäure-, Tonerde- und Tonerde-Kieselsäure-Gelen, C. J. PLANK (*J. phys. Chem.* **57** [1953] 284/90), M. SHISHNIASHVILI, V. KARGIN, A. BATZANADZE (*Acta physicochim. URSS* **21** [1946] 869/84). Sorption und Ionenaustausch an Al-Oxidhydrat, P. R. SINHA, A. K. CHOUDHURY (*J. Indian chem. Soc.* **31** [1954] 211/9), E. N. GAPON, D. D. IVANENKO, V. V. RAČINSKIJ (*Doklady Akad. Nauk SSSR* [russ.] [2] **95** [1954] 567/70), K. R. KAR (*J. sci. ind. Res.* [*Delhi*] B **17** [1958] 175/8 nach *C.A.* **1959** 3832). Sorption mit Oberflächenrk. an Korund, D. J. O'CONNOR, P. G. JOHANSEN, A. S. BUCHANAN (*Trans. Faraday Soc.* **52** [1956] 229/36); an anodisch oxydiertem Al, s. A. F. BOGOYAVLENSKIJ, V. T. BELOV, E. M. KOZYREV (*Izvestija vysšich. učebnya Zavedennij, Chim. chim. Technol.* [russ.] **3** [1960] Nr. 4, S. 616/9 nach *C.A.* **1961** 1140). Sorption an Al_2O_3- und Fe_2O_3-Gelen, Z. JA. BERESTNEVA, A. A. KARGIN (*Žurnal fiz. Chim.* [russ.] **13** [1939] 1625/4), an Fe-Oxidhydrat, W. STOLLENWERK, M. v. WRANGELL (*Z. Elektroch.* **33** [1927] 501/3), G. BALANESCU, V. T. IONESCU (*Bl. Soc. România* **20** A [1938] 139/45 nach *C.A.* **1940** 2229), an ZnO, s. G. M. ZHABROVA, E. V. EGOROV (*Radio Chimija* **1** [1959] 538/44, *C.A.* **1960** 13809), an Ti-Oxidhydrat, V. I. SPICYN, E. A. IPPOLITOVA (*Žurnal anal. Chim.* [russ.] **6** [1951] 5/14 nach *C.A.* **1951** 4592), an TiO_2 und Ilmenit, N. R. DHAR, K. M. VERMA (*Pr. nat. Acad. Sci. India* A **25** [1956] 495/501), an Zr-Oxidhydrat, E. WEDEKIND, H. WILKE (*Koll.-Z.* **43** [1924] 283/9), E. WEDEKIND, H. RHEINBOLDT (*Ber.* **47** [1914] 2142/50), an Zinnsäure, B. N. GOSH (*J. chem. Soc.* **1928** 3027/38), an SnS_2, S. KIKUCHI (*Sci. Rep. Tokoku* **16** [1927] 889/93), R. CHANDELLE (*Bl. Soc. chim. Belg.* **38** [1929] 255/8).

Angaben zur Sorption an Aktivkohle, J. D. BEATON, H. B. PETERSON, N. BAUER (*Pr. Soil Sci. Soc. Am.* **24** [1960] 340/6 nach *C.A.* **1961** 8719), L. S. IVANOVA, L. G. SVINTSOVA (*Ukrain. chim. Žurnal* **26** [1960] 58/65 [russ.], *C.A.* **1960** 16102), K. D. JAIN (*J. Indian chem. Soc.* **30** [1953] 772/4), K. D. JAIN, J. B. JHA (*J. Indian chem. Soc.* **18** [1941] 321/5), R. DUBRISAY, R. ARDITTI, C. ASTIER (*C. r.* **190** [1930] 929/31), I. M. KOLTHOFF (*Rec. Trav. chim.* **46** [1927] 549/73; *Z. Elektroch.* **33** [1927] 497/500), D. NAMASIVAYAM (*Quart. J. Indian chem. Soc.* **4** [1927] 449/58 nach *C.* **1928** I 662), M. DUBININ (*Z. phys. Ch.* A **150** [1930] 145/60, **140** [1929] 81/8, **123** [1926] 86/98).

Mitfällung mit Al- und Fe-Oxidhydrat, Cu- und Fe-Hexacyanoferrat (II), U. STÜRZER (*Kernenergie* **1** [1958] 553/9); Adsorption bei der Fällung von Ag_3PO_4, s. M. C. RASTOGI (*Z. anorg. Ch.* **276** [1954] 316/24), von $BaSO_4$, s. K. R. KAR, B. C. SAWHNEY (*J. sci. ind. Res.* [*Delhi*] B **18** [1959] 106/8, 144/6 nach *C.A.*

1959 18591, **1960** 1018), von Nb_2O_5, s. S. Z. HAIDER (*Pakistan J. Sci. Res.* **11** [1959] 154/60 nach *C. A.* **1960** 16102). Übersicht über die Bindung von Anionen, speziell von Phosphat-Ionen, an Tone, U. SCHOEN (*Z. Pflanzenernähr. Düngung* **60** [1953] 31/54).

Nichtwäßrige Lösung

Nonaqueous Solution

In Inorganic Solvents

In anorganischen Lösungsmitteln. Dichte, Viscosität, p_H-Werte, elektr. Leitf. und Dampfdruck der Lsgg. im System H_3PO_4–NH_3–H_2O bei 25°C s. F. A. LENFESTY, J. C. BROSHEER (*J. chem. and Engg. Data* **5** [1960] 152/4); vgl. auch „*Ammonium*" S. 418. Begrenzte Mischbarkeit mit N_2O_4 s. chem. Verh. S. 167. Sdp.-Isothermen des Systems H_3PO_4-HNO_3-H_2O bei 730 Torr und HNO_3-Partialdruck im Dampf der sd. Mischungen s. **Fig. 46** und **47**. Nach Fig. **47** ist der HNO_3-Gehalt des Dampfes größer als der der Fl., sobald die letztere weniger als 39 Gew.-% H_2O enthält, E. E. BABKIN (*Doklady Akad. Nauk SSSR* [russ.] [2] **14** [1937] 193/6; *Žurnal chim. Promyšlennosti* [russ.] **14** [1937] 99/104); Anwendung zur Konzentrierung der Salpetersäure, A. V. TICHONOV, J. V. KORSINKINA (*Žurnal chim. Promyslennosti* [russ.] **13** [1936] 1345/8).

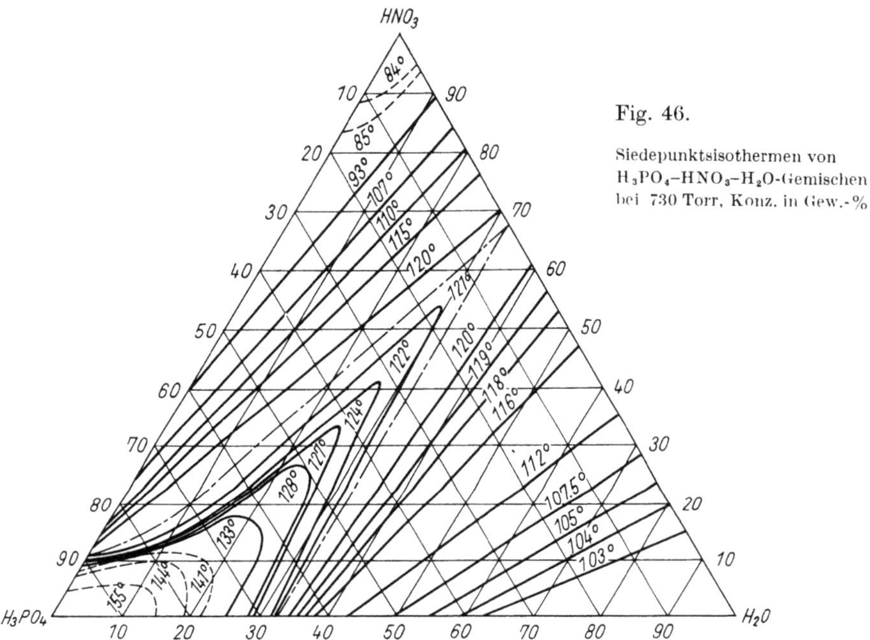

Fig. 46.

Siedepunktsisothermen von H_3PO_4–HNO_3–H_2O-Gemischen bei 730 Torr, Konz. in Gew.-%.

Calorimetrisch bestimmte Verdünnungswärme von 84.3%iger Phosphorsäure in 10%iger Flußsäure $\Delta H = -2.90$ kcal/Mol H_3PO_4, s. R. JUZA, G. WAINOFF, W. UPHOFF (*Z. anorg. Ch.* **296** [1958] 157/63). Zum Gleichgew. $H_3PO_4 + HF = H_2PO_3F + H_2O$ und dem Einfluß starker Säuren (HNO_3, H_2SO_4, $C_6H_5SO_3H$, $HClO_4$) auf dieses s. S. 406. Löslichkeit von HCl und Eigg. der Lsgg. s. chem. Verh. S. 206. Eigg. von H_3PO_4-$HClO_4$-Mischungen s. S. 207. Viscosität η (in P) und spezif. elektr. Leitf. $\varkappa$ (in Ω^{-1} cm^{-1}) von H_3PO_4-H_2SO_4-Mischungen bei 25°C:

Mol-% H_3PO_4	0.00	10.19	20.05	30.23	40.19	50.25
η	0.2419	0.2140	0.2232	0.2716	0.3767	0.5496
$10^2\cdot\varkappa$	1.04	7.888	8.600	7.242	4.828	3.159
Mol-% H_3PO_4	54.45	60.91	69.72	80.47	89.71	100.00
η	0.6085	0.6879	0.8105	1.029	1.306	1.647
$10^2\cdot\varkappa$	3.105	3.385	3.819	4.135	4.280	4.825

$\varkappa$ hat ein Max. bei 17 und ein Minimum bei 52 Mol-% H_3PO_4. Aus der Konz.-Abhängigkeit von η wird auf das Vorliegen des Gleichgew. $H_3PO_4 + H_2SO_4 = H_4PO_4^+ + HSO_4^-$ geschlossen. Dichte und Brechungszahl weisen nur geringe, positive Abweichungen von der Additivität auf. Bei 40°C liegen ähnliche Verhältnisse vor, Zahlenwerte im Original, P. S. TUTUNDŽIČ, M. LILER, D. KOSANOVIČ (*Glasnik hem. Društva Beograd* [serb.] **20** [1955] 1/21). Magnet. Kernresonanzunterss. deuten auf Bldg. von $H_4PO_4^+$ in H_2SO_4-sauren H_3PO_4-Lsgg., R. A. Y. JONES, A. R. KATRITZKY (*J. inorg. nucl. Chem.* **15** [1960] 193/4).

Lsgg. von H_3PO_4 in fl. HCN bilden sich bei Zugabe von Ag_3PO_4 zu wasserfreier Blausäure, wobei AgCN ausfällt. Konduktometr. und potentiometr. Titration mit dem basenanalogen KCN zeigt Umsatz zu schwerlösl. KH_2PO_4 und HCN an. Ebenso verhält sich RbCN. Mit $N(C_2H_5)_3$ entsteht ein lösl. Salz im Molverhältnis 1 : 1, das rasch solvolysiert wird. Danach spaltet H_3PO_4 in fl. HCN nur ein Proton ab, G. JANDER, B. GRÜTTNER (*Ber.* **81** [1948] 107/14). Bldg. der Verb. $H_3PO_4 \cdot HCN$ s. beim chem. Verh. S. 167.

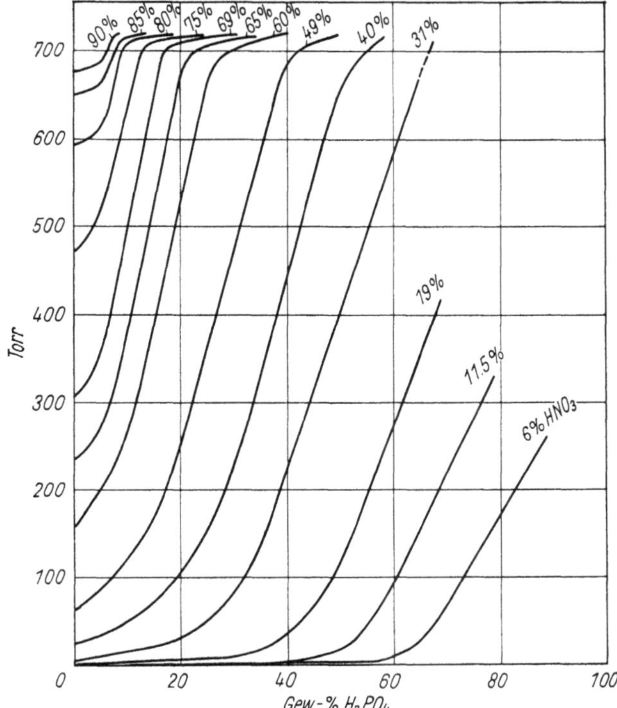

Fig. 47.

HNO_3-Partialdruck im Dampf von siedenden H_3PO_4–HNO_3–H_2O-Mischungen beim Gesamtdruck 730 Torr.

In organischen Lösungsmitteln. Methanol. Aus EK-Messungen an der Zelle H_2, Pt | KH_2PO_4(m), Na_2HPO_4(m), NaCl(m); H_2O, CH_3OH | AgCl | Ag ber. Werte von $pK_2 = -\log a_H \cdot a_{HPO_4}/a_{H_2PO_4}$ in Lsgg. mit 10.00 und 20.00 Gew.-% CH_3OH: *In Organic Solvents. Methanol*

°C	pK_2 (10%)	pK_2 (20%)
20	7.3814 ± 0.0005	7.6170 ± 0.0005
25	7.3647 ± 0.0004	7.5998 ± 0.0006
30	7.3544 ± 0.0005	7.5886 ± 0.0006
35	7.3455 ± 0.0006	7.5796 ± 0.0008
40	7.3428 ± 0.0008	7.5751 ± 0.0011

Die pK_2-Werte gehen (ebenso wie in rein wss. Lsg., s. S. 197) oberhalb 40°C durch ein Minimum; mit Hilfe der HARNED-ROBINSON-Gleichung ergibt sich für die Lsg. in 10- bzw. 20%igem Methanol: $t_{min} = 44.40$ bzw. 45.32°C, $pK_{2\,min} = 7.3411$ bzw. 7.5728, s. F. ENDER, W. TELTSCHIK, K. SCHÄFER (*Z. Elektroch.* **61** [1957] 775/81). Aus der Temp.-Abhängigkeit von pK_2 ber. thermodynam. Größen (cal, grad, mol) für die Rk. $H_2PO_4^- = H^+ + HPO_4^{2-}$ unter Standardbedingungen in 10%igem Methanol und 20%igem Methanol:

	°C	$\Delta G°$	$\Delta S°$	$\Delta H°$	$\Delta C_p°$
in 10%igem CH_3OH	20	9900	—29.25	1327	—52.21
	25	10048	—30.14	1063	—53.10
	30	10201	—31.03	816	—53.99
	35	10359	—31.92	524	—54.88
	40	10521	—32.81	247	—55.77
in 20%igem CH_3OH	20	10217	—30.01	1419	—53.75
	25	10369	—30.93	1148	—54.66
	30	10525	—31.84	873	—55.58
	35	10687	—32.76	593	—56.50
	40	10854	—33.67	310	—57.41

F. ENDER, W. TELTSCHIK, K. SCHÄFER (*l. c.*).

Other Alcohols

Weitere Alkohole. Nach Leitf.-Messungen hat die erste Dissoz.-Konst. des H_3PO_4 in 80%igem Äthanol die Größenordnung 10^{-5}, s. H. EULER, K. BLOMDAHL (*Ark. Kem. Min.* **4** Nr. 40 [1913] 1/8). Die Leitf. gemeinsamer Lsgg. von H_3PO_4 und HCl in absol. Äthanol ist nur etwa halb so groß wie die

Fig. 48.

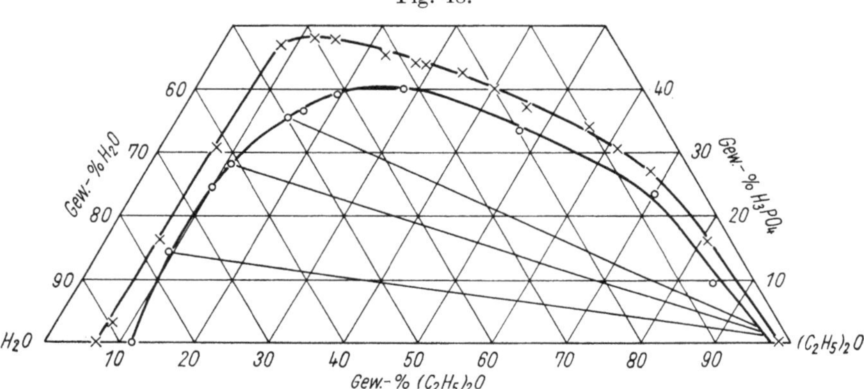

Löslichkeitsisothermen des Systems H_3PO_4–Äthyläther–H_2O bei 0°C (Kreise) und 23°C (Kreuze).

additiv ber., vermutlich infolge Zurückdrängung der Dissoz. des H_3PO_4. Überführungsmessungen zeigen anod. Wanderung des H_3PO_4, s. H. SADEK (*J. Indian chem. Soc.* **29** [1952] 846/50). Verteilungskoeff. im System n-Butanol-H_2O s. S. SAITO, N. YUIT (*Nippon Kagaku Zasshi* **80** [1959] 135/9 nach *C. A.* **1960** 4113). EK an der Grenzfläche von H_3PO_4-Lsgg. in den (nicht mischbaren) Lsgmm. H_2O und n-Pentanol, S. WOSNESSENSKY (*Z. phys. Ch.* **117** [1925] 457/60), S. WOSNESSENSKY, K. ASTACHOW (*Z. phys. Ch.* **128** [1927] 362/8).

Diethyl Ether

Diäthyläther. Wasserfreies H_3PO_4 mischt sich unbeschränkt unter Wärmeentw. mit Äther, BERTHELOT, G. ANDRÉ (*C. r.* **123** [1896] 344/9). Visuelle Best. der Liquiduskurve bei langsamem Erwärmen von Mischungen mit 0 bis 17.5 Gew.-% Äther zeigt das Auftreten von Additionsverbb. mit 6 bzw. 4 Mol H_3PO_4 je Mol Äther, die bei 28.2 bzw. 30.0°C kongruent schmelzen und dabei kaum dissoziieren. H_3PO_4 bildet ein Eutektikum mit $(C_2H_5)_2O \cdot 6H_2O$ bei etwa 16°C und 10% Äther sowie mit $(C_2H_5)_2O \cdot 4H_2O$ bei etwa 22°C und 12% Äther, M. RABINOWITSCH, S. JAKUBSOHN (*Z. anorg. Ch.* **129** [1923] 55/9). Vol.-Kontraktion, Viscosität, Brechungszahl und elektr. Leitf. von absolut äther. H_3PO_4-Lsgg. bei 25 und 40°C; Vol.-Kontraktion und Viscosität haben ein Max. bei 50 Mol-%, was auf Verbindungsbldg. deutet, P. S. TUTUNDŽIĆ, M. LILER, D. KOSANOVIĆ (*Glasnik hem. Društva Beograd* [serb.] **20** [1955] 349/61). Leitf. bei 25°C s. V. A. PLOTNIKOV (*J. Russ. Ges.* [*chem.*] **36** [1904] 1282/8). Wie aus den Löslichkeitsisothermen (**Fig. 48**) bei 0°C nach W. F. UST'KACKINCEV, P. A. CHLEBNIKOV (*Žurnal obščej Chim.* [russ.] **9** [1939] 1742/8) und 23°C nach M. BACHELET, E. CHEYLAN, J. LE BRIS (*J. Chim. phys.* **44** [1947] 302/5) hervorgeht, schließt sich die Mischungslücke oberhalb 40 bzw. 50 Gew.-% H_3PO_4. Im Bereich der Entmischung geht H_3PO_4 vorwiegend in die wss. Phase; die drei bei 0°C koexistierenden Fl.-Paare in Fig. 48 enthalten 14.4 bzw. 1.2, 28.1 bzw. 1.6 und 35.5 bzw. 1.8 Gew.-% H_3PO_4 in der wss. bzw. äther. Schicht, W. F. UST'KACKINCEV, P. A. CHLEBNIKOV (*l. c.*). Bei 23°C koexistieren wss. Phasen mit 34.8, 55.5, 82, 105 bzw. 136.5 g H_3PO_4 je 100 g H_2O mit äther. Phasen, die 0.01, 0.076, 0.26, 0.95 bzw. 1.78 g H_3PO_4 je 100 g Äther enthalten; demnach steigt der Verteilungskoeff. mit steigendem H_3PO_4-Gehalt der wss. Phase stark an, M. BACHELET, E. CHEYLAN, J. LE BRIS (*l. c.*); vgl. ferner BERTHELOT, G. ANDRÉ (*C. r.* **123** [1896] 344/9), C. MARIE, G. LEJEUNE (*Monatsh.* **53** [1929] 69/72), G. LEJEUNE (*C. r.* **208** [1939] 1225/7). Beim Schütteln von 2 ml einer wss. H_3PO_4-Lsg. von 20.5, 38 und 64 Gew.-% mit 50 ml Äther gehen bei gewöhnl. Temp. 0.15, 0.30 bzw. 0.98 g H_3PO_4 und 1.58, 1.16 bzw. 0.60 g H_2O in die äther. Lösung. Aus ~12 g 82.5%iger H_3PO_4-Lsg. werden von 50 ml Äther 9.87 g H_3PO_4 und 2.09 g H_2O gelöst; die äther. Lsg. enthält H_3PO_4 und H_2O im Molverhältnis 1.15:1, vermutlich als $H_3PO_4 \cdot H_2O$ (s. S. 168), B. HELFERICH, U. BAUMANN (*Ber.* **85** [1952] 461/3). Bei Zugabe von konz. H_3PO_4 zu Äther-HNO_3-H_2O-Gemischen reagieren Äther und HNO_3 unter H_2O-Abspaltung und Stickoxidentwicklung. Aus äther. Uranylnitratlsg. fällt H_3PO_4 Uranylphosphat, das bei Zusatz von wenig konz. HNO_3 wieder in Lsg. geht, M. BACHELET, E. CHEYLAN, J. LE BRIS (*l. c.*).

Organic Acids

Organische Säuren. Kryoskop. Molgew.-Bestt. in Eisessig geben Werte zwischen 110 und 130, H. GIRAN (*C. r.* **146** [1908] 1270/2; *Ann. Chim. Phys.* [8] **14** [1908] 565/74), Extrapolation auf c = 0 ergibt das einfache Molgew. 98, D. BALAREW (*Z. anorg. Ch.* **96** [1916] 99/107). Das Schmelzdiagramm im Bereich 0 bis 42 Gew.-% CH_3COOH (Zahlenwerte und Fig. im Original) zeigt die Bldg. der kongruent bei 33.8°C schmelzenden Verb. $H_3PO_4 \cdot CH_3COOH$. Sie hat vermutlich die Struktur eines Oxoniumsalzes, G. B. KING, J. H. WALTON (*J. phys. Chem.* **35** [1931] 1745/55). Dichte, Viscosität, Brechungszahl und elektr. Leitf. von H_3PO_4-CH_3COOH-Mischungen bei 25 und 40°C; die Viscosität hat ein Max. bei ~70 Mol-% H_3PO_4, vermutlich infolge Verb.-Bldg., P. S. TUTUNDŽIĆ, M. LILER, D. KOSANOVIČ (*Glasnik hem. Društva Beograd* [serb.] **20** [1955] 1/21), vgl. JU. JA. FIALKOV (*Žurnal obščej Chim.* [russ.] **30** [1960] 3860/5). Aciditätsfunktion H_0 (vgl. S. 200) von H_3PO_4 (bis 49 Gew.-%) in 90- bis 100%iger Essigsäure in Abhängigkeit vom benutzten Indicator, J. ROČEK (*Chem. Listy* **50** [1956] 726/37; *Collect. Trav. chim. Tchécosl.* **22** [1957] 1/13), B. TRÉMILLON (*Bl. Soc. chim.* **1960** 1940/8), M. LAPIDUS, M. LUCAS, B. TRÉMILLON (*Bl. Soc. chim.* **1960** 1949/55).

Die elektr. Leitf. gemischter Lsgg. von H_3PO_4 und HCl in Eisessig ist bis zu 24 mal so groß wie die additiv berechnete. Nach Überführungsmessungen wandert H_3PO_4 in solchen Lsgg. zur Kathode. Vermutlich bildet sich $[P(OH)_4]^+Cl^-$, ähnlich wie mit $HClO_4$, s. S. 206, H. SADEK (*J. Indian chem. Soc.* **29** [1952] 846/50); s. auch das chem. Verh. von wasserfreiem H_3PO_4 gegen anorgan. Substt., S. 167. Schmelzdiagramme der Systeme mit Propionsäure, n-Buttersäure, n-Caprinsäure, Benzoesäure, Brenztraubensäure, Chloressigsäure, Phenylessigsäure; Brenztraubensäure bildet eine 1:1-Verb., Schmp. 36.4°C, G. B. KING, J. H. WALTON (*J. phys. Chem.* **35** [1931] 1745/55). Dichte, Viscosität, Brechungszahl und elektr. Leitf. von fl. Mischungen mit Valerian- und Isovaleriansäure bei 25 und 40°C s. P. S. TUTUNDŽIĆ, M. LILER, D. KOSANOVIČ (*Glasnik hem. Društva Beograd* [serb.] **20** [1955] 1/21). Die Löslichkeit von Oxalsäure, Bernsteinsäure, Äpfelsäure, Citronensäure und Isovaleriansäure in wss. H_3PO_4 steigt mit der H_3PO_4-Konz. nach anfänglichem Abfall wieder an. Vermutlich werden Additionsverbb. gebildet, J. H. WALTON, R. J. KEPFER (*J. phys. Chem.* **34** [1930] 543/8), H. L. REDFIELD, G. B. KING (*J. phys. Chem.* **40** [1936] 919/25).

Beim Zutropfen einer 0.3 molalen H_3PO_4-Lsg. in Trifluoressigsäure zu 0.01 bis 0.1 molalen Lsgg. der Trifluoracetate im selben Lsgm. werden (vermutlich als saure Phosphate) Hg^I und Sr^{II} nahezu vollständig, Sb^{III}, Bi^{III}, Cd, Co^{II}, Mn^{II}, Ag^I, Sn^{IV} und Zn unvollständig gefällt, G. S. FUJIOKA, G. H. CADY (*J. Am. Soc.* **79** [1957] 2451/4).

Other Organic Substances

Weitere organische Substanzen. Schmelzdiagramme der Systeme H_3PO_4 mit Benzaldehyd, Anisaldehyd, Acetophenon, Benzophenon, Phenol, Guajacol, Benzoesäureanhydrid und Cumarin; die genannten Aldehyde und Ketone, ferner Phenol und Cumarin geben 1:1-Verbb. (vermutlich Oxoniumsalze) mit H_3PO_4, s. G. B. KING, J. H. WALTON (*J. phys. Chem.* **35** [1931] 1745/55). Dichte, Viscosität, Brechungszahl und elektr. Leitf. fl. Mischungen von H_3PO_4 mit Benzaldehyd bzw. Benzophenon bei 25 und 40 bzw. 55°C sowie mit Äthylacetat bei 25 und 40° zeigen die Bldg. von 1:1-Verbb. an, P. S. TUTUNDŽIĆ, M. LILER, D. KOSANOVIČ (*Glasnik hem. Društva Beograd* [serb.] **20** [1955] 363/79, 481/95). Im Schmelzdiagramm des Systems H_3PO_4-Acetamid tritt die kongruent bei 46.5°C schmelzende 1:1-Verb. auf. Die Existenz dieser Verb. in den fl. Mischungen geht aus der Konz.-Abhängigkeit von Dichte, Viscosität, Brechungszahl und elektr. Leitf. hervor, P. S. TUTUNDŽIĆ, M. LILER, D. KOSANOVIČ (*Glasnik hem. Društva Beograd* [serb.] **20** [1955] 73/83). In wasserfreiem Acetonitril verhält sich H_3PO_4 polarographisch wie eine einbas. Säure, J. F. COETZEE, I. M. KOLTHOFF (*J. Am. Soc.* **79** [1957] 6110/5). H_3PO_4-

Lsgg. in wss. Pyridin, Dichte und Viscosität s. N. A. PUŠIN, Z. MILER (*Glasnik hem. Društva Beograd* [serb.] **19** [1954] 253/65), Brechungszahl s. N. A. PUŠIN, M. NENADOVIČ (*l. c.* S. 139/54). Das System H_3PO_4-Phenol hat im fl. Zustand einen unteren krit. Entmischungspunkt bei 32 Gew.-% H_3PO_4 und 100°C. Das System H_3PO_4–Phenol–H_2O weist zwischen 100 und 68°C (obere krit. Entmischungstemp. des Systems Phenol–H_2O) geschlossene (vollständig im Innern des Koordinatendreiecks verlaufende) Entmischungsisothermen auf. Zahlenwerte und Fig. im Original, I. L. KRUPATKIN (*Žurnal obščej Chim.* [russ.] **22** [1952] 184/90). Kinetik der Schichtenbldg. im System H_3PO_4–Phenol, I. L. KRUPATKIN, I. A. TODOROV (*Izvestija vysšich uchebnych Zavedenij, Chim. chim. Technol.* **1958** Nr. 3, S. 15/20 nach *C. A.* **1959** 1880/1). Die Löslichkeit von festem Phenol in wss. H_3PO_4 fällt mit steigender H_3PO_4-Konz. ab, J. H. WALTON, R. J. KEPFER (*J. phys. Chem.* **34** [1930] 543/8), H. L. REDFIELD, G. B. KING (*J. phys. Chem.* **40** [1936] 919/25). Brenzkatechin, Resorcin, Hydrochinon, Pyrogallol und Phloroglucin erniedrigen die elektr. Leitf. wss. H_3PO_4-Lsgg. bei 25°C. Demnach bildet H_3PO_4 im Gegensatz zu H_3BO_3 mit Polyphenolen keine gut leitenden Komplexe, J. BÖESEKEN, K. BRACKMANN (*Rec. Trav. chim.* **34** [1915] 279/82). Gefrierpunktserniedrigung und elektr. Leitf. von H_3PO_4-Glucose-Lsgg. sind nicht additiv, N. R. DHAR, G. P. GOSH (*Pr. nat. Acad. Sci. India* A **25** [1956] 526/8).

Monometaphosphoric Acid

Monometaphosphorsäure HPO_3

Die Säure und ihre Salze existieren nicht. Die Leitf.-Messungen von S. J. KIEHL, T. M. HILL (*J. Am. Soc.* **49** [1927] 123/32) an der wss. Lsg. des von H. T. BEANS, S. J. KIEHL (*J. Am. Soc.* **49** [1927] 1878/91), S. J. KIEHL, H. P. COATS (*J. Am. Soc.* **49** [1927] 2180/93) aus NaH_2PO_4 bei 450°C dargestellten „Monometaphosphats“ sowie eigene analyt. Unterss. zeigen das Vorliegen einer Mischung aus Trimetaphosphat und Graham-Salz; das von P. PASCAL (*C. r.* **176** [1923] 1398/1400); *Bl. Soc. chim.* [4] **33** [1923] 1611/27) aus P_2O_5, Äthyläther und Na-Äthylat erhaltene Prod. ist nach Leitf.-Messungen Na-Trimetaphosphat, C. W. DAVIES, C. B. MONK (*J. chem. Soc.* **1949** 413/22); vgl. ferner K. KARBE, G. JANDER (*Koll.-Beih.* **54** [1942] 1/146, 4), P. NYLEN (*Z. anorg. Ch.* **229** [1936] 30/5). Papierchromatograph. Unterss. an „Monometaphosphaten“ bestätigen, daß im wesentlichen Trimetaphosphat mit geringen Mengen Ortho- und Pyrophosphat bzw. ein Gemisch aus Trimetaphosphat, Triphosphat und höher kondensierten Polyphosphaten vorliegt, J.-P. EBEL (*C. r.* **234** [1952] 621/3; *Bl. Soc. chim.* **1953** 1089/95). Das koordinativ ungesätt. PO_3^--Ion würde wie alle P-Verbb. mit 3zähligem P (PCl_3, Alkylphosphite, Alkylphosphine) mit H_2O rasch und unmittelbar in $H_2PO_4^-$ übergehen, im Gegensatz zum Verh. der bekannten lösl. Metaphosphate, B. TOPLEY (*Quart. Rev.* **3** [1949] 345/68, 348), es erscheint daher im Gegensatz zu NO_3^- als nichtexistenzfähig, zumindest nicht in wss. Lsg., J.-P. EBEL (*l. c.*), die Stabilität von NO_3^- gegenüber NO_4^{3-} beruht vermutlich auf ster. Gründen, B. TOPLEY (*l. c.*).

Condensed Phosphoric Acids

Kondensierte Phosphorsäuren

General. Systematology. Nomenclature. Stoichiometry

Allgemeines. Systematik. Nomenklatur. Stöchiometrie. Kondensierte Phosphate sind Verbb., deren Anionen aus PO_4-Tetraedern bestehen, die über gemeinsame Ecken (O-Atome) miteinander verbunden sind. Orthophosphate (mit isolierten PO_4-Gruppen) und P_2O_5 können als Grenzfälle in diese Definition eingeschlossen werden. Die PO_4-Gruppen eines kondensierten Phosphats unterscheiden sich als endständig (primär), mittelständig (sekundär) oder verzweigend (tertiär), je nachdem, ob sie mit einer, zwei oder drei anderen PO_4-Gruppen verbunden sind; doppelt verzweigende (quartäre) PO_4-Gruppen sind nur bei Bindung an ein Elektronenpaarakzeptor-Atom (beispielsweise in gemischten Phosphatboraten oder Phosphataluminaten) möglich.

Kondensierte Phosphate, deren Anionen nur end- und mittelständige PO_4-Gruppen enthalten und demnach unverzweigte gerade (lineare) Ketten bilden, heißen Polyphosphate; ihre Zus. wird durch die Formel $M_{n+2}P_nO_{3n+1}$ beschrieben, in der M ein Äquivalent eines Kations (oder eines organ. Radikals) bedeutet. Das erste Glied der Reihe, $M_4P_2O_7$ (Diphosphat, Pyrophosphat), enthält nur endständige PO_4-Gruppen. Für große Werte von n nähert sich die Zus. der Polyphosphate („hochkondensierte“ oder „Hochpolyphosphate“) der Grenze $M_nP_nO_{3n}$, d. h. der Zus. der Metaphosphate.

Metaphosphate haben Anionen mit ausschließlich mittelständigen PO_4-Gruppen; die Anionen weisen daher Ringstruktur auf, die allgemeine Formel der Metaphosphate ist $(MPO_3)_n = M_nP_nO_{3n}$. Die Trimetaphosphate $M_3P_3O_9$ bilden bisher das niedrigste Glied der Reihe.

Vernetzte (oder verzweigte) Phosphate haben Anionen mit mindestens einer tertiären PO_4-Gruppe. Verzweigte Ketten ohne Ringbildung führen zu Isopolyphosphaten, deren Zus. mit der der

Polyphosphate übereinstimmt. Aus einem Ring mit Seitenketten (ohne Doppelringbildung) bestehen die Anionen der (in der Zus. mit den Metaphosphaten identischen) Isometaphosphate. Mehrringstrukturen mit Zwischen- und Seitenketten sowie dreidimensional vernetzte Strukturen kennzeichnen die Ultraphosphate, deren Zus. $xM_2O \cdot nP_2O_5$ ($x < n$) oder $M_{nR}P_nO_{(5+R)n/2}$ ($R = x/n < 1$) von 2 Parametern (n und x bzw. R) abhängt und zwischen den Grenzen $M_nP_nO_{3n}$ (für $R = 1$) und $P_nO_{5n/2}$ ($= P_2O_5$) liegt; das Endglied P_2O_5 enthält ausschließlich tertiäre PO_4-Gruppen.

Kondensierte Phosphate, deren Anionen aus PO_4-Gruppen bestehen, die über eine Tetraederkante (je 2 O-Atome) miteinander verbunden sind (Dimetaphosphate und höhermolekulare Phosphate mit Dimetaphosphatringen), sind bisher nicht bekannt; ihre Stabilität könnte aus Ringspannungsgründen nur gering sein. Noch viel weniger stabil wäre monomeres P_2O_5, das einzige denkbare kondensierte Phosphat mit gemeinsamer Tetraederfläche. Vgl. zum Vorstehenden J. R. VAN WAZER, E. J. GRIFFITH (*J. Am. Soc.* **77** [1955] 6140/4), J. R. VAN WAZER, K. A. HOLST (*J. Am. Soc.* **72** [1950] 639/44), E. THILO, A. SONNTAG (*Z. anorg. Ch.* **291** [1957] 186/204), E. THILO, G. SCHULZ, E.-M. WICHMANN (*Z. anorg. Ch.* **272** [1953] 182/200).

Aus den vorstehend dargelegten strukturellen und stöchiometr. Gründen ist für jeden Kondensationsgrad $n > 2$ (Zahl der P-Atome je Molekel) die Existenz mehrerer kondensierter Phosphate möglich, deren Anzahl (ohne Dimetaringstrukturen) aus folgender Tabelle hervorgeht:

n	Poly-	Isopoly-	Meta-	Isometa-	Ultraphosphat
3	**1**	0	**1**	0	0
4	**1**	1	**1**	1	2 (**1**)
5	**1**	1	**1**	3	7
6	**1**	3	**1**	7	~18

Die fettgedruckten Glieder sind (wenigstens chromatographisch) isoliert; das bekannte Ultraphosphat mit $n = 4$ ist P_4O_{10} (M-P_2O_5, s. S. 77). Vgl. hierzu J. R. VAN WAZER, E. J. GRIFFITH (*l. c.*).

Stabilität der P-O-P-Bindungen. *Stability of P-O-P Bonds* Die Festigkeit der von tertiären PO_4-Gruppen ausgehenden P–O–P-Bindungen ist viel geringer als bei mittel- und endständigen PO_4-Gruppen. Daher sind vernetzte Phosphate sowohl bei der Bldg. in Schmelzen als auch hinsichtlich der Beständigkeit gegen H_2O oder andere P–O–P-Bindungen spaltende Medien gegenüber Poly- und Metaphosphaten benachteiligt. Demgemäß sind Isopolyphosphate bisher überhaupt nicht, Isometaphosphate nur als Ester bekannt. Die Bldg. von Ultraphosphaten in Schmelzen mit $M_2O/P_2O_5 < 1$ erfolgt aus stöchiometr. Gründen zwangsläufig; diese werden jedoch auch in neutraler wss. Lsg., in der Poly- und Metaphosphate beständig sind, binnen weniger Std. an den Vernetzungsstellen aufgespalten.

Dieser Unterschied kommt auch in den röntgenographisch bestimmten P–O-Abständen zum Ausdruck. Ähnlich wie bei den Silicaten wird die P–O-Bindungslänge durch die Verknüpfung von PO_4-Tetraedern zu unverzweigten Ketten oder Ringen nur wenig beeinflußt, während im (bisher einzigen röntgenographisch untersuchten vernetzten Phosphat) P_4O_{10} (M-P_2O_5) die drei P–O(–P)-Bindungen zugunsten der vierten P–O-Bindung erheblich geschwächt sind, s. S. 83. Vermutlich ist die in isolierten PO_4-Gruppen vorhandene Stabilisierung der P–O-Bindungen durch Resonanz bei end- und mittelständigen PO_4-Gruppen noch teilweise möglich, während sie bei tertiären PO_4-Gruppen fehlt, J. R. VAN WAZER, K. A. HOLST (*J. Am. Soc.* **72** [1950] 639/44); vgl. auch J. R. VAN WAZER (*J. Am. Soc.* **78** [1956] 5709/15), E. THILO, A. SONNTAG (*Z. anorg. Ch.* **291** [1957] 186/204).

Stärke der Säuren. *Acid Strength* Wegen der gleich großen Elektronegativität von P und H ist zu erwarten, daß kovalent gebundenes H einen etwa gleich großen Einfluß auf die Resonanzenergie der PO_4-Gruppe hat wie deren Bindung an eine andere PO_4-Gruppe. Da tertiäre PO_4-Gruppen in wss. Lsg. unbeständig sind, ist dasselbe für die Konfigurationen

```
   O              O
–O–P–O–   und   –O–P–OH
   OH             OH
```

anzunehmen, d. h. mittel- und endständige PO_4H- bzw. PO_4H_2-Gruppen müssen in wss. Lsg. unter Abspaltung eines H^+ ionisieren; jede kondensierte Phosphorsäure hat eine stark saure OH-Gruppe je P-Atom; die beiden Endgruppen der Polyphosphate weisen außerdem je eine schwach saure OH-Gruppe auf. Diese Annahmen werden durch das Experiment bestätigt, J. R. VAN WAZER, K. A. HOLST (*J. Am. Soc.* **72** [1950] 639/44).

Mixtures of Condensed Phosphoric Acids

Gemische kondensierter Phosphorsäuren

Preparation

Darstellung. Die hier behandelten Säuren sind fl. und glasige Mischungen der Zus. $mH_2O \cdot P_2O_5$ ($m < 3$) mit 72.4 bis 100 Gew.-% P_2O_5.

Techn. Darst. von „superphosphoric acid“ s. „*Phosphor*“ *Tl.* B, S. 71. Durch therm. Entwässerung von H_3PO_4 können wegen des azeotropen Verh. des Systems P_2O_5–H_2O nur Mischungen erhalten werden, deren P_2O_5-Gehalt höchstens den der azeotropen Mischung erreicht; dieser steigt von etwa 89 Gew.-% P_2O_5 bei 450°C (Dampfdruck etwa 2 Torr) auf etwa 92% P_2O_5 bei 870°C (bei 1 Atm Dampfdruck), s. „Azeotropie“ S. 157. Die folgenden Angaben weichen in bezug auf die erreichbare Max.-Konz. von Vorstehendem ab. Isotherme Entwässerung bei 450°C in gewöhnl. Luft führt nach 2 bzw. 8, 17, 25, 38 Std. zu Schmelzen mit 86.5 bzw. 88.2, 89.5, 89.8, 89.9% P_2O_5. 30std. Entwässerung bei 350° bzw. 300°, 250°, 225°, 200°C ergibt Mischungen mit 85.8 bzw. 84.6, 82.7, 81.1, 80.0% P_2O_5 (s. Fig. 36, S. 166), E. THILO, R. SAUER (*J. pr. Ch.* [4] **4** [1957] 324/48).

Im trocknen Luftstrom bei 300°C werden in einigen Tagen max. 83.4% P_2O_5 erreicht, im Vak. bei 300°C in einigen Std. 88.7%, bei 250°C nach 24 Std. 85.9%, bei 200°C nach 16 Std. 83.4% P_2O_5. Die Verss. werden in Goldschiffchen ausgeführt; Glas wird unter Bldg. einer P_2O_5-SiO_2-Verb. (s. S. 87) angegriffen, A. BOULLÉ, R. JARY (*C. r.* **237** [1953] 258/60). Als Gefäßmaterial eignet sich Glas (Pyrex, Duran) bei etwa 180°C, Pt bei 300°C, Au-reiche Pt-Au-Legg. bis mindestens 750°C, Graphit (nach Bldg. einer Schutzschicht durch Rk. mit dem Al-Silicat enthaltenden Bindemittel; die Schmelzen werden durch Spuren von kolloidem C verfärbt) bei allen genannten Tempp., E. THILO, R. SAUER (*l. c.* S. 326 Fußnote), vgl. auch A.-L. HUHTI, P. A. GARTAGANIS (*Canad. J. Chem.* **34** [1956] 785/97). Bei kurzem Erhitzen (Gesamtdauer < 60 Min.) auf Tempp. bis 380°C wird Glas noch nicht angegriffen, S. OHASHI, H. SUGATANI (*Bl. chem. Soc. Japan* **30** [1957] 864/7), ähnlich H. ROUX, E. THILO, H. GRUNZE, M. VISCONTINI (*Helv. chim. Acta* **38** [1955] 15/21). Weitere Angaben zum Verlauf der Entwässerung s. S. 165. Elektrolyt. Entwässerung von H_3PO_4 bei 3 bis 100 A/dm² an Pt-Elektroden; in 10 Std. wird eine P_2O_5-Konz. von 83.5 Gew.-% erreicht, MONSANTO CHEMICAL CO., E. J. GRIFFITH (*U.S.P.* 2839408 [1958] nach *C.A.* **1958** 14395).

Darst. aus P_2O_5 und H_3PO_4 durch Schütteln des Gemisches in zugeschmolzenem Glasgefäß bei 350°C; die Schmelze wird nach 10 bis 20 Min. klar, A.-L. HUHTI, P. A. GARTAGANIS (*l. c.*); zum Rk.-Verlauf s. das chem. Verh. von P_2O_5, S. 92. Vgl. ferner R. N. BELL (*Ind. engg. Chem.* **40** [1948] 1464/7).

Darst. durch 12std. Erwärmen von H_3PO_4 und $POCl_3$ auf 65°C, E. THILO, R. SAUER (*l. c.*).

Die auf gewöhnl. Temp. abgekühlten Schmelzen kristallisieren im allgemeinen nicht; nur aus solchen mit Zuss. in der Nähe von $H_4P_2O_7$ (79.7 Gew.-% P_2O_5) scheidet sich langsam krist. $H_4P_2O_7$ aus, s. S. 225. Die Mischungen haben bei Normaltemp. zähflüssige bis glasige Konsistenz, s. „Innere Reibung“ unten.

Physical Properties. General

Physikalische Eigenschaften. Allgemeines. Die nachstehenden Angaben beziehen sich z. T. auf unterkühlte Fll. und Gläser, s. „Löslichkeitsdiagramm“ S. 155. Auf Zimmertemp. abgekühlte Polyphosphorsäure-Gemische der Brutto-Zus. $H_{n+2}P_nO_{3n+1}$ sind bis zur Brutto-Zus. $H_4P_2O_7$ leicht beweglich, bis $H_6P_4O_{13}$ sirupös, bis $H_8P_6O_{19}$ noch beweglich, bei höheren P_2O_5-Gehalten bis zur Zus. HPO_3 gerade noch deformierbar. Die Mischungen der Ultraphosphorsäuren ($H_2O/P_2O_5 < 1$) sind bei Zimmertemp. nahezu starre Gläser, E. THILO, R. SAUER (*J. pr. Ch.* [4] **4** [1957] 324/48).

Angaben über wasserfreies fl. H_3PO_4, $H_4P_2O_7$ und glasiges HPO_3 s. auch S. 162, 226, 254. Ausnahmsweise beziehen sich die folgenden Angaben auch auf hochkonz. Lsgg. von H_3PO_4 (< 72.4% P_2O_5), die sonst ab S. 175 beschrieben sind.

Density. Coefficient of Expansion

Dichte. Ausdehnungskoeffizient α. Pyknometr. Messungen an den fl. Mischungen ergeben:

Gew.-% P_2O_5	$D^4_{36.1}$	$D^4_{51.5}$	$\alpha \cdot 10^3$	D^4_{20} (ber.)
72.28*)	1.848	1.836	0.423	1.861
79.64**)	1.981	1.970	0.361	1.992
83.93***)	2.046	2.033	0.415	2.060

*) $\sim H_3PO_4$ (72.4%). — **) $\sim H_4P_2O_7$ (79.7%). — ***) $\sim H_6P_4O_{13}$ (84.0%).

Genauigkeit der D^4-Werte ± 0.006, C. B. DURGIN, J. H. LUM, J. E. MALOWAN (*Chem. met. Engg.* **44** [1937] 721/5; *Trans. Am. Inst. chem. Eng.* **33** [1937] 643/67). Gasvolumetrisch bestimmte Dichten von glasigem HPO_3 (88.75% P_2O_5): $D^4_{-78} = 2.176$, $D^4_{-190} = 2.180$, s. W. BILTZ, O. HÜLSMANN (*Z. anorg. Ch.* **207** [1932] 377/84).

Aus unveröffentlichten Messungen der Tennessee Valley Authority und Angaben von C. B. DURGIN, J. H. LUM, J. E. MALOWAN (*Trans. Am. Inst. chem. Eng.* **33** [1937] 643/68), W. H. ROSS, R. M. JONES (*Ind. engg. Chem.* **17** [1925] 1170/1), N. P. KNOWLTON, H. C. MOUNCE (*Ind. engg. Chem.* **13** [1921] 1157/8), abgeleitete Gleichung für 25° $< t <$ 160° und 60 $< c <$89 Gew.-% P_2O_5:

$$D_4^t = (0.7102 + 0.01617\ c) - (11.7 \times 10^{-4} - 6.00 \times 10^{-6}\ c)\ t$$

mittlere bzw. max. Abweichung von den Meßwerten 0.28% bzw. 0.52%. Daraus ber. D_4-Werte:

Gew.-% P_2O_5	D_4^{25}	D_4^{30}	D_4^{40}	D_4^{50}
72.43*)	1.863	1.859	1.852	1.845
74.0	1.889	1.885	1.878	1.871
76.0	1.921	1.918	1.911	1.903
78.0	1.954	1.950	1.943	1.936
79.76**)	1.983	1.979	1.972	1.965
80.0	1.987	1.983	1.976	1.969
82.0	2.019	2.016	2.009	2.002
84.0	2.052	2.049	2.042	2.035
86.0	2.084	2.081	2.075	2.068
88.74***)	2.129	2.126	2.120	2.113

Gew.-% P_2O_5	D_4^{75}	D_4^{100}	D_4^{125}	D_4^{150}
72.43*)	1.826	1.808	1.789	1.771
74.0	1.852	1.834	1.816	1.798
76.0	1.886	1.868	1.850	1.832
78.0	1.919	1.901	1.884	1.866
79.76**)	1.948	1.931	1.914	1.896
80.0	1.952	1.935	1.918	1.900
82.0	1.985	1.968	1.951	1.934
84.0	2.019	2.002	1.985	1.969
86.0	2.052	2.035	2.019	2.003
88.74***)	2.097	2.081	2.065	2.049

*) Zus. H_3PO_4. — **) Zus. $H_4P_2O_7$. — ***) Zus. HPO_3.

T. D. FARR (*Tennessee Valley Authority, Chem. Engg. Rep.* Nr. 8 [1950] 1/93, 44). Mit der hydrostat. Waage bestimmte (im Original auf 5 Dezimalen angegebene) D_4-Werte in Auswahl:

Gew.-% P_2O_5	D_4^{20}	D_4^{40}	D_4^{60}	D_4^{90}
72.9	1.896	1.881	1.865	1.843
73.6	1.902	1.887	1.873	1.850
74.6	1.939	1.923	1.909	1.886

Z. V. KONDRATENKO, I. G. FEDORČENKO (*Žurnal neorg. Chim.* [russ.] **4** [1959] 985/8).

Für 50 $< c <$ 95 Gew.-% P_2O_5 gilt annähernd: $D_{25}^4 = 0.0167\ c + 0.66$, $D_t^4 = D_{25}^4 - 0.0009\ (t-25)$, VAN WAZER (*Phosphorus*, S. 771).

Gew.-% P_2O_5 . . .	62.5	71.8	75.1	78.3	80.1
D_{15}^4	1.77	1.90	1.92	2.03	2.08

D hängt bei gleichem P_2O_5-Gehalt geringfügig von der Darst.-Meth. ab, S. OHASHI, H. SUGATANI (*Bl. chem. Soc. Japan* **30** [1957] 864/7). Weitere Angaben zur Dichte von wss. H_3PO_4 ($<$72.4% P_2O_5) s. S. 175.

Density and Constitution of the Vapor

Dampfdichte. Konstitution des Dampfes. Bei 1020°C nach VICTOR eMYER in einem App. aus Pt gemessene Dichten von gasf. Mischungen mit 61.5, 72.4, 88.0 und 92.0 Gew.-% P_2O_5 lassen sich befriedigend mit der Annahme deuten, daß der Dampf aus P_4O_{10} und H_2O besteht; entgegen N. A. TILDEN, R. E. BARNETT (*J. chem. Soc.* **69** [1896] 154/60), die aus offenbar ungenauen Messungen an „Metaphosphorsäure" mit 91% P_2O_5 auf das Vorliegen von $(HPO_3)_2$ im Dampf schließen, E. H. BROWN, C. D. WHITT (*Ind. engg. Chem.* **44** [1952] 615/8); diese Folgerung steht auch im Widerspruch mit dem Siedediagramm, s. S. 158. Die beim Abschrecken der Dämpfe mit fl. Luft erhaltenen Kondensate bestehen nach chromatograph. Unterss. aus hochkondensierten Polyphosphorsäuren, enthalten jedoch keine nachweisbaren Mengen Tetrametaphosphorsäure, die als erstes Hydrolyseprod. des P_4O_{10} entstehen müßte, E. THILO, R. SAUER (*J. pr. Ch.* [4] **4** [1957] 324/48).

Viscosity

Innere Reibung. Vergleiche auch „Allgemeines" S. 214. Dynam. Viscosität (Näherungswerte) s. **Fig. 49** nach VAN WAZER (*Phosphorus*, S. 771).

Aus Messungen der Ausflußzeit erhaltene (im Original auf 5 Dezimalen angegebene) η-Werte in c P bei Tempp. zwischen 20° und 90°C:

Gew.-% P_2O_5	η_{20}	η_{30}	η_{40}	η_{50}	η_{60}	η_{70}	η_{80}	η_{90}
72.9	436.6	264.3	163.1	109.0	74.99	54.48	40.83	31.20
73.2	527.0	287.5	175.3	114.5	80.18	57.93	43.13	32.37
73.6	539.0	328.7	196.2	127.3	88.30	63.69	46.59	35.79
74.6	1695	846.8	473.8	283.9	184.0	124.7	88.14	64.54

Z. V. KONDRATENKO, I. G. FEDORČENKO (*Žurnal neorg. Chim.* [russ.] **4** [1959] 985/8).

Fig. 49.

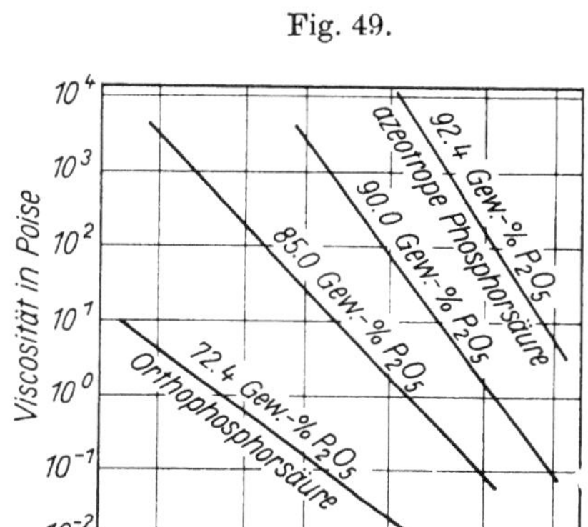

Viscosität von P_2O_5–H_2O-Schmelzen.

Fig. 50.

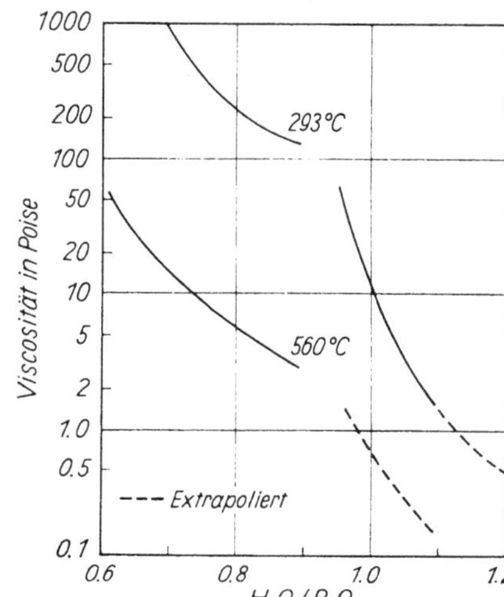

Viscosität von P_2O_5–H_2O-Schmelzen in Abhängigkeit vom Molverhältnis H_2O/P_2O_5.

Im Bereich $H_2O:P_2O_5 = 0.60$ bis 1.24 (Molverhältnis) gemessene Werte (in Poise) erfüllen die Gleichung $\ln \eta = \ln a + E/RT$ mit folgenden Werten von a und E:

$H_2O:P_2O_5$	Temp.-Bereich	$a \times 10^3$	E (kcal)
0.60	400° bis 600°C	1.825	17.502
0.68*)	375° bis 600°C	3.076	14.689
0.88	275° bis 550°C	0.681	13.721
0.98	250° bis 350°C	0.619	12.245
1.05	250° bis 325°C	0.139	12.401
1.24	75° bis 200°C	0.221	8.494

*) azeotrope Mischung.

E. J. GRIFFITH, C. F. CALLIS (*J. Am. Soc.* **81** [1959] 833/6). Die daraus abgeleiteten Isothermen, s. **Fig. 50**, zeigen einen raschen (jedoch vermutlich kontinuierlichen) Neigungswechsel in der Nähe von $H_2O:P_2O_5 = 1$. Im Ultraphosphat-Gebiet ($H_2O:P_2O_5 < 1$) wird die Verminderung von η bei H_2O-Zusatz durch Aufspaltung von verzweigten Ketten bewirkt; bei $H_2O:P_2O_5 > 1$ werden nunmehr unverzweigte Ketten aufgespalten, vgl. „Konstitution" S. 217, E. J. GRIFFITH, C. F. CALLIS (*l. c.*).

Durch graph. Ausgleich aus Messungen von C. B. DURGIN, J. H. LUM, J. E. MALOWAN (*Trans. Am. Inst. chem. Eng.* **33** [1937] 643/67) erhaltene Werte der kinemat. Viscosität μ ($=\eta/D_4$) in c St bei Tempp. zwischen 20° und 180°C; geschätzte Genauigkeit $\pm 10\%$:

Gew.-% H_3PO_4	Gew.-% P_2O_5	μ_{20}	μ_{25}	μ_{30}	μ_{50}	μ_{70}	μ_{100}	μ_{120}	μ_{150}	μ_{180}
100	72.4	140	100	81	36	19	9.2	6.2	4.1	2.9
105	76.0	600	440	330	110	50	19	12	7.1	4.5
110	79.7	—	2200	1600	410	170	50	29	15	8.8
115	83.3	—	—	—	—	1000	250	120	54	28
118	85.4	—	—	—	—	—	830	400	170	87

Monsanto Chemical Company (*Techn. Bl.* Nr. P-26 [1946] 1/12); Nomogramm s. D. S. Davis (*Chem. met. Engg.* **47** [1940] 155).

Dampfdruck s. S. 158. *Vapor Pressure*

Verdampfungswärme. Aus der Temp.-Abhängigkeit des Dampfdrucks (s. S. 158) ber. Konz.-Abhängigkeit der mittleren Verdampfungswärme (kcal/Mol Dampf) s. **Fig. 51** nach E. H. Brown, C. D. Whitt (*Ind. Engg. Chem.* **44** [1952] 615/8); vgl. hierzu auch B. J. Fontana (*J. Am. Soc.* **73** [1951] 3348/50). Weitere Angaben für wss. H_3PO_4 s. S. 179. *Heat of Vaporization*

Ultrarot- und Ramanspektrum des HPO_3-Glases s. S. 257. *Infrared and Raman Spectra*

Chemisches Verhalten

Chemical Reactions

Konstitution

Constitution

Experimental Principles

Experimentelle Untersuchungen. Die frühere Auffassung, wonach die Gemische aus H_3PO_4, $H_4P_2O_7$ und HPO_3 in einem dem Massenwirkungsgesetz folgenden Verhältnis bestehen, vgl. noch A. B. Gerber, F. T. Miles (*Ind. engg Chem. anal. Edit.* **10** [1938] 519/24), K. I. Zagvozdkin, Ju. M. Rabinovič, N. A. Barilko (*Žurnal prikladnoj Chim.* [russ.] **13** [1940] 29/37), ist überholt. Die Mischungen enthalten auch Polyphosphorsäuren $H_{n+2}P_nO_{3n+1}$, mit $n > 2$, s. J. H. Walton, H. M. Stark (*J. phys. Chem.* **34** [1930] 359/66), R. N. Bell (*Ind. engg. Chem.* **40** [1948] 1464/7), C. B. Durgin, J. H. Lum, J. E. Malowan (*Chem. met. Engg.* **44** [1937] 721/5; *Trans. Am. Inst. chem. Eng.* **33** [1937] 643/67).

Fig. 51.

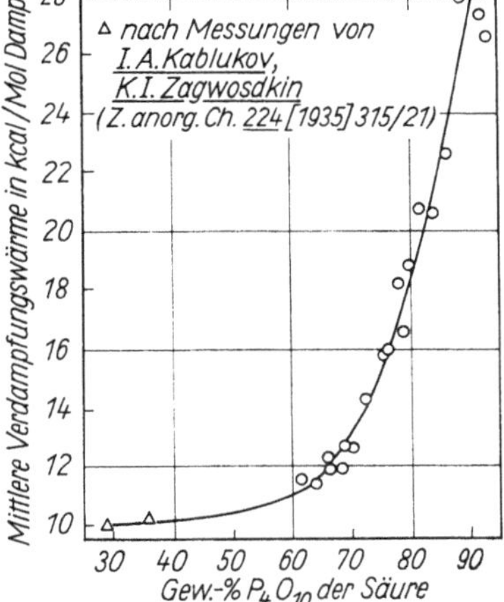

Konz.-Abhängigkeit der Verdampfungswärme von P_2O_5–H_2O-Schmelzen.

Papierchromatographische Untersuchungen an bei 350°C aus P_2O_5 und H_3PO_4 erschmolzenen Mischungen mit 68.8 bis 86.3 Gew.-% P_2O_5 ergeben die in **Fig. 52** bis **54**, S. 218, 219, dargestellte Zus. (in Prozenten des Gesamt-P_2O_5, Genauigkeit ±0.5 bis 1.0%) in Abhängigkeit vom P_2O_5-Gehalt. Danach bestehen die Mischungen im untersuchten Bereich aus geradkettigen Polyphosphorsäuren $H_{n+2}P_nO_{3n+1}$, die durch das angewandte Verf. bis zum Kondensationsgrad n = 9 (in manchen Fällen bis n = 12) getrennt werden. Ringverbb. (Metaphosphorsäuren) sind nicht vorhanden. Dagegen ist das Vorliegen verzweigter Ketten nicht sicher auszuschließen, weil diese bei der Vorbereitung der Proben zur chromatograph. Unters. (rasches Auflösen in 1 n-NaOH unter Eiskühlung und ständiger Neutralhaltung gegen Phenolphthalein) rasch hydrolysiert werden (s. S. 297). Variation der Darst.-Temp. zwischen 250° und 405°C sowie der Erhitzungsdauer (3 bis 30 Min.) beeinflußt die Ergebnisse nicht nachweisbar; durch therm. Entwässerung von H_3PO_4 dargestellte Mischungen haben dieselbe, nur vom P_2O_5-Gehalt abhängige Zus., A.-L. Huhti, P. A. Gartaganis (*Canad. J. Chem.* **34** [1956] 785/97). Ebenfalls auf papierchromatograph. Wege (Fehlergrenze ±1 bis 3%) erhaltene Resultate im Bereich 72.4 bis 90.3% P_2O_5 stimmen damit gut überein. Oberhalb 85 Gew.-% P_2O_5 sind die Analysen nicht mehr ganz eindeutig, weil auch Säuren mit verzweigten Ketten vorliegen. Das geht aus dem Verh. der in der Kälte rasch neutralisierten Lsgg. hervor, die nach dem Aufkochen wieder sauer werden, ferner aus titrimetr. Endgruppenbestt. (s. S. 272), die infolge Hydrolyse der verzweigten Ketten zu kleine Werte des mittleren Kondensationsgrades $\bar{n}$ ergeben. Den Chromatogrammen zufolge treten in diesem Bereich auch kleine Mengen von Trimeta- und Tetrametaphosphorsäure (bis etwa 3% bzw. 1%) auf; ob diese Säuren schon in den Schmelzen vorliegen oder sekundär bei der Hydrolyse vernetzter Ketten entstehen, ist noch nicht zu entscheiden. Bei 65°C aus H_3PO_4 und $POCl_3$ dargestellte Mischungen unterscheiden sich bei gleichem P_2O_5-Gehalt in ihrer Zus. nicht von Mischungen, die aus H_3PO_4 bei Tempp. bis 750°C dargestellt sind, E. Thilo, R. Sauer (*J. pr. Ch.* [4] **4** [1957] 324/48); vgl. ferner H. Roux, E. Thilo, H. Grunze, M. Viscontini (*Helv. chim. Acta* **38** [1955] 15/21).

Ionenaustauscher-Chromatographie an Mischungen mit 67.4 bis 89.4 Gew.-% P_2O_5 (Trennung der Komponenten bis n = 14) bestätigt die vorstehenden Ergebnisse, R. F. Jameson (*J. chem. Soc.* **1959** 752/9), vgl. ferner S. Ohashi, H. Sugatani (*Bl. chem. Soc. Japan* **30** [1957] 864/7), S. Ohashi (*Bl. chem. Soc. Japan* **28** [1955] 537), C. E. Higgins, W. H. Baldwin (*Anal. Chem.* **27** [1955] 1780/3).

Nach Fig. 52 bis 54 existiert keine aus nur einer Säure bestehende Schmelze. Auch krist. H_3PO_4 schmilzt zu einer Fl., die nur 88 Mol-% H_3PO_4 enthält; 12 Mol-% sind nach $2H_3PO_4 = H_4P_2O_7 + H_2O$

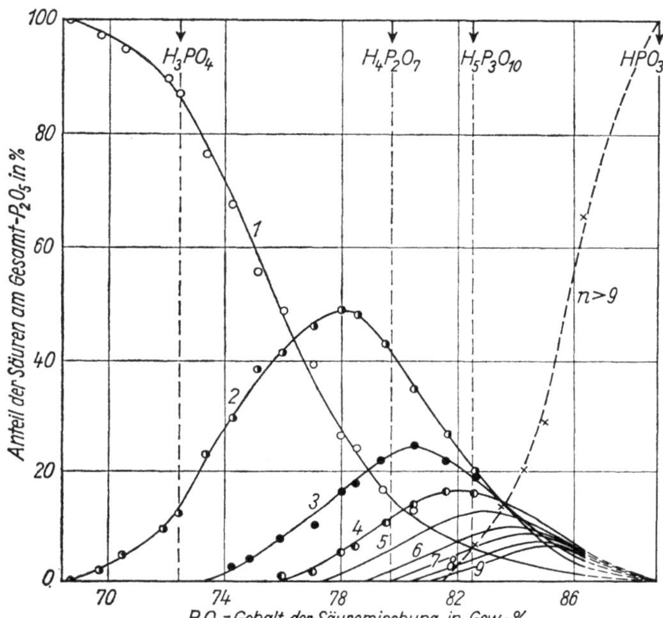

Fig. 52.

Zus. der Mischungen kondensierter Phosphorsäuren in Abhängigkeit vom P_2O_5-Gehalt. Die mit n (1 bis > 9) bezeichnete Kurve gibt den Anteil der Säure $H_{n+2}P_nO_{3n+1}$ an.

unter Bldg. von „freiem" H_2O zu $H_4P_2O_7$ kondensiert; erst Lsgg. mit < 68.8 Gew.-% P_2O_5 (95 Gew.-% H_3PO_4) enthalten keine nachweisbaren Mengen $H_4P_2O_7$ mehr, vgl. hierzu die Konstitution der H_3PO_4-Schmelze S. 165. — Nach Fig. 54 tritt konstitutionell nicht gebundenes H_2O noch in Mischungen mit 80% P_2O_5 auf. Andererseits enthalten die Schmelzen bis zu den höchsten Konzz. beträchtliche Mengen H_3PO_4. Vermutlich ist das „freie" H_2O durch H_3PO_4 unter Bldg. von $(H_3O)^+ + H_2PO_4^-$ solvatisiert, A.-L. Huhti, P. A. Gartaganis (*l. c.*). Wegen des Gehalts an freiem H_2O ist die (durch titrimetr. Endgruppenbestimmung ermittelte, wahre) mittlere Kettenlänge $\bar{n}$ in Mischungen mit bis zu etwa 83% P_2O_5 größer als die aus der Brutto-Zus. errechnete, E. Thilo, R. Sauer (*l. c.*).

Experimentelle Bestt. mittlerer Kettenlängen $\bar{n}$ bei und in der Nähe von $H_2O/P_2O_5 = x/y = 1$ s. „Molgewicht. Kettenlänge" S. 259. Zum Gehalt an Ringen und verzweigten Ketten bei hohem $\bar{n}$ s. auch S. 222, 223. Im Bereich x/y < 1 muß aus stöchiometr. Gründen mindestens der Bruchteil (y—x)/y der P-Atome auf tertiäre PO_4-Tetraeder entfallen; die Mischungen bestehen aus vielfach vernetzten Ketten und Ringen, s. „Ultraphosphate" S. 294, „Verzweigte Ketten" S. 223; glasiges und krist. P_2O_5 ist ausschließlich aus tertiären PO_4-Gruppen aufgebaut, s. S. 82.

Reorganization Theory. Premises

Reorganisationstheorie. Voraussetzung. Die Konstitution der Polyphosphorsäure- und der Alkalipolyphosphat-Schmelzen und -Gläser läßt sich nach J. R. van Wazer (*J. Am. Soc.* **72** [1950] 644/7), J. R. Parks, J. R. van Wazer (*J. Am. Soc.* **79** [1957] 4890/7) unter folgender Grundannahme deuten: Die die Molekeln einer Phosphatschmelze $xM_2O \cdot yP_2O_5$ (M = vollständig oder teilweise dissoziierendes Kation, kovalent gebundenes Atom oder organ. Radikal; im folgenden immer als zu einer PO_4-Gruppe gehörig betrachtet) aufbauenden PO_4-Gruppen stehen in bezug auf ihre Konfiguration (P_0 isolierte, P_I endständige, P_{II} mittelständige, P_{III} tertiäre PO_4-Gruppe) in einem durch Lsg. und Verknüpfung von P–O–P-Bindungen sich rasch einstellenden Austauschgleichgew., das durch Aggre-

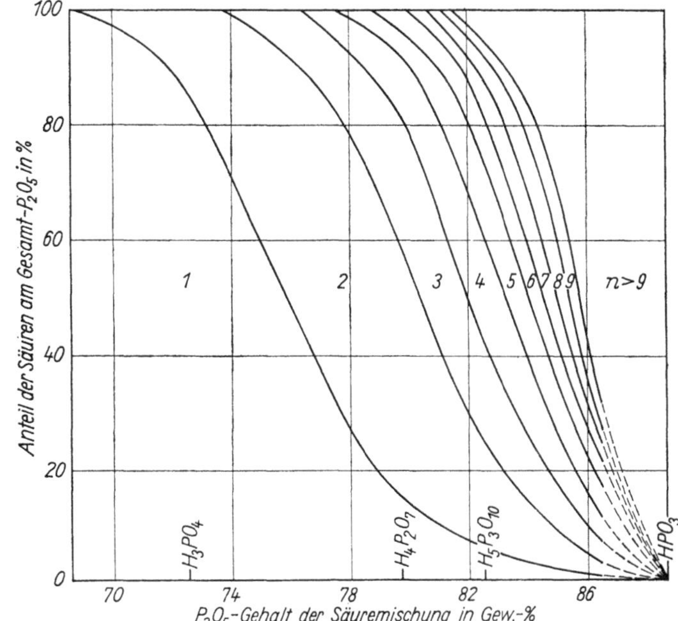

Fig. 53.

Zus. der Phosphorsäuregemische in kumulativer Darstellung. Die Zahlen zwischen den Kurven entsprechen dem Kondensationsgrad n.

gation der Gruppen zu Molekeln (Ionen) nur unwesentlich beeinflußt wird, ähnlich den Verhältnissen in fl. Polyestergemischen und in Mischungen aus organ. Säuren und deren Anhydriden, vgl. P. J. FLORY (*Principles of Polymer Chemistry*, *Ithaca, N.Y.*, 1953, S. 1/672).

Austauschgleichgewichte. Unter dieser Bedingung hängt die Verteilung des Gesamt-P auf die PO_4-Konfigurationen bei gegebenem M nur vom Molverhältnis $M_2O : P_2O_5 = M : P = x/y$ ab; alle Kombinatio- *Exchange Equilibria*

Fig. 54.

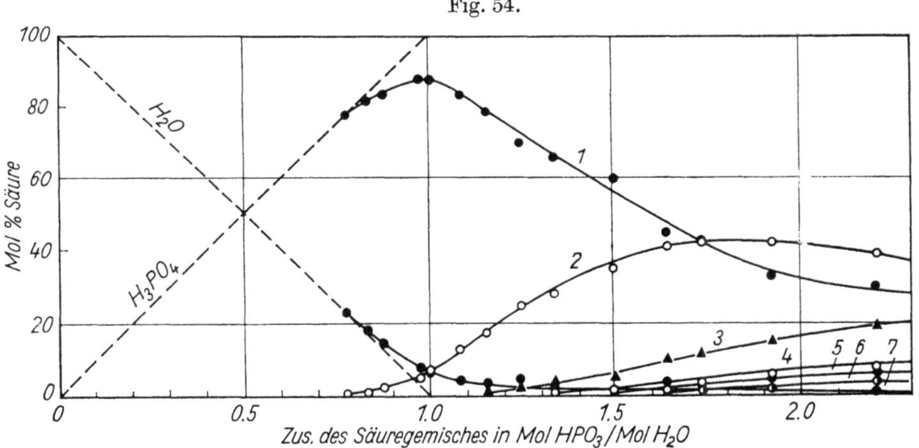

Zus. der Phosphorsäuregemische in Abhängigkeit vom Molverhältnis HPO_3/H_2O. Die Zahlen an den Kurven entsprechen dem Kondensationsgrad n.

nen, in denen PO_4-Gruppen ihre Konfiguration austauschen können, lassen sich auf die Gleichungen

$$2\,P_{II} = P_{III} + P_I \quad \ldots \quad 1)$$
$$2\,P_I = P_{II} + P_0 \quad \ldots \quad 2)$$

zurückführen, zu denen im Falle relativ großer Stabilität der Verb. M_2O noch die Gleichung

$$2\,P_0 = 2\,P_I + M_2O \quad \ldots \quad 3)$$

hinzukommt, an deren Stelle jedoch meistens (da nur die Bldg. von Diphosphat zu berücksichtigen ist)

$$2\,P_0 = (2\,P_I) + M_2O \quad \ldots \quad 3')$$

gesetzt werden kann. Die Gleichgeww. zwischen den PO_4-Konfigurationen werden ebenso wie bei Gleichgeww. zwischen Molekeln oder Ionen in erster Näherung durch das Massenwirkungsgesetz mit den Gleichgew.-Konstt. $K_1 = [P_{III}]\,[P_I]/[P_{II}]^2$, $K_2 = [P_{II}]\,[P_0]/[P_I]^2$ und $K_3 = [P_I]^2 \cdot [M_2O]/[P_0]^2$ bzw. $K'_3 = [2\,P_I]\,[M_2O]/[P_0]^2$ (Konz. = Molenbruch) wiedergegeben; außerdem bestehen die Beziehungen $x/y = (3[P_0] + 2[P_I] + [P_{II}] + 2[M_2O])/([P_{III}] + [P_{II}] + [P_I] + [P_0])$ und $[P_{III}] + [P_{II}] + [P_I] + [P_0] + [M_2O] = 1$. Aus diesen 5 Gleichungen sind bei bekannten Werten von K_1, K_2, K_3 oder K'_3 die relativen Anteile der die Phosphatschmelze aufbauenden strukturellen Einheiten P_0 bis P_{III} und M_2O als Funktion der Bruttozus. x/y berechenbar. Für die Werte von K_1 und K_2 ist eine starke Abhängigkeit vom Charakter

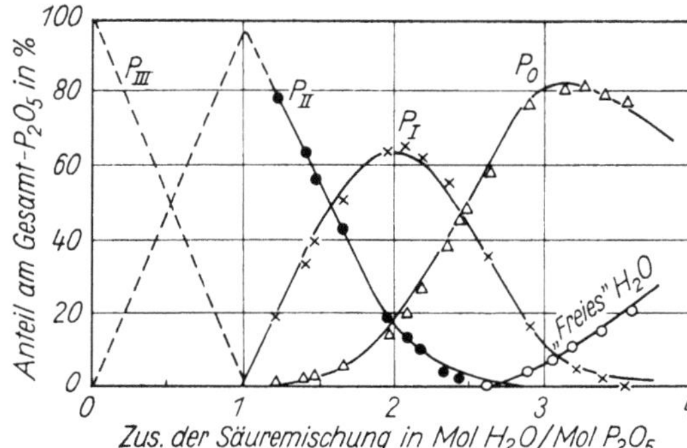

Fig. 55.

Anteil der tertiären (P_{III}), mittelständigen (P_{II}), endständigen (P_I) und isolierten PO_4-Gruppen (P_0) sowie des freien H_2O in Säuregemischen; theoretisch berechnet (Kurven) und experimentell gefunden.

der M–O-Bindung zu erwarten. Bei vollständiger Ionisation bewirkt die Tendenz zu gleichmäßiger Ladungsverteilung eine weitgehende Verschiebung der Gleichgeww. 1) und 2) nach links, d. h. kleine Werte von K_1 und K_2 und bevorzugte Bldg. von P_{II} und P_I. Weil P_{III} wegen fehlender Resonanzmöglichkeit benachteiligt ist (s. S. 294), bleibt K_1 vermutlich auch bei kovalenter M–O-Bindung klein. K_3 und K'_3 sind nur bei außerordentlich großer Beständigkeit der Verb. M_2O (M = Aryl, Alkyl, H) merklich >0; freie Metalloxide sind in Phosphatschmelzen bei $M:P<3$ praktisch nicht vorhanden, J. R. Parks, J. R. van Wazer (*J. Am. Soc.* **79** [1957] 4890/7). Vermutlich sind die Rk.-Enthalpien der „Isomerisierungsgleichgewichte" 1) und 2) klein und daher die Temp.-Abhängigkeit von K_1 und K_2 gering. Dagegen besitzen 3) und 3') Rk.-Wärmen der Größenordnung 10 kcal und demnach eine nicht zu vernachlässigende Temp.-Abhängigkeit, J. R. van Wazer (*Phosphorus*, S. 728).

Bei den Mischungen kondensierter Phosphorsäuren (M = H) ergibt sich mit $K_1 = 0.001$, $K_2 = 0.08$, $K'_3 = 0.02$ befriedigende Übereinstimmung mit den experimentellen Ergebnissen von A.-L. Huhti, P.A. Gartaganis (*Canad. J. Chem.* **34** [1956] 785/97), s. **Fig. 55**. Danach sind die Phosphorsäuren in den fl. und glasigen Gemischen nur geringfügig ionisiert. Verzweigte Ketten treten erst in unmittelbarer Nähe der Zus. HPO_3 auf, bei $x/y = 1.00$ beträgt der P_{II}-Anteil ~98% des Gesamt-P. Dem K'_3-Wert zufolge tragen die H-O-Bindungen in den kondensierten Phosphorsäuren etwa denselben (kovalenten) Charakter wie in H_2O. K'_3 ändert sich im Bereich $x/y = 2.6$ bis 3.3 um den Faktor 10, s. J. R. Parks, J. R. van Wazer (*l. c.*); K'_3 beträgt etwa 0.005, A.-L. Huhti, P. A. Gartaganis (*l. c.*); eine geringfügige Abhängigkeit der K-Werte von x/y muß deshalb angenommen werden, weil andernfalls das Max. des P_I-Anteils stets bei $x/y = 2$ auftreten müßte, was im Widerspruch mit der Erfahrung steht, A. E. R. Westman, M. J. Smith, P. A. Gartaganis (*Canad. J. Chem.* **37** [1959] 1764/75, 1771).

Na_2O-P_2O_5-Gläser entsprechen fast vollkommen dem Fall $K_1 = K_2 = K_3 = 0$, in dem die Verteilung nur durch die Stöchiometrie der Mischung bestimmt ist. Bei $x/y = 1.00$ liegt nur ~0.1% des

Gesamt-P als P_{III} vor, P_0 (Orthophosphat) tritt bei $x/y \leq 2$ nicht auf, J. R. PARKS, J. R. VAN WAZER (*J. Am. Soc.* **79** [1957] 4890/7), J. R. VAN WAZER (*J. Am. Soc.* **72** [1950] 644/7, 647/55), A. E. R. WESTMAN, J. CROWTHER (*J. Am. ceramic Soc.* **37** [1954] 420/7); dasselbe gilt für Li_2O-P_2O_5- und K_2O-P_2O_5-Gläser, A. E. R. WESTMAN, P. A. GARTAGANIS (*J. Am. ceramic Soc.* **40** [1957] 293/9). Dagegen weisen Na_2O-H_2O-P_2O_5-Gläser (Na : H = 1) die in **Fig. 56** wiedergegebene Verteilung der Struktureinheiten auf, die derjenigen in H_2O-P_2O_5-Mischungen ähnlich ist und annähernd den K-Werten $K_1 = 0.01$, $K_2 = 0.10$, $K_3 = 1.00$ entspricht, J. R. PARKS, J. R. VAN WAZER (*l. c.*), A. E. R. WESTMAN, M. J. SMITH, P. A. GARTAGANIS (*l. c.*).

Größenverteilung. Gerade Ketten. *Kovalente M–O-Bindung.* Auf statist. Wege, vgl. P. J. FLORY (*J. Am. Soc.* **64** [1942] 2205/12; *Principles of Polymer Chemistry, Ithaca, N.Y.*, 1953, S. 317), *Size Distribution*

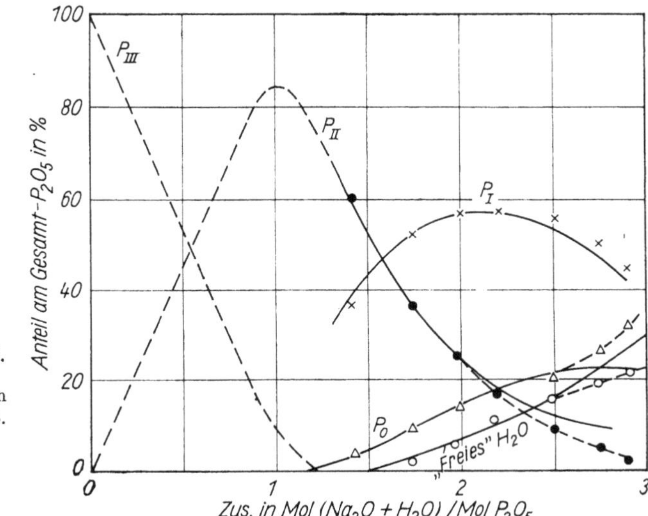

Fig. 56.

Verteilung der PO_4-Gruppen in Na_2O-P_2O_5-H_2O-Gläsern, vgl. Fig. 55.

folgen aus der oben genannten Voraussetzung für den x/y-Bereich, in dem keine verzweigten Ketten auftreten ($[P_{III}] = 0$), die Beziehungen

$$w_n = \frac{n}{\bar{n}(\bar{n}-1)} \cdot \left(\frac{\bar{n}-2}{\bar{n}-1}\right)^{n-2} \cdot \left(1 - \frac{[P_0]}{1-[M_2O]}\right)$$

zwischen dem Bruchteil w_n des Gesamt-P, der auf das (geradkettige) Polyphosphat mit der Kettenlänge n (= 2, 3, 4, ...) entfällt, und der mittleren Kettenlänge $\bar{n} = 2/(x/y - 1)$ eines im Reorganisationsgleichgew. befindlichen Polyphosphatgemisches. Dabei ist die Wahrscheinlichkeit der Bldg. von Ringstrukturen (Metaphosphaten) nicht berücksichtigt. Da die Voraussetzung keine Bedingung für die geometr. Gestalt der Ketten enthält, gilt diese Verteilungsfunktion für unendlich biegsame Ketten. Sie gibt die experimentell gefundene Verteilung für M = H (s. Fig. 52, S. 218) und für $M = {}^1/_2 H + {}^1/_2 Na$ (saure Na-Polyphosphatgläser) befriedigend wieder; Zahlenangaben im Original, J. R. PARKS, J. R. VAN WAZER (*J. Am. Soc.* **79** [1957] 4890/7); Vergleich für die auf Di-, Tri- und Hochpolyphosphat entfallenden Anteile des Gesamt-P s. **Fig. 57**, S. 222, A. E. R. WESTMAN, M. J. SMITH, P. A. GARTAGANIS (*Canad. J. Chem.* **37** [1959] 1764/75).

Ionogene M–O-Bindung. Im Falle vorwiegend polarer M–O-Bindung ist zu erwarten, daß die Polyphosphat-Ionen in erster Näherung als starre, regellos orientierte Stäbe anzusehen sind. Diese Annahme führt zu einer von der vorstehenden verschiedenen (in den Grundzügen jedoch ähnlichen, mathematisch umständlicher zu formulierenden) Größenverteilungsfunktion, in der w_n infolge der Verteilung der Struktureinheiten nur von der stöchiometrischen Zusammensetzung (x/y oder $\bar{n}$) abhängig ist. Papierchromatograph. Unterss. an bei 950° bis 1015°C hergestellten, rasch zu Gläsern abgeschreckten Na_2O-P_2O_5-Schmelzen, s. A. E. R. WESTMAN, J. CROWTHER (*J. Am. ceramic Soc.* **37** [1954] 420/7), H. GRUNZE (*Silikattechn.* **7** [1956] 134/8) ergeben befriedigende Übereinstimmung, J. R. PARKS, J. R. VAN WAZER (*l. c.*), A. E. R. WESTMAN, M. J. SMITH, P. A. GARTAGANIS (*l. c.*)

Die bei hohen n̄-Werten (20 bis 200) von J. R. VAN WAZER (*J. Am. Soc.* **72** [1950] 647/55) durch fraktionierte Fällung mit Aceton (s. S. 279) bestimmte Verteilung liegt zwischen den theoretischen Kurven für biegsame und für starre gestreckte Ketten; vermutlich sind lange Ketten mehrfach schwach geknickt, J. R. PARKS, J. R. VAN WAZER (*l. c.*).

Im Gegensatz dazu liegen nach W. BUES, H.-W. GEHRKE (*Z. anorg. Ch.* **288** [1956] 291/306) in $Na_5P_3O_{10}$- und $Na_6P_4O_{13}$-Schmelzen knapp über der Liquidustemp. (bei 880° bzw. 750°C) innerhalb der auf je 3% Fremdanionen geschätzten Nachweisgrenze der Raman- und UR-Analyse nur Triphosphat- bzw. Tetraphosphatketten vor, jedoch tritt bei 1000°C „Dismutation" in Polyphosphatgemische ein, s. S. 240 und 249.

Fig. 57.

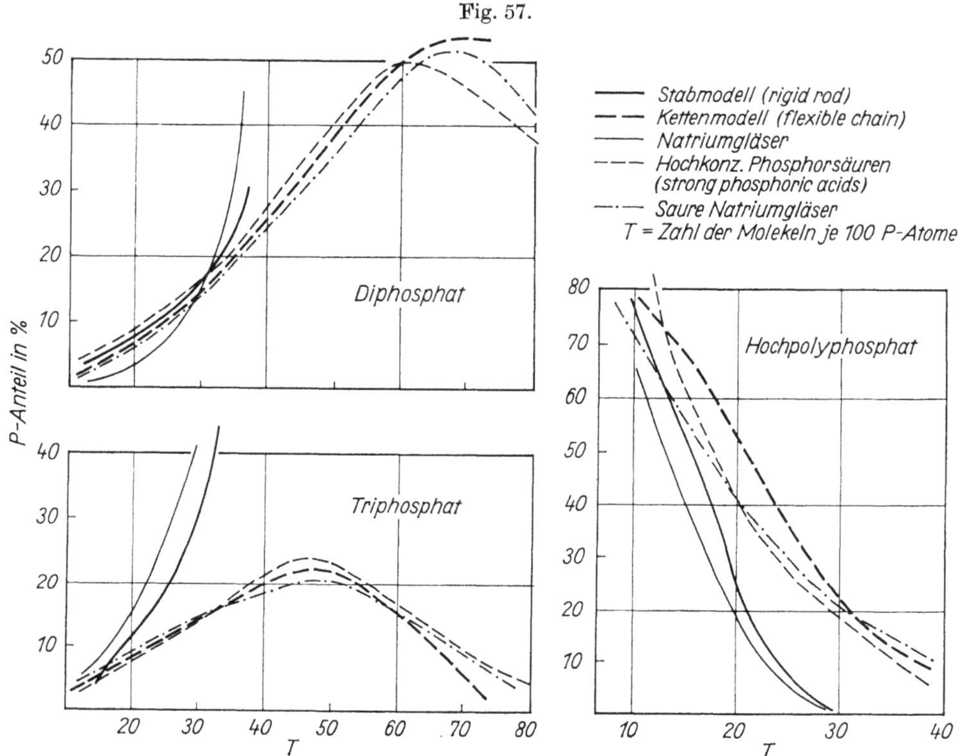

Vergleich der experimentell gefundenen Anteile von Di-, Tri- bzw. Hochpolyphosphat mit den statistisch für starre und biegsame Kettenmolekeln berechneten. T = 100/n̄, n̄ = mittlere Kettenlänge der Mischung.

Li- und K-Phosphatgläser weisen zwar ähnliche Verteilungen auf wie Na-Phosphatgläser, jedoch zeigt sich ein ausgeprägter, in der Reihenfolge Li, Na, K fortschreitender Kationeneffekt, A. E. R. WESTMAN, P. A. GARTAGANIS (*l. c.*); ähnliches gilt für Ca-Phosphatgläser, S. OHASHI, J. R. VAN WAZER (*J. Am. Soc.* **81** [1959] 830/2), und für Ba- und Pb-Phosphatgläser, R. P. LANGGUTH, R. K. OSTERHELD, E. KARL-KROUPA (*J. phys. Chem.* **60** [1956] 1335/6). Abfall der Stabilität von $P_2O_7^{4-}$ in der Reihenfolge Alkalimetall-Ion, Pb^{2+}, Cd^{2+}, Zn^{2+}, Bi^{3+} s. I. SCHULZ, W. HINZ (*Glastechn. Ber.* **29** [1956] 319/23).

Ringstrukturen. Ohne Hinzunahme weiterer Bedingungen (Atomradien, Bindungswinkel, zwischenmolekulare Kräfte), deren Berücksichtigung die Theorie äußerst kompliziert gestalten würde, ergibt sich aus der Reorganisationstheorie für das Auftreten von Ringphosphaten die Wahrscheinlichkeit Null, J. R. VAN WAZER (*J. Am. Soc.* **72** [1950] 644/7), VAN WAZER (*Phosphorus*, S. 733). Na_2O-P_2O_5-Schmelzen im Reorganisationsgleichgew. enthalten Trimeta- und Tetrametaphosphat-Ringe, deren Anteil am Gesamt-P von Null bei n̄ = 4 nahezu linear mit n̄ auf 4.6 bzw. 3.0% bei großem n̄ (Na:P = 1) ansteigt. Blasen von fein gepulvertem krist. $Na_3P_3O_9$ durch eine Flamme und rasches Abschrecken durch Mischen mit viel Luft ergibt polyphosphatfreies Trimetaphosphat-Glas, A. E. R.

WESTMAN, P. A. GARTAGANIS (*J. Am. ceramic Soc.* **40** [1957] 293/9), während in H_2O-P_2O_5- und Na_2O-H_2O-P_2O_5-Schmelzen keine Ringverbindungen nachweisbar sind, A. E. R. WESTMAN, M. J. SMITH, P. A. GARTAGANIS (*l. c.*).

Li- bzw. K-Phosphatgläser enthalten bei $\bar{n} = 7$ bzw. ∞ 0.8% bzw. 8.7% des Gesamt-P als Trimetaphosphat, 1.3% bzw. 2.0% als Tetrametaphosphat und 0.5% bzw. 0.4% als Metaphosphate mit mehr als 4 P-Atomen im Ring; der Metaphosphatgehalt beginnt bei $\bar{n} = 3.5$ merklich zu werden, A. E. R. WESTMAN, P. A. GARTAGANIS (*l. c.*).

Verzweigte Ketten. Im x/y-Bereich, in dem $[P_{III}] > 0$ (vgl. Fig. 55, 56, S. 220/1), treten nach statist. Rechnung bei Annäherung von der Orthophosphat-Zus. her zunächst endliche verzweigte Ketten auf, die bei Unterschreitung des krit. Wertes

$$(x/y)_{krit} = \frac{[P_{II}] + 2[P_I] + 3[P_0] + 2[M_2O]}{[P_{II}] + 0.5(1 + \sqrt{2})[P_I] + [P_0]}$$

in ein nach allen drei Dimensionen hin ausgedehntes unendliches Netzwerk mit eingelagerten Ketten, Orthophosphat- und M_2O-Molekeln („Raumnetz") übergehen, J. R. PARKS, J. R. VAN WAZER (*J. Am. Soc.* **79** [1957] 4890/7). In den untersuchten Systemen, s. Fig. 55, 56, S. 220/1 im Bereich $[P_{III}] > 0$ ist $[P_0] = [M_2O] = 0$, $[P_I]$ sehr klein und daher $(x/y)_{krit} = ([P_{II}] + 2[P_I])/([P_{II}] + 2.21\ [P_I])$ nur wenig kleiner als 1; der Übergang zum Makro-Netzwerk erfolgt daher in einem schmalen x/y-Gebiet. Experimentelle Unterss. bestätigen das Vorliegen von verzweigten Ketten in der Nähe von x/y = 1, s. S. 295. Im Bereich x/y > 1 liegen nur wenige Unterss. vor, weil tertiäre P–O–P-Bindungen durch H_2O und andere Lsgmm. rasch gespalten werden, s. S. 297; jedoch bestehen Anhaltspunkte für die Annahme stark vernetzter Strukturen, s. „Ultraphosphate" S. 294. Glasiges P_2O_5 hat vermutlich ebenso wie R–P_2O_5 die geforderte 3dimensional vernetzte Struktur; S–P_2O_5 weist dagegen ein Schichtengitter auf, M–P_2O_5 besteht aus isolierten P_4O_{10}-Molekeln, s. „Gitterstruktur" S. 83. Ein scharfer Übergang zu Makronetzwerken ist unwahrscheinlich, A. E. R. WESTMAN, M. J. SMITH, P. A. GARTAGANIS (*Canad. J. Chem.* **37** [1959] 1764/75, 1769).

Vergleich mit anderen Glasstrukturtheorien. Die ZACHARIASENsche Theorie, der zufolge Gläser aus einem unendlichen, vom glasbildenden Oxid gebildeten Netz mit eingelagerten Kationen bestehen, das mit zunehmendem Kationenanteil weitmaschiger wird, vgl. W. H. ZACHARIASEN (*J. Am. Soc.* **54** [1932] 3841/51), unterscheidet sich wesentlich dadurch von der Reorganisationstheorie, daß diese für $x/y > (x/y)_{krit}$ einen Zerfall des Raumnetzes in endliche Kettenpolymere mit statistisch bestimmter Kettenlängenverteilung voraussagt; dies steht in Einklang mit qualitativen Vorstellungen von G. HÄGG (*J. chem. Phys.* **3** [1935] 42/9). Die Theorie von ZACHARIASEN erscheint als Grenzfall der Reorganisationstheorie, vgl. A. E. R. WESTMAN, J. CROWTHER (*J. Am. ceramic Soc.* **37** [1954] 420/7), VAN WAZER (*Phosphorus*, S. 722); diese ist vermutlich ohne wesentliche Änderung auch auf Silicatgläser und andere Gläser anwendbar, J. R. PARKS, J. R. VAN WAZER (*J. Am. Soc.* **79** [1957] 4890/7), vgl. auch E. THILO (*Silikattechn.* **6** [1955] 278/80), I. SCHULZ, W. HINZ (*Silikattechn.* **6** [1955] 235/41), V. V. TARASOV (*Žurnal techn. Fiz.* [russ.] **27** [1957] 1521/33). Der Vergleich zwischen Phosphat- und Silicatgläsern und die Anwendung der Reorganisationstheorie auf die letzteren ist derzeit noch nicht möglich, weil die Phosphate fast ausschließlich im Bereich x/y > 1, die Silicate nur für Molverhältnisse M:Si < 2 untersucht sind, wobei (wegen der Möglichkeit quaternärer SiO_4-Gruppen) M:Si = 2 äquivalent x/y = 1 ist, A. E. R. WESTMAN, M. J. SMITH, P. A. GARTAGANIS (*Canad. J. Chem.* **37** [1959] 1764/75).

Comparison with Other Glass Structure Theories

Aciditätsfunktion H_0. Die Aciditätsfunktion H_0 ist definiert nach $H_0 = -\log a_H + (f_I/f_{H^+})$, wobei a_{H^+} die Akt. von H^+, f_I den Akt.-Koeff. der Indicatorbase, f_{IH^+} den Akt.-Koeff. ihres Protonenadditionsprod. bedeuten. Zur Best. von H_0 vgl. „*Schwefel*" *Tl.* B, S. 759.

Acidity Function

Werte bei Konzz. < 100 Gew.-% H_3PO_4 s. S. 200. H_0-Werte (in Auswahl) von kondensierten Säuren nach colorimetr. Messungen:

Gew.-% P_2O_5 . . .	72.4	75.0	78.0	79.0	79.7	81.0	83.8
$-H_0$ (4°C)	5.43	5.70	5.94	6.01	6.05	5.74	5.20
$-H_0$ (20°C)	5.18	5.45	5.70	5.77	5.80	5.50	4.97
$-H_0$ (40°C)	4.85	5.15	5.42	5.48	5.49	5.20	4.67

Danach zeigt $-H_0$ ein Max. bei der Zus. $H_4P_2O_7$ (79.7% P_2O_5), in Einklang mit der großen katalyt. Aktivität der Diphosphorsäure im Vergleich zu der höherkondensierter Säuren, A. I. GEL'BŠTEJN, G. G. ŠČEGLOVA, M. I. TEMKIN (*Žurnal neorg. Chim.* [russ.] **1** [1956] 282/97; *Doklady Akad. Nauk SSSR* [russ.] **107** [1956] 108/11).

Reactions

Reaktionen

With Steam

Mit Wasserdampf. Sämtliche Mischungen sind bei Zimmertemp. stark hygroskopisch, E. THILO, R. SAUER (*J. pr. Ch.* [4] **4** [1957] 324/48). Bei 300°C und Drucken bis etwa 90 atm stellt sich das Gleichgew. zwischen H_2O-Dampf und kondensierter Phosphorsäure (Zus. etwa HPO_3) auf Kieselgur binnen 10 Min. ein; die aus den (mittels Torsionswaage gemessenen) absorbierten H_2O-Mengen ber. Zus. der im Gleichgew. befindlichen Proben stimmt befriedigend mit aus Dampfdruckmessungen von B. J. FONTANA (*J. Am. Soc.* **73** [1951] 3348/50) extrapolierten Werten überein, A. E. HANDLOS, A. C. NIXON (*Ind. engg. Chem.* **48** [1956] 1960/7).

With Water

Mit Wasser. Beim Auflösen in Wasser tritt Hydrolyse der die Mischungen konstituierenden kondensierten Phosphorsäuren (s. „Konstitution" S. 217) ein, deren Endprod. H_3PO_4 ist, s. „Hydrolyse" der Poly- und Metaphosphorsäuren. Proben mit 82 bis 85 Gew.-% P_2O_5 werden beim Verdünnen auf 75% H_3PO_4 bei 50°C in 90 Min., bei 70°C in 22 Min. vollständig hydrolysiert; wird die Verdünnung rasch vorgenommen und die auftretende Verdünnungswärme nicht abgeführt, dann tritt unter Temp.-Anstieg auf 120° bis 140°C vollständige Hydrolyse in 1 bis 2 Min. ein. Das in den Mischungen enthaltene HPO_3 wird rascher hydrolysiert als $H_4P_2O_7$; dabei entsteht intermediär $H_4P_2O_7$, im Gegensatz zu den Angaben von D. BALAREFF (*Z. anorg. Ch.* **68** [1910] 266/8), A. TRAVERS, CHU (*Helv. chim. Acta* **16** [1933] 913/7), im Einklang mit N. FUKS (*J. Russ. Ges.* [*chem.*] **61** [1929] 1035/44). Hydrolyt. Spaltung unverzweigter Ketten und Ringe tritt nicht ein, wenn bei 0°C und unter ständiger NaOH-Zugabe aufgelöst wird, so daß die Lsg. stets alkal. Rk. zeigt. Verzweigte Ketten und Ringe werden auch unter diesen Bedingnungen rasch hydrolysiert, s. S. 297, E. THILO, R. SAUER (*l. c.*).

With Alkalies

Mit Alkalien. Aus mit NaOH neutralisierten Schmelzen der Zus. $H_4P_2O_7$ lassen sich durch fraktionierte Fällung mit Alkohol oder Aceton und Aussalzen mit NaCl Kristalle von $Na_5P_3O_{10}\cdot 6H_2O$, $Na_4P_2O_7\cdot 10H_2O$ und $Na_3PO_4\cdot 12H_2O$ isolieren; Schmelzen der Brutto-Zus. $H_{n+2}P_nO_{3n+1}$ mit $n \geqq 3$ ergeben nur ölige Polyphosphat-Mischungen, R. N. BELL (*Ind. engg. Chem.* **40** [1948] 1464/7); vgl. hierzu die Trennung von Na-Phosphatgläsern ($n = 5$ bis 200) in je 10 bis 15 ölige Fraktionen abnehmender mittlerer Kettenlänge, J. R. VAN WAZER (*J. Am. Soc.* **72** [1950] 647/55). Mit KOH neutralisierte Schmelzen mit $n > 10$ ergeben bei Fällung mit Alkohol oder Aceton wasserhaltige, krist. K-Polyphosphate; bei $n = 3$ bis 10 entstehen nur ölige Fällungen, E. THILO, R. SAUER (*l. c.*). Verhalten von Gemischen mit hohem $\bar{n}$ (Metaphosphatzus.) s. S. 275.

With Inorganic Materials

Mit anorganischen Werkstoffen. Die Schmelzen greifen Ni, Pb, Pb-Legg. und säurefesten Stahl schon bei 60°C rasch an, Hastelloy und Mo-Stahl zeigen noch bei 180°C gute Beständigkeit, C. B. DURGIN, J. H. LUM, J. E. MALOWAN (*Chem. met. Engg.* **44** [1937] 721/5; *Trans. Am. Inst. chem. Eng.* **33** [1937] 643/67). Glas wird oberhalb 200°C angegriffen, Graphit ist beständig, R. N. BELL (*Ind. engg. Chem.* **40** [1948] 1464/7). Weitere Angaben s. unter „Darstellung" S. 214.

With Organic Compounds

Mit organischen Verbindungen. Die handelsübliche Polyphosphorsäure-Mischung (82 bis 84 Gew.-% P_2O_5) ist ein kräftiges Entwässerungsmittel, sonst aber ein milde wirkendes Reagens (aromat. Verbb. werden nicht phosphoniert) und besitzt außerdem die Wrkg. eines sauren Katalysators. Ausführlicher Überblick mit 369 Zitaten über die Anwendung bei Ringschlußrkk. (Darst. heterocycl. Verbb., intramolekulare Acylierung), Umlagerungen, intermolekulare Acylierung und Alkylierung, Nitrierung Bromierung, Dehydratation von Alkoholen, Hydrolyserkk., Polymerisationsrkk., Phosphorylierung von Alkoholen und anderen Verbb. s. F. D. POPP, W. E. MCEWEN (*Chem. Rev.* **58** [1958] 321/401).

Polyphosphoric Acids with Linear Chains

Geradkettige Polyphosphorsäuren

Diphosphoric (Pyrophosphoric) Acid and Its Ions

Diphosphorsäure (Pyrophosphorsäure) $H_4P_2O_7$ und ihre Ionen

The $P_2O_7^{4-}$ Ion

Das $P_2O_7^{4-}$-Ion. Zur Stabilität in Schmelzen s. S. 227. Über die Struktur des Ions s. ab S. 228. Zum Raman- und UR-Spektrum s. S. 228, über die Elektronenverteilung s. S. 229, äquiv. Leitf., Überführungszahl und Wanderungsgeschw. s. S. 229. Zur Hydrolyse s. ab S. 229, Hydrolyse- und Dissoz.-Konstt. s. S. 234, 235. Nach Unterss. mit $H_2^{18}O$ (Best. des Isotopenverhältnisses durch Dichtemessung) findet zwischen H_2O und $P_2O_7^{4-}$ in neutralen, sauren und alkal. $Na_4P_2O_7$-Lsgg. bei 100°C kein erheblicher O-Austausch (in 64 Std. 0, 15.0 bzw. 2.5%) statt, E. R. S. WINTER, H. V. A. BRISCOE (*J. chem. Soc.* **1942** 631/7). Bei 20° bis 100°C ist in sauren und bas. Lsgg. kein Austausch von ^{32}P zwischen Ortho-, Pyro- und Metaphosphat-Ionen nachweisbar, D. E. HULL (*J. Am. Soc.* **63** [1941] 1269/72).

Das $HP_2O_7^{3-}$-Ion. Diffusionskoeff. s. S. 228, äquiv. Leitf. s. S. 229, Hydrolyse s. S. 231 und ab S. 234, Dissoz.- und Hydrolysekonstt. s. S. 235, 236. Zum Auftreten von H-Brücken im Ion s. S. 229. *The $HP_2O_7^{3-}$ Ion*

Das $H_2P_2O_7^{2-}$-Ion. Diffusionskoeff. s. S. 228, Struktur s. S. 228; über Adsorption an Feststoffe, insbesondere Werkstoffe, s. S. 229. Zur Äquiv.-Leitf. vgl. S. 229, zum Hydrolysen-Gleichgew. $H_2P_2O_7^{2-} + H_2O = 2H_2PO_4^-$ s. ab S. 230. Hydrolyse- und Dissoz.-Konstt. s. S. 235, 236. Komplexbldg. mit Carboxylsäuren s. S. 232, 239. Zum Auftreten von H-Brücken im Ion vgl. S. 229. *The $H_2P_2O_7^{2-}$ Ion*

Das $H_3P_2O_7^-$-Ion. Zur Äquiv.-Leitf. vgl. S. 229, zur Hydrolyse s. ab S. 231; Dissoz.- und Hydrolysekonstt. s. S. 231, 236. *The $H_3P_2O_7^-$ Ion*

Die $H_4P_2O_7$-Molekel. Zur Struktur und zu den Spektren vgl. „Physikalische Eigenschaften" ab S. 228. *The $H_4P_2O_7$ Molecule*

Das $H_5P_2O_7^+$-Ion. Dissoz.-Konst. s. S. 235. *The $H_5P_2O_7^+$ Ion*

Wasserfreies $H_4P_2O_7$.

Anhydrous $H_4P_2O_7$

Bildung und Darstellung. Bei der Ox. von rotem P in wss. Medium entstehen unabhängig vom Ox.-Mittel im wesentlichen die gleichen Ox.-Prodd., unter denen auch $H_4P_2O_7$ ist, H. Remy, H. Falius (*Z. anorg. Ch.* **306** [1960] 211/5). *Formation. Preparation*

Bei 30 Min. langem Bombardement von Na_2HPO_4 bei der Temp. des festen CO_2 mit einem Strahl von $2 \cdot 10^{12}$ n/cm² bilden sich 12.2% Tripolyphosphat, 11.7% Pyrophosphat, 27.1% Isohypophosphat, 2.8% Hypophosphat, 9.3% Orthophosphat, 7.7% Diphosphit, 8.2% Phosphit, 6.8% Hypophosphit sowie 12.0% nicht nachgewiesener Verbb., L. Lindner, G. Harbottle (*J. inorg. nuclear Chem.* **15** [1960] 386/7).

$H_4P_2O_7$ kristallisiert aus Polyphosphorsäure-Schmelzen mit 76 bis etwa 82 Gew.-% P_2O_5, s. „Löslichkeitsdiagramm" S. 155. Kinetik und Mechanismus der Bldg. der im homogenen Gleichgew. befindlichen $H_4P_2O_7$-Schmelze aus P_2O_5 und H_3PO_4 s. S. 92. Eine Schmelze der Bruttozus. $H_4P_2O_7$ entsteht bei der therm. Entwässerung von H_3PO_4, s. S. 166; aus H_3PO_4 und HPO_3 in der Wärme, A. Geuther (*J. pr. Ch.* [2] 8 [1874] 359/70, 360), aus H_3PO_4 und P_2O_5, vgl. R. N. Bell (*Ind. engg. Chem.* **40** [1948] 1464/7); aus $H_5P_3O_{10}$ und H_2O, F. Schwarz (*Z. anorg. Ch.* **9** [1895] 249/66, 257); aus H_3PO_4 oder $H_3PO_4 \cdot {}^1/_2 H_2O$ und $POCl_3$ auf dem Wasserbad unter häufigem Schütteln; nach Aufhören der HCl-Entw. wird zur Entfernung des angewandten geringen $POCl_3$-Überschusses 1 Std. auf 120°C erhitzt, H. Giran (*Ann. Chim. Phys.* [7] **30** [1903] 203/88, 234), A. Geuther (*l. c.*); vgl. zu den genannten Methh. auch J. E. Malowan (*Inorganic syntheses, Bd.* 3, *New York* 1950, S. 96/98). Bldg. aus H_3PO_4 und $POBr_3$ sowie PBr_3 bei 100°C und höheren Tempp., D. Balarew (*Z. anorg. Ch.* **118** [1921] 123/30); beim Kochen von konz. H_3PO_4 mit $SOCl_2$ oder SO_2Cl_2 am Rückfluß, D. Balarew (*Z. anorg. Ch.* **99** [1917] 190/4).

Dagegen wird wasserfreies H_3PO_4 durch konz. H_2SO_4 und HNO_3 sowie gasf. HCl auch bei 100°C nicht zu $H_4P_2O_7$ entwässert, Berthelot, G. André (*C. r.* **124** [1897] 265/9), D. Balarew (*Z. anorg. Ch.* **97** [1916] 139/43); auch beim gleichzeitigen Auflösen von H_3PO_4 und glasigem HPO_3 in 100%igem H_2SO_4 oder in Oleum entsteht Pyrophosphorsäure nicht, D. Balarew (*Z. anorg. Ch.* **118** [1921] 123/30).

Die zähe Schmelze geht beim Abkühlen auf −50°C in ein hartes, durchsichtiges Glas über, bei −10°C beginnt sie nach 14 Tagen zu kristallisieren, nach 2 Monaten ist etwa die Hälfte erstarrt. Die Kristalle können leicht von der Mutterlauge getrennt werden, indem man durch ein feinmaschiges Pt-Netz zentrifugiert. Eine geimpfte Schmelze krist. bei Zimmertemp. in 8 bis 10 Tagen vollständig, bei höherer Temp. (Schmp. 61°C) in einigen Std., H. Giran (*l. c.* S. 241). Bei Zimmertemp. tritt in etwa 2 Wochen vollständige Krist. ein, in Eis bildet sich in einigen Tagen ein harter Kuchen, der aus 85 bis 95% $H_4P_2O_7$ und okkludierter Mutterlauge besteht. Die mit Vol.-Vergrößerung verbundene Krist. kann zum Bruch des Glases führen, J. E. Malowan (*Inorganic syntheses, Bd.* 3, *New York* 1950, S. 96/98).

Die Schmelze besteht aus mehreren Komponenten. Sie enthält nur etwa die Hälfte des gesamten P_2O_5 als $H_4P_2O_7$, Berthelot, André (*C. r.* **123** [1896] 776/82), 55 bis 60% als $H_4P_2O_7$, außerdem H_3PO_4 und höhere Polyphosphorsäuren. Eine erstarrte Probe enthält mehr als 90% $H_4P_2O_7$, J. H. Lum, J. E. Malowan, C. B. Durgin (*Chem. met. Engg.* **44** [1937] 721/7; *Trans. Am. Inst. chem. Eng.* **33** [1937] 643/67). Zus. der Schmelze und der erstarrten, geringe Mengen Mutterlauge enthaltenden Probe in % des Gesamt-P_2O_5:

	H_3PO_4	$H_4P_2O_7$	$H_5P_3O_{10}$	höhere Polyphosphorsäuren
Schmelze	23	46	26	5
Kristalle	11	86	0	3

Erneutes Schmelzen führt zur ursprünglichen Zus. zurück, R. N. BELL (*Ind. engg. Chem.* **40** [1948] 1464/7); vgl. auch A. B. GERBER, F. T. MILES (*Ind. engg. Chem. anal. Edit.* **10** [1938] 519/24). Analoges Verh. des H_3PO_4 beim Schmelzen und Kristallisieren s. S. 165.

Das Max. des $H_4P_2O_7$-Gehalts (50% des P_2O_5 als $H_4P_2O_7$) tritt in einer Polyphosphorsäureschmelze mit 78 Gew.-% P_2O_5 auf; die der Formel $H_4P_2O_7$ entsprechende Schmelze (79.7 Gew.-% P_2O_5) enthält nur 41% des P_2O_5 als $H_4P_2O_7$, s. „Konstitution" S. 217 und Fig. 52, S. 218, nach A.-L. HUHTI, P. A. GARTAGANIS (*Canad. J. Chem.* **34** [1956] 785/97). Nach papierchromatograph. Unterss. enthält eine nach tagelangem Stehen krist. Probe mit 78.8 Gew.-% Gesamt-P_2O_5 77.6, 18.9 und 3.5% desselben als $H_4P_2O_7$, H_3PO_4 bzw. $H_5P_3O_{10}$; die in der Ausgangsschmelze vorhandenen $H_6P_4O_{13}$ und $H_7P_5O_{16}$ treten im krist. Prod. nicht mehr auf. Ähnlich verhält sich eine Schmelze mit 77.7% P_2O_5. Eine solche mit 80.2% P_2O_5 krist. nur z. T.; die allerdings nicht vollkommen von der Mutterlauge zu befreienden Kristalle enthalten sämtliche Polyphosphorsäuren von H_3PO_4 bis $H_8P_6O_{19}$. Erneutes Schmelzen führt zur Ausgangszus. zurück. Demnach gelingt es nicht, durch Krist. aus der Schmelze reine $H_4P_2O_7$-Kristalle darzustellen; alle erreichbaren Handelspräpp. erwiesen sich dementsprechend trotz nahezu theoret. Bruttozus. als Gemische von $H_4P_2O_7$, H_3PO_4 und $H_5P_3O_{10}$, s. E. THILO, R. SAUER (*J. pr. Ch.* [4] **4** [1957] 324/48, 344); ähnlich A.-L. HUHTI, P. A. GARTAGANIS (*l. c.*).

Frisch aus den Komponenten bereitete wss. Lsgg. mit ≥ 89 Gew.-% $H_4P_2O_7$ scheiden beim Abkühlen wieder krist. $H_4P_2O_7$ aus, s. „Das System $H_4P_2O_7$–H_2O" S. 227. Beim Eindunsten von wäßrigen Lösungen bei Zimmertemp. im Vak. erhält man infolge Hydrolyse (s. S. 229) nur H_3PO_4, s. H. GIRAN (*l. c.*); im Exsiccator über H_2SO_4 entsteht ein Sirup, der spontan zu einer weißen körnigen, aus 80% $H_4P_2O_7$ und 20% H_3PO_3 bestehenden Masse erstarrt, L. PESSEL (*Monatsh.* **43** [1923] 601/14). Vermutlich entsteht primär H_3PO_4; wss. Lsgg. desselben gehen auch in der Kälte über P_2O_5 oder H_2SO_4 in ein $H_4P_2O_7$-haltiges Entwässerungsprod. über; vgl. D. BALAREW (*Z. anorg. Ch.* **97** [1916] 139/43).

Techn. Darst. aus P_2O_5 und H_2O oder H_3PO_4 bei Tempp. bis 200°C, Krist. durch Abkühlung, HENKEL & CIE., E. HEINERTH (*D.P.* 925465 [1944/55] nach *C.* **1955** 8000).

Ohne Umweg über die Schmelze erhält man krist. $H_4P_2O_7$ gemischt mit AgCl durch Überleiten von trocknem HCl-Gas über fein gepulvertes $Ag_4P_2O_7$, s. H. GIRAN (*C. r.* **134** [1902] 1499/1502); bei H. GIRAN (*Ann. Chim. Phys.* [7] **30** [1903] 203/88) keine solche Angabe.

Heat of Formation

Bildungswärme. Aus den calorimetr. Messungen (Lsg.- und Rk.-Wärme) von H. GIRAN (*Ann. Chim. Phys.* [7] **30** [1903] 203/88, 245; *C. r.* **136** [1903] 550/2) ergibt sich für die Bldg.-Wärme des krist. $H_4P_2O_7$ aus den Elementen (weißes P) bei 18°C: Q = 531.7 kcal/Mol[1]), F. R. BICHOWSKY, F. D. ROSSINI (*The thermochemistry of the chemical substances, New York* 1936, *Neudruck* 1951, S. 38, 221). ΔH°_{298} = 538.0 kcal/Mol, F. D. ROSSINI, D. D. WAGMAN, W. H. EVANS, S. LEVINE, I. JAFFE (*Circ. Nat. Bur. Stand.* Nr. 500 [1952] 77).

Physical Properties

Physikalische Eigenschaften. Meist undurchsichtige Körner ohne bestimmbare Kristallform. Bei ungestörtem Wachstum Büschel von unter der Lupe deutlich sichtbaren, leicht gebogenen Nadeln. Beim Erwärmen schmelzen die durch Zentrifugieren von der Mutterlauge befreiten Kristalle bei 61°C; der Erstarrungspunkt der Schmelze ist wegen Unterkühlung nicht festzustellen. Schmelzwärme aus Lsg.-Wärmen: 2.29 kcal/Mol, H. GIRAN (*Ann. Chim. Phys.* [7] **30** [1903] 203/88, 242, 244). Schmp. 61°C. Sehr hygroskopisch, J. E. MALOWAN (*Inorganic synthesis, Bd.* 3, *New York* 1950, S. 96/98). Schmp. einer aus etwa 80% $H_4P_2O_7$ und 20% H_3PO_4 bestehenden Kristallmasse nahe 70°C, s. L. PESSEL (*Monatsh.* **43** [1923] 601/14). Die Schmelze enthält nur etwa 50% $H_4P_2O_7$, s. „Bildung und Darstellung" vorstehend.

Das Ramanspektrum der Schmelze und des Glases zeigt breite Banden bei 282 bis 340 cm^{-1}, 433 bis 552 cm^{-1}, 657 und 729 cm^{-1} mit Max. bei 665, 689 und 718 cm^{-1}, ferner bei 1112 bis 1177 und 1244 bis 1333 cm^{-1}; außerdem eine schmale schwache Linie bei 623 cm^{-1}, E. F. GROSS, V. A. KOLESOVA (*Akad. Nauk SSSR, Pamyati S. I. Vavilova* **1952** 231/8 nach *C.A.* **1953** 7897), vgl. auch die älteren Messungen von M. F. VUKS, J. F. GROSS (*C. r. Acad. URSS* **1935** I 214/7). Ramanspektroskop. Nachweis von $H_4P_2O_7$ in geschmolzenem H_3PO_4 s. A. SIMON, G. SCHULZE (*Z. anorg. Ch.* **242** [1939] 313/68, 319), im Original keine Frequenzangabe.

1) Im Original Druckfehler (513.7).

Weitere Eigg. der Schmelze: Sdp. bei 760 Torr 427.3°C, der Dampf enthält etwa 6 Gew.-% P_2O_5, s. S. 158 und Fig. 32, S. 158, Dampfdruck s. S. 158, Dichte s. S. 214, innere Reibung s. Fig. 49, S. 216. Verdampfungswärme s. Fig. 51, S. 217.

Chemical Reactions

Chemisches Verhalten. Sehr hygroskopisch, H. GIRAN (*l. c.* S. 242). Löslichkeit in H_2O s. unten, Lsg.-Wärme des krist. und des fl. $H_4P_2O_7$ in H_2O (ohne Hydrolyse) bei 18°C 7.93 bzw. 10.22 kcal/Mol, H. GIRAN (*Ann. Chim. Phys.* [7] **30** [1903] 203/88, 243). Geht schon in kaltem H_2O langsam in H_3PO_4 über, s. „Hydrolyse" S. 230.

Bei langsamer Zugabe der Schmelze zu überschüssiger Natronlauge und darauf folgendes Aussalzen mit NaCl entsteht (der komplexen Natur der Schmelze gemäß, s. „Bildung und Darstellung" S. 225) ein Gemisch von $Na_3PO_4 \cdot 12H_2O$, $Na_4P_2O_7 \cdot 10H_2O$ und $Na_5P_3O_{10} \cdot 6H_2O$, R. N. BELL (*Ind. engg. Chem.* **40** [1948] 1464/7).

Beim Erwärmen mit $POCl_3$ bildet sich unter HCl-Entw. HPO_3, mit PCl_5 entstehen $POCl_3$ und HPO_3, PCl_3 reagiert im wesentlichen nach $PCl_3 + 3H_4P_2O_7 = 6HPO_3 + H_3PO_3 + 3HCl$ unter gleichzeitiger Abscheidung von rotem P, s. A. GEUTHER (*J. pr. Ch.* [2] **8** [1874] 359/72); mit SO_2Cl_2 entstehen HPO_3, SO_2 und HCl. Die P-Chloride und SO_2Cl_2 wirken nur entwässernd, nicht chlorierend auf $H_4P_2O_7$ ein, D. BALAREFF (*Z. anorg. Ch.* **88** [1914] 133/50).

Korrosion von Werkstoffen durch geschmolzenes $H_4P_2O_7$, s. S. 224.

Pyrophosphorsäure absorbiert Äthylen von 1 Atm, am besten bei 140°C, unter Bldg. von $C_2H_5H_2PO_4$, A. MÜLLER (*Ber.* **58** [1925] 2105/9).

Aus den Bildungsweisen des Tetraäthylesters und seinem Verh. bei der Darst. und der Verseifung wird auf die symmetr. Struktur $(HO)_2PO \cdot O \cdot PO(OH)_2$ der Pyrophosphorsäure geschlossen, P. NYLÉN (*Z. anorg. Ch.* **212** [1933] 182/6), im Gegensatz zu D. BALAREFF (*Z. anorg. Ch.* **88** [1914] 133/50, **118** [1921] 123/30), der auf Grund des chem. Verh. der Säure, ihrer Salze und Derivate unsymmetr. Struktur annimmt; ältere Lit. s. in beiden Originalen.

Fig. 58.

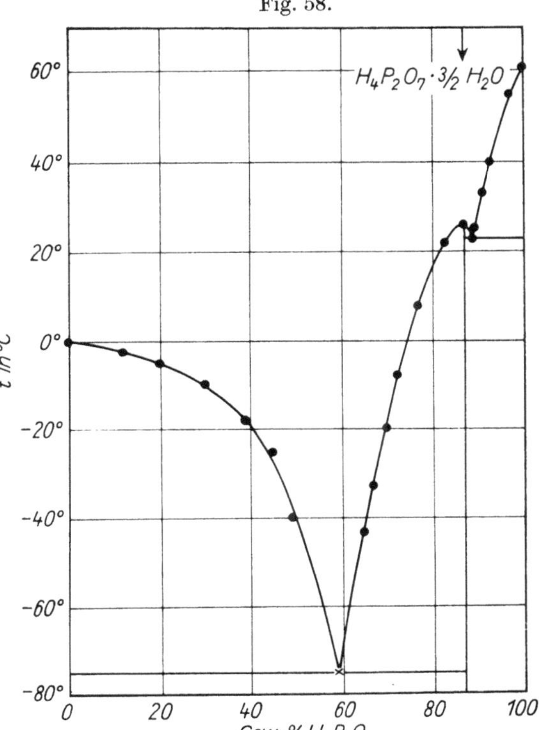

Löslichkeitsdiagramm des Systems $H_4P_2O_7$–H_2O.

Die Stabilität des $P_2O_7^{4-}$ in Schmelzen hängt stark von der Kationenfeldstärke ab; sie fällt in der Reihenfolge Alkalimetall-Ionen, Pb^{2+}, Cd^{2+}, Zn^{2+}, Bi^{3+}, I. SCHULZ, W. HINZ (*Glastechn. Ber.* **29** [1956] 319/23).

Das System $H_4P_2O_7$–H_2O

The $H_4P_2O_7$–H_2O System

Beobachtung des Erstarrungsbeginns bei der Abkühlung von aus krist. $H_4P_2O_7$ und H_2O hergestellten frischen Lsgg. ergibt das Löslichkeitsdiagramm **Fig. 58** des infolge Hydrolyse (s. S. 229) metastabilen Systems. Die (stabile) Löslichkeit des $H_4P_2O_7$ in im Hydrolyse-Gleichgew. befindlichen Lsgg. ist nicht bekannt, s. „Das System P_2O_5–H_2O" S. 155; vgl. auch Konstitution der fl. Polyphosphorsäure-Gemische, S. 217. Nach Fig. 58 tritt das kongruent bei 26°C schmelzende Hydrat $H_4P_2O_7 \cdot {}^3/_2H_2O$ auf, das mit $H_4P_2O_7$ (Schmp. 61°C) und mit Eis Eutektika bei 23°C und 89.0 Gew.-% $H_4P_2O_7$ bzw. −75°C und 58.5 Gew.-% $H_4P_2O_7$ bildet; die Lage des zweiten Eutektikums ist durch Extrapolation bestimmt, weil die Lsgg. dieses Bereichs beim Abkühlen eine glasige, nicht kristallisierende Masse ergeben, H. GIRAN (*Ann. Chim. Phys.* [8] **14** [1908] 565/74; *C. r.* **146** [1908] 1270/2). Die Angaben können nicht als völlig gesichert gelten; bei höheren Tempp. und Konzz. ist die Hydrolysegeschw. in der Lsg. bereits erheblich, s. S. 230; außerdem kristallisiert $H_4P_2O_7$ (zumindest aus seiner eigenen Schmelze) äußerst langsam, s. S. 225, so daß mit beträchtlichen Unterkühlungen zu rechnen ist. Im Original fehlen genauere Angaben zur experimentellen Methodik.

$H_4P_2O_7 \cdot {}^3/_2H_2O$

***$H_4P_2O_7 \cdot {}^3/_2H_2O$*.** Krist. aus wss. $H_4P_2O_7$-Lsgg. mit 58.5 bis 89.0 Gew.-% $H_4P_2O_7$; Schmp. 26°C s. vorstehend. Die aus krist. $H_4P_2O_7$ und H_2O hergestellte Schmelze des Hydrats erstarrt bei ~0°C langsam zu Kristallnadeln, die sich nach kurzer Zeit in H_3PO_4 umwandeln. Lsg.-Wärme der Kristalle und der Schmelze in Wasser 4.49 bzw. 7.63 kcal/Mol. Daraus Schmelzwärme 3.14 kcal/Mol; Bldg.-Wärme des krist. Hydrats aus krist. $H_4P_2O_7$ und Wasser 3.44 kcal/Mol, H. Giran (*Ann. Chim. Phys.* [8] **14** [1908] 565/74; *C. r.* **146** [1908] 1270/2).

Aqueous Solution

Wäßrige Lösung

Preparation

Darstellung. Wss. Lsgg. von $H_4P_2O_7$ sind infolge Hydrolyse zu H_3PO_4 nicht beständig. In verd. Lsgg. (< 0.1 molar) wird der Abbau bei Zimmertemp. nach einigen Stunden merklich; bei 0°C verläuft er mit 0.1facher, bei 75°C mit 100facher Geschw., s. „Hydrolyse" S. 233. Darst. von konz. Lsgg. durch Auflösen von krist. $H_4P_2O_7$ s. „Das System $H_4P_2O_7$–H_2O" S. 227. Die Auflösung von fl. $H_4P_2O_7$ führt auch bei Verwendung von Eiswasser, s. H. Giran (*Ann. Chim. Phys.* [7] **30** [1903] 203/88, 233), zu Lsgg. die höchstens ~50% des Gesamt-P_2O_5 in Form von $H_4P_2O_7$ enthalten, vgl. „Bildung und Darstellung" S. 225. Zur Darst. von verd., etwa 1 m-Lsgg. werden Suspensionen von $Pb_2P_2O_7$ oder $Cu_2P_2O_7$ (erhalten aus Na_2HPO über $Na_4P_2O_7$) in Eiswasser mit H_2S behandelt, filtriert und mit Luft ausgeblasen. Die Lsg. wird bei 0°C aufbewahrt, Berthelot, André (*C. r.* **123** [1896] 776/82), H. Giran (*l. c.* S. 231), G. A. Abbott, W. C. Bray (*J. Am. Soc.* **31** [1909] 729/63, 734). Konzentriertere Lsgg. lassen sich durch Zusatz von etwas weniger als der äquiv. Menge HCl zu einer $Ag_4P_2O_7$-Suspension und Fällung des Ag^+-Überschusses mit H_2S darstellen, H. Giran (*l. c.* S. 233), vgl. Berthelot, André (*l. c.*).

Darst. aus der wss. Lsg. des Na-Salzes durch Kationenaustausch an Amberlit, C. B. Monk (*J. chem. Soc.* **1949** 423/7), an Dowex-X12-Harz in einer mit Eiswasser gekühlten Säule (2 cm × 90 cm, Füllhöhe 50 cm), S. M. Lambert, J. I. Watters (*J. Am. Soc.* **79** [1957] 4262/5).

Physical Properties. Structure. Spectra

Physikalische Eigenschaften. Struktur. Spektren. Die Gefrierpunktserniedrigung der (aus $Pb_2O_2P_7$ und H_2S dargestellten) wss. Lsg. entspricht dem einfachen Molgew., A. Holt, J. E. Myers (*J. chem. Soc.* **99** [1911] 384/91); dasselbe gilt für die von H. Giran (*Ann. Chim. Phys.* [8] **14** [1908] 565/74; *C. r.* **146** [1908] 1270/2) in Essigsäure erhaltenen Werte nach ihrer Extrapolation auf unendliche Verd., D. Balareff (*Z. anorg. Ch.* **96** [1916] 99/107, **97** [1916] 139/43). Messungen in 1 m-KCl-Lsg. ergeben für die Diffusionskoeff. D_{10} bei 10°C von $H_2P_2O_7^{2-}$ und $HP_2O_7^{3-}$ die Werte 0.371 bzw. 0.356 cm²/Tag; entsprechend dem einfachen Molgew., R. Brodersen, H. Klenow (*Kgl. Danske Vidensk. Selsk. Biol. Medd.* **20** [1947] Nr. 7, S. 1/28). Ionengew.-Best. in $Na_2SO_4 \cdot 10\,H_2O$ s. G. Schwarzenbach, G. Parissakis (*Helv. chim. Acta* **41** [1958] 2425/35).

Nach Einkristallaufnahmen an $Na_4P_2O_7 \cdot 10\,H_2O$ besteht das $P_2O_7^{4-}$-Ion aus zwei PO_4-Tetraedern mit gemeinsamem O-Atom O_3P–O_I–PO_3; P–O_I–P = 133°48′, P–O_I = 1.63 Å, P–O = 1.48 (2mal) und 1.45 Å. Im Kristall sind die PO_3-Gruppen gegeneinander verdreht; einziges Symmetrieelement ist eine zweizählige Achse durch $O_I \perp$ P–P. Die P–O–P-Bindung ist gewinkelt im Gegensatz zur Ansicht von G. R. Levi, G. Peyronel (*Z. Krist.* **92** [1935] 190), die aus Pulveraufnahmen an ZrP_2O_7 auf lineare Anordnung schließen, D. M. MacArthur, C. A. Beevers (*Acta crystallogr.* [*Copenhagen*] **10** [1957] 428/32); vgl. auch G. A. Barclay, E. G. Cox, H. Lynton (*Chem. Ind.* **1956** 178/9), D. R. Davies, D. E. C. Corbridge (*Acta crystallogr.* [*Copenhagen*] **11** [1958] 315/9). Ebenfalls auf eine gewinkelte Struktur des $P_2O_7^{4-}$-Ions lassen Messungen der UR-Spektren von bei Zimmertemp. gesätt. Lsgg. von Na-, K- und NH_4-Pyrosulfat in H_2O bzw. D_2O schließen; eine im Spektrum des K-Salzes auftretende schwache Bande bei 1210 cm⁻¹ wird dem $H_2P_2O_7^{2-}$-Ion zugeschrieben, A. Simon, H. Richter (*Z. anorg. Ch.* **301** [1959] 154/160). Zur Deutung der UR-Spektren von α- und β-$Na_2H_2P_2O_7$ und den daraus hinsichtlich der Struktur des $H_2P_2O_7^{2-}$-Ions gezogenen Schlüsse vgl. J. Lecomte, A. Boullé, C. Morin, J. Morandat (*C. r.* **249** [1959] 2681/6). Zum UR-Spektrum von $H_4P_2O_7$ und den Na-Pyrophosphaten vgl. auch A. Mutschin, K. Maennchen (*Z. anal. Ch.* **160** [1958] 81/98). Aus den Ramanspektren von wss. gesätt. Lsgg. von $K_4P_2O_7$, $K_2Na_2P_2O_7$, $K_2H_2P_2O_7$ und $Na_2H_2P_2O_7$ ergeben sich folgende Frequenzen (in cm⁻¹, in Klammern relative Intensität und Depolarisationsgrad) des $P_2O_7^{4-}$-Ions: 335 (3, 0.84), 464 (1, 0.88), 519 (2, 0.82), 711 (2, 0.29), 900 (1, 0.23), 966 (1, 0.23), 1018 (10, 0.16), 1085 (2, 0.72 ?), 1128 (0,0.89 ?), T. J. Hanwick, P. O. Hoffmann (*J. chem. Phys.* **19** [1951] 708/11). $P_2O_7^{4-}$ zeigt eine starke, der total symmetr. PO_3-Valenzschwingung entsprechende Linie bei 1018 cm⁻¹, A. Simon, H. Richter (*Z. anorg. Ch.* **304** [1960] 1/11, 9). Im Ultrarot absorbiert krist. $Na_4P_2O_7$ bei 600, 730 (stark), 915 (stark), 986, 1024, 1122, 1135 und 1150 cm⁻¹; die drei letzten Banden sind sehr stark, vgl. hierzu das Schema in Fig. 68, S. 242, W. Bues, H.-W. Gehrke (*Z. anorg. Ch.* **288** [1956] 291/306). In Pyrophosphaten tritt eine starke, der asymmetr. Valenzschwingung der Kette entsprechende Bande bei 760 cm^{-1} auf, A. SIMON, H. RICHTER (*l. c.*).

Mit der Annahme, daß $P_2O_7^{4-}$ die Symmetrie C_{2V} (P–O–P gewinkelt, spiegelsymmetr. Anordnung der PO_3-Gruppen) besitzt, gelingt die Zuordnung der beob. Raman- und UR-Frequenzen zu den 21 Grundschwingungen des Ions, die näherungsweise als Schwingungen der Gruppen P–O–P (3 Frequenzen) und PO_3 betrachtet werden können. In $P_2O_7^{4-}$ ist der Bindungsgrad $N = {}^4/_3$ für die P–O-Bindungen der PO_3-Gruppen zu erwarten, während für die (an der Resonanz nicht teilnehmende) P–O(–P)-Bindung des Brückensauerstoffs N = 1 ist, W. BUES, H.-W. GEHRKE (*l. c.*); letzteres in Einklang mit den Atomabständen im Kristall, s. oben; vgl. ferner H. SIEBERT (*Z. anorg. Ch.* **275** [1954] 225/40). Nach A. SIMON, H. RICHTER (*l. c.* S. 11) hat $P_2O_7^{4-}$ in wss. Lsg. die Symmetrie C_{2h}. Berechnung des elektrostat. Anteils an der gehinderten Rotation der $H_4P_2O_7$-Molekel, F. L. HILL (*J. chem. Phys.* **11** [1943] 552/7).

Das magnet. Kernresonanzspektrum von wss. Pyrophosphat-Lsgg. zeigt in Übereinstimmung mit der Struktur der Pyrophosphat-Ionen nur endständige PO_4-Gruppen an, C. F. CALLIS, J. R. VAN WAZER, J. N. SHOOLERY, W. A. ANDERSON (*J. Am. Soc.* **79** [1957] 2719/26).

Nachweis der Gleichartigkeit der beiden P-Atome durch Darst. von $Na_4P_2O_7$ mit ^{32}P s. M. PORTHAULT, J. C. MERLIN (*Bl. Soc. chim.* **1959** 359/64). Zur Resonanzkupplung zwischen den PO_4-Gruppen und über H-Brückenbindungen in $HP_2O_7^{3-}$ und $H_2P_2O_7^{2-}$ s. unter „Dissoziationskonstanten" S. 236. Zur Elektronenverteilung im Ion $^{2-}O_3P–O–PO_3^{2-}$ s. B. GRABE (*Ark. Fys.* **15** [1959] 207/24 [engl.] nach *C. A.* **1959** 21129).

Gefrierpunktserniedrigung. Vgl. oben unter „Struktur. Spektren" sowie bei E. CORNEC (*Ann. Chim. Phys.* [8] **30** [1913] 91/100), der für eine Lsg. von 1 Mol $H_4P_2O_7$ in 4 l H_2O eine Gefrierpunktserniedrigung von 0.880° mißt. *Freezing Point Depression*

Diffusion. Vgl. oben unter „Struktur. Spektren." *Diffusion*

Adsorption. Nach Unterss. an Lsgg. von mit ^{32}P markiertem $Na_4P_2O_7$ werden bei p_H 2 bis 5 Pyrophosphat-Ionen (vorwiegend $H_2P_2O_7^{2-}$) an Glas, Quarz, Polyäthylen, Teflon, Pt, Ag, Al und an Cu adsorbiert. Diese Adsorption verursacht eine Abweichung der Hydrolysegeschw. (s. S. 230) von der Geschw.-Gleichung erster Ordnung, die bei $[P_2O_5]_{gesamt} < 10^{-4}$ Mol/l merklich wird, D. O. CAMPBELL, M. L. KILPATRICK (*J. Am. Soc.* **76** [1954] 893/901). *Adsorption*

Lichtbrechung. Der Brechungsindex einer 1 Mol $H_4P_2O_7$ in 2 l H_2O enthaltenden Lsg. beträgt (vermutlich für weißes Licht) bei 15° 1.3435, E. CORNEC (*Ann. Chim. Phys.* [8] **30** [1913] 91/100). *Optical Refraction*

Elektrochemisches Verhalten.

Electrochemical Behavior

Molare Leitf. μ (in $Ohm^{-1} \cdot mol^{-1} \cdot l$) bei 18°C von wss. $H_4P_2O_7$ in Abhängigkeit von der Konz.:

$C_{mol} \cdot 10^3$	50	25	12.5	5	2.5	1.25	0
μ	353.8	384.9	438.6	503.3	556.7	602.0	~713

Der Wert für unendliche Verd. ist empirisch nach $1/\mu = 1/\mu_0 + a(C\mu)^{0.65}$ extrapoliert. Daraus und aus der Leitf. von Na-Pyrophosphat-Lsgg. ergeben sich folgende Werte für die Äquiv.-Leitf. Λ_∞ der Pyrophosphat-Ionen bei unendlicher Verd. (Ionenbeweglichkeiten) und 18°C: $H_3P_2O_7^-$ 20.4 ± 1.0, $H_2P_2O_7^{2-}$ 41.6 ± 0.5, $HP_2O_7^{3-}$ 59.7 ± 1.3, $P_2O_7^{4-}$ 81.4 ± 2.5; diese sind demnach annähernd proportional zur Ladung der Ionen, G. A. ABBOTT, W. C. BRAY (*J. Am. Soc.* **31** [1909] 729/63). Aus Leitf.-Messungen an wss. $Na_4P_2O_7$ ergibt sich nach Korrektur für Hydrolyse und Komplexbildung. $\Lambda_\infty(Na_4P_2O_7) = 146.0$. Mit $\Lambda_\infty(Na^+) = 50.1$ folgt daraus $\Lambda_\infty(P_2O_7^{4-}) = 95.9$ bei 25°C, C. B. MONK (*J. chem. Soc.* **1949** 423/7). Zur äquiv. Leitf. von Na-Polyphosphatlsgg. und der Beweglichkeit der Anionen vgl. die elektr. Leitf. der Hochpolyphosphatlsgg., S. 266. Wanderungsgeschw. des $P_2O_7^{4-}$-Ions, mittels Sonde an wss. $Ag_4P_2O_7$ gemessen: $47 \cdot 10^{-5}$ $cm^2/sec \cdot V$ bei 18°C, s. J. CLÉRIN (*Ann. Chim.* [11] **20** [1945] 244/321, 308).

Überführungszahl von $P_2O_7^{4-}$ in verd. Na-Diphosphatlsg. und damit verbundene elektroosmot. H_2O-Überführung durch eine Anionenaustauscher-Membran (Permaplex A-10), Gleichgew.-Unterss. an der Membran, G. SCHULZ (*Z. anorg. Ch.* **301** [1959] 97/108).

Chemisches Verhalten

Chemical Reactions

Hydrolyse

Hydrolysis

Die wss. Lsg. von $H_4P_2O_7$ geht beim Erhitzen in eine solche von H_3PO_4 über, TH. GRAHAM (*Pogg. Ann.* **32** [1834] 33/76).

Equilibrium

Gleichgewicht. Bei Zimmertemp. sind nach analyt. Unterss. (gravimetr. H_3PO_4-Best.) in einer Lsg., die am Anfang 19.6 g $H_4P_2O_7$/l enthält, nach 5, 10, 52, 110 und 121 Tagen 4, 8, 22, 42 bzw. 48% des $H_4P_2O_7$ in H_3PO_4 umgewandelt; die Rk.-Geschw. ist der $H_4P_2O_7$-Konz. ungefähr proportional, BERTHELOT, ANDRÉ (*C. r.* **123** [1896] 776/82); calorimetr. Unterss. führen zu ähnlichen Ergebnissen, H. GIRAN (*Ann. Chim. Phys.* [7] **30** [1903] 203/88, 271).

Papierchromatograph. Unterss. ergeben den in **Fig. 59** dargestellten Pyrophosphatgehalt (g $Na_2H_2P_2O_7$ je 100 g NaH_2PO_4) von wss. Lsgg. mit Anfangsgehalten von 60 g NaH_2PO_4 bzw. 60 g NaH_2PO_4 + 0.38 g $Na_2H_2P_2O_7$ je 100 g Lsg. in Abhängigkeit von der Zeit bei 80° und 100°C. Nach Fig. 59 stellen sich von beiden Seiten her dieselben Endkonzz. ein; es liegt ein Gleichgew. $H_2P_2O_7^{2-} + H_2O = 2H_2PO_4^-$ vor. Aus Fig. 59 und einer weiteren Unters. bei 110°C ergeben sich die scheinbaren Gleichgew.-Konstt. $K'_{80} = [H_2PO_4^-]^2/[H_2P_2O_7^{2-}][H_2O] = 218$, $K'_{100} = 152$, $K'_{110} = 130$; daraus folgen mit den (z. T. näherungsweise ber.) Akt.-Koeff. die wahren Gleichgew.-Konstt. K_{80} =

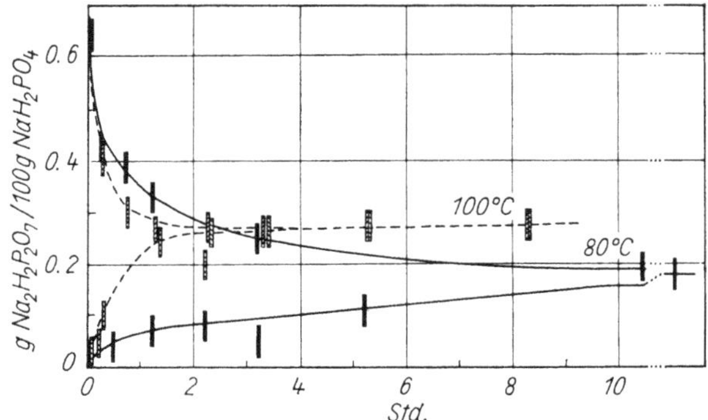

Fig. 59.

Einstellung des Hydrolysegleichgew. in Orthophosphat–Pyrophosphat-Lösungen. Balken zeigen die Fehlergrenzen an. Weiteres s. im Text.

37, $K_{100} = 22$, $K_{110} = 18$; aus der Temp.-Abhängigkeit der letzteren ergibt sich $K_{25} = 220$. Unterss. an einer NaH_2PO_4–Na_2HPO_4-Lsg. ergeben $K'_{100} = 280$; in H_3PO_4-$H_4P_2O_7$-Schmelzen beträgt $K' \approx 300$ zwischen 25° und 100°C (vgl. die Konstitution der H_3PO_4-Schmelze, S. 165). Demnach wird das Gleichgew. durch die Kationen nur wenig beeinflußt. Aus den Werten der Gleichgew.-Konstt. folgt, daß die Pyrophosphat-Gleichgewichtskonz. in Lsgg. mit Anfangskonzz. < 30 bis 35 Gew.-% NaH_2PO_4 unterhalb der Nachweisgrenze der benutzten Meth. liegt; dementsprechend wird in einer 22%igen Lsg. nach mehrtägigem Kochen kein Pyrophosphat gefunden. Kondensation zu höheren Polyphosphaten tritt entgegen B. SANSONI (*Angew. Ch.* **67** [1955] 327/8) auch bei hohen Konzz. nicht ein, C. D. SCHMULBACH, J. R. VAN WAZER, R. R. IRANI (*J. Am. Soc.* **81** [1959] 6347/50).

Zum Gleichgew. in hochkonz. wss. H_3PO_4-Lsgg. s. „Kondensation" S. 193. Ultraschallwellen beeinflussen den Abbau des Pyrophosphats nicht, A. C. CHATTERJI, H. N. BHARGAVA, K. K. TEWARI, P. S. KRISHNAN (*Arch. Biochem. Biophys.* **85** [1959] 19/28).

Rate of Reaction

Geschwindigkeit. Die Rk. verläuft nach erster Ordnung bezüglich $H_4P_2O_7$, wird jedoch durch H^+ beschleunigt; daher steigen die mittleren Geschw.-Konstt. mit zunehmender Anfangskonz. etwas an, C. MONTEMARTINI, U. EGIDI (*Gazz.* **32** I [1902] 381/8, **33** I [1903] 52), vgl. auch N. FUKS (*J. Russ. Ges.* [*chem.*] **61** [1929] 1035/44). Die Hydrolyse-Geschw. der Molybdatopyrophosphorsäure ist bei Zimmertemp. größer als die von $H_4P_2O_7$. Die diesbezüglichen Geschw.-Konstt. in sec^{-1} betragen 1.31×10^{-5} und 4.86×10^{-6}, R. RIPAN, I. ZSAKO (*Acad. R. P. Romîne, Filiala Cluj, Studii Cercetări chim.* **7** [1956] 45/52 nach *C. A.* **1958** 16104).

Eine 0.05m-Lsg. hydrolysiert bei 100°C in 2 Std. vollständig; dabei sinkt die spezif. elektr. Leitf. auf die Hälfte des ursprünglichen Wertes. Die Rk.-Geschw. ist annähernd proportional der nahezu mit $[H_3P_2O_7^-]$ übereinstimmenden Gesamtkonz. C des gelösten $H_4P_2O_7$; sie steigt mit der H^+-Konzentration. Zeit, nach welcher 25, 50 und 75% der ursprünglichen Menge hydrolysiert sind, in 0.0125m-Lsg. bei 75°C: 88, 220 und 470 Min., in 0.05n-Lsg. bei 75°C: 52, 135 und 290 Min., bei 100°C: 5, 12.5 und 27 Min.; Temp.-Koeff. 2.57 je 10°C. Demnach beträgt die Hydrolysegeschw. bei 25°C etwa 1%, bei 0°C etwa 0.1% des Wertes bei 75°C, s. G. A. ABBOTT (*J. Am. Soc.* **31** [1909] 763/70, **32** [1910] 1576/7).

Potentiometr. p_H-Messung und gravimetr. H_3PO_4-Best. ergeben die in **Fig. 60** dargestellte Änderung des Umsatzes und der H^+-Konz. in Lsgg., die ursprünglich 0.125 Mol $Na_4P_2O_7$/l und 0.500, 0.425 bzw.

0.350 Mol HCl/l enthalten, bei 45° ± 0.02°C. Entsprechende Angaben für 0.175 und 0.225 m $Na_4P_2O_7$ im Original, S. J. Kiehl, W. C. Hansen (*J. Am. Soc.* **48** [1926] 2802/14).

Nach Unterss. bei 25°C an wss. $H_4P_2O_7$-Lsgg. der Konz. C ohne und mit HCl-Zusatz verläuft die Hydrolyse angenähert nach $dC/dt = k[H^+]C/\log e$ mit $k_{25} \approx 0.01\ h^{-1} \cdot mol^{-1} \cdot l$, L. Pessel (*Monatsh.* **43** [1923] 601/14). Colorimetr. H_3PO_4-Best. und potentiometr. p_H-Messung bei 20° und 40°C an $\sim 10^{-3}$ m $Na_4P_2O_7$-Lsgg. mit HCl-Zusatz (p_H 0.9 bis 1.4) ergeben $k_{20} = 0.0057$, $k_{40} = 0.065$, J. Muus (*Z. phys. Ch.* A **159** [1932] 268/76), woraus $k_{25} = 0.010$ folgt, A. Kailan (*Z. phys. Ch.* A **160** [1932] 301). In Lsgg., die außerdem 2 Mol KCl/l enthalten, ist $k_{20} = 0.00397$, $k_{40} = 0.0442$. Unter der Annahme, daß der Abbau der Pyrophosphat-Ionen $H_{4-n}P_2O_7^{n-}$ (n = 0 bis 4) nach $-dC_n/dt = k'_nC_n + k''_n[H^+]C_n$ als Summe einer nicht katalysierten monomolekularen und einer durch H^+ katalysierten bimolekularen Rk. vor sich geht, ergibt sich aus dem gemessenen Gesamtverlauf unter Berücksichtigung der im untersuchten p_H-Bereich auftretenden, aus den Dissoz.-Konstt. (s. S. 235) ber. Ionen-

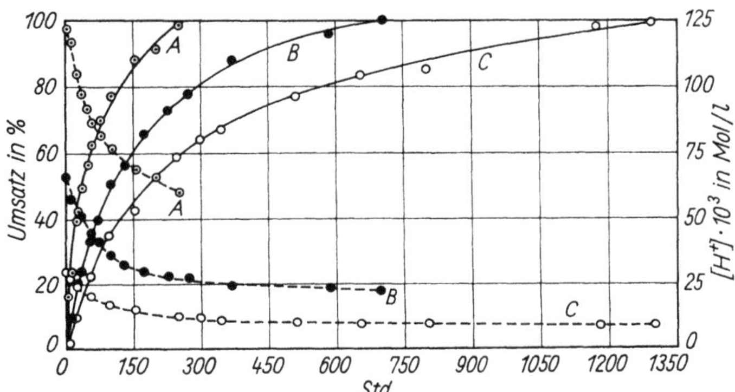

Fig. 60.

Hydrolyse von Pyrophosphat. Umsatz (ausgezogene Kurven) und p_H-Wert (gestrichelte Kurven) in Lsgg. mit Anfangsgehalten von 0.125 Mol $Na_4P_2O_7$/l + 0.500 (A), 0.425 (B) bzw. 0.350 Mol HCl/l (C).

Konzz., daß im wesentlichen ein durch H^+ katalysierter Abbau des $H_3P_2O_7^-$ vorliegt, J. Muus (*l. c.*). Für $[H^+] = 1$ Mol/l ergeben sich aus den vorstehenden k-Werten (in Ggw. von KCl) die Halbwertszeiten 76 Std. bei 20°C, 6.8 Std. bei 40°C; neutrale und bas. Lsgg. sind bei nicht zu hohen Tempp. vollkommen beständig. Dementsprechend ist in wss. $Na_4P_2O_7$ nach 8jährigem Stehen bei Zimmertemp. kein Orthophosphat nachweisbar, beim Kochen der Lsg. erst nach 15 Std., D. Balarew (*Z. anorg. Ch.* **118** [1921] 123/30), vgl. auch L. Pessel (*l. c.*).

Geschw. der als Rk. 1. Ordnung verlaufenden Hydrolyse in wss. 0.012 m-Lsg. bei 100°C und verschiedenem p_H:

p_H	entsprechend	k in sec^{-1}	Halbwertzeit in Min.
1.92	$H_4P_2O_7$	8.3×10^{-4}	14.5
2.07	$NaH_3P_2O_7$	2.4×10^{-4}	47.5
3.21	$Na_2H_2P_2O_7$	1.44×10^{-4}	80
7.34	$Na_3HP_2O_7$	7.8×10^{-5}	198.5
9.33	$Na_4P_2O_7$	1.7×10^{-6}	—

L. M. Postnikov (*Vestnik. Moskovsk. Univ.* **5** Nr. 5 *Ser. Fiz.-Mat. Estest. Nauk* Nr. 3 [1950] 63/7 nach *C. A.* **1951** 4594). Bei 37°C sind für einen Umsatz (ermittelt durch colorimetr. H_3PO_4-Best.) von 10% in 0.1, 0.8, 5.0 und 5.7 n HCl 570, 58, 3.5 bzw. 2.5 Min. nötig; bei $p_H = 4.5$ sind nach 5 Tagen 4.7% abgebaut; in alkal. Lsg. tritt auch bei 90°C kein sicher nachweisbarer Abbau auf, E. Bamann, E. Nowotny (*Ber.* **81** [1948] 442/51).

Nach Untersuchungen bei 40° bis 70°C an Lsgg. von mit ^{32}P indiziertem $Na_4P_2O_7$ in wss. HCl oder $HClO_4$ und in Puffergemischen bei $C = [P_2O_5]_{gesamt} = 10^{-5}$ bis 10^{-3} Mol/l, $[H^+] = 1.5$ bis 10^{-10} Mol/l und (in den meisten Verss.) bei Ionenstärke $\mu = 0.15$ (gegebenenfalls durch NaCl-Zusatz hergestellt) verläuft die (über mindestens 3 Halbwertszeiten verfolgte) Hydrolyse des Pyrophosphats zu Orthophosphat bei konst. $[H^+]$ nach 1. Ordnung entsprechend den Gleichungen $-dC/dt = kC$, $\ln C_0/C = kt$. Ein Vers. bei 39.85°C in 0.1177 m-HCl ergibt in Übereinstimmung mit J. Muus (*l. c.*), $k/[H^+] = 0.133\ l \cdot mol^{-1} \cdot h^{-1}$. Die Ergebnisse bei 49.83, 59.57 und 69.40°C sind (nach den Zahlenwerten des Originals) in **Fig. 61** dargestellt. Danach fällt k mit steigendem p_H; der Abfall verzögert sich beträchtlich im p_H-Bereich 2.5 bis 5 und wird bei höherem p_H wieder stärker; in 0.1 m-NaOH ist bei 70°C noch nach 41 Tagen keine Rk. nachweisbar. k/[H^+] ist nicht konstant; es hat ein Minimum bei $p_H \approx 1$ (aus Fig. 61 nicht erkennbar) und steigt im obengenannten p_H-Bereich stark an, D. O. CAMPBELL, M. L. KILPATRICK (*J. Am. Soc.* **76** [1954] 893/901). Nach Fig. 61 verkleinert NaCl-Zusatz die Hydrolysegeschw. bei $p_H < 3$; im Einklang mit J. MUUS (*l. c.*). In Acetat- und Formiatpuffern (p_H 3 bis 5) sinkt die Rk.-Geschw. bei konst. μ (= 0.15) und [H^+] mit steigender Pufferkonz. geringfügig, aber deutlich ab, vermutlich infolge Komplexbldg. zwischen $H_2P_2O_7^{2-}$ und Carboxylsäure; Bromanilin und NH_4Cl-NH_4OH-Puffer ($p_H \approx 4$ bzw. 8.5 bis 10) zeigen diesen Effekt nicht. Der Temp.-Koeff. k_{t+10}/k_t steigt (für t = 55°C)

Fig. 61.

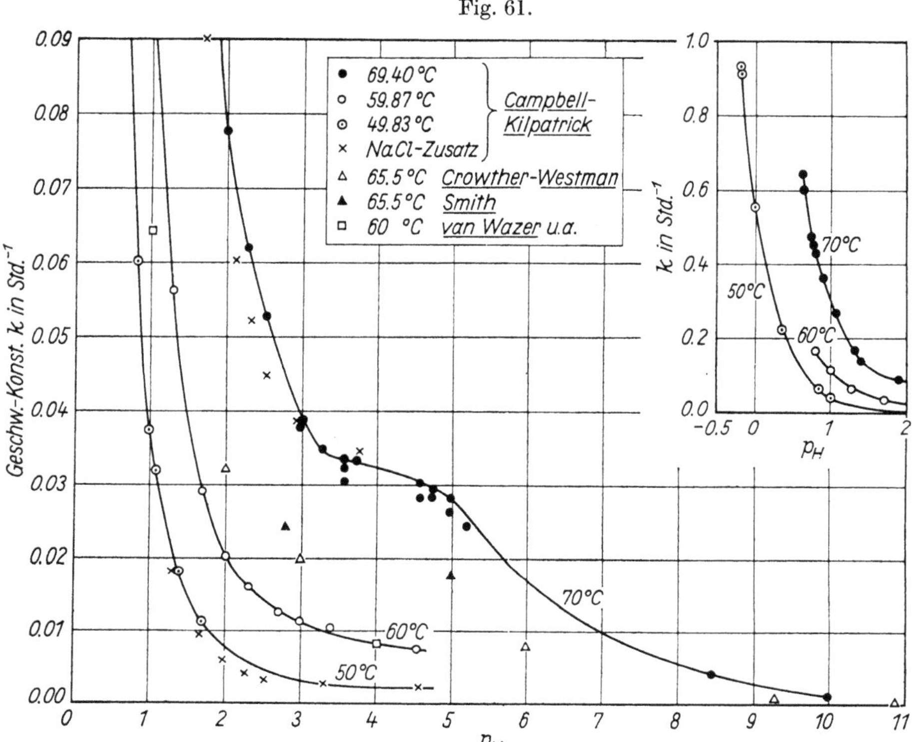

Geschw. der Pyrophosphathydrolyse in Abhängigkeit vom p_H-Wert.

von 2.65 bei [H^+] = 0.150 auf 3.70 bei [H^+] = 0.0001, entsprechend einem Anstieg der Aktivierungsenergie von 21.5 auf 28.9 kcal/Mol, D. O. CAMPBELL, M. L. KILPATRICK (*J. Am. Soc.* **76** [1954] 893/901).

Die unter Konstanthaltung des p_H (Zusatz von n/10-NH_4OH oder n/10-H_2SO_4) an konzentrierteren Pyrophosphat-Lsgg. ([P_2O_7] = 0.041 bis 0.1225 Mol/l) bei 65.5°C ausgeführten papierchromatograph. Analysen von J. P. CROWTHER, A. E. R. WESTMAN (*Canad. J. Chem.* **32** [1954] 42/8) und M. J. SMITH (*Canad. J. chem.* **37** [1959] 1115/6) ergeben die in Fig. 61 eingetragenen k-Werte bei p_H 2 bis 10.9. Nach dem gleichen Verf. (jedoch mit titrimetr. H_3PO_4-Best.) an 0.05 m Lsgg. von $Na_4P_2O_7$ in wss. HBr oder NaOH erhaltene k-Werte (in h^{-1}) bei 60°C, $p_H = 1$ und 4, ohne Salzzusatz: 6.39×10^{-2} bzw. 7.8×10^{-3} (s. Fig. 61), in 0.65 m NaBr: 3.45×10^{-2} bzw. 9.04×10^{-3}. Tetramethylammonium-pyrophosphat (0.05 Mol/l) in 0.65 m Tetramethylammoniumbromid ergibt bei 60°C, $p_H = 1.4$ und 7: 4.05×10^{-2}, 6.42×10^{-3} bzw. 9.97×10^{-4}; bei 30°C, $p_H = 1$ und 4: 1.29×10^{-3} bzw. 1.08×10^{-4}; bei 90°C, $p_H = 1$, 4, 7 und 10: 7.00×10^{-1}, 1.89×10^{-1}, 4.12×10^{-2} bzw. 6.72×10^{-4}; bei 125°C, p_H = 10 und 13: 8×10^{-2} bzw. 5×10^{-3}; die Aktivierungsenergie (kcal/Mol) steigt von 22.7 bei $p_H = 1$ auf 29.8 bei $p_H = 7$ und ~40 bei $p_H = 10$. Na^+ beschleunigt die Hydrolyse bei $p_H \geq 4$, vermutlich infolge Komplexbldg. mit Pyrophosphat-Ionen, J. R. VAN WAZER, E. J. GRIFFITH, J. F. MCCULLOUGH

(*J. Am. Soc.* **77** [1955] 287/91, **74** [1952] 4977/8). Auf Grund dieser Daten aufgestelltes Nomogramm für die Beziehung Halbwertszeit–p_H-Wert–Temp., E. J. GRIFFITH (*Ind. engg. Chem.* **51** [1959] 240). Aus Fig. 59, S. 230, (Hydrolysegleichgew.) ergeben sich für die Aktivierungsenergie der Hydrolyse und der Kondensation die Näherungswerte 25 bzw. 30 kcal/Mol, C. D. SCHMULBACH, J. R. VAN WAZER, R. R. IRANI (*J. Am. Soc.* **81** [1959] 6347/50). Hydrolysegeschw. in hochkonz. H_3PO_4-Lsgg. s. „Kondensation" S. 193. k-Werte bei 65.5°, $p_H = 5$ und 7: 1.68×10^{-2} bzw. 4.04×10^{-3}, letzterer in Übereinstimmung mit Fig. 61; bei 87.8°, $p_H = 5$, 7 und 9: 2.15×10^{-1}, 5.95×10^{-2} bzw. 4.84×10^{-3}, J. GREEN (*Ind. engg. Chem.* **42** [1950] 1542/6).

Fig. 62.

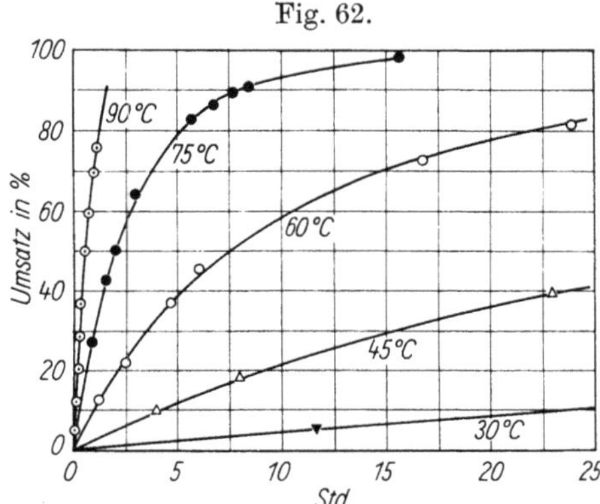

Temp.-Abhängigkeit der Hydrolysegeschw. von Pyrophosphat in saurer Lösung.

Fig. 63.

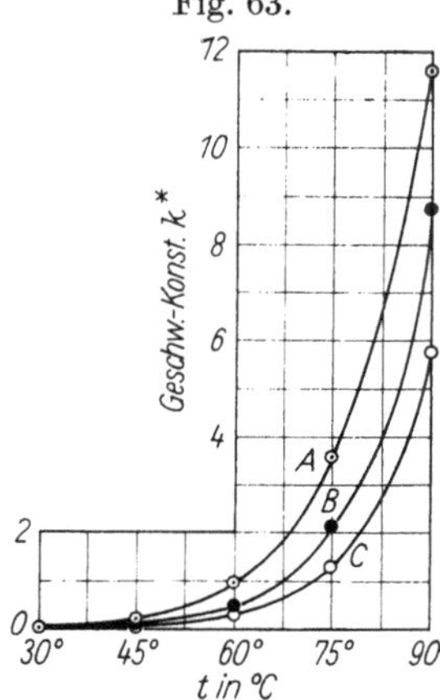

Temp.-Abhängigkeit der Geschw.-Konst. für Lsgg. mit anfänglich 0.125 Mol $Na_4P_2O_7$/l + 0.5 (Kurve A), 0.425 (B) bzw. 0.35 Mol HCl/l (C).

Einfluß der Temp. auf die Hydrolysegeschw. in einer Lsg. mit 0.125 Mol $Na_4P_2O_7$/l und 0.500 Mol HCl/l s. **Fig. 62** nach S. J. KIEHL, E. CLAUSSEN (*J. Am. Soc.* **57** [1935] 2284/9), Angaben für 0.425 und 0.350 Mol HCl/l im Original. Die Messungen lassen sich durch empir. Gleichungen der Form $k^* \cdot t = \alpha \lg C + \beta + \gamma C + \delta C^2$ wiedergeben (t Zeit in Std., C Gesamtpyrophosphatkonz., α, β, γ, δ von den Anfangskonzz. C_0 und $[H^+]_0$ abhängig), in denen jedoch k* außer von der Temp. auch von den Anfangskonzz. abhängt, s. **Fig. 63**; die Beziehung zwischen lg k* und 1/T ist linear, s. Fig. im Original. Die Temp.-Koeff. für 15°C Temp.-Differenz liegen zwischen 3.2 (75° bis 90°C) und 5.5 (30° bis 45°C) in Lsg. A, zwischen 4.4 und 6.8 in Lsg. C, s. S. J. KIEHL, E. CLAUSSEN (*l. c.*).

Fig. 64.

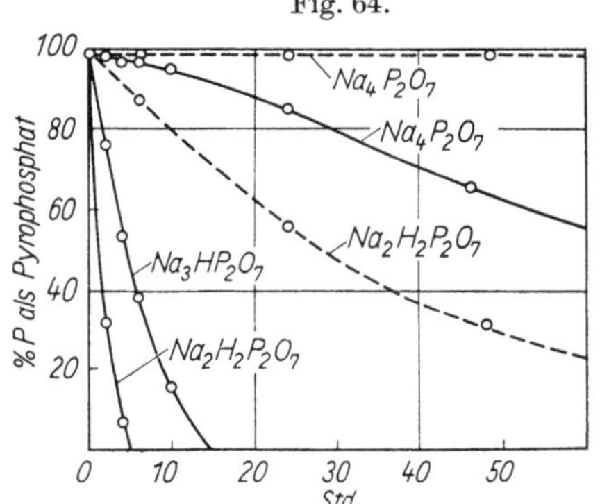

Hydrolyse 1%iger Lösungen bei 100°C (ausgezogen) und 70°C (gestrichelt).

Verlauf der Hydrolyse in 1%igen Lsgg. von $Na_4P_2O_7$, $Na_3HP_2O_7$ und $Na_2H_2P_2O_7$ in Wasser (p_H der Ausgangslsgg. 10.2, 7.3 bzw. 4.6) bei 100° und 70°C s. **Fig. 64.** In 1%iger NaOH-Lsg. tritt bei 100°C keine Hydrolyse ein, R. N. BELL (*Ind. engg. Chem.* **39** [1947] 136/40); vgl. ferner R. A. MORGEN, R. L. SWOOPE (*Ind. engg. Chem.* **35** [1943] 821/4), R. WATZEL (*Ang. Ch.* **55** [1942] 356/9). Ca^{2+} beschleunigt die Hydrolyse bei $p_H \leq 5.5$; die Wrkg. nimmt mit steigendem p_H zu, bei p_H 9 verläuft die katalysierte Rk. etwa 100mal schneller als die nichtkatalysierte. Bei p_H 9 tritt ein Nd. von Ca-Orthophosphat auf. Mg^{2+} verzögert die Rk., bei p_H 7 fällt schwer lösl. $Mg_2P_2O_7$, J. GREEN (*Ind. engg. Chem.* **42** [1950] 1542/6); vgl. auch E. CHERBULIEZ, J.-P. LEBER, P. STUCKI (*Helv. chim. Acta* **36** [1953] 537/47). Im sauren Bereich verzögert NaCl die Hydrolyse, S. L. FRIESS (*J. Am. Soc.* **74** [1952] 4027/9), J. R. VAN WAZER u. a. (*l. c.*), in Übereinstimmung mit Fig. 61.

La^{3+} beschleunigt den Abbau im alkal. und (weniger stark) im neutralen Bereich; 5% Umsatz bei p_H 9.5 in 1 Std., bei p_H 6.8 in 34 Std. In sauren Lsgg. hemmt La^{3+} die Rk.; Umsatz in 0.8 m HCl nach 1 Std. ohne La^{3+} 11.0%, mit La^{3+} 7.5%. In neutraler und alkal. Lsg. liegt Katalyse durch kolloides $La(OH)_3$ vor, E. Bamann, E. Nowotny (*Ber.* **81** [1948] 442/51). Etwa die gleiche Wrkg. haben die Hydroxide von Ca, Zr und Th, weniger aktiv sind dagegen diejenigen von Y, Pb, Mn, Mg, Zn, Al und Fe, s. E. Bamann, M. Meisenheimer (*Ber.* **71** [1938] 2233/6), E. Bamann (*Ang. Ch.* **52** [1939] 186/8). Ce^{3+}-Salze und Chelatverbindungen von MoO_2^{2+}, UO_2^{2+}, Zr^{4+} und (am stärksten) ZrO^{2+} beschleunigen die Hydrolyse bei 70°C und lg [H] = —6.29. Salze und Chelate von Cu^{2+}, Mn^{2+}, Pb^{2+} und Th^{4+} sind unwirksam. Zahlenwerte im Original, R. Hofstetter, A. E. Martell (*J. Am. Soc.* **81** [1959] 4461/4), Katalyse durch Enzyme vgl. N. S. Ging, J. M. Sturtevant (*J. Am. Soc.* **76** [1954] 2087/91), J. Roche (*Helv. chim. Acta* **29** [1946] 1253/67).

Die hydrolyt. Spaltung der Tetraalkylpyrophosphate in Dialkylorthophosphate verläuft viel schneller als die der ionogenen Pyrophosphate; Aktivierungsenergie beim Äthylester 10.3 kcal/Mol, S. A. Hall, M. Jacobson (*Ind. engg. Chem.* **40** [1948] 694/9); die Hydrolysegeschw. nimmt in der Reihe Methyl-, Äthyl-, n-Propylester ab, A. D. F. Toy (*J. Am. Soc.* **70** [1948] 3882/6).

Mechanism

Mechanismus. Wenn die Gesamtrk. (Geschw.-Konst. k) durch Rkk. von $H_{4-n}P_2O_7^{n-}$ (n = 0 bis 4) mit H_2O (k_n') und mit H_3O^+ (k_n'') entsprechend der Gleichung $-dC/dt = kC = \sum_0^4 (k_n'C_n + k_n''[H^+]C_n)$ zustande kommt, vgl. J. Muus (*Z. phys. Ch.* A **159** [1932] 268), ergeben sich mit plausiblen Werten der Dissoz.-Konstt. der Säure (K_1 0.1 bis 2, K_2 0.002 bis 0.01, K_3 2×10^{-6}, K_4 4×10^{-10}) aus Fig. 61, S. 232, folgende Werte für die Geschw.-Konstt. der Teilrkk. (k_n' in $Std.^{-1}$, k_n'' in $Std.^{-1} \cdot mol^{-1} \cdot l$):

Geschw.-Konstt.	50°C	60°C	70°C
k_0'	etwas größer als k_1'		
k_0''	etwas größer als k_1''		
$k_1' \cdot 10^3$	2.78	12.0	40.3
k_1''	0.285	0.795	2.30
$k_2' \cdot 10^3$	2.57	9.56	33.3
k_2''	0.315	1.18	3.46
k_3'	—	—	0.0043

Die Rkk. von $HP_2O_7^{3-}$ und $P_2O_7^{4-}$ mit H_3O^+ (k_3'' bzw. k_4'') spielen im Gesamtverlauf der Hydrolyse keine Rolle, weil $[H^+]$ in den Existenzbereichen dieser Ionen äußerst klein ist. Eine Rk. zwischen $P_2O_7^{4-}$ (oder $NaP_2O_7^{3-}$) und H_2O (0.1 m-NaOH, 70°C, Versuchsdauer 41 Tage) ist nicht nachweisbar ($k_4' = 0$). Nach vorstehender Tabelle reagieren $H_3P_2O_7^-$ und $H_2P_2O_7^{2-}$ ungefähr gleich schnell und etwas langsamer als $H_4P_2O_7$. Im p_H-Bereich 8 bis 10 wiegt die Rk. $HP_2O_7^{3-} + H_2O$ vor, im Bereich p_H 3 bis 5 (flaches Kurvenstück in Fig. 61) diejenige von $H_2P_2O_7^{2-}$ mit H_2O. Die Aktivierungsenergien der Teilrkk. liegen zwischen 20 und 30 kcal/Mol, D. O. Campbell, M. L. Kilpatrick (*J. Am. Soc.* **76** [1954] 893/901). Vgl. hierzu auch die auf S. 231 angeführten Messungen bei 100°C von L. M. Postnikov (*l. c.*).

Aus dem Ansatz von J. Muus (*l. c.*) folgt die Gleichung $-dC/dt = kC = [H^+] \sum_0^4 k_n C_n$ mit $k_0 = k_0''$, $k_n = k_{n-1}'/K_n + k_n''$ (n = 1 bis 4). Aus den bei 65.5°C gemessenen fünf k-Werten (s. Fig. 61) und den bei derselben Temp. ermittelten Dissoz.-Konst. der Säure $K_1 = 0.107$, $K_2 = 7.58 \times 10^{-3}$, $K_3 = 1.45 \times 10^{-6}$, $K_4 = 9.81 \times 10^{-9}$ (s. S. 236) ergeben sich negative Werte für k_1 und k_3. Der Ansatz ist daher für einen größeren p_H-Bereich (2 bis 11) nicht anwendbar. Nimmt man dagegen an, daß die Ionenarten $H_{4-n}P_2O_7^{n-1}$ nur mit H_2O reagieren ($k_n'' = 0$, $-dC/dt = kC = \sum_0^4 k_n'C_n$), dann ergeben sich folgende Werte für die Geschw.-Konstt. k_n' (in h^{-1}) bei 65.5°C und $p_H = 2$ bis 11: $k_0' = 0.234$, $k_1' = 4.38 \times 10^{-2}$, $k_2' = 1.68 \times 10^{-2}$, $k_3' = 3.15 \times 10^{-3}$, $k_4' = 2.82 \times 10^{-4}$. Demnach bestände der Einfluß des p_H auf die Hydrolysegeschw. nur in der (dem Gleichgew. entsprechenden) Änderung der Verteilung des Gesamt-P_2O_7 auf die einzelnen Ionenarten, von denen jede mit spezif., p_H-unabhängiger Geschw. mit H_2O reagiert. Die Polarität der H_2O-Molekel macht die von $H_4P_2O_7$ zu $P_2O_7^{4-}$ zunehmende Stabilität der Ionenarten verständlich, J. D. McGilvery, J. P. Crowther (*Canad. J. Chem.* **32** [1954] 174/85). Die trotz verschiedenen Ansatzes befriedigende Übereinstimmung der vorstehenden k_n'-Werte (k_0' ausgenommen) mit denen von D. O. Campbell, M. L. Kilpatrick (*l. c.*), beruht darauf, daß bei $p_H > 3$ auch den k''-Werten dieser Autoren zufolge die Rkk. mit H_3O^+ gegenüber denen mit H_2O stark zurücktreten ($[H^+] \cdot k_n'' \approx 0.1\ k_n'$); außerdem ist bei $p_H = 2$ der k-Wert (3.2×10^{-2}) von J. P. Crowther, A. E. R. Westman (*Canad. J. Chem.* **32** [1954] 42/48) niedriger als der aus den Messungen von D. O. Campbell, M. L. Kilpatrick (*l. c.*) interpolierte Wert 3.8×10^{-2}, s. Fig. 61, S. 232.

Aus Messungen an Lsgg. im p_H-Bereich von 0.38 bis 6.74 bei einer Ionenstärke von etwa 0.44 ergibt sich, daß für den p_H-Bereich 0.38 bis 1.79 die von J. MUUS (*l. c.*) aufgestellte Summenformel für die Beschreibung der Vorgänge nicht ausreicht. Durch die Einführung eines Summengliedes für $H_5P_2O_7^+$ läßt sich dieser Mangel beheben. Für eine Temp. von 60.03° werden Werte erhalten, die in folgender Tabelle in Vergleich mit den Werten anderer Autoren gebracht sind:

Temp. °C	60.03°	59.87°	65.5°
Ionenstärke	0.44	0.15	—
Geschw.-Konstt. (1. Ordnung) in h^{-1}:			
$H_5P_2O_7^+$	$\geqq$115	—	—
$H_4P_2O_7$	0.037	—	0.23
$H_3P_2O_7^-$	0.024	0.0120	0.044
$H_2P_2O_7^{2-}$	0.0112	0.00956	0.017
$HP_2O_7^{3-}$	0.00036	—	0.00315
$P_2O_7^{4-}$	—	—	0.00028
Lit.	1)	2)	3)

1) R. K. OSTERHELD (*J. phys. Chem.* **62** [1958] 1133/5). — 2) D. O. CAMPBELL, M. L. KILPATRICK (*J. Am. Soc.* **76** [1954] 893/901). — 3) J. P. CROWTHER, A. E. R. WESTMAN (*l. c.*).

Die Zusammensetzung von aus essigsauren $Na_4P_2O_7$-Lsgg. gefällten Mg-, Ba- und Zn-Salzen weist darauf hin, daß die Hydrolyse über eine wenig stabile Zwischenstufe, vermutlich $H_{10}P_4O_{15}$, verläuft. Auf Kondensation des $P_2O_7^{4-}$ deutet auch die Temp.-Abhängigkeit der spezif. elektr. Leitf. der Lsgg. von $Na_4P_2O_7$ in verd. Essigsäure, V. N. OSIPOV (*Žurnal obščej Chim.* [russ.] **12** [1942] 468/74).

Enthalpie, freie Enthalpie, Entropie. Aus den Gleichgew.-Konstt. (s. S. 234) ergibt sich für die Rk. $H_2P_2O_7^{2-} + H_2O = 2H_2PO_4^-$ in konz. Lsg. (60 Gew.-% NaH_2PO_4): $\Delta H^\circ_{298} = -4.7$ kcal, $\Delta G^\circ_{298} = -3.2$ kcal, $\Delta S^\circ_{298} = -5.0$ cal/grd, C. D. SCHMULBACH, J. R. VAN WAZER, R. R. IRANI (*J. Am. Soc.* **81** [1959] 6347/50). Der ΔH°-Wert liegt zwischen den calorimetrisch bestimmten Werten −4.42 bzw. −4.25 kcal in stark saurer Lsg., H. GIRAN (*C.r.* **135** [1902] 961/3; *Ann. Chim. Phys.* [7] **30** [1903] 203/88, 244), und dem ebenfalls calorimetr. Wert -5.81 ± 0.13 kcal bei p_H 7.3, N. S. GING, J. M. STURTEVANT (*J. Am. Soc.* **76** [1954] 2087/91). *Enthalpy. Free Enthalpy. Entropy*

Dissoziationskonstanten

Dissociation Constants

Aus dem Hydrolysegrad von NH_4-Pyrophosphatlsgg. (ermittelt durch Schütteln mit Chloroform und Best. der Zus. der beiden Schichten) ergeben sich folgende Werte für die scheinbaren Dissoz.-Konstt. $K'_n = [H^+][H_{4-n}P_2O_7^{n-}]/[H_{5-n}P_2O_7^{(n-1)-}]$ in Lsgg. mit einer Gesamt-Ionenkonz. von 0.026 Äquivalent/l bei 18°C: $K'_1 = 0.14$, $K'_2 = 1.1 \times 10^{-2}$, $K'_3 = 2.9 \times 10^{-7}$, $K'_4 = 3.6 \times 10^{-9}$. Demnach ist $H_4P_2O_7$ eine starke Säure, $H_3P_2O_7^-$ und $H_2P_2O_7^{2-}$ dissoziieren annähernd im selben Maße wie H_3PO_4 bzw. $H_2PO_4^-$, während $HP_2O_7^{3-}$ stärker dissoziiert als HPO_4^{2-}, G. A. ABBOTT, W. C. BRAY (*J. Am. Soc.* **31** [1909] 729/63, 760). p_H-Titration in Ggw. von 1 Mol KCl/l ergibt $K'_1 > 2$, $K'_2 = 2.7 \times 10^{-2}$, $K'_3 = 3 \times 10^{-6}$ bei 30°C, J. MUUS (*Z. phys. Ch.* A **159** [1932] 268/76).

Scheinbare Dissoz.-Konstt. (p_H-Titration) in 0.1 n-KCl bei 20°C: $pK'_2 = 2.5 \pm 0.1$, $pK'_3 = 6.08 \pm 0.02$, $pK'_4 = 8.45 \pm 0.01$. Der Vergleich mit den K'-Werten der Unterphosphorsäure und der Polymethylendiphosphorsäuren deutet auf das Vorliegen einer H-Brückenbindung in den Ionen $HP_2O_7^{3-}$ und $H_2P_2O_7^{2-}$, A. E. MARTELL, G. SCHWARZENBACH (*Helv. chim. Acta* **39** [1956] 653/61), G. SCHWARZENBACH, J. ZURC (*Monatsh.* **81** [1950] 202/12).

p_H-Messungen an $Na_4P_2O_7$-$H_4P_2O_7$-Lsgg. ergeben unter Berücksichtigung der Bldg. des Komplex-Ions $NaP_2O_7^{3-}$ (s. S. 238) die thermodynam. (Aktivitäts-)Konstt.: $K_3 = 2.7 \times 10^{-7}$, $K_4 = (2.4 \pm 0.2) \times 10^{-10}$ bei 25°C, s. C. B. MONK (*J. chem. Soc.* **1949** 423/7), in guter Übereinstimmung mit den auf ähnliche Art bestimmten Werten $K_3 = 1.98 \times 10^{-7}$, $K_4 = 1.32 \times 10^{-10}$ bei 30°C, C. MORTON (*J. chem. Soc.* **1928** 1401/13), $K_3 = 2.1 \times 10^{-7}$, $K_4 = 4.06 \times 10^{-10}$ bei 18°C, I. M. KOLTHOFF, W. BOSCH (*Rec. Trav. chim.* **47** [1928] 826/33). $pK_4 = 9.53 \pm 0.05$ bei 25°C, $pK_4 = 9.57 \pm 0.05$ bei 40°C, $\mu = 0$, J. A. WOLHOFF, J. T. G. OVERBEEK (*Rec. Trav. chim.* **78** [1959] 759/81). Zur theoret. Berechnung der Dissoz.-Konstt. von Sauerstoffsäuren, s. A. KOSSIAKOFF, D. HARKER (*J. Am. Soc.* **60** [1938] 2047/55); Kritik s. J. E. RICCI (*J. Am. Soc.* **70** [1948] 109/13).

p_H-Titrationen (Glaselektrode) mit Anwendung des Kations $(CH_3)_4N^+$ bei Ausschluß von Alkalimetall-Ionen (die Komplexe mit $P_2O_7^{4-}$ bilden, s. S. 238), ergeben folgende Werte für $pK_n = -\lg K_n$ und $K_n = a_H[H_{4-n}P_2O_7^{n-}]/[H_{5-n}P_2O_7^{(n-1)-}]$ bei 25°C und Ionenstärke μ:

μ	pK_1	pK_2	pK_3	pK_4
1.0	0.82 ± 0.05	1.81 ± 0.05	6.13	8.93
0.1	—	2.22	6.36	9.11
0	—	2.64	6.76	9.42

S. M. LAMBERT, J. I. WATTERS (*J. Am. Soc.* **79** [1957] 4262/5); K_3 und K_4 bei unendlicher Verd. (n = 0) stimmen gut mit den älteren Werten (s. oben) überein. p_H-Titration mit wss. KOH und Anwendung der DEBYE-HÜCKELschen Gleichung (mit r = 4.5 Å) ergibt $pK_2 = 2.27$, $pK_3 = 6.63$, $pK_4 = 9.29$ bei $\mu = 0$ und 25°C, s. J. BEUKENKAMP, W. RIEMAN, S. LINDENBAUM (*Anal. Chem.* **26** [1954] 505/12).

Durch potentiometr. Titration werden $K_3 = 8.92 \times 10^{-7}$, $K_4 = 4.07 \times 10^{-9}$ bei 70°C und $\mu = 0.1$ gefunden, R. HOFSTETTER, A. E. MARTELL (*J. Am. Soc.* **81** [1959] 4461/4). Elektrometr. p_H-Titration von 0.179 m $Na_4P_2O_7$ mit n-HCl ergibt $K_1 = 0.107$, $K_2 = 7.58 \times 10^{-3}$, $K_3 = 1.45 \times 10^{-6}$, $K_4 = 9.81 \times$

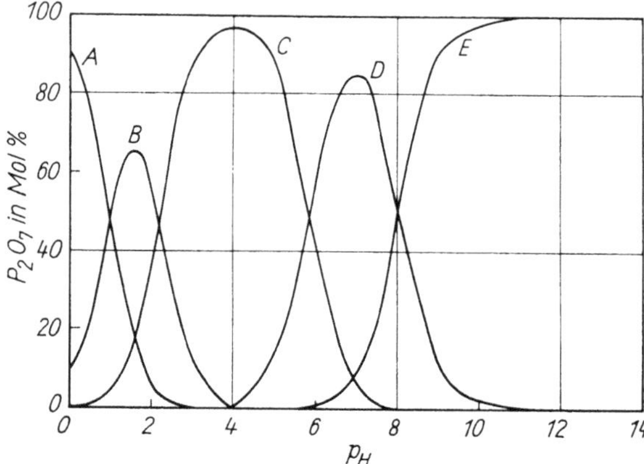

Fig. 65.

Verteilung des Gesamt-P_2O_7 auf $H_4P_2O_7$ (A), $H_3P_2O_7^-$ (B), $H_2P_2O_7^{2-}$ (C), $HP_2O_7^{3-}$ (D) und $P_2O_7^{4-}$ (E) im p_H-Bereich 0 bis 14.

10^{-9} bei 65.5°C, anwendbar im Konz.-Bereich 0.08 bis 0.18 Mol/l Gesamt-P_2O_7. **Fig. 65** zeigt die aus diesen Werten ber. Verteilung des Gesamt-P_2O_7 auf die Ionenarten im p_H-Bereich 0 bis 14, J. D. MCGILVERY, J. P. CROWTHER (*Canad. J. Chem.* **32** [1954] 174/85); Verteilung in 10^{-5} m bis 0.1 m wss. $H_4P_2O_7$-Lsg. s. P. HUHN, M. T. BECK (*Acta Univ. Szegediensis, Acta phys. chem.* [2] **4** [1958] 45/53).

Der Unterschied zwischen K_3 und K_4 beruht auf Resonanzkupplung zwischen den PO_4-Gruppen und auf elektrostat. Effekten, vgl. J. R. VAN WAZER, K. A. HOLST (*J. Am. Soc.* **72** [1950] 639/44). Vergleichende Zusammenstellung der für die Dissoz.-Konstt. erhaltenen Werte:

Temp. t in °C	pK_1	pK_2	pK_3	pK_4	Konz. der Lsg.	Lit.
18°	—	—	6.68	9.39	$\mu = 0$	6)
18°	0.85*)	1.96*)	6.54*)	8.44*)	$\mu = 0.026$	1)
20°	—	2.5*)	6.08*)	8.45*)	0.1 n-KCl-Lsg.	11)
25°	—	—	6.57	9.62	$\mu = 0$	3)
25°	—	—	—	9.54	$\mu = 0$	5)
25°	—	2.64	6.76	9.42	$\mu = 0$	7)
25°	—	2.27	6.63	9.29	$\mu = 0$	8)
25°	—	2.28	6.70	9.37	$\mu = 0$	13)
25°	—	2.22	6.36	9.11	$\mu = 0.1$	7)
25°	0.82	1.81	6.13	8.93	$\mu = 1.0$	7)
30°	—	—	6.71	9.88	$\mu = 0$	4)
30°	—	1.57*)	5.53*)	—	1 Mol KCl/l	2)
40°	—	—	—	9.57	$\mu = 0$	5)
60.03°	1.00	2.00	5.42	9.40	$\mu = 0.44$	12)
65.5°	0.97	2.12	5.84	8.01	0.08 bis 0.18 Mol/l Gesamt P_2O_5	10)
70°	—	—	6.05	8.39	$\mu = 0.1$	9)

*) Scheinbare Dissoz.-Konstt.

1) G. A. Abbot, W. C. Bray (*J. Am. Soc.* **31** [1909] 729/63). — 2) J. Muus (*Z. phys. Ch.* A **159** [1932] 268/76). — 3) C. B. Monk (*J. chem. Soc.* **1949** 423/7). — 4) C. Morton (*J. chem. Soc.* **1928** 1401/13). — 5) J. A. Wolhoff, J. T. G. Overbeek (*Rec. Trav. chim.* **78** [1959] 759/81). — 6) I. M. Kolthoff, W. Bosch (*Rec. Trav. chim.* **47** [1928] 826/33). — 7) S. M. Lambert, J. I. Watters (*l. c.*). — 8) J. Beukenkamp u. a. (*l. c.*). — 9) R. Hofstetter, A. E. Martell (*l. c.*). — 10) J. D. McGilvery, J. P. Crowther (*l. c.*). — 11) G. Schwarzenbach, J. Zurc (*l. c.*). — 12) Dissoz.-Konst. für $H_5P_2O_7^+ \geqq 100$, R. K. Osterheld (*J. phys. Chem.* **62** [1958] 1133/5). — 13) R. Näsänen (*Suomen Kemistilehti* B **33** [1960] 47/52 [engl.]).

Neutralisation

Neutralization

Den hohen Werten der ersten und der zweiten Dissoz.-Konst. entsprechend können 2 Äquivv. H mit Methylorange titriert werden; Titration des dritten mit Phenolphthalein ist infolge Störung durch Dissoziation des vierten nicht möglich, G. A. Abbott, W. C. Bray (*J. Am. Soc.* **31** [1909] 729/63, 761).

p_H-Titrationskurve (Pt-H_2-Elektrode, Glaselektrode) s. Fig. 44, S. 202, nach H. Rudy, H. Schloesser (*Ber.* **73** [1940] 484/92); Stufen bei $p_H = 4.3$ (erstes und zweites H), 7.2 (drittes H) und 10.2 (viertes H), O. T. Quimby (*Chem. Rev.* **40** [1947] 141/80, 169). Nachweis der 4bas. Natur durch kryoskop. Titration, E. Cornec (*C. r.* **153** [1911] 341/3; *Ann. chim. Phys.* [8] **30** [1913] 63/163, 91). **Fig. 66** nach R. N. Bell, L. F. Audrieth, O. F. Hill (*Ind. engg. chem.* **44** [1952] 568/72) zeigt eine p_H-Titrationskurve der Pyrophosphorsäure im Vergleich mit denen anderer Poly- und Metaphosphorsäuren. Vgl. hierzu ferner ,,Dissoziationskonstanten“ S. 235, ,,Komplexbildung“ S. 238.

Fig. 66.

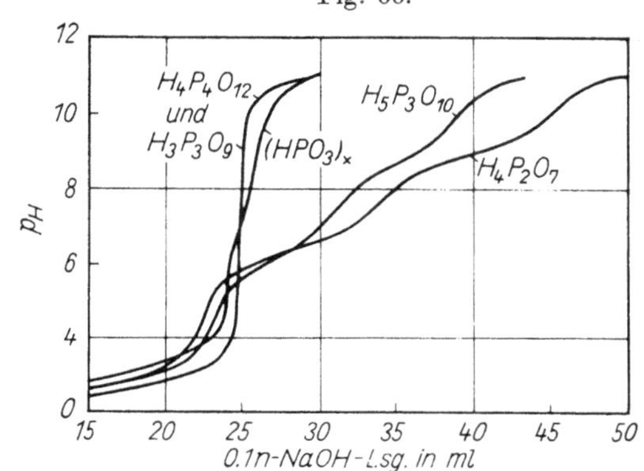

Titrationskurven von Poly- und Metaphosphorsäuren.

Neutralisationswärmen in verd. wss. Lsg. je Mol Säure bei Zugabe von 1, 2, 3 bzw. 4 Mol wss. NaOH: 15.29, 29.94, 43.05 bzw. 50.91 kcal, H. Giran (*C. r.* **134** [1902] 1499/1502; *Ann. Chim. Phys.* [7] **30** [1903] 203/88, 257); 14.38, 28.64, 52.74, 54.48 kcal/Mol Säure bei Zugabe von 1, 2, 4 bzw. 6 Mol NaOH, J. Thomsen (*J. pr. Ch.* [2] **11** [1875] 154/73; *Thermochemische Untersuchungen, Bd.* 2, *Leipzig* 1882, S. 206/26).

Salzbildung · Fällungsreaktionen

Salt Formation. Precipitation Reactions

$H_4P_2O_7$ bildet 4 Reihen von Alkalimetallsalzen; $Na_2H_2P_2O_7 \cdot 6H_2O$ und $Na_4P_2O_7 \cdot 10H_2O$ haben ausgedehnte Existenzfelder im System NaOH–$H_4P_2O_7$–H_2O, während die Hydrate des $Na_3HP_2O_7$ in engen Bereichen kristallisieren und $NaH_3P_2O_7$ nur aus der Schmelze zu erhalten ist, vgl. H. Giran (*Ann. Chim. Phys.* [7] **30** [1903] 203/88, 245/66), O. T. Quimby (*Chem. Rev.* **40** [1947] 141/80, 152), Seidell (*Solubilities, Bd.* 1, *New York* 1940, S. 1292/3), ,,*Natrium*“ S. 911/8. Sekundäre und quartäre Pyrophosphate bilden sich durch therm. Entwässerung primärer bzw. sekundärer Orthophosphate, vgl. H. Giran (*l. c.*).

Mit höherwertigen Kationen entstehen in neutralen Alkalipyrophosphatlsgg. meist amorphe, langsam krist. Ndd., die in Säuren lösl. sind und sich auch (im Gegensatz zum Verh. der Orthophosphate) in überschüssigem Pyrophosphat unter Komplexbldg. (s. S. 238) z. T. wieder auflösen, vgl. A. Rosenheim, T. Triantaphyllides (*Ber.* **48** [1915] 582/93), H. Bassett, W. L. Bedwell, J. B. Hutchinson (*J. chem. Soc.* **1936** 1412/29), M. Shinagawa, M. Kobayashi (*J. Sci. Hiroshima Univ.* A **18** [1954/55] 237/44).

Die (in H_2O schwer lösl.) Pyrophosphate $M_2^{II}P_2O_7 \cdot nH_2O$ ($n = 2^1/_3$ bis 8) von Mg, Zn, Cd, Cu, Ni, Co und Mn bilden Verbb. verschiedener Zus. mit $Na_4P_2O_7$, die in reinem H_2O ebenfalls schwer lösl. sind. Sie sind jedoch entgegen A. Rosenheim, S. Frommer, H. Gläser, W. Händler (*Z. anorg. Ch.* **153** [1926] 126/42) mit Ausnahme von $Na_6[Cu(P_2O_7)_2] \cdot 16H_2O$ keine Komplexverbb. mit M^{II} im Anion, sondern Doppelsalze, obwohl die $Na_4P_2O_7$-reichen Mutterlaugen komplexe Ionen enthalten, H. Bassett, W. L. Bedwell, J. B. Hutchinson (*l. c.*).

Schwer lösl. Pyrophosphate der Zus. $M^IM^{III}P_2O_7 \cdot nH_2O$ (M^I = Alkalimetall, M^{III} = Mn, Cr, Fe, Bi, Tl, Mo, V, Ce, Co) s. A. Rosenheim, T. Triantaphyllides (*l. c.*).

Aus HCl-sauren, mit überschüssigem Na_2MoO_4 versetzten, konz. Na-Pyrophosphatlsgg. fällt nach raschem Erhitzen zum Sieden beim Abkühlen hellgelbes Molybdatopyrophosphat der Zus. $2Na_2O \cdot P_2O_5 \cdot 12MoO_3 \cdot 26H_2O$, s. A. ROSENHEIM, M. SCHAPIRO, A. ITALIENER (*Z. anorg. Ch.* **129** [1923] 196/205); vgl. ferner „*Molybdän*" S. 361.

Über analytisch benutzte Fällungsrkk. mit Salzen von Ag, Cu, Mg, Ca, Sr, Ba, Be, Al und Pb s. W. STOLLENWERK, A. BÄURLE (*Z. anal. Ch.* **77** [1929] 81/111), von Mg, Ca, Ba, Zn, Cd, Sn^{IV}, UO_2, Ag, $Co^{III}(NH_3)_6$ s. J. FISCHER, G. KRAFT (*Z. anal. Ch.* **152** [1956] 56/76, **154** [1957] 245/53). Vgl. auch „*Phosphor*" *Tl.* B, S. 377.

Complex Formation

Komplexbildung

Pyrophosphat steht auch in bezug auf die Tendenz zur Komplexbldg. zwischen Orthophosphat und den höheren Polyphosphaten, vgl. J. R. VAN WAZER, C. F. CALLIS (*Chem. Rev.* **58** [1958] 1011/46). Die Tendenz zur Komplexbldg. nimmt zu in der Reihenfolge $Cs \sim K \sim Na < Li < Ba < Sr < Ca < Mg < Cd \sim Zn$, J. A. WOLHOFF, J. T. G. OVERBEEK (*Rec. Trav. chim.* **78** [1959] 759/82 [engl.]). Aus den Bldg.-Konstanten der Alaninkomplexe ergeben sich für die Komplexe $MP_2O_7^{2-}$ pK-Werte, die in der Reihenfolge Mn, Fe, Co, Zn, Ni, Cu von 5.63 (Mn) auf 6.46 (Cu) ansteigen, V. P. VASIL'EV (*Žurnal fiz. Chim.* [russ.] **31** [1957] 692/8).

Aus pH-Titrationen ergibt sich für die Alkalimetallkomplexe $MP_2O_7^{3-}$ bei $\mu = 0$ und 25°C: $pK_{Li} = \lg\ [LiP_2O_7^{3-}]/[Li^+] \cdot [P_2O_7^{4-}] = 3.1 \pm 0.2$, $pK_{Na} = pK_K = pK_{Cs} = 2.3 \pm 0.1$; bei $\mu = 0$ und 40°C: $pK_{Li} = 3.3 \pm 0.2$, $pK_{Na} = pK_K = pK_{Cs} = 2.3 \pm 0.1$, s. J. A. WOLHOFF, J. T. G. OVERBEEK (*l. c.*). Bei $\mu = 1$, eingestellt mit $(CH_3)_4NCl$, und 25°C: $pK_{Li} = 2.39 \pm 0.06$, $pK_{Na} = 1.00 \pm 0.06$, $pK_K = 0.80 \pm 0.06$. Li bildet außerdem einen Komplex $LiHP_2O_7^{2-}$ mit $pK = 1.03 \pm 0.06$. Die Komplexe haben vermutlich die nebenstehende Struktur, S. M. LAMBERT, J. I. WATTERS (*J. Am. Soc.* **79** [1957] 4262/5). Aus Leitf.-Messungen folgt $pK_{Na} = 2.35$ bei $\mu = 0$ und 25°C, s. B. MONK (*J. chem. Soc.* **1949** 423/7). Bruchteil des komplex gebundenen Na^+ in wss. $Na_4P_2O_7$ in Abhängigkeit von der Konz. desselben, ber. aus Messungen der elektr. Leitf. und Überführung, bei 25°C:

val/l	0.010	0.025	0.040	0.050	0.100
% gebundenes Na	14.9	20.3	21.0	21.0	31.5

F. T. WALL, R. H. DOREMUS (*J. Am. Soc.* **76** [1954] 868/70).

Die Komplexbldg. mit Na^+ bewirkt eine Zunahme der Hydrolysegeschw. bei pH > 4, s. „Hydrolyse" S. 232.

Tl^+ bildet nach polarograph. Unterss. die Komplexe $TlP_2O_7^{3-}$ und $Tl(P_2O_7)_2^{7-}$ mit $pK = 1.69$ bzw. ~ 1.9 bei $\mu = 2$ und 35°C, s. P. SENISE, P. DELAHAY (*J. Am. Soc.* **74** [1952] 6128/30).

Erdalkalimetalle bilden neben $MP_2O_7^{2-}$ auch bas. Komplexe $MOHP_2O_7^{3-}$; für M = Mg, Ca bzw. Sr ergibt sich aus pH-Messungen $pK_M = 7.2$, 6.8 bzw. 5.4, $pK_{MOH} = 9.3$, 8.9 bzw. 7.7 bei $\mu = 0$ und 25°C. pK_M-Werte bei 40° stimmen innerhalb der Fehlergrenze (± 0.3) mit vorstehenden überein, J. A. WOLHOFF, J. T. G. OVERBEEK (*l. c.*). $pK_{Mg} = 5.41$, $pK_{Ca} = 4.95$ bei $\mu = 1$ und 25°C. Außerdem existieren $MgHP_2O_7^-$ und $CaHP_2O_7^-$ mit $pK = 3.06$ bzw. 2.30, s. S. M. LAMBERT, J. I. WATTERS (*J. Am. Soc.* **79** [1957] 5606/8, **81** [1959] 3201/3), s. ferner R. R. IRANI, C. F. CALLIS (*J. phys. Chem.* **64** [1960] 1398/1407). $pK_{Mg} = 5.70$ in $\sim 10^{-4}$ m-Lsg. bei 19°C, s. V. P. VASIL'EV (*Žurnal fiz. Chim.* [russ.] **31** [1957] 692/8); $pK_{Sr} = 4.66$, $pK_{Ba} = 4.64$ unter den gleichen Bedingungen, V. P. VASIL'EV (*Žurnal neorg. Chim.* [russ.] **2** [1957] 805/7). Vermutete Existenz von $Ba(P_2O_7)_2^{6-}$ s. J. R. VAN WAZER, D. A. CAMPANELLA (*J. Am. Soc.* **72** [1950] 655/63). Auch Be bildet $Be(P_2O_7)_2^{6-}$ neben $BeP_2O_7^{2-}$, s. B. C. HALDAR (*J. Indian chem. Soc.* **27** [1950] 484/92). Verhinderung der Fällung von Ca^{2+} (als Orthophosphat, Carbonat, Seife) durch Pyrophosphat, B. H. GILMORE (*Ind. engg. Chem.* **29** [1937] 584/90), H. RUDY, H. SCHLOESSER, R. WATZEL (*Ang. Ch.* **53** [1940] 525/31). Unters. der Komplexbldg. mit Erdalkalimetallen mittels Trübungsmessungen, M. BOBTELSKY, S. KERTES (*J. appl. Chem.* **4** [1954] 419/29).

Elektrometr. Titration und polarograph. Unterss. zeigen die Bldg. von Komplexen $MP_2O_7^{2-}$ mit Mg sowie mit weiteren Metallen, wie Zn, Cd, Cu, Pb, Ni und Co, $MP_2O_7^-$ mit Al und Fe, $M(P_2O_7)_2^{6-}$ mit Zn und Cu, $M(P_2O_7)_2^{5-}$ mit Al und Fe an, L. B. ROGERS, C. A. REYNOLDS (*J. Am. Soc.* **71** [1949] 2081/5), ferner von $Mn(H_2P_2O_7)_2^{2-}$ und $Mn(H_2P_2O_7)_3^{3-}$, s. J. I. WATTERS, I. M. KOLTHOFF (*J. Am. Soc.* **70** [1948] 2455/60; *Ind. engg. Chem. anal. Edit.* **15** [1943] 8/13, **16** [1944] 187/9). Trübungsmessungen deuten auf die Existenz von $MP_2O_7^{2-}$ mit M = Cu, Ni, Co und Mn; Cu und Ni bilden außerdem $Cu(P_2O_7)_2^{6-}$, $Cu_2(P_2O_7)_3^{8-}$ bzw. $Ni_3(P_2O_7)_2^{2-}$, s. M. BOBTELSKY, S. KERTES (*J. appl. Chem.* **5** [1955] 675/86).

Nach potentiometr., konduktometr. und spektrophotometr. Unterss. bilden Sn, Pb, Cu, Ni und Co Komplexe vom Typ $MP_2O_7^{2-}$; mit Cu, Ni und Co entsteht außerdem der Komplex $M(P_2O_7)_2^{6-}$, ebenso mit Zn, s. J. VAID, T. L. RAMA CHAR (*Bl. India Sect. electrochem. Soc.* **7** [1958] 5/13 nach *C. A.* **1958** 8821); vgl. ferner J. VAID, T. L. RAMA CHAR (*Current Sci.* **22** [1953] 170), B. C. HALDAR (*Current Sci.* **19** [1950] 244/5, 283; *Nature* **166** [1950] 744/5).

Nach p_H-Messungen existieren die Komplexe $ZnP_2O_7^{2-}$, $ZnOHP_2O_7^{3-}$ und $Zn(P_2O_7)_2^{6-}$ mit pK = 8.7, 13.1 bzw. 11.0 bei $\mu = 0$ und 25°C. Für $CdP_2O_7^{2-}$ und $CdOHP_2O_7^{3-}$ ergibt sich pK = 8.7 bzw. 11.8 unter denselben Bedingungen. pK-Werte bei 40°C unterscheiden sich weniger als die Fehlergrenze (± 0.5) von denen bei 25°C. Bas. Komplexe werden vermutlich auch von Fe^{II}, Co, Ni, Pb und Sn^{II} gebildet, J. A. WOLHOFF, J. T. G. OVERBEEK (*Rec. Trav. chim.* **78** [1959] 759/82 [engl.]).

(Brutto-)Bildungskonstanten aus calorimetr. Messungen und weiteren Daten für $NiP_2O_7^{2-}$, $Ni(P_2O_7)_2^{6-}$, $Cu(P_2O_7)_2^{6-}$, $Zn(P_2O_7)_2^{6-}$ und $Pb(P_2O_7)^{6-}$: pK = 5.82, 7.19, 9.00, 6.50 bzw. 6.24 bei 25°C, s. K. B. JACIMIRSKIJ, V. P. VASIL'EV (*Žurnal fiz. Chim.* **30** [1956] 901/11).

Nach polarograph. Unterss. bildet Cu^{2+} bei pH 3.6 bis 5.3 die Komplexe $CuHP_2O_7^-$ und $Cu(HP_2O_7)_2^{4-}$ mit pK = 6.4 bzw. 10 bei 25°C; bei $p_H > 5$ außerdem $Cu(HP_2O_7)(P_2O_7)^{5-}$ oder $Cu(P_2O_7)_2^{6-}$ und $Cu(OH)(P_2O_7)^{3-}$, s. H. A. LAITINEN, E. I. ONSTOTT (*J. Am. Soc.* **72** [1950] 4729/33). Potentiometrisch ergibt sich für $CuP_2O_7^{2-}$ und $Cu(P_2O_7)_2^{6-}$ pK = 6.2 bzw. 10.3 bei 25°C, E. A. UKŠE, A. I. LEVIN (*Žurnal obščej Chim.* **24** [1954] 775/9); aus spektrophotometr. Unterss. folgt pK = 8.7 bzw. 12.4 bei $\mu = 1$ und gewöhnl. Temperatur. In sehr verd. Lsgg. treten außerdem $CuP_2O_7^0$ und $Cu_4P_2O_7^{4+}$ auf, J. I. WATTERS, A. AARON (*J. Am. Soc.* **75** [1953] 611/6). Kupferamminpyrophosphat-Komplexe s. J. I. WATTERS, J. MASON, A. AARON (*J. Am. Soc.* **75** [1953] 5212/5).

Thermometr. Titration, Überführungsmessungen und spektrophotometr. Unterss. deuten auf die Existenz von $FeP_2O_7^-$ und $Fe(P_2O_7)_2^{5-}$; für letzteres ergibt sich pK = 5.55, S. BANERJEE, S. K. MITRA (*Sci. and Culture* **16** [1951] 530/1 nach *C. A.* **1952** 8562). Colorimetr. Unterss. zur Komplexbldg. mit Fe^{3+} s. M. KOBAYASHI, S. TADA, M. SHINAGAWA (*J. Sci. Hiroshima Univ.* A **21** [1957/58] 27/33); die Verminderung der Farbintensität des Fe^{III}-Thiocyanat-Komplexes durch $P_2O_7^{4-}$ läßt sich zur colorimetr. Best. des letzteren verwenden, R. H. KOLLOFF, H. K. WARD, V. F. ZIEMBA (*Anal. Chem.* **32** [1960] 1687/90).

Ionenaustauschverss. ergeben die Existenz von $CeP_2O_7^-$ mit pK = 17.15 bei $\mu = 0$ und 25°C, S. W. MAYER, S. D. SCHWARTZ (*J. Am. Soc.* **72** [1950] 5106/10). Komplexe mit Nd^{3+} und Y^{3+} s. E. GIESBRECHT, L. F. AUDRIETH (*J. inorg. nuclear Chem.* **6** [1958] 308/13).

Nach konduktometr., colorimetr. und potentiometr. Unterss. liegen in wss. $H_4P_2O_7$-$(NH_4)_6Mo_7O_{24}$-Lsgg. 1-, 3- und 5-Molybdatopyrophosphat-Ionen vor, während in $H_4P_2O_7$-Molybdänsäure-Lsgg. 1-, 4-, 6-, 12- und 18-Molybdatopyrophosphat-Ionen auftreten; die Intensität der Gelbfärbung der Lsgg. wächst mit dem Kondensationsgrad, R. RIPAN, I. ZSAKÓ (*Acad. R. P. Romîne, Filiala Cluj, Studii Cercetări chim.* **8** [1957] 7/19 nach *C. A.* **1958** 16104).

Vermutete Komplexbldg. zwischen $H_2P_2O_7^{2-}$ und der Carboxylgruppe s. „Hydrolyse" S. 232. Schluß auf Verbindungsbldg. mit HCl aus der abnorm kleinen Leitf. von salzsauren $H_4P_2O_7$-Lsgg., L. PESSEL (*Monatsh.* **43** [1923] 601/14).

Triphosphorsäure $H_5P_3O_{10}$ und ihre Ionen

Triphosphoric Acid and Its Ions

Zur besseren Unterscheidung von Trimetaphosphorsäure und tertiären Orthophosphaten („Triphosphaten") werden häufig die Bezeichnungen „Tripolyphosphorsäure" und „Tripolyphosphate" verwendet.

Das Ion $P_3O_{10}^{5-}$. Struktur, Raman-, UR- und UV-Spektren s. S. 240. Elektr. Leitf. s. S. 241.

The $P_3O_{10}^{5-}$ Ion

Die Molekel $H_5P_3O_{10}$. Vgl. weiter unten bei „Struktur. Spektren" der wss. Lösung.

The $H_5P_3O_{10}$ Molecule

Wasserfreies $H_5P_3O_{10}$.

Anhydrous $H_5P_3O_{10}$

In krist. Form nicht bekannt, vgl. das System P_2O_5–H_2O, S. 156. Die durch therm. Entwässerung von H_3PO_4 oder durch Erhitzen von P_2O_5 mit H_3PO_4 erhältliche, bei gewöhnl. Temp. sirupöse (unterkühlte) Fl. der Zus. $H_5P_3O_{10}$ ist eine Gleichgew.-Mischung aus H_3PO_4, $H_4P_2O_7$, $H_5P_3O_{10}$ und höheren Polyphosphorsäuren, R. N. BELL (*Ind. engg. Chem.* **40** [1948] 1464/7). Physikal. Eigg. und chem. Verh. der Fl. s. ab S. 214. Dagegen gelingt die Krist. eines $Na_5P_3O_{10}$-Hydrats aus Na_2O–P_2O_5-Schmelzen, F. SCHWARZ (*Z. anorg. Ch.* **9** [1895] 249/66), s. „*Natrium*" S. 924. Vgl. ferner das Schmelzdiagramm des Systems $NaPO_3$–$Na_4P_2O_7$, E. P. PARTRIDGE, V. HICKS, G. W. SMITH (*J. Am. Soc.* **63** [1941] 454/66).

Im Reorganisationsgleichgew. (s. S. 218) befindliche, durch 1- bis 50std. Schmelzen bei 950 bis 1015°C und rasches Abschrecken zwischen Cu-Platten hergestellte Na_2O-P_2O_5-Gläser der Bruttozus. $Na_5P_3O_{10}$ enthalten nach papierchromatograph. Analyse 47.2% des Gesamt-P als Triphosphat neben 22.9 Pyro-, 20.4 Tetra-, 6.1 Penta- und geringen Mengen höherer Polyphosphate, A. E. R. WESTMAN, J. CROWTHER (*J. Am. ceramic Soc.* **37** [1954] 420/7), noch niedrigere Werte (~38 bzw. 25% als $P_3O_{10}^{5-}$) ergeben sich für Li- und K-Phosphatgläser, A. E. R. WESTMAN, P. A. GARTAGANIS (*J. Am. ceramic Soc.* **40** [1957] 293/9); vgl. ferner H. GRUNZE (*Silikattechn.* **7** [1956] 134/8). Durch schroffes Abschrecken einer knapp oberhalb der Liquidustemp. (etwa 880°C) befindlichen $5\,Na_2O \cdot 3\,P_2O_5$-Schmelze wird ein Glas erhalten, dessen Ramanspektrum ausschließlich Triphosphatlinien zeigt, W. BUES, H.-W. GEHRKE (*Z. anorg. Ch.* **288** [1956] 291/306); vgl. hierzu „Größenverteilung" S. 221.

Zur Bldg. von Triphosphat bei Neutronenbeschuß von Na_2HPO_4 s. beim H_2O-freien $H_4P_2O_7$.

Aqueous Solution

Wäßrige Lösung

Formation. Preparation

Bildung und Darstellung. Bldg. bei der Hydrolyse von Trimeta- und Tetrametaphosphorsäure s. S. 283, 289; bei der Hydrolyse von P_4O_{10} s. S. 89; durch Kondensation in wss. Lsg. s. S. 218.

Aus wss. $Na_5P_3O_{10}$ durch Fällung des Cu-Salzes und Zers. desselben mit H_2S, F. SCHWARZ (*Z. anorg. Ch.* **9** [1895] 249/66, 257). Aus wss. $Na_5P_3O_{10}$ durch Kationenaustausch an Wofatit KS, s. R. KLEMENT (*Z. anorg. Ch.* **260** [1949] 267/72). Aus wss. $Na_5P_3O_{10} \cdot 6\,H_2O$ durch Ionenaustausch an Dowex-X 12-Harz in einer mit Eiswasser gekühlten Säule (2 cm × 90 cm, Füllhöhe 50 cm). Die Lsg. enthält keine spektroskopisch oder durch Tüpfeltest mit Mg-UO_2-Acetat nachweisbaren Mengen Na^+, J. I. WATTERS, E. D. LOUGHRAN, S. M. LAMBERT (*J. Am. Soc.* **78** [1956] 4855/8).

Structure. Spectra

Struktur. Spektren. Aus röntgenograph. Unterss. und kryoskop. Molgew.-Bestt. geht hervor, daß $Na_5P_3O_{10}$ und $Na_5P_3O_{10} \cdot 6\,H_2O$ nicht Doppelsalze (aus Ortho- oder Pyro- und Metaphosphat), sondern Salze der Säure $H_5P_3O_{10}$ sind. Das wird durch Leitf.-Messungen und durch das Verh. der Lsg. bei Krist. und Fällung bestätigt, P. BONNEMAN-BÉMIA (*Ann. Chim.* [11] **16** [1941] 395/476); vgl. ferner K. R. ANDRESS, K. WÜST (*Z. anorg. Ch.* **237** [1938] 113/31), C. B. MONK (*J. chem. Soc.* **1949** 427/9), H. HUBER (*Z. anorg. Ch.* **230** [1937] 123/8), M. STANGE (*Z. anorg. Ch.* **12** [1896] 444/63). Ionengew.-Best. in $Na_2SO_4 \cdot 10\,H_2O$ s. G. SCHWARZENBACH, G. PARISSAKIS (*Helv. chim. Acta* **41** [1958] 2425/35).

Das Vorhandensein von 3 starken und 2 schwachen Säuregruppen (s. „Dissoziation" S. 243), wobei die letzteren stärker sind als die der Pyrophosphorsäure, spricht für die schon von F. SCHWARZ (*Z. anorg. Ch.* **9** [1895] 249/66, 251) vorgeschlagene nebenstehende Kettenstruktur und schließt die von W. D. TREADWELL, F. LEUTWYLER (*Helv. chim. Acta* **21** [1938] 1450/9) angenommene Ringstruktur mit zwei koordinativ 5wertigen P-Atomen aus, H. RUDY, H. SCHLOESSER (*Ber.* **73** [1940] 484/92). Auch das magnet. ^{31}P-Kernresonanzspektrum zeigt der Struktur gemäß doppelt so viel endständige als mittelständige PO_4-Gruppen an; die P–O-Bindungen sind im wesentlichen kovalent, C. F. CALLIS, J. R. VAN WAZER, J. N. SHOOLERY, W. A. ANDERSON (*J. Am. Soc.* **79** [1957] 2719/26). Die Kettenstruktur wird durch die quantitativ unter Bldg. von Triphosphorsäure verlaufende Hydrolyse der Trimetaphosphorsäure (s. S. 283) sowie durch die Hydrolyse der Triphosphorsäure selbst (s. S. 241) bewiesen, E. THILO, R. RÄTZ (*Z. anorg. Ch.* **258** [1949] 33/57).

$$(HO)_2P{-}O{-}\overset{O}{\overset{\|}{\underset{OH}{\underset{|}{P}}}}{-}O{-}P(OH)_2$$

Nach röntgenograph. Unterss. hat das Triphosphat-Ion im krist. $Na_5P_3O_{10}$ (Modifikation II) die in **Fig. 67** dargestellte Struktur mit 2zähliger Achse, die durch geringe Verdrehung aus einer höher symmetr. Konfiguration entsteht. Die P–O–P-Bindungen sind gewinkelt; der Abstand O–PO_3 ist erheblich größer als die Länge der übrigen P–O-Bindungen, D. R. DAVIES, D. E. C. CORBRIDGE (*Acta crystallogr.* [*Copenhagen*] **11** [1958] 315/9).

Das Ramanspektrum von geschmolzenem $Na_5P_3O_{10}$ bei 880°C (knapp oberhalb der Liquidustemp.) weist die in **Fig. 68**, S. 242, wiedergegebenen Frequenzen auf. Durch schroffes Abschrecken (in Wasser) einer kleinen Menge (0.5 g) der Schmelze erhaltenes Glas zeigt die in Fig. 68 schematisch dargestellten UR-Absorptionsbanden. In beiden Spektren treten die charakterist. Frequenzen anderer Polyphosphate (Ortho-, Pyro-, Tetra-, Hochpolyphosphate) nicht auf. Die beob. Frequenzen sind daher dem $P_3O_{10}^{5-}$-Ion zuzuschreiben. Das Ion besitzt 33 Grundschwingungen (12 Valenz-, 21 Deformationsschwingungen), die näherungsweise als Schwingungen der POP-Kette (Bindungsgrad der P–O-Bindung N = 1) sowie der Gruppen PO_2 (N = 1.5) und PO_3 (N = 4/3) betrachtet werden können.

Vergleich mit den Schwingungsspektren des Di- und des Tetraphosphats ergibt das Zuordnungsschema der Fig. 68, W. Bues, H.-W. Gehrke (*Z. anorg. Ch.* **288** [1956] 291/306).

Das Ramanspektrum der wss. Lsg. einer durch Abschrecken der Schmelze und Tempern des Glases erhaltenen $Na_5P_3O_{10}$-Probe ergibt die Frequenzen 335 (1), 705 (2), 971 (6), 1020 (3), 1091 (6), 1156 (2), 1259 (0), H. J. Hofmann, K. R. Andress (*Naturw.* **41** [1954] 94/95); z. T. abweichende Angaben s. A. Simon, E. Steger (*Z. anorg. Ch.* **277** [1954] 209/33, 232). Von den angegebenen Frequenzen gehören 1020 und 1156 dem Diphosphat bzw. dem Trimetaphosphat an; bei langsamer Abkühlung der Schmelze oder beim Abschrecken großer Mengen dismutiert die Triphosphatkette in Diphosphat und höhere Polyphosphate, aus denen beim Glühen Trimetaphosphat entsteht. Kristallisiertes, durch Glühen des Glases bei 550°C hergestelltes $Na_5P_3O_{10}$ ergibt ein mit dem des Glases nahezu ident. UR-Spektrum; nur im Gebiet der symmetr. Kettenfrequenzen treten 2 weitere Banden bei 658 und 725 cm^{-1} auf, W. Bues, H.-W. Gehrke (*l. c.*).

UR-Spektrum von $Na_5P_3O_{10} \cdot 6H_2O$ und der beiden Modifikationen von $Na_5P_3O_{10}$ s. S. Suzuki, K. Ishihara, Y. Takeuchi, O. Mitsuma (*J. Osaka Inst. Sci. Technol. Tl.* 1 **4** [1958] 9/19 nach *C.A.* **1958** 19685).

Fig. 67.

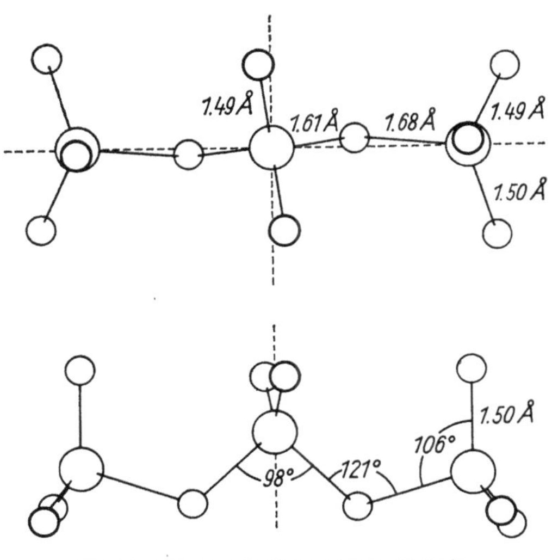

Struktur des Ions $P_3O_{10}^{5-}$ im krist. $Na_5P_3O_{10}$.

UV-Absorption. Zwischen 210 und 400 mμ zeigt $P_3O_{10}^{5-}$ keine charakterist. Absorption, O. T. Quimby (*J. phys. Chem.* **58** [1954] 603/18). *UV Absorption*

Elektrische Leitfähigkeit. Aus Messungen an wss. $Na_5P_3O_{10}$-Lsg. ergibt sich Λ_∞ $(Na_5P_3O_{10}) = 159.0$; daraus folgt Λ_∞ $(P_3O_{10}^{5-}) = 109$, C. B. Monk (*J. chem. Soc.* **1949** 427/9). Zur Leitf. von Polyphosphaten und der Beweglichkeit der Anionen vgl. beim elektrochem. Verh. der Hochpolyphosphate, S. 266. *Conductance*

Chemisches Verhalten

Chemical Reactions

Hydrolyse. Allgemeiner Verlauf. Titrimetr. und gravimetr. Best. aller beteiligten Phosphorsäuren (H_3PO_4, $H_4P_2O_7$ und $H_5P_3O_{10}$) ergibt den in **Fig. 68a**, S. 242, dargestellten Verlauf der Triphosphat-Hydrolyse in Lsgg. von 1 Gew.-% krist. $Na_5P_3O_{10}$ in Wasser (p_H der Ausgangslsg. 9.4) und in 1%igem wss. NaOH bei 100°C. Nach Fig. 68a stehen die gebildeten Mengen Ortho- und Pyrophosphat im Molverhältnis 1:1. Demnach zerfällt Triphosphat primär in Ortho- und Pyrophosphat; letzteres ist in 1%igem NaOH auch bei 100°C beständig (s. S. 233), wird jedoch bei tieferem p_H weiter zu Orthophosphat hydrolysiert, vgl. Fig. 61, S. 232. Bei 70°C ist das Triphosphat viel beständiger, nach 60 Std. sind erst 20% abgebaut, R. N. Bell (*Ind. engg. Chem.* **39** [1947] 136/40). In sd. ammoniakal. Lsg. bei Ggw. von Mg^{2+} geht Triphosphat quantitativ in je ein Mol Pyro- und Orthophosphat über, E. Thilo, R. Rätz (*Z. anorg. Ch.* **258** [1949] 33/57). Ultraschallwellen beeinflussen den Abbau der Triphosphate nicht, vgl. das analoge Verh. der Pyrophosphate, S. 230. *Hydrolysis. General Course*

Geschwindigkeit. Nach Unterss. bei konst. p_H mit colorimetr. H_3PO_4-Best. wird Triphosphat bei 60°C und $p_H = 0.6$ im Laufe von 2 Std. nahezu zur Hälfte, in 5.5 Std. zu 90% gespalten; bei 60°C und $p_H = 7$ bis 13 ist es beständig. Bei 100°C und $p_H = 3, 7, 10, 13$ sind nach 2 Std. 60, 35, 15 bzw. 35% gespalten. Die Beständigkeit ist demnach bei $p_H = 10$ am größten, jedoch wird nirgends vollständige Beständigkeit (wie bei Pyrophosphat, s. S. 230) erreicht, R. Watzel (*Angew. Ch.* **55** [1942] 356/9). Ebenfalls bei konst. p_H (Einstellung durch Zusatz von NH_4OH- oder H_2SO_4-Lsg.) an $Na_5P_3O_{10}$-Lsgg. (33 und 66 Millimol/l) ausgeführte Unterss. mit papierchromatograph. Best. der Phosphorsäuren ergeben: Triphosphat wird durch H_2O primär in Pyro- und Orthophosphat gespalten; bei konst. p_H verläuft die Rk. nach 1. Ordnung mit folgenden Geschw.-Konstt. $k = t^{-1} \cdot \ln C_0/C$ (t in Std., C = Triphosphat-Konz.) bei 65.5°C: *Rate of Hydrolysis*

p_H	2.0	3.0	5.0	9.3	12.0
$10^4 \cdot k$ in h^{-1} . . .	1272	564	173	9	85

Danach erreicht die Hydrolysegeschw. in Übereinstimmung mit R. WATZEL (*l. c.*) bei p_H 9 bis 10 ein Minimum, J. P. CROWTHER, A. E. R. WESTMAN (*Canad. J. Chem.* **32** [1954] 42/48); Unterss. mit verbessertem chromatograph. Verf. ergeben höhere Werte:

p_H	1.4	3.0	5.0	5.3
$10^4 \cdot k$ in h^{-1} . . .	5184	972	402	377

M. J. SMITH (*Canad. J. Chem.* **37** [1959] 1115/6).

Durch colorimetr. H_3PO_4-Best. ermittelte k-Werte (Ausgangslsg. mit ~0.5 Millimol/l $Na_5P_3O_{10}$) bei 65.5°C und $p_H = 5$, 7 bzw. 9: 150×10^{-4}, 35.7×10^{-4} bzw. 9.9×10^{-4} h^{-1} (in Einklang mit vorstehenden Werten); bei 87.8°C und $p_H = 5$ bzw. 7: 20.2×10^{-2} bzw. 5.91×10^{-2} h^{-1}. Ca^{2+} beschleunigt die Hydrolyse; die Wrkg. nimmt mit steigendem p_H zu, bei $p_H = 9$ und 65.5° bzw. 87.8°C verläuft die katalysierte Rk. etwa 6- bzw. 3mal schneller als die nichtkatalysierte. Bei $p_H = 9$ fällt Ca-Orthophosphat aus. Mg^{2+} verzögert die Hydrolyse, J. GREEN (*Ind. engg. Chem.* **42** [1950] 1542/6); zur Katalyse durch Ca^{2+} vgl. auch E. CHERBULIEZ, J.-P. LEBER, P. STUCKI (*Helv. chim. Acta* **36** [1953] 537/47).

Fig. 68.

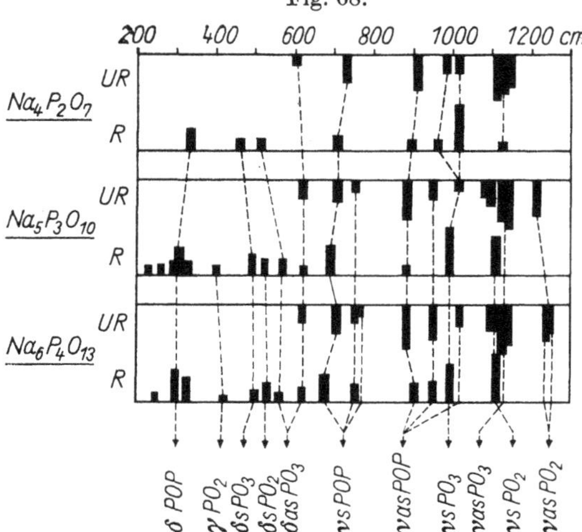

Raman- und Ultrarotspektrum von Di-, Tri- und Tetraphosphat.

Fig. 68 a.

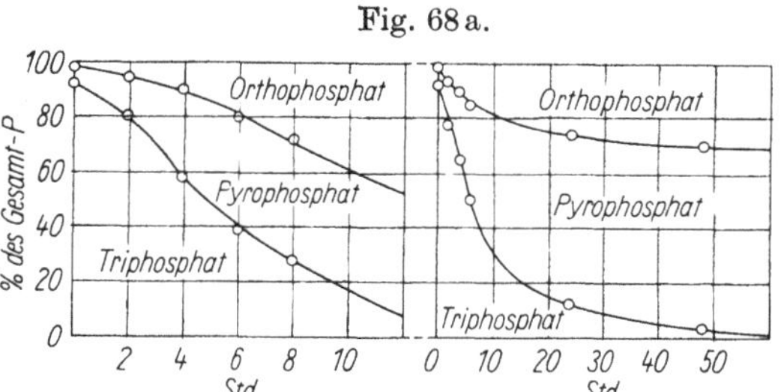

Hydrolyse von 1%igem $Na_5P_3O_{10}$ bei 100°C in Wasser (links) und 1%iger Natronlauge (rechts).

Nach Untersuchungen mit drei verschiedenen Analysenverfahren (Isotopenmethode, Fällung mit $Co(en)_3^{3+}$, Titration nach Zn^{2+}-Zusatz) zerfällt $Na_5P_3O_{10}$ in rein wäßriger Lösung (0.1 bis 10 g/100 ml, $p_H = 9$ bis 10) annähernd nach nullter Ordnung; bei 25° bis 28°C zerfallen nur 0.01 bis 0.02% der ursprünglichen Menge je Tag, der p_H-Wert der Lsg. bleibt während der Vers.-Dauer von 150 Tagen nahezu unverändert. Bei 82°C steigt die Zerfallsgeschw. auf das 2000- bis 4000fache, entsprechend einer 4- bis 4.5fachen Zunahme je 10°C Temp.-Zuwachs; in einer Lsg. mit 10 g $Na_5P_3O_{10}$/100 ml zerfallen am ersten Tag 40% der Anfangsmenge oder 1.7% je Std., das p_H sinkt auf 7.5; nach 72 Std. enthält die Lsg. nur mehr 4% der ursprünglichen Menge, O. T. QUIMBY (*J. phys. Chem.* **58** [1954] 603/18).

Das entstandene Pyrophosphat zerfällt in saurer Lsg. nach 1. Ordnung weiter in Orthophosphat (s. S. 231); die Geschw. dieses Zerfalls wird durch die Ggw. von Triphosphat nicht beeinflußt, wie aus folgendem Vergleich (für $p_H = 2$, weitere Angaben im Original) der gem. und der aus den beiden Geschw.-Konstt. ber. Pyrophosphat-Anteile (in % des Gesamt-P) hervorgeht:

Rk.-Dauer (Min.) . . .	0	60	135	225	345	425	1395
% Pyrophosphat, gem.	8.8	17.0	20.4	27.7	35.5	40.0	35.1
% Pyrophosphat, ber. .	—	17.1	21.6	28.8	35.4	39.9	38.2

Genauigkeit der chromatograph. Analyse ±1% absolut, J. P. CROWTHER, A. E. R. WESTMAN (*l. c.*); vgl. auch M. J. SMITH (*l. c.*). Diese Ergebnisse einschließlich der unabhängig ablaufenden Pyrophosphat-Hydrolyse werden durch ähnliche Unterss. (mit titrimetr. Best. der Phosphorsäuren) an Lsgg. von $(CH_3)_4N$-Triphosphat (0.033 Mol/l) in 0.65 m-$(CH_3)_4NBr$ mit p_H-Einstellung durch Zusatz von wss.

HBr oder $(CH_3)_4NOH$ im wesentlichen bestätigt. k-Werte (in h^{-1}) in Abhängigkeit von p_H und Temp. in °C:

p_H	30°	60°	90°	125°
1	1.12×10^{-2}	4.12×10^{-1}	5.41	—
4	3.99×10^{-4}	1.77×10^{-2}	3.74×10^{-1}	—
7	9.81×10^{-5}	2.80×10^{-3}	1.08×10^{-1}	—
10	—	2.85×10^{-4}	1.58×10^{-2}	4×10^{-1}
13	—	—	3.05×10^{-3}	2×10^{-1}

Ohne $(CH_3)_4NBr$-Zusatz ergeben sich k-Werte, die bei $p_H = 1$, 4 bis 7, 10 bis 13 um den Faktor 2.9, 1.3 bzw. 1.1 höher sind. Das deutet darauf hin, daß die P–O–P-Bindungen in saurer Lsg. durch Rk. mit H_3O^+ gespalten werden, während bei höherem p_H die Rk. mit H_2O vorwiegt, J. R. VAN WAZER, E. J. GRIFFITH, J. F. MCCULLOUGH (*J. Am. Soc.* **77** [1955] 287/91, **74** [1952] 4977/8). Mit vorstehenden k-Werten konstruiertes Nomogramm, aus dem die Halbwertszeiten des Triphosphatzerfalls in Abhängigkeit von p_H und Temp. abzulesen sind, s. E. J. GRIFFITH (*Ind. engg. Chem.* **51** [1959] 240); für $p_H = 2$ ergeben sich (in alkalifreier Lsg.) Halbwertszeiten von einigen Monaten bzw. Jahren bei gewöhnl. Temp. bzw. bei 0°C. Nach J. I. WATTERS, E. D. LOUGHRAN, S. M. LAMBERT (*J. Am. Soc.* **78** [1956] 4855/8) tritt in 0.01 m $H_5P_3O_{10}$ ($p_H \sim 1.8$, keine Kationen außer H^+) bei gewöhnl. Temp. in einigen Std., bei 0°C in einigen Tagen, durch titrimetr. Endpunktbest. nachweisbare Hydrolyse ein.

Bei Ausschluß von Metall-Ionen tritt bis $p_H = 13$ kein Minimum der Hydrolysegeschw. auf. Na^+ beschleunigt die Rk. bei $p_H > 4$, vermutlich infolge Komplexbldg. (s. S. 246). An $Na_5P_3O_{10}$-Lsgg. gem. k-Werte bei 60°C, $p_H = 4$, 7 und 10: 23.9×10^{-3}, 4.51×10^{-3} und 1.23×10^{-3} h^{-1}; bei 90°C: 76.6×10^{-2}, 15.2×10^{-2} und 2.14×10^{-2} h^{-1}. NaBr-Zusatz erhöht die k-Werte noch weiter. Der beobachtete Wiederanstieg der Rk.-Geschw. bei $p_H > 10$ in Na^+-haltigen Lösungen beruht auf diesem Effekt, nicht auf Katalyse durch OH^-. In saurer Lsg. setzt Na^+ die Hydrolysegeschw. herab. Die Aktivierungsenergie (kcal/Mol) steigt in Na^+-freier Lsg. von ~ 23 bei $p_H = 1$ auf ~ 40 bei $p_H = 10$, in Na^+-haltiger Lsg. fällt sie von ~ 28 bei $p_H = 4$ und 7 auf 23 bei $p_H = 10$. In neutraler und schwach saurer Lsg. wird Triphosphat fast 3mal schneller hydrolysiert als Pyrophosphat, in stark saurer Lsg. ($p_H = 1$) 9mal, in alkal. Lsg. 20- bis 100mal schneller; vgl. „Hydrolyse" S. 229. Aus der Anzahl der P–O–P-Bindungen wäre nur der Faktor 2 zu erwarten. Ihre größere Stabilität im Pyrophosphat beruht vermutlich auf der höheren Symmetrie der Pyrophosphat-Ionen, J. R. VAN WAZER u. a. (*l. c.*); vgl. auch S. L. FRIESS (*J. Am. Soc.* **74** [1952] 4027/9). Die größere Instabilität des Triphosphats beruht auf schwächerer Bindung der Endgruppen, die im großen $O–PO_3$-Abstand (s. Struktur S. 240) zum Ausdruck kommt, D. R. DAVIES, D. E. C. CORBRIDGE (*Acta crystallogr.* [*Copenhagen*] **11** [1958] 315/9).

Der Abbau zu Orthophosphat bei $p_H = 8$ bis 9 wird durch die Hydroxide von La und Y stark beschleunigt, weniger stark durch diejenigen von Mn, Fe, Al und Zn, E. BAMANN, M. MEISENHEIMER (*Ber.* **71** [1938] 2233/6), E. BAMANN (*Angew. Ch.* **52** [1939] 186/8). Zur katalyt. Wrkg. von Na^+ und Ca^{2+} s. weiter oben.

Weitere Angaben zur Hydrolyse s. F. SCHWARZ (*Z. anorg. Ch.* **9** [1895] 249/66, 257), K. R. ANDRESS, K. WÜST (*Z. anorg. Ch.* **237** [1938] 113/31, 127). Enzymat. Spaltung s. C. NEUBERG, A. GRAUER, I. MANDL (*Enzymologia* **14** [1950] 157/63), C. NEUBERG, H. A. FISCHER (*Enzymologia* **2** [1937] 191), von Adenosintriphosphat zu Adenosinpyrophosphat und H_3PO_4, K. LOHMANN (*Bioch. Z.* **233** [1931] 460/9, **254** [1932] 381/97, **282** [1935] 120/3).

Kondensation. Während in verd. Lsg. das Hydrolysegleichgew. praktisch ganz auf Seite des Orthophosphats liegt, kann in konz. Lsgg. auch Kondensation zu höheren Polyphosphaten eintreten. Beim Versetzen von wss. $Na_3H_2P_3O_{10}$ mit Aceton und mehrtägigem Stehenlassen können in der ölartigen Fällung papierchromatographisch neben Ortho- und Diphosphat auch Tetra- und Pentaphosphat nachgewiesen werden, H. ROUX, E. THILO, M. VISCONTINI (*Helv. chim. Acta* **38** [1955] 15/21, 21), vgl. auch E. THILO, R. RÄTZ (*Z. anorg. Ch.* **258** [1949] 33/57, 41). Nach B. SANSONI (*Angew. Ch.* **67** [1955] 327/8) tritt schon in 0.1 n-Lsg. bei gewöhnl. und bei Siedetemp. Kondensation zu höheren Polyphosphorsäuren ein. Enzymat. Synthese von anorgan. Triphosphatverbb. aus $P_2O_7^{4-}$ und Adenosindiphosphat in wss. Lsg. s. I. LIEBERMAN (*J. biol. Chem.* **219** [1956] 307/17). *Condensation*

Dissoziation. Nach der p_H-Titrationskurve, s. Fig. 66, S. 237, besitzt die Triphosphorsäure 3 starke und 2 schwächere Säuregruppen. Sie zeigt ausgeprägte Pufferwrkg. bei $p_H > 4$. Die Triphosphorsäure ist in allen Dissoz.-Stufen etwas stärker als die Pyrophosphorsäure, H. RUDY, H. SCHLOESSER (*Ber.* *Dissociation*

73 [1940] 484/92). p_H-Titration (Glaselektrode) mit Anwendung des Kations $(CH_3)_4N^+$ bei Ausschluß von Alkalimetall-Ionen ergeben die in der Tabelle unten aufgeführten Werte für $p K_n = -\log K_n$, $K_n = a_H[H_{5-n}P_3O_{10}^{n-}]/[H_{6-n}P_3O_{10}^{(n-1)-}]$ bei 25°C und Ionenstärke μ. Das erste H-Atom ist in 0.01 m Lsg. nahezu vollständig dissoziiert. Es befindet sich am mittelständigen P-Atom, wie aus dem Vergleich mit den Dissoz.-Konstt. von H_3PO_4 und $H_4P_2O_7$ hervorgeht, J. I. WATTERS, E. D. LOUGHRAN, S. M. LAMBERT (*J. Am. Soc.* **78** [1956] 4855/8), S. M. LAMBERT, J. I. WATTERS (*J. Am. Soc.* **79** [1957] 4262/5). p_H-Titration mit wss. KOH und Anwendung der DEBYE-HÜCKELschen Gleichung (mit r = 4.5 Å) ergibt die in der folgenden Zusammenstellung angeführten Werte, J. BEUCKENKAMP, W. RIEMAN, S. LINDENBAUM (*Anal. Chem.* **26** [1954] 505/12). Ergebnisse von Pot.-Messungen s. Zusammenstellung unten, J. A. WOLHOFF, J. T. G. OVERBEEK (*Rec. Trav. chim.* **78** [1959] 759/82). Für 0.001 m Lsgg. in 0.1 n KCl und 20°C werden mittels p_H-Titration Werte laut folgender Tabelle gefunden. Sie deuten auf das Vorliegen einer intramolekularen H-Brückenbindung zwischen den (endständigen) PO_3-Gruppen, A. E. MARTELL, G. SCHWARZENBACH (*Helv. chim. Acta* **39** [1956] 653/61).

Tabelle der Dissoziationskonstanten:

t in °C	pK_1	pK_2	pK_3	pK_4	pK_5	μ	Lit.
20°	—	—	—	5.43	7.87	*)	5)
25°	—	1.06	2.11	5.83	8.81	1.0	1)
25°	—	—	2.15	6.00	8.73	0.1	1)
25°	—	—	2.30	6.26	8.90	0	1)
25°	—	—	2.30	6.50	9.24	0	2)
25°	—	—	2.79	6.47	9.24	0	3)
25°	—	—	—	—	9.52	0	4)
40°	—	—	—	—	9.62	0	4)

*) 0.001 m-Lsg. in 0.1 n– KCl-Lsg.

1) J. I. WATTERS u. a. (*l. c.*). — 2) S. M. LAMBERT, J. I. WATTERS (*l. c.*). — 3) J. BEUKENKAMP u. a. (*l. c.*). — 4) J. A. WOLHOFF, T. G. OVERBEEK (*l. c.*). — 5) A. E. MARTELL, G. SCHWARZENBACH (*l. c.*).

Neutralization. Salt Formation. Precipitation. With Alkalies and Alkaline Earths

Neutralisation. Salzbildung. Fällung. Mit Alkalien und Erdalkalien. p_H-Verlauf bei der Titration mit wss. NaOH s. Fig. 66, S. 237; vgl. ferner „Dissoziation" oben, „Komplexbildung" S. 246.

Außer den leicht lösl. Alkalisalzen $Na_5P_3O_{10}$, $Na_5P_3O_{10} \cdot 6H_2O$, $Na_5P_3O_{10} \cdot 2H_2O_2 \cdot H_2O$, $K_5P_3O_{10}$, vgl. P. BONNEMAN-BÉMIA (*Ann. Chim.* [11] **16** [1941] 395/476), $Na_4HP_3O_{10} \cdot 1.5H_2O$, H. HUBER (*Z. anorg. Ch.* **230** [1936] 123/8), $Na_3H_2P_3O_{10} \cdot 1.5H_2O$, s. B. RAISTRICK (*Scient. J. Roy. Coll. Sci.* **19** [1949] 9/27, 16), $(NH_4)_4NaP_3O_{10} \cdot aq$, $(NH_4)_2Na_3P_3O_{10} \cdot aq$, s. E. THILO, R. RÄTZ (*Z. anorg. Ch.* **258** [1949] 33/57), $K_3H_2P_3O_{10} \cdot xH_2O$, W. DEWALD (*Angew. Ch.* **67** [1955] 654), sind auch $Ca_2HP_3O_{10} \cdot aq$ und $Mg_3(H_2P_3O_{10})_2 \cdot 10H_2O$ bekannt, s. E. THILO, I. GRUNZE (*Z. anorg. Ch.* **290** [1957] 209/22, 223/37). Mit Magnesiamixtur gibt Triphosphat ebenso wie Pyrophosphat keinen Nd., F. SCHWARZ (*Z. anorg. Ch.* **9** [1895] 249/66). Ferner existieren folgende krist. Salze, die durch Fällung aus wss. $Na_5P_3O_{10}$-Lsg. erhältlich sind: Be-, Ca- und Sr-Salze $M^{II}_2NaP_3O_{10} \cdot aq$, $MgNa_3P_3O_{10} \cdot 13H_2O$, vgl. P. BONNEMAN-BÉMIA (*l. c.*).

Das „Kalkbindungsvermögen" (bei gewöhnl. Temp.) von Triphosphat übertrifft noch dasjenige von Hochpolyphosphat (Grahamsalz), s. **Fig. 69**. NaCl-Zusatz erhöht das Bindungsvermögen noch weiter. Nach Erreichen der krit. Ca^{2+}-Konz. fällt aus den Lsgg. stets $Ca_2NaP_3O_{10}$, s. E. THILO (*Ch. Techn.* **8** [1956] 251/8).

Trübungsmessungen ergeben die in **Fig. 70** dargestellten Bedingungen für die Ausfällung von Ndd. aus wss. $Na_5P_3O_{10}$-$CaCl_2$-Lsgg. und ihre Wiederauflösung bei 60°C; der stationäre Zustand wird meistens nach 10 bis 30 Min. erreicht, manchmal erst nach 1 bis 3 Std.; Zusatz von Na-Salzen erhöht bei gegebener Ca^{2+}-Konz. die zur Verhinderung der Fällung nötige $P_3O_{10}^{5-}$-Konz.:

g Na_2SO_4/l . .	0	5	10	0	2.5	5	10
Millimol Ca^{2+}/l .	1.2	1.2	1.2	3.6	3.6	3.6	3.6
Millimol P_3O_{10}/l	1.2	1.5	2.0	4.0	5.5	8.0	14.0 (NaCl)

Die aus Gesamt-Zuss. links von den punktierten Geraden in Fig. 70 gefällten Ndd. sind röntgenamorph und enthalten lufttrocken 20 bis 21% H_2O, rechts davon entstehen kristalline Fällungen mit 16 bis

17% H_2O und mit Na-Gehalten, die manchmal den der Formel $NaCa_2P_3O_{10} \cdot 4H_2O$ entsprechenden erreichen, O. T. QUIMBY (*l. c.*).

In neutraler Lsg. geben Ca^{2+} und Ba^{2+} mit wss. $Na_5P_3O_{10}$-Lsg. im überschüssigen Reagens lösl. Ndd.; kein Nd. entsteht mit Mg^{2+}; in Ggw. von $P_3O_{10}^{5-}$ wird Ca^{2+} nicht durch CO_3^{2-}, HPO_4^{2-}, SO_4^{2-} und $C_2O_4^{2-}$ gefällt, vgl. die Zusammenstellung der Rkk. des Triphosphats bei M. SHINAGAWA, M. KOBAYASHI (*J. Sci. Hiroshima Univ.* A **18** [1954/55] 237/44). Fällungen der Zus. $5M^{II}O \cdot 3P_2O_5 \cdot aq$ mit M^{II} = Be, Ca und Sr sind röntgenamorph, P. BONNEMAN (*C. r.* **209** [1939] 214/6), vermutlich gibt auch Ba einen amorphen Nd. dieser Zus., P. BONNEMAN-BÉMIA (*Ann. Chim.* [11] **16** [1941] 395/476).

Fig. 69.

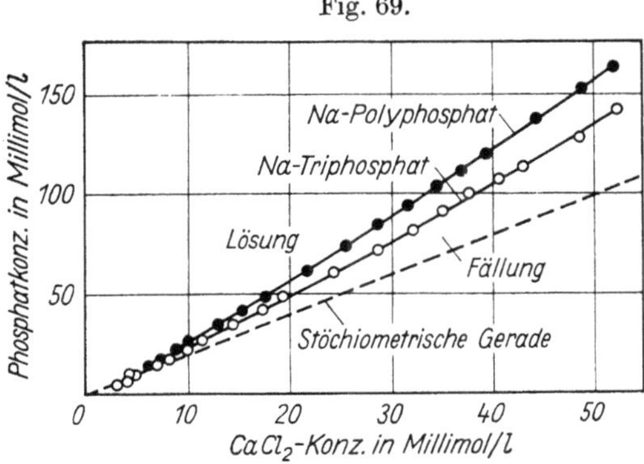

Auftreten bleibender Ca-Polyphosphatfällungen in Abhängigkeit von $CaCl_2$- und Polyphosphat-konzentration.

Mit anderen Kationen. Im Gegensatz zum Pyrophosphat bildet Triphosphat mit überschüssigem Schwermetallsalz (Co, Ni, Cu, Zn) nur in konz. Lsg. Ndd. und fällt auch dann nicht quantitativ aus; aus verd. Lsgg. scheiden sich (wie bei Zusatz von Pyrophosphat, s. S. 237) nach einiger Zeit gut krist. Doppelsalze (s. unten) aus, F. SCHWARZ (*Z. anorg. Ch.* **9** [1895] 249/66). Die mit Schwermetallsalzen entstehenden amorphen Ndd. sind in überschüssigem Triphosphat lösl., M. STANGE (*Z. anorg. Ch.* **12** [1896] 444/63); vgl. „Komplexbildung" S. 247. *With Other Cations*

Folgende Kationen geben in neutraler Lsg. mit wss. $Na_5P_3O_{10}$ im überschüssigen Reagens lösl. Ndd.: Ag^+, Hg^+, Pb^{2+}, Cu^{2+}, Co^{2+}, Fe^{3+}, Mn^{2+}, Cd^{2+}, Zn^{2+}. Kein Nd. entsteht mit Hg^{2+}, Sn^{2+}, Ni^{2+}, Al^{3+}. In Ggw. von $P_3O_{10}^{5-}$ wird Fe^{3+} durch $Fe(CN)_6^{4-}$ und CNS^- nicht gefällt, Pb^{2+} nicht durch CrO_4^{2-},

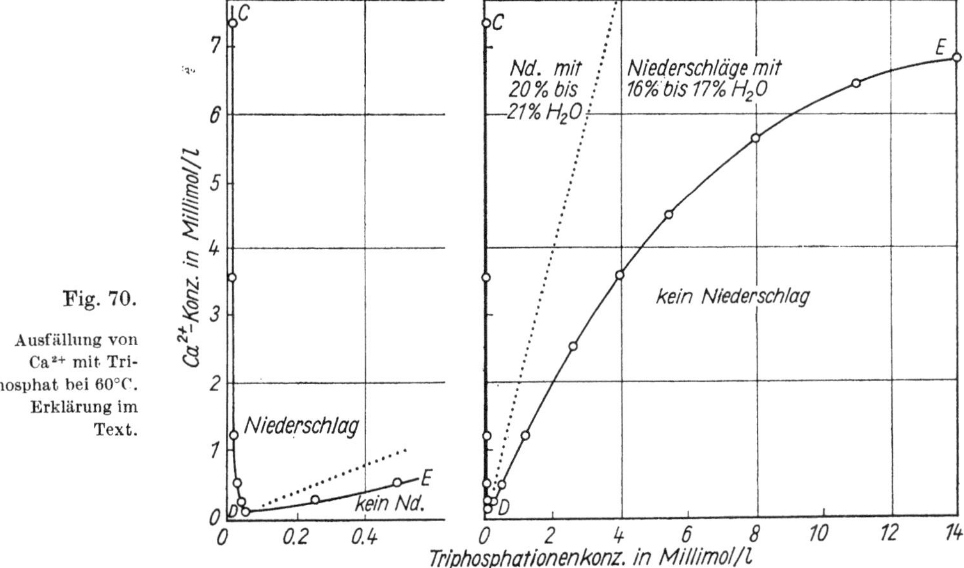

Fig. 70.

Ausfällung von Ca^{2+} mit Triphosphat bei 60°C. Erklärung im Text.

Cl^- und J^-. Danach unterscheidet sich Triphosphat von Ortho- und Pyrophosphat durch seine ausgeprägte, durch Komplexbldg. (s. S. 246) bedingte Fähigkeit zur Verhinderung von Fällungsrkk. höherwertiger Kationen, M. SHINAGAWA, M. KOBAYASHI (*J. Sci. Hiroshima Univ.* A **18** [1954/55] 237/44). Große Mengen Triphosphat verhindern die Fällung von Pyrophosphat durch Zn^{2+} bei $p_H = 3.8$ vollständig, O. T. QUIMBY (*l. c.*).

Aus wss. $Na_5P_3O_{10}$-Lsg. erhältliche krist. Salze: Zn- und Cd-Salze $M_2^{II}NaP_3O_{10}\cdot aq$ und $M^{II}Na_3P_3O_{10}\cdot aq$; $PbNa_8(P_3O_{10})_2\cdot 14H_2O$, $CrNa_2P_3O_{10}\cdot 6H_2O$; Mn-, Ni-, Co-, Fe^{II} und Cu^{II}-Salze $M^{II}Na_3P_3O_{10}\cdot 12H_2O$, vgl. P. BONNEMAN-BÉMIA (*Ann. Chim.* [11] **16** [1941] 395/476); ferner das Ni-Salz $Ni_2NaP_3O_{10}\cdot aq$, s. E. THILO, R. RÄTZ (*Z. anorg. Ch.* **258** [1949] 33/57). Ältere, teilweise überholte Angaben s. F. SCHWARZ (*Z. anorg. Ch.* **9** [1895] 249/66), M. STANGE (*Z. anorg. Ch.* **12** [1896] 444/63). Zur analytisch wichtigen Fällung als $NaZn_2P_3O_{10}\cdot 9H_2O$ bei $p_H = 3.8$ bis 6.0 s. O. T. QUIMBY; H. W. MCCUNE (*Anal. Chem.* **29** [1957] 248/53). Fällungen der Zus. $5M^{II}O\cdot 3P_2O_5\cdot aq$, mit M^{II} = Pb und Mn, sind röntgenamorph, P. BONNEMAN (*C. r.* **209** [1939] 214/6); auch Cu gibt vermutlich einen amorphen Nd. dieser Zus., P. BONNEMAN-BÉMIA (*l. c.*). $Ag_5P_3O_{10}\cdot aq$ existiert als röntgenamorphe, konstant zusammengesetzte schwer lösl. Verb., die erst beim Trocknen bei ~100°C unter Bldg. von Pyrophosphat zerfällt, E. THILO, R. RÄTZ (*l. c.* S. 46).

Mit $Co(NH_3)_6^{3+}$ entsteht aus essigsaurer Lsg. ein zur mikroskop. Identifizierung geeigneter krist. Nd., Abbildungen im Original, A. SIMON, E. STEGER (*Naturw.* **42** [1955] 604/5). Der Nd. hat die Zus. $NaCo(NH_3)_6(P_3O_{10})_2$, H. W. MCCUNE, G. J. ARQUETTE (*Anal. Chem.* **27** [1955] 401/5). $Co(en)_3H_2P_3O_{10}\cdot 2H_2O$ (en = Äthylendiamin) fällt nahezu quantitativ aus Triphosphatlsgg. bei p_H 2 bis 4; die Pyrophosphatverb. fällt erst bei p_H 5 bis 8, s. **Fig. 71**; jedoch verhindert ein großer Pyrophosphatüberschuß die Fällung des Triphosphats, O. T. QUIMBY (*J. phys. Chem.* **58** [1954] 603/18), H. W. MCCUNE, G. J. ARQUETTE (*l. c.*). Mit Fe^{3+} fällt aus konz. Lsg. $Fe_4(P_2O_7)_3\cdot 9H_2O$ (vgl. die Katalyse des hydrolyt. Abbaues durch Fe^{III}-Hydroxid, S. 243); mit Al^{3+} entsteht kein Nd., P. BONNEMAN-BÉMIA (*l. c.*).

Fig. 71.

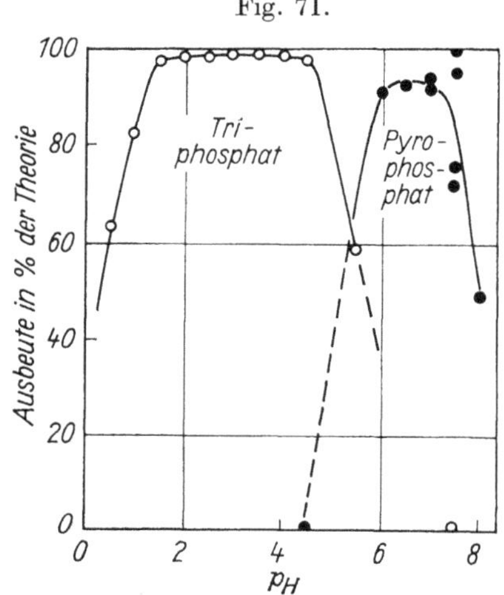

pH-Einfluß auf die Fällung von $Co(en)_3^{3+}$ mit Triphosphat- bzw. Pyrophosphat.

With Organic Substances

Mit organischen Substanzen. Die Acridinium- und Guanidiniumsalze $(AdH)_3H_2P_3O_{10}$ und $(GuH)_5P_3O_{10}$ kristallisieren aus wss. Lsg., O. T. QUIMBY (*l. c.*). Aus wss. $Na_5P_3O_{10}$-Lsg. durch Zusatz einiger Tropfen Essigsäure in Freiheit gesetztes $H_5P_3O_{10}$ fällt Eiweiß, F. SCHWARZ (*Z. anorg. Ch.* **9** [1895] 249/66, 257). Synthese des Adenosintriphosphats, J. BADDILEY, A. M. MICHELSON, A. R. TODD (*Nature* **161** [1948] 761/2; *J. chem. Soc.* **1949** 582/6).

Complex Formation. With Alkali Ions

Komplexbildung. Mit Alkali-Ionen. Nach Leitf.-Messungen tritt in wss. $Na_5P_3O_{10}$-Lsg. das Ion $[NaP_3O_{10}]^{4-}$ auf; Dissoz.-Konst. bei 25°C $3\cdot 10^{-3}$ Mol/l, C. B. MONK (*J. chem. Soc.* **1949** 427/9).

p_H-Titrationskurven (bis 0.01 Mol Gesamt-P_3O_{10}/l) in Ggw. von K^+, Na^+ und Li^+ (bis 0.25 Mol/l) weisen gegenüber Lsgg., die ausschließlich $N(CH_3)_4^+$ enthalten, beträchtliche p_H-Erniedrigungen (bis 3 Einheiten bei $p_H > 4$) auf. Daraus ber. Bldg.-Konstt. der Komplexe $MP_3O_{10}^{4-}$ bei 25°C und Ionenstärke $\mu = 1$ (eingestellt mit $(CH_3)_4NCl$):

Ion	K^+	Na^+	Li^+
pK	1.39	1.64	2.87

Na^+ und Li^+ bilden außerdem saure Komplexe $MHP_3O_{10}^{3-}$ mit den Konstt. (für die Bldg. aus $M^+ + HP_3O_{10}^{4-}$) pK = 0.77 bzw. 1.88. Alle Werte von pK sind auf ±0.06 genau. Struktur vermutlich analog derjenigen der Pyrophosphatkomplexe (s. S. 238), J. I. WATTERS, S. M. LAMBERT, E. D. LOUGHRAN (*J. Am. Soc.* **79** [1957] 3651/4). Für $\mu = 0$ werden die Bldg.-Konstt. der Komplexe $MP_3O_{10}^{4-}$ bei 25°C zu $pK_{Li} = 3.9 \pm 0.2$, $pK_{Na} = pK_K = pK_{Cs} = 2.8 \pm 0.1$ angegeben. Die entsprechenden Werte bei 40°C sind von den genannten kaum unterschieden, J. A. WOLHOFF, J. T. G. OVERBEEK (*Rec. Trav. Min.* **78** [1959] 759/82). Zur p_H-Erniedrigung von $H_5P_3O_{10}$-Lsgg. bei Neutralisation mit $(CH_3)_4NOH$ in Ggw. von Alkalisalzen vgl. bei „Mit anderen Kationen" S. 247.

Bruchteil des komplex gebundenen Na^+ in wss. $Na_5P_3O_{10}$ in Abhängigkeit von der Konz., aus Messungen der elektr. Leitf. und Überführung, bei 25°C:

Äquiv./l	0.010	0.025	0.040	0.050	0.100
% gebunden . .	19.1	27.7	28.5	28.9	36.6

F. T. WALL, R. H. DOREMUS (*J. Am. Soc.* **76** [1954] 868/70).

Einfluß der Komplexbldg. mit Na^+ auf die Hydrolysegeschw. s. S. 243.

Mit Erdalkali-Ionen. Mg^{2+} und Ca^{2+} erniedrigen vermutlich infolge Komplexbldg. das p_H von wss. $Na_5P_3O_{10}$ beträchtlich; gebildete Ndd. lösen sich in überschüssigem Triphosphat wieder auf, L. Frankenthal (*J. Am. Soc.* **66** [1944] 2124/6). Zur p_H-Erniedrigung in $H_5P_3O_{10}$ bei der Neutralisation mit $(CH_3)_4NOH$ durch Komplexbldg. mit Mg, Ca, Sr und Ba vgl. unter „Mit anderen Kationen" unten. *With Alkaline Earth Ions*

Titration mit Trübungsmessung („Heterometrie") zeigt die in der Reihenfolge Ba, Sr, Ca, Mg steigende Tendenz zur Komplexbldg.; Ca und Mg bilden den Komplex $MP_3O_{10}^{-}$, s. M. Bobtelsky, S. Kertes (*J. appl. Chem.* **4** [1954] 419/29). Polarograph. Unterss. und p_H-Titration deuten auf Komplexbldg. zwischen Ba^{2+} und 2 Triphosphat-Ionen mit koordinativ 4zähligem Ba, pK = 4.5, J. R. van Wazer, D. A. Campanella (*J. Am. Soc.* **72** [1950] 655/63).

$Na_5P_3O_{10}$ verhindert die Fällung von Ca^{2+} und Mg^{2+} (als Carbonat, Oxalat, Seife) durch Bldg. löslicher Komplexe; aus dem Kalkbindevermögen wird geschlossen, daß der bei p_H 8 bis 9 gebildete Komplex 1 Ca-Atom auf 6 P-Atome enthält, entsprechend der Formel $Ca(Na_4P_3O_{10})_2$. Ältere Lit. im Original, H. Rudy, H. Schloesser, R. Watzel (*Angew. Ch.* **53** [1940] 525/31); vgl. ferner H. Rudy (*Angew. Ch.* **54** [1941] 447/9), O. T. Quimby (*Chem. Rev.* **40** [1947] 141/80, 157).

Aus der Löslichkeit von $CaC_2O_4 \cdot H_2O$ in wss. $Na_5P_3O_{10}$ ergibt sich unter der Annahme, daß der Komplex $CaP_3O_{10}^{3-}$ gebildet wird, für diesen die Dissoz.-Konst. 3.9×10^{-7} Mol/l (pK = 6.41), B. Topley (*Quart. Rev.* **3** [1949] 345/68, 364).

Die Kurve DE in Fig. 70, S. 245, und konduktometr. Messungen an verd. Lsgg. (Zus. in der Nähe von D) lassen sich mit der Annahme deuten, daß der Komplex $CaP_3O_{10}^{3-}$ gebildet wird; Bldg.-Konst. desselben aus Messungen der Löslichkeit von Ca-Oxalat in wss. $Na_5P_3O_{10}$-Lsg.: pK = 6.68 bei 60°C, 6.51 bei 30°C, s. O. T. Quimby (*J. phys. Chem.* **58** [1954] 603/18).

Aus p_H-Titrationen ermittelte Bldg.-Konstt. von Ca- und Mg-Komplexen bei $\mu = 1$ und 20°C:

Bildungsreaktion	log K_{Ca}	log K_{Mg}
$M^{2+} + P_3O_{10}^{5-} = MP_3O_{10}^{3-}$	4.95 ± 0.05	5.80 ± 0.05
$M^{2+} + HP_3O_{10}^{4-} = MHP_3O_{10}^{2-}$	3.1 ± 0.2	3.7 ± 0.1
$H^+ + MP_3O_{10}^{3-} = MHP_3O_{10}^{2-}$	6.0 ± 0.2	5.8 ± 0.1

Die Komplexe haben vermutlich dreizähnige Struktur (nebenstehend), A. E. Martell, G. Schwarzenbach (*Helv. chim. Acta* **39** [1956] 653/61); Bldg.-Konst. von $CaP_3O_{10}^{3-}$ und $CaHP_3O_{10}^{2-}$ bei 25°C und $\mu = 1$: log K = 5.44 bzw. 3.01, J. I. Watters, S. M. Lambert (*J. Am. Soc.* **81** [1959] 3201/3).

O O O
OPOPOPO(H)
O Q O
M

Bldg.-Konstt. pK_M von $M^{II}P_3O_{10}^{3-}$ und $M^{II}OHP_3O_{10}^{2-}$, 25°C, $\mu = 0$:

pK_{Mg}	= 8.6 ± 0.3	pK_{MgOH}	= 11.0 ± 0.5
pK_{Ca}	= 8.1 ± 0.3	pK_{CaOH}	= 10.4 ± 0.5
pK_{Sr}	= 7.2 ± 0.5	pK_{SrOH}	= 9.3 ± 0.5
pK_{Ba}	= 6.3 ± 0.3	—	—
pK_{Zn}	= 9.7 ± 0.5	pK_{ZnOH}	= 13.0 ± 0.5
pK_{Cd}	= 9.8 ± 0.5	pK_{CdOH}	= 12.6 ± 0.5

Im Original auch wenig von den obigen abweichende Werte für 40°C, ferner Angaben zur Löslichkeit von $NaBa_2P_3O_{10}$ bei 25° und 40°C (negativer Logarithmus des Löslichkeitsprod. L: pL = 9.8 bzw. 9.7). Die Tendenz zur Komplexbldg. steigt in der Reihenfolge Cs ~ K ~ Na < Li < Ba < Sr < Ca < Mg < Cd ~ Zn; Triphosphat neigt weniger zur Komplexbldg. als Pyrophosphat, J. A. Wolhoff, J. T. G. Overbeek (*Rec. Trav. chim.* **78** [1959] 759/82). Bldg.-Konst. von $CaP_3O_{10}^{3-}$, aus Ionenaustausch-Unterss. mit ^{45}Ca: pK = 4.32 bei 37°C, $\mu = 0.15$, $p_H = 7.4$, R. E. Gosselin, E. R. Coghlan (*Arch. Biochem. Biophys.* **45** [1953] 301/11).

Mit anderen Kationen. Hinsichtlich Zn und Cd vgl. auch vorstehenden Absatz. Komplexbldg.-Konstt. von Zn-, Cd- und Cu-Triphosphatkomplexen bei p_H-Werten zwischen 3 und 8, K. R. Andress, R. Nachtrab (*Z. anorg. Ch.* **311** [1961] 1/12). Mn^{2+} und Al^{3+} erniedrigen vermutlich infolge Komplexbldg. das p_H von wss. $Na_5P_3O_{10}$ beträchtlich; gebildete Ndd. lösen sich in überschüssigem Triphosphat wieder auf, L. Frankenthal (*J. Am. Soc.* **66** [1944] 2124/6). Mn^{2+}, Co^{2+}, Ni^{2+} und Cu^{2+} bilden die Komplexe $MP_3O_{10}^{3-}$, Ni^{2+} und Co^{2+} außerdem $M_3(P_3O_{10})_2^{4-}$, Cu^{2+} außerdem $Cu_5(P_3O_{10})_3^{5-}$, s. M. Bobtelsky, S. Kertes (*J. appl. Chem.* **5** [1955] 675/86). Anwendung der p_H-Erniedrigung durch Zn^{2+} zur angenäherten Best. von Triphosphat *With Other Cations* neben Pyrophosphat s. R. N. BELL (*Ind. engg. Chem. anal. Edit.* **19** [1947] 97/100). Bei der Neutralisation von 100 ml 10^{-3}m $H_5P_3O_{10}$ mit 0.1 m $(CH_3)_4NOH$ in Ggw. von 10^{-3} Mol Fremdsalz (Chlorid oder Nitrat) je l ergeben sich folgende p_H-Erniedrigungen Δp_H nach Neutralisation von 4 Äquiv. H der Säure:

Ion . .	Fe^{3+}	Pb^{2+}	Zn^{2+}	Cu^{2+}	Ni^{2+}	Co^{2+}	Cd^{2+}	Mg^{2+}	Ca^{2+}	Sr^{2+}	Ba^{2+}	K^+	Na^+
Δp_H . .	4.37	2.80	2.20	2.15	1.98	1.95	1.90	1.35	1.10	1.10	0.98	0.01	0.01

Δp_H ist ein Maß für die Stabilität der nach $HP_3O_{10}^{4-} + M^{n+} = MP_3O_{10}^{(5-n)-} + H^+$ gebildeten Komplexe, deren Bldg.-Konst. K annähernd nach $\Delta p_H = 0.5 \log (1 + K \cdot [M])$ von Δp_H und der Metall-Ionenkonz. [M] abhängt, M. SHINAGAWA, M. KOBAYASHI (*J. Sci. Hiroshima Univ.* A **19** [1955/56] 203/10).

Colorimetr. Unterss. zur Komplexbldg. mit Fe^{3+} s. M. KOBAYASHI, S. TADA, M. SHINAGAWA (*J. Sci. Hiroshima Univ.* A **21** [1957/58] 27/33); vgl. auch M. KOBAYASHI, K. OKAMOTO, M. SHINAGAWA (*J. Sci. Hiroshima Univ.* A **21** [1957/58] 39/43). Polarograph. Unters. zur Komplexbldg. mit Tl^+, Cu^{2+} und Zn^{2+} im p_H-Bereich 2 bis 10, s. M. KOBAYASHI, M. KAWATA, M. SHINAGAWA (*J. Ssi. Hiroshima Univ.* A **21** [1957/58] 35/7).

Tetraphosphoric Acid

Tetraphosphorsäure $H_6P_4O_{13}$

Anhydrous $H_6P_4O_{13}$

Wasserfreies $H_6P_4O_{13}$.

In krist. Form nicht bekannt. Aus einer durch Auflösen von P_2O_5 in H_2O dargestellten sirupartigen Mischung mit 84 Gew.-% P_2O_5 scheiden sich nach 5 Tagen Kristalle (Schmp. 34°C, $D_4^{15} =$ 1.8886) aus, die als krist. $H_6P_4O_{13}$ betrachtet werden, M. A. RAKUSIN, A. A. ARSENJEW (*Ch.-Ztg.* **47** [1923] 195; *J. Russ. Ges.* [*chem.*] **53** [1921] 376/7), jedoch vermutlich durch H_2O-Aufnahme aus der Luft entstandenes $H_4P_2O_7$ waren. Die fl. Mischung mit der Zus. $H_6P_4O_{13}$ (84.0% P_2O_5) kristallisiert auch bei —50°C nicht, J. H. LUM, J. E. MALOWAN, C. B. DURGIN (*Chem. met. Engg.* **44** [1937] 721/7; *Trans. Am. Inst. chem. Eng.* **33** [1937] 643/67). Die Schmelze der Brutto-Zus. $H_6P_4O_{13}$ enthält nur ~15% des Gesamt-P als $H_6P_4O_{13}$ neben niedrigeren und höheren Polyphosphorsäuren, s. „Konstitution" S. 217, besonders Fig. 52, S. 218. Physikal. Eigg. und chem. Verh. der Fl. s. S. 214, 217.

Im Reorganisationsgleichgew. (s. S. 218) befindliche, durch 1- bis 5std. Schmelzen bei 950° bis 1015°C und rasches Abschrecken zwischen Cu-Platten hergestellte Na_2O-P_2O_5-Gläser der Brutto-Zus. $Na_6P_4O_{13}$ enthalten nach papierchromatogr. Analyse nur 29.0% des Gesamt-P als Tetraphosphat (neben 28.0 Tri-, 17.4 Penta-, 9.4 Hexaphosphat und geringeren Anteilen weiterer Polyphosphate), A. E. R. WESTMAN, J. CROWTHER (*J. Am. ceramic Soc.* **37** [1954] 420/7), in Einklang mit H. GRUNZE (*Silikattechn.* **7** [1956] 134/8); ähnliche Werte (20.5 bzw. 29.5% als $P_4O_{13}^{6-}$) ergeben sich für Li- und K-Phosphatgläser, A. E. R. WESTMAN, P. A. GARTAGANIS (*J. Am. ceramic Soc.* **40** [1957] 293/9). Durch schroffes Abschrecken einer knapp oberhalb der Liquidustemp. (bei 750°C) befindlichen $3Na_2O \cdot 2P_2O_5$-Schmelze wird ein Glas erhalten, in dem das Phosphat vorwiegend als Tetraphosphat vorliegt, W. BUES, H.-W. GEHRKE (*Z. anorg. Ch.* **288** [1956] 291/306); vgl. hierzu „Größenverteilung" S. 222.

Aqueous Solution

Wäßrige Lösung

Preparation

Darstellung. Die wss. Lsg. des Na-Salzes entsteht quantitativ nach $Na_4P_4O_{12} + 2NaOH = Na_6P_4O_{13} + H_2O$, wenn zu 4.801 g (0.01 Mol) $Na_4P_4O_{12} \cdot 4H_2O$ in 85 ml H_2O 0.8001 g (0.02 Mol) NaOH in wenig H_2O gegeben wird und die Lsg. etwa 100 Std. bei 40°C im evakuierten Exsiccator über H_2SO_4 stehen bleibt. Bei höherer Temp. zersetzt sich das Tetraphosphat merklich, bei tieferer verläuft die Bldg.-Rk. sehr langsam. Über die Kinetik der Rk. s. „Hydrolyse" der Tetrametaphosphorsäure, S. 289. Aus der auf 30 ml verd. Lsg. erhält man durch Fällung mit Aceton $Na_6P_4O_{13} \cdot aq$ als farbloses, zähes Öl, das beim Trocknen über H_2SO_4 in ein Glas übergeht; beide Formen haben schwankende H_2O-Gehalte zwischen 22 und 27 Gew.-%, E. THILO, R. RÄTZ (*Z. anorg. Ch.* **260** [1949] 255/66). Bei $p_H =$ 13.3 verläuft die Hydrolyse des Tetrametaphosphats 10mal schneller als die des Tetraphosphats, s. S. 291. Die erste, zum Tetraphosphat führende Stufe der Hydrolyse des Tetrametaphosphats $Na_4P_4O_{12} \cdot 4H_2O$ mit wss. NaOH (100% Überschuß) bei 25° bis 28°C ist nach 3 Wochen beendet; die erhaltene Lsg. mit 11.5 Gew.-% $Na_6P_4O_{13}$ wird durch 2malige Fällung mit Äthanol (1 Vol. je Vol. H_2O) in eine, von überschüssigem NaOH und anderen Verunreinigungen weitgehend freie konz. wss. Lsg. von $Na_6P_4O_{13}$ (~44%ig) von öliger Konsistenz übergeführt. Wss. Lsgg. des Tetra-, Penta- oder Hexanatriumsalzes mit einem Reinheitsgrad > 95% erhält man über das krist. Tetraacridiniumsalz (Darst. s. unter „Salzbildung" S. 252) durch Umsatz mit wss. NaOH und Extraktion des Acridins mit Äthyläther. Ionenaustausch (an Harz) führt zur wss. Lsg. der freien Säure, O. T. QUIMBY (*J. phys. Chem.* **58** [1954] 603/18). Weitere Angaben zur Bldg. von Tetraphosphat bei der Hydrolyse von Tetrametaphosphat s. S. 289.

Lsgg. des Na-Salzes aus $Ba_3P_4O_{13}$ (s. S. 252) durch Ionenaustausch, ferner aus $Pb_3P_4O_{13}$ in wss. Aufschlämmung und Na_2CO_3 s. R. P. LANGGUTH, R. K. OSTERHELD, E. KARL-KROUPA (*J. phys. chem.* **60** [1956] 1335/6).

Darst. aus Na-Polyphosphat-Gläsern durch Ionenaustausch-Chromatographie s. S. 253.

Bei der Hydrolyse von Na-Arsenatphosphaten der Bruttozus. $NaAsO_3 \cdot 4NaPO_3$ entsteht (neben Orthoarsenat) vorwiegend Tetraphosphat. Auf diesem Wege sind Tetraphosphate bequem darstellbar, E. THILO, I. PLAETSCHKE (*Z. anorg. Ch.* **278** [1955] 122/35, 305).

Structure. Spectra

Struktur. Spektren. Die Bldg. aus Tetrametaphosphat, die Acidität der H-Atome und der Verlauf der Hydrolyse zeigen, daß $H_6P_4O_{13}$ die Struktur einer unverzweigten Kette (H* schwach sauer) besitzt, E. THILO, R. RÄTZ (*Z. anorg. Ch.* **260** [1949] 255/66). Daß das nach E. THILO, R. RÄTZ (*l. c.*) durch Hydrolyse von Tetrametaphosphat dargestellte Öl zum größten Teil aus dem Salz der Phosphorsäure obiger Struktur besteht, wird durch das 2dimensionale Papierchromatogramm bewiesen, das einen Fleck an der für Tetraphosphat zu erwartenden Stelle aufweist, J. P. EBEL (*C. r.* **234** [1952] 621/3; *Bl. Soc. chim.* **1953** 1089/95), A. E. R. WESTMAN, A. E. SCOTT (*Nature* **168** [1951] 740). Damit im Einklang stehen Ergebnisse der Endgruppentitration, O. T. QUIMBY (*l. c.* S. 615). Aus polarograph. Unterss. geht hervor, daß Tetraphosphat nicht eine Mischung aus Triphosphat und Metaphosphat darstellt, A. V. PAMFILOV, A. I. LOPUŠANSKAJA, A. M. MANDEL'EIL (*Ukrain. chim. Žurnal* [russ.] **26** [1960] 41/47 nach *C.A.* **1960** 15025).

```
     O   O   O   O
*H O P O P O P O P O H*
     O   O   O   O
     H   H   H   H
```

Obwohl alle bekannten krist. Salze röntgenographisch charakterisiert sind, liegt noch keine röntgenograph. Strukturbest. vor. Das magnet. ^{31}P-Kernresonanzspektrum einer wss. Lsg. weist je eine für mittel- und endständige PO_4-Gruppen charakterist. Bande mit gleich großen Flächen auf und beweist somit, daß eine unverzweigte Kette mit 4 P-Atomen vorliegt; die P-O-Bindungen sind im wesentlichen kovalent, C. F. CALLIS, J. R. VAN WAZER, J. N. SHOOLERY, W. A. ANDERSON (*J. Am. Soc.* **79** [1957] 2719/26).

Das Ramanspektrum einer $Na_6P_4O_{13}$-Schmelze bei 750°C (knapp oberhalb der Liquidustemp.) weist die in Fig. 68, S. 242, wiedergegebenen Frequenzen auf. Dieselbe Fig. zeigt schematisch die UR-Absorptionsbanden eines durch schroffes Abschrecken der Schmelze erhaltenen Glases. In beiden Spektren treten weder Frequenzen der niedrigeren (Ortho-, Pyro- und Triphosphat) noch der hochpolymeren Phosphate auf; sie sind daher dem Ion $P_4O_{13}^{6-}$ zuzuschreiben. Durch Vergleich mit den Spektren der anderen Polyphosphate ergibt sich die in Fig. 68, S. 242, eingetragene Zuordnung der beob. Frequenzen zu den Grundschwingungen des Ions. Die UR-Spektren einer langsam von 750°C abgekühlten und einer von hohen Tempp. (900 bis 1000°C) abgeschreckten Schmelze weisen auch Banden niedrigerer und höherer Polyphosphate auf, die durch Dismutation des Tetraphosphats entstanden sind, W. BUES, H.-W. GEHRKE (*Z. anorg. Ch.* **288** [1956] 291/306).

Electrochemical Behavior

Elektrochemisches Verhalten. Zur äquiv. Leitf. des Tetraphosphats und der Beweglichkeit der Anionen vgl. das elektrochem. Verh. der Hochpolyphosphatlsgg., S. 266.

Chemical Reactions. Hydrolysis

Chemisches Verhalten. Hydrolyse. In einer 0.001 m Lsg. von $Na_6P_4O_{13}$ in 0.1 n HNO_3 sind bei 40°C nach 2 Std. nur Spuren von Pyro- und Orthophosphat nachweisbar, nach 18 Std. sind ~80% des Tetraphosphats in Pyro- und Orthophosphat übergegangen, nach 26 Std. ~98%; das Molverhältnis Ortho-:Pyrophosphat liegt bei ~3. Nach 48 Std. ist das gesamte Tetraphosphat in Pyro- und Orthophosphat umgewandelt; im weiteren Verlauf findet nur noch Spaltung von Pyro- in Orthophosphat statt. Die Hydrolyse des Tetraphosphats in saurer Lsg. erfolgt daher nach Tetra-→Tri- + Orthophosphat, Tri-→Pyro- + Orthophosphat, Pyro-→2 Orthophosphat; zum 2. Schritt s. S. 241. Bei Ggw. von Mg^{2+} findet in stark ammoniakal. Lsg. schon bei gewöhnl. Temp. Zers. statt; in schwach ammoniakal. Lsg. tritt ab 70°C schnell Spaltung in Ortho- und Pyrophosphat ein; bei 100°C ist die Rk. nach 3 Std. quantitativ. Das Molverhältnis Ortho-:Pyrophosphat beträgt bei 100°C 1.33. Danach verläuft die Hydrolyse in bas. Medium zum größten Teil nach demselben Mechanismus wie in saurem; daneben tritt jedoch auch Spaltung der Tetraphosphat-Ionen an der mittleren P–O–P-Bindung unter direkter Bldg. von 2 Pyrophosphat-Ionen ein. Ausschließlich in dieser Weise erfolgt die Umwandlung von glasigem $Na_6P_4O_{13}\cdot aq$ in $Na_3HP_2O_7$ bei gewöhnl. (40% in 4 Wochen) und höherer Temp. (bei 200°C in 2 Std. 100%), E. THILO, R. RÄTZ (*Z. anorg. Ch.* **260** [1949] 255/66).

Tetraphosphat ist in saurer und in bas. Lsg. weniger beständig als Triphosphat unter gleichen Bedingungen. Beim Schütteln von mit saurem NH_4-Molybdat (1 ml) versetzten Lsgg. der Na-Salze (1 mg in 5 ml) mit Benzol-Isobutanol-Mischung (2 ml) färbt sich die organ. Schicht mit Tetraphosphat binnen 30 Min. gelb, mit Triphosphat (Pyro-, Trimeta-, Tetrametaphosphat) erst nach mindestens 3 Std.; vermutlich werden zuerst vorwiegend die PO_4-Endgruppen abgespalten, O. T. QUIMBY (*J. phys. Chem.* **58** [1954] 603/18); demgemäß entstehen bei der Hydrolyse von P_4O_{10} intermediär Tri- und Monophosphorsäure in äquimolarem Verhältnis, s. S. 90. Dagegen findet in stark bas. Medium bevorzugte Aufspaltung der mittelständigen P-O-P-Bindung unter Bldg. von 2 Molen Pyrophosphat statt: Bei Zusatz von Na-Acetat zu der öligen, etwa 44%igen Lsg. des Na-Salzes scheiden sich geringe Mengen von krist. $Na_4P_2O_7$ aus. Aus $Na_4P_4O_{12}\cdot 4H_2O$ (10 g in 45 ml H_2O) und NaOH (30 g, Plätz-

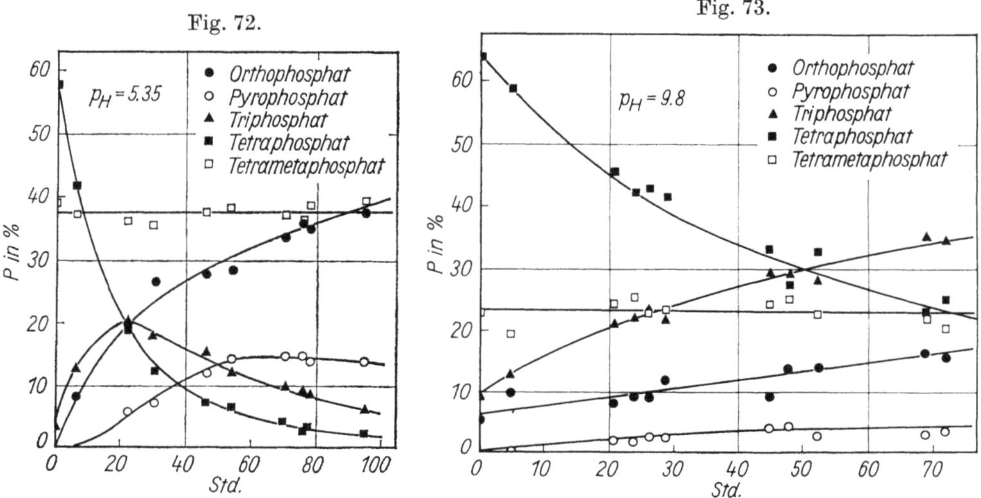

Tetraphosphathydrolyse bei 65.5°C und $p_H = 5.35$.

Tetraphosphathydrolyse bei 65.5°C und $p_H = 9.8$.

chen) entsteht bei 50° bis 60°C fast quantitativ $Na_4P_2O_7\cdot 10H_2O$; überraschenderweise bildet sich $Na_5P_3O_{10}$ (Modifikation II), wenn man die Temp. vorübergehend (5 Min.) auf 92°C steigen läßt. Die durch Hydrolyse des Tetrametaphosphats bei 25° bis 28°C erhaltene 11.5%ige Tetraphosphatlsg. in überschüssiger Natronlauge (s. Darst. S. 248) ist bei gewöhnl. Temp. ziemlich stabil; nach 6 Monaten ergibt die Titration einen NaOH-Verbrauch von 2.15 Mol an Stelle des nach $Na_4P_4O_{12} + 2NaOH = Na_6P_4O_{13} + H_2O$ zu erwartenden Wertes 2.00 Mol, O. T. QUIMBY (*l. c.*).

Die Hydrolyse des Tetraphosphat-Ions bei 65.5°C in (anfänglich ~0.06 m) $Na_6P_4O_{13}$–$Na_4P_4O_{12}$-Lsgg., deren p_H-Wert durch Einstellung mit wss. HCl bzw. NaOH konstant gehalten wird, zeigt nach papierchromatograph. Unterss. den in **Fig. 72** bis **74** dargestellten Verlauf, der einer Rk. erster Ordnung mit folgenden Geschw.-Konstt. $k = t^{-1} \ln C_0/C$ entspricht:

p_H	2.55	5.35	9.8	13.3
k in min^{-1} . . .	1.8×10^{-3}	8.3×10^{-4}	2.5×10^{-4}	2.5×10^{-4}

Demnach wirkt H^+ beschleunigend, während OH^- im untersuchten Bereich ohne Einfluß ist. Die Hydrolyse verläuft vorwiegend (vermutlich ausschließlich) unter primärer Abspaltung einer Endgruppe (Bldg. von Tri- und Orthophosphat); symmetr. Spaltung (primäre Bldg. von Diphosphat) ist nicht nachweisbar, J. CROWTHER, A. E. R. WESTMAN (*Canad. J. Chem.* **34** [1956] 969/81); vgl. das analoge Verh. der Hochpolyphosphat-Ionen, S. 270. Bei der Hydrolyse entsteht kein Metaphosphat, E. THILO, W. WIEKER (*Z. anorg. Ch.* **291** [1957] 164/85, 184); im Gegensatz zum Verh. der Polyphosphate mit $n \geq 5$, s. S. 270.

Verss. mit verbesserter chromatograph. Technik ergeben $k = 1.17\times10^{-3}$ min^{-1} bei 65.5°C und $p_H = 5.0$. Die Hydrolysereaktionen des Tetraphosphats und seiner Hydrolyseprodd. (Tri- und Diphosphat) verlaufen unabhängig voneinander, s. **Fig. 75**, M. J. SMITH (*Canad. J. Chem.* **37** [1959] 1115/6).

Ultraschallwellen verursachen keinen Abbau der Tetraphosphate, vgl. das analoge Verh. der Pyro- und Triphosphate, S. 230, 241.

Dissociation. Neutralization

Dissoziation. Neutralisation. Von den 6 H-Atomen der Tetraphosphorsäure sind 4 stark sauer. Die 2 restlichen dissoziieren so schwach, daß sie mit Thymolphthalein titriert werden können, E. THILO, R. RÄTZ (*Z. anorg. Ch.* **260** [1949] 255/66).

Fig. 74.

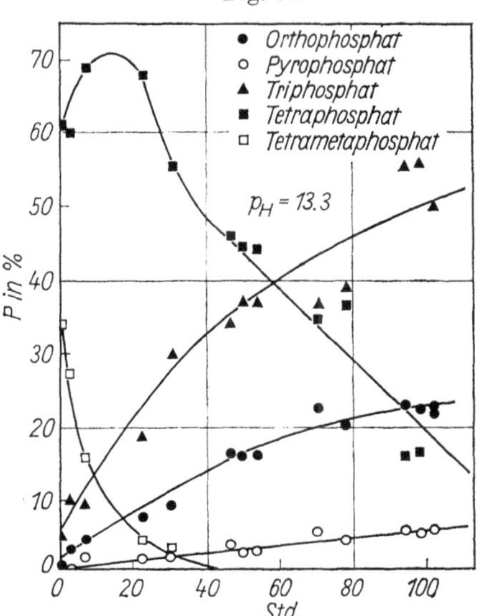

Tetraphosphathydrolyse bei 65.5°C und $p_H = 13.3$.

Precipitation Reactions. Salt Formation

Fällungsreaktionen. Salzbildung. Als krist. Salz, das aus der Schmelze oder aus Dihydrogen-Monohydrogenortho-phosphatgemischen bei hohen Tempp. erhalten wird, ist $Bi_2P_4O_{13}$ bekannt, I. SCHULZ (*Z. anorg. Ch.* **287** [1956] 106/12).

Ein stabiles H_2O-freies Li-Tetraphosphat existiert nicht, I. SCHULZ (*l. c.*). Verss., $Li_6P_4O_{13}$·aq zur Krist. zu bringen, sind fehlgeschlagen. Die durch Behandeln des Ag-Salzes mit LiCl dargestellte Lsg. des Salzes wird mit Aceton als Öl obiger Zus. gefällt, E. THILO, R. RÄTZ (*Z. anorg. Ch.* **260** [1949] 255/66). Die aus wss. $H_6P_4O_{13}$ und LiOH erhaltene konz. Lsg. des Li-Salzes gibt noch bei gewöhnl. Temp. H_2O ab und geht in ein röntgenamorphes Glas über, O. T. QUIMBY (*J. phys. Chem.* **58** [1954] 603/18).

Im System Na_2O–P_2O_5 tritt zwischen $Na_4P_2O_7$ und $Na_3P_3O_9$ als einzige krist. Verb. $Na_5P_3O_{10}$ auf, s. S. 244, obwohl Schmelzen der Zus. $Na_6P_4O_{13}$ in der Nähe der Liquidustemp. zum größten Teil aus Tetraphosphat bestehen, s. „Darstellung" S. 248. Ein von F. SCHWARZ (*Z. anorg. Ch.* **9** [1895] 249/66) im Anschluß an T. FLEITMANN, W. HENNEBERG (*Lieb. Ann.* **65** [1845] 304/34, 325) auf therm. Wege dargestelltes, als $Na_6P_4O_{13}$ betrachtetes Prod. und das daraus erhaltene Hydrat mit 18 Mol H_2O sind nach röntgenograph. und kryoskop. Unterss. nicht einheitlich, sondern Gemische aus Triphosphat und Trimetaphosphat. Auch bei Variation der Vers.-Bedingungen erhält man auf diesem Wege kein Tetraphosphat, P. BONNEMAN-

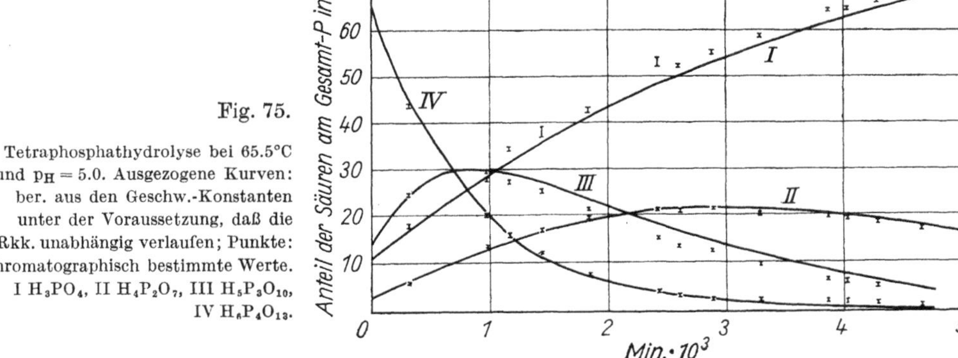

Fig. 75.

Tetraphosphathydrolyse bei 65.5°C und $p_H = 5.0$. Ausgezogene Kurven: ber. aus den Geschw.-Konstanten unter der Voraussetzung, daß die Rkk. unabhängig verlaufen; Punkte: chromatographisch bestimmte Werte. I H_3PO_4, II $H_4P_2O_7$, III $H_5P_3O_{10}$, IV $H_6P_4O_{13}$.

BÉMIA (*Ann. Chim.* [11] **16** [1941] 395/477, 446); vgl. ferner E. P. PARTRIDGE, V. HICKS, G. W. SMITH (*J. Am. Soc.* **63** [1941] 454/66), K. R. ANDRESS, K. WÜST (*Z. anorg. Ch.* **237** [1938] 113/31). Verss., das Na-Salz zur Krist. zu bringen, sind ergebnislos verlaufen, E. THILO, R. RÄTZ (*l. c.*), nur in einem Fall ist die Isolierung sehr geringer Mengen eines röntgenographisch von den bekannten Na-Phosphaten verschiedenen Na-Salzes gelungen, O. T. QUIMBY (*l. c.*); nach VAN WAZER (*Phos-*

phorus, S. 661 Fußnote) haben A. E. R. WESTMAN u. a. krist. Tetraphosphate des Na in einem einzigen nicht reproduzierbaren Vers. hergestellt, vgl. anonyme Veröff. (*Canad. Chem. Process Ind.* **39** [1955] Nr. 7, S. 74).

Ähnlich wie im System Na_2O–P_2O_5 liegen die Verhältnisse im System K_2O–P_2O_5, G. W. MOREY (*J. Am. Soc.* **76** [1954] 4724/6). Verss., das K-Salz $K_6P_4O_{13}\cdot aq$, das aus der durch Behandeln des Ag-Salzes mit wss. KCl-Lsg. erhaltenen Lsg. mit Aceton als Öl gefällt wird, in krist. Form darzustellen, sind ohne Erfolg, E. THILO, R. RÄTZ (*l.c.*). Krist. NH_4-Tetraphosphat ist in nicht reproduzierbarem Vers. von A. E. R. WESTMAN u. a. laut VAN WAZER (*Phosphorus*., S. 661 Fußnote) erhalten worden, vgl. auch anonyme Veröff. (*l. c.*). Nach neueren Verss. entsteht das krist. Salz durch Konzentrieren der aus der Lsg. des Na-Salzes durch Ionenaustausch dargestellten Lsg. im Vak., P. A. GARTAGANIS laut J. CROWTHER, A. E. R. WESTMAN (*Canad. J. Chem.* **34** [1956] 969/81). Mit $MgSO_4$-Lsg. wird aus Lsgg. von Na-Tetraphosphat bei hohen Konzz. ein Nd. gefällt, der sich beim Verd. wieder auflöst, E. THILO, R. RÄTZ (*l. c.*). Röntgenamorphes $Ca_3P_4O_{13}\cdot aq$ fällt aus Na-Tetraphosphatlsgg. mit $CaCl_2$-Lsg.; mit Ba^{2+} entsteht ebenfalls ein Nd., E. THILO, R. RÄTZ (*l. c.*). Aus der Schmelze oder aus Dihydrogen-Monohydrogenbariumorthophosphat-Gemischen wird bei hoher Temp. krist. $Ba_3P_4O_{13}$ erhalten, R. K. OSTERHELD, R. P. LANGGUTH (*J. phys. Chem.* **59** [1955] 76/80), R. P. LANGGUTH, R. K. OSTERHELD, E. KARL-KROUPA (*J. phys. Chem.* **60** [1956] 1335/6).

Das farblose, in verd. Essigsäure lösl., röntgenamorphe $Zn_3P_4O_{13}$ entsteht bei Zugabe von überschüssiger Zn-Acetatlsg. zur Lsg. von Na-Tetraphosphat, E. THILO, R. RÄTZ (*l. c.*). Stabile, wasserfreie Tetraphosphate des Zn und Cd existieren nicht; vermutlich werden solche nur von Elementen mit hoher Ordnungszahl oder großem Ionenradius gebildet, I. SCHULZ (*Z. anorg. Ch.* **287** [1956] 106/12).

Aus wss. Lsg. von Na-Tetraphosphat fällt mit Zr^{4+} ein Nd., E. THILO, R. RÄTZ (*l. c.*). Krist. $Pb_3P_4O_{13}$ wird aus seiner Schmelze oder aus Dihydrogen-Monohydrogenbleiorthophosphat-Gemischen bei hoher Temp. erhalten; Konstit.-Beweis durch Papierchromatographie, R. K. OSTERHELD u. a. (*l. c.*), R. P. LANGGUTH u. a. (*l. c.*), I. SCHULZ (*l. c.*).

Mit Mn^{2+}, Fe^{2+} und Fe^{3+} in Na-Tetraphosphatlsg. entstehende Ndd. sind im Überschuß des Fällungsmittels lösl.; Ni^{2+} und Co^{2+} geben keine Ndd., E. THILO, R. RÄTZ (*l. c.*). $Co(en)_3^{3+}$ wird durch Tetraphosphat bei p_H 2.5 bis 10 nicht gefällt; 10% Tetraphosphat verhindert die Fällung von Triphosphat durch dieses Reagens, O. T. QUIMBY (*J. phys. Chem.* **58** [1954] 603/18). Zur Herst. von krist. $Fe_2P_4O_{13}$ aus wss. Lsg. s. R. F. JAMESON, J. E. SALMON (*J. chem. Soc.* **1954** 28/34).

Bei sehr hoher Cu^{2+}-Konz. entsteht aus $CuSO_4$ und Na-Tetraphosphatlsg. ein Nd. von reinem $Cu_2P_2O_7\cdot aq$, E. THILO, R. RÄTZ (*Z. anorg. Ch.* **260** [1949] 255/66).

Bei Zugabe von wss. $Na_6P_4O_{13}$ zu verd. $AgNO_3$-Lsg. entsteht ein weißer, röntgenamorpher Nd. von wasserfreiem $Ag_6P_4O_{13}$, der in H_2O nahezu unlösl., in Säuren und wss. NH_3 leicht lösl. ist, E. THILO, R. RÄTZ (*l. c.*).

Acridinium-Ion wird durch wss. $H_6P_4O_{13}$ als gut kristallisiertes $(AdH)_4\ H_2P_4O_{13}\cdot H_2O$ (Löslichkeit in Wasser ~1.5% bei 45°C, 0.3% bei 0°C) gefällt; Di- und Triphosphat verhalten sich ähnlich, O. T. QUIMBY (*l. c.*). Auch die Fällung als Benzidiniumsalz aus wss. Lsg. ist nahezu quantitativ, N. BUSCH, J.-P. EBEL, M. BLANCK (*Bl. Soc. chim.* **1957** 486/7). Das in H_2O leicht lösl. (63% bei 27°C) Hexaguanidinium-Tetraphosphat $(GuH)_6\ P_4O_{13}\cdot H_2O$ kristallisiert rasch aus Mischungen von Formamid mit wenig H_2O, O. T. QUIMBY (*l. c.*). Zur Isolierung von Adenosintetraphosphat aus Muskeln durch Ionenaustauschchromatographie vgl. I. LIEBERMAN (*J. Am. Soc.* **77** [1955] 3373/5).

Polyphosphoric Acids with 5 to 12 P Atoms

Polyphosphorsäuren mit 5 bis 12 P-Atomen

Formation. Preparation

Bildung und Darstellung. Über neuere Methh. zur Synthese von Polyphosphaten s. die Übersicht bei A. TODD (*Chem. Soc. [London] Spec. Publ.* Nr. 8 [1959] 91/102 nach *C. A.* **1960** 12854). Zur Bldg. makromolekularer anorgan. Verbb. vgl. E. THILO (*Deut. Akad. Wiss. Makromol. Chem.* **34** [1959] 179/89 nach *C. A.* **1960** 3031).

Durch Ionenaustauschchromatographie an Dowex 1 X 10 (Polystyrol mit 10% Divinylbenzol, Korngröße 100 bis 200 Maschen/cm²) in einer Trennsäule (3 cm Durchmesser, 40 cm Füllhöhe) unter Anwendung von wss. NaCl-Na-Maleat-Lsgg. mit stufenweise steigendem NaCl-Gehalt als Eluens gelingt die präparative Trennung eines Na-Polyphosphatglases (bei 900°C dargestellt, $Na_2O:P_2O_5 = 1.31$) in die Komponenten Pyro- bis einschließlich Octaphosphat und höhere, nicht mehr vollständig trennbare Polyphosphate, s. **Fig. 76**. Die Polyphosphate werden aus den Eluaten durch Zusatz einer 1%igen wss. Lsg. von Benzidin-HCl quantitativ als Benzidiniumsalze abgeschieden und diese durch

NaOH-Zusatz und Ausschütteln des Benzidins mit $CHCl_3$ in wss. Lsgg. der Na-Salze übergeführt, deren Reinheit papierchromatographisch geprüft wird. Die Na-Salze fallen auf Äthanolzusatz als ölige Fll. aus, die sich bei wiederholter Behandlung mit absol. Äthanol in amorphe Pulver umwandeln, N. Busch, J.-P. Ebel, M. Blanck (*Bl. Soc. chim.* **1957** 486/7), J.-P. Ebel, N. Busch (*C. r.* **242** [1956] 647/9); vgl. auch W. Wieker (*Z. Elektroch.* **64** [1960] 1047/50), der auf diesem Wege Penta-, Hexa-, Hepta- und Octaphosphat aus einem ^{32}P-markierten Polyphosphatglas erhält. Die Isolierung von Pentaphosphat und von Hexaphosphat aus 50 mg Glas mit $Na_2O:P_2O_5 = 1.5$ gelingt durch Aufsteigenlassen einer Mischung aus 13 ml H_2O, 67 ml iso-Propanol, 20 ml 20%iger Trichloressigsäure und 0.3 ml 25%iger NH_3-Lsg. in einem aus $\sim$200 zusammengepreßten Papierstreifen bestehenden ,,Chromatopack", E. Thilo, W. Wieker (*Z. anorg. Ch.* **291** [1957] 164/85, 184).

Verss. zur präparativen Trennung durch fraktionierte Fällung mit organ. Basen, J.-P. Ebel, J. Colas, N. Busch (*Bl. Soc. chim.* **1955** 1087/93), N. Busch, J.-P. Ebel (*Bl. Soc. chim.* **1956** 758/61), durch Säulenchromatographie mit Cellulosepulver, J.-P. Ebel, N. Busch (*C. r.* **242** [1956] 647/9), durch Papierelektrophorese, B. Sansoni, R. Klement (*Angew. Ch.* **66** [1954] 598/602).

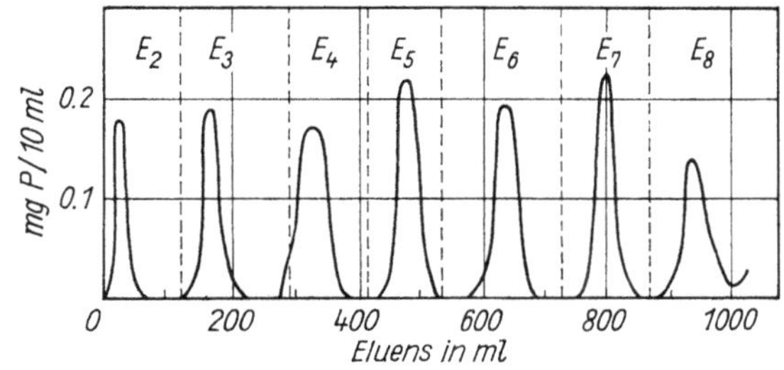

Fig. 76.

Elutionsdiagramm eines Na-Polyphosphatglases. Erklärung im Text.

Die analyt. Trennung gelingt auf papierchromatograph. Wege bis zur Säure mit 11 P-Atomen einschließlich, s. S. 217, A.-L. Huhti, P. A. Gartaganis (*Canad. J. Chem.* **34** [1956] 785/97); vgl. ferner E. Thilo, R. Sauer (*J. pr. Ch.* [4] **4** [1957] 324/48), J.-P. Ebel (*Bl. Soc. chim.* **1953** 991/8, 998/1000, 1096/9; *Mikrochim. Acta* **1954** 679/700), A. E. R. Westman, A. E. Scott, J. T. Pedley (*Chem. in Canada* **4** [1952] Nr. 10, S. 35/40); Ionenaustauscherchromatographie trennt bis n = 14 einschließlich, R. F. Jameson (*J. chem. Soc.* **1959** 752/9).

Die im System $CaO–P_2O_5$ auftretende Mischkristallphase Trömelit, s. ,,*Calcium*" *Tl.* B, S. 1123, ist nach papierchromatograph. Unterss. ein Pentaphosphat, S. Ohashi, J. R. van Wazer (*J. Am. Soc.* **81** [1959] 830/2).

Zur analyt. Best. des Verhältnisses von endständigen P-Gruppen zur Orthophosphatgruppe wie von endständigen zu mittelständigen P-Gruppen in Polyphosphorsäuren durch Messung der magnet. Kernresonanzschwingungen s. J. C. Guffy, G. R. Miller (*Anal. Chem.* **31** [1959] 1895/7).

Elektrochemisches Verhalten. Zur äquiv. Leitf. von Polyphosphatlsgg. und Beweglichkeit der Anionen vgl. das elektrochem. Verh. der Hochpolyphosphatlsgg., S. 266. *Electrochemical Behavior*

Hydrolyse. Bei der Hydrolyse von Na-Polyposphatgläsern mit $Na_2O:P_2O_5 = 5:3$ und 6:4, die als Phosphate größter Kettenlänge Hexa- bzw. Octaphosphat enthalten, entsteht nach chromatograph. Analyse Trimetaphosphat. Eine Lsg. von Na-Pentaphosphat enthält nach 24std. Hydrolyse bei $p_H = 6$ und 80°C Trimetaphosphat, eine solche von Hexaphosphat außerdem kleine Mengen von Tetrametaphosphat. Demnach ist Pentaphosphat das Polyphosphat kleinster Kettenlänge, aus dem bei der Hydrolyse noch Trimetaphosphat entstehen kann, E. Thilo, W. Wieker (*l. c.*); vgl. die Hydrolyse des Tetraphosphats S. 249, und der Hochpolyphosphate S. 268. Die Hydrolysegeschw. wächst mit zunehmender Kettenlänge, W. Wieker (*Z. Elektroch.* **64** [1960] 1047/50). Als Endprod. der Hydrolyse der Polyphosphorsäuren wird eine als $H_7(PO_6)$ formulierte starke Säure angenommen, J. Zsakó (*Studia Univ. Victor Babes Bolyai* **3** [1958] *Ser.* 1, Nr. 2, S. 69/76 nach *C. A.* **1960** 14883). *Hydrolysis*

Hochpolyphosphorsäuren $HO(HPO_3)_nH$ und ihre Salze

Higher Polyphosphoric Acids and Their Salts

Allgemeines. In diesem Abschnitt werden die durch die Anionen bestimmten Eigg. hochkondensierter Polyphosphate beschrieben. Eine Beschränkung auf die nur an den Säuren selbst ausgeführten Unterss. wäre noch weniger sinnvoll als in den vorhergehenden Abschnitten. *General*

Mit wachsender Kettenlänge n nähert sich die Zus. der Polyphosphate der Metaphosphatzus. HPO_3. Die einzelnen Glieder der Reihe werden einander immer ähnlicher und können weder präparativ noch analytisch getrennt werden; die folgenden Angaben beziehen sich daher auf durch die mittlere Kettenlänge $\bar{n}$ gekennzeichnete Gemische; zur Größenverteilung s. S. 221. Erst neuere Unterss. (s. „Struktur der Anionen" S. 256) haben gezeigt, daß „glasige Metaphosphorsäure" und die nach den Entdeckern T. GRAHAM (*Pogg. Ann.* **32** [1834] 33/76), R. MADDRELL (*Lieb. Ann.* **61** [1847] 63), KURROL nach G. TAMMANN (*J. pr. Ch.* **45** [1892] 417/74, 467) benannten Salze in diese Stoffklasse (mit $\bar{n} = \sim 20$ bis 10^6) gehören. Sie wurden früher wie alle Verbb. der Zus. M^IPO_3, $M^{II}(PO_3)_2$ usw. „Metaphosphate" genannt und als Polymere des Monometaphosphats (s. S. 212) betrachtet; die früheren Annahmen über Polymerisationsgrad und Konstit. sind falsch, vgl. „Dimetaphosphorsäure" S. 280, „Struktur der Anionen" S. 256. Die auf T. FLEITMANN (*Pogg. Ann.* **78** [1849] 233/60, 338/66) zu-

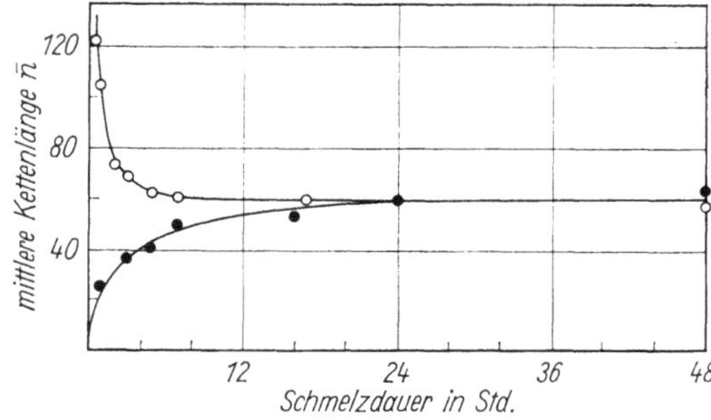

Fig. 77.

Abhängigkeit der mittleren Kettenlänge von der Schmelzdauer bei 650°C und $p_{H_2O} = 55.3$ Torr. Ausgangsstoff NaH_2PO_4 (volle Kreise) bzw. $Na_3P_3O_9$ (leere Kreise).

rückgehende Bezeichnung „Hexametaphosphat" für Grahamsalz und ähnliche glasige, leicht lösl. Polyphosphatgemische wird besonders in der technolog. Lit. bis in die neueste Zeit benutzt; über das echte (ringförmige) Hexametaphosphat s. S. 293. Ausführliche Übersicht über die ältere, äußerst widerspruchs-

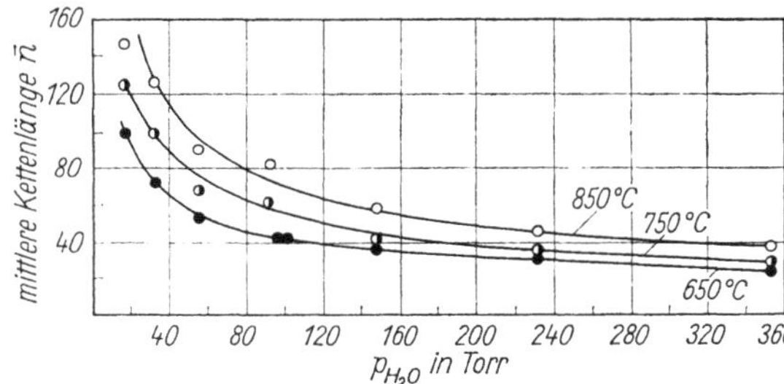

Fig. 78.

Mittlere Kettenlänge in Abhängigkeit von Herst.-Temp. und H_2O-Partialdruck.

volle Lit. s. K. KARBE, G. JANDER (*Koll.-Beih.* **54** [1942] 1/146, 146 Zitate), vgl. ferner D. M. YOST, H. RUSSELL (*Systematic inorganic Chemistry of the fifth- and sixth-group nonmetallic Elements, New York* 1944, S. 1/423, 210/24), B. TOPLEY (*Quart. Rev.* **3** [1949] 345/68). Zur neueren Entw. vgl. E. THILO (*Ang. Ch.* **63** [1951] 508/11, **67** [1955] 141/5; *Ch. Techn.* **8** [1956] 251/8; *Žurnal prikladnoj Chim.* [russ.] **29** [1956] 1621/37; *Acta chim. Acad. Sci. Hungar.* [dtsch.] **12** [1957] 221/40), ferner VAN WAZER (*Phosphorus*, S. 665).

Im folgenden werden die von K. KARBE, G. JANDER (*l. c.*) behandelten Arbeiten nur ausnahmsweise angeführt; ältere Lit. s. auch „*Natrium*" S. 918, „*Kalium*" S. 1004.

Anhydrous Acids

Wasserfreie Säuren. Durch Entwässerung von H_3PO_4, ferner aus P_2O_5 und H_2O, $POCl_3$ und H_3PO_4 erhältliche Gläser der angenäherten Zus. HPO_3 („Metaphosphorsäure") bestehen aus hochkondensierten Polyphosphorsäuren; sie können außerdem geringe Mengen von verzweigten Säuren und von echten Metaphosphorsäuren (mit Ringstruktur) enthalten, s. „Konstitution" S. 217, „Verzweigte Ketten" S. 223. Eigg. und chem. Verh. des Glases s. S. 224.

Die aus $POCl_3$ und wasserfreiem HNO_3 beim Eindunsten zurückbleibende, sirupöse oder glasig-schaumige Masse ist nach Zus. und den Rkk. der wss. Lsg. vermutlich eine hochpolymere Phosphorsäure, G. JANDER, H. WENDT (*Z. anorg. Ch.* **258** [1949] 1/14, 8).

Behandlung von wasserfreiem Graham-Ag- und Kurrol-Ag-Salz in äther. Suspension mit trocknem HCl führt nach Filtration des AgCl und Abdampfen des Äthers zu öligen Fll., die nach sofortiger Neutralisation mit NaOH die Ausgangssalze zurückliefern, E. THILO, G. SCHULZ, E.-M. WICHMANN (*Z. anorg. Ch.* **272** [1953] 182/200, 193). In krist. Form sind hochkondensierte Phosphorsäuren bisher nicht bekannt; das von RÉCHID (*C. r.* **196** [1933] 860/1) erhaltene krist. Prod. ist eine P_2O_5-SiO_2-Verb., A. BOULLÉ, R. JARY (*C. r.* **237** [1953] 258/60); vgl. ferner E. GRIFFITH (*J. Am. Soc.* **78** [1956] 3867/70).

Solid Salts. Glasses. Condensation Equilibrium

Feste Salze. Gläser. Kondensationsgleichgewicht. Die (durch Endgruppentitration bestimmte) mittlere Kettenlänge $\bar{n}$ des durch therm. Entwässerung von NaH_2PO_4 oder durch Schmelzen von $Na_3P_3O_9$ dargestellten Grahamschen Salzes $Na_{\bar{n}}H_2P_{\bar{n}}O_{3\bar{n}+1}$ erreicht nach ~24 Std. Rk.-Dauer einen sich von beiden Seiten einstellenden Gleichgew.-Wert, der nur von der Herst.-Temp. und dem H_2O-Partialdruck p_{H_2O} der Atm. abhängt, s. **Fig. 77** und **78**, und für den die von G. V. SCHULZ (*Z. phys. Ch.* A **182** [1938] 127), P. J. FLORY (*J. Am. Soc.* **58** [1936] 1877) auf statist. Wege abgeleitete Beziehung $\bar{n}^2 = K/p_{H_2O}$ gilt; vgl. „Reorganisationstheorie“ S. 218. Aus der Temp.-Abhängigkeit von K ergibt sich als Rk.-Enthalpie der Kondensationsrk.

$$\cdots-O-\overset{O}{\underset{O^-}{P}}-OH+HO-\overset{O}{\underset{O^-}{P}}-O-\cdots \rightleftharpoons \cdots-O-\overset{O}{\underset{O^-}{P}}-O-\overset{O}{\underset{O^-}{P}}-O-\cdots+H_2O_{gasf.}$$

$\Delta H = 10.2$ kcal bei 650 bis 850°C. Temp.- und p_{H_2O}-Abhängigkeit lassen sich in der Gleichung $\ln \bar{n} = 8.87 - 5100/RT - 0.5 \ln p_{H_2O}$ zusammenfassen; daraus ber. $\bar{n}$-Werte stimmen auf ±5% genau mit den experimentellen überein, A. WINKLER, E. THILO (*Z. anorg. Ch.* **298** [1959] 302/15); vgl. hierzu auch U. P. STRAUSS, T. L. TREITLER (*J. Am. Soc.* **77** [1955] 1473/6). Zu verzweigten Ketten führende Kondensationsrkk. erfolgen nur in sehr geringem Ausmaß, s. S. 223. Dagegen ist die Bldg. von (Ring-)Metaphosphaten nicht vernachlässigbar, s. S. 222.

Das Li-Salz erstarrt leicht als Glas, vgl. „Reorganisationstheorie“ S. 218; K-, Rb- und Cs-Salzschmelzen zeigen zunehmende Neigung zur Krist., VAN WAZER (*Phosphorus*, S. 791).

Schmelzen der Zus. MP_2O_6 (M = Mg, Ca, Sr, Ba, Zn, Cd, Hg, Cu, Pb, Mn, Fe^{II}, Co, Ni, $Al_{2/3}$, $Fe_{2/3}$, $Cr_{2/3}$ und $Bi_{2/3}$) erstarren beim Abschrecken zu Hochpolyphosphatgläsern analog dem Grahamsalz, E. THILO, I. GRUNZE (*Z. anorg. Ch.* **290** [1957] 209/22, 223/37), ebenso $AgPO_3$-Schmelze, VAN WAZER (*Phosphorus*, S. 792); bei langsamer Abkühlung bilden sich je nach der Größe des Kations krist. Tetrametaphosphate, s. S. 292, oder krist. Hochpolyphosphate, s. nachstehend.

Higher Polyphosphates Crystallized from Melts

Kristallisierte Hochpolyphosphate aus Schmelzen. Aus dem Grahamschen Na-Salz entstehen beim Tempern unter verschiedenen Bedingungen außer dem bei allen Tempp. stabilen Trimetaphosphat $Na_3P_3O_9$ (s. S. 281) die krist. Hochpolyphosphate, Maddrellsches Salz und Kurrolsches Salz, jedes in 2 Modifikationen. Die Stabilitätsverhältnisse sind nicht ausreichend geklärt, vgl. E. THILO, H. GRUNZE (*Z. anorg. Ch.* **281** [1955] 262/83), E. THILO, G. SCHULZ, E.-M. WICHMANN (*Z. anorg. Ch.* **272** [1953] 182/200).

Therm. Entwässerung primärer Orthophosphate oder entsprechend zusammengesetzter Gemische ergibt krist. Hochpolyphosphate von Li, K und NH_4, s. E. THILO, H. GRUNZE (*l. c.*), Rb, Cs und Ag, s. „Struktur“ S. 256, ferner von Be, Ca, Sr, Ba, Pb, Hg, Fe^{III}, Cr und Bi; auf nassem Wege dargestellte Tetrametaphosphate dieser Metalle wandeln sich bei höheren Tempp. in Hochpolyphosphate um. Die Orthophosphate von Zn und Cd liefern unterhalb ~600°C Tetrametaphosphate, bei höherer Temp. Hochpolyphosphate. Von Mg, Cu, Mn, Fe^{II}, Co, Ni und Al sind dagegen auf therm. Wege nur Tetrametaphosphate darstellbar, s. S. 292, E. THILO, I. GRUNZE (*Z. anorg. Ch.* **290** [1957] 209/22, 223/37); zur therm. Bldg. des Pb-Hochpolyphosphats s. bereits K. R. ANDRESS, K. FISCHER (*Z. anorg. Ch.* **273** [1953] 193/9). Demnach sind die von A. GLATZEL (*Diss. Würzburg* 1880, S. 1/113) bei hohen Tempp. (>400°C) dargestellten krist. Verbb. $M^{II}P_2O_6$[1]) z. T. Tetrametaphosphate (M^{II} = Mg, Cu, Mn, Ni, Zn, Cd), zum anderen Hochpolyphosphate (M^{II} = Ca, Ba, Pb, Zn, Cd, Tl_2, $Fe_{2/3}$, $Bi_{2/3}$). Diese können jedoch bei unvollständiger Rk. geringe Anteile (bis zu 12% des Gesamt-P bei Pb, Ca, Sr) von (als Zwischenprod. gebildetem) Tetrametaphosphat enthalten, E. THILO. I. GRUNZE (*l. c.* S. 232).

Higher Polyphosphates Crystallized from Aqueous Solution

Kristallisierte Hochpolyphosphate aus wäßriger Lösung. Krist., wasserhaltiges K-Hochpolyphosphat durch Einengen der wss. Lsg. von glasigem $(KPO_3)_n$ s. A. WEISS, E. MICHEL (*Z. anorg. Ch.* **296** [1958]

[1]) Von A. GLATZEL (*l. c.*) als „Tetrametaphosphate“ bezeichnet, während die bei Tempp. < 400°C erhaltenen Verbb. (die zum größten Tl. echte Tetrametaphosphate sind, s. S. 292) „Dimetaphosphate“ genannt werden.

313/32, 316). Nach G. JANDER, H. WENDT (*Z. anorg. Ch.* **258** [1949] 1/14, 8) entstehen weiße, blättrige Kristalle der Zus. $NaPO_3$, wenn das aus $POCl_3$ und wasserfreiem HNO_3 erhaltene Prod. (s. „Wasserfreie Säuren" S. 251) in 40%iger wss. Lsg. unter Eiskühlung mit 30%igem NaOH bis zum p_H-Wert 6 versetzt wird. Die Kristalle lösen sich wenig in kaltem, besser in warmem H_2O und sind durch Alkohol fällbar; die Lsg. gibt im Überschuß des Phosphats lösl. Ndd. mit Zn^{2+}, Cu^{2+}, Mg^{2+}, Fe^{2+}, UO_2^{2+}, Ag^+ und weiteren Kationen, verhält sich also wie die Lsg. eines Hochpolyphosphats, G. JANDER ,H. WENDT (*l. c.*). Neutralisation der freien Graham- oder Kurrolsäure (s. Darst. der wss. Lsg. S. 258) mit den entsprechenden Basen und Fällung mit Aceton ergibt schwierig kristallisierende, wasserhaltige Ammonium-, Barium-, Kupfertetrammin-, Nickelhexammin-, Kobalt(III)-hexammin, Äthylendiammonium und Hexamethylendiammonium-Hochpolyphosphate, R. KLEMENT, R. POPP (*Ber.* **93** [1960] 156/61).

Nach A. GLATZEL (*Diss. Würzburg* 1880, S. 1/113)[1]) bilden sich aus den bei hoher Temp. dargestellten krist. Verbb. der Zus. $M^{II}P_2O_6$, s. den vorstehenden Abschnitt, durch mehrtägigen Umsatz mit wss. Alkalisulfid bzw. -carbonat bei gewöhnl. Temp. und Eindunsten der filtrierten Lsgg. feinkristalline Alkaliphosphate $MPO_3 \cdot H_2O$ (M = Na, K, NH_4), die sich von den grobkristallinen und leichter lösl. Alkalitetrametaphosphaten (s. S. 292) unterscheiden und deren wss. Lsg. auf Zusatz von Erdalkali- und

Fig. 79.

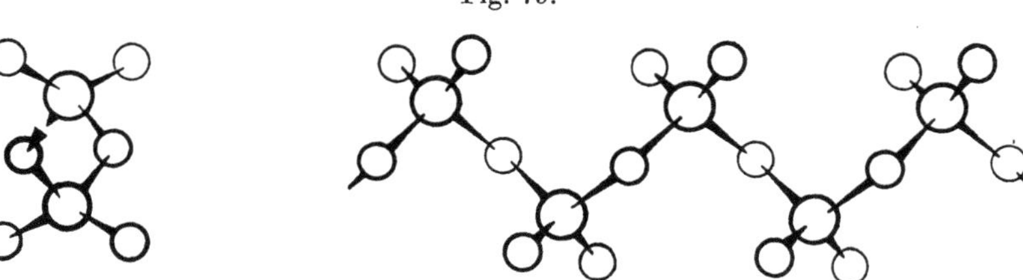

Struktur der Anionen des Kurrol-Rb-Salzes.

Schwermetall-Ionen eine große Anzahl deutlich krist., hydratwasserhaltiger Salze (von Mg, Ca, Sr, Ba, Zn, Mn, Ni, Co, Cu, Pb, Tl, Bi) ausscheiden; außerdem sind krist. Na-K-, Na-NH_4- und K-NH_4-Doppelsalze darstellbar, während Ag^+, Cd^{2+} und Fe^{2+} amorphe, wasserhaltige, schwer lösl. Ndd. mit Metaphosphatzus. ergeben, A. GLATZEL (*l. c.*).

Nach E. THILO, I. GRUNZE (*Z. anorg. Ch.* **290** [1957] 209/22, 223/37) liegen bei den thermisch dargestellten MP_2O_6-Verbb. teils Tetrametaphosphate, teils Hochpolyphosphate vor, wobei die letzteren jedoch unter Umständen geringe Mengen (bis 12% des Gesamt-P) Tetrametaphosphat enthalten können, s. S. 255. Dieses fällt beim Umsatz mit Alkalisulfid oder -carbonat als krist. Alkalitetrametaphosphat aus, während sich die (in viel größerer Menge gebildeten) Alkalihochpolyphosphate nur langsam als ölige Tropfen oder Trübungen ausscheiden, E. THILO, I. GRUNZE (*l. c.* S. 232).

Im Gegensatz zu A. GLATZEL (*l. c.*) stellen andere Unterss. das für Hochpolyphosphate zu erwartende Verh. fest: die aus der thermisch dargestellten Schwermetallverb. (von Pb, Cd, Bi) mit wss. Na_2S erhaltene viscose Lsg. ergibt beim Eindampfen oder Verdunsten stets eine glasige Masse, bei Alkoholzusatz eine sirupartige Fällung; mit Metallsalzen entstehen amorphe, im Phosphatüberschuß lösl. Ndd.; auch die Leitf. der Lsg. stimmt mit der einer Grahamsalzlsg. überein, T. FLEITMANN (*Pogg. Ann.* **78** [1849] 338/66, 353), F. WARSCHAUER (*Z. anorg. Ch.* **36** [1903] 137/200, 188), G. TAMMANN (*Z. phys. Ch.* **6** [1890] 122/40, 136; *J. pr. Ch.* **45** [1892] 417/74, 439), K. R. ANDRESS, K. FISCHER (*Z. anorg. Ch.* **273** [1953] 193/9), E. THILO, I. GRUNZE (*Z. anorg. Ch.* **290** [1957] 223/37).

Structure of Anions. In the Crystal

Struktur der Anionen. Im Kristall. Nach röntgenograph. Unterss. bestehen die Anionen des Kurrol-Rb-Salzes aus unendlichen PO_4-Tetraederketten, die sich spiralig um parallele Achsen (in Richtung der Faserachse) winden; auf die Periode in der Kettenrichtung entfallen 2 Tetraeder, s. **Fig. 79.** P–O-Abstand in der Kette 1.62 ± 0.03 Å, außerhalb der Kette 1.46 ± 0.03 Å; Winkel P–O–P 129°14', O–P–O zwischen 95°48' und 122°58'. Ähnliche Anionenketten in Enstatit, Na_2SiO_3, SO_3 und $KVO_3 \cdot H_2O$, s. D. E. C. CORBRIDGE (*Acta cryst.* **9** [1956] 308/14). Die gleiche Konfiguration weisen vermutlich die Anionenketten im Kurrolschen K- und Cs-Salz auf, während im Na- und Ca-Salz ein anderer Kettentyp vorliegen dürfte, D. E. C. CORBRIDGE (*Acta cryst.* 8 [1955] 520), im α-Na-Salz

[1]) Ausführliche Wiedergabe bei K. KARBE, G. JANDER (*Koll.-Beih.* **54** [1942] 1/146, 64/74).

wahrscheinlich Ketten mit der Identitätsperiode 4, s. D. E. C. CORBRIDGE (*Acta cryst.* **9** [1956] 308/14); zur Struktur des K- und des Pb-Salzes s. K. R. ANDRESS, K. FISCHER (*Z. anorg. Ch.* **273** [1953] 193/9). Das Kurrol-Ag-Salz enthält spiralige Anionenketten mit Identitätsperiode 4, s. K. H. JOST (*Z. anorg. Ch.* **296** [1958] 154/6).

Die Hochtemp.-Form des Maddrellsalzes enthält die Anionen ebenfalls als lange Ketten, die jedoch nicht spiralig gewunden sind und die Identitätsperiode 3 haben, s. **Fig. 80**. Ähnliche Anionen-Struktur in $NaAsO_3$ und $CaSiO_3$ (β-Wollastonit), F. LIEBAU (*Acta cryst.* **9** [1956] 811/7), K. DORNBERGER-SCHIFF, F. LIEBAU, E. THILO (*Acta cryst.* 8 [1955] 752/4).

Die Ultrarotspektren (600 bis 1900 cm^{-1}) der Kurrolschen Salze des Na (faserige Modifikation) und des K zeigen bei gleicher Bandenanzahl (8) wesentliche Unterschiede in der Lage einiger Banden. Frequenzen und Intensitäten der Banden:

Na-Salz	685 (m)	716 (m)	860 (m)	980 (st)	1108 (st)	1140 (m)	1270 (st)	1280 (st)
K-Salz	677 (st)	763 (m)	861 (st)	1020 (m)	1091 (st)	1145 (m)	1265 (st)	1285 (st)

W. BUES, H.-W. GEHRKE (*Z. anorg. Ch.* **288** [1956] 307/23), in guter Übereinstimmung mit D. E. C. CORBRIDGE, E. J. LOWE (*J. chem. Soc.* **1954** 493/502). Die Spektren sind mit zweiperiod. Ketten der Symmetrie C_2 (Na-Salz) und C_s (K-Salz) verträglich; im K-Salz könnten auch spiralige Ketten mit der

Fig. 80.

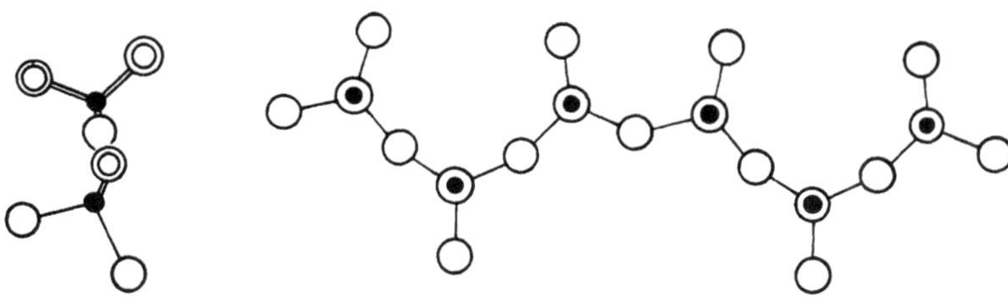

Struktur der Anionen der Hochtemperaturform des Maddrellsalzes.

Periode 2 vorliegen, die sich spektral kaum von der C_s-Kette unterscheiden. Alle 8 Frequenzen gehören zu Valenzschwingungen der Kette und der PO_2-Gruppe, W. BUES, H.-W. GEHRKE (*l. c.*). UR-Spektrum des Maddrellschen Salzes (Hochtemp.-Form): 702(m), 719(m), 742 (schwach), 878 (st), 1060 (st), 1097 (st), 1104 (st), 1160 (m), 1298 (st), 1315 (m); in der Tieftemp.-Form ist die Frequenz 878 cm^{-1} auf 867 cm^{-1} erniedrigt, sonst sind die Spektren identisch, D. E. C. CORBRIDGE, E. J. LOWE (*l. c.*). Der erste Beweis für die Kettenstruktur des Maddrellschen Salzes wurde auf chem. Wege geführt, s. „Molekelgestalt" S. 260.

In Glas und Schmelze. Das Ultrarotspektrum des Grahamschen Salzes weist Banden bei 730 (m), 860 (st), 990 (st), 1087 (st), 1150 (schwach), 1265 (st) cm^{-1} auf und ist bis auf die größere Breite der Banden dem Spektrum des krist. (Kurrolschen) Salzes sehr ähnlich. Es entspricht vollkommen dem Ramanspektrum der Schmelze, in dem die Valenzschwingungsfrequenzen 678 (st), 750 (schwach), 1091 (schwach), 1150 (st), 1265 (schwach) und schwache Deformationsschwingungsfrequenzen bei 255, 300, 323, 375, 425 und 514 cm^{-1} auftreten. Demnach ist das Grahamsche Salz ohne Einschränkung als unterkühlte Schmelze zu betrachten. Die Gestalt der Ketten in Glas und Schmelze ist derjenigen im Kristall weitgehend ähnlich. Die elektrostat. Abstoßung der PO_2^--Gruppen bewirkt die Bldg. von Ketten der Symmetrie C_s, die thermisch relativ wenig (unter Frequenzverbreiterung) gestört wird, W. BUES, H.-W. GEHRKE (*Z. anorg. Ch.* **288** [1956] 307/23); vgl. hierzu „Reorganisationstheorie" S. 218. Übereinstimmende Angaben zum UR-Spektrum des Grahamschen Salzes s. D. E. C. CORBRIDGE, E. J. LOWE (*J. chem. Soc.* **1954** 493/502); unvollständiges Ramanspektrum, A. SIMON, E. STEGER (*Z. anorg. Ch.* **277** [1954] 209/33, 232). *In Glass and Melt*

Das Ramanspektrum der KPO_3-Schmelze stimmt nahezu mit dem der $NaPO_3$-Schmelze überein. Kovalente O–Na- bzw. O–K-Bindungen treten den Spektren zufolge nicht auf, W. BUES, H.-W. GEHRKE (*l. c.*).

Das Ramanspektrum von HPO_3-Glas weist Linien bei 700 (st), 903 (st), 982 (m), 1192 (m) und diffuse Banden bis 316, bei 458 und 1140 cm^{-1} auf, A. SIMON, E. STEGER (*l. c.*); das UR-Spektrum Banden bei 800, 1250, 1540 und 1670 cm^{-1}, D. LAFORGUE-KANTZER (*Ann. Chim.* [12] **5** [1950] 819/81, 869). Ramanspektrum der Lsg. s. S. 261.

Aqueous Solution

Wäßrige Lösung

Preparation. Acid Solutions

Darstellung. Säurelösungen. HPO_3-Glas löst sich exotherm unter Hydrolyse, s. S. 269.

Von Fremdionen freie (2.6%ige = 0.33n) Lsgg. der dem Graham-, Maddrell- und Kurrol-Na-Salz entsprechenden Säuren erhält man durch 1- bzw. 2- bzw. $^1/_2$std. Rühren der wss. Lsg. bzw. Suspension der Salze (5 g in 150 ml) bei gewöhnl. Temp. mit überschüssigem H^+-Austauscherharz (50 g Amberlite IR 112). Die Suspension des Maddrellsalzes wird dabei vollkommen klar, die des Kurrolsalzes geht schon nach wenigen Min. in eine viscose Lsg. über, deren Viscosität nach ~30 Min. völlig verschwindet. Die vom Austauscher abfiltrierten frischen Lsgg. enthalten nur hochkondensierte, im Papierchromatogramm nicht wandernde Anionen und unterscheiden sich im chem. Verh. und den physikal. Eigg. nicht wesentlich; die mittleren Kettenlängen (aus Endgruppentitration) liegen zwischen 20 und 80. Wie die Viscositätsabnahme bei der Darst. der Kurrolsäure zeigt, sind die Anionen im festen Salz viel größer; vermutlich gilt ähnliches auch für die beiden anderen Salze (vgl. hierzu „Molgewichtsbestimmungen" S. 259). Die Lsgg. der freien Säuren sind infolge Hydrolyse (s. S. 269) instabil, R. Klement, J. Schmid (*Z. anorg. Ch.* **290** [1957] 113/32); vgl. auch R. Pfanstiel, R. K. Iler (*J. Am. Soc.* **74** [1952] 6059/64), U. Schindewolf, K.-F. Bonhoeffer (*Z. Elektroch.* **57** [1953] 216/21). Darst. der Grahamsäure durch Ionenaustausch an Wofatit, W. Teichert, K. Rinman (*Acta chem. Scand.* **2** [1948] 225/52, 243), an Amberlite IR 100, C. W. Davies, C. B. Monk (*J. chem. Soc.* **1949** 413/22), J. P. Ebel (*Bl. Soc. chim.* **1953** 1096/9; *C. r.* **234** [1952] 732/4), an Wofatit F, s. E. Thilo, K.-H. Rattay (*J. pr. Ch.* [4] **1** [1954] 14/32). Eine nach R. Salih (*Bl. Soc. chim.* **1937** 1724/6) aus Grahamsalz durch Fällung mit Pb^{2+} und Umsatz mit H_2S dargestellte Lsg. enthält nach papierchromatograph. Unters. neben hochkondensierten Säuren H_3PO_4 und niedrigkondensierte Säuren, J. P. Ebel (*l. c.*); vgl. auch W. Teichert, K. Rinman (*l. c.* S. 233).

Salt Solutions

Salzlösungen. In Luft mit normaler Feuchtigkeit dargestelltes Grahamsalz löst sich in H_2O rasch auf; die Viscosität einer 1%igen Lösung unterscheidet sich nur wenig von der des reinen Wassers. Dagegen löst sich in trockner Luft dargestelltes Glas langsam unter Quellung; die Lsg. ist ein Gel, vgl. B. Topley (*Qaurt. Rev.* **3** [1949] 345/68, 359); das Glas enthält auch verzweigte Ketten, s. S. 223. Die beiden Modifikationen des Maddrellsalzes sind praktisch unlösl. in H_2O, weil die Lösungsgeschw. nur ~0.01 bis 0.1 Gew.-%/Std. beträgt; Kurrol-Na- und K-Salz verhalten sich ähnlich, van Wazer (*Phosphorus*, S. 669). Die Fasern des Kurrol-Na-Salzes (Form B) quellen in H_2O auf; die nach 3 Std. erhaltene, ~0.05%ige Lsg. besitzt die Viscosität von reinem Glycerin. Bei mehrtägigem Stehen tritt durch hydrolyt. Spaltung bedingte p_H-Abnahme, weitere Auflösung (bis ~16 g/100 g H_2O) und Abnahme der Viscosität ein; die Lsgg. sind von denen des Grahamsalzes nicht mehr zu unterscheiden, E. Thilo, G. Schulz, E.-M. Wichmann (*Z. anorg. Ch.* **272** [1953] 182/200); vgl. J. R. van Wazer, M. Goldstein, E. Farber (*J. Am. Soc.* **75** [1953] 1563/7), B. Topley (*l. c.* S. 357).

Im Gegensatz dazu lösen sich Maddrell- und Kurrolsalz rasch in großen Mengen in wss. Lsgg. von Alkalimetallsalzen, deren Kation von dem des Hochpolyphosphats verschieden ist. So löst sich Maddrellsalz leicht in 0.1n-NH_4Cl- oder KCl-Lsg.; Kurrol-Na-Salz in 0.02m Lsgg. der Chloride von (mit steigender Wrkg.) Triäthanolammonium, Rb, NH_4, Li, K. Die Wrkg. ist nahezu unabhängig vom Anion; auch feingemahlene Mischungen des Kurrol-K-Salzes mit Kurrol-Na- oder Maddrell-Salz lösen sich rasch in H_2O unter Bedingungen, bei denen die Salze für sich allein praktisch unlösl. sind, B. Topley (*l. c.*), vgl. ferner H. Malmgren (*Acta chem. Scand.* **2** [1948] 147/65), U. P. Strauss, J. W. Day (*J. Am. Soc.* **81** [1959] 79/80); die Erscheinung beruht auf einem Ionenaustauschprozeß (s. S. 279) mit nachfolgendem Herausbrechen der langen Anionenketten durch das substituierende Kation, van Wazer (*Phosphorus*, S. 670); vgl. auch U. Hofmann (*Koll.-Z.* **169** [1960] 58/70). Auch das gefällte Ag-Salz setzt sich leicht mit NaCl-Lsg. um, wobei die Anionen praktisch unverändert in Lsg. gehen. Das daraus bei 300°C dargestellte krist. Ag-Kurrolsalz liefert mit wss. NaCl viscose Lsgg. mit der Konsistenz von Hühnereiweiß, E. Thilo, G. Schulz, E.-M. Wichmann (*Z. anorg. Ch.* **272** [1953] 182/200, 189).

Von allen Fremdionen freie Lösungen erhält man leicht aus thermisch dargestelltem K-Kurrolsalz und einem Ionenaustauscherharz in der Na^+-Form durch gemeinsames Suspendieren in H_2O. Die nach einigen Min. klar gewordene, Na^+ und K^+ enthaltende Lsg. wird in einer Kationenaustauschersäule in wss. K-, Na- oder Li-Kurrolsalz überführt. Eine so dargestellte 0.01n-Lsg. ($\bar{n}$ 8000 bis 10000) hat die Zähigkeit von Glycerin, U. Schindewolf, K.-F. Bonhoeffer (*Z. Elektroch.* **57** [1953] 216/21); vgl. ferner R. K. Iler (*J. phys. Chem.* **56** [1952] 1086/9), R. Pfanstiel, R. K. Iler (*J. Am. Soc.* **74** [1952] 6059/64), U. P. Strauss, P. L. Wineman (*J. Am. Soc.* **80** [1958] 2366/71).

Physikalische Eigenschaften

Physical Properties

Allgemeine Literatur:

P. J. FLORY, *Principles of polymer chemistry, Ithaca, N.Y.*, 1953, S. 1/672. Im folgenden zitiert als: FLORY.

J. STAUFF, *Kolloidchemie, Berlin-Göttingen-Heidelberg* 1960, S. 1/744. Im folgenden zitiert als: STAUFF.

Allgemeines. Im Gegensatz zu anderen anorgan. Hochpolymeren, die entweder nur unter Zerstörung der Verb. in Lsg. zu bringen sind (Silicatmineralien), oder in Lsg. relativ schnell ein von Konz., Temp. und p_H-Wert abhängiges Polymerisationsgleichgew. ausbilden (Alkalisilicate), oder rasch und vollständig in das Monomere zerfallen (Alkalipolyborate), sind die Polyphosphate auch bei großen Kettenlängen in neutraler Lsg. praktisch stabil (s. „Hydrolyse“ S. 268) und können daher mit den bei den organ. Hochpolymeren ausgearbeiteten Methh. untersucht werden. Der Einfluß der elektrolyt. Dissoz. (s. S. 272) tritt bei einem Tl. der physikal. Eigg. erst bei kleinen Ionenstärken in Erscheinung; bei hoher, durch Zusatz von niedermolekularem Fremdelektrolyten hergestellter Ionenstärke verhalten sich die Lsgg. wie solche von ungeladenen Molekeln; vgl. hierzu C. F. CALLIS, J. R. VAN WAZER, P. G. ARVAN (*Chem. Rev.* **54** [1954] 777/96).

General

Molgewicht. Kettenlänge. Größenverteilung. Bei hoher mittlerer Kettenlänge (Grahamsalz mit $\bar{n} = 193$) stimmt die durch fraktionierte Fällung (s. S. 279) näherungsweise ermittelte Größenverteilung in Na-Polyphosphatgläsern befriedigend mit der für flexible Ketten statistisch berechneten (s. S. 221) überein. Demnach gilt für den in einem Gemisch der mittleren Kettenlänge $\bar{n}$ auf das Polymere der Kettenlänge n entfallenden Bruchteil w_n des Gesamt-PO_3:

Molar Weight. Length of Chains

$$w_n = \frac{n}{\bar{n}\,(\bar{n}-1)}\left(\frac{\bar{n}-2}{\bar{n}-1}\right)^{n-2}$$

s. J. R. VAN WAZER (*J. Am. Chem. Soc.* **72** [1950] 644/7, 647/55), J. R. PARKS, J. R. VAN WAZER (*J. Am. Soc.* **79** [1957] 4890/7); vgl. auch „Ionogene M–O-Bindung“ S. 221; zur Berechnung dieser „wahrscheinlichsten Verteilung“ in Kondensationspolymeren s. FLORY (S. 318/24).

Die krist. Salze und deren Lsgg. weisen nach Sedimentationsmessungen ziemlich einheitliche (von den Darst.-Tempp. abhängige) Kettenlängen auf, s. H. MALMGREN, O. LAMM (*Z. anorg. Ch.* **252** [1944] 256/71), H. MALMGREN (*Acta chem. Scand.* **2** [1948] 147/65); dasselbe zeigen Messungen der Leitf.-Anisotropie, K. HECKMANN, K. G. GÖTZ (*Z. Elektroch.* **62** [1958] 281/8).

Mittelwerte. Anwendung verschiedener Best.-Verff. führt im allgemeinen nicht zum gleichen Molgew.-Mittelwert. Endgruppentitration (s. S. 272) und osmot. Methh. (osmot. Druck, Sdp.-Erhöhung, Gefrierpunktserniedrigung) ergeben das Zahlenmittel

$$\bar{M}_n = c/\Sigma\, c_i/M_i = \Sigma\, N_i M_i/\Sigma\, N_i$$

(c_i Konz. in g/ml Lsg., N_i Anzahl der Mole der Mischungskomponente i mit dem Molgew. M_i, $c = \Sigma c_i$). Die Lichtstreuung (s. S. 265) führt zum Gewichtsmittel

$$\bar{M}_w = \Sigma c_i\, M_i/c = \Sigma N_i\, M_i^2/\Sigma N_i\, M_i$$

Aus Viscositätsmessungen resultiert im Falle der Gültigkeit der Beziehung $[\eta] = K'M_i^a$ für jede Mischungskomponente (s. S. 263) der Viscositätsmittelwert

$$\bar{M}_v = [\Sigma c_i\, M_i^a/c]^{1/a} = [\Sigma N_i\, M_i^{1+a}/\Sigma N_i\, M_i]^{1/a}$$

Für $a = 1$ wird $\bar{M}_v$ mit $\bar{M}_w$ identisch, für $a = 2$ geht $\bar{M}_v$ in den „Z-Mittelwert“

$$\bar{M}_z = \Sigma N_i\, M_i^3/\Sigma N_i\, M_i^2$$

über, der (neben weiteren Mittelwerten) in Unterss. der Sedimentationsgeschw. und des Sedimentationsgleichgew. (Ultrazentrifuge) auftritt. Für eine Mischung von Polymerhomologen mit der wahrscheinlichsten Größenverteilung (s. oben) sind sämtliche Mittelwerte einander proportional, speziell gilt $\bar{M}_w = 2\bar{M}_n$. Jedem Mittelwert $\bar{M}$ des Molgew. entspricht ein Mittelwert $\bar{n}$ der Kettenlänge; für lange Ketten ($M_{Endgruppe} = M_0$ klein gegen $\bar{M}$) gilt $\bar{n} = \bar{M}/M_0$. Vgl. zum Vorstehenden FLORY (S. 273, 292, 307, 313), STAUFF (S. 35, 169, 243).

Molgewichtsbestimmungen. Die umfassendsten Unterss. beruhen auf Absolutbestt. des Molgew. $\bar{M}_w$ von Grahamsalzen und weiteren, durch Ionenaustausch aus Kurrolsalzen dargestellten Na-Hochpolyphosphaten durch Messung der Lichtstreuung, s. S. 265. Aus dem Vergleich der spezif. Viscosität η_{sp} von 0.1 n-Lsgg. dieser Na-Salze in einer NaBr(0.25 n)-KBr(0.1 n)-Lsg. mit η_{sp} von 0.1 n K-Kurrolsalzlsgg. in 0.35 n NaBr ergeben sich die $\bar{M}_w$-Werte der Kurrolsalze. Die Abhängigkeit der letzteren von der Grenzviscosität $[\eta]_b$ in LiBr-Lsgg. und die $[\eta]_b$-Werte eines Maddrellsalzes im gleichen Lsgm. führen zum Molgew. der Maddrellsalzprobe, s. Fig. 85, S. 264. In den krist. Salzen sind die Kettenlängen möglicherweise noch größer; ein geringfügiger Zerfall (vgl. „Hydrolyse“ S. 268) bei der Auflösung ist nicht sicher auszuschließen, U. P. STRAUSS, J. W. DAY (*J. Am. Soc.* **81** [1959] 79/80).

Die Endgruppentitration (s. S. 272) liefert unmittelbar mittlere Kettenlängen $\bar{n}$; die Genauigkeit nimmt mit zunehmender Kettenlänge ab. Unterss. an Grahamsalzen bis $\bar{n}$ ~200 s. O. SAMUELSON (*Svensk kem. Tidskr.* **56** [1944] 343/8), J. R. VAN WAZER (*J. Am. Soc.* **72** [1950] 647/55, 906/8), U. P. STRAUSS, T. L. TREITLER (*J. Am. Soc.* **77** [1955] 1473/6), an durch Ionenaustausch erhaltenen Na-Salzen bis $\bar{n}$ ~1000 bzw. 1200, J. R. VAN WAZER, M. GOLDSTEIN, E. FARBER (*J. Am. Soc.* **75** [1953] 1563/7), R. PFANSTIEL, R. K. ILER (*J. Am. Soc.* **74** [1952] 6059/64). Die aus der Endgruppentitration erhaltenen Molgeww. der Grahamsalze (10800 bis 17200, je nach der Darst.-Temp. des Salzes) stimmen der Größenordnung nach mit nach anderen Methh. (Sedimentation, Dialyse) erhaltenen überein, O. SAMUELSON (*l. c.*). — Aus der Lichtstreuung bestimmte $\overline{M}_w$-Werte sind um den Faktor 1.7 größer als die von R. PFANSTIEL, R. K. ILER (*l. c.*) an Proben mit gleicher spezif. Viscosität ermittelten $\overline{M}_n$-Werte, U. P. STRAUSS, E. H. SMITH (*J. Am. Soc.* **75** [1953] 6186/8); das Verhältnis $\overline{M}_w/\overline{M}_n$ der Lichtstreuungswerte zu den $\overline{M}_n$-Werten von U. P. STRAUSS, T. L. TREITLER (*l. c.*) liegt nach Korrektur der ersteren nahe beim theoret. Wert 2, s. U. P. STRAUSS, P. L. WINEMAN (*J. Am. Soc.* **80** [1958] 2366/71).

Diffusionsmessungen und Sedimentationsunterss. (Ultrazentrifuge) an Graham- und Kurrolsalzen in Elektrolytlsgg. ergeben Molgeww. in den Größenordnungen 10^4 bis 10^6, s. O. LAMM, H. MALMGREN (*Z. anorg. Ch.* **245** [1940] 103/20), H. MALMGREN, O. LAMM (*Z. anorg. Ch.* **252** [1944] 256/71), H. MALMGREN (*Acta chem. Scand.* **2** [1948] 147/65, **6** [1952] 1/15); zur Genauigkeit s. auch C. F. CALLIS, J. R. VAN WAZER, P. G. ARVAN (*Chem. Rev.* **54** [1954] 777/96, 788).

Prinzipiell sind auch Messungen der Strömungsdoppelbrechung und der Leitf.-Anisotropie zur Absolutbest. des Molgew. verwendbar, s. S. 265, 266. Kryoskopie in $Na_2SO_4 \cdot 10H_2O$ ergibt bei niedrigen Polymerisationsgraden (bis $\bar{n}$ ~20) befriedigende Übereinstimmung mit der Endgruppentitration, M. SIBERT nach C. F. CALLIS, J. R. VAN WAZER, P. G. ARVAN (*l. c.*); vgl. auch A. BOULLÉ, R. JARY (*C. r.* **235** [1952] 1029/31).

Molgew.-Bestt. aus der Viscosität sind Relativbestt., weil die vom Lsgm. und der Temp. abhängigen Konstt. der Gleichung $[\eta] = K'\overline{M}_v^a$ empirisch ermittelt werden müssen, s. S. 263. Dasselbe gilt für Unterss. der Diffusion und Dialyse. Aus Dialysekoeff. geschätzte Anionengeww. von Grahamsalzen liegen zwischen 10^3 und 10^4, K. KARBE, G. JANDER (*Koll.-Beih.* **54** [1942] 1/146, 90), W. TEICHERT, K. RINMAN (*Acta chem. Scand.* **2** [1948] 225/52). Möglichkeit von Relativbestt. (bis $\bar{n}$ ~100) aus Potential- und Überführungsmessungen s. S. 267.

Ältere Verss. zur Best. des Molgew. aus der Leitf. und der Gefrierpunktserniedrigung in H_2O, vgl. G. TAMMANN (*Z. phys. Ch.* **6** [1890] 122/40), A. WIESLER (*Z. anorg. Ch.* **28** [1901] 177/209), P. PASCAL (*C. r.* **177** [1923] 1298/1300, **179** [1924] 966/8), führen zu falschen (viel zu niedrigen) Ergebnissen, vor allem deswegen, weil schlecht definierte, verunreinigte oder in Lsg. durch Hydrolyse teilweise abgebaute Präpp. verwendet, unrichtige Annahmen über den Dissoz.-Grad gemacht und die Wechselwrkg. der Ionen (Akt.-Koeff.) nicht berücksichtigt werden, vgl. K. KARBE, G. JANDER (*l. c.*), A. BOULLÉ, R. JARY (*l. c.*), J. P. EBEL (*Bl. Soc. chim.* **1953** 1096/9), VAN WAZER (*Phosphorus*, S. 463). Qualitativ geht die hochpolymere Natur aus dem Papierchromatogramm, vgl. J. P. EBEL (*l. c.*), und aus dem Hydrolyseverlauf, s. S. 270, hervor.

Molecular Structure

Molekelgestalt. Der Beweis für die Kettenstruktur der Verb.-Klasse wurde zuerst auf chem. Wege geführt. Die p_H-Titrationskurven von Grahamsalzen sind befriedigend mit der Annahme deutbar, daß die den Salzen entsprechenden Säuren die nebenstehende Konstit. mit je einem schwach dissoziierenden H an den beiden Endgruppen der Kette haben, O. SAMUELSON (*Svensk kem. Tidskr.* **56** [1944] 343/8); s. „Endgruppentitration“ S. 272, „Molgewicht. Kettenlänge“ S. 259.

$$HO-\left[\begin{matrix} O \\ | \\ P-O- \\ | \\ OH \end{matrix}\right]_n \begin{matrix} O \\ | \\ P-OH \\ | \\ OH \end{matrix}$$

Die nach röntgenograph. Unterss. mit Maddrellsalz isomorphen Na-Arsenatphosphate $Na(P, As)O_3$ zerfallen beim Auflösen in H_2O in Orthoarsenat und Gemische von niedermolekularen Polyphosphaten; aus der Abhängigkeit ihrer mittleren Kettenlänge vom P/As-Verhältnis ergibt sich eindeutig der kettenförmige Bau der Anionen der Ausgangsstoffe und damit auch des Maddrellsalzes, E. THILO, I. PLAETSCHKE (*Z. anorg. Ch.* **260** [1949] 297/314); dasselbe gilt für glasige Arsenatphosphate vom Typ der Grahamsalze, E. THILO, L. KOLDITZ (*Z. anorg. Ch.* **278** [1955] 122/35). Die Bldg. von Ringanionen bei der Hydrolyse reiner (As-freier) Hochpolyphosphate ist eine Folge des Rk.-Mechanismus, s. „In neutraler Lösung“ S. 270.

Dieses Ergebnis wird durch Gitterstrukturbestt. an krist. Salzen (s. S. 256) und durch physikal. Unterss. an Lsgg. bestätigt. Die chem. Verschiebung der magnet. Kernresonanz von ^{31}P, bezogen auf PBr_3, ist nach Unterss. an Polyphosphaten für PO_4-Gruppen am Ende der Molekelketten kleiner (244 bis 247 ppm) als für PO_4-Gruppen im Innern (256 bis 259 ppm). An wss. Lsgg. von Na-Polyphosphatgläsern sind daher zwei Resonanzlinien zu beobachten, deren Intensitäten sich wie 2:($\bar{n}$–2) verhalten, wenn $\bar{n}$ die mittlere Anzahl der P-Atome je Molekel ist, J. R. van Wazer, C. F. Callis, J. N. Shoolery (*J. Am. Soc.* **77** [1955] 4945/6). Außerdem entspricht die Abhängigkeit der Viscositätszahl [η] vom Molgew. (S. 263), die Strömungsdoppelbrechung (S. 265) und die Leitf.-Anisotropie (S. 266) sowie der Einfluß der Fremdelektrolytkonz. auf diese Eigg. vollkommen den Eigg. von linearen Polyelektrolyten, die sich bei hohen Ionenstärken wie ungeladene, geknäuelte Fadenmolekeln verhalten und bei abnehmender Ionenstärke unter Auflockerung des Knäuels schließlich in gestreckte Polyanionen übergehen. Der ein Maß für den Knäueldurchmesser bildende mittlere Abstand $\sqrt{\overline{r^2}}$ zwischen den Enden einer Fadenmolekel besitzt ein von Bindungslängen und -winkeln abhängiges Minimum $\sqrt{\overline{r_0^2}}$ in einem Lsgm., in dem die Segmente des Fadens keine Fernwrkg. aufeinander ausüben („Theta-Lösungsmittel" s. S. 275); der Max.-Wert r_{max} für vollkommen gestreckte Fäden ist von denselben Größen abhängig; vgl. hierzu Flory (S. 399/426), Stauff (S. 87/93).

Aus [η] und aus der Unsymmetrie der Lichtstreuung ber. $\sqrt{\overline{r^2}}$-Werte stimmen befriedigend überein. Aus der Beziehung zwischen [η] und Molgew. im Theta-Lsgm. (s. S. 263) ergibt sich $\sqrt{\overline{r_0^2}}/\sqrt{M} = 620 \cdot 10^{-11}$ (r_0 in cm) um 68% größer als der statistisch aus Bindungslängen und -winkeln bei freier Drehbarkeit ber. Wert $370 \cdot 10^{-11}$. Für die Abhängigkeit zwischen $\sqrt{\overline{r^2}}$ bzw. $\alpha = \sqrt{\overline{r^2}}/\sqrt{\overline{r_0^2}}$ und der Molarität m des Fremdelektrolyten gilt (für Lsgg. in 0.1 bis 0.5 m NaBr) die Gleichung von P. J. Flory (*J. chem. Phys.* **21** [1953] 162/3), derzufolge $(\alpha^5-\alpha^3)/\sqrt{M}$ eine lineare Funktion von 1/m ist; jedoch ist der daraus ber. Dissoz.-Grad des Hochpolyphosphats (~10%) kleiner als die auf anderen Wegen (s. S. 273) erhaltenen Werte, U. P. Strauss, P. L. Wineman (*J. Am. Soc.* **80** [1958] 2366/71); vgl. auch U. P. Strauss, E. H. Smith, P. L. Wineman (*J. Am. Soc.* **75** [1953] 3935/40).

Elektronenmikroskop. Aufnahmen deuten auf geknäuelte Gestalt der durch Eindampfen der Na-Hochpolyphosphatlsg. auf Nitrocellulose ausgefallenen Molekeln; das aus dem Partikelradius ber. Molgew. stimmt in der Größenordnung (10^6) mit dem aus Sedimentationsmessungen erhaltenen überein. Die Molekelgestalt ist vom Medium abhängig, H. Malmgren (*Acta chem. Scand.* **6** [1952] 1/15).

Aus Viscositätsmessungen in fremdelektrolytfreier Lsg. (s. S. 262) ergeben sich $\sqrt{\overline{r^2}}$-Werte, die mit den Längen der gestreckten Ketten $r_{max} = \bar{n}_n$ d ($\bar{n}_n$ = Zahlenmittel der Kettenlänge; d = 2.5 Å, Abstand zwischen 2 aufeinanderfolgenden P-Atomen in der Kette) übereinstimmen, U. P. Strauss, E. H. Smith (*J. Am. Soc.* **75** [1953] 6186/8). Aus der Strömungsdoppelbrechung (s. S. 265) ist zu schließen, daß die Anionen in verd. Lsgg. stäbchenförmig sind, Durchmesser ~3 Å, P–O–P-Abstand im Mittel 2.5 Å, in Ggw. von anderen, kleinen Anionen gehen die Polyionen allmählich in Knäuelform über, J. R. van Wazer, M. Goldstein, E. Farber (*J. Am. Soc.* **75** [1953] 1563/7).

Ramanspektrum. In der auf S. 256 beschriebenen Kettenmolekel sind 8 Schwingungsarten zu erwarten: 3 totalsymmetr. (Typ A_1), eine antisymmetr. (Typ A_2) und 4 doppelt entartete (3 vom Typ B_1, eine vom Typ B_2). Als A_1-Schwingungen lassen sich an einem aus H_3PO_4 erhaltenen glasigen Prod. die starken Linien (in cm^{-1}) $\omega_1 = 686$, $\omega_2 = 1151$, $\omega_3 = 1341$ identifizieren; Wellenzahlen der A_2-Schwingung: $\omega_8 = 940$ cm^{-1}, zweier B_1-Schwingungen: $\omega_5 = 1030$, $\omega_6 = 1300$, der B_2-Schwingung: $\omega_4 = 1547$, außerdem treten schwache Linien mit den Wellenzahlen 271, 327, 376, 468, 520 und 788 cm^{-1} auf. NH_4-Polyphosphat weist dasselbe Spektrum auf, V. V. Obuchov-Denisov, V. P. Čeremisinov (*Optika Spektroskopija* [russ.] **12** [1962] 723/7; *Optics and Spectroscopy* **12** [1962] 407/10). Die Linien $\omega_1, \omega_2, \omega_5$ werden bei 690, 1160 bzw. 1024 schon von A. Simon, E. Steger (*Z. anorg. Ch.* **277** [1954] 209/33, 232) an Grahamschem Salz registriert, die Linie $\omega_1 = 700$ auch an hochpolymerer Metaphosphorsäure. An einer 8%igen wss. Lsg. von Grahamschem Salz treten außer schwachen Banden zwischen 200 und 400 cm^{-1} die Linien $\omega_1 = 698$, $\omega_2 = 1149$, $\omega_3 = 1387$, $\omega_5 = 1034$ sowie 3 Linien bei 512, 594 und 1255 auf, H. J. Hofmann, K. R. Andress (*Naturw.* **41** [1954] 94/5); zur Deutung s. W. Bues, H.-W. Gehrke (*Z. anorg. Ch.* **288** [1956] 307/23, 319). — Abweichende, z. T. irrtümliche Angaben s. bei T. J. Hanwick, P. Hoffman (*J. chem. Phys.* **17** [1949] 1166, **19** [1951] 708/11). Angaben zum Raman- und UR-Spektrum von Gläsern und krist. Salzen s. S. 257. *Raman Spectrum*

Viscosität. Im folgenden bedeuten: η Viscosität der Lsg., η_0 Viscosität des Lsgm., c Konz. des Hochpolyphosphats in g/100 ml Lösung. Die spezif. Viscosität ist definiert als $\eta_{sp} = (\eta - \eta_0)/\eta_0$, die reduzierte Viscosität als η_{sp}/c, die Viscositätszahl („intrinsic viscosity") als $[\eta] = \lim_{c \to 0} \eta_{sp}/c$, vgl. Stauff (S. 79/80), Flory (S. 309). *Viscosity*

In Solution Free of Foreign Ions

In fremdionenfreier Lösung. Für Lsgg. von Grahamsalz in reinem Wasser gilt die für fadenförmige, flexible Polyelektrolyte von R. M. FUOSS (*J. Polymer Sci.* **3** [1948] 603/4, **4** [1949] 96) gefundene empir. Beziehung $\eta_{sp}/c = A/(1 + B\sqrt{c}) + D$, in der A, B und D nur vom Molgew. des Polyelektrolyten abhängige Parameter sind, s. **Fig. 81**, U. P. STRAUSS, E. H. SMITH (*J. Am. Soc.* **75** [1953] 6186/8). Die starke Konz.-Abhängigkeit der reduzierten Viscosität von fadenförmigen Polyelektrolyten ist dadurch bedingt, daß die Fäden bei hoher Konz. als Knäuel vorliegen, bei niederer jedoch durch partielle Abgabe der Kationen (s. „Ionenassoziation" S. 273) aufgeladen werden und sich dabei ausstrecken, vgl. STAUFF (S. 610), FLORY (S. 635). Zwischen der Viscositätszahl $[\eta] = \lim_{c\to 0} \eta_{sp}/c = A + D \approx A$ (D ist im untersuchten Konz.-Bereich gegenüber A vernachlässigbar) bei 25°C und dem mittleren Molgew. $\overline{M}_w$ des Polyelektrolyten (Gew.-Mittel, bestimmt aus der Lichtstreuung, s. S. 265) besteht im untersuchten Bereich $\overline{M}_w$ von 7000 bis 20000 die Beziehung $[\eta] \approx A = 2.0 \times 10^{-7}\, \overline{M}_w^{1.87}$; für den Parameter B gilt $B = 0.15\, \overline{M}_w^{0.56}$, s. **Fig. 82**. Der Exponent von $\overline{M}_w$ in der Gleichung für $[\eta]$ liegt nahe bei 2,

Fig. 81.

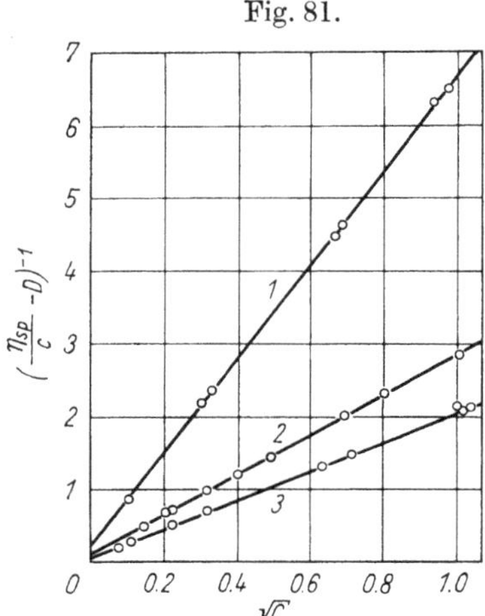

Konz.-Abhängigkeit der spezif. Viscosität von Grahamsalzlsgg. mit $\bar{n}$ = 134 (Kurve 1), 242 (2) und 312 (3).

Fig. 82.

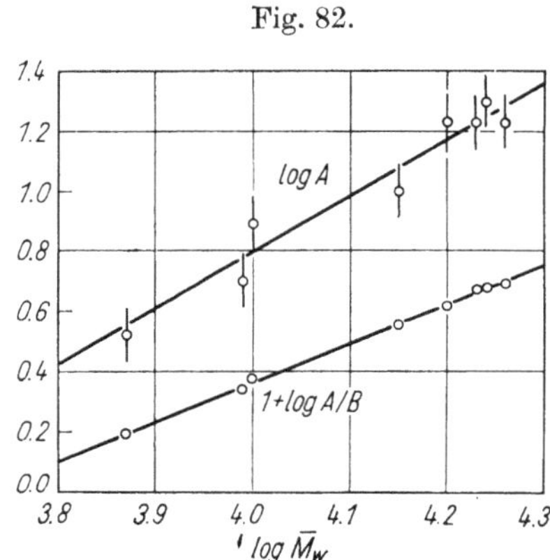

Abhängigkeit der Parameter A und B der FUOSSschen Gleichung vom mittleren Molgewicht.

dem theoretisch zu erwartenden Wert für vollständig gestreckte Fäden in unendlich verd. Lösung. Auch D steigt mit $\overline{M}_w$; es stimmt annähernd mit dem $[\eta]$-Wert in einem „idealen" („Theta"-) Lsgm. (s. „Lichtstreuung" S. 265) überein, U. P. STRAUSS, E. H. SMITH (*l. c.*).

Im selben Konz.-Bereich ausgeführte Unterss. an fremdionenfreien, aus K-Kurrolsalz und Na-Ionenaustauscherharz dargestellten Lsgg. von Na- und Na-K-Hochpolyphosphaten mit mittleren Molgeww. $\overline{M}_n$ (Zahlenmittel, bestimmt durch Endgruppentitration) von 3000 bis 120000 ergeben im Einklang mit Vorstehendem Proportionalität zwischen η_{sp}/c und $1/\sqrt{c}$ bei $c > 0.02\%$. η_{sp} ist vom Molverhältnis Na/K im Polyphosphat nahezu unabhängig. Zwischen der mittleren Kettenlänge $\bar{n}_n$ (Zahlenmittel) und dem Wert von η_{sp} in bezüglich KPO_3 1%iger Lsg. bei 25°C besteht die Beziehung $\log \bar{n}_n = 0.61 \log \eta_{sp} + 2.12$, s. R. PFANSTIEL, R. K. ILER (*J. Am. Soc.* **74** [1952] 6059/64). Anwendung dieser Gleichung auf die eigenen Messungen ergibt Molgeww. $\overline{M}_n$ in Höhe von $\sim 60\%$ der aus der Lichtstreuung bestimmten $\overline{M}_w$-Werte, U. P. STRAUSS, E. H. SMITH (*l. c.*); bei statist. Größenverteilung gilt $\overline{M}_w = 2\,\overline{M}_n$, s. S. 259.

In Electrolyte Solutions

In Elektrolytlösungen. Elektrolytzusatz drängt die Dissoz. des Polyelektrolyten zurück; bei großen Ionenstärken verhält sich die Lsg. so, als wenn die (verknäuelten) Fadenmolekeln ungeladen wären, vgl. STAUFF (S. 615), FLORY (S. 636). In 0.035 m-NaBr-Lsg. ist η_{sp}/c von Na-Hochpolyphosphaten im untersuchten Bereich c = 0.2 bis 1.0 g/100 ml nahezu unabhängig von c, s. U. P. STRAUSS, E. H. SMITH, P. L. WINEMAN (*J. Am. Soc.* **75** [1953] 3935/40), ebenso in 10%iger $(CH_3)_4NBr$-Lsg., J. R. VAN WAZER (*J. Am. Soc.* **72** [1950] 906/8).

Die Wrkg. des Zusatzelektrolyten ist von der Konz. und seinem Kation abhängig, dagegen nicht vom Anion (Chlorid, Benzolsulfonat), R. PFANSTIEL, R. K. ILER (*J. Am. Soc.* **74** [1952] 6059/64). Die

Abhängigkeit der Viscositätszahl $[\eta]$ von der Konz. m des Kations zeigt **Fig. 83** nach U. P. STRAUSS, D. WOODSIDE, P. WINEMAN (*J. phys. Chem.* **61** [1957] 1353/6); vgl. ferner H. MALMGREN (*Acta chem. Scand.* **2** [1948] 147/65, **6** [1952] 1/15). Die Grenzviscosität $[\eta]_b = \lim_{N\to 0} \eta_{sp}/N$ (N Normalität des Polyelektrolyten) eines Polyphosphats in Elektrolytlsgg. ist vom Kation des Polyphosphats unabhängig, P. L. WINEMAN nach U. P. STRAUSS, J. W. DAY (*J. Am. Soc.* **81** [1959] 79/80).

Bei kleinen Fremdelektrolytzusätzen (Grahamsalzlsgg. in 10^{-3} bis 10^{-2}m NaCl) weist η_{sp}/c als Funktion von c ein Max. auf, G. SAINI (*Ann. Chimica* **42** [1952] 227/38); vgl. FLORY (S. 635).

Dependence on Molar Weight

Abhängigkeit vom Molgewicht. In erster Näherung besteht zwischen $[\eta]$, dem Molgew. M und dem Expansionsfaktor $\alpha = \sqrt{\overline{r^2}}/\sqrt{\overline{r_0^2}}$ (r Abstand in cm zwischen den Enden einer geknäuelten Fadenmolekel, r_0 Wert von r in einem Theta-Lsgm., vgl. „Molekelgestalt" S. 261; Mittelbildung über alle

Fig. 83.

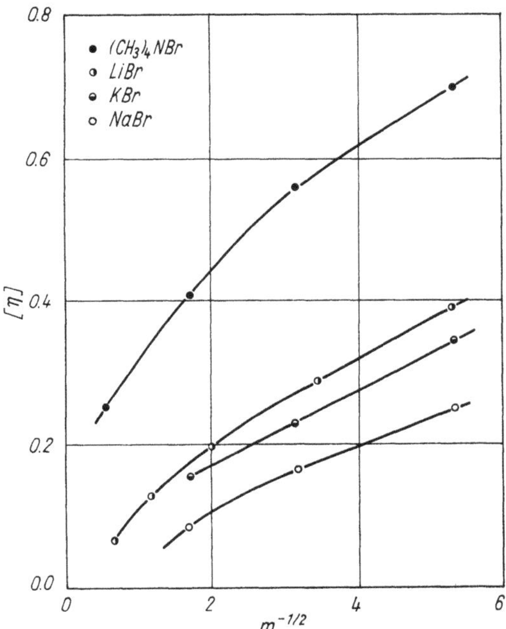

Viscositätszahl $[\eta]$ von Polyphosphatlsgg. in Ggw. von Fremdelektrolyten in Abhängigkeit von deren Konz. m.

Fig. 84.

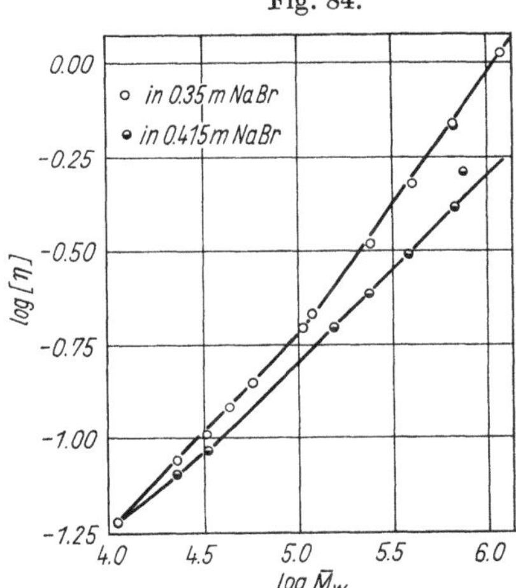

Viscositätszahl $[\eta]$ von Na-Polyphosphaten als Funktion des mittleren Molgewichts $\overline{M}_W$.

statistisch möglichen Konfigurationen der Fäden) einer ungeladenen Fadenmolekel die Beziehung $[\eta] = 3.6 \times 10^{21} \cdot (\overline{r_0^2}/M)^{3/2} M^{1/2} \alpha^3 = KM^{1/2} \alpha^3$. Für polymerhomologe Molekeln ist $\overline{r_0^2}/M$ und damit K von M und vom Lsgm. unabhängig. In einem Theta-Lsgm. ist $\alpha = 1$, $[\eta] = KM^{1/2}$. In anderen Lsgmm. ist α^3 annähernd proportional einer Potenz von M, woraus $[\eta] = K'M^a$ resultiert mit dem max. Wert 0.8 für a, vgl. FLORY (S. 605/22), STAUFF (S. 91/2). Ein anderer theoret. Ansatz für den Grenzfall vollständig durchspülter („free draining") Fadenmolekeln ergibt bei statist. Verteilung der Konfigurationen in erster Näherung die von H. STAUDINGER (*Ber.* **63** [1930] 222, 721) empirisch gefundene Beziehung $[\eta] = kM$. Für einen gestreckten Faden (Stäbchen) folgt aus demselben Ansatz $[\eta] = k_1M^2$, vgl. FLORY (S. 602/5), STAUFF (S. 90).

Für ein Polymerengemisch gilt $[\eta] = K'\overline{M}_V^a$. Das „Viscositätsmittel" $\overline{M}_V$ des Molgew. ist im Falle der wahrscheinlichsten Größenverteilung dem Zahlen- und dem Gew.-Mittel proportional ($\overline{M}_V = 1.67\ \overline{M}_n = 0.835\ \overline{M}_V$ für a = 0.50, $\overline{M}_V = 2.00\ \overline{M}_n = \overline{M}_W$ für a = 1.00) und liegt auch für andere in Frage kommende Verteilungen nahe $\overline{M}_W$, vgl. FLORY (S. 313).

Die experimentellen Ergebnisse stehen im wesentlichen in Einklang mit der Theorie. **Fig. 84** zeigt die Abhängigkeit zwischen $[\eta]$ (bei 25°C) und $\overline{M}_W$ (Lichtstreuungswerte) von Na-Polyphosphaten im $\overline{M}_W$-Bereich 10^4 bis 10^6. Bei $\overline{M}_W > 70000$ gilt für Lsgg. in 0.35m NaBr: $[\eta] = 0.65 \times 10^{-4}\ \overline{M}_W^{0.69}$, für

Lsgg. in 0.415 m NaBr: $[\eta] = 4.94 \times 10^{-4}\ \overline{M}_w^{0.50}$; letzteres in Übereinstimmung mit der Theorie von FLORY für Lsgg. in Theta-Lsgmm. Die genauere Auswertung der von U. P. STRAUSS, E. H. SMITH, P. L. WINEMAN (*J. Am. Soc.* **75** [1953] 3935/40), U. P. STRAUSS, T. L. TREITLER (*J. Am. Soc.* **77** [1955] 1473/6) erhaltenen Lichtstreuungswerte ergibt die Beziehung $[\eta] = 1.0 \times 10^{-5}\ \overline{M}_w + 0.025$ für Grahamsalzlsgg. in 0.035 m NaBr im $\overline{M}_w$-Bereich 300 bis 20000, s. U. P. STRAUSS, P. L. WINEMAN (*J. Am. Soc.* **80** [1958] 2366/71). Zwischen $[\eta]$ (bei 25°C) und $\overline{M}_w = 2\ \overline{M}_n$ ($\overline{M}_n$ aus Endgruppentitration) von Grahamsalzlsgg. ($\overline{M}_w$ 1000 bis 50000) in 10%igem $(CH_3)_4NBr$ besteht die Beziehung $[\eta] = 1.25 \times 10^{-5}\ \overline{M}_w + 0.085$, J. R. VAN WAZER (*J. Am. Soc.* **72** [1950] 906/8).

In Lsgg. ohne Fremdelektrolytzusatz ist $[\eta]$ proportional M^a mit a-Werten nahe bei 2, s. S. 262.

Die Abhängigkeit der Grenzviscosität $[\eta]_b = \lim_{N \to 0} \eta_{sp}/N$ (N = Normalität des Polyphosphats) bei 25°C von der mittleren Kettenlänge $\bar{n}_w = \overline{M}_w/M_0$ (M_0 Molgew. des Monomeren) in LiBr-Lsgg. zeigt **Fig. 85**. $[\eta]_b$ ist vom Kation des Polyphosphats unabhängig, U. P. STRAUSS, J. W. DAY (*J. Am. Soc.* **81** [1959] 79/80).

Fig. 85.

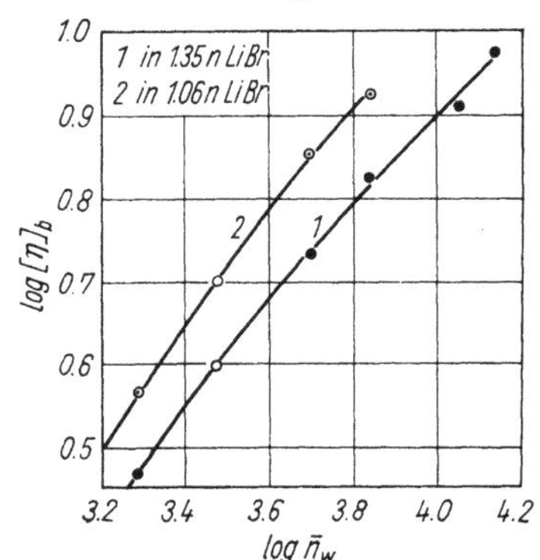

Grenzviscosität $[\eta]_b$ von Polyphosphaten in Abhängigkeit von der mittleren Kettenlänge $\bar{n}_w$.

Other Properties

Weitere Eigenschaften. Diffusion. Sedimentation. Der Diffusionskoeff. D von wss. Grahamsäuren (Diffusion gegen H_2O, optisch bei 4°C gem. und auf 22°C umgerechnet) zeigt die in **Fig. 86** dargestellte Abhängigkeit von Konz. und mittlerer Kettenlänge $\bar{n}$ (Endgruppentitration). Kurrolsalzlsgg. ($\bar{n} \sim 1600$) diffundieren gegen H_2O mindestens 10mal so schnell wie gegen 0.1 m-NaCl-Lsg., B. J. KATCHMAN, H. E. SMITH (*Arch. Biochem. Biophys.* **75** [1958] 396/402).

Diffusions- und Sedimentationskonstt. von Kurrolsalzlsgg. hängen stark von Konz. und Art des Fremdelektrolyten ab; Zahlenwerte s. H. MALMGREN, O. LAMM (*Z. anorg. Ch.* **252** [1944] 256/71), H. MALMGREN (*Acta chem. Scand.* **2** [1948] 147/65, **6** [1952] 1/15).

Zur Best. des Dialysekoeffizienten s. W. TEICHERT, K. RINMAN (*Acta chem. Scand.* **2** [1948] 225/52), K. KARBE, G. JANDER (*Koll.-Beih.* **54** [1942] 1/146, 90).

Membrangleichgewichte. Verteilung von LiBr auf beiden Seiten einer nur für LiBr durchlässigen Cellulose-Membran in Ggw. von Li-Polyphosphat ($\bar{n} = 190$ und 2770) bei 25°C s. **Fig. 87**; analoge Angaben für NaBr, KBr und $(CH_3)_4NBr$ im Original. m_3' bzw. m_3 sind die molalen Konzz. des LiBr auf der Seite ohne bzw. mit Polyphosphat. Die Ergebnisse sind unabhängig von $\bar{n}$. Nach Fig. 87 steigt der „Dissoziations-

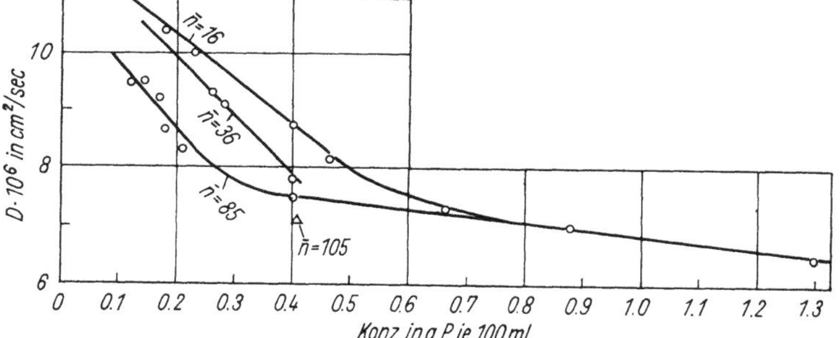

Fig. 86.

Diffusionskoeff. D von wss. Grahamsäuren als Funktion der P-Konz. bei verschiedenen mittleren Kettenlängen $\bar{n}$.

grad" $\alpha' = 23.6\ (m_3' - m_3)/c_2$ des Polyphosphats der Konz. c_2 mit zunehmender Elektrolytkonz., im Gegensatz zum normalen Verlauf des aus Elektrophorese und Leitf. ber. Dissoz.-Grades, s. „Ionenassoziation" S. 274, U. P. STRAUSS, P. ANDER (*J. Am. Soc.* **80** [1958] 6494/8). Membrangleichgew.-Messungen, bei denen der niedermolekulare Elektrolyt aus überschüssigem $(CH_3)_4NBr$ und geringen Zusätzen von LiBr, NaBr, KBr bzw. CsBr besteht, beschreiben U. P. STRAUSS, P. D. ROSS (*J. Am. Soc.* **81** [1959] 5299/5302). Zum Teil abweichende Ergebnisse von H. MALMGREN (*Acta chem. Scand.* **6** [1952] 1/15) beruhen vermutlich auf unvollständiger Gleichgew.-Einstellung, U. P. STRAUSS, P. ANDER (*l. c.*).

Dielektrizitätskonstante ε. Stat. DK-Werte der wss. Lsg. eines Na-K-Hochpolyphosphats (Kettenlänge ~8000) in Abhängigkeit von der Konz. c (in mg P/100 ml):

c . . .	10	20	40	60
ε . . .	83	85	87	88

Die DK zeigt im Wellenlängenbereich 10 bis 1000 m keine Dispersion. Das Verh. ist dem anderer Polyelektrolyte ähnlich, L. G. ALLGÉN, B. NORBERG (*Biochem. biophys. Acta* **32** [1959] 514/8).

Lichtstreuung. Die Konz.-Abhängigkeit des Trübungskoeff. τ von wss. Lsgg. hochpolymerer Stoffe mit isotropen und im Vergleich zur Lichtwellenlänge λ kleinen Molekeln ist durch die Näherungsgleichung $Hc/\tau = 1/M_w + 2$ Bc gegeben, wobei c die Konz. des Polymeren in g/ml Lsg., $H = (32\,\pi^3\,n_0^2/3\,N_0\,\lambda^4)\cdot[(n-n_0)/c]^2$, N_0 die LOSCHMIDTsche Zahl, n_0 bzw. n die Brechungszahl des Lsgm. bzw. der Lsg. und M_w das Molgew. des Polymeren bzw. sein Gew.-Mittelwert (s. S. 259) ist; B ist eine von zwischenmolekularen Wrkgg. abhängige Konst., die auch in der Gleichung $P/cRT = 1/M_w + Bc$

Fig. 87.

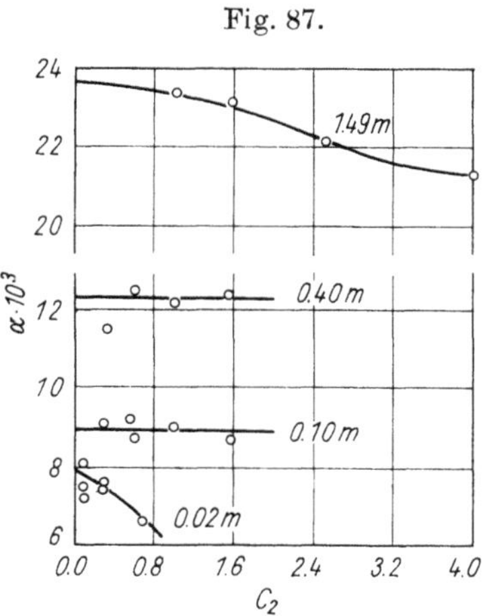

Membrangleichgewichte. $\alpha = (m_3'-m_3)/c_2$ in Abhängigkeit von c_2 für 4 Werte von m_3'. Erklärung im Text.

Fig. 88.

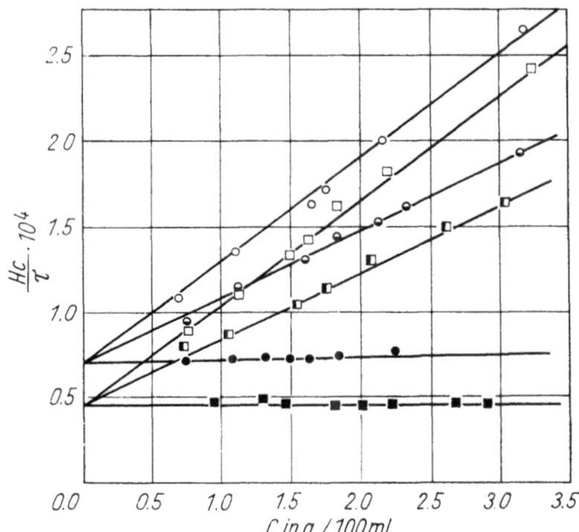

Lichtstreuung von Hochpolyphosphatlsgg. mit M_W = 14000 (Kreise) und M_W = 22000 (Quadrate) in 0.10n, 0.15n bzw. 0.35n NaBr (leere, halbvolle bzw. volle Kreise und Quadrate). Erklärung im Text.

für den osmot. Druck P des Hochpolymeren auftritt. Wie **Fig. 88** zeigt, ist die Formel für wss. Hochpolyphosphatlsgg. in Ggw. von NaBr gut erfüllt, U. P. STRAUSS, E. H. SMITH, P. L. WINEMAN (*J. Am. Soc.* **75** [1953] 3935/40); ähnliche Angaben für verd. Lsgg. ($c \geqq 0.2$ g/100 cm³) von Hochpolyphosphaten und LiCl-Zusätzen s. bei G. SAINI, L. TROSSARELLI (*Ann. Chimica* **46** [1956] 147/61, 155/6). Zur Theorie vgl. STAUFF (S. 154/73, 604/7), FLORY (S. 283/303). B hängt bei gegebener Temp. nur von der Zus. des Lsgm. ab. Bei einer krit. Konz. c_Θ des Zusatzelektrolyten verschwindet B, das thermodynam. Verh. der Lsg. ist analog dem eines Gases bei der BOYLE-Temp.; für NaBr bei 25°C ist $c_\Theta = 0.415$ Mol/l, U. P. STRAUSS, P. L. WINEMAN (*J. Am. Soc.* **80** [1958] 2366/71). c_Θ stimmt annähernd mit der krit. Entmischungskonz. überein, s. „Aussalzen" S. 275.

Brechungszahl. Das spezif. Refraktionsinkrement $(n-n_0)/c$ (n, n_0 Brechungszahl der Lsg. bzw. des Lsgm., c Grahamsalzkonz. in g/100 ml Lsg.) ist nach Messungen bei 22°C unabhängig von c (0.5 bis 3.0) und vom Molgew. (7000 bis 20000) des Grahamsalzes, sinkt jedoch für $\lambda = 4358$ Å von 0.109 in 0.10m-NaBr-Lsg. auf 0.104 in 0.35m-NaBr-Lsg. ab; vermutlich nimmt die Polarisierbarkeit mit abnehmendem Ionisationsgrad ab, U. P. STRAUSS, E. H. SMITH, P. L. WINEMAN (*J. Am. Soc.* **75** [1953] 3935/40).

Strömungsdoppelbrechung. Verss. an Lsgg. von Graham- und Kurrol-Salzen mit mittleren Kettenlängen bis $\bar{n} \approx 1000$ ergeben, daß zur Erzielung einer eben noch beobachtbaren Doppelbrechung ($n_\varepsilon - n_\omega = 0.1 \times 10^{-6}$) desto höhere Konzz. nötig sind, je kleiner $\bar{n}$ ist; Zusatz von Fremdsalzen erhöht die Grenzkonzz., J. R. VAN WAZER, M. GOLDSTEIN, E. FARBER (*J. Am. Soc.* **75** [1953] 1563/7).

Electrochemical Behavior

Conductance

Elektrochemisches Verhalten

Elektrische Leitfähigkeit. Nach **Fig. 89** fällt die Äquiv.-Leitf. Λ (bei 25°C) von wss. Na-Polyphosphatlsgg. (ohne Zusatzelektrolyt) von einem Max. bei niedriger Kettenlänge mit zunehmendem $\bar{n}$ auf Werte ab, die sich oberhalb $\bar{n} = 100$ nur noch wenig ändern. Der Abfall beruht auf dem Rückgang des Dissoz.-Grades des Polyelektrolyten mit steigendem $\bar{n}$, s. S. 274. Wie bei anderen Polyelektrolyten ist das $\sqrt{c}$-Gesetz für die Konz.-Abhängigkeit von Λ auch bei den kleinsten meßbaren Konzz. nicht erfüllt. Aus der Gesamt-Leitf. $\varkappa$ der Lsgg. und aus der scheinbaren Überführungszahl t_p des Anions (s. S. 267) ergibt sich die in **Fig. 90** dargestellte (scheinbare) Beweglichkeit $\Lambda_p = \varkappa\, t_p$ der Anionen. Sie steigt nur im Bereich kleiner Kettenlängen der Theorie entsprechend mit $\bar{n}$ an; bei Verlängerung der Kette über $\bar{n} = 10$ hinaus wachsen Reibungswiderstand und elektr. Kraft in gleichem Maße, U. SCHINDEWOLF (*Z. phys. Ch.* [*Frankfurt*] [2] **1** [1954] 134/41); vgl. ferner F. T. WALL, R. H.

Fig. 89.

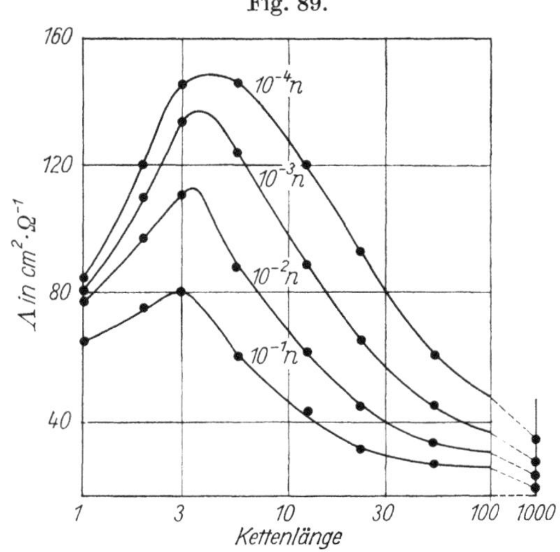

Äquiv.-Leitf. von wss. Na-Polyphosphatlsgg. (10^{-1} bis 10^{-4}n) als Funktion der Kettenlänge.

Fig. 90.

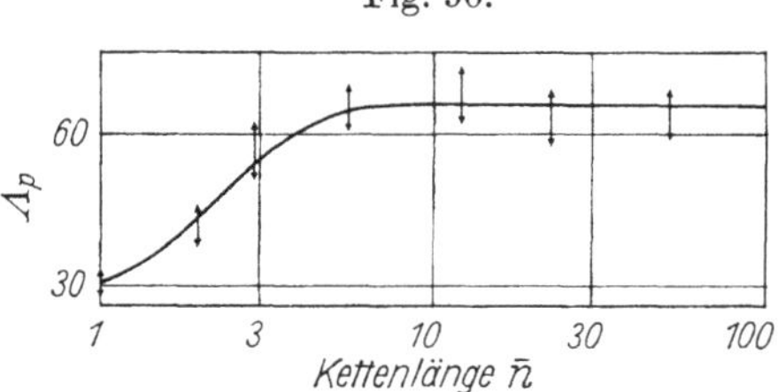

Beweglichkeit Λ_p der Polyphosphat-Ionen als Funktion der Kettenlänge.

DOREMUS (*J. Am. Soc.* **76** [1954] 868/70), C. F. CALLIS, J. R. VAN WAZER, P. G. ARVAN (*Chem. Rev.* **54** [1954] 777/96), C. W. DAVIES, C. B. MONK (*J. chem. Soc.* **1949** 413/22), W. TEICHERT, K. RINMAN (*Acta chem. Scand.* **2** [1948] 225/52, 238).

Äquiv.-Leitf. Λ von Li-, Na-, K- und $(CH_3)_4N$-Polyphosphat ($\bar{n} = 103$, 130, 8000 bzw. 7800) in wss. 0.2n-Lsg. des entsprechenden Alkalibromids bei 0°C: 6.51, 7.35, 12.8 bzw. 14.7 $cm^2\,\Omega^{-1}$; im untersuchten Bereich (0.01 bis 0.05n) unabhängig von der Polyphosphatkonz., U. P. STRAUSS, S. BLUESTONE (*J. Am. Soc.* **81** [1959] 5292/5); daraus ber. Dissoz.-Grade s. S. 274.

Anisotropy of Conductance

Anisotropie der elektrischen Leitfähigkeit. Im Strömungsgefälle. Als Polyelektrolyte mit nichtkugelförmigen Ionen weisen strömende Polyphosphatlsgg. in Richtung der Strömung eine größere Leitf. auf als senkrecht dazu, wenn die Strömung einen von Null verschiedenen Gradienten besitzt, der die Polyionen bevorzugt in Strömungsrichtung orientiert. Die Größe des Effekts hängt von der Gestalt der Ionen, dem Betrag des Strömungsgradienten und von interion. Wechselwrkgg. (Polyphosphat- und Fremdionenkonz.) ab; sie läßt sich für sehr verd. Lsgg. näherungsweise berechnen. In einer Couette-App. ausgeführte Messungen an einer 2.5×10^{-3}n Na-K-Hochpolyphosphatlsg. (aus bei 660°C dargestelltem Kurrolschem K-Salz und Na-Ionenaustauscher in wss. Suspension) stimmen befriedigend mit dem für Stäbchen mit der Rotationsdiffusionskonst. $D_r = 37\ sec^{-1}$ ber. Anisotropieverlauf überein, s. **Fig. 91**. Aus D_r, der Viscosität η und der Temp. der Lsg. ergibt sich die (ziemlich einheitliche) Länge der Stäbchen zu 6600 Å, entsprechend einem Polymerisationsgrad von ~2600 PO_3-Gruppen, K. HECKMANN, K. G. GÖTZ (*Z. Elektroch.* **62** [1958] 281/8). Erhöhung der Konz. erniedrigt den Anisotropie-Effekt, ebenso der Zusatz von Fremdelektrolyten (NaCl). Beides bewirkt einen Rückgang der Dissoz. und dadurch eine zunehmende Verknäuelung der (weniger hoch geladenen) Polyionen, U. SCHINDEWOLF (*Z. Elektroch.* **58** [1954] 697/702; *Z. phys. Ch.* [*Frankfurt*] [2] **1** [1954] 129/33; *Naturw.* **40** [1953] 435).

Im elektrischen Wechselfeld. Analog zum Vorstehenden tritt in Feldrichtung Erhöhung, senkrecht dazu Erniedrigung der Leitf. (mit Relaxationserscheinungen nach Ein- und Ausschalten des Feldes) ein. Der Effekt beruht auf Polarisation des Ions in Richtung der Stäbchenachse. Einzelheiten im Original, M. EIGEN, G. SCHWARZ (*J. coll. Sci.* **12** [1957] 181/94; *Z. phys. Ch.* [*Frankfurt*] [2] **4** [1955] 380/5), G. SCHWARZ (*Z. phys. Ch.* [*Frankfurt*] [2] **19** [1959] 286/314).

Transference Number

Überführungszahl. Nach Messungen an 0.01 n-Lsgg. von Alkalipolyphosphaten verschiedener mittlerer Kettenlänge $\bar{n}$ (bestimmt durch Endgruppentitration) steigt die Überführungszahl U_p, definiert als Anzahl der von 1 F transportierten Äquivv. von PO_3-Gruppen, mit wachsendem $\bar{n}$ auf einen Grenzwert von ~2.1 an, der schon bei $\bar{n}$ ~150 erreicht wird, s. **Fig. 92**; dies entspricht voll-

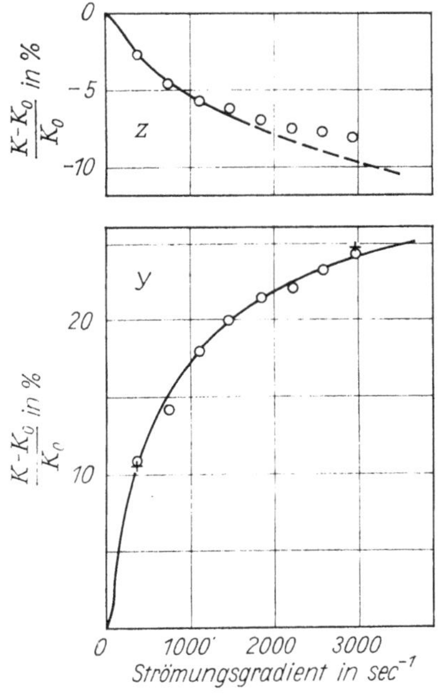

Fig. 91.

Elektr. Leitf. K einer strömenden Polyphosphatlsg. in Richtung y der Strömung und in Richtung z senkrecht zur Strömungsebene. Der Strömungsgradient liegt in der x-Richtung. K_0 = Leitf. der ruhenden Lösung. Kurven: ber. Anisotropieverlauf für Stäbchen mit $D_r = 37 s^{-1}$, vgl. Text.

Fig. 92.

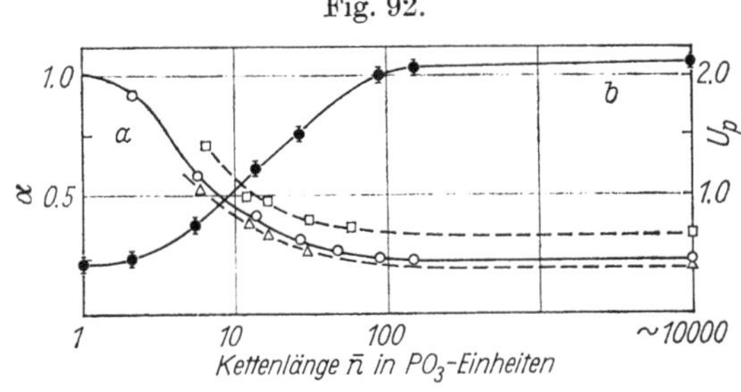

Überführungszahl U_p der Polyphosphat-Ionen in Na-Polyphosphatlsgg. (Kurve b) und Dissoziationsgrad α von Polyphosphaten des Na (Kreise), K (Quadrate) und Li (Dreiecke) als Funktion der Kettenlänge.

kommen der potentiometrisch (an einer Ionenaustauschermembran) gem. Abnahme des „Dissoziationsgrades" α (Bruchteil der elektrochemisch wirksamen Kationen). Mit abnehmendem α nimmt U_p zu, da von jeder dissoziierten PO_3^--Gruppe eine Anzahl nichtdissoziierter PO_3-Gruppen derselben Polyphosphatkette mitgeführt werden. Bei $\bar{n} > 10$ ist $U_p > 1$, d. h. auch die Kationen werden zur Anode transportiert. Die Erscheinungen beruhen nicht auf Komplexbldg., sondern (wie bei anderen Polyelektrolyten) auf elektrostat. Anlagerung der Kationen an das hochgeladene Anion, s. „Ionenassoziation" S. 273, U. SCHINDEWOLF, K.-F. BONHOEFFER (*Z. Elektroch.* **57** [1953] 216/20); vgl. ferner U. SCHINDEWOLF (*Z. phys. Ch.* [*Frankfurt*] [2] **1** [1954] 134/41), F. T. WALL, R. H. DOREMUS (*J. Am. Soc.* **76** [1954] 868/70).

Electrophoresis

Elektrophorese. Nach den in Fig. **93**, S. 268, dargestellten Meßergebnissen (bei 0°C) ist die elektrophoret. Beweglichkeit u (in $cm^2 \cdot V^{-1} \cdot sec^{-1}$) der Polyphosphat-Ionen in Alkalihalogenidlsgg. von der Kettenlänge $\bar{n}_w$ = 160 bis 14000 unabhängig, zeigt jedoch bei Li^+, Na^+ und K^+ starke Abhängigkeit von der Gegenionen-Konz., nur $(CH_3)_4N^+$ ergibt das bei normaler elektrostat. Ionenassoziation zu erwartende Verhalten. Diese Ergebnisse deuten auf Ionenpaarbldg. durch Bindung von Li^+, Na^+ bzw. K^+ an spezif. Stellen der Polyphosphatkette („site binding"), s. „Ionenassoziation" S. 273. Das Polyphosphat wandert stets zur Anode (negatives ζ-Potential), U. P. STRAUSS, D. WOODSIDE, P. WINEMAN (*J. phys. Ch.* **61** [1957] 1353/6); vgl. ferner H. MALMGREN (*Acta chem. Scand.* **2** [1948] 147/65, **6** [1952] 1/15).

Die elektrophoret. Beweglichkeit u (bei 0°C) des Polyphosphat-Ions in (0.01 bis 0.02 n) Lsgg. von $(CH_3)_4N$-Polyphosphat ($\bar{n}_w$ = 9400) in einer wss. Elektrolytlsg., die im Liter (0.2 − x) Mol $(CH_3)_4NBr$ und x Mol LiBr, NaBr, KBr bzw. CsBr enthält (x zwischen 0.0025 und 0.2), nimmt von 2.08×10^{-4} cm^2

$\cdot V^{-1}\cdot sec^{-1}$ bei x=0 auf 1.23. 1.14, 1.41 bzw. $1.59\times 10^{-4} cm^2\cdot V^{-1}\cdot sec^{-1}$ bei x = 0.2 ab; bei festem x $\leq$ 0.1 fällt $-\Delta u$ in der Reihenfolge $Li^+ > Na^+ > K^+ > Cs^+$. Die umgekehrte Reihenfolge $Na^+ > Li^+$ in Fig. 93 beruht auf nicht ganz vergleichbaren Vers.-Bedingungen. Ca^{2+}, Mg^{2+} und Mn^{2+} ergeben denselben u-Wert $u\cdot 10^4 = 2.08-\beta_M$ für Äquiv.-Verhältnisse $\beta_M = [M^{2+}]:[PO_3^-] < 0.5$; bei höherem M^{2+}-Anteil fällt $-\Delta u$ in der Reihenfolge $Mn^{2+} > Mg^{2+} > Ca^{2+}$. Zahlenwerte im Original, U. P. Strauss, P. D. Ross (*J. Am. Soc.* **81** [1959] 5295/8); daraus ber. Dissoz.-Grade und Bindungskonstt. s. S. 273.

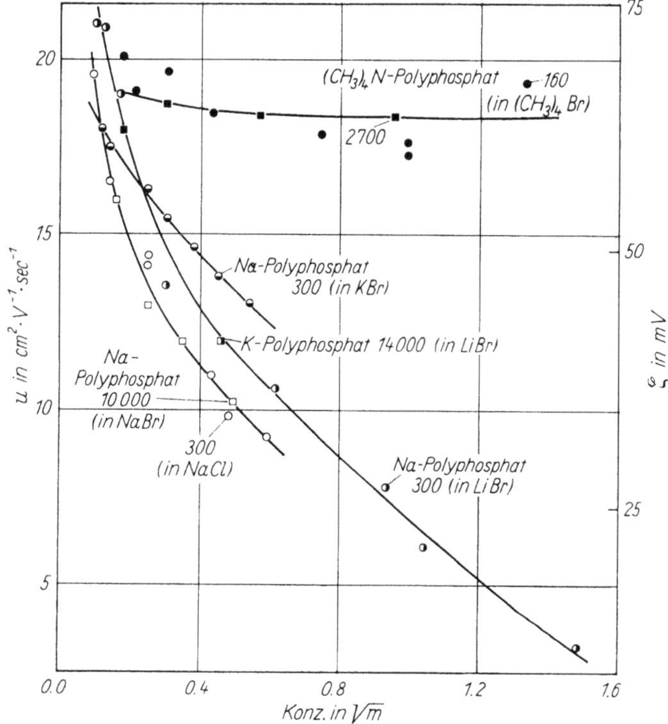

Fig. 93.

Elektrophoret. Beweglichkeit u und ζ-Potential von Polyphosphat-Ionen in Alkalihalogenidlsgg. der Molalität m. Die Zahlen bedeuten mittlere Kettenlängen.

Die hohen ζ-Potentiale deuten darauf hin, daß die Polyphosphat-Ionen in wss. Elektrolytlsgg. locker verknäuelte, von einer zylindr. Ionendoppelschicht umgebene Ketten sind, U. P. Strauss (*J. Am. Soc.* **80** [1958] 6498/500); vgl. „Membrangleichgewichte" S. 264.

Chemical Reactions

Chemisches Verhalten

Hydrolytic Decomposition. Rate of Hydrolysis

Hydrolytischer Abbau. Hydrolysegeschwindigkeit. Bei Zimmertemperatur. In neutraler Lsg. sind Hochpolyphosphate praktisch beständig. In 10^{-5}n- bis 0.1 n-Grahamsalzlsgg. macht sich die im Laufe von ~1 Std. eintretende Hydrolyse nur in den konz. Lsgg. durch meßbare Leitf.-Änderungen (>0.005%) bemerkbar, C. W. Davies, C. B. Monk (*J. chem. Soc.* **1949** 413/22). Die Leitf.-Anisotropie eines langkettigen Polyphosphats ($\bar{n}$ ~2600) in 0.025 n-Lsg. ist nach 2 Std. noch unverändert, K. Heckmann, K. G. Götz (*Z. Elektroch.* **62** [1958] 281/8). Die spezif. Viscosität einer 0.5%igen Kurrolsalzlsg. in 0.2 n NaCl sinkt um ~0.1% je Std., H. Malmgren (*Acta chem. Scand.* **2** [1948] 147/65). Eine wss. Lsg. von Na-Kurrolsalz enthält nach 22 Wochen noch 40% des P als hochmolekulares Phosphat, E. Thilo, G. Schulz, E.-M. Wichmann (*Z. anorg. Ch.* **272** [1953] 182/200, 193).

Grahamsalzproben können geringe Anteile an vernetzten Phosphaten enthalten, s. „Bildung in Schmelzen" S. 295; die Lsgg. zeigen dann in den ersten Std. nach der Auflösung einen p_H- und Viscositätsabfall infolge Hydrolyse der verzweigten Ketten, s. S. 297. Ähnlich verhalten sich auch unmittelbar aus den krist. Verbb. dargestellte Lsgg. von Kurrol- und Maddrellsalzen, s. Darst. der wss. Lsgg. S. 258.

In saurer Lsg. tritt in kurzer Zeit merkliche Hydrolyse ein; die Leitf. von 0.001 n Grahamsäure (aus Grahamsalz durch Ionenaustausch) bei 25°C steigt in den ersten 10 Min. um 1.5%, C. W. DAVIES, C. B. MONK (*J. chem. Soc.* **1949** 413/22); unmittelbar nach dem Auflösen von Graham-, Kurrol- und Maddrellsalz in verd. kalter Salzsäure sind nur noch 90% des Gesamt-P mit Ba^{2+} fällbar, E. THILO, G. SCHULZ, E.-M. WICHMANN (*l. c.* S. 191, 194). 0.1 n Grahamsäure ist bei 18°C nach 240 Std. vollständig gespalten, W. TEICHERT, K. RINMAN (*Acta chem. Scand.* **2** [1948] 225/52, 247); die durch Endgruppentitration verfolgte Rk. verläuft nach erster Ordnung mit der Halbwertszeit 51.5 Std., W. TEICHERT (*Acta chem. Scand.* **2** [1948] 414/25, 422); ältere Unterss. an wss. Lsgg. von glasiger „Metaphosphorsäure“ (erhalten durch therm. Entwässerung von H_3PO_4 oder aus P_2O_5 und H_2O) s. S. GLIXELLI, K. BORATYNSKI (*J. anorg. Ch.* **235** [1938] 225/41), S. GLIXELLI, S. JAROSZÓWNA (*Roczniki Chem.* [poln.] **18** [1938] 515/23), S. GLIXELLI, R. CHRZANOWSKA, K. BORATYNSKI (*Z. anorg. Ch.* **227** [1936] 402/12), K. BORATYNSKI, A. NOWAKOWSKI (*C. r.* **194** [1932] 89/91), N. FUCHS (*J. Russ. Ges.* [*chem.*] **61** [1929] 1035/44), L. PESSEL (*Monatsh.* **43** [1923] 601/14), D. BALAREFF (*Z. anorg. Ch.* **96** [1916] 99/107).

Bei höheren Temperaturen. Oberhalb 60°C werden die Anionen des Graham-, Kurrol- und Maddrellsalzes auch in neutraler Lsg. rasch abgebaut; beim Kochen findet sich nach ~7 Std. (bei Grahamsalz nach 5 Std.) kein hochmolekulares Phosphat mehr in der Lösung. In saurer Lsg. bei 60 bis 70°C ist die Hydrolyse nach einigen Min. vollständig. Dagegen baut 0.1 n-NaOH-Lsg. auch auf dem Wasserbad nur langsam ab, E. THILO, G. SCHULZ, E.-M. WICHMANN (*Z. anorg. Ch.* **272** [1953] 182/200). Die Hydrolysegeschw. eines Na-K-Hochpolyphosphats ($\bar{n}$ ~1000) in 1%iger (~0.1 n) Lsg. bei verschiedenen Tempp. und (durch laufende NaOH- bzw. HCl-Zugabe konstant gehaltenen) p_H-Werten läßt sich nach chromatograph. Unterss. durch Gleichungen erster Ordnung $d\,P_{Hp}/dt = -k\,P_{Hp}$ wiedergeben, in denen P_{Hp} den auf Polyphosphate mit $n > 6$ entfallenden Anteil des Gesamt-P bedeutet. Geschw.-Konstt. k in h^{-1}, Halbwertszeiten $t_{1/2}$ und Aktivierungsenergie E:

p_H	k(40°C)	k(60°C)	k(80°C)	$t_{1/2}$(60°C)	E(kcal/Mol)
1	4.22×10^{-1}	1.82	—	22.8 Min.	15.1
3	1.15×10^{-2}	1.03×10^{-1}	—	6.7 Std.	22.8
5	—	6.5×10^{-3}	—	4.4 Tage	—
7	—	—	7.32×10^{-3}	—	—
8	—	6.36×10^{-4}	5.4×10^{-3}	45.4 Tage	25.0

E. THILO, W. WIEKER (*Z. anorg. Ch.* **291** [1957] 164/85); s. auch Fig. 114, S. 285. Verfolgung der Hydrolyse eines Na-K-Hochpolyphosphats mit $\bar{n}$ ~1000 in 1%iger Lsg. bei p_H 8 bis 9 durch Viscositätsmessungen ergibt in größenordnungsmäßiger Übereinstimmung mit Vorstehendem folgende k-Werte bei 26.7, 59 bzw. 90°C: 1.75×10^{-6}, 1.06×10^{-4} bzw. 2.66×10^{-3} h^{-1}; $E = 25 \pm 2$ kcal/Mol, R. PFANSTIEL, R. K. ILER (*J. Am. Soc.* **74** [1952] 6059/64). Durch Endgruppentitration bestimmte k-Werte (in h^{-1}) von 1%igen Grahamsalzlsgg. ($\bar{n} = 125$):

p_H	k(30°C)	k(60°C)	k(90°C)
4	6.92×10^{-5}	3.94×10^{-3}	9.0×10^{-2}
7	5.50×10^{-6}	2.35×10^{-4}	8.1×10^{-3}
10	—	3.35×10^{-4}	8.8×10^{-3}

In der Größenordnung damit übereinstimmende k-Werte bei Ggw. von 0.5 Mol NaBr/l s. Original. Aktivierungsenergie im Mittel 26 kcal/Mol, J. F. MCCULLOUGH, J. R. VAN WAZER, E. J. GRIFFITH (*J. Am. Soc.* **78** [1956] 4528/33).

Kettenlängenabhängigkeit. In neutraler Lsg. ist die Hydrolysegeschw. bei gleicher Anfangs-Konz. annähernd umgekehrt proportional zur Kettenlänge $\bar{n}$, s. Fig. **94**, S. 270. Aus dieser ergibt sich $k_A : k_B = 3.9$ bei $\bar{n}_B : \bar{n}_A = 4.4$, s. E. THILO, W. WIEKER (*l. c.*). Grahamsalze mit $\bar{n} = 110$, 125 und 140 zeigen keine eindeutige Abhängigkeit zwischen $\bar{n}$ und Rk.-Geschw., J. F. MCCULLOUGH, J. R. VAN WAZER, E. J. GRIFFITH (*l. c.*). Aus bei 700, 800 und 900°C dargestellten Grahamsalzproben ($\bar{n}$ der beiden ersten Proben ~170 bzw. 360) durch Ionenaustausch erhaltene 0.1 n-Grahamsäure-Lsgg. werden gleich schnell abgebaut, W. TEICHERT (*Acta chem. Scand.* **2** [1948] 414/25, 422).

Produkte und Mechanismus. Graham-, Kurrol- und Maddrellsalze sowie aus letzteren durch Ionenaustausch dargestellte Hochpolyphosphate weisen denselben Hydrolysemechanismus auf, E. THILO, G. SCHULZ, E.-M. WICHMANN (*Z. anorg. Ch.* **272** [1953] 182/200). Das gilt auch für niedermolekulare Polyphosphate mit Kettenlängen $n \geq 5$, s. S. 253.

Products and Mechanism

In neutraler Lösung treten als Hauptprodd. Trimeta- und Orthophosphat auf, R. N. BELL (*Ind. engg. Chem.* **39** [1947] 136/41), E. THILO, G. SCHULZ, E.-M. WICHMANN (*l. c.*). Bei $p_H = 8$ stehen die aus einem Hochpolyphosphat der Kettenlänge $\bar{n} \sim 1000$ in 1%iger Lsg. gebildeten Mengen Trimetaphosphat, Orthophosphat und H^+-Ionen ständig im Molverhältnis 1:1:1, s. **Fig. 95**. Außerdem entstehen gerade noch nachweisbare (durch sekundäre Hydrolyse des Trimetaphosphats gebildete) Mengen Di- und Triphosphat sowie Tetrametaphosphat. Daher erfolgt der Abbau des Polyanions vom Kettenende her nach

$$-O-\overset{O}{\underset{O^-}{P}}\,\Big|\,-O-\overset{O}{\underset{O^-}{P}}-O-\overset{O}{\underset{O^-}{P}}-O-\overset{O}{\underset{O^-}{P}}\,\Big|\,-O-\overset{O}{\underset{O^-}{P}}-O^- \qquad OH^- \;\big|\; \qquad \big|\; H^+$$

$$\downarrow$$

$$-O-\overset{O}{\underset{O^-}{P}}-OH \quad + \quad P_3O_9^{3-} \quad + \quad HO-\overset{O}{\underset{O^-}{P}}-O^-$$

Dabei entstehen bei jedem Hydrolysenschritt 2 OH-Gruppen, von denen nur die am neuen Ende der Kette entstandene zwischen $p_H = 8$ und $p_H = 4.5$ titrierbar ist. (Spaltung im Ketteninnern würde 3 titrierbare OH-Gruppen je Mol $P_3O_9^{3-}$ und HPO_4^{2-} ergeben.) Auch die Abhängigkeit der Hydrolyse-

Fig. 94.

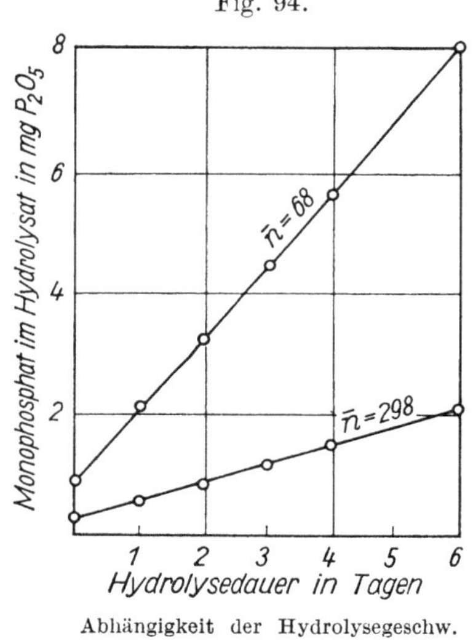

Abhängigkeit der Hydrolysegeschw. von der Kettenlänge.

Fig. 95.

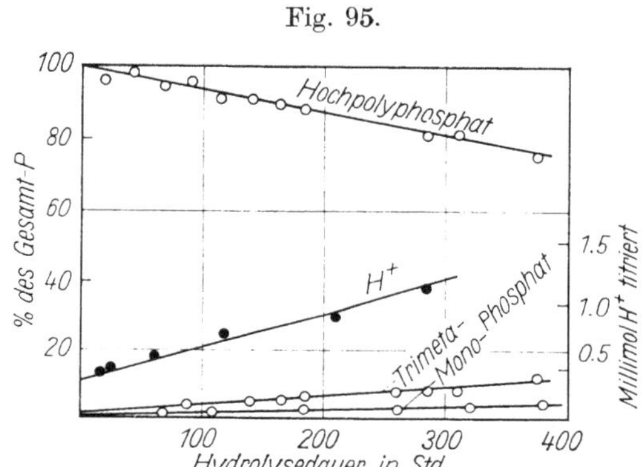

Hydrolyse von Hochpolyphosphat bei $p_H = 8$. Die mit H^+ bezeichnete Kurve (rechte Ordinate) gibt die Menge der im Verlauf der Hydrolyse gebildeten, durch NaOH-Zusatz neutralisierten H^+-Ionen an.

geschw. von der Kettenlänge (s. S. 269) entspricht dieser Deutung. Vermutlich wird die Hydrolyse durch H^+-Ionen eingeleitet, die an die wegen ihrer höheren negativen Ladung gegenüber den Mittelgruppen bevorzugten Endgruppen treten, wodurch das endständige P-Atom positiviert, die P–O-Bindung zum benachbarten P-Atom geschwächt und auch dieses positiv aufgeladen wird. Nach Abspaltung der Endgruppe wird letzteres von der negativ geladenen Restkette unter Ringbldg. angezogen und der durch ein tertiäres P-Atom (dessen P–O-Bindungen besonders rasch gespalten werden, s. S. 294) mit der Kette verbundene Ring abgespalten. Wegen der geringeren Ringspannung entsteht dabei vorwiegend Trimetaphosphat. Der Primärvorgang ist die Abspaltung von Orthophosphat; die Metaphosphat-Bldg. wird bei hohen Hochpolyphosphatkonzz. und in Ggw. von Fremdsalzen zurückgedrängt, E. THILO, W. WIEKER (*Z. anorg. Ch.* **291** [1957] 164/85). Abweichend von Vorstehendem ergibt die Verfolgung der Hydrolyse eines Grahamsalzes mit $\bar{n} = 125$ in 1%iger Lsg. mittels Endgruppentitration, daß die Rk. bei $p_H = 7$ z. T. (bei 60°C zu einem Drittel) durch Spaltung im Ketteninnern erfolgt; nach chromatograph. Unterss. bilden sich ~ 3 Mol Ortho- je Mol Trimetaphosphat, J. F. McCULLOUGH, J. R. VAN WAZER, E. J. GRIFFITH (*J. Am. Soc.* **78** [1956] 4528/33).

In saurer Lösung findet neben der Hydrolyse vom Kettenende her im steigendem Maße Spaltung im Ketteninnern statt, wie aus dem Auftreten von Polyphosphaten mit Kondensationsgraden zwischen n = 5 und 10 hervorgeht, s. **Fig. 96** bis **98**. Neben Trimeta- entsteht auch Tetra-

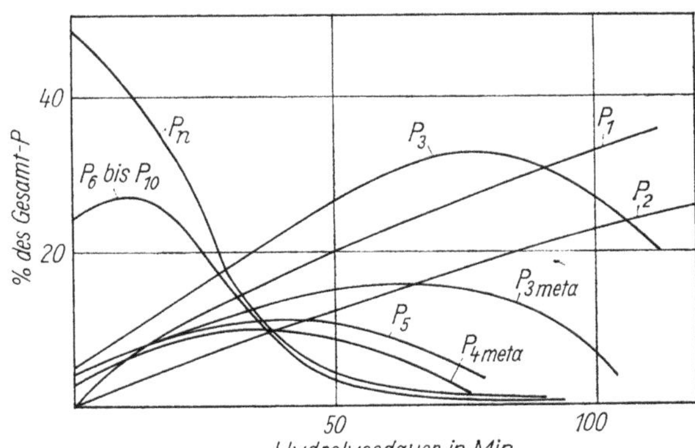

Fig. 96.

Hydrolyse von Polyphosphat bei 60°C und $p_H = 1$. P_n bedeutet Hochpolyphosphat, P_1 bis P_{10} Polyphosphate des entsprechenden Kondensationsgrades.

metaphosphat in größeren Mengen; die Kurven der Metaphosphate durchlaufen Max. infolge sekundärer Hydrolyse zu Tri-, Di- und Orthophosphat, s. S. 283, 289. Die (Anfangs-)Geschw. der Hydrolyse nimmt bei Abnahme des p_H-Werts um je 2 Einheiten auf etwa das 10fache zu, vgl. die Geschw.-

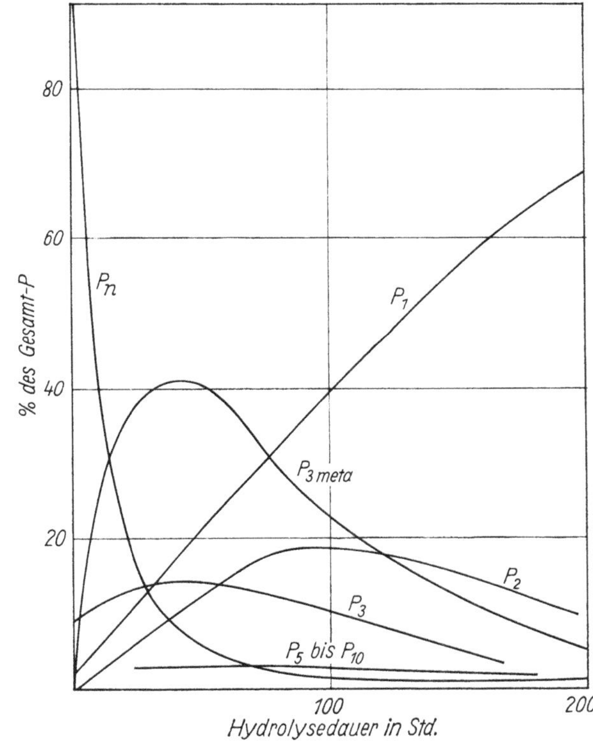

Fig. 97.

Hydrolyse von Polyphosphat bei 60°C und $p_H = 3$.

Konstt. S. 269. Der andersartige Rk.-Mechanismus kommt auch im Abfall der Aktivierungsenergie von 25 kcal/Mol bei $p_H = 8$ auf 15 kcal/Mol bei $p_H = 1$ zum Ausdruck, s. S. 269. Tertiäre PO_4-Gruppen in vernetzten Phosphaten werden ebenfalls mit einer Aktivierungsenergie von ~15 kcal/Mol hydrolysiert, s. S. 297. Vermutlich beruht die mit abnehmendem p_H bevorzugte Spaltung im Innern der

Kette auf dem Vorliegen von Mittelgruppen mit undissoziiertem OH, die ebenso wie tertiäre PO_4-Gruppen nicht mehr durch Mesomerie stabilisierbar sind, E. THILO, W. WIEKER (*Z. anorg. Ch.* **291** [1957] 164/85). Damit in Einklang stehende Ergebnisse an einem Grahamsalz mit $\bar{n} = 125$ s. **Fig. 99**. Außer Trimeta- und Tetrametaphosphat treten auch Metaphosphate mit mehr als 4 P-Atomen im Ring auf, vgl. auch S. 293, J. F. MCCULLOUGH, J. R. VAN WAZER, E. J. GRIFFITH (*J. Am. Soc.* **78** [1956] 4528/33). Ähnliche Resultate an Grahamsalz mit $\bar{n} = 17$ bei $p_H = 3$ und 65.5°C s. J. CROWTHER, A. E. R. WESTMAN (*Canad. J. Chem.* **34** [1956] 969/81, 980).

Bei der Hydrolyse von Hochpolyphosphat findet ein Ionenaustausch mit seinen primären Hydrolyseprodd. Orthophosphat und Trimetaphosphat nicht statt, wie durch Verss. mit radioaktivem P an den Na-Salzen ermittelt wird, R. C. VOGEL, H. PODALL (*J. Am. Soc.* **72** [1950] 1420/1).

Catalysis

Katalyse. Die stark beschleunigende Wrkg. der H^+-Ionen (s. vorstehend) wird durch Fremdelektrolyt-Zusatz (0.5 m NaBr) entsprechend der BRÖNSTED-BJERRUMschen Regel herabgesetzt, J. F.

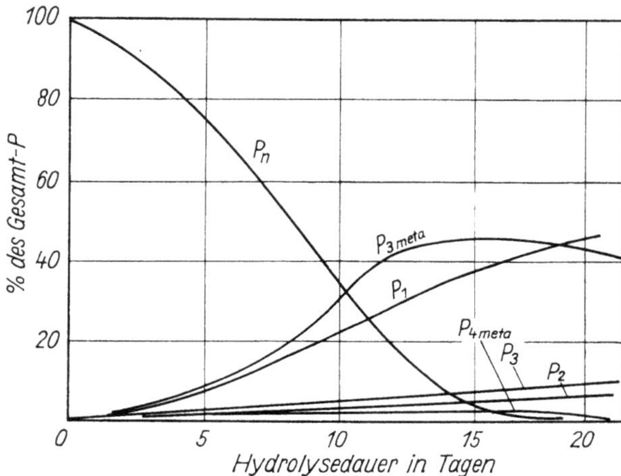

Fig. 98.

Hydrolyse von Polyphosphat bei 60°C und $p_H = 5$.

MCCULLOUGH, J. R. VAN WAZER, E. J. GRIFFITH (*J. Am. Soc.* **78** [1956] 4528/33). Ba^{2+} beschleunigt die Hydrolyse in neutraler Lsg. auf etwa das 10fache, E. THILO, G. SCHULZ, E.-M. WICHMANN (*Z. anorg. Ch.* **272** [1953] 182/200, 193). Die katalyt. Wirksamkeit von Metallkationen nimmt mit abnehmendem Ionenradius und steigender Ladung zu ($K^+ < Na^+ < Li^+ < H^+ < Ba^{2+} < Sr^{2+} < Cu^{2+} < Mg^{2+} < Al^{3+}$), das Anion ist ohne Einfluß auf die Hydrolyse. Ihre Prodd. sind die gleichen wie die der nicht katalysierten Rk., W. WIEKER, E. THILO (*Z. anorg. Ch.* **306** [1960] 48/62). Ersatz des $(CH_3)_4N^+$ durch K^+, Mg^{2+} oder Ca^{2+} in $(CH_3)_4N$-Hochpolyphosphat ($\bar{n} \sim 1150$) erhöht die Beständigkeit der 1%igen Lsgg. bei 90°C und $p_H = 8$ bis 9, R. K. ILER (*J. phys. Chem.* **56** [1952] 1086/9). Durch Enzyme in schwach bas. Lsg. werden Hochpolyphosphate fast ausschließlich im Innern der Kette gespalten, B. INGELMAN, H. MALMGREN (*Acta chem. Scand.* **1** [1947] 422/32). Enzymat. Hydrolyse in Ggw. von Metall-Ionen s. H. MALMGREN (*Acta chem. Scand.* **3** [1949] 1331/42).

Verd. Lsgg. von hochmolekularen Polyphosphaten werden durch die Einw. von Ultraschall niedriger Frequenz abgebaut, wie sich aus Messungen der Viscosität der Lsgg. und Endgruppentitration ergibt, A. C. CHATTERJI, H. N. BHARGAVA, K. K. TEWARI, P. S. KRISHNAN (*Arch. Biochem. Biophys.* **85** [1959] 19/28).

Acid Strength. Neutralization. End-Group Titration

Säurestärke. Neutralisation. Endgruppentitration. p_H-Titrationskurven (Glaselektrode, Titration mit $(CH_3)_4NOH$ von frisch durch Ionenaustausch dargestellten Grahamsäuren mit Kettenlängen $\bar{n} = 20$, 8.7 bzw .4.0 s. **Fig. 100**. Dem Kurvenverlauf zwischen $p_H = 4$ und 6 zufolge ist die dem Endpunkt $p_H = 4.5$ entsprechende starke Säurefunktion (1 H^+ je P-Atom) der Grahamsäuren schwächer als die der Trimetaphosphorsäure; die Stärke nimmt mit steigendem $\bar{n}$ ab. Dies beruht (wie bei anderenPolyelektrolyten mit starker Säurefunktion) auf Ausbildung einer Gegenionenatmosphäre infolge elektrostat. Anziehung der H^+-Ionen durch die hochgeladene Anionenkette, s. „Ionenassoziation" S. 273. Die dem Endpunkt $p_H = 9.5$ entsprechenden schwachen Säurefunktionen gehören (wie bei den niedermolekularen Polyphosphorsäuren) den beiden Endgruppen der Kette an (1 schwaches H je Endgruppe), s. S. 213. Daher ergibt sich aus der Titration bis $p_H = 4.5$ (Laugeverbrauch a) die Gesamtzahl der g-Atome P in der Polyphosphatprobe, während dem Laugeverbrauch b zwischen $p_H = 4.5$ und 9.5 die Zahl der Endgruppen entspricht. Diese „Endgruppentitration" führt zum Zahlenmittel $\bar{n} = 2a/b$ der Kettenlänge, J. R. VAN WAZER, K. A. HOLST (*J. Am. Soc.* **72** [1950] 639/44), O. SAMUELSON (*Svensk kem. Tidskr.* [schwed.] **56** [1944] 343/8). Vgl. ferner R. N. BELL, L. F. AUDRIETH, O. F. HILL (*Ind. engg. Chem.* **44** [1952] 568/72), H. RUDY, H. SCHLOESSER (*Ber.* **73** [1940] 484/92); konduktometr. und potentiometr. Titration s. W. TEICHERT, K. RINMAN (*Acta chem. Scand.* **2** [1948] 225/52, 244).

Ionenassoziation. Allgemeines. Die im osmot. und elektrochem. Verh. sich äußernde niedrige Akt. der (niedermolekularen) Gegenionen in Polyelektrolytlsgg. zeigt, daß die Gegenionen z. T. an die Polyionen gebunden sind. Für die Art dieser Bindung ergeben sich aus der Theorie der Polyelektrolyte drei Deutungsmöglichkeiten: 1) Ausbildung einer relativ lockeren, durch Diffusion ständig erneuerten Gegenionenatm. in der Umgebung des hochgeladenen (vollständig dissoziierten) Polyions („elektrostatische Ionenassoziation"), vgl. P. J. FLORY (*Principles of Polymer Chemistry, Ithaca, N.Y.*, 1953, S. 629/37), J. STAUFF (*Kolloidchemie, Berlin-Göttingen-Heidelberg* 1960, S. 611/5). 2) Neben 1) relativ

Ionic Association. General

Fig. 99.

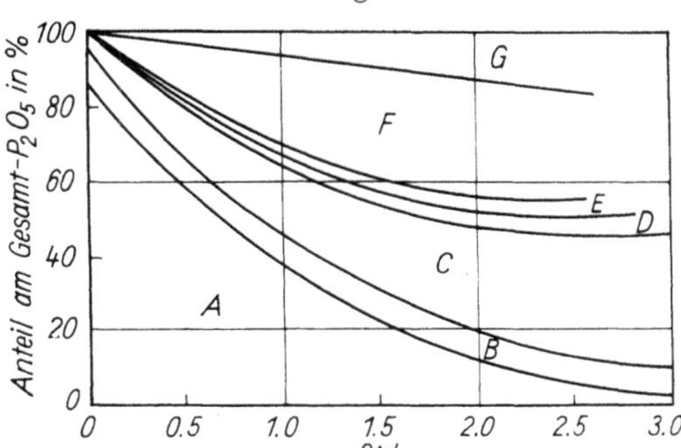

Hydrolyse von Grahamsalz bei 90°C und $p_H = 4$ nach chromatograph. Untersuchungen. Fläche A: Hochpolyphosphate, B: Metaphosphate mit 4 bis 6 P-Atomen, C: Trimetaphosphat, D: Pyrophosphat, E: Triphosphat, F: Polyphosphate mit 4 bis 15 P-Atomen, G: Orthophosphat.

Fig. 100.

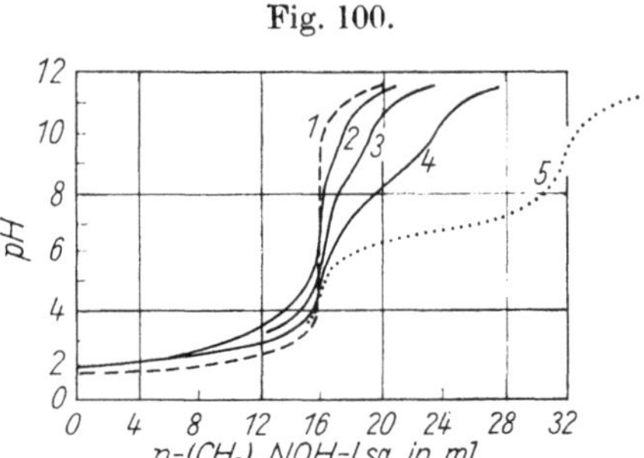

Titrationskurven von $H_3P_3O_9$ (Kurve 1), H_3PO_4 (5) und Grahamsäuren mit $\bar{n} = 20$, 8.7 und 4.0 (Kurven 2, 3 bzw. 4).

starke ionogene Bindung von Gegenionen an spezif. Gruppen des Polyions („specific site-binding", „spezifische Ionenassoziation", Ionenpaarbldg.), s. S. A. RICE, F. E. HARRIS (*J. phys. Chem.* **58** [1954] 725/39), S. A. RICE (*J. Am. Soc.* **78** [1954] 5247/52). 3) Die bei Alkalimetall-Ionen vorwiegend ionogene Bindung nach 2) erhält bei höherwertigen Kationen einen kovalenten Anteil; Ionen der Übergangsmetalle sind vorwiegend kovalent gebunden („Komplexbildung" im engeren Sinne), J. R. VAN WAZER (*J. phys. Chem.* **58** [1954] 739), J. R. VAN WAZER, C. F. CALLIS (*Chem. Rev.* **58** [1958] 1011/46, 1041).

Vermutlich erfassen verschiedene Unters.-Methh. nicht immer den gleichen Anteil der locker (nach 1) gebundenen Gegenionen und ergeben daher verschiedene Werte für den „Dissoziationsgrad", J. R. VAN WAZER (*l. c.*); die Situation ist ähnlich derjenigen bei gewöhnlichen (niedermolekularen) Elektrolyten vor der Aufstellung der DEBYE-HÜCKELschen Theorie, U. P. STRAUSS, P. L. WINEMAN (*J. Am. Soc.* **80** [1958] 2366/71).

Alkalimetall-Ionen. Die Abhängigkeit der elektrophoret. Beweglichkeit u der Polyphosphat-Ionen von der Konz. des Zusatzelektrolyten, s. Fig. 93, S. 268, deutet auf spezif. Ionenassoziation mit Li^+, Na^+ und K^+, während bei $(CH_3)_4N^+$ vorwiegend elektrostat. Assoziation vorliegt, U. P. STRAUSS, D. WOODSIDE, P. WINEMAN (*J. phys. Chem.* **61** [1957] 1353/6). Aus u und der Äquiv.-Leitf. (s. S. 266) ergeben sich für den Dissoz.-Grad i des Polyphosphats ($\bar{n} > 100$) in 0.01 bis 0.05n Lsg. in 0.2n LiBr, NaBr, KBr bzw. $(CH_3)_4NBr$ die Werte 23.3, 22.3, 26.6 bzw. 39.2%; zwischen i und u besteht die Beziehung $u = 5.2 \times 10^{-4} i$, s. U. P. STRAUSS, S. BLUESTONE (*J. Am. Soc.* **81** [1959] 5292/5). Aus Messungen von u in 0.2n-Elektrolytlsg., die (zur Herst. einer annähernd ident. Ionenatm. in der Umgebung des Polyions, vgl. „Molekelgestalt" S. 260) aus überschüssigem $(CH_3)_4NBr$ neben geringen

Alkali Metal Ions

Mengen Alkalibromid besteht, werden mit dieser Beziehung i-Werte (zwischen 20 und 40%) erhalten, die mit steigender Alkalibromidkonz. abnehmen, am stärksten bei Li^+, am schwächsten bei Cs^+, s. „Elektrophorese" S. 267. Daraus ber. Bindungskonstanten $K_M = [MPO_3]/[M^+]_{eff} \cdot [PO_3^-]$ ($[M^+]_{eff}$ = effektive M^+-Konz. in der Nähe der Polyphosphatkette, $[PO_3^-]$ = Konz. der ionisierten PO_3-Gruppen) sind im untersuchten $[M^+]$-Bereich annähernd konst., s. **Fig. 101**. Danach gehorcht die Bindung zwischen PO_3^--Gruppen der Polyphosphatketten und einwertigen Kationen näherungsweise dem Massenwirkungsgesetz, U. P. STRAUSS, P. D. ROSS (*J. Am. Soc.* **81** [1959] 5295/8). Aus Membrangleichgeww. ber. K_M-Werte stimmen bei Li^+ und Na^+ gut mit den elektrophoret. überein, sind jedoch bei K^+ und Cs^+ viel größer als die letzteren, s. Fig. 101. Deutungsvers. s. Original, U. P. STRAUSS, P. D. ROSS (*J. Am. Soc.* **81** [1959] 5299/5302); vgl. auch H. MALMGREN (*Acta chem. Scand.* **6** [1952] 1/15) und P. D. ROSS, U. P. STRAUSS (*J. Am. Soc.* **82** [1960] 1311/4).

Potentiometrisch gemessene, scheinbare Dissoz.-Grade α in zusatzelektrolytfreien 0.01 n-Alkalipolyphosphatlsgg. sind für mittlere Kettenlängen $\bar{n} > 150$ unabhängig von $\bar{n}$; die Dissoz. nimmt in der Reihenfolge $Li^+ < Na^+ < K^+$ zu, s. Fig. 92, S. 267; Deutung als elektrostat. Assoziation, U. SCHINDEWOLF, K.-F. BONHOEFFER (*Z. Elektroch.* **57** [1953] 216/20). Aus Leitf.- und Überführungsmessungen erhaltene α-Werte von Na-Polyphosphaten in reinwss. Lsg. stimmen mit den potentiometr. Werten befriedigend überein, s. **Fig. 102**, U. SCHINDEWOLF (*Z. phys. Ch.* [*Frankfurt*] [2] **1** [1954] 134/41); vgl. ferner F. T. WALL, R. H. DOREMUS (*J. Am. Soc.* **76** [1954] 868/70); polarograph. Nachweis der Assoziation (Komplexbldg.) mit Na^+ s. J. R. VAN WAZER, D. A. CAMPANELLA (*J. Am. Soc.* **72** [1950] 655/63).

Fig. 101.

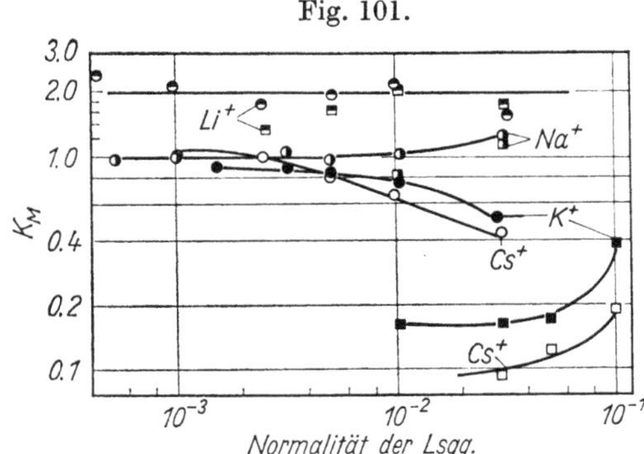

Scheinbare Bindungskonstanten K_M aus Membrangleichgew.-Unterss. (Kreise) und elektrophoret. Messungen (Quadrate).

Fig. 102.

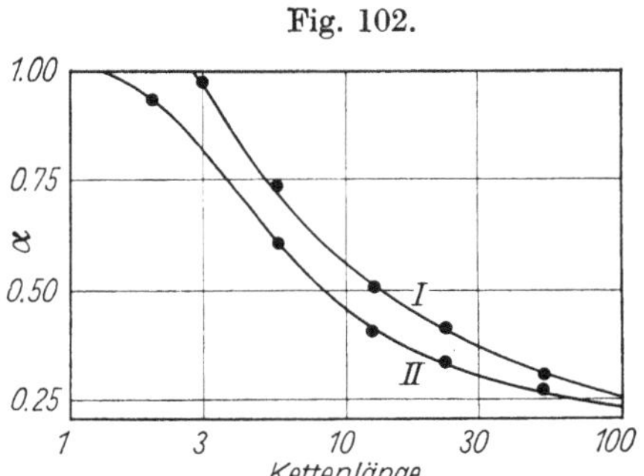

Dissoz.-Grad α von Polyphosphaten in 0.01 n Lsgg. als Funktion der Kettenlänge. Kurve I aus Leitf.- und Überführungsmessungen, Kurve II aus Membranpotentialmessungen.

Cations of Higher Valence

Höherwertige Kationen. In 0.01 bis 0.02 n-Lsgg. von $(CH_3)_4N$-Polyphosphat ($\bar{n}$ = 9400) in einer wss. Elektrolytlsg., die je l (0.2—x) Äquiv. $(CH_3)_4NBr$ und x Äquiv. $CaBr_2$, $MgBr_2$ bzw. $MnBr_2$ enthält, sind nach Elektrophorese-Unterss. (s. S. 267) 100% der zweiwertigen Kationen an die Polyphosphatketten gebunden, solange das Äquiv.-Verhältnis $M^{2+}:PO_3^- < 0.5$ ist. Bei höherem M^{2+}-Anteil tritt partielle Dissoz. ein; der Dissoz.-Grad nimmt in der Reihenfolge $Ca^{2+} > Mg^{2+} \gg Mn^{2+}$ ab, U. P. STRAUSS, P. D. ROSS (*J. Am. Soc.* **81** [1959] 5295/8). Nach Leitf.- und Überführungsmessungen sind in 006 n-Na-Sr-Grahamsalzlsg. ($\bar{n}$ = 150; Äquiv.-Verhältnis $Na^+:Sr^{2+}$ = 1) 98.9% des Sr^{2+} und 68.6%. des Na^+ an die Polyanionen gebunden, F. T. WALL, R. H. DOREMUS (*J. Am. Soc.* **76** [1954] 868/70). Die Verhinderung der Fällung von schwerlösl. Erdalkalisalzen durch Polyphosphat (Kalkbindungsvermögen, s. S. 276) beruht auf Bindung von M^{2+}-Ionen im Austausch gegen (weniger fest gebundene) H^+- oder Alkali-Ionen; das Polyphosphat besitzt daher nicht nur im festen Zustand (s. S. 279), sondern auch in Lsg. die Eigg. eines Kationenaustauschers. Stöchiometrisch zusammengesetzte Komplexe entstehen dabei nicht, E. THILO, K. H. RATTAY (*J. pr. Ch.* [4] **1** [1954] 14/32), E. THILO, A. SONNTAG, K. H. RATTAY (*Z. anorg. Ch.* **283** [1956] 365/71), R. KLEMENT, J. SCHMID (*Z. anorg. Ch.* **290** [1957] 113/32, 128), entgegen früheren Annahmen, vgl. R. T. THOMSON (*Analyst* **61** [1936] 320/3), H. RUDY, H. SCHLOESSER, R. WATZEL (*Ang. Ch.* **53** [1940] 525/31), O. STELLING, G. FRANG (*Svensk kem. Tidskr.* **53** [1941] 290/9), W. TEICHERT (*Acta chem. Scand.* **2** [1948] 414/25), O. PFUNDT, G. JANDER, K. F. JAHR (*Z. anal. Ch.* **128** [1948] 373), R. E. GOSSELIN, E. R. COGHLAN (*Arch. Biochem. Biophys.* **45** [1953] 301/11).

Polarograph. Unterss. und p_H-Titration deuten auf Bldg. starker Komplexe zwischen den Anionen von Grahamsalzen ($\bar{n} = 5$ bis 75) und mehrwertigen Kationen (Mg^{2+}, Ca^{2+}, Sr^{2+}, Ba^{2+}, Cu^{2+}, Ag^+, Zn^{2+}, Pb^{2+}, Mn^{2+}, Fe^{2+}, Fe^{3+}, Co^{2+}, Ni^{2+}, UO_2^{2+}). Die Komplexe haben vermutlich Chelat-Struktur, J. R. VAN WAZER, D. A. CAMPANELLA (*J. Am. Soc.* **72** [1950] 655/63); s. auch J. R. VAN WAZER, C. F. CALLIS (*Chem. Rev.* **58** [1958] 1011/46), O. SAMUELSON (*Svensk kem. Tidskr.* **56** [1944] 277/81). Komplexbldg. mit Fe^{3+}, colorimetr. Unterss., M. KOBAYASHI, S. TADA, M. SHINAGAWA (*J. Sci. Hiroshima Univ.* A **21** [1957/58] 27/33).

Fällungsreaktionen. Vgl. hierzu auch „Kristallisierte Hochpolyphosphate aus wäßriger Lösung" S. 255. *Precipitation Reactions*

Aussalzen. Bei Zusatz von NaCl zu wss. Na-Polyphosphat vom Kondensationsgrad $\bar{n}$ ~50 fällt ein öliger Nd. aus, der ~8 Mol H_2O je Atom P enthält; bei gleicher Polyphosphatkonz. [P] strebt die Menge des Nd. mit steigendem NaCl-Zusatz einem Grenzwert zu; aus einer Lsg. mit 4 g Polyphosphat/l beginnt die Fällung bei 0.6 Mol NaCl/l; bei 1.0, 1.5, 2.0 bzw. 2.4 Mol NaCl/l befinden sich 27, 40, 45 bzw. 48% des Gesamt-P im Nd. Das Aussalzen erfolgt um so eher, je höher $\bar{n}$, und um so später, je kleiner [P] ist. Polyphosphate mit $\bar{n} < 20$ sind überhaupt nicht mehr aussalzbar. Daher bewirkt das Aussalzen eine Fraktionierung: *Salting out*

Fraktion	Mol NaCl/l	$\bar{n}$	% des Gesamt-P
1	0.55	102	22.4
2	0.93	77	21.5
3	1.21	68	4.57
4	2.80	51	1.46
nicht fällbarer Rest	—	23	50.1

E. THILO (*Ch. Techn.* 8 [1956] 251/8); vgl. auch K. KARBE, G. JANDER (*Koll.-Beih.* **54** [1942] 1/146, 82).

Nach theoret., an organ. Hochpolymeren experimentell bestätigten Unterss. ist zu erwarten, daß der isotherme krit. Entmischungspunkt (2 fl. Phasen) des Systems Hochpolyphosphat (A)–Elektrolyt (B)–H_2O (C) mit gegen ∞ wachsendem Kondensationsgrad n von A aus dem ternären Bereich in die Seite B-C des Konz.-Dreiecks rückt; das „Theta-Lösungsmittel" mit der krit. Elektrolytkonz., bei deren Überschreitung Entmischung eintritt, ist auch hinsichtlich anderer Eigg. des gelösten Hochpolymeren ausgezeichnet, s. „Molekelgestalt" S. 260, „Abhängigkeit vom Molgewicht" S. 263, „Lichtstreuung" S. 265. Best. der Entmischungsgrenze durch Titration einer reinwss. Lsg. des Polyphosphats mit Elektrolytlsgg. steigender Konz. ergibt nur Näherungswerte der krit. Elektrolytkonz.; vgl. hierzu P. J. FLORY (*Principles of Polymer Chemistry, Ithaca, N. Y.*, 1953, S. 548/54, 613). Ein $(CH_3)_4N$-Polyphosphat mit $\bar{n} = 27000$ ist bei 27°C in wss. gesätt. (3.5 m-) $(CH_3)_4Br$-Lsg. unbeschränkt lösl.; in wss. LiBr- und NaBr-Lsgg. beginnt die Entmischung (Bldg. flockiger Ndd.) bei Elektrolytkonzz. von 2.3 bzw. 0.47 Mol/l; letzteres in befriedigender Übereinstimmung mit der durch Viscositätsmessungen (s. S. 263) und aus der Lichtstreuung (S. 265) bestimmten Theta-Konz.; die Polyphosphatkonzz. in der wss. Phase sind klein (0.15 bzw. 0.11 g/100 ml Lsg.), die Lsgg. weisen dieselbe Viscositätszahl [η] auf, beides in Einklang mit der Theorie. Die Entmischung ist reversibel; die krit. Konz. ist durch Trübungstitration von beiden Seiten her scharf und reproduzierbar zu bestimmen. Im Gegensatz dazu ergibt KBr-Lsg. keine reproduzierbaren Werte, die Ndd. sind kompakt und körnig. Das deutet auf semikristalline Natur der Fällungsprodd., U. P. STRAUSS, D. WOODSIDE, P. WINEMAN (*J. phys. Chem.* **61** [1957] 1353/6); vgl. hierzu die große Krist.-Geschw. des K-Kurrolsalzes aus der Schmelze, S. 255, ferner die Darst. von krist. K-Hochpolyphosphat durch Fällung mit Aceton, S. 279. Vermutlich werden die Polyphosphatketten nur durch die ionisierten PO_3^--Gruppen in Lsg. gehalten. Das Aussalzen beruht auf der Abnahme des Anteils dieser Gruppen infolge Rückganges der Dissoz. mit steigender Elektrolytkonz., U. P. STRAUSS u. a. (*l. c.*); vgl. „Ionenassoziation" S. 273.

Mit Alkalimetall-Ionen. Vgl. hierzu „Aussalzen" und das nicht mit Fällungsrkk. verbundene Verh. von krist. Hochpolyphosphaten als Ionenaustauscher S. 279. *With Alkali Metal Ions*

Mit Erdalkalimetall-Ionen. Zum Verh. von krist. Hochpolyphosphaten als Ionenaustauscher s. S. 279. 10 Tage alte, ~2%ige Lsgg. von Na-Kurrolsalz, die von solchen des Grahamsalzes nicht mehr zu unterscheiden sind, geben mit überschüssigem Mg^{2+} und Ca^{2+} ölige Fällungen, mit Sr^{2+} und Ba^{2+} *With Alkaline Earth Metal Ions*

flockige amorphe Ndd.; alle Fällungsprodd. sind sehr wasserreich und halten einen Tl. des H_2O auch beim Trocknen im Vak. (3 Torr, 100°C) zurück. Keine dieser Fällungen ist in bezug auf den Phosphor quantitativ. Max. P-Fällung (~93%) wird mit Ba^{2+} erzielt, auch noch in saurer Lsg. bei p_H 1 bis 2 (bei $p_H \geq 2$ fällt Ba-Tetraphosphat, bei p_H 5 bis 6 Ba-Triphosphat, bei $p_H > \sim 6$ Ba-Diphosphat, bei $p_H \geq 8.5$ Ba-Orthophosphat). Der bei $p_H = 1.5$ mit Ba^{2+}-Überschuß gefällte Ba-Nd. ist frei von Na^+ und entspricht sehr nahe der Bruttoformel $Ba(PO_3)_2 \cdot aq$; er bleibt noch bei 300°C amorph, E. THILO, G. SCHULZ, E.-M. WICHMANN (*Z. anorg. Ch.* **272** [1953] 182/200, 189); auch der mit mindestens der äquiv. Menge Ca^{2+} gefällte Nd. ist Na^+-frei und hat die Zus. $Ca(PO_3)_2 \cdot aq$, E. THILO (*Ch. Techn.* **8** [1956] 251/8), vgl. Fig. 108, S. 278.

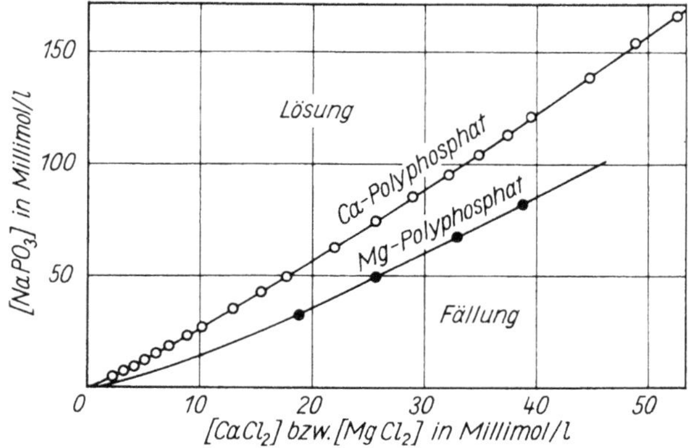

Fig. 103.

Fällung von Ca- und Mg-Hochpolyphosphat aus Grahamsalzlösung.

Calciumbindungsvermögen. Bei tropfenweiser Zugabe von Erdalkalisalzlsg. zu einer Alkalipolyphosphatlsg. bildet sich an der Eintropfstelle zunächst ein Nd., der aber beim Umschütteln sofort wieder gelöst wird; bleibende Ndd. bilden sich erst, wenn eine von der Polyphosphatkonz. abhängige

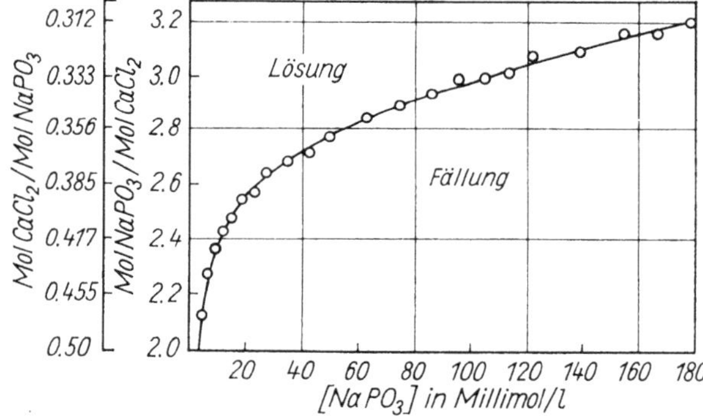

Fig. 104.

Kalkbindungsvermögen von Na-Hochpolyphosphat.

Mindestmenge Erdalkalisalz zugefügt wird. Wegen ihrer techn. Bedeutung, vor allem für die Wasserenthärtung (vgl. „*Sauerstoff*“ *Tl.* A, S. 250, 259), ist diese Erscheinung am genauesten beim Ca untersucht. **Fig. 103** zeigt die Abhängigkeit der zur bleibenden Fällung nötigen Konzz. von Ca^{2+} und Mg^{2+} von der Na-Polyphosphatkonz. (Grahamsalz, $\bar{n} = 50$) bei gewöhnl. Temp., ermittelt durch Titration der Polyphosphatlsg. mit $CaCl_2$-Lsg. und visuelle oder nephelometr. Beobachtungen des Nd. Nach Fig. 103 nimmt die in Lsg. gehaltene Menge Ca^{2+} mit steigender Polyphosphatkonz. kontinuierlich zu, jedoch weniger als proportional; das „Kalkbindungsvermögen“ nimmt dementsprechend von 0.47 Mol Ca^{2+} je Mol $NaPO_3$ in 0.005m $NaPO_3$ auf 0.32 Mol Ca^{2+} je Mol $NaPO_3$ in 0.170m $NaPO_3$ ab, s. **Fig. 104**. Die Kurve in Fig. 104 läßt sich durch die formal einer FREUNDLICHschen Adsorptionsisotherme entsprechende Gleichung $[CaCl_2] = 0.533\ [NaPO_3]^{0.898}$ wiedergeben, E. THILO, K. H. RATTAY (*J. pr. Ch.* [4] **1** [1954] 14/32); die von O. PFUNDT, G. JANDER, K. F. JAHR (*Z. anal. Ch.* **128** [1948] 373/81) gefundenen Knicke der Leitf.-Titrationskurve beruhen nicht auf Komplexbldg., sondern auf Nebeneffekten, E. THILO, A. SONNTAG, K. H. RATTAY (*Z. anorg. Ch.* **283** [1956] 365/71).

Das Kalkbindungsvermögen hängt auch vom Kation des Polyphosphats ab; oberhalb 4 Millimol PO_3^-/l steigt es in der Reihenfolge $K^+ < NH_4^+ < Na^+ < H^+ < Li^+$, s. **Fig. 105**, bei kleineren Polyphosphatkonzz. scheint sich die Reihenfolge zu ändern, s. **Fig. 106**. NaCl-Zusatz ändert die Verhältnisse wesentlich; das Bindungsvermögen nimmt oberhalb ~15 Millimol PO_3^-/l mit wachsendem NaCl: $NaPO_3$-Verhältnis stark ab; zwischen ~1 und 10 Millimol PO_3^-/l wird es durch NaCl-Zusatz vergrößert, s. **Fig. 107**. Die Ergebnisse zeigen, daß keine Bldg. stöchiometrisch zusammengesetzter lösl. Komplexe stattfindet, sondern ein Austausch von Alkalimetall-Ionen (die zum größeren

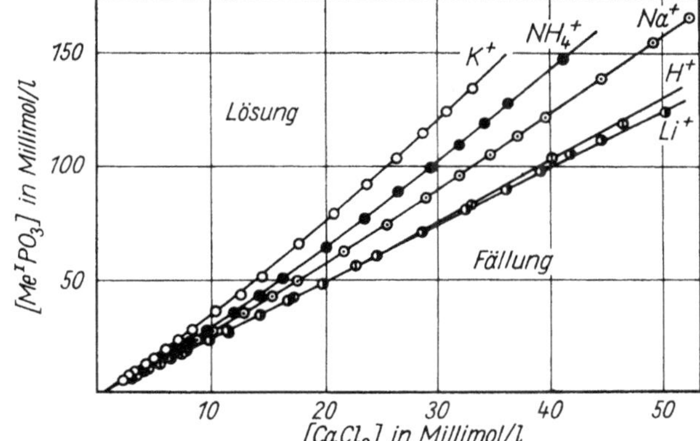

Fig. 105.

Abhängigkeit des Kalkbindungsvermögens vom Kation des Hochpolyphosphats.

Teil an die Polyphosphatkette gebunden sind, s. „Ionenassoziation" S. 273) gegen Erdalkalimetall-Ionen, E. THILO, K. H. RATTAY (*l. c.*). In bezug auf ihren Kationengehalt gemischte Hochpolyphosphate sind viel leichter lösl. als die reinen Endglieder, vgl. die Darst. von wss. Lsgg. S. 258.

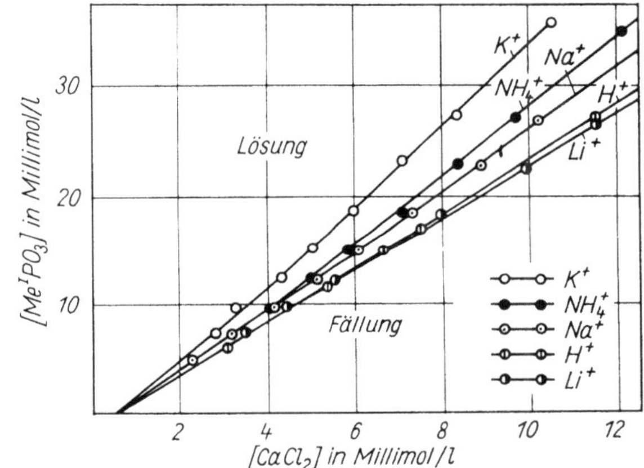

Fig. 106.

Abhängigkeit des Kalkbindungsvermögens vom Kation des Hochpolyphosphats im Bereich kleiner Konzentrationen.

Die Zus. der Ndd. ändert sich linear mit dem Ca:P-Verhältnis in der Lsg.; Na^+-frei wird der Nd. erst bei Zugabe der äquiv. Ca^{2+}-Menge (Ca:P = 0.5), s. **Fig. 108**. In Ggw. von überschüssigem Na^+ (NaCl) jedoch wird auch bei Ca:P = 0.5 die im Nd. enthaltene Ca^{2+}-Menge mit steigender NaCl-Konz. kontinuierlich kleiner, ein weiterer Beweis für die Ionenaustauschernatur der gelösten Polyphosphatketten, E. THILO (*Ch. Techn.* 8 [1956] 251/8).

Weniger umfassende Unterss., deren experimentelle Ergebnisse im wesentlichen mit Vorstehendem in Einklang stehen, jedoch durch Komplexbldg. gedeutet werden, H. RUDY, H. SCHLOESSER, R. WATZEL (*Ang. Ch.* **53** [1940] 525/31) mit ausführlichen Angaben zur älteren Literatur.

Zur Verhinderung der Fällung von schwerlösl. Ca-Salzen in Ggw. von Polyphosphat-Ionen vgl. J. R. VAN WAZER, C. F. CALLIS (*Chem. Rev.* **58** [1958] 1011/46), H. RUDY (*Ang. Ch.* **54** [1941] 447/9), O. STELLING, G. FRANG (*Svensk kem. Tidskr.* **53** [1941] 290/9), H. RUDY, H. SCHLOESSER

R. Watzel (*l. c.*), B. H. Gilmore (*Ind. engg. Chem.* **29** [1937] 584/90), R. T. Thomson (*Analyst* **61** [1936] 320/3); Auflösung von $CaCO_3$ s. O. Rice, E. P. Partridge (*Ind. engg. Chem.* **31** [1939] 58/63). Die $CaCO_3$-Fällung wird bereits durch Spuren von Hochpolyphosphat verhindert; dies beruht auf Adsorption der Polyanionen an den Kristallkeimen, vgl. G. B. Hatch, O. Rice (*Ind. engg. Chem.* **31** [1939] 51/7), R. F. Reitemeier, T. F. Buehrer (*J. phys. Chem.* **44** [1940] 535/74), R. F. Reitemeier, A. D. Ayers (*J. Am. Soc.* **69** [1947] 2759), B. Raistrick (*Discuss. Faraday Soc.* Nr. 5 [1949] 234/7).

Bindungsvermögen für Mg^{2+}, Sr^{2+} und Ba^{2+}. Bei gleicher Polyphosphatkonz. wird mehr Mg^{2+} gebunden als Ca^{2+}, s. Fig. 103, S. 276, E. Thilo, K. H. Rattay (*J. pr. Ch.* [4] **1** [1954] 14/32); vgl. auch H. Rudy, H. Schloesser, R. Watzel (*Ang. Ch.* **53** [1940] 525/31). Bei der Fällung von PO_4^{3-} mit Mg^{2+} und NH_4^+ in Ggw. von Na-Hochpolyphosphat tritt die theoretisch zu erwartende P-Menge im Nd. nur unter ganz singulären Bedingungen auf. Bei kleinen Polyphosphatgehalten findet man infolge Mitfällung von Polyphosphat zuviel P, obwohl der PO_4-Gehalt des Nd. unter dem theoret. liegt; bei genügend hohem Polyphosphatgehalt tritt überhaupt kein Nd. mehr auf, H. Grunze (*Ch. Techn.* **9** [1957] 466/70).

Fig. 107.

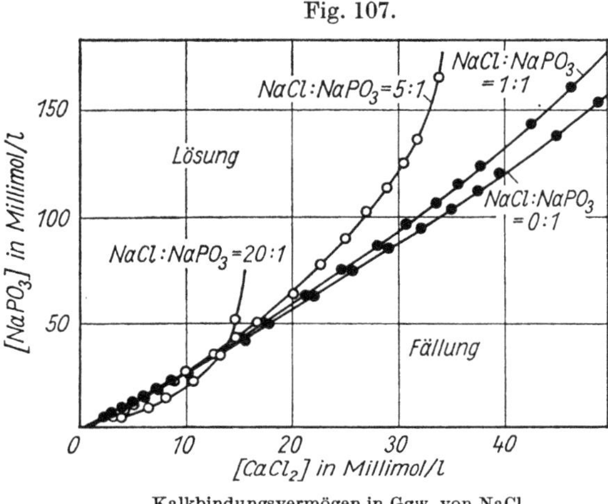

Kalkbindungsvermögen in Ggw. von NaCl.

Fig. 108.

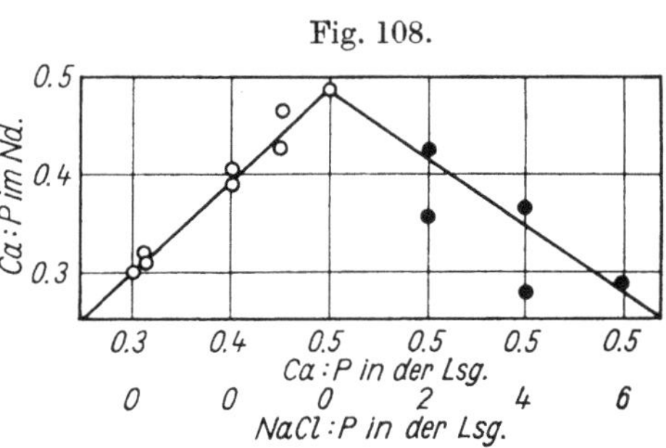

Zus. des Nd. in Abhängigkeit von der Zus. der Lösung.

Zur Bldg. eines bleibenden Nd. sind auf 20 ml 0.115n-Kurrol- oder Grahamsalzlsg. 16.4 bzw. 12.6 ml 0.1n-$Sr(NO_3)_2$- bzw. $Ba(NO_3)_2$-Lsg. nötig, oder 0.701 bzw. 0.540 Äquivv. Sr^{2+} bzw. Ba^{2+} je Mol $NaPO_3$. Der p_H-Wert ändert sich während der Zugabe nicht, E. Thilo, G. Schulz, E.-M. Wichmann (*Z. anorg. Ch.* **272** [1953] 182/200, 190). Nach konduktometr. Titration steigt das Verhältnis $Ba^{2+}:Na^+$ der an die Polyphosphatkette gebundenen Kationen mit zunehmender Kettenlänge $\bar{n}$ an, W. Teichert (*Acta chem. Scand.* **2** [1948] 414/25, 423). Die Löslichkeit von $MgCO_3$, $CaCO_3$, $CaSO_4$, $SrSO_4$, $BaSO_4$, $BaCO_3$, $BaCrO_4$, Ba-Oxalat und Ba-Phosphat in einer Grahamsalzlsg. entspricht genau der Bldg. eines gelösten Komplexes $(M^{II}Na_4P_6O_{18})_x$, s. R. T. Thomson (*Analyst* **61** [1936] 320/3).

With Other Cations

Mit weiteren Kationen. 2%ige Lsgg. von Na-Kurrol- oder Grahamsalz geben mit Salzen der großen Kationen (Ionenradius >1.1 Å) Sr^{2+}, Ba^{2+}, Pb^{2+}, Ag^+, Bi^{3+}, ZrO^{2+}, UO_2^{2+} und Hg_2^{2+} im Überschuß flockige, amorphe Ndd., mit Salzen der kleinen Kationen ($r < 1.1$ Å) Mg^{2+}, Ca^{2+}, Zn^{2+}, Cd^{2+}, Mn^{2+}, Ni^{2+}, Co^{2+}, Fe^{2+}, Fe^{3+}, Cr^{3+}, Hg^{2+} und Cu^{2+} gummiartige oder ölige Fällungen. Alle Fällungsprodd. sind sehr wasserreich und halten einen Teil des H_2O auch beim Trocknen im Vak. (3 Torr, 100°C) zurück. Keine dieser Fällungen ist in bezug auf den Phosphor quantitativ; max. Fällung (93% des P) bei Ba^{2+} s. S. 275. Der aus neutraler Lsg. mit großem Ag^+-Überschuß gefällte Nd. ist frei von Na^+ und entspricht nahe der Formel $AgPO_3$; bei 300°C geht er in krist. Ag-Kurrolsalz über. Beim Kochen von Kurrolsalz mit Zinksalzlsgg. tritt Zers. unter Ausfällung von $Zn_3(PO_4)_2$ und $Zn_2P_2O_7$ im Molverhältnis 2:1 ein. Wie bei den Erdalkalien (s. vorstehend) löst sich der bei Zusatz von wenig Salzlsg. zunächst entstandene Nd. wieder auf. Zur Bldg. eines bleibenden Nd. sind auf 20 ml 0.115n-Kurrolsalzlsg. 20.5, 13.6 bzw. 9.4 ml 0.1n-Ag-, Pb- bzw. Bi-Nitratlsg. notwendig, entsprechend den Äquiv.-Verhältnissen $X = M/PO_3^- = 0.896$, 0.585 bzw. 0.407. Wird eine Lsg. von Graham- oder Kurrolsalz bis kurz vor Nd.-Bldg. mit einer Salzlsg. kleinen X-Wertes versetzt, so erzeugt die Zugabe von Salzlsgg. großen X-Wertes keinen Nd.; umgekehrt bildet sich auf Zusatz eines Salzes mit kleinem X-Wert sofort ein Nd., wenn die Lsg. vorher mit einem Salz großen X-Wertes bis kurz vor der beginnenden Fällung versetzt war, E. THILO, G. SCHULZ, E.-M. WICHMANN (*Z. anorg. Ch.* **272** [1953] 182/200, 189); in Einklang mit älteren Angaben über die Fällung von Grahamsalzlsgg., vgl. beispielsweise K. KARBE, G. JANDER (*Koll.-Beih.* **54** [1942] 1/146, 82), H. LÜDERT (*Z. anorg. Ch.* **5** [1894] 15/41), H. ROSE (*Pogg. Ann.* **76** [1849] 1/29).

Eine aus thermisch dargestelltem PbP_2O_6 durch Umsatz mit wss. Na_2S in der Kälte erhaltene Na-Hochpolyphosphatlsg. löst, im Überschuß angewandt, den mit Ag^+ entstandenen Nd. zu einer tief orangeroten Lsg. auf, K. R. ANDRESS, K. FISCHER (*Z. anorg. Ch.* **273** [1953] 193/9). Alle genannten Ndd. sind farblos, mit Ausnahme des rosaroten mit Co^{2+}. Auch Al^{3+} gibt eine in überschüssiger Grahamsalzlsg. lösl. Fällung, M. SHINAGAWA, M. KOBAYASHI (*J. Sci. Hiroshima Univ.* A **18** [1954] 237/44). Löslichkeit von $FeCO_3$, $ZnCO_3$, $PbCO_3$, $PbCrO_4$, Fe_2O_3- und Al_2O_3-Hydrat in Grahamsalzlsg. und Schluß auf Komplexbldg., R. T. THOMSON (*Analyst* **61** [1936] 320/3).

Fig. 109.

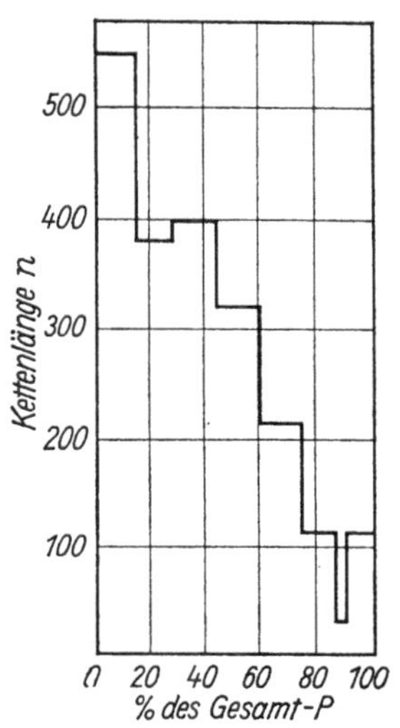

Fraktionierte Fällung einer Grahamsalzlsg. ($\bar{n} = 193$) mit Aceton.

Mit organischen Verbindungen. Für die Entmischung in Systemen mit einem linearen Hochpolymeren, einem guten und einem schlechten Lsgm. als Komponenten treffen dieselben theoret. Gesetzmäßigkeiten zu wie beim Aussalzen, s. vorstehend. Die Entmischung beruht auf der Erniedrigung der DK der wss. Lsg. beim Zusatz der organ. Komponente und dem dadurch bewirkten Rückgang der Dissoziation. Systemat. Unterss. liegen nicht vor. *With Organic Compounds*

Mit Alkohol oder Aceton entstehen aus nicht zu verd. Na-Kurrol- oder Na-Grahamsalzlsgg. Öle, die sich nur langsam absetzen und an der Luft zu einem Glase eintrocknen, E. THILO, G. SCHULZ, E.-M. WICHMANN (*Z. anorg. Ch.* **272** [1953] 182/200, 199); vgl. auch K. KARBE, G. JANDER (*Koll.-Beih.* **54** [1942] 1/146, 82). Bei allmählichem Zusatz von Aceton zu mit KOH neutralisierten Lsgg. der durch Ionenaustausch aus Graham-, Kurrol- bzw. Maddrellsalz erhaltenen Säuren scheiden sich fein kristalline, wasserhaltige K-Hochpolyphosphate ab, die ident. Röntgendiagramme ergeben, in H_2O leicht lösl. sind und beim Trocknen in K-Kurrolsalz übergehen. Mit NaOH neutralisierte Säuren ergeben nur schleimig-viscose Ndd., R. KLEMENT, J. SCHMID (*Z. anorg. Ch.* **290** [1957] 113/32, 116, 122, 124). Fraktionierte Fällung einer Na-Grahamsalzlsg. ($\bar{n} = 193$) mit Aceton s. **Fig. 109**. Methanol, Äthanol und Isopropanol ergeben weniger befriedigende Resultate, J. R. VAN WAZER (*J. Am. Soc.* **72** [1950] 647/55).

Hochpolyphosphate geben in saurer Lsg. Ndd. mit wasserlösl. Proteinen. Je höher das Molgew. des Polyphosphats bzw. des Proteins ist, desto geringer ist die zur Fällung nötige Protein- bzw. Polyphosphat-Konz. (bei gleichem p_H-Wert). Die Fällung beruht auf Neutralisation der NH_2-Gruppen des Proteins durch Polyphosphat-Ionen, vgl. B. J. KATCHMAN, J. R. VAN WAZER (*Biochim. biophys. Acta* **14** [1954] 445/6) und die Übersicht über die ältere Lit. bei A. A. HORVATH (*Ind. engg. Chem. anal. Edit.* **18** [1946] 229/33).

Hochpolyphosphate verschieben das Absorptionsmax. von Toluidinblau und anderen basischen Farbstoffen nach kürzeren Wellenlängen, vgl. K. K. TEWARI, P. S. KRISHNAN (*Arch. Biochem. Biophys.* **82** [1959] 99/106), J. M. WIAME (*J. Am. Soc.* **69** [1947] 3146/7), ferner G. SCHMIDT (in: W. D. MCELROY, B. GLASS, *Phosphorus Metabolism, Bd.* 1, *Baltimore* 1951, S. 443/76, 450).

Ionenaustausch. Maddrellsalz verhält sich gegen Ca^{2+} und weitere Kationen wie ein Permutit, BOUCHETAL DE LA ROCHE, G. PÉROT (*Bl. Soc. chim.* **1953** 307/9); in gemeinsamer wss. Suspension mit einem K^+-Austauschharz geht es unter Austausch von $>95\%$ des Na^+ in K-Kurrolsalz über, R. KLEMENT, J. SCHMID (*Z. anorg. Ch.* **290** [1957] 113/32, 120). Auch gegenüber Alkalisalzlsgg. mit von Na^+ verschiedenem Kation verhält sich Maddrellsalz als Ionenaustauscher, der jedoch während des Austausches in Lsg. geht; ein entsprechendes Verh. zeigen die Kurrolsalze. Im Gegensatz zum Maddrellsalz geht K-Kurrolsalz auch bei Behandlung mit einem Na^+-Austauscherharz (oder mit Maddrellsalz) in Lsg. statt in Maddrellsalz überzugehen, s. die Darst. von Salzlösungen S. 258. Gegen große organ. Kationen (n-Hexyl-, n-Dodecyl-, Trimethylcetylammonium, Anilinium und p-Hydroxyanilinium) ver- *Ion Exchange* hält sich K-Kurrolsalz dagegen als normaler, nicht in Lsg. gehender Ionenaustauscher, A. WEISS, E. MICHEL (*Z. anorg. Ch.* **296** [1958] 313/32).

Ionenaustauschernatur gelöster Hochpolyphosphate s. „Ionenassoziation" S. 273.

Metaphosphoric Acids

Metaphosphorsäuren $H_nP_nO_{3n}$

„Glasige Metaphosphorsäure" (acidum metaphosphoricum glaciale). Die so bezeichneten Handelsprodd. sind Gemische von Polyphosphorsäuren (s. S. 214) mit geringen Trimetaphosphat- und großen Na-Gehalten (bis 13 Gew.-%), E. THILO, R. SAUER (*J. pr. Ch.* [4] **4** [1957] 324/48, 345); vgl. ferner R. N. BELL (*Ind. engg. Chem.* **40** [1948] 1464/7), I. BROWN (*Austral. chem. Inst. J. Proc.* **9** [1942] 212/20 nach *C.A.* **1943** 842).

Dimetaphosphoric Acid

Dimetaphosphorsäure $H_2P_2O_6$.

Dimetaphosphorsäure und Dimetaphosphate existieren vermutlich nicht, C. W. DAVIES, C. B. MONK (*J. chem. Soc.* **1949** 413/22). Die Existenz von krist. Dimetaphosphaten, deren Anion aus zwei, über eine Kante verknüpften PO_4-Tetraedern bestehen würde, ist nach einer Regel von L. PAULING (*J. Am. Soc.* **51** [1929] 1010; *The Nature of the chemical Bond, New York* 1945, S. 397) sehr unwahrscheinlich, E. THILO (*Angew. Ch.* **63** [1951] 508/11), E. THILO, H. SEEMANN (*Z. anorg. Ch.* **267** [1951] 65/75). Auch der Dampf von glasiger „Metaphosphorsäure" enthält kein $(HPO_3)_2$, s. „Konstitution des Dampfes" S. 215.

Für den 4gliedrigen Dimetaphoospatring ist eine Ringspannung ähnlich der in Cyclobutan (36 kcal) zu erwarten. Bei Anwendung von in der organ. Chemie geübten Darst.-Verff. (Positionssynthese bei niedrigen Tempp.) erscheint die Darst. von Dimetaphosphaten nicht ausgeschlossen. In wss. Lsg. beständig könnten nur solche Dimetaphosphate sein, die durch ster. Hinderung bewirkende Substitutionen gegen Ringaufspaltung geschützt sind, J. R. VAN WAZER, E. J. GRIFFITH (*J. Am. Soc.* **77** [1955] 6140/4), vgl. auch J. R. VAN WAZER, K. A. HOLST (*J. Am. Soc.* **72** [1950] 639/44).

Die „Dimetaphosphate" von T. FLEITMANN (*Pogg. Ann.* **78** [1849] 233/60) und A. GLATZEL (*Diss. Würzburg* 1880) sind Tetrametaphosphate, s. S. 287. Die von P. PASCAL, RÉCHID (*C. r.* **198** [1934] 828/30), RÉCHID (*C. r.* **198** [1934] 860/1), aus H_3PO_4 bei 320°C erhaltene „Dimetaphosphorsäure" ist nach Leitf.-Messungen ein Gemisch von Polyphosphorsäuren; das bei 250°C dargestellte Na-Salz von A. TRAVERS, Y. K. CHU (*C. r.* **198** [1934] 2100/2) ist Trimetaphosphat, C. W. DAVIES, C. B. MONK (*J. chem. Soc.* **1949** 413/22); vgl. auch K. KARBE, G. JANDER (*Koll.-Beih.* **54** [1942] 1/146, 27), J.-P. EBEL (*C. r.* **234** [1952] 621/3; *Bl. Soc. chim.* **1953** 1089/95). Kryoskop. Unterss. und nach der OSTWALD-WALDENschen Regel ausgewertete Leitf.-Messungen an einem aus Ag-Hypophosphat erhaltenen Na-Salz deuten nach P. PASCAL, P. BONNEMAN (*C. r.* **197** [1933] 381/4) auf die Bldg. eines Dimetaphosphats; dieser Schluß ist nicht zuverlässig, C. W. DAVIES, C. B. MONK (*l. c.*). Nach A. TRAVERS, Y. K. CHU (*C. r.* **198** [1934] 2169/71) soll sich bei der Hydrolyse von $M\text{-}P_2O_5$ mit wss. Äther sowie aus $M\text{-}P_2O_5$ und H_3PO_4 in äther. Lsg. Dimetaphosphorsäure bilden; tatsächlich entsteht jedoch Tetrametaphosphorsäure, s. S. 89, vgl. ferner K. KARBE, G. JANDER (*l. c.* S. 31).

$Na_5P_3O_{10}\cdot 6H_2O$ zerfällt bei 120°C in Pyrophosphat und ein Metaphosphat, dessen Molgew. nach kryoskop. Bestt. in $Na_2SO_4\cdot 10H_2O$ der dimeren Formel entsprechen soll, P. BONNEMAN-BÉMIA (*Ann. Chim.* [11] **16** [1941] 395/477, 456). Diese Ergebnisse täuschen jedoch, da sie auf der Rückbldg. von $Na_5P_3O_{10}$ aus den primären Entwässerungsprodd. $Na_4P_2O_7$ und NaH_2PO_4 beruhen, E. THILO (*Angew. Chem.* **63** [1951] 508/11), E. THILO, H. SEEMANN (*Z. anorg. Ch.* **267** [1951] 65/75). Dialyt. Ionengew.-Bestt. an aus Na_2HPO_4 und NH_4NO_3 bei 230° bis 260°C dargestellten Metaphosphatproben führen zur dimeren Formel, W. TEICHERT, K. RINMAN (*Acta Chem. Scand.* **2** [1948] 225/52, 232); ein bei 236°C dargestelltes Prod. ist mit dem von P. PASCAL, RÉCHID (*l. c.*) identisch und wird daher als Dimetaphosphat betrachtet, D. KANTZER (*C. r.* **225** [1947] 1317/9), D. LAFORGUE-KANTZER (*Ann. Chim.* [12] **5** [1950] 819); das Prod. erweist sich jedoch nach papierchromatograph. Unters. als Pyrophosphat, J.-P. EBEL (*l. c.*).

Trimetaphosphoric Acid and Its Ions

Trimetaphosphorsäure $H_3P_3O_9$ und ihre Ionen

$P_3O_9^{3-}$ Ion

$P_3O_9^{3-}$-Ion. Das Ion hat Ringstruktur, vgl. S. 281. Über Spektren des Ions s. S. 282, über Symmetrie s. S. 281. Elektrochem. Verh. s. S. 282, Hydrolyse ab S. 283, sonstiges chem. Verh. ab S. 285.

$HP_3O_9^{2-}$ and $H_2P_3O_9^-$ Ions

$HP_3O_9^{2-}$- und $H_2P_3O_9^-$-Ion. Über die Beteiligung der Ionen an der $P_3O_9^{3-}$-Hydrolyse s. S. 284.

Trimetaphosphoric Acid

Trimetaphosphorsäure $H_3P_3O_9$.

Formation. Preparation

Bildung. Darstellung. Bldg. bei der Hydrolyse hochpolymerer Kettenphosphate s. S. 269, durch Ringschluß aus Monoamidotriphosphat in saurer Lsg. s. „Ammonolyse" S. 285, durch Ringverengung aus Tetrametaphosphat s. S. 289. Bildung des Natriumsalzes durch Hydrolyse von $Na_3P_3(NH)_3O_6$ (Trimetaphosphimat), s. S. 347. Zahlreiche ergebnislose Versuche zur Darstellung von Trimetaphosphat durch Kondensation in wäßriger Lösung aus Mono-, Di-, Tri- oder Tetraphosphat unter den verschiedensten Bedingungen von p_H, Temperatur, Konz. oder bei Ggw. von katalysierenden Kationen, E. Thilo, G. Schulz, E.-M. Wichmann (*Z. anorg. Ch.* **272** [1953] 182/200, 195). Bldg. mit 25% Ausbeute durch Umsatz von $POCl_3$ mit konz. wss. $K_4P_2O_7$ bei 0°C unter Pufferung mit $KHCO_3$, s. B. Blaser, K.-H. Worms (*Z. anorg. Ch.* **301** [1959] 18/35, 35).

$P_3O_9^{3-}$ ist Bestandteil von Alkaliphosphatschmelzen im Reorganisationsgleichgew., s. S. 222. Krist. von $Na_3P_3O_9$ und $Na_2HP_3O_9$ aus Na_2O-P_2O_5-H_2O-Schmelzen, E. J. Griffith (*J. Am. Soc.* **78** [1956] 3867/70); Krist. von $Na_9K_3(P_3O_9)_4$ im System K_2O–Na_2O–P_2O_5 s. G. W. Morey, F. R. Boyd, J. L. England, W. T. Chen (*J. Am. Soc.* **77** [1955] 5003/11), E. J. Griffith, J. R. van Wazer (*J. Am. Soc.* **77** [1955] 4222/3). Außer den vorstehend genannten ist kein durch Krist. aus der Schmelze erhältliches Trimetaphosphat bekannt.

Die freie Säure ist nur in wäßriger Lösung bekannt, die infolge Hydrolyse (s. S. 283) unbeständig ist. Sie läßt sich durch längeres Einleiten von Schwefelwasserstoff in die wss. Aufschlämmung von $Pb_3(P_3O_9)_2 \cdot 3\,H_2O$ (erhalten durch Fällung aus der wss. Lsg. des Na-Salzes), Abfiltrieren des PbS und Durchleiten von N_2 darstellen, K. Karbe, G. Jander (*Koll.-Beih.* **54** [1942] 1/146, 46). Hierbei entstehen (wegen der Löslichkeit des PbS) max. 1.3 n Lsgg. der Säure; aus $Ag_3P_3O_9 \cdot H_2O$ und wss. oder wasserfreiem fl. H_2S bilden sich konzentriertere Lsgg., die jedoch weitgehend zersetzt sind, A. Simon, E. Steger (*Z. anorg. Ch.* **277** [1954] 209/33). Behandlung von möglichst wasserfreiem $Ag_3P_3O_9$ in äther. Suspension mit trocknem HCl ergibt nach Filtration und Abdampfen des Äthers eine ölige Fl., die nach sofortiger Neutralisation mit NaOH das Ausgangssalz zurückliefert, E. Thilo, G. Schulz, E.-M. Wichmann (*Z. anorg. Ch.* **272** [1953] 182/200, 193). Einfacher, rascher und daher reiner erhält man die Säure aus 0.1 n $Na_3P_3O_9$ durch Kationenaustausch an Wofatit K in einer Bürette, W. Teichert, R. Rinman (*Acta chem. Scand.* **2** [1948] 225/52, 243); an Wofatit F bei 0°C, s. H. Grunze, E. Thilo (*Z. anorg. Ch.* **281** [1955] 284/92). Aus 1.5 g $Na_3P_3O_9$ in 400 ml H_2O durch Austausch an Amberlit IR-100 (40 g in Säule von 1 cm Durchmesser) mit 99.8%igem Umsatz binnen 1 Std., C. W. Davies, C. B. Monk (*J. chem. Soc.* **1949** 413/22), aus dem Na-Salz an Amberlit IR-100 H in einer Konz. von etwa 0.01 n, J. R. van Wazer, K. A. Holst (*J. Am. Soc.* **72** [1950] 639/44). Die Lsg. ist infolge Hydrolyse unbeständig, beim Konzentrieren tritt Zers. (Reorganisation, Dismutation) ein, van Wazer (*Phosphorus, Bd.* 1, S. 686).

Das durch Entwässerung von NaH_2PO_4 bei 265° bis 625°C erhältliche $Na_3P_3O_9$ stellt die stabile Natriummetaphosphat-Modifikation dar, die bei langsamer Abkühlung der Schmelze oder beim Tempern des Glases (Grahamsches Salz, s. S. 255) gebildet wird, vgl. T. Fleitmann, W. Henneberg (*Lieb. Ann.* **65** [1848] 304/34), K. Karbe, G. Jander (*l. c.* S. 35), W. Teichert, R. Rinman (*l. c.* S. 232), E. Thilo, R. Rätz (*Z. anorg. Ch.* **258** [1949] 33/57, 35). Alle anderen Salze werden aus dem Na-Salz hergestellt, s. S. 286. Eine Umkehr der hydrolyt. Aufspaltung zu Triphosphat (s. S. 283) stellt die Bldg. von $Na_3P_3O_9$ aus $Na_3H_2P_3O_{10} \cdot 1.5\,H_2O$ oberhalb 250°C dar, B. Raistrick (*Scient. J. Roy. Coll. Sci.* **19** [1949] 9/27, 16).

Structure. Spectra

Struktur. Spektren. Das Trimetaphosphat-Ion hat das der Formel $P_3O_9^{3-}$ entsprechende Ionengew. Das geht hervor aus kryoskop. Molgew.-Bestt. in Wasser, P. Nylen (*Z. anorg. Ch.* **229** [1936] 30/5), und in $Na_2SO_4 \cdot 10\,H_2O$, P. Bonneman-Bémia (*Ann. Chim.* [11] **16** [1941] 395/477, 452), G. Schwarzenbach, G. Parissakis (*Helv. chim. Acta* **41** [1958] 2425/35); aus der Grenzneigung der Leitf. des wss. Na-Salzes, die der Onsager-Gleichung für 1- 3wertige Elektrolyte entspricht, C. W. Davies, C. B. Monk (*J. chem. Soc.* **1949** 413/22); aus Messungen des Dialysekoeff., W. Teichert, K. Rinman (*Acta chem. Scand.* **2** [1948] 225/52). Dadurch werden frühere Vermutungen auf Grund der Zus. der Hydrate und Doppelsalze, s. T. Fleitmann, W. Henneberg (*Lieb. Ann.* **65** [1848] 304/34), von Leitf.- und Überführungsmessungen, A. Wiesler (*Z. anorg. Ch.* **28** [1901] 177/209), sowie Dialysemessungen, s. K. Kabre, G. Jander (*Koll.-Beih.* **54** [1942] 1/146, 44), bestätigt.

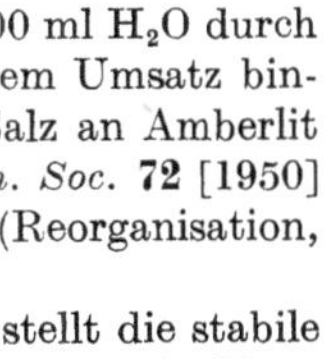

Das $P_3O_9^{3-}$-Ion hat die bereits von C. G. Lindboom (*Acta Univ. Lundensis* **10** [1873] 1/28; *Ber.* **8** [1875] 122/4) vorgeschlagene Ringstruktur (s. nebenstehend), bewiesen durch röntgenograph. Unters. an $Na_3P_3O_9 \cdot 6\,H_2O$, s. V. Caglioti, G. Giacomello, E. Bianchi (*Atti Ital.* [7] **3** [1942] 761/75), und $Na_3P_3O_9$, s. B. Raistrick nach B. Topley (*Quart. Rev.* **3** [1949] 345/68, 353), durch die pH-Neutralisationskurve, die nur stark dissoziierendes H anzeigt, s. S. 286, vgl. die Diskussion bei B. Topley (*l. c.*), ferner durch den Verlauf der Hydrolyse, s. S. 283. Ramanspektrum, UR-Absorption, magnet.

Kernresonanz und chromatograph. Verh. bestätigen die aus röntgenograph. Unterss. und dem chem. Verh. erschlossene Ringstruktur.

Das Ramanspektrum von wss. $Na_3P_3O_9$ weist folgende Frequenzen (in cm^{-1}; in Klammern relative Intensität) des $P_3O_9^{3-}$-Ions auf: 304 (3), 356 (2), 398 (2), 469 (1), 534 (1), 634 (2), 665 (5), 763 (1), 1000 (1), 1119 (2), 1158 (10), 1243 (2), 1389 (1), 1520 (2). Das Spektrum ist schwer anzuregen; auch bei 70 bis 110 Std. Belichtungszeit bleibt die Intensität der Linien gering, A. Simon, E. Steger (*Z. anorg. Ch.* **277** [1954] 209/33; *Naturw.* **41** [1954] 186/7). Unvollständige, teilweise abweichende Angaben s. bei H. J. Hofman, K. R. Andress (*Naturw.* **41** [1954] 94/5). Das von T. J. Hanwick, P. O. Hoffmann (*J. chem. Phys.* **19** [1951] 708/11) angegebene Ramanspektrum von wss. $NaPO_3$ ist offenbar ein unvollständiges Spektrum des Trimetaphosphats; nach den Polarisationsmessungen dieser Autoren sind die Linien 1158, 665, 634 und 398 oder 356 cm^{-1} polarisiert, A. Simon, E. Steger (*l. c.*). Krist. $Na_3P_3O_9 \cdot 6H_2O$ ergibt nach 4 Tagen Belichtungszeit eine Linie bei 1158 cm^{-1} und 3 weitere P–O-Valenzfrequenzen; Photogramm (ohne Wellenzahlen!) im Original, E. Steger (*Z. anorg. Ch.* **296** [1958] 305/12).

Fig. 110.

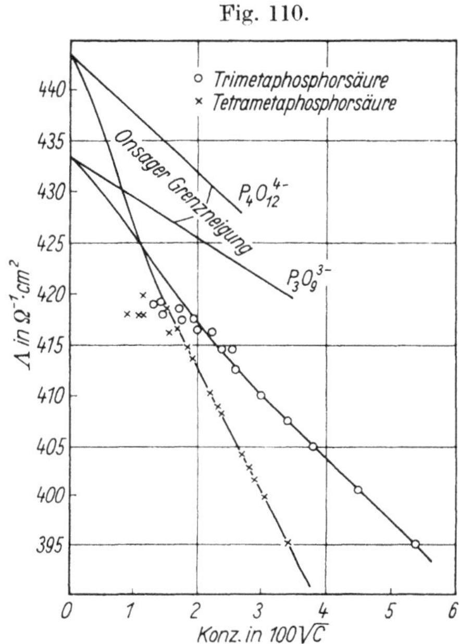

Äquivalentleitf. von Trimeta- und Tetrametaphosphorsäure als Funktion der Normalität C.

Das UR-Absorptionspektrum von krist. $Na_3P_3O_9$ zeigt Banden bei 635, 684, 753, 770, 987, 996, 1110, 1120, 1163, 1169, 1213, 1297 und 1316 cm^{-1}. Alle Banden sind scharf; mit Ausnahme der beiden ersten und derjenigen bei 1213 cm^{-1} bilden je zwei eine Doppelbande; Photometerkurve im Original, W. Bues, H.-W. Gehrke (*Z. anorg. Ch.* **288** [1956] 307/23); mit einer Ausnahme (Bande bei 1262 statt bei 1213 cm^{-1}) in vollkommener Übereinstimmung mit D. E. C. Corbridge, E. J. Lowe (*J. chem. Soc.* **1954** 493/502), deren abweichendes Ergebnis bestätigt wird, E. Steger (*Z. anorg. Ch.* **296** [1958] 305/12). $Na_3P_3O_9 \cdot H_2O$, $Na_3P_3O_9 \cdot 6H_2O$, $Mg_3(P_3O_9)_2 \cdot 10H_2O$, $CaNaP_3O_9 \cdot 3H_2O$, $Sr_3(P_3O_9)_2 \cdot 7H_2O$, $Ba_3(P_3O_9)_2 \cdot 4H_2O$ und $Mn_3(P_3O_9)_2 \cdot 11H_2O$ ergeben nahezu die gleichen UR-Frequenzen wie $Na_3P_3O_9$; in $Ag_3P_3O_9$ sind sie z. T. erniedrigt, vermutlich durch unpolare Ag–O-Bindungen, D. E. C. Corbridge, E. J. Lowe (*l. c.*). Gesätt. Lsgg. von $Na_3P_3O_9$ in H_2O und D_2O zeigen $P_3O_9^{3-}$-Banden bei 783, 1015, 1098 und 1277 cm^{-1}, E. Steger (*l. c.*).

Die UR-Absorption der festen Na-, K-, Ag- und Pb-Trimetaphosphate deutet auf die Symmetrie C_{3v} des $P_3O_9^{3-}$-Ions, J. Lecomte, A. Boullé, M. Dominé-Bergès (*C. r.* **226** [1948] 575/7). UR- und Ramanspektrum ergeben für den P_3O_9-Ring im Kristall und in wss. Lsg. die Symmetrie C_{3v} (Sesselform); C_s (Wannenform) und D_{3h} (ebener Ring) scheiden auf Grund der Auswahlregeln aus; Zuordnung s. Original, W. Bues, H.-W. Gehrke (*l. c.*); in wss. Lsg. liegt D_{3h} vor, im Kristall dagegen C_{3v}, E. Steger (*l. c.*); vgl. auch A. Simon, E. Steger (*l. c.*).

Das magnet. ^{31}P-Kernresonanzspektrum zeigt im Einklang mit der Ringstruktur nur mittelständige PO_4-Gruppen an, J. R. van Wazer, C. F. Callis, J. N. Shoolery, R. C. Jones (*J. Am. Soc.* **78** [1956] 5715/26); vgl. auch O. T. Quimby, T. J. Flautt (*Z. anorg. Ch.* **296** [1958] 220/8).

Papierchromatograph. Identifizierung neben Polyphosphaten und Tetrametaphosphat, J. P. Ebel (*C. r.* **234** [1952] 621/3; *Bl. Soc. chim.* **1953** 991/8, 1089/95), A. E. R. Westman, A. E. Scott, J. T. Pedley (*Chem. in Canada* **4** [1952] Nr. 10, S. 35/40).

Electro-chemical Behavior

Elektrochemisches Verhalten. Die äquiv. Leitf. von 10^{-4}n- bis 10^{-3}n-Lsgg. ist die einer starken Säure, s. **Fig. 110**. Beweglichkeit des $P_3O_9^{3-}$-Ions, aus der Leitf. des Na-Salzes: $\Lambda_0(P_3O_9^{3-}) = 83.59$ bei 25°C, C. W. Davies, C. B. Monk (*J. chem. Soc.* **1949** 413/22). Überführungszahl des $P_3O_9^{3-}$-Ions: 0.590, s. A. Wiesler (*Z. anorg. Ch.* **28** [1901] 177/209, 190). Wanderungsgeschw. des $P_3O_9^{3-}$-Ions bei der Elektrolyse von $(NH_4)_3P_3O_9$ und $Ag_3P_3O_9$ in wss. Lsg., mittels Sonde gemessen: 6.9×10^{-4} $cm \cdot sec^{-1} \cdot V^{-1}$ bei 18°C, s. J. Clérin (*Ann. Chim.* [11] **20** [1945] 244/321, 299, 309).

Chemical Reactions. Hydrolysis

Chemisches Verhalten. Hydrolyse. Allgemeiner Reaktionsverlauf. Bei gewöhnl. Temp. ist Trimetaphosphat in neutraler Lsg. ziemlich beständig. 0.02 bis 0.1n $Na_3P_3O_9$ gibt nach 3 Monaten mit Magnesiamischung keine, mit $AgNO_3$ eine sehr schwache Trübung; die Leitf. der 0.1n-Lsg. ändert sich in 3 Wochen nicht. Auch eine ~0.5n-Lsg. der freien Säure zeigt über längere Zeit keine Leitf.-Änderung, K. KARBE, G. JANDER (*Koll.-Beih.* **54** [1942] 1/146, 50); die Leitf. von 10^{-4}n- bis 10^{-2}n-$Na_3P_3O_9$-Lsgg. ändert sich bei 25°C im Laufe einer Std. um weniger als 0.005%; ähnliches gilt für 10^{-4}n- bis 10^{-3}n-Lsgg. der freien Säure, C. W. DAVIES, C. B. MONK (*J. chem. Soc.* **1949** 413/22).

Bei höherer Temp. wandeln sich verd. Lsgg. schneller um als konzentrierte; bei 60°C bleibt die Leitf. von n $Na_3P_3O_9$ 5 Tage lang unverändert, während diejenige einer 0.1n-Lsg. in 90 Std. einen konst. bleibenden Endwert erreicht, der der Leitf. einer äquiv. NaH_2PO_4-Lsg. entspricht. Die Leitf. der 0.5n-$H_3P_3O_9$-Lsg. sinkt bei 60°C nach 100 Std. auf 56% des Anfangswertes, der p_H-Wert steigt von 1.74 auf 2.15. Auch beim Kochen sind $Na_3P_3O_9$-Lsgg. ziemlich beständig, sie geben erst nach mehreren Std. Trübungen mit Magnesiamixtur, K. KARBE, G. JANDER (*l. c.*); vgl. auch A. WIESLER (*Z. anorg. Ch.* **28** [1901] 177/209, 189), E. BAMANN, M. MEISENHEIMER (*Ber.* **71** [1938] 2086/9), E. BAMANN, E. NOWOTNY (*Ber.* **81** [1948] 442/51).

Titrimetr. und gravimetr. Bestt. aller beteiligten Phosphorsäuren ergeben den in **Fig. 111** dargestellten Hydrolyseverlauf in wss. und alkal. Lsg. von $Na_3P_3O_9$ bei 100°C. Demnach wird der Trimetaphosphatring primär zur Triphosphatkette aufgespalten, die dann weiter in Pyrophosphat (das in alkal. Lsg. beständig ist) und Orthophosphat zerfällt, s. S. 241, R. N. BELL (*Ind. engg. Chem.* **39** [1947] 136/40).

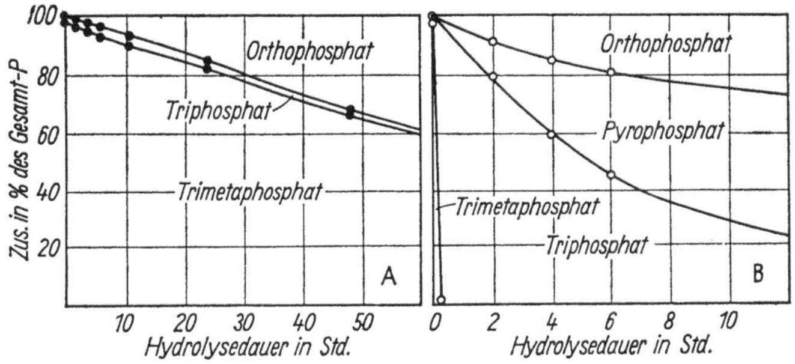

Fig. 111.

Hydrolyse von $Na_3P_3O_9$ in 1%iger Lsg. bei 100°C, A in Wasser, B in 1%iger Natronlauge.

Quantitative Umwandlung von $Na_3P_3O_9$ in $Na_5P_3O_{10}$ beim Erhitzen mit konz. NaOH-Lsg. auf dem Wasserbad, E. THILO, R. RÄTZ (*Z. anorg. Ch.* **258** [1949] 33/57), bei 50° bis 70°C ist die Rk. innerhalb von 1 Std. vollständig, O. T. QUIMBY (*J. phys. Chem.* **58** [1954] 603/18). Wesentlich langsamer verläuft die Hydrolyse mit 25%iger NH_3-Lsg., keine Rk. mit feuchtem NH_3-Gas, E. THILO, R. RÄTZ (*l. c.*). Bei der enzymat. Hydrolyse von Trimetaphosphat zu Orthophosphat mit Trimetaphosphatase tritt Pyrophosphat nicht auf; die Rk.-Wärme der Rk. bei 33°C und $p_H = 7$ beträgt 19.300 kcal/Mol. Aus der hohen Rk.-Wärme wird auf eine entsprechend hohe Bindungsenergie der P–O–P-Bindung geschlossen, O. MEYERHOF, R. SHATAS, A. KAPLAN (*Biochim. biophys. Acta* **12** [1953] 121/7 nach *C.A.* **1954** 1124).

Nach chromatograph. und elektrophoret. Unterss. bilden sich bei der Hydrolyse von 0.1n-$Na_3P_3O_9$-Lsgg. neben Abbauprodd. auch höherkondensierte Phosphorsäuren, B. SANSONI (*Ang. Ch.* **67** [1955] 327/8). Bldg. vermutlich hochpolymerer Säuren beim Kochen einer angesäuerten, gesätt. $Na_3P_3O_9$-Lsg., A. SIMON, E. STEGER (*Z. anorg. Ch.* **277** [1954] 209/33, 230). Ultraschallwellen haben keinen Einfluß auf den Abbau von wss. Trimetaphosphatlsgg., A. C. CHATTERJI, H. N. BHARGAVA, K. K. TEWARI, P. S. KRISHNAN (*Arch. Biochem. Biophys.* **85** [1959] 19/28).

Hydrolysegeschwindigkeit. Eine 0.1n-Lsg. der freien Säure zerfällt bei gewöhnl. Temp. in Pyro- und Orthophosphorsäure. Colorimetr. Analyse und p_H-Titration ergeben einen Rk.-Verlauf 1. Ordnung mit der Halbwertszeit 43.5 Std. entsprechend der Zerfallskonst. $k = 0.0159$ h^{-1}, W. TEICHERT (*Acta Chem. Scand.* **2** [1948] 414/25). Auch in saurer Lsg. entsteht primär Triphosphorsäure, die in Ggw. von Zn^{2+} quantitativ als $Zn_2NaP_3O_{10} \cdot 9H_2O$ isoliert werden kann. Die Rk. verläuft nach 1. Ordnung mit der Aktivierungsenergie 19.9 kcal/Mol; sie wird durch H^+ beschleunigt. Ohne Zn^{2+} geht die Aufspaltung zu Pyro- und Orthophosphorsäure weiter, B. RAISTRICK (*Scient. J. Roy. Coll. Sci.* **19** [1949] 9/27, 16). Papierchromatograph. Unterss. bestätigen, daß der Trimetaphosphatring durch Wasser zur Triphosphatkette aufgespalten wird, die dann weiter (über Diphosphat,

s. S. 241) in Monophosphat zerfällt, s. **Fig. 112, 113**. Die Aufspaltung verläuft bei konst. p_H (eingestellt durch wss. HCl und NaOH) nach 1. Ordnung; die Rk.-Geschw. hängt stark vom p_H und von der Temp. ab. Geschw.-Konst. $k = t^{-1} \ln C_0/C$ in min^{-1} bei 40°, 60° und 80°C, Halbwertszeit $t_{1/2}$ bei 60°C und Aktivierungsenergie E in kcal/Mol nach Unterss. an Lsgg. mit $C_0 = 0.1$ Mol $Na_3P_3O_9$/l:

p_H	k_{40}	k_{60}	k_{80}	$t_{1/2}$ (60°C)	E
1	—	3.98×10^{-2}	—	17 Min.	—
2	3.32×10^{-1}	2.88×10^{-4}	—	1.7 Tage	21.8
5	—	4.13×10^{-5}	—	15.1 Tage	—
7	—	6.94×10^{-6}	2.65×10^{-5}	69.3 Tage	19.6

Fig. 114 gibt einen Vergleich mit der Hydrolysegeschw. von anderen kondensierten Phosphorsäuren, E. THILO, W. WIEKER (*Z. anorg. Ch.* **291** [1957] 164/85). Damit in Einklang stehende Angaben s. S. I. KUZ'MIČEV (*Trudy Moskovsk. Aviats. Inst.* Nr. 52 [1955] 36/46 nach *C.A.* **1958** 19665).

Fig. 112.

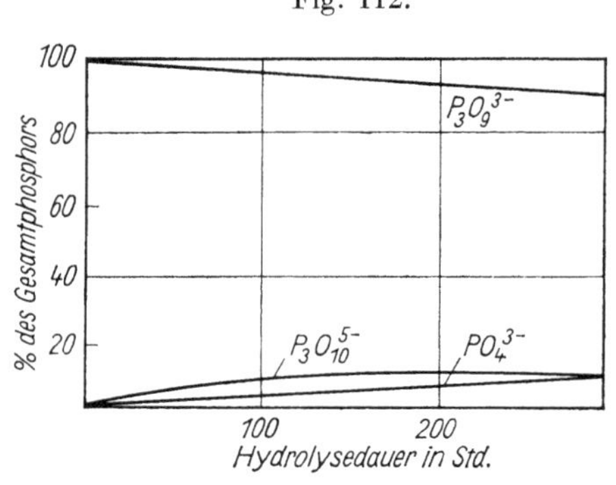

Hydrolyse von $P_3O_9^{3-}$ bei 60°C und $p_H = 7$.

Fig. 113.

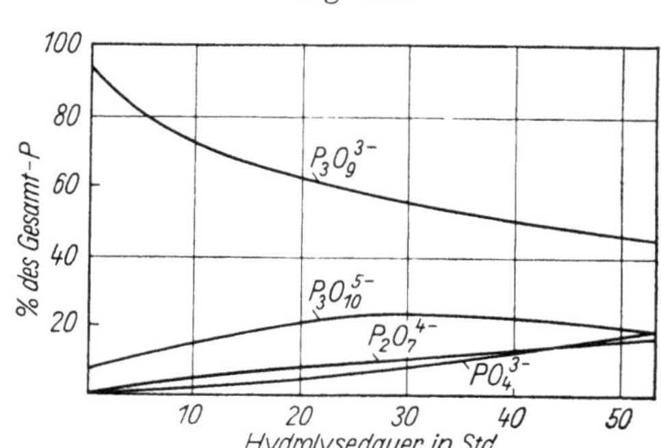

Hydrolyse von $P_3O_9^{3-}$ bei 60°C und $p_H = 3$.

Unterss. an 10^{-6}m- bis 10^{-4}m-Lsgg. von mit ^{32}P markiertem $Na_3P_3O_9$ in 0.004 bis 0.02m-HCl bei 50°, 60° und 70°C ergeben Proportionalität zwischen k und $[H^+]$ mit $k_H = k/[H^+] = 1.53 \pm 0.05$ $min^{-1} \cdot mol^{-1} \cdot l$ bei 69.40°C; die Aktivierungsenergie beträgt im Mittel 23.4 kcal/Mol. Dagegen steigt in NaOH-Lsg. $k_{OH} = k/[OH^-]$ mit steigender NaOH-Konz.; Werte bei 69.40°C in $min^{-1} \cdot mol^{-1} \cdot l$, die beiden ersten extrapoliert:

Mol NaOH/l. . . .	0	0.001	0.0100	0.0489	0.1000	0.1250	0.1750
$k_{OH} \cdot 10^2$	0.3	0.5	1.33	3.82	5.80	6.63	7.43

Aktivierungsenergie im Mittel 16.3 kcal/Mol, R. M. HEALY, M. L. KILPATRICK (*J. Am. Soc.* **77** [1955] 5258/64). Aus k_H (70°C) und E ergibt sich k_H (60°C) = 0.60 in guter Übereinstimmung mit den von E. THILO, W. WIECKER (*l. c.*) in Lsgg. mit der 10^3- bis 10^5fachen Anfangskonz. im gleichen p_H-Bereich (p_H 1 und 3) gem. k-Werten; bei p_H 5 und 7 ist k_H um den Faktor 10 bzw. 100 größer. k_H nimmt bei konst. $[H^+]$ ab, wenn die Ionenstärke μ durch Zusatz von $(n\text{-}Pr)_4NClO_4$ (Pr = Propyl), $NaClO_4$ oder NaCl erhöht wird; bei konst., durch $(n\text{-}Pr)_4NClO_4$ eingestellter Ionenstärke steigt k_H mit steigendem $[H^+]$. Durch Ggw. mehrwertiger Anionen (SO_4^{2-}, $Fe(CN)_6^{3-}$) wird k_{OH} erniedrigt, durch Zusatz sehr geringer Mengen (10^{-4} Mol/l) $CaCl_2$ oder $BaCl_2$ stark erhöht. In $(n\text{-}Pr)_4NOH$-Lsg. ist k_{OH} kleiner als in NaOH-Lsg. Nach diesen Ergebnissen ist die Trimetaphosphat-Hydrolyse ein komplexer Vorgang, der unter der Annahme gedeutet werden kann, daß außer $P_3O_9^{3-}$ auch $HP_3O_9^{2-}$, $H_2P_3O_9^-$ und $NaP_3O_9^{2-}$, bei Ggw. von Ca^{2+} und Ba^{2+} auch $CaP_3O_9^-$ und $BaP_3O_9^-$ daran beteiligt sind, die mit H^+ bzw. OH^- reagieren, während die Rk. mit H_2O höchstens 2% der Gesamtrk. beiträgt, R. M. HEALY, M. L. KILPATRICK (*l. c.*). Vgl. hierzu auch die Leitf.-Messungen an $Na_3P_3O_9$-Lsgg. von A. INDELLI (*Ann. Chim. appl.* **46** [1956] 367/86), der die Rk. in alkal. Lsg. als Rk. 2. Ordnung ausweist und ihre Geschw. proportional der Quadratwurzel der Ionenstärke findet. Über den katalyt. Einfluß von Na^+, Ca^{2+}, Ba^{2+} und Cu^{2+} auf die Rk.-Geschw. sowie über die Rolle der dabei entstehenden Komplex-Ionen s. A. INDELLI (*Ann. Chim. appl.* **46** [1956] 717/30, **48** [1958] 332/44, 345/54; *Pr. XVIth int. Congr.*

pure appl. Chem., London 1958, S. 779/87). In wss. $Na_3P_3O_9$ zersetzen sich bei 88°C und p_H 5, 7 und 9 etwa 10, 4 bzw. 3% der Ausgangsmenge in 22.5 Std., J. GREEN (*Ind. engg. Chem.* **42** [1950] 1542/6).

k-Werte und Halbwertszeiten (Zeit in Min.) in stark bas. Lsg. (~0.1 n NaOH) mit C_0~0.03 Mol $Na_3P_3O_9$/l, erhalten durch titrimetr. Best. des gebildeten Orthophosphats:

Temp.	65°C	75°C	85°C	90°C
$k \cdot 10^3$	10	22	42	77
$t_{1/2}$ (Min.) . . .	69	35	18	8

E = 20.0 kcal/Mol, I. A. BROVKINA (*Žurnal obščej Chim.* [russ.] **22** [1952] 1917/26). In wss. alkal. und saurer Lsg. verläuft die Hydrolyse entsprechend der Gleichung $-dc/dt = K_1[OH^-] + K_2[H_3O^+]$, in saurer etwa 3mal so schnell wie in entsprechender alkal. Lsg., in neutraler Lsg. ist die Rk.-Geschw. sehr gering und hat autokatalyt. Charakter. Die Aktivierungsenergie beträgt in 0.4 n-Alkalilsg. 18.0 kcal/Mol, V. V. MIL'CHENKO (*Trudy Moskovsk. Aviats. Inst.* Nr. 52 [1955] 47/52 nach *C. A.* **1959** 10919).

Fig. 114.

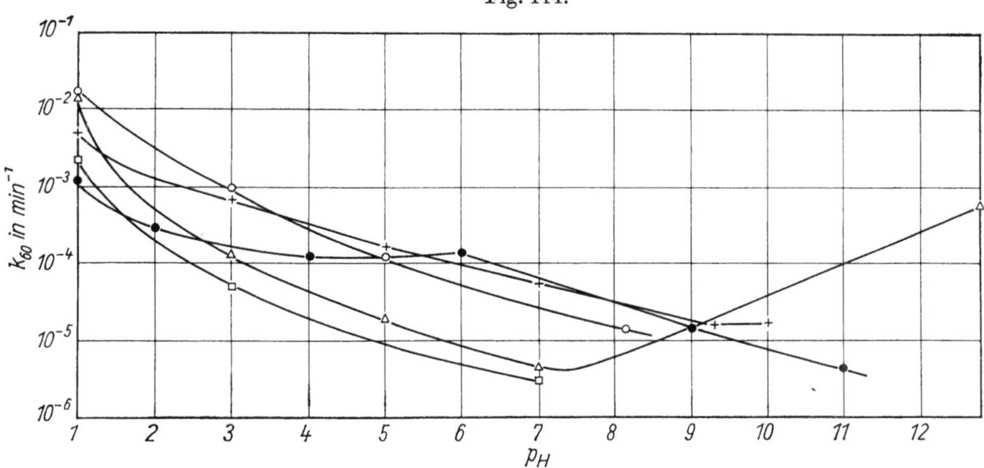

Geschwindigkeitskonst. k bei 60°C der Hydrolyse von Diphosphat (volle Kreise), Triphosphat (Kreuze) Trimetaphosphat (Dreiecke), Tetrametaphosphat (Quadrate) und Hochpolyphosphat (leere Kreise) als Funktion des p_H-Wertes.

Die Hydrolyse wird sehr stark beschleunigt, wenn das sich bildende Orthophosphat sofort durch Ggw. von Mg^{2+} und NH_4^+, Ba^{2+} oder Ag^+ ausgefällt wird, K. KARBE, G. JANDER (*Koll.-Beih.* **54** [1942] 1/146, 52). In neutraler und alkal. Lsg. wird die (durch colorimetr. H_3PO_4-Best. verfolgte) Rk. durch die Hydroxide von La, Ce, Pr, Nd, Sa, Y, Zr und Th beschleunigt (12 bis 15% Umwandlung in 1 Std.); geringere Wrkg. (2 bis 11% in 24 Std.) zeigen Ti, Pb, Mn, Al, Mg, Ba, Zn, Fe, Co und Ni, s. E. BAMANN, M. MEISENHEIMER (*Ber.* **71** [1938] 2086/9), E. BAMANN (*Ang. Ch.* **52** [1939] 186/8); die Wrkg. von La^{3+} geht im schwach sauren Bereich rasch zurück und schlägt im stark sauren in eine Hemmung der Rk. um, E. BAMANN, E. NOWOTNY (*Ber.* **81** [1948] 442/51).

Ammonolyse. Das Trimetaphosphat-Ion reagiert bei gewöhnl. Temp. mit wss. NH_3 bei p_H 9 bis 12 rasch unter Aufspaltung des Ringes nach *Ammonolysis*

$$P_3O_9^{3-} + 2NH_3 \longrightarrow NH_4^+ + {}^-O\overset{O}{\underset{O^-}{P}}O\overset{O}{\underset{O^-}{P}}O\overset{O}{\underset{O^-}{P}}NH_2$$

zu Monoamidotriphosphat, das ein seiner Struktur entsprechendes magnet. ^{31}P-Kernresonanzspektrum aufweist, papierchromatographisch von anderen Phosphat-Ionen getrennt und durch Fällung aus wss. Lsg. als Ba-Salz $Ba_2P_3O_9NH_2$ isoliert werden kann. Aus Kernresonanzmessungen ergibt sich bei Annahme einer Rk. 1. Ordnung die Geschw.-Konst. $k = 10^{-2} \cdot min^{-1}$ bei 26°C in einer Lsg. mit anfänglich 0.27 Mol $Na_3P_3O_9$/l und 5.8 Mol NH_3/l; auf papierchromatograph. Wege erhält man $k = 2.3 \times 10^{-3} \cdot min^{-1}$ bei 27°C und 0.02 Mol $Na_3P_3O_9$/l + 5.2 Mol NH_3/l ($p_H = 11.95$), während die Hydrolyse von 0.02 m $Na_3P_3O_9$ in wss. NaOH-NaCl-Lsg. bei gleichem p_H und gleicher Ionenstärke mit dem k-Wert 5.7×10^{-5} verläuft; für 90% Umsatz sind im ersten Fall 17 Std., im zweiten 4 Wochen notwendig. Monoamidotriphosphat wird in wss. NH_3-Lsg. bei 27°C nur sehr langsam weiter (unter Bldg. von Pyro- und Orthophosphat) aufgespalten; in saurer Lsg. erfolgt rasch Rückbldg. zu Trimetaphosphat, bei $p_H = 3.5$ in 7 Std. fast vollständig, O. T. QUIMBY, T. J. FLAUTT (*Z. anorg. Ch.* **296** [1958] 220/8).

Dissociation

Dissoziation. Nach Fig. 66, S. 237, und Fig. 100, S. 273, ist $H_3P_3O_9$ in bezug auf sämtliche H-Atome eine starke, ebenso wie wss. Salzsäure titrierbare Säure. Die Dissoz.-Konstt. sind sämtlich > 0.01 und können deshalb aus der p_H-Titrationskurve nicht ermittelt werden, J. BEUKENKAMP, W. RIEMAN, S. LINDENBAUM (*Anal. Chem.* **26** [1954] 505/12). Die potentiometrische Titration zeigt nur stark dissoziierenden Wasserstoff, W. D. TREADWELL, F. LEUTWYLER (*Helv. chim. Acta* **21** [1938] 1450/9), H. RUDY, H. SCHLOESSER (*Ber.* **73** [1940] 484/92), K. KARBE, G. JANDER (*l. c.* S. 47), ebenso die konduktometr. Titration, W. TEICHERT, K. RINMAN (*Acta chem. Scand.* **2** [1948] 225/52). Aus der Abweichung der Leitf. von der ONSAGERschen Gleichung (s. Fig. 110, S. 282) ergibt sich die 3. Dissoz.-Konst. $K_3 = 9 \cdot 10^{-3}$ mit einem möglichen Fehler von $\pm$ 20%, C. W. DAVIES, C. B. MONK (*J. chem. Soc.* **1949** 413/22).

Precipitation Reactions. Salt Formation

Fällungsreaktionen. Salzbildung. Alle bekannten Salze der Trimetaphosphorsäure sind in Wasser verhältnismäßig leicht lösl., so daß nur aus konz. Lsgg. Fällungen entstehen, vgl. G. v. KNORRE (*Z. anorg. Ch.* **24** [1900] 369/401), A. WIESLER (*Z. anorg. Ch.* **28** [1901] 177/209). Essigsaure Lsgg. fällen Eiweiß, K. KARBE, G. JANDER (*l. c.* S. 46). Wss. $Na_3P_3O_9$ in konz. Lsg. gibt mit Pb^{2+} einen weißen Nd.; keine Fällungen entstehen mit Ag^+, Hg^+, Hg^{2+}, Cu^{2+}, Cd^{2+}, Mn^{2+}, Fe^{3+}, Sn^{2+}, Ni^{2+}, Co^{2+}, Zn^{2+}, Al^{3+}, Ba^{2+}, Ca^{2+} und Mg^{2+}. Trimetaphosphat verhindert im Gegensatz zu Triphosphat (s. S. 244) die Fällungsrkk. der untersuchten Kationen nicht oder sehr wenig, M. SHINAGAWA, M. KOBAYASHI (*J. Sci. Hiroshima Univ.* A **18** [1954/55] 237/44). Mit $Co(NH_3)_6^{3+}$ entsteht aus essigsaurer Lsg. ein zur mikroskop. Identifizierung geeigneter krist. Nd.; Abbildungen im Original, A. SIMON, E. STEGER (*Naturw.* **42** [1955] 604/5).

Neutralisation der wss. Säure mit der entsprechenden Base und Krist. oder Fällung mit Aceton ergibt die Alkalisalze $Li_3P_3O_9 \cdot 3H_2O$, $Na_3P_3O_9 \cdot 6H_2O$, $Na_3P_3O_9 \cdot 1.5H_2O$, $Na_3P_3O_9 \cdot H_2O$, $K_3P_3O_9$ und $(NH_4)_3P_3O_9$, s. H. GRUNZE, E. THILO (*Z. anorg. Ch.* **281** [1955] 284/92), ferner $Mg_3(P_3O_9)_2 \cdot 12H_2O$, $CaNaP_3O_9 \cdot 3H_2O$, $Ca_3(P_3O_9)_2 \cdot 10H_2O$, s. E. THILO, I. GRUNZE (*Z. anorg. Ch.* **290** [1957] 209/22, 223/37, 226).

Aus dem durch therm. Entwässerung von NaH_2PO_4 dargestellten $Na_3P_3O_9$ (vgl. „Bildung. Darstellung" S. 280) sind durch Umsetzungen in wss. Lsg. folgende in Wasser relativ leicht lösl. Salze der Trimetaphosphorsäure erhältlich (das Anion ist weggelassen, die Zahl am Schluß gibt den Kristallwassergehalt an): Na_3 6, K_3, $(NH_4)_3$, Ag_3, Ag_3 1, Mg_3 13, Ba_3, Ba_3 6, Pb_3 3, Fe_3 12, Co_3 9, Mn_3 11; ferner die Doppelsalze NaCa 3, NaSr 3, NaBa, NaBa 4, KBa 1, (NH_4)Ba 1, Na_4Mg 5, Na_4Cd 4, Na_4Ni 8, Na_2Ni_2 9, Na_4Co 8, s. T. FLEITMANN, W. HENNEBERG (*Lieb. Ann.* **65** [1848] 304/34), C. G. LINDBOOM (*Acta Univ. Lundensis* **10** [1873] 28 S; *Ber.* 8 [1875] 122/4), G. v. KNORRE (*Z. anorg. Ch.* **24** [1900] 369/401), A. WIESLER (*Z. anorg. Ch.* **28** [1901] 177/209). Das Ag- und das Pb-Salz kristallisieren nur als Hydrate $Ag_3P_3O_9 \cdot H_2O$ bzw. $Pb_3(P_3O_9)_2 \cdot 3H_2O$, die sich nicht unzersetzt entwässern lassen, A. SIMON, E. STEGER (*Z. anorg. Ch.* **277** [1954] 209/33, 229). Die Konstit. des von A. BOULLÉ (*C. r.* **206** [1938] 517) dargestellten $CaP_2O_6 \cdot 9H_2O$ ist fraglich, s. K. KARBE, G. JANDER (*Koll.-Beih.* **54** [1942] 1/146, 42).

Schön kristallisierendes Strychniniumsalz, V. CAGLIOTI, G. GIACOMELLO, E. BIANCHI (*Atti Ital.* [7] **3** [1942] 761/75). Unvollständige Fällung eines Benzidiniumsalzes wechselnder Zus. bei $p_H = 5$, s. H. HECHT (*Z. anal. Ch.* **143** [1954] 93/102). Fällung des Acridiniumsalzes $(AdH)_3P_3O_9$ aus wss. Lsg., O. T. QUIMBY (*J. phys. Chem.* **58** [1954] 603/18).

Complex Formation

Komplexbildung. Die Tendenz zur Komplexbldg. ist im Gegensatz zum Verh. der Triphosphate und der hochkondensierten Polyphosphate gering. Dissoz.-Konst. von $NaP_3O_9^{2-}$ bei 25°C und Ionenstärke $\mu = 0$, aus der Leitf. von wss. $Na_3P_3O_9$: $K = 6.8 \times 10^{-2}$, C. W. DAVIES, C. B. MONK (*J. chem. Soc.* **1949** 413/22). Dissoz.-Konst. von $CaP_3O_9^-$, aus der Löslichkeit von $Ca(JO_3)_2$ in wss. $Na_3P_3O_9$: $K = 3.3 \times 10^{-4}$ bei 25°C, C. W. DAVIES, C. B. MONK (*l. c.*), aus der Löslichkeit von Ca-Oxalat: $K = 8 \times 10^{-4}$, A. G. TAYLOR nach B. TOPLEY (*Quart. Rev.* **3** [1949] 345/68, 364), aus Ionenaustauschunterss. mit ^{45}Ca: $K = 3.16 \times 10^{-3}$ (pK = 2.50) bei 37°C, $\mu = 0.15$, $p_H = 7.4$, R. E. GOSSELIN, E. R. COGHLAN (*Arch. Biochem. Biophys.* **45** [1953] 301/11), aus Leitf.-Messungen an wss. $Na_3P_3O_9$-$CaCl_2$-Lsgg. bei 25°C und $\mu = 0$: $K = 3.56 \times 10^{-4}$; daraus nach BJERRUM ber. Abstand $Ca^{2+} \leftrightarrow P_3O_9^{3-}$ im

Komplex-Ion 4.2 Å, H. N. JONES, C. B. MONK, C. W. DAVIES (*J. chem. Soc.* **1949** 2693/5). Dissoz.-Konst. von $SrP_3O_9^-$ bei 25°C und $\mu = 0$, aus der Leitf. von wss. $Na_3P_3O_9$-$SrCl_2$-Lsgg.: $K = 4.44 \times 10^{-4}$, aus der Löslichkeit von $Sr(JO_3)_2$ in wss. $Na_3P_3O_9$: $K = 4.42 \times 10^{-4}$. Der aus K nach BJERRUM ber. Abstand $Sr^{2+} \leftrightarrow P_3O_9^{3-}$ im Komplex-Ion (4.42 Å) ergibt nach Subtraktion des kristallograph. Sr^{2+}-Radius (1.13 Å) den Wert 3.29 Å für den Radius des $P_3O_9^{3-}$-Ions, der mit dem aus der Grenzleitf. nach STOKES ber. Wert übereinstimmt. Demnach ist $P_3O_9^{3-}$ in wss. Lsg. nicht hydratisiert und bildet den Komplex $SrP_3O_9^-$ durch Einw. auf das nichthydratisierte Kation. Dasselbe gilt für $CaP_3O_9^-$ und $BaP_3O_9^-$, während bei der Bldg. von $MgP_3O_9^-$ die Hydratationshülle des Mg^{2+} nur teilweise durchdrungen wird, C. B. MONK (*J. chem. Soc.* **1952** 1314/7).

Dissoz.-Konstt. K von $MP_3O_9^-$ bei 25°C und $\mu = 0$, aus Leitf.-Messungen an wss. $Na_3P_3O_9$-MCl_2-Lsgg.:

M	Ba^{2+}	Mg^{2+}	Mn^{2+}	Ni^{2+}
$K \cdot 10^4$	4.50	4.89	2.72	6.03

Daraus nach BJERRUM ber. Abstände $M^{2+} \leftrightarrow P_3O_9^{3-}$ im Komplex-Ion: 4.4, 4.5, 4.0 bzw. 4.8 Å, H. W. JONES u. a. (*l. c.*). Dissoz.-Konstt. K von MP_3O_9 bei 25°C und $\mu = 0$, aus Leitf.-Messungen an wss. $Na_3P_3O_9$-MCl_3-Lsgg.:

M	La^{3+}	$Co(NH_3)_6^{3+}$	$Co(en)_3^{3+}$	$Co(pn)_3^{3+}$
$K \cdot 10^5$	0.20	3.65	3.94	22.6

en = Äthylendiamin, pn = Propylendiamin, C. B. MONK (*J. chem. Soc.* **1952** 1317/20). Nach colorimetr. Unterss. ist die Komplexbldg. mit Fe^{3+} gering, M. KOBAYASHI, S. TADA, M. SHINAGAWA (*J. Sci. Hiroshima Univ.* A II **21** [1957/58] 27/33), vgl. auch D. KANTZER (*C. r.* **220** [1945] 661/2). Zur Stabilität der Komplex-Ionen in Abhängigkeit von Ladung und Radius der Partner s. K. B. JACIMIRSKIJ (*Žurnal obščej Chim.* [russ.] **24** [1954] 1498/1507).

Tetrametaphosphorsäure und ihre Ionen

Tetrametaphosphoric Acid and Its Ions

$P_4O_{12}^{4-}$ Ion

$P_4O_{12}^{4-}$-Ion. Das Ion ist Bestandteil von Alkaliphosphatschmelzen im Reorganisationsgleichgew., s. S. 222. Beweglichkeit des $P_4O_{12}^{4-}$-Ions in wss. Lsg., aus der Leitf. von wss. $Na_4P_4O_{12}$: $\Lambda_0(P_4O_{12}^{4-}) = 93.69$ bei 25°C, C. W. DAVIES, C. B. MONK (*J. chem. Soc.* **1949** 413/22). Beweglichkeit und Überführungszahl des Anions 72.3 bzw. 0.573, F. WARSCHAUER (*Z. anorg. Ch.* **36** [1903] 137/200, 172). Wanderungsgeschw. des $P_4O_{12}^{4-}$-Ions bei der Elektrolyse des wss. Ag-Salzes, mittels Sonde gemessen: 7.7×10^{-4} $cm \cdot sec^{-1} \cdot V^{-1}$ bei 18°C, J. CLÉRIN (*Ann. Chim.* [11] **20** [1945] 244/321, 309). Struktur, Spektren und chem. Verh. s. bei der Säure.

$H_4P_4O_{12}$.

$H_4P_4O_{12}$

General

Allgemeines. T. FLEITMANN (*Pogg. Ann.* **78** [1849] 233/60, 338/66) und A. GLATZEL (*Diss. Würzburg* 1880, 113 S.) bezeichnen die von ihnen erstmals dargestellten und untersuchten Tetrametaphosphate als Dimetaphosphate, weil sich unter dieser Annahme die Zus. der Hydrate und Doppelsalze am einfachsten formulieren läßt. Zwar zeigen schon die Unterss. von F. WARSCHAUER (*Z. anorg. Ch.* **36** [1903] 137/200) mit ziemlicher Sicherheit, daß die Verbb. Tetrametaphosphate sind, der bündige Beweis hierfür wird jedoch erst in neuester Zeit geführt, s. „Struktur“ S. 288. Daher wird auch in der neueren Lit. noch häufig die irrtümliche Bezeichnung „Dimetaphosphate“ angewandt. Dagegen sind die von A. GLATZEL (*l. c.*), T. FLEITMANN (*l. c.*) „Tetrametaphosphate“ genannten Verbb. vermutlich höher polymer, s. „Kristallisierte Hochpolyphosphate“ aus Schmelzen und wss. Lsgg., S. 255.

Formation. Preparation

Bildung. Darstellung. Die freie Säure ist nur in wss. Lsg. bekannt. — Sie entsteht bei der Hydrolyse von M-P_2O_5 in der Kälte als Hauptprod., s. S. 89, bei höherer Temp. ist sie infolge weiteren Abbaues unbeständig, s. S. 289. Zur Darst. werden 50 g M-P_2O_5 unter guter Kühlung und Rührung langsam in 300 ml H_2O eingetragen, so daß die Temp. ständig < 15°C bleibt. Die Neutralisation der erhaltenen Lsg. erfordert 1.045 (statt 1) Mol NaOH je Mol P_4O_{10}; aus der neutralisierten Lsg. läßt sich das Na-Salz ($Na_4P_4O_{12} \cdot 10H_2O$ unterhalb 25°C, $Na_4P_4O_{12} \cdot 4H_2O$ oberhalb 40°C) durch Zugabe von 30 g NaCl mit 65% Ausbeute aussalzen, R. N. BELL, L. F. AUDRIETH, O. F. HILL (*Ind. engg. Chem.* **44** [1952] 568/72). Zur Darst. eines reinen Prod. wird nicht bis zur völligen Auflösung des M-P_2O_5 weitergerührt, sondern sofort von den entstandenen Flocken hochkondensierter Phosphorsäuren abfiltriert, E. STEGER, A. SIMON (*Z. anorg. Ch.* **291** [1957] 76/88, 78), s. auch E. THILO, W. WIEKER (*Z. anorg. Ch.* **277** [1954] 27/36). Die Säure läßt sich in Form des Na-Salzes ($Na_4P_4O_{12} \cdot 4H_2O$ und $Na_4P_4O_{12} \cdot$

$10\,H_2O$) in guter Ausbeute (> 50%) isolieren, wenn die Hydrolyse mit $Na_2CO_3 \cdot 10\,H_2O$ oder mit einer $NaHCO_3$-Suspension ausgeführt wird, J. E. Such, R. H. Tomlinson nach B. Topley (*Quart. Rev.* **3** [1949] 345/68, 354), B. Raistrick (*Scient. J. Roy. Coll. Sci.* **19** [1949] 9/27, 15).

Die Erdalkalitetrametaphosphate setzen sich sehr langsam mit wss. Na_2CO_3 um, A. Glatzel (*l. c.*); $Na_4P_4O_{12} \cdot 4\,H_2O$ aus $Ba_2P_4O_{12}$ und wss. Na_2SO_4 mit schlechter Ausbeute, K. R. Andress, W. Gehring, K. Fischer (*Z. anorg. Ch.* **260** [1949] 331/6). Der Umsatz von (20 g) $Ba_2P_4O_{12}$ mit verd. H_2SO_4 benötigt etwa 10 Tage und ergibt eine durch Ortho- und Pyrophosphorsäure verunreinigte Lsg., F. Warschauer (*l. c.* S. 154). Darst. von $\sim 10^{-3}$n-Lsgg. aus dem Na-Salz (1.5 g $Na_2P_4O_{12}$ in 400 ml H_2O) durch Kationenaustausch an Amberlit IR-100 (40 g in Säule mit 1 cm Durchmesser) mit 99.8%igem Umsatz binnen 1 Std., C. W. Davies, C. B. Monk (*l. c.*). Die einzige ältere Meth. zur Darst. von lösl. Tetrametaphosphaten besteht in der Rk. von aus Dihydrogenorthophosphaten bei ~400°C erhaltenen Schwermetalltetraphosphaten mit wss. Alkalisulfid bei max. 50°C, T. Fleitmann (*l. c.*), A. Glatzel (*l. c.*), bei gewöhnl. Temp., F. Warschauer (*l. c.*); vgl. „Salzbildung" S. 292. Neuere Angaben zur Darst. von $Na_4P_4O_{12} \cdot 4\,H_2O$ aus $Cu_2P_4O_{12}$ s. P. Bonneman-Bémia (*Ann. Chim.* [11] **16** [1941] 395/477, 457), C. W. Davies, C. B. Monk (*J. chem. Soc.* **1949** 413/22), E. Thilo, R. Rätz (*Z. anorg. Ch.* **260** [1949] 255/66), K. R. Andress u. a. (*l. c.*). Darst. aus der wss. Lsg. von $Ag_4P_4O_{12} \cdot 2\,H_2O$ und H_2S, A. Glatzel (*l. c.* S. 12), durch 16std. Einleiten von H_2S in die wss. Suspension von 25 g feingepulvertem $Cu_2P_4O_{12}$ unter kräftigem Rühren und Vertreibung des überschüssigen H_2S durch CO_2, s. F. Warschauer (*l. c.* S. 150), K. Karbe, G. Jander (*Koll.-Beih.* **54** [1942] 1/146, 20). Darst. der wss. freien Säure aus der wss. Lsg. der Alkalisalze durch Ionenaustausch an Wofatit KS, s. B. Sansoni (*Ang. Ch.* **67** [1955] 327/8), an Wofatit F bei 0°C, H. Grunze, E. Thilo (*Z. anorg. Ch.* **281** [1955] 284/92).

Das saure Na-Salz $Na_2H_2P_4O_{12}$ erhält man bequem durch Erhitzen einer äquimolaren Mischung von NaH_2PO_4 und H_3PO_4 auf 400°C und langsame Abkühlung der Schmelze, E. Griffith (*J. Am. Soc.* **78** [1956] 3867/70); über weitere, auf therm. Wege darstellbare Tetrametaphosphate s. „Salzbildung" S. 292. Bldg. von Estern der Tetrameta- und der Isotetrametaphosphorsäure bei der Ätherolyse von M-P_2O_5 s. S. 93.

Structure. Spectra

Struktur. Spektren. Nach kryoskop. Messungen in $Na_2SO_4 \cdot 10\,H_2O$ kommt dem Na-Salz die Formel $Na_4P_4O_{12}$ zu, P. Bonneman-Bémia (*C. r.* **204** [1937] 865/7; *Ann. Chim.* [11] **16** [1941] 395/477, 458), vgl. auch G. Schwarzenbach, G. Parissakis (*Helv. chim. Acta* **41** [1958] 2425/35). Kryoskop. Unterss. in wss. Lsg. deuten auf ein 4fach geladenes Anion, P. Nylen (*Z. anorg. Ch.* **229** [1936] 30/5). Die Grenzneigung der elektr. Leitf. des wss. Na-Salzes entspricht der Onsagerschen Gleichung für 1-4wertige Elektrolyte, C. W. Davies, C. B. Monk (*J. chem. Soc.* **1949** 413/22); zum selben Ergebnis führen Leitf.-Messungen am Na-, K-, NH_4- und Li-Salz unter Anwendung der empir. Ostwald-Waldenschen Regel sowie Überführungsmessungen am Na-Salz, F. Warschauer (*Z. anorg. Ch.* **36** [1903] 137/200); abweichende Angaben, G. Tammann (*Z. phys. Ch.* **6** [1890] 122/40), I. J. Moltkehansen (*Trans. Am. electrochem. Soc.* **4** [1903] 39/45).

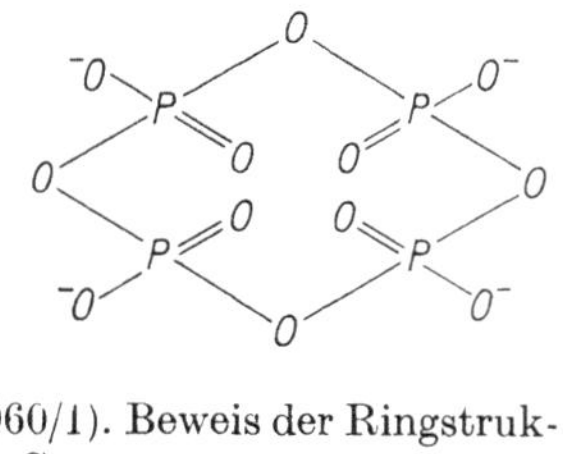

Nach röntgenograph. Unterss. hat $P_4O_{12}^{4-}$ die nebenstehende Ringstruktur, in der vier PO_4-Tetraeder durch je ein gemeinsames O-Atom miteinander verknüpft sind; in $Al_4(P_4O_{12})_3$ sind die Tetraeder annähernd regulär, Atomabstand $P \leftrightarrow O = 1.51$ Å; der Ring hat die Symmetrie S_4, s. L. Pauling, J. Sherman (*Z. Krist.* **96** [1937] 481/7); der Ring ist ziemlich flach, P–O (Ring) = 1.62 Å, Winkel OPO (Ring) = 104°; P–O = 1.46 Å, Winkel OPO = 122° für alle anderen Bindungen; Resonanz zwischen Strukturen mit Einfach- und Doppelbindungen, C. Romers, J. A. A. Ketelaar, C. H. MacGillavry (*Nature* **164** [1949] 960/1). Beweis der Ringstruktur durch magnet. Kernresonanzabsorption, die nur mittelständige PO_4-Gruppen anzeigt, J. R. van Wazer, C. F. Callis, J. N. Shoolery, R. C. Jones (*J. Am. Soc.* **78** [1956] 5715/26); Bestätigung durch Papierchromatographie, J. P. Ebel (*Bl. Soc. chim.* **1953** 991/1000; *C. r.* **234** [1952] 621/3), A. E. R. Westman, A. E. Scott, J. T. Pedley (*Chem. in Canada* **4** [1952] Nr. 10, S. 35/40).

Auf chem. Wege wird die Ringstruktur durch die in alkal. Lsg. erfolgende Aufspaltung zum Tetraphosphat (s. Hydrolyse S. 289) bewiesen, E. Thilo, R. Rätz (*Z. anorg. Ch.* **260** [1949] 255/66); ferner durch die Bldg. bei der Hydrolyse von M-P_2O_5, s. S. 89, und die p_H-Titrationskurve, s. S. 237.

Aus den Ramanspektren von gesätt. wss. Lsgg. des Na-, K- und NH_4-Salzes ergeben sich folgende Frequenzen (cm^{-1}, Intensitäten in Klammern) des $P_4O_{12}^{4-}$-Ions: 214 (1), 256 (1), 267 (2), 285 (2), 346 (5), 360 (3), 498 (1), 505 (1), 585 (3), 665 (5), 813 (2), 897 (1), 1015 (2), 1074 (2), 1114 (3), 1158 (10), 1248 (4), 1365 (1). Das Spektrum ist mit den Symmetrien $C_{2h}I$, $C_{2h}II$ und C_i verträglich. Auf Grund der Linienintensitäten wird die Sesselform $C_{2h}I$ für die wahrscheinlichste gehalten; sie ist röntgenographisch im krist. $(NH_4)_4P_4O_{12}$ festgestellt, s. unten. Die Spektren sind schwierig anzuregen. Zuordnung der Frequenzen zu Normalschwingungen s. Original, E. Steger, A. Simon (*Z. anorg. Ch.* **291** [1957] 76/88). Unvollständiges Ramanspektrum von wss. $Na_4P_4O_{12}$ s. H. J. Hofmann, K. R. Andress (*Naturw.* **41** [1954] 94/5).

Röntgenograph. Best. der Gitterstruktur von $(NH_4)_4P_4O_{12}$ ergibt für den P_4O_{12}-Ring die Symmetrie C_{2h} mit den in **Fig. 115**[1]) angegebenen Dimensionen, C. Romers, J. A. A. Ketelaar, C. H. MacGillavry (*Acta cryst.* **4** [1951] 114/20); vgl. auch K. R. Andress, K. Fischer (*Acta cryst.* **3** [1950] 399/400). Aus den Ramanspektren, s. E. Steger, A. Simon (*Z. anorg. Ch.* **294** [1958] 1/9), der UR-Absorption der krist. Salze, s. D. E. C. Corbridge, E. J. Lowe (*J. chem. Soc.* **1954** 493/502), E. Steger (*Z. anorg. Ch.* **294** [1958] 146/54), und röntgenograph. Unterss., vgl. oben, wird auf die in **Fig. 116**, S. 290, dargestellten Gestalten des Anions in den krist. Tetrametaphosphaten des Al, Cu, Mg (und den damit isomorphen des Ni, Co, Fe^{II}, Mn^{II}), NH_4 und Na geschlossen, E. Steger (*l. c.*); gleiche Ergebnisse für $Na_4P_4O_{12}$ $\cdot 4H_2O$ bereits bei K. R. Andress, N. Gehring, K. Fischer (*Z. anorg. Ch.* **260** [1949] 331/6), für $(NH_4)_4P_4O_{12}$ bei K. R. Andress (*Ang. Ch.* **61** [1949] 439).

Fig. 115.

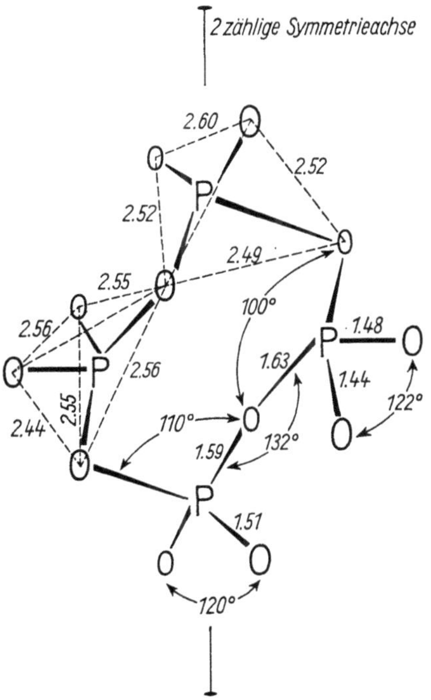

Struktur des $P_4O_{12}^{4-}$-Ions in krist. $(NH_4)_4P_4O_{12}$. Atomabstände in Å.

Conductance

Elektrische Leitfähigkeit. Äquiv.-Leitf. von wss. 10^{-4}n- bis 10^{-3}n-Lsgg. der freien Säure bei 25°C s. Fig. 110, S. 282.

Chemical Reactions

Chemisches Verhalten. Im Papierchromatogramm verhält sich Tetrametaphosphat, wie sich an einem Präp. zeigte, das aus der Säure und $Ca(ClO_4)_2$ mit folgender Ausfällung durch Aceton hergestellt war, wie Hochpolyphosphat, d. h. die aufgetragene Subst. bleibt am Startpunkt oder wandert nur zu einem kleinen Tl. auf dem Chromatogramm, E. Thilo, I. Grunze (*Z. anorg. Ch.* **290** [1957] 223/37, 226).

Hydrolysis

Hydrolyse. Reaktionsverlauf. Die aus der wss. Lsg. von $Ag_4P_4O_{12}\cdot 2H_2O$ und H_2S erhaltene Lsg. der freien Säure geht schon nach kurzem Stehen, noch schneller beim Erwärmen, über $H_4P_2O_7$ in H_3PO_4 über. Bei sofortiger Neutralisation mit Alkalilauge liefert sie (mit den auf anderem Wege erhaltenen identische) Alkalitetrametaphosphate, A. Glatzel (*Diss. Würzburg* 1880, S. 1/113, 12); vgl. auch F. Warschauer (*Z. anorg. Ch.* **36** [1903] 137/200, 154). 10^{-4}n- bis 10^{-3}n-Lsgg. der freien Säure zeigen bei 25°C über längere Zeit keine Änderung der elektr. Leitf.; dasselbe gilt für Lsgg. des Na-Salzes, C. W. Davies, C. B. Monk (*J. chem. Soc.* **1949** 413/22). In alkal. Lsg. erfolgt als erster Schritt die Aufspaltung des Tetrametaphosphatringes unter Bldg. von Tetraphosphat, s. „Darstellung" S. 248, vgl. auch die papierchromatograph. Unterss. von A. E. R. Westman, A. E. Scott (*Nature* **168** [1951] 740). Bei 70°C und Anwendung der stöchiometr. Menge NaOH liegen nach 2 Std. 60% des P als Tetraphosphat vor, der Rest als Trimeta-, Tri-, Ortho- und Pyrophosphat, A. E. R. Westman, A. E. Scott, J. T. Pedley (*Chem. in Canada* **4** [1952] Nr. 10, S. 35/40). Mit 30- bis 40%igem wss. NaOH im Überschuß (100%) geht $Na_4P_4O_{12}\cdot 4H_2O$ bei 25° bis 28°C in 3 Wochen quantitativ in wss. $Na_4P_4O_{13}$ über, bei 50° bis 100°C dagegen in krist. $Na_5P_3O_{10}$ und $Na_4P_2O_7$; 10 g $Na_4P_4O_{12}\cdot 4H_2O$ in 45 ml H_2O mit 40 g festem NaOH zerfallen bei 50° bis 60°C quantitativ in $Na_4P_2O_7\cdot 10H_2O$. Dieses Verh. unterscheidet sich von dem des Trimetaphosphats (s. S. 283), O. T. Quimby (*J. phys. Chem.* **58** [1954] 603/18).

Abweichend vom Vorstehenden wird gefunden, daß sich Na-Tetrametaphosphat in wss. Lsg. bei längerem Stehen (18 Monate) in Na-Trimetaphosphat umwandelt. Nachweis des letzteren durch

[1]) Nach van Wazer (*Phosphorus*, S. 698).

Fig. 116.

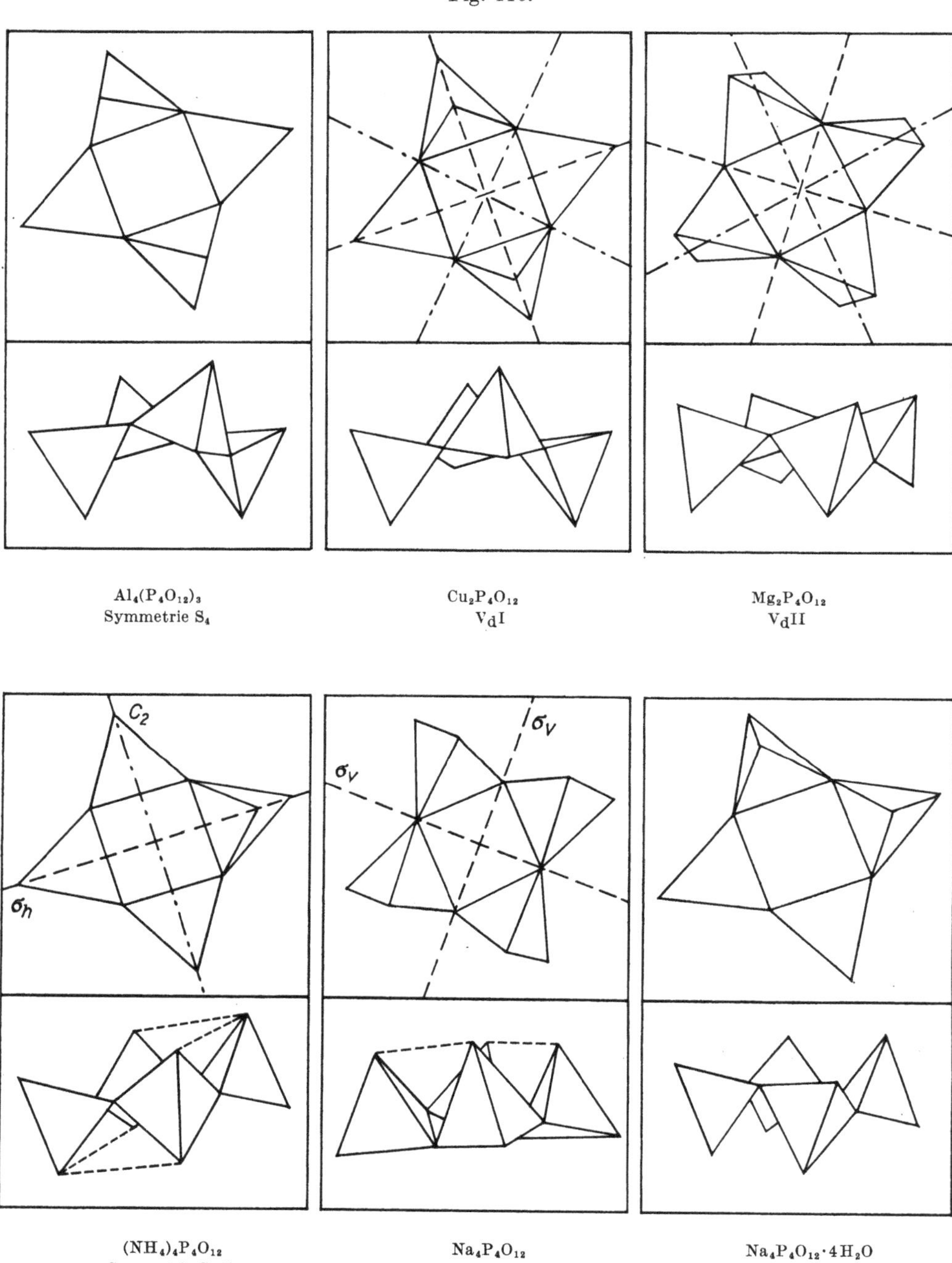

Die Gestalt des $P_4O_{12}^{4-}$-Ions in verschiedenen Tetrametaphosphaten. Gestrichelte Gerade bedeuten Symmetrieebenen, strichpunktierte Gerade 2zählige Symmetrieachsen. Kurzgestrichelte Strecken sind gleich lang.

Fällung mit $Co(NH_3)_6Cl_3$ in essigsaurer Lsg., A. SIMON, E. STEGER (*Naturw.* **42** [1955] 604/5), auf papierchromatograph. Wege, E. STEGER, A. SIMON (*Z. anorg. Ch.* **291** [1957] 76/88, 79). Dieselbe Ringverengung erleidet wasserfreies $Na_4P_4O_{12}$ bei 400°C, s. „Salzbildung" S. 292. Nach papierchromatograph. und -elektrophoret. Unterss. entstehen bei der Hydrolyse von Tetrametaphosphat außer Abbauprodd. auch höher kondensierte Phosphate, B. SANSONI (*Ang. Ch.* **67** [1955] 327/8). Ultraschall hat keinen Einfluß auf den Abbau von wss. Tetrametaphosphatlsgg., A. C. CHATTERJI, H. N. BHARGAVA, K. K. TEWARI, P. S. KRISHNAN (*Arch. Biochem. Biophys.* **85** [1959] 19/28).

Reaktionsgeschwindigkeit. Die Rk. verläuft bei 40°C entsprechend der Gleichung $P_4O_{12}^{4-} + OH^- \rightarrow HP_4O_{13}^{5-}$ nach 2. Ordnung; Verfolgung des Rk.-Verlaufes durch Titration in 2 Verss. mit den Anfangskonzz. a = 0.1175 bzw. 0.1958 Mol $Na_4P_4O_{12}$/l, b = 2 a Mol NaOH/l ergibt für die Geschw.-Konst. $k = \frac{1}{t} \cdot \frac{2.303}{a-b} \cdot \log \frac{b(a-x)}{a(b-x)}$ den Mittelwert 0.069 $h^{-1} \cdot mol^{-1} \cdot l$ bei 40°C; die Aufspaltung ist nach 363 bzw. 239 Std. vollständig, E. THILO, R. RÄTZ (*Z. anorg. Ch.* **260** [1949] 255/66); qualitative, damit in Einklang stehende Angaben, B. TOPLEY (*Quart. Rev.* **3** [1949] 345/68, 355). Während der Hydrolyse nimmt der p_H-Wert ab. Die Hydrolysegeschw. einer 1%igen $Na_4P_4O_{12}$-Lsg. bei 100°C nimmt mit der Zeit infolge Katalyse durch H^+ zu. In stark alkal. Lsg. ist sie viel größer, s. **Fig. 117**; als Prodd. sind analytisch (durch Fällung und Titration) Tri-, Ortho- und Pyrophosphat bestimmbar, welche sekundär aus Tetraphosphat entstehen, R. N. BELL, L. F. AUDRIETH, O. F. HILL (*Ind. engg. Chem.* **44** [1952] 568/72), das gegen H_2O viel unbeständiger ist als die andern kondensierten Phosphorsäuren, s. S. 249.

Fig. 117.

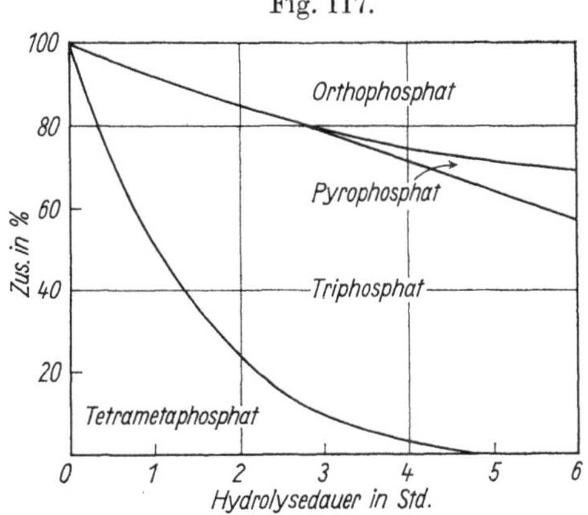

Hydrolyse einer 1%igen $Na_4P_4O_{12}$-Lsg. in 1%iger Natronlauge bei 100°C.

Die Aufspaltung des Tetrametaphosphatringes zur Tetraphosphatkette verläuft bei konst. (durch wss. HCl und NaOH eingestelltem) p_H-Wert nach 1. Ordnung mit stark vom p_H-Wert und von der Temp. abhängiger Geschw.; Geschw.-Konst. $k = t^{-1} \cdot \ln C_0/C$ in min^{-1} bei 40°, 50° und 60°C, Halbwertszeit $t_{1/2}$ bei 60°C und Aktivierungsenergie E (kcal/Mol) nach Unterss. an Lsgg. mit C_0 = 0.1 Mol $Na_4P_4O_{12}$/l:

p_H	k_{40}	k_{50}	k_{60}	$t_{1/2}$(60°C)	E
1	6.74×10^{-4}	—	4.71×10^{-3}	2.48 h	20.0
3	—	2.74×10^{-5}	7.25×10^{-5}	6.5 d	20.0
7	—	—	2.94×10^{-6}	116.5 d	—

Danach ist Tetrametaphosphat im untersuchten p_H-Bereich ≤ 7 beständiger gegen H_2O als Trimetaphosphat, s. auch Fig. 114, S. 285, E. THILO, W. WIEKER (*Z. anorg. Ch.* **291** [1957] 164/85). k-Werte bei 65.5°C in Abhängigkeit vom p_H-Wert:

p_H	2.50	9.8	13.0	13.3
$k_{65.5}$	8×10^{-5}	6×10^{-6}	2×10^{-4}	1.8×10^{-3}

Bei $p_H = 5.30$ ist nach 6141 Minuten noch keine Hydrolyse nachweisbar. Demnach steigt die im p_H-Bereich 5 bis 10 vernachlässigbar kleine Zerfallsgesch. bei höherem p_H steil an und wird bei $p_H = 13.3$ fast 10mal so groß wie die des Tetraphosphats, dessen Konz. im ersten Stadium der Hydrolyse auf ein Max. ansteigt. Vermutlich wird das gesamte Tetrametaphosphat primär zu Tetraphosphat aufgespalten, das dann mit von der Ggw. des Tetrametaphosphats unabhängiger Geschw. weiter zerfällt, s. S. 249, J. CROWTHER, A. E. R. WESTMAN (*Can. J. Chem.* **34** [1956] 969/81). k-Werte und Halbwertszeiten (t in Min.) in saurer Lsg. (~0.15 n Säure) mit C_0 = 0.03 Mol $Na_4P_4O_{12}$/l, erhalten durch titrimetr. Best. des gebildeten Orthophosphats:

Temp. in °C . .	60°	65°	75°	85°
$k \cdot 10^4$	18	55	120	340
$t_{1/2}$ (Min.) . . .	385	128	58	20

In stark alkal. Lsg. (0.1 n NaOH) ergibt sich:

Temp. in °C . .	75°	85°	90°	95°	100°
$k \cdot 10^4$	15	29	48	100	160
$t_{1/2}$ (Min.) . . .	560	240	145	70	43

Aktivierungsenergie (in kcal/Mol) E = 25.3 in saurer, 26.0 in bas. Lsg., I. A. Brovkina (*Žurnal obščej Chim.* [russ.] **22** [1952] 1917/26); vgl. auch N. I. Rodionova, Ju. V. Chodakov (*Žurnal obščej Chim.* [russ.] **20** [1950] 1347/57; engl. Übers.: *J. gen. Chem. USSR* **20** [1950] 1401/11).

Dissociation Constants

Dissoziationskonstanten. Die p_H-Titrationskurve ist die einer starken Säure, B. Topley (*Quart. Rev.* **3** [1949] 345/68, 355). p_H-Titration mit wss. KOH und Anwendung der Debye-Hückelschen Gleichung (mit r = 4.5 Å) ergibt $pK_4 = 2.78$ bei $\mu = 0$ und 25°C. Die übrigen Dissoz.-Konstt. sind auf diesem Wege nicht bestimmbar, J. Beukenkamp, W. Rieman, S. Lindenbaum (*Anal. Chem.* **26** [1954] 505/12). In guter Übereinstimmung mit dem obigen Wert für pK_4 ergibt sich aus der Abweichung der Leitf. von der Onsagerschen Gleichung, s. Fig. 110, S. 282, K_4 zu 1.8×10^{-3} ($pK_4 = 2.74$), C. W. Davies, C. B. Monk (*J. chem. Soc.* **1949** 413/22); abweichende Ergebnisse, D. Kantzer (*C. r.* **220** [1945] 661/2). Neutralisationskurve s. Fig. 66, S. 237.

Precipitation Reactions

Fällungsreaktionen. Die bekannten, aus wss. Lsg. darstellbaren Salze und Doppelsalze der Tetrametaphosphorsäure sind zum größten Tl. in Wasser leicht bis mäßig löslich; nur das Pb-Salz und die Alkalidoppelsalze des Nickels und des Cadmiums weisen Löslichkeiten unter 1 Gew.-% auf. Auf Zusatz von 10 ml einer 1%igen Tetraphosphatlsg. zu 50 ml 5- bis 10%iger Metallsalzlsg. ($BaCl_2$, $Pb(NO_3)_2$, $AgNO_3$, $ZnSO_4 \cdot 7H_2O$, $CuSO_4 \cdot 5H_2O$, $HgCl_2$; $p_H = 7.0$, 4.7, 6.5, 6.3, 4.6 bzw. 3.3) entstehen Ndd. nur mit Ba^{2+} und Pb^{2+}. Protein wird ebenso leicht gefällt wie von hochpolymerem „Metaphosphat", R. N. Bell, L. F. Audrieth, O. F. Hill (*Ind. engg. Chem.* **44** [1952] 568/72). Nach F. Warschauer (*Z. anorg. Ch.* **36** [1903] 137/200, 184) ist auch das aus wss. Lsg. ausfallende wasserfreie $Ag_4P_4O_{12}$ schwer lösl., im Gegensatz zu dem von A. Glatzel (*Diss. Würzburg* 1880, S. 1/113, 38) erhaltenen, sehr leicht lösl. $Ag_4P_4O_{12} \cdot 2H_2O$. Tetrametaphosphat in essigsaurer Lsg. gibt mit $Co(NH_3)_6^{3+}$ einen krist., zum mikroskop. Nachweis neben Ortho-, Pyro-, Triphosphat und Trimetaphosphat geeigneten Nd., Abbildungen im Original, A. Simon, E. Steger (*Naturw.* **42** [1955] 604/5). Quantitative Fällung eines Benzidiniumsalzes bei $p_H = 3$ bis 4, s. H. Hecht (*Z. anal. Ch.* **143** [1954] 93/102).

Salt Formation

Salzbildung. Neutralisation der wss. Säure mit Basen und Fällung mit Aceton ergibt die Salze: $Li_4P_4O_{12} \cdot 4H_2O$, $Na_4P_4O_{12} \cdot 10H_2O$, $Na_4P_4O_{12} \cdot 4H_2O$, $K_4P_4O_{12} \cdot 2H_2O$ und $(NH_4)_4P_4O_{12}$. Bei höherer Temp. geht das Na-Salz in Trimetaphosphat über, die übrigen Salze wandeln sich in Hochpolyphosphate um, H. Grunze, E. Thilo (*Z. anorg. Ch.* **281** [1955] 284/92); zu den Na-Salzen s. R. N. Bell, L. F. Audrieth, O. F. Hill (*Ind. engg. Chem.* **44** [1952] 568/72). Titration einer wss. Aufschlämmung von $MgCO_3$ mit wss. $H_4P_4O_{12}$ und Fällung mit Methanol-Aceton ergibt ein klebriges Öl, aus dem sich 25 cm lange Fäden ziehen lassen; offenbar tritt in der Lsg. Kondensation zu hochpolymerem Phosphat ein, B. Sansoni (*Ang. Ch.* **67** [1955] 327/8); der Vers. war nicht zu reproduzieren, E. Thilo, I. Grunze (*Z. anorg. Ch.* **290** [1957] 223/37, 226 Fußnote). Aus wss. Lsg. sind ferner erhältlich: $Mg_2P_4O_{12} \cdot 10H_2O$, $Ca_2P_4O_{12} \cdot 8H_2O$, $Ba_2P_4O_{12} \cdot 4H_2O$, $Zn_2P_4O_{12} \cdot 10H_2O$, $Pb_2P_4O_{12} \cdot 3H_2O$, vgl. E. Thilo, I. Grunze (*Z. anorg. Ch.* **290** [1957] 209/22, 223/37).

Thermische Entwässerung von NaH_2PO_4 ergibt $Na_3P_3O_9$ und Hochpolyphosphate (Maddrell- und Kurrol-Salz, s. S. 255), jedoch kein $Na_4P_4O_{12}$; Tetrametaphosphate von Cu^{2+}, Mg^{2+}, Ni^{2+}, Co^{2+}, Fe^{2+}, Mn^{2+} und Al^{3+} sind bis zum Schmp. stabil und bilden sich daher auch bei der therm. Entwässerung der Hydrogenorthophosphate. Zn- und Cd-Hydrogenorthophosphate bilden bei < 600°C Tetrametaphosphate, bei > 600°C Hochpolyphosphate. Von einer Reihe von Metallsalzen sind bei höherer Temp. überhaupt nur die Hochpolyphosphate stabil, vgl. S. 255, E. Thilo, I. Grunze (*Z. anorg. Ch.* **290** [1957] 209/22, 223/37), E. Thilo, H. Grunze (*Z. anorg. Ch.* **281** [1955] 262/83), H. Grunze, E. Thilo (*Z. anorg. Ch.* **281** [1955] 284/92); durch diese Unterss. werden teilweise widerspruchsvolle Angaben von T. Fleitmann (*Pogg. Ann.* **78** [1849] 233/60, 233/8), A. Glatzel (*Diss. Würzburg* 1880, S. 1/113), G. Tammann (*J. pr. Ch.* [2] **45** [1892] 417/74), F. Warschauer (*Z. anorg. Ch.* **36** [1903] 137/200), K. R. Andress, W. Gehring, K. Fischer (*Z. anorg. Ch.* **260** [1949] 331/6), R. K. Osterheld, R. P. Langguth (*J. phys. Chem.* **59** [1955] 76/80) aufgeklärt.

Als organische Verb. ist das Acridiniumsalz $(AdH)_4P_4O_{12}$ bekannt, das aus wss. Lsg. kristallisierbar ist, O. T. Quimby (*J. phys. Chem.* **58** [1954] 603/18).

Komplexbildung. Dissoz.-Konst. von $NaP_4O_{12}^{3-}$ bei 25°C und Ionenstärke $\mu = 0$ aus der Leitf. von wss. $Na_4P_4O_{12}$-Lsg.: K = 9.0 × 10^{-3}. Erste Dissoz.-Konst. von $Ca_2P_4O_{12}$ (Dissoz. zu Ca^{2+} und $CaP_4O_{12}^{2-}$) bei 25°C und $\mu = 0$ aus der Löslichkeit von $Ca(JO_3)_2$ in wss. $Na_4P_4O_{12}$-Lsg.: K = 2.2 × 10^{-3}, s. C. W. Davies, C. B. Monk (*J. chem. Soc.* **1949** 413/22); Dissoz.-Konst. K von $CaP_4O_{12}^{2-}$: *Complex Formation*

3 × 10^{-5} aus der Löslichkeit von Ca-Oxalat, A. G. Taylor nach B. Topley (*Quart. Rev.* **3** [1949] 345/68, 364);

3.8 × 10^{-6} aus den Leitf.-Messungen von $Na_4P_4O_{12}$-$CaCl_2$-Lsgg. bei 25°C und $\mu = 0$, H. W. Jones, C. B. Monk (*J. chem. Soc.* **1950** 3475/8);

4.8 × 10^{-6} aus der Löslichkeit von $Ca(JO_3)_2$ in $Na_4P_4O_{12}$-Lsgg. unter Annahme der Bldg. von $CaNaP_4O_{12}$, H. W. Jones, C. B. Monk (*l. c.*), durch diese Messungen überholte Angaben bei C. W. Davies, C. B. Monk (*l. c.*);

4.36 × 10^{-4} aus Unters. von Ionenaustauschgleichgeww. mit ^{45}Ca bei 37°C, $\mu = 0.15$ und $p_H = 7.4$, R. E. Gosselin, E. R. Coghlan (*Arch. Biochem. Biophys.* **45** [1953] 301/11).

Nach Bjerrum ber. Abstand Ca↔$P_4O_{12}^{4-}$ 3.6 Å, H. W. Jones, C. B. Monk (*l. c.*).

Dissoz.-Konst. K von $SrP_4O_{12}^{2-}$:

7.0 × 10^{-6} aus Leitf.-Messungen bei 25°C, $\mu = 0$,

8.3 × 10^{-6} aus Löslichkeit von $Sr(JO_3)_2$ in wss. $Na_4P_4O_{12}$-Lsg. (vermutlich ungenauer);

der aus K nach Bjerrum ber. Radius des $P_4O_{12}^{4-}$ (2.6 Å) stimmt mit dem nach Stokes aus der Grenzleitf. ber. (3.91 Å) nicht überein. Näherungswert für die 1. Dissoz.-Konst. von $Sr_2P_4O_{12}$ K = 3.5 × 10^{-3}, C. B. Monk (*J. chem. Soc.* **1952** 1314/7).

Dissoz.-Konst. K von $MP_4O_{12}^{2-}$ bei 25°C und Ionenstärke $\mu = 0$, aus Leitf.-Messungen an wss. $Na_4P_4O_{12}$-MCl_2-Lsgg.:

M	Mg	Ba	Mn	Ni
K·10^6	6.7	10.3	1.8	11.3

Aus den K-Werten nach Bjerrum ber. Abstände M^{2+}↔$P_4O_{12}^{4-}$ in den Komplex-Ionen: 3.8, 3.9, 3.3 bzw. 3.95 Å, H. W. Jones, C. B. Monk (*J. chem. Soc.* **1950** 3475/8).

Dissoz.-Konstt. K von $MP_4O_{12}^{-}$ bei 25°C und $\mu = 0$, aus Leitf.-Messungen an wss. $Na_4P_4O_{12}$-MCl_3-Lsgg.:

M	La^{3+}	$Co(NH_3)_6^{3+}$	$Co(en)_3^{3+}$	$Co(pn)_3^{3+}$
K·10^6	0.22	1.80	1.69	25.6

en = Äthylendiamin, pn = Propylendiamin, C. B. Monk (*J. chem. Soc.* **1952** 1317/20).

Nach potentiometr. Bestt. des freien Cu^{2+} bzw. Ni^{2+} in Lsgg., die nur $(CH_3)_4N^+$ und (in einem Tl.) Na^+ als weitere Kationen enthalten, treten bei Ionenstärke $\mu = 1.00$ und 30°C (Gesamtkonzz. [Cu] = 3, $[P_4O_{12}]$ = 3 bis 20, [Na] = 0 bis 100 Millimol/l) folgende Komplex-Ionen mit den Dissoz.-Konstt. K auf:

	$NaP_4O_{12}^{3-}$	$CuP_4O_{12}^{2-}$	$Cu(P_4O_{12})_2^{6-}$
K	1.54 × 10^{-1}	6.58 × 10^{-4}	2.27 × 10^{-5}

Bei $\mu = 1.00$ und 30°C ([Ni] = 3 bis 30, $[P_4O_{12}^{4-}]$ = 5 bis 20) lauten die entsprechenden Angaben:

	$NiP_4O_{12}^{2-}$	$Ni(P_4O_{12})_2^{6-}$
K . . .	2.32 × 10^{-3}	3.33 × 10^{-4}

m Bereich $\mu = 0.4$ bis 1 ändern sich die K-Werte um wenig mit μ. Die von H. W. Jones, C. B. Monk (*l. c.*) zur Berechnung der K-Werte angenommene Existenz von $NaMP_4O_{12}^{-}$ und $M_2P_4O_{12}$ ist mit den Ergebnissen dieser Arbeit (vgl. die Diskrepanz der K-Werte für $NiP_4O_{12}^{2-}$) unverträglich, R. J. Gross, J. W. Gryder (*J. Am. Soc.* **77** [1955] 3695/8). Bldg. von $FeCl_2P_4O_{12}^{3-}$ nach potentiometr. Unterss., D. Kantzer (*C. r.* **220** [1945] 661/2).

Metaphosphorsäuren mit mehr als 4 P-Atomen im Ring.

Metaphosphoric Acids with more than 4 P Atoms in the Ring

Papierchromatograph. Analyse von partiell hydrolysiertem Grahamsalz (mittlere Kettenlänge ursprünglich: 117 P-Atome) ergibt getrennte Flecken für Trimeta-, Tetrameta- und Pentametaphosphat; der Flecken für Hexametaphosphat überlappt mit einem kontinuierlichen Band, das zu unaufgelösten höheren Ringphosphaten (bis mindestens Octametaphosphat) gehört, J. R. van Wazer, E. Karl-Kroupa (*J. Am. Soc.* **78** [1956] 1772); das Prod. enthält (in %) neben Polyphosphaten 3.9 Trimeta-, 2.5 Tetrameta-, 0.75 Pentameta-, 0.5 Hexameta- und <0.5 höhere Metaphosphate, J. F. McCullough, J. R. van Wazer, E. J. Griffith (*J. Am. Soc.* **78** [1956] 4528/33). Polymetaphosphat-Ionen in im Reorganisationsgleichgew. befindlichen Li- und K-Phosphatschmelzen s. S. 222.

Phosphoric Acids and Phosphates with Lattice-like Polymerization

Vernetzte Phosphorsäuren und Phosphate

Unter dieser Bezeichnung werden alle kondensierten Phosphate zusammengefaßt, deren Anionen mindestens eine „tertiäre PO_4-Gruppe" mit der Konfiguration

```
      O
      ‖
  —O—P—O—
      |
      O
      |
```

enthalten, vgl. „Allgemeines" S. 212. Zur Nomenklatur s. E. THILO, A. SONNTAG (*Z. anorg. Ch.* **291** [1957] 186/204).

Stability of Tertiary PO_4 Groups

Stabilität der tertiären PO_4-Gruppen. Im Gegensatz zu den isolierten, end- und mittelständigen PO_4-Gruppen fehlt den tertiären PO_4-Gruppen die Möglichkeit zur Stabilisierung durch Resonanz der P–O-Bindungen. Sofern die Bldg. tertiärer PO_4-Gruppen nicht durch stöchiometr. Verhältnisse erzwungen wird, weisen sie daher unter Bedingungen, unter denen sich Gleichgew. zwischen den verschiedenen PO_4-Konfigurationen einstellen kann (Reorganisationsgleichgeww. in Schmelzen, s. S. 218), nur geringe Bildungswahrscheinlichkeit auf. Aus demselben Grund sind sie gegen Stoffe, die einen Abbau der kondensierten Anionen bewirken können (speziell gegen H_2O) viel unbeständiger als die anderen PO_4-Konfigurationen, J. R. VAN WAZER, K. A. HOLST (*J. Am. Soc.* **72** [1950] 639/44), J. R. VAN WAZER (*J. Am. Soc.* **78** [1956] 5709/15); zur Stärke der P–O-Bindungen s. auch S. 213, ferner S. 57.

Lowly Condensed Phosphoric Acids and Phosphates with Lattice-like Polymerization

Niedrig kondensierte vernetzte Phosphorsäuren und Phosphate

Isopolyphosphates

Isopolyphosphate $M_{n+2}P_nO_{3n+1}$.

Diese Verbb. mit der gleichen Bruttoformel wie Polyphosphate weisen Kettenanionen mit beliebig vielen, nicht zur Ringbildung führenden Verzweigungsstellen auf. Bisher ist kein einzelnes Glied dieser Reihe bekannt; Gemische von Gliedern mit hohem n sind Bestandteil der hochkondensierten vernetzten Phosphate, s. S. 295. Das niedrigste Glied Isotetraphosphat nebenstehender Struktur könnte theoretisch als Zwischenprod. der Hydrolyse und Ätherolyse des P_4O_{10} auftreten, wurde jedoch bisher nicht nachgewiesen, s. S. 89, 93.

```
  O      O      O
⁻OP—O—P—O—PO⁻
  O⁻     |     O⁻
         O
         |
       ⁻OPO⁻
         O
```

Isometaphosphates

Isometaphosphate $M_nP_nO_{3n}$.

Die Verbb. haben Ringanionen mit Seitenketten (ohne Doppelringbldg.). Das niedrigste Glied der Reihe:

Isotetrametaphosphoric Acid

iso-Tetrametaphosphorsäure $H_4P_4O_{12}$, s. nebenstehende Strukturformel, läßt sich als mögliches Zwischenprod. der Hydrolyse von $M\text{-}P_2O_5$ nicht isolieren, s. S. 89, bildet sich jedoch in Form der Ester $R_4P_4O_{12}$ bei der Solvolyse von $M\text{-}P_2O_5$ mit Äthyl- und Isopropyläther; als Nebenprod. entstehen die Ester der (normalen) Tetrametaphosphorsäure, s. S. 93. Die Ester werden durch Wasser schon bei gewöhnl. Temp. rasch unter Auftreten stark saurer Rk. zersetzt; der iso-Ester unter Bldg. von RH_2PO_4, R_2HPO_4 und H_3PO_4 im Molverhältnis 2:1:1, der normale Ester unter Bldg. von RH_2PO_4. Existenz und Struktur des iso-Esters werden aus der (durch Fällung mit Ba^{2+} ermittelten) Zus. des Hydrolyseprod. des Estergemisches erschlossen, R. RÄTZ, E. THILO (*Lieb. Ann.* **572** [1951] 173/89), E. THILO, H. WOGGON (*Z. anorg. Ch.* **277** [1954] 17/26).

```
        OH
        P
      /  O  \
     O       O
     |       |
   HOPO      P—O—P(OH)(OH)
      \     / OH    O
        O
```

Ultraphosphates

Ultraphosphate

Als solche werden Phosphate der Zus. $xM_2O \cdot yP_2O_5$ mit $x/y < 1$ bezeichnet, die aus stöchiometr. Gründen mindestens den Bruchteil $(y-x)/y$ der P-Atome als tertiäre PO_4-Gruppen enthalten müssen. Die Anionen bestehen aus mindestens zwei, durch O-Brücken oder –O–P–O-Ketten verbundenen Ringen mit oder ohne Seitenketten. Die Mannigfaltigkeit dieser Verb.-Klasse wird außer durch n (Zahl der P-Atome) noch durch den zweiten Parameter $R = x/y$ bestimmt, entsprechend der allgemeinen (auch Poly- und Metaphosphate einschließenden) Formel $M_{nR}P_nO_{n(5+R)/2}$, aus der sich für gegebenes n und einfach-rationale Werte von R eine große Anzahl möglicher, relativ einfacher Strukturen ergibt. Falls R nur als Verhältnis großer ganzer Zahlen ausdrückbar ist, liegen entweder hochpolymere Strukturen (bei großem n) oder komplizierte und deshalb schwer kristallisierbare Gemische aus Niedrigpolymeren vor, J. R. VAN WAZER, E. J. GRIFFITH (*J. Am. Soc.* **77** [1955] 6140/4). Mit Ausnahme der Kurrolsalze mit geringem P_2O_5-Überschuß sind bisher als krist. Ultraphosphate nur $CaO \cdot 2P_2O_5$ und $2CaO \cdot 3P_2O_5$ (s. ,,*Calcium*" *Tl.* B, S. 1189) bekannt, die nach Vorstehendem vermutlich eine niedrigpolymere Struktur haben, vgl. VAN WAZER (*Phosphorus*, S. 708).

Bildung in Schmelzen. Aus stöchiometr. Gründen müssen Phosphate oder Phosphatgemische der Zus. $xM_2O \cdot yP_2O_5$ bei $x/y < 1$ mindestens den Bruchteil (y–x)y des Gesamt-P als tertiäre PO_4-Gruppen enthalten. Wegen der fehlenden Resonanzmöglichkeit der P–O-Bindungen in diesen Gruppen ist deren Bildungswahrscheinlichkeit bei $x/y \geq 1$ gering, s. ,,Stabilität" S. 213. Aus statist. Berechnungen und aus der Extrapolation experimenteller Befunde im Bereich $x/y > 1$ ergibt sich, daß tertiäre PO_4-Gruppen in Phosphatschmelzen und -gläsern erst bei Molverhältnissen x/y *Formation in Melts*

Fig. 118.

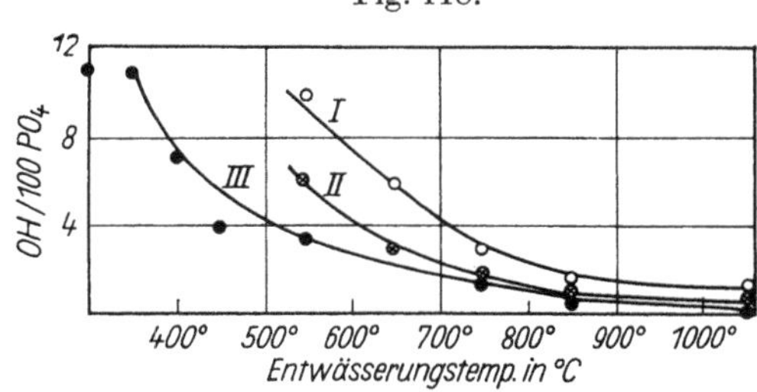

OH-Gehalt von vernetzten Phosphaten mit x/y = 0.89 in Abhängigkeit von der Entwässerungstemp.; Entwässerungsdauer 2 Stunden.

I Gesamthydroxylgehalt,
II endständige OH-Gruppen,
III mittelständige OH-Gruppen.

Fig. 119.

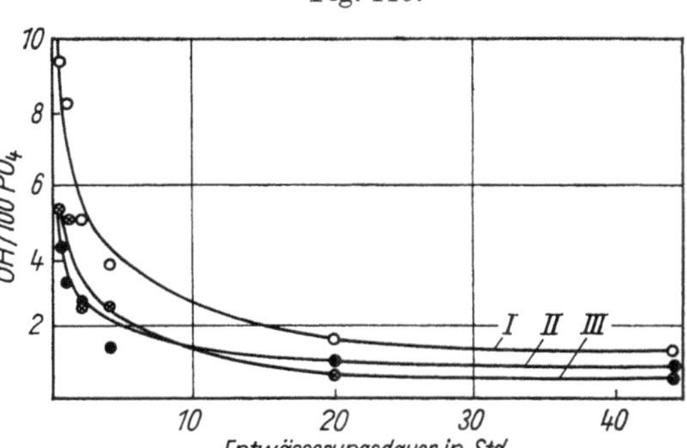

OH-Gehalt von vernetzten Phosphaten als Funktion der Entwässerungsdauer; Entwässerungstemp. 650°C.

I Gesamthydroxylgehalt,
II mittelständige OH-Gruppen,
III endständige OH-Gruppen.

$< 1 + \delta$ mit $\delta \ll 1$ zu erwarten sind. Dabei sollten sich in einem schmalen x/y-Bereich um x/y = 1 (Metaphosphatzus.) zunächst endliche verzweigte Ketten und Ringe bilden, bei Unterschreitung eines krit. x/y-Wertes dagegen unendliche dreidimensionale Netzstrukturen, s. ,,Verzweigte Ketten" S. 223. Bis auf den letzten Punkt, der noch nicht hinreichend geprüft ist, bestätigen die wenigen experimentellen Unterss. die Theorie. Frisch hergestellte wss. Lsgg. von Na_2O-P_2O_5-Gläsern mit x/y-Werten von 0.96 bis 1.06 (und max. 0.1 Gew.-% Konstit.-Wasser) zeigen hohe Anfangswerte der Viscosität und des p_H-Wertes, die im Lauf einiger Std. auf die entsprechenden Werte von Lsgg. unverzweigter Hochpolyphosphate abfallen. Diese Erscheinungen beruhen auf geringen Gehalten an tertiären PO_4-Gruppen (~5% des Gesamt-P bei x/y = 0.968, 0.2% bei x/y = 1, 0.1% bei x/y = 1.003) und deren Hydrolyse (s. S. 297), U. P. STRAUSS, E. H. SMITH, P. L. WINEMAN (*J. Am. Soc.* **75** [1953] 3935/40), U. P. STRAUSS, T. L. TREITLER (*J. Am. Soc.* **77** [1955] 1473/6, **78** [1956] 3553/7); vgl. auch J. F. MCCULLOUGH, J. R. VAN WAZER, E. J. GRIFFITH (*J. Am. Soc.* **78** [1956] 4528/33); der Gehalt an Vernetzungsstellen hängt nicht nur von x/y, sondern auch von Erhitzungstemp. und -dauer, dem Ausgangsmaterial und dem H_2O-Partialdruck der Atm. ab, weil diese Faktoren den Konstit.-Wassergehalt und damit die Molekelgröße bestimmen. Die frische Lsg. einer abgeschreckten Schmelze von über P_4O_{10} 30 Min. auf 750°C erhitztem $Na_3P_3O_9$ enthält nach Endgruppentitrationen 0.24% des P als tertiäres PO_4, s. A. WINKLER, E. THILO (*Z. anorg. Ch.* **298** [1959] 302/15, 307).

Dieselben Erscheinungen zeigt krist. K-Kurrolsalz mit x/y zwischen 0.98 und 1.0, s. R. PFANSTIEL, R. K. ILER (*J. Am. Soc.* **74** [1952] 6059/64); der Vernetzungsgrad (gemessen an der Viscosität) in den frischen Lsgg. hängt stark von der Ggw. geringer Mengen an Verunreinigungen, speziell von As, ab, W. DEWALD, H. SCHMITT (*J. pr. Ch.* [4] **2** [1955] 196/202). **Fig. 118** und **119** zeigen den Verlauf der mit der Bldg. tertiärer PO_4-Gruppen verbundenen Entwässerung von Gemischen der Zus. $xNa_2O \cdot pH_2O \cdot yP_2O_5$ (aus NaOH und H_3PO_4) für x/y = 89/100 in Abhängigkeit von Rk.-Dauer und Temp., entsprechende Figg. für x/y = 79/100 und 59/100 im Original. Der Gehalt an mittelständigen OH-Gruppen ist durch Best. des vom glasigen Entwässerungsprod. bei 110 bis 160°C aufgenommenen NH_3 (s. chem. Verh. S. 298) ermittelt; der Gehalt an endständigem OH ergibt sich daraus und aus dem (nach Zugabe von Na_2CO_3 bis zum Molverhältnis x/y = 1 und Entwässerung zu $Na_3P_3O_9$) gravimetrisch bestimmten Gesamtwassergehalt. Nach Fig. 118 und 119 bleibt auch bei langen Rk.-Dauern und hohen Tempp. ein (von x/y und der H_2O-Tension der Luft abhängiger) Tl. der OH-Gruppen im Entwässerungsprod.; dementsprechend ist der Anteil der tertiären PO_4-Gruppen kleiner als bei vollständiger Vernetzung des P_2O_5-Überschusses, s. **Fig. 120**. Bei der Vernetzung entstehen zwei verschiedene Arten von Vernetzungsstellen:

```
 O     O     O            O     O     O
-P--O--P--O--P-          -P--O--P--O--P-
 O⁻    |     O⁻           O⁻    |     O⁻
       O                        O
 O     |     O                  |
-P--O--P--O--P-                OPO⁻
 O⁻    O     O⁻                 |
                                O
                                |
                               OPO⁻
                                |
       I                        II
```

I kommt durch Kondensation von 2 mittelständigen OH-Gruppen unter Bldg. von 2 tertiären PO_4-Gruppen zustande, II durch Kondensation einer mittel- und einer endständigen OH-Gruppe unter Bldg. nur eines tertiären PO_4-Tetraeders. I liefert bei der Hydrolyse wieder 2 mittelständige (stark saure) OH-Gruppen, II je eine mittel- und eine endständige (schwach saure) OH-Gruppe; dadurch

Fig. 120.

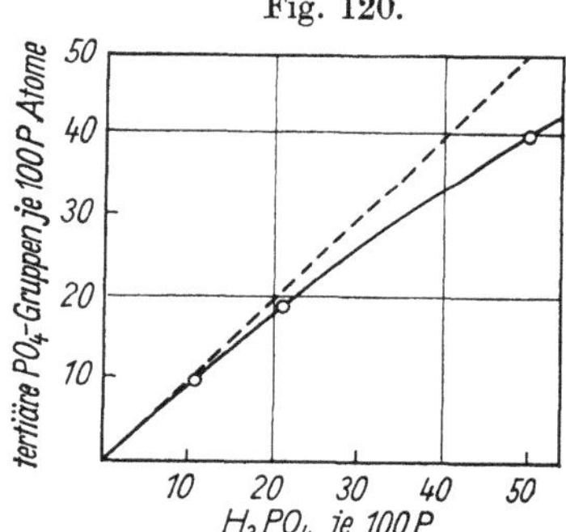

Zahl der tertiären PO_4-Tetraeder nach 40std. Erhitzen von $Na_3P_3O_9$–H_3PO_4-Gemischen auf 650°C in Abhängigkeit vom H_3PO_4-Überschuß. Die gestrichelte Gerade entspricht vollständiger Vernetzung.

Fig. 121.

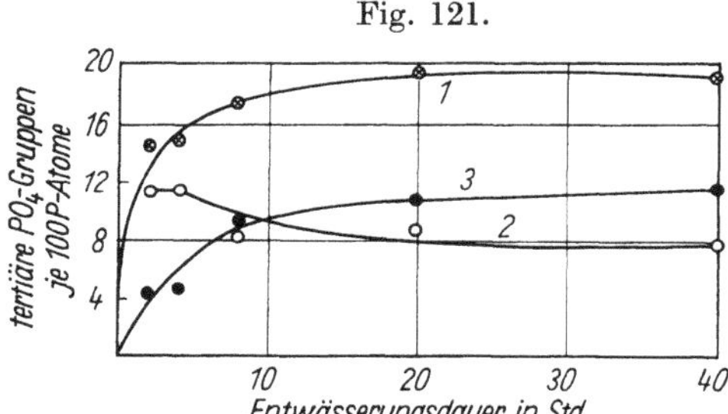

Zahl der tertiären PO_4-Gruppen in vernetzten Phosphaten mit x/y = 0.79 als Funktion der Entwässerungsdauer bei 650°C. Kurve 1 Gesamtzahl, Kurve 2 und 3 mittel-mittelständige (Formel I) bzw. mittel-endständige (Formel II) Vernetzungsstellen.

lassen sich die Anteile von I und II bestimmen. Wie aus **Fig. 121** hervorgeht, ist I thermisch weniger stabil als II. Zwar bildet sich I zu Beginn der Entwässerung bevorzugt, geht jedoch im weiteren Verlauf mengenmäßig zurück; zunehmende Bldg. von II erfolgt daher nicht nur durch Kondensation von OH-Gruppen, sondern auch auf Kosten von bereits vorhandenem I. Auch bei 2std. Erhitzen auf schrittweise höhere Tempp. nimmt die bei 350°C einsetzende Bldg. von I zunächst steil zu und erreicht bei ~500°C ein Max.; II wird erst ab 550°C nachweisbar, sein Anteil steigt dann rasch an. Die Best. des mittleren Molgew. der vernetzten Phosphate ist bisher nicht möglich, weil Zahl und Art der cycl. Baugruppen in den Molekeln nicht ermittelt werden können. Der durch die Zahl der P-Atome je endständiges OH gem. mittlere Kondensationsgrad steigt mit Entwässerungsdauer und Temp. an;

er erreicht den Wert ~200 für x/y = 89/100 bei 650°C nach 40 Stunden. Weitere Angaben im Original, E. THILO, A. SONNTAG (*Z. anorg. Ch.* **291** [1957] 186/204); vgl. auch E. THILO (*Ch. Techn.* 8 [1956] 251/8). Darst. von Ultraphosphorsäuregemischen s. S. 214. Aus Schmelzen erhaltene Ultraphosphatgläser von Li, Na, K, Ca, Ag, Pt und Pb sind erstmals von A. V. KROLL (*Z. anorg. Ch.* **76** [1912] 387/418) untersucht, von dem auch die Bezeichnung „Ultraphosphate" stammt.

Physical Properties

Physikalische Eigenschaften. Verdampfungsgleichgeww. (Azeotropie) im Ultraphosphatbereich des Systems P_2O_5–H_2O s. S. 157.

Dichte und Viscosität glasiger und fl. Ultraphosphorsäuren s. S. 214, 216. Viscosität von Na_2O-P_2O_5- und Na_2O-H_2O-P_2O_5-Schmelzen im Ultraphosphatbereich; Deutung der Konz.- und Temp.-Abhängigkeit durch Bldg. und Aufspaltung vernetzter Strukturen, E. J. GRIFFITH, C. F. CALLIS (*J. Am. Soc.* **81** [1959] 833/6).

Chemical Reactions. Hydrolysis

Chemisches Verhalten. Hydrolyse. Ultraphosphorsäuregläser (> 88.8 Gew.-% P_2O_5) zerspringen beim Eintragen in H_2O unter knisterndem Geräusch in fadenförmige Teilchen, vgl. G. TAMMANN (*J. pr. Ch.* **45** [1892] 417/74, 429); die Erscheinung verstärkt sich mit zunehmendem P_2O_5-Gehalt

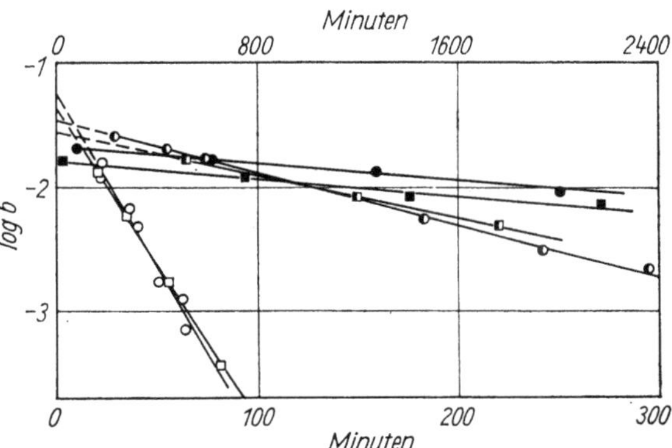

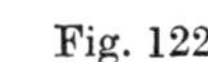
Fig. 122.

Hydrolyse der Vernetzungsstellen (b = Konz. der tertiären PO_4-Gruppen in Millimol je g Phosphat) bei 0°C (obere Abszisse, volle Kreise und Quadrate), 25 und 45°C (untere Abszisse, halbvolle bzw. leere Kreise und Quadrate). Kreise: Endgruppentitration, Quadrate: Viscositätsmessungen.

und beruht auf der Sprengung der Vernetzungsstellen, E. THILO, R. SAUER (*J. pr. Ch.* [4] **4** [1957] 324/48, 343). Stark vernetzte Phosphate lösen sich sehr langsam in H_2O; dabei werden die Vernetzungsstellen z. T. hydrolysiert, J. R. VAN WAZER (*J. Am. Soc.* **72** [1950] 647/55). Vollständige Auflösung erfordert im allgemeinen einige Std.; schwach vernetzte Phosphate (x/y ~ 1) lösen sich in wenigen Min., fast ohne Hydrolyse der Vernetzungsstellen während des Auflösungsvorganges, E. THILO, A. SONNTAG (*Z. anorg. Ch.* **291** [1957] 186/204, 194, 197). Während der Hydrolyse nimmt die Viscosität der Lösungen ab und die Acidität zu, vgl. S. 295. Viscositätsmessungen und Endgruppentitrationen an Lösungen von schwach vernetzten Na-Phosphaten $xNa_2O \cdot yP_2O_5$ (0.968 < x/y < 1.002) bei 0°, 25° und 45°C ergeben ein Geschw.-Gesetz 1. Ordnung, s. **Fig. 122**. Die Geschw.-Konst. $k = t^{-1} \cdot \ln b_0/b$ (b Konz. der tertiären PO_4-Gruppen in Millimol/g Phosphat) ist in den untersuchten Bereichen unabhängig von x/y (und damit vom mittleren Kondensationsgrad), von der Konz. (1 und 10 Gew.-% Phosphat) und vom p_H-Wert (3.4 bis 11), sowie vom Gehalt der Lsgg. an NaBr (bis 3.5 Mol/l) oder an organ. Komponenten (13.1 Gew.-% Methanol, 11.8% 2-Butanon, 10.3% Dioxan). Werte von $k \cdot 10^3$ (in min^{-1}):

Temp. in °C . . .	0	25	45
aus Titration . . .	0.45	8.0	59
aus Viscosität . . .	0.42	9.3	65

Aktivierungsenergie 18.9 kcal/Mol, Aktivierungsentropie −15 cal/Mol·grd., U. P. STRAUSS, T. L. TREITLER (*J. Am. Soc.* **78** [1956] 3553/7, **77** [1955] 1473/6). Qualitative Angaben zur Hydrolyse von Vernetzungsstellen in Kurrolsalz s. R. PFANSTIEL, R. K. ILER (*J. Am. Soc.* **74** [1952] 6059/64).

Titrimetr. Verfolgung der Hydrolyse der Vernetzungsstellen an zwei Na-Phosphaten mit verschiedenem Vernetzungsgrad (1.9 bzw. 9% tertiäre PO_4-Gruppen) in 1%iger Lsg. ergibt $k = 4.7 \times 10^{-3}\,min^{-1}$ bei 21°C, unabhängig von Vernetzungsgrad und p_H-Wert (zwischen 4 und 9). Bei 32° und 41°C ergibt sich $k = 1.48 \times 10^{-2}$ bzw. $2.65 \times 10^{-2}\,min^{-1}$; Aktivierungsenergie 15.4 kcal/Mol zwischen 21° und 45°C, E. THILO, A. SONNTAG (*Z. anorg. Ch.* **291** [1957] 186/204). Viscosimetr. Verfolgung des Vorganges an Na-Phosphat mit x/y = 0.95, s. E. THILO (*Ch. Techn.* 8 [1956] 251/8).

Demnach verläuft die Hydrolyse der Vernetzungsstellen bei 21°C über 100mal schneller als die Hydrolyse unverzweigter Polyphosphorsäuren bei $p_H = 8°$ und 60°C, vgl. Fig. 114, S. 285; die Aktivierungsenergie der letzteren bei $p_H = 1$ (s. S. 269) stimmt annähernd mit derjenigen der ersteren überein. $-O-\overset{O}{\underset{OH}{P}}-O-$-Gruppen (mit nicht abdissoziiertem H) sind ebenso wie tertiäre PO_4-Gruppen zur Stabilisierung durch Mesomerie nicht geeignet; wegen der Gleichheit der Elektronegativitäten von H und P ist ihr Einfluß auf die Festigkeit der P–O–P-Bindung gleich groß. Da die Geschw. der Hydrolyse von Vernetzungsstellen durch H^+ und OH^- nicht beeinflußt wird, kommt als Primärschritt nur eine Rk. mit H_2O-Molekeln in Frage, E. Thilo, A. Sonntag (*l. c.*), U. P. Strauss, T. L. Treitler (*l. c.*); vgl. auch J. R. van Wazer, K. A. Holst (*J. Am. Soc.* **72** [1950] 639/44).

With Gaseous NH_3

Gegen gasförmiges NH_3. Kondensierte saure Phosphate mit mittelständigen (stark sauren) OH-Gruppen nehmen bei 4std. Erhitzen auf 110° bis 160°C im trocknen NH_3-Strom 1 Mol NH_3 je Mol mittelständiges OH auf; endständige OH-Gruppen reagieren unter diesen Bedingungen nicht mit NH_3. Die Meth. ist auf 10% des NH_3-Wertes reproduzierbar, E. Thilo, A. Sonntag (*Z. anorg. Ch.* **291** [1957] 186/204, 193).

Peroxophosphoric Acids

Peroxophosphorsäuren

Über peroxophosphorige Säure s. S. 138.

Peroxomonophosphoric Acid

Peroxomonophosphorsäure H_3PO_5.

Säure („Phosphormonopersäure") und Salze sind bisher nur in Lsg. bekannt; die Säure wird meistens in Form von Lsgg. dargestellt, die zugleich H_3PO_4 enthalten und demnach dem verd. Caroschen Reagens (s. „*Schwefel*" *Tl.* B, S. 803) entsprechen.

Formation. Preparation. From P_2O_5 and H_2O_2

Bildung und Darstellung. Aus P_2O_5 und H_2O_2. Bei vorsichtigem Verrühren von P_2O_5 mit konz. wss. H_2O_2 bildet sich H_3PO_5. Bei Verwendung von überschüssigem 30%igem H_2O_2 lassen sich etwa 10% des P in H_3PO_5 überführen; 81%iges H_2O_2 liefert Ausbeuten zwischen 15 und 61%, mit 88- und 96%igem H_2O_2 gehen 86 bzw. 92% des P in H_3PO_5 über. Zur Darst. werden 53 g P_2O_5 und 12 ml Perhydrol (30%iges H_2O_2) unter Eiskühlung zu einer dicken homogenen Paste verrührt, anfänglich in kleinen mit Glasstäben entnommenen Portionen, später in größeren Mengen (0.25 bis 0.5 g). Die nach mehrstd. Stehen im Exsiccator vorsichtig mit Eiswasser auf 100 ml verd. Lsg. enthält außer geringen Mengen H_2O_2 nur H_3PO_5 (~10% des P) und H_3PO_4; das H_2O_2 läßt sich bequem durch elektrolyt. Ox. an einer Pt-Anode unter Kühlung mit Eis-NaCl entfernen. Der H_3PO_5-Gehalt dieser Lsg. geht binnen 2 Tagen um ~30% zurück; verdünntere Lsgg. sind haltbarer, J. Schmidlin, P. Massini (*Ber.* **43** [1910] 1162/71); vgl. auch J. D'Ans, W. Friederich (*Ber.* **43** [1910] 1880/2), E. B. Maxted (*J. chem. Soc.* **1945** 763/6). Die Rk. zwischen P_2O_5 und H_2O_2 verläuft von Anfang an ruhig, wenn das benutzte P_2O_5 vorher 18 Std. auf 450°C erhitzt wird, E. I. du Pont de Nemours & Co., E. W. Heiderich (*U.S.P.* 2765216 [1956] nach *C.A.* **1957** 4665); es geht dabei in eine weniger reaktionsfähige hochpolymere Form (S-P_2O_5) über, s. S. 77. Ausbeuten bis zu ~60% aus Gemischen von P_2O_5 mit konz. H_3PO_4 und wss. H_2O_2 unter Kühlung, optimale Rk.-Temp. 30 bis 35°C, Deutsche Gold- und Silber-Scheideanstalt vormals Roessler, F. Beer, J. Müller (*D.P.* [*D.A.S.*] 1096339 [1959/61] nach *C.* **1961** 14510).

Die Rk. läßt sich durch Ausführung in einem inerten Lsgm. mäßigen. Zu einer Suspension von 5 Millimol P_2O_5 in 1.5 ml Acetonitril fügt man langsam unter Kühlung eine Lsg. von ~12 Millimol H_2O_2 + 4 Millimol H_2O in 1.3 ml Acetonitril. H_3PO_5-Ausbeute: 65% bezogen auf P_2O_5; $H_4P_2O_8$ entsteht dabei nicht. Die Hauptmenge des H_3PO_5 wird in der ersten Std. nach Zugabe des H_2O_2 gebildet, die max. Ausbeute nach 4 Std. erreicht. Nachher fallen die Ausbeuten infolge Zers. langsam ab, wenn die Lsg. bei gewöhnl. Temp. steht; bei −12°C tritt keine merkliche Änderung ein. Zusatz von 2.4-Dinitrobenzolsulfonsäure hat keinen Einfluß auf Rk.-Geschw. und Ausbeute. Die H_3PO_5-H_3PO_4-Lsgg. in Acetonitril sind ziemlich beständig. Bei Verwendung von Äther oder Isoamylalkohol anstatt Acetonitril verläuft die Rk. sehr langsam, die Ausbeuten sind klein, G. Toennies (*J. Am. Soc.* **59** [1937] 555/7).

From Phosphoric Acids or Phosphates

Aus Phosphorsäuren oder Phosphaten. Beim Verrühren von wss. H_2O_2 mit überschüssiger sirupöser Diphosphorsäure bildet sich etwas H_3PO_5 und $H_4P_2O_8$. Auf H_3PO_4 wirkt H_2O_2 nicht ein, J. Schmidlin, P. Massini (*Ber.* **43** [1910] 1162/71); auch nicht auf $POCl_3$. Zahlreiche aus Phosphaten und H_2O_2

auf rein chem. Wege erhaltene „Perphosphate" sind keine Peroxophosphate, sondern Additionsverbb. mit H_2O_2, s. S. HUSAIN, J. R. PARTINGTON (*Trans. Faraday Soc.* **24** [1928] 235/45); vgl. auch F. FICHTER, J. MÜLLER (*Helv. chim. Acta* **1** [1918] 297/305), ferner „*Natrium*" S. 926, „*Kalium*" S. 1010, „*Ammonium*" S. 437.

Beim Einleiten von F_2-Gas in eisgekühltes wss. H_3PO_4 (optimale Konz. 5 Mol/l) gehen in 90 Min. bis zu 5% desselben in H_3PO_5 über, daneben entsteht sehr wenig $H_4P_2O_8$, dessen Anteil bei Anwendung von bas. Alkaliphosphatlsgg. größer wird, F. FICHTER, W. BLADERGROEN (*Helv. chim. Acta* **10** [1927] 559/65), vgl. „*Kalium*" S. 1009.

Bei der Auflösung von Ni-Peroxid in Phosphorsäure bildet sich entgegen C. TUBANDT, W. RIEDEL (*Z. anorg. Ch.* **72** [1911] 219/32) keine Peroxophosphorsäure, A. RIUS (*Helv. chim. Acta* **3** [1920] 347/65, 357; *An. Españ.* [2] **18** [1920] 35/43).

Glimmlichtelektrolyse (Anode im Gasraum) von etwa 6 m H_3PO_4 liefert H_3PO_5; die Ausbeuten bleiben (im Gegensatz zum Verh. des H_2SO_4) hinter dem FARADAYschen Gesetz zurück, F. HABER (*Z. Elektroch.* **20** [1914] 485/8); vgl. auch W. KOHL, A. KLEMENC (*Monatsh.* **84** [1953] 365/71). Bei der Elektrolyse von verd. H_3PO_4-Lsg. in Ggw. von H_2O_2 entsteht an der Anode H_3PO_5, s. J. SCHMIDLIN, P. MASSINI (*l. c.*); H_3PO_4 allein liefert keine Peroxophosphorsäuren, S. HUSAIN, J. R. PARTINGTON (*l. c.*); auch nicht nach Zusatz von HF, s. F. FICHTER, J. MÜLLER (*l. c.* S. 304). Die Elektrolyse von Alkaliphosphatlsgg. in Ggw. von KF und K_2CrO_4 ergibt PO_5^{3-} neben $P_2O_8^{4-}$, s. „Bildung und Darstellung" von $H_4P_2O_8$, S. 300. Vermutlich entsteht H_3PO_5 ebenso wie bei der Einw. von F_2 auf Phosphatlsgg. sekundär durch Hydrolyse von $H_4P_2O_8$ an vorübergehend saure Rk. zeigenden Stellen des Elektrolyten, F. FICHTER, E. GUTZWILLER (*Helv. chim. Acta* **11** [1928] 323/37); vgl. jedoch hierzu I. F. FRANČUK, A. I. BRODSKIJ (*Doklady Akad. Nauk SSSR* [russ.] **118** [1958] 128/31). $H_4P_2O_8$ wird in saurer Lsg. binnen 48 Std. fast quantitativ zu H_3PO_5 und H_3PO_4 hydrolysiert. Zur Darst. einer phosphorsauren Lsg. wird durch Elektrolyse leicht erhältliches $K_4P_2O_8$ (vgl. „*Kalium*" S. 1009) mit überschüssiger Phosphorsäure versetzt und 2 Tage sich selbst überlassen, F. FICHTER, A. RIUS Y MIRÒ (*Helv. chim. Acta* **2** [1919] 3/26, 24).

Chemical Reactions

Chemisches Verhalten. Die Säure enthält 1 g-Atom aktiven Sauerstoff je g-Atom P. Nach Abspaltung des aktiven O durch Kochen der Lsg. enthält diese nur H_3PO_4. Auf Zusatz von wss. $AgNO_3$ zur neutralisierten Lsg. fällt das Ag-Salz aus, das sich unter O_2-Entw. in Ag_3PO_4 verwandelt. Der Säure kommt daher die Formel $OP(OH)_2(OOH)$ zu, J. SCHMIDLIN, P. MASSINI (*Ber.* **43** [1910] 1162/71); s. auch G. TOENNIES (*J. Am. Soc.* **59** [1937] 555/7).

Die Acidität der wss. Säure stimmt nahezu mit der von wss. H_3PO_4 überein; die neutrale Lsg. bleibt nach Abspaltung des aktiven O neutral; eine saure Lsg. braucht zur Herst. der Neutralität gegen Lackmus dieselbe Menge KOH (~1.75 Mol je Mol H_3PO_5) wie H_3PO_4, s. J. SCHMIDLIN, P. MASSINI (*l. c.*).

Saure, nicht zu konz. Lsgg. sind verhältnismäßig lange haltbar, vgl. „Bildung und Darstellung" S. 298. Neutrale und alkal. Lsgg. sind unbeständig; eine alkal., in bezug auf aktives O 0.1 n Lsg. ist nach 1, 8 bzw. 14 Tagen nur noch 0.086, 0.028 bzw. 0.024 n. Beim Einengen neutraler Lsgg. im Vak. verlieren die Salze in dem Maße, wie sie sich ausscheiden, Sauerstoff; durch Fällungsmittel erhaltene Salze verhalten sich ebenso, J. SCHMIDLIN, P. MASSINI (*l. c.*); vgl. ferner F. FICHTER, A. RIUS Y MIRÒ (*Helv. chim. Acta* **2** [1919] 3/26, 20). Etwa 2 n Lsgg. in Acetonitril oder Isoamylalkohol, die außerdem ~2 Mol H_3PO_4/l enthalten, sind bei gewöhnl. Temp. ziemlich, bei −12°C vollkommen stabil, G. TOENNIES (*J. Am. Soc.* **59** [1937] 555/7).

Hochkonz. wss. Lsgg. zeigen den auch der Carosäure eigenen Chlorkalkgeruch, J. SCHMIDLIN, P. MASSINI (*l. c.*).

Beim Stehen von alkal. Lsgg. tritt neben dem Zerfall in Orthophosphat und O_2 in geringem Maße Kondensation zu Peroxodiphosphat nach $HPO_5^{2-} + HPO_4^{2-} = P_2O_8^{4-} + H_2O$ auf, F. FICHTER, E. GUTZWILLER (*Helv. chim. Acta* **11** [1928] 323/37, 324).

Die wss. H_3PO_5-H_3PO_4-Lsg. gibt alle Oxydationsreaktionen der Caroschen Säure, vgl. „*Schwefel*" *Tl.* B, S. 803/8; unter anderem oxydiert sie J^- in saurer Lsg. augenblicklich zu J_2, während $H_4P_2O_8$ ebenso wie $H_2S_2O_8$ nur sehr langsame Jodausscheidung bewirkt, s. S. 302, J. SCHMIDLIN, P. MASSINI (*Ber.* **43** [1910] 1162/71).

Außerdem oxydiert H_3PO_5 schon in der Kälte Mangansalze rasch zu Permanganat und ist damit ein sehr empfindliches Reagens auf Mn; einige Tropfen Säure färben Spuren von Mn enthaltende Lsgg. beim Erwärmen sofort tiefviolett, in der Kälte tritt die Färbung nach $^1/_2$ Std. fast plötzlich ein. Carosche Säure gibt diese Rk. auch beim Erhitzen nicht, J. SCHMIDLIN, P. MASSINI (*l. c.*); vgl. auch

G. TOENNIES (*J. Am. Soc.* **59** [1937] 555/7). Nach spektroskop. Unters. rührt die amethystrote Farbe nicht von MnO_4^- her; sie beruht auf Bldg. des (sehr beständigen) Mn^{III}-Phosphats, F. FICHTER, W. BLADERGROEN (*Helv. chim. Acta* **10** [1927] 559/65), F. FICHTER, E. GUTZWILLER (*Helv. chim. Acta* **11** [1928] 323/37, 334), F. FICHTER, E. BRUNNER (*J. chem. Soc.* **1928** 1862/8). Beim Stehenlassen einer mit wss. H_2O_2 versetzten Lsg. gehen der H_3PO_5- und der H_2O_2-Gehalt langsam zurück; vermutlich verläuft die Rk. $H_3PO_5 + H_2O_2 = H_3PO_4 + H_2O + O_2$, s. A. RIUS Y MIRÒ (*Helv. chim. Acta* **3** [1920] 347/65, 364; *An. Españ.* [2] **18** [1920] 35/43).

Anilin wird beim Schütteln in der Kälte rasch über Nitroso- zu Nitrobenzol oxydiert, J. SCHMIDLIN, P. MASSINI (*l. c.*). Eine überschüssiges H_2O_2 enthaltende Lsg. beseitigt die vergiftende Wrkg. von Cystein bzw. CS_2 auf Hydrierungskatalysatoren, E. B. MAXTED (*J. chem. Soc.* **1945** 763/6), E. B. MAXTED, A. MARSDEN (*J. chem. Soc.* **1946** 23/5).

In sauren H_3PO_5-Lsgg. erzeugen Ag-, Fe-, Ni-, Mn- und andere Schwermetallsalze keine Fällungen; in neutralen Lsgg. fallen die entsprechenden Peroxomonophosphate aus, die sich rasch unter O_2-Abgabe in Orthophosphate verwandeln. Das Ag-Salz fällt als dunkler Nd. aus, wird dann rasch weiß und geht in wenigen Std. unter Entw. von O_3-haltigem O_2 in gelbes Ag_3PO_4 über, J. SCHMIDLIN, P. MASSINI (*Ber.* **43** [1910] 1162/71); vielleicht enthält der schwarze Nd. Ag-Peroxid, F. FICHTER, E. GUTZWILLER (*Helv. chim. Acta* **11** [1928] 323/37, 336).

Die Darst. des dem $C_6H_5CO_3SO_3K \cdot H_2O$ (s. „*Schwefel*" *Tl.* B, S. 800, 807) entsprechenden Salzes gelingt nicht; bei der Einw. von C_6H_5COCl auf die neutralisierte Lsg. des H_3PO_5 entsteht nur C_6H_5COOH, s. J. SCHMIDLIN, P. MASSINI (*l. c.* S. 1164).

Peroxodiphosphoric Acid

Peroxodiphosphorsäure $H_4P_2O_8$.

Diese, dem $H_2S_2O_8$ entsprechende Säure („Perphosphorsäure", „Überphosphorsäure") ist bisher in wasserfreier Form nicht dargestellt. In saurer Lsg. tritt rasch Hydrolyse zu H_3PO_5 und H_3PO_4 ein; alkal. Lsgg. sind beständig, eine größere Anzahl von neutralen Salzen und einige Dihydrogensalze sind bekannt.

Formation. Preparation. By Chemical Method

Bildung und Darstellung. Auf chemischem Wege. Geringe Mengen $H_4P_2O_8$ (und H_3PO_5) bilden sich beim Einrühren von 30%igem H_2O_2 in sirupöse Diphosphorsäure, J. SCHMIDLIN, P. MASSINI (*Ber.* **43** [1910] 1162/71).

Beim Einleiten von F_2-Gas in K-Orthophosphatlsgg. entstehen $P_2O_8^{4-}$ und PO_5^{3-} nebeneinander; auch in alkal. Lsgg. überwiegt das letztere. Dagegen erhält man aus F_2 und wss. $Na_4P_2O_7$ oder $K_4P_2O_7$ vorwiegend $P_2O_8^{4-}$, s. F. FICHTER, W. BLADERGROEN (*Helv. chim. Acta* **10** [1927] 559/65), ferner „*Kalium*" S. 1009.

Bldg. durch Kondensation von PO_5^{3-} in alkal. Lsg. s. beim chem. Verh. von H_3PO_5, S. 299; Bldg. beim Auflösen von P_2O_6 in Wasser s. „Phosphorperoxide" S. 93.

By Electrolysis

Durch Elektrolyse. Konz. wss. Lsgg. der Orthophosphate von K, NH_4, Rb und Cs, die außerdem K_2CrO_4 (zur Verhinderung der kathod. Red.) und Alkalifluorid (zur Erhöhung der Ausbeute) enthalten, werden an Pt-Anoden unter Entw. von O_3 zu Peroxodiphosphaten und (unbeständigen) Peroxomonophosphaten oxydiert; der Anteil an Peroxodiphosphat steigt mit zunehmender Konz. und Basizität der Lsg. und mit abnehmender Stromdichte. Auch die Elektrolyse von K-Diphosphat liefert beide Peroxosalze nebeneinander, F. FICHTER, J. MÜLLER (*Helv. chim. Acta* **1** [1918] 297/305), F. FICHTER, A. RIUS Y MIRÒ (*Helv. chim. Acta* **2** [1919] 3/26), F. FICHTER, E. GUTZWILLER (*Helv. chim. Acta* **11** [1928] 323/37), S. HUSAIN, J. R. PARTINGTON (*Trans. Faraday Soc.* **24** [1928] 235/45), A. RÍUS, S. TEROL (*An. Españ.* B **45** [1949] 813/20); zur Glimmlichtelektrolyse s. F. FICHTER, K. KESTENHOLZ (*Helv. chim. Acta* **23** [1940] 209/11). Vgl. hierzu „*Kalium*" S. 1009, „*Ammonium*" S. 437, „*Rubidium*" S. 234, „*Caesium*" S. 246.

Techn. Darst. mit Diaphragma und strömendem Anolyten, DEUTSCHE GOLD- UND SILBERSCHEIDEANSTALT VORM. ROESSLER, J. MÜLLER (*U.S.P.* 2795541 [1957] nach *C.A.* **1957** 14451).

Nach Verss. mit $H_2{}^{18}O$-haltigem Elektrolyten bildet sich $P_2O_8^{4-}$ nach $2\ PO_4^{3-} \rightarrow P_2O_8^{4-} + 2e$ ohne Beteiligung des H_2O, s. I. F. FRANČUK, A. I. BRODSKIJ (*Doklady Akad. Nauk SSSR* [russ.] **118** [1958] 128/31); zum vermutlichen Mechanismus der Elektrolyse vgl. ferner F. FICHTER, A. RIUS Y MIRÒ (*l. c.* S. 18/25), F. FICHTER, E. GUTZWILLER (*l. c.* S. 324), N. C. JONES (*J. phys. Chem.* **33** [1929] 801/24, 807).

Physical Properties

Physikalische Eigenschaften. Wss. Lsgg. und Kristallpulver von $K_4P_2O_8$, $Na_4P_2O_8$ und $(NH_4)_4P_2O_8$ ergeben folgende Schwingungsfrequenzen (cm^{-1}; in Klammern relative Intensität) des Ions $P_2O_8^{4-}$:

Ramaneffekt . .	328 (4)	397 (4)	—	514 (5)	585 (3)	683 (1)	732 (2)	835 (2)
UR-Absorption .	—	—	425	528	545	622	708	—
Schwingung . . .	δ(P–O–O–P)		$\delta(PO_3)$					

Ramaneffekt . .	784 (9)	890 (10)	—	1008 (10)	1101 (4)	1125 (4)
UR-Absorption .						
Schwingung . . .	ν_s(P–O–O–P)	ν_s(O–O)	ν_{as}(P–O–O–P)	$\nu_s(PO_3)$		

Ramaneffekt . .	—	—	—
UR-Absorption .	1132	1159	1196
Schwingung . . .	$\nu_{as}(PO_3)$		

Die Zuordnung ergibt sich durch Vergleich mit den Spektren von $P_2O_7^{4-}$ (s. S. 228) und H_2O_2. Das Schwingungsspektrum deutet auf gewinkelten Bau (trans-Form, Symmetrie C_{2h} oder C_i) des $P_2O_8^{4-}$, analog zur Struktur des $S_2O_8^{2-}$ (s. „*Schwefel*“ *Tl.* B, Fig. 142, S. 819), A. Simon, H. Richter (*Z. anorg. Ch.* **304** [1960] 1/11; *Naturw.* **44** [1957] 178). Die Ultrarotspektren der krist., neutralen Salze von Li, Na, K, Ca, Sr und Ba weisen je eine starke Bande in den Bereichen 1070 bis 1157 und 980 bis 1000 cm^{-1} auf, ferner eine breite Bande wechselnder Intensität zwischen 720 und 767 cm^{-1}. $P_2O_8^{4-}$ hat vermutlich die gleiche Struktur wie $S_2O_8^{2-}$, s. D. E. C. Corbridge, E. J. Lowe (*J. chem. Soc.* **1954** 4555/64).

Chemical Reactions

Chemisches Verhalten. Neutrale und alkal. Lsgg. sind beständig. Die (alkalisch reagierende) wss. Lsg. von $K_4P_2O_8$ läßt sich auf dem Wasserbad unter gewöhnl. Druck fast ohne Zers. eindampfen. Bei gewöhnl. Temp. vermindert sich der Ox.-Wert einer solchen Lsg. in 5 Tagen nur um 0.23%. In saurer Lsg. tritt relativ langsam Hydrolyse zu H_3PO_5 und H_3PO_4 ein; in einer 7 g $K_4P_2O_8$ und 16.8 g H_3PO_4 in 100 ml enthaltenden Lsg. wandeln sich bei gewöhnl. Temp. in 1, 6, 22.5 und 55 Std. 3.7, 7.1, 44.2 bzw. 95.5% des $H_4P_2O_8$ in H_3PO_5 um, F. Fichter, A. Rius y Mirò (*Helv. chim. Acta* **2** [1919] 3/26, 17, 23).

Eine gesätt. $K_4P_2O_8$-Lsg. liefert bei 60°C nach Zusatz von H_2SO_4 (1 Vol. auf 4 Vol. Lsg.) H_2O_2 als Hydrolyseprod.; das O des H_2O_2 stammt nach Unterss. mit $H_2{}^{18}O$ ausschließlich aus $P_2O_8^{4-}$, s. I. F. Frančuk, A. I. Brodskij (*Doklady Akad. Nauk SSSR* [russ.] **118** [1958] 128/31).

Das durch thermische Zersetzung bei 120°C von einer 0.01 molaren, mit H_3PO_4 oder KOH versetzten $K_4P_2O_8$-Lsg. in mit $H_2{}^{18}O$ angereichertem Wasser entwickelte O_2 stammt in saurer Lsg. zum größten Tl. aus $P_2O_8^{4-}$ (81% bei $p_H = 5.2$); mit zunehmendem p_H steigt der Anteil des aus H_2O stammenden O_2 auf ~50, 95 und 99% bei $p_H = 7$, 10 bzw. 12.4. Vermutlich verläuft der Zerfall nach ähnlichen Mechanismen wie die von I. M. Kolthoff, I. K. Miller (*J. Am. Soc.* **73** [1951] 3055/9) untersuchte $H_2S_2O_8$-Zers., I. F. Frančuk, A. I. Brodskij (*l. c.*). Im Hg-Licht tritt in gesätt. Lsgg. von $K_4P_2O_8$ und $Na_4P_2O_8$ langsame photochemische Zersetzung unter Bldg. von im Ramanspektrum nachweisbarem Orthophosphat ein, A. Simon, H. Richter (*Z. anorg. Ch.* **304** [1960] 1/11).

p_H-Titration der wss. Lsg. des Tetramethylammoniumsalzes (dargestellt durch Kationenaustausch aus dem Li-Salz) mit Salzsäure im p_H-Bereich 2 bis 11 bei verschiedenen Ionenstärken und Extrapolation auf unendliche Verd. ergeben folgende Werte der 3. und 4. Dissoziationskonstanten bei 25.00 ± 0.05°C: $K_3 = (6.6 \pm 0.3) \times 10^{-6}$, $K_4 = (2.1 \pm 0.1) \times 10^{-8}$. K_1 und K_2 sind so groß, daß keine Wendepunkte auftreten; außerdem stört die Hydrolyse zu H_3PO_5 im sauren Bereich. Aus dem Vergleich mit $H_4P_2O_6$ und $H_4P_2O_7$ folgt schätzungsweise für $H_4P_2O_8$: $K_1 = 2$, $K_2 = 0.3$; die Acidität jeder Dissoz.-Stufe steigt mit der Zunahme des O-Gehalts und des Abstandes der P-Atome, M. M. Crutchfield, J. O. Edwards (*J. Am. Soc.* **82** [1960] 3533/7).

p_H-Titrationskurven in Ggw. von Li^+, Na^+, K^+ und Mg^{2+} zeigen gegenüber solchen von ausschließlich $N(CH_3)_4^+$ enthaltenden Lsgg. p_H-Erniedrigungen, die auf (vorwiegend elektrostat.) Komplexbildung zurückgeführt werden. Daraus ber. Komplexbildungskonstt. $K = [M_mH_nP_2O_8]/[M]\cdot[M_{m-1}H_nP_2O_8]$ bei 25°C und Ionenstärke 1.0:

Komplex . .	$KP_2O_8^{3-}$	$NaP_2O_8^{3-}$	$NaHP_2O_8^{2-}$	$LiP_2O_8^{3-}$	$LiHP_2O_8^{2-}$	$MgP_2O_8^{2-}$	$Mg_2P_2O_8$	$MgHP_2O_8$
log K	1.01 ± 0.09	1.02	0.25	1.34	0.70	3.33	1.32	1.76

Bldg. von $KHP_2O_8^{2-}$ ist nicht nachweisbar. $P_2O_7^{4-}$ verhält sich ähnlich (s. S. 238), M. M. Crutchfield, J. O. Edwards (*l. c.*).

Bei gewöhnl. Temp. ist nach 8 Std. kein O-Austausch zwischen $K_4P_2O_8$ und $H_2{}^{18}O$ (1% in Wasser) nachweisbar, I. F. Frančuk, A. I. Brodskij (*Doklady Akad. Nauk SSSR* [russ.] **118** [1958] 128/31).

Die Oxydationswirkung von $P_2O_8^{4-}$ tritt viel langsamer ein als die von $S_2O_8^{2-}$. Wss. $K_4P_2O_8$ wirkt auf KJ nicht ein; beim Ansäuern mit Essigsäure wird J^- in der Kälte kaum, in der Wärme langsam oxydiert. In Ggw. von H_2SO_4 tritt die J_2-Abscheidung schneller ein; die Rk. verläuft nach 1. Ordnung und ist bei gewöhnl. Temp. nach 6 Std. quantitativ. Da H_3PO_5 sehr rasch mit HJ reagiert (s. S. 299), läßt sich die Rk. zur titrimetr. Best. der beiden Säuren nebeneinander benutzen, F. Fichter, A. Rius y Mirò (*Helv. chim. Acta* **2** [1919] 3/26, 7, 17); s. auch J. Schmidlin, P. Massini (*Ber.* **43** [1910] 1162/71).

Die (alkalisch reagierende) wss. $K_4P_2O_8$-Lsg. fällt aus Mangan-, Kobalt-, Nickel- und Bleisalzlsgg. die entsprechenden höheren Oxide; Eisen(II)-salzlsgg. werden in der Kälte oxydiert. Die charakterist. Rkk. des H_2O_2 treten nicht auf, F. Fichter, A. Rius y Mirò (*l. c.* S. 17); bei der Red. des $P_2O_8^{4-}$ durch J^-, Fe^{2+} und Co^{2+} entsteht stets PO_4^{3-} aber kein $P_2O_7^{4-}$, s. A. Rius (*Helv. chim. Acta* **3** [1920] 347/65, 353).

Mit Anilinwasser tritt in saurer Lsg. zuerst Bldg. von Nitrobenzol unter Gelbfärbung ein; nach 1 Std. fällt Anilinschwarz aus, J. Schmidlin, P. Massini (*l. c.*); Indigolsg. wird in der Wärme langsam entfärbt, F. Fichter, A. Rius y Mirò (*l. c.*).

Mn^{2+} und noch stärker Ag^+ beschleunigen die Ox.-Wrkg. auf Leukomalachitgrün in saurer Lsg.; schwächer wirken Fe^{2+}, Ni- und Pb-Salze; Cu- und Co-Salze sind unwirksam. In Ggw. von Spuren Ag^+ wird Leukomalachitgrün augenblicklich, schwefelsaure Indigolsg. rasch oxydiert, ebenso arsenige Säure, F. Fichter, E. Gutzwiller (*Helv. chim. Acta* **11** [1928] 323/37, 335).

Fällungsreaktionen treten beim Versetzen von wss. $K_4P_2O_8$ mit Ba^{2+}, Zn^{2+} oder Pb^{2+} in neutraler wss. Lsg. ein; es fallen die entsprechenden Peroxodiphosphate als weiße, mikrokristalline, in Säuren lösl. Ndd. aus. Mg^{2+} wird auch in ammoniakal. Lsg. nicht gefällt, im Gegensatz zum Verh. des PO_4^{3-}. Mn^{2+} gibt zuerst einen hellrosafarbenen Nd., der sich bald dunkler färbt und schließlich braunviolett wird. Mit Ag^+ bildet $P_2O_8^{4-}$ (ebenso wie PO_5^{3-}, s. S. 300) einen schwarzbraunen Nd. von $Ag_4P_2O_8$, der sich unverzüglich unter O_2-Entw. verfärbt und in gelbes Ag_3PO_4 übergeht. Die Unbeständigkeit der beiden Peroxosalze ist der Grund für die katalyt. Beschleunigung der Ox.-Wrkg. des $P_2O_8^{4-}$ durch Mn^{2+} und Ag^+, s. oben, F. Fichter, E. Gutzwiller (*l. c.*).

Zur Salzbildung: $Na_4P_2O_8 \cdot nH_2O$ (n = 20, 18, 6, 0), $(NH_4)_4P_2O_8 \cdot 2H_2O$, $Na_2H_2P_2O_8 \cdot 2H_2O$ und $(NH_4)_2H_2P_2O_8$ lassen sich durch Umsatz von wss. $K_4P_2O_8$ mit den entsprechenden Perchloraten und $HClO_4$ darstellen, $K_2H_2P_2O_8$ durch Rk. von $K_4P_2O_8$ mit $HClO_4$; primäre und tertiäre Salze sind aus wss. Lsg. vermutlich nicht zu erhalten. Debyeogramme im Original, A. Simon, H. Richter (*Z. anorg. Ch.* **302** [1959] 165/74). Bekannt sind ferner die neutralen Peroxodiphosphate von Li, Ca und Sr, s. D. E. C. Corbridge, E. J. Lowe (*J. chem. Soc.* **1954** 4555/64); zum Li-Salz $Li_4P_2O_8 \cdot 4H_2O$ s. auch M. M. Crutchfield, J. O. Edwards (*J. Am. Soc.* **82** [1960] 3533/7).

Auf elektrolyt. Wege erhaltene Salze von NH_4, Rb und Cs s. „*Ammonium*" S. 437, „*Rubidium*" S. 234, „*Caesium*" S. 246.

Phosphor und Stickstoff

Phosphorus and Nitrogen

Review

Übersicht. Die Informationen über die in diesem Kapitel behandelten Verbb. sind sehr uneinheitlich und z. T. widerspruchsvoll. Dies rührt im wesentlichen daher, daß viele dieser meist amorph auftretenden Substt. als Polymere vorliegen, die jeweils aus Molekeln unterschiedlicher Größe bestehen; der Polymerisationsgrad dieser Makromolekeln schwankt um einen Mittelwert, der durch die individuellen Darst.-Bedingungen bestimmt wird. Diese Makromolekeln haben zudem oft keine einfache kettenförmige Struktur, sondern verfügen über komplizierte undefinierte Raumnetzstrukturen, entstanden durch Kettenverzweigungen infolge von Rkk. an Seitengruppen, die zu Bindungen zwischen den einzelnen Ketten führen. Hierzu kommt noch, daß durch die Möglichkeit des teilweisen Ersatzes von O-Atomen und NH-Gruppen durch OH- und NH_2-Gruppen sowie durch die Wertigkeitsstufen des P die Zuss. der Prodd. oft stark von den stöchiometr. Verhältnissen abweichen. Die Substitutionsmöglichkeiten der funktionellen Gruppen bedingen aber auch bereits die Vielfältigkeit der Monomeren, sei es, daß diese als Bausteine von Polymeren oder tatsächlich monomolekular auftreten. Schließlich besteht auch noch die Möglichkeit des Ringschlusses durch Kondensationsrkk. zwischen den Kettenenden unter Austritt von H_2O oder NH_3, wobei Ringstrukturen aus mehreren P–O–P- und/oder P–N–P-Gliedern entstehen, von denen die aus 6 oder 8 Atomen bestehenden Ringe besonders stabil sind. Auch das Auftreten von Tautomerie zwischen $\text{-P(OH)}_2 = \text{N-}$ und -PO(OH)-NH-Konstitt. ist für die Vielfältigkeit der P–N–O–H-Verbb. mitverantwortlich.

Der folgenden Behandlung dieser Verbb. geht ein kurzes Kapitel über die Grundlagen der P–N-Bindung (s. unten) voraus, deren Kenntnis die Basis für das Verständnis der oft sehr komplizierten Strukturen der Verbb. bildet.

Bei den Nitriden (ab S. 305) sind alle Zuss. zwischen den Atomverhältnissen N:P von etwa 1 bis 1.7 möglich, wovon neben den beiden „Grenzfällen" PN (S. 306) und P_3N_5 (S. 311) noch die Zus. 1.5 P_4N_6 (S. 316) begünstigt zu sein scheint. Von den bekannten Aziden gehört nur das P_3N_{21} (S. 317) zu den hier zu behandelnden Verbindungen.

Bei den P–N–H-Verbb. haben die sehr eingehend untersuchten verschiedenen Formen des Phosphams (S. 318) die Konstit. von P-Nitridimiden. Auch bei den P-Nitridamiden (S. 322) sind keine eigentlichen Monomere bekannt, als niedrigstmolekulare Verb. findet sich hier das ringförmige Trimer $P_3N_3(NH_2)_6$ (S. 323); das gleiche gilt für P-Nitridazid- (S. 325) und P-Nitridhydrazidverbb. (S. 325). Als reine P-Imidverbb. sind nur zwei Triimide bekannt (S. 325), von den P-Imidamiden ist nur die Zus. und Konstit. von $(PN_2H_3)_n$ (S. 326) einigermaßen gesichert. Bei den P-Amiden liegt für das altbekannte Amid (S. 327) des 3wertigen P ziemlich eindeutiges Unters.-Material vor, doch bleibt die Existenz des $P(NH_2)_5$ (S. 328) weiter fraglich, ebenso wie die Konstit. der „Ammoniakate" der Phosphorwasserstoffe (S. 329).

Als einziges Phosphoroxidnitrid ist das polymere PNO (S. 329) stabil; bei den anderen aufgeführten P–N–O-Verbb. handelt es sich meist um Zwischenstufen des Abbaues von den N-haltigen Derivaten der Phosphorsäure, Additionsprodd., Nitrosylsalze und dergleichen.

Bei den P-N-O-H-Verbb. folgen auf das System P_2O_5–N_2O_5–H_2O (S. 332) und die kleinen Gruppen der Amidoderivate der phosphorigen Säure (S. 335) sowie der Nitridophosphorsäuren und Phosphornitridsäuren (S. 336) die Imidophosphorsäuren (ab S. 337) und ihre Amide getrennt nach solchen mit offener Kette (ab S. 337) und ringförmigen (ab S. 344) im wesentlichen Metaphosphimsäuren (ab S. 345). Unter den Säuren mit offener Kette befinden sich sehr hochpolymere Substanzen. Die gegenseitigen Verflechtungen und Umwandlungsmöglichkeiten zwischen den Metaphosphimaten, den Imidometaphosphorsäuren, den Imidophosphaten mit offener Kette und den N-freien Phosphaten sind aus einer schemat. Darst. (S. 347) zu ersehen. Die übersichtlichsten Verhältnisse bei den P, N, O und H nebeneinander enthaltenden Verbb. sind bei den Amidoderivaten der Phosphorsäuren, also der Gruppe der Amidophosphorsäuren gegeben (ab S. 351), wobei das meiste Unters.-Material über die 3 Amide der Orthophosphorsäure vorliegt. Bisher noch unvollkommen untersucht sind die Gruppen der Hydrazidophosphorsäuren und der Nitrosylphosphorsäuren (S. 361 bzw. 362).

Allgemeine Literatur:

SCHENCK, in: ABEGG, *Bd.* 3, *Abt.* 3, *Leipzig* 1907, S. 463/72.

R. DUBRISAY, in: P. PASCAL, *Nouveau traité de chimie minérale, Bd.* 10, *Paris* 1956, S. 881/903.

F. G. R. GIMBLETT, *Inorganic polymer chemistry, London* 1963.

F. G. A. STONE, W. A. G. GRAHAM, *Inorganic polymers, New York-London* 1962, S. 28/97.

Die P-N-Bindung. Die Eigg. der P–N-Bindungen sind primär davon abhängig, ob das N-Atom 3, 2 oder 1 Koordinationsstellen des P-Atoms besetzt, also ausschließlich an das P-Atom oder noch an 1 oder 2 andere Atome gebunden ist. Nach älteren Vorstellungen wären das die möglichen Kombinationen: P≡N, P=NX bzw. P–NX_2, wobei X ein beliebiges Atom, auch P, sein kann. Der erste Fall liegt in der PN-Molekel im Gaszustand vor. Aus der Differenz zwischen dem beob. effektiven Abstand der Zentren der Elektronenwolken der beiden Atome und seinem theoretisch berechneten Wert im Falle des Vorliegens reiner σ-Bindungen ergibt sich hier ein Verhältnis von 1.7 zwischen π- und σ-Bindungen; der Überschuß der Bindungsenthalpie (s. S. 309) gegenüber dem theoret. Fall der ausschließlichen σ-Bindung läßt auf 2.6 π-Bindungen je σ-Bindung schließen (vgl. S. 308). Bei den beiden Verbb. $(PNCl_2)_3$ und $(PNCl_2)_4$ mit 6- bzw. 8gliedrigem Ring (s. S. 542, 544) wird aus dem Meßwert des effektiven Abstandes der Zentren der Elektronenwolken für die P–N-Bindung auf jeweils 0.2 π-Bindungen je σ-Bindung geschlossen, J. R. VAN WAZER (*J. Am. Soc.* **78** [1956] 5709/15, 5711), s. auch J. R. VAN WAZER (*Phosphorus and its compounds, Bd.* 1, *New York-London* 1958, S. 38). Die durch Auswertung der UR-Spektren durch Normalkoordinatenanalyse ermittelten Beträge der Valenzkraftkonst. f_{PN} für die Ionen $PO_3NH_3^-$ und $PO_3NH_2^{2-}$ (s. S. 351) von 3.5 bzw. 4.3 deuten zwar darauf hin, daß bei $PO_3NH_3^-$ und der freien Säure eine „ideale PN-Einfachbindung", vgl. H. SIEBERT (*Z. anorg. Ch.* **273** [1953] 170/182), vorliegt, doch muß man aus den passenden Vergleichsfrequenzen von P–C- und P–O-Einfachbindungen schließen, daß bei den aufgefundenen Frequenzen von 710 für

The P–N Bond

$P-NH_3^+$ und 830 cm^{-1} für $P-NH_2$ die tiefere gegenüber dem Fall der normalen Einfachbindung geschwächt, die höhere dagegen verstärkt ist. Der Schwächungseffekt kann hier auch mit dem Überschuß an positiver Ladung am N-Atom in Zusammenhang stehen, während eine Verstärkung bei $P-NH_2$ vorstellbar ist, da das freie Elektronenpaar des N-Atoms mit einem d-Elektronenzustand des P π-Bindung hervorrufen könnte, E. STEGER (*Z. anorg. Ch.* **309** [1961] 304/14, 313), s. auch E. STEGER (*Z. Elektroch.* **61** [1957] 1004/7). Zu diesem Bindungsbild passen auch die kernmagnet. Resonanzspektren von fast 200 organ. P-N-Verbb.; der Vergleich der kernmagnet. Resonanz einer Reihe von N-haltigen P-Verbb. mit derjenigen von analogen Verbb., in denen sich anstelle des N-Atoms ein O-Atom befindet, ergibt, daß außer bei den Kombinationen $(HO)_2PO_2^-$ (s. S. 172) und $(HO)P(NH_2)O_2^-$ (s. S. 361) die durch den Atomaustausch bedingte chem. Verschiebung einen ziemlich konst. Wert hat (-11 ± 2 ppm), was bedeutet, daß die Substitution des N für O meist in gleicher Weise erfolgt, J. R. VAN WAZER, C. F. CALLIS, J. N. SHOOLERY, R. C. JONES (*J. Am. Soc.* **78** [1956] 5715/26, 5717), s. auch J. R. VAN WAZER (*l. c.* S. 48). Einzelwerte für die chem. Verschiebung (in ppm): -22.0 in $OP(NH_2)_3$, -61.1 in $SP(NH_2)_3$, $+26.8$ in $[NP(NCS)_2]_3$, $+49.1$ in $[NP(NCS)_2]_4$, M. L. NIELSEN, J. V. PUSTINGER (*J. phys. Chem.* **68** [1964] 152/8).

In Lsgg. von organ. P-Verbb. treten in aliphat. Derivaten 2 P-N-Schwingungen zwischen 1392 und 1395 cm^{-1} bzw. zwischen 1260 und 1266 cm^{-1} auf; in aromat. und in anorgan. heterocycl. Verbb. liegt die P-N-Valenzschwingung zwischen 1300 und 1325 cm^{-1}; sie entspricht der bei 1315 cm^{-1} in $(NPCl_2)_4$, K. JOHN, T. MOELLER, L. F. AUDRIETH (*J. Am. Soc.* **83** [1961] 2608/10). — Für die festen Nitriddifluoride $(NPF_2)_n$ werden folgende P-N-Schwingungen gemessen:

n	3	4	5	6	7	8	9	10	11
ν in cm^{-1}	1297	1419	1439	1408	1400	1386	1375	1363	1357

H. GARCIA-FERNANDEZ (*Bl. Soc. chim.* **1961** 2453/75, 2463). Zusammenstellung von Lit.-Daten über die Wellenzahl der P-N-Schwingung in phosphororgan. Verbb. s. bei E. M. POPOV, M. I. KABAČNIK, L. S. MAJANC (*Uspechi Chim.* [russ.] **30** [1961] 846/76, 859/60; *Russ. chem. Rev.* **30** [1961] 362/77).

Der theoret. Wert für den Kernabstand P-N bei Einfachbindung ist 1.77 Å, G. J. BULLEN (*J. chem. Soc.* **1962** 3193/203, 3202). In Kristallen von $NaHPO_3NH_2$ gem. r = 1.78 Å, E. HOBBS, D. E. C. CORBRIDGE, B. RAISTRICK (*Acta crystallogr.* [*Copenhagen*] **6** [1953] 621/6, 625), in $(NH_2)_3PBH_3$ r = 1.655 Å, C. E. NORDMAN (*Acta crystallogr.* [*Copenhagen*] **13** [1960] 535/9), in $(NP[NCH_3]_2)_4$ für den Kernabstand P-N im Ring 1.58, nach außen 1.67 und 1.69 Å; nach außen herrscht Doppelbindung, da ein Einzelelektronenpaar am N zur Bindung beiträgt, G. J. BULLEN (*l. c.*).

Die Bindungsenergie P-N beträgt in Verbb. mit Einfachbindung, Beispiel $P[N(C_2H_5)_2]_3$, 66.8 kcal/Mol, P. A. FOWELL, C. T. MORTIMER (*J. chem. Soc.* **1959** 2913/8). In den cycl. P-N-Verbb. ist den P-N-Bindungen eine Energie von 68 bis 76 kcal/Mol zuzuschreiben, z. B. 68 in $[NP(CH_3)_2]_3$, 70 in $[NP\,Cl_2]_3$ und $[NP\,Cl_2]_4$, 74 in $[NP(C_6H_5)_2]_4$, 76 in $[NP(OC_6H_{11})_2]_3$, S. B. HARTLEY, W. S. HOLMES, J. K. JACQUES, M. F. MOLE, J. C. MCCOUBREY (*Quart. Rev.* **17** [1963] 204/23, 221); vgl. auch S. B. HARTLEY, N. L. PADDOCK, H. T. SEARLE (*J. chem. Soc.* **1961** 430/2). Bei den polymeren Chloriden ergibt sie sich aus der Aktivierungsenergie für den therm. Abbau zu E $\approx$ 31.3 kcal/Mol, F. PATAT, P. DERST (*Ang. Ch.* **71** [1959] 105/10).

Die Bindungsrefraktion P-N wird theoretisch zu R = 3.46 cm^3/Mol berechnet, F. FEHER, A. BLÜMCKE (*Ber.* **90** [1957] 1934/45, 1937). Für die Doppelbindung P = N ergibt sich R = 5.80; weitere R-Werte: 1.7 ($P-NH_2$), 1.5 (P-N(H)-C), 1.3 ($P-NC_2$), 1.9 (P-N = C), 1.5 (PNP), H. TOLKMITH (*Ann. New York Acad. Sci.* **79** [1959] 189/231). — Ältere Vorstellungen über Elektronenkonfiguration der P-N-Bindung bei H. MOUREU, P. ROCQUET (*C. r.* **201** [1935] 144/7; *Bl. Soc. chim.* [5] **3** [1936] 821/8, 825), über Valenzwinkel bei H. N. STOKES (*Am. chem. J.* **20** [1898] 740/60, 742; *Z. anorg. Ch.* **19** [1899] 36/58, 39), über Valenzwinkel und Bindungslängen bei A. M. DE FICQUELMONT (*Ann. Chim.* [11] **12** [1939] 169/280, 264).

Bei hohen p_H-Werten scheinen die P-N-P-Brücken chemisch inert zu sein, während sie im p_H-Bereich 2 bis 11 schneller gespalten werden als P-O-P-Brücken; zwischen beiden Formen von Brückenbindungen bestehen somit deutliche Unterschiede hinsichtlich der Abhängigkeit der Hydrolysegeschw. vom p_H-Wert, A. NARATH, F. H. LOHMANN, O. T. QUIMBY (*J. Am. Soc.* **78** [1956] 4493/4). Tetramere P-N-Ringverbb. sind gegenüber Hydrolyse weniger beständig als trimere, s. G. RATZEL (*Diss. Heidelberg* 1957, S. 23). — In einer organ. Verb., $Cl_3P\,NMe_3$, ist wegen der geringen Wechselwirkungsenergie zwischen PCl_3 und NMe_3 auf schwache P-N-Bindung zu schließen, was auch elektronisch plausibel erscheint, jedoch noch nicht sicher ist, R. R. HOLMES (*J. phys. Chem.* **64** [1960] 1295/9).

Undefinierte P-N-Verbindungen.

Undefined P–N Compounds

Bei der Rk. zwischen $NaNH_2$ und weißem P entsteht unter heftiger Rk. eine komplexe Verb. (P-Amid ?), die Na-Phosphid neben anderen Prodd. enthält; eine ähnliche Verb. wird beim Erhitzen von rotem P mit $NaNH_2$ erhalten. Bei der Rk. zwischen PCl_5 und $NaNH_2$ entsteht eine unlösliche Verb., die aus den mitgebildeten Prodd. nicht unverändert isoliert werden kann. Bei der Trennung durch HNO_3 und CH_3CO_2H entsteht eine Verb. der Zus. PNO_2 oder PNO_2H_2 (s. S. 336), W. P. WINTER (*J. Am. Soc.* **26** [1904] 1484/1512, 1494, 1498). — $P_2(NH)_3$ (s. S. 325) zersetzt sich im Vak. bei 250 bis 300°C unter NH_3-Entw. langsam in ein rötliches Prod., das bei Dunkelrotglut unvollständig in P und N zersetzt wird, C. HUGOT (*C. r.* **141** [1905] 1235/7). — Bei der Einwirkung von H_2O-Dampf auf Phosphor in Gegenwart von Aktivkohle wird oberhalb 600°C der im Drehofen vorhandene Stickstoff fixiert und aus dem Produkt (Phosphornitrid ?) durch Wasserdampf Ammoniak freigesetzt, É. URBAIN, V. HENRI (*C. r.* **186** [1928] 1207/8). — Wird geschmolzener Phosphor in einem Überschuß von trockner Luft zur Entzündung gebracht, der dabei entstehende P_2O_5-Dampf kontinuierlich mit trocknem NH_3 bei 345°C behandelt und das nach Kondensation erhältliche weiße Pulver bei 100°C in reiner NH_3-Atm. calciniert, so erhält man ein Düngemittel, das aus 26.05% N und 70.7% P_2O_5 besteht. Seine H_2O-Löslichkeit wird mit zunehmender Rk.-Temp. geringer, MONSANTO CHEMICAL CO., O. C. JONES, P. G. ARVAN (*B.P.* 729243 [1952/55], *C. A.* **1955** 16282; *U.S.P.* 2717198 [1951/55], *C. A.* **1956** 8943).

Nitride und Azide

Nitrides and Azides

Übersicht s. bei H. ROSENWASSER (*U.S. Dep. Comm. Office Techn. Serv. PB Rept.* Nr. **144106** [1958] 1/71 nach *C.A.* **1961** 15203).

Undefinierte Phosphornitride.

Undefined Phosphorus Nitrides

Alte Angaben: Nach C. W. BOECKMANN (*Versuche über das Verhalten des Phosphorus in verschiedenen Gasarten, Erlangen* 1800, S. 298), s. auch A. VOGEL (*Schw. J.* **7** [1813] 95/119, 100, 108; *Gilb. Ann.* **48** [1814] 375/91, 376), A. BINEAU (*Ann. Chim. Phys.* [2] **67** [1838] 225/51, 229) reagiert weißes P mit NH_3 im Sonnenlicht bei gewöhnl. Temp. unter Bldg. eines dunkelbraunen Nitrids. Dem widersprechen aber Beobachtungen, nach denen unter diesen Bedingungen weißes P zumindest in trocknem NH_3-Gas indifferent ist, s. beispielsweise C. HUGOT (*Ann. Chim. Phys.* [7] **21** [1900] 5/87, 29). — Ein P-Nitrid soll auch beim Eintragen von P in erhitztes weißes schmelzbares Präzipitat entstehen, W. H. BALMAIN (*Phil. Mag.* [3] **24** [1844] 191/2). Der Bldg. eines P-Nitrids auf pyrogenem Wege durch Überleiten von PCl_3 über Mg_3N_2 bei Rotglut erscheint im Gegensatz zur Rk. im Falle des PCl_5 (s. S. 313 bei P_3N_5) unwahrscheinlich, s. E. A. SCHNEIDER (*Z. anorg. Ch.* **7** [1894] 358). Bei der von H. ROSE (*Pogg. Ann.* **24** [1832] 109/65, 295/341, 308, **28** [1833] 529/50, 537), J. LIEBIG, F. WÖHLER (*Lieb. Ann.* **11** [1834] 139/50, 141), aus PCl_3 und NH_3 und Erhitzen des Rk.-Prod. erhaltenen, als Phosphorstickstoff bezeichneten Verb. handelt es sich im Gegensatz zur Auffassung von H. SCHIFF (*Lieb. Ann.* **101** [1857] 299/309, 306), tatsächlich um ein P-Nitrid, H. MOUREU, G. WÉTROFF (*C. r.* **204** [1937] 436/9), vgl. auch S. 316. Über die Bldg. von nicht eindeutig analysierten P-Nitriden durch Einw. von Kathodenstrahlen auf weißes P in N_2-Atm. s. E. JACOT (*Phil. Mag.* [6] **25** [1913] 215/34, 233), von elektr. Glimmentladung s. R. J. STRUTT (*Pr. Roy. Soc.* A **85** [1911] 219/29, 222), V. KOHLSCHÜTTER, F. FRUMKIN (*Z. Elektroch.* **20** [1914] 110/23, 118); vgl. auch W. MOLDENHAUER, H. DÖRSAM (*Ber.* **59** [1926] 926/31), die ein P:N-Atomverhältnis von 1.0:1.057 für das Prod. aus weißem P und N_2 unter der Einw. von elektr. Entladungen finden. — Bei Verss. zur NH_3-Gewinnung durch Zers. des beim Erhitzen von Phosphaten in Ggw. von Aktivkohle und Stickstoff (Luft) bei 900°C gebildeten Prod. durch H_2O-Dampf erfolgt die Fixierung des N wahrscheinlich unter Zwischenbldg. eines P-Nitrids, É. URBAIN, V. HENRI (*C. r.* **186** [1928] 1207/8). — Die Sorption von N_2 durch weißes P unter dem Einfluß eines Glühdrahtes führt offensichtlich nicht zur Bldg. von P-Nitriden, es tritt hierbei wahrscheinlich nur physikal. Adsorption ein, RESEARCH STAFF OF THE GENERAL ELECTRIC CO., N. R. CAMPBELL (*Phil. Mag.* [6] **41** [1921] 685/706, 696), RESEARCH STAFF OF THE GENERAL ELECTRIC COMPANY, LTD., N. R. CAMPBELL, H. WARD (*Phil. Mag.* [6] **43** [1922] 914/37, 916).

Neuere Angaben: Infolge der polymeren Struktur und der 2 Wertigkeitsstufen des P, die nebeneinander in einem P-N-Gerüst oder einer aus P und N aufgebauten Netzstruktur auftreten können, sind P-Nitride mit Bruttozuss. $1 \leq N : P \leq 1.67$ nicht ungewöhnlich, wenn auch die bei den Bldg.-Rkk. entstehenden Prodd. meist Zuss. haben, die den beiden Grenzverbb. $(PN)_n$ (s. S. 306) und $(P_3N_5)_n$ (s. S. 311) ziemlich nahekommen. Bei der an einem glühenden W-Draht ablaufenden Synthese reagieren die entstehenden P-Atome mit N_2-Molekeln unter Bldg. der Komplexe PN_2, die mit anderen

P-Atomen weiterreagieren. Diese Rk. muß nicht bei der Zus. $(PN)_n$ des Polymers enden, sondern kann sich durch weitere Zusammenstöße mit N_2-Molekeln und P-Atomen solange fortsetzen, bis die Zus. $(P_3N_5)_n$ erreicht ist, E. O. HUFFMAN, G. TARBUTTON, K. L. ELMORE, W. E. CATE, H. K. WALTERS, G. V. ELMORE (*J. Am. Soc.* **76** [1954] 6239/43). So werden bei dieser Synthese vielfach Prodd. erhalten, deren N-Gehalt >1 Atom je Atom P ist, G. WÉTROFF (*Recherches chimiques et thermochimiques sur les composés du radical phosphonitrile, Paris* 1942, S. 51). Auch bei der Bogensynthese der P-Nitride können homogene und heterogene amorphe Prodd. entstehen, deren N:P-Atomverhältnis zwischen 1.0 und 1.67 liegt, E. O. HUFFMAN, G. TARBUTTON, G. V. ELMORE, A. J. SMITH, M. G. ROUNTREE (*J. Am. Soc.* **79** [1957] 1765/6); techn. Einzelheiten s. bei O. ARENDT (*B.P.* 303822 [1928], *C.* **1929** I 2096; *F.P.* 649272 [1928]). $(PN)_n$ geht durch Rk. mit atomarem N unter geeigneten Bedingungen in Nitride der Zus. $(PN)_xN_y$ $(0 \leq y/x \leq {}^2/_3)$ über. Diese Verbb. sind fest, unschmelzbar und unlöslich in den gebräuchlichsten Lsgmm.; durch Hydrolyse entstehen ammoniumreichere Phosphate als im Falle des $(PN)_n$, H. B. V. MOUREU, G. WÉTROFF (*F.P.* 49955 [1938/39], *Zus.-P.* zu *F.P* 832826 [1937/38], *C.* **1941** I 684). P-Nitride werden auch bei der Wechselwirkung zwischen Filmen aus weißem P und N_2O, N_2 und O_2 bei stillen elektrischen Entladungen gebildet, G. S. DESHMUKH, Y. D. KANE (*Pr. Indian Acad. Sci.* A **25** [1947] 247/55, 254). P-Nitride wechselnder Zus. entstehen bei der direkten Rk. von P und N_2 in der Gasphase, bei erhöhtem Druck und Temp., auch bei Ggw. eines Katalysators, F. G. LILJENROTH (*F.P.* 555673 [1923], *C.* **1924** II 2548). Als Ausgangsprodd. können hier mit Red.-Mitteln gemischte P-Verbb. oder P-abgebende Verbb. verwendet werden, die Katalysatoren sollen N leicht binden, H. WITTEK (*D.P.* 526072 [1926/31], *C.* **1931** II 1614). Geeignete Katalysatoren sind Al_2O_3, Ti, Mg, Bauxit, Gemische von CoO, Al_2O_3 und K_2O, E. URBAIN (*F.P.* 683187 [1929/30]).

Phosphorus Nitride

Phosphornitrid PN oder *$(PN)_n$*

Zur Nomenklatur s. L. F. AUDRIETH, R. STEINMAN, A. D. F. TOY (*Chem. Rev.* **32** [1943] 99/108, 106). Ältere Bezeichnungen: Stickstoffphosphid, P. RENAUD (*Bl. Soc. chim.* [4] **53** [1933] 692/7), Phosphormononitrid, H. MOUREU, G. WÉTROFF (*C. r.* **201** [1935] 1381/3), Phosphornitril für die monomere, Phosphorparanitrid für die polymere Form, H. MOUREU, G. WÉTROFF (*C. r.* **204** [1957] 51/53).

Formation. From the Elements

Bildung. Aus den Elementen. PN kann bei der Einw. elektr. Entladungen auf ein Gemisch aus N_2 und Dampf von weißem P entstehen, C. G. MINER (*U.S.P.* 1715041 [1922/29], *C.A.* **1929** 3413), s. auch H. B. V. MOUREU, G. WÉTROFF (*F.P.* 832826 [1937/38]). Hierbei handelt es sich wahrscheinlich um die ältestbekannte Bldg.-Weise; zur Abtrennung von P wird Behandlung des Rk.-Prod. mit CS_2 (weißes P) und Erhitzung auf 500 bis 550°C und $\sim$12 Torr (rotes P) empfohlen, A.W. MOLDENHAUER, H. DÖRSAM (*Ber.* **59** [1926] 926/31). Tatsächlich gelingt bei Einhaltung bestimmter Bedingungen der Bogensynthese die Herst. eines homogenen amorphen Nitrids mit einem P:N-Atomverhältnis von 1, das seine Zus. selbst bei 800 bis 1000°C im Vak. nicht verändert, E. O. HUFFMAN, G. TARBUTTON, G. V. ELMORE, A. J. SMITH, M. GRIFFIN (*J. Am. Soc.* **79** [1957] 1765/6). Thermodynam. Überlegungen ergeben, daß die Vereinigung von Stickstoff und P-Dampf auch auf rein therm. Wege möglich ist. Wird ein äquimolares Gemisch von P_2 und N_2 in einem verschlossenen Rohr (1500°C) durch einen W-Draht erhitzt, so setzt die Rk. bei einer Drahttemp. von $\sim$1500°C ein, bei 1800°C verläuft sie vollständig innerhalb von 2 Std. nach $n\,P_2 + n\,N_2 \rightleftharpoons 2n\,PN$; das gasf. monomere PN diffundiert zur Glaswand, wo es sich unter Polymerisation (s. S. 310) niederschlägt, H. B. V. MOUREU, G. WÉTROFF (*C. r.* **207** [1938] 915/6; *F.P.* 832826 [1937/38]), s. auch H. B. V. MOUREU, G. WÉTROFF (*F.P.* 49955 [1938/39], *Zus.-P.* zu *F.P.* 832826 [1937/38], *C.* **1941** I 684). Aus thermochem. Daten wird die Ausbeute an PN in bezug auf das eingesetzte P und bei Annahme der Rk.: $P_{4\,gasf.} + 2\,N_{2\,gasf.} = 4\,PN_{gasf.}$ folgendermaßen berechnet:

% an in PN übergeführtem P_4	Gleichgew.-Temp. in °C bei 100 at	bei 1 at	bei 10^{-2} at	bei 10^{-4} at
0.1	460	380	330	290
1	680	560	—	—
10	1080	860	—	—
50	—	1330	—	—
80	—	—	1000	—
90	—	—	(1600)	—

G. WÉTROFF (*Recherches chimiques et thermochimiques sur les composés du radical phosphonitrile, Paris* 1942, S. 82). Die eine günstige Gleichgew.-Lage für die PN-Bldg. im Temp.-Bereich 800 bis 1000°C aus spektroskop. Daten ergebenden Berechnungen der Gleichgew.-Konstt. von K. J. McCALLUM, E. LEIFER (*J. chem. Phys.* **8** [1940] 505) stehen im Widerspruch zu den experimentellen Beobachtungen von H. MOUREU, B. ROSEN, G. WÉTROFF (*C. r.* **209** [1939] 207/9). Wahrscheinlich steigen die Werte von K_p (p = 1 at) für die homogene Synthese nach $P_{2\,gasf.} + N_{2\,gasf.} = 2\,PN_{gasf.}$ zwischen 900 und 2000°C von 0.01 auf 0.2 an, wie unter Verwendung neuerer Werte für die Dissoz.-Energien von PN (s. S. 309) und N_2 ber. wird; die scheinbare Aktivierungsenergie der Rk. beträgt 31 kcal/Mol PN. Experimentell wird bei 900°C und 0.7 bis 1 at eine Konz. des PN-Dampfes im Gleichgew. mit äquimolaren Gemischen von P_2-Dampf und N_2 von 1 bis 3% gefunden. Die beob. Bldg.-Geschww. bei Ggw. von W erklären sich durch einen katalyt. Effekt des Metalls bei ~1800°C; so beträgt die Rk.-Geschw. bei 1868°C in Ggw. von C nur 10% derjenigen bei 1875°C in Ggw. von W. Im Falle der durch W katalysierten Rk. ist sie 0.5. Ordnung in bezug auf die P_2-Konz., ihre Aktivierungsenergie ist bei > 1800°C 59 kcal/Mol PN. Geschwindigkeitsbestimmender Schritt der Synthese ist hierbei die Bldg. von P-Atomen an der W-Oberfläche, die mit N_2-Molekeln zu PN_2-Komplexen reagieren; diese bilden ihrerseits mit weiteren P-Atomen PN-Molekeln, die schließlich polymerisieren, falls sie nicht unter geeigneten Bedingungen durch Zusammenstöße mit weiteren P-Atomen und N_2-Molekeln zu höheren Nitriden mit $(P_3N_5)_n$ (s. S. 311) als Grenzfall weiterreagieren. Die Rk.-Geschw. ist stark abhängig von der Form der W-Oberfläche, E. O. HUFFMAN, G. TARBUTTON, K. L. ELMORE, W. E. CATE, H. K. WALTERS, G. V. ELMORE (*J. Am. Soc.* **76** [1954] 6239/43). Gleichgew.-Konst. für die Bldg. von 1 Mol PN aus den Elementen unter Standardbedingungen bei 25°C: log K = 18.54, F. D. ROSSINI, D. D. WAGMAN, W. H. EVANS, S. LEVINE, I. JAFFE (*Circ. Bur. Stand.* Nr. 500 [1952] 81). — Möglicherweise verläuft die $(PN)_n$-Bldg. bei der Rk. zwischen PH_3 und aktivem N (s. unten) intermediär über elementares P. Dafür spricht, daß bei Einw. von aktivem N eine durch Behandlung von PH_3 mit atomarem H erzeugte Schicht von rotem P bei 300°C in $(PN)_n$ übergeführt wird, D. M. WILES, C. A. WINKLER (*J. phys. Chem.* **61** [1957] 902/3).

From P Nitrides

Aus P-Nitriden. Bei der therm. Zers. des P_3N_5 (s. S. 315) bei ~700°C im Vak. entsteht gelbes, bei höherer Temp. (> 800°C) rotes $(PN)_n$, H. MOUREU, P. ROCQUET (*C. r.* **198** [1934] 1691/3; *Bl. Soc. chim.* [5] **3** [1936] 1801/11, 1810), s. auch G. WÉTROFF (*Recherches chimiques et thermochimiques sur les composés du radical phosphonitrile, Paris* 1942, S. 42). Rotes $(PN)_n$ entsteht auch aus P_4N_6 durch Erhitzen im Vak. (< 1 Tag) bei > 750°C zunächst langsam, schneller bei 820 bis 830°C, H. MOUREU, G. WÉTROFF (*C. r.* **201** [1935] 1381/3; *Bl. Soc. chim.* [5] **4** [1937] 918/32, 923), s. auch H. MOUREU, G. WÉTROFF (*C. r.* **204** [1937] 436/9; *Bl. Soc. chim.* [5] **4** [1937] 1850/7, 1850). Gelbes und rotes $(PN)_n$ werden stets bei der bei ~700°C stattfindenden Rk. zwischen P_3N_5 und CF_3SF_5 an der Wand des Rk.-Gefäßes festgestellt, T. J. MAO, R. D. DRESDNER, J. A. YOUNG (*J. Am. Soc.* **81** [1959] 1020/1).

From Other Phosphorus Compounds Free of Halogens

Aus sonstigen halogenfreien Phosphorverbindungen. Die rote α-Form ist neben molarem H das Hauptprod. der Rk. zwischen gasf. PH_3 und aktivem N bei erhöhter Temp.; dabei werden je Molekel PH_3 2 N-Atome für die Bldg. von 1 Molekel PN verbraucht; Primärschritt der Rk. ist die Bldg. von PH_2-Radikalen, die mit N-Atomen unter H_2-Abgabe das Nitrid bilden, D. M. WILES, C. A. WINKLER (*l. c.*). — Bei der von A. BESSON (*C. r.* **114** [1892] 1264/7) vermuteten Bldg. von PN durch therm. Zers. des PN_2H (s. S. 321) entsteht tatsächlich P_3N_5, s. H. GRÜNBERG (*Diss. Berlin* 1907, S. 48). Rotes $(PN)_n$ ist das Endprod. der bei 750°C einsetzenden therm. Zers. des PNO (s. S. 331), die wahrscheinlich über intermediär entstehendes P_3N_5 (s. S. 312) verläuft, G. WÉTROFF (*l. c.* S. 35; *C. r.* **205** [1937] 668/70). Ebenso tritt es als Zers.-Prod. des $P_4N_4O_8H_8 \cdot 2\,H_2O$ (s. S. 349) bei > 750°C (0.1 Torr) auf, A. M. DE FICQUELMONT (*C. r.* **211** [1940] 590/2).

From P Compounds Containing Halogen

Aus halogenhaltigen P-Verbindungen. Von einer Reihe von Autoren, s. beispielsweise P. RENAUD (*Bl. Soc. chim.* [4] **53** [1933] 692/7; *Ann. Chim.* [11] **3** [1935] 443/512, 493) wird die Bldg. des $(PN)_n$ durch therm. Zers. der Prodd. der Einw. des NH_3 auf P-Halogenide oder $PNCl_2$ (s. S. 554) bei hinreichend hohen Tempp. festgestellt. Tatsächlich ist der Rk.-Weg kompliziert und verläuft über viele Zwischenstufen, die jedoch stets zum $(PN)_n$ führen können. Das nachstehende Schema gibt eine Übersicht über die möglichen Rk.-Wege, gleichzeitig auch für die Bldg.-Möglichkeiten der einzelnen Zwischenstufen:

$$PCl_3 \xrightarrow{+NH_3} P(NH_2)_3 \text{ (s. S. 327)} \xrightarrow{-NH_3} P(NH)(NH_2) \text{ (s. S. 326)} \xrightarrow{-NH_3} P_2(NH)_3 \text{ (s. S. 325)} \xrightarrow{-H_2} P_4N_6 \xrightarrow{-N_2} \searrow$$

$$PCl_5 \xrightarrow{+NH_3} P(NH_2)_5 \text{ (s. S. 328)} \xrightarrow{-NH_3} PN_3H_4 \text{ (s. S. 326)} \xrightarrow{-NH_3} PN_2H \text{ (s. S. 318)} \xrightarrow{-NH_3} P_3N_5 \xrightarrow{-N_2} (PN)_n$$

$$(PNCl_2)_n \xrightarrow{+NH_3} (PN(NH_2)_2)_n \text{ (s. S. 322)} \xrightarrow{-NH_3} \uparrow \; (\to PN_2H)$$

Vgl. hierzu H. MOUREU, G. WÉTROFF (*C. r.* **204** [1937] 436/9). — $(PN)_n$ ist ebenfalls das Endprod. der therm. Zers. des $P_3N_3(NH_2)_2Cl_4$ (s. S. 562) bei > 700°C, A. M. DE FICQUELMONT (*Ann. Chim.* [11] **12** [1939] 169/280, 200). Es befindet sich auch unter den Prodd. der Rk. zwischen $PNCl_2$ und Na, die bei 120°C eintritt und bei höherer Temp. explosionsartig verläuft, P. RENAUD (*l. c.* S. 692; *l. c.* S. 499).

Preparation

Darstellung. 200 bis 300 ml von bei —78°C in einem Strom von Rein-N_2 kondensiertem NH_3 werden mit ~0.2 Mol frischdest. PCl_3 tropfenweise versetzt; aus dem nach Verdunsten des NH_3-Überschusses bei gewöhnl. Temp. bleibenden gelben Rückstand wird NH_4Cl entweder nach R. KLEMENT, O. KOCH (*Ber.* **87** [1954] 333/40, 333) durch Kochen mit einem Gemisch aus absol. Diäthylamin und absol. Chloroform unter Rückfluß oder nach M. GOEHRING, K. NIEDENZU (*Ber.* **89** [1956] 1768/71) durch Auswaschen mit fl. NH_3 abgetrennt, M. BECKE-GOEHRING, J. SCHULZE (*Ber.* **91** [1958] 1188/95, 1192), J. SCHULZE (*Diss. Heidelberg* 1957, S. 32). — Ältere Darst. durch Erhitzen eines Gemisches aus PCl_3 und NH_4Cl am Rückfluß unter Anwendung lokaler Überhitzung, oder durch mehrstd. Erhitzen des Prod. der langsamen Sättigung von PCl_3 mit trocknem NH_3 unter vermindertem Druck s. bei P. RENAUD (*l. c.* S. 696).

Thermodynamic Data of Formation

Thermodynamische Daten der Bildung in kcal/Mol. Für die Bldg. von gasf. PN aus den Elementen im Standardzustand bei 298.16°K: $\Delta H° = -20.2$, $\Delta G° = -25.3$; analog für die Bldg. von festem PN ($= 1/n\,(PN)_n$): $\Delta H° = -16.8$, F. D. ROSSINI, D. D. WAGMAN, W. H. EVANS, S. LEVINE, I. JAFFE (*Circ. Bur. Stand.* Nr. 500 [1952] 81). Durch Berechnung aus der Verbrennungswärme ergibt sich für den Temp.-Bereich 17 bis 20°C für die Rk.: P_{fest} (weiß) $+ {}^1/_2 N_{2\,gasf.} = 1/n\,(PN)_{n\,fest}$ $\Delta H = -17.9 \pm 1.2$, für die Rk.: ${}^1/_4 P_{4\,Dampf} + {}^1/_2 N_{2\,gasf.} = 1/n\,(PN)_{n\,fest}$ $\Delta H = -21 \pm 1$, für die Rk.: $P_{gasf.} + N_{gasf.} = PN_{gasf.}$ $\Delta H = -140 \pm 13$, G. WÉTROFF (*Recherches chimiques et thermochimiques sur les composés du radical phosphonitrile, Paris* 1942, S. 67, 81; *C. r.* **213** [1941] 780/2), ältere Angaben hierzu bei H. MOUREU, G. WÉTROFF (*C. r.* **207** [1938] 915/6). Für die Rk.: P_{fest} (rot) $+ N_{gasf.} = PN_{gasf.}$ $\Delta H_{298.15} = -128.3$, D. M. WILES, C. A. WINKLER (*J. phys. Chem.* **61** [1957] 902/3). Bei 298.16°K gilt für die Bldg. aus den Atomen $\Delta H° = -164.8826$, aus den Elementen $\Delta H° = -23.3220$, B. J. MCBRIDE, S. HEIMEL, J. G. EHLERS, S. GORDON (*NASA SP*-3001 [1963] 263).

Constitution

Konstitution. Die Molekel PN ist unter anderem isoelektron. mit CS und SiO, vgl. hierzu unten. Da das chem. Verh. des PN dem des CN ähnelt, wird auf Strukturanalogie geschlossen und das gasf. Monomere als Radikal betrachtet, H. MOUREU, G. WÉTROFF (*C. r.* **204** [1937] 51/53). Es steht stets mit dem polymerisierten festen $(PN)_n$ im Gleichgew., H. MOUREU, B. ROSEN, G. WÉTROFF (*C. r.* **209** [1939] 207/9), s. hierzu auch S. 310. Die polymere Form besteht wahrscheinlich aus langen Ketten, deren räumliche Orientierungen stark differieren und die mehr oder weniger verzweigt oder vernetzt sein können. Sie enthalten in der Hauptsache dreiwertige P-Atome; Abweichungen von der Bruttozus. PN erklären sich durch das gelegentliche Auftreten von fünfwertigem P in den Ketten, G. WÉTROFF (*Recherches chimiques et thermochimiques sur les composés du radical phosphonitrile, Paris* 1942, S. 43), s. auch J. SCHULZE (*Diss. Heidelberg* 1957, S. 11), E. O. HUFFMAN, G. TARBUTTON, K. L. ELMORE, W. E. CATE, H. K. WALTERS, G. V. ELMORE (*J. Am. Soc.* **76** [1954] 6239/43). Polymerisationsgrad ist wahrscheinlich geringer als der von P_3N_5 und PN_2H, H. MOUREU, P. ROCQUET (*Bl. Soc. chim.* [5] **3** [1936] 1801/11, 1805). Vergleich des Mechanismus von Polymerisation und Depolymerisation mit dem des $(CN)_n$, s. H. MOUREU, G. WÉTROFF (*C. r.* **204** [1937] 51/53), mit dem des $(PNCl_2)_n$, s. A. M. DE FICQUELMONT (*C. r.* **204** [1937] 867/9). Aus der Differenz der Bldg.-Energien von festem PN und $(PN)_n$ berechnet sich die Depolymerisationsenergie des $(PN)_n$ zu -35 ± 14 kcal/Mol für $1/n\,(PN)_n$, G. WÉTROFF (*l. c.*; *C. r.* **213** [1941] 780/2).

Molecule. Electron Configuration. Terms

Molekel. Elektronenkonfiguration. Terme. Für die äußeren 10 Elektronen gilt im Grundzustand (X) $(z\sigma)^2 (y\sigma)^2 (w\pi)^4 (x\sigma)^2$, im Anregungszustand (A) $(z\sigma)^2 (y\sigma)^2 (w\pi)^4 (x\sigma) (v\pi)$; die Termtypen sind demnach $X\,^1\Sigma^+$, $A\,^1\Pi$, G. HERZBERG (*Spectra of diatomic Molecules, 2. Aufl., New York-Toronto-London* 1950, S. 348). Nach spektroskop. Unterss. liegt der Anregungszustand 39805.7 cm^{-1} über dem Grundzustand, J. CURRY, L. HERZBERG, G. HERZBERG (*Z. Phys.* **86** [1933] 348/66; *J. chem. Phys.* **1** [1933] 749).

Type of Bond

Bindungsart. Aus dem Kernabstand und einigen thermochem. Daten läßt sich abschätzen, daß in der PN-Molekel eine σ-Bindung und zwei π-Bindungen bestehen, J. R. VAN WAZER (*J. Am. chem. Soc.* **78** [1956] 5709/15). Dabei handelt es sich höchstwahrscheinlich um $p\pi$-Eigenfunktionen, H. H. JAFFÉ (*J. inorg. nucl. Chem.* **4** [1957] 372/3). Ältere Vorstellungen über diese Dreifachbindung s. bei K. M. GUGGENHEIMER (*Proc. phys. Soc.* **58** [1946] 456/68, 462).

Molekelkonstanten. Die Schwingungsfrequenzen ω_e, Anharmonizitätsfaktoren $\omega_e x_e$, Rotationskonstt. B_e und α_e, alle in cm^{-1}, sowie die Kernabstände r_e in Å haben nach spektroskop. Unterss. folgende Werte: *Molecular Constants*

Term	ω_e	$\omega_e x_e$	B_e	α_e	r_e
$X\,^1\Sigma^+$	1337.24	6.983	0.7862_1	0.00557	1.4910
$A\,^1\Pi$	1103.09	7.222	0.7307_1	0.00663	1.5466

J. Curry u. a. (*l. c.* S. 363), G. Herzberg (*l. c.* S. 564). Da nach einigen empir. Formeln $\omega_e'' > 1520$ sein müßte, nimmt C. H. D. Clark (*Nature* **139** [1937] 508/9; *Trans. Faraday Soc.* **33** [1937] 1390/4) an, daß der Wert $\omega_e = 1337$ nicht dem Grundzustand zuzuordnen ist. Diese Vermutung wird jedoch durch weitere spektroskop. Unterss. von H. Moureu, B. Rosen, G. Wétroff (*C. r.* **209** [1939] 207/9) widerlegt. Über weitere Verss., ω_e empirisch zu berechnen, s. K. M. Guggenheimer (*l. c.*), S. S. Mitra (*Z. Phys.* **140** [1955] 531/4), Y. P. Varshny (*Z. physik. Chem.* [*Leipzig*] **204** [1955] 188/93). Geschätzte Werte für r_e s. bei R. M. Badger (*Phys. Rev.* [2] **48** [1935] 284), J. W. Linnett (*Trans. Faraday Soc.* **38** [1942] 1/9, 3). — Aus einer Potentialfunktion abgeleitete Werte für ω_e, $\omega_e x_e$, r_e s. bei E. R. Lippincott, M. Oakley Dayhoff (*Spectrochim. Acta* **16** [1960] 807/34, 824/5). Einen Vergleich der Molekelkonstt. ω_e und r_e der isoelektron. Molekeln PN, BiCl, CJ und SiO s. bei G. Herzberg, W. Hushley (*Canad. J. Res.* A **19** [1941] 127/37, 136).

Kraftkonstante k in mdyn/Å. Die zunächst in Tabellenwerke aufgenommenen und dann von J. W. Linnett (*l. c.*) übernommenen Werte $k'' = 10.12$, $k' = 6.88$ sind nach G. Herzberg (*l. c.* S. 154) durch $k'' = 10.144$, $k' = 6.899$ zu ersetzen. Vgl. auch C. H. D. Clark (*Nature* **135** [1935] 544). Zum Zusammenhang zwischen k und r_e in der Molekelgruppe P_2, PO, PN s. H. O. Pritchard, H. A. Skinner (*J. chem. Soc.* **1951** 945/52, 952), R. P. Smith (*J. phys. Chem.* **60** [1956] 1293/6), Y. P. Varshni (*J. chem. Phys.* **28** [1958] 1081/9, 1086). Über die Beziehungen zwischen k_e, Elektronegativität, Bindungsstärke und Bindungsklasse in der Gruppe P_2, PH und PN s. G. R. Somayajulu (*J. chem. Phys.* **28** [1958] 814/21, 816). *Force Constant*

Bandenspektrum. In der Entladung durch ein luftgefülltes Rohr, das zuvor mit P in Berührung war, werden einfache nach Rot abschattierte Banden zwischen 2375 und 2992 Å emittiert, die nicht ohne P und nicht ohne N_2 auftreten und daher PN zugeschrieben werden, was die Schwingungsanalyse bestätigt. 24 gem. Bandenköpfe lassen sich den Quantenzahlen $v'' = 0$ bis 10 und $v' = 0$ bis 9 zuordnen. In der v''-Progression nimmt der Bandenabstand mit zunehmender Wellenlänge ab, in der v'-Progression zu. Da es sich um einen $^1\Pi \rightarrow {}^1\Sigma$-Übergang handelt, treten P-, Q- und R-Zweige auf, J. Curry, L. Herzberg, G. Herzberg (*J. chem. Phys.* **1** [1933] 749; *Z. Phys.* **86** [1933] 348/66, 352). Einige dieser Banden ($v' = 0$ bis 5, $v'' = 0$ bis 7) sind auch im Spektrum der unkondensierten Entladung durch ein Gemisch aus trocknem N_2 und P-Dampf zwischen 2390 und 2780 Å zu beobachten, P. N. Ghosh, A. C. Datta (*Z. Phys.* **87** [1934] 500/4). Eine Hochspannungsentladung in einem Gemisch von N_2 und P-Dampf führt dagegen bei niedrigem Druck nicht zur Emission dieser Banden, R. W. B. Pearse (*Proc. Roy. Soc.* A **129** [1930] 328/54, 529). Zwei im Entladungsrohr mit Ar und Zusatz von P-Dampf bei Anwesenheit von Fettdämpfen beob. Dublettbandensysteme zwischen 2900 und 4400 Å können nicht von der PN-Molekel herrühren, da deren Träger ungerade Elektronenzahl haben muß, H. Bärwald, G. Herzberg, L. Herzberg (*Ann. Phys.* [5] **20** [1934] 569/93, 589). *Band Spectrum*

Oberhalb 450°C absorbiert PN die (0,0)-Bande 2518 Å; bei Temp.-Erhöhung wird die Bande intensiver, und im Absorptionsspektrum treten außer einigen schwächeren die Banden (0,1) 2605, (1,0) 2451, (2,1) 2466 Å auf, H. Moureu, B. Rosen, G. Wétroff (*C. r.* **209** [1939] 207/9). Die relativen Übergangswahrscheinlichkeiten berechnet S. Sankaranarayanan (*Physica* **29** [1963] 1403/8).

Das $^1\Pi \rightarrow {}^1\Sigma$-System und die zugehörigen Bandenkonstt. des PN sind sehr ähnlich wie bei CS und SiO in demselben Spektralbereich; auch mit dem 4. Bandensystem von CO, dem Lyman-System von N_2 sowie mit dem Spektrum von P_2 sind Analogien nachweisbar, W. Jevons (*Nature* **133** [1934] 619/20). Zum Vergleich mit weiteren Molekeln wie As_2, AsN usw., ferner mit Oxiden, Sulfiden, Seleniden und Telluriden von C, Si, Ge, Sn und Pb s. W. Jevons (*Proc. phys. Soc.* **56** [1944] 211/2). Vergleichende Übersicht über die Spektren der Nitride der 5. Gruppe, N. H. Coy, H. Sponer (*Phys. Rev.* [2] **58** [1940] 709/13).

Dissoziationsenergie D in eV. Extrapolation nach Birge-Sponer ergibt als obere Grenzwerte $D_0'' = 7.8$, $D_0' = 5.1$; da PN aus dem angeregten Zustand vermutlich in 2 angeregte Atome (beide im ^{2}D-Zustand) übergeht, muß D_0'' um die Summe der beiden Anregungsenergien (3.77 eV) kleiner sein *Dissociation Energy* als die Summe aus D'_0 und der Anregungsenergie des $^1\Pi$-Zustandes; hiernach wäre $D''_0 = 6.3$, J. CURRY, L. HERZBERG, G. HERZBERG (*Z. Phys.* **86** [1933] 348/56, 362/3), vgl. A. G. GAYDON (*Dissociation Energies and Spectra of diatomic Molecules*, 2. *Aufl.*, *London* 1953, S. 229). Den Wert $D''_0 = 138$ kcal/mol (6 eV) hält K. S. PITZER (*J. Am. chem. Soc.* **70** [1948] 2140/5, 2141) für zweifelhaft. Aus einer Beziehung zwischen ω_e und D ergibt sich $D'' = 7.8$, $D' = 5.4$, P. N. GHOSH, A. C. DATTA (*Z. Phys.* **87** [1934] 500/4). Aus dem Gleichgew. zwischen P_2, N_2 und PN bei 900°C und der Dissoz.-Energie von N_2 (9.756 eV) ergibt sich für PN $D''_0 = 7.10 \pm 0.05$, E. O. HUFFMAN, G. TARBUTTON, K. L. ELMORE, W. E. CATE, H. K. WALTERS, G. V. ELMORE (*J. Am. chem. Soc.* **76** [1954] 6239/43, 6240). Eine einfache Pot.-Energiefunktion, mit deren Hilfe sich Molekularkonstt. genauer berechnen lassen als nach der MORSE-Funktion, führt zu $D''_0 = 6.5$, E. R. LIPPINCOTT, E. SCHROEDER (*J. chem. Phys.* **23** [1955] 1131/41, 1137). — Zur Ber. der Potentialenergie der PN-Molekel ist die Funktion von POESCHL-TELLER der von MORSE überlegen, C. L. BECKEL (*J. chem. Phys.* **27** [1957] 998/1000). — Ältere geschätzte Werte für D''_0 s. bei L. PAULING (*J. Am. chem. Soc.* **54** [1932] 3570/82, 3579) und C. H. D. CLARK (*Trans. Faraday Soc.* **36** [1940] 370/6).

Modifications

Zustandsformen. Es existieren zwei verschiedene Formen des $(PN)_n$, eine gelbe, die durch therm. Zers. des P_3N_5 im Vak. bei 720°C erhalten wird, sowie eine bei höheren Zers.-Tempp. entstehende rote. Es ist unklar, ob es sich hier um verschiedene allotrope Modifikationen handelt, sie unterscheiden sich außer in der Farbe allein hinsichtlich ihres Verh. gegen H_2SO_4 (s. S. 311), H. MOUREU, P. ROCQUET (*Bl. Soc. chim.* [5] **3** [1936] 1801/11, 1806). Rotes $(PN)_n$ wird als α-Form bezeichnet, D. M. WILES, C. A. WINKLER (*J. phys. Chem.* **61** [1957] 902/3). Das ident. Röntgendiagramm von auf > 800°C im NH_3-Strom erhitztem P_3N_5 (s. S. 311) oder P_4N_6 (s. S. 316) läßt die Existenz einer farblosen krist. Modifikation des $(PN)_n$ vermuten, H. MOUREU, G. WÉTROFF (*Bl. Soc. chim.* [5] **4** [1937] 918/32, 932).

Physical Properties

Physikalische Eigenschaften. Amorph, s. beispielsweise M. BECKE-GOEHRING, J. SCHULZE (*Ber.* **91** [1958] 1188/95, 1189), J. SCHULZE (*Diss. Heidelberg* 1957, S. 11), E. O. HUFFMAN, G. TARBUTTON, G. V. ELMORE, A. J. SMITH, M. G. ROUNTREE (*J. Am. Soc.* **79** [1957] 1765/6). Glasige Lamellen. Dichte $D_0 = 2.49$, G. WÉTROFF (*Recherches chimiques et thermochimiques sur les composés du radical phosphonitrile*, *Paris* 1942, S. 42), s. auch P. RENAUD (*Ann. Chim.* [11] **3** [1935] 443/512, 496). Die ältere Angabe von H. MOUREU, P. ROCQUET (*Bl. Soc. chim.* [5] **3** [1936] 1801/11, 1810) (D = 1.65) soll demnach auf einem Rechenfehler beruhen, doch wird neuerdings $D^{25} = 1.79$ angegeben, M. BECKE-GOEHRING, J. SCHULZE (*l. c.* S. 1192).

Aus geringfügig abgeänderten Werten der Molekelkonstanten ergeben sich für die Enthalpie H° (in cal/Mol), die Wärmekapazität C_p° (in cal mol^{-1} grd^{-1}) und die Entropie S° (in cal mol^{-1} °K^{-1}) von gasf. PN folgende Werte (in Auswahl):

T in °K	100	298.15	400	600	800	1000	1500	2000
$H°-H_0°$	694.8	2079.9	2815.2	4341.3	5957.5	7631.8	11952.6	16369.1
C_p°	6.9564	7.0965	7.3552	7.8852	8.2490	8.4769	8.7621	8.8902
S°	42.8122	50.4374	52.5571	55.6437	57.9660	59.8331	63.3331	65.8733
T in °K	2500	3000	3500	4000	4500	5000	5500	6000
$H°-H_0°$	20834.2	25330.1	29848.8	34386.5	38941.2	43512.5	48101.6	52711.2
C_p°	8.9646	9.0165	9.0574	9.0927	9.1259	9.1598	9.1975	9.2419
S°	67.8657	69.5050	70.8980	72.1098	73.1827	74.1459	75.0207	75.8228

B. J. MCBRIDE, S. HEIMEL, J. G. EHLERS, S. GORDON (*NASA SP*-3001 [1963] 263). Die von R. L. POTTER, V. N. DI STEFANO (*J. phys. Chem.* **65** [1961] 849/55, 852) ber. Werte stimmen bei 298.15°K mit den oben zitierten genau überein, liegen jedoch bei höheren Tempp. etwas darunter, z. B. $S_{5000}^\circ = 74.136$, $C_{p5000}^\circ = 9.134$. Ähnliche Werte (bis 1000°K) s. auch bei K. J. MCCALLUM, E. LEIFER (*J. chem. Phys.* **8** [1940] 505), vgl. auch F. D. ROSSINI, D. D. WAGMAN, W. H. EVANS, S. LEVINE, I. JAFFE (*Circ. Bur. Stand.* Nr. 500 [1952] 81). Nach einer empir. Formel erhalten K. OTOZAI, S. KUME, S. FUKUSHIMA (*Bull. chem. Soc. Japan* **25** [1952] 302/9) $S_{298.15}^\circ = 49.8$. — Über Lichtabsorption s. S. 309.

Chemical Reactions. Stability

Chemisches Verhalten. Stabilität. Beide Formen des $(PN)_n$ sind bei gewöhnl. Temp. im Vak. und an trockner Luft stabil, für die gelbe Form s. beispielsweise W. MOLDENHAUER, H. DÖRSAM (*Ber.* **59** [1926] 926/31), M. BECKE-GOEHRING, J. SCHULZE (*l. c.* S. 1189), J. SCHULZE (*l. c.* S. 13), für die rote Form s. D. M. WILES, C. A. WINKLER (*J. phys. Chem.* **61** [1957] 902/3). $(PN)_n$ zeigt bei 0.02 Torr bereits bei ~600°C eine beträchtliche Dampfspannung und beginnt oberhalb ~800°C in N_2 und weißes P zu dissoziieren, H. MOUREU, G. WÉTROFF (*C. r.* **201** [1935] 1381/3; *Bl. Soc. chim.* [5] **4** [1937] 1839/50, 1845), s. auch H. MOUREU, P. ROCQUET (*Bl. Soc. chim.* [5] **3** [1936] 1801/11, 1810). Vollständige Zers. in die Elemente wird bereits durch mehrstd. Erhitzen bei 800°C erreicht, H. MOUREU, B. ROSEN, G. WÉTROFF (*C. r.* **209** [1939] 207/9). Ist im Vak. bei 10^{-3} bis 10^{-4} Torr im Temp.-Bereich 800 bis 1000°C stabil, E. O. HUFFMAN, G. TARBUTTON, G. V. ELMORE, A. J. SMITH, M. G. ROUNTREE (*J. Am. Soc.* **79** [1957] 1765/6). Die Aktivierungsenergie der Zers. von gasf. PN beträgt im Temp.-Bereich 534 bis 656°C ~24 kcal/Mol. Dieser Betrag zeigt, daß weder freie P- noch freie N-Atome den aktivierten Zustand charakterisieren oder an seiner Bldg. bei der Gesamt-Rk. $2\ PN_{gasf.} = (P_2)_{gasf.} + (N_2)_{gasf.}$ beteiligt sind, E. O. HUFFMAN, G. TARBUTTON, K. L. ELMORE, W. E. CATE, H. K. WALTERS, G. V. ELMORE (*J. Am. Soc.* **76** [1954] 6239/43). Zur Dissoz.-Wärme s. S. 309.

With Elements

Gegen Elemente. Mit durch elektr. Entladung erzeugten H-Atomen reagiert $(PN)_n$ bei 60°C nur langsam, schneller bei 300°C unter Bldg. von PH_3 sowie N-Atomen, D. M. WILES, C. A. WINKLER (*J. phys. Chem.* **61** [1957] 902/3). — Beide Formen werden beim Erhitzen an der Luft unter Auftreten von Luminescenzerscheinungen oxydiert, H. MOUREU, P. ROCQUET (*Bl. Soc. chim.* [5] **3** [1936] 1801/11, 1810). Die Verbrennung setzt bei ~600°C ein und verläuft sehr heftig, G. WÉTROFF (*Recherches chimiques et thermochimiques sur les composés du radical phosphonitrile, Paris* 1942, S. 33). Calorimetrisch bestimmte Verbrennungswärme $Q' = 166.8 \pm 0.3$ kcal/Mol, G. WÉTROFF (*C. r.* **213** [1941] 780/2). — $(PN)_n$ ist stabil im N_2-Strom bei 800°C, H. MOUREU, P. ROCQUET (*l. c.*). Geht im Temp.-Bereich 800 bis 1000°C in N_2-Atm. (1 at) in P_3N_5 über, E. O. HUFFMAN, G. TARBUTTON, G. V. ELMORE, A. J. SMITH, M. G. ROUNTREE (*J. Am. Soc.* **79** [1957] 1765/6). Bei Einw. von Cl_2 auf $(PN)_n$ entsteht $(PNCl_2)_3$ (s. S. 550), H. MOUREU, G. WÉTROFF (*C. r.* **204** [1937] 51/53), oder es bilden sich dessen höhere Polymere, H. MOUREU, G. WÉTROFF (*F.P.* 832826 [1937/38], *C.* **1939** I 213).

With Compounds

Gegen Verbindungen. Gelbes $(PN)_n$ wird bei gewöhnl. Temp. durch die Luftfeuchtigkeit allmählich in PH_3 und NH_3 zersetzt, M. BECKE-GOEHRING, J. SCHULZE (*Ber.* **91** [1958] 1188/95, 1189), J. SCHULZE (*Diss. Heidelberg* 1957, S. 13). $(PN)_n$ ist wesentlich schwieriger zu hydrolysieren als P_4N_6 (s. S. 317) oder P_3N_5. Vollständige Hydrolyse unter Bildung von $NH_4H_2PO_4$, $NH_4H_2PO_3$ und H_2 gelingt durch 3std. Erhitzen bei 215°C im Bombenrohr, H. MOUREU, G. WÉTROFF (*C. r.* **201** [1935] 1381/3), s. auch H. MOUREU, G. WÉTROFF (*Bl. Soc. chim.* [5] **4** [1937] 1839/50, 1850/7, 1845, 1855; *F.P.* 49955 [1938/39], *C.* **1941** I 684, *Zus.-P.* zu *F. P.* 832826 [1937/38], *C.* **1939** I 213). Durch 15tägige Hydrolyse des $(PN)_n$ in verschlossenen Gefäßen unter N_2-Druck bei gewöhnl. Temp. wird PNO_2H_2 (s. S. 337) erhalten nach: $5/n\ (PN)_n + 6H_2O = 2PH_3 + 3PNO_2H_2 + N_2$, P. RENAUD (*C. r.* **198** [1934] 1159/61; *Ann. Chim.* [11] **3** [1935] 443/512, 501). — Reagiert mit NH_3 bei 850°C unter Bldg. von P_3N_5, H. MOUREU, P. ROCQUET (*Bl. Soc. chim.* [5] **3** [1936] 1801/11, 1810), s. auch E. O. HUFFMAN u. a. (*l. c.*). — Über die Rk. von gasf. PN mit den Zers.-Prodd. des CF_3SF_5 s. T. J. MAO, R. D. DRESDNER, J. A. YOUNG (*J. Am. Soc.* **81** [1959] 1020/1). — Aufschluß mit Na_2O_2–Na_2CO_3 möglich, W. MOLDENHAUER, H. DÖRSAM (*Ber.* **59** [1926] 926/31), s. auch P. RENAUD (*Ann. Chim.* [11] **3** [1935] 443/512, 496).

Während die rote Form des $(PN)_n$ in der Wärme nur langsam von konz. H_2SO_4 angegriffen wird, löst sich die gelbe Form bereits bei gewöhnl. Temp. nach $2/n\ (PN)_n + 3H_2SO_4 + 4H_2O = 2H_3PO_4 + 2SO_2 + (NH_4)_2SO_4$, H. MOUREU, P. ROCQUET (*Bl. Soc. chim.* [5] **3** [1936] 1801/11, 1810), s. auch H. MOUREU, P. ROCQUET (*C. r.* **198** [1934] 1691/3), H. MOUREU, G. WÉTROFF (*Bl. Soc. chim.* [5] **4** [1937] 1839/50, 1845). $(PN)_n$ soll bei mehrtägigem Erhitzen mit verd. H_2SO_4-Lsg. bei 180°C im Bombenrohr im Gegensatz zum P_3N_5 stabil bleiben, s. W. MOLDENHAUER, H. DÖRSAM (*l. c.*). Zum Verh. gegen konz. H_2SO_4 s. auch J. SCHULZE (*Diss. Heidelberg* 1957, S. 11), D. M. WILES, C. A. WINKLER (*J. phys. Chem.* **61** [1957] 902/3).

Solubility

Löslichkeit. Beide Formen des $(PN)_n$ sind unlösl. in H_2O und den gebräuchlichen organ. Lsgmm., H. MOUREU, G. WÉTROFF (*C. r.* **204** [1937] 51/53), s. auch P. RENAUD (*Ann. Chim.* [11] **3** [1935] 443/512, 496). Unlösl. in fl. NH_3, G. BECKE-GOEHRING, J. SCHULZE (*Ber.* **91** [1958] 1188/95, 1189).

Triphosphorpentanitrid P_3N_5 oder $(P_3N_5)_n$

Triphosphorus Pentanitride

Zur Nomenklatur s. auch L. F. AUDRIETH, R. STEINMAN, A. D. F. TOY (*Chem. Rev.* **32** [1943] 99/108, 100). — Ältere Bezeichnungen: Phosphorstickstoff, F. BRIEGLEB, A. GEUTHER (*Lieb. Ann.* **123** [1862] 228/41, 235); Phosphornitrid, vgl. beispielsweise GMELIN-HANDBUCH, 7. *Aufl.*, *Bd.* 1, *Abt.* 3, S. 204; normales Phosphornitrid, G. WÉTROFF (*C. r.* **208** [1939] 580/3).

Formation. From the Elements

Bildung. Aus den Elementen. Bei der Rk. zwischen dem Dampf des weißen P und N_2 unter der Einw. von stillen elektr. Entladungen (s. „*Phosphor*“ *Tl.* B, S. 282) entstehen rotes P und P-Nitride, wahrscheinlich auch P_3N_5, V. Kohlschütter, F. Frumkin (*Z. Elektroch.* **20** [1914] 110/23, 118), vgl. beispielsweise auch V. F. Postnikov, L. L. Kuz'min (*Žurnal prikladnoj Chim.* [russ.] **8** [1935] 429/38, 432). Der Anteil des gebildeten P_3N_5 ist bei der Bldg. aus den Elementen stark abhängig vom Verhältnis der Ausgangsgase. Beim Erhitzen des mehr oder weniger heterogenen Prod. im Vak., in N_2- oder NH_3-Atm. auf 800 bis 1000°C verschiebt sich das Gleichgew. in den meisten Fällen zur Bldg. des kristallinen Pentanitrids hin, E. O. Huffman, G. Tarbutton, G. V. Elmore, A. J. Smith, M. G. Rountree (*J. Am. Soc.* **79** [1957] 1765/6). Hieraus erklären sich möglicherweise die für eine bevorzugte bis ausschließliche PN-Bldg. sprechenden Ergebnisse mancher Autoren, die aus der Bruttozus. auf das Vorliegen homogener Prodd. schließen, s. beispielsweise W. Moldenhauer, H. Dörsam (*Ber.* **59** [1926] 926/31). P_3N_5 entsteht meist jedoch nur in geringen Mengen, so auch bei der Bldg. aus den Elementen bei erhöhter Temp. (z. B. 600°) bei Ggw. eines Katalysators, wie Ni-Oxid oder platinierter Asbest, s. V. F. Postnikov, L. L. Kuz'min (*l. c.*). Besser ist die Ausbeute bei 900 bis 1000°C mit Al_2O_3, Ti, Mg, Bauxit oder Gemischen aus CoO, Al_2O_3 und K_2O als Katalysatoren, É. Urbain (*F.P.* 683187 [1929/30]), oder wenn die Rk. mit stöchiometr. Mengen der Ausgangsgase zusätzlich im Autoklaven durchgeführt wird, G. Fauser (*It.P.* 271701 [1928/30], *C.* **1935** I 3184). Zum Rk.-Mechanismus s. E. O. Huffman, G. Tarbutton, K. L. Elmore, W. E. Cate, H. K. Walters, G. V. Elmore (*J. Am. Soc.* **76** [1954] 6239/43).

From Phosphorus and Ammonia

Aus Phosphor und Ammoniak. Bei mehrtätigem Erhitzen von weißem P mit fl. NH_3 im Einschlußrohr auf 120°C entsteht ein schwarzes Prod., das beim Erhitzen bis auf 470°C im Vak. unter Freiwerden von NH_3, H_2, PH_3 und Abdestillieren von weißem und rotem P einen Rückstand von wenig P_3N_5 ergibt, A. Stock, O. Johannsen (*Ber.* **41** [1908] 1593/1607, 1601), s. auch A. Stock, H. Grüneberg (*Ber.* **40** [1907] 2573/8), P. Royen (*Z. anorg. Ch.* **229** [1936] 369/400, 394), A. Stock, W. Böttcher, W. Lenger (*Ber.* **42** [1909] 2853/63, 2862). Bei dem von A. Bineau (*Ann. Chim. Phys.* [2] **67** [1838] 225/51, 229) durch Einw. von Sonnenlicht auf P in NH_3 erhaltenen Prod. handelt es sich wahrscheinlich um verunreinigtes P_3N_5, H. Grüneberg (*Diss. Berlin* 1907).

From Phosphorus and Nitrogen Oxides

Aus Phosphor und Stickstoffoxiden. Die Nitridbldg. bei Einw. stiller elektr. Entladungen auf ein System aus Filmen von weißem P und einem Gemisch aus N_2O, N_2 und O_2 erfolgt wahrscheinlich durch Rk. der durch Spaltung des N_2O gebildeten N-Atome mit P, s. G. S. Deshmukh, Y. D. Kane (*Pr. Indian Acad. Sci.* A **25** [1947] 247/55, 254).

From Phosphines and Ammonia

Aus Phosphorwasserstoffen und Ammoniak. P_3N_5 befindet sich auch im Rückstand, den man beim Erhitzen des durch Einw. von fl. NH_3 auf festes P_9H_2 (s. S. 55) oder $P_{12}H_6$ (s. S. 54) entstehenden schwarzen Prod. auf >200°C im Vak. erhält, A. Stock u. a. (*l. c.* S. 2857).

From Phosphorus Nitrides

Aus Phosphornitriden. Im Gegensatz zur Annahme von H. Moureu, P. Rocquet (*Bl. Soc. chim.* [5] **3** [1936] 1801/11, 1811) und H. Moureu, G. Wétroff (*Bl. Soc. chim.* [5] **4** [1937] 918/32, 923) entsteht bei der therm. Zers. des P_4N_6 im Vak. bei >750°C P_3N_5 und nicht polymeres PN, E. O. Huffman, G. Tarbutton, G. V. Elmore, A. J. Smith, M. G. Rountree (*J. Am. Soc.* **79** [1957] 1765/6). — P_3N_5 kann sich unter geeigneten Bedingungen bei der Rk. von monomerem oder polymerem PN mit atomarem Stickstoff bilden, H. Moureu, G. Wétroff (*F.P.* 49955 [1938/39, *Zus.-P.* zu *F.P.* 832826 [1937/38], *C.* **1941** I 684). P_3N_5 ist auch das Rk.-Prod. der unter Entflammen bei ~630°C einsetzenden Rk. zwischen polymerem PN und NH_3, G. Wétroff (*Recherches chimiques et thermochimiques sur les composés du radical phosphonitrile, Paris* 1942, S. 53).

P_3N_5 ist Zwischenprod. bei der therm. Zers. des PNO (s. S. 331) bei >750°C im Vak., G. Wétroff (*C. r.* **205** [1937] 668/70).

From Phosphorus-Nitrogen-Hydrogen Compounds

Aus Phosphor-Stickstoff-Wasserstoffverbindungen. P_3N_5 wird als Endprod. der Desaminierung des unbekannten $P(NH_3)_5$ betrachtet, wobei es aus dem Phospham PN_2H (s. S. 321) direkt entsteht, W. C. Fernelius, W. C. Johnson (*J. chem. Educat.* **5** [1928] 828/35, 830), s. auch H. Moureu, G. Wétroff (*C. r.* **208** [1937] 436/9), L. F. Audrieth, O. F. Hill (*J. chem. Educat.* **25** [1948] 80/86, 85), L. F. Audrieth (*J. chem. Educat.* **34** [1957] 545/55, 547). Die Bldg. von P_3N_5 durch therm. Zers. des PN_2H wird bereits von A. Grüneberg (*Diss. Berlin* 1907, S. 48) vermutet, sie läßt sich bei ~450 bis ~700°C im Vak. erreichen, H. Moureu, P. Rocquet (*C. r.* **197** [1933] 1643/5, **198** [1934] 1691/3; *Bl. Soc. chim.* [5] **3** [1936] 1801/11, 1802, **4** [1937] 918/32, 924). Wahrscheinlich erfolgt die Bldg. von P_3N_5 bei einer Reihe der bekannten Bldg.-Rkk. letzten Endes durch NH_3-Abgabe von intermediär entstehendem PN_2H, s. beispielsweise H. Moureu, A. M. de Ficquelmont (*C. r.* **198** [1934] 1417/9), A. M. de Ficquelmont (*C. r.* **200** [1935] 1045/7). Zum Verlauf der Strukturänderungen bei der Bldg. des P_3N_5 aus PN_2H s. G. N. Copley (*Chem. Ind.* **18** [1940] 789/90), E. Steger (*Ber.* **94** [1961] 266/72, 271). —

P_3N_5 entsteht auch bei der therm. Zers. des $P_4(NH)_3$ (s. S. 326) bei $> 280°$, H. BEHRENS, L. HUBER (*Ber.* **93** [1960] 921/7).

Aus Phosphor-Stickstoff-Chlorverbindungen. P_3N_5 entsteht beim Erhitzen von $(PNCl_2)_x$ im Ammoniakstrom auf 825°C; mögliche Zwischenprodd. der Rk. sind $P_3N_3Cl_4(NH_2)_2$ (s. S. 562) oder PN_2H (s. S. 318), H. MOUREU, A. M. DE FICQUELMONT (*C. r.* **198** [1934] 1417/9, **200** [1935] 1045/7), vgl. auch L. F. AUDRIETH, R. STEINMAN, A. D. F. TOY (*Chem. Rev.* **32** [1943] 109/33, 125), F. W. AINGER, J. M. HERBERT (*Spec. Ceram. Proc. Symp. Brit. Ceram. Res. Assoc., Stoke-on Trent* 1959 [1960], S. 168/82 nach *C. A.* **1961** 25191). Es tritt intermediär bei der therm. Zers. des $P_3N_3Cl_4(NH_2)_2$ bei $> 700°C$ auf; es entsteht direkt, wenn die Subst. im NH_3-Strom auf 850°C erhitzt wird, A. M. DE FICQUELMONT (*Ann. Chim.* [11] **12** [1939] 169/280, 200). Es ist Endprod. der therm. Zers. der durch Ammonolyse von PCl_5 gebildeten Verbb., vgl. H. MOUREU, G. WÉTROFF (*C. r.* **204** [1937] 436/9), L. F. AUDRIETH u. a. (*l. c.* S. 112). Bei dem von H. ROSE (*Pogg. Ann.* **28** [1833] 529/50, 537) und J. v. LIEBIG, F. WÖHLER (*Lieb. Ann.* **11** [1834] 139/50, 134) durch Einw. von gasf. NH_3 auf PCl_5 erhaltenen und „Phosphorstickstoff" genannten Prod. handelt es sich tatsächlich um PN_2H, vgl. S. 318.

From Phosphorus-Nitrogen-Chlorine Compounds

Aus Phosphorpentahalogeniden und Metallnitriden und -amiden. Beim schwachen Erwärmen eines Gemisches aus PCl_5 und $NaNH_2$ wird ein stark verunreinigtes, wahrscheinlich P_3N_5 enthaltendes Prod. erhalten, W. P. WINTER (*J. Am. Soc.* **26** [1904] 1484/1512, 1493). Die durch Überleiten von PCl_5-Dampf mit Hilfe eines N_2-Stromes über erhitztes Mg_3N_2 entstehende grauweiße Masse enthält wahrscheinlich P_3N_5, F. BRIEGLEB, A. GEUTHER (*Z. Ch.* **5** [1862] 476/7; *Lieb. Ann.* **123** [1862] 228/41, 235). Diese Rk. ist wohl die ältestbekannte, die zur Bldg. von P_3N_5 führt. — P_3N_5 entsteht stets bei Rkk. von P-Halogeniden mit Metallnitriden, z. B. AlN, bei 183 bis 560°C, C. G. MINER (*U.S.P.* 1634796 [1925/27], 1634797 [1925/27], *C.* **1927** II 1234).

From Phosphorus Penta-halogenides and Metal Nitrides and Amides

Aus Phosphor-Schwefelverbindungen. PNS (s. S. 584) läßt sich bei 750°C im NH_3-Strom zum P_3N_5 abbauen, H. BEHRENS, K. KINZEL (*Z. anorg. Ch.* **299** [1959] 241/51, 248); ältere Angaben (Rk.-Temp. 850°C) s. bei A. STOCK (*Ber.* **39** [1906] 1967/2008, 1974), A. STOCK, H. GRÜNEBERG (*Ber.* **40** [1907] 2573/8). Das Nitrid entsteht ebenso durch therm. Zers. des $PS(NH_2)_3$ (s. S. 584) im Hochvak. bei 750 bis 800°C, O. KOCH (*Diss. München* 1953, S. 35), des $P_4S_3(NH)_7$ (s. S. 585) im NH_3-Strom bei ~750°C, H. BEHRENS, L. HUBER (*Ber.* **92** [1959] 2252/7, 2257), sowie der Ammoniumsalze von N-haltigen Thiophosphorsäuren, wie z. B. $(NH_4)_2[PS_3NH_2]$ im Hochvak. bei 700 bis 750°C oder $(NH_4)_3[PS_3NH]$ (s. „*Ammonium*" S. 442) und $(NH_4)_2[PS_2N]$ (s. „*Ammonium*" S. 443) bei Rotglut, A. STOCK (*l. c.* S. 1975, 1993), B. HOFFMANN (*Diss. Berlin* 1903, S. 41), s. auch A. STOCK, H. GRÜNEBERG (*l. c.* S. 2575), H. BEHRENS, K. KINZEL (*Z. anorg. Ch.* **299** [1959] 241/51, 250). Es bildet sich ferner, wenn das durch erschöpfende Behandlung von P_2S_5 mit trockenem NH_3 bei −20°C entstehende Prod. im NH_3-Strom allmählich auf 230°C und anschließend in einem Strome von H_2 oder N_2 vorsichtig höher erhitzt wird, A. STOCK, B. HOFFMANN (*Ber.* **36** [1903] 314/9, 316), B. HOFFMANN (*Diss. Berlin* 1903, S. 41). Dabei genügt es, wenn die Rk. zwischen P_2S_5 und NH_3 bei gewöhnl. Temp. abläuft und das Prod. im NH_3-Strom bei 850°C zersetzt wird. Bei Verwendung von P_4S_7 an Stelle des P_2S_5 ist die Ausbeute an Nitrid nur sehr gering, A. STOCK, H. GRÜNEBERG (*l. c.* S. 2576, 2578), H. GRÜNEBERG (*l. c.* S. 2046), vgl. hierzu, vor allem hinsichtlich des Rk.-Mechanismus, auch H. BEHRENS, K. KINZEL (*l. c.* S. 244). Beim Erhitzen eines Gemisches aus P_2S_5 und NH_4Cl wird nur ein stark verunreinigtes Präp. erhalten, A. STOCK, H. GRÜNEBERG (*l. c.* S. 2578).

From Phosphorus-Sulfur Compounds

Darstellung. Hierzu eignen sich die Bldg.-Weisen von A. STOCK, B. HOFFMANN (*Ber.* **36** [1903] 314/9, 316) aus $P_2S_5 \cdot 7NH_3$ und von H. MOUREU, A. M. DE FICQUELMONT (*C. r.* **198** [1934] 1417/9) aus $(PNCl_2)_4$. Da im ersten Falle zur Beseitigung der letzten Anteile von S Tempp. notwendig sind, die nahezu der Zers.-Temp. des P_3N_5 entsprechen, wird hier am zweckmäßigsten in einem beiderseits offenen Rohr aus Jenaer Glas erhitzt, das mit geringem Spielraum verschiebbar in ein Außenrohr eingepaßt ist. Bei Verwendung von H_2 als Trägergas zeigt NH_3-Geruch beginnende Zers. des Präp. infolge Temp.-Überschreitung an, s. hierzu G. BRAUER (*Handbuch der präparativen anorganischen Chemie*, 2. *Aufl.*, *Bd.* 1, *Stuttgart* 1960, S. 513/4). Reines N_2 ist in diesem Falle als Trägergas beim Erwärmen der S-haltigen Zwischenprodd. vorzuziehen, da hierin die Zers. des P_3N_5 erst bei wesentlich höherer Temp. als in der reduzierenden H_2-Atm. eintritt. Am besten gelingt die Überführung der Zwischenprodd. durch Erhitzen in einem Strome von NH_3 bzw. seinem beim Erhitzen entstehenden Gemisch mit N_2 und H_2. Zur Darst. größerer Mengen P_3N_5 wird am vorteilhaftesten in einem Glasrohr gleichmäßig ausgebreitetes P_2S_5 etwa einen Tag lang mit gereinigtem trocknem NH_3 gesättigt, dann bei weiterem Durchleiten des Gases 4 Std. lang schwach erhitzt; anschließend wird innerhalb von mehreren

Preparation

Std. die Temp. bis zur Rotglut des Rohres gesteigert und 4 Std. dabei gehalten; die nach Abkühlen im NH_3-Strom zurückbleibende Masse enthält noch etwas S, das jedoch beim nochmaligen Erhitzen auf 850°C im NH_3-Strom vollständig verschwindet, A. STOCK, H. GRÜNEBERG (*l. c.* S. 2577), H. GRÜNEBERG (*l. c.* S. 39).

Thermodynamic Data of Formation

Thermodynamische Daten der Bildung. Aus Bestt. der Verbrennungswärme von A. STOCK, F. WREDE (*Ber.* **40** [1907] 2923/5) berechnete Enthalpie-Änderungen in kcal/Mol für die Bldg. aus den Elementen (weißes P und gasf. N_2) unter Standardbedingungen: $\Delta H^\circ_{291.16} = -75.0$, F. R. BICHOWSKY, F. D. ROSSINI (*The thermochemistry of the chemical substances, New York* 1936, *Neudruck* 1951, S. 39), $\Delta H^\circ_{291.16} = -75.030 \pm 0.200$, C. V. SCHWARZ (*Arch. Eisenhüttenw.* **24** [1953] 285/306, 291), $\Delta H^\circ_{298.16} = -75.7$, F. D. ROSSINI, D. D. WAGMAN, W. H. EVANS, S. LEVINE, I. JAFFE (*Circ. Bur. Stand.* Nr. 500 [1952] 81). Im Temp.-Bereich 17 bis 21°C ergibt sich für die folgende Bldg.-Rkk.: $^3/_4 P_{4\,gasf} + {^5/_2} N_{2\,gasf} = 1/n(P_3N_5)_{n\ fest}$ und $3/n(PN)_{n\ fest} + N_2 = 1/n(P_3N_5)_{n\ fest}$, $\Delta H = -91 \pm 1$ bzw. $\Delta H = -27 \pm 1$ kcal/Mol, G. WÉTROFF (*Recherches chimiques et thermochimiques sur les composés du radical phosphonitrile, Paris* 1942, S. 68).

Molecule

Molekel. P_3N_5 läßt sich auf Grund seiner Rk. mit Cl_2 (s. S. 315) als normales polymeres Nitrid des Phosphornitridradikals auffassen, ihm käme demnach die Konstit. $[N_2(PN)_3]$ zu, G. WÉTROFF (*l. c.; C. r.* **208** [1939] 580/3). Da das Ultrarotspektrum dem des PN_2H (s. S. 320) bis auf die NH-Schwingungen entspricht, ist anzunehmen, daß durch NH_3-Verlust bedingt an die Stelle von 2 P-NH-P-Brücken des Phosphams eine Gruppierung des 5wertigen P mit tertiärem N, also $(\vdots P\cdot)_3\,N$ tritt, die durch entartete Valenzschwingungen die gleichen Schwingungsfrequenzen liefern kann wie P-NH-P-Brücken. Somit dürfte P_3N_5 ein Haufwerk von P-Atomen bilden, die durch $-N=$ Brücken und 3bindige tertiäre N-Atome miteinander verknüpft sind. Diese Anordnung (vgl. Formelbild I) macht auch den amorph-polymeren Charakter verständlich, den die Subst. in den meisten Fällen zeigt, E. STEGER (*Ber.* **94** [1961] 266/72, 271). Zur Formulierung einer Ringstruktur mit 3wertigem P für die Einzelmolekel bei Annahme ihrer Bldg. aus trimerem Phospham $(PN_2H)_3$ (s. S. 320) durch G. N. COPLEY (*Chem. Ind.* 18 [1940] 789/90), s. Formelbild II.

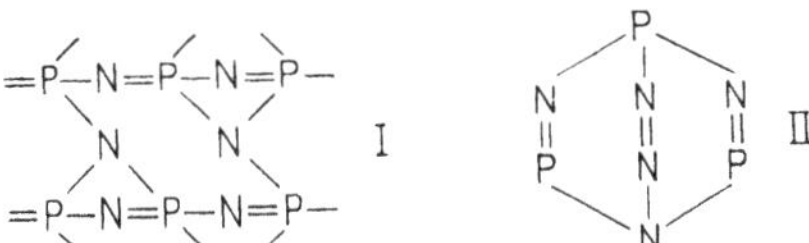

Bindungstheoret. Betrachtungen über die Stabilität des P_3N_5 auf Grund der unterschiedlichen Quotienten der Radien der beiden Komponenten im Falle von kovalentem und ionogenem Bindungszustand s. bei JU. M. GOLUTIN (*Izvestija Akad. Nauk SSSR Otdel. chim.* [russ.] **1953** 781/7).

Physical Properties

Physikalische Eigenschaften. In reinem Zustand weiß, geruch- und geschmacklos. Rötliche Färbung deutet auf Verunreinigung durch etwas rotes P hin, A. STOCK, B. HOFFMANN (*Ber.* **36** [1903] 314/9, 316), B. HOFFMANN (*Diss. Berlin* 1903, S. 42). Letztere tritt vor allem nach längerem Erhitzen auf >850°C auf, sie bleibt jedoch auch dann bestehen, wenn das Präp. im Hochvak. langsam von 900°C abgekühlt wird, wobei freies P allerdings verdunsten müßte, A. STOCK, H. GRÜNEBERG (*Ber.* **40** [1907] 2573/8), H. GRÜNEBERG (*Diss. Berlin* 1907, S. 43), s. hierzu auch G. WÉTROFF (*l. c.* S. 53). Gewöhnlich amorph; erst nach der Farbänderung in Braunrot beim Erhitzen in einem strömenden Gasgemisch aus NH_3 und N_2 bei 800°C wird röntgenographisch krist. Struktur festgestellt, doch ist ungeklärt, ob diese durch Modifikationsänderung oder durch die bei der Behandlung entstandenen Verunreinigungen bedingt ist, H. MOUREU, P. ROCQUET (*Bl. Soc. chim.* [5] **3** [1936] 1801/11, 1808). Die zunehmende Ausbldg. von krist. Phasen in den aus den Elementen unter dem Einfluß von elektr. Entladungen gebildeten mehr oder weniger heterogenen Prodd., wenn sich deren Atomverhältnis P:N durch Erhitzen im Vak., in N_2- oder NH_3-Atm., bei 800 bis 1000°C dem Werte 1.66 nähert, spricht für die Möglichkeit einer kristallinen Form des P_3N_5, E. O. HUFFMAN, G. TARBUTTON, G. V. ELMORE, A. J. SMITH, G. ROUNTREE (*J. Am. Soc.* **79** [1957] 1765/6). — Die vorliegenden Dichtebestt. streuen stark: $D^{18} = 2.51$, A. STOCK, H. GRÜNEBERG (*l. c.* S. 2577), H. GRÜNEBERG (*l. c.* S. 43); $D^{25}_4 = 2.495$, $V_{mol} = 65.2$, H. HERZER (*Diss. Hannover T.H.* 1927, S. 20); $D^\circ = 2.3$, G. WÉTROFF (*l. c.* S. 41). — Im Temp.-Bereich 0 bis ~305.3°C ergibt sich die wahre spezif. Wärme c des P_3N_5 aus der Gleichung $c = 0.2027 + 6.252 \times 10^{-4}t$, die mittlere spezif. Wärme $\bar{c} = 0.2027 + 3.126 \times 10^{-4}t$; hierin ist t in °C einzusetzen, und es gilt $c = d(\bar{c}t)/t$, S. SATOH (*Sci. Pap. Inst. Tokyo* **34** [1937/38] 888/96, 892). Die ber. Werte für die wahren Molwärmen c bei 25, 100 und 200°C sind 35.60, 43.25 bzw. 53.45 cal/Mol · grd, S. SATOH (*Sci. Pap. Inst. Tokyo* **35** [1939] 385/98, 387).

Chemical Reactions. Stability

Chemisches Verhalten. Stabilität. P_3N_5 ist bei gewöhnl. Temp. an der Luft stabil und nur schwach hygroskopisch (reversibel), A. STOCK, H. GRÜNEBERG (*Ber.* **40** [1907] 2573/8, 2577), vgl. auch H. MOUREU, G. WÉTROFF (*Bl. Soc. chim.* [5] **4** [1937] 1839/50, 1845). Läßt sich unzersetzt bei 120°C trocknen, V. F. POSTNIKOV, L. L. KUZ'MIN (*Žurnal prikladnoj Chim.* [russ.] 8 [1935] 429/38, 434). Im Vak. setzt Zerfall unter Freiwerden von N_2 bei ~760°C ein, A. STOCK, H. GRÜNEBERG (*l. c.* S. 2578), s. auch A. STOCK, B. HOFFMANN (*Ber.* **36** [1903] 314/9, 316), B. HOFFMANN (*Diss. Berlin* **1903**, S. 42). Auf Grund thermodynam. Überlegungen ergibt sich, daß der Zerfall des P_3N_5 in die Elemente im Vak. bereits bei ~500°C einsetzen müßte. Tatsächlich führt die Zers. aber zu PN und N_2, H. MOUREU, P. ROCQUET (*C. r.* **198** [1934] 1691/3; *Bl. Soc. chim.* [5] **3** [1936] 1801/11, 1802, 1805), vgl. auch H. MOUREU, G. WÉTROFF (*l. c.* S. 1845). Die Beobachtungen über die Zers.-Tempp. im Vak. weichen stark voneinander ab. Außer dem bereits erwähnten Wert (~760°C) finden sich noch folgende Angaben: 550°C, T. J. MAO, R. D. DRESDNER, J. A. YOUNG (*J. Am. Soc.* **81** [1959] 1020/1), 710°C, H. MOUREU, P. ROCQUET (*Bl. Soc. chim.* [5] **3** [1936] 1801/11, 1809); der Verlauf der therm. Zers. des $PS(NH_2)_3$ (s. S. 584) läßt dagegen auf die Stabilität des P_3N_5 noch im Temp.-Bereich 750 bis 800°C im Hochvak. schließen, O. KOCH (*Diss. München* **1953**, S. 36), wofür auch die Ergebnisse von E. O. HUFFMAN, G. TARBUTTON, G. V. ELMORE, A. J. SMITH, M. G. ROUNTREE (*J. Am. Soc.* **79** [1957] 1765/66) sprechen. Unter Normaldruck soll die Zers. bei ~800° einsetzen, wobei in N_2-Atm. elementares P erhalten wird, V. F. POSTNIKOV, L. L. KUZ'MIN (*l. c.* S. 434), s. jedoch E. O. HUFFMAN u. a. (*l. c.*).

With Elements

Gegen Elemente. Im H_2-Strom reagiert P_3N_5 bei der Zers.-Temp. unter Bldg. von NH_3, A. STOCK, B. HOFFMANN (*l. c.* S. 316), B. HOFFMANN (*l. c.* S. 42). Bei der Bldg. aus PNS im H_2-Strom wird P_3N_5 bereits bei seiner Entstehungstemp. reduziert, A. STOCK, H. GRÜNEBERG (*l. c.* S. 2575). — Bei der Zers. im Luftstrom entsteht etwas P_2O_5 neben den Elementen, V. F. POSTNIKOV, L. L. KUZ'MIN (*l. c.* S. 434). P_3N_5 verglüht im O_2-Strom bei hohen Tempp., A. STOCK, B. HOFFMANN (*l. c.* S. 317), B. HOFFMANN (*l. c.* S. 44), s. jedoch H. GRÜNEBERG (*l. c.*). Seine Verbrennungswärme beträgt bei konst. Vol. 473.2 kcal/Mol, A. STOCK, F. WREDE (*Ber.* **40** [1907] 2923/5). — Stabil gegen N_2 bis zur Zers.-Temp., s. beispielsweise A. STOCK, B. HOFFMANN (*l. c.* S. 316), E. O. HUFFMAN u. a. (*l. c.*). — In Cl_2-Atm. entflammt die Subst. bei der Erweichungstemp. von Hartglas, A. STOCK, B. HOFFMANN (*l. c.* S. 317), B. HOFFMANN (*l. c.* S. 43). Die Rk. mit Cl_2 unter Bldg. von $PNCl_2$ (s. S. 550) tritt bei 720°C ein, sie wird vollständig, wenn die Subst. 2 Std. lang bei 750 bis 770°C gehalten wird, G. WÉTROFF (*Recherches chimiques et thermochimiques sur les composés du radical phosphonitrile, Paris* **1942**, S. 41), s. auch G. WÉTROFF (*C. r.* **208** [1939] 580/3). — Beim Erhitzen von P_3N_5 mit einigen Metallen, wie beispielsweise Na und Mg, entstehen Phosphide, A. STOCK, B. HOFFMANN (*l. c.* S. 318), B. HOFFMANN (*l. c.* S. 43). Unter bestimmten Bedingungen kann die explosionsartige Rk. zwischen dem Nitrid und Mg verhindert werden; die Rk. verläuft im Temp.-Bereich ~500 bis ~800°C nach $4P_3N_5 + 21Mg = 6PN_3Mg_2 + N_2 + 3P_2Mg_3$. Die analoge Rk. mit Ca setzt bereits bei 200°C ein und erfolgt wesentlich heftiger; die Rk.-Prodd. Ca_2PN_3 und Ca_3P_2 lassen sich hierbei nicht trennen, H. MOUREU, G. WÉTROFF (*C. r.* **210** [1940] 436/8), s. auch G. WÉTROFF (*l. c.* S. 46).

With Nonmetal Compounds

Gegen Verbindungen der Nichtmetalle. Bei gewöhnl. Temp. reagiert P_3N_5 nicht mit H_2O; in sd. H_2O zersetzt es sich z. T. nach $P_3N_5 + 12H_2O = 3H_3PO_4 + 5NH_3$, quantitativ beim Erhitzen im Einschlußrohr bei >180°C, A. STOCK, B. HOFFMANN (*l. c.* S. 317), B. HOFFMANN (*l. c.* S. 43), W. HOLLE (*Diss. Berlin* 1908). Im letzten Fall wird ein Gemisch aus $NH_4H_2PO_4$ und $(NH_4)_2HPO_4$ erhalten, H. MOUREU, G. WÉTROFF (*Bl. Soc. chim.* [5] **4** [1937] 1839/50, 1850/7, 1845, 1853). Sehr schnelle Hydrolyse erfolgt bei 250°C, V. F. POSTNIKOV, L. L. KUZ'MIN (*Žurnal prikladnoj Chim.* [russ.] 8 [1935] 429/38, 435); hier auch Angaben über die für quantitative Zers. des P_3N_5 erforderlichen H_2O-Mengen. — P_3N_5 läßt sich durch Behandlung mit überhitztem H_2O-Dampf in Ammoniumphosphatdünger überführen, G. FAUSER (*It.P.* 271701 [1928/30], *C.* **1935** I 3184). — Beim Erhitzen in NH_3-Atm. bei Tempp. >820°C nimmt mit Auftreten der Braunfärbung der N-Gehalt des Präp. um ~1% ab, G. WÉTROFF (*l. c.* S. 54), vgl. hier auch die Ergebnisse von E. O. HUFFMAN u. a. (*l. c.*). — Bei 710°C reagiert P_3N_5 mit NF_3 oder CF_3SF_5 unter Bldg. von $(PNF_2)_x$ (x = 3, 4; s. S. 545), im letzten Falle entsteht auch PN (s. S. 308) neben den Zers.-Prodd. des CF_3SF_5, T. J. MAO, R. D. DRESDNER, J. A. YOUNG (*J. Am. Soc.* **81** [1959] 1020/1).

With Acids

Gegen Säuren. Konz. HCl und verd. HNO_3 greifen P_3N_5 selbst in der Wärme nicht an; durch konz. HNO_3 wird es bei gewöhnl. Temp. nur sehr langsam zersetzt, schneller durch konz. H_2SO_4, V. F.

POSTNIKOV, L. L. KUZ'MIN (*l. c.* S. 436). Ältere Angaben über die Rkk. mit anorgan. Säuren s. bei A. STOCK, B. HOFFMANN (*Ber.* **36** [1903] 314/9, 317), B. HOFFMANN (*Diss. Berlin* 1903, S. 42), W. MOLDENHAUER, H. DÖRSAM (*Ber.* **59** [1926] 926/31, 929). Im Gegensatz zu PN und P_4N_6 (s. S. 317) wird bei der Rk. mit konz. H_2SO_4 kein SO_2 entwickelt, H. MOUREU, G. WÉTROFF (*Bl. Soc. chim.* [5] **4** [1937] 1839/50, 1845), der Rk.-Verlauf ist vielmehr: $2P_3N_5 + 5H_2SO_4 + 24H_2O = 6H_3PO_4 + 5(NH_4)_2SO_4$, H. MOUREU, P. ROCQUET (*Bl. Soc. chim.* [5] **3** [1936] 1801/11, 1808), vgl. auch O. KOCH (*Diss. München* 1933, S. 35). Beim Erhitzen mit verd. Säuren im Einschlußrohr auf $> 180°C$ erfolgt Hydrolyse wie im Falle des reinen H_2O, H. GRÜNEBERG (*Diss. Berlin* 1907, S. 46).

With Metal Compounds

Gegen Metallverbindungen. Viele Oxide, z. B. PbO, CuO und As_2O_3 werden beim Erhitzen mit P_3N_5 zu Metall reduziert; die Red. von Sb_2O_3 gelingt nur schwierig, während ZnO bei der Schmelztemp. des Glases unverändert bleibt, A. STOCK, B. HOFFMANN (*l. c.* S. 318), B. HOFFMANN (*l. c.* S. 43). — Zers. beim Schmelzen mit Alkalihydroxiden und Alkalisalzen, V. F. POSTNIKOV, L. L. KUZ'MIN (*l. c.* S. 436), im ersteren Falle entstehen NH_3 und H_3PO_4. Beim Erhitzen mit Salpeter erfolgt die Rk. unter Verpuffung und Entzündung, H. GRÜNEBERG (*Diss. Berlin* 1907, S. 44).

Other Properties

Sonstige Eigenschaften. Unlösl. in H_2O und den gebräuchlichen organ. Lsgmm., A. STOCK, B. HOFFMANN (*l. c.* S. 317), B. HOFFMANN (*l. c.* S. 43), s. auch W. MOLDENHAUER, H. DÖRSAM (*l. c.* S. 929). Die mit H_2O manchmal entstehende, Lackmus rötende Lsg. ist wahrscheinlich durch H_3PO_4 bedingt, durch das P_3N_5 meist verunreinigt ist, A. STOCK, B. HOFFMANN (*l. c.* S. 317), B. HOFFMANN (*l. c.* S. 43), s. auch A. STOCK, H. GRÜNEBERG (*Ber.* **40** [1907] 2573/8, 2577). — Durch P_3N_5 wird der Nitratgehalt des Bodens selbst bei Vorliegen von optimalen Bedingungen für die Nitrifizierung nur unwesentlich verändert. Das N der Verb. wird wahrscheinlich nicht direkt in Nitrat übergeführt, F. E. ALLISON (*J. agric. Res.* **28** [1924] 1117/8).

Tetraphosphorus Hexanitride

Tetraphosphorhexanitrid P_4N_6 **oder** $(P_4N_6)_n$.

Zur Nomenklatur s. L. F. AUDRIETH, R. STEINMAN, A. D. F. TOY (*Chem. Rev.* **32** [1943] 99/108, 106). Ältere Bezeichnung: Phosphorpernitrid, H. MOUREU, G. WÉTROFF (*C. r.* **201** [1935] 1381/3).

Darst. durch therm. Zers. des bei der Einw. von fl. NH_3 auf PCl_3 gebildeten $P_2(NH)_3$ (s. S. 325) im Vak. bei 550°C, H. MOUREU, G. WÉTROFF (*l. c.*). Polemik über den Rk.-Verlauf und die Existenz des P_4N_6 s. bei R. RENAUD (*Bl. Soc. chim.* [5] **4** [1937] 1291/3), H. MOUREU, G. WÉTROFF (*Bl. Soc. chim.* [5] **4** [1937] 1293/7). Das Prod. ist wahrscheinlich stets mit etwas Ausgangssubst. verunreinigt, H. MOUREU, G. WÉTROFF (*Bl. Soc. chim.* [5] **4** [1937] 918/32, 931). P_4N_6 entsteht wahrscheinlich auch bei der Einw. von elektr. Entladungen auf die Elemente, vgl. hierzu E. O. HUFFMAN, G. TARBUTTON, G. V. ELMORE, A. J. SMITH, M. G. ROUNTREE (*J. Am. Soc.* **79** [1957] 1765/6). Außerdem kann es sich unter geeigneten Bedingungen bei der Rk. von monomerem oder polymerem PN mit atomarem Stickstoff bilden, H. B. V. MOUREU, G. WÉTROFF (*F.P.* 49955 [1938/39], *Zus.-P.* zu *F.P.* 832826 [1937/38], *C.* **1941** I 684). Bei der von P. H. ROSE (*Pogg. Ann.* **24** [1832] 109/65, 295/341, 308) beschriebenen Phosphambldg. aus NH_3 und P-Halogeniden soll P_4N_6 entstehen, H. MOUREU, G. WÉTROFF (*C. r.* **204** [1937] 436/9; *Bl. Soc. chim.* [5] **4** [1937] 918/32, 922), s. auch S. 318; dem wird jedoch von E. STEGER (*Mitt. Bl. Chem. Ges. DDR Sonderh.* **1957** 41/2) auf Grund von UR-spektroskop. Analysen widersprochen.

Im reinen Zustand weiß, H. MOUREU, G. WÉTROFF (*C. r.* **201** [1935] 1381/3), sonst mehr oder weniger intensiv orangerot, H. MOUREU, P. ROCQUET (*Bl. Soc. chim.* [5] **3** [1936] 1801/11, 1811). Konstit. entspricht wahrscheinlich der eines Subnitrids des Phosphornitrid-Radikals PN, nämlich $(N_2(PN)_4)$. In H_2O-freiem Toluol bestimmte Dichte: $D_0 = 2.6$, G. WÉTROFF (*Recherches chimiques et thermochimiques sur les composés du radical phosphonitrile, Paris* 1942, S. 44/45), s. auch G. WÉTROFF (*C. r.* **208** [1939] 580/3).

Amorph, nicht flüchtig; es entflammt in reinem Zustand an der Luft im Gegensatz zum P_3N_5 (s. S. 315), doch wird die Rk. bereits durch geringe Mengen des dabei entstehenden P_2O_5 zum Stillstand gebracht. P_4N_6 ist im Vak. (< 1 Torr) bei $< 750°C$ stabil, oberhalb 750°C tritt Zers. zu einem kristallinen Prod. ein, vornehmlich bei 820 bis 830°C, H. MOUREU, G. WÉTROFF (*l. c.*; *Bull. Soc. chim.* [5] **4** [1937] 918/32, 923, 930). Im Gegensatz zur Annahme dieser Autoren ist das Rk.-Prod. der therm. Zers. nicht $(PN)_n$ (s. S. 306), sondern $(P_3N_5)_n$ (s. S. 311), E. O. HUFFMAN u. a. (*l. c.*). Die neben der N_2-Entw. beim Erhitzen an der Luft meist auftretende spurenweise Bldg. von NH_3 erklärt sich durch die Hygroskopizität des P_4N_6 und die Verunreinigung mit $P_2(NH)_3$, wobei letztere auch für die geringe Bldg. von H_2 verantwortlich ist, H. MOUREU, G. WÉTROFF (*Bl. Soc. chim.* [5] **4** [1937] 918/32, 931).

Beim Erhitzen in H_2-Atmosphäre zersetzt es sich unter Bldg. von NH_3 und weißem Phosphor, H. MOUREU, G. WÉTROFF (*l. c.* S. 930; *C. r.* **201** [1935] 1381/3). Nur geringe Veränderung des Atomverhältnisses N : P in N_2-Atm. bei 800 bis 1000°C, E. O. HUFFMAN u. a. (*l. c.*). P_4N_6 verbrennt in Cl_2-Atm. zu Phosphornitridchloriden, hauptsächlich zu $(PNCl_2)_3$ (s. S. 550), bei > 700°C; unterhalb 700°C wird es von Cl_2 nicht angegriffen, G. WÉTROFF (*C. r.* **208** [1939] 580/3; *Recherches chimiques et thermochimiques sur les composés du radical phosphonitrile, Paris* 1942, S. 45).

Bei gewöhnl. Temp. unlösl. in H_2O. Bei 12std. Erhitzen im Bombenrohr hydrolysiert es, wobei $(NH_4)_2HPO_4$, $NH_4H_2PO_4$ und $NH_4H_2PO_3$ entstehen; das gebildete Phosphit reagiert teilweise weiter nach $NH_4H_2PO_3 + H_2O = NH_4H_2PO_4 + H_2$. 93 bis 95% des eingesetzten P_4N_6 werden bei dieser Rk. umgesetzt, H. MOUREU, G. WÉTROFF (*C. r.* **201** [1935] 1381/3). Bereits bei gewöhnl. Temp. erfolgt langsame Hydrolyse, H. MOUREU, G. WÉTROFF (*Bl. Soc. chim.* [5] **4** [1937] 918/32, 930), vgl. auch H. MOUREU, G. WÉTROFF (*Bl. Soc. chim.* [5] **4** [1937] 1839/50, 1850/7, 1847, 1856). Es ist unlösl. in fl. NH_3 und bleibt bei < 830°C im NH_3-Strom stabil, oberhalb 840° erfolgt Zers. zum P_3N_5 (s. S. 311), H. MOUREU, G. WÉTROFF (*l. c.* S. 930), vgl. auch E. O. HUFFMAN u. a. (*l. c.*). Wird frisch hergestelltes P_4N_6 mindestens 24 Std. in NH_3-Atm. belassen, so wird die Subst. bräunlich, dann mit Aufkondensieren von NH_3 gelblich bis weiß, während man nach Abdampfen der rot gewordenen überstehenden Fl. einen braunen Rest erhält, der beim Erhitzen auf 525°C weiß bis stark orangerot wird und sich im Gegensatz zum reinen P_4N_6 an der Luft nicht selbst entzündet; diese Eig.-Änderungen sind wahrscheinlich durch die spurenweise Bldg. von Verunreinigungen, möglicherweise von festem P-Hydrid (P_9H_2 ?, s. S. 55) bedingt. Durch Erhitzen im Vak. auf 800°C wird die Verb. wieder selbstentzündlich, H. MOUREU, G. WÉTROFF (*l. c.* S. 927, 930). Im Gegensatz zum Verh. des P_3N_5 (s. S. 315) wird beim Erhitzen des P_4N_6 mit konz. Schwefelsäure SO_2 frei nach der Rk.: $P_4N_6 + 4H_2SO_4 + 14H_2O = SO_2 + 3(NH_4)_2SO_4 + 4H_3PO_4$, H. MOUREU, G. WÉTROFF (*Bl. Soc. chim.* [5] **4** [1937] 1839/50, 1843), vgl. auch H. MOUREU, G. WÉTROFF (*C. r.* **204** [1937] 436/9).

2.2.4.4.6.6-Hexaazido-2.4.6-triphospha-1.3.5-triazin P_3N_{21} $= (PN(N_3)_2)_3$. *Hexaazido-triphospha-triazine*

Weitere Bezeichnung: Trimeres Phosphonitridazid.

Zur Darst. wird eine Lsg. von 0.696 g $(PNCl_2)_3$ (s. S. 552) in 6 ml Aceton in N_2-Atm. tropfenweise unter schwachem Rühren mit einer Lsg. von 1.56 g von nach J. NELLES (*Ber.* **65** [1932] 1345/7) aktiviertem NaN_3 in 8 ml H_2O versetzt (Molverhältnis $(PNCl_2)_3 : NaN_3 = 1:6$), wobei sich das in exothermer Rk. entstehende P_3N_{21} in Form von kleinen Öltröpfchen ausscheidet, die nach kurzzeitigem Erhitzen auf 45°C, 2std. Stehen und anschließendem Versetzen des Gemisches mit 20 ml H_2O durch Äther extrahiert werden. Beim Abdampfen des Extraktionsmittels bleibt das Azid als farbloses Öl zurück. Seine Konstit. entspricht wahrscheinlich der des $(PNCl_2)_3$, vgl. nebenstehende Struktur. Das Öl kristallisiert nicht, selbst nicht bei längerem Lagern bei −20°C. Es ist schwerer als H_2O, unlösl. in diesem, doch mit sämtlichen allgemein gebräuchlichen organ. Lsgmm. mischbar. Beim langsamen Erwärmen eines kleinen Tröpfchens auf 250°C verdampft dieses offensichtlich unzersetzt, doch beim Erhitzen in offener Flamme oder einem schwachen Schlag tritt sehr heftige Explosion unter Auftreten eines hellen Lichtblitzes ein, die bereits bei Einsatz kleinster Mengen (< 0.6 g) große Zerstörungen verursachen kann.

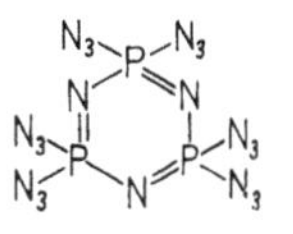

P_3N_{21} ist ziemlich stabil gegen Alkalien und wird innerhalb von 10 Min. selbst von sd. 10%iger NaOH-Lsg. nicht angegriffen. Durch Säuren wird es schnell zersetzt, so durch konz. HNO_3 innerhalb von wenigen Min., C. GRUNDMANN, R. RÄTZ (*Z. Naturf.* **10b** [1955] 116/7).

Imide und Amide

Imides and Amides

Zur Nomenklatur dieser Verbb. einschließlich einiger Nitride vgl. R. A. SHAW, B. W. FITZSIMMONS, B. C. SMITH (*Chem. Rev.* **62** [1962] 247/81, 249/50); außer den in diesem Kapitel explizit behandelten Substt. werden folgende hypothet. oder noch nicht bekannte Verbb. und Radikale (teilweise Stammsubstt.) genannt:

NPH_2	Phosphazyn		$(PH_3(NH)_3)_3$	Cyclotriphosphazan	$P_3N_3H_{12}$
$P(:N\cdot)H_3$	Phosphazen-1-yl		$(-NH\cdot PH_4)$	Phosphaz-1-yl	PNH_5
$P(:NH)H_2$	Phosphazen-2-yl	PNH_3	$(NH_2\cdot PH_3-)$	Phosphaz-2-yl	PNH_5
$P(NH)H_2NPH_3$	Diphosphaza-1.3-dien	$P_2N_2H_6$	$NH_2(PH_3NH)_2PH_4$	Triphosphazan	$P_3N_3H_{14}$
PH_3NH	Phosphazen-1.3-dien	PNH_4	PH_2NH_2*)	Phospha(III)-azan	PNH_4
$(PHNH)_3$	Cyclotriphospha(III)-azan	$P_3N_3H_6$	PNH_6	Phospha(V)-azan	PNH_6

*) s. ferner J. K. SENIUR (*J. chem. Phys.* **19** [1951] 865/73, 872)

R. A. SHAW u. a. (*l. c.*).

P_2NH_2 soll die Zus. des tiefschwarzen Pulvers sein, das bei der Einw. von fl. NH_3 auf weißes P unter Entw. von PH_3 entsteht und sich an feuchter Luft, unter H_2O oder am schnellsten durch Zusatz von Säuren orangerot färbt, s. A. STOCK (*Ber.* **36** [1903] 1120/3); wahrscheinlich handelt es sich hierbei jedoch um das NH_4-Salz des festen P-Wasserstoffs mit der Zus. $P_4H(NH_4)$, R. SCHENCK (*Ber.* **36** [1903] 4202/9, 4206), vgl. auch S. 329.

Ein undefiniertes Phosphoramid entsteht bei der Einw. von $NaNH_2$ auf weißes P in N_2-Atm. als schokoladenbraunes, sehr feuchtigkeitsempfindliches und intensiv nach Knoblauch riechendes Pulver, das neben anderen Substt. auch ein Amid des P enthält, W. P. WINTER (*J. Am. Soc.* **26** [1904] 1484/1512, 1498).

Phospham

Phospham PN_2H

Zur Nomenklatur s. L. F. AUDRIETH, R. STEINMAN, A. D. F. TOY (*Chem. Rev.* **32** [1943] 99/108, 100). Benennung von C. GERHARDT (*C. r.* **22** [1846] 858/60; *Ann. Chim. Phys.* [3] **18** [1846] 188/205, 197) eingeführt, während dagegen die Prodd. von H. ROSE (*Pogg. Ann.* **28** [1833] 529/50, 537) und J. LIEBIG, F. WÖHLER (*Lieb. Ann.* **11** [1834] 139/50, 141) fälschlicherweise als Phosphorstickstoff bezeichnet wurden. — Exakte Benennung: Phosphornitridimid, L. F. AUDRIETH u. a. (*l. c.*).

Formation. From Phosphorus and Amides

Bildung. Aus Phosphor und Amiden. Für die Annahme von W. H. BALMAIN (*Phil. Mag.* [3] **24** [1844] 191/2), daß das von H. ROSE (*l. c.*) erhaltene Phospham wahrscheinlich auch beim Eintragen von P in erhitztes weißes Präzipitat (vermutlich $[Hg(NH_3)_2]Cl_2$) entsteht, liegen keine experimentellen Nachprüfungen vor. — Das Phospham von A. BINEAU (*Ann. Chim. Phys.* [2] **67** [1838] 225/51, 229) aus P und NH_3 war nach H. GRÜNEBERG (*Diss. Berlin* 1907) wahrscheinlich verunreinigtes P_3N_5.

From Phosphorus-Nitrogen-Hydrogen Compounds

Aus Phosphor-Stickstoff-Wasserstoff-Verbindungen. PN_2H ist als Desaminierungsprod. des instabilen $P(NH_2)_5$ aufzufassen und wird direkt durch therm. Zers. der P-Nitridamide oder Phosphazene $(PN_3H_4)_n$ (s. S. 322) erhalten, wahrscheinlich auf dem Wege über das monomere $PN(NH_2)_2$ bei Tempp. $\gg$ 125°C, L. F. AUDRIETH (*Record chem. Progr.* **20** [1959] 57/69, 68), s. auch L. F. AUDRIETH, O. F. HILL (*J. chem. Educat.* **25** [1948] 80/86, 85), L. F. AUDRIETH (*J. chem. Educat.* **34** [1957] 545/55, 547). Diese Rk. ist als Kondensationsrk. der P-Nitridamide aufzufassen. Der Polymerisationsgrad des entstehenden PN_2H ist stark abhängig von der Rk.-Temp.; unter sehr schonenden Bedingungen kann sogar ein H_2O-lösl. Prod. erhalten werden, M. GOEHRING, K. NIEDENZU, G. RATZEL (*Ang. Ch.* **69** [1957] 105), L. F. AUDRIETH, D. B. SOWERBY (*Chem. Ind.* **1959** 748/9). Nach älterer Auffassung entsteht es direkt aus $PN_4H_7 = P(NH)(NH_2)_3$ (s. S. 327), H. GRÜNEBERG (*l. c.* S. 48), s. auch W. C. FERNELIUS, W. C. JOHNSON (*J. chem. Educat.* **5** [1928] 828/35, 830), oder aus $PN_3H_4 = P(NH)_2NH_2$ (s. S. 326), H. MOUREU, P. ROCQUET (*C. r.* **197** [1933] 1643/5). Das trimere P-Nitridamid $[PN(NH_2)_2]_3$ (s. S. 323) wird durch 100std. Erhitzen im Vak. bei 380°C quantitativ in PN_2H übergeführt, H. MOUREU, P. ROCQUET (*Bl. Soc. chim.* [5] **3** [1936] 829/41, 838), bei 220°C im Verlaufe von mehreren Tagen, A. BESSON, G. ROSSET (*C. r.* **146** [1908] 1149/51). Werden P-Nitridamide im Temp.-Bereich —113 bis +170°C mit HCl umgesetzt, so entstehen Phosphame unterschiedlichen Polymerisationsgrades neben NH_4Cl, die sich im Unterschied zu den durch therm. Zers. erhältlichen durch heiße 50%ige H_2SO_4-Lsg. innerhalb von 5 Min. hydrolysieren lassen, JOH. A. BENCKISER G.M.B.H., M. BECKE-GOEHRING (*B.P.* 840387 [1957/60]; *D.P.* 1015777 [1956/58], *C.A.* **1960** 12518; *F.P.* 1173054 [1957/59]), vgl. auch S. 321. Diese Abspaltung von NH_3 aus P-Nitridamiden durch HCl nach $NP(NH_2)_2 + HCl = PN_2H + NH_4Cl$ läßt sich insbesondere für die Bldg. von ,,Tieftemperatur-Phospham" bei ~—80°C ausnützen, G. RATZEL (*Diss. Heidelberg* 1957, S. 6, 12).

From P Compounds Containing Halogens

Aus halogenhaltigen P-Verbindungen. Die angebliche Bldg. des PN_2H durch Sättigen von PCl_3 (oder PBr_3) unter Kühlung mit gasf. NH_3 und anschließendes Erhitzen bis zum Verflüchtigen des NH_4Cl nach H. ROSE (*Pogg. Ann.* **28** [1833] 529/50, 531), J. LIEBIG, F. WÖHLER (*Lieb. Ann.* **11** [1834] 139/50, 130), s. auch H. ROSE (*Pogg. Ann.* **24** [1832] 109/65, 295/341, 308), wird zwar von H. MOUREU, G. WÉTROFF (*C. r.* **204** [1937] 436/9; *Bl. Soc. chim.* [5] **4** [1937] 918/32, 922) auf Grund des chem. Verh. des bei dieser Rk. entstehenden, als P_4N_6 identifizierten Prod. widerlegt, jedoch widerspricht dem wiederum die Identität des UR-Spektrums des Prod. mit dem des Phosphams, s. E. STEGER (*Mitt.-Bl. Chem. Ges. DDR Sonderh.* **1957** 41/42). Vgl. in diesem Zusammenhang auch die Unterss. der Rkk. zwischen PCl_3 und NH_3 in CCl_4 von H. PERPÉROT (*C. r.* **181** [1925] 662/4; *Bl. Soc. chim.* [4] **37** [1925] 1540/8, 1545). Dagegen wird PN_2H sicher erhalten, wenn PCl_5 Ausgangsprod. ist. Auf diesem Wege ist PN_2H wahrscheinlich erstmals gebildet, vgl. H. DAVY (*Schw. J.* **3** [1811] 95/120, 98) laut H. ROSE (*Pogg. Ann.* **28** [1833] 529/50, 529), H. DAVY (*Phil. Trans.* **100** [1810] 231/57, 233;

Gilb. Ann. **39** [1811] 3/42, 6), zumindest von H. Rose (*Pogg. Ann.* **24** [1832] 109/65, 295/341, 312), J. Liebig, F. Wöhler (*Lieb. Ann.* **11** [1834] 139/50, 141) erhalten worden. Dazu wird gut getrocknetes NH_3 über mäßig erhitztes PCl_5 geleitet, bis kein NH_4Cl mehr entweicht, M. Salzmann (*Ber.* **7** [1874] 494/5), s. auch C. Gerhardt (*C. r.* **22** [1846] 858/60; *Ann. Chim. Phys.* [3] **18** [1846] 188/205, 197). PN_2H entsteht stets dann, wenn PCl_5 mit NH_3 gesättigt und das Rk.-Prod. erhitzt wird. Bei Anwendung von gasf. NH_3 verläuft die Bldg. des Phosphams nicht wie im Falle der Anwendung von fl. NH_3 über das $P(NH_2)_5$, sondern in folgenden Stufen: $PCl_5 \rightarrow PNCl_2 \rightarrow (PNCl_2)_n \rightarrow (PN_3H_4)_n \rightarrow PN_2H$, H. Moureu, P. Rocquet (*Bl. Soc. chim.* [5] **3** [1936] 821/8, 828), diese Rk. findet auch in einem nicht-wss. Lsgm., z. B. in CCl_4, statt, L. F. Audrieth, R. Steinman, A. D. F. Toy (*Chem. Rev.* **32** [1943] 109/33, 112). Zum Mechanismus und Verlauf der Bldg. aus PCl_5 und NH_3 s. auch A. Besson (*C. r.* **114** [1892] 1264/7), H. Grüneberg (*Diss. Berlin* 1907, S. 47), H. Perpérot (*C. r.* **181** [1925] 662/4: *Bl. Soc. chim.* [4] **37** [1925] 1540/8, 1541). — PN_2H entsteht auch bei der Rk. des PCl_5 mit NH_4-Amidocarbonat in CCl_4, L. B. Fishman (*Thesis Univ. of Illinois, Urbana, Ill.*) laut L. F. Audrieth u. a. (*l. c.*), ebenso bei der Rk. von P-Pentahalogeniden mit Ammoniumtetrahalogenoaluminaten, C. G. Miner (*U.S.P.* 1754797 [1926/30], *C.* **1930** II 114). PN_2H bildet sich direkt beim Überleiten von NH_3 über geschmolzenes $(PNCl_2)_3$ (s. S. 554) oder beim Erhitzen dieser Subst. mit NH_4Cl auf ~150°C, W. Couldridge (*J. chem. Soc.* **53** [1888] 398/402), s. auch L. F. Audrieth u. a. (*l. c.* S. 126). Das Prod. der Einw. von fl. HN_3 auf $PNCl_2$ (PN_3H_4, s. S. 322) läßt sich durch mehrtägiges Erhitzen im Vak. bei 220°C ebenfalls in Phospham überführen, A. Besson, G. Rosset (*C. r.* **146** [1908] 1149/51), s. auch H. Moureu, P. Rocquet (*Bl. Soc. chim.* [5] **3** [1936] 829/41, 838). Ebenso kann von $(PNCl_2)_4$ (s. S. 557) ausgegangen werden, das bei 150 bis 200°C mit gasf. NH_3 reagiert; Cl-haltiges Phospham entsteht beim Erhitzen des Rk.-Prod. auf ~450°C, A.-M. de Ficquelmont (*C. r.* **200** [1935] 1045/7). Unters. dieser Bldg.-Rk. von M. C. Miller, R. A. Shaw laut R. A. Shaw, B. W. Fitzsimmons, B. C. Smith (*Chem. Rev.* **62** [1962] 247/81, 266). Vgl. in diesem Zusammenhang auch F. W. Ainger, J. M. Herbert (*Spec. Ceram. Proc. Symposion Brit. Ceram. Res. Assoc., Stoke-on-Trent* 1959 [1960], S. 82 nach *C.A.* **1961** 25191), H. Bode, H. Clausen (*Z. anorg. Ch.* **258** [1949] 99/104). — „Hochtemperatur-Phospham“ entsteht, wenn über ein Gemisch aus $(PNCl_2)_n$ und NH_4Cl bei 150°C trocknes HCl geleitet wird. Wird diese Rk. bei gewöhnl. Temp. ausgeführt, so liegt die Zus. des Prod. zwischen den beiden Extremformen „Tief-“ und „Hochtemperatur-Phospham“, G. Ratzel (*Diss. Heidelberg* 1957, S. 12). Bldg. von PN_2H tritt auch bei mehrstd. Erhitzen des Rk.-Prod. aus $POCl_3$ mit aufkondensiertem NH_3 im Vak. auf 500°C ein, G. Wétroff (*Recherches chimiques et thermochimiques sur les composés du radical phosphonitrile, Paris* 1942, S. 39).

From Phosphorus Sulfides or Phosphorus and Sulfur

Aus Phosphorsulfiden oder Phosphor und Schwefel. PN_2H entsteht in mindestens 90%iger Ausbeute beim Erhitzen von P_2S_5 mit NH_4Cl im Überschuß. An Stelle des P-Sulfids lassen sich hierbei auch Gemische aus rotem P und S oder aus Ca-Phosphid und S verwenden, Pauli (*Lieb. Ann.* **101** [1857] 41/47, 42), s. auch R. Vidal (*Monit. sci.* [4] **11** II [1897] 571). Es bildet sich analog auch bei der Rk. von P_2O_5 mit Ammoniumtetrahalogenoaluminaten, C. G. Miner (*U.S.P.* 1754797 [1926/30], *C.* **1930** II 114).

Preparation

Darstellung. Zur Darst. wird zweckmäßig die Pyrolyse der trimeren, bzw. tetrameren P-Nitridamide (oder Phosphazene) benutzt, doch ist der Polymerisationsgrad des Prod. vom Ausgangsmaterial abhängig, s. beispielsweise M. C. Miller, R. A. Shaw laut R. A. Shaw, B. W. Fitzsimmons, B. C. Smith (*Chem. Rev.* **62** [1962] 247/81, 264). Mit $POCl_3$ als Ausgangsprod. wird folgendermaßen verfahren: NH_3 wird auf $POCl_3$ aufkondensiert und anschließend verdampft. Das dabei gebildete P-Nitridamid wird zunächst im Ölbad auf 150°C erhitzt, bis die NH_3-Entw. weitgehend aufhört, anschließend im Vak. 2 bis 3 Std. nochmals auf 500°C, wobei das Nebenprod. NH_4Cl wegsublimiert. Ausbeute hierbei bis 100%, G. Wétroff (*l. c.*). Darst. von „Tieftemperatur-Phospham“ und „Hochtemperatur-Phospham“ s. bei G. Ratzel (*Diss. Heidelberg* 1957, S. 12).

Constitution

Konstitution. Die ältere Auffassung als P-Nitrid von H. Rose (*Pogg. Ann.* **28** [1833] 529/50, 537), J. Liebig, F. Wöhler (*Lieb. Ann.* **11** [1834] 139/50, 141), wobei der analytisch feststellbare H-Anteil, s. C. R. Gerhardt (*C. r.* **22** [1846] 858/60; *Ann. Chim. Phys.* [3] **18** [1846] 188/205, 197), möglicherweise durch Verunreinigung mit PN_2OH_3 (s. S. 342) bedingt sei, s. J. H. Gladstone (*Quart. J. chem. Soc.* **2** [1849] 121/31, 130), wird schließlich durch die Unterss. von H. Schiff (*Lieb. Ann.* **101** [1857] 299/309, 306), W. Couldridge (*J. chem. Soc.* **53** [1888] 398/402), A. Besson (*C. r.* **114** [1892] 1264/7) widerlegt, die die Zus. PN_2H bestätigen. Da bei der Ox. des mit Ag-Oxid nur ein N-Atom gebunden wird, während das andere elementar abgespalten wird, wird auf unterschiedlichen Bindungszustand der N-Atome im PN_2H und so auf die Konstit. N ≡ P = NH geschlossen, F. W. DAFERT, A. UHL (*Z. landwirtsch. Versuchswesen Österr.* **19** [1916] 389/92 nach *C.* **1917** I 162). Annahme einer Ringstruktur aus 2 N-Atomen und einem P-Atom, wobei eine Doppelbindung zwischen P und dem einen N-Atom vorliegt, als Ergebnis des unterschiedlichen Verh. der beiden N-Atome bei der Einw. von Alkoholen, s. bei L. SPIEGEL (*Der Stickstoff und seine wichtigsten Verbindungen, Braunschweig* 1903, S. 619). Monomeres oder dem trimeren oder tetrameren $PNCl_2$ entsprechendes Phospham existiert nicht. ,,Trimeres" oder ,,tetrameres" Phospham können nur als Zellen eines Raumnetzes auftreten, G. RATZEL (*Diss. Heidelberg* 1957, S. 18).

Für das aus $[PN(NH_2)_2]_3$ (s. S. 323) entstehende Prod. wird sechsgliedrige Ringstruktur (siehe Formelbild I) angenommen, G. N. COPLEY (*Chem. Ind.* **18** [1940] 789/90). In diesem Ringsystem mit 5wertigem P liegt wahrscheinlich Resonanz vom KEKULÉ-Typus vor, weshalb die Bezeichnungen der Lagen der Doppelbindungen, wie beispielsweise durch Cyclotriphosphaza-1.3.5-trien, im allgemeinen unterlassen werden. Der 6gliedrige Phosphazenring ist annähernd eben mit 2 exocycl. Bindungen, die unter oder über der Ringebene herausragen können. Unter dem Einfluß geeigneter Substituenten kann der Ring in bezug zur Ebene deformiert werden, R. A. SHAW, B. W. FITZSIMMONS, B. C. SMITH (*Chem. Rev.* **62** [1962] 247/81, 250). Nach Analogieschlüssen aus dem Aufbau der Phenylphosphame wird angenommen, daß auch im Polymer $(PN_2H)_n$ die PN-Ringe der Ausgangsprodd. P-Nitriddihalogenide oder P-Nitridamide erhalten bleiben. Da als Zwischenstufe bei der Bldg. aus den P-Nitriddichloriden nebeneinander deren sämtliche niedrigmolekularen Formen und daraus somit durch die Rk. mit NH_3 Amide aller Polymerisationsgrade entstehen, ist schließlich das gebildete Phospham ein Mischprod. mit unterschiedlichen niedermolekularen Bausteinen, wobei Prodd. mit n-Werten von 3 bis 7 gleichzeitig vorliegen können. Ein ,,Reinphospham" aus gleichförmigen Grundeinheiten wird dagegen erhalten, wenn von einem einheitlichen P-Nitridchlorid ausgegangen wird. Je nach dem Polymerisationsgrad des Ausgangsprod. ist dann das Prod. ein Trimer, Tetramer oder anderes Polymer des PN_2H der Konstit. $[(NP)_n(NH)_n]$ mit einem eindeutigen n-Wert, z. B. n = 3 (Triphospham). Da im allgemeinen ein Mischphospham entsteht, das nicht gleichförmig aufgebaut ist und in dem unterschiedliche Ringgrößen vorliegen, sind die PN_2H-Präpp. meist amorph, H. BODE, H. CLAUSEN (*Z. anorg. Ch.* **258** [1949] 99/104), s. auch M. GOEHRING, K. NIEDENZU, G. RATZEL (*Ang. Ch.* **69** [1957] 105), M. C. MILLER, R. A. SHAW laut R. A. SHAW, B. W. FITZSIMMONS, B. C. SMITH (*Chem. Rev.* **62** [1962] 247/81, 266). Die UR-Spektren des gewöhnl. PN_2H lassen auf eine Verknüpfung der P-Atome durch P–N = P– mit dazwischenliegenden NH-Brücken schließen (s. Formelbild II). Dabei ist die räumliche Anordnung der einzelnen NH- und N-Brücken ganz unregelmäßig. Wegen der regelmäßigen Kontur der Banden muß sie von statistisch idealer Unordnung sein, so daß Formel II als Strukturformel geschrieben eher die Form III zeigen müßte. Auch bei Ausgang von definierten P-Nitriddichloriden läßt das UR-Spektrum nicht auf das Vorliegen von bestimmten PN-Ringen schließen, E. STEGER (*Ber.* **94** [1961] 266/72, 270), s. auch E. STEGER (*Ang. Ch.* **69** [1957] 145; *Mitt.-Bl. Chem. Ges. DDR Sonderh.* **1957** 41/42). Der Polymerisationsgrad ist im allgemeinen um so höher, je höher die Bldg.-Temp. war, ,,Tieftemperatur-Phospham" ist somit extrem niedrigpolymer, ,,Hochtemperatur-Phospham" extrem hochpolymer, G. RATZEL (*Diss. Heidelberg* 1957, S. 18).

I: NH=P ring (HN=P, N, P=NH)

II: =P–N=P–N=P– / NH NH NH / =P–N=P–N=P–

III

Physical Properties

Physikalische Eigenschaften. Weißes lockeres Pulver, amorph, H. MOUREU, P. ROCQUET (*Bl. Soc. chim.* [5] **3** [1936] 829/41, 839). Dichte des Phosphams mit trimeren und tetrameren Grundeinheiten: D = 2.17 ± 0.04 bzw. 2.43 ± 0.04 bei Toluol als Verdrängungsmittel, M. C. MILLER, R. A. SHAW laut R. A. SHAW, B. W. FITZSIMMONS, B. C. SMITH (*Chem. Rev.* **62** [1962] 247/81, 266), D = 2.21 ± 0.02 bzw. 2.49 ± 0.02 bei Wasserstoff als Verdrängungsmittel, A. G. FREEMAN, H. F. W. TAYLOR laut R. A. SHAW u. a. (*l. c.* S. 266). Dichte des ,,Hochtemperatur-Phosphams" (s. oben): D = 1.72, G. RATZEL (*l. c.* S. 14).

Das UR-Spektrum zeigt im Bereich 400 bis 3500 cm^{-1} breite Absorptionsgebiete von je ~200 bis 300 cm^{-1} Halbwertsbreite, doch mit ausgeglichener Kontur. Absorption der NH-Valenzschwingungen von 2400 bis 3500 cm^{-1} mit Hauptmax. im Bereich 3000 bis 3200 cm^{-1} und Nebenmax. bei ~2700 cm^{-1}.

Die 2 weiteren Absorptionsbereiche mit Max. bei 950 und 1250 cm^{-1} sind durch die Valenzschwingungen der schweren Atome P und N bedingt, wobei die erste im Bereich typ. Einfachbindungen liegt, die 2. hat hohen Doppelbindungsanteil, E. STEGER (*Ber.* **94** [1961] 266/72, 267). Erklärung der NH-Banden unter Berücksichtigung des H-Brücken-Tunneleffektes s. bei E. STEGER, K. LUNKWITZ (*Naturw.* **48** [1961] 522/3).

Chemisches Verhalten. Stabilität. Stabil an der Luft, kann ohne Zers. im Vak. auf ~500°C erhitzt werden; bei längerer Einw. dieser Temp. wird NH_3 frei, H. MOUREU, P. ROCQUET (*l. c.* S. 839). Im letzten Falle entsteht P_3N_5, im Temp.-Bereich bis ~700°C, bei >700°C entweicht N_2, bei 850°C bleibt ein rötlicher Rückstand der Zus. $(PN)_n$ (s. S. 307), H. MOUREU, P. ROCQUET (*C. r.* **198** [1934] 1691/3). Bei einem Druck von ~ 0.1 Torr beginnt die Zers. bei ~460°C und schreitet mit steigender Temp. langsam fort, H. MOUREU, P. ROCQUET (*Bl. Soc. chim.* [5] **3** [1936] 1801/11, 1807), s. auch H. MOUREU, G. WÉTROFF (*C. r.* **204** [1937] 436/9; *Bl. Soc. chim.* [5] **4** [1937] 918/32, 924). Ältere Unterss. der therm. Zers. des Phosphams s. bei A. BESSON (*C. r.* **114** [1892] 1264/7), H. GRÜNEBERG (*Diss. Berlin* 1907, S. 47). *Chemical Reactions. Stability*

Gegen Elemente. Trocknes H_2 zersetzt glühendes PN_2H in P und NH_3, H. ROSE (*Pogg. Ann.* **28** [1833] 529/50, 535), in PH_3, rotes P und NH_3, M. SALZMANN (*Ber.* **7** [1874] 494/5). Trockenes Cl_2, wie auch geschmolzenes oder gasf. S sind ohne Wrkg., H. ROSE (*l. c.* S. 534). Beim Schmelzen mit Zn entwickelt die Verb. NH_3, PAULI (*Lieb. Ann.* **101** [1857] 41/47, 43). *With Elements*

Gegen Nichtmetallverbindungen. Beim Erhitzen in feuchtem Zustand entstehen H_3PO_4 und NH_3, C. GERHARDT (*Ann. Chim. Phys.* [3] **18** [1846] 188/205, 199). Hydrolyse nach $PN_2H + 4H_2O = (NH_4)_2HPO_4$, H. MOUREU, G. WÉTROFF (*C. r.* **204** [1937] 436/9). „Hochtemperatur-Phospham" reagiert mit warmem H_2O zu unlösl., „Tieftemperatur-Phospham" dagegen zu einem lösl. Hydrolyseprod.; die Hydrolysegeschw. ist ein Kriterium für den Polymerisationsgrad, die Rk. verläuft über die Stufe des Phosphamids (s. S. 342), G. RATZEL (*Diss. Heidelberg* 1957, S. 12). Wird von den Gasen NH_3, HCl und CO_2 auch bei hohen Tempp. nicht direkt angegriffen, H. ROSE (*l. c.* S. 534). „Tieftemperatur-Phospham" reagiert jedoch in geringer Ausbeute mit trockenem gasf. HCl bei 146°C, wenn das Gas während mehrerer Std. in eine Suspension in 1.1.2.2-Tetrachloräthan eingeleitet wird, unter Bldg. von vorwiegend trimerem $PNCl_2$. Die Rk.-Fähigkeit des Phosphams mit SO_3 nimmt mit steigender Temp. infolge Zunahme des Polymerisationsgrades ab: während normales „Hochtemperatur-Phospham" bei 150°C noch je 4 Formeleinheiten ~1 Molekel SO_3 aufnimmt, sinkt die SO_3-Aufnahme bei 330°C fast auf 0 ab, G. RATZEL (*Diss. Heidelberg* 1957, S. 27, 42). Phospham reduziert $TeBr_4$ in der Hitze zu Te nach: $6PN_2H + 2TeBr_4 \rightarrow 2P_3N_5 + 6HBr + N_2 + TeBr_2 + Te$, E. MONTIGNIE (*Bl. Soc. chim.* **1947** 376/7). Zers. durch trockenes gasf. H_2S in P-Sulfid und NH_3, PAULI (*l. c.* S. 43). *With Nonmetal Compounds*

Gegen anorganische Säuren. $(PN_2H)_n$ wird durch verd. HNO_3-Lsg. kaum verändert, durch die konz. Säure langsam zu H_3PO_4 oxydiert, H. ROSE (*l. c.*), nach anderen Angaben durch rauchende HNO_3-Lsg. nicht aufgelöst, s. PAULI (*Lieb. Ann.* **101** [1857] 41/47, 43). Während PN_2H mit verd. HCl- oder H_2SO_4-Lsg. nicht reagiert, soll es sich in konz. H_2SO_4-Lsg. unter Entw. von SO_2 und Bldg. von H_3PO_4 auflösen, s. H. ROSE (*l. c.* S. 534), M. SALZMANN (*l. c.*); gerade diese Rk. wird jedoch als ein Beweis dafür betrachtet, daß die von ROSE beschriebene Subst. tatsächlich die Zus. P_4N_6 habe, s. H. MOUREU, G. WÉTROFF (*Bl. Soc. chim.* [5] **4** [1937] 918/32, 922), vgl. S. 316. In sd. konz. H_2SO_4-Lsg. erfolgt langsame Lsg. nach $PN_2H + H_2SO_4 + 4H_2O = (NH_4)_2SO_4 + H_3PO_4$, H. MOUREU, G. WÉTROFF (*Bl. Soc. chim.* [5] **3** [1936] 829/41, 839). Das Rk.-Vermögen des PN_2H mit H_2SO_4 ist stark abhängig von den Herst.-Bedingungen. Während „pyrogenes" Phospham von 50%iger warmer H_2SO_4-Lsg. nicht angegriffen wird, werden die aus P-Nitridamiden durch Behandlung mit HCl im Temp.-Bereich −113 bis +170°C erhaltenen Prodd. durch diese Lsg. innerhalb von 5 Min. hydrolysiert, JOH. A. BENCKISER G.M.B.H., M. BECKE-GOEHRING (*B.P.* 840387 [1957/60]; *D.P.* 1015777 [1956/58], *C.A.* **1960** 12518; *F.P.* 1173054 [1957/59]). *With Inorganic Acids*

Gegen Metallverbindungen. Erhitztes HgO zersetzt PN_2H unter Schmelzen, Feuererscheinung und Bldg. von $Hg_3(PO_4)_2$. Auch beim Erhitzen mit CuO erfolgt Entzündung unter Entw. von NO_2, J. LIEBIG, F. WÖHLER (*Lieb. Ann.* **11** [1834] 139/50, 145). Bei der Ox. durch Glühen mit BaO_2, PbO_2, $PbCrO_4$, MnO_2, $KMnO_4$, CuO, AgO oder anderen Ox.-Mitteln wird die Hälfte des in PN_2H gebundenen N in elementarer Form, der Rest in Form von N-Verbb. abgespalten, F. W. DAFERT, A. UHL (*Z. landwirtsch. Versuchswesen Österr.* **19** [1916] 389/92). Beim Schmelzen mit KOH oder $Ba(OH)_2$ er- *With Metal Compounds* folgt Zers. in K-Phosphat und NH_3, häufig unter Feuererscheinung; wss. Lsgg. von Hydroxiden greifen selbst in der Hitze nicht an, H. ROSE (*l. c.* S. 535), M. SALZMANN (*Ber.* **7** [1874] 494/5).

Verpuffung beim Erhitzen mit Nitraten, H. ROSE (*l. c.* S. 535), M. SALZMANN (*l. c.*), ebenfalls beim Erhitzen mit $KClO_3$, hier unter Entw. von Cl_2, J. LIEBIG, F. WÖHLER (*l. c.* S. 145). Zers. beim Glühen mit Alkalicarbonaten an der Luft unter Bldg. von Alkaliphosphaten und CO_2, H. ROSE (*l. c.* S. 535). Ohne Beteiligung von O_2 verläuft die Rk. unter Bldg. von Cyanat nach: $PN_2H + 2Me_2CO_3 = Me_2HPO_4 + 2MeCNO$; bei Zusatz von C zur Schmelze entsteht das entsprechende Cyanid, mit Eisen $Fe(CN)_2$, bei Ggw. von S ein Thiocyanat. Mit Oxalaten erfolgt in der Hitze die Rk. $PN_2H + Me_2C_2O_4 = Me_2HPO_4 + (CN)_2$, bei Verwendung saurer Oxalate wird HCN gebildet, H. R. VIDAL (*Monit. sci.* [4] **11** II [1897] 571; *D.P.* 95340 [1897]). Bei Zusatz eines Gemisches aus NH_4Cl und „Tieftemperatur-Phospham" zu einer relativ großen Menge von $AgNO_3$ in wss. NH_3-Lsg. entsteht $(P_4N_8H_3Ag)_n = (3PN_2H \cdot PN_2Ag)_n$, G. RATZEL (*l. c.* S. 33).

With Organic Compounds

Gegen organische Verbindungen. Beim Überleiten von Methanol- und Äthanol-Dämpfen bei 150 bis 200°C reagiert $(PN_2H)_n$ zu den entsprechenden Alkylammoniummetaphosphaten und sekundären Aminen: $PN_2H + 3ROH = (RNH_3)PO_3 + R_2NH$. Mit Phenol entsteht analog Diphenylamin, mit Naphthol Dinaphthylamin, H. R. VIDAL (*C. r.* **112** [1891] 950/1, **115** [1892] 123/4; *D.P.* 64346 [1891/92]; *Monit. sci.* [4] **11** II [1897] 571). Wird der Alkohol durch Äther ersetzt, so entstehen im abgeschlossenen Gefäß die gleichen Substt.; Aldehyde geben bei der Rk. mit PN_2H harzartige Prodd., R. VIDAL (*C. r.* **112** [1891] 950/1). Mit Propanol verläuft die Rk. kompliziert, neben Propylamin tritt hier Propyloxyd auf. Äthylenglykol wird an seinem Sdp. (210°C) durch PN_2H unter Wasserentziehung zu C_2H_2 zersetzt, während daneben $(NH_4)_2HPO_4$ entsteht, R. VIDAL (*Monit. sci.* [4] **11** II [1897] 571). Beim Erhitzen mit Ameisensäure erhält man reines HCN bereits bei 150 bis 200°C durch die Rk.: $PN_2H + 2HCO_2H = H_3PO_4 + 2HCN$; wird HCO_2H durch eine homologe Fettsäure ersetzt, so entstehen die entsprechenden Alkylcyanide oder Säurenitrile (z. B. CH_3CN aus Eisessig), H. R. VIDAL (*D.P.* 101391 [1898/99]). Bei 200 bis 250°C reagiert PN_2H mit Dihydroxyverbb. oder deren Gemischen mit Hydroxyderivaten des C_6H_6, Diphenylamins oder Thiodiphenylamins unter Bldg. von Diphenylaminderivaten und H_3PO_4, H. R. VIDAL (*D.P.* 106823 [1896/99]).

Solubility

Löslichkeit. Die ursprünglich angenommene generelle Unlöslichkeit in H_2O, s. H. ROSE (*l. c.* S. 534), PAULI (*Lieb. Ann.* **101** [1857] 41/47, 43), H. MOUREU, P. ROCQUET (*Bl. Soc. chim.* [5] **3** [1936] 829/41, 839), trifft streng nur bei hohen Polymerisationsgraden der Subst. zu, die von den Darst.-Bedingungen abhängig sind. H_2O-lösliches $(PN_2H)_n$ von sehr niedrigem Polymerisationsgrad kann unter sehr schonenden Darst.-Bedingungen erhalten werden, M. GOEHRING, K. NIEDENZU, G. RATZEL (*Ang. Ch.* **69** [1957] 105), s. auch JOH. A. BENCKISER G.M.B.H., M. BECKE-GOEHRING (*B.P.* 840387 [1957/60]; *D.P.* 1015777 [1956/58]; *F.P.* 1173054 [1957/59]). Dieses neigt in NH_3-haltigen Lsgg. sogar zur Bldg. von komplexen Salzen, wie $P_4N_4(NH)_3NAg$, s. M. BECKE-GOEHRING (*Ang. Ch.* **69** [1957] 569/70). Unlösl. in reinem fl. NH_3; dagegen wird ein Gemisch aus „Tieftemperatur-Phospham" und NH_4Cl hierin sehr leicht aufgelöst, G. RATZEL (*l. c.* S. 14). Unlösl. in den gebräuchlichen organ. Lsgmm., M. SALZMANN (*Ber.* **7** [1874] 494/5).

Phosphorus Nitride Amides

Phosphornitridamide $(PN_3H_4)_n = (PN(NH_2)_2)_n$.

Je nach den Ausgangsprodd. liegen diese meist als Trimer $P_3N_9H_{12}$ (s. S. 324) oder Tetramer $P_4N_{12}H_{16}$ (s. S. 323) vor. Während homogene Prodd. bei der Einw. von fl. NH_3 auf die analoge Form des $(PNCl_2)_n$ entstehen, werden bei der Rk. von PCl_5 mit NH_3 neben dem Tri- und Tetrameren wahrscheinlich auch noch höhere Polymere des PN_3H_4 gebildet, s. H. MOUREU, P. ROCQUET (*Bl. Soc. chim.* [5] **3** [1936] 829/41, 837), L. F. AUDRIETH (*Record chem. Progr.* **20** [1959] 57/69, 67), G. RATZEL (*Diss. Heidelberg* 1957, S. 8); im Widerspruch dazu stehen allerdings die erfolglosen Bemühungen zur Reproduktion der Verss. von H. MOUREU, P. ROCQUET durch K. NIEDENZU (*Diss. Heidelberg* 1956). Ältere Angaben über die Bldg. von P-Nitridamiden aus PCl_5 und NH_3 s. H. GRÜNEBERG (*Diss. Berlin* 1907, S. 48), H. MOUREU, P. ROCQUET (*C. r.* **197** [1933] 1643/5).

Das Monomer PN_3H_4 kann — wenn überhaupt — nur kurzfristig beständig sein, da seine Elektronenkonfiguration die Neigung zur Kettenbldg. unter Ausbildung einer semipolaren Doppelbindung zwischen dem P- und einem N-Atom aus jeweils 2 verschiedenen Monomermolekeln begünstigt. Die Elektronenkonfiguration entspricht der von $PN(OH)_2$ und $PNCl_2$, H. MOUREU, P. ROCQUET (*Bl. Soc. chim.* [5] **3** [1936] 821/8, 827; *C. r.* **201** [1935] 144/7).

Triphosphortrinitridhexamid $P_3N_9H_{12}$ = $P_3N_3(NH_2)_6$. Weitere Bezeichnungen: Trimeres Phosphonitrilamid, L. F. AUDRIETH, R. STEINMAN, A. D. F. TOY (*Chem. Rev.* **32** [1943] 99/108, 103); Hexaaminocyclotriphosphazen, 2.2.4.4.6.6-Hexamino-cyclophospha-1.3.5-trien, s. R. A. SHAW, B. W. FITZSIMMONS, B. C. SMITH (*Chem. Rev.* **62** [1962] 247/81, 249, 266).

Triphosphorus Trinitride Hexamide

Bildung. Darstellung. $P_3N_9H_{12}$ entsteht bei der Einw. von NH_3 auf das Trimer $(PNCl_2)_3$ (s. S. 554), die entweder direkt (fl. NH_3) oder in einem organ. Lsgm. erfolgen kann, A. BESSON, G. ROSSET (*C. r.* **146** [1908] 1149/51), s. auch H. SCHÄPERKÖTTER (*Diss. Münster* 1925, S. 32), H. MOUREU, P. ROCQUET (*C. r.* **198** [1934] 1691/3). L. F. AUDRIETH, O. F. HILL (*J. chem. Educat.* **25** [1948] 80/86, 86). Dabei führt allerdings die direkte Wechselwrkg. des $(PNCl_2)_3$ mit gasf. NH_3 in äther. Lsg. oder gar mit fl. NH_3 meist nicht unmittelbar zu vollständiger Ammonolyse des Halogenids, s. beispielsweise L. F. AUDRIETH (*Record chem. Progr.* **20** [1959] 57/69, 67). $P_3N_3H_{12}$ bildet sich im Überschuß neben dem analogen Tetrameren (s. S. 324) und möglicherweise auch höheren Polymeren bei der Rk. von PCl_5 mit NH_3, wahrscheinlich als Abbauprod. des intermediär entstehenden $P(NH_2)_5$, H. MOUREU, P. ROCQUET (*C. r.* **200** [1935] 1407/10; *Bl. Soc. chim.* [5] **3** [1936] 829/41, 829), s. auch H. MOUREU, P. ROCQUET (*C. r.* **197** [1933] 1643/5). Zur Darst. wird zweckmäßig die äther. Lsg. des $(PNCl_2)_3$ bei Atm.-Druck langsam einem Überschuß von fl. NH_3 zugesetzt und die gebildete Lsg. einige Std. lang bei gewöhnl. Temp. gerührt; das Nebenprod. NH_4Cl wird durch Extraktion mit fl. NH_3 oder durch Erhitzen des Rk.-Prod. in $CHCl_3$-Suspension mit Diäthylamin abgetrennt. Bei der direkten Rk. zwischen $(PNCl_2)_3$ und NH_3 unter Druck ist ein großer Überschuß an fl. NH_3 erforderlich, der Ersatz aller Cl-Atome erfordert dabei mindestens 48 Std. Etwa 36% Ausbeute wird erzielt, wenn eine Lsg. von PCl_5 in $CHCl_3$ bei −50°C einem Überschuß an fl. NH_3 zugesetzt und das Rk.-Prod. nach einigen Std. mit fl. NH_3 extrahiert wird, L. F. AUDRIETH, D. B. SOWERBY (*Chem. Ind.* **1959** 748/9). Variation der 1. Meth. s. bei G. RATZEL (*Diss. Heidelberg* 1957, S. 50).

Formation. Preparation

Physikalische Eigenschaften. Konstit. der Molekel wahrscheinlich entsprechend wie beim $(PNCl_2)_3$, nämlich sechsgliedrige Ringstruktur aus je drei 3wertigen N- und 5wertigen P-Atomen, s. L. F. AUDRIETH (*J. chem. Educat.* **34** [1957] 545/55). Weiß, A. BESSON, G. ROSSET (*l. c.*), kristallin, H. MOUREU, P. ROCQUET (*Bl. Soc. chim.* [5] **3** [1936] 829/41, 835). Dichte D = 1.68 ± 0.04; $P_3N_9H_{12}$ schmilzt bei ~220°C unter Zers., M. C. MILLER, R. A. SHAW laut R. A. SHAW, B. W. FITZSIMMONS, B. C. SMITH (*Chem. Rev.* **62** [1962] 247/81, 264, 266). Starke UR-Absorption bei 925, 1175, 1575, 3180 und 3300 cm^{-1}; das Absorptionsmax. bei 1175 cm^{-1} entspricht wahrscheinlich den nach L. W. DAASCH (*J. Am. Soc.* **76** [1954] 3403/8) für sämtliche P-Nitridderivate charakterist. „Ringschwingungen", L. F. AUDRIETH, D. B. SOWERBY (*l. c.*).

Physical Properties

Chemisches Verhalten. Geht bei längerem Erhitzen allmählich in Phospham über, L. F. AUDRIETH, D. B. SOWERBY (*l. c.*), so beispielsweise im Vak. bei 220°C im Verlaufe mehrerer Tage, A. BESSON, G. ROSSET (*l. c.*), innerhalb von 100 Std. im Vak. bei 380°C. Die allmähliche Zers. unter Abgabe von NH_3 beginnt im Vak. bei ~40°C, verläuft zwischen 200 und 300°C ziemlich schnell, doch hört die Gasentw. erst nach mehrstd. Erhitzen auf 400 bis 450°C auf, H. MOUREU, P. ROCQUET (*Bl. Soc. chim.* [5] 3 [1936] 829/41, 836). An der Luft setzt die NH_3-Abgabe erst bei > 125°C ein und verläuft kontinuierlich, S. GORDON laut L. F. AUDRIETH (*Record chem. Progr.* **20** [1959] 57/69, 68). Rk.-Weg und therm. Stabilität des $P_3N_9H_{12}$ sind dabei stark vom Material des Pyrolysegefäßes abhängig, M. C. MILLER, R. A. SHAW (*l. c.*), s. auch die Bldg.-Rkk. des Phosphams, S. 318; hygroskopisch, wird durch Feuchtigkeit allmählich zersetzt. Wahrscheinlich ist bereits das Monohydrat (s. S. 324) ein Hydrolyseprodukt. Im Gegensatz zum Tetrameren verläuft die Hydrolyse des Trimeren selbst in der Wärme oder in Ggw. von Essigsäure oder verd. HNO_3-Lsg. nicht über Derivate der Trimetaphosphimsäure (s. S. 345), sondern direkt zum H_3PO_4, H. MOUREU, P. ROCQUET (*l. c.* S. 835). Beim Erhitzen mit einem Überschuß an NaOH-Lsg. werden 3 Mol NH_3/Mol $P_3N_9H_{12}$ frei, L. F. AUDRIETH, D. W. SOWERBY (*l. c.*). Wird ebenso wie das Tetramere durch halbkonz. H_2SO_4 in ein Gemisch aus $NH_4H_2PO_4$ und $(NH_4)_2SO_4$ übergeführt, wobei auch eine flüchtige N-Verb. entsteht, die durch die Entw. weißer Dämpfe und charakterist. Geruch gekennzeichnet ist, H. MOUREU, P. ROCQUET (*l. c.* S. 833). Rk. mit Methanol, wahrscheinlich unter Bldg. von $PNNH_4OH$ und $PN(NH_2)(NHCH_3)$ im Mol-Verhältnis 3:10, H. SCHÄPERKÖTTER (*l. c.*), s. auch L. F. AUDRIETH, R. STEINMAN, A. D. F. TOY (*Chem. Rev.* **32** [1943] 109/33, 127).

Chemical Reactions

Wäßrige Lösung. Sehr gut lösl. in kaltem H_2O; die wss. Lsg. reagiert alkalisch gegen Tournesol, schwach alkalisch gegen Phenolphthalein, wenn sie konzentriert ist, stark alkalisch im verd. Zustand. Aus frischen Lsgg. läßt sich die Verb. durch Zusatz von Alkoholen abscheiden, H. MOUREU, P. ROCQUET

Aqueous Solution

(*l. c.* S. 835). Die wss. Lsg. ist nur kurze Zeit stabil, sie reagiert mit variierenden Mengen an Formaldehydlsg. unter Bldg. von zunächst H_2O-lösl. Prodd., die beim Eindampfen der Lsg. in glasartige, H_2O-unlösl. Prodd. übergehen, L. F. AUDRIETH, D. B. SOWERBY (*Chem. Ind.* **1959** 748/9). Ndd. mit Ag- und Pb-Ionen, L. F. AUDRIETH (*Record chem. Progr.* **20** [1959] 57/69, 67).

Nonaqueous Solution

Nichtwäßrige Lösung. Unlösl. in fl. NH_3, H. MOUREU, P. ROCQUET (*l. c.* S. 835). Löslichkeit in NH_4Cl-haltigem NH_3 wird auf Rk. mit dem Proton zurückgeführt, G. RATZEL (*Diss. Heidelberg* 1957, S. 10). Sehr gut lösl. in Eisessig, doch unlösl. in den sonstigen gebräuchlichen organ. Lsgmm.; lediglich in Äthylenglykol wird noch schwache Löslichkeit beobachtet, L. F. AUDRIETH, D. B. SOWERBY (*l. c.*). Unlösl. in Benzol, H. SCHÄPERKÖTTER (*l. c.*). Aus den Lsgg. in absol. Eisessig lassen sich durch Zusatz anderer organ. Lsgmm., ebenso beim Erhitzen relativ instabile Prodd. ausfällen, wobei unklar ist, ob es sich hierbei um Triacetate oder Acetylierungsprodd. handelt. Bei Zusatz von $HClO_4$ erfolgt die Fällung perchlorsäurehaltiger Substt., L. F. AUDRIETH (*l. c.* S. 68). Bei Einw. von $NaNO_2$ entspricht das innerhalb von 30 Min. aus der Lsg. entwickelte N_2-Vol. der vollständigen Spaltung des Trimeren, L. F. AUDRIETH, D. B. SOWERBY (*l. c.*).

$P_3N_9H_{12} \cdot H_2O$

***$P_3N_9H_{12} \cdot H_2O$*.** Dieses „Hydrat" entsteht, wenn die wss. Lsg. des $P_3N_9H_{12}$ mit dem gleichen Vol. Äthanol versetzt wird, in feinkristalliner Form; identische, jedoch besser ausgebildete Kristalle entstehen beim Eindunsten der wss. Lsg. im Vak. bei gewöhnl. Temperatur. Die Zus. des Präp. entspricht zwar der eines Monohydrats des $P_3N_9H_{12}$, doch handelt es sich wahrscheinlich eher um ein Hydrolyseprod. dieser Verb., zumal sich aus der wss. Lsg. bei neutraler oder schwach saurer Rk. ein unlösl., weißes, amorphes Ag-Salz ausfällen läßt, das kaum lichtempfindlich ist, H. MOUREU, P. ROCQUET (*Bl. Soc. chim.* [5] **3** [1936] 829/41, 835), s. auch A.-M. DE FICQUELMONT (*Ann. Chim.* [11] **12** [1939] 169/280, 208), L. F. AUDRIETH, R. STEINMAN, A. D. F. TOY (*Chem. Rev.* **32** [1943] 109/33, 125).

Tetraphosphorus Nitride Octamide

Tetraphosphornitridoctamid $P_4N_{12}H_{16}$ $= P_4N_4(NH_2)_8$. Weitere Bezeichnungen: Tetrameres Phosphornitrilamid, L. F. AUDRIETH, R. STEINMAN, A. D. F. TOY (*Chem. Rev.* **32** [1943] 99/108, 103). Octaamino-cyclotetraphosphazen, R. A. SHAW, B. W. FITZSIMMONS, B. C. SMITH (*Chem. Rev.* **62** [1962] 247/81, 266).

Formation. Preparation

Bildung. Darstellung. Entsteht analog dem Trimeren bei der Einw. von NH_3 auf $(PNCl_2)_4$ direkt (fl. NH_3) unter Druck oder in einem organ. Lsgm., s. H. MOUREU, P. ROCQUET (*C. r.* **200** [1935] 1407/10; *Bl. Soc. chim.* [5] **3** [1936] 829/41, 836), A.-M. DE FICQUELMONT (*C. r.* **200** [1935] 1045/7), L. F. AUDRIETH (*Record chem. Progr.* **20** [1959] 57/69, 67). Diese Amidierungsrk. verläuft wesentlich schneller als im Falle des Trimeren, G. RATZEL (*Diss. Heidelberg* 1957, S. 8). Es bildet sich neben dem Trimeren (s. S. 323) bei der Rk. von PCl_5 mit NH_3 wahrscheinlich als Abbauprod. des intermediär entstehenden $P(NH_2)_5$, H. MOUREU, P. ROCQUET (*l. c.*). Bei der Darst. wird dazu analog wie beim Trimeren verfahren, s. L. F. AUDRIETH, D. B. SOWERBY (*Chem. Ind.* **1959** 748/9), G. RATZEL (*Diss. Heidelberg* 1957, S. 50).

Physical Properties

Physikalische Eigenschaften. Konstit. der Molekel wahrscheinlich analog der des $(PNCl_2)_4$ (s. S. 544), nämlich 8gliedrige Ringstruktur aus aufeinanderfolgenden 4 Paaren von P^V-N-Verknüpfungen; s. L.F. AUDRIETH (*J. chem. Educat.* **34** [1957] 545/55), G. RATZEL (*l. c.* S. 8). Weiß, A.-M. DE FICQUELMONT (*C. r.* **200** [1935] 1045/7). Dichte $D = 1.77 \pm 0.04$, schmilzt bei 220°C unter Zers., M. C. MILLER, R. A. SHAW laut R. A. SHAW, B. W. FITZSIMMONS, B. C. SMITH (*Chem. Rev.* **62** [1962] 247/81, 264, 266). Starke UR-Absorption bei 915, 1240, 1565, 3240 und 3360 cm^{-1}. Das Absorptionsmax. bei 1240 cm^{-1} entspricht wahrscheinlich den „Ringschwingungen", vgl. S. 323.

Chemical Reactions

Chemisches Verhalten. Geht bei langsamem Erhitzen allmählich in Phospham über, L. F. AUDRIETH, D. B. SOWERBY (*l. c.*), so bei 450°C in NH_3-Atm., A.-M. DE FICQUELMONT (*l. c.*). An der Luft beginnt kontinuierliche NH_3-Abgabe bei > 125°C, jedoch langsamer als beim Trimeren, L. F. AUDRIETH (*Record chem. Progr.* **20** [1959] 57/69, 68). Rk.-Weg und therm. Stabilität des $P_4N_{12}H_{16}$ sind stark vom Material des Pyrolysetiegels abhängig, M. C. MILLER, R. A. SHAW laut R. A. SHAW u. a. (*l. c.* S. 266). Etwas hygroskopisch, L. F. AUDRIETH, D. B. SOWERBY (*l. c.*). Hydrolysiert im Gegensatz zum Trimeren zum NH_4-Salz der Tetrametaphosphimsäure (s. S. 348), H. MOUREU, P. ROCQUET (*Bl. Soc. chim.* [5] **3** [1936] 821/8, 827, 829/41, 836). Beim Erhitzen mit einem Überschuß an NaOH-Lsg. werden 4 Mol NH_3/Mol $P_4N_{12}H_{16}$ frei, L. F. AUDRIETH, D. B. SOWERBY (*l. c.*). Verhält sich gegen halbkonz. H_2SO_4 wie das Trimere, vgl. S. 323.

Wäßrige Lösung. Löst sich etwas langsamer als das Trimere in H_2O, H. Moureu, P. Rocquet (*l. c.*). Wss. Lsg. ist schwach alkalisch, Ndd. durch Ag- und Pb-Ionen, L. F. Audrieth (*l. c.* S. 267). Sie ist nur kurze Zeit stabil; aus der frischen Lsg. läßt sich $P_4N_{12}H_{16}$ durch Zusatz von Äthanol ausfällen. Die Lsg. reagiert mit variierenden Mengen an Formaldehyd unter Bldg. von zunächst H_2O-lösl. Prodd., die beim Eindampfen der Lsg. in glasartige, H_2O-unlösl. Prodd. übergehen, L. F. Audrieth, D. B. Sowerby (*l. c.*). *Aqueous Solution*

Nichtwäßrige Lösung. Unlösl. in fl. NH_3, H. Moureu, P. Rocquet (*l. c.* S. 836). Sehr gut lösl. in Eisessig, doch unlösl. in den sonstigen gebräuchlichen organ. Lsgmm.; lediglich in Äthylenglykol wird noch schwache Löslichkeit beobachtet, L. F. Audrieth, D. B. Sowerby (*l. c.*). Zum Verh. der Lsgg. in absol. Eisessig vgl. die analogen Rkk. des Trimeren, S. 324. Die Spaltung mit $NaNO_2$ in Eisessig unter Entw. von N_2 erfolgt etwas langsamer als im Falle des Trimeren, L. F. Audrieth, D. B. Sowerby (*l. c.*). *Nonaqueous Solution*

Triphosphortrinitrid-diamid-tetraazid $P_3N_{17}H_4 = P_3N_3(NH_2)_2(N_3)_4$. *Triphosphorus Trinitride Diamide Tetraazide*

Darst. durch Behandlung des analogen Tetrachlorids $P_3N_3(NH_2)_2Cl_4$ (s. S. 562) mit einer wss. Acetonlsg. (Gew.-Verhältnis H_2O : Aceton = 1:3) von NaN_3 während 1 Std. bei 25 bis 30°C; $P_3N_{17}H_4$ wird durch Abdampfen des Acetons aus dem Filtrat isoliert und aus einem Aceton-H_2O-Gemisch umkristallisiert; 20% Ausbeute. Weiße Nadeln, Schmp. 81 bis 82°C. Die UR-Absorptionsmax. bei 2160 und 3400 cm^{-1} deuten auf die Ggw. von Amino- und Azidogruppen in der Molekel hin; die starke Absorption bei 1200 cm^{-1} läßt die Beibehaltung des Ringsystems aus 3 P und 3 N-Atomen vermuten, M. S. Chang, A. J. Matuszko (*J. Am. Soc.* **82** [1960] 5756/7).

Triphosphortrinitridhexahydrazid $P_3N_{15}H_{18} = P_3N_3(N_2H_3)_6$. *Triphosphorus Trinitride Hexahydrazide*

Weitere Bezeichnungen: Triphosphonitril-hexahydrazid, R. J. A. Otto, L. F. Audrieth (*J. Am. Soc.* **80** [1958] 3575), trimeres Phosphornitrilhydrazid, L. F. Audrieth, R. Steinman, A. D. F. Toy (*Chem. Rev.* **32** [1943] 99/108, 103), Hexahydrazinocyclotriphosphazen, R. A. Shaw, B. W. Fitzsimmons, B. C. Smith (*Chem. Rev.* **62** [1962] 247/81, 266).

Darst. durch solvolyt. Rk. einer äther. Lsg. des $(PNCl_2)_3$ (2.57 g in 50 ml) mit einer Suspension von wasserfreiem N_2H_4 in absol. Äther (8 ml in 30 ml); krist. Nd. wird durch Filtration im abgeschlossenen System abgetrennt und zur Reinigung aus wss. Lsg. durch Zusatz von Äthanol umgefällt; 35% Ausbeute. Weiße, glänzende Plättchen, Schmp. >360°C, brennbar. Lösl. in H_2O, unlösl. in organ. Lsgmm. Schnelle Hydrolyse in saurer Lsg., durch Zusatz von konz. HCl wird das Hydrochlorid des N_2H_4 gefällt. Bldg. von krist. weißen Derivaten beim Schütteln der wss. Lsg. mit frisch dest. Benzaldehyd oder Acetaldehyd. — Die UR-Absorptionsbande bei 1218 cm^{-1} der Verb. wie auch ihrer Aldehydderivate spricht für das Vorliegen des 6gliedrigen P_3N_3-Ringsystems in der Molekel, R. J. Otto, L. F. Audrieth (*l. c.*). Ältere Angaben über die Verb. s. bei L. F. Audrieth u. a. (*l. c.*), L. F. Audrieth, O. F. Hill (*J. chem. Educat.* **25** [1948] 80/86, 86).

Diphosphortriimid $P_2N_3H_3 = P_2(NH)_3$. *Diphosphorus Triimide*

Zur Nomenklatur s. L. F. Audrieth, R. Steinman, A. D. F. Toy (*Chem. Rev.* **32** [1943] 99/108, 106). Weitere Bezeichnungen: Phosphorimid, A. Joannis (*C. r.* **139** [1904] 364/6). Phosphortriimid, R. Dubrisay (in: P. Pascal, *Nouveau traité de chimie minérale*, Bd. 10, *Paris* 1956, S. 886). Imidodiphosphorigsäure-diimid, O. Koch (*Diss. München* 1953, S. 65).

$P_2N_3H_3$ entsteht durch therm. Zers. des PN_2H_3 (s. S. 327) zwischen 0 und 100°C, A. Joannis (*l. c.*), s. auch O. Koch (*l. c.*). Es bildet sich bei der langsamen Zers. des PN_3H_6 (s. S. 328) bei 0°C an der Luft oder durch langsame Zers. dieser Verb. in einer Lsg. von NH_4J in fl. NH_3, C. Hugot (*C. r.* **141** [1905] 1235/7); nach J. Schulze (*Diss. Heidelberg* 1957, S. 12) wird auf diesem Wege jedoch zumindest kein reines Prod. erhalten. — Es ist stets Zwischenprod. bei der therm. Zers. der Rk.-Prodd., die aus PCl_3 und NH_3 entstehen, H. Moureu, G. Wétroff (*C. r.* **201** [1935] 1381/3, **204** [1937] 346/9; *Bl. Soc. chim.* [5] **4** [1937] 1839/50, 1842). Braunes Prod., wird beim Erhitzen langsam unter NH_3-Entw. zersetzt. Im Vak. zwischen 250 und 300°C entsteht eine rötliche Subst., C. Hugot (*l. c.*). Im Gegensatz zu den Beobachtungen von P. Renaud (*Bl. Soc. chim.* [5] **3** [1935] 443/512, 486) sind die Prodd. der therm. Zers. bei 500 bis 600°C P_4N_6 (s. S. 316), PH_3, NH_3 und H_2, wahrscheinlich nach: $P_2(NH)_3 = P_4N_6 + 3H_2$ und der Sekundärrk.: $P_4N_6 + xH_2 = 6NH_3 + yPH_3 + (4-y)$ P, s. hierzu H. Moureu, G. Wétroff (*l. c.*), P. Renaud (*Bl. Soc. chim.* [5] **4** [1937] 1291/3).

Tetraphosphorus Triimide

Tetraphosphortriimid $P_4N_3H_3 = P_4(NH)_3$.

Entsteht aus dem Anteil (40%) des durch Rk. von P_4S_3 mit fl. NH_3 bei —33°C gebildeten $P_4S_3 \cdot 4NH_3 = (NH_4)_2[P_4S_3(NH_2)_2]$ (s. S. 572), der beim Erhitzen auf 150 bis 180°C im Hochvak. nicht mehr zu P_4S_3 zurückgebildet wird. Dazu wird durch mehrmaliges abwechselndes Extrahieren mit fl. NH_3 und Erwärmen des jeweiligen Rk.-Prod. auf 275°C im Hochvak. das S der Verb. laufend durch NH-Gruppen unter Freiwerden von H_2S ersetzt; die Prodd. der einzelnen Rk.-Stufen werden zweckmäßig erst dann mit fl. NH_3 extrahiert, nachdem sie bereits 24 Std. im Einschlußrohr bei 50 bis 60°C der Einw. des gleichen Lsgm. ausgesetzt waren. Das Endprod. enthält die Verbb. $P_4S(NH)_2$ und $P_4(NH)_3$ etwa im Verhältnis 1:2. Es entsteht in gleicher Weise auch aus den NH_3-ärmeren Zers.-Prodd. des $(NH_4)_2[P_4S_3(NH_2)_2]$ bei 20 oder 100°C. Die Oxydationsstufe des P im $P_4(NH)_3$ ist die gleiche wie beim P_4S_3, nämlich + 1.5; deshalb liegt vermutlich auch die gleiche Struktur eines verzerrten Tetraeders mit 3 P-Atomen in der Grundfläche vor, wobei die 3 Imidogruppen in die von diesen 3 Basisatomen zum 4. P-Atom führenden Bindungen eingebaut sind. Somit liegen insgesamt 3 P–P-Bindungen und 3 P–NH–P-Bindungen vor. $P_4(NH)_3$ ist intensiv orangerot und im Gegensatz zu P_4S_3 unlösl. in CS_2. Beim Erhitzen im Hochvak. auf > 280°C, besonders schnell bei > 400°C, erfolgt Disproportionierung in P_3N_5 und weißes P entsprechend: $20\ P_4(NH)_3 = 14\ P_4 + 8\ P_3N_5 + 20\,NH_3$. In sd. Lauge zersetzt sich $P_4(NH)_3$ unter Phosphinentw., H. Behrens, L. Huber (*Ber.* **93** [1960] 921/7, 926), s. auch S. 313.

Phosphorus Diimide Amide

Phosphordiimidamid $PN_3H_4 = P(NH)_2NH_2$ (?).

Bei dem durch Einw. von fl. NH_3 auf mit gasf. NH_3 gesätt. PCl_5 bei —50°C entstehenden amorphen, weißen, stark feuchtigkeitsempfindlichen Prod., das von H. Moureu, P. Rocquet (*C. r.* **197** [1933] 1643/5) als $P(NH)_2NH_2$ formuliert wird, handelt es sich um ein Gemisch von P-Nitridamiden, vorwiegend aus $(PN(NH_2)_2)_3$ (s. S. 322) und $(PN(NH_2)_2)_4$, (s. S. 324), s. H. Moureu, P. Rocquet (*Bl. Soc. chim.* [5] **3** [1936] 829/41, 831, 837). Formulierung als Zwischenprod. der Ammonolyse des $P(NH_2)_5$ (s. S. 328) vor Übergang in Phospham s. bei W. C. Fernelius, W. C. Johnson (*J. chem. Educat.* **5** [1928] 828/35, 830).

$P_2N_7H_{11}$

$P_2N_7H_{11} = NH((NH)P(NH_2)_2)_2$(?).

Diese Verb. soll als Primärprod. der Rk. zwischen PCl_5 und NH_3 nach $2\ PCl_5 + 17\,NH_3 = P_2N_7H_{11} + 10\,NH_4Cl$ entstehen und sich bei Temp.-Erhöhung in die Amide der Imido- und der Nitridphosphorsäure zersetzen, H. Grüneberg (*Diss. Berlin* 1907, S. 47).

Phosphorus Imide Amide

Phosphorimidamid $(PN_2H_3)_n = (P(NH)NH_2)_n$.

Weitere Bezeichnungen: Phosphoramidimid, L. F. Audrieth, R. Steinman, A. D. F. Toy (*Chem. Rev.* **32** [1943] 99/108, 106); Imidophosphamid, R. Dubrisay (in: P. Pascal, *Nouveau traité de chimie minérale, Bd.* 10, *Paris* 1956, S. 886). Das im Phosphorimidamid $(P(NH)NH_2)_n$ und in Phosphorylamidimid $PO(NH)NH_2$ auftretende Radikal :$P(NH)NH_2$ sollte nach A. M. Patterson in Anlehnung an die organ. Amidine zweckmäßig als Phosphamidin-Radikal bezeichnet werden, zumindest aber, wenn die beiden anderen Konstituenten organ. Radikale sind, s. L. F. Audrieth, R. Steinman, A. D. F. Toy (*Chem. Rev.* **32** [1943] 99/108, 106).

Formation. Preparation

Bildung. Darstellung. PN_2H_3 entsteht wahrscheinlich als Nebenprod. bei der Einw. von fl. NH_3 auf weißen Phosphor, R. Schenck (*Ber.* **36** [1903] 4202/9, 4206). Ist Zwischenprod. beim therm. Abbau des $P(NH_2)_3$ (s. S. 328) zum $(PN)_n$ (s. S. 307), H. Moureu, G. Wétroff (*C. r.* **201** [1935] 1381/3, **204** [1937] 436/9; *Bl. Soc. chim.* [5] **4** [1937] 1839/50, 1842). Ist Hauptprod. der Rk. zwischen $P(NH_2)_3$ und HCl in sd. Äther, ebenso kann es bei der Rk. zwischen PCl_3 und fl. NH_3 intermediär durch Weiterrk. von primär gebildetem $P(NH_2)_3$ mit PCl_3 entstehen, J. Schulze (*Diss. Heidelberg* 1957, S. 10, 22). Somit kann bei seiner Darst. von der Rk. zwischen PCl_3 und fl. NH_3 ausgegangen werden, die bei —23°C folgendermaßen abläuft: $PCl_3 + 5\,NH_3 = PN_2H_3 + 3\,NH_4Cl$, A. Joannis (*C. r.* **139** [1904] 364/6). Auch bei anderen Tempp. entsteht es primär beim Eintropfen von PCl_3 in fl. NH_3, doch kann je nach den Rk.-Bedingungen Weiterrk. (s. unten) erfolgen, J. Schulze (*l. c.* S. 10). Zur Darst. wird zweckmäßig eine gesätt. Lsg. von trockenem NH_3 in 300 ml absol. Äther bei —20°C durch Zutropfen mit einer Lsg. von 27.4 g frisch dest. PCl_3 in 100 ml absol. Äther versetzt; der dabei ausfallende Nd. wird in N_2-Atm. und unter Ausschluß von Feuchtigkeit mit viel absol. Äther ausgewaschen und im Vak. getrocknet (~60% Ausbeute). Zur Abtrennung des mitgebildeten

NH_4Cl wird das Rk.Prod. wiederholt mit fl. NH_3 dekantiert. Weitere Darst.-Möglichkeit durch 3std. Schütteln von 10 g eines durch Rk. zwischen PCl_3 und NH_3 gebildeten Gemisches (s. S. 328) aus $P(NH_2)_3$ und NH_4Cl mit 80 g PCl_3; nach Abfiltrieren vom PCl_3-Überschuß und gründlichem Auswaschen mit absol. Äther wird in 3- bis 4maliger Wiederholung NH_3 auf das Rk.-Prod. aufkondensiert und anschließend abgedampft, dann wird schließlich 8mal mit fl. NH_3 dekantiert (4 g Ausbeute), M. Becke-Goehring, J. Schulze (*Ber.* **91** [1958] 1188/95, 1193), J. Schulze (*l. c.* S. 35, 38).

Constitution. Properties

Konstitution. Eigenschaften. Seinen Eigg. nach ist PN_2H_3 polymer, doch ist seine Molekelgröße bisher unbekannt. Mögliche Konstitt. s. nebenstehend, G. Becke-Goehring, J. Schulze (*l. c.* S. 1190). Alte Auffassung als „Ammonosäure" s. bei E. C. Franklin (*J. Am. Soc.* **27** [1905] 820/51, 826). Beim Tetrameren $P_4N_8H_{12}$ (s. unten) liegt P–N-Achtringstruktur vor, J. Schulze (*Diss. Heidelberg* 1957, S. 29).

I $\left[-\bar{P}(-\underline{N}H-H)-\underline{N}(H)- \right]_n$ II $\left[>\bar{P}^{-}(-N^{+}H-H)-\underline{N}(H)- \right]_n$

Bräunliches hygroskop. Pulver, schwer lösl. in H_2O, fl. NH_3 sowie Formaldehyd und den gebräuchlichen organ. Lsgmm.; zersetzt sich bei gewöhnl. Temp. an der Luft langsam in PH_3 und NH_3, schmilzt bei 115 bis 120°C unter Zers., bei 200° C erfolgt starke Gasentw. mit ziegelrotem Rückstand, M. Becke-Goehring, J. Schulze (*l. c.*), J. Schulze (*l. c.*). Zwischen 0 und 100°C Zers. nach $2PN_2H_3 = NH_3 + P_2(NH)_3$, A. Joannis (*l. c.*), s. auch S. 325. Rk. mit überschüssigem PCl_3 und NH_3 bei —78°C nach $2PN_2H_3 + 2PCl_3 + 6NH_3 = 4PN + 6NH_4Cl$, J. Schulze (*l. c.* S. 10).

Tetraimidotetrametaphosphorous Acid Tetramide

Tetraimidotetrametaphosphorigsäuretetramid $P_4N_8H_{12}$. Entsteht aus dem bei der Rk. zwischen $P_3N_7H_{12}$ (vgl. unten) und PCl_3 gebildeten Chlorid durch sofortigen Umsatz mit fl. NH_3. Wahrscheinliche Konstit. nebenstehend, J. Schulze (*Diss. Heidelberg* 1957, S. 29).

$H_2N-P-N(H)-P-NH_2$ / HN NH / $H_2N-P-N(H)-P-NH_2$

Imidophosphoric Acid Triamide

Imidophosphorsäuretriamid PN_4H_7 $= P(NH)(NH_2)_3$.

Ist wahrscheinlich Primärprod. der Rk. zwischen PCl_5 und NH_3, wenn H_2O bei der Rk. nicht vollständig ausgeschlossen wird, das bei Ggw. von wenig H_2O durch eine Kondensationsrk. in $P_3N_8O_2H_{13}$ (s. S. 340), durch mehr H_2O in $PO(NH_2)_3$ (s. S. 356) übergeführt oder je nach den experimentellen Bedingungen polymerisiert (s. unten) wird, M. Becke-Goehring, K. Niedenzu (*Ber.* **90** [1957] 2072/4), M. Becke-Goehring (*Ang. Chem.* **69** [1957] 569/70). Ältere Vermutung der Existenz der Verb. und ihrer Bldg. aus PCl_5 und NH_3, allerdings mit $P_2N_7H_{11}$ (s. S. 326) als Zwischenstufe und neben PN_3H_4 (s. S. 322) von H. Grüneberg (*Diss. Berlin* 1907, S. 48), mit $P(NH_2)_5$ (s. S. 328) von W. C. Fernelius, W. C. Johnson (*J. chem. Educat.* **5** [1928] 828/35, 830).

Polymeric Imidophosphoric Acid Triamide

Polymeres Imidophosphorsäuretriamid $(PN_4H_7)_n$ $= (\cdot P(NH_2)_3(NH\cdot))_n$. Entsteht durch Polymerisation des PN_4H_7 (s. oben), seine Hydrolyse führt zu Verbb. der Zus. $\cdot P(NH_2)_2(OH)(NH\cdot)$ und $[\cdot P(:NH)(ONH_4)(NH\cdot)]_n$, G. Becke-Goehring, K. Niedenzu (*l. c.*).

Diimidotriphosphorous Acid Pentamide

Diimidotriphosphorigsäurepentamid $P_3N_7H_{12}$ $= P(NH_2)_2\cdot NH\cdot P(NH_2)\cdot NH\cdot P(NH_2)_2$.

Entsteht aus $P_2N_5H_9$ (s. unten) unter NH_3-Abspaltung durch Umsatz mit der äquivalenten Menge $P(NH_2)_3$ (s. unten), es reagiert mit der äquivalenten Menge PCl_3 unter Freiwerden von 2 Äquivv. HCl zu instabilem Chlorid mit P-N-Achtringstruktur, J. Schulze (*Diss. Heidelberg* 1957, S. 29).

Imidodiphosphorous Acid Tetramide

Imidodiphosphorigsäuretetramid $P_2N_5H_9$ $= P(NH_2)_2NHP(NH_2)_2$.

Entsteht neben NH_4Cl bei hinreichend langer Einw. zwischen PCl_3 und $P(NH_2)_3$; Rk.-Prod. wird nach Abfiltrieren gründlich mit Äther ausgewaschen. Es reagiert mit der äquivalenten Menge $P(NH_2)_3$ (s. unten) unter NH_3-Abspaltung zu $P_3N_7H_{12}$ (s. oben), J. Schulze (*Diss. Heidelberg* 1957, S. 28).

Phosphorus Triamide

Phosphortriamid PN_3H_6 $= P(NH_2)_3$.

Zur Nomenklatur s. L. F. Audrieth, R. Steinman, A. D. F. Toy (*Chem. Rev.* **32** [1943] 99/108, 106).

Formation

Bildung. Die bereits von A. Joannis (*C. r.* **139** [1904] 364/6) vermutete Bldg. von P-Triamid aus p-Trihalogenid und fl. NH_3 wird von C. Hugot (*C. r.* **141** [1905] 1235/7) durch Einw. von PBr_3 auf fl. NH_3 bei < -70°C erreicht, wobei zur Entfernung des mitgebildeten NH_4Br Auswaschen des Rk.-

Prod. mit fl. NH_3 empfohlen wird. Bei der Bldg. aus PJ_3 und fl. NH_3 bei $\sim -65°C$ löst sich das Amid in der zugleich entstehenden Lsg. von NH_4J im fl. NH_3 unter Zers. in $P_2(NH)_3$ (s. S. 325). — Bei Durchführung der Rk. mit NH_3 und PCl_3 in CCl_4-Lsg. entsteht möglicherweise primär $PCl_3 \cdot 6NH_3$, H. PERPEROT (*C. r.* **181** [1925] 662/4; *Bl. Soc. chim.* [4] **37** [1925] 1540/8, 1545). $P(NH_2)_3$ ist stets Primärprod. der direkten Rk. zwischen PCl_3 und fl. NH_3, H. MOUREU, G. WÉTROFF (*C. r.* **201** [1935] 1381/3, **204** [1937] 436/9; *Bl. Soc. chim.* [5] **4** [1937] 1839/50, 1842).

Preparation

Darstellung. In 500 ml trockenes, stark gekühltes fl. $CHCl_3$ wird unter Luftabschluß (N_2-Atm.) 1 Std. lang getrocknetes NH_3 eingeleitet und die gebildete Lsg. bei $-78°C$ unter Rühren tropfenweise mit einer Lsg. von 13.7 g frisch dest. PCl_3 in 100 ml trockenem $CHCl_3$ unter weiterem Einleiten von NH_3 versetzt. Nach Vertreiben des NH_3-Überschusses durch N_2 wird das Rk.-Prod. unter Luft- und Feuchtigkeitsausschluß abfiltriert, mit kaltem absol. Äther ausgewaschen, im Vak. getrocknet und bei Tempp. $< 0°C$ aufbewahrt. Die Abtrennung des mitgebildeten NH_4Cl durch Lösen in fl. NH_3, H_2O oder Formamid oder durch Umsetzen mit Diäthylamin läßt sich wegen der Löslichkeit des $P(NH_2)_3$ in diesen Fll. bzw. wegen seiner Instabilität nicht durchführen, M. BECKE-GOEHRING, J. SCHULZE (*Ber.* **91** [1958] 1188/95, 1192), J. SCHULZE (*Diss. Heidelberg* 1957, S. 34), vgl. auch O. KOCH (*Diss. München* 1953, S. 65).

Properties

Eigenschaften. Gelblich, wenn aus $PBr_3 + NH_3$ gebildet; bei $-25°C$ Verfärbung nach Grau, oberhalb 0°C unter Bldg. von $P_2(NH)_3$ (s. S. 325) und NH_3-Entw. braun, C. HUGOT (*l. c.*). Bei der Darst. aus $PCl_3 + NH_3$ ist das Rk.-Prod. weiß, Geruch nach PH_3 und NH_3. Im Gegensatz zu vorstehender Beobachtung wird vermutet, daß bei der therm. Zers. des $P(NH_2)_3$ auch Disproportionierung des dreiwertigen in fünf- und nullwertiges P eintritt, J. SCHULZE (*l. c.* S. 13). Beim Erhitzen auf 250 bis 300°C entsteht ein rotes Prod., C. HUGOT (*l. c.*). Beim Zerreiben des bei der Darst. anfallenden Gemisches mit NH_4Cl erfolgt Zers. unter Wärme- und Rauchentw. (P_4O_{10}?) und starkem Geruch nach NH_3 und PH_3. Ähnlich ist das Verh. beim Übergießen mit rauchendem H_2SO_4, während mit rauchendem HNO_3 Ox. unter Feuererscheinung eintritt, J. SCHULZE (*l. c.*). Sehr stark hygroskopisch, O. KOCH (*l. c.*). Reagiert mit PCl_3 (bereits bei der Darst., wenn dieses im Überschuß vorliegt) weiter unter Bldg. von $(PN_2H_3)_n$ (s. S. 326) und schließlich von $(PN)_n$ (s. S. 307). Bei hinreichend langer Einw.-Zeit zwischen $P(NH_2)_3$ und PCl_3 entsteht $P_2N_5H_9$ (s. S. 327), mit dem $P(NH_2)_3$ unter Bldg. von $P_3N_7H_{12}$ (s. S. 327) weiterreagiert. Es setzt sich mit HCl in sd. äther. Lsg. in der Hauptsache zu $(PN_2H_3)_n$ um, im gleichen Lsgm. entsteht bei Ggw. von NH_4Cl und $AlCl_3$ eine gelbe Additionsverb. der Zus. $P(NH_2)_3 \cdot Al_2Cl_6 \cdot 2(C_2H_5)_2O$, J. SCHULZE (*l. c.* S. 10, 22, 27, 29).

Aqueous Solution

Wäßrige Lösung. Gut löslich in H_2O, O. KOCH (*l. c.*). Die wss. Lsg. riecht nach PH_3 und färbt sich allmählich gelb, wahrscheinlich unter Bldg. von kolloidem P, das sich als gelber Schlamm abscheidet. Die Lsg. ist ein starkes Red.-Mittel, mit $HgCl_2$ wird in der Kälte Kalomel, in der Hitze elementares Hg gefällt, J. SCHULZE (*l. c.* S. 12, 35).

Nonaqueous Solution

Nichtwäßrige Lösung. $P(NH_2)_3$ löst sich sehr leicht in wss. Säuren und Laugen, fl. NH_3 und Formamid; in anderen organ. Lsgmm. ist es meist unlösl. oder schwer löslich. Alkal. Bromlsg. wird sofort entfärbt. In alkal. Lsg. wird $KMnO_4$ über fünf- bis zum vierwertigen Mn, in saurer Lsg. zum zweiwertigen Mn, in $CHCl_3$ und Aceton zum vierwertigen Mn reduziert In saurer Lsg. erfolgt Red. des Molybdats zum Molybdänblau, J. SCHULZE (*l. c.* S. 12, 35). Heftige Entw. von N_2 in einer Lsg. von Nitrat in 2n Essigsäure, O. KOCH (*l. c.*). Es ist unlösl. in einer Lsg. von NH_4Br in fl. NH_3, wird dagegen in einer Lsg. von NH_4J in fl. NH_3 unter Abscheidung von $P_2(NH)_3$ (s. S. 325) gelöst, C. HUGOT (*l. c.*).

Phosphorus Pentamide

Phosphorpentamid $PN_5H_{10} = P(NH_2)_5$.

Zur Nomenklatur s. L. F. AUDRIETH, R. STEINMAN, A. D. F. TOY (*Chem. Rev.* **32** [1943] 99/108, 100). Dort als weitere Bezeichnung „Phosphopentamid" aufgeführt. — Vermutung seiner Bldg. beim Einleiten von NH_3 in eine Lsg. des PCl_5 in CCl_4; Ergebnis unsicher, da Trennung von mitgebildetem NH_4Cl nicht gelingt, H. PERPÉROT (*C. r.* **181** [1925] 662/4; *Bl. Soc. chim.* [4] **37** [1925] 1540/8, 1541). $P(NH_2)_5$ ist das Prod. der Rk. zwischen PCl_5 und fl. NH_3, doch nur bei Tempp. $\leq 0°C$ und Drucken > 300 Torr beständig, sonst dissoziiert es leicht in $(PN_3H_4)_n$ und NH_3 (s. S. 322), H. MOUREU, P. ROCQUET (*C. r.* **200** [1935] 1407/10, **201** [1935] 144/7; *Bl. Soc. chim.* [5] **3** [1936] 829/41, 839), s. auch W. C. FERNELIUS, W. C. JOHNSON (*J. chem. Educat.* **5** [1928] 828/35, 830), H. MOUREU, G. WÉTROFF (*C. r.* **204** [1937] 436/9), L. F. AUDRIETH, R. STEINMAN, A. D. F. TOY (*Chem. Rev.* **32** [1943] 109/33, 125), L. F. AUDRIETH, O. F. HILL (*J. chem. Educat.* **25** [1948] 80/86, 85). Von K. NIEDENZU

(*Diss. Heidelberg* 1956) wird dieses Ergebnis zwar auf Grund eigener experimenteller Beobachtungen bezweifelt, doch können diese durch Spuren von H_2O beeinflußt sein, s. M. BECKE-GOEHRING, K. NIEDENZU (*Ber.* **90** [1957] 2072/4), vgl. auch S. 441. — Wahrscheinlich kovalente Bindung der N-Atome an P, das sich im angeregten Zustand $3s^1 3p^3 3d^1$ befindet, wobei 2 der gewöhnl. im Zustand 3s gekoppelten Elektronen nach 3d übergehen. Zur Abgabe von 2N-Atomen genügen hierbei schwache Energien, wobei P in den Grundzustand $3s^2 3p^3$ zurückgeht. Infolge des elektr. Momentes des PCl_5 läßt sich jedoch eine Konfiguration des $P(NH_2)_5$ mit 4 kovalenten und einer elektrovalenten Bindung nicht ausschließen, H. MOUREU, P. ROCQUET (*C. r.* **201** [1935] 144/7; *Bl. Soc. chim.* [5] **3** [1936] 821/8, 826).

Ammoniakate(?) von Phosphorwasserstoffen.

Phosphine Ammines (?)

Die Konstit. dieser Verbb. ist nicht restlos geklärt, so daß ihre Einordnung in diesem Handbuch auf Schwierigkeiten stößt. Sie werden vor allem wegen ihrer ungewöhnlichen stöchiometr. Zus. an dieser Stelle behandelt, wenn auch viele Fakten, wie vor allem ihre elektr. Leitf. und ihr Verh. bei der Elektrolyse, s. P. ROYEN (*Z. anorg. Ch.* **235** [1938] 324/36, 327), stark für ihre Auffassung als Ammoniumpolyphosphide und damit für ihre Einordnung im Band „*Ammonium*" sprechen. Gegen das Vorliegen salzartiger Bindung sprechen wiederum die folgenden Fakten: Fehlen eines stöchiometr. Verhältnisses zwischen dem H des Phosphins und dem gebundenen NH_3, Verdrängung des größten Tl. des Phosphins bei der Anlagerung von NH_3 sowie das Ergebnis der röntgenograph. Best., s. P. ROYEN (*Z. anorg. Ch.* **229** [1936] 369/400, 396). Vgl. hierzu auch „*Ammonium*" S. 416. Die nach A. STOCK (*Ber.* **36** [1903] 1120/3) aus weißem P und fl. NH_3 entstehende schwarze Subst. der Zus. P_2NH_2 soll aus einem Gemisch des NH_4-Salzes des schwach sauren einbas. P_4H_2 mit P-Amido- und P-Imido-Verbb. bestehen, R. SCHENCK (*Ber.* **36** [1903] 4202/9, 4206). Diese Subst. entspricht in reinem Zustand im Aussehen dem Anthrazit. Dichte $D^{22} = 1.99$ bis 2.03. Sie ist beständig an der Luft und gibt im Vak. bei 150 bis 300°C in der Hauptsache NH_3, daneben etwas H_2 und PH_3 ab, zwischen 370 und 470°C sublimiert P, das in weißer und roter Form kondensiert wird; Rückstand ist P_3N_5, A. STOCK, O. JOHANNSEN (*Ber.* **41** [1908] 1593/1607, 1595, 1601), vgl. auch S. 312. Wahrscheinlich entstehen das gleiche oder ähnliche Prodd. auch bei der Einw. von konz. wss. NH_3-Lsg. auf rotes P oder beim mehrtägigem Stehen von festem $P_{12}H_6$ mit NH_3-Lsg. im Sonnenlicht, s. R. SCHENCK (*Ber.* **36** [1903] 979/95, 982, 991). Ältere Beobachtungen, A. VOGEL (*Gilb. Ann.* **48** [1814] 375/91, 376), F. A. FLÜCKINGER (*Arch. Pharm.* **230** [1892] 159/68, 159, 164), E. C. FRANKLIN, C. A. KRAUS (*Am. chem. J.* **20** [1898] 820/53, 835), C. HUGOT (*Ann. Chim. Phys.* [7] **21** [1900] 5/87, 29). Die aus festem gelben P-Wasserstoff der Zus. $P_{12}H_6$ (s. S. 54) und fl. NH_3 entstehende Verb., die beim Erhitzen oder beim Kochen mit verd. Säuren unter Übergang in eine orangefarbene Subst. NH_3 abspaltet, ist strukturell wahrscheinlich ein Derivat des P_9H_2 (s. S. 55), aus dem sie in analoger Weise entsteht. Sie bildet mit fl. NH_3 eine rote Fl., in der sie wahrscheinlich kolloid vorliegt. Die Zus. liegt zwischen den beiden Grenzformeln $P_9H_2 \cdot NH_3$ (4.70% N) und $(P_9H_2)_2 \cdot NH_3$ (2.42% N). Beim Erhitzen im Vak. wird zwischen $\sim$90 und $\sim$200°C fast ausschließlich NH_3 abgegeben, während der Rückstand hauptsächlich aus P_9H_2 besteht; bei höheren Tempp. erfolgt weiterer Zerfall in PH_3 und H_2, daneben entstehen noch etwas NH_3 und rotes P und P_3N_5 (s. S. 312), A. STOCK, W. BÖTTCHER, W. LENGER (*Ber.* **42** [1909] 2853/63, 2857). Das rotbraune geruchlose Prod. der 8std. Einw. von fl. NH_3 auf P_9H_2 bei gewöhnl. Temp. ist röntgenographisch amorph und hat die Zus. $P_9H_{1.38}(NH_3)_x = P_{13}H_2(NH_3)_y$, P. ROYEN (*Z. anorg. Ch.* **229** [1936] 369/400, 394). Es entsteht auch aus P, PH_3 und NH_3 bei gewöhnl. Temp. innerhalb von wenigen Std. Aus der Dampfdruckerniedrigung wird ein Teilchengew. von 2700 in fl. NH_3 ermittelt. Die spezif. elektr. Leitf. dieser Lsg. beträgt $10^{-4}\,\Omega^{-1}\cdot cm^{-1}$ bei -65°C. Bei der Elektrolyse der Lsg. in fl. NH_3 wird etwas P an der Anode abgeschieden; es wird geschlossen, daß der Stromtransport in der Hauptsache durch PH_2^--Ionen und in geringem Maße vielleicht auch durch PH^{2-}-Ionen erfolgt, P. ROYEN (*Z. anorg. Ch.* **235** [1938] 324/36, 332), vgl. auch S. 32, 50.

Oxidnitride und andere P-N-O-Verbindungen

Oxide Nitrides and Other P–N–O Compounds

Phosphorylnitrid(PNO)$_n$.

Phosphoryl Nitride

Zur Nomenklatur s. G. WÉTROFF (*Recherches chimiques et thermochimiques sur les composés du radical phosphonitrile, Paris* 1942, S. 48), L. F. AUDRIETH, R. STEINMAN, A. D. F. TOY (*Chem. Rev.* **32** [1943] 99/108, 101). Andere, z. T. irreführende Bezeichnungen: Phosphor(V)-oxynitrid, L. F. AUDRIETH (*J. chem. Educat.* **34** [1957] 545/55, 548); Phosphonitriloxid, G. WÉTROFF (*l. c.*; *C. r.* **205** [1937] 668/70), Phosphorsäureanhydridanammonid, W. C. FERNELIUS, W. C. JOHNSON (*J. chem.

Educat. **5** [1928] 828/35, 835); Phosphorsäurenitrid, O. DAMMER (*Handbuch der anorganischen Chemie, Bd.* 2, *Tl.* 1, *Stuttgart* 1894, S. 152); Phosphonitryl, A. GUTBIER (in: GMELIN-HANDBUCH, 7. *Aufl., Bd.* 1, *Abt.* 3, S. 214); Phosphonitril, J. H. GLADSTONE (*J. chem. Soc.* **22** [1869] 15/22, 18); Monophosphamid, H. SCHIFF (*Lieb. Ann.* **101** [1857] 299/309, 304); Biphosphamid, C. GERHARDT (*C. r.* **22** [1846] 858/60).

Formation. Preparation

Bildung. Darstellung. Bildet sich beim längeren Erhitzen von gut getrocknetem Phosphamid $PO(NH)(NH_2)$ (s. S. 342), C. GERHARDT (*Ann. Chim. Phys.* [3] **18** [1846] 188/205, 195), oder Phosphoroxidtriamid $PO(NH_2)_3$ bei Luftabschluß, H. SCHIFF (*l. c.* S. 304; *Z. Ch.* [2] **5** [1869] 609/11), ebenso wenn man das durch Einw. von NH_3 auf $POCl_3$ erhältliche Gemenge von $PO(NH_2)Cl_2$, $PO(NH_2)_2Cl$ und NH_4Cl sehr stark erhitzt, J. H. GLADSTONE (*J. chem. Soc.* **22** [1869] 15/22, 18). Im letzten Falle wird das Rk.-Gemisch aus fl. NH_3 und $POCl_3$ mehrere Tage lang im Vak. (< 1 Torr) bei 500 bis 525°C gehalten, G. WÉTROFF (*l. c.* S. 30; *l. c.*), s. auch K. NIEDENZU (*Diss. Heidelberg* 1956, S. 14). Wird $PO(NH_2)_3$ als Ausgangsprod. der Darst. benutzt, so erhitzt man dieses zweckmäßig 3 Std. lang im elektr. Ofen auf 650°C, R. KLEMENT, O. KOCH (*Ang. Ch.* **65** [1953] 266; *Ber.* **87** [1954] 333/40, 334), O. KOCH (*Diss. München* 1953, S. 11); wird diese Rk. bei 1000°C und 1 Torr durchgeführt, so entstehen dabei neben $(PNO)_n$ infolge Red. des P durch das H der NH_2-Gruppe flüchtige, an der Luft nach Phosphin riechende Verbb.; aus diesem Grunde darf zur Darst. des $(PNO)_n$ das $PO(NH_2)_3$ nicht in Pt-Gefäßen, selbst nicht bei Ggw. von Luft, erhitzt werden, da diese sonst in der für Pt typ. Weise zerstört werden, R. KLEMENT, H. BÄR (*Z. anorg. Ch.* **300** [1959] 221/4), H. BÄR (*Diss. München* 1958, S. 17). Siehe zur Bldg. bzw. Darst. aus $PO(NH_2)_3$ auch L. F. AUDRIETH (*J. chem. Educat.* **25** [1948] 80/86, 85, **34** [1957] 545/55, 547), M. BECKE-GOEHRING (*Ang. Ch.* **69** [1957] 569/70), F. W. AINGER, J. M. HERBERT (*Spec. Ceram. Proc. Sym. Brit. Ceram. Res. Assoc., Stocke-on-Trent* 1959 [1960], S. 168/82 nach *C. A.* **1961** 25191). Unterss. über den Rk.-Mechanismus der Bldg. durch therm. Kondensation des $PO(NH_2)_3$ s. E. STEGER, G. MILDNER (*Z. anorg. Ch.* **332** [1964] 314/21, 321). — Weitere Bldg.-Weisen: Neben P_2O_5 und NH_3 durch therm. Zers. des PNO_2H_2 (s. S. 337) im Vak. bei Rotglut, P. RENAUD (*Ann. Chim.* [11] **3** [1935] 443/512, 503). Wahrscheinlich bei der therm. Zers. von P_2NO_4H (s. S. 338), A. M. DE FICQUELMONT (*C. r.* **211** [1940] 590/2). — Enthalpieänderung bei der Bldg. aus $(PN)_n$ und O_2 nach $1/n(PN)_{n\ fest} + {}^1/_2 O_{2\ gasf} = 1/n\ (PON)_{n\ fest}$: $\Delta H = -72 \pm 1$ kcal/Mol, G. WÉTROFF (*Recherches chimiques et thermochimiques sur les composés du radical phosphonitrile, Paris* 1942, S. 69).

Constitution

Konstitution. Die Rkk. mit Cl_2 (s. S. 331) beweisen die relative Stabilität der Gruppierungen PO und PN, wobei die Bindung P–N schwächer als die Bindung P–O ist, G. WÉTROFF (*l. c.* S. 47). Analogie mit Konstit. des $(O(CN)_2)_n$, H. MOUREU, G. WÉTROFF (*C. r.* **204** [1937] 51/53). Während G. ODDO (*Gazz.* **29** II [1899] 330) auf die nebenstehende Konstit. I des Dimeren schließt, wird von R. KOCH (*Diss. München* 1953, S. 18) auf Grund des Verlaufs der Bldg.-Rk. aus $PO(NH_2)_3$ (s. S. 356) „Bienenwabenstruktur“ II angenommen. Die UR-Spektren lassen auf eine dem Phospham (s. S. 330) analoge Konstit. schließen, wobei P–O–P-Brücken an die Stelle der P–NH–P-Brücken getreten sind. Auch hier ist die räumliche Anordnung der einzelnen O- und N-Brücken unregelmäßig, zumal diese Verb. bei den üblichen Darst.-Methh. wahrscheinlich als ungeordnetes Haufwerk entsteht, was ihren amorph-polymeren Charakter zu erklären vermag, E. STEGER (*Ber.* **94** [1961] 266/71), s. hierzu auch E. STEGER, G. MILDNER (*Z. anorg. Ch.* [1964] 314/321, 321). — Der hohe Polymerisationsgrad ermöglicht den Ersatz bestimmter N- durch O-Atome und umgekehrt, ohne daß sich dabei die physikal. oder chem. Eigg. der Makromolekeln deutlich verändern, G. WÉTROFF (*l. c.* S. 56).

Physical Properties

Physikalische Eigenschaften. Weißes, amorphes Pulver. Nicht flüchtig und unschmelzbar. Dichte $D^\circ = \sim 2.0$ für die kompakte Subst., Schüttdichte ~ 1 für das Pulver. Die abweichende Feststellung von J. H. GLADSTONE (*Quart. J. chem. Soc.* **2** [1849] 121/31, 128; *J. chem. Soc.* **22** [1869] 15/22, 18), nach der $(PNO)_n$ bei heller Rotglut schmilzt und beim Erkalten zu einer schwarzen glasigen Masse erstarrt, beruht wahrscheinlich auf der Verwendung eines mit H_3PO_4 bei der Darst. infolge der Mitwrkg. der Luftfeuchtigkeit verunreinigten Präp., G. WÉTROFF (*l. c.* S. 32). Das UR-Spektrum zeigt 2 Hauptbanden mit Max. bei 925 und 1250 cm^{-1}, die auf den Schwingungen der schweren Atome beruhen. Die erste liegt im Bereich typ. Einfachbindungen, während die zweite hohen Doppelbindungsanteil hat; die kurzwelligere Bande entspricht der Bindungsfolge $-P-N=P-$, E. STEGER (*Mitt. Bl. Chem. Ges. DDR, Sonderh.* **1957** 41/2).

Chemisches Verhalten. Bleibt beim Erhitzen im Vak. (0.01 Torr) stabil bis ~750°C, oberhalb dieser Temp. erfolgt schwache Zers. unter N_2-Entw. und Bldg. von 2 festen Sublimaten, nämlich $(PN)_n$ und P_2O_5. Der unzersetzte Teil behält seine ursprüngliche Zus., selbst bei 1000°C sind zur Zerstörung der Subst. noch Std. erforderlich. Pastillen aus $(PNO)_n$ sind nur schwach brennbar. Beim Entzünden mit einem rotglühenden Draht erfolgt selbst in einer Atm. aus komprimiertem O_2 nur teilweise Verbrennung; Entropieumsatz ΔH bei der Rk. $1/n\ (PNO)_{n\ fest} + {}^3/_4 O_{2\ gasf} = {}^1/_2 P_2O_{5\ fest} + {}^1/_2 N_{2\ gasf}$: $\Delta H = -95 \pm 0.3$ kcal/Mol. In Cl_2-Atm. setzt bei ~800°C Rk. ein und verläuft bei ~900°C vollständig innerhalb mehrerer Std. Dabei wird in der Hauptsache $POCl_3$, daneben etwas $(PNCl_2)_n$ gebildet. Mit H_2O in der Kälte keine Rk., im Bombenrohr bei 175°C innerhalb weniger Std. Hydrolyse nach $1/n\ (PNO)_n + 3H_2O = NH_4H_2PO_4$, G. Wétroff (*l. c.* S. 33), vgl. auch G. Wétroff (*C. r.* **208** [1939] 580/3); ältere Angaben bei C. Gerhardt (*C. r.* **22** [1846] 858/60; *Ann. Chim. Phys.* [3] **18** [1846] 188/205, 195). Das Verh. gegenüber H_2O bei gewöhnl. Temp. ist abhängig von den Darst.-Bedingungen des $(PNO)_n$; ein aus $PO(NH_2)_3$ durch therm. Kondensation bei 300°C erhaltenes Präp. nimmt in wasserdampfgesätt. Luft innerhalb von 10 Tagen etwa 12.2 Gew.-% H_2O auf, ein bei 600°C erhaltenes dagegen nur 1.9 Gew.-%, E. Steger, G. Mildner (*Z. anorg. Ch.* **332** [1964] 314/21, 316). Beim Erhitzen in H_2-Atm. entsteht NH_3, zugleich entwickeln sich Dämpfe von P_2O_5 oder P_4O_6 mit leicht entzündlichem PH_3, während eine rote Subst., wahrscheinlich unreines P-Oxid, sublimiert. Keine Rk. mit J oder S. Beim Erhitzen im H_2S-Strom wird das Pulver deutlich klebrig und schwerer. Wird selbst durch konz. HNO_3-Lsg. nicht angegriffen, nur durch längere Einw. von sd. konz. H_2SO_4-Lsg. gelingt ein Aufschluß. Verpufft beim Schmelzen mit KNO_3, J. H. Gladstone (*Quart. J. chem. Soc.* **2** [1849] 121/31, 128), vgl. auch O. Koch (*Diss. München* 1953, S. 11). Beim Schmelzen mit K_2CO_3 oder KOH entstehen K_3PO_4 und NH_3, C. Gerhardt (*l. c.*). Schwer zersetzbar durch Natronkalk, H. Schiff (*Lieb. Ann.* **101** [1857] 299/309, 304). Unlösl. in H_2O und allen sonstigen gebräuchlichen Lsgmm., G. Wétroff (*C. r.* **205** [1937] 668/70).

Chemical Reactions

PNO_2(?). Bei der von H. Schiff (*Lieb. Ann.* **101** [1857] 299/309, 304) mit dieser Zus. beschriebenen Verb. handelt es sich um das Phosphorylnitrid PON (s. S. 329). Das bei der Rk. zwischen PCl_5 und $NaNH_2$ beim Erwärmen unter Flammenerscheinung entstehende Sublimat enthält neben NH_4Cl und NaCl eine unlösl. P-Verb., aus der bei Einw. von HNO_3 oder CH_3CO_2H ein weißes, fast geschmack- und geruchloses inaktives Pulver entsteht, dessen chem. Zus. PNO_2 oder PNO_2H sein soll. Sowohl durch 3std. Erhitzen im Einschlußrohr mit H_2O auf 180°C, als auch durch Einw. eines Gemisches aus konz. wss. HF- und H_2SO_4-Lsg., als auch durch Erhitzen mit einem Gemisch aus KOH und KNO_3 wird es unter Bldg. von NH_3 und H_3PO_4 bzw. Phosphat gespalten, W. P. Winter (*J. Am. Soc.* **26** [1904] 1484/1512, 1494).

PNO_2 (?)

$P_6N_4O_9$(?). Soll von M. de Ficquelmont im Verlaufe von Unterss. über die therm. Zers. der Tetrametaphosphimsäure $P_4N_4O_8H_8$ (s. S. 348) erhalten worden sein. Wahrscheinlich echte chem. Verb., die aus der Vereinigung von 1 Molekel P_2O_5 mit 4 Molekeln PNO entsteht, G. Wétroff (*Recherches chimiques et thermochimiques sur les composés du radical phosphonitrile, Paris* 1942, S. 57).

$P_6N_4O_9$ (?)

$P_2O_5 \cdot 2NO$. Ist neben O_2 Prod. der Rk. zwischen P_2O_5 und NO_2 bei 250°C sowie bei der direkten Einw. von NO auf P_2O_5. Weiße, glasartige Subst., weniger zerfließlich als P_2O_5. Mit H_2O heftige Rk. unter Entw. von NO und Bldg. von H_3PO_4, E. M. Stoddart (*J. chem. Soc.* **1938** 1459/61). Die von J. W. Smith (*J. chem. Soc.* **1928** 1886/94, 1893) unter den gleichen Bedingungen vermutete Bldg. von Additionsverbb. aus P_2O_5 und NO_2 wird damit widerlegt; auch spätere eingehende Unterss. der Rk.-Systeme P_2O_5–N_2O_4 und P_2O_5–N_2O_3 im Temp.-Bereich von 0 bis ~20°C über 9 bzw. 15 Monate lassen nur auf die Bldg. von $P_2O_5 \cdot 2NO$, und nicht auf die von Additionsverbb. des P_2O_5 mit anderen Stickstoffoxiden schließen, s. E. M. Stoddart (*J. chem. Soc.* **1945** 448/51).

$P_2O_5 \cdot 2NO$

$P_2O_5 \cdot nNO_2$ (?). Additionsverbb. zwischen P_2O_5 und NO_2 sollen auf Grund einer unveröffentlichten Beobachtung von Hartung und späteren Unterss. von J. W. Smith (*J. chem. Soc.* **1928** 1886/94, 1893) bei mehrstd. Einw. von N_2O_4 auf P_2O_5 im Temp.-Bereich 250 bis 300°C entstehen, vgl. jedoch E. M. Stoddart (*J. chem. Soc.* **1938** 1459/61), s. auch oben bei $P_2O_5 \cdot 2NO$.

$P_2O_5 \cdot nNO_2$ (?)

$2P_2O_5 \cdot NO_2$ (?). Soll bei der Einw. von NO_2 auf $(PNCl_2)_3$ bei 200 bis 250°C neben N_2, N_2O und Cl_2 sowie fl. NOCl und NO_2Cl als glasige, nahezu farblose, transparente, auf Glas fest haftende Masse entstehen, die sich in H_2O mit knatterndem Geräusch unter Zers. etwas löst, an der Luft unter Entw. von NO_2 zerfließt und beim Erhitzen NO_2 abgibt und P_2O_5 als Rückstand hinterläßt. Das gleiche Prod. wird auch beim Erhitzen von P_2O_5 mit NO_2 auf ~200°C erhalten, A. Besson, G. Rosset (*C. r.*

$2P_2O_5 \cdot NO_2$ (?)

143 [1906] 37/40). Nicht zu vereinen mit diesen Angaben sind die Ergebnisse der Unterss. am Rk.-System P_2O_5–N_2O_4, nach denen sich bei der Einw. von N_2O_4 auf P_2O_5 allein $P_2O_5 \cdot 2NO$ (s. S. 331) bildet, s. E. M. STODDART (*J. Chem. Soc.* **1945** 448/51).

(NO)P₃O₈

(NO)P₃O₈. Wahrscheinlich Nitrosylsalz einer kondensierten Phosphorsäure, das nach der Rk. $Ag_3P_3O_9 + 3NOCl = (NO)P_3O_8 + N_2O_3 + 3AgCl$ entsteht. Bei der Hydrolyse wird die Ausgangssäure erhalten, F. SEEL, R. SCHMUTZLER, K. WASEM (*Ang. Ch.* **71** [1959] 340).

$(NO)_2P_4O_{11}$

$(NO)_2P_4O_{11}$. Wahrscheinlich Nitrosylsalz einer kondensierten Phosphorsäure, das nach den Rkk. $4Ag_3PO_4 + 12NOCl = (NO)_2P_4O_{11} + 5N_2O_3 + 12AgCl$ und $Ag_4P_4O_{12} + 4NOCl = (NO)_2P_4O_{11} + N_2O_3 + 4AgCl$ entsteht. Bei der Hydrolyse wird die Ausgangssäure erhalten, F. SEEL, R. SCHMUTZLER, K. WASEM (*Ang. Ch.* **71** [1959] 340).

$(NO)_4P_6O_{17}$

$(NO)_4P_6O_{17}$. Wahrscheinlich Nitrosylsalz einer kondensierten Phosphorsäure, das durch Umsetzung von Nitrosylchlorid mit Ag-Diphosphat nach $3Ag_4P_2O_7 + 12NOCl = (NO)_4P_6O_{17} + 4N_2O_3 + 12AgCl$ entsteht. Bei der Hydrolyse wird die Ausgangssäure erhalten, F. SEEL, R. SCHMUTZLER, K. WASEM (*Ang. Ch.* **71** [1959] 340).

$(NO)_2P_8O_{21}$

$(NO)_2P_8O_{21}$. Entsteht reproduzierbar bei der Rk. von flüchtigem Phosphorpentoxid (P_4O_{10}) mit N_2 entsprechend: $2NO_2 + 4P_2O_5 = (NO)_2P_8O_{21} + 0.5O_2$, ebenso wird es durch Umwandlung des $(NO)_2P_4O_{11}$ bei 250°C erhalten. Wahrscheinlich Nitrosylsalz einer mindestens 4fach kondensierten Tetrametaphosphorsäure, zumal das UR-Spektrum Anhaltspunkte hierfür gibt. Ist nicht sublimierbar, wird im Vak. erst bei >300°C zersetzt. Bei der Hydrolyse entstehen HNO_2 und N_2O_3 (bzw. $NO + NO_2$) sowie — papierchromatographisch nachweisbar — Mono-, Di-, Tri-, Tetraphosphorsäuren. In konz. H_2SO_4 und sirupösem H_3PO_4 löst sich $(NO)_2P_8O_{21}$ unzersetzt. Die Lsgg. zeigen bei Zusatz von Red.-Mitteln die blaue Farbe der Stickoxidnitrosylverbb. („blaue Phosphorsäure", vgl. S. 362), F. SEEL, R. SCHMUTZLER, K. WASEM (*Ang. Ch.* **71** [1959] 340).

Phosphoryl Nitrate

Phosphorylnitrat $PO(NO_3)_3$. Ist Zwischenprod. der Solvolyse des $POCl_3$ in absol. HNO_3, wird jedoch durch das H_2O, das durch Umsatz des bei der Rk. $POCl_3 + 3HNO_3 = PO(NO_3)_3 + 3HCl$ gebildeten HCl mit HNO_3 nach $3HCl + HNO_3 = 2H_2O + Cl_2 + NOCl$ entsteht, sofort zu HNO_3und Metaphosphorsäure hydrolysiert, G. JANDER, H. WENDT (*Z. anorg. Ch.* **258** [1939] 1/14, 8).

Oxonium Acids and Derivatives

Oxosäuren und Derivate

Undefined Compounds

Undefinierte Verbindungen. Wird aus geschmolzenem P durch Entzünden in einem Überschuß an trockener Luft hergestelltes P_2O_5 kontinuierlich mit H_2O-freiem gasf. NH_3 bei 240 bis 725°C behandelt und das dabei entstehende Pulver bei 20 bis 300°C in einer reinen NH_3-Atm. calciniert, so werden P_2O_5-NH_3-Prodd. unterschiedlicher Zus. erhalten. Durch NH_3-Einw. bei 345°C und Calcinieren bei 100°C entsteht beispielsweise ein Prod. aus 26.05 Gew.-% N und 70.7 Gew.-% P_2O_5. Die Löslichkeit der Prodd. in H_2O ist um so niedriger, je höher die Temp. der P_2O_5-NH_3-Rk. war, MONSANTO CHEMICAL CO. (*B.P.* 729243 [1952/55]; *U.S.P.* 2717198 [1951/55]); vgl. auch S. 341, 358.

Eine Verb. der Zus. $P_2N_6O_3H_{14}$, aber unbekannter Konstit. entsteht, wenn bei der Rk. zwischen PCl_5 und fl. NH_3 Feuchtigkeit nur unvollkommen ausgeschlossen ist, K. NIEDENZU (*Diss. Heidelberg* 1956, S. 35).

$P_2O_5 \cdot NH_3$

$P_2O_5 \cdot NH_3$. Ein farbloses, sehr hygroskop. Prod. dieser Zus. wird durch Einleiten von trockenem NH_3 in eine Suspension von P_2O_5 in C_6H_6 bis zur Sättigung, Absaugen des Rk.-Prod. unter Ausschluß von Luftfeuchtigkeit und Auswaschen mit C_6H_6 erhalten. Hat wahrscheinlich die Konstit. eines partiellen Anhydrids der Imidodiphosphorsäure (s. S. 337), $PO_2 \cdot NH \cdot PO(OH)_2$. Löst sich in H_2O nur bei geringer Erwärmung und bildet eine sehr stabile Lsg.; beim Fällen mit $BaCl_2$ entsteht ein H_2O-lösl., nicht hygroskop. Salz der Zus. $Ba(O_2PO \cdot NH \cdot PO(OH)_2)$, F. JOSTES, J. CRONJÉ (*Ber.* **71** [1938] 2335/41, 2338).

The P_2O_5–N_2O_5–H_2O System

Das System P_2O_5–N_2O_5–H_2O

Die vorliegenden Unterss. umfassen die Konz.-Bereiche HNO_3–H_3PO_4 und HNO_3–H_3PO_4–H_2O, doch kann HNO_3 infolge der therm. Dissoz. in vielen Gleichgeww. nicht als Komponente des Systems angesehen werden. Daher ist die Kombination HNO_3–H_3PO_4 nicht immer ein Zweistoff-System. Das System HNO_3–H_3PO_4–H_2O ist gekennzeichnet durch einen mehr oder weniger starken Zerfall der Hydrate des HNO_3 unter der Einw. des H_3PO_4. Es besteht aus wasserfreiem HNO_3 und verschiedenen Hydraten des H_3PO_4 bei einem Molverhältnis $H_3PO_4:H_2O \geq 2$. Nähert sich dieses Verhältnis dem Wert 10, so tritt nichthydratisiertes H_3PO_4 auf, das eine Anhydridisierung von HNO_3 bewirkt. Eine Verb. zwischen H_3PO_4 und den Stickstoffoxiden ist nicht nachzuweisen, doch sprechen die Werte von Dichte und elektr. Leitf. der Gemische dafür, daß zwischen H_3PO_4 und HNO_3 eine leicht dissoziierende und durch Wasser hydratisierbare Verb. existiert. Es besteht keine direkte quantitative Beziehung zwischen dem Dampfdruck der Gemische aus Salpeter- und Phosphorsäure und dem damit erreichbaren Nitrierungsgrad von Cellulose, S. N. Danilov, V. M. Matveev, V. I. Buchhalter [Buchgalter] (*Žurnal obščej Chim.* [russ.] **10** [1940] 527/49, 527/40).

H_3PO_4-HNO_3-Mischungen. Im Gegensatz zu den HNO_3-H_2SO_4-Mischungen (s. „*Schwefel*" *Tl.* B, S. 1669) neigen die Gemische des HNO_3 mit H_3PO_4 schon bei verhältnismäßig geringem HNO_3-Gehalt und niedriger Temp. sehr leicht zur Zers.; bereits unmittelbar nach dem Zusammengeben wird schon bei niedrigen Tempp. Gelbfärbung beob., die sich rasch vertieft. Diese Gemische enthalten größere Mengen an freiem N_2O_5, das bereits unter Lichteinfluß in NO_2 und Sauerstoff zerfällt; diese Rk. wird durch Temp.-Erhöhung und geringste Verunreinigungen an organ. Subst. stark beschleunigt. Statisch bestimmter Dampfdruck solcher Mischungen in Torr bei Tempp. zwischen 20 und 80°C; Zus. in Gew.-% und Mol-%: *H_3PO_4-HNO_3 Mixtures*

HNO_3-Konz.		Temp. in °C						
Gew.-%	Mol-%	20	30	40	50	60	70	80
13.01	22.7	24.3	50.1	84.8	121.2	216.0	343.4	532.0
22.61	32.4	23.4	57.6	101.5	157.4	274.1	435.6	703.0
37.25	47.7	22.5	53.5	97.2	162.3	305.0	509.5	—
86.69	90.4	44.3	80.0	132.1	209.6	328.7	564.1	—

E. E. Escales (*Diss. Darmstadt T. H.* 1934, S. 24, 45), E. Berl, K. Andress, E. Escales (*Beiträge zur Kenntnis der Mischsäure, München-Berlin* 1937, S. 47). Mittlerer Dampfdruck p in Torr bei 20 ± 0.1°C, Zus. des Dampfes, Viscosität η und spezif. Leitf. $\varkappa$ unter diesen Bedingungen (p' bedeutet auf die analyt. Zus. des Dampfes korr. Werte von p):

Mol-% HNO_3 im Gemisch	8.5	21.5	34.3	45.7	61.5	74.0	82.5	93.0
p in Torr	7.0	12.1	21.5	25.6	34.9	40.2	42.8	45.9
p' in Torr	—	—	18.0	—	30.85	—	39.0	43.1
Gew.-% HNO_3 im Dampf.	—	—	49.0	—	68.5	—	75.7	85.1
Gew.-% N_2O_4 im Dampf. .	—	—	27.1	—	17.8	—	12.9	8.2
Gew.-% N_2O_5 im Dampf. .	—	—	23.9	—	13.7	—	11.4	6.7
η in 10^{-2} P	32.1	23.1	13.9	—	3.82	—	2.31	1.6
$\varkappa$ in $10^{-2}\,\Omega^{-1}cm^{-1}$	2.31	3.11	4.05	—	5.10	—	4.91	2.96

Auf Wasser von 20°C bezogene Dichte des Gemisches:

Mol-% HNO_3	0	14.95	25.20	35.26	51.0	75.16	89.63	100
D_{20}^{20}	1.86	1.850	1.840	1.820	1.780	1.678	1.591	1.520

Tempp. t für Beginn der Krist. bei unterschiedlichen Zuss. des Systems:

Mol-% H_3PO_4	100	91.5	78.5	65.6	54.3
t in °C	42	25	5	−13	−31

S. N. Danilov u. a. (*l. c.* S. 531, 534, 536, 537).

Mischungen konstanten H_2O-Gehaltes. H_2O-haltige Mischungen sind weniger zersetzlich als die Gemische der reinen Säuren. Hier ist der Dampfdruck der HNO_3-Konz. unmittelbar proportional, die Bevorzugung der Hydratstufe des H_3PO_4 tritt nicht in Erscheinung. Nach stat. Dampfdruckbestt. an Mischungen von verd. Salpetersäure und verd. Phosphorsäure bei etwa konst. Wassergehalt (10 und 20 Gew.-%) der Mischungen und bei Tempp. zwischen −20 und + 90°C sind die Dampfdruckisothermen konstruiert. Dampfdruck p solcher Mischungen in Torr bei verschiedenen Tempp.; Zus. Mol-%: *Mixtures of Constant H_2O Content*

Mol-%		Temp. in °C								
HNO_3	H_3PO_4	−20	+20	30	40	50	60	70	80	90
6.5	40.0	2.0	2.7	5.7	12.1	19.5	32.1	50.6	90.7	136.6
18.3	30.2	3.6	4.4	7.8	13.0	25.7	41.9	71.4	111.0	173.5
28.9	22.0	3.5	4.9	10.6	17.9	31.1	52.5	85.9	138.1	211.6
39.8	13.7	2.7	6.2	13.7	23.0	40.5	68.0	106.0	168.4	250.9
49.5	5.7	2.6	7.5	15.0	28.4	47.7	88.7	122.5	195.1	302.5
53.4	—	—	10.2	17.2	31.4	56.2	90.3	136.4	212.8	316.4

E. E. ESCALES (*Diss. Darmstadt T. H.* 1934, S. 24, 47). Dampfdruckisothermen bei 20 ± 0.1°C in Abhängigkeit vom HNO_3-Gehalt der Mischung bei konst. Wassergehalten zwischen 0 und 10 Gew.-%

Fig. 123.

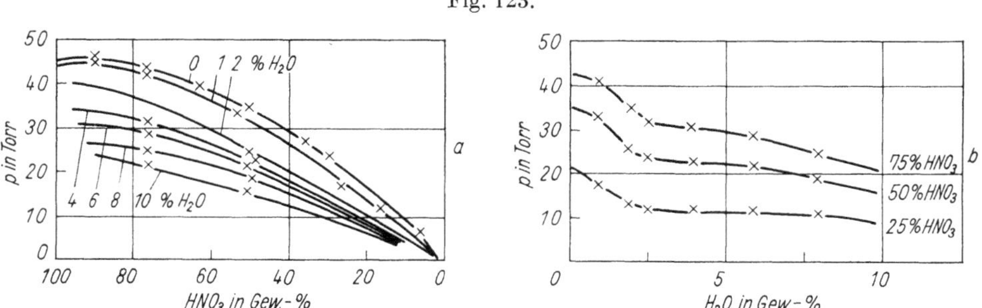

Dampfdruckisothermen bei 20°C von H_3PO_4–HNO_3-Gemischen, a) bei konst. H_2O-Gehalt, b) bei konst. HNO_3-Gehalt.

s. in **Fig. 123**, S. N. DANILOV, V. M. MATVEEV, V. I. BUCHHALTER [BUCHGALTER] (*Žurnal obščej Chim.* [russ.] **10** [1940] 527/49, 532).

Fig. 124.

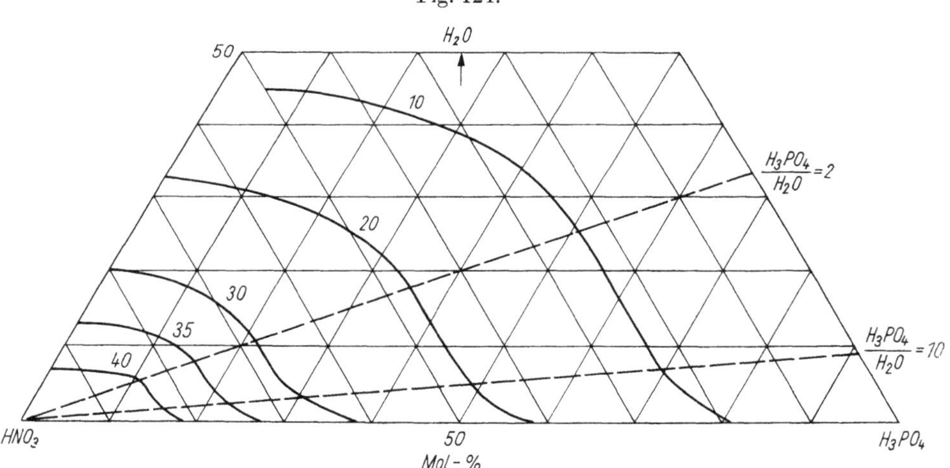

Dampfdruckisobaren im System H_3PO_4–HNO_3–H_2O bei 20 ± 0.1°C. Zahlenangaben in Torr.

Mixtures of Constant HNO_3 Content

Mischungen konstanten HNO_3-Gehaltes. Dampfdruckisotherme bei 20 ± 0.1°C in Abhängigkeit vom Wassergehalt der Mischung bei konst. HNO_3-Gehalt zwischen 25 und 75 Gew.-% s. Fig. 123, S. N. DANILOV u. a. (*l. c.* S. 532).

Ternary Vapor Pressure Diagrams

Ternäre Dampfdruckdiagramme. Dampfdruckisobaren eines Teils des Konz.-Dreiecks HNO_3–H_3PO_4–H_2O bei 20 ± 0.1°C nach dynam. Bestt. s. **Fig. 124**. Dampfdrucke p bei dieser Temp.

bei verschiedenen Zuss. (in Mol-%) des Systems, angeordnet nach steigendem H_2O-Gehalt (Werte in Auswahl):

Mol-% H_2O . .	0.1	3.4	4.0	4.6	5.0	5.0	5.25	5.25
Mol-% HNO_3 . .	99.90	96.6	72.8	33.1	7.65	95.0	20.95	89.3
p in Torr	45.0	43.9	39.0	17.5	6.15	41.7	12.1	42.3
Mol-% H_2O . .	5.5	5.85	6.55	6.6	7.2	7.5	8.3	8.6
Mol-% HNO_3 . .	78.65	58.25	44.0	93.4	19.2	70.7	32.5	87.5
p in Torr	37.8	26.5	19.0	40.25	8.90	30.7	13.3	37.8
Mol-% H_2O . .	9.4	9.6	10.4	13.1	13.8	16.1	18.7	20.2
Mol-% HNO_3 . .	41.8	55.9	31.4	86.9	73.1	29.9	81.3	67.6
p in Torr	18.4	24.0	13.4	34.8	31.0	12.3	31.2	28.8
Mol-% H_2O . .	24.6	24.6	26.3	28.3	29.8	36.7		
Mol-% HNO_3 . .	75.4	65.95	47.0	71.7	60.7	24.5		
p in Torr	27.2	25.2	19.0	24.0	21.2	9.0		

S. N. Danilov u. a. (*l. c.* S. 531, 534). Isobaren bei 60°C nach stat. Bestt. s. die **Fig. 125** nach E. E. Escales (*Diss. Darmstadt T.H.* 1934), E. Berl, K. Andres, E. Escales (*Beiträge zur Kenntnis der Mischsäure, München-Berlin* 1937, S. 25).

Herstellung von Gemischen aus konzentrierten Säuren. Dazu wird auf Tempp. dicht unterhalb ihres Krist.-Punktes vorgekühlte verd. H_3PO_4-Lsg. mit mindestens 20 Gew.-% H_2O-Gehalt, der die Bldg. von HNO_2 verhindert, mit den Stickstoffoxiden der NH_3-Verbrennung gesättigt, S. A. des Manufactures des Glaces et Produits Chimiques de Saint-Gobain, Chauny & Cirey, J. Bureau, *Preparation of Mixtures from Concentrated Acids*

Fig. 125.

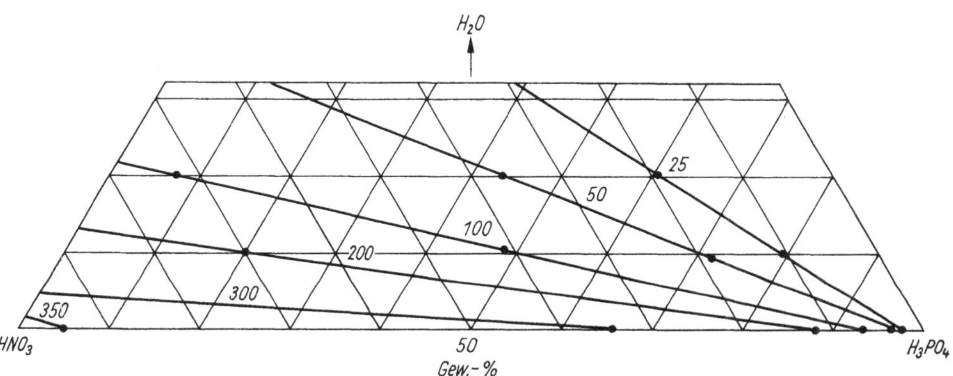

Dampfdruckisobaren im System H_3PO_4–HNO_3–H_2O bei 60°C. Zahlenangaben in Torr.

Y. Martin (*B.P.* 742228 [1952/55], *C.A.* **1956** 11628; *D.P.* 931222 [1953/55]). Steigerung der Konz. der Säuren wird durch Zusätze von anorgan. Salzen der 1. und 2. Gruppe des Periodensystems zur Ausgangslsg. des H_3PO_4 in Mengen unterhalb ihrer Sättigung erreicht, Pintsch Bamag A.-G., G. v. Semel, H. Lehmann (*D.P.* 1003194 [1956/58], *C.* **1957** 10585). Ein Gemisch aus hochkonz. HNO_3, hochkonz. H_3PO_4 und N_2O_4 entsteht, wenn verd. Lsg. von H_3PO_4 mit N_2O_4 im Überschuß unter einem Druck von 10 bis 100 at bei 70 bis 90°C mit O_2 behandelt wird, Pintsch Bamag A.-G., G. v. Semel (*D.P.* 1040515 [1958/59], *C.* **1959** 17366).

Monoamidophosphorige Säure PNO_2H_4 = $P(NH_2)(OH)_2$. Zur Nomenklatur s. L. F. Audrieth, R. Steinman, A. D. F. Toy (*Chem. Rev.* **32** [1943] 99/108, 106). *Monoamidophosphorous Acid*

Diamidophosphorige Säure PN_2OH_5 = $POH(NH_2)_2$. Zur Nomenklatur s. L. F. Audrieth, R. Steinman, A. D. F. Toy (*Chem. Rev.* **32** [1943] 99/108, 106). *Diamidophosphorous Acid*

Entsteht neben $(NH_4)_2HPO_3$ bei der Einw. von gasf. NH_3 auf P_4O_6 (s. S. 75) in Äther oder Benzol. Starre, weiße Masse. Löst sich unter Erhitzen schnell in H_2O; beim Lösen in verd. wss.

HCl-Lsg. entwickelt sich reines, nicht selbstentzündliches PH_3 und die Lsg. enthält H_3PO_3, T. E. THORPE, A. E. TUTTON (*J. chem. Soc.* **59** [1891] 1018/29, 1026; *Chem. N.* **64** [1891] 304/5).

Nitridophosphoric Acids and Phosphorus Nitride Acids

Nitridophosphorsäuren und Phosphornitridsäuren

Diphosphoric Acid Nitride

Diphosphorsäurenitrid $\boldsymbol{P_2NO_4H}$ = N ⋮ $P_2O_3(OH)$. Diese Säure ist in freiem Zustand unbekannt. Ihr Ammoniumsalz entsteht beim Erhitzen von Triamidodiphosphorsäure (s. S. 359) als graue Masse; ebenfalls bekannt sind das K-, Cu- und das Ag-Salz, J. H. GLADSTONE, J. D. HOLMES (*J. chem. Soc.* **22** [1869] 15/22, 19; *Bull. Soc. chim.* [2] **12** [1869] 237/8).

Triphosphoric Acid Nitride

Triphosphorsäurenitrid $\boldsymbol{P_3NO_9H_6}$ = $N(PO(OH)_2)_3$. Zur Stellung unter den Derivaten des H_3PO_4 s. L. F. AUDRIETH (*J. chem. Educat.* **34** [1957] 545/55, 547). — Entsteht in Form des Na-Salzes beim Erhitzen von Na-Amidophosphat oder Na-Imidodiphosphat auf 450°C im Hochvakuum. In H_2O erfolgt sofort Hydrolyse der $NP_3O_9^{6-}$-Ionen in Imidodiphosphat-Ionen $(P_2O_6NH)^{4-}$ und PO_4^{3-}-Ionen, R. KLEMENT, G. BIBERACHER (*Z. anorg. Ch.* **283** [1956] 246/56, 252). UR-spektroskop. Bestätigung der Bldg.-Rk. durch E. STEGER, G. MILDNER (*Z. anorg. Ch.* **333** [1964] 38/45). Auch diese Autoren müssen jedoch offenlassen, ob $P_3NO_9H_6$ gegenüber der zunächst formulierten Konstit. $H_6(N(PO_3)_3)$ nicht auch als $H_6(PO_3 \cdot N{:}PO_2 \cdot O \cdot PO_3)$ vorliegen kann. — Ultrarotspektrum des Na-Salzes s. bei E. STEGER (*Z. Elektroch.* **61** [1957] 1004/7).

Metaphosphoric Acid Nitride

Metaphosphorsäurenitrid $\boldsymbol{P_3NO_7H_2}$ = N ⋮ $(PO{:})_3({:}O)_2(OH)_2$. Das Rk.-Prod. aus einem Gemisch von 10 g $POCl_3$ mit 4 g NH_4-Amidocarbonat erfährt bei vorsichtigem Erhitzen auf 290 bis 300°C im Luftbad ohne Schmelzen eine Vol.-Verminderung unter NH_3-Abgabe und Bldg. eines schwach gelblichen amorphen Pulvers, aus dem bei Einw. von kaltem Wasser NH_4Cl herausgelöst wird. Beim Versetzen der Lsg. des Rückstands in wss. NH_3-Lsg. mit HNO_3 oder HCl bis zur stark sauren Rk. entsteht neben etwas weißem Nd. in Lsg. verbleibendes $P_3NO_7H_2$. Die freie, nicht isolierbare Säure gibt Ndd. mit fast sämtlichen Metallsalzen, die z. T. als dickliche Öle ausfallen; keine Ndd. mit $HgCl_2$, $Hg(NO_3)_2$ und $FeSO_4$. Am einfachsten wird die Lsg. der freien Säure aus dem Ba- oder Pb-Salz mit H_2SO_4 bzw. H_2S erhalten; sie läßt sich unzersetzt eindampfen, kristallisiert aber nicht. Die Alkalisalze sind in H_2O lösl. und kristallisierbar, A. MENTE (*Lieb. Ann.* **248** [1888] 232/69, 248, 261).

PNO_2H_2

$\boldsymbol{PNO_2H_2}$ = $H_2(PNO_2)$.

Die Verb. entsteht als Hydrolyseprod. von aus PCl_3 und NH_3 hergestelltem PN bei Aufbewahrung im verschlossenen Gefäß unter N_2-Atm. nach der Rk. $5PN + 6H_2O = 2PH_3 + 3H_2PNO_2 + N_2$. Längliche, farblose tetragonale Kristalle. Dichte 1.775, P. RENAUD (*C. r.* **198** [1934] 1159/61; *Ann. Chim.* [11] **3** [1935] 443/512, 501/10). Brechungsindex längs der langen Achse: $n_D = 1.522$, längs der kurzen Achse: $n_D = 1.479$. Optisch negativ. Flächen: (100) und (101), Achsenverhältnis $c:a = 1.004 \pm 004$, GOLDSZTAUB laut P. RENAUD (*l. c.*). $a = b = 7.57 \pm 0.03$, $c = 7.60 \pm 0.01$ kX; Z = 6, MATHIEU, GOLDSZTAUB, KOURILENKO laut P. RENAUD (*l. c.*). Isosterisch, aber nicht identisch mit $(NH_4)H_2PO_4$; beide Substt. haben gleiche Elektronenkonfigurationen. Kryoskop. Bestt. an 0.01, 0.044 und 0.072 molaren Lsgg. in H_2O ergeben Molgew.-Werte von 68.7, 72 bzw. 77; theoret. Wert: 79. Schmp. 195°C, bei 210°C Zers. unter Freiwerden von NH_3 nach $3PNO_2H_2 = 2NH_3 + PNO + P_2O_5$. Löslichkeit in H_2O bei gewöhnl. Temp.: 22 g/100 g H_2O. Beim Eindampfen der konz. Lsg. werden die Kristalle unzersetzt zurückgewonnen, aus verd. Lsg. fallen nach einigen Tagen amorphe Flocken aus, die nur schwaches Red.-Vermögen gegenüber $KMnO_4$ zeigen; sie enthalten keine Phosphat- oder Phosphitgruppen. Da die molare elektr. Leitf. der 0.1n wss. Lsg. nur etwa halb so groß ist wie diejenige des KCl, kann die Subst. nur schwach dissoziiert sein. Aus der wss. Lsg. werden nur $^2/_3$ des P durch $MgNH_4PO_4$ gefällt. In NH_3 löst sich die Subst.; beim Eindampfen dieser Lsg. entstehen Kristalle; wahrscheinlich liegt Salzbldg. vor, P. RENAUD (*l. c.*).

Polyphosphorus Nitride Acids

Polyphosphornitridsäuren $P_{n+1}N_{n+1}O_{2n+3}H_{2n+4} = H_2N(P(OH)_2N)_n \cdot PO(OH)_2$.

Beim Erhitzen von mehrfach amidierten oder ähnlich substituierten Monophosphaten entstehen wahrscheinlich hochmolekulare Anionen durch Kondensation. So bilden sich z. B. im Falle der Diamidophosphate (s. S. 354) unter NH_3-Abspaltung hochmolekulare Polyphosphornitridsäuren der Konstit. $H_2N(PN(OH)_2)_n \cdot PO(OH)_2$, die allerdings bequemer durch Hydrolyse des leicht zugänglichen polymeren Phosphornitriddichlorids $PNCl_2$ erhalten werden. Die Na-Salze dieser Säuren ergeben stabile wss., stark viscose Lsgg., da für ihre Bauelemente im Gegensatz zu den Polysilicat- und den Polysulfat-Ionen eine zusätzliche Mesomeriemöglichkeit der Form

$$
\begin{array}{ccc}
\overset{\displaystyle O^{(-)}}{\underset{\displaystyle O^{(-)}}{|}} & & \overset{\displaystyle O^{(-)}}{\underset{\displaystyle O^{(-)}}{|}} \\
-N=P-N= & \leftrightarrow & =N-P=N-
\end{array}
$$

besteht. Die Viscosität der Lsgg., bezogen auf 1 gelöstes Mol, wird mit zunehmender Verd. größer, da die dabei am Anion auftretenden Ladungen eine Streckung der sonst in Knäuelform vorliegenden Makroanionen bedingen. Die Salze der Polyphosphornitridsäuren dissoziieren nur schwach: ihr max. Dissoz.-Grad beträgt nur etwa 30%, da mit zunehmender Dissoz. die Anzahl der Ladungen je Makroanion größer und damit das Abdissoziieren weiterer Kationen in zunehmendem Maße beeinträchtigt wird, E. THILO (*Abhandl. Deut. Akad. Wiss. Berlin, Kl. Chem. Geol. Biol.* **1955** Nr. 7, S. 57/71, 59, 68).

Imidophosphorsäuren

Imidophosphoric Acids

Mit offener Kette

With Open Chain

PNO_2H_2 (?) $= PO(NH)(OH)$(?). Siehe PNO_2 auf S. 331.

PNO_2H_2(?)

Imidodiphosphoric Acid

Imidodiphosphorsäure $P_2NO_6H_5$ $= PO(OH)_2 \cdot NH \cdot PO(OH)_2$. Zur Nomenklatur s. L. F. AUDRIETH, R. STEINMAN, A. D. F. TOY (*Chem. Rev.* **32** [1943] 99/108, 101). Möglicherweise identisch mit der von J. H. GLADSTONE, J. D. HOLMES (*J. chem. Soc.* **17** [1864] 225/37, 229) erstmals beschriebenen, Amidodiphosphorsäure gleicher analyt. Zus. (s. S. 358), H. N. STOKES (*Am. chem. J.* **18** [1896] 629/63, 659).

Die kettenförmigen Imidodiphosphat-Ionen finden sich nur in geringem Anteil unter den Prodd. der sauren Hydrolyse von Trimetaphosphimsäure und deren Salzen. Sie entstehen jedoch in hoher Ausbeute bei der selektiven Spaltung der P–O–P-Brücke des entsprechenden Imidodimetaphosphats mit Ringstruktur $P_2NO_5H_3$ (s. S. 344) in 30%iger NaOH-Lsg. bei $\gtrsim 75°C$, A. NARATH, F. H. LOHMAN, O. T. QUIMBY (*J. Am. Soc.* **78** [1956] 4493/4). $P_2NO_6H_5$ ist neben NH_3 bei gewöhnl. Temp. das Primärprod. der sauren Hydrolyse der Diimidotriphosphorsäure (s. S. 339) bei p_H-Werten <4, A. M. DE FICQUELMONT (*Ann. Chim.* [11] **12** [1939] 169/280, 213). Es ist Hydratationsprod. ihres durch therm. Zers. der Tetrametaphosphimsäure $P_4N_4O_8H_8$ (s. S. 348) zwischen 170 und 300°C entstehenden Anhydrids P_2NO_4H (s. S. 338), A. M. DE FICQUELMONT (*C. r.* **211** [1940] 590/2). Ist wahrscheinlich auch Zwischenprod. bei der Hydrolyse der Trimetaphosphimsäure $P_3N_3(OH)_6$ zu H_3PO_4 und NH_3, M. YOKOYAMA (*J. chem. Soc. Japan* [japan.] **81** [1960] 161/6, 164), s. auch L. F. AUDRIETH, R. STEINMAN, A. D. F. TOY (*Chem. Rev.* **32** [1943] 109/33, 123). Zur Bldg. durch die Rk. von PCl_5 mit NH_2OH s. O. T. QUIMBY, A. NARATH, F. H. LOHMAN (*J. Am. Soc.* **82** [1960] 1099/1206, 1101). Über Auftreten von Imidodiphosphat bei der therm. Kondensation von Amidophosphaten s. R. KLEMENT, G. BIBERACHER (*Z. anorg. Ch.* **283** [1956] 246/56, 252), E. STEGER, G. MILDNER (*Z. anorg. Ch.* **333** [1964] 38/45), vgl. auch S. 336, 353.

Zur Darst. wird eine salpetersaure Lsg. von Trimetaphosphimsäure etwa 7 Min. lang erhitzt, mit NH_3-Lsg. und Magnesiamixtur versetzt und dann der aus Mg-Salzen dieser Säure sowie von $H_4P_2O_7$ und H_3PO_4 bestehende Nd. in HNO_3-Lsg. gelöst; nach Versetzen dieser Lsg. mit NH_3-Lsg. bis zur Bldg. eines bleibenden Nd. wird im Filtrat das Tri-Ag-Salz durch $AgNO_3$ gefällt, das durch NaCl-Lsg. in das Tri-Na-Salz übergeführt wird, H. N. STOKES (*l. c.* S. 655), R. RAAB (*Diss. Erlangen* 1915, S. 23). Durch therm. Zers. des Amidophosphats im Vak. bei 210°C gelangt man zum Tetra-Na-Salz. In jedem Falle lassen sich die wss. Lsgg. der Na-Salze mittels schwach saurer Kationenaustauscher, wie beispielsweise Lewatit KSN, in solche der reinen freien Säure überführen, die bei der Konzentrierung im Vak.-Exsiccator über P_2O_5 eine hochviscose pastenartige Masse ergibt, die nicht zur Krist. zu bringen ist und aus der sich das restliche H_2O ohne Gefahr der Zers. des $P_2NO_6H_5$ nicht entfernen läßt, R. KLEMENT, G. BIBERACHER (*Z. anorg. Ch.* **283** [1956] 246/56, 255); vgl. in diesem Zusammenhange auch die Bldg. des $Ag_4P_2NO_6H$ aus dem entsprechenden Amidophosphat durch therm. Zers. bei 180°C nach H. N. STOKES (*Am. chem. J.* **15** [1893] 198/214, 212).

In kalter, nicht zu saurer wss. Lsg. ziemlich beständig, in sd. essigsaurer Lsg. Zers. in $H_4P_2O_7$ und H_3PO_4, H. N. STOKES (*Am. chem. J.* **18** [1896] 629/63, 662), s. auch A. M. DE FICQUELMONT (*Ann. Chim.* [11] **12** [1939] 169/280, 214). Primäre Rk.-Prodd. der Hydrolyse bei p_H 3.5 und 60°C in 0.02 molarer Lsg. sind Amidophosphorsäure (s. S. 351) und H_3PO_4, wobei diese sich unter NH_3-Abspaltung zu $H_4P_2O_7$ kondensieren können. Bei 60°C in 0.02 molaler Lsg. beträgt bei den p_H-Werten 1, 3.5, 8 und 11 die Viertelwertszeit der Imidodiphosphat-Ionen 10, 3, 30 bis 40 bzw. 300 bis 400 Min., O. T. QUIMBY u. a. (*l. c.* S. 1205), vgl. auch R. KLEMENT, G. BIBERACHER (*l. c.* S. 251). — UR-Spektrum im Spektralbereich 2 bis 16 μ auf Grund der Messungen an den Salzen mit den Kationen Na_4, K_2H_2, Zn_2, Ag_4, Tl_4 sowie am $Ag_4P_2O_6NAg$, J. V. Pustinger, W. T. Cave, M. L. Nielsen (*Spectrochim. Acta* **15** [1959] 909/25, 914). Papierchromatograph. R_f-Werte 0.36 und 0.32 in Lsgg. aus 40 ml Isopropanol, 20 ml Isobutanol, 39 ml H_2O, 1 ml 25%igem NH_3 bzw. 20 ml Isopropanol, 20 ml Dimethylformamid, 20 ml Methyläthylketon, 39 ml H_2O, 1 ml 25%igem NH_3, G. Biberacher (*Z. anorg. Ch.* **285** [1956] 86/91).

P_2NO_4H

P_2NO_4H $= PO_2 \cdot NH \cdot PO_2$. Die Verb. ist als Anhydrid der Imidodiphosphorsäure (s. S. 337) aufzufassen. Sie entsteht durch therm. Zers. des Dihydrats oder der wasserfreien Tetrametaphosphimsäure im Vak. (0.1 Torr) zwischen 170 und 300°C. Sie ist stark hygroskopisch und zerfließt irreversibel zu Imidodiphosphorsäure. Beim Erhitzen im Vak. über 300°C erfolgt Zers. unter Freiwerden von NH_3, P_2O_5 und vielleicht auch H_2O, wahrscheinlich unter intermediärer Bldg. von PNO (s. S. 329), A. M. de Ficquelmont (*C. r.* **211** [1940] 590/2).

Imidodiphosphoric Acid Tetramide

Imidodiphosphorsäuretetramid $P_2N_5O_2H_9$ $= PO(NH_2)_2 \cdot NH \cdot PO(NH_2)_2$. Zur Darst. wird bei −15°C 3 Std. lang gasf. HCl langsam in eine Suspension von 7 g $PO(NH_2)_3$ (s. S. 356) in 300 bis 350 ml absol. Äther eingeleitet, anschließend wird das Rühren des Gemisches noch weitere 3 Std. fortgesetzt. Nach Abfiltrieren unter Ausschluß von Luftfeuchtigkeit und Auswaschen mit Äther wird das mitgebildete NH_4Cl durch fl. NH_3 abgetrennt, M. Goehring, K. Niedenzu (*Ber.* **89** [1956] 1771/4), K. Niedenzu (*Diss. Heidelberg* 1956, S. 59), Chemische Fabrik J. A. Benckiser G.m.b.H., M. Goehring (*B.P.* 840386 [1957/60]; *D.P.* 1011859 [1956/57], *C.A.* **1960** 6063; *F.P.* 1173054 [1957/59]), s. auch M. Becke-Goehring (*Ang. Ch.* **69** [1957] 569/70), M. Goehring, K. Niedenzu, K. Ratzel (*Ang. Ch.* **69** [1957] 105). $P_2N_5O_2H_9$ ist Primärprod. der Kondensationspolymerisation des Rk.-Prod. aus $POCl_3$ und NH_3 bei 120°C, Industrial Research Institute of the University of Chattanooga (*B.P.* 770789 [1954/57], *C.* **1958** 9360; *B.P.* 790374 [1955/58], *C.* **1959** 10371). Ist wahrscheinlich Primärprod. bei der Rk. zwischen einem Überschuß von $POCl_3$ und $PO(NH_2)_3$, K. Niedenzu (*l. c.* S. 19). Es entsteht neben $P_3N_7O_3H_{12}$ (s. S. 340) beim Erhitzen einer Suspension von $PO(NH_2)_3$ in Toluol, R. Klement, M. L. Nielsen (*Inorg. Syn.* **6** [1960] 108/11), oder in sd. Gemischen aus Benzol und Toluol (Sdp.-Bereich 95 bis 105°C). In sd. Benzol ist es das einzige Rk.-Prod. des $PO(NH_2)_3$, R. Klement, H. Bär (*Z. anorg. Ch.* **300** [1959] 221/4), s. auch H. Bär (*Diss. München* 1958, S. 16). Es entsteht neben $PO(NH_2)_3$, $P_3N_7O_3H_{12}$ sowie Tri- (s. S. 345) und Tetrametaphosphimat-Ionen (s. S. 348) und einem nicht identifizierbaren höher kondensierten Subst.-Gemisch, wenn man NH_3 in $CHCl_3$ oder gasf. NH_3 auf $POCl_3$ in $CHCl_3$ bei −20°C einwirken läßt; die Ausbeute verschiebt sich hierbei zu seinen Gunsten, wenn diese Rk. bei noch tieferen Tempp. (−70°C) durchgeführt wird, H. Bär (*l. c.* S. 16).

Weiße Subst., isotyp mit $P_2N_4O_3H_8$ (s. S. 359). Kein Schmp.; Zers. bei 70°C unter Abgabe von NH_3. In sd. konz. NaOH-Lsg. wird innerhalb von 20 bis 30 Min. 15.9 Gew.-% N in Form von NH_3 abgegeben. Leicht lösl. in H_2O. Der p_H-Wert einer frischen wss. 0.3m Lsg. beträgt bei 35°C 4.3, er steigt innerhalb von 25 Std. infolge Hydrolyse auf ~6.85 an, M. Goehring, K. Niedenzu (*l. c.*). Bei der Hydrolyse lagern sich 2 NH_2- in NH_4-Gruppen um. Das UR-Spektrum ist dem des $P_2N_4O_3H_8$ analog, K. Niedenzu (*l. c.* S. 40, 59).

Diimidomonoamidodiphosphoric Acid

Diimidomonoamidodiphosphorsäure $P_2N_3O_3H_5$ $= (NH_2)PO(NH)_2PO(OH)$. Soll durch Sättigen von $POCl_3$ mit NH_3 und anschließendes Auswaschen der weißen Salzmasse mit H_2O erhältlich sein. Amorphe weiße Masse, die beim Kochen mit NaOH $^1/_3$ ihres N als NH_3 abspaltet und hierbei in das bas. Natriumsalz des $(OH)PO(NH)_2PO(OH)$ (s. S. 345) übergeht und durch Ersatz der H-Atome der beiden Iminobrücken zwischen den P-Atomen selbst dreibas. Salze zu bilden vermag. Die freie Säure rötet Lackmus nur sehr schwach und verhält sich gegen wss. NH_3-Lsg. wie eine einbas. Säure, A. Mente (*Lieb. Ann.* **248** [1888] 232/69, 246). Nach Gmelin-Handbuch, 7. *Aufl.*, *Bd.* 1, *Tl.* 3, S. 238 wahrscheinlich identisch mit Triamidodiphosphorsäure $P_2N_3O_4H_7$ (s. S. 359).

Imidotriphosphoric Acid

Imidotriphosphorsäure $P_3NO_9H_6$ $= PO(OH)_2 \cdot O \cdot PO(OH) \cdot NH \cdot PO(OH)_2$.

Das kettenförmige Imidotriphosphat-Ion findet sich nur in geringem Anteil unter den sauren Hydrolysaten der Trimetaphosphimsäure (s. S. 345) und ihrer Salze sowie der Diimidotriphosphorsäure (s. S. 339), in stärkerem Anteil als saures Hydrolyseprod. der Imidotrimetaphosphorsäure (s. S. 344). Es läßt sich jedoch in guter Ausbeute in Form des Hexahydrats aus Diimido- (s. S. 344) und Imidotrimetaphosphat-Ionen durch selektive Spaltung der P-O-P-Brücken in den Ringstrukturen dieser Verbb. in 30%iger NaOH-Lsg. bei >75°C erhalten, A. Narath, F. H. Lohman, O. T. Quimby

(*J. Am. Soc.* **78** [1956] 4493/4). Die Viertelwertszeit des Ions beträgt in 0.02 molaler Lsg. von p_H 3.5 bei 60°C ~25 Min.; bei dieser Hydrolyse folgt unter Spaltung der P–NH–P-Bindung und anschließender Abspaltung des NH_3 als Ammonium-Ion Übergang in Diphosphat und Phosphat. Die daneben höchstens in sehr geringem Umfange (< 5%) erfolgende Bldg. von Trimetaphosphat ist wesentlich stärker bei höheren Ausgangskonzz. des Imidotriphosphats, sie macht beispielsweise in 0.2 molalen Lsgg. unter sonst gleichen Bedingungen 5 bis 10% aus, O. T. Quimby, A. Narath, F. H. Lohman (*J. Am. Soc.* **82** [1960] 1099/1106, 1102). — Siehe auch das Schema auf S. 347.

Imidoamidotriphosphorsäuren $P_3N_2O_8H_7$ = $PO(OH)_2 \cdot O \cdot PO(OH) \cdot NH \cdot PO(OH)NH_2$ und $PO(OH)_2 \cdot NH \cdot PO(OH) \cdot O \cdot PO(OH)NH_2$. Die Anionen dieser vierbas. Säuren entstehen wahrscheinlich bei der Einw. von NH_3 auf Imidotrimetaphosphat-Ionen (s. S. 344), wie papierchromatograph. Unterss. nach zweistd. Einw. bei 100°C und dreitägiger Einw. bei 85°C vermuten lassen. Allerdings müßte sein papierchromatograph. R_f-Wert dem der Amidotriphosphat-Ionen entsprechen, O. T. Quimby, T. J. Flautt (*Z. Anorg. Ch.* **296** [1958] 220/8, 227), vgl. auch S. 344.

Imido-amidotriphosphoric Acids

Diimidotriphosphorsäure $P_3N_2O_8H_7$ = $PO(OH)_2 \cdot NH \cdot PO(OH) \cdot NH \cdot PO(OH)_2$.

Diimidotriphosphoric Acid

Zur Nomenklatur s. L. F. Audrieth, R. Steinman, A. D. F. Toy (*Chem. Rev.* **32** [1943] 99/108, 101). Diese Säure soll im Gemisch mit Tetrametaphosphimsäure $P_4N_4O_8H_8$ (s. S. 348), Triimidotetraphosphorsäure $P_4N_3O_{10}H_9$ (s. S. 340) und H_3PO_4 bei der Hydrolyse der Pentametaphosphimsäure $P_5N_5O_{10}H_{10}$ (s. S. 350) mit heißem CH_3CO_2H entstehen, ferner in Form ihres Na-Salzes bei der Verseifung des bei der Darst. der P-Nitridchloride nach H. N. Stokes (*Am. chem. J.* **19** [1897] 782/96, 793) erhältlichen Öls vom mittleren Molgew. $P_{11}N_{11}Cl_{22}$ mit NaOH, aus dem die Säure beim Versetzen des durch Alkoholzusatz gefällten klebrigen Salzgemisches mit Säuren neben Tetrametaphosphim- und Triimidotetraphosphorsäure frei wird, s. H. N. Stokes (*Am. chem. J.* **20** [1898] 740/60, 752, 759; *Z. anorg. Ch.* **19** [1899] 36/58, 50, 57). Weiter soll man zu dieser Säure gelangen, wenn eine Lsg. von Trimetaphosphimsäure (Na-Salz + HNO_3-Lsg.) 3 bis 4 Min. zum Sieden erhitzt, abgeschreckt, mit NH_3 und Magnesiamischung versetzt und nach Abfiltrieren des Nd. aus Imidodiphosphat, Diphosphat und Phosphat ihr Penta-Ag-Salz durch $AgNO_3$ bei Ggw. von HNO_3 gefällt wird; letzteres wird durch Behandeln mit einem Überschuß an konz. NaCl-Lsg. in das Na-Salz übergeführt, aus dem die Säure durch Essigsäure in Freiheit gesetzt wird, H. N. Stokes (*Am. chem. J.* **18** [1896] 629/63, 654, 656), s. auch R. Raab (*Diss. Erlangen* 1915, S. 23), L. F. Audrieth, R. Steinman, A. D. F. Toy (*Chem. Rev.* **32** [1943] 109/33, 123). Da sich jedoch wegen der etwa gleich großen Stabilität von Trimetaphosphimsäure nur geringe Ausbeute an $P_3N_2O_8H_7$ erzielen läßt (< 10%), wird stattdessen die Zers. des $P_3N_3Cl_4(NH_2)_2$ (s. S. 562) empfohlen, die quantitativ verläuft, wenn unter solchen Bedingungen gearbeitet wird, die die vollständige Hydrolyse ausschließen. Zur Darst. des Na-Salzes wird beispielsweise eine Lsg. aus 3.5 g $P_3N_3Cl_4(NH_2)_2$, 17 g Na-Acetat, 15 ml Dioxan und 30 ml H_2O im Wasserbad auf 40 bis 45°C erhitzt; obwohl sich bereits nach 24std. Erhitzen ein Nd. von $Na_3P_3N_2O_8H_4$ bildet, wird eine 98%ige Umwandlung erst nach 8 Tagen erreicht, A. M. de Ficquelmont (*Ann. Chim.* [11] **12** [1939] 169/280, 210), s. auch A. M. de Ficquelmont (*C. r.* **202** [1936] 423/5). Die Möglichkeit der vorwiegenden Bldg. von Ring-Prodd. bei den von Stokes und de Ficquelmont angegebenen Bldg.-Methh. wird von A. Narath, F. H. Lohmann, O. T. Quimby (*J. Am. Soc.* **78** [1956] 4493/4) beobachtet. Aus dem entsprechenden Diimidometaphosphat (s. S. 344) wird jedoch das Diimidotriphosphat als Hexahydrat durch selektive Spaltung an der O-Brücke des 6gliedrigen Ringes durch 30%ige NaOH-Lsg. bei ≧ 75°C in guter Ausbeute erhalten; es ist mit den Hexahydraten von Imidotriphosphorsäure und Triphosphorsäure isomorph. — Zur Bldg.-Möglichkeit bei der Hydrolyse der Trimetaphosphimate s. auch O. T. Quimby, A. Narath, F. H. Lohmann (*J. Am. Soc.* **82** [1960] 1099/1106, 1104) und Schema S. 347.

Wahrscheinlich Kettenkonfiguration $PO(OH)_2 \cdot NH \cdot PO(OH) \cdot NH \cdot PO(OH)_2$, zumal Pentasalze, wie im Falle des Ag, bekannt sind, jedoch haben nur 3 der H-Atome stark saure Funktion, da Neutralisation der Säure in wss. Lsg. durch NaOH bereits bei der Bldg. von $Na_3P_3N_2O_8H_4$ erreicht wird, A. M. de Ficquelmont (*C. r.* **202** [1936] 848/50; *Ann. Chim.* [11] **12** [1939] 169/280, 213). Möglich ist jedoch auch die Konstit. eines Monohydrats der Diimidotrimetaphosphorsäure (s. S. 344) der Zus. $P_3N_2O_7H_5 \cdot H_2O$, A. Narath u. a. (*l. c.*). Die Säure bildet 2 Reihen von Salzen, solche mit 3 und solche mit 5 Metallatomen, H. N. Stokes (*l. c.* S. 656). $P_3N_2O_8H_7$ ist auch Zwischenprod. bei der bis zur Bldg. von H_3PO_4 und NH_3 verlaufenden Hydrolyse der aus $(PNCl_2)_3$ und Alkoholen gebildeten Ester, die durch das bei der Kondensationsrk. entstehende HCl ausgelöst wird, M. Yokoyama (*J. chem. Soc. Japan* [japan.] **81** [1960] 161/6, 164). UR-Spektrum des Anions im Bereiche 2 bis 16 μ, aufgenommen an den Salzen $Zn_2Na(P_3N_2O_8H_2)$ und $Tl_5(P_3N_2O_8H_2)$, s. bei J. V. PUSTINGER, W. T. CAVE, M. L. NIELSEN (*Spektrochim. Acta* **15** [1959] 909/25, 915). In saurer Lsg. ($p_H < 4$) erfolgt bei gewöhnl. Temp. Hydrolyse, vorwiegend unter Bldg. von Imidodiphosphorsäure (s. S. 337), H_3PO_4 und NH_3, A. M. DE FICQUELMONT (*Ann. Chim.* [11] **12** [1939] 169/280, 213). Die Hydrolyse bei p_H 3 und 60°C führt zunächst zur Bldg. von PNH_2- und POH-Fragmenten, die — bezogen auf den Gesamtgehalt an P — zu etwa 30% kondensieren. Die Titrationskurve zeigt deutliche Endpunkte bei p_H 5 und 8.6 (überstreichend 1 H-Ion je Molekel des Hexahydrats) sowie einen unsicheren bei p_H 10.8, A. NARATH u. a. (*l. c.*). Die Viertelwertszeiten der Hydrolyse bei den p_H-Werten 3.5, 8 und 11 betragen bei 60°C in 0.02 molaler Lsg. 8, 20 bis 30 bzw. 1.2×10^3 bis $4 \cdot 10^3$ Min., O. T. QUIMBY u. a. (*l. c.* S. 1105). Dort auch Näheres zum Mechanismus der Rk. — Vgl. auch Schema S. 347.

Diimidotriphosphoric Acid Pentamide

Diimidotriphosphorsäurepentamid $P_3N_7O_3H_{12}$ = $PO(NH_2)_2 \cdot NH \cdot PO(NH_2) \cdot NH \cdot PO(NH_2)_2$.

Zur Darst. wird während 4 Std. trockenes gasf. HCl langsam in eine auf 28 bis 30°C erwärmte Suspension von 5 g $PO(NH_2)_3$ (s. S. 356) in ~200 ml absol. Äther eingeleitet und das Rühren des Rk.-Gemisches 3 Std. lang fortgesetzt; die Rk.-Temp. muß dabei stets ≤ 32°C sein. Aus dem unter Feuchtigkeitsausschluß abfiltrierten, mit Äther ausgewaschenen und über P_2O_5 getrockneten farblosen Gemisch aus $P_3N_7O_3H_{12}$ und NH_4Cl wird letzteres durch Auswaschen mit fl. NH_3 entfernt, M. GOEHRING, K. NIEDENZU (*Ber.* **89** [1956] 1771/4), K. NIEDENZU (*Diss. Heidelberg* 1956, S. 19), CHEMISCHE FABRIK J. A. BENCKISER G.M.B.H., M. GOEHRING (*B.P.* 840386 [1957/60]; *D.P.* 1011859 [1956/57], *C.A.* **1960** 6063; *F.P.* 1173054 [1957/59]), s. auch M. BECKE-GOEHRING (*Ang. Ch.* **69** [1957] 569/70), M. GOEHRING, K. NIEDENZU, G. RATZEL (*Ang. Ch.* **69** [1957] 105). Es entsteht neben Imidodiphosphorsäuretetramid $P_2N_5O_2H_9$ (s. S. 338) auch beim Erhitzen einer Suspension von $PO(NH_2)_3$ in Toluol auf 120°C, R. KLEMENT, M. L. NIELSEN (*Inorg. Syn.* **6** [1960] 108/11), oder in einem Gemisch aus Benzol und Toluol auf 95 bis 105°C, R. KLEMENT, H. BÄR (*Z. anorg. Ch.* **300** [1959] 221/4), H. BÄR (*Diss. München* 1958, S. 16). Es ist wahrscheinlich Zwischenprod. bei der Rk. zwischen $PO(NH_2)_3$ und $POCl_3$, K. NIEDENZU (*l. c.* S. 19). Es entsteht neben $PO(NH_2)_3$, $P_2N_5O_2H_9$ sowie Tri- (s. S. 345) und Tetrametaphosphimat-Ionen (s. S. 348) und einem nichtidentifizierbaren höherkondensierten Subst.-Gemisch, wenn man NH_3 in $CHCl_3$ oder gasf. NH_3 auf $POCl_3$ in $CHCl_3$ bei ≥ -30°C einwirken läßt, H. BÄR (*l. c.* S. 34).

Subst. hat keinen Schmp., sie zersetzt sich beim Erhitzen über 75°C unter Abgabe von NH_3. In sd. konz. NaOH-Lsg. werden innerhalb von 20 Min. 16.8 Gew.-% N als NH_3 abgegeben, M. GOEHRING, K. NIEDENZU (*l. c.*). Stark hygroskopisch, wird in H_2O sehr leicht unter Bldg. von verschiedenen Amidophosphorsäuren hydrolysiert. Reagiert mit $POCl_3$ zu einem gemischten Amidchlorid mit achtgliedriger P–N-Ringstruktur, K. NIEDENZU (*l. c.* S. 19, 61).

Diimidopentamidotriphosphoric Monoimide Acid

Diimidopentamido-triphosphormonoimidsäure $P_3N_8O_2H_{13}$ = $PO(NH_2)_2 \cdot NH \cdot P(NH)(NH_2) \cdot NH \cdot PO(NH_2)_2$.

Entsteht bei der Rk. zwischen PCl_5 und NH_3 in Ggw. geringer Mengen H_2O, wobei das Primärprod. $P(NH)(NH_2)_3$ (s. S. 327) zunächst teilweise zum $PO(NH_2)_3$ hydrolysiert wird und der Rest sich mit jeweils 2 Molekeln des Hydrolyseprod. unter NH_3-Abspaltung kondensiert. Dazu werden 70 g PCl_5 in 150 bis 200 ml trocknes fl. NH_3 ohne besondere Vorsichtsmaßnahmen eingetragen; 12 Std. nach Abdampfen des NH_3-Überschusses unter Feuchtigkeitsausschluß wird unter gleichen Bedingungen 2 Std. lang trocknes NH_3 durch eine Aufschlämmung des Rückstandes in Äther und Chloroform geleitet. Die Abtrennung des mitgebildeten NH_4Cl erfolgt durch 3- bis 4std. Auskochen des dann weißen Rückstandes mit Diäthylamin in $CHCl_3$-Lsg. Nach zweimaligem Aufkondensieren von etwas NH_3 und Abfiltrieren wird das Prod. über P_2O_5 getrocknet. Die Verb. ist ziemlich gut lösl. in fl. NH_3. Langsame Auflösung in H_2O unter Eintritt von Hydrolyse, die beim Kochen mit Säure innerhalb von wenigen Minuten erreicht wird, M. BECKE-GOEHRING, K. NIEDENZU (*Ber.* **90** [1957] 2072/4), K. NIEDENZU (*Diss. Heidelberg* 1956, S. 71), s. auch M. BECKE-GOEHRING (*Ang. Ch.* **69** [1957] 569/70).

Triimidotetraphosphoric Acid

Triimidotetraphosphorsäure $P_4N_3O_{10}H_9$ = $PO(OH)_2 \cdot (NH \cdot PO(OH))_2 \cdot NH \cdot PO(OH)_2$. Da diese Säure weniger stabil als die Tetrametaphosphimsäure $P_4N_4O_8H_8$ (s. S. 348) ist, kann sie aus letzterer nicht erhalten werden. Sie entsteht jedoch neben $P_4N_4O_8H_8$, $P_3N_2O_8H_7$ (s. S. 339) und H_3PO_4 bei der Einw. von heißem CH_3CO_2H auf die ziemlich stabile Pentametaphosphimsäure $P_5N_5O_{10}H_{10}$ (s. S. 350). Ihr Ag-Salz ist unlösl. in H_2O, H. N. STOKES (*Am. chem. J.* **20** [1898] 740/60, 752; *Z. anorg. Ch.* **19** [1899] 36/58, 50). Vgl. auch L. F. AUDRIETH, R. STEINMAN, A. D. F. TOY (*Chem. Rev.* **32** [1943] 99/108, 101), L. F. AUDRIETH (*Chem. engg. News* **25** [1947] 2552/4).

Diimidodiamidotetraphosphorsäure $P_4N_4O_7H_6 = (NH)_2P_4O_7(NH_2)_2$. Nur in Form des neutralen Ag-Salzes bekannt, das als gelbbrauner Nd. beim Behandeln von Monoimidotetramidotetraphosphorsäure (s. unten) mit neutralen oder schwach sauren Lsgg. von $AgNO_3$ entsteht, J. H. GLADSTONE (*J. chem. Soc.* **21** [1868] 261/74, 269, **22** [1869] 15/22).

Diimidodiamidotetraphosphoric Acid

Monoimidotetraamidotetraphosphorsäure $P_4N_5O_7H_9 = (NH)P_4O_7(NH_2)_4$. Auch Tetraphosphorpentazotsäure genannt. Soll als in H_2O unlösl. Prod. beim schnellen Sättigen von $POCl_3$ mit NH_3, Erhitzen auf $> 200°C$ und Behandeln mit H_2O als weiße Masse zurückbleiben. Zerfällt in sd. H_2O, langsam schon bei gewöhnl. Temp. unter Bldg. verschiedener Amidophosphorsäuren und von H_3PO_4. Verhält sich ähnlich wie $PO(NH_2)_2 \cdot O \cdot PO(OH)(NH_2)$, vgl. S. 359, verbindet sich leicht mit Alkalien und zersetzt Metallsalzlsgg., z. B. $AgNO_3$-Lsg., unter Bldg. unlösl. Salze, J. H. GLADSTONE (*Pr. Roy. Soc.* **15** [1866/67] 510/6, 511; *J. chem. Soc.* **21** [1868] 261/74, 266).

Monoimidotetraamidotetraphosphoric Acid

Tetraimidomonoamidopentaphosphorsäure $P_5N_5O_{11}H_{12} = H_2N(PO(OH)NH)_4PO(OH)_2$. Offenkettige Form der Pentametaposphimsäure $P_5N_5O_{10}H_{10}$ (s. S. 350), die wahrscheinlich in alkal. Lsg. vorliegt, zumal die Zus. des Ag-Salzes für diese Annahme spricht. Die freie Säure, eventuell im Gemisch mit Zers.-Prodd., wird beim Zersetzen des Ag-Salzes durch H_2S unter eiskaltem H_2O erhalten. Es bildet sich eine sauer, etwas adstringierend schmeckende Lsg., aus der die Säure durch Alkohol in Form einer Gallerte unvollständig abgeschieden werden kann, H. N. STOKES (*Am. chem. J.* **20** [1898] 740/60, 747; *Z. anorg. Ch.* **20** [1899] 36/58, 44), s. auch L. F. AUDRIETH, R. STEINMAN, A. D. F. TOY (*Chem. Rev.* **32** [1943] 109/33, 124).

Tetraimidomonoamidopentaphosphoric Acid

Pentaimidomonoamidohexaphosphorsäure $P_6N_6O_{13}H_{14} = H_2N(PO(OH)NH)_5PO(OH)_2$. Offenkettige Form der Hexametaphosphimsäure $P_6N_6O_{12}H_{12}$ (s. S. 350), die wie im Falle des nächstniedrigeren Gliedes in alkal. Lsg. vorliegt. Die freie Säure, die bei Zers. des Ag-Salzes durch H_2S unter H_2O erhalten wird, läßt sich nicht durch Alkohol ausfällen. Die wss. Lsg. hat einen mehr adstringierenden als sauren Geschmack. Beim Eindunsten der Lsg. erfolgt Zers. unter Zurückbleiben eines kautschukartigen Rückstandes, H. N. STOKES (*Am. chem. J.* **20** [1898] 740/60, 756; *Z. anorg. Ch.* **19** [1899] 36/58, 53), s. auch L. F. AUDRIETH, R. STEINMAN, A. D. F. TOY (*Chem. Rev.* **32** [1943] 109/33, 124).

Pentaimidomonoamidohexaphosphoric Acid

Hexaimidomonoamidoheptaphosphorsäure $P_7N_7O_{15}H_{16} = PO(NH_2)(OH)(NH \cdot PO(OH))_6OH$. Bildet sich in Form des Na-Salzes bei der Verseifung des cycl. $(PNCl_2)_7$ (s. S. 561) in äther. Lsg. durch NaOH. Ag-Salz enthält 7 Atome Ag, weshalb offenkettige Konstit. der Säure vermutet wird. Bei der Zers. des Na-Salzes durch Säuren entsteht Tetrametaphosphimsäure $P_4N_4O_8H_8 \cdot 2H_2O$ (s. S. 348), H. N. STOKES (*Am. chem. J.* **20** [1898] 740/60, 758; *Z. anorg. Ch.* **19** [1899] 36/58, 55).

Hexaimidomonoamidoheptaphosphoric Acid

Polyimidophosphorsäuren $P_{n+2}N_{n+1}O_{2n+6}H_{2n+5} = PO(OH)_2(NHPO(OH))_nNH \cdot PO(OH)_2$.

Polyimidophosphoric Acids

Kondensierte Polyphosphorsäuren (s. S. 212), in denen die Brücken-O-Atome durch Imidogruppen ersetzt sind, s. beispielsweise CHEMISCHE FABRIK J. A. BENCKISER G.M.B.H., M. GOEHRING (*D.P.* 1011859 [1956/57], *C.A.* **1960** 6063). Bei der hydrolyt. Zers. des cycl. hochpolymeren $(PNCl_2)_n$ (s. S. 561) entstehen Polyimidophosphorsäuren, die sich unter Bldg. von NH_4- und Phosphatendgruppen leicht weiter zersetzen lassen. Im UR-Spektrum ist die P·NH·P-Brückenschwingung durch eine Bande bei 950 cm^{-1} zu erkennen, E. STEGER (*Ber.* **94** [1961] 266/72, 269). — Die Natrium-diamido-imidooligophosphate werden durch HNO_2-Lsg. in die entsprechenden Imidooligophosphate mit den Anionen der allgemeinen Zus. $(P_{n+2}O_{2n+6}(NH)_{n+1})^{(n+4)-}$ mit $n = 0$ bis 4 übergeführt, deren papierchromatograph. Wanderungsgeschw. wesentlich geringer ist als die der Ausgangsphosphate, R. KLEMENT, G. BIBERACHER (*Z. anorg. Ch.* **285** [1956] 74/85, 79).

Polyimidoamidophosphorsäuren.

Polyimidoamidophosphoric Acids

Durch Amidgruppen substituierte Polyphosphate, bei denen die O-Brückenatome teilweise oder ganz durch Imidgruppen ersetzt sind, entstehen z. B., wenn kondensierte wasserfreie Alkaliphosphate mit NH_3 unter Druck bei erhöhter Temp. und bei Ggw. eines NH_4-Salzes umgesetzt werden, HENKEL & CIE. G.M.B.H., A. KÖSTER (*D.P.* 1022566 [1956/58], *C.* **1959** 256), bei der Rk. von P_2O_5 mit einem Überschuß an NH_4-Salzen, die schon durch Zusatz von etwas H_2O oder schwaches Erwärmen ausgelöst werden kann, HENKEL & CIE. G.M.B.H., A. KÖSTER, F. WELDES (*D.P.* 1024069 [1955/59], *C.* **1959** 337), sowie beim Eintragen von P_2O_5 in wss. NH_3-Lsgg., HENKEL & CIE. G.M.B.H., A. KÖSTER, K.-H. WORMS (*D.P.* 1048266 [1956/59], *C.* **1959** 10033; *F.P.* 1175603 [1957/59]), wobei P_2O_5 zweckmäßig in einem mit H_2O nicht mischbaren Lsgm. suspendiert wird, HENKEL & CIE. G.M.B.H., F. WELDES (*D.P.* 1064042 [1956/60], *C.* **1960** 4314), s. auch HENKEL & CIE. G.M.B.H. (*B.P.* 809314 [1957/59], *C.A.* **1959** 17905). Bei der therm. Zers. von $PO(NH_2)_3$ bei $< 140°C$ entstehen z. T. in H_2O lösl. Prodd., die wahrscheinlich die Konstit. von Polyamido-imidophosphaten haben; oberhalb 150°C bilden sich nur noch unlösl. Verbb., s. L. FICK (*Dipl.-Arbeit, München* 1955) laut H. BÄR (*Diss. München* 1958, S. 17). Bldg. durch Kondensation von $PO(NH_2)_3$ mit trockenem HCl bei ~60 bis ~250°C, gegebenenfalls in einem indifferenten Medium s. bei J. A. BENCKISER G.M.B.H., M. GOEHRING (*B.P.* 840386 [1957/60]; *D.P.* 1011859 [1956/57], *C.A.* **1960** 6063). Siehe auch $P_nN_{2n+1}O_nH_{3n+3}$ S. 343, vgl. ferner S. 357.

Diamido-polyimido-phosphoric Acids

Diamidopolyimidophosphorsäuren $P_nN_{n+1}O_{2n}H_{2n+3} = H_n(P_nO_{2n}(NH)_{n-1}(NH_2)_2)$; $n \geq 2$.

Beim Erhitzen von dehydratisiertem $NaPO_2(NH_2)_2$ auf 155 bis 163°C im Vak. entstehen unter starkem Schäumen und NH_3-Abspaltung Prodd. mit dem Atomverhältnis $P:N_{gesamt}:N_{amido} = 3:4.05:2.04$, deren Zus. nicht einheitlich ist und deren Ionen im Durchschnitt die Zus. $(P_3O_6(NH)_2(NH_2)_2)^{3-}$ besitzen; dabei schwanken die n-Werte zwischen 2 und 6. Höhere Diamido-imido-polyphosphate entstehen, wenn das vorgenannte Rk.-Prod. 10 Tage lang im Vak. auf 200°C erhitzt wird; in diesem Falle liegt die durchschnittliche Zus. bei n = 6; bei einer Zers.-Temp. von 250°C entstehen kondensierte Imidophosphate mit 16 bis 18 Gliedern. Wie die bisher erwähnten, sind auch die bei 260 bis 270°C erhältlichen Prodd. noch zum großen Tl. lösl.; wahrscheinlich sind diese Verbb. noch bei Kettenlängen von 40 bis 50 P-Atomen vollständig löslich in H_2O. Die kalten wss. Lsgg. dieser kondensierten Phosphate sind haltbar, jedoch tritt in sd. wss. oder alkal. Lsg. Zers. ein. Bei Einw. von HNO_2 werden die Verbb. mit den Anionen $(P_nN_{n+1}O_{2n}H_{2n+3})^{n-}$ in die kristallinen Imido-oligophosphate $(P_{n+2}O_{2n+6}(NH)_{n+1})^{(n+4)-}$ (s. S. 341) übergeführt, R. KLEMENT, G. BIBERACHER (*Z. anorg. Ch.* **285** [1956] 74/85, 79, 82). Die papierchromatograph. R_f-Werte für die Glieder mit n = 2, 3, 4, 5 und 6 betragen 0.46, 0.37, 0.30, 0.24 bzw. 0.18 in einer Lsg. aus 20 ml Isopropanol, 20 ml Dimethylformamid, 30 ml Methyläthylketon, 39 ml H_2O und 1 ml 25%iger NH_3-Lsg., G. BIBERACHER (*Z. anorg. Ch.* **285** [1956] 86/91).

Phosphoric Acid Imide Amide

Phosphorsäureimidamid $(PN_2OH_3)_n = (PO(NH_2)NH)_n$.

Weitere Bezeichnung: Phosphorylamidimid, s. *Richtsätze für die Nomenklatur der anorganischen Chemie* in: *Ber.* **92** [1959] XLVII-LXXXVI. Ältere Bezeichnungen: Phosphamid, C. GERHARDT (*C. r.* **22** [1846] 858/60); Biphosphamid, H. SCHIFF (*Lieb. Ann.* **101** [1857] 299/309, 304).

Formation

Bildung. Entsteht als Polymer aus $OP(NH_2)_3$ (s. S. 356) durch NH_3-Abspaltung mittels HCl bei hohen Tempp., M. BECKE-GOEHRING (*Ang. Ch.* **69** [1957] 569/70), M. GOEHRING, K. NIEDENZU, G. RATZEL (*Ang. Ch.* **69** [1957] 105), s. auch W. C. FERNELIUS, W. C. JOHNSON (*J. chem. Educat.* **5** [1928] 828/35, 830), L. F. AUDRIETH (*Chem. engg. News* **25** [1947] 2552/4; *J. chem. Educat.* **34** [1957] 545/55, 547), L. F. AUDRIETH, O. F. HILL (*J. chem. Educat.* **25** [1948] 80/86, 85). Zu den vergeblichen Verss. von H. SCHIFF (*l. c.*), die Verb. durch Erhitzen von $OP(NH_2)_3$ zu erhalten, vgl. R. KLEMENT, O. KOCH (*Ber.* **87** [1954] 333/40, 333). — Die durch Rk. von $PO(NH_2)_3$ mit $POCl_3$ entstehende Cl-haltige Zwischenverb. geht bei Behandlung mit NH_3 in $(PN_2H_3O)_n$ über, R. KLEMENT, M. L. NIELSEN (*Inorg. Syn.* **6** [1960] 108/111, 111). — Entsteht durch Sättigung von PCl_5 mit gasf. NH_3 und anschließende Behandlung mit H_2O sowie verd. Laugen und Säuren, C. GERHARDT (*l. c.*; *Ann. Chim. Phys.* [3] **18** [1846] 188/205, 191), auf diesem Wege wahrscheinlich erhalten von J. LIEBIG, F. WÖHLER (*Lieb. Ann.* **11** [1834] 139/50, 142). Zum Rk.-Mechanismus s. H. MOUREU, P. ROCQUET (*Bl. Soc. chim.* [5] **3** [1936] 821/8, 824). Wird auch durch Einw. von NH_3 auf die 8gliedrige P-N-Ringverb. $P_4N_7O_4H_{10}Cl$ erhalten. Das dabei intermediär entstehende Tetramere polymerisiert sich wahrscheinlich unter Bldg. von inneren Ammoniumsalzen, M. GOEHRING, K. NIEDENZU (*Ber.* **89** [1956] 1774/5), s. auch M. BECKE-GOEHRING (*l. c.*). — Über vergebliche Verss. zur Gewinnung der Verb. durch Einw. von NH_3 auf $(PNCl_2)_n$ s. H. N. STOKES (*Am. chem. J.* **20** [1898] 740/60, 743; *Z. anorg. Ch.* **19** [1899] 36/58, 42).

Preparation

Darstellung. Ein Rk.-Gemisch aus 5 g $PO(NH_2)_3$ und 50 ml frisch dest. $POCl_3$ wird 3 Std. lang geschüttelt und dann unter einem trockenen Schutzgas filtriert; nach kurzem Auswaschen des Rückstandes mit trockenem $CHCl_3$ wird zweimal nacheinander auf der Subst. fl. NH_3 aufkondensiert und anschließend langsam wieder verdampft, Auswaschen des Prod. mit H_2O, M. GOEHRING, K. NIEDENZU

(*Ber.* **89** [1956] 1774/5), K. NIEDENZU (*Diss. Heidelberg* 1956, S. 58). Alte Angaben zur Reindarst. des nach der Meth. von C. GERHARDT (*l. c.*) erhältlichen Präp. s. bei J. H. GLADSTONE (*Quart. J. chem. Soc.* **2** [1849] 121/31, 122).

Eigenschaften. Farbloses röntgenamorphes Polymer. Wahrscheinlich Konstit. eines Aggregates aus inneren Ammoniumsalzen, etwa der Form *Properties*

```
                  |
H   NH2+ ... -O—P—N—
|   ||          ||  |
—N—P—O- ... +H2N   H
      |
```

M. GOEHRING, K. NIEDENZU (*l. c.*). UR-Absorptionsspektrum hat die für Polymere charakterist. Form, K. NIEDENZU (*l. c.* S. 40). Schmilzt bei 170°C unter NH_3-Entw., M. L. NIELSEN (*Inorg. Syn.* **6** [1960] 111). Geht beim Erhitzen in PNO (s. S. 329) über, C. GERHARDT (*C. r.* **22** [1846] 858/60), s. auch J. LIEBIG, F. WÖHLER (*Lieb. Ann.* **11** [1834] 139/50, 143). Reagiert weder in der Kälte noch in der Wärme mit Cl_2, J. H. GLADSTONE (*l. c.* S. 123). Beim Erhitzen mit Cu-Pulver entsteht Cu-Phosphid neben einer rotgefärbten, wahrscheinlich aus Cu^{II}-Phosphat bestehenden Subst., J. LIEBIG, F. WÖHLER (*l. c.* S. 143). Feucht erhitzt geht es in NH_3 und H_3PO_4 über. Kochende konz. HCl-Lsg. ist ohne Einw.; konz. H_2SO_4 wirkt in der Kälte nicht ein, beim Erhitzen werden SO_2, H_3PO_4 und NH_3 gebildet. Heiße, mäßig verd. H_2SO_4-Lsg. löst ohne Gasentw. zu einem H_3PO_4 enthaltenden Sirup, der nach einiger Zeit Kristalle von NH_4HSO_4 absetzt. Beim Schmelzen mit Ätzkali entsteht Kaliumphosphat, C. GERHARDT (*l. c.*), s. auch C. GERHARDT (*J. Pharm.* [3] **11** [1847] 457/8). Widerstandsfähig gegen Ox.-Mittel, wird nicht angegriffen beim Kochen mit starker HNO_3-Lsg. oder durch H_2SO_4-KNO_3-Gemische. Langsame Ox. beim Schmelzen mit KNO_3, verpufft beim Erhitzen mit $KClO_3$, J. L. GLADSTONE (*Quart. J. chem. Soc.* **2** [1849] 121/31, 123). Bei Rk. mit $NaNO_2$ und $HClO_4$ entsteht ein hochpolymerisiertes Imidopolyphosphat, R. KLEMENT (*Ang. Ch.* **66** [1954] 717). Praktisch unlösl. in H_2O und organ. Lsgmm., M. GOEHRING, K. NIEDENZU (*Ber.* **89** [1956] 1774/5).

$P_nN_{2n+1}O_nH_{3n+3}$ $= P_nO_n(NH)_{n-1}(NH_2)_{n+2}$; $n \geq 2$. In H_2O lösl. niedrige Kondensationsprodd. der Zus. $n \leq 5$ entstehen in einer sd. Suspension des $PO(NH_2)_3$ (s. S. 356) in reinem Toluol. Beim Erhitzen der trockenen Subst. im Vak. bei ~140°C werden unlösl. Prodd. hohen Kondensationsgrades erzielt, R. KLEMENT, H. BÄR (*Z. anorg. Ch.* **300** [1959] 221/4). Beim Erhitzen des $PO(NH_2)_3$ unter normalem Druck bei Tempp. < 110°C sind die Rk.-Prodd. noch lösl., bei 120°C schon teilweise unlösl. in H_2O. Wahrscheinlich handelt es sich stets um Amide der Imidopolyphosphorsäure, H. BÄR (*Diss. München* 1958, S. 16). Siehe auch Polyimidoamidophosphorsäuren S. 341. *$P_nN_{2n+1}O_nH_{3n+3}$*

$(P_2N_3O_3H_5)_n$ $= (\cdot PO(NH_2)OPO(NH_2)NH\cdot)_n$. Entsteht neben NH_4Cl bei sehr raschem Zusatz von $POCl_2\cdot O\cdot POCl_2$ (s. S. 456) zu fl. NH_3, wahrscheinlich durch weitere Kondensation des primär entstandenen $PO(NH_2)_2\cdot O\cdot PO(NH_2)_2$. Zur Darst. werden ~200 ml fl. NH_3 in ein Kondensationsrohr in ~20 ml reines $P_2O_3Cl_4$ so rasch eingetragen, daß die sehr heftige Rk. gerade noch unterhalb der Explosionsgrenze ablaufen kann. Nach Abgießen des überschüssigen Säurechlorids wird das mitgebildete NH_4Cl durch Auswaschen mit eiskaltem H_2O entfernt. Trocknen des Präp. über P_2O_5. Röntgenamorph, unlösl. in H_2O, wird jedoch durch H_2O langsam hydrolysiert. Hydrolyseprodd. sind Phosphat- und Amidophosphat-Ionen, M. GOEHRING, K. NIEDENZU (*Ber.* **90** [1957] 151/3), K. NIEDENZU (*Diss. Heidelberg* 1956, S. 27, 65), s. auch M. GOEHRING, K. NIEDENZU, G. RATZEL (*Ang. Ch.* **69** [1957] 105), M. BECKE-GOEHRING (*Ang. Ch.* **69** [1957] 569/70), CHEMISCHE FABRIK JOH. A. BENCKISER G.M.B.H., M. GOEHRING (*B.P.* 818310 [1957/59]; *D.P.* 1025840 [1956/58], *C.A.* **1960** 25641; *F.P.* 1167157 [1957/58]). Wss. Aufschlämmung zeigt geringes Kalkbindungsvermögen, das mit zunehmender Hydrolyse zunimmt, um schließlich vollständig verloren zu gehen, K. NIEDENZU (*l. c.* S. 66). Bei Einw. von fl. NH_3 erfolgt Addition von NH_3 unter Bldg. von $P_2N_4O_3H_8$ (s. unten), M. GOEHRING, K. NIEDENZU (*l. c.*). *$(P_2N_3O_3H_5)_n$*

$(P_2N_4O_3H_8)_n$. Entsteht bei der Einw. von fl. NH_3 auf $(P_2N_3O_3H_5)_n$ (s. oben). Ebenso wie die Ausgangsverb. ein röntgenamorphes Polymeres, das unlösl. in H_2O ist, aber bei längerer Einw. von H_2O langsam in Phosphat-, Amidophosphat- und Polyphosphat-Ionen hydrolysiert wird. Möglicherweise liegt die Konstit. eines NH_4-Salzes des $P_2N_3O_3H_5$ vor, M. GOEHRING, K. NIEDENZU (*Ber.* **90** [1957] 151/3), K. NIEDENZU (*Diss. Heidelberg* 1957, S. 65), s. auch CHEMISCHE FABRIK JOH. A. BENCKISER G.M.B.H., M. GOEHRING (*B.P.* 818310 [1957/59]; *D.P.* 1025840 [1956/58], *C.A.* **1960** 2561; *F.P.* 1167157 [1957/58]). *$(P_2N_4O_3H_8)_n$*

Cyclic Imidometaphosphoric Acids

Ringförmige Imidometaphosphorsäuren

Imidodimetaphosphoric Acid

Imidodimetaphosphorsäure $P_2NO_5H_3$ = HN<PO(OH)/PO(OH)>O . Auf die Existenz dieser zweibas. Säure mit einer Imidobrücke in einer viergliedrigen Ringstruktur und einer dazu parallel verlaufenden O-Brücke zwischen den beiden P-Atomen wird auf Grund des bas. Ba-Salzes geschlossen, das sich aus der salzsauren Lsg. des Rk.-Prod. aus 4 g NH_4-Amidocarbonat und 10 g $POCl_3$ nach mehrstd. Erhitzen fällen läßt, A. Mente (*Lieb. Ann.* **248** [1888] 232/69, 243). Nach Gmelin-Handbuch, 7. *Aufl.*, *Bd.* 1, *Tl.* 3, S. 228 ist diese Säure zwar wahrscheinlich identisch mit Amidodiphosphorsäure $P_2NO_6H_5$ (s. S. 358), doch wird neuerdings — allerdings ohne Angabe experimenteller Einzelheiten — von A. Narath, F. H. Lohman, O. T. Quimby (*J. Am. Soc.* **78** [1956] 4493/4) darauf hingewiesen, daß sich das Anion durch selektive Spaltung in der O-Brücke des Ringes in 30%igem NaOH bei ~75°C in dasjenige der Imidodiphosphorsäure mit guter Ausbeute überführen läßt; im p_H-Bereich 2 bis 11 soll jedoch die P-N-P-Brücke bevorzugt gegenüber der P-O-P-Brücke gespalten werden.

Imidotrimetaphosphoric Acid

Imidotrimetaphosphorsäure $P_3NO_8H_4$ = PO(OH)·O·PO(OH)·O·PO(OH)·NH (ringförmig geschlossen).

Das Anion dieser Säure läßt sich in guter Ausbeute aus den Hydrolysaten der Trimetaphosphimsäure (s. S. 344) mittels Ionenaustausch isolieren. Es entsteht wahrscheinlich auch in der Form des Monohydrats neben dem isomorphen Diimidotrimetaphosphat-Ion nach den von H. N. Stokes (*Am. chem. J.* **18** [1896] 629/63, 654) und A. M. de Ficquelmont (*Ann. Chim.* [11] **12** [1939] 169/280, 210) angegebenen Darst.-Methh. für die kettenförmige Diimidotriphosphorsäure (s. S. 339), A. Narath, F. H. Lohman, O. T. Quimby (*J. Am. Soc.* **78** [1956] 4493/4). Es entsteht als Hauptprod. bei der Hydrolyse des Diimidotrimetaphosphat-Ions bei p_H 3.5 und 60°C durch Abspaltung von NH_3 als NH_4^+, O. T. Quimby, A. Narath, F. H. Lohman (*J. Am. Soc.* **82** [1960] 1099/1106, 1104). NH_3-Lsg. greift das Ion bei 27°C nur sehr langsam an, doch wird durch 2std. Einw. bei 100°C oder dreitägige Einw. bei 85°C ein wesentlicher Anteil an Imidotrimetaphosphat gespalten; Prodd. sind dabei wahrscheinlich Imidoamidotriphosphate (s. S. 339), O. T. Quimby, T. J. Flautt (*Z. anorg. Ch.* **296** [1958] 220/8, 7). Durch 30%iges NaOH erfolgt bei > 75°C selektive Spaltung an der P-O-P-Brücke unter Übergang in das Hexahydrat des Imidotriphosphat-Ions (s. S. 338). Die P-N-P-Brücken sind bei hohen NaOH-Konzz. inert, während sie im p_H-Bereich 2 bis 11 leichter als die P-O-P-Brücken gespalten werden, A. Narath u. a. (*l. c.*). Hauptprod. der sauren Hydrolyse bei p_H 3.5 und 60°C ist jedoch Imidotriphosphat, doch verläuft diese Rk. sehr langsam (Viertelwertszeit 1.4×10^3 Min. in 0.02 molaler Lsg.). Unter sonst gleichen Bedingungen ist bei $p_H = 8$ die Viertelwertszeit $9 \cdot 10^3$ bis $12 \cdot 10^3$ Min., O. T. Quimby u. a. (*l. c.* S. 1102). — Siehe auch das Schema S. 347.

Diimidotrimetaphosphoric Acid

Diimidotrimetaphosphorsäure $P_3N_2O_7H_5$ = PO(OH)·NH·PO(OH)·NH·PO(OH)·O (ringförmig geschlossen).

Entsteht wahrscheinlich in Form des mit den Monohydraten der beiden übrigen Imidotrimetaphosphorsäuren isomorphen Monohydrats vorwiegend bei den für die kettenförmige Diimidotriphosphorsäure $P_3N_2O_8H_7$ (s. S. 339) angegebenen Bldg.-Methh. von H. N. Stokes (*Am. chem. J.* **18** [1896] 629/63, 654) und A. M. de Ficquelmont (*Ann. Chim.* [11] **12** [1939] 169/280, 210). Diimidotrimetaphosphat-Ionen sind das wesentliche Prod. der sauren Hydrolyse der Trimetaphosphimsäure (s. S. 345) und ihrer Salze, wobei sie sich durch Ionenaustausch in guter Ausbeute isolieren lassen, A. Narath, F. H. Lohman, O. T. Quimby (*J. Am. Soc.* **78** [1956] 4493/4), vgl. auch das Schema auf S. 347; sie entstehen dabei wahrscheinlich über die Zwischenstufe von kettenförmigen Diimidomonoamidotriphosphat-Ionen $(OH)PO(O^-)\cdot NH\cdot PO(O^-)NH\cdot PO(O^-)\cdot NH_3^+$, O. T. Quimby, A. Narath, F. H. Lohman (*J. Am. Soc.* **82** [1960] 1099/1106, 1104).

Sechsgliedrige Ringstruktur unter Einschluß eines O-Atoms, A. Narath u. a. (*l. c.*). Zur Papierchromatographie des Ions im Gemisch mit anderen Phosphaten s. O. T. Quimby, T. J. Flautt (*Z. anorg. Ch.* **296** [1958] 220/8, 225). UR-Spektrum im Bereich 2 bis 16 μ, abgeleitet aus den Ergebnissen an den tertiären Salzen des K, Ag und Tl, s. J. V. Pustinger, W. T. Cave, M. L. Nielsen (*Spectrochim. Acta* **15** [1959] 909/25, 915).

Diimidotrimetaphosphat-Ionen werden bei 27° C in wss. Lsg. von NH_3 offensichtlich nicht angegriffen. Als einziges Rk.-Prod. in heißen NH_3-Lsgg. wird papierchromatographisch Orthophosphat nachgewiesen, doch selbst nach dreitägiger Einw. bei 85°C bleibt ein großer Tl. des Diimidotrimetaphosphats noch stabil, O. T. Quimby, T. J. Flautt (*l. c.* S. 227). Durch 30%iges NaOH erfolgt bei

$> 75°C$ selektive Spaltung an der P-O-P-Brücke unter Übergang in das Hexahydrat des Diimidotriphosphat-Ions (s. S. 339), vgl. Schema S. 347. Die P-N-P-Brücken sind bei hohen NaOH-Konzz. stabil, während sie im p_H-Bereich 2 bis 11 leichter als die P-O-P-Brücken der Ringstruktur gespalten werden, A. Narath u. a. (*l. c.*). Da bei der Hydrolyse bei p_H 3.5 und 60°C als Hauptprod. Imidotrimetaphosphat-Ionen (s. S. 344) entstehen, ist anzunehmen, daß die primären Spaltungsprodd. des $P_3N_2O_7H_5$ $(OH)PO(O^-)\cdot O\cdot PO(O^-)\cdot NH\cdot PO(O^-)\cdot NH_3^+$ und $(OH)PO(O^-)\cdot NH\cdot PO(O^-)\cdot O\cdot PO(O^-)\cdot NH_3^+$ (s. S. 344) sind, die unter Abspaltung eines NH_4^+ dann in Imidotrimetaphosphorsäure übergehen. Die Viertellebenszeit des Anions in 0.02 molaler Lsg. bei 60°C beträgt ~170 Min. bei p_H 5 und $3\cdot 10^4$ bis $9\cdot 10^4$ Min. bei $p_H = 8$, O. T. Quimby u. a. (*l. c.*).

Metaphosphimsäuren

Meta-phosphimic Acids

Säuren mit der Monomereinheit PNO_2H_2 lassen sich formell als Hydrolyseprodd. der Phosphornitriddichloride auffassen, aus denen sie tatsächlich erhalten werden, beispielsweise, wenn diese in äther. Lsg. mit einer wss. Lsg. von $NaCH_3CO_2$ geschüttelt werden. Aber nur bei den niedrigeren (aber $P > 2$) Gliedern ist es möglich, auf diesem Wege die entstehenden Prodd. rein darzustellen. Die Derivate der höheren Phosphornitriddichloride erhält man am besten, wenn die äther. Lsg. der letzteren mit NaOH-Lsg. (Verd. 1:4) geschüttelt wird und dann aus der alkal. Lsg. die sirupösen Salze durch Alkohol gefällt, wieder in H_2O gelöst und so lange umgefällt werden, bis sämtliches Cl als NaCl entfernt ist. Nur die Glieder mit 3 (s. S. 552), 4 (s. S. 557), 5 und 6 (s. S. 560) $PNCl_2$-Gruppen liefern Metaphosphimsäuren, denn die höheren Glieder gehen beim Behandeln mit Alkalien in diejenige Säure über, die jeweils 1 Molekel H_2O mehr enthält als die Metaphosphimsäure; so liefert beispielsweise $(PNCl_2)_7$ die Säure $P_7N_7O_{15}H_{16}$ (vgl. S. 562). In ihrem Verh. unterscheiden sich die verschiedenen Glieder der Reihe kaum voneinander, es sind sehr beständige Verbb., die beim Kochen mit Alkalien kein NH_3 entwickeln, s. R. Schenck (in: Abegg, *Bd.* 3, *Abt.* 3, *Leipzig* 1907, S. 467). Die Metaphosphimsäuren haben Ringstruktur und lassen sich als Lactame der entsprechenden Imidophosphorsäureamide auffassen. Auf Grund der Bayerschen Spannungstheorie erweist sich die Tetrametaphosphimsäure (s. S. 348) als beständigstes Glied der Reihe, was auch den experimentellen Beobachtungen entspricht, H. N. Stokes (*Am. chem. J.* **20** [1898] 740/60, 740; *Z. anorg. Ch.* **19** [1899] 36/58, 37). Besonders im Falle der Tetrametaphosphimsäure liegt ein mesomeres Gleichgew. zwischen den Konstitt. der Nitrid- und der Imidsäure vor; es wird jedoch vorgeschlagen, sie nomenklaturmäßig einheitlich als Metaphosphimsäuren aufzufassen; nach einem neueren Nomenklatursystem wären sie demnach als Hydroxyoxocyclophosphazane zu bezeichnen, R. A. Shaw, B. W. Fitzsimmons, B. C. Smith (*Chem. Rev.* **62** [1962] 247/81, 250), im Gegensatz zu dem Vorschlage von L. F. Audrieth, R. Steinman, A. D. F. Toy (*Chem. Rev.* **32** [1943] 99/108, 104). Die Berechtigung dieser Auffassung findet auch eine Stütze in UR-spektroskop. Unterss., die das Vorliegen einer P-NH-P-Brückenschwingung erkennen lassen, s. beispielsweise J. V. Pustinger, W. T. Cave, M. L. Nielsen (*Spectrochim. Acta* **15** [1959] 909/25, 925), ebenso durch Aufnahme der Ramanspektren s. A. Simon, E. Steger (*Z. anorg. Ch.* **277** [1954] 209/33, 227). Über die mögliche intermediäre Bldg. von Metaphosphimsäuren bei der Hydrolyse von $(PNO)_n$ (s. S. 331) s. G. Wétroff (*C. r.* **205** [1937] 668/70). Vgl. in diesem Zusammenhange auch L. F. Audrieth (*J. chem. Educat.* **34** [1957] 545/55, 547).

Dimeta-phosphimic Acid

Dimetaphosphimsäure $P_2N_2O_4H_4 = (OH)PO(NH)_2PO(OH)$. Entsteht bei der Einw. eines Überschusses von NH_4-Amidocarbonat auf $POCl_3$ bei 100°C. Um ein von Imidodiphosphorsäure $P_2NO_6H_5$ (s. S. 337) freies Prod. zu erhalten, verdünnt man das $POCl_3$ mit C_6H_6 und fügt das Amidocarbonat langsam im Überschuß hinzu. Wss. Lsg. der nicht isolierbaren Säure reagiert sauer. Außer den beiden H-Atomen der Hydroxylgruppen läßt sich auch das H-Atom der einen Imidogruppe gegen Metalle austauschen, A. Mente (*Lieb. Ann.* **248** [1888] 232/69, 244). Nach Gmelin-Handbuch, 7. *Aufl.*, *Bd.* 1, *Tl.* 3, S. 278, wahrscheinlich identisch mit Diamidodiphosphorsäure $P_2N_2O_5H_6$ (s. S. 358). Zur Konstit. und Nomenklatur s. H. N. Stokes (*Am. chem. J.* **17** [1895] 275/90, 278).

Trimeta-phosphimic Acid

Trimetaphosphimsäure $P_3N_3O_6H_6 = (NHPOOH)_3$.

Diese Benennung geht auf H. N. Stokes (*Am. chem. J.* **17** [1895] 275/90, 278) zurück und wird nur einer der beiden tautomeren Formen gerecht. Wegen der Möglichkeit der Bldg. aus dem trimeren Phosphornitriddichlorid (s. S. 552) wird demgegenüber der Name Triphosphornitridsäure empfohlen, L. F. Audrieth, R. Steinman, A. D. F. Toy (*Chem. Rev.* **32** [1943] 99/108, 104), s. auch L. F. Audrieth,

R. Steinman, A. D. F. Toy (*Chem. Rev.* **32** [1943] 109/33, 124). Nach einem neuen Vorschlag sollen diese beiden Isomeren 2.2.4.4.6.6-Hexahydroxycyclotriphosphazatrien bzw. 2.4.6-Trihydroxy-2.4.6-trioxocyclotriphosphazan benannt werden. Wenn auch die Salze wahrscheinlich mesomere Anionen enthalten, so wird doch empfohlen, sie nomenklaturmäßig nur als Derivate der Hydroxyoxophosphazanform zu betrachten, R. A. Shaw, B. W. Fitzsimmons, B. C. Smith (*Chem. Rev.* **62** [1962] 247/81, 250), s. hierzu auch J. V. Pustinger, W. T. Cave, M. L. Nielsen (*Spectrochim. Acta* **15** [1959] 909/25, 925).

Formation

Bildung. Entsteht aus dem Dihydrat (s. S. 348) bei 33°C, M. L. Nielsen, O. T. Quimby (*Inorg. Syn.* **6** [1960] 79/80). Bildet sich bei der Verseifung von $(PNCl_2)_3$ in äther. Lsg. durch H_2O, wobei zunächst das Chlorhydrin $P_3N_3Cl_4(OH)_2$ entsteht, das beim Lösen in H_2O in die Säure übergeht, H. N. Stokes (*l. c.* S. 284; *Ber.* **28** [1895] 437/9). Wird $(PNCl_2)_3$ mit Alkoholen erhitzt, so entstehen unter HCl-Abspaltung die entsprechenden Ester des $P_3N_3O_6H_6$, die jedoch durch das HCl sofort zur freien Säure hydrolysiert werden, M. Yokoyama (*J. chem. Soc. Japan* [japan.] **81** [1960] 161/6, 164). Zur möglichen Bldg. bei der Aminolyse des $POCl_3$ in $CHCl_3$ bei > -30°C, s. H. Bär (*Diss. München* 1958, S. 10, 34). Wird in Form einer leicht zerstoßbaren porösen Masse durch Zers. des bei der Rk. von $(PNCl_2)_3$ mit Pyridin entstehenden Pyridiniumsalzes im Vak. ($\sim$11 Torr) bei 200°C erhalten, R. Schenck, G. Römer (*Ber.* **57** [1924] 1343/55, 1351), A. Laymann (*Diss. Münster* 1929, S. 11). Bei der Zers. des Hexa-Ag-Salzes durch H_2S unter kaltem H_2O entsteht eine Fl., die in frisch bereitetem Zustand Trimetaphosphimate liefert, H. N. Stokes (*Am. chem. J.* **18** [1896] 629/63, 653). Die freie Säure entsteht wahrscheinlich auch als Nebenprod. bei der Rk. zwischen $Ag_3P_3N_3O_6H_3$ und Äthyljodid, ebenso beim Überleiten von trockenem HCl über dieses Salz, R. Ratz, M. Hess (*Ber.* **84** [1951] 889/901).

Preparation

Darstellung. Ein kristallines Prod. wird allein durch Entwässerung des Dihydrats erhalten, s. M. L. Nielsen, O. T. Quimby (*l. c.*). Die Verseifung des $(PNCl_2)_3$ nach H. N. Stokes (*Am. chem. J.* **17** [1895] 275/90, 284) führt lediglich zu einer wss. Lsg., die beim Eindunsten im Vak. eine kautschukartige Masse ergibt. Die Ausbeute des Prod. läßt sich steigern, wenn die Verseifung statt in reinem H_2O in einer wss. Lsg. von $NaCH_3CO_2$ durchgeführt wird, welche das die Zers. der Säure herbeiführende bei der Rk. gebildete HCl bindet, R. Raab (*Diss. Erlangen* 1915, S. 22).

Constitution

Konstitution. Wegen der Existenz von Salzen, wie $NaBa(P_3N_3O_6H_3) \cdot 1.5\,H_2O$ und $Ag_6P_3N_3O_6$ sowie der Titrierbarkeit von 3 H-Ionen in wss. Lsg. wird auf das Vorliegen eines tautomeren Gleichgew. zwischen 2 Formen mit 6gliedriger Ringstruktur geschlossen, H. N. Stokes (*Am. chem. J.* **18** [1896] 629/63, 653), s. auch A. M. de Ficquelmont (*C. r.* **202** [1936] 848/50). Das Ramanspektrum des Anions ist dem des Trimetaphosphat-Ions sehr ähnlich, wobei die bei ersterem festgestellte Verschiebung um $\sim$ 50 bis 100 cm^{-1} aller Frequenzen auf eine Verminderung der Bindefestigkeit von P–NH–P gegenüber P–O–P als Ursache zurückgeführt wird, A. Simon, E. Steger (*Z. anorg. Ch.* **277** [1954] 209/33, 227). Auch das UR-Spektrum liefert keinen Hinweis auf das Vorliegen der Gruppierung P=N–P in der Ringstruktur, läßt dagegen mit Sicherheit das Auftreten von P-NH-P-Brücken erkennen, J. V. Pustinger, W. T. Cave, M. L. Nielsen (*Spectrochim. Acta* **15** [1959] 909/25, 925).

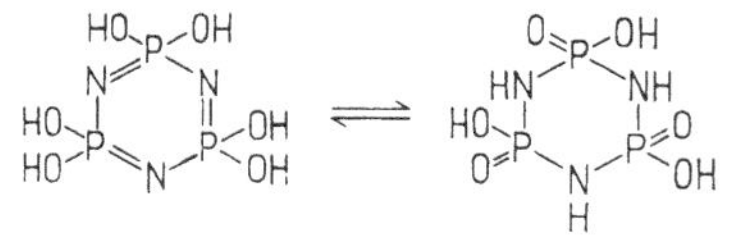

Physical Properties

Physikalische Eigenschaften. Das aus dem Dihydrat entstehende Prod. kristallisiert in der Form charakterist. Rhomben, die bei 110°C noch nicht schmelzen, M. L. Nielsen, O. T. Quimby (*l. c.*). Röntgenograph. Pulverdiagramm s. bei A. H. Herzog, M. L. Nielsen (*Anal. Chem.* **30** [1958] 1490/6, 1493). UR-Spektrum auf Grund der Ergebnisse an den Salzen mit 3Na-, 3K-, 3Ag-, bzw. 3Tl-Ionen, J. V. Pustinger u. a. (*l. c.* S. 916). Ramanspektrum des Anions s. bei A. Simon, E. Steger (*l. c.*).

Chemical Reactions

Chemisches Verhalten. Wird beim Erhitzen ohne Schmelzen zersetzt. Die kristalline Form ist nicht hygroskopisch, M. L. Nielsen, O. T. Quimby (*l. c.*), dagegen wird für das aus dem Pyridiniumsalz entstehende poröse Prod. starke Hygroskopizität beobachtet, A. Laymann (*Diss. Münster* 1929, S. 11). Bei der Behandlung mit starken Mineralsäuren wird $P_3N_3O_6H_6$ über eine Reihe von Zwischenprodd. schließlich zu H_3PO_4 und NH_3 zersetzt. Beim Erhitzen mit HNO_3 ist die Zers. in 10 Min. beendet. Nach 7minütigem Erhitzen ist die Trimetaphosphimsäure zwar bereits vollständig zerstört, doch lassen sich mit Magnesiamischung aus ammoniakal. Lsg. einige Zwischenprodd. fällen, H. N.

STOKES (*Am. chem. J.* 18 [1896] 629/63, 635), s. auch M. YOKOYAMA (*J. chem. Soc. Japan* 81 [1960] 161/6). Im Gegensatz zur Annahme von STOKES führt jedoch die saure Hydrolyse des $P_3N_3O_6H_6$ über die Zwischenstufe von Ringverbb., in denen 1, 2 und in bestimmtem Umfange sogar 3 O-Atome die ursprünglichen Imidbindungen ersetzen, wie dies das Schema der **Fig. 126** wiedergibt. Dabei entstehen die kettenförmigen Imidophosphate niemals in größeren Mengen. Wenn auch das Schema sämtliche möglichen Rk.-Wege aufzeigt, so folgt jedoch die Hauptsequenz der Hydrolyserkk. den durchgezeichneten Pfeilen. Diese verläuft über die Bldg. von P–O–P-Bindungen unter Eliminierung von NH_3 zwischen P–OH- und intermediär auftretenden P–NH_2-Gruppen. Dabei ist die Ausbeute vom Umfange der Konkurrenzrk. der Imid-Hydrolyse $P\text{–}NH_2 + H_2O \rightarrow P\text{–}OH + NH_3$ abhängig, A. NARATH, F. H. LOHMAN, O. T. QUIMBY (*J. Am. Soc.* 78 [1956] 4493/4). Bei 60°C beträgt die Viertelwertszeit der Hydrolyse-

Fig. 126.

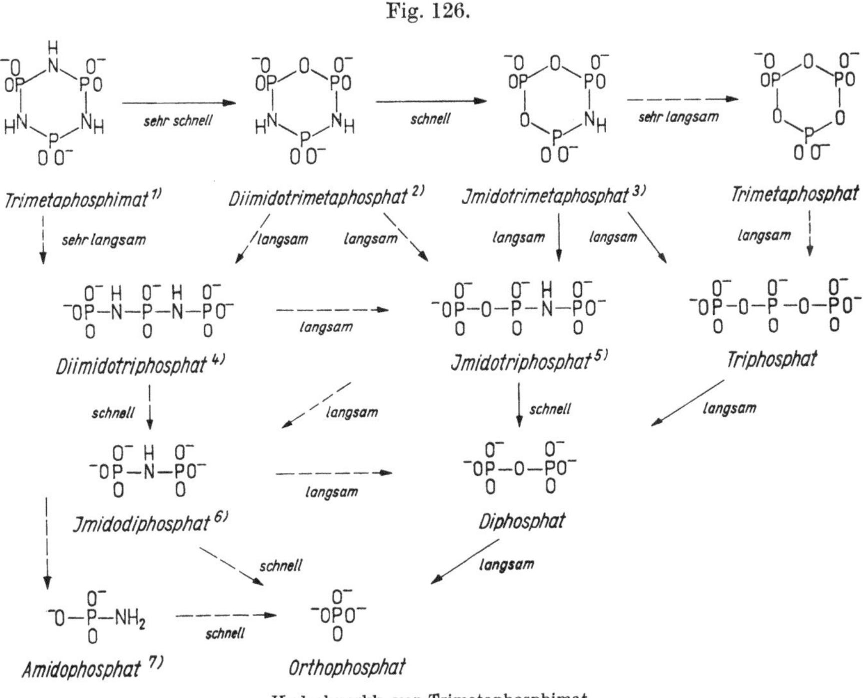

Hydrolyserkk. von Trimetaphosphimat.

¹) Vgl. S. 345, ²) S. 344, ³) S. 344, ⁴) S. 339, ⁵) S. 338, ⁶) S. 337, ⁷) S. 351.

rk. 8, 25, $1 \cdot 10^5$ bis $2 \cdot 10^5$, $> 2 \cdot 10^5$ min, bei den p_H-Werten 1, 3.5, 8 bzw. 11, O. T. QUIMBY, A. NARATH, F. H. LOHMAN (*J. Am. Soc.* 82 [1960] 1099/1106, 1105); dort auch Näheres über die Zwischenstufen und den Mechanismus der Hydrolyse.

Wäßrige Lösung. $P_3N_3O_6H_6$ löst sich leichter in H_2O als sein tetrameres Analogon $P_4N_4O_8H_8$. Äquivalentleitfähigkeit in $\Omega^{-1} \cdot cm^2$ bei gewöhnl. Temp. für Lsgg. der Verd. v = Liter/val (1 val = 1/3 Molgew.): *Aqueous Solution*

v	32	64	128	256	512	1024	∞
λ	73.57	82.54	92.67	102.92	112.88	122.14	135.23

Demnach liegt $P_3N_3O_6H_6$ als schwacher, nur partiell dissoziierter Elektrolyt vor, A. LAYMANN (*Diss. Münster* **1929**, S. 21, 27), jedoch wird es von M. L. NIELSEN, O. T. QUIMBY (*Inorg. Syn.* **6** [1960] 79/80) als starke Säure mit 3 ersetzbaren H-Ionen betrachtet, deren konduktometr. Titrationskurve mit NaOH nur eine deutliche Knickstelle zeigt, s. auch A. M. DE FICQUELMONT (*C. r.* **202** [1936] 848/50). Die 3 letzten H-Atome sind in wss. Lsg. nicht ionisiert, A. M. DE FICQUELMONT (*Ann. Chim.* [11] **12** [1939] 169/280, 186). Bei Zusatz zu einer äquimolaren Na_2CO_3-Lsg. wird CO_2 entwickelt. Im Gegensatz zu den Angaben von H. N. STOKES (*Am. chem. J.* **17** [1895] 275/90, 284) bringt die freie Säure

Hühnereiweiß zur Koagulation, A. LAYMANN (*Diss. Münster* 1929, S. 15), s. auch R. SCHENCK, G. RÖMER (*Ber.* **57** [1924] 1343/55, 1351). Die Salze werden teils durch Umsetzung der wss. Lsg. der Säure, teils durch Umsetzung über das Na-Salz erhalten, H. N. STOKES (*l. c.*). Durch fortschreitende Neutralisation mit NaOH lassen sich das Mono-, Di- und Tri-Na-Salz erhalten und kristallin isolieren. Mit einem Überschuß an NaOH entsteht $Na_3(PNO_2H)_3 \cdot NaOH \cdot 7H_2O$, M. L. NIELSEN, O. T. QUIMBY (*l. c.*). Bldg. der Ammonium-, o-Toluidinium- und Ag-Salze mit der wss. Lsg. der freien Säure s. bei M. L. NIELSEN, W. W. NIELSEN (*Microchem. J.* **3** [1959] 83/90, 84).

Nonaqueous Solution

Nichtwäßrige Lösung. Praktisch unlösl. in Alkoholen, Äthylacetat, Äther oder Hexan, M. L. NIELSEN, O. T. QUIMBY (*l. c.*).

$P_3N_3O_6H_6 \cdot 2H_2O$

$P_3N_3O_6H_6 \cdot 2H_2O$ $= H_3(PO_2NH)_3 \cdot 2H_2O$, Dihydrat der Trimetaphosphimsäure. Wird aus dem Trikaliumsalz mit $HClO_4$ erhalten. Dazu werden 62 ml 72%iger $HClO_4$-Lsg. langsam einer eiskalten Lsg. von 0.1 Mol $K_3(PO_2NH)_3$ in 95 ml H_2O zugesetzt, wobei die Temp. 25°C nicht übersteigen darf. Nach Abfiltrieren des gebildeten $KClO_4$ wird das Filtrat im Vak. unter starkem Rühren bei ≤ 31°C fast bis zur Trockne eingedunstet, dann in einem Gemisch aus 80 Vol.-% Äthylacetat und 20 Vol.-% Methanol zur Entfernung von noch vorhandenem kristallinem $KClO_4$ aufgeschlämmt, abfiltriert, zunächst mit 125 ml dieses Fl.-Gemisches, dann mit 25 ml Äthyläther ausgewaschen und an der Luft bis zur Gew.-Konstanz getrocknet; Ausbeute ~25.1 g. Das Prod. muß zur Verhinderung von Hydrolyse und therm. Zers. unter Kühlung aufbewahrt werden. Rechteckige Plättchen, die bei 105 bis 110°C schmelzen. Bei 33°C erfolgt Übergang in die wasserfreie Säure. Löslichkeit in H_2O von 25°C: 48 g/100 g H_2O; in H_2O von 35°C: 111 g/100 g H_2O. Praktisch unlösl. in Alkoholen, Äthylacetat, Äther oder Hexan, M. L. NIELSEN, O. T. QUIMBY (*Inorg. Syn.* **6** [1960] 79/80). Röntgenograph. Pulverdiagramm s. bei A. H. HERZOG, M. L. NIELSEN (*Anal. Chem.* **30** [1958] 1490/6).

Trimetaphosphimic Acid Amide

Trimetaphosphimsäureamid $P_3N_6O_3H_9$ $= (PO(NH)NH_2)_3$. Dieses Amid mit 6gliedriger Ringstruktur soll nach G. RATZEL (*Dipl.-Arbeit Heidelberg* 1956) durch Hydrolyse des trimeren Phosphornitridamids $P_3N_9H_{12}$ (s. S. 323) erhalten werden, s. K. NIEDENZU (*Diss. Heidelberg* 1956, S. 23). Reagiert im feinverteilten Zustand mit SO_3 nach $n(PO(NH)NH_2)_3 + 3nSO_3 = (PO(NSO_3H)NH_2)_{3n}$, also unter Bldg. einer Sulfonsäure. In 0.1n $AgNO_3$-Lsg. entsteht $P_3N_5O_3H_5Ag$ wahrscheinlich infolge Austausch eines intramolekular gebildeten NH_4-Ions gegen Ag^+; keine Rkk. mit den Ionen Ca^{2+}, Cu^{2+}, Fe^{2+}, Fe^{3+}, Co^{2+}, Ni^{2+}, G. RATZEL (*Diss. Heidelberg* 1957, S. 24).

Tetrametaphosphimic Acid

Tetrametaphosphimsäure $P_4N_4O_8H_8$ $= (NHPOOH)_4$.

Formation. Preparation

Bildung. Darstellung. Wird am einfachsten durch Entwässern des Dihydrats (s. unten) im Vak. (~0.1 Torr) bei Ggw. von P_2O_5 im Temp.-Bereich 100 bis 150°C erhalten, A. M. DE FICQUELMONT (*C. r.* **211** [1940] 590/2; *Ann. Chim.* [11] **12** [1939] 169/280, 178). Entsteht neben einer Reihe von Phosphorsäureamiden und -imiden wie auch Trimetaphosphimat (s. S. 346) bei der Einw. von NH_3 auf $POCl_3$ in Chloroform bei > −30°C, H. BÄR (*Diss. München* 1958, S. 34). Entsteht weiter beim Erhitzen des durch Umsetzen von $(PNCl_2)_4$ (s. S. 557) mit Pyridin erhaltenen Pyridiniumsalzes im Vak. (~11 Torr) bei 200°C, R. SCHENCK, G. RÖMER (*Ber.* **57** [1924] 1343/55, 1351), A. LAYMANN (*Diss. Münster* 1929, S. 15).

Properties

Eigenschaften. Das durch Dehydratation des Dihydrats entstehende Prod. ist weiß, kristallin und gut lösl. in H_2O (~1 Mol/50 Mol H_2O bei gewöhnl. Temp.), wobei es zunächst wieder in das Dihydrat übergeht, A. M. DE FICQUELMONT (*l. c.* S. 179, 186). Aus dem Pyridiniumsalz wird dagegen ein fein gepulvertes, dem Gummi arabicum ähnliches, Prod. erhalten, das stark hygroskopisch ist, R. SCHENCK, G. RÖMER (*l. c.*), A. LAYMANN (*l. c.*). Im Vak. (~0.1 Torr) erfolgt bei 170 bis 300°C Zers. des Anhydrids nach $P_4N_4O_8H_8 = 2P_2NO_4H + 2NH_3$. Die Verb. P_2NO_4H (s. S. 338) ist das Anhydrid der Imidodiphosphorsäure (s. S. 337), A. M. DE FICQUELMONT (*C. r.* **211** [1940] 590/2). — Zur abweichenden elektr. Leitf. der wss. Lsg. von der der Lsg. des Dihydrats s. S. 350. Zur Konstit. s. S. 349.

Tetrametaphosphimic Acid Dihydrate

Tetrametaphosphimsäuredihydrat $P_4N_4O_8H_8 \cdot 2H_2O$.

Formation. Preparation

Bildung. Darstellung. Entsteht bei der Einw. von H_2O auf in Äther gelöstes $(PNF_2)_4$, F. SEEL, J. LANGER (*Ang. Ch.* **68** [1956] 461; *Z. anorg. Ch.* **295** [1958] 316/26, 323). Zur Darst. wird vorteilhaft die hydrolyt. Zers. des $P_4N_4Cl_8$ in äther. Lsg. durch Zusatz von H_2O ausgenutzt. Beim mehrstd. Schütteln der Rk.-Lsg. entstehen intermediär Chlorhydrine, die im Äther zunächst gelöst bleiben, jedoch allmählich unter Bldg. der kristallin ausfallenden Säure zersetzt werden, H. N. STOKES (*Am.

chem. J. **17** [1895] 275/90, 289; *Ber.* **28** [1895] 437/9). Dazu wird 1 g $(PNCl_2)_4$ in 15 ml alkoholfreiem Äther gelöst und mit 5 ml H_2O vermischt; bereits nach 30 Min. scheiden sich die ersten Kristalle der freien Säure aus der wss. Phase aus, doch ist die Abscheidung erst nach mehreren Std. beendet, H. N. STOKES (*Am. chem. J.* **18** [1896] 780/9, 782), s. auch A. M. DE FICQUELMONT (*Ann. Chim.* [11] **12** [1939] 169/80, 177). Die freie Säure läßt sich aus den meisten ihrer Salze nicht rein isolieren, da selbst bei großem Überschuß der einwirkenden Säure meist mehr oder weniger saure Salze entstehen; so entsteht beim Auflösen des neutralen NH_4-Salzes in heißer, 5%iger HNO_3-Lsg. nahezu reines saures Salz, H. N. STOKES (*l. c.* S. 783). Die Darst. aus dem $(NH_4)_2H_2(PO_2NH)_4$ gelingt durch Ionenaustausch mit dem Harz IR 120, s. A. H. HERZOG, M. L. NIELSEN (*Anal. Chem.* **30** [1958] 1490/6). $P_4N_4O_8H_8 \cdot 2H_2O$ entsteht stets bei der Zers. der höhermolekularen Metaphosphimsäuren, H. N. STOKES (*Am. chem. J.* **20** [1898] 740/60, 743; *Z. anorg. Ch.* **19** [1899] 36/58, 39); s. dort auch Darst. durch Zers. des Ag-Salzes mit HCl.

Constitution

Konstitution. Wahrscheinlich 8gliedrige Ringstruktur mit einem durchschnittlichen Valenzwinkel von 135°, H. N. STOKES (*l. c.* S. 740; *l. c.* S. 37). Hiermit stehen auch die kristallograph. Daten in Übereinstimmung. Die beiden H_2O-Molekeln nehmen wahrscheinlich als H_3O^+-Ionen die Plätze der Metall-Ionen in den Salzen ein, zumal sie sich nur schwierig entfernen lassen. Nach UR-spektroskop. Unterss. scheint ein deutliches H-Brückenbindungssystem vorzuliegen, da keine freien OH-Schwingungen entsprechende Absorption beobachtet wird, dagegen spricht die starke Absorption bei 2600 bis 3000 cm^{-1} sehr für H-gebundene POH-Gruppen, D. E. C. CORBRIDGE (*Acta crystallogr.* [*Copenhagen*] **6** [1953] 104). Die Ringstruktur wird bei der Bldg. durch Hydrolyse des $(PNCl_2)_4$ nicht zerstört, ja ist selbst gegen sd. Königswasser stabil, J. A. A. KETELAAR, T. A. DE VRIES (*Rec. Trav. chim.* **58** [1939] 1081/99, 1097), vgl. auch F. G. MANN (*Progr. Stereochem.* **2** [1958] 196/227, 222). Die UR-Spektren ergeben andererseits auch keinen Hinweis auf das Vorliegen von P = N-Gruppen, bestätigen dagegen die Imidstruktur, s. J. V. PUSTINGER, W. T. CAVE, M. L. NIELSEN (*Spectrochim. Acta* **15** [1959] 909/25, 925); vgl. hierzu die überholten Anschauungen von L. F. AUDRIETH (*J. chem. Educat.* **34** [1957] 545/55, 547).

Physical Properties

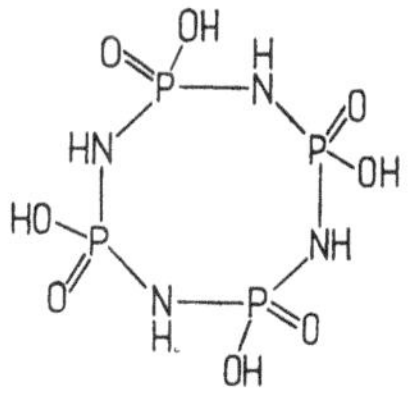

Physikalische Eigenschaften. Farblose Nadeln, die wahrscheinlich aus rechtwinklig begrenzten Prismen bestehen, H. N. STOKES (*Am. chem. J.* **18** [1896] 780/9, 784). Oktaedrisch, A. M. DE FICQUELMONT (*Ann. Chim.* [11] **12** [1939] 169/280, 177). Farblose Prismen. Gitterkonstt.: $a = 13.92 \pm 0.04$, $b = 8.34 \pm 0.04$, $c = 5.05 \pm 0.02$ Å. Raumgruppe $P\,2_12_12$, $Z = 2$. Durch die Ggw. von 2 H_2O-Molekeln je Formeleinheit wird die Ausbldg. von exakt tetragonaler Symmetrie verhindert. Röntgenograph. Dichte $D = 1.95$. Die Kristalle zeigen einen deutlichen pyroelektr. Effekt, D. E. C. CORBRIDGE (*Acta crystallogr.* [*Copenhagen*] **6** [1953] 104). Dichte bei 17°C: $D^{17} = 2.063$, 2.064, A. M. DE FICQUELMONT (*l. c.* S. 177). UR-Spektrum im Spektralbereich 5000 bis 625 cm^{-1} auf Grund der Ergebnisse aus den Salzen mit den Kationen $(NH_4)_2H_2$, $(NH_4)_4$, Na_2H_2, Na_4, K_4, Ag_4 und Tl_4 s. bei J. V. PUSTINGER u. a. (*l. c.* S. 918). Das UR-Spektrum läßt nicht nur die Wrkg. starker H-Brücken, nämlich die von OH...O und NH...N- (oder O)-Brücken nebeneinander erkennen, es zeigt auch eine Verdoppelung der Brückenvalenzschwingungsbanden infolge der Aufspaltung des Niveaus durch den Tunneleffekt des Protons bei einem Pot.-Verlauf mit 2 Minima. Die langwelligere der beiden OH...O-Absorptionen zeigt 2 Max. (2150, 2255 cm^{-1}), was man mit der Koppelung zwischen 2 Brücken am gleichen P-Atom erklären kann. Die kurzwellige OH...O-Bande (~ 2800 cm^{-1}) entzieht sich der Beurteilung durch Überlagerung mit den NH...N = (O)-Banden (2675, 3075 cm^{-1}), E. STEGER, K. LUNKWITZ (*Naturw.* **15** [1961] 522/3).

Chemical Reactions

Chemisches Verhalten. Gibt das Hydratwasser nur schwer ab, z. B. nicht bei gewöhnl. Temp. im Vak.-Exsiccator. Durch Erhitzen auf 100°C wird nur unvollkommene Dehydratisierung erreicht, H. N. STOKES (*Am. chem. J.* **18** [1896] 780/9, 784). Überführung in das Anhydrid gelingt bei Ggw. von P_2O_5 im Vak. (0.1 Torr) bei Tempp. > 150°C. Nur schwach hygroskopisch, A. M. DE FICQUELMONT (*C. r.* **211** [1940] 590/2; *Ann. Chim.* [11] **12** [1939] 169/280, 178), vgl. auch S. 348. Wird bei 150°C durch Hydrolyse schnell in das NH_4-Salz $(NH_4)_4(P_4N_4O_8H_4) \cdot 4H_2O$ übergeführt, H. MOUREU, P. ROCQUET (*Bl. Soc. chim.* [5] **3** [1936] 821/8, 827), G. WÉTROFF (*C. r.* **205** [1937] 668/70). Nur geringe Löslichkeit in verd. Säuren. $P_4N_4O_8H_8 \cdot 2H_2O$ ist stabiler als Metaphosphorsäure und wird selbst bei mehrstd. Kochen mit HNO_3 oder Königswasser nur teilweise zersetzt, so lösen bei 20°C 100 g 10%iger HNO_3-

Lsg. nur 0.26 g $P_4N_4O_8H_8 \cdot 2H_2O$, H. N. STOKES (*Am. chem. J.* **17** [1895] 275/90, 289; *Am. Chem. J.* **18** [1896] 780/9, 785; *Ber.* **28** [1895] 437/9).

Aqueous Solution

Wäßrige Lösung. Löslichkeit in H_2O bei 20°C: 0.64 g/100 g H_2O, stärker lösl. in heißem H_2O. Aus der gesätt. wss. Lsg. erfolgt bei Zusatz einer starken Säure teilweise Ausfällung. Tetrametaphosphimsäure zersetzt lösl. Nitrate, Chloride und Sulfate und gibt primäre, sekundäre und tertiäre Salze, H. N. STOKES (*l. c.*). Strukturtheoret. Überlegungen zur Löslichkeit in H_2O s. bei D. E. C. CORBRIDGE (*Acta crystallogr.* [*Copenhagen*] **6** [1953] 104). Schwacher Elektrolyt. Die elektr. Leitf. der wss. Lsgg. des nach R. SCHENCK, G. RÖMER (*Ber.* **57** [1924] 1343/55, 1351), vgl. S. 348, dargestellten Präp. ist wesentlich geringer als die des nach H. N. STOKES (*Am. chem. J.* **17** [1895] 275/90, 289) dargestellten. Beide Lsgg. vermögen aber im Gegensatz zu den Angaben von H. N. STOKES (*l. c.*) Ovalbumin zu koagulieren, A. LAYMANN (*Diss. Münster* 1929, S. 27). Nach dem Ergebnis der konduktometr. Titration treten bei der Neutralisation mit NaOH nacheinander die Ionen $P_4N_4O_8H_7^-$, $P_4N_4O_8H_6^{2-}$ und $P_4N_4O_8H_5^{3-}$ auf; das 4. H-Ion ist wesentlich schwächer sauer als die 3 ersten H-Ionen. In verd. Lsg. liegen die Ionen $P_4N_4O_8H_7^-$ und $P_4N_4O_8H_6^{2-}$ vor, A. M. DE FICQUELMONT (*Ann. Chim.* [11] **12** [1939] 169/280, 187). Salzbldg. bei Zusatz von o-Toluidin oder $AgNO_3$, M. L. NIELSEN, W. W. NIELSEN (*Microchem. J.* **3** [1959] 83/90, 90).

Nonaqueous Solution

Nichtwäßrige Lösung. Unlösl. in Alkohol, H. N. STOKES (*Am. chem. J.* **18** [1896] 780/9, 784). Chromatograph. Verh. und Abtrennung von Phosphornitridchloriden in Benzol s. bei F. G. R. GIMBLETT (*Chem. Ind.* **1958** 365/6).

Tetraamido-tetrameta-phosphimic Acid

Tetraamidotetrametaphosphimsäure $P_4N_8O_4H_{12}$ = $(PO(NH)NH_2)_4$. Tetrameres Phosphorsäureimidamid (s. S. 342) mit Polymerisationsgrad 4- und 8gliedriger P(O)-NH-Ringstruktur ist wahrscheinlich Zwischenprod. bei der Bldg. der höherpolymeren Formen durch Einw. von NH_3 auf das durch Rk. von $PO(NH_2)_3$ (s. S. 356) mit $POCl_3$ gebildete $P_4N_7O_4H_{10}Cl$ (s. S. 489). Polymerisiert weiter unter Bldg. von inneren Ammoniumsalzen, M. GOEHRING, K. NIEDENZU (*Ber.* **89** [1956] 1774/5), K. NIEDENZU (*Diss. Heidelberg* 1956, S. 58), vgl. auch L. F. AUDRIETH (*J. chem. Educat.* **34** [1957] 545/55, 548).

Pentameta-phosphimic Acid

Pentametaphosphimsäure $P_5N_5O_{10}H_{10}$ = $(NHPOOH)_5$.

Kann mit etwas Zers.-Prod. verunreinigt durch Zers. des Ag-Salzes mit H_2S unter H_2O bei Kühlung erhalten werden; Isolierung aus der Lsg. in Form einer Gallerte durch Zusatz von Alkohol. Liegt im Ag_5-Salz sowie in den Lsgg. der sauren und normalen Salze in der Lactamform

$$OHPO\begin{matrix}\nearrow NH\cdot PO(OH)\cdot NH\cdot PO(OH)\searrow \\ \searrow NH\cdot PO(OH)\cdot NH\cdot PO(OH)\nearrow\end{matrix}NH$$

vor, in alkal. Lsg. dagegen wahrscheinlich als offenkettige Tetraimidomonoamidopentaphosphorsäure $P_5N_5O_{11}H_{12}$ (s. S. 341) da die Zus. des aus solchen Lsgg. hergestellten Ag-Salzes dieser Konstit. entspricht. Die Säure ist in sauren Lsgg. wesentlich weniger stabil als $P_4N_4O_8H_8$ (s. S. 348), doch ist ihre Hydrolysegeschw. wesentlich geringer als die des $P_3N_3O_6H_6$ (s. S. 346). Hydrolyseprodd. sind: $P_4N_4O_8H_8$, $P_4N_3O_{10}H_9$ (s. S. 340), $P_3N_2O_8H_7$ (vgl. S. 339) und H_3PO_4, H. N. STOKES (*Am. chem. J.* **20** [1898] 740/60, 747, 752; *Z. anorg. Ch.* **19** [1899] 36/58, 44, 49); vgl. hierzu auch die Bemerkungen von L. F. AUDRIETH, R. STEINMAN, A. D. F. TOY (*Chem. Rev.* **32** [1943] 109/33, 124).

Hexameta-phosphimic Acid

Hexametaphosphimsäure $P_6N_6O_{12}H_{12}$ = $(NHPOOH)_6$.

Das Na-Salz wird bei der Verseifung von $(PNCl_2)_6$ (s. S. 560) durch NaOH in Äther gebildet. Die freie Säure entsteht bei der Zers. des in H_2O suspendierten Ag-Salzes durch H_2S, läßt sich jedoch nicht durch Alkohol aus der Lsg. ausfällen; beim Eindunsten der Lsg. bleibt ein kautschukähnlicher Rückstand. Ist in neutraler oder saurer Lsg. als Lactam der Pentaimidomonoamido-hexaphosphorsäure (s. S. 341)

$$HN\begin{matrix}\nearrow PO(OH)\cdot NH\cdot PO(OH)\cdot NH\cdot PO(OH)\searrow \\ \searrow PO(OH)\cdot NH\cdot PO(OH)\cdot NH\cdot PO(OH)\nearrow\end{matrix}NH$$

aufzufassen; liegt in alkal. Lsg. wahrscheinlich als offenkettige Pentaimidomonoamidohexaphosphorsäure vor. $P_6N_6O_{12}H_{12}$ ist wesentlich weniger stabil als $P_5N_5O_{10}H_{10}$ (s. oben), es liefert bei der Zers. 30% der ber. Menge an $P_4N_4O_8H_8$ (s. S. 348), H. N. STOKES (*Am. chem. J.* **20** [1898] 740/60,

756; *Z. anorg. Ch.* **19** [1899] 36/58, 53); vgl. in diesem Zusammenhange jedoch die Bemerkungen von L. F. AUDRIETH, R. STEINMAN, A. D. F. TOY (*Chem. Rev.* **32** [1943] 109/33, 124).

Hydratisierte Polymetaphosphimsäuren $(PNO_2H_2 \cdot H_2O)_n$.

Hydrated Polymetaphosphimic Acids

Durch Umsatz von PCl_5 mit NH_4Cl im Autoklaven oder in Tetrachloräthanlsg. hergestellte und vom Tri- bis Heptameren befreite ölige kettenförmige Phosphornitridchloride $(PNCl_2)_n$ mit einem mittleren Polymerisationsgrad von 10 bis 15 ergeben mit einer Lsg. von Na-tert. Butylat in einem Gemisch aus Xylol und Benzol neben NaCl, Isobutylen und Isobutanol das Na-Salz einer Metaphosphimsäure; die freie Säure wird durch Auflösen des Salzgemisches in H_2O und Versetzen der Lsg. in der Kälte mit konz. HCl-Lsg. und Methanol als farbloses, röntgenamorphes Pulver erhalten. Hierbei handelt es sich um ein Monohydrat, d. h. die Verb. enthält 1 Molekel H_2O je Formeleinheit in Form des entsprechenden Alkalisalzes PNO_2H_2. Die gleiche, in H_2O gut lösl. Säure entsteht auch bei der Hydrolyse des öligen Phosphornitridchloridgemisches mit wss. Alkalilaugen; auch diese durch Hydrolyserk. entstandene Säure kann durch mehrfaches Umfällen aus H_2O mittels HCl und Methanol gereinigt werden. Diese Säure bildet in Mineralsäure-Lsgg. mit vielen Metall-Ionen schwerlösl. farblose Ndd., so z. B. mit Ag^+, Cu^{2+}, Mg^{2+}, Ca^{2+}, Ba^{2+}, Zn^{2+}, Al^{3+} und Fe^{3+}. Im Falle der Ag-Salze ist der Gehalt des Nd. an Ag stark p_H-abhängig, so fällt bei p_H 9 ein primäres Salz der Zus. $P_nN_nO_{2n+1}Ag_nH_{n+2}$ aus, die sich mit zunehmendem p_H-Wert nach $P_nN_nO_{2n+1}Ag_{2n}H_2$ verschiebt, M. BECKE-GOEHRING, G. KOCH (*Ber.* **92** [1959] 1188/95, 1191).

Bei der Hydrolyse des öligen Phosphornitridchloridgemisches durch wss. Säuren entsteht neben wasserlösl. Prodd. auch eine schwerlösl. Subst., die ebenfalls saure Eigg. besitzt und nach dem Trocknen die Zus. eines Metaphosphimsäurehydrats aufweist, aber eine über O-Brücken höher kondensierte Polymetaphosphimsäure ist als die wasserlösl. Säure. Zu dieser gelangt man auch aus dem Kondensationsprod., das aus dem Öl bereits in der Kälte durch Rk. mit wenig H_2O (das beispielsweise an einen Träger wie Aktivkohle oder Silicagel adsorbiert ist) unter Abspaltung von HCl und Ausbldg. von O-Brücken entsteht und eine kautschukartige Masse mit einem mittleren Polymerisationsgrad von $\sim$90 bildet. Die Umsetzung dieses „Phosphornitridchlorid-Kautschuk" mit $C(CH_3)_3ONa$ in einem Xylol-Benzol-Gemisch liefert das Na-Salz der dem Kautschuk entsprechenden Metaphosphimsäure, aus dem sich die Säure in Form ihres Hydrats durch Auswaschen mit methanolhaltiger HCl-Lsg. leicht gewinnen läßt. Diese ist farblos und röntgenamorph, sie ist in verd. HCl-Lsg. schwer, in H_2O etwas leichter lösl., M. BECKE-GOEHRING, G. KOCH (*l. c.* S. 1191, 1193).

Undefinierte Polyamidometaphosphimsäuren.

Undefined Polyamidometaphosphimic Acid

Solche Verbb. mit (in Gew.-%) 32 bis 43 P und 25 bis 33 N entstehen durch therm. Zers. der Rk.-Prodd., die aus $POCl_3$ und NH_3 in einem inerten Lsgm. bei 20 bis 100°C erhalten werden, bei 155 bis 250°C. Beispielsweise wird ein Prod. mit (in Gew.-%) 30.66 N und 36.54 P neben NH_4Cl durch Einleiten von 235 g trockenem NH_3 in eine Suspension von 401 g $POCl_3$ in Petroleum oder einem anderen inerten Lsgm., wie z. B. Kerosin oder Schmieröl, bei 80°C und anschließendes $\sim 1^1/_2$std. Erhitzen auf 200°C erhalten. Weißes Pulver; polymer, Konstit. einer Kombination von bis zu 12 sechsgliedrigen P–N-Ringstrukturen, enthält möglicherweise auch 8- und 12gliedrige Ringe, MONSANTO CHEMICAL CO., J. E. MALOWAN, F. R. HURLEY (*U.S.P.* 2596935 [1948/52], *C.A.* **1952** 9232).

Amidophosphorsäuren

Amidophosphoric Acids

Phosphortrihydroxiddiamid $PN_2O_3H_7 = (NH_2)_2P(OH)_3$. Diese Säure existiert nicht in freiem Zustand, da sie sofort unter H_2O-Abgabe in die Diamidophosphorsäure übergehen würde. Ihre Salze entstehen aus letzterer durch Addition von Basen; so sind Salze mit 3, 4 und 5 Ag-Atomen bekannt, was saure Natur je eines der H-Atome der Aminogruppen vermuten läßt, H. N. STOKES (*Am. chem. J.* **16** [1894] 123/54, 123, 140; *Ber.* **27** [1894] 565/7).

Phosphorus Trihydroxide Diamide

Amidophosphorsäure $PNO_3H_4 = NH_2PO(OH)_2$.

Amidophosphoric Acid

Weitere Bezeichnungen: Phosphoramidsäure, Phosphorsäuremonamid, s. *Richtsätze für die Nomenklatur der Anorganischen Chemie* in: *Chem. Ber.* **92** [1959] XLVII-LXXXVI; Monoamidophosphorsäure, s. H. N. STOKES (*Am. chem. J.* **16** [1894] 123/54, 124); Phosphoroamidinsäure, L. F. AUDRIETH (*J. chem. Educat.* **34** [1957] 545/55, 547). Zur Nomenklatur s. auch L. F. AUDRIETH, R. STEINMAN, A. D. F. TOY (*Chem. Rev.* **32** [1943] 99/108, 101).

Formation

Bildung. Entsteht in Form der Alkalisalze bei der Verseifung von Diphenylamidophosphat mit konz. KOH oder NaOH; die freie Säure erhält man am zweckmäßigsten durch Zers. des hieraus durch Umsetzen gewonnenen neutralen Pb-Salzes in H_2O durch H_2S bei 0°C und Fällen mit Äthanol nach Abtrennen des PbS, H. N. STOKES (*Am. chem. J.* **15** [1893] 198/214, 200). Die Säure bildet sich ebenso durch Einw. von trockenem gasf. NH_3 auf den Diäthylester der Chlorophosphorsäure und anschließendes Verseifen der halbfl. Masse mit überschüssigen Alkalilaugen, H. N. STOKES (*Am. chem. J.* **16** [1894] 154/5), ferner bei der Einw. von HNO_2 auf $(NH_2)_2PO(OH)$, H. N. STOKES (*Am. chem. J.* **16** [1894] 123/54, 132). Das primäre NH_4-Salz der Säure bildet sich bei der Zers. des $PO(NH_2)_3$ (s. S. 356) an feuchter Luft, R. KLEMENT, O. KOCH (*Ang. Ch.* **65** [1953] 266). Ist neben $((CH_3)_3Si)_2O$ Hydrolyseprod. des $(CH_3)_3SiNHPOCl_2$ an feuchter Luft, M. BECKE-GOEHRING, G. WUNSCH (*Ber.* **93** [1960] 326/32, 331). Entsteht neben Amidosulfonsäure wahrscheinlich auch bei der Hydrolyse des $(NH_2)PO(NSO_3H)$ in H_2O, G. RATZEL (*Diss. Heidelberg* 1957, S. 38). Zur Bldg. bei der hydrolyt. Spaltung der Imidodiphosphorsäure s. S. 337 und Schema S. 347.

Preparation

Darstellung. Am zweckmäßigsten wird der bei der Bldg.-Meth. von H. N. STOKES (*Am. chem. J.* **15** [1893] 198/214, 201) aus $POCl_3$ und Phenol entstehende Ester $(NH_2)PO(OC_6H_5)_2$, s. oben, mit KOH verseift und dann die freie Säure aus dem gebildeten sauren K-Salz durch Umsetzung mit $HClO_4$ gewonnen, entsprechend dem Vorschlag von R. KLEMENT, K.-H. BECHT (*Z. anorg. Ch.* **254** [1947] 217/20). Dazu werden 125 g $(NH_2)PO(OC_6H_5)_2$ in eine heiße Lsg. von 140 g KOH in 280 ml H_2O in kleinen Anteilen eingetragen und die Verseifung des sich unter heftiger Rk. auflösenden Esters durch höchstens 5 Min. dauerndes Kochen zu Ende geführt, 13.5 g des durch Abkühlen mit Eis und Ansäuern mit 50%iger Essigsäure gefällten krist. $KHPO_3(NH_2)$ wird nach Absaugen und Auswaschen mit Alkohol und Äther in 125 ml Eiswasser gelöst, anschließend wird diese Lsg. nach Filtrieren mit 100 ml 10%iger wss. $HClO_4$-Lsg. tropfenweise unter Eiskühlung versetzt, vom ausgefallenen $KClO_4$ abgesaugt und das Filtrat schließlich mit 700 ml Alkohol versetzt; nach längerem Stehen im Eis wird das ausgeschiedene, durch etwas $KClO_4$ verunreinigte $(NH_2)PO(OH)_2$ abgesaugt und nach Auswaschen mit Alkohol und Äther an der Luft getrocknet. Zur Reinigung wird dieses Prod. in ~150 ml H_2O gelöst, die filtrierte Lsg. mit dem gleichen Vol. Alkohol versetzt und die gefällte Säure analog wie vorher weiterbehandelt. Ausbeute ~4 g, G. BRAUER (*Handbuch der präparativen anorganischen Chemie, 2. Aufl., Bd.* 1, *Stuttgart* 1960, S. 517/8). Zur Isolierung der freien Säure aus einer wss. Lsg. von $KHPO_3(NH_2)$ s. R. KLEMENT (*Z. anorg. Ch.* **260** [1949] 267/72). $(NH_2)PO(OH)_2$ läßt sich auch durch Hydrieren von $NH_2(PO)(OC_6H_5)_2$ mit Pt-Oxid als Katalysator nach V. VOORHEES, R. ADAMS (*J. Am. Soc.* **44** [1922] 1397/1405), R. ADAMS, R. L. SHRINER (*J. Am. Soc.* **45** [1923] 2171/9) darstellen, entsprechend der Rk.: $(NH_2)PO(OC_6H_5)_2 + 16H = (NH_2)PO(OH)_2 + 2C_6H_{12}$, die etwa 10 bis 15 Std. beansprucht. Zur Abtrennung der Säure vom mitgebildeten Pt wird diese nach Auswaschen des Rückstandes mit Methanol mit möglichst wenig H_2O herausgelöst, dann mit einem Überschuß an Aceton oder Alkohol gefällt und nach 1std. Stehen unter Eiskühlung abgesaugt, M. BECKE-GOEHRING, J. SAMBETH (*Ber.* **90** [1957] 2075/6), J. SAMBETH (*Diss. Heidelberg* 1958, S. 5).

Constitution

Konstitution. Primäres Aminierungsprod. des H_3PO_4, W. C. FERNELIUS, W. C. JOHNSON (*J. chem. Educat.* **5** [1928] 828/35), L. F. AUDRIETH, O. F. HILL (*J. chem. Educat.* **25** [1948] 80/86, 85), L. F. AUDRIETH (*J. chem. Educat.* **34** [1957] 545/55, 547). Tritt nur in H_2O-freier Form auf, R. KLEMENT (*Z. anorg. Ch.* **260** [1949] 267/72). Die angeblich am Monohydrat erzielten Ergebnisse von A. H. HERZOG, M. L. NIELSEN (*Anal. Chem.* **30** [1958] 1490/6) und R. RÄTZ, L. ENGELBRECHT (*Z. anorg. Ch.* **272** [1953] 326/32) betreffen ebenfalls H_2O-freies PNO_3H_4. Die von diesen Autoren verwendeten Präpp. waren nach der Vorschrift von R. KLEMENT, K.-H. BECHT (*Z. anorg. Ch.* **254** [1947] 217/20) hergestellt, in der fälschlicherweise als Zus. des Prod. die des Monohydrats angegeben ist. — Die röntgenograph. Unters. des Mono-Na-Salzes läßt erkennen, daß das Amidophosphat-Ion im Kristall als Zwitter-Ion $[NH_3^+PO_3^{2-}]$ vorliegt. Das P-Atom ist tetraedrisch von 3 O-Atomen und einem N-Atom umgeben, das seinerseits über 3 H-Brückenbindungen an die O-Atome der benachbarten Anionen gebunden ist; die Bindungslängen sind in diesem Falle: $P \leftrightarrow N = 1.78 \pm 0.03$, $P \leftrightarrow O = 1.51 \pm 0.02$, $N \leftrightarrow H \leftrightarrow O = 2.84$ Å. Durch das Wasserstoffbrückensystem sind die Anionen in einem dreidimensionalen Netz fixiert. Es besteht große Ähnlichkeit zwischen der Konstit. des Amidophosphat- und der des isoelektronischen Amidosulfat-Ions, E. HOBBS, D. E. C. CORBRIDGE, B. RAISTRICK (*Acta crystallogr. [Copenhagen]* **6** [1953] 621/6). — Die primären Ionen des $(NH_2)PO(OH)_2$ haben infolge der Zwitter-Ionenbldg. $NH_3^+ \cdot PO_3^{2-}$ hohe Symmetrie (C_{3v}). Die Punktgruppe der Molekel HPO_3NH_3 kann C_s oder

C_1 (symmetrielos) sein. Die Kraftkonst.-Berechnungen führen nicht zu eindeutigen Ergebnissen; als Valenzkraftkonstt. ergibt sich für das Ion $PO_3NH_3^-$: $f_{PO} = 6.25$, $f_{PN} = 3.5$; für $PO_3NH_2^{2-}$: $f_{PO} + f'_{PO} = 8.2$, $f_{PN} = 4.3$. Diese Werte lassen hinsichtlich der Bindungsverhältnisse für das Ion $PO_3NH_3^-$ und damit auch für die freie Säure eigentlich das Vorliegen der „idealen" PN-Einfachbindung vermuten. Aus den UR-Frequenzen selbst und Frequenzvergleichen muß man jedoch schließen, daß in diesem Falle die PN-Bindung schwächer, bei $PO_3NH_2^{2-}$ aber durch Doppelbindungsanteile stärker als eine normale Einfachbindung ist, E. STEGER (*Z. anorg. Ch.* **309** [1961] 304/14, 310, 313), vgl. auch E. STEGER (*Z. Elektroch.* **61** [1957] 1004/7; *Advances in molecular Spectroscopy, Oxford-London-New York-Paris* 1962, S. 311/22, 320). Über das kernmagnet. Resonanzspektrum s. J. R. VAN WAZER, C. F. CALLIS, J. N. SHOOLERY, R. C. JONES (*J. Am. Soc.* **78** [1956] 5715/26, 5717).

Physikalische Eigenschaften. Farblose Prismen, R. KLEMENT (*Z. anorg. Ch.* **260** [1949] 267/72). Daten des Pulverdiagramms (Netzebenenabstände und relative Intensitäten), auch für das vermeintliche „Hydrat" s. bei A. H. HERZOG, M. L. NIELSEN (*Anal. Chem.* **30** [1958] 1490/6), s. auch J. SAMBETH (*Diss. Heidelberg* 1958, S. 39a). Gitterstruktur des Mono-Na-Salzes als Beispiel eines Salzes s. bei E. HOBBS u. a. (*l. c.*). Tafeln oder anisotrope würfelähnliche Formen, H. N. STOKES (*Am. chem. J.* **15** [1893] 198/214, 200). Die UR-Spektren der Amidophosphate mit den Kationenkombinationen NaH, KH, $(NH_4)H$ und Ag_2 zeigen Absorption bei 1615 bis 1618 und 1468 bis 1470, starke Banden bei 691 bis 697, 993 bis 994 und 1143 bis 1162 cm^{-1}. Die beiden erstgenannten Absorptionsgebiete, die nur die monobas. Salze zeigen, sind wahrscheinlich durch Zwitterionenbldg. bedingt, D. E. C. CORBRIDGE (*J. chem. Soc.* **1954** 493/502, 496). UR-Spektrum der Säure im Spektralgebiet 625 bis 5000 cm^{-1} auf Grund der Ergebnisse an den Salzen mit den Kationen Na, Zn, Ag und Tl s. bei J. V. PUSTINGER, W. T. CAVE, M. L. NIELSEN (*Spectrochim. Acta* **15** [1959] 909/25, 913). Die von diesen Autoren festgestellte schwache Absorption bei $\sim$1200 cm^{-1} rührt von Verunreinigungen her. Eine Neuzuordnung der Amidophosphorsäurefrequenzen geht von den Ionen $PO_3NH_3^-$ und $PO_3NH_2^{2-}$ aus, E. STEGER (*Z. anorg. Ch.* **309** [1961] 304/14, 310, 312), vgl. auch E. STEGER, G. MILDNER (*Z. anorg. Ch.* **333** [1964] 38/45, 40); ältere Angaben bei E. STEGER (*Z. Electroch.* **61** [1957] 1004/7). Die für primäre Amidophosphate, z. B. $NaHPO_3NH_2$, beobachtbaren Banden bei 2482 und 2620 cm^{-1} von mindestens mittlerer Stärke sind durch den H-Brücken-Tunneleffekt bedingt, der eine Verdoppelung der Valenzschwingungsabsorption der NH...O-Brücken hervorruft, s. E. STEGER, K. STOPPERKA (*Naturw.* **15** [1961] 523).

Physical Properties

Chemisches Verhalten. In Ampullen eingeschmolzen haltbar. Bei etwa 100 bis 110°C erfolgt innerhalb von wenigen Std., bei niedrigeren Tempp. langsamer, quantitative Umwandlung in ein H_2O-lösl. Ammoniumpolymetaphosphat mit einem Polymerisationsgrad $n \geq 10$, das die gleiche analyt. Zus. besitzt, M. GOEHRING, J. SAMBETH (*Z. anorg. Ch.* **90** [1957] 232/4), J. SAMBETH (*Diss. Heidelberg* 1958, S. 11). Unterss. am H_2O-freien Na-Salz zeigen, daß die therm. Zers. des Amidophosphats bei 450°C im Hochvak. über das Imidodi- zum Nitridophosphat führt, R. KLEMENT, G. BIBERACHER (*Z. anorg. Ch.* **283** [1956] 246/56, 252), E. STEGER, G. MILDNER (*Z. anorg. Ch.* **333** [1964] 38/45).

Chemical Reactions

Wird von H_2O ziemlich leicht gelöst, doch erfolgt schon bei kurzem Stehen der wss. Lsg. hydrolyt. Spaltung unter Bldg. von $NH_4H_2PO_4$, R. KLEMENT, G. BIBERACHER, V. HILLE (*Z. anorg. Ch.* **289** [1957] 80/89, 89), V. HILLE (*Dipl.-Arbeit München* 1956) laut R. KLEMENT, L. BENEK (*Z. anorg. Ch.* **287** [1956] 12/16, 14). Erstes Zers.-Prod. ist hierbei ein NH_4-Salz, das mit $AgNO_3$ einen weißen Nd. gibt (NH_4PO_3 ?), H. N. STOKES (*Am. chem. J.* **15** [1893] 198/214, 214). Sehr schnelle Hydrolyse in sd. Lsg., vor allem bei Zusatz von HNO_3 oder H_2SO_4, R. KLEMENT, K.-H. BECHT (*Z. anorg. Ch.* **254** [1947] 217/20. In alkohol. Lsg. erfolgt keine Hydrolyse, von p_H 7 abwärts steigt die Hydrolysegeschw. konst. an; in D_2O ist die Geschw. der durch Säuren katalysierten Rk. größer. Die Hydrolyse der neutralen Molekel erfolgt wahrscheinlich nach einem unimolokularen, die des Anions nach einem bimolekularen Mechanismus, M. HALMANN, A. LAPIDOT, D. SAMUEL (*J. chem. Soc.* **1963** 1299/1303). Der Verlauf der Hydrolyse wird im p_H-Bereich 2 bis 8 durch folgende Geschw.-Gleichung erfaßt: $k_{beob} = k_h(H)(M_0) + k_0(M_0) + k_1(M_1)$, worin H, M_0 und M_1 die Molenbrüche des H-Ions, der freien Säure bzw. des Monoanions bedeuten, während k_h, k_0 und k_1 die zugehörigen Rk.-Geschw.-Konstt. sind. N-Heterocyclen, wie Pyridin und Nicotinsäure, wirken als Katalysatoren. Die bimolekulare Hydrolyse des Ions erfolgt wahrscheinlich durch direkten Angriff der H_2O-Molekeln auf das P-Atom. Wahrscheinlich ist das Zwitterion die reaktionsfähige Form der freien Säure, J. D. CHANLEY, E. FEAGESON (*J. Am. Soc.* **85** [1963] 1181/90, 1184). Zur Hydrolyse des PNO_3H_4 s. auch J. SAMBETH (*l. c.* S. 8), O. T. QUIMBY, A. NARATH, F. H. LOHMAN (*J. Am. Soc.* **82** [1960] 1099/1106, 1100).

Reagiert nicht mit gasf. HCl bei −15 bis +34°C, J. SAMBETH (*l. c.* S. 10).

Aqueous Solution

Wäßrige Lösung. Die wss. Lsg. hat süßlichen Geschmack und zeigt schwach saure Rk., H. N. STOKES (*Am. chem. J.* **15** [1893] 198/214, 214). In der frischen Lsg. liegt vorwiegend undissoziierte Säure vor, deren Löslichkeit wesentlich größer ist als die jedes Salzes. Im UR-Spektrum deutet eine sehr schwache Bande bei 1140 cm^{-1} auf nur geringe Dissoz. hin, E. STEGER (*Z. anorg. Ch.* **309** [1961] 304/14, 311). Sehr schwache Dissoz. in der 2. Stufe, wahrscheinlich vorwiegend Konstit. des Zwitterions in der Lsg., J. SAMBETH (*l. c.* S. 7). Dissoz.-Konstt. bei 20°C: $k_1 = 1.19 \times 10^{-3}$, $k_2 = 2.10 \times 10^{-8}$; demnach ist PNO_3H_4 in der 1. Dissoz.-Stufe eine stärkere Säure als Kohlensäure und vermag aus Carbonaten CO_2 freizusetzen, R. KLEMENT, G. BIBERACHER, V. HILLE (*Z. anorg. Ch.* **289** [1957] 80/89, 86).

Mit Salzen des $H_4P_2O_6$ ($\overset{4}{P}-\overset{4}{P}$-Säure, s. S. 143) entstehen in konz. Lsgg. bei p_H-Werten zwischen 4.5 und 8 solche der $\overset{5}{P}-O-\overset{4}{P}-\overset{4}{P}$-Säure (s. S. 153), z. B. $(NH_4)_5P_3O_9 \cdot aq$, B. BLASER, K. H. WORMS (*Z. anorg. Ch.* **301** [1959] 7/17, 10, 14). Spaltung durch Fermente s. bei M. ICHIHARA (*J. Biochem.* **18** [1933] 87/106, 89).

Nonaqueous Solution

Nichtwäßrige Lösung. In Gemischen aus gleichen Tl. H_2O und Methanol gilt für die Solvolyse im p_H-Bereich 2 bis 8 die gleiche Geschw.-Gleichung (s. S. 353) wie in rein wss. Lsg.; die zweigliedrige Geschw.-Gleichung $k_{beob} = k_{H_2O}[H_2O] + k_{CH_3OH}[OH]$ ermöglicht die exakte Berechnung von Geschw. und Zus. der Prodd. in H_2O–CH_3OH-Gemischen mit CH_3OH-Gehalten zwischen 0 und 60%. Hierin bedeuten k_{H_2O} und k_{CH_3OH} die Geschw.-Konstt. der Solvolyse-Rk. in reinem H_2O bzw. Methanol, J. D. CHANLEY, E. FEAGESON (*J. Am. Soc.* **85** [1963] 1181/90, 1185, 1187). — PNO_3H_4 reagiert in Tetrachloräthan-Lsg. mit PCl_5 unter Bldg. von $POCl_3$, P_2NOCl_5 (s. S. 489) und HCl, M. BECKE-GOEHRING, T. MANN, H. D. EULER (*Ber.* **94** [1961] 193/8), s. auch M. BECKE-GOEHRING, W. HAUBOLD, H.-P. LATSCHA (*Z. anorg. Ch.* **333** [1964] 120/7). — In einer Lsg. aus 20 ml Isopropanol, 20 ml Dimethylformamid, 20 ml Methyläthylketon, 39 ml H_2O und 1 ml 25%igem NH_3 sowie in einer Lsg. aus 40 ml Isopropanol, 20 ml Isobutanol, 39 ml H_2O und 1 ml 25%igem NH_3 beträgt der R_f-Wert des Ions $PO_3(NH_2)^{2-}$ jeweils 0.44, G. BIBERACHER (*Z. anorg. Ch.* **285** [1956] 86/91, 88).

Diamidophosphoric Acid

Diamidophosphorsäure $PN_2O_2H_5 = POOH(NH_2)_2$.

Weitere Bezeichnung: Phosphordiamidsäure, vgl. *Richtsätze für die Nomenklatur der anorganischen Chemie* in: *Chem. Ber.* **92** [1959] XLVII-LXXXVI. Zur Nomenklatur s. auch H. N. STOKES (*Am. chem. J.* **16** [1894] 123/54, 124), L. F. AUDRIETH, R. STEINMAN, A. D. F. TOY (*Chem. Rev.* **32** [1943] 99/108, 101).

Formation

Bildung. Entsteht in Form des Na-Salzes $NaPO_2(NH_2)_2 \cdot 4H_2O$ beim Erwärmen des $PO(NH_2)_3$ (s. S. 358) mit verd. NaOH-Lsg.; die freie Säure wird daraus durch Einw. von Essigsäure erhalten, R. KLEMENT, O. KOCH (*Ang. Ch.* **65** [1953] 266), O. KOCH (*Diss. München* 1953, S. 20), L. F. AUDRIETH (*J. chem. Educat.* **34** [1957] 545/55, 548). Zur Ableitung aus der Amidophosphorsäure s. W. C. FERNELIUS, W. C. JOHNSON (*J. chem. Educat.* **5** [1928] 828/35, 830), L. F. AUDRIETH (*l. c.* S. 547; *Chem. engg. News* **25** [1947] 2552/4), L. F. AUDRIETH, O. F. HILL (*J. chem. Educat.* **25** [1948] 80/86, 85). — Entsteht zunächst ebenfalls als Alkalisalz bei der Behandlung des Dichlorids der Phenylphosphorsäure mit wss. NH_3-Lsg. und Verseifung des entstehenden Diamidophosphorsäurephenylesters mit Alkalihydroxiden, H. N. STOKES (*Ber.* **27** [1894] 565/7). — Wird auch durch Zers. des primären Ag-Salzes durch H_2S und Fällung aus dem Filtrat durch Alkohol erhalten, H. N. STOKES (*Am. chem. J.* **16** [1948] 123/54, 129). — Die Säure läßt sich aus dem Diamidophosphorsäurephenylester auch direkt durch katalyt. Hydrierung in Methanol neben Cyclohexan gewinnen, M. BECKE-GOEHRING, J. SAMBETH (*Ber.* **90** [1957] 2075/6), J. SAMBETH (*Diss. Heidelberg* 1958, S. 38), s. auch M. BECKE-GOEHRING (*Ang. Ch.* **69** [1957] 569/70).

Preparation

Darstellung. Hierbei geht man am zweckmäßigsten von dem von H. N. STOKES (*Ber.* **27** [1884] 565/7) beschriebenen Bldg.-Weg aus. Dazu werden 30 g Diamidophosphorsäurephenylester in eine heiße Lsg. von 30 g KOH in 30 ml H_2O eingetragen; die Mischung wird nach 5minutigem Sieden und anschließendem Abkühlen in Eis mit einem Gemisch aus 30 g Eisessig und 10 ml H_2O und danach mit 300 ml Äthanol versetzt; das abgeschiedene $PN_2O_2H_5$ wird nach längerem Stehen und Auswaschen mit Alkohol und Äther an der Luft getrocknet. Zur Reinigung wird die Säure in wenig H_2O gelöst und mit Äthanol ausgefällt, s. G. BRAUER (*Handbuch der präparativen anorganischen Chemie,*

2. *Aufl.*, *Bd.* 1, *Stuttgart* 1960, S. 521). Bei der Isolierung aus dem Ag-Salz, das beispielsweise aus der nach R. KLEMENT, O. KOCH (*l. c.*), zweckmäßig jedoch unter Verwendung von $HClO_4$ statt CH_3CO_2H erhaltenen Lsg. der freien Säure durch 10%ige $AgNO_3$-Lsg. gefällt wird, verfährt man folgendermaßen: Eine Suspension von 10 g $AgPO_2(NH_2)_2$ wird unter Rühren tropfenweise mit 57%iger HBr-Lsg. bis zur vollständigen Umsetzung (0.44 ml Säure/g Ag-Salz) versetzt; nach dem Abfiltrieren des AgBr werden 150 ml Äthanol zur Rk.-Lsg. zugesetzt; die sich nach kurzer Zeit beim Stehen in Eis abscheidenden Kristalle werden mit 70%igem Äthanol gewaschen und im Vak. getrocknet, R. KLEMENT, G. BIBERACHER, V. HILLE (*Z. anorg. Ch.* **289** [1957] 80/9, 81).

Physikalische Eigenschaften. Farblose hexagonale Sterne, Prismen oder kurze Nadeln, R. KLEMENT u. a. (*l. c.*). Saurer Geschmack, H. N. STOKES (*Am. chem. J.* **16** [1894] 123/54, 124). Röntgenograph. Pulverdiagramm. Schmp. (?) 117 bis 119°C, A. H. HERZOG, M. L. NIELSEN (*Anal. Chem.* **30** [1958] 1490/6, 1493). Frequenz des UR-Spektrums: 460, 520, 700, 900, 1000, 1200, 1460, 1630, 2550, 2910, 3300, 3400 cm^{-1}. Entsprechend der Konstit. $NH_3^+ \cdot PO_2^- \cdot NH_2$ liegen 2 PN-Schwingungen unterschiedlicher Höhe nebeneinander (700 bis 900 cm^{-1}), E. STEGER (*Z. Elektroch.* **61** [1957] 1004/7); Korrekturen der Zuordnungen s. bei E. STEGER, G. MILDNER (*Z. anorg. Ch.* **333** [1964] 38/45). UR-Spektrum, am Zn-Salz aufgenommen, s. bei J. V. PUSTINGER, W. T. CAVE, M. L. NIELSEN (*Spectrochim. Acta* **15** [1959] 909/25, 913).

Physical Properties

Chemisches Verhalten. Im trocknen Zustand beständig, verliert kein Gewicht über konz. H_2SO_4, H. N. STOKES (*l. c.* S. 130). Geht beim Stehen an feuchter Luft im Laufe einiger Monate unter H_2O-Aufnahme allmählich in $NH_4HPO_3NH_2$ über, R. KLEMENT, G. BIBERACHER, V. HILLE (*Z. anorg. Ch.* **289** [1957] 80/89, 82). Zers. bei >110°C unter NH_3-Entw.; zuvor wahrscheinlich intramolekulare Umlagerung, J. SAMBETH (*Diss. Heidelberg* 1958, S. 38). Im Temp.-Bereich ~110 bis ~180°C entstehen aus $PN_2O_2H_5$ Komplexbildner für Erdalkali- und Schwermetall-Ionen, CHEMISCHE FABRIK JOH. A. BENCKISER G.M.B.H., R. WATZEL (*D.P.* 754120 [1943/55], *C.* **1955** 10113). Beim Erhitzen wird Pt angegriffen, H. N. STOKES (*l. c.*). Stabil gegen trocknes HCl im Temp.-Bereich −15 bis +34°C. Schnelle Hydrolyse beim Kochen mit Säuren; beim Kochen mit 30%iger NaOH-Lsg. wird $PN_2O_2H_5$ kaum verändert, J. SAMBETH (*l. c.* S. 8, 10), s. auch H. N. STOKES (*Ber.* **27** [1894] 565/7). Über Rk. mit NH_3 s. S. 356.

Chemical Reactions

Wäßrige Lösung. Schwach lösl. in kaltem H_2O, H. N. STOKES (*Am. chem. J.* **16** [1894] 123/54, 130). Mittelwerte der Dissoz.-Konstt. bei 18 und 25°C: $k_{18} = 1.20 \times 10^{-5}$ bzw. $k_{25} = 1.49 \times 10^{-5}$. Diese Werte entsprechen etwa denjenigen der Essigsäure und sind etwa 2 Zehnerpotenzen kleiner als der 1. Dissoz.-Stufe der Amidophosphorsäure PNO_3H_4 (s. S. 351) entsprechen würde. Die Äquivalentleitf. Λ in $\Omega^{-1} \cdot cm^2 \cdot mol^{-1}$ der frischen Lsg. beträgt bei den Tempp. 18 und 25°C und den Verdd. V in l/Mol:

Aqueous Solution

V	10	20	50	100	200	500	1000	2000	5000
Λ(18°)	4.4	6.0	8.41	12.65	15.8	25.7	35.1	48.2	73.6
Λ(25°)	4.79	6.93	10.84	15.05	21.1	32.57	44.62	62.1	93.32

R. KLEMENT, G. BIBERACHER, V. HILLE (*Z. anorg. Ch.* **289** [1957] 80/89, 88). Bildet in Lsg. wahrscheinlich ein „inneres Ammoniumsalz", wobei das an die eine NH_2-Gruppe wandernde Proton entweder aus der 2. NH_2-Gruppe oder der OH-Gruppe stammt. Hydrolyt. Zers. erfolgt bei 20°C nur sehr langsam und ist erst nach ~50 Std. abgeschlossen, J. SAMBETH (*l. c.* S. 8). Reagiert sauer gegen Lackmus und Methylorange, H. N. STOKES (*l. c.*). Magnet. Kernresonanzspektrum der wss. Lsg. s. bei J. R. VAN WAZER, C. F. CALLIS, J. N. SHOOLERY, R. C. JONES (*J. Am. Soc.* **78** [1956] 5715/26, 5719). Bldg. des o-Toluidinimid- und des Ag-Salzes durch Zusatz von o-Toluidin bzw. $AgNO_3$, M. L. NIELSEN, W. W. NIELSEN (*Microchem. J.* **3** [1959] 83/90, 90). 25 g $PN_2O_2H_5$/l H_2O setzt in H_2O von 20° Härte diese nur auf 16° herab, CHEMISCHE FABRIK JOH. BENCKISER G.M.B.H., R. WATZEL (*D.P.* 754120 [1943/55], *C.* **1955** 10113).

Nichtwäßrige Lösung. Spaltung durch Fermente in saurer und alkal. Lsg., M. ICHIHARA (*J. Biochem.* **18** [1933] 87/106, 89). Katalyt. Spaltung von schwach alkal. Lsg. bei 37°C und Ggw. von geeigneten Metall-Ionen, wie Ca oder Ce. Die Katalyse verläuft über die Salze, in denen die P–N-Bindung OH-Ionen gegenüber instabil ist. Unwirksam sind die Ionen von Mg, Al, Zn und Mn, s. E. BAMANN, L. F. SANCHEZ, M. TRAPMANN (*Ber.* 88 [1955] 1846/50). — Papierchromatograph. R_f-Wert in einer Lsg. aus 40 ml Isopropanol, 20 ml Isobutanol, 39 ml H_2O und 1 ml 25%iger NH_3-Lsg.: 0.58; R_f-Wert in einer Lsg. aus 20 ml Isopropanol, 20 ml Dimethylformamid, 20 ml Methyläthylketon, 39 ml H_2O

Nonaqueous Solution

und 1 ml 25%iger NH_3-Lsg.: 0.57, G. BIBERACHER (*Z. anorg. Ch.* **285** [1956] 86/91). — In Tetrachloräthan-Lsg. erfolgt Rk. mit PCl_5 unter Bldg. von $Cl_3P:N \cdot POCl_2$, M. BECKE-GOEHRING, T. MANN, H. D. EULER (*Ber.* **94** [1961] 193/8, 194), s. auch M. BECKE-GOEHRING, W. HAUBOLD, H.-P. LATSCHA (*Z. anorg. Ch.* **333** [1964] 120/7), vgl. S. 489.

Phosphorus Oxide Triamide

Phosphoroxidtriamid $PN_3OH_6 = PO(NH_2)_3$.

Weitere Bezeichnungen: Phosphoryltriamid, Phosphorsäuretriamid. Zur Nomenklatur s. H. N. STOKES (*Am. chem. J.* **16** [1894] 123/54, 124), L. F. AUDRIETH, R. STEINMAN, A. D. F. TOY (*Chem. Rev.* **32** [1943] 99/108, 102).

Formation

Bildung. PN_3OH_6 entsteht neben NH_3 in guter Ausbeute bei der Hydrolyse des $P(NH)(NH_2)_3$ (s. S. 327), M. BECKE-GOEHRING, K. NIEDENZU (*Ber.* **90** [1957] 2072/4), s. auch M. BECKE-GOEHRING (*Ang. Ch.* **69** [1957] 569/70). — Ist Prod. der Einw. von NH_3 auf $POOH(NH_2)_2$ (s. S. 254), vgl. W. C. FERNELIUS, W. C. JOHNSON (*J. chem. Educat.* **5** [1928] 828/35, 830), L. F. AUDRIETH (*Chem. engg. News* **25** [1947] 2552/4; *J. chem. Educat.* **34** [1957] 545/55, 547). — Aus dem in fl. NH_3 lösl. Anteil der Rk.-Prodd., die beim Eintragen einer $CHCl_3$-Lsg. von PCl_5 in fl., H_2O-haltigem NH_3 entstehen, läßt sich PN_3OH_6 nach Entfernen des NH_4Cl mit Diäthylamin durch Extraktion mit heißem Methanol gewinnen, L. F. AUDRIETH, D. B. SOWERBY (*Chem. Ind.* **1959** 748/9). — Es entsteht neben $POOH(NH_2)_2$ bei der Rk. zwischen $P_2O_3Cl_4$ (s. S. 456) mit fl. NH_3 in Äther mit spurenweisem H_2O-Gehalt (<0.01 Gew.-%), M. BECKE-GOEHRING, K. NIEDENZU (*Ber.* **90** [1957] 151/3), K. NIEDENZU (*Diss. Heidelberg* 1956, S. 28). Siehe auch M. BECKE-GOEHRING (*Ang. Ch.* **69** [1957] 569/70). — Wurde erstmals erhalten durch Einleiten von NH_3 in eine stark gekühlte Lsg. von $POCl_3$ in einem inerten Lsgm. (CCl_4). Die Bldg. durch direkte Rk. zwischen $POCl_3$ und gasf. NH_3 verläuft nur sehr langsam, G. WÉTROFF (*Recherches chimiques et thermochimiques sur les composés du radical phosphonitrile, Paris* 1942, S. 18). Die älteren Angaben über diese Rk. stützen sich meist auf fehlerhafte Beobachtungen und sind zweifelhaft, vor allem die Angabe von H. SCHIFF (*Lieb. Ann.* **101** [1857] 299/309, 300; *Z. Ch.* [2] **5** [1869] 609/11), nach der $POCl_3$ durch Einleiten von trockenem NH_3 in $POCl_3$ und Erwärmen des Rk.-Prod. in NH_3-Atm. entstehen soll, s. R. KLEMENT, O. KOCH (*Ber.* **87** [1954] 333/40, 333), vgl. auch die älteren Beobachtungen von J. H. GLADSTONE, J. D. HOLMES (*J. chem. Soc.* **17** [1864] 225/37, 229), J. H. GLADSTONE (*J. chem. Soc.* **19** [1866] 290/6, 292, **22** [1869] 15/22), A. MENTE (*Lieb. Ann.* **248** [1888] 232/69, 237), H. N. STOKES (*Ber.* **27** [1894] 565/7), H. PERPÉROT (*C. r.* **181** [1925] 662/4; *Bl. Soc. chim.* [4] **37** [1925] 1540/8, 1547), H. MOUREU, P. ROCQUET (*Bl. Soc. chim.* [5] **3** [1936] 821/8, 824), L. F. AUDRIETH (*Chem. engg. News* **25** [1947] 2552/4). Je nach den Rk.-Bedingungen entstehen bei der Rk. zwischen $POCl_3$ und NH_3 neben PN_3OH_6 eine Reihe von Amido- und Imidoverbb. des P, s. beispielsweise R. F. HLAVATY, J. TRUHLAR, A. A. PANTSIOS (*U.S.P.* 2582181 [1949/52], *C.A.* **1952** 5277), MONSANTO CHEMICAL CO., J. E. MALOWAN (*U.S.P.* 2749233 [1953/56]), INDUSTRIAL RESEARCH INSTITUTE OF THE UNIVERSITY OF CHATTANOOGA (*B.P.* 770789 [1954/57], *C.* **1958** 9360; *B.P.* 790374 [1955/58], *C.* **1959** 10371). — PN_3OH_6 entsteht im Gemisch mit CaO und NH_4Cl wahrscheinlich bei der Einw. von NH_3 auf $CaO \cdot 2POCl_3$, H. BASSETT, H. S. TAYLOR (*Z. anorg. Ch.* **73** [1911/12] 75/100, 88, 95).

Preparation

Darstellung. Zur Darst. eignen sich vor allem die Rk. zwischen $POCl_3$ und NH_3 in $CHCl_3$-Lsg. unter guter Kühlung sowie die unmittelbare Umsetzung zwischen den beiden Rk.-Partnern in fl. NH_3. Im ersten Falle werden 1500 ml frisch dest. $CHCl_3$ bei $-15°C$ 3 Std. lang mit trockenem NH_3 gesättigt, dann wird unter starker Kühlung und Rühren eine Lsg. von 60 g frisch dest. $POCl_3$ in 100 ml $CHCl_3$ langsam zugetropft und eine weitere Std. NH_3 durch die Rk.-Mischung geleitet. Der Nd. wird nach 12 Std. bei gewöhnl. Temp. rasch abgesaugt, mit trockenem $CHCl_3$ gewaschen und im Vak. getrocknet. Zur Entfernung des mitgebildeten NH_4Cl wird dieses mit Diäthylamin zu NH_3 und dem in $CHCl_3$ unlösl. Diäthylammoniumchlorid $(C_2H_5)_2NH_2Cl$ umgesetzt; das hierbei unverändert bleibende und in $CHCl_3$ unlösl. PN_3OH_6 wird aus Methanol umkristallisiert, R. KLEMENT, R. NIELSEN (*Inorg. Syn.* **6** [1960] 108/111), R. KLEMENT, O. KOCH (in: G. BRAUER, *Handbuch der präparativen anorganischen Chemie, Stuttgart* 1960, S. 522), s. auch R. KLEMENT, O. KOCH (*Ber.* **87** [1954] 333/340, 338), O. KOCH (*Diss. München* 1953, S. 3). Im 2. Falle werden bei $-80°C$ unter Feuchtigkeitsausschluß in einer Spezialapparatur (s. Original) 20 bis 40 g $POCl_3$ in 100 bis 150 ml gut getrocknetes fl. NH_3 eingetropft. Das überschüssige NH_3 wird nach Absaugen und wiederholter Extraktion durch Erhitzen des Rk.-Prod. auf dem Wasserbad entfernt, M. BECKE-GOEHRING, K. NIEDENZU (*Ber.* **89** [1956] 1768/71), K. NIEDENZU (*Diss. Heidelberg* 1956, S. 50). Eine Variante dieser Meth. bildet die Darst. des PN_3OH_6

durch langsames Eintragen von ~55 g PCl_5 in eine Lsg. von 5 ml H_2O in 150 ml trockenem fl. NH_3. Nach Abtrennung des NH_4Cl in bekannter Weise wird das Rk.-Prod. mit heißem Methanol ausgezogen; PN_3OH_6 kristallisiert beim Abkühlen der Lsg. aus, M. BECKE-GOEHRING, K. NIEDENZU (*Ber.* **90** [1957] 2072/4), K. NIEDENZU (*l. c.* S. 70), CHEMISCHE FABRIK JOH. A. BENCKISER G.M.B.H., M. BECKE-GOEHRING (*D.P.* 1049367 [1957/59]).

Molekel und Konstitution. Die $OP(NH_2)_3$-Molekel hat die Konstit. einer dreizähligen Pyramide. Die Ebenen der NH_2-Gruppe bilden gegen die Richtungen der PN-Valenzen eine Art „Tetraederwinkel". Die als Grenzwert erreichbare Symmetrie C_{3v} würde voraussetzen, daß diese Winkelung bei sämtlichen N-Atomen gleichsinnig ist und jeweils die 2H-Atome in einer Ebene mit dem P- und dem N-Atom liegen, doch könnte diese auch durch freie Drehbarkeit der NH_2-Gruppe um die PN-Valenz vorgetäuscht werden. Die Normalschwingungen setzen sich aus Skelettschwingungen der OPN_3-Pyramide und NH-Schwingungen zusammen. Letztere bestehen aus inneren Schwingungen innerhalb der NH_2-Gruppe und äußeren Schwingungen, bei denen die NH_2-Gruppe als Ganzes bewegt wird. Wegen der geringen Koppelung zwischen den verschiedenen Gruppen sind bei den inneren Schwingungen zufällige Entartungen zu erwarten, so daß jeweils die totalsymmetr. und die entartete Schwingung gleichen Charakters frequenzgleich sind, E. STEGER (*Z. Elektroch.* **61** [1957] 1004/7). Die Berechnung der Kraftkonstt. mittels von GF-Matrizen aus den UR- und Raman-Spektren ergibt für die Schwingungsformen νPO, νPN, δOPN und δNPN die Werte 6.36, 3.61, 0.08 bzw. 0.62, die zugehörigen Wechselwrkg.-Konstt. sind: —, 1.02, (0) bzw. — 0.16. Hieraus ergibt sich, daß im $PO(NH_2)_3$ keine mehrfache PN-Bindung vorliegt, E. STEGER (in: *Advances in molecular spectroscopy, Oxford-London-New York-Paris* 1962, S. 319). Da das P-Atom ein Valenzelektron mehr besitzt als das C-Atom im Harnstoff und mit dem Valenzelektron der 3. Amidogruppe ein vollständiges Elektronenoktett bildet, sind schwingungsfähige π-Elektronen ausgeschlossen. Damit ist eine Mesomerie zwischen P und den Amidogruppen bzw. dem O-Atom nicht möglich, die Komplexbldg. erfolgt also — im Gegensatz zu Harnstoff — über die Amidogruppe. Es kann keine Komplexbldg. mit Metallen über das O-Atom eintreten, R. KLEMENT, O. KOCH (*Ber.* **87** [1954] 333/40, 336).

Molecule and Constitution

Physikalische Eigenschaften. Farblose Nadeln von süßlichem Geschmack. Das kryoskopisch mit H_2O als Lsgm. bestimmte Molgew. ist 94.6, R. KLEMENT, O. KOCH (*l. c.* S. 334), O. KOCH (*Diss. München* 1953, S. 5). Debyeogramm s. bei M. GOEHRING, K. NIEDENZU (*Ber.* **90** [1957] 151/3), M. BECKE-GOEHRING, K. NIEDENZU (*Ber.* **90** [1957] 2072/4), K. NIEDENZU (*Diss. Heidelberg* 1956, S. 38). Das UR-Spektrum, aufgenommen mit KBr-Preßlingen, zeigt folgende Banden: 460, 615, 725, 955, 1050, 1200, 1590, 1625, 3280 und 3390 cm^{-1}, E. STEGER (*Z. Elektroch.* **61** [1957] 1004/7), s. auch J. V. PUSTINGER, W. T. CAVE, M. L. NIELSEN (*Spectrochim. Acta* **15** [1959] 909/25, 919).

Physical Properties

Chemisches Verhalten. Die therm. Zers. setzt bei ~52°C ein, K. NIEDENZU (*l. c.* S. 52). Bei 85°C wird bereits unter normalem Druck deutlich NH_3 abgegeben, bei 110°C sind die Zers.-Prodd. noch lösl. in H_2O, bei 120°C nicht mehr. Die Rk.-Prodd. im Temp.-Bereich 80 bis 110°C sind Amide von Imido-oligophosphorsäuren, H. BÄR (*Diss. München* 1958, S. 15), vgl. auch L. FICK (*Dipl.-Arbeit München* 1955) laut H. BÄR (*l. c.* S. 17). Die bei der Zers. bei ~150°C eintretenden NH_3-Verluste entsprechen einer Zus. $PO(NH)(NH_2)$ des Rückstandes, bei 750°C wird polymeres $(PON)_n$ (s. S. 329) erhalten, vgl. L. F. AUDRIETH (*Record chem. Progr.* **20** [1959] 57/69, 68). Beim Erhitzen im Vak. auf ~140°C entstehen in H_2O unlösl., hochkondensierte Stoffe, L. MAIWALD laut: R. KLEMENT, H. BÄR (*Z. anorg. Ch.* **300** [1959] 221/4). In sd. Benzol suspendiert ergibt PN_3OH_6 niedrigkondensierte, in H_2O lösl. Zers.-Prodd., nämlich $P_2N_5O_2H_9$ (s. S. 338); in sd. Gemischen aus Benzol und Toluol (Sdp.-Bereich 90 bis 100°C) entsteht daneben noch $P_3N_7O_3H_{12}$ (s. S. 340), in sd. Toluol bilden sich noch einige der nächsthöheren Kondensationsprodukte. Bei der Erhitzung im Quarzrohr bei 1000°C und 1 Torr werden neben $(PON)_n$ noch flüchtige, rotbraune bis gelbe Verbb. mit P von niederer Ox.-Stufe erhalten, die an der Luft nach Phosphin riechen, R. KLEMENT, H. BÄR (*l. c.*). Im Hochvak. führt die therm. Zers. bei ~600°C zu hochpolymerem $(PON)_n$, R. KLEMENT, O. KOCH (*Ang. Ch.* **65** [1953] 266). Zum Mechanismus dieser Rk. s. E. STEGER, G. MILDNER (*Z. anorg. Ch.* **332** [1964] 314/21, 321).

Chemical Reactions

An trockener Luft beständig, an feuchter Luft erfolgt Abspaltung von NH_3, R. KLEMENT, O. KOCH (*Ber.* **87** [1954] 333/40, 334), O. KOCH (*Diss. München* 1953, S. 5, 67), vgl. auch R. KLEMENT, O. KOCH (*Ang. Ch.* **65** [1953] 266). Innerhalb von 10 Tagen werden in wasserdampfgesätt. Luft bei gewöhnl. Temp. etwa 23.5 Gew.-% H_2O aufgenommen, E. STEGER, G. MILDNER (*l. c.* S. 316). Reagiert mit trocknem HCl. In äther. Suspension werden zwischen — 60 und + 10°C 0.5 Mol HCl/Mol PN_3OH_6 aufgenommen, im Bereiche 10 bis 24°C 0.6 Mol, im Bereiche 28 bis 32°C 0.67 Mol, bei 40°C 0.85 Mol; dabei entstehen neben

NH_4Cl Imidopolyphosphorsäureamide, beispielsweise $PO(NH_2)_2 \cdot NH \cdot PO(NH_2) \cdot NH \cdot PO(NH_2)_2$ (s. S. 340), M. GOEHRING, K. NIEDENZU (*Ber.* **89** [1956] 1771/4), K. NIEDENZU (*l. c.* S. 22), s. auch CHEMISCHE FABRIK JOH. A. BENCKISER G.M.B.H., M. GOEHRING (*B.P.* 840386 [1957/60]; *D.P.* 1011859 [1956/57], *C. A.* **1960** 6063; *F.P.* 1173054 [1957/59]). — Das bei der Umsetzung mit $POCl_3$ (im Unterschuß) entstehende Prod. ist wahrscheinlich eine Verb. mit Ringstruktur; möglicherweise ein Derivat einer tetrameren Imidometaphosphorsäure. Bei Durchführung der Rk. in Pyridin als Dispersionsmedium wird eine sehr hygroskop., instabile Verb. der analyt. Zus. $P_2N_3O_2H_4Cl$ erhalten, K. NIEDENZU (*l. c.* S. 18). — Beim Erwärmen mit verd. Säure entsteht $(NH_4)_3PO_4$, durch verd. Laugen wird in der Wärme NH_3 abgespalten und Diamidophosphat gebildet, R. KLEMENT, O. KOCH (*Ber.* **87** [1954] 333/40, 334), O. KOCH (*l. c.* S. 5), s. auch S. 354.

Aqueous Solution

Wäßrige Lösung. Die Verb. ist sehr leicht lösl. in H_2O. Die frische 0.1 molare Lsg. reagiert (p_H 6) fast neutral. Ihre spezif. Leitf. beträgt bei 20°C $10^{-4}\,\Omega^{-1}\cdot cm^{-1}$, die Verb. ist also nur schwach dissoziiert, R. KLEMENT, O. KOCH (*l. c.* S. 334; *Ang. Ch.* **65** [1953] 266), O. KOCH (*l. c.* S. 5), vgl. auch G. WÉTROFF (*Recherches chimiques et thermochimiques sur les composés du radical phosphonitrile, Paris* 1942, S. 18). Ramanlinien: 309, 455, 604 (?), 700 (?), 832, 918, 1001, 1174, 1560, 1623 cm^{-1}, E. STEGER (*Z. Elektroch.* **61** [1957] 1004/7).

Nonaqeous Solution

Nichtwäßrige Lösung. Die Löslichkeit der Verb. in absol. Methanol bei 20°C beträgt 1.1 g/100 ml. Merklich lösl. in Tetrahydrofuran, unlösl. in Äthanol, Dioxan, Äther, Aceton, $CHCl_3$, Cyclohexanol, Nitrobenzol und Pyridin. Beim Vermischen methanol. Lsgg. von PN_3OH_6 mit $AgNO_3$ entsteht eine wohldefinierte Komplexverb. in Form von seidenglänzenden blättchenförmigen Kristallen der Zus. $[Ag(PN_3OH_6)_3]NO_3$, R. KLEMENT, O. KOCH (*l. c.* S. 336; *l. c.*), O. KOCH (*l. c.* S. 4). — $R_f = 0.56$ in einer Lsg. in einem Gemisch aus 40 ml Isopropanol, 20 ml Isobutanol, 39 ml H_2O, 1 ml 25%iger wss. NH_3-Lsg., 0.58 in einer Lsg. in einem Gemisch aus 20 ml Isopropanol, 20 ml Dimethylformamid, 20 ml Methyläthylketon, 39 ml H_2O und 1 ml 25%iger wss. NH_3-Lsg., G. BIBERACHER (*Z. anorg. Ch.* **285** [1956] 86/91). — Reagiert in Tetrachloräthanlsg. mit PCl_5 unter Bldg. von $Cl_3P{:}N \cdot POCl_2$, $(PN\,Cl_2)_3$, $POCl_3$ und HCl. Wird das mitgebildete HCl nicht sofort durch Durchsaugen von Luft aus der Lsg. entfernt, so entsteht ein Polymer der Konstit. $(\cdot NH \cdot POCl)_n$, M. BECKE-GOEHRING, T. MANN, H. D. EULER (*Ber.* **94** [1961] 193/8, 194).

Amidodiphosphoric Acid

Amidodiphosphorsäure $P_2NO_6H_5$ $= PO(OH)_2 \cdot O \cdot PO(OH)(NH_2)$.

Ältere Bezeichnungen: Amidopyrophosphorsäure, Azophosphorsäure, Pyrophosphamsäure, Pyrophosphaminsäure, Stickstoffphosphorsäure. Zur Nomenklatur s. auch L. F. AUDRIETH, R. STEINMAN, A. D. F. TOY (*Chem. Rev.* **32** [1943] 99/108, 101). Entsteht beim Erhitzen und anscheinend auch bei längerem Stehen einer wss. Lsg. von $P_2N_2O_5H_6$ (s. unten) nach $P_2O_3(OH)_2(NH_2)_2 + H_2O = P_2NO_6H_5 + NH_3$ vor dem sich später bildenden $(NH_4)_3PO_4$. Die Salze entstehen beim Erhitzen der Alkalisalze des $P_2N_2O_5H_6$ mit sauren Metallsalzen. Sie sind unlösl. in H_2O und lösen sich nur z. T. in H_2O, besonders charakteristisch ist das Fe^{III}-Salz, J. H. GLADSTONE, J. D. HOLMES (*J. chem. Soc.* **17** [1864] 225/37, 229; *J. pr. Ch.* **94** [1865] 340/5), s. auch J. H. GLADSTONE (*J. chem. Soc.* **21** [1868] 64/70, 65, 70; *Pr. Roy. Soc.* **15** [1866/67] 510/6, 510). Ältere Angaben bei A. LAURENT (*C. r.* **31** [1850] 349/56, 356; *Quart. J. chem. Soc.* **3** [1850] 135/154, 152, 353/66, 355; *Lieb. Ann.* **76** [1850] 74/88, 86, **77** [1851] 314/30, 317). Nach A. MENTE (*Lieb. Ann.* **248** [1888] 232/69, 241) identisch mit der Imidodimetaphosphorsäure $P_2NO_5H_3$ (s. S. 344), nach H. N. STOKES (*Am. chem. J.* **18** [1896] 629/63, 659) mit der Imidodiphosphorsäure $P_2NO_6H_5$ (s. S. 337). — Vgl. auch L. F. AUDRIETH (*Chem. engg. News* **25** [1947] 2552/4), L. F. AUDRIETH, O. F. HILL (*J. chem. Educat.* **25** [1948] 80/86, 85).

Diamidodiphosphoric Acid

Diamidodiphosphorsäure $P_2N_2O_5H_6$ $= PO(OH)NH_2 \cdot O \cdot PO(OH)NH_2$.

Weitere Bezeichnungen: Pyrophosphodiaminsäure, LAURENT laut J. H. GLADSTONE, J. D. HOLMES (*J. chem. Soc.* **17** [1864] 225/37, 237); Deutazophosphorsäure, J. H. GLADSTONE, J. D. HOLMES (*l. c.*); Phosphaminsäure, H. SCHIFF (*Lieb. Ann.* **103** [1857] 168/77, 169).

Formation. Preparation

Bildung. Darstellung. $P_2N_2O_5H_6$ entsteht bei der Einw. von gasf. NH_3 auf P_2O_5 nach: $P_2O_5 + 2NH_3 = P_2N_2O_5H_6$, entgegen der Ansicht von H. SCHIFF (*Lieb. Ann.* **101** [1857] 299/309, 308), der die Zus. des auf diesem Wege erhaltenen Prod. mit PO(OH)NH angibt, J. H. GLADSTONE, J. D. HOLMES (*J. chem. Soc.* **17** [1864] 225/37, 229), s. auch H. BILTZ (*Ber.* **27** [1894] 1257/64, 1257). Nach A. MENTE (*Lieb. Ann.* **248** [1888] 232/69, 246) sollen durch diese Rk. allerdings sehr unterschiedliche Gemische aus Meta- und Diphosphaten mit Imidodiphosphaten (s. S. 337), jedoch kein $P_2N_2O_5H_6$ entstehen. —

Es bildet sich beim Behandeln von $(PNCl_2)_3$ mit alkohol. Alkalilaugen, langsam auch beim Behandeln mit H_2O. Bldg. auch durch Sättigung von $POCl_3$ mit gasf. NH_3 bei niedriger Temp. und anschließende Behandlung mit H_2O nach: $2\,POCl_3 + 2\,NH_3 + 3\,H_2O = P_2N_2O_5H_6 + 6\,HCl$, J. H. GLADSTONE, J. D. HOLMES (*l. c.* S. 229; *Ann. Chim. Phys.* [4] **3** [1864] 465/7; *J. pr. Ch.* **94** [1865] 340/5), s. auch J. H. GLADSTONE (*J. chem. Soc.* **21** [1868] 64/70); ältere Angaben s. bei J. H. GLADSTONE (*Quart. J. chem. Soc.* **3** [1850] 353/66, 354; *Lieb. Ann.* **77** [1851] 314/30, 315). Weitere Bildungsweisen: Durch Einwirkung von wss. NH_3-Lsg. auf PCl_5 nach: $2\,PCl_5 + 12\,NH_3 + 5\,H_2O = P_2N_2O_5H_6 + 10\,NH_4Cl$, aus der höher amidierten Diphosphorsäure, s. unten, bei längerem Kochen mit H_2O oder Säuren wie beim Erhitzen von Phosphorsäureimidamid (s. S. 342) mit konz. H_2SO_4 nach: $2\,PO(NH_2)NH + H_2SO_4 + 3\,H_2O = P_2N_2O_5H_6 + (NH_4)_2SO_4$, J. H. GLADSTONE (*J. chem. Soc.* **19** [1866] 290/6), s. auch J. H. GLADSTONE (*Pr. Roy. Soc.* **15** [1866/67] 510/6, 511; *J. chem. Soc.* **19** [1866] 1/12, 2, **21** [1868] 261/74, 264, **22** [1869] 15/22, 21; *J. pr. Ch.* **104** [1868] 347/9).

Eigenschaften. Farblose amorphe Masse; beim Erhitzen Spaltung in P_2O_5 und NH_3; leicht lösl. in H_2O und Alkohol, H. SCHIFF (*Lieb. Ann.* **103** [1857] 168/77, 169). Zweibas. Säure, J. H. GLADSTONE (*Pr. Roy. Soc.* **15** [1866/67] 510/6, 511). *Properties*

Triamidodiphosphorsäure $P_2N_3O_4H_7 = PO(NH_2)_2 \cdot O \cdot PO(OH)(NH_2)$. *Triamidodiphosphoric Acid*

Ältere Bezeichnungen: Triamidopyrophosphorsäure, Pyrophosphortriaminsäure. Entsteht, wenn $POCl_3$ ohne Rücksicht auf die dabei erfolgende Wärmeentw. mit NH_3 gesättigt, kurze Zeit auf $\geqslant 220°C$ erhitzt und anschließend einige Zeit mit H_2O gekocht wird: $2\,POCl_3 + 8\,NH_3 + 2\,H_2O = P_2N_3O_4H_7 + 6\,HCl + 5\,NH_3$. Weißes, amorphes, geschmackloses Pulver, das beim Erhitzen in NH_3 und das NH_4-Salz des P_2NO_4H (s. S. 336), in sd. H_2O in $P_2O_3(OH)_2(NH_2)_2$ (s. S. 358) und NH_3 und in sd. HCl-Lsg. in H_3PO_4 und NH_4Cl zerfällt. Von warmem konz. H_2SO_4 wird es unter Bldg. von $P_2O_3(OH)_2(NH_2)_2$ und $(NH_4)_2SO_4$ gelöst. Die wss. Lsg. rötet Lackmus und macht CO_2 aus Carbonaten frei. Die Säure bildet 4 Reihen von Salzen, die 1 bis 4 Metallatome enthalten. Die Salze, selbst die der Alkalimetalle, sind in H_2O unlösl., sie werden z. T. auch nicht von Säuren angegriffen. Bei der Suspension der Säure in Lsgg. von Metallsalzen bilden sich unlösl. Salze, J. H. GLADSTONE (*J. chem. Soc.* **19** [1866] 1/12, 1, **21** [1868] 64/70, 68, **22** [1869] 15/22, 21; *Pr. Roy. Soc.* **15** [1866/67] 510/6, 511). — A. MENTE (*Lieb. Ann.* **248** [1888] 232/69, 246) vermutet Identität mit der von ihm formulierten Diimidoamidodiphosphorsäure $P_2N_3O_3H_5$ (s. S. 338).

Diphosphorsäuretetramid $P_2N_4O_3H_8 = PO(NH_2)_2 \cdot O \cdot PO(NH_2)_2$. *Diphosphoric Acid Tetramide*

Weitere Bezeichnung: Pyrophosphoryltetramid, O. KOCH (*Diss. München* 1953, S. 40).

Bildung. Darstellung. $P_2N_4O_3H_8$ bildet sich durch Kondensation aus dem Diamid (s. S. 354), L. F. AUDRIETH (*J. chem. Educat.* **34** [1957] 545/5), oder dem Triamid der Phosphorsäure (s. S. 356), CHEMISCHE FABRIK JOH. A. BENCKISER G.M.B.H., M. GOEHRING (*B.P.* 840386 [1957/60]; *D.P.* 1011859 [1956/57], *C.A.* **1960** 6063; *F.P.* 1173054 [1957/60]), sowie durch Rk. von $P_2O_3Cl_4$, s. S. 456, mit NH_3, O. KOCH (*l. c.* S. 40). Zur Darst. eignet sich vor allem die letzte Rk.; z. B. wird zu einer Lsg. von 20 g NH_3 in 750 g trockenem $CHCl_3$ unter Rühren und Kühlen eine Lsg. von 8 g $P_2O_3Cl_4$ in 20 ml $CHCl_3$ innerhalb von 1 Std. zugetropft, während ein schwacher NH_3-Strom durch die Mischung geleitet wird; nach weiterem 1std. Rühren wird der gebildete Nd. aus $P_2N_4O_3H_8$ und NH_4Cl nach Absaugen und Auswaschen mit $CHCl_3$ zur Entfernung des NH_4Cl mit fl. NH_3 extrahiert und schließlich im Vak. getrocknet, R. KLEMENT, L. BENEK (*Z. anorg. Ch.* **287** [1956] 12/16). Über die Abtrennung des NH_4Cl durch Diäthylamin s. O. KOCH (*l. c.* S. 40). Bei der direkten Rk. zwischen $P_2O_3Cl_4$ und trockenem fl. NH_3 muß das Zutropfen des Tetrachlorids langsam erfolgen, da sonst eine in H_2O unlösl. Subst. entsteht; die Aufarbeitung des Rk.-Prod. kann in gleicher Weise wie im vorstehenden Falle vorgenommen werden, M. GOEHRING, K. NIEDENZU (*Ber.* **89** [1956] 1771/4), K. NIEDENZU (*Diss. Heidelberg* 1956, S. 63), CHEMISCHE FABRIK JOH. A. BENCKISER G.M.B.H., M. BECKE-GOEHRING (*D.P.* 1018399 [1956/57], *C.A.* **1960** 12515; *F.P.* 1167157 [1957/58]). Bei der Darst. aus $PO(NH_2)_3$ wird durch eine Suspension aus 7 g dieser Subst. in 300 ml Äther unter Rühren ein trockener HCl-Strom 3 Std. lang bei $-15°C$ geleitet; nach weiterem 3std. Rühren wird das Rk.-Prod. aus $P_2N_4O_3H_8$ und NH_4Cl unter Ausschluß der Luftfeuchtigkeit abfiltriert und mit trockenem Äther ausgewaschen; NH_4Cl wird mit fl. NH_3 extrahiert, CHEMISCHE FABRIK JOH. A. BENCKISER G.M.B.H., M. GOEHRING (*B.P.* 840386 [1957/60]; *D.P.* 1011859 [1956/57]; *F.P.* 1173054 [1957/59]). *Formation. Preparation*

Physical Properties

Physikalische Eigenschaften. Farblos, kristallin, geruchlos, süßlicher Geschmack, R. KLEMENT, L. BENEK (*l. c.*). Debyeogramm zeigt Isotypie des $P_2N_4O_3H_8$ mit dem entsprechenden Imid: $PO(NH_2)_2 \cdot NH \cdot PO(NH_2)_2$, M. GOEHRING, K. NIEDENZU (*Ber.* **89** [1956] 1771/4). Im UR-Spektrum ist die POP-Gruppierung nicht zu erkennen, die nach E. D. BERGMANN, U. Z. LITTAUER, S. PINCHAS (*J. chem. Soc.* **1952** 847/9) auf Grund des Darst.-Weges, der chem. Eigg. der Subst. und der Isotypie zum analogen Imid erwartet werden müßte, K. NIEDENZU (*Diss. Heidelberg* 1956, S. 32).

Chemical Reactions

Chemisches Verhalten. Die stark hygroskop. Subst. zerfließt schnell an der Luft, O. KOCH (*l. c.* S. 40). Hydrolysiert langsam unter Aufnahme von 2 Molekeln H_2O zu Diammoniumdiamidodiphosphat, R. KLEMENT, L. BENEK (*Z. anorg. Ch.* **287** [1956] 12/16). Hydrolyse kann bis zum $NH_4OPO(OH)(NH_2)$ verlaufen, K. NIEDENZU (*l. c.* S. 29). Gibt bei Einw. von konz. NaOH-Lsg. 2 Molekeln NH_3 ab, M. GOEHRING, K. NIEDENZU (*Ber.* **89** [1956] 1771/4). Unlösl. in organ. Lsgmm., R. KLEMENT, L. BENEK (*l. c.*).

Aqueous Solution

Wäßrige Lösung. Die Verb. löst sich leicht in H_2O unter Bldg. einer neutralen Lsg., R. KLEMENT, L. BENEK (*l. c.*). Die wss. Lsg. reagiert zunächst schwach sauer, der p_H-Wert steigt jedoch infolge der Hydrolyse dann langsam bis dicht an den Neutralpunkt. Bei 35°C ist der p_H-Wert einer 0.03 m Lsg. zunächst 5.55, 24 Std. später 6.82, K. NIEDENZU (*l. c.* S. 30). $AgNO_3$ fällt ein schwerlösl. Ag-Salz, O. KOCH (*l. c.* S. 52).

Amidotriphosphoric Acid

Amidotriphosphorsäure $P_3NO_9H_6 = PO(OH)_2 \cdot O \cdot PO(OH) \cdot O \cdot PO(OH)(NH_2)$.

Monoamidotriphosphat-Ionen $(PO_3 \cdot O \cdot PO_2 \cdot O \cdot PO_2NH_2)^{4-}$ sind das Primärprod. der Rk. von Trimetaphosphat-Ionen (s. S. 285) mit NH_3 in wss. Lsg. von $p_H \sim 12$ bei 27°C; Isolierung durch Fällung des Dibariumsalzes $Ba_2P_3O_9NH_2$. Magnet. ^{31}P-Kernresonanzspektren zeigen bei hoher Auflösung, daß die Anionen in Lsg. 3 Arten von P-Gruppen besitzen, nämlich end- und mittelständiges PO_4 und endständiges PO_3NH_2. Sie sind in ammoniakal. Lsg. bei 27°C wochenlang beständig und spalten sich in nur geringem Umfange in Diphosphat. In saurer Lsg. tritt Rückbldg. des Trimetaphosphats unter Freisetzen der NH_2-Gruppe als NH_4^+-Ion ein. In alkal. Papierchromatogrammen liegt der R_f-Wert zwischen dem der Orthophosphat- und dem der Trimetaphosphimat-Ionen, O. T. QUIMBY, T. J. FLAUTT (*Z. anorg. Ch.* **296** [1958] 220/8, 221). Die bei gewöhnl. Temp. im offenen Gefäß unter Entweichen von NH_3 ziemlich rasch erfolgende Rückbldg. von Trimetaphosphat-Ionen verläuft in 2 Schritten nach einem p_H-abhängigen Zeitgesetz 1. Ordnung. Dabei besteht der 1. Schritt in der Anlagerung eines Protons unter Bldg. von $HP_3O_9NH_2^{3-}$ bis zu einem Gleichgew., der 2. in der Anlagerung eines 2. Protons, der gleichzeitigen Bldg. eines NH_4^+-Ions und der damit verbundenen Cyclisierung zu Trimetaphosphat; die 2. Rk. ist als die langsamere geschwindigkeitsbestimmend, W. FELDMANN, E. THILO (*Z. anorg. Ch.* **328** [1964] 113/126).

Diamidotetraphosphoric Acid

Diamidotetraphosphorsäure $P_4N_2O_{11}H_8 = (NH_2)_2P_4O_7(OH)_4$. Entsteht in Form ihres Triammoniumsalzes, wenn $POCl_3$ bei mäßiger Temp. mit gasf. NH_3 behandelt wird, J. H. GLADSTONE (*J. chem. Soc.* **21** [1868] 261/74, 263).

Tetraamidotetraphosphoric Acid

Tetraamidotetraphosphorsäure $P_4N_4O_9H_{10} = (NH_2)_4P_4O_7(OH)_2$. Diese Säure entsteht bei der Zers. der Salze der Diamidotetraphosphorsäure $P_4N_2O_{11}H_8$ (s. oben) durch Mineralsäuren. Man erhält sie z. B., wenn man die Mineralsäure-Lsg. des Gemisches aus den NH_4-Salzen verschiedener Amidotetraphosphorsäuren mit Alkohol versetzt, das bisweilen als flockiger Nd. aus der wss. Lsg. des Rk.-Prod. zwischen $POCl_3$ und NH_3 durch Alkohol gefällt werden kann; die vollständige Überführung in $P_4N_4O_9H_{10}$ wird jedoch nur erreicht, wenn diese Umfällung aus mineralsaurer Lsg. so oft wiederholt wird, bis ein in H_2O ziemlich unlösl. Prod. übrigbleibt, das nach dem Trocknen leicht zerrieben werden kann. Zur Darst. der Säure oder ihrer Alkalisalze geht man zweckmäßig vom Triammoniumsalz der Diamidotetraphosphorsäure (s. „*Ammonium*" S. 439) aus, das entweder mit konz. HNO_3, Alkalilaugen oder Alkalicarbonaten versetzt oder mit sd. H_2O behandelt wird; im letzteren Falle tritt allerdings bereits in stärkerem Umfange Zers. in NH_3 und $H_4P_2O_7$ ein. Die wss. Lsg. der Säure gibt mit $H_2[PtCl_6]$ keinen Nd., mit Basen erfolgt Salzbldg., J. H. GLADSTONE (*Pr. Roy. Soc.* **15** [1866/67] 510/6, 511; *J. chem. Soc.* **21** [1868] 261/74, 263).

Hexaamidotetraphosphoric Acid

Hexaamidotetraphosphorsäure $P_4N_6O_7H_{12}$ *(?)* $= (NH_2)_6P_4O_7$. Vollständiges Amid der Tetraphosphorsäure, dessen Existenz fraglich ist. Entsteht möglicherweise primär bei der Einw. von H_2O auf das therm. Kondensationsprod. von $PO(NH_2)_2Cl$ (s. S. 469), doch würde es hierbei sofort durch das freigesetzte HCl nach $P_4N_6O_7H_{12} + HCl = NH_4Cl + P_4N_5O_7H_9$ (s. S. 341) gespalten, J. H. GLADSTONE (*Pr. Roy. Soc.* **15** [1866/67] 510/6, 515).

Diphosphoryldiphosphordekamid $P_4N_{10}O_4H_{20} = P_4O_4(NH_2)_{10}$. *Diphosphoryldiphosphorus Dekamide*

Entsteht durch Einw. von NH_3 auf $P_4O_4Cl_{10}$ (s. S. 457) in $CHCl_3$ unter starker Kühlung, M. BECKE-GOEHRING (*Ang. Ch.* **69** [1957] 569/70), s. auch J. A. BENCKISER G.M.B.H., M. BECKE (*D.A.S.* 1042228 [1957/58], *C.* **1960** 2019). Zur Darst. wird unter vollständigem H_2O-Ausschluß eine gesätt. Lsg. von NH_3 in 600 ml absol. $CHCl_3$ bei $-30°C$ innerhalb von 2 bis 3 Std. tropfenweise unter Rühren mit einer Lsg. von 15 g $P_4O_4Cl_{10}$ in 100 ml absol. $CHCl_3$ versetzt; nach etwa $^1/_2$std. weiterem Rühren wird der gebildete Nd. abfiltriert. Zur Abtrennung vom mitgebildeten NH_4Cl wird das Rk.-Prod. nach 24std. Aufbewahren im gekühlten Exsiccator über konz. H_2SO_4 bis zur Chloridfreiheit mit fl. NH_3 extrahiert. Das Reinprod. muß unter starker Kühlung aufbewahrt werden, da unter Normaldruck, schneller im Vak. bereits bei gewöhnl. Temp. Polykondensation unter NH_3-Abgabe eintritt. Sehr empfindlich gegen Luftfeuchtigkeit; E. G. F. ROTHER (*Diss. München* 1959, S. 27, 80). Farblos; analoge Konstit. wie $P_4O_4Cl_{10}$, s. M. BECKE-GOEHRING (*l. c.*).

$\boldsymbol{(P_4N_8O_4H_{16})_n} = (P_4O_4(NH_2)_8)_n$ (?). Entsteht aus $P_4N_{10}O_4H_{20}$ (s. oben) durch Polykondensation, M. BECKE-GOEHRING (*Ang. Ch.* **69** [1957] 569/70), s. auch E. G. F. ROTHER (*Diss. München* 1959, S. 81). Zur Darst. wird zu 300 ml fl. NH_3 unter Kühlung und Rühren innerhalb von 30 Min. eine Lsg. von 5 g $P_4O_4Cl_{10}$ in 100 ml absol. $CHCl_3$ eingetropft, dann das überschüssige NH_3 und anschließend $CHCl_3$ im Vak. bei gewöhnl. Temp. abgedampft. Der Rückstand aus $P_4N_{10}O_4H_{20}$ und NH_4Cl wird schließlich im Hochvak. von 10^{-2} bis 10^{-3} Torr bei 150 bis 200°C erhitzt, wobei mit dem Absublimieren des NH_4Cl gleichzeitig die Polykondensation erfolgt. Das Prod. ist unlösl. in H_2O und den gebräuchlichen organ. Lsgmm.; therm. Zers. erfolgt erst bei beginnender Rotglut. Es ist noch bei 150°C in der Wirbelkammer gegen O beständig, wird durch Mineralsäuren und Alkalien nur langsam bei erhöhter Temp. zersetzt, J. A. BENCKISER G.M.B.H., M. BECKE (*D.A.S.* 1042228 [1957/58], *C.* **1960** 2019). $(P_4N_8O_4H_{16})_n$

Hydrazidophosphorsäuren

Hydrazidophosphoric Acids

Hydrazidophosphorsäure $PN_2O_3H_5 = H_2PO_3(N_2H_3)$. *Hydrazidophosphoric Acid*

Weitere Bezeichnung: Phosphorhydrazidsäure. — Durch Einw. von N_2H_4 auf das Chlorid des Phosphorsäurediphenylesters entsteht das entsprechende Hydrazid, das sich durch Alkalilaugen zu Salzen der Hydrazidophosphorsäure verseifen läßt. Die freie Säure ist in reinem Zustand nicht isolierbar, da sie unter Abspaltung von N_2H_4 zerfällt. Sie ist in wss. Lsg. einige Zeit haltbar, doch tritt bei Ggw. freier Säuren allmählich, schnell beim Erhitzen, Zerfall ein; in alkal. Lsg. ist das Anion beständig. Bildet 2 Reihen von Salzen, von denen die der Alkalien, Erdalkalien und mehrerer Schwermetalle in H_2O lösl. sind, das Pb-Salz dagegen unlösl. ist; die Löslichkeit des Na-Hydrogensalzes ist ebenfalls gering. Die Eigg. der Salze ähneln denen der Amidophosphate (s. S. 351), F. EPHRAIM, M. SACKHEIM (*Ber.* **44** [1911] 3416/23, 3416). Vorschrift zur präparativen Darst. des Na-Salzes s. bei L. HUPFER (*Diss. Erlangen* 1959, S. 53). Siehe hierzu auch die teilweise abweichenden Feststellungen von R. KLEMENT, K. O. KNOLLMÜLLER (*Ber.* **93** [1960] 834/43, 836).

Dihydrazidophosphorsäure $PN_4O_2H_7 = PO(OH)(N_2H_3)_2$. Weitere Bezeichnung: Phosphordihydrazidsäure. Wird in Form des Na-Salzes $NaPO_2(N_2H_3)_2 \cdot H_2O$ durch Verseifen des Phenylesters $C_6H_5O \cdot PO \cdot (N_2H_3)_2$ mit NaOH unter Kühlung und anschließende Fällung mit Äthanol gewonnen, R. KLEMENT, K. O. KNOLLMÜLLER (*Naturw.* **46** [1959] 227), s. auch R. KLEMENT, K. O. KNOLLMÜLLER (*Ber.* **93** [1960] 834/43, 842). *Dihydrazidophosphoric Acid*

Phosphorsäuretrihydrazid $PN_6OH_9 = PO(N_2H_3)_3$. *Phosphoric Acid Trihydrazide*

Weitere Bezeichnung: Phosphoryltrihydrazid. — Entsteht neben N_2H_5Cl beim langsamen Eintropfen einer äther. Lsg. von $POCl_3$ in eine Suspension von wasserfreiem Hydrazin in Äther unter Kühlung (Eis-NaCl-Mischung) und starkem Rühren. Zur Isolierung wird nach Abdest. der Überschüsse von Äther und N_2H_4 im Vak. bzw. Hochvak. eine wss. Lsg. des Rk.-Prod. nach Durchlauf eines Anionenaustauschers der OH-Form (Dowex 2) im Hochvak. weitgehend eingedampft und anschließend mit kaltem Äthanol ($-12°C$) versetzt, wodurch sich die Verb. innerhalb von mehreren Tagen in Form von farblosen Kristallen abscheidet, R. KLEMENT, K. O. KNOLLMÜLLER (*Naturw.* **45**

[1958] 515). PN_6OH_9 bläht sich beim Erhitzen unter Abspaltung von N_2H_4 stark auf, es „schäumt". Stark hygroskopisch. Es ist in neutraler wss. Lsg. beständiger als das entsprechende Triamid; N_2H_4 wird nur allmählich abgespalten, Monophosphat tritt erst nach zweitägigem Stehen auf. Stabil gegen Lauge in der Kälte, jedoch schnelle vollständige Zers. durch Säuren. Durch $Pb(CH_3CO_2)_2$ wird ein farbloser Nd. langsam gefällt, $AgNO_3$ wird unter N_2-Entw. zu metall. Ag reduziert. Die frische wss. Lsg. leitet den elektr. Strom nur sehr schwach, R. KLEMENT, K. O. KNOLLMÜLLER (*Ber.* **93** [1960] 834/43, 838). Reagiert mit absol. Aceton unter Bldg. des in H_2O lösl. Hydrazons $OP(NH \cdot N{:}C(CH_3)_2)_3$, R. KLEMENT, K. O. KNOLLMÜLLER (*Naturw.* **46** [1959] 227).

Nitrosyl-phosphoric Acids

Nitrosylphosphorsäuren

Nitrosyl-phosphoric Acids

Nitrosylphosphorsäuren $[(NO)PO_3(OH_2)_{<1}]_n$.

Hochkonzentriertes H_3PO_4 absorbiert NO_2 analog wie H_2SO_4 in beträchtlichem Umfange; das Rk.-Prod. ist unlösl. in N_2O_4, läßt sich jedoch nicht zur Krist. bringen. Es hat wahrscheinlich die Zus. einer „Nitrosylphosphorsäure", da es mit H_2O analog Nitrosylschwefelsäure unter Entw. von nitrosen Gasen reagiert, R. F. FRANKLAND, R. C. FARMER (*J. chem. Soc.* **79** [1901] 1356/73, 1362). Wahrscheinlich entstehen in diesem Falle die Nitrosylsalze kondensierter P-Säuren, da ein Nitrosylsalz des H_3PO_4 unbekannt ist, F. SEEL, H. SAUER (*Z. anorg. Ch.* **292** [1957] 1/19, 8). Offensichtlich handelt es sich jedoch bei dem Rk.-Prod. von NO_2 mit P_2O_5 um das Nitrosylsalz einer mindestens 4fach kondensierten Tetrametaphosphorsäure mit der Zus. $(NO)_2P_8O_{21}$ (s. S. 332), F. SEEL, R. SCHMUTZLER, K. WASEM (*Ang. Ch.* **71** [1959] 340). Techn. Darst. von kondensierten Nitrosylphosphaten (?) durch Einw. von $HNO_3 + NO_2$ auf Phosphate s. bei SOCIETÉ ANONYME DES MANUFACTURES DES GLACES ET PRODUITS CHIMIQUES DE SAINT-GOBAIN, CHAUNY & CIREY (*F.P.* 982585/6 [1943/51], *C.* **1952** 3389).

Nitrogen Oxide Nitrosyl-phosphoric Acids

Stickoxid-nitrosylphosphorsäure $[(N_2O_2)PO_3(OH_2)_{<1}]_n$.

Eine gesätt. Lsg. von N_2O_3 in 99.2%igem H_3PO_4 wird beim Schütteln unter NO ebenso wie eine geschüttelte Lsg. von Nitrosylschwefelsäure in H_3PO_4 violettstichig blau. Die gleiche Verfärbung erfolgt bei Einw. von Red.-Mitteln, wie Methanol und Ameisensäure, auf „Nitrosylphosphorsäuren" (s. oben). Das Rk.-Prod. wird auch als „blaue Phosphorsäure" bezeichnet. Breites Absorptionsmax. der Lsg. bei 5800 Å und gewöhnl. Temp. Die Farbänderung von blau nach karminrot der Lsgg. bei −20 bis −90°C ist wahrscheinlich auf die Verlagerung des Gleichgew. zwischen zwei energetisch unterschiedlichen Formen des $N_2O_2^+$-Ions zurückzuführen, wobei die rote Form dem Grundzustand des Systems (Dublettzustand), die blaue einem thermisch leicht anregbaren höheren Elektronenzustand (Quartettzustand) entspricht, F. SEEL, H. SAUER (*Z. anorg. Ch.* **292** [1957] 1/19, 8, 15), s. auch F. SEEL (*Chem. Soc.* [*London*] *spec. Publ.* Nr. 10 [1957] 7/20, 12, 18), F. SEEL, R. SCHMUTZLER, K. WASEM (*Ang. Ch.* **71** [1959] 340). Zur Konstit. der Stickoxid-nitrosylsalze vgl. auch F. SEEL, B. FICKE, L. RIEHL, E. VÖLKL (*Z. Naturf.* **8b** [1953] 607/8).

Phosphor und Halogene

Phosphorus and Halogens

Allgemeine Literatur:

J. W. GEORGE, *Halides and oxyhalides of the elements of groups Vb and VIb* in: F. A. COTTON, *Progress in inorganic chemistry, Bd. 2, New York-London* 1960, S. 33/107, 45/60.

R. R. HOLMES, *Ionic and molecular halides of the phosphorus family, J. Chem. Educ.* **40** [1963] 125/9.

D. S. PAYNE, *Halides of the phosphorus group elements, Quart. Rev.* **15** [1961] 173/89.

General

Allgemeines. Phosphor kann in seinen Halogen-Verbb. 3- und 5wertig auftreten. Da sich die Halogene vertreten können, sind neben den einfachen auch gemischte Halogenide bekannt. Auch H, O, S und N können als Komponenten in den Verbb. vorhanden sein. Die Fähigkeit des Phosphors, P–P-Bindungen sowie halogenhaltige PNP- und POP-Ringe zu bilden, erhöht weiterhin die Vielfalt in dieser Verb.-Klasse, von der anschließend einige allgemeine Verh.-Weisen angegeben sind.

Beziehung zwischen Stabilität der Tri- und Pentahalogenide der 5. Hauptgruppe des Periodensystems und der Ionisierungsenergie der Elemente, H. JACOB (*Diss. Münster* 1958, S. 1/182). Die Phosphorhalogenide können mit Ausnahme der Fluoride leicht aus den Elementen dargestellt werden; je nach dem vorliegenden Mengenverhältnis entstehen Tri- oder Pentahalogenide. Aus Trihalogeniden werden durch weiteren Halogenzusatz die Pentaverbb. erhalten, umgekehrt können die Pentaverbb. leicht zu Triverbb. (z. B. durch Behandeln mit P) reduziert werden. PJ_3 wird durch Cl_2 und Br_2 zersetzt, PBr_3 durch Cl_2, aber nicht durch Jod, PCl_3 weder durch Br_2 noch Jod, J. H. GLADSTONE (*J. prakt. Chem.* **49** [1850] 40/51, 43; *Phil. Mag.* [3] **35** [1849] 345/55, 347). P-Chloride bilden sich aus rotem P und Cl_2 schon bei gewöhnl. Temp., aber erst von der Umwandlungstemp. in weißes P an wie die Bromide unter Feuererscheinung, Jodide erst beim Erwärmen, A. SCHRÖTTER (*Sitz.-Ber. Akad. Wiss.* [*Wien*] **1** [1848] 130/7, 136). Über an rotes P in verschiedenen Mengen gebundenes Halogen s. „*Phosphor*" *Tl.* B, S. 217.

P-Halogenide können ihr Halogen leicht austauschen und beim bloßen Vermischen mit anderen Verbb. reziproke Umsetzungen unter Einstellung leicht beweglicher Gleichgeww. eingehen; es können sich hierbei auch leicht gemischte Halogenide bilden, M. G. RAEDER (*Z. anorg. allg. Chem.* **210** [1933] 145/60; *Kong. Norske Vidensk. Selsk. Skr.* **1929** Nr. 3, S. 1/119). Austauschrkk. zwischen Br* und PBr_3, Cl* und PCl_3, sowie Cl* und PCl_5 in CCl_4 verlaufen in weniger als 3 Min. vollständig. Es wird angenommen, daß die Halogenatome in den Pentahalogeniden gleich reaktionsfähig sind, W. KOSKOSKI, R. D. FOWLER (*J. Am. chem. Soc.* **64** [1942] 850/2). Vgl. dagegen S. 376.

Beim Behandeln von mit P-Halogenid (PCl_3, PBr_3, $POCl_3$) beladenem trocknem H_2 durch elektrodenlose elektr. Entladungen bildet sich etwas rotes P mit Spuren von weißem P neben nicht näher untersuchten fl. Prodd.; bei Entladungen zwischen Cu-Elektroden entsteht Cu-Phosphid, V. GUTMANN (*Monatsh. Chem.* **86** [1955] 98/100), vgl. auch S. 412. — Bei der Hydrolyse von P-Trihalogeniden (PCl_3, PBr_3) wird phosphorige Säure gebildet, s. S. 117, 422, 495. — Die durch Neutralisationsrkk. von P-Halogeniden in BrF_3 entstehenden Hexafluorophosphate sind sehr beständig (vgl. S. 409), Hexachlorophosphate werden bisher nur in Lsgg. nachgewiesen, und für die Existenz von Hexabromophosphaten sind noch keine Anzeichen gefunden worden, V. GUTMANN (*Monatsh. Chem.* **82** [1951] 156/69, 168). — Durch Rk. von Carbonylhalogeniden ($COCl_2$, COF_2, COFCl, COFBr) und P-Pentahalogeniden (PCl_5, PF_3Cl_2, PF_5) bei 350°C unter Druck können Tetrahalogenmethane erhalten werden (CCl_4, CF_2Cl_2, CF_3Cl, $CFCl_3$), R. N. HASZELDINE, H. ISERSON (*Nature* **179** [1957] 1361/2). — Über Fluorierung von P-Halogenverbb. (PCl_3, PCl_5, $PSCl_3$, $POCl_3$) mit SbF_3 s. beispielsweise H. S. BOOTH, C. F. SWINEHART (*J. Am. chem. Soc.* **54** [1932] 4751/3).

Die Einw. von gasf. NH_3 auf P-Halogenverbb. führt nicht zu einheitlichen Prodd., A. STOCK, H. GRÜNEBERG (*Ber. dtsch. chem. Ges.* **40** [1907] 2573/8, 2574), vgl. S. 307. — Bei Zusatz der P-Trihalogenverbb. PCl_3, PBr_3, PJ_3 zu verd. wss. As_2O_3-Lsgg. fällt elementares As in kolloider Form aus. Mit H_3PO_3 findet diese Rk. nicht statt. PCl_3 reagiert rasch, PBr_3 und PJ_3 setzen sich langsamer um. Die Bruttork. verläuft nach $As_2O_3 + 3PCl_3 + 9H_2O = 2As + 3H_3PO_4 + 9HCl$. Es wird angenommen, daß durch Rk. der P-Halogenide mit H_2O eine Zwischenverb. gebildet wird, die bei PCl_3 sehr rasch, bei PBr_3 und PJ_3 langsamer zerfällt, N. N. SEN (*J. Proc. Asiatic Soc. Bengal* [2] **15** [1919] 263/5, *C.A.* **1920** 3377).

P-Halogenverbb. reagieren beim Erhitzen mit fein verteiltem, in Toluol suspendiertem K quantitativ unter Bldg. von K-Phosphid und der entsprechenden K-Halogenverb., A. C. VOURNASOS (*Z. anorg. allg. Chem.* **81** [1913] 364/8). — Über Bldg. komplexer Chloride der Pt-Metalle durch Einw.

von P-Halogenverbb. auf die Metalle oder deren Halogenverbb. s. „*Ruthenium*“ S. 85, 86, „*Palladium*“ S. 414, 425, „*Iridium*“ S. 83, 85, „*Platin*“ *Tl.* D, S. 342/3, 462/3. P-Chloride reagieren beim Erhitzen mit metall. Os nicht, W. STRECKER, M. SCHURIGIN (*Ber. dtsch. chem. Ges.* **42** [1909] 1767/76, 1772). Pt-Elektroden, in Mischungen von Brom mit x% PCl_5, PBr_5 oder $POCl_3$ getaucht, sind positiv gegen gleichartige Elektroden in Brom mit y% PCl_5, PBr_5 oder $POCl_3$, wenn $y > x$, E. J. GORENBEJN, M. L. KAPLAN (*Ž. fiz. Chim.* **27** [1953] 1816/22, *C.* **1956** 13930).

Verhalten gegen organische Verbindungen. Die Rkk. von P-Halogenverbb. mit organ. Verbb. liefern teils P-freie organ. Halogenverbb., teils P-haltige Verbb.; Angaben hierzu s. beispielsweise bei G. M. KOSOLAPOFF (*Organophosphorous compounds, New York-London* 1950, S. 1/376; in: KIRK, OTHMER, *Bd.* 10, *New York* 1953, S. 494/505).

Für die F-haltigen Verbb. kommen hauptsächlich die Rkk. mit Fluorophosphorsäuren in Anwendung, vgl. hierzu beispielsweise H. FRENCH (in: WINNACKER, KÜCHLER, *Chemische Technologie*, 2. *Aufl.*, *Bd.* 4, *München* 1960, S. 1078/82), H. JONAS (in: ULLMANN, 3. *Aufl.*, *Bd.* 7, *München-Berlin* 1956, S. 600), W. LANGE (in: J. H. SIMONS, *Fluorine chemistry*, *Bd.* 1, *New York* 1950, S. 140/67), R. L. METCALF (*Organic insecticides*, *New York-London* 1955, S. 251/315), W. O. NEGHERBON (*Handbook of toxicology*, *Bd.* 3, *Philadelphia-London* 1959, S. 536/69), W. E. WHITE (in: KIRK, OTHMER, *Bd.* 6, *New York* 1951, S. 718).

Rkk. von PBr_3, PBr_5, $POBr_3$ und einem Gemisch aus PCl_3 und Br_2 mit organ. Stoffen dienen zur Einführung von Br in organ. Verbb.; ausführliche Lit.-Angaben s. hierzu bei A. ROEDIG (in: HOUBEN, WEYL, *Methoden der organischen Chemie*, 4. *Aufl.*, *Bd.* V/4, *Stuttgart* 1960, S. 26), Lit.-Angaben zu Rkk. von PCl_3, PCl_5 und $POCl_3$ mit organ. Stoffen zur Einführung von Cl in organ. Verbb. s. bei R. STROH (in: HOUBEN, WEYL, *Methoden der organischen Chemie*, 4. *Aufl.*, *Bd.* V/3, *Stuttgart* 1962, S. 898), über Rkk. mit PJ_3, welches fast stets im Rk.-Gemisch aus weißem oder rotem P und J_2 hergestellt wird, zur Einführung von Jod vgl. A. ROEDIG (*l. c.* S. 528).

Die Oxidhalogenide von P sind mischbar mit den Halogeniden von Säuren, Alkoholen und Dihalogeniden von gesätt. KW-Stoffen, L.-M. DELWAULLE, F. FRANÇOIS (*C. r. Acad. Sci.* [*Paris*] **222** [1946] 1173/5).

The Phosphorus-Halogen(X) Bonds. Type of Bond. Electron Distribution

Die Phosphor-Halogen(X)-Bindungen. **Art der Bindung. Elektronenverteilung.** Die Atomwellenfunktionen, die für die Molekelorbitale der P–F- und der P–Cl-Bindung benötigt werden, berechnen D. P. CRAIG, C. ZAULI (*Gazz.* **90** [1960] 1700/11; *J. chem. Phys.* **37** [1962] 609/15). Die Beteiligung von π-Bindungen an den P–F-Bindungen in $(NPF_2)_4$ wird von D. W. J. CRUICKSHANK (*J. chem. Soc.* **1961** 5486/504) abgeschätzt. — Die P–X-Bindungen sind in PX_3, OPX_3 und SPX_3 verschieden hybridisiert; in PX_3 haben das einsame Elektronenpaar am meisten, die P–X-Bindungen am wenigsten s-Charakter, in OPX_3 ist es umgekehrt; SPX_3 nimmt eine Zwischenstellung ein. Die Unterschiede sind bei P–F-Bindungen wegen ihrer stärkeren Polarität kleiner als bei P–Cl- und P–Br-Bindungen, H. A. BENT (*J. inorg. nuclear Chem.* **19** [1961] 43/50). — Die Unterschiede in der Polarität sind auch an der kernmagnet. Resonanz in $(CF_3)_2PX$ zu erkennen; die chem. Verschiebung von ^{31}P (Definition s. „*Phosphor*“ *Tl.* B, S. 200) beträgt (in ppm) $\delta = -123.9$ (X = F), -50.0 (X = Cl), -33.7 (X = Br, -0.8 (X = J), K. J. PACKER (*J. chem. Soc.* **1963** 960/6, 961).

In einem Magnetfeld werden die Elektronen, durch die die Bindung zwischen einem P- und einem F-Atom hergestellt wird, durch die magnet. Momente der Kerne in ähnlicher Weise polarisiert wie bei der P–H-Bindung (s. S. 2). Die Resonanzlinien von ^{31}P bzw. ^{19}F spalten daher ebenfalls in mehrere Komponenten auf. Die Anzahl der Komponenten ist jeweils um 1 größer als die Anzahl der P–F-Bindungen in der untersuchten Verb.; der Abstand zwischen je 2 Komponenten ist unabhängig von der äußeren Feldstärke. Über diesbezügliche Unterss. an $POFCl_2$, POF_2Cl, $F_2PO(OH)$, PF_3 und HPF_6 s. H. S. GUTOWSKY, D. W. MCCALL, C. P. SLICHTER (*Phys. Rev.* [2] **84** [1951] 589/90; *J. chem. Phys.* **21** [1953] 279/92); vorläufige Angaben hierzu s. bei H. S. GUTOWSKY, D. W. MCCALL (*Phys. Rev.* [2] **82** [1951] 748/9). Die Unabhängigkeit der Aufspaltung von der Feldstärke wird von W. E. QUINN, R. M. BROWN (*J. chem. Phys.* **21** [1953] 1605/6) durch Messungen an HPF_6 und $FPO(OH)_2$ bei ~200 Oe bestätigt, während bei der Resonanz von ^{19}F in $F_2PO(OH)$ eine Aufspaltung nur bei 550 Oe, dagegen bei 200 Oe eine unerklärliche Linienverbreiterung zu beobachten ist. Über die Aufspaltung der ^{19}F-Resonanz in PF_5 s. H. S. GUTOWSKY, C. J. HOFFMAN (*J. chem. Phys.* **19** [1951] 1259/67, 1265); vgl. auch S. 378. Bestätigende Verss. bei 15 und 35 Oe beschreibt D. ROUX (*Helv. phys. Acta* **31** [1958] 511/41, 532); vgl. auch D. ROUX, G. J. BÉNÉ (*J. chem. Phys.* **26** [1957] 968/9) und J. M. ROCARD, D. ROUX, A. ERBEIA, G. J. BÉNÉ (*Arch. Sci.* [*Géneve*] **11** [1958] *Sonderh.* S. 288/94). Zum Vergleich mit der P–H-Wechselwrkg. s. P. J. FRANK (*Helv. phys. Acta* **31** [1958] 542/5).

Eine indirekte Spinkopplung zwischen dem P- und dem F-Kern besteht auch in Verbb., in denen 2 oder 3 CF_3-Gruppen an P gebunden sind; Einzelheiten s. bei K. J. Packer (*l. c.* S. 963).

Zur Best. der Elektronenverteilung in Molekeln, die P und Cl oder Br enthalten, können auch die Linien dienen, aus denen das Quadrupolspektrum von ^{35}Cl, ^{37}Cl, ^{79}Br bzw. ^{81}Br besteht, da deren Frequenzen von dem elektr. Feldgradienten am Ort des Halogenatoms abhängen und somit für jede Verb. einen bestimmten charakterist. Wert haben (abgesehen von der Möglichkeit der Linienaufspaltung). Da jedoch derartige Auswertungen von Quadrupolspektren noch nicht vorliegen, werden hier nur die Frequenzen f (in MHz) für einige P und Cl bzw. P und Br enthaltende Molekeln zusammengestellt:

Verb.	T in °K	f	Literatur
$PO^{35}Cl_3$	77	28.9835, 28.9378	R. Livingston (*Phys. Rev.* [2] **82** [1951] 289; *J. phys. Chem.* **57** [1953] 496/501)
$PO^{37}Cl_3$	77	22.8432, 22.8067	
$PO^{35}Cl_2F$	20	29.272, 28.715	
$P^{35}Cl_3$	77	26.202, 26.107	
$P^{35}Cl_3$	—	26.208, 26.104	E. A. Lucken, M. A. Whitehead (*J. chem. Soc.* **1961** 2459/63)
$PO^{35}Cl_3$	—	28.989, 28.935	
$P^{35}Cl_5$	77	32.63, 32.384, 32.282	D. W. McCall, H. S. Gutowsky (*J. chem. Phys.* **21** [1953] 1300)
$(PN^{35}Cl_2)_3$	287	27.903, 27.834, 27.704, 27.630	H. Negita, S. Satou (*Bull. chem. Soc. Japan* **29** [1956] 426/7)
$(PN^{35}Cl_2)_4$	287	28.616, 28.182, 28.124, 27.265	

Von K. Torizuka (*J. phys. Soc. Japan* **11** [1956] 84/85) werden bei gewöhnl. Temp. für die beiden Nitridchloride nur je 2 Linien (27.80 und 27.58 bzw. 28.14 und 28.02) gefunden. Im Gegensatz zu den oben genannten Autoren untersucht P. Diehl (*Helv. phys. Acta* **29** [1956] 219/21) die Quadrupolspektren einiger Verbb. im flüssigen Zustand und findet bei PCl_3 eine Linienbreite von 13 ± 1 Oe. — In PBr_3 sind die Resonanzfrequenzen 220.575 ± 0.010 und 218.635 ± 0.010 (^{79}Br) bzw. 184.257 ± 0.010 und 182.636 ± 0.011 (^{81}Br), H. Robinson, H. G. Dehmelt, W. Gordy (*J. chem. Phys.* **22** [1954] 511/5). Weniger genaue Meßergebnisse für PBr_3 s. bei S. Kojima, K. Tsukada, S. Ogawa, A. Chimauchi (*J. chem. Phys.* **21** [1953] 1415/6).

Aus den Frequenzen der Quadrupollinien kann auf einfache Weise die Kernquadrupolkopplungskonst. berechnet werden; s. hierzu R. Livingston (*l. c.*), H. Robinson u. a. (*l. c.*). Für die durch Quadrupolkopplung bedingten Energieniveaus in Molekeln, die 3 Atome mit Kernquadrupolmoment enthalten (z. B. PCl_3, PBr_3), gibt R. Bersohn (*J. chem. Phys.* **18** [1950] 1124/5) eine Formel an.

Bindungslänge. Eine Übersicht über vorliegende Meßdaten zeigt, daß z. B. die P–Cl-Bindung nicht in allen P und Cl enthaltenden Molekeln gleich lang ist, wenn sich auch die gem. Kernabstände nur wenig von 2.02 Å unterscheiden. Die bis 1943 veröffentlichten Daten werden von L. O. Brockway, W. M. Bright (*J. Am. chem. Soc.* **65** [1943] 1551/4) zusammengestellt; sie sind alle größer als der in $(PNCl_2)_3$ gefundene Wert $r_{P-Cl} = 1.97 \pm 0.03$ Å. Wenn r_{P-X} als arithmet. Mittel aus den Werten r_{P-P} und r_{X-X} gebildet wird, so erhält man die überwiegend zu kleinen, von C. H. D. Clark (*Trans. Faraday Soc.* **31** [1935] 585/96, 588) angegebenen Werte (in Å): $r_{P-F} = 1.61$, $r_{P-Cl} = 1.93$, $r_{P-Br} = 2.08$, $r_{P-J} = 2.27$. Nach B. N. Sen (*Proc. Acad. Sci. united Prov. Agra Oudh* **4** [1935] 316/8) muß $r_{P-Br} > 1.73$ sein. Auch die aus den Atomradien ber. Werte für r_{P-X}, die für die Berechnung der Bindungsmomente von T. Ri, N. Murayama (*Proc. Imp. Acad.* [*Tokyo*] **20** [1944] 93/99) als Ausgangsgrößen gewählt werden, stimmen mit den gem. Werten nicht gut überein, wie von L. O. Brockway, H. O. Jenkins (*J. Am. chem. Soc.* **58** [1936] 2036/44, 2042) für P–F und P–Cl, von O. Hassel, A. Sandbo (*Z. phys. Chem.* B **41** [1938] 75/85, 85) für P–J gezeigt wird; vgl. hierzu S. 369. Selbst wenn zu der Summe der Atomradien ein Korrekturglied, das die Differenz der Elektronegativitäten enthält, hinzugefügt wird, sind die danach ber. Kernabstände von den gemessenen verschieden, A. F. Wells (*J. chem. Soc.* **1949** 55/67, 57/58); vgl. hierzu auch W. Gordy, W. V. Smith, R. F. Trambarulo (*Microwave Spectroscopy, New York* 1953, S. 319/21). *Bond Length*

Bindungsenergie D in kcal/Mol. Aus den Bildungswärmen von PX_3 ergeben sich die gem. Werte D = 117, 76, 62 bzw. 44 für P–F, P–Cl, P–Br bzw. P–J, S. B. Hartley, W. S. Holmes, J. K. Jacques, *Bond Energy*

M. F. MOLE, J. C. MCCOUBREY (*Quart. Rev.* **17** [1963] 204/23, 216). Ältere, ebenso erhaltene Werte s. bei T. CHARNLEY, H. A. SKINNER (*J. chem. Soc.* **1953** 450/2), M. L. HUGGINS (*J. Am. chem. Soc.* **75** [1953] 4123/6). Nach einer halbempir. Formel ber. D-Werte s. bei E. R. LIPPINCOTT, M. OAKLEY DAYHOFF (*Spectrochim. Acta* **16** [1960] 807/34, 831/2). Zwei von J. R. ARNOLD (*J. chem. Phys.* **22** [1954] 757/8) abgeleitete Formeln ergeben Werte, die bis auf D = 48.9 für P–J stärker von den gemessenen abweichen. Ohne Berücksichtigung des polaren Anteils der Bindungsenergie erhält H. A. SKINNER (*Trans. Faraday Soc.* **41** [1945] 645/62, 652) als Mittelwerte der Bindungen P–P und X–X die Werte D = 52.6 für P–Cl, D = 46.6 für P–Br, D = 41.8 für P–J. Aus älteren thermochem. Daten schließen M. JAN-KHAN, R. SAMUEL (*Proc. phys. Soc.* **48** [1936] 626/41, 636), daß der Betrag von D in PX_3-Molekeln größer ist als in PX_5-Molekeln: für P–Cl ist D = 87 bzw. 69, für P–Br ist D = 73 bzw. 58; für P–J ist D = 56 in PJ_3; vgl. auch R. SAMUEL (*Proc. Indiana Acad. Sci.* A **6** [1937] 257/65). Mit ähnlichen Werten versucht C. PORTNER (*Helv. chim. Acta* **32** [1949] 1438/41) eine Formel zu prüfen, nach der D umgekehrt proportional zur Summe der kovalenten Radien sein soll. Weitere ber. Werte für D s. bei L. PAULING (*J. Am. chem. Soc.* **54** [1932] 3570/82, 3579), T. RI, N. MURAYAMA (*Proc. Imp. Acad. Tokyo* **20** [1944] 91/99).

Bond Moment

Bindungsmoment μ in Debye. In den Molekeln PF_3 und PCl_3 kann den P–F- bzw. P–Cl-Bindungen $\mu = 0.77$ bzw. 0.56 zugeordnet werden, J. K. WILMSHURST (*J. phys. Chem.* **62** [1958] 631/3). Quantenmechanisch ber. μ-Werte: 0.95 für P–Cl, 1.18 für P–Br, 0.58 für P–J, T. RI, N. MURAYAMA (*Proc. Imp. Acad. Tokyo* **20** [1944] 93/9). Ältere, aus Meßergebnissen von M. G. MALONE, A. L. FERGUSON (*J. chem. Phys.* **2** [1934] 99/104) ber. Werte s. bei C. P. SMYTH (*Trans. Faraday Soc.* **30** [1934] 752/9, 757).

Force Constants. Vibrational Frequencies

Kraftkonstanten. Schwingungszahlen. Für die P–F-Bindung in O_3PF^{2-}, $O_2PF_2^-$ und PF_6^- läßt sich die Kraftkonst. zu 3.8, 4.9 bzw. 4.3 abschätzen, K. BÜHLER, W. BRIES (*Z. anorg. allg. Chem.* **308** [1961] 62/71, 68). Im Ramanspektrum von $Ni[PF_3]_4$ ist die P–F-Schwingung als Linie bei 954 cm^{-1} beobachtbar, L. A. WOODWARD, J. R. HALL (*Spectrochim. Acta* **16** [1960] 654/62 [engl.]).

Aus den Ramanspektren Cl- und Br-haltiger P-Verbb. ist zu entnehmen, daß die Wellenzahlen der P–Cl- bzw. P–Br-Valenzschwingung zwischen 450 und 580 bzw. 370 und 410 cm^{-1} liegen, M. BAUDLER (*Z. Elektrochem.* **59** [1955] 173/84). In Verbb. des Typs $ROPCl_2$ (9 verschiedene Radikale R) liegt die Wellenzahl der asymmetr. P–Cl-Schwingung zwischen 491 und 508 cm^{-1}; der symmetr. P–Cl-Schwingung entspricht teils 1 Linie (456 bis 473 cm^{-1}), teils ein Dublett (450, 462 oder 464 cm^{-1}), L. C. THOMAS, K. P. CLARK (*Nature* **198** [1963] 855/6). In den $[(CH_3)_3PX]^+$-Ionen entspricht der P–X-Schwingung die Wellenzahl (in cm^{-1}) 522 (X = Cl), 415 (X = Br), 358 (X = J), J. GOUBEAU, R. BAUMGÄRTNER (*Z. Elektrochem.* **64** [1960] 598/601). Weitere Angaben für Kraftkonstt. und Schwingungszahlen s. bei den Beschreibungen der verschiedenen halogenhaltigen Verbindungen. — Überblick über die bis 1960 veröffentlichten Daten s. bei E. M. POPOV, M. I. KABAČNIK, L. S. MAJANC (*Uspechi Chim.* **30** [1961] 846/76; *Russ. Chem. Rev.* **30** [1961] 362/77, 373).

Refraction Increments

Refraktionsinkremente. Die Auswertung von Refraktionsdaten von etwa 600 P-Verbb. ergibt, daß den Bindungen P–F, P–Cl und P–Br die Inkremente 1.5, 6.95 bzw. 10.2 zuzuordnen sind, H. TOLKMITH (*Ann. New York Acad. Sci.* **79** [1959] 189/231).

Molecules and Ions of Phosphorus Halogenides

Molekeln und Ionen der Phosphorhalogenide

The PX Molecules and PX⁺ Ions

Die PX-Molekeln und PX^+-Ionen

(X = F, Cl, Br oder J)

Spektroskop. Daten liegen nur für PF und PF^+ vor. Die Analyse der Spektren führt jedoch nicht zu eindeutigen Schlüssen hinsichtlich der Elektronenkonfiguration. Vermutlich ist bei PF die Konfiguration im Grundzustand $X\,^3\Sigma^-$ und in den beiden untersten Singulettzuständen ($a\,^1\Delta$, $b\,^1\Sigma^+$) KKL $(z\sigma)^2 (y\sigma)^2 (w\pi)^4 (x\sigma)^2 (v\pi)^2$, und nach dem Übergang eines $v\pi$-Elektrons auf ein $u\sigma$-Orbital befindet sich die Molekel im $B\,^3\Pi$- oder $d\,^1\Pi$-Zustand. Die Nullinien des B–X-Systems haben die Wellenzahlen (in cm^{-1}) 29338.68 ($^3\Pi_0$), 29481.80 ($^3\Pi_1$), 29623.06 ($^3\Pi_2$). Der $a\,^1\Delta$-Zustand liegt $\sim$6000 cm^{-1} über dem Grundzustand, der $b\,^1\Sigma$-Zustand 6263.50 cm^{-1} höher. Die Nullinien der Systeme $d\,^1\Pi$–$a\,^1\Delta$ und $g\,^1\Pi$–$a\,^1\Delta$ haben die Wellenzahlen 28712.14 bzw. 44544.80 cm^{-1}. Schwingungszahlen ω_e, Anharmonizitätsglieder $\omega_e x_e$, $\omega_e y_e$, Rotationskonstt. B_e und α (sämtlich in cm^{-1}) und Kernabstände r_e (in Å):

Zustand	ω_e	$\omega_e x_e$	$\omega_e y_e$	B_e	α	r_e
$g^1\Pi$	—	—	—	$B_0 = 0.6186$	—	—
$d^1\Pi$	$\Delta G_{1/2} \approx 413$	—	—	0.4848	0.0062	1.721
$b^1\Sigma$	866.14	4.51	—	0.5725	0.0045	1.5812
$a^1\Delta$	858.79	4.438	0.0147	0.5699	0.00467	1.5849
B $^3\Pi_2$	$\Delta G_{1/2} = 436$	—	—	0.4693	0.0037	—
B $^3\Pi_1$		—	—	0.4663	0.0038	1.752
B $^3\Pi_0$		—	—	0.4632	0.0040	—
X $^3\Sigma$	846.75	4.489	0.019	0.5665	0.00456	1.5896

A. E. Douglas, M. Frackowiak (*Canad. J. Phys.* **40** [1962] 832/49). Geschätzte ω_e-Werte für PF, PCl, PBr und PJ im Grundzustand: 900, 580, 460, bzw. 370 cm^{-1}, Y. P. Varshni, K. Mayumdar (*Indian J. Phys.* **29** [1955] 285/91, 288, **30** [1956] 303/12, 308).

Das Spektrum von PF ist beim Durchgang einer Entladung durch ein PF_3-He-Gemisch zu beobachten, A. E. Douglas, M. Frackowiak (*l. c.* S. 832). In Hochfrequenzentladungen durch die reinen Gase PF_3, PCl_3, PBr_3 sind die P-Monohalogenide spektroskopisch nicht nachweisbar, H. G. Howell, G. D. Rochester (*Proc. Univ. Durham phil. Soc.* **9** [1934] 126/34). Vom PF-Spektrum sind 5 Bandensysteme analysiert. Das Triplettsystem $B^3\Pi$–$X^3\Sigma$ erstreckt sich von 4000 bis 3000 Å; die stärksten Banden liegen bei 3300 Å. Jede Bande besteht theoretisch aus 27 Zweigen, vgl. S. 5; maximal sind 24 Zweige (in 5 Banden) beobachtbar. Das $d^1\Pi$–$a^1\Delta$-System liegt etwa in demselben Spektralbereich und besteht aus einfachen Banden. Die rotabschattierten Banden des $d^1\Pi$–$b^1\Sigma$-Systems liegen im violetten und ultravioletten Spektralbereich. Die violettabschattierten Banden der Systeme $g^1\Pi$–$a^1\Delta$ und $g^1\Pi$–$b^1\Sigma$ liegen bei ~2300 bzw. ~2600 Å. Wellenlängen der Bandenköpfe der (0,0)-Banden (in Å): 3481.47, 4453.50, 2245.27, 2612.20; Wellenzahlen der Nullinien (in cm^{-1}): 28712.14, 22444.95, 44544.80, 38277.74, A. E. Douglas, M. Frackowiak (*l. c.*).

Die Ionisierungsenergie von PCl ergibt sich aus massenspektrometr. Unterss. an PCl_3 und P_2Cl_4 zu 9.6 eV, A. A. Sandoval, H. C. Moser, R. W. Kiser (*J. phys. Chem.* **67** [1963] 124/6).

Vom PF^+-Ion ist außer dem Grundzustand ($^2\Pi$) nur ein Anregungszustand ($^2\Sigma$) mit der Energie 35434.64 cm^{-1} bekannt. Molekelkonstt. im Grund- und im Anregungszustand: $\omega_e'' = 1053.25$, $\omega_e x_e'' = 5.047$, $B_e'' = 0.6360$, $\alpha'' = 0.0048$, $\omega_e' = 619.00$, $\omega_e x_e' = 4.615$, $B_e' = 0.5593$, $\alpha' = 0.0079$, alle in cm^{-1}; $r_e'' = 1.5003$, $r_e' = 1.5998$ Å. Das Spektrum besteht aus rotabschattierten Banden mit 2 Köpfen in der Nähe von 2800 Å; Wellenzahl der Nullinie: 35217.62 cm^{-1}, A. E. Douglas, M. Frackowiak (*l. c.* S. 845/8).

Die PCl_2-Molekel

The PCl_2 Molecule

Zur Ionisierung der bei der Dissoz. von PCl_3 oder P_2Cl_4 auftretenden instabilen PCl_2-Molekel ist eine Energie von ~9.0 eV aufzuwenden, A. A. Sandoval, H. C. Moser, R. W. Kiser (*J. phys. Chem.* **67** [1963] 124/6).

Die P_2X_4-Molekeln

(X = Cl oder J)

The P_2X_4 Molecules

Massenspektroskop. Unterss. an P_2Cl_4 ergeben eine Ionisierungsenergie von 9.36 ± 0.2 eV, A. A. Sandoval, H. C. Moser, R. W. Kiser (*J. phys. Chem.* **67** [1963] 124/6).

In P_2J_4 bestehen, wie sich aus thermochem. Daten erwartungsgemäß ergibt, zwischen P und J reine σ-Bindungen, J. R. van Wazer (*J. Am. chem. Soc.* **78** [1956] 5709/15, 5713). Die chem. Verschiebung der Kernresonanz von ^{31}P (Definition s. „*Phosphor*" *Tl.* B, S. 200), gemessen an einer Lsg. von P_2J_4 in CS_2, beträgt $\sigma = -170$ ppm, H. S. Gutowsky, D. W. McCall (*J. chem. Phys.* **22** [1954] 162/4). Die Molekel besteht aus 2 um 84.2° gegeneinander verdrehten PJ_2-Gruppen; Punktgruppe: C_2. Dies ergibt sich aus dem gem. Dipolmoment $\mu = 0.45$ D und dem Moment der P–J-Bindung (abgeleitet aus dem Dipolmoment von PJ_3), M. Baudler, G. Fricke (*Z. anorg. Chem.* **320** [1963] 11/26, 18, 20).

Die PX_3-Molekeln

(X = F, Cl, Br oder J)

The PX_3 Molecules

Type of Bond. Symmetry

Bindungsart. Symmetrie. Aus den Kernabständen und aus thermochem. Daten ist zu schließen, daß in PX_3-Molekeln, wie in anderen Molekeln mit einem dreizähligen P-Atom, alle Bindungen in der Regel σ-Bindungen sind. Legt man die von M. L. HUGGINS (*J. Am. chem. Soc.* **75** [1953] 4126/33) vorgeschlagenen Werte für die kovalenten Atomradien zugrunde, so ergibt sich aus dem Vergleich zwischen den daraus berechneten Bindungslängen (die bei reiner σ-Bindung gelten würden) und den gem. Kernabständen die Anzahl n_π der π-Bindungen je σ-Bindung für PF_3, PCl_3 und PJ_3 zu 0.2, 0.1 bzw. 0.2; in PCl_2F ist $n_\pi = 0.1$ für die P–F-Bindung und $n_\pi = 0.0$ für die P–Cl-Bindungen, J. R. VAN WAZER (*J. Am. chem. Soc.* **78** [1956] 5709/15, 5711). Über die Hybridisierung in PX_3-Molekeln s. auch T. OHKI (*Res. Rep. Nagoya Ind. sci. Res. Inst.* Nr. 8 [1955] 13/16) und G. SCHOTT (*Z. Naturforsch.* **11b** [1956] 735/47, 747). Aus der Größe der Dipolmomente der PX_3-Molekeln schließt P. KISLIUK (*J. chem. Phys.* **22** [1954] 86/92), daß in PF_3 die Bindungen teilweise doppelt sind und in den übrigen Trihalogeniden s-p-hybridisierte Einfachbindungen mit ~17% s-Charakter vorliegen. Nach J. SOBHANADRI (*Proc. nat. Inst. Sci. India* A **26** [1960] 110/4) ist der s-Anteil an der Bindung in PF_3 5 bis 6%, in PCl_3 ~8%; vgl. auch W. GORDY (*Discuss. Faraday Soc.* Nr. 19 [1955] 14/29, 24), H. H. JAFFÉ (*J. inorg. nuclear Chem.* **4** [1957] 372/3) und die ältere Übersichtsarbeit von C. FINBAK (*Tidsskr. Kjemi Bergves. Met.* **7** [1947] 133/9). Die Deutung mit Mehrfachbindungen reicht jedoch nach M. MASHIMA (*J. chem. Phys.* **25** [1956] 779) für PF_3 nicht aus, vielmehr dürften die P–F-Bindungen z. T. auch heteropolar sein. Den Ionenanteil schätzt J. SOBHANADRI (*l. c.*) auf 65%. Nach den älteren Vorstellungen war die heteropolare Bindung die modellmäßig leichter verständliche; auf den homöopolaren Charakter der Bindungen in PCl_3 wird erstmalig von B. H. WILSDON (*Phil. Mag.* [6] **49** [1925] 354/69, 365) ausdrücklich hingewiesen; vgl. auch R. SAMUEL, L. LORENZ (*Z. Phys.* **59** [1929] 53/82, 65) und T. M. LOWRY, F. L. GILBERT (*Nature* **123** [1929] 85). Daß in den PX_3-Molekeln die Ionenanteile der Bindungen verschieden sind, schließen L. O. BROCKWAY, F. T. WALL (*J. Am. chem. Soc.* **56** [1934] 2373/9) aus Betrachtungen über die Kernabstände; vgl. auch L. O. BROCKWAY, H. O. JENKINS (*J. Am. chem. Soc.* **58** [1936] 2036/44). Über eine neue Meth. zur quantitativen Erfassung der Ionenanteile in PF_3 und PCl_3 s. B. LAKATOS (*Z. Elektrochem.* **61** [1957] 944/9).

Die chemische Verschiebung der Kernresonanz von ^{31}P, s. „*Phosphor*" *Tl.* B, S. 200, bezogen auf eine wss. H_3PO_4-Lsg., wird für PCl_3 bzw. PBr_3 von W. C. DICKINSON (*Phys. Rev.* [2] **81** [1951] 717/31, 725) zu −200 bzw. −220 ppm bestimmt. Genauere Messungen ergeben (in ppm) $\delta = -97$ für PF_3, −215 für PCl_3, −222 für PBr_3, −178 für PJ_3, H. S. GUTOWSKY, D. W. MCCALL (*J. chem. Phys.* **22** [1954] 162/4). Dem Betrage nach noch größere δ-Werte finden J. R. VAN WAZER, C. F. CALLIS, J. N. SHOOLERY, R. C. JONES (*J. Am. chem. Soc.* **78** [1956] 5715/26, 5719), nämlich -220 ± 1 für PCl_3, -229 ± 1 für PBr_3. Für die gleichen Verbb. geben N. MULLER, P. C. LAUTERBUR, J. GOLDENSON (*J. Am. chem. Soc.* **78** [1956] 3557/61) $\delta = -219.4$ bzw. −227.4 an; vgl. auch H. FINEGOLD (*Ann. New York Acad. Sci.* **70** [1958] 875/89, 884). Mit einer Formel, nach der $\delta + 230$ eine exponentielle Funktion der Anzahl der nicht kompensierten („unbalanced") p-Elektronen ist, ergibt sich für PF_3 $\delta = -114$, für PCl_3 $\delta = -201$, für PBr_3 $\delta = -227$, für PJ_3 $\delta = -201$, J. R. PARKS (*J. Am. chem. Soc.* **79** [1957] 757).

Über die magnet. Abschirmung der F-Kerne in PF_3 s. H. S. GUTOWSKY, C. J. HOFFMAN (*J. chem. Phys.* **19** [1951] 1259/67, 1263), E. L. MUETTERTIES, W. D. PHILLIPS (*J. Am. chem. Soc.* **81** [1959] 1084/8).

Die Molekelform von PX_3 ist (wie bei PH_3) wegen des einsamen Elektronenpaares am P-Atom pyramidal; Punktgruppe: C_{3v}, B. HELFERICH (*Z. Naturforsch.* **1** [1946] 666/70). Den gleichen Schluß zieht S. BHAGAVANTAM (*Indian J. Phys.* **5** [1930] 73/95, 84) für PCl_3 aus der Anzahl der Linien im Ramanspektrum (s. S. 372). Die Meßergebnisse, aus denen H. J. EMELÉUS, S. MIALL (*J. Soc. chem. Ind.* **56** [1937] 33/38) auf pyramidale Struktur von PCl_3 und PBr_3 und auf ebene Struktur von PJ_3 schließen, sind möglicherweise ungenau. Nach A. D. WALSH (*J. chem. Soc.* **1953** 2301/6) besteht jedenfalls kein Grund, für PJ_3 eine andere Symmetrie als die bei PF_3, PCl_3 und PBr_3 vorliegende Pyramidenform anzunehmen, zumal da auch die Bindungswinkel in PJ_3 sich kaum von denen in den anderen Trihalogeniden unterscheiden (s. S. 369).

Internuclear Distances. Bond Angle

Kernabstände r in Å. **Bindungswinkel** α. Theoret. Erörterungen und übersichtsartige Darlegungen über die Größe des Bindungswinkels s. bei H. A. STUART (*Z. physik. Chem.* B **36** [1937] 155/62, 159), W. G. PALMER (*Endeavour* **12** [1953] 124/9), R. S. MULLIKEN (*J. Am. chem. Soc.* **77** [1955] 887/91), T. OHKI (*Res. Rep. Nagoya Ind. sci. Res. Inst.* Nr. 8 [1955] 13/16), V. M. TATEVSKIJ (*Dokl. Akad. Nauk SSSR* **101** [1955] 515/6), G. SCHOTT (*Z. Naturforsch.* **11b** [1956] 735/47), A. W. SEARCY (*J. chem. Phys.* **28** [1958] 1237/42), R. J. GILLESPIE (*J. Am. chem. Soc.* **82** [1960] 5978/83). — Überblick über gem. und ber. Werte (die eingeklammerten Werte sind aus Arbeiten anderer Autoren übernommen):

PF₃			PCl₃			PBr₃			PJ₃		
r	α	Lit.	r	α	Lit.	r	α	Lit.	r	α	Lit.
	—		2.04	—	1)		—			—	
	—		(2.04)	101°	2)		—			—	
1.56	99°	3)	2.02	100°	3)		—			—	
1.56	99 ± 4°	4)	2.02	100 ± 2°	4)		—			—	
1.52	104 ± 4°	5)	2.00	101 ± 2°	5)	2.23	100 ± 2°	6)	2.52	98 ± 4°	6)
1.546	(104 ± 3°)	7)	2.043	100° 6′	8)		—		2.46	100°	9)
	—		2.03	100.5°	10)	2.18	101.5 ± 1.5°	10)	2.43	102 ± 2°	10)
1.551	102 ± 3°	11)	2.043	100° 7′ ± 20′	11)	2.20	101 ± 1.5°	11)	2.47	100 ± 2°	11)
	—		2.17	—	12)	2.49	—	12)		—	
1.74	—	9), 13)	2.09	—	9),13)	2.24	—	9)	2.43	—	9)
1.65	—	14)	2.01	—	14)	2.18	—	14)	2.40	—	14)
	—		2.023	—	15)	2.188	—	15)	2.415	—	15)

$PFCl_2$: $r_{P-F} = 1.55$, $r_{P-Cl} = 2.02$, $\alpha = 102 \pm 3°$ 16)

1) Durch Elektronenbeugung bestimmt, R. WIERL (*Ann. Phys.* [*Leipzig*] [5] 8 [1931] 521/64, 553). — 2) Mit Hilfe der Schwingungszahlen und des von R. WIERL (*l. c.*) gem. Kernabstandes abgeschätzt, D. M. YOST, J. E. SHERBORNE (*J. chem. Phys.* **2** [1934] 125/7). — 3) Mit Hilfe der Schwingungszahlen bestimmt, D. M. YOST, T. F. ANDERSON (*J. chem. Phys.* **2** [1934] 624/7). — 4) Durch Elektronenbeugung bestimmt, L. O. BROCKWAY, F. T. WALL (*J. Am. chem. Soc.* **56** [1934] 2373/9). — 5) Mittelwerte aus den nach verschiedenen Methh. aus Elektronenbeugungsdiagrammen ermittelten Werten, L. PAULING, L. O. BROCKWAY (*J. Am. chem. Soc.* **57** [1935] 2684/92). — 6) Durch Elektronenbeugung bestimmt, A. H. GREGG, G. C. HAMPSON, G. I. JENKINS, P. L. F. JONES, L. E. SUTTON (*Trans. Faraday Soc.* **33** [1937] 852/74, 866/8). — 7) Aus dem Mikrowellenspektrum bestimmt, O. R. GILLIAM, H. D. EDWARDS, W. GORDY (*Phys. Rev.* [2] **75** [1949] 1014/6, **76** [1949] 195), W. GORDY (*Rev. modern Phys.* **20** [1948] 668/717, 712); vgl. auch W. MAIER (*Ergebn. exakten Naturwiss.* **24** [1951] 275/370, 354). — 8) P. KISLIUK, C. H. TOWNES (*J. chem. Phys.* **18** [1950] 1109/11). — 9) Daten für PJ_3 durch Elektronenbeugung bestimmt; im übrigen aus den PAULINGschen Atomradien ber. Werte, O. HASSEL, A. SANDBO (*Z. physik. Chem.* B **41** [1938] 75/85, 81, 85). — 10) S. M. SWINGLE (unveröffentlicht) nach P. W. ALLEN, L. E. SUTTON (*Acta cryst.* [*Copenhagen*] **3** [1950] 46/72, 65 [engl.]). — 11) Aus den vorliegenden Lit.-Angaben kritisch gemittelte Werte, P. KISLIUK (*J. chem. Phys.* **22** [1954] 86/92). — 12) Aus der Elektronenpolarisation von PCl_3-Dampf bzw. in CCl_4 gelöstem PBr_3 berechnet, E. BERGMANN, L. ENGEL (*Physik. Z.* **32** [1931] 507/9; *Z. physik. Chem.* B **13** [1931] 232/46, 247/67, 260). — 13) Aus den PAULINGschen Atomradien ber. Werte, L. O. BROCKWAY, H. O. JENKINS (*J. Am. chem. Soc.* **58** [1936] 2036/44, 2042). — 14) Aus den Atomradien und den Differenzen der Elektronegativitäten ber. Werte, V. SCHOMAKER, D. P. STEVENSON (*J. Am. chem. Soc.* **63** [1941] 37/40). — 15) Aus den Atomradien und den Dissoziationsenergien ber. Werte, M. L. HUGGINS (*J. Am. chem. Soc.* **75** [1953] 4126/33). — 16) Durch Elektronenbeugung bestimmt, L. O. BROCKWAY, J. Y. BEACH (*J. Am. chem. Soc.* **60** [1938] 1836/46, 1840).

Nach einem verbesserten Auswertungsverf. läßt sich die Änderung von r und α zwischen 300 und 505°K feststellen; für PCl_3 ergeben sich die Werte $r = 2.039 \pm 0.0014$, $\alpha = 100.27 \pm 0.09°$ bei 300°K, $r = 2.045 \pm 0.0016$, $\alpha = 100.40 \pm 0.16°$ bei 505°K, K. HEDBERG, M. IWASAKI (*J. chem. Phys.* **36** [1962] 589/94). Diese Werte sind praktisch unabhängig davon, ob die Molekel rotiert oder nicht, da die Rotation die P–Cl-Bindung nur um 0.0004 Å bei 300°K, um 0.0006 Å bei 505°K verlängert, M. IWASAK K. HEDBERG (*J. chem. Phys.* **36** [1962] 2961/3).

Zum Vergleich der Struktur der PX_3-Molekeln mit derjenigen der POX_3- und der PSX_3-Molekeln s. Q. WILLIAMS, J. SHERIDAN, W. GORDY (*J. chem. Phys.* **20** [1952] 164/7); vgl. auch die zusammenfassende Übersicht von J. W. GEORGE (*Progr. inorg. Chem.* **2** [1960] 33/107, 50).

Einen Überblick über die Strukturen F-haltiger Molekeln, darunter PF_3, gibt S. H. BAUER (*J. phys. Chem.* **56** [1952] 343/51).

Angaben über die Struktur der oben genannten PX_3-Molekeln sind auch in den Übersichtsarbeiten von L. O. BROCKWAY (*Rev. mod. Phys.* **8** [1936] 231/66, 260), L. R. MAXWELL (*J. opt. Soc. America* **30** [1940] 374/95) und P. W. ALLEN, L. E. SUTTON (*l. c.*) enthalten.

Moments of Inertia. Rotational Constants

Trägheitsmomente I_A, I_B in 10^{-40} g cm². **Rotationskonstanten** B_0 in MHz, D_J und D_{JK} in kHz (zur Bedeutung der Formelzeichen s. S. 18). Aus dem Ramanspektrum berechnen D. M. YOST, T. F. ANDERSON (*J. chem. Phys.* **2** [1934] 624/7) für PF_3: $I_A = 176.0$, $I_B = 106.6$, für PCl_3: $I_A = 558.3$, $I_B = 314.7$; vgl. auch D. M. YOST, J. E. SHERBORNE (*J. chem. Phys.* **2** [1934] 125/7). — Aus den Frequenzen der Absorptionslinien im Mikrowellenspektrum ergeben sich die Rotationskonstt. von PF_3 zu $B_0 = 7819.900$, $D_J = 7$, $D_{JK} = -8$, O. R. GILLIAM, H. D. EDWARDS, W. GORDY (*Phys. Rev.* [2] **75** [1949] 1014/6, **76** [1949] 195). Nach genaueren Messungen ist $B_0 = 7820.01$, $D_J = 7.5 \pm 0.1$, $D_{JK} = -11.7 \pm 0.1$, C. M. JOHNSON, R. TRAMBARULO, W. GORDY (*Phys. Rev.* [2] **84** [1951] 1178/80), W. GORDY (*Ann. New York Acad. Sci.* **55** [1952] 774/88, 786); vgl. auch W. MAIER (*Ergebn. exakten Naturwiss.* **24** [1951] 275/370, 349). Erklärung der Linienbreite im PF_3-Spektrum mit Dipol-Dipol-Wechselwirkung, W. V. SMITH (*Ann. New York Acad. Sci.* **55** [1952] 891/903). Über die Rotationsenergie von PF_3 s. auch M. MIZUSHIMA (*Phys. Rev.* [2] **83** [1951] 94/103, 103). — Aus dem Mikrowellenspektrum von PCl_3 ergeben sich für B_0 die Werte 2617.1 ± 0.1 ($P^{35}Cl_3$) und 2487.5 ± 0.2 ($P^{37}Cl_3$), P. KISLIUK, C. H. TOWNES (*J. chem. Phys.* **18** [1950] 1109/11). — Aus dem Mikrowellenspektrum von PBr_3 ergibt sich $I_B = 841.9$ für $P^{79}Br_3$ bzw. 860.9 für $P^{81}Br_3$, Q. WILLIAMS, W. GORDY (*Phys. Rev.* [2] **79** [1950] 225); krit. Bemerkungen zu diesen Werten s. bei P. KISLIUK (*J. chem. Phys.* **22** [1954] 86/92, 89).

Dipole Moment

Dipolmoment μ in Debye. Bei der Unters. des STARK-Effekts im Mikrowellenspektrum von PF_3 finden R. G. SHULMAN, B. P. DAILEY, C. H. TOWNES (*Phys. Rev.* [2] **78** [1950] 145/8) und S. N. GOSH R. TRAMBARULO, W. GORDY (*J. chem. Phys.* **21** [1953] 308/10) praktisch übereinstimmend $\mu = 1.025 \pm 0.009$ bzw. 1.03 ± 0.01. Damit wird der von P. KISLIUK, C. H. TOWNES (*J. Res. nat. Bur. Standards* **44** [1950] 611/41, 627) angegebene, aus älteren Mikrowellendaten ber. Wert $\mu = 1.02$ im wesentlichen bestätigt. Aus der Druckverbreiterung der PF_3-Linien im Mikrowellenbereich berechnet M. MIZUSHIMA (*Phys. Rev.* [2] **83** [1951] 94/103, 103) $\mu = 1.6$. Über die Ableitung des Dipolmoments von PF_3 nach den Symmetriekoordinaten s. J. L. DUNLAP (*Diss. Vanderbilt Univ., Nashville, Tenn.*, 1959; *Diss. Abstr.* **20** [1959] 1398/9).

Dielektrische Unterss. an Lsgg. von PCl_3 und PBr_3 in CCl_4 bei 17.5 bzw. 18.2°C ergeben $\mu = 0.80$ bzw. 0.61, E. BERGMANN, L. ENGEL (*Physik. Z.* **32** [1931] 507/9; *Z. physik. Chem.* B **13** [1931] 232/46, 234). Nach ähnlichen Messungen an Lsgg. von PCl_3 in C_6H_6 ist $\mu = 0.90$, J. W. SMITH (*Proc. Roy. Soc.* A **136** [1932] 256/63, 259). $\mu = 0.70$ für fl. PCl_3 finden T. M. LOWRY, J. HOFTON (*J. chem. Soc.* **1932** 207/11). Aus den in C_6H_6 und CCl_4 gem. Molpolarisationen ergeben sich die Mittelwerte $\mu = 1.00$ für PCl_3, $\mu = 0.52$ für PBr_3, K. SUENAGA, A. KOTERA (*J. chem. Soc. Japan, Pure Chem. Sect.* **70** [1949] 116/8). — Berechnete Werte: aus der Elektronegativität der Atome P, Cl und Br ergibt sich $\mu = 0.98$ für PCl_3, $\mu = 0.62$ für PBr_3, J. G. MALONE (*J. chem. Phys.* **1** [1933] 197/9). Aus der DK, der Brechungszahl und der Dichte berechnet C. J. F. BÖTTCHER (*Recueil Trav. chim. Pays-Bas.* **62** [1943] 119/33, 126) $\mu = 1.0$ oder 1.2 für PCl_3, $\mu = 0.7$ für PBr_3; aus neueren Angaben für dieselben Größen folgt $\mu = 0.98$ für PCl_3, O. A. OSIPOV (*Ž. fiz. Chim.* **31** [1957] 1542/6).

Für PJ_3 ergibt sich aus der Dichte, der DK und der Brechungszahl von Lsgg. in CS_2 bei 20°C $\mu = 0.34$, M. BAUDLER, G. FRICKE (*Z. anorg. allg. Chem.* **320** [1963] 11/26, 18).

Magnetic Moment

Magnetisches Moment. In Molekeln, die die Form eines symmetr. Kreisels haben, entsteht bei der Rotation ein magnet. Moment in Richtung des Gesamtdrehimpulses J, das sich ebenso wie J selbst in 2 Komponenten parallel und senkrecht zur Molekelachse zerlegen läßt; das gleiche gilt für den g-Faktor. Für PF_3 ergibt sich im Falle, daß J senkrecht zur Molekelachse gerichtet ist (K = 0), $g_\perp = 0.065 \pm 0.01$, wenn das magnet. Moment in Kernmagnetonen gemessen wird, J. T. COX, W. GORDY (*Phys. Rev.* [2] **101** [1956] 1298/1300).

Force Constants

Kraftkonstanten f in mdyn/Å. Wie bei PH_3 lassen sich auch bei den PX_3-Molekeln aus den Wellenzahlen nur 4 Kraftkonstt. berechnen. Die Parameter in der auf S. 20 zitierten Formel für die potentielle Energie werden erstmals von J. B. HOWARD, E. B. WILSON (*J. chem. Phys.* **2** [1934] 630/4) bestimmt; die Ergebnisse sind zusammen mit neueren Daten anderer Autoren in der nachstehenden Tabelle zusammengestellt (Mol. = Molekel):

Mol.	PF$_3$				PCl$_3$						PBr$_3$			PJ$_3$
f_d	4.56	4.59	4.64	5.02	2.11	2.12	2.13	2.16	2.172	2.07	1.62	1.63	1.827	1.21
f_α	1.07	1.07	1.15	0.632	0.31	0.32	0.311	0.31	0.3195	0.336	0.27	0.27	0.2398	0.18
f_{dd}	0.39	0.39	0.78	0.352	0.28	0.27	0.193	0.24	0.0933	0.169	0.05	0.03	0.0342	0.06
$f_{\alpha\alpha}$	0.04	0.04	−0.09	0.145	0.06	0.06	0.060	0.08	0.0672	0.041	0.07	0.07	0.0693	0.03
Lit.	1)	2)	3)	4)	1)	2)	4)	5)	6)	7)	1)	2)	6)	8)

1) J. B. Howard, E. B. Wilson (*l. c.*). — 2) G. Herzberg (*Infrared and Raman spectra of polyatomic molecules, New York-Toronto-London* 1945, S. 177). — 3) H. S. Gutowsky, A. D. Liehr (*J. chem. Phys.* **20** [1952] 1652/3). — 4) L. Doyennette (*J. Chim. phys.* **58** [1961] 487/94, 491). — 5) O. Burkard (*Z. physik. Chem.* B **30** [1935] 298/304, 303). — 6) P. W. Davis, R. A. Oetjen (*J. mol. Spectroscopy* **2** [1958] 253/8). — 7) V. Lorenzelli (*C. r. Acad. Sci.* [*Paris*] **252** [1961] 3219/20). — 8) H. Stammreich, R. Forneris, Y. Tavares (*J. chem. Phys.* **25** [1956] 580).

Setzt man die Werte für f_d von G. Herzberg (*l. c.*) als gegeben voraus, so können aus den 4 Wellenzahlen (486, 531, 840, 890 cm^{-1} für PF$_3$, 190, 258, 484, 511 cm^{-1} für PCl$_3$, 115, 162, 380, 400 cm^{-1} für PBr$_3$) noch je 4 Kraftkonstt. berechnet werden, nämlich $f_\alpha = 1.0050$, 0.2840, 0.1995 für die genannten 3 Molekeln und je 3 Wechselwirkungskonstt., K. Venkateswarlu, S. Sundaram (*Proc. phys. Soc.* A **69** [1956] 180/3). Von den Kraftkonstt. hängen außer den Wellenzahlen auch die Amplituden der Molekelschwingungen ab. Aus den gem. Amplituden und Wellenzahlen lassen sich daher 6 Kraftkonstt. ableiten, wobei die Potentialgleichung durch die Terme $2r_0 f_{d\alpha} \Sigma \Delta r_i \Delta\alpha_{ij} + 2r_0 f_{d'\alpha} \Sigma \Delta r_i \Delta\alpha_{jk}$ ergänzt ist; für PCl$_3$ ergeben sich: $f_r = 2.83 \pm 0.37$, $f_\alpha = 0.28 \pm 0.04$, $f_{dd} = 0.59 \pm 0.30$, $f_{\alpha\alpha} = 0.04_5 \pm 0.03_9$, $f_{d\alpha} = 0.27 \pm 0.21$, $f_{d'\alpha} = 0.07 \pm 0.28$, M. Iwasaki, K. Hedberg (*J. chem. Phys.* **36** [1962] 594/8; *Nagoya Kogyo Gijutsu Shikensho Hokoku* **11** [1962] 233/7 [japan.]). Sind die Amplituden nicht bekannt, so müssen für 2 Kraftkonstt. passende Werte gleichsam willkürlich gesetzt werden; mit $f_{d\alpha} = -1$ und $f_{d'\alpha} = 1$ ergeben sich für PF$_3$ die Werte $f_d = 6.0$, $f_\alpha = 0.86$, $f_{dd} = 0.91$, $f_{\alpha\alpha} = 0.22$, L. Burnelle, J. Duchesne (*J. chem. Phys.* **18** [1950] 1300/1).

Über die Parameter einer Potentialgleichung ohne Wechselwirkungsterme s. R. E. Weston (*J. Am. chem. Soc.* **76** [1954] 2645/8); Kraftkonstt. für ein Molekelmodell, in dem Zentralkräfte wirken, s. bei S. Bhagavantam (*Indian J. Phys.* **5** [1930] 73/95, 86).

In Ni[PF$_3$]$_4$ ist die P–F-Bindung, wie die größere Wellenzahl (s. S. 366) zeigt, fester als in PF$_3$; $f_d = 7.73$, L. A. Woodward, J. R. Hall (*Spectrochim. Acta* **16** [1960] 654/62 [engl.]).

In der unsymmetr. Molekel PFCl$_2$ sind die Kraftkonstt. für die P–F-Bindung (D) und die P–Cl-Bindung (d) verschieden: $f_D = 4.0990$, $f_d = 2.6980$, ebenso für die Winkel Cl–P–Cl (α) bzw. F–P–Cl (β): $f_\alpha = 0.2537$, $f_\beta = 0.6120$; Wechselwirkungskonstt.: $f_{Dd} = 0.0707$, $f_{dd} = 0.5280$, K. Venkateswarlu, S. Sundaram (*J. Chim. phys.* **54** [1957] 202/5). 6 Parameter der Potentialgleichung nach Urey-Bradley s. bei K. Venkateswarlu, K. V. Rajalakshmi (*J. sci. ind. Res.* B **21** [1962] 349/51).

Molecular Vibrations. Review

Molekelschwingungen. Überblick. Da die PX$_3$-Molekeln dieselbe Symmetrie wie PH$_3$ haben, sind auch die Schwingungstypen dieselben wie bei PH$_3$ (s. S. 21). Jedoch erweist sich die für Trihalogenide die von R. Mecke eingeführte und von M.-L. Delwaulle, F. François (*J. Phys. Radium* [8] **7** [1946] 15/32) übernommene Notation als zweckmäßiger; somit werden die totalsymmetr. Schwingungen mit ν_1 und δ_3, die entarteten mit ν_{23} und δ_{12} bezeichnet. — Für die Wellenzahlen (hier und im folgenden in cm^{-1}) von gasf. PF$_3$, fl. PCl$_3$ und PBr$_3$ sowie gelöstem PJ$_3$ ergeben sich aus Lit.-Daten folgende Mittelwerte:

Molekel	ν_1	ν_{23}	δ_3	δ_{12}
PF$_3$	891	860	486	344
PCl$_3$	510	487	259	189
PBr$_3$	385	392	161	116
PJ$_3$	306	328	113	80

Zum Vergleich der Wellenzahlen von PX$_3$- und von POX$_3$-Molekeln s. M.-L. Delwaulle, F. François (*l. c.* S. 30).

Über die gemischten Trihalogenide s. S. 374.

Phosphorus Trifluoride

Phosphortrifluorid. Im Ramanspektrum von gasf. PF$_3$ beobachten D. M. Yost, T. F. Anderson (*J. chem. Phys.* **2** [1934] 624/7) nur 3 der 4 möglichen Linien: 487, 851 und 893; dagegen besteht das Ramanspektrum von fl. PF$_3$ aus 4 Linien: 486, 531, 840 und 890. Die 4. Linie (531) wird im Ultrarotspektrum von gasf. PF$_3$ von H. S. Gutowsky, A. D. Liehr (*J. chem. Phys.* **20** [1952] 1652/3) als schwach angedeutete Bande, von M. Kent Wilson, S. R. Polo (*J. chem. Phys.* **20** [1952] 1716/7,

21 [1953] 1426) dagegen überhaupt nicht gefunden. Die Banden bei 486 und 891 cm^{-1} sind in P-, Q- und R-Zweige aufgelöst, entsprechen also den totalsymmetr. Schwingungen δ_3 bzw. ν_1, H. S. GUTOWSKY, A. D. LIEHR (*l. c.*). Den entarteten Schwingungen ist außer der wiederholt gefundenen Linie $\nu_{23} = 860$ noch die Linie $\delta_{12} = 344$ zuzuordnen. Als Kombinationen und Oberschwingungen sind im Ultrarotspektrum Absorptionsmaxima bei 693 ($2\delta_{12}$), 831 ($\delta_{12}+\delta_3$), 1196 ($\nu_{23}+\delta_{12}$), 1238 ($\nu_1+\delta_{12}$), 1375 ($\nu_1+\delta_3$), 1713 ($2\nu_{23}$), 1752 ($\nu_1+\nu_{23}$), 1781 ($2\nu_1$) zu beobachten, M. KENT WILSON, S. R. POLO (*l. c.*). Über das Auftreten von Valenzschwingungen im UR-Spektrum berichten auch L. W. DAASCH, D. C. SMITH (*Anal. Chem.* **23** [1951] 853/68, 855). — Im Ramanspektrum von fl. Ni[PF_3]$_4$ tritt außer den 4 Linien $\nu_1 = 954$, $\nu_{23} = 851$, $\delta_3 = 505$, $\delta_{12} = 385$ noch eine 5. Linie bei 534 cm^{-1} auf, die sich der inneren Deformation des PF_3-Liganden zuordnen läßt, L. A. WOODWARD, J. R. HALL (*Nature* **181** [1958] 831/2; *Spectrochim. Acta* **16** [1960] 654/62 [engl.]). Im UR-Spektrum von Ni[PF_3]$_4$ findet R. SCHMUTZLER (*Diss. T.H. Stuttgart* 1960, S. 3/162, 30) Maxima bei $\nu_1 = 898$, $\nu_{23} = 859$, $\delta_3 = 503$, $\delta_{12} = 386$ cm^{-1} sowie eine 5. Linie bei 435 cm^{-1}.

Mittlere Amplitude der Schwingungen für den P–F- und den F–F-Abstand: 0.0410 bzw. 0.0700 Å bei 0°K, 0.0418 bzw. 0.0788 Å bei 298°K, J. BAKKEN (*Acta chem. scand.* **12** [1958] 594 [engl.]).

Phosphorus Trichloride

Phosphortrichlorid. Wie bei PF_3, so hängen auch bei PCl_3 die im Ramanspektrum gem. Wellenzahlen vom Aggregatzustand ab. Bei der gleichen Temp. haben die Schwingungen der freien PCl_3-Molekel die Wellenzahlen 184, 256, 482 und 514, während an fl. PCl_3 die Wellenzahlen 188, 258, 482 und 511 zu beobachten sind, J. R. NIELSEN, N. E. WARD (*J. chem. Phys.* **10** [1942] 81/87, 84); vgl. hierzu auch H. BRAUNE, G. ENGELBRECHT (*Z. physik. Chem.* B **19** [1932] 303/13, 311). Beim Übergang von fl. zu krist. PCl_3 verschieben sich die Linien 190, 258 und 511 (bei 30°C gemessen) zu den Wellenzahlen 194, 255 bzw. 494 bei −180°C, während die Linie 484 in die 3 Komponenten 461, 476 und 482 aufspaltet, S. C. SIRKAR, J. GUPTA (*Indian J. Phys.* **11** [1937] 55/64, 56). Bei den häufig wiederholten Unterss. an fl. PCl_3 ergaben sich folgende Wellenzahlen:

ν_1	ν_{23}	δ_3	δ_{12}	Literatur
510	480	257	190	P. DAURE (*Ann. Phys.* [*Paris*] [10] **12** [1929] 375/441, 434; *C. r.* **187** [1928] 826/8, 940/1, **188** [1929] 1605/6)
512	488	260	190	S. BHAGAVANTAM (*Indian J. Phys.* **5** [1930] 35/48, 43, 59/71, 66)
511	489	259	195	H. NISI (*Japan. J. Phys.* **6** [1930] 1/15T, 9T)
510	485	256	190	B. TRUMPY (*Z. Phys.* **68** [1931] 675/82, 677)
514	481	260	189	S. VENKATESWARAN (*Indian J. Phys.* **6** [1931] 275/85, 282; *Phil. Mag.* [7] **15** [1933] 263/82, 268)
511	484	258	190	J. CABANNES, A. ROUSSET (*C. r.* **194** [1932] 79/81; *Ann. Phys.* [*Paris*] [10] **19** [1933] 229/303, 259)
511	486	259	189	A. I. BRODSKIJ, L. V. KORČAGIN (*Ž. fiz. Chim.* **10** [1937] 868/71), E. BRODSKY, L. W. KORTSCHAGIN (*Acta physicochim. URSS* **7** [1937] 791/6)
521	478	258.6	188	O. THEIMER (*Acta phys. austriaca* **1** [1947] 188/99 [dtsch.])

Im Ultrarotspektrum wird nach der Reststrahlenmeth. die Schwingung δ_{12} bei 190 cm^{-1} registriert, J. K. O'LOANE (*J. chem. Phys.* **21** [1953] 669/74, 671). Mit einem Gitterspektrometer ergeben sich die Wellenzahlen $\nu_1 = 507.4 \pm 0.5$, $\nu_{23} = 493.5 \pm 0.5$, $\delta_3 = 260.1 \pm 0.2$, $\delta_{12} = 189.0 \pm 0.3$, P. W. DAVIS, R. A. OETJEN (*J. molec. Spectroscopy* **2** [1958] 253/8, 255). Demgegenüber finden V. LORENZELLI, K. D. MÖLLER (*C. r.* **248** [1959] 1980/2) im Bereich von 20 bis 45 μ die Wellenzahlen $\nu_1 = 504$, $\nu_{23} = 482$, $\delta_3 = 252$ sowie einige Kombinationen: 280 bis 315 ($\nu_1 - \delta_{12}$ und $\nu_{23} - \delta_{12}$), 395 ($2\delta_{12}$), ~450 ($\delta_{12}+\delta_3$). Ältere Angaben über das UR-Spektrum (9 Maxima zwischen 3.55 und 14.82 μ) s. bei H. H. MARVIN (*Phys. Rev.* **34** [1912] 161/86, 171). — Im UR-Spektrum von Ni[PCl_3]$_4$ findet R. SCHMUTZLER (*Diss. T.H. Stuttgart* 1960, S. 3/162, 23) bei Messungen im Bereich $\nu > 300$ cm^{-1} die beiden Valenzschwingungen bei 503 und 477 cm^{-1}.

Verschiebungen der Wellenzahlen sind durch verschiedene Umstände bedingt. So wird z. B. aus der Linie δ_3 bei Anregung der Elektronenhülle eine breite Bande zwischen 230 und 265 cm^{-1}, A. B. F. DUNCAN (*J. chem. Phys.* **3** [1935] 384/5). — In Gemischen mit CS_2 oder $CHCl_3$ (50 Vol.-%) ist die Linie ν_1 von 511 nach 504 bzw. 505 cm^{-1} verschoben, die übrigen Linien sowie alle PCl_3-Linien in einem PCl_3-$(C_2H_5)_2O$-Gemisch aber nur um weniger als 2 cm^{-1}, A. I. BRODSKIJ, L. V. KORČAGIN (*l. c.*), L. V. KORČAGIN (*Mem. Inst. Chem. Acad. Sci. UkrSSR* 8 [1938] 159/83 [ukrain.], 183/4 [russ.],

185/6 [dtsch.]), A. E. BRODSKII, A. M. SACK, L. V. KORTCHAGIN (*Proc. Indian Acad. Sci.* A **9** [1939] 105/8). In einem Gemisch mit CS_2 (50 Vol.-%) sind außer den PCl_3-Linien noch Kombinationen mit der CS_2-Linie $\nu_A = 1515$ zu beobachten: 1696 ($\nu_A + \delta_{12}$), 1773 ($\nu_A + \delta_3$), 2020 ($\nu_A + \nu_{23}$), J. A. A. KETELAAR, F. N. HOOGE (*J. chem. Phys.* **23** [1955] 1549/50; *Recueil Trav. chim.* **76** [1957] 529/45, 533); zur Deutung s. auch J. A. A. KETELAAR (*Recueil Trav. chim.* **75** [1956] 857/61). — In Gemischen aus PCl_3 und PBr_3 werden die Wellenzahlen der PCl_3-Schwingungen bei abnehmender PCl_3-Konz. kleiner, O. BURKARD (*Z. physik. Chem.* B **30** [1935] 298/304, 302).

Intensitätsmessungen, mit denen die theoretisch abgeleitete Formel für das Verhältnis der Intensitäten der rot- und der blauverschobenen Raman-Linien I_r/I_b geprüft werden sollte, wurden ausgeführt von P. DAURE (*C. r.* **187** [1928] 826/8, 940/1, **188** [1929] 1605/6; *Ann. Phys.* [*Paris*] [10] **12** [1929] 375/441, 421, 425); vgl. hierzu auch J. CABANNES (*Trans. Faraday Soc.* **25** [1929] 800/13, 808). Nach Verss. an reinem PCl_3 sowie an Gemischen aus PCl_3 mit $CHCl_3$, CS_2 oder $(C_2H_5)_2O$ gilt für die Linien 511, 259 und 189 die Formel $I_r/I_b = [(\nu - \nu_i)/(\nu + \nu_i)]^4 \cdot \exp(h\nu_i/kT)$ mit einer Genauigkeit bis auf 3 bis 10%, A. E. BRODSKII, A. M. SACK, L. V. KORTCHAGIN (*l. c.*), L. V. KORČAGIN (*Mem. Inst. Chem. Acad. Sci. UkrSSR* 8 [1938] 159/83, 180/1 [ukrain.], 183/4 [russ.], 185/6 [dtsch.]). Die mittlere Amplitude der Schwingungen für den P–Cl- und den Cl–Cl-Abstand berechnet J. BAKKEN (*Acta chem. scand.* **12** [1958] 594 [engl.]) zu 0.0467 bzw. 0.770 Å bei 0°K, 0.0526 bzw. 0.1033 Å bei 298°K. Durch Elektronenbeugung bestimmte Werte: 0.0501 ± 0.0013 bzw. 0.0834 ± 0.0023 Å bei 300°K, 0.0594 ± 0.0017 bzw. 0.1097 ± 0.0035 Å bei 505°K, K. HEDBERG, M. IWASAKI (*J. chem. Phys.* **36** [1962] 589/94). Der von T. A. HARIHARAN (*Indian. J. Phys.* **35** [1961] 637/9) ber. Wert 0.075 (P–Cl-Abstand bei 300°K) dürfte somit zu hoch liegen.

Polarisationsmessungen mit dem Ziel, die gem. Wellenzahlen den verschiedenen Schwingungstypen zuzuordnen, werden schon von S. BHAGAVANTAM (*Indian J. Phys.* **5** [1930] 59/71, 66) ausgeführt; vgl. auch die theoret. Erörterungen hierzu von J. CABANNES (*Trans. Faraday Soc.* **25** [1929] 813/25, 816). Die völlig eindeutigen Ergebnisse werden von J. CABANNES, A. ROUSSET (*C. r. Acad. Sci.* [*Paris*] **194** [1932] 79/81; *Ann. Phys.* [*Paris*] [10] **19** [1933] 229/303, 259) bestätigt. Den Unterschied zwischen den Polarisationszuständen des Raman- und des gesamten Streulichts (Raman- und Rayleigh-Streuung), gem. an PCl_3 und einigen anderen Chloriden, nimmt S. VENKATESWARAN (*Phil. Mag.* [7] **14** [1932] 258/70, **15** [1933] 263/82) zum Ausgangspunkt für die Entwicklung einer neuen Theorie über die Lichtstreuung. — Aus dem Umstand, daß der Depolarisationsgrad der Schwingung ν_{23} den theoret. Wert $\rho = 0.86$ nicht ganz erreicht und daß die Linien 485 und 515 in fl. PCl_3 so verbreitert sind, daß sie kaum voneinander abgrenzbar sind, schließt L. GIULOTTO (*Nuovo Cimento* **18** [1941] 367/70), daß zwischen diesen Linien noch eine weitere, nicht völlig depolarisierte Linie liegen könnte. Nach J. CABANNES, A. ROUSSET (*l. c.*) ist allerdings bei $\nu_{23} = 484$ $\rho = 0.86$, wie theoret. erwartet.

Phosphortribromid. Charakteristisch für PBr_3 ist es, daß die Schwingungen ν_1 und ν_{23} fast die gleiche Wellenzahl haben. Bei der Unters. des Ultrarotspektrums mit einem Gitterspektrometer sind nur drei deutliche Absorptionsmaxima feststellbar: $\nu_{23} = 392.2 \pm 0.5$, $\delta_3 = 161.3 \pm 0.5$, $\delta_{12} = 115.7 \pm 0.7$. Das vierte Max. müßte jedenfalls zwischen 340 und 460 cm^{-1} liegen, ist aber in diesem Bereich nicht auffindbar. Da die Intensität von ν_{23} viel stärker ist als die von ν_1, ist zu schließen, daß das Max. ν_1 von dem Max. ν_{23} überlagert ist, d. h. $\nu_1 = 392 \pm 5$, P. W. DAVIS, R. A. OETJEN (*J. molec. Spectroscopy* **2** [1958] 253/8). Bei der Unters. des Ramanspektrums glauben dagegen die meisten Autoren, 2 deutlich trennbare Linien den Schwingungen ν_1 und ν_{23} zuordnen zu können. So gibt beispielsweise P. DAURE (*C. r. Acad. Sci.* [*Paris*] **187** [1928] 940/1; *Ann. Phys.* [*Paris*] [10] **12** [1929] 375/441, 434), nachdem vorläufige Unterss. $\nu_1 = \nu_{23} = 390$, $\delta_3 = 156$, $\delta_{12} = 110$ ergeben hatten, später 4 Wellenzahlen an: $\nu_1 = 380$, $\nu_{23} = 400$, $\delta_3 = 162$, $\delta_{12} = 116$. Dieses Ergebnis wird von B. TRUMPY (*Z. Phys.* **68** [1931] 675/82, 677) hinsichtlich der Wellenzahlen ($\nu_1 = 379$, $\nu_{23} = 397$, $\delta_3 = 161$, $\delta_{12} = 115$) bestätigt; auch die Polarisationsmessungen von J. CABANNES, A. ROUSSET (*C. r. Acad. Sci.* [*Paris*] **194** [1932] 79/81; *Ann. Phys.* [*Paris*] [10] **19** [1933] 229/303, 259) lassen den Unterschied der symmetr. und der entarteten Schwingungen deutlich erkennen; bei $\nu_1 = 380$ ist der Depolarisationsgrad $\rho = 0.28$, bei $\nu_{23} = 400$ ist $\rho = {}^6/_7$. Einen noch größeren Unterschied zwischen ν_1 und ν_{23} findet O. THEIMER (*Acta phys. Austr.* **1** [1947] 188/99 [dtsch.]), der $\nu_1 = 366$, $\nu_{23} = 407$, $\delta_3 = 160.7$, $\delta_{12} = 115.6$ angibt. Demgegenüber vermag O. BURKARD (*Z. physik. Chem.* B **30** [1935] 298/304) nur 3 Raman-Linien zu finden: $\nu_1 = \nu_{23} = 395$, $\delta_3 = 168$, $\delta_{12} = 125$.

Phosphorus Tribromide

In Gemischen aus PBr_3 und PCl_3 werden die Wellenzahlen der PBr_3-Schwingungen bei abnehmender PBr_3-Konz. größer, O. BURKARD (*l. c.*). In einem Gemisch mit CS_2 (50 Vol.-%) sind außer den PBr_3-Linien noch Kombinationen mit der CS_2-Linie $\nu_A = 1515$ zu beobachten: 1673 ($\nu_A + \delta_3$), 1891 ($\nu_A + \nu_1$), J. A. A. KETELAAR, F. N. HOOGE (*J. chem. Phys.* **23** [1955] 1549/50; *Recueil Trav. chim.* **76** [1957] 529/45, 533).

Phosphorus Triiodide

Phosphortrijodid. Im Ramanspektrum von Lsgg. von PJ_3 in CCl_4 oder C_6H_6 treten 4 Linien auf: $\nu_1 = 303$, $\nu_{23} = 325$, $\delta_3 = 111$, $\delta_{12} = 79$, H. STAMMREICH, R. FORNERIS, Y. TAVARES (*J. chem. Phys.* **25** [1956] 580). In CS_2 finden M.-L. DELWAULLE, G. SCHILLING (*C. r.* **244** [1957] 70/2) $\nu_1 = 308$, $\nu_{23} = 330$, $\delta_3 = 115$, $\delta_{12} = 80$.

Mixed Phosphorus Trihalogenides

Gemischte Phosphortrihalogenide. In den zur Punktgruppe C_s gehörenden Molekeln PX_2Y sind 6 Schwingungen möglich, von denen 2 (ν_2 und δ_2) depolarisiert sind, K. W. F. KOHLRAUSCH (*Ramanspektren, Leipzig* 1943, S. 129/30), G. HERZBERG (*Infrared and Raman spectra of polyatomic molecules, New York-Toronto-London* 1945, *Neudruck* 1951, S. 134). Auch an PFClBr sind nur 6 Schwingungen zu beobachten (vgl. dagegen POFClBr, S. 387).

Nachdem B. TRUMPY (*Z. Phys.* **68** [1931] 675/82, 680/1; *Norsk Vidensk. Selsk. Forh.* **4** [1931] 102/5) und O. BURKARD (*Z. physik. Chem.* B **30** [1935] 298/304) an PCl_3-PBr_3-Gemischen verschiedener Zus. einige Linien von $PClBr_2$ und PCl_2Br gefunden hatten, ergeben systemat. Unterss. an den isolierten PX_2Y-Verbb. sowie an PFClBr folgende Wellenzahlen:

Molekel	PBr_3	$PClBr_2$	PCl_2Br	PCl_3	$PFBr_2$	PFClBr	$PFCl_2$
ν_1	380	~380	~510	511	421	500	524
ν_2	400	~400	~400	484	393	415	496
ν_3		~480	~480		817	822	827
δ_1	116	123	166.5	190	126	161.5	200
δ_2		153	149		220	231	271
δ_3	162	197	230	258	257	302	327

M.-L. DELWAULLE (*C. r.* **222** [1946] 1391/2, **224** [1947] 389/91), M.-L. DELWAULLE, F. FRANÇOIS (*C. r.* **223** [1946] 796/8), F. FRANÇOIS, M.-L. DELWAULLE (*J. Chim. phys.* **46** [1949] 80/86, 84/86), M.-L. DELWAULLE, M. BRIDOUX (*C. r.* **248** [1959] 1342/4). Von O. THEIMER (*Acta phys. Austr.* **1** [1947] 188/99, 195 [dtsch.]) werden bei PCl_2Br die Wellenzahlen $\delta_2 = 149$, $\delta_3 = 232$, bei $PClBr_2$ die Wellenzahlen $\delta_1 = 123$, $\delta_3 = 198$ gefunden.

In Gemischen mit PJ_3, die bei hohem PJ_3-Anteil in CS_2 gelöst waren, sind nur folgende Wellenzahlen zu beobachten:

Molekel	PCl_2J	$PClJ_2$	PBr_2J	$PBrJ_2$
ν_1	—	324	—	—
ν_3	340	—	331	—
δ_1	144	87	108	88
δ_2	135	—	102	—
δ_3	222	165	147	132

M.-L. DELWAULLE, G. SCHILLING (*C. r.* **244** [1957] 70/2), G. SCHILLING (*C. r.* **245** [1957] 2499/502).

Electronic Spectrum

Elektronenspektrum. In PF_3 sind außer 2 diffusen Absorptionsmax. bei 1564 und 1515 Å 2 Bandenserien bei 1405 und 1212 Å zu beobachten, die aus 19 bzw. 14 Banden bestehen; analog liegt ein diffuses Max. für PCl_3 bei 1750 Å, während die Bandenserie bei 1591 Å beginnt. Die Bandenserien entsprechen wie bei PH_3 (s. S. 23) Elektronenübergängen bei angeregter ν_2-Schwingung, C. M. HUMPHRIES, A. D. WALSH, P. A. WARSOP (*Discuss. Faraday Soc.* Nr. 35 [1963] 148/57, 149/50). — Ein weiteres Absorptionsmax. findet M. HALMANN (*J. chem. Soc.* **1963** 2853/6) in PCl_3 bei 2170 ± 5 Å.

Ionization. Dissociation

Ionisation. Dissoziation. Durch Elektronenbeschuß von PCl_3 werden die Ionen (relative Intensitäten in Klammern) PCl_3^+ (100), PCl_2^+ (182), PCl^+ (38), PCl_2^{2+} (2.4) und PCl^{2+} (0.4) gebildet, P. KUSCH, A. HUSTRULID, J. T. TATE (*Phys. Rev.* [2] **52** [1937] 840/2). Über die relativen Häufigkeiten und die Auftrittspotentiale von PCl_3^+ (10.75 ± 0.2 eV), PCl_2^+, PCl^+, P^+ und Cl^+, beobachtet bei der Dissoz. von P_2Cl_4, s. auch A. A. SANDOVAL, H. C. MOSER, R. W. KISER (*J. phys. Chem.* **67** [1963] 124/6).

Parachor

Parachor [P]. Aus den Angaben von W. RAMSAY, J. SHIELDS (*J. chem. Soc.* **63** [1893] 1089/1109, 1099) und J. L. R. MORGAN, G. K. DAGHLIAN (*J. Am. chem. Soc.* **33** [1911] 672/84, 676) über die Oberflächenspannung γ von PCl_3 berechnen S. SUGDEN, J. B. REED, H. WILKINS (*J. chem. Soc.* **127** [1925] 1525/40, 1533) die Werte [P] = 199.0 bzw. 201.1. Dem daraus sich ergebenden Mittelwert [P] = 200.0 setzen S. A. MUMFORD, J. W. C. PHILLIPS (*J. chem. Soc.* **1929** 2112/33, 2121) den ber.

Wert [P] = 199.5 gegenüber. Aus eigenen γ-Werten für den Bereich von 15.3 bis 60.3°C ermittelt A. I. VOGEL (*J. chem. Soc.* **1948** 1833/55, 1851) [P] = 201.6. — Mit den neuen Werten für die Atomparachore von P und Cl, nämlich [P] = 70.5 bzw. 59.4, ergibt sich [P] = 192.9 für PCl_3, J. C. McGOWAN (*Recueil Trav. chim.* **75** [1956] 193/308, 199); vgl. auch J. C. McGOWAN (*Chem. Ind.* **1952** 495/6).

Für PBr_3 ergibt sich aus den Messungen von S. SUGDEN u. a. (*l. c.* S. 1538) [P] = 242.9. Neuere Messungen zwischen 15.6 und 59.5°C ergeben [P] = 239.7, A. I. VOGEL (*l. c.*). Mit [P] = 74.3 für Br erhält J. C. McGOWAN (*Recueil Trav. chim.* **75** [1956] 193/208, 199) aus den Atomparachoren [P] = 237.6.

Molrefraktion R_{mol} in cm^3. **Molpolarisation** P_{mol} in cm^3. Für PCl_3 und PBr_3 ergeben sich bei λ = 4861, 5893, 6563 Å die R_{mol}-Werte 26.77, 26.28, 26.13 bzw. 37.09, 36.13, 35.84, W. J. JONES, W. C. DAVIES, W. J. C. DYKE (*J. phys. Chem.* **37** [1933] 583/96, 584). Etwa übereinstimmend damit findet A. I. VOGEL (*l. c.*) auf Grund eigener Messungen für die D-Linie R_{mol} = 26.27 bzw. 36.07. Nach neuen Berechnungsmethh. findet R. SAYRE (*J. Am. chem. Soc.* **80** [1958] 5438/40) für PCl_3 R_{mol} = 25.502 und 26.568.

Molecular Refraction. Molecular Polarization

Zwischen 306 und 463°K ist P_{mol} für PCl_3 nicht, wie theoret. erwartet, eine lineare Funktion von 1/T, U. GRASSI (*Nuovo Cimento* **1933** 3/20, 12). Einzelwerte bei 25 bzw. 40°C: 54.0 bzw. 53.2, J. W. SMITH (*Proc. Roy. Soc.* A **136** [1932] 256/63, 259). — Aus der von M. G. MALONE, A. L. FERGUSON (*J. chem. Phys.* **2** [1934] 99/104) bei 25°C gem. DK von verd. Lsgg. von PJ_3 in CS_2 berechnet H. STUART (in: LANDOLT-BÖRNSTEIN, 6. *Aufl.*, *Bd.* 1, *Tl.* 3, 1951, S. 386/508, 390) P_{mol} = 49.7.

PX_4^+-Ionen
(X = F, Cl oder Br)

PX_4^+ Ions

Allgemeines. Schon von G. ODDO, M. TEALDI (*Gazz. chim. ital.* **33** II [1903] 427/49, 436) werden PCl_4^+ und PBr_4^+ als Dissoziationsprodd. von PCl_5 bzw. PBr_5 in $POCl_3$ als Lsgm. erkannt. Diese Ionen sind außerdem Bestandteile fester Verbb. Über die Stabilität des $[PCl_4]^+$-Ions s. L. KOLDITZ, D. HASS (*Z. anorg. Chem.* **294** [1958] 191/204, 195). Dagegen gibt es keine Beweise für die Existenz des PF_4^+-Ions[1]), dem von A. DE LATTRE (*J. chem. Phys.* **19** [1951] 1610) eine der an KPF_6 beob. UR-Linien zugeschrieben wird. — PCl_3Br^+-Ionen entstehen bei der Dissoz. von PCl_3 in Br_2, G. S. HARRIS, D. S. PAYNE (*J. chem. Soc.* **1956** 4613/6).

General

Das PCl_4^+-Ion.

The PCl_4^+ Ion

Als Bestandteil eines Kristallgitters ist PCl_4^+ erstmals von H. MOUREU, M. MAGAT, G. WÉTROFF (*C. r.* **205** [1937] 276/8; *Proc. Indian Acad. Sci.* A **8** [1938] 356/64, 360) bei der Unters. des Ramanspektrums von PCl_5 nachgewiesen; röntgenograph. wird dies von H. M. POWELL, D. CLARK, A. F. WELLS (*Nature* **145** [1940] 149) bestätigt. Auch in PCl_6J (s. S. 530) sind $[PCl_4]^+$-Ionen enthalten, W. F. ZELEZNY, N. C. BAENZIGER (*J. Am. chem. Soc.* **74** [1952] 6151/2); vgl. auch A. I. POPOV, D. H. GESKE, N. C. BAENZIGER (*J. Am. chem. Soc.* **78** [1956] 1793/6). Mit F^- bzw. PF_6^- bildet PCl_4^+ die heteropolare Form von $PFCl_4$ bzw. PF_3Cl_2 (vgl. S. 485), L. KOLDITZ (*Z. anorg. Chem.* **284** [1956] 144/52, **286** [1956] 307/16). — Die Existenz von PCl_4^+ in verschiedenen Lsgmm. wird durch Leitf.-Messungen nachgewiesen; s. hierzu beispielsweise JA. A. FIALKOV, A. A. KUZMENKO (*Ž. obšč. Chim.* **19** [1949] 812/25; engl. Übers.: *J. gen. Chem. USSR* **19** [1949] 797/810), A. A. KUZMENKO, JA. A. FIALKOV (*Ž. obšč. Chim.* **19** [1949] 1007/13, **21** [1951] 473/81; engl. Übers.: *J. gen. Chem. USSR* **19** [1949] 997/1003, **21** [1951] 523/31), I. D. MUZYKA, JA. A. FIALKOV (*Dokl. Akad. Nauk SSSR* [2] **83** [1952] 415/7), A. I. POPOV, E. H. SCHMORR (*J. Am. chem. Soc.* **74** [1952] 4672/4), D. S. PAYNE (*J. chem. Soc.* **1953** 1052/5). — Eine Lsg. von PCl_5 in Acetonitril enthält PCl_4^+-Ionen, wie am Auftreten der Linie 658 cm^{-1} im UR-Spektrum zu erkennen ist, I. R. BEATTIE, M. WEBSTER (*J. chem. Soc.* **1963** 38/42).

Die 4 an der Bindung in PCl_4^+ beteiligten Elektronen des P-Atoms sind wahrscheinlich hybridisiert, Typ sp^3; dies folgt aus Analogiebetrachtungen über Onium-Verbb., I. AUCKEN (*Chem. and Ind.* **1952** 247/8), W. L. GROENEVELD (*Chem. Weekbl.* **52** [1956] 198/203); vgl. auch C. FINBAK (*Tidsskr. Kjemi Bergvesen Metallurgi* **7** [1947] 133/9, 135 [norw.]), C. ROMERS (*Chem. Weekbl.* **48** [1952] 81/88). Das Verhältnis von π- zu σ-Bindungen ist $< 1/10$, J. R. VAN WAZER (*J. Am. chem. Soc.* **78** [1956] 5709/15). — Die chem. Verschiebung der Kernresonanz, s. „*Phosphor*" *Tl.* B, S. 200, ergibt sich für PCl_4^+

[1]) Die neutrale PF_4-Molekel, vermutlich tetraedrisch, entsteht bei der Bestrahlung von NH_4PF_6 mit ^{60}Co-γ-Strahlen bei 295°K und ist durch das Spektrum ihrer Elektronenspinresonanz (g = 1.9985) nachweisbar, J. R. MORTON (*Canad. J. Phys.* **41** [1963] 706/8).

durch Messungen an einem rotierenden PCl_5-Kristall zu $\delta = -96$ ppm, E. R. ANDREW, A. BRADBURY, R. G. EADES, G. J. JENKS (*Nature* **188** [1960] 1096/7; *Arch. Sci.* **13** [1960] *Sonderh.* S. 371/3 [engl.]).

Die Punktgruppe des PCl_4^+-Ions ist nach röntgenograph. Unterss. näherungsweise T_d; die P–Cl-Abstände ergeben sich zu r = 1.97 bis 1.98 Å, die Bindungswinkel zu 111° und 119°, D. CLARK, H. M. POWELL, A. F. WELLS (*J. chem. Soc.* **1942** 642/5). Nach W. F. ZELEZNY, N. C. BAENZIGER (*J. Am. chem. Soc.* **74** [1952] 6151/2) sind alle Cl–Cl-Abstände gleich: 3.23 Å, r (P–Cl) = 1.98 Å.

Im PCl_4^+-Ion sind ebenso wie im PH_4^+-Ion (s. S. 6) vier Schwingungen möglich. Im Ramanspektrum von krist. PCl_5 sind die 4 Linien (in cm^{-1}) $\delta_{12} = 173$, $\delta_{345} = 244$, $\nu_1 = 451$, $\nu_{234} = 627$ dem PCl_4^+ zuzuordnen; daneben ist noch eine Linie bei 405 cm^{-1} ($\delta_{12} + \delta_{345}$?) zu beobachten. Daraus ergibt sich die Kraftkonst. der P–Cl-Bindung zu 3.024 mdyn/Å, H. GERDING, H. HOUTGRAAF (*Recueil Trav. chim. Pays-Bas* **74** [1955] 5/14 [engl.]). Zum Vergleich dieser Werte mit denen für $SiCl_4$ und $AlCl_4^-$ s. L. A. WOODWARD (*Trans. Faraday Soc.* **54** [1958] 1271/9, 1274). Die Linien ν_1 und δ_{345} werden schon von P. KRISHNAMURTI (*Indian J. Phys.* **5** [1930] 113/28, 116) und H. MOUREU, M. MAGAT, G. WÉTROFF (*C. r. Acad. Sci.* [*Paris*] **203** [1936] 257/9, **205** [1937] 276/8; *Proc. Indian. Acad. Sci.* A 8 [1938] 356/64) beobachtet. — Die UR-Spektren von $[PCl_4][BCl_4]$, $[PCl_4][BF_3Cl]$ und $[PCl_4][SO_3Cl]$ weisen übereinstimmend 2 starke Linien bei 584 und 650 cm^{-1} und 3 schwächere bei 1160, 1215 und 1309 cm^{-1} auf, die von T. C. WADDINGTON, F. KLANBERG (*J. chem. Soc.* **1960** 2339/43) dem PCl_4^+-Ion zugeordnet werden. Von I. R. BEATTIE, M. WEBSTER (*J. chem. Soc.* **1963** 38/42) wird darauf hingewiesen, daß es sich bei der Linie $\nu = 584$ cm^{-1} wahrscheinlich um die ν_{23}-Schwingung von $POCl_3$ handelt.

Über die Änderung der Kraftkonstt. bei Substitution von CH_3 für 3 der 4 Cl-Atome s. J. GOUBEAU, R. BAUMGÄRTNER (*Z. Elektrochem.* **64** [1960] 598/601).

Die Überführungszahl von PCl_4^+ ist bei 20°C in Acetonitril n = 0.40, in Nitrobenzol n = 0.65, D. S. PAYNE (*J. chem. Soc.* **1953** 1052/5).

Durch Isotopenaustauschrkk. zwischen den Verbb. $[PCl_4][PF_6]$, $[PCl_4]F$, $[PCl_4][PCl_6]$ und mit ^{36}Cl markiertem $[(C_2H_5)_4N]Cl$ wird gezeigt, daß die Stabilität von $[PCl_4]^+$ größer als die von $[PCl_6]^-$ ist. Die Austauschrk. an $[PCl_4]^+$ verläuft nach der 2. Ordnung mit gut meßbarer Geschw. (Halbwertszeit 1 bis 15 Min.), bei $[PCl_6]^-$ rascher (Halbwertszeit < 0.6 Sek.), L. KOLDITZ (*Ang. Ch.* **69** [1957] 717; *Z. anorg. Ch.* **294** [1958] 191/204).

The PBr_4^+ Ion

Das PBr_4^+-Ion.

Analog zu PCl_5 enthält das PBr_5-Gitter PBr_4^+-Ionen, H. M. POWELL, D. CLARK (*Nature* **145** [1940] 971). Mit F^- bzw. PF_6^- bildet PBr_4^+ die heteropolare Form von $PFBr_4$ bzw. PF_3Br_2 (vgl. S. 510), L. KOLDITZ, K. BAUER (*Z. anorg. Chem.* **302** [1959] 241/52, 245), L. KOLDITZ, A. FELTZ (*Z. anorg. Chem.* **293** [1958] 155/67, 167). — In Lsgg. von PBr_5 in Acetonitril und anderen organ. Fll. wird PBr_4^+ von G. S. HARRIS, D. S. PAYNE (*J. chem. Soc.* **1956** 4617/21) nachgewiesen.

Im PBr_5-Gitter haben die PBr_4^+-Ionen die Form verzerrter Tetraeder; WEISSENBERG-Aufnahmen ergeben, daß je 1 Br-Atom 2.02 bzw. 2.18 Å, die beiden anderen 2.16 Å vom P-Atom entfernt sind; die Kernabstände zwischen je 2 Br-Atomen sind teils 3.39 Å, teils 3.48 Å, M. VAN DRIEL, C. H. MACGILLAVRY (*Recueil Trav. chim.* **62** [1943] 167/71 [engl.]).

Im Ramanspektrum von krist. PBr_5 treten die PBr_4^+-Linien (in cm^{-1}) $\delta_{12} = 72$, $\delta_{345} = 140$, $\nu_1 = 227$, $\nu_{234} = 474$ auf; daraus nach der WILSONschen Meth. ber. Kraftkonstt. in mdyn/Å: $f_d = 2.415$, $f_{dd} = 0.092$, $f_\alpha = 0.16$, $f_{\alpha\alpha} = 0.40$, H. GERDING, P. C. NOBEL (*Recueil Trav. chim.* **77** [1958] 472/8 [engl.]). Über die Änderung der Kraftkonstt. bei Substitution von CH_3 für 3 der 4 Br-Atome s. J. GOUBEAU, R. BAUMGÄRTNER (*Z. Elektrochem.* **64** [1960] 598/601).

The PX_5 Molecules

Die PX_5-Molekeln

(X = F oder Cl)

Type of Bond. Molecular Form

Bindungsart. Molekelform. Die Deutung des empir. Befundes, daß die PX_5-Molekeln die Form einer trigonalen Doppelpyramide haben, ist deswegen schwierig, weil die 5 Bindungen nicht so gleichartig sind, daß sie als völlig hybridisierte sp^3d-Bindungen aufgefaßt werden können, aber auch nicht so verschieden, daß eine der 5 Bindungen heteropolar sein müßte. Daher nimmt L. PAULING (*The Nature of the chemical Bond*, 3. *Aufl.*, *Ithaca, N.Y.*, 1960, S. 178) eine Resonanz zwischen dem Modell mit 5 kovalenten Bindungen, den 5 Modellen mit je einer heteropolaren Bindung und den 6 Modellen mit je 3 kovalenten P–X-Bindungen und einer X–X-Bindung an; vgl. auch L. PAULING

(*Chim. Ind.* [*Milano*] **35** [1953] 926/7). Erschwerend für die Deutung ist auch der Umstand, daß die Ungleichartigkeit der 5 P–X-Bindungen bei PF_5, PCl_5 und den Fluoridchloriden nicht dieselbe ist; PBr_5 ist als freie Molekel so instabil, daß keine Beobachtungsdaten vorliegen. Auf die Ungleichartigkeit der P–Cl-Bindungen wird auf Grund des chem. Verh. von J. H. KOLITOWSKA (*Roczn. Chem.* **10** [1930] 743/50 [poln.], **12** [1932] 896/901 [poln.]), T. MIŁOBEDZKI (*Roczn. Chem.* **11** [1931] 600/6 [poln.]), L. ANSCHÜTZ, F. KOENIG, F. OTTO, H. WALBRECHT (*Liebigs Ann. Chem.* **525** [1936] 297/311) geschlossen. Analoge Überlegungen für die hypothet. Molekel PBr_5 s. bei S. D. CHATTERJEE (*J. Indian chem. Soc.* **19** [1942] 49/50) und A. POLESSITSKY, M. JASTCHENKO, N. BARANCHIK (*C. r. Acad. Sci. URSS* [2] **34** [1942] 83/7). Nach spektroskop. Unterss. von H. WEISS (*Diss. T.H. Stuttgart* 1959, S. 1/141) bestehen auch Unterschiede zwischen den P–F-Bindungen in PF_5 und PF_3Cl_2, ebenso auch zwischen den P–Cl-Bindungen in PCl_5 und PF_3Cl_2.

Die Vermutung, daß diese Unterschiede darauf beruhen, daß die Halogenatome an den Spitzen (X′) anders gebunden sind als die übrigen 3 (X), wird erstmals von H. S. GUTOWSKY, C. J. HOFFMAN (*J. chem. Phys.* **19** [1951] 1259/67) geäußert; vgl. hierzu auch J. J. DOWNS, R. E. JOHNSON (*J. Am. chem. Soc.* **77** [1955] 2098/2102) und W. MAHLER, E. L. MUETTERTIES (*J. chem. Phys.* **33** [1960] 636). — Werden diese Unterschiede ignoriert, so zeigt ein Vergleich von gem. und theoret. Kernabständen, daß auf jede σ-Bindung zwischen P und F in PF_5 und PF_3Cl_2 0.1 π-Bindungen entfallen, während die P–Cl-Bindungen in PCl_5 und PF_3Cl_2 reine σ-Bindungen sind, J. R. VAN WAZER (*J. Am. chem. Soc.* **78** [1956] 5709/15).

Das Modell mit einer heteropolaren Bindung war von I. LANGMUIR (*J. Am. chem. Soc.* **41** [1919] 868/934, 919) vorgeschlagen worden, weil damit die Gültigkeit der Oktettregel gewahrt werden konnte; s. hierzu auch G. W. F. HOLROYD (*J. Soc. chem. Ind.* **42** [1923] 348). Die von E. B. R. PRIDEAUX (*J. Soc. chem. Ind.* **42** [1923] 672/5) aufgestellte und von S. SUGDEN (*J. chem. Soc.* **1927** 1173/86) verteidigte These der Einelektronenbindung, die ebenfalls die Fünfzähligkeit des P-Atoms mit der Oktettregel in Einklang bringen sollte, ist schon von A. SIPPEL (*Z. angew. Chem.* **42** [1929] 849/52, 873/7) bezweifelt und dann von I. A. SIMONS (*J. phys. Chem.* **35** [1931] 2118/24) endgültig verworfen worden. Auch T. M. LOWRY, F. L. GILBERT (*Nature* **123** [1929] 85) und H. MOUREU, P. ROCQUET (*C. r.* **201** [1935] 144/7) schließen aus den magnet. und elektr. Eigg. von PCl_5, daß jedes Cl-Atom durch ein Elektronenpaar an das P-Atom gebunden ist. Vgl. hierzu auch R. F. HUNTER (*J. Soc. chem. Ind.* **51** [1932] 939). Wie aus dem Parachorwert auf die Bindungen geschlossen werden kann, erörtern S. A. MUMFORD, J. W. C. PHILLIPS (*J. chem. Soc.* **1929** 2112/33, 2121), C. A. BUEHLER (*J. Tennessee Acad. Sci.* **6** [1931] 27/31).

Zur Deutung der Molekelform (Punktgruppe D_{3h}) genügt die Annahme, daß die Bindung durch sp^3d-hybridisierte Elektronen bewirkt wird, J. W. LINNETT, C. E. MELLISH (*Trans. Faraday Soc.* **50** [1954] 665/70). Diese Molekelform ist nach H. MOUREU, A.-M. DE FICQUELMONT, M. MAGAT, G. WÉTROFF (*C. r.* **208** [1939] 1579/81) bei den bekannten Atomradien von P und Cl die einzig mögliche; vgl. auch H. MOUREU, M. MAGAT, G. WÉTROFF (*C. r.* **205** [1937] 276/8). Zur Deutung der Molekelform von PCl_5 und PF_3Cl_2 s. auch V. M. TATEVSKIJ (*Dokl. Akad. Nauk SSSR* **101** [1955] 515/6).

Mit zweierlei Halogenatomen (X, Y) sind Verbb. der Zusammensetzung PX_4Y und PX_3Y_2 möglich. Bei PX_3Y_2 können theoret. die Spitzen der Doppelpyramide entweder beide mit Y-Atomen oder beide mit X-Atomen oder mit je einem X- und einem Y-Atom besetzt sein; diese Molekeln gehören zu den Symmetriegruppen D_{3h}, C_{2v} bzw. C_s. Nach spektroskop. Unterss. kann PF_3Cl_2 nur zur Symmetriegruppe C_{2v} gehören, d. h. an den Pyramidenspitzen befinden sich F-Atome, H. WEISS (*Diss. T.H. Stuttgart* 1959, S. 1/141, 35, 58). Zu demselben Ergebnis gelangen E. L. MUETTERTIES, W. MAHLER, R. SCHMUTZLER (*Inorg. Chem.* **2** [1963] 613/8) bei der Unters. der kernmagnet. Resonanz von ^{19}F in PF_3Cl_2. Auch in $PFCl_4$ befindet sich das F-Atom wahrscheinlich an einer der Pyramidenspitzen, J. E. GRIFFITHS, R. P. CARTER, R. R. HOLMES (*J. chem. Phys.* **41** [1964] 863/76, 876). Demgegenüber sollen nach L. KOLDITZ (*Z. anorg. Chem.* **293** [1958] 147/54, 152) in $PFCl_4$ die Pyramidenspitzen mit Cl-Atomen besetzt sein; sobald das F-Atom an eine der Pyramidenspitzen gelangt, ist die Umwandlung in die heteropolare Form $[PCl_4]F$ vollzogen.

Die Beteiligung einer d-Eigenfunktion an den Bindungen in PX_5-Molekeln wird erstmals von G. E. KIMBALL (*J. chem. Phys.* **8** [1940] 188/98) angenommen; über das Modell mit 5 kovalenten Bindungen ohne irgendwelche Überlagerung mit polaren Strukturen s. auch H. A. SKINNER, L. E. SUTTON (*Trans. Faraday Soc.* **36** [1940] 668/80, 678), R. DAUDEL, A. BUCHER, H. MOUREU (*C. r.* **218** [1944] 917/8), R. DAUDEL, A. BUCHER (*J. Chim. phys.* **42** [1945] 6/27, 16), AU-CHIN TANG, HSI-KUN LU (*J. Chin. chem. Soc.* **17** [1950] 252/63), W. C. DICKINSON (*Phys. Rev.* [2] **81** [1951] 717/31), J. W. LINNETT, C. E. MELLISH (*Trans. Faraday Soc.* **50** [1954] 665/70), C. DUCULOT (*C. r.* **245** [1957] 802/5).

Dieses Modell wird auch in den Übersichtsarbeiten von C. FINBAK (*Tidsskr. Kjemi Bergvesen Met.* **7** [1947] 133/9, 135 [norw.]) und C. ROMERS (*Chem. Weekbl.* **48** [1952] 81/88) behandelt. — Nach F. SENENT (*An. R. Soc. españ. Fis. Quim.* B **47** [1951] 665/8) ist die 5. Eigenfunktion (außer 3s und $3p^3$) nicht 3d, sondern 4s.

Die Überlegenheit des rein kovalenten Modells über das mit einer heteropolaren, nicht lokalisierten Bindung wird von R. J. GILLESPIE (*J. chem. Soc.* **1952** 1002/13) ausdrücklich hervorgehoben. Es wird gestützt durch kernmagnet. Resonanzunterss., nach denen die chem. Verschiebung, s. „*Phosphor*" *Tl.* B, S. 200, für eine Lsg. von PCl_5 in CS_2 $\delta = +80 \pm 2$ ppm beträgt, J. R. VAN WAZER, C. F. CALLIS, J. N. SHOOLERY, R. C. JONES (*J. Am. chem. Soc.* **78** [1956] 5715/26, 5724). Für fl. PCl_5 gilt $\delta = +78.6$ ppm, für fl. PF_5 $\delta = +35.1$ ppm; bei 170°C ist die Resonanzlinie in 6 Komponenten aufgespalten, K. MOEDRITZER, L. MAIER, L. C. D. GROENWEGHE (*J. chem. engng. Data* **7** [1962] 307/10). Vorläufige, ungenaue Angaben über PF_5 s. bei H. S. GUTOWSKY, D. W. MCCALL, C. P. SLICHTER (*J. chem. Phys.* **21** [1953] 279/92). — Über die Verschiebung der Kernresonanz von ^{19}F in PF_5 s. H. S. GUTOWSKY, C. J. HOFFMAN (*J. chem. Phys.* **19** [1951] 1259/67, 1263), E. L. MUETTERTIES, W. D. PHILLIPS (*J. Am. chem. Soc.* **81** [1959] 1084/8), W. MAHLER, E. L. MUETTERTIES (*J. chem. Phys.* **33** [1960] 636), in PF_3Cl_2, PF_2Cl_3 und $PFCl_4$ s. R. R. HOLMES, W. P. GALLAGHER (*Inorg. Chem.* **2** [1963] 433/7).

Die Überlagerung von kovalenten und heteropolaren Bindungen wird teils mit dem Begriff „Resonanz" (s. S. 377), teils mit der Annahme einer unvollständigen Hybridisierung erfaßt. Nach H. SIEBERT (*Z. anorg. Chem.* **265** [1951] 303/11) sollten heteropolare Anteile der P–X'-Bindungen in Betracht gezogen werden, und mit derartigen gemischten Bindungen lassen sich tatsächlich die spektroskop. Unterss. von H. WEISS (*l. c.* S. 76/81) befriedigend deuten. Um die beob. Molrefraktion zu deuten, nimmt S. S. BACANOV (*Ž. fiz. Chim.* **30** [1956] 2640/8) an, daß die P–F-Bindungen in PF_5 zu 55% heteropolar seien. Nach D. P. CRAIG, A. MACCOLL, R. S. NYHOLM, L. E. ORGEL, L. E. SUTTON (*J. chem. Soc.* **1954** 332/53), die mit Hilfe des Modells mit rein kovalenten Bindungen die Eigg. von PF_5 und PCl_5 sowie die Instabilität von PJ_5 erklären, ist jedoch die Annahme von heteropolaren Bindungsanteilen überflüssig.

Eine vollständige Hybridisierung der 5 P–X-Bindungen kann aber nicht vorliegen, wie an den verschiedenen Bindungslängen und -energien in PF_5 und PCl_5 zu erkennen ist, R. J. GILLESPIE (*Canad. J. Chem.* **39** [1961] 318/23), F. A. COTTON (*J. chem. Phys.* **35** [1961] 228/31).

Internuclear Distances

Kernabstände r und r' in Å. Mit r wird der Gleichgewichtsabstand zwischen P und den 3 azimutalen Halogenen (X) bezeichnet; entsprechend ist r' der P–X'-Abstand. Der Winkel zwischen 2 P–X-Bindungen ist im Gleichgewicht $\alpha = 120°$, derjenige zwischen einer P–X'- und einer P–X-Bindung $\beta = 90°$. — Bei Elektronenbeugungsverss. an PF_5 ergibt sich, daß alle 5 F-Atome den gleichen Abstand vom P-Atom haben; L. O. BROCKWAY, J. Y. BEACH (*J. Am. chem. Soc.* **60** [1938] 1836/46, 1840) finden $r = 1.57 \pm 0.02$, H. BRAUNE, P. PINNOW (*Z. phys. Chem.* B **35** [1937] 239/55, 249) $r = 1.54$; vgl. auch M. W. LISTER, L. E. SUTTON (*Trans. Faraday Soc.* **35** [1939] 495/505). Demgegenüber schließt H. WEISS (*Diss. T.H. Stuttgart* 1959, S. 1/141, 33/34), daß der P–F'-Abstand etwas kleiner als der P–F-Abstand sein muß, da sonst der Unterschied der Kraftkonstt. f_d und f_D (s. S. 379) nicht zu erklären wäre.

Für PCl_5 ergibt sich aus den Elektronenbeugungsdiagrammen $r = 2.04 \pm 0.06$, $r' = 2.19$, M. ROUAULT (*Ann. Phys.* [*Paris*] [11] **14** [1940] 78/147, 140; *C. r.* **207** [1938] 620/2), $r = 2.03$, $r' = 2.12$, SARGENT, SCHOMAKER laut D. P. STEVENSON, D. M. YOST (*J. chem. Phys.* **9** [1941] 403/8). Berechnete Werte: $r = 1.93$, $r' = 2.25$, A. G. LESNIK (*Ž. fiz. Chim.* **22** [1948] 541/8, 547). — Zum Vergleich zwischen PF_5, PCl_5 und anderen Pentahalogeniden s. H. A. SKINNER, L. E. SUTTON (*Trans. Faraday Soc.* **36** [1940] 668/80, 668). Für PF_5 und PCl_5 läßt sich der Betrag von r bzw. r' aus der Beteiligung von d-Eigenfunktionen an den Bindungen befriedigend erklären, D. P. CRAIG, E. A. MAGNUSSON (*J. chem. Soc.* **1956** 4895/4909, 4907).

Für PF_3Cl_2 finden L. O. BROCKWAY, J. Y. BEACH (*l. c.* S. 1841) $r = 1.59 \pm 0.03$ (P–F) und $r' = 2.05 \pm 0.03$ (P–Cl). Diese Ergebnisse sind jedoch nach H. WEISS (*l. c.* S. 36) in nicht ganz korrekter Weise ermittelt worden; die Beugungsdiagramme sind kein Gegenbeweis gegen die These, daß in PF_3Cl_2 beide Cl-Atome in der Basisebene gebunden sind und die Doppelpyramide infolgedessen etwas verzerrt ist.

Angaben über die Kernabstände in PX_5-Molekeln sind auch in den Übersichtsarbeiten von L. O. BROCKWAY (*Rev. modern Phys.* **8** [1936] 231/66, 260), L. R. MAXWELL (*J. opt. Soc. America* **30** [1940] 374/95), P. W. ALLEN, L. E. SUTTON (*Acta cryst.* **3** [1950] 46/72, 65) enthalten; vgl. auch W. G. PALMER (*Endeavour* **12** [1953] 124/9).

Trägheitsmomente I_A, I_B in 10^{-40}g cm^2. Aus $r = 2.04$ und $r' = 2.19$ berechnen[1]) J. K. WILMSHURST, H. J. BERNSTEIN (*J. chem. Phys.* **27** [1957] 661/4) für PCl_5 $I_A = 923$, $I_B = 728$. *Moments of Inertia*

Dipolmoment μ in Debye. Wegen der symmetr. Konfiguration der Halogenatome haben PF_5 und PCl_5 das Dipolmoment $\mu = 0$, J. H. SIMONS, G. JESSOP (*J. Am. chem. Soc.* **53** [1931] 1263/6), R. LINKE, W. ROHRMANN (*Z. physik. Chem.* B **35** [1937] 256/60), P. C. HENRIQUEZ, L. J. N. VAN DER HULST (*Chem. Weekbl.* **32** [1935] 636/45, 639), JA. A. FIALKOV, A. A. KUZMENKO (*Ž. obšč. Chim.* **19** [1949] 812/25; engl. Übers.: *J. gen. Chem. USSR* **19** [1949] 797/810). Dagegen schließt P. TRUNEL (*C. r.* **202** [1936] 37/39) aus Messungen an Lsgg. in CS_2 bzw. CCl_4, daß für PCl_5 $\mu = 0.7$ bis 0.8 sei, und führt dies auf ungleichmäßige Wrkg. der Cl-Atome zurück. (Das von Null verschiedene Dipolmoment kann jedoch auch Additionsverbb. zugeschrieben werden.) *Dipole Moment*

Kraftkonstanten f in mdyn/Å. Aus den Wellenzahlen der 8 Schwingungen, die in Molekeln der Symmetrie D_{3h} möglich sind, kann man zunächst nur 8 Kraftkonstt. bestimmen. Nach dem Verf. von E. B. WILSON, J. C. DECIUS, P. C. CROSS (*Molecular Vibrations, New York-Toronto-London* 1955, S. 74) kann noch eine 9. Konst. bestimmt werden. Somit können beim Ansatz der Potentialfunktion folgende 5 Wechselwirkungen berücksichtgt werden: *Force Constants*

1. zwischen je zwei P–X-Bindungen (f_{dd}),
2. zwischen einer P–X-Bindung und den beiden anliegenden X–P–X-Winkeln ($f_{d\alpha}$),
3. zwischen einer P–X′-Bindung und den 3 anliegenden X′–P–X-Winkeln ($f_{D\beta}$),
4. zwischen je zwei X′–P–X-Winkeln bei gleicher P–X′-Bindung ($f_{\beta\beta}$),
5. zwischen einem X–P–X- und den nicht anliegenden X–P–X′-Winkeln ($f_{\alpha\beta}$).

Damit lautet die Potentialfunktion (i, j = 1, 2, 3; k = 4,5):

$$\begin{aligned} 2V &= f_d \cdot \Sigma\Delta r_i^2 + f_D \cdot \Sigma\Delta r_k'^2 + f_\alpha \cdot r_0^2 \cdot \Sigma\Delta\alpha_{ij}^2 + f_\beta \cdot r_0 \cdot r_0' \cdot \Sigma\Delta\beta_{ik}^2 \\ &+ 2f_{dd} \cdot \Sigma\Delta r_i\,\Delta r_j + 2f_{d\alpha} \cdot r_0 \cdot \Sigma\Delta r_i\,(\Delta\alpha_{ij} + \Delta\alpha_{ik}) \\ &+ 2f_{D\beta} \cdot \sqrt{r_0 \cdot r_0'} \cdot \Sigma\Delta r_k'\,(\Delta\beta_{1k} + \Delta\beta_{2k} + \Delta\beta_{3k}) \\ &+ 2f_{\beta\beta} \cdot r_0 \cdot r_0' \cdot [\Delta\beta_{14} \cdot \Delta\beta_{24} + \Delta\beta_{24} \cdot \Delta\beta_{34} + \Delta\beta_{34} \cdot \Delta\beta_{14} + \Delta\beta_{15} \cdot \Delta\beta_{25} + \Delta\beta_{25} \cdot \Delta\beta_{35} + \Delta\beta_{35} \cdot \Delta\beta_{15}] \\ &+ 2f_{\alpha\beta} \cdot r_0 \cdot \sqrt{r_0 \cdot r_0'} \cdot [\Delta\alpha_{12}(\Delta\beta_{34} + \Delta\beta_{35}) + \Delta\alpha_{23}(\Delta\beta_{14} + \Delta\beta_{15}) + \Delta\alpha_{31}(\Delta\beta_{24} + \Delta\beta_{25})]. \end{aligned}$$

Mit diesem Ansatz, bei dem die Wechselwrkg. zwischen den beiden P–X′-Bindungen (f_{DD}) vernachlässigt wird, ergeben sich aus den Wellenzahlen für PF_5 und PCl_5 (s. S. 380) folgende Werte:

Konst.	f_d	f_D	f_α	f_β	f_{dd}	$f_{d\alpha}$	$f_{D\beta}$	$f_{\beta\beta}$	$f_{\alpha\beta}$
für PF_5	6.542	5.834	0.817	0.670	0.419	0.280	0.691	0.181	0.211
für PCl_5	2.806	1.649	0.368	0.291	0.202	0.090	0.253	0.078	0.156

H. WEISS (*Diss. T.H. Stuttgart* 1959, S. 1/141, 20, 26, 33). Ähnliche Werte für PCl_5 s. bei M. RADHAKRISHNAN (*Indian J. Pure Appl. Phys.* **1** [1963] 437/8). Die von J. K. WILMSHURST, H. J. BERNSTEIN (*J. chem. Phys.* **27** [1957] 661/4) ber. Kraftkonstt. sind aus z. T. fehlerhaften Wellenzahlen (s. S. 380) abgeleitet. Die von P. C. HAARHOFF, C. W. F. T. PISTORIUS (*Z. Naturforsch.* **14a** [1959] 972/4) angegebenen Kraftkonstt. sind aus 4 Wellenzahlen des Ramanspektrums von fl. PCl_5 (von denen 3 irrtümlich den E′- bzw. E″-Schwingungen zugeordnet sind) und 2 Wellenzahlen des Ramanspektrums von festem PCl_5 (356 cm^{-1}, dem PCl_6-Ion zugehörig, und 409 cm^{-1}, vermutlich Kombinationsschwingung des PCl_4-Ions, s. S. 383 bzw. 376) berechnet. — Nach der BADGERschen Regel lassen sich für PCl_5 aus $r_0 = 2.04$ Å, $r_0' = 2.19$ Å die Werte $f_d = 2.39$, $f_D = 1.42$ abschätzen, H. SIEBERT (*Z. anorg. Chem.* **265** [1951] 303/11, 306). — Allgemeine Formeln für die Kraftkonstt. von Molekeln mit D_{3h}-Symmetrie s. bei A. MACCOLL (*J. Proc. Roy. Soc. N.S. Wales* **79** [1946] 133/40).

Für bipyramidale Molekeln der Symmetrie C_{2v} setzt H. WEISS (*l. c.* S. 43) eine Potentialfunktion mit 18 Termen an, obwohl maximal nur 12 Molekelschwingungen auftreten können. Dann ergeben sich für PF_3Cl_2 mit den Bezeichnungen $f_{d'}$ für die Konst. der P–F-Bindung, α' für den Winkel zwischen einer P–Cl- und der P–F-Bindung, β für den Winkel zwischen einer P–F′- und einer P–Cl-Bindung, β' für den Winkel zwischen einer P–F′- und der P–F-Bindung folgende Kraftkonstt: $f_d = 3.101$, $f_{d'} = 5.466$, $f_D = 4.875$, $f_\alpha = 0.368$, $f_{\alpha'} = 0.539$, $f_\beta = 0.543$, $f_{\beta'} = 0.756$, $f_{dd} = 0.122$, $f_{d\alpha'} = 0.138$, $f_{\alpha'\beta} = 0.184$, $f_{\beta\beta} = 0.024$, ferner 4 andere, aus Wechselwirkungskonstt. zusammengesetzte Größen, H. WEISS (*l. c.* S. 68). — Über eine allgemeine Meth. zur Aufstellung von Bindungsfunktionen und ihre Anwendung auf PF_3Cl_2 s. A.-C. TANG, H.-K. LU (*J. Chin. chem. Soc.* **17** [1950] 252/63).

---

[1]) Die im Original angegebenen Zahlen 923.2186 und 727.6148 sind genauer, als mit den auf 1% genauen r-Werten erreichbar ist.

Molecular Vibrations

Molekelschwingungen. In den PX_5-Molekeln mit 5 gleichen X-Atomen (Symmetrie D_{3h}) sind 8 Schwingungen möglich: ω_1, ω_2 von Typ A_1' (ramanaktiv, polarisiert), ω_3, ω_4 vom Typ A_2'' (ultrarot-aktiv), ω_5, ω_6, ω_7 vom Typ E', ω_8 vom Typ E'' (ramanaktiv, depolarisiert), G. HERZBERG (*Infrared and Raman Spectra of polyatomic Molecules, New York-Toronto-London* 1945, S. 116); vgl. auch H. SIEBERT (*Z. anorg. Chem.* **265** [1951] 303/11).

Im Ramanspektrum von fl. PF_5 treten die Linien (in cm^{-1}) $\omega_1 = 817$, $\omega_2 = 640$, $\omega_5 = 1025$, $\omega_6 = 534$, $\omega_8 = 514$ auf; im UR-Spektrum von gasf. PF_5 sind die meisten Absorptionslinien als Tripletts (P-, Q-, R-Zweig) beobachtbar: $\omega_3 = 933.8/944.8/955.3$, $\omega_4 = 565/575.5/584.5$, $\omega_5 = 1019.7/1026.4/1034$, $\omega_6 = 526/533/548$, $\omega_7 = 126$; Wellenzahlen einiger Kombinationslinien: 205 (ω_5—ω_1), 375/388/397 (ω_5—ω_2), 652/666/675 ($\omega_6+\omega_7$), 857.5/870.4/879.4 ($\omega_2 + 2\omega_7$), 1335/1346/1355 ($\omega_1+\omega_6$), 1573/1584/1593 ($\omega_2+\omega_3$), 1665 ($\omega_2+\omega_5$), 1755/1764 ($\omega_1+\omega_3$), 1830 ($\omega_1+\omega_5$), 2030 ($2\omega_5$), J. E. GRIFFITHS, R. P. CARTER, R. R. HOLMES (*J. chem. Phys.* **41** [1964] 863/76, 869). Die Linien ω_3, ω_4, ω_5 und ω_6 sind im UR-Spektrum schon von H. S. GUTOWSKY, A. D. LIEHR (*J. chem. Phys.* **20** [1952] 1652/3), J. P. PEMSLER, W. G. PLANET (*J. chem. Phys.* **24** [1956] 920/1) und H. WEISS (*Diss. T.H. Stuttgart* 1959, S. 1/141, 29) beobachtet worden. Im Ramanspektrum findet H. WEISS (*l. c.* S. 30) nur 2 Linien bei 812 und 722 cm^{-1}.

Fig. 128.

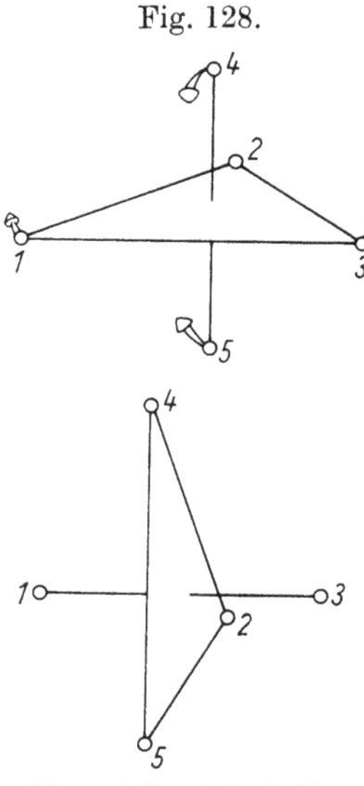

Schemat. Darst. der beiden ineinander übergehenden Zustände von PF_5- und PCl_5-Molekeln.

Bei PCl_5 sind die Molekelschwingungen nur durch Messungen feststellbar, bei denen PCl_5 in einem der fluiden Zustände (fl., gasf. oder gelöst) vorliegt; festes PCl_5 besteht aus PCl_4^+- und PCl_6^--Ionen (s. S. 437, 375, 381) und zeigt demnach die Linien, die den Schwingungen dieser beiden Ionen zuzuordnen sind; s. hierzu H. GERDING, H. HOUTGRAAF (*Recueil Trav. chim. Pays-Bas* **74** [1955] 5/14). Über die strukturellen Ursachen für die Verschiedenheit der Ramanspektren von fl. und festem PCl_5 s. beispielsweise H. DESLANDRES (*C. r.* **207** [1938] 753/7). — Im Ramanspektrum von Lsgg. von PCl_5 in CCl_4 bzw. Benzol, die vor Verunreinigung durch $POCl_3$ besonders sorgfältig geschützt waren, treten folgende Linien auf (Mittelwerte beider Lsgg.): 100, 261, 281, 370, 395, 581 cm^{-1}, M. J. TAYLOR, L. A. WOODWARD (*J. chem. Soc.* **1963** 4670/2). Oberhalb 250 cm^{-1} sind im UR-Spektrum 4 Max. bei 274, 300, 441 und 575 cm^{-1} (in CS_2) bzw. 274, 301, 441, 578 cm^{-1} (in Benzol) zu beobachten, I. R. BEATTIE, M. WEBSTER (*J. chem. Soc.* **1963** 38/42). Aus diesen Ergebnissen läßt sich folgende Zuordnung ableiten: $\omega_1 = 395$, $\omega_2 = 370$, $\omega_3 = 441$, $\omega_4 = 301$, $\omega_5 = 581$, $\omega_6 = 281$, $\omega_7 = 100$, $\omega_8 = 261$, M. J. TAYLOR, L. A. WOODWARD (*l. c.*). Bei einer gemeinsamen Unters. des Raman- und des UR-Spektrums von PCl_5 in CCl_4 gelangt H. WEISS (*l. c.* S. 11, 16) z. T. zu einer anderen Zuordnung: $\omega_2 = 281$, $\omega_6 = 263$ oder 265, $\omega_8 = 190$. Die Spektren, über die J. K. WILMSHURST, H. J. BERNSTEIN (*J. chem. Phys.* **27** [1957] 661/4) berichten, waren an verunreinigten Proben erhalten, so daß bei der Zuordnung der gem. Wellenzahlen zu den Schwingungstypen Irrtümer entstanden, M. J. TAYLOR, L. A. WOODWARD (*l. c.*). Ältere Angaben über das Ramanspektrum s. bei H. MOUREU, M. MAGAT, G. WETROFF (*C. r.* **203** [1936] 257/9; *Proc. Indian Acad. Sci.* A 8 [1938] 356/64).

In PX_5-Molekeln ist eine der Inversionsschwingung von PH_3 (vgl. S. 17) verwandte Atomschwingung möglich, bei der zwei der X-Atome (1 und 3) sich so voneinander weg bewegen, daß sie an die Spitzen einer neuen Doppelpyramide gelangen, während gleichzeitig die beiden X'-Atome (4 und 5) mit dem 3. X-Atom (2) die zur neuen Molekelachse senkrechte Basis bilden, s. **Fig. 128**. Der Wechsel zwischen diesen beiden Stellungen der 5 Halogenatome erfolgt bei PF_5 mit einer Frequenz der Größenordnung 10^5 Hz, bei PCl_5 dagegen mit 10^{-4} bis 10^{-5} Hz, R. S. BERRY (*J. chem. Phys.* **32** [1960] 933/8). Dieser Unterschied in den Frequenzen dürfte bewirken, daß die an sich verschiedenen Kernabstände r und r' mit den bisher bekannten Meßmethh. nur in PCl_5, dagegen nicht in PF_5 unterschieden werden können.

In den PX_3Y_2-Molekeln (Symmetrie C_{2v}) sind 12 Schwingungen möglich: ω_1, ω_2, ω_3, ω_4, ω_5 vom Typ A_1, ω_6 vom Typ A_2, ω_7, ω_8, ω_9 vom Typ B_1, ω_{10}, ω_{11}, ω_{12} vom Typ B_2. Im Ramanspektrum von PF_3Cl_2 treten zwischen 100 und 1000 cm^{-1} folgende Linien auf: 116, 340, 357, 406, 426, 485, 659, 895, 922, im UR-Spektrum zwischen 300 und 1000 cm^{-1} die Linien 339, 407, 423, 488, 660, 667, 895, 928 (die letzten 4 mit Zweigen bei 645, 655, 876 bzw. 918), H. WEISS (*l. c.* S. 40, 55, 61). Neuere

Unterss. ergeben 9 Linien im Ramanspektrum, von denen 8 auch im UR-Spektrum auftreten; vorläufige Zuordnung: 902, 665, 488, 407, 124 (A_1-Linien), 368 (A_2), 427, 368, 338 (B_1), 925, 500, 124 (B_2), J. E. GRIFFITHS, R. P. CARTER, R. R. HOLMES (*J. chem. Phys.* **41** [1964] 863/76, 870, 872). Angabe einiger im UR-Spektrum beob. Wellenzahlen zwischen 432 und 932 cm^{-1} ohne Zuordnung zu den Molekelschwingungen s. bei T. KENNEDY, D. S. PAYNE (*J. chem. Soc.* **1959** 1228/32).

Die PF_2Cl_3-Molekel hat dieselbe Symmetrie wie PF_5 und PCl_5 und demnach dieselben Schwingungstypen. Die Analyse des Raman- und des UR-Spektrums ergibt $\omega_1 = 633, \omega_2 = 387, \omega_3 = 867, \omega_4 = 328, \omega_5 = 625, \omega_6 = 404, \omega_7 = 122, \omega_8 = 357$ cm^{-1}. Von den 8 Schwingungen der $PFCl_4$-Molekel (Symmetrie C_{3v}) sind je 4 vom Typ A_1 und vom Typ E; ebenso erhaltene Wellenzahlen: $\omega_1 = 778, \omega_2 = 422, \omega_3 = 388, \omega_4 = 265, \omega_5 = 601, \omega_6 = 339, \omega_7 = 297, \omega_8 = 110$ cm^{-1}, J. E. GRIFFITHS u. a. (*l. c.* S. 873).

Ionisation. Dissoziation. Bei der massenspektroskop. Unters. von PF_3Cl_2 und $[PCl_4][PFCl_5]$ treten folgende einfach positiv geladenen Ionen auf: P, Cl, PCl, PF_2, PCl_2, PFCl, PF_3, PCl_3, PF_2Cl, PCl_4, PF_3Cl, PF_3Cl_2, P_2Cl_2, P_2FCl, P_2FCl_2, P_2FCl_3, P_2FCl_5, P_2FCl_6, P_2FCl_7, P_2FCl_8, T. KENNEDY, D. S. PAYNE (*J. chem. Soc.* **1959** 1228/32, **1960** 4126/30).

Ionization. Dissociation

Dissoziationsenergie D in kcal/Mol. Bei einer krit. Durchsicht der Lit.-Angaben gelangt O. BRILL (*Z. physik. Chem.* **57** [1907] 721/38, 731) für den Prozeß $PCl_5 \rightarrow PCl_3 + Cl_2$ zu dem Wert D = 18.5. Der von C. HOLLAND (*Z. Elektrochem.* **18** [1912] 234/6) angegebene Wert D = 21.8 wird später von W. NERNST (*Z. Elektrochem.* **22** [1916] 37/38) zu D = 20.0 korrigiert. Krit. Bemerkungen dazu s. bei M. TRAUTZ (*Z. anorg. Chem.* **95** [1917] 79/104, 98). Nach D. P. STEVENSON, D. M. YOST (*J. chem. Phys.* **9** [1941] 403/8) ist D = 21.32. Bei ~200°C ergibt sich D zu 22.0, W. FISCHER, O. JÜBERMANN (*Z. anorg. Chem.* **235** [1938] 337/51, 343). — Nimmt man an, daß die gesamte Bildungsenergie sich gleichmäßig auf die 5 P–X-Bindungen verteilt, so kommt in PX_5 einer P–Cl-Bindung die Energie 69 kcal/Mol, einer P–Br-Bindung 58 kcal/Mol zu, M. JAN-KHAN, R. SAMUEL (*Proc. phys. Soc.* **48** [1936] 626/41, 636).

Dissociation Energy

Parachor [P]. Aus den zwischen 169.5 und 192.0°C gem. Werten für die Oberflächenspannung von PCl_5 ergibt sich [P] = 282.5, S. SUGDEN (*J. chem. Soc.* **1927** 1173/86, 1183). Von der Summe der Atomparachore (315.5) aus gelangen S. A. MUMFORD, J. W. C. PHILLIPS (*J. chem. Soc.* **1929** 2112/33, 2121/2) mit Hilfe von speziell eingeführten Inkrementen zu dem Wert 284.5, um die These der Einelektronenbindung von 2 Cl-Atomen zu stützen. Weitere Überlegungen über die Differenz zwischen dem gem. Wert und der Summe der Atomparachore (309.2 bzw. 316.9) s. bei A. SIPPEL (*Z. angew. Chem.* **42** [1929] 849/52, 873/7), C. A. BUEHLER (*J. Tennessee Acad. Sci.* **6** [1931] 27/31).

Parachor

Molpolarisation P_{mol}, **Molrefraktion** R_{mol}, beide in cm^3. Aus den Werten der DK im Bereich von 19.5 bis 115°C ergibt sich für PF_5 unabhängig von der Temp. $P_{mol} = 15.41$, R. LINKE, W. ROHRMANN (*Z. physik. Chem.* B **35** [1937] 256/60). Der Betrag von P_{mol} läßt sich in die Elektronenpolarisation $P_E = 9.2$ und die Atompolarisation $P_A = 6.2$ aufteilen, R. LINKE (*Z. physik. Chem.* B **48** [1941] 193/6). R_{mol} läßt sich aus den Atomrefraktionen zu 16.70, aus den Ionenrefraktionen zu 12.00 berechnen, S. S. BACANOV (*Ž. fiz. Chim.* **30** [1956] 2640/8).

Molecular Polarization. Molecular Refraction

Für PCl_5 ergibt sich aus Messungen an Lsgg. in CS_2, auf unendliche Verdünnung extrapoliert, $P_{mol} = 51.0$, $R_{mol} = 35.5$, P. TRUNEL (*C. r.* **202** [1936] 37/39). Aus Messungen an einer Lsg. von PCl_5 in CCl_4 folgt $P_{mol} = 33.0$, J. H. SIMONS, G. JESSOP (*J. Am. chem. Soc.* **53** [1931] 1263/6).

PX_6^--Ionen

PX_6^- Ions

Allgemeines. PF_6^- ist als Anion der Hexafluorophosphorsäure (s. S. 409) bekannt. Die von H. SEIFERT (*Fortschr. Mineral. Krist. Petrogr.* **15** [1931] 70/72) vorgebrachten Argumente gegen die Existenz von PF_6^--Ionen in Kristallen sind nicht stichhaltig; sie sind in mehreren Hexafluorophosphaten röntgenograph. nachgewiesen worden (s. S. 382).

General

Eine der Verb. HPF_6 analoge Chlorosäure existiert nicht. Das PCl_6^--Ion wurde als Bestandteil des Kristallgitters von PCl_5 erstmals von H. M. POWELL, D. CLARK, A. F. WELLS (*Nature* **145** [1940] 149) nachgewiesen; vgl. auch D. CLARK, H. M. POWELL, A. F. WELLS (*J. chem. Soc.* **1942** 642/5).

Das PBr_6^--Ion ist bisher nur in einer Lsg. von PBr_5 in Acetonitril nachgewiesen worden; s. hierzu G. S. HARRIS, D. S. PAYNE (*J. chem. Soc.* **1956** 4617/21). Die intermediäre Bldg. von PBr_6^- bei der Rk. zwischen PBr_5 und AsF_3 vermuten L. KOLDITZ, A. FELTZ (*Z. anorg. Chem.* **293** [1958] 155/67, 163).

Gemischte Hexahalogenophosphat-Ionen sollen (außer PCl_4^+) Bestandteile der Verbb. P_2FCl_9 und P_2Cl_9Br (vgl. S. 486, 515) sein, s. T. KENNEDY, D. S. PAYNE (*J. chem. Soc.* **1960** 4126/30), L. KOLDITZ, A. FELTZ (*Z. anorg. Chem.* **293** [1958] 286/93, 288).

The PF_6^- Ion

Das PF_6^--Ion.

An der Bindung im PF_6^--Ion ist vermutlich ein 3d-Elektron beteiligt. Wie die Wellenfunktion dieses Elektrons bei der Wechselwirkung mit den F-Atomen zu beschreiben ist, wird von D. P. CRAIG, C. ZAULI (*Gazz. chim. ital.* **90** [1960] 1700/11, 1705) theoret. erörtert. Die chem. Verschiebung der Kernresonanz von ^{31}P, s. „*Phosphor*" *Tl.*B, S.200, bezogen auf eine wss. H_3PO_4-Lsg., ist nach Messungen an einer wss. HPF_6-Lsg. $\delta = 118$ ppm, H. S. GUTOWSKY, D. W. MCCALL (*J. chem. Phys.* **22** [1954] 162/4). Eine Aufspaltung der Resonanzlinie in 7 Komponenten wird von H. S. GUTOWSKY, D. W. MCCALL, C. P. SLICHTER (*J. chem. Phys.* **21** [1953] 279/92, 282) bei 6385 Oe beobachtet, während W. E. QUINN, R. M. BROWN (*J. chem. Phys.* **21** [1953] 1605/6) bei 275 Oe nur 2 Komponenten finden. Über die Verschiebung der Kernresonanz von ^{19}F im PF_6^--Ion s. E. L. MUETTERTIES, W. D. PHILLIPS (*J. Am. chem. Soc.* **81** [1959] 1084/5), A. ERBEIA, G. BÉNÉ (*C. r.* **250** [1960] 3467/9), G. J. BÉNÉ (*Helv. phys. Acta* **33** [1960] 941/4 [franz.]).

Das PF_6-Ion ist oktaedrisch (Punktgruppe O_h), wie erstmals von H. BODE, H. CLAUSEN (*Z. anorg. Chem.* **265** [1951] 229/43, 239) durch röntgenograph. Unterss. an KPF_6, NH_4PF_6 und $CsPF_6$ festgestellt wird; der P–F-Abstand beträgt r = 1.58 Å. Diese Ergebnisse werden durch Unterss. an $TlPF_6$ und $NaPF_6 \cdot 6H_2O$ bestätigt, H. BODE, G. TEUFER (*Z. anorg. Chem.* **268** [1952] 20/24, 129/32). Dagegen sind die PF_6-Ionen in $HPF_6 \cdot 6H_2O$ größer: r = 1.73 Å, H. BODE, G. TEUFER (*Acta cryst.* [*Copenhagen*] 8 [1955] 611/4 [dtsch]). Ein Röntgenogramm von $[PCl_4][PF_6]$ wird von L. KOLDITZ (*Z. anorg. Chem.* **284** [1956] 144/52) wiedergegeben, jedoch nicht zur Best. von r ausgewertet. — Allgemeine Angaben über die strukturelle Ähnlichkeit zwischen Alkalihalogeniden und -hexafluorophosphaten s. bei L. ROYER (*C. r.* **191** [1930] 1346/8).

Infolge der gegebenen Symmetrie sind in PF_6^- sechs Schwingungen möglich, von denen 3 im Ramanspektrum und 2 im UR-Spektrum zu beobachten sind; die sechste (F_{2u}) ist inaktiv, G. HERZBERG (*Infrared and Ramanspectra of polyatomic molecules, New York-Toronto-London* 1945, S. 336). Im UR-Spektrum von krist. KPF_6 ist die asymmetr. Valenzschwingung (F_{1u}) bei 840 cm^{-1}, eine Deformationsschwingung (F_{1u}) bei 555 cm^{-1} festzustellen, im Ramanspektrum von fl. KPF_6 bei 700°C dagegen ist eine Deformationsschwingung (F_{2g}) bei 462 cm^{-1} zu beobachten, und 2 symmetr. Valenzschwingungen (A_{1g}, E_g) treten bei 735 bzw. 563 cm^{-1} auf, K. BÜHLER, W. BUES (*Z. anorg. Chem.* **308** [1961] 62/71, 66). Auch im Ramanspektrum einer wss. KPF_6-Lsg. treten 3 Linien auf: 456, 578 und 750 cm^{-1}, D. FORTNUM, J. O. EDWARDS (*J. inorg. nuclear Chem.* **2** [1956] 264/5). In einer NH_4PF_6-Lsg. identifizieren L. A. WOODWARD, L. E. ANDERSON (*J. inorg. nuclear Chem.* **3** [1956] 326/7) die A_{1g}-Schwingung mit der Linie 741 ± 5 cm^{-1} und berechnen daraus die Kraftkonst. der P–F-Bindung zu 6.14 mdyn/Å. Zum Vergleich mit den entsprechenden Werten für SiF_6^{2-} und SF_6 s. L. A. WOODWARD (*Trans. Faraday Soc.* **54** [1958] 1271/9, 1276).

Im UR-Spektrum gefundene Wellenzahlen:

Subst.	Wellenzahlen in cm^{-1}	Literatur
KPF_6	561, 847	A. DE LATTRE (*J. chem. Phys.* **19** [1951] 1610)
$RbPF_6$	720 bis 740, 802, 845	D. W. A. SHARP, A. G. SHARPE (*J. chem. Soc.* **1956** 1855/8)
$CsPF_6$	720 bis 740, 802, 843	
$AgPF_6$	740, 830 bis 840	
nicht genannt	850	D. W. A. SHARP, N. SHEPPARD (*J. chem. Soc.* **1957** 674/82, 681)
NO_2PF_6	~855	D. COOK, S. J. KUHN, G. A. OLAH (*J. chem. Phys.* **33** [1960] 1669/71)

Die UR-Spektren von PF_6^- und anderen komplexen Fluoriden werden von R. D. PEACOCK, D. W. A. SHARP (*J. chem. Soc.* **1959** 2762/7) verglichen.

Das partielle Molvol., extrapoliert aus Messungen an wss. KPF_6-Lsgg. auf unendliche Verd., beträgt 67.2 ml/Mol, R. A. ROBINSON, J. M. STOKES, R. H. STOKES (*J. phys. Chem.* **65** [1961] 542/6).

The PCl_6^- Ion

Das PCl_6^--Ion.

Die Existenz von PCl_6^--Ionen ist vor allem in krist. PCl_5 (neben PCl_4^+-Ionen) nachgewiesen, s. S. 437. Verbb. aus PCl_6^- und anderen Kationen sind weder in $POCl_3$ noch in $AsCl_3$ herstellbar, V. GUTMANN (*Monatsh. Chem.* **83** [1952] 583/90), D. S. PAYNE (*J. chem. Soc.* **1953** 1052/5). Der Grund dafür dürfte die sehr geringe Stabilität des PCl_6^--Ions sein, L. KOLDITZ, D. HASS (*Z. anorg. Chem.* **294** [1958] 191/204, 199). In Nitromethan dagegen läßt sich PCl_6^- durch die zu $\delta \approx +305$ ppm beob. chem. Verschiebung der Kernresonanz von ^{31}P, s. „*Phosphor*" *Tl.* B, S. 200, als Bestandteil der Verb. $[Cl_3PNPCl_3][PCl_6]$ nachweisen, E. FLUCK (*Z. anorg. Chem.* **315** [1962] 181/90, 182). Nach E. R. ANDREW, A. BRADBURY, R. G. EADES, G. J. JENKS (*Nature* **188** [1960] 1096/7; *Arch. Sci.* **13** [1960] *Sonderh.* 371/3 [engl.]) ist $\delta = 281$ ppm.

Die Bindung ist von der gleichen Art wie im PF_6^--Ion. Nach D. P. CRAIG, A. MACCOLL, R. S. NYHOLM, L. E. ORGEL, L. E. SUTTON (*J. chem. Soc.* **1954** 332/53, 347) handelt es sich um hybridisierte d^2sp^3-Orbitale. Ältere Betrachtungen über die Bindung s. bei C. ROMERS (*Chem. Weekbl.* **48** [1952] 81/88), S. GLASSTONE (*J. chem. Educ.* **25** [1948] 278/9).

Das PCl_6-Ion ist nicht streng oktaedrisch; 2 Cl-Atome sind 2.08 Å, die übrigen 4 dagegen nur 2.04 bis 2.05 Å vom P-Atom entfernt, D. CLARK, H. M. POWELL, A. F. WELLS (*J. chem. Soc.* **1942** 642/5).

Die 3 ramanaktiven Schwingungen (vgl. bei PF_6^-, S. 382) werden von H. GERDING, H. HOUTGRAAF (*Recueil Trav. chim. Pays-Bas* **74** [1955] 5/14, 12 [engl.]) bei $\nu_1 = 358$ cm^{-1} (A_{1g}), $\nu_2 = 285$ cm^{-1} (E_g) und $\nu_3 = 244$ cm^{-1}(F_{2g}) gefunden; daraus ergibt sich die Kraftkonst. der P–Cl-Bindung zu 2.058 mdyn/Å. Die Schwingungen A_{1g} und F_{2g} werden schon von P. KRISHNAMURTY (*Indian J. Phys.* **5** [1930] 113/28, 116) im Ramanspektrum von festem PCl_5 bei $\nu_1 = 356.2$ und $\nu_3 = 247.9$ cm^{-1} festgestellt, ferner von H. MOUREU, M. MAGAT, G. WÉTROFF (*C. r.* **203** [1936] 257/9, **205** [1937] 276/8; *Proc. Indian Acad. Sci.* A **8** [1938] 356/64) bei 356 bzw. 244 cm^{-1}. — Die im UR-Spektrum von festem PCl_5 bzw. im UR-Spektrum einer PCl_5-Lsg. in Acetonitril beob. Linie 448 bzw. 452 cm^{-1} wird von I. R. BEATTIE, M. WEBSTER (*J. chem. Soc.* **1963** 38/42) als ν_3-Schwingung (F_{1u}) von PCl_6^- gedeutet.

Das PBr_6^-***-Ion.*** Zur Dissoz. von PBr_5 nach $2PBr_5 \rightleftharpoons PBr_4^+ + PBr_6^-$ s. S. 503. *The* PBr_6^- *Ion*

POX_2^+-Ionen

(X = Cl oder Br)

POX_2^+ Ions

Fl. $POCl_3$ ist teilweise dissoziiert in $POCl_2^+$ und Cl^-. Bei Messungen der elektr. Leitf. ergibt sich, daß die Wanderungsgeschwindigkeit des $POCl_2^+$ überraschend groß ist, V. GUTMANN, R. HIMML (*Z. physik. Chem.* [*Frankfurt*] **4** [1955] 157/64, 162); vgl. auch V. GUTMANN (*Recueil Trav. chim. Pays-Bas* **75** [1956] 603/8). Die Beweglichkeit ist jedoch nicht anomal; danach abgeschätzter Ionenradius: ~2.5 Å, M. BAAZ, V. GUTMANN (*Monatsh. Chem.* **90** [1959] 426/42, 426).

Das $POCl_2^+$-Ion ist auch Bestandteil von Verbb., die meist als Additionsverbb. (vgl. S. 472) aufgefaßt werden, z. B. von $POCl_3 \cdot GaCl_3$, L. A. WOODWARD laut N. N. GREENWOOD, I. J. WORRALL (*J. inorg. nuclear Chem.* **6** [1958] 34/41). Es entsteht ferner bei der Dissoz. von $SbCl_5 \cdot POCl_3$, $SnCl_4 \cdot 2POCl_3$ und $AlBr_3 \cdot POCl_3$, A. MASCHKA, V. GUTMANN, R. SPONER (*Monatsh. Chem.* **86** [1955] 52/56), W. L. GROENEVELD (*Chem. Weekbl.* **52** [1956] 198/203).

Das $POBr_2^+$-Ion läßt sich in der Schmelze von $[POBr_2][GaBr_4]$, dessen Schmp. bei 155°C liegt, nachweisen, N. N. GREENWOOD, I. J. WORRALL (*l. c.* S. 39).

Die POX_3-Molekeln

(X = F, Cl oder Br)

The POX_3 Molecules

Type of Bond. Molecular Form

Bindungsart. Molekelform. Aus Kernabständen und thermochem. Daten ist zu schließen, daß in POX_3-Molekeln, wie in anderen Molekeln mit vierzähligem P (vgl. „*Phosphor*" *Tl.* B, S. 199), sowohl die P–X- als auch die P–O-Bindungen σ-Bindungen mit überlagerter π-Bindung sind. Die σ-Bindungen kommen durch sp^3-Hybridisierung zustande. Legt man die Angaben von M. L. HUGGINS (*J. Am. chem. Soc.* **75** [1953] 4126/33) über die kovalenten Atomradien zugrunde, so sind die theoret. Atomabstände bei reiner σ-Bindung (in Å): r(P–O) = 1.69, r(P–F) = 1.61, r(P–Cl) = 2.03, r(P–Br) = 2.19. Aus den gem. Kernabständen r_e ergeben sich für die Anzahl n_π der π-Bindungen je σ-Bindung folgende Werte:

Molekel	POF_3		POF_2Cl		$POFCl_2$		$POCl_3$		$POBr_3$	
Bindung	r_e	n_π	r_e	n_π	r_e	n_π	r_e	n_π	r_e	n_π
P–O	1.56	0.3	1.55	0.3	1.54	0.4	1.45	0.9	1.44	1.0
P–F	1.52	0.2	1.51	0.2	1.50	0.2	—	—	—	—
P–Cl.	—	—	2.01	0.0	1.99	0.1	1.99	0.1	—	—
P–Br	—	—	—	—	—	—	—	—	2.06	0.3

J. R. VAN WAZER (*J. Am. chem. Soc.* **78** [1956] 5709/15). Aus der Art der P–O-Bindung in den POX_3-Molekeln folgt, daß das O-Atom als Elektronendonor wirkt, so daß Additionsverbb. aus (beispielsweise) $POCl_3$ einerseits und Halogeniden einiger Metalle oder organ. Verbb. andererseits eine beträchtliche Stabilität aufweisen. Allgemeine Erörterungen über die Donorfunktion des O-Atoms in $POCl_3$, erläutert am Beispiel des $Cl_3POSbCl_5$, s. bei I. LINDQVIST (*Acta chem. scand.* **14** [1960] 1112/7 [engl.]). Die Art des Additionspartners beeinflußt die Bindungsfestigkeit der P–O-Bindung und damit die Wellenzahl der P–O-Schwingung, s. hierzu S. 387. Weitere Angaben über die P–O-Bindung und über die P–Halogen-Bindung s. ab S. 364. — Die chem. Verschiebung δ der Kernresonanz von ^{31}P, vgl. „*Phosphor*" *Tl.* B, S. 200, ist für $POCl_3$ sehr klein, aber deutlich negativ. Übersicht über die Meßwerte:

Verb.	δ in ppm	Literatur
POF_3	35.5	K. MOEDRITZER, L. MAIER, L. C. D. GROENWEGHE (*J. chem. engng. Data* **7** [1962] 307/10)
POF_2Cl	14.8	H. S. GUTOWSKY, D. W. MCCALL (*J. chem. Phys.* **22** [1954] 162/4)
$POFCl_2$	0.0	
$POCl_3$	−5.4	
$POCl_3$	−9	W. C. DICKINSON (*Phys. Rev.* [2] **81** [1951] 717/31, 725)
$POCl_3$	−4 ± 1	J. R. VAN WAZER, C. F. CALLIS, J. N. SHOOLERY, R. C. JONES (*J. Am. chem. Soc.* **78** [1956] 5712/26, 5724)
$POCl_3$	−1.9	N. MULLER, P. C. LAUTERBUR, J. GOLDENSON (*J. Am. chem. Soc.* **78** [1956] 3557/61), H. FINEGOLD (*Ann. New York Acad. Sci.* **70** [1958] 875/89, 884)
$POCl_3$	−2.2	L. C. D. GROENWEGHE, J. H. PAYNE (*J. Am. chem. Soc.* **81** [1959] 6357/60)
$POCl_2Br$	29.6	
$POClBr_2$	64.8	
$POBr_3$	103.4	
$POBr_3$	102.9	N. MULLER u. a. (*l. c.*)

Für $POCl_3$ geben schon H. GERDING, R. WESTRIK (*Recueil Trav. chim. Pays-Bas* **61** [1942] 842/4) auf Grund des Polarisationszustandes der Ramanlinien die Symmetriegruppe C_{3v} an. Eine systemat. Auswertung der Ramanspektren durch M.-L. DELWAULLE, F. FRANÇOIS (*J. Chim. phys.* **45** [1948] 50/54) zeigt, daß PYX_3-Molekeln mit Y = O oder S und X = F, Cl oder Br zur Symmetriegruppe C_{3v} gehören. Wenn nur 2 der Halogenatome gleich sind (PYX_2X'), ist die Symmetrie C_{1h}; sind alle drei Halogenatome verschieden ($PYXX'X''$), so hat die Molekel kein Symmetrieelement (Punktgruppe C_1). Diese strenge Symmetriebetrachtung gilt jedoch nur für Valenzschwingungen. Bei den Deformationsschwingungen ist die Symmetrie scheinbar größer, falls von den Halogenatomen wenigstens eines etwa dieselbe Masse wie das Y-Atom hat; PYX_3 mit Y = O und X = F oder mit Y = S und X = Cl: T_d, PYX_2X' unter den gleichen Voraussetzungen: C_{3v}, dagegen mit Y = O und X' = F oder Y = S und X' = Cl: C_{2v}, $PYXX'X''$: stets C_{1h}, M.-L. DELWAULLE, F. FRANÇOIS (*l. c.*).

Internuclear Distances. Bond Angles

Kernabstände r in Å. **Bindungswinkel** α (X–P–X). In den POX_3-Molekeln wird die Länge der P–X-Bindung mit r_d, die der P–O-Bindung mit r_D bezeichnet. Einen Überblick gibt J. W. GEORGE (*Progr. inorg. Chem.* **2** [1960] 33/107, 57).

	POF_3			$POCl_3$			$POBr_3$
r_d	1.52 ± 0.02	1.53 ± 0.02	1.52	2.02 ± 0.03	1.99 ± 0.02	1.99_5 ± 0.02	2.06 ± 0.03
r_D	1.56 ± 0.03	1.45 ± 0.03	1.48	1.58	1.45 ± 0.03	1.45 ± 0.05	1.41 ± 0.07
α	107° ± 2°	100.3° ± 2.0°	—	106° ± 1°	103.6° ± 2.0°	103.5° ± 1°	108° ± 3°
Lit. . . .	1)	2)	3)	1)	2)	4)	5)

1) Durch Elektronenbeugung bestimmt, L. O. BROCKWAY, J. Y. BEACH (*J. Am. chem. Soc.* **60** [1938] 1836/46, 1838/9). — 2) Aus dem Mikrowellenspektrum bestimmt, Q. WILLIAMS, J. SHERIDAN, W. GORDY (*J. chem. Phys.* **20** [1952] 164/7). — 3) Aus dem Mikrowellenspektrum mit α = 106° berechnet, N. J. HAWKINS, V. W. COHEN, W. S. KOSKI (*J. chem. Phys.* **20** [1952] 528). — 4) Durch Elektronenbeugung bestimmt, G. R. BADGLEY, R. L. LIVINGSTON (*J. Am. chem. Soc.* **76** [1954] 261/2). — 5) Durch Elektronenbeugung bestimmt, J. H. SECRIST, L. O. BROCKWAY (*J. Am. chem. Soc.* **66** [1944] 1941/6). — In POF_3 kann α nicht denselben Wert wie in PF_3 haben, da sich dann aus der Rotationskonst. der offensichtlich zu große Wert r_D = 1.85 Å ergeben würde, S. J. SENATORE (*Phys.

Rev. [2] **78** [1950] 293/4). — In der orthorhomb. Elementarzelle von $SbCl_5 \cdot POCl_3$ sind die Cl-Atome teils 1.95, teils 1.97 Å vom P-Atom entfernt; $r_D = 1.46$, $\alpha = 105.6$ oder 107.4°, I. Lindqvist, C.-I. Brändén (*Acta cryst.* **12** [1959] 642/5 [engl.]).

In den Molekeln $POFCl_2$ (I) und POF_2Cl (II) ergeben sich die Abstände r(P–O) zu 1.54 ± 0.03 (I), 1.55 ± 0.03 (II), r(P–F) zu 1.50 ± 0.03 (I), 1.51 ± 0.03 (II), r(P–Cl) zu 1.99 ± 0.04 (I), 2.01 ± 0.04 (II); die Bindungswinkel sind in beiden Molekeln gleich: $\alpha = 106 \pm 3°$, L. O. Brockway, J. Y. Beach (*l. c.*).

Zum Vergleich der Struktur von POX_3-Molekeln mit der von PX_3- und PX_5-Molekeln s. Q. Williams u. a. (*l. c.*), W. G. Palmer (*Endeavour* **12** [1953] 124/9).

Moment of Inertia. Rotational Constants

Trägheitsmoment I_B in 10^{-40} gcm^2. **Rotationkonstanten** B_0 in MHz, D_J und D_{JK} in kHz. Die Analyse der Mikrowellenspektren ergibt für $P^{16}OF_3$: $I_B = 182.596$, $B_0 = 4594.25 \pm 0.04$, für $P^{18}OF_3$: $I_B = 190.863$, $B_0 = 4395.27 \pm 0.20$, für $P^{16}O^{35}Cl_3$: $I_B = 416.283$, $B_0 = 2015.20 \pm 0.05$, für $P^{16}O^{37}Cl_3$: $I_B = 434.124$, $B_0 = 1932.38 \pm 0.08$, Q. Williams, J. Sheridan, W. Gordy (*J. chem. Phys.* **20** [1952] 164/7). Ohne Angabe der Isotopenmasse des O-Atoms (vermutlich ^{16}O) für POF_3: $B_0 = 4593.50 \pm 0.02$, S. J. Senatore (*Phys. Rev.* [2] **78** [1950] 293/4). Nach N. J. Hawkins, V. W. Cohen, W. S. Koski (*J. chem. Phys.* **20** [1952] 528) ist für $P^{16}OF_3$ $B_0 = 4594.26 \pm 0.01$. Außer der Konst. $B_0 = 4594.282$ geben C. M. Johnson, R. Trambarulo, W. Gordy (*Phys. Rev.* [2] **84** [1951] 1178/80) für $P^{16}OF_3$ noch $D_J = 1.10 \pm 0.05$ und $D_{JK} = 1.25 \pm 0.05$ an; vgl. auch W. Gordy (*Ann. New York Acad. Sci.* **55** [1952] 774/88, 785). Mit einer verbesserten Meßmeth. erhalten C. A. Burrus, W. Gordy (*J. chem. Phys.* **26** [1957] 391/4) $B_0 = 4594.262$, $D_J = 1.020$, $D_{JK} = 1.284$.

Für die asymmetr. Molekel POF_2Cl (mit ^{35}Cl bzw. ^{37}Cl) leitet R. J. Goll (*Diss. Univ. of Wisconsin* 1959, *Diss. Abstr.* **19** [1959] 1930) die Rotationskonstt. ab (Einzelheiten s. im Original).

Dipole Moment

Dipolmoment μ in Debye. Für POF_3 ergibt sich aus dem Stark-Effekt im Mikrowellenspektrum $\mu = 1.735$, S. J. Senatore (*Phys. Rev.* [2] **78** [1950] 293/4), $\mu = 1.69 \pm 3\%$, N. J. Hawkins, V. W. Cohen, W. S. Koski (*J. chem. Phys.* **20** [1952] 528), $\mu = 1.77 \pm 0.02$, S. N. Ghosh, R. Trambarulo, W. Gordy (*J. chem. Phys.* **21** [1953] 308/10).

Für $POCl_3$ ergibt sich aus der Intensität der UR-Absorption das Gesamtmoment zu 3.5; die Bindungsmomente ergeben sich zu 5.6 (P–O), 1.7 (P–Cl), L. Doyennette (*J. Chim. phys.* **58** [1961] 487/94, 493). Aus Meßwerten für die Molpolarisation bei 10 bis 60°C folgt als Mittelwert $\mu = 2.40$, C. P. Smyth, G. L. Lewis, A. J. Grossman (*J. Am. chem. Soc.* **62** [1940] 1219/23). Aus Dichte, DK ($\varepsilon = 13.9$ bzw. 12.7) und Brechungszahl berechnet C. J. F. Böttcher (*Recueil Trav. chim.* **62** [1943] 119/33, 126) $\mu = 2.4$ bzw. 2.5, O. A. Osipov (*Ž. fiz. Chim.* **31** [1957] 1542/6) nach einer neu entwickelten Formel $\mu = 2.51$.

Magnetic Moment

Magnetisches Moment. Ebenso wie in PF_3 wird auch in POF_3 bei der Rotation ein magnet. Moment erzeugt (vgl. S. 370). Bei K = 0 ergibt sich $g_\perp = 0.03$, J. T. Cox, W. Gordy (*Phys. Rev.* [2] **101** [1956] 1298/1300).

Force Constants

Kraftkonstanten f in mdyn/Å. Aus den Wellenzahlen der Eigenschwingungen der POX_3-Molekeln allein können max. 6 Kraftkonstt. bestimmt werden. Daher werden von den 9 theoretisch möglichen Wechselwirkungskonstt. 2 ausgewählt, wenn man die Kraftkonstt. für die P–O- und die P–X-Bindung (f_D, f_d) sowie für die Winkel X–P–X (f_α) und O–P–X (f_β) zu bestimmen wünscht. Es ist aber auch möglich, 11 Konstt. zu berechnen, wenn man annimmt, daß die in den PX_3-Gruppen wirkenden Kräfte durch das O-Atom nur schwach beeinflußt werden, also dieselben wie in den PX_3-Molekeln sind. Unter dieser Voraussetzung ergeben sich folgende Konstt.:

	f_D	f_d	f_{Dd}	f_{dd}	$f_{d\alpha}$	$f_{d\beta}$	$f_{\alpha\beta}$	$f_\alpha - f_{\alpha\alpha}$	$f_\beta - f_{\beta\beta}$	$f_{D\alpha} - f_{D\beta}$	$f_{\alpha\alpha} + f_{\beta\beta}$
POF_3	10.7235	4.6216	0.8102	0.6372	0.7052	0.5634	0.3425	0.9123	0.6055	0.2013	0.3023
$POCl_3$	10.5432	3.0102	0.7243	0.5270	0.5262	0.4015	0.2456	0.4214	0.3566	0.1004	0.2524
$POBr_3$	10.3223	2.0869	0.5016	0.4426	0.3142	0.2456	0.1536	0.2715	0.3054	0.0786	0.1659

G. Nagarayan (*J. sci. ind. Res.* B **21** [1962] 356/9). — Aus den 6 Wellenzahlen ber. Konstt.:

	f_D	f_d	f_{Dd}	f_{dd}	f_α	f_β	$f_\alpha - f_{\alpha\alpha}$	$f_\beta - f_{\beta\beta}$	$f_{\alpha\alpha} + f_{\beta\beta}$	Lit.
POF_3	11.4	6.18	—	0.79	—	—	0.84	0.365	0.052	1)
POF_3	10.95	6.31	—	0.47	—	—	0.475	0.639	—	2)
$POCl_3$	10.38	2.56	—	0.257	—	—	0.263	0.294	—	2)
$POCl_3$	9.6	2.87	—	0.575	—	—	0.317	0.23	0.0034	3)
$POCl_3$	9.5540	2.3447	0.5502	0.6947	0.2401	0.5452	—	—	—	4)
$POBr_3$	9.6	1.878	—	0.478	—	—	0.221	0.2447	−0.0160	3)
$POBr_3$	9.9740	1.8923	0.5129	0.4373	0.2160	0.2537	—	—	—	4)

1) H. S. GUTOWSKY, A. D. LIEHR (*J. chem. Phys.* **20** [1952] 1652/3). — 2) L. DOYENNETTE (*J. Chim. phys.* **58** [1961] 487/94, 491). — 3) T. A. HARIHARAN (*J. Indian Inst. Sci.* A **38** [1956] 16/9, **40** [1958] 89/96). — 4) K. VENKATESWARLU, S. SUNDARAM (*J. Phys. Radium* [8] **17** [1956] 905/6). — Kraftkonstt. für POF_3, $POCl_3$ und $POBr_3$ bei Gültigkeit eines idealisierten Molekelmodells ($\alpha = \beta$ = Tetraederwinkel, P–O-Bindung reguläre Doppelbindung) s. bei H. SIEBERT (*Z. anorg. Chem.* **275** [1954] 210/24, 222). Von anderen Autoren werden noch mehr oder alle Wechselwirkungskonstt. vernachlässigt; 5 Konstt. für POF_3 s. bei K. VENKATESWARLU, V. SOMASUNDARAM, M. G. PILLAI KRISHNA (*Z. physik. Chem.* **212** [1959] 145/8); 4 Konstt. für $POCl_3$ und $POBr_3$ geben L. S. MAJANC, E. M. POPOV, M. I. KABAČNIK (*Opt. i Spektroskopija* **6** [1959] 589/93; engl. Übers.: *Opt. Spectroscopy* **6** [1959] 384/6) an; Einzelwert für f_D in $POBr_3$ s. bei H. GERDING, M. VAN DRIEL (*Recueil Trav. chim. Pays-Bas* **61** [1942] 419/24 [engl.]).

Molecular Vibrations

Molekelschwingungen. In den POX_3-Molekeln sind wegen ihrer Symmetrie 6 Grundschwingungen möglich, nämlich 3 Deformationsschwingungen (δ_{12}, δ_3, δ_{45}) und 3 Valenzschwingungen (ν_1, ν_{23}, ν_4). Davon sind die Schwingungen δ_3, ν_1 und ν_4 totalsymmetrisch, die übrigen 3 doppelt entartet, M.-L. DELWAULLE, F. FRANÇOIS (*J. Phys. Radium* [8] **7** [1946] 15/32; *J. Chim. phys.* **45** [1948] 50/54, **46** [1949] 87/97). Für die einzelnen Molekeln im Ramanspektrum beob. bzw. aus Kraftkonstt. ber. Schwingungszahlen (in cm^{-1}):

	POF_3	$POCl_3$								$POBr_3$	
δ_{12}	337	193	192	191	192.85	193	190	191	200	118	118
δ_3	—	267.4	270	269	267.39	267	267	268	255	173	168
δ_{45}	476	337.4	339	338	337.44	337	336	337	362	267	254
ν_1	875	486.2	485	485	486.24	486	488	486	488	340	344
ν_{23}	982	581.2	585	585	581.2	581	578	582	582	488	486
ν_4	1395	1290	1295	1290	1289.9	1290	1295	1292	1295	1261	1260
Lit.	1)	2)	3)	4)	5)	6)	7)	8)	10)	9)	10)

1) M.-L. DELWAULLE, F. FRANÇOIS (*C. r.* **222** [1946] 550/2). — 2) M.-L. DELWAULLE, F. FRANÇOIS (*C. r.* **220** [1945] 817/9). — 3) H. NISI (*Japan. J. Phys.* **6** [1930] 1T/15T, 9T). — 4) S. VENKATESWARAN (*Indian J. Phys.* **6** [1931] 275/85, 283). — 5) A. LANGSETH (*Z. Phys.* **72** [1931] 350/67, 362). — 6) J. CABANNES, A. ROUSSET (*C. r.* **194** [1932] 706/8; *Ann. Phys.* [*Paris*] [10] **19** [1933] 229/303, 260, 285). — 7) A. SIMON, G. SCHULZE (*Naturwissenschaften* **25** [1937] 669; *Z. anorg. Chem.* **242** [1939] 313/68, 339). — 8) E. G. F. ROTHER (*Diss. München* 1959, S. 1/98, 52). — 9) H. GERDING, M. VAN DRIEL (*Recueil Trav. chim. Pays-Bas* **61** [1942] 419/24). — 10) Ber. Werte, L. S. MAJANC, E. M. POPOV, M. I. KABAČNIK (*Opt. i Spektroskopija* **6** [1959] 589/93; engl. Übers.: *Opt. Spectroscopy* **6** [1959] 384/6).

Die Schwingungen der POF_3-Molekel haben nach Unterss. des UR-Spektrums die Wellenzahlen $\delta_{12} = 345$, $\delta_3 = 473$, $\nu_{45} = 485$, $\nu_1 = 873$, $\nu_{23} = 990$, $\nu_4 = 1415$. Außer diesen Absorptionsmaxima sind noch einige Kombinationen und Oberschwingungen zu beobachten: 690 ($2\delta_{12}$), 830 ($\delta_{12} + \delta_{45}$), 946 ($2\delta_3$), 957 ($\delta_3 + \delta_{45}$), 1275 ($2\nu_1 - \delta_3$), 1330 ($\delta_{12} + \nu_{23}$), 1345 ($\delta_3 + \nu_1$), 1360 ($\delta_{45} + \nu_1$), 1462 ($\delta_3 + \nu_{23}$), 1472 ($\delta_{45} + \nu_{23}$), 1740 ($2\nu_1$), 1855 ($\nu_1 + \nu_{23}$), 2295 ($\nu_1 + \nu_4$), 2815 ($2\nu_4$), H. S. GUTOWSKY, A. D. LIEHR (*J. chem. Phys.* **20** [1952] 1652/3). Im UR-Spektrum von $POCl_3$ findet E. G. F. ROTHER (*l. c.* S. 49) die Wellenzahlen $\nu_{23} = 587$, $\nu_4 = 1307$ und 4 Kombinationslinien (837, 901, 1162, 1254 cm^{-1}); in einer späteren Arbeit von M. BAUDLER, R. KLEMENT, E. ROTHER (*Chem. Ber.* **93** [1960] 149/55, 150) werden (bis auf die 1. Kombinationslinie: 853 cm^{-1}) dieselben Werte angegeben. Nach L. DOYENNETTE (*J. Chim. phys.* **58** [1961] 487/94, 491) liegen die Absorptionsmax. im UR-Spektrum bei $\delta_{45} = 333$, $\nu_1 = 484$, $\nu_{23} = 595$, $\nu_4 = 1321.5$. Den Schwingungen δ_3 und δ_{45} von $POCl_3$ ordnen V. LORENZELLI, K. D. MÖLLER (*C. r.* **248** [1959] 1980/2) 2 breite schwache Banden bei $\sim$270 und 340 cm^{-1} zu, die im UR-Spektrum von PCl_3 zu beobachten sind. Die Schwingungen ν_1, ν_{23} und ν_4 von $POCl_3$ sind auch im UR-Spektrum bei 485, 581 bzw. 1294 cm^{-1} zu beobachten; dagegen ist von diesen Schwingungen im UR-Spektrum von $POBr_3$ nur ν_4 festzustellen, L. W. DAASCH, D. C. SMITH (*Anal. Chem.* **23** [1951] 853/68, 855, 866).

Die Wellenzahl ν_4, die schon von S. VENKATESWARAN (*l. c.*) der Valenzschwingung der P–O-Bindung zugeschrieben wird, ergibt sich im UR-Spektrum einer Lsg. von $POCl_3$ in CCl_4 zu 1305 cm^{-1}; wird dem Lsgm. $CHCl_3$, $C_2H_2Cl_4$ oder C_2HCl_5 zugefügt, so verschiebt sich die Wellenzahl infolge von H-Brückenbindung nach 1302, 1302 bzw. 1303 cm^{-1}. In einem Gemisch von CCl_4 und n-Heptan ist dagegen die gleiche Wellenzahl wie in reinem CCl_4 zu beobachten, E. HALPERN, J. BOUCK,

H. Finegold, J. Goldenson (*J. Am. chem. Soc.* **77** [1955] 4472/4). — Die Wellenzahl ist nicht dem reinen $POCl_3$ zuzuordnen; vielmehr beträgt die Wellenzahl der P–O-Schwingung im UR-Spektrum von $POCl_3$-Dampf $\nu_4 = 1324$ cm^{-1}. Im gelösten Zustand (Konz. ~0.1 m) ist ν_4 zu kleineren Wellenzahlen verschoben: 1311 in n-Hexan oder Cyclohexan, 1306 in C_2Cl_4, 1305 in CCl_4 usw.; am stärksten wirken Methylenbromid und -jodid ($\nu_4 = 1294$ bzw. 1290 cm^{-1}), L. J. Bellamy, C. P. Conduit, R. J. Pace, R. L. Williams (*Trans. Faraday Soc.* **55** [1959] 1677/83). Wesentlich stärker wird die P–O-Schwingung durch anorgan. Verbb. beeinflußt. Im Gemisch mit $TiCl_4$ ist sie als Dublett bei 1255 und 1234, im Gemisch mit $SnCl_4$ bei 1265 und 1215 cm^{-1} zu beobachten. In den festen Additionsverbb. $TiCl_4 \cdot 2POCl_3$ und $TiCl_4 \cdot POCl_3$ ist $\nu_4 = 1205$, während in $SnCl_4 \cdot 2POCl_3$ 4 Maxima bei 1300, 1285, 1250 und 1215 cm^{-1} auftreten, die sich durch die Wechselwirkung zwischen den Bestandteilen erklären lassen, J. C. Sheldon, S. Y. Tyree (*J. Am. chem. Soc.* **80** [1958] 4775/8, **81** [1959] 2290/6, 2295); Angaben über die P–O-Schwingung in weiteren Additionsverbb.: $POCl_3 \cdot AlCl_3$ und $POCl_3 \cdot GaCl_3$, H. Gerding, J. A. Koningstein, E. R. van der Worm (*Spectrochim. Acta* **16** [1960] 881/8 [engl.]), $POCl_3 \cdot BF_3$ und $POCl_3 \cdot BCl_3$, T. C. Waddington, F. Klanberg (*J. chem. Soc.* **1960** 2339/43). Die Linienverschiebungen sind sowohl im UR- als auch im Ramanspektrum zu beobachten, und zwar nicht nur bei ν_4, sondern auch bei $\nu_{23} = 584$ cm^{-1}. Derartige Unterss. an Gemischen aus $POCl_3$ mit $AsCl_3$, $SbCl_3$, $BiCl_3$, $SnCl_4$, $SbCl_5$, CS_2, CCl_4, $CHCl_3$, $C_2H_4Cl_2$, C_5H_5N und C_6H_5COCl beschreiben P.-O. Kinell, I. Lindqvist, M. Zackrisson (*Acta chem. scand.* **13** [1959] 190/1, 1159/66 [engl.]), M. Zackrisson, K. I. Aldén (*Acta chem. scand.* **14** [1960] 994/1000 [engl.]). Über die Verschiebung der Linien 336, 483 und 588 cm^{-1} in C_6H_6 und CH_3CN s. I. R. Beattie, M. Webster (*J. chem. Soc.* **1963** 38/42).

Die vorstehenden Angaben beziehen sich auf Proben mit O in der natürlichen Isotopenzus.; für $P^{18}OCl_3$ ergeben sich für die Schwingungen δ_3, ν_1 und ν_4 die Wellenzahlen 263, 476, 1265 (in Benzol) bzw. 1261 (in CCl_4) sowie durchweg geringere Intensitäten der Absorptionsmax., I. Laulicht, S. Pinchas, D. Sadeh, D. Samuel (*J. chem. Phys.* **41** [1964] 789/93).

Zum Vergleich der Wellenzahlen der P–O-Schwingung in $POCl_3$ und in Säureanionen s. A. E. Arbuzov, M. I. Batuev, S. S. Vinogradova (*Dokl. Akad. Nauk SSSR* **54** [1946] 603/5; *C. r. Acad. Sci. URSS* **54** [1946] 599/601). Vgl. auch S. 58.

Auch in Additionsverbb. von $POBr_3$ ist die Änderung von ν_4 untersucht worden, und zwar von J. C. Sheldon, S. Y. Tyree (*J. Am. chem. Soc.* **80** [1958] 4775/8) an $TiBr_4 \cdot 2POBr_3$ und $FeBr_2 \cdot 2POBr_3$.

In den POX_2X'-Molekeln ist die Entartung der 3 Schwingungen δ_{12}, δ_{45} und ν_{23} wegen der geringeren Symmetrie aufgehoben, und die Schwingungen δ_1 und δ_2, δ_4 und δ_5 sowie ν_2 und ν_3 lassen sich im allgemeinen unterscheiden; im Ramanspektrum gem. Wellenzahlen (alle Angaben in cm^{-1}):

Molekel. .	POF_3	POF_2Cl	$POFCl_2$	$POCl_3$	$POCl_2Br$	$POClBr_2$	$POBr_3$	$POFBr_2$	POF_2Br	POF_3
δ_1 . . .	337	274	207	193	161	130	118	134	241	337
δ_2 . . .			254		172	157		220		
δ_3 . . .	—	406	330	267.4	242	209.5	173	273	—	—
δ_4 . . .	476	410	372	337.4	285	271	267	291	320	476
δ_5 . . .		424	386		327	291		306	411	
ν_1 . . .	875	618	547	486.2	432	391	340	466	554	875
ν_2 . . .	982	895	620	581.2	545	492	488	538	888	982
ν_3 . . .		948	894		580	552		880	940	
ν_4 . . .	1395	1358	1331	1290	1285	1275	1261	1303	~ 1350	1395
Lit. . . .	1)	1)	1)	2)	2)	2)	2)	1)	1)	1)

1) M.-L. Delwaulle, F. François (*C. r.* **222** [1946] 550/2). — 2) M.-L. Delwaulle, F. François (*C. r.* **220** [1945] 817/9; *Bull. Soc. chim. France Mém.* [5] **13** [1946] 206; *J. Phys. Radium* [8] **7** [1946] 15/32, 30). — In den UR-Spektren von fl. $POCl_2Br$ bzw. festem $POClBr_2$ sind außer den Linien 1285 bzw. 1275, die der P–O-Schwingung zuzuordnen sind, nur die Linien 580, 541, 488 und 428 bzw. 550 und 488 zu beobachten, W. Kuchen, H. Ecke, H. G. Beckers (*Z. anorg. Chem.* **313** [1961] 138/43).

In POFClBr haben die 9 Schwingungen die Wellenzahlen $\delta_1 = 173$, $\delta_2 = 233$, $\delta_3 = 298$, $\delta_4 = 311$, $\delta_5 = 372$, $\nu_1 = 495$, $\nu_2 = 590$, $\nu_3 = 890$, $\nu_4 = 1319$, M.-L. Delwaulle, F. François (*C. r. Acad. Sci. [Paris]* **222** [1946] 1173/5).

Zwischen der Wellenzahl der Schwingung ν_4 und der Summe der Elektronegativitäten der 3 Halogenatome besteht eine lineare Beziehung, J. V. Bell, J. Heisler, H. Tannenbaum, J. Goldenson (*J. Am. chem. Soc.* **76** [1954] 5185/9). Die Abhängigkeit der Wellenzahlen von den Massen der Halogenatome stellt J. K. Wilmshurst (*Canad. J. Chem.* **37** [1959] 1896/1902, 1899) graphisch dar.

UV Spectrum

UV-Spektrum. Mit abnehmender Wellenlänge steigt das Absorptionsvermögen von $POCl_3$ bis 1960 Å an und bleibt dann bis 1850 Å konst., M. HALMANN (*J. chem. Soc.* **1963** 2853/6).

Dissociation Energy

Dissoziationsenergie D in kcal/Mol. Aus thermochem. Daten berechnen M. JAN-KHAN, R. SAMUEL (*Proc. phys. Soc.* **48** [1936] 626/41, 636) die mittlere Energie einer P–Cl-Bindung in PCl_5 zu 69 und die einer P–O-Doppelbindung zu 167, daraus die gesamte Dissoziationsenergie von $POCl_3$ zu D = 386.

Parachor

Parachor [P]. Aus der Oberflächenspannung von $POCl_3$ zwischen 15 und 65°C ergibt sich im Mittel [P] = 217.6, aus den Atomparachoren unter Berücksichtigung der semipolaren Doppelbindung [P] = 220.6, S. SUGDEN, J. B. REED, H. WILKINS (*J. chem. Soc.* **127** [1925] 1525/40, 1526). Neuere Messungen zwischen 14.9 und 86.4°C ergeben im Mittel [P] = 218.6, A. I. VOGEL (*J. chem. Soc.* **1948** 1833/55, 1851). Bei Annahme einer gewöhnl. Doppelbindung erhält A. SIPPEL (*Z. angew. Chem.* **42** [1929] 873/7) [P] = 243.8. Weitere ber. Werte: 216.5, S. A. MUMFORD, J. W. C. PHILLIPS (*J. chem. Soc.* **1929** 2112/33, 2121), 219.7 bzw. (nach Korrektur) 209.55, J. C. McGOWAN (*Chem. Ind.* **1952** 495/6; *Recueil Trav. chim.* **75** [1956] 193/208, 199).

Molecular Refraction

Molrefraktion R_{mol} in cm^3. Aus den Brechungszahlen ergibt sich für $POCl_3$ bei $\lambda = 5893$ Å $R_{mol} = 25.13$, C. P. SMYTH, G. L. LEWIS, A. J. GROSSMAN, F. B. JENNINGS (*J. Am. chem. Soc.* **62** [1940] 1219/23), 25.05, A. I. VOGEL (*l. c.*), 25.45, 25.15 bzw. 25.02 bei $\lambda = 4861$, 5893 bzw. 6563 Å, W. J. JONES, W. C. DAVIES, W. J. C. DYKE (*J. phys. Chem.* **37** [1933] 583/96, 584).

POX_4^- Ions

POX_4^--Ionen

Zur vermuteten Existenz von $POCl_4^-$ bei der elektrolyt. Dissoz. von $POCl_3$ nach $2POCl_3 \rightleftharpoons POCl_2^+ + POCl_4^-$ s. S. 476.

Phosphorus and Fluorine

Phosphor und Fluor

Allgemeine Literatur:

H. MOISSAN, *Das Fluor und seine Verbindungen, Berlin* 1900. Im folgenden zitiert als: MOISSAN (*Fluorverbindungen*).

A. B. BURG in: J. H. SIMONS, *Fluorine chemistry, Bd.* 1, *New York* 1950, S. 96/100.

I. G. RYSS, *Die Chemie des Fluors und seiner anorganischen Verbindungen, Moskau* 1960, S. 1/718 nach *C.* **1957** 5503.

H. J. EMELÉUS, Lit.-Zusammenstellung über P–F-Verbb. Im folgenden zitiert als: H. J. EMELÉUS (bisher unveröff. Mitteilung)[1]).

Zur P–F-Bindung vgl. S. 364.

Phosphorus Fluorides

Phosphorfluoride

PF. Nachweis durch Elektronen-Spektroskopie s. S. 366.

P_2F_4 (?). Bei Verss., das Cl_2 im P_2Cl_4 durch Fluor zu ersetzen (SbF_3), wird keine andere Verb. als PCl_3 erhalten neben sehr kleinen Mengen eines flüchtigen Gases, wahrscheinlich PF_3, A. FINCH (*Can. J. Chem.* **37** [1959] 1793/4). Fluorierung von P_2J_4 mit SbF_5 führt hauptsächlich zu PF_3 und PF_5, jedoch wird eine kleine Menge eines weniger flüchtigen Materials erhalten, dessen Molekulargew. sich P_2F_4 nähert, G. S. HARRIS laut D. S. PAYNE (*Quart. Rev.* **15** [1961] 173/89, 189). Verss. zur Darst. von P_2F_4 durch Behandeln von P_2J_4 mit einer Anzahl fluorierender Stoffe führen nur zu PF_3. Wahrscheinlich ist P_2F_4 thermisch sehr unbeständig und disproportioniert sofort in PF_3 und P. Es wird angenommen, daß die Stabilität der anorgan. Biphosphine mit wachsender Elektronegativität der Substituenten abnimmt, möglicherweise durch eine Induktionswrkg. auf die Elektronendichte in der P–P-Bindung, L. A. ROSS (*Thesis Indiana Univ. Bloomigton*, Order Nr. 62-5071 nach *Diss. Abstr.* **23** [1962] 1920).

Phosphorus (III) Fluoride

Phosphor (III) - fluorid PF_3

Bildung und Darstellung

Formation. Preparation

PF_3 kann nicht aus den Elementen oder aus P und PF_5 erhalten werden, A. E. VAN ARKEL (*Research* **2** [1949] 307/13, 312).

[1]) Wird wahrscheinlich 1965 in Bd. V von „*Advances in fluorine chemistry*" erscheinen.

From Elemental P and Fluorine Compounds

Aus elementarem P und Fluorverbindungen. Rotes P gibt beim Erhitzen mit HF unter Druck PF_3 mit einer Ausbeute von 5%, E. L. MUETTERTIES, J. E. CASTLE (*J. Inorg. Nucl.* **18** [1961] 148/53, 150). Durch Dest. von P mit PbF_2 wird eine weiße stark rauchende Fl. erhalten, deren Zus. angeblich dem PCl_3 analog ist, J.-B. DUMAS (*Ann. Chim. Phys.* [2] **31** [1826] 433/6; *Schweiggers J. Chem. Phys.* **47** [1826] 109/14, 112; *J. Pharm.* **12** [1826] 297/301, 299). Bei der Rk. von P mit PbF_2 bei höheren Tempp. wie auch beim Behandeln von AgF mit PCl_5-Dämpfen bildet sich vermutlich eine P–F-Verb., L. PFAUNDLER (*Z. Chem. Pharm.* **1862** 698/704, 725/36, 725; *Sitz.-Ber. Akad. Wiss.* [*Wien*] **46** II [1863] 274/5; *J. prakt. Chem.* **89** [1863] 135/46, 144). Zur Rk. von P mit PbF_2 vgl. auch H. MOISSAN (*Ann. Chim. Phys.* [6] **6** [1885] 433/67, 439). Bldg. von PF_3 neben POF_3 bei der heftig verlaufenden Rk. von rotem P mit SeF_4 unter Hinterlassung eines Rückstandes von rotem Se und SeO_2, E. B. R. PRIDEAUX, C. B. COX (*J. chem. Soc.* **1928** 1603/7). Über Bldg. von PF_3 durch Rk. von AsF_5 mit P s. O. RUFF, H. GRAF (*Ber. dtsch. chem. Ges.* **39** [1906] 67/71, 70). Bldg. von PF_3 aus PF_3Cl_2 und P bei 120°C neben PCl_3, C. POULENC (*C. r. Acad. Sci.* [*Paris*] **113** [1891] 75/78).

From P_2O_5 and Fluorine Compounds

Aus P_2O_5 und Fluorverbindungen. Bei der Rk. von P_2O_5 mit CaF_2 bildet sich PF_3 durch Red. von entstandenem POF_3 durch das Fe der Kesselwände, G. TARBUTTON, E. P. EGAN, S. G. FRARY (*J. Am. chem. Soc.* **63** [1941] 1782/9, 1784), Näheres s. bei POF_3, S. 401. Bldg. von wenig PF_3 neben wenig POF_3 beim Erhitzen von P_2O_5 mit Rohphosphat oder Apatit bei 700°C; der Hauptteil des anwesenden Fluors wird als SiF_4 verflüchtigt; Bldg. von PF_3 beim Erhitzen eines Gemisches aus CaF_2 und NaCl mit P_2O_5 auf 350 bis 600°C, daneben entstehen POF_3, $POCl_3$, $POFCl_2$, POF_2Cl und HCl, G. TARBUTTON u. a. (*l. c.* S. 1785).

From P Halogenides and F Compounds

Aus P-Halogeniden und F-Verbindungen. Darst. von PF_3 durcl Einleiten von Fluorwasserstoff in PCl_3 bei 50 bis 65°C als gasf. Rk.-Prod. im Gemisch mit HCl, das durch Absorption mit H_2O entfernt wird, W. KWASNIK laut O. SCHMITZ-DUMONT (in: *FIAT Review, Bd.* 23, S. 214). Wasserfreies HF wird mit PCl_3 bei Ggw. von $SbCl_5$ als Katalysator in einem Fe-Gefäß umgesetzt. Zur Reinigung von den schneller hydrolysierenden Nebenprodd. $PFCl_2$ und PF_2Cl sowie von mitgerissenem PCl_3 wird das entwickelte PF_3 durch Waschflaschen mit H_2O geleitet, zum Trocknen mehrmals über P_2O_5 dest. und anschließend fraktioniert, U. WANNAGAT, J. RADEMACHERS (*Z. anorg. allg. Chem.* **289** [1957] 66/79, 67). Vgl. hierzu G. BRAUER (*Handbuch der präparativen anorganischen Chemie, Stuttgart* 1960, *Bd.* 1, S. 182). — Bldg. von PF_3 neben $NO[PF_6]$ durch Umsetzung von PCl_3 mit $NOSO_2F$, F. SEEL, H. MASSAT (*Z. Anorg. Allgem. Chem.* **280** [1955] 186/96, 192).

Darst. durch langsames Zutropfenlassen von Arsen(III)-fluorid zu in einem Glaskölbchen befindlichem PCl_3 unter völligem Ausschluß von H_2O. Das Gemisch erwärmt sich etwas. Das PF_3 wird mit wenig H_2O, mit H_2SO_4 und mit H_2SO_4 getränktem Bimsstein gewaschen und getrocknet. Das H_2O soll mitgerissene Dämpfe von PCl_3 und AsF_3 zurückhalten, H. MOISSAN (*Ann. Chim. Phys.* [6] **6** [1885] 433/67, 440; *C. r. Acad. Sci.* [*Paris*] **100** [1885] 272/5). Vgl. auch W. E. McIVOR (*Bl. Soc. chim. France* [2] **25** [1876] 548; *Chem. News* **32** [1875] 232). Die Rk. wird vorteilhaft bei 35°C in Ggw. von $SbCl_5$ als Katalysator ausgeführt, M. YOST, T. F. ANDERSON (*J. chem. Phys.* **2** [1934] 624/7). In entsprechender Weise reagiert auch PBr_3 mit AsF_3, W. E. McIVOR (*Ber. dtsch. chem. Ges.* **8** [1875] 1466). Das entweichende, PF_3 enthaltende Gas wird zur Entfernung mitgerissener Komponenten mit Aceton-CO_2-Mischung gekühlt, mit fl. N_2 kondensiert und zur Reinigung mit der gleichen Kältemischung unter Verwerfen der ersten und letzten Fraktionen destilliert, C. J. HOFFMAN, J. M. LUTTON, R. W. PARRY (in: J. C. BAILAR, *Inorganic syntheses, Bd.* 4, *New York-London* 1953, S. 149/50).

Bei der Fluorierung von PCl_3 mit Antimon(III)-fluorid bei ~40°C in Ggw. von $SbCl_5$ als Katalysator (2 ml $SbCl_5$/100 g PCl_3) entwickelt sich ein Gas, das zu 80 bis 90% aus PF_3 neben kleinen Anteilen von PF_2Cl und $PFCl_2$ besteht, H. S. BOOTH, A. R. BOZARTH (*J. Am. chem. Soc.* **55** [1933] 3890). Über Anordnung der komplizierten App. s. H. S. BOOTH, A. R. BOZARTH (*J. Am. chem. Soc.* **61** [1939] 2927/34, 2928). Zur Fluorierung von PCl_3 wird sehr fein gepulvertes SbF_3 eine Std. mit trocknem N_2 durchgespült, wobei H_2O und O_2 entfernt werden, und dann PCl_3 tropfenweise zugefügt. Zur Beendigung der Rk. werden nach Zusatz von ~$^2/_3$ des PCl_3 noch ~4 ml $SbCl_5$ als Katalysator zugegeben. Zur Reinigung wird das entwickelte Gas durch Eiswasser geleitet, wodurch anwesendes PF_2Cl hydrolysiert, PF_3 aber kaum angegriffen wird, H. WEISS (*Diss. Stuttgart T. H.* 1959, S. 1/142, 123). PF_3 und PF_5 sind Nebenprodd. bei der heftig verlaufenden, hauptsächlich P-Fluoridchlorid liefernden Rk. von festem PCl_5 mit SbF_3; in Lsg. scheint die Rk. weniger lebhaft stattzufinden, H. S.

Booth, C. F. Swinehart (*J. Am. chem. Soc.* **54** [1932] 4751/3). Bldg. von PF_3 neben PF_2Br und $PFBr_2$ und kleinen Anteilen von HCl, HBr und HF bei der Fluorierung von PBr_3 mit SbF_3 bei 80°C, H. S. Booth, S. G. Frary (*J. Am. chem. Soc.* **61** [1939] 2934/7). Darst. von PF_3 durch Behandeln von PF_2Cl mit SbF_3 in Ggw. von $SbCl_5$ als Katalysator bei —50 bis —55°C und 720 Torr, H. S. Booth, A. R. Bozarth (*J. Am. chem. Soc.* **61** [1939] 2927/34). In der bei gewöhnl. Temp. plötzlich mit großer Heftigkeit einsetzenden Rk. von Antimon(V)-fluorid mit PCl_3 tritt neben HCl, auch PF_3 als Rk.-Prod. auf, O. Ruff, H. Graf, W. Heller, Knoch (*Ber. dtsch. chem. Ges.* **39** [1906] 4310/27, 4316). Bldg. von PF_3 neben $[PCl_4][SbCl_6]$ bei der heftig verlaufenden Rk. zwischen PCl_3 und $SbCl_4F$, L. Kolditz (*Z. anorg. allg. Chem.* **289** [1957] 128/40, 134).

Darst. von PF_3 durch Einleiten von PCl_3-Dampf in eine Schmelze von Alkalifluoriden bei 500°C; ~20%ige Ausbeute, W. Sundermeyer (*Z. anorg. allg. Chem.* **314** [1962] 100/3), durch Rk. von PCl_3 mit NaF in Tetramethylensulfon bei 50 bis 109°C, C. W. Tullock, D. D. Coffman (*J. Org. Chem.* **25** [1960] 2016/9). Die Fluorierung von PCl_3 mit K-Fluorosulfinat verläuft nach $3\,KSO_2F + PCl_3 \rightarrow PF_3 + 3\,KCl + 3\,SO_2$. Die Trennung des PF_3 vom SO_2 ist infolge der sehr verschiedenen Sdpp. der verflüssigten Gase (PF_3 —101°C, SO_2 —10°C) einfach durchzuführen. Geringe Anteile von SO_2 können mit Eiswasser ausgewaschen werden, F. Seel, L. Riehl, (*Z. anorg. allg. Chem.* **282** [1955] 293/306, 305), vgl. F. Seel, H. Jonas, L. Riehl, J. Langer (*Angew. Chem.* **67** [1955] 32/33). Auftreten von PF_3 neben $PFCl_2$ bei der Rk. von PCl_3 mit Ammoniumfluorid durch Erhitzen am Rückflußkühler, C. J. Wilkins (*J. chem. Soc.* **1951** 2726/8).

Darst. von PF_3 durch Rk. von PCl_3 mit überschüssigem Calciumfluorid in einem Druckkessel aus Hastelloy C durch 8std. Erhitzen bei 350°C, E. L. Muetterties, T. A. Bither, M. W. Farlow, D. D. Coffman (*J. inorgan. nuclear Chem.* **16** [1960/61] 52/59). Über Bldg. von PF_3 neben $PFBr_2$ und PF_2Br bei der Fluorierung von PBr_3 mit CaF_2 s. H. S. Booth, S. G. Frary (*l. c.*).

Darst. durch Zutropfenlassen von PBr_3 zu in einem Messingrohr befindlichem Zinkfluorid; Weiterbehandlung des PF_3 s. oben, H. Moissan (*Ann. Chim. Phys.* [6] **19** [1890] 286/8). Bei 140 bis 150°C getrocknetes ZnF_2 wird langsam mit PCl_3 versetzt (1 Tropfen/3 Sek.). Nach einer Induktionsperiode von ~5 Min. beginnt die Rk., die durch Eiskühlung kontrolliert wird. Der PF_3-Strom wird durch die Geschw. des PCl_3-Zusatzes geregelt. Gegen Schluß muß etwas erwärmt werden. 50 bis 60 g ZnF_2 und 40 ml PCl_3 geben einen $1^1/_2$ bis 2 Std. anhaltenden PF_3-Strom. Bei größerem Bedarf ist es besser, mehrere Chargen mit diesem günstigen Mengenverhältnis anzusetzen, als eine größere Menge PCl_3 auf einmal zu fluorieren. Das entwickelte Gas passiert mit Aceton-CO_2 gekühlte Fallen und eine H_2SO_4-Waschflasche, J. Chatt, A. A. Williams (*J. chem. Soc.* **1951** 3061/7), A. A. Williams, R. W. Parry, H. Dess (in: T. Moeller, *Inorganic syntheses, Bd.* 5, *New York-London* 1957, S. 95/97). Das ungereinigte Gas wird bei —80°C durch eine Rückflußkolonne geleitet, wo nicht umgesetztes PCl_3 ausgeschieden wird, dann mit fl. N_2 verflüssigt und im Vak. fraktioniert, R. W. Parry, T. C. Bissot (*J. Am. chem. Soc.* **78** [1956] 1524/7).

Erhitzen von PCl_3 und Zinn(IV)-fluorid im Einschlußrohr bei 100°C führt zur Bldg. von PF_3, L. Wolter (*Diss. Berlin* 1908, S. 1/55, 35). Bldg. von PF_3 durch Rk. von PCl_3 mit Blei(II)-fluorid s. A. Guntz (*C. r. Acad. Sci.* [*Paris*] **103** [1886] 58), durch Rk. von Molybdänhexafluorid mit überschüssigem PCl_3 nach $5\,PCl_3 + 2\,MoF_6 \rightarrow 4\,PF_3 + 2\,MoCl_5 + PCl_5$, T. A. O'Donnell, D. F. Stewart (*J. Inorg. Nucl. Chem.* **24** [1962] 309/14, 314), bei leichtem Erhitzen von PCl_3 mit **Silberfluorid,** s. H. Moissan (*Bl. Soc. chim. France* [3] **5** [1891] 456/8).

Darst. von PF_3 durch Rk. von PCl_3 mit C_6H_5COF bei ~140°C. Die primär entstehenden Prodd. PF_2Cl und $PFCl_2$ werden durch wiederholte Rückführung in den Rk.-Raum in PF_3 übergeführt, F. Seel, K. Ballreich, W. Peters (*Chem. Ber.* **92** [1959] 2117/22, 2120).

From Mixed P Halogenides by Decomposition or Reaction with Metals

Aus gemischten P-Halogeniden durch Zersetzung oder Reaktion mit Metallen. $PFBr_2$ und PF_2Br zersetzen sich bei längerem Stehen nach $3\,PFBr_2 \rightarrow PF_3 + 2\,PBr_3$ oder $3\,PBrF_2 \rightarrow 2\,PF_3 + PBr_3$, H. S. Booth, S. G. Frary (*l. c.*).

PF_3Cl_2 reagiert mit Metallen wie Mg, Al, Hg, Fe, Ni, Pb und Sn beim Erwärmen auf 180°C unter Bldg. von wasserfreien Chloriden und PF_3, C. Poulenc (*C. r. Acad. Sci.* [*Paris*] **113** [1891] 75/78; *Ann. Chim. Phys.* [6] **24** [1891] 548/70, 561).

From Metal Phosphides and Fluorine Compounds

Aus Metallphosphiden und Fluorverbindungen. PbF_2 wird mit Cu-Phosphid bei Ausschluß von H_2O und SiO_2 im einseitig verschlossenen Rohr (Messing) auf dunkle Rotglut ersetzt. Das entwickelte, hauptsächlich aus PF_3 bestehende Gas wird gewaschen, getrocknet und kann über Hg aufgefangen werden, H. Moissan (*Ann. Chim. Phys.* [6] **6** [1885] 433/67, 435), vgl. Moissan (*Fluorverbindungen*, S. 140), F. Ebel, E. Bretscher (*Helv. chim. Acta* **12** [1929] 450/63, 455). Vgl. hierzu apparative

Einzelheiten, H. Moissan (*Bl. Soc. chim. France* [3] **31** [1904] 714/20), A. Stock (*Ber. dtsch. chem. Ges.* **54** [1921] A 142/58).

Bldg. von PF_3 bei der Darst. von Fe, Mn oder Ferromangan durch Schmelzflußelektrolyse von Lsgg. von P-haltigem Fe- oder Mn-Oxid oder deren Gemischen in CaF_2 in Ggw. von Kohlenstoff (Anode) über intermediär gebildetes CF_4 nach $2P_2Mn_3 + 3Mn + 3CF_4 = 4PF_3 + 3Mn_3C$, A. Simons (*D. P.* 331414 [1900/02], *C.* **1902** II 82).

Durch weitere Reaktionen. Über Bldg. von PF_3 neben anderen Prodd. durch therm. Zers. von $(CF_3)_2POP(CF_3)_2$ (250°C, 14 Tage) s. J. E. Griffiths, A. B. Burg (*J. Am. Chem. Soc.* **82** [1960] 1507/8). Bldg. von PF_3 neben $BF_3(BOF)_3$ und $(RO)_2PBF_4$ durch Rk. von $(RO_3)_3P$ mit überschüssigem BF_3 bei gewöhnlicher Temp.; (R = Alkyl), E. F. Moran (*Thesis Univ. of Pennsylvania* 1961, Order Nr. 61-3543 nach *Diss. Abstr.* **22** [1961] 1004).

By Other Reactions

Reinigung. Mischungen von PF_3 und POF_3 sind trotz der weit auseinanderliegenden Sdpp. (−101.8 und −39.7°C) schlecht zu trennen, weil der Dampfdruck von POF_3 beim Schmp. hoch ist, beide Verbb. ineinander nur wenig lösl. sind und daher nur kleine Schmp.-Erniedrigung zeigen und der Dampfdruck von PF_3 beim Schmp. von POF_3 bereits 23 atm beträgt. POF_3 sublimiert sehr bald und verstopft die App., da es vom zurückfließenden PF_3 nicht gelöst wird. Auch halten Glasapp. die erforderlichen hohen Drucke nicht aus. Zur prakt. Ausführung der Trennung werden Mischungen aus PF_3 und POF_3 zunächst bei −100°C in 2 Fraktionen getrennt und hierauf mehrmals bei −90°C und 1450 Torr fraktioniert zur Gewinnung von PF_3 und bei −25.6°C und 1500 Torr zur Gewinnung von POF_3. Mischungen aus PF_3, POF_3 und HCl bilden unter −90°C eine einzige fl. Phase, die bei −90°C und 1450 Torr praktisch alles PF_3 abgibt und ein POF_3-HCl-Gemisch hinterläßt, aus dem HCl bei −72°C und 1450 Torr abdestilliert werden kann, G. Tarbutton, E. P. Egan, S. G. Frary (*J. Am. chem. Soc.* **63** [1941] 1782/9, 1786). — Aus PCl_3 und SbF_3 erhaltenes PF_3 wird zur Reinigung im Vak. fraktioniert. Als Kriterium der Reinheit dient die Abwesenheit von Cl-Verbb., A. A. Woolf (*J. chem. Soc.* **1955** 279/80). Stark verunreinigtes PF_3 (Abgase der Herst. von $(CF_2)_2$ aus C und PF_3) wird zur Reinigung bei Tempp. <200°C über Alkalifluoride (NaF) geleitet und daraus durch Erhitzen auf >300°C wieder in reiner Form zurückgewonnen, E. I. Du Pont De Nemours & Co., K. C. Brinker (*U.S.P.* 2877096 [1956/59], *C.A.* **1959** 12606).

Purification

Bildungswärme. Ein Vergleich mit der Bldg.-Wärme von PCl_3 führt durch Extrapolation für die Bldg.-Wärme aus den Elementen zu einem Wert von >200 kcal/Mol; durch Extrapolation aus PCl_3, $SbCl_3$ und SbF_3 bei Annahme einer gleichen Differenz zwischen P und Sb wie bei den Cl-Verbb. folgt für PF_3 ein Wert von 286 kcal/Mol, F. Ebel, E. Bretscher (*Helv. chim. Acta* **12** [1929] 450/63, 454). Aus spektroskop. Daten wird $\Delta H^\circ_{298.15}$ zu −221.950 kcal/Mol berechnet, R. L. Potter, V. N. Di Stefano (*J. Phys. Chem.* **65** [1961] 849/55, 855).

Heat of Formation

Molekel

Molecule

Die Eigg. der PF_3-Molekel sind zusammen mit denen der übrigen Trihalogenid-Molekeln auf S. 367/75 beschrieben.

Physikalische Eigenschaften

Physical Properties

Dichte D in g/cm³. Nach Bestt. an fl. PF_3 gilt zwischen Schmp. und Sdp. D = 2.332−0.004407 T, E. L. Pace, R. V. Petrella (*J. chem. Phys.* **36** [1962] 2991/4). Mit dieser Formel ist der von G. Tarbutton, E. P. Egan, S. G. Frary (*J. Am. chem. Soc.* **63** [1941] 1782/9, 1788) für fl. PF_3 in der Nähe des Sdp. gefundene Wert D = 1.6 gut vereinbar. — Gasförmiges PF_3 hat bei 0°C und 760 Torr eine 3.022mal größere Dichte als Luft, H. Moissan (*C. r. Acad. Sci.* [*Paris*] **99** [1884] 655/7; *Ann. Chim. Phys.* [6] **6** [1885] 433/67, 443, **19** [1890] 286/8).

Density

Umwandlungspunkte. Schmelzpunkt. Tripelpunkt. Bei normalem Druck finden in festem PF_3 Phasenumwandlungen bei $T_{u_1} = 83.75$°K und bei $T_{u_2} = 110.56$°K statt. Für den Tripelpunkt ergibt sich $T_{tr} = 121.85$°K, E. L. Pace, R. V. Petrella (*l. c.*). Nach F. Seel, K. Ballreich, W. Peters (*Chem. Ber.* **92** [1959] 2117/22) ist $t_f = -151$°C. Bei älteren Messungen finden H. S. Booth, A. R. Bozarth (*J. Am. chem. Soc.* **61** [1939] 2927/34, 2932) und G. Tarbutton u. a. (*l. c.* S. 1787) den Schmp. übereinstimmend bei $T_f = 121.6 \pm 0.2$°K. Bei Systemunterss. ergibt sich T_f zwischen 121.9 und 122.0°K, H. S. Booth, J. H. Walkup (*J. Am. chem. Soc.* **65** [1943] 2334/9). Vgl. ferner H. Moissan (*C. r. Acad. Sci.* [*Paris*] **138** [1904] 789/92; *Bull. Soc. chim. Paris* [3] **31** [1904] 1004/6; *Ann. Chim. Phys.* [8] **8** [1906] 84/90, 86).

Transition Points. Melting Point. Triple Point

Vapor Pressure. Boiling Point

Dampfdruck p. **Siedepunkt** T_v. Zwischen Schmp. und Sdp. gilt für p in Torr die Formel lg p = —606.1714/T + 2.98575 lg T—0.26322, aus der sich für p = 760 Torr T_v = 171.77 ± 0.01° K ergibt, E. L. PACE, R. V. PETRELLA (*l. c.*). Bei älteren Messungen war für den Dampfdruck die lineare Beziehung lg p = A—B/T angenommen worden. Nach H. S. BOOTH, A. R. BOZARTH (*l. c.*) ist A = 7.310, B = 761.4°K, demnach bei 760 Torr T_v = 172.00 ± 0.05°K; nach G. TARBUTTON u. a. (*l. c.*) ist A = 7.9269, B = 861.9°K, T_v = 171.3°K. Nach H. MOISSAN (*l. c.*) siedet PF_3 bei —95°C. Bei 40 atm Druck läßt sich PF_3 bei —10°C verflüssigen, H. MOISSAN (*C. r. Acad. Sci.* [*Paris*] **99** [1884] 655/7; *Ann. Chim. Phys.* [6] **6** [1885] 433/67, 441). Diese beiden Werte werden noch von E. BERL (*Chem. metallurg. Engng.* **53** [1946] Nr. 1, S. 130/1) übernommen.

Critical Constants

Kritische Konstanten. Die krit. Temp. schätzen H. S. BOOTH, A. R. BOZARTH (*l. c.* S. 2933) zu T_{kr} = 271.10 ± 0.02°K, den krit. Druck zu p_{kr} = 42.69 atm.

Latent Heats

Latente Wärmen in kcal/Mol. Nach calorimetr. Bestt. betragen die Umwandlungswärmen bei 83.75 und 110.56 °K L_{u_1} = 0.0599 ± 0.0002 bzw. L_{u_2} = 0.5523 ± 0.0009, die Schmelzwärme am Tripelpunkt L_f = 0.2239 ± 0.0002, die Verdampfungswärme am Sdp. L_v = 3.485 ± 0.003, E. L. PACE, R. V. PETRELLA (*J. chem. Phys.* **36** [1962] 2991/4). Damit ist der von H. S. BOOTH, A. R. BOZARTH (*l. c.*) angegebene Wert L_v = 3.489 bestätigt, während bei der Angabe L_v = 3.950 von G. TARBUTTON u. a. (*l. c.*) vermutlich ein Druckfehler (L_v = 3.590 ?) vorliegt.

Viscosity. Thermal Conductivity

Viscosität η in cP. **Wärmeleitfähigkeit** λ in cal $cm^{-1}s^{-1}grd^{-1}$. Aus Molekeldaten ergeben sich bei Annahme der Gültigkeit eines 12-6-Potentials für gasf. PF_3 folgende Werte (in Auswahl):

T in °K	100	200	300	500	1000	1500	2000	3000	4000	5000
$\eta \cdot 10^4$	57.9	116.4	172.6	268.6	450.5	593.8	717.8	932.2	1126.0	1301.6
$\lambda \cdot 10^6$	8.2	21.5	38.2	55.2	133.0	179.5	281.8	286.0	346.2	400.6

R. A. SVEHLA (*NASA Techn.-Rep.* R-132 [1962] 1/140, 112).

Enthalpy. Heat Capacity. Free Enthalpy. Entropy

Enthalpie H, **Wärmekapazität** C_p in cal $mol^{-1} grd^{-1}$. **Freie Enthalpie** G, **Entropie** S in cal $mol^{-1} °K^{-1}$. Ausgewählte C_p-Werte nach Messungen an festem und fl. PF_3; Temp. T in °K:

T	13.01	23.12	32.60	43.51	54.95	66.08	76.01	83.76	84.12
C_p	1.904	5.373	7.790	9.611	10.99	12.34	14.07	16.09	15.15
T	92.70	100.33	110.64	112.77	115.93	123.36	147.54	166.61	
C_p	16.34	18.43	20.02	23.85	27.77	22.96	22.77	22.81	

Am Tripelpunkt ergibt sich die Entropie von fl. PF_3 zu S = 30.166, am Sdp. zu S = 38.041, E. L. PACE, R. V. PETRELLA (*J. chem. Phys.* **36** [1962] 2991/4). — Wird PF_3 als ideales Gas betrachtet, so ergeben sich aus den Wellenzahlen der Molekelschwingungen (892, 860, 487, 344 cm^{-1}) folgende Werte für $\Delta H°/T = (H°—H°_0)/T$ in cal $mol^{-1}°K^{-1}$, $C°_p$ und S°:

T	273.15	298.15	400	600	800	1000	1200	1500
$\Delta H°/T$	10.06	10.37	11.54	13.31	14.52	15.38	16.00	16.64
$C°_p$	13.48	14.03	15.79	17.67	18.54	18.99	19.24	19.46
S°	63.98	65.19	69.57	76.39	81.60	85.79	89.28	93.56

M. KENT WILSON, S. R. POLO (*J. chem. Phys.* **20** [1952] 1716/7). Mit denselben Wellenzahlen erhalten R. L. POTTER, V. N. DI STEFANO (*J. phys. Chem.* **65** [1961] 849/55, 854) praktisch dieselben $C°_p$-Werte, unterhalb 1200°K etwas niedrigere S°-Werte und kaum abweichende Werte für $\Delta G°/T$ = $-(G°—H°_0)/T = S° —(H°—H°_0)/T$; zusätzliche Werte oberhalb 1500°K:

T	1500	2000	2500	3000	3500	4000	4500	5000
$\Delta G°/T$	76.892	81.798	85.733	89.018	91.838	94.307	96.504	98.481
$C°_p$	19.466	19.641	19.723	19.769	19.796	19.814	19.826	19.835
S°	93.570	99.198	103.590	107.191	110.240	112.885	115.220	117.309

R. L. POTTER, V. N. DI STEFANO (*l. c.*). Fast genau übereinstimmende Werte in diesem Temp.-Bereich und zusätzlich Daten für T = 100 bis 1400°K sowie 5100 bis 6000°K s. bei B. J. MCBRIDE, S. HEIMEL, J. G. EHLERS, S. GORDON (*NASA* SP-3001 [1963] 260). — Für den idealen Gaszustand ergibt sich am Sdp. aus calorimetr. Daten S° = 58.48 ± 0.15, aus den genannten Wellenzahlen S° = 58.49, E. L. PACE, R. V. PETRELLA (*l. c.*). Aus überholten spektrograph. Daten ber. Werte s. bei D. P. STEVENSON, D. M. YOST (*J. chem. Phys.* **9** [1941] 403/8), D. M. YOST, T. F. ANDERSON (*J. chem. Phys.* **2** [1934] 624/7). Nach empir. Formeln ber. Entropiewerte für 298°K s. bei K. OTOZAI, S. KUME, S. FUKUSHIMA (*Bull. chem. Soc. Japan* **25** [1952] 302/9, 306), G. GEISELER (*Z. phys. Chem.* **202** [1954] 424/39, 429).

Elektrische Durchschlagsfestigkeit. Bei Messungen an PF_3 ergibt sich ein um 70% höherer Wert als für Luft, A. M. Bonch-Bruevich, M. B. Glikina, B. M. Hochberg (*J. Phys. USSR* **3** [1940] 327/32).

Electric Breakdown Strength

Spezifische elektrische Leitfähigkeit. An fl. PF_3 wird $k = 0.42 \times 10^{-9}\,\Omega^{-1}cm^{-1}$ bei $-113°C$ gemessen, A. A. Woolf (*J. chem. Soc.* **1955** 279/80).

Specific Electric Conductivity

Chemisches Verhalten

Chemical Reactions

PF_3 ist bei gewöhnl. Temp. gasf. und in reinem Zustand geruchlos, H. S. Booth, A. R. Bozarth (*J. Am. chem. Soc.* **61** [1939] 2927/34). Es ist nicht beständig und disproportioniert bei 100°C in P und PF_5, A. E. van Arkel (*Research* **2** [1949] 307/13, 312); vgl. auch den Zerfall beim Durchgang elektr. Funken, H. Moissan (*Ann. chim. Phys.* [6] **6** [1885] 433/67, 444).

Gegen Luft und Sauerstoff. PF_3 raucht nicht und brennt nicht an der Luft. Mit trocknem O_2 gemischt, detoniert es bei Einw. von elektr. Funken unter Bldg. von POF_3. Wird jedoch die O_2-Beimischung über 50 Vol.-% erhöht, findet keine Explosion mehr statt, H. Moissan (*l. c.* S. 451; *C. r.* **99** [1884] 655/7, **102** [1886] 1245/8), Moissan (*Fluorverbindungen*, S. 156). Die calorimetr. Unters. der Rk.: $PF_3 + 0.5\,O_2 = POF_3$ ergibt eine Wärmetönung von $+70.6 \pm 1.0$ kcal/Mol, F. Ebel, E. Bretscher (*Helv. chim. Acta* **12** [1929] 450/65, 462). — Bei der Einw. von stillen elektr. Entladungen auf ein Gemisch von PF_3 und O_2 im Verhältnis 1 : 1 bei —60 bis —75°C setzt sich nur ein Tl. der Gase um. Es scheidet sich an den Wänden ein festes weißes Prod. der annähernden Zus. $P_7O_{10}F_{15}$ ab. Im gasf. Rk.-Prod. finden sich unumgesetztes PF_3 und O_2, sowie POF_3 und PF_5. Die gebildeten P-Oxidfluoride fallen zum größten Tl. in polymeren Formen an, die sich schon bei geringer Temp.-Erhöhung unter Austritt von POF_3 und $P_2O_3F_4$ zu PO_2F stabilisieren, U. Wannagat, J. Rademachers (*Z. anorg. allg. Ch.* **289** [1957] 66/79, 66). Näheres s. S. 400. — PF_3 hydrolysiert an der Luft sehr langsam, H. S. Booth, J. H. Bozarth (*J. Am. chem. Soc.* **61** [1939] 2927/34).

With Air and Oxygen

Gegen Nichtmetalle. PF_3 reagiert beim Erhitzen mit H_2 nach $PF_3 + 3H_2 = PH_3 + 3HF$. Das gebildete HF reagiert sofort mit dem SiO_2 des Glases unter Bldg. von SiF_4, H. Moissan (*Ann. Chim. Phys.* [6] **6** [1885] 433/67, 450), Moissan (*Fluorverbindungen*, S. 156).

With Nonmetals

Bei Kontakt mit elementarem F_2 entsteht eine gelbe Flamme von geringer Temp.; es bildet sich PF_5, H. Moissan (*Bl. Soc. chim. France* [3] **5** [1891] 880). — PF_3 verbindet sich mit Cl_2 unter leichter Erwärmung und unter Vol.-Verminderung zu PF_3Cl_2, H. Moissan (*Ann. Chim. Phys.* [6] **6** [1885] 433/67, 454; *C. r. Acad. Sci.* [*Paris*] **100** [1885] 1348/50), Moissan (*Fluorverbindungen*, S. 165), C. Poulenc (*C. r. Acad. Sci.* [*Paris*] **113** [1891] 75/78; *Ann. Chim. Phys.* [6] **24** [1891] 548/70, 553), E. L. Muetterties, T. A. Bither, M. W. Farlow, D. D. Coffman (*J. inorgan. nuclear Chem.* **16** [1960/61] 52/59). Die Vereinigung von PF_3 mit Cl_2 zu PF_3Cl_2 verläuft in der Gasphase bei gewöhnl. Temp. bis zu 99% oder mehr. Die Rk. ist lichtempfindlich und wird durch die Glasoberfläche katalysiert; ihre Geschw. hängt von der Vorbehandlung der Oberfläche ab; ihr Temp.-Koeff. ist negativ. In fl. Phase bei Tempp. unterhalb des Sdp. des Gemisches verläuft die Rk. um ein Vielfaches schneller als in der Gasphase bei 0°C, J. N. Wilson (*J. Am. chem. Soc.* **80** [1958] 1338); über Rk. von PF_3 und Cl_2 in Ggw. von Jod als Katalysator s. auch H. S. Booth, A. R. Bozarth (*J. Am. chem. Soc.* **61** [1939] 2927/34, 2933). PF_3 bildet mit Br_2 gelb gefärbtes PF_3Br_2, H. Moissan (*l. c.* S. 455; *l. c.*), Moissan (*Fluorverbindungen*, S. 159), beim Erhitzen mit Jod PF_3J_2 (?), H. Moissan (*Ann. Chim. Phys.* [6] **6** [1885] 433/67, 455); vgl. hierzu S. 510, 529, Moissan (*Fluorverbindungen*, S. 168).

Mit S-Dämpfen findet bis 440°C keine Rk. statt, H. Moissan (*l. c.* S. 454), Moissan (*Fluorverbindungen*, S. 159), beim Erhitzen mit Bor entstehen P und BF_3, H. Moissan (*l. c.* S. 456; *C. r. Acad. Sci.* [*Paris*] **99** [1884] 655/7), Moissan (*Fluorverbindungen*, S. 168). PF_3 reagiert mit C im Ni-Rohr bei ~1100°C unter Bldg. eines Gemisches aus 90% C_2F_4 und 9% CF_4, E. I. du Pont de Nemours & Co., M. W. Farlow, E. L. Muetterties (*U.S.P.* 2709186 [1954/55], *C.A.* **1956** 6499).

Mit krist. und „amorphem“ Si bei dunkler Rotglut treten SiF_4 und P als Rk.-Prodd. auf, H. Moissan (*l. c.*), Moissan (*Fluorverbindungen*, S. 169). — Beim Erhitzen mit P und As wird keine Rk. beobachtet, H. Moissan (*l. c.*), Moissan (*Fluorverbindungen*, S. 168).

Gegen Nichtmetallverbindungen. PF_3 wird von Eiswasser kaum hydrolysiert, H. Weiss (*Diss. Stuttgart T.H.* 1959, S. 1/142, 124), bei gewöhnl. Temp. bilden sich langsam H_3PO_3 und HF, C. J. Hoffman, J. M. Lutton, R. W. Parry (in: J. C. Bailar, *Inorganic syntheses*, *Bd.* 4, *New York-London* 1953, S. 149/50). PF_3 wird nur wenig von kaltem H_2O gelöst, aber rasch von konz. Alkalien

With Nonmetal Compounds

absorbiert. Bei diesem Angriff wird eine primäre Bldg. von PF_3OH^- vermutet, E. L. MUETTERTIES, T. A. BITHER, M. W. FARLOW, D. D. COFFMAN (*J. inorgan. nuclear Chem.* **16** [1960/61] 52/59). Mit Wasserdampf bei 100°C zersetzt es sich rascher, H. MOISSAN (*Ann. Chim. Phys.* [6] **6** [1885] 433/67, 448; *C. r. Acad. Sci.* [*Paris*] **99** [1884] 655/7). Mit gasf. NH_3 entsteht bei gewöhnl. Temp. eine weiße wollähnliche Masse, die von H_2O sofort zersetzt wird, H. MOISSAN (*l. c.* S. 458; *l. c.*), MOISSAN (*Fluorverbindungen*, S. 170). Beim Erhitzen mit gasf. HCl bilden sich PH_3, HF und PCl_3, H. MOISSAN (*Ann. Chim. Phys.* [6] **6** [1885] 433/67, 458), MOISSAN (*Fluorverbindungen*, S. 170).

PF_3 zeigt eine hohe Löslichkeit in SO_3; die Dest. einer gesätt. Lsg. liefert die Komponenten wieder zurück. Es scheint jedoch bei 20 bis 30°C eine Rk. stattzufinden, nur ist das entstehende $PF_3 \cdot SO_3$ bei gewöhnl. Temp. bereits stark dissoziiert. Auch beim Erhitzen unter Druck wird bei 200°C keine Rk. nachgewiesen, E. L. MUETTERTIES, D. D. COFFMAN (*J. Am. chem. Soc.* **80** [1958] 5914/8). Die extrem heftig und exotherm verlaufende Rk. von PF_3 mit $S_2O_6F_2$ ergibt POF_3 und $S_2O_5F_2$, J. M. SHREEVE, G. H. CADY (*J. Am. Chem. Soc.* **83** [1961] 4521/5).

Bei Kontakt mit B_2H_6 bildet sich nach längerem Stehen bei 25°C BH_3PF_3. Max. Ausbeute nach ~4 Tagen, R. W. PARRY, T. C. BISSOT (*J. Am. chem. Soc.* **78** [1956] 1524/7). Beim Mischen von BF_3 mit PF_3 tritt selbst beim Abkühlen auf −80°C keine Verb.-Bldg. ein, J. CHATT (*Nature* **165** [1950] 637/8). Mischungen von PF_3 und BF_3 reagieren nicht miteinander, weitere Angaben s. „Bor" *Erg.-Bd.*, S. 176, s. auch beim System PF_3–BF_3 S. 614. Zum Verh. gegen BH_3 und BF_3 s. S. H. BAUER (*J. Am. chem. Soc.* **78** [1956] 5775/82).

In Ggw. von SiO_2 wird PF_3 bei erhöhter Temp. rasch zersetzt, C. J. HOFFMAN, J. M. LUTTON, R. W. PARRY (*l. c.*).

Beim Durchleiten einer äquimolaren Mischung von PF_3 und PCl_3 durch ein mit Porzellanstücken gefülltes Glasrohr, welches durch einen elektr. Ofen so erhitzt wird, daß die Temp. der austretenden Gase ~200°C beträgt, werden ~50% des Gemisches in PF_2Cl und $PFCl_2$ umgewandelt, H. S. BOOTH, A. R. BOZARTH (*J. Am. chem. Soc.* **55** [1933] 3890, **61** [1939] 2927/34).

With Metals

Gegen Metalle. PF_3 wird von geschmolzenem Na unter starker Erwärmung (Aufglühen) vollkommen absorbiert; Cu überzieht sich in der Wärme in Ggw. von PF_3 mit einer schwarzen Schicht von Cu-Phosphid, Al scheint bei Glaserweichungstemp. nicht zu reagieren; Hg-Dampf übt bei 350°C keine Wrkg. auf PF_3 aus, H. MOISSAN (*Ann. Chim. Phys.* [6] **6** [1885] 433/67, 457; *C. r. Acad. Sci.* [*Paris*] **99** [1884] 655/7), MOISSAN (*Fluorverbindungen*, S. 169). Die Rk. mit Cu tritt erst bei Rotglut unter Bldg. von Cu_5P_2 ein, A. GRANGER (*C. r. Acad. Sci.* [*Paris*] **120** [1895] 923/4; *Bl. Soc. chim. France* [3] **13** [1895] 873/4). PF_3 greift Fe, Ni, Co bei Rotglut unter Bldg. von Phosphiden an, die jedoch durch gleichzeitig gebildete Fluoride sowie durch beim Angriff des Materials der App. gebildete Prodd. verunreinigt sind, A. GRANGER (*C. r. Acad. Sci.* [*Paris*] **123** [1896] 176/8). Mit frisch reduziertem Ni im Druckrohr (~35 atm) reagiert PF_3 bei 100°C nicht, J. CHATT, A. A. WILLIAMS (*J. chem. Soc.* **1951** 3061/7). Beim Überleiten von PF_3 über glühenden Pt-Schwamm wird unter Bindung eines Anteiles von P und F ein Gemisch von PF_3 und PF_5 erhalten, H. MOISSAN (*C. r. Acad. Sci.* [*Paris*] **102** [1886] 763/6).

With Metal Compounds

Gegen Metallverbindungen. Bereits bei −100°C beginnt die Rk. von PF_3 mit RuO_4 und OsO_4, die zur Bldg. von schwarzen Verbb. der Zus. $(RuO_4)_2PF_3$ bzw. $(OsO_4)_2PF_3$ führt, M. L. HAIR, P. L. ROBINSON (*J. chem. Soc.* **1958** 106/8). PF_3 wird von verd. KOH-Lsg. (23.55 g KOH/l Lsg.) unter Entw. von 107.7 kcal/Mol leicht aufgenommen. Die Wärmetönung deutet auf ein vom PCl_3 verschiedenes Verh.; es wird Bldg. von Fluorophosphorsäuren angenommen, M. BERTHELOT (*C. r. Acad. Sci.* [*Paris*] **100** [1885] 81/85; *Bl. Soc. chim. France* [2] **43** [1885] 260/2; *Ann. Chim. Phys.* [6] **6** [1885] 358/67), C. J. HOFFMAN u. a. (*l. c.*).

PF_3 wird von erhitztem KF absorbiert, W. LANGE, G. STEIN laut W. LANGE (in: J. H. SIMONS, *Fluorine chemistry*, *Bd.* 1, *New York* 1950, S. 139). Beim Überleiten von PF_3 über KF im Vak. wird bei 240°C keine Verb.-Bldg. festgestellt. Bei normalem Druck und gewöhnl. Temp. tritt innerhalb von 3 Monaten keine Rk. ein, bei Tempp. >200°C bilden sich infolge Disproportionierung des PF_3 rotes P und PF_5, das mit KF bei dieser Temp. reagieren kann, A. A. WOOLF (*J. chem. Soc.* **1955** 279/80). PF_3 wird von KF und CsF bei ~150°C absorbiert; es bildet sich, als Folge der eintretenden Disproportionierung von PF_3, ein Gemisch von z. B. KPF_6 und rotem P nach $3KF + 5PF_3 \rightarrow 3KPF_6 + 2P$, E. L. MUETTERTIES, T. A. BITHER, M. W. FARLOW, D. D. COFFMAN (*J. Inorg. Nucl. Chem.* **16**

[1961] 52/9, 54). PF_3 reagiert mit MoF_6 unter Bldg. von MoF_5 und PF_5, T. A. O'DONNELL, D. F. STEWART (*J. Inorg. Nucl. Chem.* **24** [1962] 309/14, 312). Einw. von PF_3 auf die entsprechenden Metallfluoride unter Bldg. von $(PF_3)OsF_2$, $(PF_3)IrF_2$, $(PF_3)PdF_2$ und $(PF_3)CoF$ s. M. L. HAIR, P. L. ROBINSON laut R. D. PEACOCK (in: F. A. COTTON, *Progress in inorganic chemistry, Bd.* 2, *New York-London* 1960, S. 193/249, 236).

PF_3 und $AlCl_3$ reagieren bei einem Druck von ~8 atü unter Bldg. von Cl_3AlPF_3, E. R. ALTON (*Thesis Univ. of Michigan*, L. C. CARD Nr. Mic. 61-1713 [1961] 1/87 nach *Diss. Abstr.* **21** [1961] 3620), vgl. E. R. ALTON u. a. (PB *Report* Nr. 161080 [1959] nach *C.A.* **1961** 17327), s. auch R. W. PARRY u. a. (W. A. D. C. *Rept. TR* 57-11 [1957] 1/37 nach *C.A.* **1961** 21939). Beim Behandeln von frisch sublimiertem $AlCl_3$ bis zu 250°C mit PF_3 oder beim Durchleiten von PF_3 durch eine Lsg. von $AlBr_3$ in trocknem Cyclohexan werden keine Anzeichen einer Verb.-Bldg. festgestellt. Bei längerem Durchleiten (~70 Std.) durch Ni-Carbonyl bei 40°C wird ein Prod. erhalten, das annähernd der Zus. $NiCO(PF_3)_3$ entspricht, J. CHATT, A. A. WILLIAMS (*J. chem. Soc.* **1951** 3061/7). Vgl. ferner W. HIEBER, R. NAST, J. SEDLMEIER (*Angew. Chem.* **64** [1952] 465/70). — Über Rk. von PF_3 mit $Ni(PCl_3)_4$ unter Bldg. von $Ni(PF_3)_4$ s. auch L. A. WOODWARD, J. R. HALL (*Spectrochim. Acta* **16** [1960] 654/62, 654). Beim Durchleiten von PF_3 durch eine Suspension von CuCl in trocknem $CHCl_3$ bildet sich unter schwacher Rk. eine braune Lsg., die beim Erwärmen PF_3 abgibt. Mit pulverförmigem CuCl und AuCl bildet PF_3 ähnliche Verbb. wie mit $PtCl_2$, vgl. unten, jedoch sind diese Prodd. für eine Analyse zu unbeständig. Beim Durchleiten von PF_3 durch ein Gemisch von AuCl und $AuCl_3$ bei Tempp. bis zu 150°C tritt hauptsächlich Red. zu metall. Au ein; bei ~120°C wird jedoch eine flüchtige weiße, für eine Analyse zu unbeständige Subst. erhalten. Beim Durchleiten von PF_3 durch eine Suspension von AuCl in Benzol entsteht eine farblose Lsg., die beim Verdampfen bei 15 Torr eine weiße unbeständige Subst. hinterläßt, J. CHATT, A. A. WILLIAMS (*J. chem. Soc.* **1951** 3061/7).

Auf gepulvertes $PtCl_2$ wirkt gasf. PF_3 bei 200° bis 220°C unter Bldg. von farblosem $(PF_3)_2PtCl_2$ sowie orangegelbem PF_3PtCl_2 ein, J. CHATT (*Nature* **165** [1950] 637/8), J. CHATT, A. A. WILLIAMS (*J. chem. Soc.* **1951** 3061/7, 3063). Näheres s. „*Platin*" *Tl.* D, S. 21, 342, 462. Beim Behandeln von $Ni(PCl_3)_4$ oder $Ni(PBr_3)_4$ mit PF_3 bei >100°C und 50 bis 100 at im Druckrohr bilden sich $Ni(PF_3)_4$ und PCl_3, G. WILKINSON (*J. Am. chem. Soc.* **73** [1951] 5501/2), vgl. J. KLEINBERG (*J. chem. Educat.* **29** [1952] 324/30), ferner C. D. CORYELL, J. W. IRVINE (NP-1875 [1951] Sect. 5, 1/11 nach *N.S.A.* **5** [1951] Nr. 4093).

Die Verb. greift im fl. Zustand Glas nicht an, H. MOISSAN (*C. r. Acad. Sci.* [*Paris*] **99** [1884] 655/7). Beim Erhitzen von PF_3 in Ggw. von Glas auf ~500°C bilden sich SiF_4, weißes P, etwas rotes P und etwas P_2O_5 (durch Ox. mit dem bei der Rk. entstehenden O_2): $3SiO_2 + 4PF_3 = 3SiF_4 + 3O_2 + 4P$, H. MOISSAN (*Ann. Chim. Phys.* [6] **6** [1885] 433/67, 443; *C. r. Acad. Sci.* [*Paris*] **99** [1884] 655/7). Vgl. hierzu A. SIMON (*D.P.* 131414 [1900/02], *C.* **1902** II 82), G. TARBUTTON, E. P. EGAN, S. G. FRARY (*J. Am. chem. Soc.* **63** [1941] 1782/9, 1788).

Von wss. Lsgg. von CrO_3 oder $KMnO_4$ wird PF_3 augenblicklich zersetzt; in der Lsg. bildet sich H_3PO_4, H. MOISSAN (*Ann. Chim. Phys.* [6] **6** [1885] 433/67, 458; *C. r. Acad. Sci.* [*Paris*] **99** [1884] 655/7), MOISSAN (*Fluorverbindungen*, S. 170).

With Organic Substances

Gegen organische Stoffe. Absol. Alkohol absorbiert PF_3 unter Temp.-Erhöhung zu einer stechend-ätherisch riechenden Fl., die beim Kochen kein Gas abgibt, H. MOISSAN (*l. c.* S. 458; *l. c.*), MOISSAN (*Fluorverbindungen*, S. 170). — Die zur Schmierung von Hähnen benutzte Bienenwachs-Lanolin-Mischung geht beim Kontakt mit PF_3 in ein zähes Fett über, das sich nicht mehr weiter verändert, F. EBEL, E. BRETSCHER (*Helv. chim. Acta* **12** [1929] 450/63, 455).

Nichtwäßrige Lösung

Nonaqueous Solution

PF_3 bildet mit fl. HCl eine farblose Lsg.; eine Rk. (Bldg. von PCl_3) findet bei −111.6°C nicht statt. Die 0.12 m-Lsg. weist bei gleicher Temp. eine spezif. elektr. Leitf. von $0.22\,\Omega^{-1}cm^{-1}\cdot 10^{-3}$ auf (molare elektr. Leitf. $= 0.0018\,\Omega^{-1}cm^2Mol^{-1}$), M. E. PEACH, T. C. WADDINGTON (*J. Chem. Soc.* **1963** 799/805).

Phosphor (V)-fluorid PF_5

Phosphorus (V) Fluoride

Bildung und Darstellung

Formation. Preparation.

From the Elements

Aus den Elementen. Bei der unter lebhafter Feuererscheinung vor sich gehenden Einw. von F_2 auf weißes oder rotes P, H. MOISSAN (*Ann. Chim. Phys.* [6] **24** [1891] 224/82, 241).

From Phosphorus and F Compounds

Aus Phosphor und F-Verbindungen. PF_5 entsteht neben SF_4 durch Rk. von P mit SF_5Cl, H. J. Emeléus (*Ang. Chem.* **74** [1962] 189/93). — Bldg. von PF_5 bei tropfenweiser Zugabe von ClF_3 zu einer Suspension von rotem P in HF, A. F. Clifford, A. G. Morris (*J. Inorg. Nucl. Chem.* **5** [1957] 71/5).

From PF_3

Aus PF_3. Durch Disproportionierung von PF_3 beim Erhitzen auf 100°C, A. E. van Arkel (*Research* **2** [1949] 307/13, 312). Durch Rk. von PF_3 mit F_2 unter Ausbildung einer gelben Flamme, H. Moissan (*Bl. Soc. chim. France* [3] **5** [1891] 763/6). Beim Überleiten von PF_3 über glühenden Pt-Schwamm, H. Moissan (*C. r. Acad. Sci.* [*Paris*] **102** [1886] 763/6).

From Mixed P Halogenides

Aus gemischten P-Halogeniden. Bldg. von PF_5 neben PCl_5 durch Zers. von PF_3Cl_2 beim Erhitzen auf 250°C oder beim Durchgang von elektr. Funken, C. Poulenc (*C. r. Acad. Sci.* [*Paris*] **113** [1891] 75/78). Durch Einleiten von PF_3 in Br_2 bei —15°C und Erwärmen des erhaltenen PF_3Br_2 auf + 15°C wird ein gleichmäßiger PF_5-Strom erhalten, PBr_5 bleibt zurück. Verunreinigungen durch Br_2-Dampf werden durch Auffangen über Hg zurückgehalten, mit dem das Brom reagiert, H. Moissan (*C. r. Acad. Sci.* [*Paris*] **101** [1885] 1490/2).

From P_2O_5 and F Compounds

Aus P_2O_5 und F-Verbindungen. Darst. eines 94% PF_5 und ~6% HF enthaltenden Gases durch Erhitzen von P_2O_5 mit getrocknetem CaF_2 in einem Fe-Rohr unter möglichstem H_2O-Ausschluß: $5CaF_2 + 6P_2O_5 = 2PF_5 + 5Ca(PO_3)_2$, H. J. Lucas, F. J. Ewing (*J. Am. chem. Soc.* **49** [1927] 1270), nach G. Tarbutton, J. Egar, S. G. Frary (*J. Am. Chem. Soc.* **63** [1941] 1782/9) entstehen bei ≤ 700°C jedoch Gemische von POF_3 und PF_3. Über die techn. Durchführung des Verf. in einer V2A-Stahlretorte s. N. V. De Bataafsche Petroleum Maatschappij, A. J. Mulder, W. C. B. Smithuysen (*B.P.* 709610 [1952/54], *C.A.* **1956** 17354; *D.P.* 957388 [1952/56]; *U.S.P.* 2718456 [1952/55], *C.* **1957** 8038).

Darst. von PF_5 in hoher Ausbeute durch Rk. von P_2O_5 mit SF_4 bei 300°C, A. L. Oppegard, W. C. Smith E. L. Muetteries, V. A. Engelhardt (*J. Am. Chem. Soc.* **82** [1960] 3835/8). Bldg. von wenig PF_5 neben hauptsächlich POF_3 durch Rk. von P_2O_5 mit SF_4 unter Druck, E. I. du Pont de Nemours & Co., W. C. Smith (*U.S.P.* 3026179 [1957/62], *C.A.* **57** [1962] 13411).

From P Halogenides and F_2 or F Compounds

Aus P-Halogeniden und F_2 oder F-Verbindungen. Bldg. von PF_5 bei der unter Aufglühen bzw. Entflammung vor sich gehenden Einw. von F_2 auf PCl_5 bzw. PCl_3, H. Moissan (*Ann. Chim. Phys.* [6] **24** [1891] 224/82, 251). Darst. der Verb. durch Einw. von AsF_3 auf PCl_5 (heftige Rk.) unter Kühlung nach $3PCl_5 + 5AsF_3 = 5AsCl_3 + 3PF_5$, T. E. Thorpe (*Proc. Roy. Soc.* **25** [1876/77] 122/3; *Chem. News* **32** [1875] 232; *Bl. Soc. chim. France* [2] **25** [1876] 548/9; *Liebigs Ann. Chem.* **182** [1876] 201/6), vgl. H. Moissan (*Ann. Chim. Phys.* [8] 8 [1906] 84/90, 86). AsF_3 tropft aus einem kupfernen Tropftrichter in ein mit PCl_5 gefülltes kupfernes Rk.-Gefäß. Das entwickelte Gas passiert ein Cu-Gefäß mit PCl_5, wo das durch die stürm. Rk. mitgerissene AsF_3 Gelegenheit zur Umsetzung bekommt. In der anschließenden Glasapp. wird PF_5 unter Kühlung mit Eis-NaCl und CO_2-Alkohol gereinigt, mit fl. Luft kondensiert und hierauf mehrmals fraktioniert, R. Linke, W. Rohrmann (*Z. phys. Chem.* B **35** [1937] 256/60). — Bldg. von etwas PF_5 und PF_3 neben P-Fluoridchloriden bei der heftig verlaufenden Rk. von festem PCl_5 mit SbF_3; in Lsg. wird die Heftigkeit der Rk. vermindert, H. S. Booth, C. F. Swinehart (*J. Am. chem. Soc.* **54** [1932] 4751/3). — Beim Erhitzen von PCl_5 mit ZnF_2 werden ~30% in PF_5 umgewandelt, W. Lange, G. v. Krueger (*Ber. dtsch. chem. Ges.* **65** [1932] 1253/7). Bldg. beim Erhitzen von PCl_5 mit SnF_4 im Einschlußrohr, L. Wolter (*Diss. Berlin* 1908, S. 1/55, 35), durch Rk. von PCl_5 mit AgF s. H. Moissan (*Bl. Soc. chim. France* [3] **5** [1891] 456/8).

From Hexafluorophosphates

Aus Hexafluorophosphaten. Durch therm. Zers. von Diphenylen-4,4'-bisdiazoniumhexafluorophosphat, T. Gössl (*Diss. München T.H.* 1950, 1/52, 12), durch therm. Zers. von Benzoldiazoniumfluorophosphat $C_6H_5N_2PF_6$, D. A. Mc Caulay, W. S. Higley, A. P. Lien (*J. Am. chem. Soc.* **78** [1956] 3009/11), neben PF_3Cl_2 bei der therm. Zers. von in $AsCl_3$ aufgeschlämmtem $[PCl_4][PF_6]$ bei 70 bis 85°C, L. Kolditz (*Z. anorg. allg. Chem.* **286** [1956] 307/16, 308). — Als bequeme Darst. von PF_5 wird die Rk. $3[PCl_4][PF_6] + 4AsF_3 \rightarrow 6PF_5 + 4AsCl_3$ angegeben, die bei 0°C, langsam, bei geringem Erwärmen rascher verläuft, L. Kolditz (*Z. anorg. allg. Chem.* **284** [1956] 144/52, 149, **286** [1956] 307/16, 312).

Zur prakt. Durchführung der Darst. werden nach Durchspülung des App. mit trocknem N_2 in einen Kolben 300 ml $AsCl_3$ eingebracht, darin 46 g PCl_5 gelöst und zunächst 39 g SbF_3 (bei 60°C getrocknet und in staubfeiner Form) zugesetzt. Es scheidet sich $[PCl_4][PF_6]$ als weiße kristalline Subst. aus. Bei Eintragen von weiteren 27 g SbF_3 bilden sich bei zeitweiser Kühlung mit kaltem H_2O 25 g PF_5 in 82%iger Ausbeute, das nach Kondensation mit fl. Luft leicht durch fraktionierte Dest. von den Verunreinigungen AsF_3 und POF_3 getrennt und rein erhalten werden kann, H. WEISS (*Diss. T.H. Stuttgart* 1959, S. 1/42, 119).

Techn. Darst. durch therm. Zers. von Salzen des $H[PF_6]$ mit Ausnahme des K-, Rb- und Cs-Salzes, FARBENFABRIKEN BAYER, H. JONAS (*D.P.* 814139 [1949/51] nach *C.A.* **1952** 11603), vgl. hierzu M. M. WOYSKI (in: L. F. AUDRIETH, *Inorganic syntheses, Bd.* 3, *New York-London* 1953, S. 111/7, 117).

Durch weitere Reaktionen. Bldg. von PF_5 bei der therm. Zers. von $(CF_3)_2PCl_3$ bei 135°C, anonyme Veröff. (NOLC-310 [1956] 1/34 nach *N.S.A.* **10** [1956] Nr. 5612), durch Zerfall von PSF_3 an feuchter Luft: $10PSF_3 + 15O_2 \rightarrow 6PF_5 + 2P_2O_5 + 10SO_2$, H. C. MILLER, J. F. GALL (*Ind. engg. Chem.* **42** [1950] 2223/7), sowie durch Rk. von P_4S_{10} mit SF_4 bei 200 bis 300°C, A. L. OPPEGARD, W. C. SMITH, E. L. MUETTERTIES, V. A. ENGELHARDT (*J. Am. chem. Soc.* **82** [1960] 3835/8). CaF_2 reagiert mit PCl_5 bei Tempp. zwischen 300 und 500°C exotherm unter Bldg. von $CaCl_2$ und PF_5. Die Rk. wird in einem Autoklaven aus Hastelloy C vorgenommen und das flüchtige Prod. direkt in einen auf −78°C gekühlten Zylinder aus rostfreiem Stahl destilliert. Das CaF_2 kann auch in einem Rohr aus Pyrexglas auf 400°C erhitzt und mit PCl_5 beladenes N_2 darüber geleitet werden. Das Endprod. ist mit POF_3 und SiF_4 verunreinigt. Cl_2 wird durch Behandeln mit SO_3 entfernt. Ausbeute zwischen 85 und 98%, E. L. MUETTERTIES, T. A. BITHER, M. W. FARLOW, D. D. COFFMAN (*J. inorg. nucl. Chem.* **16** [1960/61] 52/59). Auch durch Erhitzen einer äquivalenten Mischung aus PF_3 und Cl_2 (oder Br_2) mit CaF_2 bei 325 bis 500°C unter H_2O-Ausschluß kann PF_5 erhalten werden, E. I. DU PONT DE NEMOURS & Co., E. L. MUETTERTIES (*U.S.P.* 2810629 [1955/57], *C.A.* **1958** 2352).

By Other Reactions

Darst. von PF_5 durch Erhitzen von PF_3 mit Br_2 oder Cl_2 in einem Mol-Verhältnis $> 5:3$ auf > 250°C unter H_2O-Ausschluß und Trennung des erhaltenen Gemisches aus PF_5 und P-Trihalogeniden, E. I. DU PONT DE NEMOURS & Co., K. C. BRINKER (*B.P.* 822539 [—/1959] nach *C.A.* **1960** 6060; *D.A.S.* 1044777 [1957/58] nach *C.* **1959** 7593; *U.S.P.* 2933375 [1957/60], *C.* **1961** 8434; *F.P.* 1187572 [1957/59] nach *C.* **1961** 15523).

Die bisher einfachste Darst. ist die Einw. eines geringen Überschusses von C_6H_5COF auf PCl_5. Schon bei 40°C entweicht ein Gasgemisch, das zu mindestens 96% aus PF_5 besteht, F. SEEL, K. BALLREICH, W. PETERS (*Chem. Ber.* **92** [1959] 2117/9).

Auftreten von PF_5 neben HPF_6 in den flüchtigen Rk.-Prodd. bei der Einw. von wasserfreiem HF auf Uranphosphate bei 400 bis 500°C, D. W. KUHN (Y-522 [1949/57] 1/18 nach *N.S.A.* **11** [1957] Nr. 8429).

Bildungswärme. ΔH°_{298} (bestimmt aus der Verbrennungswärme von weißem P in F) = −381.4 ± 0.38 kcal/Mol, P. GROSS, C. HAYMAN, D. L. LEVI, M. C. STUART (*U.S. Dept. Com., Office Tech. Serv.*, PB *Rept.* 153445 [1960] 1/32 nach *C.A.* **58** [1963] 7435).

Heat of Formation

Molekel

Molecule

Vgl. hierzu S. 376.

Physikalische Eigenschaften

Physical Properties

Gitterenergie U_{kr} in cal/Mol. Neben einem experimentellen Wert $U_{kr} = 4000$ (keine Quellenangabe) gibt A. E. FERSMAN (*C. r. Acad. Sci. URSS* **1935** II 556/63 [russ.], 564/6 [engl.]) den nach eigener Formel ber. Wert $U_{kr} = 4008$ an.

Lattice Energy

Dampfdruck p. **Siedepunkt** T_v, t_v. **Schmelzpunkt** T_f, t_f. Nach Messungen zwischen 147.4 und 188.5°K gilt über festem PF_5 lg p = 11.101 −1518.8/T, über fl. PF_5 lg p = 7.646 −898.9/T; hieraus ergibt sich $T_v = 188.5$°K bei 760 Torr. Nach direkter Best. ist $t_f = -93.8$°C, R. LINKE, W. ROHRMANN (*Z. physik. Chem.* B **35** [1937] 256/60). Diese Werte ($t_f = -93.8$°C, $t_v = -84.6$°C) werden von F. SEEL, K. BALLREICH, W. PETERS (*Chem. Ber.* **92** [1959] 2117/22) bestätigt. Die älteren Angaben von H. MOISSAN (*C. r.* **138** [1904] 789/92; *Bull. Soc. chim. Paris* [3] **31** [1904] 1004/6; *Ann. Chim. Phys.* [8] 8 [1906] 84/90), wonach $t_f = -83$°C, $t_v = -75$°C ist, liegen um ~10 grd zu hoch. Danach müssen die Angaben von H. MOISSAN (*C. r.* **101** [1885] 1490/2) über die Verflüssigung unter Druck und den krit. Druck als überholt angesehen werden.

Vapor Pressure. Boiling Point. Melting Point

Latent Heats

Latente Wärmen. Aus vorstehenden Dampfdruckformeln ergeben sich die Sublimations- und die Verdampfungswärme zu 6940 bzw. 4110 cal/Mol; die Differenz 2830 cal/Mol kann als Näherungswert für die Schmelzwärme gelten, R. LINKE, W. ROHRMANN (*l. c.*).

Enthalpy. Molar Heat Capacity. Entropy

Enthalpie H. **Molare Wärmekapazität** C_p in cal·mol^{-1}·grd^{-1}. **Entropie** S in cal·mol^{-1}·°K^{-1}. Aus den Wellenzahlen der Molekelschwingungen ergeben sich folgende Werte (Enthalpiefunktion $(H°—H_0°)/T$ in cal·mol^{-1}·°K^{-1}):

T in °K	150	200	298.16	400	500	600	700	800	900	1000
$(H°—H_0°)/T$	10.32	11.37	13.61	15.79	17.62	19.13	20.39	21.44	22.32	23.07
$C_p°$	13.28	15.79	20.36	23.74	25.94	27.40	28.40	29.10	29.61	29.99
S°	61.94	66.10	73.30	79.80	85.36	90.23	94.54	98.38	101.8	105.0

J. E. GRIFFITHS, R. P. CARTER, R. R. HOLMES (*J. Chem. Phys.* **41** [1964] 863/76, 874).

Dielectric Constant

Dielektrizitätskonstante ε. Zwischen 282 und 388°K schwankt (ε—1)·10^3 zwischen 2.054 und 2.087, R. LINKE, W. ROHRMANN (*l.* c.)

Refractive Index

Brechungszahl. Bei gewöhnl. Temp. ist für die D-Linie n_D—1 = (6.416±0.018)·10^{-4}, R. LINKE (*Z. physik. Chem.* B **48** [1941] 193/6).

Chemical Reactions

Chemisches Verhalten

In feuchter Luft stark rauchendes Gas. Es ist unbrennbar und löscht die Flamme, hat einen stechenden Geruch, greift die Atemwege stark an. Bleibt beim Durchgang von elektr. Funken unverändert. H_2O zersetzt in HF und H_3PO_4. Es kann für kurze Zeit über Hg in Glasgefäßen aufbewahrt werden; das Glas erscheint jedoch angegriffen. Bildet mit gasf. NH_3 einen festen weißen Körper der Zus. $2PF_5·5NH_3$. Wss. NH_3 absorbiert vollkommen; die erhaltene Lsg. scheidet beim Eindampfen ein Gemenge von $NH_4H_2PO_4$ und $NH_4F·HF$ aus. Amylalkohol absorbiert, nimmt eine saure Rk. an und enthält eine flüchtige, Glas stark ätzende F-Verb. unbekannter Zus., T. E. THORPE (*Proc. Roy. Soc.* **25** [1876/77] 122/3; *Chem. News* **32** [1875] 232; *Bl. Soc. chim. France* [2] **25** [1876] 548/9; *Liebigs Ann. Chem.* **182** [1876] 201/6). Zersetzt sich unter der Wrkg. des elektr. Funkens teilweise in PF_3 und F_2, Glas und Hg werden hierbei angegriffen, reagiert mit P-Dampf nicht, mit S-Dampf bis 440°C nicht, mit J-Dampf bis 500°C nicht. Beim Aufbewahren in Glasflaschen tritt eine langsame Zers. in SiF_4 und POF_3 ein, H. MOISSAN (*C. r. Acad. Sci.* [*Paris*] **103** [1886] 1257/60). Beim Einleiten von PF_5 in kaltes H_2O werden neben HPO_2F_2 auch PF_6^--Ionen in beträchtlicher Menge erhalten, W. LANGE (*Ber. dtsch. chem. Ges.* **61** [1928] 799/801). Über einen Rk.-Mechanismus für die Hydrolyse von PF_5 durch wenig H_2O unter Annahme einer unbeständigen Additionsverb. zwischen PF_5 und H_2O, welche unter den herrschenden Bedingungen dissoziiert, s. S. JOHNSON (*Thesis Purdue University* **1953** nach H. J. EMELEUS, bisher unveröff. Mitteilung, S. 53). — Zur Rk. mit elementarem P s. „*Phosphor*" *Tl.* B, S. 310.

PF_5 gibt mit fl. N_2O_4 bei —10°C Kristalle von $PF_5·N_2O_4$, E. TASSEL (*C. r. Acad. Sci.* [*Paris*] **110** [1890] 1264/7). — Es hat den Anschein, als ob PF_5 mit NOF zu einer krist. Verb. der Zus. $NO·PF_5$ reagieren würde, W. LANGE (*Ber. dtsch. chem. Ges.* **61** [1928] 799/81). — PF_5 reagiert mit einer Lsg. von N_2O_5 und HF in Nitromethan unter Bldg. von $(NO_2)PF_6$, S. J. KUHN, G. A. OLAH (*J. Am. Chem. Soc.* **83** [1961] 4564/71, 4570); auch mit NO_2F entsteht unter schwacher Wärmeentw. ein weißes Prod. der Zus. $(NO_2)PF_6$ (Nitroniumhexafluorophosphat), E. E. AYNSLEY, G. HETHERINGTON, P. L. ROBINSON (*J. chem. Soc.* **1954** 1119/24, 1123), mit einer Lsg. von ClO_2F in CCl_3F bildet sich eine feste weiße Subst. der Zus. $ClO_2F·PF_5$ oder $ClO_2[PF_6]$, M. SCHMEISSER, F. L. EBENHÖCH (*Angew. Chem.* **66** [1954] 230/1), mit $COCl_2$ reagiert es unter Bldg. von gemischten Tetrahalogenmethanverbb., R. N. HASZELDINE, H. ISERSON (*Nature* **179** [1957] 1361/2), mit festem $[PCl_4]F$ bei normalem Druck unterhalb 135°C unter Bldg. von $[PCl_4][PF_6]$, wie aus Röntgendiagrammen ersichtlich ist. Daneben verläuft noch die Rk. $PCl_4F + PF_5 \rightarrow 2PF_3Cl_2$, L. KOLDITZ (*Z. anorg. allg. Chem.* **286** [1956] 307/16, 308, 313). Über Rk. von PF_5 mit SF_4 unter Bldg. von $[SF_3][PF_6]$ s. E. I. DU PONT DE NEMOURS & Co., W. C. SMITH, E. L. MUETTERTIES (*U.S.P.* 3000694 [1957/—] nach *C.A.* **56** [1962] 3123), vgl. hierzu W. C. SMITH (*Ang. Chem.* **74** [1962] 742/51, 750). — Zusatz von PF_5 verhindert bei einem Alkali-Be-Fluoridglas mit extrem niedriger Lichtbrechung das Auftreten oxyd. Trübungen, SAALE-GLAS G.M.B.H., W. VOGEL (*D.A.S.* 1086866 [1958/60] nach *C.* **1961** 10334). PF_5 reagiert mit einer Suspension von AgF in fl. SO_2 unter Bldg. von $AgPF_6$, D. R. RUSSELL, D. W. A. SHARP (*J. Chem. Soc.* **1961** 4689/90).

Beim Überleiten von PF_5 über glühenden Pt-Schwamm wird etwas freies Fluor erhalten, H. MOISSAN (*C. r. Acad. Sci.* [*Paris*] **102** [1886] 763/6), bei dunkler Rotglut bildet sich wahrscheinlich analog der entsprechenden Cl-Verb. $[Pt(PF_3)_2F_2]$, H. MOISSAN (*Bl. Soc. chim. France* [3] **5** [1891] 454/6), vgl. „*Platin*" *Tl.* D, S. 342, 462.

Über Darst. von $(CF_2)_2$ aus C und PF_5 s. E. I. DU PONT DE NEMOURS & Co., K. C. BRINKER (*U.S.P.* 2877096 [1956/59], *C.A.* **1959** 12606), über Rk. mit C im Lichtbogen im Ni-Rohr unter Bldg. von CF_4, C_2F_4 und C_2F_6 s. E. I. DU PONT DE NEMOURS & Co., M. W. FARLOW, E. L. MUETTERTIES (*U.S.P.* 2709186 [1954/55], *C.A.* **1956** 6499). Über Rk. von PF_5 mit C im Lichtbogen unter Bldg. von CF_4 und PF_3 (neben anderen Prodd.) s. E. I. DU PONT DE NEMOURS & Co., R. E. BURK (*D.P.* 1038535 [1956/58], *C.A.* **1961** 3249), über Rk. von PF_5 mit KW-Stoffen im Rotationslichtbogen unter Bldg. von CF_4 (neben anderen C–F-Verbb.) s. E. I. DU PONT DE NEMOURS & Co., M. W. FARLOW (*B.P.* 874865 [1959/61]; *D.P.* 1100018 [1959/61] nach *C.* **1962** 650; *U.S.P.* 2980739 [1958/61], 2981761 [1958/61], *C.A.* **1961** 20955), vgl. auch E. I. DU PONT DE NEMOURS & Co., J. P. LANDIS, C. H. MANSWILLER (*U.S.P.* 2929771 [—/1960] nach *C.A.* **1960** 10601). PF_5 reagiert mit CS_2 im Rotationslichtbogen oberhalb 1500°C unter Bldg. von CSF_2, E. I. DU PONT DE NEMOURS & Co., R. D. LIPSCOMB (*U.S.P.* 2952706 [1958/60], *C.A.* **1961** 3442).

PF_5 bildet mit Trimethylamin in heftiger Rk. $PF_5 \cdot N(CH_3)_3$, T. GÖSSL (*Diss. München T.H.* 1950, S. 1/52, 46), gibt mit CH_3CN eine elektrisch leitende Lsg., D. S. PAYNE (*J. chem. Soc.* **1953** 1052/5), gibt mit gewissen organ. Lewis-Basen Additionskomplexverbb. mit katalyt. Eigg. für Polymerisationen, E. I. DU PONT DE NEMOURS & Co., E. L. MUETTERTIES (*U.S.P.* 2748145 [1953/56], *C.A.* **1957** 1284), vgl. E. L. MUETTERTIES, T. A. BITHER, M. W. FARLOW, D. D. COFFMAN (*J. inorg. nuclear Chem.* **16** [1960/61] 52/59).

Die Aktivität von Metalloxidkatalysatoren für organ. Synthesen wird durch Behandeln mit PF_5 erhöht, IMPERIAL CHEMICAL INDUSTRIES LTD., L. V. JOHNSON, R. PITWELL (*B.P.* 666812 [1949/52], *C.* **1953** 109); über katalyt. Eigg. von PF_5 bei der Alkylierung aromat. KW-Stoffe s. STANDARD OIL Co., H. C. BROWN, W. S. HIGLEY (*U.S.P.* 2767230 [1954/56], *C.A.* **1957** 8785), bei der Polymerisation von Trioxan s. E. I. DU PONT DE NEMOURS & Co., A. K. SCHNEIDER (*U.S.P.* 2795571 [1953/57], *C.A.* **1957** 18699).

Nichtwäßrige Lösung

Nonaqueous Solution

PF_5 bildet mit fl. HCl eine farblose Lsg.; eine 0.25m-Lsg. zeigt bei −95°C eine spezif. elektr. Leitf. von $1.9\,\Omega^{-1}cm^{-1} \cdot 10^{-3}$ (molare elektr. Leitf. $0.0075\,\Omega^{-1}cm^2mol^{-1}$, M. E. PEACH, T. C. WADDINGTON (*J. Chem. Soc.* **1963** 799/805).

In BrF_3-Lsg. verhält sich PF_5 als typ. Ansolvosäure $[BrF_2]^+[PF_6]^-$, die jedoch nur in Lsg. beständig ist, V. GUTMANN (*Monatsh. Chem.* **82** [1951] 156/69, 168), vgl. H. J. EMELÉUS, A. A. WOOLF (*J. chem. Soc.* **1950** 164/8), H. J. EMELÉUS, V. GUTMANN (*J. chem. Soc.* **1949** 2979/82).

Verteilung von PF_5 zwischen wss. HF-Lsgg. und Diäthyläther (bei 20 ± 0.5°C):

Zusammensetzung der Ausgangslsgg.		α	P
0.1 Mol PF_5/l	1.0 Mol HF/l	<0.001	<0.1
	5.0 Mol HF/l	0.011	1.1
	10.0 Mol HF/l	0.032	3.1
	15.0 Mol HF/l	0.110	9.9
	20.0 Mol HF/l	0.173	14.8

wobei α = Konz. in der Diäthylätherschicht/Konz. in der wss. Schicht und $P = 100\,\alpha/1 + \alpha = \%\ PF_5$ in Diäthyläther, R. BOCK, M. HERRMANN (*Z. anorg. allg. Chem.* **284** [1956] 288/304, 300).

2 PF_5 · 5 NH_3. Wird als gelblichweißer Körper aus PF_5 und gasf. trocknem NH_3 erhalten; löst sich in H_2O fast vollständig und bildet eine Lsg., die Glas ätzt, T. E. THORPE (*Lieb. Ann.* **182** [1872] 201/6, 205; *Proc. Roy. Soc.* **25** [1876/77] 122/3).

Das PF_6^--Ion. Siehe S. 382.

The PF_6^- Ion

Phosphorhydridfluoride

Phosphorus Hydride Fluorides

H_2PF_3. Nach Lösen von fast wasserfreiem H_3PO_2 in überschüssigem wasserfreiem HF bei −78°C dest. beim Ansteigen der Temp. bei +30°C die Verb. H_2PF_3 ab mit einem Schmp. von ~−51°C und einem Sdp. von ~+2°C, welche als Fluorid der unterphosphorigen Säure betrachtet wird; sie hydrolysiert in alkal. Lsg. zu H_3PO_2 und HF, B. BLASER, K. H. WORMS (*Ang. Chem.* **73** [1961] 76), HENKEL & CIE., B. BLASER, K. H. WORMS (*D.P.* 1106736 [1960/61] nach *C.* **1961** 15523; *U.S.P.* 3061406 [1960/62], *C.* **1963** 21320).

***HPF_4*.** Nach Lösen von wasserfreiem H_3PO_3 in wasserfreiem HF bei —78°C, wobei sich PF_3 entwickelt (69% der Theorie), dest. bei Ansteigen der Temp. zwischen —40 und 0°C die Verb. HPF_4 ab. Das Prod. hat einen Schmp. von —89°C und einen Sdp. von —37°C und ergibt bei alkal. Hydrolyse quantitativ H_3PO_3 und HF, B. BLASER, K. H. WORMS (*Ang. Chem.* **73** [1961] 76), HENKEL & CIE., B. BLASER, K. H. WORMS (*D.P.* 1106736 [1960/61] nach *C.* **1961** 15523; *U.S.P.* 3061406[1960/62] *C.* **1963** 21320).

***$H[PF_6]$*.** Vgl. S. 409.

Phosphorus Oxide Fluorides

Phosphoroxidfluoride

Bldg. von hochsd. P-Oxidfluoriden neben HCl bei der Hydrolyse von PF_3Cl_2 mit äquimolaren H_2O-Mengen, T. KENNEDY, D. S. PAYNE (*J. chem. Soc.* **1959** 1228/32), vgl. S. 485. — Zur Bldg. von festem $P_7O_{10}F_{15}$ aus PF_3 und O_2 s. unten.

Phosphorus Dioxide Fluoride

***Phosphordioxidfluorid $(PO_2F)_n$*.**

Beim Verrühren von Ag_2PO_3F mit konz. H_2SO_4 erhitzt sich das Gemisch, und es entweicht eine kleine Menge eines leicht kondensierbaren Gases, vermutlich PO_2F, das Anhydrid von H_2PO_3F, W. LANGE (*Ber. dtsch. chem. Ges.* **62** [1929] 793/801, 795).

Durch Einw. stiller elektr. Entladungen auf ein PF_3-O_2-Gemisch wird festes $P_7O_{10}F_{15}$ erhalten, welches bei allmählichem Erwärmen gasf. POF_3 und PF_5 sowie fl. $P_2O_3F_4$ abgibt. Als Rückstand verbleibt $(PO_2F)_n$. Weiße blättrig-pulverförmige Subst., raucht nicht an feuchter Luft und ist sehr hygroskopisch. Zersetzt sich ohne zu schmelzen beim Erhitzen in P_2O_5 und $P_2O_3F_4$. Die Zers. verläuft bei 500°C quantitativ nach $(PO_2F)_4 \rightarrow P_2O_5 + P_2O_3F_4$. Die Röntgenunters. mit CuKα-Strahlung und Ni-Filter zeigt verhältnismäßig wenig Linien (Debyeogramm im Original), was auf keinen hohen Polymerisationsgrad hinweist. Das Ergebnis der therm. Zers. wäre mit einer tetrameren Formel gut vereinbar. Als Hydrolysenendprod. wird H_2PO_3F erhalten, U. WANNAGAT, J. RADEMACHERS (*Z. anorg. allg. Chem.* **289** [1957] 66/79, 74).

***$(POF_2)_2(?)$*.** Durch Zusammenbringen von POF_2Cl in gasf. und fl. Zustand mit Na-Amalgam wird eine Cl-Abspaltung und Kondensation zu $(POF_2)_2$ erwartet. Zwischen 20 und 60°C ist jedoch außer einer Verfärbung der Oberfläche des Amalgams kein Nachweis einer Rk. zu erbringen, H. S. BOOTH, F. B. DUTTON (*J. Am. chem. Soc.* **61** [1939] 2937/40).

Difluorophosphoric Acid Anhydride

***Difluorophosphorsäureanhydrid $P_2O_3F_4$*.**

Darst. durch allmähliches Erwärmen des durch Einw. stiller elektr. Entladungen auf ein PF_3-O_2-Gemisch bei —60 bis —75°C erhaltenen festen Rk.-Prod. auf gewöhnl. Temp. in fl. Form neben gasf. POF_3 und PF_5. Die Verb. wird durch wiederholte fraktionierte Dest. gereinigt. Bei gewöhnl. Temp. klare, leicht bewegliche, an der Luft stark rauchende Fl. Die Verb. schmilzt bei —0.1°C, der extrapolierte Sdp. liegt bei +72.0°C. Dichte D_{20}: 1.65, Verdampfungswärme: 9.581 kcal/Mol, TROUTON-Konst.: 27.8. Die Dampfdruckkurve gehorcht der Gleichung: $\log p = -2096.55/T + 8.957$. Bei normalem Druck tritt beim Dest. leichte Zers. ein. Die Hydrolyse, die unter erheblicher Wärmeentw. vor sich geht, verläuft nach $P_2O_3F_4 + H_2O = 2HPO_2F_2$. Die Zus. $P_2O_3F_4$ ergibt sich aus der Analyse und der Molgew.-Best., U. WANNAGAT, J. RADEMACHERS (*Z. anorg. allg. Chem.* **289** [1957] 66/79, 72). Darst. durch Erhitzen von HPO_2F_2 mit P_4O_{10} unter Rückfluß und Fraktionierung des Endprod.; Sdp. 71°C. Die aus der Darst.: $2F_2PO(OH) \rightarrow H_2O + F_2P(O)O(O)PF_2$ hervorgehende Struktur wird durch sorgfältige Aufnahme von Ramanspektren und Vergleich dieser mit denen von $P_2O_3Cl_4$ bestätigt, E. A. ROBINSON (*Can. J. Chem.* **40** [1962] 1725/9). $P_2O_3F_4$ reagiert mit KSO_2F nach $P_2O_3F_4 + KSO_2F \rightarrow POF_3 + KPO_2F_2 + SO_2$, F. SEEL, K. BALLREICH, W. PETERS (*Chem. Ber.* **92** [1959] 2117/22).

Phosphorus Oxide Fluoride

Phosphoroxidfluorid POF_3 (Phosphoryl(V)-fluorid)

Formation. Preparation

Bildung und Darstellung

From P Oxides or Acids and Fluorine

Aus P-Oxiden oder -Säuren und Fluor. Techn. Darst. von POF_3 durch Rk. von F_2 mit einer P-Säure oder einem P-Säureanhydrid unter reduzierenden Bedingungen (Ggw. von CO) mit C als

Katalysator, S. A. des Manufactures des Glaces et Produits Chimiques de Saint-Gobain, Chauny & Cirey, P. Dupont (*U.S.P.* 2712494 [1951/55] nach *C.A.* **1955** 15192), vgl. H. Moissan (*Ann. Chim. Phys.* [6] **24** [1891] 224/82, 251).

From P and Fluorine Compounds

Aus P und Fluorverbindungen. Bldg. von POF_3 bei der heftig verlaufenden Rk. von rotem P mit SeF_4 unter Hinterlassen eines Rückstands von rotem Se und SeO_2, E. B. R. Prideaux, C. B. Cox (*J. chem. Soc.* **1928** 1603/7).

From P_2O_5 and Fluorine Compounds

Aus P_2O_5 und Fluorverbindungen. Bldg. bei der unter Erwärmung vor sich gehenden Rk. von P_2O_5 mit HF unter H_2O-Ausschluß, H. Moissan (*Bl. Soc. chim.* [3] **5** [1891] 458/9); Darst. in 80%iger Ausbeute durch Auftropfen von HSO_3F auf überschüssiges P_2O_5 nach $P_2O_5 + 3HSO_3F = POF_3 + HPO_3 + 2SO_3 + H_2SO_4$, E. Hayek, A. Aignesberger, A. Engelbrecht (*Monatsh. Chem.* **86** [1955] 735/40), sowie durch Rk. von P_4O_{10} mit SF_4 bei 100 bis 250°C, A. L. Oppegard, W. C. Smith, E. L. Muetterties, V. A. Engelhardt (*J. Am. chem. Soc.* **82** [1960] 3835/8), vgl. hierzu E. I. du Pont de Nemours & Co., W. C. Smith (*U.S.P.* 3026179 [1957/62], *C.A.* **57** [1962] 13411). — Bldg. von POF_3 nach $P_2O_5 + 6NOF \rightarrow 2POF_3 + 3N_2O_3$, G. Balz, E. Mailänder (*Z. Anorg. Allg. Chem.* **217** [1934] 161/9, 168). Bldg. von POF_3 beim Lösen von P_2O_5 in heißem JF_5. Es wird eine Rk. nach $P_2O_5 + 3JF_5 \rightarrow 2POF_3 + 3JOF_3$ angenommen, wobei POF_3 in JF_5 unter Bldg. einer nur in Lsg. beständigen Molekelverb. gelöst bleibt, E. E. Aynsley, R. Nichols, P. L. Robinson (*J. chem. Soc.* **1953** 623/6), durch Rk. von P_2O_5 mit Metallfluoriden, H. Schulze (*J. prakt. Chem.* [2] **21** [1880] 407/43, 443; *Bl. Soc. chim. France* [2] **35** [1881] 173/6), neben PF_3 (Red. von POF_3 durch das Fe der Kesselwand) und etwas HPO_2F_2 (Hydrolyse durch anwesendes H_2O) beim Erhitzen von P_2O_5 und CaF_2 auf 500 bis 1000°C, G. Tarbutton, E. P. Egan, S. G. Frary (*J. Am. chem. Soc.* **63** [1941] 1782/9).

Zur Darst. von POF_3 wird ein Gemisch aus 80 g CaF_2 (1.03 Mol) und 195 g P_2O_5 (1.37 Mol) in einem Stahlrohr erhitzt. Während der zuvor vorgenommenen Evakuierung wird das Rohr auf 300°C, während der Rk. bei 500°C gehalten. Das Gas wird in einem mit Trockeneis gekühlten Gefäß aufgefangen und das POF_3 durch mehrmalige Dest. gereinigt, W. Lange, R. Livingston (*J. Am. chem. Soc.* **72** [1950] 1280/1). Die bei dieser Darst.-Meth. eintretenden Rkk. können mit Hilfe der Thermowaage untersucht werden, G. Montel (*Bl. Soc. chim. France* [5] **19** [1952] 372/82), G. Montel, G. Chaudron (*C. r. Acad. Sci. [Paris]* **233** [1951] 318/9).

Über die Bldg. von POF_3 bei den Rkk. von P_2O_5, $Ca(PO_3)_2$, $Ca_2P_2O_7$ und $Ca_3(PO_4)_2$ mit CaF_2 im festen Zustand bei hohen Tempp. s. ferner G. Montel (*Ann. Chim.* [13] **3** [1958] 313/69, 347). Bldg. von POF_3 bei der Rk. von P_2O_5 mit Gemischen von CaF_2 und NaCl bei Tempp. zwischen 350 und 600°C neben PF_3, $POCl_3$, $POFCl_2$, POF_2Cl und HCl, G. Tarbutton u. a. (*l. c.*). Näheres s. bei PF_3 S. 389. Beim Erhitzen von P_2O_5 mit Rohphosphat oder Apatit auf 700°C geht der Hauptteil des Fluors in SiF_4, ein geringer Tl. in POF_3 und PF_3 über, G. Tarbutton u. a. (*l. c.*).

Darst. durch Erhitzen einer innigen Mischung von 2 Tl. Kryolith mit 3 Tl. P_2O_5 im Messingrohr, T. E. Thorpe, F. J. Hambly (*J. chem. Soc.* **55** [1889] 759/60; *Chem. News* **60** [1889] 254; *Proc. chem. Soc.* **5** [1889] 132). Vgl. hierzu Darst. von $POCl_3$ durch Erhitzen von P_2O_5 mit NaCl, S. 458.

From P Fluorides

Aus P-Fluoriden. Darst. durch Detonation kleiner Mengen (~10 cm^3) eines Gemisches von 2 Vol. PF_3 und 1 Vol. O_2 mit kleinem O_2-Überschuß. Das überschüssige O_2 wird aus dem Rk.-Prod. durch erhitzten Pt-Schwamm oder durch Aufbewahren über Hg in Ggw. von P entfernt, H. Moissan (*C. r. Acad. Sci. [Paris]* **102** [1886] 1245/8). Vgl. hierzu F. Ebel, E. Bretscher (*Helv. chim. Acta* **12** [1929] 450/63, 458). Über Bldg. von POF_3 neben anderen Verbb. durch Einw. stiller elektr. Entladungen auf ein PF_3–O_2-Gemisch s. U. Wannagat, J. Rademachers (*Z. Anorg. Allg. Chem.* **289** [1957/66] 79, 66). Darst. von POF_3 durch Rk. von PF_3 mit $S_2O_6F_2$ s. J. M. Shreeve, G. H. Cady (*J. Am. Chem. Soc.* **83** [1961] 4521/5). — Bldg. neben SiF_4 beim Aufbewahren von PF_5 in Glasflaschen durch Rk. mit dem Glas, H. Moissan (*C. r. Acad. Sci. [Paris]* **103** [1886] 1257/60), durch Einw. von H_2O-Spuren auf PF_3Cl_2 nach $PF_3Cl_2 + H_2O = POF_3 + 2HCl$ (gasf.), C. Poulenc (*C. r. Acad. Sci. [Paris]* **113** [1891] 75/78; *Ann. Chim. Phys.* [6] **24** [1891] 548/70, 563); über Bldg. von $(POF_3)_n$ (?) durch Hydrolyse von PF_3Cl_2 in der Gasphase bei 20°C s. T. Kennedy, D. S. Payne (*J. chem. Soc.* **1959** 1228/32), vgl. S. 486.

From Phosphates and F Compounds

Aus Phosphaten und F-Verbindungen. Vgl. auch oben. — Die Bldg. von POF_3 (neben anderen Prodd.) bei der Rk. von Na-Metaphosphat mit Fluoriden oder Fluorapatit bei Tempp. oberhalb 550°C hängt von der Konz. des gebundenen Wasserstoffs in der Schmelze und von der des H_2O-Dampfes in der Atm. über der Schmelze ab, H. Valdsaar (*Thesis Univ. of Florida* 1956, Order Nr. 61-5502 nach

Diss. Abstr. **22** [1962] 2579). Bldg. von POF_3 durch Rk. von $Sr_2P_2O_7$ mit SrF_2 bei 800°C (neben Sr-F-Apatit), VU QUANG KINH, G. MONTEL (*C. r.* **252** [1961] 3809/11).

From P Halogenides and F Compounds

Aus P-Halogeniden und F-Verbindungen. Beim Auftropfen von HSO_3F auf PCl_5 tritt eine stürm. Rk. ein, die mit Eiskühlung gebremst werden kann und die im wesentlichen nach $PCl_5 + 3HSO_3F = POF_3 + 2HCl + S_2O_5Cl_2 + HSO_3Cl$ zu verlaufen scheint, E. HAYEK, J. PUSCHMANN, A. CZALOUN (*Monatsh. Chem.* **85** [1954] 359/64). Bldg. von POF_3 beim Erwärmen von $CF_3CONPCl_3$ mit AgF, OLIN MATHIESON CHEM. CORP., R. F. W. RÄTZ, E. H. KOBER (*U.S.P.* 2981734 [1960/61], *C.A.* **56** [1962] 10170).

Darstellung durch Einleiten von gasförmigem HF in $POCl_3$ bei 50 bis 65°C und Gegenwart von SbF_3 als Katalysator als gasförmiges POF_3 im Gemisch mit HCl, das durch fraktionierte Destillation getrennt werden kann, W. KWASNIK laut O. SCHMITZ-DUMONT (in: *FIAT Review, Bd.* 23, S. 214), bei Ggw. von $SbCl_5$ als Katalysator, G. BRAUER (*Handbuch der präparativen Anorganischen Chemie*, 2. *Aufl., Bd.* 1, *Stuttgart* 1950, S. 186). — Durch Eintragen von $POCl_3$ in wasserfreies HF unter guter Kühlung in Ag-Gefäßen. Es entwickelt sich ein Gemisch von POF_3 und HCl, aus dem durch Eiswasser HCl ausgewaschen wird; POF_3 bleibt dabei unverändert, wird verflüssigt und durch Dest. gereinigt, K. WIECHERT (*Z. anorg. allg. Chem.* **261** [1950] 310/23, 312). — Fluorierung von sd. $POCl_3$ mit HF und Fraktionierung des Gleichgew.-Gemisches aus $POFCl_2$, POF_2Cl und POF_3, M. WOYSKI laut E. M. LARSEN, J. HOWATSON, A. M. GAMMIL, L. WITTENBERG (*J. Am. chem. Soc.* **74** [1952] 3489/92); Auftreten von POF_3 neben $POFCl_2$ und POF_2Cl beim Erhitzen von $POCl_3$ mit NH_4F am Rückflußkühler, C. J. WILKINS (*J. chem. Soc.* **1951** 2726/8). — Beim Leiten von $POCl_3$-Dampf über auf t° erhitztes CaF_2 wird bei 100 Torr und t = 200°C ein Gas aus 90% POF_3 und 10% höher sd. Subst. erhalten, bei t = 150°C beträgt der Anteil im Gas (in %): 35 POF_3, 25 POF_2Cl und 40 $PFCl_2$, bei t = 120°C entsteht hauptsächlich POF_3; jedoch kommt die Rk. bald zum Stillstand und kann nur durch Temp.-Erhöhung fortgesetzt werden, H. S. BOOTH, F. B. DUTTON (*J. Am. chem. Soc.* **61** [1939] 2937/40).

Das beim langsamen Zusatz von krist. SbF_3 zu einer Mischung von 200 g $POCl_3$ und 50 g $SbCl_5$ unter heftigem Rühren bei 75°C und 190 bis 200 Torr entstehende Gas enthält ~55% POF_3, 5% POF_2Cl und 40% $POFCl_2$, H. S. BOOTH, E. B. DUTTON (*l. c.*). Über Darst. von POF_3 durch Fluorierung von $POCl_3$ oder $POBr_3$ mit SbF_3 unter Verwendung von $SbCl_5$ als Katalysator s. auch G. A. OLAH, A. A. OSWALD (*J. Org. Chem.* **24** [1959] 1568/9). $POCl_3$ reagiert mit SbF_3 ohne Katalysator, H. S. BOOTH, C. F. SWINEHART (*J. Am. chem. Soc.* **54** [1932] 4751/3). — Darst. von P-Oxidfluorid durch Behandeln von techn. NaF mit P-Oxidchlorid bei Temp. zwischen 20 und 125°C in einem fl. Rk.-Medium mit einer Dielektrizitätskonst. von wenigstens 20 bei 20°C (HCN oder CH_3CN), das mit dem Oxidchlorid mischbar ist, aber nicht mit den Rk.-Partnern reagiert, E. I. DU PONT DE NEMOURS & Co., C. W. TULLOCK (*U.S.P.* 2928720 [1957/60], *C.A.* **1960** 25641). Darst. von POF_3 durch Rk. von $POCl_3$ mit NaF in Tetramethylensulfon bei erhöhter Temp. (Ersatz des Cl durch F zu 43%), C. W. TULLOCK, D. D. COFFMAN (*J. Org. Chem.* **25** [1960] 2016/9), über Darst. von POF_3 durch Fluorieren von $POCl_3$ mit KSO_2F s. F. SEEL, L. RIEHL (*Z. Anorg. Chem.* **282** [1955] 293/306, 300). Darst. von POF_3 durch langsamen Zusatz von überschüssigem $POCl_3$ (Tropftrichter) zu in einem Messingrohr befindlichem ZnF_2. Die Rk. beginnt bereits in der Kälte unter leichter Temp.-Erhöhung und Bldg. von POF_3 und $ZnCl_2$ und wird bei 40 bis 50°C fortgesetzt. Mitgerissenes $POCl_3$ wird teils in einem auf −20°C gekühlten Messingrohr kondensiert, teils in einem Rohr mit ZnF_2 zurückgehalten. Das so gereinigte PF_3 wird über Hg aufgefangen und in Glasflaschen mit eingeschliffenen Stopfen aufbewahrt, H. MOISSAN (*Bl. Soc. chim. France* [3] **4** [1890] 260/2). Darst. durch Fluorierung von $POCl_3$ mit handelsüblichem ZnF_2, G. KODAMA, R. W. PARRY (*J. Inorg. Nucl. Chem.* **17** [1961] 125/9). In der Kälte löst sich TiF_4 in $POCl_3$ unzersetzt; beim Erwärmen auf ~30°C tritt jedoch ein lebhafter Halogenaustausch ein nach $4POCl_3 + 3TiF_4 = 3TiCl_4 + 4POF_3$, O. RUFF, R. IPSEN (*Ber. dtsch. chem. Ges.* **36** [1903] 1777/83). Bldg. beim Erhitzen von $POCl_3$ mit SnF_4 im Einschlußrohr, L. WOLTER (*Diss. Berlin* 1908, 1/55, 36). Darst. von POF_3 durch Rk. von $POCl_3$ mit PbF_2 in sehr regelmäßiger Rk., A. GUNTZ (*C. r. Acad. Sci.* [*Paris*] **103** [1886] 58), Bldg. durch Rk. von $POCl_3$ mit AgF, H. MOISSAN (*Bl. Soc. chim. France* [3] **5** [1891] 456/8). Darst. von POF_3 durch Rk. von $POCl_3$ mit C_6H_5COF bei ~140°C. Die primär entstehenden Prodd. POF_2Cl und $POFCl_2$ werden durch wiederholte Rückführung in den Rk.-Raum in POF_3 übergeführt, F. SEEL, K. BALLREICH, W. PETERS (*Chem. Ber.* **92** [1959] 2117/22, 2120).

Bldg. eines Gases mit ~60% POF_3 neben ~10% POF_2Br und ~30% $POFBr_2$ bei der Fluorierung von $POBr_3$ mit SbF_3 bei 25 bis 30 Torr und einer Anfangstemp. von 60°C, die bei langsamer werdender Rk. auf 100°C erhöht wird, H. S. BOOTH, C. G. SEEGMILLER (*J. Am. chem. Soc.* **61** [1939] 120/2).

Bildungswärme. Über Best. der Wärmetönung der Rk. $PF_3 + {}^1/_2 O_2 = POF_3$ s. S. 393. *Heat of Formation*

Molekel

Molecule

Vgl. hierzu S. 383.

Physikalische Eigenschaften

Physical Properties

Dichte von festem POF_3 am Schmp. D = 1.7 g/cm³, G. TARBUTTON, E. P. EGAN, S. G. FRARY (*J. Am. Chem. Soc.* **63** [1941] 1782/9). *Density*

Schmelzpunkt t_f. **Siedepunkt** T_v, t_v. **Dampfdruck** p. Bei Atm.-Druck siedet POF_3 dicht oberhalb des Schmp. Nach F. SEEL, K. BALLREICH, W. PETERS (*Chem. Ber.* **92** [1959] 2117/22) ist $t_f = -39.8$°C, $t_v = -39.4$°C. Dennoch läßt sich der Dampfdruck über fl. POF_3 auf 1% genau durch die Formel (p in Torr) lg p = 8.0524—1207/T erfassen, aus der für p = 760 $T_v = 233.4$°K ($t_v = -39.7$°C) folgt. Die Dampfdruckdaten für festes POF_3 sind mit einer Genauigkeit von 5% durch die Formel lg p = 11.3755—1984.7/T zu erfassen; danach wird p = 760 Torr bei T = 233.6°K (t = —39.5°C). Bei 785 Torr gem. Schmp.: $t_f = -39.1$°C, G. TARBUTTON u. a. (*l. c.*). — Bei Messungen zwischen —43.8 und —35.2°C finden H. S. BOOTH, F. B. DUTTON (*J. Am. chem. Soc.* **61** [1939] 2937/40) $t_f = -39.4$°C und für den Dampfdruck lg p = 7.5900—1097.88/T; danach ist bei 760 Torr $T_v = 233.3 \pm 0.1$°K ($t_v = -39.8$°C). Damit ist der schon von H. MOISSAN (*Bull. Soc. chim. France* [3] **31** [1904] 1004/6; *C. r.* **138** [1904] 789/92) angegebene Wert $t_v = -40$°C praktisch bestätigt. — Bei Systemunterss. finden H. S. BOOTH, J. H. WALKUP (*J. Am. chem. Soc.* **65** [1943] 2334/9), offenbar bei gewöhnl. Druck, $t_f = -39.6$°C. *Melting Point. Boiling Point. Vapor Pressure*

Kritische Konstanten. Direkt bestimmte Werte für die krit. Temp. und den krit. Druck: 73.3°C, 41.8 atm, H. S. BOOTH, F. B. DUTTON (*l. c.*). *Critical Constants*

Latente Wärmen. Aus den Dampfdruckgleichungen ergibt sich die Verdampfungs- bzw. Sublimationswärme bei 760 Torr zu $L_v = 5550$ bzw. $L_s = 9150$ cal/Mol. Die Schmelzwärme beträgt demnach $L_f \approx L_s - L_v = 3600$ cal/Mol, G. TARBUTTON u. a. (*l. c.*). Frühere Messungen ergeben $L_v = 5030$ cal/Mol, H. S. BOOTH, F. B. DUTTON (*l. c.*). *Latent Heats*

Thermodynamische Funktionen. Zur Bezeichnungsweise und zu den verwendeten Einheiten s. S. 28. — Die im UR-Spektrum von H. S. GUTOWSKY, A. D. LIEHR (*J. chem. Phys.* **20** [1952] 1652/3) gefundenen Wellenzahlen der Eigenschwingungen der POF_3-Molekel (s. S. 386) werden in 2 Arbeiten zur Berechnung der Entropie S°, der Wärmekapazität C_p° und der Enthalpiefunktion $(H^\circ - H_0^\circ)/T$ für den idealen Gaszustand verwendet, wobei jedoch etwas voneinander abweichende Zahlenwerte erhalten werden. *Thermodynamic Functions*

T in °K.	50	100	150	200	273.16	298.16	400	500
$(H^\circ - H_0^\circ)/T$. . .	7.948	8.138	8.761	9.613	10.920	11.356	13.013	14.364
S°	48.390	54.124	58.152	61.638	66.134	67.544	72.784	76.233
C_p°	7.969	8.978	11.093	13.193	15.744	16.491	18.986	20.655
T in °K.	600	700	800	900	1000	1200	1400	1600
$(H^\circ - H_0^\circ)/T$ . . .	15.536	16.487	17.304	18.008	18.607	19.557	20.317	20.906
S°	81.074	84.483	87.559	90.363	92.894	97.280	101.140	104.521
C_p°	21.861	22.702	23.321	23.783	24.133	24.609	24.922	25.123

G. NAGARAYAN (*J. sci. ind. Res.* B **21** [1962] 356/9). Für den Bereich von 200 bis 1000°K gelangen J. S. ZIOMEK, E. A. PIOTROWSKI (*J. chem. Phys.* **34** [1961] 1087/93, 1092) zu etwas höheren Werten: $(H^\circ - H_0^\circ)/T$ zwischen 9.622 und 18.61, S° zwischen 62.33 und 93.58, C_p° zwischen 13.20 und 24.13.

Chemisches Verhalten

Chemical Reactions

Verschiedene Angaben. Farbloses Gas mit stechendem Geruch; raucht an der Luft. H_2O absorbiert unter Zers. und Wärmeentwicklung. Äthanol, Chromsäurelsg. und alkal. Lsgg. absorbieren, H. MOISSAN (*C. r. Acad. Sci.* [*Paris*] **102** [1886] 1245/8). POF_3 löst sich bei gewöhnl. Temp. rasch in H_2O, *Various Data*

Äthanol und Aceton, ziemlich rasch in Trichloräthylen und CCl_4, langsam in Benzol und Mineralöl. Greift Glas in trocknem Zustand nicht an, erst nach 4jährigem Aufbewahren in einem Glasgefäß sind Spuren einer Rk. zu beobachten. Schwache Zers. tritt ein beim Überleiten über auf 600°C erhitztes Glas, Cu, Kohle, auf 900°C erhitzte Silicate. Bei 950°C absorbiert Stahlwolle völlig unter Bldg. fester Prodd., Kohlenstoff zersetzt bei 950°C ~50% des Gases in 53 Sek. unter Bldg. von PF_3, CO, wenig P und wenig CF_4 (?), G. TARBUTTON, E. P. EGAN, S. G. FRARY (*J. Am. chem. Soc.* **63** [1941] 1782/9). Beim Hindurchführen von POF_3 zwischen C-Elektroden eines Lichtbogens tritt Zers. unter Bldg. von CF_4, C_2F_6 und ähnlichen Substt. ein, E. I. DU PONT DE NEMOURS & Co., M. W. FARLOW, E. L. MUETTERTIES (*U.S.P.* 2722559 [1954/55], *C.* **1956** 11560). — POF_3 reagiert mit NH_3 unter Bldg. einer ätherlösl. weißen Subst. nach: $6NH_3 + POF_3 \rightarrow 3NH_4F + PO(NH_2)_3$, G. KODAMA, R. W. PARRY (*J. Inorg. Nucl. Chem.* **17** [1961] 125/9, 127). — Bei mehrmaligem Durchleiten von POF_3 durch wasserfreies H_2PO_3F bildet sich HPO_2F_2, W. LANGE, R. LIVINGSTON (*J. Am. chem. Soc.* **72** [1950] 1280/1).

Über die Unters. des Systems BF_3–POF_3 s. S. 616, vgl. auch „*Bor*“ *Erg.-Bd.*, S. 179.

POF_3 greift Ni-Cr-Draht oder Cu nur schwach, dagegen Glas im trocknen Zustand nicht an, beim Kondensieren in Glasgefäßen zeigt sich jedoch eine schwache Verätzung, H. S. BOOTH, C. G. SEEGMILLER (*J. Am. chem. Soc.* **61** [1939] 3120/2). POF_3 wird bei 600°C durch Fe zu PF_3 reduziert, G. TARBUTTON, E. P. EGAN, S. G. FRARY (*J. Am. chem. Soc.* **63** [1941] 1782/9). — Zr- und Hf-Tetrachloride geben beim Behandeln mit fl. POF_3 bei −40°C Additionsverbb. der Zus. $POF_3 \cdot MeCl_4$ (Me = Zr oder Hf), E. M. LARSEN, J. HOWATSEN, A. M. GAMMIL, L. WITTENBERG (*J. Am. chem. Soc.* **74** [1952] 3489/92; NP-3643 *techn. Rep.* III [1951] 1/13 nach *N.S.A.* **6** [1952] Nr. 2342).

Hydrolysis

Hydrolyse. Beim Einleiten von POF_3 in kaltes H_2O tritt zunächst keine vollständige Hydrolyse ein, sondern die Rk. bleibt nach Ersatz eines F-Atoms durch OH, also nach Bldg. von HPO_2F_2, stehen, W. LANGE (*Ber. dtsch. chem. Ges.* **60** [1927] 962/70), daneben entsteht noch HPF_6, W. LANGE (*Ber. dtsch. chem. Ges.* **61** [1928] 799/801). Das Endprod. der Hydrolyse wird so langsam erreicht, daß die beiden Zwischenstufen unter geeigneten Bedingungen abgefangen werden können: $POF_3 + H_2O \rightarrow HPO_2F_2 + H_2O \rightarrow H_2PO_3F + H_2O \rightarrow H_3PO_4$. Bei Ggw. von verd. Alkalihydroxid wird das gebildete HPO_2F_2 durch Salzbldg. der weiteren Einw. des H_2O entzogen, W. LANGE (*Ber. dtsch. chem. Ges.* **62** [1929] 786/92). Über Hydrolyse von POF_3 bei ~400 bis ~600°C s. G. TARBUTTON, E. P. EGAN, S. G. FRARY (*J. Am. chem. Soc.* **63** [1941] 1782/9).

Nonaqueous Solution

Nichtwäßrige Lösung

POF_3 gibt mit fl. HCl eine farblose Lsg.; Solvolyse tritt nicht ein. Die Lsg. mit 0.25 Mol POF_3/l weist bei −95°C eine spezif. elektr. Leitf. von $0.36\,\Omega^{-1}cm^{-1} \cdot 10^{-5}$ auf; Annahme des Ionisierungsverlaufs nach $F_3PO + HCl \rightarrow 2F_3POH^+ + HCl_2^-$, M. E. PEACH, T. C. WADDINGTON (*J. Chem. Soc.* **1962** 2680/4). Zur Löslichkeit in einigen organ. Substt. s. oben beim chem. Verhalten.

P_2O_5–HF–H_2O System

Das System P_2O_5–HF–H_2O

Unterss. durch Best. der magnet. Kernresonanz ergeben in Übereinstimmung mit papierchromatograph. Unterss. von P_2O_5-HF-H_2O-Gemischen nach Einstellung des Gleichgew. (20 Std. bei 50°C) die Ggw. von H_2PO_3F, HPO_2F_2, HPF_6, H_3PO_4, Verbb. mit Phosphatendgruppen ($H_2PO_3O_{1/2}$–), mit Phosphatmittelgruppen (–$O_{1/2}HPO_3O_{1/2}$–), freiem H_2O, freiem HF und einer Struktureinheit, die wahrscheinlich als Endgruppe $HFO_2PO_{1/2}$– aufweist. Über graph. Darst. der Verhältnisse im Dreieckdiagramm s. das Original. Die Konstt. der Gleichgeww.

$$H_3PO_4 + HF = H_2PO_3F + H_2O$$
$$2H_3PO_4 + 3HF = H_2PO_3F + HPO_2F_2 + 3H_2O$$
$$3H_3PO_4 + 9HF = H_2PO_3F + HPO_2F_2 + HPF_6 + 7H_2O$$
$$H_3PO_4 + O_{1/2}PO_2HO_{1/2}- + H_2PO_3F + HPO_2FO_{1/2}- = HPO_2F_2 + 3(H_2PO_3O_{1/2}-)$$

werden berechnet, D. P. AMES, S. OHASHI, C. F. CALLIS, J. R. VAN WAZER (*J. Am. chem. Soc.* **81** [1959] 6350/7).

Über Einw. von HF-H_3PO_4-Gemischen auf verschiedene Metalle s. E. LINGNAU (*Werkstoffe Korros.* 8 [1957] 216/33), über Verh. von Gemischen aus H_3PO_4 mit HF (und H_2CrO_4) gegen Al und Al-Legg. s. W. WIEDERHOLT (*Metall* **7** [1953] 343/7).

Fluorophosphorsäuren

Fluorophosphoric Acids

Überblick s. W. LANGE (in: J. H. SIMONS, *Fluorine chemistry, Bd.* 1, *New York* 1950, S. 140/67), W. E. WHITE (in: KIRK, OTHMER, *Bd.* 6, *New York* 1951, S. 711/21), H. GRUNZE (*Z. Chem.* **2** [1963] 297/305, 298). Zur vermuteten Bldg. von PF_3OH^- s. S. 393.

Versuche zur praktischen Anwendung, z. B. zur Entfernung von Sandresten in Gießformen, PURE OIL Co., W. A. MARSHALL (*U.S.P.* 2666001 [1950/54], *C.A.* **1954** 4414), in Verbindung mit As-Verbb. und Thioharnstoffderivaten als Inhibitor bei der Korrosion von Stahl durch HF, PURE OIL Co., G. A. MARSH (*U.S.P.* 2728727 [1952/55], *C.A.* **1956** 4764), zur Erhöhung der Durchlässigkeit von Sandformationen für Erdöl, PURE OIL Co., A. T. SAYRE, O. C. HOLBROOK (*U.S.P.* 2796936 [1954/57], *C.A.* **1957** 14249), zur Erdölraffination, STANDARD OIL Co., J. I. SLAUGHTER, D. A. MC CAULAY (*U.S.P.* 2762751 [1953/56], *C.A.* **1957** 2266), zur Asphaltnachbehandlung, SHELL DEVELOPMENT Co., J. C. ILLMAN, H. I. SOMMER (*U.S.P.* 2640803 [1951/53], *C.* **1954** 8724), für zahnmedizin. Zwecke, anonyme Veröffentlichung (*Rev. Prod. chim.* **54** [1951] 57/58), G. W. BURNETT (*J. dental Res.* **34** [1955] 489/502 nach *C.A.* **1955** 14200), als Polymerisierungskatalysator, A. V. TOPČIEV, V. N. ANDRONOV (*Doklady Akad. Nauk SSSR* **111** [1956] 365/8, **112** [1957] 279/82, 876/9, **113** [1957] 1076/9, *C.A.* **1957** 9532, 11981, 13789, 14531); als Ausgangsprod. für ihre physiologisch interessanten, teilweise extrem giftigen Ester, s. beispielsweise W. E. WHITE (*l. c.* S. 718), H. JONAS (in: ULLMANN, 3. *Aufl., Bd.* 7, *München-Berlin* 1956, S. 600), G. SCHRADER (*Die Entwicklung neuer Insektizide auf Grundlage organischer Fluor- und Phosphor-Verbindungen, Weinheim/Bergstr.* 1951, S. 1/62). Zur Einführung von F in organ. Verbb. mittels Fluorophosphorsäuren s. S. 364.

Beschreibung einer 1947 bei der Ozark-Mahoning Co., Tulsa (Oklahoma), errichteten Versuchsanlage zur techn. Darst. von wasserfreiem H_2PO_3F und HPO_2F_2 sowie konz. HPF_6-Lsgg. und deren Salzen aus P_2O_5 und wasserfreiem HF. Als Werkstoffe für die bis zu ~1500 l fassenden Gefäße werden Cu, Ag, Al, Polyäthylen, rostfreier Stahl verwendet, L. C. MOSIER, W. E. WHITE (*Ind. engg. Chem.* **43** [1951] 246/8).

$HPOF_2$ (?). Die gut bekannten Verbb. der Zus. $ROPF_2$ und R_2NPF_2 (R = organ. Radikal) lassen sich von einer bisher unbekannten Säure obiger Zus. ableiten, H. J. EMELÉUS (bisher unveröff. Mitteilung, S. 138).

Monofluorophosphorous Acid

Monofluorophosphorige Säure H_2PO_2F. Bldg. der durch jodometr. Titration nachgewiesenen Verb. durch Rk. nach $H_2P_2O_3(OH)_2 + F^- \rightarrow HPO_2(OH)^- + H_2PO_2F$, welche hierauf Hydrolyse nach $H_2PO_2F + H_2O \rightarrow H_3PO_3 + HF$ erleidet, B. BLASER, K.-H. WORMS (*Z. Anorg. Allg. Chem.* **312** [1961] 146/68, 150), B. BLASER (*Ang. Chem.* **71** [1959] 468). Durch potentiometr. Titration nachgewiesene Bldg. von H_2PO_2F durch Hydrolyse von PF_3 in einem mit Hydrogencarbonat gepufferten System bei $p_H = 7$ nach $PF_3 + 2H_2O \rightarrow H_2PO_2F + 2HF$ sowie Auftreten dieser Verb. im System H_3PO_3–HF nach $H_3PO_3 + HF \rightleftarrows H_2PO_2F + H_2O$. Die Verb. reagiert mit H_3PO_4 bei $p_H = 7$ nach $H_2PO_2F + H_3PO_4 \rightarrow HP_2O_3(OH)_3 + HF$, B. BLASER (*II. International Symposium on Fluorine Chemistry, Ester Park, Colorado, 17. bis 20. July 1962, Abstr. 444* nach H. J. EMELÉUS, bisher unveröff. Mitteilung, S. 137).

Aus dem Bestehen einer Reihe von Verbb. der Zus. $(RO)_2PF$ (R = organ. Radikal) wird auf das Vorhandensein einer tautomeren Form geschlossen: $HPO(OH)F \rightleftarrows (OH)_2PF$, H. J. EMELÉUS (bisher unveröff. Mitteilung, S. 138).

Monofluorophosphoric Acid

Monofluorophosphorsäure H_2PO_3F.

Nach röntgenograph. Unterss. an β-K_2PO_3F hat das ***PO_3F^{2-}-Ion*** folgende Struktur: r(P–F) = 1.55 ± 0.08 Å, $r(P–O_I) = 1.44 \pm 0.16$ Å, $r(P–O_{II}) = 1.53 \pm 0.10$ Å, $\alpha(F–P–O_I) = 115 \pm 8°$, $\alpha'(F–P–O_{II}) = 96 \pm 5°$, $\beta(O_I–P–O_{II}) = 119 \pm 8°$, $\gamma(O_{II}–P–O'_{II}) = 109 \pm 7°$, M. T. ROBINSON (*J. phys. Chem.* **62** [1958] 925/8). Das Ion hat große Ähnlichkeit mit SO_4^{2-}, so daß, wie schon P. C. RÂY (*Nature* **126** [1930] 310/1) bemerkt, Fluorophosphate und Sulfate oft isomorph sind. Vgl. S. 407.

Die Kraftkonstt. lassen sich zu 3.8 bzw. 7.3 mdyn/Å für die P–F- bzw. die P–O-Valenzschwingung abschätzen; Wellenzahlen der Molekelschwingungen (in cm^{-1}), gem. im UR- und Ramanspektrum von krist. K_2PO_3F: 530 (E), 705 (A_1), 1170 (E); in einem fl. Gemisch von $NaPO_3$ und KF ergeben sich bei 700°C die Linien 317 (E), 541 (A_1), 598, 998 und 1120, K. BÜHLER, W. BUES (*Z. anorg. Chem.* **308** [1961] 62/71, 66).

Über die Kopplung der Kernspins im PO_3F^{2-}-Ion s. A. L. BLOOM, J. N. SHOOLERY (*Phys. Rev.* [2] **97** [1955] 1261/5).

Formation. Preparation

Bildung und Darstellung

From P_2O_5 and HF

Aus P_2O_5 und HF. Bldg. neben HPO_2F_2 und wenig $H[PF_6]$ durch Einw. von wss. HF auf P_2O_5, W. Lange, E. Müller (*Ber. dtsch. chem. Ges.* **63** [1930] 1058/70, 1058), W. Lange (*Ber. dtsch. chem. Ges.* **61** [1928] 799/801). Durch Rk. von 1 Mol P_2O_5 mit 3 Mol anhydr. HF entsteht ein Gemisch von H_2PO_3F und HPO_2F_2, das durch Dest. getrennt werden kann; bei Anwendung von 1 Mol P_2O_5 auf 2 Mol HF (69%ig) entsteht nur H_2PO_3F, Ozark Chemical Co., W. Lange (*U.S.P.* 2408785 [1944/46], *C.A.* **1947** 572), vgl. A. V. Topchiev, V. N. Andronov (*Dokl. Akad. Nauk USSR* **111** [1956] 365/8, *C.* **1958** 2689).

From Phosphoric Acids and HF

Aus Phosphorsäuren und HF. Die Bldg. von H_2PO_3F aus H_3PO_4 (100%ig) und wss. HF (41%ig) verläuft nach $H_3PO_4 + HF \rightleftarrows H_2PO_3F + H_2O$ bis zur Einstellung eines Gleichgewichts. Bei Verwendung von steigenden H_2O-Mengen wird die Bldg. von H_2PO_3F zunächst stärker verringert als dem Massenwrkg.-Gesetz entspricht. Erst bei einer Anfangskonz. von ~60% H_3PO_4 bleibt die H_2PO_3F-Bldg. konstant. Es werden dann etwa 33 bis 35% des H_3PO_4 in H_2PO_3F umgewandelt, W. Lange, G. Stein (*Ber. dtsch. chem. Ges.* **64** [1931] 2772/83), W. Lange (*Ber. dtsch. chem. Ges.* **62** [1929] 1084/8). Aus der Art der Verringerung der Wrkg. des H_2O auf das Gleichgew. bei Zusatz starker Säuren ($HClO_4$, HNO_3, H_2SO_4, $C_6H_5SO_3H$) wird geschlossen, daß die Erscheinung auf der Bindung des im Rk.-Gemisch vorhandenen H_2O durch Hydratbldg. beruht, W. Lange (*Z. anorg. allg. Chem.* **214** [1933] 44/54). — Bei der Darst. von H_2PO_3F durch Rk. von anhydr. HF mit 100%igem H_3PO_4 im molaren Verhältnis 1 : 1 werden 67% des H_3PO_4 in fluorierte Derivate umgewandelt: $H_3PO_4 + HF \rightleftarrows H_2PO_3F + H_2O$; $H_2PO_3F + HF \rightleftarrows HPO_2F_2 + H_2O$. Im Endprod. bleiben 33% H_3PO_4, es werden 60% H_2PO_3F und 7% HPO_2F_2 gebildet. Verss., durch großen HF-Überschuß oder Entfernung des entstehenden H_2O zu reinem H_2PO_3F zu gelangen, bleiben wegen zu rascher Erreichung des Gleichgew. erfolglos, W. Lange, R. Livingston (*J. Am. chem. Soc.* **69** [1947] 1073/6).

Zur Darstellung von reinem wasserfreiem H_2PO_3F wird HPO_3 im geringen Überschuß (5.4%) mit wasserfreiem HF bei gewöhnl. Temp. in einem Pt-Gefäß 7 Tage geschüttelt und die klare ölige Fl. vom zurückbleibenden HPO_3 getrennt. Zu Beginn entsteht ein höher fluoriertes Zwischenprod., welches jedoch bald verschwindet; der HPO_3-Überschuß verhindert eine unerwünschte HPO_2F_2-Bldg., W. Lange, R. Livingston (*J. Am. chem. Soc.* **69** [1947] 1073/6), vgl. Ozark Chemical Co., W. Lange, R. Livingston (*U.S.P.* 2408784 [1943/46], *C.* **1947** 633). Zur Bldg. der Säure bei der Rk. von HF mit kondensierten Phosphorsäuren s. W. Lange (in: J. H. Simons, *Fluorine Chemistry, Bd.* 1, *New York* 1950, S. 126/88, 144), H. J. Emeléus (bisher unveröff. Mitteilung, S. 144).

From P Halogenide

Aus P-Halogenid. Die Darst. wird unter H_2O-Ausschluß nach $2H_3PO_4 + POF_3 = 3H_2PO_3F$ innerhalb von 4 bis 9 Std. unter Verwendung von rostfreiem Stahl, Ag und Pyrexglas als Werkstoffen bei ~80°C durch Hindurchleiten von gasf. POF_3 durch H_3PO_4, durch Vermischen von HPO_2F_2 mit H_3PO_4 oder durch Versprühen von H_3PO_4 in gasf. POF_3 ausgeführt. Aus einem bei anderen Mengenverhältnissen der Komponenten entstehenden Gemisch aus H_2PO_3F und HPO_2F_2 wird letzteres durch Vak.-Dest. entfernt, Ozark-Mahoning Co., W. Lange, R. Livingston (*U.S.P.* 2423895 [1944/47], *C.A.* **1948** 1711). Über Bldg. bei der Hydrolyse von $PFCl_4$ s. S. 484.

From Phosphates and Esters

Aus Phosphaten und Estern. Auch beim Lösen von Phosphaten in wss. HF wird PO_3F^{2-} gebildet. Es tritt jedoch die bei freiem H_3PO_4 beobachtete Unregelmäßigkeit, vgl. oben, nicht auf; die PO_3F^{2-}-Konz. wächst langsam und bleibt dann konstant. Beim Lösen von $Na_4P_2O_7$ in wss. HF entsteht ebenfalls PO_3F^{2-}; es läßt sich jedoch nicht sicher angeben, ob $P_2O_7^{4-}$ mit HF reagiert oder ob zunächst eine Hydrolyse zu PO_4^{3-} stattfindet, W. Lange, G. Stein (*Ber. dtsch. chem. Ges.* **64** [1931] 2772/83). — Eine 10%ige Lsg. von H_2PO_3F kann erhalten werden durch Einleiten von gasf. H_2S in eine wss. Suspension von Ag_2PO_3F unter guter Kühlung. Zur Entfernung von überschüssigem H_2S wird N_2 durchgeleitet, W. Lange (*Ber. dtsch. chem. Ges.* **62** [1929] 793/801). Verd. Lsgg. von H_2PO_3F entstehen durch Behandeln der Lsgg. von Na_2PO_3F oder Ag_2PO_3F mit der sauren Form eines Nalcite-HCR-Kationen-Austauschharzes, L. N. Devonshire, H. H. Rowley (*Inorg. Chem.* **1** [1962] 680/3). — Darst. von $P(O)(OH)_2F$ durch katalyt. Hydrierung des Diphenylesters $P(O)(OC_6H_5)_2F$ in wasserfreiem gereinigtem Tetrahydrofuran in Ggw. von feinverteiltem Pt bei gewöhnl. Temp., K.-B. Börner, C. Stölzer, A. Simon (*Chem. Ber.* **96** [1963] 1328/34, 1334).

Properties

Eigenschaften

General

Allgemeines. H_2PO_3F zeigt ähnliche Eigg. wie H_2SO_4, was durch Ähnlichkeit der Radien beider Zentralatome, durch die gleiche Koordinationszahl und gleiche elektr. Ladung der Anionen, sowie

Gleichheit der Vol. von O^{2-} und F^- begründet wird. Die dargestellten Salze weisen in bezug auf Löslichkeit und andere Eigg. weitgehende Ähnlichkeit mit den Sulfaten (K, Na, NH_4, Ca, Sr, Ba, Hg^I, Pb, La, Ag, Benzidin) auf. H_2PO_3F gibt Alaune, die mit denen von H_2SO_4 isomorph sind, W. LANGE (*Ber. dtsch. chem. Ges.* **62** [1929] 793/801; *Nature* **126** [1930] 916), vgl. P. C. RÂY (*Nature* **126** [1930] 310/1), W. LANGE, E. MÜLLER (*Ber. dtsch. chem. Ges.* **63** [1930] 1058/70, 1058). Saure K-, Rb- und Cs-Salze von H_2PO_3F werden bereits von R. F. WEINLAND, J. ALFA (*Ber.* **31** [1898] 123/6; *Z. Anorg. Allg. Chem.* **21** [1899] 43/69, 43) als „Monoalkalimonofluorphosphate" beschrieben.

H_2PO_3F ist beim Erhitzen unter vermindertem Druck ziemlich beständig; es tritt nur leichte Zers. in HPO_3 und HF ein. $D_4^{25} = 1.818$. Beim Abkühlen wird H_2PO_3F viscos, bei —30°C fest und bildet bei —70°C ein starres Glas, W. LANGE, R. LIVINGSTON (*J. Am. chem. Soc.* **69** [1947] 1073/6). $D_4^{20} = 1.902$, A. V. TOPCHIEV, V. N. ANDRONOV (*Dokl. Akad. Nauk SSSR* **111** [1956] 365/8, *C.* **1958** 2689).

Verschiedene Reaktionen. Zur Best. der Hydrolyse wird Ag_2PO_3F-Lsg. mit der berechneten Menge HCl versetzt und die so erhaltene 0.4%ige H_2PO_3F-Lsg. in einer Pt-Flasche bei 18°C aufbewahrt. Die Lsg. wird von Zeit zu Zeit mit KOH titriert. *Various Reactions*

Zeit	0	10 Min.	19 Std.	43 Std.	67 Std.	115 Std.
Gew.-% H_2PO_3F	100	98.5	77.5	67.0	63.5	58.5

In einem Monat ist die Lsg. vollkommen hydrolysiert. Beim Erhitzen auf dem Wasserbad sind nach 30 Min. noch 27% des H_2PO_3F vorhanden, nach 2 Std. ist es völlig umgesetzt, W. LANGE (*Ber. dtsch. chem. Ges.* **62** [1929] 793/801). Beim Mischen der wasserfreien Säure mit H_2O tritt langsame Hydrolyse bis zur Erreichung des Gleichgew. $H_2PO_3F + H_2O \rightleftharpoons H_3PO_4 + HF$ ein. Mit wasserfreiem HF bildet sich HPO_2F_2, W. LANGE, R. LIVINGSTON (*J. Am. chem. Soc.* **69** [1947] 1073/6). Titrimetr. Unters. der Hydrolyse $H_2PO_3F + H_2O = H_3PO_4 + HF$ ergibt Abhängigkeit vom p_H-Wert. Die erste Dissoz.-Konst. wird mit 0.8×10^{-5} angenommen, die ARRHENIUSsche Aktivierungsenergie beträgt 16.3 ± 1 kcal/Mol. Als Mechanismus wird die Annahme eines Zwischenprod. vorgeschlagen: $H_2PO_3F + H^+ \rightleftharpoons H_3PO_3F^+$; $H_3PO_3F^+ + H_2O \rightarrow H_3PO_4 + HF + H^+$. Die alkal. Hydrolyse verläuft sehr langsam, wahrscheinlich infolge Auftretens elektrostat. Kräfte, L. N. DEVONSHIRE, H. H. ROWLEY (*Inorg. Chem.* **1** [1962] 680/3). Über Hydrolyse von PO_3F^{2-} in alkal. Lsgg. bei Tempp. zwischen 120 und 140°C s. I. G. RYSS, V. B. TUL'CHINSKII (*Doklad. Akad. Nauk SSSR* **142** [1962] 141/4, *C.A.* **57** [1962] 4079; engl. Übers.: *Proc. Acad. Sci. USSR Phys. Chem. Sect.* **142** [1962] 34/6). — Die hydrolyt. Stabilität von PO_3F^{2-} ist nahezu die gleiche wie von AsO_3F^{2-}, N. K. DUTT, A. GUPTA (*J. Indian Chem. Soc.* **38** [1961] 249/52). — Die zweite Dissoz.-Konst. von H_2PO_3F wird potentiometrisch bei 25°C zu $0.76 \cdot 10^{-5}$ bestimmt, I. G. RYSS, V. B. TUL'CHINSKII (*Zh. Neorg. Khim.* **6** [1961] 1856/60, *C.A.* **56** [1962] 995; engl. Übers.: *Russ. J. Inorg. Chem.* **6** [1961] 947/50).

Anhydr. H_2PO_3F geht bei längerem Einleiten von POF_3 teilweise in HPO_2F_2 über, W. LANGE, R. LIVINGSTON (*J. Am. chem. Soc.* **72** [1950] 1280/1). Analyt. Best. von PO_3F^{2-} durch Hydrolyse zu Fluorid und Phosphat und durch seine Bleichwrkg. auf die gelbe H_2SO_4-saure Lsg. des Ti-Peroxidkomplexes, H. J. HILL, C. A. REYNOLDS (*Anal. Chem.* **22** [1950] 448/51).

Durch Rk. mit verd. Lsgg. von Alkali- oder Erdalkalihydroxiden können Salze in quantitativer Ausbeute erhalten werden, W. LANGE, R. LIVINGSTON (*l. c.*). H_2PO_3F greift Glas nicht an, OZARK CHEMICAL Co., W. LANGE, R. LIVINGSTON (*U.S.P.* 2408784 [1943/46], *C.A.* **1947** 572). Ester von H_2PO_3F sind als oberflächenaktive Mittel in Verwendung, OZARK CHEMICAL Co., W. LANGE (*U.S.P.* 2408785 [1944/46], *C.A.* **1947** 572).

Difluorophosphorsäure HPO_2F_2.

Difluorophosphoric Acid

Die Kraftkonstt. für die P–F- und die P–O-Schwingung werden zu 4.9 bzw. 9.4 mdyn/Å abgeschätzt. Im UR-Spektrum von krist. KPO_2F_2 lassen sich folgende Linien (in cm^{-1}) dem ***$PO_2F_2^-$-Ion*** (Symmetrie C_{2v}) zuordnen: 286 (A_1 und/oder A_2), 481 und 512 (B_1, B_2), 535 (A_1), 834 (A_1), 857 (B_2), 1145 (A_1), 1311 (B_1), 1330 (Kombinationsschwingung); für ein fl. Gemisch von KPO_3 und KPF_6 ergeben sich bei 300°C die Ramanlinien 277, 365, 517, 824, 1145 und 1290, K. BÜHLER, W. BUES *Z. anorg. Chem.* **308** [1961] 62/71, 66, 69). Die chem. Verschiebung der Kernresonanz von ^{31}P, bezogen auf eine wss. H_3PO_4-Lsg., ist $\delta = 20.1$ ppm, H. S. GUTOWSKY, D. W. MCCALL (*J. chem. Phys.* **22** [1954] 162/4).

Formation. Preparation. From P_2O_5 and HF

Bildung und Darstellung. Aus P_2O_5 und HF. Bldg. neben H_2PO_3 F und wenig $H[PF_6]$ bei der Einw. von wss. HF auf P_2O_5, W. LANGE, E. MÜLLER (*Ber. dtsch. chem. Ges.* **63** [1930] 1058/70). Bei Rk.

von 1 Mol P_2O_5 mit 3 Mol HF entsteht ein Gemisch von HPO_2F_2 und H_2PO_3F, das durch Dest. getrennt werden kann, OZARK CHEMICAL Co., W. LANGE (*U.S.P.* 2408785 [1944/46], *C.A.* **1947** 572). Darst. von reinem HPO_2F_2 durch Zusatz von P_2O_5 zu einer Lsg. von HF in HSO_3F unter Eiskühlung und Fraktionierung des hierbei erhaltenen Gemisches aus H_2PO_3F, HPO_2F_2 und Fluoroschwefelsäuren im Vak., A. S. LENSKII, A. D. SHAPOSHNIKOVA, A. S. ALLILUEVA (*Zh. Prikl. Khim.* **35** [1962] 760/8, *C.A.* **57** [1962] 7937; engl. Übers.: *J. Appl. Chem. USSR* **35** [1962] 737/43).

From Other Compounds

Aus anderen Verbindungen. Über Bldg. neben H_2PO_3F durch Rk. von wasserfreiem HF mit 100%igem H_3PO_4 s. W. LANGE, R. LIVINGSTON (*J. Am. chem. Soc.* **69** [1947] 1073/6), vgl. auch S. 406. — Bldg. neben PF_6^- beim Einleiten von PF_5 in kaltes H_2O, W. LANGE (*Ber. dtsch. chem. Ges.* **61** [1928] 799/801), bei der Hydrolyse von POF_3 in kaltem H_2O, W. LANGE (*Ber. dtsch. chem. Ges.* **60** [1927] 962/70), oder mit H_2O-Dampf bei Tempp. zwischen 400° und 600°, G. TARBUTTON, E. P. EGAN, S. G. FRARY (*J. Am. chem. Soc.* **63** [1941] 1782/9). Bldg. von $PO_2F_2^-$ durch Zugabe einer Aufschlämmung von Ag_2SO_4 zur wss. Lsg. von $HPSOF_2$ in Ggw. von OH-Ionen unter Abspaltung des S als Ag_2S, W. LANGE, K. ASKITOPOULOS (*Ber. dtsch. chem. Ges.* **71** [1938] 801/7).

Die freie Säure kann in wss. verd. Lsg. dargestellt werden durch Behandeln der Lsg. des Nitron-Salzes mit der ber. Menge HNO_3 oder der Lsg. des Ag-Salzes mit der ber. Menge HCl. Bei der Dest. von Salzen mit H_2SO_4 erleidet das HPO_2F_2 völligen Zerfall, W. LANGE (*Ber. dtsch. chem. Ges.* **62** [1929] 786/92).

Darst. durch Rk. von 1 Mol H_3PO_4 mit 2 Mol POF_3 nach $H_3PO_4 + 2POF_3 = 3HPO_2F_2$, OZARK-MAHONING Co., W. LANGE, R. LIVINGSTON (*U.S.P.* 2423895 [1944/47], *C.A.* **1948** 1711). Vgl. hierzu Darst. von H_2PO_3F auf S. 406.

Nach etwa 20maligem Durchleiten von gasf. POF_3 durch wasserfreies H_2PO_3F wird das erhaltene Rk.-Prod. bei 42 bis 43°C und 75 Torr dest. und wasserfreies HPO_2F_2 erhalten, W. LANGE, R. LIVINGSTON (*J. Am. chem. Soc.* **72** [1950] 1280/1).

Physical Properties

Physikalische Eigenschaften. (Folgende Tabelle im Auszug):

Temp. in °C	−40	−20	0	+20	40	60
Dichte	1.7395	1.6892	1.6397	1.5911	1.5435	1.4967
Viscosität in Poise	0.250	0.148	0.0916	0.0588	0.0389	0.0264

Schmp.: −91.3 ± 1.0°C; Sdp.: 107.6 ± 1°C; molare Verdampfungswärme: 9125 bzw. 9360 cal, TROUTON-Konst.: 23.7 bzw. 24.6 (stat. bzw. dynam. Bestimmungsmeth.). Aus dem hohen Wert der TROUTON-Konst. wird auf das Bestehen von Assoziation geschlossen (wenigstens unterhalb −20°C). Für den Dampfdruck gilt zwischen 22 und 108°C $\log p = -421.195/T - 0.478214 \log T + 0.0137121\, T$. Auch für die Abhängigkeit der Dichte und der Viscosität von der Temp. werden Beziehungen aufgestellt, A. S. LENSKII, A. D. SHAPOSHNIKOVA, A. S. ALLILUEVA (*Zh. Prikl. Khim.* **35** [1962] 760/8, *C.A.* **57** [1962] 7937; engl. Übers.: *J. Appl. Chem. USSR* **35** [1962] 737/43).

Nach früheren Messungen wird angegeben: $D_4^{25} = 1.583$, Schmp. = 96.5 ± 1°C, Sdp. = 115.9°C, Verdampfungswärme = 7925 cal/Mol, TROUTON-Konst. = 20.4. Für den Dampfdruck zwischen 51.6 und 93°C gilt $\log p = 7.333 - 1732/T$, W. LANGE, R. LIVINGSTON (*J. Am. Chem. Soc.* **72** [1950] 1280/1). Ältere Angaben s. bei G. TARBUTTON, E. P. EGAN, S. G. FRARY (*J. Am. Chem. Soc.* **63** [1941] 1782/9, 1788).

Chemical Reactions

Chemisches Verhalten. Das Verh. wird am besten durch die Angabe charakterisiert, daß das Anion der Säure den Perchlorat-Typus in abgeschwächter Form zeigt. Gibt mit organ. Stickstoffbasen (Strychnin, Brucin, Tetramethylammonium) und Nitron, sowie K, Cs und NH_4 gut krist. Salze, W. LANGE (*Ber. dtsch. chem. Ges.* **62** [1929] 786/92). Das Nitron-Salz kann durch Umkrist. aus H_2O gereinigt werden, W. LANGE (*Ber. dtsch. chem. Ges.* **60** [1927] 962/70). Die Salze werden in chem. und kristallograph. Hinsicht mit den ähnlich gebauten Fluorosulfaten, Fluoroboraten, Perchloraten, Permanganaten verglichen, W. LANGE (*Ber. dtsch. chem. Ges.* **60** [1927] 962/70, **62** [1929] 786/92), W. LANGE, E. MÜLLER (*Ber. dtsch. chem. Ges.* **63** [1930] 1058/70). — HPO_2F_2 entwickelt wie HSO_3F und $HClO_4$ an feuchter Luft dichte, störende Dämpfe. Die trockne Säure greift Glas nicht an. Bei Dest. oberhalb 100°C (~500 Torr) tritt eine Zers. ein, deren Endprodd. jedoch nicht näher untersucht werden. Beim Mischen mit H_2O erfolgt eine bis zur Erreichung des Gleichgew. langsam verlaufende Hydrolyse. Durch einfache Neutralisation mit Basen sind reine Salze nur schwierig zu erhalten, W. LANGE, R. LIVINGSTON (*J. Am. chem. Soc.* **72** [1950] 1280/1). Zur Hydrolyse vgl. auch W. LANGE (*Ber. dtsch. chem. Ges.* **61** [1928] 799/801, **62** [1929] 786/92). — Salze von HPO_2F_2 können durch Rk. von $H[PF_6]$-Salzen mit oxyd. Verbb. wie z. B. Metaphosphaten erhalten werden, FARBENFABRIKEN BAYER

H. Jonas (*D.P.* 813848 [1949] 51, *C.* **1952** 746). Durch Behandeln der Säure mit aliphat. Alkoholen (ROH) werden Verbb. der Zus. POF(OH)(RO) erhalten, Ozark-Mahoning Co., A. Hood (*U.S.P.* 2712548 [1953/55], *C.* **1956** 14183).

Hexafluorophosphorsäure HPF_6.

Hexafluorophosphoric Acid

Über das PF_6-Ion s. S. 382. Voraussage des Bestehens von PF_6-Verbb. auf Grund einer Diskussion über Bldg.-Energien verschiedener F-Komplexverbb. s. A. Magnus (*Z. Anorg. Allg. Chem.* **124** [1922] 289/321, 299), vgl. H. J. Emeléus (bisher unveröff. Mitteilung, S. 222).

Bildung und Darstellung. *Formation. Preparation* Vgl. auch die Darst. des Hydrats S. 410. — Bldg. in geringen Mengen neben H_2PO_3F und HPO_2F_2 durch Einw. von wss. HF auf P_2O_5, ferner neben HPO_2F_2 beim Einleiten von PF_5 in kaltes H_2O, W. Lange (*Ber. dtsch. chem. Ges.* **61** [1928] 799/801), W. Lange, E. Müller (*Ber. dtsch. chem. Ges.* **63** [1930] 1058/70, 1058). Zur Darst. wird P_2O_5 unter Kühlung bei Tempp. nicht über 0°C in 40%iges HF eingetragen, verd. und bei 18°C über Nacht stehen gelassen. Hierauf wird unter Kühlung mit NH_3 neutralisiert und das HPF_6 nach Ansäuern mit CH_3COOH mit Nitron in Form des entsprechenden Salzes des HPF_6 ausgefällt. Die freie Säure wird durch Neutralisieren der 24 Std. alten Lsg. von P_2O_5 in wss. HF mit $Ba(OH)_2$, Filtration vom Nd. und Versetzen der erhaltenen $Ba(PF_6)_2$-Lsg. mit der ber. Menge H_2SO_4 erhalten, W. Lange (*Ber. dtsch. chem. Ges.* **61** [1928] 799/801).

Darst. von HPF_6 durch Eintragen von Diphenylentetrazoniumhexafluorophosphat $(C_6H_4N_2)_2[PF_6]_2$ in kochendes H_2O und Kühlen nach Beendigung der Gasentw. mit Eis: $(C_6H_4N_2)_2[PF_6]_2 + 2H_2O = (C_6H_4OH)_2 + 2HPF_6 + 2N_2$. Nach Filtration wird eine schwach gelb gefärbte Lsg. mit der theoret. Menge an HPF_6 erhalten. Die Färbung rührt von einem in der Lsg. gebildeten Oxyazofarbstoff her, F. Seel, T. Gössl (*Z. anorg. allg. Chem.* **263** [1950] 253/60). Der quantitativen Bldg. von KPF_6 aus K-Metaphosphat und BrF_3 wird ein Mechanismus zugeschrieben, bei welchem das in Lsg. als $[BrF_2^+][PF_6^-]$ reagierende intermediär gebildete PF_5 mit dem nach $2BrF_3 \rightleftarrows BrF_2^+ + BrF_4^-$ dissoziiertem BrF_3 reagiert: $K^+BrF_4^- + [BrF_2^+][PF_6^-] = KPF_6 + 2BrF_3$, H. H. Emeléus, A. A. Woolf (*J. chem. Soc.* **1950** 164/8), vgl. hierzu S. 510.

Darst. von HPF_6 durch Einw. von ClF_3 auf eine Suspension von rotem P in wasserfreiem HF, A. F. Clifford, H. C. Beachell, W. M. Jack (*J. inorg. nuclear Chem.* **5** [1957] 57/70, 61). PF_5 wird mit trocknem HF und einem anorgan. Fluorid umgesetzt, wobei das PF_5 dem Rk.-Gemisch aus PF_3 und F_2 entstammt. Die Rk. wird durch erhöhten Druck begünstigt, Farbenfabriken Bayer, H. Jonas (*D.P.* 812247 [1949/51] nach *C.* **1952** 746). Zur Darst. von reinem HPF_6 wird in eine Lsg. von HF in fl. SO_2 (Gew.-Verhältnis 1 : 1) bei −15 bis −30°C (vorzugsweise −20°) gasf. PF_5 eingeleitet. Es kann auch gleichzeitig gasf. PF_3 und gasf. HF in fl. SO_2 oder gasf. HF in eine Lsg. von PF_5 in fl. SO_2 eingeleitet werden. Nach erfolgter Rk. wird das SO_2 bei 0°C und niedrigem Druck abdest. und als Rückstand eine ölige farblose Fl. erhalten, welche zu 98% aus HPF_6 besteht, N. V. de Bataafsche Petroleum Maatschappij, A. J. Mulder, W. C. B. Smithuysen (*B.P.* 709610 [1952/54], *C.A.* **1956** 17354; *D.P.* 957388 [1952/56] nach *C.A.* **1959** 14435; *U.S.P.* 2718456 [1952/55], *C.* **1957** 8038).

Darst. einer wss. HPF_6-Lsg. durch Führen der Lsg. des Na-Salzes über ein Kationenaustauschharz, R. H. Nuttall, D. W. A. Sharp, T. C. Waddington (*J. chem. Soc.* **1960** 4965/70, 4969).

Eigenschaften. *Properties* Auf Grund seiner chem. Indifferenz wird auf einen hochsymmetr. Bau geschlossen, W. Lange (*Z. anorg. allg. Chem.* **208** [1932] 387/91).

HPF_6 zeigt in der Löslichkeit seiner Salze weitgehende Übereinstimmung mit den Perchloraten. Es werden unter anderen dargestellt und verglichen die Salze von K^+, Rb^+, Cs^+, $[Ni(NH_3)_6]^{2+}$, $(CH_3)_4N^+$, $(C_2H_5)_4N^+$, Diazobenzol, Diazo-o-toluol, Pyridin, Strychnin, Brucin, Cocain, Nitron. Gibt mit Methylenblau und Malachitgrün außerordentlich schwer lösl. Verbb., W. Lange, E. Müller (*Ber. dtsch. chem. Ges.* **63** [1930] 1058/70, 1059).

Beim Kochen erfolgt Hydrolyse, W. Lange, E. Müller (*Ber. dtsch. chem. Ges.* **63** [1930] 1058/70, 1060), vgl. W. Lange (*Ber. dtsch. chem. Ges.* **61** [1928] 799/801), die nach längerer Zeit zu H_2PO_3F und $H_2PO_2F_2$ führt, F. Seel, T. Gössl (*Z. anorg. allg. Chem.* **263** [1950] 253/60), H. Taube (*Chem. Rev.* **50** [1952] 69/126, 119), und in saurer Lsg. als Endprod. H_3PO_4 ergibt. Wird durch alkal. Medien überhaupt nicht angegriffen, W. Lange, K. Askitopoulos (*Z. anorg. allg. Chem.* **223** [1935] 369/81).

HPF_6 reagiert in wasserfreiem HF nicht mit Hg_2F_2, HgF_2, CoF_3 und MnF_3, bildet mit AgF eine farblose Lsg., die beim Eindampfen einen weißen Rückstand von $AgPF_6$ liefert. Reagiert nicht mit

Metallen wie Ca, Mg, Mn, Zn, Cr, Sn, dagegen wird Ag unter Aufbrausen gelöst, A. F. CLIFFORD, H. C. BEACHELL, W. M. JACK (*l. c.*). BaF_2 und NaF werden ebenfalls zu den entsprechenden Hexafluorophosphaten gelöst, A. F. CLIFFORD, A. G. MORRIS (*J. inorg. nuclear Chem.* **5** [1957] 71/75). — Beim Behandeln von Benzoldiazoniumchlorid mit 65%igem HPF_6 bildet sich $C_6H_5N_2PF_6$, D. A. McCAULAY, W. S. HIGLEY, A. P. LIEN (*J. Am. chem. Soc.* **78** [1956] 3009/11).

Gehaltsbest. von HPF_6-Lsgg. durch potentiometr. Titration mit 0.1 n-KOH unter Verwendung von Chinchydron als indizierendes Redoxsystem, F. SEEL, T. GÖSSL (*Z. anorg. allg. Chem.* **263** [1950] 253/60). Zur Analyse ist zwecks Zers. von PF_6^- eine Alkalischmelze erforderlich, W. LANGE (*Ber. dtsch. chem. Ges.* **61** [1928] 799/801).

Fig. 129.

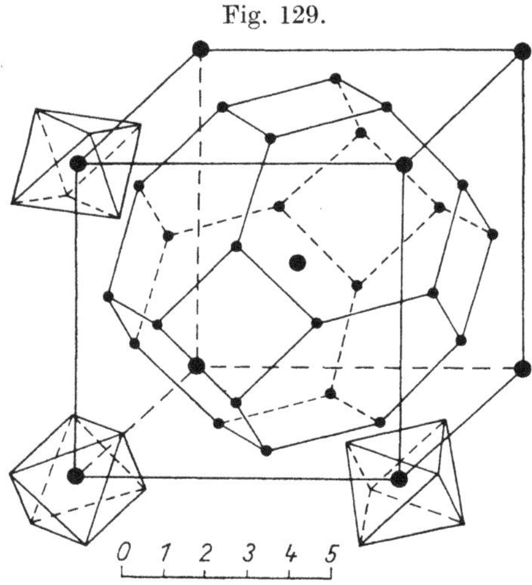

Zelle von $HPF_6 \cdot 6H_2O$.
Große Punkte P-Atome, kleine Punkte O-Atome.
Maßstab in Å.

$HPF_6 \cdot 6\,H_2O$. Allgemein werden zur Darst. von HPF_6-Hydrat Verbb. von 5wertigem P mit HF behandelt. Genannt werden H_3PO_4, P_2O_5, HPO_3, $H_4P_2O_7$, H_2PO_3F, HPO_2F_2, POF_3, PF_5. Zur Darst. von Kristallen der Zus. $HPF_6 \cdot 6H_2O$ (Schmp. 31.5°) wird P_2O_5 langsam in kleinen Anteilen in eine Pt-Flasche mit fl. wasserfreiem HF unter Rühren und Kühlung mit Trockeneis eingetragen. Nach allmählicher Erwärmung auf gewöhnl. Temp. wird Eiswasser zugesetzt und das Gemisch 24 Std. auf 10°C gehalten. Die erhaltenen Kristalle von $HPF_6 \cdot 6H_2O$ werden abgetrennt. Bei der Rk., die beispielsweise nach $POF_3 + 3HF \rightleftarrows HPF_6 + H_2O$, $P_2O_5 + 12HF \rightleftharpoons 2HPF_6 + 5H_2O$ und $PF_5 + HF_{aq} \rightleftarrows HPF_{6aq}$ verläuft, darf nicht weniger H_2O zugegen sein als 1.625 Mol/Mol HF und nicht mehr als 16.25 Mol/Mol P, OZARK-MAHONING Co., W. LANGE, R. LIVINGSTON (*U.S.P.* 2488298 [1946/49], 2488299 [1947/49], *C.A.* **1950** 1657/8). In Abänderung dieser Darst. werden 50 g wasserfreies HF in einem Pt-Gefäß auf —10°C gekühlt, unter Rühren 40 g wasserfreies H_3PO_4 eingetragen und das Gemisch 24 Std. auf +15°C gehalten. Der entstehende Kristallbrei wird abgetrennt und zwischen vorgewärmtem Filtrierpapier getrocknet; es werden 60 g Hexahydrat erhalten, W. LANGE laut H. BODE, G. TEUFFER (*Acta crystallogr.* [*Copenhagen*] 8 [1955] 611/4, 611 Fußnote). Zu einem Gemisch von 1 Mol H_3PO_4 und 2 Mol H_2O werden 7 Mol HF bei 10°C hinzugefügt. Das Gemisch erwärmt sich etwas. Nach Abkühlen auf 10°C setzt die Krist. in wenigen Min. ein. Die röntgenograph. Unters. (Pulveraufnahmen mit $CuK\alpha$-Strahlung) ergibt ein kubisch raumzentriertes Gitter mit $a = 7.678 \pm 0.007$ Å, Raumgruppe O_h^9–I m 3 m, Z = 2, Molvol. = 137.3 cm³. Die H_2O-Molekeln sind in einem käfigähnlichen Gitter angeordnet, in deren Zentren die P-Atome liegen, vgl. **Fig. 129**.

Atomlagen (0, 0, 0; $^1/_2$, $^1/_2$, $^1/_2$) +
+ 2 P in: (0, 0, 0)
+ 12 O in: ± ($^1/_4$, 0, $^1/_2$; $^1/_2$, $^1/_4$, 0; 0, $^1/_2$, $^1/_4$)
+ 12 F in: ± (x, y, z; ⟲; x, z, y; ⟲; x, $\bar{y}$, $\bar{z}$; ⟲; z, $\bar{x}$, $\bar{y}$; ⟲; y, $\bar{z}$, $\bar{x}$; ⟲; x, $\bar{z}$, $\bar{y}$; ⟲; y, $\bar{x}$, $\bar{z}$; ⟲; z, $\bar{y}$, $\bar{x}$; ⟲; mit $x_F = 0.174$, $Y_F = 0.124$, $z_F = -0.072$
+ 24 H in: ± (0, y, z; ⟲; 0, z, y; ⟲; 0, y, $\bar{z}$; ⟲; 0, $\bar{z}$, y; ⟲; mit $y_H = 0.34_5$, $z_H = 0.40_3$

H. BODE, G. TEUFER (*Acta crystallogr.* [*Copenhagen*] 8 [1955] 611/4).

Polyfluorophosphoric Acids

Polyfluorophosphorsäuren.

Über Auftreten im System P_2O_5–HF–H_2O s. S. 404. Darst. von $H_2P_2O_5F_2$ oder $P_2O_3(OH)_2F_2$ durch katalyt. Hydrierung des Diphenylesters $(C_6H_5O)(F)P(O)$-O-$P(O)(OC_6H_5)(F)$ in absol. Äther bei gewöhnl. Temp. in Ggw. von feinverteiltem Pt und Abdunsten des Lsgm. als schwach gelblich gefärbtes Öl, K.-B-BÖRNER, C. STÖLZER, A. SIMON (*Chem. Ber.* **96** [1963] 1328/34, 1333), vgl. hierzu auch beispielsweise C. STÖLZER, A. SIMON (*Naturw.* **47** [1960] 229; *Chem. Ber.* **96** [1963] 288/304).

Fluoroperphosphoric Acids

Fluoroperphosphorsäuren H_2PO_4F, $H_2P_2O_6F_2$(?).

Bei der Elektrolyse von Lsgg. von K_2PO_3F allein oder im Gemisch mit KF oder K_2CrO_4 läßt sich jodometrisch die Bldg. oxydierender Verbb. nachweisen. Es entstehen je nach den Vers.-Bedingungen in Analogie zu den entsprechenden, nicht halogensubstituierten Peroxophosphorsäuren wechselnde Mengen von K-Salzen der Mono- und der Diperoxofluorophosphorsäure, denen die Konstitt. OPF(OH)O(OH) und OPF(OH)O·OPF(OH)O zugeschrieben werden, J. M. GARCIA MARQUINA (*An. R. Soc. españ. Fis. Quim.* **31** [1933] 840/51). Vgl. hierzu „*Kalium*" S. 1012.

Stickstoffhaltige Fluor-Phosphorverbindungen

Fluorine-Phosphorus Compounds Containing Nitrogen

Phosphornitriddifluoride. Vgl. hierzu S. 534, 545.

Phosphorus Nitride Difluorides

$PF_3(NH_2)_2$. Entsteht aus gasf. NH_3 und PF_3Cl_2 als weiße in H_2O lösl. Masse, die aber vom gleichzeitig entstehenden NH_4Cl nicht völlig befreit werden kann: $PF_3Cl_2 + 4NH_3 = PF_3(NH_2)_2 + 2NH_4Cl$. Bildet beim Erhitzen NPNH (Phospham), C. POULENC (*Ann. Chim. Phys.* [6] **24** [1891] 548/70, 565).

Nitrosylhexafluorophosphat $NO[PF_6]$.

Nitrosyl Hexafluorophosphate

Darst. durch Umsetzung von $[N(CH_3)_4]PF_6$ mit $NO[SbCl_6]$ in fl. SO_2 als farbloser krist. Nd., der nach Sublimation im Hochvak. bei ~120°C eine harte, dichte, farblose Masse darstellt. Bei gewöhnl. Temp. unbeständig, entwickelt nach einigen Tagen braune Dämpfe, welche Glas ätzen. Ist in CH_3NO_2 gut lösl. und kann daraus umkrist. werden. Zersetzt sich mit H_2O stürmisch unter Entw. von Stickoxiden: $2NO[PF_6] + H_2O \rightarrow 2HPF_6 + NO + NO_2$, ebenso die Lsg. in CH_3NO_2. Mit Äthanol reagiert es nach $NO[PF_6] + C_2H_5OH \rightarrow C_2H_5ONO + HPF_6$. Eine Suspension in fl. SO_2 reagiert mit $[N(CH_3)_4]J$, $[N(CH_3)_4]N_3$ oder $[N(CH_3)_4]SCN$ nach

$$NO[PF_6] + [N(CH_3)_4]J \rightarrow NO + {}^1/_2J_2 + [N(CH_3)_4]PF_6$$
$$NO[PF_6] + [N(CH_3)_4]N_3 \rightarrow N_2O + N_2 + [N(CH_3)_4]PF_6$$
$$NO[PF_6] + [N(CH_3)_4]SCN \rightarrow NOSCN + [N(CH_3)_4]PF_6$$

Fl. BF_3 wirkt bei gewöhnl. Temp. nicht ein, oberhalb 150°C findet jedoch quantitative Rk. statt nach $NO[PF_6] + BF_3 \rightarrow NO[BF_4] + PF_5$. Die 0.01 m-Lsg. von $NO[PF_6]$ in CH_3NO_2 zeigt bei 20°C eine spezif. elektr. Leitf. von $740\cdot10^{-6}\,\Omega^{-1}\,cm^{-1}$ und eine Äquivalentleitf. von $74.0\,\Omega^{-1}\,cm^2\,val^{-1}$, F. SEEL, T. GÖSSL (*Z. anorg. allg. Chem.* **263** [1950] 253/60), vgl. F. SEEL (*Z. anorg. allg. Chem.* **261** [1950] 75/84, 81). Darst. von $NO[PF_6]$ durch Behandeln von weißem oder rotem Phosphor oder PCl_3 mit den Nitrosylfluoridhydrogenfluoriden $NOF(HF)_3$ und $NOF(HF)_6$, E. SEEL, W. BIRNKRAUT, D. WERNER (*Ang. Chem.* **73** [1961] 806; *Chem. Ber.* **95** [1962] 1264/74). Über Bldg. von $NO[PF_6]$ durch Rk. von $NO_2F(HF)_5$ mit P s. F. SEEL, H. SEMMLER (*Chimia* **16** [1962] 290/1).

Bei der Rk. zwischen NOCl, PBr_5 und BrF_3 bilden sich offensichtlich zunächst NOF und PF_5 nach $3NOCl + BrF_3 \rightarrow 3NOF + BrCl + Cl_2$; $3PBr_5 + 5BrF_3 \rightarrow 3PF_5 + 10Br_2$; $NOF + PF_5 \rightarrow NO[PF_6]$. Zur Darst. nach dieser Meth. wird rotes P mit Br_2 behandelt, überschüssiges NOCl darauf kondensiert und BrF_3 zugesetzt. ~88% Ausbeute, bezogen auf P, A. A. WOOLF (*J. chem. Soc.* **1950** 1053/6), F. SEEL, T. GÖSSL (*l. c.* S. 254). Über Bldg. von $NO[PF_6]$ durch Rk. von NOF mit PF_5 s. auch W. LANGE (*Ber. dtsch. chem. Ges.* **61** [1928] 799/801). — Weißes P wird durch FSO_2NO oberflächlich in $NO[PF_6]$ umgewandelt; die Verb. wird auch durch Rk. von PCl_3 mit FSO_2NO erhalten nach $PCl_3 + 6FSO_2NO \rightarrow NO[PF_6] + 2NO + 3NOCl + 6SO_2$, F. SEEL, H. MASSAT (*Z. anorg. allg. Chem.* **280** [1955] 186/96, 190, 192). Über techn. Darst. von krist. $NO[PF_6]$ durch Rk. von NOCl (oder NOF oder N_2O_3-Lsg. in HF) mit HF und PCl_5 s. FARBENFABRIKEN BAYER, H. JONAS (*D.P.* 812247 [—/1951] nach *C.A.* **1952** 11598).

Nitrylhexafluorophosphat $NO_2[PF_6]$.

Nitryl Hexafluorophosphate

Darst. durch Behandeln von rotem P mit Br_2, Zusatz von N_2O_4 und BrF_3. Die Ausbeute liegt bei 80%, bezogen auf P, A. A. WOOLF, H. J. EMELÉUS (*J. chem. Soc.* **1950** 1050/2). Stark exotherme Bldg. bei Rk. von rotem P mit NO_2F bei gewöhnl. Temp. Bei Umsetzung von PF_5 mit NO_2F entsteht die weiße Verb. unter schwacher Wärmeentw., E. E. AYNSLEY, G. HETHERINGTON, P. L. ROBINSON (*J. chem. Soc.* **1954** 1119/24), vgl. auch G. HETHERINGTON, P. L. ROBINSON (*Chem. Soc. London Spec. Publ.* Nr. 10 [1957] 23/32). Darst. durch Zusatz von PF_5 zu einer Lsg. von wasserfreiem HF und rotem rauchendem HNO_3 oder Alkylnitrat in Nitromethan bei Tempp. zwischen —20 und 0°C in einem SiO_2- oder Polyäthylengefäß. Das erhaltene Prod. wird abfiltriert, mit Nitromethan und $CHCl_3$ (oder ähnlichen Verbb.) gewaschen und im Vak. getrocknet; durch Vergleich des UR-Spektrums der nach diesen Methh. erhaltenen Verb. mit den Spektren von auf andere Weise dargestelltem Prod.

wird dessen Identität bestätigt, S. F. KUHN (*Can. J. Chem.* **40** [1962] 1660/3). Darst. durch Rk. von NO_2F mit PF_5 in 1.1.2-Trifluorotrichloroäthan (Freon 113) und Verwendung für Nitrierung aromat. Verbb. bzw. Untersuchung des UR-Spektrums, S. J. KUHN, G. A. OLAH (*J. Am. Chem. Soc.* **83** [1961] 4564/71) bzw. D. COOK, S. J. KUHN, G. A. OLAH (*J. Chem. Phys.* **33** [1960] 1669/71).

Über Verh. von $NO_2[PF_6]$ bei der Nitrierung aromat. Verbb. s. beispielsweise G. OLÁH, S. KUHN, A. MLINKÓ (*J. chem. Soc.* **1956** 4257/8).

$PF_5 \cdot N_2O_4$.

Bildet sich in Form langer, weißer, an der Luft rauchender Kristalle bei Einw. von PF_5 auf N_2O_4 bei —10°C. Dissoziiert bereits bei gewöhnl. Temp. unter leichter Temp.-Erhöhung. Zersetzt sich beim Erhitzen in NO_2 und PF_5; mit H_2O bilden sich NO, HNO_3, H_3PO_4 und HF. Mit konz. H_2SO_4 wird PF_5 entwickelt, erst bei H_2O-Zusatz bildet sich auch NO_2; wird mehr H_2O zugesetzt, so bildet sich ein weißer Nd., E. TASSEL (*C. r. Acad. Sci.* [*Paris*] **110** [1890] 1264/7).

Phosphorus and Chlorine

Phosphor und Chlor

Zur P–Cl-Bindung s. S. 364.

Phosphorus Chlorides

Phosphorchloride

Diphosphorus Tetrachloride

Diphosphortetrachlorid P_2Cl_4.

Zur Molekel s. S. 367.

Bei der Einw. dunkler elektr. Entladungen auf ein Gemisch von PCl_3-Dampf und H_2 bildet sich an den App.-Teilen ein scharlachroter Nd., zugleich kondensiert eine farblose Fl., die einen gelben Körper suspendiert enthält. Nach Filtration der Fl. und Dest. des Filtrats im Vak. wird eine ölige Fl. mit starkem Geruch nach P erhalten, die beim Abkühlen zu einer festen weißen Masse vom Schmp. —28°C erstarrt und an der Luft weiße Dämpfe entwickelt, die sich häufig selbst entzünden. Die Fl. siedet unter 20 Torr bei 95 bis 96°C ohne merkliche Zers., bei gewöhnl. Druck in inerter Gasatm. unter geringer Zers. bei 180°C. Im Dunkeln tritt im Vak. bei gewöhnl. Temp. Bldg. einer hellgelben Subst. ein, bei Licht und Erwärmung (100°C) entsteht neben PCl_3 ein orangegelbes bis hellrotes Prod., das für ein Gemisch aus rotem P und P-Chloriden gehalten wird. H_2O zersetzt unter Bldg. von HCl, H_3PO_3 und eines festen gelben Prod. unbestimmter Zus. Eine mit Kältemischung gekühlte Lsg. der Verb. in CS_2 bildet bei Einw. von trocknem gasf. HBr ein gelbes Prod., das wahrscheinlich ein Zers.-Prod. des noch unbeständigeren P_2Br_4 ist, A. BESSON, L. FOURNIER (*C. r. Acad. Sci.* [*Paris*] **150** [1910] 102/4), vgl. auch S. 363. Bldg. von P_2Cl_4 in geringem Umfang bei Einw. des Zn-Lichtbogens in N_2-Atm. auf PCl_3 nach $2PCl_3 + Zn = P_2Cl_4 + ZnCl_2$. Auch beim Schütteln von Hg mit PCl_3 scheint sich P_2Cl_4 zu bilden. Der Dampfdruck von P_2Cl_4 bei 0°C beträgt 5 Torr, der Schmp. dürfte höher als —28°C liegen. Die Verb. greift Hg wesentlich rascher als PCl_3 an, A. STOCK, A. BRANDT, H. FISCHER (*Ber. dtsch. chem. Ges.* **58** [1925] 643/57, 652). Darst. durch Red. von PCl_3-Dampf mittels H_2 im Hochspannungs-Hg-Lichtbogen bei reduziertem Druck. Es entstehen hierbei dunkelrote und gelbe Ndd. an den Wänden der Entladungsröhre, ein dunkelgrauer Belag an den Hg-Elektroden und eine kleine Menge eines flüchtigen Stoffes. Die Fraktionierung ergibt weiße Kristalle mit einem Schmp. zwischen —34 und —35°C. Die Hydrolysenprodd. ähneln denen von P_2J_4, A. FINCH (*Canad. J. Chem.* **37** [1959] 1793/4). Apparative Einzelheiten s. beispielsweise bei G. URRY, R. E. MOORE, H. I. SCHLESINGER (*J. Am. chem. Soc.* **76** [1954] 5293/8), A. FINCH, H. I. SCHLESINGER (*J. Am. chem. Soc.* **80** [1958] 3573/4).

Ein Prod. der Zus. PCl_2 kann durch Rk. von PJ_2 mit AgCl nicht erhalten werden, A. GAUTIER (*C. r. Acad. Sci.* [*Paris*] **78** [1874] 286/8), vgl. S. 521.

Phosphorus (III) Chloride

Phosphor(III)-chlorid PCl_3

Formation. Preparation

Bildung und Darstellung

Allgemeine Lit. über techn. Darst., Handhabung, Vorschriften über Lagerung, Versand, Umladen, Schutzmaßnahmen zur Verhütung von Schäden, anonyme Veröffentlichung (*Mfg. Chemists' Assoc. chem. Safety Data Sheet* SD-27 [1948] 1/14, *C.A.* **1949** 367). Überblick über die technische

Gewinnung der Verbindung in den Ländern außerhalb der Sowjetunion, M. J. Pozin (*Ž. chim. Prom.* **18** Nr. 18 [1941] 38/43, Nr. 19, S. 29/35, Nr. 20, S. 30/37, 36, *C.* **1943** II 760). Vorsichtsmaßregeln bei der Darst. (Entzündung der Atemwege), A. Zimmerman (*Chem. Markets* **33** [1933] 43/47), vgl. hierzu „*Phosphor*" *Tl.* B, S. 94. Da die Verb. der Hydrolyse unterliegt, muß die zur Entleerung von Lagergefäßen gebrauchte Luft zuvor getrocknet werden, z. B. mit Silicagel. Auftretende Dämpfe müssen durch Waschen mit H_2O unschädlich gemacht werden. Als Konstruktionsmaterial werden genannt Ni, Ni-Legg., rostfreier Stahl, P-Bronze, Blei-Legg., Gummi und keram. Stoffe, anonyme Veröffentlichung (*Industrial Chemist chem. Manufact.* **25** [1949] 517/20). Eine beim Öffnen einer mehrere Jahre verschlossen gebliebenen Glasflasche mit PCl_3 erfolgte Explosion wird auf PH_3-Bldg. infolge Eindringens von Feuchtigkeit zurückgeführt, E. Divers (*Moniteur sci. Quesneville* [4] **1** [1887] 148), vgl. PH_3 als Prod. der Hydrolyse, S. 423.

Herst. von Einkristallen durch Vak.-Dest. in ein Röhrchen aus Lindemann-Glas sowie durch Krist. aus Nitrobenzol und vorübergehendes Haltbarmachen durch Überziehen mit einer Schutzschicht aus einer Mischung von Paraffin und Vaselin, D. Clark, H. M. Powell, A. F. Wells (*J. chem. Soc.* **1942** 642/5).

Aus den Elementen. Im Laboratorium. Darst. von PCl_3 durch direkte Vereinigung von weißem P und trocknem gasf. Cl_2. Zur Reinigung wird das PCl_3 mit trocknem P digeriert und auch die erste Dest. in Ggw. von P durchgeführt, I. Pierre (*Ann. Chim. Phys.* [3] **20** [1847] 5/53, 9), J. B. Dumas (*Ann. Chim. Phys.* [3] **55** [1859] 129/210, 172; *Liebigs Ann. Chem.* **113** [1860] 20/36, 28), W. H. Woodstock, H. Adler (*J. Am. chem. Soc.* **54** [1932] 464/7, 464). Durch Erhitzen von rotem P in trocknem Cl_2, T. E. Thorpe (*Ber. dtsch. chem. Ges.* 8 [1875] 326/32, 330). Vgl. auch S. 363.

From the Elements. In the Laboratory

Elementares P (weiß oder rot) wird mit fl. PCl_3 übergossen und in die Fl. Cl_2-Gas in regelmäßigem Strom eingeleitet. Wärme braucht nicht zugeführt zu werden, man muß vielmehr einen Rückflußkühler anwenden. Die Rk. verläuft quantitativ, C. Graebe (*Ber. dtsch. chem. Ges.* **34** [1901] 645/52, 650). In eine Suspension von in PCl_3 aufgeschlämmtem rotem P, der einige Tage in dünner Schicht über H_2SO_4 getrocknet ist, wird trocknes Cl_2 in durch Wägung kontrollierter Menge eingeleitet. P muß im Überschuß bleiben. Es wird in Glasapp. mit eingeschliffenen Verbindungen gearbeitet, das Cl_2-Zuleitungsrohr und der Rückflußkühler sind mit PbO-Glycerin-Zement eingekittet, der gegen Cl_2 und PCl_3 sehr beständig ist. Das Cl_2 wird durch H_2SO_4 getrocknet, der Rückflußkühler ist gegen die Außenluft durch ein P_2O_5-Rohr geschützt. Zur Vermeidung von PCl_5-Bldg., das leicht die Rohre verstopft, muß das PCl_3 stets im Sieden erhalten werden; Ausbeute auf Cl_2 ber.: 94%. Einzelheiten der App. s. im Original, M. C. Forbes, C. A. Roswell, R. N. Maxson (in: W. C. Fernelius, *Inorganic Syntheses, Bd.* 2, *New York-London* 1946, S. 145/7).

Zur Vermeidung der PCl_5-Bldg. wird das Cl_2 erst eingeleitet, wenn das PCl_3 siedet und ebensoviel P zugefügt, wie PCl_3 abdest. wird, T. Milobedzki, M. Friedman (*Chemik polski* **15** [1917] 76/79, *C.* **1918** I 993). Rotes P wird in einer Retorte in CO_2-Atm. erhitzt, bis an den Wänden ein Belag von weißem P sichtbar wird, und dann trocknes Cl_2 eingeleitet, V. Rekšinskij (*Tr. Inst. čistych chim. Reaktivav* Nr. 3 [1924] 46/49, *C.* **1925** I 477). Sorgfältig in trocknem N_2 dest. P wird in N_2-Atm. mit der entsprechenden Cl_2-Menge behandelt (Einzelheiten s. im Original), G. W. F. Holroyd, H. Chadwick, J. E. H. Mitchell (*J. chem. Soc.* **127** [1925] 2492/3).

Beschreibung eines App., der nach einer verbesserten Graebe-Meth. (s. oben) täglich ~6 kg PCl_3 liefert, A. A. Vanšejdt, V. M. Tolstopjatov (*Ž. russk. fiz. chim. Obšč. Čast' chim.* **52** [1920] 251/69, *C.* **1923** III 723). Labor.-App. zur Darst. von PCl_3 aus P und Cl_2 unter anfänglichem Zusatz von PCl_3 s. B. C. Saunders, T. S. Worthy (*J. chem. Soc.* **1950** 1320/2). App. zur Darst. von PCl_3 aus einem Gemisch aus weißem und rotem P und Cl_2 s. I. Teodoreanu (*Bull. Sect. sci. Acad. Roum.* **17** [1936] 38/40).

Darst. von PCl_3 für Best. des Atomgew. des P durch Einw. eines geringen Überschusses von Cl_2 auf P im Vak. unter H_2O-Ausschluß und Trennung von der PCl_5-Beimengung durch fraktionierte Dest.; Einzelheiten der komplizierten App. s. im Original, G. P. Baxter, C. J. Moore (*Z. anorg. allg. Chem.* **80** [1913] 185/200, 188; *J. Am. chem. Soc.* **34** [1912] 1644/57, 1647).

In technischem Maßstab. Die Rk. geht unter großer Wärmeentw. vor sich (75.8 kcal/Mol) und muß stark gemäßigt werden. In verbleite Gefäße werden P und Cl_2 (P im Überschuß) gleichzeitig eingeführt unter Ausschluß von H_2O, J. Sorel (*Chim. et Ind.* **60** [1948] 541/9, 545). Um die Rk.-Wärme abzuleiten, bleibt eine gewisse Menge PCl_3 im Kessel, das ständig unter Rückfluß siedet. Das entstandene PCl_3 wird in eine Vorlage destilliert und dort mit Cl_2 behandelt, um unverändertes P zu

On Technical Scale

entfernen. Dann folgt eine Fraktionierung zur Entfernung kleiner Mengen organ. Cl-Verbb., sowie von $POCl_3$, das durch H_2O-Gehalt von P entstehen kann, J. R. VAN WAZER (in: KIRK, OTHMER, *Bd.* 10, 1953, S. 478).

Eine Vers.-Anlage aus Pb beschreiben N. A. EL'MANOVIČ, L. S. MAJOFIS (*Ž. chim. Prom.* **1933** Nr. 4, S. 59/62 nach *C.A.* **1933** 5486), Beschreibung einer Anlage mit automat. Kontrollen und Sicherheitsvorrichtungen s. anonyme Veröff. (*Industrial Chemist chem. Manufacturer* **25** [1949] 517/20).

Geschmolzenes P und gasf. Cl_2 werden so zur Rk. gebracht, daß das Cl_2 nicht unmittelbar mit P, sondern zunächst mit dem bereits gebildeten PCl_3 in Berührung kommt, L. M. BATUNER (*Russ.P.* 47291 [1935/36] nach *C.* **1937** I 400), die Rk.-Temp. wird so gewählt, daß das entstehende PCl_3 dampfförmig den Rk.-Raum verläßt. In das ringförmige Rk.-Gefäß wird fl. P abseits vom Rk.-Ort eingeführt. Der abziehende PCl_3-Dampf wird mit fl. P und fl. PCl_3 gewaschen, FARBWERKE HOECHST A.-G. VORM. MEISTER LUCIUS & BRÜNING, H. SCHMIDT, W. TESKE (*B. P.* 688525 [1951/53], *C.A.* **1954** 9638; *D.P.* 878489 [1950/53] nach *C.* **1954** 6312). — Das Einleiten von Cl_2 in eine 5- bis 10%ige Lsg. von P in PCl_3 wird so vorgenommen, daß die Siedetemp. hierbei konstant bleibt und die gesamte Rk.-Wärme durch Verdampfen des entstehenden PCl_3 abgeführt wird, FARBWERKE HOECHST A.-G. VORM. MEISTER LUCIUS & BRÜNING, H. BAERWIND, P. REINSHAGEN, K. ZIMPELL, H. SCHMIDT (*D.P.* [*D.A.S.*] 1104931 [1959/61], *C.* **1961** 14055). Der Kontakt der Elemente erfolgt in einem fl. Medium, das eine P-Halogenverb. des P enthält bei Tempp. $<70°C$, DOW CHEMICAL CO., E. C. BRITTON, H. R. SLAGH (*U.S.P.* 1888713 [1929/32], *C.* 1933 I 655). Als Rk.-Gefäß dient eine mit Schaugläsern versehene Retorte. Bei P-Überschuß wird das Material (Cu, Messing, P-Bronze, Ni) nicht angegriffen, FAHLBERG, LIST & CO. (*D.P.* 44832 [1887], *C.* **1889** I 88).

Gleichzeitige Herst. von PCl_3 und $AsCl_3$ durch Behandeln von Gemischen aus As und P oder deren gepulverten und getrockneten Verbb. in einem Turmsystem mit Cl_2 im Gegenstrom und Fraktionierung der erhaltenen Chloride, J. MICHAEL & CO. (*D.P.* 369299 [1922/23], *C.* **1923** II 726).

From Elemental P and Cl Compounds

Aus elementarem P und Cl-Verbindungen. Bldg. von PCl_3 beim Erhitzen von rotem P im geschlossenen Rohr mit konz. HCl, OPPENHEIM (*Bull. Soc. chim. Paris* [2] **1** [1864] 163/5), beim Behandeln von P mit S_2Cl_2 bei 40°C; es hinterbleibt ein Rückstand von Schwefel, H. F. GAULTIER DE CLAUBRY (*Ann. Chim. Phys.* [2] **7** [1817] 213/7), vgl. F. WÖHLER (*Liebigs Ann. Chem.* **93** [1855] 274/6), CHEVRIER (*C. r. Acad. Sci.* [*Paris*] **63** [1866] 1003/5).

Durch die außerordentlich heftige Rk. von rotem P mit SO_2Cl_2 nach $2P + 3SO_2Cl_2 = 2PCl_3 + 3SO_2$, P. KÖCHLIN, K. HEUMANN (*Ber. dtsch. chem. Ges.* **15** [1882] 1736/8). Auch mit SO_2Cl_2-Dampf, selbst wenn dieser mit CO_2 verdünnt ist, geht die Rk. bereits bei gewöhnl. Temp. vor sich, H. DANNEEL, F. SCHLOTTMANN (*Z. anorg. allg. Chem.* **212** [1933] 225/32, 231). Ebenfalls äußerst lebhaft läuft die Rk. mit $S_2O_5Cl_2$ unter Bldg. von PCl_3 und SO_2 ab, K. HEUMANN, P. KÖCHLIN (*Ber. dtsch. chem. Ges.* **16** [1883] 479/83). Über Bldg. von PCl_3 durch Rk. von P mit $SOCl_2$ und SO_2Cl_2 s. auch H. B. NORTH, J. C. THOMSON (*J. Am. chem. Soc.* **40** [1918] 774/8). — Darst. von $^{32}PCl_3$ durch Erhitzen von PCl_5 mit PCl_3 und rotem ^{32}P, A. SIUDA (NP-7105, *N.S.A.* **13** [1959] Nr. 3658).

PCl_3 bildet sich beim Erhitzen von weißem P mit Hg_2Cl_2, GAY-LUSSAC, THENARD (*Recherches physico-chimiques, Bd.* 2, *Paris* 1811, S. 98, 177, 179), H. DAVY (*Schweiggers J. Chem. Phys.* **3** [1811] 79/120, 83), durch Einw. von P-Dampf auf erhitztes Hg_2Cl_2, J. J. BERZELIUS (*Ann. Phys.* [*Leipzig*] **53** [1816] 393/446, 436), durch Erhitzen von rotem P mit Hg_2Cl_2, J. B. DUMAS (*Ann. Chim. Phys.* [3] **55** [1859] 129/210, 172; *Liebigs Ann. Chem.* **113** [1860] 20/36, 28), bei der Rk. von rotem P mit $HgCl_2$ im Einschlußrohr bei 300°C; es bilden sich Hg_2Cl_2 und PCl_3, L. WOLF (*Ber. dtsch. chem. Ges.* **48** [1915] 1272/80). — Durch Behandeln von $FeCl_3$ oder $CuCl_2$ mit P, J. H. GLADSTONE (*J. prakt. Chem.* **49** [1850] 40/51, 41; *Phil. Mag.* [3] **35** [1849] 345/55, 346), durch Einw. von P auf $AuCl_3$ nach $P + AuCl_3 \rightarrow Au + PCl_3$, M. FARADAY (*Phil. Trans.* **147** [1857] 145/81, 155).

Bldg. von PCl_3 neben PF_3 beim Erwärmen von PF_3Cl_2 mit P auf 120°C, C. POULENC (*Ann. Chim. Phys.* [6] **24** [1891] 548/70, 560).

From P Compounds and Elemental Cl_2

Aus P-Verbindungen und elementarem Cl_2. Bldg. von PCl_3 durch Rk. von gasf. Cl_2 mit PH_3, U. J. J. LE VERRIER (*Ann. Chim. Phys.* [2] **60** [1835] 174/94, 178; *Liebigs Ann. Chem.* **18** [1836] 333/8, 335). Bei Einw. von Cl_2 auf Phosphorsuboxid, A. BESSON (*C. r. Acad. Sci.* [*Paris*] **124** [1897] 763/5), U. J. J. LE VERRIER (*Ann. Chim. Phys.* [2] **65** [1837] 257/79, 262; *Liebigs Ann. Chem.* **27** [1838] 167/82, 170).

In technischem Maßstab. Erhitzen von Rohphosphat mit Kohle auf 800 bis 1000°C in Ggw. von Cl_2 ergibt bei Labor.-Verss. eine Erhöhung der Ausbeute mit zunehmender

Kornfeinheit, steigender Temp., Erhöhung der Kohlenmenge (2- bis 2.5facher Überschuß) und der Cl_2-Menge. Bei Chlorierung ohne Cl_2 mittels NaCl in Ggw. von Kohle oder CO_2 werden niedrige Ausbeuten erhalten, A. J. SVORYKIN (*Ž. prikl. Chim.* 8 [1935] 1380/7, *C.* **1936** II 1407; *Chim. et Ind.* **35** [1936] 1034/9). — Die Mischung eines Phosphats mit einem Red.-Mittel wird unter geeigneten Bedingungen mit Cl_2 behandelt, N. V. ELECTRO-CHEMISCHE INDUSTRIE, H. GELISSEN (*B.P.* 302927 [1928/29] nach *C.* **1929** I 1851; *D.P.* 522270 [1928/31], *C.* **1931** I 3496), INTERNATIONAL AGRICULTURAL CORP., R. E. VIVIAN (*U.S.P.* 1926072 [1931/33], *C.* **1933** II 3606); Wärme und Cl_2 werden hierbei dem Rk.-Gemisch entgegengeführt und die Abgase in einem Turm bei ~400°C entstaubt; anschließend wird PCl_3 kondensiert, NAGUCHI RESEARCH INSTITUTE INC., K. ODA (*Japan.P.* 2664/1950 [—/1952] nach *C.A.* **1952** 9812). $ZnCl_2$ katalysiert die Rk., N. V. ELECTRO-CHEMISCHE INDUSTRIE (*Schwz.P.* 151312 [1930/32] nach *C.* **1933** I 2154). Darst. von PCl_3 durch Behandeln eines erhitzten Gemisches aus Phosphorsäure und Sägespänen oder Aktivkohle mit Cl_2 bei Tempp. zwischen 250 und 600°C, INTERNATIONAL MINERALS & CHEMICAL CORP., C. M. TIDWELL (*U.S.P.* 2622965 [1947/52], *C.A.* **1953** 3531).

Beim Behandeln von Ferrophosphor mit Cl_2 reicht die Rk.-Wärme aus zum Abdest. des entstehenden PCl_3, E. URBAIN (*B.P.* 312685 [1929/29] nach *C.* **1930** II 3182; *D.P.* 489933 [1929/30], *C.* **1930** I 1989; *F.P.* 669099 [1928/29], *C.* **1930** I 724). Durch Zusatz von Alkalichloriden wird der Dampfdruck des gebildeten $FeCl_3$ infolge Doppelsalzbldg. soweit herabgesetzt, daß $FeCl_3$ nicht abdestilliert, CHEMISCHE FABRIK VON HEYDEN A.-G., R. MÜLLER (*D.P.* 622648 [1934/35], *C.* **1936** I 1936). Die Verb. $PCl_3 \cdot FeCl_3$ kann durch Dest. nicht restlos abgetrennt werden, da sie ebenfalls flüchtig ist. Zur Trennung wird erneut Ferrophosphor zugegeben und so ein Gemisch von $FeCl_2$ und PCl_3 erhalten, das durch Dest. leicht getrennt werden kann, E. URBAIN (*U.S.P.* 1859543 [1929/32], *C.A.* **1932** 3881). — Darst. von PCl_3 durch Chlorieren von Si- und Ti-haltigem Ferrophosphor und Trennung von den anderen Chloriden mittels der entstehenden Additionsverbb. (z. B. zwischen dem gleichzeitig entstehenden $POCl_3$ und $TiCl_4$), PENNSYLVANIA SALT MFG. CO., G. BARTH-WEHRENALP, A. KOWALSKI (*D.A.S.* 1065817 [1956/59] nach *C.* **1960** 13811; *U.S.P.* 2797980 [1955/57], *C.A.* **1957** 15080), PENNSYLVANIA SALT MFG. CO., J. F. GALL, A. KOWALSKI, G. BARTH-WEHRENALP (*B.P.* 812801 [1956/59] nach *C.* **1960** 8645; *D.P.* (*D.A.S.*) 1040516 [1956/58], *C.* **1959** 4934; *F.P.* 1163391 [1956/58] nach *C.* **1960** 12468), PENNSALT CORP. CHEMICAL (*B.P.* 805153 [—/1958] nach *C.A.* **1959** 5609).

From P Compounds by Other Reactions

Aus P-Verbindungen durch anderweitige Umsetzung. Durch Rk. von gasf. HCl mit P_4O_6 bei gewöhnl. Temp. nach $P_4O_6 + 6HCl = 2PCl_3 + 2H_3PO_3$, T. E. THORPE, A. E. TUTTON (*J. chem. Soc.* **59** [1891] 1019/29, 1022); Bldg. von PCl_3 neben HCl, rotem P und wahrscheinlich etwas PH_3 beim gleichzeitigen Durchleiten von PCl_5-Dampf und H_2 durch ein rotglühendes Rohr, E. BAUDRIMONT (*Ann. Chim. Phys.* [4] **2** [1864] 5/67, 6; *C. r. Acad. Sci.* [*Paris*] **51** [1860] 823/5), durch Rk. von PCl_5 und PH_3 nach $PH_3 + 3PCl_5 = 4PCl_3 + 3HCl$, R. MAHN (*Z. Chem.* **12** [2] [1869] 729/31; *Jenaische Z. Med. Naturwiss.* **5** [1870] 158/66, 158), bei der heftig verlaufenden Rk. von P_4O_6 mit PCl_5 nach $P_4O_6 + 6PCl_5 = 6POCl_3 + 4PCl_3$, T. E. THORPE, A. E. TUTTON (*l. c.* S. 1028), neben $SbCl_3$ und gasf. HCl bei der Rk. von PCl_5 mit SbH_3 oder neben $SiCl_4$ bei der Rk. von PCl_5 mit SiH_4, R. MAHN (*l. c.*; *l. c.* S. 162, 163), beim Erwärmen von P_2J_4 mit AgCl nach $3P_2J_4 + 12AgCl = 4PCl_3 + 12AgJ + 2P$, A. GAUTIER (*C. r. Acad. Sci.* [*Paris*] **78** [1874] 286/8).

Darst. von PCl_3 durch Hindurchleiten von gasf. $POCl_3$ durch ein auf Rotglut erhitztes mit Holzkohle gefülltes Rohr, J. RIBAN (*C. r. Acad. Sci.* [*Paris*] **95** [1882] 1160/3). Durch Behandeln von $POCl_3$ mit CO oberhalb 400°C in Ggw. von Holzkohle oder aktiver Kohle, I. G. FARBENINDUSTRIE A.-G., L. KLEBERT (*D.P.* 492061 [1928/30], *C.* **1930** I 2292).

Labor.-Verss. zur Herst. von PCl_3 durch Behandeln von $Ca_3(PO_4)_2$ oder $Ca(PO_3)_2$ mit S_2Cl_2 ergeben bei 1000°C in einer Std. einen Umsatz von 9.5% des $Ca_3(PO_4)_2$ bei Ggw. von SiO_2 oder 19.5% ohne SiO_2-Zusatz. In der gleichen Zeit werden von $Ca(PO_3)_2$ in Ggw. von SiO_2 über 90% des Phosphats umgesetzt. Es entstehen hauptsächlich PCl_3, wenig $POCl_3$ und $PSCl_3$ und auch etwas $SiCl_4$. Unterhalb 600°C wirkt S_2Cl_2 nicht ein. Bei der techn. Anwendung des Verf. werden Schwierigkeiten bei der Fraktionierung des Endprod. erwartet, P. P. BUDNIKOFF, E. A. SHILOV (*J. Soc. chem. Ind.* **42** [1923] 378).

Bldg. von PCl_3 neben $Al(NCO)_3$ durch Rk. von $P(NCO)_3$ mit $AlCl_3$ s. H. H. ANDERSON (*J. Am. chem. Soc.* **75** [1953] 1576/8). Darst. von $^{32}PCl_3$ durch Erhitzen von $^{32}POCl_3$ mit granulierter Kohle bei 1000°C, D. H. MURRAY, J. W. T. SPINKS (*Canad. J. Chem.* **30** [1952] 497), durch Bestrahlung von gewöhnl. PCl_3 im Atomreaktor, D. W. SETSER, H. C. MOSER, R. E. HEIN (*J. Am. Chem. Soc.* **81** [1959]

4162/5), vgl. hierzu N. G. SEREBRYAKOV, I. N. TRONOVA (*Metody Polucheniya i Izmeren. Radioaktiv. Preparatov, Sbornik Statei* **1960** 89/94 nach *C.A.* **56** [1962] 6864). Bldg. von PCl_3 neben S_2Cl_2 und S beim Durchleiten von $PSCl_3$-Dampf durch ein rotglühendes Rohr, CHEVRIER (*C. r. Acad. Sci.* [*Paris*] **68** [1869] 1174/6), beim vorsichtigen Erhitzen von $[Pt_2(PCl_3)_2Cl_4]$. Näheres s. „*Platin*“ *Tl.* D, S. 463.

Purification

Reinigung. Durch Aufbewahren über aktiviertem Silicagel wird absorbiertes HCl entfernt. Es folgt eine 3malige fraktionierte Dest. in Glasapp. mit einer Dufton-Kolonne mit Mattglasspirale, S. T. BOWDEN, A. R. MORGAN (*Phil. Mag.* [7] **29** [1940] 367/78, 368). Zur Reinigung im Labor. wird das PCl_3 in zwei aufeinanderfolgenden Hochvak.-Destt. einmal von gewöhnl. Temp. bis —40°C, das zweite Mal von —40 bis —80°C destilliert, J. J. DOWNS, R. E. JOHNSON (*J. Am. chem. Soc.* **77** [1955] 2098/2102). Reinigung durch Fraktionieren im inerten Gas. Für die Schliffe kann P_2O_5 als Schmiermittel verwendet werden, J. GOUBEAU, P. SCHULZE (*Z. anorg. allg. Chem.* **294** [1958] 224/32, 228).

PCl_3 kann aus seiner azeotropen Mischung mit KW-Stoffen durch extrahierende Dest. mit einem aliphat. Lacton getrennt werden, PHILLIPS PETROLEUM Co., W. T. NELSON (*U.S.P.* 2922753 [1958/60] nach *C.* **1960** 17619).

Estimation

Wertbestimmung. Jodometr. Best. des bei der Hydrolyse entstehenden H_3PO_3 in $NaHCO_3$-Lsg. s. E. RUPP, A. FINCK (*Ber. dtsch. chem. Ges.* **35** [1902] 3691/3).

Analyse von Gemischen aus weißem P, PCl_3 und $POCl_3$ durch Extraktion mit Benzol, Hydrolyse und Best. der entstehenden Säuren (H_3PO_3, H_3PO_4, HCl) nach herkömmlichen Methh., R. A. KEELER, C. J. ANDERSON, D. SATRIANA (*Anal. Chem.* **26** [1954] 933/4).

Thermodynamic Data of Formation

Thermodynamische Bildungsdaten. Änderung des Wärmeinhalts bei Bldg. aus den Elementen unter Standardbedingungen in kcal/Mol bei 25°C: $\Delta H(PCl_{3\,fl}) = -81.0$, $\Delta H(PCl_{3\,gasf}) = -73.22$, $\Delta F(PCl_{3\,gasf}) = -68.42$, F. D. ROSSINI u. a. (*Circ. Bur. Stand.* Nr. 500 [1952] 78, 848). — $\Delta H(PCl_{3\,fl}) = -79.4$, T. CHARNLEY, H. A. SKINNER (*J. chem. Soc.* **1953** 450/2), —74.4 (nach Messungen bei 22 bis 23°C), E. NEALE, L. T. D. WILLIAMS (*J. chem. Soc.* **1954** 2156/8). $\Delta H(PCl_{3\,fl}) = -75.9$; $\Delta F(PCl_{3\,fl}) = -63.3$; $\Delta H(PCl_{3\,gasf}) = -68.28$; $\Delta F(PCl_{3\,gasf}) = -62.22$, D. M. YOST, T. F. ANDERSON (*J. chem. Phys.* **2** [1934] 624/7). $\Delta F(PCl_{3\,gasf}) = -65.3$, D. T. STEVENSON, D. M. YOST (*J. chem. Phys.* **9** [1941] 403/8, 408). Bei 18°C: $\Delta H(PCl_{3\,fl}) = -76.9$, $\Delta H(PCl_{3\,gasf}) = -70.0$, F. R. BICHOWSKY, F. D. ROSSINI (*The Thermochemistry of the chemical Substances, New York* 1936, S. 38, 221). Weitere Angaben s. bei J. C. THOMLINSON (*Chem. News* **95** [1907] 145, **99** [1909] 133), F. EBEL, E. BRETSCHER (*Helv. chim. Acta* **12** [1929] 450/63, 453). Die Daten werden ber. unter Verwendung der Angaben über Lösungswärme (vgl. S. 424) und Verdampfungswärme (vgl. S. 420). Aus thermodynam. Daten und Gleichgew.-Messungen wird ΔG (in cal/Mol) für verschiedene Temp.-Bereiche berechnet. Zwischen 348 und 553°K ist für $^1/_6\ P_{4\,fl} + Cl_{2\,gasf} = {}^2/_3 PCl_{3\,gasf}$ $\Delta G = -45\,500 + 0.41\,T \cdot \log T + 9.27\,T$ (±2); für den gleichen Vorgang zwischen 553 bis 1500°K $\Delta G = -48\,250 - 1.97\,T \cdot \log T + 20.55\,T$ (±2). Für $^1/_3 P_{2\,gasf} + Cl_{2\,gasf} = {}^2/_3 PCl_{3\,gasf}$ zwischen 500 und 1500°K ergibt sich $\Delta G = 53\,700 - 1.97\,T \log T + 23.59\,T$ (±5), H. VILLA (*J. Soc. chem. Ind. Suppl.* **69** [1950] 9/18, 15). Beziehung zwischen Bldg.-Wärme und Kontraktionskonst. s. A. BALANDIN (*Z. physik. Chem.* **116** [1925] 123/34).

Molecule

Molekel

Die Eigg. der PCl_3-Molekel sind zusammen mit denen der übrigen Trihalogenid-Molekeln auf S. 367/75 beschrieben.

Physical Properties

Physikalische Eigenschaften

Density. Thermal Expansion

Dichte D in g/cm³. **Thermische Ausdehnung.** Das spezif. Vol. von festem PCl_3 ist am Schmp. um 15.28% kleiner als das von fl. PCl_3 bei 0°C, also D = 1.858 bei —95.1°C, F. KÖRBER (*Ann. Phys.* [*Leipzig*] [4] **37** [1912] 1014/45, 1022). — Bei —183°C ist D = 2.015; für 0°K extrapolierte Werte: D = 2.05, Molvol. $V_{mol} = 67.0$ cm³/Mol, W. BILTZ, A. SAPPER, E. WÜNNENBERG (*Z. anorg. allg. Chem.* **203** [1932] 277/306, 290). Andere auf 0°K extrapolierte Werte s. bei W. HERZ (*Z. anorg. allg. Chem.* **119** [1921] 221/4), S. SUGDEN (*J. chem. Soc.* **1927** 1786/98, 1794), G. L. CHABORSKI (*Bul. Chim. pura apl. Soc. rom. Ştiinţe* **31** [1929] 53/66, 66).

Dichte von flüssigem PCl_3 zwischen t = —70 und + 75.1°C:

t	—70	—20.5	0	20.8	35.2	50.3	64.8	75.1
D	1.744	1.653	1.613	1.574	1.547	1.518	1.492	1.475

F. M. JAEGER, J. KAHN (*Proc. Kon. nederl. Akad. Wetensch.* **19** [1916] 397/404, 398; *Versl. wis-en natuurk. Afd. Kon. nederl. Akad. Wetensch.* **25** [1916] 301/8, 302 [niederl.]). Neuere Messungen zwischen 0 und 50°C ergeben praktisch dieselben Werte:

t	0	15	25	35	50
D	1.6114	1.5844	1.5659	1.5470	1.5181

S. T. BOWDEN, A. R. MORGAN (*Phil. Mag.* [7] **29** [1940] 367/78, 371).

Einzelwerte für 0°C und höhere Tempp.:

t	D	Literatur
0	1.609	R. G. ROZENTRETER (*Ž. obšč. Chim.* **2** [1932] 878/9)
0	1.6094	J. TIMMERMANS (*Bull. Soc. chim. Belg.* **32** [1923] 299/306, 302)
0	1.612	H. L. BUFF (*Ann. Chem. Pharm. Suppl.* **4** [1865/66] 129/64, 152), P. W. BRIDGMAN (*Proc. Am. Acad. Arts Sci.* **49** [1913] 3/114, 64)
0	1.61275	T. E. THORPE (*J. chem. Soc.* **37** [1880] 327/94, 334)
10	1.597	H. L. BUFF (*l. c.*)
16.4	1.582	W. RAMSAY, J. SHIELDS (*J. chem. Soc.* **63** [1893] 1089/109, 1099; *Z. physik. Chem.* **12** [1893] 433/75, 464)
17.9	1.5792	T. M. LOWRY, J. HOFTON (*J. chem. Soc.* **1932** 207/11)
18	1.579	J. W. SMITH (*Proc. Roy. Soc.* A **136** [1932] 256/63)
18	1.585	D. VOIGT (*Ann. Chim.* [12] **4** [1949] 393/446, 429)
18	1.576	R. G. ROZENTRETER (*l. c.*)
20	1.5778	J.-L. DE HAUSS (*Chim. anal.* **34** [1952] 248/9)
20	1.5761	A. I. VOGEL (*J. chem. Soc.* **1948** 1833/55, 1851)
20.8	1.574	F. M. JAEGER, J. KAHN (*l. c.*)
21	1.5696	W. J. JONES, W. C. DAVIES, W. J. C. DYKE (*J. phys. Chem.* **37** [1933] 583/96, 584)
25	1.5659	S. T. BOWDEN, A. R. MORGAN (*Phil. Mag.* [7] **29** [1940] 367/78, 368)
30	1.5567	A. WEISSLER (*J. Am. chem. Soc.* **71** [1949] 1272/4)
33.2	1.5505	T. M. LOWRY, J. HOFTON (*l. c.*)
43.5	1.5332	A. I. VOGEL (*l. c.*)
46.2	1.527	W. RAMSAY, J. SHIELDS (*l. c.*)
59.7	1.5000	T. M. LOWRY, J. HOFTON (*l. c.*)
61.5	1.5008	A. I. VOGEL (*l. c.*)
76	1.471	H. L. BUFF (*l. c.*)

Räumlicher Ausdehnungskoeff. bei 30°C: $\gamma = 1.207 \times 10^{-3}\,grd^{-1}$, A. WEISSLER (*l. c.*). Messung der Zunahme des spezif. Vol. zwischen 20 und 80°C s. bei P. W. BRIDGMAN (*Proc. Am. Acad. Arts Sci.* **49** [1913] 3/114, 65). Aus den Angaben von T. E. THORPE (*Ber. dtsch. chem. Ges.* **8** [1875] 326/32, 330; *J. chem. Soc.* **37** [1880] 327/94, 335) über die Temp.-Abhängigkeit des spezif. Vol. zwischen 0°C und dem Sdp. berechnet D. MENDELEJEFF (*J. chem. Soc.* **45** [1884] 126/36; *Ann. Chim. Phys.* [6] **2** [1884] 271/82) den Ausdehnungskoeff. oberhalb 0°C. Nach Messungen zwischen 293 und 193°K gilt für das spezif. Vol. unterhalb 273°K die Formel $v_T = 0.7703 + 5.52 \times 10^{-4}T + 10.6 \times 10^{-7}T^2$; danach ist v beim Schmp. (—95.1°C) um 9.78% kleiner als bei 0°C, F. KÖRBER (*Ann. Phys.* [*Leipzig*] [4] **37** [1912] 1014/45, 1022).

Für den Bereich zwischen 0°C und dem Schmp. gibt J. TIMMERMANS (*Bull. Soc. chim. Belg.* **32** [1923] 299/306, 302) die Formel $D^t = 1.6094 - 1.835 \times 10^{-3}\,t + 12 \times 10^{-8}\,t^2$ bzw. (nach der KELVIN-Skala) $D^T = 2.1193 - 1.900 \times 10^{-3}\,T + 11.8 \times 10^{-8}\,T^2$ an. — Berechnung von D am Schmp. s. A. BALANDIN (*Z. phys. Chem.* **116** [1925] 123/34, 132).

Bei Drucken bis zu 12000 at ändert sich D stetig; die therm. Ausdehnung nimmt ab und ist bei 12000 at halb so groß wie bei 2200 at, P. W. BRIDGMAN (*l. c.*). — Zur Möglichkeit, die Dichte auf $p \to \infty$ zu extrapolieren, s. F. KÖRBER (*l. c.* S. 1033).

Über die therm. Ausdehnung von PCl_3-Dampf zwischen 100 und 180°C s. L. TROOST, P. HAUTEFEUILLE (*C. r. Acad. Sci.* [*Paris*] 83 [1876] 333/5).

Vapor Pressure. Boiling Point

Dampfdruck p. **Siedepunkt** T_V. Nach Messungen zwischen —20 und +70°C gilt über fl. PCl_3 für p in Torr $\lg p = 7.6455 - 1657.3/T$; daraus ergibt sich für p = 760 Torr $T_V = 347.8$°K, K. ARII, M. KAWABATA (*Bull. Inst. phys. chem. Res.* **17** [1938] 299/308, 304). Ältere Messungen von V. RE-

GNAULT (*Mém. Acad. Sci. [Paris]* **26** [1862] 335/760, 701; *Fortschr. Phys.* **1862** 345/56, 351) zwischen 0 und 75°C ergeben bei gewöhnl. Temp. etwa dieselben, bei höheren Tempp. jedoch merklich höhere Werte, so daß der Sdp. zu 73.8°C interpoliert wird. Zwei dieser Werte (p = 341.4 bzw. 674.2 Torr bei 50 bzw. 70°C[1])) werden von E. ARIÈS (*C. r.* **166** [1918] 802/5) ohne genaue Quellenangabe zitiert.

Bei direkter Best. ergibt sich meist ein höherer Sdp. (nachstehende Angaben teilweise von der CELSIUS- auf die KELVIN-Skala umgerechnet). So findet beispielsweise I. TEODOREANU (*Bull. Sect. sci. Acad. Roum.* **17** [1935] 38/40) bei 10 Einzelmessungen unter anderem $T_v = 348.6°K$ bei p = 749.0 bis 751.5, $T_v = 349.1°K$ bei p = 755.0 bis 755.9 und bestätigt damit die Angaben von T. MILOBEDZKI, M. FRIEDMAN (*Chemik polski* [poln.] **15** [1917] 76/9) und M. G. RAEDER (*Skr. Kgl. Norske Vidensk. Selskabs* **1929** Nr. 3, S. 3/118, 41 [norw., dtsch. Zsfg. 110/5]), die $T_v = 348.6°K$ bei 749 Torr bzw. 348.7°K bei 750 Torr angeben. Mit den Ergebnissen von I. TEODOREANU (*l. c.*) sind auch folgende Meßwerte gut vereinbar: $T_v = 348.8°K$ bei 758 Torr, A. R. MORGAN, S. T. BOWEN (*Trans. Faraday Soc.* **36** [1940] 394/7), $T_v = 348°K$ bei 749 Torr, F. M. JAEGER, J. KAHN (*Proc. Kon. nederl. Akad. Wetensch.* **19** [1916] 397/404, 398; *Akad. Amsterdam Versl.* **25** [1916] 301/8, 302), $T_v = 349°K$ bei 762 Torr, W. BILTZ, A. SAPPER, E. WÜNNENBERG (*Z. anorg. Chem.* **203** [1932] 277/306, 289). Dagegen liegt der von W. BILTZ, K. JEEP (*Z. anorg. Chem.* **162** [1927] 32/48, 33) bei 759 Torr gem. Wert $T_v = 349.7°K$ sicher zu hoch. Als Beweis für die Reinheit einer PCl_3-Probe gibt H. H. ANDERSON (*J. Am. chem. Soc.* **75** [1953] 1576/8) $T_v = 348°K$ an. — Ältere Werte für T_v s. bei P. WALDEN (*Z. anorg. Chem.* **25** [1900] 209/26, 210; *Z. physik. Chem.* **70** [1910] 569/619, 581).

Ohne Angabe des Drucks korrigiert J. TIMMERMANS (*Bull. Soc. chim. Belg.* **27** [1913] 334/43, **32** [1923] 299/306, 302) den zunächst angegebenen Wert $T_v = 349.35 \pm 0.05°K$ später auf $T_v = 348.45 \pm 0.01°K$. Diesen als 75.30°C geschriebenen Wert übernimmt K. BUTKOV (*Ž. fiz. Chim.* **7** [1936] 182/90, 186), wobei er versehentlich 73.5°C schreibt. In dieser fehlerhaften Form wird der Sdp. von H. WEICHARDT (*Chemiker-Ztg.* **81** [1957] 421/3) übernommen.

Critical Temperature

Kritische Temperatur T_{kr}. Der von B. PAWLEWSKI (*Ber.* **16** [1883] 2633/6) gem. Wert $t_{kr} = 285.5°C$ ($T_{kr} = 558.6°K$) wird nicht nur von J. L. R. MORGAN, G. K. DAGHLIAN (*J. Am. chem. Soc.* **33** [1911] 672/84, 679), die als ber. Wert $t_{kr} = 287.7°C$ angeben, übernommen, sondern auch von M. TRAUTZ, W. BADSTÜBNER (*Ann. Phys. [Leipzig]* [5] **8** [1931] 185/202, 197) und J. ZERNIKE (*Recueil Trav. chim. Pays-Bas* **69** [1950] 116/24, 118 [engl.]). Aus den beiden Werten der Oberflächenspannung (s. S. 419) bei 16.4 und 46.2°C extrapolieren W. RAMSAY, J. SHIELDS (*J. chem. Soc.* **63** [1893] 1089/1109, 1108; *Z. physik. Chem.* **12** [1893] 433/75, 474) $T_{kr} = 563.6°K$.

Melting Point. Triple Point

Schmelzpunkt T_f. **Tripelpunkt** T_{tr}. Der Schmp. von PCl_3 liegt vermutlich zwischen den von F. KÖRBER (*Nachr. Göttinger Ges.* **1912** 1/30; *Ann. Phys. [Leipzig]* [4] **37** [1912] 1014/45, 1026) und J. TIMMERMANS (*l. c.*) angegebenen Werten $T_f = 178.0$ und 183.1°K. So finden W. BILTZ, K. JEEP (*l. c.*) $T_f = 181.1°K$ und K. ARII, M. KAWABATA (*Bull. Inst. phys. chem. Res.* **17** [1938] 299/308, 306) $T_f = 179.5°K$.

Der irrtümliche, von S. v. WROBLEWSKI, K. OLSZEWSKI (*Ann. Phys. [Leipzig]* [3] **20** [1883] 243/57, 253) gefundene Wert $T_f = 161.3°K$ wurde nicht nur, wie W. BILTZ, K. JEEP (*l. c.*) bemerken, in die Tabellen von LANDOLT-BÖRNSTEIN (3. *Aufl.*, 1905, S. 280) und in die *International critical Tables, Bd.* 1, 1926, S. 109, übernommen, sondern von da aus weiter auch von H. WEICHARDT (*l. c.*) sowie von J. ZERNIKE (*Recueil Trav. chim.* **69** [1950] 116/24, 118 [engl.]), der den Dampfdruck bei $T_{tr} = 161.3°K$ als $p \approx 0.002$ Torr extrapoliert. — Nach der ARII-KAWABATAschen Dampfdruckformel (s. S. 417) ergibt sich der Dampfdruck beim Tripelpunkt $T_{tr} = 179.5°K$ zu $p_{tr} = 0.026$ Torr.

Ebullioscopic Constant

Ebullioskopische Konstante E_s. Aus umfangreichen Messungen bestimmt M. G. RAEDER (*Norsk. Vidensk. Selsk. Skr.* **1929** Nr. 3, S. 3/118, 57 [norw., dtsch. Zsfg. 110/5]; *Z. anorg. Chem.* **210** [1933] 145/60, 150) $E_s = 50.0$, bezogen auf 100 g Lösungsmittel. Ältere Werte s. bei E. BECKMANN (*Z. anorg. Chem.* **51** [1906] 96/115, 110).

Compressibility. Velocity of Sound

Kompressibilität $\varkappa$. **Schallgeschwindigkeit** u. Unterss. bei Drucken bis zu 3000 atm ergeben für $\varkappa$ bei 10.10°C in einzelnen Druckbereichen folgende Mittelwerte:

p in atm	1		500		1000		1500		2000		2500		3000
10^6 $\bar{\varkappa}$ in atm^{-1}		7.23		5.43		4.53		3.84		3.28		2.86	

E.-H. AMAGAT (*Ann. Chim. Phys.* [6] **29** [1893] 505/74, 512, 524). Die diesen Ergebnissen zugrunde liegenden Messungen (spezif. Vol. als Funktion des Drucks) wurden analog auch bei 42.10°C aus-

[1]) Nach vorstehender Formel: p = 328.9 bzw. 654.6 Torr.

geführt und ermöglichen somit die Berechnung des inneren Drucks $(\partial U/\partial V)_T = T\cdot(\partial p/\partial T)_V - p$; mit steigendem Druck nimmt $(\partial U/\partial V)_T$ ständig ab, R. K. SCHOFIELD (*Phil. Mag.* [7] **5** [1928] 1171/6). Die Druckabhängigkeit von $\varkappa$, ermittelt bis 12000 at im Bereich von 20 bis 80°C, wird von P. W. BRIDGMAN (*Proc. Am. Acad.* **49** [1913] 3/114, 65, 87) graphisch dargestellt; vgl. auch P. W. BRIDGMAN (*Proc. phys. Soc.* **41** [1929] 341/60, 347). Die Ergebnisse lassen sich für p in atm und v in cm^3/g mit der Formel $p + K = L/v^7$ erfassen, wenn $K = 2500 - 10.46\ (t-20)$, $L = 2456 + 4.63\ (t-20)$ gesetzt wird, P. V. MATORIN (*Naučn. Dokl. vysšej Školy, Fiz.-mat. Nauki* **1958** Nr. 3, S. 196/202, 191). Zur Berechnung von $\varkappa$ s. ferner V. S. VRKLJAN (*Z. Phys.* **48** [1928] 111/7).

Aus der bei 30°C gem. Schallgeschwindigkeit (3 MHz) u = 944.1 m/s folgt nach der Formel für die adiabat. Kompressibilität $\varkappa_S = 1/(u^2\cdot D)$ der Wert $\varkappa_S = 72.07 \times 10^{-12}\ cm^2/dyn$ und unter Berücksichtigung der Wärmekapazität und des Ausdehnungskoeff. die isotherme Kompressibilität $\varkappa_T = 104.4 \times 10^{-12}\ cm^2/dyn$, A. WEISSLER (*J. Am. chem. Soc.* **71** [1949] 1272/4); s. hierzu auch W. SCHAAFFS (*Ergebnisse exakt. Naturwiss.* **25** [1951] 109/92, 162).

Viscosität η in cP. Ausgewählte Meßwerte; t in °C: *Viscosity*

t	−15	0	10	20	30	40	50	60	70
η	0.874	0.755	0.690	0.636	0.600	0.571	0.548	0.526	0.508

Diese Meßwerte folgen der Regel, daß $1/\eta$ eine lineare Funktion des spezif. Vol. v ist: $1/\eta = (v-\omega)/C$ mit $\omega = 0.5029\ cm^3/g$, $C = 0.000852\ cm^2/s$, G. P. LUČINSKIJ, A. I. LICHAČEVA (*Ž. fiz. Chim.* **7** [1936] 546/8), A. I. LIHATCHEVA, G. P. LOUTCHINSKI (*J. Chim. phys.* **33** [1936] 488/91), G. P. LUČINSKIJ (*Ž. obšč. Chim.* **7** [1937] 2116/27, 2120). Neuere Messungen ergeben etwas niedrigere Werte:

t	0	15	25	35	50
η	0.656	0.560	0.501	0.479	0.453

In der Formel $\eta\cdot v^{1/3} = A\cdot\exp(c/vT)$ ist $A = 1.830 \times 10^{-3}$, $c = 163$ zu setzen, wobei jedoch die Übereinstimmung mit den Meßwerten nur mäßig ist, S. T. BOWDEN, A. R. MORGAN (*Phil. Mag.* [7] **29** [1940] 367/78, 371/2). Dazwischen liegende Werte für η bei 0, 10 und 18°C s. bei R. G. ROZENTRETER (*Ž. obšč. Chim.* **2** [1932] 878/9).

Im Rahmen einer kinet. Theorie der inneren Reibung der Fll. führen R. O. HERZOG, H. KUDAR (*Physik. Z.* **35** [1934] 437/45) auch PCl_3 als Beispiel an und berechnen für die Molekel einen effektiven Durchmesser.

Wird die Gültigkeit einer Potentialgleichung nach LENNARD-JONES vorausgesetzt (12-6-Potential), so lassen sich für die Viscosität von gasf. PCl_3 folgende Werte (in Auswahl) abschätzen:

T in °K	100	200	300	500	1000	1500	2000	3000	4000	5000
$\eta\cdot 10^4$	37.8	69.9	104.7	174.9	325.6	445.6	547.9	722.8	874.1	1009.3

R. A. SVEHLA (*NASA Techn. Rep.* R-132 [1962] 1/140, 111).

Wärmeleitfähigkeit λ in $cal\ cm^{-1}s^{-1}grd^{-1}$. Unter denselben Voraussetzungen wie die Viscosität (s. oben) läßt sich λ für gasf. PCl_3 abschätzen; Werte in Auswahl: *Thermal Conductivity*

T in °K	100	200	300	500	1000	1500	2000	3000	4000	5000
$\lambda\cdot 10^6$	4.3	10.6	18.0	32.7	63.4	87.6	107.8	142.5	172.5	199.2

R. A. SVEHLA (*l. c.*).

Oberflächenspannung γ in dyn/cm. Die ersten Meßergebnisse von W. RAMSAY, J. SHIELDS (*J. chem. Soc.* **63** [1893] 1089/109, 1099; *Z. physik. Chem.* **12** [1893] 433/75, 464), $\gamma = 28.71$ bzw. 24.91 bei t = 16.4 bzw. 46.2°C, werden durch die folgende Meßreihe im wesentlichen bestätigt: *Surface Tension*

t in °C	−70	−20.5	0	20.8	35.2	50.3	64.8	75.1
γ	37.4	31.6	29.3	27.3	25.8	24.3	22.9	21.9

Hieraus und aus der Temp.-Abhängigkeit des (als dimensionslos betrachteten) Molvol. V_{mol} ergibt sich für die molare Oberflächenenergie $\mu = \gamma\cdot V_{mol}^{2/3}$, daß $d\mu/dt$ 1.61 dyn $cm^{-1}grd^{-1}$ ist, F. M. JAEGER, J. KAHN (*Proc. Kon. nederl. Akad. Wetensch.* **19** [1916] 397/404, 398; *Versl. wis. en natuurk. Afd. Kon. nederl. Akad. Wetensch.* **25** [1916] 301/8, 302 [niederl.]). Ergebnisse einer neueren Meßreihe:

t in °C	15.3	19.2	25.5	41.6	60.3
γ	29.23	28.77	27.79	25.88	23.52

A. I. VOGEL (*J. chem. Soc.* **1948** 1833/55, 1851).

Parachor. Siehe hierzu S. 374.

Heat of Vaporization

Verdampfungswärme L_V in cal/Mol. Aus dem Verlauf der Dampfdruckkurve ergibt sich am normalen Sdp. $L_V = 7414$, während der Mittelwert im Bereich von 253 bis 343°K $L_V = 7584$ beträgt, K. Arii, M. Kawabata (*Bull. Inst. phys. chem. Res.* **17** [1938] 299/308, 306).

Thermodynamic Functions

Thermodynamische Funktionen. Zur Bezeichnungsweise und zu den verwendeten Einheiten s. S. 28. — Aus den im UR-Spektrum von gasförmigem PCl_3 gem. Wellenzahlen 198, 252, 482 und 504 cm^{-1} ergeben sich folgende Werte:

T in °K	273.16	298.16	346.66(Sdp.)	400	500	600	700	800	900	1000
$(H^\circ - H_0^\circ)/T$	12.4	12.8	13.5	14.1	15.0	15.6	16.1	16.5	16.9	17.1
C_p°	16.8	17.2	17.8	18.2	18.8	19.1	19.3	19.4	19.5	19.6
S°	72.9	74.4	77.1	79.6	83.8	87.2	90.2	92.8	95.1	97.1

V. Lorenzelli (*C. r.* **253** [1961] 2052/4; *Rend. Accad. naz. Lincei* **31** [1961] 416/21). Damit sind die Ergebnisse von D. P. Stevenson, D. M. Yost (*J. chem. Phys.* **9** [1941] 403/8) fast genau bestätigt, so daß auch die Interpolationsformel $C_p^\circ = 20.068 - 0.289 \times 10^{-3}T - 2.706 \times 10^5/T^2$, die aus deren Daten von H. M. Spencer, G. N. Flanagan (*J. Am. chem. Soc.* **64** [1942] 2511/3) abgeleitet wird, als gültig angesehen werden kann. Mit den Wellenzahlen 189.0, 260.1, 493.5 und 507.4 cm^{-1} (s. S. 372) ergeben sich unter anderen folgende Werte:

T in °K	100	200	298.15	400	700	1000	1500	2000
$H^\circ - H_0^\circ$	892.5	2220.6	3816.7	5624.6	11288.4	17124.6	26961.5	36847.7
C_p°	11.0987	15.1106	17.1673	18.2158	19.2816	19.5763	19.7393	19.7973
S°	58.9944	68.0383	74.5039	79.7128	90.2509	97.1865	105.1614	110.8491

T in °K	2500	3000	3500	4000	4500	5000	5500	6000
$H^\circ - H_0^\circ$	46753.8	56670.0	66591.9	76517.4	86445.3	96374.9	106305.7	116237.4
C_p°	19.8243	19.8390	19.8479	19.8537	19.8577	19.8605	19.8626	19.8642
S°	115.2700	118.8858	121.9447	124.5955	126.9341	129.0265	130.9195	132.6479

B. J. McBride, S. Heimel, J. G. Ehlers, S. Gordon (*NASA* SP-3001 [1963] 259).

Überholte Daten s. bei D. M. Yost, J. E. Sherborne (*J. chem. Phys.* **2** [1934] 125/7), D. M. Yost, T. F. Anderson (*J. chem. Phys.* **2** [1934] 624/7), S. Paramavisan (*Indian J. Phys.* **6** [1931] 413/20, 418), M. Trautz, W. Badstübner (*Ann. Phys.* [*Leipzig*] [5] **8** [1931] 185/202, 197). — Nach empir. Formeln ber. Werte für S_{298}° s. bei K. Otozai, S. Kume, S. Fukushima (*Bull. chem. Soc. Japan* **25** [1952] 302/9), G. Geiseler (*Z. physik. Chem.* **202** [1954] 424/39, 429), S. W. Benson, J. H. Buss (*J. chem. Phys.* **29** [1958] 546/72, 549). Ohne Angaben über die Herkunft der verwendeten Daten tabelliert R. A. Svehla (*NASA Techn. Rep.* R-132 [1962] 1/140, 111) die Größe C_p°/R (wobei R die Gaskonst. ist) für den Bereich von 100 bis 5000°K; zwischen 1000 und 5000°K nimmt C_p°/R von 9.855 auf 9.994 zu.

Für flüssiges PCl_3 zieht P. W. Bridgman (*Proc. Am. Acad. Arts Sci.* **49** [1913] 3/114, 100) aus Kompressionsmessungen allgemeine, qualitative Schlüsse über die Wärmekapazität. — Entropie bei 298°K: S = 52.8, T. F. Anderson, D. M. Yost (*J. chem. Phys.* **4** [1936] 529/30).

Magnetic Susceptibility

Magnetische Suszeptibilität. Der von P. Pascal (*C. r.* **152** [1911] 862/5; *Bull. Soc. chim. France* [4] **11** [1912] 201/6) angegebene Wert für die molare Susz. $\chi_{mol} = -66.0 \times 10^{-6}$ cm^3/Mol findet sich auch bei K. Kido (*Sci. Rep. Tohoku Univ.* I **21** [1932] 869/81, 872); daraus umgerechnete spezif. Suszeptibilität: $\chi = -0.463 \times 10^{-6}$ cm^3/g. Später gibt P. Pascal (*C. r.* **218** [1944] 57/59) $\chi_{mol} = -63.4 \times 10^{-6}$ cm^3/Mol als gemessen und $\chi_{mol} = -69.7 \times 10^{-6}$ cm^3/Mol als berechnet an.

Dielectric Constant

Dielektrizitätskonstante ε. Bei einer Frequenz von ~1.2 MHz ergeben sich die Werte ε = 3.498, 3.490, 3.346 bzw. 3.139 bei 290.0, 291.0, 306.3 bzw. 332.8°K, T. M. Lowry, J. Hofton (*J. chem. Soc.* **1932** 207/11). ε = 3.36 bei 22°C bzw. ε = 3.72 bei 18°C mißt H. Schlundt (*J. phys. Chem.* **5** [1901] 503/26, 512 bzw. **8** [1904] 122/30, 124). Diese Werte sind mit den zuvor zitierten besser vereinbar als der von P. Walden (*Z. physik. Chem.* **70** [1910] 569/619, 581) angegebene Wert ε = 4.7 bei 22°C.

Molpolarisation. Siehe hierzu S. 375.

Electric Breakdown Strength

Elektrische Durchschlagsfestigkeit. In einem gasf. Gemisch aus N_2 und PCl_3 (Partialdruck 113 Torr) ist die Durchschlagsfestigkeit um 90% höher als in reinem N_2, E. E. Charlton, F. S. Cooper (*Gen. Electric Rev.* **40** [1937] 438/42).

Elektrische Leitfähigkeit. Fl. PCl_3 ist ein Isolator, P. Walden (*Z. anorg. Chem.* **25** [1900] 209/26, 211), A. Voigt, W. Biltz (*Z. anorg. Chem.* **133** [1924] 277/305, 291).

Electric Conductivity

Absorptionsvermögen. Selektive Absorption ist an der farblosen Verb. PCl_3 naturgemäß im sichtbaren Bereich nicht zu beobachten; s. hierzu J. E. Purvis (*Proc. Cambridge phil. Soc.* **21** [1923] 566/7), M. Jan-Khan, R. Samuel (*Proc. phys. Soc.* **48** [1936] 626/41, 629), T. Milobedzki, W. Borowski (*Roczn. Chem.* **18** [1938] 725/31 [poln.]). Die langwellige Grenze liegt bei 30°C in der Nähe von $\lambda = 2130$ Å, J. E. Purvis (*l. c.*). Die dieser Wellenlänge entsprechende Energie ist größer als der dritte Tl. der Bildungsenergie; die nach der Dissoz. in $PCl_2 + Cl$ noch verfügbare Energie dient möglicherweise zum Übergang der Elektronenhülle von PCl_2 in einen Anregungszustand, H. Trivedi (*Bull. Acad. Sci. Agra Oudh* **3** [1933] Nr. 1, S. 23/30).

Absorptive Power

Ältere Angaben über das Absorptionsvermögen von PCl_3-Dampf s. bei W. A. Miller (*Phil. Trans.* **152** [1862] 861/87, 871/2).

Brechungszahl n. Messungen an fl. PCl_3 bei 14°C; λ in mμ:

Refractive Index

λ	263	274	288	298	325	340	346	361	467	480	508	537
n	1.666	1.634	1.610	1.597	1.573	1.564	1.561	1.555	1.529	1.525	1.524	1.520

F. F. Martens (*Verh. phys. Ges.* [2] **4** [1902] 138/66, 147, 157). Bei 21°C ist n = 1.5235, 1.5122 und 1.5087 für $\lambda = 4861$, 5893 bzw. 6563 Å, W. J. Jones, W. C. Davies, W. J. C. Dyke (*J. phys. Chem.* **37** [1933] 583/96, 584). Hiermit übereinstimmend findet J. W. Smith (*Proc. Roy. Soc.* A **136** [1932] 256/63) $n_D = 1.51215$ bei 18°C. Dagegen dürfte die Angabe $n_D = 1.4605$ von D. Voigt (*Ann. Chim.* [12] **4** [1949] 393/446, 429) auf einem Meßfehler beruhen. — Zur Molrefraktion s. S. 375.

Optische Aktivität. Nach Ansicht von J. F. Kincaid, F. C. Henriques (*J. Am. chem. Soc.* **62** [1940] 1474/7) können von PCl_3 optisch aktive Formen existieren, die möglicherweise voneinander trennbar sind.

Optical Activity

Faraday-Effekt. Für PCl_3 ergibt sich bei 578 mμ die Verdetsche Konst. nach $\alpha = \omega \cdot H \cdot l$ zu $\omega = 2.677°$ je Oe und cm, D. Voigt (*l. c.*).

Faraday Effect

Chemisches Verhalten

Chemical Reactions

Beim Erhitzen und bei Lagerung. Beim Erhitzen von PCl_3 (wasserhelle, stechend riechende Fl., vgl. S. 412) an der Luft tritt häufig Entflammung ein, wobei das PCl_3 unter Zurücklassen von P mit gelber Flamme brennt. Die Erscheinung wird dem durch Rk. mit Luftfeuchtigkeit wahrscheinlich entstehenden P-Wasserstoff zugeschrieben. Beim Erhitzen unter Luftabschluß tritt diese Erscheinung nicht auf, R. D. Coghill (*J. Am. chem. Soc.* **60** [1938] 488). Disproportionierung in P und PCl_5 bei sehr langer Lagerung, W. Casselmann (*Liebigs Ann. Chem.* **83** [1852] 257/75, 267). Über das Auftreten einer Explosion bei langem Aufbewahren s. S. 413.

On Heating and Storage

Gegen Nichtmetalle. Wasserstoff. Bei therm. Red. von PCl_3 durch H_2 entstehen je nach der Temp. verschiedene Prodd., bei ~1000°C bildet sich weißes P, F. Meyer, H. Kerstein (*Ber. dtsch. chem. Ges.* **47** [1914] 1036/49, 1042). Eine PCl_3-Dampf enthaltende H_2-Flamme scheidet rotes P ab, W. D. Bancroft, H. B. Weiser (*J. phys. Chem.* **18** [1913/14] 213/63, 258). Über Einw. dunkler elektr. Entladungen sowie eines Hochspannungs-Hg-Lichtbogens auf ein Gemisch von PCl_3-Dampf und H_2 s. unter Bldg. von P_2Cl_4 S. 412, vgl. auch S. 363. Zur Rk. mit einem Gemisch aus H_2 und O_2 s. unten.

With Nonmetals. Hydrogen

Sauerstoff (Ozon). Reagiert mit O_2 unter Bldg. von $POCl_3$. Siehe bei Darst. von $POCl_3$ auf S. 458. Über Einw. von Ozon auf PCl_3 unter Bldg. von $POCl_3$ s. I. Remsen (*Ber. dtsch. chem. Ges.* **9** [1876] 1872/6; *Am. J. Sci.* [3] **11** [1876] 365/9).

Oxygen (Ozone)

Beim Durchleiten von H_2 und O_2 durch PCl_3 tritt unter starker Temp.-Steigerung eine Rk. ein. Mit Sicherheit können als Rk.-Prodd. nur wenig P_4O und $POCl_3$ nachgewiesen werden, J. Goubeau, P. Schulz (*Z. anorg. allg. Chem.* **294** [1958] 224/32, 232).

Halogene. Reagiert mit F_2 unter Flammenerscheinung; es bildet sich ein gasf. Gemisch aus Cl_2 und PF_5, H. Moissan (*Ann. Chim. Phys.* [6] **24** [1891] 224/82, 251).

Halogens

Bei der Rk. mit Cl_2 tritt Erwärmung ein, H. Wichelhaus (*Ber. dtsch. chem. Ges.* **1** [1868] 77/81). Als Rk.-Wärme werden im Mittel 29.690 kcal/Mol gemessen, J. Thomsen (*Thermochemische Untersuchungen, Bd.* 2, *Leipzig* 1882, S. 323). System zur graph. Darst. von chem. Gleichgeww. an Hand von Beispielen; z. B. von $PCl_3 + Cl_2 \rightleftharpoons PCl_5$, K. I. SKÄRBLOM (*Tekn. Tidskr.* [*Kemi*] **57** [1927] 87/90, *C.* **1927** II 2033). Die Rk. von PCl_3 mit Cl_2 verläuft bei Abwesenheit von H_2O bei gewöhnl. Temp. als unkatalysierte Rk. in der Gasphase, da sie an unpolaren Oberflächen (Paraffinwachs) ebenso wie an polaren Oberflächen (Glas) in N_2-Atm. in gleicher Weise verläuft. Es entsteht ein übersätt. Dampf, der als weiße Wolke abgeschieden wird, H. A. TAYLOR (*J. phys. Chem.* **28** [1924] 510/3). Eine Unters. der Rk. in CCl_4-Lsg. mit ^{36}Cl als Markierungselement ergibt vorwiegende Addition des Cl_2 in den Äquatoriallagen von PCl_3, J. DOWNS, R. E. JOHNSON (*J. chem. Phys.* **22** [1954] 143/4). Mit fl. Cl_2 entstehen unlösl. Rk.-Prodd., E. BECKMANN (*Z. anorg. allg. Chem.* **51** [1906] 96/115, 99). Zur Löslichkeit von PCl_3 in Cl_2 s. System PCl_3–Cl_2, S. 434. Zum Verh. gegen Cl_2 s. auch Darst. von PCl_5 durch Behandeln von PCl_3 mit Cl_2 auf S. 435, 363.

Beim Mischen mit Brom tritt Erwärmung ein, H. WICHELHAUS (*Ber. dtsch. chem. Ges.* **1** [1868] 77/81). Weitere Angaben s. „*Brom*" S. 119. Vgl. hierzu das System PCl_3–Br_2 auf S. 511.

PCl_3 färbt sich beim Mischen mit Jod rotbraun bis violett; Näheres s. S. 529. Mit einer Lsg. von Jod in Eisessig bildet sich je nach dem Mischungsverhältnis P_2J_4 oder PJ_3, H. RITTER (*Liebigs Ann. Chem.* **95** [1855] 208/11), F. E. E. GERMANN, R. N. TRAXLER (*J. Am. chem. Soc.* **49** [1927] 307/12, 307).

Sulfur. Tellurium

Schwefel. Tellur. PCl_3 wirkt beim Sdp. auf S nicht ein; im Einschmelzrohr tritt bei 130°C Rk. ein, es bildet sich $PSCl_3$. Näheres s. „*Schwefel*" *Tl.* A, S. 704. Über Darst. von $PSCl_3$ durch Erhitzen von PCl_3 mit S in Ggw. von Katalysatoren s. unter Darst. von $PSCl_3$ auf S. 591. — PCl_3 reagiert mit elementarem Te nicht, E. MONTIGNIE (*Bull. Soc. chim. France* [5] **15** [1948] 180/1), vgl. V. LENHER (*J. Am. chem. Soc.* **30** [1908] 737/41, 740).

Carbon

Kohlenstoff. PCl_3-Dampf wirkt als Inhibitor bei der Verbrennung von Kohle (Elektrodenkohle, Zus. in Gew.-%: 99.6 C, 0.1 H, 0.09 H_2O, Rest Asche) bei 850°C in Mengen $< 1\%$ erhöhend auf das CO/CO_2-Verhältnis in den Verbrennungsgasen. Durch seine große Neigung zur Rk. mit H_2O wird dieses der Rk. mit dem CO entzogen, J. R. ARTHUR, J. R. BOWRING (*J. chem. Soc.* **1949** *Suppl.* S. 1/12). Über Löschwrkg. von PCl_3 bei Bränden (brennender Kohlenstoff) s. C. DUFRAISSE, R. HORCLOIS (*C. r. Acad. Sci.* [*Paris*] **192** [1931] 564/6). Vgl. hierzu die Verwendung von PCl_3 bei der Ausbeutung unterird. Öllager, P. B. CRAWFORD (*U.S.P.* 2804146 [1957] nach *C.A.* **1958** 4160).

Die an Kohle adsorbierte Menge a (in mg/g Kohle) läßt sich bei $p < 1$ atm durch die Formel $a = a_0 \cdot p^n$ erfassen, wobei p in cm Hg (10 Torr) eingesetzt wird und $a_0 = 22.945$ bei 20°C, 16.256 bei 30°C, 6.427 bei 50°C, $n = 0.2255$ bzw. 0.2540 bzw. 0.3300 ist. Bei konst. Druck nimmt a linear mit der Temp. ab, K. ARII, M. KAWABATA, T. TAKEI (*Rikwagaku-Kenkyu-shi Iho* **18** [1939] 356/7).

Phosphorus

Phosphor. Die Austauschrkk. von PCl_3 gegen P* in CS_2-Lsg. verlaufen langsam (4% in einigen Min., 30% in einigen Tagen), R. MUXART, O. CHALVET, P. DAUDEL (*J. Chim. phys.* **46** [1949] 373/4). Über Löslichkeit von P in PCl_3 s. S. 433. Isotopenaustauschrk. mit markiertem rotem P* bei gewöhnl. Temp. (3 Std.), bei 30°C (32 und 73 Std.) und bei der Dest. bei 78°C zeigen einen Austausch von $< 2\%$, P. K. CONN, R. E. HEIN (*J. Am. chem. Soc.* **79** [1957] 60/63).

Arsenic

Arsen ergibt beim Erhitzen mit PCl_3 im Einschlußrohr bei 160°C nur spurenweise P-Abscheidung, A. MICHAELIS (*J. prakt. Chem.* [2] **4** [1871] 449/67, 453). Vgl. hierzu „*Arsen*" S. 180.

With Nonmetal Compounds. Hydrolysis

Gegen Nichtmetallverbindungen. Hydrolyse. Zwischen 25 und 200°C kann keine Rk. zwischen H_2O und PCl_3 in der Dampfphase festgestellt werden, R. F. HUDSON (*11th int. Congr. appl. Chem., London* 1947, *Bd.* 1, S. 297/305, 302). Bei Hydrolyse mit dem Kristallwasser einer großen Anzahl von Kristallhydraten werden Beziehungen zur Natur des Kations festgestellt, V. J. SEMIŠIN (*Ž. obšč. Chim.* **16** [1946] 523/30, *C.A.* **1947** 1145).

PCl_3 reagiert mit feuchter Luft oder überschüssigem H_2O nach $PCl_3 + 3H_2O = H_3PO_3 + 3HCl$, mit einer sehr geringen H_2O-Menge nach $PCl_3 + H_2O = 2HCl + POCl$, A. BESSON (*C. r. Acad. Sci.* [*Paris*] **125** [1897] 771/2), vgl. hierzu V. AUGER (*C. r. Acad. Sci.* [*Paris*] **136** [1903] 814/5), B. D. STEELE (*J. chem. Soc.* **93** [1908] 2203/13, 2204), H. E. W. PHILLIPS (*J. chem. Soc.* **95** [1909] 59/66, 59). Ältere Angaben hierzu s. beispielsweise bei A. GEUTHER (*Jenaische Z. Med. Naturwiss.* **7** [1873] 118/29, 122), C. KRAUT (*Liebigs Ann. Chem.* **158** [1871] 332/3; *Bull. Soc. chim.* [*Paris*] [2] **16** [1871] 71), A. MICHAELIS (*Ber. dtsch. chem. Ges.* **8** [1875] 504/6).

Die bei der Hydrolyse von PCl_3 auftretende bräunliche Trübung stammt von abgeschiedenem elementarem As, das durch Red. anwesender arseniger Säure durch H_3PO_3 gebildet wird. Die arsenige Säure entsteht durch Hydrolyse von im PCl_3 als Verunreinigung befindlichem $AsCl_3$, A. GEUTHER (*Liebigs Ann. Chem.* **240** [1887] 208/25, 213).

Zur Best. der Rk.-Geschw. der Rk. $PCl_3 + 3H_2O = H_3PO_3 + 3HCl$ wird PCl_3 mit H_2O unter Rühren zusammengebracht. Durch Analyse nach verschiedenen Zeiten wird gefunden, daß die für homogene Systeme erster Ordnung unter Berücksichtigung der wirkenden Oberfläche gültige Gleichung $1/O\ t\ lg\ A/(A-x) = AC$ (O = Oberfläche, t = Zeit in Min., A = Menge der angewendeten Subst., x = Menge der zersetzten Subst., C = Konst.) anwendbar ist. Der mittlere Wert für AC liegt für PCl_3 bei 5°C und einer Rk.-Zeit zwischen 15 und 70 Min. bei 2.97×10^{-4}, G. CARRARA, I. ZOPPELARI (*Gazz. chim. ital.* **26** I [1896] 483/93); zur Vers.-Anordnung s. G. CARRARA, I. ZOPPELARI (*Gazz. chim. ital.* **24** I [1894] 364/70). Über Best. der Konst. der Hydrolysengeschww. von PCl_3-Lsgg. in Toluol bei 20 und 35°C s. J. R. VELASCO, R. C. RAMOS (*An. españ. Fis. Quim.* **38** [1942] 171/8).

Infolge der reduzierenden Eigg., die kurz nach erfolgter Hydrolyse auftreten, wird zunächst das intermediäre Bestehen von $P(OH)_2Cl$ angenommen, wegen der längeren Dauer des Red.-Vermögens aber auf die Ggw. einer tautomeren Form $P(OH)_3$ des normalen $HPO(OH)_2$, vgl. S. 126, geschlossen, A. D. MITCHELL (*J. chem. Soc.* **127** [1925] 336/42). Auch die zeitliche Änderung der Oberflächenspannung von PCl_3-Hydrolysaten wird auf die vorübergehende Ggw. der tautomeren Form von H_3PO_3 zurückgeführt, R. DOLIQUE, A. GRANGIENS (*C. r. Acad. Sci.* [*Paris*] **197** [1933] 618/20). Ferner wird bei Ox. der frischen Hydrolysenprodd. mit Jodlsg. bei $p_H = 5.7$ (vgl. hierzu S. 144) ~10% $H_4P_2O_6$ gebildet, J. H. KOLITOWSKA (*Roczniki Chem.* **16** [1936] 313/7, *C.* **1936** II 2689).

Unters. durch Beobachtung der Temp.-Erhöhung beim Zusatz steigender H_2O-Mengen zur äther. Lsg. von PCl_3 macht die Existenz der intermediären nicht isolierbaren Zwischenprodd. $P(OH)Cl_2$ und $P(OH)_2Cl$ wahrscheinlich; als Hydrolysenendprod. wird nur phosphorige Säure gefunden, D. VOIGT (*C. r. Acad. Sci.* [*Paris*] **232** [1951] 2442/4). Hydrolyse mit wss. NaOH in Ggw. von z. B. Pyridin oder $C_6H_5N(C_2H_5)_2$ zur Ausschaltung der gebildeten Salzsäure, von welcher angenommen wird, daß sie die Umwandlung von primär entstehendem $P(OH)_3$ in $HPO(OH)_2$ beschleunigt, ergibt ebenfalls nur $HPO(OH)_2$, D. VOIGT (*Bull. Soc. chim. France* **1953** 212/4). Dagegen wird festgestellt, daß sich bei der Hydrolyse von PCl_3 beide Formen, $HPO(OH)_2$ und $P(OH)_3$ bilden, wie aus den bei milder Ox. der Hydrolysenprodd. gebildeten Säuren $H_4P_2O_6$ und H_3PO_4 hervorgeht. Die Ausbeute an $H_4P_2O_6$ ist bei PCl_3 kleiner als bei PBr_3 (vgl. hierzu S. 144). UV-Absorptionsspektren bestätigen das Ergebnis, J. H. KOLITOWSKA (*Roczniki Chem.* **27** [1953] 191/206 [poln., engl. Auszug S. 205/6]), s. hierzu jedoch unten und S. 144.

Die beim Einleiten von mit PCl_3-Dampf beladenem N_2 in mit Eis gekühlte wss. Suspensionen von $NaHCO_3$ mit und ohne Zusatz von Na_2HPO_3 und in NaOH-Lsgg. eintretende Hydrolyse wird jodometrisch und papierchromatographisch[1]) verfolgt; bis zu ~75% des P^{III} bildet Pyrophosphit $Na_2H_2P_2O_5$, das aus primär entstehendem Phosphit Na_2HPO_3 und PCl_3 entsteht. Als Hydrolysenprodd. werden ferner festgestellt neben PH_3 und dem genannten Phosphit Na_2HPO_3: Diphosphit $Na_3HP_2O_5$, Hypophosphat $Na_3HP_2O_6$, Monophosphat Na_2HPO_4, Diphosphat $Na_2H_2P_2O_7$, eine kleine Menge eines iso-Hypophosphats $Na_3HP_2O_6$ (ein Isomeres des normalen Hypophosphats) und eine kleine Menge einer Verb. mit 3 oder 4 P-Atomen und mindestens je einer P–O–P- und einer P–P-Bindung in der Molekel, die in saurer Lsg. jedoch unbeständig ist und durch Hydrolyse leicht in iso- und normales Hypophosphat übergeht. Die Form $P(OH)_3$ der phosphorigen Säure wird nicht aufgefunden. Als Mechanismus der Hydrolyse wird angenommen, daß zunächst Protonen an PX_3 (X = Halogen) angelagert werden unter Bldg. eines PH_4-ähnlichen Ions, welches unter Abspaltung von Halogenwasserstoff in ein radikalähnliches PX_2^+-Ion mit Elektronenlücke übergeht, das sich dann an eine weitere PX_3-Molekel anlagert:

$$PX_3\!: + H^+ \rightarrow [PX_3H]^+ \rightarrow [PX_2\!:]^+ + HX$$

$$PX_3 + [\ddot{P}(X)_2]^+ \rightarrow [PX_3\!:\!\ddot{P}X_2]^+$$

Diese Zwischenverb. wird unter Hydrolyse und H^+-Regenerierung in eine P-P-Verb. umgewandelt:

$$[PX_3:\ddot{P}X_2]^+ + 5H_2O \rightarrow (HO)_2P(=O)\!-\!P(=O)(OH)H + H^+ + 5HX$$

Die Kondensation zu P–O–P-Verbb. hängt wahrscheinlich mit der intermolekularen Abspaltung von HX aus einer P–X-Bindung und einer nur schwach dissoziierenden OH-Gruppe nach

$$P\!-\!X + HO\!-\!P \rightarrow HX + P\!-\!O\!-\!P$$

[1]) J.-P. EBEL, Y. VOLMER (*C. r. Acad. Sci.* [*Paris*] **233** [1951] 415/7), J.-P. EBEL (*Bull. Soc. chim. France* **1953** 991/8), H. GRUNZE, E. THILO (*Sitz.-Ber. Akad. Wiss. Berlin* **1953** Nr. 5, S. 1/25).

zusammen, wobei partiell hydrolysierte Zwischenverbb. eine Rolle spielen, E. THILO, D. HEINZ (*Z. anorg. allg. Chem.* **281** [1955] 303/21). Vgl. hierzu W. HÜCKEL (*Liebigs Ann. Chem.* **540** [1939] 274/84, 281).

Bei der sehr schonend in großer Verd. in den indifferenten Lsgmm. $(C_2H_5)_2O$ und CS_2 durchgeführten Hydrolyse wird ein rascher Verlauf festgestellt und deshalb bei $-80°C$ und mit H_2O nur langsam abspaltenden Verbb. wie $Na_2CO_3 \cdot H_2O$, $Na_2CO_3 \cdot 10\,H_2O$, $CoCl_2 \cdot 6\,H_2O$, Eis ($-60°C$), HCl-Dihydrat gearbeitet. Als Prodd. werden mit Sicherheit nachgewiesen nur H_3PO_3, $H_4P_2O_5$ und als Nebenprodd. $POCl_3$ und P_4O, J. GOUBEAU, P. SCHULZ (*Z. anorg. allg. Chem.* **294** [1958] 224/32, 231).

Bldg. von Salzen einer $\overset{3}{P}$–O–$\overset{5}{P}$-Säure (Erklärung der Nomenklatur s. S. 138) durch Rk. von PCl_3 mit wss. Lsgg. von Alkaliorthophosphaten s. B. BLASER, K.-H. WORMS (*Z. anorg. allg. Chem.* **301** [1959] 18/35), vgl. S. 151.

Die Wärmetönung der Rk. $PCl_3 + 3\,H_2O + aq \rightarrow H_3PO_3 + 3\,HCl + aq$ (aq = zwischen 4500 und 7500 Mol H_2O) bei 25°C wird zu 67.5 ± 0.3 kcal/Mol ermittelt, E. NEALE, L. T. D. WILLIAMS (*J. chem. Soc.* **1952** 4535/6), für die in Ggw. von 5120 bis 8230 Mol H_2O ausgeführte Rk. $PCl_{3fl} + 3\,H_2O_{fl} \rightarrow H_3PO_3 + 3\,HCl$ ergibt sich ein Mittelwert von 67.7 kcal/Mol, I. CHARNEY, H. A. SKINNER (*J. chem. Soc.* **1953** 450/2). — Die Wärmetönung bei 22 bis 23°C der Rk. $PCl_{3fl} + Br_2(H_2O) + 4\,H_2O_{fl} = H_3PO_4 + 3\,HCl + 2\,HBr$ (wss. Lsg.), in Ggw. von 4700 bis 6700 Mol H_2O/Mol PCl_3 beträgt im Mittel 137.9 kcal/Mol, E. NEALE, L. T. D. WILLIAMS (*J. chem. Soc.* **1954** 2156/8). — Ältere Bestt. der Rk.-Wärme von PCl_3 mit H_2O: 65.140 kcal/Mol (1 Mol in 1000 Mol H_2O) J. THOMSEN (*Ber. dtsch. chem. Ges.* **6** [1873] 710/7, **16** [1883] 37/39), 63.600 kcal/Mol (1 Tl. auf 100 Tl. H_2O), M. BERTHELOT, W. LOUGUININE (*C. r. Acad. Sci.* [*Paris*] **75** [1872] 100/4; *Ann. Chim. Phys.* [5] **6** [1875] 305/11, 307), vgl. hierzu ferner P.-A. FAVRE, J.-T. SILBERMANN (*Liebigs Ann. Chem.* **88** [1853] 141/79, 174), J. OGIER (*C. r. Acad. Sci.* [*Paris*] **87** [1878] 210/3), H. W. SCHRÖDER VAN DER KOLK (*Ann. Phys. Chem.* **131** [1867] 277/98, 284), J. THOMSEN (*Ber. dtsch. chem. Ges.* **6** [1873] 710/7, **16** [1883] 37/39).

Ammonia

Ammoniak. Beim Behandeln von PCl_3 mit gasf. trocknem NH_3 bildet sich unter starker Erwärmung eine harte, weiße, pulverige Masse mit einzelnen bräunlichen Stellen, H. ROSE (*Liebigs Ann. Chem.* **24** [1832] 295/341, 308, **28** [1833] 529/50, 530), vgl. H. DAVY (*Schweiggers J.* **3** [1811] 79/120, 99). PCl_3 absorbiert gasf. NH_3 unter Erwärmung und bildet ein weißes Prod. der Zus. $PCl_3 \cdot 5\,NH_3$, A. BESSON (*C. r. Acad. Sci.* [*Paris*] **111** [1890] 972/4), nach früheren Angaben $PCl_3 \cdot 4\,NH_3$, J. PERSOZ (*Ann. Chim. Phys.* [2] **44** [1830] 315/25, 321). Je nach den Vers.-Bedingungen werden Prodd. wechselnder Zus. festgestellt, P. RENAUD (*Bull. Soc. chim. France* [5] **4** [1937] 1291/3; *Ann. Chim. Phys.* [11] **3** [1935] 443/512, 490, 499). Vgl. hierzu auch S. 434.

Auch bei der Rk. von PCl_3 mit fl. NH_3 entstehen je nach den Rk.-Bedingungen verschiedene Produkte. Bei Verwendung von wenig PCl_3 werden $P(NH_2)_3$ und NH_4Cl, bei Zusatz von etwas mehr PCl_3 außerdem noch $HNPNH_2$ erhalten, viel PCl_3 reagiert in exothermer Rk. nach $PCl_3 + 4\,NH_3 \rightarrow PN + 3\,NH_4Cl$. Bei Rk. von PCl_3 mit bei $-78°C$ mit NH_3 gesätt. $CHCl_3$ wird $P(NH_2)_3$ nach $PCl_3 + 6\,NH_3 \rightarrow P(NH_2)_3 + 3\,NH_4Cl$ erhalten. Bei Rk. von NH_3 mit PCl_3 in äther. Lsg. bei $-20°C$ entsteht ein Gemisch aus $HNPNH_2$ und NH_4Cl gemäß dem Vorgang $PCl_3 + 5\,NH_3 \rightarrow HNPNH_2 + 3\,NH_4Cl$; Näheres s. bei der Darst. der betreffenden Verbb., (vgl. S. 327, 307, 326), M. BECKE-GOEHRING, J. SCHULZE (*Chem. Ber.* **91** [1958] 1188/95). — Ein mit PCl_3-Dampf beladener trockner H_2-Strom reagiert beim Einleiten in fl. NH_3 unter Bldg. von $NHPNH_2$, das sich zwischen 0 und 100°C unter NH_3-Abgabe in $P_2(NH)_3$ umwandelt, A. JOANNIS (*C. r. Acad. Sci.* [*Paris*] **139** [1904] 364/6), vgl. H. MOUREU, G. WETROFF (*Bull. Soc. chim. France* [5] **4** [1937] 918/32, 1293/7, 1839/50; *C. r. Acad. Sci.* [*Paris*] **201** [1935] 1381/3, **204** [1937] 436/9), W. C. FERNELIUS, G. B. BOWMAN (*Chem. Rev.* **26** [1940] 3/48, 11), s. auch S. 307.

Eine Lsg. von PCl_3 in CCl_4 reagiert mit einer solchen von NH_3 in CCl_4 unter Bldg. eines Primärprod., dem wahrscheinlich die Zus. $PCl_3 \cdot 6\,NH_3$ zukommt, H. PERPEROT (*Bull. Soc. chim. France* [4] **37** [1925] 1540/8; *C. r. Acad. Sci.* [*Paris*] **181** [1925] 662/4), vgl. S. 434.

Nitrogen Oxides

Stickoxide. Die Reaktion von NO auf PCl_3 ergibt bei gewöhnl. Temp. ebenso wie die Einw. von N_2O_3 oder NO_2 oder von Gemischen beider bei -78, bei $-18°C$ und bei gewöhnl. Temp. neben geringen Mengen anderer Rk.-Prodd. NOCl, W. A. NOYES (*J. Am. chem. Soc.* **47** [1925] 2159/64).

Beim Überleiten von trocknem N_2O_4 über die Oberfläche von frisch dest. PCl_3 (auf $-10°C$ gekühlt) tritt unter heftiger Absorption eine tiefrote Färbung auf. Beim Stehenlassen oder nach Austreiben der gasf. Rk.-Prodd. (NO, N_2O_3, NOCl, vermutlich auch NO_2Cl) scheidet sich eine große Menge farbloser Kristalle der Bruttozus. $P_2O_6NCl_2$ aus. Die fl. Phase liefert bei der Fraktionierung $POCl_3$, $P_2O_3Cl_4$

und wenig $P_4O_4Cl_{10}$. Der Rk.-Verlauf kann durch die Annahme von intermediär entstehenden Radikalen gedeutet werden. PCl_3 wird zunächst in $POCl_3$ und $Cl_2\dot{P}O$ übergeführt, wobei die hierfür erforderlichen NO_2-Radikale aus dem Zerfallsgleichgew. $N_2O_4 \rightleftharpoons 2\dot{O}NO$ entstehen

$$PCl_3 + O\dot{N}O \rightarrow Cl_3PO\dot{N}O \rightarrow Cl_2\dot{P}O + NOCl$$

$$Cl_3PO\dot{N}O \rightarrow POCl_3 + NO$$

$2Cl_2\dot{P}O$ und $O\dot{N}O$ reagieren intermediär zu $POCl_2ONO$, welches sich mit einem weiteren $Cl_2\dot{P}O$ unter Austritt von NO zu $P_2O_3Cl_4$ vereinigt. Über die Bldg. von $P_4O_4Cl_{10}$ aus $POCl_3$ und $Cl_2\dot{P}O$ s. S. 457. Auch das Entstehen von $P_2O_6NCl_2$[1]) kann über Bldg. von Radikalen erklärt werden. Die Red. des N in N_2O_4 kann durch gleichzeitiges Einleiten von O_2 rückgängig gemacht werden, so daß nur eine verhältnismäßig kleine Menge N_2O_4 zur Durchführung der Rk. gebraucht wird. Eine kleine Menge gleichzeitig entstehendes PCl_5 könnte durch Rk. von PCl_3 und NOCl in der Gasphase entstanden sein, R. KLEMENT, K. H. WOLF (*Z. anorg. allg. Chem.* **282** [1955] 149/61, 150). Bei Durchführung der Rk. bei —40°C bilden sich keine Festkörper. Die Ausbeute an $P_2O_3Cl_4$ fällt von 17% (bei —15°C) auf 5%, der Anteil an $P_4O_4Cl_{10}$ steigt von 5% auf ~10%. Bei Belichtung mit UV-Licht (bei —40°C) werden bis zu 25% $P_2O_3Cl_4$, jedoch nur 3% $P_4O_4Cl_{10}$ erhalten, was als Beweis für die Richtigkeit der Annahme von Radikalrkk. gewertet wird, E. G. F. ROTHER (*Diss. München* 1959, S. 1/98, 5).

Weitere Stickstoffverbindungen. Eine sehr kleine Menge von PCl_3 bewirkt bereits Entflammung von NH_2OH; mit $CHCl_3$ verd. PCl_3 gibt mit in $CHCl_3$ aufgeschlämmtem NH_2OH unter Wärmeentw. eine voluminöse weiße amorphe Masse, deren wss. Lsg. H_3PO_3, NH_2OH und Cl enthält, C. A. LOBRY DE BRUYN (*Rec. Trav. chim.* **11** [1892] 18/50, 36). *Other Nitrogen Compounds*

Halogenverbindungen. Der Isotopenaustausch, vgl. auch S. 363, mit HCl (3% $H^{37}Cl$ und 97% $H^{35}Cl$) in der Gasphase bei 20°C verläuft in 5 Min. weitgehend und ist in 45 Min. vollständig. Zur Erklärung des Rk.-Mechanismus wird die Bldg. einer Anlagerungsverb. zwischen HCl und PCl_3 angenommen, die mit den Komponenten im dynam. Gleichgew. steht: $HCl + PCl_3 \rightleftharpoons HPCl_4$, K. CLUSIUS, H. HAIMERL (*Z. physik. Chem.* B **51** [1942] 347/51). In CCl_4 gelöstes PCl_3 reagiert beim tropfenweisen Zusatz einer Lsg. von ClO_2 in CCl_4 bei Tempp. <20°C, wobei eine Erwärmung vermieden wird, nach $5PCl_3 + 2ClO_2 \rightarrow PCl_5 + 4POCl_3$, A. PEROTTI (*Gazz.* **89** [1959] 2046/52). *Halogen Compounds*

NO_2Cl reagiert beim Zudestillieren zu überschüssigem PCl_3 bei —75°C in exothermer Rk. unter Bldg. von PCl_5, $POCl_3$, NOCl und N_2O_4, H. H. BATEY, H. H. SISLER (*J. Am. chem. Soc.* **74** [1952] 3408/10).

Mit gasf. HBr setzt sich PCl_3 selbst bei der Temp. einer Kältemischung energisch unter Bldg. von PBr_3 um, vgl. „*Brom*" S. 211.

Mit gasf. HJ bildet PCl_3 unter Erwärmung HCl und PJ_3, mit JCl entsteht eine tiefviolette Lsg., mit JCl_3 findet eine äußerst heftige Rk. unter Bldg. von $PCl_5 \cdot JCl$ statt, E. BAUDRIMONT (*Ann. Chim. Phys.* [4] **2** [1864] 5/67, 38).

Schwefelverbindungen. PCl_3 reagiert mit trocknem H_2S bei gewöhnl. Temp. und bei Rotglut unter Bldg. von P_2S_3(?) und gasf. HCl; vgl. hierzu S. 581 und „*Schwefel*" *Tl.* B, S. 67. Über Bldg. neuer P–S-Phasen durch Rk. von PCl_3 mit H_2S s. G. A. RODLEY, C. J. WILKINS (*J. inorg. nucl. Chem.* **13** [1960] 231/8). Über die heftig verlaufende Rk. mit H_2S_2 unter Bldg. von P_2S_5 und $PSCl_3$ s. „*Schwefel*" *Tl.* B, S. 148. *Sulfur Compounds*

PCl_3 wirkt bis 140°C auf SO_2 nicht ein; bei höherer Temp. tritt Bldg. von $PSCl_3$, $POCl_3$ und etwas S ein; vgl. hierzu „*Schwefel*" *Tl.* B, S. 288. Vgl. auch S. 431.

PCl_3 nimmt SO_3 unter starker Wärmeentw. und unter Bldg. von $POCl_3$ und SO_2 auf; wahrscheinlich bildet sich intermediär eine Additionsverb.; Näheres s. „*Schwefel*" *Tl.* B, S. 360. Die Rk. mit S_2Cl_2, vgl. „*Schwefel*" *Tl.* B, S. 1777, wird durch Zusatz von Jod stark beschleunigt, M. KOHN, A. OSTERSETZER (*Z. anorg. allg. Chem.* **82** [1913] 240/1).

Zur Rk. mit $SOCl_2$ bei erhöhter Temp., bei der PCl_5 und $PSCl_3$ als Rk.-Prodd. nachgewiesen wurden, vgl. „*Schwefel*" *Tl.* B, S. 1828. SO_2Cl_2 reagiert nach $PCl_3 + SO_2Cl_2 = PCl_5 + SO_2$, H. B. NORTH, J. C. THOMSON (*J. Am. chem. Soc.* **40** [1918] 774/7). — In der Kälte findet mit $S_2O_5Cl_2$ Umsetzung nach $S_2O_5Cl_2 + 2PCl_3 = POCl_3 + 2SO_2 + PCl_5$ statt; mit $SO_2(OH)Cl$ tritt in der Kälte, besser beim

[1]) Im Original ist (wahrscheinlich irrtümlicherweise) die Formel P_2O_6NCl angegeben.

Erwärmen Rk. ein nach $2PCl_3 + 8SO_2(OH)Cl = P_2O_5 + 3S_2O_5Cl_2 + 2SO_2 + 8HCl$, A. MICHAELIS (*J. prakt. Chem.* [2] **4** [1871] 449/57; *Jenaische Z. Med. Naturwiss.* **7** [1873] 110/7). PCl_3 reagiert mit FSO_2NO nach $PCl_3 + 6FSO_2NO \rightarrow NO[PF_6] + 2NO + 3NOCl + 6SO_2$; außerdem entsteht hierbei PF_3, F. SEEL, H. MASSAT (*Z. anorg. allg. Chem.* **280** [1955] 186/96, 192). Bei Zusatz von PCl_3 zu einer mit $SOCl_2$ versetzten Lsg. von S_4N_4 in C_6H_6 unter Rühren bilden sich neben einem braunen Hauptrk.-Prod. auch Kristalle von $(PNCl_2)_3$, M. GOEHRING, J. HEINKE (*Z. anorg. allg. Chem.* **278** [1955] 53/57); über Rk. von überschüssigem PCl_3 mit N_4S_4 unter Bldg. von $[PNCl_3^-][PCl_4^+]$ s. S. 535.

Selenium and Tellurium Compounds

Selen- und Tellurverbindungen. PCl_3 färbt sich beim Zusammenbringen mit SeO_2 unter Wärmeentw. rot; beim Erhitzen im Einschlußrohr bei 100 bis 110°C tritt Rk. ein nach $2PCl_3 + SeO_2 = Se + 2POCl_3$. Mit überschüssigem $SeCl_4$ bilden sich $2PCl_5 \cdot SeCl_4$ und Se_2Cl_2; mit $SeOCl_2$ verläuft die Rk. unter starker Wärmeentw. nach $3PCl_3 + 3SeOCl_2 = SeCl_4 + Se_2Cl_2 + 3POCl_3$; vgl. hierzu „*Selen*" *Tl.* B, S. 36, 125. PCl_3 reduziert TeO_2 rasch zu Te, V. LENHER (*J. Am. chem. Soc.* **30** [1908] 737/41, 740).

Boron Compounds

Borverbindungen. PCl_3 wirkt selbst bei **2**wöchigem Erhitzen bei 200°C auf B_2O_3 nicht ein, G. GUSTAVSON (*Z. Chem.* **13** [1870] 521/2). Über Rk. mit B_2O_3 unter Bldg. von BCl_3 s. R. K. PEARSON u. a. (NOa(s)-52-1024-c nach *N.S.A.* **11** [1957] 670). PCl_3 bildet mit BF_3, BCl_3 und BBr_3 Additionsverbb. der Zus. $PCl_3 \cdot BX_3$ (X = F, Cl, Br), vgl. S. 617, 618, 619 und „*Bor*" *Erg.-Bd.*, S. 179, 201, 206. — Über Löslichkeit von B_2S_3 in PCl_3 s. „*Bor*" S. 132. Mit H_3BOF_2 findet auch bei seinem Sdp. keine Rk. statt, L. H. LONG, D. DOLLIMORE (*J. chem. Soc.* **1951** 1608/12).

Silicon Compounds

Siliciumverbindungen. Die Einw. von SiH_4 auf PCl_3 ist sehr gering, R. MAHN (*Jenaische Z. Med. Naturwiss.* **5** [1870] 158/66). Rotglühendes SiO_2 bildet beim Überleiten von PCl_3-Dampf $SiCl_4$, vgl. „*Silicium*" *Tl.* B, S. 549.

Phosphorus Compounds

Phosphorverbindungen. Beim Einleiten von gasf. PH_3 entstehen gasf. HCl und weißes P, das sich am Licht schnell rot färbt, H. ROSE (*Ann. Phys. Chem.* **24** [1832] 295/350, 307). Vgl. hierzu R. MAHN (*Z. Chem.* **12** [1869] 729/31; *Jenaische Z. Med. Naturwiss.* **5** [1870] 158/66, 159). Die Bldg. von P bei der Rk. mit PH_3 wird auf Grund thermodynam. Daten für unwahrscheinlich gehalten. Reines PH_3 wirkt nur sehr langsam ein, die Dämpfe von P_2H_4 sind wirksamer. Es bilden sich HCl und $P_{12}H_6$, P. DE WILDE (*Bull. Cl. Sci. Acad. Roy. Belgique* [3] **3** [1882] 770/5). Beim Einleiten von PH_3 bildet sich bei gewöhnl. Temp. festes $P_{12}H_6$; bei —20°C findet diese Rk. nicht statt, A. BESSON (*C. r. Acad. Sci.* [*Paris*] **111** [1890] 972/4).

PCl_3 reagiert mit $P(NH_2)_3$, s. S. 328, nach $3P(NH_2)_3 + PCl_3 \rightarrow 2NH_4Cl + P_4(NH)_4(NH_2)_3Cl$; bei weiterer Rk. dieses Primärproduktes, das nicht isoliert wurde und dessen Zus. nur vermutet wird, mit fl. NH_3 findet Umsetzung statt nach $P_4(NH)_4(NH_2)_3Cl + 2NH_3 \rightarrow 4HNPNH_2 + NH_4Cl$. Diese Endprodd. können durch Extraktion mit fl. NH_3 getrennt werden, M. BECKE-GOEHRING, J. SCHULZE (*Chem. Ber.* **91** [1958] 1188/95, 1190). — Mit P_4O_6 reagiert PCl_3 bei gewöhnl. Temp. kaum; beim Erhitzen im Einschmelzrohr bei 180°C entstehen P, P_2O_5 und PCl_5, T. E. THORPE, A. E. TUTTON (*J. chem. Soc.* **59** [1891] 1019/29, 1029).

Beim Durchleiten einer äquimolaren Mischung von PCl_3 und PF_3 durch ein mit Porzellanstückchen gefülltes Glasrohr, welches durch einen elektr. Ofen so erhitzt wird, daß die Temp. der austretenden Gase ~200°C beträgt, werden 50% des Gemisches in PF_2Cl und $PFCl_2$ umgewandelt, H. S. BOOTH, A. R. BOZARTH (*J. Am. chem. Soc.* **55** [1933] 3890). Vgl. hierzu S. 482. In einem Gemisch von PCl_3 und PBr_3 treten analog die Verbb. PCl_2Br und $PClBr_2$ auf, M.-L. DELWAULLE (*C. r. Acad. Sci.* [*Paris*] **224** [1947] 389/91). Näheres s. S. 513. PCl_3 reagiert mit $PCl_5 \cdot JCl$ unter Bldg. von PCl_5 und elementarem Jod, E. BAUDRIMONT (*Ann. Chim. Phys.* [4] **2** [1864] 5/67, 38), mit PH_4J bei gewöhnl. Temp. unter Bldg. von HCl, PH_3, P_4H_2 und P_2J_4, P. DE WILDE (*Ber. dtsch. chem. Ges.* **16** [1883] 217). Näheres s. S. 527.

Isotopenaustausch von mit ^{32}P oder ^{36}Cl markiertem PCl_3 mit PCl_5 in CCl_4-Lsg. s. W. E. BECKER, R. E. JOHNSON (*J. Am. chem. Soc.* **79** [1957] 5157/9), Näheres s. S. **443**; Verss. zur Umsetzung von PCl_3 mit P^*SCl_3 bei gewöhnl. Temp. (3 Std.), bei 30°C (32 und 73 Std.) und bei 78°C zeigen einen Austausch von <2%, P. K. CONN, R. E. HEIN (*J. Am. chem. Soc.* **79** [1957] 60/63).

Arsenic (and Antimony) Compounds

Arsen-(und Antimon-)Verbindungen. Über Rk. von PCl_3 mit AsH_3, As_2O_3 und As_2O_5 s. „*Arsen*" S. 227, 267, 277. Beim Zutropfen von PCl_3 zur salzsauren Lsg. eines Arsenates in der Siedehitze in Ggw. von KBr (als Katalysator) wird das As als Chlorid verflüchtigt. H_3PO_3 bleibt zurück, W. STRECKER, A. RIEDEMANN (*Ber.* **52** [1919] 1935/47, 1941). Zur Rk. mit wss. As_2O_3-Lsg. s. S. 363.

Mit AsJ_3 findet keine Rk. statt, T. KARANTASSIS (*C. r. Acad. Sci.* [*Paris*] **182** [1926] 1391/3; *Ann. Chim. Phys.* [10] **8** [1927] 71/119, 109/10). PCl_3 reagiert mit $(CH_3)_3As$ bzw. $(CH_3)_3Sb$ bei niedriger Temp. unter Bldg. von weißem $PCl_3 \cdot As(CH_3)_3$ bzw. orangeweißem $PCl_3 \cdot Sb(CH_3)_3$, R. R. HOLMES, E. F. BERTAUT (*J. Am. chem. Soc.* **80** [1958] 2983/5).

Gegen Säuren. HNO_2 und HNO_3 reagieren mit PCl_3 sehr heftig unter Explosion, J. PERSOZ, BLOCH (*C. r. Acad. Sci.* [*Paris*] **28** [1849] 86/88, 389). *With Acids*

Über die bei gewöhnl. Temp. langsam, beim Erwärmen sehr lebhaft eintretende Rk. mit H_2SO_4 s. „*Schwefel*" *Tl.* B, S. 771.

Die Einw. von PCl_3 auf konz. H_3PO_2 erfolgt nach : $4H_3PO_2 + 2PCl_3 = P_4O + H_3PO_3 + H_3PO_4 + 6HCl$. Durch eine Nebenrk.: $4H_3PO_2 = H_3PO_4 + H_3PO_3 + H_2O + P_2H_4$ entstehendes P_2H_4 wird durch das HCl in gasf. und festen P-Wasserstoff übergeführt, wobei sich amorphes P bildet, A. MICHAELIS, M. PITSCH (*Liebigs Ann. Chem.* **310** [1900] 45/74, 63), s. auch A. GEUTHER (*Jenaische Z. Med. Naturwiss.* **7** [1873] 380/90; *J. prakt. Chem.* [2] **8** [1874] 359/72).

Mit H_3PO_3-Lsg. reagiert PCl_3 bei gewöhnl. Temp. nicht. Bei 60°C tritt Auflösung ein, es entstehen sehr wenig HCl und eine geringe Menge eines gelben Körpers. Oberhalb 71°C setzt die Rk. rasch ein, HCl wird lebhaft entwickelt und eine gelb bis orange gefärbte Subst. in zunehmendem Maße gebildet, die ein nicht näher zu definierendes Gemisch darstellt, L. WOLF, E. KALAEHNE, H. SCHMAGER (*Ber. dtsch. chem. Ges.* **62** [1929] 1441/9). Durch Einw. von PCl_3 auf krist. H_3PO_3 bis zu Tempp. von 71°C werden Prodd. wechselnder Zus. erhalten, die wahrscheinlich aus einem Gemisch von fein verteiltem amorphem P mit absorbiertem H_3PO_3 bestehen und bei niedriger Rk.-Temp. wahrscheinlich auch feste P-Wasserstoffe enthalten. Der O-Gehalt ist stets geringer als der Formel P_2O entspricht, L. J. CHALK, J. R. PARTINGTON (*J. chem. Soc.* **1927** 1930/6). Nach A. GAUTIER (*C. r. Acad. Sci.* [*Paris*] **76** [1875] 49/52) verläuft die Rk. von PCl_3 mit H_3PO_3 im Einschlußrohr bei 170°C nach $11PCl_3 + 27H_3PO_3 = 4P_4HO + 11H_4P_2O_7 + 33HCl$, nach V. AUGER (*C. r. Acad. Sci.* [*Paris*] **136** [1903] 814/5) reagiert feuchtes H_3PO_3 mit PCl_3 bei mäßiger Temp. nach $5H_3PO_3 + PCl_3 = 3HCl + 3H_4P_2O_5$, nach A. BESSON (*C. r. Acad. Sci.* [*Paris*] **125** [1897] 1032/3; *Bull. Soc. chim. Paris* [3] **23** [1900] 582/5; *C. r. Acad. Sci.* [*Paris*] **132** [1901] 1556/7) reagiert konz. H_3PO_3 nach $PCl_3 + H_3PO_3 = 3HCl + P_2O_3$, wobei sich P_2O_3 in P_2O und P_2O_5 zersetzt. Vgl. hierzu auch F. KRAFFT, R. NEUMANN (*Ber. dtsch. chem. Ges.* **34** [1901] 565/9, 566). Ältere Angaben s. ferner bei K. KRAUT (*Liebigs Ann. Chem.* **158** [1871] 332/4; *Bull. Soc. chim. Paris* [2] **16** [1871] 71), A. GEUTHER (*Jenaische Z. Med. Naturwiss.* **7** [1873] 118/29, 126). Nach neueren Unterss. führt die Einw. von PCl_3 auf H_3PO_3 unter vermindertem Druck zur Bldg. von $H_4P_2O_5$, dieses Resultat wird durch Papierchromatographie und magnet. Kernresonanzunterss. bestätigt. Die Einstellung des Gleichgew. $PCl_3 + 5H_3PO_3 \rightleftharpoons 3H_4P_2O_5 + 3HCl$ wird bestimmt von der Löslichkeit des HCl im Rk.-Medium; da diese hier gering ist, kann die Rk. zur Labor.-Darst. von $H_4P_2O_5$ benutzt werden, F. HOSSENLOPP, J.-P. EBEL (*C. r. Acad. Sci.* [*Paris*] **250** [1960] 354/5).

PCl_3 wirkt auf H_3PO_4 bei gewöhnl. Temp. nicht ein; bei Wasserbadtemp. erfolgt schwache Einw. nach der Bruttork. $3H_3PO_4 + PCl_3 = 3HPO_3 + H_3PO_3 + 3HCl$. Zunächst entstehen durch Rk. von H_3PO_3 mit PCl_3 elementares P, H_3PO_4 und HCl, später setzt sich HPO_3 mit H_3PO_4 zu $H_4P_2O_7$ um, welches bei direktem Erwärmen mit PCl_3 weiter reagiert nach $3H_4P_2O_7 + PCl_3 = 6HPO_3 + H_3PO_3 + 3HCl$, wobei H_3PO_3 seinerseits auf PCl_3 weiter einwirkt, A. GEUTHER (*Jenaische Z. Med. Naturwiss.* **7** [1873] 380/90). $H_4P_2O_7$ wird durch PCl_3 entwässert; es entstehen HPO_3 und H_3PO_3, D. BALAREW (*Z. anorg. allg. Chem.* **88** [1914] 133/50, 139). Mit H_3PO_4 läuft bei Kühlung und starkem Rühren eine Rk. nach $PCl_3 + 2H_2O + H_3PO_4 = H_3(HP_2O_6) + 3HCl$ ab, H. REMY, H. FALIUS (*Naturwissenschaften* **44** [1957] 419/20). Auch bei Rk. von PCl_3 und H_3PO_4 unter H_2O-Ausschluß werden ~25% iso-Hypophosphorsäure [$(HO)OHP{-}O{-}PO(OH)_2$] aufgefunden, D. HEINZ (*Chem. Techn.* **7** [1955] 631), vgl. „Hydrolyse", S. 422. Beim Vermischen von PCl_3 mit wasserfreiem H_3PO_4 und H_3PO_3 nach dem Molverhältnis der Gleichung $PCl_3 + 3H_3PO_4 + 2H_3PO_3 \rightarrow 3HCl + 3H_3(HP_2O_6)$, Erwärmen bei 50°C bis zum Aufhören der HCl-Entw. (10 Std.) werden nach Neutralisation und jodometr. und chromatograph. Unters. in der Lsg. neben nicht umgesetzten Ausgangsstoffen wenig Pyrophosphit ($Na_2H_2P_2O_5$), relativ viel Diphosphat ($Na_2H_2P_2O_7$) und etwa gleichviel iso-Hypophosphat ($Na_3HP_2O_6$) aufgefunden (vgl. hierzu S. 151), E. THILO, D. HEINZ (*Z. anorg. allg. Chem.* **281** [1955] 303/21, 313).

Mit HCOOH reagiert PCl_3 bei ~40°C nach $3HCOOH + PCl_3 \rightarrow H_3PO_3 + 3CO + 3HCl$, A. VAN DRUTEN (*Rec. Trav. chim.* **48** [1929] 312/23, 317). Mit Eisessig tritt keine Rk. ein, H. RITTER (*Liebigs Ann. Chem.* **95** [1855] 208/11).

Beim Erhitzen von wasserfreiem HCN mit PCl_3 im Druckrohr (160 bis 170°C) findet kein Umsatz statt; das HCN erleidet jedoch hierbei infolge Ggw. von H_2O-Spuren weitgehende Zers., G. WEHRHANE, H. HÜBNER (*Liebigs Ann. Chem.* **132** [1864] 277/89, 285).

With Metals

Gegen Metalle. Über Wrkg. von PCl_3 auf Metalle s. H. E. PATTEN (*J. phys. Chem.* **7** [1902/03] 153/89, 169). Bi scheidet im Einschlußrohr bei 160°C etwas mehr P als As unter gleichen Bedingungen aus, vgl. S. 422; Sb bildet rotes P unter gleichzeitigem Entstehen von krist. $SbCl_3$, vgl „*Antimon*" *Tl.* B, S. 269. — Bei der Rk. von PCl_3 mit Na wird die D-Linie angeregt, H. BEUTLER, M. POLANYI (*Naturwissenschaften* **13** [1925] 711/3). Aus Messungen des „Flammendurchmessers" bei der Diffusion von gasf. Na im inerten Gasstrom in PCl_3-Dampf bei 270°C und einem Na-Partialdruck von $3 \cdot 10^{-3}$ Torr an der Einführungsdüse berechnet sich die Geschw.-Konst. der Rk. zu $K = 1500 \cdot 10^{11} \cdot cm^3 \cdot mol^{-1} \cdot s^{-1}$, woraus sich die mittlere Stoßzahl für eine Umsetzung zu 4.2 berechnet. Bei der Rk. tritt eine gelbe Chemiluminescenz (D-Linie) auf, W. HELLER, M. POLANYI (*Trans. Faraday Soc.* **32** [1936] 633/42). Metall. K überzieht sich mit Chlorid und Phosphat und entzündet sich beim Erwärmen, H. DAVY (*Schweiggers J. Chem. Phys.* **3** [1811] 79/120, 87). Weitere Angaben s. „*Kalium*" S. 172. — Über die Rk. mit Mg s. „*Magnesium*" *Tl.* A, S. 308. — Zn-Staub reagiert bei 12std. Erhitzen bei 290°C kaum; es entsteht eine sehr geringe Menge einer rötlichen Subst., B. REINITZER, H. GOLDSCHMIDT (*Ber. dtsch. chem. Ges.* **13** [1880] 845/51), vgl. auch G. DENIGÈS (*Bull. Soc. chim. Paris* [3] **2** [1889] 787/8). Zn gibt mit PCl_3 bei 100°C im Einschlußrohr P und $ZnCl_2$, W. CASSELMANN (*Liebigs Ann. Chem.* **98** [1856] 213/36, 234). Bei der Einw. des Zn-Lichtbogens auf PCl_3 in N_2-Atm. verläuft die Hauptrk. nach $2PCl_3 + 3Zn = 2P + 3ZnCl_2$, daneben in geringem Umfang nach $2PCl_3 + Zn = P_2Cl_4 + ZnCl_2$, A. STOCK, A. BRANDT, H. FISCHER (*Ber. dtsch. chem. Ges.* **58** [1925] 643/57, 652). PCl_3 reagiert mit Hg ebenso wie PBr_3 (vgl. S. 496); die Rk. verläuft jedoch nur bis zu Hg_2Cl_2, L. WOLF (*Ber. dtsch. chem. Ges.* **48** [1915] 1272/80), vgl. hierzu „*Quecksilber*" *Tl.* A, S. 794. — Al gibt bei 100°C $AlCl_3$ und rotes P, L. WOLF (*Diss. Berlin T.H.* 1915, S. 1/40, 32), mit glühendem Al entsteht $AlCl_3$ unter Entw. von P-Dampf, E. BAUDRIMONT (*Ann. Chim. Phys.* [4] **2** [1864] 5/67, 15). Beim Behandeln mit PCl_3-Dampf reagiert Al-Pulver unter Aufglühen, C. MATIGNON (*C. r. Acad. Sci.* [*Paris*] **130** [1900] 1391/4). — Beim Erhitzen von PCl_3 im verschlossenen Quarzrohr bei ~350°C mit pulverförmigem metall. In oder Ga bilden sich unter Freiwerden von P in guter Ausbeute InP oder GaP, D. EFFER, G. R. ANTELL (*J. electrochem. Soc.* **107** [1960] 252/3). Bei Rotglut entsteht mit Eisen Fe_4P_3, mit Ni zunächst Ni_5P_2, später Ni_2P; mit Co bildet sich Co_2P erst bei heller Rotglut, A. GRANGER (*C. r. Acad. Sci.* [*Paris*] **123** [1896] 176/8). — Mit Cu Bldg. von Phosphid und Chlorid; Näheres s. „*Kupfer*" *Tl.* A, S. 1238. — Beim Schütteln von fein verteiltem Ag im Einschmelzrohr bei 100 oder 240°C tritt kein vollständiger Umsatz nach $3Ag + PCl_3 = 3AgCl + P$ (rot) ein, L. WOLF (*l. c.* S. 7). Beim Erhitzen von PCl_3 mit metall. Rh entsteht ein hellrötliches Pulver der Zus. $RhCl_3$, W. STRECKER, M. SCHURIGIN (*Ber. dtsch. chem. Ges.* **42** [1909] 1767/76, 1776). Zum Verh. gegen Pt-Metalle s. auch S. 364.

With Metal Compounds. Hydrides

Gegen Metallverbindungen. Hydride. PCl_3 reagiert mit SbH_3 nicht, R. MAHN (*Jenaische Z. Med. Naturwiss.* **5** [1870] 158/60). Beim Erhitzen mit $LiAlH_4$ unter Rückfluß bei 75°C tritt nur eine geringfügige Rk. ein. Bei Zusatz von Äthyläther ist die Rk. schon unter 0°C heftig unter Bldg. von PH_3. Es wird vermutet, daß sich $(C_2H_5)_2O$ mit AlH_3 verbindet und das Gleichgew. $AlH_4^- \rightleftharpoons H^- + AlH_3$ nach rechts verschiebt, N. L. PADDOCK (*Nature* **167** [1951] 1070/1), s. ferner R. W. PARRY, R. C. TAYLOR u. a. (WADC-Ar-56-318 [1956] nach *N.S.A.* **11** [1957] Nr. 80). — Bei Umsetzung von PCl_3 in äther. Lsg. mit LiH, AlH_3 oder $LiAlH_4$ verlaufen 2 Rkk. gleichzeitig. Ein Tl. des PCl_3 bildet unter Austausch des Cl gegen Wasserstoff PH_3, der Rest geht unter gleichzeitiger H_2-Entw. in einen gelben ätherunlösl. festen Körper der Zus. $(PH)_x$ über. Der relative Anteil der Endprodd. hängt vom Rk.-Partner des PCl_3 und von der Temp. ab, E. WIBERG, G. MÜLLER-SCHIEDMAYER (*Chem. Ber.* **92** [1959] 2372/84, 2372); vgl. hierzu S. 14. Die Rk. von PCl_3 mit $NaAlH_4$ ist im allgemeinen der mit $LiAlH_4$ gleich, J. VÍT, V. PROCHÁZKA, F. PETRŮ (*Chem. Prům.* **10** [1960] 183/7 [tschech.], *C.A.* **1960** 20598).

Oxides

Oxide. Die meisten Metalloxide bilden mit PCl_3 Metallchlorid, Phosphat und wenig $POCl_3$. Zu Metall wird nur PbO reduziert, A. MICHAELIS (*J. prakt. Chem.* [2] **4** [1871] 449/57, 449; *Jenaische Z. Med. Naturwiss.* **7** [1873] 110/7, 110). — Im einzelnen reagiert Sb_2O_3 bei 160°C im Einschlußrohr unter Bldg. von $SbCl_3$ und rotem P über intermediär sich bildendes metall. Sb, mit Sb_2O_5 nach $Sb_2O_5 + 2PCl_3 = 2SbCl_3 + P_2O_5$; $POCl_3$ entsteht nur spurenweise. Bi_2O_3 liefert bei 160°C im Einschlußrohr nach 3 Tagen ein dunkelgelbbraunes Produkt. Gefälltes HgO wird schon in der Kälte angegriffen, krist. HgO erst im Einschlußrohr bei 160°C; es bilden sich $Hg_3(PO_4)_2$, Hg_2Cl_2, $HgCl_2$ und $POCl_3$. SnO_2 reagiert nach 2tägigem Erhitzen bei 160°C nach $5SnO_2 + 4PCl_3 = 4SnCl_2 + SnCl_4 + 2P_2O_5$, PbO_2 reagiert mit PCl_3 heftig unter Zischen und Feuererscheinung nach $4PbO_2 + 4PCl_3 = Pb(PO_3)_2 + 3PbCl_2 + 2POCl_3$, PbO im Einschlußrohr bei 160°C nicht, erst bei höherer Temp. erfolgt heftige Einw. nach $6PbO + 2PCl_3 = Pb(PO_3)_2 + 3PbCl_2 + 2Pb$. WO_3 färbt sich bei 200°C nur oberflächlich grün, ohne sonst weiter verändert zu werden; auf MnO_2 und Fe_2O_3 übt PCl_3 keine Wrkg. aus. MoO_3 färbt sich schon in der Kälte blau, bei 160°C im Einschlußrohr entsteht ein dunkelblaues Prod.; die Rk. soll nach $MoO_3 + PCl_3 = MoO_2 + POCl_3$; $3MoO_3 + 2POCl_3 = 3MoO_2Cl_2 + P_2O_5$ verlaufen. PCl_3 und CuO reagieren im Einschlußrohr bei 160°C unter Schwarzfärbung wahrscheinlich nach: $17CuO + 5PCl_3 = 2Cu_3(PO_4)_2 + 5Cu_2Cl_2 + CuCl_2 + POCl_3$, A. MICHAELIS (*l. c.*). — PCl_3 reagiert beim Erwärmen mit Cr_2O_5(?) sehr lebhaft unter Aufglühen; es bilden sich violette und braune Dämpfe (CrO_2Cl_2), welche sich teilweise zu einer dunkelgrünen Fl. kondensieren. Na_2O_2, PbO_2, CuO und HgO reagieren heftig bei gewöhnl. Temp. unter Auftreten einer gelbgrünen Flamme, BaO_2 erst beim Erwärmen oder beim Anfeuchten mit H_2O. PbO, rotes HgO, ZnO, Ag_2O, Cr_2O_3, Sb_2O_3 gehen nur beim Erwärmen unter Leuchterscheinung und Entw. von weißen Dämpfen eine Rk. ein, E. COMANDUCCI (*Chem. Z.* **35** [1911] 706). Mit BeO entsteht bei 800°C langsam $BeCl_2$, C. MATIGNON, M. PIETTRE (*C. r. Acad. Sci.* [*Paris*] **184** [1927] 853/5). Beim Überleiten von PCl_3-Dampf über rotglühendes CaO bilden sich $Ca_3(PO_4)_2$ und $CaCl_2$, wobei sich ein Tl. des $CaCl_2$ mit dem Phosphat zu einem Cl-Apatit verbindet, A. DAUBRÉE (*C. r. Acad. Sci* [*Paris*] **32** [1851] 625/7; *J. prakt. Chem.* **53** [1851] 123/6). PCl_3 bildet beim Erwärmen mit RuO_4 oder OsO_4 unter Red. schwarze Festkörper der Zus. $RuO_2 \cdot PCl_3$ bzw. $OsO_2 \cdot PCl_3$, M. L. HAIR, P. L. ROBINSON (*J. chem. Soc.* **1958** 106/8).

Hydroxide. Mit festem NaOH reagiert PCl_3 nicht, D. VOIGT (*Bull. Soc. chim. France* **1953** 212/4). *Hydroxides*

Stickstoffverbindungen. Über die heftige Rk. von PCl_3-Dampf mit Mg_3N_2 vgl. „*Magnesium*" *Tl.* B, S. 73. Bei der Rk. von $NaNO_2$ mit PCl_3 oder Gemischen von PCl_3 mit $AlCl_3$ wird NOCl gebildet, W. A. NOYES (*J. Am. chem. Soc.* **47** [1925] 2159/64). Mit einer Lsg. von NH_4NO_3 in fl. NH_3 entsteht in heftiger Rk. ein weißer Nd., der sich in H_2O zu einer nur wenig P enthaltenden Lsg. löst, E. DIVERS (*Phil. Trans.* **163** [1873] 359/76, 370). *Nitrogen Compounds*

Halogenverbindungen. Über Rk. mit Fluoriden des Sb, Ca, Zn, Pb, Sn, Ag s. unter Bldg. und Darst. von PF_3, S. 389. Zur Rk. mit SbF_3 s. auch S. 363. *Halogen Compounds*

PCl_3 reagiert mit $SbCl_4F$ heftig unter Bldg. von $[PCl_4][SbCl_6]$ und PF_3, L. KOLDITZ (*Z. anorg. allg. Chem.* **289** [1957] 128/40, 134, 138). Beim Erhitzen mit trocknem NH_4F am Rückflußkühler tritt Bldg. von PF_3 und $PFCl_2$ ein, C. J. WILKINS (*J. chem. Soc.* **1951** 2726/8), mit TiF_4, O. RUFF, R. IPSEN (*Ber. dtsch. chem. Ges.* **36** [1903] 1777/83, 1782), ZrF_4, vgl. „*Zirkonium*" S. 280, keine Reaktion. PCl_3 reagiert mit überschüssigem MoF_6 stufenweise nach: $4PCl_3 + 2MoF_6 \rightarrow 4PF_3 + 2MoCl_5 + Cl_2$; $2MoCl_5 \rightarrow 2MoCl_4 + Cl_2$; $2MoF_6 + PF_3 \rightarrow PF_5 + 2MoF_5$. Bei überschüssigem PCl_3 verläuft die Rk. nach $4PCl_3 + 2MoF_6 \rightarrow 4PF_3 + 2MoCl_5 + Cl_2$; $PCl_3 + Cl_2 \rightarrow PCl_5$, T. A. O'DONNELL, D. F. STEWART (*J. Inorg. Nucl. Chem.* **24** [1962] 309/14, 314).

Mit $SbCl_5$ wird in sehr heftiger Rk. $SbCl_5 \cdot PCl_5$ nach $PCl_3 + 2SbCl_5 = SbCl_3 + SbCl_5 \cdot PCl_5$ gebildet; vgl. hierzu „*Antimon*" *Tl.* B, S. 445, 452. Mit Hg_2Cl_2 findet keine Rk. statt, L. WOLF (*Ber. dtsch. chem. Ges.* **48** [1915] 1272/80). — PCl_3 bildet mit $GaCl_3$ unter Wärmeentw. (3.4 kcal/Mol bei 25°C) die Verb. $PCl_3 \cdot GaCl_3$, N. N. GREENWOOD, P. G. PERKINS, K. WADE (*J. chem. Soc.* **1957** 4345/7).

Reagiert mit $TiCl_4$ in N_2-Atm. im Einschlußrohr auch nach 1jähriger Dauer nicht. In trockner Luft aufbewahrt, wird in der Mischung beider Substt. eine kleine Menge gelber Kristalle von $TiCl_4 \cdot POCl_3$ beobachtet, das sich durch Rk. mit dem unter dem Einfluß von O_2 entstehenden $POCl_3$ gebildet hat. Auch therm. Analyse des Systems $TiCl_4$–PCl_3 ergibt keine Anzeichen einer Verb.-Bldg., sondern zeigt nur das Bestehen eines Eutektikums bei ~80 bis 81 Mol-% PCl_3 und −96.5°C an, W. L. GROENEVELD, J. W. VAN SPRONSEN, H. W. KOUWENHOVEN (*Rec. Trav. chim.* **72** [1953] 950/6). Angaben über eine Verb. der Zus. $TiCl_4 \cdot PCl_3$ s. „*Titan*" S. 316. Nach thermoanalyt. Unters. des Systems PCl_3–$SnCl_4$ besteht die Liquiduskurve aus einem einzigen Ast. Bei allen Mischungen wird eutekt. Krist. beobachtet. Es ergeben sich keine Anzeichen für die Bldg. fester Lsgg. oder definierter Verbb., N. A. PUŠIN, J. MAKUC (*Z. anorg. allg. Chem.* **237** [1938] 177/82). Über Rk. von PCl_3 mit Zinnchlorid s. ferner W. CASSELMANN (*Liebigs Ann. Chem.* **83** [1852] 257/75, 265, 266).

PCl_3 bildet mit $NbCl_5$ und $TaCl_5$ keine Additionsprodd., R. GUT, G. SCHWARZENBACH (*Helv. chim. Acta* **42** [1959] 2156/63).

PCl_3 gibt mit AgCl bei 100°C kein Additionsprod., L. WOLF (*Diss. Berlin T.H.* 1915, S. 1/40, 10). — Beim Erhitzen mit AuCl im Einschlußrohr unter H_2O-Ausschluß bei 180 bis 200°C bildet sich $AuCl \cdot PCl_3$, Näheres s. „*Gold*" S. 692. Eine Lsg. von PCl_3 in Benzol setzt sich mit Au(CO)Cl um nach $Au(CO)Cl + PCl_3 \rightarrow AuClPCl_3 + CO$, M. S. KHARASCH, H. S. ISBELL (*J. Am. chem. Soc.* **52** [1930] 2919/27, 2922). — PCl_3 vereinigt sich mit $PtCl_2$ leicht zu $[Pt_2(PCl_3)_2Cl_4]$, vgl. hierzu „*Platin*" *Tl.* D, S. 462. Auf $[Pt_2(CO)_2Cl_4]$ wirkt PCl_3 in der Kälte unter Bldg. von $[Pt_2(PCl_3)_2Cl_4]$, Näheres s. „*Platin*" *Tl.* D, S. 462.

PCl_3 bleibt beim Erhitzen mit KBr im Einschlußrohr unter Ausschluß von H_2O und O_2 unverändert, H. L. SNAPE (*Chem. News* **74** [1896] 27/29). Beim Erhitzen mit Hg_2Br_2 entsteht rotes P und $HgBr_2$, L. WOLF (*Diss. Berlin T.H.* 1915, S. 1/40, 18). Beim Erhitzen mit Cu_2Br_2 im Einschlußrohr bei 100°C entsteht eine hellgrün gefärbte Doppelverbindung, L. WOLF (*l. c.* S. 30). Beim Erhitzen mit AuBr in Gegenwart einer geringen Menge PBr_3 bei 150°C wird $AuBr \cdot PCl_3$ erhalten, vgl. hierzu „*Gold*" S. 705.

Mit SbJ_3, BiJ_3, PbJ_2, SnJ_4 findet keine Rk., mit TiJ_4 Umsatz unter Bldg. von $TiCl_4$ und PJ_3 statt, T. KARANTASSIS (*C. r. Acad. Sci.* [*Paris*] **182** [1926] 1391/3; *Ann. Chim. Phys.* [10] **8** [1927] 71/119, 109/10). PCl_3 wird beim Erhitzen mit KJ im Einschlußrohr unter Ausschluß von H_2O und O_2 leicht in die entsprechende J-Verb. umgewandelt, H. L. SNAPE (*l. c.*), vgl. auch „*Kalium*" S. 611. GeJ_4 reagiert mit PCl_3 im Gegensatz zu anderen Chloriden der 5. Gruppe des Periodensystems, vgl. „*Germanium*" *Erg.-Bd.*, S. 535, nicht, T. KARANTASSIS (*C. r. Acad. Sci.* [*Paris*] **196** [1933] 1894/6).

$KClO_3$ wirkt heftig auf PCl_3 unter Bldg. von $POCl_3$ ein. Es können kleine Explosionen mit Feuererscheinung auftreten, E. DERVIN (*C. r. Acad. Sci.* [*Paris*] **97** [1883] 576/8), vgl. hierzu auch unter Darst. von $POCl_3$ auf S. 459.

PCl_3 reduziert $VOCl_3$ unter Bldg. eines Nd., F. E. BROWN, J. E. SNYDER (*J. Am. chem. Soc.* **47** [1925] 2671/5). Bildet mit $VOCl_3$ Gemische, die keine Dissoz. aufweisen, V. GUTMANN, S. AFTALION-HINL (*Monatsh. Chem.* **84** [1953] 207/9), reagiert mit CrO_2Cl_2 sehr heftig unter Bldg. von $CrCl_3$, $POCl_3$ und P_2O_5, A. MICHAELIS (*J. prakt. Chem.* [2] **4** [1871] 449/57, 451; *Jenaische Z. Med. Naturwiss.* **7** [1873] 110/7, 112). Äquimolare Lsgg. von PCl_3 und CrO_2Cl_2 in CCl_4 reagieren beim Vermischen unter Ausfallen von graugrünem $CrOCl \cdot POCl_3$ nach $2CrO_2Cl_2 + 3PCl_3 = 2(CrOCl \cdot POCl_3) + PCl_5$, wobei als Indicator zur Best. des Endpunktes der Titration (Bldg. von violettrotem CrO_2Br) eine Tüpfelprobe mit CH_3COBr dient, H. S. FRY, J. L. DONNELLY (*J. Am. chem. Soc.* **38** [1916] 1923/8). — Eine Lsg. von CrO_2Cl_2 in $POCl_3$ gibt beim Behandeln mit PCl_3 eine violette Färbung (Auftreten von Cr^{3+}), W. L. GROENEVELD (*Rec. Trav. chim.* **71** [1952] 1152/6).

Sulfides

Sulfide. Beim Überleiten von PCl_3-Dampf über glühendes BaS, CaS, K_2S bilden sich unter Aufglühen P_2S_3(?) und die entsprechenden Chloride. Sb_2S_3 und PbS bilden hierbei Thiophosphide, ein Aufglühen findet nicht statt. HgS liefert neben P_2S_3(?) ein Sublimat aus Hg_2Cl_2 und $HgCl_2$. Als Primärprod. tritt ein rotes Thiophosphid der Zus. $P_2S_3 \cdot 3HgS$ auf, welches sich bei weiterem Überleiten von PCl_3-Dampf in P_2S_3(?) und Hg-Chloride zersetzt, E. BAUDRIMONT (*Ann. Chim. Phys.* [4] **2** [1864] 5/67, 21). PCl_3 scheint sich mit BaS vollständig umzusetzen, reagiert mit SrS unter lebhaftem Aufglühen, bei leichtem Erwärmen mit MgS unter starker Wärmeentw., mit Fe_2S und MnS unter lebhaftem Aufglühen, A. MOURLOT (*Ann. Chim. Phys.* [7] **17** [1899] 510/74, 522, 524, 531, 539, 551).

Dichromates. Permanganates

Dichromate. Permanganate. PCl_3 nimmt beim Erhitzen mit $K_2Cr_2O_7$ im geschlossenen Rohr bei 166°C eine sehr dunkle Färbung an; es wird eine Rk. angenommen, bei der angeblich $KCrO_3Cl$, KPO_3, CrO_2, KCl und $POCl_3$ entstehen, A. MICHAELIS (*J. prakt. Chem.* [2] **4** [1871] 449/57; *Jenaische Z. Med. Naturwiss.* **7** [1873] 110/7).

Beim Behandeln mit $KMnO_4$ und konz. H_2SO_4 findet eine von Aufglühen begleitete heftige Rk. statt, E. COMANDUCCI (*Chemiker-Ztg.* **35** [1911] 706).

Inorganic Carbon Compounds

Anorganische Kohlenstoffverbindungen. Über Rk. von PCl_3 mit $(CH_3)_2Sb$ s. S. 427. Mit $((CH_3)_3Sn)_2$ bilden sich Substt., deren Zus. noch nicht restlos geklärt ist, C. A. KRAUS (*J. chem. Educ.* **29** [1952] 488/19). PCl_3 reagiert mit Mg-Carbid-Jodid, vgl. „*Magnesium*" *Tl.* B, S. 301, in äther. Lsg. bei gewöhnl. Temp. quantitativ nach $2PCl_3 + 3JMgCCMgJ = 3MgJ_2 + 3MgCl_2 + P_2C_6$, E. DE MAHLER (*Bull. Soc. chim. France* [4] **29** [1921] 1071/3).

Beim Erhitzen mit Cyanverbb. des Hg, Zn, K, Cu und Pb kann im Einschlußrohr bis auf 150 bis 200°C kein Umsatz erzielt werden, G. WEHRHANE, H. HÜBNER (*Liebigs Ann. Chem.* **132** [1864] 277/89, 285). $P(CN)_3$ entsteht im Einschlußrohr bei 24std. Erhitzen bei 100°C mit AgCN, H. GALL, J. SCHÜPPEN (*Ber. dtsch. chem. Ges.* **63** [1930] 482/7, 485), bei 120 bis 140°C verläuft die Rk. in 6 bis

8 Std.; ein Zusatz von Äthyläther oder $CHCl_3$ verlangsamt die Rk., H. HÜBNER, G. WEHRHANE (*Liebigs Ann. Chem.* **128** [1863] 254/6), G. WEHRHANE, H. HÜBNER (*Liebigs Ann. Chem.* **132** [1864] 277/89, 279).

Mit einer Lsg. von AgNCO in Benzol oder CS_2 reagiert PCl_3 unter Bldg. von $PCl_2(NCO)$, bei geringem Überschuß von AgNCO bildet sich auch $PCl(NCO)_2$, H. H. ANDERSON (*J. Am. chem. Soc.* **67** [1945] 223/5), mit einer warmen Lsg. entsteht $P(NCO)_3$, G. S. FORBES, H. H. ANDERSON (*J. Am. chem. Soc.* **62** [1940] 761/3).

Beim Erhitzen von PCl_3 mit AgSCN im Einschmelzrohr im Wasserbad muß das AgSCN mit Äthyläther oder CS_2 befeuchtet werden, um die Rk. zu mäßigen. Aus dem äther. Auszug scheiden sich über H_2SO_4 kleine gelbe Kristalle aus, deren Reinheit für die Analyse unzureichend erscheint, G. WEHRHANE, H. HÜBNER (*Liebigs Ann. Chem.* **132** [1864] 277/89, 288). Überschüssiges PCl_3 reagiert mit festem AgSCN unter Bldg. von $PCl_2(SCN)$ und $PCl(SCN)_2$, H. H. ANDERSON (*J. Am. chem. Soc.* **67** [1945] 2176/7), vgl. A. E. DIXON (*J. chem. Soc.* **79** [1901] 541/52). Mit einer wasserfreien Lsg. von Hg-Thiocyanid oder AgSCN in CCl_4 oder in Äthyläther tritt Umsatz zu $P(SCN)_3$ ein, H. GALL, J. SCHÜPPEN (*Ber. dtsch. chem. Ges.* **63** [1930] 482/7), ebenso in trocknem Benzol mit $Pb(SCN)_2$ oder NH_4SCN in Ggw. einer Spur CuO, A. E. DIXON (*J. chem. Soc.* **79** [1901] 541/52, 545, **85** [1904] 350/71, 353), oder beim Erhitzen eines Gemisches von gleichen Tl. $Pb(SCN)_2$ und trocknem Sand mit PCl_3 im Wasserbad, P. MIQUEL (*Ann. Chim. Phys.* [5] **11** [1877] 289/356, 348).

Überschüssiges PCl_3 reagiert mit $Ni(CO)_4$ leicht unter Bldg. von hellgelbem $Ni(PCl_3)_4$, J. W. IRVINE, G. WILKINSON (*Science* **113** [1951] 742/3), vgl. J. KLEINBERG (*J. chem. Educ.* **29** [1952] 324/30), W. HIEBER, R. NAST, J. SEDLMEIER (*Angew. Chem.* **64** [1952] 465/70), vgl. ferner C. D. CORYELL, I. W. IRVINE (NP-1857 [1951] 1/11 nach *N.S.A.* **5** [1951] 652). Bei Rk. mit $[Co(CO)_4]_2$ in Benzol bildet sich ein Gemenge nicht charakterisierbarer Stoffe, A. SACCO (*Ann. Chim. appl.* **43** [1953] 495/8). — Verss. zur Umsetzung von W-, Cr- und Mo-Carbonylen mit PCl_3 s. C. D. CORYELL, I. W. IRVINE (*l. c.*).

With Organic Substances

Gegen organische Substanzen. PCl_3 bildet mit CH_3COCl in allen Verhältnissen farblose Mischungen, R. C. PAUL, D. SINGH, S. S. SANDHU (*J. chem. Soc.* **1959** 315/9). Es ist mit Benzol in allen Verhältnissen mischbar, die erhaltene Lsg. gibt mit einer wasserfreien Lsg. von Cu-Oleat in Benzol einen Nd. von $CuCl_2$; PCl_3 verhält sich hier salzartig, L. KAHLENBERG (*J. phys. Chem.* **6** [1901/02] 1/14, 11). Unterss. der Dichte, der Viscosität, der Refraktion, der elektr. Leitf., der Schmpp. und der Oberflächenspannung des Systems PCl_3–C_6H_5CHO bei 25 und 50°C zeigen die Bldg. einer Additionsverb. an, N. A. TRIFONOV, F. F. FAIZULLIN (*Učenye Zap. Kazansk. Univ.* **112** Nr. 4 [1953] 131/8 nach *C.A.* **1955** 2167), F. F. FAIZULLIN, N. A. TRIFONOV (*Učenye Zap. Kazansk. Univ.* **112** Nr. 4 [1953] 139/50 nach *C.A.* **1955** 2167). — Die Unters. eines Gemisches von PCl_3 und $(CH_3)_3N$ bei —46.5°C zeigt das Bestehen einer Additionsverb. der Zus. $PCl_3 \cdot N(CH_3)_3$ an, R. R. HOLMES (*J. phys. Chem.* **64** [1960] 1295/9). — Isotopenaustausch zwischen mit ^{36}Cl markiertem PCl_3 und Pyridiniumchlorid in $CHCl_3$ bei 20°C erfolgt innerhalb von 3 Min. fast vollständig, M. J. FRAZER (*J. chem. Soc.* **1957** 3319). Einfluß von PCl_3 auf das Drehvermögen optisch aktiver Stoffe, H. GROSSMANN, B. LANDAU (*Z. physik. Chem.* **75** [1910] 129/218, 204). — Weitere Angaben s. S. 364.

Kunststoffe aus Polyvinylchlorid und Polyisobutylen sind gegen PCl_3 bei 20°C unbeständig, K. EIFFLAENDER (*Chemie Ing. Techn.* **24** [1952] 555/63, 561).

Nichtwäßrige Lösung

Nonaqueous Solution

Inorganic Solvents

Anorganische Lösungsmittel. PCl_3 ist mit wasserfreiem HF nicht mischbar, G. GORE (*J. chem. Soc.* **22** [1869] 368/406, 394). PCl_3 ist in fl. HCl leicht lösl. mit geringer Erhöhung der elektr. Leitf., T. C. WADDINGTON, F. KLANBERG (*J. chem. Soc.* **1960** 2329/32).

Über Löslichkeit und spezif. elektr. Leitf. der Lsg. von PCl_3 in fl. H_2S s. „*Schwefel*“ *Tl.* B., S. 116.

PCl_3 ist mit fl. SO_2 bei gewöhnl. Temp. mischbar, A. I. ŠATENŠTEJN, M. M. VIKTOROV (*Acta physicochim. URSS* **7** [1937] 883/98, *C.* **1939** II 1843; *Ž. fiz. Chim.* **11** [1938] 18/27, *C.A.* **1938** 8886), und bildet farblose Lsgg., die keine Solvolyse oder Red.-Rk. erkennen lassen. Die elektr. Leitf. zeigt im Vergleich mit reinem SO_2 kaum eine Erhöhung. Bei Zusatz von $[(CH_3)_4N]_2SO_3$ bei —40°C fällt weißes flockiges P_2O_3 aus: $2PCl_3 + 3[(CH_3)_4N]_2SO_3 = P_2O_3 + 3SO_2 + 6[(CH_3)_4N]Cl$. Die elektr. Leitf. steigt hierbei steil an, G. JANDER, H. WENDT, H. HECHT (*Ber. dtsch. chem. Ges.* **77/79** [1944/46] 698/704). Weitere qualitative Angaben s. beispielsweise P. WALDEN (*Z. physik. Chem.* **43** [1903] 385/464, 401).

PCl_3 ist in $SOCl_2$ gut lösl.; die Lsg. weist nur eine geringe elektr. Leitf. auf, H. SPANDAU, E. BRUNNECK (*Z. anorg. allg. Chem.* **270** [1952] 201/14, 203), mit dampfförmigem $SOCl_2$ ist es stark flüchtig, H. SPANDAU, E. BRUNNECK (*Z. anorg. allg. Chem.* **278** [1955] 197/218, 200). — Nichtleitende Lsgg. bildet es mit SO_2Cl_2, in dem es sich gut löst, V. GUTMANN (*Monatsh. Chem.* **85** [1954] 393/403, 396), wobei sich die elektr. Leitf. infolge eintretender Solvolyse nach $PCl_3 + SO_2Cl_2 \rightarrow PCl_3 \cdot SO_2Cl_2 \rightarrow PCl_4^- + SO_2Cl^+$ erhöht; z. B. zeigt eine Lsg. von 5.0×10^{-2} Mol PCl_3/l bei 20°C eine Leitf. von $6 \cdot 10^{-8} \Omega^{-1}cm^{-1}$ (Eigenleitf. von SO_2Cl_2 bei 20°C $= 2 \cdot 10^{-8} \Omega^{-1}cm^{-1}$), J. R. MASAGUER (*Anales Real Soc. Espan. Fis. Quim. Madrid* B **53** [1957] 509/17).

PCl_3 mischt sich mit $SiCl_4$; eine Rk. findet selbst beim Erhitzen unter Druck nicht statt, J. F. X. HAROLD (*J. Am. chem. Soc.* **20** [1898] 13/29, 18). Mit $AsCl_3$ bildet PCl_3 nichtleitende Lsgg.; beim Zusatz von PCl_3 zu der schwach leitenden Lsg. von $HgCl_2$ in $AsCl_3$ sinkt die elektr. Leitf. bis fast auf Null, L. KAHLENBERG, A. T. LINCOLN (*J. phys. Chem.* **3** [1898/99] 12/35, 18). Auch in $SnCl_4$ läßt es sich gut lösen; eine Änderung der elektr. Leitf. tritt nicht auf, H. SPANDAU, H. HATTWIG (*Z. anorg. allg. Chem.* **295** [1958] 281/90, 283). — PCl_3 ist neben $AsCl_3$ als einzige anorgan. Verb. in $Fe(CO)_5$ lösl., M. T. HARRINGTON (*Iowa State Coll. J. Sci.* **17** [1942] 74/76, *C.A.* **1943** 3220).

Organic Solvents. Benzene

Organische Lösungsmittel. Benzol. Aus den direkt gemessenen Oberflächenspannungen und Dichten im System PCl_3–C_6H_6 bei 25°C werden die Werte für den Parachor P berechnet. Die Werte erweisen sich als additiv und können auch zuverlässig aus den Werten für das Lsgm. und den gelösten Stoff berechnet werden: $[P] = [P]_1(1-x) + [P]_2x$ (x = Mol gelöster Stoff/Mol Lsgm.), H. ISHIKAWA, T. ATODA (*Rikwagaku-kenkyū-jo Ihō* **18** [1939] 150/61, *C.* **1940** I 839). Kryoskop. Messungen an PCl_3 Lsgg. in Benzol s. V. PĂRĂUŞANU, O. LANDAUER (*Bul. Inst. politehn. Bucureşti* **20** Nr. 2 [1958] 97/102 [dtsch.] nach *C.A.* **1960** 4114). Viscositätsbestt. von Lsgg. von PCl_3 in C_6H_6 zwischen 0 und 30°C ergeben keinen Hinweis auf Bldg. einer Verb.; die Lsg. leitet den elektr. Strom nicht, S. D. ŠTAMOVA (*Ž. obščej Chim.* **4** [1934] 240/3, *C.* **1935** II 1502). Angaben über DK und Dichten von Lsgg. von PCl_3 in C_6H_6 und CCl_4 s. bei K. SUENAGA, A. KOTERA (*J. chem. Soc. Japan, Pure chem. Sect.* **70** [1949] 116/8 [japan.], *C.A.* **1951** 4107). Zur Mischbarkeit der Komponenten vgl. S. 431.

Diethylether

Diäthyläther. Bei Unterss. der Viscosität und der Dichte von PCl_3-Lsgg. in Diäthyläther bei 0, 10 und 18°C wird eine lineare Abhängigkeit von der Konz. festgestellt. Bei 30°C treten experimentelle Schwierigkeiten wegen des hohen Dampfdrucks auf. Auf Grund dieser Befunde und wegen Fehlens der elektr. Stromleitung wird auf Nichtexistenz von Verbb. geschlossen, R. G. ROZENTRETER (*Ž. obšč. Chim.* **2** [1932] 878/9, *C.* **1933** II 1312). Unterss. der elektr. Leitf., M. I. USANOVIČ laut R. G. ROZENTRETER (*l. c.*).

Dioxane

Dioxan. Dichten und Dielektrizitätskonst. ε von Lsgg. von PCl_3 in Dioxan bei 25°C (C = Konz. von PCl_3 in der Lsg. ausgedrückt als Mol PCl_3/Mol Dioxan):

C	ε	Dichte
0.00000	2.215	1.0279
0.01014	2.268	1.0339
0.01483	2.289	—
0.01862	2.295	1.0388
0.02006	2.298	1.0398
0.02844	2.316	1.0445
0.03819	2.340	1.0507
0.05636	2.356	1.0598
0.07467	2.398	1.0708

P. A. MCCUSKER, B. C. CURRAN (*J. Am. chem. Soc.* **64** [1942] 614/7).

Other Solvents

Weitere Lösungsmittel. PCl_3 ist mit Acetanhydrid $(CH_3CO)_2O$ gut mischbar, G. JANDER, E. RÜSBERG, H. SCHMIDT (*Z. anorg. allg. Chem.* **255** [1948] 238/52, 240). — Molare elektr. Leitf. bei 25°C von PCl_3-Lsgg. in Äthylacetessigester, L. KAHLENBERG, A. T. LINCOLN (*J. phys. Chem.* **3** [1898/99] 12/35, 28).

PCl_3 ist in Chloroform lösl., H. KÖHLER (*Ber. dtsch. chem. Ges.* **13** [1880] 875/7). Eine Lsg. von PCl_3 in Tetrachlorkohlenstoff bewirkt bei 245 mμ einen starken Absorptionstreifen, F. F. MAR-

TENS (*Verh. phys. Ges.* [2] **4** [1902] 138/66, 147). Dichten, Brechungszahlen und DK von PCl_3-Lsgg. in CCl_4 bei 17.5°C (C = Konz. von PCl_3 in der Lsg. ausgedrückt als Mol PCl_3/Mol CCl_4):

C	Dichte	ε	n^2
0.06245	1.59604	2.30855	2.25636
0.07713	1.59544	2.32462	2.25902
0.20863	1.59004	2.46310	2.28271

E. BERGMANN, L. ENGEL (*Z. phys. Chem.* B **13** [1931] 232/46, 244). Vgl. auch die Angaben unter „Benzol" S. 432. Mit Acetylchlorid ist PCl_3 in allen Verhältnissen mischbar, R. C. PAUL, D. SINGH, S. S. SANDHU (*J. chem. Soc.* **1959** 315/9). Es ist ferner in Benzoylchlorid lösl.; die elektr. Leitf. der Lsg. ist minimal, V. GUTMANN, H. TANNENBERG (*Monatsh. Chem.* **88** [1957] 216/27, 219), über Mischungen mit C_6H_5COCl s. auch R. C. PAUL, M. S. BAINS, G. SINGH (*J. Indian chem. Soc.* **35** [1958] 489/92).

Über Herst. einer Lsg. von PCl_3 in Kohlenstoffdisulfid s. R. MUXART, O. CHALVET, P. DAUDEL (*J. Chim. phys.* **46** [1949] 373/4). Unters. von Infrarotspektren von Lsgg. von PCl_3 in CS_2 deuten auf das Bestehen von Kollisionskomplexen, J. A. A. KETELAAR (*Recueil Trav. chim. Pays-Bas* **75** [1956] 857/61).

Molare elektr. Leitf. bei 25° von PCl_3-Lsgg. in Nitrobenzol, L. KAHLENBERG, A. T. LINCOLN (*J. phys. Chem.* **3** [1898/99] 12/35, 29). Spezif. elektr. Leitf. von 4.57%iger Lsg. (V_{mol} = 2.481) = $0.89 \times 10^{-6}\ \Omega^{-1}\ cm^{-1}$, Zers.-Spannung bei 24°C beträgt 0.82 V, W. FINKELSTEIN (*Z. physik. Chem.* **115** [1925] 303/29, 311). Zur Leitf. s. auch G. W. F. HOLROYD, H. CHADWICK, J. E. H. MITCHELL (*J. chem. Soc.* **127** [1925] 2492/3). Molare Leitf. einer Lsg. bei gewöhnl. Temp. $\Lambda_m = 0.0099\Omega^{-1}cm^2$ bei einer Konz. von 0.01837 Mol/l, G. S. HARRIS, D. S. PAYNE (*J. chem. Soc.* **1956** 4613/6). Viscositätsbestt. zwischen 0 und 40°C ergeben keinen Hinweis auf Bldg. einer Verb., S. S. ŠTAMOVA (*Ž. obščej Chim.* **4** [1934] 240/3, *C.* **1935** II 1502).

Zur Mischbarkeit mit anderen Lsgmm. vgl. das Verh. gegen organ. Substt. auf S. 431.

Verhalten als Lösungsmittel

Behavior as Solvent

Die durch Lösen von Jod in PCl_3 erhaltene violette ~10^{-3} molare Lsg. zeigt ein Absorptionsmax. bei 500 bis 520 mμ. Die violette Farbe bleibt auch bei 2std. Kochen bestehen. Die Bldg. von PCl_3J_2 tritt nicht ein. Als Grund hierfür wird die vermutete Unbeständigkeit dieser Verb. angeführt; andererseits ist die J_2-Molekel offensichtlich zu groß, um sich dem P-Atom genügend zu nähern und so durch Bldg. einer Additionsverb. die Wertigkeit von P auf 5 zu erhöhen, E. COLTON (*J. Am. chem. Soc.* **77** [1955] 3211/2). Beim Durchleiten von feuchter Luft oder beim Stehen in feuchter Luft scheidet sich aus der Lsg. von J_2 in PCl_3 eine gelbrote Subst. aus; bei Anwendung eines großen J_2-Überschusses wird eine feste Masse erhalten, aus der sich nach Trocknen im Luftstrom durch Extraktion mit CS_2 rote sechsseitige Kristalle erhalten lassen, denen die Zus. PCl_3J (?) zugeschrieben wird, C. G. MOOT (*Ber. dtsch. chem. Ges.* **13** [1880] 2029/31), vgl. hierzu S. 529. — Die beim Lösen von Jod in PCl_3 entstandene Fl. dest. bei Tempp. etwas unterhalb 100°C mit brauner Farbe über, J. H. GLADSTONE (*J. prakt. Chem.* **49** [1850] 40/51, 50; *Phil. Mag.* [3] **35** [1849] 345/55, 354), C. SCHULTZ-SELLACK (*Ann. Phys. Chem.* **140** [1870] 334/5).

PCl_3 löst in der Wärme etwas weißes P; die Lsg. scheidet im Tageslicht P-Oxidhydrat, im Sonnenlicht P_4O ab, U. J. J. LE VERRIER (*Ann. Chim. Phys.* [2] **65** [1837] 257/79, 259; *Liebigs Ann. Chem.* **27** [1838] 167/82, 168). Weitere Angaben, auch über die Unlöslichkeit von rotem P, s. „*Phosphor*" *Tl.* B, S. 332.

Ultrarotunters. über den Einfluß von als Lsgm. für HCl verwendetem PCl_3 bei 20 und −65°C auf die Molekelschwingungen des (H-Cl) und ihre Beziehung zur Dielektrizitätskonst. des Lsgm. s. M.-L. JOSIEN, N. FUSON (*J. chem. Phys.* **22** [1954] 1169/77, 1171). Eine Lsg. von HCl in PCl_3 gibt bei Anwendung einer EK von 6 V keine Anzeichen eines Stromdurchgangs, G. W. HOLROYD, H. CHADWICK, J. E. H. MITCHELL (*J. chem. Soc.* **127** [1925] 2492/3). Über Verh. dieser Lsg. gegen Metalle s. H. E. PATTEN (*J. phys. Chem.* **7** [1902/03] 153/89, 169).

JCl löst sich in PCl_3 ohne Änderung der elektr. Leitf. mit tiefvioletter Farbe, P. WALDEN (*Z. pyhsik. Chem.* **43** [1903] 385/464, 425).

Zur Löslichkeit von B_2S_3 in PCl_3 vgl. „*Bor*" S. 132.

Eine Lsg. von PCl_5 in PCl_3 leitet den elektr. Strom nicht, G. W. HOLROYD, H. CHADWICK, J. E. H. MITCHELL (*l. c.*). — Über Verh. als Lsgm. bei der Polymerisation von $(PNCl_2)_n$ s. F. PATAT, F. KOLLINSKY (*Makromol. Chem.* **6** [1951] 292/317 nach *C. A.* **1951** 6425), vgl. hierzu S. 538. $PSBr_3$ ist in PCl_3 leicht lösl., A. MICHAELIS (*Liebigs Ann. Chem.* **164** [1872] 9/45, 39).

$SbCl_3$ löst sich in PCl_3 leicht zu einer nicht leitenden Lsg., ebenso $HgCl_2$, L. KAHLENBERG, A. T. LINCOLN (*J. phys. Chem.* **3** [1899] 12/35, 23). — $[PCl_4][SbCl_6]$ ist in PCl_3 schwer lösl., L. KOLDITZ (*Z. anorg. allg. Chem.* **289** [1957] 128/40, 134).

SnJ_4, SbJ_3 und AsJ_3 lösen sich in PCl_3 mit gelbroter Farbe, E. BECKMANN (*Z. anorg. allg. Chem.* **51** [1906] 96/115, 110), vgl. hierzu auch „*Arsen*" S. 407, „*Antimon*" *Tl.* B, S. 489 unter „Molgewicht". — $FeCl_3$, $HAuCl_4$, Tetraäthylammoniumjodid sind schwer lösl., wasserfreie Chloride, Bromide, Jodide von As, Sb, Sn lösen sich leicht, die Jodide mit gelber Farbe. Die elektr. Leitf. von Salzen, Säuren und anderen Substt. in PCl_3 erweist sich als so gering, daß sie praktisch vernachlässigt werden kann (untersucht an KJ, CBr_3COOH, P und JCl). Es darf daraus gefolgert werden, daß dem PCl_3 keine ionisierende Kraft zukommt. PCl_3 löst ferner Fette, aromat. KW-Stoffe, Säuren, Ketone, Ester, tertiäre Basen leicht, reagiert mit primären und sekundären Basen unter Zischen und Bldg. schwer lösl. Verbb., P. WALDEN (*Z. anorg. allg. Chem.* **25** [1900] 209/26, 211).

Addition Compounds

Additionsverbindungen

$PCl_3 \cdot nNH_3$

$PCl_3 \cdot nNH_3$ (n = 4, 5 oder 6). PCl_3 absorbiert trocknes NH_3 unter Bldg. eines weißen Prod. der Zus. $PCl_3 \cdot 5NH_3$, das beim Erhitzen bei 200°C im Einschlußrohr eine braune Farbe annimmt, die Zus. aber kaum verändert, A. BESSON (*C. r. Acad. Sci.* [*Paris*] **111** [1890] 972/4). Vgl. hierzu H. ROSE (*Ann. Phys. Chem.* **24** [1832] 295/341, 308, **28** [1833] 529/50), H. DAVY (*Ann. Phys.* [*Leipzig*] **39** [1811] 3/33, 6). Auch die Zus. $PCl_3 \cdot 4NH_3$ wird angegeben, J. PERSOZ (*Ann. Chim.* [2] **44** [1830] 315/25, 321). Lsgg. von PCl_3 und NH_3 in CCl_4 reagieren unter Bldg. eines Primärprod., dem die Zusammensetzung $PCl_3 \cdot 6NH_3$ zukommt, H. PERPEROT (*Bull. Soc. chim. France* [4] **37** [1925] 1540/8). Der Subst. wird die Formel $[P(NH_3)_6]Cl_3$ zugeschrieben, C. DUVAL (*Bl. Soc. chim.* [5] **5** [1938] 1020/30, 1024).

PCl_3–Cl_2 System

Das System PCl_3–Cl_2

PCl_3 bildet mit fl. Cl_2 unlösl. Rk.-Prodd., E. BECKMANN (*Z. anorg. allg. Chem.* **51** [1906] 96/115, 99), K. H. BUTLER, D. MCINTOSH (*Trans. Roy. Soc. Can.* [3] III **21** [1927] 19/26 nach *C.* **1928** I 1629). — Beim Zutritt von Cl_2 zu PCl_3 fällt sofort PCl_5 aus, das aber in Gemischen bis etwa 50 At.-% Cl durch Erwärmen in Lsg. gebracht werden kann. Die Temp. der unterhalb von 50 At.-% Cl_2 beobachteten eutekt. Haltepunkte stimmen mit dem Erstarrungspunkt des reinen PCl_3 überein. Die Möglichkeit, daß bei Zusatz von ~90 At.-% Cl_2 ausfallende Flocken eine chlorreichere Verb. als PCl_5 darstellen, ist nicht von der Hand zu weisen, W. BILTZ, K. JEEP (*Z. anorg. allg. Chem.* **162** [1927] 32/48, 33), vgl. W. BILTZ, E. MEINECKE ((*Z. anorg. allg. Chem.* **131** [1923] 1/21).

Über das Gleichgew. im Gaszustand s. S. 439.

The PCl_4^+ Ion

Das PCl_4^+-Ion. Vgl. die Angaben auf S. 475.

Phosphorus(V) Chloride

Phosphor(V)-chlorid PCl_5

Formation. Preparation

Bildung und Darstellung

General

Allgemeines. Die Dämpfe verursachen Entzündungen der Atemwege; Unfallschutz bei der techn. Darst., A. ZIMMERMAN (*Chem. Markets* **33** [1933] 43/47). Auch bei der Handhabung sind ausreichende Vorsichtsmaßregeln zu beachten; bei $^1/_2$- bis einstd. Aufenthalt in einer Atm. mit 0.4 mg PCl_5/l (0.712 Vol.-%) sind bereits schwere Gesundheitsschäden zu erwarten, W. RUMPEL (*Mitt. ch. Forschungsinst. Ind. Wirtsch. Österreichs* **4** [1950] 113/7). Vgl. hierzu auch „*Phosphor*" *Tl.* B, S. 95.

Zur techn. Gewinnung vgl. M. J. POZIN (*Ž. chim. Prom.* **18** Nr. 18 [1941] 38/43, Nr. 19, S. 29/35, Nr. 20, S. 30/37, 36, *C.* **1943** II 760).

From Elemental Phosphorus

Aus elementarem Phosphor. Über Bldg. aus den Elementen s. auch S. 363 und „*Phosphor*" *Tl.* B, S. 283. Rotes P entzündet sich in Cl_2 schon bei gewöhnl. Temp. und bildet PCl_5, ohne daß vorher PCl_3 entsteht, J. PERSONNE (*C. r. Acad. Sci.* [*Paris*] **45** [1857] 113/7).

In einem mit Rührer, Rückflußkühler und Thermometer ausgerüsteten Kolben wird rotes P mit trocknem CCl_4 übergossen, auf + 5°C gekühlt und Cl_2 eingeleitet, bis die Lsg. zitronengelb wird. Die Temp. wird unter 70°C gehalten. Dann wird ohne Cl_2-Zuleitung bis zur Entfärbung gerührt. Nach erneuter Kühlung auf + 5°C wird der Prozeß solange wiederholt, bis ein kleiner Rest P zurückbleibt. Nach 2- bis 3std. Stehen wird vom ausgeschiedenen PCl_5 dekantiert, 20 Min. Cl_2 durch die

Lsg. geleitet und unter Vak. filtriert. Das erhaltene Prod. enthält wenig PCl_3, Spuren von $POCl_3$, 25 bis 40% CCl_4 und kann 5 bis 6 Monate gelagert werden. Die weitere Reinigung erfolgt durch Vak.-Dest., E. A. BULAŠEVIČ (*Ž. prikl. Chim.* **28** [1955] 431/3, *C.A.* **1955** 13811). Es wird empfohlen, erst PCl_3 herzustellen und dieses durch Einleiten von Cl_2 in PCl_5 überzuführen, da sonst leicht P eingeschlossen wird, was zur Ursache von Explosionen werden kann, H. MÜLLER (*Dinglers politechn. J.* **164** [1862] 385/6; *Z. Chem.* **5** [1862] 295/7). Sorgfältig in trocknem N_2 dest. P wird im N_2-Strom mit der entsprechenden Cl_2-Menge zusammengebracht, G. W. F. HOLROYD, H. CHADWICK, J. E. H. MITCHELL (*J. chem. Soc.* **127** [1925] 2492/3). Über Herst. aus den Elementen s. auch CHEMISCHE FABRIK BUDENHEIM A.-G. (*D.P.* 640648 [1935/37], *C.* **1937** I 2842). — Bldg. durch Rk. von SO_2Cl_2 mit P über PCl_3 unter SO_2-Entw. s. H. B. NORTH, J. C. THOMSON (*J. Am. chem. Soc.* **40** [1918] 774/7). — Bldg. von PCl_5 bei der heftig oder explosionsartig verlaufenden Rk. von rotem bzw. weißem P mit geschmolzenem JCl, V. GUTMANN (*Z. anorg. allg. Chem.* **264** [1951] 169/73, 171).

By Chlorination of PH_3 or P Oxides

Durch Chlorieren von PH_3 oder von P-Oxiden. Bldg. von PCl_5 neben HCl beim Verbrennen von PH_3 in Cl_2, T. THOMSON (*Schweiggers J. Chem. Phys.* **18** [1816] 357/64, 362), beim Einleiten von PH_3 in $SbCl_5$ unter starker Erwärmung (Kühlung erforderlich) neben $SbCl_3$ und gasf. HCl, R. MAHN (*Z. Chem.* **12** [1869] 729/31; *Jenaische Z. Med. Naturwiss.* **5** [1870] 158/66, 159), neben $POCl_3$ bei der Einw. von Cl_2 auf trocknes P_4O, A. MICHAELIS, M. PITSCH (*Liebigs. Ann. Chem.* **310** [1900] 45/74, 60), bei Einw. von überschüssigem Cl_2 auf P_4O erfolgt die Rk. unter Flammerscheinung, in Ggw. von CCl_4 verläuft sie gemäßigter; Bldg. von $POCl_3$ wird nicht festgestellt, A. BESSON (*C. r. Acad. Sci.* [*Paris*] **124** [1897] 763/5), beim Erhitzen von PCl_3 mit P_4O_6 im Einschmelzrohr bei 180°C; es entstehen außerdem P und P_2O_5, T. E. THORPE, A. E. TUTTON (*J. chem Soc.* **59** [1891] 1019/29, 1029).

By Chlorination of PCl_3 or $POCl_3$. In the Laboratory

Durch Chlorieren von PCl_3 oder $POCl_3$. Im Laboratorium. Durch Einw. von Cl_2 auf PCl_3 s. beispielswiese J. J. BERZELIUS (*Ann. Phys.* [*Leipzig*] **53** [1816] 393/446, 436), F. MEYER, H. KERSTEIN (*Ber. dtsch. chem. Ges.* **47** [1914] 1036/49, 1046). Über Bldg. von PCl_5 aus PCl_3 und Cl_2 s. auch S. 363, 421. Einw. von Cl_2 auf PCl_3 unter Luftausschluß; nachfolgende Sublimation im Cl_2-Strom, W. FISCHER, O. JÜBERMANN (*Z. anorg. allg. Chem.* **235** [1938] 337/51, 337). Labor.-Darst. durch gleichzeitiges Eintropfen von PCl_3 und Einleiten von überschüssigem Cl_2 in ein Rk.-Gefäß unter H_2O-Ausschluß; App. s. im Original, R. N. MAXSON, H. S. BOOTH, C. V. HERRMANN (in: H. S. BOOTH, *Inorganic syntheses, Bd.* 1, *New York-London* **1939**, S. 99/100). App. zur Darst. einer Charge von ~8 kg PCl_5 aus PCl_3 durch Behandeln mit Cl_2 im Labor.; Abbildung s. im Original, W. LISOWSKI (*Roczniki Chem.* **30** [1956] 973/6, *C.A.* **1957** 7061).

On Technical Scale

Im technischen Maßstab. Durch Behandeln von PCl_3 mit überschüssigem Cl_2, J. SOREL (*Chim. et Ind.* **60** [1948] 541/9, 545), vgl. M. K. VASILENKO (*Russ.P.* 76982 [—/1949] nach *C.A.* **1953** 11678). Durch Eintropfen von PCl_3 in eine Cl_2-Atm. erhaltenes PCl_5 schließt gewöhnlich größere Mengen unverändertes PCl_3 ein. Die Rk. wird deshalb unter Rühren in eisernen Gefäßen ausgeführt und so das PCl_3 restlos in PCl_5 übergeführt. Im Endprod. sind 0.07% Fe enthalten, D. MANOEV, V. MAZEL' (*SSSR naučno-techn. Otdel. VSNCH* Nr. 214 [1927] 39/45, **1930** II 1511). Durch Einw. von fl. Cl_2 auf PCl_3 unter solchen Druck- und Temp.-Bedingungen, daß die Sublimierung von PCl_5 vermieden wird, HOOKER ELECTROCHEMICAL Co., W. J. MARSH (*U.S.P.* 1914750 [1930/33], *C.* **1933** II 1912). Bei chargenweiser Darst. wird das PCl_3 gewöhnlich in CCl_4 gelöst. In einen wassergekühlten Kessel wird ein Gemisch von PCl_3 und CCl_4 im Verhältnis 1:1 eingeführt und Cl_2 eingeleitet. Nach beendeter Rk. wird filtriert. Bei kontinuierlicher Darst. in einem Rk.-Turm wird PCl_3 im Gegenstrom zum Cl_2 geführt und das PCl_5 am Boden des Turmes gesammelt. Es werden Pb-Rohre und verbleiter Stahl verwendet, J. R. VAN WAZER (in: KIRK, OTHMER, *Bd.* 10, 1953, S. 479). Durch Einleiten von Cl_2 in eine Lsg. von PCl_3 in $POCl_3$ wird fein verteiltes PCl_5 erhalten, E. I. DU PONT DE NEMOURS & Co., W. V. WIRTH (*U.S.P.* 1906440 [1931/33], *C.* **1933** II 426). — Beschreibung einer Anlage zum Chlorieren von PCl_3 im geschlossenen Kessel mit automat. Kontrolle und Sicherheitseinrichtungen, anonyme Veröffentlichung (*Ind. Chemist chem. Manufact.* **25** [1949] 517/20).

Durch Leiten eines Gemisches aus $POCl_3$-Dampf mit überschüssigem Cl_2 durch eine poröse C-Masse bei Tempp. >162°C, UNITED KINGDOM ATOMIC ENERGY AUTHORITY, R. LIND bzw. J. S. BROADLEY (*B.P.* 786760 [1955/57] nach *C.* **1958** 12800 bzw. *B.P.* 788241 [—/1957] nach *C.A.* **1958** 11374). — Behandlung von $POCl_3$ mit $COCl_2$ (oder CO + Cl_2) oberhalb 400°C in Ggw. von Holzkohle oder aktiver Kohle, I. G. FARBENINDUSTRIE A.-G., L. KLEBERT (*D.P.* 492061 [1928/30], *C.* **1930** I 2292).

By Chlorination of Other P Compounds

Durch Chlorieren weiterer P-Verbindungen. Bldg. von PCl_5 durch Einw. von Cl_2 auf PBr_5, A.-J. BALARD (*Ann. Chim. Phys.* [2] **32** [1826] 337/81, 374); durch Behandeln von $PSCl_3$ mit Cl_2 unter gleichzeitiger Bldg. von SCl_2, CHEVRIER (*C. r. Acad. Sci [Paris]* **68** [1869] 1174/6); durch Einw. von CCl_4-Dampf auf $Ca_3(PO_4)_2$ bei Rotglut, H. QUANTIN (*C. r. Acad. Sci. [Paris]* **106** [1888] 1074/6), oder auf $FePO_4$, das auf eine Temp. unterhalb der Zers.-Temp. von CCl_4 erhitzt ist. Das neben PCl_5 entstehende $FeCl_3$ kann durch eine Schicht von auf 200°C erhitztem KCl zurückgehalten werden, H. QUANTIN (*C. r. Acad. [Paris]* **104** [1887] 223/4).

Vorschläge zur technischen Darstellung. Ein Gemisch von Rohphosphat, Silicat und einem Red.-Mittel (Kohle) wird im Cl_2-Strom auf ~1300°C erhitzt, C. G. MINER (*U.S.P.* 1730521 [1926/29], *C.* **1929** II 3174), vgl. N. V. ELECTRO-CHEMISCHE INDUSTRIE (*Schwz. P.* 141865 [1928/30] nach *C.* **1931** I 2100). Die Chlorierung kann in Ggw. eines Lsgm. oder Dispersionsmittels ($ZnCl_2$) und $CuCl_2$ als Katalysator vorgenommen, N. V. ELECTROCHEMISCHE INDUSTRIE, H. GELISSEN (*B.P.* 302927 [1928/29] nach *C.* **1929** I 1851; *B.P.* 356238 [1930/32], *C.A.* **1932** 4422; *D.P.* 522270 [1928/31], *C.* **1931** I 3496; *F.P.* 664850 [1928/29], *C.A.* **1930** 926), oder unter Druck ausgeführt werden. Die Gefäße können mit unlösl. Halogeniden ausgefüttert sein, N. V. ELECTROCHEMISCHE INDUSTRIE (*B.P.* 304694 [1929/29] nach *C.* **1929** I 2564).

Ca-Phosphat und Alkalichlorid werden in einem geschlossenen Gefäß unter O_2-Ausschluß bis zur Bldg. von PCl_5 erhitzt. Durch Absaugen der gasf. Rk.-Prodd. wird die Zers. von PCl_5 in PCl_3 und Cl_2 vermieden. Die Rk. geht bei ~1100°C rasch vor sich, AGRICULTURAL RESEARCH CORP., S. PAECOCK (*B.P.* 23023 [1913] [—/1913]; *D.P.* 276024 [1913/14], *C.* **1914** II 364; *F.P.* 463497 [—/1913] nach *C.A.* **1914** 2785; *U.S.P.* 1147183 [1912/15], *C.A.* **1915** 2433). Rohphosphat wird mit NaCl in Ggw. von SiO_2 auf 1100 bis 1400°C erhitzt: $Ca_3(PO_4)_2 + 8SiO_2 + 10NaCl = 2PCl_5 + 3CaSiO_3 \cdot 5Na_2SiO_3$, C. G. MINER (*U.S.P.* 1688503 [1925/28], *C.* **1929** I 126).

Weitere Angaben zum Cl_2-Aufschluß von Phosphaten s. „*Phosphor*" *Tl.* B, S. 47.

Gewinnung von PCl_5 aus mit P-Chloriden (neben Fe-, Al-, B-Chlorid) verunreinigtem $SiCl_4$ oder $GeCl_4$ durch fraktionierte Dest. unter Ausnutzung der Bldg. von Additionsprodd. mit den vorhandenen Metallchloriden, BELL TELEPHONE LABORATORIES INC., J. M. WHELAN (*U.S.P.* 2821460 [1955/58], *C.A.* **1958** 8482).

By Thermal Decomposition of P Compounds

Durch thermische Zersetzung von P-Verbindungen. Bldg. von PCl_5 durch Disproportionierung von PCl_3 in PCl_5 und P bei sehr langem Lagern, W. CASSELMANN (*Liebigs Ann. Chem.* **83** [1852] 257/75, 267); beim Erhitzen von PF_3Cl_2 auf 200 bis 250°C: $5PF_3Cl_2 = 3PF_5 + 2PCl_5$, C. POULENC (*C. r. Acad. Sci [Paris]* **113** [1891] 75/78); bei raschem Erhitzen von $[Pt_2(PCl_3)_2Cl_4]$, vgl. hierzu „*Platin*" *Tl.* D, S. 463.

Purification

Reinigung. PCl_5 wird bei 160 bis 170°C in Cl_2-Atm. sublimiert und das Cl_2 anschließend durch trocknes N_2 entfernt, J. J. DOWNS, R. E. JOHNSON (*J. Am. chem. Soc.* **77** [1955] 2098/102).

Thermodynamic Data of Formation

Thermodynamische Bildungsdaten. Änderung des Wärmeinhalts bei Bldg. aus den Elementen unter Standardbedingungen bei 25°C in kcal/Mol: $\Delta H(PCl_{5fest}) = -110.7$, $\Delta H(PCl_{5gasf}) = -95.35$, $\Delta F = -77.59$, F. D. ROSSINI u. a. (*Circ. Nat. Bur. Stand.* Nr. 500 [1952] 78, 848). Bei 18°C: $\Delta H(PCl_{5fest}) = -106.5$, $\Delta H(PCl_{5gasf}) = -91.0$, F. R. BICHOWSKY, F. D. ROSSINI (*The Thermochemistry of the chemical Substances, New York* 1936, S. 38, 221). $\Delta F^\circ_{298}(PCl_{5gasf}) = -74.8$, D. P. STEVENSON, D. M. YOST (*J. chem. Phys.* **9** [1941] 403/8, 408). Ältere Angaben s. bei J. C. THOMLINSON (*Chem. News* **95** [1907] 145, **99** [1909] 133), J. THOMSEN (*Ber. dtsch. chem. Ges.* **16** [1883] 37/39). Alle Daten werden berechnet unter Verwendung der Angaben über Lsg.-Wärme in H_2O (vgl. S. 440) und über Sublimationswärme und Dissoz.-Wärme auf S. 438.

Berechnung der Bldg.-Wärme nach Gesetzmäßigkeiten des Periodensystems, A. BERKENHEIM (*Z. physik. Chem.* **136** [1928] 231/58, 234). Proportionalität zwischen der Bldg.-Wärme unter Standardbedingungen und dem Logarithmus aus dem Prod. der Kernladungszahlen, A. F. KAPUSTINSKIJ (*Izv. Akad. Nauk SSSR Otdel. chim.* **1948** 568/80, *C.* **1950** I 16).

Vergleiche und Beziehungen zu Bldg.-Wärmen anderer Halogenide, D. HART (*J. phys. Coll. Chem.* **56** [1952] 202/14, 213). Beziehung zwischen Bldg.-Wärme und Ionenpot. unter Benutzung des Ionenradius, G. H. CARTLEDGE (*J. phys. Coll. Chem.* **55** [1951] 248/56). Aus thermodynam. Daten und Gleichgew.-Messungen wird ΔG in verschiedenen Temp.-Bereichen (in cal/Mol) berechnet:

ΔG zwischen 432 und 553°K ist für $^1/_{10}P_{4fl} + Cl_{2gasf} = {}^2/_5PCl_{5gasf} = -35340 + 3.44\ T \log T + 12.47\ T\ (\pm 3)$;

ΔG zwischen 553 und 1500°K ist für $^1/_{10}P_{4gasf} + Cl_{2gasf} = {}^2/_5PCl_{5gasf} = -36900 + 2.01\ T \log T + 19.17\ (\pm 3)$;

ΔG zwischen 553 und 1500°K ist für $^1/_5P_{2gasf} + Cl_{2gasf} = {}^2/_5PCl_{5gasf} = -40150 + 2.01\ T \log T + 21.21\ T\ (\pm 5)$;

H. Villa (*J. Soc. chem. Ind. Suppl.* **69** [1950] 9/18, 15).

Molekel

Molecule

Die Eigg. der PCl_5-Molekel sind zusammen mit denen der PF_5-Molekel auf S. 376/81 beschrieben.

Physikalische Eigenschaften

Physical Properties

Lattice Structure

Gitterstruktur. Nachdem schon H. Moureu, M. Magat, G. Wetroff (*C. r.* **205** [1937] 545/8; *Proc. Indian Acad. Sci.* A 8 [1938] 356/64) aus den Eigg. von festem und fl. PCl_5 auf wesentlich verschiedene Strukturen der beiden Phasen (nämlich Bldg. von PCl_4^+-Ionen im Kristall) schließen, weisen H. M. Powell, D. Clark, A. F. Wells (*Nature* **145** [1940] 149) nach, daß PCl_5-Gruppen im Kristallgitter nicht existieren können. Das Gitter ist vielmehr aus PCl_4^+- und PCl_6^--Ionen aufgebaut; die tetragonale Elementarzelle enthält 4 PCl_5-Formeleinheiten, d. h. je 2 PCl_4^+- und PCl_6^--Ionen. Raumgruppe: C_{4h}^3–P4/n; Gitterkonstanten: a = 9.22, c = 7.44 Å, D. Clark, H. M. Powell, A. F. Wells (*J. chem. Soc.* **1942** 642/5); über die Atomabstände im PCl_4^+- bzw. PCl_6^--Ion s. S. 376 bzw. 383. Gleichzeitige Unterss. von A.-M. de Ficquelmont, G. Wetroff, H. Moureu (*C. r.* **211** [1940] 566/8) bestätigen die Struktur und ergeben a = 9.35, c = 7.48 Å. In der Zusammenstellung von Strukturdaten geben L. K. Frevel, H. W. Rinn, H. C. Anderson (*Ind. engng. Chem. anal. Edit.* **18** [1946] 83/93, 91) die Mittelwerte a = 9.29, c = 7.46 kX an. Vgl. auch J. Gillis (*Acta cryst.* **1** [1948] 174/9 [engl.]).

Der Aufbau des PCl_5-Gitters aus PCl_4^+- und PCl_6^--Ionen ist auch an dem doppelten Absorptionsmax. bei der Kernresonanz von ^{31}P zu erkennen, E. R. Andrew, A. Bradburg, R. G. Eades, G. J. Jenks (*Nature* **188** [1960] 1096/7).

Density. Coefficient of Thermal Expansion

Dichte D in g/cm³. **Ausdehnungskoeffizient** γ in $10^{-3}\ grd^{-1}$. Die pyknometrisch gem. Dichte von festem PCl_5 ist etwas kleiner (2.10) als die Röntgendichte $D_R = 2.11$, A.-M. de Ficquelmont, G. Wetroff, H. Moureu (*C. r.* **211** [1940] 566/8). Nach D. Clark, H. M. Powell, A. F. Wells (*J. chem. Soc.* **1942** 642/5) ist $D_R = 2.12$. — Mit abnehmender Temp. nimmt D folgendermaßen zu: 2.114 bei 25°C, 2.205 bei −79°C, 2.255 bei −183°C, 2.28 extrapoliert für −273°C, W. Biltz, A. Sapper, E. Wünnenberg (*Z. anorg. Chem.* **203** [1932] 277/306, 290).

Oberhalb des Schmp. nimmt D linear mit der Temp. t ab: D = 1.624−0.00208 (t−150), S. Sugden (*J. chem. Soc.* **1927** 1173/86, 1182). Messungen im Bereich bis 190°C ergeben D = 1.599−0.0019 (t−160) und γ = 1.19, W. Fischer, O. Jübermann (*Z. anorg. Chem.* **235** [1938] 337/51, 342). Ältere Angaben über die Temp.-Abhängigkeit des Molvol., aus denen γ = 0.894 folgt, s. bei E. B. R. Prideaux (*Trans. Faraday Soc.* **6** [1911] 155/9).

Für den gesätt. Dampf, der z. T. dissoziiert ist, ergeben sich folgende Werte:

t in °C	90	100	110	120	140	150	160
10^4 D	1.97	3.32	5.69	9.29	22.86	34.48	49.33

A. Smith, R. H. Lombard (*J. Am. chem. Soc.* **37** [1915] 2055/62), A. Smith (*Z. Elektrochem.* **22** [1916] 33/7).

Vapor Pressure. Sublimation Point

Dampfdruck p. **Sublimationspunkt** T_S. Über festem PCl_5 gilt für p in Torr zwischen 373.6 und 431.2°K die Formel lg p = 11.034−3531/T; hieraus folgt durch Extrapolation T_S = 432°K bei 760 Torr, W. Fischer, O. Jübermann (*Z. anorg. Chem.* **235** [1938] 337/51, 339). Ältere Messungen zwischen 363 und 440°K ergeben p = 760 Torr bei T_S = 435.9°K, A. Smith, R. P. Calvert (*J. Am. chem. Soc.* **36** [1914] 1363/82, 1381); T_S = 433°K, E. B. R. Prideaux (*Trans. Faraday Soc.* **6** [1911] 155/9). Im Rahmen einer Übersicht übernimmt H. Weichardt (*Chemiker-Ztg.* **81** [1957] 421/3) den Wert T_S = 435°K. Neuerdings finden L. Kolditz, A. Feltz (*Z. anorg. Chem.* **293** [1958] 286/93, 291) T_S = 437°K.

Weniger genaue Angaben, nach denen (infolge Dissoz., vgl. S. 439) p auf 2.03 atm bei 468.6°K steigt, s. bei S. Sugden (*J. chem. Soc.* **1927** 1173/86, 1183).

Critical Temperature

Kritische Temperatur T_{kr} = 645°K, E. B. R. Prideaux (*Trans. Faraday Soc.* **6** [1911] 155/9); vgl. auch J. Zernike (*Rec. Trav. chim.* **69** [1950] 116/24, 119).

Melting Point. Triple Point

Schmelzpunkt T_f. **Tripelpunkt** T_{tr}. Nach S. SUGDEN (*l. c.* S. 1182) liegt T_f zwischen 436 und 437°K, während H. MOUREU, M. MAGAT, G. WETROFF (*C. r.* **203** [1936] 257/9) $T_f = 432.1$ bis 433.6°K angeben und die Erstarrung von fl. PCl_5 erst unterhalb 430°K beobachten. Einen noch tieferen Erstarrungspunkt (422°K) finden W. BILTZ, K. JEEP (*Z. anorg. Chem.* **162** [1927] 32/48, 34). — Am Tripelpunkt T_{tr} hat PCl_5 den Dampfdruck 1.05 atm, J. ZERNIKE (*Recueil Trav. chim. Pays-Bas* **69** [1950] 116/24, 117 [engl.]).

Surface Tension

Oberflächenspannung γ. Bei 169.5, 181 bzw. 192°C ist $\gamma = 20.9$, 19.8 bzw. 18.7 dyn/cm, S. SUGDEN (*J. chem. Soc.* **1927** 1173/86, 1183).

Parachor. Siehe hierzu S. 381.

Heat of Sublimation

Sublimationswärme L_s in kcal/Mol. Messungen zwischen 363 und 433°K ergeben $L_s = 15.5 \pm 0.28$, A. SMITH, R. H. LOMBARD (*J. Am. chem. Soc.* **37** [1915] 2055/62), A. SMITH (*Z. Elektrochem.* **22** [1916] 33/7). Der Wert $L_s = 15.5$ gilt jedoch nur unter der Annahme, daß PCl_5-Dampf gänzlich undissoziiert ist; bei Berücksichtigung der Dissoz. ist $L_s = 16.1$, W. FISCHER, O. JÜBERMANN (*Z. anorg. Chem.* **235** [1938] 337/51, 343). Aus thermodynam. Daten von P und verschiedenen P-Verbb. folgt für PCl_5 : $L_s = 30.763 - 38.144 \times 10^{-3}$ T, T. F. ANDERSON, D. M. YOST (*J. chem. Phys.* **4** [1936] 529/30).

Heat of Fusion

Schmelzwärme L_f. L_f ist bei PCl_5 ungewöhnlich groß, nämlich ~10 kcal/Mol, H. MOUREU, M. MAGAT, G. WETROFF (*C. r.* **205** [1937] 545/8; *Proc. Indian Acad. Sci.* A 8 [1938] 356/64, 359).

Thermodynamic Functions

Thermodynamische Funktionen. Aus den gem. Wellenzahlen der Molekelschwingungen (s. S. 380/1) ergeben sich für die Wärmekapazität C_p in cal mol^{-1} grd^{-1} sowie für die Enthalpie in der Form $(H°-H_0^\circ)/T$ und die Entropie S° in cal mol^{-1} °K^{-1} im idealen Gaszustand folgende Werte:

T in °K	150	200	298.16	400	500	600	700	800	900	1000
$(H°-H_0^\circ)/T$	12.79	14.94	18.31	20.75	22.46	23.73	24.70	25.47	26.08	26.59
C_p°	19.56	22.99	26.84	28.75	29.74	30.32	30.68	30.93	31.09	31.22
S°	70.71	76.84	86.85	95.04	101.6	107.1	111.8	115.9	119.5	122.8

J. E. GRIFFITHS, R. P. CARTER, R. R. HOLMES (*J. chem. Phys.* **41** [1964] 863/76, 874).

T in °K	298.16	400	500	600	700	800	1000	1200	1500
$(H°-H_0^\circ)/T$	18.309	20.731	22.431	23.697	24.667	25.434	26.567	27.358	28.180
C_p°	26.75	28.71	29.73	30.32	30.70	30.95	31.25	31.42	31.56
S°	86.734	94.878	101.420	106.880	111.570	115.701	122.637	128.422	135.362

J. K. WILMSHURST, H. J. BERNSTEIN (*J. chem. Phys.* **27** [1957] 661/4). Hierdurch sind ältere Angaben für gasf. PCl_5 von T. F. ANDERSON, D. M. YOST (*J. chem. Phys.* **4** [1936] 529/30) und D. P. STEVENSON, D. M. YOST (*J. chem. Phys.* **9** [1941] 403/8) sowie die daraus von H. M. SPENCER, G. N. FLANNAGAN (*J. Am. chem. Soc.* **64** [1942] 2511/3) abgeleitete Formel für C_p° überholt. — Nach einer empir. Formel berechnen K. OTOZAI, S. KUME, S. FUKUSHIMA (*Bull. chem. Soc. Japan* **25** [1952] 302/9, 304) die Standardentropie $S_{298}^\circ = 84.9$. Zwei Formeln, die für kugelähnliche bzw. lineare Molekeln gelten sollen, ergeben (aus Molgew. und Anzahl der Atome in der Molekel) für PCl_5 die Werte $S_{298}^\circ = 89.2$ bzw. 78.4, G. GEISELER (*Z. physik. Chem.* **202** [1954] 424/39, 432).

Für festes PCl_5 berechnen T. F. ANDERSON, D. M. YOST (*l. c.*) die Standardentropie zu S = 40.8. — Eine anomale Änderung von C_p beim Übergang vom festen in den fl. Zustand erwähnen H. MOUREU, M. MAGAT, G. WETROFF (*C. r.* **205** [1937] 545/8).

Specific Magnetic Susceptibility

Spezifische magnetische Suszeptibilität χ in 10^{-6} cm^3/g. Für PCl_5 ist $\chi < 0$; demnach enthält die Molekel keine Einzelelektronen, sondern nur Elektronenpaare (vgl. S. 377), T. M. LOWRY, F. L. GILBERT (*Nature* **123** [1929] 85), H. MOUREU, P. ROCQUET (*C. r.* **201** [1935] 144/7). Der einzige Meßwert von χ stammt von K. KIDO (*Sci. Rep. Tôhoku Univ.* I **21** [1932] 869/81, 872); danach ist $\chi = -0.449$.

Dielectric Constant

Dielektrizitätskonstante ε. Eine auffällige Eig. von PCl_5 ist es, daß ε oberhalb des Schmp. erheblich kleiner ist als unterhalb. Einzelne Meßwerte für ε:

4.1 bei 130°C, 2.7 bei 165°C, T. M. LOWRY, G. JESSOP (*J. chem. Soc.* **1930** 782/92, 790).
4.23 bei 22.8°C, 2.85 bei 160°C, T. M. LOWRY, J. HOFTON (*J. chem. Soc.* **1932** 207/11).
4.2 bei 135°C, 2.7 bei 165°C, J. H. SIMONS, G. JESSOP (*J. Am. chem. Soc.* **53** [1931] 1263/6); vgl. H. MOUREU, M. MAGAT, G. WETROFF (*C. r.* **205** [1937] 545/8).

Molpolarisation. Siehe hierzu S. 381.

Spezifische elektrische Leitfähigkeit. PCl_5 ist ebenso wie PCl_3 ein Nichtleiter; s. hierzu beispielsweise A. VOIGT, W. BILTZ (*Z. anorg. Chem.* **133** [1924] 277/305, 291), J. H. SIMONS, G. JESSOP (*l. c.*), H. MOUREU, M. MAGAT, G. WETROFF (*C. r.* **205** [1937] 545/8).

Specific Electric Conductivity

Optische Eigenschaften. Absorptionsvermögen. Nach vorläufigen Unterss. von C. R. CRYMBLE (*Proc. chem. Soc.* **30** [1914] 179) und R. S. SHARMA (*Bull. Acad. Sci. United Prov. Agra Oudh* **3** [1933] 87/92) an PCl_5-Dampf stellen M. JAN-KHAN, R. SAMUEL (*Proc. phys. Soc.* **48** [1936] 626/41, 630) fest, daß das UV-Absorptionsspektrum am besten bei 55°C und 10 Torr registriert werden kann. Die Absorption setzt bei 2625 Å ein, erreicht bei 2310 Å ein Max. und steigt nach einem Minimum bei 2240 Å weiter an. Bei 25°C und 6 Torr ist die Absorption bei 2130 Å vollständig.

Optical Properties

Molrefraktion. Siehe hierzu S. 381.

Chemisches Verhalten

Chemical Reactions

Bei gewöhnl. Temp. weißes kristallines Pulver mit eigenartigem, die Schleimhäute heftig reizendem Geruch, H. DAVY (*Ann. Phys.* [*Leipzig*] **35** [1810] 433/78, 464).

Beim Erhitzen. PCl_5 zerfällt beim Erhitzen in PCl_3 und Cl_2, wie durch gelbliche Färbung des Dampfes angezeigt wird, H. SAINTE-CLAIRE DEVILLE (*Liebigs Ann. Chem.* **140** [1866] 166/71; *C. r. Acad. Sci.* [*Paris*] **62** [1866] 1157/60; *Phil. Mag.* [4] **32** [1866] 387). Aus erhitztem PCl_5-Dampf diffundiert freies Chlor in damit in Kontakt stehendes CO_2, J. A. WANKLYN, J. ROBINSON (*Proc. Roy. Soc.* **12** [1862/63] 507/11; *C. r. Acad. Sci.* [*Paris*] **56** [1863] 547/9; *J. prakt. Chem.* **88** [1863] 490/2). Die ersten Spuren von Cl_2 (Jodkaliumstärkepapier) zeigen sich bei 157 bis 158°C, P. FIREMAN, E. G. PORTNER (*J. phys. Chem.* **8** [1903/04] 500/4).

On Heating

Zwischen 166 und 358°C steigt der Dissoz.-Grad von 0.12 auf 0.98, W. NERNST (*Z. Elektroch.* **22** [1916] 37/38), C. HOLLAND (*Z. Elektroch.* **18** [1912] 234/6). Dissoz.-Druck für abgerundete Tempp.:

Temp. in °C . .	90	120	140	150	160	162.8	167
Druck in Torr .	18	117	294	445	670	760	919

A. SMITH, R. P. CALVERT (*J. Am. chem. Soc.* **36** [1914] 1363/82, 1381), A. SMITH, R. H. LOMBARD (*J. Am. chem. Soc.* **37** [1915] 2055/62). — Die später bestimmten Sättigungsdrucke zwischen 100.5 und 158.1°C stimmen nur bei den tieferen und mittleren Tempp. hiermit überein und liegen bei höheren Tempp. höher, was auf die verschiedenen Best.-Methh. zurückgeführt wird. Sie werden zwischen den angegebenen Tempp. durch die Gleichung $\log p = 11.034 - 16100/(4.57 \times T)$ wiedergegeben. Die zwischen 149.5 und 229.1°C ermittelten Partialdrucke ergeben Gleichgew.-Konstt., welche die Beziehung $\log K = 1.75 \cdot \log T + 6.66 - 20000/(4.57 \times T)$ erfüllen, womit auch die früheren Messungen von C. HOLLAND (*l. c.*) im Einklang stehen; bei 160°C beträgt der Dissoz.-Grad im gesätt. Dampf 13.5%, W. FISCHER, O. JÜBERMANN (*Z. anorg. Ch.* **235** [1938] 337/51, 337).

Die bei ~300°C praktisch vollkommene Dissoz.-Rk. $PCl_5 \rightarrow PCl_3 + Cl_2$ ist bei 130°C wieder vollständig in umgekehrter Richtung abgelaufen. Diese Tatsache wird zur Verwendung von PCl_5 als primäres Kühlmittel für einen Kernreaktor benutzt, SOC. FRANÇAISE DES CONSTRUCTIONS BABCOCK & WILCOX, M. VERON (*F.P.* 1184469 [1957/59] nach *C.* **1960** 6948).

Gegen Nichtmetalle. Wasserstoff wirkt auf PCl_5 auch beim Sublimationspunkt nicht ein, J. H. GLADSTONE (*J. prakt. Chem.* **49** [1850] 40/51, 42; *Phil. Mag.* [3] **35** [1849] 345/55, 347). Bei gleichzeitigem Durchleiten von H_2 und PCl_5-Dampf durch ein rotglühendes Rohr tritt Bldg. von PCl_3, HCl, rotem P und wahrscheinlich PH_3 ein, E. BAUDRIMONT (*Ann. Chim. Phys.* [4] **2** [1864] 5/67, 6).

With Nonmetals

Bei dunkler Rotglut reagiert PCl_5 mit Sauerstoff unter Leuchterscheinung und Bldg. von P_2O_5, $POCl_3$ und Cl_2, E. BAUDRIMONT (*l. c.* S. 7).

Stickstoff wirkt auf PCl_5 bei Rotglut nicht ein, E. BAUDRIMONT (*C. r. Acad. Sci.* [*Paris*] **51** [1860] 823/5).

Bei Einw. von Fluor wird die Masse glühend und entwickelt starke weiße Dämpfe, welche PF_5 und Cl_2 enthalten, H. MOISSAN (*Ann. Chim. Phys.* [6] **24** [1891] 224/82, 251).

PCl_5 bleibt selbst bei gewöhnlicher Temperatur zu einem nicht unerheblichen Tl. in flüssigem Chlor gelöst, W. BLITZ, K. JEEP (*Z. anorg. allg. Chem.* **162** [1927] 38/48, 34). Gibt rotes P beim Behandeln in der umgekehrten Chlor-Knallgasflamme, F. MEYER, H. KERSTEIN (*Ber. dtsch. chem. Ges.* **47** [1914] 1036/49, 1046). Austauschverss. zwischen PCl_5 und mit ^{36}Cl markiertem Cl_2 in CCl_4 bei gewöhnl. Temp. zeigen in 10 Sek. einen Austausch von ~20%, R. E. JOHNSON (ORO-61 nach *N.S.A.* **6** [1952] Nr. 2596). Verschieden rascher Austausch der einzelnen Cl-Atome bestätigen die Dissoz. nach $PCl_5 \rightleftharpoons PCl_3 + Cl_2$, P. BÉVILLARD (*Bull. Soc. chim. France* **1954** D40/48, 55/79, 44). Es werden Austauschgeschww. erster Ordnung festgestellt, und es wird angenommen, daß die drei Cl-Atome in der äquatorialen Lage rascher als in den Spitzenlagen austauschen und daß zwischen Äquatorial- und Spitzenlage kein rascher Austausch erfolgt, J. DOWNS, R. E. JOHNSON (*J. chem. Phys.* **22** [1954] 143/4). Der nicht lineare Verlauf der Austauschkurven wird auf die merkliche Assoziation von PCl_5 in CCl_4 zurückgeführt, L. KOLDITZ, D. HASS (*Z. anorg. allg. Chem.* **294** [1958] 191/204, 193).

In fl. Brom lösen sich bei 25°C ~20 Gew.-% PCl_5, W. A. PLOTNIKOW, S. JAKUBSON (*Z. physik. Chem.* **138** [1928] 235/42, 236), vgl. hierzu das System PCl_5–Br_2 auf S. 512.

PCl_5 reagiert mit Jod sehr leicht unter Bldg. von PCl_3 und orangerotem $PCl_5 \cdot JCl$, E. BAUDRIMONT (*Ann. Chim. Phys.* [4] **2** [1864] 5/67, 12, 38), vgl. hierzu das System PCl_5–J_2 auf S. 530.

Zur Rk. mit Schwefel vgl. „*Schwefel*" *Tl.* A, S. 704, zum Verh. gegen Selen s. „*Selen*" *Tl.* A, S. 252. — Tellur reagiert mit PCl_5 unter Bldg. von $TeCl_2$, bei überschüssigem PCl_5 bildet sich $TeCl_4$, E. MONTIGNIE (*Bull. Soc. chim. France* [5] **15** [1948] 180/1).

Zur pyrochem. Umsetzung mit Silicium, bei der $SiCl_4$ und PCl_3 entstehen, vgl. „*Silicium*" *Tl.* B, S. 122. — Zur Umsetzung mit Phosphor vgl. „*Phosphor*" *Tl.* B, S. 310. — PCl_5 reagiert mit Arsen leicht, oft ohne Erwärmen; es bilden sich $AsCl_3$ und PCl_3, E. BAUDRIMONT (*l. c.* S. 11). Vgl. H. GOLDSCHMIDT (*C.* **1881** 489/95, 493).

With Nonmetal Compounds. Hydrolysis

Gegen Nichtmetallverbindungen. Hydrolyse. Bildet mit H_2O unter Wärmeentw. HCl und H_3PO_4, H. DAVY (*Schweiggers J. Chem. Phys.* **3** [1811] 79/120, 85). Dämpfe von PCl_5 werden von H_2O absorbiert, A. WURTZ (*C. r. Acad. Sci.* [*Paris*] **76** [1873] 601/9), Kristalle werden in feuchter Luft sehr rasch zersetzt, D. CLARK, H. M. POWELL, A. F. WELLS (*J. chem. Soc.* **1942** 642/5). Je nach den reagierenden Mengen werden beim Erwärmen $POCl_3$, $P_2O_3Cl_4$ und P_2O_5 gebildet. Beim Molverhältnis $H_2O : PCl_5 = 1$ ist $POCl_3$ vorherrschend, beim Verhältnis 3 : 2 entstehen neben $POCl_3$ geringe Mengen $P_2O_3Cl_4$ und P_2O_5, bei mehr H_2O nimmt der P_2O_5-Anteil zu, G. ODDO (*Gazz. chim. ital.* **29** II [1900] 330/43). Beim langsamen Digerieren von PCl_5 mit Eiswasser bis zur vollständigen Lsg. werden bei der Titration mit 0.5n-$Ba(OH)_2$ oder -NaOH-Lsg. 4 Äquivv. Lauge verbraucht, was mit der Umsetzung $PCl_5 + 2H_2O = POCl_2OH + 3HCl$ motiviert wird (Endpunkt durch Thymolphthalein); die vollständige Hydrolyse verläuft in der Kälte recht langsam, H. MEERWEIN, K. BODENDORF (*Ber.* **62** [1929] 1952/3). Der Hydrolysenmechanismus ähnelt dem des $SiCl_4$, W. HÜCKEL (*Liebigs Ann. Chem.* **540** [1939] 274/84, 281), vgl. hierzu „*Silicium*" *Tl.* B, S. 685. Rk.-Wärme von PCl_5 mit H_2O für 1 Mol PCl_5: 123.440 kcal/Mol, J. THOMSEN (*Ber. dtsch. chem. Ges.* **16** [1883] 37/39), 118.9 kcal/Mol (1 Tl. PCl_5 auf 100 Tl. H_2O), M. BERTHELOT, W. LOUGUININE (*C. r. Acad. Sci.* [*Paris*] **75** [1872] 100/4; *Ann. Chim. Phys.* [5] **6** [1875] 305/11, 308), vgl. hierzu ferner M. BERTHELOT (*Ann. Chim. Phys.* [5] **15** [1878] 185/220, 208), P. A. FAVRE, J.-T. SILBERMANN (*Liebigs Ann. Chem.* 88 [1853] 141/79, 174), H. W. SCHRÖDER VAN DER KOLK (*Ann. Phys. Chem.* **131** [1867] 277/98, 284).

Nitrogen Compounds

Stickstoffverbindungen. Gasf. Ammoniak wirkt auf PCl_5 heftig unter Erwärmung ein und bildet ein festes weißes Prod., das in sd. H_2O, in H_2SO_4, HCl, HNO_3 und wss. KOH unlösl. ist, H. DAVY (*Ann. Phys.* [*Leipzig*] **39** [1811] 3/43, 6; *Schweiggers J. Chem. Phys.* **3** [1811] 79/120, 99). Beim Sättigen von PCl_5 mit trocknem NH_3 entsteht eine weiße Masse, die an kaltes H_2O eine große Menge NH_4Cl abgibt, J. LIEBIG, F. WÖHLER (*Liebigs Ann. Chem.* **11** [1834] 139/50, 142), vgl. hierzu H. ROSE (*Ann. Phys. Chem.* **24** [1832] 295/341, 311, **28** [1833] 529/50). Bei der Rk. bilden sich PNH_2 und HCl, intermediär $PCl_3(NH_2)_2$, C. GERHARDT (*Ann. Chim. Phys.* [3] **18** [1846] 188/205, 202). Bei langsamer Einw. von gasf. NH_3 auf eine kalte Lsg. von PCl_5 in CCl_4 unter Vermeidung jeder Temp.-Erhöhung scheidet sich ein weißes Prod. der Zus. $PCl_5 \cdot 8NH_3$ ab, A. BESSON (*C. r. Acad. Sci.* [*Paris*] **111** [1890] 972/4, **114** [1892] 1264/7), unter ähnlichen Bedingungen wird ein Prod. der Zus. $PCl_5 \cdot 10NH_3$ erhalten, H. PERPEROT (*Bull. Soc. chim. France* [4] **37** [1925] 1540/8; *C. r. Acad. Sci.* [*Paris*] **181** [1925] 662/4).

Beim Einleiten von gasf. NH_3 in die auf −3°C abgekühlte Lsg. von 3 g PCl_5 in 1000 ml CCl_4 unter strengstem Ausschluß von H_2O bildet sich unter äußerst heftiger Rk. ein weißer Nd., der aus einem Gemisch aus PN_3H_4, $P(NH_2)_5$ und NH_4Cl besteht. Aus der Mutterlauge kann durch Eindampfen unter vermindertem Druck noch $P_3N_3Cl_4(NH_2)_2$ gewonnen werden. Vgl. hierzu S. 562. Wird nur bis etwa zur Hälfte der Sättigung NH_3 eingeleitet, so fällt nur NH_4Cl aus, und in der Lsg. bleiben $(PNCl_2)_3$ und $(PNCl_2)_4$ zurück, die durch Verdampfen der Mutterlauge im Vak. gewonnen und durch fraktionierte Krist. aus Toluol getrennt werden können; die Einw. von fl. NH_3 auf PCl_5 führt über $(PN_3H_4)_n$ zu Phospham (PN_2H). Der Rk.-Ablauf vollzieht sich nach folgendem allgemeinen Schema:

$$Cl_5P + NH_3 \begin{array}{l} \nearrow P(NH_2)_5 \rightarrow PN_3H_4 \searrow \\ \searrow PNCl_2 \rightarrow (PNCl_2)_n \nearrow \end{array} (PN_3H_4)_n \rightarrow (PN_2H)_x$$

H. Moureu, P. Rocquet (*Bull. Soc. chim. France* [5] **3** [1937] 821/8, 829/41; *C. r. Acad. Sci. [Paris]* **200** [1935] 1407/10). Vgl. hierzu W. C. Fernelius, G. B. Bowman (*Chem. Rev.* **26** [1940] 3/48, 10/1).

Bei der Rk. von PCl_5 mit fl. NH_3 werden je nach den Vers.-Bedingungen verschiedene Substt. erhalten. Es ist sehr schwierig, völlig sauerstoff-freie Prodd. zu bekommen, da die Primärprodd. außerordentlich hydrolyseempfindlich sind. Es wird angenommen, daß zunächst folgende Rk. eintritt: $PCl_5 + 9NH_3 \rightarrow HNP(NH_2)_3$. Die Rk. wird durch Zusatz von gepulvertem PCl_5 zu fl. NH_3 in Ggw. geringer Mengen H_2O vorgenommen. Es können isoliert werden $OP(NH_2)_3$ (Phosphoroxidtriamid), damit isomeres PH_6ON_3 (Ammoniumsalz einer polymeren Diamidophosphorsäure) und $P_3O_2N_8H_{13}$. Näheres über den Rk.-Mechanismus s. S. 340, M. Becke-Goehring, K. Niedenzu (*Chem. Ber. dtsch. chem. Ges.* **90** [1957] 2072/4), M. Becke-Goehring (*Angew. Chem.* **69** [1957] 569/70).

Eine sehr kleine Menge von PCl_5 bewirkt Entflammung von Hydroxylamin, C. A. Lobry de Bruyn (*Recueil Trav. chim. Pays-Bas* **11** [1892] 18/50, 36).

Mit gasf. Stickstoffdioxid reagiert PCl_5 bei ~24°C sehr heftig nach $2NO_2 + 2PCl_5 = 2NOCl + Cl_2 + 2POCl_3$; NO_2Cl wird nicht gebildet, R. Müller (*Liebigs Ann. Chem.* **122** [1862] 1/22, 11), vgl. auch A. Gutbier, J. Lohmann (*J. prakt. Chem.* [2] **71** [1905] 182/95, 193). Auch bei Durchführung der Rk. bei —18°C und bei Verwendung von fl. N_2O_4 werden die gleichen Prodd. erhalten, A. Geuther (*Liebigs Ann. Chem.* **245** [1888] 96/102, 98). — Mit Distickstoffpentoxid findet bei —55°C Rk. statt nach $PCl_5 + N_2O_5 = POCl_3 + 2NO_2Cl$, M. Schmeisser, E. Gregor-Hasche (*Z. anorg. allg. Chem.* **255** [1947] 33/44, 39).

Halogen Compounds

Halogenverbindungen. PCl_5 erweicht in gasf. Chlorwasserstoff, G. Gore (*Phil. Mag.* [4] **29** [1865] 541/50, 544). Bei Einw. eines Gemisches von NO und gasf. HCl bei 30 bis 50 atü mit und ohne Katalysatoren auf PCl_5 wird unter geringen Mengen anderer Rk.-Prodd. NOCl gebildet, W. A. Noyes (*J. Am. chem. Soc.* **47** [1925] 2159/64). — Zur Ox. durch Chlormonoxid Cl_2O s. „*Chlor*“ S. 233, vgl. ferner W. Spring (*Ber. dtsch. chem. Ges.* **7** [1874] 1584). — PCl_5 wirkt heftig auf Jodpentoxid ein unter Bldg. von JCl_3, O. Brenken (*Ber. dtsch. chem. Ges.* 8 [1875] 487/90, 490), mit Chlorjod bildet sich unter lebhafter exothermer Rk. $PCl_5 \cdot JCl$, E. Baudrimont (*Ann. Chim. Phys.* [4] **2** [1864] 5/67, 38), auch in CS_2-Lsg. tritt Bldg. von PCl_6J ein, W. F. Zelezny, N. C. Baenziger (*J. Am. chem. Soc.* **74** [1952] 6151/2). Vgl. hierzu das System PCl_5–J_2 auf S. 530.

Durch Einw. auf Nitrosylchlorid NOCl entsteht NCl_3 nach $NOCl + PCl_5 = NCl_3 + POCl_3$, N. V. Sidgwick (*The chemical Elements and their Compounds, Bd.* 1, *Oxford* 1950, S. 705). — Beim Vermischen von PCl_5 mit Nitrosylperchlorat $NOClO_4$ (allein und gelöst in $POCl_3$ oder $AsCl_3$) zur Darst. einer Komplexverb. der Zus. $PCl_4^+ ClO_4^-$ tritt vollkommene Zers. ein. Es bilden sich P_2O_5, $POCl_3$, NOCl, Cl_2 und ClO_2, W. L. Groeneveld (*Recueil Trav. chim. Pays-Bas* **75** [1956] 594/602, 598). Bei der Rk. zwischen PCl_5 und Hydroxylammoniumchlorid in Tetrachloräthan bei ~100°C entstehen je nach den Vers.-Bedingungen P_2NCl_7, P_3NCl_{12} und $Cl_3PNPOCl_2$, M. Becke-Goehring, W. Gehrmann, W. Goetze (*Z. Anorg. Allg. Chem.* **326** [1963] 127/38).

Sulfur Compounds

Schwefelverbindungen. Mit trocknem Schwefelwasserstoff bilden sich HCl und je nach den Rk.-Bedingungen $PSCl_3$ oder P_2S_5, vgl. „*Schwefel*“ *Tl.* B, S. 67. Mit fl. H_2S tritt stets Bldg. von $PSCl_3$ ein, J. A. Wilkinson (*Chem. Rev.* **8** [1931] 237/50, 245), A. W. Ralston, J. A. Wilkinson (*J. Am. chem. Soc.* **50** [1928] 258/64, 261), vgl. W. Biltz, E. Keunecke (*Z. anorg. allg. Chem.* **147** [1925] 171/87, 173).

PCl_5 reagiert bei allen Konzz. und allen Tempp. mit fl. Schwefeldioxid nach $PCl_5 + SO_2 = POCl_3 + SOCl_2$. Selbst bei —50°C verläuft die Rk. vollständig, allerdings langsam (5 Tage) und nie weiter als bis zum $POCl_3$. Thermodynam. Berechnungen nach dem Wärmesatz von Hess ergeben für die Rk. $[PCl_5] + SO_{2\,fl} = POCl_{3\,fl} + SOCl_{2\,fl}$ eine positive Wärmetönung von 6.12 kcal/Mol, was den leichten Verlauf der Rk. erklärt; für die weitere Rk. $2[PCl_5] + 5SO_{2\,fl} = [P_2O_5] + 5SOCl_{2\,fl}$ wird eine negative Wärmetönung von —19.8 kcal/Mol berechnet. Deshalb bleibt die Solvolyse beim $POCl_3$ stehen, W. Behne, G. Jander, H. Hecht (*Z. anorg. allg. Chem.* **269** [1952] 249/61, 253), H. Hecht, R. Greese, G. Jander (*Z. anorg. allg. Chem.* **269** [1952] 262/78, 276), W. Behne (*Diss. Greifswald*

1945, S. 1/62, 24). Bei Einw. von gasf. SO_2 treten die gleichen Verbb. auf, vgl. „*Schwefel*“ *Tl.* B, S. 288. Zur Löslichkeit s. S. 449.

Beim Überleiten von Schwefeltrioxid-Dampf über PCl_5 bei 70°C erfolgt lebhafte Entw. von SO_2 und Cl_2; die Rk. verläuft wahrscheinlich nach $SO_3 + PCl_5 = SO_2Cl_2 + POCl_3$, wobei SO_2Cl_2 in SO_2 und Cl_2 zerfällt. Es entsteht zugleich auch eine kleine Menge $S_2O_5Cl_2$, was wahrscheinlich auf intermediärer Bldg. eines Additionsprod. $SO_2ClO{-}PCl_3{-}OClO_2S$ beruht. S_2O_6 reagiert mit PCl_5 unter erheblicher Wärmeentw., aber ohne Gasentw.; es entsteht eine schwach braune, nur $POCl_3$ und $S_2O_5Cl_2$ enthaltende Fl., G. ODDO, A. SCONZA (*Gazz. chim. ital.* **57** [1927] 83/103). Näheres s. System $POCl_3{-}SO_3$ auf S. 597. PCl_5 reagiert beim Erwärmen auf dem Wasserbad mit SO_3 nach $PCl_5 + 2SO_3 = S_2O_5Cl_2 + POCl_3$, A. MICHAELIS (*Jenaische Z. Med. Naturwiss.* **6** [1871] 235/8), vgl. hierzu „*Schwefel*“ *Tl.* B, S. 1828. — PCl_5 reagiert mit Pyrosulfurylchlorid $S_2O_5Cl_2$ heftig unter Bldg. von $POCl_3$, SO_2 und Cl_2, H. E. ARMSTRONG (*J. prakt. Chem.* [2] **1** [1870] 244/62, 258); weitere Angaben s. „*Schwefel*“ *Tl.* B, S. 1828.

Zur Rk. mit Sulfurylchlorid, bei der $SOCl_2$, $POCl_3$ und Cl_2 entstehen, s. „*Schwefel*“ *Tl.* B, S. 1818.

Beim Erhitzen mit Amidoschwefelsäure HSO_3NH_2 bei 100°C entstehen im Destillat HCl und $POCl_3$, der Rückstand stellt nach Abtrennen von HSO_3NH_2 (3.3%) reines $ClSO_2NPCl_3$, vgl. S. 605, dar. Nur eine Spur freies Cl_2 wird dabei noch festgestellt, A. V. KIRSANOV (*Ž. obšč. Chim.* **22** [1952] 88/93, *C. A.* **1952** 6984). Frühere Unterss. ergaben die von A. V. KIRSANOV (*l. c.*) als unrichtig bezeichnete Zus. $NH_2SO_2Cl \cdot PCl_3$, F. EPHRAIM, M. GUREWITSCH (*Ber. dtsch. chem. Ges.* **43** [1910] 138/48, 142). PCl_5 reagiert beim Erhitzen mit Schwefelsäurediamid $SO_2(NH_2)_2$ auf 90°C quantitativ unter Bldg. von HCl und $SO_2(NPCl_3)_2$, A. V. KIRSANOV (*Ž. obšč. Chim.* **22** [1952] 1346/9, *C.* **1956** 1242), vgl. S. 605. — Bleikammerkristalle (HSO_3NO_2) reagieren mit PCl_5 unter Erwärmung und Bldg. von HSO_3Cl, NOCl und $POCl_3$, A. MICHAELIS, O. SCHUMANN (*Ber. dtsch. chem. Ges.* **7** [1874] 1075/8). — Umsetzung mit Chloroschwefelsäure s. S. 444.

Selenium and Tellurium Compounds

Selen- und Tellurverbindungen. PCl_5 reagiert mit SeO_2 unter starker Erwärmung und intermediärer Bldg. von $SeOCl_2$ und $POCl_3$, welche sich ihrerseits zu $SeCl_4$ und P_2O_5 umsetzen, vgl. „*Selen*“ *Tl.* B, S. 36. — Rk. mit H_2SeO_4 s. „*Selen*“ *Tl.* B, S. 88. — Se_2Cl_2 wirkt auf PCl_5 auch bei längerem Kochen nicht ein, E. BAUDRIMONT (*Ann. Chim. Phys.* [4] **2** [1864] 5/67, 10). — Beim Erwärmen mit $SeCl_4$ entsteht eine orangegelbe Verb. der Zus. $2PCl_5 \cdot SeCl_4$, E. BAUDRIMONT (*l. c.* S. 36).

PCl_5 löst sich in geschmolzenem $TeCl_4$; es bildet sich eine gelbe, in der Hitze orangefarbene, zerfließliche Additionsverb. der Zus. $2TeCl_4 \cdot PCl_5$, R. METZNER (*Ann. Chim. Phys.* [7] **15** [1898] 203/88, 254). PCl_5 gibt mit $TeCl_4$ nach dem Ergebnis konduktometr. Titration in $AsCl_3$ die Verbb. $2TeCl_4 \cdot PCl_5$, $TeCl_4 \cdot PCl_5$ und $TeCl_4 \cdot 2PCl_5$, V. GUTMANN (*Monatsh. Chem.* **84** [1953] 1191/6). Vgl. S. 609.

Boron and Silicon Compounds

Bor- und Siliciumverbindungen. PCl_5 bildet bei längerer Einw. auf B_2O_3 bei 150°C BCl_3 und B-Oxidchlorid, G. GUSTAVSON (*Z. Chem.* **13** [1870] 521/2), mit BCl_3 eine Additionsverb. der Zus. $PCl_5 \cdot BCl_3$, D. R. MARTIN (*J. phys. Coll. Chem.* **51** [1947] 1400/4), vgl. S. 617, die nach vorläufiger Unters. des UR-Spektrums als $[PCl_4]^+[BC_4]^-$ formuliert wird, N. N. GREENWOOD, K. WADE, P. G. PERKINS (*16th int. Congr. pure appl. Chem. Sect. inorg. Chem., Paris* 1957 [1958], S. 491/6). Über Bldg. dieser Additionsverb. durch Erhitzen von PCl_5 in $(C_2H_5)_3N$ unter Zusatz von BCl_3 s. R. C. VICKERY (*Nature* **184** *Suppl.* Nr. 5 [1959] 268). Über Verh. von PCl_5 gegen BF_3 und BCl_3 in fl. HCl s. S. 449.

PCl_5 reagiert mit BBr_3 bei gewöhnl. Temp. nicht, gibt aber im Einschlußrohr bei $\sim$150° gelbe Kristalle der Zus. $2BBr_3 \cdot PCl_5$, TARIBLE (*C. r. Acad. Sci.* [*Paris*] **132** [1901] 83/85), vgl. S. 619. Über Verh. gegen H_3BO_3 und $H_3BF_2O_2$ s. S. 444.

PCl_5 reagiert mit SiH_4 nur bei stärkerem Erwärmen; es bilden sich PCl_3 und geringe Mengen $SiCl_4$, R. MAHN (*Z. Chem.* **12** [1869] 729/31; *Jenaische Z. Med. Naturwiss.* **5** [1870] 158/66, 158).

Gefälltes SiO_2, weniger gut Quarzpulver, bildet beim Überleiten von PCl_5-Dampf bei Glühhitze $POCl_3$ und $SiCl_4$, R. WEBER (*Ann. Phys. Chem.* **107** [1859] 375/93, 376).

Phosphorus Compounds

Phosphorverbindungen. Mit PH_3 Bldg. von PCl_3 und HCl, H. ROSE (*Ann. Phys. Chem.* **24** [1832] 295/341, 307), R. MAHN (*l. c.* S. 163). Vgl. J. H. GLADSTONE (*Phil. Mag.* [3] **35** [1849] 345/55, 346). Zur Bldg. von PH_2Cl bei dieser Rk. s. S. 451. — Mit P_4O_6 heftige Rk. unter beträchtlicher Wärmeentw. nach $P_4O_6 + 6PCl_5 = 6POCl_3 + 4PCl_3$, T. E. THORPE, A. E. TUTTON (*J. chem. Soc.* **59** [1891] 1019/29, 1028). — Bildet mit P_2O_5 in Ggw. eines Lsgm. (Benzol, Xylol, Toluol) quantitativ $POCl_3$, M. BAKUNIN (*Gazz. chim. ital.* **30** II [1900] 340/64, 363), vgl. J. PERSOZ, BLOCH (*C. r. Acad. Sci.* [*Paris*] **28** [1849] 86/88), über Rk. mit P_2O_5 unter Bldg. von $POCl_3$ und $P_2O_3Cl_4$ s. S. 460.

Die Rk. mit $OP(NH_2)_3$ verläuft je nach den Vers.-Bedingungen verschieden. Bei Entfernung des entstehenden HCl durch trockne Luft bildet sich $Cl_3PNPOCl_2$ (vgl. hierzu S. 489). Bleibt jedoch HCl zugegen, so entsteht, offenbar unter Zwischenbldg. von $OP(NH_2)_2Cl$ und Kondensation, ein polymeres Prod. der Zus. $[(NH)_2(POCl)_2]_n$, das mit PCl_5 weiter unter Bldg. von $POCl_3$, NH_3 und $(NPCl_2)_n$, mit mehr PCl_5 unter Bldg. von $Cl_3PNOPCl_2$, NH_4Cl und $(NPCl_2)_n$ reagiert, M. Becke-Goehring, T. Mann, H. D. Euler (*Chem. Ber.* **94** [1961] 193/8, 194).

Isotopenaustauschrkk. zwischen mit ^{32}P oder ^{36}Cl markiertem PCl_3 und PCl_5 in CCl_4-Lsgg. bei 0.1, 25 und 50°C zeigen für P und Cl den gleichen Austauschverlauf. Die Rk. ist für PCl_5 von erster, für PCl_3 von nullter Ordnung. Mittelwerte von K für 0.1, 25 und 50°C = 0.90 ± 0.08, 10.6 ± 1.4 und $(82 \pm 6) \cdot 10^3 h^{-1}$. Aktivierungsenergie der Rk. = 15.9 ± 0.1 kcal/Mol. HCl beschleunigt den Austausch, aber mit geringerer Wrkg. als beim Cl-PCl_5-Austausch. Als Rk.-Mechanismus wird das Dissoz.-Gleichgew.: $PCl_5 \rightleftharpoons PCl_3 + Cl_2$ angenommen, W. E. Becker, R. E. Johnson (*J. Am. chem. Soc.* **79** [1957] 5157/9), vgl. J. J. Downs, R. E. Johnson (*J. Am. chem. Soc.* **77** [1955] 2098/2102). — PCl_5 ist in $POCl_3$ lösl., O. Ruff (*Ber. dtsch. chem. Ges.* **34** [1901] 1749/58, 1753). Reagiert mit $P_2O_3Cl_4$ bei Wasserbadtemp. nach $P_2O_3Cl_4 + PCl_5 = 3POCl_3$, A. Geuther, A. Michaelis (*Ber. dtsch. chem. Ges.* **4** [1871] 766/8; *Jenaische Z. Med. Naturwiss.* **7** [1873] 103/9). — Mit PBr_5 im Einschlußrohr zwischen gewöhnl. Temp. und 40°C Rk. nach $4PBr_5 + 6PCl_5 = 5PCl_3 + 5PCl_3Br_4$, A. Geuther (*Jenaische Z. Med. Naturwiss.* **10** [1876] 128/40, 140). Setzt sich mit $PSBr_3$ um nach $5PSBr_3 + 3PCl_5 = 5PSCl_3 + 3PBr_5$, A. Michaelis (*Liebigs Ann. Chem.* **164** [1872] 9/45, 39). — Mit P_2Se_5 Bldg. von Se_2Cl_2 und PCl_3; $PSeCl_3$ entsteht nicht, W. Strecker, C. Grossmann (*Ber. dtsch. chem. Ges.* **49** [1916] 63/87, 67).

Arsen- (und Antimon-)verbindungen. AsH_3 bildet mit PCl_5 bei 0°C unter HCl-Entw. ein festes As-Hydrid und PCl_3, s. „*Arsen*" S. 227. — Bei Einw. von PCl_5 auf As_2O_3 beim Erwärmen entstehen $POCl_3$ und $AsCl_3$; auch mit As_2O_5 bildet sich kein $AsCl_5$, sondern $AsCl_3$, Cl_2 und $POCl_3$, L. Hurtzig, A. Geuther (*Liebigs Ann. Chem.* **111** [1859] 159/73, 172, 173). Vgl. hierzu R. Weber (*Ann. Phys. Chem.* **107** [1859] 375/93, 386). *Arsenic (and Antimony) Compounds*

AsF_3 reagiert mit PCl_5 lebhaft unter Bldg. von PF_5 und $AsCl_3$, T. E. Thorpe (*Proc. Roy. Soc.* **25** [1876/77] 122/3; *Liebigs Ann. Chem.* **182** [1876] 201/6); die Rk. läuft über intermediäre Bldg. von $[PCl_4][PF_6]$, L. Kolditz, A. Feltz (*Z. anorg. allg. Chem.* **293** [1957] 155/67, 156).

Auch in $AsCl_3$ verläuft die Rk. mit AsF_3 über $[PCl_4][PF_6]$, L. Kolditz (*Z. anorg. allg. Chem.* **284** [1956] 144/52, 149). Nach Sättigen von $AsCl_3$ in der Wärme mit PCl_5 kristallisiert beim Erkalten eine farblose Verb. in großen säulenförmigen Kristallen der Zus. $P_2Cl_{10} \cdot 5AsCl_3$ aus, L. Kolditz (*Z. anorg. allg. Chem.* **289** [1957] 118/27, 120). Über Bldg. einer perlmutterglänzenden weißen, sehr unbeständigen Masse der ungefähren Zus. $PCl_5 \cdot AsCl_3$ s. A. W. Cronander (*Bull. Soc. chim. Paris* [2] **19** [1873] 499/501). PCl_5 ist bei gewöhnl. Temp. mäßig, bei gelindem Erwärmen in mit Cl_2 gesätt. $AsCl_3$ reichlich lösl.; beim Verdampfen des Lsgm. bleibt eine Subst. der Zus. $PCl_5 \cdot AsCl_5$ zurück, V. Gutmann (*Monatsh. Chem.* **82** [1951] 473/9, 477), A. W. Cronander (*l. c.*).

PCl_5 reagiert mit $(CH_3)_3As$ bzw. $(CH_3)_3Sb$ bei niedriger Temp. unter Bldg. von weißem $PCl_5 \cdot As(CH_3)_3$ bzw. grüngelbem $PCl_5 \cdot Sb(CH_3)_3$, R. R. Holmes, E. F. Bertaut (*J. Am. chem. Soc.* **80** [1958] 2983/5).

Gegen Säuren. PCl_5 reagiert mit salpetriger Säure unter Bldg. von H_3PO_4 und einem Cl, O und N enthaltendem Prod., J. Persoz, Bloch (*C. r. Acad. Sci.* [*Paris*] **28** [1849] 86/88, 389). Konz. Salpetersäure wirkt sehr heftig ein. Es entsteht HCl und bei guter Kühlung werden $POCl_3$ und eine blutrote Fl. erhalten, H. Schiff (*Liebigs Ann. Chem.* **102** [1857] 111/8, 115). *With Acids*

Wird von wasserfreiem Fluorwasserstoff heftig angegriffen und zu einem weißem Pulver zersetzt, G. Gore (*J. chem. Soc.* **22** [1869] 368/406, 394). Wss. Jodwasserstoffsäure zersetzt in PCl_3, J und HCl, A. Wurtz (*Liebigs Ann. Chem.* **64** [1847] 245/7; *Ann. Chim. Phys.* [3] **20** [1847] 472/81, 481). — Über Rk. mit Perchlorsäure s. „*Chlor*" S. 371, 387.

Bei der Einw. von konz. Schwefelsäure auf PCl_5 bildet sich zunächst HSO_3Cl, dann SO_2Cl_2 neben $POCl_3$ und einer über 145°C sd. Verb., vermutlich PO_2Cl, A. Williamson (*Liebigs Ann. Chem.* **92** [1854] 242/3; *Proc. Roy. Soc.* **7** [1854/55] 11/15), C. Gerhardt, L. Chiozza (*C. r. Acad. Sci.* [*Paris*] **36** [1853] 1050/4; *Liebigs Ann. Chem.* **87** [1853] 290/6, 295), M. Müller (*Ber. dtsch. chem. Ges.* **6** [1873] 227/31, 227). PCl_5 reagiert mit 3 Äquivv. H_2SO_4 (Monohydrat) nach $3H_2SO_4 + PCl_5 = 2HCl + HPO_3 + 3HSO_3Cl$, A. Michaelis (*Jenaische Z. Med. Naturwiss.* **6** [1871] 235/8).

Beim Auftropfen von Fluoroschwefelsäure HSO_3F auf PCl_5 tritt eine stürm. Rk. unter Gasentw. ein, die mit Eiskühlung gebremst werden muß. Nach Unters. des Rk.-Prod. scheint die Rk.

im wesentlichen nach $PCl_5 + 3HSO_3F = POF_3 + HCl + S_2O_5Cl_2 + HSO_3Cl$ zu verlaufen, E. HAYEK, J. PUSCHMANN, A. CZALOUN (*Monatsh. Chem.* **85** [1954] 359/64, 361).

Mit 2 Mol Chloroschwefelsäure HSO_3Cl entstehen $S_2O_5Cl_2$, HCl und $POCl_3$, bei überschüssigem PCl_5 bilden sich SO_2, HCl und $POCl_3$, A. MICHAELIS (*l. c.*). Vgl. hierzu auch die Darst. von HSO_3Cl in „*Schwefel*" *Tl.* B, S. 1835 und 1841.

PCl_5 reagiert beim Erhitzen mit Borsäure H_3BO_3 nach $2H_3BO_3 + 3PCl_5 = B_2O_3 + 3POCl_3 + 6HCl$, C. GERHARDT (*Ann. Chim. Phys.* [3] **45** [1855] 90/107, 102 Fußnote 2), mit äquimolaren Mengen Dihydroxodifluoroborsäure $H[B(OH)_2F_2]$ bereits in der Kälte unter HCl-Entw., der Rest des HCl entweicht beim Erwärmen. Die Rk. verläuft nach $3H_3BF_2O_2 + 3PCl_5 \rightarrow BPO_4 + 2POCl_3 + 2BF_3 + 9HCl$, L. H. LONG, D. DOLLIMORE (*J. chem. Soc.* **1951** 1608/12).

Mit Phosphorsäure tritt bei gewöhnl. Temp. ohne bedeutende Erwärmung Rk. ein nach $H_3PO_4 + 3PCl_5 = 4POCl_3 + 3HCl$. Beim Erwärmen tritt eine Einwirkung von $POCl_3$ ein (vgl. S. 471). Metaphosphorsäure HPO_3 und PCl_5 wirken bei gewöhnl. Temp. so gut wie nicht aufeinander ein; bei Wasserbadtemp. beginnt starke HCl-Entw. nach $HPO_3 + 2PCl_5 = 3POCl_3 + HCl$. Mit Diphosphorsäure $H_4P_2O_7$ findet in der Kälte nur geringe Einw. statt, im Wasserbad tritt bei überschüssigem PCl_5 Rk. nach $H_4P_2O_7 + 5PCl_5 = 7POCl_3 + 4HCl$, bei ungenügender Menge an $H_4P_2O_7$ nach $H_4P_2O_7 + PCl_5 = 2HPO_3 + POCl_3 + 2HCl$ ein. PCl_5 reagiert bei gewöhnl. Temp. ohne bedeutende Wärmeentw. lebhaft mit phosphoriger Säure H_3PO_3 nach $H_3PO_3 + 3PCl_5 = PCl_3 + 3POCl_3 + 3HCl$, mit hypophosphoriger Säure H_3PO_2 lebhaft unter Bldg. von $POCl_3$, PCl_3 und HCl, wobei jedoch anfangs rotes P ausgeschieden wird, A. GEUTHER (*Jenaische Z. Med. Naturwiss.* **7** [1873] 380/90; *J. prakt. Chem.* [2] **8** [1874] 359/72), vgl. D. BALAREFF (*Z. anorg. allg. Chem.* **88** [1914] 133/50, 139).

With Metals

Gegen Metalle. PCl_5 reagiert beim Erhitzen mit Zn, Hg, Al, Sn, Pb, Fe, Cu, Ag, Pt bei 200 bis 250°C unter Bldg. der entsprechenden Chloride und PCl_3. Bei der Rk. mit Hg wird Hg_2Cl_2 nie beobachtet, mit Sn bildet sich stets $SnCl_4$, mit Pb tritt nur schwache Einw. unter Bldg. von $PbCl_2$ ein, Fe liefert $FeCl_2$, bei PCl_5-Überschuß auch $FeCl_3$, Cu bildet Cu_2Cl_2 und nur bei PCl_5-Überschuß auch $CuCl_2$, H. GOLDSCHMIDT (*C.* **1881** 489/95, 493).

Die Rk. zwischen feinverteiltem Antimon und PCl_5 tritt bereits bei gewöhnl. Temp. heftig unter Bldg. von $SbCl_3$ und PCl_3 ein. Beim Überleiten von PCl_5-Dampf über rotglühendes Sb erfolgt quantitative Umsetzung zu $SbCl_3$ und P, E. BAUDRIMONT (*Ann. Chim. Phys.* [4] **2** [1864] 5/67, 12).

Natrium bedeckt sich in der Kälte mit einer Schicht NaCl. Geschmolzenes Na reagiert explosionsartig; es bilden sich NaCl und Na-Phosphid, E. BAUDRIMONT (*l. c.* S. 13). Kalium reagiert mit dampfförmigem PCl_5 in heftigster Weise unter Feuererscheinung, H. DAVY (*Schweiggers J. Chem. Phys.* **3** [1811] 79/120, 88). Zur Umsetzung in Toluollsg. unter Bldg. von K_3P und KCl s. „*Kalium*" S. 172. Ein Gemisch mit metall. K oder Na explodiert durch Schlag sehr heftig, J. CUEILLERON (*Bull. Soc. chim. Paris* [5] **12** [1945] 88/89).

PCl_5 reagiert mit Magnesium-Pulver in äther. Lsg. bei gewöhnl. Temp. und auch beim Sdp. unvollständig; es bildet sich nur wenig PCl_3, H. RHEINBOLDT, K. SCHWENZER, R. BUNGE (*J. prakt. Chem.* [2] **140** [1934] 273/90, 279).

Bei mäßigem Erwärmen mit Zink bilden sich PCl_3 und $ZnCl_2$; beim Kontakt von PCl_5-Dampf mit rotglühendem Zn entstehen $ZnCl_2$, Zn-Phosphid und elementares P, E. BAUDRIMONT (*l. c.* S. 14). Auch im Einschlußrohr bei 100°C Bldg. von Phosphid, Chlorid und P, W. CASSELMANN (*Liebigs Ann. Chem.* **98** [1856] 213/36, 234). — Cadmium wird von PCl_5 kaum angegriffen, erst nach längerer Zeit bildet sich etwas $CdCl_2$, E. BAUDRIMONT (*l. c.* S. 14). Bei der Rk. mit Quecksilber (unter Bldg. von PCl_3) werden hauptsächlich die Cl-Atome aus den äquatorialen Lagen entfernt, J. J. DOWNS, R. E. JOHNSON (*J. Am. chem. Soc.* **77** [1955] 2098/2102).

Erhitztes Aluminium reagiert in PCl_5-Dampf lebhaft unter Aufglühen und Schmelzen des Metalles; es bilden sich PCl_3 und $AlCl_3$, welche sich teilweise miteinander verbinden. Daneben entsteht P, wahrscheinlich auch Al-Phosphid, E. BAUDRIMONT (*l. c.* S. 14). Al-Pulver reagiert augenblicklich unter Flammenerscheinung, E. BERGER (*C. r. Acad. Sci.* [*Paris*] **171** [1920] 29/32). Weitere Lit. s. „*Aluminium*" *Tl.* A, S. 341.

Die Rk. zwischen PCl_5 und Zinn verläuft beim Erhitzen ruhig unter Bldg. von PCl_3 und $SnCl_4$, welches sich mit PCl_5 zu einer Doppelverb. vereinigt, E. BAUDRIMONT (*l. c.* S. 16). — Metall. Molybdän wird bei leichtem Erwärmen unter Bldg. eines flüchtigen Chlorids angegriffen, das in Ggw. von Luftfeuchtigkeit eine schöne blaue Färbung annimmt, H. MOISSAN (*Bull. Soc. chim. Paris* [3] **13** [1895] 966/72, 970). — PCl_5 reagiert mit Eisen bereits bei gewöhnl. Temp.; es bilden sich P,

PCl_3, $FeCl_2$, $FeCl_3$ und eine Verb. der Zus. $PCl_5 \cdot FeCl_3$, E. BAUDRIMONT (*l. c.* S. 15); vgl. ferner „*Eisen*“ *Tl.* B, S. 184, 779.

Fein verteiltes Gold, erhalten durch Fällen von $AuCl_3$ mit Oxalsäure, wird von PCl_5 unter Bldg. von $AuCl_3$ und PCl_3 angegriffen; unter bestimmten Bedingungen bilden sich Doppelverbb. der Au- und P-Chloride. Näheres s. „*Gold*“ S. 617, 692, 700.

Beim Erhitzen von PCl_5 mit metall. Rhodium entsteht ein hellrötliches Pulver der Zus. $RhCl_3$; beim Erhitzen mit fein verteiltem Palladium bei 250 bis 300°C im Einschlußrohr wird eine braunrote Fl. erhalten, die sich beim Abkühlen verfestigt und $[PdCl_2(PCl_3)]_2$ enthält (vgl. auch „*Palladium*“ S. 116); metall. Osmium reagiert beim Erhitzen nicht, Iridium bildet bei 300 bis 350°C zunächst Ir-Chlorid und daraus IrP_3Cl_{12} (vgl. hierzu auch „*Iridium*“ S. 42, 83), bei aufeinanderfolgendem Erhitzen von Ruthenium-Schwamm bei 300 bzw. 250°C mit PCl_5 bzw. PCl_3 entsteht eine Verb. der Zus. $Ru_2Cl_{19}P_5$, W. STRECKER, M. SCHURIGIN (*Ber. dtsch. chem. Ges.* **42** [1909] 1767/76). PCl_5-Dampf reagiert mit glühendem Platin-Draht unter Entflammung und Bldg. von freiem P, das sich mit dem Pt unter Schmelzen verbindet, W. R. HODGKINSON, F. K. S. LOWNDES (*Chem. News* **58** [1888] 187, 223/4). PCl_5 bildet mit Pt-Mohr im Einschlußrohr bei 250°C $[Pt_2(PCl_3)_2Cl_4]$. Näheres s. „*Platin*“ *Tl.* D, S. 462. — Weitere Angaben zum Verh. von PCl_5 gegen Pt-Metalle s. S. 364.

Gegen Metallverbindungen. Hydride. PCl_5 reagiert mit SbH_3 nur in geringem Maße; es bilden sich PCl_3, $SbCl_3$ und gasf. HCl, R. MAHN (*Z. Chem.* **12** [1869] 729/31; *Jenaische Z. Med. Naturwiss.* **5** [1870] 158/66, 162). PCl_5 reagiert mit $LiBH_4$ bzw. $LiAlH_4$ in äther. Lsg. von −80 bzw. −100°C an unter Entw. von PH_3 und H_2 nach z. B. $PCl_5 + 5LiBH_4 \rightarrow PH_3 + H_2 + 5BH_3 + 5LiCl$. Intermediäre Bldg. von unbeständigem PH_5 wird angenommen, E. WIBERG, K. MÖDRITZER (*Z. Naturforsch.* **11**B [1956] 747/8).

With Metal Compounds. Hydrides

Oxide. Qualitative Angaben über Rk. von PCl_5 beim Erhitzen mit Oxiden von Mg, Cd, Al, Ti, Sn, Cr, Mo, Fe, Mn, Co s. beispielsweise bei R. WEBER (*Ann. Phys. Chem.* **107** [1859] 375/93, 377).

Oxides

Beim Erhitzen mit Antimonpentoxid dest. PCl_5 unverändert ab, wasserhaltiges Sb_2O_5 liefert beim Erhitzen mit PCl_5 gasf. HCl, $POCl_3$ und Sb_2O_5 als Rückstand; in der Kälte findet keine Rk. statt, H. SCHIFF (*Liebigs Ann. Chem.* **102** [1857] 111/8, 116). PCl_5 reagiert mit Berylliumoxid bei niedrigerer Temp. als PCl_3 (800°C), aber es bilden sich Doppelverbb. zwischen PCl_5, $POCl_3$ und $BeCl_2$, C. MATIGNON, M. PIETTRE (*C. r. Acad. Sci.* [*Paris*] **184** [1927] 853/5). — PCl_5-Dampf, über rotglühendes Magnesiumoxid geführt, bewirkt Umwandlung in $MgCl_2$ und Mg-Phosphat; weitere Angaben s. „*Magnesium*“ *Tl.* B, S. 50. Wie MgO bildet Aluminiumoxid Al-Phosphat und $AlCl_3$, A. DAUBRÉE (*C. r. Acad. Sci.* [*Paris*] **32** [1851] 625/7; *J. prakt. Chem.* **53** [1851] 123/6). — Beim Erwärmen mit Titandioxid bilden sich $TiCl_4 \cdot PCl_5$ und $POCl_3$, J. TÜTTSCHEW (*Liebigs Ann. Chem.* **141** [1867] 111/8). — Zur Bldg. von $2ZrCl_4 \cdot PCl_5$ aus Zirkonium(IV)-oxid und PCl_5 vgl. „*Zirkonium*“ S. 298. — Beim Erwärmen im evakuierten Glasrohr bei 240°C mit Thoriumoxid bilden sich $ThCl_4$, $POCl_3$ und eine geringe Menge P, E. F. SMITH, H. B. HARRIS (*J. Am. chem. Soc.* **17** [1895] 654/6). — Beim Erhitzen mit Niob- oder Tantaloxid im Einschlußrohr entstehen $NbCl_5$ oder $TaCl_5$ und $POCl_3$, M. E. PENNINGTON (*J. Am. chem. Soc.* **18** [1896] 38/67, 62). PCl_5 reagiert mit Nb_2O_5, Ta_2O_5, TiO_2 und ZrO_2 bei höheren Tempp. unter Bldg. von Komplexverbb. zwischen den entstehenden Metallchloriden und sich bildendem $POCl_3$, wobei die Rk.-Geschw. von der Darst.-Meth., besonders der Calcinierungstemp. des Metalloxids abhängig ist, weil dadurch die spezif. Oberfläche verändert wird. Vermutlich hat die Modifikation des betreffenden Oxids auf die Rk.-Geschw. keinen großen Einfluß, L. A. NISEL'SON, T. D. SOKOLOVA (*Ž. prikl. Chim.* **33** [1960] 1755/61; engl. Übers.: *J. appl. Chem. USSR* **33** [1960] 1736/41). — PCl_5 reagiert mit Chrom(VI)-oxid unter Bldg. von CrO_2Cl_2 und $POCl_3$. Durch Sekundärrk. entsteht ferner $CrCl_3$, H. SCHIFF (*Liebigs Ann. Chem.* **106** [1858] 116/8). — Bei der Rk. von PCl_5 mit Molybdän(VI)-oxid wird eine Verb. der Zus. $MoCl_5 \cdot POCl_3$ erhalten, A. PIUTTI (*Gazz. chim. ital.* **9** [1878] 538/43). Bei der Dest. von MoO_3 und PCl_5 im Cl_2-Strom geht zunächst $POCl_3$ über. Später sublimieren grünlichschwarze Kristalle der Zus. $MoCl_5 \cdot PCl_5$, E. F. SMITH, G. W. SARGENT (*Z. anorg. allg. Chem.* **6** [1894] 384/5); weitere Angaben in „*Molybdän*“ S. 101. Zur Rk. mit Wolfram(VI)-oxid vgl. „*Wolfram*“ S. 125. Uranoxid gibt beim Erhitzen im Einschlußrohr neben $POCl_3$ eine gelbliche Masse der Zus. $UCl_5 \cdot PCl_5$, vgl. „*Uran*“ S. 131.

Nitride, Nitrate, Amine. Beim Erhitzen von Mg_3N_2 im mit PCl_5 beladenen N_2-Strom erfolgt lebhaftes Erglühen unter Bldg. von $MgCl_2$ und wahrscheinlich P_3N_5, F. BRIEGLEB, A. GEUTHER (*Liebigs Ann. Chem.* **123** [1862] 228/41, 235). — PCl_5 reagiert mit AlN zwischen 183 und 560°C nach $3PCl_5 + 5AlN = P_3N_5 + 5AlCl_3$, C. G. MINER (*U.S.P.* 1634795/6 [1925/27] nach *C.* **1927** II 1294).

Nitrides. Nitrates. Amines

Reagiert mit einer Lsg. von NH_4NO_3 in fl. NH_3 an der Oberfläche sehr energisch, was absorbiertem H_2O zugeschrieben wird. Sonst wird es nur sehr langsam in ein weißes wasserlösl. Prod. umgewandelt. Die entstehende Lsg. enthält nur wenig P-Verbb., E. DIVERS (*Phil. Trans.* **163** [1873] 359/76, 370). $AgNO_3$ wird sehr leicht angegriffen, R. WEBER (*Ann. Phys. Chem.* **107** [1859] 375/93, 389).

PCl_5 reagiert mit $NaNH_2$ bei gelinder Erwärmung sehr lebhaft unter intensiver Flammerscheinung; Näheres s. „*Natrium*" S. 256.

Halogen Compounds

Halogenverbindungen. Mit Antimontrifluorid erfolgt heftige Rk. unter Bldg. von P-Fluoridchloriden neben etwas PF_3 und PF_5; in Lsg. verläuft die Umsetzung gemäßigter, H. S. BOOTH, C. F. SWINEHART (*J. Am. chem. Soc.* **54** [1932] 4751/3). Beim Erhitzen mit Alkalifluoriden (NH_4, Na, K) bilden sich Alkaliphosphorhexafluoride: $PCl_5 + 6MeF = MePF_6 + 5MeCl$, W. LANGE, G. v. KRUEGER (*Ber. dtsch. chem. Ges.* **65** [1932] 1253/7), vgl. W. LANGE, K. ASKITOPOULOS (*Z. anorg. allg. Chem.* **223** [1935] 369/81). — PCl_5 reagiert beim Erhitzen mit Fluoriden zweiwertiger Metalle (Ca, Ba, Zn, Pb) träger als mit den Alkalifluoriden; es bildet sich hierbei PF_5 nach $2PCl_5 + 5MeF_2 = 2PF_5 + 5MeCl_2$; ZnF_2 reagiert am besten, CaF_2 am unvollständigsten. Beim Erhitzen mit ZnF_2 werden $\sim$30% in PF_5 umgewandelt, W. LANGE, G. v. KRUEGER (*l. c.*). — PCl_5 wirkt auf Titanfluorid nicht ein, O. RUFF, R. IPSEN (*Ber. dtsch. chem. Ges.* **36** [1903] 1777/83, 1782), ebensowenig beim Erhitzen mit Zirkoniumfluorid im Einschlußrohr, L. WOLTER (*Diss. Berlin* 1908, S. 1/55, 22). Beim Erhitzen im Einschlußrohr mit Zinnfluorid entstehen PF_5 und $SnCl_4$, L. WALTER (*l. c.* S. 35). — Mit Silberfluorid bildet sich PF_5, H. MOISSAN (*Bull. Soc. chim. Paris* [3] **5** [1891] 456/8), vgl. L. PFAUNDLER (*J. prakt. Chem.* **89** [1863] 135/45, 145).

Mit Metallchloriden in fl. anhydr. HF findet Rk. nach $MeCl + PCl_5 + 6HF \rightarrow MePF_6 + 6HCl$ statt, M. M. WOYSKI (in: L. F. AUDRIETH, *Inorganic Syntheses, Bd.* 3, *New York-Toronto-London* 1950, S. 111). Unters. über den Ionencharakter von PCl_5-Additionsverbb. s. W. L. GROENEVELD (*Chem. Weekbl.* **52** [1956] 198/203).

Beim Zusetzen einer Lsg. von PCl_5 in $CHCl_3$ zu einer solchen von überschüssigem Antimontrichlorid fällt ein weißer Nd. der Zus. $P_2Cl_{10} \cdot 4SbCl_3$ aus, L. KOLDITZ (*Z. anorg. allg. Chem.* **289** [1957] 118/27, 121). Beim Erhitzen mit $SbCl_3$ entsteht die Verb. $SbCl_5 \cdot PCl_5$, die gleiche Verb. wird beim Erhitzen mit Antimonpentachlorid erhalten, vgl. hierzu „*Antimon*" *Tl.* B, S. 452. — Die Rk. von PCl_5 und $SbCl_5$ in $SOCl_2$ führt zur Bldg. eines farblosen kristallinen Nd. von $[PCl_4][SbCl_6]$, dessen Zus. durch quantitative Analyse bestätigt wird, H. SPANDAU, E. BRUNNECK (*Z. anorg. allg. Chem.* **270** [1952] 201/14, 213). Zur Existenz weiterer Sb-Verbb. mit PCl_5 s. S. 449.

PCl_5 wirkt auf Kaliumhalogenide bei Ausschluß von H_2O und Säuren nicht ein, H. SCHIFF (*Liebigs Ann. Chem.* **106** [1858] 116/8). Vgl. A. W. CRONANDER (*Bull. Soc. chim. Paris* [2] **19** [1873] 499/501), auch nicht bei Tempp. zwischen 200 und 450°C, V. GUTMANN (*Monatsh. Chem.* **83** [1952] 583/90, 584). — Über die Rk. von PCl_5 mit Ammoniumchlorid unter Bldg. von Phosphornitridchloriden s. dort S. 534, 549.

Beim Erhitzen mit Quecksilber(II)-chlorid bilden sich perlglänzende Nadeln der Zus. $3HgCl_2 \cdot 2PCl_5$, E. BAUDRIMONT (*Ann. Chim. Phys.* [4] **2** [1864] 5/67, 45), beim Erhitzen mit $HgNH_2Cl$ (weißes Präcipitat) entsteht unter heftiger Rk. ein Gemisch von $P_3N_3Cl_6$, $(PNCl_2)_n$, $HgCl_2$ und NH_4Cl, J. H. GLADSTONE, J. D. HOLMES (*J. chem. Soc.* **17** [1864] 225/37, 227).

Aluminiumchlorid bildet bei gelindem Erwärmen mit PCl_5 eine Verb. der Zus. $PCl_5 \cdot AlCl_3$. Vgl. hierzu „*Aluminium*" *Tl.* B, S. 212. Die Bldg. der Verbb. $PCl_5 \cdot AlCl_3$ und $PCl_5 \cdot FeCl_3$ wird durch Unters. der Systeme PCl_5–$AlCl_3$ und PCl_5–$FeCl_3$ in verschiedenen Lsgmm. ($CHCl_3$, CCl_4, $C_6H_5NO_2$) nach thermoanalyt. Meth. und kryoskop. und Elektroleitf.-Messungen bestätigt, JA. A. FIALKOV, JA. B. BUR'JANOV (*Dokl. Akad. Nauk SSSR* [2] **92** [1953] 585/8, *C.* **1954** 8994; *Ž. obšč. Chim.* **25** [1955] 2391/9, C. **1957** 3204). Über Komplexbldg. von PCl_5 mit den Trichloriden der Gruppe III der Zus. $PMCl_8$ (M = B, Al, Ga) s. R. R. HOLMES (*Purdue Univ. Lafayette, Ind.*, Nr. 7523 [1954] 1/191 nach *C.A.* **1954** 6899). Vgl. R. R. HOLMES (*J. inorg. nucl. Chem.* **14** [1960] 179/83).

Beim Zusammenbringen von PCl_5 und Titanchlorid bei erhöhter Temp., bildet sich $TiCl_4 \cdot PCl_5$. Näheres s. „*Titan*" S. 317. — Mit Zirkoniumchlorid oder Zirkoniumoxidchlorid wird die Bldg. von $2ZrCl_4 \cdot PCl_5$ beobachtet, Näheres s. „*Zirkonium*" S. 298. — Erhitzen von PCl_5 mit Zinn(IV)-chlorid führt zu $PCl_5 \cdot 2SnCl_2$, E. BAUDRIMONT (*Ann. Chim. Phys.* [4] **2** [1864] 5/67, 43), Erhitzen mit $SnCl_4 \cdot 2SCl_2$ im Cl_2-Strom zu $SnCl_4 \cdot PCl_5$, ebenso direktes Erhitzen von PCl_5 und $SnCl_4$, W. CASSELMANN (*Liebigs Ann. Chem.* **83** [1852] 257/75, 265).

Beim Zusammenschmelzen mit Niobchlorid $NbCl_5$ bzw. Tantalchlorid $TaCl_5$ bildet sich unter stürm. Rk. gelbes $NbCl_5 \cdot PCl_5$ bzw. farbloses $TaCl_5 \cdot PCl_5$; beim Zusammenbringen von mit $POCl_3$ hergestellten Lsgg. von PCl_5 und $NbCl_5$ bzw. $TaCl_5$ fallen die mäßig lösl. Additionsverbb. $NbCl_5 \cdot PCl_5$ bzw. $TaCl_5 \cdot PCl_5$ aus (nur 0.2 Mol/l $POCl_3$ lösl.); bei nicht stöchiometr. Verhältnis fallen Mischkristalle zwischen PCl_5 und $NbCl_5$ bzw. $TaCl_5$ aus, R. GUT, G. SCHWARZENBACH (*Helv. chim. Acta* **42** [1959] 2156/63).

Chromylchlorid CrO_2Cl_2 gibt beim Erhitzen mit PCl_5 unter Entw. von Cl_2 und $POCl_3$ eine bläuliche Masse der Zus. $CrCl_3 \cdot PCl_5$; das gleiche Prod. wird beim Behandeln von Chrom(III)-chlorid mit PCl_5 im Einschlußrohr erhalten, A. W. CRONANDER (*l. c.*); als Rk.-Gleichung wird angegeben: $2CrO_2Cl_2 + 4PCl_5 = 4POCl_3 + 2CrCl_3 + 3Cl_2$, H. SCHIFF (*Liebigs Ann. Chem.* **102** [1857] 111/8, 118). Beim Vermischen von Lsgg. von PCl_5 und CrO_3 in $POCl_3$, CH_3COCl, C_6H_5COCl oder von Lsgg. von PCl_5 und CrO_2Cl_2 in $POCl_3$ wird ein orangeroter Nd. der Zus. $PCl_5 \cdot CrO_2Cl_2$ erhalten. Als Zwischenprod. tritt CrO_2Cl_2 auf: $PCl_5 + CrO_3 \rightarrow POCl_3 + CrO_2Cl_2$, W. L. GROENEVELD (*Recueil Trav. chim. Pays-Bas* **75** [1956] 594/602, 597). Auch 0.1m-Lsgg. von PCl_5 und CrO_2Cl_2 in CCl_4 geben einen braunen gelatinösen, nach Trocknen im CO_2-Strom gelbroten Nd. einer Additionsverb. der Zus. $CrO_2Cl_2 \cdot PCl_5$. Die Rk. verläuft exotherm, aber so langsam, daß der Endpunkt nicht durch Tüpfeln (vgl. S. 430) bestimmt werden kann, H. S. FRY, J. L. DONELLY (*J. Am. chem. Soc.* **40** [1918] 478/82). Zum Verh. gegen die Molybdänhalogenide $MoCl_5$ und MoO_2Cl_2 vgl. „*Molybdän*" S. 163, 173. Wolfram(VI)-chlorid gibt mit PCl_5 im Einschlußrohr beim Erhitzen unter Cl_2-Entw. eine grünlichschwarze wenig stabile Masse, vgl. „*Wolfram*" S. 160. PCl_5 reagiert mit in $POCl_3$ gelöstem Penta-(uranpentachlorid)-trichloracrylylchlorid unter Bldg. von $PCl_5 \cdot UCl_5$, R. E. PANZER, J. F. SUTTLE (*J. inorg. nucl. Chem.* **13** [1960] 244/7).

Eisen(II)- und Eisen(III)-chlorid bilden beim Erhitzen mit PCl_5 im Einschlußrohr ein Prod. der Zus. $FeCl_3 \cdot PCl_5$, vgl. „*Eisen*" *Tl.* B, S. 779. Zur Bldg. dieser Verb. vgl. weiter oben bei der Rk. von PCl_5 mit $AlCl_3$.

Durch Rk. von PCl_5 mit Gold(III)- oder Gold(I)-chlorid bei erhöhter Temp. bilden sich gelbe Nadeln von $AuCl_3 \cdot PCl_5$. Näheres s. „*Gold*" S. 700.

PCl_5 reagiert mit Antimontrijodid unter Bldg. von PCl_3, $SbCl_5 \cdot PCl_5$ und freiem Jod, T. KARANTASSIS (*C. r. Acad. Sci.* [*Paris*] **182** [1926] 1391/3).

PCl_5 wirkt auf Kaliumchlorat in der Kälte wenig, bei höherer Temp. heftig ein. Es wird neben $POCl_3$ ein dunkelgelbes Gas erhalten, das mit KOH-Lsg. KCl, $KClO_3$ und Hypochlorit liefert, H. SCHIFF (*Liebigs Ann. Chem.* **106** [1858] 116/8). Die Zers. beginnt bereits beim Mischen, R. WEBER (*Ann. Phys. Chem.* **107** [1859] 375/93, 389). Beim Vermischen von gepulvertem PCl_5 mit gepulvertem $KClO_3$ wird die Masse unter starker Temp.-Erhöhung flüssig. Es findet Entw. eines instabilen Gases statt, welches öfter detoniert; später entwickelt sich Cl_2, der Rückstand ist reines KCl: $3PCl_5 + KClO_3 = 3POCl_3 + 3Cl_2 + KCl$, E. BAUDRIMONT (*C. r. Acad. Sci.* [*Paris*] **51** [1860] 823/5). Bei 50°C verläuft die Rk. äußerst heftig. Bei 0°C können die Komponenten ohne zu reagieren vermischt werden. Eine so erhaltene Mischung entwickelt bei 20 bis 25°C gasf. Cl_2 und ClO_2, W. SPRING (*Bull. Cl. Sci. Acad. Roy. Belgique* [2] **39** [1875] 882/911, 898).

Sulfides. Sulfites. Sulfates. Selenides

Sulfide, Sulfite, Sulfate, Selenide. Bei Einw. auf Metallsulfide bilden sich die entsprechenden Chloride und $PSCl_3$, R. WEBER (*J. prakt. Chem.* **77** [1859] 65/7). — PCl_5 reagiert mit Sb_2S_3 unter Erwärmung und Bldg. von $SbCl_3$ und $PSCl_3$, E. BAUDRIMONT (*C. r. Acad. Sci.* [*Paris*] **53** [1861] 468/71). Gemische von PCl_5 mit den Sulfiden von K, Ba, Ca reagieren beim Erwärmen unter starkem Aufglühen. Unter Hinterlassen der entsprechenden Chloride werden $PSCl_3$ und P_2S_5 abgegeben. PbS und CdS liefern beim Behandeln mit PCl_5-Dampf außerdem S_2Cl_2 und S-P-Verbindungen. Sb_2S_3, SnS_2 und HgS reagieren leicht unter Bldg. der entsprechenden Chloride und $PSCl_3$, neben wenig Thiophosphat und P_2S_5, E. BAUDRIMONT (*Ann. Chim. Phys.* [4] **2** [1864] 5/67, 23). Die Rk. mit Mo-Sulfiden verläuft ähnlich wie mit metall. Mo; vgl. hierzu S. 444.

Beim Erhitzen von wasserfreiem $CaSO_3$ mit PCl_5 bildet sich $SOCl_2$, L. CARIUS (*Liebigs Ann. Chem.* **106** [1858] 291/336, 328).

Beim Leiten von PCl_5-Dampf über glühendes $BaSO_4$ tritt leicht Zers. ein; es wird eine gelbe flüchtige Fl. erhalten, die durch H_2O zersetzt und unter Abscheidung von wenig Schwefel gelöst wird und HCl, H_3PO_4, H_2SO_4 und H_2SO_3 enthält. Als Rückstand verbleibt $BaCl_2$, R. WEBER (*Ann. Phys. Chem.* **107** [1859] 375/93, 389). Mit $HgSO_4$ entstehen $HgCl_2$ und eine flüchtige Fl., deren Rkk. eine Mischung von $POCl_3$ und SO_2Cl_2 anzeigen; es entweichen auch etwas Cl_2 und SO_2, wahrscheinlich durch Zers. von SO_2Cl_2, C. GERHARDT, L. CHIOZZA (*C. r. Acad. Sci.* [*Paris*] **36** [1853] 1050/4; *Liebigs*

Ann. Chem. **87** [1853] 290/6, 295). Beim Erhitzen eines Gemenges von PCl_5 mit $PbSO_4$ entstehen durch Einw. von intermediär gebildetem $POCl_3$ Bleiphosphat und SO_2Cl_2, L. CARIUS (*Liebigs Ann. Chem.* **106** [1858] 291/336, 307 Fußnote), am Rückflußkühler im Wasserbad werden SO_2, Cl_2, $POCl_3$, kleine Mengen $SOCl_2$ und $S_2O_5Cl_2$ und spurenweise SO_2Cl_2 erhalten. Die Rk. verläuft wahrscheinlich in mehreren Phasen, A. MICHAELIS (*Jenaische Z. Med. Naturwiss.* **6** [1871] 292/5).

Beim Erhitzen von PbS_2O_3 (bei 400° C getrocknet) mit PCl_5 am Rückflußkühler (die Rk. beginnt von selbst und wird durch Erwärmen begünstigt) entstehen $POCl_3$, $SOCl_2$ und vermutlich $PSCl_3$. Als Rückstand bildet sich $PbCl_2$, J. Y. BUCHANAN (*Ber. dtsch. chem. Ges.* **3** [1870] 485/6; *Bull. Soc. chim. Paris* [2] **14** [1870] 191/2), vgl. hierzu C. W. BLOMSTRAND (*Ber. dtsch. chem. Ges.* **3** [1870] 957/66, 961), W. SPRING (*Bull. Cl. Sci. Acad. Roy. Belgique* [2] **38** [1874] 503/5).

PCl_5 reagiert bei schwachem Erwärmen mit Sb_2Se_3 energisch unter Bldg. von PCl_3, $SbCl_3$ und Se_2Cl_2. Bei Einw. von PCl_5-Dampf auf rotglühendes Pb-Selenid bilden sich $PbCl_2$, PCl_3 und $SeCl_4$, das sich mit überschüssigem PCl_5 verbindet, E. BAUDRIMONT (*l. c.* S. 10).

Carbonates. Cyanides. Thiocyanates

Carbonate, Cyanide, Rhodanide. Beim Erhitzen mit geglühtem Natriumcarbonat entsteht etwas $COCl_2$, G. GUSTAVSON (*Ber. dtsch. chem. Ges.* **3** [1870] 990).

Bei Ausschluß von H_2O (und gewöhnl. Temp.?) auf Kaliumcyanid und Kaliumeisen(II)-cyanid keine Einw., H. SCHIFF (*Liebigs Ann. Chem.* **106** [1858] 116/8), beim Erhitzen mit KCN Rk. nach $PCl_5 + 2KCN = PCl_3 + 2KCl + (CN)_2$; gleichzeitig bildet sich etwas Paracyan, L. BERT (*C. r. Acad. Sci.* [*Paris*] **222** [1946] 1117/8), mit entwässertem gelben Blutlaugensalz ähnliche Umsetzung, L. BERT (*l. c.*). — Beim Erhitzen mit Quecksilber(II)-cyanid entstehen gasf. CNCl und PCl_3, A. WURTZ (*Liebigs Ann. Chem.* **64** [1847] 245/7; *Ann. Chim. Phys.* [3] **20** [1847] 471/481). — Beim Erhitzen mit Silbercyanid im Einschlußrohr auf 150 bis 160°C Rk. nach $PCl_5 + 4AgCN = P(CN)_3 + CNCl + 4AgCl$, G. WEHRHANE, H. HÜBNER (*Liebigs Ann. Chem.* **132** [1864] 277/89, 286). PCl_5 gibt beim Erhitzen mit AgCN im N_2-Strom $P(CN)_3$ und $(CN)_2$, ebenso erfolgt in wasserfreiem CCl_4 mit Quecksilberrhodanid keine Umsetzung zu P^V-Rhodanid, sondern es wird freies Rhodan erhalten, das rasch polymerisiert, H. GALL, J. SCHÜPPEN (*Ber. dtsch. chem. Ges.* **63** [1930] 482/7). — PCl_5 reagiert bei schwacher Erwärmung mit Kaliumrhodanid nach $KCNS + PCl_5 = CNCl + PSCl_3 + KCl$. Es entsteht auch noch eine geringe Menge S_2Cl_2. Bei höherer Temp. bildet sich mehr S_2Cl_2 und daneben PCl_3 sowie festes $(CNCl)_3$, H. SCHIFF (*l. c.*).

Silicates. Phosphates

Silicate, Phosphate. Glas wird erst bei längerer Berührung bei Glühhitze angegriffen, R. WEBER (*Ann. Phys. Chem.* **107** [1859] 375/93, 376, 377).

PCl_5 reagiert beim Erhitzen mit Diphosphaten (z. B. $Na_4P_2O_7$, $Ca_2P_2O_7$, $Sr_2P_2O_7$) im Einschlußrohr unter Bldg. von $POCl_3$; beim Erhitzen mit $Mg_3(PO_4)_2$ wird das gebildete $POCl_3$ durch das entstehende Rk.-Prod. gebunden und dampft erst bei stärkerem Erhitzen ab, D. BALAREFF (*Z. anorg. allg. Chem.* **99** [1917] 190/4). Reagiert mit Na_3PO_4 im Einschmelzrohr bis 270° C nicht, mit $Na_4P_2O_7$ bei 220° C unter Bldg. von $POCl_3$, NaCl und $NaPO_3$, D. BALAREFF (*Z. anorg. allg. Chem.* **88** [1914] 133/50, 146). Über Zers. von Na-, Ba- und Pb-Phosphat s. auch R. WEBER (*l. c.* S. 389). Die Unters. der Rk. von PCl_5 mit $Na_4P_2O_7$ unter Verwendung von mit ^{32}P markiertem $Na_4P_2O_7$ zeigt einen komplizierten Verlauf über Polyphosphate, M. PORTHAULT, J. C. MERLIN (*Bull. Soc. chim. France* **1959** 292).

Molybdates

Molybdate. Die Rk. mit Molybdaten verläuft ähnlich wie mit metall. Mo, vgl. hierzu S. 444.

With Organic Compounds

Gegen organische Verbindungen. Rk. von PCl_5 mit ungesätt. KW-Stoffen s. beispielsweise G. K. FEDOROVA, A. V. KIRSANOV (*Ž. obšč. Chim.* **30** [1960] 4044/8, *C.A.* **1961** 23401; engl. Übers.: *J. gen. Chem.* **30** [1960] 4006/9). Überblick über die Wrkg. von PCl_5 auf Äther (Methyl-, Äthyl- und andere Äther), J. ZUSSMAN, E. DE BARRY BARNETT (*School Sci. Rev.* **38** [1957] 271, *C.A.* **1947** 9472). PCl_5 reagiert mit Eisessig unter Aufbrausen; es bilden sich gasf. HCl, $POCl_3$ und CH_3COCl, H. RITTER (*Liebigs Ann. Chem.* **95** [1855] 208/11). PCl_5 setzt sich schon bei 40°C mit C_6H_5COF zu einem Gasgemisch mit mindestens 96% PF_5 um, F. SEEL, K. BALLREICH, W. PETERS (*Chem. Ber.* **92** [1959] 2117/9). — Bildet mit CCl_4 eine kristalline Verb. der Zus. $2PCl_5 \cdot CCl_4$, I. A. POPOV, E. H. SCHMORR (*J. Am. chem. Soc.* **74** [1952] 4672/4), S. KRAKOWIECKI (*Roczniki Chem.* **10** [1930] 197/8), T. MIŁOBEDZKI, S. KRAKOWIECKI (*Roczniki Chem.* 8 [1928] 563/7). Über Rk. von PCl_5 mit COF_2 oder $COCl_2$ s. R. N. HASZELDINE, H. ISERSON (*J. Am. Soc. Chem.* **79** [1957] 5801/4).

Ist mäßig lösl. in CNCl und reagiert damit beim Erhitzen im Einschlußrohr nicht, A. A. WOOLF (*J. chem. Soc.* **1954** 252/65, 258). Lsgg. von PCl_5 und $(CH_3)_4NCl$ in CH_3CN bilden nach Messung der elektr. Leitf. eine Komplexverb. der Zus. $PCl_5 \cdot (CH_3)_4NCl$, deren Entstehung vermutlich nach

$PCl_5 + (CH_3)_4NCl \rightarrow [(CH_3)_4N]^+[PCl_6]^-$ erfolgt, JA. A. FIALKOV, A. A. KUZ'MENKOV, N. A. KOSTROMINA (*Ukrainsk. chim. Ž.* **21** [1955] 556/60 nach *C.* **1956** 12209). — Der Isotopenaustausch zwischen $[PCl_4][PCl_6]$ und mit ^{36}Cl markiertem $(C_2H_5)_4NCl$ bei 25° verläuft am $[PCl_4]^+$-Ion nach dem Gesetz zweiter Ordnung mit Halbwertszeiten von 1 bis 19 Min. in 0.3n- bis 0.01n-Lsgg., für das $[PCl_6]$-Ion sind die Halbwertszeiten bei den entsprechenden Konzz. kleiner als 0.6 Sek.; der Austausch am $[PCl_4]^+$-Ion wird als eine nach Art der WALDENschen Umkehrung verlaufenden Rk., am $[PCl_6]^-$-Ion über eine Dissoz. in PCl_5 und Cl^- verlaufend angenommen, L. KOLDITZ, D. HASS (*Z. anorg. allg. Chem.* **294** [1958] 191/204).

Nichtwäßrige Lösung

Nonaqueous Solution

In Inorganic Compounds

In anorganischen Verbindungen. Zur Löslichkeit von PCl_5 in flüssigem Chlor vgl. die Angaben auf S. 439.

Lsgg. von PCl_5 in Brom zeigen bei der Elektrolyse eine vollkommen gradlinige Abhängigkeit der Stromspannungskurve, lassen also ein Zers.-Pot. vermissen. Die Erscheinung wird auf Elektronenaustausch zwischen Lsgm. und gelöstem Stoff zurückgeführt, W. S. FINKEL'ŠTEJN, P. V. UST'JANOVA (*Ž. fiz. Chim.* **9** [1937] 773/9 nach *C.* **1937** II 3725). Vgl. hierzu das System PCl_5–Br_2 auf S. 512.

PCl_5 löst sich in fl. HCl rasch und vollständig zu einer farblosen Lsg., G. GORE (*Phil. Mag.* [4] **29** [1865] 541/50, 544), und bewirkt ein beträchtliches Anwachsen der elektr. Leitf. (bei —100°C), B. D. STEELE, D. MCINTOSH, E. H. ARCHIBALD (*Z. physik. Chem.* **55** [1906] 129/99, 152, 153; *Phil. Trans.* A **205** [1905] 99/137, 121, 122). — Bei einer Konz. von 0.2 bzw. 0.36 Mol PCl_5/l beträgt bei —96°C die spezif. elektr. Leitf. 50.0×10^{-4} bzw. $93.5 \times 10^{-4}\,\Omega^{-1}cm^{-1}$ und die molare Leitf. 25 bzw. 25.9 $cm^2\,\Omega^{-1}mol^{-1}$. PCl_5 hat in fl. HCl die Eigg. eines Chlorid-Ionen-Donators: $PCl_4 \cdot PCl_6 + 2\,HCl \rightarrow 2\,PCl_4^+ + 2\,HCl_2^-$. Durch Zusatz von Lsgg. von BF_3, BCl_3, HSO_3Cl (konduktometr. Titration) werden die Verbb. PCl_4BF_3Cl, $PCl_5 \cdot 2\,BCl_3$, $PCl_4 \cdot SO_3Cl$ erhalten, T. C. WADDINGTON, F. KLANBERG (*J. chem. Soc.* **1960** 2329/38), vgl. S. 617, 618 und „*Schwefel*" *Tl.* B, S. 116. Über die Rk. von PCl_5-Lsg. in fl. HCl mit PH_3 oder PH_4J s. T. C. WADDINGTON, S. N. NABI (*Proc. Pakistan Sci. Conf.* **12** Pt. 3 [1960] C 7 nach *C.A.* **56** [1962] 9678).

Qualitative Angaben über Löslichkeit und elektr. Leitf. von PCl_5 in fl. SO_2 s. beispielsweise P. WALDEN (*Z. physik. Chem.* **43** [1903] 385/464, 401), vgl. auch „*Schwefel*" *Tl.* B, S. 311.

Die Lsg. in S_2Cl_2 verhält sich wie eine Solvobase gegenüber $AsCl_3$ und bildet damit die Verb. $PCl_4 \cdot AsCl_4$. Spezif. elektr. Leitf. von Lsgg. von PCl_5 in S_2Cl_2 bei 20°C:

Konz. in l/Mol	3.92	39.8	222
Leitf. in $\Omega^{-1}cm^{-1} \cdot 10^9$	5.06	2.99	1.80

H. SPANDAU, H. HATTWIG (*Z. anorg. Ch.* **311** [1961] 32/39, 35).

PCl_5 zeigt eine gute Löslichkeit in $SOCl_2$; die Lsg. weist nur eine geringe elektr. Leitf. auf. PCl_5 zeigt in diesem Lsgm. amphotere Eigg. und tritt sowohl als Solvosäure: $PCl_5 + SOCl_2 = SOCl[PCl_6] \rightleftarrows SOCl^+ + [PCl_6]^-$ als auch als Solvobase: $PCl_5 \rightleftarrows PCl_4^+ + Cl^-$ auf, H. SPANDAU, E. BRUNNECK (*Z. anorg. allg. Chem.* **270** [1952] 201/14, 203, 205, 213). Reagiert in $SOCl_2$ gegen $SbCl_5$ als einwertige Solvobase $(PCl_4)^+Cl^-$, gegen $(C_2H_5)NCl$ als schwache einwertige Solvosäure $SOCl[PCl_6]$; PCl_5 ist mit $SOCl_2$-Dampf wenig flüchtig, H. SPANDAU, E. BRUNNECK (*Z. anorg. allg. Chem.* **278** [1955] 197/218, 208).

Die Dissoz. von PCl_5 in SO_2Cl_2 verläuft nach $PCl_5 + SO_2Cl_2 \rightleftarrows PCl_4^+ + SO_2Cl_3^-$, V. GUTMANN (*Silicium, Schwefel, Phosphate, Colloquium Sekt. anorg. Chem. Intern. Union Reine angew. Chem., Münster* 1954 [1955], S. 160/4). PCl_5 ist in SO_2Cl_2 wenig lösl. und bildet geringfügig leitende Lsgg.; bei der konduktometr. Titration mit $SbCl_5$-Lsgg. in SO_2Cl_2 werden Anzeichen für die Existenz von Verbb. gefunden: $2\,PCl_4Cl + SbCl_5 \rightleftharpoons (PCl_4)_2SbCl_7$ und $(PCl_4)_2SbCl_7 + SbCl_5 \rightleftarrows 2\,(PCl_4)SbCl_6$. Bei weiteren Titrationen ergeben sich Hinweise für das Bestehen der Verbb. $(PCl_4)_2TiCl_6$, $PCl_5 \cdot TiCl_4$, $(PCl_4)_4SnCl_8$, $(PCl_4)_2SnCl_6$, $(PCl_4)_3AsCl_8$, $(PCl_4)_2AsCl_5$, $(PCl_4)AsCl_4$ und die entsprechenden Sb-Verbb. Mit $SiCl_4$-Lsgg. entstehen keine Chlorosilicate, V. GUTMANN (*Monatsh. Chem.* **85** [1954] 393/403, 396, 404/16).

Bewirkt in $SiCl_4$ eine geringe Erhöhung des Sdp.; PCl_5 scheint in PCl_3 und freies Cl dissoziiert zu sein, J. F. X. HAROLD (*J. Am. chem. Soc.* **20** [1898] 13/29, 19).

Eine Lsg. von PCl_5 in PCl_3 leitet den elektr. Strom nicht, G. W. F. HOLROYD, H. CHADWICK, J. E. H. MITCHELL (*J. chem. Soc.* **127** [1925] 2492/3).

Die Löslichkeit von PCl_5 in $POCl_3$ beträgt ~0.35 Mol PCl_5/1000 g $POCl_3$ und die spezif. Leitf. dieser Lsg. bei 20°C $2.8 \times 10^{-4}\,\Omega^{-1}\,cm^{-1}$. Bei konduktometr. Titration mit einer Lsg. von $N(CH_3)_4$ Cl in $POCl_3$ ist keine Verb.-Bldg. festzustellen, V. GUTMANN (*Monatsh. Chem.* **83** [1952] 583/90, 589).

Eine Lsg. mit 0.409 Mol PCl_5/l $POCl_3$ zeigt bei 25°C eine spezif. Leitf. von $1.99 \times 10^{-4} \Omega^{-1}cm^{-1}$, D. S. PAYNE (*J. chem. Soc.* **1953** 1052/5). Über konduktometr. Titration mit Lsgg. von $SnCl_4$, $TiCl_4$ und $SbCl_5$ in $POCl_3$ s. W. L. GROENEVELD, A. P. ZUUR (*Recueil Trav. chim. Pays-Bas* **72** [1953] 617/24); vgl. hierzu S. 480.

PCl_5 ist in $AsCl_3$ gut lösl.; die wahrscheinlich in Lsg. vorhandene Verb. $AsCl_3 \cdot PCl_5$ ist nicht isolierbar, V. GUTMANN (*Z. anorg. allg. Chem.* **266** [1951] 331/44, 338). Die Verb. $PCl_5 \cdot AsCl_3$ ist in $AsCl_4^-$- und PCl_4^+-Ionen dissoziiert; bei der konduktometr. Titration der Lsg. von PCl_5 in $AsCl_3$ mit einer $TiCl_4$-Lsg. in $AsCl_3$ ergibt sich ein Ablauf der Rk. nach $PCl_4^+AsCl_4^- + TiCl_4 \rightleftarrows PCl_4^+TiCl_5^- + AsCl_3$, V. GUTMANN (*Monatsh. Chem.* **83** [1952] 583/90, 588). PCl_5 ist schon bei gewöhnl. Temp. in $TiCl_4$ verhältnismäßig leicht lösl., P. EHRLICH, G. DIETZ (*Z. anorg. allg. Chem.* **305** [1960] 158/68, 163). Die Rk. von PCl_5 mit $TeCl_4$ in $AsCl_3$ wird als Rk. von solvosauren Salzen dargestellt: $2(AsCl_2)_2TeCl_6 + PCl_4AsCl_4 \rightleftarrows PCl_4(AsCl_2)_3(TeCl_6)_2 + 2AsCl_3$. Eine isolierbare Verb. bildet sich dann durch therm. Zerfall: $PCl_4(AsCl_2)_3(TeCl_6)_2 \rightarrow PCl_5 \cdot 2TeCl_4 + 3AsCl_3$, V. GUTMANN (*Monatsh. Chem.* **84** [1953] 1191/6), vgl. S. 609.

Über Verwendung von PCl_5-Lsgg. in $AlCl_3$ zum Einführen von Cl in organ. Verbb. s. beispielsweise L. CASELLA & Co. G.M.B.H., W. SCHMIDT (*D.P.* 452064 [1924/27] nach *C.* **1928** I 2308).

PCl_5 ist in $SnCl_4$ wenig lösl. unter geringer Veränderung der elektr. Leitf., H. SPANDAU, H. HATTWIG (*Z. anorg. allg. Chem.* **295** [1958] 281/90, 283).

In $VOCl_3$ ist PCl_5 unlösl., V. GUTMANN, S. AFTALION-HINL (*Monatsh. Chem.* **84** [1953] 207/9).

In Organic Compounds

In organischen Verbindungen. In unpolaren Lsgmm., z. B. CCl_4, ist PCl_5 in homöopolarer Form gelöst, in polaren Lsgmm., z. B. CH_3CN, in Form von Ionen, L. KOLDITZ, D. HASS (*Z. anorg. allg. Chem.* **294** [1958] 191/204, 191). Elektr. Leitf. bei 25°C in verschiedenen Lsgmm. (im Auszug):

Lösungsmittel	Konz. der Lsg. in Mol PCl_5/l	spezif. Leitf. des reinen Lsgm. in Ω^{-1} cm^{-1}	Äquivalentleitf. bezogen auf $(PCl_5)_2$ in $\Omega^{-1}cm^2$	spezif. Leitf. in Ω^{-1} cm^{-1}
C_6H_5COCl	0.0325	10^{-5}	3.14	5.09×10^{-5}
Dioxan	0.0825	$<10^{-7}$	0	$<10^{-7}$
$(C_2H_5)_2O$	~0.05	$<10^{-7}$	0	$<10^{-7}$
$C_6H_5NO_2$	0.0517	10^{-7}	6.86	1.77×10^{-4}
$C_6H_5NO_2$	0.00137		7.28	5.00×10^{-6}
C_6H_5CN	0.0301	2.5×10^{-6}	2.06	3.08×10^{-5}
CH_3CN	0.1870	4×10^{-6}	52.6	4.92×10^{-3}
CH_3CN	0.00554		69.0	1.91×10^{-4}

D. S. PAYNE (*J. chem. Soc.* **1953** 1052/5). DK, Dichte und Brechungszahl von Lsgg. von PCl_5 bei 25°C in CCl_4 und CS_2:

Lösungsmittel	Mol $PCl_5/10^6$Mol Lsgm.	Dichte	DK	n_D^{25}
CCl_4	0	1.5848	2.229	1.4575
	22121	1.5909	2.251	1.4598
	28644	1.5927	2.253	1.4605
	35044	1.5945	2.258	1.4612
CS_2	0	1.2562	2.633	1.6233
	4012	1.2602	2.638	1.6224
	9009	1.2651	2.642	1.6212
	14916	1.2710	2.646	1.6203

P. TRUNEL (*C. r.* **202** [1936] 37/39). Ähnliche Angaben s. bei J. H. SIMONS, G. JESSOP (*J. Am. chem. Soc.* **53** [1931] 1263/6).

Lsgg. von PCl_5 in $CHCl_3$ und CCl_4 zeigen eine sehr geringe elektr. Leitf., L. KOLDITZ (*Z. anorg. allg. Chem.* **293** [1957] 147/54, 148). Kryoskop. Bestt. des Molgew. von PCl_5 in CCl_4 ergeben schon bei verhältnismäßig niedriger Konz. (0.01 bis 0.10) eine mit steigender Konz. zunehmende Assoziation der PCl_5-Molekeln, L. KOLDITZ, D. HASS (*Z. anorg. allg. Chem.* **294** [1958] 191/204, 192). Nach spektrophotometr. Unters. im Gebiet von 300 bis 600 mμ von Lsgg. von PCl_5 in CCl_4 findet keine Dissoz. statt, A. I. POPOV, N. E. SKELLY (*J. Am. chem. Soc.* **76** [1954] 3916/9). In 100 g Acetylchlorid lösen sich bei 30°C 20.92 g PCl_5 zu einer farblosen gesätt. Lsg. unter Wärmeentw., R. C. PAUL, D. SINGH, S. S. SANDHU (*J. chem. Soc.* **1959** 315/9, 316).

Elektrolyse von PCl_5-Lsgg. in CH_3CN mit platinierten Pt-Elektroden und Diaphragma zeigt Konzentrationsänderungen, die mit einer Ionisation nach $2PCl_5 \rightleftarrows [PCl_4]^+ + [PCl_6]^-$ völlig im Einklang stehen. Verss. zur Bldg. von Salzen mit $[PCl_6]^-$ waren erfolglos, Verbb. mit $[PCl_4]^+$ sind dargestellt worden (vgl. weiter oben). Solvate von PCl_5 mit CH_3CN oder $C_6H_5NO_2$ bilden sich nicht, D. S. PAYNE (*l. c.*).

Spezif. elektr. Leitf. von PCl_5-Lsgg. in CH_3CN bei 25°C:

Mol/l	0.0204	0.0339	0.0566	0.0942	0.157
$\varkappa$ in $\Omega^{-1}cm^{-1}$ . .	5.70×10^{-4}	9.69×10^{-4}	1.58×10^{-3}	2.68×10^{-3}	4.48×10^{-3}

L. KOLDITZ (*Z. anorg. allg. Chem.* **289** [1957] 118/27, 127).

Nach Unters. der elektr. Leitf. von Lsgg. von PCl_5 in $C_6H_5NO_2$ und CH_3CN ist PCl_5 vollständig nach $PCl_5 \rightleftarrows [PCl_4]^+ + Cl^-$ dissoziiert. Die Abhängigkeit der Leitf. von der Konz. wird von der eintretenden Solvatisierung von $[PCl_4]^+$ bestimmt. Bei Erhöhung der Temp. erhöht sich auch die Äquivalentleitf., wobei sich ein hierbei auftretendes Minimum nach schwächeren Konzz. verschiebt. Das Minimum der Leitf. bei verschiedenen Tempp. liegt für Lsgg. in $C_6H_5NO_2$ bei 0.0205 (25°C) und 0.0195 Mol PCl_5/l (45°C), für Lsgg. in CH_3CN bei 0.027 (0°C), 0.025 (25°C) und 0.012 Mol PCl_5/l (45°C), M. GRAULIER (*C. r. Acad. Sci.* [*Paris*] **247** [1958] 2139/42). Qualitative Angaben über elektr. Leitf. von Lsgg. von PCl_5 in $C_6H_5NO_2$, C_6H_6, Äthylendibromid, G. W. F. HOLROYD, H. CHADWICK, J. E. H. MITCHELL (*J. chem. Soc.* **127** [1925] 2492/3).

PCl_5 ist mit Acetanhydrid gut mischbar, G. JANDER, E. RÜSBERG, H. SCHMIDT (*Z. anorg. allg. Chem.* **255** [1948] 238/52, 240). Es bilden sich hierbei $POCl_3$ und CH_3COCl, H. RITTER (*Liebigs Ann. Chem.* **95** [1855] 208/11), H. SCHMIDT, C. BLOHM, G. JANDER (*Angew. Chem.* A **59** [1947] 233/7). In 100 g CH_3COCl lösen sich bei 30°C 20.92 g PCl_5 mit schwacher Erwärmung, R. C. PAUL, D. SINGH, S. S. SANDHU (*J. chem. Soc.* **1959** 315/9), in 100 g C_6H_5COCl bei 30°C 2.2 g PCl_5, R. C. PAUL, M. S. BAINS, G. SINGH (*J. Indian chem. Soc.* **35** [1958] 489/92).

PCl_5 bildet in C_6H_5COCl farblose Lsgg.; spezif. elektr. Leitf. einer Lsg. von 0.41 Mol/l bei 20°C: $3.43 \times 10^{-5} \Omega^{-1} cm^{-1}$, V. GUTMANN, H. TANNENBERGER (*Monatsh. Chem.* 88 [1957] 216/27, 219, 223), einer ~0.1 m-Lsg.: $4.5 \times 10^{-5} \Omega^{-1} cm^{-1}$, V. GUTMANN, G. SCHÖBER (*Monatsh. Chem.* 88 [1957] 404/7).

Unters. der elektr. Leitf. und der Ionenüberführung im System PCl_5–HCl–organ. Lsgm. ($C_6H_5NO_2$, CH_3CN) gibt Anzeichen für das Bestehen einer Komplexverb. der Zus. $PCl_5 \cdot HCl \cdot (CH_3CN)_n$, die nach Unters. der Ionenüberführung wahrscheinlich in die Ionen PCl_6^- und $[(CH_3CN)_nH]^+$ zerfällt, JA. A. FIALKOV, JA. B. BUR'JANOV (*Ž. obšč. Chim.* **26** [1956] 1003/9, *C.* **1957** 12691).

$PCl_5 \cdot nNH_3$

$PCl_5 \cdot nNH_3$ (n = 8 und 10). Die Verb. mit n = 8 wird durch Einleiten von trocknem NH_3 in eine Lsg. von PCl_5 in CCl_4 unter Vermeidung von Temp.-Erhöhung als weiße Masse erhalten, die sich an der Luft nicht verändert, A. BESSON (*C. r. Acad. Sci.* [*Paris*] **111** [1890] 972/4). Bei langsamem Erhitzen entweicht NH_3, unter ~50 Torr sublimiert bei 175 bis 200°C $(NPCl_2)_3$, oberhalb 200°C entweicht NH_4Cl unter Zurückbleiben von PN_2H(Phospham), A. BESSON (*C. r. Acad. Sci.* [*Paris*] **114** [1892] 1264/7), vgl. hierzu H. ROSE (*Ann. Phys. Chem.* **24** [1832] 295/341, 311). Eine Subst. der Zus. $PCl_5 \cdot 10NH_3$ wird erhalten durch Vereinigung der Lsgg. der Komponenten in CCl_4 unter Anwendung äquiv. Mengen mit einem geringen Überschuß an NH_3. Der erhaltene Nd. wird unter Ausschluß von Feuchtigkeit abfiltriert und stellt ein weißes Pulver dar, das in organ. Lsgmm. unlösl. ist und sich in H_2O teilweise unter rascher Zers. löst. Beim Erhitzen der Subst. sublimiert NH_4Cl ab; es bleibt ein aus P, N und einer Spur Chlor bestehender Rückstand, der in H_2O, Alkohol und Äther unlösl. ist. Beim Behandeln mit fl. NH_3 bei —50°C läßt sich jedoch NH_4Cl nur teilweise extrahieren, H. PERPEROT (*Bl. Soc. chim. France* [4] **37** [1925] 1540/8).

The PCl_6^- Ion

Das PCl_6^--Ion. Siehe S. 382.

Phosphorhydridchloride

Phosphorus Hydride Chlorides

PH_2Cl, $PHCl_2$. Bldg. von PH_2Cl nach dem beim Überleiten von PH_3 über PCl_5 bei —90°C vermutetem Rk.-Ablauf $PCl_5 + PH_3 = PCl_3 + PH_2Cl + HCl$, P. ROYEN, K. HILL (*Z. anorg. allg*

Chem. **229** [1936] 112/28, 117). Über Bldg. beider Verbb. als Zwischenprodd. bei der Rk. von PH_4Cl mit Cl_2 in Ggw. von HCl s. unten beim chem. Verh. von PH_4Cl.

$HPCl_4$ (?). Beim Isotopenaustausch von PCl_3 mit gasf. HCl in homogener Gasphase bei 20°C wird zur Erklärung des Rk.-Mechanismus die Bldg. einer Anlagerungsverb. zwischen HCl und PCl_3 angenommen, die mit den Komponenten im Gleichgew. steht: $HCl + PCl_3 \rightleftarrows HPCl_4$, K. Clusius, H. Haimerl (*Z. physik. Chem.* B **51** [1942] 347/51), vgl. S. 425.

Phosphonium Chloride

Phosphoniumchlorid PH_4Cl.

Formation. Preparation

Bildung und Darstellung. Beim Verdichten eines Gemisches gleicher Vol. HCl und PH_3 werden bei 14°C und 20 at schöne Kristalle der Zus. PH_4Cl erhalten; bei gewöhnl. Druck bilden sich die Kristalle bei —30 bis —35°C, J. Ogier (*C. r. Acad. Sci. [Paris]* **89** [1879] 705/8; *Ann. Chim. Phys.* [5] **20** [1880] 5/66, 64). Nach Dampfdruckunters. bildet sich die Verb. bei krit. Bedingungen unter Verringerung des Vol. auf die Hälfte des ursprünglichen Vol., S. Skinner (*Proc. Roy. Soc.* **42** [1887] 283/9). Bei der Temp. des fl. SO_2 vereinigen sich HCl und PH_3 bereits bei 2 atm, Lemoine (*Bull. Soc. chim. Paris* [2] **33** [1880] 194) Über Darst. durch Vereinigung von PH_3 und gasf. HCl bei —20°C s. G. Tammann (*Arch. néerl. Sci.* [2] **6** [1901] 244/56).

Thermodynamic Data of Formation

Thermodynamische Bildungsdaten. Änderung des Wärmeinhalts bei Bldg. aus den Elementen unter Standardbedingungen. Bei 25°C: $\Delta H(PH_4Cl_{gasf}) = -36.2$ kcal/Mol, Rossini u. a. (*Selected Values*, 1952, S. 78, 848), bei 18°C: $\Delta H(PH_4Cl_{gasf})$ bzw. $\Delta H(PH_4Cl_{krist}) = -40.8$ bzw. -67.8 kcal/Mol, F. R. Bichowsky, F. D. Rossini (*The Thermochemistry of the chemical Substances, New York* 1936, S. 39) nach Angaben über Dampfdruck von E. Briner (*C. r. Acad. Sci. [Paris]* **142** [1906] 1416/8; *J. Chim. phys.* **4** [1906] 267/84, 283, 476/85), G. Tammann (*Arch. néerl. Sci.* [2] **6** [1901] 244/56), vgl. unten.

Fig. 130.

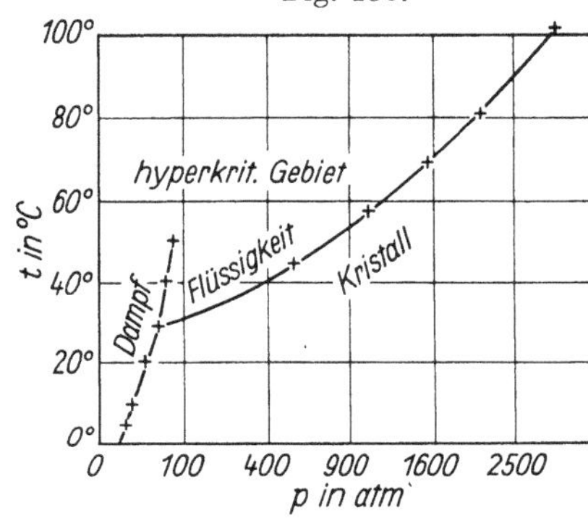

Zustandsdiagramm von PH_4Cl.

Physical Properties

Physikalische Eigenschaften. Wie **Fig. 130** zeigt, schmilzt PH_4Cl nur unter erhöhtem Druck; über festem PH_4Cl steigt der Dampfdruck zwischen 0 und 28°C von 9.1 auf 48.7 atm, über der Schmelze zwischen 25 und 50°C von 45.0 auf 75.0 atm. Die Schmelzwärme beträgt ~180 cal/g, G. Tammann (*Arch. néerl. Sci. exactes natur.* [2] **6** [1901] 244/56 [dtsch.]). Aus diesen Daten (aber ohne Quellenangabe) übernimmt J. Zernike (*Recueil Trav. chim. Pays-Bas* **69** [1950] 116/24, 117 [engl.]) für den Tripelpunkt die Daten $T_{tr} = 301.3$°K, $p_{tr} = 48.7$ atm, für den krit. Punkt $T_{kr} = 323.2$°K, $p_{kr} = 75$ atm. Nach K. A. Kobe, R. Emerson Lynn (*Chem. Rev.* **52** [1953] 117/236, 218) sind die krit. Daten von E. Briner (*J. Chim. phys.* **4** [1906] 476/85, 479) zuverlässiger bestimmt worden: $t_{kr} = 49.1 \pm 0.2$°C, $p_{kr} = 72.7 \pm 0.4$ atm; vgl. auch W. R. Gambill (*Chem. Engng.* **66** [1959] Nr. 14, S. 157/60). Ältere Angaben hierzu s. bei S. Skinner (*Proc. Roy. Soc.* **42** [1887] 283/9). — Die Temp., bei der der Dampfdruck über PH_4Cl 760 Torr beträgt, ist $t_s = -26.8$°C, E. Berl (*Chem. metallurg. Engng.* **53** [1946] Nr. 1, S. 130/1, 133). — Die Gitterenergie schätzt W. W. Wendlandt (*Science* [2] **122** [1955] 831) auf 132.2 kcal/Mol.

Chemical Reactions

Chemisches Verhalten. Beim Erwärmen tritt Dissoz. in die Komponenten ein, wie sich aus dem Druckanstieg ergibt; vgl. hierzu G. Tammann (*l. c.*). Die Hydrolyse der Phosphoniumhalogenide läßt sich nicht auf die Protonenaffinität von PH_3 und H_2O zurückführen, W. W. Wendlandt (*Science* [2] **122** [1955] 831). — Bei Einw. von Cl_2 auf eine Suspension von PH_4Cl in fl. HCl bei ~—100°C erfolgt eine Rk., die bei Cl_2-Überschuß rasch zu PCl_5 führt, bei wenig Cl_2 aber langsam verläuft. Die Rk., welche schließlich zur Bldg. von PH_3, $P_{12}H_6$ und rotem P führt, verläuft vermutlich über die sehr unbeständigen Verbb. PH_2Cl und $PHCl_2$, A. Stock (*Ber. dtsch. chem. Ges.* **53** [1920] 837/42).

Nonaqueous Solutions

Nichtwäßrige Lösung. PH_4Cl löst sich in fl. HCl unter geringer Erhöhung der elektr. Leitf. nur wenig. Spezif. elektr. Leitf. einer gesätt. Lsg. bei $-96°C = 1.06 \times 10^{-4}\,\Omega^{-1}\,cm^{-1}$. Die Lsg. kann auch hergestellt werden durch Einleiten von PH_3 in fl. HCl, sie gibt mit BF_3 bzw. BCl_3 die Verbb. PH_4BF_3Cl bzw. PH_4BCl_4, T. C. Waddington, F. Klanberg (*J. chem. Soc.* **1960** 2329/32, 2332/8), vgl. S. 617, 618.

Phosphoroxidchloride

Phosphorus Oxide Chlorides

Elementares weißes P reagiert in einem geeigneten Lsgm. (CCl_4, PCl_3, $POCl_3$) mit Cl_2 und O_2 direkt unter Bldg. von Phosphorylchloriden der allgemeinen Zus. $P_nO_{2n-1}Cl_{n+2}$. Je nach den Bedingungen führt die Rk. zur alleinigen Bldg. von $POCl_3$ oder zu Gemischen von $POCl_3$ und $P_2O_3Cl_4$ mit höheren Phosphorylchloriden, G. Müller-Schiedmayer, H. Harnisch (*Z. Anorg. Allg. Chem.* **333** [1964] 260/6).

Phosphoryl (III) Chloride

Phosphoryl(III)-chlorid POCl. Bildet sich bei Einw. geringer Mengen H_2O auf PCl_3 immer nur in kleinen Mengen. Zur Darst. wird das H_2O in Form einiger Tropfen H_2O, als Kristallwasser, kristallisiertes H_3BO_3 oder als Luftfeuchtigkeit dem PCl_3 zugesetzt. Das entstehende POCl bleibt im PCl_3 gelöst und kann durch Abdest. des PCl_3 als paraffinähnliche feste Masse erhalten werden. Geruch wie $POCl_3$ (s. S. 467), sehr hygroskopisch, löst sich in H_2O mit einem Geräusch auf. Die Lsg. enthält HCl, H_3PO_3 und scheidet einen amorphen gelben Nd. aus. Zersetzt sich unter Bldg. eines hellgelben, gelbrot werdenden Nd. schnell am Licht. Die Verb. ist unlösl. in allen Lsgmm. außer PCl_3 und reagiert mit Cl_2 unter Bldg. von $POCl_3$, A. Besson (*C. r. Acad. Sci. [Paris]* **125** [1897] 771/2). Über Auftreten von POCl in $POCl_3$ durch Disproportionierung von entladenen $POCl_2^+$-Ionen nach $POCl_2^+ + \ominus \rightarrow POCl_2$; $2POCl_2 \rightarrow POCl + POCl_3$ und dessen reduzierende Wrkg. z. B. nach $POCl + 2FeCl_3 = POCl_3 + 2FeCl_2$ s. V. Gutmann (*Monatsh. Chem.* **83** [1952] 164/70, 170).

$P_7O_{15}Cl_5$(?)

$P_7O_{15}Cl_5$ (?). Beim Erhitzen von $POCl_3$ mit P_2O_5 im Einschlußrohr auf 200°C bleibt nach Extraktion des überschüssigen $POCl_3$ und des gebildeten $P_2O_3Cl_4$ mit CS_2 ein Rückstand, dessen Zus. zwar der Formel $P_7O_{15}Cl_5$ entspricht, der aber ebenso gut ein Gemisch verschiedener Verbb. sein kann, G. N. Huntly (*J. chem. Soc.* **59** [1891] 202/8).

PO_2Cl, $(PO_2Cl)_n$

PO_2Cl, $(PO_2Cl)_n$.

Vgl. hierzu auch $P_3O_6Cl_3$ auf S. 457.

Bildet sich in kleiner Menge als Nebenprod. bei der Rk. von $POCl_3$ mit PH_4Br im Einschlußrohr bei 50°C neben P_4O und $P_2O_3Cl_4$, sowie bei der Rk. von $POCl_3$ mit PH_4J bei 100°C neben HCl, P_2J_4 und rotem P, A. Besson (*C. r. Acad. Sci. [Paris]* **124** [1897] 763/5). Entsteht langsam bei der Einw. von H_2Se auf $POCl_3$ nach $4POCl_3 + 5H_2Se = 10HCl + P_2Se_5 + 2PO_2Cl$ bei 100°C. Beim Abdampfen des überschüssigen $POCl_3$ im Vak. bei 100°C hinterbleibt PO_2Cl als ölige Fl., die sich mit H_2O in HCl und H_3PO_4 zersetzt, A. Besson (*C. r. Acad. Sci. [Paris]* **124** [1897] 151/3). Tritt neben $POCl_3$ bei der Dest. von $P_2O_3Cl_4$ bei Drucken unterhalb 10 Torr auf: $P_2O_3Cl_4 = POCl_3 + PO_2Cl$, sowie als Zwischenprod. bei der Spaltung von $P_2O_3Cl_4$ in $POCl_3$ und P_2O_5, die bei der Dest. unter gewöhnlichem Druck stattfindet, A. Besson (*C. r. Acad. Sci. [Paris]* **124** [1897] 1099/1102), D. Balareff (*Z. anorg. allg. Chem.* **88** [1914] 133/50, 142), vgl. hierzu S. 456. — Bildet sich bei langsamer Hydrolyse von $POCl_3$ durch Einw. eines feuchten Luftstromes und bleibt im Rückstand neben H_3PO_4 bei Abdest. des gleichzeitig gebildeten $P_2O_3Cl_4$, A. Besson (*l. c.*). — Wird neben $POCl_3$ bei der Einw. von PCl_5 auf konz. H_2SO_4 beobachtet, A. Williamson (*Liebigs Ann. Chem.* **92** [1854] 242/3; *Proc. Roy. Soc.* **7** [1954/55] 11/5).

Wird erhalten durch Erhitzen äquiv. Mengen von $POCl_3$ und P_2O_5 im Einschlußrohr bei 200°C als dickflüssige durchsichtige Masse nach $P_2O_5 + POCl_3 = 3PO_2Cl$, G. Gustavson (*Ber. dtsch. chem. Ges.* **4** [1871] 853). Nach G. N. Huntly (*J. chem. Soc.* **59** [1891] 202/8) ist die Rk. wesentlich komplizierter, da das Rk.-Prod. noch $P_2O_3Cl_4$ und $P_7O_{15}Cl_5$(?) enthält. — Beim Einleiten von gasf. Cl_2 in ein von außen mit Eis gekühltes Gefäß mit P_4O_6 entsteht eine klare Fl., aus welcher nach Abdest. von $POCl_3$ bei ~107°C PO_2Cl als dickflüssige Masse erhalten werden kann: $P_4O_6 + 4Cl_2 = 2POCl_3 + 2PO_2Cl$, T. E. Thorpe, A. E. Tutton (*J. chem. Soc.* **57** [1890] 545/73, 572).

Das durch Erhitzen von $POCl_3$ und P_2O_5 erhaltene Prod. liefert nach Abdest. von $POCl_3$ und $P_2O_3Cl_4$ im Vak. (12 Torr) eine hochviscose glasartig durchsichtige Subst. der Zus. PO_2Cl. Nach papierchromatograph. Unters. besteht sie aus Trimetaphosphorylchlorid $P_3O_6Cl_3$ (~30%) und erheblichen Anteilen hochmolekularer Verbb. und wird als Polyphosphorylglas $(PO_2Cl)_n$ bezeichnet. Es kann nicht entschieden werden, ob die Subst. aus nebeneinander vorliegenden Polyphosphorylketten und $P_3O_6Cl_3$-Ringen besteht oder ob die beiden Komponenten direkt zu einem vernetzten Phosphorylchlorid verbunden sind. Durch Behandeln mit CS_2 wird die Subst. nicht verändert. Bei Erhitzen unter 12 Torr geht bei 90 bis 130°C ein Gemisch aus viel $P_2O_3Cl_4$ und wenig $P_3O_6Cl_3$ über, bei Erhitzen unter gewöhnlichem Druck ist im Destillat außerdem noch $POCl_3$ vorhanden. Als

Rückstand bleibt in beiden Fällen eine weiße poröse Subst., die ihrer Zus. nach zur Gruppe der vernetzten Phosphorylchloride gehört. Diese Verbb. nehmen leicht H_2O aus der Luft auf; aus der Menge des hierbei freiwerdenden HCl geht hervor, daß vorwiegend die P–O–P-Bindungen aufgespalten werden, H. GRUNZE (*Z. anorg. allg. Chem.* **296** [1958] 63/72, 68). $(PO_2Cl)_n$ bleibt als dunkler amorpher Rückstand bei der Dest. der Prodd. aus der Rk. von PCl_3 mit N_2O_4 (vgl. S. 424) zur Darst. der Oxidchloride $P_2O_3Cl_4$ und $P_4O_4Cl_{10}$ zurück. Bei Einw. von NH_3 auf $(PO_2Cl)_n$ unter H_2O-Ausschluß werden Cl-Atome durch Amidogruppen ersetzt. Nahezu vollständige Umsetzung erfolgt bei Einw. von fl. NH_3 bei 20°C unter Druck in 10 Tagen nach $(PO_2Cl)_n + 4nNH_3 = nNH_4PO_2(NH_2)_2 + nNH_4Cl$, R. KLEMENT, A. JAKOB (*Naturwissenschaften* **47** [1960] 14/5). — Über Bldg. von $(PO_2Cl)_n$ beim zur Reinigung vorgenommenen längeren Erhitzen von $POCl_3$ am Rückflußkühler s. V. GUTMANN, M. BAAZ (*Monatsh. Chem.* **90** [1959] 239/55, 241), vgl. hierzu S. 462. — Über Spaltung nach $3PO_2Cl = POCl_3 + P_2O_5$ s. S. 462.

Zur Reindarst. von $(PO_2Cl)_n$ wird durch Wasserdampfdest. gereinigtes $(PNCl_2)_3$ bei −20°C mit fl. Cl_2O unter Rückfluß behandelt. Nach mehreren Std. entsteht unter Abspaltung von N_2 und Cl_2 polymeres gummiartiges PO_2Cl. Wird bei Tempp. der fl. Luft spröde, ist in den gebräuchlichen Lsgmm. unlösl., kann ohne Zers. bis 300°C erhitzt werden und löst sich stürmisch in H_2O unter Bldg. von HCl und HPO_3. Nach dem chem. Verh. und nach Unters. des UR-Spektrums wird die Verb. als Metaphosphorsäurechlorid

$$-\underset{\underset{Cl}{|}}{\overset{\overset{O}{\|}}{P}}-O-\underset{\underset{Cl}{|}}{\overset{\overset{O}{\|}}{P}}-O-\underset{\underset{Cl}{|}}{\overset{\overset{O}{\|}}{P}}-$$

formuliert, K. DEHNICKE (*Chem. Ber.* **97** [1964] 3358/62).

Diphosphoric Acid Tetrachloride

Diphosphorsäuretetrachlorid $P_2O_3Cl_4$ oder $(POCl_2)_2O$.

Formation. Preparation. By Hydrolysis of $POCl_3$

Bildung und Darstellung. Durch Hydrolyse von $POCl_3$. Darst. durch langsames Zutropfen von 8 ml H_2O zu einer lebhaft gerührten Lsg. von 80 ml frisch dest. $POCl_3$ in 200 ml CCl_4. Nach mehrstd., starkem Rühren wird die Fl., die zunächst zwei Schichten bildet, homogen. Durch Dest. im Vak. bei 60°C werden CCl_4, HCl und restliches $POCl_3$ abdestilliert. Der Rückstand wird in kleinen Anteilen bei 110 bis 125°C und 12 Torr unter teilweiser Zers. dest., die vereinigten Destillate ergeben durch Dest. bei 12 Torr zwischen 100 und 110°C ~20 g $P_2O_3Cl_4$ in Form einer farblosen, leicht beweglichen Fl., die stark raucht. Die Rk. verläuft nach $POCl_3 + H_2O \rightarrow HPO_2Cl_2 + HCl$; $POCl_3 + HPO_2Cl_2 \rightarrow HCl + (POCl_2)_2O$, M. VISCONTINI, K. EHRHARDT (*Silicium, Schwefel, Phosphate, Colloquium Sekt. anorg. Chem., Intern. Union Reine angew. Chem., Münster* 1954 [1955], S. 232/5). Zu auf 0°C gekühltes $POCl_3$ wird innerhalb weniger Min. H_2O im Verhältnis 1 : 1 tropfenweise unter Rühren zugesetzt. Das Rühren wird 15 Min. unter Kühlung und 3 bis 4 Std. bei 80 bis 90°C fortgesetzt und beim Dickwerden das überschüssige $POCl_3$ bei 14 Torr (60 bis 70°C) abdestilliert. Anschließende fraktionierte Hochvak.-Dest. liefert das bei 66 bis 70°C übergehende $P_2O_3Cl_4$ in ~12%iger Ausbeute, bezogen auf umgesetztes $POCl_3$, M. BECKE-GOEHRING, J. SAMBETH (*Angew. Chem.* **69** [1957] 640). Nach anderer Vorschrift werden zu 240 g $POCl_3$ von 1°C unter Rühren innerhalb 30 Min. 28 g H_2O eingetropft und die Temp. auf 20°C erhöht. Anschließend wird 3 Std. auf 70 bis 80°C erwärmt und 30 Min. am Rückflußkühler erhitzt. Nach Fraktionierung bei 10 Torr werden ~16 g $P_2O_3Cl_4$ erhalten. Das H_2O kann auch durch Hindurchführen von feuchter Luft (3 bis 4 Tage) zugefügt werden, E. G. F. ROTHER (*Diss. München* 1959, S. 1/98, 89). Frühere ähnliche Darst.-Methh. s. beispielsweise A. BESSON (*C. r. Acad. Sci.* [*Paris*] **124** [1897] 1099/1102), vgl. D. BALAREFF (*Z. anorg. Chem.* **88** [1914] 133/50, 144). Über Bldg. von $P_2O_3Cl_4$ durch Einw. von H_2O auf $POCl_3$ in Ggw. von Metalloxiden und organ. Lsgmm. als Bestandteil von Additionsverbb. des Typus $MeO \cdot P_2O_3Cl_4 \cdot 2\,L$ (L = organ. Lsgm.) s. H. BASSETT, H. S. TAYLOR (*Z. anorg. Chem.* **73** [1912] 75/100, 77), vgl. hierzu S. 475.

Other Methods

Weitere Methoden. Durch langsames Einleiten von NO_2 (erhalten durch Verdampfen von fl. N_2O_4) oder N_2O_3 (als Gemisch mit CO_2 durch Einw. von HNO_3 auf Stärke) in mit Eis und NaCl gekühltes PCl_3. Es entwickeln sich Dämpfe von NOCl. Bei der nachfolgenden fraktionierten Dest. des erhaltenen Prod. wird unzersetztes PCl_3, zwischen 105 und 110°C $POCl_3$ und zwischen 200 und 230°C $P_2O_3Cl_4$ erhalten, das bei einer erneuten Dest. in reinem Zustand zwischen 210 und 215°C übergeht, A. GEUTHER, A. MICHAELIS (*Ber.* **4** [1871] 766/8; *Jenaische Z. Med. Naturwiss.* **7** [1873] 103/9). Verbesserung der Arbeitsvorschrift: Trocknung der Stickoxide mit $CaCl_2$ und P_2O_5, Fraktionierung im Vak. oder Hochvak., apparative Änderungen, T. WAGNER-JAUREGG, H. GRIESSHABER (*Ber.* **70** [1937] 8/11, 10). — Über Darst. durch Rk. von PCl_3 mit N_2O_4 und Fraktionierung der erhaltenen Prodd. s. auch R. KLE-

MENT, K. H. WOLF (*Z. anorg. Chem.* **282** [1955] 149/61), vgl. hierzu S. 424 sowie G. BRAUER (*Handbuch der präparativen anorganischen Chemie, 2. Aufl., Bd.* 1, *Stuttgart* 1960, S. 480). — Darst. von $P_2O_3Cl_4$ aus den Elementen durch Führen des primär erhaltenen Gasgemisches über einen Katalysator (Aktivkohle), K. WINTERSBERGER (*Festschrift Carl Wurster zum 60. Geburtstag, Ludwigshafen* 1960, S. 39/42).

Wird in guter Ausbeute durch Einw. von 3 Mol PCl_5 auf ein Mol P_2O_5 bei Wasserbadtemperatur und 30 Torr erhalten, G. ODDO (*Gazz. chim. ital.* **29** II [1899] 330/43, 335). Bei der Darstellung von $P_2O_3Cl_4$ aus P_2O_5 und PCl_5 läßt die Art der Abhängigkeit der Ausbeute von dem P_2O_5-PCl_5-Verhältnis darauf schließen, daß in der Rk. keine P–O–P-Gruppen neu gebildet werden und daß das gesamte P im $P_2O_3Cl_4$ aus dem P_2O_5 stammt. Der Rk.-Ablauf wird durch die Gleichung $P_4O_{10} + 4PCl_5 \rightarrow 2P_2O_3Cl_4 + 4POCl_3$ wiedergegeben. Die Darst. wird durch Einleiten von Cl_2 in eine sd. Suspension von P_2O_5 in einem Gemisch von PCl_3 und einem Verd.-Mittel (CCl_4 oder $POCl_3$) ausgeführt und die höchste Ausbeute beim Verhältnis $P_4O_{10}: PCl_5 = 1:4$ erhalten. Als Beweis für den Rk.-Ablauf enthält das entstehende $P_2O_3Cl_4$ bei Verwendung von mit ^{32}P markiertem PCl_5 $<0.5\%$ des aktiven Phosphors, P. C. CROFTS, I. M. DOWNIE, R. B. HESLOP (*J. chem. Soc.* **1960** 3673/5).

Durch Erhitzen von $POCl_3$ mit P_2O_5 im Molverhältnis 4:1 im Bombenrohr auf 200°C (48 Std.) und Fraktionieren bei 90°C und 12 Torr, H. GRUNZE (*Z. anorg. Chem.* **296** [1958] 63/72, **298** [1959] 152/63, 162), vgl. hierzu DEUTSCHE AKADEMIE DER WISSENSCHAFTEN ZU BERLIN (*B.P.* 862620 [1958/61] nach *C.A.* **56** [1962] 8298), s. ferner G. N. HUNTLY (*J. chem. Soc.* **59** [1891] 202/8). Über Darst. von $P_2O_3Cl_4$ durch Rk. von partiell hydrolysiertem $POCl_3$ mit PCl_5 s. H. GRUNZE (*Z. anorg. allg. Chem.* **324** [1963] 1/14).

Zur Darst. von $P_2O_3Cl_4$ wird zu $POCl_3$ fein gepulvertes Ag_2O zugesetzt und 6 Std. am Rückflußkühler erhitzt, filtriert und fraktioniert (10 Torr). Ausbeute $\sim$10%, E. G. F. ROTHER (*l. c.* S. 90).

Über techn. Darst. von $P_2O_3Cl_4$ durch Kondensation von HPO_2Cl_2 bei 20 bis 120°C in Ggw. von $POCl_3$ und Trennung des erhaltenen Prod. durch fraktionierte Dest., J. A. BENCKISER CHEMISCHE FABRIK, M. BECKE, E. FLUCK (*D.A.S.* 1098495 [1959/61], *C.* **1962** 265), durch Umsetzung von $POCl_3$ mit einem Alkoxyphosphorylchlorid z. B. CH_3OPOCl_2 in der Dampfphase, STAUFFER CHEMICAL CO., D. F. TOY, J. E. BLANCH (*U.S.P.* 3034862 [1960/62] nach *C.A.* **57** [1962] 5585)

Bldg. als Nebenprod. bei der Einw. von $POCl_3$ auf P, As, Cu, Ag, Hg, B. REINITZER, H. GOLDSCHMIDT (*Ber.* **13** [1880] 845/51), bei der Rk. von $POCl_3$ mit PH_4Br im Einschlußrohr bei 50°C neben P_2O und geringen Mengen von PO_2Cl, A. BESSON (*C. r. Acad. Sci.* [*Paris*] **124** [1897] 763/5).

Molekel. *Molecule* Höchstwahrscheinlich besteht die $(POCl_2)_2O$-Molekel aus 2 über ein O-Atom verbundenen $POCl_2$-Gruppen; außer der durch die O–P–O–P–O-Kette gegebenen Symmetrieebene dürfte noch eine zweite, dazu senkrechte Symmetrieebene durch das Brückenatom und damit eine zweizählige Symmetrieachse vorhanden sein. Bei dieser Struktur müßten im Ramanspektrum 7 polarisierte und 14 depolarisierte Linien auftreten. Von den 18 sicher nachgewiesenen Linien sind polarisiert (Wellenzahlen in cm^{-1}): 249, 290, 425, 507, 560, 713, 1312, depolarisiert: 166, 192, 343, 611; bei den übrigen Linien (213, 316, 364, 408, 531, 649, 806) ist die Intensität für hinreichend sichere Polarisationsmessungen zu schwach, H. GERDING, H. GIJBEN, B. NIEUWENBUIJSE, J. G. VAN RAAPHORST (*Recueil Trav. chim. Pays-Bas* **79** [1960] 41/5 [engl.]). Bei gleichzeitigen Unterss. finden M. BAUDLER, R. KLEMENT, E. ROTHER (*Chem. Ber.* **93** [1960] 149/55), ohne den Depolarisationsgrad zu messen, die 7 erstgenannten Linien bei 246, 296, 426, 506, 559, 713 und 1314 cm^{-1}; von den nächsten 4 ist die erste aufgelöst: 159, 169, 192, 341, 605 cm^{-1}; von der letzten Gruppe fehlen die beiden letzten: 210, 320, 355, 407, 531 cm^{-1}, jedoch werden 5 zusätzliche Linien bei 96, 237, 267, 487 und 626 cm^{-1} beob. Im UR-Spektrum liegt neben dem intensiven Max. bei 1320 cm^{-1} ein schwächeres bei 1250 cm^{-1}; der P–O–P-Brücke läßt sich außer dem Max. bei 714 auch das bei 966 cm^{-1} zuordnen; 3 weitere Linien liegen bei 628, 897 und 950 cm^{-1}, M. BAUDLER u. a. (*l. c.*). — Zum UR-Spektrum von Additionsverbb. von $(POCl_2)_2O$ s. I. LINDQVIST, M. ZACKRISSON, S. ERIKSSON (*Acta chem. scand.* **13** [1959] 1758/60 [engl.]).

Physikalische Eigenschaften. *Physical Properties* Wasserhelle, stark lichtbrechende, ölige Fl.; in ganz reinem Zustand geruchlos und nicht rauchend. Sdp. bei 1 Torr 65°C, $D_4^{15} = 1.820$, R. KLEMENT, K. H. WOLF (*l. c.* S. 150). Sdp. bei 12 Torr 90°C, $D_4^{25} = 1.821$. Läßt sich durch Abkühlen auf —30°C und Rühren mit dem Glasstab leicht zur Krist. bringen und schmilzt dann bei —16.5°C, H. GRUNZE (*Z. anorg. Chem.* **296** [1958] 63/72).

Brechungszahl $n_D^{20} = 1.4763$ (Mittelwert); Sdp. bei 10 bzw. 10^{-3} Torr 91 bis 92°C bzw. 36 bis 38°C, E. G. F. ROTHER (*Diss. München* 1959, S. 1/98, 75).

Weitere Angaben über Dichte, Sdp., Erstarrungspunkt und Molgew. (in C_6H_6) s. A. GEUTHER, A. MICHAELIS (*Ber.* **4** [1871] 766/8), G. ODDO (*Gazz. chim. ital.* **29** II [1899] 330/43, 334), A. BESSON (*C. r.* **124** [1897] 1099/102), T. WAGNER-JAUREGG, H. GRIESSHABER (*Ber.* **70** [1937] 8/11, 10).

Chemical Reactions

Chemisches Verhalten. Analyse und Molgew.-Best. in Camphen führen zur Zus. $P_2O_3Cl_4$, R. KLEMENT, K. H. WOLF (*Z. anorg. allg. Chem.* **282** [1955] 149/61, 150). Nach dem Verh. gegen PCl_5, PBr_5 und C_2H_5OH wird auf die symmetr. Konstit. $POCl_2$–O–$POCl_2$ geschlossen, A. GEUTHER, A. MICHAELIS (*Ber.* **4** [1871] 766/8). Es wird auch eine asymmetr. Konstit. $\mathrm{(O{=})(Cl{-})P\langle O_2\rangle PCl_3}$ für möglich gehalten, D. BALAREFF (*Z. anorg. Chem.* 88 [1914] 133/50).

Bei Dest. unterhalb 10 Torr tritt Zers. ein nach $P_2O_3Cl_4 = POCl_3 + PO_2Cl$, bei gewöhnl. Druck nach $3P_2O_3Cl_4 = POCl_3 + P_2O_5$, wobei die Rk. über PO_2Cl nach $3PO_2Cl = POCl_3 + P_2O_5$ verläuft, A. BESSON (*C. r.* **124** [1897] 1099/102), D. BALAREFF (*l. c.* S. 142).

Reagiert mit H_2O äußerst heftig unter Bldg. von HCl und H_3PO_4. Bei sehr langsamer Hydrolyse, Einleiten eines feuchten Luftstroms bei 15°C oder Überschichten einer Lsg. von $P_2O_3Cl_4$ in CS_2 mit H_2O gelingt es jedoch, auch $H_4P_2O_7$ als Hydrolysenprod. zu erhalten. Eine Unters. der Rk. mit PBr_5 zeigt einen sehr komplizierten Verlauf; es läßt sich nicht mit Sicherheit feststellen, ob nur $POBrCl_2$ oder auch $POBr_3$ gebildet wird, D. BALAREFF (*l. c.* S. 140, 144), vgl. auch A. GEUTHER, A. MICHAELIS (*Jenaische Z. Med. Naturwiss.* **7** [1873] 103/9; *Ber.* **4** [1871] 766/8), R. KLEMENT, K. H. WOLF (*l. c.* S. 150). Die Hydrolyse bei tiefer Temp. führt zu HPO_2Cl_2, H. GRUNZE (*Z. anorg. Chem.* **298** [1959] 152/63, 156). Vgl. hierzu S. 481.

Beim Zusatz einer Lsg. von $P_2O_3Cl_4$ in $CHCl_3$ zu mit trocknem NH_3 gesätt. $CHCl_3$ im NH_3-Strom bildet sich $P_2O_3(NH_2)_4$, R. KLEMENT, L. BENEK (*Z. anorg. Chem.* **287** [1956] 12/16). — $P_2O_3Cl_4$ bildet bei langsamem Zusatz und dauernder Kühlung mit überschüssigem fl. NH_3 nach Auswaschen des ebenfalls entstehenden NH_4Cl mit fl. NH_3 Diphosphorsäuretetramid $(NH_2)_2OPOPO(NH_2)_2$, s. S. 359, bei Durchführung der Rk. in wasserfreiem Äthyläther wird die gleiche Subst. erhalten, M. GOEHRING, K. NIEDENZU (*Chem. Ber.* **89** [1956] 1771/4). — $P_2O_3Cl_4$ reagiert mit NH_3 in äther. Lsg., die weniger als 0.01% H_2O enthält, nach $(POCl_2)_2O + 9NH_3 \rightarrow OP(NH_2)_3 + (HO)OP(NH_2)_2 + 4NH_4Cl$. Bei Ggw. von mehr H_2O verläuft die Rk. nach $(POCl_2)_2O + 10NH_3 + H_2O \rightarrow 2(NH_2)_2OPONH_4 + 4NH_4Cl$. Bei raschem Zusatz von $(POCl_2)_2O$ zu überschüssigem fl. NH_3 entsteht durch weitere Kondensation aus dem wahrscheinlich zunächst gebildeten $[PO(NH_2)_2]_2O$ eine röntgenamorphe, in H_2O unlösl. Subst. der Zus. $P_2O_3N_3H_5$, M. GOEHRING, K. NIEDENZU (*Chem. Ber.* **90** [1957] 151/3), vgl. S. 343.

$P_2O_3Cl_4$ reagiert mit dem bei der Rk. von PCl_3 mit N_2O_4 auftretenden NOCl nicht, es bleibt vielmehr bei Einw. von überschüssigem NOCl bei —40 bis —30°C unverändert, E. G. F. ROTHER (*Diss. München* 1959, S. 1/98, 13).

Nach thermoanalyt. Unterss. des Systems $P_2O_3Cl_4$–$SbCl_5$ besteht eine Verb. der Zus. $2SbCl_5 \cdot P_2O_3Cl_4$, bei höherem $P_2O_3Cl_4$-Molverhältnis treten starke Unterkühlungserscheinungen auf. Die Liquiduskurve des Systems $SnCl_4$–$P_2O_3Cl_4$ zeigt ein flaches Max. bei der Zus. $SnCl_4 \cdot P_2O_3Cl_4$, I. LINDQVIST, M. ZACKRISSON, S. ERIKSSON (*Acta chem. scand.* **13** [1959] 1758/60). Über Bldg. von Additionsverbb. der Zus. $MeO \cdot P_2O_3Cl_4 \cdot 2$ Mol organ. Lsgm., wobei Me = Ca, Mg, Mn, bei Zusatz des frisch geglühten Oxids zu einer Lsg. von $POCl_3$ im organ. Lsgm. s. beispielsweise „*Calcium*" *Tl.* B, S. 1223. — Die Dämpfe von $P_2O_3Cl_4$ verkohlen Kork. Absol. Äthanol reagiert bei gewöhnl. Temp. in zwei Phasen: $2P_2O_3Cl_4 + 4C_2H_5OH = 4POOC_2H_5Cl_2 + 2H_2O$; $POOC_2H_5Cl_2 + 2H_2O = POOC_2H_5(OH)_2 + 2HCl$, A. GEUTHER, A. MICHAELIS (*l. c.*). — $P_2O_3Cl_4$ ist in den gewöhnl. indifferenten anorgan. und organ. Lsgmm. lösl., R. KLEMENT, K. H. WOLF (*Z. anorg. Chem.* **282** [1955] 149/61, 150), vgl. G. N. HUNTLY (*J. chem. Soc.* **59** [1891] 202/8, 207).

Polyphosphoryl Chlorides

Polyphosphorylchloride $P_nO_{2n-1}Cl_{n+2}$ (n = 4 bis 6).

Die ersten Glieder dieser Reihe sind $POCl_3$ (vgl. S. 458) und $P_2O_3Cl_4$ (vgl. S. 454). Bldg. nach analyt. und papierchromatograph. Befunden in kleinen Mengen neben $P_2O_3Cl_4$ und $P_3O_6Cl_3$ bei der Einw. von $POCl_3$ auf P_2O_5 im Einschlußrohr bei 200°C. Der mittlere Kondensationsgrad sinkt mit wechselndem $POCl_3 : P_2O_5$-Verhältnis. An Stelle des Polyphosphorylchlorids mit n = 3 wird das Trimetaphosphorylchlorid $P_3O_6Cl_3$ (vgl. S. 457) mit ringförmiger Struktur gebildet. Mengenmäßig sind die Verbb. mit n = 4 bis 6 gegenüber $P_2O_3Cl_4$ und $P_3O_6Cl_3$ nur schwach vertreten, bei Ansätzen mit $POCl_3 : P_2O_5 > 4$ fehlen sie ganz, H. GRUNZE (*Z. anorg. Chem.* **296** [1958] 63/72). Konstit. der Verbb. s. S. 471.

Trimetaphosphorylchlorid $P_3O_6Cl_3$. *Trimetaphosphoryl Chloride*

Vgl. hierzu auch PO_2Cl, $(PO_2Cl)_n$ auf S. 453.

Tritt bei der Rk. von $POCl_3$ mit P_2O_5 bei 200°C im Bombenrohr auf und bildet sich möglicherweise durch intramolekulare HCl-Abspaltung aus einer intermediär gebildeten Tetrachlortriphosphorsäure. Als Strukturformel wird vorgeschlagen:

O Cl
P
Cl O O O
P P
O O Cl

H. Grunze (*Z. anorg. Chem.* **296** [1958] 63/72, 67).

Über papierchromatographisch nachgewiesene Bldg. beim Erhitzen von HPO_2Cl_2 bei gewöhnl. Druck durch Rk. von intermediär gebildetem $HP_2O_4Cl_3$ mit HPO_2Cl_2 nach $P_2O_3Cl_3OH + POCl_2OH = P_3O_6Cl_3 + 2HCl$, H. Grunze (*Z. anorg. Chem.* **298** [1959] 152/63, 160), vgl. S. 481.

$P_4O_4Cl_{10}$. *$P_4O_4Cl_{10}$*

Bei der sorgfältigen Fraktionierung des Rk.-Prod. aus PCl_3 und N_2O_4 (vgl. S. 424) bei 1 Torr wird zwischen 100 und 115°C eine fl. Fraktion erhalten, die bei Berührung der Gefäßwand mit dem Glasstab fast völlig kristallisiert und nach Analyse und Molgew.-Best. in Camphen die Zus. $P_4O_4Cl_{10}$ aufweist. Bei fast allen Destt. tritt ein schwarzer Rückstand auf (vgl. hierzu S. 454). Das Prod. ist stark hygroskopisch und löst sich in den meisten organ. Lsgmm. sowie in $POCl_3$ und $SOCl_2$. Reagiert mit H_2O heftig unter Bldg. von H_3PO_4, $H_4P_2O_6$ und HCl und bildet mit $SnCl_4$ in CCl_4-Lsg. leicht eine Verb. der Zus. $[P_4O_4Cl_8]\cdot[SnCl_6]$, weshalb 2 Cl-Atomen eine salzartige Funktion zugesprochen wird. Die Entstehung wird unter Annahme intermediärer Bldg. von $POCl_2$- und $P_2O_2Cl_5$-Radikalen erklärt, R. Klement, O. Koch, K. H. Wolf (*Naturwissenschaften* **41** [1954] 139), R. Klement, K. H. Wolf (*Z. anorg. Chem.* **282** [1955] 149/61). ~200 g N_2O_4 werden zusammen mit wenig O_2 im Zeitraum von 12 bis 14 Std. bei −40 bis −35°C über ~1000 g $POCl_3$ (unter Rühren) geleitet. Man rührt noch eine Std. und läßt über Nacht stehen. Am nächsten Tag werden durch Erwärmen auf 30 bis 60°C die gelösten gasf. Stoffe abgetrieben, dann destilliert man im Wasserstrahlvak. bis ~70°C das unveränderte $POCl_3$ ab. Bei 10 Torr siedet $P_4O_4Cl_{10}$ bei 137 bis 138°C, bei 10^{-3} Torr zwischen 70 und 72°C (Ölbad 115 bis 120°C); Brechungszahl $n_D^{40} = 1.5230$. Reagiert mit einer gekühlten Lsg. von trocknem NH_3 in $CHCl_3$ nach $P_4O_4Cl_{10} + 20NH_3 = P_4O_4(NH_2)_{10} + 10NH_4Cl$, E. G. F. Rother (*Diss. München* 1959, S. 1/98, 27, 71, 76).

Geruchlos, außerordentlich feuchtigkeitsempfindlich, reagiert mit H_2O, Alkoholen, primären und sekundären Aminen heftig, mit Aldehyden und Ketonen beim Erhitzen. Bis 200°C beständig, scheint sich aber bei längerem Aufbewahren in verschmolzenen Ampullen zu zersetzen. Schmelzpunkt: 37°C, Siedepunkt (1 Torr): 105°C, $D_4^{40} = 2.017$. Molare elektr. Leitf. der Lsg. in $SOCl_2$: 2.25 Ω^{-1} cm^2 mol^{-1}, in $C_6H_5NO_2$: 0.19 Ω^{-1} cm^2 mol^{-1}. In diesen Lsgmm. tritt nur eine geringe Dissoz. ein. Zur Identifizierung in Gemischen dienen folgende Rkk.: Die Lsg. in wasserfreiem Pyridin reagiert mit $AgNO_3$-Lsg. in Pyridin unter Bldg. einer gelben bis braunen Färbung oder eines gleichgefärbten Nd., mit der Lsg. von Diphenylcarbacid unter blutroter Färbung, die beim Eingießen in verd. H_2SO_4 karminrot wird. Zum Nachweis neben PCl_3, $POCl_3$ und $P_2O_3Cl_4$ dient die Fällung mit $SnCl_4$ in CCl_4-Lsg. (vgl. oben), R. Klement, K. H. Wolf (*Z. anorg. Chem.* **282** [1955] 149/61). Beim Behandeln mit NH_3 entsteht ein Dekamid, das unter Abspaltung von NH_3 kondensiert werden kann. Als Strukturformel für $P_4O_4Cl_{10}$ wird $Cl_3P\left\langle\begin{matrix} O-PCl_2-O \\ | \\ O-PCl_2-O \end{matrix}\right\rangle PCl_3$ vorgeschlagen, M. Becke-Goehring (*Angew. Chem.* **69** [1957] 569/70).

Gem. Frequenzen im Ultrarotspektrum in cm^{-1}: 1311 P-O-Valenzschwingung, 1262, 1187, 1010, 899, 855, 768 P–O–P-Brücke, 599, 573 P-Cl-Valenzschwingung. Frequenzen im Ramanspektrum in cm^{-1} (geschätzte Intensität): 160 (10), 181 (6), 203 (6), 217 (4), 232 (6), 260 (6), 268 (7), 301 (7), 316 (3), 389 (7), 404 (8), 458 (9), 476 (8), 510 (3), 532 (5), 568 (4), 601 (3), 619 (3), 782 (3), 1268 (6), 1328 (2). Das kernmagnet. Resonanzspektrum, aufgenommen von J. R. van Wazer, entspricht einer symmetrisch gebauten Verb. ABBA mit je 2 gleichwertigen end- und mittelständigen P-Atomen.

Auf Grund der spektroskop. und ramanspektroskop. Unterss. ist die Struktur

```
  Cl       Cl   Cl  Cl       Cl
    \        \ /    /       /
 O = P — O — P  —  P — O — P = O
    /        /    / \       \
  Cl       Cl   Cl   Cl       Cl
```

wahrscheinlich, M. Baudler, R. Klement, E. Rother (*Chem. Ber.* **93** [1960] 149/55), vgl. E. G. F. Rother (*Diss. München* 1959, S. 1/98, 27, 49, 52, 57), R. Klement, E. Rother (*Naturwissenschaften* **45** [1958] 489/90). Zur Strukturunters. sowie Best. von Ultrarotspektrum s. auch W. Röper (*Diss. Heidelberg* 1959, S. 1/82). Nach neuen Unterss. wird die Existenz dieser Verb. in Frage gestellt und auf die Identität mit der Verb. $Cl_3PNPOCl_2$ geschlossen, M. Becke-Goehring, A. Debo, E. Fluck, W. Goetze (*Chem. Ber.* **94** [1961] 1383/7), vgl. E. Fluck (*Chem. Ber.* **94** [1961] 1388/91) und S. 453, 466.

The $POCl_2^+$ Ion

Das $POCl_2^+$-Ion. Vgl. hierzu S. 463, 383 und ab S. 476.

Phosphoryl (V) Chloride

Phosphoryl(V)-chlorid $POCl_3$

Formation. Preparation

Bildung und Darstellung

General

Allgemeines. Vgl. hierzu auch „*Phosphor*“ *Tl.* B, S. 47. Über Gesundheitsschäden bei der Darst. s. „*Phosphor*“ *Tl.* B, S. 95. Allgemeiner Überblick und Handhabung; Vorschrift über Lagerung, Verschickung, Umladen, Schutzmaßnahmen zur Verhütung von Schäden, anonyme Veröff. (*Manufacturing Chemits' Assoc. chem. Safety Data Sheet* SD-26 [1948/51] 13, *C.A.* **1949** 367). Überblick über techn. Darst. außerhalb der UdSSR s. bei M. J. Pozin (*Ž. chim. Prom.* **18** Nr. 18 [1941] 38/43, Nr. 19, S. 29/35, Nr. 20, S. 30/37, 36, *C.* **1943** II 760).

From Elemental Phosphorus

Aus elementarem Phosphor. Bldg. neben H_3PO_4, HCl und SO_2 bei der Einw. von HSO_3Cl auf rotes P in der Wärme, K. Heumann, P. Köchlin (*Ber. dtsch. chem. Ges.* **15** [1882] 416/20, 417), durch Zusammenbringen von elementarem P, Cl_2 und O_2 in Glas- oder Sn-plattierten App., V. A. Mazel', M. B. Gol'dberg (*Tr. gos. Inst. prikl. Chim.* Nr. 20 [1934] 41/6, *C.A.* **1935** 2312). Durch Versprühen von fl. P in eine Cl_2-O_2-Atm., Badische Anilin- & Sodafabrik, A. Janson (*D.P.* 801513 [1948/51], *C.* **1951** II 586). In $POCl_3$ suspendiertes P wird nacheinander bei 95°C mit O_2 und bei 55 bis 75°C mit Cl_2 behandelt, Nippon Soda Co., T. Watanabe u. a. (*Japan.P.* 5517/1954 nach *C.A.* **1956** 544), in $POCl_3$ suspendiertes P (weiß) wird nach Zusatz entsprechender Mengen H_2O bei 50 bis 60°C mit Cl_2 behandelt, Nippon Soda Co., K. Ikeda, Y. Wada (*Japan.P.* 5527/1958 nach *C.A.* **1959** 2554). Darst. eines Gemisches von HCl und $POCl_3$ durch Chlorieren einer Suspension von P und H_3PO_4 in $POCl_3$ bei 107°C, Asahi Chemical Industries Co., M. Nakayama (*Japan.P.* 274/1952 nach *C.A.* **1954** 5452). Gemeinsame Darst. mit $SOCl_2$ durch Einw. eines Gemisches von fl. SO_2 und fl. Cl_2 auf in einer geeigneten Fl. gelöstes oder suspendiertes P, Elko Chemical Co., G. J. Schudel (*U.S.P.* 1753754 [1926/30], *C.* **1930** I 3820). Das aus den Elementen primär erhaltene Gasgemisch wird über einen Katalysator (Aktivkohle) geleitet, K. Wintersberger (*Festschrift Carl Wurster zum 60. Geburtstag, Ludwigshafen 1960*, S. 39/42).

From Phosphorus Oxides

Aus Phosphoroxiden. Bldg. von $POCl_3$ neben PCl_5 bei der Einw. von Cl_2 auf trocknes P_4O, A. Michaelis, M. Pitsch (*Liebigs Ann. Chem.* **310** [1900] 45/74, 60), neben PO_2Cl bei Einw. von Cl_2 auf P_4O_6, wobei Erwärmung eintritt (Kühlung notwendig), T. E. Thorpe, A. E. Tutton (*J. chem. Soc.* **57** [1890] 545/73, 572), bei der mit großer Heftigkeit verlaufenden Rk. von P_4O_6 mit S_2Cl_2 nach: $P_4O_6 + 6S_2Cl_2 = 2POCl_3 + 2PSCl_3 + 2SO_2 + 8S$, T. E. Thorpe, A. E. Tutton (*J. chem. Soc.* **59** [1891] 1019/29, 1026), beim Überleiten von $SiCl_4$-Dampf über P_2O_5 bei lebhafter Rotglut; wahrscheinlich bildet sich auch Si_2OCl_6, A. Ladenburg (*Liebigs Ann. Chem.* **147** [1868] 355/66, 361), durch Erhitzen von P_2O_5 mit NaCl, H. Kolbe, E. Lautemann (*Liebigs Ann. Chem.* **113** [1860] 238/44, 240). Darst. durch Rk. von P_2O_5 mit $CaCl_2$ und NaCl im Fe- oder Stahlkessel; durch Red. von $POCl_3$ mit dem Fe des Kessels entsteht etwas PCl_3; die Rk. mit NaCl beginnt bei 250°C, mit $CaCl_2$ bei 400°C, G. Tarbutton, E. P. Egon, S. G. Frary (*J. Am. chem. Soc.* **63** [1941] 1782/9, 1785). Beim Erhitzen von P_2O_5 mit CCl_4 auf 200 bis 210°C in Abhängigkeit vom Mengenverhältnis nach $P_2O_5 + 2CCl_4 = COCl_2 + CO_2 + 2POCl_3$ oder $2P_2O_5 + 3CCl_4 = 4POCl_3 + 3CO_2$, G. Gustavson (*Ber.* **5** [1872] 30; *Z. Chem.* [2] **7** [1871] 615).

By Oxidation of PCl_3. In Laboratory

Durch Oxydation von PCl_3. Im Laboratorium. Die Bldg. von $POCl_3$ durch Einleiten von O_2 in sd. PCl_3 geht sehr langsam vor sich; aus 40 g PCl_3 werden in 3 Tagen nur 3.7 g $POCl_3$ erhalten, A. Michaelis (*Z. Chem.* [2] **6** [1870] 467/8). Beim Einleiten von Ozon in PCl_3 tritt Temp.-Erhöhung ein,

I. REMSEN (*Ber.* **9** [1876] 1872/6; *Am. J. Sci.* [3] **11** [1876] 365/9). Das Auftreten von $POCl_3$ bei der Dest. des zur Darst. von $P_2O_3Cl_4$ aus N-Oxiden und überschüssigem PCl_3 erhaltene Probe beobachten A. GEUTHER, A. MICHAELIS (*Ber.* **4** [1871] 766/8), vgl. hierzu S. 454.

Beschreibung eines App. zur Herst. von $POCl_3$ durch gleichzeitige Einw. von Cl_2 und H_2O auf PCl_3, A. A. VANŠEJDT, V. M. TOLSTOPJATOV (*Ž. russk. fiz.-chim. Obšč.* **52** [1920] 270/84, *C.* **1923** III 724). Bldg. von $POCl_3$ bei der heftig verlaufenden Rk. zwischen PCl_3 und SO_3, H. E. ARMSTRONG (*J. prakt. Chem.* [2] **1** [1870] 244/62, 255; *Proc. Roy. Soc.* **18** [1870] 502/13, 510). Vgl. „*Schwefel*" *Tl.* B, S. 360, ferner A. I. LICHAČEVA (*Ž. obšč. Chim.* **7** [1937] 2298/3000, *C.* **1938** I 2847).

Darst. von $POCl_3$ durch leichtes Erhitzen einer innigen Mischung von PCl_3 und Borsäure nach $2H_3BO_3 + 3PCl_5 = B_2O_3 + 3POCl_3 + 6HCl$, C. GERHARDT (*Ann. Chim. Phys.* [3] **45** [1855] 90/107, 102 Fußnote 2).

Zu P-freiem PCl_3 (500 g) in einem Kolben mit Rückflußkühler wird fein zerriebenes $KClO_3$ (160 g) in geringem Überschuß in kleinen Anteilen zugesetzt. Die Rk., welche unter Erwärmung bis zum Aufkochen vor sich geht, ist beendet, wenn die letzten Anteile $KClO_3$ kein Aufkochen, sondern nur noch wenig Cl_2-Entw. zur Folge haben (besonders bei Ggw. von H_2O). Das erhaltene $POCl_3$ wird im Ölbad abdestilliert und ist bei Verwerfen der ersten Cl_2-haltigen Fraktion sehr rein. Die letzten Reste von $POCl_3$ werden aus dem Kolben durch Spülen mit einem trocknen CO_2-Strom entfernt, E. DERVIN (*C. r.* **97** [1883] 576/8; *J. prakt. Chem.* [2] **28** [1883] 382/3). Der Endpunkt bei dieser Darst. wird durch das Auftreten von freiem Cl_2 erkannt, G. ODDO (*Atti R. Accad. Lincei Rend. Cl. Sci. fis. mat. natur.* [5] **10** I [1901] 452/8). Ebenso gut läßt sich $NaClO_3$ verwenden. Eine Verbesserung wird durch Überschichten des $KClO_3$ mit etwas $POCl_3$ erreicht, worauf das PCl_3 langsam zugesetzt wird. Wichtig ist die völlige Abwesenheit von H_2O, da sonst Cl-Oxide entstehen können, die mit PCl_3 explosionsartig reagieren. Reste von PCl_3 im Endprod. werden leicht durch Zusatz geringer Mengen von Chlorat bei der Dest. in $POCl_3$ übergeführt, F. ULLMANN, A. FORNARO (*Ber.* **34** [1901] 2172/3). Über Auftreten von $POCl_3$ bei Rkk. zwischen CrO_2Cl_2 und PCl_3 oder PCl_5 s. S. 430, 447.

In technischem Maßstab. Beschreibung einer Anlage zur Herst. von $POCl_3$ nach der üblichen Meth. aus PCl_3 mit automat. Kontrolle und Sicherheitsvorrichtungen; das Ende der Rk. ist an der Farbänderung zu erkennen, anonyme Veröffentlichung (*Ind. Chemist chem. Manufacturer* **25** [1949] 517/20). Darst. von $POCl_3$ durch Behandeln von PCl_3 mit O_2 bei ~50°C (Kühlung erforderlich), CONSORTIUM FÜR ELEKTROCHEMISCHE INDUSTRIE G.M.B.H., M. MUGDAN, J. SIXT (*D.P.* 624884 [1934/36], *C.* **1936** I 3559), durch Erhitzen eines Gemisches von PCl_3-Dampf und O_2 auf 150°C, TOYAMA CHEMICAL INDUSTRIES CO., T. KITANO ET AL. (*Japan.P.* 4351/1950 [—/1952] nach *C.A.* **1952** 10560), durch Erhitzen von mit PCl_3 beladenem O_2-haltigem Gas in einem rohrförmigen Rk.-Gefäß, FOOD MACHINERY & CHEMICAL CORP., A. G. DRAEGER, D. S. BUNIN, G. W. OLSEN (*D.A.S.* 1091548 [1958/60], *C.* **1961** 4130; *U.S.P.* 3052520 [1957/62] nach *C.A.* **57** [1962] 16137).

On Technical Scale

Ber. Mengen O_2 werden durch einen Boden aus poröser Kohle (Öffnungen mit 60 μ) in ein mit PCl_3 beschicktes Rk.-Gefäß bei <60°C eingeführt, NIPPON CHEMICAL INDUSTRIAL CO. LTD., M. AJI, T. MUNEKATA, T. TAKEDA (*Japan.P.* 617/1959 [—/1959] nach *C.A.* **1959** 22786). Zur Herst. von Phosphoroxidchlorid wird PCl_3 mit O_2 bei 0.14 bis 1.7 atü und Tempp. zwischen 0 und 100°C unter Zusatz von H_3PO_3 oder H_3PO_4 als Katalysator umgesetzt, wobei dieser durch sehr kleine H_2O-Mengen mit PCl_3 im Rk.-Medium gebildet werden kann, MONSANTO CHEMICAL CO., G. E. TAYLOR (*B.P.* 727950 [1953/55], *C.A.* **1955** 12791; *D.P.* 945753 [1953/56] nach *C.* **1958** 11344; *U.S.P.* 2741542 [1952/56], *C.A.* **1956** 8980). Umsetzung des Gemisches in Ggw. von auf 350 bis 550°C erhitzten Oxiden, z. B. von V, Cr, Mo, W, Fe, Cu, Os, Ag, Mn, K. T. RAUDSEPP, E. K. PIIROYA (*UdSSR. P.* 112079 [—/1957] nach *C.A.* **1958** 20943), in Ggw. Mn-haltiger Katalysatoren (0.1 bis 0.3 Gew.-% $KMnO_4$, auf PCl_3 gerechnet, in Aceton gelöst); die Temp. steigt hierbei bis auf 48°C, E. NEUMANN, A. T. HEALEY (*B.P.* 465526 [1935/37], *C.* **1937** II 1870). Technisch reines PCl_3 wird mit O_2 in Ggw. eines organ. Peroxids als Katalysator bei Tempp. zwischen 100 und 200°C behandelt. Bei der großen Unbeständigkeit des Peroxids beträgt die Ox.-Zeit <4 Min., VEB ELEKTROCHEMISCHES KOMBINAT BITTERFELD, W. KOCHMANN, R. SCHUMANN (*D.P.* 1118170 [1960/61] nach *C.A.* **1962** 6904; *D.P.* [*Ost*] 21544 [1959/61] nach *C.A.* **56** [1962] 8298). Ein Gemisch von PCl_3 und P_2O_5 wird bei Tempp. bis ~100°C mit Cl_2 behandelt, KAVALCO PRODUCTS INC., C. O. NORTH (*U.S.P.* 1921370 [1933/33], *C.* **1934** I 265). Durch gemeinsame Chlorierung von P_2O_5 und PCl_3, N. A. EL'MANOVIČ, L. S. MAJOFIS (*Ž. chim. Prom.* **1933** Nr. 4, S. 59/62, *C.A.* **1933** 5486).

Aus PCl_3, H_3PO_4 und Cl_2 in Ggw. von H_2O-Dampf nach $2PCl_3 + 2Cl_2 + 2H_2O = 2POCl_3 + 4HCl$; $H_3PO_4 + 3PCl_3 + 3Cl_2 = 4POCl_3 + 3HCl$ bei Tempp. bis ~85°C, H. P. ROBERTS, H. S. KREIGHBAUM

(*U.S.P.* 2002277 [1933/35], *C.* **1935** II 2565). Durch Rk. von SO_2, Cl_2 und PCl_3 in flüssiger Phase; $PCl_3 + SO_2 + Cl_2 = POCl_3 + SOCl_2$, ELKO CHEMICAL CO., G. J. SCHUDEL (*U.S.P.* 1788959 [1926/31], *C.* 1931 nach *C.* **1931** I 1806). Gleichzeitige Darst. von $POCl_3$ und $PSCl_3$ durch Behandeln von PCl_3 mit SO_2Cl_2; die erhaltenen Prodd. werden durch fraktionierte Dest. getrennt, CHEMISCHE FABRIK VON HEYDEN A.-G., E. KRUMBIEGEL (*D.P.* 415312 [1924/25], *C.* **1925** II 1301).

Über Darst. durch Ox. von PCl_3 mit $KClO_3$ oder P_2O_5 oder gasf. O_2 in verbleiten oder kupfernen Gefäßen s. J. SOREL (*Chim. et Ind.* **60** [1948] 541/9, 545), W. L. FAITH, D. B. KEYES, R. L. CLARK (*Industrial Chemicals, New York-London* 1950, S. 502).

From PCl_5

Aus PCl_5. Bldg. von $POCl_3$ durch Rk. von PCl_5 mit O_2 bei dunkler Rotglut; es entstehen außerdem P_2O_5 und Cl_2, E. BAUDRIMONT (*Ann. Chim. Phys.* [4] **2** [1864] 5/67, 7). Durch langsame Hydrolyse von PCl_5, A. WURTZ (*Liebigs Ann. Chem.* **64** [1847] 245/7; *Ann. Chim. Phys.* [3] **20** [1847] 472/81, 477); s. hierzu ferner S. 440. Bei der bei ~−55°C verlaufenden Rk. zwischen PCl_5 und N_2O_5: $PCl_5 + N_2O_5 = POCl_3 + 2NO_2Cl$, M. SCHMEISSER, E. GREGOR-HASCHE (*Z. anorg. Chem.* **255** [1947] 33/44, 39). — Bei der Einw. von PCl_5 auf P_4O_6, T. E. THORPE, A. E. TUTTON (*J. chem. Soc.* **59** [1891] 1019/29, 1028). Beim Erhitzen von PCl_5 mit P_2O_5, T. E. THORPE (*Ber.* **8** [1875] 326/32, 328). Durch Rk. von PCl_5 mit P_2O_5 in Ggw. eines Lsgm. (Benzol, Xylol, Toluol) auf dem Wasserbad, M. BAKUNIN (*Gazz. chim. ital.* **30** II [1900] 340/64, 363). Durch Rk. von PCl_5 mit $P_2O_3Cl_4$, A. GEUTHER, A. MICHAELIS (*Ber.* **4** [1871] 766/8; *Jenaische Z. Med. Naturwiss.* **7** [1873] 103/9). — Durch Einw. von Phosphorsäuren oder Metalloxiden auf PCl_5 s. S. 444, 445, durch Einw. von $KClO_3$, E. BAUDRIMONT (*C. r.* **51** [1860] 823/5), durch Erhitzen mit PbS_2O_3, J. Y. BUCHANAN (*Ber.* **3** [1870] 485/6).

Beim Erhitzen mit Diphosphaten ($Na_4P_2O_7$, $Ca_2P_2O_7$, $Sr_2P_2O_7$) im geschlossenen Rohr; bei der entsprechenden Umsetzung mit $Mg_3(PO_4)_2$ wird das gebildete $POCl_3$ durch das Rk.-Prod. gebunden und dampft erst bei stärkerem Erhitzen ab, D. BALAREW (*Z. anorg. Chem.* **99** [1917] 190/4).

By Chlorination of Phosphates

Durch Chlorieren von Phosphaten. Zum Cl_2-Aufschluß vgl. auch „*Phosphor*“ *Tl.* B, S. 47 sowie „*Calcium*“ *Tl.* B, S. 76. Darst. durch Einw. von einem Gemisch aus CO und Cl_2 auf $Ca_3(PO_4)_2$ in Ggw. von Kohle. Die Rk. verläuft in 2 Phasen: $Ca_3(PO_4)_2 + 2CO + 2Cl_2 = Ca(PO_3)_2 + 2CO_2 + 2CaCl_2$; $Ca(PO_3)_2 + 4CO + 4Cl_2 = 2POCl_3 + 4CO_2 + CaCl_2$. Die Rk. beginnt bei 180°C und verläuft bei 330 bis 340°C rasch und quantitativ. Das $POCl_3$ ist fast vollständig rein, J. RIBAN (*C. r.* **95** [1882] 1160/3, **157** [1914] 1432/3). Über die Wrkg. von hierbei intermediär entstehendem $COCl_2$ s. A. OGLIALORO (*Gazz. chim. ital.* **13** [1883] 328), E. PATERNO (*Gazz. chim. ital.* 8 [1878] 233/4). — Darst. von $POCl_3$ durch Überleiten von $COCl_2$ über auf Tempp. zwischen 300 und 600°C erhitzte natürliche Phosphate; Rk.-Beginn liegt bei ~350°C, J. BARLOT, E. CHAUVENET (*C. r.* **157** [1913] 1153/5). Die Hauptrk. zwischen $Ca_3(PO_4)_2$ und $COCl_2$ verläuft im Temp.-Gebiet zwischen 350 und 420°C, E. I. SPITALSKI laut P. P. BUDNIKOFF, E. A. SCHILOW (*Z. angew. Chem.* **37** [1924] 1018/22). Eine Abschätzung der Gleichgew.-Bedingungen nach der Näherungsformel von NERNST ergibt, daß die von J. RIBAN (*l. c.*) angegebene Rk. nicht umkehrbar ist. Die Rk.-Geschw. steigt zunächst, nimmt zwischen 400 und 500°C stark ab, erreicht aber gegen 1000°C ein zweites Max. Die vorübergehende Abnahme wird mit dem Auftreten von reaktionsträgeren polymeren Formen des entstehenden $Ca(PO_3)_2$ erklärt. Als Katalysator dient Kohle, wobei Tierkohle wirksamer als Holzkohle ist, P. P. BUDNIKOFF, E. A. SCHILOW (*l. c.*).

In Ggw. von Kohle reagiert $Ca_3(PO_4)_2$ mit Cl_2 bei 700°C glatt nach $Ca_3(PO_4)_2 + 3C + 6Cl_2 = 3CaCl_2 + 3CO_2 + 2POCl_3$. Die Rk.-Temp. läßt sich infolge Wärmeentw. ohne Beheizung aufrechterhalten, Y. KATO, S. FUJURO (*J. Soc. chem. Ind. Japan Suppl.* **36** [1933] 132B). Darst. von $POCl_3$ durch Behandeln von Briketts aus Rohphosphat, Holzkohle und Teer (Bindemittel) in einer Vers.-Anlage bei 650 bis 670°C mit Cl_2. Es werden 80 bis 90% des Phosphats aufgeschlossen, aber nur ~65% als $POCl_3$ erhalten, was auf die Einw. des während der Chlorierung aus dem Phosphat entweichenden, gebundenen H_2O zurückgeführt wird. Die Geschw. des Rk.-Ablaufs steigert sich mit abnehmender Korngröße des Phosphats, F. K. MCTAGGART (*Australia Council sci. ind. Res. J.* **18** [1945] 424/32). Mit Kohle gemischte Phosphate werden mit einem Gemisch aus Cl_2 und reduzierenden Gasen (CO : Luft : Cl_2 = 2 : 1 : 1) behandelt. Durch die Verbrennung des CO wird die Wärme geliefert, durch überschüssiges CO und Cl_2 wird $POCl_3$ gebildet. Bei der Chlorierung von Ca-Phosphat bildet sich ein Rückstand von $CaCl_2$, beim Aufschluß von Al-Phosphat werden die entstehenden flüchtigen Chloride durch fraktionierte Dest. getrennt, I. G. FARBENINDUSTRIE A.-G., F. DOERINCKEL, M. ZIMMERMANN (*D.P.* 570299 [1929/35], *C.* **1935** I 3701). Rohphosphat wird mit C gemischt und in einem vertikalen Ofen mit zusätzlicher seitlicher Heizung bei ~900°C mit Cl_2 behandelt. Geschmolzenes $CaCl_2$ wird unten abgezogen, die Abgase werden durch einen Turm (beschickt mit SiO_2 oder C) bei

400 bis 600°C geführt; $POCl_3$ wird anschließend kondensiert, Noguchi Research Institue Inc., Y. Fuha (*Japan.P.* 1807/1950 [—/1952] nach *C.A.* **1952** 9270). Die Chlorierung bei ~700°C wird durch Ggw. von HCl oder H_2O beschleunigt, Noguchi Research Institute Inc., Y. Fuha (*Japan.P.* 819/1953 [—/1953] nach *C.A.* **1954** 2997), oder bei Zusatz von NaCl bei Tempp. zwischen 600 und 650°C ausgeführt, Noguchi Research Institute Inc., K. Oda, Y. Fuha (*Japan.P.* 1275/1950 [—/1952] nach *C.A.* **1952** 8337). — Das sich beim Chlorieren von Rohphosphat-C-Gemisch bildende fl. $CaCl_2$ dient zum Vorwärmen des Cl_2 und gleichzeitig als Heizbad zwecks Zuführung zusätzlicher Wärme, S. A. des Manufactures des Glaces et Produits Chimiques de Saint-Gobain, Chauny & Cirey, P. Dupont (*B.P.* 617990 [1946/49]; *F.P.* 992727 [1944/51] nach *C.* **1954** 9601; *U.S.P.* 2570924 [1947/51], *C.A.* **1952** 1222). Rohphosphat-C-Gemisch wird durch 2- bis 3std. Erhitzen bei ~500°C in $Ca(PO_3)_2$ übergeführt und anschließend bei 600 bis 750°C im Cl_2-Strom chloriert. Die Abgase werden bei Tempp. < 10°C kondensiert, Asahi Chemical Industries Co., S. Tamiya et al. (*Japan.P.* 6124/1954 [—/1954] nach *C.A.* **1956** 1274). $POCl_3$ entsteht neben anderen P-Halogen-verbb. durch Behandeln von Rohphosphat und Kohle mit Cl_2 bei 500 bis 600°C in Ggw. einer als Lsgm. oder Dispersionsmittel dienenden Schmelze von z. B. $ZnCl_2$, Na_2CO_3, $FeCl_3$ oder $CuCl_2$, N.-V. Electrochemische Industrie (*B.P.* 356238 [1930/32], *C.A.* **1932** 4422). Bldg. bei der techn. Herst. von Chloriden der Seltenen Erden durch Chlorieren einer Mischung von Monazit und C bei 700°C mit Cl_2, F. R. Hartley, A. W. Wylie (*J. Soc. chem. Ind.* **69** [1950] 1/7).

Durch Behandeln von Ca-Phosphat mit einem Gemisch aus CO und Cl_2 in Ggw. von Kohle oder mit $COCl_2$ bei Tempp. über 500°C, Y. Kato (*Jap.P.* 101699 [1932/33] nach *C.* **1933** II 3469), vgl. S. A. des Manufactures des Glaces et Produits Chimiques de Saint-Gobain, Chauny & Cirey (*F.P.* 1012494 [1949/52]). Anwesende Carbonate werden vorher durch eine geeignete Vorbehandlung entfernt (verd. HCl, HNO_3 oder Cl_2 und Auswaschen), Imperial Chemical Industrie Ltd., J. S. Dunn, F. Briers (*B.P.* 337123 [1929/30], *C.* **1931** I 665). Die Rk. wird gefördert, wenn stets neue Phosphatoberflächen mit dem Rk.-Gas in Berührung kommen, Imperial Chemical Industries Ltd., J. S. Dunn, F. Briers (*B.P.* 336065 [1929/30], *C.* **1931** I 129). Vgl. hierzu auch E. I. du Pont de Nemours & Co., T. L. Bartleson (*U.S.P.* 1424193 [1920/22] nach *C.* **1922** IV 875). Wenn das Phosphat bei der Rk.-Temp. von 300 bis 500°C eine Schmelze bildet, wird zur Chlorierung $COCl_2$ verwendet, E. I. du Pont de Nemours & Co., R. L. Andreau (*U.S.P.* 1462732 [1920/23] nach *C.* **1923** IV 821). Der Rohphosphat-Koks-Mischung kann $NH_4H_2PO_4$-Lsg. zugesetzt werden; nach Trocknung und Körnung wird die Charge bei 650 bis 750°C mit Cl_2 behandelt, Imperial Chemical Industries Ltd., I. A. Davies (*B.P.* 416084 [1933/34], *C.* **1935** I 609; *F.P.* 769702 [—/1934] nach *C.* **1935** I 4447). — Bei der Umsetzung von Al-Phosphat bei Tempp. oberhalb 300°C mit Cl_2 und C oder CO bzw. $COCl_2$ wird neben $POCl_3$ auch $AlCl_3$ erhalten, Y. Kato, S. Fujino (*Japan.P.* 100832 [1932/33] nach *C.* **1933** II 1075). Durch Auslaugen von Rohphosphat mit konz. HCl erhaltenes Filtrat wird mit konz. $FeCl_3$-Lsg. versetzt, das ausfallende $FePO_4$ abgetrennt, gewaschen, getrocknet, nach Mischen mit Koks und Bindematerial zu Briketts gepreßt und bei 600 bis 650°C chloriert. Aus den Abgasen wird $FeCl_3$, welches in den Kreislauf zurückkehrt, und $POCl_3$ fraktioniert kondensiert, Indian Institute of Science (*Ind.P.* 43410 [—/1952] nach *C.A.* **1946** 8337).

Mit H_3PO_4(HPO_3, $H_4P_2O_7$, P_2O_5) getränkte granulierte Holzkohle wird zwischen 500 und 700°C mit Cl_2 behandelt, S. A. des Manufactures des Glaces et Produits Chimiques de Saint-Gobain, Chauny & Cirey, P. A. du Pont (*B.P.* 678120 [1950/52], *C.A.* **1953** 280; *D.P.* 859000 [1950/52] nach *C.* **1953** 3782; *U.S.P.* 2712494 [—/1955] nach *C.A.* **1955** 15192), vgl. G. Erdmann (*D.P.* 138392 [1901/03], *C.* **1903** I 303). Phosphorsäuren werden mit Sägespänen oder Aktivkohle bei 300 bis 500°C erhitzt und dann bei 250 bis 600°C mit Cl_2 behandelt, International Minerals & Chemical Corp., C. M. Tidwell (*U.S.P.* 2622965 [1947/52], *C.A.* **1953** 3531). Niedrigprozentiges Phosphat wird mit H_2SO_4 aufgeschlossen, das erhaltene Filtrat auf 75 bis 80% H_3PO_4 eingedampft, unter Zusatz von pulvriger und gekörnter Holzkohle getrocknet und bei 400 bis 500°C mit Cl_2 behandelt, New Nippon Nitrogenous Fertilizers Co., N. Murakoshi (*Japan.P.* 2970/1953 [—/1954] nach *C.A.* **1954** 9028). Durch Aufschluß aus geringprozentigem Phosphat erhaltenes H_3PO_4 wird auf Zuckerrohrrückstand versprüht und das Gemisch bei 550°C chloriert, United States of America, D. H. Reeve (*U.S.P.* 2829031 [1955/58], *C.A.* **1958** 13206). Bei der Rk. von geschmolzenem HPO_3 mit $COCl_2$, E. I. du Pont de Nemours & Co., T. L. Bartleson (*U.S.P.* 1381783 [1920/21], *C.* **1921** IV 1090), bei der im techn. Maßstab vorgeschlagenen Chlorierung von Phosphaten mit S_2Cl_2, A. P. Palkin, L. F. Denisova (*Ž. prikl. Chim.* **10** [1937] 1993/9, *C.A.* **1938** 5586).

From Other P Compounds

Aus weiteren P-Verbindungen. $POCl_3$ wird gebildet bei der Einw. von SO_2Cl_2 oder $SOCl_2$ auf trocknes PH_3; es entstehen außerdem P_4S_3, P, HCl und andere Substt., A. Besson (*C. r.* **122** [1896]

467/9, **123** [1896] 884/6); aus POCl durch Aufnahme von Cl_2, A. BESSON (*C. r.* **125** [1897] 771/2); durch Zers. von PO_2Cl in der Hitze nach $3PO_2Cl = POCl_3 + P_2O_5$, A. BESSON (*C. r.* **124** [1897] 1099/102); durch Zers. von $P_2O_3Cl_4$ bei dessen Dest. nach $3P_2O_3Cl_4 = 4POCl_3 + P_2O_5$, A. GEUTHER, A. MICHAELIS (*Jenaische Z. Med. Naturwiss.* **7** [1873] 103/9; *Ber.* **4** [1871] 766/8), bei ~10 Torr verläuft die Rk. nach $P_2O_3Cl_4 = POCl_3 + PO_2Cl$, A. BESSON (*C. r.* **124** [1897] 1099/102).

Bldg. von $POCl_3$ neben $POBr_3$ beim Erhitzen von $POCl_2Br$ im Einschlußrohr auf 185°C, E. CHAMBON (*Jenaische Z. Naturwiss.* **10** [1876] *2. Suppl.-H. Mitt. chem. Labor. Univ. Jena* **1876** 92/6), durch Aufspaltung von $(OPN)_x$ mit Cl_2 bei ~800°C nach $2(OPN)_x + 3xCl_2 = 2xPOCl_3 + xN_2$, G. WETROFF (*C. r.* **208** [1939] 580/3). Aus $TiCl_4$-$POCl_3$-Additionsverbb. durch Behandeln mit PCl_5 oder PCl_3 bei Tempp. zwischen 85 und 140°C und Abdestillieren des freiwerdenden $POCl_3$, PENNSYLVANIA SALT MFG. CO., G. BARTH-WEHRENALP (*B.P.* 805154 [1956/58] nach *C.* **1960** 3666; *D.A.S.* 1025404 [1956/58] nach *C.* **1959** 258; *F.P.* 1162991 [1956/58] nach *C.* **1960** 10719), PENNSALT CHEMICALS CORP., J. F. GALL, A. KOWALSKI, G. BARTH-WEHRENALP (*D.P.* 1040516 [1956/58], *C.* **1959** 4934), PENNSALT CHEMICALS CORP., G. BARTH-WEHRENALP (*U.S.P.* 2819148 [—/1958] nach *C.A.* **1958** 7634); vgl. auch S. 415. Über Bldg. von $POCl_3$ neben $Hg(SCN)_2$ durch Rk. von $PO(NCS)_3$ mit $HgCl_2$ s. H. H. ANDERSON (*J. Am. chem. Soc.* **75** [1953] 1576/8). Vgl. hierzu S. 633.

Über Rückgewinnung von $POCl_3$ aus dessen Addukten mit Metallchloriden s. CIBA A.-G., W. SCHELLER (*D.A.S.* 1067796 [1957/59] nach *C.* **1960** 5611; *U.S.P.* 2951742 [1957/60] nach *C.A.* **1961** 4901).

Preparation of $^{32}POCl_3$

Darstellung von $^{32}POCl_3$. Aus $H_3{}^{32}PO_4$ über $Ca_3({}^{32}PO_4)_2$ durch Erhitzen mit Aktivkohle im $COCl_2$-Strom, T. ISHIGURO, J. KOZATANI, H. MOGI (*J. pharm. Soc. Japan* **73** [1953] 1141 [japan.] nach *C.A.* **1954** 1869), durch Rk. von PCl_5 mit entwässertem $H_3{}^{32}PO_4$, J. L. KALINSKY, A. WEINSTEIN (*J. Am. chem. Soc.* **76** [1954] 5882), D. H. MURRAY, J. W. T. SPINKS (*Canad. J. Chem.* **30** [1952] 497), J. E. CASIDA (*Acta chem. scand.* **12** [1958] 1691/2), P. FEJES (*Magyar Tudományos Akad. Központi Fiz. Kutató Intezetének Közlemenyli* **3** [1955] 535/42 nach *C.A.* **1959** 18716), durch von $Na_3{}^{32}PO_4$ ausgehende Austauschrkk., J. P. VIGNE, R. L. TABAU (*Bull. Soc. chim. France* **1958** 1194/5). Über Darst. von $^{32}POCl_3$ durch Bestrahlung von $POCl_3$ im Atomreaktor s. D. W. SETSER, H. C. MOSER, R. E. HEIN (*J. Am. Chem. Soc.* **81** [1959] 4162/5).

Purification

Reinigung. Zur Reinigung im Labor. wird das $POCl_3$ im Hochvak. in eine Vorlage mit einer Temp. von —40°C sublimiert, J. J. DOWNS, R. E. JOHNSON (*J. Am. chem. Soc.* **77** [1955] 2098/102). Für „hochgereinigtes" $POCl_3$ wird das Rohprod. zunächst über eine 30 cm hohe Kolonne mit Schliffapp. destilliert, dann mit metall. Na am Rückflußkühler vorsichtig erwärmt und nach dem Erkalten zweimal im Hochvak. dest., V. GUTMANN (*Monatsh. Chem.* **83** [1952] 164/70, 165). Über Dest. mit metall. K s. auch H. P. CADY, R. TAFT (*J. phys. Chem.* **29** [1925] 1057/74, 1067). Zur Gewinnung von zur Best. therm. Eigg. geeignetem $POCl_3$ wird $POCl_3$ (verunreinigt mit 0.01% Sulfat und 0.001%Fe) in einer Vak.-Kolonne nach J. K. KOEHLER, W. E. GIAUQUE (*J. Am. chem. Soc.* **80** [1958] 2659/62) am Rückfluß erhitzt. Von 400 ml wird nur die mittlere Fraktion von 150 ml verwendet, J. B. OTT, W. F. GIAUQUE (*J. Am. chem. Soc.* **82** [1960] 1308/11).

Zur Reinigung von $POCl_3$ durch Dest. und fraktionierte Krist. s. K. ARII (*Sci. Rep. Tôhoku Imp. Univ.* **22** [1933] 182/99, 183), O. HÖNIGSCHMID, W. MENN (*Z. anorg. Chem.* **235** [1937] 129/38, 130), P. WALDEN (*Z. anorg. Chem.* **68** [1910] 307/16, 309).

Das Ausgangsprod., ein zur Best. des Molgew. geeignetes Präp., wird vor der eigentlichen Dest. mehrere Std. im trocknen N_2-Strom am Rückflußkühler erhitzt, wodurch der Sdp. auf 106.5°C steigt. Man beobachtet zum Schluß der Dest. das Ausfallen eines weißen Nd., der in weiten Grenzen die Zus. des Polyphosphorylchlorids $(PO_2Cl)_n$ hat. Als Rk.-Ablauf wird angenommen: $POCl_3 + H_2O \rightarrow POCl_2OH + HCl$; $POCl_2OH + POCl_3 \rightarrow Cl_2OPOPOCl_2 + 4HCl$. Eine Polymerisation von $P_2O_3Cl_4$ führt dann z.T. zu höheren Oxidchloriden. Destilliert man ohne vorheriges Rückflußkochen, so wird der Vor- und Nachlauf durch Ggw. niederer Phosphorchloride sehr stark vermehrt. Das Behandeln mit metall. Na (s. oben) ist also infolge der dadurch wahrscheinlich verursachten Kondensationen nicht zu empfehlen. Der Sdp. des erhaltenen Endprod. liegt zwischen 105 und 109°C. Als Kriterium für die Reinheit werden spezif. elektr. Leitf. (bei 20°C $2.10^{-8}\ \Omega^{-1}\ cm^{-1}$) und Sdp. angegeben. App. für die Darst. und Messung der elektr. Leitf. s. im Original, V. GUTMANN, M. BAAZ (*Monatsh. Chem.* **90** [1959] 239/55, 241).

Thermodynam. Unters. der Dest. von $POCl_3$ in einer mit Raschigringen gefüllten Kolonne, C. H. G. HANDS, F. R. WHITT, K. S. GREGORY (*J. Soc. chem. Ind.* **69** [1950] 321/30), vgl. C. H. G. HANDS, F. R. WHITT (*J. appl. Chem.* **1** [1951] 67/73).

Techn. $POCl_3$ wird durch Auskochen vom gelösten Cl_2 befreit. Letzte Spuren von Cl_2 werden durch Dest. über Cu entfernt. Bei Ggw. von $FeCl_3$ (orange bis dunkelrot) wird vor der Dest. mit Cu am Rückflußkühler erhitzt, F. K. McTaggart (*Australia Council Sci. ind. Res. J.* **18** [1945] 424/32, 431). Zur Entfernung von adsorbiertem HCl wird $POCl_3$ über aktiviertem Silicagel aufbewahrt, in Glasapp. mit einer Dufton-Kolonne mit Mattglasspirale 3mal fraktioniert destilliert, S. T. Bowden, A. R. Morgan (*Phil. Mag.* [7] **29** [1940] 367/78, 368).

Determination of Purity

Wertbestimmung. Techn. $POCl_3$ hat einen Reinheitsgrad von 99.5%, W. L. Faith, D. B. Keyes, R. L. Clark (*Industrial Chemicals, New York-London* 1950, S. 509). — Analyse von Gemischen aus weißem P, PCl_3 und $POCl_3$ durch Extraktion mit Benzol und Hydrolyse und Best. der entstehenden Säuren (H_3PO_3, H_3PO_4, HCl) nach herkömmlichen Methh., R. A. Keeler, C. J. Anderson, D. Satriana (*Anal. Chem.* **26** [1954] 933/4).

Thermodynamic Formation Data

Thermodynamische Bildungsdaten. Änderung des Wärmeinhalts bei Bldg. aus den Elementen unter Standardbedingungen bei 25°C in kcal/Mol: $\Delta H (POCl_{3\,fl}) = -151.0$, $\Delta H (POCl_{3\,gasf}) = -141.5$, $\Delta F (POCl_{3\,gasf}) = -130.3$, F. D. Rossini u. a. (*Nat. Bur. Stand. Circ.* Nr. 500 [1952] 78.848). $\Delta H (POCl_{3\,fl}) = -143.8$, T. Charnley, H. A. Skinner (*J. chem. Soc.* **1953** 450/2), -144.4 (wahrscheinlich bei 25°C), E. Neale, L. T. Williams (*J. chem. Soc.* **1952** 4535/6). $\Delta F° (POCl_{3\,gasf}) = -127.3$, D. P. Stevenson, D. M. Yost (*J. chem. Phys.* **9** [1941] 403/8, 408). Bei 18°C in kcal/Mol: $\Delta H (POCl_{3\,fl}) = -147.1$, $\Delta H (POCl_{3\,gasf}) = -138.4$, $\Delta H (POCl_{3\,fest}) = -150.3$, F. R. Bichowsky, F. D. Rossini (*The Thermochemistry of the chemical Substances, New York* 1936, S. 39, 221). — Weitere Angaben s. bei J. C. Thomlinson (*Chem. News* **95** [1907] 145, **99** [1909] 133), F. Ebel, E. Bretscher (*Helv. chim. Acta* **12** [1929] 450/63, 454).

Die Daten werden berechnet aus Angaben über Lsg.-Wärme in H_2O (vgl. S. 468) und über Schmelz- und Verdampfungswärme (vgl. S. 465).

Molekel

Molecule

Die Eigg. der $POCl_3$-Molekel sind zusammen mit denen der Molekeln POF_3 und $POBr_3$ ab S. 383 beschrieben.

Physikalische Eigenschaften

Physical Properties

Constitution of Liquid Phase

Konstitution der flüssigen Phase. In fl. $POCl_3$, dessen Existenzbereich etwa mit dem von Wasser übereinstimmt, existieren nach Leitf.-Unterss. $POCl_2^+$- und $POCl_4^-$-Ionen, V. Gutmann (*Monatsh. Chem.* **83** [1952] 164/70). Die Überführungszahl von $POCl_2^+$ ist $n \approx 0.95$, V. Gutmann (*Recueil Trav. chim. Pays-Bas* **75** [1956] 603/8 [dtsch.]).

Density. Thermal Expansion

Dichte D in g/cm^3. **Thermische Ausdehnung.** Bestt. von D zwischen t = 0 und 106°C ergeben:

t	1.8	10.3	19.2	25.0	29.2	37.0	47.7	57.3	69.8	78.7	87.8	98.0	105.8
D	1.690	1.673	1.659	1.648	1.642	1.628	1.609	1.592	1.570	1.554	1.538	1.520	1.506

V. Gutmann (*Monatsh. Chem.* **83** [1952] 164/70). Beträchtlich höhere Werte messen S. T. Bowden, A. R. Morgan (*Phil. Mag.* [7] **29** [1940] 367/78, 371) zwischen 0 und 80°C (1.7122 bis 1.5641); vgl. auch A. R. Morgan, S. T. Bowden (*Trans. Faraday Soc.* **36** [1940] 394/7). Die von G. P. Lučinskij, A. I. Lichačeva (*Ž. fiz. Chim.* **11** [1938] 317/20) zwischen 15 und 35°C gefundenen Werte liegen nur um ~0.1% darunter. Etwa ebenso hoch liegen die Meßwerte von S. Sugden, J. B. Reed, H. Wilkins (*J. chem. Soc.* **127** [1925] 1525/40, 1538), die sich zwischen 0 und 50°C durch die Formel $D = 1.718 - 0.00188\,t$ zusammenfassen lassen; Einzelwert[1]) für 14.5°C : D = 1.691. — Für die Temp.-Abhängigkeit des spezif. Vol. gibt T. E. Thorpe (*J. chem. Soc.* **37** [1880] 327/94, 338) eine Formel 3. Grades an, aus der D. Mendeleeff (*J. chem. Soc.* **45** [1884] 126/35; *Ann. Chim. Phys.* [6] **2** [1884] 271/82) eine Formel für die therm. Ausdehnung ableitet. — Einzelwerte verschiedener Autoren:

t	0	18.0	18	22	25	30	20.0	40.7	60.8	85.1
D	1.71163	1.678	1.682	1.6619	1.6659	1.6564	1.6795	1.6414	1.6045	1.5580
Lit.	1)	2)	3)	4)	5)	6)	7)	7)	7)	7)

1) T. E. Thorpe (*l. c.*). — 2) W. Ramsay, J. Shields (*J. chem. Soc.* **63** [1893] 1089/109, 1099; *Z. physik. Chem.* **12** [1893] 433/75, 464). — 3) D. Voigt (*Ann. Chim. [Paris]* [12] **4** [1949] 393/446, 429). —

[1]) Diesen Wert scheint V. Kurbatov (*Ž. obšč. Chim.* **20** [1950] 958/69, 960) übernommen zu haben, allerdings mit der falschen Temp.-Angabe 0°C.

4) W. J. JONES, W. C. DAVIES, W. J. C. DYKE (*J. phys. Chem.* **37** [1933] 583/96, 584). — 5) C. P. SMYTH, G. L. LEWIS, A. J. GROSSMAN, F. B. JENNINGS (*J. Am. chem. Soc.* **62** [1940] 1219/23). — 6) A. WEISSLER (*J. Am. chem. Soc.* **71** [1949] 1272/4). — 7) A. I. VOGEL (*J. chem. Soc.* **1948** 1833/55, 1851).

Würde $POCl_3$ bis 0°K fl. bleiben, so wäre sein Molvol. bei 0°K $V_0 = 73.4$ cm³/Mol, die Dichte $D_0 = 2.089$, S. SUGDEN (*J. chem. Soc.* **1927** 1786/98, 1794).

Aus Messungen an festem $POCl_3$ bei —79 und —183°C, die D = 2.066 bzw. 2.108 ergeben, extrapolieren W. BILTZ, A. SAPPER, E. WÜNNENBERG (*Z. anorg. allg. Chem.* **203** [1932] 277/306, 290) für den absol. Nullpunkt $D_0 = 2.13$, $V_0 = 72.1$ cm³/Mol. — Mit Hilfe der Konst. b der VAN DER WAALSschen Gleichung ber. Wert: $V_0 = 70.6$ cm³/Mol, G. L. CHABORSKI (*Bull. Chim. pure apl. Bukarest* **31** [1929] 53/66, 66).

Vapor Pressure. Boiling Point

Dampfdruck p. **Siedepunkt** T_V, t_V. Nach 5 Messungen zwischen 280 und 298.2°K ist p = 30.92 Torr bei 298.15°K, J. B. OTT, W. F. GIAUQUE (*J. Am. chem. Soc.* **82** [1960] 1308/11). Nach Messungen zwischen 20 und 105°C gilt für p in Torr die Formel lg p = A—B/T mit A = 7.73862, B = 1836.39°K; daraus extrapoliert: $T_V = 378.4$°K, K. ARII (*Rikagaku Kenkyusho Iho* 8 [1929] 545/51 [japan.]; *Sci. Rep. Tôhoku Imp. Univ.* I **22** [1933] 182/99, 188). Messungen zwischen 10 und 60°C ergeben A = 7.7886, B = 1850.2°K, $T_V = 377.1$°K, G. P. LUČINSKIJ, A. I. LICHAČEVA (*Ž. fiz. Chim.* **9** [1937] 65/8, **11** [1938] 317/20). Direkt bestimmte Siedetempp.: 380.15°K bei 745 Torr, auf 760 Torr umgerechnet: 380.85°K, V. GUTMANN, M. BAAZ (*Monatsh. Chem.* **90** [1959] 239/55, 244); 376.1°K bei 760 Torr, H. H. ANDERSON (*J. Am. chem. Soc.* **75** [1953] 1576/8); 379 0°K bei 762 Torr, A. R. MORGAN, S. T. BOWDEN (*Trans. Faraday Soc.* **36** [1940] 394/7); 378.9°K bei 753 Torr, P. WALDEN (*Z. anorg. Chem.* **25** [1900] 209/26, 212); 381°K bei 760 Torr, W. BILTZ u. a. (*l. c.* S. 289); 106.5°C bei 755 Torr, A. I. VOGEL (*J. chem. Soc.* **1948** 1833/55, 1851); 381.1 bis 381.6°K bei 773 Torr, P. WALDEN (*Z. physik. Chem.* **70** [1910] 569/619, 582).

Critical Temperature

Kritische Temperatur T_{kr}. Aus der Temp.-Abhängigkeit der Oberflächenspannung ergibt sich $T_{kr} = 602.1$°K, W. RAMSAY, J. SHIELDS (*J. chem. Soc.* **63** [1893] 1089/109, 1108; *Z. physik. Chem.* **12** [1893] 433/75, 474). Aus den gleichen Daten berechnet D. A. GOLDHAMMER (*Z. physik. Chem.* **71** [1910] 577/624, 619) $T_{kr} = 604.9$°K.

Melting Point

Schmelzpunkt t_f, T_f. Da $POCl_3$ sehr schwer völlig rein dargestellt werden kann, werden für den Schmp. meist zu niedrige Werte angegeben, von G. TARBUTTON, E. P. EGAN, S. G. FRARY (*J. Am. chem. Soc.* **63** [1941] 1782/9, 1787) beispielsweise 0.6 bis 0.8°C. Nach sorgfältigen Unterss. gelangen G. ODDO, A. MANNESSIER (*Z. anorg. Chem.* **73** [1911] 259/69, 261; *Gazz. chim. ital.* **41** II [1911] 212/23) zu dem Schluß, daß ein höherer Schmp. als $t_f = 1.37$°C nicht zu erreichen, der von A. BESSON (*C. r.* **122** [1896] 814/7) angegebene Wert 2°C also nicht realisierbar ist; vgl. auch G. ODDO, A. MANNESSIER (*Z. anorg. Chem.* **79** [1913] 281/91; *Gazz. chim. ital.* **42** II [1912] 194/204). Der von P. WALDEN (*Z. anorg. Chem.* **68** [1910] 307/16, 309) gefundene Wert $t_f = 1.25$°C wird von G. P. LUČINSKIJ, A. I. LICHAČEVA (*Ž. fiz. Chim.* **7** [1936] 331/3) bestätigt und von V. GUTMANN (*Monatsh. Chem.* **83** [1952] 164/70, 165) übernommen. — An einer Probe mit 0.3% Verunreinigungen ergibt sich $T_f = 274.20$°K; danach müßte für reines $POCl_3$ $T_f = 274.35$°K gelten, C. R. WITSCHONKE (*Anal. Chem.* **26** [1954] 562/4). Ohne Reinheitsangabe: $T_f = 274.33 \pm 0.05$°K, J. B. OTT, W. F. GIAUQUE (*J. Am. chem. Soc.* **82** [1960] 1308/11). In diesem Meßfehlerbereich liegt auch der von A.-P. ROLLET, W. GRAFF (*C. r.* **197** [1933] 555/7) gefundene Wert $t_f = 1.15 \pm 0.05$°C.

Compressibility. Velocity of Sound

Kompressibilität $\varkappa$. **Schallgeschwindigkeit** u. Bei 30°C ist u = 969.3 m/s; daraus ergibt sich $\varkappa = 64.26 \times 10^{-12}$ cm²/dyn (adiabat.), A. WEISSLER (*J. Am. chem. Soc.* **71** [1949] 1272/4).

Absorption of Sound

Schallabsorption. Der Quotient aus dem Absorptionskoeff. α (in Neper/cm) und dem Quadrat der Frequenz f (in MHz) ergibt sich bei 31.7°C zu $(\alpha/f^2)\cdot 10^{17} = 199$ und 212 bei f = 25 bzw. 35, H. S. RAMA RAO, B. RAMACHANDRA RAO (*Current Sci.* **29** [1960] 467).

Viscosity

Viscosität η in cP, ν in cSt. Ausgewählte Meßwerte für Tempp. von t = 4.5 bis 105.5°C:

t	4.5	13.0	22.0	33.5	45.0	55.0	71.0	81.0	92.5	98.2	105.5
η	1.3817	1.2457	1.1119	0.9709	0.8634	0.7964	0.7118	0.6665	0.6181	0.5838	0.5650
ν . . .	0.820	0.746	0.669	0.594	0.535	0.499	0.454	0.430	0.404	0.393	0.375

V. GUTMANN (*Monatsh. Chem.* **83** [1952] 164/70). — Ältere, von 1.445 bei 2°C auf 0.685 bei 80°C abfallende η-Werte lassen sich durch die Formel $1/\eta = (v-0.5352)/0.00000712$ gut erfassen, wobei v das spezif. Vol. in cm^3/g ist, G. P. LUTSCHINSKY (*Z. anorg. Chem.* **223** [1935] 210/2), G. P. LUČINSKIJ (*Ž. obšč. Chim.* **7** [1937] 2116/27, 2120, **9** [1939] 1310/2). Weitere Meßergebnisse, wonach η von 1.445 bei 0°C auf 0.554 bei 80°C abfällt, gehorchen der Formel $\eta \cdot v^{1/3} = 0.5014 \times 10^{-3} \cdot \exp(506/vT)$, S. T. BOWDEN, A. R. MORGAN (*Phil. Mag.* [7] **29** [1940] 367/78, 371, 373).

Oberflächenspannung γ in dyn/cm. Bei 15, 49 bzw. 65°C ist $\gamma = 32.77$, 28.36 bzw. 26.57, S. SUGDEN, J. B. REED, H. WILKINS (*J. chem. Soc.* **127** [1925] 1525/40, 1538). Mit diesen Werten sind die älteren Angaben $\gamma = 31.91$ und 28.37 bei 18.0 bzw. 46.1°C von W. RAMSAY, J. SHIELDS (*J. chem. Soc.* **63** [1893] 1089/109, 1099; *Z. physik. Chem.* **12** [1893] 433/75, 464) gut vereinbar. — Über die Änderung von γ in Gemischen mit Benzol s. H. ISHIKAWA, T. ATODA (*Rikagaku Kenkyusho Iho* **18** [1939] 150/61 [japan.]). *Surface Tension*

Parachor. Siehe hierzu S. 388.

Verdampfungswärme L_v, **Schmelzwärme** L_f, beide in cal/Mol. Aus der Dampfdruckformel (s. S. 464) ergibt sich $L_v = 8210.6$ am normalen Sdp., 8696.8 bei 25°C, K. ARII (*Rikagaku Kenkyusho Iho* **8** [1929] 545/51 [japan.]; *Sci. Rep. Tôhoku Imp. Univ.* I **22** [1933] 182/99, 190). Calorimetrisch bestimmte Werte: $L_v = 9220 \pm 5$ bei 298.15°K, $L_f = 3132 \pm 3$, J. B. OTT, W. F. GIAUQUE (*J. Am. chem. Soc.* **82** [1960] 1308/11). — Aus der kryoskop. Konst. berechnet P. WALDEN (*Z. anorg. Chem.* **68** [1910] 307/16, 311) $L_f = 3037$. — Aus älteren Literaturdaten bildet V. GUTMANN (*Monatsh. Chem.* **83** [1952] 164/70) die Mittelwerte $L_v = 8060$ am normalen Sdp., $L_f = 3070$. *Heats of Vaporization and Fusion*

Thermodynamische Funktionen. Zur Bezeichnungsweise und zu den verwendeten Einheiten s. S. 28. — Aus calorimetr. Messungen ergeben sich für festes und fl. $POCl_3$ folgende Werte (in Auswahl): *Thermodynamic Functions*

T in °K	15	30	45	60	80	100	130	160	190
$(H-H_0)/T$	0.637	2.757	4.687	6.210	7.872	9.275	11.095	12.678	14.098
C_p	2.308	7.038	9.784	11.728	13.909	15.843	18.387	20.653	22.659
S	0.857	4.046	7.474	10.562	14.246	17.560	22.048	26.096	29.816

T in °K	220	250	273.15	274.33 (fest)	274.33 (fl.)	298.15
$(H-H_0)/T$	15.391	16.586	17.458	17.502	28.919	29.248
C_p	24.477	26.205	27.596	27.672	33.046	33.169
S	33.269	36.507	38.887	39.006	50.423	53.174

J. B. OTT, W. F. GIAUQUE (*J. Am. chem. Soc.* **82** [1960] 1308/11). Für $POCl_3$ im idealen Gaszustand ergeben sich daraus mit Hilfe weiterer Meßdaten folgende Werte (in Auswahl):

T in °K	15	30	60	100	130	160	190	220
$(H^\circ-H^\circ_0)/T$	7.949	7.953	8.178	9.113	10.005	10.907	11.766	12.564
C°_p	7.949	7.984	9.112	11.960	13.946	15.630	17.024	18.170
S°	43.461	48.975	54.756	60.065	63.459	66.528	69.334	71.916

T in °K	250	273.15	274.33	298.15	350	400	450	500
$(H^\circ-H^\circ_0)/T$	13.295	13.814	13.840	14.334	15.292	16.085	16.772	17.374
C°_p	19.109	19.723	19.752	20.298	21.262	21.980	22.549	23.007
S°	74.298	76.018	76.104	77.770	81.103	83.992	86.614	89.015

J. B. OTT, W. F. GIAUQUE (*l. c.*). Etwas niedriger liegen die Werte, die sich aus den Wellenzahlen ν_1 bis ν_6 der Molekelschwingungen (1290, 486, 267, 581, 337, 193 cm^{-1}) ergeben (unterhalb 500°K in Auswahl):

T in °K	200	298.16	500	600	700	800	900	1000
$(H^\circ-H^\circ_0)/T$	11.85	14.15	17.23	18.24	19.05	19.71	20.25	20.71
C°_p	17.20	20.16	22.95	23.65	24.13	24.48	24.73	24.92
S°	69.89	77.37	88.57	92.82	96.50	99.79	102.65	105.26

J. S. ZIOMEK, E. A. PIOTROWSKI (*J. chem. Phys.* **34** [1961] 1087/93, 1092). In einer vorläufigen Mitteilung geben J. S. ZIOMEK, E. A. PIOTROWSKY, E. N. WALSH (OOR-842 [1954]) $S^\circ_{298} = 77.38$ an. Dieser Wert ist kleiner als der calorimetrisch bestimmte Wert (77.75) und daher vermutlich falsch ber.; aus denselben Wellenzahlen ergibt sich $S^\circ_{298} = 77.77$, wenn $\nu_3 = 337$ und $\nu_5 = 267$ eingesetzt wird, J. B. OTT, W. F. GIAUQUE (*l. c.* S. 1311). Bei der Berechnung von $(H^\circ-H^\circ_0)/T$, S° und C°_p für Tempp. zwischen 50 und 1600°K geht G. NAGARAYAN (*J. sci. ind. Res.* B **21** [1962] 356/9) von denselben

Wellenzahlen aus wie J. S. ZIOMEK, E. A. PIOTROWSKI (*l. c.*) und gelangt daher im Bereich von 200 bis 1000°K zu fast genau denselben Werten; Daten für 50 bzw. 1600°K: $(H°-H_0°)/T = 8.042$ bzw. 22.423, $S° = 52.985$ bzw. 117.086, $C_p° = 8.503$ bzw. 25.453.

Aus älteren spektroskop. Daten ber. Werte für H und S s. bei D. P. STEVENSON, D. M. YOST (*J. chem. Phys.* **9** [1941] 403/8), daraus abgeleitete Interpolationsformel für $C_p°$ s. bei H. M. SPENCER, G. N. FLANNAGAN (*J. Am. chem. Soc.* **64** [1942] 2511/3).

Nach empir. Formeln ber. Werte für $S_{298}°$: 84.3, K. OTOZAI, S. KUME, S. FUKUSHIMA (*Bull. chem. Soc. Japan* **25** [1952] 302/9, 306), 78.1, G. GEISELER (*Z. physik. Chem.* **202** [1954] 424/39, 432).

Specific Magnetic Susceptibility

Spezifische magnetische Suszeptibilität χ in 10^{-6} cm³/g. Messungen bei 13°C ergeben $\chi = -0.449$, K. KIDO (*Sci. Rep. Tôhoku Imp. Univ.* I **21** [1932] 869/81, 873). Ohne Temp.-Angabe: $\chi = -0.403$, M. B. NEVGI (*J. Univ. Bombay* **7** [1938] Nr. 3, S. 82/8, 83). Über die magnet. Eigg. von $POCl_3$ s. auch T. M. LOWRY, F. L. GILBERT (*Nature* **123** [1929] 85).

Dielectric Constant

Dielektrizitätskonstante ε. Bei 22°C findet H. SCHLUNDT (*J. phys. Chem.* **5** [1901] 503/26, 513) $\varepsilon = 13.9$, P. WALDEN (*Z. physik. Chem.* **70** [1910] 569/619, 582) dagegen nur $\varepsilon = 12.7$. — Über die DK von $POCl_3$-Lsgg. in Benzol s. S. 479.

Breakdown Strength

Durchschlagsfestigkeit. In einem Gemisch aus N_2 und $POCl_3$ (Partialdruck 34 Torr) ist die Durchschlagsfestigkeit um 11% höher als in reinem N_2, E. E. CHARLTON, F. S. COOPER (*Gen. Electric Rev.* **40** [1937] 438/42).

Specific Electric Conductivity

Spezifische elektrische Leitfähigkeit $\varkappa$ in Ω^{-1}cm^{-1}. Die Unters. der Temp.-Abhängigkeit von $\varkappa$ zeigt ein Max. bei t ~88°C; ausgewählte Werte:

t	1.8	10.3	19.2	29.2	37.0	47.7	57.3	69.8	78.7	87.8	98.0	105.8
$10^6\varkappa$	1.26	1.40	1.54	1.70	1.82	1.99	2.14	2.31	2.43	2.49	2.42	2.35

Stromträger sind wahrscheinlich $POCl_2^+$ und $POCl_4^-$, V. GUTMANN (*Monatsh. Chem.* **83** [1952] 164/70); vgl. auch V. GUTMANN (*Recueil Trav. chim.* **75** [1956] 603/8). Für reinstes $POCl_3$ geben V. GUTMANN, M. BAAZ (*Monatsh. Chem.* **90** [1959] 239/55, 239) $\varkappa = 2 \cdot 10^{-8}$ bei 20°C an. — In der Größenordnung der oben tabellierten Werte ($\sim 2 \cdot 10^{-6}$) liegen die von P. WALDEN (*Z. anorg. Chem.* **25** [1900] 209/26, 212; *Z. physik. Chem.* **43** [1903] 385/464, 445) angegebenen Daten.

Optical Absorption Power

Optisches Absorptionsvermögen. Die Absorptionsgrenze von fl. $POCl_3$ liegt bei 2800 Å; bei 2500 Å ist die Absorption praktisch vollständig. Im längerwelligen Bereich sind nur 2 sehr schwache Banden bei 3600 und 3100 Å zu beobachten, V. GUTMANN, M. BAAZ (*Monatsh. Chem.* **90** [1959] 271/5). Ältere, qualitative Angaben s. bei W. A. MILLER (*Phil. Trans. Roy. Soc.* **152** [1862] 861/87, 871/2), C. R. CRYMBLE (*Proc. chem. Soc.* **30** [1914] 179).

An gasf. $POCl_3$ (35 Torr) ist die langwellige Absorptionsgrenze bei 2250 Å zu beobachten; Banden treten nicht auf, M. JAN-KHAN, R. SAMUEL (*Proc. phys. Soc.* **48** [1936] 626/41, 630).

Refractive Index

Brechungszahl n. Werte für einige FRAUNHOFERsche Linien; λ in Å:

λ	6563 (C)	5893 (D)	4861 (F)	4308 (G)	Lit.
n	1.4544	1.4572	1.4636	—	1)
n	1.45917	1.46085	1.46746	1.47240	2)

1) W. J. JONES, W. C. DAVIES, W. J. C. DYCKE (*J. phys. Chem.* **37** [1933] 583/96, 584). — 2) A. I. VOGEL (*J. chem. Soc.* **1948** 1833/55, 1851). — Bei 25°C ist $n_D = 1.45816$, C. P. SMYTH, G. L. LEWIS, A. J. GROSSMANN, F. B. JENNINGS (*J. Am. chem. Soc.* **62** [1940] 1219/23). Stark abweichender Wert: $n_D = 1.5142$ bei 18°C, D. VOIGT (*Ann. Chim.* [*Paris*] [12] **4** [1949] 393/446, 429).

Molrefraktion. Siehe hierzu S. 388.

Faraday Effect

Faraday-Effekt. Bei 578 mμ ergibt sich die VERDETsche Konst. zu $\omega = 1.952°$ je Oe und cm, D. VOIGT (*l. c.*).

Electrochemical Behavior

Elektrochemisches Verhalten

Zur Sicherstellung der Eigendissoz. nach $POCl_3 \rightleftarrows POCl_2^+ + Cl^-$ mit Pt-Blechelektroden und Diaphragma (Glasfritte) unter Kühlung mit Eiswasser bei sorgfältigem Feuchtigkeitsausschluß durchgeführte Elektrolyse ergibt im Kathodenraum einen im Elektrolyt suspendierten hellbraunen Nd. der Zus. $(PO)_x$, dessen Bldg. durch eine Disproportionierung nach $3\,POCl_2^+ + 3\,e^- = PO + 2\,POCl_3$

erklärt wird. An der Anode entsteht Cl_2, das jedoch im Elektrolyt gelöst bleibt. Wegen der geringen Eigenleitf. von $POCl_3$ wird eine gesätt. Lsg. von $(C_2H_5)_3NHCl$ (0.14 molar) in $POCl_3$ als Elektrolyt benutzt, H. SPANDAU, A. BEYER, F. PREUGSCHAT (*Z. anorg. allg. Chem.* **306** [1960] 13/20, 14), vgl. S. 477 — Zur Dissoz. nach $2POCl_3 \rightleftharpoons POCl_2^+ + POCl_4^-$ s. S. 476.

Chemisches Verhalten

Chemical Reactions

Bei gewöhnl. Temp. farblose, stark lichtbrechende Fl. von stechendem, die Atmungsorgane stark reizendem Geruch, ULLMANN (2. *Aufl.*, *Bd.* 8, 1931, S. 371).

Beim Erhitzen. *On Heating* Über Bldg. von höheren Phosphorylchloriden bei längerem Erhitzen von $POCl_3$ am Rückflußkühler s. S. 462.

Gegen Nichtmetalle. *With Nonmetals* Reagiert in Dampfform gemischt mit H_2 unter dem Einfluß elektr. Entladungen nach $2POCl_3 + 8H = P_2O + 6HCl + H_2O$, A. BESSON, L. FOURNIER (*C. r.* **151** [1910] 876/8). Vgl. hierzu S. 363. — Vermischt sich mit fl. Cl_2 ohne sichtbare Rk., E. BECKMANN (*Z. anorg. Chem.* **51** [1906] 96/115, 99). Beim Isotopenaustausch zwischen ^{36}Cl und $POCl_3$ in CCl_4 wird ein meßbar langsamer Ablauf der Rk. festgestellt, J. J. DOWNS, R. E. JOHNSON (*J. Am. chem. Soc.* **77** [1955] 2098/102). — Mit Jod tritt keine Rk. ein, J. H. GLADSTONE (*J. prakt. Chem.* **49** [1850] 40/51, 49; *Phil. Mag.* [3] **35** [1849] 345/55, 353). — S wirkt auch bei längerem Erhitzen im Einschmelzrohr bei 200 bzw. 250°C nicht ein, H. PRINZ (*Liebigs Ann. Chem.* **223** [1884] 355/71, 362) bzw. B. REINITZER, H. GOLDSCHMIDT (*Ber.* **13** [1880] 845/51). — Beim Hindurchleiten von $POCl_3$-Dampf durch ein mit Holzkohle gefülltes glühendes Rohr bildet sich PCl_3, J. RIBAN (*C. r.* **95** [1882] 1160/3). Über Verh. gegen brennenden Kohlenstoff s. S. 470. — Weißes P reagiert erst bei 200°C, rascher bei 250°C, aber auch nicht sehr energisch unter Bldg. von P_4O und PCl_3, As wird bei längerem Erhitzen bei 250°C gelöst; es bilden sich PCl_3, $AsCl_3$, P_2O_5 und $P_2O_3Cl_4$, B. REINITZER, H. GOLDSCHMIDT (*l. c.*).

Gegen Nichtmetallverbindungen. Hydrolyse. *With Nonmetal Compounds. Hydrolysis* Überblick über die Hydrolyse von $POCl_3$ s. H. GRUNZE (*Z. Chem.* **2** [1963] 297/305, 299). Die langsame Hydrolyse von $POCl_3$ verläuft nach: $2POCl_3 + H_2O = 2HCl + P_2O_3Cl_4$; $POCl_3 + H_2O = 2HCl + PO_2Cl$; $POCl_3 + 3H_2O = 3HCl + H_3PO_4$, A. BESSON (*C. r.* **124** [1897] 1099/102). Bei Einw. von 1 bis 2 Mol H_2O bilden sich $P_2O_3Cl_4$ und P_2O_5, G. ODDO (*Gazz. chim. ital.* **29** II [1899] 330/43, 335). Bei langsamem Digerieren von $POCl_3$ mit Eiswasser bis zum Eintritt vollständiger Lsg. werden bei der nachfolgenden Titration mit 0.5n-$Ba(OH)_2$- oder 0.5n-NaOH-Lsg. (Indicator Thymolphthalein) 2 Äquivv. Lauge verbraucht, was mit der Umsetzung $POCl_3 + H_2O = HPO_2Cl_2 + HCl$ motiviert wird. Die vollständige Hydrolyse zu H_3PO_4 verläuft in der Kälte recht langsam, H. MEERWEIN, K. BODENDORF (*Ber.* **62** [1929] 1952/3). Beim Eintragen von $POCl_3$ in eisgekühltes 83%iges H_3PO_4 entwickelt sich trotz vollkommener Vermischung nur wenig gasf. HCl. Infolge der geringen Löslichkeit des gasf. HCl in konz. H_3PO_4 wird intermediäre Bldg. von Chlorophosphorsäuren angenommen. Beim Erhitzen bei 100°C (Wasserbad) erfolgt vollständige Hydrolyse unter gleichzeitiger Bldg. von wenig, durch H_2O-Entnahme aus dem H_3PO_4 entstehendem $H_4P_2O_7$, A. SIMON, G. SCHULZE (*Z. anorg. Chem.* **242** [1939] 313/68, 320). Beim Auflösen einer kleinen Menge $POCl_3$ in der 70fachen H_2O-Menge bei 0°C werden innerhalb von 15 bis 20 Min. von der erwarteten HPO_2Cl_2-Menge 11 bis 12.5%, nach 1 Std. 78% völlig hydrolysiert. Nach 2 Std. sind 90.5% vom ursprünglichen $POCl_3$ als H_3PO_4 und HCl in der Lsg., K. I. ASKITOPOULOS (*Praktika Akad. Athenon* **18** [1943/50] [griech.] 146/57 [dtsch. Auszug]). — Verss., durch Hydrolyse von $POCl_3$ zu reinem HPO_2Cl_2 zu gelangen, bleiben erfolglos. Unterhalb 0°C lösen sich H_2O und $POCl_3$ homogen ineinander; die Rk. setzt jedoch erst oberhalb 0°C ein und führt nur zu einem verunreinigten HPO_2Cl_2, H. GRUNZE, E. THILO (*Z. anorg. Chem.* **298** [1959] 152/63). Zur Durchführung der Hydrolyse werden H_2O und $POCl_3$ in verschiedenen Verhältnissen (bis zum Molverhältnis 1 : 1) in einer Falle bei —76°C gemeinsam kondensiert und vorsichtig auf —25 bis —15°C erwärmt, wobei Schmelzen ohne nennenswerte HCl-Entw. eintritt. Dann wird wieder auf —76°C abgekühlt. Hierbei entweicht unter Krist. des noch vorhandenen $POCl_3$ gasf. HCl. Nach mehrfacher Wiederholung des Erwärmens und Abkühlens werden aus der Lsg. des Endprod. die Nitron- oder Brucin-Salze von HPO_2Cl_2 ausgefällt. Bei Durchführung der Verss. bei einem Mengenverhältnis $POCl_3 : H_2O = 1 : 2$ unter gleichen Bedingungen bleibt die Hydrolyse wegen Bldg. eines Monohydrates des HPO_2Cl_2 der Zus. $[PO_2Cl_2]^-[H_3O]^+$ stehen, J. GOUBEAU, P. SCHULZ (*Z. anorg. Chem.* **294** [1958] 224/32, 229).

Durch allmähliche Zugabe von 1 Mol H_2O zu 1 Mol $POCl_3$ (14 Tage) wird zunächst ein hydratisiertes $POCl_3$ hergestellt. Die anfangs starke HCl-Entw. läßt nach ~3 Wochen nach. Es wird dann das noch vorhandene $POCl_3$ und das HCl durch Erwärmen auf 60°C bei 12 Torr entfernt und das erhaltene viscose Prod. in Ampullen eingeschmolzen. Nach 4jähriger Lagerzeit noch zur Herst. von Polyphosphorsäureestern wirksam, besteht das Prod. nach papierchromatograph. Unters. der mit $NaHCO_3$ neutralisierten wss. Lsg. im wesentlichen aus einem Gemisch von Trimeta-, Mono-, Di- und kleinen Mengen höher kondensierten Polyphosphorsäurechloriden. Als Mechanismus der Hydrolyse wird angegeben:

$$POCl_3 + H_2O \rightarrow (Cl_2PO_2)^-H^+ + HCl$$
$$2(Cl_2PO_2)^-H^+ \rightarrow (Cl_2OP\text{-}O\text{-}PO_2Cl)^-H^+ + HCl$$

Nach weiterer Hydrolyse und Kondensation sind wahrscheinlich vorhanden: Cl_2OPOH, $Cl_2OP\text{-}O\text{-}P(O)ClOH$, $Cl_2OP\text{-}O\text{-}PO_2Cl\text{-}POClOH$, $P_3O_6Cl_3$ (Trimetaphosphorylchlorid), M. VISCONTINI, G. BONETTI (*Helv. chim. Acta* **34** [1951] 2435/7), H. ROUX, E. THILO, H. GRUNZE, M. VISCONTINI (*Helv. chim. Acta* **38** [1955] 15/21), vgl. hierzu ferner H. ROUX, Y. TEYSSEIRE, G. DUCHESNE (*Bull. Soc. Chim. biol.* **30** [1948] 592/600, 596), H. ROUX, A. COUZINIE (*Experientia* **10** [1954] 168), L. C. D. GROENWEGHE, J. H. PAYNE, J. R. VAN WAZER (*J. Am. chem. Soc.* **82** [1960] 5305/11, 5310). Die Hydrolyse von $POCl_3$ führt über HPO_2Cl_2 direkt zu $PO(OH)_3$; Monochlorophosphorsäure läßt sich nicht nachweisen, H. GRUNZE (*Z. anorg. allg. Chem.* **313** [1961/62] 316/22). Aus $POCl_3$ und stöchiometr. H_2O-Mengen bilden sich bei gewöhnl. Temp. kondensierte Verbb. („hydratisiertes $POCl_3$"), die durch Eigenkondensation des entstehenden HPO_2Cl_2 sowie durch Mischkondensation von HPO_2Cl_2 und $PO(OH)_3$ gebildet werden, H. GRUNZE (*Z. anorg. Chem.* **313** [1961/62] 323/37). Zum Rk.-Mechanismus der Hydrolyse vgl. ferner W. HÜCKEL (*Liebigs Ann. Chem.* **540** [1939] 274/84, 282).

Zwischen $POCl_3$ und H_2O findet in der Gasphase bei gewöhnl. Temp. kein Umsatz statt; auch bei höherer Temp. (65 und 450°C) ist der Umsatz äußerst gering und führt zu uneinheitlichen Prodd., J. GOUBEAU, P. SCHULZ (*Z. anorg. Chem.* **294** [1958] 224/32, 229). Es läuft aber offenbar eine Wandrk. ab, da eine Unters. bei 25°C einen verschiedenen Verlauf der Rk. an reinen und mit Wachs überzogenen Gefäßwänden zeigt. Die Geschw. der Hydrolyse ist proportional der Adsorption von H_2O-Dampf durch an der Wand abgeschiedenes H_3PO_4. Beziehungen zwischen Hydrolyseprodd. und Elektronegativität und dem Radius des Zentralatoms werden erörtert, R. F. HUDSON (*Proc. XIth int. Congr. pure appl. Chem., London* **1947**, S. 297/305).

Best. der Konst. der Hydrolysen-Geschww. von $POCl_3$-Lsgg. in Toluol bei 20 bzw. 35°C; die semipolare Bindung verringert die Hydrolysengeschw. im Vergleich zu PCl_3, die erforderliche Aktivierungsenergie ist dagegen größer als dort, J. R. VELASCO, R. C. RAMOS (*An. Fis. Quim.* **38** [1942] 171/8). Die Geschw.-Konstt. AC (Näheres s. S. 423) betragen bei 5°C und einer Rk.-Zeit zwischen 30 und 120 Min. 3.48×10^{-4}, bei 10°C und einer Rk.-Zeit zwischen 20 und 90 Min. 6.70×10^{-4}, G. CARRARA, I. ZOPPELARI (*Gazz. chim. ital.* **26** I [1896] 483/93).

Best. der Wärmetönung (in kcal/Mol) der Rk. $POCl_3 + xH_2O \rightarrow H_3PO_4 \cdot aq + 3HCl \cdot aq$ $(x = 2600$ bis $4300)$, Mittelwert $\Delta H = -79.9 \pm 0.3$, E. NEALE, L. T. WILLIAMS (*J. chem. Soc.* **1952** 4535/6); $POCl_{3fl} + (n+3)H_2O_{fl} \rightarrow H_3PO_4 + 3HCl + nH_2O_{fl}$, wobei $n = 2650$ bis 5230, Mittelwert $\Delta H = -80.4$, T. CHARNLEY, H. A. SKINNER (*J. chem. Soc.* **1932** 450/2). Frühere Bestt. ergeben als Rk.-Wärme von $POCl_3$ mit H_2O 74.6, M. BERTHELOT, W. LOUGUININE (*C. r.* **75** [1872] 100/4; *Ann. Chim. Phys.* [5] **6** [1875] 305/11, 309), und 72.190, J. THOMSEN (*Ber.* **16** [1883] 2619/21).

Über Bldg. von Salzen einer $\overset{3}{P}\text{-O-}\overset{5}{P}$-Säure durch Rk. von $POCl_3$ mit wss. Lsg. von Na_3PO_3 s. B. BLASER, K.-H. WORMS (*Z. anorg. Chem.* **301** [1959] 18/35). Näheres hierzu s. S. 151.

Hydrogen Peroxide

Wasserstoffperoxid. H_2O_2 (92.8%) löst sich in $POCl_3$ nicht; Rk. tritt erst bei so hoher Temp. ein, daß unter vollständiger Zers. lediglich Cl_2-Entw. stattfindet. In äther. Lsg. und bei Zusatz von $(NH_4)_2CO_3$ als HCl-bindendes Mittel gelingt es, die Bldg. von Peroxosäuren mittels der Nitrosobenzolrk. nachzuweisen, W. FRIEDERICH (*Diss. Darmstadt T.H.* 1911, S. 1/46, 18). Die Überprüfung der Angabe von H. SIEBOLD (*D.P.* 279306 [1913/14]), nach welcher H_2O_2 (höchstens 31%ig) mit $POCl_3$ bei 0°C nach $2POCl_3 + H_2O_2 + 4H_2O = H_4P_2O_8 + HCl$ reagiert, fällt negativ aus. Es wird nur ein Gemisch von H_2O_2 und H_3PO_4 erhalten. Daneben findet durch Ox. des entstehenden HCl durch H_2O_2 eine Cl_2-Entw. statt, S. HUSAIN, J. R. PARTINGTON (*Trans. Faraday Soc.* **24** [1928] 235/45, 238).

Nitrogen Compounds

Stickstoffverbindungen. Beim Behandeln mit trocknem gasf. NH_3 bis zur Sättigung bildet sich unter Erwärmung eine feste weiße Masse, die als Gemisch von NH_4Cl und $PO(NH_2)_3$ bezeichnet wird, H. SCHIFF (*Liebigs Ann. Chem.* **101** [1857] 299/309, 302). Bei 0°C reagiert $POCl_3$ zunächst bei Einw. von trocknem NH_3 nach $POCl_3 + 2NH_3 = PCl_2(NH_2)O + NH_4Cl$; bei gewöhnl. Temp. findet langsame, bei 100°C rasche Rk. nach $POCl_3 + 4NH_3 = PCl(NH_2)_2O + 2NH_4Cl$ statt. Diese Verbb. sind nicht unverändert isolierbar und zersetzen sich beim Erhitzen in HCl, NH_4Cl und PNO. Die von H. SCHIFF (*l. c.*) beschriebene Verb. $PO(NH_2)_3$ wird nicht erhalten, J. H. GLADSTONE (*J. chem. Soc.* **22** [1869] 15/22, 16). Beim Sättigen von $POCl_3$ mit gasf. NH_3 bei 100°C verläuft die Rk.

$$2POCl_3 + 8NH_3 = NH\begin{matrix} \diagup PO \diagdown \\ \diagdown PO \diagup \end{matrix}\begin{matrix} NH_2 \\ NH \\ Cl \end{matrix} + 5NH_4Cl,$$

A. MENTE (*Liebigs Ann. Chem.* **248** [1888] 232/69, 246). Bei Rk. von $POCl_3$ mit trocknem NH_3 in CCl_4 werden ~6 Mol NH_3 gebunden und bilden einen weißen Nd., H. PERPEROT (*Bull. Soc. chim. France* [4] **37** [1925] 1540/8, 1547). Beim tropfenweisen Zusatz einer Lsg. von $POCl_3$ in trocknem $CHCl_3$ zu mit gasf. NH_3 gesätt. $CHCl_3$ im NH_3-Strom bei —10°C tritt Rk. ein nach: $POCl_3 + 6NH_3 = OP(NH_2)_3 + 3NH_4Cl$, R. KLEMENT, O. KOCH (*Chem. Ber.* **87** [1954] 333/40, 334, 338); mit fl. NH_3 bei —80°C verläuft die Rk. unter H_2O-Ausschluß in gleicher Weise, wobei NH_4Cl im fl. NH_3 gelöst bleibt, M. GOEHRING, K. NIEDENZU (*Chem. Ber.* **89** [1956] 1768/71). Andererseits sollen bei Rk. mit fl. NH_3 Phosphamide entstehen, G. WÉTROFF (*C. r.* **205** [1937] 668/70).

Eine äther. Lsg. von $POCl_3$ reagiert bei tropfenweisem Zusatz zu einer mit Eis-NaCl gekühlten äther. Suspension von N_2H_4 unter Bldg. von $OP(N_2H_3)_3$, R. KLEMENT, K. O. KNOLLMÜLLER (*Naturwissenschaften* **45** [1958] 515), vgl. S. 361.

Beim Einleiten von N_2O_4 in anfangs auf 5, später auf —20°C gekühltes $POCl_3$ bildet sich unter Absorption eine rote Lsg., die nach dem Stehen farblose Kristalle der Zus. $P_2O_6NCl_2$ ausscheidet. Die Fl. enthält neben $POCl_3$ eine kleine Menge $P_2O_3Cl_4$, R. KLEMENT, K. H. WOLF (*Z. anorg. Chem.* **282** [1955] 149/61, 161), vgl. S. 488.

Mit erwärmtem konz. HNO_3 reagiert $POCl_3$ nach $3HNO_3 + POCl_3 = 3NO_2Cl + H_3PO_4$, N. ZUSKINE (*Bull. Soc. chim. France* [4] **37** [1925] 187). $POCl_3$ löst sich in absol. HNO_3 unter Gelbfärbung und Entw. von Cl_2 und NOCl. Die Solvolyse geht wahrscheinlich in folgenden Stufen vor sich: $POCl_3 + 3HNO_3 = PO(NO_3)_3 + 3HCl$; $3HCl + HNO_3 = 2H_2O + Cl_2 + NOCl$; $PO(NO_3)_3 + 2H_2O = 3HNO_3 + HPO_3$, G. JANDER, H. WENDT (*Z. anorg. Chem.* **258** [1949] 1/14, 8).

$POCl_3$ wirkt auf NO_2NH_2 nicht ein, J. THIELE, A. LACKMANN (*Liebigs Ann. Chem.* **288** [1895] 267/311, 275).

Halogenverbindungen. *Halogen Compounds* Isotopenaustausch mit gasf. HCl (3% $H^{37}Cl$ und 97% $H^{35}Cl$) erfolgt bei 20°C langsam und ist in 30 Min. noch nicht beendet; über Rk.-Mechanismus s. S. 425, K. CLUSIUS, H. HAIMERL (*Z. physik. Chem.* B **51** [1942] 347/51). Bei Zusatz von wasserfreiem $HClO_4$ zu $POCl_3$ entsteht eine homogene Lsg.; ein Gemisch gleicher Vol. von $POCl_3$ und $HClO_4$ reagiert mit PCl_5 schon in der Kälte lebhaft, vgl. „*Chlor*" S. 371. Der langsame Verlauf des Isotopenaustausches zwischen $POCl_3$ und mit ^{36}Cl markiertem NOCl wird der Ggw. von freien Cl^--Ionen zugeschrieben, J. LEWIS, D. B. SOWERBY (*J. chem. Soc.* **1957** 1617/22). Gasf. HBr bildet mit $POCl_3$ bei 400 bis 500°C Substitutionsprodd., wie $POCl_2Br$, $POClBr_2$, $POBr_3$, vgl. „*Brom*" S. 211, deren Auftreten durch Best. der Ramanspektren bestätigt wird, M.-L. DELWAULLE, F. FRANÇOIS (*C. r.* **220** [1945] 817/9; *Bull. Soc. chim. France* **1946** 206). Über Rk. von $POCl_3$ mit HBr bei 80°C s. ferner S. 517.— Gasf. HJ löst sich in der Kälte in $POCl_3$ und bildet PJ_3 und HPO_3, A. BESSON (*l. c.*), über vermutlich dabei gebildetes Oxidjodid s. S. 528.

Schwefelverbindungen. *Sulfur Compounds* Trocknes H_2S bildet mit $POCl_3$ bei 0°C $P_2O_2S_3$, bei 100°C im Einschlußrohr tritt Bldg. von $P_2O_2SCl_4$ ein, vgl. „*Schwefel*" *Tl.* B, S. 67. Fl. H_2S wird von $POCl_3$ langsam oxydiert, H. P. GUEST (*Iowa State Coll. J. Sci.* 8 [1933] 197/8 nach *C.A.* **1934** 2631/2). Fl. SO_2 löst zu einer elektrisch leitenden Lsg.; vgl. hierzu „*Schwefel*" *Tl.* B, S. 311. — $POCl_3$ reagiert mit SO_3 im Einschmelzrohr bei 160°C nach $6SO_3 + 2POCl_3 = 3S_2O_5Cl_2 + P_2O_5$, A. MICHAELIS (*Jenaische Z. Med. Naturwiss.* **6** [1871] 235/8). Über Verh. gegen SO_3 s. auch das System $POCl_3$–SO_3 auf S. 597, über Verh. gegen SO_2Cl_2 s. das System $POCl_3$–SO_2Cl_2 auf S. 597. $POCl_3$ tauscht bei Kontakt mit FSO_2NO langsam Cl gegen F aus, F. SEEL, H. MASSAT (*Z. anorg. Chem.* **280** [1955] 186/96, 192).

Selen- und Tellurverbindungen. *Selenium and Tellurium Compounds* H_2Se wirkt auf $POCl_3$ selbst bei 100°C nur langsam, vgl. S. 607, s. ferner „*Selen*" *Tl.* B, S. 14. — $POCl_3$ reagiert mit wasserfreiem H_2SeO_4 bei leichtem Erwärmen heftig unter Gasentw. und Red. zu Verbb. niedrigerer Ox.-Stufe, C. A. CAMERON, J. MACALLAN (*Proc. Roy. Soc.* **46** [1889] 13/35, 20). — Nach thermoanalyt. Unters. des Systems $POCl_3$–$SeOCl_2$ kann eine

Entscheidung über das Bestehen einer Verb. zwischen beiden Komponenten nicht getroffen werden; wahrscheinlich findet beim Erhitzen eine Rk. statt nach $3SeOCl_2 + 2POCl_3 \rightarrow 3SeCl_4 + P_2O_5$, M. AGERMAN, L. H. ANSERSSON, I. LINDQVIST, M. ZACKRISSON (*Acta chem. scand.* **12** [1958] 477/84). — Vgl. hierzu A. MICHAELIS (*Jenaische Z. Med. Naturwiss.* **6** [1871] 93/95), s. auch S. 608.

Bei längerer Einw. auf TeO_2 in der Wärme entsteht $TeCl_4 \cdot POCl_3$ unter intermediärer Bldg. von $TeCl_4$, V. LENHER (*J. Am. chem. Soc.* **30** [1908] 737/41). Während $SeCl_4$ fast unlösl. in $POCl_3$ ist, bildet $TeCl_4$ eine hellgelbe, mäßig dissoz. Lsg., aus der durch Abpumpen des Lsgm. $POCl_3 \cdot TeCl_4$ als weißes hygroskop. Pulver erhalten wird. Die Lsg. von $TeCl_4$ in $POCl_3$ zeigt beim Stehen eine Abnahme der elektr. Leitf., was auf eine infolge fortschreitender Solvatisierung verursachte geringere Ionenbeweglichkeit zurückgeführt wird, V. GUTMANN (*Z. anorg. Chem.* **269** [1952] 279/91, 286).

Boron Compounds

Borverbindungen. $POCl_3$ reagiert zwischen —196 und —50°C in äther. Lsg. mit BH_3 nicht, E. WIBERG, G. MÜLLER-SCHIEDMAYER (*Z. anorg. Chem.* **308** [1961] 352/68, 357, 367). — Zum Verh. gegen B_2O_3 und BCl_3, die mit $POCl_3$ die Verb. $BCl_3 \cdot POCl_3$ geben, s. S. 618, „*Bor*" S. 68, 122, „*Bor*" *Erg.-Bd.*, S. 201. Eine Umwandlung von B_2O_3 in BCl_3 durch $POCl_3$ findet jedoch nicht statt nach R. K. PEARSON, T. W. PLATT, J. C. RENFORTH, R. J. SHREVE, N. J. SHEETZ (CCC-1024-TR-234 [1957] 1/11 nach *N.S.A.* **11** [1957] Nr. 6232). — Die konduktometr. Titration einer Lsg. von $POCl_3$ in fl. HCl mit BCl_3 zeigt das Bestehen einer Verb. der Zus. $POCl_3 \cdot BCl_3$, mit BF_3 bildet sich unter gleichen Bedingungen die Verb. $POCl_3 \cdot BF_3$, T. C. WADDINGTON, F. KLANBERG (*J. chem. Soc.* **1960** 2332/8; *Naturwissenschaften* **46** [1959] 578/9). Isotopenaustauschrk. zwischen $POCl_3$ und mit ^{36}Cl-markiertem BCl_3 bei 0°C tritt bei äquiv. Mengen und bei $POCl_3$-Überschuß rasch ein, bei BCl_3-Überschuß dagegen findet kein Austausch statt, R. H. HERBER (*J. Am. chem. Soc.* **82** [1960] 792/5). $POCl_3$ wird von BJ_3 energisch angegriffen; das Gemisch erwärmt sich und bildet eine krist. Verb., H. MOISSAN (*C. r.* **112** [1891] 717/20).

Carbon Compounds

Kohlenstoffverbindungen. Die inhibitor. Wrkg. von $POCl_3$-Dampf auf die C-Verbrennung wird auf die starke Erhöhung des CO/CO_2-Verhältnisses in den Verbrennungsgasen zurückgeführt. Die Bedeutung der Gasphasenrk. zwischen CO und O_2 bei der Verbrennung geht daraus hervor, daß die Rk. $CO + {}^1/_2O_2 = CO_2$ eine 2.5mal größere Wärmemenge als die Rk. $C + {}^1/_2O_2 = CO$ liefert. Die hauptsächlichste Wrkg. des $POCl_3$ liegt im leichten Verlauf der Rk. $2POCl_3 + H_2O + {}^3/_2O_2 = 2HPO_3 + 3Cl_2$, wodurch den Verbrennungsgasen H_2O entzogen wird, das an der zu CO_2 führenden Rk.-Kette maßgeblich beteiligt ist. Daneben wirkt auch das entstehende Cl_2 hemmend, J. R. ARTHUR, J. R. BOWRING (*J. chem. Soc.* **1949** S1/12), vgl. D. H. BAUGHAM in Diskussion zu M. W. THRING (*Trans. Faraday Soc.* **42** [1946] 366/77, 376). Unters. der Verbrennung von zwei Kohlearten in Ggw. von ~1 Vol.-% $POCl_3$-Dampf bei Tempp. zwischen 460 und 900°C ergibt eine gleichmäßige Verlangsamung der beiden Vergasungsrkk., die zur Bldg. von CO und CO_2 führen. Der Grund für diese Verzögerung wird nicht festgestellt, doch da $POCl_3$ durch Rk. mit H-haltigen Verbb. die Verbrennung von CO verhindert, wird eine ähnliche Rolle für die Vergasungsrk. angenommen. Über Einfluß von $POCl_3$-Konz., Rk.-Dauer, O_2-Partialdruck und Temp. s. das Original, J. R. ARTHUR (*Trans. Faraday Soc.* **47** [1951] 164/78). $POCl_3$ ist bei Kohlenstoffbränden 5mal so wirksam wie CCl_4, C. DUFRAISSE, R. HORCLOIS (*C. r.* **192** [1931] 546/6). Die Eig. von $POCl_3$, durch seine Ggw. das CO/CO_2-Verhältnis in den Verbrennungsgasen zu erhöhen, ermöglicht bei der Ausnutzung unterird. Öllager durch Verbrennung höhere Ausbeuten an CO und H_2, P. B. CRAWFORD (*U.S.P.* 2804146 [—/1957] nach *C.A.* **1958** 4160). Durch Beimischung von 1% $POCl_3$-Dampf wird die Explosion von CH_4-Luft-Gemischen mit ~10 Vol.-% CH_4 vermieden, P. A. JONQUIÈRE (*Chem. Weekbl.* **31** [1934] 714/7), vgl. W. P. JORISSEN, J. J. HERMANS (*Recueil Trav. chim. Pays-Bas* **52** [1933] 271/4, 271), W. P. JORISSEN (*Recueil Trav. chim. Pays-Bas* **61** [1942] 445/51). Beziehung zwischen oxydationshemmender Wrkg. und Polaritätsdifferenz der direkt aneinander gebundenen Elemente s. P. CARRE, L. PEIGNÉ (*C. r.* **208** [1939] 108/9).

Isotopenaustausch von mit ^{36}Cl markiertem $(CH_3)_4NCl$ in $POCl_3$ erfolgt in 85 bis 120 Min. bei Tempp. von 25 und 35°C zu 96 bis 100%, B. J. MASTERS, N. D. POTTER, D. R. ASHER, T. H. NORRIS (*J. Am. chem. Soc.* **78** [1956] 4252/5). Die beim Mischen mit $CHCl_3$ auftretende Wärmeentw. wird durch Bldg. von C–H–O-Bindungen erklärt, L. F. AUDRIETH, R. STEINMAN (*J. Am. chem. Soc.* **63** [1941] 2115/6).

Silicon Compounds

Siliciumverbindungen. Bei Rk. von $POCl_3$ mit Kieselsäureestern und mit Silicagel im wasserfreien System wird die Bldg. von (Si–O–P)-Brücken festgestellt, H. W. KOHLSCHÜTTER, H. SIMOLEIT (*Kunststoffe-Plastics* **6** [1958] 9/11). Das Erstarrungspunktdiagramm des Systems $POCl_3$–$SiCl_4$ gibt kein Anzeichen für eine Verb.-Bldg., J. C. SHELDON, S. Y. TYREE (*J. Am. chem. Soc.* **81** [1959] 2290/6)

Phosphorverbindungen. Mit PH_3 scheint keine Rk. stattzufinden, H. SCHIFF (*Liebigs Ann. Chem.* **101** [1857] 299/309, 307). — Zur Rk. mit P_2O_5 im Einschlußrohr bei 200°C, mit PH_4Br im verschlossenen Gefäß bei 50°C s. S. 453. — Bei 48std. Erhitzen von Gemischen aus $POCl_3$ und P_2O_5 in den Molverhältnissen 2 : 1 bis 5 : 1 wird ein Prod. erhalten, das $POCl_3$, $P_2O_3Cl_4$, $P_3O_6Cl_3$ und kleine Mengen von kondensierten Phosphorylchloriden der Zus. $P_nO_{2n-1}Cl_{n+2}$(Cl—P(O)(Cl) .... O—P(O)(Cl)—O—P(O)(Cl)—Cl) enthält (n = 1, 2, 4, 5, 6). Die Rk. erfolgt durch Kondensation von $POCl_3$ mit den in Form von P–OH-Gruppen im P_4O_{10} anwesenden Spuren von H_2O: —P(O)(|)—OH + $POCl_3$ → —P(O)(|)—OP(O)(Cl)—Cl + HCl. Das gebildete HCl wirkt in der nächsten Reaktionsstufe spaltend auf eine P–O–P-Bindung ein, wobei ein P-Atom chloriert wird und sich eine neue P–OH-Gruppe bildet, welche ihrerseits wieder mit $POCl_3$ reagieren kann (s. oben). Durch ständige Wiederholung des Rk.-Kreislaufs wird schließlich das gesamte P_4O_{10} in kondensierte Phosphorylchloride umgewandelt. Mengenmäßig sind die Polyphosphorylchloride nur schwach vertreten und fehlen bei Ansätzen mit $POCl_3$:P_2O_5 (in Mol) >4 völlig, H. GRUNZE (*Z. anorg. Chem.* **296** [1958] 63/72). $POCl_3$ reagiert bei 200°C im Bombenrohr mit P_2O_5 unter Bldg. von $P_2O_3Cl_4$ und kleinen Mengen von $P_3O_6Cl_3$, H. GRUNZE (*Z. anorg. Chem.* **298** [1959] 152/63, 162). *Phosphorus Compounds*

Beim Mischen von $POCl_3$ und wasserfreiem H_3PO_4 bei —5°C tritt noch keine Rk. ein. Erst bei + 6°C findet Erwärmung und Gasentw. statt, die durch Kühlung unterbrochen wird. Eine Raman-unters. des zähfl. homogenen Gemisches und der analyt. Nachweis von $H_4P_2O_7$ ergeben Hinweise auf die Bldg. von HPO_2Cl_2 und auf den Rk.-Ablauf nach $2H_3PO_4 + POCl_3 \rightarrow H_4P_2O_7 + HPO_2Cl_2 + HCl$, P. SCHULZ (*Diss. Göttingen* **1953**, S. 1/80, 60), vgl. hierzu A. SIMON, G. SCHULZE (*Z. anorg. Chem.* **242** [1939] 313/68, 320). Festes H_3PO_4 reagiert mit $POCl_3$ bei —10°C unter vollständiger Auflösung und Bldg. einer zähflüssigen Subst.; bei ihrer ramanspektroskop. Unters. treten schwache Linien von HPO_2Cl_2 auf, es wird ferner die Bldg. weiterer Prodd. durch Kondensation angenommen, J. GOUBEAU, P. SCHULZ (*Z. anorg. Chem.* **294** [1958] 224/32, 230).

Mit $H_4P_2O_7$ tritt in der Wärme eine unvollständig ablaufende Rk. nach $2H_4P_2O_7 + POCl_3 = 5HPO_3 + 3HCl$ ein. HPO_3 und $POCl_3$ reagieren bis zum Sdp. des $POCl_3$ nicht. Mit H_3PO_3 findet unter gelinder Erwärmung Rk. statt nach $2H_3PO_3 + 3POCl_3 = 3HPO_3 + 2PCl_3 + 3HCl$, mit H_3PO_2 eine sehr lebhafte Rk. nach $6H_3PO_2 + 3POCl_3 = 2H_3PO_3 + 4P + 3HPO_3 + 9HCl$, A. GEUTHER (*Jenaische Z. Med. Naturwiss.* **7** [1873] 380/90; *J. prakt. Chem.* [2] 8 [1874] 359/72), vgl. D. BALAREFF (*Z. anorg. Chem.* 88 [1914] 133/50, 139).

$POCl_3$ reagiert bei langsamem Zusatz zu $OP(NH_2)_3$ und 3std. Schütteln nach $3\,OP(NH_2)_3 + POCl_3 \rightarrow P_4H_{10}O_4N_7Cl + 2NH_4Cl$, M. GOEHRING, K. NIEDENZU (*Chem. Ber.* **89** [1956] 1774/5). Vgl. hierzu S. 358. — Mit $POBr_3$ findet bei gewöhnl. Temp. keine Umsetzung statt, M.-L. DELWAULLE, F. FRANÇOIS (*C. r.* **220** [1945] 817/9). — Auch mit P_2S_5 geht bei gewöhnl. Temp., wie auch beim Sdp., keine Rk. vor sich; im Einschlußrohr bei 150°C bilden sich jedoch $PSCl_3$ und H_3PO_4, L. CARIUS (*Liebigs Ann. Chem.* **106** [1858] 291/36, 326).

Arsenverbindungen. Über Additionsverb. von $POCl_3$ mit $AsCl_3$ s. Tabelle S. 472. *Arsenic Compounds*

Gegen Metalle. Alkalimetalle reagieren bei 100°C nicht, K im Einschmelzrohr bei 180°C so stürmisch, daß stets Explosion eintritt; Zn-Staub setzt sich schon bei gewöhnl. Temp., rascher bei 100°C mit $POCl_3$ unter Bldg. von $ZnCl_2$, ZnO, P_4O, $Zn(PO_3)_2$ um, bei 250°C entstehen außerdem PCl_3 und wahrscheinlich P_2O_5 und $P_2O_3Cl_4$. Bei 15std. Erhitzen von $POCl_3$ mit überschüssigem Hg im Einschlußrohr bei 290°C tritt PCl_3 neben einer geringen Menge P_2O_5, $P_2O_3Cl_4$ und Hg_2Cl_2 auf; beim Erhitzen mit überschüssigem $POCl_3$ bei 250°C werden außerdem noch $HgCl_2$ und Hg-Phosphat beobachtet. Al reagiert bei 100°C unter Bldg. von PCl_3, Al_2Cl_6, $Al_2(PO_4)_2$ und eines gelben Körpers, Sn reagiert bei 100°C, Pb bei mehrtägigem Erhitzen bei 250°C nur spurenweise, pulverförmiges Fe bei 100°C, stärker bei 120°C unter Bldg. von PCl_3, P_2O_5, $FeCl_2$ und $Fe_3(PO_4)_2$, fein verteiltes Cu bei 150 bis 200°C unter Schwarzfärbung und Bldg. von P_2O_5, Cu_2Cl_2, Cu-Phosphid und $P_2O_3Cl_4$. Bei 5std. Erhitzen mit molekularem Ag im Einschmelzrohr bei 250°C entstehen PCl_3, P_2O_5, $P_2O_3Cl_4$, Ag_3PO_4, $Ag_4P_2O_7$ und AgCl. Es werden folgende Rkk. angenommen: $2Ag + POCl_3 = Ag_2O + PCl_3$; $3Ag_2O + POCl_3 = Ag_3PO_4 + 3AgCl$; $5Ag_2O + 2POCl_3 = Ag_4P_2O_7 + 6AgCl$; $Ag_3PO_4 + POCl_3 = P_2O_5 + 3AgCl$; $P_2O_5 + 4POCl_3 = 3P_2O_3Cl_4$, B. REINITZER, H. GOLDSCHMIDT (*Ber.* **13** [1880] 845/51). *With Metals*

Aus Messungen des „Flammendurchmessers“ bei der Diffusion von gasf. Na im inerten Gasstrom in $POCl_3$-Dampf bei 270°C und einem Na-Partialdruck von $3 \cdot 10^{-3}$ Torr an der Einführungsdüse berechnet sich die Geschw.-Konst. der Rk. zu $K = 2290 \cdot 10^{11}\ cm^3 \cdot mol^{-1} \cdot s^{-1}$, woraus sich eine mittlere Stoßzahl von 2.8 ergibt. Bei der Rk. tritt eine bläulichgraue Chemiluminescenz auf, W. Heller, M. Polanyi (*Trans. Faraday Soc.* **32** [1936] 633/42).

$POCl_3$ reagiert mit metall. Mg weder in reiner Form bei 105°C, noch in äther. Lsg. bei 35°C, H. Spandau, A. Beyer (*Naturwissenschaften* **46** [1959] 400). Bei früheren Unterss. wird eine bei gewöhnl. Temp. langsam, bei 100°C energischer verlaufende Rk. festgestellt, B. Reinitzer, H. Goldschmidt (*l. c.*). Beim Auftropfen auf Zn-Pulver entsteht unter Erhitzung meist eine von weißen P_2O_5-Dämpfen umgebene Flamme; daneben bildet sich auch etwas Zn-Phosphid, wie H_2-Entw. nach H_2O-Zusatz zeigt, G. Denigès (*Bull. Soc. chim. Paris* [3] **2** [1889] 787/8). Zum Verh. gegen Zn s. ferner T. E. Thorpe (*Chem. News* **24** [1871] 135/6).

Als Werkstoff für $POCl_3$ wird Ni vorgeschlagen, W. Betteridge (*Metall* **11** [1957] 24/8, 24). — Edelmetalle zeigen bei längerem Kontakt mit $POCl_3$ eine Veränderung der Oberfläche, V. Gutmann, M. Baaz (*Monatsh. Chem.* **90** [1959] 239/55, 240).

With Metal Compounds. Hydrides

Gegen Metallverbindungen. Hydride. $POCl_3$ reagiert mit einer äther. Aufschlämmung von LiH nicht, mit $LiAlH_4$ sehr lebhaft unter Bldg. eines nicht näher untersuchten weißen Prod., P. Schulz (*Diss. Göttingen* 1953, S. 1/80, 72). Beim Umsatz von $POCl_3$ mit $LiAlH_4$ oder AlH_3 in äther. Lsg. bei −115°C verlaufen 2 Rkk. nebeneinander: $4POCl_3 + 5LiAlH_4 \rightarrow 4PH_3 + 3LiAlCl_4 + 2LiAlO_2 + 4H_2$ sowie $4POCl_3 + 5LiAlH_4 \rightarrow 4PH + 3LiAlCl_4 + 2LiAlO_2 + 8H_2$, vgl. analoge Rkk. S. 14, 56. Ein bei −196°C hergestelltes Gemisch äther. Lsgg. von $POCl_3$ und $LiBH_4$ reagiert bei −115°C unter BH_3-Entw. und Ausscheidung eines bis −90°C beständigen weißen Nd.: $POCl_3 + 3LiH \cdot BH_3 \rightarrow PH_3O \cdot BH_3 + 3LiCl + 2BH_3$, E. Wiberg, G. Müller-Schiedmayer (*Z. anorg. allg. Chem.* **308** [1961] 352/68), vgl. S. 94.

Oxides. Hydroxides

Oxide, Hydroxide. $POCl_3$ wirkt auf Sb_2O_4 kaum ein, A. Michaelis (*J. prakt. Chem.* [2] **4** [1871] 449/57, 454). Beim Erhitzen mit MgO im Einschlußrohr bei 110°C entstehen $MgO \cdot 2POCl_3$ und $MgO \cdot 3POCl_3$. Näheres s. „*Magnesium*“ *Tl.* B, S. 50, 54. — Beim Erhitzen mit frisch geglühtem CaO bei 110°C bilden sich $CaO \cdot 2POCl_3$ oder $CaO \cdot 3POCl_3$, beim Erhitzen mit bei 120°C getrocknetem $Ca(OH)_2$ bei 40 bis 60°C $Ca(OH)_2 \cdot 2POCl_3$. Näheres s. „*Calcium*“ *Tl.* B, S. 1223. — Bei 5tägigem Erhitzen von Tl_2O mit $POCl_3$ im Einschlußrohr bei 100°C entsteht hellgelbes, bei gewöhnl. Temp. stabiles $Tl_2O \cdot POCl_3$, V. Cuttica, A. Tarchi, P. Alinari (*Gazz. chim. ital.* **53** [1923] 189/94, 190). — Beim Erhitzen mit MnO treten Kristalle der Zus. $MnO \cdot 3POCl_3$ und wahrscheinlich $MnO \cdot 2POCl_3$ auf; mit ZnO, CdO, CoO, CuO, Cu_2O werden Prodd. ähnlicher Zus. beobachtet, H. Bassett, H. S. Taylor (*J. chem. Soc.* **99** [1911] 1402/14; *Z. anorg. Chem.* **73** [1912] 75/100). Zur Rk. mit Oxiden in Ggw. von organ. Lsgmm. s. S. 475.

$POCl_3$ reagiert mit $Co(OH)_2$ mit großer Heftigkeit bei gewöhnl. Temp., A. Hantzsch (*Z. anorg. Chem.* **73** [1912] 304/8).

Nitrides. Nitrates

Nitride, Nitrate. Zum Verh. gegen Mg_3N_2 vgl. „*Magnesium*“ *Tl.* B, S. 73.

Beim Behandeln von Nitraten (Li, Na, K, Rb, Cs, Tl, Pb, Ag) mit $POCl_3$ werden neben anderen Prodd. P_2O_5 und das betreffende Metallchlorid erhalten, wobei das Verhältnis von P_2O_5 und Metallchlorid für jedes Nitrat konstant ist; eine Beziehung dieses Quotienten zur spezif. Wärme wird angedeutet, E. J. Mills (*Phil. Mag.* [4] **40** [1870] 134/6; *Ber.* **3** [1870] 626/8). $POCl_3$ reagiert beim Zusatz zu erwärmtem $AgNO_3$ unter Bldg. von NO_2Cl, M. Odet, L. Vignon (*C. r.* **69** [1869] 1142/4, **70** [1870] 96/7; *Liebigs Ann. Chem.* **155** [1870] 255/6).

Halogen Compounds

Halogenverbindungen. Überblick über Additionsverbb. zwischen $POCl_3$ und Metallhalogeniden (vgl. hierzu auch das Verh. von $POCl_3$ als Lsgm.):

Zusammensetzung	Literatur	Zusammensetzung	Literatur
$POCl_3 \cdot AsCl_3$	2) 27)	$POCl_3 \cdot MgCl_2$	3)
$POCl_3 \cdot SbCl_3$	15)	$6POCl_3 \cdot AlCl_3$	10)
$POCl_3 \cdot SbCl_5$	2) 3) 12) 15) 19) 20)	$2POCl_3 \cdot AlCl_3$	10)
$POCl_3 \cdot 2SbCl_5$	19)	$POCl_3 \cdot AlCl_3$	3) 10) 12)
$2POCl_3 \cdot BiCl_3$	31)	$POCl_3 \cdot AlBr_3$	12)
$POCl_3 \cdot BiCl_3$ (?)	31)	$2POCl_3 \cdot AlJ_3$	12)

Zusammensetzung	Literatur	Zusammensetzung	Literatur
$3POCl_3 \cdot AlSbCl_8$	13)	$POCl_3 \cdot ZrCl_4$*)	17) 18) 28) 29) 30)
$2POCl_3 \cdot GaCl_3$	7) 8)	$2POCl_3 \cdot 3ZrCl_4$	22)
$POCl_3 \cdot GaCl_3$	7) 8)	$POCl_3 \cdot 2ZrCl_4$	36)
$2POCl_4 \cdot TiCl_4$	12) 15) 27)	$POCl_3 \cdot NbCl_5$**)	11) 21) 30)
$POCl_3 \cdot TiCl_4$	9) 27)	$3POCl_3 \cdot 2FeCl_3$	4)
$3POCl_3 \cdot SbCl_5 \cdot TiCl_4$	1)	$POCl_3 \cdot FeCl_3$	4) 5)
$2POCl_3 \cdot SnCl_4$	2) 6) 12) 15) 25) 27)	$POCl_3 \cdot 2FeCl_3$	26)
$POCl_3 \cdot SnCl_4$	3)	$4POCl_3 \cdot UCl_4$	23) 24)
$2POCl_3 \cdot Al_2SnCl_{10}$	13)	$POCl_3 \cdot UCl_4$	23) 24)
$2POCl_3 \cdot ZrCl_4$*)	17) 18) 29)	$POCl_3 \cdot AuCl_3$	14)

*) Zr kann durch Hf ersetzt werden. — **) Nb kann durch Ta ersetzt werden.

1) G. Adolfsson, R. Bryntse, I. Lindqvist (*Acta chem. scand.* **14** [1960] 949). — 2) M. Agerman, L. H. Andersson, I. Lindqvist, M. Zackrisson (*Acta chem. scand.* **12** [1958] 477/84). — 3) W. Cassel-mann (*Liebigs Ann. Chem.* **91** [1854] 241/4, **98** [1856] 213/36). — 4) V. V. Dadape, M. R. A. Rao (*J. Am. chem. Soc.* **77** [1955] 6192/4). — 5) V. V. Dadape, M. R. A. Rao (*J. sci. ind. Res.* B **14** [1955] 583/6, *C.A.* **1956** 6756). — 6) F. B. Garner, S. Sugden (*J. chem. Soc.* **1929** 1298/1302). — 7) N. N. Greenwood, P. G. Perkins (*J. inorg. nucl. Chem.* **4** [1957] 291/5). — 8) N. N. Greenwood, K. Wade (*J. chem. Soc.* **1957** 1516/24). — 9) W. L. Groeneveld, J. W. van Sponsen, H. W. Kouwenhoven (*Recueil Trav. chim. Pays-Bas* **72** [1953] 950/6). — 10) W. L. Groeneveld, A. P. Zuur (*Recueil Trav. chim. Pays-Bas* **76** [1957] 1005/8). — 11) R. Gut, G. Schwarzenbach (*Helv. chim. Acta* **42** [1959] 2156/63). — 12) V. Gutmann (*Z. anorg. Chem.* **269** [1952] 279/91). — 13) V. Gutmann (*Z. anorg. Chem.* **270** [1952] 179/87). — 14) V. Gutmann, F. Mairinger, unveröff. Beobachtung nach V. Gutmann (*J. phys. Chem.* **63** [1959] 378/83, 380 Fußnote 36). — 15) P.-O. Kinell, I. Lindqvist, M. Zackrisson (*Acta chem. scand.* **13** [1959] 1159/66). — 16) E. P. Kohler (*Am. chem. J.* **24** [1900] 385/97, 393). — 17) E. M. Larsen, J. Howatson, A. M. Gammil, L. Wittenberg (*J. Am. chem. Soc.* **74** [1952] 3489/92). — 18) E. M. Larsen, L. J. Wittenberg (*J. Am. chem. Soc.* **77** [1955] 5850/2). — 19) G. Leman, G. Tridot (*Bull. Soc. chim. France* **1959** 565). — 20) I. Lindqvist, C. I. Bränden (*Acta chem. scand.* **12** [1958] 134; *Acta cryst.* **12** [1959] 642/4). — 21) L. A. Nisel'son (*Ž. neorg. Chim.* **2** [1957] 816/9, *C.A.* **1958** 951, **5** [1960] 1634, *C.A.* **1961** 3170). — 22) L. A. Nisel'son, B. N. Ivanov-Emin (*Ž. neorg. Chim.* **1** [1956] 1766/70, *C.A.* **1957** 2444). — 23) D. W. Osborne (ANL-4545 [1950/57] 1/36 nach *N.S.A.* **11** [1957] Nr. 13633). — 24) R. E. Panzer, J. F. Suttle (*J. inorg. nucl. Chem.* **15** [1960] 67/70). — 25) D. S. Payne (*Recueil Trav. chim. Pays-Bas* **75** [1956] 620/5). — 26) O. Ruff, H. Einbeck (*Ber. dtsch. chem. Ges.* **37** [1904] 4513/21). — 27) J. H. Sheldon, S. Y. Tyree (*J. Am. chem. Soc.* **80** [1958] 4775/80). — 28) I. A. Šeka, B. A. Vojtovič (*Ž. neorg. Chim.* **1** [1956] 964/8, *C.A.* **1957** 3344). — 29) I. A. Šeka, B. A. Vojtovič (*Ž. neorg. Chim.* **2** [1957] 426/32, *C.* **1958** 8567). — 30) B. A. Vojtovič, I. A. Šeka (*Dopovidi Akad. Nauk URSR Viddil fiz.-chim. mat. Nauk* [russ. und engl. Auszug] **1958** 849/52, *C.A.* **1959** 5940). — 31) M. Zackrisson, K. I. Alden (*Acta chem. scand.* **14** [1960] 994/1000). — 32) „*Antimon*" *Tl.* B, S. 452. — 33) „*Magnesium*" *Tl.* B, S. 412. — 34) „*Aluminium*" *Tl.* B, S. 213. — 35) „*Titan*" S. 317. — 36) „*Zirkonium*" S. 298. — 37) „*Eisen*" *Tl.* B, S. 291.

Für die Bldg. der ziemlich beständigen Additionsverbb. kann vorläufig keine einheitliche Erklärung gegeben werden, doch wird angenommen, daß hierbei ein Halogen- oder Sauerstoff-Atom als Elektronen-Donator fungiert. Die experimentellen Angaben geben jedoch darüber keine klare Entscheidung, und es ist möglich, daß in einigen Fällen Chlor, in anderen Fällen Sauerstoff als Elektronenlieferant auftritt, J. R. van Wazer (*Phosphorus and its compounds, New York-London* 1958, S. 252). — Die Additionsverbb. können in 2 Strukturformeln formuliert werden: $Cl_3P{-}O{-}MCl_3$ (I) und $O{=}P(Cl)_2{-}Cl{-}M(Cl)_2{-}Cl$ (II). Röntgenograph. Unters. der festen Komplexverb. mit $SbCl_5$ deuten auf I, ebenso bei $AlCl_3 \cdot 6POCl_3$. In geschmolzenem $GaCl_3 \cdot POCl_3$ treten jedoch die Ionen $[POCl_2]^+$ und $[GaCl_4]^-$ auf, in Lsgg. von $FeCl_3$ in $POCl_3$ tritt bei niedriger Konz. (10^{-4} Mol) die Struktur II, bei höheren Konzz. (10^{-2} Mol) die Struktur I auf, J. Lewis, W. Ramsay, R. Foster (*Science Progress* **48** [1960] 81/8, 86). — Raman- und ultrarotspektroskop. Unterss. von Gemischen aus $POCl_3$ mit $AsCl_3$ und $SbCl_3$ deuten auf das Bestehen von Dipol-Dipol-Wrkg., während bei Gemischen mit $SnCl_4$ und

$SbCl_5$ auf Acceptor-Donator-Rkk. geschlossen wird, P.-O. KINELL, I. LINDQVIST, M. ZACKRISSON (*Acta chem. scand.* **13** [1959] 1159/66). — Die Tendenz zur Bldg. von Doppelverbb. nimmt ab in der Reihenfolge $TiCl_4$, $SnCl_4$, $AsCl_3$, $SiCl_4$ und CCl_4, die Stärke der Donatoreigg. in der Reihenfolge $POCl_3$, $SeOCl_2$, CH_3COCl, $SOCl_2$, $VOCl_3$, J. C. SHELDON, S. Y. TYREE (*J. Am. chem. Soc.* **81** [1959] 2290/6).

Rk.-Wärme der Rk. $GaCl_{3\,fest} + POCl_{3\,fl} = GaCl_3 \cdot POCl_{3\,fest}$ bei 25°C: $\Delta H = -10.1_7 \pm 0.01$ kcal/Mol, N. N. GREENWOOD, P. G. PERKINS (*J. inorg. nucl. Chem.* **4** [1957] 291/5).

Zwischen mit ^{36}Cl markierten ionisierbaren Chloriden und $POCl_3$ findet in den Lsgmm. $POCl_3$, $AsCl_3$ und $SeOCl_2$ völliger Austausch statt. Eine kinet. Unters. des Austausches zwischen mit ^{36}Cl markiertem $(C_2H_5)_4NCl$ und $POCl_3$ in $CHCl_3$, $C_6H_5NO_2$ und CH_3CN deutet auf einen Austausch durch einen bimolekularen Mechanismus, der in bezug auf $(C_2H_5)_4NCl$ und $POCl_3$ 1. Ordnung ist. Es wird auf einen Austausch über Bldg. und Dissoz. des Ions $[POCl_4]^-$ geschlossen, J. LEWIS, D. B. SOWERBY (*J. chem. Soc.* **1957** 336/42).

$POCl_3$ reagiert beim Erwärmen mit Metallfluoriden unter Bldg. der entsprechenden Metallchloride und POF_3 bzw. gemischter P-Oxidhalogenide. Näheres s. S. 402, 487, W. CASSELMANN (*Liebigs Ann. Chem.* **91** [1854] 241/4, **98** [1856] 213/36). — Beim Erhitzen mit trocknem NH_4F am Rückflußkühler bilden sich $POFCl_2$, POF_2Cl und PCl_3, C. J. WILKINS (*J. chem. Soc.* **1951** 2726/8). — Beim Erhitzen mit ZrF_4 im Einschlußrohr findet wahrscheinlich keine Rk. statt, da ZrF_4 beim Abdestillieren des $POCl_3$ unverändert zurückbleibt, L. WOLTER (*Diss. Berlin* 1908, S. 1/55, 22).

Über Rk. von $POCl_3$ mit $CaCl_2$ und $MgCl_2$ in Ggw. organ. Lsgmm. (z. B. Äthyläther) unter Bldg. von $MeO \cdot P_2O_3Cl_4 \cdot 2X$ (Me = Ca, Mg; X = Lsgm.) s. S. 475.

$HgCl_2$-Pulver bedeckt sich beim Erhitzen mit $POCl_3$ im Einschlußrohr bei 100°C mit farblosen Kristallen. KCl, NaCl und $BaCl_2$ verwandeln sich beim Behandeln mit $POCl_3$ in gallertartige Massen, W. CASSELMANN (*Liebigs Ann. Chem.* **91** [1854] 241/4, **98** [1856] 213/36).

$POCl_3$ macht aus KJ das Jod frei, H. SCHIFF (*Liebigs Ann. Chem.* **101** [1857] 299/309, 307).

Mit gut gekühltem $KClO_2$ bildet sich ein gelbgrünes Gas (vermutlich $ClO_2 + O_2$), bei tropfenweisem Zusatz zu gut gekühltem $KClO_3$ entweicht Cl_2O, W. SPRING (*Ber.* **7** [1874] 1584). $POCl_3$ reagiert mit $KClO_3$ beim Erwärmen nach $KClO_3 + 2POCl_3 = P_2O_5 + KCl + 3Cl_2$, G. ODDO (*Gazz. chim. ital.* **29** II [1899] 330/43; *Atti Linc.* [5] **10** I [1901] 452/8). Zur Löslichkeit von $KClO_3$ und $KClO_4$ im $POCl_3$ s. S. 475.

$POCl_3$ bildet mit $VOCl_3$ nichtleitende Lsgg., aus denen kein Solvat isoliert werden kann, V. GUTMANN (*Monatsh. Chem.* **84** [1953] 207/9). Ist nach anderen Angaben mit $VOCl_3$ in allen Verhältnissen mischbar, reagiert aber sofort unter Bldg. eines braunen Nd., F. C. BROWN, J. E. SNYDER (*J. Am. chem. Soc.* **47** [1925] 2671/5). — Gibt beim Erhitzen auf 100°C mit CrO_2Cl_2 im Einschlußrohr Cl_2, H_3PO_4, Cr_2O_3 und $CrCl_3$, W. CASSELMANN (*Liebigs Ann. Chem.* **98** [1856] 213/36, 229).

Sulfur Compounds

Schwefelverbindungen. $POCl_3$ reagiert mit SrS sehr lebhaft unter Aufglühen, A. MOURLOT (*Ann. Chim. Phys.* [7] **17** [1899] 510/74, 524). — Die Sulfite von Na, Ca und Pb werden von $POCl_3$ nur teilweise unter Bldg. von Chlorid, Phosphat und SO_2 angegriffen; S-Oxidchloride treten hierbei nicht auf, E. DIVERS (*J. chem. Soc.* **47** [1885] 205/35, 209), E. DIVERS, T. SHIMIDZU (*J. chem. Soc.* **49** [1886] 533/90, 588). Beim Erhitzen von $CaSO_3$ im Einschmelzrohr mit überschüssigem $POCl_3$ bei 150°C wird außerdem $SOCl_2$ erhalten, L. CARIUS (*Liebigs Ann. Chem.* **106** [1858] 291/36, 329). — $POCl_3$ reagiert mit $AgSO_3F$ in heftiger Rk. unter Bldg. von AgCl. Aus dem Rk.-Gemisch können keine weiteren definierten Verbb. isoliert werden, E. HAYEK, A. CZALOUN, B. KRISMER (*Monatsh. Chem.* **87** [1956] 741/8, 747).

Phosphate. Silicate

Phosphat, Silicat. $POCl_3$ wirkt auf Ag-Phosphat auch bei höherer Temp. nicht ein, H. SCHIFF (*Liebigs Ann. Chem.* **101** [1857] 299/309, 307).

Glas wird von $POCl_3$ angegriffen, was sich aus der Erhöhung der elektr. Leitf. schließen läßt, V. GUTMANN, M. BAAZ (*Monatsh. Chem.* **90** [1959] 239/55, 240).

Carbon Compounds

Kohlenstoffverbindungen. Mit $Hg(CN)_2$ tritt Zers. ein, H. SCHIFF (*Liebigs Ann. Chem.* **101** [1857] 299/309, 307). Selbst bei langem Erhitzen mit AgCN im Einschmelzrohr auf 180°C kann keine Einw. festgestellt werden, H. HÜBNER, G. WEHRHANE (*Liebigs Ann. Chem.* **132** [1864] 277/89, 287). — $POCl_3$ reagiert mit Ag-(Iso)Cyanat in Benzollsg. unter Bldg. von $PO(OCN)_3$ bzw. $PO(NCO)_3$, mit AgSCN bildet sich $PO(SCN)_3$, H. H. ANDERSON (*J. Am. chem. Soc.* **64** [1942] 1757/9), vgl. hierzu A. E. DIXON (*J. chem. Soc.* **79** [1901] 541/52). — $POCl_3$ reagiert mit NH_4SCN, KSCN oder $Pb(SCN)_2$ in trocknem Benzol, Toluol oder Cumol unter Bldg. von $PO(SCN)_3$-Lsgg., A. E. DIXON (*J. chem. Soc.* **79** [1901] 541/52, 548, **85** [1904] 350/71, 362), vgl. ferner H. SCHIFF (*l. c.*).

Bei Einw. von NH_4-Amidocarbonat bei gewöhnl. Temp. verläuft die Umsetzung nach $4POCl_3 + 3NH_2COONH_4 = 2NH(POCl_2)_2 + 3CO_2 + 4NH_4Cl$, mit überschüssigem Amidocarbonat bei 100°C nach $2POCl_3 + 3NH_2COONH_4 = (NH)_2(POCl)_2 + 4NH_4Cl + 3CO_2$, A. MENTE (*Liebigs Ann. Chem.* **248** [1888] 232/69, 242, 244). — In Ggw. von organ. Lsgmm. (Äthyläther, Äthylacetat, Diäthyloxalat, Äthyltrichloracetat) reagiert $POCl_3$ mit Metalloxiden oder -chloriden unter Bldg. von krist. Verbb. der Zus. $MeO \cdot P_2O_3Cl_4 \cdot 2X$ (Me = Ca, Mg, Mn, Zn, Cd, Co, Cu; X = organ. Lsgm.), H. BASSETT, H. S. TAYLOR (*J. chem. Soc.* **99** [1911] 1402/14; *Z. anorg. Chem.* **73** [1912] 75/100).

With Organic Compounds

Gegen organische Verbindungen. Das Erstarrungsdiagramm im System $POCl_3$–CCl_4 gibt kein Anzeichen einer Verb.-Bldg., J. C. SHELDON, S. Y. TYREE (*J. Am. chem. Soc.* **81** [1959] 2290/6). Bildet mit CH_3COCl farblose Mischungen in allen Verhältnissen, R. C. PAUL, D. SINGH, S. S. SANDHU (*J. chem. Soc.* **1959** 315/9). Bildet mit Pyridin die Verb. $POCl_3 \cdot 2C_5H_5N$, V. GUTMANN (*Monatsh. Chem.* **85** [1954] 1077/81). Fette werden zersetzt oder gelöst, Kunststoffe mit Ausnahme der perfluorierten KW-Stoffe zerstört, V. GUTMANN, M. BAAZ (*Monatsh. Chem.* **90** [1959] 239/55, 240). — Da $POCl_3$ die meisten Schmiermittel angreift, werden bei seiner Dest. die Schliffe von außen mit Picein abgedichtet, J. GOUBEAU, P. SCHULZ (*Z. anorg. Chem.* **294** [1958] 224/32, 228). — Zur Mischbarkeit mit organ. Substt. s. S. 364.

Verhalten als Lösungsmittel

Behavior as Solvent

Überblick und Zusammenfassung, Lit.-Angaben, V. GUTMANN (*J. phys. Chem.* **63** [1959] 378/83; *Österr. Chemiker-Ztg.* **56** [1955] 126/33; *Recueil Trav. chim. Pays-Bas* **75** [1956] 603/8), vgl. W. L. GROENEVELD (*Proefschr. Leiden* 1953, S. 1/170).

Cryoscopic Constant. Ebullioscopic Constant

Kryoskopische Konstante E_g. Ebullioskopische Konstante E_s. Unter völligem Ausschluß von H_2O und laufender Reinheitskontrolle wird in einer besonderen App. (Einzelheiten s. im Original) bei einer Meßgenauigkeit von 10^{-3} °C (Temp.-Messung durch Thermistoren) E_s zu 5.58 bestimmt, V. GUTMANN, F. MAIRINGER (*Monatsh. Chem.* **91** [1960] 529/36). In seinem früheren Überblick über die Eigg. von $POCl_3$ gibt V. GUTMANN (*Monatsh. Chem.* **83** [1952] 164/70, 165) die Werte $E_g = 7.68$, $E_s = 5.47$ an. Der Wert für E_g stammt von P. WALDEN (*Z. anorg. Chem.* **68** [1910] 307/16, 310, **74** [1912] 310/4); die von G. ODDO, A. MANNESSIER (*Z. anorg. Chem.* **73** [1911] 259/69, 265/6, **79** [1913] 281/91; *Gazz. chim. ital.* **41** II [1911] 212/23, **42** II [1912] 194/204) angegebenen Werte 7.21 und 7.82 beziehen sich wahrscheinlich nicht, wie diese Autoren meinen, auf normal gelöste und dissoziierte Stoffe, sondern auf assoziierte und normal gelöste. Vgl. hierzu auch G. ODDO, E. SERRA (*Gazz. chim. ital.* **29** II [1899] 318/29, 325), G. ODDO, M. TEALDI (*Gazz. chim. ital.* **33** II [1903] 427/49, 436), G. ODDO, (*Gazz. chim. ital.* **46** I [1916] 172/87), L. BIRKENBACH, M. LINHARD (*Ber.* **63** [1930] 2528/44, 2540).

Qualitative Data on Solubility of Inorganic Compounds

Qualitative Angaben über Löslichkeit anorganischer Verbindungen (s. Lit. 5). Gut lösliche Verbindungen. Nach kryoskop. Messungen vollständig oder erheblich dissoziiert: PCl_5, PBr_5, $AuCl_3$, $BiCl_3$, $BiBr_3$, BiJ_3, JCl_3, SCl_4 (9), $PtCl_4$ (8). Nach kryoskop. und konduktometr. Messungen monomolekular gelöst: PCl_3, $SiCl_4$, $SiBr_4$, $SnBr_4$ (9), N_2O_5, OsO_4 (12). Unter Verb.-Bldg. lösl.: $AlCl_3$ (9), BBr_3 (9), $SbCl_5$ (7), $SnCl_4$ (3), $TeCl_4$ (6), $TiCl_4$ (10), BCl_3 (4). Unter Neigung zur Assoziation lösl.: $SbCl_5 \cdot POCl_3$, $SnCl_4 \cdot POCl_3$ (9), Cl_2O_7 (12). Gefärbte Lsgg. ohne Kenntnis ihres Molekularzustands bilden: Cl, Br, J, NaJ, KJ, RbJ, $RbJCl_2$, $RbJCl_4$, $(CH_3)_3SJ$, $(CH_3)_4NJ$, $(C_2H_5)_4NJ$, MnJ_2, CoJ_2 (11), K_2CrO_4, $K_2Cr_2O_7$, $CuCrO_4$, $CuCr_2O_7$, $KMnO_4$ (2), JCl (11), $VOCl_3$ (1). Farblose Lsgg. ohne Angabe des Molekularzustands: $AsCl_3$, $AsBr_3$, AsJ_3, $SbCl_3$, $SbBr_3$, SbJ_3, SnJ_4, HgJ_2, $FeCl_2$, $KClO_3$, $KBrO_3$ (2), JCN (12).

Mäßig oder gering lösliche Verbindungen. Unter elektrolytischer Dissoz.: LiCl, NaCl, KCl, NH_4Cl, RbCl, CsCl, KF, KBr, KJ, KCN, KCNO, KCNS (5). Elektrolyt. Dissoz. nicht bekannt: KJO_3, $KClO_4$, KJO_4 (2), $FeCl_3$ (11), $Hg(CN)_2$ (2), $HAuCl_4$ (11).

Unlösliche Verbindungen: KNO_3, $K_2C_2O_4$ (2), $TlCl_2$, AgCl (5), Hg_2Cl_2, $CuCl_2$ (2), $CaCl_2$, $SrCl_2$, $BaCl_2$, $ZnCl_2$, $CdCl_2$, $CdBr_2$, CdJ_2 (9), $MnCl_2$ (2), VCl_3 (5), $K_3Fe(CN)_6$ (2), P_2O_5, CrO_3, J_2O_5 (12).

1) F. E. BROWN, J. E. SNYDER (*J. Am. chem. Soc.* **47** [1925] 2671/5). — 2) H. P. CADY, R. TAFT (*J. phys. Chem.* **29** [1925] 1057/74). — 3) W. CASSELMANN (*Liebigs Ann. Chem.* **98** [1856] 213/36). — 4) G. GUSTAVSON (*Z. Chem.* [2] **7** [1871] 417/8). — 5) V. GUTMANN (*Monatsh. Chem.* **83** [1952] 279/86). — 6) V. LENHER (*J. Am. chem. Soc.* **30** [1908] 737/41). — 7) H. KÖHLER (*Ber.* **13** [1880] 875/7), R. WEBER (*Ann. Phys. Chem.* **125** [1865] 78/87). — 8) G. ODDO (*Atti R. Accad. Lincei* [5] **14** [1905] 452/8). — 9) G. ODDO, M. THEALDI (*Gazz. chim. ital.* **33** II [1903] 427/49). — 10) O. RUFF, R. IPSEN

(*Ber.* **36** [1903] 1777/83). — 11) P. WALDEN (*Z. anorg. Chem.* **25** [1900] 209/26). — 12) P. WALDEN (*Z. anorg. Chem.* **68** [1910] 307/16).

$POCl_3$ as Ionizing Solvent

$POCl_3$ als ionisierendes Lösungsmittel. Ein Vergleich der physikal. Eigg. von $POCl_3$ mit denen von H_2O zeigt bemerkenswerte Ähnlichkeiten, die erwarten lassen, daß $POCl_3$ als ionisierendes Lsgm. auftreten kann und daß darin gelöste Elektrolyte je nach ihrer Eigenart als Solvobasen, Solvosäuren oder Solvosalze reagieren. Die Eigendissoz. von hochgereinigtem $POCl_3$, auf welcher seine geringe Eigenleitf. beruht, erfolgt wahrscheinlich nach $POCl_3 \rightleftarrows POCl_2^+ + Cl^-$. Das Cl-Ion könnte sich ferner zu $POCl_4^-$ solvatisieren. Beim Stromdurchgang würde dann durch Entladung von $POCl_4^-$ eine Cl_2-Entw. zu erwarten sein: $POCl_4^- + \oplus \rightarrow POCl_3 + {}^1/_2 Cl_2$, V. GUTMANN (*Monatsh. Chem.* **83** [1952] 164/70, 169). Dieser Befund wird durch Elektrolyse von $POCl_3$ bestätigt, H. SPANDAU, A. BEYER, F. PREUGSCHAT (*Z. anorg. Chem.* **306** [1960] 13/20, 16), vgl. S. 467. Die Vorgänge in $POCl_3$ werden als „chloridotropes Solvosystem" bezeichnet, das als Grundrk. Chlorid-Ionenübergänge aufweist: $POCl_3 + POCl_3 = POCl_2^+ + POCl_4^-$. Da das $POCl_4^-$-Ion noch nicht bekannt ist, werden solvatisierte Chlorid-Ionen angenommen, V. GUTMANN, I. LINDQVIST (*Z. physik. Chem.* **203** [1954] 250/61, 257). Frühere Unterss. über die Dissoz. von $POCl_3$ s. beispielsweise P. WALDEN (*Z. anorg. Chem.* **25** [1900] 209/26, 212). Aus der kinet. Unters. des Cl-Austausches zwischen mit ^{36}Cl markiertem $(C_2H_5)_4NCl$ und $POCl_3$ in $CHCl_3$, $C_6H_5NO_2$ und CH_3CN, wobei der Austausch nach einem bimolekularen Mechanismus verläuft, der in bezug auf $POCl_3$ und $(C_2H_5)_4NCl$ erster Ordnung ist, wird gefolgert, daß der Austausch in reinem $POCl_3$ eher über Bldg. und Dissoz. von $POCl_4^-$ als durch Selbstdissoz. von $POCl_3$ erfolgt, J. LEWIS, D. B. SOWERBY (*J. chem. Soc.* **1957** 336/42), vgl. B. J. MASTERS, N. D. POTTER, D. R. ASHER, T. H. NORRIS (*J. Am. chem. Soc.* **78** [1956] 4252/5). Für den indirekten Nachweis der Eigendissoz. von $POCl_3$ wird die spektrophotometr. Unters. von $FeCl_3$-Lsgg. in $POCl_3$ herangezogen. Da das Absorptionsspektrum von $FeCl_4^-$-Ionen bekannt ist, H. L. FRIEDMAN (*J. Am. chem. Soc.* **74** [1952] 5/10), wird der spektroskop. Nachweis von $FeCl_4^-$ in diesen Lsgg. infolge der Rk. $FeCl_3 + POCl_3 \rightleftarrows FeCl_4^- + POCl_2^+$ auch als Nachweis von $POCl_2^+$ gewertet, V. GUTMANN, M. BAAZ (*Monatsh. Chem.* **90** [1959] 271/5).

Die gelösten Elektrolyte werden als Solvosäuren (Bldg. von $POCl_2^+$-Ionen), als Solvobasen (Bldg. von $POCl_4^-$; noch nicht ganz sichergestellt) und als Solvosalze (ausfallende Stoffe, die andere Ionen bilden) bezeichnet. Zum Beispiel reagiert das $AlCl_3$-Solvat mit $SbCl_5$ unter Bldg. eines weißen Nd. der Zus. $AlSbCl_8 \cdot 3POCl_3$, mit $SnCl_4$ unter Bldg. von $Al_2SnCl_{10} \cdot 2POCl_3$, V. GUTMANN (*Z. anorg. Chem.* **270** [1952] 179/87). — Aus experimentellen Hinweisen erhält man über den Lsg.-Zustand von Chloriden, z. B. $AlCl_3$, in $POCl_3$ folgendes Schema: $AlCl_4^- + 2POCl_2^+ \rightleftarrows Cl_3AlPOCl_3 + POCl_2^+ \rightleftarrows AlCl_2(OPCl_3)_2$ wozu noch die Tendenz der Chloridmolekeln zur Eigenassoziation hinzutritt. Aus dem Verhältnis der 3 in den angegebenen Gleichgeww. zum Ausdruck kommenden Effekte: Chlorid-Ion-Koordination, O-Koordination und Eigenassoziation ergeben sich die charakterist. Eigg. der Lsgg. von Metallchloriden in $POCl_3$, V. GUTMANN, M. BAAZ (*Z. anorg. Chem.* **298** [1959] 121/9). Vgl. hierzu die Strukturformeln der Additionsverbb. auf S. 473.

Das Bestehen von $POCl_3$-Komplexverbb. mit Chloriden, wie z. B. $SnCl_4$, $TiCl_4$, $SbCl_5$, kombiniert mit der Fällungsmeth. von PCl_5-Doppelverbb. aus $POCl_3$-Lsg., ergibt ähnliche Verhältnisse wie in wss. Lsgg.; so läßt sich z. B. unter Anwendung der konduktometr. Titration durch langsamen Zusatz von PCl_5-Lsgg. in $POCl_3$ zu Lsgg. von $SnCl_4$, $TiCl_4$ und $SbCl_5$ in $POCl_3$ aus den Änderungen der elektr. Leitf. das Bestehen von Verbb. der Zus. $SnCl_4 \cdot PCl_5$, $SnCl_4 \cdot 2PCl_5$, $TiCl_4 \cdot PCl_5$, $TiCl_4 \cdot 2PCl_5$, $BCl_3 \cdot PCl_5$, $TeCl_4 \cdot PCl_5$ und $TeCl_4 \cdot 2PCl_5$ feststellen, W. L. GROENEVELD, A. P. ZUUR (*Recueil Trav. chim. Pays-Bas* **72** [1953] 617/24).

Eine Anzahl von Farbindicatoren liefert in $POCl_3$ ebenfalls Farbumschläge, deren Umschlagsbereiche vorläufig näherungsweise potentiometrisch durch Titration einer Lsg. von 0.002 Mol $(C_2H_5)_4NCl$ in 25 ml $POCl_3$ mit m-$SbCl_5$-Lsg. in $POCl_3$ festgelegt werden, V. GUTMANN, F. MAIRINGER (*Z. anorg. Chem.* **289** [1957] 279/87). Über Titrationen unter Verwendung von Benzanthron als Indicator s. R. C. PAUL, J. SINGH, S. S. SANDHU (*Anal. Chem.* **31** [1959] 1495/8). Zur Durchführung potentiometr. Unterss. in $POCl_3$ ist von den Metallen Cu, Ag, Au, Mg, Zn, Hg, Al, Pb, Pt, Mo das Mo als Elektrodenmaterial am besten verwendbar, obwohl der Elektrodenvorgang noch nicht vollkommen bekannt ist, V. GUTMANN, F. MAIRINGER (*Monatsh. Chem.* **89** [1958] 279/87).

Solutions of Nonmetals and Their Compounds

Lösungen von Nichtmetallen und ihren Verbindungen. Bei 0°C lösen sich 0.19 g Cl_2 in 1 g $POCl_3$ (0.31 g Cl_2/ml $POCl_3$), H. SPANDAU, A. BEYER, F. PREUGSCHAT (*Z. anorg. Chem.* **306** [1960] 13/20, 15). Angaben über Löslichkeit von Cl_2 in $POCl_3$ bei 25°C s. V. GUTMANN, R. HIMML (*Z. physik. Chem.*

[*Frankfurt*] [2] **4** [1955] 157/64, 159). — Ultrarotunters. von HCl-Lsgg. in $POCl_3$ bei 20°C über den Einfluß von $POCl_3$ auf die Molekelschwingungen von HCl und ihre Beziehung zur DK des Lsgm., M.-L. Josien, N. Fuson (*J. chem. Phys.* **22** [1954] 1169/77, 1171).

Die Löslichkeit von gasf. HBr ist auch in der Kälte gering, A. Besson (*C. r.* **122** [1896] 814/7)

Jod bildet eine tiefdunkelrote Lsg. (Löslichkeit bei 20°C 38 g Jod/1000 g $POCl_3$), JCl ebenfalls tiefrote, in großer Verd. gelbbraune Lsg., beide teilweise dissoziiert. Auf nennenswerte Wechselwrkgg. zwischen $POCl_3$ und J_2 bzw. JCl wird nicht geschlossen. PCl_3, $SiCl_4$ und $SiBr_4$ werden monomolekular gelöst, V. Gutmann (*Z. anorg. Chem.* **269** [1952] 279/91).

Säuren mit kleiner Dissoz.-Konst. wie z. B. Essigsäure, Propionsäure, n-Buttersäure, Benzoesäure sind in $POCl_3$ kaum dissoziiert. H_2SO_4, HNO_3 (nur in starker Verd., da sonst Rk. mit $POCl_3$ eintritt, vgl. S. 471) und H_3PO_3 sind stark dissoziiert. H_3PO_4 reagiert mit $POCl_3$, vgl. S. 469, dagegen sind HJ und $C_2O_4H_2$ zu wenig lösl., als daß sie für die erörterte Frage in Betracht kommen. Zur Erklärung wird angenommen, daß $POCl_3$ mit Säuren, deren Dissoz.-Konst. $\geqq 1.55 \times 10^{-3}$, Salze vom Oxoniumtyp bildet, die durch überschüssiges $POCl_3$ dissoziieren: $\begin{matrix}H\\R\end{matrix}\!\!>\!O=PCl_3 \rightleftarrows R^- + \left[\begin{matrix}H\\O\end{matrix}\!\!>\!PCl_3\right]^+$ (R = Säureradikal). Diese Salzbldg. nimmt mit steigender Konz. zu und infolgedessen auch die Ionisation. Säuren mit kleinerer Dissoz.-Konst. bilden mit $POCl_3$ komplexe Verbb. unter $POCl_3$-Aufnahme, G. Oddo, A. Mannessier (*Gazz. chim. ital.* **42** II [1912] 194/204; *Z. anorg. Chem.* **79** [1913] 281/91).

BCl_3 zeigt in $POCl_3$ Dissoziation nach $BCl_3 \cdot POCl_3 \rightleftarrows [POCl_2]^+ + [BCl_4]^-$ ($K = \sim 3 \cdot 10^{-7}$), M. Baaz, V. Gutmann, L. Hübner (*Monatsh. Chem.* **91** [1960] 694/702). Über das Verh. von PCl_3, $SiCl_4$ und $SiBr_4$ s. oben. — Zur Polymerisation von $(PNCl_2)_n$ in $POCl_3$-Lsg. s. F. Patat, F. Kollinsky (*Makromol. Chem.* **6** [1951] 292/317, 302), vgl. hierzu S. 538.

Leitf.-Messungen von Lsgg. von $(C_2H_5)_3NHCl$, $(C_2H_5)_3N$, $(C_2H_5)_4NCl$ und verschiedenen Tetraalkylammoniumsalzen in $POCl_3$, M. Baaz, V. Gutmann (*Monatsh. Chem.* **90** [1959] 276/83, 744/50, 256/70), V. Gutmann, M. Baaz (*Monatsh. Chem.* **90** [1959] 239/55, 248), von Chinolin, P. Walden (*Z. physik. Chem.* **43** [1903] 385/464, 445). Leitf.-Messungen verschiedener organ. Ionenverbb. in $POCl_3$ zur Aufstellung einer Beziehung zwischen der Dissoz.-Konst. im Sinne von Bjerrum und der Grenzleitf., V. Gutmann, M. Baaz (*Electrochim. Acta* **3** [1960] 115/22 [dtsch.]). Deutung einer auftretenden Wärmetönung beim Mischen von $POCl_3$ mit $CHCl_3$ durch Bldg. von Wasserstoffbindungen, L. F. Audrieth, R. Steinman (*J. Am. chem. Soc.* **63** [1941] 2115/6). — Einfluß von $POCl_3$ als Lsgm. auf das Drehvermögen optisch aktiver organ. Stoffe, H. Grossmann, B. Landau (*Z. physik. Chem.* **75** [1910] 129/218, 204).

Solutions of Metal Compounds

Lösungen von Metallverbindungen. Elektrolyt. Unterss. der Lsgg. von $AlCl_3$ und $SbCl_3$ in $POCl_3$ lassen auf das Bestehen von über folgende Rkk. ablaufende Dissoz.-Gleichgeww. schließen: $POCl_3 + AlCl_3 \rightleftarrows POCl_2^+ + AlCl_4^-$; $POCl_3 + SbCl_5 \rightleftarrows POCl_2^+ + SbCl_6^-$, V. Gutmann, R. Himml (*Z. physik. Chem.* [*Frankfurt*] [2] **4** [1955] 157/64), was aber nicht im Widerspruch mit der Strukturbest. von $POCl_3 \cdot SbCl_5$ steht, nach welcher die feste Verb. aus Cl_3P-O-$SbCl_5$-Molekeln aufgebaut ist, da das Gleichgew.-System leicht durch Ausfällen der energetisch günstigsten festen Phase geändert werden kann, I. Lindqvist (*Acta chem. scand.* **12** [1958] 135). — Leitf.-Unters. von $SbCl_5$-Lsgg. in $POCl_3$ s. M. Baaz, V. Gutmann (*Monatsh. Chem.* **90** [1959] 426/42).

Das Leitvermögen von Alkalihalogeniden (Tabelle s. im Original) nimmt vom Fluorid zum Jodid mit zunehmender Größe des Anions und mit steigendem Ionenradius des Kations zu. Die braunrote Färbung von Jodiden stammt nicht von freiem Jod, sondern ist auf Bldg. gefärbter Komplexverbb. zurückzuführen. Die spezif. Leitf. von NH_4Cl-Lsgg. in $POCl_3$ steigt bei Temp.-Erhöhung zunächst an, um beim Sdp. von $POCl_3$ rasch und irreversibel abzufallen. Bei NH_4Cl sowie bei den Pseudohalogeniden erfolgt offenbar bei Temp.-Erhöhung die Bldg. von weniger dissoziierten Komplex-Verbb., V. Gutmann (*Monatsh. Chem.* **83** [1952] 279/86). Löslichkeit von CsCl und anderen Alkalichloriden, M. Baaz, V. Gutmann (*Monatsh. Chem.* **90** [1959] 256/70, 257). CsCl und KCl gehen bei Ggw. von $SbCl_5$ reichlich in Lsg. ($\sim$1.5 Mol $KSbCl_6$/l $POCl_3$). Auch in Ggw. von $FeCl_3$ geht KCl als $KFeCl_4$ in Lsg.; ebullioskop. Messungen an $KSbCl_4$ und $KFeCl_4$ s. im Original, V. Gutmann, F. Mairinger (*Monatsh. Chem.* **91** [1960] 529/36, 535).

Unters. von $TiCl_2$-Lsgg. in $POCl_3$ (dunkelgrün), V. Gutmann, H. Nowotny (*Monatsh. Chem.* **89** [1958] 331/41, 338), von $TiCl_4$-Lsgg., M. Baaz, V. Gutmann, M. Y. A. Talant (*Monatsh. Chem.* **91** [1960] 548/55), von $ZrCl_4$-Lsgg. (gelb), V. Gutmann, R. Himml (*Z. anorg. Chem.* **287** [1956] 199/207,

201), von VCl_4-Lsgg. (tiefdunkelrot), V. GUTMANN (*Monatsh. Chem.* **85** [1954] 286/301, 291), von $FeCl_3$-Lsgg. (rot bis schwarzbraun), V. GUTMANN, M. BAAZ (*Monatsh. Chem.* **90** [1959] 271/5, 729/43), M. BAAZ, V. GUTMANN, L. HÜBNER (*Monatsh. Chem.* **91** [1960] 537/47). Weitere Angaben über Lsgg. von Metallverbb. in $POCl_3$ s. beispielsweise V. GUTMANN (*Z. anorg. allg. Chem.* **269** [1952] 279/91), A. MASCHKA, V. GUTMANN, R. SPONER (*Monatsh. Chem.* **86** [1955] 52/6), G. ADOLFSSON, R. BRYNTSE, I. LINDQVIST (*Acta chem. scand.* **14** [1960] 949).

Nonaqueous Solution

Nichtwäßrige Lösung

In Inorganic Solvents

In anorganischen Lösungsmitteln. $POCl_3$ vermischt sich ohne sichtbare Rk. mit fl. Cl_2, E. BECKMANN (*Z. anorg. Chem.* **51** [1906] 96/115, 99), W. BILTZ, E. MEINECKE (*Z. anorg. Chem.* **131** [1923] 1/21, 4), K. H. BUTLER, D. MCINTOSH (*Trans. Roy. Soc. Canada* [3] III **21** [1927] 19/26, 24). Spezif. und molare elektr. Leitf. von $POCl_3$-Lsgg. in fl. Cl_2 (ohne Temp.-Angabe):

Gew.-% $POCl_3$	46.3	59.5	63.1	67.6	71.2
$\kappa \cdot 10^6$ in Ω^{-1} cm^{-1}	0.9	6.0	7.0	8.0	8.5
$\mu \cdot 10^6$ in Ω^{-1} cm^2	170	810	880	928	926

P. E. FIŠER laut V. A. PLOTNIKOV (*Akad. Nauk UkrRSR Zap. Inst. Chem.* **5** [1938] 271/358, 272 [ukrain.]).

Die Zersetzungsspannungskurve der Lsg. von $POCl_3$ in fl. Brom zwischen 0 und 9 V ist eine gerade Linie, W. FINKELSTEIN (*Z. physik. Chem.* **115** [1925] 303/25). Spezif. und molare elektr. Leitf. von $POCl_3$-Lsgg. in fl. Brom bei 12°C (?):

Gew.-% $POCl_3$	4.8	9.3	17.2	21.3	26.5	30.1	34.6	38.3	43.4	50.0
$\kappa \cdot 10^4$ in Ω^{-1} cm^{-1}	0.15	1.01	4.2	5.3	6.3	6.7	7.0	7.3	7.3	7.3
$\mu \cdot 10^4$ in Ω^{-1} cm^2	156	563	1315	1399	1386	1353	1267	1226	1116	1036

V. A. PLOTNIKOV (*l. c.* S. 278).

$POCl_3$ ist in fl. HCl, fl. HBr und fl. HJ lösl. (—100 bzw. —81 bzw. —50°C) und bewirkt bei HCl und HBr ein beträchtliches, bei HJ ein schwaches Anwachsen der elektr. Leitf., B. D. STEELE, D. MCINTOSH, E. H. ARCHIBALD (*Z. physik. Chem.* **55** [1906] 129/99, 152, 153; *Phil. Trans. Roy. Soc.* A **205** [1905] 99/137, 121, 122). Bei 0.48 Mol $POCl_3$/l HCl beträgt die spezif. elektr. Leitf. 93.5×10^{-6} Ω^{-1} cm^{-1}, die molare elektr. Leitf. 0.20 cm^2 Ω^{-1} mol^{-1}, T. C. WADDINGTON, F. KLANBERG (*J. chem. Soc.* **1960** 2329/32), M. E. PEACH, T. C. WADDINGTON (*J. Chem. Soc.* **1962** 2680/4).

Molare elektr. Leitf. μ von $POCl_3$-Lsgg. in NOCl bei —20°C:

μ in Ω^{-1} cm^2	0.173	0.194	0.208	0.230	0.242
$10^2 \cdot$ Mol/l	3.32	3.02	2.77	2.38	2.08

J. LEWIS, D. B. SOWERBY (*J. chem. Soc.* **1957** 1617/22, 1618).

Auch in fl. H_2S (—81°C) ist $POCl_3$ mit schwachem Anwachsen der elektr. Leitf. lösl., B. D. STEELE, D. MCINTOSH, E. H. ARCHIBALD (*l. c.*). — $POCl_3$ mischt sich mit fl. SO_2 bei gewöhnl. Temp., A. I. ŠATENŠTEJN, M. M. VIKTOROV (*Ž. fiz. Chim.* **11** [1938] 18/27, *C.* **1939** II 1843; *Acta physicochim. URSS* **7** [1937] 883/98, 887, 894 [dtsch.]). Qualitative Angaben über Löslichkeit von $POCl_3$ in fl. SO_2 und elektr. Leitf. dieser Lsg., P. WALDEN (*Z. physik. Chem.* **43** [1903] 385/464, 401). Zur Löslichkeit in SO_2 vgl. auch „*Schwefel*" *Tl.* B, S. 311. — Die Lsg. von $POCl_3$ in S_2Cl_2 fungiert als Solvobase. Spezif. elektr. Leitf. von Lsgg. verschiedener Konz. bei 20°C:

Konz. in l/Mol	1.92	18.2	182
Leitf. in Ω^{-1} cm$^{-1} \cdot 10^9$	14.5	3.46	1.52

H. SPANDAU, H. HATTWIG (*Z. anorg. Chem.* **311** [1961] 32/39, 35). — In SO_2Cl_2 unter elektrolyt. Dissoz. lösl., V. GUTMANN (*Monatsh. Chem.* **85** [1954] 393/403, 396).

Bei Zusatz von PCl_3 zu hochgereinigtem $POCl_3$ erfolgt eine Abnahme der elektr. Leitf., die rein physikalisch infolge der Verd. durch das nichtleitende PCl_3 hervorgerufen wird. Ähnlich bedingt ist die ganz schwache Zunahme der elektr. Leitf. von $SOCl_2$-Lsgg. in $POCl_3$ und die schwache Abnahme bei $POCl_3$-Lsgg. von $SiCl_4$ und PBr_3 in Abhängigkeit von der Konz., V. GUTMANN (*Z. anorg. Chem.* **269** [1952] 279/91).

$POCl_3$ ist in $SnCl_4$ gut lösl.; elektr. Leitf. von Lsgg. von $POCl_3$ in $SnCl_4$ bei 20°C (Eigenleitf. $SnCl_4$ 6.3×10^{-11}, $POCl_3$ 1.6×10^{-6} $\Omega^{-1} \cdot$ cm^{-1}):

Mol $POCl_3$/l	spezif. Leitf. in Ω^{-1} cm^{-1}	molare Leitf. in Ω^{-1} cm^2
0.06	4.0×10^{-10}	6.7×10^{-6}
0.32	1.6×10^{-8}	5.0×10^{-5}
0.54	4.5×10^{-8}	8.3×10^{-5}
1.08	4.5×10^{-7}	4.15×10^{-4}

H. Spandau, H. Hattwig (*Z. anorg. Chem.* **295** [1958] 281/90, 285).

In organischen Lösungsmitteln. Unters. über den Einfluß von organ. Lsgmm. auf die P=O-Bindung im $POCl_3$ mittels UR-Spektra s. S. 387. Aus direkt gemessenen Oberflächenspannungen und Dichten des Systems $POCl_3$–C_6H_6 bei 25° werden die Werte für den Parachor berechnet. Sie erweisen sich als additiv und können aus den Werten für das Lsgm. und den gelösten Stoff ber. werden: $[P] = [P]_1(1-x) + [P]_2$ (x = Mol gelöster Stoff/Mol Lsgm.), H. Ishikawa, T. Atoda (*Rikagaku Kenkyūsho Ihō* **18** [1939] 150/61, *C.* **1940** I 839). — Dielektrizitätskonst. und Dichten in Benzol (C = Konz. von $POCl_3$ in der Lsg. ausgedrückt als Mol $POCl_3$/Mol C_6H_6): *In Organic Solvents*

C	ε			D		
	10°C	40°C	60°C	10°C	40°C	60°C
0.01950	2.473	2.390	2.330	0.9044	0.8728	0.8508
0.03930	2.655	2.545	2.470	0.9216	0.8888	0.8665
0.07046	2.941	2.794	2.698	0.9475	0.9138	0.8912
0.09712	3.198	3.012	2.890	0.9696	0.9352	0.9123
0.1961	4.201	3.877	3.669	1.0511	1.0142	0.9900

C. P. Smyth, G. L. Lewis, A. J. Grossman, J. B. Jennings (*J. Am. chem. Soc.* **62** [1940] 1219/23), vgl. auch G. T. O. Martin, J. R. Partington (*J. chem. Soc.* **1936** 158/63).

$POCl_3$ ist mit Acetanhydrid gut mischbar, G. Jander, E. Rüsberg, H. Schmidt (*Z. anorg. Chem.* **255** [1948] 238/52, 240). Nach Annahme von H. Ritter (*Liebigs Ann. Chem.* **95** [1855] 208/11) soll keine Rk. stattfinden, doch wird festgestellt, daß die spezif. elektr. Leitf. mit wachsender Konz. bis 0.1 m-Lsgg. zunimmt und daß die Leitf. der 0.1 m-Lsg. von $POCl_3$ in $(CH_3CO)_2O$ innerhalb von 8 Std. auf den 4fachen Betrag ansteigt und auch eine Gelbfärbung der Lsg. eintritt. Der Rk.-Ablauf: $POCl_3 + 3(CH_3CO)_2O = 3CH_3COCl + PO(CH_3COO)_3 \rightleftarrows (CH_3CO)_3PO_4$ wird durch Zusatz von Tl-Acetat, wodurch das CH_3COCl entfernt wird, nach rechts verschoben, H. Schmidt, C. Blohm, G. Jander (*Angew. Chem.* A **59** [1947] 233/7), vgl. hierzu ähnliche Verhältnisse beim $AsCl_3$ in „*Arsen*" S. 386.

$POCl_3$ ist mit CH_3COCl in allen Verhältnissen mischbar, R. C. Paul, D. Singh, S. S. Sandhu (*J. chem. Soc.* **1959** 315/9). Es löst sich in C_6H_5COCl zu einer farblosen Fl., die Eigg. einer schwachen Säure zeigt. Spezif. elektr. Leitf. der Lsg. von 0.01 Mol $POCl_3$ in 1 l C_6H_5COCl bei 20°C: 9.70×10^{-6} Ω^{-1} cm^{-1}, V. Gutmann, H. Tannenberger (*Monatsh. Chem.* **88** [1957] 216/27, 223, 226), vgl. hierzu R. C. Paul, M. S. Bains, G. Singh (*J. Indian chem. Soc.* **35** [1958] 489/92).

$POCl_3$ ist in CS_2 lösl., G. N. Huntly (*J. chem. Soc.* **59** [1891] 202/8).

Das $POCl_4^-$-Ion. Zur vermuteten Existenz des Ions vgl. S. 480, 476. *$POCl_4^-$ Ion*

Das System $POCl_3$–Cl_2

$POCl_3$–Cl_2 System

Nach E. Beckmann (*Z. anorg. Chem.* **51** [1906] 96/115, 99) vermischt sich $POCl_3$ mit fl. Cl_2 ohne sichtbare Rk.; zur Löslichkeit bei 0°C vgl. S. 476. Durch therm. Analyse (photograph. Registrierung der Abkühlungs- und Erwärmungskurven) nach W. Graff (*C. r.* **196** [1933] 1390/2) des Systems wird bei −55 ± 1.5°C und 56.7 ± 0.5 Gew.-% $POCl_3$ ein Übergangspunkt gefunden, der auf die Bldg. einer Verb. der Zus. $2POCl_3 \cdot Cl_2$ hinweist, vgl. hierzu weiter unten. Im Mischungsbereich zwischen 9 und 77 Gew.-% $POCl_3$ tritt ein Eutektikum auf, der eutekt. Punkt liegt bei −107.2 ± 0.5°C und 18.0 ± 0.5 Gew.-% $POCl_3$, A.-P. Rollet, W. Graff (*C. r.* **197** [1933] 555/7).

$2POCl_3 \cdot Cl_2$. Entsteht aus Gemischen von $POCl_3$ und fl. Cl_2 mit 76 bis 83 Gew.-% $POCl_3$ bei −55°C. Bildet kleine gelbe Prismen und dissoziiert oberhalb −55°C in Cl_2 und $POCl_3$, A.-P. Rollet, W. Graff (*C. r.* **197** [1933] 555/7). Vgl. hierzu oben. *$2POCl_3 \cdot Cl_2$*

$POCl_3$–PCl_3 System

Das System $POCl_3$–PCl_3

$POCl_3$ und PCl_3 sind bei gewöhnl. Temp. in allen Verhältnissen mischbar. Das System weist ein bei —93.5°C schmelzendes Eutektikum mit 95.0 Mol-% PCl_3 auf, B. A. Voitovich (*Zh. Neorgan. Khim.* **6** [1961] 1914/8, *C.A.* **56** [1962] 4344; engl. Übers.: *Russ. J. Inorg. Chem.* **6** [1961] 977/9). Nach Messungen der Partialdrucke der Komponenten in Abhängigkeit von der Zus. der fl. Phase bei 27, 48 und 59°C verhalten sich PCl_3–$POCl_3$-Gemische nahezu ideal, I. I. Sokolova, V. V. Illarionov, S. I. Vol'fkovič (*Ž. prikl. Chim.* **25** [1952] 652/7, *C.A.* **1953** 9127). Unters. über die Kinetik des P-Austausches im $POCl_3$–PCl_3-System; Wrkg. von γ-Strahlen, von UV- und sichtbarem Licht, von Wärme und von H_2O-Spuren, L. P. Grantham (*Kansas State Univ., Manhattan* Mic. 59-2995, S. 1/75 nach *Diss. Abstr.* **20** [1959] 898/9).

$POCl_3$–PCl_5 System

Das System $POCl_3$–PCl_5

Das zu Unterkühlungen neigende System zeigt ein bei 0.2°C schmelzendes Eutektikum mit 1.5 Mol-% PCl_5. Die Löslichkeit von PCl_5 in $POCl_3$ beträgt bei 25 bzw. 60°C 4 bzw. 11 Mol-% PCl_5, B. A. Voitovich (*Zh. Neorgan. Khim.* **6** [1961] 1914/8, *C.A.* **56** [1962] 4344; engl. Übers.: *Russ. J. Inorg. Chem.* **6** [1961] 977/9).

$POCl_3$–H_3PO_4 System

Das System $POCl_3$–H_3PO_4

Gemische von $POCl_3$ und H_3PO_4 werden nach Einstellung des Gleichgew. (2 Monate bei 25°C, 120 Std. bei 110°C, 65 Std. bei 230 und 300°C) auf gewöhnl. Temp. abgekühlt und mittels magnet. Kernresonanz untersucht. Im System werden festgestellt: H_3PO_4, $POCl_3$, HPO_2Cl_2, H_2PO_3Cl, HCl und höherkondensierte Cl-haltige P-Säuren, J. R. van Wazer, E. Fluck (*J. Am. chem. Soc.* **81** [1959] 6360/3).

Compounds with Perchloric Acid

Verbindungen mit Perchlorsäure

Tetrahydroxo-phosphorus (V) Perchlorate

Tetrahydroxo-phosphor(V)-perchlorat $P(OH)_4 \cdot ClO_4$ oder ***$H_3PO_4 \cdot HClO_4$.***

Darst. durch Vermischen von wasserfreiem H_3PO_4 mit überschüssigem trocknem $HClO_4$, wobei Wärmeentw. auftritt. Nach Kühlen mit Eis/NaCl wird eine krist. Subst. erhalten, die abgetrennt und mit $HClO_4$ gewaschen wird und einen Schmp. von 46 bis 47°C aufweist. Die Verb. ist im Gegensatz zu H_3PO_4 in CH_3NO_2 leicht lösl. und hygroskopisch. Die Lsg. in CH_3NO_2 zeigt bei der Elektrolyse (Pt-Elektroden, 110 V und 0.003 A bei 21°C) nach 6 Std. eine Abnahme der H_3PO_4-Konz. an der Anode und eine Zunahme an der Kathode, was als Spaltung in die Ionen $P(OH)_4^+$ und ClO_4^- und als Beweis für die Konstit. $P(OH)_4 \cdot ClO_4$ gewertet wird, E. J. Arlman (*Recueil Trav. chim. Pays-Bas* **56** [1937] 919/22). Die Verb. zeigt bei Beobachtung unter trocknem CCl_4 Doppelbrechung und orthorhomb. Kristallform. Das Fehlen der starken Reflexionen von H_3OClO_4 und H_3PO_4 im Debye-Diagramm beweist, daß eine neue Verb. vorliegt, in der sich Phosphorsäure gegenüber $HClO_4$ wie eine Anhydrobase verhält und die als Phosphatacidiumperchlorat angesprochen werden kann. Das Röntgendiagramm zeigt keine Ähnlichkeit mit dem von $H_2SO_4 \cdot NH_4ClO_4$ oder $N(CH_3)_4ClO_4$, wo vielleicht Isomorphismus zu erwarten gewesen wäre. Mangels gut ausgebildeter Kristalle kann keine Strukturunters. ausgeführt werden. Bldg.-Wärme aus H_3PO_4 und $HClO_4$ (ber. aus der calorimetrisch bestimmten Lsg.-Wärme der Verb. in H_2O und den bekannten Lsg.-Wärmen der Säuren bei gewöhnl. Temp.): 11.7 kcal/Mol. Die elektr. Leitf. der Lsg. in CH_3NO_2 bei 25°C ist von der gleichen Größenordnung wie beispielsweise die der Verbb. NH_4ClO_4 und H_3OClO_4 im gleichen Lsgm., E. J. Arlman (*Recueil Trav. chim. Pays-Bas* **58** [1939] 871/4). — Die Darst. wird bei völligem Ausschluß von H_2O in trocknem N_2 ausgeführt (App. s. im Original). Unterss. des Ramanspektrums beweisen, daß sich in H_3PO_4-$HClO_4$-Gemischen auch in der Schmelze die Verb. $P(OH)_4ClO_4$ bildet und dann im Gleichgew. mit der Pseudoform von $HClO_4$ und mit H_3PO_4 steht. Viscositätsmessungen von verschiedenen Gemischen bei 20 und 50°C zeigen bei 50 Mol-% $H_3PO_4(HClO_4)$ ein Max. Der salzartige Körper besteht wahrscheinlich aus einer Verknüpfung der beiden Ionen über H-Brücken:

```
       OHO       OHO       OHO       O
(HO)2P<    >Cl<      >P<      >Cl<
       OHO       OHO       OHO       O
```

A. Simon, M. Weist (*Z. anorg. Chem.* **268** [1952] 301/26, 313).

$2PH_3 \cdot 3HClO_4$, $PH_3 \cdot HClO_4$ (?). $2PH_3 \cdot 3HClO_4$. $PH_3 \cdot HClO_4$ (?)

Beim Einleiten von PH_3 in auf $-20°C$ gekühltes ~70%iges $HClO_4$ (entsprechend $HClO_4 \cdot 2H_2O$) wird eine weiße Kristallmasse erhalten, die bei Berührung mit feuchter Luft, bei geringer Temp.-Erhöhung oder Reibung auf das heftigste explodiert. Zur Reindarst. wird ein durch H_2O-Zusatz zu PH_4J erhaltener gleichmäßiger PH_3-Strom in auf $-20°C$ gekühltes $HClO_4$ geleitet, nachdem die Luft durch CO_2 verdrängt worden war. Das erhaltene $2PH_3 \cdot 3HClO_4$ wird im CO_2-Strom abgesaugt und mit CCl_4 oder $CHCl_3$ gewaschen, H. Fichter, H. Arni (*Helv. chim. Acta* **17** [1934] 222/4). Eine frühere Darst. nach der gleichen Meth. findet die Zus. des Phosphoniumperchlorats zu $PH_4 \cdot ClO_4$ bzw. $PH_3 \cdot HClO_4$, V. Evrard (*Natuurwetensch. Tijdschr.* **12** [1930] 6/11).

Chlorophosphorsäuren

Chlorophosphoric Acids

$POHCl_2$. $P(OH)_2Cl$ (?)

$POHCl_2$, $P(OH)_2Cl$ (?). Das Bestehen von $POHCl_2$ und $P(OH)_2Cl$ als intermediäre Zwischenverbb. bei der Hydrolyse von PCl_3 ist wegen der hierbei eintretenden Temp.-Erhöhung wahrscheinlich, D. Voigt (*C. r.* **232** [1951] 2442/4). Zur Existenz von $POHCl_2$ und $P(OH)_2Cl$ s. ferner J. A. Cade (*J. chem. Soc.* **1960** 1948/50).

Monochlorophosphorsäure H_2PO_3Cl (Trioxomonochlorophosphorsäure). Vergebliche Verss. zur Darst. durch Hydrolyse von HPO_2Cl_2 s. bei J. Goubeau, P. Schulz (*Z. anorg. Chem.* **294** [1958] 224/32, 230). In $POCl_3$-Hydrolysaten tritt die Verb. nicht auf, vgl. S. 468, ebenso bei der Hydrolyse von PCl_3 s. A. D. Mitchell (*J. chem. Soc.* **127** [1925] 336/42). Erfolglose Verss. zur Herst. der Säure durch Hydrolyse von $POCl_3$ s. S. 482. *Monochlorophosphoric Acid*

Dichlorophosphorsäure HPO_2Cl_2 (Dioxodichlorophosphorsäure) und ***$PO_2Cl_2^-$-Ion.*** *Dichlorophosphoric Acid. $PO_2Cl_2^-$ Ion*

Dem $PO_2Cl_2^-$-Ion, dessen Bldg. von B. L. Donnally, H. E. Carr (*Phys. Rev.* [2] **93** [1954] 111/4) bei der Dissoz. von $Cl_2P(O)OC_2H_5$ neben $POCl_2^-$, PO_2Cl^- und $POCl^-$ beobachtet wird, lassen sich folgende, im Ramanspektrum von Cl_2POOH und Cl_2POOD gem. Wellenzahlen (in cm^{-1}) zuordnen:

Cl_2POOH . . .	200	277	342	401	501	554	986	1259
Cl_2POOD	197	276	339	392	496	547	—	1269

J. Goubeau, P. Schulz (*Z. physik. Chem.* [*Frankfurt*] **14** [1958] 49/55); vorläufige Angaben hierzu s. bei P. Schulz (*Diss. Göttingen* 1953, S. 1/80, 24, 56, 58).

Zum Auftreten als intermediäres Zwischenprod. bei der Hydrolyse von PCl_5 und $POCl_3$ s. S. 440, 468. — Die Alkali- und Erdalkalisalze von HPO_2Cl_2 können aus ihren Lsgg. infolge der rasch eintretenden Hydrolyse nicht isoliert werden. Leicht darstellbar sind jedoch die Salze organ. Basen wie Nitron, Brucin, Strychnin, Methylenblau in krist. Form; sie sind aber auch an der Luft leicht zersetzlich und können wegen der Zersetzlichkeit des Anions nicht aus H_2O umkristallisiert werden. Die Verb. HPO_2Cl_2 gehört der Struktur und dem Verh. nach zum Perchlorattypus, K. I. Askitopoulos (*Praktika Akad. Athenon* **18** [1943] 146/57 [dtsch. Auszug S. 155], *C.* **1953** 8303).

Die Darst. gelingt auf Grund der Beobachtung, daß die P–O–P-Bindung durch Hydrolyse rascher gespalten wird als die P–Cl-Bindung. In einem Rundkolben werden auf $-70°C$ abgekühltes $P_2O_3Cl_4$ und H_2O gesondert eingeführt; durch Erwärmen mit der Hand wird etwas $P_2O_3Cl_4$ verflüssigt und mit dem H_2O zur Rk. gebracht. Beim Erreichen von $-40°C$ wird wieder auf $-70°C$ gekühlt und durch öftere Wiederholung des Vorgangs die Rk. zu Ende geführt. Während der Darst. darf kein Geruch nach HCl auftreten. Die Verb. läßt sich durch Abkühlen auf $-40°C$ und Reiben mit dem Glasstab zur Krist. bringen. Oberhalb des Schmp. ($-28°C$) leicht bewegliche Fl. von der Dichte $D_4^{25} = 1.68$, die im geschlossenen Gefäß einige Zeit haltbar ist. Beim Lösen in H_2O wird HCl abgespalten, ebenso beim Stehen an der Luft oder beim Erhitzen auf 100°C. Löst sich farblos in CCl_4, $CHCl_3$, C_2H_5OH, C_6H_6. In $C_6H_5CH_3$ erfolgt zunächst glatte Lsg., dann zunehmende Rotfärbung und Abscheidung einer öligen Phase, wahrscheinlich tritt Chlorierung ein. In Benzin unlösl., es tritt aber sofort tiefdunkelblaue Färbung ein. Ebenfalls unlösl. in CS_2, hier tritt Rotfärbung ein. In Aceton lösl. unter Verfärbung von Gelb nach Rot. Beim Erhitzen unter vermindertem Druck und Hindurchleiten von gasf. HCl bildet sich $P_2O_3Cl_4$ unter H_2O-Austritt zurück. Beim Erhitzen bei gewöhnl. Druck treten unter Abspaltung von HCl Trichlorodiphosphorsäure und Trimetaphosphorylchlorid auf, die papierchromatographisch nachgewiesen werden: $2POCl_2OH \rightarrow P_2O_3Cl_3OH + HCl$; $P_2O_3Cl_3OH + POCl_2OH \rightarrow P_3O_6Cl_3 + 2HCl$. Bei der therm. Zers. im Vak. wie auch bei gewöhnl. Druck hinterbleiben weiße poröse Substt., die auf Grund ihrer Zus. zur Gruppe der vernetzten Chlorophosphorsäuren (s. unten) gehören. Bei weiterem Erhitzen werden im Dest.-Prod. $POCl_3$ und $P_2O_3Cl_4$ aufgefunden,

H. GRUNZE, E. THILO (*Angew. Chem.* **70** [1958] 73; *D.P.* [*Ost*] 17826 [1957/59] nach *C.* **1960** 9685), H. GRUNZE (*Z. anorg. Chem.* **298** [1959] 152/63; *Acta chim. Acad. Sci. hung.* **18** [1959] 303/12 [dtsch. Text], *C.A.* **1959** 19657).

Ein unreines Prod. erhält man durch Hydrolyse der äther. Lsg. von $POCl_3$ mit der ber. Menge mit H_2O gesätt. Äthyläthers, H. MEERWEIN, K. BODENDORF (*Ber.* **62** [1929] 1952/3). Darst. von HPO_2Cl_2 durch vorsichtige Hydrolyse von $POCl_3$ mit H_2O im Molverhältnis 1 : 1 bei —20 bis —10°C. Verss., durch weitere Hydrolyse zu H_2PO_3Cl zu gelangen, mißlingen, J. GOUBEAU, P. SCHULZ (*Z. anorg. Chem.* **294** [1958] 224/30, 225). Auf dem gleichen Wege wie auch bei Rkk. nach den Gleichungen $P_4O_{10} + 6H_2O + 8POCl_3 = 12(OH)Cl_2PO$ und $P_4O_{10} + 6PCl_5 + 5H_3PO_4 = 15(OH)Cl_2PO$, die im Einschlußrohr durch 72std. Erhitzen bei 230°C durchgeführt werden, können Lsgg. erhalten werden, die $93 \pm 3\%$ HPO_2Cl_2 und $7 \pm 3\%$ Gemische von kondensierten P-Verbb., vornehmlich $P_2O_3Cl_4$, enthalten (vgl. hierzu das System H_3PO_4–$POCl_3$, S. 480). Bei 25°C beträgt die Dichte dieser Lsgg. 1.77, der Dampfdruck 17 Torr. Sie sind mischbar mit H_2O, lösl. in Alkohol unter Esterbldg., haben einen ähnlichen Geruch wie $POCl_3$, aber weniger durchdringend; durch genügend langes Erhitzen kann das gesamte Chlor ausgetrieben werden, J. R. VAN WAZER, E. FLUCK (*J. Am. chem. Soc.* **81** [1959] 6360/3), E. FLUCK (*Ang. Ch.* **72** [1960] 752). Über techn. Darst. von HPO_2Cl_2 durch Hydrolyse von $POCl_3$ bei tiefen Tempp. s. H. GRUNZE, E. THILO (*D.P.* (Ost) 17826 [1957/59]).

Über das Auftreten von Dichlorophosphorsäure in teilweise hydrolysiertem $POCl_3$ — vgl. auch die Hinweise weiter oben — und Verh. dieser Verbb. gegen organ. Stoffe s. beispielsweise HOFFMANN-LA ROCHE INC., L. A. FLEXSER, W. G. FARKAS (*U.S.P.* 2604470 [—/1952] nach *C.A.* **1953** 3354). Durch Einw. von $POCl_3$ auf C_2H_5OH, C_6H_5OH, $C_6H_5NH_2$ erhaltene Verbb. der Zus. $POCl_2 \cdot OC_2H_5$, $POCl_2 \cdot OC_6H_5$, $POCl_2 \cdot NHC_6H_5$ werden als Ester von HPO_2Cl_2 angesehen und sind seit langem bekannt, H. MEERWEIN, K. BODENDORF (*Ber.* **62** [1929] 1952/3).

Dichlorophosphoric Acid Monohydrate

Dichlorophosphorsäuremonohydrat $[H_3O]^+ [PO_2Cl_2]^-$. Zur Bldg. s. S. 467.

Trichlorodiphosphoric Acid

Trichlorodiphosphorsäure $HP_2O_4Cl_3$. Über papierchromatographisch nachgewiesene Bldg. beim Erhitzen von HPO_2Cl_2 bei gewöhnl. Druck unter HCl-Abspaltung und nachfolgende Rk. mit HPO_2Cl_2 unter Bldg. von $P_3O_6Cl_3$, ebenfalls unter HCl-Abspaltung s. S. 468.

Tetrachlorotriphosphoric Acid (?)

Tetrachlorotriphosphorsäure (?). Vermutetes intermediäres Auftreten bei der Rk. von $POCl_3$ mit P_2O_5 bei 200°C im Bombenrohr. Geht unter HCl-Abspaltung in $P_3O_6Cl_3$ über, H. GRUNZE (*Z. anorg. Chem.* **296** [1958] 63/72, 68), vgl. hierzu S. 471.

Hexachlorophosphoric Acid

Hexachlorophosphorsäure $HPCl_6$. Die Ergebnisse einer konduktometr. Titration von $PCl_5 \cdot JCl$-Lsgg. in JCl mit KCl deuten auf die Existenz von Hexachlorophosphaten, ohne daß diese jedoch isoliert werden können, V. GUTMANN (*Research* **3** [1950] 337/8). Vgl. auch das PCl_6^--Ion, S. 382.

Polychlorophosphoric Acids

Polychlorophosphorsäuren. In Gemischen von $POCl_3$ und H_3PO_4 wird nach Einstellung des Gleichgew. bei Tempp. zwischen 25 und 300°C und darauffolgende Abkühlung auf gewöhnl. Temp. mittels magnet. Kernresonanz die Ggw. von kondensierten P-Säuren mit Mono- und Dichlorophosphorsäureendgruppen festgestellt, J. R. VAN WAZER, E. FLUCK (*J. Am. chem. Soc.* **81** [1959] 6360/3).

H_4PO_4Cl

H_4PO_4Cl. Trocknes gasf. HCl wird von reinem H_3PO_4 bei $\sim$40°C zu 8 Gew.-% unter Bldg. einer Verb. obiger Zus. aufgenommen. Das Verh. dieser Lsg. stimmt mit der Annahme überein, daß eine Verb. der Zus. $[H_4PO_4]^+[Cl]^-$ gebildet wird, welche sehr unbeständig ist und sich wieder unter Entw. von gasf. HCl und Auskrist. von reinem H_3PO_4 zersetzt, J. A. CRANSTON, H. F. BROWN (*J. Roy. techn. Coll. Glasgow* **3** [1936] 569/75, *C.* **1936** I 4529).

Chlorophosphorus Compounds Containing Nitrogen

Stickstoffhaltige Phosphor-Chlorverbindungen

Siehe S. 488, 534, 549.

Phosphorus Fluoride Chlorides

Phosphorfluoridchloride

PF_2Cl. $PFCl_2$ Formation. Preparation

PF_2Cl, $PFCl_2$. **Bildung · Darstellung.** Bilden sich neben viel PF_3 bei Fluorierung von PCl_3 mit SbF_3 in Ggw. von $SbCl_5$ (Katalysator) oder in besserer Ausbeute beim Durchleiten eines Gemisches von PCl_3-Dampf und PF_3 in äquivalenten Mengen durch ein mit Porzellanstückchen gefülltes erhitztes Rohr, H. S. BOOTH, A. R. BOZARTH (*J. Am. chem. Soc.* **55** [1933] 3890), ferner beim Kontakt von PCl_3-Dampf mit erhitztem CaF_2. Die Rk. zwischen PCl_3 und PF_3 führt wegen Rkk. mit der Glaswand (Bldg. von SiF_4 und schwer abtrennbarem POF_3) zu stark verunreinigten Prodd., H. S.

Booth, A. R. Bozarth (*J. Am. chem. Soc.* **61** [1939] 2927/34). Dest.-App. zur Reinigung, bestehend aus einer Fraktioniersäule für tiefe Temp. verbunden mit einer Dichte-Waage und App. zur gleichzeitigen Best. der Schmpp. und des Dampfdrucks. Als Kriterium für die Reinheit werden Schmp. und Dampfdruck verwendet, H. S. Booth, A. R. Bozarth (*Ind. engg. Chem.* **29** [1937] 470/5). $PFCl_2$ bildet sich neben PF_3 beim Erhitzen von PCl_3 mit trocknem NH_4F am Rückflußkühler, C. J. Wilkins (*J. chem. Soc.* **1951** 2726/8), ferner wahrscheinlich beim Verdampfen von festem $PFCl_4$ bei 190° nach: $PFCl_4 \rightleftarrows PFCl_2 + Cl_2$, L. Kolditz (*Z. anorg. Chem.* **286** [1956] 307/16, 311).

Zur Darst. von $PFCl_2$ wird zu einem Gemisch von 130 g PCl_3 und 2 g PCl_5 (Katalysator) in einem Rundkolben unter Rückfluß (Kühlung mit Leitungswasser) 175 g gepulvertes SbF_3 allmählich zugefügt. Die Temp. des Rk.-Gefäßes wird auf 40°C gehalten. Das $PFCl_2$ wird in einer Gasfalle (fl. O_2) in einer Ausbeute von ~60% gesammelt und in Glasampullen eingeschmolzen, G. Brauer (*Handbuch der präparativen anorganischen Chemie*, 2. *Aufl.*, *Bd.* 1, *Stuttgart* 1960, S. 184). Die Darst. von PF_2Cl und $PFCl_2$ durch Fluorierung von PCl_3 mit SbF_3 in Ggw. von $SbCl_5$ als Katalysator wird verbessert. Hierzu verwendete App. s. im Original. Die einzelnen Verbb. werden durch verschieden tief gekühlte Fallen zurückgehalten und hierauf fraktioniert, R. R. Holmes, W. P. Gallagher (*Inorg. Chem.* **2** [1963] 433/7). Bldg. von PF_2Cl und $PFCl_2$ als Zwischenprodd. bei der Darst. von PF_3 durch Rk. von PCl_3 mit C_6H_5COF, F. Seel, K. Ballreich, W. Peters (*Chem. Ber.* **92** [1959] 2117/22, 2120).

Physikalische Eigenschaften. Für $PFCl_2$ ergibt sich nach Messungen zwischen −61.22 und 18.17°C die Dampfdruckformel $\lg p = 7.439 - 1308/T$; hieraus extrapolierter Sdp.: $T_V = 287.00 \pm 0.05$°K; Verdampfungswärme: $L_V = 5950$ cal/Mol; Schmp.: $T_f = 129.1$°K. Analoge Messungen an PF_2Cl zwischen −83.22 und −42.22°C ergeben $\lg p = 7.043 - 939.7/T$, $T_V = 225.85 \pm 0.05$°K, $L_V = 4200$ cal/Mol, $T_f = 108.3 \pm 0.2$°K, H. S. Booth, A. R. Bozarth (*J. Am. chem. Soc.* **61** [1939] 2927/34, 2931/2; *Ind. engg. Chem.* **29** [1937] 470/5). Direkt gem. Sdpp.: 13.9°C für $PFCl_2$, −47.3°C für PF_2Cl, F. Seel, K. Ballreich, W. Peters (*Chem. Ber.* **92** [1959] 2117/22). — Die thermodynam. Funktionen von $PFCl_2$ sind aus den Schwingungszahlen der Molekel von E. A. Piotrowski, J. S. Ziomek (*Phys. Rev.* [2] **100** [1955] 1267) berechnet worden (keine Ergebnisse im Original). Mit Hilfe der Kraftkonstt. nach Urey-Bradley (s. S. 371) ergeben sich folgende Werte für die Funktion $(H° - H°_0)/T$ und die Entropie S° (beide in $cal \cdot mol^{-1} \cdot °K^{-1}$) sowie für die molare Wärmekapazität $C°_p$ (in $cal \cdot mol^{-1} \cdot grd^{-1}$) von $PFCl_2$: *Physical Properties*

T in °K	100	200	273.16	298.16	400	500	600	700	800	900	1000
$(H° - H°_0)/T$ . . .	8.56	10.39	11.61	11.97	12.64	14.15	14.88	15.44	15.89	18.27	16.58
S°	59.12	67.44	72.10	73.49	78.44	82.40	85.59	88.68	91.22	93.52	95.54
$C°_p$	10.18	13.99	15.76	16.20	17.49	18.21	18.67	18.96	19.16	19.30	19.41

K. Venkateswarlu, K. V. Rajalakshmi (*J. sci. ind. Res.* B **21** [1962] 349/51).

Chemisches Verhalten. Die Stabilität von $PFCl_2$ ist viel größer als die der ähnlichen Verb. $PFBr_2$, M. L. Delwaulle, M. Cras, M. Bridoux (*Bull. Soc. chim. France* **1960** 786). Die Verbb. hydrolysieren mit H_2O und feuchter Luft, rauchen aber an der Luft nicht. Sie werden sehr rasch von NaOH-Lsg. unter Erwärmung absorbiert. Beim Aufbewahren als Fl. (bei −78°C) scheinen sie lange Zeit beständig zu sein. Beim Mischen mit Cl_2 tritt erst nach Zusatz eines Jodkristalls als Katalysator zwischen 80 und 100°C eine exotherme Rk. ein, die bei PF_2Cl wahrscheinlich zur Bldg. von PF_2Cl_3 führt, während sich mit $PFCl_2$ wahrscheinlich $PFCl_4$ bildet. Im allgemeinen ist PF_2Cl reaktionsfähiger als $PFCl_2$, H. S. Booth, A. R. Bozarth (*J. Am. chem. Soc.* **61** [1939] 2927/34, 2933). PF_2Cl wird durch Eiswasser rasch hydrolysiert, H. Weiss (*Diss. Stuttgart T.H.* 1959, S. 1/142, 124). *Chemical Reactions*

Beim Mischen von $PFCl_2$ mit $PFBr_2$ stellt sich nach dem Ergebnis der Unters. der Ramanspektren unter Bldg. von PFClBr ein Gleichgew. ein, M.-L. Delwaulle, F. François (*C. r.* **223** [1946] 796/8). $PFCl_2$ reagiert mit einer Lsg. von $SbCl_5$ in Methylenchlorid bei −78°C bei gleichzeitigem Einleiten von Cl_2 unter Ausfallen eines Prod. der Zus. $FPCl_3SbCl_6$, J. K. Ruff (*Inorg. Chem.* **2** [1963] 813/7).

Phosphor(V)-fluoridchloride

Phosphorus (V) Fluoride Chlorides

Die Eigg. der gemischten Halogenide des fünfwertigen P sind vor allem dadurch bestimmt, daß diese Verbb. nicht nur (wie PCl_5) im gasf. Zustand eine andere Konstit. haben als im festen, sondern auch im festen Zustand in 2 Formen existieren, die sich durch die Art der Bindung unterscheiden („Bindungsisomerie"); s. hierzu L. Kolditz (*Z. anorg. Chem.* **293** [1958] 147/54). Einige dieser Verbb. sind allerdings so instabil, daß ihre Eigg. bisher nicht ermittelt werden konnten.

Von den Verbb. mit homöopolarer Bindung sind nach Unterss. von H. S. BOOTH, A. R. BOZARTH (*J. Am. chem. Soc.* **61** [1939] 2927/34, 2933) $PFCl_4$ und PF_2Cl_3 instabile Fll., die sich in wenigen Std. bzw. Tagen zu zersetzen scheinen, während PF_3Cl_2 längere Zeit stabil bleibt. Den Sdp. dieser erstmals von H. MOISSAN (*Ann. Chim. Phys.* [6] **6** [1885] 433/67, 454) dargestellten Verb. finden H. S. BOOTH, A. R. BOZARTH (*l. c.*) zwischen 0 und 10°C und korrigieren damit die ältere Angabe $t_V = -8$°C von C. POULENC (*C. r.* **113** [1891] 75/78; *Ann. Chim. Phys.* [6] **24** [1891] 548/70, 555). Nach Dampfdruckmessungen an PF_3Cl_2 gilt für p in Torr zwischen 213 und 263°K die Formel $\lg p = 7.264 - 1228/T$; hieraus auf p = 760 Torr extrapolierter Sdp.: $T_V = 280.2$°K; Verdampfungswärme: $L_V =$ 5.66 kcal/Mol. Die Fl., deren homöopolarer Charakter an der geringen spezif. elektr. Leitf. ($\varkappa < 10^{-7}$ $\Omega^{-1}\cdot cm^{-1}$) zu erkennen ist, erstarrt zwischen 148 und 143°C, T. KENNEDY, D. S. PAYNE (*J. chem. Soc.* **1959** 1228/32). Als Kondensationstemp. gibt L. KOLDITZ (*l. c.* S. 150) $t_V = 8$°C an.

Trotz der geringen Stabilität von $PFCl_4$ gelingt es, den normalen Sdp. und den Erstarrungspunkt zu bestimmen: $t_V = 67$°C, $t_F = -63$°C, L. KOLDITZ (*Z. anorg. Chem.* **289** [1957] 128/40, 133). Die fl. Phase, die bei Verflüssigung von $[PCl_4]F$, s. unten, durch Druck entsteht und weit unterkühlt werden kann, ist nach Leitf.-Messungen weder bei 20 noch bei 190°C in Ionen dissoziiert; die spezif. Leitf. ist $\varkappa\cdot 10^6 = 0.20$ bzw. $0.16\,\Omega^{-1}\cdot cm^{-1}$. Die langsame Verfestigung, die an dieser Phase auch bei gewöhnl. Temp. zu beobachten ist, ist kein gewöhnl. Erstarrungsvorgang, sondern der Übergang in die heteropolare, krist. Form von $PFCl_4$ (Geschw.-Konstt. für die Umwandlungsrk. im Bereich von 0 bis 30°C s. unten), L. KOLDITZ (*Z. anorg. Chem.* **286** [1956] 307/16, 310, 315, **293** [1958] 147/54, 150). Neu gem. Schmpp.: −59.0°C ($PFCl_4$), −63.0°C (PF_2Cl_3), −124°C (PF_3Cl_2), R. R. HOLMES, W. P. GALLAGHER (*Inorg. Chem.* **2** [1963] 433/7). — Über die Stabilität der homöopolaren Verbb. in der Reihe $PF_{5-x}Cl_x$ s. auch H. WEISS (*Diss. Stuttgart T.H.* 1959, S. 74/81).

Heteropolare Bindungen liegen z. T. zwischen P und F vor, z. B. in $[PCl_4]^+F^-$, z. T. zwischen 2 Komplex-Ionen mit homöopolarer Bindung, z. B. in $[PCl_4]^+[PF_6]^-$.

Für $[PCl_4]F$ ergibt sich ein Sublimationspunkt bei ~175°C; unter Druck kann es bei 177°C verflüssigt werden. Wenn nach dem Abkühlen langsam wieder eine feste Phase entsteht, so ist deren Schmp. infolge von Verunreinigung mit $[PCl_4][PF_6]$ wegen der Nebenrk. $6\,PFCl_4 \rightleftharpoons [PCl_4][PF_6] + 4\,PCl_5$ schon bei 161°C zu beobachten, L. KOLDITZ (*Z. anorg. Chem.* **286** [1956] 307/16, 308/9).

An $[PCl_4][PF_6]$, einem weißen, hygroskop. Salz, ist die Sublimation unter partieller Zers. bei ~135°C zu beobachten. In Acetonitril dissoziiert diese Verb. in Ionen, L. KOLDITZ (*Z. anorg. Chem.* **284** [1956] 144/52).

Phosphorus (V) Fluoride Tetrachloride

Phosphor(V)-fluoridtetrachlorid $PFCl_4$.

Die Verb. liegt je nach ihrer Darst. in der homöopolaren Form $PFCl_4$ oder der heteropolaren Form $[PCl_4]F$ vor. Die homöopolare Form wird bei der Abscheidung aus dem Dampf in fl. Form erhalten. Sie ist unter gewöhnl. Bedingungen nicht stabil und wandelt sich in monomolekularer Rk. bereits bei gewöhnl. Temp. in $[PCl_4]F$ um; die Geschw.-Konstt. der Rk. $PFCl_4 \rightarrow [PCl_4]F$ betragen (in $10^{-4}min^{-1}$) bei 30, 20, 10 und 0°C: 5.62, 3.02, 1.58 und 0.843. Darst. von $PFCl_4$ durch Sublimieren von $[PCl_4][PF_6]$ im Vak. (unterhalb 1 Torr) und Abkühlen des Dampfes auf −60°C. Wird in dieser Form auch erhalten durch Schmelzen von $[PCl_4]F$ unter Druck. Auch bei Zers. von $[PCl_4][PF_6]$ in $AsCl_3$-Suspension entweicht neben PF_5 und PF_3Cl_2 homöopolares $PFCl_4$. Darst. von festem $[PCl_4]F$ durch 3std. Erhitzen einer Aufschlämmung von $[PCl_4][PF_6]$ in $AsCl_3$ bei 70 bis 85°C am Rückflußkühler. PF_3Cl_2 und PF_5 entweichen als Gase und werden bei −20 und −80°C kondensiert. Das gebildete $PFCl_4$ kondensiert sich im Kühler und tropft zurück, ein Tl. wandelt sich im Kühler in festes $[PCl_4]F$ um, das mit PF_5 weiter zu $[PCl_4][PF_6]$ reagiert. Sobald die Gasentw. schwach wird und fast alles gelöst ist, wird heiß unter H_2O-Ausschluß durch eine Glasfritte filtriert und über Nacht auf Eis gestellt. Das ausfallende $[PCl_4]F$ wird abgetrennt, bei 1 Torr und gewöhnl. Temp. vom überschüssigen $AsCl_3$ und nach Erwärmen bei 80°C und 1 Torr von geringen Beimengungen an $[PCl_4][PF_6]$ befreit. Auch bei Abscheidung aus polaren Lsgmm. wird $[PCl_4]F$ erhalten. Homöopolares $PFCl_4$ erleidet oberhalb 60°C einen Zerfall nach $5\,PFCl_4 \rightleftarrows PF_5 + 4\,PCl_5$; weiterhin tritt Selbstfluorierung ein nach $PFCl_4 + PF_5 \rightleftarrows [PCl_4][PF_6]$, wobei letzteres in $PFCl_4$ schwer lösl. ist und ausfällt; zur Rk. mit PF_5 vgl. auch weiter unten. Die Rk. führt zu einem Gleichgewicht. Festes $[PCl_4]F$ ist stark hygroskopisch und reagiert äußerst heftig mit H_2O, wobei infolge von örtlich begrenzter saurer Rk. Bldg. von Monofluorophosphorsäure eintritt. Es ist in wasserfreiem CH_3CO_2H und CH_3CN leicht lösl., ebenso in $AsCl_3$. Reagiert mit PF_5 bei gewöhnlichem Druck unterhalb 135°C unter Bldg. von $[PCl_4][PF_6]$ (röntgenographisch bestätigt), daneben noch nach $[PCl_4]F + PF_5 \rightarrow 2\,PF_3Cl_2$. Die bei 190°C eintretende Zers. verläuft wahrscheinlich nach $[PCl_4]F \rightarrow PFCl_2 + Cl_2$. Die Molgew.-Best. in wasserfreiem CH_3CO_2H deutet auf vollständige Dissoziation. Spezif. elektr. Leitf. von $[PCl_4]F$ in CH_3CN (Eigenleitf. von $3 \cdot 10^{-7} \Omega^{-1}$) bei 21°C:

Molarität der Lsg.	0.0372	0.0501	0.582	0.0621	0.0777	0.0845	0.1031	0.1431
$\kappa \cdot 10^3$ in Ω^{-1} cm^{-1}	0.763	0.789	0.799	1.03	1.49	2.01	2.63	3.66

Molare Leitf.: 40 Ω^{-1} cm^2 mol^{-1}, L. Kolditz (*Z. anorg. Chem.* **286** [1956] 307/16, **289** [1957] 128/40, 133, **293** [1957] 147/54, 150/1).

Darst. von homöopolarem $PFCl_4$ durch Aufschlämmen der heteropolaren Form in $AsCl_3$ und Dest., L. Kolditz (*Z. anorg. Chem.* **293** [1957] 147/54, 153). Bldg. von $[PCl_4]F$ bei der Darst. von PF_3Cl_2 aus PF_3 und Cl_2 s. unten. Isotopenaustausch zwischen $[PCl_4]F$ und mit ^{36}Cl markiertem $[(C_2H_5)_4N]Cl$ in CH_3CN bei 25°C s. L. Kolditz, D. Hass (*Z. anorg. allg. Chem.* **294** [1958] 191/204).

Wird wahrscheinlich als unstabile Fl. beim Chlorieren von $PFCl_2$ bei 80 bis 100°C mit Cl_2 in Ggw. von Jod als Katalysator erhalten. Zersetzt sich in ~30 Std. bei 25°C in ein weißes Prod. (wahrscheinlich PCl_5) und ein farbloses Gas (wahrscheinlich PF_5), H. S. Booth, A. R. Bozarth (*J. Am. chem. Soc.* **61** [1939] 2927/34, 2933). Darst. von $PFCl_4$ durch Chlorieren von $PFCl_2$ mit Cl_2 bei tiefer Temp., R. R. Holmes, W. P. Gallagher (*Inorg. Chem.* **2** [1963] 433/7). Best. der Lsg.-Wärme von $PFCl_4$ in Nitrobenzol, sowie der Rk.-Wärme mit Pyridinbasen in Nitrobenzollsg. bei 30°C, R. R. Holmes, W. P. Gallagher, R. P. Carter (*Inorg. Chem.* **2** [1963] 437/41).

PF_2Cl_3.

PF_2Cl_3

Wird wahrscheinlich als unstabile Fl. mit einem Dampfdruck von 387 Torr bei 32°C beim Chlorieren von PF_2Cl bei 80 bis 100°C mit Cl_2 in Ggw. von Jod als Katalysator erhalten. Zersetzt sich nicht so rasch wie $PFCl_4$; nach 24 Std. wird ein festes Prod. sichtbar und in 6 Tagen ist die Zers. vollständig, H. S. Booth, A. R. Bozarth (*J. Am. chem. Soc.* **61** [1939] 2927/34, 2933). Darst. von PF_2Cl_3 (Sdp. = −124°C) durch Chlorieren von $PFCl_2$ bei tiefer Temp. mit Cl_2, R. R. Holmes, W. P. Gallagher (*Inorg. Chem.* **2** [1963] 433/7). — Best. der Lsg.-Wärme von PF_2Cl_3 in Nitrobenzol, sowie der Rk.-Wärme mit Pyridinbasen in Nitrobenzollsg. bei 30°C, R. R. Holmes, W. P. Gallagher, R. P. Carter (*Inorg. Chem.* **2** [1963] 437/41).

Aus den Wellenzahlen der Molekelschwingungen (s. S. 381) ber. thermodynam. Größen (Enthalpiefunktion $(H°-H_0°)/T$ in $cal \cdot mol^{-1} \cdot °K^{-1}$, Entropie S° in $cal \cdot mol^{-1} \cdot °K^{-1}$, molare Wärmekapazität $C_p°$ in $cal \cdot mol^{-1} \cdot grd^{-1}$):

T in °K.	150	200	298.16	400	500	600	700	800	900	1000
$(H°-H_0°)/T$ . . .	11.36	13.10	16.15	18.62	20.46	21.87	22.99	23.89	24.62	25.23
S°	66.71	71.96	80.85	88.43	94.63	99.91	104.5	108.5	112.1	115.4
$C_p°$	16.57	19.92	24.40	27.00	28.47	29.37	29.95	30.34	30.63	30.83

J. E. Griffiths, R. P. Carter, R. R. Holmes (*J. chem. Phys.* **41** [1964] 863/76, 874).

PF_3Cl_2.

PF_3Cl_2

Theoret. Berechnungen nach einer abgeänderten Pauling-Meth. zur Existenz von Verbb. zwischen P^V, Cl und F ergeben nur einen Hinweis auf die Zus. PF_3Cl_2, R. Daudel, A. Bucher, H. Moureu (*C. r.* **218** [1944] 917/8). Zum Hexafluorophosphat $[PCl_4][PF_6]$ s. S. 486.

Bildung und Darstellung. Bldg. neben PF_5 beim Erhitzen von $[PCl_4][PF_6]$ in $AsCl_3$ am Rückflußkühler. Bildet sich auch bei der Rk. von festem $[PCl_4]F$ mit PF_5 bei gewöhnl. Druck unterhalb 135°C neben $[PCl_4][PF_6]$, L. Kolditz (*Z. anorg. Chem.* **286** [1956] 307/16, 308, 312). *Formation. Preparation*

Darst. durch Mischen von PF_3 und Cl_2 mit einem kleinen Überschuß an PF_3, da dieses aus dem Endprod. leichter entfernt werden kann als Cl_2. Das Rohprod. wird durch langsame Vak.-Dest. in eine durch ein Toluolschlamm-Bad (−96°C) gekühlte Vorlage gereinigt, die Verunreinigungen werden anschließend in einer mit fl. Luft gekühlten Vorlage aufgefangen. Das so erhaltene Prod. wird durch 12- bis 15fache Dest. weiter gereinigt. Als Schmiermittel werden Florube W und Kel-F[1]) verwendet, Apiezon und Silikonschmiermittel werden angegriffen. Bei der Darst. von PF_3Cl_2 werden stets wechselnde Mengen einer weißen Subst. erhalten, die nach röntgenograph. Unters. aus einem Gemisch von $[PCl_4][PF_6]$ und $[PCl_4]F$ im ungefähren Verhältnis 9 : 1 besteht. Es scheint, daß die Umwandlung in die Ionenform durch strengsten H_2O-Ausschluß vermindert werden kann. Die Hydrolyse mit äquimolaren H_2O-Mengen gibt hochsd. Oxidfluoride und HCl, die Rk. mit H_2O in der Gas-

[1]) Kel-F ist polymeres Trifluorchloräthylen.

phase bei 20°C verläuft nach: $nPF_3Cl_{2\,gasf} + nH_2O_{gasf} \rightarrow 2nHCl_{gasf} + (POF_3)_{n\,fl}$; Die molare elektr. Leitf. von 0.04542 m- bzw. 0.09053 m-Lsg. von PF_3Cl_2 in CH_3CN bei 20°C beträgt 9.63 Ω^{-1} cm²/Mol bzw. 9.31 Ω^{-1}cm²/Mol, T. KENNEDY, D. S. PAYNE (*J. chem. Soc.* **1959** 1228/32). Darst. von PF_3Cl_2 durch Destillieren von PF_3 in einen Kolben, durch welchen ein langsamer Strom von Cl_2 geleitet wird, R. N. HASZELDINE, H. ISERSON (*J. Am. Chem. Soc.* **79** [1957] 5801/4). Über die durch die Glasoberfläche katalysierte Rk. von PF_3 und Cl_2 in der Gasphase s. S. 393.

Über Darst. von PF_3Cl_2 durch Mischen von PF_3 mit Cl_2 s. auch H. WEISS (*Diss. Stuttgart T.H.* 1959, S. 1/142, 125), vgl. ferner G. BRAUER (*Handbuch der präparativen anorganischen Chemie*, 2. *Aufl.*, *Bd.* 1, *Stuttgart* 1960, S. 185), H. MOISSAN (*Ann. Chim. Phys.* [6] **6** [1885] 433/67, 454), C. POULENC (*Ann. Chim. Phys.* [6] **24** [1891] 548/70, 549), H. S. BOOTH, A. R. BOZARTH (*J. Am. chem. Soc.* **61** [1939] 2927/34). Über Darst. von PF_3Cl_2 durch Chlorieren von PF_3 mit Cl_2 bei tiefer Temp. s. auch R. R. HOLMES, W. P. GALLAGHER (*Inorg. Chem.* **2** [1963] 433/7).

Chemical Reactions

Chemisches Verhalten. Farbloses, an der Luft rauchendes Gas von stechendem Geruch. Nach Unterss. von E. L. MUETTERTIES, T. A. BITHER, M. W. FARLOW, D. D. COFFMAN (*J. inorg. nucl. Chem.* **16** [1960/61] 52/9) folgen der rasch ablaufenden Rk. zur Bldg. von PF_3Cl_2 aus PF_3 und Cl_2 zwei langsame Rkk.: $2PF_3Cl_2 \rightarrow [PCl_4]^+[PF_6]^-$ und $2PF_3Cl_2 \rightarrow PCl_5 + PF_5$. Das feste Prod. $[PCl_4]^+[PF_6]^-$ enthält kleine Mengen von PCl_5 oder $[PCl_4]F$. — Von 200°C an und unter der Einwirkung des elektrischen Funkens zerfällt es in PCl_5 und PF_5. H_2 setzt beim Erhitzen bei 250°C langsam zu HCl und PF_3 um, S reagiert bei mehrstd. Erhitzen zwischen 111 und 115°C nach $PF_3Cl_2 + 3S = PF_3S + S_2Cl_2$, P zersetzt bei 100°C langsam in PF_3 und PCl_3. Mit einer geringen H_2O-Menge tritt Rk. ein nach $PF_3Cl_2 + H_2O = POF_3 + 2HCl$, mit H_2O-Überschuß findet vollständige Absorption unter Bldg. von HF, HCl und H_3PO_4 statt. Gasf. NH_3 reagiert unter Bldg. weißer Nebel nach $PF_3Cl_2 + 4NH_3 = PF_3(NH_2)_2 + 2NH_4Cl$. Leicht erwärmtes Na absorbiert vollständig und bildet Fluorid, Chlorid und Phosphid; Mg, Al, Fe, Ni, Pb, Sn bilden bei 180°C die entsprechenden Chloride und PF_3; Hg wird bei gewöhnl. Temp. unter Bldg. von PF_3 und Hg_2Cl_2 angegriffen; Sb_2S_3 reagiert bei 100°C unvollständig nach $3PF_3Cl_2 + Sb_2S_3 = 3PF_3S + 2SbCl_3$. Gelöste Alkalien, Kalk- und Barytwasser absorbieren vollständig, C. POULENC (*Ann. Chim. Phys.* [6] **24** [1891] 548/70; *C. r.* **113** [1891] 75/8). Das durch Vereinigung von PF_3 und Cl_2 erhaltene verflüssigte Prod. (ausgefroren zusammen mit den überschüssigen Komponenten) greift Glas bei gewöhnl. Temp. an, J. N. WILSON (*J. Am. chem. Soc.* **80** [1958] 1338). Beim Stehenlassen von frisch dest. PF_3Cl_2 scheidet sich eine weiße krist. Subst. aus, wobei die Art des Glases eine Rolle spielt: Jenaer Glas setzt die Abscheidungsgeschw. gegenüber Normalglas stark herab. Nach der Analyse des Nd. scheint es sich um eine Umwandlung in $[PCl_4][PF_6]$ zu handeln, H. WEISS (*l. c.* S. 130). Über Rk. von PF_3Cl_2 mit COF_2 s. R. N. HASZELDINE, H. ISERSON (*J. Am. Chem. Soc.* **79** [1957] 5801/4).

$[PCl_4]^+$ $[PFCl_5]^-$

$[PCl_4]^+$ $[PFCl_5]^-$ oder P_2FCl_9.

Zur Darst. werden 37.3 g $[PCl_4][PF_6]$ in 38 ml sd. CCl_4 8 Std. erhitzt. Es entweichen PF_5 und PF_3Cl_2. Der entstehende weiße Nd. wird abgetrennt, im Vak. getrocknet und durch Erhitzen in trockner Luft bei 80 bis 85°C das gleichzeitig entstandene $PFCl_4$ und restliches CCl_4 entfernt. Die Analyse der weißen Subst. ergibt die Zus. $PF_{0.5}Cl_{4.5}$, die Bldg.-Weise deutet auf eine Ionen-Struktur und die dimere Zus. P_2FCl_9. Die Elektrolyse der Lsg. in CH_3CN zeigt die Ggw. von P und F im Anion; es wird daher von den möglichen Zuss. $[PFCl_3]^+[PCl_6]^-$ und $[PCl_4]^+[PFCl_5]^-$ letzterer der Vorzug gegeben. Die Verb. ist bis 110°C als feste Phase beständig, dissoziiert oberhalb dieser Temp. in PCl_5 und $PFCl_4$, bei noch höherer Temp. entstehen P-Trihalogenide und freies Cl_2. Die molare elektr. Leitf. der Lsg. in CH_3CN bei 20°C und 0.0227 bzw. 0.0433 bzw. 0.0685 Mol P_2FCl_9/l beträgt 72.21 bzw. 68.53 bzw. 66.13 Ω^{-1} cm² und liegt zwischen der von PCl_5 und $[PCl_4][PF_6]$ bei vergleichbaren Konzz., T. KENNEDY, D. S. PAYNE (*J. chem. Soc.* **1960** 4126/30), vgl. T. KENNEDY, D. S. PAYNE, R. I. REED, W. SNEDDEN (*Proc. Chem. Soc.* **1959** 133).

Tetrachlorophosphorus (V) Hexafluorophosphate

Tetrachlorophosphor(V)-hexafluorophosphat $[PCl_4][PF_6]$.

Darst. durch Lösen von PCl_5 in $AsCl_3$ und Zutropfen von AsF_3 unter leichter Kühlung in Form eines schwer lösl. weißen Nd.; bei Beendigung der Rk. entstehen infolge PF_3-Bldg. dicke weiße Nebel. Der Nd. wird abgetrennt, mit $AsCl_3$ gewaschen und vom anhaftenden $AsCl_3$ im trocknen Luftstrom befreit. Über Bldg. durch Umwandlung von PF_3Cl_2 s. dort. Die Verb. ist ein weißes krist. Pulver, hygroskopisch, reagiert mit H_2O unter Zischen. Mit verd. Alkalien tritt Rk. nach $[PCl_4][PF_6] + 7KOH \rightarrow K_2HPO_4 + 4KCl + KPF_6 + 3H_2O$ ein. $[PCl_4][PF_6]$ ist lösl. in CH_3CN, schwerlösl. in

$AsCl_3$, PCl_3 und $POCl_3$. Reagiert mit AsF_3 langsam bei 0°C, rascher bei gelindem Erwärmen nach $3[PCl_4][PF_6] + 4AsF_3 \rightarrow 6PF_5 + 4AsCl_3$. Beim Sublimationspunkt (~135°C) findet teilweise Zers. statt.. Geeignet als Ausgangsmaterial für Hexafluorophosphate, wodurch die sonst erforderliche Verwendung wasserfreier Flußsäure umgangen wird. Elektr. Leitf. von Lsgg. in CH_3CN (Eigenleitf. $3.10^{-7}\ \Omega^{-1}\ cm^{-1}$) bei 30°C:

Molarität der Lsg.	0.0208	0.0292	0.0314	0.0420	0.0485
$\kappa \cdot 10^3$ in $\Omega^{-1}\ cm^{-1}$	0.85	2.0	2.0	3.8	4.6

L. Kolditz (*Z. anorg. Chem.* **284** [1956] 144/52). Darst. durch Leiten von PF_5 über $[PCl_4]F$ bei 50°C, L. Kolditz (*Z. anorg. Chem.* **286** [1956] 307/16, 313). Über Bldg. bei der Darst. von PF_3Cl_2 s. S. 485.

Beim Sublimieren im Vak. (unterhalb 1 Torr) wird durch Abkühlen des Dampfes auf −60°C homöopolares $PFCl_4$ in fl. Form erhalten, L. Kolditz (*Z. anorg. Chem.* **286** [1956] 307/16, 307). Die therm. Zers. einer Suspension in $AsCl_3$ beginnt bereits bei 70°C, L. Kolditz (*Z. anorg. Chem.* **286** [1956] 307/16, 308). Beim Erhitzen in sd. CCl_4 bilden sich PF_5, PF_3Cl_2 und $[PCl_4][PCl_5F]$, T. Kennedy, D. S. Payne (*J. chem. Soc.* **1960** 4126/30), vgl. S. 486.

Isotopenaustausch zwischen $[PCl_4][PF_6]$ und mit ^{36}Cl markiertem $(C_2H_5)_4NCl$ in CH_3CN bei 25°C s. L. Kolditz, D. Hass (*Z. anorg. Chem.* **294** [1958] 191/204).

Phosphoroxidfluoridchloride

Phosphorus Oxide Fluoride Chlorides

HCl–POF$_3$ System

Das System HCl–POF$_3$. Bei der Fraktionierung von Gemischen aus PF_3, POF_3 und HCl wird nach Abtrennung des PF_3 bei −41°C und 760 Torr ein konstant sd. Gemisch der Zus. HCl : POF_3 = 1 : 1.2 erhalten, das eine beschränkt beständige Verb. sein könnte, G. Tarbutton, E. P. Egan, S. G. Frary (*J. Am. chem. Soc.* **63** [1941] 1782/9, 1786).

ClO$_2$F · PF$_5$

***ClO$_2$F · PF$_5$* oder *ClO$_2$[PF$_6$]*.** Darst. durch Rk. einer Lsg. von ClO_2F in CCl_3F (Frigen 11) mit PF_5 als feste weiße Substanz. Im Hochvak. flüchtig ab −35°C, M. Schmeisser, F. L. Ebenhöch (*Angew. Chem.* **66** [1954] 230/1).

POFCl$_2$, POF$_2$Cl.

POFCl$_2$. POF$_2$Cl

Formation. Preparation

Bildung und Darstellung. Die Verbb. werden in verschiedenen Anteilen je nach Temp. und Mischungsverhältnis beim Erhitzen von P_2O_5 mit NaCl und CaF_2 bei Tempp. zwischen 350 und 600°C erhalten nach $3CaF_2 + 6NaCl + 8P_2O_5 \rightarrow 2POF_2Cl + 2POFCl_2 + 3Ca(PO_3)_2 + 6NaPO_3$ und durch fraktionierte Dest. von gleichzeitig entstehendem PF_3, POF_3, $POCl_3$ und HCl abgetrennt, G. Tarbutton, E. P. Egan, S. G. Frary (*J. Am. chem. Soc.* **63** [1941] 1782/9). $POFCl_2$ entsteht neben $POFBr_2$ und POFClBr beim Behandeln von $POClBr_2$ mit SbF_3 bei 80°C und 100 Torr, M.-L. Delwaulle, F. François (*C. r.* **222** [1946] 1173/5). Beim Überleiten von $POCl_3$-Dampf über auf 150°C erhitztes CaF_2 werden etwa 35% PF_3, 25% POF_2Cl und 40% $POFCl_2$ erhalten. Auch bei langsamem Zusatz von 80 g SbF_3 zu einem Gemisch von 200 g $POCl_3$ und 50 g $SbCl_5$ bei 75°C und 190 bis 200 Torr werden 55% PF_3, 5% POF_2Cl und 40% $POFCl_2$ erhalten, H. S. Booth, F. B. Dutton (*J. Am. chem. Soc.* **61** [1939] 2937/40). Vgl. hierzu N. B. Chapman, B. C. Saunders (*J. chem. Soc.* **1948** 1010/4). $POFCl_2$ und POF_2Cl bilden sich neben POF_3 beim Erhitzen von $POCl_3$ mit trocknem NH_4F am Rückflußkühler, C. J. Wilkins (*J. chem. Soc.* **1951** 2726/8), und können ferner dargestellt werden durch Behandeln von sd. $POCl_3$ mit HF und Fraktionierung des erhaltenen Gleichgew.-Gemisches aus POF_2Cl, $POFCl_2$ und POF_3, M. Woyski laut E. M. Larsen, J. Howatson, A. M. Gammil, L. Wittenberg (*J. Am. chem. Soc.* **74** [1952] 3489/92).

Bldg. von POF_2Cl und $POFCl_2$ als Zwischenprodd. bei der Darst. von POF_3 durch Rk. von $POCl_3$ mit C_6H_5COF, F. Seel, K. Ballreich, W. Peters (*Chem. Ber.* **92** [1959] 2117/22, 2120). Über Bldg. von $POFCl_2$ nach $[(CH_3)_2N]_2POF + 4HCl \rightarrow POFCl_2 + 2(CH_3)_2NH_2Cl$ s. Z. Skrowaczewska, P. Mastalerz (*Roczniki Chem.* **29** [1955] 415/30, 419, *C.A.* **1956** 7075).

Physical Properties

Physikalische Eigenschaften. Zu den Molekeln vgl. S. 383/8. — In der nachstehenden Tabelle sind die Angaben über die Dichte D° bei 0°C (in g/cm³), die krit. Temp. T_{kr}, den krit. Druck p_{kr} (in atm), die Parameter der Dampfdruckformel lg p = A—B/T für p in Torr, den Sdp. t_V (760 Torr), die diesbezügliche Verdampfungswärme L_V (in cal/Mol) und den Schmp. t_f zusammengestellt:

Eig.	D°	T_{kr}	p_{kr}	A	B	t_V	t_V	t_f	t_f	L_V
$POFCl_2$	1.5931	—	—	7.8440	1618.23°K	52.9°C	54.0°C	−80.1°C	−84.5°C	7403
POF_2Cl	1.6555	423.7°K	43.4	7.6904	1328.3°K	3.1°C	2.5°C	−96.4°C	—	6090
Lit.	1)	1)	1)	1)	1)	1) 3)	2)	1)	2)	1)

1) H. S. Booth, F. B. Dutton (*J. Am. chem. Soc.* **61** [1939] 2937/40). — 2) G. Tarbutton, E. P. Egan, S. G. Frary (*J. Am. chem. Soc.* **63** [1941] 1782/9). — 3) F. Seel, K. Ballreich, W. Peters (*Chem. Ber.* **92** [1959] 2117/22).

Über die Berechnung der Enthalpie, Wärmekapazität und Entropie aus spektroskop. Daten berichten ohne Angabe von Ergebnissen E. A. Piotrowski, J. S. Ziomek (*Phys. Rev.* [2] **100** [1955] 1267).

Chemical Reactions

Chemisches Verhalten. Das chem. Verh. der beiden Verbb. liegt zwischen dem von POF_3 und $POCl_3$ und ist dem F-Gehalt proportional. Sie hydrolysieren in feuchter Luft oder mit H_2O unter Zwischenbldg. von Fluorophosphaten. Auf Cu oder Ni-Cr-Legg. wirken sie nicht ein. POF_2Cl verändert bei längerem Kontakt die Oberfläche von Hg. In trockner Form wird Glas nicht angegriffen, doch verhütet auch sorgfältigste Trocknung nicht die Bldg. von Ringen und wolkigen Flecken in den Glasbehältern. Beim Überleiten von POF_2Cl über Na-Amalgam zwischen 20 und 60°C tritt zwar Verfärbung des Amalgams ein, jedoch läßt nichts darauf schließen, daß unter Cl-Entzug die beabsichtigte Bldg. von $(POF_2)_2$ eingetreten ist, H. S. Booth, F. B. Dutton (*l. c.*). Beim Erhitzen von $POFCl_2$ mit P_2O_5 im Bombenrohr bei 200°C bildet sich u. a. $P_2O_3F_2Cl_2$, C. Stölzer, A. Simon (*Chem. Ber.* **94** [1961] 1976/9); vgl. unten. POF_2Cl bzw. $POFCl_2$ geben mit $MeCl_4$ (Me = Zr oder Hf) die Additionsverbb. $POF_2Cl \cdot MeCl_4$ bzw. $2POFCl_2 \cdot MeCl_4$, welche bei längerem Kontakt mit überschüssigem P-Oxidhalogenid unter Austausch der Halogene in $2POCl_3 \cdot MeCl_4$ und POF_3 übergehen, E. M. Larsen, J. Howatson, A. M. Gammil, L. Wittenberg (*l. c.*).

$P_2O_3F_2Cl_2$

$P_2O_3F_2Cl_2$.

Darst. durch Erhitzen von $POFCl_2$ und P_2O_5 im Molverhältnis 10 : 1 bei 200°C im Bombenrohr (48 Std.) und nachfolgende Fraktionierung im Vak. der Wasserstrahlpumpe. Farbloses, an der Luft rauchendes Öl mit $D_{20}^{20} = 1.7918$, einem Sdp. von 36°C bei 12 Torr, $n_D^{20} = 1.3860$, dem nach chem. Rkk. und der Unters. der Kernresonanzspektren die Konstit. $\mathrm{(Cl)(F)P(O)-O-P(O)(Cl)(F)}$ zugeschrieben wird. Lösl. in den üblichen organ. Lsgmm., in solchen mit aktivem Wasserstoff unter Erwärmung und Zers.; mit H_2O erfolgt unter Zischen eine heftige Rk., Filterpapier wird schwarz gefärbt unter Zers., C. Stölzer, A. Simon (*Chem. Ber.* **94** [1961] 1976/9).

Chlorophosphorus Compounds Containing Nitrogen

Stickstoffhaltige Phosphor-Chlorverbindungen

Phosphorus Nitride Dichlorides

Phosphornitriddichloride.

Vgl. hierzu S. 534, 537, 549.

P_3NCl_{12}

P_3NCl_{12}. Ein Gemisch von 208 g PCl_5, 17.5 g NH_4Cl, 200 ml Tetrachloräthan, 150 ml $C_6H_5NO_2$ und 10 g NaCl (Verhinderung des Zusammenbackens von NH_4Cl) wird bei 80°C und vermindertem Druck unter Rückfluß und Hindurchführen von trockner Luft erhitzt. Nach 5 Std. wird bei gewöhnl. Druck kurz auf 140°C erhitzt und filtriert. Aus dem Filtrat scheiden sich nadelförmige Kristalle der Zus. P_3NCl_{12} aus, die aus Tetrachloräthan mehrmals umkrist. werden. Schmp. (im Vak.) = 310 bis 315°C. Die Subst. sublimiert bei 14 Torr und 150°C, färbt sich reversibel gelblich beim Erwärmen und ist außerordentlich empfindlich gegen H_2O. Elektr. Leitf. in CH_3NO_2 (Eigenleitf. $2.22 \times 10^{-6}\ \Omega^{-1}\ cm^{-1}$) bei 25°C:

Molarität	0.071	0.025	0.014_9	0.0080
$10^4\ \varkappa$ in $\Omega^{-1}\ cm^{-1}$	41	17.9	11.1	6.5
μ in $\Omega^{-1}\ cm^2/Mol$	57.7	70.9	74.9	81.6

Die Ergebnisse der Leitf.-Best. deuten auf die Konstit. $[Cl_3PNPCl_3][PCl_6]$. Als Bestätigung dieser Annahme wird angesehen, daß die Subst. beim Behandeln mit SO_2 die Verbb. $POCl_3$, $SOCl_2$ und $Cl_3PNPOCl_2$ liefert, M. Becke-Goehring, W. Lehr (*Chem. Ber.* **94** [1961] 1591/4). Das in einer Lsg. von Nitromethan aufgenommene kernmagnet. Resonanzspektrum erhärtet diese Strukturannahme, E. Fluck (*Z. anorg. Chem.* **315** [1962] 181/90, 181).

$POCl_3$–NOCl System

Das System $POCl_3$–NOCl. Die beiden Fll. sind über den gesamten Konz.-Bereich mischbar. Nach thermoanalyt. Unters. keine Verb.-Bldg.; bei −74°C wird ein Eutektikum mit 78 Mol-% NOCl beobachtet, J. Lewis, D. B. Sowerby (*J. chem. Soc.* **1957** 1617/22).

$P_2O_6NCl_2$(?)

$P_2O_6NCl_2$ (?). Bildet sich bei der Rk. von N_2O_4 mit PCl_3 oder $POCl_3$ (vgl. S. 425, 469). Die farblosen Kristalle werden mit absol. Äthyläther und Petroläther gewaschen und mit H_2O-freier

Luft getrocknet. Zersetzen sich bereits in der Kälte, manchmal unter Explosion. Unlösl. in C_6H_6 $(C_2H_5)_2O$ und Petroläther, wenig lösl. in $POCl_3$, gut in NOCl. Beim Zerfall entstehen N_2O_4, NOCl, (NO_2Cl ?) unter Zurücklassen eines schwarzen harzähnlichen Stoffes, der P, O und Cl enthält, R. KLEMENT, K. H. WOLF (*Z. anorg. Chem.* **282** [1955] 149/61, 153). Wird für ein Gemisch uneinheitlicher Nitrosylverbb. kondensierter Cl-haltiger P-Säuren gehalten, E. G. F. ROTHER (*Diss. München* 1959, S. 1/98, 20).

$P_4H_{10}O_4N_7Cl$. Darst. durch langsames Übergießen von feingepulvertem $OP(NH_2)_3$ mit frisch dest. $POCl_3$ unter Vermeiden einer Erwärmung. Nach 3std. Schütteln wird filtriert und mit $CHCl_3$ gewaschen. Die erhaltene feste farblose Subst. reagiert mit fl. NH_3 unter Bldg. von $[H_2N\text{–}P(O){=}NH]_n$: *$P_4H_{10}O_4N_7Cl$*

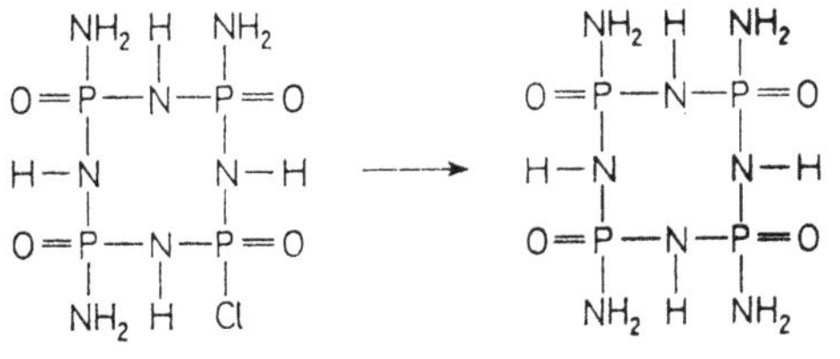

```
NH2 H  NH2                    NH2 H  NH2
 |  |   |                      |  |   |
O=P—N—P=O                     O=P—N—P=O
 |      |                      |      |
H—N     N—H       ——→         H—N     N—H
 |      |                      |      |
O=P—N—P=O                     O=P—N—P=O
 |  |   |                      |  |   |
NH2 H  Cl                     NH2 H  NH2
```

M. GOEHRING, K. NIEDENZU (*Chem. Ber.* **89** [1956] 1774/5).

$Cl_3PNPOCl_2$ oder ***$NPCl_2 \cdot OPCl_3$.*** *$Cl_3PNPOCl_2$*

Darst. durch 4std. Erhitzen einer Suspension von Monoamidophosphorsäure $PO(OH)_2NH_2$ in Tetrachloräthan mit PCl_5 unter Rückfluß im langsamen Luftstrom unter H_2O-Ausschluß. Etwa entstehende geringe Mengen eines unlösl. Prod. werden durch Filtration entfernt. Der Umsatz nach $3\,PCl_5 + PO(OH)_2NH_2 \rightarrow 2\,POCl_3 + 4\,HCl + Cl_3PNPOCl_2$ verläuft bei der ständigen Entfernung von HCl durch den Luftstrom besonders glatt. Anschließend werden $POCl_3$ und das Lsgm. bei 14 Torr und 90°C abgetrieben; im Hochvak. (0.005 Torr) wird zwischen 55 und 58°C eine nach einiger Zeit erstarrende Fl. der Zus. P_2ONCl_5 erhalten. Ausbeute 88%, Schmp. 35°C. Die Verb. ist in organ. Lsgmm. (C_6H_6, CCl_4, $CHCl_3$) löslich. Die gleiche Verb. kann auch in etwas geringerer Ausbeute aus $OP(NH_2)_3$ oder $(NH_2)_2P(O)OH$ und PCl_5 auf ähnliche Weise erhalten werden. Mit wenig H_2O reagiert die Verb. unter Bldg. von NH_4^+ und Orthophosphat, mit viel H_2O tritt Hydrolyse ein nach

$$Cl_3PNPOCl_2 + 6\,H_2O \rightarrow H_3PO_4 + NH_2PO(OH)_2 + 5\,HCl$$

Mit verd. KOH bildet sich $Na_4P_2O_6NH$, M. BECKE-GOEHRING, T. MANN, H. D. EULER (*Chem. Ber.* **94** [1961] 193/8). Über Bldg. durch Rk. der Lsg. von P_2NCl_7 (vgl. S. 535) oder P_3NCl_{12} in Tetrachloräthan bei 100°C mit $(H_3NOH)Cl$ s. M. BECKE-GOEHRING, W. GEHRMANN, W. GOETZE (*Z. Anorg. Allg. Chem.* **326** [1963] 127/38, 135), durch Rk. von P_2NCl_7 mit trocknem SO_2 nach $NP_2Cl_7 + SO_2 \rightarrow Cl_3PNPOCl_2 + SOCl_2$, M. BECKE-GOEHRING, W. LEHR (*Z. Anorg. Allg. Chem.* **325** [1963] 287/301, 297); über Identität mit der durch Rk. von PCl_3 mit N_2O_4 erhaltenen als $P_4O_4Cl_{10}$ formulierten Verb. vgl. M. BECKE-GOEHRING, A. DEBO, E. FLUCK, W. GOETZE (*Chem. Ber.* **94** [1961] 1383/7), Unters. des kernmagnet. Resonanzspektrums s. E. FLUCK (*Chem. Ber.* **94** [1961] 1388/91). Zur techn. Darst. wird PCl_5 mit $HONH_2HCl$ und $(CHCl_2)_2$ bei 100°C erhitzt, das entstehende $POCl_3$ und das Lsgm. abdestilliert; bei 1 Torr geht $Cl_3PNPOCl_2$ zwischen 85 und 105°C mit einem Schmp. von 34.1°C, einer D_{38} von 1.796 und einem n_D^{38} von 1.5260 über, PENNSALT CHEMICALS CORP., E. J. KAHLER (*U.S.P.* 2925320 [1956/60] nach *C.* **1961** 9556).

$2NPCl_2 \cdot OPCl_3$. Darst. durch Rk. von $(P_2NCl_7)_2$ mit SO_2. Es entstehen außerdem $SOCl_2$ und $POCl_3$. Farbloses, bei 34°C erstarrendes Öl, das bei 0.005 Torr zwischen 118 und 124°C destillierbar ist, M. BECKE-GOEHRING, W. LEHR (*Z. Anorg. Allg. Chem.* **325** [1963] 287/301, 299). *$2NPCl_2 \cdot OPCl_3$*

Phosphor und Brom

Phosphorus and Bromine

Allgemeines. P hat zum Brom eine geringere Verwandtschaft als zum Chlor, W. MÜLLER-ERZBACH (*Liebigs Ann.* **218** [1883] 113/20, 116). *General*

Br reagiert mit P_4O in Ggw. von CCl_4 unter Bldg. eines Gemisches aus $POBr_3$ mit PBr_3 oder PBr_5, je nachdem ob P_4O oder Br im Überschuß ist, A. BESSON (*C. r.* 124 [1897] 763/5). — Äther. Lsgg. von PBr_3 oder PBr_5 reagieren, ohne gerührt zu werden, in der Kälte heftig mit Mg unter Bldg.

von rotem P und fl. Mg-Bromidätherat, wobei das gebildete rote P hartnäckig das P-Bromid zurückhält, H. Rheinboldt, K. Schwenzer, R. Bunge (*J. prakt. Chem.* [2] **140** [1934] 273/90, 280). Über Bldg. von P-Br-Verbb. s. auch „*Brom*" S. 118, sowie „Chemisches Verhalten" von P in „*Phosphor*" *Tl.* B auf S. 284.

Zur Bindung P–Br vgl. ab S. 364, zur Molekel PBr s. S. 367.

The Phosphorus–Bromine System

Das System Phosphor–Brom

Nach thermoanalyt. Unterss. (vgl. **Fig. 131**) bestehen im System folgende Verbb.: PBr_3 (entspricht Punkt B), PBr_5 (scheidet sich längs BC aus; bei 99°C Übergang in eine andere Modifikation), PBr_7

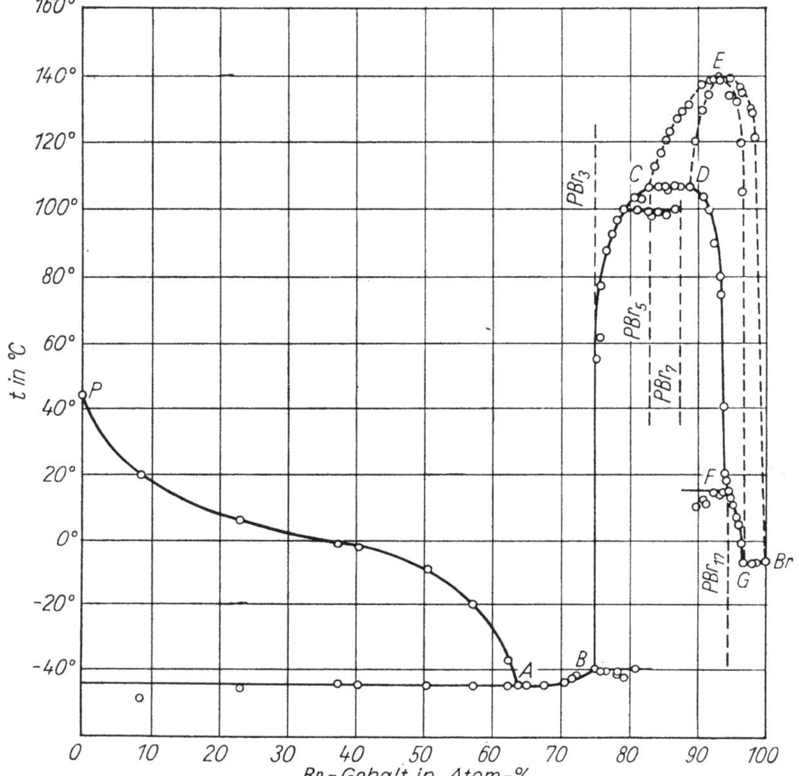

Fig. 131.
Zustandsdiagramm des Systems P–Br.

(scheidet sich längs DF in Form roter Kristalle aus und zersetzt sich bei 106.5°C in zwei fl. Schichten), PBr_{17} (scheidet sich längs FG als feste Subst. mit dem Schmp. 14.5°C aus). Beim Mischungsverhältnis 83.3 bis 88.4 und von 96.8 bis 100 At.-% Br bilden sich zwei nicht mischbare Schichten, die sich jedoch bei Temp.-Erhöhung zu einer gemeinsamen Schicht vereinigen (krit. Punkt E bei 139 bis 140°C und 93.5 At.-% Br). Bei −45°C und 64 At.-% Br besteht ein eutekt. Punkt A mit dem eutekt. Gemisch aus P und PBr_3. Eutekt. Krist. zeigt sich schon deutlich bei 3 Mol-% PBr_3, N. A. Pušin, J. Makuc (*Glasnik hem. Društva Beograd* **15** [1950] 17/25 [serb.]). Frühere Unterss. über das Teilsystem PBr_3–Br_2 von W. Biltz, K. Jeep (*Z. anorg. Chem.* **162** [1927] 32/48, 39) stehen hiermit im Einklang. Vgl. hierzu S. 499. Um die Heftigkeit der gegenseitigen Einw. zu mindern, werden zu den Unterss. Lsgg. der Elemente in CS_2 verwendet, die im CO_2-Strom hergestellt werden. Trotz eines Br-Überschusses wird stets PBr_3 erhalten. Bei Verwendung von weißem P wird eine Lsg. von PBr_3 in CS_2 mit einer Wärmetönung von 43.01 kcal/Mol, bei Verwendung von rotem P mit einer solchen von 38.70 kcal/Mol erhalten, H. Giran (*Ann. Chim. Phys.* [7] **30** [1903] 203/88, 217). Bei Vereinigung der Elemente in CCl_4-Lsg. ergeben vorläufige Messungen mit einer Strömungsmeth.

einen ~2000mal rascheren Ablauf und eine viel geringere Empfindlichkeit der Rk. gegen Licht und Zusätze als bei der analogen Umsetzung mit Jod. Die Beobachtungen reichen zur Aufstellung eines Rk.-Mechanismus nicht aus, D. Wyllie, M. Ritchie, E. B. Ludlam (*J. chem. Soc.* **1940** 583/7).

Der durch Kochen von weißem P in PBr_3 hergestellte rote Phosphor, der 10 bis 30 At.-% Br enthält, wird als Mischpolymerisat von P-Atomen mit P-Monobromidradikalen aufgefaßt, H. Krebs (*Angew. Chem.* **65** [1953] 293/8, 297). Vgl. hierzu „*Phosphor*" *Tl.* B, S. 230.

Diphosphortetrabromid P_2Br_4.

Diphosphorus Tetrabromide

Bei der Einw. von trocknem gasf. HBr auf eine Lsg. von P_2Cl_4 in CS_2, sowie bei der Einw. dunkler elektr. Entladungen auf ein Gemisch von PBr_3-Dampf und H_2 bei vermindertem Druck bilden sich ein scharlachroter Nd. und eine Fl., welche einen gelben Stoff suspendiert enthält. Das Filtrat ist gelb gefärbt und hinterläßt nach Abdest. des unveränderten PBr_3 ebenfalls eine gelbe Subst., die ebenso wie der bei Einw. von HBr auf P_2Cl_4 erhaltene Nd., vgl. S. 412, aus P und Br besteht, aber bei der Analyse keine definierte Zus. ergibt und für ein Zers.-Prod. des sehr unbeständigen P_2Br_4 gehalten wird, A. Besson, L. Fournier (*C. r.* **150** [1910] 102/4).

Phosphor(III)-bromid PBr_3

Phosphorus (III) Bromide

Bildung und Darstellung

Formation. Preparation

From the Elements

Aus den Elementen. Durch Einw. von Bromdampf auf P im verschlossenen Gefäß, wobei P im Überschuß bleiben muß, H. Rose (*Ann. Phys. Chem.* [2] **28** [1833] 529/50, 550). Durch Zusammenbringen der Komponenten in CO_2-Atm., A.-J. Balard (*Ann. Chim. Phys.* [2] **32** [1826] 337/81, 373). Das Rk.-Prod. wird einige Tage mit P digeriert, um intermediär gebildetes PBr_5 zu entfernen, I. Pierre (*Ann. Chim. Phys.* [3] **20** [1847] 5/53, 11). Durch Einw. von mit Br_2 beladenem CO_2 auf trocknes P, A. Lieben (*Liebigs Ann.* **146** [1868] 180/233, 214 Fußnote). Durch langsames Zutropfen von Br_2 zu stückigem P unter Verwendung von PBr_3 als Lsgm., Balard laut E. Baudrimont (*Ann. Chim. Phys.* [4] **2** [1864] 5/67, 50). Für die Atomgew.-Best. von P wird PBr_3 durch Zusatz von Brom in geringem Überschuß zu weißem P unter Kühlung mit Eiswasser im Vak. unter völligem H_2O-Ausschluß hergestellt. Mitgebildetes PBr_5 stört nicht, da es in seiner Lsg. in PBr_3 bei höherer Temp. völlig in PBr_3 und Br_2 dissoziiert und das Brom leicht bei der fraktionierten Dest. entfernt werden kann. Einzelheiten der komplizierten App. s. im Original, G. P. Baxter, C. J. Moore, A. C. Boylston (*J. Am. chem. Soc.* **34** [1912] 259/74, 261).

Durch tropfenweisen Zusatz von Br_2 zu P unter thiophenfreiem C_6H_6, Abtrennen der Fl.vom breiigen Rückstand und mehrfache Dest., A. C. Christomanos (*Z. anorg. Chem.* **41** [1904] 276/90). Die Darst. von PBr_3 aus rotem P und Brom in C_6H_6 als Lsgm. erfordert keinen komplizierten App., ist ungefährlich und ergibt bis 93.5%ige Ausbeute, G. V. Medoks, L. A. Maslova (*Ž. neorg. Chim.* **1** [1956] 1929/30, *C.A.* **1957** 5609). Durch langsames Zutropfen von Br_2 auf P unter CCl_4, W. Koskoski, R. D. Fowler (*J. Am. chem. Soc.* **64** [1942] 850/2), durch Vermischen von Lsgg. beider Elemente in CS_2 und nachfolgende Dest., A. Kekulé (*Liebigs Ann.* **130** [1864] 1/31, 16), J. Volhard (*Liebigs Ann.* **242** [1887] 141/63, 148), G. Oddo, M. Tealdi (*Gazz. chim. ital.* **33** II [1903] 427/49, 435).

Durch Einw. von Brom auf mit PBr_3 durchfeuchteten roten Phosphor, J. Volhard (*l. c.*). Durch Zufließenlassen von Br_2 in CO_2-Atm. zu in einem Rundkolben befindlichem rotem P (Wärmeentw.); sobald die Rk. wegen Umhüllung des P zu langsam wird, muß erwärmt werden, V. Rekšinskij (*Tr. Inst. čistych chim. Reaktivov* Nr. 3 [1924] 46/9, *C.* **1925** I 477). Herst. von reinem PBr_3 durch langsames Zutropfen von Br_2 zu in PBr_3 aufgeschlämmtem rotem P, das vorher einige Std. bei 105°C getrocknet worden ist. Die Suspension muß genügend flüssig sein, da sonst leicht Explosionen auftreten können. Zur Vermeidung von PBr_5-Bldg. soll P ~25 bis 30% im Überschuß sein; Einzelheiten der aus einem Claisen-Kolben mit Rückflußkühler bestehenden, gegen Feuchtigkeit durch P_2O_5-Rohre geschützten App. s. im Original, J. F. Gay, R. N. Maxson (in: W. C. Fernelius, *Inorganic Syntheses, Bd.* 2, *New York-London* 1946, S. 147/51). Das aus Br_2 und rotem P dargestellte PBr_3 ist stets P-haltig, R. Schenck (*Ber.* **35** [1902] 351/8, 354).

Ein Vergleich der einzelnen Darst.-Meth. zeigt bei allen Verff. eine befriedigende Ausbeute (zwischen 80 und 90%); weißes P scheint bessere Ergebnisse zu liefern als die rote Modifikation, Chao-Lun Tseng, Teh-Sen Ho (*Sci. Quart. nat. Univ. Peking* **5** [1935] 324/36, *C.* **1935** II 195).

From Bromine Compounds

Aus Bromverbindungen. Durch längeres Überleiten von trocknem CO_2 über PBr_5 bei 100°C im Wasserbad, E. Baudrimont (*Ann. Chim. Phys.* [4] **2** [1864] 5/67, 52). Durch Erhitzen von $HgBr_2$

mit rotem P bei vermindertem Druck, L. WOLF (*Ber.* **48** [1915] 1272/80). Durch Einw. von HBr auf PCl_3; dabei erscheint intermediäre Bldg. von P-Chloridbromiden möglich, A. BESSON (*C. r.* **122** [1896] 814/7).

Purification

Reinigung. Zur Reinigung für Dampfdruckbestt. wird PBr_3 zunächst bei gewöhnl. Druck unter H_2O-Ausschluß destilliert und die Fraktion zwischen 173 und 174°C im Hochvak. bei 60 bis 70°C unter Verwendung einer mit fl. Luft gekühlten Vorlage erneut destilliert. Die starke Kühlung ist notwendig, da sonst eine geringe Verunreinigung durch Abspaltung von Br eintritt, M. VAN DRIEL, H. GERDING (*Recueil Trav. chim. Pays-Bas* **60** [1941] 943/6). Reinigung durch Umkrist. aus $C_6H_5NO_2$, Waschen mit trocknem Äthyläther und Trocknen im N_2-Strom, G. S. HARRIS, D. S. PAYNE (*J. chem. Soc.* **1958** 3732/3).

Estimation

Wertbestimmung. Jodometr. Best. des durch Hydrolyse entstehenden H_3PO_3 in hydrogencarbonatalkal. Lsg., E. RUPP, A. FINCK (*Ber.* **35** [1902] 3691/3). Best. des durch Hydrolyse entstehenden H_3PO_3 durch Ox. mit alkal. $KMnO_4$-Lsg., R. I. ALEXEJEV (*Zavodsk. Lab.* **6** [1937] 816/8, *C.* **1938** II 361), vgl. hierzu R. BERG (*Z. anal. Chem.* **69** [1926] 342/8, 369/74).

Thermodynamic Formation Data

Thermodynamische Bildungsdaten. Änderung des Wärmeinhalts bei Bldg. aus den Elementen unter Standardbedingungen bei 25°C in kcal/Mol:
$\varDelta H(PBr_{3\,gasf}) = -35.9$, $\varDelta H(PBr_{3\,fl}) = -47.5$
$\varDelta H(PBr_3 \text{ in } CS_2) = -46.9$, $\varDelta F(PBr_{3\,gasf}) = -41.2$, F. D. ROSSINI u. a. (*Selected Values*, 1952, S. 79, 848).
$\varDelta H(PBr_{3\,fl}) = -46.5$, T. CHARNLEY, H. A. SKINNER (*J. chem. Soc.* **1953** 450/2).

Bei 18°C in kcal/Mol:
$\varDelta H(PBr_{3\,fl}) = -45.0$, F. R. BICHOWSKY, F. D. ROSSINI (*The Thermochemistry of the chemical Substances, New York* 1936, S. 39, 221). Die Daten sind ber. aus der Rk.-Wärme von weißem und rotem P mit Br_2 in CS_2 nach H. GIRAN (*Ann. Chim. Phys.* [7] **30** [1903] 203/88, 217), sowie der Rk.-Wärme von PBr_3 in H_2O (vgl. S. 495).

Beziehung zwischen Bldg.-Enthalpie und Ordnungszahl, S. M. ARIJA, M. P. MOROZOVA, S. A. ŠČUKAREV (*Ž. obšč. Chim.* **27** [1957] 1131/6, *C.* **1958** 5586).

Molecule

Molekel

Die Eigg. der PBr_3-Molekel sind zusammen mit denen der übrigen Trihalogenid-Molekeln ab S. 367 beschrieben.

Physical Properties

Physikalische Eigenschaften

Density. Thermal Expansion

Dichte D in g/cm³. **Thermische Ausdehnung.** An festem PBr_3 ergibt sich bei −79 und −183°C D = 3.412 bzw. 3.514; daraus für 0°K extrapoliert: D = 3.56, Molvol.: 76.01 cm³/Mol, W. BILTZ, A. SAPPER, E. WÜNNENBERG (*Z. anorg. allg. Chem.* **203** [1932] 277/306, 290). Weitere auf 0°K extrapolierte Werte s. bei W. HERZ (*Z. anorg. allg. Chem.* **119** [1921] 221/4), S. SUGDEN (*J. chem. Soc.* **1927** 1786/98, 1794), A. E. LUCKIJ (*Dokl. Akad. Nauk SSSR* [2] **94** [1954] 513/6).

Dichte von flüssigem PBr_3 zwischen t = −20 und +170°C:

t	−20.0	0	20.8	35.3	50.3	64.8	75.7
D	2.972	2.923	2.871	2.837	2.799	2.762	2.735

t	90.0	99.8	116	125	140	154	170
D	2.701	2.676	2.636	2.615	2.577	2.542	2.502

F. M. JAEGER, J. KAHN (*Proc. Kon. Nederl. Akad. Wetensch.* **19** [1916] 397/404, 399; *Versl. wis- en natuurk. Afd. Kon. Nederl. Akad. Wetensch.* **25** [1916] 301/8, 302 [niederl.]). Nach Messungen zwischen 15 und 70.5°C gilt die Formel $D_t = 2.942 - 0.00247\,t$, S. SUGDEN, J. B. REED, H. WILKINS (*J. chem. Soc.* **127** [1925] 1525/40, 1538). Das spezif. Vol. nimmt zwischen 0 und 159°C nach der Formel $v_t/v_0 = 1 + 0.84117 \times 10^{-3}\,t + 0.542892 \times 10^{-6}\,t^2 + 1.8893 \times 10^{-9}\,t^3$ zu, T. E. THORPE (*J. chem. Soc.* **37** [1880] 327/94, 336). — Einzelwerte: $D^{20} = 2.8761$, W. J. JONES, W. C. DAVIES, W. J. C. DYKE (*J. phys. Chem.* **37** [1933] 583/96, 584), 2.8903, A. I. VOGEL (*J. chem .Soc.* **1948** 1833/55, 1851); $D^{30} = 2.8513$, Ausdehnungskoeff. bei 30°C: $\gamma = 0.858 \times 10^{-3}\,grd^{-1}$, A. WEISSLER (*J. Am. chem. Soc.* **71** [1949] 1272/4); $D^{41} = 2.8420$, $D^{60} = 2.7965$, $D^{85} = 2.7364$, A. I. VOGEL (*l. c.*). Ältere D-Werte bei gewöhnl. Temp. s. bei A. C. CHRISTOMANOS (*Z. anorg. Chem.* **41** [1904] 276/90, 286), H. SCHLUNDT (*J. phys. Chem.* **8** [1904] 122/30, 124).

Dampfdruck p. Siedepunkt T_V. Die Auswertung der Ergebnisse von Dampfdruckmessungen bei 5 Tempp. zwischen 40 und 170°C ergibt für p in Torr die Formel lg p = 7.67865—2137.9/T, aus der T_V = 445.9°K bei 760 Torr folgt, K. Arii, M. Kawabata (*Rikagaku Kenkyusho Iho* **17** [1938] 299/308, 301/2). Nach Messungen zwischen 59.4 und 185.6°C an einem besonders sorgfältig gereinigten Präp. ist lg p = 7.53—2076/T und T_V = 446.4°K bei 760 Torr, M. van Driel, H. Gerding (*Recueil Trav. chim. Pays-Bas* **60** [1941] 943/6). Ohne Quellenangabe zitiert K. Butkov (*Ž. fiz. Chim.* **7** [1936] 182/90, 186) T_V = 446°K. Die meisten übrigen direkt gem. T_V-Werte liegen tiefer: 172°C bei 762 bis 765 Torr, W. Biltz, K. Jeep (*Z. anorg. Chem.* **162** [1927] 32/48, 39), W. Biltz, A. Sapper, E. Wünnenberg (*Z. anorg. Chem.* **203** [1932] 277/306, 289), 171.5°C bei 763 Torr, A. I. Vogel (*J. chem. Soc.* **1948** 1833/55, 1851), 445°K bei 757 Torr, P. Walden (*Z. anorg. Chem.* **25** [1900] 209/26, 211; *Z. physik. Chem.* **43** [1903] 385/464, 434), 444°K bei 760 Torr, A. C. Christomanos (*Z. anorg. Chem.* **41** [1904] 276/90, 283), N. A. Pušin, J. Makuc (*Glasnik hem. Društva Beograd* **15** [1950] 17/25), 443.3°K bei 750 Torr, F. M. Jaeger, J. Kahn (*l. c.*). — Höher als die oben zitierten Werte liegt nur die Angabe von S. Sugden, J. B. Reed, H. Wilkins (*l. c.*), wonach bei 772 Torr T_V zwischen 449 und 450°K liegt und bei 20 Torr T_V = 339.6°K ist.

Vapor Pressure. Boiling Point

Schmelzpunkt. Direkte Bestt. ergeben: —41.5°C, A. C. Christomanos (*l. c.*), —40.5°C, W. Biltz, K. Jeep (*l. c.*), —40°C, N. A. Pušin, J. Makuc (*l. c.*).

Melting Point

Kompressibilität ϰ. Schallgeschwindigkeit u. Bei 30°C ist u = 916.7 m/s, die adiabat. Kompressibilität $\varkappa_s = 41.74 \times 10^{-12} cm^2/dyn$, A. Weissler (*J. Am. chem. Soc.* **71** [1949] 1272/4).

Compressibility. Sound Velocity

Viscosität η in cP. Ausgewählte Meßwerte; t in °C:

Viscosity

t	—15	0	10	20	30	40	50	60
η	2.920	2.455	2.170	1.928	1.721	1.560	1.426	1.302

Wie bei PCl_3 (s. S. 419) ist 1/η = (v—ω)/C, für PBr_3 gilt ω = 0.3205 cm^3/g, C = 0.000521 cm^2/s, G. P. Lučinskij, A. I. Lichačeva (*Ž. fiz. Chim.* **7** [1936] 546/8), A. I. Lihatcheva, G. P. Loutchinski (*J. Chim. phys.* **33** [1936] 488/91), G. P. Lučinskij (*Ž. obšč. Chim.* **7** [1937] 2116/27, 2123, 2126).

Oberflächenspannung γ in dyn/cm. Ergebnisse einer Meßreihe von t = —20 bis + 170°C:

Surface Tension

t	—20	0	20.8	35.3	50.3	64.8	75.7	90.0	99.8	116	125	140	154	170
γ	45.8	44.7	43.2	42.3	41.3	40.1	38.9	37.0	36.0	33.8	32.6	30.4	28.4	26.3

Hiernach nimmt die molare Oberflächenenergie $\mu = \gamma \cdot V_{mol}^{2/3}$ zwischen —20 und + 50°C wesentlich langsamer ab (um 0.81 dyn/cm je Grad) als zwischen 100 und 170°C (um 2.63 dyn/cm je Grad), F. M. Jaeger, J. Kahn (*Proc. Kon. Nederl. Akad. Wetensch.* **19** [1916] 397/404, 399; *Versl. wis- en natuurk. Afd. Kon. Nederl. Akad. Wetensch.* **25** [1916] 301/8, 302). Zwischen 15.6 und 59.5°C findet A. I. Vogel (*J. chem. Soc.* **1948** 1833/55, 1851) niedrigere Werte, nämlich einen Abfall von 43.29 auf 37.16. Weitere Messungen bei 24.0, 33.0, 59.5 und 72.0°C ergeben γ = 45.8, 44.1, 38.4 bzw. 37.1, S. Sugden, J. B. Reed, H. Wilkins (*J. chem. Soc.* **127** [1925] 1525/40, 1538). Hieraus extrapoliert J.-F. Joliet (*C. r.* **236** [1953] 1259/61) γ = 36.8 ± 1.0 bei 75°C.

Parachor. Siehe hierzu S. 375.

Verdampfungswärme L_V in cal/Mol. Aus dem Verlauf der Dampfdruckkurve berechnen K. Arii, M. Kawabata (*Rikagaku Kenkyusho Iho* **17** [1938] 299/308, 303 [japan.]) L_V = 9704 am normalen Sdp., im Mittel zwischen 40 und 170°C: L_V = 9789, während M. van Driel, H. Gerding (*Recueil Trav. chim. Pays-Bas* **60** [1941] 943/6) L_V = 9500 ermitteln. — Aus thermochem. Daten schätzt L. Pauling (*J. Am. chem. Soc.* **54** [1932] 3570/82, 3580) L_V zu 0.51 eV ab, d. h. $L_V \approx 11800$.

Heat of Vaporization

Thermodynamische Funktionen. Aus spektroskop. Daten ergeben sich für die Enthalpie von gasf. PBr_3 folgende Werte in kcal/Mol:

Thermodynamic Functions

T in °K	298.1	350	400	500	600	700	800
$H°—H°_0$	4.25	5.21	6.16	8.06	9.98	11.93	13.89

Standard-Entropie: $S°_{298}$ = 83.11, D. P. Stevenson, D. M. Yost (*J. chem. Phys.* **9** [1941] 403/8). Hieraus ergibt sich die Interpolationsformel für $C°_p$ (in cal $mol^{-1} grd^{-1}$): $C°_p = 18.154 + 2.045 \times 10^{-3} T - 0.153 \times 10^5/T^2$, H. M. Spencer, G. N. Flannagan (*J. Am. chem. Soc.* **64** [1942] 2511/3).

Nach empir. Formeln berechnete Werte für $S°_{298}$: 83.2, K. Otozai, S. Kume, S. Fukushima (*Bull. chem. Soc. Japan* **25** [1952] 302/9, 304), 83.0, G. Geiseler (*Z. physik. Chem. [Leipzig]* **202** [1954] 424/39, 430).

Von A. WEISSLER (*J. Am. chem. Soc.* **71** [1949] 1272/4) wird die spezif. Wärme c_p für fl. PBr_3 bei 30°C zu 0.417 J $g^{-1}grd^{-1}$ abgeschätzt (umgerechnet: $C_p = 26.98$ cal $mol^{-1}grd^{-1}$).

Dielectric Constant. Electric Conductivity

Dielektrizitätskonstante ε. Elektrische Leitfähigkeit ϰ. Fl. PBr_3 ist ein Isolator, P. WALDEN (*Z. anorg. Chem.* **25** [1900] 209/26, 212). Bei 20°C ist $\varepsilon = 3.88$, $\varkappa < 1 \cdot 10^{-6}\ \Omega^{-1}cm^{-1}$, H. SCHLUNDT (*J. phys. Chem.* 8 [1904] 122/30, 124).

Optical Absorption Power

Optisches Absorptionsvermögen. Im Absorptionsspektrum von PBr_3-Dampf sind 2 sehr flache Max. bei ~2495 und ~2695 Å zu beobachten, die vermutlich auf die Dissoziation $PBr_3 \rightarrow PBr_2 + Br(^2P_{1/2,\,3/2})$ zurückzuführen sind, M. JAN-KHAN, R. SAMUEL (*Proc. phys. Soc.* **48** [1936] 626/41, 629).

Refractive Index

Brechungszahl n. Bei $\lambda = 4861$, 5893 bzw. 6563 Å und 20°C ist $n = 1.7178$, 1.6935 bzw. 1.6864, W. J. JONES, W. C. DAVIES, W. J. C. DYKE (*J. phys. Chem.* **37** [1933] 583/96, 584); ohne Temp.-Angabe: $n_D = 1.69632$, A. I. VOGEL (*J. chem. Soc.* **1948** 1833/55, 1851). Älterer Einzelwert bei 19.5°C: $n_D = 1.6945$, A. C. CHRISTOMANOS (*Z. anorg. Chem.* **41** [1904] 276/90, 285).

Molrefraktion. Siehe hierzu S. 375.

Optical Activity

Optische Aktivität. Wie PCl_3 soll auch PBr_3 in 2 optisch aktiven Formen existieren, die nach J. F. KINCAID, F. C. HENRIQUES (*J. Am. chem. Soc.* **62** [1940] 1474/7) möglicherweise voneinander trennbar sind.

Chemical Reactions

Chemisches Verhalten

General

Allgemeines. Wasserhelle, an der Luft stark rauchende, stechend riechende Fl.; Lackmuspapier wird schwach gerötet, A.-J. BALARD (*Ann. Chim. Phys.* [2] **32** [1826] 337/81, 373), J. F. GAY, R. N. MAXSON (in: W. C. FERNELIUS, *Inorganic Syntheses, Bd.* 2, *New York-London* 1946, S. 147/51). Färbt Haut und Papier gelbbraun und wirkt in Ggw. von H_2O stark ätzend. Organ. Stoffe (Kork, Kautschuk, Wäsche, Leder) werden geschwärzt und durchfressen. In fl. Zustand nicht brennbar, der Dampf brennt mit dunkelgelber, fahler, stark rauchender Flamme, A. C. CHRISTOMANOS (*Z. anorg. Chem.* **41** [1904] 276/90, 285).

Als Werkstoffe zur Handhabung von PBr_3-Lsgg. in CCl_4 werden Ni-Mo-Legg. vorgeschlagen, E. D. WEISERT (*Corrosion [Houston, Tex.]* **13** [1957] 659/71, 660 T).

With Nonmetals

Gegen Nichtmetalle. Über Einw. dunkler elektr. Entladungen auf ein Gemisch von PBr_3-Dampf und H_2 s. Bldg. von P_2Br_4 auf S. 491. Vgl. ferner S. 363.

Beim Durchleiten von trocknem O_2 beim Sdp. (~175°C) tritt unter Auftreten von Explosionen, die von starker Br_2-Entw. begleitet sind, Bldg. von PBr_5 und $POBr_3$ ein, E. DEMOLE (*Bull. Soc. chim. France* [2] **34** [1880] 201/7, 203). O_2 reagiert in der Kälte nicht, mit sd. PBr_3 aber nach $2\,PBr_3 + 5\,O = P_2O_5 + 3\,Br_2$, A. C. CHRISTOMANOS (*l. c.* S. 287). PBr_3-Dampf wird in Ggw. von N_2O_4 (1 bis 80 Torr Partialdruck) durch O_2(150 bis 700 Torr Partialdruck) zwischen 30 und 150°C rasch, aber nicht explosiv zu $POBr_3$ oxydiert, wobei die Ox.-Geschw. der Quadratwurzel aus dem O_2-Druck proportional ist. Anscheinend wirkt N_2O_4 und nicht NO_2 katalysierend, da selbst bei hoher Temp. und hohem NO_2-Druck die Rk. nur langsam verläuft. Bis 100°C ist die Geschw.-Konst. dem N_2O_4-Druck direkt proportional. Bei hohen Tempp. und viel NO_2 werden Br_2 und NOBr gebildet, bei explosivem Verlauf entstehen P_2O_5 und Br_2, C. R. JOHNSON, L. G. NUNN (*J. Am. chem. Soc.* **63** [1941] 141/3).

Cl_2 scheidet Brom aus, C. LÖWIG (*Das Brom und seine chemischen Verhältnisse, Heidelberg* 1829, S. 1/174, 52). Dabei bildet sich PCl_3, J. H. GLADSTONE (*Phil. Mag.* [3] **35** [1849] 345/55, 347).

Mit überschüssigem Br_2 bildet sich PBr_7, I. A. POPOV, N. E. SKELLY (*J. Am. chem. Soc.* **76** [1954] 3916/9). — Für die Rk.: $PBr_{3\,gasf} + Br_{2\,gasf} = PBr_{5\,gasf}$ wird durch Druckmessungen im System P–Br bei 398°K ein Grenzwert für die freie Rk.-Enthalpie von + 2.5 kcal gefunden, H. JACOB (*Diss. Münster* 1958, S. 1/182, 62, 167). — Austauschrkk. von radioaktiv markiertem PBr_3 gegen Br_2 in CCl_4 oder in fl. Brom bei 20°C gehen schnell und vollständig vor sich und verlaufen wahrscheinlich über PBr_5, JA. A. FIALKOV, YU. P. NAZARENKO (*Izv. Akad. Nauk SSSR Otd. chim. Nauk* **1950** 590/8, *C. A.* **1951** 6025). Vgl. hierzu auch P. BÉVILLARD (*Bull. Soc. chim. France* **1954** D40/8, 44). — Über weiteres Verh. gegen Brom s. S. 499.

Jod wird mit dunkelkirschroter Farbe gelöst, A. C. CHRISTOMANOS (*l. c.* S. 287).

Gibt beim Kochen mit Schwefel $PSBr_3$ und in Ggw. von PCl_3 die Verbb. $PSCl_2Br$ und $PSClBr_2$, M.-L. DELWAULLE, F. FRANÇOIS (*C. r.* **224** [1947] 1422/3). — PBr_3 reagiert mit elementarem Te nicht,

E. Montignie (*Bull. Soc. chim. France* [5] **15** [1948] 180/1). — Löst wie PCl_3 einen P-Überschuß auf und erwirbt dadurch die Eig., bei Berührung mit brennbaren Stoffen zu entflammen, A.-J. Balard (*Ann. Chim. Phys.* [2] **32** [1826] 337/81, 374), vgl. C. Löwig (*l. c.*), A. C. Christomanos (*l. c.* S. 287).

Gegen Nichtmetallverbindungen. Hydrolyse. Die Zers. mit H_2O geht bei 8°C nur langsam vor sich und nur durch langes Schütteln tritt vollkommene Zers. ein, bei 25°C ist die Rk. lebhaft und in kurzer Zeit beendet, C. Löwig (*l. c.*). *With Nonmetal Compounds. Hydrolysis*

Als Rk.-Prodd. entstehen H_3PO_3 und HBr; in der Lsg. sind auch H_3PO_4 und HPO_3 nachzuweisen, A. C. Christomanos (*l. c.* S. 287). — Durch Ox. der Hydrolyseprodd. bei $p_H = 5.7$ mittels Jodlsg. in Ggw. gepufferter CH_3CO_2Na-Lsg. werden 55% des im PBr_3 enthaltenen P in $H_4P_2O_6$ umgesetzt, J. H. Kolitowska (*Z. anorg. Chem.* **230** [1937] 310/4; *Roczniki Chem.* **17** [1937] 616/9 [poln.]). Das durch Hydrolyse von PBr_3 erhaltene H_3PO_3 zeigt für gleiche Wellenlängen eine stärkere Absorption als auf andere Weise hergestelltes H_3PO_3, T. Miłobedzki, W. Borowski (*Roczniki Chem.* **18** [1938] 725/31 [poln., dtsch. Auszug S. 731], *C. A.* **1939** 6156); über vermutete Bldg. von $P(OH)_3$ vgl. S. 126. — Wie aus den durch milde Ox. der Hydrolysenprodd. gebildeten Substt. sowie aus der UV-Absorption hervorgeht, sollen sowohl $P(OH)_3$ als auch $HPO(OH)_2$ gebildet werden, J. H. Kolitowska (*Roczniki Chem.* **27** [1953] 191/206 [poln.], *C. A.* **1954** 4318). — Bei der Hydrolyse durch Zutropfen von PBr_3 zu wss. eisgekühlter $NaHCO_3$-Suspension werden im stark nach PH_3 riechenden Endprod. durch chromatograph. Unters. festgestellt: sehr wenig Hypophosphit (gebildet aus im PBr_3 gelöstem weißem P), Spuren von Pyrophosphit, annähernd äquimolare Mengen von Phosphit, Monophosphat, Diphosphit, iso-Hypophosphat, Hypophosphat und einer unbekannten unbeständigen neuen Säure. Anzeichen für die Bldg. von $P(OH)_3$ bestehen nicht. Über den Hydrolysemechanismus s. S. 423, E. Thilo, D. Heinz (*Z. anorg. Chem.* **281** [1955] 303/21, 310), vgl. hierzu auch B. Blaser (*Chem. Ber.* **86** [1953] 563/72). — Über Bldg. von Salzen der $\overset{4}{P}$-$\overset{3}{P}$-$\overset{4}{P}$-Säure in Hydrolysaten von PBr_3 s. B. Blaser, K.-H. Worms (*Z. anorg. Chem.* **300** [1959] 250/60). Näheres s. S. 152.

Best. der Wärmetönung der Rk. $PBr_{3\,fl} + 3H_2O + aq = H_3PO_3 + 3HBr + aq$, wobei aq = 4070 bis 12095 Mol H_2O ist, bei 20°C zu −67.2 kcal (Mittelwert), T. Charnley, H. A. Skinner (*J. chem. Soc.* **1953** 450/2). Ältere Best. zu −64.1 kcal/Mol vgl. M. Berthelot, W. Louguinine (*C. r.* **75** [1872] 100/4; *Ann. Chim. Phys.* [5] **6** [1875] 305/11, 308).

Die Konstt. der Hydrolysengeschw. AC (Näheres s. 423) betragen bei 5°C und einer Rk.-Zeit zwischen 15 und 120 Min. 1.11×10^{-2}, bei 10°C und einer Rk.-Zeit zwischen 20 und 70 Min. 2.12×10^{-2}, G. Carrara, I. Zoppelari (*Gazz. chim. ital.* **26** I [1896] 483/93).

Stickstoffverbindungen. Bei Einw. von gasf. trocknem NH_3 auf fl. PBr_3 bildet sich unter starker Erwärmung eine weiße pulvrige Masse, H. Rose (*Ann. Phys. Chem.* [2] **28** [1833] 529/50, 549). Bei tiefer Temp. (−70°C) und langsamer allmählicher Einw. des NH_3 verläuft die Rk. $PBr_3 + 15NH_3 = 3(NH_4Br \cdot 3NH_3) + P(NH_2)_3$, C. Hugot (*C. r.* **141** [1905] 1235/7), vgl. W. C. Fernelius, G. B. Bowman (*Chem. Rev.* **26** [1940] 3/48, 11). — Bei der Einw. von N_2O_4 oder N_2O_3 auf PBr_3 entsteht nicht eine dem $P_2O_3Cl_4$ entsprechende Br-Verb. sondern nur $POBr_3$ und P_2O_5, A. Geuther, A. Michaelis (*Ber.* **4** [1871] 766/8). *Nitrogen Compounds*

Halogenverbindungen. Bei der Rk. zwischen einer Lsg. von PBr_3 in CCl_4 und der tropfenweise zugesetzten Lsg. von ClO_2 in CCl_4 scheidet sich etwas Br_2 ab, das nur teilweise von den gebildeten Verbb. aufgenommen wird. Es bildet sich außerdem gelbes festes $PBr_5 \cdot 2CCl_4$, die fl. Phase enthält $POBr_3$. Der genaue Rk.-Verlauf kann nicht völlig geklärt werden, A. Perotti (*Gazz. chim. ital.* **89** [1959] 2046/52). — Wird bei gewöhnl. Temp. durch mit HBr gesätt. wss. Lsg. zersetzt, A. Damoiseau (*C. r.* **91** [1880] 883/6). — Über Austauschrkk. s. S. 363. *Halogen Compounds*

Leitf.-Unterss. der Lsg. von Gemischen von PBr_3 und JCl in $C_6H_5NO_2$ oder CH_3CN zeigen beim Molverhältnis $PBr_3 : JCl = 1$ bis 0.125 Rkk. an. Der Ablauf könnte erfolgen durch Substitution: $PBr_3 + JCl = PClBr_2 + JBr$; $PBr_3 + 2JCl = PCl_2Br + 2JBr$ oder durch Ox.: $PBr_3 + 2JCl = PCl_2Br_3 + J_2$; $PBr_3 + 4JCl = PCl_4Br_3 + 2J_2$; $PBr_3 + 8JCl = PCl_8Br_3 + 4J_2$, sowie durch partielle Ox.: $PBr_3 + 4JCl = PCl_4Br + J_2 + 2JBr$. Zur genaueren Feststellung des Ablaufs müßten weitere Unterss. (Ultrarot- oder Raman-Spektroskopie) herangezogen werden, M. Graulier (*Ann. Chim.* [*Paris*] [13] **4** [1959] 427/78, 468).

Schwefel-, Bor-, Kohlenstoffverbindungen. Über Verh. gegen fl. H_2S und fl. SO_2 s. S. 498. Beim Vermischen von PBr_3 und BBr_3 oder deren Lsgg. in CS_2 entstehen unter starker Wärmeentw. farblose Kristalle der Zus. $PBr_3 \cdot BBr_3$, J. Tarible (*C. r.* **116** [1893] 1521/4; *Z. anorg. Chem.* **5** [1894] 240). — Über Löschwrkg. von PBr_3 bei Kohlenstoffbränden s. C. Dufraisse, R. Horcloi (*C. r.* **192** [1931] 564/6). *Sulfur, Boron, Carbon Compounds*

Phosphorus, Arsenic Compounds

Phosphor-, Arsenverbindungen. Beim Einleiten von PH_3 in PBr_3 bildet sich bei gewöhnl. Temp. festes P_4H_2; auch bei −20°C findet die Rk. statt, A. BESSON (*C. r.* **111** [1890] 972/4), P. DE WILDE (*Bull. Sci. Acad. Roy. Belgique* [3] **3** [1882] 770/5). — Beim Erhitzen mit H_3PO_3 bilden sich ebenso wie bei PCl_3, vgl. S. 427, H_3PO_4 und HCl, doch tritt die Zers. erst bei etwas höherer Temp. ein, K. KRAUT (*Liebigs Ann.* **158** [1871] 332/4). Die Einw. von PBr_3 auf H_3PO_3 führt zur Bldg. von durch Papierchromatographie und magnet. Kernresonanzmessungen nachgewiesenem $H_4P_2O_5$. Die Einstellung des Gleichgew. $PBr_3 + 5\,H_3PO_3 \rightleftarrows 3\,H_4P_2O_5 + 3\,HBr$ wird von der Löslichkeit des HBr im Rk.-Medium beeinflußt, die hier relativ groß ist, weshalb die Rk. nur unvollkommen abläuft, F. HOSSENLOPP, J.-P. EBEL (*C. r.* **250** [1960] 354/5). — Beim Erhitzen mit wenig H_3PO_4 findet keine Vermischung statt, es bildet sich $H_4P_2O_7$. Bei längerem Erhitzen bis zum Sdp. von PBr_3 treten außerdem PH_3 und rotes P auf, HPO_3 wird nicht beobachtet, D. BALAREW (*Z. anorg. Chem.* **118** [1921] 123/30, 128). — Zusatz von PBr_3 zu überschüssigem PCl_5 gibt PCl_3Br_4, dieses geht mit überschüssigem PBr_3 in $PClBr_4$ über, A. A. KUZ'MENKO (*Ukrainsk. chim. Ž.* **18** [1952] 589/94 nach *C. A.* **1954** 5009). — Unterss. der Ramanspektren von PBr_3-PJ_3-Gemischen zeigen neben den Ausgangskomponenten das Bestehen der Verbb. PBr_2J und $PBrJ_2$ an, M.-L. DELWAULLE, G. SCHILLING (*C. r.* **244** [1957] 70/2).

Reagiert mit AsF_3 nach $PBr_3 + AsF_3 = PF_3 + AsBr_3$, R. W. E. MCIVOR (*Ber.* **8** [1875] 1466). — Beim Mischen von PBr_3 mit $AsCl_3$ bilden sich $AsBr_3$, PCl_3 und gemischte Halogenide von P und As, M. L. DELWAULLE (*Bull. Soc. chim. France* **1958** 278/9). — Bildet mit $AsBr_3$ eine ununterbrochene Reihe fester Lsgg., N. A. PUŠIN, J. MAKUC (*Z. anorg. Chem.* **237** [1938] 177/82), vgl. „*Arsen*" S. 475.

Zur Rk. mit wss. As_2O_3-Lsg. s. S. 363.

With Metals

Gegen Metalle. Vgl. auch S. 494 unter „Allgemeines". Wenn ein Stück Na-Metall auf eine PBr_3-Oberfläche gebracht wird, reagiert es allein nicht mit PBr_3, bei H_2O-Zusatz aber unter Explosion; Mg verhält sich ebenso, nur weniger heftig, A. C. CHRISTOMANOS (*l. c.* S. 280/90). Im Gemisch mit K oder Na explodiert es jedoch durch Schlag sehr heftig, J. CUEILLERON (*Bull. Soc. chim. France* [5] **12** [1945] 88/89). — PBr_3 reagiert mit Mg-Pulver in äther. Lsg. bei gewöhnl. Temp. heftig unter Bldg. von rotem P und fl. $MgBr_2$-Ätherat, H. RHEINBOLDT, K. SCHWENZER, R. BUNGE (*J. prakt. Chem.* [2] **140** [1934] 273/90, 279), I.G. FARBENINDUSTRIE A.-G., H. RHEINBOLDT (*D.P.* 543672 [1930/32], *C.* **1932** II 3454). Zum Verh. von Mg gegen PBr_3 im Einschlußrohr s. weiter unten. — Beim Schütteln mit Hg entsteht bei gewöhnl. Temp. ein graugrünes, bei 40°C ein gelbes, bei 80°C ein rotbraunes Produkt. Bei längerem Schütteln bei 100 oder bei 170°C im Einschlußrohr entstehen $HgBr_2$ und rotes P. Die Rk. verläuft in 2 Phasen: $PBr_3 + 3\,Hg = 3\,HgBr + P$; $3\,HgBr + PBr_3 = 3\,HgBr_2 + P$, L. WOLF (*Ber.* **48** [1915] 1272/80). — Al reagiert bei 100°C unter Bldg. von $AlBr_3$ und rotem P, L. WOLF (*Diss. Berlin T.H.* 1915, S. 1/40, 32). — Beim Erhitzen mit Fe, Ni und Co gelingt es nicht, wie beim PCl_3 die Phosphide der Metalle zu erhalten, A. GRANGER (*C. r.* **123** [1896] 176/8). — Beim Leiten von mit PBr_3 beladenem CO_2 über leicht erhitztes Cu werden absublimierendes $CuCl_2$ und CuP_2 erhalten, A. GRANGER (*C. r.* **120** [1895] 923/4; *Bull. Soc. chim. France* [3] **13** [1895] 873/4). Beim Erhitzen mit Cu im Einschlußrohr bei 100°C entsteht vermutlich Cu_2P, neben P und Spuren von Br; Mg wirkt nur in geringem Maße ein. PBr_3 setzt sich bei 4tägigem Behandeln bei 100°C mit fein verteiltem Ag im Einschlußrohr vollständig zu AgBr und rotem P um, L. WOLF (*Diss. Berlin T.H.* 1915, S. 1/40, 9, 31, 32).

With Metal Compounds. Hydrides

Gegen Metallverbindungen. Hydride. Bei Umsetzung von PBr_3 in äther. Lsg. mit LiH, AlH_3 oder $LiAlH_4$ verlaufen 2 Rkk. nebeneinander. Ein Tl. des PBr_3 bildet unter Austausch von Br gegen Wasserstoff PH_3, der Rest geht unter gleichzeitiger H_2-Entw. in einen gelben ätherunlösl. festen Körper der Zus. $(PH)_x$ über. Der Anteil der entstehenden Prodd. hängt von der Art der reagierenden Stoffe und der Temp. ab, E. WIBERG, G. MÜLLER-SCHIEDMAYER (*Chem. Ber.* **92** [1959] 2372/84, 2372), vgl. S. 14.

Oxides

Oxide. Reagiert heftig mit RuO_4 in CCl_4 unter Wärmeentw. und Bldg. einer schwarzen Subst., die ein Gemisch aus RuO_2 und $RuO_2 \cdot PBr_3$ zu sein scheint, M. L. HAIR, P. L. ROBINSON (*J. chem. Soc.* **1958** 106/8).

Azide

Azid. Über das Verh. beim Erhitzen mit NaN_3 bei 165 bis 167°C, wobei sich $(NPBr_2)_n$ bildet, s. S. 565.

Nitrate

Nitrat. Cu-Nitrat in Lsg. oder fester Form reagiert stürmisch. Es bildet sich Cu_2Br_2 unter Entweichen von Br_2-Dampf und NO_2 und Auftreten nuancenreicher Violettfärbungen, A. C. CHRISTOMANOS (*Z. anorg. Chem.* **41** [1904] 276/90, 289).

Halogenverbindungen. Die Rk. mit SbF_3 in Ggw. von Brom als Katalysator verläuft stufenweise über $PFBr_2$ und PF_2Br zu PF_3. Auch bei der Fluorierung durch auf ~200°C erhitztes CaF_2 werden alle Fluorierungsstufen nebeneinander erhalten; ihre anteiligen Mengen variieren mit den Vers.-Bedingungen, H. S. Booth, S. G. Frary (*J. Am. chem. Soc.* **61** [1939] 2934/7), vgl. H. S. Booth, C. F. Swinehart (*J. Am. chem. Soc.* **54** [1936] 4751/3). — PBr_3 reagiert mit ZnF_2 unter Bldg. von PF_3 und $ZnBr_2$, H. Moissan (*Ann. Chim. Phys.* [6] **19** [1890] 286/8). — Reagiert mit Hg_2Cl_2 nicht ganz vollständig zu $HgCl_2$ und rotem P; möglicherweise tritt auch $HgBr_2$ oder HgClBr auf, L. Wolf (*Diss. Berlin T.H.* 1915, S. 1/40, 19, 30). — Beim Mischen mit $SnCl_4$ enthält das Endprod. nach Unters. des Gleichgew.-Gemisches mit Ramanspektren $SnBr_4$, PCl_3 sowie PCl_2Br, $PClBr_2$, $SnCl_3Br$, $SnCl_2Br_2$ und $SnClBr_3$, B. Trumpy (*Kong. Norske Vidensk. Selsk. Forh.* **4** [1931] 102/5). — 0.2 m-Lsgg. von PBr_3 und CrO_2Cl_2 in CCl_4 reagieren unter Bldg. eines Nd. von purpurgrauem $CrOCl \cdot POBr_3$ nach $2CrO_2Cl_2 + 3PBr_3 \rightarrow 2(CrOCl \cdot POBr_3) + PCl_2Br_3$. Als Indicator zur Best. des Endpunktes wird eine Tüpfelprobe mit CH_3COBr verwendet, wobei nach Verbrauch von PBr_3 intensiv violettes CrO_2Br_2 entsteht, H. S. Fry, J. L. Donnelly (*J. Am. chem. Soc.* **38** [1916] 1923/8, 1926). Beim Erhitzen mit Cu_2Cl_2 (Cu_2Br_2) bei 100°C im Einschlußrohr entstehen hellgrün gefärbte Doppelverbindungen, L. Wolf (*Diss. Berlin T.H.* 1915, S. 1/40, 19, 30). — Rk. von PBr_3 mit $Ni(PCl_3)_4$ unter Bldg. von orangerotem $Ni(PBr_3)_4$ s. bei J. W. Irvine, G. Wilkinson (*Science* [2] **113** [1951] 742/3), G. Wilkinson (*J. Am. chem. Soc.* **73** [1951] 5501/2), W. Hieber, R. Nast, J. Sedlmeier (*Angew. Chem.* **64** [1952] 465/70), vgl. auch J. Kleinberg (*J. chem. Educ.* **29** [1952] 324/30).

Halogen Compounds

PBr_3 bildet mit $SbBr_3$ ein Eutektikum, vgl. hierzu „*Antimon*" *Tl.* B, S. 561. — Über Unters. der Schmelzen von PBr_3 und $AlBr_3$ s. „*Aluminium*" *Tl.* B, S. 349. Das Bestehen einer krist. Verb. zwischen PBr_3 und $AlBr_3$ bleibt auch nach thermoanalyt. Unters. des Systems fraglich, N. A. Pušin, J. Makuc (*Z. anorg. Chem.* **237** [1938] 177/82). Mit Al_2Br_6, welches radioaktives Br enthält, findet bei 15°C im Vak. nach 30 Min. fast völliger Austausch statt, F. Fairbrother (*J. chem. Soc.* **1941** 292/9). — Reagiert mit Hg_2Br_2 unter Bldg. von rotem P und $HgBr_2$, L. Wolf (*l. c.* S. 20). — Nach vorläufigen Unterss. besteht Anlaß zur Annahme, daß zwischen PBr_3 und $TiBr_4$ keine Komplexbldg. stattfindet und daß die früher beschriebene Verb. $TiBr_4 \cdot 2PBr_3$ wahrscheinlich mit $TiBr_4 \cdot 2POBr_3$ identisch ist, W. L. Groeneveld, J. W. van Spronsen, H. W. Kouwenhoven (*Recueil Trav. chim. Pays-Bas* **72** [1953] 950/6). Vgl. hierzu „*Titan*" S. 329. Im System mit $SnBr_4$ tritt nach Ergebnissen der therm. Analyse ein eutekt. Punkt bei —50°C und 84.0 Mol-% PBr_3 auf, N. A. Pušin, J. Makuc (*l. c.*). — Bildet beim Schütteln mit AgBr bei 100°C kein Additionsprod., L. Wolf (*l. c.* S. 10). — Beim Erhitzen mit AuBr im Einschmelzrohr bei 140 bis 150°C bildet sich die Additionsverb. AuBr $\cdot PBr_3$, L. Lindet (*C. r.* **101** [1885] 164/6; *Ann. Chim. Phys.* [6] **11** [1887] 177/220, 207). Näheres s. „*Gold*" S. 705, 709.

Carbonyle. Verss. zur Umsetzung von W-, Cr- und Mo-Carbonylen mit PBr_3 s. C. D. Coryell, I. W. Irvine (NP-1857 [1951] 1/11 nach *N.S.A.* **5** [1951] Nr. 4093).

Carbonyls

Gegen organische Stoffe. PBr_3 ist ohne Wärmeentw. zu klaren Lsgg. lösl. in Aceton, $CHCl_3$, C_6H_6 und CS_2. Die äther. Lsg. wird beim Verdunsten des Lsgm. gelb und entwickelt viel HBr, A. C. Christomanos (*Z. anorg. Chem.* **41** [1904] 276/90, 289). — KW-Stoffe, organ. Säuren, Ketone, Ester, tertiäre Amine werden von PBr_3 leicht gelöst, P. Walden (*Z. anorg. Chem.* **25** [1900] 209/26, 212). — Unterss. über Dichte, Viscosität, Oberflächenspannung und Brechungszahlen des Systems PBr_3–C_6H_5CHO deuten auf das Bestehen einer Additionsverb. $PBr_3 \cdot 3C_6H_5CHO$, F. F. Fajzullin, L. S. Drabkina, L. I. Ivankina (*Učenye Zap. Kazansk. Univ.* **113** Nr. 8 [1953] 51/8, *C.A.* **1955** 10032). — Beim Mischen äquiv. Lsgg. von PBr_3 und Brom in CCl_4 entstehen orangegelbe Kristalle der Zus. $2PBr_5 \cdot CCl_4$, A. I. Popov, E. H. Schmorr (*J. Am. chem. Soc.* **74** [1952] 4672/4). — Mit Äthylbromid, das radioaktives Br enthält, findet bei 15°C im Vak. nach 120 Min. kein Austausch der Br-Atome statt, F. Fairbrother (*J. chem. Soc.* **1941** 293/9). — Rk. von PBr_3 mit $N(CH_3)_3$ führt zur Bldg. der Additionsverb. $PBr_3 \cdot N(CH_3)_3$; Best. der Rk.-Wärme nach dem Gesetz von Henry, Stabilität der Verb. und deren Löslichkeit in $N(CH_3)_3$, R. R. Holmes (*J. Am. chem. Soc.* **82** [1960] 5285/8). — PBr_3 bildet in äther. Lsg. mit Benzolazophenol eine rote Additionsverb. der Zus. $PBr_3 \cdot 3C_{12}H_{10}ON_2$, W. M. Fischer, A. Taurinsch (*Z. anorg. Chem.* **205** [1932] 309/20, 318). — Über katalyt. Eigg. von PBr_3 bei der Autoxydation von Terpentinöl, Styrol und Aldehyden s. beispielsweise C. Moureu, C. Dufraisse, M. Badoche (*C. r.* **187** [1928] 157/61).

With Organic Compounds

Behavior as Solvent

Verhalten als Lösungsmittel

Jodide, Bromide und Chloride der Alkalimetalle lösen sich schwer, leichter lösl. sind $FeCl_3$ (tiefbraune Lsg.) und HgJ_2 (gelblich), leicht lösl. sind die Halogenide von As, Sb und Sn. Die Änderung der elektr. Leitf. bei 25°C ist praktisch Null; es ergibt sich daraus, daß PBr_3 die gelösten Stoffe nicht dissoziiert, P. WALDEN (*Z. anorg. Chem.* **25** [1900] 209/26, 212). — Jod löst sich in PBr_3 mit braunroter Farbe, J. H. GLADSTONE (*J. prakt. Chem.* **49** [1850] 40/51, 50; *Phil. Mag.* [3] **35** [1949] 345/55, 354. — Zur Löslichkeit von Phosphor s. „*Phosphor*" *Tl.* B, S. 332.

Nonaqueous Solution

Nichtwäßrige Lösung

Inorganic Solvents

Anorganische Lösungsmittel. Spezif. elektr. Leitf. von gesätt. Lsg. von PBr_3 in fl. H_2S (Eigenleitf. $< 1 \cdot 10^{-11} \Omega^{-1}cm^{-1}$) bei der Temp. von festem CO_2: $0.5269 \times 10^{-7} \Omega^{-1}cm^{-1}$. Äquiv.-Leitf. von PBr_3-Lsgg. in fl. H_2S (Temp. von festem CO_2):

Molkonz. . . .	0.0538	0.1076	0.162	0.2155
$\Lambda \cdot 10^3$ in $\Omega^{-1}cm^2$	0.6643	0.365	0.1679	0.0847

G. N. QUAM, J. A. WILKINSON (*J. Am. chem. Soc.* **47** [1925] 989/94); weitere Angaben hierzu s. ferner G. MAGRI (*Atti R. Accad. Lincei Rend.* [5] **16** I [1907] 518/25), U. ANTONY, G. MAGRI (*Gazz. chim. ital.* **35** I [1905] 206/26, 221).

Bei 25°C sind in fl. SO_2 ~19 bis 20 Gew.% PBr_3 lösl., bei 0°C 11 bis 12%, A. I. ŠATENŠTEJN, M. M. VIKTOROV (*Ž. fiz. Chim.* **11** [1938] 18/27, 20, *C.* **1939** II 1843; *Acta physicochim. URSS* [dtsch.] **7** [1937] 883/98, 887, 894). Es wird Ionenspaltung nach $PBr_3 \rightarrow [PBr_2]^+ + Br^- \rightarrow [PBr]^{2+} + Br_2^{2-} \rightarrow P^{3+} + 3\,Br^-$ angenommen. Äquiv.-Leitf. von PBr_3-Lsgg. in fl. SO_2 bei 0°C bei der Verd. $V_{val} = 24.0$ bzw. 63.5 bzw. 259.0 : 0.151 bzw. 0.346 bzw. 0.798 $\Omega^{-1}cm^2$, P. WALDEN (*Z. physik. Chem.* **43** [1903] 385/464, 401, 435, 439). — PBr_3 reagiert nicht mit fl. SO_2, H. HECHT, R. GREESE, G. JANDER (*Z. anorg. Chem.* **269** [1952] 262/78, 276), gibt in JBr gut leitende Lsgg., V. GUTMANN (*Monatsh. Chem.* **82** [1951] 156/69, 159), in $POCl_3$ eine gelbe Lsg., V. GUTMANN (*Z. anorg. Chem.* **269** [1952] 279/91, 291) ist in $SbBr_3$ gut lösl., G. JANDER, J. WEIS (*Z. Elektrochem.* **61** [1957] 1275/83, 1277). Die Lsg. von PBr_3 in $AlBr_3$ leitet den elektr. Strom; aus der Schmp.-Erniedrigung ergibt sich, daß PBr_3 in der Lsg. polymerisiert ist, W. ISBEKOW (*Z. anorg. Chem.* **84** [1913] 24/30).

Organic Solvents

Organische Lösungsmittel. Dichten und Dielektrizitätskonstt. von Lsgg. von PBr_3 in Dioxan bei 25°C (C = Mol PBr_3/Mol Dioxan):

C	ε	Dichte
0.00000	2.216	1.0278
0.01142	2.264	1.0510
0.01371	2.271	1.0555
0.02505	2.297	1.0786
0.03350	2.324	—
0.03572	2.332	1.1000
0.06591	2.405	1.1604

P. A. MCCUSKER, B. C. CURRAN (*J. Am. chem. Soc.* **64** [1942] 614/7). — Dichten, Brechungszahlen und DK von PBr_3-Lsgg. in CCl_4 bei 18.2°C (C = Mol PBr_3/Mol CCl_4):

C	Dichte	ε	n^2
0.01955	1.62195	—	2.26010
0.02177	1.62476	—	2.26190
0.02584	1.62989	—	2.26400
0.02821	1.63288	—	2.26749
0.06303	1.6768	2.3218	—
0.09638	1.7189	2.3622	—
0.1284	1.7592	2.3997	—

E. BERGMANN, L. ENGEL (*Z. physik. Chem.* B **13** [1931] 232/46, 244). — Angaben über DK und Dichten von Lsgg. von PBr_3 in C_6H_6 und CCl_4 s. auch bei K. SUENAGA, A. KOTERA (*Nippon Kagaku Zasshi* **70** [1949] 116/8 [japan.], *C.A.* **1951** 4107).

Molare elektr. Leitf. in CH_3CN bei 25°C: $1.78\Omega^{-1}cm^2\ mol^{-1}$ bei Konz. 0.025 Mol/l, G. S. HARRIS, D. S. PAYNE (*J. chem. Soc.* **1956** 4617/21). Thermoanalyt. Unters. des Systems PBr_3-Trinitrotoluol ergibt eine beschränkte Löslichkeit in der fl. Phase, N. A. PUŠIN, L. NIKOLIĆ, I. PARHOMENKO, A. RADOJČIN, N. VASOVIČ, J. VELICKI (*Glasnik hem. Društva Beograd* **11** [1940/46] 25/32, 29 [serb.], *C.A.* **1948** 2201). — PBr_3 ist mit C_6H_5COBr in jedem Verhältnis mischbar, V. GUTMANN, K. UTVARY (*Monatsh. Chem.* **90** [1959] 751/61, 752). Über Mischbarkeit mit weiteren organ. Verbb. s. S. 364.

Das System PBr_3–Br_2

PBr_3–Br_2 System

Nach thermoanalyt. Unterss. gelten von den im System auftretenden Prodd. als Verbb. sichergestellt: PBr_3, PBr_5, $PBr_5 \cdot Br_2$, $PBr_5 \cdot 2Br_2$, $PBr_5 \cdot 6Br_2$. Das Schmelzdiagramm wird durch die Zersetzlichkeit der mittleren Verbb. und durch Auftreten von Überschreitungserscheinungen unübersichtlich und kann nicht restlos geklärt werden. Die Berücksichtigung der Ergebnisse (vgl. hierzu **Fig. 132**) zeigt folgendes Bild. Ein Prod. mittlerer Zus., z. B. $PBr_5 \cdot Br_2$, bildet beim Schmelzen zwei nicht mischbare Phasen konst. Zus. (Temp.-Horizontale A B bei 106°C). Die Endpunkte A und B sowie das Auftreten einer Rk.-Linie bei 12°C und 86 At.-% Br deuten auf eine Entmischungsrk. nach $2PBr_5 \cdot Br_2 \rightleftarrows PBr_5 + PBr_5 \cdot 2Br_2$. Die Verb. PBr_5 steht ebenfalls mit Zerfallsprodd. im Gleichgew., was durch das Auftreten von PBr_3 und durch unregelmäßig zwischen 75 und 92°C auftretende, manchmal von Unterkühlungen begleiteten Wärmeeffekte (im Diagramm kleine Kreise) angedeutet wird: $PBr_{3\,fl} + PBr_5 \cdot Br_{2\,fest} \rightleftarrows 2PBr_{5\,fest}$ + Wärme. Es wird angenommen, daß das linke System des Gleichgew. die „rote Modifikation", das rechte System die „gelbe Modifikation" von PBr_5 darstellt. Bei den Verss. kann das Auftreten roter Kristalle bis 54.6 At.-% Br, also weit unterhalb der Zus. PBr_5, das Auftreten von PBr_3 weit darüber hinaus verfolgt werden. Bei langsamer Abkühlung bleiben PBr_3, PBr_5 und Polybromid jahrelang nebeneinander erhalten. Die Rk.-Linie bei 12°C entspricht $PBr_5 \cdot 2Br_2 + 4Br_2 \rightleftarrows PBr_5 \cdot 6Br_2$, der bei −8°C beob. Wärmeeffekt steht mit den Ergebnissen der Leitf.-Unters. von PBr_5-Lsgg. in Br_2 (vgl. S. 503), wonach bei höchsten Br-Konzz. zwei nicht mischbare Fl.-Schichten auftreten (Änderung der Leitf. beim Schütteln), im Einklang. Bei Konzz. zwischen 70 und 86 At.-% Br scheiden sich aus den Kristallgemischen Bodenfll. aus, die in einer nicht klar erkennbaren Weise der Rk.-Linie bei 12°C, also den bromreichsten Mischungen zugeordnet sind. Die Verb. $PBr_5 \cdot Br_2$ könnte sich danach auch spalten nach $6PBr_5 \cdot Br_2 \rightleftarrows 5PBr_5 + PBr_5 \cdot 6Br_2$, W. BILTZ, K. JEEP (*Z. anorg. Chem.* **162** [1927] 32/48, 39).

Fig. 132.

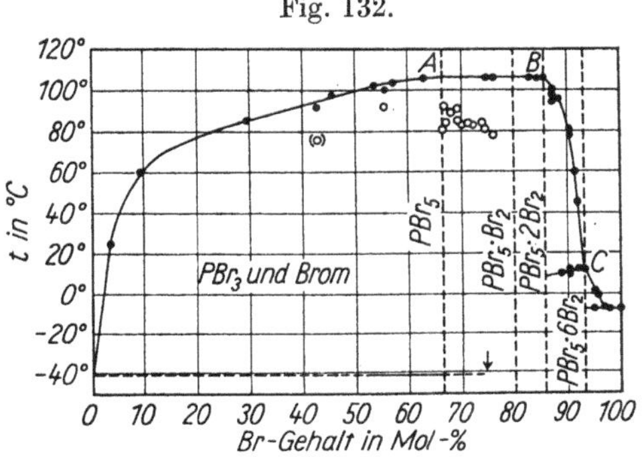

Schmelzdiagramm des Systems PBr_3–Br_2.

Aus der elektr. Leitf. von Lsgg. der Gemische aus PBr_3 und Br_2 in CH_3CN ist zu entnehmen, daß die Rk. zwischen Br_2 und PBr_3 von Ionenbldg. begleitet ist. Eine Unstetigkeit in der Kurve beim Molverhältnis 1 : 1 wird als Hinweis auf die Existenz eines Ionenkomplexes $PBr_3 \cdot Br_2$ gedeutet, G. S. HARRIS, D. S. PAYNE (*J. chem. Soc.* **1956** 4617/21).

Das PBr_4^+-Ion. Vgl. hierzu die Angaben auf S. 376, 503.

PBr_4^+ Ion

Phosphor(V)-bromid PBr_5.

Phosphorus (V) Bromide

Bildung und Darstellung. Darst. aus den Elementen in CO_2-Atm., A.-J. BALARD (*Ann. Chim. Phys.* [2] **32** [1826] 337/81, 373). Durch Rk. von weißem P mit fl. Brom in CS_2-Lsg.; zur Reinigung wird das Rohprod. aus $C_6H_5NO_2$ bei 60°C umkristallisiert und mit absol. Äthyläther gewaschen. Luft ist möglichst auszuschließen. Die darauf folgende Vak.-Dest. wird bei −80°C ausgeführt, um die Dissoz. von PBr_5 in PBr_3 und Br_2 zu vermeiden. Wahrscheinlich bildet das freie Brom mit dem PBr_5 Mischkristalle und verursacht dessen rote Färbung. Das Endprod. ist hell braungelb gefärbt, M. VAN DRIEL, H. GERDING (*Recueil Trav. chim. Pays-Bas* **60** [1941] 869/76, 869).

Formation. Preparation

Durch Einw. von überschüssigem Br_2 auf PBr_3 und Entfernung des unverbrauchten Broms durch Hindurchleiten von trocknem CO_2 bei 40 bis 50°C, G. ODDO, M. TEALDI (*Gazz. chim. ital.* **33**

II [1903] 427/49, 436). Hierbei entsteht durch örtlichen Br_2-Überschuß stets auch PBr_7. Um dies zu vermeiden, muß man eine langsame Vereinigung von Lsgg. von PBr_3 und Br_2 in CS_2 unter beständigem Rühren vor sich gehen lassen, wobei PBr_3 im Überschuß sein soll, um die Bldg. von PBr_7 zu vermeiden. Nach Dekantation werden die Kristalle auf einem gesinterten Glasfilter mit $CHCl_3$ gewaschen und unter Luftabschluß aufbewahrt. Wegen der großen Löslichkeit von PBr_5 in CS_2 sind nur Ausbeuten von 10 bis 20% erreichbar, A. I. Popov, N. E. Skelly (*J. Am. chem. Soc.* **76** [1954] 3916/9).

Die Verb. bildet sich beim Zusammenbringen von P_4O_6 mit Br_2-Dampf im geschlossenen Gefäß bei gewöhnl. Temp., T. E. Thorpe, A. E. Tutton (*J. chem. Soc.* **59** [1891] 1019/29, 1021). Sie läßt sich auch herstellen durch Einleiten von PF_3 in auf $-15°C$ gekühltes Brom, wodurch PF_3Br_2 entsteht, das allmählich nach $5PF_3Br_2 = 3PF_5 + 2PBr_5$ zerfällt, H. Moissan (*C. r.* **100** [1885] 1348/50). — Neben $POCl_2Br$, $POClBr_2$ und $POBr_3$ entsteht sie beim Leiten von mit $POCl_3$-Dampf beladenem gasf. HBr durch ein auf 400 bis 500°C erhitztes, mit Bimsstein gefülltes Rohr; Trennung durch fraktionierte Dest., A. Besson (*C. r.* **122** [1896] 814/7). — Bldg. von PBr_5 neben $POBr_3$ bei der Einw. von O_2 auf sd. PBr_3, E. Demole (*Bull. Soc. chim. France* [2] **34** [1880] 201/7, 203), durch Umsetzung von $PSBr_3$ mit PCl_5 nach $5PSBr_3 + 3PCl_5 = 5PSCl_3 + 3PBr_5$, A. Michaelis (*Liebigs Ann.* **164** [1872] 9/45, 39).

Bldg. von PBr_5 (bzw. PBr_6J) wird beobachtet bei der explosiv bzw. lebhaft verlaufenden Rk. von weißem bzw. rotem P mit geschmolzenem JBr, V. Gutmann (*Monatsh. Chem.* **82** [1951] 280/6, 284).

Reinigung durch Umkrist. aus reinem $C_6H_5NO_2$, Waschen mit Äthyläther und Trocknen im N_2-Strom, G. S. Harries, D. S. Payne (*J. chem. Soc.* **1958** 3732/3). Zur Darst. von Einkristallen für Strukturbestt. wird das in gleicher Weise gereinigte Prod. im Vak. getrocknet, im Vak. umsublimiert (3 Wochen Dauer) und in trocknem N_2 aufbewahrt, M. van Driel, C. H. Mac Gillavry (*Recueil Trav. chim. Pays-Bas* **62** [1943] 167/71).

Thermodynamic Formation Data

Thermodynamische Bildungsdaten. Änderung des Wärmeinhalts bei Bldg. aus den Elementen unter Standardbedingungen bei 18°C in kcal/Mol: $\Delta H(PBr_{5\,fest}) = -60.6$, F. R. Bichowsky, F. D. Rossini (*The Thermochemistry of the chemical Substances, New York* 1936, S. 39, 222); bei 25°C: $\Delta H(PBr_{5\,fest}) = -66$, F. D. Rossini u. a. (*Circ. Bur. Stand.* Nr. 500 [1952] 79, 848), -54.6 ± 1.4, A. Finch, P. J. Gardner, I. H. Wood (*J. Chem. Soc.* **1965** 40/3), ber. aus der Rk.-Wärme mit H_2O, vgl. hierzu S. 501.

Physical Properties. Lattice Structure

Physikalische Eigenschaften. Gitterstruktur. PBr_5 hat ein rhomb. Gitter, das aus PBr_4^+- und Br^--Ionen besteht. Raumgruppe: D_{2h}^{11}–Pbcm. Die Elementarzelle enthält 4 Formeleinheiten PBr_5. Gitterkonstt.: a = 5.6, b = 16.9, c = 8.3 Å, H. M. Powell, D. Clark (*Nature* **145** [1940] 971). Diese Angaben werden durch Weissenberg-Aufnahmen im wesentlichen bestätigt. Die PBr_4^+-Ionen sind leicht verzerrte Tetraeder (s. S. 376), in denen die Br-Atome 2.02 bis 2.18 Å vom P-Atom entfernt sind. Der Abstand zwischen P-Atom und Br^--Ion ist 4.30 Å, der geringste Abstand zwischen einem Br^--Ion und einem Br-Atom des nächsten PBr_4^+-Ions ist 3.07 Å. Gitterkonstt.: a = 5.62 ± 0.03, b = 16.91 ± 0.03, c = 8.29 ± 0.03 Å, M. van Driel, C. H. MacGillavry (*Recueil Trav. chim. Pays-Bas* **62** [1943] 167/71).

Phase Transitions

Phasenumwandlungen. Nach S. D. Chatterjee (*J. Indian chem. Soc.* **19** [1942] 49/50) zersetzt sich PBr_5 schon beim Schmelzen in $PBr_3 + Br_2$. Außer dieser Zers. ist nach N. A. Pušin, J. Makuc (*Glasnik hem. Drustva Beograd* **15** [1950] 17/25) noch eine Umwandlung bei 99°C festzustellen.

Density. Specific Volume

Dichte D in g/cm^3. **Spezifisches Volumen** v in cm^3/g. Zwischen 85 und 100°C: $v_t/v_{85} = 1 + 0.0019\,t$, zwischen 100 und 165°C: $v_t/v_{100} = 1 + 0.0012\,t$, E. B. R. Prideaux (*J. chem. Soc.* **95** [1909] 445/9). — Bei -79 und $-183°C$ ergeben sich die Werte D = 3.574 bzw. 3.707, aus denen sich D = 3.74 bei $-273°C$ extrapolieren läßt, W. Biltz, A. Sapper, E. Wünnenberg (*Z. anorg. Chem.* **203** [1932] 277/306, 290).

Vapor Pressure

Dampfdruck. Vgl. beim chem. Verh. unter „Beim Erhitzen und an der Luft" S. 501.

Specific Electric Conductivity

Spezifische elektrische Leitfähigkeit. Daten für reines PBr_5 liegen nicht vor. Über die Leitfähigkeit von Lsgg. von PBr_5 in verschiedenen Lsgmm. s. S. 503.

Optical Absorption Power

Optisches Absorptionsvermögen. Der mit PBr_5 im Gleichgew. stehende Dampf hat ein Absorptionsmax. bei $\lambda = 2744$ Å; oberhalb 55°C sind die Br_2-Banden andeutungsweise, oberhalb 72°C recht deutlich zu erkennen, M. Jan-Khan, R. Samuel (*Proc. phys. Soc.* **48** [1936] 626/41, 629/30).

Chemisches Verhalten. Beim Erhitzen und an der Luft. Gelbe krist. Masse, die beim Erwärmen zu einer roten Fl. schmilzt und stechend riechende Dämpfe entwickelt, A.-J. BALARD (*Ann. Chim. Phys.* [2] **32** [1826] 337/81, 374). Zerfließt sofort an der Luft, T. E. THORPE, A. E. TUTTON (*J. chem. Soc.* **59** [1891] 1019/29, 1021). Bildet mit feuchter Luft $POBr_3$, J. H. GLADSTONE (*J. prakt. Chem.* **49** [1850] 40/51; *Phil. Mag.* [3] **35** [1849] 345/55). Gibt beim Erwärmen im Wasserbad im CO_2-Strom PBr_3, E. BAUDRIMONT (*Ann. Chim. Phys.* [4] **2** [1864] 5/67, 52).

Chemical Reactions. On Heating and in the Air

Aus Molgew.-Bestt. am Dampf über PBr_5 zwischen 65 und 180°C geht hervor, daß die Zers. in PBr_3 und Br_2 bei 65°C bereits zu 98.5% erfolgt ist und bei 90°C > 99% beträgt. Die Dampfdrucke sind leicht reproduzierbar und gehorchen zwischen 32.5 und 75.0°C der Formel $\lg p = 10.1713 - 2895.7/T$. Hiernach ist die Dissoziationsenergie von festem PBr_5 26.50 kcal/Mol, G. S. HARRIS, D. S. PAYNE (*J. chem. Soc.* **1958** 3732/3). Etwas höhere Werte für den Dampfdruck finden M. VAN DRIEL, H. GERDING (*Recueil Trav. chim. Pay-Bas* **60** [1941] 869/76), woraus die Dissoziationsenergie von festem PBr_5 zu 27.12 kcal/Mol berechnet wird, G. S. HARRIS, D. S. PAYNE (*l. c.*). Ältere Angaben für die Dampfdrucke von PBr_5 zwischen 2 und 100°C s. bei E. B. R. PRIDEAUX (*J. chem. Soc.* **95** [1909] 445/9).

Gegen Nichtmetalle. Wasserstoff bleibt bei gewöhnl. Temp. ohne Einw., Schwefel wirkt ebenfalls nicht in der Kälte ein, beim Erhitzen entsteht Geruch nach Schwefelbromid, zugleich wird eine Fl. gebildet. Reagiert mit Jod unter Bldg. einer roten Fl. nach $5PBr_5 + 2J = 5PBr_3 + 2JBr_5$. Bildet mit Phosphor bei gewöhnl. Temp. PBr_3, J. H. GLADSTONE (*l. c.*). Chlor zersetzt unter Bldg. von PCl_5 und Br_2-Dampf, A.-J. BALARD (*l. c.*), C. LÖWIG (*Das Brom und seine chemischen Verhältnisse, Heidelberg* 1829, 1/74, 55). — Gibt im Einschlußrohr nach 2std. Erhitzen bei 100°C mit Tellur $TeBr_2$ oder $TeBr_4$, E. MONTIGNIE (*Bull. Soc. chim. France* [5] **15** [1948] 180/1).

With Nonmetals

Gegen Nichtmetallverbindungen. Reagiert mit H_2O unter Wärmeentw.; es bilden sich HBr und H_3PO_4, A.-J. BALARD (*l. c.*), C. LÖWIG (*l. c.*). Rk.-Wärme mit H_2O: 114.7 kcal/Mol, J. OGIER (*C. r.* **92** [1881] 83/6).

With Nonmetal Compounds

Beim langsamen Einleiten von NH_3 in eine Lsg. von PBr_5 in CCl_4 wird bei Vermeidung einer Temp.-Erhöhung weißes $PBr_5 \cdot 9NH_3$ erhalten, A. BESSON (*C. r.* **111** [1890] 972/4). Durch Zusatz von N_2O_4 zu PBr_5 und Behandeln mit BrF_3 wird $(NO_2)PF_6$ (vgl. S. 411) erhalten, A. A. WOOLF, H. J. EMELÉUS (*J. chem. Soc.* **1950** 1050/2). Bei Kondensation von gasf. NOCl auch ein Gemisch von PBr_5 mit BrF_3 bei ~ -10°C und Erwärmen auf gewöhnl. Temp. wird $NOPF_6$ erhalten, A. A. WOOLF (*J. chem. Soc.* **1950** 1053/6), vgl. hierzu S. 411.

Beim Zusatz von ClBr zu mit einer Kältemischung gekühltem PBr_5 findet unter Erwärmung Auflösung zu einer dunklen Fl. statt, aus der beim Abkühlen bei 15°C lange braune, nadelförmige stark glänzende Kristalle der Zus. $PBr_5 \cdot 3ClBr$ ausfallen, A. GEUTHER (*Jenaische Z. Naturwiss.* **10** [1876] 128/40, 139). Bildet mit ClJ in CCl_4-Lsg. die Verb. $[PBr_4][ClBrJ]$, vgl. S. 533.

Leitfähigkeitsunterss. der Lsg. von Gemischen von PBr_5 und ClJ in $C_6H_5NO_2$ oder CH_3CN zeigen beim Mol-Verhältnis PBr_5: ClJ = 1 bis 0.25 Rkk. an, deren Ablauf durch folgende Gleichungen dargestellt werden kann: $PBr_5 + ClJ = PClBr_4 + BrJ$; $PBr_5 + 2ClJ = PCl_2Br_3 + 2BrJ$; $PBr_5 + 3ClJ = PCl_3Br_2 + 3BrJ$; $PBr_5 + 4ClJ = PCl_4Br + 4BrJ$. Bei der Lsg. der Gemische in $C_6H_5NO_2$ wird abweichend von der in CH_3CN ein Leitfähigkeits-Max. bei einer Mischung festgestellt, die ~0.06 Mol PBr_5 pro Mol ClJ enthält, was auf Bldg. einer Verb. schließen läßt, welche bedeutend mehr als 5 Halogenatome je P-Atom enthält, M. GRAULIER (*Ann. Chim.* [*Paris*] [13] **4** [1959] 427/78, 466).

Beim Behandeln mit gasf. H_2S bildet sich $PSBr_3$, E. BAUDRIMONT (*l. c.* S. 61). Bei Einw. von H_2S auf ein Gemisch von PBr_5 und PCl_5 wird ein Gemisch aus $PSCl_3$, $PSBr_3$, $PSCl_2Br$, $PSClBr_2$ erhalten, M.-L. DELWAULLE, F. FRANÇOIS (*C. r.* **224** [1947] 1422/4).

PBr_5 reagiert mit fl. SO_2 ebenso wie PCl_5, jedoch langsamer. Nach 1- bis 2tägigem Stehen einer äquiv. Mischung mit einem kleinen SO_2-Überschuß im verschmolzenen Bombenrohr bei gewöhnl. Temp. bis zur klaren Lsg. ist die Rk. beendet; es bilden sich $POBr_3$ und $SOBr_2$, W. BEHNE, G. JANDER, H. HECHT (*Z. anorg. Chem.* **269** [1952] 249/61, 254, 258), H. HECHT, R. GREESE, G. JANDER (*Z. anorg. Chem.* **269** [1952] 262/78), vgl. W. BEHNE (*Diss. Greifswald* 1945, S. 1/62,24). Weitere Angaben s. „*Schwefel*" *Tl.* B, S. 288. — Beim Erhitzen von PBr_5 in H_2SO_4 bilden sich HBr, Br_2, SO_2 und wahrscheinlich Schwefelbromid; die beabsichtigte Bldg. von HSO_3Br tritt nicht ein, F. CLAUSNITZER (*Ber.* **11** [1878] 2012/3), vgl. auch „*Schwefel*" *Tl.* B, S. 771. — Über Verh. gegen S_2Br_2 s. System PBr_5–S_2Br_2 auf S. 599.

Wirkt nur wenig auf B_2O_3 ein; es entsteht eine geringe Menge PBr_3, G. GUSTAVSON (*Z. chem.* **13** [1870] 521/2). — Reagiert mit $H_3BF_2O_2$ ähnlich wie PCl_5 nach $3PBr_5 + 3H_3BF_2O_2 = BPO_4 + 2POBr_3 + 2BF_3 + 9HBr$, L. H. LONG, D. DOLLIMORE (*J. chem. Soc.* **1951** 1608/12). — Beim Mischen der Lsgg. von PBr_3 und BBr_3 in CS_2 bildet sich unter Wärmeentw. krist. $PBr_5 \cdot BBr_3$, J. TARIBLE (*C. r.* **116** [1893] 1521/4).

PH_3 reduziert PBr_5 zu PBr_3, J. H. GLADSTONE (*l. c.* S. 42). — PBr_5 reagiert mit PCl_5 im Einschlußrohr zwischen gewöhnl. Temp. und 40°C nach $4PBr_5 + 6PCl_5 = 5PCl_3 + 5PCl_3Br_4$, A. GEUTHER (*Jenaische Z. Naturwiss.* **10** [1876] 128/40, 140), mit $P_2O_3Cl_4$ nach $P_2O_3Cl_4 + PBr_5 = 2POCl_2Br + POBr_3$, A. GEUTHER, A. MICHAELIS (*Ber.* **4** [1871] 766/8; *Jenaische Z. Naturwiss.* **7** [1873] 103/9). — Beim Erhitzen mit $P_2S_3Br_4$ entsteht $PSBr_3$, A. MICHAELIS (*Liebigs Ann.* **164** [1872] 9/45, 26).

Mit AsF_3 bildet sich in stark exothermer Rk. $[PBr_4][PF_6]$, mit $AsCl_3$ findet Halogenaustausch, jedoch kein völliger Umsatz statt, L. KOLDITZ, A. FELTZ (*Z. anorg. Chem.* **293** [1957] 155/67, 156). Das System mit $AsBr_3$ weist bei 23.5°C und 17.5 Mol-% PBr_5 ein Eutektikum auf, N. A. PUŠIN, J. MAKUC (*Z. anorg. Chem.* **237** [1938] 177/82), vgl. hierzu „*Arsen*" S. 475.

With Metals

Gegen Metalle. Metalle zersetzen unter Bldg. von Bromiden, A.-J. BALARD (*Ann. Chim. Phys.* [2] **32** [1826] 337/81, 374). — Gemische von PBr_5 mit Alkalimetallen explodieren bei Stoß sehr heftig, J. CUEILLERON (*Bull. Soc. chim. France* [5] **12** [1945] 88/9). Mg-Pulver reduziert in äther. Lsg. bei gewöhnl. Temp. unvollständig zu rotem P, H. RHEINBOLDT, K. SCHWENZER, R. BUNGE (*J. prakt. Chem.* [2] **140** [1934] 273/90, 280). Beim Erhitzen von PBr_5 mit Pd entsteht ähnlich wie bei PCl_5 die Verb. $[PdBr_2(PBr_3)]_2$, mit Ir tritt eine analoge Rk. ein. Bei aufeinanderfolgendem Erhitzen von Ru-Schwamm mit PBr_5 und PBr_3 bei 300 und 250°C entsteht eine Verb. der Zus. $Ru_2Br_{19}P_5$, W. STRECKER, A. SCHURIGIN (*Ber.* **42** [1909] 1767/76).

Beim Erhitzen mit Pt-Mohr bildet sich $[Pt_2(PBr_3)_2Br_4]$; Näheres s. „*Platin*" *Tl.* D, S. 343, 463.

With Metal Compounds

Gegen Metallverbindungen. Mit SbS_3 Bldg. von $PSBr_3$ und $SbBr_3$, E. BAUDRIMONT (*l. c.*). Gemische von PBr_5, Metallhalogeniden und BrF_3 geben Salze wie beispielsweise $Ba(PF_6)_2$, $AgPF_6$, A. A. WOOLF, H. J. EMELÉUS (*J. chem. Soc.* **1950** 1050/2), mit KCl und BrF_3 entstehen quantitativ Hexafluorophosphat und K-Bromidfluorid, H. J. EMELÉUS, A. A. WOOLF (*J. chem. Soc.* **1950** 164/8). Reagiert in einer Lsg. von Acetylentetrachlorid mit NH_4Br nach $PBr_5 + NH_4Br = NPBr_2 + 4HBr$, H. BODE (*Z. anorg. Chem.* **252** [1943] 113/8, 113). — Die 0.064m- bzw. 0.081m-Lsg. von PBr_5 in JBr zeigt bei konduktometr. Titration mit NH_4Br bzw. CsBr bei 55°C keinen Pot.-Sprung. Es findet also offenbar keine Rk. statt, V. GUTMANN (*Monatsh. Chem.* **82** [1951] 156/69, 166). — Nach unveröff. Unterss. gibt PBr_5 mit $SnBr_4$ zwei Komplexverbb. der Zus. $PBr_5 \cdot SnBr_4$ und $2PBr_5 \cdot SnBr_4$, D. S. PAYNE laut G. S. HARRIS, D. S. PAYNE (*J. chem. Soc.* **1956** 4617/21, 4619). Reagiert mit PbO unter Aufglühen, E. BAUDRIMONT (*Ann. Chim. Phys.* [4] **2** [1864] 5/67, 61), mit CrO_2Cl_2 mit explosiver Heftigkeit, H. S. FRY, J. L. DONELLY (*J. Am. chem. Soc.* **38** [1916] 1923/8, 1926). Äquimolare Lsgg. von PBr_5 und CrO_2Cl_2 in CCl_4 geben in exothermer Rk. einen grauen gelatinösen, nach Trocknen im CO_2-Strom dunkelpurpurroten Nd. wechselnder Zus., da PBr_5 in CCl_4-Lsg. z. T. in PBr_3 und Br_2 dissoziiert und daher ein Gemisch von $CrOCl \cdot POCl_3$ und $CrO_2Cl_2 \cdot PBr_5$ liefert, H. S. FRY, J. L. DONELLY (*J. Am. Soc. chem.* **40** [1918] 478/82). Gibt mit WO_3 beim Erhitzen im Einschlußrohr dunkle, zerfließliche, stark rauchende Kristalle, B. KALISCHER (*Diss. Berlin* **1902**, S. 1/54, 23). Über Bldg. von Additionsverbb. durch Rk. mit $AuBr_3$ s. „*Gold*" S. 705/9.

With Organic Substances

Gegen organische Stoffe. Beim Abkühlen einer Lsg. von PBr_5 in CCl_4 scheidet sich eine Additionsverb. der Zus. $PBr_5 \cdot 2CCl_4$ aus, S. KRAKOWIECKI (*Roczniki Chem.* **10** [1930] 197/8 [poln.]), T. MIŁOBEDZKI, S. KRAKOWIECKI (*Roczniki Chem.* **8** [1928] 563/7 [poln.]), A. I. POPOV, E. H. SCHMORR (*J. Am. chem. Soc.* **74** [1952] 4672/4). Reagiert mit CH_3CN viel leichter als PCl_5. D. S. PAYNE (*J. chem. Soc.* **1953** 1052/5). — Bildet in äther Lsg. mit Benzolazophenol und -naphthol die Additionsverbb. $PBr_5 \cdot 5C_{12}H_{10}ON_2$ (rot) bzw. $PBr_5 \cdot 5C_{16}H_{12}ON_2$ (blauschwarz), W. M. FISCHER, A. TAURINSCH (*Z. anorg. Chem.* **205** [1932] 309/20, 319).

Reagiert mit Eisessig unter Aufbrausen; es bilden sich gasf. HBr, $POBr_3$ und CH_3COBr, H. RITTER (*Liebigs Ann.* **95** [1855] 208/11). Gibt mit Oxalsäure unter Wärmeentw. $POBr_3$, E. BAUDRIMONT (*l. c.* S. 52, 61).

Zur Bromierung von organ. Verbb. mit PBr_5 s. S. 364.

Nonaqueous Solution

Nichtwäßrige Lösung. Die in Form rotbrauner Kristalle als heteropolare Verb. $[PBr_4]Br$ aufgefaßte Verb. tritt wahrscheinlich in unpolaren Lsgmm. als homöopolare Verb. PBr_5 auf, L. KOLDITZ (*Z. anorg. Chem.* **293** [1957] 147/54, 150).

Inorganic Solvents

Anorganische Lösungsmittel. PBr_5 ist in fl. HCl, fl. HBr und fl. H_2S lösl.; es bewirkt in fl. HCl ein beträchtliches, in fl. H_2S ein schwaches Anwachsen der elektr. Leitf., B. D. STEELE, D. MCINTOSH, E. H. ARCHIBALD (*Z. physik. Chem.* **55** [1906] 129/99, 152, 153; *Phil. Trans.* A **205** [1905] 99/137, 121, 122). Die Lsg. von PBr_5 in fl. PBr_3 ist bei erhöhter Temp. völlig in PBr_3 und Br_2 dissoziiert, G. P. BAXTER, C. J. MOORE, A. C. BOYLSTON (*J. Am. chem. Soc.* **34** [1912] 259/74, 262). — PBr_5 gibt in JCl gut leitende Lsgg., V. GUTMANN (*Monatsh. Chem.* **82** [1951] 156/69, 159).

Qualitative Angaben über Löslichkeit in fl. SO_2; die Äquiv.-Leitf. in fl. SO_2 bei der Verd. V_{val} = 1715 und 0°C beträgt 11.36 $\Omega^{-1}cm^2$, P. WALDEN (*Z. physik. Chem.* **43** [1903] 385/464, 401, 435). Die Strom-Spannungskurve von PBr_5-Lsgg. in fl. SO_2 und $AsCl_3$ ist eine gerade Linie, die keine Andeutung einer Zers.-Spannung gibt, W. FINKELSTEIN (*Z. physik. Chem.* **115** [1925] 303/29, 307). Die früher festgestellte Leitf. der Lsg. von PBr_5 in $AsCl_3$ ist nicht PBr_5, sondern einer entstehenden P-Cl-Br-Verb. zuzuschreiben, L. KOLDITZ, A. FELTZ (*Z. anorg. Chem.* **293** [1957] 155/67, 156), vgl. hierzu P. WALDEN (*l. c.* S. **436**, **439**). PBr_5 ist in $SbBr_3$ mit roter Farbe gut lösl., G. JANDER, J. WEIS (*Z. Elektrochem.* **61** [1957] 1275/83, 1277).

Organic Solvents

Organische Lösungsmittel. PBr_5 ist in CCl_4, CS_2 oder C_6H_6 bei gewöhnl. Temp. nur wenig lösl., L. KOLDITZ, A. FELTZ (*Z. anorg. Chem.* **293** [1957] 155/67, 164). — Nach spektrophotometr. Unterss. im Gebiet 300 bis 600 mμ von verd. Lsgg. (10^{-3} molar) von PBr_5 in CCl_4 und $C_2H_4Cl_2$ wird aus der Tatsache, daß neben Br_2 auch PBr_3Br_2 an der Absorption beteiligt ist, auf eine nicht vollständige Dissoz. geschlossen. Näherungswerte der Dissoz.-Konst. von PBr_5 in diesen Lsgmm. werden berechnet, A. I. POPOV, N. E. SKELLY (*J. Am. chem. Soc.* **76** [1954] 3916/9). Frühere Angaben hierzu s. J. H. KASTLE ,W. A. BEATTY (*Am. chem. J.* **21** [1899] 392/8). Nach kryoskop. Unters. ist die Dissoz. von PBr_5-Lsgg. in Benzol vollständig, G. ODDO, M. TEALDI (*Gazz. chim. ital.* **33** II [1903] 427/49, 436). Spezif. und molare Leitf. von PBr_5-Lsgg. in CH_3CN bei 25°C und verschiedenen Konzz. c:

c in Mol/l	0.0152	0.0195	0.0296	0.0729
$\varkappa \cdot 10^4$ in $\Omega^{-1}cm^{-1}$.	2.12	2.78	3.63	5.67
μ in $\Omega^{-1}cm^2$ . . .	13.95	14.25	12.26	7.86

Die spezif. Leitf. erhöht sich schwach mit der Zeit ($2.2 \times 10^{-7}\ \Omega^{-1}cm^{-1}\ h^{-1}$), die molare Leitf. ist aus einem extrapolierten Wert für die Zeit Null berechnet. Die molare Leitf. ändert sich etwa linear mit der Quadratwurzel der Konz. und wird bei Konzz. unterhalb 0.015 molar unregelmäßig und nicht reproduzierbar, wahrscheinlich wegen des dann starken Einflusses von Verunreinigungen. Der Temp.-Koeff. der Leitf. ist zwischen 0 und 25°C positiv. Nach Überführungsmessungen liegen PBr_4^+- und PBr_6^--Ionen vor: $2\,PBr_5 \rightleftharpoons PBr_4^+ + PBr_6^-$. Kryoskop. Unterss. des Systems PBr_3–Br_2 in $C_6H_5NO_2$ ergeben das Bestehen der Gleichgeww. $PBr_3 + Br_2 \rightleftharpoons PBr_5$ und $PBr_3 + 2\,Br_2 \rightleftharpoons PBr_7$ mit den Gleichgew.-Konst. für 5.7°C von 2.018 mol^{-1} l und 1.448 $mol^{-2}\ l^2$, G. S. HARRIES, D. S. PAYNE (*J. chem. Soc.* **1956** 4617/21), vgl. auch D. S. PAYNE (*J. chem. Soc.* **1953** 1052/5).

Die spezif. elektr. Leitf. einer 5%igen Lsg. von PBr_5 in $C_6H_5NO_2$ (6.79 l enthalten 1 Mol PBr_5) bei 25°C beträgt $3.33 \times 10^{-5}\ \Omega^{-1}cm^{-1}$. Eine Zersetzungsspannung ist nicht zu beobachten, W. FINKELSTEIN (*Z. physik. Chem.* **115** [1925] 303/29, 307).

$PBr_5 \cdot 9NH_3$

***$PBr_5 \cdot 9NH_3$*.** Wird als amorphe weiße Masse mit ähnlichen Eigg. wie $PCl_5 \cdot 8NH_3$, vgl. S. 451, beim Behandeln der Lsg. von PBr_5 in CCl_4 mit trocknem NH_3 erhalten, A. BESSON (*C. r.* **111** [1890] 972/4). Beim Erhitzen bei 20 bis 30 Torr und 200°C sublimiert eine geringe Menge $(NPBr_2)_3$, A. BESSON (*C. r.* **114** [1892] 1479/81).

Das System PBr_5–Br_2

PBr_5–Br_2 System

PBr_5 löst sich in Br_2 unter Erwärmung. Die gesätt. Lsg. enthält ~37% PBr_5. Spezif. und molare Leitf. von PBr_5-Lsgg. in fl. Br_2 bei 18°C ($\varkappa$ in $\Omega^{-1}cm^{-1}$, μ in $\Omega^{-1}cm^2$) s. die Tabelle auf S. 504 im Auszug. Die elektr. Leitf. zeigt bei verd. Lsgg. sehr kleine Werte. Bei den Konzz. zwischen 4 und 13%, besonders zwischen 5 und 10% tritt beim Schütteln der Lsg. eine bedeutende Änderung (3000fache Erhöhung) auf, über 13% bleibt die Leitf. fast konstant. Die Lage des bei der molaren Leitf. auftretenden Max. kommt der Zus. PBr_{25} oder $PBr_5 \cdot 5\,Br_4$ sehr nahe. Die auftretende Dissoz. wird durch die Gleichungen $PBr_5 \cdot n\,Br = [P \cdot nBr]^{5+} + 5\,Br^-$ oder $[PBr_{20}]Br_5 = [PBr_{20}]^{5+} + 5\,Br^-$ ausgedrückt, V. A. PLOTNIKOV (*Z. physik. Chem.* **48** [1904] 220/36, 230), V. A. PLOTNIKOV (*Ž. russk. fiz.-chim. Obšč.* **35** [1903] 794/810; *Izv. Kievsk. politechn. Inst.* **1904** 1/18), V. A. PLOTNIKOV [PLOTNIKOW] (*Zap. Inst. Chem.* **5** [1938] 271/358, 274 [ukrain.]). Bei der Elektrolyse von PBr_5-Lsgg. in Br_2 ergibt sich eine Wanderung des P zur Kathode. Nach Best. der Überführungszahlen wird auf Existenz eines durch

Polymerisierung entstandenen Komplexes geschlossen und für das Dissoz.-Schema die Form $m PBr_5 \cdot n Br_2 \rightleftharpoons [P(m-1) \cdot PBr_5 \cdot n Br_2]^{5+} + 5 Br^-$ vorgeschlagen, W. FINKELSTEIN (*Z. physik. Chem.* **125** [1927] 229/35). Kryoskop. Unterss. der PBr_5-Lsgg. in Br_2 deuten auf das Bestehen von Polymerisation und Solvatation, W. FINKELSTEIN (*Z. physik. Chem.* **105** [1923] 10/26, 15).

Gew.-% PBr_5	$\varkappa \cdot 10^8$	Gew.-% PBr_5	$\varkappa$	cm^3 Br_2/Mol PBr_5	μ
3.31	87	13.8	0.0257	419	23
4.26	99			491	28
		15.4	0.0330		
4.91	109 (?)			680	34
		18.8	0.0430		
5.48	119				
		24.6	0.0553	1030	26
8.60	veränderlich			2460	$29 \cdot 10^{-4}$
		31.3	0.0593		
12.70	veränderlich	36.0	0.0534	4340	$38 \cdot 10^{-4}$

Ungesätt. Lsgg. leiten den Strom ohne Polarisationserscheinungen. Bei stärkeren Strömen tritt Erwärmung und Aufkochen an der Kathode ein. Bei Elektrolyse einer gesätt. Lsg. sinkt die Stromstärke rasch, nimmt aber nach Umpolung oder Auswechslung der Kathode den Anfangswert wieder an. Als Ursache wird die Ausscheidung von P an der Kathode angenommen, das mit dem Lsgm. eine die Kathode bedeckende konz. Lsg. von PBr_5 bildet. Bei Verwendung von Ag-Elektroden bildet sich an der Anode AgBr, die Kathode bleibt unverändert, V. A. PLOTNIKOV (*Ž. russk. fiz.-chim. Obšč.* [*Čast'chim.*] **49** [1917] 76/81, *C.* **1923** III 1543; *Chem. and Ind.* **1** [1923] 750/1). Unter Verwendung von Pt-Elektroden und zwei verschieden konz. Lsgg. von PBr_5 in Br_2 wird ein Konz.-Element aufgebaut, dessen EK z. B. bei den Konzz. 34.61 und 18.78 Gew.-% PBr_5 17.5 mV beträgt. Die Stromrichtung ist der von gewöhnl. Konz.-Ketten entgegengesetzt, V. A. PLOTNIKOV, S. I. JAKUBSON (*Zap. Inst. Chem.* **3** [1936] 110/4 [ukrain.], *C.* **1938** II 3787). — Die Strom–Spannungskurve verläuft ohne Unstetigkeiten als Gerade, W. FINKELSTEIN (*Z. physik. Chem.* **115** [1925] 303/29, 307).

PBr_6^- Ion

Das PBr_6^--Ion. Über das Auftreten des Ions bei der Dissoz. von PBr_5 in organ. Lsgmm. s. S. 503. Vgl. auch im folgenden unter „PBr_7".

PBr_7

PBr_7. Auftreten im System P–Br_2 s. S. 490, über Auftreten im System PBr_3–Br_2, dort als PBr_5Br_2 angegeben, s. S. 499. Beim Erhitzen von gelbem PBr_5 mit der ber. Menge Br_2 im Einschlußrohr bei 90°C entstehen durchsichtige rote prismat. Kristalle, die sich in H_2O anscheinend ohne Bldg. von $POBr_3$ lösen. Diese Lsg. gibt beim Schütteln mit CS_2 an dieses Br_2 ab. Die Verb. wird für identisch mit der „roten Modifikation" von PBr_5, vgl. S. 490, gehalten, J. H. KASTLE, L. O. BEATTY (*Am. chem. J.* **23** [1900] 505/9). Die Existenz dieser Verb. wird aus Gründen der chem. Bindung bezweifelt, M. VAN DRIEL, H. GERDING (*Recueil Trav. chim. Pays-Bas* **60** [1941] 869/76, 870 Fußnote 3).

Möglicherweise ein Komplex aus PBr_5 und Br_2, indem letzteres ein Paar seiner ungebundenen Elektronen an das P-Atom abgibt unter Bldg. von PBr_6^-. Auch wäre eine Zus. $[PBr_4]^+[Br_3]^-$ möglich, doch kann eine solche in CH_3CN-Lsg. nicht beobachtet werden, G. S. HARRIES, D. S. PAYNE (*J. chem. Soc.* **1956** 4617/21).

PBr_{17}

PBr_{17}. Auftreten im System P–Br_2 s. S. 490.

Phosphorus Hydride Bromides

Phosphorhydridbromide

PH_2Br

PH_2Br. Bildet sich vermutlich beim Behandeln von PH_3 mit Brom oder PBr_5; zerfällt aber sogleich infolge Disproportionierung nach $3 PH_2Br = PH_4Br + 2 HBr + 2 P$ oder nach $3 PH_2Br = 2 PH_3 + PBr_3$, worauf letztere nach $PH_3 + PBr_3 = 2 P + 3 HBr$ weiterreagieren. Der Nachweis von PH_4Br gibt dem ersten Schema größere Wahrscheinlichkeit, P. ROYEN, K. HILL (*Z. anorg. Chem.* **229** [1936] 112/28, 117). Vgl. hierzu auch folgenden Abschnitt.

Phosphonium Bromide

Phosphoniumbromid PH_4Br.

Formation. Preparation

Bildung und Darstellung. Bldg. durch Rk. von PH_3 mit Br_2 bei tiefen Tempp.; es wird die Möglichkeit der Bldg. durch Disproportionierung von PH_2Br angenommen (s. oben), P. ROYEN, K. HILL (*Z. anorg. Chem.* **229** [1936] 112/28, 117).

Darst. durch Rk. von besonders gereinigtem gasf. HBr mit gasf. PH_3, Kondensation des Rk.-Prod. bei —15°C und Reinigung durch Sublimation im Vak. in eine auf —60°C gekühlte Vorlage. Aufbewahrung unter O_2-freiem N_2 bei etwas vermindertem Druck, L. PRATT, R. E. RICHARDS (*Trans. Faraday Soc.* **50** [1954] 670/4), vgl. hierzu G. S. SÉRULLAS (*Ann. Chim. Phys.* [2] **48** [1831] 87/99, 91). Darst. durch Einleiten von gasf. PH_3 in durch CO_2-Äther-Gemisch gekühltes fl. HBr in Form eines weißen Pulvers, das sich allmählich in große farblose Kristalle umwandelt, F. M. G. JOHNSON (*J. Am. chem. Soc.* **34** [1912] 877/80). Durch Einleiten von PH_3 in eine gesätt. abgekühlte wss. Lsg. von HBr; der ausfallende Nd. wird durch Dekantation abgetrennt und durch Sublimation bei 60°C in verschlossenen Röhren gereinigt, J. OGIER (*C. r.* **89** [1879] 705/8; *Ann. Chim. Phys.* [5] **20** [1880] 5/66, 60), vgl. A. BESSON (*C. r.* **124** [1897] 763/5).

Darst. durch Erhitzen von weißem P mit konz. wss. HBr im geschlossenen Gefäß bei 100 bis 120°C, A. DAMOISEAU (*C. r.* **91** [1880] 883/6). Durch längeres Erhitzen von konz. HBr-Lsg. (frei von Br und organ. Subst.) mit rotem P im Einschlußrohr bei 160°C in Form von Kristallen, A. OPPENHEIM (*Bull. Soc. chim. Paris* [2] **1** [1864] 163/5). Bldg. durch Rk. von feuchtem rotem P mit HBr bei Belichtung mit Sonnenlicht, A. RICHARDSON (*J. chem. Soc.* **51** [1887] 801/6, 806).

Bldg. beim Behandeln von PH_4J mit HgBr unter Bldg. von Hg_2J_2, G. S. SÉRULLAS (*Ann. Chim. Phys.* [2] **48** [1831] 87/99, 98). — Bldg. neben SiH_3Br und PH_3 bei der Einw. von gasf. HBr auf SiH_3PH_2; es entsteht PH_3, welches mit HBr reagiert, G. FRITZ (*Z. anorg. Chem.* **280** [1955] 332/45, 337).

Thermodynamische Bildungsdaten. Änderung des Wärmeinhalts bei Bldg. aus den Elementen unter Standardbedingungen bei 18°C in kcal/Mol: $\Delta H(PH_4Br_{\text{fest}}) = -34.2$, F. R. BICHOWSKY, F. D. ROSSINI (*The Thermochemistry of the chemical Substances, New York* 1936, S. 39, 222), bei 25°C in kcal/Mol: $\Delta H(PH_4Br_{\text{fest}}) = -29.5$, F. D. ROSSINI u. a. (*Selected Values*, 1952, S. 79, 848), ber. nach Angaben über Rk.-Wärme mit H_2O und über Dissoz. s. unten.

Thermodynamic Formation Data

Physikalische Eigenschaften. Nach Pulveraufnahmen hat PH_4Br ein tetragonales Gitter; Raumgruppe: D^7_{4h}–P4/nmm; Gitterkonstt.: a = 6.042, c = 4.378 Å; Z = 2; Röntgendichte: 2.37 g/cm³, V. SCATTURIN, P. L. BELLON, E. FRASSON (*Atti Ist. Veneto Sci. Lettere Arti, Cl. sci. mat. natur.* **114** [1955/56] 67/73). Nach der Auftriebsmeth. ist bei 15°C D = 2.292 g/cm³, U. CROATTO, V. SCATTURIN (*Ric. sci.* **18** [1948] 113/5), ohne Temp.-Angabe: D = 2.38 g/cm³, V. SCATTURIN u. a. (*l. c.*). Gitterenergie: 130.3 kcal/Mol (geschätzt), W. W. WENDLANDT (*Science* [2] **122** [1955] 831).

Physical Properties

Molsusz. bei 15°C: $\chi_{\text{mol}} = -53.0 \times 10^{-6} \pm 3\%$, U. CROATTO, V. SCATTURIN (*l. c.*).

Chemisches Verhalten. Farblose hygroskop. Würfel, die sich mit H_2O lebhaft in HBr und PH_3 zersetzen, G. S. SÉRULLAS (*Ann. Chim. Phys.* [2] **48** [1831] 87/99, 92). Glänzende, bald milchig werdende Kristalle, J. OGIER (*Ann. Chim. Phys.* [5] **20** [1880] 5/66, 60).

Chemical Reactions

Die Dampfdrucke über festem PH_4Br werden zwischen —80 und + 38.8°C bestimmt. Es wird vollständige Dissoz. in PH_3 und HBr angenommen. Aus der graph. Darst. der Werte (vgl. Tabelle im Auszug) ergibt sich ein Dissoz.-Druck von 760 Torr bei 38°C.

Temp. (in °C)	Druck (Torr)	Temp. (in °C)	Druck (Torr)
—80	1	9.8	118
—36	4	20.5	250
—14.2	17	27.6	396
— 8	30	34.3	602
+ 6.8	93	38.8	794

F. M. G. JOHNHSON (*J. Am. chem. Soc.* **34** [1912] 877/80).

Rk.-Wärme mit H_2O (Mittelwert): —3.03 kcal/Mol, J. OGIER (*C. r.* **89** [1879] 705/8). — Bei 0°C wirkt $COCl_2$ nur langsam ein; lebhaft bei 50°C, besonders im Einschlußrohr nach $6PH_4Br + 5COCl_2 = 10HCl + 6HBr + 5CO + 2PH_3 + P_4H_2$, A. BESSON (*C. r.* **122** [1896] 140/2). PH_4Br reagiert wahrscheinlich mit H_3SiPH_2 nach $H_3SiPH_2 + PH_4Br \rightarrow H_3SiBr + 2PH_3$, G. FRITZ (*Z. anorg. Chem.* **280** [1955] 332/45, 338). — Reagiert mit $POCl_3$ bei 50°C im verschlossenen Gefäß unter Bldg. von P_2O nach $POCl_3 + PH_4Br = P_2O + HBr + 3HCl$; bei gewöhnl. Temp. tritt keine Rk. ein. Daneben bilden sich in geringer Menge $P_2O_3Cl_4$ und PO_2Cl, A. BESSON (*C. r.* **124** [1897] 763/5). — Beim Erhitzen von PH_4Br mit $AlCl_3$ im Einschlußrohr bei 270°C können neben Kristallen von $AlCl_3 \cdot PH_3$ noch HBr,

Spuren von H_2 und geringe Mengen von rotem P nachgewiesen werden. Es ist hierbei fraglich, ob das H_2 durch die Rk. $PH_3 + HBr \xrightarrow{AlCl_3} PH_2Br + H_2$ und das P durch $3PH_2Br = 2P + PH_4Br + 2HBr$ entstehen, P. ROYEN, K. HILL (*Z. anorg. Chem.* **229** [1936] 112/28, 118).

Hexabromophosphates (?)

Hexabromophosphate (?).

Für die Existenz von Hexabromophosphaten ist bisher noch kein Anzeichen gefunden worden, V. GUTMANN (*Monatsh. Chem.* **82** [1951] 156/69, 168). Dagegen wird vermutet, daß in gewissen PBr_5-Lsgg. PBr_6^- existiert, vgl. S. 503, 510.

Phosphorus Oxide Bromides

Phosphoroxidbromide

PO_2Br

PO_2Br. Bildet sich wahrscheinlich neben $POBr_3$ bei längerem Einw. von Brom auf P_4O_6 nach $P_4O_6 + 4Br_2 = 2POBr_3 + 2PO_2Br$ und bleibt nach Abdest. der anderen gebildeten Prodd. ($POBr_3$, PBr_5) zurück, T. E. THORPE, A. E. TUTTON (*J. chem. Soc.* **59** [1891] 1019/29, 1021).

Phosphoryl (V) Bromide

Phosphoryl(V)-bromid $POBr_3$, Phosphoroxidbromid.

Formation. Preparation

Bildung und Darstellung

From PBr_5

Aus PBr_5. Durch Behandeln mit feuchter Luft, J. H. GLADSTONE (*J. prakt. Chem.* **49** [1850] 40/51; *Phil. Mag.* [3] **35** [1849] 345/55). — Durch mäßiges Erwärmen mit P_2O_5, E. BERGER (*C. r.* **146** [1908] 400/1). Zu frisch aus PBr_3 bzw. aus rotem P und Br_2 dargestelltem PBr_5 wird P_2O_5 in geringem Überschuß zugefügt und am Wasserbad erhitzt. Stärkeres Erhitzen muß wegen der Zers. von PBr_5 vermieden werden. Das Rohprod. wird bei gewöhnl. Druck unter Verwerfen der ersten und letzten Fraktionen dest., H. S. BOOTH, C. G. SEEGMILLER (in: W. C. FERNELIUS, *Inorganic Syntheses, Bd.* 2, *New York-London* 1946, S. 151/2). Zur Atomgew.-Best. des P wird das auf diese Art dargestellte PBr_5 nach Dest. bei gewöhnl. Druck nochmals bei 12 Torr destilliert, wodurch das Br_2 abgetrennt wird. Das noch vorhandene PBr_3 wird durch Dest. im Hochvak., die mindestens 6mal wiederholt werden muß, entfernt, O. HÖNIGSCHMID, F. HIRSCHBOLD-WITTNER (*Z. anorg. Chem.* **243** [1940] 355/60); App.-Beschreibung s. bei O. HÖNIGSCHMID, R. WINTERSBERGER, F. WITTNER (*Z. anorg. Chem.* **225** [1935] 81/9).

Durch Umsetzung von PBr_5 mit P_2O_5, Vak.-Dest. und wiederholtes Ausfrieren, N. N. GREENWOOD, I. J. WORRALL (*J. inorg. nucl. Chem.* **6** [1958] 34/41), vgl. G. BRAUER (*Handbuch der präparativen Anorganischen Chemie, 2. Aufl., Bd.* 1, *Stuttgart* 1960, S. 479).

Wird neben CH_3COBr bei der Einw. von PBr_5 auf Eisessig erhalten; beide Stoffe lassen sich gut trennen, H. RITTER (*Liebigs Ann.* **95** [1855] 208/11). Darst. durch tropfenweisen Zusatz von CH_3CO_2H zu PBr_5. Nach Abdest. von CH_3COBr wird das $POBr_3$ destilliert und als reine, völlig ungefärbte kristalline Masse erhalten, W. GERRARD, A. NECHVATAL, P. L. WYVILL (*Chem. and Ind.* **1947** 437). Darst. für Zwecke der synthet. organ. Chemie durch allmählichen Zusatz von 100%igem HCO_2H zu PBr_5. Unter Verflüssigung entweicht HBr. Zur Beendigung der Rk. wird auf dem Wasserbad erhitzt, bis kein HBr mehr entwickelt wird. Das fast in theoret. Ausbeute erhaltene $POBr_3$ wird durch Dest. unter Zusatz einiger Tropfen Tetralin gereinigt, C. GRUNDMANN (*Ber.* **81** [1948] 1/11, 7), vgl. hierzu DEUTSCHES HYDRIERWERK RODLEBEN VEB, C. GRUNDMANN (*D.P.* [*DDR*] 502 [1943/52] nach *C.* **1953** 3782; *D.P.* 854206 [1943/52] nach *C.* **1953** 3782).

Wird auch durch Rk. von PBr_5 mit Oxalsäure unter Wärmeentw. erhalten: $PBr_5 + C_2H_2O_4 = POBr_3 + 2HBr + CO + CO_2$, E. BAUDRIMONT (*Ann. Chim. Phys.* [4] **2** [1864] 5/67, 54).

Bildet sich neben $POCl_2Br$ beim Erhitzen von $P_2O_3Cl_4$ mit PBr_5 im Einschlußrohr bei Wasserbadtemp. nach $P_2O_3Cl_4 + PBr_5 = 2POCl_2Br + POBr_3$, A. GEUTHER, A. MICHAELIS (*Jenaische Z. Med. Naturwiss.* **7** [1873] 103/9).

From PBr_3 or PCl_3Br_2

Aus PBr_3 oder PCl_3Br_2. Bldg. neben P_2O_5 bei der Einw. von N_2O_4 oder N_2O_3 auf PBr_3, A. GEUTHER, A. MICHAELIS (*Ber.* **4** [1871] 766/8). — $KClO_3$ wird anteilweise mit PBr_3 behandelt, am Rückflußkühler 3 Std. bei 170 bis 190°C erhitzt und destilliert. Es werden 80% Ausbeute an $POBr_3$ erhalten, TANABE DRUG MFG. CO., K. ABE, Y. KITAGAWA, A. ISHIMURA (*Jap.P.* 5076/1954 [—/1954] nach *C.A.* **1955** 14285). — Über Bldg. von $POBr_3$ bei Ox. von PBr_3-Dampf s. S. 494, durch Einw. von CrO_2Cl_2 auf PBr_3 in CCl_4-Lsg. s. S. 497, durch Rk. von PCl_3Br_2 mit H_2O oder Säuren nach $3PCl_3Br_2 + H_2O \rightarrow 2POCl_3 + POBr_3 + 3HCl + 3HBr$, A. MICHAELIS (*Ber.* **5** [1872] 9/10). Bldg. von

$POBr_3$ neben $POCl_3$, $POCl_2Br$, $POClBr_2$ durch Behandeln von PCl_3Br_2 mit Essigsäure, M.-L. DELWAULLE, F. FRANÇOIS (*C. r.* **222** [1946] 1173/5).

Aus P-Oxiden, -Säuren oder -Oxidhalogeniden. $POBr_3$ bildet sich neben PO_2Br bei längerer Einw. von überschüssigem Br_2 auf P_4O_6 nach $P_4O_6 + 4Br_2 = 2POBr_3 + 2PO_2Br$, T. E. THORPE, A. E. TUTTON (*J. chem. Soc.* **59** [1891] 1019/29, 1021). Neben PBr_3 oder PBr_5 — je nach Mengenverhältnis — bei der Rk. von in CCl_4 gelöstem Br_2 auf P_2O, A. BESSON (*C. r.* **124** [1897] 763/5). — Durch Rk. von Br_2 mit einer P-Säure oder einem P-Oxid unter reduzierenden Bedingungen(CO) in Ggw. von C als Katalysator, S. A. DES MANUFACTURES DES GLACES ET PRODUITS CHIMIQUES DE SAINT-GOBAIN, CHAUNY & CIREY, P. DU PONT (*U.S.P.* 2712494 [—/1955] nach *C.A.* **1955** 15192). Neben $POCl_3$ beim Erhitzen von $POCl_2Br$ im Einschmelzrohr auf 185°C, E. CHAMBON (*Jenaische Z. Naturwiss.* **10** [1876] 2. *Suppl.-H.*, S. 92). Neben $POCl_2Br$, $POClBr_2$ und PBr_5 beim Leiten von mit $POCl_3$ beladenem HBr durch ein mit Bimsstein gefülltes, auf 400 bis 500°C erhitztes Rohr und fraktionierte Dest., A. BESSON (*C. r.* **122** [1896] 814/7). — In mit $AlCl_3$ (oder $AlBr_3$) als Katalysator versetztem $POCl_3$ wird bei 80°C HBr bis zum Aufhören der HCl-Entw. eingeleitet und so ein Prod. mit $>99\%$ $POBr_3$ erhalten, DOW CHEMICAL Co., A. A. ASADORIAN, G. A. BURK (*U.S.P.* 2941864 [—/1960] nach *C.A.* **1960** 21677).

From Phosphorus Oxides, Acids, or Oxide Halogenides

Thermodynamische Bildungsdaten. Änderung des Wärmeinhalts bei Bldg. aus den Elementen unter Standardbedingungen bei 18°C in kcal/Mol: $\Delta H(POBr_{3\,fest}) = -106.9$, F. R. BICHOWSKY, F. D. ROSSINI (*The Thermochemistry of the chemical Substances, New York* 1936, S. 39, 222), bei 25°C in kcal/Mol: $\Delta H(POBr_{3\,fest}) = -114.6$, F. D. ROSSINI u. a. (*Selected Values*, 1952, S. 79, 848), -110.1 (Mittelwert), T. CHARNLEY, H. A. SKINNER (*J. chem. Soc.* **1953** 450/2).

Thermodynamic Formation Data

Weitere Angaben bei E. BERGER (*C. r.* **146** [1908] 400/1). Ber. nach Daten über Rk.-Wärme mit H_2O (vgl. S. 508).

Molekel

Molecule

Die Eigg. der $POBr_3$-Molekel sind zusammen mit denen der Molekeln POF_3 und $POCl_3$ ab S. 383 beschrieben.

Physikalische Eigenschaften

Physical Properties

$POBr_3$ schmilzt dicht oberhalb 329°K (56°C) und siedet bei 760 Torr zwischen 465 und 466°K (~192.5°C). — Der Schmp. wird von N. N. GREENWOOD, I. J. WORRALL (*J. inorg. nucl. Chem.* **6** [1958] 34/41, 35) zu 56.4°C bestimmt, womit die ältere Angabe $t_f = 55$ bis 56°C von E. BERGER (*C. r.* **146** [1908] 400/1; *Bull. Soc. chim. France* [4] **3** [1908] 721/4) praktisch bestätigt wird. Der Sdp. ergibt sich aus Dampfdruckmessungen zwischen 150.4 und 204.9°C zu 192°C, M. VAN DRIEL (*Recueil Trav. chim. Pays-Bas* **61** [1942] 748/50 [engl.]). Einzelangabe für 765 Torr: $t_v = 193$°C, W. BILTZ, A. SAPPER, E. WÜNNENBERG (*Z. anorg. Chem.* **203** [1932] 277/306, 289); bei 20 Torr liegt t_v zwischen 89 und 90°C, D. R. V. GOLDING, A. E. SENEAR (*J. org. Chem.* **12** [1947] 293/4).

Dichte von festem $POBr_3$ (ohne Angabe der Temp.): 2.822 g/cm^3, H. RITTER (*Liebigs Ann.* **95** [1855] 208/11). Bei -79 und -183°C ist $D = 3.342$ bzw. 3.428 g/cm^3; extrapolierter Wert für 0°K: $D = 3.46$ g/cm^3, W. BILTZ u. a. (*l. c.* S. 290). Für fl. $POBr_3$ gilt nach Messungen zwischen 62.3 und 130.0°C $D_4^t = 2.8335 - 2.487 \times 10^{-3}(t-55)$, N. N. GREENWOOD, I. J. WORRALL (*l. c.* S. 36).

Die Oberflächenspannung nimmt zwischen dem Schmp. und 100°C nach der Formel $\gamma = 41.2 - 0.167(t-55)$ dyn/cm ab. Die Temp.-Abhängigkeit der Viscosität η läßt sich nicht als lineare Beziehung zwischen lg η und 1/T darstellen, N. N. GREENWOOD, I. J. WORRALL (*l. c.* S. 36/7).

Die Verdampfungswärme am Sdp. (760 Torr) ergibt sich aus Dampfdruckmessungen zu 10900 cal/Mol, M. VAN DRIEL (*l. c.*).

Für die spezif. Wärmekapazität von festem $POBr_3$ gibt V. KURBATOV (*Ž. obšč. Chim.* **20** [1950] 958/65, 960) ohne Quellenangabe den Wert 0.101 $cal \cdot ^1 \cdot g^{-1} \cdot grd^{-1}$ bei 0°C an.

Die Enthalpie, die Entropie S° und die molare Wärmekapazität C_p° von $POBr_3$ im idealen Gaszustand hängen, wie sich aus den Wellenzahlen der Molekelschwingungen ergibt, folgendermaßen von der Temp. ab (ausgewählte Werte):

T in °K	50	100	200	298.16	400	600	800	1000	1300	1600
$(H^\circ - H_0^\circ)/T$	8.496	10.338	13.677	15.914	17.513	19.518	20.750	21.596	22.314	22.985
S°	57.879	66.156	77.750	85.897	92.441	101.948	110.181	114.549	120.387	126.189
C_p°	10.050	14.156	19.202	21.480	22.767	24.105	24.746	25.102	25.363	25.526

G. NAGARAYAN (*J. sci. ind. Res.* B **21** [1962] 356/9).

Die elektr. Leitf. von fl. $POBr_3$ liegt unterhalb $4 \cdot 10^{-8} \Omega^{-1} \cdot cm^{-1}$, N. N. GREENWOOD, I. J. WORRALL (*l. c.* S. 37).

Chemical Reactions

Chemisches Verhalten

With Nonmetals and Their Compounds

Gegen Nichtmetalle und ihre Verbindungen. Rötliche, blättrig-krist. Masse, raucht stark an feuchter Luft und zerfließt unter Zersetzung. Mit H_2O zersetzt sich $POBr_3$ unter Wärmeentw. in HBr und H_3PO_4. Cl_2 greift an unter Bldg. von $POCl_3$ und Bromchlorid. Mit H_2S scheint es $PSBr_3$ zu bilden. Reagiert nicht mit P, auch nicht beim Sieden; es löst sich etwas darin und scheidet sich wieder aus, E. BAUDRIMONT (*Ann. Chim. Phys.* [4] **2** [1864] 5/67, 56). Mischt sich mit H_2O nicht; es tritt Zers. ein, bei welcher gewöhnlich eine kleine Menge einer braunen harzähnlichen Subst. mit charakterist. Geruch entsteht, die in H_2O, KOH- und HNO_3-Lsgg. unlösl. ist. Mit Br_2 entsteht sogleich PBr_5, durch Cl_2 wird das Brom verdrängt. Löst sich in H_2SO_4; Salpetersäure zersetzt unter Br_2-Entw., J. H. GLADSTONE (*J. prakt. Chem.* **49** [1850] 40/51; *Phil. Mag.* [3] **35** [1849] 345/55). Best. der Wärmetönung der Rk. $POBr_3$ (krist.) + $3H_2O$ (fl.) + aq $\rightarrow$ [H_3PO_4 + 3HBr] + aq bei 25°C, wobei aq = 3540 bis 12390 Mol H_2O : ΔH (Mittelwert) = −80.8 kcal, T. CHARNLEY, H. A. SKINNER (*J. chem. Soc.* **1953** 450/2), nach früheren Angaben −79.7 bzw. −75.9 kcal, J. OGIER (*C. r.* **92** [1881] 83/6) bzw. E. BERGER (*C. r.* **146** [1908] 400/1).

Erhitzen auf höhere Temp. (~185°C) und nachfolgende intensive Bestrahlung mit Tageslicht bewirken geringe Zers. mit Farbänderung von Weiß nach Hellbraun, M. VAN DRIEL (*Recueil Trav. chim. Pays-Bas* **61** [1942] 748/50).

Bei stufenweisem Erhitzen mit BrCl im geschlossenen Rohr bei 50°C (3 Std.) und bei 90°C (3 Std.) entstehen je nach dem Mengenverhältnis verschiedene Anteile von $POCl_3$, $POClBr_2$, $POCl_2Br$ neben elementarem Br_2, A. GEUTHER (*Jenaische Z. Naturwiss.* **10** [1876] 2. *Suppl.-H.*, S. 128/40, 130). — Ist in fl. H_2S lösl. und steht mit diesem im Gleichgew. nach $POBr_3 + H_2S \rightleftarrows PSBr_3 + H_2O$, A. STOCK (*Ber.* **39** [1906] 1967/2008, 1999).

Beim Erhitzen äquiv. Mengen von H_3PO_4 und $POBr_3$ auf dem Wasserbad bildet sich unter HBr-Entw. $H_4P_2O_7$. Bei weiterem Zusatz von $POBr_3$ bilden sich bei 100 bis 150°C zwei Schichten aus, von denen die untere $H_4P_2O_7$, jedoch kein HPO_3 enthält. Die obere Schicht raucht an der Luft und enthält mehr P als der Zus. $POBr_3$ entspricht. Das Auftreten von $P_2O_3Br_4$ kann nicht mit Sicherheit festgestellt werden, D. BALAREW (*Z. anorg. Chem.* **118** [1921] 123/30, 128). — $POBr_3$ reagiert mit $POCl_3$ bei gewöhnl. Temp. nicht, M.-L. DELWAULLE, F. FRANÇOIS (*C. r.* **220** [1945] 817/9).

With Metals and Metal Compounds

Gegen Metalle und Metallverbindungen. Eine Lsg. von $POBr_3$ in absolutem Äther reagiert bei Siedehitze langsam mit metall. Mg nach $2nPOBr_3 + 3nMg = 2(PO)_n + 3nMgBr_2$, H. SPANDAU, A. BEYER (*Naturwissenschaften* **46** [1959] 400).

Greift Sn, Sb an und bildet Bromide, wirkt aber nicht auf PbO, auch nicht in der Wärme. Mit Sb_2S_3 reagiert es lebhaft unter Bldg. von $PSBr_3$, PBr_3, P-Sulfid, $SbBr_3$ und vielleicht Sb-Oxidbromid, E. BAUDRIMONT (*l. c.*). — Beim Fluorieren mit SbF_3 bei 25 bis 50 Torr und zwischen 60 und 100°C wird ein Gemisch von POF_3, POF_2Br und $POFBr_2$ erhalten, H. S. BOOTH, C. G. SEEGMILLER (*J. Am. chem. Soc.* **61** [1939] 3120/2). — Ein bei −196°C hergestelltes Gemisch aus einer äther. Lsg. von $POBr_3$ und einer äther. Suspension von LiH reagiert bei −30°C heftig und quantitativ nach $POBr_3 + 4LiH \rightarrow PH + H_2 + LiBr + LiOH$. Mit $LiAlH_4$ sowie mit $LiBH_4$ finden analoge Rkk. wie bei $POCl_3$ statt, vgl. hierzu S. 472, E. WIBERG, G. MÜLLER-SCHIEDMAYER (*Z. anorg. Chem.* **308** [1961] 352/68). Bildet mit Ga_2Cl_6 eine Komplexverb. $POBr_3 \cdot GaCl_3$, der die Struktur $POBr_2^+ \cdot GaBr_4^-$ zugeschrieben wird, N. N. GREENWOOD, I. J. WORRALL (*J. inorg. nucl. Chem.* **6** [1958] 34/41). — Beim Schmelzen mit $TiBr_4$ wird eine kristalline dunkelrote bis schwarze Verb. der Zus. $2POBr_3 \cdot TiBr_4$, beim Kochen mit $FeBr_3$ am Rückflußkühler in roten hexagonalen Plättchen kristallisierendes $2POBr_3 \cdot FeBr_2$ erhalten, J. C. SHELDON, S. Y. TYREE (*J. Am. chem. Soc.* **80** [1958] 4775/80).

With Organic Compounds

Gegen organische Verbindungen. $POBr_3$ löst sich in CS_2, $CHCl_3$, E. BAUDRIMONT (*l. c.*), sowie in Terpentinöl und Äther, J. H. GLADSTONE (*l. c.*). — Über Verwendung als Bromierungsmittel in der organ. Chemie s. S. 364, vgl. auch D. R. V. GOLDING, A. E. SENEAR (*J. org. Chem.* **12** [1947] 293/4). Über katalyt. Eigg. s. C. MOUREU, C. DURFAISSE, M. BADOCHE (*C. r.* **187** [1928] 157/61).

Nonaqueous Solution

Nichtwäßrige Lösung

Die äquiv. elektr. Leitff. von Lsgg. in fl. SO_2 bei 0°C und der Verd. V_{val} = 16.2 bzw. 226.0 bzw. 964.7 betragen 0.364 bzw. 0.439 bzw. 0.892 Ω^{-1} cm^2, P. WALDEN (*Z. physik. Chem.* **43** [1903] 385/464, 401).

HOPOBr₂. Bei der Hydrolyse von $POBr_3$ läßt sich das als Primärprod. zu erwartende $HOPOBr_2$ nach $POBr_3 + H_2O \rightarrow HOPOBr_2 + HBr$ nicht ohne weiteres feststellen, erst nach Lösen von $POBr_3$ in Aceton läßt sich mit einer wss. essigsauren Nitronlsg. in ~70%iger Ausbeute das schwerlösl. Nitronsalz von $HOPOBr_2$ ausfällen. Auch bei der Titrationskurve des Aceton-H_2O-Hydrolysats von $POBr_3$ mit NaOH ergibt sich durch Auftreten eines ausgeprägten Knickes ein deutlicher Hinweis auf das Bestehen dieser Verb., H. GRUNZE (*Z. Chem.* **2** [1963] 297/305, 301). *$HOPOBr_2$*

Phosphornitridbromide

Phosphorus Nitride Bromides

Vgl. hierzu S. 536, 540, 541, 565.

Phosphorfluorid- und -chloridbromide

Phosphorus Fluoride and Chloride Bromides

PF_2Br, $PFBr_2$. Auftreten in den Systemen $PFBr_2$–PCl_3 und PBr_3–$PFCl_2$ s. S. 517.

PF_2Br. $PFBr_2$

Formation, Preparation, and Chemical Reactions

Bildung, Darstellung und chemisches Verhalten. Bldg. beider Verbb. neben PF_3 beim Fluorieren von PBr_3 mit SbF_3 und Br_2 als Katalysator oder beim Überleiten von PBr_3-Dampf über auf ~200°C erhitztes CaF_2. Bei gewöhnl. Temp. ist $PFBr_2$ eine farblose Fl., PF_2Br ein farbloses Gas. Sie rauchen stärker an der Luft als PBr_3 oder PF_3 und haben einen scharfen Geruch. Die Hydrolyse erfolgt leicht und ergibt HBr, HF und P. Mit Brom liefern sie rotbraune unbeständige Stoffe der Zus. $PFBr_4$ und PF_2Br_3, die beim Erwärmen Brom abgeben. $PFBr_2$ ist relativ beständig und kann bei gewöhnl. Druck dest. werden. Es reagiert mit Hg unter Bldg. von P und Hg-Halogeniden, PF_2Br ist weniger beständig und schwierig rein zu erhalten. Seine Dest. ist nur unter vermindertem Druck möglich, und es erleidet schon beim Stehen teilweise Zers. nach $3PF_2Br = 2PF_3 + PBr_3$, H. S. BOOTH, S. G. FRARY (*J. Am. chem. Soc.* **61** [1939] 2934/7). — Darst. von $PFBr_2$ durch langsamen Zusatz ber. Mengen von SbF_3 zu auf ~85°C erwärmtes, mit wenig PBr_5 als Fluorierungskatalysator versetztes, PBr_3 bei ~200 Torr und Auffangen des Rk.-Prod. in mit fl. Luft gekühlten Fallen, Fraktionieren bei 60 Torr und gewöhnl. Temp. (PF_3 bzw. PF_2Br sieden bei gewöhnl. Druck bei −101 bzw. −16°C, $PFBr_2$ bei + 78.5°C) und nochmalige Dest. bei gewöhnl. Druck, wobei reines $PFBr_2$ unzersetzt bleibt. Die Darst. kann auch durch Leiten von PBr_3-Dampf über auf ~100°C erhitztes SbF_3 erfolgen, welches vorher durch Behandeln mit Br-Dampf aktiviert worden war, L. KOLDITZ, K. BAUER (*Z. anorg. Chem.* **302** [1959] 241/52, 247). — Beim Mischen von $PFBr_2$ mit $PFCl_2$ bei gewöhnl. Temp. bildet sich ein Gleichgew. dieser Verbb. mit dem sich in der Lsg. bildenden gemischten P-Halogenid PFClBr aus, M.-L. DELWAULLE, F. FRANÇOIS (*C. r.* **223** [1946] 796/8). Die Stabilität von $PFBr_2$ ist viel geringer als die der ähnlichen Verb. $PFCl_2$, M. L. DELWAULLE, M. CRAS, M. BRIDOUX (*Bull. Soc. chim. France* **1960** 786).

Molekel. Wellenzahlen der Molekelschwingungen von $PFBr_2$ s. S. 374. *Molecule*

Physikalische Eigenschaften. Für $PFBr_2$ ergibt sich nach Messungen zwischen 23.5 und 78.5°C die Dampfdruckformel lg p = 7.866 − 1646.2/T; hieraus auf p = 760 Torr extrapolierter Sdp.: $T_V = 351.5 \pm 0.1$°K; Verdampfungswärme: $L_V = 7624$ cal/Mol; Dichte bei 0°C: D = 2.1810 g/cm³; Schmp.: $t_f = -115.0$°C. Analoge Messungen an der weniger stabilen Verb. PF_2Br zwischen −51.0 und −15.3°C ergeben lg p = 7.620 − 1217.9/T, $T_V = 257.0 \pm 0.1$°K, $L_V = 5721$ cal/Mol, $t_f = -133.8$°C, H. S. BOOTH, S. G. FRARY (*J. Am. chem. Soc.* **61** [1939] 2934/7). *Physical Properties*

$[PBr_4]^+[PF_6]^-$. *$[PBr_4]^+$ $[PF_6]^-$*

Darst. durch tropfenweisen Zusatz von AsF_3 zu einer Suspension von PBr_5 in CCl_4 oder CS_2, wobei die Temp. zwischen 30 und 50°C liegen soll. Der weiße feinkristalline Nd. wird unter H_2O-Ausschluß durch eine Fritte abgetrennt, mit CCl_4 gewaschen und im Vak. vom CCl_4 befreit. Das Röntgenbeugungsdiagramm ist ähnlich wie bei $[PCl_4][PF_6]$. Mit H_2O tritt heftige Rk. ein. Der Verlauf der Hydrolyse scheint sehr kompliziert zu sein: bei der papierchromatograph. Unters. werden im ammoniakal. Hydrolysat PF_6^-, $PO_2F_2^-$, PO_3F^{2-} und PO_3^{3-}, im sauren Hydrolysat PF_6^-, $PO_2F_2^-$, PO_3F^{2-}, PO_4^{3-} und $P_2O_7^{4-}$ aufgefunden. Ist in AsF_3 sehr gut lösl., in PCl_3 und $AsCl_3$ schwer lösl.; durch ihre längere Einw. wandelt es sich in $[PCl_4][PF_6]$ um, was auf die höhere Gitterenergie und geringere Löslichkeit der Cl-Verb. zurückgeführt wird. Molare elektr. Leitf. der Lsg. in AsF_3 bei 0°C zwischen Konzz. von 0.01 und 0.09 Mol/l: 39.5 Ω^{-1} cm² mol⁻¹. Bei gewöhnl. Temp. steigt die Leitf. langsam an, da Fluorierung eintritt: $3[PBr_4][PF_6] + 4AsF_3 \rightarrow 6PF_5 + 4AsBr_3$. Die therm. Zers. der Verb. beginnt beim Sublimationspunkt (135°C), in $AsBr_3$-Suspension bereits bei

~30°C. Als Ursache für die Erniedrigung des Zers.-Punktes in Ggw. polarer Fll. wird die Polarisation der wegen ihrer Größe leicht polarisierbaren Ionen betrachtet. Die Zers. läuft nach $[PBr_4][PF_6] \rightarrow PFBr_4 + PF_5$. Als Bldg.-Mechanismus wird angenommen, daß PBr_5 z. T. in $[PBr_4][PBr_6]$ übergeht, welches dann im Anion fluoriert wird, L. Kolditz, A. Feltz (*Z. anorg. Chem.* **293** [1957] 155/67). Über die Ionen, aus denen die Verb. besteht, s. S. 376, 381.

[PBr₄]F

$[PBr_4]F$.

Auftreten als Zwischenprod. bei der therm. Zers. von $[PBr_4][PF_6]$ neben PF_5, L. Kolditz, A. Feltz (*Z. anorg. Chem.* **293** [1957] 155/67, 162). — Zur Darst. werden über auf Trockeneistemp. abgekühltes $PFBr_2$ im N_2-Strom ber. Mengen Bromdampf geleitet. Entstehende Br-Kristalle lösen sich in der Fl. auf. Nach Beendigung der Rk. bleibt das Gefäß über Nacht im Kältebad stehen, wobei die Temp. steigt; der entstandene Nd. wird auf einer Fritte abgesaugt und im Vak. getrocknet. Er besteht aus der heteropolaren Verb. $[PBr_4]F$. — Bei Zusatz von in CCl_4 gelöstem Brom bei —75°C zu $PFBr_2$ entstehen hellgelbe Kristalle von $[PBr_4]F \cdot 2CCl_4$. — Bei der Bromierung im Kältebad entsteht zunächst die homöopolare Form $PFBr_4$, die sich bei der langsamen Temp.-Erhöhung in die heteropolare Form umwandelt, welche bei gewöhnl. Temp. stabil ist. Die Verb. reagiert mit H_2O sehr heftig. Zur Erklärung der Hydrolyse von $[PBr_4]^+$ in Ggw. von Fluorid wird angenommen, daß das zunächst entstehende $[PBr_3OH]^+$ mit Br^- zusammentritt: $\{[PBr_3OH]^+Br^-\} \rightarrow POBr_3 + HBr$. Das $POBr_3$ fällt in weißen Flocken aus und geht unter weiterer Hydrolyse in Lsg., wobei schließlich Phosphat entsteht. Ähnlich reagieren höhere Hydrolysenprodd. z. B. mit F^--Ionen: $\{[PBr_2(OH)_2]^+F^-\} \rightarrow OPFBr(OH) + HBr$; $OPFBr(OH) + H_2O \rightarrow PO_3F^{2-}$. Durch Auftreten einer Br-Abspaltung infolge örtlicher Überhitzung bei der heftigen Rk. wird jedoch die Hydrolyse bedeutend komplizierter. Die Lsg. von PBr_4F in CH_3CN hat bei 20°C und Konzz. zwischen 0.01 und 0.09 Mol/l eine molare Leitf. von 23.5 Ω^{-1} cm^2 mol^{-1}. Beim Schmp. (87°C) tritt Br-Abspaltung ein, L. Kolditz, K. Bauer (*Z. anorg. Chem.* **302** [1959] 241/52). — Bildet sich wahrscheinlich ferner durch Rk. von $PFBr_2$ und PF_2Br mit Brom, H. S. Booth, S. G. Frary (*J. Am. chem. Soc.* **61** [1939] 2934/7).

PF₃Br₂. PF₂Br₃

PF_3Br_2, PF_2Br_3.

Darst. von PF_3Br_2 durch Absorption von PF_3 durch mit einer Kältemischung gekühltes Brom. Sehr bewegliche, leicht bräunlich gefärbte Fl., entwickelt an der Luft die Atmungswege stark reizende Dämpfe. Erstarrt bei —20°C zu kleinen hellgelben Kristallen. Zerfällt bei 15°C nach $5PF_3Br_2 = 3PF_5 + 2PBr_5$ und zersetzt sich mit H_2O heftig unter Bldg. von HF, HBr und H_3PO_4, H. Moissan (*C. r.* **99** [1884] 655/7, **100** [1885] 1348/50; *Ann. Chim. Phys.* [6] **6** [1885] 468/75, 471). PF_2Br_3 ist neben PBr_4F wahrscheinlich durch Rk. von $PFBr_2$ und PF_2Br mit Brom als unbeständiger Stoff erhältlich, H. S. Booth, S. G. Frary (*J. Am. chem. Soc.* **61** [1939] 2934/7).

[PBr₂F₂]⁺ [PF₄Br₂]⁻

$[PBr_2F_2]^+[PF_4Br_2]^-$.

Als Verunreinigung von $[PBr_4][PF_6]$, vgl. S. 509, vermutet, aber noch nicht in reiner Form isoliert, L. Kolditz, A. Feltz (*Z. anorg. Chem.* **293** [1957] 155/67, 159).

[BrF₂]⁺ [PF₆]⁻

$[BrF_2]^+[PF_6]^-$.

Bei der Rk. der Lsg. von PF_5 in BrF_3 mit z. B. KPO_3 auftretende, als Ansolvosäure bezeichnete intermediäre Verb., die nur in Lsg. beständig ist und unter Bldg. von Hexafluorophosphaten weiter reagiert: $K^+BrF_4^- + BrF_2^+PF_6^- \rightarrow KPF_6 + 2BrF_3$, H. J. Emeléus, A. A. Woolf (*J. chem. Soc.* **1950** 164/8), H. J. Emeléus, V. Gutmann (*J. chem. Soc.* **1949** 2979/82), vgl. V. Gutmann (*Monatsh. Chem.* **82** [1951] 156/69, 168; *Angew. Chem.* **62** [1950] 312/5).

POF₂Br. POFBr₂

POF_2Br, $POFBr_2$.

Entstehen neben $POFCl_2$ und POFClBr beim Behandeln von $POClBr_2$ mit SbF_3 bei 80°C und 100 Torr, M.-L. Delwaulle, F. François (*C. r.* **222** [1946] 1173/5). — Die Darst. der beiden Verbb. erfolgt neben POF_3 bei der Fluorierung von $POBr_3$ durch langsamen Zusatz von SbF_3 bei 60°C und 25 bis 50 Torr und nachfolgende Erhöhung der Temp. auf ~100°C. Aus dem Endprod., das aus 60% POF_3, 10% POF_2Br und 30% $POFBr_2$ besteht, können POF_2Br und $POFBr_2$ als farblose Fll. durch fraktionierte Dest. unter Verwendung von Eis-NaCl als Kühlmittel leicht abgetrennt werden. Bei 0°C ist D (in g/cm³) = 2.568 bzw. 2.099 für $POBr_2F$ bzw. $POBrF_2$. In der Dampfdruckformel für $POFBr_2$ lg p = A—B/T mit p in Torr ist A = 7.1687, B = 1642.9°K zu setzen; hieraus werden für 760 Torr die Siedetemp. zu T_V = 383.2°K und die Verdampfungswärme zu L_V = 7518 cal/Mol berechnet; analoge Werte für POF_2Br: A = 7.9662, B = 1550.0°K, T_V = 303.6°K, L_V = 7093 cal/Mol. Beide Verbb. rauchen an feuchter Luft und reagieren heftig mit H_2O. Ni-Cr-Draht wird nur schwach, Hg stärker angegriffen. Die chem. Eigg. liegen zwischen denen von POF_3 und $POBr_3$, H. S. BOOTH, C. G. SEEGMILLER (*J. Am. chem. Soc.* **61** [1939] 3120/2). — Wellenzahlen der Molekelschwingungen s. S. 387.

Das System PCl_3–Br_2

PCl_3–Br_2 System

Older Data

Ältere Angaben. Beim Mischen von PCl_3 mit Br_2 bilden sich bei gewöhnl. Temp. unter Erwärmung zwei Schichten; bei Kühlung mit einer starken Kältemischung entstehen von den Berührungsflächen aus Kristalle der Zus. PCl_3Br_2, die bald wieder in die fl. Komponenten übergehen, H. WICHELHAUS (*Ber.* **1** [1868] 77/81; *Liebigs Ann. Suppl.-Bd.* **6** [1868] 258/80). Ein auf die gleiche Art erhaltenes gelbrotes Prod. weist nach der Analyse die Zus. $PCl_{3.15}Br_{1.89}$ auf, A. MICHAELIS (*Ber.* **5** [1872] 9/10).

Bei Zusatz von Br_2 zu PCl_3 bis zum Verschwinden der anfangs eintretenden Schichtenbldg., Vertreibung des überschüssigen Br_2 bei 65°C und Abkühlen werden bei 4 bis 5°C braune metallglänzende Nadeln der Zus. PCl_3Br_8 erhalten, die bei 25°C schmelzen, sich bei Tempp. unterhalb 90°C unzersetzt dest. lassen (Dampf ist farblos) und bei höheren Tempp. oder beim plötzlichen Erhitzen oberhalb 90°C unter Entw. von braunen Dämpfen in der Vorlage prismat. Kristalle der Zus. PCl_3Br_7 liefern. PCl_3Br_8 ist in CS_2 lösl., wenig lösl. in PCl_3; H_2O zersetzt in Br_2, HBr, HCl und H_3PO_4. PCl_3Br_7 ist sehr unbeständig, wird durch Luft, CS_2 und beim Erwärmen in PBr_5 und BrCl zersetzt, H_2O wirkt ähnlich wie bei PCl_3Br_8. Bei der sehr heftigen Einw. von PCl_3 auf Br_2 bilden sich bei längerem Stehen ebenfalls Kristalle der Zus. PCl_3Br_7. Beim Lösen von PCl_3Br_7 in PCl_3 und Erhitzen zum Sieden scheiden sich beim Erkalten gelbe Kristalle der Zus. PCl_4Br aus. Durch Vereinigung von PCl_4Br und PCl_3Br_7 bzw. aus PCl_3 und PCl_3Br_8 werden rubinrote Tafeln der Zus. PCl_3Br_4 erhalten, die sich bei 60°C allmählich in PCl_3 und PCl_3Br_8 zersetzen und mit H_2O ähnlich wie die anderen Prodd. reagieren, PRINVAULT (*C. r.* **74** [1872] 868/70). — Durch Zusatz eines Kristalles von PCl_3Br_2 zu einem Gemisch von PCl_3 und Br_2 werden rubinrote Kristalle mit blauem Schimmer der Zus. PCl_3Br_4 erhalten, die in der Wärme zu einer dunkelroten Fl. schmelzen, welche sich allmählich in zwei Schichten teilt, beim Abkühlen aber wieder die ursprünglichen Kristalle liefert. Zersetzt sich mit wenig H_2O in $POCl_3$, $POBr_3$, HBr, HCl, Br_2, mit viel H_2O in H_3PO_4, HCl, HBr und Br_2, A. MICHAELIS (*Ber.* **5** [1872] 411/7). Neben PCl_3Br_2, PCl_3Br_4, PCl_3Br_8 werden auf ähnliche Weise erhaltene Prodd. der Zus. PCl_3Br_6 und PCl_3Br_{12} erwähnt, A. L. STERN (*J. chem. Soc.* **49** [1886] 815/22). Über Bldg. gemischter Cl-Br-Phosphorverbb. durch Einw. von gasf. HBr auf PCl_3 s. auch A. BESSON (*C. r.* **122** [1896] 814/7).

Die gegenseitige Einw. von PCl_3- und Br_2-Dampf liefert gelbe Kristalle der ungefähren Zus. PCl_4Br, braunrote Kristalle der ungefähren Zus. $PCl_{1.779}Br_{5.781}$ und rubinrote Kristalle wechselnder Zus., die sich als feste Lsgg. erweisen. Bei 25°C bilden Br_2 und PCl_3 4 Phasen: gelbe Kristalle der Zus. PCl_4Br, eine feste rote Phase der Zus. PCl_2Br_5, eine fl. hellrote und eine fl. braunrote Phase wechselnder Zus. Beim Sublimieren der offenbar Gemische darstellenden Fll. bleibt PCl_4Br zurück. Die Gemische bestehen wahrscheinlich aus PCl_4Br, PCl_2Br_5 und Br_2, T. MILOBEDZKI, S. KRAKOWIECKI (*Roczniki Chem.* **10** [1930] 158/96 [poln.], *C.* **1930** I 3418), vgl. hierzu T. MILOBEDZKI (*Chem. Listy* **26** [1932] 458/61 [poln.], *C.* **1933** I 3178). — Br_2 und PCl_3 ergeben gelbe Kristalle der Grenzzus. PCl_4Br, die sich beim Erwärmen auf 135°C in eine krist. Phase, eine tiefrote Fl. und eine hellrote Fl. umwandeln, A. RENC (*Roczniki Chem.* **13** [1933] 569/77 [poln.], *C.* **1934** I 3042).

Bei Einw. von SO_2 auf ein äquimolares Gemisch aus PCl_3 und Br_2 bildet sich unter starker Erwärmung eine braunrote Fl., die durch Dest. in Br_2, S_2Br_2 und $POCl_3$ getrennt werden kann, A. MICHAELIS (*Jenaische Z. Med. Naturwiss.* **6** [1870] 71/296/8).

Recent Investigations

Neuere Untersuchungen. In der Schmp.-Kurve des Systems treten außer beiden Randpunkten 2 Eutektika und 2 Maxima auf. Erstere liegen bei —8.4°C und 5.48 Mol-% PCl_3 sowie bei 15.5°C und 20.7 Mol-% PCl_3, dieses entsprechend der Zus. PCl_3Br_8. Das erste Max. bei 24.5°C und 10.04 Mol-% PCl_3 entspricht der Zus. PCl_3Br_{18}, das zweite bei 37.7°C und 32.87 Mol-% PCl_3 der Zus. PCl_3Br_4. Zwischen 33 und 90 Mol-% PCl_3 bestehen zwei fl. Phasen. Bei höheren PCl_3-Konzz. innerhalb dieses Bereiches besteht die obere Schicht der fl. Phase aus einer gesätt. Lsg. von PCl_3Br_4 in PCl_3 und leitet den elektr. Strom nicht, die untere Schicht ist geschmolzenes oder unterkühltes PCl_3Br_4 und leitet gut. Zur spezif. elektr. Leitf. $\varkappa$ im System bei 25°C vgl. **Fig. 133**, S. 512. Ihr Temp.-Koeff. ist positiv. Dichtemessungen bei 25°C zeigen einen Anstieg von 3.121 (reines Br_2) bis zu einem Max.

von 3.140 bei 10.38 Mol-% PCl_3 und einen Abfall bis 2.966 bei 21.53 Mol-% PCl_3, JA. A. FIALKOV, A. A. KUZ'MENKO (*Ž. obšč. Chim.* **21** [1951] 433/43, *C.A.* **1952** 8493).

Bei vergeblichen Verss. zur Darst. von PCl_3Br_4 durch Mischen von Br_2 mit PCl_3 nach JA. A. FIALKOV, A. A. KUZ'MENKO (*l. c.*), vgl. S. 515, werden orangerote Kristalle erhalten, deren völlige Trennung von der Mutterlauge nicht gelingt. Beim Trocknen im N_2-Strom verlieren sie Brom und hinterlassen eine gelbe pulverförmige Subst. mit der einheitlichen Zus. $PCl_{4.67}Br_{0.33}$, dieselbe Zus. besitzen daraus bei vorsichtiger Sublimation erhaltene gelbe Kristalle. Schmp. 145 bis 148°C, Brechungszahl 1.647, Dichte, gemessen durch Flotation in Gemischen aus $CHBr_3$ und CH_3J, D = 2.37. Nach opt. und röntgenograph. Unterss. ist die Subst. ein einphasiger Kristall mit einem flächenzentrierten kub. Gitter mit a = 12.38 Å und einer ber. Dichte von 2.34. Die Elementarzelle besteht aus 8 PCl_4^+-, 4 PCl_6^-- und 4 Br^--Ionen und gehört dem CsCl-Typ an. Es wird angenommen, daß die Rk. von PCl_3 mit Br_2 über das intermediäre PCl_3Br_2 führt. Durch Sublimation von $P_{12}Cl_{56}Br_4$ bei

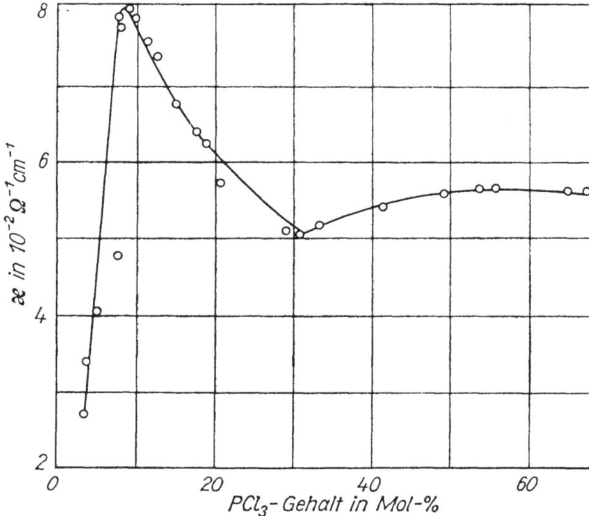

Fig. 133.

Spezif. elektr. Leitf. ϰ im System PCl_3–Br_2 bei 25°C.

80°C erhält man eine weiße Subst. mit der annähernden Zus. PCl_5, deren Röntgendiagramm jedoch von dem des tetragonalen PCl_5 abweicht, I. A. POPOV, D. H. GESKE, N. C. BAENZIGER (*J. Am. chem. Soc.* **78** [1956] 1793/6).

Best. der Viscosität bei 25 und 40°C im System PCl_3–Br_2 zeigt ein Max. bei ~20 Mol-% PCl_3 entsprechend der Zus. PCl_3Br_8. Die spezif. elektr. Leitf. von Lsgg. der im System aufgefundenen Komplexe bei 20°C in Nitrobenzol (vgl. S. 515) steigt in der Reihenfolge $PCl_3Br_4 < PCl_3Br_8 < PCl_3Br_{18}$. Auf Grund von Ionenwanderungsverss. in $C_6H_5NO_2$-Lsgg. wird auf die Struktur $[PCl_3Br]^+[Br(Br_2)_n]^-$ geschlossen, wobei n zwischen 1 und 8 liegt, JA. A. FIALKOV, A. A. KUZ'MENKO (*Ž. obšč. Chim.* **22** [1952] 1290/8, *C.A.* **1954** 4950). Kryoskop. Unterss. von Lsgg. von PCl_3 und Br_2 in $C_6H_5NO_2$ deuten auf das Bestehen von Verbb. der Zus. PX_5 und PX_7 (X = Cl oder Br). Verss. zur Isolierung fester krist. Stoffe aus CCl_4-Lsgg. führen zur Darst. von krist. Verbb. der Zus. $PCl_3Br_7 \cdot CCl_4$ und $PCl_3Br_7 \cdot 2CCl_4$, deren analyt. Daten schwer reproduzierbar sind und deren Zugehörigkeit zur Reihe $PCl_3 \cdot nBr_2$ nicht ausgeschlossen werden kann. Bei Verss., das CCl_4 zu entfernen, tritt auch Br-Verlust ein, G. S. HARRIS, D. S. PAYNE (*J. chem. Soc.* **1956** 4613/6).

PCl_5–Br_2 System

Das System PCl_5–Br_2

Die Unters. der elektr. Leitf. von PCl_5-Lsgg. in Br_2 bei 25°C unter Verwendung nichtplatinierter Pt-Elektroden ergibt ein Ansteigen der spezif. Leitf. bis zu einem Max. bei 16% PCl_5 und dann eine langsame Abnahme. Lsgg. mit 20% PCl_5 sind gesättigt. Der Verlauf der molaren Leitf. Λ (vgl. **Fig. 134**) zeigt einen anomalen Charakter mit einem Max. bei der Verd. V = 680 und einem Minimum bei V = 1800 (V = cm^3 Br_2/Mol PCl_5). Die höchste molare elektr. Leitf. weist eine Lsg. auf, deren Zus. $PCl_5 \cdot 20Br$ entspricht (Fehler ~1%). Die Anomalie wird durch das Bestehen eines in Ionen zerfallenden Polybromids erklärt. Analoge Verhältnisse bestehen bei den PBr_5-Lsgg. in Br_2 (vgl. hierzu S. 503). Bei der mit Ag-Anode und Pt-Kathode durchgeführten Elektrolyse scheidet sich an der Anode Cl_2 aus; eine Zersetzungsspannung wird nicht beobachtet, W. PLOTNIKOW, S. JAKUBSON (*Z. physik. Chem.* **138** [1928] 235/42; *Ž. russk. fiz.-chim. Obšč.* [*Čast'chim.*] **60** [1928] 1505/12 nach *C.* **1929** II 2980), V. A. PLOTNIKOV [PLOTNIKOW] (*Zap. Inst. Chem.* **5** [1938] 271/358, 274 [ukrain.]). — Thermoanalyt. Unterss. (Schmp.-Kurve) des Systems PCl_5–Br_2 weisen auf das Bestehen einer Verb. der Zus. $P(ClBr_2)_5$ oder $PCl_5 \cdot 5Br_2$ hin, W. PLOTNIKOW, S. JAKUBSON (*Z. physik. Chem.* **138** [1928] 243/5; *Ž. russk. fiz.-chim. Obšč.* [*Čast'chim.*] **60** [1928] 1513/5 nach *C.* **1929** II 1636).

Das System PCl_3–PBr_3

PCl_3–PBr_3 System

Unterss. der Gleichgeww. $2PCl_3 + PBr_3 \rightleftarrows 3PCl_2Br$ und $PCl_3 + 2PBr_3 \rightleftarrows 3PClBr_2$ mittels Ramanspektren ergeben Abhängigkeit der Intensität der den Chloridbromiden zugeordneten Linien vom Mischungsverhältnis der Komponenten, B. TRUMPY (*Kong. Norske Vidensk. Selsk. Forh.* **4** [1931]

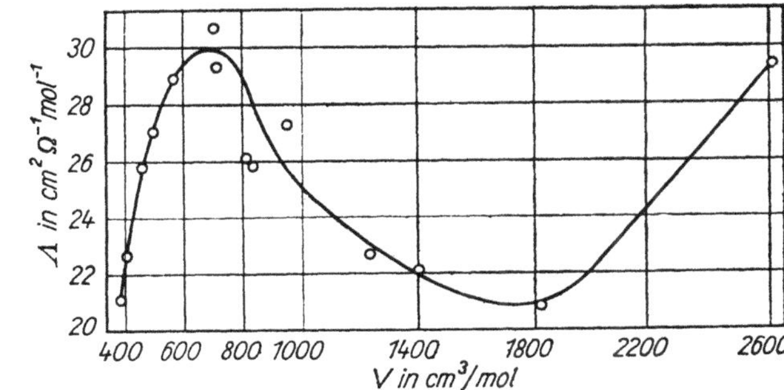

Fig. 134.

Molare elektr. Leitf. Λ von PCl_5-Lsgg. in Br_2 bei 25°C.

102/5). Obzwar sich nach Angaben von O. BURKARD (*Z. physik. Chem.* B **30** [1935] 298/304) die auftretenden neuen Linien auch durch Deformation der Molekeln PBr_3 und PCl_3 erklären lassen, wird das Bestehen der Verbb. PCl_2Br und $PClBr_2$ im System PCl_3–PBr_3 erneut durch Unters. der Ramanspektren bestätigt; die Verbb. lassen sich jedoch in reinem Zustand nicht isolieren, M.-L. DELWAULLE (*C. r.* **224** [1947] 389/91), vgl. F. FRANÇOIS, M.-L. DELWAULLE (*J. Chim. phys.* **46** [1949] 80/6). Unter Berücksichtigung der auftretenden Linienintensitäten werden für den Rk.-Mechanismus der Bldg. der Chloridbromide die Gleichungen $PBr_3 + PCl_3 = PClBr_2 + PCl_2Br$; $2PBr_3 + PCl_3 = 3PClBr_2$; $2PCl_3 + PBr_3 = 3PCl_2Br$ diskutiert, O. THEIMER (*Acta phys. austriaca* **1** [1948] 188/97).

In äquiv. Gemischen ist der Halogenaustausch $PBr_3 + PCl_3 \rightleftarrows PClBr_2 + PCl_2Br$, wie aus alle 30 Min. erfolgender Unters. der Ramanspektren hervorgeht, nach 1 bis $1^1/_2$ Std. beendet, M.-L. DELWAULLE, M. BRIDOUX (*C. r.* **248** [1959] 1342/4). Der Ligandenaustausch erfolgt wahrscheinlich über einen Aktivierungskomplex mit 4bindigem P, E. FLUCK (*Angew. Chem.* **71** [1959] 377).

Das System PCl_5–PBr_3

PCl_5–PBr_3 System

Bei Zusatz von PBr_3 zu überschüssigem PCl_5 wird PCl_3Br_4 erhalten, bei überschüssigem PBr_3 entsteht gelbes $PClBr_4$, A. A. KUZ'MENKO (*Ukrainsk. chim. Ž.* **18** [1952] 589/94, *C.A.* **1954** 5009).

Die Systeme PCl_3–PBr_5 und PCl_5–PBr_5

PCl_3–PBr_5 and PCl_5–PBr_5 Systems

Beim Erhitzen von Gemischen von PCl_5 und PBr_5 auf 135°C werden je nach dem Mischungsverhältnis verschiedene Phasen erhalten. Es entstehen gelbe bzw. rote Kristalle oder dunkel- bzw. hellrote Fll., deren Bruttozuss. PCl_xBr_y mit x zwischen 0.26 und 4.65, mit y zwischen 0.35 und 5.80 schwanken, wobei x + y Werte zwischen 5.0 und 8.6 erreicht. Aus der hellroten Fl. entstehen beim Abkühlen auf —54°C Kristalle; die Mutterlauge entspricht der Zus. PX_3. Gelbe Kristalle der ungefähren Zus. $PClBr_4$ bilden sich aus PBr_5 mit 0.5 oder 1 Mol PCl_3, ferner werden hierbei PCl_2Br und $PClBr_2$ erhalten. Analoge Ergebnisse treten auf, wenn die Umsetzung in CS_2-Lsg. vorgenommen wird. Beim Umkrist. nimmt bei $PClBr_4$ der Cl-Gehalt, bei PCl_4Br der Br-Gehalt ab. Bei reduziertem Druck wird aus Kristallen mit mehr als 3 Atomen Cl/1 Atom P bis zur Grenzzus. PCl_4Br Halogen abgegeben, A. RENC (*Roczniki Chem.* **13** [1933] 454/63 [poln.], **13** [1933] 509/19, **14** [1934] 69/77, *C.* **1933** II 2963 **1934** I 23, 3844).

Durch Erhitzen von 40.5 Mol-% PBr_5 mit 59.5 Mol-% PCl_3 auf 40 bis 50°C und Abkühlen werden fl. PCl_3 und orangerote Kristalle der Zus. PCl_3Br_4 (Schmp. 36.7°C) erhalten, A. A. KUZ'MENKO (*Ukrainsk. chim. Ž.* 18 [1952] 589/94, *C.A.* **1954** 5009).

Phosphorus Chloride Bromides

Phosphorchloridbromide

Es sind einige Verbb. der allgemeinen Formeln PCl_2Br_n und PCl_3Br_n (n = 2 bis 10) bekannt, T. MIŁOBEDZKI, S. KRAKOWIECKI (*Roczniki Chem.* 8 [1928] 563/7 [poln.], *C.* **1929** I 1316). Zur Bldg. von PCl_4Br_3 und PCl_8Br_3 durch Rk. von PBr_3 mit JCl in nichtwss. Lsg. s. S. 495.

PCl_2Br, $PClBr_2$.

Über Auftreten in den Systemen PCl_3–Br_2, PCl_3–PBr_3 s. dort, über Bldg. durch Rk. von PBr_3 mit JCl in nichtwss. Lsg. s. S. 495. — Die Verbb. entstehen beim Vermischen von PCl_3 und PBr_3, jedoch gelingt ihre Isolierung aus diesen Gemischen nicht; lediglich durch Einw. von 18 Mol PBr_5 auf 1 Mol PCl_3 wird fast reines $PClBr_2$ erhalten. Sie entstehen ferner nach den Rkk. $PCl_3 + HBr \rightarrow PCl_2Br + HCl$; $PCl_2Br + HBr \rightarrow PClBr_2 + HCl$; $PCl_5 + 3\,PBr_3 \rightarrow PCl_2Br + 2\,PClBr_2 + PClBr_4$; $2\,PBr_5 + PCl_3 \rightarrow PClBr_2 + 2\,PClBr_4$ und sind auch in Gemischen von PCl_5 und PBr_5 enthalten, T. MIŁOBEDZKI (*Chem. Listy* [tschech.] **26** [1932] 458/61 [poln.], *C.* **1933** I 3178). Ein Vers. zur Darst. von PCl_2Br durch Rk. von $POCl_2Br$ mit H_3PO_3 verläuft negativ, E. CHAMBON (*Jenaische Z. Naturwiss.* **10** [1876] 2. *Suppl.-H.*, S. 92/6). — Wellenzahlen der Molekelschwingungen s. S. 374.

$PClBr_4$ (?).

Über Bldg. durch Rk. von PBr_5 mit JCl in nichtwss. Lsg. s. S. 501. Bei Einw. von 1 Mol PCl_5 auf 2.5 Mol PBr_3 oder 1 Mol PBr_5 auf 0.5 bis 1 Mol PCl_3 werden gelbe Kristalle der ungefähren Zus. $PClBr_4$ erhalten, A. RENC (*Roczniki Chem.* **13** [1933] 509/19 [poln.], *C.* **1934** I 23).

PCl_2Br_3, PCl_3Br_2 (?).

Über Bldg. von PCl_2Br_3 und PCl_3Br_2 durch Rk. von PBr_5 mit JCl in nichtwss. Lsg. s. S. 501. — Bildet sich durch Vereinigung äquimolarer Mengen PCl_3 und Br_2 unter starker Erwärmung. Die zunächst auftretende Schichtenbldg. verschwindet beim Kühlen auf −20°C oder bei längerem Lagern bei Winterkälte. Es wird eine gelbrote Subst. erhalten, die jedoch bereits bei 35°C wieder in PCl_3 und Br_2 zerfällt, A. MICHAELIS (*Ber.* **5** [1872] 9/10), vgl. H. WICHELHAUS (*Ber.* **1** [1868] 77/81), C. FRIEDEL, A. LADENBURG (*Bull. Soc. chim. Paris* **8** [1867] 146/52). Bei einer Wiederholung der Verss. wird die Verb. aus PCl_3 und Br_2 nicht erhalten, T. M. MIŁOBEDZKI, S. KRAKOWIECKI (*Roczniki Chem.* 8 [1928] 563/7 [poln.], *C.* **1929** I 1316). — Sie zersetzt sich mit H_2O und Säuren nach $3\,PCl_3Br_2 + 3\,H_2O = 2\,POCl_3 + POBr_3 + 3\,HCl + 3\,HBr$, A. MICHAELIS (*l. c.*). Reagiert mit SO_2 unter starker Erwärmung nach $PCl_3Br_2 + SO_2 = POCl_3 + SOBr_2$, A. MICHAELIS (*Z. Chem.* **14** [1871] 185; *Jenaische Z. Naturwiss.* **6** [1871] 296/8). Wirkt leicht auf B_2O_3 ein unter Bldg. von BCl_3 und Ausscheidung von freiem Brom, G. GUSTAVSON (*Z. Chem.* **13** [1870] 521/2). Nach der Meth. von H. WICHELHAUS (*l. c.*) erhaltene rote Kristalle reagieren mit CH_3CO_2H bei gewöhnl. Temp. unter Bldg. der Oxidhalogenide $POCl_3$, $POBr_3$, $POCl_2Br$, $POClBr_2$, M.-L. DELWAULLE, F. FRANÇOIS (*C. r.* **222** [1946] 1173/5). Über ein Prod. der Zus. $PCl_{3.15}Br_{1.89}$ vgl. S. 511.

PCl_4Br.

Über Bldg. durch Rk. von PBr_3 bzw. PBr_5 mit JCl in nichtwss. Lsg. s. S. 495/501. Entsteht bei der Rk. von Br_2 mit PCl_3 nach $2\,PCl_3 + Br_2 = PCl_2 \cdot BrCl_2 + PCl_2Br$. Bildet gelbe Kristalle, die sich beim Erwärmen zersetzen, ohne zu schmelzen, T. MIŁOBEDZKI, S. KRAKOWIECKI (*Roczniki Chem.* 8 [1928] 563/7 [poln.], *C.* **1929** I 1316). Vgl. hierzu auch S. 511.

PCl_3Br_4.

Auftreten im System PCl_3–Br_2 s. S. 511. Zur Darst. wird von einem Gemisch von Br_2 mit 57.42 Mol-% PCl_3 die obere Schicht abgegossen und die untere Schicht aus CCl_4 umkristallisiert. Die erhaltenen orangeroten Prismen mit bläulichem Schimmer werden in CO_2 getrocknet und haben einen Schmp. von 37.7°C. Spezif. elektr. Leitf. $\varkappa$ in $10^{-4}\Omega^{-1}cm^{-1}$ (bei 20 und 30°C leitet das Prod. nicht):

Temp. in °C	35	40	45	50
$\varkappa$	1.82	709	742	659

Bei 35°C liegt feste Phase mit wenig geschmolzenem PCl_3Br_4 vor, JA. A. FIALKOV, A. A. KUZ'MENKO (*Ž. obšč. Chim.* **21** [1951] 433/43, *C.A.* **1952** 8493). — Die Verb. wird nach dieser Meth. nicht erhalten, I. A. POPOV, D. H. GESKE, N. C. BAENZIGER (*J. Am. chem. Soc.* **78** [1956] 1793/6), vgl. hierzu S. 512.

Spezif. elektr. Leitf. $\varkappa$ in $10^{-4}\Omega^{-1}cm^{-1}$ von PCl_3Br_4-Lsgg. in $C_6H_5NO_2$ bei 20°C (im Auszug):

Mol-% PCl_3Br_4 . . .	1.36	13.49	36.53	55.60
$\varkappa$	1.07	105	181	286

JA. A. FIALKOV, A. A. KUZ'MENKO (*Ž. obšč. Chim.* **22** [1952] 1290/8, 1292, *C.A.* **1954** 4950). Bildet sich ferner beim Vermischen von PCl_5 und PBr_5 und schwachem Erwärmen (40°C) als untere, beim Abkühlen erstarrende rubinrote Schicht. Die obere Schicht besteht aus PCl_3, A. GEUTHER (*Jenaische Z. Naturwiss.* **10** [1876] 128/40, 140), vgl. hierzu auch S. 511.

PCl_3Br_7, PCl_3Br_8.

Über Auftreten von PCl_3Br_7 und PCl_3Br_8 im System PCl_3–Br_2 s. S. 511.

Die Zus. PCl_3Br_8 entspricht dem im System PCl_3–Br_2 bei 15.5°C und 20.7 Mol-% PCl_3 auftretenden eutekt. Gemisch. Spezif. elektr. Leitf. $\varkappa$ dieses Gemisches in $10^{-2}\Omega^{-1}cm^{-1}$ (im Auszug):

Temp. in °C	20	30	40	55
$\varkappa$	5.43	7.00	8.42	10.1

JA. A. FIALKOV, A. A. KUZ'MENKO (*Ž. obšč. Chim.* **21** [1951] 433/43, *C.A.* **1952** 8493). Vgl. hierzu S. 512.

Spezif. elektr. Leitf. $\varkappa$ von Lsgg. dieses Gemisches in $C_6H_5NO_2$ bei 20°C (im Auszug) in $10^{-3}\Omega^{-1}cm^{-1}$:

Mol-% PCl_3Br_8	2.76	23.43	40.56	83.11
$\varkappa$	1.41	18.9	26.7	40.3

JA. A. FIALKOV, A. A. KUZ'MENKO (*Ž. obšč. Chim.* **22** [1952] 1290/8, 1293, *C.A.* **1954** 4950).

$PCl_5 \cdot 5Br_2$ oder $P(ClBr_2)_5$, $PCl_5 \cdot 10Br_2$ (?).

Darst. von $P(ClBr_2)_5$ durch Lösen äquiv. Mengen von PCl_5 und Br_2 in CS_2, Eindampfen im Vak. und Kühlen mit Eiswasser. Rotbraune Kristalle, die bei 25°C unter Zers. schmelzen. In Ggw. der Mutterlauge sind sie bei 15°C im eingeschmolzenen Zustand monatelang haltbar. Die Lsg. in CS_2 leitet den Strom nicht. Es wird angenommen, daß die Struktur durch die Formel $P(ClBr_2)_5$ zum Ausdruck gebracht werden kann. Für das Bestehen von $PCl_5 \cdot 10Br_2$ wird das Auftreten des bei dieser Zus. liegenden Max. der molaren elektr. Leitf. im System PCl_5–Br_2 als Beweis gewertet, W. PLOTNIKOW, S. JAKUBSON (*Z. physik. Chem.* **138** [1928] 235/42, 242, 243/5). Näheres s. S. 512.

PCl_3Br_{18}.

Zur Darst. wird zu PCl_3 unter Kühlen mit Eis tropfenweise eine äquiv. Menge Br_2 unter Schütteln zugesetzt, auf 28 bis 30°C erwärmt und dann abgekühlt. Es werden 2 bis 3 cm lange kirschrote nadelförmige Kristalle vom Schmp. 24.5°C erhalten. Spezif. elektr. Leitf. $\varkappa$ in $10^{-2}\Omega^{-1}cm^{-1}$ (bei 13°C im festen Zustand, sonst geschmolzen, im Auszug):

Temp. in °C . .	13	25	40	55	70
$\varkappa$ . . .	0.0627	8.01	9.86	11.7	12.2

JA. A. FIALKOV, A. A. KUZ'MENKO (*Ž. obšč. Chim.* **21** [1951] 433/43, *C.A.* **1952** 8493). — Spezif. elektr. Leitf. $\varkappa$ von PCl_3Br_{18}-Lsgg. in $C_6H_5NO_2$ bei 20°C (im Auszug) in $10^{-2}\Omega^{-1}cm^{-1}$:

Mol-% PCl_3Br_{18} . .	6.46	16.25	50.12	56.24
$\varkappa$	1.02	2.41	5.08	4.32

JA. A. FIALKOV, A. A. KUZ'MENKO (*Ž obšč. Chim.* **22** [1952] 1290/8, 1293, *C.A.* **1954** 4950).

$[PCl_4]^+ [PCl_5Br]^-$.

Darst. durch Eintropfen ber. Mengen von Brom in eine Mischung von $AsCl_3$ und PCl_3. Die Lsg. erwärmt sich, und nach kurzer Zeit scheidet sich, wie angenommen wird, über intermediäre Bldg. von PCl_3Br_2 die Verb. ab; durch Kühlung mit Eis wird die Ausfällung vervollständigt. Der abgetrennte Nd. wird mit $AsCl_3$ und C_6H_6 gewaschen und im Vak. vom Waschmittel befreit. Die Zus. $[PCl_4][PCl_5Br]$ wird aus der Rk. mit AsF_3 in $AsCl_3$ abgeleitet: $3[PCl_4][PCl_5Br] + 6AsF_3 \rightarrow 3[PCl_4][PF_6] + 5AsCl_3$

+ $AsBr_3$. Die Verb. wird von CCl_4 mit tiefroter Farbe unter Zers. gelöst. Es bilden sich PCl_5 und PBr_5, wobei letzteres z. T. in PBr_3 und Br_2 zerfällt. Aus $AsCl_3$ krist. die Verb. als $AsCl_3$-Solvat in goldgelben Kristallen aus, welche im Vak. das $AsCl_3$ abgeben. $[PCl_4][PCl_5Br]$ ist ein hellgelbes Pulver und reagiert mit H_2O heftig. Das alkal. Hydrolysat ist farblos, das saure schwach gelb gefärbt wegen eintretender Br-Abspaltung. Mit AsF_3-Überschuß tritt eine heftige Rk. ein: $3[PCl_4][PCl_5Br] + 10AsF_3 \rightarrow 6PF_5 + 9AsCl_3 + AsBr_3$. Die Verb. besitzt keinen Sublimationspunkt, beim Erhitzen im offenen Rohr tritt bei 120°C, im Einschlußrohr bei ~142°C Zers. ein. Es bildet sich ein Rückstand von PCl_5. Zur Erklärung der Bldg. wird eine intermediäre Entstehung von PCl_3Br_2 angenommen. Molare elektr. Leitf. einer Lsg. in CH_3CN bei 17°C und Konzz. zwischen 0.05 und 0.20 Mol/l: 11.8 Ω^{-1} cm^2 mol^{-1}, L. KOLDITZ, A. FELTZ (*Z. anorg. Chem.* **293** [1958] 286/93).

Bei der kubisch kristallisierenden Verb. (a = 12.38 Å, daraus ber. Dichte: 2.34 g/cm^3), deren Bruttoformel von A. I. POPOV, D. H. GESKE, N. C. BAENZIGER (*J. Am. chem. Soc.* **78** [1956] 1793/6) als P_3BrCl_{14} angegeben wird, handelt es sich vermutlich um $[PCl_4][PCl_5Br]$, L. KOLDITZ, A. FELTZ (*l.c.*).

$POCl_3$–PBr_3 and $POBr_3$–PCl_3 Systems

Die Systeme $POCl_3$–PBr_3 und $POBr_3$–PCl_3

Die Gemische zeigen bei 25°C nach 2 Monaten kein Anzeichen einer erfolgten Rk., bei längerem Erhitzen bei 110 und 200°C stellt sich ein Gleichgew. ein. Die Unters. der magnet. Kernresonanzen ergibt die Anwesenheit aller durch Halogenaustausch möglichen Verbb.: $POCl_3$, $POCl_2Br$, $POClBr_2$, $POBr_3$, PBr_3, $PClBr_2$, PCl_2Br und PCl_3. Die Gleichgew.-Konstt. werden berechnet, E. SCHWARZMANN, J. R. VAN WAZER (*J. Am. chem. Soc.* **81** [1959] 6366/8).

$POCl_3$–$POBr_3$ System

Das System $POCl_3$–$POBr_3$

Gemische von $POCl_3$ und $POBr_3$ werden 1 Woche bei 130°C erhitzt, rasch auf gewöhnl. Temp. abgekühlt und ihre magnet. Kernresonanz untersucht. Die graph. Auswertung der erhaltenen Ergebnisse zeigt, daß durch Erhitzen von Gemischen aus $POCl_3$ und $POBr_3$ im Molverhältnis 2 : 1 bzw. 1 : 2 Gemische erhalten werden, welche 42% $POCl_2Br$ bzw. 44% $POClBr_2$ enthalten. Erhitzen von einigen Std. auf 200°C genügt zur Erreichung des Gleichgewichts. Gleichgew.-Konstt. werden berechnet, L. C. D. GROENWEGHE, J. H. PAYNE (*J. Am. Chem. Soc.* **81** [1959] 6357/60).

$POCl_2Br$. $POClBr_2$

$POCl_2Br$, $POClBr_2$.

Auftreten in den Systemen $POCl_3$–PBr_3, $POBr_3$–PCl_3 und $POBr_3$–$PSBr_3$ s. oben.

Formation. Preparation

Bildung und Darstellung. Entstehen neben $POBr_3$ und PBr_5 beim Leiten von mit $POCl_3$-Dampf beladenem gasf. HBr durch ein auf 400 bis 500°C erhitztes, mit Bimsstein gefülltes Rohr, A. BESSON (*C. r.* **122** [1896] 814/7), durch Erhitzen von $POBr_3$ im Einschlußrohr mit BrCl bei 50 und 90°C; es entstehen außerdem $POCl_3$ und elementares Brom, A. GEUTHER (*Jenaische Z. Med. Naturw.* [2] **3** [1876] 2. *Suppl.-H.*, S. 128/40, 130), neben $POCl_3$ und $POBr_3$ durch Behandeln eines Gemisches von PCl_3 und PBr_3 mit Essigsäure, M.-L. DELWAULLE, F. FRANÇOIS (*C. r.* **222** [1946] 1173/5). Ein Gemisch von 1.5 Mol PBr_3 und 1.5 Mol PCl_5 wird 5 Std. auf 140°C unter trocknem N_2 erwärmt, nach Abkühlen 1.5 Mol Br_2 tropfenweise zugefügt und nochmals 4 bis 5 Std. am Wasserbad erwärmt. Nach Zusatz von 1.25 Mol P_2O_5 in kleinen Anteilen wird 15 bis 20 Std. auf 130°C erwärmt und anschließend im Vak. fraktioniert. Es werden ~120 g $POCl_2Br$ und 50 g $POClBr_2$ erhalten, W. KUCHEN, H. ECKE, H. G. BECKERS (*Z. anorg. Chem.* **313** [1961/62] 138/43).

$POCl_2Br$ bildet sich neben $POBr_3$ durch Erhitzen von $P_2O_3Cl_4$ mit PBr_5 im Einschlußrohr auf Wasserbadtemp. nach $P_2O_3Cl_4 + PBr_5 = 2POCl_2Br + POBr_3$, A. GEUTHER, A. MICHAELIS (*Ber.* **4** [1871] 766/8; *Jenaische Z. Naturwiss.* **7** [1873] 103/9). Durch langsames Zutropfen von Brom in $POCl_2C_2H_5$. Es entstehen $POCl_2Br$ und C_2H_5Br, welche leicht durch fraktionierte Dest. getrennt werden können, N. MENSCHUTKIN (*Liebigs Ann.* **139** [1866] 343/54, 345). $POCl_2Br$ bildet sich beim Eintropfen von Brom in eine Mischung aus PCl_3 und C_6H_5COOH, H. WICHELHAUS (*Ber.* **1** [1868] 77/81). Durch Rk. von PBr_5 mit $POCl_2C_2H_5$ bei ~60°C, wobei PBr_5 als $PBr_3 \cdot Br_2$ reagiert: $P(OC_2H_5)Cl_2 + PBr_3Br_2 = POCl_2Br + PBr_3 + C_2H_5Br$, A. GEUTHER, O. HERGT (*Jenaische Z. Naturwiss.* **10** [1876] 2. *Suppl.-H.*, S. 104/16, 108). — Beim Einleiten von HBr in $POCl_3$ in Ggw. von $AlCl_3$ (oder $AlBr_3$) als Katalysator bei 80°C, bis ~28% des Cl im $POCl_3$ ersetzt sind, wird ein Prod. erhalten, das ein Gemisch aus $POCl_3$, $POBr_3$ und $POCl_2Br$ darstellt, DOW CHEMICAL CO., A. A. ASADORIAN, G. A. BURK (*U.S.P.* 2941864 [—/1960] nach *C.A.* **1960** 21677). — $POCl_2Br$ kann durch fraktionierte

Dest. bei 70 Torr verhältnismäßig rein mit nur geringen Gehalten an $POCl_3$ und $POClBr_2$ erhalten werden, M.-L. DELWAULLE, F. FRANÇOIS (*C. r.* **222** [1946] 1173/5, **220** [1945] 817/9).

Molekel. Chem. Verschiebung s. S. 384, Wellenzahlen s. S. 387. *Molecule*

Physikalische Eigenschaften. $POCl_2Br$ schmilzt zwischen 10 und 11°C; der Sdp. bei 758 Torr ist $t_V = 135$°C. Bei 20°C ist $D = 2.094$ g/cm³, W. KUCHEN, H. ECKE, H. G. BECKERS (*Z. anorg. Chem.* **313** [1961] 138/43). Damit sind die Angaben von A. BESSON (*C.r.* **122** [1896] 814/7) über den Schmp. (13°C) und den Sdp. (135 bis 138°C) praktisch bestätigt. Für ein (offenbar weniger reines) Präp. mit $t_V = 137.6$°C (760 Torr) gilt für die Temp.-Abhängigkeit des spezif. Vol. $v_t/v_0 = 1 + 1.00518 \times 10^{-3}t + 0.49053 \times 10^{-6}t^2 + 4.4065 \times 10^{-9}t^3$, T. E. THORPE (*J. chem. Soc.* **37** [1880] 327/94, 343/4). Daraus ber. Ausdehnungskoeff. s. bei D. MENDELEEFF (*J. chem. Soc.* **45** [1884] 126/35, 126; *Ann. Chim. Phys.* [6] **2** [1884] 271/82). Einzelwert für die Dichte bei 0°C s. bei N. MENSCHUTKIN (*J. prakt. Chem.* **98** [1866] 485/95; *Liebigs Ann.* **139** [1866] 343/54, 347). — Brechungszahl für die D-Linie: $n_D^{20} = 1.5092$, W. KUCHEN u. a. (*l. c.*). *Physical Properties*

$POClBr_2$ schmilzt bei $t_F = 131$°C; der Sdp. bei 757 Torr ist $t_V = 165$°C, W. KUCHEN u. a. (*l. c.*); $t_F = 30$°C, $t_V = 165$°C, $D^{50} = 2.45$ g/cm³, A. BESSON (*l. c.*).

Chemisches Verhalten. $POCl_2Br$ ist eine wasserhelle, bald gelb werdende, stark lichtbrechende Fl.; wird von H_2O unter Bldg. von H_3PO_4 zersetzt, N. MENSCHUTKIN (*Liebigs. Ann.* **139** [1866] 343/54, 347). Zersetzt sich beim Erhitzen im Einschlußrohr sowie auch bei lange fortgesetzter fraktionierter Dest. in $POCl_3$ und $POBr_3$, A. BESSON (*C. r.* **122** [1896] 814/7), die Zers.-Temp. liegt bei 185°C, E. CHAMBON (*Jenaische Z. Naturwiss.* **10** [1876] *Suppl. 2.-H., S.* 92/96). Reagiert mit H_3PO_4 von 60°C an unter Gasentw.; es bilden sich HCl, HBr, PBr_3, PCl_3, HPO_3 und H_3PO_4, E. CHAMBON (*l. c.*). *Chemical Reactions*

$POClBr_2$ ist bei gewöhnl. Temp. fest, raucht an der Luft und zersetzt sich hierbei langsam. Gibt mit Wasser H_3PO_4, HCl und HBr. Zersetzt sich beim Sdp. (~165°C) in $POCl_2Br$, $POCl_3$ und $POBr_3$, beim Erhitzen im Einschlußrohr in $POCl_3$ und $POBr_3$, A. BESSON (*l. c.*). Beim Behandeln mit SbF_3 bei 80°C und 100 Torr wird ein Gemisch von $POFCl_2$, $POFBr_2$ und POFClBr erhalten, M.-L. DELWAULLE, F. FRANÇOIS (*C. r.* **222** [1946] 1173/5).

$POCl_2Br$ und $POClBr_2$ sind mischbar mit Halogeniden von CH_3CO_2H, Halogenderivaten von Alkoholen und gesätt. KW-Stoffen, M.-L. DELWAULLE, F. FRANÇOIS (*l. c.*).

Die Systeme $PFBr_2$–PCl_3 und PBr_3–$PFCl_2$

$PFBr_2$–PCl_3 and PBr_3–$PFCl_2$ Systems

In äquimolaren Gemischen von $PFBr_2$–PCl_3 ist der Austausch der Halogene, wie aus aufeinander folgenden Bestt. der Ramanspektren hervorgeht, erst nach ~4 Tagen beendet. Nach Eintreten des Gleichgew. befinden sich neben wenig unverändertem $PFBr_2$ und PCl_3 hauptsächlich PBr_3 und $PFCl_2$ in der Mischung, ferner PCl_2Br, $PClBr_2$ und sehr wenig PFClBr. Der Cl-Br-Austausch wird durch Ersatz des PBr_3 durch $PFBr_2$ gegenüber dem System PBr_3–PCl_3 stark verlangsamt, M.-L. DELWAULLE, M. BRIDOUX (*C. r.* **248** [1959] 1342/4).

Aus äquimolaren Gemischen von PBr_3 und $PFCl_2$ sowie von PCl_3 und $PFBr_2$ wird nach Einstellung des Gleichgew. (~4 Tage) in beiden Fällen ein Gemisch von 1 Mol $PFCl_2$, 0.75 Mol PFClBr und 0.15 Mol $PFBr_2$ erhalten, M.-L. DELWAULLE, M. CRAS, M. BRIDOUX (*Bull. Soc. chim. France* **1960** 786). Vgl. hierzu S. 509.

PFClBr.

PFClBr

Bildet sich nach Unters. der Ramanspektren bei Einstellung des Gleichgew. einer Mischung von $PFCl_2$ und $PFBr_2$. Wird in reinem Zustand nicht isoliert, M.-L. DELWAULLE, F. FRANÇOIS (*C. r.* **223** [1946] 796/8). Über Bldg. von PFClBr in Gemischen von PBr_3 und $PFCl_2$ sowie PCl_3 und $PFBr_2$ s. auch M. L. DELWAULLE, M. CRAS, M. BRIDOUX (*Bull. Soc. chim. France* **1960** 786). — Wellenzahlen der Molekelschwingungen s. S. 374.

POFClBr.

POFClBr

Darst. durch Behandeln von $POClBr_2$ bei 80°C und 100 Torr mit SbF_3 und Trennung durch wiederholte fraktionierte Dest. von den gleichzeitig entstehenden Verbb. $POFCl_2$ und $POFBr_2$. An der Luft rauchende Fl., wird heftig von H_2O und alkal. Fll. zersetzt, jedoch verlaufen diese Rkk. nicht vollständig. Molekelschwingungen s. S. 387, M.-L. DELWAULLE, F. FRANÇOIS (*C. r.* **222** [1946] 1173/5).

Phosphorus and Iodine

Phosphor und Jod

Zur Bindung P–J vgl. S. 364, zur Molekel PJ s. S. 367.

Phosphorus-Iodine System

Das System Phosphor–Jod

Über durch Zusammenschmelzen von J_2 mit P in verschiedenem Verhältnis erhaltene Prodd. s. beispielsweise GAY-LUSSAC (*Ann. Phys.* [*Leipzig*] **49** [1815] 3/34, 8), vgl. TRAILL (*Ann. Phil.* [2] 8 [1824] 153/4).

Kinet. Unters. durch Mischen von wasserfreien Lsgg. von P und J_2 in CCl_4 bei 15°C mittels colorimetr. Best. des Jodgehalts durch Vergleich mit Standardlsgg. ergeben unter diesen Bedingungen P_2J_4 als einziges Rk.-Prod.; Licht, Luft, H_2O, Äthanol usw. müssen sorgfältig ausgeschaltet werden, um reproduzierbare Ergebnisse zu erzielen. Die Geschw. des Jodverbrauchs ist etwa proportional der Jodkonz. und steigt sehr stark mit der P-Konz. an. Der Rk.-Mechanismus wird durch Bldg. instabiler Intermediärprodd. wie P_2, P_2J_2 und P_4J_2 zu erklären versucht. Eine unter diesen Voraussetzungen abgeleitete Geschw.-Gleichung steht mit den Vers.-Ergebnissen in grundsätzlicher Übereinstimmung. Der Einfluß von Zusätzen scheint mit der Solvatation des J_2 im Zusammenhang zu stehen: Fll., die J_2 in brauner Farbe lösen, wie Alkohol, Äther, Aceton, beschleunigen stark; Benzol und Toluol sind weniger wirksam; Fll., die J_2 mit violetter Farbe lösen, wie $CHCl_3$, CS_2, Hexan, Cyclohexan, sind indifferent, D. WYLLIE, M. RITCHIE, E. B. LUDLAM (*J. chem. Soc.* **1940** 583/7). Gemische von Phosphor und Jod im Verhältnis 1:5, 1:3 und 1:2 werden durch Druckmessungen bis 537°C untersucht und der Ablauf der dabei stattfindenden Rkk. an Hand thermodynam. Berechnungen diskutiert, H. JACOB (*Diss. Münster* 1958, S. 1/182, 63, 134).

P_4I (?)

P_4J (?). Beim Erhitzen einer Lsg. von P und J_2 in CS_2 unter Druck und beim Bestrahlen dieser Lsg. mit Sonnenlicht sowie bei Red. von P-Jodiden wird ein Prod. erhalten, das zunächst als P_4J, R. BOULOUCH (*C. r.* **141** [1905] 256/8), später aber als mit P_2J_4 verunreinigtes rotes P bezeichnet wird, A. SIEMENS (*Chemiker-Ztg.* **30** [1906] 271/2).

P_3I_4 (?)

P_3J_4 (?). Vermutete intermediäre Bldg. bei der Einw. von J_2 auf weißes P bei Ggw. von CCl_4; nachfolgende Zers. nach $P_3J_4 = P_2J_4 + P$ (rot), A. BESSON (*C. r.* **124** [1897] 1346/9).

Diphosphorus Tetraiodide

Diphosphortetrajodid P_2J_4.

In älteren Arbeiten manchmal als PJ_2 formuliert.

Formation. Preparation. From the Elements

Bildung und Darstellung. **Aus den Elementen.** Durch Zusammenschmelzen von P und J_2, GAY-LUSSAC laut B. COURTOIS (*Ann. Chim.* [*Paris*] 88 [1813] 304/10, 307; *Ann. Phys.* [*Leipzig*] **48** [1814] 24/31, 25), C. A. WURTZ (*Liebigs Ann.* **93** [1855] 107/26, 115; *Ann. Chim. Phys.* [3] **42** [1854] 129/68, 150). 50 g Jod werden mit 4 g rotem P geschmolzen und auf 60°C abgekühlt, 2.5 g weißes P werden in kleinen Stücken zugesetzt, H. W. DOUGHTY (*J. Am. chem. Soc.* **27** [1905] 1444/5). Ein Gemisch aus 1 Mol J_2 mit 0.75 Mol rotem P wird erhitzt und nach eingetretener Rk. eine Std. bei 180 bis 190°C (Ölbad) gerührt. Nach Abkühlen wird mit sd. Chlorbenzol aufgenommen, die Lsg. filtriert und daraus die Verb. in orange gefärbten länglichen Platten erhalten, die mit heißem $CHCl_3$ gewaschen und im Vak. getrocknet werden. Rohausbeute ~70%, nach Umkrist. 40%. Bessere Ergebnisse werden erhalten, wenn man die Rk. in Lsg. vornimmt: Zu der ~6n-Lsg. von 1 Mol J_2 in Butyljodid werden 0.6 Mol rotes P und 45 ml Butyljodid innerhalb von 2 Std. zugefügt, dann wird 3 Std. am Rückflußkühler erhitzt und heiß vom P-Überschuß abfiltriert. Nach Abkühlen wird das ausfallende P_2J_4 abgesaugt, aus Butyljodid umkristallisiert, mit CCl_4 gewaschen und im Vak. getrocknet. Ausbeute ~60%. Bei gleicher Arbeitsweise können als Ausgangsstoffe 0.1 Mol PJ_3 und 0.7 Mol rotes P verwendet werden, E. S. LEVČENKO, I. E. ŠEINKMAN, A. V. KIRSANOV (*Ž. obšč. Chim.* **29** [1959] 1474/7; engl. Übers.: *J. gen. Chem. USSR* **29** [1959] 1448/50). Darst. von P_2J_4 durch Rk. von rotem P mit Jod in $(C_2H_5)_2O$ bei gewöhnl. Temp. unter Rühren, N. G. FEŠČENKO, A. V. KIRSANOV (*Ž. obšč. Chim.* **30** [1960] 3041/3, *C.A.* **1961** 14145; engl. Übers.: *J. gen. Chem. USSR* **30** [1960] 3016/7). Zu der filtrierten Lsg. von 6.2 g weißem P in 100 ml sorgfältig gereinigtem CS_2 wird die Lsg. von 50.77 g J_2 in 500 ml CS_2 anteilweise unter Umschwenken zugefügt, 12 Std. im Dunkeln zur Vervollständigung der Rk. stehen gelassen und die orangerote klare Lsg. durch Absaugen unter Erwärmen mit dem Wasserbad eingeengt. Bei einem Endvol. von 60 bis 80 ml werden die orangeroten Kristalle abgesaugt (Glasfritte) und mit der Fritte über $CaCl_2$ evakuiert, bis der Druck von ~20 Torr erreicht ist. Längeres Evakuieren kann Zers. hervorrufen. Das P_2J_4 wird in zugeschmolzenen Ampullen oder sorgfältig verschlossenen Flaschen aufbewahrt, im Exsiccator über $CaCl_2$ tritt schon nach kurzer Zeit Zers. ein. Ausbeute 65 bis 72%, M. BAUDLER (*Z. Naturforsch.* **13b** [1958] 266/7), vgl. G. BRAUER (*Handbuch der präparativen anorganischen Chemie, 2. Aufl., Bd.* 1, *Stuttgart* 1960, S. 482), J. B. WORK (in: W. C. FERNELIUS, *Inorganic Syntheses, Bd.* 2, *New York-London* 1946, S. 141/4, 143). Über Darst. von P_2J_4 durch Vereinigung von P und J_2-Lsgg. in CS_2 s. auch YUEN CHU LEUNG, J. WASER (*J. phys. Chem.* **60** [1956] 539/43) sowie die älteren Angaben bei B. CORENWINDER (*Liebigs Ann.* **78** [1851] 76/84, 79; *Ann. Chim. Phys.* [3] **30** [1850] 242/51, 245), M. BERTHELOT, S. DE LUCA (*Ann. Chim. Phys.* [3] **43** [1855] 257/83, 258 Fußnote 2), A. E. NORDENSKIÖLD (*Bihang Kongl. Svenska Vetensk. Akad. Handl.* **2** Nr. 2 [1874] 1/15, 6), F. E. E. GERMANN, R. N. TRAXLER (*J. Am. chem. Soc.* **49** [1927] 307/12).

Bei Anwendung von 4 Äquiv. P und 2 Äquiv. J_2, Abkühlen und Absaugen des CS_2 bei gewöhnl. Temp. wird nicht P_4J_2 erhalten, wie B. FRANKE (*J. prakt. Chem.* [2] **35** [1887] 341/8, 343) vermutet, sondern ebenfalls P_2J_4 neben Phosphor, A. MICHAELIS, M. PITSCH (*Liebigs Ann.* **310** [1900] 45/74, 66). Über den Ablauf der Rk. zwischen P und J_2 in CCl_4 s. S. 518.

In der Dampfphase wird die Bldg. von P_2J_4 nicht beobachtet, H. PÉLABON (*C. r.* **189** [1929] 1085/7).

Aus Jod und P-Verbindungen. Bldg. durch Rk. von J_2 in Ggw. von CCl_4 mit P_2O bei gewöhnl. Temp., A. BESSON (*C. r.* **124** [1897] 763/5), durch Erhitzen von J_2 mit P_4O_6 im Einschlußrohr bei 150°C in Ggw. von CS_2 in Form orangeroter Prismen nach unvollständig ablaufender Rk. $5P_4O_6 + 8J_2 = 4P_2J_4 + 6P_2O_5$, T. E. THORPE, A. E. TUTTON (*J. chem. Soc.* **59** [1891] 1019/29, 1022), durch Einw. von gasf. PH_3 auf J_2 nach $5J + 4PH_3 = PJ_2 + 3PH_4J$, A. W. HOFMANN (*Liebigs Ann.* **103** [1857] 355/6), vgl. F. E. E. GERMANN, R. N. TRAXLER (*J. Am. chem. Soc.* **49** [1927] 307/12); durch Rk. von PCl_3 mit einer Lsg. von J_2 in Eisessig in Form roter Nadeln, H. RITTER (*Liebigs Ann.* **95** [1855] 208/11), vgl. F. E. E. GERMANN, R. N. TRAXLER (*l. c.*).

From Iodine and P Compounds

Aus P und J-Verbindungen. P_2J_4 bildet sich neben PH_4J beim Überleiten von gasf. HJ über weißes P sowie beim Stehenlassen von weißem P mit konz. wss. HJ, A. DAMOISEAU (*C. r.* **91** [1880] 883/6). Bei der Rk. von rotem P mit TeJ_4, E. MONTIGNIE (*Ann. pharm. Franç.* **5** [1947] 239/40).

From P and I Compounds

Aus P-J-Verbindungen. Über Bldg. von P_2J_4 bei der Einw. von PH_4J auf PCl_3 bei gewöhnl. Temp. s. S. 527. Bldg. durch Rk. von PH_4J mit $POCl_3$ unterhalb 100°C unter Entstehung von gasf. HCl neben rotem J-haltigem P und kleinen Mengen von PO_2Cl, A. BESSON (*C. r.* **124** [1897] 763/5).

From P-I Compounds

Bldg. bei längerem Stehen von PH_4J mit $COCl_2$ bei Tempp. zwischen 0 und 10°C nach $4PH_4J + 8COCl_2 = 16HCl + 8CO + P_2J_4 + 2P$, A. BESSON (*C. r.* **122** [1896] 140/2). Durch heftiges Rühren (6 bis 7 Std.) von PJ_3 in $(C_2H_5)_2O$ bei gewöhnl. Temp.; es scheint sich ein unbeständiges Oxoniumsalz als Zwischenprod. zu bilden, N. G. FEŠČENKO, A. V. KIRSANOV (*Ž. obšč. Chim.* **30** [1960] 3041/3, *C.A.* **1961** 14145; engl. Übers.: *J. gen. Chem. USSR* **30** [1960] 3016/7). Bldg. von P_2J_4 durch Schütteln von PJ_3 mit Hg bzw. von PJ_3-Lsg. in CS_2 mit Hg, F. E. E. GERMANN, R. N. TRAXLER (*J. Am. chem. Soc.* **49** [1927] 307/12, 307) bzw. A. BESSON (*C. r.* **124** [1897] 1346/9).

Weitere Methoden. Darst. von P_2J_4 durch Erhitzen von Alkalijodid mit PCl_3 in $(C_2H_5)_2O$ oder Dioxan am Rückfluß; das P_2J_4 kann dann mit heißem $(CH_2Cl)_2$ extrahiert werden, N. G. FEŠČENKO, A. V. KIRSANOV (*Ž. obšč. Chim.* **30** [1960] 3041/3, *C.A.* **1961** 14145; engl. Übers.: *J. gen. Chem. USSR* **30** [1960] 3016/7). P_2J_4 bildet sich bei der bei −20°C gemäßigt, bei gewöhnl. Temp. heftig verlaufenden Rk. zwischen PCl_3 und CH_3MgJ in äther. Lsg. nach $3PCl_3 + 4CH_3MgJ = P_2J_4 + P(CH_3)_4Cl + 4MgCl_2$, V. AUGIER, M. BILLY (*C. r.* **139** [1904] 597/9).

Other Methods

Thermodynamische Bildungsdaten. Änderung des Wärmeinhalts bei Bldg. aus den Elementen unter Standardbedingungen bei 18°C: ΔH ($PJ_{2\,fest}$) = −9.9 kcal/Mol, F. R. BICHOWSKY, F. D. ROSSINI (*The Thermochemistry of the chemical Substances, New York* 1936, S. 39, 222), bei 25°C $\Delta H(P_2J_{4\,fest})$ = −19.76 kcal/Mol, F. D. ROSSINI u. a. (*Selected Values,* 1952, S. 80, 848), ber. nach Angaben von J. OGIER (*C. r.* **92** [1881] 83/86).

Thermodynamic Formation Data

Physikalische Eigenschaften. Über die P_2J_4-Molekel s. S. 367.

Physical Properties

Spaltbar nach (010). Raumgruppe C_i^1–$P\bar{1}$; die eine Molekel umfassende trikline Elementarzelle besitzt nach WEISSENBERG- und BUERGER-Präzisionsbestt. mit MoKα-Strahlung und Quarz als Eichsubst. folgende Konst.:

a = 4.56 Å	b = 7.06 Å	c = 7.40 Å
α = 80°12′	β = 106°58′	γ = 98°12′

Atomlagen: je 2 P, J_I und J_{II} in: ± (x, y, z) mit den Parametern (Mittelwerte aus Originalangaben):

x			y			z		
P	J_I	J_{II}	P	J_I	J_{II}	P	J_I	J_{II}
0.39_{75}	0.55_{65}	0.82_8	0.64_2	0.72_9	0.80_4	0.46_3	0.16_5	0.69_5

Kleinste Abstände: r (P—P) = 2.21 ± 0.03 Å, r (P—J) = 2.475 ± 0.014 Å, Y. C. LEUNG, J. WASER (*J. phys. Chem.* **60** [1956] 539/43). — Steht in genügender Übereinstimmung mit früheren goniometr. Unterss.: triklin pinakoidal, a:b:c = 0.6362:1:1.0365; $\alpha = 80°30'$, $\beta = 106°25'$, $\gamma = 97°54'$, A. E. NORDENSKIÖLD (*Bihang Kongl. Svenska Vetensk. Akad. Handl.* **2** Nr. 2 [1874] 1/15, 6), neu ber. nach GOSSNER laut GROTH (*Bd.* 1, 1906, S. 223). Ist wahrscheinlich mit AsJ_2 nicht isomorph, E. BAMBERGER, J. PHILIPP (*Ber.* **14** [1881] 2643/8, 2647).

Schmelzpunkt: 110°C, B. CORENWINDER (*Lieb. Ann.* **78** [1851] 76/84, 79), A. BESSON (*C. r.* **124** [1897] 1346/9), A. MICHAELIS, M. PITSCH (*Liebigs Ann.* **310** [1900] 45/74, 66), E. FIREMAN, P. FIREMAN (*Am. chem. J.* **30** [1903] 116/33, 127); 124.5°C, F. E. E. GERMANN, R. N. TRAXLER (*J. Am. chem. Soc.* **49** [1927] 307/12, 310); 124°C, F. M. JAEGER, H. J. DOORNBOSCH (*Z. anorg. Chem.* **75** [1912] 261/71, 261); 122°C, Y. C. LEUNG, J. WASER (*J. phys. Chem.* **60** [1956] 539/43); 125.5°C, M. BAUDLER (*Z. Naturforsch.* **13b** [1958] 266/7), 126 bis 127°C, E. S. LEVČENKO, I. E. ŠEINKMAN, A. V. KIRSANOV (*Ž. obšč. Chim.* **29** [1959] 1474/7, *C.* **1960** 14299; engl. Übers.: *J. gen. Chem. USSR* **29** [1959] 1448/50).

Dichte D(ber.) = 4.21, Y. C. LEUNG, J. WASER (*l. c.*). $D_4^{20} = 4.178 \pm 0.002$; Dipolmoment = 0.45 D, M. BAUDLER, G. FRICKE (*Z. Anorg. Allg. Chem.* **320** [1963] 11/26).

Chemical Reactions. On Heating and with Nonmetals

Chemisches Verhalten. Beim Erhitzen und gegen Nichtmetalle. Lange, biegsame orangerote, B. CORENWINDER (*Liebigs Ann.* **78** [1851] 76/84, 81; *Ann. Chim. Phys.* [3] **30** [1850] 242/51, 245), oder scharlachrote Prismen, A. W. HOFMANN (*Liebigs Ann.* **103** [1857] 355/6), die sich beim Erhitzen auf 100 bis 120°C bei 15 Torr in flüchtiges PJ_3 und einen Rückstand von rotem P zersetzen, A. BESSON (*C. r.* **124** [1897] 1346/9). An feuchter Luft weniger leicht zersetzlich als PJ_3, L. OUVRARD (*Ann. Chim. Phys.* [7] **2** [1894] 212/51, 224). — Reagiert mit Red.-Mitteln wenig, H_2 bleibt ohne Wrkg. Infolge der Neigung zur exothermen Bldg. der P-Oxide reagieren Ox.-Mittel leicht. Mit Luft entstehen bei entsprechender Erwärmung P_2O_5 und J_2, V. THOMAS (*Bull. Soc. chim. Paris* [3] **15** [1896] 1090/2). P_2J_4 reagiert mit O_2 in CS_2 bei 20°C lebhaft. Die Umsetzung verläuft annähernd nach $7P_2J_4 + 6O_2 \rightarrow 2/n(P_3J_2O_6)_n + 8PJ_3$ und wird bei Temp.-Erhöhung beschleunigt, M. BAUDLER, G. FRICKE (*Z. Anorg. Allg. Chem.* **319** [1963] 211/29), M. BAUDLER (*Ang. Chem.* **73** [1961] 761, **74** [1962] 493). Reagiert mit Te im Einschlußrohr bei 100°C nach $Te + P_2J_4 = TeJ_4 + P_2$ (weiß), E. MONTIGNIE (*Bull. Soc. chim. Paris* [5] **15** [1948] 180/1).

With Nonmetal Compounds

Gegen Nichtmetallverbindungen. Bei der Hydrolyse von P_2J_4 treten neben HJ auf: H_3PO_2, H_3PO_3, H_3PO_4, PH_3 und $P_{12}H_6$. Bei sofortiger Ox. in alkal. Lsg. mit H_2O_2 werden 24%, nach 24 Std. noch 10% des P in $H_4P_2O_6$ umgewandelt. Es wird auf das Bestehen eines nicht isolierbaren primären Hydrolysenprod. der Zus. $P_2(OH)_4$ geschlossen. Durch Hydrolyse bei $p_H = 5.7$ (vgl. hierzu S. 523) und sofortige Ox. mit Jodlsg. können 44.6% des P in Form von $H_4P_2O_6$ erhalten werden. H_3PO_4, PH_3 und möglicherweise $P_{12}H_6$ stammen von der Zers. von H_3PO_2 und H_3PO_3, J. H. KOLITOWSKA (*Roczniki Chem.* **15** [1935] 29/36 [poln.], *C.* **1936** I 1828, **17** [1937] 616/9, *C.* **1938** I 3756). Bei schonender Hydrolyse (0°C, in CS_2-Lsg) wird analytisch und papierchromatographisch festgestellt, daß neben wechselnden Mengen H_3PO_3 die Säure $H_4P_2O_4$ oder $[OH(OH)P]_2$ gebildet wird. Bei der Alterung der Lsgg. entstehen infolge langsamer Zers. von $H_4P_2O_4$ durch wahrscheinlich nebeneinander laufende Disproportionierungs- und Hydrolyse-Rkk. weitere Säuren und PH_3, M. BAUDLER (*Z. Naturforsch.* **14b** [1959] 464/5), vgl. hierzu auch H. FALIUS (*Z. Anorg. Allg. Chem.* **326** [1963] 79/88). Ältere Angaben hierzu s. B. CORENWINDER (*l. c.*), F. RÜDORFF (*Ann. Phys. Chem.* [2] **128** [1866] 473/6), A. GAUTIER (*C. r.* **76** [1873] 49/52, 173/6), W. HITTORF (*Ann. Phys. Chem.* [2] **126** [1865] 193/228, 206), K. LISSENKO (*Ber.* **9** [1876] 1313/4), A. STOCK, W. BÖTTCHER, W. LENGER (*Ber.* **42** [1909] 2839/47, 2840).

In NO_2 brennt die stark erhitzte Verb. mit großem Glanz unter Bldg. von J_2 und P_2O_5, V. THOMAS (*Bull. Soc. chim. Paris* [3] **15** [1896] 1090/2).

Bei gewöhnl. Temp. wirkt trocknes H_2S nicht ein, bei 110 bis 120°C langsam nach $2P_2J_4 + 3H_2S = P_4S_3J_2 + 6HJ$, L. OUVRARD (*C. r.* **115** [1892] 1301/3; *Ann. Chim. Phys.* [7] **2** [1894] 212/51, 221). Nach 40std. Überleiten von H_2S bei 105 bis 110°C besteht der Rückstand nach Unters. mit Extraktionsmethh. aus rotem P und einer Mischung von P-Sulfiden, R. D. TOPSOM. C. J. WILKINS (*J. inorg.

nucl. Chem. **3** [1956] 187/9). Bildet mit fl. H_2S eine elektrisch leitende gelbe Lsg.; in 100 ml H_2S lösen sich 0.09 g P_2J_4, U. ANTONY, G. MAGRI (*Gazz. chim. ital.* **35** I [1905] 206/26, 221).

Wirkt nicht auf B_2O_3 ein, G. GUSTAVSON (*Z. Chem.* **13** [1870] 521/2). Die Lsg. in CS_2 reagiert mit BBr_3 unter Bldg. gelber Kristalle der Zus. $P_2J_4 \cdot 2BBr_3$ und Dunkelrotwerden der Fl.; die gleiche Verb. wird beim Erhitzen von P_2J_4 mit BBr_3 im Einschlußrohr erhalten. J. TARIBLE (*C. r.* **132** [1901] 204/7).

Gegen Metalle. Wird in äther. Lsg. bei gewöhnl. Temp. durch Mg unvollständig zu rotem P reduziert, H. RHEINBOLDT, K. SCHWENZER, R. BUNGE (*J. prakt. Chem.* [2] **140** [1934] 273/90, 280). Beim Behandeln von Hg mit P_2J_4 im Einschlußrohr bei 275 bis 300°C wird kristallines Hg_3P_4 erhalten, A. GRANGER (*C. r.* **115** [1892] 229/30; *Ann. Chim. Phys.* [7] **14** [1898] 5/90, 72). Beim Erhitzen von Fe und Ni im P_2J_4-Dampf gelingt es leicht, die Phosphide zu erhalten, mit Co gelingt es nicht, A. GRANGER (*C. r.* **123** [1896] 176/8). Beim Leiten eines mit P_2J_4-Dampf beladenen CO_2-Stroms über schwach erhitztes Cu bilden sich flüchtiges CuJ_2 und CuP_2, A. GRANGER (*C. r.* **120** [1895] 923/4; *Bull. Soc. chim. Paris* [3] **13** [1895] 873/4).

With Metals

Gegen Metallverbindungen. Scheint zunächst mit SbH_3 nach $3P_2J_4 + 4SbH_3 = 4PH_3 + 4SbJ_3 + 2P$ zu reagieren, worauf das gebildete SbJ_3 auf SbH_3 nach $SbH_3 + SbJ_3 = 2Sb + 3HJ$ einwirkt, A. STOCK, O. GUTTMANN (*Ber.* **37** [1904] 885/900, 893). Hg_2Cl_2 setzt sich in der Kälte langsam, bei Wasserbadtemp. rasch um nach $3P_2J_4 + 6Hg_2Cl_2 = 4PCl_3 + 6Hg_2J_2 + 2P$ (rot), A. BESSON (*C. r.* **124** [1897] 1346/9). 0.1 m-Lsgg. von P_2J_4 und CrO_2Cl_2 in CCl_4 geben unter bedeutender Wärmeentw. einen braunen Nd. der Additionsverb. $(CrO_2Cl_2)_2 \cdot P_2J_4$, H. S. FRY, J. L. DONELLY (*J. Am. chem. Soc.* **40** [1918] 478/82), vgl. „*Chrom*" *Tl.* B, S. 445. Reagiert beim Erhitzen mit AgCl bei 280 bis 300°C nach $3PJ_2 + 6AgCl = 2PCl_3 + 6AgJ + P$; die Rk. tritt bereits bei gewöhnl. Temp. langsam, bei 76 bis 78°C rascher ein, A. GAUTIER (*C. r.* **78** [1874] 286/8).

With Metal Compounds

Gegen organische Lösungsmittel. P_2J_4 ist in CS_2 lösl., B. CORENWINDER (*Liebigs Ann.* **78** [1851] 76/84, 81). Über Löslichkeit in C_2H_5OH, CH_2Cl_2, $(CH_2Cl)_2$ und C_6H_6 s. S. 524.

With Organic Solvents

Das System P_2J_4–J_2

P_2I_4–I_2 System

Nach der therm. Analyse des Systems zwischen 0 und 68 Mol-% P_2J_4 besteht bei 33°C und ~33 Mol-% P_2J_4 ein Eutektikum. Bei 50 Mol-% P_2J_4 (entsprechend $P_2J_4 + J_2 = 2PJ_3$) zeigt die Schmelze einen Schmp. von 61°C. Die Kurve weist hier ein verdecktes Max. auf. PJ_5 und höhere P-Jodide treten nicht auf, JA. A. FIALKOV, A. A. KUZ'MENKO (*Ž. obšč. Chim.* **19** [1949] 812/25, *C.* **1949** E 4783).

Phosphortrijodid PJ_3.

Phosphorus Triiodide

Bildung und Darstellung. Aus den Elementen. Durch Lösen der äquiv. Mengen J_2 und P in CS_2, Einengen unter Kühlung (Eis und NaCl) und Trocknen der erhaltenen Kristalle im Luftstrom bei 50 bis 60°C, B. CORENWINDER (*Liebigs Ann.* **78** [1851] 76/84, 82; *Ann. Chim. Phys.* [3] **30** [1850] 242/51, 249), vgl. A. E. NORDENSKIÖLD (*Bihang Kongl. Svenska Vetensk. Akad. Handl.* **2** Nr. 2 [1874] 1/15, 6), L. OUVRARD (*Ann. Chim. Phys.* [7] **2** [1894] 212/51, 224). CS_2 haftet sehr fest und erschwert die Best. des Schmp., R. N. TRAXLER, F. E. E. GERMANN (*J. phys. Chem.* **29** [1925] 1119/24). Durch Zusatz von überschüssigem rotem P zu einer Lsg. von J_2 in CS_2 und Eindampfen bis zum Krist.-Beginn, Abtrennen von der Mutterlauge und schwaches Erwärmen zur Befreiung von anhaftendem CS_2. Durch gutes Vermischen von Lsgg. von weißem P und J_2 in ber. Mengen und gleiche Behandlung; die Mutterlauge bleibt dunkelrot und undurchsichtig, F. E. E. GERMANN, R. N. TRAXLER (*J. Am. chem. Soc.* **49** [1927] 307/12).

Formation. Preparation. From the Elements

Nach Vermischen von 2 Mol J_2 und 0.67 Mol rotem P wird erwärmt, nach erfolgter Rk. das Prod. in 500 ml sd. Dichloräthan gelöst und filtriert; nach Abkühlen kristallisiert die Verb. in großen dunkelroten Prismen, die mit CCl_4 gewaschen und im Vak. getrocknet werden. Es kann auch 2.5n-Lsg. von J_2 (3 Mol) in Dichloräthan 15 Min. mit rotem P (1.02 Mol) gekocht werden; Ausbeute ~55%, E. S. LEVČENKO, I. E. ŠEINKMAN, A. V. KIRSANOV (*Ž. obšč. Chim.* **29** [1959] 1474/7, *C.* **1960** 14299; engl. Übers.: *J. gen. Chem. USSR* **29** [1959] 1448/50).

Über Bldg. von PJ_3 bei längerem Schütteln (30 Std.) einer Lsg. von J_2 in CCl_4 über rotem P in Ggw. von reinem pulverförmigem $NaHCO_3$ s. G. S. DESHMUKH, M. VENUGOPALAN (*J. Indian chem. Soc.* **32** [1955] 305/8).

Bldg. von PJ_3 als Zwischenprod. bei der Umwandlung von weißem in rotes P in Ggw. von J_2 s. J. BÖESEKEN (*Trans. Faraday Soc.* **24** [1929] 611/20, 612). Auftreten als Zwischenprod. bei der Herst.

größerer Mengen von HJ durch Zusatz von in 70%igem wss. HJ suspendiertem rotem P zu einer Lsg. von J_2 in CaJ_2-Lsg. bei Tempp. $\leq 60°C$, M. A. PHILLIPS (*Industrial Chemist chem. Manufacturer* **22** [1946] 759/60). Über Bldg. bei der Rk. von P_4 und J_2 in der Dampfphase s. H. PÉLABON (*C. r.* **189** [1929] 1085/7).

From Iodine and P Compounds

Aus Jod und P-Verbindungen. Durch Einw. von J_2 auf P_2O in CCl_4, A. BESSON (*C. r.* **124** [1897] 763/5).

By Decomposition of P_2I_4

Durch Zersetzung von P_2J_4. Bldg. beim Erhitzen (100 bis 120°C) von P_2J_4 bei 15 Torr, A. BESSON (*C. r.* **124** [1897] 1346/9).

By Reaction of I Compounds with P Compounds

Durch Einwirkung von J-Verbindungen auf P-Verbindungen. Durch Einw. von HJ auf PCl_3 bei gewöhnl. Temp., P. HAUTEFEUILLE (*Bull. Soc. chim. France* [2] **7** [1867] 198/200). Gasf. HJ reagiert direkt mit PCl_3 und auch mit in CCl_4 gelöstem PCl_3, selbst bei Anwendung einer Kältemischung ohne Bldg. einer Cl-J-Verb. als Zwischenprod., A. BESSON (*C. r.* **124** [1897] 1346/9). Über intermediäre Bldg. bei der Rk. von PCl_3 mit PH_4J s. S. 527. Durch Erhitzen von PCl_3 mit KJ in Einschlußrohr unter Ausschluß von H_2O und O_2, H. L. SNAPE (*Chem. News* **74** [1896] 27/29). Darst. von PJ_3 durch Behandeln von Alkalijodid mit PCl_3 in C_6H_6, wobei LiJ heftig reagiert (Rk. in 10 Min. beendet) und NaJ und KJ für die Rk. 4 Std. benötigen. Das PJ_3 kann mit C_6H_6 extrahiert werden, N. G. FEŠČENKO, A. V. KIRSANOV (*Ž. obšč. Chim.* **30** [1960] 3041/3, *C. A.* **1961** 14145; engl. Übers.: *J. gen. Chem. USSR* **30** [1960] 3016/7). Bldg. von PJ_3 neben PCl_3 beim Erhitzen von äquimolaren Mengen von PCl_5 und PH_4J bei 135°C nach $3PCl_5 + 3PH_4J = PJ_3 + PCl_3 + 12HCl + P_4$ (rot), E. FIREMAN, P. FIREMAN (*Am. chem. J.* **30** [1903] 116/33, 125). Bei der Einw. von gasf. HJ auf $POCl_3$ in der Kälte; über vermutlich dabei gebildetes Oxidjodid vgl. S. 528, A. BESSON (*C. r.* **122** [1896] 814/7); bei der Einw. von gasf. HJ auf durch Kältemischung gekühltes $PSCl_3$ bzw. im Einschlußrohr, A. BESSON (*C. r.* **124** [1897] 1346/9).

Purification

Reinigung. Umkristallisieren aus reinem CS_2, das unmittelbar vorher mit Hg geschüttelt worden ist, F. M. JAEGER laut F. E. E. GERMANN, R. N. TRAXLER (*J. Am. chem. Soc.* **49** [1927] 307/12, 308).

Thermodynamic Formation Data

Thermodynamische Bildungsdaten. Änderung des Wärmeinhalts bei der Bldg. aus den Elementen unter Standardbedingungen bei 18°C: ΔH ($PJ_{3\,fest}$) = −10.9 kcal/Mol, F. R. BICHOWSKY, F. D. ROSSINI (*The Thermochemistry of the chemical Substances, New York* 1936, S. 39, 222); bei 25°C: $\Delta H_f°$ ($PJ_{3\,fest}$) = −10.9 kcal/Mol, F. D. ROSSINI u. a. (*Selected Values*, 1952, S. 80, 848) nach Angaben von J. OGIER (*C. r.* **92** [1881] 83/86). −10.7±0.4, A. FINCH, P. J. GARDNER, I. H. WOOD (*J. Chem. Soc.* **1965** 746/51). Beziehung zwischen Bldg.-Enthalpie und Ordnungszahl, S. M. ARIJA, M. P. MOROZOVA, S. A. ŠČUKAREV (*Ž. obšč. Chim.* **27** [1957] 1131/6, *C.* **1958** 5586; engl. Übers.: *J. gen. Chem. USSR* **27** [1957] 1213/8).

Molecule

Molekel. Die Eigg. der PJ_3-Molekel sind zusammen mit denen der übrigen Trihalogenid-Molekeln auf S. 367 beschrieben.

Lattice Structure

Gitterstruktur. Drehkristallaufnahmen zeigen, daß PJ_3 ein hexagonales Gitter hat; die Elementarzelle enthält 2 Molekeln. Raumgruppe C_{3h}^1–$C\bar{6}$ oder C_6^6–$C6_3$; Gitterkonstt.: a = 7.11, c = 7.42 kX, H. BRAEKKEN (*Kong. Norsk Vidensk. Selsk. Forh.* **5** [1933] 202/3 nach *C.* **1933** I 3536).

Density

Dichte D in g/cm³. Röntgendichte von festem PJ_3: D = 4.18, H. BRAEKKEN (*l. c.*). Bei 25°C ist D = 3.89, M. G. MALONE, A. L. FERGUSON (*J. chem. Phys.* **2** [1934] 99/104). Bei −79 bzw. −195°C ist D = 4.294 bzw. 4.385; daraus kann D_0 = 4.42 für 0°K extrapoliert werden, W. BILTZ, A. SAPPER, E. WÜNNENBERG (*Z. anorg. Chem.* **203** [1932] 277/306, 287).

Melting Point

Schmelzpunkt t_f. Die stark hygroskop. und leicht sublimierende Verb. PJ_3 schmilzt zwischen 60 und 61°C, E. S. LEVČENKO, I. E. ŠEJNKMAN, A. V. KIRSANOV (*Ž. obšč. Chim.* **29** [1959] 1474/7; engl. Übers.: *J. gen. Chem. USSR* **29** [1959] 1448/50). Ältere Meßwerte für t_f: 61.0°C, H. T. DOORNBOSCH (*Proc. Kon. Nederl. Akad. Wetensch.* **14** [1912] 625/37, 634; *Versl. wis-en natuurk. Afd. Kon. Nederl. Akad. Wetensch.* **20** [1911] 516/28, 526); 61.5°C, W. BILTZ, A. SAPPER, E. WÜNNENBERG (*Z. anorg. Chem.* **203** [1932] 277/306, 284); 55 bis 50°C, F. M. JAEGER, J. KAHN (*Proc. Kon. Nederl. Akad. Wetensch.* **19** [1916] 397/404, 399; *Versl. wis-en natuurk. Afd. Kon. Nederl. Akad. Wetensch.* **25** [1916] 301/8, 303).

Viscosität η. Bei 130°C ist $\eta = 2.87$ cP, JA. A. FIALKOV, A. A. KUZMENKO (*Mem. Inst. Chem. Acad. Sci. UkrSSR* **4** [1937] 309/20, 314). *Viscosity*

Oberflächenspannung γ in dyn/cm. Ergebnisse einer Meßreihe von t = 75 bis 150°C: *Surface Tension*

t	75.3	90.9	105.5	121.4	135.5	150.0
γ	56.5	55.5	54.6	53.6	52.4	51.4

F. M. JAEGER, J. KAHN (*l. c.*).

Dielektrizitätskonstante ε. Bei 20 und ~65°C ist $\varepsilon = 3.66$ bzw. 4.12, H. SCHLUNDT (*J. phys. Chem.* **8** [1904] 122/30, 124). *Dielectric Constant*

Molpolarisation. Siehe hierzu S. 375.

Elektrische Leitfähigkeit. Angaben für reines PJ_3 liegen nicht vor; über Messungen an Lsgg. s. S. 525. *Electric Conductivity*

Optisches Absorptionsvermögen. Die langwellige Grenze des ultravioletten Absorptionsbereichs liegt bei 3147 Å, H. TRIVEDI (*Bull. Acad. Sci. Agra Oudh* **3** [1934] 229/38). *Optical Absorptive Power*

Chemisches Verhalten. Beim Erhitzen und an der Luft. Dunkelrote Kristalle, die beim Erhitzen bis zum Sdp. Jod abgeben und sich an feuchter Luft leicht zersetzen, B. CORENWINDER (*Liebigs Ann.* **78** [1851] 76/84, 83; *Ann. Chim. Phys.* [3] **30** [1850] 242/51, 249), vgl. A. BESSON (*C. r.* **124** [1897] 1346/9). Dunkelrote hexagonale Blätter, die von feuchter Luft leichter angegriffen werden als P_2J_4, L. OUVRARD (*Ann. Chim. Phys.* [7] **2** [1894] 212/51, 224). *Chemical Reactions. On Heating and in the Air*

Gegen Nichtmetalle. Wird durch Cl_2 oder Br_2 unter Bldg. von PCl_3 oder PBr_3 zersetzt, J. H. GLADSTONE (*Phil. Mag.* [3] **35** [1849] 345/55, 347). Bei Zers. durch Br_2 wird die Entw. violetter J-Dämpfe beobachtet, A.-J. BALARD (*Ann. Chim. Phys.* [2] **32** [1826] 337/81, 375). Reagiert in CS_2-Lsg. mit Te nach $Te + 4PJ_3 = TeJ_4 + 2P_2J_4$, E. MONTIGNIE (*Bull. Soc. chim. France* [5] **15** [1948] 180/1). *With Nonmetals*

Gegen Nichtmetallverbindungen. Reagiert mit H_2O unter Bldg. von HJ und H_3PO_3 und Ausscheidung von orangegelben Flocken, B. CORENWINDER (*l. c.*); nach A. BESSON (*l. c.*) ist die Zers. durch H_2O vollkommen, ohne daß J_2 in Freiheit gesetzt oder ein fester Nd. gebildet wird. Durch sofortige Ox. des Hydrolysenprod. bei $p_H = 5.7$ (vgl. S. 520) mit Jodlsg. können 37.3% des P als $H_4P_2O_6$ erhalten werden, J. H. KOLITOWSKA (*Roczniki Chem.* **17** [1937] 616/9 [poln.], *C.* **1938** I 3756). — Bei Hydrolyse durch Zutropfen einer Lsg. von PJ_3 in CS_2 zu eisgekühlter wss. $NaHCO_3$-Suspension wird ein stark nach PH_3 riechendes Hydrolysat erhalten; seine chromatograph. Unters. ergibt die Ggw. von Monophosphat, Diphosphit, iso-Hypophosphat, wenig Phosphit und Diphosphat, viel Hypophosphat und sehr viel eines 3 bis 4 P-Atome enthaltenden Phosphats, das mindestens je 1 P–O–P- und P–P-Bindung besitzt. Anzeichen für die Bldg. von $P(OH)_3$ bestehen nicht, E. THILO, D. HEINZ (*Z. anorg. Chem.* **281** [1955] 303/21, 311), vgl. S. 423. Rk.-Wärme mit H_2O: 49.6 kcal/Mol, M. BERTHELOT (*Ann. Chim. Phys.* [5] **15** [1875] 185/220, 208 Fußnote 2), vgl. M. BERTHELOT, W. LOUGININE (*Ann. Chim. Phys.* [5] **6** [1875] 308/11). *With Nonmetal Compounds*

Wird von gasf. NH_3 unterhalb −65°C nicht angegriffen. Bei darüber liegender Temp. tritt ähnliche Rk. ein wie mit PBr_3 (s. S. 495), jedoch löst sich das entstehende $P(NH_2)_3$ in ammoniakal. NH_4J und zersetzt sich in $P_2(NH)_3$ und NH_3, C. HUGOT (*C. r.* **141** [1905] 1235/7), vgl. W. C. FERNELIUS, G. B. BOWMAN (*Chem. Rev.* **26** [1940] 3/48, 11).

Beim tropfenweisen Zusatz einer Lsg. von ClO_2 in CCl_4 zu einer Suspension von PJ_3 in CCl_4, wobei eine Erwärmung vermieden wird, bildet sich eine rotviolette Färbung und ein weißlicher, gummiartiger Nd.; die Rk. verläuft nach $3PJ_3 + 3ClO_2 \rightarrow 9/2\ J_2 + P_2O_5 + POCl_3$, A. PEROTTI (*Gazz. chim. ital.* **89** [1959] 2046/52).

Nach längerem Überleiten (15 Std.) von trocknem H_2S über geschmolzenes PJ_3 bei 100°C werden unverändertes PJ_3 und P_4S_7 erhalten. Nach 112 Std. tritt zusätzlich noch eine geringe Menge $P_4S_3J_2$ auf, R. D. TOPSON, C. J. WILKINS (*J. inorg. nucl. Chem.* **3** [1956] 187/9), vgl. hierzu S. 603. Angaben zur Löslichkeit in fl. H_2S und elektr. Leitf. dieser Lsg. s. U. ANTONY, G. MAGRI (*Gazz. chim. ital.* **35** [1905] 206/26, 221), J. A. WILKINSON (*Chem. Rev.* **8** [1931] 237/50, 241). — PJ_3 reagiert verhältnismäßig leicht mit fl. SO_2. Die Rk. gestaltet sich wegen der Ox.-Möglichkeit des eventuell primär entstehendem P_2O_3 durch das sich bei der Zers. von Thionyljodid bildende J_2 und wahrscheinlich eintretender P-Oxidsulfid-Bldg. sehr unübersichtlich. Der Verlauf nach $4PJ_3 + 3SO_2 = P_4O_6 + 6J_2$

$+ 3S$ wird nur angenähert erreicht, H. HECHT, R. GREESE, G. JANDER (*Z. anorg. Chem.* **269** [1952] 262/78, 275). — Bei 25°C sind ~0.3 Gew.-% PJ_3 in fl. SO_2 zu einer dunkelroten Lsg. lösl., A. L. ŠATENŠTEJN, M. M. VIKTOROV (*Ž. fiz. Chim.* **11** [1938] 18/27, 20, *C.* **1939** II 1843; *Acta physicochim. URSS* **7** [1937] 883/98, 894).

Wirkt nicht auf B_2O_3 ein, G. GUSTAVSON (*Z. Chem.* **13** [1870] 521/2). Reagiert mit BBr_3 beim Erhitzen im Einschlußrohr unter Bldg. von $P_2J_4 \cdot 2BBr_3$ nach $2PJ_3 + 2BBr_3 = P_2J_4 \cdot 2BBr_3 + J_2$, J. TARIBLE (*C. r.* **132** [1901] 204/7). — Reagiert mit $H_3BO_2F_2$ bei mäßigem Erhitzen wahrscheinlich hauptsächlich nach $3H_3BO_2F_2 + 2PJ_3 \rightarrow [B_2O_3 \cdot P_2O_3] + 6HJ + BF_3 + 3HF$. Durch Nebenrkk. wird eine sehr kleine Menge J_2 in Freiheit gesetzt und eine Spur einer nicht identifizierbaren B-haltigen Fl. (Sdp. ~76°C) erhalten, welche von H_2O nicht angegriffen wird, L. H. LONG, D. DOLLIMORE (*J. chem. Soc.* **1951** 1608/12).

Reagiert mit Si_4H_{10} langsam; beim Erhitzen im Einschlußrohr bei 110°C bilden sich H_2 und eine selbstentzündliche farblose Fl., die unter Entw. von J-Dampf verbrennt, H. J. EMELÉUS, A. G. MADDOCK (*J. chem. Soc.* **1946** 1131/4).

Reagiert mit $AsCl_3$ unter Bldg. von AsJ_3, T. KARANTASSIS (*C. r.* **182** [1926] 1931/3; *Ann. Chim. Phys.* [10] **8** [1927] 71/119, 109/10). Bildet mit AsJ_3 nach thermoanalyt. Unterss. eine isodimorphe Mischungsreihe mit einem Übergangspunkt bei 73.5°C, F. M. JAEGER, H. T. DOORNBOSCH (*Z. anorg. Chem.* **75** [1912] 261/71, 269), vgl. hierzu „*Arsen*“ S. 475. Zum Verh. gegen As_2O_3-Lsgg. s. S. 363.

With Metals

Gegen Metalle. Wird in äther. Lsg. durch Mg-Pulver bei gewöhnl. Temp. unvollständig zu rotem P reduziert, H. RHEINBOLDT, K. SCHWENZER, R. BUNGE (*J. prakt. Chem.* [2] **140** [1934] 273/90, 280). Eine Lsg. von PJ_3 in CS_2 wird beim Schütteln mit Hg in der Kälte zu P_2J_4 reduziert; bei überschüssigem Hg entfärbt sich die Lsg. vollkommen, es bildet sich grünes HgJ und ein Hg-P-Doppeljodid, A. BESSON (*C. r.* **124** [1897] 1346/9), vgl. hierzu F. E. E. GERMANN, R. N. TRAXLER (*J. Am. chem. Soc.* **49** [1927] 307/12, 307).

With Metal Compounds

Gegen Metallverbindungen. Reagiert mit SbH_3 auf nicht näher untersuchte komplizierte Weise; es entsteht zuerst unter anderen Prodd. P_2J_4, A. STOCK, O. GUTTMANN (*Ber.* **37** [1904] 885/900, 893). PJ_3 reagiert mit $SnCl_4$ unter Erwärmung nach $4PJ_3 + 3SnCl_4 = 3SnJ_4 + 4PCl_3$, mit $SbCl_3$ analog unter Bldg. von SbJ_3 und PCl_3, mit $SbCl_5$ findet eine lebhafte Rk. statt unter Erwärmung und Entw. von J-Dampf. Es entstehen PCl_3, SbJ_3 und eine kleine Menge $SbCl_5 \cdot PCl_5$. Reagiert mit $BiCl_3$ unter Bldg. von BiJ_3, mit $PbCl_2$ unter Bldg. von PbJ_2. Mit $SiCl_4$, $TiCl_4$, $ThCl_4$ und $ZrCl_4$ findet selbst bei 200°C im geschlossenen Rohr keine Rk. statt, T. KARANTASSIS (*C. r.* **182** [1926] 1391/3; *Ann. Chim. Phys.* [10] 8 [1927] 71/119, 109/10). PJ_3 reagiert mit $GeCl_4$ nach $4PJ_3 + 3GeCl_4 \rightarrow 3GeJ_4 + 4PCl_3$, T. KARANTASSIS (*C. r.* **196** [1933] 1894/6).

Äquiv. Mengen 0.2 m-Lsgg. von PJ_3 und CrO_2Cl_2 in CCl_4 geben in exothermer Rk. den voluminösen dunkelbraunen (nach Trocknen purpurroten) Nd. einer Additionsverb. $CrO_2Cl_2 \cdot PJ_3$, H. S. FRY, J. L. DONELLY (*J. Am. chem. Soc.* **40** [1918] 478/82), vgl. „*Chrom*“ *Tl.* B, S. 445.

PJ_3 bildet mit SbJ_3 nach thermoanalyt. Unters. ein Eutektikum bei 52°C und 84 Gew.-% PJ_3, F. M. JAEGER, H. T. DOORNBOSCH (*Z. anorg. Chem.* **75** [1912] 261/71, 269). — PJ_3 und AgNCO zeigen in C_6H_6 keine Reaktion. In CH_3NO_2 tritt sofort Rk. ein nach $PJ_3 + 3AgNCO \rightarrow P(NCO)_3 + 3AgJ$, H. H. ANDERSON (*J. Am. chem. Soc.* **72** [1950] 193/4, 2761/2).

With Organic Compounds

Gegen organische Verbindungen. PJ_3 ist sehr leicht lösl. in CS_2, L. OUVRARD (*Ann. Chim. Phys.* [7] **2** [1894] 212/51, 224); Dichte und DK der Lsgg. von PJ_3 in CS_2 bei 25°C s. bei M. G. MALONE, A. L. FERGUSON (*J. chem. Phys.* **2** [1934] 99/104). Gibt in C_6H_6-Lsg. mit Benzolazophenol die rotbraune Additionsverb. $PJ_3 \cdot 2C_{12}H_{10}ON_2$, W. M. FISCHER, A. TAURINSCH (*Z. anorg. Chem.* **205** [1932] 309/20, 319). Zur Jodierung von organ. Verbb. s. S. 364. — Beeinflussung der Löslichkeit von SiJ_4 in C_6H_6 durch PJ_3, L. A. NISEL'SON, L. B. EDEL'ŠTEJN, B. N. IVANOV-EMIN (*Ž. neorg. Chim.* **4** [1959] 954/6, *C. A.* **1960** 9471).

Löslichkeit (g in 100 g gesätt. Lsg.) von P_2J_4 und PJ_3 bei 20°C:

Lsgm.	C_2H_5OH	CH_2Cl_2	$(CH_2Cl)_2$	C_6H_6
P_2J_4	0.28	0.44	0.59	3.7
PJ_3	4.5	6.1	5.8	15.05

N. G. FEŠČENKO, A. V. KIRSANOV (*Ž. obšč. Chim.* **30** [1960] 3041/3, *C. A.* **1961** 14145; engl. Übers.: *J. gen. Chem. USSR* **30** [1960] 3016/7). PJ_3-Lsgg. in Cyclohexan (0.7 bis 7.0×10^{-4} Mol/l) zeigen im UV 2 Absorptionsgebiete mit Max. bei 2850 und 3750 Å, R. H. POTTERILL, O. J. WALKER (*Trans. Faraday Soc.* **33** [1937] 363/71, 369).

Das System PJ_3–J_2

PI_3–I_2 System

PJ_3 löst sich in J_2 ohne chem. Veränderung, G. JANDER, K. H. BANDLOW (*Z. physik. Chem.* **191** [1942] 321/38, 326). Bei Erhöhung der PJ_3-Konz. von 0.15 auf 0.97 Mol-% PJ_3 vermindert sich nach kryoskop. Unterss. der Assoziationskoeff. des PJ_3 von 1.11 auf 0.93, V. A. PLOTNIKOV, V. P. ČALYJ (*Ukrain. Akad. Nauk Zapiski Inst. Chem.* [ukrain.] **3** [1936] 167/75, 171, *C.* **1939** I 1941). — Die Dichte von PJ_3-Lsgg. in J_2 bei 130°C zwischen 0 und 100 Mol-% PJ_3 nimmt bis 17 Mol-% PJ_3 ab, fällt nach unbedeutender Zunahme bis 28 Mol-% PJ_3 wieder ab bis 66 Mol-% PJ_3 und nimmt dann langsam bis 100 Mol-% PJ_3 zu, JA. A. FIALKOV, A. B. POLIŠČUK (*Zap. Inst. Chem.* **4** [1937] 321/7 [ukrain.] *C.* **1939** II 609). Die Viscosität der Lsgg. von PJ_3 in J_2 bei 130°C wird bestimmt und mit dem Verlauf der Dichten, Schmpp. sowie der elektr. Leitf. verglichen, JA. A. FIALKOV, G. A. KUZ'MENKO (*Zap. Inst. Chem.* **4** [1937] 309/20, 314 [ukrain.], *C.* **1939** II 609).

Die elektr. Leitf. bei 130 und 140°C wächst zunächst mit Steigerung der PJ_3-Konz., erreicht aber bei 6.69 Mol-% PJ_3 ein Max. und sinkt bei 38.99 Mol-% PJ_3 unter die des reinen fl. J_2. Der Temp.-Koeff. ist für alle Konzz. negativ, V. A. PLOTNIKOV, JA. A. FIALKOV, V. P. ČALYJ (*Ž. obšč. Chim.* **6** [1936] 273/8, *C.* **1937** I 1645; *Zap. Inst. Chem.* **2** [1935] 111/20, 115 [ukrain.], *C.* **1936** II 2867), JA. A. FIALKOV (*Acta physicochim. URSS* **3** [1935] 711/24, 716), V. A. PLOTNIKOV (*Zap. Inst. Chem.* **5** [1938] 271/358, 284 [ukrain.]).

Phosphorpentajodid PJ_5 (?).

Phosphorus Pentaiodide

Ein P-Pentajodid scheint nicht zu bestehen, A. E. VAN ARKEL (*Research* **2** [1949] 307/13, 312). — Vermutete Bldg. aus fast äquiv. Mengen P und J_2 (geringer Überschuß) durch Lösen in CS_2 in N_2-Atm. und Entfernen des CS_2 und des überschüssigen J_2 bei 45 bis 50°C durch Absaugen bei vermindertem Druck. Dünne, dunkelrot gefärbte, fast schwarz aussehende Prismen. Wird durch H_2O und Alkalien in H_3PO_4, HJ und wenig H_3PO_3 zersetzt, F. HAMPTON (*Chem. News* **42** [1880] 180/1). Durch Zusammenschmelzen äquiv. Mengen von J_2 und P erhaltenes Prod. zerfällt durch bloßes Erhitzen in J_2 und PJ_3. Wird an feuchter Luft rasch zersetzt, ohne daß sich dabei POJ_3 bildet. H_2S bleibt ohne Wrkg., auch auf das geschmolzene Prod., J. H. GLADSTONE (*J. prakt. Chem.* **49** [1850] 40/51; *Phil. Mag.* [3] **35** [1849] 345/55, 352).

Phosphoniumjodid PH_4J.

Phosphonium Iodide

Bildung und Darstellung. Aus PH_3 und HJ. Durch Zusammenbringen von trocknem HJ und PH_3, H. DE LA BILLARDIÈRE (*Ann. Phys.* [*Leipzig*] **68** [1821] 253/9; *Ann. Chim. Phys.* [2] **6** [1817] 304/7), vgl. hierzu GAY-LUSSAC (*Ann. Phys.* [*Leipzig*] **49** [1815] 1/34, 12 Fußnote; *Ann. Chim. Phys.* **91** [1814] 5/160, 14), durch Einleiten von gasf. PH_3 in durch CO_2-Äther-Gemisch gekühltes verflüssigtes HJ; es entsteht ein weißes Pulver, das sich allmählich in große, farblose Kristalle umwandelt; durch Sublimation über Al_2O_3 wird die Feuchtigkeit entfernt, F. M. G. JOHNSON (*J. Am. chem. Soc.* **34** [1912] 877/80). Zur Trocknung der gasf. Rk.-Teilnehmer s. A. HOLT, J. E. MYERS (*Z. anorg. Chem.* **82** [1913] 278/82).

Formation. Preparation. From PH_3 and HI

Aus Jod und Phosphor bzw. aus P_2J_4 und Wasser. Die Rk. eines Gemisches aus 4 Tl. Jod, 1 Tl. P und grob zerstoßenem Glas mit 0.5 Tl. H_2O beginnt bei gewöhnl. Temp. und wird durch Erhitzen beendet, G. S. SÉRULLAS (*Ann. Phys. Chem.* **24** [1832] 341/50, 345; *Ann. Chim. Phys.* [2] **48** [1831] 87/99, 93), vgl. auch H. ROSE (*Ann. Phys. Chem.* **24** [1832] 109/65, 151).

From Iodine and Phosphorus or from P_2I_4 and Water

Durch Darst. von P_2J_4 aus P und J_2 in CS_2-Lsg., Abdestillation des Lsgm. und Hinzufügen von H_2O in kleinen Anteilen. Das Rohprod. wird durch Sublimation gereinigt, A. BAEYER (*Liebigs Ann.* **155** [1870] 266/81, 269). Zur Verhütung von Explosionen durch das Eindringen von Luft wird ein CO_2-Strom durch den App. geleitet; es wird angeraten, von 400 g P, 680 g Jod und 240 g H_2O auszugehen, A. W. HOFMANN (*Ber.* **6** [1873] 286/92). Nach Hinzufügen des erforderlichen H_2O wird die Mischung 3 bis 4 Tage stehen gelassen und das PH_4J durch Erhitzen auf 80 bis 90°C absublimiert. Dem Rückstand wird nochmals H_2O zugefügt und die Sublimation nach einigen Tagen wiederholt, M. RITCHIE (*Proc. Roy. Soc.* A **128** [1930] 551/79, 562). Verbesserte Glasapp. zur Darst. von PH_4J aus P_2J_4, P und H_2O im CO_2-Strom unter Erhöhung der Ausbeute von 50 bis 60% auf ~72%, N. BEREDJICK (in: E. G. ROCHOW, *Inorganic Syntheses, Bd.* 6, *New York-Toronto-London* 1960, S. 91/4). Darst. von PH_4J durch vorsichtiges Zutropfen äquiv. H_2O-Mengen zu P_2J_4 im CO_2-Strom und nachfolgendes Sublimieren des gebildeten PH_4J durch Erhitzen im Wasserbad unter langsamem Durchleiten von CO_2; App. s. im Original, J. B. WORK (in: W. C. FERNELIUS, *Inorganic Syntheses, Bd.* 2, *New York-London* 1946, S. 141/4).

From Phosphorus and HI

Aus Phosphor und HJ. Beim Überleiten von HJ über weißes P entsteht die Verb. neben P_2J_4; bei Zusatz von weißem P zu konz. wss. HJ-Lsg. bilden sich ebenfalls zunächst P_2J_4 und PH_4J; das P_2J_4 reagiert jedoch mit H_2O weiter zu H_3PO_3 und HJ und letzteres wieder mit P, A. DAMOISEAU (*C. r.* **91** [1880] 883/6). Durch 2std. Erhitzen von konz. HJ-Lsg., frei von J_2 und organ. Subst., mit rotem P im Einschmelzrohr bei 160°C erhält man PH_4J in Form großer Kristalle, A. OPPENHEIM (*Bull. Soc. chim. Paris* [2] **1** [1864] 163/5). Bldg. von PH_4J durch Rk. von feuchtem rotem P mit HJ bei Belichtung mit Sonnenlicht, A. RICHARDSON (*J. chem. Soc.* **51** [1887] 801/6, 806).

Other Methods

Weitere Methoden. Überleiten von PH_3 über J_2 bei gelindem Erwärmen nach $10J + 8PH_3 = P_2J_4 + 6PH_4J$; das PH_4J setzt sich im kalten Tl. des App. ab, A. W. HOFMANN (*Liebigs Ann.* **103** [1857] 355/6). Bldg. von PH_4J bei der äußerst heftigen und stark exothermen Rk. von gasf. HJ auf H_3PO_2 nach $3H_3PO_2 + HJ = 2H_3PO_3 + PH_4J$ in Form farbloser Kristalle, A. L. PONNDORF (*Jenaische Z. Naturwiss.* **10** [1876] 2. *Suppl.-H.* S. 45/62, 46). Beim Sättigen von geschmolzenem H_3PO_2 mit HJ unter Abkühlen wird ein Prod. erhalten, das beim Erwärmen im CO_2-Strom in PH_4J, PH_3, HJ und H_3PO_4 zerfällt, K. LISSENKO (*Ber.* **9** [1876] 1313/4). — Bldg. von PH_4J bei der Darst. von wasserfreiem HJ durch tropfenweisen Zusatz von wss. konz. HJ-Lsg. auf P_2O_5 als Nebenprod., R. T. DILLAN, W. G. YOUNG (*J. Am. chem. Soc.* **51** [1929] 2389/91).

Thermodynamic Formation Data

Thermodynamische Bildungsdaten. Änderung des Wärmeinhalts bei Bldg. aus den Elementen unter Standardbedingungen bei 18°C: ΔH (PH_4J fest) = —20.6 kcal/Mol, F. R. BICHOWSKY, F. D. ROSSINI (*The Thermochemistry of the chemical Substances, New York* 1936, S. 39, 222), bei 25°C: ΔH (PH_4J_{fest}) = —15.8 kcal/Mol, F. D. ROSSINI u. a. (*Selected Values*, 1952, S. 80, 848), ber. nach Angaben über Lsg.-Wärme von J. OGIER (*Ann. Chim. Phys.* [5] **20** [1880] 5/66, 59) und Dissoz.-Druck von A. SMITH, R. P. CALVERT (*J. Am. chem. Soc.* **36** [1914] 1363/82, 1377).

Physical Properties

Physikalische Eigenschaften. Gitterstruktur. PH_4J hat ein tetragonales Gitter; die Raumgruppe ist nicht eindeutig bestimmt. Nach R. G. DICKINSON (*J. Am. chem. Soc.* **44** [1922] 1489/97), der die Gitterkonstt. a = 6.34, c = 4.62 Å angibt, ist als Raumgruppe D_{4h}^7–P4/nmm, D_4^2–P42$_1$, D_{2d}^3–P$\bar{4}$2$_1$m oder C_{4h}^3–P4/n möglich. Beim Einbau von PH_4-Ionen in NH_4J bleibt die kub. Gittersymmetrie bis zu einem PH_4-Gehalt von 1.9 Mol-% erhalten, L. COMIGLIO, V. CAGLIOTI (*Rend. Accad. Sci. fis. mat. Soc. R. Napoli* [3a] **33** [1927] 154/5).

Kristallform. PH_4J kristallisiert in tetragonalen Tafeln, L. WAGNER (*Z. Krist.* **50** [1911] 47/56, 47).

Gitterschwingungen sind im Ramanspektrum nicht beobachtbar, sondern nur Schwingungen des PH_4^+-Ions (s. S. 7); s. hierzu N. G. PEU (*Indian J. Phys.* **7** [1932] 285/97, 286), L. A. WOODWARD, H. L. ROBERTS (*Trans. Faraday. Soc.* **52** [1956] 1458/61), J. v. MARTINEZ, E. L. WAGNER (*J. chem. Phys.* **27** [1957] 1110/3).

Gitterenergie. Hätte PH_4J ein kub. Gitter vom CsCl-Typ, so ließe sich die Gitterenergie aus der Dichte zu 131.5 kcal/Mol abschätzen, W. W. WENDLANDT (*Science* [2] **122** [1955] 831).

Dichte D in g/cm³. Thermische Ausdehnung. Einzelwerte für D bei gewöhnl. Temp.: 2.860, L. WAGNER (*l. c.*), 2.818, L. CONIGLIO, V. CAGLIOTI (*l. c.*). Bei —79 und —183°C ist D = 2.821 bzw. 2.878; daraus für 0°K extrapoliert: D = 2.90, Molvol. V_{mol} = 55.9 cm³/Mol, W. BILTZ, A. SAPPER, E. WÜNNENBERG (*Z. anorg. Chem.* **203** [1932] 277/306, 290).

Wärmekapazität C_p in cal·mol^{-1}·grad^{-1}. Messungen im Temp.-Bereich von t = —180 bis +10°C:

t	—180	—160	—140	—120	—100	—80	—60	—40	—20	0	10
C_p	11.97	14.03	15.48	16.87	17.65	18.71	19.69	20.45	21.48	23.49	24.86

J. L. CRENSHAW, I. RITTER (*Z. physik. Chem.* B **16** [1932] 143/52, 148).

Brechung. PH_4J ist positiv einachsig, L. WAGNER (*Z. Krist.* **50** [1911] 47/56, 47).

Molsuszeptibilität χ_{mol} = -71.5×10^{-6} cm³/Mol ± 3% bei 15°C, U. CROATTO, V. SCATTURIN (*Ric. sci.* **18** [1948] 113/5).

Chemical Reactions. On Heating and in the Air

Chemisches Verhalten. Beim Erhitzen und an der Luft. Die wasserhellen, glänzenden Kristalle lassen sich bei mäßiger Hitze sublimieren, ohne zu schmelzen oder sich zu zersetzen, H. DE LA BILLARDIÈRE (*Ann. Phys.* [*Leipzig*] **68** [1821] 253/9; *Ann. Chim. Phys.* [2] **6** [1817] 304/7). Bei Sublimation in Abwesenheit von H_2O tritt leichte Farbänderung in Gelb bis Orange ein, A. HOLT, J. E. MYERS (*Z. anorg. Chem.* **82** [1913] 278/82). Zers. der zerfließlichen wasserhellen Kristalle bei stärkerem

Erhitzen unter P-Abscheidung, H. ROSE (*Ann. Phys. Chem.* [2] **24** [1832] 109/65, 153). Beim Sublimieren mit einem Temp.-Gefälle von ~20°C werden sehr schöne würfelähnliche Kristalle erhalten; bei raschem Erhitzen kann Detonation eintreten, J. B. WORK (in: W. C. FERNELIUS, *Inorganic Syntheses, Bd.* 2, *New York-London* 1946, S. 141/4). Stark hygroskopisch, selbst bei trockner Winterkälte, L. WAGNER (*Z. Krist.* **50** [1911] 47/56, 47).

Die Messungen des Dissoz.-Druckes beim Erhitzen von PH_4J von F. M. G. JOHNSON (*J. Am. chem. Soc.* **34** [1912] 877/80) werden durch folgende Daten recht genau bestätigt:

t in °C	15	30	40	50	60	62.6	66
p in Torr	36.0	107.8	199.0	368.1	660.0	760.0	917.5

A. SMITH, R. P. CALVERT (*J. Am. chem. Soc.* **36** [1914] 1363/82, 1379).

Gegen Nichtmetalle. Wird durch O_2 nicht zersetzt, H. DE LA BILLARDIÈRE (*l. c.*). Bei Einw. von Cl_2 entsteht unter Entweichen von HCl, J_2 und JCl eine rote Subst., die ein Gemisch von rotem P mit P_4H_2 zu sein scheint, J. P. CAIN (*Chem. News* **70** [1894] 80/81). *With Nonmetals*

Gegen Nichtmetallverbindungen. Zersetzt sich mit H_2O und wss. Fll. in HJ und PH_3, das gasf. entweicht, H. DE LA BILLARDIÈRE (*l. c.*), H. ROSE (*l. c.*), J. B. WORK (*l. c.*), A. L. PONNDORF (*Jenaische Z. Naturwiss.* **10** [1876] 2. *Suppl.-H.*, S. 45/62, 46), ebenso mit wss. KOH bzw. wasserhaltigem Äthyläther, C. RAMMELSBERG (*Ber.* **6** [1873] 88), W. SCHUT, J. D. JANSEN (*Recueil Trav. chim. Pays-Bas* **51** [1932] 321/41, 331), H. W. MELVILLE, J. L. BOLLAND (*Proc. Roy. Soc.* A **160** [1937] 384/406, 385), bzw. J. MESSINGER, C. ENGELS (*Ber.* **21** [1888] 326/36, 326). *With Nonmetal Compounds*

Die farblosen sowie die gefärbten (s. S. 526) Kristalle sind vollständig in H_2O unter Zers. lösl., doch zeigt sich beim Verdampfen der Lsg. der gefärbten Kristalle eine Spur H_3PO_4 als Rückstand, während die Lsg. des farblosen PH_4J keinen Rückstand gibt. Beim Erhitzen von dampfförmigem PH_4J tritt Dissoz. (s. oben) in PH_3 und HJ ein; letzteres zerfällt weiter in H_2 und J_2, das mit dem PH_3 zu P-Jodid reagiert, welches mit H_2O dann H_3PO_4 liefert. Eine Reinigung durch Sublimation ist also, wenn man die Dissoz. nicht grundsätzlich vermeiden kann, nur in Ggw. von H_2O möglich, das das Auftreten eines sublimierbaren P-Jodids im Endprod. verhindert, A. HOLT, J. E. MYERS (*Z. anorg. Chem.* **82** [1913] 278/82). — Lsg.-Wärme von PH_4J in H_2O: —4.77 kcal/Mol, J. OGIER (*C. r.* **89** [1879] 705/8; *Ann. Chim. Phys.* [5] **20** [1880] 5/66, 59).

HCl, H_2S, CO_2 bleiben in Ggw. von PH_4J unverändert, mit NH_3 bildet sich unter PH_3-Entw. NH_4J, H. DE LA BILLARDIÈRE (*l. c.*). — HNO_3, $HClO_3$, $HBrO_3$ und HJO_3 reagieren lebhaft unter Entflammung, $HClO_4$ nur langsam beim Erwärmen; konz. H_2SO_4 zersetzt unter Entw. von SO_2 und H_2S. Durch sekundäre Rkk. entstehen hierbei S, P, Jod, HJ und wahrscheinlich H_3PO_4, G. S. SÉRULLAS (*Ann. Chim. Phys.* [2] **48** [1831] 87/99, 97). PH_4J ist in fl. HCl nur wenig lösl. unter geringer Erhöhung der elektr. Leitf. Die gesätt. Lsg. zeigt bei — 96°C eine spezif. elektr. Leitf. von $1.36 \times 10^{-6}\,\Omega^{-1}cm^{-1}$, T. C. WADDINGTON, F. KLANBERG (*J. chem. Soc.* **1960** 2329/32), vgl. hierzu auch T. C. WADDINGTON, S. N. NABI (*Proc. Pakistan Sci. Conf.* **12** *Pt.* 3 [1960] C 7 nach *C.A.* **56** [1962] 9678).

PH_4J reagiert mit PCl_3 bei gewöhnl. Temp. unter Gasentw. und Wärmeverbrauch. Das entstehende PH_3 reagiert mit PCl_3 weiter unter Bldg. von HCl und P_4H_2, das HJ reagiert mit PCl_3 zu HCl und PJ_3, das wieder von PH_3 zu P_2J_4 reduziert wird. Als Endprodd. entstehen also HCl, PH_3, P_4H_2 und P_2J_4, P. DE WILDE (*Bull. Cl. Sci. Acad. Roy. Belgique* [3] **3** [1882] 770/5). Bei Rk. mit PCl_5 bei gewöhnl. Temp., beim Erhitzen im Einschlußrohr oder in der Dampfphase tritt Bldg. von rotem P, z. T. im Gemisch mit P_4H_2 ein, J. C. CAIN (*Chem. News* **70** [1894] 80/81), beim Erhitzen mit äquimolaren Mengen PCl_5 im Einschlußrohr bei 120 bis 135°C findet die Umsetzung $3PCl_5 + 3PH_4J = PJ_3 + PCl_3 + 12HCl + P_4$ (rot) statt, E. FIREMAN, P. FIREMAN (*Am. chem. J.* **30** [1903] 116/33, 125). PH_4J reagiert mit $POCl_3$ unterhalb 100°C unter Entw. von gasf. HCl und Bldg. von P_2J_4, rotem P, welcher energisch Jod zurückhält (15 bis 100%), und kleinen Mengen von PO_2Cl, A. BESSON (*C. r.* **124** [1897] 763/5).

Gegen Metalle. Hg bleibt unverändert, H. DE LA BILLARDIÈRE (*l. c.*). *With Metals*

Gegen Metallverbindungen. $AgNO_3$ reagiert heftig unter Wärmeentw. und Bldg. von AgJ und Ag_3PO_4, KNO_3 nur beim Erwärmen, Ag_2O lebhaft unter starker Wärmeentw. und Bldg. von H_2O, AgJ und PH_3, G. S. SÉRULLAS (*Ann. Chim. Phys.* [2] **48** [1831] 87/99, 97). Entwickelt bei langsamem Zusatz von 20%igem wss. KOH einen gleichmäßigen PH_3-Strom, M. RITCHIE (*Proc. Roy. Soc.* A **128** [1930] 551/79, 562). *With Metal Compounds*

Mit $SbCl_5$ werden mit explosiver Heftigkeit J_2 u. a. Gase entwickelt. Nach getrenntem Einführen der Rk.-Partner in ein Einschlußrohr und Erhitzen bei 95 bis 105°C tritt Rk. ein nach $3SbCl_5 +$

$3PH_4J = SbJ_3 + 2SbCl_3 + 9HCl + PH_3 + 2P$ (rot), E. FIREMAN, P. FIREMAN (*Am. chem. J.* **30** [1903] 116/33, 118). — Reagiert mit $AlCl_3$ bei gewöhnl. Temp. nicht, P. ROYEN, K. HILL (*Z. anorg. Chem.* **229** [1936] 112/28, 118), vgl. hierzu auch unter PH_4Br auf S. 505. — Mit $SnCl_4$ findet bei gewöhnl. Temp. nur langsame Rk. statt; sie kommt bei Ausschluß von feuchter Luft bald zum Stillstand; eine stetige Rk. beginnt bei ~100°C. Im Einschlußrohr tritt bei stufenweisem Erhitzen bei 125 bis 135°C und 250 bis 260°C die Umsetzung $6SnCl_4 + 6PH_4J = 3SnCl_2 + 3SnJ_2 + 18HCl + 2PH_3 + 4P$ (rot) ein, E. FIREMAN, P. FIREMAN (*l. c.*). — Mit Hg_2Cl_2 bilden sich Hg_2J_2, HCl und PH_3, beim Erhitzen mit Hg_2Br_2 entstehen PH_4Br und Hg_2J_2. Trocknes $KClO_3$, $KBrO_3$ und KJO_3 reagieren lebhaft unter Entflammen, $KClO_4$ nur beim Erwärmen. $Hg(CN)_2$ und KCN geben beim Erhitzen HCN, PH_3 und HgJ_2 bzw. KJ, G. S. SÉRULLAS (*Ann. Chim. Phys.* [2] **48** [1831] 87/99, 97).

With Organic Compounds

Gegen organische Verbindungen. Erhitzter Eisessig greift nicht an, G. S. SÉRULLAS (*l. c.* S. 99). $COCl_2$ wirkt bei längerem Stehen zwischen 0 und 10°C ein nach $4PH_4J + 8COCl_2 = 16HCl + 8CO + P_2J_4 + 2P$, A. BESSON (*C. r.* **122** [1896] 140/2). Reagiert mit CS_2 bei gewöhnl. Temp. nicht, im Einschlußrohr bei Tempp. oberhalb 140°C wahrscheinlich nach $3CS_2 + 4PH_4J = PH(CH_3)_3J + 3H_2S + 3PSJ$, E. DRECHSEL (*J. prakt. Chem.* [2] **10** [1874] 180/5). Beim Erhitzen mit CS_2 im Einschlußrohr bei 120 bis 140°C bilden sich PH_3, H_2S, CH_4, geringe Mengen eines höheren KW-Stoffes und eine tiefrote Lsg., die beim Verdunsten an der Luft rotgefärbte, rosettenförmig angeordnete Nadeln liefert; die Subst. enthält J, P, S, C und zersetzt sich mit H_2O unter Entw. von H_2S, H. JAHN (*Ber.* **13** [1880] 127/35, 614/5; *Sitz.-Ber. Akad. Wiss. Wien, Math.-naturwiss. Kl.* **80** II [1879] 1089/1101). — Beim Überleiten von feuchtem CNCl tritt keine Rk. ein, J. TRAUBE (*Ber.* 18 [1885] 461/3).

Phosphorus-Iodine-Oxygen Compounds

Phosphor-Jod-Sauerstoff-Verbindungen

Bei der Einw. von gasf. HJ auf $POCl_3$ erhaltenes PJ_3 liefert mit H_2O eine geringe Menge gelber kristalliner Blättchen, die möglicherweise als P-Oxidjodid angesprochen werden können, A. BESSON (*C. r.* **122** [1896] 814/7).

$(P_3O_6J_2)_n$ (?). Bldg. bei der Ox. von in CS_2 gelöstem P_2J_4 mit O_2 bei 20°C neben PJ_3. Röntgenamorphe gelbliche hochpolymere Subst.; in organ. Lsgmm. unlösl., hydrolysiert sehr leicht unter Bldg. von HJ, $H_4P_2O_6$, H_3PO_4, H_3PO_3, $H_4P_2O_5$ (vgl. S. 139, 142) und PH_3, wobei intermediär elementares Jod auftritt. Das UR-Spektrum zeigt Ähnlichkeit mit dem des P_4O_{10} und läßt als Strukturelement die Gruppe J–P(O)O– annehmen, M. BAUDLER, G. FRICKE (*Z. Anorg. Allg. Chem.* **319** [1963] 211/29), M. BAUDLER (*Ang. Chem.* **73** [1961] 761, **74** [1962] 493), vgl. hierzu S. 520.

$P_3O_8J_6$ (?), $P_4O_8J_8$ (?). Bei der Darst. von C_2H_5J (aus rotem P, J_2 und C_2H_5OH) bleiben mehrmals goldgelbe Schuppen zurück, die vom roten P durch Extraktion mit H_2O getrennt und aus dem H_2O durch Eindampfen und Trocknen über H_2SO_4 abgeschieden und gereinigt werden können. Die erhaltene Subst. besteht aus roten körnigen Kristallen, die bei 140°C zu einer braunroten Fl. schmelzen, welche beim Abkühlen zu einer tiefbraunen kristallinen Masse erstarrt. Beim Erhitzen entstehen gelbliche Dämpfe, welche Stärkekleister blau färben und sich an kalter Oberfläche zu einem kristallinen Anflug von gleichen Eigg. wie die ursprüngliche Subst. absetzen. Leicht lösl. in H_2O, Äthanol, Äthyläther zu farblosen Lösungen. Bei der Darst. von rauchendem HJ (wahrscheinlich aus P, J_2 und H_2O) wird im Rückstand eine ähnliche Subst. von der Zus. $P_4O_8J_8$ erhalten, B. S. BURTON (*Am. chem. J.* **3** [1881/82] 280/1).

$P_2O_5 \cdot 18J_2O_5 \cdot 4H_2O$. Entsteht beim Zusatz von pulverförmigem J_2O_5 zu sd. sirupdickem H_3PO_4 (~150°C) und längerem Stehen bei 60°C in Form von Nadeln und Prismen. Nach Absaugen und Waschen mit Alkohol werden sie zwischen Tonplatten getrocknet. Wird durch kleine Mengen H_2O sofort zersetzt unter Ausscheidung von J_2O_5, mit mehr H_2O bildet sich eine klare Lsg., P. CHRÉTIEN (*Ann. Chim. Phys.* [7] **16** [1898] 358/432, 387; *C. r.* **123** [1896] 178/80).

Die Existenz einer von H. DAVY (*Ann. Chim.* [*Paris*] **96** [1815] 289/305, 297) festgestellten Verb. zwischen HJO_3 und H_3PO_3 wird von G. S. SÉRULLAS (*Ann. Chim. Phys.* [2] **43** [1830] 216/20, 220; *Ann. Phys. Chem.* **18** [1830] 112/6) bezweifelt.

JPO_4. Äquiv. Mengen von wasserfreiem H_3PO_4 und gepulvertem J_2 werden mit einer völlig abgekühlten Mischung aus frisch dest. Essigsäureanhydrid und hochkonz. HNO_3 übergossen und geschüttelt, wodurch unter Erwärmung eine hellgelbe Lsg. entsteht; dann werden bei 60°C im Vak. CH_3COOH, Essigsäureanhydrid und HNO_3 abdestilliert. Der Rückstand erstarrt zu einem Kristallbrei aus leuchtend gelben 6seitigen Täfelchen, die unter Ausschluß von Feuchtigkeit abgesaugt und mit Essigsäureanhydrid und Äthyläther gewaschen werden. Reagiert mit H_2O nach $5JPO_4 + 9H_2O = J_2 + 3HJO_3 + 5H_3PO_4$. Sehr unbeständig, auch unter der Mutterlauge, F. FICHTER, S. STERN (*Helv. chim. Acta* **11** [1928] 1256/64, 1256). Die Ergebnisse werden in vollem Umfang von T. KIKINDAI (*Ann. Chim.* [*Paris*] [13] **1** [1956] 273/327, 312) bestätigt.

Gemischte Phosphorhalogenide

Mixed Phosphorus Halogenides

Bldg.-Mechanismus von Polyhalogenidverbb. des P mit Jod und die Natur der elektr. Leitf. dieser Systeme, JA. A. FIALKOV, A. A. KUZ'MENKO, I. I. ABARČUK (*Izv. Sektora Platiny* [russ.] **26** [1951] 124/40 nach *C.A.* **1954** 3834).

Phosphorfluoridjodid PF_3J_2 (?).

Phosphorus Fluoride Iodide

PF_3 bildet beim Erhitzen mit J_2 bei 300 bis 400°C eine feste gelbe, beim Erkalten rot werdende Subst., die nicht rein isoliert werden kann, da sie Glas angreift, H. MOISSAN (*Ann. Chim. Phys.* [6] **6** [1885] 433/67, 455, 468/75, 468).

Das System PCl_3–J_2

PCl_3–I_2 System

Nach der therm. Analyse sinkt der Erstarrungspunkt bei Zusatz von PCl_3 zu Jod von 113°C (reines J_2) bis 102.1°C bei 33 Mol-% PCl_3 und bleibt dann konstant, was auf eine bei dieser Konz. liegende beschränkte Löslichkeit von PCl_3 in J_2 hinweist. Die spezif. elektr. Leitf. bei 130°C steigt von $2.04 \times 10^{-5}\Omega^{-1}cm^{-1}$ (reines J_2) auf $5.6 \times 10^{-5}\Omega^{-1}cm^{-1}$ bei 5.16 Mol-% PCl_3, fällt bei weiterem PCl_3-Zusatz bis zu $1.3 \times 10^{-5}\Omega^{-1}cm^{-1}$ bei 24.0 Mol-% PCl_3 und bleibt dann bei höheren PCl_3-Gehalten konstant, JA. A. FIALKOV, A. A. KUZ'MENKO (*Ž. obšč. Chim.* **19** [1949] 812/25, *C.* **1949** E 4783).

Das System PCl_3–JCl

PCl_3–ICl System

Bei Zusatz von PCl_3 zu JCl entstehen in heftiger exothermer Rk. Jod, Kristalle einer dunkelorange gefärbten Subst. und eine dunkelviolette Lösung. Bis zu einer Konz. von 10 Mol-% PCl_3 lösen sich die ausgeschiedenen Kristalle beim Schütteln. Das System zeigt nach thermoanalyt. Unters. bei 9.8°C und 10 Mol-% PCl_3 ein Eutektikum. Bei weiterer Erhöhung der PCl_3-Konz. steigt die Schmelzkurve steil an, und der Anteil der dunkelvioletten Lsg. erhöht sich; gleichzeitig fällt eine dunkelbraune, scheinbar homogene feste Phase in steigenden Mengen aus. Die fl. Phase besteht aus PCl_3 und J_2. Der feste Stoff ist unlösl. in CCl_4 und gibt nach mehrmaliger Extraktion mit warmem CCl_4 ein gelborange gefärbtes Prod., das nach Erwärmen auf 80°C zur Entfernung von anhaftendem CCl_4 die Zus. PCl_6J aufweist und identisch ist mit dem aus PCl_5 und J_2 erhaltenem Prod.: $PCl_3 + 2JCl \rightleftarrows PCl_5 + J_2$; $PCl_5 + JCl \rightarrow PCl_6J$. Die elektr. Leitf. im System wird bei 45 und 55°C und zwischen 4.2 und 19.5 Mol-% PCl_3 gemessen und steigt bis zu einem Max. von $0.037\Omega^{-1}cm^{-1}$ bei 45°C und 6.8 Mol-% PCl_3 und fällt dann langsam bei Erhöhung der PCl_3-Konz.; der Temp.-Koeff. ist positiv, die hohen Werte deuten auf weitgehende Dissoz. des PCl_6J, JA. A. FIALKOV, A. A. KUZ'MENKO (*Ž. obšč. Chim.* **19** [1949] 1645/52, *C.A.* **1950** 1354).

Das System PCl_3–PJ_3

PCl_3–PI_3 System

Nach ramanspektroskop. Unterss. bilden sich im System PCl_3–PJ_3 die Verbb. PCl_2J und $PClJ_2$, die mit den Ausgangsstoffen im Gleichgew. stehen. Belichtung mit dem Licht der Wellenlänge 4385 Å (Hg-Lampe) verschiebt das Gleichgew. in dem Sinn, daß PJ_3 und $PClJ_2$, die bei dieser Wellenlänge stark absorbieren, in das weniger absorbierende PCl_2J umgewandelt werden; der Vorgang ist bei Abschaltung der Belichtung rückläufig, G. SCHILLING (*C. r.* **245** [1957] 2499/502).

PCl_2J, $PClJ_2$. Über Auftreten im System PCl_3–PJ_3 und Verh. gegen Hg-Licht s. oben. Wellenzahlen einiger Molekelschwingungen s. S. 374. *PCl_2I. $PClI_2$*

PCl_3J (?).

PCl_3I (?)

Durch Zusatz von überschüssigem J_2 zu PCl_3 und Trocknen an der Luft wird eine feste Masse erhalten, die nach Umkrist. aus CS_2 schöne sechsseitige Kristalle liefert, denen die Zus. PCl_3J zugeschrieben wird. Die Subst. ist stark hygroskopisch, zersetzt sich mit H_2O unter Bldg. von H_3PO_3, HCl und HJ unter Zurücklassen einer kleinen Menge eines gelbroten Stoffes und beim Erhitzen (~180°C) unter Abgabe von J_2, C. G. MOOT (*Ber.* **13** [1880] 2029/31).

PCl_5–I_2 System

Das System PCl_5–J_2

Die bei Zusatz von PCl_5 zu J_2 eintretenden Rkk. nach $PCl_5 + J_2 \rightarrow PCl_3 + 2JCl$; $2PCl_5 + 2JCl \rightarrow 2PCl_5JCl$ führen zu einem Bruttoablauf nach $3PCl_5 + J_2 = PCl_3 + 2PCl_6J$. Die therm. Analyse wird zwischen 0 und 80 Mol-% PCl_5 durchgeführt, höhere Konzz. an PCl_5 können wegen der einsetzenden Sublimation von PCl_5 und PCl_6J nicht untersucht werden. Bei Konzz. oberhalb 50 Mol-% PCl_5 wird eine besondere Anordnung der App. erforderlich (s. im Original). Auch erschwert das entstehende PCl_3 die Unters. (Sdp. 76 bis 78°C). Die Haltepunkte sind gut ausgeprägt, Unterkühlungen treten nicht auf. Bei 33.9 Mol-% PCl_5 und 79.5°C besteht ein Eutektikum; die Schmelzkurve steigt dann bis 198°C bei 74 Mol-% PCl_5, ein Max. bei 75 Mol-% PCl_5 wird vermutet. Die spezif. elektr. Leitf. bei 130°C beträgt bei 4.18 Mol-% PCl_5 $3.6 \times 10^{-3} \Omega^{-1} cm^{-1}$ (fast das 90-fache vom J_2), steigt bei weiterem PCl_5-Zusatz bis $4 \cdot 10^{-2} \Omega^{-1} cm^{-1}$ bei 33 Mol-% PCl_5 und zeigt bis ~60 Mol-% PCl_5 fast keine weitere Veränderung. Höhere Konzz. an PCl_5 werden wegen auftretender Schwierigkeiten nicht untersucht. Der Temp.-Koeff. der Leitf. ist positiv, wobei sich seine Größe mit der Konz. vermindert. Die hohe Leitf. ist auf die Dissoz. von PCl_6J zurückzuführen, JA. A. FIALKOV, A. A. KUZ'MENKO (*l. c.*).

PCl_5–ICl System

Das System PCl_5–JCl

Die Schmp.-Kurve des Systems PCl_5–JCl ist der von PBr_5–JBr (vgl. S. 532) ähnlich, doch können die Messungen wegen der extrem hohen Sublimierbarkeit von PCl_6J nicht bis zum Max. durchgeführt werden. Bei 9.21 Mol-% PCl_5 und 9.6°C scheint ein Eutektikum zu bestehen. Aus dem Verlauf der Schmp.-Kurve in Verbindung mit analyt. Angaben wird das Bestehen der Verb. PCl_6J bestätigt. Die spezif. elektr. Leitf. wird ebenfalls bei 45 und 55°C bestimmt und zeigt bei einem positiven Temp.-Koeff. ähnliche Werte wie bei PBr_5–JBr, A. A. KUZ'MENKO, JA. A. FIALKOV (*Ž. obšč. Chim.* **21** [1951] 473/81, *C.* **1951** II 2293).

PCl_3I_2 (?)

PCl_3J_2 (?). Über vergebliche Verss. zur Darst. durch Erhitzen von PCl_3 mit J_2 am Rückflußkühler s. E. COLTON (*J. Am. chem. Soc.* **77** [1955] 3211/2).

PCl_6I

PCl_6J.

Die Verb. wird auch als $PCl_5 \cdot JCl$ oder als $[PCl_4]^+[JCl_2]^-$ formuliert und tritt in den Systemen PCl_3–JCl, PCl_5–J_2 und PCl_5–JCl auf; vgl. hierzu S. 529 und oben.

Formation. Preparation. General Reactions

Bildung und Darstellung. Allgemeines Verhalten. Darst. durch unter Temp.-Erhöhung energisch stattfindende Einw. von PCl_5 auf JCl oder durch die heftig verlaufende Rk. von PCl_3 mit JCl_3, die durch PCl_3-Überschuß gebremst wird, sowie aus PCl_5 und J_2. Die Verb. läßt sich auch durch leichtes Erwärmen eines Gemisches von PCl_5 und JCl_3 unter Cl_2-Entw. herstellen. Reinigung durch mehrstd. Erhitzen auf 170°C und Sublimieren bei 200°C. Orange gefärbte Nadeln und Blätter, lebhafter stechender Geruch, an der Luft rauchend und rasch zerfließend; H_2O zersetzt augenblicklich zu HCl, H_3PO_4 und JCl_3. Ätzt die Haut sehr stark. Angaben über Dampfdichte im Original, E. BAUDRIMONT (*Ann. Chim. Phys.* [4] **2** [1864] 5/67, 12, 38). Durch langsamen Zusatz einer ~1 m-Lsg. von JCl in CCl_4 zu einer solchen von PCl_5 unter starkem Rühren entsteht die Verb. in Form von orange gefärbten Nadeln, die mittels Glassintertiegel filtriert und mit reinem CCl_4 unter möglichstem Ausschluß von Luft gewaschen werden. Anhaftendes Lsgm. wird durch Erwärmen auf 50°C im Vak. entfernt. Jodometr. Analyse zeigt einen Reinheitsgrad von ~99%, A. I. POPOV, E. H. SCHMORR (*J. Am. chem. Soc.* **74** [1952] 4672/4). Als lichtgelber Nd. wird PCl_6J durch Vereinigung der Lsgg. von PCl_5 und JCl in CS_2 gewonnen. Zum Schutz gegen Einw. von Feuchtigkeit wird die Verb. unter einer Schicht von CCl_4 aufbewahrt. Zur Strukturunters. werden Einkristalle hergestellt, indem die Subst. bei 140°C im Vak. in eine Capillare sublimiert und das Sublimat bei 80°C getempert wird, W. F. ZELEZNY, N. C. BAENZIGER (*J. Am. chem. Soc.* **74** [1952] 6151/2), vgl. ferner JA. A. FIALKOV (*Izv. Akad. Nauk SSSR Otd. chim. Nauk* **1954** 972/82, 980, *C.A.* **1955** 14552).

Zur Darst. aus PCl_5 und J_2 werden an Stelle der unverdünnten Substt. Lsgg. in CCl_4 gemischt (3 Mol PCl_5/Mol J_2). Dabei entfärbt sich die Mischlsg., und es fällt ein gelber Nd. aus, der filtriert, mit CCl_4 gewaschen und unter Luftabschluß bei 75 bis 80°C getrocknet wird. Zitronengelb, heller als das aus dem System PCl_5–J_2 abgeschiedene Prod., wenig lösl. in CCl_4 und C_2H_5Br, lösl. in Äther, Dioxan, $CHCl_3$, $C_6H_5NO_2$. H_2O und 96%iger Alkohol wirken zersetzend, auch Luftfeuchtigkeit. Bei Erwärmung ziemlich beständig, bei 200°C beginnt die Sublimation ohne merkliche Zers., schmilzt bei 212 bis 214°C unter beginnender Zers., bei 220 bis 225°C wird ein Aufschäumen beobachtet, JA. A. FIALKOV, A. A. KUZ'MENKO (*Ž. obšč. Chim.* **19** [1949] 812/25, *C.* **1949** E 4783).

Physikalische Eigenschaften. **Fig. 135** gibt die Struktur des dem PCl_6J isostrukturellen Grundtyps OB11 wieder, *Strukturbericht, Bd.* 7, 1939, S. 216, vgl. hierzu R. C. L. MOONE (*Z. Krist.* **100** [1939] 519/29). WEISSENBERG-Diagramme der Einkristalle (s. S. 530) mit ungefilterter Mo-Strahlung, sowie Pulveraufnahmen mit CuKα-Strahlung ergeben tetragonale Struktur mit a = 9.26, c = 5.68 Å, Z = 2, Raumgruppe D_{2d}^3–P$\bar{4}2_1$m. Dichte (ber.): 2.53. Das Gitter besteht aus regelmäßigen tetraedr. PCl_4^+-Ionen und linearen $(Cl–J–Cl)^-$-Ionen und ist isostrukturell mit $N(CH_3)_4Cl_2J$. *Physical Properties*

Atomlagen: 2 P in: (0, 0, $^1/_2$); ($^1/_2$, $^1/_2$, $^1/_2$)
2 J in: (0, $^1/_2$, z); ($^1/_2$, 0, $\bar{z}$) mit z = 0.161
4 Cl in: (x, $^1/_2$ + x, z); ($\bar{x}$, $^1/_2$—x, z); ($^1/_2$ + x, $\bar{x}$, $\bar{z}$); ($^1/_2$—x, x, $\bar{z}$) mit x = 0.18(0), z = 0.16(1)
8 Cl in: (x, y, z); ($^1/_2$—x, $^1/_2$ + y, $\bar{z}$); ($\bar{x}$, $\bar{y}$, z); ($^1/_2$ + x, $^1/_2$—y, $\bar{z}$); ($\bar{y}$, x, $\bar{z}$); ($^1/_2$ + y, $^1/_2$ + x, z); (y, $\bar{x}$, $\bar{z}$); ($^1/_2$—y, $^1/_2$—x, z) mit x = 0.15(5), y = 0.07(9) und z = 0.29(8)

Fig. 135.

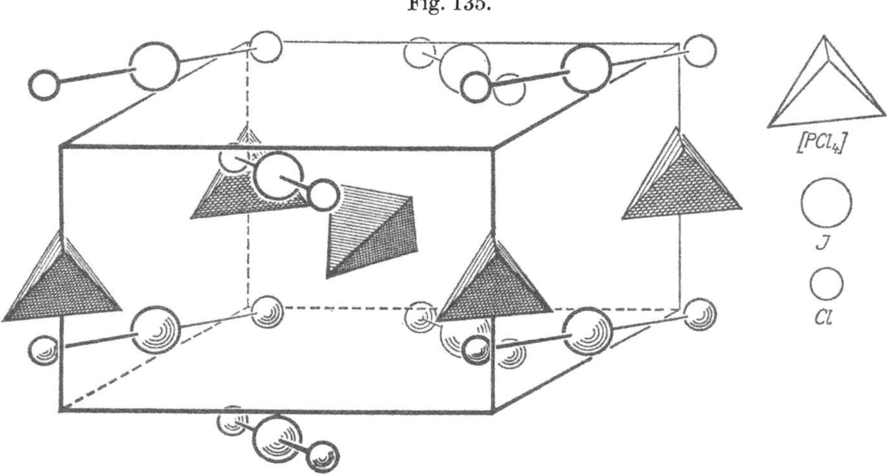

Gitterstruktur von PCl_6J.

Atomabstand im $[JCl_2]^-$-Ion: r(J–Cl) = 2.36 Å, im $[PCl_4]^+$-Ion s. S. 376. Der kleinste Abstand zwischen 2 Cl-Atomen benachbarter PCl_4^+-Tetraeder beträgt 3.50 Å, derjenige zwischen einem 4- und einem 8zähligen Chloratom 3.56 Å, W. F. ZELEZNY, N. C. BAENZIGER (*J. Am. chem. Soc.* **74** [1952] 6151/2), vgl. hierzu Privatmitteilung von I. A. POPOV laut V. GUTMANN (*Monatsh. Chem.* **83** [1952] 583/90, 590).

Nichtwäßrige Lösung. Best. der elektr. Leitf. von Lsgg. von PCl_6J in Br_2 bei 25°C und in ClJ bei 45 und 55°C ergibt Werte der Größenordnung $10^{-2}\,\Omega^{-1}cm^{-1}$. Die hohe Leitf. bestätigt die Konstit. als Halogendoppelsalz, dessen Bldg. nach $[PCl_4]Cl + JCl = [PCl_4][JCl_2]$ erfolgt. Kryoskop. Bestt. mit $C_6H_5NO_2$ als Lsgm. zeigen eine hohe Dissoz. nach $PCl_6J = PCl_4^+ + JCl_2^-$, A. A. KUZ'MENKO, JA. A. FIALKOV (*Ž. obšč. Chim.* **21** [1951] 473/81, 477, 479, *C.* **1951** II 2293). *Nonaqueous Solution*

Die Lsg. von PCl_6J in JCl verhält sich amphoter und kann nach $JPCl_6 \rightleftarrows J^+ + PCl_6^-$ oder $JPCl_6 \rightleftarrows PCl_4^+ + JCl_2^-$ reagieren, V. GUTMANN (*Monatsh. Chem.* **82** [1951] 156/69, 168). Die Ergebnisse der konduktometr. Titration von PCl_6J-Lsg. in JCl (0.0535 Mol PCl_6J/Mol JCl) mit KCl deuten auf eine Rk. nach $J^+[PCl_6]^- + K^+[JCl_2]^- \rightleftarrows KPCl_6 + 2\ JCl$; PCl_6J zeigt hier sauren Charakter. Infolge eintretender Solvolyse durch das sehr stark nach rechts verschobene Gleichgew. der Rk. $KPCl_6 + 2JCl \rightleftarrows KJCl_2 + JPCl_6$ ist $KPCl_6$ nur in äußerst geringem Maße beständig und kann nicht isoliert werden, V. GUTMANN (*Research* **3** [1950] 337/8; *Monatsh. Chem.* **83** [1952] 583/90, 585). Bei der Rk. der gleichen Lsg. mit dem stark sauren $SbCl_5$ reagiert PCl_6J als Base nach $PCl_4^+JCl_2^- + J^+SbCl_6^- \rightleftarrows PCl_4^+SbCl_6^- + 2JCl$; demnach hat PCl_6J in JCl amphoteren Charakter, V. GUTMANN (*Z. anorg. Chem.* **264** [1951] 151/68, 166).

Spektrophotometr. Unterss. von PCl_6J-Lsgg. in CCl_4 bzw. CH_3CN (~10^{-3} molar) lassen in CCl_4 auf eine Dissoz. nach $PCl_6J \rightleftarrows PCl_5 + JCl$ bzw. im polaren CH_3CN nach $PCl_6J \rightleftarrows PCl_4^+ + JCl_2^-$ schließen, A. I. Popov, E. H. Schmorr (*J. Am. chem. Soc.* **74** [1952] 4672/4). Best. der elektr. Leitf. von PCl_6J-Lsgg. in CH_3CN bei 25°C in Abhängigkeit von der Konz., N. E. Skelly (*State Univ. of Iowa* 1955 nach *Diss. Abstr.* **15** [1955] 958). Die Lsg. in Dioxan leitet den elektr. Strom. Spezif. elektr. Leitf. der Lsg. in $CHCl_3$ bzw. in $C_6H_5NO_2$ von der Größenordnung 10^{-5} bzw. $10^{-3}\,\Omega^{-1}cm^{-1}$, Ja. A. Fialkov, A. A. Kuz'menko (*Ž. obšč. Chim.* **19** [1949] 812/25, *C.* **1949** E 4783).

PBr_3–I_2 System

Das System PBr_3–J_2

PBr_3 ist in J_2 gut lösl.; die Haltepunkte bei der therm. Analyse sind genau, keine Unterkühlung unter 1 bis 2°C. Verbindungsbldg. wird nicht festgestellt. Mit der Konz.-Erhöhung von PBr_3 vergrößert sich die Menge der fl. Phase, die unterhalb 0°C kristallisiert. Die elektr. Leitf. sinkt langsam bis ~19 Mol-% PBr_3, bei weiterem PBr_3-Zusatz leitet die Schmelze nicht mehr, Ja. A. Fialkov, A. A. Kuz'menko (*Ž. obšč. Chim.* **19** [1949] 812/25, *C.* **1949** E 4783).

PBr_3–IBr System

Das System PBr_3–JBr

Die thermoanalyt. Unters. zwischen 0 und 87 Mol-% PBr_3 zeigt ein Eutektikum bei 12.5°C und 33.6 Mol-% PBr_3. Darüber hinaus werden die Haltepunkte unscharf, und starke Unterkühlungen treten auf. Die Fl. trennt sich in 2 Schichten, die untere kristallisiert zwischen 13.5 und 22.5°C, die obere, heller gefärbte etwas unterhalb der Krist.-Temp. von PBr_3 (—53 bis —50°C). Die obere Schicht leitet den elektr. Strom nicht; die elektr. Leitf. der unteren Schicht bei 45°C erreicht bei 13 bis 15 Mol-% PBr_3 ein Max. von $0.03\,\Omega^{-1}cm^{-1}$, fällt dann und bleibt konstant ($0.012\,\Omega^{-1}cm^{-1}$). Der Temp.-Koeff. ist positiv und verringert sich mit steigender PBr_3-Konz.; es wird vermutet, daß die untere Schicht eine konst. Zus. besitzt, Ja. A. Fialkov, A. A. Kuz'menko (*Ž. obšč. Chim.* **19** [1949] 1645/52, *C. A.* **1950** 1354).

PBr_3–PI_3 System

Das System PBr_3–PJ_3

Nach ramanspektroskop. Unters. sind im System PBr_3–PJ_3 die Verbb. PBr_2J und $PBrJ_2$ anwesend, welche mit den Ausgangsstoffen im Gleichgew. stehen, M.-L. Delwaulle, G. Schilling (*C. r.* **244** [1957] 70/72).

PBr_2I. $PBrI_2$

***PBr_2J*, *$PBrJ_2$*.** Bldg. in Gemischen von PBr_3 und PJ_3 wird durch ramanspektroskop. Unters. (s. oben) bestätigt, M.-L. Delwaulle, G. Schilling (*C. r.* **244** [1957] 70/72).

PBr_5–I_2 System

Das System PBr_5–J_2

Durch Zusatz von PBr_5 wird der Schmp. von 113.2°C (reines J_2) bis zu einem Eutektikum von 50 Mol-% auf 13.5°C erniedrigt. Der Schmp. steigt dann wieder bis zu einem Max. bei 110°C und 75 Mol-% PBr_5 und fällt bei höheren PBr_5-Gehalten auf 103.7°C, den Schmp. von PBr_5. Ein zweites Eutektikum wird bei ~79°C festgestellt. Es wird ein ähnlicher Ablauf unter Zwischenbldg. von BrJ vermutet, wie er beim System PCl_5–J_2 festgestellt worden ist, vgl. S. 530. Unterstützt wird diese Annahme dadurch, daß ein Gemisch von 1 Mol PBr_3 und 2 Mol JBr bei 13.5°C schmilzt und mit dem Eutektikum im System PBr_5–J_2 identisch ist. Die spezif. elektr. Leitf. wird bei 130°C gemessen, sie steigt von $4.1 \times 10^{-5}\,\Omega^{-1}cm^{-1}$ für reines J_2 auf $32 \cdot 10^{-2}\,\Omega^{-1}cm^{-1}$ zwischen 32 und 82 Mol-% PBr_5 und fällt dann steil bis auf einen unbedeutenden Wert oberhalb 95.7 Mol-% PBr_5. Der Temp.-Koeff. ist negativ; die Leitf. fällt beispielsweise bei 20.4 Mol-% PBr_5 von 1.34×10^{-2} auf $0.76 \times 10^{-2}\,\Omega^{-1}cm^{-1}$ beim Erwärmen von 100 auf 130°C. Elektrolyse von 9%iger Lsg. äquiv. Mengen von PBr_5 und BrJ in Nitrobenzol mit Pt-Elektroden bei 240 V scheidet an der Kathode P und an der Anode J_2 in komplexer Form ab. Es wird Dissoz. nach der Formel $[PBr_4]^+[JBr_2]^-$ angenommen. Dichtemessungen bei 130°C zeigen Änderungen von 3.91 (reines J_2) auf 3.84 für eine Mischung mit 1.93 Mol-% PBr_5, dann ständige Abnahme bis zu 3.11 für 71.05 Mol-% PBr_5, A. A. Kuz'menko, Ja. A. Fialkov (*Ž. obšč. Chim.* **19** [1949] 1007/13, *C.* **1949** E 3745).

PBr_5–IBr System

Das System PBr_5–JBr

Im System PBr_5–JBr fallen die Schmpp. mit steigender PBr_5-Konz. bis zum Eutektikum bei 22.2°C mit 10.44 Mol-% PBr_5, steigen dann steil bis zu einem Max. bei 114.6°C und 50 Mol-% PBr_5 und fallen dann schwach. Gemische mit mehr als 57.56 Mol-% PBr_5 sind wegen der begrenzten Löslichkeit im System nicht untersucht worden. Das Max. fällt mit der Bldg. der Verb. PBr_6J zusammen. Die spezif. elektr. Leitf. wird bei 45 und 55°C bestimmt und zeigt bei einer Größenordnung von 10^{-2} $\Omega^{-1}cm^{-1}$ zwischen 6 und 10 Mol-% PBr_5 ein Max.; ihr Temp.-Koeff. ist positiv, A. A. KUZ'MENKO, JA. A. FIALKOV (*Ž. obšč. Chim.* **21** [1951] 473/81, *C.* **1951** II 2293).

PBr₆J (auch als $[PBr_4^+][JBr_2^-]$ formuliert). *PBr_6I*

Vgl. hierzu das System PBr_5–JBr, S. 532.

Bildung und Darstellung. Die Rk. zur Darst. aus PBr_3 und JBr verläuft nach $PBr_3 + 3JBr \rightarrow PBr_6J + J_2$. Das durch Schmelzen eines Gemisches aus 51.1 Mol.-% PBr_3 und 48.9 Mol-% JBr erhaltene Prod. wird zunächst mit PBr_3, dann mit CS_2 behandelt, in welchen Lsgmm. J_2 und JBr ziemlich lösl., PBr_6J aber wenig lösl. ist, und der Rückstand bei 50°C im CO_2-Strom getrocknet. Das gleiche Prod. wird durch Mischen von gesätt. Lsgg. von PBr_5 und BrJ in CS_2 erhalten. Die Verb. bildet dunkelkirschrote Nadeln, JA. A. FIALKOV, A. A. KUZ'MENKO (*Ž. obšč. Chim.* **19** [1949] 1645/52, *C.A.* **1950** 1354). Darst. als rubinroter Nd. wie bei PCl_6J aus PBr_5- und JBr-Lsgg. in CCl_4 (vgl. S. 530). Beträchtlich hygroskopischer als die entsprechende Cl-Verb. Die Analyse zeigt hohen Gehalt an unentfernbarem Lsgm.; bei Herst. in CS_2-Lsg. werden reine Prodd. erhalten, A. I. POPOV, E. H. SCHNORR (*J. Am. chem. Soc.* **74** [1952] 4672/4), vgl. ferner JA. A. FIALKOV (*Izv. Akad. Nauk SSSR Otd. chim. Nauk* **1954** 972/82, 980, *C.A.* **1955** 14552). Bldg. bei der explosionsartigen bzw. lebhaften Rk. zwischen weißem bzw. rotem P mit geschmolzenem JBr, V. GUTMANN (*Monatsh. Chem.* **82** [1951] 280/6, 284). *Formation. Preparation*

Nichtwäßrige Lösung. Best. der elektr. Leitf. von Lsgg. von PBr_6J in Br_2 bei 25°C und in BrJ bei 45 und 55°C ergibt Werte der Größenordnung $10^{-2}\Omega^{-1}cm^{-1}$. Die hohe Leitf. bestätigt die Konstit. als Halogendoppelsalz, dessen Bldg. nach $[PBr_4]Br + BrJ = [PBr_4][JBr_2]$ erfolgt. Kryoskop. Bestt. mit $C_6H_5NO_2$ als Lsgm. zeigen eine hohe Dissoz. nach $PBr_6J \rightleftarrows PBr_4^+ + JBr_2^-$, A. A. KUZ'MENKO, JA. A. FIALKOV (*Ž. obšč. Chim.* **21** [1951] 473/81, 477, 479, *C.* **1951** II 2293). Für ein saures Verh. der Lsg. in JBr liegt kein Anzeichen vor, sie reagiert wahrscheinlich als sehr schwache Base, V. GUTMANN (*Monatsh. Chem.* **82** [1951] 156/69, 166, 168). Spektrophotometr. Unters. von Lsgg. in CCl_4 (zwischen 350 und 600 mμ) bzw. CH_3CN (zwischen 230 und 600 mμ) lassen im unpolaren CCl_4 auf eine Dissoz. nach $PBr_6J \rightleftarrows PBr_3 + JBr + Br_2$, im polaren CH_3CN nach $PBr_6J \rightleftarrows PBr_4^+ + JBr_2^-$ schließen, A. I. POPOV, E. H. SCHNORR (*J. Am. chem. Soc.* **74** [1952] 4672/4). *Nonaqueous Solution*

PClBr₅J (auch als $[PBr_4][BrJCl]$ formuliert). Darst. durch Zusatz einer Lsg. von JCl in CCl_4 zu einer solchen von äquimolaren Mengen PBr_5 in kleinen Anteilen. Kirschrote, nadelförmige Kristalle vom Schmp. 112.5°C im verschmolzenen Rohre beständig, lösl. in C_6H_6, $C_6H_5NO_2$ und CCl_4. Die Lsgg. in C_6H_6 und in CCl_4 sind nicht leitend; in $C_6H_5NO_2$ besteht eine elektr. Leitf. von der Größenordnung $10^{-4}\Omega^{-1}cm^{-1}$, die mit der Konz. ansteigt. Ist durch Lösen in heißem CCl_4 (80 bis 90°C) und Abkühlen umkristallisierbar, I. D. MUZYKA, JA. A. FIALKOV (*l. c.*). *$PClBr_5I$*

PCl₅BrJ. Wird ähnlich gewonnen wie $PClBr_5J$ (vgl. unten). Gelbes kristallines Pulver, schmilzt bei 140°C unter Zers., I. D. MUZYKA, JA. A. FIALKOV (*Dokl. Akad. Nauk SSSR* [2] **83** [1952] 415/7, *C.* **1952** 7143). *PCl_5BrI*

Phosphornitridhalogenide und Derivate

Phosphorus Nitride Halogenides and Derivatives

Übersicht. In der Lit. ist bis zu den letzten Veröff. hauptsächlich die Bezeichnung Phosphornitrilverbb. (Phosphonitrilic halides) in Anwendung. Daneben sind verschiedene andere Bezeichnungen wie Phosphorchlornitrid, Phosphorchloridnitrid, Chlorophosphinnitrid, Nitrilophosphorchlorid usw. gebraucht worden. Zur Vereinfachung wird ähnlich wie bei den Si-N- und B-N-Verbb. (Silazane und Borazane) eine Nomenklatur unter Verwendung von „Phosphazan“ nnd „Phosphazen“ (Doppelbindungen) vorgeschlagen, R. A. SHAW, B. W. FITZSIMMONS, B. C. SMITH (*Chem. Rev.* **62** [1962] 247/81, 249). *Review*

Das Interesse an diesen Verbb. beruht neben der wissenschaftlichen Erforschung der selten auftretenden stabilen rein anorgan. homologen Reihen auf ihrer Polymerisierbarkeit und ihrem aromat. Charakter; es ist daher zu erwarten, daß sich aus ihnen hitzebeständige Kunststoffe mit günstigen Eigg. sowohl in fl. Form (Schmiermittel, Hydraulik, Wärmeaustausch) wie auch in fester Form mit ähnlichen mechan. Eigg. wie bekannte organ. Polymere werden gewinnen lassen, N. L. PADDOCK (*Endeavour* **19** [1960] 134/41). Der prakt. Verwendung steht die leichte Hydrolysierbarkeit entgegen, doch kann durch Einführung organ. Radikale der Widerstand gegen Feuchtigkeitseinfluß bedeutend erhöht werden, V. S. Spicyn, N. A. Afanas'eva, A. K. Pikaev, I. D. Kolli, P. Ja. Glazunov (*Doklady Akad. Nauk SSSR* **131** [1960] 1106/8, *C.A.* **1960** 22128; engl. Übers.: *Proc. Acad. Sci. USSR, Chem. Sect.* **131** [1960] 387/9).

Die Anordnung der hier behandelten Subst. entspricht nicht in allen Fällen der in diesem Handbuch üblichen Systematik, da es sich empfahl, chemisch ähnliche Verbb. ohne Rücksicht auf die Art des in ihnen enthaltenen Halogens gemeinsam abzuhandeln. Nach dem strukturellen Aufbau kann zwischen linearen oder kettenförmigen und cycl. Verbb. unterschieden werden, wobei zu bemerken ist, daß die linearen Verbb. gewöhnl. sehr reaktionsfähig und daher schwer isolierbar sind. Aus diesem Grund sind sie auch erst verhältnismäßig spät aufgefunden und untersucht worden. Sie werden teilweise als Vorstufe zur Bldg. der cycl. Verbb. angesehen, die von Stokes 1896 zuerst näher untersucht worden sind und für deren cycl. Konstit. das chem. Verh. und andere Eigg. herangezogen werden, vgl. hierzu S. 551, sowie R. Raab (*Diss. Erlangen* 1914, S. 3/42, 11), F. M. Jaeger, J. Beintema (*Proc. Kon. Nederl. Akad. Wetensch.* **35** [1932] 756/62), T. Thamer (*Diss. Kiel* 1940, S. 1/34, 21), H. Bode, H. Bach (*Ber. dtsch. chem. Ges.* **75** [1941] 215/26), H. Bode, K. Bütow, G. Lienau (*Chem. Ber.* **81** [1948] 547/52), W. E. Bull (*Diss. Univ. of Illinois* 1958 nach *Diss. Abstr.* **18** [1958] 384).

Zusammenfassende Lit. s. beispielsweise L. F. Audrieth (*Record Chem. Progr.* **20** [1959] 57/69), L. F. Audrieth, R. Steinman, A. D. F. Toy (*Chem. Rev.* **32** [1943] 109/33), M. Becke-Goehring, E. Fluck (*Ang. Ch.* **74** [1962] 382/6), M. Becke-Goehring, W. Lehr (*Z. Anorg. Allg. Chem.* **327** [1964] 128/38), A.-M. de Ficquelmont (*Ann. Chim.* [11] **12** [1939] 169/280), I. A. Gribova, U. Ban-Juan (*Usp. Chim.* **30** [1961] 3/30), N. L. Paddock (*Endeavour* **19** [1960] 134/41; *Kunststoff-Rundsch.* **6** [1959] 388/90; *Quart. Rev.* **18** [1964] 168/210), C. D. Schmulbach (*Phosphonitrile Polymers* in: F. A. Cotton, *Progr. in Inorg. Chem., Bd.* **4**, *New York-London* 1962, S. 275/379), N. L. Paddock, H. T. Searle (in: H. J. Emeléus, A. G. Sharpe, *Advances in inorganic chemistry and radiochemistry, Bd.* 1, *New York* 1959, S. 347/83), G. Wétroff (*Actualites scient ind.* Nr. 922 [1942] 1/88), R. A. Shaw (*Chem. Ind.* **1959** 412/6), R. A. Shaw, B. W. Fitzsimmons, B. C. Smith (*Chem. Rev.* **62** [1962] 247/81), J. R. van Wazer (*Phosphorus and its Compounds, New York-London* 1958, S. 309/24), M. Yokoyama (*Yûki Gôsei Kagaki Kyôkaishi* **17** [1959] 756/65 nach *C.A.* **1960** 3030), S. M. Zhivukhin, V. B. Tolstoguzov (*Plasticheskie Massy* **1960** Nr. 12, S. 14/6 nach *C.A.* **1961** 15200). — Über die Anwendung von Additionsprodd. der P-Nitridhalogenide mit organ. Verbb. sowie deren Polymerisationsprodd. s. J. Rémond (*Rev. Prod. Chim.* **60** [1957] 145/50, 195/8).

Vgl. hierzu auch Angaben über Pseudohalogenide, wie z. B. $[NP(NCS)_2]_3$ auf S. 633.

Linear (Chain-forming) Phosphorus Nitride Dihalogen Compounds

Lineare (kettenförmige) Phosphornitriddihalogenverbindungen

$(NPF_2)_3 \cdot 2HF \cdot 2H_2O$

$(NPF_2)_3 \cdot 2HF \cdot 2H_2O$.

Bldg. beim Erhitzen eines Gemisches aus 5 g $(NPCl_2)_3$ mit 14 g PbF_2 im gläsernen Fraktionierkolben. Der Inhalt zeigt bei 205°C Gasblasen, wird bei 225°C dickflüssig und bildet bei 230°C eine feste Masse. Nach Erhitzen bei 245°C (3 Std.) bilden sich in der mit Eiswasser gekühlten Vorlage die ersten Kristalle. Wird das Erhitzen 15 Std. bei 245°C, 20 Std. bei 270°C und 20 Std. bei 300°C fortgesetzt, werden neben einer farblosen Fl. farblose Kristalle erhalten, welche nach fraktioniertem Schmelzen einen Schmp. von 32.5°C aufweisen. Ausbeute ~2.4 g. Die Bldg. der bei gewöhnl. Temp. flüchtigen Verb. wird durch anwesendes H_2O ausgelöst, das aus bereits gebildeten Fluoriden HF freimacht, das wieder mit dem Glas unter Bldg. von SiF_4 und H_2O reagiert, so daß ständig HF und H_2O anwesend sind, O. Schmitz-Dumont, H. Külkens (*Z. anorg. Chem.* **238** [1938] 189/200, 195, 199). Die Struktur wird für linear gehalten, N. Paddock, H. T. Searle (in: H. J. Emeléus, A. G. Sharpe, *Advances in inorganic chemistry and radiochemistry, Bd.* 1, *New York* 1959, S. 347/83, 352). Weitere Phosphornitriddifluorverbb. s. S. 537, 545.

Compounds of the Type $(NPCl_2)_n \cdot PCl_5$

Verbindungen des Typus $(NPCl_2)_n \cdot PCl_5$.

Zu den linearen Phosphornitriddichloridverbindungen gehört der in Petroläther unlösliche Anteil von öligen Verbindungen, der bei der Rk. von PCl_5 und NH_4Cl in inerten Lösungsmitteln erhalten wird und der die Zus. $(NPCl_2)_n \cdot PCl_5$ aufweist. Es wird vermutet, daß die linearen Verbb. mit niederen Molgeww. Zwischenprodd. bei der Bldg. der cycl. Verbb. darstellen. In höherer Ausbeute werden diese Prodd. durch unvollständige Ammonolyse von PCl_5 oder durch Einw. von PCl_5 auf die cycl. Polymeren bei 350°C erhalten. Die Stoffe sind für n = 4 oder darunter pastenförmig, höhere Glieder sind Öle von mit n wachsender Viscosität bis gummiartige Massen. Ihre therm. Beständigkeit ist nicht groß, und das PCl_5 wird sogar in schwach polaren Lsgmm. leicht abgespalten. Sie unterscheiden sich von der cycl. Reihe durch ihre hohe Polarität, ihre Fähigkeit, mit H_2O wie etwa PCl_5 zu reagieren, und das Auftreten von 2 zusätzlichen Max. im UV-Absorptionsspektrum, die bei den cycl. Verbb. nicht vorhanden sind und deren Intensität zwar mit dem Molgew. variiert, deren Lage aber konst. bleibt; sie werden als $PCl_4(NPCl_2)_n \cdot Cl$ formuliert, N. L. Paddock, H. T. Searle (*l. c.* S. 351).

Als Beweis, daß die Verbb. $(NPCl_2)_n \cdot PCl_5$ nicht nur eine Lsg. von PCl_5 in einer Mischung von cycl. Polymeren der Zus. $(NPCl_2)_n$ darstellen, gelten ihre Unlöslichkeit in Petroläther, ihre DK von ~14.3 und die keine Ggw. von PCl_5 zeigende magnet. Kernresonanz. Die Annahme einer linearen Struktur wird unterstützt durch die Tatsache, daß ihre Bldg. durch Einw. von PCl_5 auf cycl. Polymere eine Temp. von 300 bis 350°C erfordert, welche in Abwesenheit von PCl_5 zur Ringspaltung und zur Polymerisation führt. Zur Darst. werden $(NPCl_2)_3$ und PCl_5 im Mengenverhältnis, welches die gewünschte Zus. $(NPCl_2)_n \cdot PCl_5$ (n = 2, 4, 6, 8, 10, 15, 20) erfordert, gemischt und im Einschlußrohr bei 350°C erhitzt. Alle so gewonnenen Präpp. sind zwar frei von unverändertem $(NPCl_2)_3$ und zeigen die angeführten Eigg. von $(NPCl_2)_n \cdot PCl_5$, sind aber noch nicht als reine Verbb. dargestellt worden, L. G. Lund, N. L. Paddock, J. E. Proctor, H. T. Searle (*J. chem. Soc.* **1960** 2542/7).

P_2NCl_7 oder ***$NPCl_2 \cdot PCl_5$***. Wird als erstes Glied der linearen Reihe $(NPCl_2)_n \cdot PCl_5$ betrachtet, L. G. Lund, N. L. Paddock, J. E. Proctor, H. T. Searle (*J. chem. Soc.* **1960** 2542/7). Bei Zusatz von überschüssigem PCl_3 zu N_4S_4 findet eine Rk. statt, bei welcher N_4S_4 in Lsg. geht und ein weißer Nd. ausfällt, der mit H_2O heftig reagiert und die Zus. P_2NCl_7 aufweist. Beim Erhitzen im Vak. sublimiert bei ~150°C PCl_5 ab; die Verb. ist lösl. in $POCl_3$ und $CHCl_3$, aber nur schwach lösl. in PCl_3, CCl_4 und C_6H_6, was auf ihren polaren Charakter hinweist. Die Verb. wird auch erhalten durch Erhitzen von $(NPCl_2)_3$ mit PCl_5 im Einschlußrohr bei 250°C und Waschen des erhaltenen Nd. mit einem $POCl_3$-PCl_3-Gemisch. Röntgenunters. ergibt die Identität der beiden Prodd. Als Konstit. wird $[PCl_4]^+[NPCl_3]^-$ angenommen, W. L. Groeneveld, J. H. Visser, A. M. J. H. Seuter (*J. inorg. nucl. Chem.* 8 [1958] 245/8). Die Rk. von PCl_3 mit N_4S_4 verläuft nach $N_4S_4 + 10PCl_3 \rightarrow 2NP_2Cl_7 + 2NPCl_2 + 4PSCl_3$. Durch Umkrist. aus $CHCl_3$ bei −55°C und anschließendes Waschen mit CCl_4 kann P_2NCl_7 gereinigt werden; es löst sich in $C_6H_5NO_2$ unter Dissoz. (Dissoz.-Grad einer 0.02 m Lsg. $\alpha = 0.95$, wahrscheinlich bei gewöhnl. Temp.). Ultrarotspektrum sowie kernmagnet. Resonanz deuten auf die Struktur $[PCl_4]^+[NPCl_3]^-$. Die Verb. zerfällt bei 140°C im Vak. in PCl_5, $(NPCl_2)_n$ und weitere Nebenprodd., O. Glemser, E. Wyszomirski (*Naturw.* **48** [1961] 25). Die Auswertung des in einer Lsg. von Nitromethan aufgenommenen kernmagnet. Resonanzspektrums führt zur Molekelgröße $[P_2NCl_7]_2$ und zur Struktur: $[Cl_3P{=}N{-}PCl_2{=}N{-}PCl_3][PCl_6]$, E. Fluck (*Z. anorg. allg. Chem.* **315** [1962] 181/90, 184). *$NPCl_2 \cdot PCl_5$*

Bei Behandeln von P_2NCl_7 mit trocknem SO_2 wird neben $SOCl_2$ die Verb. $Cl_3PNPOCl_2$ erhalten, M. Becke-Goehring, W. Lehr (*Z. Anorg. Allg. Chem.* **325** [1963] 287/301, 297), vgl. S. 489.

$(NPCl_2)_2 \cdot PCl_5$. Die Subst. entsteht neben anderen Verbb. der Reihe $(NPCl_2)_n$ und anderen Prodd. bei längerem Erhitzen (15 bis 20 Std.) von überschüssigem PCl_5 (100 Tl.) mit NH_4Cl (17 Tl.) in $(CHCl_2)_2$ unter Rückfluß. Die Verb. gibt beim Behandeln mit NH_3 weiße lösl. Stoffe, deren wss. Lsg. zum Feuerfestmachen von Geweben verwendet wird; mit einer Lsg. von Anilin in C_6H_6 wird ein Anilid der Zus. $N_2P_3(NHC_6H_5)_7Cl_2$ erhalten, Compagnie Française des Matières Colorantes, X. Bilger (*D.A.S.* 1041017 [1957/58], *C.* **1959** 5599; *F.P.* 1157097 [—/1958] nach *C.A.* **1960** 20236), Compagnie Française des Matières Colorantes, P. H. P. Vallette (*U.S.P.* 2782133 [—/1957] nach *C.A.* **1957** 9177), vgl. hierzu M. Becke-Goehring, T. Mann, H. D. Euler (*Chem. Ber.* **94** [1691] 193/8, 195). *$(NPCl_2)_2 \cdot PCl_5$*

$Cl_2P(NPCl_3)_3$ oder ***$(NPCl_2)_3 \cdot PCl_5$***. Zur Darst. wird zu einer Suspension von $SP(NH_2)_3$ in frisch über P_2O_5 dest. Tetrachloräthan PCl_5 zugefügt, bei 15 Torr und 45°C 3 Std. unter Rückfluß erhitzt und dieses Erhitzen 4 bis 5 Std. bei höherem Druck und 70 bis 75°C fortgesetzt. Nach Abkühlung wird durch Zudest. von CCl_4 die Verb. ausgefällt, die Fällung wiederholt und aus Tetrahydrofuran umkristallisiert. Alle Arbeiten müssen unter strengstem H_2O-Ausschluß durchgeführt werden. Farblose große Kristalle, äußerst schwer lösl. in C_6H_6, Äthyläther, CCl_4, Dioxan, etwas lösl. in Tetrahydrofuran, $CHCl_3$, $CHBr_3$, $C_6H_5NO_2$, gut lösl. in Tetrachloräthan. Bei 170°C beginnende Zers., bei raschem Erhitzen im Vak. kann bei 200 bis 202°C ein Schmp. beob. werden. Nach ihrer Bruttozus. gehört die Verb. als drittes Glied in die Reihe $(NPCl_2)_n \cdot PCl_5$, doch werden gemäß der Darst. die Strukturformeln $Cl_2P(NPCl_3)_3$ oder $[ClP(NPCl_3)_3]^+Cl^-$, dem Schmp. nach besonders die *$(NPCl_2)_3 \cdot PCl_5$*

letztere für wahrscheinlicher gehalten, M. BECKE-GOEHRING. T. MANN, H. D. EULER (*Ch. Ber.* **94** [1961] 193/8).

$NPBr_2 \cdot PBr_5$

***P_2NBr_7* oder *$NPBr_2 \cdot PBr_5$*.** Nach Zusatz von Br_2 zu PBr_3 und NH_4Br in $(CHCl_2)_2$ bei 110 bis 120°C wird die Rk. gestoppt, NH_4Br abfiltriert und die Lsg. auf 0°C gekühlt. Es scheidet sich eine kristalline orangegefärbte Verb. der Zus. P_2NBr_7 aus, die beständiger als PBr_5 ist, sich aber langsam beim Stehen zersetzt und rasch hydrolysiert. Sie ist unlösl. in gewöhnl. organ. Lsgmm., aber in $POCl_3$, $CHBr_3$, o-$C_6H_4Cl_2$, $(CHCl_2)_2$ unter Zers. löslich. Beim Erhitzen in $(CHCl_2)_2$ tritt Polymerisation in geringem Maß zu $(NPBr_2)_3$ und $(NPBr_2)_4$, in großem Ausmaß zu höheren Homologen ein. K. JOHN, T. MOELLER (*J. Am. Soc.* **82** [1960] 2647/8). Weitere Phosphornitriddibromverbb. s. S. 540, 541, 565.

Polymeric N_nP_n-$Cl_{2n+1}H$

Polymeres $N_nP_nCl_{2n+1}H$ (n = 10 bis 15).

Wird erhalten bei der Dest. der P-Nitriddichloride als öliges Prod., das bei 370°C und 13 Torr noch nicht übergeht; es wird im Vak. über H_2SO_4 getrocknet. Ist gewöhnl. durch Verunreinigungen rotbraun gefärbt und stellt ein Gemenge der höheren Glieder der Reihe dar. Die Molgew.-Best. in C_6H_6 deutet auf eine mittlere Zus. von $(NPCl_2)_{11}$. Ist mit C_6H_6, Petroläther und Äthyläther mischbar. Die Subst. polymerisiert sofort, wenn man versucht, sie zu destillieren, H. N. STOKES (*Am. Chem. J.* **19** [1897] 782/96, 793).

Darst. durch 2- bis 3tägiges Erhitzen von NH_4Cl mit PCl_5 im Autoklaven mit Glaseinsatz bei ~170°C unter mehrmaligem Abblasen des entstehenden gasf. HCl. Das Rohprod. wird zur Entfernung der trimeren und tetrameren Verb. mit heißem Petroläther (Sdp. 60 bis 70°C) behandelt, die Verbb. $(NPCl_2)_n$ mit n = 5 bis 7 trennt man durch Dest. im Hochvak. bis 360°C als hellgelbes Öl ab; der dunkelbraune ölige Rückstand wird bei 400°C im Hochvak. destilliert. Das erhaltene Öl wird von durch Kracken neu gebildeten niederen Homologen durch Extraktion mit sd. Petroläther befreit, in C_6H_6 aufgenommen, die Lsg. mit absolut trockner Aktivkohle gekocht, filtriert und das Lsgm. bei vermindertem Druck abgetrennt. Das ölige Prod., dem nach der Analyse nicht die Zus. $(NPCl_2)_n$, sondern $N_nP_nCl_{2n+1}H$ zukommt, ist auch durch Umsatz von PCl_5 und NH_4Cl im inerten Lsgm. bei gleicher Behandlung des Rohprod. erhältlich. n liegt zwischen 10 und 15. Beim Erhitzen der Lsg. eines Prod. mit n = 14.2 in C_6H_6 mit Kieselsäuregel mit 17.8% H_2O unter Rückfluß wird eine gallertartige Masse erhalten, deren Polymerisationsgrad n = ~90 beträgt. Von dieser Subst. sind in 100 ml C_6H_6 ~1.3, in 100 ml $CHCl_3$ ~4.8 und in 100 ml Dimethylformamid ~18 g mit geringer Lösegeschw. lösl. Bei Hydrolyse des gleichen Prod. (n = 14.8) mit heißer wss. n-NaOH-Lsg. bildet sich nach Behandeln der gekühlten Lsg. in konz. HCl und CH_3OH ein Nd. von wasserlösl. Polymetaphosphimsäuremonohydrat, vgl. S. 351. Über Rk. des öligen P-Nitriddichlorids mit CH_3OH und Na-Butylat s. das Original. Die Unters. der magnet. Kernresonanz[1]) sowie das Verh. gegen die organ. Stoffe deuten auf eine kettenförmige Struktur mit im Durchschnitt 10 $(-N=PCl_2-)$-Mittelgruppen und mit $(-N=PCl_2-Cl)$- bzw. $(-PCl_2=NH)$-Endgruppen, M. BECKE-GOEHRING, G. KOCH (*Ch.-Ber.* **92** [1959] 1188/95). Beim Einleiten von NH_3 in die verd. Lsg. des öligen P-Nitriddichlorids in $CHCl_3$ unter Ausschluß von Feuchtigkeit wird nach der Gleichung $-NPCl_2- + 4NH_3 \rightarrow -NP(NH_2)_2- + 2NH_4Cl$ ein in allen Lsgmm. unlösl. weißes Pulver erhalten, dessen Struktur mit großer Wahrscheinlichkeit der des Chlorids nach Ersatz des Cl durch NH_2 völlig entspricht. Über UR-Spektren des öligen Nitriddichlorids und Verss. einer Zuordnung der Linien s. das Original, G. KOCH (*Diss. Heidelberg* 1958, S. 1/86, 45, 49).

Techn. Darst. des öligen P-Nitriddichlorids durch Behandeln von $(NPCl_2)_3$ oder $(NPCl_2)_4$ mit einem in H_2O sauer reagierenden Chlorid, wie PCl_5, $AlCl_3$, $FeCl_3$, $SnCl_4$, im Autoklaven in Abwesenheit eines Lsgm. bei >250°C, ALBRIGHT & WILSON LTD., N. L. PADDOCK (*B. P.* 883587 [1957] nach *C. A.* **56** [1962] 13809; *D. A. S.* 1064039 [1958/59], *C.* **1960** 2988). Darst. von lösl. P-Nitriddichlorid durch Teilhydrolyse von in einem organ. Lsgm. gelösten öligen P-Nitriddichloriden mit einem mittleren Polymerisationsgrad zwischen 6 und 20 durch Erhitzen auf dem Wasserbad mit wenig H_2O. Zweckmäßig wird zur Hydrolyse ein Adsorbat von H_2O an einer geeigneten festen Trägersubst. verwendet, oder das H_2O wird in einem mit dem P-Nitriddichlorid mischbaren Lsgm. gelöst, CHEMISCHE FABRIK J. A. BENCKISER G. M. B. H., M. BECKE geb. GOEHRING (*D. A. S.* 1059186 [1957/59] nach *C.* **1960** 252).

---

[1]) Ausgeführt von E. FLUCK.

Polyphosphornitriddihalogenide

Poly-phosphorus Nitride Dihalogenides

Die hauptsächlich kettenförmige Struktur ist beim Polyphosphornitriddichlorid durch Röntgenunters. sichergestellt. Aus Analogiegründen werden an dieser Stelle auch die anderen weniger untersuchten Polyphosphornitriddihalogenide eingeordnet. Infolge des Aufbaus durch Verhängen oder Vernetzen von kleineren cyclisch angeordneten Gruppen kann bei diesen Stoffen von einer „übergeordneten linearen" Struktur gesprochen werden; sie stellen einen Übergang zu den rein cycl. Verbb. (s. S. 540) dar.

Polyphosphornitriddifluorid. Entsteht beim Erhitzen von $(NPF_2)_3$ bei 350°C in einer Stahlbombe als farblose, durchsichtige, elast. Masse, die in $CHCl_3$ quillt, in C_6H_6 nicht lösl. ist, sich durch H_2O bei gewöhnl. Temp. hydrolysieren und beim Erhitzen im Vak. wieder zu einem Destillat fl. Komponenten aufspalten läßt, F. SEEL, J. LANGER (*Z. anorg. Ch.* 295 [1958] 316/26). *Poly-phosphorus Nitride Difluoride*

Polyphosphornitriddichlorid $(NPCl_2)_n$ („Mineralischer Kautschuk"). *Poly-phosphorus Nitride Dichloride*

Bei den hier beschriebenen kettenförmigen Polymeren des Polyphosphornitriddichlorids handelt es sich um makromolekulare Substt. sehr hohen Polymerisationsgrades. Die cycl. Verbb. der gleichen Zus. $(NPCl_2)_n$ sind Polymere mit n zwischen 3 und 17 (?), vgl. S. 549.

Bildung und Darstellung. *Formation. Preparation* Die Darst. erfolgt durch Erhitzen der niederen, cycl. Glieder der Reihe $(NPCl_2)_n$, vgl. S. 549, bei 250°C langsam, bei 350°C tritt die Umwandlung rasch ein. Sie ist nicht vollständig, es stellt sich wegen der reversiblen Rk. ein Gleichgew. ein, das nicht nur das Ausgangs- und Endprod., sondern auch andere Glieder umfaßt. Die nicht polymerisierten niederen Glieder können aus dem Gleichgew.-Gemisch mit C_6H_6 extrahiert werden. Bei reinem Ausgangsprod. entstehen farblose, kautschukähnliche, elast., schneidbare, in allen neutralen Lsgmm. unlösl. Massen. C_6H_6 wird unter Quellen auf ein Vielfaches des ursprünglichen Vol. aufgenommen. Nach Verdunsten des C_6H_6 ist der Anfangszustand wieder hergestellt. Äther, sowie die übrigen Phosphornitriddichloride werden ähnlich, aber weniger leicht absorbiert, H. N. STOKES (*Am. Chem. J.* **19** [1897] 782/96, 793). Bis 209°C verändern sich die cycl. Verbb. $(NPCl_2)_3$ und $(NPCl_2)_4$ nicht. Nach 4std. Erhitzen bei ~250°C entsteht eine leichte Trübung, nach 5 Std. bei 250°C bildet sich eine knetbare Masse, welche aber noch einen Schmp. besitzt. Nach 6 Std. bei 250°C, 2 Std. bei 280°C, 1 Std. bei 300°C und wenigen Min. bei 350°C bildet sich eine elast. Masse, R. SCHENCK, G. RÖMER (*Ber.* **57** [1924] 1343/55, 1346). — Beim allmählichen Erhitzen von $(NPCl_2)_3$ werden zunächst Prodd. mit verschiedenen Schmpp. erhalten, deren mittleres Molgew. — soweit nicht wegen Unlöslichkeit unbestimmbar — mit der Dauer und Temp. des Erhitzens ansteigt. C_6H_6 bewirkt zunächst Quellung, bei längerem Kneten tritt teilweise Lsg. ein; aus dieser Lsg. können Kristalle erhalten werden, P. RENAUD, MATHIEU (*C. r.* **194** [1932] 2054/6), P. RENAUD (*Ann. Chim.* [11] **3** [1935] 443/512, 459).

Beeinflussung der Polymerisation durch Katalysatoren und Lösungsmittel. *Effect of Catalysts and Solvents on Polymerization* Die Polymerisation von $(NPCl_2)_3$ und $(NPCl_2)_4$ wird durch eine Reihe organ. Verbb. (Äther, Carbonsäuren, Ketone) und durch Metalle katalysiert. Bei einer Temp. von 211°C reagiert $(NPCl_2)_4$ stets langsamer als $(NPCl_2)_3$. Gemische reagieren ebenso wie die Komponenten, ein Vergleich der Wirksamkeit der Katalysatoren ist möglich, J. O. KONECNY, C. M. DOUGLAS (*J. polymer. Sci.* **36** [1959] 195/203). Bei Katalyse mit Benzoesäure, Äther, CH_3OH oder C_2H_5OH ist die Polymerisationsrk. in bezug auf $(NPCl_2)_3$ erster Ordnung; die Polymerisation in Lsg. verläuft langsamer als die Polymerisation der ungelösten Subst. Das Ion $N_3P_3Cl_5^+$ wird als möglicher Katalysator für die rein therm. Polymerisation vermutet, J. A. KONECNY, C. M. DOUGLAS, M. Y. GRAY (*J. polymer. Sci.* **42** [1960] 383/90). Die Unters. der mit Benzoesäure katalysierten Polymerisation von nicht verd. $(NPCl_2)_3$ ergibt zwischen 200 und 220°C eine Erhöhung mit der Temp.; als Aktivierungsenergie werden 24.3 ± 1.0 kcal/Mol $(NPCl_2)_3$ gefunden. O_2 hat bei 210°C keine Einw. auf den Verlauf. Ein eintretender Verlust an Cl wird auf die Bldg. von verzweigten Ketten zurückgeführt, F. G. R. GIMBLETT (*Polymer* **1** [1960] 418/23).

Reaktionsmechanismus. *Reaction Mechanism* Es wird angenommen, daß zunächst durch Depolymerisation monomere, sehr reaktionsfähige Gruppen entstehen, die durch Anlagerung höhere Polymere bilden. Die Rkk. sind reversibel, und es stellt sich ein Gleichgew. mit gleich großer Polymerisations- und Depolymerisationsgeschw. ein, A.-M. DE FICQUELMONT (*C. r.* **204** [1937] 867/9), vgl. auch O. SCHMITZ-DUMONT (*Z. Elektroch.* **45** [1939] 651). Der Polymerisationsvorgang ist exotherm; bei Temp.-Erhöhung nehmen mengenmäßig die niederen Glieder zu, H. WETZLER (*Diss. Bonn* 1939, S. 1/60). Polymerisationsunterss. an $(NPCl_2)_3$ und $(NPCl_2)_4$ in Subst. und in verschiedenen Lsgmm. (wasserstoffhaltige Lsgmm. wie C_6H_6, $C_6H_5CH_3$ usw. sowie wasserstofffreie Lsgmm. wie CCl_4, PCl_3 und $POCl_3$) ergeben für beide Verbb. gleiche Ergebnisse; als Aktivierungsenergie werden ~40 kcal berechnet. Die Geschw. der Polymerisation in Subst. ohne O_2 und in Lsgmm. mit O_2 sind bei gleicher Temp. praktisch gleich. Bei der Polymerisation der unverd. Subst. (Blockpolymerisation oder „bulk polymerisation") bringt ein Zusatz an Lsgm. die Polymerisation rasch zum Stillstand. In Lsgmm. findet Polymerisation nur bei Ggw. von O_2 statt. Alle Polymerisationsabläufe sind 2. Ordnung. Der polymerisierte Anteil wird von der Temp. bestimmt und ist von der Konz. und der Rk.-Dauer weitgehend unabhängig. Bei der Polymerisation ohne Lsgm. in Ggw. von O_2 erfolgt durch eine Sekundärrk. eine zusätzliche Vernetzung, die stark konzentrationsabhängig ist. Der hemmende Einfluß des Lsgm. auf die Polymerisation wird auf eine Desaktivierung der Bruchstücke zurückgeführt, welche durch O_2 aufgehoben wird. Die Molgeww. liegen bei Polymerisation ohne Lsgm. und ohne O_2 bei $\sim 10^6$, bei Lsgm.-Polymerisation zwischen 10^4 und 10^5. Der Vorgang der Polymerisation wird durch eine monomolekulare Startrk. (Ringsprengung) eingeleitet, durch eine Wachstumsperiode bimolekular zu Hochpolymeren fortgeführt und durch monomolekularen Abbruch beendet. Über schemat. Formulierung des Vorgangs s. die Originale, F. PATAT, F. KOLLINSKY (*Makromol. Ch.* **6** [1951] 292/317), F. PATAT (*Ang. Ch.* **65** [1953] 173/8, 176), F. PATAT, K. FRÖMBLING (*Monatsh.* **86** [1955] 718/34), F. PATAT (*Koll.-Z.* **146** [1956] 5/13, 11). — Die Polymerisation von handelsüblichen P-Nitriddichloriden läßt sich durch Einw. von γ-Strahlen hoher Energie nicht einleiten und auch nicht beschleunigen. Es wird daraus geschlossen, daß der Mechanismus nicht über freie Radikale führt, T. R. MANLEY (*Nature* **184** [1959] 899/900). Auch aus der beschleunigenden Wrkg. von Metallen und der Wirkungslosigkeit von UV-Licht wird eher auf eine Ionenrk. geschlossen, C. M. DOUGLAS, M. Y. GRAY (*J. polymer. Sci.* **42** [1960] 383/90). Unveröff. Beobachtungen weisen darauf hin, daß bei einem Ablauf über freie Radikale deren Konz. sehr klein sein muß, R. A. SHAW (*Chem. Ind.* **1959** 412/6). Über Polymerisation und Depolymerisation von $(NPCl_2)_3$ bei Tempp. zwischen 150 und 500°C s. auch M. YOKOYAMA (*Kobunshi Kagaku* **17** [1960] 651/5 nach *C. A.* **1961** 24354).

Die therm. Depolarisation hochpolymerer Prodd. verläuft nach der 1. Ordnung und besteht in einer Aufspaltung der großen Ringe (vgl. S. 539), wobei zwei aktive Kettenenden entstehen, von welchen die niedermolekularen Homologen abgespalten werden, die sich ihrerseits wieder zu Ringen schließen, F. PATAT, P. DERST (*Ang. Ch.* **71** [1959] 105/10).

Physical Properties

Physikalische Eigenschaften. Die Prodd. sind außerordentlich plastisch und elastisch, adhärieren sehr stark am Glas bei gewöhnl. Temp., lösen sich aber davon leicht bei tiefer Temp. Sie geben den Eindruck einer durchsichtigen beweglichen Fl. oder eines Kristallhaufwerks, das aber bei Temp.-Erhöhung verschwindet. Die hierbei auftretende scheinbare Schmelzwärme ist meßbar. Die Präpp. geben teils Röntgenogramme wie Fll., teils solche wie Kristalle, aber mit kontinuierlichem Untergrund. Bei Abkühlen mit fl. Luft werden sie glasartig; diese Umwandlung erfolgt für alle Prodd. bei −47°C. Die erhaltenen Gläser geben beim Anschlag bei der gleichen Temp. alle den gleichen Ton, woraus sich die Identität der thermomechan. Eigg. ableitet, P. RENAUD, MATHIEU (*C. r.* **194** [1932] 2054/6), P. RENAUD (*Ann. Chim.* [11] **3** [1935] 443/512, 459).

Durch 8std. Erhitzen von $(NPCl_2)_3$ im evakuierten Einschlußrohr bei 300°C hergestelltes Polyphosphornitriddichlorid kann im Eisschrank mehrere Monate unverändert aufbewahrt bleiben. Einzelne Stücke lassen sich auf das 6fache dehnen und nehmen beim Nachlassen der Spannung wieder ihre ursprüngliche Form an. Die Subst. zeigt Doppelbrechung und mechan. Anisotropie; in gedehntem Zustand weist sie bei Röntgenunters. ein Faserdiagramm auf, die ungedehnte Subst. liefert ein amorphes Diagramm. Die Röntgenunters. bei 10°C führt zur wahrscheinlichen Raumgruppe C_{2v}^9–$Pna2_1$ und einem rhomb. Elementarkörper mit den Abmessungen (in kX) $a = 11.07 \pm 0.1$, $b = 4.92 \pm 0.05$ (Faserachse) und $c = 12.72 \pm 0.1$ und 8 $NPCl_2$-Gruppen. Es handelt sich offenbar um Zickzackketten, deren Glieder PCl_2-N-PCl_2 die Länge b/2 in Richtung der Faserachse haben. Die Kristallitgröße beträgt wahrscheinlich in allen Richtungen mehr als 500 Å, was einem Molgew. von über 20000 entspricht. Dichte D° der unter +5°C krist. Verb. = 1.98, der bei 20° amorphen Verb. $D^{20} = 1.91$, die Röntgendichte liegt ~10% höher. Die Thermoelastizität ist etwa die des Naturkautschuks. Bei gewöhnl. Temp. wird die Masse in einigen Wochen hart und enthält dann Depolymerisationsprodd., K. H. MEYER, W. LOTMAR, G. W. PANKOW (*Helv. Chim. Acta* **19** [1936] 930/48), vgl. K. H. MEYER (*Trans. Faraday Soc.* **32** [1935] 148/52, 150). Für den Elastizitätsmodul werden 2.0×10^7 dyn/cm² angegeben, K. H. MEYER, A. J. A. VAN DER WYK (*J. polymer. Sci.* **1** [1946] 49/57, 54). In Übereinstimmung mit früheren Annahmen wird festgestellt, daß das hochpolymere Prod. aus einem Netzwerk hochmolekularer Substt. besteht, in welches niedere Glieder eingelagert sind. Bei gewöhnl. Temp. verliert das Prod. allmählich die elast. Eigg. unter Bldg. kristalliner Formen, die in organ. Lsgmm. lösl. sind. Bei vorsichtigem Erhitzen auf 500°C bildet sich ein schwarzes unlösl., unelast. und unschmelzbares Prod., das für das Endprod. der Polymerisation gehalten wird, A.-M. DE FICQUELMONT (*C. r.* **204** [1937] 689/92). — Betrachtung des Präp. als eine Subst. mit der Resonanzstruktur $(-N=PCl_2-)\leftrightarrow(=N\text{-}PCl_2-)$, dem Abstand P↔N von 1.65 Å und einem mittleren Bindungswinkel von 124° führen zum Modell einer gleichförmigen Spirale, M. L. HUGGINS (*J. chem. Phys.* **13** [1945] 37/42). — Aus Ergebnissen von Depolarisationsverss. von hochpolymeren Prodd. wird auf einen Aufbau aus statistisch ineinander verhängten Ringen geschlossen, wobei die einzelnen Ringe geringere Molekelgeww. aufweisen (10 bis 50 Trimere), ineinander verhängt jedoch ein sehr hohes Molekelgew. vortäuschen ($\sim10^6$). Die Unlöslichkeit bzw. begrenzte Quellbarkeit in allen Lsgmm. sowie die Kautschukelastizität steht hiermit im Einklang, F. PATAT, P. DERST (*Ang. Ch.* **71** [1959] 105/10), P. DERST (*Diss. T.H. München* 1958, S. 1/74).

Beim Erhitzen von trimerem oder tetramerem $NPCl_2$ kann durch Abnahme des Dampfdruckes die Polymerisationsgeschw. bestimmt werden. Das hochpolymere Prod. besitzt nur einen von der Temp. abhängigen Dampfdruck, unabhängig vom Ausgangsprod. und der Behandlungsweise und eine mittlere molare Verdampfungswärme von 15.5 kcal. Über den Polymerisationsgrad der Dampfphase kann keine Aussage gemacht werden, H. MOUREU, A.-M. DE FICQUELMONT (*C. r.* **213** [1941] 306/8).

Trimeres und tetrameres $NPCl_2$ werden in gereinigtem Zustand in verschmolzenen Glasröhrchen durch 3std. Erhitzen bei 310°C polymerisiert, bei 40°C wird der Elastizitätsmodul E bestimmt und aus den zwischen 2 und 4.2 kg/cm² liegenden Werten und der Beziehung zwischen Elastizitätsmodul und Molgew. M nach W. KUHN — vgl. W. KUHN (*Koll.-Z.* **76** [1936] 258/71), A. EUCKEN (*Lehrbuch der chemischen Physik, 2. Aufl. Bd. 2, Teilbd. 2, Leipzig* 1944, S. 904) — $M\approx3RTD/E$ (D = Dichte) ein Molgew. zwischen 37000 und 78000 gefunden. Die Annahme von 320 bis 700 Gliedern für eine Molekel steht mit früheren Schätzungen im Einklang. Die für ideale Kautschuke geforderte Proportionalität zwischen Elastizitätsmodul und absoluter Temp. besteht innerhalb bestimmter Temp.-Bereiche, H. SPECKER (*Z. anorg. Ch.* **263** [1950] 133/6). Polymerisationsverss. von $(NPCl_2)_3$ bei 270 bis 280°C ergeben ein Molgew. von ~15000, F. YAMADA (*Kôgakuin Daigaku Kenkyû Hôkoku* **2** [1955] 66/72 nach *C.A.* **1959** 12726). — Aus Viscositätsmessungen von Lsgg. hochpolymerer Stoffe, die aus $(NPCl_2)_3$ nach dem etwas veränderten Verf. von R. SCHENCK, G. RÖMER (*Ber.* **57** [1924] 1343/55) hergestellt sind, vgl. S. 537, in Toluol und $CHCl_3$ werden Molgeww. von 317000 (Toluol) und 281000 ($CHCl_3$) berechnet, R. KNOESEL, J. PARROD, H. BENOIT (*C. r.* **251** [1960] 2944/6).

Chemisches Verhalten. Beim Erhitzen im Vak. bei 500°C dest. niedere Glieder der Reihe ab. Es wird angenommen, daß bei der Polymerisation Ketten von verschiedener Länge entstehen, die ein Netz bilden, in dessen Maschen unverändertes $(NPCl_2)_3$ und andere niedere Glieder enthalten sind, P. RENAUD, MATHIEU (*C. r.* **194** [1932] 2054/6), P. RENAUD (*Ann. Chim.* [11] **3** [1935] 443/512, 459). Beim Erhitzen im Vak. tritt völlige Depolymerisation ein, O. SCHMITZ-DUMONT (*Z. Elektroch.* **45** [1939] 651).

Chemical Reactions

An der Luft nimmt der Elastizitätsmodul der polymerisierten Proben infolge eintretender Hydrolyse stark zu. Unter Abspaltung von HCl tritt eine Vernetzung benachbarter Ketten über Sauerstoffbrücken ein:

$$\begin{array}{c} Cl \\ =N-P=N- \\ Cl \\ \\ Cl \\ =N-P=N- \\ Cl \end{array} + H_2O = \begin{array}{c} Cl \\ =N-P=N- \\ | \\ O \\ | \\ =N-P=N- \\ Cl \end{array} + 2HCl$$

H. SPECKER (*Ang. Ch.* **65** [1953] 299/303). Die Hydrolyse von $(NPCl_2)_n$ aus bei 250 bis 255°C polymerisiertem $(NPCl_2)_3$, das über Nacht zur Entfernung von Luftblasen in C_6H_6 aufbewahrt ist, mit H_2O-haltigem Aceton (5% H_2O) verläuft bei 25°C bis zu einem Umsatz von ~58%; die Cl-Atome werden durch OH-Gruppen ersetzt. Bei 100°C ist die Rk. quantitativ; es werden schließlich Phosphat-Ionen abgespalten. Die Geschw.-Konst. der Hydrolyse wird zu $5.48\pm0.28\times10^{-3}\,min^{-1}$, die Dissoz.-Konst. der sauren Hydrolysenprodd. zu $\sim6.67\pm0.50\times10^{-4}$ ber., F. G. R. GIMBLETT (*Trans. Faraday Soc.* **56** [1960] 528/33). Heißes H_2O löst langsam unter Zers., heißes wss. NaOH greift langsamer an, da wahrscheinlich unlösl. Verbb. gebildet werden. Warmes verd. NH_3 läßt die Subst.

unter Lösen aufquellen. Oberhalb 350°C tritt Depolymerisierung ein unter teilweisem Schmelzen. In HCl-Atm. erfolgt keine Depolymerisierung, H. N. STOKES (*Am. Chem. J.* **19** [1897] 782/96, 793). Durch Erhitzen von $(NPCl_2)_n (n < 5)$ auf 250 bis 300°C erhaltenes gummiartiges Polymerisationsprod. wird im wss. Medium in Ggw. von Cl_2 bei 90°C unter Rückfluß erhitzt und aus der wss. Phase $(NPCl_2)_n$ mit n = 7 erhalten, E. I. DU PONT DE NEMOURS & CO., L. V. GREGOR, J. A. PARKINS (*U.S.P.* 2998297 [1959/—] nach *C.A.* **56** [1962] 6140).

Beim Umsatz von P-Nitriddichloridkautschuk mit PbF_2 bei 400 bis 420°C wird unter Anätzung des Kolbens in der Vorlage eine kleine Menge einer schwach getrübten Fl. mit wenigen nadeligen, nicht näher untersuchten Kristallen erhalten, H. KÜLKENS (*Diss. Bonn* 1938, S. 1/57, 48). Beim Erhitzen im zugeschmolzenen Quarzgefäß bei 800°C tritt Rk. mit dem Gefäßmaterial ein unter vollkommener Zers.; es wird Bldg. von HCl und freiem P festgestellt. Durch irreversible Nebenrkk. entsteht bei der Polymerisation in kleiner Menge $N_7P_6Cl_9$, H. WETZLER (*Diss. Bonn* 1939, S. 1/60, 22, 50); vgl. S. 561.

Die Polymerisationsprodd. quellen in C_6H_6 und bilden — wie Gelatine in H_2O — reversible Sole, R. SCHENCK, G. RÖMER (*Ber.* **57** [1924] 1343/55, 1347). Es können 200% C_6H_6 oder CS_2 und 140% C_2H_5OH aufgenommen werden, F. YAMADA (*Kôgakuin Daigaku Kenkyû Hôkoku* **2** [1955] 66/72 nach *C.A.* **1959** 12726). Bei Polymerisationsverss. mit in Toluol gelöstem $(NPCl_2)_3$ und $(NPCl_2)_4$ in Ggw. von O_2 bei 300°C werden nach Entfernung des Lsgm. bei der Dest. bei 2 Torr neben einem harzartigen braungefärbten Rückstand Fraktionen erhalten, deren Analyse ($C_6H_5CH_3 = R$) auf die Zuss. PNClR, $P_2N_2Cl_3R$, $P_3N_3Cl_5R$, $P_3N_3Cl_4R_2$ hinweist. Diese Verbb. sind durch Substitution des Cl in den Spaltprodd. durch das Lsgm. entstanden; ohne O_2 findet diese Rk. nicht statt, F. PATAT, F. KOLLINSKY (*Makromol. Ch.* **6** [1951] 292/317, 301). — Über Rk. von $(NPCl_2)_n$ mit Pyridin und aliphat. Alkoholen bei gewöhnl. Temp. unter Bldg. von polymeren Estern s. F. GOLDSCHMIDT, B. R. DISHON (*J. polymer. Sci.* **3** [1948] 481/6). Zum Verh. gegen Äther vgl. S. 537.

Polyphosphorus Nitride Fluoride Chlorides

Polyphosphornitridfluoridchloride.

Beim Erhitzen von $N_4P_4F_6Cl_2$ in einer Bombe bei 300°C (17 Std.) tritt Polymerisation zu einer farblosen kautschukähnlichen Masse ein, die jedoch instabiler als P-Nitriddichloridkautschuk ist. Die Subst. erleidet mit H_2O allmähliche, mit alkohol. NaOH sofortige Hydrolyse; die N–P-Bindung wird hierbei nicht aufgespalten, O. SCHMITZ-DUMONT, H. KÜLKENS (*Z. anorg. Ch.* **238** [1938] 189/200), vgl. H. KÜLKENS (*Diss. Bonn* 1938, S. 1/57). — Beim Erhitzen der cycl. Verb. $N_4P_4F_4Cl_4$, vgl. S. 565, unter Druck bei 300°C bildet sich eine kautschukartige Masse, in der offenbar das cycl. Tetramere in ein kettenförmiges Prod. übergeht. Beim vorsichtigen Erhitzen zwischen 250 und 400°C kann es bis auf ~3% wieder in flüchtige Stoffe rückverwandelt werden. Aus dem zwischen 93 und 142°C sd. Kondensat werden zwei Hauptfraktionen mit den Siedegrenzen 115 bis 117 und 140 bis 142°C isoliert und nach Analyse und Molgew. als $N_3P_3Cl_2F_4$ (Sdp. 115°C) und $N_3P_3Cl_4F_2$ (Sdp. 140°C), vgl. S. 564, erkannt. Der Verlauf dieses Abbaus kann als Disproportionierung betrachtet werden, die nach $3(N_4P_4Cl_4F_4)_n \rightarrow 2nN_3P_3Cl_2F_4 + 2nN_3P_3Cl_4F_2$ verläuft. Zur Strukturerklärung der Fadenmolekel sowie deren Zerfall wird folgendes Schema angenommen:

$$-\underbrace{N=\overset{F_2}{P}-N=\overset{Cl_2}{P}-N=\overset{F_2}{P}}_{N_3P_3Cl_2F_4}-\underbrace{N=\overset{Cl_2}{P}-N=\overset{F_2}{P}-N=\overset{Cl_2}{P}}_{N_3P_3Cl_4F_2}-N=\overset{F_2}{P}-N=\overset{Cl_2}{P}-$$

O. SCHMITZ-DUMONT, A. BRASCHOS (*Z. anorg. Ch.* **243** [1940] 113/26).

Polyphosphorus Nitride Dibromide

Polyphosphornitriddibromid.

Die sich bei höherer Temp. bei der Dest. von $(NPBr_2)_3$ und $(NPBr_2)_4$ bildenden elast. Stoffe verlieren oberhalb 350°C ihre Elastizität und werden brüchig; sie sind gegen sd. Säuren und Alkalien beständig, K. JOHN, T. MOELLER (*J. Am. Soc.* **82** [1960] 2647/8).

Cyclic Phosphorus Nitride Dihalogen Compounds Review

Cyclische Phosphornitriddihalogenverbindungen

Übersicht. Die cycl. Verbb. dieser Reihen unterscheiden sich in ihrer Struktur von den ketten förmigen durch ihren Polymerisationsgrad. Während die Ketten Polymere mit einigen 100 oder 100 Gliedern je Molekel darstellen, vgl. S. 539, sind in den cycl. Verbb. nur 3 bis 17 (?) Primärgruppe im Ring enthalten. — Über J-haltige Verbb. ist bis jetzt nicht berichtet worden. Aus der Lsg. vo $N(PCl_2)_3$ in Aceton fällt NaJ allmählich alles Cl als NaCl aus, die J_2-Färbung wird jedoch sofor sichtbar. Offenbar sind die P-Nitriddijodide, vielleicht aus sterischen Gründen, unbeständig, A. G. Sharpe laut N. L. Paddock, H. T. Searle (in: H. J. Emeléus, A. G. Sharpe, *Advances in inorganic Chemistry and Radiochemistry*, *Bd.* 1, *New York* 1959, S. 347/83, 350).

Die $(NPX_2)_n$-Molekeln

(X = F, Cl oder Br)

The $(NPX_2)_n$ Molecules

Allgemeines. Bindungsart. In den ringförmigen $(NPX_2)_n$-Molekeln sind abwechselnd P- und N-Atome aneinandergebunden, und die Halogenatome X sind an die P-Atome gebunden. Die Struktur und die Eigg. dieser Verbb., darunter auch die P–N-Bindungsenergie (s. S. 304), sind weitgehend dadurch bestimmt, daß an den π-Bindungen nicht nur p-, sondern auch d-Elektronen beteiligt sind. Daher sind Analogieschlüsse von C-Ringverbb. auf P-N-Ringverbb. nicht berechtigt, und die Frage, warum 6gliedrige P-N-Ringe nicht ebenso wie Benzol vor Molekeln mit weniger oder mehr Gliedern durch besondere Stabilität ausgezeichnet sind, entfällt. Diese zuerst von D. P. Craig, N. L. Paddock (*Nature* **181** [1958] 1052/3) aufgestellte Theorie ist zunächst von D. P. Craig (*J. chem. Soc.* **1959** 997/1001) weiterentwickelt und in gekürzter Form auch von D. P. Craig (*Chem. and Ind.* **1958** 3/7; *Suomen Kemistilehti* A **33** [1960] 142/4 [engl.]) und N. L. Paddock (*Brit. Plastics* **31** [1958] 473, 494; *Kunststoff-Rdsch.* **6** [1959] 388/90) beschrieben worden. Die Anzahl der π-Bindungen je σ-Bindung läßt sich zu 0.3 abschätzen, J. R. van Wazer (*J. Am. chem. Soc.* **78** [1956] 5709/15).

General. Type of Bond

Die Hypothese der $d\pi$-$p\pi$-Bindungen zwischen P und N wird von A. Wilson, D. F. Carroll (*J. chem. Soc.* **1960** 2548/52) zur Erklärung des Befundes herangezogen, daß in festem $(NPCl_2)_3$ die P–N-Bindungen gleich lang sind. Die Bahnen der π-Elektronen könnten nach M. J. S. Dewar, E. A. C. Lucken, M. A. Whitehead (*J. chem. Soc.* **1960** 2423/9) auf den Bereich je eines P-Atoms und der beiden benachbarten N-Atome beschränkt sein, nach D. P. Craig, M. L. Heffernan, R. Mason, N. L. Paddock (*J. chem. Soc.* **1961** 1376/82) dagegen den ganzen P-N-Ring umfassen. Die einsamen Elektronenpaare an den N-Atomen, deren Vernachlässigung durch die vorstehend genannten Autoren von E. M. Šustorovič (*Ž. strukt. Chim.* **3** [1962] 218/9; engl. Übers.: *J. struct. Chem.* **3** [1962] 204/5) kritisiert wird, sind wahrscheinlich, wie D. P. Craig, N. L. Paddock (*J. chem. Soc.* **1962** 4118/33) zeigen, ebenfalls delokalisiert und bilden sog. π'-Bindungen, die etwas schwächer als π-Bindungen sind. Einzelheiten über die d-Orbitale der P-Atome, die an den $d\pi$-$p\pi$-Bindungen beteiligt sind, werden von D. P. Craig, N. L. Paddock (*l. c.*) behandelt, so daß der Einfluß der an das P-Atom gebundenen Atome auf die Molekelform weitgehend erklärt werden kann. Übergänge zwischen π- und π'-Bindungen sind als Absorptionsmax. im fernen UV zu beobachten: 149.4 mμ für $(NPF_2)_3$, 175.5 mμ für $(NPCl_2)_3$ (interpoliert), 201.5 mμ für $(NPBr_2)_3$, B. Lakatos, A. Hess, S. Holly, G. Horváth (*Naturwissenschaften* **49** [1962] 493/4 [engl.]).

Die kleinen Unterschiede, die zwischen den -N-PCl_2-N-Gliedern des trimeren und des tetrameren Nitridchlorids bestehen und sich unter anderem in den Differenzen der Bindungswinkel (s. S. 542) äußern, sind deutlich im kernmagnet. Resonanzspektrum zu erkennen. Die chem. Verschiebung δ der Kernresonanz von ^{31}P (vgl. „*Phosphor*" *Tl.* B, S. 200) ist für das Trimere negativ, für das Tetramere positiv. An $(NPCl_2)_4$ findet G. Koch (*Diss. Heidelberg* 1958, S. 1/86, 12) $\delta = +6.8$ ppm und bestätigt den von J. R. van Wazer, C. F. Callis, J. N. Shoolery, R. C. Jones (*J. Am. chem. Soc.* **78** [1956] 5715/26, 5722) gem. Wert $\delta = -19 \pm 1$ ppm für $(NPCl_2)_3$ (alle Messungen in Benzol). Neuere Messungen ergeben $\delta = +7 \pm 1$ bzw. -20 ± 1 ppm, L. G. Lund, N. L. Paddock, J. E. Proctor, H. T. Searle (*J. chem. Soc.* **1960** 2542/7). Dieselben δ-Werte finden J. R. van Wazer u. a. (*l. c.*) auch an einer Lsg. von polymerem $(NPCl_2)_x$ in Benzol, offenbar deswegen, weil die Lsg. $(NPCl_2)_3$ und $(NPCl_2)_4$ enthält. — Zur Änderung von δ bei Substitution der Cl-Atome durch verschiedene Radikale s. M. Becke-Goehring, K. John, E. Fluck (*Z. anorg. allg. Chem.* **302** [1959] 103/20, 110).

In $(NP_IF_2)(NP_{II}Cl_2)_2$ ist die P-Resonanzlinie infolge Kopplung zwischen P_I und F, P_I und P_{II} sowie P_{II} und F in zahlreiche Komponenten aufgespalten; Einzelheiten hierzu und theoret. Begründung s. bei M. L. Heffernan, R. F. M. White (*J. chem. Soc.* **1961** 1382/7).

In Kristallen sind die Bindungen zwischen den P- und den Halogenatomen nicht alle gleich, wie an der Aufspaltung der Quadrupolresonanzlinie von ^{35}Cl im Spektrum von $(NPCl_2)_3$ und $(NPCl_2)_4$ zu erkennen ist. Diese Linie besteht aus 4 Komponenten, H. Negita, S. Satou (*J. chem. Phys.* **24** [1956] 621/2; *Bull. chem. Soc. Japan* **29** [1956] 426/7). Resonanzfrequenzen (in MHz) bei verschiedenen Tempp.:

Temp. in °K	$(NPCl_2)_3$				$(NPCl_2)_4$			
195	27.972	28.012	28.208	28.293	27.532	28.376	28.442	28.843
287	27.630	27.704	27.834	27.903	27.275	28.124	28.191	28.616
357	27.307	27.422	27.477	27.543	26.972	27.847	27.906	28.370

H. NEGITA (*J. Sci. Hiroshima Univ.* A **21** [1958] 261/9). Von K. TORIZUKA (*J. phys. Soc. Japan.* **11** [1956] 84/5) werden bei gewöhnl. Temp. nur je 2 Komponenten gefunden: 27.58, 27.80 für $(NPCl_2)_3$, 28.02, 28.14 für $(NPCl_2)_4$. — Zum Vergleich der Quadrupolresonanzspektren von $(NPCl_2)_3$ und $POCl_3$ s. H. NEGITA, Z. HIRANO (*Bull. chem. Soc. Japan* **31** [1958] 660/1).

$(NPX_2)_3$

$(NPX_2)_3$.

Symmetry

Symmetrie. Aus dem Ramanspektrum des Chlorids schließen A.-M. DE FICQUELMONT, M. MAGAT, L. OCHS (*C. r.* **208** [1939] 1900/3), daß die Punktgruppe der Molekel D_{3h} sein muß. Diese Symmetrie bleibt auch im Kristallgitter erhalten, wie aus röntgenograph. Unterss. von F. M. JAEGER, J. BEINTEMA (*Proc. Kon. Nederl. Akad. Wetensch.* **35** [1932] 756/62) hervorgeht und von A. WILSON, D. F. CARROLL (*J. chem. Soc.* **1960** 2548/52) bestätigt wird, s. **Fig. 136.** In krist. $(NPBr_2)_3$ sind die P-N-Ringe ebenfalls eben, H. BODE (*Angew. Chem.* **61** [1949] 438). Auch die spektroskop. Daten für das Fluorid sind nur mit der Annahme, daß die Punktgruppe D_{3h} ist, vereinbar, H. J. BECHER, F. SEAL (*Z. anorg. Chem.* **305** [1960] 148/57, 151). Nach F. POMPA, A. RIPAMONTI (*Ric. sci.* **29** [1959] 1516/22) ist allerdings die $(NPCl_2)_3$-Molekel nicht genau eben, sondern sesselförmig gewellt.

Fig. 136.

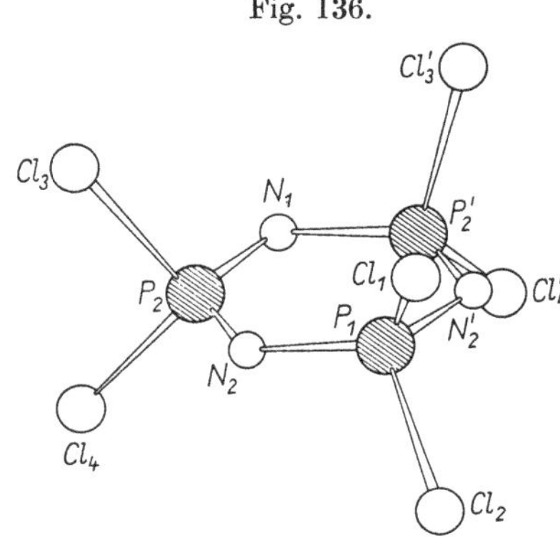

Struktur der $(NPCl_2)_3$-Molekel.

Enthält eine Molekel 2 verschiedene Arten von Halogenatomen X und Y (z. B. X = F, Y = Cl), so ist die Punktgruppe C_{2v} für $(NPX_2)_2(NPY_2)$, C_s oder C_2 für $(NPXY)_2(NPX_2)$ und C_1 für (NPX_2) $(NPY_2)(NPXY)$, A. C. CHAPMAN, D. H. PAINE, H. T. SEARLE, D. R. SMITH, R. F. M. WHITE (*J. chem. Soc.* **1961** 1768/71).

Nuclear Distances. Bond Angles

Kernabstände r in Å. **Bindungswinkel** α und β. Aus Röntgenstrukturunterss. folgt, daß in $(NPF_2)_3$ die P–N-Abstände verschieden lang sind: 1.546, 1.563, 1.572 Å; Mittelwert für r(P–F): 1.521 Å. Für den P–N–P-Winkel werden die Werte $\alpha = 119.6°$ und 121.1°, für N–P–N die Werte $\alpha' = 119.3°$ und 119.5° gefunden, M. W. DOUGILL (*J. Chem. Soc.* **1963** 3211/7).

Bei Elektronenbeugungsverss. an $(NPCl_2)_3$ ergeben sich die Werte r(P–N) = 1.65 ± 0.03, r(P–Cl) = 1.97 ± 0.03, der Winkel N–P–N und P–N–P zu α bzw. $\alpha' = 120° \pm 3°$, der Winkel Cl–P–Cl zu β = 107° bis 110°, L. O. BROCKWAY, W. M. BRIGHT (*J. Am. chem. Soc.* **65** [1943] 1551/4). Im Gitter von $(NPCl_2)_3$ sind die P–N-Abstände 1.57 bis 1.61 Å, die P–Cl-Abstände 1.97 bis 1.98 Å lang, α liegt zwischen 118.33° und 120.93°, β zwischen 101.77° und 102.05°, A. WILSON, D. F. CARROLL (*J. chem. Soc.* **1960** 2548/52; *Chem. and Ind.* **1958** 1558/9). Bei der Auswertung der von F. POMPA, A. RIPAMONTI (*l. c.*) erhaltenen Röntgenogramme ergeben sich für r(P–N) Werte zwischen 1.531 und 1.609, ferner r(P–Cl) = 1.949 bis 1.989, $\alpha = 118°52'$ bis 124°26′, $\beta = 101°19'$ bis 102°50′, E. GIGLO (*Ric. sci.* **30** [1960] 721/5).

Im Bromid sind die P–N-Abstände etwa ebenso lang: r(P–N) = 1.58; der P–Br-Abstand ergibt sich zu 2.08 Å, H. BODE (in: *Structure Rep.* **12** [1949] 227). Neuere Messungen an festem $(NPBr_2)_3$ ergeben, daß r(P–N) zwischen 1.51 und 1.54, r(P–Br) zwischen 2.08 und 2.22 Å liegt; α (P–N–P) = 122° bzw. 126°, α'(N–P–N) = 116° bis 117°, β(Br–P–Br) = 102° bis 103°, P. DE SANTIS, E. GIGLIO, A. RIPAMONTI (*J. inorg. nucl. Chem.* **24** [1962] 469/74). Vorläufige Angaben hierüber s. bei R. A. SHAW, B. W. FITZSIMMONS, B. C. SMITH (*Chem. Rev.* **62** [1962] 247/81, 275).

Dipole Moment

Dipolmoment μ in Debye. Dielektr. Messungen an einer konz. Lsg. von $(NPCl_2)_3$ in Benzol ergeben bei Frequenzen von 350 bis 8500 MHz fast dieselbe DK wie für reines Benzol; demnach ist $\mu < 0.14$, G. CORFIELD (*J. chem. Soc.* **1962** 4258). Der von H.-J. KRAUSE (*Z. Elektrochem.* **59** [1955] 1004/8) gefundene Wert $\mu = 0.51$ ist mit dem Molekelmodell, in dem der P-N-Ring fast eben ist, nicht vereinbar.

Force Constants

Kraftkonstanten f in mdyn/Å. Aus den von L. O. Brockway, W. M. Bright (*J. Am. chem. Soc.* **65** [1943] 1551/4) ermittelten Strukturdaten für das Chlorid lassen sich folgende Kraftkonstt. abschätzen: f(P–N) = f(P–Cl) = 4.0, f(N–P–N) = f(P–N–P) = 0.315, f(Cl–P–Cl) = 0.113, f(P–N, P–Cl) = 0.9, J. V. Iribarne, D. G. de Kowalewski (*J. chem. Phys.* **20** [1952] 346/7; *Rev. Unión Mat. Argent. Asoc. fis. Argent.* **15** [1953] 193/210).

Molecular Vibrations

Molekelschwingungen. In $(NPX_2)_3$-Molekeln mit ebenem P-N-Ring sind 20 Schwingungsarten möglich: 4 vom Typ A_1', 2 vom Typ A_2', 1 vom Typ A_1'', 3 vom Typ A_2'', 6 vom Typ E′ und 4 vom Typ E″; theoretisch sind 9 Schwingungen im UR-Spektrum, 6 davon auch im Ramanspektrum zu beobachten; im Ramanspektrum allein treten 8 Schwingungen auf, und 3 Schwingungen sind weder raman- noch ultrarotaktiv; s. hierzu G. Herzberg (*Infrared and Raman spectra of polyatomic molecules, New York-Toronto-London* 1945, S. 116/7). Von den 17 beobachtbaren Schwingungsarten sind 7 dem P-N-Ring und 10 den PX_2-Gruppen zuzuordnen. Zum Zwecke der Zuordnung wird von S. Califano (*J. inorg. nucl. Chem.* **24** [1962] 483/90, 487) und S. Califano, A. Ripamonti (*J. inorg. nucl. Chem.* **24** [1962] 491/7, 495) das UR-Spektrum von gasf. und krist. $(NPCl_2)_3$ untersucht. Sicherer ist die Zuordnung bei der gleichzeitigen Unters. der UR- und der Ramanspektren von $(NPF_2)_3$ und $(NPCl_2)_3$ im Gaszustand, in Lsg. und im kondensierten Zustand, wobei zur Identifizierung der PX_2-Schwingungen die Spektren der tetrameren und pentameren Fluoride und Chloride herangezogen werden, A. C. Chapman, N. L. Paddock (*J. chem. Soc.* **1962** 635/45, 637). Zusätzlich werden von E. Steger, R. Stahlberg (*Z. Naturforsch.* **17b** [1962] 780/1; *Z. anorg. Chem.* **326** [1964] 243/53) die Bromide untersucht, jedoch nicht die pentameren Verbb. — Übersicht über die Zuordnungen der Ringschwingungen in cm^{-1}:

Molekel	$\gamma(A_2'')$	$\gamma(E'')$	$\delta+\nu(E')$	$\delta+\nu(A_1')$	$\nu_s+\delta(E')$	$\nu_s+\delta(A_1')$	$\nu_{as}(E')$		Lit.
$(NPF_2)_3$	—	?	342	689	—	570	1297		1)
$(NPF_2)_3$	—	251	511	681	1007	567	1300	R	2)
	—	—	513	—	1006	—	1298	UR	
$(NPCl_2)_3$	—	157	526	786	880	669	1219	R	2)
	—	—	527	—	880	—	1217	UR	
$(NPCl_2)_3$	—	173	340	785	—	671	1218		1)
$(NPCl_2)_3$	619	210	533	785	875	670	1202, 1226		3)
$(NPBr_2)_3$	—	159	543	754	846	640	1205	R	2)
	—	—	538	—	856	—	1176	UR	

Wellenzahlen der PX_2-Schwingungen in cm^{-1}:

Molekel	$\tau(E'')$	$\rho(A_2'')$	$\rho(E'')$	$\omega(E')$	$\delta(E')$	$\delta(A_1')$	$\nu_s(A_1')$	$\nu_s(E')$	$\nu_{as}(A_2'')$	$\nu_{as}(E'')$		Lit.
$(NPF_2)_3$	—	516	311	—	469	—	743	862	973	962		1)
$(NPF_2)_3$	278	—	307	339	464	633	742	865	—	950	R	2)
	—	?	—	?	464	—	—	860	970	—	UR	
$(NPCl_2)_3$	172	—	203	?	334	308	363	610	—	577	R	2)
	—	?	—	315	339	—	—	610	610	—	UR	
$(NPCl_2)_3$	162	—	210	—	—	—	365	523	620	885		1)
$(NPCl_2)_3$	173	—	—	—	336	—	365	610	552	575		3)
$(NPBr_2)_3$	92	—	138	?	257	?	220	?	—	488	R	2)
	—	?	—	?	?	—	—	447	481	—	UR	

1) A. C. Chapman, N. L. Paddock (*l. c.*). — 2) E. Steger, R. Stahlberg (*l. c.*). — 3) S. Califano (*l. c.*), S. Califano, A. Ripamonti (*l. c.*). — Auch nach R. A. Shaw (*Chem. and Ind.* **1959** 54/5) sind in der Nähe von 1200 cm^{-1} am Chlorid 2 Linien (1201, 1220), am Bromid dagegen nur eine Linie (1184) zu beobachten. — Über eingehende Unterss. des UR- und Ramanspektrums des Fluorids berichteten zuvor — jedoch ohne Zuordnung — H. J. Becher, F. Seel (*Z. anorg. Chem.* **305** [1960] 148/57), F. Seel, J. Langer (*Z. anorg. Chem.* **295** [1958] 315/26, 322). Entsprechende Angaben über das Chlorid s. bei L. W. Daasch (*J. Am. chem. Soc.* **76** [1954] 3403/8), L. W. Daasch, D. C. Smith (*Anal. Chem.* **23** [1951] 853/68, 864); ältere Angaben von A.-M. de Ficquelmont, M. Magat, L. Ochs (*C. r.* **208** [1939] 1900/3) sind dadurch im wesentlichen überholt. — Von H.-J. Krause (*Z. Elektrochem.* **59** [1955] 1004/8) wird

bemerkt, daß das Max. bei ~875 cm^{-1} nicht nur bei $(NPCl_2)_3$, sondern auch bei größeren Molekeln $(NPCl_2)_n$ mit n $\leq$ 7 auftritt.

Angaben über einzelne Absorptionsmax. im UR-Spektrum von $(NPF_2)_3$ s. bei T. J. MAO, R. D. DRESDNER, J. A. YOUNG (*J. Am. chem. Soc.* **81** [1959] 1020/1), A. C. CHAPMAN, N. L. PADDOCK, D. H. PAINE, H. T. SEARLE, D. R. SMITH (*J. chem. Soc.* **1960** 3608/14, 3611).

Beim Ersatz von F-Atomen durch Cl-Atome wird die der $\nu_{as}(E')$-Schwingung entsprechende Linie in 2 Komponenten aufgespalten; Wellenzahlen in cm^{-1}: 1283 bzw. 1276 für $(NPFCl)_2(NPF_2)$, 1277 bzw. 1253 für $(NPF_2)_2(NPCl_2)$, 1258 bzw. 1237 für $(NPF_2)(NPFCl)(NPCl_2)$, 1246 bzw. 1226 für $(NPF_2)(NPCl_2)_2$, A. C. CHAPMAN, D. H. PAINE, H. T. SEARLE, D. R. SMITH, R. F. M. WHITE (*J. chem. Soc.* **1961** 1768/71).

Das an $(NPCl_2)_3$ beob. Max. bei ~1200 cm^{-1} bleibt annähernd erhalten, wenn einige Cl-Atome durch organ. Radikale ersetzt werden, W. E. BULL (*Diss. Univ. of Illinois* 1958 nach *Diss. Abstr.* **18** [1958] 384). — Beim Ersatz durch Br-Atome verschiebt es sich von 1218 cm^{-1} zu kleineren Wellenzahlen: 1205 ($N_3P_3Cl_5Br$), 1202 ($N_3P_3Cl_4Br_2$), 1180 ($N_3P_3Cl_2Br_4$), entsprechende Verschiebungen von anderen Linien (die erste Wellenzahl jeweils für $N_3P_3Cl_6$): 336, 325, 327, 322; 522, 527, 528, 532; 612, 608, 602, —; 672, 658, 658, 653; 782, 778, 780, 761; 885, 865, 862, 853; 1368, 1342, 1335, 1300; 1750, 1740, 1730, 1725; 2025, 2000, 1980, 1960, R. G. RICE, L. W. DAASCH, J. R. HOLDEN, E. J. KOHN (*J. inorg. nucl. Chem.* **5** [1958] 190/200, 197).

$(NPX_2)_4$

$(NPX_2)_4$.

Symmetry

Symmetrie. Aus den verschiedenen Aussagen über die Symmetrie der $(NPX_2)_4$-Molekeln ist zu entnehmen, daß diese annähernd, aber nicht genau eben sind. Aus der Art der Bindungen schließen M. J. S. DEWAR, E. A. C. LUCKEN, M. A. WHITEHEAD (*J. chem. Soc.* **1960** 2423/9), daß die Molekeln nicht eben sein können, jedoch halten sie ein Modell, in dem der P-N-Ring eben ist (Punktgruppe D_{4h}), für geeignet, um die Eigg. der Molekel in 1. Näherung abzuschätzen, und die Abweichung davon für so gering, daß sie als Störung behandelt werden kann. Auch A. C. CHAPMAN, N. L. PADDOCK, D. H. PAINE, H. T. SEARLE, D. R. SMITH (*J. chem. Soc.* **1960** 3608/14) vertreten die Ansicht, daß der P-N-Ring dieser Molekeln fast eben ist. — Spektroskop. Daten für das Fluorid sind mit der Annahme, daß die Punktgruppe D_{4h}–4/mmm ist, vereinbar, jedoch ist die Punktgruppe C_{2h}–2/m wahrscheinlicher, H. J. BECHER, F. SEEL (*Z. anorg. allg. Chem.* **305** [1960] 148/57, 156); vgl. auch H. JAGODZINSKI, J. LANGER, I. OPPERMANN, F. SEEL (*Z. anorg. allg. Chem.* **302** [1959] 81/7, 87). — Dagegen scheint beim Chlorid die Art der Abweichung von der ebenen Struktur eine andere zu sein. Wenn die Punktgruppe nicht D_{4h}–4/mmm ist, kann sie nur D_{2d}–$\bar{4}$ 2 m sein, L. W. DAASCH (*J. Am. chem. Soc.* **76** [1954] 3403/8). Im Kristallgitter ist die $(NPCl_2)_4$-Molekel so verzerrt, daß sie der Symmetrie nach zur Punktgruppe S_4–$\bar{4}$ gehört, J. A. A. KETELAAR, T. A. DE VRIES (*Rec. Trav. chim. Pays-Bas* **58** [1939] 1081/99, 1095); vgl. auch J. A. A. KETELAAR (*Chem. Weekbl.* **37** [1940] 334/8).

Nuclear Distances. Bond Angles

Kernabstände r in Å. **Bindungswinkel.** Die geometr. Daten für die freien $(NPX_2)_4$-Molekeln sind nicht bekannt. — Aus röntgenograph. Unterss. an krist. $(NPCl_2)_4$ ergeben sich folgende Werte: r (P–N) = 1.66 bis 1.69, r (P–Cl) = 1.975 bis 2.015, α (N–P–N) = 117°, α' (P–N–P) = 123°, β (Cl–P–Cl) = 105°30′, J. A. A. KETELAAR, T. A. DE VRIES (*l. c.*); r (P–N) = 1.57 $\pm$ 0.01, r (P–Cl) = 1.989 $\pm$ 0.004, α = 121.2° $\pm$ 0.5°, α' = 131.3° $\pm$ 0.6°, β = 102.8° $\pm$ 0.2°, R. HAZEKAMP, T. MIGCHELSEN, A. VOS (*Acta cryst.* **15** [1962] 539/43 [engl.]). Analoge Daten für das Fluorid: r (P–N) = 1.507 $\pm$ 0.017, r (P–F) = 1.514 $\pm$ 0.015, α = 122.7° $\pm$ 1.0°, α' = 147.2° $\pm$ 1.4°, β = 99.9° $\pm$ 0.9°, H. McD. McGEACHIN, F. R. TROMANS (*J. chem. Soc.* **1961** 4777/83). Bei entsprechenden Messungen an der Dimethylaminoverb. ergeben sich für den P-N-Ring die Werte r (P–N) = 1.58, α = 120.1°, α' = 133.0°, ferner β = 103.8°, G. J. BULLEN (*J. chem. Soc.* **1962** 3193/203).

Dipole Moment

Dipolmoment μ in Debye. Dielektr. Messungen an konz. Lsgg. von $(NPF_2)_4$ und $(NPCl_2)_4$ in Benzol ergeben bei Frequenzen von 350 bis 8500 MHz fast dieselbe DK wie für reines Benzol; aus den dielektr. Verlusten läßt sich abschätzen, daß für diese Verbb. μ < 0.1 bzw. < 0.2 sein muß, G. CORFIELD (*J. chem. Soc.* **1962** 4258). Diese Max.-Werte sind mit der Annahme eines ebenen P-N-Rings besser vereinbar als der von H.-J. KRAUSE (*Z. Elektrochem.* **59** [1955] 1004/8) für das Chlorid angegebene Wert μ = 0.39.

Molecular Vibrations

Molekelschwingungen. Von den 24 Schwingungsarten, die beim Vorliegen der D_{4h}-Symmetrie möglich sind, ist keine sowohl im Raman- als auch im UR-Spektrum beobachtbar. Wäre die Symmetrie D_{2d}, dann würden 10 Ramanlinien auch im UR-Spektrum auftreten, L. W. DAASCH (*J. Am. chem. Soc.* **76** [1954] 3403/8).

Am Fluorid beobachten H. J. Becher, F. Seel (*Z. anorg. Chem.* **305** [1960] 148/57, 154) 5 Linien im Ramanspektrum (306, 560, 614, 940, 1015 cm^{-1}) und 31 Linien im UR-Spektrum zwischen 400 und 2400 cm^{-1}; vorläufige Mitteilung hierzu s. bei F. Seel, J. Langer (*Z. anorg. Chem.* **295** [1958] 315/26, 322). Weitere Angaben über das UR-Spektrum von $(NPF_2)_4$ s. bei T. J. Mao, R. D. Dresdner, J. A. Young (*J. Am. chem. Soc.* **81** [1959] 1020/1), A. C. Chapman, N. L. Paddock, D. H. Paine, H. T. Searle, D. R. Smith (*J. chem. Soc.* **1960** 3608/14).

Einzelne Angaben über das Spektrum des Chlorids s. bei L. W. Daasch (*l. c.*) und L. W. Daasch, D. C. Smith (*Anal. Chem.* **23** [1951] 853/68, 864).

Am Bromid findet R. A. Shaw (*Chem. and Ind.* **1959** 54/5) ein Max. bei 1277 cm^{-1}, das vermutlich derselben Schwingung zuzuordnen ist wie das am Chlorid bei 1315 cm^{-1} beob. Maximum.

Eine sichere Zuordnung der beob. Linien zu den Molekelschwingungen halten A. C. Chapman, N. L. Paddock (*J. chem. Soc.* **1962** 635/45) noch nicht für möglich, da die Symmetrie der $(NPX_2)_4$-Molekeln nicht sicher genug bekannt ist und möglicherweise für X = F, Cl und Br nicht dieselbe ist. Demgegenüber halten E. Steger, R. Stahlberg (*Z. Naturforsch.* **17b** [1962] 780/1; *Z. anorg. Chem.* **326** [1964] 243/53) die Punktgruppe D_{4h} für gesichert und führen eine Analyse der UR- und Ramanspektren von $(NPF_2)_4$, $(NPCl_2)_4$ und $(NPBr_2)_4$ mit diesem Modell durch. — Ringschwingungen in cm^{-1}:

Molekel	γ	$\delta+\nu$ (R)	$\delta+\nu$ (UR)	$\nu_s+\delta$ (R)	$\nu_s+\delta$ (UR)	P–N–P
Fluorid	229	660, 836	516	566, 1017	902	1415/1438
Chlorid	170	512, 586, 782	520	539, 888	897	1312
Bromid	162	568, 757	531	463, 865	875	1280

PX_2-Schwingungen in cm^{-1}:

Molekel	τ	ρ (R)	ρ (UR)	ω	δ (R)	δ (UR)	ν_s (R)	ν_s (UR)	ν_{as} (R)	ν_{as} (UR)
Fluorid	303	?	400	418	440	487	611, 770	765	946	966/982
Chlorid	188	258	339/355	370	352	393	404, 423	581	?	610
Bromid	144	242	?	?	262	?	200, 396	458	488	509

E. Steger, R. Stahlberg (*l. c.*); Zuordnung zu den Schwingungstypen (a_{1u}, a_{1g}, a_{2u}, a_{2g} usw.) s. im Original. Die Wellenzahl der P–N–P-Schwingung verschiebt sich in der Reihe $N_4P_4F_xCl_{8-x}$ von 1408 für x = 7 nach 1330 cm^{-1} für x = 1, G. Allen, M. Barnard, J. Emsley, N. L. Paddock, R. F. M. White (*Chem. and Ind.* **1963** 952/3).

$(NPX_2)_5$ und $(NPX_2)_6$.

$(NPX_2)_5$ and $(NPX_2)_6$

Die ersten UR-spektroskop. Unterss. an $(NPF_2)_n$ mit n = 5, 6, ... 17 zeigen, da sie auf den Bereich von 600 bis 900 cm^{-1} beschränkt sind, nicht viel mehr, als daß diese Verbb. aus ringförmigen Molekeln bestehen und daß diese Ringe so flexibel sind, daß die Punktgruppe nicht eindeutig bestimmt werden kann, A. C. Chapman, N. L. Paddock, D. H. Paine, H. T. Searle, D. R. Smith (*J. chem. Soc.* **1960** 3608/14). Auch bei Erweiterung des Meßbereichs und nach Ermittlung der Wellenzahlen der Molekelschwingungen in den Ramanspektren der Chloride werden die Aussagen über die pentameren und hexameren Fluoride und Chloride kaum sicherer. Die Punktgruppe von $(NPX_2)_5$ müßte D_{5h} oder C_{5v} sein, die von $(NPX_2)_6$ D_{6h}, C_{6v} oder D_{3d}. Von den Wellenzahlen der Molekelschwingungen, die bei den Chloriden zwischen 70 und ~1700 cm^{-1}, bei den Fluoriden zwischen 500 und 1440 cm^{-1} liegen, lassen sich zunächst nur diejenigen der asymmetr. P–N–P-Schwingung identifizieren, E. Steger, G. Mildner (*Z. Naturforsch.* **16b** [1961] 836/7).

Polymeric Phosphorus Nitride Difluorides

Polymere Phosphornitriddifluoride $(NPF_2)_n$ (n = 3 bis 17)

Tris- und Tetrakisphosphornitriddifluorid $(NPF_2)_3$, $(NPF_2)_4$.

Tris- and Tetrakis-phosphorus Nitride Difluorides

Bildung und Darstellung. Durch Umsetzung von $(NPCl_2)_n$ (n = 3 oder 4) mit KSO_2F bei 120 bis 125°C nach $NPCl_2 + 2KSO_2F \rightarrow NPF_2 + 2KCl + 2SO_2$. Es kann trimeres und tetrameres NPF_2 erhalten werden, der Polymerisationsgrad ändert sich bei der Rk. nicht, F. Seel, J. Langer (*Ang. Ch.* **68** [1956] 461). Über Darst. von $(NPF_2)_3$ durch Erhitzen von $(NPCl_2)_3$ mit KF und SO_2 s. A. B. Burg, A. P. Caron (*J. Am. Soc.* **81** [1959] 836/8). Zur Darst. von $(NPF_2)_3$ wird eine kalt gesätt. Lsg.

Formation. Preparation

von $(NPCl_2)_3$ in $C_6H_5NO_2$ mit festem 90%igem KSO_2F unter Rückfluß erhitzt. Die Rk. beginnt bei 100°C unter Gasentw., das gebildete $(NPF_2)_3$ geht mit dem SO_2 über; beide werden unter Kühlung mit Trockeneis kondensiert und durch Dest. bei 0°C getrennt. 64.5% Ausbeute. $(NPF_2)_4$ wird in analoger Weise mit einer WIDMER-Spirale an Stelle des Rückflußkühlers dargestellt. Die heftiger verlaufende Rk. beginnt bereits bei 80°C, das $(NPF_2)_4$ wird unter Kühlung mit Eiswasser gesammelt und im Wasserstrahlvak. destilliert. 75% Ausbeute, F. SEEL, J. LANGER (*Z. anorg. Ch.* **195** [1958] 316/26). Auf ein Gemisch aus 200 g $(NPCl_2)_3$ und 300 g wasserfreiem KF werden 80 ml fl. SO_2 kondensiert und 22 Tage bei 98 bis 100°C erhitzt. Nach Entfernung des überschüssigen SO_2 wird fraktioniert und zwischen 49 und 49.8°C bei 747 Torr 115.3 g $(NPF_2)_3$ (80% Ausbeute) erhalten, das durch Verunreinigung mit S schwach gelblich ist, nach Sublimation aber farblos wird. Auf ähnliche Weise wird in 77%iger Ausbeute $(NPF_2)_4$ erhalten, A. C. CHAPMAN, N. L. PADDOCK, D. H. PAINE, H. T. SEARLE, D. R. SMITH (*J. chem. Soc.* **1960** 3608/14), vgl. hierzu C. P. HABER, R. K. UENISHI (*Chem. Engng. Data Ser.* **3** [1958] 323/4). Techn. Darst. durch Erhitzen der entsprechenden Chlorverb. mit wenigstens 50%igem Überschuß an KF und weniger als dem stöchiometr. Anteil an SO_2 im Autoklaven auf 100°C (einige Tage unter Rühren), ALBRIGHT & WILSON MFG. LTD., H. T. SEARLE (*B.P.* 895969 [1958/—] nach *C.A.* **57** [1962] 5585). Über Darst. von $(PNF_2)_{3,4}$ durch Behandeln von $(PNCl_2)_{3,4}$ mit NaF bei 80°C (20 Std.) und nachfolgende Fraktionierung s. C. W. TULLOCK, D. D. COFFMAN (*J. Org. Chem.* **25** [1960] 2016/9). Zur Erhöhung der Ausbeute wird die gereinigte Chlorverb. in frisch dest. Nitrobenzol gelöst, NaF im Überschuß zugefügt und wenig H_2O oder wss. HF zugesetzt. Der Kolben wird durch P_2O_5-Abschluß gegen Feuchtigkeit geschützt und unter Rückfluß bis zum Sdp. des $C_6H_5NO_2$ erwärmt. Das erhaltene Prod. wird fraktioniert, T. MOELLER, K. JOHN, F. TSANG (*Chem. Ind.* [*London*] **1961** 347/8).

Darst. von $(NPF_2)_3$ und $(NPF_2)_4$ durch Erhitzen von P_3N_5 bei 710°C unter Zuleiten von gasf. CF_3SF_5. Vor und nach der Rk. wird mit N_2 gespült. Als Nebenprodd. entstehen C_2F_6, SF_4 und PF_3. Die Vorlagen werden mit Trockeneis-Aceton gekühlt. Auch durch Behandeln von P_3N_5 mit NF_3 bei 710°C lassen sich die beiden Verbb. erhalten. Ihre Reinheit wird chromatographisch kontrolliert. Sie werden durch fraktionierte Vak.-Dest. getrennt, T. J. MAO, R. D. DRESDNER, J. A. YOUNG (*J. Am. Soc.* **81** [1959] 1020/1).

Bei der Fluorierung von $(NPCl_2)_3$ mittels PbF_2 entstehen neben den Difluoriden auch $N_3P_3F_2Cl_4$, $N_3P_3F_4Cl_2$, $N_4P_4F_4Cl_4$ und $N_4P_4F_6Cl_2$ und chlorfreie Prodd.; durch Ausfrierenlassen und Umlösen aus Petroläther (bei −15°C) kann aus einer zwischen 70 und 95°C sd. Fraktion $(NPF_2)_4$ mit dem Schmp. von 32°C, aus einer bei 50°C sd. Fraktion nach der gleichen Meth. wahrscheinlich $(NPF_2)_3$ mit dem Schmp. von 28°C isoliert werden, O. SCHMITZ-DUMONT, M. WALTHER (*Z. anorg. Ch.* **298** [1959] 193). Die Darst. von $(NPF_2)_3$ nach dieser Meth. gelingt nicht in Ggw. von H_2O, vgl. die Darst. von $(NPF_2)_3 \cdot 2HF \cdot 2H_2O$, S. 534, O. SCHMITZ-DUMONT, H. KÜLKENS (*Z. anorg. Ch.* **238** [1938] 189/200, 195).

Ein Gemisch von feinverteiltem $(NPCl_2)_3$ und AgF wird durch ein Ölbad auf 80 bis 90°C erhitzt. Die hierdurch eingeleitete Rk. wird nach einigen Min. durch Erhitzen am Rückflußkühler bei 140°C (4 Std.) beendet. Bei der Fraktionierung des Prod. wird $(NPF_2)_3$ und ein Gemisch von Chloridfluoriden erhalten, welches durch Behandeln mit AgF_2 ebenfalls in $(NPF_2)_3$ übergeführt werden kann. $(NPF_2)_4$ wird auf ähnliche Weise aus $(NPCl_2)_4$ erhalten, R. RÄTZ, C. GRUNDMANN (*J. inorg. nucl. Chem.* **16** [1960] 60/62). Vgl. hierzu OLIN MATHIESON CHEMICAL CO., R. F. W. RÄTZ, C. J. GRUNDMANN (*U.S.P.* 2980495 [—/1961] nach *C.A.* **1961** 19167), H. KÜLKENS (*Diss. Bonn* 1938, S. 1/57, 37).

Darst. von Phosphornitrilfluoriden durch Erhitzen von $(PNCl_2)_n$ mit Na_2SiF_6 bei Tempp. zwischen 280 und 345°C. Die Rk. ist in $2^1/_4$ Std. beendet, gegen Ende wird N_2 durchgeleitet. Das Prod. wird abdest. oder durch N_2 weggeführt und in einer Vorlage kondensiert. Ausbeute ~84.5%, ALBRIGHT & WILSON (MFG.) LTD., A. F. CHILDS, L. G. LUND (*B.P.* 924565 [1960/63] nach *C.A.* **59** [1963] 2422).

Physical Properties

Physikalische Eigenschaften. Über Molekeldaten für $(NPF_2)_3$ und $(NPF_2)_4$ s. S. 542 bzw. 544.

Trimeric Fluoride

Trimeres Fluorid. $(NPF_2)_3$ besitzt ein rhomb. Gitter mit 4 Molekeln je Elementarzelle; Raumgruppe D_{2h}^{16}–Pnma; Gitterkonstt.: a = 6.95, b = 12.20, c = 8.70 Å; daraus ber. Dichte: 2.26 g/cm³, H. JAGODZINSKI, J. LANGER, I. OPPERMANN, F. SEEL (*Z. anorg. Chem.* **302** [1959] 81/7, 83). Neuere Messungen ergeben a = 6.948, b = 12.190, c = 8.723 Å, Dichte: 2.24 g/cm³, M. W. DOUGILL (*J. chem. Soc.* **1963** 3211/7). Bei 20°C ist die pyknometrisch gem. Dichte D = 2.237 g/cm³, das Molvol. V_{mol} = 111.3 cm³/Mol, F. SEEL, J. LANGER (*Z. anorg. Chem.* **295** [1958] 315/26, 322); nach unveröffentlichten Unterss. von F. R. TROMANS ist D^{20} = 2.21, N. L. PADDOCK, H. T. SEARLE (*Adv. in inorg. Chem. and Radiochem.* **1**

[1959] 347/83, 354). Oberhalb des Schmp. ist D ≈ 1.7 g/cm³, T. J. MAO, R. D. DRESDNER, J. A. YOUNG (*J. Am. chem. Soc.* **81** [1959] 1020/1). Als Parameter der Dampfdruckformel lg p = A—B/T mit p in Torr werden folgende Werte angegeben: A = 11.81, B = 2806°K für festes $(NPF_2)_3$, A = 8.065, B = 1679°K für fl. $(NPF_2)_3$; daraus extrapolierter Sdp. bei 760 Torr: T_V = 323.9°K, C. P. HABER, R. K. UENISHI (*Chem. Engng. Data Ser.* **3** [1958] 323/4). Aus entsprechenden Messungen leiten F. SEEL, J. LANGER (*l. c.* S. 319) A = 11.82, B = 2810°K bzw. A = 8.04, B = 1670°K ab, geben jedoch t_V = 50.9°C bei 760 Torr an statt des aus der Formel sich ergebenden Wertes T_V = 323.7°K. Bei 750 Torr gem. Sdp.: t_V = 52°C, R. RÄTZ, C. GRUNDMANN (*J. inorg. nucl. Chem.* **16** [1960] 60/2). Angaben für den Schmp. t_f, die Sublimationswärme L_s, die Verdampfungswärme L_V und die Schmelzwärme L_f, alle in kcal/Mol:

t_f in °C	L_s	L_V	L_f	Literatur
28.1	12.8	7.68	4.97	C. P. HABER, R. K. UENISHI (*l. c.*)
27.8*)	12.8	7.6	5.2	F. SEEL, J. LANGER (*l. c.* S. 320)
26.0 ± 1.0	—	—	—	T. J. MAO u. a. (*l. c.*)
28	—	—	—	R. RÄTZ, C. GRUNDMANN (*l. c.*)

*) Als Tripelpunktstemp. angegeben; p_{tr} = 306.3 Torr.

Im UV ist bei λ > 2000 Å keine Absorption festzustellen, F. SEEL, J. LANGER (*l. c.* S. 322). Die kontinuierliche Absorption setzt bei 1800 Å ein, erreicht ein Max. bei 1494 ± 5 Å und steigt nach einem Minimum bei ~1410 Å bis 1100 Å monoton an, R. FORSTER, L. MAYOR, P. WARSOP, A. D. WALSH (*Chem. and Ind.* **1960** 1445/6). — $(NPF_2)_3$ ist zweiachsig negativ, 2 V = 99°; Brechungszahlen für die D-Linie: n_α = 1.388 (||c-Achse), n_β = 1.419 (||a-Achse), n_γ = 1.443 (||b-Achse), H. JAGODZINSKI u. a. (*l. c.* S. 82); nach unveröffentlichten Unterss. von J. K. LEARY ist n_α = 1.395, n_β = 1.440, n_γ = 1.47, 2V = 75° bis 80°, N. L. PADDOCK, H. T. SEARLE (*l. c.* S. 356). Im fl. Zustand (30°C) ist n = 1.3178, T. J. MAO u. a. (*l. c.*).

Tetrameres Fluorid. $(NPF_2)_4$ besitzt ein monoklines Gitter mit 2 Molekeln je Elementarzelle; Raumgruppe C^5_{2h}–$P2_1/a$; Gitterkonstt. a = 7.40, b = 13.83, c = 5.16 Å, β = 109.5°; daraus ber. Röntgendichte: D = 2.22, pyknometrisch gem. Dichte: D = 2.20, H. McD. MCGEACHIN, F. R. TROMANS (*Chem. and Ind.* **1960** 1131; *J. chem. Soc.* **1961** 4777/83); vorläufige Ergebnisse s. bei N. L. PADDOCK, H. T. SEARLE (*Adv. inorg. Chem. Radiochem.* **1** [1959] 347/83, 355/6). Damit gleich ist die von H. JAGODZINSKI, J. LANGER, I. OPPERMANN, F. SEEL (*Z. anorg. Ch.* **302** [1959] 81/87, 86) gefundene monokline Elementarzelle, in der lediglich die a- und c-Achsen vertauscht sind. Ohne diese Vertauschung ist die Raumgruppe wie vorstehend und die Gitterkonstt. sind a = 7.5_3, b = 14.0_0, c = 5.1_5 Å, β = 111.1°; Röntgendichte: D = 2.18. Diese Form wird von H. McD. MCGEACHIN, F. R. TROMANS (*J. chem. Soc.* **1961** 4777/83, 4783) als Hochtemperaturform bezeichnet; eine Tieftemperaturform unterscheidet sich davon nur durch Verdopplung von c. — Bei 20°C ist die nach der Schwebemeth. gem. Dichte D = 2.239 g/cm³, das Molvol. V_{mol} = 148.2 cm³/Mol, F. SEEL, J. LANGER (*Z. anorg. Ch.* **295** [1958] 315/26, 322). Oberhalb des Schmp. hat $(NPF_2)_4$ praktisch dieselbe Dichte (~1.7) wie $(NPF_2)_3$, T. J. MAO, R. D. DRESDNER, J. A. YOUNG (*J. Am. Soc.* **81** [1959] 1020/1). *Tetrameric Fluoride*

Parameter der Dampfdruckformel lg p = A—B/T mit p in Torr: A = 11.85, B = 3046°K für festes $(NPF_2)_4$, A = 8.247, B = 1947°K für fl. $(NPF_2)_4$; daraus für 760 Torr extrapolierter Sdp.: T_V = 362.8°K, C. P. HABER, R. K. UENISHI (*Chem. Engng. Data Ser.* **3** [1958] 323/4); A = 11.76, B = 3013°K bzw. A = 8.26, B = 1952°K, T_V = 362.9°K, t_V = 89.7°C, F. SEEL, J. LANGER (*l. c.* S. 319/20). Bei 750 Torr gem. Sdp.: t_V = 90°C, R. RÄTZ, C. GRUNDMANN (*J. inorg. nucl. Chem.* **16** [1960] 60/2). Angaben für t_f, L_s, L_V und L_f, alle in kcal/Mol:

t_f in °C	L_s	L_V	L_f	Literatur
32.1	13.9	8.91	5.03	C. P. HABER, R. K. UENISHI (*l. c.*)
30.5*)	13.8	8.9	4.9	F. SEEL, J. LANGER (*l. c.* S. 320)
28.0 bis 29.0	—	—	—	T. J. MAO u. a. (*l. c.*)
30.5	—	—	—	R. RÄTZ, C. GRUNDMANN (*l. c.*)

*) Als Tripelpunktstemp. angegeben: p_{tr} = 68.0 Torr.

An den von M. WALTHER (*Diss. Bonn* 1939) angegebenen Wert t_f = 32°C wird von O. SCHMITZ-DUMONT, M. WALTHER (*Z. anorg. Chem.* **298** [1958] 193) erinnert.

Im UV ist bei $\lambda > 2000$ Å keine Absorption festzustellen, F. SEEL, J. LANGER (*l. c.* S. 322). Die kontinuierliche Absorption setzt bei 1700 Å ein, erreicht ein Max. bei 1475 ± 5 Å und zeigt dann die gleiche Wellenlängenabhängigkeit wie $(NPF_2)_3$, vgl. S. 547, R. FORSTER, L. MAYOR, P. WARSOP, A. D. WALSH (*Chem. and Ind.* **1960** 1445/6). — $(NPF_2)_4$ ist zweiachsig negativ, 2 V = 113°; Brechungszahlen für die D-Linie: $n_\alpha = 1.37$, $n_\beta = 1.43$, $n_\gamma = 1.46$, H. JAGODZINSKI u. a. (*l. c.* S. 86); weitere bei 20°C erhaltene Werte: $n_\alpha = 1.379$, $n_\beta = 1.428$, $n_\gamma = 1.463$, 2 V = 80°, A. C. CHAPMAN, N. L. PADDOCK, D. H. PAINE, H. T. SEARLE, D. R. SMITH (*J. chem. Soc.* **1960** 3608/14, 3611), J. K. LEARY laut N. L. PADDOCK, H. T. SEARLE (*l. c.* S. 356) und H. McD. McGEACHIN, F. R. TROMANS (*l. c.*). Im fl. Zustand ist n = 1.3345, T. J. MAO u. a. (*l. c.*).

Chemical Reactions

Chemisches Verhalten. Farblose, oberhalb gewöhnl. Temp. schmelzende kristalline Stoffe mit schwach dumpfem Geruch. Bis 300°C beständig; bei längerem Erhitzen im Autoklaven bei 350°C entsteht farbloser P-Nitriddifluoridkautschuk (s. S. 537). Die Substt. werden von H_2O langsam zersetzt, die trimere Verb. langsamer als die tetramere. Beim Behandeln mit methanol. KOH muß die trimere Verb. bis zur völligen Hydrolyse einige Std. im Einschlußrohr bei 100°C erhitzt werden, während die tetramere Verb. bei gewöhnl. Temp. rasch hydrolysiert. Bei $(NPF_2)_4$ kann man leicht das Primärprod. der Hydrolyse, $(PN(OH)_2)_4 \cdot 2H_2O$ (vgl. S. 348), isolieren. Aus der äther. Lsg. von $(NPF_2)_3$ läßt sich durch Behandeln mit Na-Acetat-Lsg. nur ein unvollständig hydrolysiertes Prod. erhalten. Durch Einleiten von gasf. NH_3 in eine äther. Lsg. von $(NPF_2)_3$ werden keine definierten Prodd. erhalten, mit fl. NH_3 tritt unter Bldg. eines Gemisches aus P-Nitridamidofluoriden und NH_4F teilweise Solvolyse ein. Reagiert mit Anilin, Piperidin sowie mit Äthyl-Mg-Bromid nicht, F. SEEL, J. LANGER (*Ang. Ch.* **68** [1956] 461; *Z. anorg. Ch.* **295** [1958] 316/26). Die Verbb. sind leichter hydrolysierbar als die entsprechenden Cl-Verbb., wobei die trimere Verb. beständiger erscheint, D. R. SMITH laut N. L. PADDOCK, H. T. SEARLE (in: H. J. EMELÉUS, A. G. SHARPE, *Advances in inorganic chemistry and radiochemistry, Bd.* 1, *New York* 1959, S. 347/83, 359). Lösl. in C_6H_{14}, C_7H_{16}, C_6H_6 und handelsüblichem $(C_4F_9)_3N$, T. J. MAO, R. D. DRESDNER, J. A. YOUNG (*J. Am. chem. Soc.* **81** [1959] 1020/1).

Beim Erhitzen von $(NPF_2)_3$ im geschlossenen Rohr mit $N(CH_3)_3$ auf 100°C (38 Tage) tritt keine Rk. ein; jedoch scheint $N(CH_3)_3$ eine schwache Wrkg. auf den Polymerisationsgrad zu haben, es bilden sich geringe Mengen von höheren Polymeren, A. B. BURG, A. P. CARON (*J. Am. Chem. Soc.* **81** [1959] 836/8). — Rk. von $(NPF_2)_{3,4}$ mit metallorgan. Verbb. des Li führt zum stufenweisen Ersatz der F-Atome durch organ. Radikale, T. MOELLER, F. TSANG (*Chem. Ind.* [*London*] **1962** 361/2).

$(NPF_2)_3 \cdot 2HF \cdot 2H_2O$

$(NPF_2)_3 \cdot 2HF \cdot 2H_2O$. Siehe diese Verb. mit angeblich linearer Struktur auf S. 534.

Higher Cyclic Polymers

Höhere cyclische Polymere (n = 5 bis 17).

Zur Darstellung von $(NPF_2)_5$ und $(NPF_2)_6$ werden reines $(NPCl_2)_5$ und $(NPCl_2)_6$ der Einw. von SO_2 und KF unterworfen. Die höheren Homologen werden durch Fluorierung eines Gemisches von P-Nitriddichloriden erhalten, aus dem die trimere, tetramere und pentamere Verb. entfernt wurden. Aus dem Rk.-Gemisch werden die Glieder bis n = 17 durch Dest. unter vermindertem Druck isoliert. Der Fraktionierungsvorgang wird mittels Gaschromatographie kontrolliert und gefunden, daß die Verbb. bis n = 11 einen Reinheitsgrad > 99% aufweisen. Die Reinheit der Verbb. $(NPF_2)_{12\ \text{bis}\ 14}$ dürfte nur ~90% betragen und von 3 weiteren Fraktionen kann angenommen werden, daß sie hauptsächlich aus den Gliedern $(NPF_2)_{15\ \text{bis}\ 17}$ bestehen. Die Unters. des Ultrarotspektrums zwischen 600 und 900 cm^{-1} deutet infolge seiner Gleichmäßigkeit auf eine cycl. Struktur der ganzen Reihe. Magnet. Kernresonanz bestätigt die Ggw. von nur einer Art von P-Atomen, A. C. CHAPMAN, N. L. PADDOCK, D. H. PAINE, H. T. SEARLE, D. R. SMITH (*J. chem. Soc.* **1960** 3608/14). — Physikalische Eigenschaften:

Polymerisationsgrad n	5	6	7	8	9	10	11
Schmelzpunkt in °C	−50	−45.5	−61	−16.9	−78	−51	−78
Sdp. in °C bei 760 Torr	120.1	147.2	170.7	192.8	214.4	230.8	246.7
D_4^{20}	1.8259 1)	1.8410	1.8496	1.8567	1.8589 2)	1.8638	1.8644
Molvol. bei 20°C	227.40	270.63	314.22	357.78	402.03	445.54	489.92
n_{4358}^{20} 3)	1.3550	1.3604	1.3644	1.3677	1.3699	1.3710	1.3723
n_D^{20}	1.3482	1.3533	1.3577	1.3602	1.3622	1.3633	1.3645
R_{mol}	48.67	58.70	68.80	78.96	89.16	99.08	109.29

1) Zwischen 20 und 80°C Temp.-Koeffizient: -2.76×10^{-3} gml^{-1} $grad^{-1}$. — 2) Zwischen 10 und 60°C Temp.-Koeffizient: -2.10×10^{-3} gml^{-1} $grad^{-1}$. — 3) Brechungszahl für $\lambda = 4358$ Å bei 20°C.

Siedepunkte bei vermindertem Druck:

Polymerisationsgrad n	7	8	9	10
Siedepunkt in °C Druck in Torr	60 bis 60.2 9.35	80 bis 81 12.5	96 bis 97 11.4	91 bis 91.5 4.25

Polymerisationsgrad n	11	12	13	14
Siedepunkt in °C Druck in Torr	103 bis 105 3.6	143 bis 148 12.65	154 bis 159 12.65	160 bis 170 12.65

Zwischen 25 und 120°C gehorcht der Dampfdruck von $(NPF_2)_5$ der Gleichung $\lg p = -2141.7/T + 8.3373$. Angaben über Verdampfungswärme, UR- und Ramanspektren s. im Original, A. C. CHAPMAN, N. L. PADDOCK, D. H. PAINE, H. T. SEARLE, D. R. SMITH (*l. c.*).

Für $(NPF_2)_5$ bzw. $(NPF_2)_6$ werden ausführliche Ultrarot- und Ramanspektren angegeben; als Symmetrie wird D_{5h} oder C_{5v} bzw. D_{6h}, C_{6v}, D_{3d} vermutet, E. STEGER, G. MILDNER (*Z. Naturf.* **16b** [1961] 836/7).

Polymere Phosphornitriddichloride $(NPCl_2)_n$ (n = 3 bis 17)

Polymeric Phosphorus Nitride Dichlorides

Vgl. die Vorbemerkung auf S. 540.

Zur Vermeidung von Wiederholungen sind die allen Individuen der Reihe $(NPCl_2)_n$ gemeinsamen Darst.-Methh. und allgemeinen Trennverff. an dieser Stelle zusammengefaßt worden.

Preparation and Separation

Darstellung und Trennung. Dem erstmalig durch Einw. von gasf. NH_3 auf PCl_5 erhaltenen Verb.-Gemisch wird die Zus. $N_2P_3Cl_5$ zugeschrieben, J. v. LIEBIG, F. WÖHLER (*Lieb. Ann.* **11** [1834] 139/50), vgl. J. v. LIEBIG, H. ROSE (*Lieb. Ann.* **11** [1834] 129/39), ebenso dem Rk.-Prod. von PCl_5 mit NH_4Cl, J. H. GLADSTONE (*Quart. J. chem. Soc.* **2** [1849] 121/31). Die richtige Brutto-Zus. $NPCl_2$ wird von C. GERHARDT (*C. r.* **22** [1846] 858/60; *Ann. Chim. Phys.* [3] **18** [1846] 188/205, 203) erkannt und von A. LAURENT (*C. r.* **31** [1850] 349/56, 356) bestätigt. — Bei der Darst. durch Erhitzen von PCl_5 mit NH_4Cl wird in der Vorlage auch $POCl_3$ aufgefunden, das durch Einw. von Luft und H_2O entsteht, J. H. GLADSTONE (*Quart. J. chem. Soc.* **3** [1850] 135/54, 136), vgl. A. W. HOFMANN (*Ber.* **17** [1884] 1905/26, 1909). Die geringe Ausbeute wird auf die gleichzeitige Bldg. von Phospham zurückgeführt, W. COULDRIDGE (*J. chem. Soc.* **53** [1888] 398/402).

Die Darstellung erfolgt durch Erhitzen eines Gemisches aus PCl_5 mit der doppelten Menge NH_4Cl im Bombenrohr bei 150 bis 200°C unter öfterem Abblasen des in großer Menge entstehenden gasf. HCl, H. N. STOKES (*Am. Chem. J.* **17** [1895] 275/90, 279, **19** [1897] 782/96, 785). Das Verf. wird durch Herabsetzung der Temp. auf ~120°C und Abblasen des HCl beim Erreichen des Drucks von 25 at verbessert, R. SCHENCK, G. RÖMER (*Ber.* **57** [1924] 1343/55, 1344). Gute Ausbeuten werden erhalten durch Abdecken einer innigen Mischung aus PCl_5 und NH_4Cl mit reinem NH_4Cl und Erhitzen bei gewöhnl. Druck zwischen 120 und 160°C (vorzugsweise 145 bis 160°C) bis zur Beendigung der HCl-Entw. (~6 Std.), R. STEINMAN, F. B. SCHIRMER, L. F. AUDRIETH (*J. Am. chem. Soc.* **64** [1942] 2377/8).

Zur Ausführung der Rk. im inerten Lsgm. werden 400 g PCl_5 in 1 l $(CHCl_2)_2$ gelöst, 120 bis 130 g NH_4Cl zugesetzt und unter Rückfluß zum Sieden erhitzt. Die bei der Umsetzung der Rk.-Partner ohne Lsgm. auftretende, störende Sublimation des PCl_5 wird so vermieden. Das Erhitzen wird bis zum völligen Aufhören der HCl-Entw. fortgesetzt, nach Erkalten das unverbrauchte NH_4Cl abfiltriert und das Lsgm. bei 11 Torr und ~50°C abgetrennt, R. SCHENCK, G. RÖMER (*l. c.* S. 1345). Über Anwendung dieser Meth. zur Darst. von $(NPCl_2)_n$ mit n = 3 bis 11 s. F. G. R. GIMBLETT (*Plastics Inst. Trans.* **28** [1960] 65/73 nach *C.A.* **1960** 21835). Es kann auch von PCl_3 ausgegangen, dieses in der $(CHCl_2)_2$-Lsg. mit der ber. Cl_2-Menge chloriert und dann trocknes NH_4Cl zugefügt werden, H. WETZLER (*Diss. Bonn* 1939, S. 1/60, 27). Um die Bldg. an öligen Polymeren möglichst herabzusetzen, wird unter sorgfältigem Ausschluß von H_2O- und O_2-Spuren gearbeitet. Unter N_2 dest. PCl_3 wird in ebenfalls unter N_2 dest. $(CHCl_2)_2$ gelöst und im Vak. getrocknetes NH_4Cl zugesetzt.

Dann wird die erforderliche Cl_2-Menge eingeleitet und im N_2-Strom bei 130°C erhitzt. Das entwickelte HCl wird dauernd durch einen N_2-Strom entfernt. Nach Rk.-Beendigung wird filtriert, bei 40°C und 0.5 Torr das Lsgm. abdest., der Kristallbrei abgesaugt, aus Petroläther umkrist. und bei 0.5 Torr fraktioniert. Nach zweimaliger Dest. liegen $(NPCl_2)_3$ und $(NPCl_2)_4$ in reiner Form vor, F. Patat, F. Kollinsky (*Makromol. Ch.* **6** [1951] 292/317, 294). Es werden etwa 35- bis 40%ige Ausbeuten und nur geringe Mengen von höheren Polymeren erhalten. Auch Chlorbenzol und Benzylchlorid sind als Lsgm. brauchbar. Bei der Darst. durch Einleiten von gasf. NH_3 in die Lsg. von PCl_5 in $(CHCl_2)_2$ beträgt die Ausbeute an $(NPCl_2)_3$ ~16%, M. Yokoyama (*J. chem. Soc. Japan* [japan.] **80** [1959] 1189/91, engl. Auszug S. A93/94, nach *C.* **1961** 3934). Bei Verwendung von C_6H_5Cl als Lsgm. wird beim Verhältnis $PCl_5 : NH_4Cl = 1 : 1.5$ und 124 bis 127°C (20 bis 50 Std.) eine Ausbeute von 40%, bei 132 bis 134°C und dem Verhältnis von 1 : 1.2 (20 Std.) eine solche von 20 bis 22% angegeben, M. Yokoyama, F. Yamada (*Kôgakuin Daigaku Kenkyû Hôkoku* [*japan.*] **5** [1958] 51/56 nach *C.A.* **1959** 18714).

$(NPCl_2)_3$ und $(NPCl_2)_4$ entstehen ferner bei unvollständiger Sättigung der Lsg. von PCl_5 in CCl_4 mit gasf. NH_3, H. Moureu, P. Rocquet (*Bl. Soc. chim.* [5] **3** [1936] 829/41, 831). Ein Gemisch von Phosphornitriddichloriden mit vorherrschendem $(NPCl_2)_3$ und wenig PCl_5 bildet sich bei Einw. von Cl_2 auf P_3N_5 oder P_4N_6 bei ~700°C nach $P_3N_5 + 3Cl_2 \rightarrow (NPCl_2)_3 + N_2$; $3P_4N_6 + 12Cl_2 \rightarrow 4(NPCl_2)_3 + 3N_2$, eine geringe Menge $(NPCl_2)_n$ neben viel $POCl_3$ erhält man bei der Einw. von Cl_2 auf $(OPN)_n$ bei ~800°C nach $2(OPN)_n + 2nCl_2 \rightarrow 2(NPCl_2)_n + nO_2$, G. Wétroff (*C. r.* **208** [1939] 580/3), ebenso bei Einw. von Cl_2 auf $(PN)_x$ bei ~700°C, H. Moureu, G. Wétroff (*C. r.* **204** [1937] 51/53). P-Nitriddichloride mit vorherrschendem $(NPCl_2)_3$ bilden sich ferner beim Erhitzen von PN_3Mg_2 im Cl_2-Strom bei ~700°C nach $3PN_3Mg_2 + 9Cl_2 = (NPCl_2)_3 + 6MgCl_2 + 3N_2$, H. Moureu, G. Wétroff (*C. r.* **210** [1940] 436/8), beim Erhitzen von $PCl_5 \cdot 8NH_3$ bei ~50 Torr und 175 bis 200°C, A. Besson (*C. r.* **114** [1892] 1264/7, 1479/81), sowie als Nebenprod. beim Zusatz von PCl_3 zu der mit $SOCl_2$ versetzten Lsg. von S_4N_4 in C_6H_6, M. Goehring, J. Heinke (*Z. anorg. Ch.* **278** [1955] 53/57). — Bei gelindem Erhitzen von PCl_5 mit $HgNH_2Cl$ findet Rk. nach $PCl_5 + HgNH_2Cl = NPCl_2 + HgCl_2 + 2HCl$ statt; nach Ausziehen des NH_4Cl und $HgCl_2$ mit H_2O läßt sich $(NPCl_2)_3$ mit Äthyläther, CS_2 oder $CHCl_3$ extrahieren, J. H. Gladstone, J. D. Holmes (*J. chem. Soc.* **17** [1864] 225/37, 227).

Die Trennung der einzelnen Glieder erfolgt durch Waschen des durch Erhitzen von PCl_5 mit NH_4Cl unter Druck erhaltenen Rohpolymerisats mit heißem H_2O und fraktionierte Dest. unter vermindertem Druck in Verbindung mit fraktionierter Krist. unter Verwendung von C_6H_6 und Petroläther, H. N. Stokes (*l. c.*). Bei der Darst. unter gewöhnl. Druck setzt sich ein Tl. des $(NPCl_2)_3$ an den kälteren Stellen des Rohres ab; die Hauptmenge von $(NPCl_2)_3$ und $(NPCl_2)_4$ extrahiert man mit Petroläther (Sdp. 50 bis 70°C), die höheren Polymeren mit C_6H_6, CCl_4 oder $CHCl_3$, R. Steinmann, F. B. Schirmer, L. F. Audrieth (*l. c.*). — Bei der Darst. durch Rk. von PCl_5 mit NH_4Cl im inerten Lsgm. wird die anfallende butterförmige Masse abgesaugt und mit eiskaltem C_6H_6 gewaschen. Die fraktionierte Dest. des festen Prod. bei 10 Torr liefert bei 124°C $(NPCl_2)_3$, bei 185°C $(NPCl_2)_4$. Aus 400 g PCl_5 und 120 g NH_4Cl werden ~75 g des Trimeren und ~25 g des Tetrameren erhalten, R. Schenck, G. Römer (*l. c.*), vgl. P. Renaud (*Ann. Chim.* [11] **3** [1935] 443/512, 453). Im allgemeinen werden bei dieser Darst. 50% $(NPCl_2)_3$, 25% $(NPCl_2)_4$ und 25% höhere Polymere erhalten, A. M. de Ficquelmont (*Ann. Chim.* [11] **12** [1939] 169/280, 175). — Zur Vermeidung einer doppelten Dest. müssen die öligen Bestandteile möglichst abgetrennt werden, da sonst bei ~200°C weitere Polymerisation eintritt. Das Lsgm. wird bis zur beginnenden Krist. abdest., der Rest filtriert und das erhaltene Prod. vor der abschließenden Dest. aus möglichst wenig C_6H_6 umkrist., F. Wissemann (*Diss. Münster* 1926, S. 1/31, 4).

Trennungsverss. auf gaschromatograph. Wege unter Verwendung von N_2 als Trägergas (1.5 l/Std.) bei 240 Torr und 205°C bringen gute Ergebnisse bei der Trennung von $(NPCl_2)_n$ für $n = 3$ bis 6. Aus Gemischen von $(NPCl_2)_3$, $(NPCl_2)_4$ und $(PN(OH)_2)_4$ lassen sich zwar die beiden Chloride voneinander trennen, jedoch nicht das tetramere Chlorid von der Phosphimsäure, F. G. R. Gimblett (*Chem. and Ind.* **1958** 365/6). Zur Best. des Halogens in $(NPCl_2)_{3,4}$ wird die Rk. mit Na in fl. NH_3 benutzt, G. Tesi, L. F. Audrieth (*Gazz. Chim. Ital.* **90** [1960] 1543/5).

Patentliteratur. Herst. von cycl. P-Nitriddichloriden durch Rk. von PCl_5 mit NH_4Cl in heißen Lsgmm. ‚Albright & Wilson Ltd., J. E. Proctor, N. L. Paddock, H. T. Searie[1]) (*D.A.S.* 1079014 [1959/60], *C.* **1960** 16558; *U.S.P.* 3008799 [1958/—] nach *C.A.* **56** [1962] 8301), in Ggw. eines wasser-

[1]) Wahrscheinlich Searle.

freien Metallsalzes wie z. B. $CoCl_2$, $AlCl_3$, $MnCl_2$, $CuCl_2$, $SnCl_4$ usw., ALBRIGHT & WILSON, N. L. PADDOCK, H. T. SEARLE (*D.A.S.* 1085508 [1959/60], *C.* **1961** 620), vgl. COMPAGNIE FRANÇAISE DES MATIÈRES COLORANTES, P. H. P. VALLETTE (*F.P.* 1081245 [1953/54] nach *C.* **1956** 14219; *U.S.P.* 2782133 [1954/57], *C.A.* **1957** 9177), COMPAGNIE FRANÇAISE DES MATIÈRES COLORANTES, M. X. F. BILGER (*D.A.S.* 1041017 [1957/58], *C.* **1959** 5599; *F.P.* 1157097 [1956/58] nach *C.* **1960** 17243), M. C. TAYLOR (*U.S.P.* 2872283 [1956/59], *C.A.* **1959** 17573), s. ferner SOCONY-VACUUM OIL CO., INC., F. P. OTTO, R. W. BARRETT (*U.S.P.* 2580587 [1949/52], *C.A.* **1952** 4218). — Durch Erhitzen von PCl_5 in $(CHCl_2)_2$ in Ggw. von Chinolin bei 145°C unter Rückfluß wird nach Abdest. des Lsgm. ein Gemisch von ~40% $(NPCl_2)_3$ und 55 bis 60% $(NPCl_2)_7$ mit 0 bis 5% Verunreinigungen erhalten, HESS, GOLDSMITH & CO. INC., J. D. TEJA, R. A. PETERS (*U.S.P.* 2788286 [1954/57], *C.A.* **1957** 17239). Herst. von $(NPCl_2)_n$ durch Rk. von PCl_5 und NH_4Cl in C_6H_5Cl in Ggw. von Chinolin als Katalysator, V. B. TOLSTOGUZOV, S. M. ZHIVUKHIN (*UdSSR.P.* 141868 [1960/61] nach *C.A.* **56** [1962] 13802). — Isolierung der einzelnen Glieder aus dem Gemisch von cycl. Polymeren der Zus. $(NPCl_2)_n$ für n = 3 bis 7 durch Behandeln der Lsg. des Gemisches in einem inerten organ. Lsgm. (Petroläther) mit einem sauren Medium nach bekannten Verteilungsverff., ALBRIGHT & WILSON LTD., N. L. PADDOCK, H. T. SEARLE (*D.A.S.* 1076100 [1958/60], *C.* **1960** 17242). Zur Verbesserung der Hitzebeständigkeit werden die $(NPCl_2)_n$-Prodd. mit organ. Si-Verbb. vom Typ $(C_6H_5)_2Si(OH)_2$ behandelt, V. B. TOLSTOGUZOV, S. M. ZHIVUKHIN, L. M. SAMORODOVA (*UdSSR.P.* 140206 [1960/—] nach *C.A.* **56** [1962] 11206).

Formation Mechanism. Structure

Bildungsmechanismus. Struktur. Erklärung der Bldg. aus PCl_5 und NH_4Cl unter Annahme der intermediären Bldg. von PCl_2NH_2, H. WICHELHAUS (*Ber.* **3** [1870] 163/6, 165). Das Fehlen der monomeren Form, die verhältnismäßig leichte Trennbarkeit der Glieder der Reihe $(NPCl_2)_n$ für n = 3 bis 7, das Bestehen von öligen und kautschukartigen Formen und einer außerhalb der Reihe stehenden Verb. der Zus. $P_6N_7Cl_9$ ist seit den umfangreichen Unterss. von H. N. STOKES (*Am. Chem. J.* **17** [1895] 275/90, **18** [1896] 780/9, **19** [1897] 782/96, **20** [1898] 740/60; *Ber.* **28** [1895] 437/9) bekannt. Die Nichtexistenz der monomeren Form läßt sich aus der Oktett-Theorie begründen, H. MOUREU, G. WÉTROFF (*C. r.* **204** [1937] 51/53). Auch eine dimere Verb. der Reihe ist noch nicht isoliert worden, L. F. AUDRIETH (*Record Chem. Progr.* **20** [1959] 57/69, 61).

Der Bldg.-Mechanismus scheint in einer Reihe von Kondensationsrkk. zu bestehen, deren erstes unbeständiges Glied nach $NH_4Cl + PCl_5 = NH_4PCl_6$ entsteht. Aus diesem bilden sich vielleicht über intermediäres NH_2PCl_4 oder wahrscheinlicher $NHPCl_3$ durch Rk. mit sich selbst und mit PCl_5 die ersten Glieder der Reihen $H(NPCl_2)_nCl$ und $PCl_4(NPCl_2)_nCl$ (vgl. S. 535). Kondensationen der Zwischenprodd. mit den Anfangskomponenten dürften für die Entstehung der höheren Glieder verantwortlich sein. Die Glieder der linearen Reihen werden als unmittelbare Vorläufer der cycl. Reihe betrachtet, deren Glieder aus ihnen durch innermolekulare Umwandlung entstehen können. Überschuß an PCl_5 ergibt eine hohe Ausbeute an linearen Polymeren; durch Behandeln mit einer Suspension von NH_4Cl in $(CHCl_2)_2$ unter Rückfluß wird ihr Anteil dagegen bis fast auf Null reduziert, N. L. PADDOCK, H. T. SEARLE (in: H. J. EMELÉUS, A. G. SHARPE, *Advances in inorganic and radiochemistry, Bd.* 1, *New York* **1959**, S. 347/83, 352). — Nach neueren Unterss. verläuft die Synthese von $(NPCl_2)_n$ aus PCl_5 und NH_4Cl über Kationen der allgemeinen Zus. $[Cl_3P = N–PCl_3]^+$ oder $[Cl_3P = N–(PCl_2 = N)_n–PCl_3]^+$. Die einzelnen Rk.-Schritte können aufgeklärt werden. Zur Synthese von $(NPCl_2)_3$ wird die Rk. zwischen PCl_5 und NH_4Cl so geführt, daß $[Cl_3P = N–PCl_2 = N–PCl_3]^+$ entsteht und durch ein Verdünnungsmittel der Ringschluß begünstigt wird, für $(NPCl_2)_4$ wird die Umsetzung von $(Cl_3P = N–PCl_3)Cl$ mit NH_4Cl empfohlen, M. BECKE-GOEHRING, W. LEHR (*Z. Anorg. Allg. Chem.* **327** [1964] 128/38).

Die Sdpp. der Glieder der Reihe von n = 3 bis 7 steigen zwar regelmäßig an (bei 13 Torr in °C: 127, 188, 223 bis 224.3, 261 bis 263, 289 bis 294), die Schmpp. zeigen jedoch einen sprunghaften Verlauf (für n = 3 bis 6 in °C: 114, 123.5, 40.5 bis 41, 91). Diese Diskrepanz führt zur teilweise überholten Annahme von ringförmiger Struktur für $(NPCl_2)_3$ und $(NPCl_2)_4$, dagegen von kettenförmigen Molekeln für die höheren Glieder, H. N. STOKES (*Am. Chem. J.* **19** [1897] 782/96). Für einen gleichmäßigen Aufbau aller Glieder der Reihe spricht dagegen der mit der Formel $t_S = 40 + 37n$ erfaßbare regelmäßige Gang der Sdpp., S. I. MOKRUŠIN, E. I. KRYLOV (*Žurnal obščej Chim.* [*russ.*] **4** [1934] 577/9, *C.* **1935** II 3353), sowie die Abhängigkeit der Molpolarisation P_{mol} von n. Für die in Dekalin gelösten Substt. mit n = 3 bis 7 ergeben sich nach DK-Messungen zwischen —20 und + 95°C praktisch von der Temp. unabhängige Werte für die auf unendliche Verd. extrapolierten Angaben:

n	3	4	5	6	7
P_{mol} in cm^3 . .	84.5 ± 6.5	148.5 ± 4.5	145.5 ± 4.5	131.5 ± 6.5	179.0 ± 5.0

Ausdruck für die Gleichförmigkeit der Struktur ist auch die Ähnlichkeit der UV- und UR-Spektren, besonders das gemeinsame Absorptionsmax. bei 11.4 μ, H.-J. KRAUSE (*Z. Elektroch.* **59** [1955] 1004/8).

Die für die ganze Reihe geltende Ringstruktur (vgl. hierzu S. 542) wird schon früher vermutet, A.-M. DE FICQUELMONT (*Ann. Chim.* [11] **12** [1939] 169/280, 245), doch dürften die von G. N. COPLEY (*Chem. and Ind.* **59** [1940] 789/90) für die höheren Glieder (n = 6 und 7) vorgeschlagenen Ringsysteme mit terpenartiger Brückenstruktur nicht der Wirklichkeit entsprechen, H.-J. KRAUSE (*l. c.*). Für die Beurteilung der Struktur der höheren Glieder ist vielleicht noch bedeutsam, daß von $(NPCl_2)_5$ an besonders leicht Polymerisation eintritt, L. F. AUDRIETH (*Record Chem. Progr.* **20** [1959] 57/69, 61). Aus spektroskop. Daten ber. P–N-Dehnungsfrequenzen der höheren Glieder deuten auf ringförmige Struktur, A. C. CHAPMAN laut N. L. PADDOCK, H. T. SEARLE (in: H. J. EMELÉUS, A. G. SHARPE, *Advances in inorganic chemistry and radiochemistry, Bd.* 1, *New York* 1959, S. 347/83, 372); vgl. hierzu auch die magnet. Kernresonanzunters. von L. G. LUND, N. L. PADDOCK, J. E. PROCTOR, H. T. SEARLE (*J. chem. Soc.* **1960** 2542/7). Weitere Angaben über die P–N-Bindung in den P-Nitriddihalogeniden s. S. 303.

Tris-phosphorus Nitride Dichloride

Trisphosphornitriddichlorid $(NPCl_2)_3$.

Formation. Preparation

Bildung und Darstellung. Wegen der gemeinsamen Bldg. aller Glieder der Reihe $(NPCl_2)_n$, s. S. 549, beschränken sich die Angaben an dieser Stelle im allgemeinen auf Abtrennung und Reinigung von $(NPCl_2)_3$.

Bei der Dest. des Rohprod. erhaltene perlmutterartig glänzende Kristalle von $(NPCl_2)_3$ können aus Äthyläther umkrist. werden, J. v. LIEBIG, F. WÖHLER (*Lieb. Ann.* **11** [1834] 139/50, 146). Angaben über Reinigung durch Sublimation s. beispielsweise bei H. WICHELHAUS (*Ber.* **3** [1870] 163/6, 165), A. BESSON, H. ROSSET (*C. r.* **143** [1906] 37/40). Die durch Dest. des Rohprod. bei 12 bis 14 Torr und einer Badtemp. von 140°C erhaltene Fraktion wird aus Eisessig umkrist. und bei 100 ± 5°C und 1 Torr (oder darunter) mehrmals fraktioniert sublimiert, R. STEINMAN, F. B. SCHIRMER, L. F. AUDRIETH (*J. Am. Soc.* **64** [1942] 2377/8). Die bei 127°C und 13 Torr übergehende Fraktion wird als $(NPCl_2)_3$ bezeichnet, H. NEGITA, S. SATOU (*Bl. Chem. Soc. Japan* **29** [1956] 426/7). Der zwischen 120 bis 128°C bei 10 Torr erhaltene Anteil aus Äthyläther wird nach Entfärbung mit Kohle umkristallisiert; zur Reinheitsprüfung auf Abwesenheit der tetrameren Verb. dient das Fehlen der Linie d = 7.63 Å im Röntgen-Pulverdiagramm, M. L. NIELSEN, G. CRANFORD (in: E. G. ROCHOW, *Inorganic syntheses, Bd.* 6, *New York-Toronto-London* 1960, S. 94/7), vgl. H. HERZOG, M. L. NIELSEN (*Anal. Chem.* **30** [1958] 1490/6). Bei der Reinigung durch Umkrist. und Sublimation wird die Bldg. einer geringen Menge HCl festgestellt, F. YAMADA (*Kôgakuin Daigaku Kenkyû Hôkoku* **2** [1955] 66/72 nach *C.A.* **1959** 12726).

Zur Trennung von $(NPCl_2)_3$ und $(NPCl_2)_4$ wird etwa ein Drittel im Vak. bei 50°C sublimiert und dann die Sublimation fortgesetzt, bis sie sehr langsam wird. Der flüchtigste Anteil ist fast reines $(NPCl_2)_3$, er wird zweimal aus Eisessig umkrist., sublimiert, aus Petroläther krist. und nochmals sublimiert. Der Rückstand, fast reines $(NPCl_2)_4$, wird zweimal aus Petroläther umkrist. und zweimal sublimiert; beide Verbb. werden im Vak. gelagert, J. O. KONECNY, C. M. DOUGLAS (*J. Polymer. Sci.* **36** [1959] 195/203).

Abtrennung von $(NPCl_2)_3$ aus einem Gemisch mit höheren Homologen durch Behandeln mit einem einwertigen Alkohol (CH_3OH, C_2H_5OH, Isopropanol). $(NPCl_2)_3$ bleibt als unlösl. Rückstand zurück, ETHYL CORP., H. R. DITTMAR, J. H. BURNEY (*U.S.P.* 2862799 [—/1958] nach *C.A.* **1959** 5613). Zur gaschromatograph. Trennung von $(NPCl_2)_3$ und $(NPCl_2)_4$ s. S. 550.

Bildungswärme aus den Elementen, ber. aus der Verbrennungswärme von $(NPCl_2)_3$ (vgl. S. 554), $\Delta H = -194.1$ kcal/Mol (ohne genaue Temp.-Angabe), S. B. HARTLEY, N. L. PADDOCK, H. T. SEARLE (*J. chem. Soc.* **1961** 430/2).

Physical Properties

Physikalische Eigenschaften. Über die Eigg. der Molekel $(NPCl_2)_3$ einschließlich Form der Molekel im Gitter, Kernabstände und Bindungswinkel s. S. 542.

Lattice Structure

Gitterstruktur. Das $(NPCl_2)_3$-Gitter gehört zur gleichen Raumgruppe wie das von $(NPF_2)_3$: D_{2h}^{16}–Pnma, Z = 4; vgl. S. 544. Gitterkonstt. in Å:

a	b	c	Literatur
14.15	12.99	6.19	Fehlergrenze 0.01 Å, A. WILSON, D. F. CARROLL (*Chem. and Ind.* **1958** 1558/9; *J. chem. Soc.* **1960** 2548/52)
14.03	12.91	6.17	E. CIPOLLINI, F. POMPA, A. RIPAMONTI (*Ric. sci.* **28** [1958] 2055/9)
14.15	13.07	6.20	L. G. LUND, N. L. PADDOCK, J. E. PROCTOR, H. T. SEARLE (*J. chem. Soc.* **1960** 2542/7)
14.30	13.03	6.25	P. RENAUD (*Ann. Chim.* [*Paris*] [11] **3** [1935] 443/512, 458)
14.00	12.94	6.16	F. M. JAEGER, J. BEINTEMA (*Proc. Kon. Nederl. Akad. Wetensch.* **35** [1932] 756/62, 760)

Die Atomlagen werden durch FOURIER-Analyse von A. WILSON, D. F. CARROLL (*l. c.*) bestimmt; vgl. auch F. POMPA, A. RIPAMONTI (*Ric. sci.* **29** [1959] 1516/22), E. GIGLIO (*Ric. sci.* **30** [1960] 721/5). Ber. Gitterkonstt. s. bei A.-M. DE FICQUELMONT (*Ann. Chim.* [*Paris*] [11] **12** [1939] 169/280, 278).

Dichte D in g/cm³. Nach der Auftriebsmeth. ergibt sich $D = 1.99 \pm 0.03$, aus den Gitterkonstt. $D = 2.02$, A. WILSON, D. F. CARROLL (*l. c.*). $D = 1.99$ wird von L. G. LUND u. a. (*l. c.*) bestätigt. Aus älteren Daten bilden L. F. AUDRIETH, R. STEINMAN, A. D. F. TOY (*Chem. Rev.* **32** [1943] 109/33, 117) den Mittelwert $D = 1.98$. *Density*

Dampfdruck p. **Siedepunkt** T_V. **Verdampfungswärme** L_V, **Sublimationswärme** L_S, beide in kcal/Mol. Über festem $(NPCl_2)_3$ gilt mit p in Torr zwischen 75.2 und 114.9°C die Formel $\lg p = 11.187 - 3978/T$, über fl. $(NPCl_2)_3$ bis 189.3°C $\lg p = 8.357 - 2880/T$; daraus für 760 Torr extrapoliert: $T_V = 525.9$°K; nach CLAUSIUS-CLAPEYRON für 760 Torr ber. Werte: $L_S = 18.2$, $L_V = 13.2$, R. STEINMAN, F. B. SCHIRMER, L. F. AUDRIETH (*J. Am. chem. Soc.* **64** [1942] 2377/8); vgl. auch L. F. AUDRIETH, R. STEINMAN, A. D. F. TOY (*Chem. Rev.* **32** [1943] 109/33, 115). Aus Dampfdruckmessungen zwischen 114 und 257°C ergibt sich für 760 Torr $L_V = 13.0$, H. MOUREU, A.-M. DE FICQUELMONT (*C. r.* **213** [1941] 306/8). Nach L. O. BROCKWAY, W. M. BRIGHT (*J. Am. chem. Soc.* **65** [1943] 1551/4) liegt der Sdp. bei p = 11 zwischen 116 und 117°C. Ältere Angaben: $t_V = 256.6$°C bei 760 Torr, 127°C bei 13 Torr, H. N. STOKES (*Am. chem. J.* **19** [1897] 782/96, 783). *Vapor Pressure. Boiling Point. Heats of Vaporization and Sublimation*

Schmelzpunkt t_F. **Schmelzwärme** L_F in kcal/Mol. Der Schmp. liegt zwischen 112 und 113°C, A. H. HERZOG, M. L. NIELSEN (*Anal. Chem.* **30** [1958] 1490/6), zwischen 111.5 und 112.5°C, A. B. BURG, A. P. CARON (*J. Am. chem. Soc.* **81** [1959] 836/8), bei 112.8°C, L. G. LUND, N. L. PADDOCK, J. E. PROCTOR, H. T. SEARLE (*J. chem. Soc.* **1960** 2542/7). Die von H. N. STOKES (*l. c.*) und L. O. BROCKWAY, W. M. BRIGHT (*l. c.*) angegebenen Werte $t_F = 114.0$ bzw. 113.8°C dürften zu hoch liegen. — Als Differenz von Sublimations- und Verdampfungswärme ergibt sich $L_F = 5.0$, R. STEINMAN u. a. (*l. c.*). Aus thermochem. Daten berechnen S. B. HARTLEY, N. L. PADDOCK, H. T. SEARLE (*J. chem. Soc.* **1961** 430/2) $L_F = 7.6 \pm 0.1$. *Melting Point. Heat of Fusion*

Suszeptibilität. Die molare Susz., gem. in Richtung der kristallograph Achsen, beträgt (in 10^{-6} cm³/Mol): $\chi_a = -147.6$, $\chi_b = -145.9$, $\chi_c = -154.4$; daraus abgeleiteter Mittelwert: $\bar{\chi} = -149.3$, D. P. CRAIG, M. L. HEFFERNAN, R. MASON, N. L. PADDOCK (*J. chem. Soc.* **1961** 1376/82, 1380). *Susceptibility*

Elektrischer Widerstand ρ in $\Omega \cdot$cm. Zwischen gewöhnl. Temp. und dem Schmp. gilt $\rho = \rho_0 \cdot \exp(\Delta E/2kT)$ mit $\rho_0 = 6.3 \times 10^4$, $\Delta E = 0.71$ eV; danach ist $\rho = 8.0 \times 10^{10}$ bei 20°C; Stromträger sind praktisch nur Cl^--Ionen, D. D. ELEY, M. R. WILLIS (*J. chem. Soc.* **1963** 1534/7). *Electric Resistance*

Extinktion. Bei gewöhnl. Temp. ist der Dampfdruck von $(NPCl_2)_3$ so niedrig, daß die Absorption nicht im Gaszustand, sondern nur in Lsg. gemessen werden kann. Als Lsgm. verwenden L. G. LUND N. L. PADDOCK, J. E. PROCTOR, H. T. SEARLE (*J. chem. Soc.* **1960** 2542/7) n-Hexan, dagegen R. FORSTER, L. MAYOR, P. WARSOP, A. D. WALSH (*Chem. and Ind.* **1960** 1445/6) Cyclohexan, wobei die Ergebnisse im UV bis ~1860 Å befriedigend übereinstimmen; vgl. auch die abweichenden Angaben von M. J. S. DEWAR, E. A. C. LUCKEN, M. A. WHITEHEAD (*J. chem. Soc.* **1960** 2423/9). Bei Messungen zwischen 41000 und 49000 cm⁻¹ findet H.-J. KRAUSE (*Z. Elektrochem.* **59** [1955] 1004/8) an einer Lsg. in Cyclohexan ein Absorptionsmax. bei 46200 cm^{-1} (220 mμ). — Über die Extinktion zwischen 3900 und 4600 Å, gem. an einer Lsg. in Alkohol s. E. TREIBER, W. BERNDT, H. TOPLAK (*Angew. Chem.* **67** [1955] 69/75, 71). *Extinction*

Refractive Indices

Brechungszahlen. Bei gewöhnl. Temp. gilt für die D-Linie $n_\alpha = 1.619$, $n_\beta = 1.621$, $n_\gamma = 1.631$, 2V = 26°, J. K. LEARY laut N. L. PADDOCK, H. T. SEARLE (*Adv. in inorg. Chem. and Radiochem.* **1** [1959] 347/83, 356).

Chemical Reactions

Chemisches Verhalten. Angaben über das chem. Verh. von $(NPCl_2)_n$ ohne nähere Kennzeichnung von n sind hier unter $(NPCl_2)_3$ behandelt.

General

Allgemeines. Weißer, sich fettig anfühlender Stoff mit brenzligem Geruch, A. BESSON, ROSSET (*C. r.* **143** [1906] 37/40). Bei schwachem Erwärmen eigentümlicher, nicht scharfer Geruch, J. v. LIEBIG, F. WÖHLER (*Lieb. Ann.* **11** [1834] 139/50, 146). Bei gewöhnl. Temp. wenig flüchtig, verbreitet beim Erhitzen dichte Dämpfe von eigentümlichem, einigermaßen angenehmem Geruch. Die alkohol. Lsg. besitzt bitteren Geschmack, J. H. GLADSTONE (*Quart. J. chem. Soc.* **3** [1850] 135/54, 138). Die Dämpfe verursachen Augenentzündungen und Atembeschwerden, die sich erst nach einigen Std. einstellen und nach 1 bis 2 Tagen wieder verschwinden. Dauernde Schädigungen treten jedoch nicht auf, N. L. PADDOCK, H. T. SEARLE (*l. c.* S. 352), vgl. H. N. STOKES (*Am. Chem. J.* **17** [1895] 275/90, 283), P. RENAUD (*Ann. Chim.* [11] **3** [1935] 443/512, 452).

On Heating

Beim Erhitzen. Vgl. auch vorhergehenden Absatz. Beim Erhitzen bei 270 bis 290°C tritt teilweise Verharzung ein, H. WICHELHAUS (*Ber.* **3** [1870] 163/6, 164). Über die hierbei auftretende Polymerisierung s. S. 537.

With Nonmetals

Gegen Nichtmetalle. $(NPCl_2)_3$ kann in einer H_2-Atm. unverändert sublimiert werden, J_2 wirkt ebenfalls nicht ein, J. H. GLADSTONE (*Quart. J. chem. Soc.* **3** [1850] 135/54, 139). Nascierender Wasserstoff spaltet PH_3 ab, H. WICHELHAUS (*Ber.* **3** [1870] 163/6, 166). Best. der Wärmetönung der Rk. $(NPCl_2)_{n\,fest} + 5n/4\,O_{2\,gasf} \rightarrow n/4\,P_4O_{10\,fest} + n/2\,N_{2\,gasf} + n\,Cl_{2\,gasf}$ für n = 3 durch Zündung einer Probe in O_2 bei 24 ± 1°C durch elektr. erhitzten Pt-Draht unter Berücksichtigung einer Korrektur wegen Bldg. von Verbb. mit 3wertigem P sowie wegen Bldg. von NO_2 zu $\Delta H = -345.9$ kcal/Mol, S. B. HARTLEY, N. L. PADDOCK, H. T. SEARLE (*J. chem. Soc.* **1961** 430/2). — Ozonisierter Sauerstoff wirkt bei gewöhnl. Temp. nicht ein, N_2-haltiges O_2 bildet jedoch nach Ozonisierung durch dabei entstandene NO-Verbb. einen gelbbraunen Körper unbekannter Zus., A. BESSON, ROSSET (*C. r.* **143** [1906] 37/40).

With Nonmetal Compounds

Gegen Nichtmetallverbindungen. Wasser. $(NPCl_2)_3$ ist mit Wasserdampf flüchtig, J. v. LIEBIG, F. WÖHLER (*Lieb. Ann.* **11** [1834] 139/50, 146), A. W. HOFMANN (*Ber.* **17** [1884] 1905/26, 1910). Ist in H_2O unlösl., bei längerem Behandeln tritt jedoch langsame Rk. ein nach $2(NPCl_2)_3 + 15H_2O = 3(NH_2)_2P_2O_3(OH)_2 + 12HCl$, J. H. GLADSTONE, J. D. HOLMES (*J. chem. Soc.* **17** [1864] 225/37, 237), vgl. P. RENAUD (*Ann. Chim.* [11] **3** [1935] 443/512, 480). Zersetzt sich mit H_2O im Einschlußrohr bei 150 bis 200°C nach $(NPCl_2)_3 + 12H_2O = 6HCl + 3H_3PO_4 + 3NH_3$, A. BESSON, ROSSET (*C. r.* **143** [1906] 37/40). Bei längerem Schütteln der 10%igen äther. Lsg. von $(NPCl_2)_3$ (6 bis 8 Std.) mit $^1/_3$ des Vol. an H_2O entsteht als Primärprod. $P_3N_3Cl_4(OH)_2$, H. N. STOKES (*Am. Chem. J.* **17** [1895] 275/90, 285), vgl. hierzu S. 561.

Stickstoffverbindungen. Die Einw. von Ammoniak auf $(NPCl_2)_3$ verläuft nicht völlig nach $(NPCl_2)_3 + 3NH_3 = 3PN_2H + 6HCl$; es findet daneben die Rk. $(NPCl_2)_3 + 4NH_3 = P_3N_3Cl_4(NH_2)_2 + 2NH_4Cl$ statt. Beim Erhitzen in Ggw. von NH_3 bis 825°C entsteht P_3N_5, H. MOUREU, A.-M. DE FICQUELMONT (*C. r.* **198** [1934] 1417/9). Bei längerem Einleiten von gasf. NH_3 in eine Lsg. von $(NPCl_2)_3$ in C_6H_6, entsteht ein Gemisch von $N_3P_3(NH_2)_6$ oder $NP(NH_2)_2$ mit NH_4Cl, H. SCHÄPERKÖTTER (*Diss. Münster* 1925, S. 1/38, 33). Beim Schütteln der äther. Lsg. von $(NPCl_2)_3$ mit wss. NH_3 wird $P_3N_3Cl_4(NH_2)_2$ gebildet, H. N. STOKES (*Ber.* **28** [1895] 437/9), vgl. hierzu S. 562. Beim Einleiten von gasf. NH_3 in eine Lsg. von $(NPCl_2)_3$ in CCl_4 bildet sich ein weißer Nd., der bei Extraktion mit CCl_4 im Soxhletapp. eine in der Kälte kaum, in der Wärme wenig lösl. Verb. der Zus. $P_2N_2Cl_3NH_2$ (?) (vgl. S. 562), liefert. Der Rückstand scheint aus einem Gemisch aus NH_4Cl und $PN(NH_2)_2$ zu bestehen. Als Rk. wird folgende Gleichung angenommen: $(NPCl_2)_3 + 6NH_3 = P_2N_2Cl_3NH_2 + 3NH_4Cl + PN(NH_2)_2$ wobei $P_2N_2Cl_3NH_2$ als isolierbares Zwischenprod. aufgefaßt wird, A. BESSON, ROSSET (*C. r.* **146** [1908] 1149/51). — Beim Behandeln von pulverisiertem $(NPCl_2)_3$ mit fl. NH_3 unter Kühlung mit festem CO_2 wird eine Lsg. von NH_4Cl in fl. NH_3 und eine Verb. der Zus. PN_3H_4 oder $PN(NH_2)_2$ erhalten, A. BESSON, ROSSET (*C. r.* **146** [1908] 1149/51), vgl. H. MOUREU, P. ROCQUET (*Bl. Soc. chim.* [5] **3** [1936] 821/8, 827, 829/41, 835; *C. r.* **198** [1934] 1691/3), L. F. AUDRIETH, D. B. SOWERBY (*Chem. and Ind.* **1959** 748/9).

$(NPCl_2)_3$ reagiert in äther. Lsg. mit einer äther. Suspension von wasserfreiem Hydrazin unter Bldg. von $P_3N_3(N_2H_3)_6$, J. A. OTTO, L. F. AUDRIETH (*J. Am. Soc.* **80** [1958] 3575).

Im Kontakt mit gasf. Stickstoffdioxid werden in der Kälte zwischen 2 und 3 Mol NO_2 addiert unter Bldg. von nadelförmigen Kristallen, die vorübergehend in einer NO_2-Atm. beständig sind. Beim Erhitzen mit NO_2 im Einschlußrohr bei 200 bis 250°C bilden sich N_2, N_2O, Cl_2, NOCl, NO_2Cl und eine glasige wasserlösl. Masse der Zus. $P_4O_{12}N$ oder $2P_2O_5 \cdot NO_2$. Die Rk. verläuft, von Nebenrkk. abgesehen, in der Hauptsache nach $2(NPCl_2)_3 + 12NO_2 = 6N_2O + 3NOCl + 3P_2O_5 + 9Cl + 3N$, A. BESSON, ROSSET (*C. r.* **143** [1906] 37/40).

Schwefelverbindungen. Kann in einer Schwefelwasserstoff-Atm. unverändert sublimiert werden, J. H. GLADSTONE (*Quart. J. chem. Soc.* **3** [1850] 135/54, 139). Ist in fl. H_2S lösl. und kann aus diesem umkrist. werden, ohne zu reagieren, L. F. AUDRIETH (*Record Chem. Progr.* **20** [1959] 57/69, 65). — Schwefeltrioxid wirkt bei gewöhnl. Temp. unter Bldg. eines fl. Additionsprod. ein; bei 150°C im Einschlußrohr bilden sich N_2, Cl_2, SO_2, $SOCl_2$, SO_2Cl_2 und eine glasige Masse unbekannter Zus., A. BESSON, ROSSET (*C. r.* **143** [1906] 37/40). Beim Aufdest. von fl. SO_3 bei 40°C auf festes $(NPCl_2)_3$ wird ein farbloser Sirup erhalten, der nach Entfernung des überschüssigen SO_3 im Vak. bei 25°C eine feste glasige Masse der Zus. $(NPCl_2)_3 \cdot 3SO_3$ liefert, M. GOEHRING, H. HOHENSCHUTZ, R. APPEL (*Z. Naturf.* **9b** [1954] 678/81).

Borverbindungen. Bildet mit BCl_3 in H_2-Atm. Bornitrid BN, T. RENNER (*Z. anorg. Ch.* **298** [1958] 22/33, 31).

Gegen Säuren. Wss. HCl, HNO_3 und H_2SO_4 wirken nicht ein, J. v. LIEBIG, F. WÖHLER (*Lieb. Ann.* **11** [1834] 139/50, 146), rauchendes HNO_3 erst beim Erwärmen; gelöst in Alkohol oder Terpentinöl wird $(NPCl_2)_3$ von HNO_3 leichter angegriffen, J. H. GLADSTONE (*Quart. J. chem. Soc.* **3** [1850] 135/54, 139). — Reagiert mit gasf. oder fl. wasserfreiem HF in fast 100%iger Ausbeute nach $(NPCl_2)_3 + 18HF = 3NH_4PF_6 + 6HCl$, H. BODE, H. CLAUSEN (*Z. anorg. Ch.* **265** [1951] 229/43, 229). — Beim Behandeln einer Lsg. von $(PNCl_2)_3$ in fl. HCl mit PF_5 wird bei −85°C eine weiße Subst. isoliert, die beim Erwärmen auf gewöhnl. Temp. unter Gasentw. wieder unverändertes $(PNCl_2)_3$ hinterläßt, M. E. PEACH, T. C. WADDINGTON (*J. Chem. Soc.* **1963** 799/805). — Ist leicht lösl. in heißem konz. H_2SO_4; beim Kochen dieser Lsg. tritt teilweise Zers. ein, doch dest. der größte Tl. von $(NPCl_2)_3$ unverändert ab, H. N. STOKES (*Am. Chem. J.* **17** [1895] 275/90, 283). Durch kryoskop. Messungen wird festgestellt, daß $(NPCl_2)_3$ beim Lösen in 100%igem H_2SO_4 ein Proton aufnimmt in Analogie zu der Rk. mit $HClO_4$ (vgl. unten sowie S. 557), D. R. SMITH laut N. L. PADDOCK, H. T. SEARLE (in: H. J. EMELÉUS, A. G. SHARPE, *Advances in inorganic chemistry and radiochemistry, Bd. 1, New York* 1959, S. 347/83, 364). — Die Lsg. in wenig Eisessig gibt mit 60%igem $HClO_4$ eine kristalline Verb. der Zus. $(NPCl_2)_3 \cdot HClO_4$, H. BODE, K. BÜTOW, G. LIENAU (*Chem. Ber.* **81** [1948] 547/52, 552), vgl. oben, sowie S. 557. *With Acids*

Gegen Metalle. Beim Erhitzen mit Natrium bilden sich von 120°C an, bei höherer Temp. unter Explosion verschiedene Prodd., unter ihnen ein grauschwarzer, mit Cl_2 verunreinigter Körper, nach dessen Bruttozus. PN angenommen wird, daß der Vorgang nach $NPCl_2 + 2Na = PN + 2NaCl$ abläuft, P. RENAUD (*Bl. Soc. chim.* [4] **53** [1933] 692/7, 692). Eine Lsg. von $(NPCl_2)_3$ in C_6H_6 reagiert mit metall. Na oder Na-Amalgam sehr langsam, W. COULDRIDGE (*J. chem. Soc.* **53** [1888] 398/402, 402). Bei der Rk. von $(NPCl_2)_3$ mit in fl. NH_3 gelöstem Na bildet sich als Endprod. die Verb. $(NPHNHNa)_3$. Der Rk.-Mechanismus verläuft über $(NPCl_2)_3 + 6Na \rightarrow (NP)_3 + 6NaCl$; $(NP)_3$ reagiert mit NH_3 unter Bldg. von $(NPNH_2)_3$, welches mit Na nach $(NPNH_2)_3 + 3Na \rightarrow (NPHNHNa)_3 + 3/2H_2$ reagiert. Die Bldg. einer geringen Menge PH_3 beim Auflösen des Rk.-Prod. in H_2O deutet auf eine Nebenrk. unter Aufspaltung des Ringes, W. MÜLLER (*Diss. Tübingen* **1957**, S. 1/72, 35). Die Wrkg. von Na in fl. NH_3 auf eine Lsg. von $(NPCl_2)_3$ in Toluol besteht in der Aufspaltung des Ringes und Bldg. von PH_3 bei Einw. von H_2O auf das Rk.-Prod., W. E. BULL (*Thesis Illinois* **1957**, S. 1/127 nach *Diss. Abstr.* **18** [1958] 384), W. E. BULL laut L. F. AUDRIETH (*Record Chem. Progr.* **20** [1959] 57/69, 67). *With Metals*

Zink und Magnesium bleiben selbst beim Kochen mit $(NPCl_2)_3$ blank und reagieren nicht, P. RENAUD (*Ann. Chim.* [11] **3** [1935] 443/512, 484). Beim Erhitzen von Zn-Staub mit einer Lsg. von $(NPCl_2)_3$ in C_6H_6 wird viel nach $(CN)_2$ riechendes Gas entwickelt; es tritt vollkommene Zers. unter Bldg. einer Zn-P-Verb. ein, W. COULDRIDGE (*J. chem. Soc.* **53** [1888] 398/402). Die Lsg. von $(NPCl_2)_3$ in Eisessig entwickelt mit Zn-Staub PH_3, H. N. STOKES (*Am. Chem. J.* **17** [1895] 275/90, 283). Beim Kontakt von $(NPCl_2)_3$-Dampf mit glühendem Eisen tritt völlige Zers. in N_2 und eine schwarze Masse aus $FeCl_2$ und Fe–Phosphid ein, J. v. LIEBIG, F. WÖHLER (*Lieb. Ann.* **11** [1834] 139/50, 146). — Beim Erhitzen mit Silber bildet sich AgCl neben einem in HNO_3 und NH_3 unlösl. Stoff und einem in H_2O lösl. Sublimat. Auch aus der äther. Lsg. von $(NPCl_2)_3$ scheidet sich beim Erhitzen im geschlossenen Gefäß am metall. Ag eine AgCl-Schicht ab, J. H. GLADSTONE (*Quart. J. chem. Soc.* **3** [1850] 135/54, 139).

With Metal Compounds

Gegen Metallverbindungen. $(NPCl_2)_3$-Dämpfe wirken auf CuO bei Rotglut unter Bldg. von Phosphat und nitrosen Gasen ein, J. H. GLADSTONE (*Quart. J. chem. Soc.* **3** [1850] 135/54, 139). Na_2O_2 reagiert sehr heftig mit $(NPCl_2)_3$, P. RENAUD (*Ann. Chim.* [11] **3** [1935] 443/512, 480). — KOH in wss. Lsg. ist ohne Wrkg., J. v. LIEBIG, F. WÖHLER (*Lieb. Ann.* **11** [1834] 139/50, 146), in alkohol. Lsg. tritt Zers. ein, J. H. GLADSTONE (*l. c.*), es bildet sich $(NH_2)_2P_2O_3(OH)_2$, J. H. GLADSTONE, J. D. HOLMES (*J. chem. Soc.* **17** [1864] 225/37, 237), vgl. S. 359.

Reagiert leicht in Acetonlsg. (1/500 Mol $(NPCl_2)_3$ in 6 ml) im N_2-Strom mit einer Lsg. von NaN_3 unter Bldg. einer öligen Subst. der Zus. P_3N_{21} (s. S. 317) nach $(NPCl_2)_3 + 6NaN_3 = [NP(N_3)_2]_3 + 6NaCl$, C. GRUNDMANN, R. RÄTZ (*Z. Naturf.* **10b** [1955] 116/7). Mit alkohol. $AgNO_3$-Lsg. entsteht AgCl, J. H. GLADSTONE (*l. c.*). — Durch Erhitzen von $(NPCl_2)_3$ mit in NH_4OH suspendiertem $NaNH_2$ im Autoklaven bei 130 bis 175°C, Kühlen, Entfernen des überschüssigen NH_3 wird ein Stoff gewonnen, der nach Lösen in H_2O und Neutralisieren mit CH_3CO_2H ein Feuerfestmachen von Geweben ermöglicht, ALBRIGHT & WILSON, C. A. REDFARN, H. COATES (*B.P.* 788785 [—/1958] nach *C.A.* **1958** 9624).

Über Rk. mit NaF s. C. W. TULLOCK, D. D. COFFMAN (*J. Org. Chem.* **25** [1960] 2016/9). Mit AgF findet bei 180°C eine äußerst heftige, schwer zu regulierende Rk. statt; die Rk. mit ZnF_2 ist sehr träge, mit PbF_2 wird $N_4P_4Cl_2F_6$ erhalten, O. SCHMITZ-DUMONT, H. KÜLKENS (*Z. anorg. Ch.* **238** [1938] 189/200, 190), vgl. H. KÜLKENS (*Diss. Bonn* 1938, S. 1/57) und S. 565. — Bei 3std. Schütteln einer Lsg. von $(NPCl_2)_3$ in CS_2 mit $AlCl_3$ wird nach Abdampfen des Lsgm. ein blaßgelbliches, nicht umkristallisierbares Prod. der Zus. $(NPCl_2)_3 \cdot 2AlCl_3$ erhalten, H. BODE, H. BACH (*Ber.* **75** [1942] 215/26, 222).

Beim Schütteln der äther. Lsg. von $(NPCl_2)_3$ (10 g in 100 ml) mit wss. Na-Acetatlsg. (38 g in 70 ml H_2O) scheiden sich in der wss. Schicht Kristalle von $Na_3P_3(NH)_3O_6 \cdot 4H_2O$ ab; der P-N-Ring bleibt erhalten, E. THILO, R. RÄTZ (*Z. anorg. Ch.* **258** [1949] 33/57, 42), vgl. H. N. STOKES (*Am. Chem. J.* **18** [1896] 629/63, **20** [1898] 740/60, 746). Beim Erhitzen einer alkohol. Lsg. von $(NPCl_2)_3$ mit AgCN bei 100°C unter Rückfluß tritt vollkommene Zers. unter Entw. von HCN ein. Die Lsg. liefert beim Eindampfen ein dickes Öl mit stark saurer Rk., das mit warmer $Ba(OH)_2$-Lsg. NH_3 entwickelt, W. COULDRIDGE (*J. chem. Soc.* **53** [1888] 398/402, 402). — $(NPCl_2)_3$ reagiert mit KSCN in Aceton unter Bldg. von $P_3N_3(NCS)_6$, R. J. A. OTTO, L. F. AUDRIETH (*J. Am. Soc.* **80** [1958] 5894/5), vgl. S. 633.

Die Rk. von $(NPCl_2)_3$-Dampf mit $PbCrO_4$ bei Rotglut verläuft unter Bldg. von Phosphat und nitrosen Gasen, J. H. GLADSTONE (*l. c.*).

With Organic Compounds

Gegen organische Verbindungen. Bei Bestrahlung von $(NPCl_2)_3$-Lsgg. in C_6H_6 und Dekahydronaphthalin mit UV-Licht (Hg-Lichtbogen), findet eine stufenweise Substitution der Cl-Atome durch Radikale der Lsgmm. statt, B. R. DISHON, Y. HIRSHBERG (*J. polymer. Sci.* **4** [1949] 75/82). Eine 2%ige Lsg. von $(NPCl_2)_3$ in Dioxan ergibt bei längerem Bestrahlen mit schnellen Elektronen einen weißen flockigen Nd. der Zus. $(PNClC_4H_8O_2)_X$, der beständig gegen Hydrolyse ist und auch beim Kochen mit alkohol. Alkalilauge nicht zersetzt wird, V. S. SPICYN, N. A. AFANAS'EVA, A. K. PIKAEV, I. D. KOLLI, P. JA. GLAZUNOV (*Doklady Akad. Nauk SSSR* **131** [1960] 1106/8, *C.A.* **1960** 22128; engl. Übers.: *Proc. Acad. Sci. USSR, Chem. Sect.* **131** [1960] 387/9). Rkk. von $(NPCl_2)_3$ mit organ. Aminen und anderen Verbb. werden zur Strukturaufklärung benutzt, vgl. hierzu beispielsweise A. W. HOFMANN (*Ber.* **17** [1884] 1905/26, 1910), R. SCHENCK, G. RÖMER (*Ber.* **57** [1924] 1343/55, **60** [1927] 160/1), H. BODE, K. BÜTOW, G. LIENAU (*Chem. Ber.* **81** [1948] 547/52), M. BECKE-GOEHRING, K. JOHN (*Ang. Ch.* **70** [1958] 657), A. B. BURG, A. P. CARON (*J. Am. Soc.* **81** [1959] 836/8), J. O. KONECNY, C. M. DOUGLAS (*J. polymer. Sci.* **36** [1959] 195/203), M. YOKOYAMA (*J. chem. Soc. Japan* [japan.] **80** [1959] 1192/4 [engl. Auszug S. A 94] nach *C.* **1961** 3935). — Über Auftreten von Isomerie bei organ. Substitutionsverbb. von $(NPCl_2)_3$ s. beispielsweise L. F. AUDRIETH (*Record Chem. Progr.* **20** [1959] 57/69, 62), N. L. PADDOCK (*Endeavour* **19** [1960] 134/41).

Über Rkk. mit Organometallverbb. s. beispielsweise W. COULDRIDGE (*J. chem. Soc.* **52** [1888] 398/402), H. N. STOKES (*Am. Chem. J.* **17** [1895] 275/90, 283), H. ROSSET (*C. r.* **180** [1925] 750/1), H. BODE, H. BACH (*Ber.* **75** [1942] 215/26, 223).

Solubility

Löslichkeit. Mittelwerte der Löslichkeit L in g/100 g Lsgm. bei 20 ± 0.05°C:

Lsgm. . . .	Äther	Dioxan	C_6H_6	Toluol	Xylol	CCl_4	CS_2	Petr.*)
L	46.37	29.55	55.0	47.3	38.85	38.88	52.05	27.9

*) Petr. = Petroläther, Sdp. 80 bis 90°C.

A.-M. DE FICQUELMONT (*Ann. Chim.* [11] **12** [1939] 169/280, 195). Vgl. hierzu Angaben über Löslichkeit in Äther und C_6H_6 bei H. N. STOKES (*Am. Chem. J.* **17** [1895] 275/90, 288).

Löslichkeit L in g/100 g Lsgm. bei 20°C:

Lsgm.	n-Pentan	n-Hexan	C_6H_6	CCl_4	$(CHCl_2)_2$
L	25.5	25.5	56.5	38.3	33.4

L. G. LUND laut N. L. PADDOCK, H. T. SEARLE (in: H. J. EMELÉUS, A. G. SHARPE, *Advances in inorganic chemistry and radiochemistry, Bd.* 1, *New York* 1959, S. 347/83, 357). — Davon etwas abweichende Werte der Löslichkeit (in Gew.-%) bei verschiedenen Tempp.:

Lösungsmittel	Löslichkeit in Gew.-% bei			
	20°C	40°C	60°C	80°C
C_6H_6	30.9	43.3	57.1	—
$C_6H_5CH_3$	29.9	42.2	53.7	66.0
Xylol	27.7	38.0	50.7	64.5
Cyclohexan	22.3	36.8	53.7	—
Kerosin (Sdp. 180 bis 220°C)	—	27.3	35.9	62.4
$CHCl_3$	33.7	43.4	—	—
CCl_4	24.5	35.6	39.2	—
Trichloräthylen	31.2	45.3	58.8	68.6
Tetrachloräthan	21.9	32.6	47.8	62.9
CH_3COCH_3	16.7	28.2	—	—
$CH_3CO_2C_2H_5$	22.1	34.5	48.2	—
Dioxan	18.9	22.6	28.7	38.4
CH_3CO_2H	6.19	9.34	13.7	32.6

Bei 15 bzw. 25°C lösen sich in Äthyläther 27.6 bzw. 33.5 Gew.-%, in Petroläther (Sdp. 35 bis 37°C) 17.1 bzw. 22.3 Gew.-% $(NPCl_2)_3$, M. YOKOYAMA, F. YAMADA (*Kôgakuin Daigaku Kenkyû Hôkoku* **6** [1958] 94/8 nach *C. A.* **1959** 15713).

Systeme mit $(NPCl_2)_3$. Vgl. S. 564.

Systems with $(NPCl_2)_3$

Additionsverbindungen

Addition Compounds

$(NPCl_2)_3 \cdot nNO_2$ (n = 2 bis 3) (?). Entsteht in Form nadelförmiger Kristalle bei Kontakt von $(NPCl_2)_3$ mit gasf. NO_2 in der Kälte; nur vorübergehend in NO_2-Atm. beständig, A. BESSON, ROSSET (*C. r.* **143** [1906] 37/40).

***$(NPCl_2)_3 \cdot HClO_4$*.** Darst. in krist. Form durch Zusatz von 60%igem $HClO_4$ zu der Lsg. von $(NPCl_2)_3$ in wenig Eisessig und Umkrist. aus $HClO_4$-haltigem Eisessig. Ein Schmp. wird nicht festgestellt, beim Erhitzen auf dem Spatel tritt Verpuffung ein. Die Verb. wird als Oniumsalz formuliert: $[HN_3P_3Cl_6][ClO_4]$, H. BODE, K. BÜTOW, G. LIENAU (*Chem. Ber.* **81** [1948] 547/52, 550, 552).

***$(NPCl_2)_3 \cdot 3SO_3$*.** Beim Aufdest. von fl. SO_3 von 40°C auf festes $(NPCl_2)_3$ wird ein farbloser Sirup erhalten, der nach Vertreiben des überschüssigen SO_3 bei 25°C im Vak. eine feste glasige Masse obiger Zus. liefert. Die Verb. ist hygroskopisch und gibt bei der Hydrolyse Amidosulfonsäure und H_2SO_4. Es wird daraus geschlossen, daß das SO_3 am Stickstoff gebunden ist. Bei 50°C und 15 Torr tritt Zerfall in N_2, Cl_2, SO_2, SO_2Cl_2, $SOCl_2$ unter Zurückbleiben einer glasigen Masse uneinheitlicher Zus. ein, M. GOEHRING, H. HOHENSCHUTZ, R. APPEL (*Z. Naturf.* **9b** [1954] 678/81). Vgl. M. BECKE-GOEHRING, H. THIELEMANN (*Z. anorg. Ch.* **308** [1961] 33/51, 35).

***Tetrakisphosphornitriddichlorid $(NPCl_2)_4$*.**

Tetrakisphosphorus Nitride Dichloride

Bildung und Darstellung. Die Darst. durch Rk. von PCl_5 und NH_4Cl in $(CHCl_2)_2$, vgl. S. 549, wird verbessert (Einzelheiten s. im Original) und die Fraktion zwischen 180 und 187°C bei 10 Torr unter Entfärben mit Kohle aus Äthyläther umkristallisiert; zur Reinheitsprüfung wird das Fehlen der Linie d = 5.66 Å (Abwesenheit der trimeren Verb.) bei der Röntgenunters. (Pulverdiagramm) herangezogen, M. L. NIELSEN, G. CRAWFORD (in: E. G. ROCHOW, *Inorganic syntheses, Bd.* 6, *New York-Toronto-London* 1960, S. 94/97), vgl. H. HERZOG, M. L. NIELSEN (*Anal. Chem.* **30** [1958] 1490/6).

Formation. Preparation

Zur Trennung von $(NPCl_2)_3$ wird die geringe Flüchtigkeit mit H_2O-Dampf benutzt und die Subst. durch wiederholtes Umkrist. aus C_6H_6 gereinigt, H. N. STOKES (*Am. Chem. J.* **17** [1895] 275/90, 280). Eine unter Hochvak. in Pyrexglas verschlossene Probe des Tetrameren soll bei 300°C ohne Farbänderung polymerisieren, B. R. DISHON, Y. HIRSHBERG (*J. Polymer. Sci.* **4** [1949] 75/82, 75). Die bei 13 Torr zwischen 185 und 190°C übergehende Fraktion des aus PCl_5 und NH_4Cl in $(CHCl_2)_2$-Lsg. hergestellten Prod. enthält noch ~10% $(NPCl_2)_3$, H. NEGITA, S. SATON (*Bl. Chem. Soc. Japan* **29** [1956] 426/7). Zur Trennung des Tetrameren vom Trimeren vgl. ferner S. 552, zur Abtrennung des Tetrameren aus dem Polymerengemisch vgl. S. 550.

B i l d u n g s w ä r m e aus den Elementen wird aus der Verbrennungswärme von $(NPCl_2)_4$ (vgl. S. 559) zu $\Delta H = -259.2$ kcal/Mol (ohne genaue Temp.-Angabe) ber., S. B. HARTLEY, N. L. PADDOCK, H. T. SEARLEY (*J. chem. Soc.* **1961** 430/2).

Physical Properties

Physikalische Eigenschaften. Über die Eigg. der Molekel $(NPCl_2)_4$ einschließlich Form der Molekel im Gitter, Kernabstände und Bindungswinkel s. S. 542.

Lattice Structure

Gitterstruktur. Das $(NPCl_2)_4$-Gitter hat eine höhere Symmetrie als das von $(NPF_2)_4$; Raumgruppe: C^4_{4h}–P 4_2/n, Z = 2; Gitterkonstt.: a = 10.79, c = 5.93 Å, F. M. JAEGER, J. BEINTEMA (*Proc. Kon. Nederl. Akad. Wetensch.* **35** [1932] 756/62, 758); Kritik hierzu s. *Strukturber. 1928—1932, Bd.* 2, 1937, S. 369. Neuere Messungen bestätigen die Struktur und ergeben a = 10.82 ± 0.01, c = 5.95 ± 0.01 Å, J. A. A. KETELAAR, T. A. DE VRIES (*Recueil Trav. chim.* **58** [1939] 1081/99, 1083); die gleichen Gitterkonstt. geben auch L. G. LUND, N. L. PADDOCK, J. E. PROCTOR, H. T. SEARLE (*J. chem. Soc.* **1960** 2542/7) an. Nach genaueren Messungen ist a = 10.844 ± 0.002, c = 5.961 ± 0.005 Å, R. HAZEKAMP, T. MIGCHELSEN, A. VOS (*Acta Cryst.* **15** [1962] 539/43 [engl.]). Siehe ferner L. K. FREVEL, H. W. RINN, H. C. ANDERSON (*Ind. engng. Chem. anal. Ed.* **18** [1946] 83/93, 85).

Density

Dichte D in g/cm³. Nach pyknometr. Best. bzw. aus den Gitterkonstt.: D = 2.18 bzw. 2.20, J. A. A. KETELAAR, T. A. DE VRIES (*l. c.*).

Vapor Pressure. Boiling Point. Heats of Vaporization and Sublimation

Dampfdruck p. **Siedepunkt** t_V. **Verdampfungswärme** L_V. **Sublimationswärme** L_S, beide in kcal/Mol. Zwischen dem Schmp. und 275°C gilt die bekannte lineare Beziehung zwischen lg p und 1/T; bei höheren Tempp. ist jedoch die Polymerisationsgeschw. so groß, daß der Dampfdruck nicht dem $(NPCl_2)_4$ allein zugeordnet werden kann. Abgesehen von der Polymerisation müßte danach $(NPCl_2)_4$ unter 760 Torr bei $t_V = 325.5$°C sieden; entsprechend $L_V = 15.5$ kcal/Mol, H. MOUREU, A.-M. DE FICQUELMONT (*C. r. Acad. Sci.* [*Paris*] **213** [1941] 306/8). Ältere Werte: $t_V = 328.5$°C bei 760 Torr, 188°C bei 13 Torr, H. N. STOKES (*Am. chem. J.* **19** [1897] 782/96, 783; *Ber.* **28** [1895] 437/9). — Aus thermochem. Daten berechnen S. B. HARTLEY, N. L. PADDOCK, H. T. SEARLE (*J. chem. Soc.* **1961** 430/2) $L_S = 23.1 \pm 0.2$ bei 25°C und 760 Torr. — Der Dissoz.-Grad des Dampfes nimmt zwischen 302 und 445°C geringfügig zu; das mittlere Molgew. fällt von 459 auf 451 (theoretisch 464), O. SCHMITZ-DUMONT, A. BRASCHOS (*Z. anorg. allg. Chem.* **243** [1939] 113/26, 124).

Melting Point

Schmelzpunkt t_F. $(NPCl_2)_4$ schmilzt zwischen 123.5 und 124.5°C, A. H. HERZOG, M. L. NIELSEN (*Anal. Chem.* **30** [1958] 1490/6). Hiermit wird der von H. N. STOKES (*l. c.*) angegebene Wert $t_F = 123.5$°C bestätigt, während L. G. LUND u. a. (*l. c.*) $t_F = 122.8$°C finden.

Susceptibility

Suszeptibilität. Die mittlere Molsusz. ist $\bar{\chi} = -196.8 \times 10^{-6}$ cm³/Mol, D. P. CRAIG, M. L. HEFFERNAN, R. MASON, N. L. PADDOCK (*J. chem. Soc.* **1961** 1376/82, 1380).

Electric Resistance

Elektrischer Widerstand. Für $(PNCl_2)_4$ gilt dieselbe Formel wie für $(NPCl_2)_3$ (s. S. 553) mit $\rho_0 = 35 \cdot 10^4$, $\Delta E = 0.61$ eV; danach ist $\rho = 5.3 \times 10^{10}$ bei 20°C, D. D. ELEY, M. R. WILLIS (*J. chem. Soc.* **1963** 1534/7).

Extinction

Extinktion. Im UV und im sichtbaren Bereich absorbiert eine Lsg. von $(NPCl_2)_4$ in Cyclohexan bzw. Alkohol praktisch genau so wie eine Lsg. von $(NPCl_2)_3$, H.-J. KRAUSE (*Z. Elektrochem.* **59** [1955] 1004/8), E. TREIBER, W. BERNDT, H. TOPLAK (*Angew. Chem.* **67** [1955] 69/75).

Refractive Indices

Brechungszahlen. Bei gewöhnl. Temp. gilt für die D-Linie $n_\omega = 1.678$, $n_\varepsilon = 1.675$, J. K. LEARY laut N. L. PADDOCK, H. T. SEARLE (*Adv. in inorg. Chem. and Radiochem.* **1** [1959] 347/83, 356).

Chemical Reactions

Chemisches Verhalten. Farblose, von H_2O schlecht netzbare Prismen. Beim Schmp. flüchtig; der Geruch ist weniger aromatisch als von $(NPCl_2)_3$. W a s s e r, verd. wss. A l k a l i e n und S ä u r e n wirken beim Kochen kaum ein, alkohol. Alkalien zersetzen leicht. Bei längerem Schütteln der äther. Lsg.

mit H_2O bilden sich Chlorhydrine, welche aber nicht isoliert werden können und schließlich in Tetrametaphosphimsäure $P_4N_4O_8H_8 \cdot 2\,H_2O$ übergehen. Heißes konz. H_2SO_4 löst und entwickelt beim Kochen viel HCl, jedoch bleibt ein Tl. der Subst. unverändert. Kann aus Eisessig umkrist. werden; beim Kochen dieser Lsg. mit Zn-Staub bilden sich PH_3 und NH_3, H. N. STOKES (*Am. Chem. J.* **17** [1895] 275/90, 288, **18** [1896] 780/9, **20** [1898] 740/60, 746), vgl. A.-M. DE FICQUELMONT (*Ann. Chim.* [11] **12** [1939] 169/280, 177).

Durch kryoskop. Messungen wird festgestellt, daß $(NPCl_2)_4$ beim Lösen in 100%igem H_2SO_4 zwei Protonen aufnimmt (Analogie zu der Rk. des Trimeren mit $HClO_4$ (vgl. S. 555), D. R. SMITH laut N. L. PADDOCK, H. T. SEARLE (in: H. J. EMELÉUS, A. G. SHARPE, *Advance in inorganic chemistry and radiochemistry, Bd.* 1, *New York* 1959, S. **347/83**, 364), vgl. S. 555. Zur Rk. mit $HClO_4$ s. S. 560. Über Dissoz. s. bei „Physikalische Eigenschaften".

Best. der Wärmetönung der Rk. mit Sauerstoff (gleiche Bedingungen wie bei $(NPCl_2)_3$ auf S. 554) zu $\Delta H = -460.8$ kcal/mol, S. B. HARTLEY, N. L. PADDOCK, H. T. SEARLE (*J. chem. Soc.* **1961** 430/2).

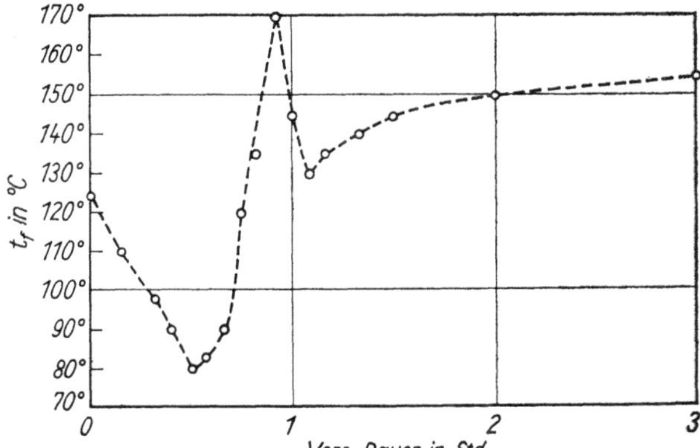

Fig. 137.

Schmpp. von Prodd., die bei der Einw. von NH_3 auf die äther. Lsg. von $(NPCl_2)_4$ entstehen.

Durch Behandeln der äther. Lsg. mit sorgfältig getrocknetem gasf. Ammoniak bilden sich neben NH_4Cl 3 Verbb., die nacheinander entstehen. Verfolgt wird die Rk. durch Best. der Schmpp. der entstehenden Prodd. (s. **Fig. 137**). Aus dem Verlauf der Kurve (Max. und 2 Minima) kann mit Sicherheit auf das Bestehen mehrerer Verbb. geschlossen werden. Die erste Verb. ist wahrscheinlich $P_4N_4Cl_7NH_2$ (A), die zweite $P_4N_4Cl_6(NH_2)_2$ (B), die dritte $P_4N_4Cl_4(NH_2)_4$(C). Die Subst. B (14 bis 15% vom Ausgangsprod.) und C (40% vom Ausgangsprod.) können infolge ihrer Unlöslichkeit in Petroläther abgetrennt und aus C_6H_6 umkrist. werden, A. M. DE FICQUELMONT (*C. r.* **200** [1935] 1045/7; *Ann. Chim.* [11] **12** [1939] 169/280, 214), vgl. hierzu S. 563. — Über Einw. von gasf. NH_3 auf die Lsg. von $(NPCl_2)_4$ in trocknem C_6H_6 s. auch H. SCHÄPERKÖTTER (*Diss. Münster* 1925, S. 1/38, 35). — Beim Schütteln der Lsg. von $(NPCl_2)_4$ mit wss. NH_3 entstehen zunächst $P_4N_4Cl_6(NH_2)_2$ und $P_4N_4Cl_4(NH_2)_4$, doch ist die Geschw. der Hydrolyse zur Tetrametaphosphimsäure bedeutend größer als die der Rk. mit NH_3, A. M. DE FICQUELMONT (*Ann. Chim.* [11] **12** [1939] 169/280, 227). — Durch Rk. mit fl. NH_3 wird $(PN_3H_4)_4$ erhalten, H. MOUREU, P. ROCQUET (*Bl. Soc. chim.* [5] **3** [1936] 821/41, 827, 835), vgl. S. 322. — Die Rk. mit wasserfreiem Fluorwasserstoff, die Hydrolyse mit wss. Acetatlsg., die Rk. mit einer Kaliumrhodanid-Suspension in Aceton, die Bestrahlung einer Lsg. von $(NPCl_2)_4$ in organ. Lsgmm. mit UV-Licht ergeben den gleichen Ablauf wie die entsprechenden Rkk. mit $(NPCl_2)_3$, vgl. daher die dort (S. 555, 556) angegebene Literatur. Eine 5%ige Lsg. von $(NPCl_2)_4$ in Butylalkohol ergibt nach 6std. Bestrahlung mit schnellen Elektronen unter Durchleiten von Luft bei 30°C nach Entfernung des Lsgm. einen braunen, unangenehm riechenden Rückstand der Zus. $[NP(OC_4H_9)]_x$, V. S. SPICYN, N. A. AFANAS'EVA, A. K. PIKAEV, I. D. KOLLI, P. JA. GLAZUNOV (*Doklady Akad. Nauk SSSR* **131** [1960] 1106/8, *C.A.* **1960** 22128; engl. Übers.: *Proc. Acad. Sci. USSR, Chem. Sect.* **131** [1960] 387/9).

Zum Verh. gegen organische Amine s. beispielsweise K. JOHN, T. MOELLER, L. F. AUDRIETH (*J. Am. Soc.* **82** [1960] 5616/8), über Rk. mit Phenyl-Mg-Bromid in Toluollsg. s. H. BODE, R. THAMER (*Ber.* **76** [1943] 121/7). Vgl. hierzu auch die bei $(NPCl_2)_3$ angegebene Literatur.

Solubility

Löslichkeit. Mittelwerte der Löslichkeit L in g/100 g Lsgm. bei 20 ± 0.05°C:

Lsgm. . . .	Äther	Dioxan	C_6H_6	Toluol	Xylol	CCl_4	CS_2	Petr.*)
L	12.43	8.23	21.42	17.8	13.85	16.55	22.0	8.38

*) Petr. = Petroläther, Sdp. 80 bis 90°C.

A.-M. DE FICQUELMONT (*Ann. Chim.* [11] **12** [1939] 169/280, 195), vgl. hierzu Angaben über Löslichkeit in Äthyläther und C_6H_6 bei H. N. STOKES (*Am. Chem. J.* **17** [1895] 275/90, 288).

Löslichkeit L in g/100 g Lsgm. bei 20°C:

Lsgm.	n-Pentan	n-Hexan	C_6H_6	CCl_4	$(CHCl_2)_2$
L	6.1	7.0	23.5	15.5	7.9

L. G. LUND laut N. L. PADDOCK, H. T. SEARLE (in: H. J. EMELÉUS, A. G. SHARPE, *Advances in inorganic chemistry and radiochemistry, Bd.* 1, *New York* 1959, S. 347/83, 357).

Systems with $(NPCl_2)_4$

Systeme mit $(NPCl_2)_4$ vgl. S. 564.

Addition Compounds

Additionsverbindungen. Die Lsg. in wenig Eisessig gibt mit 60%igem $HClO_4$ Kristalle der Zus. $(NPCl_2)_4 \cdot 2HClO_4$, H. BODE, K. BÜTOW, G. LIENAU (*Ch.-Ber.* **81** [1948] 547/52, 552), vgl. hierzu S. 559.

Pentakisphosphorus Nitride Dichloride

Pentakisphosphornitriddichlorid $(NPCl_2)_5$.

Darst. durch fraktionierte Dest. des aus PCl_5 und NH_4Cl erhaltenen Prod.; vgl. zu dessen Darst. ab S. 549. Flache lange Kristalle mit einem Schmp. von 40.5 bis 41°C und einem Sdp. von 223 bis 224°C bei 13 Torr. Geruchlose Dämpfe; die Verb. ist beim Schmp. mischbar in allen Verhältnissen mit C_6H_6, Petroläther, Äthyläther, CS_2 und kann aus diesen Lsgmm. nicht umkrist. werden. Eisessig löst leicht; die Verb. kann aus dieser Lsg. mit H_2O gefällt werden. Sie zeigt große Neigung zum Schmelzverzug, besonders bei Ggw. von Verunreinigungen. Heißes H_2O ist fast ohne Wrkg.; die äther. Lsg. wird von H_2O leichter angegriffen als $(NPCl_2)_4$, H. N. STOKES (*Am. Chem. J.* **19** [1897] 782/96, 790). Durch Schütteln der 5%igen äther. Lsg. mit der Lsg. von 5 Tl. NaOH in 20 Tl. H_2O entsteht ein Na-Salz der Pentametaphosphimsäure $P_5N_5O_{10}H_{10}$ (s. S. 350), H. N. STOKES (*Z. anorg. Ch.* **19** [1899] 37/58, 44). In 100 g n-Pentan bzw. n-Heptan lösen sich bei 20°C ~2000 bzw. 1030 g $(NPCl_2)_5$, L. G. LUND laut N. L. PADDOCK, H. T. SEARLE (*l. c.* S. 357).

Orthorhomb. Struktur, Raumgruppe D_2^4–$P_{2_12_12_1}$ mit den Abmessungen (in Å) a = 19.37, b = 15.42, c = 6.23 und Z = 4. D_{20} = 2.02, Schmp. = 41.3°C. Über UV-Absorptionsspektrum (gelöst in n-Hexan) zwischen 210 und 240 mμ s. das Original. Die Dielektrizitätskonst. hat bei 45°C den Wert 3.48, L. G. LUND, N. L. PADDOCK, J. E. PROCTOR, H. T. SEARLE (*J. chem.* **1960** 2542/7). Ausführliche Angaben von Ultrarot- und Ramanspektren; als Symmetrie wird C_{5v} vermutet, E. STEGER, G. MILDNER (*Z. Naturf.* **16b** [1961] 836/7). Brechungszahlen n_α = 1.629, n_β = 1.644 (n_γ wird nicht bestimmt), J. K. LEARY laut N. L. PADDOCK, H. T. SEARLE (in: H. J. EMELÉUS, A. G. SHARPE, *Advances in inorganic chemistry and radiochemistry, Bd.* 1, *New York* 1959, S. 347/83, 356). — Dipolmoment μ = 0.48 D, H.-J. KRAUSE (*Z. Elektroch.* **59** [1955] 1004/8). Über Molpolarisation s. S. 552. Mittlere molare magnet. Susz. $\chi_{mol} = -248.1 \times 10^{-6}$, D. P. CRAIG, M. L. HEFFERNAN, R. MASON, N. L. PADDOCK (*J. chem. Soc.* **1961** 1376/82).

Hexakisphosphorus Nitride Dichloride

Hexakisphosphornitriddichlorid $(NPCl_2)_6$.

Darst. durch fraktionierte Dest. aus dem Polymerengemisch, vgl. S. 550, und Umkristallisieren aus C_6H_6, worin es löslicher als $(NPCl_2)_3$ ist. Rhombisch bipyramidal a : b : c = 0.5482 : 1 : 1.1757, optisch positiv, vollkommen spaltbar nach (001). Schmilzt bei 91°C — vgl. dazu weiter unten — ohne Neigung zum Schmelzverzug, siedet bei 261 bis 263°C bei 13 Torr oder bei 281 bis 282°C bei 26 Torr. In Äthyläther, Petroläther und CS_2 leicht, in Alkohol unter Zers. lösl.; wird durch sd. H_2O kaum angegriffen, entwickelt aber in feuchter Luft HCl. Die äther. Lsg. gibt beim Schütteln mit H_2O unter Bldg. von sirupartigen Chlorhydrinen als Intermediärprodd. Metaphosphimsäure, H. N. STOKES, W. TASSIN (*Am. Chem. J.* **19** [1897] 782/96, 791). Durch Schütteln der 5%igen äther. Lsg. mit 20%igem wss. NaOH wird ein Na-Salz der Hexametaphosphimsäure $P_6N_6O_{12}H_{12}$, vgl. S. 350, erhalten, H. N. STOKES (*Z. anorg. Ch.* **19** [1899] 37/58, 44).

Besteht wenigstens in 2, wahrscheinlich aber in 3 Kristallformen. Trikline Form mit den Abmessungen (in Å) a = 10.6, b = 10.7, c = 11.4, α = 93.5°, β = 90°, γ = 117° und den Brechungszahlen n_α = 1.628, n_β = 1.649, n_γ = 1.650, Achsenwinkel 2V = 34°. Eine zweite weniger beständige trikline

Form weist merklich höhere Brechungszahlen auf, A. Wilson laut N. L. Paddock, H. T. Searle (in: H. J. Emeléus, A. G. Sharpe, *Advances in inorganic chemistry and radiochemistry, Bd.* 1, New York 1959, S. 347/83, 356). Ausführliche Angaben von Ultrarot- und Ramanspektren; als Symmetrie werden D_{6h}, C_{6v}, D_{3d} angegeben, E. Steger, G. Mildner (*Z. Naturf.* **16b** [1961] 836/7). $D^{20} = 1.96$, Schmp. 92.3°C. Über das UV-Absorptionsspektrum (gelöst in n-Hexan) zwischen 210 und 240 mμ s. das Original, L. G. Lund, N. L. Paddock, J. E. Proctor, H. T. Searle (*J. chem. Soc.* **1960** 2542/7). Über Molpolarisation s. S. 552. Mittlere molare magnet. Susz. $\chi_{mol} = -300.5 \times 10^{-6}$, D. P. Craig, M. L. Heffernan, R. Mason, N. L. Paddock (*J. chem. Soc.* **1961** 1376/82).

Löslichkeit L in g/100 g Lsgm. bei 20°C:

Lsgm.	n-Pentan	n-Hexan	C_6H_6	CCl_4
L	27.2	34.0	145	98

L. G. Lund laut N. L. Paddock, H. T. Searle (*l. c.* S. 357).

Heptakisphosphornitriddichlorid $(NPCl_2)_7$.

Heptakis-phosphorus Nitride Dichloride

Farblose, viscose, bei −18°C noch nicht erstarrende Fl., siedet bei 289 bis 294°C und 13 Torr unter Polymerisation. Leicht mischbar mit C_6H_6, Petroläther und Äthyläther, gegen H_2O sehr beständig, H. N. Stokes (*Am. Chem. J.* **19** [1897] 782/96, 792). $D_{20} = 1.890$, Schmp. 8 bis 12°C. Über das UV-Absorptionsspektrum (gelöst in n-Hexan) zwischen 220 und 240 mμ s. das Original, L. G. Lund, N. L. Paddock, J. E. Proctor, H. T. Searle (*l. c.*). Über Molpolarisation s. S. 552. Mittlere molare magnet. Susz. $\chi_{mol} = -342.5 \times 10^{-6}$, D. P. Craig, M. L. Heffernan, R. Mason, N. L. Paddock (*J. chem. Soc.* **1961** 1376/82).

$(NPCl_2)_8$ ***und höhere Glieder.***

$(NPCl_2)_8$ and Higher Terms

$(NPCl_2)_8$ krist. monoklin, Raumgruppe C^6_{2h}–C_2/c oder C^4_s–C_c mit den Abmessungen (in Å) a = 24.7, b = 6.2, c = 20.4, $\beta = 111°$ und Z = 4. D = 1.99, Schmp. = 57 bis 58°C. Durch Fluorierung des Rückstandes der Krist. von $(NPCl_2)_8$ wird gezeigt, daß darin Polymere bis mindestens $(NPCl_2)_{17}$ enthalten sind. Über das UV-Absorptionsspektrum der Verbb. mit n = 8 und n = 12 bis 13 (gelöst in n-Hexan) zwischen 225 und 240 mμ s. das Original. Die Dielektrizitätskonst. des Polymeren mit n = 12 bis 13 bei 20°C beträgt 3.63, L. G. Lund, N. L. Paddock, J. E. Proctor, H. T. Searle (*l.c.*).

$N_7P_6Cl_9$.

$N_7P_6Cl_9$

Wird bei der Fraktionierung gleichzeitig mit $(NPCl_2)_6$ abgeschieden und von diesem durch Krist. aus C_6H_6 und Fällen dieser Lsg. mit Petroläther getrennt. Durchsichtige anscheinend rhomb. Prismen vom Schmp. 237.5°C und Sdp. 251 bis 261°C bei 13 Torr. Lädt sich beim Pulverisieren elektrisch auf, löst sich in 20 Tl. kaltem und 5 Tl. sd. C_6H_6, leicht lösl. in CS_2, weniger leicht lösl. in Petroläther und Alkohol. Gegen H_2O sehr beständig, wird aber von feuchter Luft angegriffen und von heißem verd. NH_3 langsam, nach Zusatz von Alkohol rasch gelöst. Die Bldg. erfolgt nicht durch Polymerisation von niederen P-Nitriddichloriden oder Depolymerisierung von höheren Gliedern, sondern ist als ein Sekundärprozeß bei der Einw. von PCl_5 auf NH_4Cl aufzufassen.
Beim Erhitzen in kleinen Mengen ist es vollkommen flüchtig, beim Erhitzen im Einschlußrohr bildet es einen ähnlichen Stoff wie Polyphosphornitriddichlorid und liefert dann bei der Dest. niedere Glieder der Reihe $(NPCl_2)_n$, H. N. Stokes (*Am. Chem. J.* **19** [1897] 782/96, 795). Über Bldg. in kleinen Mengen bei Polymerisationsverss. mit $(NPCl_2)_3$ und $(NPCl_2)_4$ s. H. Wetzler (*Diss. Bonn* 1939, S. 1/60, 21).

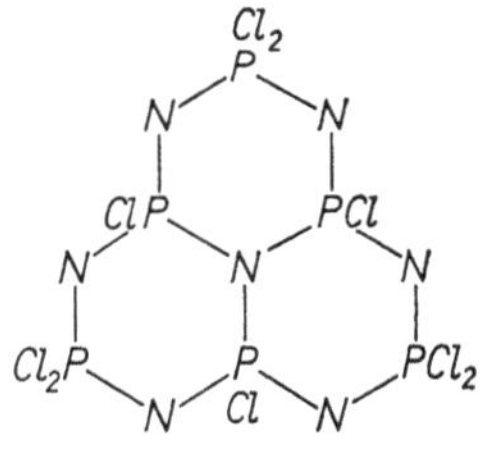

Vermutlich besteht die Molekel aus 3 kondensierten Ringen, s. nebenstehend. Die Verb. hat ein ähnliches UV-Absorptionsspektrum wie $(NPCl_2)_7$, auch das UR-Spektrum ähnelt dem der oligomeren Formen von $NPCl_2$, dagegen ist die Molpolarisation (ber. nach DK-Messungen von Lsgg. in Dekalin zwischen −20 und +95°C, auf unendliche Verd. extrapoliert) wesentlich geringer: $P_{mol} = 44.0 \pm 3.0$ cm³. Dipolmoment 0.72 Debye, H.-J. Krause (*Z. Elektroch.* **59** [1955] 1004/8).

Hydroxo-, Amido- und Imidoderivate von $(NPCl_2)_n$; n = 3 bzw. 4

Hydroxo, Amido, and Imido Derivatives of $(NPCl_2)_n$

Tetrachlorotrimetaphosphimsäure $N_3P_3Cl_4(OH)_2$.

Tetrachloro-trimeta-phosphimic Acid

Darst. durch längeres Schütteln von 10%iger $(NPCl_2)_3$-Lsg. in Äthyläther mit $^1/_3$ des Vol. an H_2O, Trocknen der Lsg. über $CaCl_2$ und Abdest. des Lsgm.; aus dem Rückstand wird mit C_6H_6

unverändertes $(NPCl_2)_3$ extrahiert und das Prod. mit CS_2 gewaschen. Weißes sandiges Pulver aus mikroskop. Prismen, schwer lösl. in sd. C_6H_6, unlösl. in Benzin und CS_2, leicht lösl. in Äthanol und sehr leicht lösl. in Äthyläther. Langsam lösl. in H_2O zu einer Lsg. von HCl und Trimetaphosphimsäure (s. S. 345); diese bleibt beim Eindampfen als lösl. durchsichtiger Gummi zurück. Beständig an der Luft bei gewöhnl. Temp.; beim Erhitzen wird bei 100°C H_2O aufgenommen und NH_4Cl gebildet. Zeigt keinen definierten Schmp. und gibt beim raschen Erwärmen HCl ab unter Bldg. eines Gemisches von in H_2O verschieden stark lösl. Substt., H. N. Stokes (*Am. Chem. J.* **17** [1895] 275/90, 285).

$N_2P_2Cl_3NH_2$ (?).

Wahrscheinlich mit $N_4P_4Cl_6(NH_2)_2$ identisch, vgl. S. 563. Darst. durch Extraktion des Nd., der sich beim Einleiten von gasf. NH_3 in eine Lsg. von $(NPCl_2)_3$ in CCl_4 bildet, mit heißem CCl_4. Nach Umkrist. aus CCl_4 feine prismat. Nadeln von seidigem, diamantähnlichem Glanz. Unlösl. in Äthyläther und CS_2, wenig lösl. in sd. CCl_4, langsam lösl. in H_2O unter Zers.; zerfällt beim Erhitzen vor dem Schmelzen, A. Besson, Rosset (*C. r.* **146** [1908] 1149/51), vgl. hierzu S. 554.

$N_3P_3Cl_5NH_2$.

Tritt wahrscheinlich bei der Bldg. von $N_3P_3Cl_4(NH_2)_2$, s. unten, aus $(NPCl_2)_3$ durch Behandeln mit NH_3 als Intermediärprod. auf. Darst. durch Behandeln von $N_3P_3Cl_4(NH_2)_2$ mit HCl oder durch rasche therm. Zers. dieser Verb. bei 180 bis 200°C nach $N_3P_3Cl_4(NH_2)_2 + 2HCl = N_3P_3Cl_5NH_2 + NH_4Cl$. Es ist von den begleitenden Stoffen schwer abzutrennen, da es in den organ. Lsgmm. bedeutend löslicher als jene und auch nach vielfach wiederholter fraktionierter Krist. nicht rein zu erhalten ist. Schmp. >140°C. Die Löslichkeit liegt zwischen der von $(NPCl_2)_3$ und $N_3P_3Cl_4(NH_2)_2$. Beim Erhitzen tritt teils Sublimation, teils Zers. unter Abspaltung von HCl ein. Mit H_2O bildet sich wahrscheinlich $N_3P_3Cl_4(NH_2)(OH)$. Reagiert bei gewöhnl. Temp. mit NH_3 nach $N_3P_3Cl_5NH_2 + 2NH_3 = N_3P_3Cl_4(NH_2)_2 + NH_4Cl$, A. M. de Ficquelmont (*Ann. Chim.* [11] **12** [1939] 169/280, 203).

$N_3P_3Cl_4(NH_2)_2$.

Darst. durch Schütteln von $(NPCl_2)_3$-Lsgg. mit wss. NH_3 oder durch Einleiten von gasf. NH_3. Die Umsetzung scheint unabhängig von der Art des Lsgm. (Äthyläther, Dioxan, C_6H_6, $(CHCl_2)_2$, CCl_4, o-Dichlorbenzol) und in gewissen Grenzen unabhängig von der Temp. zu sein, A. M. de Ficquelmont (*Ann. Chim.* [11] **12** [1939] 169/280, 189). Die erhaltene Lsg. wird über $CaCl_2$ getrocknet und die Verb. durch Verdunsten des Lsgm. in Form von Nadeln auskristallisiert, H. N. Stokes (*Am. Chem. J.* **17** [1895] 275/90, 286); vgl. auch H. Schäperkötter (*Diss. Münster* **1925**, S. 1/38, 31). — Wird auch erhalten durch Eindampfen einer Lsg., die beim Abtrennen des Gemisches aus PN_3H_4, $P(NH_2)_5$ und NH_4Cl zurückbleibt, welches aus einer gekühlten Lsg. von PCl_5 in CCl_4 beim Einleiten von gasf. NH_3 ausfällt, H. Moureu, P. Rocquet (*Bl. Soc. chim.* [5] **3** [1937] 829/41, 830).

Über techn. Darst. von $N_3P_3Cl_4(NH_2)_2$ durch Behandeln äther. Lsgg. von $(NPCl_2)_3$ mit wss. NH_3 s. beispielsweise Imperial Chemical Industries Ltd., E. Hofmann (*B.P.* 888662 [1929/62] nach *C.A.* **56** [1962] 13801).

Schmelzpunkt 162°C, H. Moureu, A. M. de Ficquelmont (*C. r.* **198** [1934] 1417/9), 163 bis 165°C, A. M. de Ficquelmont (*l. c.* S. 194), 162°C unter Zers., L. F. Audrieth, R. Steinmann, A. D. F. Toy (*Chem. Rev.* **32** [1943] 109/33, 126).

Lange weiße verfilzte Nadeln, beim Erhitzen im Vak. bei ~160°C sublimierbar; bei 170°C beginnt Abspaltung von HCl, jedoch ist selbst bei 600°C das Cl noch nicht restlos entfernt. Die therm. Zers. erfolgt nach der Gleichung $N_3P_3Cl_4(NH_2)_2 = (4-x)HCl + P_3N_5H_xCl_x$ ($x < 4$). Beim Erhitzen im NH_3-Strom bildet sich bei 800 bis 825°C P_3N_5 unter intermediärer Bldg. schlecht definierter Verbb. der Zus. $P_3N_5 \cdot xHCl$. Oberhalb 80°C tritt mit HCl Rk. ein unter Bldg. von zwei nicht näher definierten krist. Verbb., die mikroskopisch nach ihren Kristallformen unterschieden werden können. Bei 180°C entsteht $N_3P_3Cl_5NH_2$, H. Moureu, A. M. de Ficquelmont (*l. c.* S. 193, 198). — Die wss. Lsg. ist ziemlich beständig und gibt erst beim Kochen mit $AgNO_3$ einen AgCl-Nd.; die Verb. kann aus heißem H_2O unter teilweiser Zers. umkrist. werden. Wss. NH_3 wirkt in der Kälte nicht ein, bildet aber beim Kochen NH_4Cl und eine sauer reagierende sirupähnliche Fl.; Säuren haben in der Kälte keine lösende Wrkg., H. N. Stokes (*l. c.*). Durch Hydrolyse im schwach alkal. Medium wird $H_7P_3N_2O_8$ (Diimidotriphosphorsäure, s. S. 339) erhalten, bei $p_H = 4$ tritt rasch Zers. in H_3PO_4, HCl und NH_3 ein, A. M. de Ficquelmont (*l. c.* S. 202). Die Verb. setzt sich mit NaN_3 in einem H_2O-Aceton-Gemisch (1:3) bei 25 bis 30°C nach $P_3N_3Cl_4(NH_2)_2 + 4NaN_3 = 4NaCl + P_3N_3(NH_2)_2(N_3)_4$ (vgl. S. 325) um, M. S. Chang, A. J. Matuszko (*J. Am. Soc.* **82** [1960] 5756/7).

Löslichkeit bei $20 \pm 0.05°C$ (Mittelwerte, ausgedrückt in g/100 g Lsgm.): Äthyläther 64.75, Dioxan 48.0, C_6H_6 1.55, $C_6H_5CH_3$ 1.08, Xylol 0.73, Petroläther (Sdp. 80 bis 90°C) 0.09, CCl_4 0.05, CS_2 0.13, A. M. DE FICQUELMONT (*l. c.* S. 195). Weitere qualitative Angaben bei H. N. STOKES (*l. c.*). Bildet mit Pyridin eine Anlagerungsverb. der Zus. $N_3P_3Cl_4(NH_2)_2 \cdot 6$ Pyridin, mit Chinolin eine solche der Zus. $N_3P_3Cl_4(NH_2)_2 \cdot 4$ Chinolin, W. GRIMME (*Diss. Münster* 1926, S. 1/28, 12, 24).

Systeme mit $N_3P_3Cl_4(NH_2)_2$ s. S. 564.

$N_3P_3Cl_3(NH_2)_3$.

Bildet sich wahrscheinlich beim langsamen Erhitzen (100 Std.) von $N_3P_3Cl_4(NH_2)_2$ in einer NH_3-Atm. als ätherlösl. Prod., das aber zu hygroskopisch ist, um isoliert zu werden. Bleibt ferner wahrscheinlich beim Behandeln einer $(NPCl_2)_3$-Lsg. in C_6H_6 mit einem Gemisch aus Anilin und Pyridin als sehr feuchtigkeitsempfindlicher Stoff in Lsg., A. M. DE FICQUELMONT (*l. c.* S. 208). Vgl. hierzu W. GRIMME (*Diss. Münster* 1926, S. 1/28, 21).

$N_4P_4Cl_6(NH_2)_2$.

Die Rk. von gasf. NH_3 mit der äther. Lsg. von $(NPCl_2)_4$ wird angehalten, wenn der Schmp. des im Äther gelösten Prod. ~80°C erreicht hat (vgl. hierzu S. 554). Dann wird unter H_2O-Ausschluß vom entstandenen NH_4Cl abfiltriert, im Vak. der Äther vertrieben, mit Petroläther das restliche $(NPCl_2)_4$ und das Prod. A (vgl. S. 559) extrahiert und der Rückstand aus C_6H_6 umkristallisiert. Farblose monokline durchsichtige Prismen (Beschreibung der Formen im Original), bei gewöhnl. Temp. beständig und im Einschmelzrohr jahrelang haltbar. Schmilzt bei 217.5°C, sublimiert im Vak. zwischen 180 und 200°C, dest. bei gewöhnl. Druck bei 250°C unter Zers.; die Hydrolyse verläuft an der Luft langsam, in Lsg. rasch unter Bldg. eines Gemisches aus Tetrametaphosphimsäuredihydrat $P_4N_4O_8H_8 \cdot 2H_2O$ (vgl. S. 348) und dem Diammoniumsalz der Säure:

$$N_4P_4Cl_6(NH_2)_2 + 8H_2O = P_4N_4O_8H_6(NH_4)_2 + 6HCl$$
$$N_4P_4Cl_6(NH_2)_2 + 10H_2O = P_4N_4O_8H_8 \cdot 2H_2O + 2NH_4Cl + 4HCl,$$

A. M. DE FICQUELMONT (*C. r.* **200** [1935] 1045/7, **202** [1936] 423/5; *Ann. Chim.* [11] **12** [1939] 169/280, 218).

Systeme mit $N_4P_4Cl_6(NH_2)_2$ s. S. 564.

$N_4P_4Cl_7NH_2$, $N_4P_4Cl_5(NH_2)_3$.

Der Beweis für die Existenz dieser Verbb. kann nur indirekt geführt werden. Bei der Einw. von gasf. NH_3 auf die äther. Lsg. von $(NPCl_2)_4$, vgl. S. 559, entsteht ein Prod., dessen Schmp. von 70°C auf die Ggw. einer dritten Verb. neben den isolierbaren Stoffen $N_4P_4Cl_6(NH_2)_2$ und $N_4P_4Cl_4(NH_2)_4$ schließen läßt, wie sich durch Vergleich mit den Ergebnissen der therm. Analyse des binären Systems dieser Verbb. ergibt (vgl. hierzu S. 564); als einzig mögliche Intermediärverb. wird dem A genannten Stoff die Zus. $N_4P_4Cl_7NH_2$ zugeschrieben. In den Mutterlaugen der Umkrist. von $N_4P_4Cl_6(NH_2)_2$ und $N_4P_4Cl_4(NH_2)_4$ werden im Mikroskop schiefe monokline Prismen beobachtet, deren Winkel von denen des $N_4P_4Cl_6(NH_2)_2$ verschieden sind. Aus der Schmelztemp. der erhaltenen Gemische (s. therm. Analyse der binären Systeme S. 564) und aus dem vermehrten Auftreten der Prismen bei längerer Einw. von NH_3 wird auf das Bestehen einer zwischen $N_4P_4Cl_6(NH_2)_2$ und $N_4P_4Cl_4(NH_2)_4$ liegenden Verb. geschlossen und diesen Kristallen die Zus. $N_4P_4Cl_5(NH_2)_3$ zuerkannt, A. M. DE FICQUELMONT (*Ann. Chim.* [11] **12** [1939] 169/280, 231, 236). Auch analyt. Daten von H. SCHÄPERKÖTTER (*Diss. Münster* 1925, S. 1/28) lassen diesen Schluß zu.

$N_4P_4Cl_3(NH_2)_5$, $N_4P_4Cl_2(NH_2)_6$, $N_4P_4Cl(NH_2)_7$ (?).

Die Existenz dieser Verbb. wird vermutet, doch kann ihr Studium aus Mangel an genügenden Mengen des Ausgangsprod. $N_4P_4Cl_2(NH_2)_4$ nicht durchgeführt werden, A. M. DE FICQUELMONT (*l. c.* S. 238).

$N_4P_4Cl_4(NH_2)_4$, $N_4P_4Cl_4(NH_2)_4 \cdot xH_2O$.

Die Einw. von gasf. NH_3 auf die äther. Lsg. von $(NPCl_2)_4$ wird angehalten, wenn der Schmp. der im Äther gelösten Stoffe von 170 auf 130°C gefallen ist und wieder 140 bis 150°C erreicht hat (vgl. Fig. 137 auf S. 559). Nach Filtration wird der Äther im Vak. vertrieben und das Prod. durch Umkrist. aus C_6H_6 gereinigt. Schmp. $t_f = 163$ bis 163.5°C. Kristallisiert in dünnen rhomb. oder tetragonalen Platten. Die Auslöschungsrichtungen entsprechen den beiden Hauptachsen der Kristalle. Wird an der Luft braun und undurchsichtig; im Einschlußrohr bei gewöhnl. Temp. beständig. Beim Erhitzen tritt unter HCl-Abgabe bei 150 bis 170°C Bldg. von $N_4P_4Cl_2(NH)_2(NH_2)_2$ ein. An feuchter Luft oder mit wenig H_2O bildet sich ein in orthorhomb. Prismen (Winkel im Original) kristallisierendes Hydrat, welches rasch und vollständig nach $N_4P_4Cl_4(NH_2)_4 + 8H_2O = N_4P_4O_8H_6(NH_4)_2 + 2NH_4Cl + 2HCl$ hydrolysiert, A. M. DE FICQUELMONT (*l. c.* S. 223). — Systeme der Verb. s. unten.

$N_4P_4Cl_2(NH)_2(NH_2)_2$. Bildet sich beim Erhitzen von $N_4P_4Cl_4(NH_2)_4$ bei 150 bis 170°C unter HCl-Abgabe. Weißer amorpher Stoff, unlösl. in allen gebräuchlichen Lsgmm., zersetzt sich beim Erhitzen bei 200°C nach $N_4P_4Cl_2(NH)_2(NH_2)_2 = N_4P_4(NH)_4 + 2HCl$, A. M. DE FICQUELMONT (*l. c.* S. 225).

$N_3P_3Cl_4(NH_2)(OH)$. Bildet sich wahrscheinlich durch Hydrolyse von $N_3P_3Cl_5NH_2$, A. M. DE FICQUELMONT (*Ann. Chim.* [11] **12** [1939] 169/280, 205).

Binary Systems of $(NPCl_2)_3$, $(NPCl_2)_4$, and Their Amido Derivatives

Binäre Systeme von $(NPCl_2)_3$, $(NPCl_2)_4$ und ihren Amidoderivaten

Bei allen Systemen (Schmp.-Diagramme s. im Original) besteht nur ein eutekt. Punkt, es bestehen daher keine beständigen Additionsverbb. zwischen den Komponenten.

Komponenten	Schmpp. der Komponenten in °C	Eutekt. Punkt in °C	Zus. des Eutektikums in Mol-%
$(NPCl_2)_3$ $N_3P_3Cl_4(NH_2)_2$	113.5 165	111.5 bis 112	95 5
$(NPCl_2)_4$ $N_3P_3Cl_4(NH_2)_2$	124 165	122	97 bis 98 2 bis 3
$(NPCl_2)_3$ $N_4P_4Cl_6(NH_2)_2$	113.5 218	112	97 bis 98 2 bis 3
$(NPCl_2)_3$ $(NPCl_2)_4$	113.5 124	89 bis 89.5	65 bis 70 30 bis 35
$N_3P_3Cl_4(NH_2)_2$ $N_4P_4Cl_6(NH_2)_2$	165 218	148	75 bis 80 20 bis 25
$N_3P_3Cl_4(NH_2)_2$ $N_4P_4Cl_4(NH_2)_4$	165 163.5	129.5	40 bis 50 50 bis 60
$N_4P_4Cl_6(NH_2)_2$ $N_4P_4Cl_4(NH_2)_4$	218 163.5	154 bis 157	5 bis 15 85 bis 95

Bei den Systemen $(NPCl_2)_3$–$N_4P_4Cl_4(NH_2)_4$, $(NPCl_2)_4$–$N_4P_4Cl_6(NH_2)_2$, $(NPCl_2)_3$–$N_4P_4Cl_4(NH_2)_4$ fällt der eutekt. Punkt praktisch mit dem Schmp. der niedriger schmelzenden Komponente zusammen. Das System $N_4P_4Cl_4(NH_2)_4$–$N_4P_4Cl_6(NH_2)_2$ kann nur bis zu 20 Mol-% $N_4P_4Cl_6(NH_2)_2$ untersucht werden, da sich $N_4P_4Cl_4(NH_2)_4$ oberhalb 165°C zu einem unschmelzbaren Prod. zersetzt (vgl. oben), A. M. DE FICQUELMONT (*l. c.* S. 228).

Fluorine Compounds of Phosphorus Nitride Dichlorides

Fluorverbindungen der Phosphornitriddichloride

$N_3P_3F_xCl_{6-x}$.

Beim Erhitzen von $(NPCl_2)_3$ mit KSO_2F bei 120 bis 140°C oder mit wasserfreiem KF und SO_2 im Autoklaven bei 110°C wird ein flüssiges Prod. erhalten, dessen Fraktionierung $(NPF_2)_3$ und ein farbloses Gemisch von trimeren Fluoridchloriden ergibt. Das Gemisch läßt sich in 4 Fraktionen aufteilen, deren Hauptbestandteile durch die Aufspaltung der Kernresonanzlinien identifiziert werden. Am niedrigsten sieden die $N_3P_3F_4Cl_2$-Isomeren, und zwar $(NPF_2)(NPFCl)_2$ bei $t_V = 84.4 \pm 0.2$°C, $(NPF_2)_2(NPCl_2)$ bei $t_V = 114.7 \pm 0.2$°C; die beiden anderen Verbb. sind $N_3P_3F_3Cl_3$ ($t_V = 150.1 \pm 0.2$°C) und $N_3P_3F_2Cl_4$ ($t_V = 181.6 \pm 0.2$°C), A. C. CHAPMAN, D. H. PAINE, H. T. SEARLE, D. R. SMITH, R. F. M. WHITE (*J. chem. Soc.* **1961** 1768/71). Von R. RÄTZ, C. GRUNDMANN (*J. inorg. nuclear Chem.* **16** [1960] 60/2) wird bei der Rk. von $(NPCl_2)_3$ mit AgF nur das höher siedende $N_3P_3F_4Cl_2$-Isomere und sein Sdp. bei 740 Torr zwischen 106 und 109°C gefunden. Auch beim Erhitzen der durch Polymerisation von $(NPFCl)_4$ erhaltenen kautschukartigen Masse entsteht[1]) $N_3P_3F_4Cl_2$ (t_V = 115 bis 117°C), O. SCHMITZ-DUMONT, A. BRASCHOS (*Z. anorg. allg. Chem.* **243** [1939] 113/26, 117). $N_3P_3F_4Cl_2$ entsteht auch bei der Rk. von $(NPCl_2)_3$ mit ZnF_2, H. KÜLKENS (*Diss. Bonn* 1938, S. 1/57, 24). $N_3P_3F_5Cl$ soll sich nach H. KÜLKENS (*l. c.*) bei der Rk. von $(NPCl_2)_3$ mit AgF bilden.

In Weiterführung der Unterss. wird die Reihe durch Isolierung der Verbb. $N_3P_3FCl_5$ mit dem Schmp. bei 50°C und $N_3P_3F_5Cl$ mit dem Schmp. bei 81°C ergänzt, G. ALLEN, M. BARNARD, J. EMSLEY, N. L. PADDOCK, R. F. M. WHITE (*Chem. Ind.* [*London*] **1963** 952/3), wobei angenommen wird, daß letztere Verb. mit dem früher als $N_3P_3F_4Cl_2$ beschriebenen Prod. identisch ist, vgl. hierzu A. C. CHAPMAN u. a. (*l. c.*).

$N_4P_4F_XCl_{8-X}$.

Die Rk. von $(NPCl_2)_4$ mit KSO_2F ergibt nach Fraktionierung des erhaltenen Gemisches die vollständige Reihe des durch F substituierten tetrameren Phosphornitriddichlorids:

	$P_4N_4FCl_7$	$P_4N_4F_2Cl_6$	$P_4N_4F_3Cl_5$	$P_4N_4F_4Cl_4$	$P_4N_4F_5Cl_3$	$P_4N_4F_6Cl_2$	$P_4N_4F_7Cl$
Schmelzpunkt °C	63	23	10	−23	−28	−21	−5
Siedepunkt °C	301	267	232	205	178	147	117

G. ALLEN, M. BARNARD, J. EMSLEY, N. L. PADDOCK, R. F. M. WHITE (*Chem. Ind.* [*London*] **1963** 952/3). Davon etwas abweichende Werte werden vorher für $P_4N_4F_4Cl_4$ und $P_4N_4F_6Cl_2$ erhalten, wobei die Darst. durch Fluorieren von $(NPCl_2)_3$ mit PbF_2 im N_2-Strom im Cu- oder Messinggefäß bei ~180°C und schließlich bei ~340°C ausgeführt wird. Die Bldg. tetramerer Verbb. aus $(NPCl_2)_3$ wird durch Verkrackung von intermediär entstehenden höher polymeren Stoffen erklärt, O. SCHMITZ-DUMONT, A. BRASCHOS (*Z. anorg. allg. Chem.* **243** [1940] 113/26), O. SCHMITZ-DUMONT, H. KÜLKENS (*Z. anorg. allg. Chem.* **238** [1938] 189/200), vgl. H. KÜLKENS (*Diss. Bonn* 1938, S. 1/57).

Polymere Phosphornitriddibromide und Derivate

Polymeric Phosphorus Nitride Dibromides and Derivatives

Die Rk. von PBr_3 und NaN_3 bei 165 bis 167°C verläuft unter N_2-Entw. und ist nach 18 Std. beendet. Durch Filtration durch einen Glassintertiegel wird NaBr, restliches NaN_3 und ein kleiner Anteil eines nicht identifizierten Prod. entfernt und das Filtrat durch Vak.-Dest. von unverändert gebliebenem PBr_3 befreit. Mit einer Ausbeute von ~53% wird ein Gemisch von Polymeren $(NPBr_2)_n$ erhalten, das zwischen 23 und 40°C erweicht, an der Luft unbeständig ist und durch sd. H_2O leicht hydrolysiert wird, D. L. HERRING (*Chem. and Ind.* **1960** 717/8).

$(NPBr_2)_3$, $(NPBr_2)_4$.

$(NPBr_2)_3$, $(NPBr_2)_4$

Formation. Preparation

Bildung und Darstellung. Bldg. von $(NPBr_2)_3$ in geringer Menge beim Erhitzen von $PBr_3 \cdot 9NH_3$ bei 20 bis 30 Torr und 200°C. Zur Darst. von $(NPBr_2)_3$ wird PBr_5 unter Kühlung mit NH_3 gesättigt und mit weiterem PBr_5 im Einschlußrohr ~12 Std. bei 250 bis 275°C erhitzt. Das Prod. wird unter vermindertem Druck fraktioniert und das bei ~200°C übergehende $(NPBr_2)_3$ im Vak. sublimiert, A. BESSON (*C. r.* **114** [1892] 1479/81). Zur Darst. eines Gemisches von $(NPBr_2)_3$ und $(NPBr_2)_4$ wird in $(CHCl_2)_2$ gelöstes PBr_5 mit NH_4Br umgesetzt. Frei werdendes Br_2 muß ergänzt werden. Nach Abdest. des Lsgm. hinterbleibt ein Kristallbrei; dieser ergibt nach Umkrist. aus C_6H_6 ein Gemisch aus $(NPBr_2)_3$ und $(NPBr_2)_4$, aus dem man die für jede Verb. charakterist. Kristalle auslesen kann, H. BODE (*Z. anorg. Chem.* **252** [1943] 113/8), vgl. W. GRIMME (*Diss. Münster* 1926, S. 1/28, 26). Darst. durch langsamen Zusatz von 350 g Br_2 (4 Tage) zu einem Gemisch von 300 g PBr_3 und 250 g NH_4Br in 450 ml $(CHCl_2)_2$ bei 110 bis 120°C. Die Temp. wird dann 2 bis 3 Tage auf 145 bis 155°C gehalten. Nach Abkühlen wird das unverbrauchte NH_4Br abfiltriert, das Lsgm. bei 35 bis 40°C und 2 Torr vertrieben, das Rohprod. vom öligen Anteil getrennt und bei 0.05 bis 0.5 Torr zwischen 130 und 160°C durch Sublimation $(NPBr_2)_3$ und $(NPBr_2)_4$ erhalten, wobei die trimere Verb. überwiegt; die Ausbeute beträgt ~50%. Bei Verwendung von $(CHBr_2)_2$ als Lsgm. und höheren Tempp. überwiegt die tetramere Verb., auch steigt dann die Ausbeute an höheren Homologen. Die beiden Stoffe werden

[1]) Die Angabe von O. SCHMITZ-DUMONT, A. BRACHOS (*l. c.*), wonach eine andere, zwischen 140 und 142°C siedende Fraktion $N_3P_3F_2Cl_4$ gewesen sei, dürfte auf einem Irrtum beruhen.

durch fraktionierte Dest. in Verbindung mit chromatograph. Methh. (Al_2O_3-Säule) oder durch fraktionierte Krist. getrennt, K. JOHN, T. MOELLER (*J. Am. chem. Soc.* **82** [1960] 2647/8). 250 g PBr_5, 250 g Br_2 und 65 g NH_4Br werden in 1 l Tetrachloräthan 1 Woche unter Rückfluß im N_2-Strom erhitzt. Nach Abdest. des Lsgm. wird im Soxhlet-App. mit Leichtbenzin (Sdp. 40 bis 60°C) extrahiert und der Extrakt nach Entfernung des Lsgm. bei ~0.5 Torr sublimiert, wobei zwischen 105 und 110°C das Trimere, zwischen 140 und 150°C das Tetramere erhalten wird. Beide Verbb. werden durch Umkrist. aus Benzol gereinigt, N. A. BEAN, R. A. SHAW (*Chem. and Ind.* **1960** 1189).

Molecule

Molekel. Über Molekeldaten s. S. 541.

Physical Properties

Physikalische Eigenschaften. Die beiden Bromide haben dieselbe Gittersymmetrie wie die Chloride. Raumgruppe von $(NPBr_2)_3$: D_{2h}^{16}, Gitterkonstt.: a = 14.38, b = 13.35, c = 6.64 Å, Z = 4; daraus ber. Dichte: D = 3.182 g/cm³. Entsprechende Daten für $(NPBr_2)_4$: C_{4h}^{4}, a = 11.18, c = 6.29 Å, D = 3.439 g/cm³. Schmp.: t_f = 191 bzw. 202°C, H. BODE (*Z. anorg. Chem.* **252** [1943] 113/8); vgl. J. M. BIJVOET (*Structure Reports for 1948, Bd.* 12, 1952, S. 227). Neuere Messungen bestätigen, daß der P-N-Ring nicht ganz eben ist; Gitterkonstt.: a = 14.43 ± 0.02, b = 13.36 ± 0.02, c = 6.63 ± 0.01 Å; daraus ber. Dichte: D = 3.18 g/cm³, P. DE SANTIS, E. GIGLIO, A. RIPAMONTI (*J. inorg. nucl. Chem.* **24** [1962] 469/74).

Von N. E. BEAN, R. A. SHAW (*Chem. and Ind.* **1960** 1189) wird der Schmp. von $(NPBr_2)_4$ genau bestätigt, für $(NPBr_2)_3$ dagegen t_f = 192°C gefunden.

$(NPBr_2)_3$ ist optisch zweiachsig, Achsenwinkel 2V = 54°; Brechungszahlen: $n_\alpha = 1.720$, $n_\beta = 1.742$, $n_\gamma = 1.812$, J. K. LEARY laut N. L. PADDOCK, H. T. SEARLE (*Adv. inorg. Chem. Radiochem.* **1** [1959] 347/83, 356).

Chemical Reactions

Chemisches Verhalten. Die farblosen, stark lichtbrechenden Kristalle, wahrscheinlich ein Gemisch von Tri- und Tetrameren mit vorherrschendem $(NPBr_2)_3$, sind unlösl. in H_2O, lösl. in Äthyläther, wenig lösl. in CS_2 und $CHCl_3$, A. BESSON (*C. r.* **114** [1892] 1479/81). Beim Erhitzen auf Tempp. zwischen 250 und 350°C bilden sich ähnliche elast. Stoffe wie bei den entsprechenden Cl-Verbb., die ebenso wie jene bei längerem Lagern zerfallen. Beim Einleiten von gasf. NH_3 in die kalte Lsg. von $(NPBr_2)_3$ in C_6H_6 oder beim Schütteln der äther. Lsg. mit 10%igem wss. NH_3 bleiben nach Abdunsten des Lsgm. verfilzte Nädelchen der Zus. $P_3N_3Br_4(NH_2)_2$ zurück. Beim Einleiten von NH_3 in die sd. C_6H_6-Lsg. bildet sich neben NH_4Br die Verb. $PN(NH_2)_2$; mit einem Gemisch aus Pyridin und C_6H_6 entsteht eine 6 Mol Pyridin je Mol $(NPBr_2)_3$ enthaltende Additionsverb., W. GRIMME (*Diss. Münster* 1926, S. 1/28, 27, 28). Beim Erhitzen von $(NPBr_2)_3$ und $(NPBr_2)_4$ bei 250 bis 300°C werden schwach gefärbte elast. Stoffe erhalten, die in feuchter Luft hydrolysieren und beim Stehen erhärten, N. E. BEAN, R. A. SHAW (*Chem. and Ind.* [*London*] **1960** 1189).

$N_3P_3Br_4(NH_2)_2$. Bildet sich in Form verfilzter Nadeln beim Schütteln der äther. Lsg. von $(NPBr_2)_3$ mit 10%igem NH_3 nach Abdunsten des Lsgm.; wird nach einigen Tagen feucht und zersetzt sich, W. GRIMME (*Diss. Münster* 1926, S. 1/28, 28).

$N_3P_3Cl_x Br_{6-x}$

$N_3P_3Cl_xBr_{6-x}$.

Preparation

Darstellung. Zur Darst. des Pentachlorids wird ein Gemisch aus 2.18 Mol PCl_5, 4.36 Mol NH_4Br und 1300 ml $(CHCl_2)_2$ unter Rückfluß erhitzt. Nach 20std. Erhitzen ist die Entw. des Halogenwasserstoffs, die bei 110°C beginnt, beendigt, das abgekühlte Gemisch wird vom NH_4-Halogenid abfiltriert und das Filtrat im Vak. unterhalb 100°C konz.; nach Abdest. von ~25% des Lsgm. beginnt ein offenbar durch eine Nebenrk. verursachter Nd. auszufallen, der abfiltriert wird. Das Filtrat wird weiter eingedampft und die ausfallende Subst. zweimal mit H_2O gewaschen und dreimal aus C_6H_6 umkrist. Das Tetrachlorid erhält man in Form weißer Kristalle aus 0.215 Mol PCl_5, 0.43 Mol NH_4Cl, 150 ml $(CHCl_2)_2$ und 0.325 Mol PBr_3. Ein Nebenprod. wird hierbei nicht festgestellt. Das Dichlorid wird, ebenfalls in Form weißer Kristalle, aus 1.09 Mol NH_4Br, 0.545 Mol PCl_3, 350 ml $(CHCl_2)_2$ und 0.545 Mol Br_2 gewonnen, R. G. RICE, L. W. DAASCH, J. R. HOLDEN, E. J. KOHN (*J. inorg. nuclear Chem.* **5** [1958] 190/200).

Molecule

Molekel. Über das UR-Spektrum s. S. 544.

Physical Properties

Physikalische Eigenschaften. Der Gittersymmetrie nach stimmen die Bromidchloride mit $(NPCl_2)_3$ und $(NPBr_2)_3$ überein; Raumgruppe D_{2h}^{16}-Pnma. Gitterkonstanten in Å, daraus ber. Dichte D und gem. Dichte D′ in g/cm³, Schmp. t_f s. folgende Tabelle:

	a	b	c	D	D′	t_f
$N_3P_3Cl_5Br$ . . .	14.24	13.00	6.28	2.24	2.27	122.5 bis 123.5°C
$N_3P_3Cl_4Br_2$ . .	14.27	13.02	6.34	2.46	2.44	132.5 bis 135.0°C
$N_3P_3Cl_2Br_4$. . .	14.29	13.33	6.48	2.83	2.84	167.5 bis 169.0°C

R. G. Rice u. a. (*l. c.* S. 191/2).

Phosphor und Schwefel

Phosphorus and Sulfur

Eine Rk. zwischen P und S hat erstmals A. S. Marggraf (*Miscellanea Berolinensia* **6** [1740] 54/63) beobachtet. Alle P-Sulfide können aus den Elementen oder aus P_4S_3 und S hergestellt werden. Als reine Sulfide existieren P_4S_3, P_4S_5, P_4S_7 und P_4S_{10}, J. C. Pernert, J. H. Brown (*Chem. engg. News* **27** [1949] 2143/5). Unterhalb 100°C bilden P und S keine einheitlichen Verbindungen. Die beim Erstarren sich abscheidenden 2 festen Lsgg. (α, β) bilden S-reiche Mischkristalle, die mit der oktaedr. Modifikation des S isomorph sind, und P-reiche Mischkristalle, isomorph mit der weißen P-Modifikation. **Fig. 138** gibt die Liquiduskurve des Zustandsdiagramms wieder mit einem Eutektikum bei 22.8 At.-% S und 9.8°C, das der Zus. P_4S entspricht, V. V. Illarionov, T. I. Sokolova (*Izvestija Sektora fiz.-chim. Anal.* [russ.] **21** [1952] 153/8); s. auch R. Boulouch (*C. r.* **135** [1902] 165/8). Nach A. Gorbov (*Ž. Russk. fiz.-chim. Obščestva* [russ.] **41** [1909] 1241/300, 1246) wird das Eutektikum durch die beiden festen Phasen P_4S_{10} und P_4S_7 gebildet; es entspricht der Zus. $P_{28}S_8$. — Eine Phase mit dem Bereich $P_4S_{5\,\text{bis}\,6.9}$ wird in Form von 3 bis 5 mm langen Kristallen erhalten, wenn P_4S_3 und S oder P_4S_7 30 Min. bei 320°C erhitzt und in 5 Std. auf gewöhnl. Temp. abgekühlt werden. Zugabe von J erhöht die Ausbeute. Die Phase bildet sich auch bei der Reaktion von H_2S mit PCl_3. Das Pulverdiagramm zeigt Linienverbreiterung, wenn der S-Gehalt der Schmelze fällt (Röntgendiagramme im Original). Die Phase schmilzt bei 250°C unter Zers. und Bldg. von P_4S_7; CS_2 zersetzt unter Bldg. von P_4S_7 und P_4S_5, G. A. Rodley, C. J. Wilkins (*J. inorg. nuclear Chem.* **13** [1960] 231/8). — Über weitere im System P–S vermutete Verbb. s. S. 581. — Ältere Unterss. s. R. Böttger (*Schw. J.* **67** [1833] 141/8, 144, **68** [1833] 136/45; *J. pr. Ch.* **12** [1837] 357/69). Durch Druck von 6500 atm lassen sich P und S nicht zu P-Sulfiden vereinigen, W. Spring (*Bl. Soc. chim.* [2] **39** [1883] 641/7; *Bl. Acad. Belg.* [3] **5** [1883] 492/504; *Chem. N.* **48** [1883] 66/67). Über die Viscosität im System S–P_4S_{10} s. A. I. Soklakov, G. S. Shdanov (*Kristallografija* [russ.] **7** [1962] 882/5).

Fig. 138.

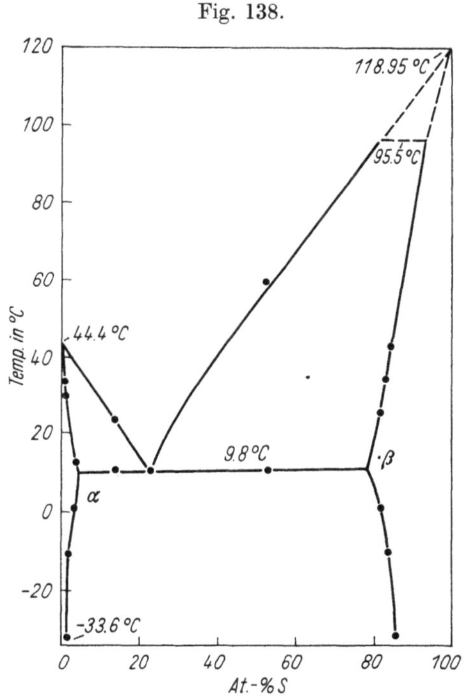

Zustandsdiagramm P–S.

Die P–S-Bindung. Über die P–S-Bindung liegt zwar umfangreiches experimentelles Material vor, die theoret. Behandlung ist jedoch praktisch noch nicht begonnen worden. Spektroskop. Daten zeigen, daß die Festigkeit der P=S-Bindung von den übrigen an das P-Atom gebundenen Atomen oder Radikalen abhängt. Somit kann wahrscheinlich auch das Dipolmoment der P=S-Bindung nicht überall denselben Wert haben, wie es G. M. Phillips, J. S. Hunter, L. E. Sutton (*J. chem. Soc.* **1945** 146/62, 155) annehmen; vgl. auch B. Lakatos (*Z. Elektrochem.* **61** [1957] 944/9). Der Einfachbindung kann das Moment 3.1 Debye zugeordnet werden, C. P. Smyth (*J. phys. Chem.* **59** [1955] 1121/4).

The P–S Bond

Die Wellenzahl der P=S-Dehnungsschwingung liegt nach spektroskop. Unterss. an zahlreichen Verbb. zwischen 713 und 835 cm^{-1}, die der Deformationsschwingung zwischen 568 und 675 cm^{-1}, L. C. Thomas, R. A. Chittenden (*Chem. Ind.* **1961** 1913). Im UR-Spektrum von $(C_6H_5)_3PS$ ist das Max. bei 637 cm^{-1} der P=S-Bindung zuzuordnen, K. A. Jensen, P. H. Nielsen (*Acta chem. Scand.*

17 [1963] 1875/85, 1877). Die Anlagerung von Br_2, J_2, JCl oder JBr an Molekeln des Typs R_3PS bewirkt nur eine geringe Verschiebung der Wellenzahlen der P=S-Schwingung, R. A. ZINGARO, R. M. HEDGES (*J. phys. Chem.* **65** [1961] 1132/8). Die in 8 Arbeiten verschiedener Autoren veröffentlichten UR-Spektren werden nicht nur hinsichtlich der Wellenzahlen, sondern auch hinsichtlich der Intensitäten und Halbwertsbreiten der der P=S-Bindung entsprechenden Absorptionsmax. von A. F. VASIL'EV (*Izvestija Akad. Nauk SSSR Ser. fiz.* **26** [1962] 1278/82; *Bull. Acad. Sci. USSR phys. Ser.* **26** [1962] 1295/300) ausgewertet; wie die Analyse der Schwingungsspektren phosphororgan. Verbb. Schlüsse über die Art der P–S-Bindung ermöglicht, beschreiben E. M. POPOV, M. I. KABAČNIK, L. S. MAJANC (*Uspechi Chim.* **30** [1961] 846/76; *Russ. Chem. Rev.* **30** [1961] 362/77, 366/8). In 19 Verbb. der Zus. $R_2P(S)SR'$ liegt die Schwingungszahl der P=S-Bindung zwischen 640 und 680 cm^{-1}, N. I. ZEMLJANSKIJ, V. V. TURKEVIČ, I. V. MURAV'EV, V. V. BARYLJUK (*Ukrain. chim. Žurnal* **30** [1964] 190/4). In Salzen von Dialkyldithiophosphorsäuren hat die P=S-Bindung Schwingungszahlen zwischen 635 und 668 cm^{-1}, die P–S-Bindung dagegen Schwingungszahlen zwischen 510 und 556 cm^{-1}, J. ROCKETT (*Appl. Spectroscopy* **16** [1962] 39/40).

Abgeschätzte Werte für die Bindungs- und Dissoz.-Energie von P=S und P–S s. bei S. B. HARTLEY, W. S. HOLMES, J. K. JACQUES, M. F. MOLE, J. C. MCCOUBREY (*Quart. Rev.* **17** [1963] 204/23, 221).

Das Refraktionsinkrement der P=S-Bindung ergibt sich zu 11.90; entsprechende Werte für P–S: 6.25 in P–S–H, 5.65 in P–S–C oder P–S–Si, 5.3 in P–S–P, H. TOLKMITH (*Ann. New York Acad. Sci.* **79** [1959] 189/231).

Tetraphosphorus Trisulfide

Tetraphosphortrisulfid P_4S_3.

Wurde 1864 von G. LEMOINE (*C. r.* **58** [1864] 890/3; *J. pr. Ch.* **92** [1864] 373/6; *L'Institut* I **32** [1864] 153/4) entdeckt und von ihm mit „Sesquisulfid" bezeichnet.

Formation. Preparation

Bildung und Darstellung. Entsteht unter heftiger Rk. beim Zusammenschmelzen stöchiometr. Mengen von rotem P und S. Wärmetönung der Rk. 29.4 kcal. Bildet sich aus P_4S_5 (s. S. 573) neben P_4S_7 (s. S. 574) bei höherer Temp., W. D. TREADWELL, C. BEELI (*Helv. chim. Acta* **18** [1935] 1161/71, 1161), kristallisiert beim Erhitzen von P_8S_{11} mit CS_2 auf 210°C, E. DERVIN (*C. r.* **138** [1904] 365/6). Entsteht im Gemenge mit P aus PH_3 und $SOCl_2$ bei gewöhnl. Temp., A. BESSON (*C. r.* **123** [1896] 884/6), sublimiert beim Erhitzen auf 200°C des in der Kälte aus PH_3 und SO_2Cl_2 entstehenden Nd., A. BESSON (*C. r.* **122** [1896] 467/9); bei Anwendung von $S_2O_5Cl_2$ entstehen P_4S_3 und HCl sowie SO_2, A. BESSON (*C. r.* **124** [1897] 401/3). Bildet sich neben anderen P-Verbindungen beim Erhitzen von $(NH_4)_2[P_4S_5(NH_2)_2]$ auf 140 bis 180°C im Hochvakuum, H. BEHRENS, L. HUBER (*Ber.* **92** [1959] 2252/7, 2256), bei der Zers. von $P_4S_5 \cdot 6NH_3$, H. BEHRENS, K. KINZEL, L. HUBER (*Ang. Ch.* **71** [1959] 375).

Ganz reines P_4S_3, das sich in CS_2 vollkommen löst, muß in Abwesenheit von O_2 hergestellt werden, A. STOCK, K. FRIEDERICI (*Z. ang. Ch.* **25** [1912] 2201/3). Die Darst. der rhombischen, gelben Kristalle erfolgt zweckmäßig nach der Vorschrift von A. STOCK, M. RUDOLPH (*Ber.* **43** [1910] 150/7, 151), s. auch A. STOCK, H. v. BEZOLD (*Ber.* **41** [1908] 657/60), G. RAMME (*Ber.* **12** [1879] 1350/1), G. LEMOINE (*C. r.* **98** [1884] 45/48), H. REBS (*Lieb. Ann.* **246** [1888] 356/82, 367), A. HELFF (*Z. phys. Ch.* **12** [1893] 196/222, 206), durch Erhitzen von überschüssigem rotem P und gepulvertem S auf 100°C unter Ausschluß der Luft durch CO_2-Atm. oder Evakuieren des Rk.-Rohres und Dest. durch weiteres Erhitzen. Die Masse wird mit CS_2 zur Entfernung von überschüssigem rotem P extrahiert und in CO_2-Atm. erneut destilliert, D. M. YOST, H. RUSSELL (*Systematic inorganic chemistry*, *New York* 1944, S. 183). Bei zu niedriger Temp. entstehen gleichzeitig höher schmelzende Sulfide. Aus C_6H_6 ausgeschiedene Kristalle werden nach Absaugen auf einer Filterplatte durch Überleiten von trocknem H_2 von Resten des Lsgm. befreit, A. STOCK, M. RUDOLPH (*l. c.* S. 151, 153). Herst. aus 4 Tl. rotem P und 3 Tl. S bei ~250° bis 330°C im CO_2-Strom, anonyme Veröff. (*Metallbörse* **18** [1928] 182), s. auch A. HELFF (*Z. phys. Ch.* **12** [1893] 196/222, 206), aus rotem P mit S und J_2 als Katalysator, M. RUDOLPH (*Diss. Berlin* 1910, S. 16).

Großtechnisch läßt sich P_4S_3 mit weniger als 1% H_3PO_4 aus geschmolzenem S und geschmolzenem P in mit Rührern versehenen Gußeisengefäßen herstellen. Das Prod. wird zunächst bei Atm.-Druck, dann im Vak. destilliert, A. H. LOVELESS (BIOS Nr. 22/1b, C 22/3437, PB 34740 [1946] 26). Zur kontinuierlichen Herst. von P_4S_3 in techn. Ausmaß werden P und S bei 400 bis 420°C unter N_2 erhitzt, MONSANTO CHEMICAL CO., R. B. HUDSON (*U.S.P.* 2794705 [1954/57], *C.A.* **1957** 14220), in CO_2-Atm. bei 313 bis 318°C, MONSANTO CHEMICAL CO., O. C. JONES (*B.P.* 652514 [1948/51], *C.A.* **1952** 2248; *U.S.P.* 2569128 [1948/51]). Ein hellgelbes Prod. wird bei kontinuierlicher Zugabe von 5% B_2O_3 (ber. auf die Gesamtmenge P und S) erhalten, MONSANTO CHEMICAL CO., J. W. LEFFORGE (*U.S.P.* 2844442 [1954/58], *C.A.* **1958** 20943). — P_4S_3 läßt sich auch aus S und weißem P herstellen, G. RAMME (*Ber.* **12** [1879] 1350/1), G. LEMOINE (*Ber.* **16** [1883] 1672/3; *C. r.* **96** [1883] 1630/3, **98** [1884] 45/48). Durch Zusatz von Sand zur Rk.-Masse wird die Rk. gemäßigt, ISAMBERT (*Ber.* **16** [1883] 1493/4; *C. r.* **96** [1883] 1499/1502). Weißes P und S reagieren beim Erhitzen stark exotherm, mitunter explosiv. Unter Vaseline, die als Katalysator wirkt, verläuft die Rk. bei 180°C langsam und gefahrlos, VOURNASOS (*D.P.* 247905 [1911/12]). Aus dem beim Erhitzen von weißem P mit S auf 165°C erhaltenen Gemisch kann P_4S_3 durch CS_2 oder PCl_3 herausgelöst werden, E. W. WHEELWRIGHT (*B.P.* 3045 [1902/03]), s. auch anonyme Veröff. (*Metallbörse* **18** [1928] 182). Zur Herst. eines sehr feinteiligen Prod. wird zu einer in CO_2-Atm. siedenden Lsg. von 50 g weißem P in 100 ml α-Chlornaphthalin langsam eine auf 150°C erhitzte Lsg. von 38.7 g S in 50 ml α-Chlornaphthalin gegeben und das Gemisch 1 Std. gekocht. Nach Abkühlen wird P_4S_3 abfiltriert und der Rest des Lsgm. durch CCl_4 ausgewaschen, F. C. FRARY (*D.P.* 309618 [1915/18]). — Zusammenschmelzen von P und S im Glycerinbad bei 170°C und Umkrist. aus CS_2, H. V. BEZOLD (*Diss. Berlin* 1908, S. 10). PH_3 und S reagieren oberhalb 320°C im Verhältnis 2:3 bis 4.5 unter Bldg. von P_4S_3, P und H_2S, s. L. DELACHAUX (*Helv. chim. Acta* **10** [1927] 195/7). P_4S_3 wird durch Dest. von P_4S_{10} im CO_2-Strom gewonnen. Daneben entstehendes überschüssiges S kann getrennt aufgefangen werden, H. E. WALLSOM (*Chem. N.* **136** [1928] 113/5).

P_4S_3 (0.01 bis 2.0%) verhindert die Ox. von Schmierölen, STANDARD OIL CO., R. E. BURK (*U.S.P.* 2346356 [1940/44], *C.A.* **1944** 5395), STANDARD OIL CO., E. C. HUGHES (*U.S.P.* 2363001 [1943/44], *C.A.* **1945** 3926), SOCONY MOBIL OIL CO. INC., W. E. GARWOOD, L. A. HAMILTON (*U.S.P.* 2800467 [1953/57], *C.A.* **1958** 4976), PURE OIL CO., E. W. BRENNAN, N. D. WILLIAMS (*U.S.P.* 2483571 [1945/49], *C.A.* **1950** 1255), und dient als Zündmasse für Zündhölzer, H. SÉVÈNE, E. D. CAHEN (*D.P.* 101736 [1898/99]).

Reinigung. P_4S_3 enthält in chemisch reinem Zustand 56.35% P und 43.65% S. Die Reinheit des handelsüblichen Prod. hängt von der Reinheit des verwendeten S und P ab. Es wird ein 99%iges P_4S_3 hergestellt, wobei aus den Rohmaterialien Spuren von Fe oder Phosphorsäure und aus dem Herst.-Prozeß bei 230°C weißes P (aus rotem) und besonders Feuchtigkeit als Verunreinigungen auftreten können. Das Prod. darf kein zu Selbstentzündungen Anlaß gebendes weißes P enthalten. Die Verunreinigungen sollten (in %) nicht mehr als 0.5 Phosphorsäure, 0.3 Unlösliches (hauptsächlich Fe) und 0.2 Feuchtigkeit enthalten, anonyme Veröff. (*Metallbörse* **18** [1928] 182). *Purification*

Lsgg. von einfach gereinigtem P_4S_3 in CS_2 scheiden nach UR-Bestrahlung S ab und enthalten daher vermutlich noch Verunreinigungen. Zur Reinigung werden in besonderem App. dest. CS_2 und P_4S_3 nach Vertreiben der Luft durch N_2, Evakuierung und Kühlung des P_4S_3 auf −50°C zusammengebracht, P_4S_3 wird durch Erhöhen der Temp. gelöst, die Lsg. im Vak. durch ein Filter von gesintertem Glas filtriert und CS_2 vom P_4S_3 abdestilliert, H. GERDING, J. W. MAARSDEN, P. C. NOBEL (*Rec. Trav. chim.* **76** [1957] 757/68, 759). Reinigung durch Umkristallisation aus CS_2, dann aus C_6H_6, Y. C. LEUNG, J. WASER, S. VAN HOUTEN, A. VOS, G. A. WIEGERS, E. H. WIEBENGA (*Acta crystallogr.* [*Copenhagen*] **10** [1957] 574/82, 574), A. STOCK, M. RUDOLPH (*Ber.* **43** [1910] 150/7, 151). Techn. Prodd. werden mit CS_2 extrahiert, der filtrierte Extrakt wird zur Trockne gebracht und in H_2O gegeben, nach etwa 1std. Durchleiten von Dampf wird das H_2O entfernt; die Prodd. werden getrocknet und aus CS_2 kristallisiert, M. T. ROGERS, K. J. GROSS (*J. Am. Soc.* **74** [1952] 5294/6), A. STOCK (*D.P.* 226312 [1909/10]). Im P_4S_3 vorhandene weitere P-Sulfide werden durch kurzes Kochen der wss. Suspension entfernt, A. STOCK, M. RUDOLPH (*l. c.* S. 152). Reinigung durch Krist. aus warm gesätt. C_6H_6-Lsg. bei Luftabschluß oder durch vorsichtige Sublimation im Vak. bei 110°C liefert ein Prod. mit Schmp. 173 bis 174.5°C, A. STOCK, K. FRIEDERICI (*Ber.* **46** [1913] 1380/7, 1381). — Reinigung durch mehrfaches Lösen in CS_2 und Fällen durch Petroläther, E. SCHARF (*Z. phys. Ch.* **62** [1908] 179/93, 185), durch Dest. bei 10 Torr, A. HELFF (*Z. phys. Ch.* **12** [1893] 196/22, 2206).

Fig. 139.

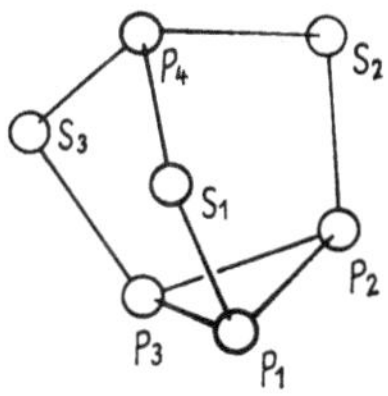

Struktur der P_4S_3-Molekel.

Molekel. Das kernmagnet. Resonanzspektrum von ^{31}P in P_4S_3 zeigt bei 7140 Gauß und 12.3 MHz zwei Spitzen. Die erste ist ein 1–3–3–1–Quadruplett, sie entspricht dem P-Atom, das mit 3 S-Atomen verbunden ist. Die zweite, dreimal so große ist ein 1–1–Dublett. Sie wird den drei P-Atomen im Ring beigeordnet, C. F. CALLIS, J. R. VAN WAZER, J. N. SHOOLERY, W. A. ANDERSON (*J. Am. Soc.* **79** [1957] 2719/26, 2724). Struktur der P_4S_3-Molekel s. **Fig. 139** nach Y. C. LEUNG u. a. (*l. c.*). Diese *Molecule* wird auf Grund von Elektronenbeugungsaufnahmen des Dampfes und röntgenographisch (vgl. im folgenden) bestätigt, O. HASSEL, A. PETTERSEN (*Tidsskr. Kjemi Bergvesen Metallurgi* **1** [1941] 57/9). — Zwei andere Modelle stammen von J. C. PERNERT, J. H. BROWN (*Chem. engg. News* **27** [1949] 2143/5). Vgl. auch W. D. TREADWELL, C. BEELI (*Helv. Chim. Acta* **18** [1935] 1161/71, 1169). — Dipolmoment von P_4S_3 (gelöst in CS_2): 0.81, M. T. ROGERS, K. J. GROSS (*J. Am. Soc.* **74** [1952] 5294/6). — Parachor s. unten.

Elektronenverteilung in der Molekel s. H. S. GUTOWSKY, D. W. MCCALL (*J. chem. Phys.* 22 [1954] 162/4).

Crystallographic Properties

Kristallographische Eigenschaften. P_4S_3 kristallisiert rhombisch, Y. C. LEUNG, J. WASER, S. VAN HOUTEN, A. VOS, G. A. WIEGERS, E. H. WIEBENGA (*Acta crystallogr.* [*Copenhagen*] **10** [1957] 574/82), S. VAN HOUTEN, A. VOS, G. A. WIEGERS (*Rec. Trav. chim.* **74** [1955] 1167/70). — Lange, spießförmige Kristalle, H. REBS (*Lieb. Ann.* **246** [1888] 356/82, 367), nadelförmige Kristalle, A. STOCK, H. v. BEZOLD (*Ber.* **41** [1908] 657/60); s. auch R. POULSON (UCRL-3629 [1957] 85).

Raumgruppe D_{2h}^{16}–Pnma nach Strukturunterss. an einem P_4S_3 Einkristall mittels WEISSENBERG-Aufnahmen, Z = 8, Y. C. LEUNG u. a. (*l. c.*), D_{2h}^{16}–Pmnb nach WEISSENBERG- und Oszillationsaufnahmen um die a- und b-Achse, Z = 8. Die Struktur besteht aus P_4S_3-Molekeln mit ~3.6 Å als kürzestem intermolekularem Abstand in einer Konfiguration, die bereits von C. F. CALLIS u. a. (*l. c.*) und O. HASSEL, A. PETTERSEN (*l. c.*) gefunden wurde. Die Anordnung der Molekeln ähnelt der der hexagonal dichtesten Kugelpackung. (Atomlagen der beiden in der asymmetrischen Einheit liegenden Molekeln s. Original), Y. C. LEUNG, J. WASER, S. VAN HOUTEN, A. VOS, G. A. WIEGERS, E. H. WIEBENGA (*Acta crystallogr.* [*Copenhagen*] **10** [1957] 574/82, 578).

Gitterkonstanten in Å: a = 10.63, b = 9.69, c = 13.72, Fehlergrenze ± 0.03, nach WEISSENBERG-Aufnahmen, S. VAN HOUTEN, A. VOS, G. A. WIEGERS (*Rec. Trav. chim.* **74** [1955] 1167/70); a = 9.660, b = 10.597, c = 13.671, Fehlergrenze ± 0.005, nach Pulveraufnahmen, Y. C. LEUNG u. a. (*l. c.*); a = 9.61, b = 10.59, c = 13.65, Y. C. LEUNG, J. WASER, L.-R. ROBERTS (*Chem. Ind.* **30** [1955] 948).

Atomabstände und Bindung. Mittlere Atomabstände in Å: P↔S = 2.090 ± 0.005, P↔P = 2.235 ± 0.005; mittlere Bindungswinkel S–P–S = 99.4°, P–S–P = 103.0°, S–P–P = 103.1°, P–P–P = 60.0°, Y. C. LEUNG u. a. (*l. c.*). Die mittlere Bindungslänge beträgt 2.15 Å, O. HASSEL, A. PETTERSEN. (*l. c.*). P↔S = 2.17 ± 0.02, P↔P = 2.21 ± 0.02 Å; Bindungswinkel P–S–P = 105° ± 3°, s. P. A. AKIŠIN, N. G. RAMBIDI, JU. S. EŽOV (*Žurnal neorg. Chim.* [russ.] **5** [1960] 747/9; engl. Transl.: *Russ. J. Inorg. Chem.* **5** [1960] 358/60). Vgl. auch Y. C. LEUNG, J. WASER, L. R. ROBERTS (*Chem. Ind.* **1955** 948), S. VAN HOUTEN, A. VOS, G. A. WIEGERS (*Rec. Trav. chim.* **74** [1955] 1167/70), M. T. ROGERS, K. J. GROSS (*J. Am. Soc.* **74** [1952] 5294/6). Bindungswinkel P–S–P = 102°, s. R. J. GILLESPIE (*J. Am. Soc.* **82** [1960] 5978/83, 5982). Zusammenhang zwischen Bindungsenergie und Abweichung des P↔S-Abstandes von der Additivität der Atomradien s. M. L. HUGGINS (*J. Am. Soc.* **75** [1953] 4126/33). Bindungsenergie zwischen P und S: 55 kcal/Mol, M. L. HUGGINS (*J. Am. Soc.* **75** [1953] 4123/6). Über das Verhältnis von π-Bindung zu σ-Bindung in Phosphorsulfiden s. J. R. VAN WAZER (*J. Am. Soc.* **78** [1956] 5709/15).

Mechanical Properties

Mechanische Eigenschaften. Dichte. D^{17} = 2.03, nach der Schwebemeth. in wss. K-Hg-Jodidlsg. bestimmt, A. STOCK, M. RUDOLPH (*Ber.* **43** [1910] 150/7, 155). D^{11} = 2.00, ISAMBERT (*Ber.* **16** [1883] 1493/4; *C. r.* **96** [1883] 1499/1502), D = 2.06 aus röntgenograph. Daten, S. VAN HOUTEN u. a. (*l. c.*), 2.08, Y. C. LEUNG, J. WASER, S. VAN HOUTEN, A. VOS, G. A. WIEGERS, E. H. WIEBENGA (*Acta crystallogr.* [*Copenhagen*] **10** [1957] 574/82).

Aus der Dampfdichte ber. Molgew. bei höheren Tempp.:

Temp. in °C . .	700	750	800	850	900	950	1000
Molgew. . . .	219	213	202	185	182	179	179

theoret. Wert 220, A. STOCK, H. v. BEZOLD (*Ber.* **41** [1908] 657/60). **Fig. 140** nach W. D. TREADWELL C. BEELI (*Helv. Chim. Acta* **18** [1935] 1161/71, 1165) gibt die Dichten der P-Sulfide im Vergleich zu den Dichten der Mischungen von P und S wieder. — D von geschmolzenem P_4S_3 bei 172.2°C 1.7935 g/cm³, E. I. KRYLOV (*Izvestija vysšich Učebnych Zavedenij Chim. chim. Technol.* **3** [1960] 223/5 nach *C.A.* **1960** 21900). — Oberflächenspannung von geschmolzenem P_4S_3: 22.86 erg/cm² bei 172.2°C. Parachor, ber. aus Dichte und Oberflächenspannung von geschmolzenem P_4S_3: 377.8. Der aus der von O. HASSEL, A. PETTERSEN (*Tidsskr. Kjemi Bergvesen Metallurgi* **1** [1941] 57/9) angegebenen Struktur ber. Parachor stimmt besser mit dem aus Dichte und Oberflächenspannung des geschmolzenen P_4S_3 ber. Wert überein als der Wert, der sich aus der von W. D. TREADWELL, C. BEELI (*l. c.*) angegebenen Struktur errechnet.

Thermische Eigenschaften. Der Dampfdruck nimmt zwischen 320 und 350°C fast linear zu, R. C. PHILLIPS, D. L. CHAMBERLAIN, F. A. FERGUSON (NP-7186 [1959] 1/155, 23, *N.S.A.* **13** [1959] Nr. 4444).

Thermal Properties

Schmelzpunkt: (in °C) 173 bis 174.5 für das gereinigte und im Vak. sublimierte Prod., A. STOCK, K. FRIEDERICI (*Ber.* **46** [1913] 1380/7, 1381); 171 bis 172.5, der Schmp. kann wegen geringer Zers. der Verb. bei dieser Temp. nicht exakt bestimmt werden, A. STOCK, M. RUDOLPH (*l. c.* S. 153); 172, M. T. ROGERS, K. J. GROSS (*J. Am. Soc.* **74** [1952] 5294/6), F. D. ROSSINI, D. D. WAGMAN, W. H. EVANS, S. LEVINE, I. JAFFE (*Circ. Bur. Stand.* Nr. 500 [1952] 575); 166 (unkorr.), A. STOCK, H. v. BEZOLD (*l. c.*); 167, E. SCHARFF (*Z. phys. Ch.* **62** [1908] 179/93, 185), A. HELFF (*Z. phys. Ch.* **12** [1893] 196/222, 206), s. auch ISAMBERT (*l. c.*), H. GIRAN (*C. r.* **142** [1906] 398/400), J. MAI (*Lieb. Ann.* **265** [1891] 192/208, 200), H. REBS (*Lieb. Ann.* **246** [1888] 356/82, 367), G. RAMME (*Ber.* **12** [1879] 1350/1), G. LEMOINE (*C. r.* **58** [1864] 890/3; *J. pr. Ch.* **92** [1864] 373/7).

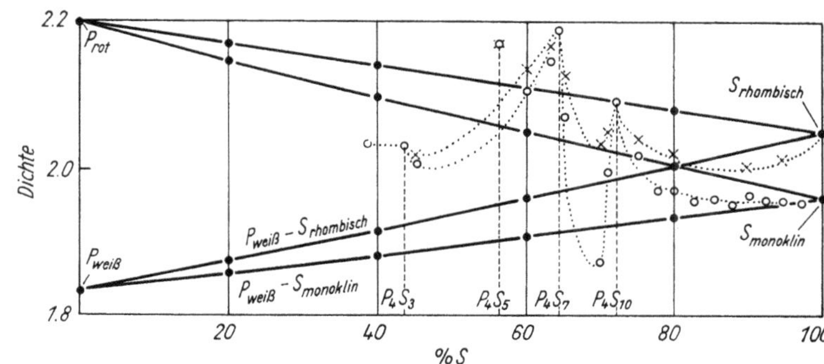

Fig. 140.

Dichten der P-Sulfide.

Siedepunkt bei 760 Torr 407 bis 408°C. Unter gewöhnl. Druck in CO_2-Atm. läßt sich P_4S_3 destillieren; Geruch nach P deutet jedoch auf geringfügige Zers., A. STOCK, M. RUDOLPH (*l. c.* S. 155). Sdp. 400 bis 410°C, F. SCHRÖDER (*Arb. Kais. Gesundh.-Amt* **44** [1913] 1/29, 9), eines wahrscheinlich noch weißes P enthaltenden Prod.: ~380°C, ISAMBERT (*l. c.*), 407°C, F. D. ROSSINI u. a. (*l. c.*), 418°C, berechnet, J. MAI (*l. c.*).

Optische Eigenschaften. Farbe. Gelblichgrüne Nadeln, E. SCHARFF (*Z. phys. Ch.* **62** [1908] 179/93, 185), zitronengelb, E. G. CLAYTON (*Pr. chem. Soc.* **18** [1902] 129/31), hellgelb, A. HELFF (*Z. phys. Ch.* **12** [1893] 196/222, 206). CS_2-Lsg. von P_4S_3 ergibt Auslöschung des sichtbaren Spektrums von der Mitte des Blaus an nach der violetten Seite hin, A. STOCK, M. RUDOLPH (*l. c.* S. 156).

Optical Properties

Molrefraktion für die D-Linie des Na in CS_2-Lsg.: 40.4, aus empir. Konstt. ber.: 42.6, M. T. ROGERS, K. J. GROSS (*J. Am. Soc.* **74** [1952] 5294/6).

Luminescenz. Die gereinigte, feingepulverte Subst. leuchtet an der Luft nach Erhitzen auf 80°C, weil sich weißes P gebildet hat, das zu P_2O_3 oxydiert wird, E. SCHARFF (*l. c.*), vgl. hierzu auch das chem. Verh. von P zu Sauerstoff in „*Phosphor*“ *Tl.* B, S. 265. Beginn des Leuchtens bei 88°C, nach Zusatz von 0.03% P bei 76°C, F. SCHRÖDER (*l. c.*). P_4S_3 luminesciert in mit H_2O-Dampf gesätt. Luft, noch deutlicher in Ggw. von Säuredämpfen, E. G. CLAYTON, G. N. BACON (*Pr. chem. Soc.* **19** [1903] 231/4). Die Intensität des Leuchtens steigert sich im Abdampfrückstand einer Lsg. von P_4S_3 in Petroläther (mit Sand gemischt), T. SCHLOESING (*C. r.* **155** [1912] 1461/4).

Spektrum. Ramanspektren des besonders gereinigten Prod. im festen und geschmolzenen Zustand sowie gelöst in CS_2 im Bereich 260 bis 1104 cm^{-1} sowie UR-Absorption bei 430 und 473 cm^{-1} s. H. GERDING, J. W. MAARSEN, P. C. NOBEL (*Rec. Trav. chim.* **76** [1957] 757/68).

Chemisches Verhalten. Beim Erhitzen. Gegen Temp.-Erhöhung bei Abwesenheit von O_2 und H_2O sehr beständig. P_4S_3-Dampf zersetzt sich bei 700°C kaum, A. STOCK, K. FRIEDERICI (*Ber.* **46** [1913] 1380/7, 1381).

Chemical Reactions. On Heating

Gegen Elemente. Luft, Sauerstoff, Ozon. Luftbeständig, A. STOCK, K. FRIEDERICI (*l. c.*), G. LEMOINE (*C. r.* **58** [1864] 890/3; *J. pr. Ch.* **92** [1864] 373/6); trübt sich beim Schmelzen an der Luft und wird dadurch leicht entzündlich. Lsgg. von P_4S_3 in CS_2 oder C_6H_6 trüben sich dagegen an der Luft sofort und bilden nach einiger Zeit einen voluminösen Nd. von $P_4S_3O_4$ (s. S. 582). In Lsgg. wird P_4S_3 durch O_3 schneller als durch O_2 oxydiert. Beim Einleiten von Sauerstoff mit 6 bis 7% O_3 in

With Elements

eine mit P_4S_3 gesätt. CCl_4-Lsg. fällt zunächst auch $P_4S_3O_4$, das in unlösl., O-reichere, bräunlich gefärbte Substt. übergeht; gleichzeitig entweicht SO_2, A. STOCK, K. FRIEDERICI (*l. c.*). Unter trockner Luft in geschlossenen Gefäßen findet keine Ox. statt, E. G. CLAYTON, G. N. BACON (*Pr. chem. Soc.* **19** [1903] 231/4), zum Verh. bei Tempp. >80°C an der Luft s. unter „Luminescenz".

Halogene. Chlor greift P_4S_3 an, G. LEMOINE (*l. c.*). Lsgg. von P_4S_3 in CS_2 oder C_6H_6 entfärben 0.1n-Br_2- oder 0.1 n-J_2-Lsgg. in CS_2 momentan; die Einw. von J_2 erfolgt nach der Gleichung $7P_4S_3 + 24J_2 \rightarrow 16PJ_3 + 3P_4S_7$. Bei der Einw. von Halogen in Ggw. von H_2O ist der Halogenverbrauch bedeutend größer als in nichtwss. Medium, W. D. TREADWELL, C. BEELI (*Helv. chim. Acta* **18** [1935] 1161/71, 1163). Jod und P_4S_3 reagieren unter Bldg. von P_4S_7, R. D. TOPSOM, C. J. WILKINS (*J. inorg. nuclear Chem.* **3** [1956/57] 187/9). Beim Schütteln einer P_4S_3-Lsg. in CS_2 mit einer Lsg. von J_2 in CS_2 entsteht $P_4S_3J_2$ (s. S. 603), L. WOLTER (*Ch.-Ztg.* **31** [1907] 640).

Mit Schwefel zusammengeschmolzen, bildet P_4S_3 bei 300°C höhere Sulfide, deren Zus. vom S-Gehalt der Schmelze abhängig ist, A. STOCK, H. v. BEZOLD, B. HERSÇOVICI, M. RUDOLPH (*Ber.* **42** [1909] 2062/75, 2071). Durch Belichten einer Lsg. von P_4S_3 und S in CS_2, der eine Spur J_2 als Katalysator zugesetzt wird, bildet sich im Verlauf einiger Tage krist. P_4S_5, R. BOULOCH (*C. r.* **138** [1904] 363/5). Bei der Anlagerung von S an P_4S_3 unter Bldg. von P_4S_7 findet bedeutende Kontraktion statt, wobei die Löslichkeit in CS_2 auf 1/3500 zurückgeht, W. D. TREADWELL, C. BEELI (*l. c.* S. 1162).

With Inorganic Compounds

Gegen anorganische Verbindungen. Gegen Wasser beständig, G. LEMOINE (*l. c.*), W. D. TREADWELL, C. BEELI (*Helv. chim. Acta* **18** [1935] 1161/71, 1167). Durch kochendes H_2O wird P_4S_3 nur langsam zersetzt, A. STOCK, M. RUDOLPH (*Ber.* **43** [1910] 150/7, 151).

Bildet mit fl. Ammoniak ein Rk.-Prod., das nach Erwärmen auf 170°C teils P_4S_3 zurückbildet, teils bei 300°C $P_4(NH)_3$ (s. S. 326) entstehen läßt und bei 700°C in P_3N_5 (s. S. 311) und P_4 disproportioniert, H. BEHRENS, K. KINZEL, L. HUBER (*Ang. Ch.* **71** [1959] 375). Kondensiert man auf gründlich getrocknetem P_4S_3 über Na dest. NH_3, löst sich P_4S_3 mit orangeroter bis weinroter Farbe auf. Nach Entfernung von überschüssigem NH_3 im Hochvak. bei −35°C wird eine Verb. gewonnen, die 4 Mol NH_4 je Mol P_4S_3 enthält und der die Formel $(NH_4)_2[P_4S_3(NH_2)_2]$, Zus. $P_4S_3 \cdot 4NH_3$, (s. S. 572) zukommt, H. BEHRENS, L. HUBER (*Ber.* **93** [1960] 921/7, 926).

Lösl. in Schwefelkohlenstoff, insbesondere in der Wärme, G. LEMOINE (*l. c.*). 1 Tl. P_4S_3 wird bei −20°C in 9 Tl., bei 0°C in 3.7 Tl. und bei 17°C in 1.0 Tl. CS_2 gelöst; die Lsg. ist intensiv gelb gefärbt, A. STOCK, M. RUDOLPH (*l. c.* S. 156). Je 100 g CS_2 lösen bei 0°C 27 g, bei 17°C 100 g P_4S_3, T. MOELLER (*Inorganic chemistry, New York-London* **1953**, S. 655). Einfach gereinigtes P_4S_3, in CS_2 gelöst, scheidet bei Bestrahlung mit Hg-Licht S ab, H. GERDING, J. W. MAARSEN, P. C. NOBEL (*Rec. Trav. chim.* **76** [1957] 757/68, 758).

P_4S_3 löst sich beim Verrühren mit schmelzendem Natriumsulfidhydrat $Na_2S \cdot 9H_2O$ unter Bldg. von $Na_3PS_3 \cdot 7H_2O$ und Entw. von H_2, F. EPHRAIM, R. STEIN (*Ber.* **44** [1911] 3405/13, 3411).

With Alkaline Solutions

Gegen Laugen. Konz. Kalilauge greift unter Erwärmung der Fl. und Entw. von viel phosphinhaltigem Gas stark an. Auch in stärker verd. Alkalilauge werden große Mengen von H_2 und PH_3 frei, A. STOCK, M. RUDOLPH (*l. c.* S. 156), G. LEMOINE (*C. r.* **93** [1881] 489/92, **58** [1864] 890/3). In wss. NaOH löst sich P_4S_3 zunächst mit rotgelber Farbe; die Lsg. entfärbt sich dann und nimmt sehr leicht O_2 unter Bldg. von $P_4S_3O_4$ (s. S. 582) auf, A. STOCK, K. FRIEDERICI (*Z. ang. Ch.* **25** [1912] 2201/3).

With Aqueous Salt Solutions

Gegen wäßrige Lösungen von Salzen. Gegen neutrale und saure Lsgg. sehr beständig, W. D. TREADWELL, C. BEELI (*Helv. chim. Acta* **18** [1935] 1161/71, 1167). Natrium- und Ammoniumsulfid zersetzen P_4S_3, G. LEMOINE (*C. r.* **98** [1884] 45/48, **58** [1864] 890/3; *J. prakt. Ch.* **92** [1864] 373/6). Ba-Sulfidlsg. wird mit P_4S_3 bei 60°C zu $Ba_3P_2S_5O \cdot 8H_2O$ umgesetzt, F. EPHRAIM, R. STEIN (*l. c.*).

With Organic Solvents

Gegen organische Lösungsmittel. Alkohol und Äther lösen unter Zers., G. LEMOINE (*C. r.* **58** [1864] 890/3; *J. pr. Ch.* **92** [1864] 373/6). 40 Gew.-Tl. Benzol bei 17°C oder 9 Gew.-Tl. bei 80°C lösen 1 Tl. P_4S_3 unter Gelbfärbung, A. STOCK, M. RUDOLPH (*Ber.* **43** [1910] 150/7, 156). Je 100 g C_6H_6 lösen bei 17°C 2.5 g, bei 80°C 11.1 g P_4S_3, T. MOELLER (*l. c.*). — In 32 g Toluol bei 17°C und 6.5 g Toluol bei 111°C ist 1 g P_4S_3 löslich; die Lsg. ist intensiv gelb gefärbt, A. STOCK, M. RUDOLPH (*l. c.*).

$P_4S_3 \cdot 4NH_3$

$P_4S_3 \cdot 4NH_3$. Siehe oben unter „Gegen anorganische Verbindungen".

The PS Molecule and the PS^+ Ion

Die PS-Molekel und das PS^+-Ion.

Bildungsenthalpie bei 298.15°K für die Bldg. aus den Atomen: −130774.3 cal/Mol, für die Bldg. aus den Elementen: 10846.5 cal/Mol, B. J. McBRIDE, S. HEIMEL, J. G. EHLERS, S. GORDON (*NASA SP*-3001 [1963] 265).

Die Elektronenkonfiguration von PS unterscheidet sich von derjenigen der PO-Molekel (s. S. 64) nur dadurch, daß beide beteiligten Atome vollbesetzte L-Schalen haben; die Konfiguration der Valenzelektronen ist dieselbe. Daher sind auch die Terme und das UV-Spektrum sehr ähnlich wie bei PO. Der unterste Anregungszustand konnte allerdings nicht nachgewiesen werden. Die Aufspaltung des Grundterms ($X^2\Pi$) beträgt 321.4 cm^{-1}, die Terme B und C liegen bei 22170 und 22270 (B) sowie 34687 cm^{-1} (C). Für den Kernabstand r_e (in Å), die Rotationskonstante B_e, die Schwingungsfrequenz ω_e und den Anharmonizitätsfaktor $\omega_e x_e$ (alle in cm^{-1}) ergeben sich folgende Werte:

Term	ω_e	$\omega_e x_e$	B_e	r_e
C . . .	535.5	3.5	0.26	2.03
B . . .	510	—	—	—
X . .	739.5	3.0	0.29	1.92

Die rotabschattierten Banden liegen zwischen 6000 und 4000 Å (B→X) bzw. 3100 und 2700 Å (C→X). Dieselbe Analogie wie zwischen PS und PO besteht auch zwischen PS^+ und PO^+ (s. S. 66): Sowohl der Grund- als auch der 1. Anregungszustand (40617.5 cm^{-1}) sind $^1\Sigma$-Terme; $\omega_e = 844.6$ (X), 607.5 (A), $\omega_e x_e = 3.3$ (X), 4.5 (A). Die rotabschattierten Banden liegen im Bereich von 2750 bis 2330 Å, K. Dressler (*Helv. phys. Acta* **28** [1955] 563/90, 575/8, 582, 317/8); vorläufige Mitteilung hierzu s. bei K. Dressler, E. Miescher (*Proc. phys. Soc.* A **68** [1955] 542/4).

Aus den oben zitierten Molekelkonstt. ergeben sich für PS unter anderen folgende Werte für die Enthalpie H° (in cal/Mol), die Wärmekapazität C_p° (in cal $mol^{-1}grd^{-1}$) und die Entropie S° (in cal $mol^{-1}\,°K^{-1}$):

T in °K	100	298.15	400	600	800	1000	1500	2000
$H°-H_0°$	704.3	2298.0	3165.8	4907.7	6675.2	8456.3	12940.7	17453.4
C_p°	7.3713	8.4226	8.6039	8.7889	8.8775	8.9289	9.0012	9.0474
S°	47.2850	55.9688	58.4715	62.0002	64.5420	66.5290	70.1646	72.7607

T in °K	2500	3000	3500	4000	4500	5000	5500	6000
$H°-H_0°$	21986.8	26538.4	31107.2	35692.4	40293.9	44911.4	49544.7	54193.9
C_p°	9.0856	9.1206	9.1541	9.1868	9.2190	9.2509	9.2826	9.3142
S°	74.7837	76.4433	77.8518	79.0763	80.1602	81.1332	82.0164	82.8254

B. J. McBride u. a. (*l. c.*).

Phosphormonosulfid $(PS)_n$.

Phosphorus Monosulfide

Entsteht als eigelbes, amorphes Pulver bei der Umsetzung von $PSBr_3$ mit Mg in absol. Äther. Aus dem in CS_2 gelösten Tl. der amorphen Verb. läßt sich die Subst. in zitronengelben Kristallen erhalten. Ebenso findet beim Erwärmen der amorphen Verb. eine Umwandlung in den kristallinen Zustand statt. In 100 ml CS_2 lösen sich bei 23°C 80 mg. Die amorphe Verb. zersetzt sich bei 135 bis 140°C, die krist. Verb. bei ~240°C. Hydrolysiert langsam an feuchter Luft unter Bldg. von H_3PO_3, H_3PO_2 und H_2S, W. Kuchen, H. G. Beckers (*Ang. Ch.* **71** [1959] 163). Im Schmelzpunktdiagramm tritt eine Verb. der Zus. PS nicht auf, H. Giran (*C. r.* **142** [1906] 398/400).

Tetraphosphorpentasulfid P_4S_5.

Tetraphosphorus Pentasulfide

Seine Existenz wird bereits von A. Helff (*Z. phys. Ch.* **12** [1893] 196/222, 210) auf Grund der Ergebnisse der fraktionierten Dest. und verschiedenen Löslichkeit von P–S-Schmelzen in CS_2 vermutet, von H. Giran (*C. r.* **142** [1906] 398/400) nach Schmpp. von auf ~200°C im Rohr erhitzten P–S-Gemischen. — Über die Existenz einer Phase der Zus. $P_4S_{5\text{ bis }6.9}$ s. S. 567.

Bildung und Darstellung. Gibt man zu einer Lsg. von S und P_4S_3 in CS_2 einige Jodkristalle, so scheiden sich im Laufe von 1 bis 2 Tagen, vor allem bei starker Belichtung, Kristalle der Zus. P_4S_5 ab, die hartnäckig CS_2 zurückbehalten. Beste Ausbeute bei 22 g P_4S_3 und 5 bis 7 g S in 200 ml CS_2, R. Boulouch (*C. r.* **138** [1904] 363/5), W. D. Treadwell, C. Beeli (*Helv. chim. Acta* **18** [1935] 1161/71, 1162), s. auch E. Dervin (*C. r.* **138** [1904] 365/6; *Bl. Soc. chim.* [2] **41** [1884] 433/6). — Werden 27.5 g P_4S_3 und 4 g S in 100 ml CS_2 gelöst und unter Druck 3 Std. auf 170 bis 200°C erhitzt, bildet sich ein Prod. aus Kugeln (P_4S_5) und Nadeln (P_4S_7), die mechanisch getrennt und umkristallisiert werden können, A. R. Pitochelli, L. F. Audrieth (*J. Am. Soc.* **81** [1959] 4458/60), A. R. Pitochelli (*Diss. Univ. of Illinois* 1958).

Formation. Preparation

Physical Properties

Physikalische Eigenschaften. Kristallstruktur. Die Struktur der P_4S_5-Molekel, s. **Fig. 141**, ist asymmetrisch. Monoklin, Raumgruppe $P2_1$–C_{2h}^2 nach WEISSENBERG-Aufnahmen. Atomabstände in Å: $P \leftrightarrow S = 2.08$ bis 2.19, $P \leftrightarrow P = 2.21$, $P \leftrightarrow S = 1.94$ (einzige Doppelbindung). Die direkten Entfernungen zwischen den nicht miteinander verbundenen Atomen $P_2 \leftrightarrow S_4$ und $P_1 \leftrightarrow P_3$ betragen ~3.00. Gitterkonstt. in Å: $a = 6.41 \pm 0.03$, $b = 10.94 \pm 0.04$, $c = 6.69 \pm 0.03$; $\beta = 111.7° \pm 0.4°$; $Z = 2$ (Atomlagen s. Original), S. VAN HOUTEN, E. H. WIEBENGA (*Acta crystallogr.* [*Copenhagen*] **10** [1957] 156/60). Bindungswinkel P–S–P = 107°, s. N. W. TIDESWELL, F. H. KRUSE, J. D. MCCULLOUGH (*Acta crystallogr.* [*Copenhagen*] **10** [1957] 99/102), R. J. GILLESPIE (*J. Am. Soc.* **82** [1960] 5978/83, 5982).

Dichte $D^{25} = 2.17$, W. D. TREADWELL, C. BEELI (*l. c.*), 2.15 aus röntgenograph. Daten, S. VAN HOUTEN, E. H. WIEBENGA (*l. c.*).

Schmelzpunkt 180 bis 210°C, R. BOULOUCH (*l. c.*). Schmilzt bei ~170°C unter Zers., W. D. TREADWELL, C. BEELI (*l. c.*), Siedepunkt zwischen 286 und 332°C bei 10 bis 11 Torr, A. HELFF (*l. c.*).

Das Ultrarotspektrum zeigt eine Absorptionsbande bei 674 bis 668 cm^{-1}, A. R. PITOCHELLI, L. F. AUDRIETH (*l. c.*).

Chemical Reactions

Fig. 141.

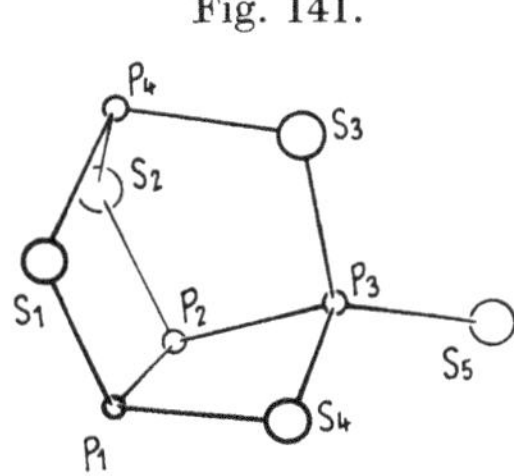

Struktur der P_4S_5-Molekel.

Chemisches Verhalten. In fl. Ammoniak sehr leicht lösl., selbst bei −75°C keine Krist. einer schwerlösl. Verbindung. Beim Abdunsten des Lsgm. entsteht bei −33°C eine sehr hygroskop. Verb. der Zus. $P_4S_5 \cdot 6NH_3 = (NH_4)_3[P_4S_5(NH_2)_3]$. Die Lsg. von P_4S_5 in fl. NH_3 setzt sich mit Lsgg. von $[Cr(NH_3)_6](NO_3)_3$ und $[Ni(NH_3)_4](SCN)_2$ zu hellbraunen Niederschlägen um mit der Zus. $[Cr(NH_3)_6][P_4S_5(NH_2)_3]$ und $[Ni(NH_3)_4]_3[P_4S_5(NH_2)_3]_2$, H. BEHRENS, L. HUBER (*Ber.* **92** [1959] 2252/7).

Die Löslichkeit von P_4S_5 in Schwefelkohlenstoff müßte zwischen den Werten von P_4S_3 und P_4S_7 liegen, W. D. TREADWELL, C. BEELI (*Helv. chim. Acta* **18** [1935] 1161/71, 1166). In 100 g CS_2 lösen sich ~10 g P_4S_5, T. MOELLER (*Inorganic chemistry, New York-London* 1953, S. 655).

$P_4S_5 \cdot nNH_3$

$P_4S_5 \cdot n\,NH_3$. Für n = 4 s. S. 568, für n = 6 s. oben.

Tetraphosphorus Heptasulfide

Tetraphosphorheptasulfid P_4S_7.

Erstmalig in Form farbloser, durchsichtiger, stark lichtbrechender Kristalle von J. MAI (*Lieb. Ann.* **265** [1891] 192/208) bei der fraktionierten Dest. einer geschmolzenen Masse aus Schwefelblume und rotem Phosphor im Verhältnis 2:1 gefunden; s. auch A. HELFF (*Z. phys. Ch.* **12** [1893] 196/222, 213).

Formation. Preparation

Bildung und Darstellung. 100 Tl. von mit NaOH gereinigtem rotem P werden mit 173 Tl. S unter Erwärmen im CO_2-Strom zur Rk. gebracht; Umkristallisation aus sd. CS_2, Trocknen im H_2-Strom bei gewöhnl. Temp., A. STOCK, B. HERSÇOVICI (*Ber.* **43** [1910] 414/7). Darst. aus gesätt. Lsgg. von weißem P und S in CS_2 in Ggw. von Naphthalin bei Temp.-Steigerung bis auf 195°C oder aus 2 g P, 7 g S, 50 g heißem Xylol und Jod. Das P_4S_7 wird in CS_2, C_6H_6 und Petroläther ausgewaschen, J. MAI (*Ber.* **44** [1911] 1725/7). Über kontinuierliche Herst. aus P und S s. MONSANTO CHEMICAL CO., O. C. JONES (*B.P.* 652514 [1948/51]; *U.S.P.* 2569128 [1948/51], *C.A.* **1952** 2248), MONSANTO CHEMICAL CO., R. B. HUDSON (*U.S.P.* 2794705 [1954/57], *C.A.* **1957** 14220). Ein hellgelbes Prod. wird bei kontinuierlicher Zugabe von 5% B_2O_3 (ber. auf die Gesamtmenge P und S) erhalten, MONSANTO CHEMICAL CO., J. W. LEFFORGE (*U.S.P.* 2844 442 [1954/58], *C.A.* **1958** 20943).

Bildet sich bei höherer Temp. aus P_4S_5 nach $2P_4S_5 \rightleftharpoons P_4S_3 + P_4S_7$. Die Rk. ist reversibel, W. D. TREADWELL, C. BEELI (*Helv. chim. Acta* **18** [1935] 1161/71, 1161); Bldg. beim Erhitzen von $(NH_4)_2[P_4S_5(NH_2)_2]$ im Hochvak. auf 140 bis 180°C neben anderen Phosphorsulfiden, H. BEHRENS, L. HUBER (*Ber.* **92** [1959] 2252/7, 2257). Bei Einw. von Jod reagiert P_4S_3 in CS_2 nach $7P_4S_3 + 24J_2 \rightarrow 16PJ_3 + 3P_4S_7$. In der Zwischenstufe ist ein in CS_2 lösl. Anlagerungsprod. $J_8P_4S_3$ anzunehmen. Das freiwerdende S bleibt z. T. noch unverändert in Lsg., so daß die P_4S_7-Ausbeute nur 34% beträgt, W. D. TREADWELL, C. BEELI (*l. c.* S. 1163). Entsteht beim Überleiten von trocknem H_2S über geschmolzenes PJ_3 bei 100°C (15 Std.), nach Eindunsten einer CS_2-Lsg., die P, S und J enthält und auf 125°C erhitzt wird, R. D. TOPSOM, C. J. WILKINS (*J. inorg. nuclear Chem.* **3** [1956/57] 187/9). Durch S-Aufnahme geht bei höherer Temp. P_4S_3 leicht in P_4S_7 über. Wird ein Gemisch gleicher Gew.-Tl. von P_4S_3 und S vorsichtig auf 100°C erwärmt, entsteht auch bei S-Überschuß P_4S_7; Umkristallisation aus CS_2 bei höherer Temp. bewirkt P_4S_{10}-Bldg., A. STOCK, K. FRIEDERICI (*Ber.* **46** [1913] 1380/7,

1384). Werden 2.5 g P_4S_3 mit 1 g S in Benzol in der Bombe bei 180°C erhitzt, entstehen farblose Nadeln von P_4S_7. Verwendung von Xylol führt schon ohne Überdruck in Ggw. von Jod zu P_4S_7, J. Mai (*Ber.* **44** [1911] 1229/33). Werden entsprechend der Gleichung $3P_4S_3 + 4P_4S_{10} \rightleftharpoons 7P_4S_7$ 5.07 g P_4S_3 und 13.66 g P_4S_{10} 12 Std. auf 140 bis 150°C erhitzt, erhält man 17.5 g fast reines P_4S_7. Beim Erwärmen einer P_4S_3 und P_4S_{10} enthaltenden CS_2-Lsg. über 100°C entsteht ebenfalls P_4S_7; bei gewöhnl. Temp. bildet es sich nicht, A. Stock, H. v. Bezold, B. Herşçovici, M. Rudolph (*Ber.* **42** [1909] 2062/75, 2070), s. auch J. Mai (*l. c.*). Wird trocknes H_2S-Gas auf frisch destilliertem PCl_3 kondensiert, die Lsg. unter Druck 60 bis 70 Std. aufbewahrt und danach das überschüssige Lsgm. verdampft, so bleibt ein Rückstand von $P_2S_{3.08}$. Nach fraktionierter Extraktion mit CS_2 hat der Rückstand die Zus. P_4S_7, A. R. Pitochelli, L. F. Audrieth (*J. Am. Soc.* **81** [1959] 4458/6), A. R. Pitochelli (*Diss. Univ. of Illinois* 1958). Bei Verss., PS_2 darzustellen, hat sich nach Reinigung der Substt. immer P_4S_7 gebildet, A. Stock u. a. (*l. c.*).

Physical Properties. Lattice Structure

Physikalische Eigenschaften. Gitterstruktur. Struktur der P_4S_7-Molekel s. **Fig. 142**. Prismen, A. Stock, B. Herşçovici (*Ber.* **43** [1910] 414/7). Monoklin; Gitterkonstt. (in Å): $a = 8.87 \pm 0.02$, $b = 17.35 \pm 0.03$, $c = 6.83 \pm 0.02$; $\beta = 92.7° \pm 0.4°$, A. Vos, E. H. Wiebenga (*Pr. Acad. Amsterdam* **57** B [1954] 497/9). Raumgruppe $P2_1/n$, $Z = 4$. Struktur aus P_4S_7-Molekeln mit einem intermolekularen Abstand von ~3.4 Å. Atomabstand in Å: $P_2 \leftrightarrow S_5 = 2.08 \pm 0.01$, $P_1 \leftrightarrow P_2 = 2.37 \pm 0.02$, $P_3 \leftrightarrow S_2 = 1.93$, $P_4 \leftrightarrow S_3 = 1.97$. Die anderen $P \leftrightarrow S$-Abstände betragen 2.04 bis 2.13; Bindungswinkel: $S_2–P_3–S_1 = 106.6°$; $S_2–P_3–S_4 = 113.7°$; $S_4–P_3–S_1 = 110.1°$; $S_4–P_3–S_5 = 103.0°$; $P_3–S_4–P_1 = 102.8°$; $P_3–S_1–P_4 = 107.8°$; $S_4–P_1–P_2 = 102.2°$; $S_4–P_1–S_7 = 103.6°$, A. Vos, E. H. Wiebenga (*Acta crystallogr.* [*Copenhagen*] **8** [1955] 217/33). Bindungswinkel P–S–P = 106°, R. J. Gillespie (*J. Am. Soc.* **82** [1960] 5978/83, 5982). Durch Berechnung der dreidimensionalen Verteilung der Elektronen um P_1 und P_2 erhält man als zuverlässigen Wert für $P \leftrightarrow P$ 2.35 Å, A. Vos, E. H. Wiebenga (*Acta crystallogr.* [*Copenhagen*] **9** [1956] 92/93). Atomlagen s. A. Vos, E. H. Wiebenga (*Acta crystallogr.* [*Copenhagen*] **8** [1955] 217/23).

Fig. 142.

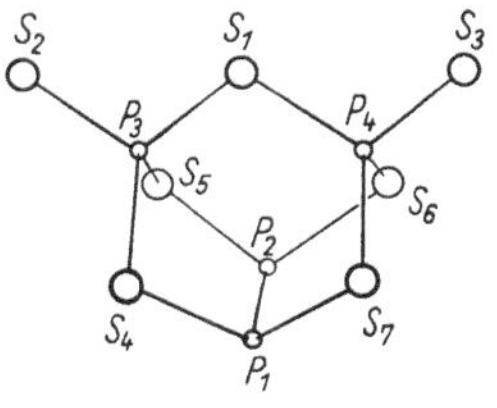

Struktur der P_4S_7-Molekel.

Density

Dichte. $D^{17} = 2.19$, J. C. Pernert, J. H. Brown (*Chem. engg. News* **27** [1949] 2143/5).

Thermal Properties

Thermische Eigenschaften. Schmp. 307°C, F. D. Rossini, D. D. Wagman, W. H. Evans, S. Levine I. Jaffe (*Circ. Bur. Stand.* Nr. 500 [1952] 575), 305°C, R. D. Topsom, C. J. Wilkins (*J. inorg. nuclear Chem.* **3** [1956/57] 187/9), 305 bis 310°C, J. C. Pernert, J. H. Brown (*l. c.*), A. Stock, H. v. Bezold, B. Herşçovici, M. Rudolph (*Ber.* **42** [1909] 2062/75, 2071), 303°C; Sdp. 400°C, A. Stock, H. v. Bezold (*Ber.* **41** [1908] 657/60), 523°C bei 760 Torr, A. Stock, B. Herşçovici (*Ber.* **43** [1910] 414/7). J. C. Pernert, J. H. Brown (*l. c.*). — Die Dampfdichte entspricht bis ~700°C der Formel P_4S_7, A. Stock, B. Herşçovici (*l. c.*).

Infrared Spectrum

Ultrarotspektrum. Absorption bei 689 bis 672 cm^{-1}, A. R. Pitochelli, L. F. Audrieth (*J. Am. Soc.* **81** [1959] 4458/60).

Chemical Reactions

Chemisches Verhalten. Wasser hydrolysiert P_4S_7 verhältnismäßig leicht; es bilden sich H_3PO_2, H_3PO_3, H_3PO_4, Phosphine und H_2, W. D. Treadwell, C. Beeli (*Helv. chim. Acta* **18** [1935] 1161/71, 1167). Gegen Feuchtigkeit ist P_4S_7 viel empfindlicher als P_4S_3. Es riecht stark nach H_2S, wenn es einige Zeit an der Luft steht. Durch kaltes H_2O wird es langsam, durch heißes ziemlich schnell zersetzt, A. Stock, B. Herşçovici (*Ber.* **43** [1910] 414/7). — Mit fl. Ammoniak reagiert P_4S_7 nach $2P_4S_7 + 17NH_3 \rightarrow (NH_4)_3[PS_4] + 2(NH_4)_2[PS_3NH_2] + (NH_4)_3[P_3S_3(NH)_3] + NH_4[P_2SN]$, H. Behrens, K. Kinzel (*Z. anorg. Ch.* **299** [1959] 241/51), H. Behrens, K. Kinzel, L. Huber (*Ang. Ch.* **71** [1959] 375). — P_4S_7 bildet mit P_4S_3 ein Eutektikum der Zus. P_8S_7, A. Gorbov (*Žurnal Russk. fiz. chim. Obščestva* **42** [1910] 1517/29, 1528). Mit Natriumsulfid entsteht brennbares PH_3. Die PH_3-Entw. läßt sich vermeiden, wenn Na_2S völlig von der Mutterlauge befreit und gut gepulvert wird und die P_4S_7-Zugabe in kleinen Anteilen unter Kühlung erfolgt. Es entsteht dann $Na_3PS_3 \cdot 23H_2O$, F. Ephraim, R. Stein (*Ber.* **44** [1911] 3405/13, 3410). Mit Laugen bildet P_4S_7 Phosphin und H_2, A. Stock, K. Friederici (*Ber.* **46** [1913] 1380/7, 1387). — Mit überschüssiger Bariumsulfid-Lsg. bildet sich $Ba_3(PS_3)_2 \cdot 8H_2O$, das auf Zusatz von Alkohol ausfällt, F. Ephraim, R. Stein (*l. c.* S. 1412).

In Schwefelkohlenstoff fast unlösl., J. Mai (*Ber.* **44** [1911] 1229/33). 100 g CS_2 lösen bei 0°C 0.005 g, bei 17°C 0.029 g P_4S_7, T. Moeller (*Inorganic chemistry, New York-London* 1953, S. 655).

Löslichkeit bei 0°C 1:20000, bei 17°C 1:3500, A. STOCK, B. HERSÇOVICI (*Ber.* **43** [1910] 414/7), J. C. PERNERT, J. H. BROWN (*Chem. engg. News* **27** [1949] 2143/5). — In Naphthalin unlösl., J. MAI (*l. c.*).

Tetraphosphorus Dekasulfide

Tetraphosphordekasulfid P_4S_{10}.

Der wohl erstmalig von J. J. BERZELIUS (*Lieb. Ann.* **46** [1843] 251/81, 270; *Pogg. Ann.* **59** [1843] 593/615, 605) beschriebenen und mit Phosphorpentasulfid (P_2S_5) bezeichneten Verbindung kommt nach kristallograph. Unterss. die Formel P_4S_{10} zu, J. C. PERNERT, J. H. BROWN (*l. c.*), ebenso nach Best. der Sdp.-Erhöhung s. S. 578.

P_4S_{10} dient zur Herst. von Flotationsreagenzien, zur Herst. von Schmiermitteln und zur Einführung von S in organ. Verbb., J. C. PERNERT, J. H. BROWN (*Chem. engg. News* **27** [1949] 2143/5), über Verwendung bei der Herst. von Schmiermitteln s. STANDARD OIL DEVELOPMENT CO., W. J. SPARKS, D. W. YOUNG (*U.S.P.* 2465292 [1945/49], *C.A.* **1949** 4515), STANDARD OIL CO., E. C. HUGHES, J. D. BARTLESON (*U.S.P.* 2553586 [1946/51], *C.A.* **1951** 7348; *U.S.P.* 2580430 [1946/52], *C.A.* **1952** 4216), STANDARD OIL DEVELOPMENT CO., J. G. MCNAB, N. V. HAKALA, J. P. MCDERMOTT (*U.S.P.* 2552570 [1947/51], *C.A.* **1951** 7785), R. CHARLES, R. PIRVULESCU (*Revista Chim.* [*București*] 8 [1957] 780/2), von Zündmassen, CHEMISCHE FABRIK GRIESHEIM-ELEKTRON (*D.P.* 163078 [1903/05]), zur Stabilisierung der elast. Eigg. von plast. Schwefel, H. SPECKER (*Koll.-Z.* **125** [1952] 106/8; *Ang. Ch.* **65** [1953] 299/303), zur Herst. ungiftiger Zündwaren, STAHL & NOLKE A.-G. (*D.P.* 239162 [1910/11], *C.* **1911** II 1503), zur Stabilisierung von aromat. Aminen, STANDARD OIL DEVELOPMENT CO., J. C. ZIMMER, A. J. MORWAY (*U.S.P.* 2510849 [1946/50], *C.A.* **1951** 2020). P_4S_{10} wird als dest. und nichtdest. Prod., geschmolzen und als Pulver verschiedener Feinheitsgrade gehandelt, MANUFACTURING CHEMISTS' ASSOCIATION INC. (*Chemical Safety Data Sheet, Phosphorus Pentasulfide*, SD-71, *Washington* 1958, S. 1/14, 5), MONSANTO CHEMICAL CO. (*Phosphorus Pentasulfide, Bull.* I-159, *St. Louis* 1955, S. 1/3).

Formation. Preparation

Bildung und Darstellung. Eine Lsg. von S und P in CS_2 scheidet im Sonnenlicht nach einiger Zeit ein gelbliches Pulver aus, das nach Jahresfrist teilweise kristallisiert mit einem Verhältnis P:S = 2:5 Mol, F. ISAMBERT (*C. r.* **102** [1886] 1386/8). P_4S_{10} bildet sich beim Erhitzen von amorphem $P_2O_2S_3$ im Vak. auf 150°C als Sublimat, A. BESSON (*C. r.* **124** [1897] 151/3), bei der Rk. von PH_3 und S oberhalb 320°C beim Verhältnis 2: >8, L. DELACHAUX (*Helv. chim. Acta* **10** [1927] 195/7), von H_2S_2 mit PCl_3 in C_6H_6 neben $PSCl_3$, J. DODONOW, H. MEDOX (*Ber.* **61** [1928] 1767/70), von H_2S mit PCl_5, E. BAUDRIMONT (*C. r.* **55** [1862] 277/8), von PCl_5 mit K_2S, CaS oder BaS, E. BAUDRIMONT (*Ann. Chim. Phys.* [4] **2** [1864] 5/67, 23). Beim Erwärmen des mit HJ in der Kälte gesätt. $PSCl_3$ kann die Bldg. von PJ_3 und einem Gemisch von P_2S_3 und P_4S_{10} nachgewiesen werden, A. BESSON (*C. r.* **122** [1896] 1200/2). Entsteht neben anderen Verbb. beim Erhitzen von $(NH_4)_2[P_4S_5(NH_2)_2]$ im Hochvak., H. BEHRENS, L. HUBER (*Ber.* **92** [1959] 2252/7, 2257).

Zur Darst. werden nach dem Verf. von A. KEKULÉ (*Lieb. Ann.* **90** [1854] 309/16, 310) und V. MEYER, C. MEYER (*Ber.* **12** [1879] 609/13) 18.5 Tl. rotes P und 40 Tl. S in CO_2-Atm. zusammengeschmolzen, dann wird die Masse unter 10 Torr bei 336 bis 340°C destilliert, A. HELFF (*Z. phys. Ch.* **12** [1893] 196/222, 222), J. MAI (*Lieb. Ann.* **265** [1891] 192/208, 198), H. PRINZ (*Lieb. Ann.* **223** [1884] 355/71, 365), s. auch E. GLATZEL (*Z. anorg. Ch.* **44** [1905] 65/78, 68), oder mit CS_2 ausgelaugt, H. REBS (*Lieb. Ann.* **246** [1888] 356/82, 367). P_4S_{10} entsteht aus rotem P und rhomb. S ohne merkliche Kontraktion, W. D. TREADWELL, C. BEELI (*Helv. chim. Acta* **18** [1935] 1161/71, 1166). Das Verf. empfiehlt sich wegen seiner Einfachheit für die Gewinnung größerer P_4S_{10}-Mengen. Überschuß von S wirkt ungünstig, da sich dann glasähnliche Massen bilden, A. STOCK, B. HERSÇOVICI (*Ber.* **43** [1910] 1223/8, 1224). Vermischen äquiv. Mengen von rotem P und reinem, trocknem S und Zünden durch rotglühende Nadel, H. E. WALLSOM (*Chem. N.* **136** [1928] 113/5). Über Darst. von $^{32}P_4S_{10}$ durch Einw. von $H_3{}^{32}PO_4$ oder $Na_2H\,{}^{32}PO_4$ auf ein Gemisch von rotem P und S im Verhältnis 2:5 s. J. E. CASIDA (*Acta chem. Scand.* **12** [1958] 1691/2). Die Darst. von P_4S_{10} gelingt auch durch Erhitzen einer CS_2-Lsg. von rotem P und S in verschlossenen Röhren auf 210°C, G. RAMME (*Ber.* **12** [1879] 940/1), besser noch in Ggw. von etwas Jod, A. STOCK, B. HOFFMANN, F. MÜLLER, H. v. SCHÖNTHAN, H. KÜCHLER (*Ber.* **39** [1900] 1967/2008, 1976). Die Rk. kann im Rohr im Schießofen auch mit weißem P, der heftiger reagiert, ausgeführt werden, H. v. SCHÖNTHAN (*Diss. Berlin* 1905, S. 13). Rk. gesätt. Lsg. von 4 g weißem P und 13 g S in CS_2 in Ggw. von 35 g Naphthalin, J. MAI (*Ber.* **44** [1911] 1725/7). Bei ~1std. Erhitzen von 24 g P mit S (20% Überschuß), in 600 ml 1-Chlornaphthalin gelöst, bei 200°C werden 66% des P in P_4S_{10} übergeführt, V. KOUTNIK, J. BENEŠ (*Chem. Průmysl* [tschech.] 8 [1958] 81/82).

Beim Eindampfen einer Lsg. von P_4S_3 und S im Verhältnis 1:7 in CS_2 unter Luftabschluß bildet sich nicht P_4S_{10}, wie STAHL, NÖLKE (*D.P.* 239162 [1910/11]) angeben, sondern ein Sulfidgemisch,

A. Stock, K. Friederici (*Z. ang. Ch.* **25** [1912] 2201/3). 2 g P_4S_3 werden mit 3 g S und 10 g Naphthalin verrieben, auf 175 bis 180°C $^1/_2$ Std. lang erhitzt und bei 100°C mit CS_2 vorsichtig übergossen. Die Naphthalinlsg. wird noch warm dekantiert und der Rückstand 1 Std. mit CS_2 behandelt. Ähnlich erhält man P_4S_{10} aus P_4S_7, S und Naphthalin, J. Mai (*Ber.* **44** [1911] 1229/33).

Kontinuierlich kann P_4S_{10} abgezogen werden, wenn zu geschmolzenem P_4S_{10} weißes P von 60°C, CO_2 und S kontinuierlich zugegeben werden, Monsanto Chemical Co., O. C. Jones (*B.P.* 652514 [1948/51], *C.A.* **1952** 2248). Werden fl. P und fl. S unter N_2 in P_4S_{10} bei 515°C eingetragen, destilliert durch die Rk.-Wärme P_4S_{10} ab, Monsanto Chemical Co., R. B. Hudson (*U.S.P.* 2794705 [1954/57], *C.A.* **1957** 14220); s. auch Monsanto Chemical Co., J. W. Lefforge (*U.S.P.* 2824788 [1954/58], *C.A.* **1958** 8482). Ein hellgelbes Prod. wird bei Zugabe von 5% B_2O_3 (ber. auf die Gesamtmenge P und S) erhalten, Monsanto Chemical Co., J. W. Lefforge (*U.S.P.* 2844442 [1954/58], *C.A.* **1958** 20943). Zur Erlangung eines Prod. kontrollierter Akt. ist langsame Abkühlung im Bereiche von 280 bis 260°C wichtig, Hooker Chemical Corp., S. Robota (*D.A.S.* 1147923 [1960/63], 1150659 [1960/63]; *U.S.P.* 3023086 [1959/62], *C.A.* **1962** 13802). P_4S_{10} aus Ferrophosphor und Schwefeleisen nach $4 Fe_2P + 18 FeS + 18 S = P_4S_{10} + 26 FeS$, P. Dutoit (*D.P.* 487722 [1928/29]; *Schw.P.* 131096 [1927/29], *C.* **1929** II 1726). Man läßt S-Dampf, der aus mit dem Phosphid gemischtem Pyrit gewonnen wird, auf Fe_2P bei 700 bis 800°C einwirken, P. Dutoit (*B.P.* 301500 [1928/29], *C.* **1929** I 1598). Herst. aus Mischungen von Ferrophosphor und Pyrit durch Glühen bei 900°C im Gew.-Verhältnis 3:1, V. V. Illarionov, T. I. Sokolova, S. I. Vol'fkovič (*Izvestija Akad. Nauk SSSR* **1945** 94/103).

Reinigung. Umkristallisation aus CS_2, G. Ramme (*Ber.* **12** [1879] 940/1), A. Stock, B. Hersçovici (*Ber.* **43** [1910] 1223/8). Aus CS_2 kristallisiertes P_4S_{10} wird auf Ton abgepreßt und in trocknem H_2 bei 100°C vom CS_2 befreit. Reines P_4S_{10} gibt mit H_2O-freiem NH_3 eine reingelbe Lsg., die sich nach einigen Tagen vollständig entfärbt; bei Ggw. anderer P-Sulfide bleibt die Lsg. dauernd rötlich oder grünlich. Diese Rk. ist empfindlicher als eine Best. des Schmp., H. v. Schönthan (*Diss. Berlin* 1905, S. 13), A. Stock, B. Hoffmann, F. Müller, H. v. Schönthan, H. Küchler (*Ber.* **39** [1906] 1967/2008, 1976). Zur großtechn. Darst. von gereinigtem P_4S_{10} vgl. J. Cremer (*Chem. Ing. Techn.* **37** [1965] 705/9).

Bildungsenthalpie ΔH. Unter Standardbedingungen geschätzt und ber. auf P_2S_5: $\Delta H \sim 60$ kcal/Mol, D. Hart (*J. phys. Chem.* **56** [1952] 202/14, 214).

Crystallographic Properties

Kristallographische Eigenschaften. Die von A. Stock, K. Thiel (*Ber.* **38** [1905] 2719/30) vermutete sog. „2. Modifikation" existiert nicht. Es handelt sich hierbei um ein infolge Überhitzung bereits zersetztes Prod., A. Stock, W. Scharfenberg (*Ber.* **41** [1908] 558/64). Debye-Scherrer-Aufnahmen s. A. R. Pitochelli, L. F. Audrieth (*J. Am. Soc.* **81** [1959] 4458/60), A. R. Pitochelli (*Diss. Univ. of Illinois* 1958). Triklin nach goniometr. Messungen und Weissenberg-Aufnahmen um die a-Achse, A. Vos, E. H. Wiebenga (*Acta crystallogr.* [*Copenhagen*] **8** [1955] 217/23); Raumgruppe C_i^1–$P\bar{1}$; Z = 2, Gitterkonstt. nach Pulveraufnahmen (in Å, Fehlergrenze ±0.04): a = 9.07, b = 9.07, c = 9.16; $\alpha = 100.0°$, $\beta = 93.8°$, $\gamma = 108.5°$, Fehlergrenze 0.4°, A. Vos, E. H. Wiebenga (*Pr. Acad. Amsterdam* **57** B [1954] 497/9), a = 9.07, b = 9.18, c = 9.19; $\alpha = 92.4°$, $\beta = 101.2°$, $\gamma = 110.5°$. Nach der Patterson-Synthese werden die P-Atome tetraedrisch von S-Atomen umgeben, s. **Fig. 143.** Die Abstände P↔S betragen 2.02 bis 2.13 Å, wenn die S-Atome mit 2 P-Atomen verbunden sind, und 1.91 bis 1.98 Å, wenn sie nur mit 1 P-Atom verbunden sind. Die Bindungswinkel liegen zwischen 107° und 113°, A. Vos, E. H. Wiebenga (*Acta crystallogr.* [*Copenhagen*] **8** [1955] 217/23). Bindungswinkel P–S–P = 109°, R. J. Gillespie (*J. Am. Soc.* **82** [1960] 5978/83, 5982). Über Bindungsverkürzung und überschüssige Bindungsenergien in P–S-Verbb. s. J. R. van Wazer (*J. Am. Soc.* **78** [1956] 5709/15).

Fig. 143.

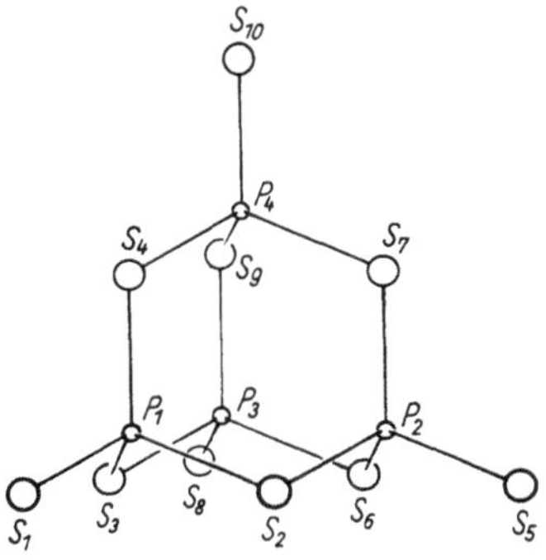

Struktur der P_4S_{10}-Molekel.

Atomlagen s. A. Vos, E. H. Wiebenga (*l. c.* S. 219).

Mechanical Properties

Mechanische Eigenschaften. Dichte $D^{17} = 2.09$, A. Stock, B. Hersçovici (*Ber.* **43** [1910] 1223/8), J. C. Pernert, J. H. Brown (*Chem. engg. News* **27** [1949] 2143/5), Schüttdichte des Pulvers 1.0 bis 1.3 g/cm³, D^{323} des geschmolzenen $P_4S_{10} = 1.731$, Manufacturing Chemists' Association Inc.

(*Chemical Safety Data Sheet, Phosphorus Pentasulfide* SD-71, *Washington* 1958, S. 1/14, 5). Dichte des pulverigen P_4S_{10}: 2.03, K. THIEL (*Diss. Berlin* 1905, S. 51). Dampfdichte in N_2: 7.67. Der Dampf besteht aus P_2S_5-Molekeln, V. MEYER, C. MEYER (*Ber.* **12** [1879] 609/13). Aus der Dampfdichte ber. Molgew. bei höheren Tempp.:

Temp. in °C . . .	600	650	700	750	800	850	900	950	1000
Molgew. für P_2S_5.	208	196	185	161	144	141	136	133	133

Theoret. Wert: 222, A. STOCK, H. v. BEZOLD (*Ber.* **41** [1908] 657/60).

Thermal Properties

Thermische Eigenschaften. Dampfdruck bei 300°C: 1 Torr, Verdampfungswärme 22.6 cal/Mol, MANUFACTURING CHEMISTS' ASSOCIATION INC. (*l. c.*). Siedepunkt 500 bis 510°C, F. SCHRÖDER (*Arb. Kais. Gesundheitsamt* **44** [1913] 1/29), bei 760 Torr 513°C, MONSANTO CHEMICAL CO. (*Phosphorus Pentasulfide, Bull.* I-159, *St. Louis* 1955, S. 1/3), 513 bis 515°C, A. STOCK, B. HERSÇOVICI (*l. c.*), J. C. PERNERT, J. H. BROWN (*l. c.*); bei 734 Torr 519°C, bei 728.5 Torr 517°C, H. GOLDSCHMIDT (*Ber.* **15** [1882] 303/4), bei Atm.-Druck 518°C, J. MAI (*Lieb. Ann.* **265** [1891] 192/208, 192), 523.6°C, M. v. RECKLINGHAUSEN (*Ber.* **26** [1893] 1514/7), ~530°C, HITTORF (*Pogg. Ann.* **126** [1865] 193/228, 196), W. KNECHT (*Lieb. Ann.* **202** [1880] 31/36), Sdp. bei 10 bis 11 Torr 332 bis 340°C, J. MAI (*l. c.* S. 198). — In CS_2 liegt die Verb. nach Best. der Sdp.-Erhöhung als P_4S_{10} mit dem Molgewicht ~440 vor. Bei 600°C berechnet sich aus der Dampfdichte ein Molgew. von 208. Die Verb. scheint bei dieser Temp. als P_2S_5 vorzuliegen, A. STOCK, B. HERSÇOVICI (*Ber.* **43** [1910] 1223/8).

Schmelzpunkt 274 bis 276°C, V. MEYER, C. MEYER (*l. c.*), 275 bis 276°C für aus heißem CS_2 auskristallisiertes P_4S_{10}, K. THIEL (*l. c.*), 276°C, A. STOCK, W. SCHARFENBERG (*Ber.* **41** [1908] 558/64), 286 bis 290°C, A. STOCK, B. HERSÇOVICI (*l. c.*), J. C. PERNERT, J. H. BROWN (*l. c.*), 288°C, F. D. ROSSINI, D. D. WAGMAN, W. H. EVANS, S. LEVINE, I. JAFFE (*Circ. Bur. Stand.* Nr. 500 [1952] 575). Schmpp. des Handelsprod. und der 10mal umkristallisierten Verb.:

	beginnendes Sintern	erster Meniskus	homogene Schmelze
Handelsprod.	275 bis 280°C	279 bis 283°C	285 bis 288°C
10mal umkristallisiert	286°C	288°C	290°C

Schmelzwärme 8.4 ± 0.5 cal/Mol, MANUFACTURING CHEMISTS' ASSOCIATION INC. (*Chemical Safety Data Sheet, Phosphorus Pentasulfide* SD-71, *Washington* 1958, S. 1/14, 6).

Die Wärmekapazität des festen P_4S_{10} beträgt 0.3 ± 0.1 cal·g^{-1}·grd^{-1}, MANUFACTURING CHEMISTS' ASSOCIATION INC. (*l. c.*).

Optical Properties

Optische Eigenschaften. Farbe blaßgelb, J. J. BERZELIUS (*Pogg. Ann.* **59** [1843] 593/615, 610); hellgelbe Kristalle, K. THIEL (*Diss. Berlin* 1905, S. 51); gelb, Schmelze rotbraun, A. STOCK, B. HERSÇOVICI (*Ber.* **43** [1910] 1223/8), J. C. PERNERT, J. H. BROWN (*Chem. engg. News* **27** [1949] 2143/5). Durch geringe Ox. (1 bis 10 Gew.-% des Sulfids) zu $P_4S_4O_6$ wird die Farbe kanariengelb, MONSANTO CHEMICAL CO., J. W. LEFFORGE (*U.S.P.* 2824788 [1954/58], *C.A.* **1958** 8482). Nicht dest. P_4S_{10} ist grünlichgrau, nach der Dest. hellgrüngelb, MANUFACTURING CHEMISTS' ASSOCIATION INC. (*l. c.* S. 5). — Das Absorptionsspektrum zeigt bei (in Å) 4900, 3261 und 2350 Gebiete kontinuierlicher Absorption, P. K. SEN-GUPTA (*Bl. Acad. Sci. united Prov. Agra Oudh* **3** [1933/34] 65/68). UR-Absorption bei 686 und 675 cm^{-1}, A. R. PITOCHELLI, L. F. AUDRIETH (*J. Am. Soc.* **81** [1959] 4458/60).

Gegenüber Bestrahlung mit UV-Licht ist P_4S_{10} indifferent, R. ROBL (*Z. ang. Ch.* **39** [1926] 608/11). — Zeigt bis 100°C keine Leuchterscheinung wie P_4S_3, F. SCHRÖDER (*Arb. Kais. Gesundheitsamt* **44** [1913] 1/29, 9).

Chemical Reactions

Chemisches Verhalten. P_4S_{10}-Staub ist bei 260 bis 290°C selbstentzündlich, als Fl. bei 275°C. Das Minimum für die Explosion von Staub mit einer Teilchengröße von 0.074 mm beträgt 0.050 ounces/ft^3 (0.31 g/l), MANUFACTURING CHEMISTS' ASSOCIATION INC. (*Chemical Safety Data Sheet, Phosphorus Pentasulfide, Washington* 1958, S. 1/14, 5). Beim Erhitzen auf seinen Schmp. (~276°C) fängt P_4S_{10} an, sich zu zersetzen, insbesondere beim Überhitzen der Dämpfe im Vak. oder in CO_2-Atm., A. STOCK, W. SCHARFENBERG (*Ber.* **41** [1908] 558/64), A. STOCK, B. HERSÇOVICI (*Ber.* **43** [1910] 1223/8).

With Nonmetals

Gegen Nichtmetalle. Frisch hergestellte Kristalle sind fast geruchlos. Beim Liegen an der Luft entwickeln sie allmählich H_2S, A. STOCK, B. HERSÇOVICI (*l. c.*). Nichtkorrodierendes Pulver, MONSANTO CHEMICAL CO. (*Phosphorus Pentasulfide, Bull.* I-159, *St. Louis* 1955, S. 1/3). Wird P_4S_{10}-Pulver in $CHCl_3$ suspendiert und langsam mit Brom in $CHCl_3$ versetzt, bilden sich orangefarbene Kristalle, die an der Luft sehr schnell Br_2 abgeben, R. F. HUNTER (*Chem. N.* **131** [1925] 38/39). Jod wirkt auf P_4S_{10} nicht ein, R. F. HUNTER (*l. c.* S. 174). — Verh. gegen Schwefel s. S. 576.

With Nonmetal Compounds

Gegen Nichtmetallverbindungen. Ammoniak. P_4S_{10} bildet mit fl. NH_3 Lsgg., die sich nach einiger Zeit völlig entfärben, H. v. SCHÖNTHAN (*Diss. Berlin* 1905, S. 14). Unterhalb —33°C entsteht neben $(NH_4)_2[PS_2N]$ auch $(NH_4)_2[PS_3NH_2]$, das bei Kühlung auf —78°C kristallin ausfällt und von der Nitridoverb. getrennt werden kann, H. BEHRENS, K. KINZEL (*Z. anorg. Ch.* **299** [1959] 241/51, 247). Im NH_3-Strom oder in fl. Ammoniak wird NH_3 addiert. Es kommen $6NH_3$ auf $1P_2S_5$; der Verb. kommt wahrscheinlich die Formel $HN{=}P(SNH_4)_2{-}S{-}(H_4NS)_2P{=}NH$ zu. Die von A. STOCK, B. HOFFMANN (*Ber.* **36** [1903] 314/9) bei —20°C gefundene weiße Subst. der Zus. $P_2S_5 \cdot 7NH_3$ stellt keine einheitliche Verb. dar. Beim Erwärmen von P_4S_{10} mit NH_3 auf 850°C bildet sich P_3N_5, A. STOCK, B. HOFFMANN, F. MÜLLER, H. v. SCHÖNTHAN, H. KÜCHLER (*Ber.* **39** [1906] 1967/2008, 1978), s. auch W. D. TREADWELL, C. BEELI (*Helv. chim. Acta* **18** [1935] 1161/71, 1170). Bei der Einw. von NH_3 auf P_4S_{10} bei gewöhnl. Temp. entsteht ein Gemisch von NH_4-Thiophosphaten, A. STOCK, H. GRÜNBERG (*Ber.* **40** [1907] 2573/8).

Schwefelfluorid. Bei 6std. Erhitzen von 1 Mol P_4S_{10} mit 0.3 Mol SF_4 bei 200 bis 300°C bildet sich PF_5, A. L. OPPEGARD, W. C. SMITH, E. L. MUETTERTIES, V. A. ENGELHARDT (*J. Am. Soc.* **82** [1960] 3835/8).

Schwefeloxidchlorid. Beim Erhitzen von P_4S_{10} und $SOCl_2$ im geschlossenen Rohr auf 100 bis 150°C bildet sich nicht das von L. CARIUS (*Lieb. Ann.* **106** [1858] 291/336, 333) vermutete S_2Cl_2, sondern ein Gemenge von SO_2, S und $PSCl_3$, H. PRINZ (*Mitt. ch. Labor. Univ. Jena* **1879** 82/100, 90), nach H. PRINZ (*Lieb. Ann.* **223** [1884] 355/71, 365) ein Gemenge von $SOCl_2$, S und $PSCl_3$. Etwas S_2Cl_2 entsteht durch Einw. des überschüssigen $SOCl_2$ auf nasc. S, H. PRINZ (*l. c.*).

Tellurtetrabromid. Beim leichten Erhitzen eines innigen Gemisches von P_4S_{10} und $TeBr_4$ erhält man ein Gemisch von Te, S und $P_2S_3Br_4$, E. MONTIGNIE (*Bl. Soc. chim.* **1947** 336/7).

Phosphorpentoxid und P_4S_{10} im Molverhältnis 3:2 in N_2-Atm. auf 400 bis 500°C erhitzt, ergeben bei der Dest. unter 20 Torr $P_4S_4O_6$, als Nebenprod. wird $P_6S_5O_{10}$ erhalten, OLDBURY-ELECTROCHEMICAL Co., J. C. PERNERT (*U.S.P.* 2577207 [1949/51], *C.A.* **1953** 7172). Durch Erhitzen eines Gemisches von P_4S_{10} und Phosphorpentachlorid entsteht $PSCl_3$, R. WEBER (*Ber. Berl. Akad.* **1859** 325/8; *J. pr. Ch.* **77** [1859] 65/67), THORPE bei R. GERSTL (*Ber.* **4** [1871] 857/63, 861). — Phosphoroxidchlorid und P_4S_{10} im geschmolzenen Rohr auf 150° erhitzt, liefern P-Thiochlorid und Phosphorsäure, L. CARIUS (*Lieb. Ann.* **106** [1858] 291/336, 326). — Phosphorpentabromid reagiert mit P_4S_{10} bei vorsichtigem Erhitzen auf dem Wasserbad, dann mit direkter Flamme bis zum Schmelzen unter Bldg. von $PSBr_3$ (s. S. 599), das abdestilliert werden kann, H. S. BOOTH, C. A. SEABRIGHT (*Inorg. Syn.* **2** [1946] 153/5; *J. Am. Soc.* **65** [1943] 1834/5).

Wird Arsenfluorid mit P_4S_{10} im Glasrohr erhitzt, bildet sich ein Gas, das hauptsächlich aus SiF_4 besteht, T. E. THORPE, J. W. RODGER (*J. chem. Soc.* **55** [1889] 306/23, 307).

With Metal Compounds

Gegen Metallverbindungen. In Antimon(III)-bromid ist P_4S_{10} gut löslich, C. JANDER, J. WEIS (*Z. Elektroch.* **61** [1957] 1275/83). Beim trocknen Erhitzen der Mischung bildet sich $SbPS_4$ neben $PSCl_3$, E. GLATZEL (*Ber.* **24** [1891] 3886/8).

Wismuttrifluorid, mit P_4S_{10} erhitzt, bildet Bi_2S_3 und PSF_3, T. E. THORPE, J. W. RODGER (*J. chem. Soc.* **53** [1888] 766/7).

Bleifluorid und P_4S_{10} reagieren im N_2-Strom unter Bldg. von PSF_3, H. H. ANDERSON (*J. Am. Soc.* **72** [1950] 2761/2), S. A. VOSZNESENSKIJ, L. M. DUBNIKOV (*Žurnal obščej Chim.* [russ.] **11** [1941] 507/17), T. E. THORPE, J. W. RODGER (*J. chem. Soc.* **55** [1889] 306/23, 307, **53** [1888] 766/7). — Natriumchlorid wirkt beim Erhitzen auf P_4S_{10} nicht ein, Kaliumchlorid bildet mit P_4S_{10} verunreinigtes K_3PS_4 und als Nebenprod. $PSCl_3$, Ammoniumchlorid wahrscheinlich PSN, E. GLATZEL (*Z. anorg. Ch.* **4** [1893] 186/226, 190/1), PN_2, PAULI (*Lieb. Ann.* **101** [1857] 41/47). Wasserfreies Eisenchlorid reagiert beim Erhitzen nach der Gleichung $3Fe_2Cl_6 + P_4S_{10} \rightleftharpoons 3FeCl_2 + 3FeS_2 + 4PSCl_3$, E. GLATZEL (*Ber.* **23** [1890] 37/40).

Sulfide. Beim Erhitzen von P_4S_{10} mit $Na_2S_x \cdot 9H_2O$ bildet sich $Na_3PS_4 \cdot 8H_2O$, E. GLATZEL (*Z. anorg. Ch.* **44** [1905] 65/78, 69); mit $K_2S \cdot 5H_2O$ entsteht $K_3PS_4 \cdot H_2O$, wenn noch vor dem völligen Schmelzen H_2O zugesetzt wird, F. EPHRAIM, R. STEIN (*Ber.* **44** [1911] 3405/13, 3407).

With Alkaline Solutions

Gegen Laugen. P_4S_{10} löst sich in Ätzalkalien, J. J. BERZELIUS (*Pogg. Ann.* **59** [1843] 593/615). In Natronlauge löst es sich in der Kälte langsam, in der Wärme leicht auf, A. STOCK, B. HERSÇOVICI (*Ber.* **43** [1910] 1223/8). Mit mäßig konz. NaOH entsteht zunächst $Na_3PS_2O_2 \cdot 11H_2O$, dann $Na_3PO_3S \cdot 12H_2O$, C. KUBIERSCHKY (*J. pr. Ch.* [2] **31** [1885] 93/111, 97, 101); wird die Lsg. bei 20° mit H_2S gesättigt, bildet sich $Na_3POS_3 \cdot 11H_2O$, R. KLEMENT (*Z. anorg. Ch.* **253** [1947] 237/48, 238, 244). Bei der Hydrolyse von P_4S_{10} in Kalilauge bildet sich K_3PO_3S, F. VIAL (*Diss. Köln* 1954, S. 12). — Mit Ammoniakwasser wird P_4S_{10} zu $(NH_4)_3PS_2O_2 \cdot 2H_2O$ umgesetzt, C. KUBIERSCHKY (*l. c.* S. 103), unter Druck zu einer Lsg. von $(NH_4)_2HPO_4$ und $(NH_4)_2S$, AMERICAN CYANAMID CO., R. V. HEUSER (*U.S.P.* 1889959 [1931/32], *C.* **1933** I 1515). Wird P_4S_{10} enthaltendes Ammoniakwasser bei Eiskühlung abwechselnd mit H_2S und NH_3 gesättigt, entsteht $(NH_4)_3PS_4$, F. EPHRAIM, R. STEIN (*Ber.* **44** [1911] 3405/15, 3408).

With Water and Salt Solutions

Gegen Wasser und Salzlösungen. H_2O greift bei gewöhnl. Temp. langsam, in der Hitze etwas schneller an, A. STOCK, B. HERSÇOVICI (*Ber.* **43** [1910] 1223/8). P_4S_{10} wird in H_2O in Ggw. von HgJ_2 zu H_3PO_4 und H_2S hydrolysiert, das sich mit HgJ_2 zu HgS umsetzt, E. MONTIGNIE (*Bl. Soc. chim.* [5] **8** [1941] 198/202); in Ggw. von MgO bildet sich bei Eiskühlung in H_2O lösl. $Mg_3P_2S_4O_4$, in Alkohol schwer lösl. $Mg_3P_2S_4O_4 \cdot 2H_2O$; in Ggw. von Kalkwasser wird in Alkohol unlösl. $Ca_3P_2S_4O_4 \cdot H_2O$ erhalten, PANCHANAN NEOGI, MUNINDRA CHANDRA GHOSH (*J. Indian chem. Soc.* **6** [1929] 599/605, 602). — Bei Einw. von Natriumhydrogensulfid-Lsg. auf P_4S_{10} bildet sich bei 20 bis 25°C Na_3POS_3; beim Eintragen von P_4S_{10} in wss. Magnesiumhydrogensulfid- oder Calciumhydrogensulfid-Lsg. bildet sich das entsprechende Dithiophosphat, C. KUBIERSCHKY (*l. c.* S. 103/5).

With Organic Compounds

Gegen organische Verbindungen. Kohlenwasserstoffe. Cyclohexen reagiert in großem Überschuß mit P_4S_{10} beim Kochen unter Rückfluß langsam unter Entw. von H_2S und Bldg. von krist. $(C_6H_9PS_2)_2$, P. FAY, H. P. LANKELMA (*J. Am. Soc.* **74** [1952] 4933/5).

Alkohole. Methanol reagiert mit P_4S_{10} unter Bldg. von $(CH_3O)_2PS_2H$, L. MALATESTA, F. LAVERONE (*Gazz.* **81** [1951] 596/608), T. W. MASTIN, G. R. NORMAN, E. A. WEILMUENSTER (*J. Am. Soc.* **67** [1945] 1662/4). Aus absol. Äthanol und P_4S_{10} entsteht Diäthyldithiophosphorsäure $(C_2H_5O)_2PS_2H$, AMERICAN CYANAMID CO., L. J. CHRISTMANN (*U.S.P.* 1893018 [1928/33], *C.* **1933** I 2307), L. CARIUS (*J. pr. Ch.* **79** [1860] 375/7); Bldg. von Mercaptan, A. KEKULÉ (*Lieb. Ann.* **90** [1854] 309/16, 311). Wird in Isopropylalkohol bei 50 bis 60°C P_4S_{10} eingetragen, entsteht die entsprechende Dithiophosphorsäure, AMERICAN CYANAMID CO., C. J. ROMIEUX, H. P. WOHNSIEDLER (*U.S.P.* 1748619 [1927/30], *C.* **1930** I 3354); als Lsgm. dient Toluol, AMERICAN CYANAMID CO., G. BARSKY, R. V. HEUSER (*U.S.P.* 1889943 [1929/32], *C.* **1933** I 1683).

Aldehyde, Ketone. Bei der Einw. von P_4S_{10} in CS_2 auf aromat. Aldehyde entstehen krist. Stilbene, auf halbaromat. Ketone Thiophene, B. BÖTTCHER, F. BAUER (*Lieb. Ann.* **574** [1951] 218/26).

Säuren und Derivate. Derivate der Ameisensäure reagieren bei 95 bis 150°C nach

$$P_4S_{10} + 6HC(C_2H_5O)_3 \rightarrow 4HCOOC_2H_5 + 2HCSO_2C_2H_5 + 4(C_2H_5)_3PO_2S_2$$

und

$$P_4S_{10} + 6HC(C_2H_5S)_3 \rightarrow 6HCSSC_2H_5 + 4(C_2H_5)_3PS_4$$

K. C. BRANNOCK (*J. Am. Soc.* **73** [1951] 4953/4). — Essigsäure oder Eisessig mit P_4S_{10} erhitzt, ergibt Thioessigsäure, A. KEKULÉ, E. LINNEMANN (*Lieb. Ann.* **123** [1862] 273/86, 278), R. SCHIFF (*Ber.* **28** [1895] 1204/6), Phenyl-p-kresylessigsäurelacton wird in 2-Phenyl-4-methylcumaron übergeführt. Aus Phenyl-m-kresylessigsäure gelingt die Darst. des 2-Phenyl-5-methylcumaron, R. STOERMER (*Ber.* **44** [1911] 1853/65, 1857).

Stickstoffverbindungen. P_4S_{10}, mit organ. Aminen etwa im Molverhältnis 1:6 unter Rückfluß erhitzt, liefert Amide, z. B. Triphenylamid, Tri-p-chlorphenylamid, Tribenzylamid, Tripropylamid, Tritetrahydrochinolylamid und Tri-p-chlorphenylthiophosphoramid. Aus P_4S_{10} und Anilin wird Diphenylthiophosphoramid erhalten, A. C. BUCK, J. D. BARTLESON, H. P. LANKELMA (*J. Am. Soc.* **70** [1948] 744/6). Aus Di-n-butylamin, gemischt mit P_4S_{10}, gekühlt auf 5°C und dann auf 30°C erwärmt, bildet sich $(C_4H_9)_2NPS(SH)_2$, aus den entsprechenden Aminen $(C_3H_7)_2NPS(SH)_2$ sowie $(C_5H_{11})_2NPS(SH)_2$; bei höherer Temp. entstehen Diamine und Triamine, beispielsweise N-Di-n-butyl-N'-n-butyl-diamidothiophosphorsäure aus P_4S_{10} und Di-n-butylamin bei 160°C, $(C_4H_9NH)_3PS$ aus P_4S_{10} und Di-n-butylamin bei 160 bis 170°C (4 Tage), $(C_6H_5CH_2NH)_3PS$ aus P_4S_{10} und Benzylamin, G. WISE, H. P. LANKELMA (*J. Am. Soc.* **74** [1952] 529/31). Bldg. von $(C_6H_5NH)_3PS$ durch Einw. von P_4S_{10} auf Anilin bei 150°C, A. KNOP (*Ber.* **20** [1887] 3352/3). — Pyridonderivate werden durch P_4S_{10} beim Erhitzen am Rückflußkühler in Thioverbb. übergeführt, beispielsweise 3.5-Dijodo-2-pyridon in 3.5-Dijodo-2-mercaptopyridin und 3.5-Dijodo-4-pyridon in die entsprechende 4-Mercaptoverb., E. KLINGS-

BERG, D. PAPA (*J. Am. Soc.* **73** [1951] 4988/9). — Einführen von S in Benzophenonoxim durch P_4S_{10} unter Bldg. von Thiobenzanilid, R. CIUSA (*Gazz.* **34** I [1904] 102/4), F. D. DODGE (*Lieb. Ann.* **264** [1891] 178/87). Acetoxim $CH_3C(NOH)CH_3$ zersetzt sich unter heftiger Rk. und Bldg. von $NH_4PSO(OH)_2$, α-Benzildioxim geht hierbei in Benzonitril über, F. D. DODGE (*l. c.*).

Schwefelverbindungen. Die Löslichkeit von P_4S_{10} in CS_2 beträgt bei 17°C 1:450, bei 0°C 1:550, bei —20°C 1:1200. Nach 12std. Kochen beträgt die Löslichkeit bei 17°C 1:220, bei 0°C 1:270, bei —20°C 1:350, was auf eine Zers. des P_4S_{10} deutet, A. STOCK, B. HERSÇOVICI (*Ber.* **43** [1910] 1223/8), J. C. PERNERT, J. H. BROWN (*Chem. engg. News* **27** [1949] 2143/5). Löslichkeit in g/100 g CS_2: bei 17°C 0.222, bei 0°C 0.182, bei —20°C 0.0833, MONSANTO CHEMICAL CO. (*Phosphorus Pentasulfide, Bl.* Nr. I-159 [1955] 1/13).

Chlorverbindungen. Wird P_4S_{10} mit CCl_4 im geschlossenen Rohr 2 Std. bei 180 bis 200°C erhitzt, entsteht als Prod. $PSCl_3$ neben CS_2, R. DE FAZI (*Atti II° Congr. naz. Chim. pura appl.*, 1926, *Bd.* 3, S. 1293/4), JU. V. MARKOVA, A. M. POŽARSKAJA, V. I. MAJMIND, T. F. ŽUKOVA, N. A. KOSOLAPOVA, M. N. ŠČUKINA (*Doklady Akad. Nauk SSSR* [russ.] [2] **91** [1953] 1129/32).

$P_2S_5 \cdot 6NH_3$. Siehe unter ,,Chemisches Verhalten" S. 579. *$P_2S_5 \cdot 6NH_3$*

Vermutete Phosphor-Schwefelverbindungen. *Supposed Phosphorus Sulfide Compounds*

P_4S = $PS_{0.25}$. Aus P und S unter Steinöl, A. DUPRÉ (*J. pr. Ch.* **21** [1840] 253/5; *Ann. Chim. Phys.* [2] **73** [1840] 435/42), aus P und Alkalipolysulfid, R. BÖTTGER (*Schw. J.* **67** [1853] 141/8, **68** [1833] 136/45; *J. pr. Ch.* **12** [1837] 357/69). Darst. durch Erhitzen von 4 P und 1 S; das Produkt ist fl., farblos, stark lichtbrechend; wird einige Grad unter 0°C fest, J. J. BERZELIUS (*Lieb. Ann.* **46** [1843] 129/54, 132). Herst. durch Einw. von S auf P unter H_2O, W. WICKE (*Lieb. Ann.* **86** [1853] 115/6), s. auch G. LEMOINE (*C. r.* **96** [1883] 1630/3; *Ber.* **16** [1883] 1672/3). Physikal. Eigg., H. BECQUEREL (*Ann. Chim. Phys.* [5] **12** [1847] 5/87, 27, 35), s. auch A. DUPRÉ (*l. c.*). An der Luft entzündlich, explodiert beim Erhitzen, Erstarrungstemp. 12.95°C. Keine chem. Verb., sondern eine Lsg. von S in P, A. HELFF (*Z. phys. Ch.* **12** [1893] 196/222, 205), H. SCHULZE (*J. pr. Ch.* [2] **22** [1880] 113/30, 121, 127; *Ber.* **13** [1880] 1862, **16** [1883] 2066/9), ISAMBERT (*C. r.* **96** [1883] 1771/2), s. auch G. RAMME (*Diss. Göttingen* 1879, S. 12).

P_4S_2 = $PS_{0.5}$. Darst. durch Schmelzen von 2 P und 1 S; klebrige Fl., ekelhafter Geruch, stark lichtbrechend, J. J. BERZELIUS (*l. c.*), s. auch G. LEMOINE (*l. c.*), A. DUPRÉ (*l. c.*). Keine chem. Verb., sondern eine Lsg. von S in P, A. HELFF (*l. c.*), H. SCHULZE (*l. c.*), ISAMBERT (*l. c.*), G. RAMME (*l. c.*). H. GIRAN (*C. r.* **142** [1906] 398/400).

P_8S_{11} = $PS_{1.375}$. Kristalle der Zus. $P_4S_3 \cdot 2P_2S_4$ entstehen neben gelblichen Nadeln von P_2S_4 bei der Einw. von Licht oder Wärme auf ein Gemisch von 1/2 Mol S und 1 Mol P_4S_3 oder von P_2S_4 und P_4S_3 in CS_2, E. DERVIN (*C. r.* **138** [1904] 365/6).

P_2S_3, P_4S_6 = $PS_{1.5}$. Entsteht beim Zusammenschmelzen von P und S in CO_2-Atm., wobei P_2S_3 z. T. sublimiert, A. KEKULÉ (*Lieb. Ann.* **90** [1854] 309/16), G. LEMOINE (*J. pr. Ch.* **92** [1864] 373/6; *Bl. Soc. chim.* [2] **1** [1864] 407/12), F. ISAMBERT (*C. r.* **102** [1886] 1386/8), L. H. FRIEDBURG (*J. Am. Soc.* **12** [1890] 83/90), s. auch E. SPRINGER (*Pharm. Ztg.* **45** [1906] 164), bei der Einw. von gasf. H_2S auf PCl_3, SÉRULLAS (*Pogg. Ann.* **17** [1829] 165/71, 170; *Ann. Chim. Phys.* **42** [1829] 25/33), aus PCl_3 und fl. H_2S bei gewöhnl. Temp. (Unters. über die Einheitlichkeit der Verb. fehlt), A. W. RALSTON, J. A. WILKINSON (*J. Am. Soc.* **50** [1928] 258/64, 261), durch Einw. von PCl_3-Dampf auf K_2S, BaS oder CaS, E. BAUDRIMONT (*Ann. Chim. Phys.* [4] **2** [1864] 5/67, 20; *C. r.* **55** [1862] 277/8). — Physikal. Eigg. s. G. LEMOINE (*l. c.*), F. ISAMBERT (*l. c.*), M. v. RECKLINGHAUSEN (*Ber.* **26** [1893] 1514/7); chem. Verh. s. F. KRAFFT, R. NEUMANN (*Ber.* **34** [1901] 565/9).

Über die Existenz einer Phase der Zus. $P_4S_{5\ \mathrm{bis}\ 6.9}$ s. S. 567 und R. BOULOUCH (*C. r.* **143** [1906] 41/4; *Procès-Verb. Soc. Sci. phys. natur. Bordeaux* **1905/06** 64/6, 133/6). Nach G. RAMME (*Ber.* **12** [1879] 940/41), H. REBS (*Lieb. Ann.* **246** [1888] 356/82, 369), J. MAI (*Lieb. Ann.* **265** [1891] 192/208, 207), A. HELFF (*Z. phys. Ch.* **12** [1893] 196/222, 310) besteht die Subst. der Zus. P_2S_3 aus einem Phosphorsulfidgemisch, in dem die Verb. P_4S_7 überwiegt, A. STOCK, H. v. BEZOLD, B. HERSÇOVICI, M. RUDOLPH (*Ber.* **42** [1909] 2062/75, 2062). Nach Röntgenaufnahmen ist P_2S_3 ein Gemisch aus P_4S_7 und P_4S_5. Falls P_2S_3 wirklich entstehen sollte, erleidet es schon bei gewöhnl. Temp. Disproportionierung, A. R. PITOCHELLI, L. F. AUDRIETH (*J. Am. Soc.* **81** [1959] 4458/60), A. R. PITOCHELLI (*Diss. Univ. of Illinois* 1958).

P_3S_5 = $PS_{1.66}$. Herst. aus den Elementen s. R. BOULOUCH (*C. r.* **138** [1904] 363/5). Die Existenz der Verb. ist fraglich, R. BOULOUCH (*C. r.* **143** [1906] 41/4; *Procès-Verb. Soc. Sci. phys. natur. Bordeaux* **1905/06** 64/6, 133/6).

PS_2, P_2S_4, P_3S_6. Herst. aus den Elementen: von PS_2, E. DERVIN (*Bl. Soc. chim.* [2] **41** [1884] 433/6), H. REBS (*l. c.*), von P_3S_6, J. MAI (*l. c.*), A. HELFF (*l. c.* S. 214), R. BOULOUCH (*l. c.*), s. auch M. v. RECKLINGHAUSEN (*l. c.*). Herst. und Eigg. s. auch A. SEIDEL (*Diss. Göttingen* 1875), Dampfdichte von P_3S_6, G. RAMME (*Ber.* **12** [1879] 1350/1). Nach Schmelzpunktskurven der Phosphor-Schwefel-Gemische entspricht die Bruttozus. keiner Verb., sondern einem Eutektikum, H. GIRAN (*C. r.* **142** [1906] 398/400). Nach R. BOULOUCH (*C. r.* **142** [1906] 1045/7) entsteht jedoch kein Eutektikum. Oberhalb 44°C wird reines P_4S_3 abgeschieden, unterhalb 44°C bilden sich Mischkristalle aus P_4S_3 und P, s. R. BOULOUCH (*C. r.* **142** [1906] 1045/7). Nach keinem der nachgearbeiteten Verff. können P-Disulfide erhalten werden. Bei Umkristallisation aus CS_2 nähern sich Prodd. der Zus. PS_2 immer mehr der Zus. P_4S_7, A. STOCK u. a. (*l. c.* S. 2065, 2074).

P_4S_{11}, PS_4, PS_5, P_2S_{11} s. E. DERVIN (*Bl. Soc. chim.* [2] **41** [1884] 433/6).

PS_3. Herst. aus den Elementen, A. DUPRÉ (*J. pr. Ch.* **21** [1840] 253/5; *Ann. Chim. Phys.* [2] **73** [1840] 435/42).

Phosphorus Thiooxides

Phosphorthiooxide.

$P_4S_3O_4$. Entsteht bei 240std. Durchleiten von trocknem, mit CS_2-Dampf gesätt. CS_2 durch eine Lsg., die 10 g P_4S_3 in 40 ml reinem, trocknem CS_2 enthält. Der gelblich-weiße, voluminöse Nd. wird im Vak. über P_2O_5, dann im H_2-Strom in 24 Std. von CS_2 befreit; Ausbeute 10 g. Dichte 1.96 bei gewöhnl. Temp.; schmilzt bei ~250°C zu einer goldgelben Fl.; sehr hygroskopisch; größere Mengen in Berührung mit kaltem H_2O entzünden sich. Besitzt viel Ähnlichkeit mit P_4S_7, A. STOCK, K. FRIEDERICI (*Ber.* **46** [1913] 1380/7).

$P_4S_4O_6$. Bildung und Darstellung. Erstmalig von A. WURTZ (*Lieb. Ann.* **64** [1848] 245/7) aus $PSCl_3$ von SÉRULLAS (*Pogg. Ann.* **17** [1829] 165/71) mit überschüssiger Natronlauge hergestellt.

Werden P_4O_6 und S in CO_2- oder N_2-Atm. zusammen erhitzt, schmelzen sie zunächst unter Bldg. von noch getrennten Schichten. Bei 160°C findet heftige Rk. statt, und das Gemisch wird unter quantitativer Bldg. von $P_4S_4O_6$ ohne Entw. eines Gases fest. Die Rk. kann schon bei 3 g P_4O_6 unter Explosion und Entzündung verlaufen. Durch Sublimation im Vak. oder Abscheidung aus CS_2 wird ein gereinigtes, krist. Prod. erhalten, T. E. THORPE, A. E. TUTTON (*J. chem. Soc.* **59** [1891] 1019/29, 1022; *Z. anorg. Ch.* **1** [1892] 5/9). Rk. im geschlossenen Rohr s. T. E. THORPE, A. E. TUTTON (*Chem. N.* **64** [1891] 304/5), s. auch A. J. STOSICK (*J. Am. Soc.* **61** [1939] 1130/2). Zur Herst. wird S in einem Rohr mit fl. P_4O_6 schnell übergossen, in fl. Luft gekühlt, N_2 eingeleitet, abgeschmolzen und vorsichtig erhitzt. Rk.-Beginn bei 165 bis 170°C, H. GERDING, H. VAN BREDERODE (*Rec. Trav. chim.* **64** [1945] 183/90, 184). Einfacher läßt sich die Verb. durch Erhitzen eines Gemisches von P_2O_5 und P_4S_{10} im Molverhältnis 3:2 auf 400 bis 500°C unter Ausschluß von Feuchtigkeit in N_2-Atm. und Dest. der entstehenden blaßgelben Fl. gewinnen, J. C. PERNERT, J. H. BROWN (*Chem. engg. News* **27** [1949] 2143/5), OLDBURY ELECTROCHEMICAL CO., J. C. PERNERT (*U.S.P.* 2577207 [1949/51], *C.A.* **1953** 7172), ALBRIGHT & WILSON LTD., OLDBURY ELECTROCHEMICAL CO. (*B.P.* 667893 [1950/52], *C.A.* **1952** 11603).

Fig. 144.

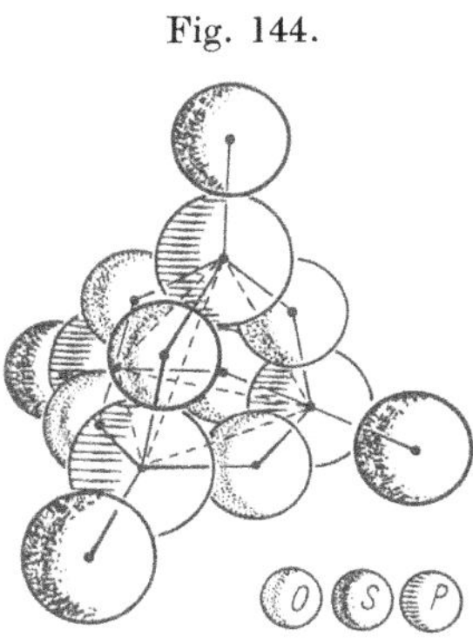

Struktur der $P_4S_4O_6$-Molekel.

Molekel. Struktur der Molekel s. **Fig. 144** nach D. M. YOST, H. RUSSEL (*Systematic Inorganic Chemistry, New York* 1944, S. 177).

Kristallographische Eigenschaften. Durch Kondensation des Dampfes werden rechteckige Prismen, durch Krist. aus CS_2-Lsg. federartige Kristalle erhalten, H. GERDING, H. VAN BREDERODE (*l. c.*), 2 bis 3 mm lange und 1 bis 2 mm dicke, genau rechteckige Prismen und federartige, tetragonale Prismen, T. E. THORPE, A. E. TUTTON (*J. chem. Soc.* **59** [1891] 1019/29, 1023).

Symmetrie T_d, C. ROMERS (*Chem. Weekbl.* **48** [1952] 81/88, 86). Die P-Atome besetzen die Ecken eines regulären Tetraeders, die S-Atome liegen auf den 4 trigonalen Achsen und die O-Atome wahrscheinlich auf den Linien, die den Schwerpunkt der ganzen Molekel mit den Mitten der Ecken des Tetraeders verbinden, H. GERDING, H. VAN BREDERODE (*Rec. Trav. Chim.* **64** [1945] 183/90, 188), A. J. STOSICK (*J. Am. Soc.* **61** [1939] 1130/2); dort auch Punktlagen, ber. auf Grund von Elektronenbeugungsaufnahmen. — Im $P_4S_4O_6$ ersetzen die 4 S-Atome 4 O-Atome in ähnlichen Lagen wie im P_4O_{10} vgl. S. 83. Abstände in Å: $P \leftrightarrow O = 1.61 \pm 0.02$, $P \leftrightarrow P = 2.85 \pm 0.03$, $P \leftrightarrow S = 1.85 \pm 0.02$; Winkel:

O–P–O = 101.5° ± 1°, P–O–P = 123.5° ± 1°, O–P–S = 116.5° ± 1°. Der Abstand P↔O ist kürzer als der für eine kovalente Einfachbindung. Diese Kürzung wird dem partiellen Doppelbindungscharakter der Bindung zugeschrieben, A. J. STOSICK (*l. c.*). Im $P_4S_4O_6$ liegen alle O-Atome in Brückenstellung und zeigen 0.2π-Bindungen je σ-Bindung, während die Verbindung zu den isolierten S-Atomen 1.0 bis 1.1 π-Bindungen je σ-Bindung aufweist, J. R. VAN WAZER (*J. Am. Soc.* **78** [1956] 5709/15, 5714). Die Bindungskraft der P=S-Bindung, ber. mit Hilfe des Ramaneffekts, beträgt 5.5×10^5 dyn/cm, H. VAN BREDERODE, H. GERDING (*Rec. Trav. chim.* **67** [1948] 677/84).

Thermische Eigenschaften. Der Verb. kommt auf Grund von Dampfdichtebestt. nach V. MEYER die Formel $P_4S_4O_6$ zu. Sdp. 295°C (korr.), Schmp. 102°C; sublimiert im Vak. bei 140 bis 150°C, T. E. THORPE, A. E. TUTTON (*J. Chem. Soc.* **59** [1891] 1019/29, 1023; *Chem. N.* **64** [1891] 304/5; *Z. anorg. Ch.* **1** [1892] 5/9), s. auch F. D. ROSSINI, D. D. WAGMAN, W. H. EVANS, S. LEVINE, I. JAFFE (*Circ. Bur. Stand.* Nr. 500 [1952] 575). Destilliert unter 20 Torr bei 180 bis 190°C, unter 2 bis 3 Torr bei 138 bis 153°C, OLDBURY-ELECTROCHEMICAL CO., J. C. PERNERT (*U.S.P.* 2577207 [1949/51], *C.A.* **1953** 7172).

Optische Eigenschaften. Farblose Kristalle, T. E. THORPE, A. E. TUTTON (*l. c.*). — Festes $P_4S_4O_6$ zeigt bei 20°C Ramanlinien bei den Wellenzahlen (in cm^{-1}): 95, 150, 194, 354, 400, 447, 498, 668, 700, 934; fl. $P_4S_4O_6$, bei 130°C bestrahlt, scheidet feste, das einfallende Licht stark streuende Teilchen aus, die auf Polymerisation zurückzuführen sind. Ramanlinien bei den Wellenzahlen (in cm^{-1}): 89, 148, 198, 259, 353, 400, 446, 490, 559, 666, 694, 796, 897, 930, 1114, 1396, H. GERDING, H. VAN BREDERODE (*Rec. Trav. chim.* **64** [1945] 183/90, 186).

Chemisches Verhalten. Zerfließt schnell an der Luft und riecht nach H_2S; lösl. in H_2O unter Bldg. von Metaphosphorsäure, die in Orthophosphorsäure übergeht, T. E. THORPE, A. E. TUTTON (*l. c.*). — Reagiert im Einschlußrohr bei gewöhnl. Temp. mit fl. NH_3 nach $P_4S_4O_6 + 12NH_3 \rightarrow 3(NH_4)_2[PO_2SNH_2] + (NH_4)[PS(NH)_2]$, von denen ersteres schwer löslich, letzteres leicht löslich in fl. NH_3 ist, H. BEHRENS, K. KINZEL, L. HUBER (*Ang. Ch.* **71** [1954] 375), H. BEHRENS, L. HUBER (*Ber.* **93** [1960] 1137/43). — Lösl. in C_6H_6 und CS_2, T. E. THORPE, A. E. TUTTON (*l. c.*).

$P_6S_5O_{10}$. Wird bei 6- bis 15std. Erhitzen eines Gemisches von 3 Mol P_2O_5 und 1 Mol P_4S_{10} in N_2-Atm. bei 400 bis 500°C als sehr hygroskop., weißes, festes, krist. Nebenprod. mit Schmp. 122 bis 125°C gewonnen, OLDBURY ELECTROCHEMICAL CO., J. C. PERNERT (*U.S.P.* 2577207 [1949/51], *C.A.* **1953** 7172), s. auch ALBRIGHT & WILSON LTD., OLDBURY ELECTROCHEMICAL CO. (*B.P.* 667893 [1950/52], *C.A.* **1952** 11603).

$P_2S_3O_2$. Entsteht beim Lagern einer Lsg. von trocknem H_2S in $POCl_3$ bei 0°C als amorpher Nd., der allmählich zu Nadeln kristallisiert. Durch Erhitzen der amorphen Subst. mit überschüssigem $POCl_3$ auf 150°C erfolgt die Krist. schneller. Schmp. ~300°C. Zersetzt sich im Vak. bei 150°C unter Bldg. von P_4S_{10}. Durch H_2O Hydrolyse und Bldg. von H_2S; rauchendes HNO_3 greift beim Erwärmen heftig an, A. BESSON (*C. r.* **124** [1897] 151/3).

$3P_2O_4 \cdot 2SO_3$ (?). Darst. durch Rk von P und fl. SO_3. Die Verb. zersetzt sich langsam in P_2O_5 und SO_2, R. H. ADIE (*Chem. N.* **63** [1891] 102/3; *J. chem. Soc.* **59** [1891] 230/3).

$P_4O_{10} \cdot SO_3$. Bei der Absorption von SO_3 in P_2O_5 bildet sich $P_4O_{10} \cdot SO_3$, das bei > 60°C vollständig in die Ausgangsstoffe dissoziiert; Aktivierungsenergie 17.9 kcal/Mol, J. C. BERNARD (*Ann. chim.* [13] **4** [1959] 145/201, 163, 181).

$P_2O_5 \cdot 3SO_3$. P_2O_5 und SO_3 vereinigen sich bei etwa 100°C zu einer leicht zersetzlichen, beim Abkühlen in zarten Blättchen kristallisierenden Verb., R. WEBER (*Ber.* **19** [1886] 3185/90, **20** [1887] 86/88), s. auch A. A. WOOLF (*Chem. Ind.* **1954** 1320).

Phosphoniumsulfat (?).

Phosphonium Sulfate (?)

Wird Phosphin durch Schwefelsäure bei −20 bis −25°C geleitet und die gebildete sirupartige Fl. ausgegossen, hinterbleibt eine weiße, kristallin aussehende Masse, die Phosphoniumsulfat zu sein scheint. Bei gewöhnl. Temp. bildet die Subst. H_2S, S und SO_2, mit Wasser PH_3. Überschüssiges H_2SO_4 kann nicht entfernt werden, A. BESSON (*C. r.* **109** [1889] 644/5).

Thiophosphorsäuren und Derivate.

Thiophosphoric Acids and Derivatives

$H_3PO_4 \cdot 3SO_3$

$H_3PO_4 \cdot 3SO_3$ entsteht beim Auftropfen von wasserfreiem H_3PO_3 auf SO_3 als viscose, hellbraune Fl., die an der Luft raucht und sich in H_2O unter Bldg. von H_3PO_4 zersetzt, R. H. ADIE (*J. chem. Soc.* **59** [1891] 230/3).

Monothio-ortho-phosphoric Acid

Monothioorthophosphorsäure $\boldsymbol{H_3PO_3S}$. Entsteht bei der Hydrolyse von PSF_3, W. LANGE, K. ASKITOPOULOS (*Ber.* **71** [1938] 801/7), H. C. MILLER, J. F. GALL (*Ind. engg. Chem.* **42** [1950] 2223/7), von $PSCl_3$, A. WURTZ (*J. pr. Ch.* **42** [1847] 209/17, 210; *C. r.* **24** [1847] 288/90; *Ann. Chim. Phys.* [3] **20** [1847] 472/81), von $PSBr_3$, A. MICHAELIS (*Ber.* **5** [1872] 4/6). — Zur Darst. werden 29 g krist. KH_2PO_3S mit 200 ml trocknem Äther verrührt und mit 19 ml 73.6%igem $HClO_4$ unter Kühlung versetzt. Der Nd. von $KClO_4$ wird durch Fritten abgetrennt und die Säure auf ~94% eingedampft. Auf Trockeneis erstarrt sie zu einer feinkristallinen, weißen Masse, F. VIAL (*Diss. Köln* 1954, S. 1/116, 29). Durch Einw. von wss. H_2SO_4 auf $Ba_3(PS_4)_2 \cdot 12H_2O$ oder $Ba_3(PO_2S_2)_2 \cdot 8H_2O$ entsteht eine 5%ige Lsg.; $BaSO_4$ wird abzentrifugiert, H_2S durch Evakuieren bei 0°C entfernt und die Säure im Hochvak. auf 84 Gew.-% H_3PO_3S konzentriert, R. KLEMENT (*Z. anorg. Ch.* **253** [1947] 237/48, 242).

Schmp. etwa −30°C; Dissoz.-Konstt. K_2 bei 18°C $= 1.23 \times 10^{-6}$, $K_3 = 2.45 \times 10^{-11}$, K_1 läßt sich nicht bestimmen. Ramanlinien in cm^{-1}: $\nu = 142$, 266, 396, 587, 629, 788, 821, 934, 1046, 1096, 2548, 3407, F. VIAL (*l. c.* S. 31, 47, 49, 51, 55). — Die 84%ige Säure ist eine ölige Fl.; Dichte ~ 1.7. Bei −2°C findet allmählich Hydrolyse unter Bldg. von H_2S statt; beim Erwärmen auf 50°C entwickelt sich heftig H_2S, R. KLEMENT (*l. c.*).

Dithioortho-phosphoric Acid

Dithioorthophosphorsäure $\boldsymbol{H_3PO_2S_2}$. Zur Darst. einer 2.5%igen Lsg. werden 7.1 g $Ba_3(PS_4)_2 \cdot 12H_2O$ in 40 ml bei 0°C gesätt. H_2S-Wasser eingetragen und unter Eiskühlung und Rühren 45 ml H_2SO_4 schnell zugetropft. $BaSO_4$ wird abzentrifugiert und aus der Lsg. unter Eiskühlung H_2S abgetrieben. Höher konz. Lsgg. sind weniger beständig; es bildet sich durch Hydrolyse H_3PO_3S (s. oben). Durch festes NaOH und Na_2S kann unter Eiskühlung mit Alkohol $Na_3PO_2S_2 \cdot 11H_2O$ gefällt werden, R. KLEMENT (*l. c.*).

Dithio-diphosphoric Acid

Dithiodiphosphorsäure $\boldsymbol{H_4P_2O_6S_2}$. Die in verd. Lsg. beständige Säure läßt sich aus $K_2H_2P_2O_6S_2$ durch $HClO_4$ freimachen und durch Äther ausschütteln, zerfällt jedoch beim Abdampfen des Äthers, E. THILO, E. SCHÖNE (*Z. anorg. Ch.* **259** [1949] 225/32). Zu 53 g KH_2PO_3S werden 120 ml trockner Äther und tropfenweise Br_2 bei 20 bis 25°C zugegeben, bis sich 0.1 ml Br_2 nach 10 Min. gerade noch entfärbt. Wird anschließend der Äther im Vak. abgedampft und der Rückstand mit einem Gemisch von 40 ml Aceton und 60 ml Äther gut durchgerührt, fällt KBr weitgehend aus, während die Säure in Lsg. geht. Nach Zusatz von absol. Methanol kann die Lsg. im Frittendurchlaufverdampfer bei 6 Torr bis auf 72% konzentriert werden. Bei gewöhnl. Temp. zersetzt sich die konz. Säure unter S-Abscheidung nach 2 Std., in H_2O bereits nach 30 Min., F. VIAL (*Diss. Köln* 1954, S. 1/116, 65).

Trithio-diphosphoric Acid

Trithiodiphosphorsäure $\boldsymbol{H_4P_2O_6S_3}$ läßt sich aus $KH_3P_2O_6S_3 \cdot CH_3O$ durch $HClO_4$ freimachen, danach Zusatz von absol. Methanol. Konz. gelingt bis zu 54.3%, F. VIAL (*l. c.* S. 111).

Phosphorus Nitride Sulfide

Phosphornitridsulfid $\boldsymbol{(PNS)_x}$ (Thiophosphorsäurenitril, Thiophosphorstickstoff). P_4S_3-Dampf bildet mit N_2 im Lichtbogen zwischen W-Elektroden ein amorphes, weißes Pulver der ungefähren Zus. $(PSN)_x$, das sich bei 750°C zersetzt, R. C. PHILLIPS, D. L. CHAMBERLAIN, F. A. FERGUSON (WADC *Techn. Rep.* 59-345 [1960] 1/155, 29). Bildet sich aus $P_2S_5 \cdot 6NH_3$ beim Erhitzen im Vak. auf 270°C, beim Erhitzen von Triammoniumimidothiophosphat im Vak. bereits bei 180°C, doch wird zur Herst. eines reinen Prod. besser auf 325°C erhitzt, A. STOCK, B. HOFFMANN, F. MÜLLER, H. v. SCHÖNTHAN, H. KÜCHLER (*Ber.* **39** [1906] 1967/2008, 1994). Entsteht wahrscheinlich beim Erhitzen von NH_4Cl mit P_4S_{10}, E. GLATZEL (*Z. anorg. Ch.* **4** [1893] 186/226, 191). — Im Hochvak. bei 250°C gehen $(NH_4)_3[PS_4]$ und $[NH_4]_2[PS_3NH_2]$ unter Abgabe von NH_3 und H_2S quantitativ in hochpolymeres $(PNS)_x$ über, H. BEHRENS, K. KINZEL (*Z. anorg. Ch.* **299** [1959] 241/51, 247). Bildet sich als Zwischenprod. beim Erhitzen von $PS_3N_4H_{13}$ (Triammoniumsalz der Imidotrithiophosphorsäure, S. 585) und $PS_2N_3H_8$ (Diammoniumsalz der Nitrilodithiophosphorsäure, S. 579), A. STOCK, B. HOFFMANN (*Ber.* **36** [1903] 314/9). Verss. der Herst. durch Zers. von $SP(NH_3)_2$ bei 1000°C, aus den Elementen oder aus PN, P_3N_5 und P_4S_{10}, R. C. PHILLIPS, D. L. CHAMBERLAIN, F. A. FERGUSON (NP-7186 [1959] 1/155, 19, *N.S.A.* **13** [1959] Nr. 4444).

Zersetzt sich beim Erhitzen unter P_3N_5-Bldg.; bei gewöhnl. Temp. in H_2O unlösl.; kochendes H_2O greift langsam an, schneller sd. verd. HCl, rotes rauchendes HNO_3 erst beim Erwärmen, A. STOCK u. a. (*l. c.* S. 1994). Im N_2-Strom bei höherer Temp. spaltet sich $(PNS)_x$ in P_3N_5 und P_4S_{10}, durch Erhitzen im NH_3-Strom geht auch das P_4S_{10} in P_3N_5 über, A. STOCK, H. GRÜNBERG (*Ber.* **40** [1907] 2573/8).

Phosphorus Thio-triamide

Phosphorthiotriamid $\boldsymbol{PS(NH_2)_3}$ (Triamidothiophosphorsäure, Thiophosphorsäuretriamid).

Entsteht aus $PSCl_3$ und NH_3, H. SCHIFF (*J. pr. Ch.* **71** [1857] 161/4), CHEVRIER (*C. r.* **66** [1868] 748/52; *Z. Ch.* **11** [1868] 538/9). — Zur Darst. werden 34 g trocknes NH_3-Gas bei −10°C in 750 ml trocknem $CHCl_3$ gelöst; unter Rühren wird eine Lsg. von 30 g $PSCl_3$ in 80 ml trocknem $CHCl_3$ innerhalb von $1^1/_2$ Std. zugetropft, während bei $-10°C$ ein NH_3-Strom durch die Mischung geleitet wird. Die abgesaugte und im Vak. getrocknete Subst. wird in $CHCl_3$ gelöst, mit 50 g Diäthylamin versetzt und unter Rückfluß 3 bis 4 Std. gekocht. Hierbei wird das NH_4Cl unter Freiwerden von NH_3 in Diäthylammoniumchlorid übergeführt, das im Gegensatz zu $PS(NH_2)_3$ in $CHCl_3$ gut löslich ist. Ausbeute 90% der Theorie. Umkristallisation in heißem Methanol. Nach Gefrierpunktserniedrigung von H_2O ist das Molgew. 107.3, R. KLEMENT, O. KOCH (*Ber.* **87** [1954] 333/40), R. KLEMENT (*Inorganic Syntheses, Bd.* 6, *New York-Toronto-London* 1960, S. 111/2), s. auch M. GOEHRING, K. NIEDENZU (*Ber.* **89** [1956] 1768/71). Bei der Umsetzung von $P_4S_4O_6$ mit fl. NH_3 im Einschlußrohr entstehen bei Feuchtigkeitsausschluß $PS(NH_2)_3$, $NH_4[PS(NH)_2]$ und $(NH_4)_2[PO_2SNH_2]$, das in fl. NH_3 schwer löslich ist. Eine Trennung von $PS(NH_2)_3$ und $NH_4[PS(NH)_2]$ gelingt nicht, H. BEHRENS, L. HUBER (*Ber.* **93** [1960] 1137/43).

Farblos, kristallin, R. KLEMENT, O. KOCH (*l. c.*). UR-Spektrum an Preßlingen aus KBr, Wellenzahlen in cm^{-1}: 3300, 3240, 1565, 1065/30/10, 995, 895, 930, 860; 715; 600, E. STEGER (*Z. Elektroch.* **61** [1957] 1004/7). — Im Hochvak. wird bei 100°C NH_3 abgespalten, R. C. PHILLIPS, D. L. CHAMBERLAIN, F. A. FERGUSON (NP-7186 [1959] 1/24, *N.S.A.* **13** [1959] Nr. 4444). In H_2O leicht lösl.; 150 ml Methanol lösen bei 20°C 3.3 g $PS(NH_2)_3$. Es ist im Gegensatz zu $PO(NH_2)_3$ nicht süß. An trockner Luft beständig, an feuchter wird NH_3 abgespalten; als Endprod. der Umwandlung bildet sich innerhalb von 4 Wochen Diammoniumhydrogenmonothiophosphat $(NH_4)_2HPO_3S$. Beim Erwärmen mit verd. Säure wird H_2S abgespalten, mit 2n-NaOH bildet sich bei 50°C Na-Diamidomonothiophosphat $NaPOS(NH_2)_2 \cdot 4H_2O$, R. KLEMENT, O. KOCH (*l. c.*). Wird von rauchendem HNO_3 zu H_2SO_4 und H_3PO_4 oxydiert, CHEVRIER (*l. c.*).

$P_4S_3(NH)_7$ entsteht neben anderen Phosphorsulfiden bei der Zers. von $(NH_4)_2[P_4S_5(NH_2)_2]$ im Hochvak. durch Erhitzen auf 140 bis 180°C, H. BEHRENS, L. HUBER (*Ber.* **92** [1959] 2252/7). *$P_4S_3(NH)_7$*

Phosphorthiodiamidhydroxid $PS(NH_2)_2OH$ (Diamidothiophosphorsäure $[PSO(NH_2)_2]H$) bildet sich bei der Hydrolyse von $PS(NH_2)_2SF$ an feuchter Luft, H. C. MILLER, J. E. GALL (*Ind. engg. Chem.* **42** [1950] 2223/7), T. E. THORPE, J. W. RODGER (*Chem. N.* **59** [1889] 236/7), bei der Einw. von Ammoniakwasser auf $PSCl_3$, J. H. GLADSTONE, J. D. HOLMES (*J. chem. Soc.* [2] **3** [1865] 1/8; *J. pr. Ch.* **94** [1865] 321/7), bei der Verseifung von Thiophosphorsäurephenylesterdiamid $PS(NH_2)_2OC_6H_5$, F. EPHRAIM (*Ber.* **44** [1911] 3414/6). — Zur Darst. von $PS(NH_2)_2OH \cdot 2H_2O$ werden 1.58 g $NaPOS(NH_2)_2 \cdot 4H_2O$ in 7 ml H_2O gelöst und mit 4 ml 50%iger Essigsäure versetzt. Aus der Lsg. wird die freie Säure durch 50 ml Alkohol gefällt. Abspaltung des Kristallwassers über P_2O_5 ist nicht möglich, O. KOCH (*Diss. München* 1953, S. 28). *Phosphorus Thiodiamide Hydroxide*

Die Säure bildet ein charakterist. weißes, voluminöses Ag-Salz, das auch in großer Verd. aus der Lsg. ausfällt und sich schnell unter Braunfärbung zersetzt, F. EPHRAIM (*l. c.*).

Imidotrithioorthophosphorsäure $P(NH)(SH)_3$ entsteht beim Erhitzen von Triammoniumimidotrithiophosphat $P(NH)(SNH_4)_3$ in trockner H_2S-Atm. auf 180°C. In der Kälte hellgelber Körper, der beim Erwärmen dunkler, beim Abkühlen aber wieder heller wird. $D^{16.5} = 1.78$. Bei höherer Temp. verliert die Imidothiophosphorsäure H_2S. In warmem H_2O lösl. unter Zers. und Bldg. von $PO(SNH_4)(OH)_2$. Mit H_2O-freiem fl. HCl bildet sich $HCl(NH)P(SH)_3$ als weißer Körper, A. STOCK, B. HOFFMANN, F. MÜLLER, H. v. SCHÖNTHAN, H. KÜCHLER (*Ber.* **39** [1906] 1967/2008, 1990/3). *Imidotrithioorthophosphoric Acid*

$P_4S_7(NH)_3$ entsteht bei der Zers. von $(NH_4)_2[P_4S_5(NH)_2]$ im Hochvak. durch Erhitzen auf 140 bis 180°C neben anderen Phosphorsulfiden; weiß; unlösl. in CS_2; zersetzt sich beim Erhitzen auf ~750°C im NH_3-Strom unter H_2S-Entw. und Bldg. von P_3N_5, H. BEHRENS, L. HUBER (*l. c.*). *$P_4S_7(NH)_3$*

Phosphor-Halogen-Schwefel-Verbindungen

Phosphorus-Halogen-Sulfur Compounds

Die PSX_3-Molekeln

(X = F, Cl oder Br)

The PSX_3 Molecules

Type of Bond. Molecular Shape

Bindungsart. Molekelform. Für die PSX_3-Molekeln gilt dasselbe wie für die POX_3-Molekeln (s. S. 383); daher besteht auch hinsichtlich der Symmetrie kein Unterschied, M.-L. DELWAULLE, F. FRANÇOIS (*J. Chim. phys.* **45** [1948] 50/4). Für $PSCl_3$ wird die Ähnlichkeit mit $POCl_3$ schon von H. GERDING, R. WESTRIK (*Recueil Trav. chim. Pays-Bas* **61** [1942] 842/4) festgestellt, obwohl von den 6 Ramanlinien, die bei $PSCl_3$ beobachtbar sein müßten, 2 praktisch zusammenfallen. Über die C_{1h}-Symmetrie von $PSFBr_2$ s. auch M.-L. DELWAULLE, F. FRANÇOIS (*C. r.* **225** [1947] 1308/9). —

Zur scheinbaren Vermehrung der Symmetrieelemente in PSX_3-Molekeln mit wenigstens einem Cl-Atom s. S. 384.

Aus den gem. Kernabständen r_e ergeben sich für die Anzahl n_π der π-Bindungen je σ-Bindung folgende Werte:

Molekel .	PSF_3		$PSCl_3$		PSF_2Br		$PSFBr_2$		$PSBr_3$	
Bindung .	r_e	n_π	r_e	n_π	r_e	n_π	r_e	n_π	r_e	n_π
P–S . .	1.85	1.1	1.94	0.5	1.87	1.0	1.87	1.0	1.89	0.8
P–F . .	1.51	0.2	—	—	1.45	0.4	1.50	0.2	—	—
P–Cl . .	—	—	2.01	0.0	—	—	—	—	—	—
P–Br . .	—	—	—	—	2.14	0.1	2.18	0.0	2.13	0.1

Dabei ist die Summe der kovalenten Atomradien von P und S als $r_{P\text{-}S} = 2.12$ Å angesetzt, J. R. VAN WAZER (*J. Am. chem. Soc.* **78** [1956] 5709/15). In PSF_3 scheinen, wie N. J. HAWKINS, V. W. COHEN, W. S. KOSKI (*J. chem. Phys.* **20** [1952] 528) aus dem STARK-Effekt im Mikrowellenspektrum und den daraus bestimmten Molekel-Konstt. schließen, 3d-Bahnen an den Bindungen beteiligt zu sein.

Die chem. Verschiebung der Kernresonanz von ^{31}P (s. „*Phosphor*" *Tl.* B, S. 200) ist für $PSCl_3$ $\delta =$ —28.8, für $PSBr_3$ $\delta = +111.8$ ppm, N. MULLER, P. C. LAUTERBUR, J. GOLDENSON (*J. Am. chem. Soc.* **78** [1956] 3557/61). Dazwischen liegen die Werte $\delta = +14.5$ für $PSCl_2Br$ und $\delta = +61.4$ für $PSClBr_2$, L. C. D. GROENWEGHE, J. H. PAYNE (*J. Am. chem. Soc.* **81** [1959] 6357/60). Nach H. S. GUTOWSKY, D. W. MCCALL (*J. chem. Phys.* **22** [1954] 162/4) ist für $PSCl_3$ $\delta =$ —30.8. — In einem Gemisch mit Dioxan ($PSCl_3$-Konz. 50 Vol.-%) ist $\delta =$ —2.6, in ebensolchen Gemischen mit CS_2 bzw. $CHCl_3$ ist $\delta =$ 0.0 bzw. +1.9, N. MULLER u. a. (*l. c.*).

Nuclear Distances. Bond Angles

Kernabstände r in Å. **Bindungswinkel** α. Übersicht über die vorliegenden Daten mit analogen Bezeichnungen wie für die POX_3-Molekeln (s. S. 384); r_D bezeichnet hier die Länge der P–S-Bindung:

M	PSF_3	PSF_3	PSF_3	$PSCl_3$	$PSCl_3$	$PSBr_3$
r_D	1.85 ± 0.02	1.86	1.87 ± 0.03	1.85 ± 0.02	1.94 ± 0.03	1.89 ± 0.06
r_D	1.51 ± 0.02	1.53	$1.52 + 0.02$	2.02 ± 0.01	2.01 ± 0.02	2.13 ± 0.03
α	$99.5 \pm 2°$	—	$102.5 \pm 2.0°$	$100.5 \pm 1.0°$	$107 \pm 3°$	$106 \pm 3°$
Lit.	1)	2)	3)	3)	4)	5)

1) Durch Elektronenbeugung bestimmt, D. P. STEVENSON, H. RUSSELL (*J. Am. chem. Soc.* **61** [1939] 3264/8). — 2) Aus dem Mikrowellenspektrum mit $\alpha = 100°$ berechnet, N. J. HAWKINS, V. W. COHEN, W. S. KOSKI (*J. chem. Phys.* **20** [1952] 528). — 3) Aus dem Mikrowellenspektrum bestimmt, Q. WILLIAMS, J. SHERIDAN, W. GORDY (*J. chem. Phys.* **20** [1952] 164/7). — 4) Durch Elektronenbeugung bestimmt, J. Y. BEACH, D. P. STEVENSON (*J. chem. Phys.* **6** [1938] 75/80). — 5) Durch Elektronenbeugung bestimmt; darüber hinaus ermittelte Strukturdaten für $PSFBr_2$: $r_D = 1.87 \pm 0.05$, r (P–Br) $= 2.18 \pm 0.03$, r (P–F) $= 1.50 \pm 0.10$, α (Br–P–Br) $= 100 \pm 3°$; für PSF_2Br: $r_D = 1.87 \pm 0.05$, r (P–Br) $= 2.14 \pm 0.04$, r (P–F) $= 1.45 \pm 0.08$, α (Br–P–F) $= 106 \pm 3°$, J. H. SECRIST, L. O. BROCKWAY (*J. Am. chem. Soc.* **66** [1944] 1941/6). Einen Überblick über die Molekelstruktur von Fluorverbb., darunter auch PSF_3, gibt S. H. BAUER (*J. phys. Chem.* **56** [1952] 343/51). Zur Begründung der Differenz der Bindungswinkel in PSF_3 und in POF_3 s. C. E. MELLISH, J. W. LINNETT (*Trans. Faraday Soc.* **50** [1954] 657/64, 661).

Moments of Inertia. Rotational Constants

Trägheitsmomente I_A und I_B in 10^{-40} g cm². **Rotationskonstanten** B_0 in MHz, D_J, D_{JK} in kHz. Die Analyse des Mikrowellenspektrums ergibt für $P^{32}SF_3$: $I_B = 315.654$, $B_0 = 2657.63 \pm 0.04$, für $P^{33}SF_3$: $I_B = 320.466$, $B_0 = 2614.73 \pm 0.04$, für $P^{34}SF_3$: $I_B = 325.181$, $B_0 = 2579.77 \pm 0.04$, für $P^{32}S^{35}Cl_3$: $I_B = 598.083$, $B_0 = 1402.64 \pm 0.05$, für $P^{32}S^{37}Cl_3$: $I_B = 618.781$, $B_0 = 1355.72 \pm 0.05$, für $P^{34}S^{35}Cl_3$: $I_B = 612.275$, $B_0 = 1370.13 \pm 0.05$, Q. WILLIAMS, J. SHERIDAN, W. GORDY (*J. chem. Phys.* **20** [1952] 164/7). Vorher wird schon von P. KISLIUK, C. H. TOWNES (*J. Res. nat. Bur. Stand.* **44** [1950] 611/41, 628) $B_0 = 2657.6$ für $P^{32}SF_3$ angegeben. Für dieselbe Molekel ergeben sich aus den Übergängen zwischen höheren Rotationszuständen ($J = 22 \rightarrow 23$) $B_0 = 2657.663$, $D_J = 0.30 \pm 0.05$, $D_{JK} = 1.8 \pm 0.07$, C. M. JOHNSON, R. TRAMBARULO, W. GORDY (*Phys. Rev.* [2] **84** [1951] 1178/80), W. GORDY (*Ann. New York Acad. Sci.* **55** [1952] 774/88, 786). — Aus den von J. Y. BEACH, D. P. STEVENSON (*l. c.*) bestimmten Strukturdaten berechnen G. CILENTO, D. A. RAMSAY, R. N. JONES (*J. Am. chem. Soc.* **71** [1949] 2753/6) für $PSCl_3$ $I_A = 615 \pm 60$, $I_B = 296 \pm 115$.

Rotation Spectrum

Rotationsspektrum. Die Hyperfeinstruktur der $J = 0 \rightarrow 1$-Übergänge im Spektrum von $PSCl_3$ wird von K. TSUKADA (*J. phys. Soc. Japan* **10** [1955] 60/4) untersucht; die Ergebnisse werden zuvor kurz von S. Kojima, K. Tsukada (*J. chem. Phys.* **22** [1954] 2093/4) mitgeteilt. Deutungsvers. s. bei T. Itoh (*J. phys. Soc. Japan* **10** [1955] 56/9).

Dipole Moment

Dipolmoment μ in Debye. Für PSF_3 ergibt sich aus dem Stark-Effekt im Mikrowellenspektrum $\mu = 0.633 \pm 3\%$, N. J. Hawkins, V. W. Cohen, W. S. Koski (*J. chem. Phys.* **20** [1952] 528).

Für $PSCl_3$ folgt aus der Molpolarisation von Lsgg. in Benzol oder Heptan $\mu = 1.41$, C. P. Smyth, G. L. Lewis, A. J. Grossman, F. B. Jennings (*J. Am. chem. Soc.* **62** [1940] 1219/23). Aus Dichte, DK ($\varepsilon = 5.8$) und Brechungszahl berechnet C. J. F. Böttcher (*Recueil Trav. chim. Pays-Bas* **62** [1943] 119/33, 126) $\mu = 1.4$.

Force Constants

Kraftkonstanten f in mdyn/Å. Unter den bei den POX_3-Molekeln (s. S. 385) genannten Voraussetzungen gelten für die PSX_3-Molekeln folgende Kraftkonstt.:

	f_D	f_d	f_{Dd}	f_{dd}	$f_{d\alpha}$	$f_{d\beta}$	$f_{\alpha\beta}$	$f_\alpha - f_{\alpha\alpha}$	$f_\beta - f_{\beta\beta}$	$f_{D\alpha} - f_{D\beta}$	$f_{\alpha\alpha} + f_{\beta\beta}$
PSF_3	5.0136	4.7479	0.7274	0.6371	0.5216	0.4624	0.6223	0.6847	0.9513	0.3212	0.5982
$PSCl_3$	4.9513	2.1345	0.6536	0.3563	0.4158	0.3404	0.3006	0.4413	0.7534	0.2642	0.1725
$PSBr_3$	4.8916	1.9707	0.5232	0.2123	0.3245	0.2306	0.2026	0.3736	0.2855	0.1243	0.1820

G. Nagarayan (*J. sci. ind. Res.* B **21** [1962] 356/9). — Aus den Wellenzahlen allein ermittelte Konstt.:

	f_D	f_d	f_{dd}	f_α	f_β	$f_{D\alpha}$	$f_{\alpha\alpha}$	$f_\alpha - f_{\alpha\alpha}$	$f_\beta - f_{\beta\beta}$	$f_{\alpha\alpha} + f_{\beta\beta}$	Lit.
PSF_3	4.500	4.774	0.273	0.219	1.425	—	0.144	—	—	—	1)
$PSCl_3$	5.3630	2.0780	0.4370	0.2474	0.7281	1.4560	—	—	—	—	2)
$PSBr_3$	4.250	1.880	0.410	0.205	0.238	—	0.011	—	—	—	1)
$PSBr_3$	3.75	1.81	0.509	—	—	—	—	0.202	0.2527	0.0523	3)

1) K. Venkateswarlu, V. Somasundaram, M. G. Pillai Krishna (*Z. physik. Chem.* **212** [1959] 145/8 [engl.]). — 2) K. Venkateswarlu, S. Sundaram (*J. Phys. Radium* [8] **17** [1956] 905/6). 6 Kraftkonstt. für die Urey-Bradley-Potentialfunktion werden von K. Venkateswarlu, R. Thanalakshmi (*Acta phys. polon.* **22** [1962] 423/7 [engl.]) berechnet. — 3) T. A. Hariahran (*J. Indian Inst. Sci.* A **40** [1958] 89/96).

Kraftkonstt. für $PSCl_3$ nach einem idealisierten Molekelmodell s. bei H. Siebert (*Z. anorg. Chem.* **275** [1954] 210/24, 222). Zur Berechnung von 4 Konstt. unter Vernachlässigung aller Wechselwirkungs-Konstt. s. L. S. Majanc, E. M. Popov, M. I. Kabačnik (*Opt. Spektroskop.* **6** [1959] 589/93; engl. Übers.: *Opt. Spectroscopy* **6** [1959] 384/6).

Molecular Vibrations

Molekelschwingungen. In den PSX_3-Molekeln sind ebensolche und ebenso viele Schwingungen möglich wie in den POX_3-Molekeln (s. S. 386). Im Ramanspektrum bzw. (nach den unter Lit. 6 zitierten Autoren) im UR-Spektrum beob. Schwingungszahlen (in cm^{-1}):

M	PSF_3	$PSCl_3$					$PSBr_3$	$PSCl_3$	$PSBr_3$
δ_{12}	276	171	168	167	172	—	115	170	109
δ_3	440	246	244	250	247	—	165	246	161
δ_{45}	402	—	—	—	247	—	179	255	173
ν_1	874	432	429	435	430	430	299	436	301
ν_{23}	940	543	536	542	538	540	438	532	452
ν_4	695	750	747	753	753	751	718	748	721
Lit.	1)	2)	3)	4)	5)	6)	5)	7)	7)

1) M.-L. Delwaulle, F. François (*C. r.* **226** [1948] 894/6). — 2) V. N. Thatte (*Nature* **138** [1936] 468/9). — 3) A. Simon, G. Schulze (*Naturwissenschaften* **25** [1937] 669; *Z. anorg. Chem.* **242** [1939] 313/68, 339). — 4) H. Gerding, R. Westrik (*Recueil Trav. chim. Pays-Bas* **61** [1942] 842/4). — 5) M.-L. Delwaulle, F. François (*C. r.* **224** [1947] 1422/3). — 6) G. Cilento, D. A. Ramsay, R. N. Jones (*J. Am. chem. Soc.* **71** [1949] 2753/6). — 7) Aus Kraftkonstt. ber. Schwingungszahlen, L. S. Majanc, E. M. Popov, M. I. Kabačnik (*Opt. Spektroskop.* **6** [1959] 589/93; engl. Übers.: *Opt. Spectroscopy* **6** [1959] 384/6).

Die von V. N. Thatte (*l. c.*) und von A. Simon, G. Schulze (*l. c.*) gefundene Wellenzahl 382 cm^{-1} kann nicht der δ_{45}-Schwingung von $PSCl_3$ zugeordnet werden; diese muß, da δ_{12} und δ_3 in $PSCl_3$ kleinere Schwingungszahlen als in $POCl_3$ haben, kleiner als 336 cm^{-1} sein, H. Gerding, R. Westrik (*l. c.*). — Im UR-Spektrum von $PSCl_3$ zwischen 400 und 1600 cm^{-1} treten außer den Linien 430, 540 und 751 (im fl. Zustand) bzw. 433 (Q)/441 (R), 550 und 762 (P)/768.5 (Q)/775 (R) (im gasf.

Zustand) noch 10 Kombinationslinien auf, zusätzlich 1 weitere in gasf. $PSCl_3$, 3 weitere in fl. $PSCl_3$, G. CILENTO u. a. (*l. c.*); vgl. auch L. W. DAASCH, D. C. SMITH (*Anal. Chem.* **23** [1951] 853/68, 858).

An einem Gemisch von $PSCl_3$ mit CS_2 sind Kombinationslinien der Schwingung $\nu_A = 1515$ von CS_2 mit den Schwingungen δ_{12}, δ_{45} und ν_1 von $PSCl_3$ bei 1683, 1764 und 1945 cm^{-1} zu beobachten, J. A. A. KETELAAR, F. N. HOOGE (*J. chem. Phys.* **23** [1955] 1549/50; *Recueil Trav. chim. Pays-Bas* **76** [1957] 529/45, 540).

Auch die PSX_2Y-Molekeln sowie PSFClBr verhalten sich analog wie POX_2Y bzw. POFClBr; Wellenzahlen in cm^{-1}:

	PSF_3	PSF_2Cl	$PSFCl_2$	$PSCl_3$	$PSCl_2Br$	$PSClBr_2$	$PSBr_3$	$PSFBr_2$	PSF_2Br	PSF_3
δ_1	276	209	193	172	150	121	115	129	175	276
δ_2		252				136		159.5	231	
δ_3	440	359	268	247	206	196	165	219	288	440
δ_4	402	314	317	247	230	190	179	254	298	402
δ_5		394	328			205		274	384	
ν_1	874	539	474	430	371	333	299	377	462 bis 474	874
ν_2	940	913	570	538	493	436	438	470	899	940
ν_3		941	900		536	500		887	930	
ν_4	695	729	737	753	743	729	718	713	711	695

Wellenzahlen von PSFClBr: $\delta_1 = 175$, $\delta_2 = 160$, $\delta_3 = 245$, $\delta_4 = 267$, $\delta_5 = 314$, $\nu_1 = 414$, $\nu_2 = 535$, $\nu_3 = 892$, $\nu_4 = 729$, M.-L. DELWAULLE, F. FRANÇOIS (*C. r.* **224** [1947] 1422/3, **225** [1947] 1308/9, **226** [1948] 894/6). Zusammenfassung der Ergebnisse mit eingehender theoret. Diskussion, M.-L. DELWAULLE, F. FRANÇOIS (*J. Chim. phys.* **46** [1949] 87/97). — Die Wellenzahlen der Schwingungen ν_1, ν_2, ν_3 und ν_4 von $PSFCl_2$ finden L. W. DAASCH, D. C. SMITH (*l. c.*) auch im UR-Spektrum. — Im UR-Spektrum der Bromidchloride $PSCl_2Br$ und $PSClBr_2$ beob. Wellenzahlen: 740, 600, 531, 490 bzw. 730, 536, 506, 436, W. KUCHEN, H. ECKE, H. G. BECKERS (*Z. anorg. Chem.* **313** [1961] 138/43).

Dissociation

Dissoziation. Fl. $PSCl_3$ soll nach R. CH. PAUL, K. CH. MOLHOTRA, G. SINGH (*J. Indian chem. Soc.* **37** [1960] 105/10) teilweise in $PSCl_2^+$ und Cl^- dissoziiert sein; dasselbe Kation soll auch Bestandteil der Verb. $PSCl_3^{\cdot}\cdot SbCl_5$ sein.

Molecular Refraction

Molrefraktion R_{mol} in cm^3. Aus den Brechungszahlen von $PSCl_3$ ergibt sich $R_{mol} = 33.27$ bei 6563 Å bzw. 33.85 bei 4861 Å, W. J. JONES, W. C. DAVIES, W. J. C. DYKE (*J. phys. Chem.* **37** [1933] 583/96, 584). Aus der Brechungszahl n_D berechnet sich für $PSCl_3$ $R_{mol} = 32.8$, C. P. SMYTH, G. L. LEWIS, A. J. GROSSMANN, F. B. JENNINGS (*J. Am. chem. Soc.* **62** [1940] 1219/23).

Fluorine Compounds

Fluorverbindungen

Überblick über anorgan. P–S–F-Verbb.; die bisher bekannten Verbb. dieser Art enthalten P ausschließlich in 5wertiger Form, H. C. MILLER, J. F. GALL (*Ind. engng. Chem.* **42** [1950] 2223/7).

Phosphorus Thiofluoride

Phosphorthiofluorid PSF_3 (Thiophosphoryl(V)-fluorid).

Formation. Preparation

Bildung und Darstellung. Durch Erhitzen eines Gemisches von P_2S_5 und PbF_2 unter Ausschluß von H_2O und O_2. Die Rk. wird in einem mit trocknem N_2 gefüllten Pb-Rohr vorgenommen und beginnt bei 170°C. Die Temp. soll 250°C nicht erreichen. Bei Verwendung von BiF_3 statt PbF_2 muß im Messingrohr gearbeitet werden, da die Rk.-Temp. etwas höher liegt. Das erhaltene Gas wird über Hg gesammelt und zur Reinigung über CaO, dessen Poren vorher mit trocknem N_2 gefüllt worden sind, aufbewahrt, wodurch Reste von PbF_3 und Spuren von SiF_4 entfernt werden, T. E. THORPE, J. W. RODGER (*J. chem. Soc.* **53** [1888] 766/7, **55** [1889] 306/23). Das Rk.-Gemisch wird in einem Messingrohr im N_2-Strom durch ein Ölbad auf Tempp. zwischen 180 und höchstens 200°C erhitzt. Das entweichende Gas wird durch ein mit NaCl-Kältemischung gekühltes, als Staubabscheider dienendes Gefäß geleitet, durch CO_2-Toluol-Gemisch verflüssigt und anschließend fraktioniert, W. LANGE, K. ASKITOPOULOS (*Ber.* **71** [1938] 801/7). Zur Darst. etwas größerer Mengen wird 1 Mol P_2S_5 mit 3 Mol PbF_2 im verbleiten Autoklaven im trocknen N_2-Strom bei 170°C erhitzt. Das Rk.-Prod. wird durch Abdest. von PF_3 und PF_5 gereinigt, S. A. VOZNESENSKIJ, L. M. DUBNIKOV (*Ž. obšč. Chim.* **11** [1941] 507/17, *C.* **1941** II 1721).

PSF_3 bildet sich ferner bei der Einw. von S oder Sb_2S_3 auf PF_3Cl_2 bei ∼115°C, C. POULENC (*Ann. Chim. Phys.* [6] **24** [1891] 548/70, 558), beim Erhitzen eines Gemisches von rotem P, S und PbF_2 oder neben PF_3 und SiF_4 (aus dem Glas) beim Erhitzen von $PSCl_3$ mit AsF_3 im Einschlußrohr auf 150°C, T. E. THORPE, J. W. RODGER (*l. c.; l. c.* S. 307). Bei der Darst. durch Fluorierung von $PSCl_3$ mittels SbF_3 in Ggw. von $SbCl_5$ (Katalysator) ergeben sich Schwierigkeiten bei der Reinigung infolge des Auftretens kleiner Mengen von SiF_4, was auf die Benutzung einer Glasapp. und auf den H_2O-Gehalt des Ausgangsmaterials zurückgeführt wird, H. S. BOOTH, M. C. CASSIDY (*J. Am. chem. Soc.* **62** [1940] 2369/72). — Darst. von PSF_3 durch Rk. von $PSCl_3$ mit NaF in Tetramethylensulfon bei Tempp. zwischen 37 und 140°C (53% Ersatz des Cl durch F), C. W. TULLOCK, D. D. COFFMAN (*J. Org. Chem.* **25** [1960] 2016/9), vgl. E. I. DU PONT DE NEMOURS & Co., C. W. TULLOCK (*U.S.P.* 2928720 [1957/60], *C.* **1962** 17885). Zur Darst. von PSF_3 wird $PSCl_3$ unter Rückfluß mit KSO_2F in N_2-Atm. im Rundkolben umgesetzt. In der angeschlossenen Kühlfalle wird Trennung in 2 Schichten beobachtet; die obere enthält neben PSF_3 noch geringe Anteile von $PSClF_2$, die untere besteht hauptsächlich aus SO_2. Die Trennung erfolgt durch Dest. bei gewöhnl. Druck in N_2-Atm. und unter Verwendung von fl. Luft und Trockeneis als Kühlmittel, F. SEEL, K. BALLREICH, R. SCHMUTZLER (*Chem. Ber.* **95** [1962] 199/202). Über Bldg. neben PSF_2Br und $PSFBr_2$ als Nebenprod. bei der Fluorierung von $PSBr_3$ mittels SbF_3 bei Normaldruck und ohne Katalysator zwischen 20 und 25°C s. H. S. BOOTH, C. A. SEABRIGHT (*J. Am. chem. Soc.* **65** [1943] 1834/5).

Molekel. Die Eigg. der PSF_3-Molekel sind zusammen mit denen der Molekeln $PSCl_3$ und $PSBr_3$ auf S. 585 beschrieben. *Molecule*

Phyhikalische Eigenschaften. Wegen des tiefen Schmp. (∼−149°C) sind die Gitterstruktur und die Dichte von PSF_3 noch nicht untersucht worden. — Aus Dampfdruckmessungen zwischen −75.8 und −52.7°C ergibt sich der Sdp. bei 760 Torr zu $t_V = -52.6$°C, die Verdampfungswärme zu $L_V =$ 4730 cal/Mol, W. LANGE, K. ASKITOPOULOS (*Ber.* **71** [1938] 801/7). Aus weiteren Messungen wird für den Dampfdruck p (in Torr) $\lg p = 7.5882 - 1038.8/T$ ermittelt; hieraus folgen $T_V = 220.8$°K ($t_V = -52.3$°C) und $L_V = 4684$ cal/Mol. Am krit. Punkt $t_{kr} = 72.8$°C ist der Druck $p_{kr} = 37.7$ atm. Direkt gem. Schmp.: $t_f = -148.8 \pm 0.5$°C ($T_f \sim 125$°K), H. S. BOOTH, M. C. CASSIDY (*J. Am. chem. Soc.* **62** [1940] 2369/72). Durch Extrapolation der Dampfdruckformel wird p = 12.8 atm bei 293°K gefunden, E. BERL (*Chem. metallurg. Engng.* **53** [1946] Nr. 1, S. 130/1). Nach Dampfdruckmessungen zwischen −115 und −50°C ist der Sdp. bei 740 Torr $t_V = -57.5 \pm 0.5$°C, S. A. VOZNESENSKI, L. M. DUBNIKOV (*Ž. obšč. Chim.* **11** [1941] 507/17, 512). *Physical Properties*

Aus Lit.-Daten über die Schwingungen und die Kernabstände in der PSF_3-Molekel ergeben sich für die Funktion $(H°-H_0°)/T$, die Entropie S° und die molare Wärmekapazität $C_p°$ (Einheiten wie auf S. 392) von PSF_3 im idealen Gaszustand folgende Werte (in Auswahl):

T in °K	50	100	200	298.16	400	700	1000	1300	1600
$(H°-H_0°)/T$	7.959	8.321	10.272	12.277	14.053	17.576	19.563	20.796	21.598
S°	50.135	56.091	64.380	70.875	76.513	88.872	97.491	104.018	109.105
$C_p°$	8.044	9.740	14.512	17.971	20.371	23.575	24.651	25.112	25.345

G. NAGARAYAN (*J. sci. ind. Res.* B **21** [1962] 356/9).

Chemisches Verhalten. Die Dämpfe fangen beim Austreten in feuchte Luft spontan Feuer; auch treten hierbei häufig heftige Explosionen auf, H. S. BOOTH, M. C. CASSIDY (*J. Am. chem. Soc.* **62** [1940] 2369/72). Zur Frage der Selbstentzündlichkeit der Verb. vgl. auch W. LANGE, A. ASKITOPOULOS (*Ber.* **71** [1938] 801/7, 802). Vgl. hierzu auch die Verwendung von PSF_3 zur Kennzeichnung untergetauchter Objekte (Unterseeboote), C. W. BONNIKSEN, S. BARRATT (*U.S.P.* 1735373 [1926/29] nach *C.* **1930** II 2729). Bei gewöhnl. Temp. farbloses Gas mit unangenehmem Geruch. Zersetzt sich durch elektr. Funken oder unter Einw. einer glühenden Pt-Spirale in PF_3 und S, das PF_3 weiter in P und PF_5. Durch Explosion von Knallquecksilber zerfällt die Verb. unter Abscheidung von HgS, wobei jedoch nicht festgestellt wird, ob die Zers. durch chem. Wrkg. oder durch mechan. Erschütterung erfolgt. Reagiert mit O_2 unter Flammerscheinung oder mit Detonation, vermutlich nach: $PSF_3 + O_2 = PF_3 + SO_2$; $5PF_3 + {}^5/_2O_2 = 3PF_5 + P_2O_5$; $PF_3 + {}^1/_2O_2 = POF_3$. Wird von H_2O und verd. Lsgg. von Na_2CO_3, K_2CO_3 und NH_3 nur langsam gelöst. Beim Schütteln mit H_2O findet Zers. statt nach $PSF_3 + 4H_2O = H_2S + H_3PO_4 + 3HF$, mit alkal. Lsgg. nach $PSF_3 + 6NaOH = Na_3PSO_3 + 3NaF + 3H_2O$. Mit gasf. NH_3 bildet die Verb. unter Wärmeentw. eine feste weiße Masse: $PSF_3 + 4NH_3 = 2NH_4F + P(NH_2)_2SF$. Glas wird bei gewöhnl. Temp. und Ausschluß von H_2O nicht angegriffen, beim Erhitzen schlägt sich an den Wänden ein gelblicher Überzug nieder. *Chemical Reactions*

Es bilden sich SiF_4, P und S, wobei sich ein Tl. des P mit dem S verbindet, ein Tl. oxydiert wird und durch Rkk. mit dem Glas Phosphate liefert. Beim Leiten von PSF_3 über Na fängt das Metall Feuer; der Rückstand entwickelt mit Wasser PH_3. Von PbO_2 wird PSF_3 vollkommen absorbiert. Es wirkt auf Hg, H_2SO_4, CS_2 und C_6H_6 nicht ein, T. E. THORPE, J. W. RODGER (*J. chem. Soc.* **53** [1888] 766/7, **55** [1889] 306/23). Die Temp. der an der Luft entstehenden Flamme beträgt 365°C. Die Hydrolyse mit Wasserdampf verläuft bei 21°C langsam; Vollständigkeit der Rk. mit den Endprodd. H_2S, H_3PO_4 und HF wird erst nach Wochen erreicht. Na, K und Fe reagieren unter Entflammung und bilden Sulfide und Fluoride. Heiße $KMnO_4$-Lsg. reagiert nach $2KMnO_4 + PSF_3 = K_2MnO_4 + MnO_2 + PF_3 + SO_2$. Über Rk. mit organ. Aminen s. das Original, S. A. VOZNESENSKIJ, L. M. DUBNIKOV (*Ž. obšč. Chim.* **11** [1941] 507/17, *C.* **1941** II 1721).

Die Hydrolyse mit verd. NaOH-Lsg. verläuft verhältnismäßig langsam, wahrscheinlich nach folgendem Schema: $PSF_3 \rightarrow H[SPOF_2] \rightarrow H_2[SPO_2F] \rightarrow H_3[SPO_3] \rightarrow H_3PO_4$. Die erste Zwischenstufe läßt sich durch Zugabe von Nitron (als Acetat) als schwerlösl. Nitronsalz ausfällen, die weiteren Stufen lassen sich nicht abfangen, W. LANGE, K. ASKITOPOULOS (*Ber.* **71** [1938] 801/7).

Durch Best. der Erstarrungspunkte im System PSF_3–BF_3 läßt sich die Bldg. eines Eutektikums mit 16.00 Mol-% BF_3 bei -152.1 ± 0.5°C feststellen, Näheres s. im Original, H. S. BOOTH, J. H. WALKUP (*J. Am. chem. Soc.* **65** [1943] 2334/9), vgl. „*Bor*" *Erg.-Bd.*, S. 176.

HPSOF₂. Zwischenstufe bei der Hydrolyse von PSF_3. Liefert ein schwerlösl. Nitronsalz, wird aber im reinen Zustand nicht isoliert. Bei Zusatz einer wss. Ag_2SO_4-Aufschlämmung zur wss. Lsg. von $HPSOF_2$ in Ggw. von OH-Ionen tritt unter Abspaltung des S als AgS Überführung in $[PO_2F_2]^-$-Ionen ein. Nach ihrem Aufbau hat die Säure wahrscheinlich Eigg., die sie als zum Perchlorsäuretyp gehörig charakterisiert, W. LANGE, K. ASKIPOULOS (*Ber.* **71** [1938] 801/7). — Obgleich der Bildungsweg die Struktur F_2PSO^- vermuten läßt, erscheint die Thiol-Form F_2POS^- nicht ausgeschlossen, H. J. EMELÉUS (bisher unveröff. Mitteilung, S. 212), vgl. S. 388. Verbb. von diesem Charakter werden z. B. durch Rk. von $C_2H_5OPSF_2$ mit tertiären Aminen erhalten: $C_2H_5OPSF_2 + R_3N \rightarrow [R_3(C_2H_5)N]POSF_2$, C. STÖLZER, A. SIMON (*Chem. Ber.* **96** [1963] 453/61). — Über Darst. von Salzen von $H[PSF_2O]$ durch Hydrolyse von PSF_3 und anschließendes Neutralisieren des sauren Rk.-Gemisches mit bas. reagierenden Stoffen s. HENKEL & CIE. G.M.B.H., W. LANGE (*D.P.* 669384 [1938/38] nach *C.* **1939** I 2267).

H₂PSO₂F(?). Nicht abfangbares Zwischenprod. bei der Hydrolyse des PSF_3. Dem Aufbau nach dürfte die Säure sulfatähnliche Eigg. aufweisen, W. LANGE, K. ASKITOPOULOS (*l. c.*).

[*SF₃*]⁺[*PF₆*]⁻. Durch Rk. von PF_5 mit SF_4 erhaltenes $PF_5 \cdot SF_4$ kann als $[SF_3]^+[PF_6]^-$ aufgefaßt werden, E. I. DU PONT DE NEMOURS & CO., W. C. SMITH, E. L. MUETTERTIES (*U.S.P.* 3000694, [1957/—] nach *C.A.* **56** [1962] 3123), vgl. hierzu W. C. SMITH (*Ang. Chem.* **74** [1962] 742/51, 750), A. L. OPPEGARD, W. C. SMITH, E. L. MUETTERTIES, V. A. ENGELHARDT (*J. Am. Chem. Soc.* **82** [1960] 3835/8).

P(NH₂)₂SF. Bildet sich unter starker Wärmeentw. aus gasf. NH_3 und PSF_3 als feste weiße Substanz. An der Luft zerfließliche Masse mit schwach alkal. Rk., wird mit H_2O nach $P(NH_2)_2SF + H_2O = HF + P(NH_2)_2HSO$ zersetzt. Beim Zusatz von wss. $CuSO_4$-Lsg. entsteht ein gelblich-weißer Nd., der sich dunkel färbt und in CuS übergeht. Aus dem Filtrat scheidet sich allmählich ein kristallines grünlichblaues Doppelsalz der Zus. $Cu_3(PO_4)_2 \cdot CuSiF_6$ aus; das an dieser Verb.-Bldg. beteiligte H_2SiF_6 ist durch Einw. von HF auf das Glas entstanden, T. E. THORPE, J. W. RODGER (*J. chem. Soc.* **55** [1889] 306/23, 318).

Chlorine Compounds

Chlorverbindungen

In der Lit. wird eine Reihe von Verbb. genannt, deren Existenz, z. B. als nicht isolierbare Zwischenprodd., nur vermutet wird oder anderweitig nicht zu bestätigen ist. PS_2Cl (?) tritt vermutlich als Zerfallsprod. von $P(SH)_2Cl_3$ auf: $P(SH)_2Cl_3 \rightleftarrows PS_2Cl + 2HCl$. Reagiert mit dem ebenfalls aus $P(SH)_2Cl_3$ nach $P(SH)_2Cl_3 \rightleftarrows PSCl_3 + H_2S$ entstehenden H_2S nach $2PS_2Cl + H_2S = P_2S_5 + 2HCl$, J. DODONOW, H. MEDOX (*Ber.* **61** [1928] 1767/70). — PS_2Cl_5 (?) soll aus 3 Tl. PCl_5 und 1 Tl. S entstehen, E. BAUDRIMONT (*Ann. Chim. Phys.* [4] **2** [1864] 5/67, 8). Vgl. auch J. H. GLADSTONE (*Lieb. Ann. Chem.* **74** [1850] 88/96). — PS_5Cl_2 (?) soll sich beim Zuleiten von PH_3 zu S_2Cl_2 nach $5S_2Cl_2 + 2PH_3 = 2PS_5Cl_2 + 6HCl$ als gelbliche, zähe, sirupöse Fl. bilden, die in H_2O unter Abscheidung von Schwefel und H_2S-Entw. weiß wird und rauchendes HNO_3 zu H_3PO_4 und H_2SO_4 oxydiert, H. ROSE (*Ann. Phys. Chem.* **24** [1832] 295/341, 303). — $P(SH)_2Cl_3$ (?) bildet sich vermutlich als Zwischenprod.

bei der Rk. von PCl_3 mit H_2S_2. Zerfällt teils in $PS_2Cl + 2HCl$, teils in $PSCl_3 + H_2S$, J. Dodonow, H. Medox (*Ber.* **61** [1928] 1767/70).

Thiophosphoryl(V)-chlorid $PSCl_3$.

Thiophosphoryl (V) Chloride

Bildung und Darstellung

Formation. Preparation

Aus elementarem P oder Ferrophosphor. Elementares Cl_2 wird mit einer P-S-Mischung umgesetzt, American Agricultural Chemical Comp., R. G. Brautigam, B. Buchner (*D.A.S.* 1116639 [1960/61]).

From Elemental P or Ferrophosphorus

Beim Erhitzen von P mit S_2Cl_2 verläuft die Umsetzung $2P + 3S_2Cl_2 = 2PSCl_3 + 4S$, Wöhler, Hiller (*Liebigs Ann. Chem.* **93** [1855] 274/6), Chevrier (*C. r.* **63** [1866] 1003/5), wobei die Rk. in Ggw. von Fe oder Al vorgenommen werden kann, R. Yokoyama (*Jap. P.* 1334 [—/1951] nach *C.A.* **1953** 280). Auf diese Art erhaltenes Prod. wird zur Reinigung mit wenig H_2O versetzt und geschüttelt, wobei sich etwas H_2S entwickelt und S abscheidet. Die unter dem H_2O sich ansammelnde Fl. wird abgetrennt und bei 110°C destilliert, A. v. Flemming (*Liebigs Ann. Chem.* **145** [1868] 56/7).

Durch Einw. von S_2Cl_2 auf Ferrophosphor, Victor Chemical Works, W. H. Woodstock, G. A. McDonald (*U.S.P.* 1811602 [1930/31], *C.* **1931** II 1468; *U.S.P.* 1848813 [1930/32], *C.A.* **1932** 2831, *C.* **1932** II 1056).

Aus P_2S_5. Durch Erhitzen von P_2S_5 mit P_2O_5, T. E. Thorpe (*Ber.* 8 [1875] 326/32, 330), mit $SOCl_2$ im Einschmelzrohr auf 100 bis 150°C, wobei sich $SOCl_2$ wie $SCl_4 + SO_2$ verhält: $6SOCl_2 = 3SCl_4 + 3SO_2$; $2P_2S_5 + 3SCl_4 = 4PSCl_3 + 9S$; $6SOCl_2 + 2P_2S_5 = 4PSCl_3 + 3SO_2 + 9S$, H. Prinz (*Liebigs Ann. Chem.* **223** [1884] 355/71). Durch Erhitzen von 1 Mol P_2S_5 und 3 Mol PCl_5 im Einschmelzrohr auf ~150°C; die Rk. ist in wenigen Min. vollständig abgelaufen, T. E. Thorpe (*Chem. News* **24** [1871] 135/6), vgl. hierzu R. Weber (*J. prakt. Chem.* **77** [1859] 65/7). Die Darst. durch Erhitzen von PCl_5 mit P_2S_5 in geeigneten App. bei 150°C unter Druck und anschließende Dest. des erhaltenen Prod. gibt 70 bis 80%ige Ausbeute, D. R. Martin, W. M. Duval (in: J. C. Bailar, *Inorganic Syntheses, Bd.* 4, *New York-Toronto-London* 1953, S. 73/4). Nach gleicher Meth. wird aus radioaktivem rotem P durch Überführen mittels Cl_2 in PCl_5 und Erhitzen mit P_2S_5 ^{32}P-haltiges $PSCl_3$ erhalten, S. Lockau, M. Lüdicke (*Z. Naturforsch.* **7b** [1952] 389/97). Vgl. hierzu J. E. Casida (*Acta chem. scand.* **12** [1958] 1691/2). Beim Erhitzen mit $POCl_3$ im Einschmelzrohr auf 150°C entsteht neben $PSCl_3$ auch H_3PO_4, L. Carius (*Liebigs Ann. Chem.* **106** [1858] 291/336, 326).

From P_2S_5

Bldg. von $PSCl_3$ beim Erhitzen von Metallchloriden (K, Na, NH_4, Zn, Fe, Ni, Cd, Pb, Sn, Bi, Cu, Ag, Sb) mit P_2S_5 nach: $3NaCl + P_2S_5 = Na_3PS_4 + PSCl_3$ oder $6FeCl_3 + 2P_2S_5 = 3FeCl_2 + 3FeS_2 + 4PSCl_3$, E. Glatzel (*Ber.* **23** [1890] 37/40; *Z. anorg. allg. Chem.* **4** [1893] 186/226). — Durch 2std. Erhitzen mit CCl_4 im Einschlußrohr bei 180 bis 200°C: $3CCl_4 + 2P_2S_5 = 3CS_2 + 4PSCl_3$, Remo de Fazi (*Atti II. Congr. naz. Chim. pura appl., Palermo* 1926, S. 1293/4).

Aus PCl_3 und Schwefel. Zur Darst. von $^{32}PSCl_3$ vgl. auch S. 593. Durch Erhitzen im geschlossenen Rohr bei ~200°C und Fraktionieren des erhaltenen Prod. bei gewöhnl. Druck, M.-L. Delwaulle, F. François (*C. r.* **224** [1947] 1422/3), vgl. hierzu L. Henry (*Ber.* **2** [1869] 638/9). Vgl. ferner „*Schwefel*" *Tl.* A, S. 704. Nach W. H. Woodstock, H. Adler (*J. Am. chem. Soc.* **54** [1932] 464/7) geht die Rk. in Ggw. von geringen Mengen Alkali oder Erdalkalisulfiden bei 150°C in 4 bis 5 Std. vollständig vor sich. Über Erhitzen von PCl_3 mit Schwefel bei 130°C im geschlossenen Rohr s. auch A. Perotti (*Gazz. chim. ital.* **89** [1959] 2046/52). Die Rk. läßt sich so durchführen, daß PCl_3-Dampf durch 0.5- bis 3.5%ige Lsg. von Na_2S_5 in Schwefel bei 160 bis 180°C geleitet wird. Als Rk.-Mechanismus wird angegeben: $Na_2S_5 + PCl_3 \rightarrow Na_2S_4 + PSCl_3$; $Na_2S_4 + PCl_3 \rightarrow Na_2S_3 + PSCl_3$; $Na_2S_3 + 2S \rightarrow Na_2S_5$, N. N. Mel'nikov, Ja. A. Mandel'baum, V. N. Volkov (*Ž. prikl. Chim.* **31** [1958] 938/40, *C.A.* **1958** 19912).

From PCl_3 and Sulfur

Darst. durch Erhitzen von PCl_3 mit S in Ggw. von $AlCl_3$ als Katalysator unter sorgfältigem Ausschluß von H_2O. Es wird angenommen, daß eine sich bildende Additionsverb. $PCl_3 \cdot AlCl_3$ die Eig. besitzt, unter Rückbldg. von $AlCl_3$ mit S exotherm zu reagieren. Bei der Durchführung muß $AlCl_3$ in Mengen von 2 Gew.-% vom PCl_3 auf einmal zum sd. PCl_3-S-Gemisch zugesetzt werden, worauf die Rk. unter lebhaftem Sd. ohne weitere Wärmezufuhr in ~10 Min. beendet ist. Zur Abtrennung des $PSCl_3$ von $AlCl_3$, H_3PO_3, HCl und PCl_5 wird das erkaltete Rk.-Prod. mit H_2O geschüttelt und nach Trennung im Scheidetrichter mit $CaCl_2$ getrocknet und destilliert (125 bis 126°C bei gewöhnl. Druck), F. Knotz (*Österr. Chemiker-Ztg.* **50** [1949] 128/9; *U.S.P.* 2915361 [—/1959] nach *C.A.* **1960** 13579). Zur Labor.-Darst. werden 103 g PCl_3, 24 g Schwefelpulver und 2 g wasserfreies $AlCl_3$ in einem 300 ml-Rundkolben erwärmt. Bei 40 bis 50°C tritt die Rk. ein, wodurch die Temp. auf 120°C steigt. Nach Beendigung wird gekühlt und durch Dest. des Rohprod. unter Verwendung eines Liebig-Kühlers $PSCl_3$ in einer Ausbeute von 89 bis 90% vom P erhalten. Ggw. von gelatinösem $AlCl_3$ bewirkt mechan. Verluste durch unvollständige Dest.; Glasapp. ist vorzuziehen, T. Moeller, H. J. Birch, N. C. Nielsen (in: J. C. Bailar, *Inorganic Syntheses, Bd.* 4, *New York-Toronto-London* 1953, S. 71/3), vgl. R. E. Hein, R. H. McFarland (*J. Am. chem. Soc.* **74** [1952] 1856/7).

Patentliteratur. Die techn. Darst. von $PSCl_3$ erfolgt durch Erhitzen von PCl_3 mit S bei gewöhnl. Druck in Ggw. von Halogenverbb. des Fe oder Al (Katalysator) bei Tempp. zwischen gewöhnl. Temp. und dem Sdp. von PCl_3 (76°C), American Cyanamid Co., E. W. Cook (*D.P.* 842640 [1951/52] nach *C.* **1952** 7718; *U.S.P.* 2591782 [1950/52], *C.A.* **1956** 8151), Food Machinery & Chemical Corp., S. P. Edwards, O. H. Johnson, S. K. Reed, S. F. Wilson (*U.S.P.* 2802717 [1952/57], *C.A.* **1957** 18507), Ministry of Petroleum & Chemical Industry, O. Frehden, E. Grant (*D.P.* 1145589 [1960/63] nach *C.A.* **59** [1963] 245), Monsanto Chemical Co., G. F. Korkmas, T. E. Lesslie, R. O. Zerbe bzw. G. F. Korkmas, W. H. Seaton (*U.S.P.* 2850353/4 [1953/58], *C.A.* **1959** 2557), Omnium de Produits-Chimiques pour l'Industrie et l'Agriculture (*F.P.* 1145928 [—/1957] nach *C.A.* **1959** 22793), VEB Farbenfabrik Wolfen, J. Faschalek (*D.P.* [*DDR*] 10041 [1953/55], *C.* **1957** 5967). Als Katalysator wirkt auch S_2Cl_2, das nach Beendigung der bei gewöhnl. Druck und Siedetemp. ablaufenden Rk. durch Zusatz von P nach $3S_2Cl_2 + 2P = 2PSCl_3 + S$ zu $PSCl_3$ umgesetzt wird, Farbenfabriken Bayer A.-G., H. Jonas, W. Thraum (*B.P.* 677598 [1949/52], *C.A.* **1952** 11604; *D.P.* 826922 [—/1952] nach *C.A.* **1956** 9702; *F.P.* 1031133 [1951/53] nach *C.* **1956** 9829; *U.S.P.* 2575317 [1950/51], *C.A.* **1952** 2763). Vgl. hierzu Hodogaya Chemical Industries Co., I. Watanabe (*Jap. P.* 3319 [—/1954] nach *C.A.* **1955** 6556). Zu einem heißen Gemisch von $PSCl_3$ (160 g), H_2O-freiem $FeCl_3$ (2 g) und S (38 g) wird unter Rühren und Rückflußerhitzung ein Gemisch von PCl_3 (140 g) und S_2Cl_2 (1.7 g) tropfenweise eingetragen (4.5 Std.), eine Std. unter Rückfluß erhitzt und ein Tl. des entstandenen $PSCl_3$ abdestilliert; ein Tl. des Rk.-Gemisches dient als Rk.-Medium für die nächste Charge. Ausbeute ~100%, Pittsburgh Coke & Chemical Co., H. L. Dimond, M. O. Shrader (*U.S.P.* 2911281 [1956/59], *C.A.* **1960** 3891). In ähnlicher Weise arbeitet ein Verf., in welchem mit K_2S aktivierte Kohle als Katalysator benutzt wird, Farbenfabriken Bayer A.-G., H. Jonas, W. Thraum (*B.P.* 694380 [1951/53], *C.A.* **1954** 964; *D.P.* 834243 [1948/52] nach *C.* **1952** 5317; *U.S.P.* 2575316 [1950/51], *C.A.* **1952** 2763). Zur Verwendung von Sulfiden zur Katalyse der Rk. s. auch weiter oben. Darst. von $PSCl_3$ aus geschmolzenem S und PCl_3 bei 124 bis 126°C und gewöhnl. Druck in Ggw. eines Katalysators, der durch Schmelzen von S mit aktivierter Kohle und Kochen in $PSCl_3$ bei 200°C erhalten wird, Z. Kh. Markazen, A. P. Shubnikov, T. A. Kleimenova, B. Ya. Libman, B. F. Subochev, E. G. Bondarenko, Yu. P. Dul'kin, V. F. Shilov (*UdSSR.P.* 147583 [1961/62] nach *C.A.* **57** [1962] 16134).

Als Rk.-Medien werden Arochlor 1242 (chloriertes Biphenyl) oder andere chlorierte aromat. KW-Stoffe vorgeschlagen; einer Lsg. von S in diesem wird PCl_3 bei 175 bis 180°C unter gleichmäßiger Verteilung unter die Oberfläche zugesetzt; $PSCl_3$ wird kontinuierlich abdestilliert, Monsanto Chemical Co., K. L. Godfrey (*U.S.P.* 2547158 [1946/51], *C.A.* **1951** 6358). Bei erhöhter Temp. (140°C), aber ohne Katalysator und ohne Druck, wird $PSCl_3$ hergestellt nach I. G. Farbenindustrie A.-G., G. Schrader (*D.P.* 675303 [1937/39], *C.* **1939** II 703).

From PCl_3 and S Compounds

Aus PCl_3 und S-Verbindungen. Bldg. bei der Rk. von PCl_3 mit H_2S_2 über vermutlich als Zwischenprod. auftretendes $P(SH)_2Cl_3$ s. J. Dodonow, H. Medox (*Ber.* **61** [1928] 1767/70). Vgl. hierzu S. 590. Über Bldg. von $PSCl_3$ neben $POCl_3$ und etwas S bei Rk. von PCl_3 mit SO_2 bei höherer Temp. s. „*Schwefel*" *Tl.* B, S. 288. Gleichzeitige Darst. von $POCl_3$ und $PSCl_3$ durch Behandeln von PCl_3 mit SO_2Cl_2; die erhaltenen Prodd. werden durch fraktionierte Dest. getrennt, Chemische Fabrik von Heyden A.-G., E. Krumbiegel (*D.P.* 415312 [1924/25], *C.* **1925** II 1301). Darst. von $PSCl_3$ durch Erhitzen von PCl_3 und P_2S_5 in Ggw. von S_2Cl_2, eventuell unter Verwendung von $PSCl_3$, C_6H_6 oder $C_6H_5CH_3$ als Lsgm., Food Machinery & Chemical Corp., O. H. Johnson (*U.S.P.* 2547012 [1948/51], *C.A.* **1951** 6358). Darst. durch allmählichen Zusatz von Sb_2S_5 und $AlCl_3$ zu PCl_3 und Erhitzen (1 Std.) bei 120°C, I. P. Komkov, S. Z. Ivin, K. V. Karavanov (*Ž. obšč. Chim.* **28** [1958] 2960/2, *C.A.* **1959** 9035).

From PCl_5 and S Compounds

Aus PCl_5 und S-Verbindungen. Zum ersten Mal dargestellt wird $PSCl_3$ durch Einw. von trocknem H_2S auf pulverförmiges PCl_5; die Rk. geht unter starker Erwärmung und Bldg. von gasf. HCl vor sich, G. S. Sérullas (*Ann. Chim. Phys.* [2] **42** [1829] 25/33). In fl. Phase läßt sich die Darst. durchführen, wenn man reines H_2S durch ein mit Eiswasser gekühltes Gemisch von PCl_5 und CS_2 leitet. Zur Abtrennung des CS_2 und Reinigung des $PSCl_3$ wird im CO_2-Strom dest., V. M. Plec (*Ž. obšč. Chim.* 8 [1938] 1296/7, *C.* **1939** II 2326). Bldg. durch Einw. von fl. H_2S auf PCl_5, A. W. Ralston, J. A. Wilkinson (*J. Am. chem. Soc.* **50** [1928] 258/64, 261).

Bldg. von $PSCl_3$ neben den entsprechenden Metallchloriden durch Einw. von PCl_5 auf Metallsulfide, R. Weber (*J. prakt. Chem.* **77** [1859] 65/7; *Sitz.-Ber. Dtsch. Akad. Wiss. Berlin* **1859** 325/8). Darst. durch Rk. von PCl_5 mit Sb_2S_3, E. Baudrimont (*C. r.* **53** [1861] 468/71; *Ann. Chim. Phys.* [4] **2** [1864] 5/67, 33), M. Delépine (*Bull. Soc. chim. France* [4] **11** [1912] 576/81, 579). Wesentlich für diese Darst. ist die Anwendung kleiner Mengen. Zur Reinigung wird zum Rohprod. konz. Na-Sulfidlsg. zugesetzt, das $PSCl_3$ im Scheidetrichter abgetrennt, mit $CaCl_2$ getrocknet, durch Asbestwolle filtriert und mehrmals im Vak. destilliert, A. Simon, G. Schulze (*Z. anorg. Chem.* **242** [1939] 313/68, 328).

Bildet sich beim Erhitzen von PCl_5 mit CS_2 im Einschlußrohr bei ~200°C nach $PCl_5 + CS_2 = PSCl_3 + CSCl_2$, L. Carius (*Liebigs Ann. Chem.* **112** [1859] 190/201). Laut Ratke (*Z. Chem.* [2] **6** [1870] 57/8) verläuft die Rk. nach $2PCl_5 + CS_2 = 2PSCl_3 + CCl_4$.

Bldg. durch Umsetzung von PCl_5 mit $PSBr_3$ nach $5PSBr_3 + 3PCl_5 = 5PSCl_3 + 3PBr_5$, A. Michaelis (*Liebigs Ann. Chem.* **164** [1872] 9/45, 39).

From Other P Compounds

Aus weiteren P-Verbindungen. Vgl. hierzu auch das folgende Kapitel. Bldg. von $PSCl_3$ neben P_4S_3, $POCl_3$ usw. bei der Einw. von $SOCl_2$ auf PH_3, A. Besson (*C. r.* **123** [1896] 884/6), neben $POCl_3$, SO_2 und S bei der heftig verlaufenden Rk. von S_2Cl_2 mit P_4O_6, T. E. Thorpe, A. E. Tutton (*J. chem. Soc.* **59** [1891] 1019/29, 1026).

Bldg. von $PSCl_3$ neben PCl_3, SO_2, S, $SiCl_4$ bei der Chlorierung von Rohphosphat in Ggw. von SiO_2 oder Kohle (oder beidem) zwischen 350 und 1000°C, P. P. Budnikov, E. A. Shilov (*J. Soc. chem. Ind. Trans.* **42** [1923] 378).

Preparation of $^{32}PSCl_3$

Darstellung von $^{32}PSCl_3$. Darst. von $^{32}PSCl_3$ durch 2std. Erhitzen von $^{32}PCl_3$ mit S im Einschlußrohr auf 150°C, D. H. Murray, J. W. T. Spinks (*Canad. J. Chem.* **30** [1952] 497), vgl. J. E. Casida (*Acta chem. scand.* **12** [1958] 1691/2), aus $Ag_3{}^{32}PO_4$ (erhalten durch Isotopenaustausch von Ag_3PO_4 mit $Na_3{}^{32}PO_4$) nach folgenden Rkk.: $Ag_3{}^{32}PO_4 + 3PCl_5$ (30 Min. bei 140°C im Einschlußrohr) $\rightarrow 3AgCl + 4{}^{32}POCl_3$; $^{32}POCl_3 + C$ (Holzkohle bei 1000°C) $\rightarrow {}^{32}PCl_3 + CO$; $^{32}PCl_3 + S$ (2 Std. bei 160°C im geschlossenen Rohr) $\rightarrow {}^{32}PSCl_3$, J. P. Vigne, R. L. Tabau, J. Fondarai (*Bull. Soc. chim. France* **1956** 459/60), vgl. auch J. P. Vigne, R. L. Tabau (*Bull. Soc. chim. France* **1958** 1194/5).

Preparation of $P^{35}SCl_3$

Darstellung von $P^{35}SCl_3$. Durch Erhitzen von CCl_4 mit $P_2{}^{35}S_5$ bei 300 bis 325°C im geschlossenen Rohr, Ju. V. Markova, A. M. Požarskaja, V. I. Majmind, T. F. Žukova, N. A. Kosolapova, M. N. Ščukina (*Dokl. Akad. Nauk SSSR* [2] **91** [1953] 1129/32, *C.A.* **1954** 9921). Über Darst. von $P^{35}SCl_3$ nach $^{35}S + PCl_3 = P^{35}SCl_3$ in Ggw. von wasserfreiem $AlCl_3$ s. O. I. Andreeva, V. S. Tsvetkov, G. P. Okatova, L. N. Krasner (*Trudy Gosudarst. Inst. Priklad. Khim.* **1960** Nr. 45, S. 64/74 nach *C.A.* **56** [1962] 4356).

Estimation

Bestimmung. Best. des $PSCl_3$-Gehaltes der Luft durch Hydrolyse in 2n-NaOH nach $PSCl_3 + 8NaOH = 3NaCl + Na_2S + Na_3PO_4 + 4H_2O$ bei 50 bis 60°C und colorimetr. Best. des P nach der Meth. von Roth (Molybdänblau)[1]), V. Kratochvil, J. Langner (*Pracovní lékař* [tschech.] **9** [1957] 54/6, *C.A.* **1957** 12392).

Molekel

Molecule

Die Eigg. der $PSCl_3$-Molekel sind zusammen mit denen der Molekeln PSF_3 und $PSBr_3$ auf S. 585/8 beschrieben.

Physikalische Eigenschaften

Physical Properties

Einzelwerte für die Dichte D (in g/cm³): $D^0 = 1.6682$, T. E. Thorpe (*J. chem. Soc.* **37** [1880] 327/94, 341); $D^{11.1} = 1.654$, R. Nasini, T. Costa (*Regia Univ. Stud. Roma, Ist. chim. Roma* **1891** 1/147, 111); $D^{25} = 1.6271$, C. P. Smyth, G. L. Lewis, A. J. Grassman, F. B. Jennings (*J. Am. chem. Soc.* **62** [1940] 1219/23). Bis zum Sdp. nimmt das spezif. Vol. v nach der Formel $v_t/v_0 = 1 + 1.00849 \times 10^{-3}t + 0.65582 \times 10^{-6}t^2 + 4.7455 \times 10^{-9}t^3$ zu, T. E. Thorpe (*l. c.* S. 343); hieraus ber. Ausdehnungskoeff. s. bei D. Mendeleeff (*J. chem. Soc.* **45** [1884] 126/35; *Ann. Chim. Phys.* [6] **2** [1884] 271/82). — Der Schmp. liegt bei −35°C, A. M. Vasil'ev (*Ž. russk. fiz.-chim. Obšč., Čast' chim.* **42**

[1]) H. Roth (*Mikrochemie* **31** [1944] 287/95, 290).

[1910] 428/34). — Für den Sdp. werden Werte zwischen 397 und 400°K gefunden: bei 760 Torr t_V = 125°C, A. SIMON, G. SCHULZE (*Z. anorg. allg. Chem.* **242** [1939] 313/68, 328), 124 bis 126°C, R. E. HEIN, R. H. MCFARLAND (*J. Am. chem. Soc.* **74** [1952] 1856/7), 126 bis 127°C, V. M. PLEC (*Ž. obšč. Chim.* **8** [1938] 1296/7); bei 772 Torr t_V = 124.5 bis 125.5°C, P. WALDEN (*Z. physik. Chem.* **70** [1910] 569/619, 582).

Aus den Wellenzahlen (in cm^{-1}) 169, 247, 431, 540 und 751, die aus spektroskop. Daten verschiedener Autoren gemittelt sind, lassen sich für die Enthalpie H°, die Wärmekapazität C_p° und die Entropie S° (Einheiten wie auf S. 28) von $PSCl_3$ im idealen Gaszustand folgende Werte berechnen:

T in °K	200	273.16	298.16	400	500	600	700	800	900	1000
$(H^\circ-H_0^\circ)/T$	12.87	14.67	15.22	17.03	18.34	19.32	20.08	20.68	21.18	21.58
C_p°	18.57	20.90	21.47	23.07	23.94	24.47	24.80	25.03	25.19	25.31
S°	72.35	78.69	80.55	87.11	92.36	96.77	100.59	103.90	106.86	109.54

J. S. ZIOMEK, E. A. PIOTROWSKI (*J. chem. Phys.* **34** [1961] 1087/93, 1092). Merklich kleinere Werte ergeben sich aus den Wellenzahlen 168, 244, 429, 536, 747 und dem nicht beob. Wert 382 cm^{-1} (s. S. 587):

T in °K	50	100	200	298.16	400	700	1000	1300	1600
$(H^\circ-H_0^\circ)/T$	8.101	9.229	12.135	14.576	16.467	19.662	21.283	22.232	22.860
C_p°	8.796	11.976	17.725	20.991	22.774	24.698	25.259	25.489	25.604
S°	54.221	61.277	71.469	79.241	85.714	98.977	107.991	114.596	119.991

G. NAGARAYAN (*J. sci. ind. Res.* B **21** [1962] 356/9). Aus älteren spektroskop. Daten ber. Werte von $H^\circ-H_0^\circ$ für denselben Bereich s. bei D. P. STEVENSON, D. M. YOST (*J. chem. Phys.* **9** [1941] 403/8); eine daraus ber. Interpolationsformel für C_p° geben H. M. SPENCER, G. N. FLANNAGAN (*J. Am. chem. Soc.* **64** [1942] 2511/3).

Nach einer empir. Formel ber. Standardentropie: $S_{298}^\circ = 86.6$, K. OTOZAI, S. KUME, S. FUKUSHIMA (*Bull. chem. Soc. Japan* **25** [1952] 302/9).

Die spezif. magnet. Susz. beträgt $-0.469 \times 10^{-6}\,cm^3/g$, P. PASCAL (*C. r.* **152** [1911] 862/5; *Bull. Soc. chim. France* [4] **11** [1912] 201/6). — Dielektrizitätskonst. bei 21.5°C: $\varepsilon = 5.8$, P. WALDEN (*Z. physik. Chem.* **70** [1910] 569/619, 582).

Die Brechungszahl bei den Wellenlängen der FRAUNHOFERschen C- und der F-Linie (6563 bzw. 4861 Å) ist $n_C = 1.563$ bzw. $n_F = 1.575$, R. NASINI, T. COSTA (*Regia Univ. Stud. Roma, Ist. chim. Roma* **1891** 1/147, 111). Nach C. P. SMYTH, G. L. LEWIS, A. J. GROSSMAN, F. B. JENNINGS (*J. Am. chem. Soc.* **62** [1940] 1219/23) ist $n_D = 1.5432$. — Molrefraktion s. S. 588.

Während der Oxydation ist an fl. $PSCl_3$ ebenso wie an organ. Derivaten Chemiluminescenz zu beobachten, M. DELÉPINE (*Bull. Soc. chim. France* [4] **11** [1912] 576/81).

Chemical Reactions

Chemisches Verhalten

General

Allgemeines. Zur Chemiluminescenz s. oben. Farblose Fl. mit eigentümlichem, etwas stechendem aromat. Geruch, G. S. SÉRULLAS (*Ann. Chim. Phys.* [2] **42** [1829] 25/33). Scharfer Geruch, an der Luft schwach rauchend, L. HENRY (*Ber.* **2** [1869] 638/9). Bewegliche Fl. mit lebhaftem Geruch, der beim Verd. aromatisch wird. Das Rauchen an der Luft stammt möglicherweise von HCl-Resten, E. BAUDRIMONT (*Ann. Chim. Phys.* [4] **2** [1864] 5/67, 35). Die Verb. wird vom elektr. Strom nicht zerlegt, CHEVRIER (*C. r.* **68** [1869] 1174/6).

Exchange Reactions

Austauschreaktionen. Isotope werden zwischen $PSCl_3$ und PCl_3, S sowie S_2Cl_2 während der Dest. (Tempp. 163 bis 190°C, 2 bis 3 Std.) zu ~2% ausgetauscht, P. K. CONN, R. E. HEIN (*J. Am. chem. Soc.* **79** [1957] 60/3).

On Heating. With Air and Oxygen

Beim Erhitzen. Gegen Luft und Sauerstoff. Zersetzt sich beim Durchleiten durch ein mit Porzellanstückchen gefülltes rotglühendes Rohr größtenteils in S_2Cl_2, PCl_3 und S. Der Dampf ist schwer brennbar und bildet mit O_2 Gemische mit schwach explosiven Eigg., CHEVRIER (*l. c.*).

With Water

Gegen Wasser. Zersetzt sich mit H_2O nur langsam, L. HENRY (*l. c.*), beim Schütteln und Erwärmen rascher, G. S. SÉRULLAS (*l. c.*). Es findet Zers. in HCl, H_3PO_4 und H_2S statt, CHEVRIER (*l. c.*), E. BAUDRIMONT (*l. c.*). Die Geschw.-Konstt. AC (Näheres s. S. 423) der Rk. $PSCl_3 + 4H_2O = H_3PO_4 + 3HCl + H_2S$ betragen bei 10°C und einer Rk.-Zeit zwischen 210 und 480 Min. 1.32×10^{-4} bei 30°C und einer Rk.-Zeit zwischen 150 und 300 Min. 2.38×10^{-4}, G. CARRARA, J. ZOPPELRAI (*Gazz. chim. ital.* **26** I [1896] 483/93).

Bei Durchführung der Hydrolyse in einer Acetonlsg. läßt sich die nach $PSCl_3 + H_2O \rightarrow H[OPSCl_2] + HCl$ gebildete Dichlorothiophosphorsäure mit Nitronreagens als schwerlösl. Salz ausfällen. Bei Titration von in Aceton-H_2O-Gemischen gelöstem $PSCl_3$ mit Lauge ergibt ein ausgeprägter Knickpunkt in der Titrationskurve den Nachweis, daß bei der $PSCl_3$-Hydrolyse auch die Monochlorothiophosphorsäure $H_2[O_2PSCl]$ mit meßbarer Lebensdauer als Zwischenprod. auftritt, H. Grunze, M. Meisel (*Z. Naturforsch.* **18b** [1963] 662), H. Grunze (*Z. Chem.* **2** [1963] 297/304).

Gegen Nichtmetalle. Cl_2 reagiert nach $2PSCl_3 + 3Cl_2 = S_2Cl_2 + 2PCl_5$, Chevrier (*l. c.*), E. Baudrimont (*l. c.*). Jod und Schwefel lösen sich leicht, besonders in der Wärme, Chevrier (*l. c.*), dabei findet mit J_2 keine chem. Rk. statt, A. Wurtz (*Liebigs Ann. Chem.* **64** [1847] 245/7; *Ann. Chim. Phys.* [3] **20** [1847] 472/81, 481). Bei längerem Kochen mit P geht $PSCl_3$ in PCl_3 und ein gelbes Sublimat über, F. Wöhler, Hiller (*Liebigs Ann. Chem.* **93** [1855] 274/6). *With Nonmetals*

Gegen Nichtmetallverbindungen. Beim Behandeln mit gasf. NH_3 werden von diesem 3 Mol, E. Baudrimont (*l. c.*), 6 Mol aufgenommen, Chevrier (*C. r.* **66** [1868] 748/52). Es entsteht eine weiße Masse, die wahrscheinlich aus NH_4Cl und $PS_2(NH_2)_3$ besteht, H. Schiff (*Liebigs Ann. Chem.* **101** [1857] 299/309, 303). Beim tropfenweisen Zusatz einer Lsg. von $PSCl_3$ in trocknem $CHCl_3$ zu mit gasf. NH_3 gesätt. $CHCl_3$ im NH_3-Strom bei —10°C tritt Rk. ein nach $PSCl_3 + 6NH_3 = SP(NH_2)_3 + 3NH_4Cl$, R. Klement, O. Koch (*Chem. Ber.* **87** [1954] 333/40, 337, 339). Wss. NH_3 löst $PSCl_3$ unter Bldg. von NH_4-Thiophosphat, Chevrier (*l. c.*). Mit fl. NH_3 tritt rasche Zers. ein, G. S. Sérullas (*l. c.*). — $PSCl_3$ und wasserfreies N_2H_4 reagieren nur unter Zers. zu gelbroten Prodd. neben Bldg. von H_2S und PH_3, R. Klement, K. O. Knollmüller (*Naturwissenschaften* **46** [1959] 227). *With Nonmetal Compounds*

Beim tropfenweisen Zusatz von $PSCl_3$ zu einer Lsg. von ClO_2 in CCl_4 verläuft die Rk. $5PSCl_3 + 6ClO_2 \rightarrow 5SO_2 + 3PCl_5 + 2POCl_3$, A. Perotti (*Gazz. chim. ital.* **89** [1959] 2046/52). — Beim mehrmaligen Kontakt von mit $PSCl_3$-Dampf beladenem gasf. HBr mit auf 400 bis 500°C erhitztem Bimsstein werden die Verbb. $PSBr_3$, $PSCl_2Br$ und $PSClBr_2$ erhalten, A. Besson (*C. r.* **122** [1896] 1057/60). Bei Einw. von gasf. HJ auf durch eine Kältemischung (Eis-NaCl) gekühltes $PSCl_3$ tritt Absorption ein; beim Erwärmen auf 0°C schwärzt sich die Lsg. unter Entw. von HCl und H_2S gemäß der Gleichung $PSCl_3 + 5HJ = PJ_3 + J_2 + H_2S + 3HCl$. Im geschlossenen Rohr wird Bldg. von PJ_3, eines Gemisches von P_2S_3(?) und P_2S_5 und einer Verb. der Zus. P_2SJ_2(?) beobachtet, A. Besson (*C. r.* **122** [1896] 1200/2).

Beim Erhitzen von dampfförmigem $PSCl_3$ mit gasf. H_2S bilden sich HCl und ein Sublimat von P_2S_5, E. Baudrimont (*Ann. Chim. Phys.* [4] **2** [1864] 5/67, 35).—Mit FSO_2NO tritt keine Rk. ein, F. Seel, H. Massat (*Z. anorg. allgem. Chem.* **280** [1955] 186/96, 192).—Beim Erwärmen mit PH_4J im Einschlußrohr bei 100°C unter $PSCl_3$-Überschuß werden P_2S_3(?), PJ_3 und Jod erhalten, A. Besson (*C. r.* **122** [1896] 1200/2).—Wird in der Wärme von HNO_3 angegriffen, E. Baudrimont (*l. c.*). Konz. HNO_3 zersetzt lebhaft, auch in der Kälte; es bilden sich H_3PO_4, H_2SO_4 und HCl, Chevrier (*C. r.* **68** [1869] 1174/6).

Gegen Metalle. Metalle reagieren in der Kälte nicht. Beim Tupfen von $PSCl_3$ auf geschmolzenes K oder Na entstehen unter heftiger Rk. beispielsweise KCl, K_2S und S. Hg reagiert beim Sdp. des $PSCl_3$ unvollständig unter Bldg. von $HgCl_2$, S und Hg-Phosphid. As, Sb, Sn wirken nicht ein, Chevrier (*l. c.*). *With Metals*

Gegen Metallverbindungen. Gelbes HgO reagiert in der Kälte, rotes HgO und Ag_2O beim Erwärmen unter Bldg. von Chloriden und Thiophosphaten, Chevrier (*l. c.*). *With Metal Compounds*

Beim Erwärmen mit mäßig konz. wss. NaOH entstehen Na_3PSO_3 und NaCl, A. Wurtz (*C. r.* **24** [1847] 288/90; *Liebigs Ann. Chem.* **64** [1847] 245/7). Nach Chevrier (*l. c.*) verläuft die Rk. nicht so einfach, da auch Na_3PO_4 und etwas S auftreten. Vgl. hierzu ferner E. Zintl, E. Bertram (*Z. anorg. Chem.* **245** [1940] 16/9).

Beim Erhitzen mit AsF_3 im Einschlußrohr bei 150°C bildet sich PSF_3 neben PF_3 und SiF_4 (Glas), T. E. Thorpe, J. W. Rodger (*J. chem. Soc.* **55** [1889] 306/23, 306), durch Rk. mit SbF_3 entstehen gemischte P-Thiohalogenide, H. S. Booth, C. F. Swinehart (*J. Am. chem. Soc.* **54** [1932] 4751/3). Vgl. S. 598. $PSCl_3$ reagiert mit KSO_2F in N_2-Atm. unter Bldg. von PSF_3 und geringen Anteilen von $PSClF_2$, F. Seel, K. Ballreich, R. Schmutzler (*Chem. Ber.* **95** [1962] 199/202). $PSCl_3$ bildet mit $TaCl_5$ und $NbCl_5$ Systeme, welche Eutektika ähneln, ohne daß eine chem. Rk. stattfindet. Über einen weiten Konz.-Bereich besteht eine einfache lineare Abhängigkeit zwischen der molaren Konz. von $TaCl_5$ (bzw. $NbCl_5$) und der absol. Schmelztemp. des Gemisches, L. A. Nisel'son (*Ž. neorg. Chim.* **5** [1960] 1634 [russ.], *C.A.* **1961** 3170).

Wirkt auf $AgNO_3$ schon in der Kälte heftig ein nach $PSCl_3 + 4 AgNO_3 = Ag_3PO_4 + AgCl + SO_2 + 2 NOCl + N_2O_4$, T. E. Thorpe, S. Dysan (*J. chem. Soc.* **41** [1882] 297/300). Beim Kochen mit AgNCO in Xylol am Rückflußkühler bildet sich auch nach Wochen nur sehr wenig $PS(NCO)_3$, G. S. Forbes, H. H. Anderson (*J. Am. chem. Soc.* **65** [1943] 2271/4).

Konz. $KMnO_4$-Lsg. wird sofort entfäbt; unter Ausfällen von MnO_2 bilden sich Thiophosphate und Chloride, Chevrier (*l. c.*).

With Organic Substances

Gegen organische Stoffe. Das Verh. gegen organ. Verbb. gleicht dem von $POCl_3$; vgl. hierzu beispielsweise W. Strecker, C. Grossmann (*Ber.* **49** [1916] 63/87). Gibt mit äther. $NaOCH_3$-Suspension $PS(OCH_3)_3$, A. Simon, G. Schulze (*Z. anorg. Chem.* **242** [1939] 313/68, 328). Beim Behandeln mit Anilin entsteht eine weiße Masse, die wahrscheinlich aus einem untrennbaren Gemisch von $C_6H_5NH_2HCl$ und $PS_2(C_6H_5NH)_3$ besteht, H. Schiff (*Liebigs Ann. Chem.* **101** [1857] 299/309, 303).

CHJ_3 wird gut gelöst, E. Baudrimont (*Ann. Chim. Phys.* [4] **2** [1864] 5/67, 35). $PSCl_3$ ist in CCl_4 und C_6H_6 lösl.; es werden Molgew.-Best. ausgeführt, die nach der ebullioskop. Meth. für $PSCl_3$ in CCl_4 Werte von 209, in C_6H_6 zwischen 236 und 247 liefern; kryoskop. Messungen in C_6H_6 ergeben ein Molgew. von etwa 160 (theoretisch für $PSCl_3$: 169.5), G. Oddo, E. Serra (*Gazz. chim. ital.* **29** II [1899] 318/29). — Dielektrizitätskonst. ε und Dichten D von Lsgg. von $PSCl_3$ in C_6H_6 und Heptan bei 25°C; C = Mol $PSCl_3$/Mol Lsgm.:

in Benzol			in Heptan		
C	ε	D	C	ε	D
0.01815	2.324	0.8888	0.02445	1.958	0.6960
0.03091	2.362	0.8998	0.04330	1.990	0.7089
0.05691	2.432	0.9219	0.07316	2.043	0.7296
0.07938	2.499	0.9428	0.1012	2.089	0.7496
0.1175	2.603	0.9741	0.1468	2.174	0.7826
0.1698	2.749	1.0178	0.1675	2.215	0.7979

C. P. Smith, G. L. Lewis, A. J. Grossman, J. B. Jennings (*J. Am. chem. Soc.* **62** [1940] 1219/23). $PSCl_3$ ist mit CH_3COCl bzw. C_6H_5COCl mischbar (bei 30°C), R. C. Paul, D. Singh, S. S. Sandhu (*J. chem. Soc.* **1959** 315/9) bzw. R. C. Paul, M. S. Bains, G. Singh (*J. Indian chem. Soc.* **35** [1958] 489/92).

Behavior as Solvent. Nonaqueous Solution

Verhalten als Lösungsmittel • Nichtwäßrige Lösung

In Analogie zu $POCl_3$ (vgl. S. 476) kann mit Sicherheit angenommen werden, daß Ionisation nach $PSCl_3 \rightleftarrows PSCl_2^+ + Cl^-$ eintritt. Bei Best. der Löslichkeit von anorgan. Chloriden (vgl. Tabelle) wird durch Bldg. gefärbter Lsgg. festgestellt, daß Komplexe entstehen. Verbb. mit kovalenter Bindung sind löslicher als solche mit elektrovalenter. Qualitative Verss. zeigen ein Ansteigen der Löslichkeit der Trichloride von Sb, Bi, Al, Fe in $PSCl_3$ mit der Temp. Es werden Solvate der Zus. $AlCl_3 \cdot PSCl_3$ und $SbCl_3 \cdot PSCl_3$ dargestellt und Neutralisierungs-Rkk. zwischen Lsgg. von organ. Basen (Chinolin, Pyridin, Picolin) und als Solvosäuren reagierenden Lsgg. von $SbCl_5$, $AlCl_3$, $SnCl_4$ und $TiCl_4$ vorgenommen.

Löslichkeit anorganischer Chloride in $PSCl_3$ bei 35 ± 0.1°C:

Subst.	Löslichkeit in g/100 g $PSCl_3$	Farbe der Lösung	Subst.	Löslichkeit in g/100 g $PSCl_3$	Farbe der der Lsg.
BCl_3	mischbar	farblos	NH_4Cl	unlöslich[1])	farblos
$AsCl_3$	mischbar	farblos	$BaCl_2$	unlöslich	farblos
$SbCl_3$	125.30	farblos	$AlCl_3$	30.65	hellgelb
$BiCl_3$	0.52	farblos	$SnCl_4$	mischbar	farblos
LiCl	unlöslich[1])	farblos	$TiCl_4$	mischbar	gelb
NaCl	unlöslich	farblos	$FeCl_3$	7.26	grünrot
KCl	unlöslich	farblos			

1) Löslichkeit <0.1%.

R. C. Paul, K. Ch. Malhotra, G. Singh (*J. Indian chem. Soc.* **37** [1960] 105/10).

$PSCl_3$ bildet mit $SbCl_5$ eine Anlagerungsverb. der Zus. $PSCl_3 \cdot SbCl_5$; mit $NbCl_5$, $TaCl_5$ und $TiCl_4$ tritt keine Verbindungsbldg. ein, R. GUT, G. SCHWARZENBACH (*Helv. chim. Acta* **42** [1959] 2156/63, 2160).

H_2PSCl. Die als Chlorthiophosphin bezeichnete Verb. entsteht als gelbe viscose Fl. neben anderen nicht identifizierten Substt. durch Rk. von PH_3 mit SCl_2 im verschlossenen Rohr bei −74°C. Die Verb. ist löslich in CS_2, unlöslich in Diäthyläther und wird von H_2O unter Abscheidung von Schwefel zersetzt, H. J. EMELÉUS, S. N. NABI (*J. Chem. Soc.* **1960** 1103/8, 1107).

$H_2(O_2PSCl)$ und ***$H(OPSCl_2)$.*** Über das Auftreten von Chlorothiophosphorsäuren bei der Hydrolyse von in Aceton gelöstem $PSCl_3$ s. S. 595.

Das System $POCl_3$–SO_3

The $POCl_3$–SO_3 System

Aus der Erstarrungskurve des Systems $POCl_3$–SO_3 ergibt sich die Existenz von nur einer Verb. mit der Zus. $2POCl_3 \cdot SO_3$, die von den Autoren „Phosphol" genannt wird (vgl. unten). Außerdem bestehen zwei eutekt. Punkte zwischen „Phosphol" und SO_3 bei −22.0°C und 14.90 Gew.-% SO_3 sowie bei −41.4°C und 33.30 Gew.-% SO_3. Verschiedene durch Krist. besonderer Mischungen erhaltene Prodd. anderer Zus. sind isomorphe Gemische, die auch durch sehr oft wiederholte fraktionierte Krist. nicht in die Komponenten zerlegt werden können, G. ODDO, A. CASALINO (*Gazz. chim. ital.* **57** [1927] 47/57). Faseriges S_2O_6 verhält sich gegen $POCl_3$ etwas verschieden von SO_3, da ein Anteil von S_2O_6 undissoziiert bleibt, G. ODDO, A. CASALINO (*Gazz. chim. ital.* **57** [1927] 29/47, 42).

$2POCl_3 \cdot SO_3$ („Phosphol"). *$2POCl_3 \cdot SO_3$*

Tritt im System $POCl_3$–SO_3 auf. Wird z. B. erhalten bei der Dest. eines Gemisches von 1 Mol SO_3 mit 1 bis 2 Mol $POCl_3$ in Form einer öligen Fl., die bei −16.62°C zu prismat. lamellenartigen Kristallen erstarrt. Der Sdp. bei 753 Torr beträgt 111.5 bis 111.9°C, G. ODDO, A. CASALINO (*Gazz. chim. ital.* **57** [1927] 47/59, 51). Aus kryoskop. Molgew.-Bestt. von SO_2Cl_2 und $CH_2Cl \cdot CO_2C_2H_5$ in „Phosphol" wird für die kryoskop. Konst. der Wert 106 erhalten. CrO_2Cl_2 ergibt infolge eintretender Rk. unter Bldg. von CrO_2SO_4, PCl_5 und $POCl_3$ für die kryoskop. Konst. hohe und rasch steigende Werte. $POCl_3$ und SO_3 bilden mit „Phosphol" isomorphe Gemische, G. ODDO, A. CASALINO (*Gazz. chim. ital.* **57** [1927] 60/74).

Das System $POCl_3$–SO_2Cl_2

The $POCl_3$–SO_2Cl_2 System

Die therm. Analyse durch Messung der Gefriertempp. von Mischungen aus $POCl_3$ und SO_2Cl_2 ergibt keinen Anhalt für das Bestehen von definierten Verbb.; bei 25.1 Mol-% $POCl_3$ und −73.8°C liegt ein eutekt. Punkt:

Gew.-% $POCl_3$	85.99	72.94	59.78	41.22	27.61	9.07
Schmelztemp. in °C . .	−8.2	−18.1	−32.9	−56.9	−73.8	−60.8

(Werte in Auswahl), G. P. LUČINSKIJ, A. I. LICHAČEVA (*Z. anorg. Chem.* **225** [1935] 175/6; *Ž. fiz. Chim.* **7** [1936] 331/3, *C.* **1937** I 4756). Unters. der Dampfdruckisothermen zwischen 0 und 60°C in Intervallen von 10°C ergibt für $POCl_3$ lg p = 7.7886 − (1850.2/T), für SO_2Cl_2 lg p = 7.9176 − (1724.7/T). Das System zeigt den Typus von Gemischen mit erhöhtem Dampfdruck, was mit der Wärmeaufnahme beim Mischen im Einklang steht. Der Dampf ist in allen beobachteten Fällen ärmer an $POCl_3$ als die Flüssigkeit. Nur bei 0°C wird auf graph. Wege das Bestehen eines azeotropen Punktes mit 3.2 Mol-% $POCl_3$ festgestellt, G. P. LUČINSKIJ, A. I. LICHAČEVA (*Ž. fiz. Chim.* **9** [1937] 65/8 nach *C.* **1938** I 3174). Bestt. der Dichte bei 15, 20, 25, 30 und 35°C ergeben für alle Isothermen außer der bei 15°C einen Wendepunkt. Die Viscositätsbestt. zeigen bei gleicher Temp. eine nach oben ausgebogene Kurve. Aus den Bestt. der Sdpp. folgt, daß keine azeotropen Gemische auftreten. Die Mischung kann in ihre Komponenten getrennt werden, G. P. LUČINSKIJ, A. I. LICHAČEVA (*Ž. fiz. Chim.* **11** [1938] 317/20 nach *C.* **1939** II 2316).

Die Systeme $POCl_3$–$PSCl_3$–P_2O_5–P_2S_5 und $POCl_3$–$PSCl_3$–P_2S_5

The $POCl_3$–$PSCl_3$–P_2O_5–P_2S_5 and $POCl_3$–$PSCl_3$–P_2S_5 Systems

Die Systeme werden durch längeres Erhitzen verschiedener Gemische von $POCl_3$, $PSCl_3$, P_2O_5 und P_2S_5 bei 230°C im Druckrohr und durch Best. des magnet. Kernresonanzspektrums untersucht. Neben der schon bekannten Verb. $P_2O_2SCl_4$ (vgl. unten) wird die Verb. $(Cl_2SP)_2O$ festgestellt. Beide Stoffe unterscheiden sich deutlich durch verschiedene chem. Verschiebung der Resonanzen und werden auch durch Hochvak.-Dest. (zwischen 0 und 35°C bei 10^{-5} Torr) in reiner Form erhalten, L. C. D. GROENWEGHE, J. H. PAYNE, J. R. VAN WAZER (*J. Am. chem. Soc.* **82** [1960] 5305/11).

Monothiodiphosphoric Acid Tetrachloride

Monothiodiphosphorsäuretetrachlorid $P_2O_2SCl_4$.

Wird erhalten durch 8tägiges Erhitzen von $POCl_3$ mit H_2S im Einschlußrohr bei 100°C, Abdest. des überschüssigen $POCl_3$ und Dest. des Prod. bei vermindertem Druck. Die farblose Fl. von eigenartigem Geruch zersetzt sich mit H_2O langsam und siedet bei 10 Torr und 104°C, bzw. bei 30 Torr und 119°C. Beim Erhitzen im Vak. bei 300 bis 350°C sublimiert P_2S_5, dann P_2O_5 ab. Es bleibt ein glasiger Rückstand, der Cl, S und P enthält; das Glas erscheint stark angegriffen, A. BESSON (*C. r.* **124** [1897] 151/3, 1099/1102). Darst. durch Erhitzen von P_4O_{10} mit $PSCl_3$ im Bombenrohr bei 250 bis 270°C und Fraktionierung des erhaltenen Produktes. Es dest. bei 10^{-3} Torr zwischen 34 und 41°C und ist auch bei 11 Torr unzersetzt destillierbar. Reagiert mit H_2O langsam. Brechungsindex n_D^{20} = 1.5369. Das Ultrarotspektrum zeigt Absorptionsbanden im Gebiet der Valenzschwingungen: P=O (1315 cm^{-1}), P–S (751 cm^{-1}), P–Cl (608 cm^{-1} an der Phosphoryl-, 652 cm^{-1} an der Thiophosphorylgruppe). Auch die Max. der P–O–P-Bindung sind nachzuweisen. Als Strukturformel wird $Cl_2OPOPSCl_2$ vorgeschlagen. Die Verb. ist lösl. in C_6H_6, Cyclohexan, CCl_4, $CHCl_3$, CS_2, Äthyläther und andern P-Säurechloriden, E. ROTHER (*Chem. Ber.* **93** [1960] 2217/21). — Über durch magnet. Kernresonanzunters. festgestelltes Auftreten in den Systemen $POCl_3$–$PSCl_3$–P_2O_5–P_2S_5 und $POCl_3$–$PSCl_3$–P_2S_5 s. bei den Systemen weiter oben.

Dithiotetraphosphoric Acid Hexachloride

Dithiotetraphosphorsäurehexachlorid $P_4O_5S_2Cl_6$.

Die Verb. ist in der höchstsiedenden Fraktion des aus P_4O_{10} und $PSCl_3$ im Bombenrohr bei 250 bis 270°C gewonnenen Prod. enthalten, vgl. oben die Herst. von $P_2O_2SCl_4$. Farblose viscose Fl., nie rein erhältlich, da auch bei 10^{-3} Torr zersetzlich. Geht bei 10^{-3} Torr zwischen 75 und 90°C über. n_D^{20} = 1.5533. Lösl. in C_6H_6, CCl_4, Äthyläther, anderen P-Säurechloriden, aber wenig lösl. in Cyclohexan (Unterschied von $P_2O_2SCl_4$). Als Strukturformel wird $Cl_2SPOP(OCl)OP(OCl)OPSCl_2$ vorgeschlagen, E. ROTHER (*l. c.*).

$P_2OS_2Cl_4$ oder $(Cl_2SP)_2O$.

Wird in bei 230°C erhitzten Gemischen aus $POCl_3$, $PSCl_3$, P_2O_5 und P_2S_5 durch magnet. Kernresonanzunters. festgestellt und mittels Hochvak.-Dest. in relativ reiner Form erhalten, L. C. D. GROENWEGHE, J. H. PAYNE, J. R. VAN WAZER (*J. Am. chem. Soc.* **82** [1960] 5305/11). Vgl. hierzu die Systeme $POCl_3$–$PSCl_3$–P_2O_5–P_2S_5 und $POCl_3$–$PSCl_3$–P_2O_5 auf S. 597.

$PSFCl_2$ und PSF_2Cl.

Darst. neben PSF_3 durch Fluorierung von $PSCl_3$ mittels SbF_3 in Ggw. von $SbCl_5$ als Katalysator. Das SbF_3 wird bei 70 bis 80°C langsam zugesetzt. Es entstehen stets alle drei Verbb., doch kann durch Variation von Temp. und Druck die Bldg. einer Verb. bevorzugt werden. Die Isolierung geschieht durch fraktionierte Dest. in einer Spezialapp. nach H. S. BOOTH, A. R. BOZARTH (*Ind. engng. Chem.* **29** [1937] 470/5) unter Verwendung von fl. Luft bzw. CO_2-Aceton als Kühlmittel. $PSFCl_2$ ist bei gewöhnl. Temp. flüssig, PSF_2Cl gasförmig; beide sind farblos.

Die Dichte von $PSFCl_2$ und PSF_2Cl ist bei 0°C 1.590 bzw. 1.484 g/cm³. Die krit. Temp. von PSF_2Cl ist $t_k = 166.0$°C, der krit. Druck $p_{kr} = 40.9$ atm. In der Dampfdruckformel $\lg p = A - B/T$ mit p in Torr sind für $PSFCl_2$ die Konstt. A = 7.6596, B = 1613.9°K einzusetzen, woraus sich für 760 Torr als Sdp. $T_V = 337.8$°K, $t_V = 64.7 \pm 0.05$°C ergibt; analoge Daten für PSF_2Cl: A = 7.5100, B = 1292.7°K, $T_V = 279.4$°K, $t_V = 6.3 \pm 0.05$°C; Schmelzpunkt $t_f = -96.0 \pm 0.5$°C bzw. -155.2 ± 0.5°C. Verdampfungswärme $L_V = 6893$ bzw. 5703 cal/Mol.

PSF_2Cl reagiert bei Zutritt von Luft mit sehr heftiger Explosion, $PSFCl_2$ zeigt bei Kontakt mit Luft keine Entflammbarkeit. Die Hydrolyse erfolgt bei beiden Stoffen langsam, mit KOH-Lsg. tritt vollständige Rk. ein. Ni-Cr wird nicht angegriffen, Hg nicht in der Kälte, Cu reagiert schwach. $PSFCl_2$ reagiert beim Erhitzen mit Hg im Einschlußrohr unter Bldg. eines gelben Prod., PSF_2Cl zeigt hierbei nur einen schwachen weißen Film, H. S. BOOTH, M. C. CASSIDY (*J. Am. chem. Soc.* **62** [1940] 2369/72). Die Darst. der beiden Verbb. durch Fluorierung von $PSCl_3$ mit SbF_3 kann zwischen 60 und 80°C auch ohne Zusatz von $SbCl_5$ bei Normaldruck sowie bei vermindertem Druck (200 Torr) vorgenommen werden. Über Einhaltung jeweils der günstigsten Bedingungen s. das Original, G. OLÁH, A. OSWALD (*Liebigs Ann. Chem.* **602** [1957] 118/22, 120).

Darst. von $PSFCl_2$ mit einem Sdp. von 62 bis 66°C (identifiziert durch kernmagnet. Resonanzspektrum) neben PSF_3 durch Erhitzen von $POCl_3$ mit NaF in Tetramethylensulfon, E. I. DU PONT DE NEMOURS & Co., C. W. TULLOCK (*U.S.P.* 2928720 [1957/60], *C.* **1962** 17885). Vergleich mit anderen P-S-F-Verbb. s. H. C. MILLER, J. F. GALL (*Ind. engng. Chem.* **42** [1950] 2223/7). — Wellenzahlen der Molekelschwingungen s. S. 588.

Bromverbindungen

Bromine Compounds

Das System PBr_5–S_2Br_2

The PBr_5–S_2Br_2 System

Die therm. Analyse des Systems zwischen 110 und —50° C ergibt keine Anzeichen für die Bldg. fester Lsgg. oder definierter Verbb.; es liegen vielmehr stets nur Gemenge zweier Kristallarten vor, N. A. PUŠIN, J. MAKUC (*Z. anorg. Chem.* **237** [1938] 177/82, 179).

Das System PBr_3–$PSBr_3$

The PBr_3–$PSBr_3$ System

Die Best. des Schmp.-Diagramms des Systems gibt keine Anzeichen einer Verb.-Bildung. Die Existenz früher angeblich isolierter Anlagerungsverbb. (vgl. bei $PSBr_3$, S. 601) wie $PSBr_3 \cdot PBr_3$ (oder P_2SBr_6) ist durch nichts erwiesen, A. E. VAN ARKEL, F. J. LEBBINK (*Recueil Trav. chim. Pays-Bas* **56** [1937] 208/10).

P_2SBr_6(?). Bei der Dest. von $P_2S_3Br_4$ (205°C) geht eine gelblich gefärbte Fl. über, die durch mehrmalige Dest. gereinigt werden kann. Entsteht auch bei der Dest. von $PSBr_3$ und erstarrt beim Kühlen (Eis-NaCl) zu einer weißen Masse, welche bei —5°C wieder schmilzt. Das Prod. bildet mit H_2O das Hydrat $PSBr_3 \cdot H_2O$ (?) — vgl. S. 601 — und wird als eine Additionsverb. von $PSBr_3$ und PBr_3 mit der Zus. P_2SBr_6 aufgefaßt, A. MICHAELIS (*l. c.* S. 41). Die Verb. wird für ein Gemisch aus PBr_3, $PSBr_3$ und S gehalten, A. E. VAN ARKEL, F. J. LEBBINK (*l. c.*).

Thiophosphoryl(V)-bromid $PSBr_3$.

Thiophosphoryl (V) Bromide

Formation. Preparation

Bildung und Darstellung. Zur Darst. werden gleiche Tl. P und S getrennt in CS_2 gelöst, 8 Tl. Brom langsam unter Kühlung zufließen gelassen, das Lsgm. wird im CO_2-Strom abgetrieben. Die erhaltene trübe Fl. wird möglichst rasch destilliert. Das $PSBr_3$ wird teils in Form von Kristallen erhalten, die sich im Retortenhals und in der Vorlage absetzen, teils aus dem fl. Rückstand in der Retorte durch Behandeln mit H_2O als festes „Hydrat" erhalten, mit Filtrierpapier abgepreßt, in CS_2 gelöst und aus dieser Lsg. nach H_2O-Entzug mittels wasserfreiem $CaCl_2$ und Abdest. des CS_2 im CO_2-Strom als gelbe Fl. gewonnen, welche bei Berührung mit einem festen Körper zu einer strahlig kristallinen Masse erstarrt, A. MICHAELIS (*Liebigs Ann. Chem.* **164** [1872] 9/45, 37; *Ber.* **4** [1871] 777/8). Vgl. auch A. E. VAN ARKEL, F. J. LEBBINK (*Recueil Trav. chim. Pays-Bas* **56** [1937] 208/10).

Durch Einw. von trocknem gasf. H_2S auf PBr_5 bei gewöhnl. Temp.; die Rk. geht unter Erwärmung vor sich: $PBr_5 + H_2S = PSBr_3 + 2HBr$, E. BAUDRIMONT (*Ann. Chim. Phys.* [4] **2** [1864] 5/67, 61), vgl hierzu J. H. GLADSTONE (*Phil. Mag.* [2] **35** [1849] 345/55, 348), E. MAC IVOR (*Chem. News* **29** [1874] 116). Darst. durch Erhitzen von PBr_3 mit Schwefelblume, Reinigen des Rohprod. durch Behandeln mit H_2O (Zers. von PBr_3) und durch Dest., E. BAUDRIMONT (*l. c.*), welche vorteilhaft bei 20 Torr ausgeführt wird, M.-L. DELWAULLE, F. FRANÇOIS (*C. r.* **224** [1947] 1422/3). Zur Darst. von $PSBr_3$ werden 160 g PBr_3 und 28 g Schwefel unter trocknem N_2 4 Std. auf 130°C erhitzt und anschließend bei der Fraktionierung im Vak. ~148 g $PSBr_3$ erhalten, das zur Reinigung aus Ligroin umkristallisiert wird, W. KUCHEN, H. ECKE, H. G. BECKERS (*Z. anorg. Chem.* **313** [1961/62] 138/43, 141). Über techn. Darst. von $PSBr_3$ durch Rk. von PBr_3 mit S in Ggw. von $AlBr_3$ s. DOW CHEMICAL Co. (*B.P.* 859 244 [—/1961] nach *C.A.* **1961** 20355). Bei der Darst. durch Rk. von PBr_5 mit Sb_2S_3 bei gewöhnl. Temp. läßt sich das mitentstehende $SbBr_3$ durch Dest. schlecht abtrennen, E. BAUDRIMONT (*l. c.*).

Rotes P wird durch langsamen Zusatz von Brom unter Kühlung in PBr_5 übergeführt, P_2S_5 zugesetzt, zunächst am H_2O-Bad 2 Std. erhitzt und dann mit direkter Flamme, bis der Kolbeninhalt verflüssigt ist. Die anschließende Dest. liefert zwischen 120 und 130°C bei 25 Torr eine Ausbeute von 80 bis 85% an rohem $PSBr_3$. Zur Reinigung werden das gleiche Vol. H_2O und einige Tropfen 10%iger KBr-Lsg. zugesetzt. Nach Durchleiten eines Luftstromes wird das H_2O abdekantiert und der koagulierte Schwefel entfernt. Nach Auskrist. wird das Prod. in dünner Schicht auf Uhrgläsern über P_2O_5 getrocknet, H. S. BOOTH, C. A. SEABRIGHT (in: W. C. FERNELIUS, *Inorganic Syntheses*,

Bd. 2, *New York-London* 1946, S. 153/4; *J. Am. chem. Soc.* **65** [1943] 1834/5), vgl. hierzu G. BRAUER (*Handbuch der präparativen Anorganischen Chemie*, 2. *Aufl.*, *Bd.* 1, *Stuttgart* 1960, S. 479).

$PSBr_3$ bildet sich neben $PSCl_2Br$ und $PSClBr_2$ beim Überleiten eines dampfförmigen Gemisches von HBr und $PSCl_3$ über auf 400 bis 500°C erhitzten Bimsstein, A. BESSON (*C. r.* **122** [1896] 1057/60), beim Behandeln von $POBr_3$ mit fl. H_2S; ferner ist es in einem öligen Gemisch enthalten, das bei Einw. von HBr auf $(NH_4)_3POS_3$ (?) über intermediär gebildete Thiophosphorsäure entsteht; aus diesem kann es über das „Hydrat" isoliert werden, A. STOCK (*Ber.* **39** [1906] 1967/2008, 1999), vgl. H. KÜCHLER (*Diss. Berlin* 1906, S. 1/38).

Molecule

Molekel. Die Eigg. der $PSBr_3$-Molekel sind zusammen mit denen der Molekeln PSF_3 und $PSCl_3$ auf S. 585 beschrieben.

Physical Properties

Physikalische Eigenschaften. Gitterstruktur. Dichte. $PSBr_3$ hat ein kub. Gitter, Raumgruppe T_h^6–Pa3, Z = 8. Gitterkonst. a = 11.03 Å; daraus ber. Dichte: 2.99 g/cm³, I. NITTA, K. SUENAGA (*Sci. Pap. Inst. phys. chem. Res.* **31** [1937] 121/4), K. SUENAGA (*J. chem. Soc. Japan* **62** [1941] 107/11). Über röntgenograph. Unterss. an $PSBr_3$ s. auch A. E. VAN ARKEL, F. J. LEBBINK (*Recueil Trav. chim. Pays-Bas* **56** [1937] 208/10).

Dampfdruck p. Siedepunkt T_V. In der Dampfdruckformel lg p = A—B/T mit p in Torr sind nach Messungen über festem $PSBr_3$ zwischen 0.0 und 36.2°C die Konstt. A = 10.105, B = 3196.2°K einzusetzen, während über fl. $PSBr_3$ (40.4 bis 80.6°C) A = 8.3383, B = 2641.9°K gilt; hieraus auf 760 Torr extrapoliert: T_V = 484.1°K, I. I. NITTA, S. SEKI (*J. chem. Soc. Japan* **62** [1941] 581/6). Direkte Messungen ergeben t_V = 206°C bei 760 Torr, A. E. VAN ARKEL, F. J. LEBBINK (*l. c.*).

Schmelzpunkt t_f = 37°C, A. E. VAN ARKEL, F. J. LEBBINK (*l. c.*), 38°C, K. SUENAGA (*J. chem. Soc. Japan* **62** [1941] 227/33, 230), 35°C, A. MICHAELIS (*Bull. Soc. chim. France* [2] **16** [1871] 233/4).

Sublimationswärme L_S. Verdampfungswärme L_V. Schmelzwärme L_f. Aus den Dampfdruckformeln ergibt sich (in cal/Mol) für 760 Torr L_S = 14620, L_V = 12090 und daraus als Differenz L_f = 2530, I. I. NITTA, S. SEKI (*l. c.*).

Thermodynamische Funktionen. Aus den Wellenzahlen 115, 165, 179, 299, 438 und 718 cm⁻¹ der Molekelschwingungen (s. S. 587) ergeben sich für die Funktion $(H°—H_0°)/T$, die Entropie S° und die molare Wärmekapazität $C_p°$ (Einheiten wie auf S. 28) von $PSBr_3$ im idealen Gaszustand folgende Werte (in Auswahl):

T in °K	50	100	200	298.16	400	700	1000	1300	1600
$(H°—H_0°)/T$ . .	8.649	10.995	14.661	17.000	18.610	21.175	22.410	23.150	23.623
S°	58.746	67.800	80.391	89.003	95.854	109.473	118.416	125.237	130.755
$C_p°$	10.701	15.556	20.461	22.696	23.857	25.103	25.464	25.613	25.685

G. NAGARAYAN (*J. sci. ind. Res.* B **21** [1962] 356/9).

Dielektrizitätskonstante von festem bzw. fl. PSF_3: ε = 3.7 bzw. 6.2, K. SUENAGA (*l. c.*).

Chemical Reactions

Chemisches Verhalten. Das gelbe krist. $PSBr_3$ hat einen stechenden Geruch, raucht an feuchter Luft und zersetzt sich mit H_2O in der Kälte langsam, in der Wärme rascher, E. BAUDRIMONT (*Ann. Chim. Phys.* [4] **2** [1864] 5/67, 58). Gegen H_2O ist es ziemlich beständig, auch beim Erhitzen geht ein Tl. mit dem Wasserdampf unzersetzt über. Es entstehen hierbei HBr, H_3PO_3, S, H_3PO_4 und H_2S. Die Hydrolyse verläuft einerseits über H_2S und $POBr_3$, das in HBr und H_3PO_4 zerfällt, andererseits über HBr und H_3PSO_3, welches freies S und H_3PO_3 liefert, A. MICHAELIS (*Liebigs Ann. Chem.* **164** [1872] 9/45, 39). Als Ursache für die Beständigkeit gegen H_2O wird die starke Abschirmung des Zentralatoms angegeben; die Zers. beim Sdp. ist kaum wahrnehmbar, A. E. VAN ARKEL, F. J. LEBBINK (*Recueil Trav. chim. Pays-Bas* **56** [1937] 208/10).

$PSBr_3$ ist lösl. in PCl_3, PBr_3, CS_2, $CHCl_3$, Äthyläther, E. BAUDRIMONT (*l. c.*), A. MICHAELIS (*l. c.*), E. MAC IVOR (*Chem. News* **29** [1874] 116), H. S. BOOTH, C. A. SEABRIGHT (in: W. C. FERNELIUS, *Inorganic Syntheses, New York-London* 1946, *Bd.* 2, S. 153/4), und löst im geschmolzenen Zustand Schwefel, E. BAUDRIMONT (*l. c.*), H. S. BOOTH, C. A. SEABRIGHT (*l. c.*).

Cl_2 reagiert unter Bldg. von Br_2 oder Chlorbrom und $PSCl_3$; bei überschüssigem Cl_2 bilden sich PCl_5 und S–Cl-Verbb.; Metalle wie Fe, Zn, Sn, Cu werden angegriffen. Wss. KOH greift stürmisch an unter Zers. und Bldg. von Bromiden, Polysulfiden und Thiophosphaten. Konz. HNO_3 reagiert sehr heftig, es bilden sich Br_2, H_2SO_4 und H_3PO_4. $PSBr_3$ reagiert lebhaft mit Alkoholen, E. BAUDRI-

MONT (*l. c.*). Mit PCl_5 tritt Rk. ein nach: $5PSBr_3 + 3PCl_5 = 5PSCl_3 + 3PBr_5$, A. MICHAELIS (*l. c.*). Bei Fluorierung mit SbF_3 werden PSF_2Br, $PSFBr_2$ (je nach den Bedingungen eines in überwiegender Menge) neben PSF_3 erhalten, H. S. BOOTH, C. A. SEABRIGHT (*J. Am. chem. Soc.* **65** [1943] 1834/5), vgl. hierzu unten. Bei der Umsetzung von $PSBr_3$ mit Mg in absolutem Äthyläther wird nach $2nPSBr_3 + 3n\,Mg = 2(PS)_n + 3n\,MgBr_2$ eigelbes $(PS)_n$ erhalten, W. KUCHEN, H. G. BECKERS (*Angew. Chem.* **71** [1959] 163).

$PSBr_3 \cdot H_2O$(?). Die Existenz eines Monohydrats $PSBr_3 \cdot H_2O$, das sich z. B. durch Behandeln von P_2SBr_6 (?) mit H_2O als gelbe krist. Masse mit aromat., schleimhautreizendem Geruch, einer Dichte (bei 18°C) von 2.7937, einem Schmp. von 35°C (Zers. in $PSBr_3$ und H_2O) erhalten lassen soll, A. MICHAELIS (*Liebigs Ann. Chem.* **164** [1872] 9/45, 43), oder durch Einw. von H_2O auf das durch Behandeln von $(NH_4)_3POS_3$ mit wasserfreiem HBr erhaltene ölige Gemisch von $PSBr_3$ und $SPBr_2(SH)$ (?) entstehen, sich in CS_2 lösen und in dieser Lsg. das H_2O an wasserfreies $CaCl_2$ abgeben soll, A. STOCK (*Ber.* **39** [1906] 1967/2008, 1998), wird in Frage gestellt. Die erwähnten Prodd. werden für unreines $PSBr_3$ mit anwesenden Hydrolyseprodd. wie z. B. H_3PO_4 gehalten, A. E. VAN ARKEL, F. J. LEBBINK (*Recueil Trav. chim Pays-Bas* **56** [1937] 208/10).

PS_2Br.

Die beim Lösen des durch Rk. von einer als P_2S_3 bezeichneten, P und S enthaltenden Subst. und einer Br_2-Lsg. in CS_2 entstehenden Rohprod. (vgl. unten) in Äthyläther zurückbleibende dickfl. gelbe Subst. wird durch Lösen in CS_2 gereinigt und erweist sich als unreines PS_2Br. Verss. zur Reindarst. mißlingen. Die Bldg. wird durch Ggw. von P_2S_5 in der als Ausgangsprod. dienenden Subst. erklärt. Die Rk. mit H_2O und alkal. Fl. verläuft ähnlich wie bei $P_2S_3Br_4$, A. MICHAELIS (*l. c.* S. 28), s. im folgenden Absatz.

$P_2S_3Br_4$.

Zur Darst. wird eine fein gepulverte, als P_2S_3 bezeichnete Subst. mit CS_2 übergossen und unter Wasserkühlung im gleichen Vol. CS_2 gelöstes Brom langsam unter Schütteln zugetropft. Nach Abdest. des CS_2 bei Tempp. unterhalb 80°C werden letzte Reste von CS_2 durch einen trocknen CO_2-Strom entfernt; die erhaltene ölige Fl. wird mit Äthyläther behandelt, wobei sich der größte Tl. unter Zurücklassen einer zähen gelben Subst. löst. Der Äthyläther wird bei möglichst niedriger Temp. abdest., die letzten Reste werden durch CO_2 entfernt. Es bleibt eine hellgelbe ölige Fl. zurück, welche an der Luft stark raucht und sich unter S-Abscheidung trübt. Dichte (bei 17°C) 2.2621. Zerfällt bei höherer Temp. in S, P_2S_5 und P_2SBr_6(?), wobei wahrscheinlich erst Zers. nach: $3P_2S_3Br_4 = P_2S_5 + 4PSBr_3$ eintritt. Das $PSBr_3$ bildet beim Erhitzen P_2SBr_6 (?) und elementares S. Mit H_2O erfolgt Zers. in S, $PSBr_3$, H_2S, H_3PO_4 und wahrscheinlich $P_2S_3(OH)_4$. Mit Alkalien tritt ähnliche, aber stürmischere Zers. ohne Bldg. von S und $PSBr_3$ ein. Beim Erhitzen mit PBr_5 bildet sich $PSBr_3$ nach $P_2S_3Br_4 + PBr_5 = 3PSBr_3$, A. MICHAELIS (*l. c.* S. 22). $P_2S_3Br_4$ bildet sich bei leichtem Erwärmen einer innigen Mischung von P_2S_5 mit $TeBr_4$ nach $P_2S_5 + TeBr_4 \rightarrow Te + 2S + P_2S_3Br_4$ und bildet mit H_2O unter Zers. HBr, H_3PO_4 und H_2S, E. MONTIGNIE (*Bull. Soc. chim. France* **1947** 376/7).

Die Subst. der Zus. $P_2S_3Br_4$ wird als ein Gemisch von PBr_3, $PSBr_3$ und S betrachtet, A. E. VAN ARKEL, F. J. LEBBINK (*Recueil Trav. chim. Pays-Bas* **56** [1937] 208/10).

$P_2S_6Br_2$ und ***$P_2S_5Br_4$.***

Darst. durch Rk. von trocknem Brom mit einer eisgekühlten Suspension von P_4S_7 in reinem CS_2. Die Lsg. wird vom unverändert gebliebenen Sulfid abgezogen und das Lsgm. bei 80°C abgetrieben. Der Rückstand wird mit Äther aufgenommen. Aus dieser Lsg. kristallisiert zuerst $P_2S_6Br_2$, später $P_2S_5Br_4$ in nadelähnlichen Kristallen aus. Die erste Verb. hat eine Dichte von 1.82 und einen Schmp. von 118°C, die zweite eine Dichte von 1.99 und einen Schmp. von 90°C. Beide Stoffe schmelzen unter Zers. Das Ultrarotspektrum läßt auf das Vorhandensein von P-S-P-Gruppen schließen, J. M. ANDREWS, J. E. FERGUSSON, C. J. WILKINS (*J. Inorg. Nucl. Chem.* **25** [1963] 829/31).

PSF_2Br und ***$PSFBr_2$.***

Darst. neben PSF_3 durch Fluorierung von $PSBr_3$ mit SbF_3 ohne Katalysator bei Tempp. zwischen 20 und 25°C. Es entstehen alle drei Verbb., bei 15 Torr bildet sich mehr $PSFBr_2$, bei 40 Torr mehr PSF_2Br. Die bei gewöhnl. Temp. fl. Verbb. werden durch eine fraktionierte Dest. in einer Spezialapp.

nach H. S. BOOTH, A. R. BOZARTH (*Ind. engng. Chem.* **29** [1937] 470/5) gereinigt. Bei 0°C ist die Dichte von $PSFBr_2$ und PSF_2Br D = 2.390 bzw. 1.940 g/cm³. In der Dampfdruckformel lg p = A—B/T mit p in Torr sind für $PSFBr_2$ die Konstt. A = 7.4674, B = 1827.3°K einzusetzen, woraus sich als Sdp. T_v = 398.6 ± 0.1°K (t_v = 125.3 ± 0.1°C) ergibt; analoge Daten für PSF_2Br: A = 7.6970, B = 1484.8°K, T_v = 308.8 ± 0.1°K, t_v = 35.5 ± 0.1°C. Schmelzpunkt t_f = —75.2 ± 0.1 bzw. —136.9 ± 0.5°C; Verdampfungswärme L_v = 8351 bzw. 6775 cal/Mol. $PSFBr_2$ raucht an der Luft und hat einen besonderen, aber keinen scharfen Geruch. Die Rk. mit H_2O und verd. KOH-Lsg. ist bei gewöhnl. Temp. sehr schwach, bei 100°C langsam. Es ist mischbar mit Aceton und CCl_4. Die Verb. gibt nach längerem Stehen bei gewöhnl. Temp. keine sichtbare Rk. mit Pb, Sn, Zn, S. Eisen wird unter Bldg. eines weißen Nd. und Gelbfärbung der Fl. korrodiert. Cu wird ebenfalls angegriffen, es bilden sich weiße, rote und schwarze Substanzen; nach einem Monat ist ein Cu-Draht völlig zerstört. Die Oberfläche von Ag wird gelb. Im Kontakt mit NaJ wird die Fl. rot, wahrscheinlich wegen Bldg. von elementarem Jod. Fein gepulvertes SiO_2 wird gelatinös und quillt auf. Die Rk. mit Hg beginnt bei 70°C, Ni-Cr wird bei gewöhnl. Temp. nicht angegriffen. Paraffin löst sich zu einer klaren Lösung. — PSF_2Br ist im allgemeinen etwas reaktionsfähiger als $PSFBr_2$. Kalte verd. KOH-Lsg. reagiert in der Kälte langsam, in der Wärme heftig, Hg wird bereits bei 35 bis 40°C angegriffen, H. S. BOOTH, C. A. SEABRIGHT (*J. Am. chem. Soc.* **65** [1943] 1834/5). — Angaben über die Molekeln s. S. 588.

The $PSCl_3$–$PSBr_3$ System

Das System $PSCl_3$–$PSBr_3$

Gemische von $PSCl_3$ und $PSBr_3$ werden 1 Woche bei 130°C erhitzt, rasch auf gewöhnl. Temp. abgekühlt und auf magnet. Kernresonanz untersucht. Es wird die Ggw. von $PSCl_3$, $PSCl_2Br$, $PSClBr_2$ und $PSBr_3$ festgestellt und die Gleichgew.-Konst. der zur Bldg. dieser Verbb. ablaufenden Rkk. berechnet. Die graph. Deutung der Ergebnisse ergibt z. B., daß beim Erhitzen eines Gemisches aus $PSCl_3$ und $PSBr_3$ im Molverhältnis 2:1 bzw. 1:2 Gemische erhalten werden, die 46% $PSCl_2Br$ bzw. 42% $PSClBr_2$ enthalten. Erhitzen auf 200°C während einiger Std. genügt zur Erreichung des Gleichgew., L. C. D. GROENWEGHE, J. H. PAYNE (*J. Am. chem. Soc.* **81** [1959] 6357/60).

$PSCl_2Br$ und *$PSClBr_2$*.

Darst. durch Erhitzen eines PCl_3-PBr_3-Gemisches mit S im Einschlußrohr bei 190°C und nachfolgende Fraktionierung bei 20 Torr zur Vermeidung der Zers. von $PSClBr_2$. Die Verbb. werden auch erhalten beim Passieren eines H_2S-Stromes über ein Gemisch von PCl_5 und PBr_5. Das hierbei entstehende Prod. enthält außerdem $PSCl_3$ und $PSBr_3$ und ist mit etwas Brom verunreinigt, das sich durch Schütteln mit Hg entfernen läßt. Auch hier folgt eine Fraktionierung bei vermindertem Druck, M.-L. DELWAULLE, F. FRANÇOIS (*C. r.* **224** [1947] 1422/3). Darst. durch mehrmaliges Leiten von mit HBr beladenem $PSCl_3$-Dampf über auf 400 bis 500°C erhitzten Bimsstein, A. BESSON (*C. r.* **122** [1896] 1057/60). 0.6 Mol PBr_3 und 0.6 Mol PCl_5 werden in einer N_2-Atm. 5 Std. unter Rückfluß auf 140°C erwärmt, mit 25 g rotem P unter Eiskühlung in kleinen Portionen versetzt, 2 Std. auf dem Wasserbad erwärmt, 61 g Schwefel zugegeben und 8 Std. auf 150°C erhitzt. Durch Dest. und Fraktionierung des erhaltenen Prod. im Wasserstrahlvak. werden ~150 g $PSCl_2Br$ und 100 g $PSClBr_2$ erhalten, W. KUCHEN, H. ECKE, H. G. BECKERS (*Z. anorg. Chem.* **313** [1961] 138/43).

Die Verb. $PSCl_2Br$ siedet bei 731 Torr zwischen 154 und 156°C unter partieller Zers.; die Dichte bei 20°C beträgt 2.037 g/cm³, die Brechungszahl für die D-Linie des Na ist n = 1.6107. — Die Verb. $PSClBr_2$ siedet bei 755 Torr zwischen 170 und 175°C, ebenfalls unter teilweiser Zersetzung. Die Dichte bei 20°C beträgt hier 2.407 g/cm³, die Brechungszahl für die D-Linie des Na ist n = 1.6660. Über die ausgeprägten Absorptionsmax. der UR-Spektren, die sich mit wachsendem Bromgehalt zu kleineren Wellenzahlen verschieben, s. S. 588, W. KUCHEN, H. ECKE, H. G. BECKERS (*l. c.*).

$PSCl_2Br$ ist bei gewöhnl. Temp. eine Fl. mit abstoßendem Geruch. Zersetzt sich beim Erwärmen bei 100°C nach $2PSCl_2Br = PSCl_3 + PSClBr_2$ und kann bei gewöhnl. Druck nicht dest. werden. Zersetzt sich mit H_2O nur langsam, mit alkal. Lsgg. rascher unter S-Abscheidung. Reagiert mit rauchendem HNO_3 sehr heftig, mit verd. HNO_3 unter Bldg. von H_3PO_4 und H_2SO_4 langsamer. $PSClBr_2$ ist eine wassergrüne Fl., raucht leicht an der Luft. Gleiches chem. Verh. wie $PSCl_2Br$. Bei 100°C im Einschmelzrohr zersetzt sich $PSClBr_2$ in $PSBr_3$, $PSCl_2Br$ und $PSCl_3$, A. BESSON (*l. c.*). $PSClBr_2$ gibt beim Erhitzen mit SbF_3 (ohne Katalysator) bei 20 bis 40 Torr und 80 bis 100°C als Hauptprod. PSFClBr (Dichte: 1.96 g/cm³, Sdp. bei normalem Druck: 97 bis 98°C). $PSCl_2Br$ liefert hierbei bei gleicher Temp. und 70 bis 80°C ein Gemisch von $PSFCl_2$ und PSFClBr, M.-L. DELWAULLE, F. FRANÇOIS (*C. r.* **225** [1947] 1308/9).

Das System $POBr_3$–$PSCl_3$

The $POBr_3$–$PSCl_3$ System

In Gemischen von $POBr_3$ und $PSCl_3$ entstehen im Gleichgew. infolge Austausches von Cl und Br die Verbb. $POCl_2Br$, $POClBr_2$, $PSCl_2Br$, $PSClBr_2$ (neben $POBr_3$ und $PSCl_3$). Gleichgew.-Konstt. werden bestimmt, L. C. D. GROENWEGHE, J. H. PAYNE (*J. Am. Chem. Soc.* **83** [1961] 1811/3).

PSFClBr.

PSFClBr

Zur Bldg. und Darst. der Verb. s. oben beim Verh. der Chloridbromidsulfide des P gegen SbF_3. Wellenzahlen der Molekelschwingungen s. S. 588.

Jodverbindungen

Iodine Compounds

Über intermediäre Bldg. eines in CS_2 lösl. Anlagerungsprod. der ungefähren Zus. $P_4S_3J_8$ beim Behandeln der Lsg. von P_4S_3 in CS_2 mit 0.44n-J_2-Lsg. in CS_2 s. W. D. TREADWELL, C. BEELI (*Helv. chim. Acta* **18** [1935] 1161/71, 1163).

Die von älteren Autoren als Verbb. bezeichneten Prodd. mit den Zuss. PSJ (Einw. von CS_2 auf PH_4J im Einschlußrohr bei 140°C), E. DRECHSEL (*J. prakt. Chem.* [2] **10** [1874] 180/5), P_2SJ_2 (Erhitzen von in der Kälte mit HJ gesätt. $PSCl_3$ auf 30 bis 40°C, Extraktion des ausgeschiedenen Prod. mit CS_2 und Eindampfen), A. BESSON (*C. r.* **122** [1896] 1200/2), $P_2S_2J_2$ (Einw. von trocknem H_2S auf geschmolzenes PJ_3 bei 55 bis 120°C, Extraktion mit CS_2 und Eindampfen), L. OUVRARD (*Ann. Chim. Phys.* [7] **2** [1894] 212/51, 224), P_2SJ_4 (Einw. von überschüssigem PJ_3 auf eine als P_2S_3 bezeichnete Subst.), L. OUVRARD (*l. c.*), werden nach der jeweils angegebenen Darst.-Meth. nicht erhalten. Die entstandenen Prodd. bestehen aus einem Gemisch aus $P_4S_3J_2$, P_4S_7 und P-Jodiden, R. D. TOPSOM, C. J. WILKINS (*J. inorg. nucl. Chem.* **3** [1956] 187/9), vgl. hierzu D. A. WRIGHT, B. R. PENFOLD (*Acta cryst.* **12** [1959] 455/60).

$P_4S_3J_2$.

$P_4S_3I_2$

Bildung und Darstellung. Durch Rk. von S, P und J_2 im entsprechenden Verhältnis in CS_2, Eindampfen und Erhitzen des Rückstands im inerten Gasstrom bei 120°C (im Original als P_2S_3J bezeichnet), L. OUVRARD (*Ann. Chim. Phys.* [7] **2** [1894] 212/51, 221; *C. r.* **115** [1892] 1301/3). Das erhaltene Prod. wird mit CS_2 aufgenommen und daraus durch Kühlen auf −78°C $P_4S_3J_2$ auskristallisiert, R. D. TOPSOM, C. F. WILKINS (*J. inorg. nucl. Chem.* **3** [1956] 187/9), vgl. hierzu D. A. WRIGHT, B. R. PENFOLD (*Acta cryst.* **12** [1959] 455/60, 455). Bldg. als schmelzpunktserniedrigende Verunreinigung bei der Darst. von P_2J_4 und PJ_3 aus den in CS_2 gelösten Elementen infolge Ggw. von elementarem S im CS_2, F. E. E. GERMANN, R. N. TRAXLER (*J. Am. chem. Soc.* **49** [1927] 307/12), vgl. R. N. TRAXLER, F. E. E. GERMANN (*J. phys. Chem.* **29** [1925] 1119/24).

Formation. Preparation

Durch Zusatz einer 10%igen Lsg. von Jod in CS_2 zu einer gleichen von P_4S_3 in CS_2 bis zur vollständigen Änderung der Farbe von Braun in Gelb. Nach Abkühlung auf 0°C werden die ausgeschiedenen Kristalle abgetrennt, mit C_6H_6 gewaschen und im Vak. über $CaCl_2$ getrocknet. Durch Zusatz von 30 bis 40 Vol.-% Benzol oder Ligroin nach dem J_2-Zusatz wird die Ausfällung vollständiger, L. WOLTER (*Chemiker-Ztg.* **31** [1907] 640). Durch Einw. von trocknem H_2S auf P_2J_4 bei 110 bis 120°C, Erkalten im H_2S-Strom, Extraktion mit CS_2 und Vertreiben des Lsgm.; die Rk. verläuft sehr langsam. Siehe ferner auch Angaben zur Darst. von $P_4S_3J_2$ (im Original als P_2S_3J bezeichnet), durch Rk. von J_2 mit einer in CS_2 gelösten Subst. der Zus. P_2S_3, L. OUVRARD (*l. c.*).

Fig. 145.

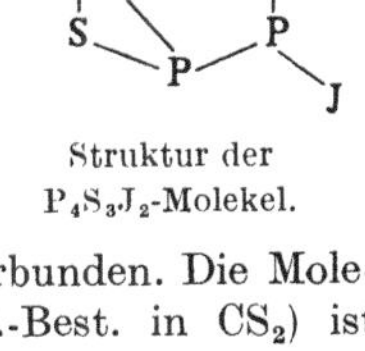

Struktur der $P_4S_3J_2$-Molekel.

Eigenschaften und chemisches Verhalten. Glänzende goldgelbe Prismen mit starker Doppelbrechung sehr schiefer Auslöschung, wahrscheinlich triklin, L. OUVRARD (*l. c.* S. 122; *l. c.*). Seidenglänzende rhomb. Blättchen, L. WOLTER (*l. c.*). Die röntgenograph. Unters. mit CuKα- und MoKα-Strahlung ergibt triklines System, Raumgruppe $P\bar{1}$–C_i^1, Z = 4 mit den Gitterkonstt. (in Å) a = 7.31 ± 0.01; b = 7.35 ± 0.01; c = 19.61 ± 0.03; α = 94°24′; β = 90°10′; γ = 90°55′ (für alle ± 10′). Die Molekel besteht aus 2 fünfgliedrigen Ringen mit 3 P- und 2 S-Atomen, die durch einen gemeinsamen P–S–P-Winkel verbunden sind, s. **Fig. 145**. Die J-Atome sind mit den P-Atomen verschiedener Ringe verbunden. Die Molekel besitzt 2fache Rotationssymmetrie. Nach ebullioskop. Unters. (Molgew.-Best. in CS_2) ist

Properties and Chemical Reactions

die Verb. monomer. Einzelheiten über Intensitäten, Atomlagen, Atomabstände und Bindungswinkel s. im Original, D. A. WRIGHT, B. R. PENFOLD (*Acta cryst.* **12** [1959] 455/60).

An trockner Luft beständig, an feuchter Luft unter H_2S-Entw. zersetzlich. Schmilzt an der Luft bei 106°C zu einer klebrigen Fl., entzündet sich bei 300°C unter Entw. von Jod, P_2O_5- und SO_2-Dämpfen. Beim Erhitzen im Vak. zersetzt sich die Verb. bei 300°C in Jod und eine als P_2S_3 bezeichnete Substanz. Leicht lösl. in CS_2, wenig lösl. in Benzol, $CHCl_3$, Äthyläther und Äthanol. H_2O und verd. Alkalien wirken in der Kälte wenig, zersetzen aber in der Wärme rasch. Rauchendes HNO_3 reagiert heftig unter Explosion und Lichterscheinung, L. OUVRARD (*l. c.*). In gut verschlossenen Gefäßen lange haltbar; an feuchter Luft fäulnisartiger unangenehmer Geruch. Alkohol zersetzt unter S-Abscheidung. In warmem Äthyläther lösl., C_6H_6, Ligroin, $CHCl_3$ und Eisessig lösen wenig, Xylol und Toluol mehr. Die Lsg. in Toluol nimmt beim Erwärmen oder beim Stehen am Sonnenlicht eine purpurrote Färbung an, die beim Erkalten oder im Dunkeln wieder in Braungelb übergeht. Es wird auf eine vorübergehende Dissoz. geschlossen, L. WOLTER (*Chemiker-Ztg.* **31** [1907] 610; *Diss. Berlin* 1908, S. 1/55, 48/9). — Die Verb. schmilzt bei 118°C und wird beim Abkühlen mit fl. Luft blaßgelb. Riecht an feuchter Luft nach H_2S, wird aber nicht sichtbar verändert. In CS_2 monomer lösl., R. D. TOPSOM, C. J. WILKINS (*J. inorg. nucl. Chem.* **3** [1956] 187/9). Schmilzt bei 118°C unter Zers.; Dichte (Schwebemeth.) $= 3.0 \pm 0.1$; ber. Röntgendichte 3.04, D. A. WRIGHT, B. R. PENFOLD (*l. c.* S. 455).

$\boldsymbol{PJ_3 \cdot nS_8}$ (n = 3 und 5).

$PJ_3 \cdot 3S_8$ bildet sich leicht aus den Komponenten in CS_2-Lsg., doch wird das Prod. nicht rein genug für eine Analyse erhalten. Bildet braunrote, an der Luft sehr unbeständige Prismen, V. AUGER (*C. r.* **146** [1908] 477/9). Wahrscheinlich rhomboedrisch mit einem Achsenverhältnis 0.358, DEMASSIEUX (*Bull. Soc. franç. Mineral* **32** [1909] 387/96, 392). Bei Anwendung eines leichten S-Überschusses werden beim Lösen von PJ_3 und S in CS_2 unter Kühlen und nachfolgendem langsamem Verdampfen des Lsgm. im trocknen CO_2-Strom braunrote, an der Luft sehr unbeständige Prismen der Zus. $PJ_3 \cdot 3S_8$ erhalten. Die kristallograph. Unters. scheitert an der Undurchsichtigkeit der Kristalle. Bei Verwendung von PJ_5 werden zwar bei —10 bis —15°C dunkelkirschrote Kristalle erhalten, deren Zus. $PJ_5 \cdot 5S_8$ zu sein scheint, doch ist die Verb. zu unbeständig, um isoliert zu werden. Es entsteht auch in diesem Fall $PJ_3 \cdot 3S_8$, jedoch wahrscheinlich über intermediäres $PJ_5 \cdot 5S_8$, da die Mutterlauge freies Jod enthält, T. KARANTASSIS (*Bull. Soc. chim. France* [4] **37** [1925] 854).

$\boldsymbol{P_2S_2J_4}$ und $\boldsymbol{P_2SJ_4}$. Darst. unmittelbar aus den Elementen in den entsprechenden stöchiometr. Verhältnissen in CS_2 durch mehrtägiges Stehen bei gewöhnl. Temp. unter Lichtausschluß, Absaugen des Lsgm. bis auf ein geringes Restvol., Dekantation und Befreien von anhaftendem CS_2 im Vak. Beide Verbb. kristallisieren aus CS_2 in Blättchen mit geringerem Reflexionsvermögen als P_2J_4, riechen an feuchter Luft nach H_2S, sind gut lösl. in CS_2, mäßig lösl. in Benzol-KW-Stoffen, CCl_4 und Äther und zersetzen sich mit H_2O und C_2H_5OH. Bei gewöhnl. Temp. findet langsame, bei Erwärmen schnellere Zers. statt. Wahrscheinlicher Verlauf: $7P_2S_2J_4 = 2P_4S_7 + 6PJ_3 + 5J_2$; $7P_2SJ_4 = P_4S_7 + 8PJ_3 + P_2J_4$. Die Verb. $P_2S_2J_4$ ist orangerot und schmilzt bei 90 bis 93°C, das ziegelrote P_2SJ_4 bei 105 bis 110°C, in beiden Fällen unter Zers.; durch Rk. mit O_2 werden $(P_3J_2O_6)_n$, PJ_3 und Jod gebildet, M. BAUDLER, G. FRICKE, K. FICHTNER, G. WETTER (*Naturw.* **50** [1963] 548). — Hiermit übereinstimmende Ergebnisse nach gleicher Darst. des orangeroten $P_2S_2J_4$ aus den Elementen oder P_2J_4 und S in CS_2- Lsg. mit einem Schmp. von 93 bis 94°C. Die vorgenommene UR-Spektroskopie gibt Hinweis für das Auftreten der $P(S)J_2$-Gruppe und somit für die nebenstehende Struktur, A. H. COWLEY, S. T. COHEN (*Inorg. chem.* **3** [1964] 780).

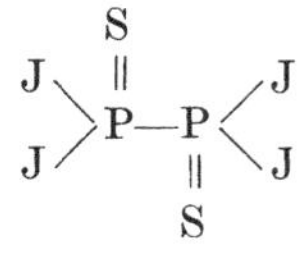

```
        S
J       ‖       J
  \     ‖     /
   >P — P<
  /     ‖     \
J       ‖       J
        S
```

$\boldsymbol{PSJ_3}$. Darst. durch Vereinigung von Lsgg. von PJ_3 und S in CS_2 im stöchiometr. Verhältnis und Stehenlassen (3 bis 4 Tage) bei 10 bis 15°C unter Lichtausschluß oder aus den Elementen unter den gleichen Bedingungen bei 0°C. Die zu Beginn violette Färbung wird dunkelrot und schließlich kirschrot. Das Lsgm. wird abgesaugt, die ausgeschiedenen Kristalle werden durch Evakuieren von anhaftendem CS_2 befreit. Ziegel- bis bräunlichrote Blättchen. Schmp. bei 46 bis 48°C; riecht an feuchter Luft nach H_2S. Gut lösl. in CS_2, mäßig lösl. in Benzol-KW-Stoffen, CCl_4 und Äther, wenig lösl. in $CHCl_3$ und Petroläther, in Aceton, Äthylalkohol und H_2O erfolgt Zers. Bei gewöhnl. Temp. nur wenige Std. haltbar, bei — 20°C unter Luftabschluß etwas länger. Die Zers. verläuft unter Bldg. von Zwischenprodd. nach $7PSJ_3 = P_4S_7 + 3PJ_3 + 6J_2$, M. BAUDLER, G. FRICKE, K. FICHTNER (*Z. Anorg. Allg. Chem.* **327** [1964] 124/7).

Stickstoffhaltige Halogen-Schwefel-Phosphor-Verbindungen

Nitrogen-Halogen-Sulfur-Phosphorus Compounds

P_2NSCl_5 oder ***$NPCl_2 \cdot PSCl_3$*.** Darst. (neben $PSCl_3$) durch Behandeln von P_3NCl_{12}, s. S. 488, unter Ausschluß von Feuchtigkeit mit H_2S oder Reaktion von P_3NCl_{12} und Schwefel in symmetr. Tetrachloräthan und S_2Cl_2. Farbloses Öl, welches im Vak. bei 93 bis 95°C destilliert und bei 35°C erstarrt, M. Becke-Goehring, W. Lehr (*Z. Anorg. Allg. Chem.* **325** [1963] 287/301, 296). Unters. des kernmagnet. Resonanzspektrums, E. Fluck (*Z. Anorg. Allg. Chem.* **320** [1963] 64/70, 66).

$P_3N_2SCl_7$ oder ***$2\,NPCl_2 \cdot PSCl_3$*.** Darst. durch Umsetzung von $(P_2NCl_7)_2$, s. S. 535, mit H_2S nach $(Cl_3P{=}N{-}PCl_2{=}N{-}PCl_3)(PCl_6) + 2\,H_2S \rightarrow 4\,HCl + PSCl_3 + (NPCl_2)_2 \cdot PSCl_3$. Gelbbraunes, bei 22 bis 23°C erstarrendes Öl, M. Becke-Goehring, W. Lehr (*Z. Anorg. Allg. Chem.* **325** [1963] 287/301, 299). Unters. des kernmagnet. Resonanzspektrums, E. Fluck (*Z. Anorg. Allg. Chem.* **320** [1963] 64/70, 67).

$P_4N_3SCl_9$ oder ***$3\,NPCl_2 \cdot PSCl_3$*.** Von der durch Umsetzung von $(P_4N_3Cl_{10})Cl$, s. S. 535, mit H_2S zugänglichen Subst. wird das kernmagnet. Resonanzspektrum untersucht, E. Fluck (*Z. Anorg. Allg. Chem.* **320** [1963] 64/70, 68).

PS_3NH_5Cl oder ***$(HN)P(SH)_3 \cdot HCl$*.** Darst. durch Zusammenbringen der freien Säure $(NH)P(SH)_3$ s. S. 585, mit wasserfreiem fl. HCl; gasf. HCl reagiert bei gewöhnl. Temp. nicht. Die weiße Subst. gibt bei 125°C HCl ab und reagiert mit H_2O sehr lebhaft unter H_2S-Entw. und Abscheidung von Schwefel. Bei längerem Lagern tritt Gelbfärbung ein, A. Stock (*Ber.* **39** [1906] 1967/2008, 1992).

***$ClSO_2NPCl_3$*.** Darst. durch 2.5std. Erhitzen von wasserfreiem HSO_3NH_2 mit PCl_5 und CCl_4 und Filtrieren der erkalteten Lsg.; nach Entfernen der flüchtigen Anteile bei vermindertem Druck auf dem Wasserbad kristallisiert die Verb. aus und kann durch Umkrist. aus Petroläther gereinigt werden. Schmp. 35 bis 36°C. Wird am besten in fl. Zustand aufbewahrt, da einzelne Kristalle rasch durch feuchte Luft angegriffen werden, A. V. Kirsanov (*Ž. obšč. Chim.* **22** [1952] 88/93, *C. A.* **1952** 6984). Zerfällt bei 118 bis 129°C nach $ClSO_2NPCl_3 \rightarrow POCl_3 + NSOCl$, A. V. Kirsanov (*Ž. obšč. Chim.* **22** [1952] 81/88, *C.* **1950/54** 3778 S).

***$Cl_3PNSO_2NPCl_3$*.** Bis-[trichlor-phosphazo]-sulfon. Darst. durch stufenweises Erhitzen einer Mischung von $SO_2(NH_2)_2$ mit PCl_5 bei 60 und 90°C im Luftstrom am Rückflußkühler nach $2\,PCl_5 + SO_2(NH_2)_2 \rightarrow 4\,HCl + SO_2(NPCl_3)_2$ in quantitativer Ausbeute. 1std. Erhitzen bei 100°C und 8 Torr entfernt restliches PCl_5. Strahlige Masse, nach Umkristallisieren aus C_6H_6 große Tafeln. Raucht nicht an der Luft, ist hygroskopisch, reagiert mit H_2O, NH_3, Aminen, Alkoholen, Phenolen und metallorgan. Verbb. heftig. Schmp. = 40.5 bis 41.5°C. Kann bei 0.5 Torr unter beträchtlicher Zers. dest. werden, A. V. Kirsanov (*Ž. obšč. Chim.* **22** [1952] 1346/9, *C.* **1956** 1242). Identisch mit dem nach ähnlicher Darst. erhaltenen und von F. Ephraim, M. Gurewitsch (*Ber.* **43** [1910] 138/48, 142) als $NH_2SO_2Cl \cdot PCl_3$ formulierten Prod., A. V. Kirsanov (*l. c.*), vgl. „*Schwefel*" *Tl.* B, S. 1861.

$PNS_2O_5Cl_4$ oder ***$ClSO_2NPCl_2OSO_2Cl$*.** Darst. durch Rk. von $(NPCl_2)_3$, vgl. S. 552, mit $ClSO_3H$ nach $2\,(NPCl_2)_3 + 9\,ClSO_3H \rightarrow 3\,PNS_2O_5Cl_4 + 3\,H_2NSO_3 + 3\,POCl_3$. Die Rk. wird unter Rückfluß bei 70 bis 80°C vorgenommen. Farblose Fl., welche im Vak. unzersetzt destilliert (55 bis 56°C bei 0.02 Torr), M. Becke-Goehring, J. Hartenstein (*Z. Anorg. Allg. Chem.* **320** [1963] 27/9).

***$(NPCl_2)_3 \cdot 3\,SO_3$*.** Vgl. S. 557.

Phosphor und Selen

Phosphorus and Selenium

The P–Se Bond

Die P–Se-Bindung. Die Wellenzahl ν der P=Se-Valenzschwingung ist erwartungsgemäß kleiner als die der P=S-Schwingung; die Auswertung zahlreicher Spektren ergibt Werte zwischen 473 und 577 cm^{-1}, L. C. Thomas, R. A. Chittenden (*Chem. Ind.* **1961** 1913). In $(C_6H_5)_3PSe$ ist $\nu = 561\ cm^{-1}$, K. A. Jensen, P. H. Nielsen (*Acta chem. Scand.* **17** [1963] 1875/85, 1877).

Das Bindungsmoment der Einfachbindung beträgt 3.2 Debye, C. P. Smyth (*J. phys. Chem.* **59** [1955] 1121/4).

Das Inkrement der P=Se-Bindung zur Molrefraktion beträgt R = 15.60, das der P–Se-Bindung in Verbb. mit der P–Se–P-Gruppe R = 7.3, H. Tolkmith (*Ann. New York Acad. Sci.* **79** [1959] 189/231).

Das System Phosphor–Selen

The Phosphorus–Selenium System

Phosphor und Selen lassen sich in jedem Verhältnis zusammenschmelzen, J. J. Berzelius (*Schw. J.* **23** [1818] 309/44, 343). In weißem P ist metall. Se nur bis zu 1% löslich, E. Beckmann, H. Pfeiffer (*Z. phys. Ch.* **22** [1897] 614/8), amorphes Se bis 40%, J. Meyer (*Z. anorg. Ch.* **30** [1902] 258/64).

Unterhalb 50°C löst sich Se in geschmolzenem weißem P unter Bldg. von festen Lsgg., bei ~130°C bildet sich P_4Se_3. **Fig. 146** gibt das Zustandsdiagramm bis 65.7 Gew.-% Se wieder. Bei höheren Tempp. wird das freie weiße P in rotes umgewandelt, wobei sich Zus. und Schmpp. der Präpp. ändern, P. L. ROBINSON, W. E. SCOTT (*Z. anorg. Ch.* **210** [1933] 57/66). — **Fig. 147** nach T. SATO, H. KANEKO (*Technol. Rep. Tohoku Univ.* **16** [1952] Nr. 2, S. 18/33, 29) zeigt die Abhängigkeit der elektr. Leitfähigkeit von Se mit 0.05 bis 5% P von der Temperatur.

Supposed Phosphorus Selenium Compounds

Vermutete Phosphor-Selenverbindungen.

P_4Se. Die von O. HAHN (*J. pr. Ch.* **93** [1864] 430/45, 430) erwähnte und als P_2Se bezeichnete Verb. hat sich als Lsg. von Se in weißem P erwiesen, J. MEYER (*l. c.*).

P_2Se. Die von O. HAHN (*l. c.* S. 431) erwähnte und als PSe bezeichnete Verb. ist eine Auflösung von Se in weißem P, J. MEYER (*l. c.*). Ein Knick in der graph. Darst. der Abhängigkeit des Se-Gehaltes von der Temp. im System Phosphor–Selen könnte jedoch für die Existenz von P_2Se sprechen, P. L. ROBINSON, W. E. SCOTT (*Z. anorg. Ch.* **210** [1933] 57/66).

Fig. 146.

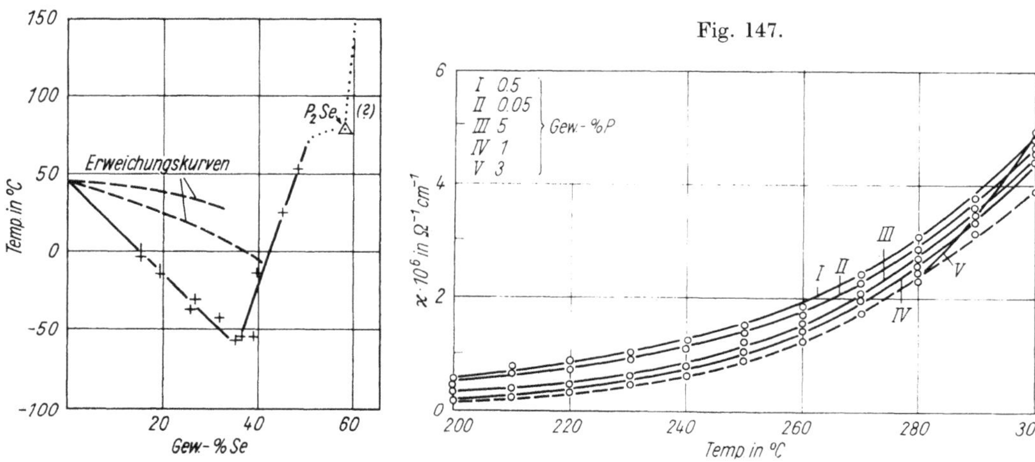

Zustandsdiagramm P–Se.

Elektr. Leitf. von Se in Abhängigkeit vom P-Gehalt.

P_2Se_3. Die Existenz dieser von O. HAHN (*l. c.* S. 437) als PSe_3 bezeichneten Verb. wird von J. MEYER (*l. c.* S. 264) nicht für unmöglich gehalten. — Bildet beim Zusammenschmelzen mit As_2S_3, As_2Se_3 und As_2Te_3 Gläser, N. A. GORYUNOVA, B. T. KOLOMIETS, V. P. SHILO (*Žurnal techn. Fiz.* **28** [1958] 981/5; engl. Transl.: *Soviet Phys.-techn. Phys.* **3** [1958] 912/6). In kaltem wss. NaOH bildet es $Na_3PSe_3 \cdot 10H_2O$, in kaltem wss. KOH in der Wärme $K_2HPSe_3 \cdot 2.5H_2O$, in Kaliumsulfidlsg. entsteht $K_4P_2Se_3S_2 \cdot 5H_2O$, W. MUTHMANN, A. CLEVER (*Z. anorg. Ch.* **13** [1897] 191/9, 196).

Tetraphosphorus Triselenide

Tetraphosphortriselenid P_4Se_3 (Phosphorsesquiselenid).

Formation. Preparation

Bildung und Darstellung. Endprod. der therm. Zers. von $(NH_4)_2[P_4Se_3(NH_2)_2]$, H. BEHRENS, G. HASCHKA (*Ber.* **94** [1961] 1191/9, 1197). Zu 10 g zerkleinertem Se, überschichtet mit 50 ml Tetralin, werden 5 g P in Drahtform gegeben und vorsichtig auf einem Paraffinölbad erwärmt, bis P schmilzt. Durch Rühren wird die Masse fest; dann wird bis zum Sieden des Tetralins weitererhitzt. Wenn sich keine P-Nebel mehr entwickeln, wird heiß filtriert. Aus dem Filtrat kristallisieren lange prismat. Nadeln, die mit Alkohol gewaschen werden, bis dieser keine Emulsion mehr gibt; Nachwaschen mit Äther oder $CHCl_3$. Die noch feuchte Subst. wird im Soxhlet-App. sofort mit CS_2 überschichtet und auf dem Wasserbad extrahiert, bis die Fl. farblos abläuft. Das P_4Se_3 setzt sich in festen Kristallkrusten am Glase ab und wird mit $CHCl_3$ gewaschen. Läßt sich in C_6H_6 umkristallisieren, J. MAI (*Ber.* **61** [1928] 1807/11), s. auch J. MAI (*Ber.* **59** [1926] 1888/9, **44** [1911] 1725/7). Nach diesem Verf. lassen sich zu Strukturunterss. geeignete Kristalle darstellen, E. KEULEN, A. VOS (*Acta crystallogr.* [*Copenhagen*] **12** [1959] 323/9). Durch Zusammenschmelzen von weißem oder rotem P und Se mit nachfolgender Dest. unter gewöhnl. Druck im CO_2-Strom wird zwischen 360 und 400°C als selenärmste Verb. P_4Se_3 erhalten, J. MEYER (*Z. anorg. Ch.* **30** [1902] 258/64, 260).

Physikalische Eigenschaften. Gitterstruktur. Rhombisch, Raumgruppe D_{2h}^{16}–Pnbm nach WEISSENBERG-Aufnahmen und Oszillationsaufnahmen um die b-Achse. Besteht aus P_4Se_3-Molekeln mit ~3.6 Å als kürzestem intermolekularem Abstand. Mittlere Atomabstände in Å: P↔P = 2.25 ± 0.03, P↔Se = 2.24 ± 0.01; Bindungswinkel Se–P–Se = 99.9°, P–Se–P = 100.1°, Se–P–P = 105.3°, P–P–P = 60.1°, Abweichungen bis ~1°. Gitterkonstt. in Å: a = 9.739 ± 0.005, b = 11.797 ± 0.006, c = 26.270 ± 0.013; Z = 16, E. KEULEN, A. VOS (*l. c.*). *Physical Properties*

Dichte. Pyknometr. Dichte in H_2O: D^{23} = 3.153 bis 3.161; in Benzol und Toluol werden zu niedrige Werte erhalten, J. MAI (*Ber.* **61** [1928] 1807/11).

Schmelzpunkt 300°C, J. MEYER (*Z. anorg. Ch.* **30** [1902] 258/64, 262), vermutlich durch Ggw. von rotem P bedingt, P. L. ROBINSON, W. E. SCOTT (*Z. anorg. Ch.* **210** [1933] 57/66, 66); 242°C, J. MAI (*Ber.* **59** [1926] 1888/9, **61** [1928] 1807/11), P. L. ROBINSON, W. E. SCOTT (*l. c.* S. 65).

Farbe je nach Schichtdicke gelb bis rotorange; fast gelb sind Nadeln aus Benzol und Fällungen mit Äther aus CS_2, J. MAI (*Ber.* **61** [1928] 1807/11). Orangerote Kristalle, J. MEYER (*l. c.*), P. L. ROBINSON, W. E. SCOTT (*l. c.*).

Phosphorescenz zeigt sich beim Erhitzen an der Luft auf ~160°C, stärker bei 280°C. In O_2-Atm. längeres Nachleuchten als in Luft, J. MAI (*l. c.*).

Chemisches Verhalten. Zersetzt sich an der Luft; beim Erhitzen tritt Entzündung ein, J. MEYER (*l. c.*), in O_2 zeigt sich zunächst Phosphorescenz, schließlich verbrennt P_4Se_3 explosionsartig, J. MAI (*l. c.*). Bei der Kondensation von P_4Se_3 auf fl. NH_3 bei −33°C bilden sich gelb bis orange gefärbte Lsgg., aus denen nach Abdunsten des NH_3 eine hellrote Verb. der Zus. $P_4Se_3 \cdot 4NH_3$ kristallisiert, H. BEHRENS, G. HASCHKA (*Ber.* **94** [1961] 1191/9). — Empfindlich gegen Feuchtigkeit, J. MEYER (*l. c.*), zersetzt sich unter Bldg. von H_2Se, J. MAI (*l. c.*). — HNO_3 zersetzt P_4Se_3 in der Kälte; mit 8%iger Natronlauge entsteht bei 40 bis 45°C eine goldgelbe Lsg., aus der sich beim Abkühlen lange, farblose, prismat. Kristalle ausscheiden, die sich an der Luft schnell unter Rotfärbung und Bldg. von Na-Polyselenid zersetzen, J. MAI (*l. c.*). — Mit konz. Kalilauge Zers. unter Entw. von PH_3 und Bldg. von K-Hypophosphit sowie einer Lsg. von Kaliumpolyselenid, J. MEYER (*l. c.*). *Chemical Reactions*

In CS_2 etwas löslich, J. MEYER (*l. c.*); lösl. unter intensiver Gelbfärbung; Benzol, Toluol, Aceton, $CHCl_3$, CCl_4, Acetylendichlorid und Acetylentetrachlorid lösen erst in der Siedehitze, J. MAI (*l. c.*). — Über die Wrkg. von P_4Se_3 auf die Eigg. von Motorölen s. J. D. BARTLESON, E. C. HUGHES (*Ind. engg. Chem.* **45** [1953] 1501/8).

$P_4Se_3 \cdot 4NH_3$ oder ***$(NH_4)_2[P_4Se_3(NH_2)_2]$*** entsteht bei Einw. von fl. NH_3 auf P_4Se_3. Die Existenz des 2wertigen Anions ist durch Umsetzung der Verb. mit $[Cr(NH_3)_6](NO_3)_3$ gestützt, H. BEHRENS, G. HASCHKA (*l. c.*). *$P_4Se_3 \cdot 4NH_3$*

$P_4Se_3 \cdot 2NH_3$ oder ***$NH_4[P_4Se_3NH_2]$***. Bldg. durch mehrstd. Erhitzen von $P_4Se_3 \cdot 4NH_3$ im Hochvak.; tiefviolett, H. BEHRENS, G. HASCHKA (*l. c.*). *$P_4Se_3 \cdot 2NH_3$*

Diphosphorpentaselenid P_2Se_5.

Diphosphorus Pentaselenide

Zuerst erwähnt von BERZELIUS, s. J. MEYER (*Z. anorg. Ch.* **30** [1902] 258/64). Vermutet und noch als PSe_5 bezeichnet von O. HAHN (*J. pr. Ch.* **93** [1864] 430/45, 442). — Entsteht beim Schmelzen eines Gemisches von P und Se im Verhältnis 2:5 unter Wärmeentw. als dunkelrotbraune Masse, L. CARIUS, W. BOGEN (*Lieb. Ann.* **124** [1862] 57/59), als schwarze, glasige Masse, B. RATHKE (*Lieb. Ann.* **152** [1869] 181/220, 181, 210), als schwarzviolette Masse, W. MUTHMANN, A. CLEVER (*Z. anorg. Ch.* **13** [1897] 191/9). Reinigung durch Sublimation im Hochvak. bei 300 bis 350°C, s. H. BEHRENS, G. HASCHKA (*l. c.* S. 1197). Bildet sich nach $4POCl_3 + 5H_2Se \rightarrow 10HCl + P_2Se_5 + 2PO_2Cl$ bei Einw. von trocknem H_2Se auf $POCl_3$ bei 100°C, A. BESSON (*C. r.* **124** [1897] 151/3). — P_2Se_5 zeigt ein Absorptionsmax. bei 2780 Å, dessen langwellige Grenze bei 2534 Å liegt; die eines 2. Max. liegt bei 3420 Å. Ihre Energiedifferenz beträgt 1.3 eV in guter Übereinstimmung mit der Anregungsenergie von $Se(^1D)$, M. I. HAQ, R. SAMUEL (*Pr. Indian Acad. Sci.* A **5** [1937] 423/4). — Mit fl. NH_3 bilden sich im Einschlußrohr bei 20°C gelbe Kristalle von $(NH_4)_2[PSe_3NH_2]$, bei 60 bis 120°C entsteht ein Gemisch von $(NH_4)_2[PSe_3NH_2]$, $(NH_4)_3[PSe_4]$ und $(NH_4)_2[PSe_2(NH_2)NH]$, H. BEHRENS, G. HASCHKA (*l. c.* S. 1198). Entwickelt beim Kochen mit H_2O träge H_2Se, B. RATHKE (*l. c.*). In stark konz. wss. Lsg. von NaOH oder Na-Hydrogenselenid bildet sich bei gelindem Erwärmen Na_3PSeO_3, F. EPHRAIM, E. MAJLER (*Ber.*

43 [1910] 277/85, 279). Aus konz. wss. KOH und P_2Se_5 entsteht in der Kälte nach W. Muthmann, A. Clever (*l. c.* S. 196) $K_2HPSe_3 \cdot 2.5H_2O$, nach F. Ephraim, E. Majler (*l. c.* S. 281) $K_2HPSe_3O \cdot 2.5H_2O$. — Mit CCl_4-Dampf im zugeschmolzenen Rohr auch beim Glühen keine Einw., durch Erhitzen mit einer Lsg. von KOH und K-Äthylsulfat wird P_2Se_5 zersetzt, B. Rathke (*l. c.*). Zersetzt sich mit Äthanol schon bei gewöhnl. Temp. zu Se, H_2Se und etwas H_2, L. Carius, W. Bogen (*l. c.*).

Phosphorus Selenium Halogenides

Phosphorselenhalogenide.

Bei Einw. von PCl_5 auf $SeCl_2$ entsteht eine gelbrote, feste Verb., die beim Erhitzen karmesinrot wird; sie raucht an der Luft und wird durch H_2O zersetzt, E. Baudrimont (*Ann. Chim. Phys.* [4] **2** [1864] 5/67, 10, 58; *C. r.* **55** [1862] 361/4). — **Fig. 148** zeigt die elektr. Leitf. im System Se–P–Cl mit 1 bis 15% P bei 200 bis 300°C, T. Sato, H. Kaneko (*Technol. Rep. Tohoku Univ.* **16** [1952] Nr. 2, S. 18/33, 32).

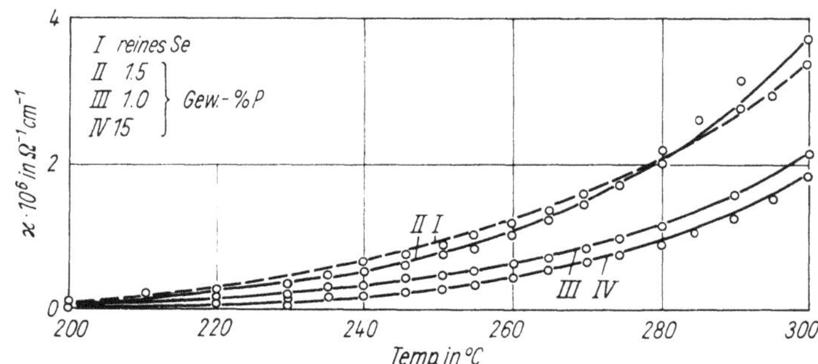

Fig. 148.

Elektr. Leitfähigkeit im System Se–P–Cl in Abhängigkeit vom P-Gehalt.

$PCl_5 \cdot SeCl_4$ wird erhalten, wenn $SeCl_4$ 12 Std. in einer konz. Lsg. von PCl_5 in $POCl_3$ bei 70°C erhitzt oder $SeOCl_2$ tropfenweise zu einer kochenden Lsg. von PCl_5 in $POCl_3$ gegeben wird, W. Groeneveld (*Rec. Trav. chim.* **71** [1952] 1152/6), oder wenn überschüssiges PCl_5 lange Zeit mit Se in Berührung bleibt, V. Lenher, C. H. Kao (*J. Am. Soc.* **48** [1926] 1550/6, 1552). — Orangerot, W. Groeneveld (*l. c.*), rot, V. Lenher, C. H. Kao (*l. c.*).

$2POCl_3 \cdot 3SeOCl_2$ oder ***$P_2O_5 \cdot 3SeCl_4$*** (?). Ein gelbes, unlösl. Prod. angenäherter Zus. entsteht nach einigen Std., wenn $SeOCl_2$ und $POCl_3$ gemischt werden. Zersetzt sich bei 170°C unter Entw. von $SeCl_4$, M. Agerman, L. H. Andersson, J. Lindquist, M. Zackrisson (*Acta chem. Scand.* **12** [1958] 477/84).

$P_4Se_3J_2$. Wird in wenig trocknem CS_2 gelöstes Phosphorselenid mit gepulvertem Jod portionsweise versetzt, bilden sich granatrote, metallisch glänzende Oktaeder der Verb. vom Schmp. 154 bis 155°C; HNO_3 (D = 1.4) bewirkt fast explosionsartige Zers., J. Mai (*Ber.* **60** [1927] 2222/3).

Phosphorus Thioselenides

Phosphorthioselenide.

Die von J. Meyer (*Z. anorg. Ch.* **30** [1902] 258/64, 262) vermuteten Verbb. P_4S_2Se und P_4SSe_2 existieren nicht und sind isomorphe Mischungen von P_4S_3 und P_4Se_3, J. Mai (*Ber.* **61** [1928] 1807/11).

Phosphorus and Tellurium

Phosphor und Tellur

Diphosphorus Tritelluride

Diphosphortritellurid P_2Te_3. Zur Darst. wird gepulvertes Te mit etwas überschüssigem weißem P im Einschlußrohr 1 Std. auf 320°C erhitzt. Nach langsamem Erkalten wird das Prod. mit CS_2 gewaschen und getrocknet. Oder es werden zunächst 5 Tl. TeO_2 mit 2 Tl. rotem P im offenen Tiegel bei 200°C zur Rk. gebracht und die Masse dann im zugeschmolzenen Rohr auf 330°C erhitzt. P_2Te_3 ist schwarz und brüchig; $D^{15} = 4.131$; unlösl. in H_2O, CS_2, Alkohol, Äther und C_6H_6; an trockner Luft beständig, an feuchter Entw. von PH_3. An der Luft erhitzt, bilden sich Nebel von P_2O_5, bei 330°C tritt Entflammung, im Einschlußrohr Zerfall in die Elemente ein. Mit Br_2 heftige Rk., mit Bromwasser Ox. zu TeO_2, mit Lsgg. von J in CS_2 bei gewöhnl. Temp. Bldg. von $P_2Te_3J_2$. Schwefel reagiert mit P_2Te_3 zu P_2S_5 und Te; C reduziert bei Rotglut zu den Elementen. Wss. HNO_3 oxydiert zu H_2TeO_3 unter Entw. von NO_2 und PH_3, wss. HCl hat keinen Einfluß. Wss. H_2SO_4 zersetzt zu H_3PO_4, Te und SO_2. Mit Telluriden findet keine Doppelsalzbldg. statt. Mit heißem 30%igem wss.

KOH tritt Rotfärbung unter Bldg. von K_2Te und H_3PO_3 auf. Wss. Lsgg. von Na_2CO_3 und KCN reagieren nicht. P_2Te_3 wirkt als starkes Red.-Mittel z. B. auf $KMnO_4$, $Na_2Cr_2O_7$, Fe^{3+}, Hg^{2+}, alkal. $AgNO_3$-Lgs. und Fehlingsche Lsg., E. MONTIGNIE (*Bl. Soc. chim.* [5] **9** [1942] 658/61).

Phosphortellurhalogenide.

Phosphorus Tellurium Halogenides

Leitf.-Titrationen von 104 mg $TeCl_4$, gelöst in 30 g $AsCl_3$, mit PCl_5 bei 20°C deuten auf das Auftreten von $2TeCl_4 \cdot PCl_5$, $TeCl_4 \cdot PCl_5$ und $TeCl_4 \cdot 2PCl_5$ (s. **Fig. 149**), V. GUTMAN (*Monatsh.* **84** [1953] 1191/6, 1192).

P_2TeCl_{14} oder ***$TeCl_4 \cdot 2PCl_5$*.** Entsteht als feste Verb. bei der konduktometr. Titration von 183.5 mg $TeCl_4$, gelöst in 60 cm^3 $POCl_3$, mit 3.22 g PCl_5, gelöst in 36 g $POCl_3$, bei 61°C, W. L. GROENEVELD, A. P. ZUUR (*Rec. Trav. chim.* **72** [1953] 617/24, 624), ebenfalls bei der Leitf.-Titration von $TeCl_4$, gelöst in $AsCl_3$, mit PCl_5 (s. Fig. 149), V. GUTMAN (*l. c.*). Die Verb. bildet sich auch, wenn bei der Darst. von $TeCl_4 \cdot PCl_5$ überschüssiges PCl_5 angewendet wird, W. L. GROENEVELD (*Diss. Leiden* 1953, S. 66). Sie wird als $(PCl_4)_2[TeCl_6]$ formuliert, V. GUTMAN (*l. c.* S. 1193).

$PTeCl_9$ oder ***$TeCl_4 \cdot PCl_5$*.** Fällt bei Zugabe einer Lösung von PCl_5 in $POCl_3$ zu einer Lösung von $TeCl_4$ in $POCl_3$ bei 70°C als gelbe Subst. aus. Waschen mit heißem $POCl_3$ und Auswaschen des letzteren bei 50°C mit SO_2Cl_2, W. L. GROENEVELD (*Rec. Trav. chim.* **71** [1952] 1152/6). Sein Auftreten wird durch konduktometr. Titration von $TeCl_4$, gelöst in $POCl_3$, mit PCl_5 bewiesen, W. L. GROENEVELD, A. P. ZUUR (*l. c.*), ferner durch Leitf.-Titration von $TeCl_4$, gelöst in $AsCl_3$, mit PCl_5 (s. Fig. 149). Beim Auftreten der Verb. wird die Lsg. kanariengelb. Die Verb. wird als $(PCl_4)[TeCl_5]$ formuliert, V. GUTMAN (*l. c.*).

Fig. 149.

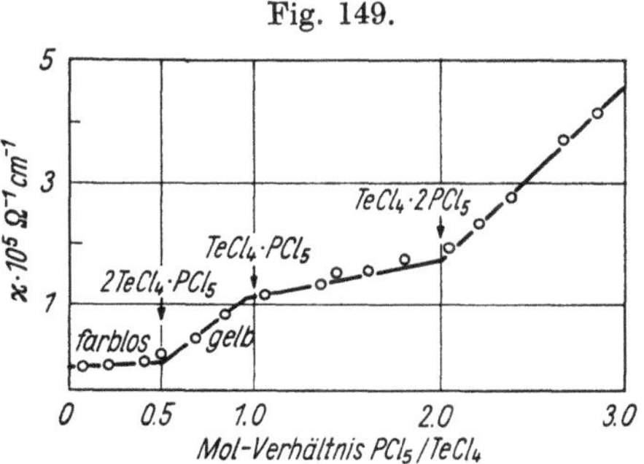

Leitf.-Titration von $TeCl_4$ mit PCl_5.

PTe_2Cl_{13} oder ***$2TeCl_4 \cdot PCl_5$*.** Entsteht beim Auflösen von PCl_5 in geschmolzenem $TeCl_4$. Orangegelbe, zerfließliche Kristalle, die beim Erhitzen zersetzt werden. Läßt sich in PCl_5-Atm. sublimieren, R. METZNER (*Ann. Chim. Phys.* [7] **15** [1898] 203/88, 255); farblos, V. GUTMAN (*l. c.*).

$PTeOCl_7$ oder ***$TeCl_4 \cdot POCl_3$*.** Im Kontakt mit TeO_2 bildet $POCl_3$ in der Wärme $POCl_3 \cdot TeCl_4$ als hygroskop., kristalline Masse, wobei vermutlich intermediär $TeCl_4$ entsteht. Überschüssiges $POCl_3$ wird durch CS_2 entfernt, V. LEHNHER (*J. Am. Soc.* **30** [1908] 737/41, 741). $TeCl_4$ löst sich zunächst in $POCl_3$ unter Bldg. einer hellgelben, mäßig dissoziierten Lsg.; die Bldg. kann an der Abnahme der Leitf. der Lsg. verfolgt werden. Nach Abpumpen des Lsgm. bleibt $POCl_3 \cdot TeCl_4$ als weißes, hygroskop. Pulver zurück, unlösl. in CCl_4 und CS_2; in C_6H_6 Bldg. einer hellgelben Lsg. Die Abnahme der spezif. Leitf. einer Lsg. von 70 Millimol $TeCl_4$ in 1000 g $POCl_3$ bei 20° im Verlaufe von 12 Std. (Kurve im Original) läßt auf chem. Veränderungen schließen, V. GUTMANN (*Z. anorg. Ch.* **269** [1952] 279/91, 286).

***$P_2Te_3J_2$*.** Entsteht bei gewöhnl. Temp. aus P_2Te_3 und J_2, gelöst in CS_2, in 2 bis 3 Tagen sowie aus in CS_2 gelöstem weißem P und TeJ_2 in ~8 Tagen. Schwarze, prismat. Mikrokristalle; sublimiert bei 120°C unter Abspaltung von Jod. Unlösl. in H_2O, Alkohol, Äther und C_6H_6, etwas lösl. in CS_2 und $CHCl_3$. Wird von heißem konz. wss. HNO_3 oxydiert, von 30%igem KOH unter Bldg. von K_2Te angegriffen; $KMnO_4$-Lsg. wird reduziert, E. MONTIGNIE (*Bl. Soc. chim.* [5] **9** [1942] 658/61).

Phosphor und Bor

Phosphorus and Boron

Phosphorborid PB.

Phosphorus Boride

Bildung und Darstellung. Amorph. Entsteht beim Erhitzen von PBJ und PBJ_2 (s. S. 620) als amorphes, sehr leichtes, kastanienbraunes Pulver, wenn die Verbb. im H_2-Strom bei 500°C erhitzt werden, H. MOISSAN (*C. r.* **113** [1891] 624/7), bildet sich bei Behandlung von BPJ_2, gelöst in CS_2, mit Ag oder Hg, H. MOISSAN (*C. r.* **113** [1891] 726/9). Bei Einw. von PH_3 auf BCl_3 oder BBr_3 bei 25°C entsteht zunächst $PH_3 \cdot BCl_3$ bzw. $PH_3 \cdot BBr_3$, das sich beim Erhitzen auf 300°C in PB und HCl bzw. HBr zersetzt, M. A. BESSON (*C. r.* **113** [1891] 78/80), F. V. WILLIAMS, R. A. RUEHRWEIN (*J. Am. Soc.*

Formation. Preparation. Amorphous

82 [1960] 1330/2), R. C. VICKERY (*Nature* **184** [1959] 268). Darst. aus $CoP_{2.7}$ und B-Pulver bei > 1000°C im zugeschmolzenen Rohr, SIEMENS-SCHUCKERTWERKE A.-G., H. MERKEL (*D.P.* 1026731 [1955/58], *C.* **1959** 259). — Herst. durch Elektrolyse einer Schmelze von PBO_4 und Alkalichlorid und/oder -fluorid, UNITED STATES BORAX & CHEMICAL CORP., N. P. NIES, C. A. MORGAN, G. P. JONES (*B.P.* 861743 [1958/61], *C.* **1962** 10600).

Crystalline

Kristallin. Zur Krist. wird gepulvertes, amorphes PB im Graphittiegel, der sich im evakuierten Quarzrohr befindet, in Ggw. von P-Dampf auf 980°C erhitzt, MONSANTO CHEMICAL CO., R. A. RUEHRWEIN, F. V. WILLIAMS (*U.S.P.* 2966424 [1958/60], *C.A.* **1961** 9809). Darst. aus einem gasf. Gemisch von BCl_3, PCl_3 und H_2, wobei die Partialdrucke der einzelnen Substt. 0.1, 0.2 bzw. 0.7 atm, die Temp. 1020°C betragen sollen, MONSANTO CHEMICAL CO., R. A. RUEHRWEIN (*D.A.S.* 1132098 [1960/62], *C.A.* **58** [1963] 12 208), E. S. GREINER (*Boron Synthesis, Structure, Properties, Pr. Conf., Asbury Park, N.J.*, 1959, S. 105/9 nach *C.A.* **1961** 6328), aus BCl_3, P_4 und H_2, F. V. WILLIAMS, R. A. RUEHRWEIN (*l. c.*). Wird erhalten, wenn B und rotes P im evakuierten Rohr aus Quarzgut mehrere Tage auf 900 bis 1100°C, S. RUNDQVIST (*16e Congr. int. Chim. pure appl., Paris* 1957 [1958], *Mém Sect. chim. minerale*, S. 539/40), 50 Std. bei 1120°C unter P-Druck von 1.2 atm erhitzt werden, oder wenn BCl_3 bei 975°C über AlP geleitet wird, F. V. WILLIAMS, R. A. RUEHRWEIN (*l. c.*), s. auch P. POPPER, T. A. INGLES (*Nature* **179** [1957] 1075), S. RUNDQVIST (*l. c.*). $^1/_2$std. Erhitzen von rotem P und B bei 1300°C, M. HOCH (AD-219923 **1959** 1/7, *N.S.A.* **14** [1960] Nr. 8655). Wenn äquiv. Mengen von P und B oder P und B_4C bei 94500 atm auf 2500°C erhitzt werden, entsteht kub. PB, bei niedrigerem Druck und hoher Temp. ein PB, das ein sehr linienreiches Röntgendiagramm liefert, H. T. HALL (NP-8684 [1960] 1/46, 10, 31, *N.S.A.* **14** [1960] Nr. 15901). Einzelkristalle von 3 × 1 × 1 mm werden beim langsamen Abkühlen einer Schmelze von P und B erhalten oder bei Einw. von P-Dampf auf den Dampf einer B-Verb., B. STONE, D. HILL (*Bl. Am. phys. Soc.* [2] **4** [1959] 408), Ausgangsprod. B_2O_2, MONSANTO CHEMICAL CO., B. D. STONE (*D.A.S.* 1105858 [1959/60], *C.A.* **1962** 5635), Borphosphid, das mit HCl-Dampf bei 800 bis 1200°C behandelt worden ist, MONSANTO CHEMICAL CO., B. D. STONE, R. A. RUEHRWEIN (*D.A.S.* 1107652 [1959/60], *C.* **1961** 17345). Ausgangsstoffe BCl_3, P und H_2 bei über 590°C, MONSANTO CHEMICAL CO., F. V. WILLIAMS, R. A. RUEHRWEIN (*D.A.S.* 1116201 [1959/61], *C.* **1962** 11692), BCl_3 und PH_3 bei 980°C, MONSANTO CHEMICAL CO., F. V. WILLIAMS, R. A. RUEHRWEIN (*D.A.S.* 1116200 [1959/61], *C.* **1962** 11692; *U.S.P.* 2966426 [1958/60], *C.A.* **1961** 9809). BBr_3 und PH_3 bei 1250°C, A. FISCHER (*Z. Naturf.* **13a** [1958] 105/10). Schmelzen eines Gemisches von Ferrophosphor und Ferrobor bei Tempp. > 1600°C und Behandeln des Prod. mit heißem Königswasser und wss. HF-Lsg., wobei bis auf das krist. kub. PB alle Stoffe gelöst werden; Darst. durch Schmelzen von Phosphaterz und Borax mit NaCl und Herauslösen der Nebenbestandteile durch H_2O, MONSANTO CHEMICAL CO., B. A. GRUBER (*D.A.S.* 1124027 [1959/62], *C.A.* **58** [1963] 274). Einzelkristalle von 2 bis 3 mm werden aus in geschmolzenem Ni bei 1400°C gelöstem B und P-Dampf erhalten, wenn die Schmelze langsam abgekühlt wird, MONSANTO CHEMICAL CO., B. D. STONE (*D.P.* 1149695 [1960/63], *Zus.-P.* zu 1124027 [1959/62]; *U.S.P.* 3009780 [1959/61], *C.A.* **56** [1962] 4194).

Physical Properties

Physikalische Eigenschaften. Gitterstruktur. Krist. PB ist kubisch mit Zinkblendestruktur. Gitterkonst. a:

4.52 Å, M. HOCH (AD-219923 [1959], *N.S.A.* **14** [1960] Nr. 8655);

4.538 ± 0.002 Å, S. RUNDQVIST (*16e Congr. int. chim. pure appl., Paris* 1957 [1958], *Mém. Sect. chim. minerale*, S. 539/40), J. A. PERRI, S. LA PLACA, B. POST (*Acta crystallogr.* [*Copenhagen*] **11** [1958] 310);

4.54 Å, H. T. HALL (NP-8684 [1960], *N.S.A.* **14** [1960] Nr. 15901);

4.543 Å, E. S. GREINER (*Boron Synthesis, Structure, Properties, Pr. Conf., Asbury Park, N.J.*, 1959, S. 105/9 nach *C.A.* **1961** 6328);

4.547 Å, MONSANTO CHEMICAL CO., R. A. RUEHRWEIN, F. V. WILLIAMS (*U.S.P.* 2966424 [1958/60], *C.A.* **1961** 9809);

4.55, P. POPPER, T. A. INGLES (*Nature* **179** [1957] 1075);

Abstand P↔B = 1.964 Å, S. RUNDQVIST (*l. c.*), in Übereinstimmung mit dem von L. PAULING (*Nature of the chemical Bond*, 2. *Aufl., New York* 1948, S. 179) vorausgesagten Wert von 1.98 Å.

Dichte 2.97, berechnet aus Röntgendaten, 2.89, bestimmt am unreinen Prod., S. RUNDQVIST (*l. c.*). Dichte von gesintertem Material max. 2.5 g/cm^3, P. POPPER (*Trans. 7th int. Ceram. Congr., London* 1960 [1961], S. 451/60, 460).

Dampfdruck lg p (in Torr) = $-13.700 \times 10^3/T + 10.1$, F. V. WILLIAMS, R. A. RUEHRWEIN (*J. Am. Soc.* **82** [1960] 1330/2).

Härte. Zwischen 8 und 9 der MOHSschen Skala, MONSANTO CHEMICAL CO., B. A. GRUBER (*D.A.S.* 1124027 [1959/62], *C.A.* **58** [1963] 274), MONSANTO CHEMICAL CO., R. A. RUEHRWEIN, F. V. WILLIAMS (*U.S.P.* 2966424 [1958/60], *C.A.* **1961** 9809).

Farbe. Amorphes PB ist braun, H. MOISSAN (*C. r.* **113** [1891] 624/7). Kristalle von 3 × 1 × 1 mm sind rot und durchscheinend, B. STONE, D. HILL (*Bl. Am. phys. Soc.* [2] **4** [1959] 408).

Elektrische Eigenschaften. Kubisch. PB ist ein p-Halbleiter. Die Energielücke beträgt 5.9 eV, die Trägerdichte $1 \cdot 10^{18}$ bis $5 \cdot 10^{18}$ cm^{-3}. Der HALL-Koeff. ist konst. zwischen 160 und 900°K. Nadeln (aus Dampf abgeschieden) sind n-leitend mit einer Trägerdichte von $10^{17} cm^{-3}$, B. STONE, D. HILL (*Bl. Am. phys. Soc.* [2] **4** [1959] 408; *Phys. Rev. Letters* **4** [1960] 282/4).

Chemisches Verhalten. Amorphes PB. Bei 500°C nicht flüchtig. In H_2 bei 1000°C bildet es etwas P neben P_3B_5. In O_2 fängt es bei 200°C Feuer; bei sehr hohen Tempp. wird es durch N_2 etwas zersetzt. Cl_2 bildet BCl_3 und PCl_5, mit Br_2 reagiert PB nur in der Wärme; J greift selbst bei Dunkelrotglut nicht an. Geschmolzenes S greift nicht an, S-Dampf reagiert jedoch unter Bldg. der Sulfide von P und B. Beständig gegen P. Mit Na im H_2-Strom leicht erhitzt, bildet PB Na-Phosphid und Na-Borid; die Rk. mit K ist ähnlich, beginnt aber bei niedrigerer Temp., mit Mg Entflammung bei 500°C, mit Hg keine Rk. bis zum Sdp. des Hg; Rk. mit Al nur bei sehr hoher Temp., mit gepulvertem Cu, Ag und Pt beim Erhitzen, H. MOISSAN (*C. r.* **113** [1891] 726/9). *Chemical Reactions. Amorphous PB*

Gasf. NH_3 entflammt PB bei 300°C unter Bldg. von P und BN. Gasf. HF bildet mit PB unterhalb Rotglut BF_3, H_2 und P, gasf. H_2S bei Dunkelrotglut B_2S_3 und P-Wasserstoffe. Beständig gegen CCl_4, PCl_3, As_2O_3, $AsCl_3$ und $SbCl_3$; löst sich in geschmolzenem KOH unter Bldg. von PH_3 und K-Borat, H. MOISSAN (*l. c.*). Lösl. in sd. Alkalihydroxidlsgg. unter Entw. von PH_3. Wird in HNO_3-Monohydrat weißglühend und läuft auf der Oberfläche mit leuchtender Flamme; bei Temp.-Erhöhung wird PB gelöst. Konz. HCl- und HJ-Lsg. greifen nicht an, H_2SO_4 reagiert nicht in der Kälte, wird aber in der Wärme reduziert. Unlösl. in H_2O, A. BESSON (*C. r.* **113** [1891] 78/80). In sd. H_2O stabil, H_2O-Dampf von 400°C zersetzt unter Bldg. von $B(OH)_3$ und P-Wasserstoffen, H. MOISSAN (*l. c.*).

Kristallines PB. Verträgt kurzes Erhitzen auf 2980°C (5400°F), MONSANTO CHEMICAL CO., B. A. GRUBER (*D.A.S.* 1124027 [1959/62], *C.A.* **58** [1963] 274), MONSANTO CHEMICAL CO., R. A. RUEHRWEIN, F. V. WILLIAMS (*U.S.P.* 2966424 [1958/60], *C.A.* **1961** 9809). Zersetzt sich beim Erhitzen im Vak. auf 1590°C in P und B, M. HOCH (AD-219923 [1959], *N.S.A.* **14** [1960] Nr. 8655), beim Erhitzen auf 1100°C unter 1 Torr bildet sich unter P-Verlust PB_6, F. V. WILLIAMS, R. A. RUEHRWEIN (*J. Am. Soc.* **82** [1960] 1330/2). Beim Erhitzen in P-Atm. ist kristallines PB bis zu 1250°C stabil, J. A. PERRI, S. LA PLACA, B. POST (*Acta crystallogr.* [*Copenhagen*] **11** [1958] 310). *Crystalline PB*

Wird durch O_2 oberhalb 800°C, durch Cl_2 oberhalb 500°C angegriffen, von geschmolzenem NaOH beim Erhitzen, F. V. WILLIAMS, R. A. RUEHRWEIN (*l. c.*). Beständig gegen Laugen und Säuren, MONSANTO CHEMICAL CO., B. A. GRUBER (*l. c.*), MONSANTO CHEMICAL CO., R. A. RUEHRWEIN, F. V. WILLIAMS (*l. c.*).

Weitere Phosphorboride.

Other Phosphorus Borides

P_4B_3 wird gegen Ox. bei 1100 bis 2760°C (2000° bis 5000°F) geschützt durch Behandlung mit B oder Oxiden von K, Na, Mg oder Be bei 1980 bis 2760°C (3600° bis 5000°F), MONSANTO CHEMICAL CO., B. A. GRUBER (*U.S.P.* 3009230 [1958/61], *C.A.* **57** [1962] 4315).

P_3B_5 ($PB_{1.7}$) bildet sich beim Erhitzen von PB oder PBJ bei 1000°C in H_2-Atm. H. MOISSAN (*C. r.* **113** [1891] 624/7). Bei der therm. Dissoz. im Vak. von $PH_3 \cdot BCl_3$ oder $PH_3 \cdot BBr_3$ bildet sich ein Prod., dessen Zus. zwischen PB und P_3B_5 liegt, R. C. VICKERY (*Nature* **184** [1959] 268).

$PB_{>5}$. Eine Subst. der Zus. PB_5 bis PB_7 bildet sich beim Erhitzen von PB auf 1000 bis 1600°C unterhalb seines Zers.-Druckes, Härte $H_M = 9.0$ bis 9.7, Dichte ~2.45, MONSANTO CHEMICAL CO., B. A. GRUBER (*D.A.S.* 1128841 [1958/62], *C.A.* **58** [1963] 274).

Prodd. der Zus. $PB_{6\ \text{bis}\ 40}$ werden als monokline Kristalle erhalten, wenn P auf B in geschmolzenem Fe einwirkt und die Masse langsam abgekühlt wird, MONSANTO CHEMICAL CO., B. D. STONE (*D.P.* 1149695 [1960/63], *Zus.-P.* zu 1124027 [1959/62]; *U.S.P.* 3009780 [1959/61], *C.A.* **56** [1962] 4194).

Phosphorborane.

Phosphorus Boranes

$2PH_3 \cdot B_2H_6$. Darst. aus 2 Vol. $PH_{3\,fl}$ und 1 Vol. $B_2H_{6\,fl}$ bei −100°C. Oberhalb −30°C dissoziiert die Verb. in die Ausgangssubstanzen. $2\,PH_3 \cdot B_2H_6$ ist weiß und instabil, Dissoz.-Druck 200 Torr bei

0°C. Entzündet sich an der Luft. Zersetzt sich in H_2O unter Bldg. von PH_3, H_3PO_3 und H_2, in fl. NH_3 von —60°C unter Entw. von PH_3 bis zu 58%, in gasf. NH_3 bis zu 75%, in HCl unter Bldg. von $2PH_3 \cdot B_2H_4Cl_2$, $2PH_3 \cdot B_2H_2Cl_4$ und $PH_3 \cdot BCl_3$. In fl. HBr von —78°C tritt rasche Umsetzung zu ähnlichen Prodd. ein, E. L. GAMBLE, P. GILMONT (*J. Am. Soc.* **62** [1940] 717/21). Aus kinet. Unterss. der Rk. von Diboran mit Phosphin ist auf eine geschwindigkeitsbestimmende Teilreaktion zu schließen, deren Aktivierungsenergie 11.4 kcal/Mol beträgt, H. BRUMMBERGER, R. A. MARCUS (*J. chem. Phys.* **24** [1956] 741/6), H. BRUMMBERGER (*Diss. Polytechn. Inst. of Brooklyn* 1955, S. 1/133, *Diss. Abstr.* **16** [1956] 1044), s. auch S. H. BAUER (*J. Am. Soc.* **78** [1956] 5775/82, 5778). Bldg. von $2\ PH_3 \cdot B_2H_6$ aus $PH_{3\,gasf}$ und $BH_{3\,gasf}$ ist unabhängig von der Oberfläche der entstehenden festen Prodd. oder der Gefäßwände. Sie ist 1. Ordnung im Hinblick auf jeden der reagierenden Stoffe, wenn der andere im Überschuß vorhanden ist. Die Dissoz. von $2PH_3 \cdot B_2H_6$ in PH_3 und B_2H_6 ist unabhängig von der Menge des gebildeten festen Stoffes, aber abhängig vom Vol. des Rk.-Gefäßes, sie wächst linear mit steigendem Anfangsdruck eines jeden der beiden Rk.-Komponenten. Die Gleichgew.-Konst. beträgt $1.14 \times 10^{-6} \pm 0.12 \times 10^{-6}$ mm³, die Sublimationswärme des $PH_3 \cdot BH_3$ 15 kcal/Mol, H. BRUMMBERGER (*l. c.*). Weitere Angaben s. unter $BH_3 \cdot PH_3$ in „*Bor*" *Erg.-Bd.*, S. 103.

$P_2H_4 \cdot B_2H_6$ entsteht aus P_2H_4 und B_2H_6 bei —35°C oder bei gewöhnl. Temp. unter Druck von überschüssigem B_2H_6. Weiße, bei —78°C stabile Subst.; mit wss. HCl-Lsg. wird die Verb. bei —40°C unter Entw. von H_2 zersetzt, G. J. BEICHEL, E. C. EVERS (*J. Am. Soc.* **80** [1958] 5344/5).

$P_2H_4 \cdot B_2D_6$. Darst. analog $P_2H_4 \cdot B_2H_6$. Weiße Subst., aus der sich bei —40°C eine klare Fl. bildet, die bei 0°C unter Zers. siedet. Zers.-Prodd. sind PD_3 und B_2H_6, G. J. BEICHEL, E. C. EVERS (*l. c.*).

$(PBH_{3.75})_n$. Bildet sich, verunreinigt durch etwas BH-Polymere, beim 19tägigen Erhitzen auf 65°C von 21.7 cm³ PH_3 und 10.7 cm³ B_2H_6 neben H_2 und nicht umgesetztem B_2H_6; unlösl. in H_2O, wss. HCl, Methanol, Äther und C_6H_6, A. B. BURG, R. I. WAGNER (*J. Am. Soc.* **75** [1953] 3872/7, 3876).

Boron Phosphate

Borphosphat BPO_4.

Preparation

Darstellung. Bildet sich aus Borsäure und Phosphorsäure beim Eindampfen, A. VOGEL (*N. Repert. Pharm. Buchner* **18** [1869] 611/6, 614; *Z. anal. Ch.* **9** [1870] 376/7), und Glühen des Rückstandes, G. MEYER (*Ber.* **22** [1889] 2919), F. MYLIUS, A. MEUSSER (*Ber.* **37** [1904] 397/401), J. PRESCHER (*Arch. Pharm.* **242** [1904] 194/210, 199). Das beim Eindampfen verbleibende weiße Pulver ist nach 2std. Erhitzen auf 1000°C kristallin, E. GRUNER (*Z. anorg. Ch.* **219** [1934] 181/91, 182). Darst. durch Eintragen von feinteiligem H_3BO_3 in konz. wss. H_3PO_4 und Entwässern bei 1000 bis 1300°C, UNITED STATES BORAX & CHEMICAL CORP., R. THOMSON, B. P. LONG (*B.P.* 856332 [1957/60], *C.* **1961** 18087); durch Umsetzen äquimolarer Mengen von B_2O_3 und P_2O_5 bei 577°C, AMERICAN POTASH & CHEMICAL CORP., J. KAMLET (*U.S.P.* 2646344 [1952/53], *C.* **1954** 7722). Beim Erhitzen von $B_4O_7(H_3P_2O_6)_2$ (s. S. 614) auf 200 bis 400°C wird wasserlösl. BPO_4 gebildet, beim Erhitzen auf Rotglut wasserunlösl. BPO_4, L. H. ENGLUND (*U.S.P.* 2375638 [1941/45], *C.* **1946** I 1759). Entsteht neben $2POCl_3 \cdot BCl_3$ (s. S. 618) aus B_2O_3 und PCl_5 bei längerem Erhitzen im geschlossenen Röhrchen auf 150 bis 170°C, G. GUSTAVSON (*Z. Chem.* [2] **7** [1871] 417/8; *Ber.* **4** [1871] 975/6), als feste Phase im System P_2O_5–B_2O_3–H_2O bei 25°C, M. LEVI, L. F. GILBERT (*J. chem. Soc.* **1927** 2117/24, 2122), Bldg. an der dem Feuer zugekehrten Seite eines Vorwärmers, wenn mit B und P enthaltender Kohle geheizt wird, L. M. CLARK, J. HASLAM (*Nature* **156** [1945] 302), beim langsamen Erhitzen der sich bei tiefer Temp. aus BCl_3 und Trialkylphosphaten bildenden Anlagerungsverbb. auf 1000°C, W. GERRARD, P. F. GRIFFEY (*J. chem. Soc.* **1960** 3170/2; *Chem. Ind.* **1959** 55), aus H_3PO_4 und Borsäureäthylester bei höherer Temp., E. CHERBULIEZ, J.-P. LEBER, A.-M. ULRICH (*Helv. chim. Acta* **36** [1953] 910/8, 914), aus $H_3BO_2F_2$ und überschüssigem PCl_5, L. H. LONG, D. DOLLIMORE (*J. chem. Soc.* **1951** 1608/12), beim Lösen von P_2O_5 in geschmolzener Borsäure, M. FOEX (*C. r.* **206** [1938] 349/50). Herst. durch Glühen eines Gemisches von $(NH_4)_2HPO_4$ und H_3BO_3, C. ASCHMAN (*Ch.-Ztg.* **40** [1916] 960/1). Durch 5tägiges Tempern bei 700 bis 800°C entstehen Kristalle mit 30 μ Länge, G. E. R. SCHULZE (*Z. phys. Ch.* B **24** [1934] 215/40, 216).

Beim Schmelzen eines Gemisches von 95% B_2O_3 und 5% P_2O_5 bildet sich ein klares Glas, das beim Abkühlen opak wird. Auch ein Gemisch von 70% B_2O_3 und 30% P_2O_5 wird beim Abkühlen opak, aus 50% B_2O_3 und 50% P_2O_5 bildet sich eine weiße, glasige Masse, J. E. STANWORTH, W. E. S. TURNER (*J. Soc. Glass Technol.* **21** [1937] 368/82, 374).

Quartz Modification

Quarzform. Bildet sich aus der Hochtemp.-Cristobalitform (s. unten) bei ~500°C und 46 kbar, F. DACHILLE, R. ROY (*Z. Krist.* **111** [1959] 451/61, 456), bei Drucken unter 40000 atm, F. DACHILLE, L. S. D. GLASER (*Acta crystallogr.* [*Copenhagen*] **12** [1959] 820/1). Vermutete Bldg. bei 800°C und 20000 psi (1406 kg/cm²), E. C. SHAFER, M. W. SHAFER, R. ROY (*Z. Krist.* **108** [1957] 263/75, 272).

Physical Properties

Physikalische Eigenschaften. Tetragonal-bisphenoidisch mit $a = 4.332 \pm 0.006$ Å, $c = 6.640 \pm 0.008$ Å, G. E. R. Schulze (*Z. phys. Ch.* B **24** [1934] 215/40, 222); a = 4.334, c = 6.636 Å, G. E. R. Schulze (*Naturw.* **21** [1933] 562); a = 4.33, c = 6.633 Å, c/a = 1.532, G. R. Levi, D. Ghiron (*Atti Linc.* [6] **18** [1933] 394/8). Z = 2. Raumgruppe $I\bar{4}$–S_4^2. Abstände P↔O = 1.54 Å; Winkel O–P–O = 110°. Die Struktur ist der des Hochtemperatur-Cristobalits verwandt, G. E. R. Schulze (*l. c.*). Isomorph dem $AsBO_4$, G. E. R. Schulze (*l. c.*), G. R. Levi, D. Ghiron (*l. c.*). Das durch Eindampfen hergestellte und das geglühte Prod. zeigen die gleichen Röntgeninterferenzen, E. Gruner (*Z. anorg. Ch.* **219** [1934] 181/91, 182).

Unter einem Druck von 85000 atm bei 1000 bis 1200°C hergestellt, zeigt BPO_4 hexagonale Prismen, J. D. Mackenzie, W. L. Roth, R. H. Wentorf (*Acta crystallogr.* [*Copenhagen*] **12** [1959] 79), Gitterkonstt. nach Drehkristall- und Weissenberg-Aufnahmen: $a = 4.470 \pm 0.005$ Å, $c = 9.926 \pm 0.01$ Å; Z = 3, F. Dachille, R. Roy (*Z. Krist.* **111** [1959] 451/61, 456).

Dichte D eines hydrothermal hergestellten Präp.: 2.24, E. C. Shafer, M. W. Shafer, R. Roy (*Z. Krist.* **108** [1957] 263/75, 273), eines geglühten Präp., bestimmt nach der Schwebemeth. in Acetylentetrabromid-Toluolgemisch, Hochtemperatur-Cristobalitform: 2.760; Röntgendichte 2.802, G. E. R. Schulze (*Z. phys. Ch.* B **24** [1934] 215/40, 218, 225), D eines bei 500°C unter einem Druck von 46 kbar hergestellten Präp., bestimmt nach der Schwimm- und Sinkmeth., Quarzform: 3.05; Röntgendichte 3.069, F. Dachille, R. Roy (*l. c.* S. 458).

BPO_4 beginnt bei 1450°C zu verdampfen und ist bei 1462°C vollständig ohne Zers. verdampft. Therm. Ausdehnungskoeff. im Bereich 25 bis 1000°C: $9 \cdot 10^{-6}$ $grad^{-1}$, F. A. Hummel, T. A. Kupinski (*J. Am. Soc.* **72** [1950] 5318/9).

Nicht piezoelektrisch, P. H. Egli (*Am. Mineralogist* **33** [1948] 622/33, 626).

Mittlerer Refraktionsindex für Hochtemperatur-Cristobalit-BPO_4: 1.597, für Quarz-BPO_4: 1.642, F. Dachille, R. Roy (*Z. Krist.* **111** [1959] 462/70, 468). Refraktionsindices für bei 500°C (Druck 46 kbar) hergestellte Kristalle: $n_\omega = 1.639$, $n_\varepsilon = 1.647$, F. Dachille, R. Roy (*Z. Krist.* **111** [1959] 451/61, 459), $n_\omega = 1.636$, $n_\varepsilon = 1.648$, J. D. Mackenzie, W. L. Roth, R. H. Wentorf (*Acta crytallogr.* [*Copenhagen*] **12** [1959] 79). Max. der UR-Absorption bei 8.92 μ (1121 cm^{-1}), F. Dachille, R. Roy (*Z. Krist.* **111** [1959] 462/70, 467), bei 915 (stark), 1069 (stark) und 1481 cm^{-1} (mittel), C. Duval, J. Lecomte (*Bl. Soc. chim.* **1947** 101/6).

Chemical Reactions

Chemisches Verhalten. Bei 80 bis 100°C gebildetes BPO_4 löst sich in H_2O unter Zers., F. Mylius, A. Meusser (*Ber.* **37** [1904] 397/401), hoch erhitzte Prodd. werden in sd. Alkalilaugen langsam zersetzt, sie sind unlösl. in Säuren, A. Vogel (*N. Repert. Pharm. Buchner* **18** [1869] 611/6, 614). Die Debye-Scherrer-Aufnahmen des lösl. und unlösl. BPO_4 zeigen aber die gleichen Röntgeninterferenzen, E. Gruner (*Z. anorg. Ch.* **219** [1934] 181/91, 182). Aus in konz. H_2SO_4 gelöster Borsäure und Phosphorsäure entstehendes BPO_4 bildet mit H_2SO_4 Gele, J. Leicester (*J. Soc. chem. Ind.* **67** [1948] 433/4). Mit schmelzenden Alkalien und deren Carbonaten sofortige Zers.; beim Glühen mit NaCl entsteht eine in H_2O lösl. Schmelze, G. Meyer (*Ber.* **22** [1889] 2919).

Aus H_3PO_4 und Borsäureäthylester hergestelltes BPO_4, mit absol. Äthanol am Rückflußkühler erhitzt, erfährt Acidolyse in H_3PO_4 und H_3BO_3, E. Cherbuliez, J.-P. Leber, A.-M. Ulrich (*Helv. chim. Acta* **36** [1953] 910/18, 915). — Wird BPO_4 mit NaH und Mineralöl erhitzt und nach Abkühlen mit fl. NH_3 extrahiert, bildet sich $NaBH_4$, Thiokol Chemical Corp., H. H. Bronaugh (*U.S.P.* 2849276 [1956/58], *C.* **1963** 14823).

$B_4P_2O_7$ (?)

$B_4P_2O_7$ (?). Borchlorid bildet mit rotem, O_2 enthaltendem P ein Phosphat der wahrscheinlichen Formel $P_2O_5 \cdot 2B_2O$, W. Kroll (*Z. anorg. Ch.* **102** [1918] 1/33, 20).

Das System P_2O_5–B_2O_3–H_2O

The P_2O_5–B_2O_3–H_2O System

Zus. gesätt. Lsgg. bei 25°C in g/100 g Lsg., Dichte D_4^{25} (in Auswahl) und nach der Restmeth. ermittelte Bodenkörper:

P_2O_5	3.63	21.51	31.01	40.39	43.70	48.51	51.52	56.99	58.68	63.43
B_2O_3	2.55	1.12	0.62	0.45	0.68	1.20	0.23	Konz. sehr gering		
D_4^{25}	1.042	1.190	1.281	1.391	1.434	1.516	—	—	1.645	1.722
Bodenkörper .	H_3BO_3					BPO_4				

Für den Zweisalzpunkt extrapolierte Zus.: 48.08 P_2O_5, 1.27 B_2O_3, $D_4^{25} = 15.04$, M. Levi, L. F. Gilbert (*J. chem. Soc.* **1927** 2117/24, 2124). Die P_2O_5-B_2O_3-H_2O-Lsg. leitet den elektr. Strom gut, H. E. Ulmer (*Dissert. Michigan State Univ.* 1955, S. 1/151 nach *Diss. Abstr.* **19** [1959] 1555/6).

Hydrates

Hydrate. Beim isothermen Abbau im System bei 20°C treten scharf definiert die Hydrate $BPO_4 \cdot 6H_2O$, $BPO_4 \cdot 5H_2O$, $BPO_4 \cdot 4H_2O$ und $BPO_4 \cdot 3H_2O$ auf, dagegen nicht das von F. Mylius, A. Meusser (*Ber.* **37** [1904] 397/401) vermutete Monohydrat. Die Debye-Scherrer-Aufnahmen des BPO_4, H_3BO_3 und des in Blättchen mit Perlmutterglanz kristallisierenden $BPO_4 \cdot 6H_2O$ sind verschieden. $BPO_4 \cdot 3H_2O$ zeigt die gleichen Röntgeninterferenzen wie H_3BO_3. Die Hexa-, Penta- und Tetrahydrate werden als Tri-, Di- und Monohydrat von $\left[\begin{matrix}HO \\ HO\end{matrix}\!\!>\!B\!\begin{matrix}\diagup O\,..\,O \diagdown \\ \diagdown\,..\,O \diagup\end{matrix}\!P\!<\!\begin{matrix}OH \\ OH\end{matrix}\right]H_2$ formuliert. Zur Darst. des $BPO_4 \cdot 6H_2O$ wird das auf dem Wasserbad erhaltene, pulverisierte, lösl. BPO_4 mit H_2O übergossen und die Fl. größtenteils bei gewöhnl. Temp. verdunstet, E. Gruner (*Z. anorg. Ch.* **219** [1934] 181/91, 184).

$BPO_4 \cdot 6H_2O \cdot NH_3$ entsteht beim Übergießen von $BPO_4 \cdot 6H_2O$ mit fl. NH_3 unter Wärmeabgabe als pulvriger, salzartiger Körper. Extrahiert man aber $BPO_4 \cdot 6H_2O$ mit fl. NH_3, entsteht $BPO_4 \cdot 3H_2O \cdot NH_3$, E. Gruner (*l. c.*).

PHB_2O_7

PHB_2O_7 bildet sich aus B_2O_3, H_3BO_3 und Pyrophosphorsäure, B. Levin (*B.P.* 116735 [1917/18], *C.A.* **1918** 2113).

$B_4O_7(H_3P_2O_6)_2$

$B_4O_7(H_3P_2O_6)_2$ entsteht aus H_3BO_3 und P_2O_5 bei Tempp. <200°C, s. L. H. Englund (*U.S.P.* 2375638 [1941/45], *C.* **1946** I 1759).

Phosphorus Amido Boranes

Phosphoramidoborane.

$PBH_3(NH_2)_3$ entsteht bei Einw. von NH_3 auf $P(BH_3)F_3$ in äther. Lsg. bei -111 bis $+35$°C, G. Kodama, R. W. Parry (*135th Meeting Am. Chem. Soc., Boston* 1959, 33M Nr. 86; *J. inorg. nuclear Chem.* **17** [1961] 125/9). E. R. Alton u. a. (13 Autoren) (WADC-TR-59-207 [1959] 1/190, 83/7, *N.S.A.* **14** [1960] Nr. 99). Durch Sublimation im Vak. erhaltene Kristalle sind monoklin mit annähernd tetraedr. Form. Nach Röntgenaufnahmen (MoKα-Strahlung) Raumgruppe $P2_1/c$ mit $a = 9.414 \pm 0.010$, $b = 9.492 \pm 0.015$, $c = 6.227 \pm 0.008$ Å; $\beta = 100.3 \pm 0.15°$; $Z = 4$. Abstand $P \leftrightarrow N = 1.653 \pm 0.005$ Å, $P \leftrightarrow B = 1.887 \pm 0.013$ Å. Röntgendichte 1.13 (Atomkoordinaten und Parameter s. Original). Teilstruktur, längs der b-Achse gesehen, s. **Fig. 150** (gestrichelte Linien = Abstände in Å; kleine leere Kreise: H-Atome), C. E. Nordman (*Acta crystallogr. [Copenhagen]* **13** [1960] 535/9), C. E. Nordman, E. Chang (*135th Meeting Am. Chem. Soc., Boston* 1959, 34M Nr. 87). — Lösl. in fl. NH_3 und Äther, G. Kodama, R. W. Parry (*l. c.*).

$PH_3 \cdot B_2H_6 \cdot NH_3$ bildet sich als weißer Rückstand beim Erwärmen der Lsg. von $2PH_3 \cdot B_2H_6$ (s. S. 611) in fl. NH_3 auf -60°C und Abpumpen des nicht gebundenen NH_3 oder aus $2PH_3 \cdot B_2H_6$ und gasf. NH_3 oberhalb -30°C, L. Gamble, P. Gilmont (*J. Am. Soc.* **62** [1940] 717/21). Vgl. ferner „*Bor*“ *Erg.-Bd.*, S. 103.

PF_3–BF_3 System

Das System PF_3–BF_3

Die Komponenten bilden ein Eutektikum bei 21.5 Mol-% BF_3, Erstarrungstemp. -163.5 ± 0.5°C, H. S. Booth, J. H. Walkup (*J. Am. Soc.* **65** [1943] 2334/9, 2336).

PH_3–BF_3 System

Das System PH_3–BF_3.

Das Zustandsdiagramm deutet die Existenz von 2 Verbb. mit Schmpp. bei etwa $-48°$ C und -83°C an; Eutektika treten bei 2 Mol-% BF_3 und -145°C sowie bei 98 Mol-% und ~ 130°C auf, D. R. Martin, R. E. Dial (*J. Am. Soc.* **72** [1950] 852/6). Schmp. des $PF_3 \cdot BH_3$ -116°C, R. W. Parry, T. C. Bissot (*J. Am. Soc.* **78** [1956] 1524/7).

$PF_3 \cdot BH_3$ bildet sich bei Einw. von BF_3 auf PH_3 bei -130°C im Hochvak. Überschüssiges BF_3 wird bei -145°C abdestilliert, E. Wiberg, V. Heubaum (*Z. anorg. Ch.* **225** [1935] 270/2). Überschüssiges PF_3 reagiert mit B_2H_6 bei 8 atm und gewöhnl. Temp. zu $PF_3 \cdot BH_3$ (farbloses Gas). Entsteht durch Einw. von PF_3 bei 5 atm auf $OCBH_3$. Nach Dest. bei -155°C bleibt $PF_3 \cdot BH_3$ quantitativ zurück; weitere Reinigung durch Dest. bei -128°C, R. W. Parry, T. C. Bissot (*l. c.*), T. C. Bissot (*Diss. Univ. of Michigan* 1956, *Diss. Abstr.* **16** [1956] 1337). Tritt im System PH_3–BF_3 auf; Schmp. -48°C, D. R. Martin, R. E. Dial (*J. Am. Chem. Soc.* **72** [1950] 852/6). Ramanfrequenzen s. C. Taylor, T. C. Bissot (*J. chem. Phys.* **25** [1956] 780/1). Nach den beob. Ramanfrequenzen hat die Verb. äthanähnliche Struktur. Die Molekel hat C_{50}-Symmetrie, E. R. Alton u. a. (13 Autoren) (WADC-

TR-59-207 [1959] 1/190, 83/8, *N.S.A.* **14** [1960] Nr. 99). Schmp. —116.1 ± 0.2°C, Sdp. —61.8°C, Verdampfungswärme 4.76 kcal/Mol beim Sdp., TROUTONsche Konst. 22.5. Dampfdruck p in Torr bei verschiedenen Tempp. t:

t in °C	—127.7	—119.7	—111.8	—101.5	—98.1	—95.7	—87.6	—79.9
p (beob.)	4.1	11.4	23.0	56.6	76.4	90.6	162.1	267
p (ber.)	—	—	23.4	57.0	74.6	89.7	161.6	270

Der Dampfdruck über der Fl. folgt log p = —10389/T + 7.8061. Die Verb. dissoziiert in PF_3 und B_2H_6, R. W. PARRY, T. C. BISSOT (*l. c.*).

In seinen physikal. und chem. Eigg. sehr ähnlich dem $OCBH_3$. Unter Druck bilden sich nach längerer Zeit unter H_2-Entw. undefinierte fl. Produkte. Reagiert mit überschüssigem NH_3 unter Aufnahme von 5 Mol NH_3 je Mol $PF_3 \cdot BH_3$ zwischen —178 und —80°C und Bldg. einer weißen Subst.,

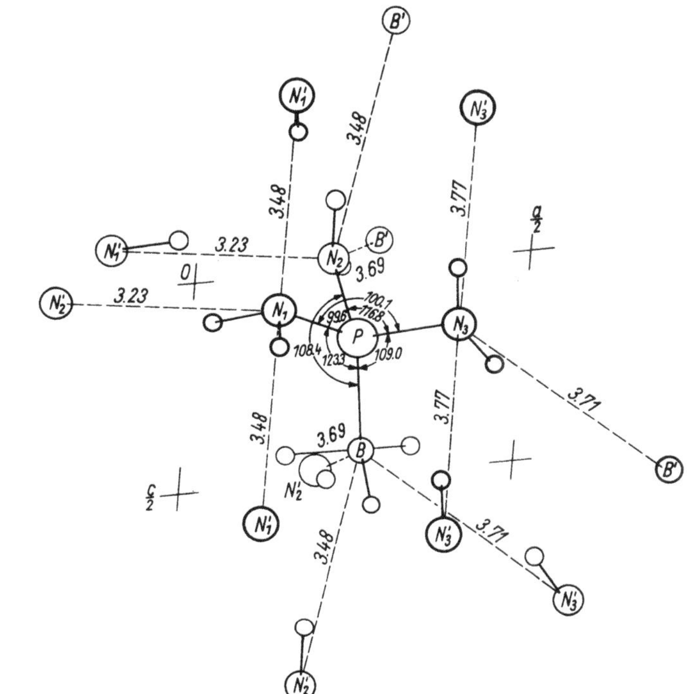

Fig. 150.

Teilstruktur von $PBH_3(NH_2)_3$.

R. W. PARRY, T. C. BISSOT (*l. c.*). Bildet mit NH_3 in äther. Lsg. bei —111° bis —35°C $(NH_2)_3PBH_3$, E. R. ALTON u. a. (*l. c.*), mit stöchiometr. Mengen von Trimethylamin $(CH_3)_3NBH_3$ und PF_3, R. W. PARRY, T. C. BISSOT (*l. c.*), s. auch G. KODOMA, R. W. PARRY (*135th Meeting Am. Chem. Soc., Boston* 1959, 33M Nr. 86).

***PF*$_3$ · *BD*$_3$.** Schmp. —115.1°C, Sdp. —59.8°C. Der Dampfdruck (p in Torr) der Fl. folgt log p = —1010.8/T + 7.6171. Verdampfungswärme 4.63 kcal; TROUTONsche Konst. 22, R. W. PARRY, T. C. BISSOT (*l. c.*), T. C. BISSOT (*l. c.*). — Ramanfrequenzen s. C. TAYLOR, T. C. BISSOT (*l. c.*).

[*PH*$_3$(*BF*$_2$)][*BF*$_4$]. Ein Prod. der Zus. $PH_3(BF_3)_2$ entsteht bei Umsetzung zwischen BF_3 und PH_3 bei —50°C als weißer Körper, A. BESSON (*C. r.* **110** [1890] 80/2). Wahrscheinlich handelt es sich hierbei nicht um $PH_3(BF_3)_2$, sondern um $[PH_3(BF_2)][BF_4]$, das in sekundärer Rk. aus $PH_3 \cdot BF_3$ nach $PH_3 \cdot BF_3 \xrightarrow{-HF} PH_2(BF_2) \xrightarrow{+HF} [PH_3(BF_2)]F \xrightarrow{+BF_3} [PH_3(BF_2)][BF_4]$ entsteht, E. WIBERG, U. HEUBAUM (*Z. anorg. Ch.* **225** [1935] 270/2). — Schmp. —83°C, D. R. MARTIN, R. E. DIAL (*J. Am. Soc.* **72** [1950] 852/6).

***P*$_2$*H*$_4$ · 2*BF*$_3$.** Zur Darst. werden 7.98 Millimol P_2H_4 mit 25.55 Millimol BF_3 bei —118°C behandelt, überschüssiges BF_3 wird entfernt. Das Prod. ist infolge Zers. leicht gelb gefärbt; unterhalb

—118°C ziemlich stabil, zersetzt sich bei höherer Temp. in PH_3 und BF_3, G. J. BEICHEL, E. C. EVERS (*J. Am. Soc.* **80** [1958] 5344/5).

POF_3–BF_3 System

Das System POF_3–BF_3

Die Komponenten bilden ein Eutektikum bei 16.5 Mol-% BF_3, Erstarrungstemp. -47.5 ± 0.5°C, H. S. BOOTH, J. H. WALKUP (*J. Am. Soc.* **65** [1943] 2334/9, 2337).

Boron Fluoride Phosphoric Acids

Borfluoridphosphorsäuren.

$H_3PO_4 \cdot BF_3$. Über Formulierungen der Verb. s. N. N. GREENWOOD, A. THOMPSON (*J. chem. Soc.* **1959** 3493/6), JA. M. PAUŠKIN (*Žurnal prikladnoj Chim.* [russ.] **21** [1948] 1199/1209). Über Verwendung als Katalysator für H_2O-Abspaltung bei organ. Synthesen s. I. G. FARBENINDUSTRIE A.-G., H. FINKELSTEIN, R. MICHEL (*D.P.* 632223 [1934/36], *C.* **1936** II 2422), JA. M. PAUŠKIN, M. V. KURAŠEV (*Izvestija Akad. Nauk SSSR, Otdel. chim. Nauk* **1954** 133/41, *C.A.* **1954** 9797; *Doklady Akad. Nauk SSSR* [2] **88** [1953] 995/8, *C.A.* **1953** 11923), JA. M. PAUŠKIN, A. V. TOPCHIEV (*Bl. Acad. URSS Cl. techn.* **1947** 813/6, *C.A.* **1948** 1555), A. V. TOPCHIEV, V. N. ANDRONOV (*Doklady Akad. Nauk SSSR* **111** [1956] 365/8, *C.A.* **1957** 9532), A. V. TOPCHIEV, M. V. KURAŠEV, JA. M. PAUŠKIN (*Doklady Akad. Nauk SSSR* [2] **93** [1953] 839/42, *C.A.* **1955** 894), A. V. TOPCHIEV, JA. M. PAUŠKIN (*Žurnal Obščej Chim.* [russ.] **18** [1948] 1537/44, *C.A.* **1949** 1214; *Neftjanoe Chozjastvo* [russ.] **25** Nr. 6 [1947] 54/9, *C.A.* **1948** 1182; *Doklady Akad. Nauk SSSR* [2] **58** [1947] 1057/60, *C.A.* **1952** 4145), A. V. TOPCHIEV, JA. M. PAUŠKIN, T. P. VIŠNJAKOVA, M. V. KURAŠEV (*Doklady Akad. Nauk SSSR* [2] **80** [1951] 381/4, 611/3, *C.A.* **1952** 2476, 3013), A. V. TOPCHIEV, T. P. VIŠNJAKOVA (*Žurnal obščej Chim.* [russ.] **21** [1951] 1618/25, *C.A.* **1952** 7043).

Entsteht bei Absorption der ber. BF_3-Menge in wasserfreiem H_3PO_4 als öliges Prod., I. G. FARBENINDUSTRIE A.-G., H. FINKELSTEIN, R. MICHEL (*D.P.* 632223 [1934/36], *C.* **1936** II 2422). — Erstarrt bei etwa —100°C, N. N. GREENWOOD, A. THOMPSON (*J. chem. Soc.* **1959** 3493/6), bei —105°C, A. V. TOPCHIEV, JA. M. PAUŠKIN (*l. c.*), zu einer durchsichtigen glasigen Substanz. — Dichte D, Viscosität η und spezif. Leitf. $\varkappa$ bei verschiedenen Tempp. t; Werte in Auswahl:

t in °C	—50	—30	—10	0	10	20
D_4 in g·cm^{-3}	—	—	—	—	—	1.8883
$10^3 \varkappa$ in $\Omega^{-1}\cdot$cm^{-1}	0.259	1.046	2.718	3.951	5.46	7.24

t in °C	25	30	35	40
D_4 in g·cm^{-3}	1.8831	1.8777	1.8734	1.8681
η in Centipoise	46.16	39.27	34.36	30.35
$10^3 \varkappa$ in $\Omega^{-1}\cdot$cm^{-1}	8.23	9.29	10.41	11.85

$D_4^t = 1.9087 - 1.02 \times 10^3 t$. D der gesätt. Lsg. von BF_3 in H_3PO_4 s. N. N. GREENWOOD, A. THOMPSON (*l. c.*), D = 1.932, $\eta = 46.7$ Centipoise, A. V. TOPCHIEV, JA. M. PAUŠKIN (*l. c.*), $\varkappa_{25} = 7.227\ \Omega^{-1}\cdot$cm^{-1}, Molvol. 85.8, N. N. GREENWOOD, R. L. MARTIN (*J. chem. Soc.* **1953** 4132/4). — Zersetzt sich bei Atm.-Druck, N. N. GREENWOOD, A. THOMPSON (*l. c.*).

$D_3PO_4 \cdot BF_3$ entsteht bei Absorption der ber. BF_3-Menge in wasserfreiem D_3PO_4. Erstarrt bei etwa —100°C zu einer durchsichtigen, glasigen Masse. Dichte D, Viscosität η und spezif. Leitf. $\varkappa$ bei verschiedenen Tempp. t; Werte in Auswahl:

t in °C	—50	—30	—10	0	10	20	25	30	35	40
D_4 in g·cm^{-3}	—	—	—	—	—	—	1.9058	1.8990	1.8933	1.8870
η in Centipoise	—	—	—	—	—	—	48.51	41.66	35.85	31.11
$10^3 \varkappa$ in $\Omega^{-1}\cdot$cm^{-1}	0.238	0.995	2.634	3.888	5.38	7.19	8.20	9.25	10.37	11.50

$D_4^t = 1.9370 - 1.25 \times 10^{-3} t$, N. N. GREENWOOD, A. THOMPSON (*J. chem. Soc.* **1959** 3493/6).

$HPO_3 \cdot BF_3$ findet Verwendung als Katalysator für organ. Synthesen, A. V. TOPCHIEV, JA. M. PAUŠKIN (*Žurnal obščej Chim.* [russ.] **18** [1948] 1537/44; *Doklady Akad. Nauk SSSR* [2] **58** [1947] 1057/60), JA. M. PAUŠKIN, A. V. TOPCHIEV (*Bl. Acad. URSS Cl. techn.* **1947** 813/6), A. V. TOPCHIEV, T. P. VIŠNJAKOVA (*Žurnal obščej Chim.* [russ.] **21** [1951] 1618/25, *C.A.* **1952** 7043). — Entsteht bei Absorption von BF_3 durch wasserfreies HPO_3. Die Absorption muß ohne Unterbrechung durchgeführt werden. Überschüssiges BF_3 wird durch Erhitzen auf 100°C entfernt; bis zu dieser Temp. ist die Verb. beständig. Bewegliche Fl. mit $D_4^{20} = 1.993$, A. V. TOPCHIEV, JA. M. PAUŠKIN (*l. c.*).

$H_4P_2O_7 \cdot 2BF_3$ findet Verwendung als Katalysator für H_2O-Abspaltung, I. G. FARBENINDUSTRIE A.-G., H. FINKELSTEIN, R. MICHEL (*D.P.* 632233 [1934/36], *C.* **1936** II 2422), A. V. TOPCHIEV, JA. M. PAUŠKIN (*Neftjanoe Chozjastvo* [russ.] **25** Nr. 6 [1947] 54/9, *C.A.* **1948** 1182; *Doklady Akad. Nauk SSSR* [2] **58** [1947] 1057/60, *C.A.* **1952** 4145), A. V. TOPCHIEV, JA. M. PAUŠKIN, T. P. VIŠNJAKOVA, M. V. KURAŠEV (*Doklady Akad. Nauk SSSR* [2] **80** [1951] 381/4, *C.A.* **1952** 2476, 3013), A. V. TOPCHIEV, T. P. VIŠNJAKOVA (*l. c.*).

Entsteht bei der Absorption von BF_3 in wasserfreiem $H_4P_2O_7$ als öliges Prod., I. G. FARBENINDUSTRIE A.-G., H. FINKELSTEIN, R. MICHEL (*l. c.*), als bewegliche Fl. mit Erstarrungspunkt —82°C; spezif. Gew. 1.950; Viscosität 1.23 Poise, $10^3\varkappa = 6.7\Omega^{-1}\cdot cm^{-1}$, A. V. TOPCHIEV, JA. M. PAUŠKIN (*l. c.*), A. V. TOPCHIEV, JA. M. PAUŠKIN, T. P. VIŠNJAKOVA, M. V. KURAŠEV (*l. c.*).

$H_2PO_3F \cdot BF_3$ dient als Katalysator für die Polymerisation von Propylen. Fl., die zwischen 80 und 320°C siedet, A. V. TOPCHIEV, V. N. ANDRONOV (*Doklady Akad. Nauk SSSR* **111** [1956] 365/8).

Phosphorborchloride.

Phosphorus Boron Chlorides

$PCl_3 \cdot BCl_3$ entsteht als farblose Fl. aus der Lsg. von PCl_3 in fl. HCl und BCl_3 nach Entfernung von Lsgm. und überschüssigem BCl_3; fl. PCl_3 und BCl_3 sind in jedem Verhältnis ohne Fällung mischbar. Eine Mischung 1:1 (Mol) erstarrt zwischen —63 und —64°C, T. C. WADDINGTON, F. KLANBERG (*J. chem. Soc.* **1960** 2332/8, 2337). Zwischen PCl_3 und BCl_3 findet bis —45°C im Vak. keine Verb.-Bldg. statt, R. R. HOLMES (*J. inorg. nuclear Chem.* **12** [1960] 266/75, 267). Bei der von A. STIEBER (*C. r.* **195** [1932] 610/1) als $PCl_3 \cdot BCl_3$ bezeichneten Verb. dürfte es sich um $POCl_3 \cdot BCl_3$ gehandelt haben, T. C. WADDINGTON, F. KLANBERG (*l. c.*), R. R. HOLMES (*l. c.* S. 269).

$PCl_5 \cdot BCl_3$ entsteht aus PCl_3, BCl_3 und Cl_2 oder beim Leiten von BCl_3 durch 4%ige PCl_5-Lsg. in CCl_4, R. R. HOLMES (*Purdue Univ.* 1954, S. 41, *Diss. Abstr.* **1954** 452/3). Fällt aus beim Mischen der 70°C warmen Lsgg. von PCl_5 und BCl_3 in $POCl_3$; Waschen mit heißem $POCl_3$; anhaftendes $POCl_3$ wird durch Waschen mit $SOCl_2$ entfernt, W. L. GROENEVELD (*Rec. Trav. chim.* **71** [1952] 1152/6, 1153). Entsteht bei der konduktometr. Titration von BCl_3 in $POCl_3$ mit PCl_5, W. L. GROENEVELD, A. P. ZUUR (*Rec. Trav. chim.* **72** [1953] 617/24, 623). Ein Knickpunkt bei BCl_3:PCl_5 = 1:1 (Mol) zeigt das Auftreten der Verb. an, W. L. GROENEVELD (*Diss. Leiden* 1953, S. 1/170, 49). Entsteht beim Erhitzen von PCl_5 in Triäthylamin am Rückflußkühler und Einleiten von BCl_3 in die Rk.-Masse; Waschen mit Äther und Trocknen im Vak. bei gewöhnl. Temp.; weiß, R. C. VICKERY (*Nature* **184** [1959] 268). Bildet sich aus $PBBr_6$ und $PBBr_8$ im trocknen Cl_2-Strom, TARIBLE (*C. r.* **116** [1893] 1521/4), aus $PCl_5 \cdot 2BCl_3$ bei gewöhnl. Temp., T. C. WADDINGTON, F. KLANBERG (*J. chem. Soc.* **1960** 2332/8, 2336). — Das UR-Spektrum deutet auf die Struktur $PCl_4^+ BCl_4^-$, T. C. WADDINGTON, F. KLANBERG (*J. chem. Soc.* **1960** 2339/43), s. auch N. N. GREENWOOD, K. WADE, P. G. PERKINS (*16e Congr. int. chim. pure appl., Paris* 1957, *Mem. Sect. chim. minerale*, S. 491/6, 492).

Im geschlossenen Rohr auf 300°C erhitzt, zersetzt sich ein Tl. der Verb. unter Cl_2-Entw. und Bldg. von kub. PB, der andere Tl. sublimiert an kühlere Stellen, R. C. VICKERY (*l. c.*).

$PCl_5 \cdot 2BCl_3$ fällt als weißer Nd. bei der konduktometr. Titration von PCl_5 in fl. HCl mit BCl_3. Zersetzt sich im geschlossenen Behälter bei gewöhnl. Temp. zu $PBCl_8$ und BCl_3, T. C. WADDINGTON, F. KLANBERG (*J. chem. Soc.* **1960** 2332/8, 2335).

$PH_3 \cdot BCl_3$ bildet sich bei der Rk. von überschüssigem PH_3 mit B_2Cl_4 bei —78.5°C im geschlossenen Rohr, T. WARTIK, E. F. APPLE (*J. Am. Soc.* **80** [1958] 6155/8), aus PH_3 und BCl_3 unterhalb 20°C in exothermer Rk. als weißer, fester Körper, A. BESSON (*C. r.* **110** [1890] 516/8), bei genügend langem Einleiten von HCl in $2PH_3 \cdot B_2H_6$. Wird $2PH_3 \cdot B_2H_2Cl_4$ im geschlossenen Rohr auf 100°C erhitzt, bildet sich etwas H_2 und eine Fl., während krist. $PH_3 \cdot BCl_3$ sublimiert, E. L. GAMBLE, P. GILMONT (*J. Am. Soc.* **62** [1940] 717/21). — Der Zers.-Druck bei 0°C beträgt 9.0 Torr, T. WARTIK, E. F. APPLE (*l. c.*). Zwischen —11 und + 25°C folgt der Zers.-Druck p (in Torr) der Gleichung $\log p = 11.137 - 2810/T$, E. L. GAMBLE, P. GILMONT (*l. c.*). Wird durch H_2O sofort unter PH_3-Entw. zersetzt, A. BESSON (*l. c.*).

PH_4BCl_4 entsteht bei der konduktometr. Titration einer Lsg. von PH_3 in fl. HCl mit BCl_3. In Abwesenheit von Luft stabiler als PH_4J, T. C. WADDINGTON, F. KLANBERG (*l. c.*). Feines, weißes Pulver, das sich ähnlich wie PH_4J (s. S. 525) verhält, T. C. WADDINGTON, F. KLANBERG (*Naturw.* **46** [1959] 578/9). Über das UR-Spektrum s. T. C. WADDINGTON, F. KLANBERG (*J. chem. Soc.* **1960** 2339/43).

$2PH_3 \cdot B_2Cl_4$ bildet sich als weißer, fester Körper bei der Rk. von B_2Cl_4 mit überschüssigem PH_3 im Bombenrohr bei —78.5°C. Vom $PH_3 \cdot BCl_3$ wird es durch Ausfrieren bei —22.9°C getrennt. Der Dampfdruck bei 25°C beträgt 0.7 Torr; bei 65°C tritt teilweise Zers. ein unter Bldg. von PH_4Cl. An der Luft sehr beständig, T. WARTIK, E. F. APPLE (*J. Am. Soc.* **80** [1958] 6155/8).

$2PH_3 \cdot B_2H_4Cl_2$. Beim Einleiten von HCl in $2PH_3 \cdot B_2H_6$ entsteht eine Fl., wenn 1 Mol HCl eingeführt worden ist. Bei vollkommener Verflüssigung hat das Prod. obige Zus., E. L. GAMBLE, P. GILMONT (*J. Am. Soc.* **62** [1940] 717/21).

$2PH_3 \cdot B_2H_2Cl_4$ entsteht als festes Prod. beim Einleiten von HCl in fl. $2PH_3 \cdot B_2H_4Cl_2$. Schmilzt bei 68°C unter Zers., E. L. GAMBLE, P. GILMONT (*l. c.*).

$POCl_3 \cdot BCl_3$. Auf Grund des UR-Spektrums wird die Verb. als $[POCl_2]^+[BCl_4]^-$ formuliert, W. GERRARD, E. F. MOONEY, H. A. WILLIS (*J. chem. Soc.* **1961** 4255/6); Struktur $POCl_3 \cdot BCl_3$, T. C. WADDINGTON, F. KLANBERG (*J. chem. Soc.* **1960** 2339/43). Austausch von ^{35}Cl mit ^{36}Cl im System $POCl_3$–BCl_3 deutet auf die früher vermutete Formulierung als $POCl_3 \cdot BCl_3$, R. H. HERBER (*J. Am. Soc.* **82** [1960] 792/5).

Bildet sich aus $POCl_3$ und BF_3, A. B. BURG, M. K. ROSS (*J. Am. Soc.* **65** [1943] 1637/8), aus BCl_3 und fl. $POCl_3$, G. GUSTAVSON (*Ber.* **4** [1871] 975/6; *Z. Chem.* [2] **7** [1871] 417/8), neben BPO_4 durch 8std. Erhitzen von B_2O_3 und $POCl_3$ bei 150°C im geschlossenen Rohr, G. GUSTAVSON (*l. c.*), s. auch G. ODDO, M. TEALDI (*Gazz.* **33** [1903] 427/49, 430). Entsteht bei der konduktometr. Titration von $POCl_3$ in fl. HCl mit BCl_3 und läßt sich beim Eindampfen der Lsg. als weiße, feste Subst. gewinnen und durch Sublimation im Vak. reinigen, T. C. WADDINGTON, F. KLANBERG (*J. chem. Soc.* **1960** 2332/8, 2337). Das Diagramm Dampfdruck–Zus. zeigt einen deutlichen Knick bei der Zus. $POCl_3 : BCl_3 = 1:1$ (Mol), R. H. HERBER (*l. c.*). Zur Darst. werden 6.71 g PCl_3, gelöst in 30 ml n-Pentan, tropfenweise zu 5.33 g BCl_3 bei —80°C gegeben; die Verb. wird bei 24°C abfiltriert, 1 Std. bei 24°C und 20 Torr belassen und bei 100°C sublimiert, M. J. FRAZER, W. GERRARD, J. K. PATEL (*J. chem. Soc.* **1960** 726/30). Wird in Form weißer Nadeln bei der Einw. von BCl_3 auf $POCl_3$ im Vak. bei —45°C erhalten, R. R. HOLMES (*J. inorg. nuclear Chem.* **12** [1960] 266/75, 269).

Schmp. 70 bis 71°C, M. J. FRAZER u. a. (*l. c.*) 73°C, G. GUSTAVSON (*l. c.*). Zers.-Druck p in Abhängigkeit von der Temp. t:

t in °C	10.2	12.5	14.0	15.8	19.2	22.5	25.2	27.8	30.2	35.0
p in Torr	10.2	12.1	13.7	15.9	20.6	26.3	32.4	38.9	46.5	65.3

Annähernder Wert der freien Energie der Zers. in $POCl_3$ und BCl_3 $\Delta F^\circ_{298} = -4.6$ kcal, A. B. BURG, M. K. ROSS (*l. c.*). — Etwas lösl. in der Kälte in BCl_3, PCl_3 und CCl_4. Wasser zersetzt unter großer Wärmeentw. in H_3BO_3, H_3PO_4 und HCl; Alkalilaugen reagieren noch heftiger unter Bldg. von Salzen; reagiert mit Aceton, A. STIEBER (*l. c.*). Im System $POCl_3$–BCl_3 läßt sich bei 0°C und überschüssigem $POCl_3$ das Cl im $POCl_3$ durch ^{36}Cl schnell austauschen, bei überschüssigem BCl_3 nicht, R. H. HERBER (*l. c.*).

Phosphorus Boron Fluoride Chlorides

Phosphorborfluoridchloride.

$PCl_3 \cdot BF_3$ (?) bildet sich beim Einleiten von BF_3 in PCl_3 unterhalb —12°C. Kristallnadeln, die sich bei —6°C wieder in die Komponenten zersetzen, P. BAUMGARTEN, W. BRUNS (*Ber.* **80** [1947] 517/20). Nach R. R. HOLMES (*J. inorg. nuclear Chem.* **12** [1960] 266/75, 267) ist jedoch gasf. BF_3 in fl. PCl_3 bei —78.5°C kaum löslich; der Dampfdruck über der Fl. widerspricht der Existenz einer stabilen Verbindung.

$PCl_5 \cdot BF_3$. Die konduktometr. Titration einer Lsg. von PCl_5 in fl. HCl mit BF_3 zeigt die Bldg. der Verb. an, die beim Eindampfen der Lsg. erhalten wird, T. C. WADDINGTON, F. KLANBERG (*J. chem. Soc.* **1960** 2332/8, 2335). Weiß, beständig an trockner Luft, T. C. WADDINGTON, F. KLANBERG (*Naturw.* **46** [1959] 578/9). Das UR-Spektrum läßt die Ionenstruktur $PCl_4^+BF_3Cl^-$ vermuten, T. C. WADDINGTON, F. KLANBERG (*J. chem. Soc.* **1960** 2339/43).

$[PH_4][BF_3Cl]$ entsteht bei der konduktometr. Titration einer Lsg. von PH_3 in fl. HCl mit BF_3 als hellgelber Nd. mit einer Stabilität zwischen PH_4Br und PH_4J, T. C. WADDINGTON, F. KLANBERG (*J. chem. Soc.* **1960** 2332/8, 2337). Hoher Zers.-Druck bei gewöhnl. Temp., T. C. WADDINGTON, F. KLANBERG (*Naturw.* **46** [1959] 578/9). UR-Spektrum s. T. C. WADDINGTON, F. KLANBERG (*J. chem. Soc.* **1960** 2339/43).

POCl₃·BF₃. Nach dem UR-Spektrum kommt der Verb. vermutlich die Formel $POCl_2 \cdot BF_3Cl$ zu, T. C. WADDINGTON, F. KLANBERG (*l. c.*). Bildet sich bei Zugabe von BF_3 zur Lsg. von $POCl_3$ in fl. HCl; Schmp. unter Zers. —3°C, T. C. WADDINGTON, F. KLANBERG (*J. chem. Soc.* **1960** 2332/8, 2337). Weiß, sehr hygroskopisch. Dissoziiert in $POCl_3$ und BF_3, T. C. WADDINGTON, F. KLANBERG (*Naturw.* **46** [1959] 578/9). Beim Mischen der in Leichtpetroleum gelösten Komponenten bei Tempp. unter —80°C entsteht die Verb. nicht, A. B. BURG, M. K. ROSS (*J. Am. Soc.* **65** [1943] 1637/8).

Phosphorborbromide.

Phosphorus Boron Bromides

$PBr_3 \cdot BBr_3$. PBr_3 und BBr_3 vereinigen sich unter starker Erwärmung zu einer weißen Kristallmasse. Gut ausgebildete, farblose Kristalle vom Schmp. 61°C erhält man aus der Mischung der Lsgg. der Komponenten in trocknem CS_2. Raucht an der Luft, lösl. in CS_2 und Chloroform. Wasser zersetzt zu H_3BO_3, H_3PO_3 und HBr. Im H_2-Strom sublimiert $PBr_3 \cdot BBr_3$ unter teilweiser Zers., im O_2-Strom zersetzt es sich leicht bei gewöhnl. Temp., bei höherer Temp. brennt es unter Bldg. von P_2O_5, B_2O_3 und Br_2. Mit Cl_2 bildet es bei gewöhnl. Temp. $PCl_5 \cdot BCl_3$. Gasf. trocknes NH_3 wird unter Wärmeentw. und Bldg. einer weißen, krist. Subst. absorbiert, TARIBLE (*C. r.* **116** [1893] 1521/4). $PBr_3 \cdot BBr_3$ ist im Vak. beständig, R. R. HOLMES (*J. inorg. nuclear Chem.* **12** [1960] 266/75, 269).

$PBr_5 \cdot BBr_3$ fällt aus beim Mischen der Lsgg. von PBr_5 und BBr_3 in CS_2. Umkristallisierbar aus CS_2. Schmilzt im verschlossenen Röhrchen bei 140°C. Raucht an der Luft, verflüchtigt sich bei 105°C. Verbrennt im O_2-Strom. Im Cl_2-Strom bildet sich $PBCl_8$ schon in der Kälte unter Wärmeentwicklung. Gasf. NH_3 wird adsorbiert unter Wärmeentw. und Bldg. weißer Kristalle. Mit H_2O Zers. zu H_3PO_4, H_3BO_3 und HBr, TARIBLE (*l. c.*).

$PH_3 \cdot BBr_3$ bildet sich bei der Rk. von PH_3 und BBr_3 bei gewöhnl. Temp. als weiße, amorphe, sehr leichte Masse. Raucht und entzündet sich an der Luft. Zers. durch H_2O unter PH_3-Entw.; läßt sich bei 150°C im geschlossenen Gefäß und im H_2- oder CO_2-Strom sublimieren und bildet dann kleine, durchscheinende Kristalle. Beim Erhitzen auf 300°C bilden sich PB und HBr, A. BESSON (*C. r.* **113** [1891] 78/80).

$POBr_3 \cdot BBr_3$. Darst. durch Zugabe von 4.01 g $POBr_3$ in 25 ml n-Pentan und 5 ml Methylendichlorid zu 3.67 g BBr_3 in 15 ml Pentan. Waschen der Fällung mit Pentan, 1std. Trocknen bei 20°C und 0.1 Torr, M. J. FRAZER, W. GERRARD, J. K. PATEL (*J. chem. Soc.* **1960** 726/30).

Phosphorborchloridbromide.

Phosphorus Boron Chloride Bromides

$PCl_3 \cdot BBr_3$. Beim Behandeln von BBr_3 mit PCl_3 im Vak. bei 0°C entsteht die weiße, krist. Verb. auch bei Überschuß von BBr_3. Schmilzt bei ~42°C, Dampfdruck 20 Torr bei 18°C und 21.5 Torr bei 20°C; im Vak. einige Tage aufbewahrt, wird die Verb. flüssig. Die Kristalle rauchen stark an feuchter Luft und reagieren heftig mit H_2O, E. WIBERG, K. SCHUSTER (*Z. anorg. Ch.* **213** [1933] 94/6; *J. inorg. nuclear Chem.* **12** [1960] 266/75, 269). Ziemlich flüchtige Verb.; wird nach mehrtägigem Stehen flüssig, R. R. HOLMES (*Diss. Purdue Univ.* 1954, S. 78, *Diss. Abstr.* **1954** 452/3).

$PCl_3 \cdot 2BBr_3$ (?). BBr_3 reagiert am besten bei einem Molverhältnis 2:1 mit PCl_3 unter Bldg. der weißen, krist. Verb.; sublimiert an der Luft teilweise bei 40°C und schmilzt bei ~58°C; sublimiert im H_2-Strom bei ~30°C. Reagiert bei Rotglut mit O_2; Schwefel greift unterhalb der Zers.-Temp. nicht an; Ammoniak wird unter Bldg. eines weißen, krist. Prod. und Wärmeentw. absorbiert. $PCl_3 \cdot 2PBr_3$ ist lösl. in seinen Komponenten, in $CHCl_3$ und CS_2, unlösl. in Petroläther, reagiert heftig mit KW-Stoffen, Alkoholen, Äther und organ. Säuren, TARIBLE (*C. r.* **132** [1901] 83/5).

$PCl_5 \cdot 2BBr_3$. Darst. aus PCl_5 und BBr_3 durch Erhitzen im geschlossenen Röhrchen auf 150°C. Beständiger als $PCl_3 \cdot 2BBr_3$. Lösl. in BBr_3 und CS_2, unlösl. in Petroläther. Hydrolysiert an feuchter Luft unter Bldg. von H_3PO_4 und H_3BO_3 sowie Entw. von HCl und HBr. Sublimiert teilweise an der Luft bei 100°C und schmilzt bei ~151°C unter leichter Zersetzung. Sublimiert im H_2-Strom ohne Zers., wird von O_2 nur bei Rotglut angegriffen. Schwefel greift unterhalb der Zers.-Temp. nicht an, NH_3 wird unter Bldg. eines weißen Pulvers absorbiert. Heftige Rk. mit KW-Stoffen, Alkoholen, Äthern und organ. Säuren, TARIBLE (*l. c.*).

$POCl_3 \cdot BBr_3$ entsteht aus $POCl_3$ und BBr_3 als weißes, krist. Prod.; muß über CaO oder konz. H_2SO_4 aufbewahrt werden. Zersetzt sich vor dem Schmelzen, hydrolysiert sehr leicht, besonders bei Ggw. von KOH, G. ODDO, M. TEALDI (*Gazz.* **33** [1903] 427/49, 431).

Phosphorus Boron Iodides

Phosphorborjodide.

PBJ entsteht beim Erhitzen von PBJ_2 im H_2-Strom bei 160°C als rotes Pulver. Sublimiert im Vak. bei 210 bis 250°C unter Bldg. orangegelber Kristalle. In Abwesenheit von Luft unterhalb Dunkelrotglut Zers. unter Bldg. von J und PB. Im H_2-Strom auf 450 bis 500°C erhitzt, bildet sich PB. Zersetzt sich in HNO_3- und H_2SO_4-Monohydrat unter Ausscheidung von J_2, H. Moissan (*C. r.* **113** [1891] 624/7).

PBJ₂ entsteht im zugeschmolzenen Rohr aus dem Gemisch der Lsgg. von BJ_3 und P in trocknem CS_2 als roter amorpher Nd.; Waschen mit CS_2 und Trocknen durch CO_2. Beginnt im Vak. bei 170 bis 200°C zu sublimieren, wobei sich die Verb. in roten hygroskop. Kristallen absetzt. Wird durch H_2 zu PBJ reduziert; hydrolysiert zu HJ, H_3BO_3 und H_3PO_3, daneben entwickelt sich etwas PH_3. Lösl. in CS_2, unlösl. in PCl_3, CCl_4 und Benzin. Entflammt mit O_2 und mit Cl_2. In H_2S erhitzt, bilden sich B_2S_3, P_2S_3 und HJ. Mit Na in der Kälte keine Rk., mit leicht erhitztem Mg Entflammung. Konz. H_2SO_4 greift in der Kälte nicht an, in der Wärme wird J_2 frei, H. Moissan (*C. r.* **113** [1891] 624/7). Zur quantitativen Best. des B im PBJ_2 s. W. B. Swann, W. M. McNabb, J. F. Hazel (*Anal. chim. Acta* **22** [1960] 76/81).

P₂J₄·2BBr₃ bildet sich bei Einw. von P_2J_4 auf BBr_3 in CS_2 und beim Erhitzen eines PJ_3–BBr_3-Gemisches im geschlossenen Rohr unter Ausscheidung von J_2. Goldgelbe Kristalle, die bei 130°C J_2 abgeben und bei 145°C schmelzen. Lösl. in $CHCl_3$, CS_2 und BBr_3, unlösl. in Petroläther. Wird durch H_2O zu HBr, HJ, H_3BO_3 und H_3PO_4 zersetzt. Absorbiert NH_3 unter Bldg. eines weißen Pulvers, Tarible (*C. r.* **132** [1901] 204/7).

The PSF_3–BF_3 System

Das System PSF_3–BF_3

Die Komponenten bilden ein Eutektikum bei 16.00 Mol-% BF_3 und -152.1 ± 0.5°C, H. S. Booth, J. H. Walkup (*J. Am. Soc.* **65** [1943] 2334/9, 2338).

Phosphorus and Carbon

Phosphor und Kohlenstoff

Im folgenden werden nur Verbb. beschrieben, die keine CH-Gruppe enthalten.

Allgemeine Literatur:

M. Grayson, *Synthesis of Organophosphorus Compounds, Chem. Eng. News* **40** Nr. 49 [1962] 90/100.

The P–C Bond

Die P–C-Bindung. Austauschintegrale für Bindungen zwischen dem C-Atom und anderen Atomen, darunter P, berechnet G. Rasch (*Z. Chem.* **2** [1962] 347/8, 382, **3** [1963] 35/36). — In $(C_6H_5)_3PO$, $(C_6H_5)_3PS$ bzw. $(C_6H_5)_3PSe$ beträgt die Wellenzahl der symmetr. P–C-Schwingung $\nu = 445$, 429 bzw. 428 cm^{-1}, entsprechend die der asymmetr. Schwingung $\nu = 540$, 516 bzw. 511 cm^{-1}, K. A. Jensen, P. H. Nielsen (*Acta chem. Scand.* **17** [1963] 1875/85, 1880). Arbeiten, in denen die Schwingungsspektren von Verbb. mit P–C-Bindung beschrieben sind, werden von E. M. Popov, M. I. Kabačnik, L. S. Majanc (*Uspechi Chim.* **30** [1961] 846/76; *Russ. Chem. Rev.* **30** [1961] 362/77, 375) zusammengestellt, wobei sich zeigt, daß eine willkürfreie Zuordnung bestimmter Wellenzahlen zu bestimmten Schwingungen noch nicht möglich ist; vgl. auch L. W. Daasch, D. C. Smith (*Anal. Chem.* **23** [1951] 853/68), L. C. Thomas, R. A. Chittenden (*Chem. Ind.* **1961** 1913). — Die Bindungsenergie der P–C-Bindung in $(C_6H_5)_3P$ beträgt D = 72.4 kcal/Mol, K. H. Birr (*Z. anorg. allg. Chem.* **311** [1961] 92/6). Aus Atominkrementen berechnet M. L. Huggins (*J. Am. chem. Soc.* **75** [1953] 4123/6) hierfür D = 62 kcal/Mol.

Das Inkrement R von P–C-Bindungen zur Molrefraktion hängt stark davon ab, welche Atome außer P an das C-Atom gebunden sind. Für die Bindung an C-Atome in aliphat. bzw. aromat. Verbb. gilt R = 1.85 bzw. 2.75; für P–C=O und P–C≡N ist R = 2.05 bzw. 2.55, für P–C≡Cl_3 ist R = 2.7, H. Tolkmith (*Ann. New York Acad. Sci.* **79** [1959] 189/231). Für die Bindung von fünfwertigem P an C in aromat. Verbb. ermitteln V. A. Kuchtin, K. M. Kirillova (*Žurnal obščej Chim.* **32** [1962] 2979/800; *J. gen. Chem. USSR* **32** [1962] 2755/7) R = 4.16, für die ≡P=C-Bindung (im Mittel) R = 4.50.

The PC Molecule

Die PC-Molekel. Von der PC-Molekel sind auf Grund der Analyse von 2 Bandensystemen außer dem Grundzustand ($^2\Sigma$) 2 Anregungszustände ($^2\Pi$, 6806.30, 6964.57 cm^{-1}, und $^2\Sigma$, 28898.92 cm^{-1}) bekannt. Molekelkonstt. (in cm^{-1}) und Kernabstände (in Å):

Term	ω_e	$\omega_e x_e$	B_e	α_e	r_e
B $^2\Sigma$	1061.99	6.035	0.6980	0.0077	1.667
A $^2\Pi$	836.32	5.917	0.68289	0.00628	1.6852
X $^2\Sigma$	1239.67	6.86	0.79863	0.00597	1.5583

H. Bärwald, G. Herzberg, L. Herzberg (*Ann. Phys.* [5] **20** [1934] 569/93, 587). Ber. ω_e-Werte s. bei K. M. Guggenheimer (*Proc. phys. Soc.* **58** [1946] 456/68, 462), G. Lovera (*N. Cim.* [9] **9** [1952] 541/3). Ber. Werte für $\omega_e x_e''$ und α_e'' (6.11, 0.00512) s. bei E. R. Lippincott, R. Schroeder (*J. chem. Phys.* **23** [1955] 1131/41, 1139/40). Mit Hilfe einer allgemeinen Pot.-Funktion berechnen E. R. Lippincott, M. Oakley Dayhoff (*Spectrochim. Acta* **16** [1960] 807/34, 824/5) $r_e'' = 1.54$, $\omega_e'' = 1385$, $\omega_e x_e'' = 8.15$. — Die π-Bindung in PC wird wahrscheinlich durch p-Elektronen gebildet, H. H. Jaffe (*J. inorg. nuclear Chem.* **4** [1957] 372/3).

Das Spektrum besteht aus 2 Bandensystemen zwischen 5000 und 4400 Å (B→A) sowie zwischen 4400 und 2900 Å (B→X); die Banden des UV-Systems bestehen aus P- und R-Zweigen, H. Bärwald u. a. (*l. c.* S. 570/86); vorläufige Mitteilung hierzu s. bei G. Herzberg (*Nature* **126** [1930] 131/2).

Die Dissoz.-Energie im Grundzustand beträgt $D'' = 6.9$ eV, H. Bärwald u. a. (*l. c.* S. 587). Nach einer neu aufgestellten Pot.-Funktion berechnen E. R. Lippincott, R. Schroeder (*l. c.*) $D_0'' = 135.0$ kcal/Mol = 5.85 eV. Ältere ber. D''-Werte s. bei J. W. Linnett (*Trans. Faraday Soc.* **38** [1942] 1/9), C. H. D. Clark (*Trans. Faraday Soc.* **36** [1940] 370/6).

Aus den spektroskop. Daten ergibt sich die Wärmekapazität von PC-Dampf bei 298°K zu $C_p^\circ = 7.14$ cal·mol⁻¹·grd⁻¹, die Entropie zu $S^\circ = 51.92$ cal·mol⁻¹·°K⁻¹, F. D. Rossini, D. D. Wagman, W. H. Evans, S. Levine, I. Jaffe (*Circ. Bur. Stand.* Nr. 500 [1952] 119, 598).

Phosphorcarbide.

Phosphorus Carbides

Ein Phosphorcarbid entsteht aus P und C beim Erhitzen als weiches, zitronengelbes Pulver. Beständig gegen Hitze und siedendes H_2O. Das von M. Proust bei Vauquelin (*Ann. Chim.* **35** [1799] 32/57, 44) hergestellte P-Carbid war ein Gemisch von P-Carbid mit P-Oxiden, Thomson (*Ann. Phil. Thomson* 8 [1816] 157/8).

P_2C_6. Entsteht nach $2PCl_3 + 3JMgC{\equiv}CMgJ \rightarrow P_2C_6 + 3MgJ_2 + 3MgCl_2$ in äther. Lsg. bei gewöhnl. Temp.; amorph, gelblich. Beim Glühen entflammt es unter Bldg. von P_2O_5. Unlösl., auch beim Erhitzen, in verd. und konz. Säuren sowie Alkalien, E. de Mahler (*Bl. Soc. chim.* [4] **29** [1921] 1071/3).

Graphit-Phosphorsäureverbindungen.

Graphite Phosphoric Acid Compounds

Beim Erhitzen von 100%igem H_3PO_4 oder $H_4P_2O_7$ und Graphit in Ggw. von CrO_3 auf 100 bzw. 70°C werden $H_2PO_4^-$- bzw. $H_2P_2O_7^{2-}$-Ionen in das Graphitgitter eingelagert (Interferenzen der Debye-Scherrer-Aufnahmen s. Original), wobei sich unter konz. Säuren beständige Verbb. bilden, W. Rüdorff, U. Hofmann (*Z. Anorg. Ch.* **238** [1938] 1/50, 37/9).

Phosphorcyanide.

Phosphorus Cyanides

$P(CN)_3$. Mögliche Bldg. aus P und Hg-Cyanid, Cenedella (*J. Pharm.* **21** [1835] 683/4), H. Davy (*Gilb. Ann.* **54** [1816] 383/5). Zur Darst. nach G. Wehrhane, H. Hübner (*Lieb. Ann.* **132** [1864] 277/89, 279), H. Hübner, G. Wehrhane (*Lieb. Ann.* **128** [1863] 254/6) werden zu 13.7 g PCl_3 unter Eiskühlung 40 g AgCN gegeben und im zugeschmolzenen Rohr 24 Std. auf 100°C erhitzt. Zur Entfernung von nicht umgesetztem PCl_3 wird das Rk.-Prod. ½ Std. im Vak. erwärmt; dann wird das $P(CN)_3$ im Vak. bei 130 bis 150°C innerhalb von 2 Tagen aus dem Rk.-Gemisch heraussublimiert. Ausbeute 7 bis 9 g, H. Gall, J. Schüppen (*Ber.* **63** [1930] 482/7, 485). Reinigung durch mehrfaches Sublimieren im Hochvak., J. Goubeau, H. Haeberle, H. Ulmer (*Z. anorg. Ch.* **311** [1961] 110/6, 115). Das Erhitzen im Bombenrohr kann vermieden werden, wenn 50 g gepulvertes, von Glasperlen aufgelockertes AgCN im 1.3 m langen Rohr auf 160°C erwärmt werden und PCl_3-Dampf mit N_2 als Trägergas darüber geleitet wird. Ausbeute (bezogen auf AgCN) 60%, L. Birckenbach, K. Huttner (*Z. anorg. Ch.* **190** [1930] 1/26, 23). Ausführliche Beschreibung der Darst. s. P. A. Staats, H. W. Morgan (*Inorganic Syntheses, Bd.* 6, 1961, S. 84/7). Aus 1.5 g PCl_3 und 3.0 g Trimethylisocyansilan werden 0.60 g reines $P(CN)_3$ erhalten, T. A. Bither, W. H. Knoth, R. V. Lindsey, W. H. Sharkey (*J. Am. Soc.* **80** [1958] 4151/3).

Große weiße Nadeln, G. Wehrhane, H. Hübner (*l. c.*). In heißem C_6H_6 gelöste Nadeln kristallisieren als Blättchen aus, H. Gall, J. Schüppen (*l. c.*). Pyramidenförmige Struktur, P. A. Staats,

H. W. MORGAN (*Appl. Spectroscopy* **13** [1959] 79). Bildet tetragonale Kristalle (Parameter, beob. und ber. Strukturfaktoren s. Original). Raumgruppe $I\bar{4}2d-D_{2d}^{12}$; Z = 16; a = 14.00, c = 10.81 Å. Mittlere Atomabstände: P↔C = 1.78 Å, C↔N = 1.15 Å; mittlere Bindungswinkel C–P–C = 93°, P–C–N = 1.72°. **Fig. 151** zeigt 2 Molekelschichten, längs der a-Achse betrachtet (Abstände in Å), K. EMERSON (*Acta crystallogr.* [*Copenhagen*] **17** [1964] 1134/9). Schmp. 199°C, J. GOUBEAU u. a. (*l. c.*), 200°C, T. A. BITHER u. a. (*l. c.*), 200 bis 203°C, G. WEHRHANE, H. HÜBNER (*l. c.*). Die beob. UR- und Raman-Spektren (Angabe der Frequenzen und ihrer Zuordnung s. Original, S. 112) deuten auf eine trigonale Pyramidenstruktur (C_{3v}) hin, J. GOUBEAU u. a. (*l. c.*). Die Bande des Dampfes bei 2195 cm^{-1} wird der C≡N-Bindung, die bei 642 cm^{-1} der P–C-Bindung zugeordnet, P. A. STAATS, H. W. MORGAN (*l. c.*).

Trocknes O_2 und O_3 greifen $P(CN)_3$ nicht an, J. GOUBEAU u. a. (*l. c.*). Entzündet sich an der Luft, H. HÜBNER, G. WEHRHANE (*l. c.*). Größere, taflige Kristalle sind an der Luft bis ~15 Min. beständig, sie zerfallen dann in feuchter Luft unter Entw. von HCN und Abscheidung von P und H_3PO_3, G. WEHRHANE, H. HÜBNER (*l. c.*). Bildet mit T_2O-Dampf TCN, s. P. A. STAATS, H. W. MORGAN, J. H. GOLDSTEIN (*J. chem. Phys.* **25** [1956] 582). — Löst sich in H_2O unter Hydrolyse und starker Erwär-

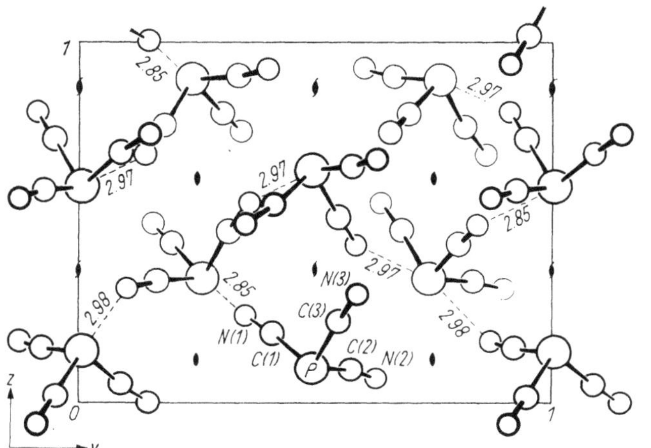

Fig. 151.

Struktur der $P(CN)_3$-Molekel.

mung. In Eiswasser wird eine klare Lsg. mit Spuren von HCN, H_3PO_3 und PH_3 erhalten, H. GALL, J. SCHÜPPEN (*l. c.*). Alkalien und Säuren zersetzen die Verb. in heftiger Rk., H. HÜBNER, G. WEHRHANE (*l. c.*). Bei der Verseifung mit H_2O, Säure oder Lauge bildet die Verb. PH_3 neben H_3PO_3, L. BIRCKENBACH, K. HUTTNER (*l. c.* S. 10, 24). Im Gegensatz zu G. WEHRHANE, H. HÜBNER (*l. c.*) leicht lösl. in Äther, H. GALL, J. SCHÜPPEN (*l. c.*). Brauchbares Lsgm. ist Acetonitril. Bis 15%ige Lsgg. sind farblos, höher konz. gelb; sie scheiden nach einiger Zeit unlösl. Prodd. aus, J. GOUBEAU u. a. (*l. c.*). Schwer lösl. in CS_2, $CHCl_3$, PCl_3, G. WEHRHANE, H. HÜBNER (*l. c.*).

P(CN)₅. Dicyan wird im Bombenrohr auf 6 g $P(CN)_3$ kondensiert und das abgeschmolzene Rohr ~2 Tage auf 80°C erhitzt. Beim Abbau im Tensimeter nach G. F. HÜTTIG (*Z. anorg. Ch.* **114** [1920] 161/73) stellt sich die Tension des $P(CN)_5$ ein. Bei —39.5°C beträgt der Dissoz.-Druck 12.3 bis 12.5 Torr, H. GALL, J. SCHÜPPEN (*Ber.* **63** [1930] 482/7, 486).

Phosphorus Cyanates

Phosphorcyanate.

P(NCO)₃. Das Isocyanat erhält man aus 90 g PCl_3 und 230 g AgNCO in 300 ml warmem C_6H_6 nach Filtration und Vertreiben des Lsgm.; Ausbeute ~80% der Theorie in bezug auf das AgNCO. Farblose Fl. nach Reinigung durch Dest., G. S. FORBES, H. H. ANDERSON (*J. Am. Soc.* **62** [1940] 761/3). Aus 10 g PJ_3 und 30 g AgNCO in 20 ml Nitromethan wird in der Kälte gelöstes $P(NCO)_3$ neben festem AgJ erhalten, in C_6H_6 findet die Rk. nicht statt, H. H. ANDERSON (*J. Am. Soc.* **72** [1950] 193/4). Darst. aus LiNCO, suspendiert in warmem C_6H_6, dem tropfenweise PCl_3 zugegeben wird, Erhitzen am Rückflußkühler, Filtrieren und Waschen mit C_6H_6, VIRGINIA-CAROLINA CHEMICAL CORP., L. H. JENKINS, D. S. SEARS (*U.S.P.* 2873171 [1956/59], *C. A.* **1959** 18864). Bei der Dest. von $PCl(NCO)_2$ unter 760 Torr stellt sich ein Gleichgew. $2\,PCl(NCO)_2 \rightleftharpoons PCl_2(NCO) + P(NCO)_3$ ein, H. H. ANDERSON (*J. Am. Soc.* **67** [1945] 2176/7).

Sdp. bei 760 Torr 169.3 ± 0.3°C; Schmp. —2 ± 0.5°C. Dampfdruck p in Torr: lg p = 8.7455–2595/T. Verdampfungswärme 11.9 kcal, TROUTON-Konst. 26.8 cal·grd^{-1}mol^{-1}. Dichte D_4^{25} = 1.439; Brechungsindex für weißes Licht: 1.5352, G. S. FORBES, H. H. ANDERSON (*l. c.*). Die Isocyanatstruktur wird durch UR-Spektren bestätigt. D^{26} = 1.450, Brechungsindex für Na-Licht bei 26°C: 1.525; spezif. Leitf. bei 25°C: 1.89 × 10^{-5} Ω^{-1}·cm^{-1}, E. COLTON, L. S. CYR (*J. inorg. nuclear Chem.* **7** [1958] 424/5). Die rotbraune Lsg. von J in $P(NCO)_3$ zeigt ein Absorptionsmax. bei 3300 Å, E. COLTON, L. S. CYR (*Nature* **183** [1959] 1042). Nach UR- und Ramanspektren hat die Verb. wenigstens eine C_3-Symmetrieachse, Raumgruppe wahrscheinlich C_{3v}, W. K. BAER (*Diss. Univ. Pittsburgh* 1962, S. 1/83 nach *Diss. Abstr.* **23** [1962] 1937).

Bei gewöhnl. Temp. beständig. Wird bei —20°C fest; weiß; bei —2°C wandelt sich die Verb. nach 3 Tagen in eine weiße, feste Subst. um, die erst bei 80°C schmilzt, aber ebenfalls bei 169.3°C siedet; sie ist unlösl. in $CHCl_3$, CS_2, Äther und C_6H_6, G. S. FORBES, H. H. ANDERSON (*l. c.*). 0.77 g $P(NCO)_3$ geben mit 2.42 g Benzoesäurechlorid 0.41 g $PCl_2(NCO)$ und $C_6H_5CO(NCO)$ als Rückstand, 0.77 g $P(NCO)_3$ geben mit 2.8 g $HgCl_2$ 0.27 g $PCl_2(NCO)$ und $Hg(NCO)_2$ als Rückstand; aus 0.69 g $P(NCO)_3$ werden mit 1.5 g $AlCl_3$ 0.36 g PCl_3 und $Al(NCO)_3$ in 60% Ausbeute erhalten, H. H. ANDERSON (*J. Am. Soc.* **75** [1953] 1576/8). Beim Erwärmen eines Gemisches von $P(NCO)_3$ mit $Ni(CO)_4$ auf dem Wasserbad bildet sich festes $Ni[P(NCO)_3]_4$, G. WILKINSON (*Z. Naturf.* **9b** [1954] 446/7). $P(NCO)_3$ ist unlösl. in S, P, $NaNO_2$, $NaNO_3$, Na_2SO_4, Na-Acetat, Na_2HAsO_4, KOH, KCl, $KClO_4$, KJ, KJO_3, K_2CO_3, KCN, KOCN, KSCN, K_3PO_4, Mg, $AlCl_3$, $PbCrO_4$, Fe, AgOCN; ohne Rk. lösl. in $CHCl_3$, Äthyljodid, kaltem Aceton, Propionsäure, C_6H_6, Nitrobenzol und Phenol; heftige Rk. mit H_2O, wasserfreiem H_2SO_4, CH_3CO_2H und $AgNO_3$, Acetaldehyd; schwache Rk. mit J_2, Alkalimetallen, Na_2S, Methylalkohol, Äthylalkohol, Äther und warmem Aceton, E. COLTON, L. S. CYR (*J. inorg. nuclear Chem.* **7** [1958] 424/5). Cl_2 reagiert heftig mit $P(NCO)_3$ unter Bldg. eines gelben Öls, das mit CCl_4 feste gelbe Kristalle der Zus. $PCl_2(NCO)_3$ bildet. Überschüssiges J_2 gibt mit $P(NCO)_3$ eine feste Verb. der Zus. $P(NCO)_3 \cdot J$, die mit H_2O heftig reagiert, E. COLTON, L. S. CYR (*Nature* **183** [1959] 1042).

***PO(OCN)$_3$*.** Das Cyanat bildet sich neben Isocyanat beim Kochen von AgNCO und $POCl_3$ in C_6H_6. Wird dargestellt durch 5std. Erhitzen von Phosphorylisocyanat auf 156°C und Abdestillieren von überschüssigem Cyanat im Hochvak.; hellgelbes Pulver, H. H. ANDERSON (*J. Am. Soc.* **64** [1942] 1757/9). Nach UR- und Ramanspektren hat die Verb. wenigstens eine C_3-Symmetrieachse; Raumgruppe wahrscheinlich C_{3v}, W. K. BAER (*Diss. Univ. Pittsburgh* 1962, S. 1/83 nach *Diss. Abstr.* **23** [1962] 1937). $PO(OCN)_3$ wandelt sich nach monatelangem Liegen in ein nichtflüchtiges, festes, gelbes Isomer um, H. H. ANDERSON (*J. Am. Soc.* **67** [1945] 223/5). Zersetzt sich beim Behandeln mit Säuren unter Gasentw., H. H. ANDERSON (*J. Am. Soc.* **64** [1942] 1757/9).

***PO(NCO)$_3$*.** Das Isocyanat bildet sich zu 11% bei 44std. Kochen von 300 g AgNCO und 200 g $POCl_3$ in 225 ml C_6H_6. Nach Abfiltrieren von AgCl und Phosphorylcyanat und Entfernen des Lsgm. bleibt die Verb. als farblose Fl. zurück, H. H. ANDERSON (*J. Am. Soc.* **64** [1942] 1757/9).

Schmp. 5.0 ± 0.5°C, Sdp. bei 760 Torr 193.1 ± 2°C; Dampfdruck p in Torr: lg p = 9.1682–2931/T; Verdampfungswärme 13.41 kcal, TROUTON-Konst. 28.8 cal·grd^{-1}·mol^{-1}; Dichte 1.570 ± 0.003 g/cm^3; Brechungsindex bei 20°C = 1.4804. Die Tränenreizwrkg. ist geringer als beim $POCl_3$, H. H. ANDERSON (*l. c.*). Lagert sich bei 156°C sehr langsam in $PO(OCN)_3$ um, G. S. FORBES, H. H. ANDERSON (*J. Am. Soc.* **65** [1943] 2271/4).

$H_3PO_4 \cdot HCN$.

$H_3PO_4 \cdot HCN$

Im geschlossenen Rohr löst sich überschüssiges HCN teilweise in H_3PO_4; H_3PO_4 ist in HCN unlöslich. Nach 5 Monaten ist die Bldg. von $H_3PO_4 \cdot HCN$ abgeschlossen, das nach Entfernung von nicht umgesetztem HCN als weißer Körper kristallisiert. Die Geschw. der Rk. ist der Menge des anwesenden H_3PO_4 direkt proportional. Beim Erwärmen in Ggw. von H_3PO_4 entstehen CO und $NH_4H_2PO_4$. In H_2O hydrolysiert $H_3PO_4 \cdot HCN$ zu Ammoniumformiat und H_3PO_4, A. W. COBB, J. H. WALTON (*J. phys. Chem.* **41** [1937] 351/63, 355).

Fluorverbindungen

Fluorine Compounds

***P(CF$_3$)$_3$*.** Über Austauschrkk. von ^{31}P und ^{19}F und die P-F-Spin-Spin-Kopplungskonst. von $P(CF_3)_3$ und anderen Verbb. mit der $P(CF_3)_2$-Gruppe s. K. J. PACKER (*J. chem. Soc.* **1963** 960/6).

Bildet sich bei Rk. von 3 g P mit 3.8 g CF_3J im Vak. im verschlossenen Rohr, 48 Std. auf 260°C erhitzt, Ausbeute 0.85 g. Reinigung durch Vak.-Fraktionierung, F. W. BENNETT, H. J. EMELÉUS,

R. N. Haszeldine (*J. chem. Soc.* **1953** 1565/71, 1568); 88 g trocknes $AgCO_2CF_3$, 50 g rotes P und 100 g J_2, 120 Std. auf 195°C erhitzt, geben 9 g $P(CF_3)_3$, 13 g $PJ(CF_3)_2$ und 10 g $PJ_2(CF_3)$ neben JCF_3 und POF_3, wenn das Ag-Salz als Schicht zwischen P und J_2 in die Stahlbombe gebracht wird, A. B. Burg, W. Mahler, A. J. Bilbo, C. P. Haber, D. L. Herring (*J. Am. Soc.* **79** [1957] 247). Flüssig, wird fest in fl. N_2. Sdp. 17.3 ± 0.1°C. Der Dampfdruck p zwischen —25 und + 12°C folgt der Gleichung log p = 7.323 — 1289.6/T. Latente Verdampfungswärme 5.890 kcal/Mol; Troutonsche Konst. 20.3 cal·grd^{-1}·mol^{-1}. Unlösl. in luftfreiem H_2O bis 100°C; bei 200°C Hydrolyse zu CHF_3, entzündet sich an der Luft. Keine Rk. mit S bei 180°C, CS_2 bei 120°C oder AgJ, F. W. Bennett, H. J. Emeléus, R. N. Haszeldine (*l. c.*). $P(CF_3)_3$ entsteht bei 7std. Erhitzen von $P_2(CF_3)_4$ auf 308°C neben wenig $(PCF_3)_4$, weißem P und einem nichtflüchtigen gelben Öl, W. Mahler, A. B. Burg (*J. Am. Soc.* **80** [1958] 6161/7, 6164). Sdp. —25.5°C, F. W. Bennett, H. J. Emeléus, R. N. Haszeldine (*J. chem. Soc.* **1954** 3896/904, 3901). Wird durch O_2 zersetzt, R. C. Paul (*J. chem. Soc.* **1955** 574/5). Mit 1 g J_2 auf 180°C erhitzt, scheiden sich PJ_3-Kristalle ab, nach 24std. Fraktionierung werden 0.262 g $PJ(CF_3)_2$ und 0.162 g $PJ_2(CF_3)$ erhalten. Mit 1 g NaOH bilden 0.392 g $P(CF_3)_3$ im Pyrexrohr bei 20°C 0.338 g CHF_3 (UR-Spektrum s. Original), F. W. Bennett, H. J. Emeléus, R. N. Haszeldine (*J. chem. Soc.* **1953** 1565/71, 1569).

$PF(CF_3)_2$. Entsteht innerhalb von 3 Tagen aus $PJ(CF_3)_2$ und SbF_3 bei gewöhnl. Temp. neben etwas $P_2(CF_3)_4$. Reinigung durch fraktionierte Kondensation im Vak. Schmilzt bei —149.9 bis —149.6°C, Sdp. —12°C, Dampfdruck p bei verschiedenen Tempp.:

t in °C	—114.9	—93.6	—84.5	—74.7	—62.8	—59.0	—43.6	—24.1	—16.0	—11.8
p in Torr	0.32	3.75	8.92	20.34	49.52	64.10	165.3	447	634	765

lg p = 6.2919 — 0.007259 T + 1.75 lg T — 1501/T; Trouton-Konst. 21.10 cal·grd^{-1}·mol^{-1}. Reagiert mit B_2H_6 unter Bldg. von $PH(CH_3)_2$, BF_3 und $PH(CF_3)_2$, A. B. Burg, G. Brendel (*J. Am. Soc.* **80** [1958] 3198/202), A. B. Burg u. a. (WADC-TR-56-82 [1957] *Tl.* 2, S. 1/58, 37).

$P_2(CF_3)_4$. Beim Schütteln von 6 ml Hg mit 7.11 g $PJ(CF_3)_2$ im geschlossenen Röhrchen bilden sich in 2 Tagen 3.34 g der Verb. als farblose Fl. mit Sdp. 83 bis 84°C. (UR-Spektrum s. Original.) Beständig bis 210°C. An der Luft entflammbar. Mit überschüssigem Br_2 oder J_2 48 Std. im geschlossenen Röhrchen auf 280°C erhitzt, bilden sich 95% CF_3Br bzw. CF_3J. Unlösl. in H_2O. Explodiert bei Ox. durch Na_2O_2, F. W. Bennett, H. J. Emeléus, R. N. Haszeldine (*J. chem. Soc.* **1953** 1565/71, 1570). Reagiert nicht mit H_2O oder 1.25n-HCl-Lsg. bei 20°C, bei 100°C wird CHF_3 und $PH(CF_3)_2$ gebildet. Durch 10%ige wss. NaOH-Lsg. im Vak. in geschlossener Röhre wird die Verb. zersetzt, F. W. Bennett, H. J. Emeléus, R. N. Haszeldine (*J. chem. Soc.* **1954** 3896/904, 3904).

$(PCF_3)_3$. Entsteht neben PH_2CF_3 und $PH(CF_3)_2$ bei der Hydrolyse von $(PCF_3)_5$ in einem Polyäther. Dampfdruck 3.7 Torr bei 0°C. Zersetzt sich an aktivem Ni in PH_2CF_3 und $(PCF_3)_X$, W. Mahler, A. B. Burg (*J. Am. Soc.* **80** [1958] 6161/7). — 2.08 g $(PCF_3)_3$ reagieren mit 0.575 g Cl_2 in geschlossener Röhre bei —45°C unter Bldg. einer weißen Subst., aus der bei Dest. unter vermindertem N_2-Druck 1.50 g $PCl_2(CF_3)_3$ erhalten werden, F. W. Bennett, H. J. Emeléus, R. N. Haszeldine (*J. chem. Soc.* **1953** 1565/71, 1569).

$(PCF_3)_4$ und ***$(PCF_3)_5$***. Die Verbb. sind Ringpolymere. Zur Darst. werden 61 g PCF_3J_2 mit 1 kg Hg bei gewöhnl. Temp. 12 Std. im geschlossenen Gefäß geschüttelt. Die flüchtigen Verbb. werden im Hochvak. in einer von R. I. Wagner, A. B. Burg (*J. Am. Soc.* **75** [1953] 3869/71) entwickelten App. bei —25°C kondensiert. Hierbei trennt sich das fl. $(PCF_3)_5$ vom festen $(PCF_3)_4$. Ausbeute 10.7 g $(PCF_3)_4$ und 6.5 g $(PCF_3)_5$ bei einer Reinheit von 95%. Weitere Reinigung des $(PCF_3)_5$ durch Abdestillieren von gelöstem $(PCF_3)_4$ bei 100°C unter 40 Torr N_2-Druck. $(PCF_3)_4$ wird vom $(PCF_3)_5$ durch Umkristallisieren in Hexan gereinigt. Die Prodd. entstehen neben anderen aus $P_2(CF_3)_4$ oder $PH(CF_3)_2$ durch Pyrolyse bei 350°C, W. Mahler, A. B. Burg (*J. Am. Soc.* **80** [1958] 6161/7), s. auch W. Mahler, A. B. Burg (*J. chem. Soc.* **79** [1957] 251). Einen langsamen CHF_3-Strom läßt man 15 Min. über 0.2 g auf 102 bis 104°C erhitztes Benzoylperoxyd streichen, mischt das entstehende freie CF_3-Radikal mit einem Strom von P-Dampf in Ar und leitet die Mischung in Aceton. Nach Verdampfen des Acetons werden 75 mg durchscheinende Kristalle von $(PCF_3)_4$ erhalten. Dieses bildet sich auch beim Einleiten von CHF_3 in die sd. Mischung von Benzoylperoxyd, P, CS_2 und Dioxan, W. H. Watson (*Texas J. Sci.* **11** [1959] 471/4 nach *C.A.* **1960** 13928). $(PCF_3)_5$ wandelt sich beim Erhitzen weitgehend in $(PCF_3)_4$ um, W. Mahler, A. B. Burg (*J. Am. Soc.* **80** [1958] 6161/7). Schmp. für $(PCF_3)_4$ unter dem eigenen Dampfdruck von 51 Torr: 63 bis 65°C, W. A. Watson (*l. c.*); 66.3 bis 66.4°C; Sdp. 135°C, W. Mahler, A. B. Burg (*l. c.*). Dampfdruck 18 Torr bei 50°C, W. A. Watson (*l. c.*).

Röntgendichte 2.0, Dichte der Fl. beim Schmp. 1.54. Der Dampfdruck in Torr für die feste Verb. folgt lg p = 11.7239—3384.6/T, für die fl. Verb.: lg p = 8.3935—2251.6/T, W. MAHLER, A. B. BURG (*l. c.*). Monoklin, Raumgruppe von $(PCF_3)_5$ nach Messungen am Einkristall bei —100°C: $P2_{1-n}$ mit a = 9.87, b = 9.78, c = 16.67 Å, β = 103°0'. Mittlere Atomabstände (in Å) P↔P = 2.224 ± 0.007, P↔C = 1.91 ± 0.02, C↔F = 1.35 ± 0.03. Die P-P-P-Winkel variieren von 94.6 bis 107.5°, C. J. SPENCER (*Diss. Univ. Minnesota* 1960 nach *Diss. Abstr.* **21** [1960] 780). Schmp. für $(PCF_3)_5$: —33°C, Sdp. 190°C, Dichte bei 25°C: 1.60; Dampfdruck: lg p = 6.9302—0.004913T + 1.75 lg T—2982.6/T. UV-Spektrum s. **Fig. 152**. In Fluorkohlenstoff gelöst, bildet $(PCF_3)_5$ mit O_2 das Polymer $(PO_2CF_3)_X$, das schnell zu $PO(OH)_2CF_3$ polymerisiert. Die Hydrolyse von $(PCF_3)_4$ führt bei 140°C zu H_2, H_3PO_3, HCF_3, PH_2CF_3 und $(PHCF_3)_2$. Durch Hydrolyse von in einem Polyäther gelöstem $(PCF_3)_5$ bilden sich PH_2CF_3, $(PHCF_3)_2$ und $H_2(PCF_3)_3$. Bei der Hydrolyse in alkal. Lsg. bilden die Verbb. mit der Hälfte ihrer CF_3-Gruppen HCF_3. Mit J_2 bilden beide Verbb. PJ_2CF_3, mit Cl_2 aber PCl_4CF_3, W. MAHLER, A. B. BURG (*l. c.*).

***$P(C_2F_3)_3$*.** Darst. aus äther. $F_2C = CFMgJ$-Lsg. und PCl_3 bei —20°C. Nach Entfernung anderer Substt. durch Kühlung wird der Äther verdampft, der Rückstand im Vak. destilliert und die 1. Fraktion im N_2-Strom erneut destilliert. Sdp. 99 bis 101°C; $D^{23.5}$ = 1.615, R. N. STERLIN, R. D. YATSENKO, L. N. PINKINA, I. L. KNUNYANTS (*Izvestija Akad. Nauk SSSR, Otdel. Chim. Nauk* **1960** 1991/7; *Bull. Akad. Sci. USSR, Div. chem. Sci.* **1960** 1851/5, *C. A.* **1961** 13296).

***$PF(C_2F_3)_2$*.** Entsteht beim Umsetzen von $PCl(C_2F_3)_2$ (s. S. 630) mit SbF_3. Farblose Subst., die bei 63 bis 65°C siedet. Selbstentzündlich an der Luft, R. N. STERLIN u. a. (*l. c.*).

Fig. 152.

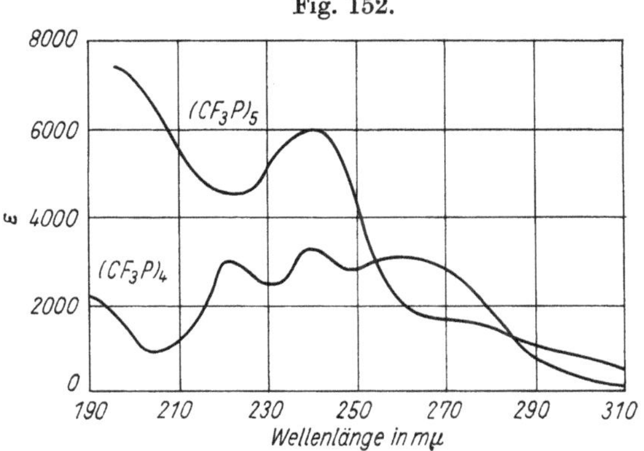

UV-Spektrum von $(PCF_3)_4$ und $(PCF_3)_5$.

***$PF_2(C_2F_3)$*.** Darst. aus $PCl_2(C_2F_3)$ (s. S. 630) und SbF_3 bei 0°C. Farblose Fl., in Luft selbstentzündlich; Sdp. 2 bis 3°C, R. N. STERLIN u. a. (*l. c.*).

***$PH(CF_3)_2$*.** Zur Darst. wird im geschlossenen Gefäß $PJ(CF_3)_2$ mit Raneynickel unter 600 Torr H_2-Druck 4 bis 20 Std. auf 100°C und nach Abpumpen des überschüssigen H_2 noch 1 Std. auf 150°C erhitzt. Nach Kühlen mit fl. N_2 wird der Inhalt des Gefäßes im Vak. fraktioniert. Ausbeute 65%. Bldg.: 1) in photochem. Rk. von $PJ(CF_3)_2$ mit H_2; 2) $PJ(CF_3)_2$ in Dibutyläther wird zu AlH_3 in Dibutyläther getropft und das Gemisch auf 70°C erhitzt; 3) beim Erhitzen von $P_2(CF_3)_4$ (s. S. 624) mit H_2 von 650 Torr in geschlossener Röhre auf 65 bis 75°C. Entsteht ferner bei der Darst. von $P_2(CF_3)_4$ (s. S. 624) zu 35%, wenn beim Schütteln von $PJ(CF_3)_2$ mit Hg trocknes HCl, techn. Phosphorsäure oder CF_3CO_2H zugegeben wird. Das bei Zugabe von HCl sich bildende $PCl(CF_3)_2$ wird durch H_2O leicht entfernt, Sdp. 1°C, F. W. BENNET, H. J. EMELÉUS, R. M. HASZELDINE (*J. chem. Soc.* **1954** 3896/904, 3900), A. B. BURG u. a. (WADC-TR-56-82 [1957] *Tl.* 1, [1958], *Tl.* 2, S. 31). Entsteht neben H_2, BF_3 und $[PBH_2(CF_3)_2]_3$ bei der Rk. von $PF(CH_3)_2$ mit B_2H_6 bei 0°C. Schmp. von $PH(CF_3)_2$ — 137.4 bis — 137.0°C, Sdp. 0.9°C, A. B. BURG, C. BRENDEL (*J. Am. Soc.* **80** [1958] 3198/202), Bldg. neben H_2, $B(OCH_3)_3$ und CH_3Cl bei Rk. von $[PBH_2(CF_3)_2]_3$ mit methanol. HCl-Lsg. bei 85°C. Dampfdruck bei 2°C 760 Torr, A. B. BURG, W. MAHLER (*J. Am. Soc.* **79** [1957] 4242). Abhängigkeit des Dampfdruckes p von der Temp. t:

t in °C	—108.8	—96.5	—85.5	—71.5	—56.1	—48.8	—41.3	+0.9
p in Torr	0.22	1.01	3.26	11.67	38.08	62.31	99.42	760.0

A. B. BURG, G. BRENDEL (*J. Am. Soc.* **80** [1958] 3198/202).

Beständig beim Erhitzen auf 300°C in geschlossener Röhre; 24 Std. auf 350°C erhitzt, zersetzt sich die Verb. unter Bldg. von HCF_3 und $(PCF_3)_X$, W. MAHLER, A. B. BURG (*J. Am. Soc.* **80** [1958] 6161/7, 6164). Reagiert mit B_2H_6 unter Bldg. von $[PBH_2(CF_3)_2]_3$. Reagiert nicht mit H_2O bei gewöhnl. Temp.; mit H_2O im Vak. auf 110 bis 130°C erhitzt, zersetzt sich ein Tl. der Verb. unter Bldg. von CO_2 und $P(CF_3)_3$. Mit wss. NaOH-Lsg. bilden sich bei gewöhnl. Temp. 50% CHF_3, 17% Fluoride und eine trifluormethylphosphorige Säure. Mit J_2 2 Tage auf 280°C erhitzt, zersetzt sich die Verb. unter Bldg. von CHF_3. Gibt bei gewöhnl. Temp. keine Additionsverbb. mit CS_2, Methyljodid, AgJ oder $H_2[PtCl_6]$, F. W. BENNETT u. a. (*l. c.*).

PH_2CF_3. Entsteht neben anderen Prodd. bei der Hydrolyse von $(PCF_3)_4$ bei 140°C und bei der Hydrolyse des in einem Polyäther gelösten $(PCF_3)_5$, W. MAHLER, A. B. BURG (*l. c.* S. 6166). Eine Lsg. von PJ_2CF_3 (2.02 g) in Butyläther wird zur Lsg. von $LiAlH_4$ (0.19 g) in Butyläther (15 ml) getropft und das Gemisch 6 Std. auf 70°C erwärmt; Ausbeute 6%. In Abwesenheit eines Lsgm. bildet sich die Verb. nicht, F. W. BENNETT, H. J. EMELÉUS, R. N. HASZELDINE (*J. chem. Soc.* **1954** 3896/904, 3901).

$(PHCF_3)_2$. Entsteht neben anderen Prodd. bei der Hydrolyse von $(PCF_3)_4$ bei 140°C. Geschätzter Sdp. 69.5°C. Dampfdruck p in Torr: $\lg p = 6.4475 - 0.006115T + 1.75 \lg T - 2024/T$ (UR-Spektrum s. Original). Zersetzt sich in 6 Std. bei 225°C unter Bldg. von CHF_3, PH_2CF_3, $PH(CF_3)_2$ und PCF_3-Polymeren. Gibt bei der Hydrolyse in alkal. Lsg. die Hälfte seiner CF_3-Gruppen als HCF_3 ab, W. MAHLER, A. B. BURG (*l. c.* S. 6166).

$H_2(PCF_3)_3$. Entsteht neben anderen Verbb. bei der Hydrolyse des in einem Polyäther gelösten $(PCF_3)_5$; Dampfdruck bei 0°C 3.7 Torr; gibt bei der Hydrolyse in alkal. Lsg. nur eine CF_3-Gruppe als CHF_3 ab, W. MAHLER, A. B. BURG (*l. c.*).

$PO(CF_3)_3$. Entsteht in 70%iger Ausbeute beim Erhitzen von 5.32 g $PCl_2(CF_3)_3$ mit 2 g wasserfreier Oxalsäure unter Bldg. von CO, CO_2 und HCl. Reinigung durch fraktionierte Dest. im Vak.; flüssig, Sdp. 23.6°C. (UR-Spektrum s. Original.) Stabil bei gewöhnl. Temp.; bildet mit Wasser $PO(OH)(CF_3)_2$ und CHF_3. Mit überschüssiger verd. NaOH-Lsg. werden 2 Mol CHF_3 frei, während Natriumtrifluormethylphosphonat entsteht, R. C. PAUL (*J. chem. Soc.* **1955** 574/5).

$(PO_2CF_3)_X$. Entsteht bei Einw. von O_2 auf $(PCF_3)_4$, das in einem Fluorkohlenstoff gelöst ist, und hydrolysiert schnell zu $PO(OH)_2CF_3$. Bei der Hydrolyse in alkal. Lsg. bildet die Hälfte der CF_3-Gruppen HCF_3, W. MAHLER, A. B. BURG (*J. Am. Soc.* **80** [1958] 6161/7).

$(CF_3)_2POP(CF_3)_2$. Beim wiederholten Schütteln von $PJ(CF_3)_2$ (s. S. 631) mit frischem Ag_2CO_3 erhält man die Verb. mit 79%iger Ausbeute. Schmp. —53.1 bis —52.6°C; Sdp. bei 78.3°C, J. E. GRIFFITHS, A. B. BURG (*J. Am. Soc.* **82** [1960] 1507/8). Abhängigkeit des Dampfdruckes p von der Temp. t:

t in °C	—10.6	0.0	10.8	24.2	37.7	47.7	61.1
p in Torr	12.78	24.4	45.4	89.5	166.7	252.8	421.8

Der Dampfdruck folgt zwischen 0 und 78°C der Gleichung $\lg p = 6.2498 + 1.75 \lg T - 0.00529T - 2097/T$. TROUTONsche Konst. 22 cal·grd⁻¹·mol⁻¹. Über UR-Spektrum s. Original. Leichter flüchtig als $P_2(CF_3)_4$ (s. S. 624). Stabil bis 150°C, bei 250°C werden innerhalb von 60 Std. 25% der Verb. zersetzt unter Bldg. von CO, PF_3, $PF(CF_3)_2$ und $P(CF_3)_3$. Bildet leicht eine Anlagerungsverb. mit $N(CH_3)_3$, J. E. GRIFFITHS, A. B. BURG (*J. Am. Soc.* **84** [1962] 3442/50, 3442).

$POH(CF_3)_2$. Entsteht bei 86std. Einw. von HCl bei 100°C auf $(CF_3)_2POP(CF_3)_2$. Schmp. —21.3 bis —21.1°C. Sdp. 61.4°C, J. E. GRIFFITHS, A. B. BURG (*J. Am. Soc.* **82** [1960] 1507/8). Entsteht bei der Ox. von $PH(CF_3)_2$ (s. S. 625) durch HgO im Vak. neben $PO(OH)(CF_3)_2$. Der Dampfdruck p in Torr folgt bis 15.3°C für die feste Subst. der Gleichung $\lg p = 10.7590 - 2435/T$, für die Fl. $\lg p = 9.6392 - 0.01090T + 1.75 \lg T - 2519/T$. TROUTON-Konst. 21.4 cal·grd⁻¹·mol⁻¹, Schmelzenthalpie 1910 cal/Mol. Abhängigkeit des Dampfdruckes p in Torr des festen und fl. $POH(CH_3)_2$ von der Temp. t in °C:

t . .	—39.4	—34.8	—28.1	—27.0	—23.4	—21.3	—16.3	—12.3	—4.5	0.0	10.6	14.7
p . .	2.19	3.55	6.63	7.34	10.30	12.33	17.75	23.34	38.5	50.6	91.6	113.4

J. E. GRIFFITHS, A. B. BURG (*J. Am. Soc.* **84** [1962] 3442/50, 3443). Gute Ausbeute wird erhalten, wenn $PH(CF_3)_2$-Dampf bei 6 Torr über HgO von 60 bis 65°C geleitet und über auf —45, —90 und —196°C gekühlte Fallen geführt wird. Bei —96°C wird $POH(CF_3)_2$ aufgefangen, J. E. GRIFFITHS, A. B. BURG (*Pr. Chem. Soc.* **1961** 12/13).

$P(OH)_2CF_3 \cdot H_2O$. Entsteht beim Eindampfen der Lsg., die sich nach Rk. von PJ_2CF_3 mit wenig H_2O gebildet hat, als weiße Subst., F. W. BENNETT, H. J. EMELÉUS, R. N. HASZELDINE (*J. chem. Soc.* **1953** 1565/71, 1570). Zur Darst. werden 0.655 g $P(CF_3)_3$ und 24 ml 0.1156 n-NaOH-Lsg. 2 Tage im verschlossenen Gefäß geschüttelt, wobei 0.0545 g unverändertes $P(CF_3)_3$, 0.3508 g CHF_3 und eine neutrale Lsg. erhalten werden, die durch Kältetrocknung zu einer weißen, festen Subst. eingedampft und mit $3n$-H_2SO_4-Lsg. behandelt wird. Die saure Fl. wird in der Kälte teilweise eingedunstet und die flüchtige Säure kondensiert, F. W. BENNETT, H. J. EMELÉUS, R. N. HASZELDINE (*J. chem. Soc.* **1954** 3598/603, 3602). Spezif. Leitf. $\varkappa$ in $\Omega^{-1} \cdot cm^{-1}$ und molare Leitf. μ in $cm^2 \cdot \Omega^{-1} \cdot mol^{-1}$ in Abhängigkeit von der Konz. C_{mol} (Mol/l) bei 25 ± 0.02°C:

$C_{mol} \cdot 10^4$	351.5	165.6	99.82	68.16	54.29	24.58	13.57	11.61	4.342
$\varkappa \cdot 10^4$	121.4	58.15	35.44	24.31	19.54	8.974	4.996	4.295	1.624
μ	345.3	351.1	355.0	357.1	359.9	365.1	368.1	369.8	373.9

Graphisch ermittelter Grenzwert für unendliche Verd. $\mu_{\infty} = 379.0$, H. J. EMELÉUS, R. N. HASZELDINE, R. C. PAUL (*J. Chem. Soc.* **1955** 563/74, 573). 0.233 g $PCl_2(CF_3)$ und 1 ml H_2O reagieren bei 20°C heftig unter Bldg. einer homogenen Lsg., aus der beim Eindunsten durch Kältetrocknung die Säure als Kondensat gewonnen wird. Aus $PJ(CF_3)_2$ und H_2O bildet sich bei 20°C ebenfalls $P(OH)_2(CF_3)$, F. W. BENNETT, H. J. EMELÉUS, R. N. HASZELDINE (*J. chem. Soc.* **1954** 3896/904, 3903). Mit H_2O in geschlossener Röhre auf 100°C erhitzt, bilden sich H_3PO_3 und CHF_3, H. J. EMELÉUS u. a. (*l. c.*). Entsteht bei Einw. von überschüssiger wss. n-HCl-Lsg. auf $PJ(CF_3)_2$ bei gewöhnl. Temp. oder aus $PJ_2(CF_3)$ mit H_2O, F. W. BENNETT, H. J. EMELÉUS, R. N. HASZELDINE (*J. chem. Soc.* **1954** 3896/904, 3904). Die Lsg. der Säure bildet mit 1 Äquiv. NaOH nach Eindunsten im Vak. zur Trockne $P(OH)(ONa)CF_3$, F. W. BENNETT, H. J. EMELÉUS, R. N. HASZELDINE (*J. chem. Soc.* **1954** 3598/603, 3602). Die wss. Lsg. der Säure wird durch KJO_3 bei gewöhnl. Temp. oxydiert, durch Cersulfat bei 50°C, durch $KMnO_4$ bei 60°C, H. J. EMELÉUS u. a. (*l. c.* S. 571).

***$P(OH)_2C_3F_7$*.** Entsteht bei der Einw. von H_2O auf $PCl_2(C_3F_7)$ mit nachfolgender Dest.; klare Fl.; einbas. Säure. Wird durch H_2O bei 100°C oder durch überschüssiges 15%iges NaOH bei gewöhnl. Temp. unter Bldg. von Heptafluorpropan zersetzt, H. J. EMELÉUS, J. D. SMITH (*J. chem. Soc.* **1959** 375/81). Äquiv.-Leitf. bei unendlicher Verd. 363 $cm^2 \cdot \Omega^{-1} \cdot val^{-1}$, J. D. SMITH (*Diss. Cambridge* 1958).

***$PO(OH)(CF_3)_2$*.** Entsteht bei der Hydrolyse von $PO(CF_3)_3$ (s. S. 626), R. C. PAUL (*J. chem. Soc.* **1955** 574/5). Zur Darst. werden 9.0 g $PO(OAg)(CF_3)_2$ und 5 ml konz. wss. H_2SO_4-Lsg. im Dest.-App. in N_2-Atm. langsam erhitzt, H. J. EMELÉUS, R. N. HASZELDINE, R. C. PAUL (*J. chem. Soc.* **1955** 563/74, 570). Entsteht bei der Ox. von $PH(CH_3)_2$ mit HgO im Vak. neben $POH(CF_3)_2$ (s. S. 626). Bessere Ausbeute wird bei großem Überschuß von HgO erhalten. Das Gemisch wird abwechselnd auf —78°C gekühlt und auf gewöhnl. Temp. erwärmt, J. E. GRIFFITHS, A. B. BURG (*J. Am. Soc.* **84** [1962] 3442/50, 3444). Bildet sich bei 14tägigem Aufbewahren von $PH(CF_3)_2$ und $POH(CF_3)_2$, bei 25°C, J. E. GRIFFITHS, A. B. BURG (*Pr. chem. Soc.* **1961** 12/3). Die Säure $POOH(CF_3)_2$ siedet unter 238 Torr bei 137 bis 138°C, unter 760 Torr bei 182°C. Mit wss. 15%iger NaOH-Lsg. wird eine CF_3-Gruppe als CHF_3 abgespalten. In H_2O gelöst und mit Anilin gekocht, kristallisiert in der Kälte Aniliniumbistrifluormethylphosphinat aus, H. J. EMELÉUS u. a. (*l. c.* S. 570).

Spezif. Leitf. $\varkappa$ in $\Omega^{-1} \cdot cm^{-1}$ und molare Leitf. μ in $cm^2 \cdot \Omega^{-1} \cdot mol^{-1}$ in Abhängigkeit von der Konz. C_{mol} (Mol/l) bei 25 ± 0.02°C:

$C_{mol} \cdot 10^4$	278.9	131.9	113.6	73.75	42.59	16.54	9.757	5.294
$\varkappa \cdot 10^4$	100.9	48.76	42.13	27.51	16.03	6.277	3.717	2.624
μ	362.0	369.6	370.9	373.0	376.5	379.5	381.0	382.3

Graphisch ermittelter Grenzwert für unendliche Verd. $\mu_{\infty} = 385.7$, H. J. EMELÉUS u. a. (*l. c.* S. 570, 573). Dort auch Werte der elektr. Leitf. von $PO(OH)(CF_3)_2$ in Essigsäure.

***$PO(OH)_2CF_3$*.** Zur Darst. werden 2.61 g $PJ_2(CF_3)$ im Vak. mit 5 ml H_2O bei 20°C versetzt. Nach 2 Std. werden weitere 10 ml H_2O und tropfenweise 5 ml unstabilisiertes H_2O_2 (100 Vol.-%) hinzugefügt. Das gefällte J_2 wird abfiltriert und die Lsg. innerhalb von 6 Tagen in der Kälte eingedunstet. Beim Erhitzen des hellbraunen hygroskop. Rückstandes unter 0.003 Torr auf 85°C werden 0.92 g der Säure als Sublimat erhalten. Bei Anwendung von 0.736 g $PJ(CF_3)_2$ werden 0.33 g $PO(OH)(CF_3)_2$ gewonnen; 0.692 g $PCl_2(CF_3)$ ergeben bei ähnlicher Behandlung 0.49 g Säure, 0.467 g $PCl(CF_3)_2$ liefern 0.283 g der Säure, F. W. BENNETT, H. J. EMELÉUS, R. N. HASZELDINE (*J. chem. Soc.* **1954** 3598/603, 3601), s. auch H. J. EMELÉUS, R. N. HASZELDINE, R. C. PAUL (*J. Chem. Soc.* **1955** 563/74, 570). 0.143 g $P(OH)_2CF_3 \cdot H_2O$ werden im Vak. mit 2 ml $4.1n$-HNO_3-Lsg. zunächst 12 Std. und nach Zugabe von weiteren 2 ml konz. HNO_3-Lsg. erneut 12 Std. geschüttelt. Eindunsten bei tiefer Temp. und Sublimation des Rückstandes ergeben 0.17 g der reinen Säure, F. W. BENNETT, H. J. EMELÉUS, R. N. HASZELDINE (*J. Chem. Soc.* **1954** 3896/904, 3902). Weiße, hygroskop. Kristalle. Schmp. 81 bis 82°C, F. W. BENNETT, H. J. EMELÉUS, R. N. HASZELDINE (*J. chem. Soc.* **1954** 3598/603, 3601). Spezif.

Leitf. $\varkappa$ in $\Omega^{-1}\cdot cm^{-1}$ und molare Leitf. μ in $cm^2\cdot\Omega^{-1}\cdot mol^{-1}$ in Abhängigkeit von der Konz. C_{mol} (Mol/l) bei 25 ± 0.02°C:

$C_{mol}\cdot 10^4$	592.3	286.6	130.2	70.25	60.27	34.35	33.47	16.26	7.394
$\varkappa\cdot 10^4$	206.7	102.3	47.35	26.02	22.39	12.95	12.56	6.262	2.961
μ	349.1	356.6	363.6	370.5	371.5	377.1	375.3	385.1	400.4

H. J. Emeléus, R. N. Haszeldine, R. C. Paul (*J. Chem. Soc.* **1955** 563/74, 573). Dort auch Werte für die elektr. Leitf. von $PO(OH)_2(CF_3)$ in Essigsäure.

In H_2O gelöst und mit 5%iger wss. K_2CO_3-Lsg. neutralisiert, bildet die Säure $PO(OK)_2(CF_3)$; 1.067 g der Säure in 20 ml H_2O gelöst, ergeben bei Zugabe einer K_2CO_3-Lsg. mit 0.4917 g K_2CO_3 unter Rühren bei Eindunsten in der Kälte $PO(OK)(OH)(CF_3)$; bei langsamer Zugabe von 0.29 g der Säure zu einer Lsg. von 0.17 g Anilin in 1 ml Äthanol entsteht nach Lösen durch Erhitzen auf 100°C und Abkühlen das Monoaniliniumsalz, umkristallisierbar in Äthanol. Bei Anwendung von 0.45 g Anilin, 2 ml Äthanol und 0.36 g der Säure bildet sich das Dianiliniumsalz, H. J. Emeléus u. a. (*l. c.* S. 570). Mit konz. wss. H_2SO_4-Lsg. auf 135 bis 140°C erhitzt, verdampft die Säure nicht, F. W. Bennett, H. J. Emeléus, R. N. Haszeldine (*J. chem. Soc.* **1954** 3896/904, 3904).

***$PO\cdot OH(C_3F_7)_2$*.** Bldg. bei tropfenweiser Zugabe der stöchiometr. Menge H_2O zu $PCl_3(C_3F_7)_2$. Nach Abpumpen der flüchtigen Prodd. bleibt $PO\cdot OH(C_3F_7)_2$ als feste, zerfließliche, weiße Subst. zurück. Sublimiert im Vak. unzersetzt bei 66 bis 68°C. Einbas. Säure. Überschüssige NaOH-Lsg. zersetzt unter Freiwerden von Heptafluorpropan, H. J. Emeléus, J. D. Smith (*J. chem. Soc.* **1959** 375/81, 380). Äquiv.-Leitf. bei unendlicher Verd. 376 $cm^2\cdot\Omega^{-1}\cdot val^{-1}$, J. P. Smith (*Diss. Cambridge* 1958).

***$PNH_2(CF_3)_2$*.** 17.86 Millimol Ammoniak und 8.93 Millimol $PCl(CF_3)_2$ läßt man bei 5 Torr aufeinander einwirken. Die fl., flüchtige Verb. wird durch fraktionierte Kondensation erhalten. Bildet sich bei der Ammonolyse von $P(CF_3)_3$ bei −70°C. Schmp. −87.6°C; Sdp. 67.1°C. Der Dampfdruck p in Torr folgt $\lg p = 8.398–1872/T$; Trouton-Konst. 25.20 $cal\cdot grd^{-1}\cdot mol^{-1}$. Weniger flüchtig als $P(CF_3)_3$ und $PCl(CF_3)_2$. Hydrolysiert in H_2O und verd. Säuren bei 20°C zu $CF_3PHO\cdot ONH_4$ und CHF_3 bzw. $CH_3PHO\cdot OH + NH_4Cl + CHF_3$, in NaOH zu Na_2HPO_3, NH_3 und $2CHF_3$, G. S. Harris (*J. chem. Soc.* **1958** 512/9, 514, 516).

***$PNH_2(C_3F_7)_2$*.** $PCl(C_3F_7)_2$ und trocknes NH_3 werden bei −46°C zusammenkondensiert und langsam auf gewöhnl. Temp. erwärmt. Farblose Fl.; Schmp. −23°C; Sdp. 143 ± 1°C. Dampfdruckgleichung für p in Torr und 20 bis 120°C: $\lg p = 7743 - 2022/T$; Trouton-Konst. 22.2 $cal\cdot grd^{-1}\cdot mol^{-1}$; latente Verdampfungswärme 9250 cal/Mol. Gibt bei der Hydrolyse mit H_2O bei 100°C oder mit 15%igem NaOH bei gewöhnl. Temp. Heptafluorpropan, ebenfalls, wenn die Verb. 3 Wochen im geschlossenen Rohr mit 2n-HCl aufbewahrt wird, H. J. Emeléus, J. D. Smith (*J. chem. Soc.* **1959** 375/81, 379).

***$PCN(CF_3)_2$*.** Entsteht aus AgCN und $PJ(CF_3)_2$ im geschlossenen Röhrchen bei 20°C als farblose Fl., die einen selbstentzündlichen Dampf bildet. Sdp. 48°C, $n_D^{20} = 1.328$ (UR-Spektrum s. Original), F. W. Bennett, H. J. Emeléus, R. N. Haszeldine (*J. chem. Soc.* **1953** 1565/71, 1570). — Bei der Hydrolyse mit 10%iger wss. NaOH-Lsg. bildet sich zu 99% CHF_3, F. W. Bennett, H. J. Emeléus, R. N. Haszeldine (*J. chem. Soc.* **1954** 3896/3904, 3903).

***$PNCO(CF_3)_2$*.** Darst. aus $PJ(CF_3)_2$ und AgOCN bei mehrtägigem Schütteln, dann fraktionierte Kondensation im Vakuum. Farblose, bewegliche Fl. Aus dem Dampfdruck p in Torr errechnet sich nach $\lg p = 8.3 - 1775/T$ zwischen −33 und +31°C der Sdp. zu 53.8°C (UR-Spektrum im Original), K. J. Packer (*J. chem. Soc.* **1963** 960/6, 964).

***$PF(NCO)_2$*.** Wird eine Mischung von 50 g sublimiertem SbF_3 und 145 g $P(NCO)_3$ bei 80 bis 90°C am Rückflußkühler bei 140 Torr erhitzt, so erhält man ein Gemisch von 48 g $PF(NCO)_2$ und 6 g $PF_2(NCO)$. Höherer Druck und Anwendung geringerer $P(NCO)_3$-Mengen verringern die Ausbeute an $PF(NCO)_2$ stark, steigern jedoch die $PF_2(NCO)$-Ausbeute. Schmp. −55.0 ± 1.0°C, Sdp. 98.7 ± 0.3°C; $D_4^{20} = 1.475$; n^{20} für weißes Licht 1.4678. Verdampfungswärme 9.25 kcal; Trouton-Konst. 24.8 $cal\cdot grd^{-1}\cdot mol^{-1}$; Dampfdruck: $\lg p = 8.3210 - 2022.7/T$. Krit. Lsg.-Temp. ungefähr −16°C; Molrefraktion 25.25. Sehr stabil bei gewöhnl. Temp., H. H. Anderson (*J. Am. Soc.* **69** [1947] 2495/7).

***$PF_2(NCO)$*.** Aus 94 g $PF(NCO)_2$, 2 Std. am Rückflußkühler auf 50 bis 60°C bei 760 Torr erhitzt, erhält man 50 g $PF_2(NCO)$. Schmp. etwa −108°C, Sdp. 12.3 ± 1°C; Dichte 1.444, n^{20} für weißes Licht

1.3695; Molrefraktion ~17.38. Zersetzt sich rasch; Löslichkeit in CS_2 begrenzt, H. H. ANDERSON (*l. c.*).

P(O)F₂(NCO). Zur Darst. wird $P(O)Cl_2(NCO)$ mit SbF_3 in exothermer Rk. umgesetzt. Sdp. 68 bis 68.5°C; $D^{25} = 1.5899$; $n_D^{25} = 1.3381$. Lösl. in CH_2Cl_2, S. J. KUHN, G. A. OLAH (*Can. J. Chem.* **40** [1962] 1951/4).

Chlorverbindungen

Chlorine Compounds

PCl(NCO)₂. Bildet sich bei Darst. von $PCl_2(NCO)$, wenn das Molverhältnis Cl:NCO 1.5 bis 4.0 beträgt. Sdp. ~135°C, H. H. ANDERSON (*J. Am. Soc.* **67** [1945] 223/5). $D_4^{20} = 1.505$, $D_4^{25} = 1.497$. Lagert sich sehr leicht nach $2\,PCl(NCO)_2 \rightleftharpoons PCl_2(NCO) + P(NCO)_3$ um, H. H. ANDERSON (*J. Am. Soc.* **67** [1945] 2176/7).

PCl₂(NCO). Aus 0.67 Mol AgNCO, 1.15 Mol PCl_3 und 20 ml CS_2 oder 2.07 Mol reinem PCl_3 werden 0.13 Mol der Verb. erhalten. Bldg. in geringer Menge beim Leiten eines Dampfgemisches von PCl_3 und $P(NCO)_3$ durch eine auf 600°C geheizte Röhre. Schmp. -99 ± 2°C, Sdp. 104.0 ±0.5°C; $D^{31} = 1.513$. Beständig bei 25°C. Zersetzt sich in absol. Alkohol. Stark flüchtig, reagiert sehr schnell mit AgNCO, H. H. ANDERSON (*J. Am. Soc.* **67** [1945] 223/5).

P(O)Cl₂(NCO). Werden 1 Mol PCl_5 und 1 Mol Aminoameisensäureäthylester sehr langsam (wegen Explosionsgefahr) auf 80°C erhitzt, entsteht ein fl. Rückstand, der nach Dest. ~90% reine Verb. an Ausbeute ergibt; $D^{15} = 1.649$, $n_D^{15} = 1.470$. Stechender Geruch. Die Verb. kann bei 136 bis 138°C destilliert werden, wobei sie sich wenig zersetzt. Reagiert schnell mit H_2O, Alkoholen, Aminen, Säuren und Phenolen, A. V. KIRSANOV (*Žurnal obščej Chim.* **24** [1954] 1033/8, *C. A.* **1955** 8787), s. auch S. J. KUHN, G. A. OLAH (*Canad. J. Chem.* **40** [1962] 1951/4).

P₃N₃Cl₄(NCO)₂ und ***P₃N₃Cl₄(NH₂)(NCO).*** Die Prodd. werden beim Durchleiten von $COCl_2$ durch $P_3N_3Cl_4(NH_2)_2$ (vgl. S. 562) in o-Dichlorbenzol und Erhitzen der Fl. zum Sieden erhalten, IMPERIAL CHEMICAL INDUSTRIES LTD., E. HOFMANN (*B. P.* 888662 [1959/62], *C. A.* **56** [1962] 13801).

PF₄(CCl₃). Bildet sich beim Behandeln von $PCl_4(CH_3)$ mit wasserfreiem HF bei —10 bis —15°C. Sdp. 68 bis 69°C bei 762 Torr; $D_4^0 = 1.7275$, $D_4^{20} = 1.7112$, I. P. KOMKOV, S. Z. IVIN, K. V. KARAVANO, L. E. SMIRNO (*Žurnal obščej Chim.* [russ.] **32** [1962] 301/7; *J. gen. Chem. USSR* **32** [1962] 295/9).

PCl(CF₃)₂. Beim Erwärmen von 0.925 g $PJ(CF_3)_2$ mit 1.184 g AgCl im geschlossenen Röhrchen (24 Std. bei 20°C) entstehen 0.622 g der Verb. als spontan entflammbare Fl. mit Sdp. 21°C, die durch 10%ige wss. NaOH-Lsg. unter Bldg. von CHF_3 hydrolysiert wird. Greift Hg nicht an (UR-Spektrum s. Original), F. W. BENNETT, H. J. EMELÉUS, R. N. HASZELDINE (*J. chem. Soc.* **1953** 1565/1571, 1570). Über Hydrolyse s. auch F. W. BENNETT, H. J. EMELÉUS, R. N. HASZELDINE (*J. chem. Soc.* **1954** 3896/904, 3903).

PCl₂(CF₃). Entsteht bei der Red. von $PCl_4(CF_3)$ mit Hg, W. MAHLER, A. B. BURG (*J. Am. Soc.* **80** [1958] 6161/7). Werden 0.959 g $PJ_2(CF_3)$ und 1 g AgCl 24 Std. bei 20°C belassen und dann 30 Min. auf 100°C erhitzt, bilden sich 0.379 g der Verb. mit Sdp. 37°C, F. W. BENNETT, H. J. EMELÉUS, R. N. HASZELDINE (*J. chem. Soc.* **1953** 1565/1571, 1570). Reagiert mit H_2O unter Wärmeentw. und Bldg. von CHF_3 und einer wss. Lsg., die sich bei der Kältetrocknung vollkommen verflüchtigt. Das Kondensat ergibt mit frisch hergestelltem Ag_2O die Verb. $PO(OAg)(CF_3)_2$, H. J. EMELÉUS, R. N. HASZELDINE, R. C. PAUL (*J. chem. Soc.* **1955** 563/74, 570). Hydrolysiert mit 5%iger wss. NaOH-Lsg. unter Bldg. von CHF_3. Beständig gegen Hg, F. W. BENNETT u. a. (*l. c.*). Über Hydrolyse s. auch F. W. BENNETT, H. J. EMELÉUS, R. N. HASZELDINE (*J. chem. Soc.* **1954** 3896/904, 3903).

PCl₂(CF₃)₃. Zur Darst. werden 2.08 g $(PCF_3)_3$ mit 0.575 g Cl_2 in geschlossener Röhre bei —45°C zur Rk. gebracht und auf —63°C abgekühlt. Cl_2 wird abgepumpt und der weiße Rückstand unter vermindertem N_2-Druck destilliert. Ausbeute 1.5 g; Schmp. 20.5°C, Sdp. bei 368 Torr 71°C, F. W. BENNETT, H. J. EMELÉUS, R. N. HASZELDINE (*J. chem. Soc.* **1953** 1565/71, 1569). Schmp. des gereinigten Prod. 24.0 bis 25.5°C, Sdp., aus der Dampfdruckkurve extrapoliert: 107°C bei Normaldruck. Molare Leitf. in Acetonitril bei 15°C bei verschiedenen Konzz.:

c_{mol} in Mol/l	0.0248	0.0375	0.0515	0.0704	0.1492	0.2313
μ in $cm^2 \cdot \Omega^{-1} \cdot mol^{-1}$	49.2	43.9	41.6	38.6	18.1	12.8

(UR-Spektrum s. Original), H. J. EMELÉUS, G. S. HARRIS (*J. chem. Soc.* **1959** 1494/7). Explosionsartige Zers. beim Erhitzen unter Normaldruck, F. W. BENNETT u. a. (*l. c.*). Lösl. in H_2O-freiem

Acetonitril, H. J. Emeléus, G. S. Harris (*l. c.*). Bildet mit H_2O-freier Oxalsäure $PO(CF_3)_3$ (s. S. 626), R. C. Paul (*J. chem. Soc.* **1955** 574/5).

$PCl_3(CF_3)_2$. Darst. aus Cl_2 und $PCl(CF_3)_2$. Reinigung durch Fraktionieren im Vak., H. J. Emeléus, G. S. Harris (*J. chem. Soc.* **1959** 1494/7), H. J. Emeléus, R. N. Haszeldine, R. C. Paul (*J. chem. Soc.* **1955** 563/75, 569); Schmp. —26.0 bis —25.0°C. Leitet den Strom in Acetonitril nicht, H. J. Emeléus, G. S. Harris (*l. c.*). Sdp., ber. durch Extrapolation aus der Dampfdruckkurve: bei 760 Torr ~107°C, bei 355 Torr 82°C. Das UR-Spektrum zeigt feste C–F-Bindung an. Farblose Fl., die an feuchter Luft raucht. Riecht wie PCl_5. Reagiert sofort mit H_2O unter Bldg. einer wss. Lsg., die beim Eindunsten in der Kälte keinen Rückstand hinterläßt. Bildet mit überschüssiger 15%iger NaOH-Lsg. innerhalb von 48 Std. CHF_3, mit Ag_2O Bldg. von $PO(OAg)(CF_3)_2$, H. J. Emeléus u. a. (*l. c.*).

$PCl_4(CF_3)$. Entsteht aus $(PCF_3)_4$ oder $(PCF_3)_5$ und Cl_2. Schmp. —52°C, geschätzter Sdp. 104°C; Dampfdruck p in Torr: $\log p = 8.187 - 2106/T$. Wird durch Hg zu PCl_2CF_3 reduziert, W. Mahler, A. B. Burg (*J. Am. Soc.* **80** [1958] 6161/7, 6165).

$PCl(C_3F_7)_2$. $PJ(C_3F_7)_2$ wird mit AgCl im zugeschmolzenen Rohr 11 Tage zur Rk. gebracht. Farblose Fl.; Schmp. —75°C; Sdp. 118 bis 119°C. Dampfdruckgleichung für p in Torr zwischen 10 und 100°C: $\lg p = 7.883 - 1956/T$; Trouton-Konst. 22.9 cal·grd^{-1}·mol^{-1}, latente Verdampfungswärme 8970 cal/Mol. Die UV-Absorption in Leichtpetroleum zeigt bei der Wellenlänge 233 mμ ein Max. mit dem Extinktionskoeff. $\varepsilon = 270$[1]) sowie ein Minimum bei 221 ($\varepsilon = 200$). Hydrolysiert in überschüssigem 20%igem NaOH vollständig bei gewöhnl. Temp., H. J. Emeléus, J. D. Smith (*J. chem. Soc.* **1959** 375/81, 379, 381).

$PCl_2(C_3F_7)$. Entsteht beim Behandeln von $PJ_2(C_3F_7)$ mit AgCl. Schmp. —90°C; Sdp. 86.4 ± 1°C; Dampfdruckgleichung für p in Torr zwischen 0° bis 75°C: $\lg p = 7.744 - 1748/T$, Trouton-Konst. 22.3 cal·grd^{-1}·mol^{-1}; latente Verdampfungswärme 8000 cal/Mol. Die UV-Absorption des Dampfes zeigt bei den Wellenlängen 230 bis 223 mμ ein Max. mit $\varepsilon = 740$[1]), H. J. Emeléus, J. D. Smith (*l. c.*).

$PCl_3(C_3F_7)_2$. Entsteht beim Erwärmen von Cl_2 und $PCl(C_3F_7)_2$ im geschlossenen Rohr von —78°C bis auf gewöhnl. Temp.; Sdp. 184 ± 2°C; Dampfdruckgleichung für p in Torr und 50 bis 120°C: $\lg p = 7.46 - 2094/T$; Trouton-Konst. 20.8 cal·grd^{-1}·mol^{-1}; latente Verdampfungswärme 9580 cal/Mol. Zersetzt sich innerhalb von 16 Std. wenig bei 125°C. Hydrolysiert mit überschüssigem 20%igem NaOH unter Bldg. von Heptafluorpropan, H. J. Emeléus, J. D. Smith (*J. chem. Soc.* **1959** 375/81, 379).

$PCl(C_2F_3)_2$. Darst. aus $PN(C_2H_5)_2(C_2F_3)_2$-Lsg. in Äther und trocknem HCl-Strom bei 0°C; Abfiltrieren des Diäthylammoniumchlorids unter N_2, fraktionierte Dest. der Fl.; farblose Subst. von scharfem Geruch. Sdp. 94 bis 95°C; $D_4^{23} = 1.550$; $n_D^{23} = 1.4095$. Raucht an der Luft, R. N. Sterlin, R. D. Yatsenko, L. N. Pinkina, I. L. Knunyants (*Izvestija Akad. Nauk SSSR, Otdel. chim. Nauk* **1960** 1991/7; *Bl. Sci. USSR, Div. chem. Sci.* **1960** 1851/5).

$PCl_2(C_2F_3)$. Entsteht aus $P(N(C_2H_5)_2)_2(C_2F_3)$ im trocknen HCl-Strom analog der vorhergehenden Verb.; farblose Subst. von scharfem Geruch. Sdp. 81.5 bis 82°C; $D_4^{19} = 1.574$, $n_D = 1.4412$. Raucht an der Luft, hydrolysiert in H_2O, R. N. Sterlin u. a. (*l. c.*).

$P(O)Cl(CF_3)_2$. Entsteht bei 80std. Einwirkung von Chlor auf $(CF_3)_2POP(CF_3)_2$ (s. S. 626) im geschlossenen Rohr bei —78°C und 16std. Umsetzung bei 80°C. Das Prod. wird durch fraktionierte Kondensation isoliert. Der Schmp. kann nicht bestimmt werden, da die Verb. stark zur Unterkühlung neigt. Abhängigkeit des Dampfdruckes p von der Temp. t:

t in °C	—45.0	—30.9	—24.1	0.0	12.5	20.4
p in Torr	5.1	14.1	22.1	90.5	162.8	230.3

Der Dampfdruck folgt der Gleichung: $\lg p = 6.8443 + 1.75 \lg T - 0.00700\,T - 1980/T$ (über UR-Spektrum s. Original), J. E. Griffiths, A. B. Burg (*J. Am. Soc.* **84** [1962] 3442/50, 3446).

Bromine Compounds

Bromverbindungen

$PBr(CF_3)_2$. Darst. aus $PJ(CF_3)_2$ und AgBr bei mehrtägigem Schütteln, bis die gelbe Farbe der Fl. verschwunden ist, fraktionierte Kondensation im Vakuum. Farblose bewegliche Fl.; aus dem Dampfdruck p in Torr errechnet sich nach $\lg p = 7.68 - 1510/T$ zwischen —40 und 20°C der Sdp. zu 41.8°C (UR-Spektrum s. Original), K. J. Packer (*J. chem. Soc.* **1963** 960/6, 964).

[1]) Zur Definition von ε s. „*Kobalt*" *Erg.-Bd. Tl.* B, S. 5.

$PBr_2(CF_3)_3$. Die Existenz der Verb. wird durch konduktometr. Titration von $P(CF_3)_3$ mit Br_2 in Acetonitril bewiesen, H. J. EMELÉUS, G. S. HARRIS (*J. chem. Soc.* **1959** 1494/7).

$P(O)Br(CF_3)_2$. Entsteht bei 20std. Erhitzen bei 100°C, dann 6tägigem Erhitzen bei 130°C von Br_2 und $P(O)C_4H_9(CF_3)_2$ im geschlossenen Rohr. Reinigung durch Schütteln mit Hg und fraktionierte Kondensation im Vak.; Schmp. -35.5 ± 0.3°C, ber. Sdp. 78.3°C. Dampfdruck p in Abhängigkeit von der Temp. t:

t in °C	−23.8	−5.3	0.0	6.1	10.2	16.5
p in Torr	7.1	22.2	29.9	41.6	51.2	70.0

Der Dampfdruck p in Torr folgt $\lg p = 5.0476 + 1.75 \lg T - 0.003833 T - 1854/T$. TROUTON-Konst. 21.4 $cal \cdot grd^{-1} \cdot mol^{-1}$ (über UR-Spektrum s. Original), J. E. GRIFFITHS, A. B. BURG (*J. Am. Soc.* **84** [1962] 3442/50, 3446).

Jodverbindungen

Iodine Compounds

$PJ(CF_3)_2$. Entsteht aus CF_3J und P neben $P(CF_3)_3$ und PJ_2CF_3, A. B. BURG, W. MAHLER, A. J. BILBO, C. P. HABER, D. L. HERRING (*J. Am. Soc.* **79** [1957] 247). Beim Erhitzen von 3 g P und 2.94 g CF_3J (48 Std. bei 220°C) im Vak. im geschlossenen Rohr bilden sich 0.3 g der Verb.; beim Erhitzen auf 260°C mit 3.8 g CF_3J beträgt die Ausbeute 0.71 g. Reinigung durch Vak.-Fraktionierung, F. W. BENNET, H. J. EMELÉUS, R. N. HASZELDINE (*J. chem. Soc.* **1953** 1565/71, 1568). Entsteht neben $P(CF_3)_3$ und anderen Prodd. aus $AgCO_2CF_3$, P und J_2 (s. S. 624). Farblose Fl. mit Sdp. 72 bis 73°C; $n_D^{15} = 1.403$ (UV- und UR-Spektrum s. Original). Muß im Dunkeln bei tiefer Temp. aufbewahrt werden, da sich im Licht J_2 abscheidet. Raucht an der Luft, stechender Geruch, in überschüssiger Luft entflammbar, greift Hg an. Beim Erhitzen im geschlossenen Röhrchen zersetzt sich $PJ(CF_3)_2$ zu $(PCF_3)_3$ (45%), PJ_2CF_3 (2%), PJ_3 und Spuren von Hexafluoräthan und CCl_3J. Mit H_2O oder Salzsäure im geschlossenen Röhrchen löst es sich schnell unter Zers.; in wss. NaOH-Lsg. wird es unter CHF_3-Bldg. hydrolysiert. Im geschlossenen Röhrchen bilden 0.669 g $PJ(CF_3)_2$ mit 0.521 g AgCN in 24 Std. bei 20°C 0.541 g AgJ und 0.411 g $PCN(CF_3)_2$. Mit AgCl bildet sich unter ähnlichen Bedingungen $PCl(CF_3)_2$, mit Hg im geschlossenen Röhrchen $P_2(CF_3)_4$. UR-Spektrum s. Original, F. W. BENNETT u. a. (*l. c.* S. 1568, 1570).

$PJ_2(CF_3)$. Entsteht aus $(PCF_3)_4$ oder $(PCF_3)_5$ und J_2, W. MAHLER, A. B. BURG (*J. Am. Soc.* **80** [1958] 6161/7, 6165), aus CF_3J und P neben $P(CF_3)_3$ und $PJ(CF_3)_2$, A. B. BURG, W. MAHLER, A. J. BILBO, C. P. HABER, D. L. HERRING (*J. Am. Soc.* **79** [1957] 247). Beim Erhitzen von 3 g P und 2.94 g CF_3J (48 Std. bei 220°C) im Vak. im geschlossenen Rohr bilden sich 0.05 g der Verbindung. Reinigung durch Dest. unter vermindertem Druck. F. W. BENNETT u. a. (*l. c.* S. 1567, 1570). Entsteht neben $P(CF_3)_3$ und anderen Prodd. aus $AgCO_2CF_3$, P und J_2 (s. S. 624). Sdp. bei 29 Torr 69°C, bei 37 Torr 73°C, bei 132 Torr 103°C, bei 413 Torr 133°C. Zersetzt sich beim Erhitzen auf 760 Torr; $n_D^{20} = 1.630$ (UV- und UR-Spektrum s. Original). Gelbe, ölige, an der Luft rauchende Fl.; beim Erhitzen von 2.483 g $PJ_2(CF_3)$ auf 240°C zersetzt sich die Verb. unter Bldg. von 0.177 g CF_3J, 0.130 g $P(CF_3)_3$, 0.424 g $PJ(CF_3)_2$ und PJ_3. Greift Hg sofort an unter Freiwerden von J_2. Mit AgCl auf 100°C erhitzt, bildet sich $PCl_2(CF_3)$. Wasser, wss. 10%ige NaOH-Lsg., Na-Phosphit und Na-Jodid-Lsg. hydrolysieren zu CHF_3, F. W. BENNETT u. a. (*l. c.* S. 1567, 1570). Über stufenweise Hydrolyse durch wss. Alkalilsg. s. F. W. BENNETT, H. J. EMELÉUS, R. N. HASZELDINE (*J. chem. Soc.* **1954** 3896/904, 3902).

$PJ(C_3F_7)_2$. 25 g rotes P werden mit 50 g Heptafluorjodpropan in trockner N_2-Atm. im Autoklaven bei 220 bis 230°C zur Rk. gebracht. Im Vak. bei −46°C kondensiert, erhält man 70% $PJ(C_3F_7)_2$ und 30% $PJ_2(C_3F_7)$. Bei 235°C wächst die Ausbeute an $PJ_2(C_3F_7)$. Die beiden Verbb. können durch fraktionierte Kondensation getrennt werden. $PJ(C_3F_7)_2$ ist eine gelbe Fl.; Schmp. −108°C. Aus der Gleichung für den Dampfdruck p in Torr zwischen 0 und 80°C, $\lg p = 8.096 - 2170/T$, berechnet sich der Sdp. zu 135°C; TROUTON-Konst. 23.7 $cal \cdot grd^{-1} \cdot mol^{-1}$, latente Verdampfungswärme 9920 cal/Mol. Die UV-Absorption des Dampfes zeigt Max. bei den Wellenlängen (in $m\mu$) 287 (Extinktionskoeff. $\varepsilon = 1400$)[1]) und 220 ($\varepsilon = 2700$) sowie Minima bei 250 ($\varepsilon = 570$) und 211 ($\varepsilon = 2400$). Bis 80°C nur geringe Zers.; mit Hg ergibt die Verb. eine farblose Fl.; hydrolysiert in H_2O und verd. Säuren unter Bldg. von Heptafluorpropan, H. J. EMELÉUS, J. D. SMITH (*J. chem. Soc.* **1959** 375/81, 378).

$PJ_2(C_3F_7)$. Darst. s. bei $PJ(C_3F_7)_2$. Gelbe Fl.; Schmp. −18°C, der Sdp. berechnet sich zu 190°C aus der Gleichung für den Dampfdruck p in Torr zwischen 40 und 120°C: $\lg p = 7.350 - 2070/T$; TROUTON-

[1]) Siehe Fußnote S. 630.

Konst. 20.5 cal·grd^{-1}·mol^{-1}; latente Verdampfungswärme 9470 cal/Mol. In Petroleum zeigt die Subst. Max. bei den Wellenlängen (in mμ) 270 ($\varepsilon = 3700$)[1]) und 222 ($\varepsilon = 5900$) sowie Minima bei 248 ($\varepsilon = 2880$) und 213 ($\varepsilon = 5820$). Beträchtliche Zers. bei höheren Tempp., H. J. EMELÉUS, J. D. SMITH (*l. c.*).

Sulfur and Selenium Compounds

Schwefel- und Selenverbindungen

Die Verbb. sind weitgehend nach den C enthaltenden Radikalen geordnet.

***$PS(NCO)_3$* und *$PS(OCN)_3$*.** Das $PS(NCO)_3$ bildet sich neben $PS(OCN)_3$ in sehr langsamer Rk. aus $PSCl_3$ und AgNCO in Xylol am Rückflußkühler oder aus $P(NCO)_3$, erhitzt mit S in verschlossener Röhre auf 140°C; Reinigung durch Dest. unter vermindertem Druck und mehrwöchiges Aufbewahren der Prodd. in Benzol, G. S. FORBES, H. H. ANDERSON (*J. Am. Soc.* **65** [1943] 2271/4). — $PS(NCO)_3$ ist bei 25°C eine farblose, viscose Fl., bildet bei 0°C lange Nadeln mit Schmp. 8.8°C; Sdp. 215°C bei Atm.-Druck, 150°C bei 60 Torr und 135°C bei 30 Torr; Dampfdruck: lg p = 10.032–3492/T; Verdampfungswärme $\lambda_V = \sim 16$ kcal/Mol, TROUTON-Konst. = ~33 cal·grd^{-1}·mol^{-1}. Brechungsindex (Tageslicht) 1.5116; Dichte 1.538. $PS(NCO)_3$ lagert sich bei 215°C in $PS(OCN)_3$ um. Wird durch H_2O rasch hydrolysiert, G. S. FORBES, H. H. ANDERSON (*l. c.*). Wandelt sich bei monatelangem Liegen in ein festes, nichtflüchtiges gelbes Isomer um, H. H. ANDERSON (*J. Am. Soc.* **67** [1945] 223/5).

***$P(SCN)_3$*.** Aus dem mittleren Wert für die Refraktion des Säureesters geht hervor, daß es sich bei der Verb. um ein Phosphortrithiocarbimid handelt, A. E. DIXON, J. TAYLOR (*J. chem. Soc.* **93** [1908] 2148/63).

Entsteht beim Erhitzen von $PCl_2(SCN)$ (s. S. 633) auf 148°C, H. H. ANDERSON (*J. Am. Soc.* **67** [1945] 2176/7), aus PCl_3 und Pb-Thiocyanat beim Erhitzen auf dem Wasserbad, P. MIQUEL (*Ann. Chim. Phys.* [5] **11** [1877] 289/356, 349), A. E. DIXON (*J. chem. Soc.* **79** [1901] 541/52, 545), aus 14 g PCl_3 und 50 g AgSCN durch eintägiges Schütteln in absol. Äther oder durch mehrstd. Schütteln von 1 Mol PCl_3 mit 3 Mol Quecksilberthiocyanat in H_2O-freiem CCl_4. Nach Filtration werden CCl_4 und PCl_3 größtenteils bei 12 Torr entfernt; das Öl wird durch Fraktionierung im Hochvak. gereinigt. $P(SCN)_3$ siedet bei 0.3 Torr und 141°C, H. GALL, J. SCHÜPPEN (*Ber.* **63** [1930] 482/7). Bildet sich aus PCl_3 und benzol. NH_4SCN-Lsg. als farbloses Öl, Sdp. 163°C; $D^{15.5} = 1.487$, A. E. DIXON (*J. chem. Soc.* **85** [1904] 350/371, 353, 357). Schmp. —4°C (unscharf), H. GALL, J. SCHÜPPEN (*l. c.*).

Durch Hydrolyse mit H_2O werden 2 Schichten gebildet, deren eine durch H_2O nicht weiter angegriffen wird und die charakterist. Eigg. eines Thiocarbamids zeigt, A. E. DIXON (*l. c.* S. 355). Durch Erhitzen mit $Ni(CO)_4$ auf dem Wasserbad und Ausziehen des Rückstandes mit sd. C_6H_6 entstehen gelbe, kub. Kristalle des $Ni[P(NCS)_3]_4$, G. WILKINSON (*Z. Naturf.* **9b** [1954] 446/7).

Reagiert leicht mit Äthyl- und Benzylalkohol, A. E. DIXON (*J. chem. Soc.* **81** [1902] 168/71). Gibt mit Anilin einen gelben, unlösl. Nd., der beim Kochen mit H_2O Phenylthioharnstoff liefert. Mit o-Toluidin wird ein gelbes Pulver mit Schmp. 81 bis 83°C erhalten, A. E. DIXON (*J. chem. Soc.* **79** [1901] 541/53, 546). Mit 1 Mol Anilin bildet sich ein weißes Pulver der Zus. $P(CNS)_3 \cdot C_6H_5NH_2$ mit Schmp. 116 bis 117°C, das sich beim Erhitzen in $C_6H_5NH \cdot CS \cdot NH_2$, 2HSCN und H_3PO_3 zersetzt. Mit 3 Mol Anilin in benzol. Lsg. bildet sich amorphes $P(CNS)_3 \cdot 3C_6H_5NH_2$ mit Schmp. 67 bis 69°C, lösl. in Alkohol und Äther, A. E. DIXON (*J. chem. Soc.* **85** [1904] 350/71, 355).

***$PO(SCN)_3$*.** Nach dem mittleren Wert für die Refraktion des auch als Isothiocyanat formulierten Säureesters handelt es sich bei der Verb. um ein Phosphoryltrithiocarbimid, A. E. DIXON, J. TAYLOR (*J. chem. Soc.* **93** [1908] 2148/63, 2157). Entsteht beim Erhitzen von 110 g AgSCN und 80 g $POCl_3$ in 130 ml C_6H_6 im Dampfbad. Nach fraktionierter Dest. unter vermindertem Druck werden 20 g der Verb. als farblose Fl. erhalten, H. H. ANDERSON (*J. Am. Soc.* **64** [1942] 1757/9, **67** [1945] 223/5). Bildet sich beim Kochen von $POCl_3$ in trocknem Cumol mit $Pb(SCN)_2$, A. E. DIXON (*J. chem. Soc.* **79** [1901] 541/53, 548). Entsteht aus KCNS und $POCl_3$ in C_6H_6, IMPERIAL CHEMICAL INDUSTRIES LTD., C. N. KENNEY (*B.P.* 883488 [1959/61], *C.A.* **56** [1962] 15156).

Schmp. 13.8 ± 1°C, Sdp. 300.1 ± 2°C; Dampfdruck: lg p = 8.5330–3240/T. Verdampfungswärme $\lambda_V = 14.82$ kcal/Mol; TROUTON-Konst. 25.8 cal·grd^{-1}·mol^{-1}. Dichte 1.484 g/cm³, H. H. ANDERSON (*J. Am. Soc.* **64** [1942] 1757/9). Blaßgelbes, stark lichtbrechendes Öl; $D^{13.5} = 1.52$, A. E. DIXON (*J. chem. Soc.* **85** [1904] 350/71). Wird beim Stehen orange; kann unter 0°C unterkühlt werden. Reizt die Augenschleimhäute nicht wie $POCl_3$. Bildet mit konz. heißer wss. HNO_3-Lsg. NH_4HSO_4 und HCN, H. H. ANDERSON (*l. c.*). Verbindet sich leicht mit trocknem NH_3 in Benzol-Cumollsg. zu einem blaßgelben, körnigen Nd. mit Schmp. 60°C, A. E. DIXON (*J. chem. Soc.* **79** [1901] 541/53, 551). In benzol. Lsg. ergibt

[1]) Zur Definition von ε s. „*Kobalt*" *Erg.-Bd. Tl.* B, S. 5.

es bei Einw. von 1 Mol Anilin ein weißes Pulver der Zus. $PO(SCN)_3 \cdot C_6H_5NH_2$, das bei 120 bis 121°C schmilzt und mit H_2O zu $C_6H_5 \cdot NH \cdot CS \cdot NH_2 + 2HSCN + H_3PO_4$ hydrolysiert. Bildet mit 3 Mol Anilin die gelbe Verb. $PO(SCN)_3 \cdot 3C_6H_5NH_2$, die bei 89°C durchsichtig wird und bei 95 bis 97°C aufschäumt; mit 3 Mol p-Toluidin, 3 Mol α-Naphthalin und 1 Mol Benzylanilin Bldg. fester Verbb., A. E. DIXON (*J. chem. Soc.* **85** [1904] 350/71, 365). 0.61 g $PO(NCS)_3$ geben mit 1.6 g C_6H_5COCl 0.24 g $POCl_3$ und $C_6H_5CO(NCS)$; aus 0.61 g $PO(NCS)_3$ und 2.6 g $HgCl_2$ werden 0.30 g $POCl_3$ und als Rückstand $Hg(SCN)_2$ erhalten, H. H. ANDERSON (*J. Am. Soc.* **75** [1953] 1576/8). Gibt mit Pb- und Ag-Salzen die üblichen Thiocarbimidrkk. und verbindet sich leicht mit Anilin unter Bldg. eines blaßgelben Pulvers, mit o-Toluidin unter Bldg. eines dicken Öls, A. E. DIXON (*l. c.* S. 363).

$P_2O_3(NCS)_4$. Zur Darst. werden 6 g Pyrophosphorylchlorid und 12 g KSCN in 100 ml Acetonitril zum Sieden erhitzt und nach 12 Std. filtriert. Nach Verdampfen des Lsgm. wird der Rückstand mit C_6H_6 extrahiert und die Lsg. eingedampft; rotes, nichtflüchtiges Öl, IMPERIAL CHEMICAL INDUSTRIES LTD., C. N. KENNEY (*B. P.* 872832 [1959/61], *C. A.* **56** [1962] 2153).

$[PN(NCS)_2]_3$. Entsteht bei Einw. von KSCN auf $(PNCl_2)_3$ (vgl. S. 552) in Aceton, wobei sofort quantitativ KCl gebildet wird. Nach Entfernung des Lsgm. bleibt die Verb. als weißes, krist. Prod. zurück; Schmp. 42°C; zeigt scharfe UR-Absorption bei ~1200 cm^{-1}, die für das Ringsystem P_3N_3 charakteristisch ist. Absorption bei 1016 und 1960 cm^{-1} deutet auf das Vorliegen einer Isothiocyanatgruppe. Polymerisiert beim Erhitzen im Vak. auf 150°C; gibt mit NH_3, Aminen, Alkoholen, Hydrazinen und substituierten Hydrazinen Kondensationsprodd., R. J. A. OTTO, L. F. AUDRIETH (*J. Am. Soc.* **80** [1958] 5894/5).

$PF_2(NCS)$. 27 g reines $P(NCS)_3$ und 18 g SbF_3 bilden beim Erhitzen auf 150 bis 200°C unter 100 bis 760 Torr 6 bis 9 g der Verb.; bei Anwendung von schwarzem polymerem $P(NCS)_3$ und 300°C geringere Ausbeute, aber viel CS_2 durch Zers. des $P(NCS)_3$. Reinigung durch Dest., H. H. ANDERSON (*J. Am. Soc.* **69** [1947] 2495/7). Schmilzt bei —95°C, Sdp. 90.3 ± 0.3°C; $D_4^{20} = 1.452$; n^{20} für weißes Licht 1.4978. Dampfdruck: lg p = 7.7045 – 1752.9/T, Verdampfungswärme 8.080 kcal, TROUTON-Konst. 22.2 cal·grd^{-1}·mol^{-1}. Molrefraktion 25.66. Bei 760 Torr sehr stabil und unzersetzt destillierbar. Polymerisiert sich bisweilen unter Quellen und Erwärmen. In CS_2 gut lösl. oberhalb 50°C, H. H. ANDERSON (*l. c.*).

$PCl_2(SCN)$. Entsteht bei Zugabe von 165 g AgCNS zu 127 ml PCl_3 unter Rühren und einstd. Erhitzen in Ggw. von 5 g Holzkohle auf dem Wasserbad. Reinigung durch Dest. bei 300 Torr, um PCl_3 zu entfernen, dann bei 78 bis 82°C unter 48 Torr ergibt 0.15 Mol der Verb. mit Schmp. —76 ± 2°C, Sdp. 148 ± 1°C, $D_4^{20} = 1.546$, $D_4^{25} = 1.539$, H. H. ANDERSON (*J. Am. Soc.* **67** [1945] 2176/7). Siedeenthalpie: $\Delta H = 12.6$ kcal/Mol, Siedeentropie: $\Delta S = 29.9$ cal·grd^{-1}·mol^{-1}, F. D. ROSSINI u. a. (*l. c.*). Erstarrt in fl. Luft zu einer glasigen Subst., beim Rühren zu Kristallen. Zersetzt sich bei 148°C zu PCl_3 und $P(SCN)_3$, H. H. ANDERSON (*l. c.*).

$POCl_2(SCN)$. Werden 1.45 Mol $POCl_3$ mit 1.20 Mol AgSCN in 500 ml reinem trocknem C_6H_6 4 Std. am Rückflußkühler bei vermindertem Druck erhitzt, erhält man 0.28 Mol der Verb. neben 0.32 Mol $PO(SCN)_3$. $D^{25} = 1.587$. Schmp. —55 ± 2°C; Sdp. bei Atm.-Druck 173 ± 1°C; bei 41 Torr 101°C, bei 60 Torr 122°C; $n^{20} = 1.5649$, H. H. ANDERSON (*J. Am. Soc.* **67** [1945] 223/5).

$PS(CF_3)_3$. Zur Darst. läßt man 2.7 Millimol $PJ(CF_3)_2$ mit 1.5 Millimol $Hg(CF_3S)_2$ im geschlossenen Pyrexgefäß reagieren. Nach 48 Std. wird das entstandene HgJ_2 abgetrennt und die flüchtige Verb. durch fraktionierte Kondensation im Vak. gewonnen. Farblose Fl.; Schmp. —107°C. Der Sdp. berechnet sich zu 50.3°C aus der Gleichung (p in Torr): lg p = 8.12–1695/T (UR-Spektrum s. Original). Durch 20%iges wss. Alkali werden 2CF_3-Gruppen als CHF_3 frei, H. J. EMELÉUS, K. J. PACKER, N. WELCMAN (*J. chem. Soc.* **1962** 2529/31).

$PSCN(CF_3)_2$. Darst. aus $PJ(CF_3)_2$ und AgSCN bei mehrtägigem Schütteln, dann fraktionierte Kondensation im Vakuum. Farblose Fl., die bei gewöhnl. Temp. braun wird. Aus lg p (in Torr) = 7.68–1715/T folgt der Sdp. zu 84.0°C (UR-Spektrum s. Original), K. J. PACKER (*J. chem. Soc.* **1963** 960/6, 964).

$P(CF_3S)_3$. Bildet sich neben $HgCl(CF_3S)$ und Trifluormethanthiol bei 72std. Einw. von PCl_3 auf $Hg(CF_3S)_2$ bei 50°C im geschlossenen Rohr, H. J. EMELÉUS, H. PUGH (*J. chem. Soc.* **1960** 1108/12).

Zur Darst. werden CF_3SCl und PH_3 in geschlossenem Rohr bei —95°C zur Rk. gebracht und die Prodd. fraktioniert kondensiert. Farblose Fl.; Schmp. —75°C, ber. Sdp. ~180°C. Dampfdruck bei 20°C: 30.5 Torr, bei 50°C: 70.6 Torr. Das UR-Spektrum des Dampfes zeigt bei der Wellenlänge 262 mμ ein Max. mit dem Extinktionskoeff. $\varepsilon = 1010$[1]) bei 241 ein Minimum mit $\varepsilon = 472$. Die Verb. zersetzt sich in 15%igem NaOH, H. J. Emeléus, S. N. Nabi (*J. chem. Soc.* **1960** 1103/8, 1106).

PH(CF₃S)₂. Entsteht bei der Rk. von CF_3SCl mit PH_3 nach wiederholter Fraktionierung der weniger flüchtigen Prodd.; Dampfdruck 149 Torr bei 40°C. Zersetzt sich bei weiterer Temp.-Steigerung, H. J. Emeléus, S. N. Nabi (*l. c.* S. 1107).

PCl(CF₃S)₂. Entsteht neben $HgCl(CF_3S)$ und Trifluormethanthiol bei 40std. Einw. von PCl_3 auf $Hg(CF_3S)_2$ im geschlossenen Rohr bei gewöhnl. Temp., Sdp. 115°C; Dampfdruckgleichung für p in Torr zwischen 20 und 100°C: lg p = 7.312—1712/T; Trouton-Konst. 21.1 $cal \cdot grd^{-1} \cdot mol^{-1}$; latente Verdampfungswärme 8198 cal/Mol (UR-Spektrum s. Original), H. J. Emeléus, H. Pugh (*l. c.*).

PCl₂(CF₃S). In geschlossener Röhre reagieren PCl_3 und $Hg(CF_3S)_2$ bei gewöhnl. Temp. zu $HgCl(CF_3S)$, Trifluormethanthiol und $PCl_2(CF_3S)$. Sdp. 98°C, Dampfdruckgleichung für p in Torr zwischen 20 bis 90°C: lg p = 7.345—1655/T; Trouton-Konst. 20.4 $cal \cdot grd^{-1} \cdot mol^{-1}$, latente Verdampfungswärme 7568 cal/Mol (UR-Spektrum s. Original), H. J. Emeléus, H. Pugh (*J. chem. Soc.* **1960** 1108/12).

PSF₂(CCl₃). Entsteht durch Erhitzen von P_2S_5 mit Trichlormethyltetrafluorphosphin. Sdp. 61 bis 62°C bei 758 Torr; $D_4^{20} = 1.2805$, $n_D^{20} = 1.4012$, I. P. Komkov, S. Z. Ivin, K. V. Karavanov, L. E. Smirno (*Žurnal obščej Chim.* [russ.] **32** [1962] 301/7; *J. gen. Chem. USSR* **32** [1962] 295/9).

PSe(CF₃)₃. Entsteht bei Einw. von 2.1 Millimol $PJ(CF_3)_2$ auf 1.5 Millimol $Hg(CF_3Se)_2$ im geschlossenen Pyrexgefäß; Abtrennen des entstandenen HgJ_2 und fraktionierte Kondensation des flüchtigen Prod. im Vak.; farblose Fl.; Schmp. —98°C; ber. Sdp. 62°C. Der Dampfdruck p in Torr folgt der Gleichung lg p = 8.47—1875/T (UR-Spektrum s. Original). 20%iges wss. Alkali setzt 2 CF_3-Gruppen als CHF_3 in Freiheit, H. J. Emeléus, K. J. Packer, N. Welcman (*J. chem. Soc.* **1962** 2529/31).

Boron Compounds

Borverbindungen

[PBH₂(CF₃)₂]₃. Bildet sich bei der Rk. von $PF(CH_3)_2$ oder $PH(CF_3)_2$ und B_2H_6 bei 0°C neben H_2, $PH(CF_3)_2$ und BF_3; Dimethyläther katalysiert die Rk.; Schmp. 30.5°C, Sdp. (geschätzt) 177°C, Trouton-Konst. 21.0 $cal \cdot grd^{-1} \cdot mol^{-1}$. Abhängigkeit des Dampfdruckes p von der Temp. t für festes $[PBH_2(CF_3)_2]_3$:

t in °C . . .	6.1	14.7	19.6	21.4	23.6	25.4	27.1	30.2
p in Torr . .	0.10	0.26	0.50	0.60	0.76	0.92	1.14	1.50

für fl. $[PB_2(CF_3)_2]_3$:

t in °C . . .	32.6	37.0	44.2	51.9	55.7	62.4	67.9	82.3
p in Torr . .	1.79	2.40	3.90	6.18	7.79	11.25	15.10	31.10

Der Dampfdruck p der festen Subst. folgt der Gleichung lg p = 13.806—4135/T, der der fl. Subst. der Gleichung lg p = 9.2405—0.00800T + 1.75 lg T—3330/T. Zersetzt sich in verschlossener Röhre langsam bei 200°C unter Bldg. von BF_3. An der Luft beständig; wss. HCl greift bei 150°C nur langsam an, methanol. HCl schon bei 85°C. Mit wss. NaOH bildet sich CHF_3, A. B. Burg, G. Brendel (*J. Am. Soc.* **80** [1958] 3198/202). s. auch A. B. Burg u. a. (WADC-TR-56-82 [1957] *Tl.* 2, S. 1/58, 38).

[PBH₂(CF₃)₂]ₓ. $[PBH_2(CF_3)_2]_4$ kristallisiert neben anderen Substt. bei der Rk. von $PH(CF_3)_2$ und B_2H_6. Schmp. 116°C; wenig flüchtig. Abhängigkeit des Dampfdruckes p von der Temp. t:

t in °C . . .	45.5	54.4	75.7	82.0	89.9	98.4	104.9
p in Torr . .	0.04	0.10	0.66	1.10	2.11	4.00	6.44

lg p = 12.683—4489.2/T, A. B. Burg, G. Brendel (*l. c.*). — Verbb. der Zus. $[PBH_2(CF_3)_2]_3$ werden erhalten, wenn B_2H_6 und $PH(CF_3)_2$ 10 Tage bei gewöhnl. Temp. im geschlossenen Röhrchen aufbewahrt werden, American Potash & Chemical Corp., A. B. Burg, G. Brendel (*U.S.P.* 2959620 [1957/60], *C.A.* **1961** 6375).

[1]) Zur Definition von ε s. „*Kobalt*" *Erg.-Bd. Tl.* B, S. 5

Phosphor und Silicium

Phosphorus and Silicon

Verbb., die neben P und Si eine CH-Gruppe enthalten, sind nicht behandelt.

Das System Phosphor–Silicium

The System Phosphorus-Silicon

Über glühendes Si geleiteter P-Dampf verbindet sich nicht mit dem Si, s. J. J. BERZELIUS (*Pogg. Ann.* **1** [1824] 169/230, 218). Auch bei 800°C findet zwischen Si und P-Dampf noch keine Bldg. von Si-Phosphiden statt, W. WARING, D. T. PITMAN, S. R. STEELE (*J. appl. Phys.* **29** [1958] 1002/3). Nach dem Zustandsdiagramm, s. **Fig. 153**, bilden Si und P bei sehr hoher Temp. eine Verb. SiP, die oberhalb 1131°C in eine fl. und eine Dampfphase zerfällt. Das Eutektikum Si–SiP liegt bei 1131 ± 2°C. Die Gleichgew.-Verhältnisse entsprechen bei Atm.-Druck nahezu einem Quadrupelpunkt mit den

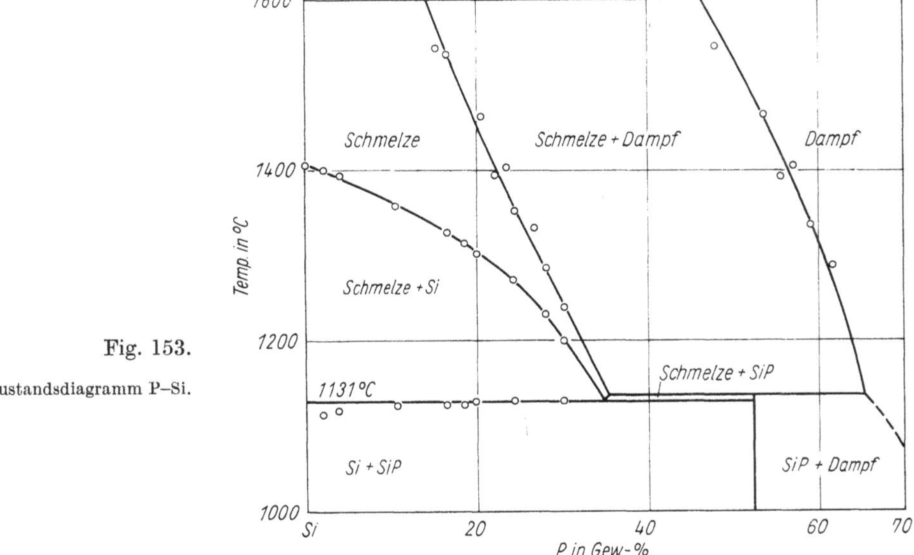

Fig. 153.
Zustandsdiagramm P–Si.

Phasen Si, SiP, Schmelze und Dampf. Durch Zusatz von Si zum Si-haltigen SiP-Regulus kann jede gewünschte Konz. unter 30% P hergestellt werden, B. GIESSEN, R. VOGEL (*Z. Metallk.* **50** [1959] 274 /7).

Diffusion von P in Si. Diffusionskoeff. D in cm²/s, Aktivierungsenergie E_a, definiert durch $D = D_0 \cdot \exp(E_a/RT)$, in kcal/Mol. Alle Angaben über die Konz. C bezeichnen die Anzahl der Atome je cm³.

Diffusion of P into Si

Wie bei allen festen Stoffen wird die Diffusion von Fremdatomen auch in Si zunächst durch die Temp. und das Konz.-Gefälle (also durch die Konz. der Fremdatome an der Oberfläche C_0) bestimmt. Da aber das Eindringen von P-Atomen meist durch die Änderung der elektr. Leitf. ermittelt wird, hängen experimentell bestimmte Werte für D auch stark von der in den jeweils untersuchten Si-Proben schon vorhandenen Fehlordnung (z. B. infolge Oberflächenbearbeitung oder Bestrahlung) und deren Änderung im Verlauf des Diffusionsprozesses ab. Die Fehlordnung wird z. B. durch geringe Mengen von Sauerstoff beeinflußt, so daß bei Verwendung von elementarem P andere D-Werte gefunden werden als bei Verwendung von P_2O_5 oder anderen O-haltigen P-Verbindungen.

Wird P-Dampf auf p-Si kondensiert, so ergibt sich bei Oberflächenkonzz. $C_0 = 3 \cdot 10^{15}$ bis $5 \cdot 10^{18}$ und 1200°C aus zahlreichen Messungen $D = (2.7 \pm 0.5) \times 10^{-12}$, M. J. COUPLAND (*Proc. phys. Soc.* **73** [1959] 577/84, 580). Ähnliche Messungen zwischen 1050 und 1250°C ergeben $D_0 \approx 10^{-3}$, $E_a = 58.0$, C. S. FULLER, J. A. DITZENBERGER (*J. appl. Phys.* **25** [1954] 1439/40). Über die Eindringtiefe von P in reines oder oberflächlich oxydiertes p-Si zwischen 1100 und 1300°C s. C. J. FROSCH, L. DERICK (*J. electrochem. Soc.* **104** [1957] 547/52).

In P_2O_5-Dampf ist D stärker von der Temp. abhängig ($E_a = 85.0$); Meßwerte für p-Si:

t in °C	950	1030	1148	1235
D	7.7×10^{-15}	5.7×10^{-14}	1.3×10^{-12}	5.0×10^{-12}

C. S. Fuller, J. A. Ditzenberger (*J. appl. Phys.* **27** [1956] 544/53, 547); daraus inter- bzw. extrapolierte D-Werte: 4.0×10^{-12} bei 1200°C, Yu. M. Shashkov (*The metallurgy of semiconductors, New York* 1961, S. 125), 7.0×10^{-12} bei 1250°C, L. A. d'Asaro (*Solid-State Electron.* **1** [1960] 3/12, 10), $18 \cdot 10^{-12}$ bei 1300°C, F. M. Smits, R. C. Miller, R. L. Batdorf (in: M. Schön, H. Welker, *Halbleiter und Phosphore, Braunschweig* 1958, S. 329/37, 334). $E_a = 81.0$, W. C. Dunlop, H. V. Bohm, H. P. Mahon (*Phys. Rev.* [2] **96** [1954] 822). — Für die Diffusion von P durch einen Oxidüberzug hindurch in eine p-Si-Probe hinein bei 1100 und 1150°C gilt $D = 1.77 \times 10^{-12}$ bzw. 3.48×10^{-12}, C. T. Sah, H. Sello, D. A. Tremere (*Phys. Chem. Solids* **11** [1959] 288/98, 297). — Die Diffusion von P aus einem glasigen Überzug aus 15 Gew.-Tl. P_2O_5 und 1 Gew.-Tl. CaO in p-Si mit 10^{17} Fremdatomen je cm^3 hängt nach Messungen zwischen 1470 und 1590°K von C_0 ab; E_a fällt von 78.4 auf 55.3, wenn C_0 von $3 \cdot 10^{18}$ auf 9.5×10^{20} erhöht wird; entsprechend für eine Probe mit $5 \cdot 10^{14}$ Fremdatomen je cm^3: im Bereich von $C_0 = 3 \cdot 10^{18}$ bis $11 \cdot 10^{20}$ fällt E_a von 85.3 auf 60.0, I. M. Mackintosh (*J. electrochem. Soc.* **109** [1962] 392/401).

Die Konz. der eindiffundierten P-Atome nimmt ab, je größer der Abstand x von der Probenoberfläche wird. In einigen Arbeiten wird jedoch festgestellt, daß C bis zu einer gewissen Tiefe konst. bleibt und erst dann abnimmt. In P_2O_5-Atm. bei 1000°C behandelte p-Si-Proben weisen bei nicht zu hoher Oberflächenkonz. bis $\sim 0.5\,\mu$ Tiefe die gleiche P-Konz. auf; demnach scheint D nur bei $C_0 \leq 10^{20}$ konstant zu sein, bei höheren C_0-Werten dagegen anzusteigen, E. Tannenbaum (*Solid-State Electron.* **2** [1961] 123/32, 131). Eine ähnliche Verteilung ergibt sich bei einer Probe, die einer Gasentladung in einem H_2-PH_3-Gemisch ausgesetzt war; die P-Konz. bleibt bis $0.45\,\mu$ Abstand von der Oberfläche konstant, H. Strack (*J. appl. Phys.* **34** [1963] 2405/9). Eine derartige Konz.-Verteilung wird auch nach Behandlung mit ungesätt. P-Dampf beobachtet; dagegen fällt in einer p-Si-Probe, die sich bei 1200°C 12 bis 24 Std. in gesätt. P-Dampf befand, C wie bei anderen Zusätzen proportional $1-\varphi(y)$ ab, wo $y = 0.5x (D \cdot t)^{1/2}$ und t die Diffusionsdauer ist; $\varphi(y)$ ist die sog. Fehlerfunktion $(2/\sqrt{\pi}) \int_0^y e^{-z^2} dz$. In ungesätt. P-Dampf kann aus einer oberflächennahen Schicht das P wieder verdampfen, so daß die Konz. dort geringer ist. An n-Si ist ein derartiger Unterschied nicht festzustellen, möglicherweise deswegen, weil n-Si sich mit einem dichteren Oxidfilm überzieht, B. I. Boltaks, N. N. Matveeva (*Fiz. tverdogo Tela* **4** [1962] 609/14; *Soviet Phys.-Solid State* **4** [1962] 444/7). Eine sprungartige Änderung der Konz.-Verteilung finden V. K. Subašiev, A. P. Landsman, A. A. Kucharskij (*Fiz. tverdogo Tela* **2** [1960] 2703/9; *Soviet Phys.-Solid State* **2** [1960] 2405/11) an p-Si.

Die Tiefe, bis in die Fremdatome max. eindringen können, wird durch die Verdampfungsgeschw. bestimmt, die von der Vers.-Anordnung abhängt; bei 1300°C und einer Oberflächenkonz. von $2 \cdot 10^{18}$ finden R. L. Batdorf, F. M. Smits (*J. appl. Phys.* **30** [1959] 259/64, 263) für P stationäre Eindringtiefen zwischen 3.7 und $5.8\,\mu$; vgl. auch F. M. Smits, R. C. Miller, R. L. Batdorf (in: M. Schön, H. Welker, *Halbleiter und Phosphore, Braunschweig* 1958, S. 329/37, 334/5).

Mit steigendem B-Gehalt (1×10^{16} bis 3.8×10^{20}) nimmt der zwischen 1100 und 1250°C gem. Diffusionskoeff. von P um etwa den Faktor 8 bis 10 zu. Auch in n-Si hängt D bei 1200°C von der Konz. C_f der Zusatzatome ab:

$C_f \cdot 10^{-16}$	1	39	75	4500	23000
$D \cdot 10^{12}$	41	50	45	42	42

S.-I. Maekawa (*J. phys. Soc. Japan* **17** [1962] 1592/7, 1593/4). Die Temp.-Abhängigkeit von D zwischen 1427 und 1525°K ist für n- und p-Si (Konz. der Zusatzatome $\sim 5 \cdot 10^{19}$ bzw. $\sim 2 \cdot 10^{20}$) anders als für eigenleitendes Si mit weniger als 10^{15} Fremdatomen je cm^3, M. F. Milea (AFOSR-TN-59-460 [1959] 1/51, 25/26, *Nucl. Sci. Abstr.* **13** [1959] Nr. 19417; *Bull. Am. phys. Soc.* [2] **3** [1958] 102). Allgemein ist D um so kleiner und E_a um so größer, je reiner die Si-Probe ist, D. A. Petrow, J. M. Schaschkow, A. S. Belanowski (in: M. Schön, H. Welker, *Halbleiter und Phosphore, Braunschweig* 1958, S. 652/5). Bei O-Gehalten von $< 10^{16}$ ist ein Einfluß auf D nicht nachweisbar, J. L. Hartke (*J. appl. Phys.* **30** [1959] 1469/70).

Phosphorus Silicides

Phosphorsilicide.

PSi. Bildet sich beim Erhitzen von PSi_2 auf > 600°C, G. Fritz, H. O. Berkenhoff (*Z. anorg. Ch.* **300** [1959] 205/9). Wird in einem Rohr aus keram. Material die mit krist. Si beschickte Seite auf 1180°C und die mit rotem P beschickte auf 400°C erhitzt, so bildet sich PSi mit 95% Ausbeute. Feinteilig, lockerer und voluminöser als die Ausgangsstoffe; hellgelbbraun oder rehbraun, W. BILTZ, H. HARTMANN, F. W. WRIGGE, F. WIECHMANN (*Ber. Berl. Akad.* **1938** 99/110, 100). Zur Herst. wird zu geschmolzenem Si gepreßtes P gegeben. Es werden Reguli erhalten, die nach Abschleifen der äußeren P-ärmeren Schichten zweimal unter $CaCl_2$ umgeschmolzen werden. Sie enthalten SiP neben ungebundenem metall. Si. Der Gehalt des Regulus an SiP kann durch Herauslösen des SiP mit heißem 50%igem HNO_3 bestimmt werden (Gefügebild s. Original). SiP kristallisiert in Nadeln, Dichte 2.40 ± 0.02 g/cm³, B. GIESSEN, R. VOGEL (*Z. Metallk.* **50** [1959] 274/7). Das Röntgendiagramm ist verschieden von dem des Si. Dichte nahe der des Si (~2.33). Gibt im Vak. bei 1000 bis 1100°C das P wieder ab. Zers.-Druck des PSi in Abhängigkeit von der Temp. t:

t in °C	1008	1010	1055	1068	1084	1101
Partialdruck des P_4	32	34	86	115	151	220
Partialdruck des P_2	32	33	76	96	124	169

Reagiert auch bei Rotglut nicht mit O_2, aber lebhaft mit Cl_2. Zersetzt sich in sd. H_2O unter Freiwerden von PH_3, W. BILTZ u. a. (*l. c.*).

***PSi_2*.** Beim Erhitzen eines SiH_4-PH_3-Gasgemisches (Molverhältnis 1:1 oder 1:2) bildet sich bei ~450°C neben gasf. $PSiH_5$ und fl. wasserstoffhaltigen P-Si-Verbb. festes, blauschwarzes, röntgenamorphes PSi_2, das bei ~600°C in Si und PSi zerfällt. Das UR-Spektrum, s. **Fig. 154**, unterscheidet sich deutlich von denen des Si und SiP. Siedendes HNO_3 (1:1) löst nach 3½ Std. 1% des Si und 73% des P. Von verd. HCl-Lsg. wird PSi_2 in der Kälte kaum angegriffen, beim Kochen geht ein geringer Tl. in Lsg.; sd. H_2SO_4 löst einen Tl. des P als Phosphat heraus. Alkalien zersetzen unter PH_3-Entw., G. FRITZ, H. O. BERKENHOFF (*Z. anorg. Ch.* **300** [1959] 205/9).

Fig. 154.

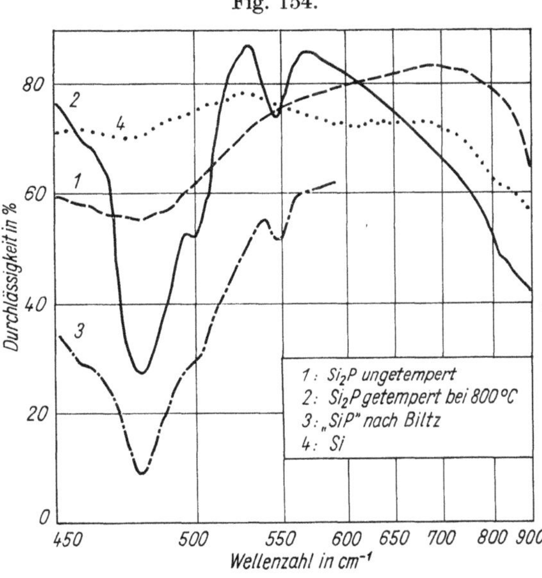

UR-Spektrum von PSi_2.

Phosphorsiliciumwasserstoffe.

Phosphorus Silanes

***$PH_2 \cdot SiH_3$*.** Bildet sich aus gleichen Tl. SiH_4 und PH_3 bei 450°C und 200 Torr im geschlossenen, evakuierten Rohr. Um Zers. zu vermeiden, durchströmt das Gemisch der Ausgangsgase ein auf 500°C geheiztes Rohr, die austretenden Gase werden in fl. N_2 abgeschreckt. Nicht umgesetztes PH_3 und SiH_4 werden durch Temp.-Erhöhung entfernt, G. FRITZ (*Z. Naturf.* **8b** [1953] 776/7), s. auch H. R. LINTON, E. R. NIXON (*Spectrochim. Acta* **15** [1959] 146/55, 147). Bei gewöhnl. Temp. farbloses Gas. Sdp. 12.7°C. Die bei —135°C noch fl. Verb. erstarrt bei der Temp. der fl. Luft zu einer weißen Substanz. Zersetzt sich bei Tempp. >400°C zu SiH_4, PH_3, H_2 und H-haltigen Si-P-Verbindungen. Dampfdruck p in Abhängigkeit von der Temp. t:

t in °C	—77	—75	—57.5	—38	—25.5	—14.5	—7	—3.8	0	3	5	8.5
p in Torr	12	14	35.5	105	180.5	280	380	428	487	540	575	656

G. FRITZ (*Z. anorg. Ch.* **280** [1955] 332/45). UR-Spektrum des PH_2SiH_3 und Vergleich mit dem von PH_2CH_3 s. H. R. LINTON, E. R. NIXON (*l. c*). Reagiert bereits mit Spuren von Luft unter Feuererscheinung, G. FRITZ (*Z. Naturf.* **8b** [1953] 776/7), mit fl. NH_3 unter Bldg. von SiH_4, PH_3 und festen, weißen Si-N-Verbb., G. FRITZ, H. O. BERKENHOFF (*Z. anorg. Ch.* **289** [1957] 250/61, 255, 261). Mit gasf. HBr bilden sich bei —80°C SiH_3Br, PH_3 und PH_4Br. $PH_2 \cdot SiH_3$ schwimmt auf Eiswasser. Mit NaOH und NH_4OH wird es unter Bldg. von $Si(OH)_4$, H_2, SiH_4 und PH_3 zersetzt. Mit HCl bildet es SiH_4, H_2, PH_3 und einen SiH-haltigen weißen Niederschlag. Löst sich in trocknem Methanol. Mit

Äthylen reagiert es unter Bldg. teils niedrig sd., teils schwerflüchtiger Verbb., G. FRITZ (*Z. anorg. Ch.* **280** [1955] 332/45, 335). Einzelheiten über die alkal. und saure Hydrolyse sowie die Alkoholyse s. G. FRITZ, H. O. BERKENHOFF (*l. c.*).

***$P(SiH_3)_3$*.** Entsteht bei gewöhnl. Temp. neben verschiedenen H- und J-Verbb. durch Rk. von SiH_3J und weißem P im evakuierten, geschlossenen Rohr, B. J. AYLETT, H. J. EMELÉUS, A. G. MADDOCK (*Research* **6** [1953] 30/31 S; *J. inorg. nuclear Chem.* **1** [1955] 187/93, 191). Bildet sich in 55%iger Ausbeute nach $3SiH_3Br + 3KPH_2 \rightarrow P(SiH_3)_3 + 2PH_3 + 3KBr$. Als Rk.-Medium dient Dimethyläther. Die Rk. beginnt bei —120°C und ist bei —40°C beendet. Reinigung durch Hochvak.-Dest. Bei gewöhnl. Temp. farblose Fl., die sich bei Luftzutritt von selbst entzündet. Zwischen —30 und +11°C gilt für den Dampfdruck p in Torr: $\lg p = 7.792 - 1901.8/T$. Die molare Verdampfungsenthalpie beträgt 8697 cal/Mol, der extrapolierte Sdp. 114°C. UR-Absorptionsbanden bei 458, 572, 629, 884, 1159 und 2164 cm^{-1}, E. AMBERGER, H. BOETERS (*Ang. Ch.* **74** [1962] 32/33). Bildet mit SiH_3J weiße Kristallschüppchen von $P(SiH_3)_4J$, s. B. J. AYLETT, H. J. EMELÉUS, A. G. MADDOCK (*l. c.*).

P_2O_5–SiO_2 System

Das System P_2O_5–SiO_2

P_2O_5-Dampf diffundiert bei 900 bis 1250°C in einem auf Si abgelagerten Film unter Bldg. eines Glases der Zus. $P_xSi_yO_z$, das von nicht umgesetztem SiO_2 scharf getrennt ist. Bei 1100 und 1150°C ergibt sich aus der Geschw., mit der die Grenzfläche zwischen dem Phosphatsilicat und dem SiO_2 vorrückt, der Diffusionskoeff. zu 20.25×10^{-14} bzw. 40.10×10^{-14} cm^2/s. Die Aktivierungsenergie E_a liegt zwischen 1.43 und 1.47 eV, s. C. T. SAH, H. SELLO, D. A. TREMERE (*Phys. Chem. Solids* **11** [1959] 288/98, 297; *Bull. Am. phys. Soc.* [2] **4** [1959] 157). Zwischen 1125 und 1250°C wird unter den gleichen Bedingungen nach einer anderen Meßmeth. die Gleichung $D = 3.9 \times 10^{-12} \cdot \exp(-E_a/kT)$ mit $E_a = 1.4$ eV $= 32$ kcal/Mol gefunden, R. B. ALLEN, H. BERNSTEIN, A. D. KURTZ (*J. appl. Phys.* **31** [1960] 334/7). Dagegen ist D nach L. A. D'ASARO (*Solid-State Electron.* **1** [1960] 3/12, 10) noch bei 1250°C in der Größenordnung 10^{-14} cm^2/s. Die sehr langsame Diffusion von P durch SiO_2 bewirkt, daß Si gegen das Eindiffundieren von P durch einen Oxidüberzug abgeschirmt wird; s. hierzu auch C. J. FROSCH, L. DERICK (*J. electrochem. Soc.* **104** [1957] 547/52). Bei 900°C beginnen Gläser aus 70% P_2O_5 und 30% SiO_2 rasch zu kristallisieren, W. J. ENGLERT, F. A. HUMMEL (*J. Soc. Glass Technol.* **39** [1955] 121/7T, 123T).

Phosphorus Silicon Oxides

Phosphorsiliciumoxide.

***$P_2O_5 \cdot SiO_2$*.** Aus dem UR-Spektrum der meist als Siliciumpyrophosphat bezeichneten Verb. wird auf Grund von Frequenzverschiebungen und der nur begrenzten Anwendbarkeit der Auswahlregeln des freien Ions geschlossen, daß die Verb. auch als $P_2O_5 \cdot SiO_2$ angesehen werden kann. Wird in konz. HCl gelöstes, mit NH_4OH gefälltes und mit sd. H_2O ammoniakfrei gewaschenes Kieselsäuregel zu 5% in H_3PO_4 gelöst und die Lsg. auf 400 bis 500°C erhitzt, fällt die Verb. allmählich als weißer, krist. Nd. aus. Zur Abtrennung der hochviscosen Pyrophosphorsäure wird bei 150°C mit heißem 84%igem H_3PO_4, danach mit heißem H_2O verdünnt, E. STEGER, G. LEUKROTH (*Z. anorg. Ch.* **303** [1960] 169/76, 171, 175), s. auch P. HAUTEFEUILLE, J. MARGOTTET (*C. r.* **99** [1884] 789/92), A. MÜLLER (*J. pr. Ch.* **95** [1865] 43/52, 45, **98** [1866] 14/23, 18), A. BOULLÉ, R. JARY (*C. r.* **237** [1953] 161/3), Waschen mit Eiswasser oder Alkohol, R. JARY (*Ann. Chim.* [13] **2** [1957] 58/104, 93). Entsteht, wenn feingepulvertes SiO_2 im Quarzglasrohr mit überschüssiger Metaphosphorsäure erhitzt oder ein Gemisch von $SiCl_4$ und H_3PO_4 erwärmt wird, K. HÜTTNER (*Z. anorg. Ch.* **59** [1908] 216/24, 216), wenn HgO in Ggw. von P_2O_5 und SiO_2 bei 275°C durch H_2 reduziert wird, J.-C. HUTTER (*Ann. Chim.* [12] **8** [1953] 450/97, 490). Darst. aus getrocknetem, aus SiF_4 hergestelltem SiO_2 und Metaphosphorsäure, P. HAUTEFEUILLE, J. MARGOTTET (*C. r.* **96** [1883] 1052/4). — Entwässerung von $P_2O_5 \cdot SiO_2 \cdot H_2O$ (s. S. 640) führt immer zum monoklinen $P_2O_5 \cdot SiO_2$. Die pseudohexagonale Form wird beim schnellen Erhitzen einer Mischung von amorphem SiO_2 und H_3PO_4 mit $<22\%$ SiO_2 auf 360 bis 700°C erhalten. Wird die Mischung bei 1290°C geschmolzen und der Feuchtigkeit der Luft ausgesetzt, kristallisiert kub. $P_2O_5 \cdot SiO_2$ aus, B. LELONG (*Am. Chim.* [13] **9** [1964] 229/260, 243).

Abbildungen von Einkristallen der kub., pseudohexagonalen und monoklinen Form s. B. LELONG (*l. c.* S. 240). Die Kristallform (hexagonal oder monoklin) ist abhängig von der Temp. bei der Darst., P. HAUTEFEUILLE, J. MARGOTTET (*C. r.* **99** [1884] 789/92). DEBYE-SCHERRER-Diagramme von zwei bei verschiedener Temp. hergestellten $P_2O_5 \cdot SiO_2$-Prodd. s. R. JARY (*l. c.*), A. BOULLÉ, R. JARY (*l. c.*). — Röntgendiagramme der bei tiefer und bei hoher Temp. entstehenden Formen des $P_2O_5 \cdot SiO_2$. Der

Umwandlungspunkt liegt bei 1030°C, s. T.-Y. TIEN, F. A. HUMMEL (*J. Am. ceramic Soc.* **45** [1962] 422/4). Die Hochtemp.-Modifikation ist nach Pulveraufnahmen mit FeK-Strahlung kubisch. Raumgruppe Pa3–T_h^6 mit a = 7.46 ± 0.01 Å; isomorph mit $P_2O_5 \cdot TiO_2$, $P_2O_5 \cdot ZrO_2$, $P_2O_5 \cdot HfO_2$ und $P_2O_5 \cdot SnO_2$, G. R. LEVI, G. PEYRONEL (*Z. Krist.* **92** [1935] 190/209 [ital.]), mit $P_2O_5 \cdot UO_2$, G. PEYRONEL (*Z. Krist.* **94** [1936] 311/2), mit $P_2O_5 \cdot GeO_2$, M. L. BORLERA, A. BURDESE (*Atti Accad. Torino* **94** [1959/60] 89/96). D_{ber} = 3.232, Gitterstruktur s. **Fig. 155**, G. R. LEVI, G. PEYRONEL (*l. c.* S. 200).

UR-Spektrum von in KBr gepreßtem $P_2O_5 \cdot SiO_2$ und Ramanspektrum s. Original, E. STEGER, G. LEUKROTH (*l. c.* S. 172).

Zersetzt sich bei hoher Temp. in SiO_2 und P_2O_5. Gegen starke Säuren beständig, wird durch H_2F_2 zersetzt. Kann durch Natronlauge oder Schmelzen mit Alkali aufgeschlossen werden, K. HÜTTNER (*l. c.*).

$2P_2O_5 \cdot 3SiO_2$. Eine als $Si_3(PO_4)_4$ formulierte Verb. entsteht, wenn die eingedampfte und bei 200°C eingetrocknete Lsg. von SiO_2 in P_2O_5 schnell auf 900°C erhitzt und 1 Std. bei dieser Temp.

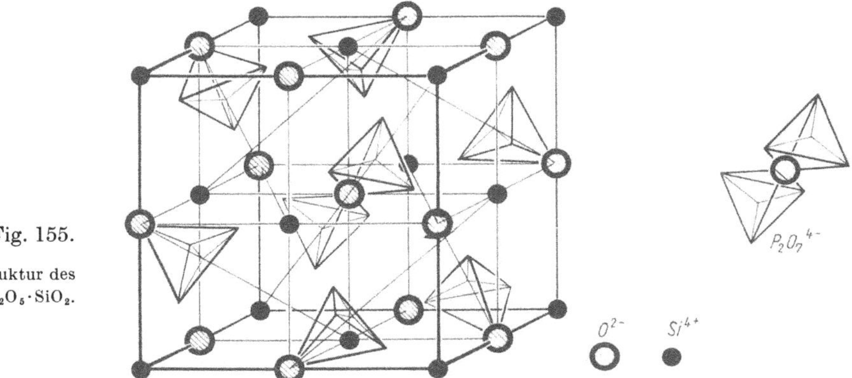

Fig. 155.
Gitterstruktur des $P_2O_5 \cdot SiO_2$.

gehalten wird (DEBYE-SCHERRER-Diagramm im Original). Weißes Pulver, R. JARY (*Ann. Chim.* [13] **2** [1957] 58/104, 96), A. BOULLÉ, R. JARY (*C. r.* **237** [1953] 161/3, 328/30). Bildet sich beim langsamen Erhitzen von Äthylphosphat und $SiCl_4$ auf 1000°C, s. W. GERRARD, G. J. JEACOCKE (*Chem. Ind.* **1959** 704), G. B. SEIFER (*Žurnal neorgan. Chim.* [russ.] **7** [1962] 2806/7; *Russ. J. inorg. Chem.* **7** [1962] 1462/3). Nach T.-Y. TIEN, F. A. HUMMEL (*l. c.*) existiert die Verb. nicht, ihre Zus. ist durch Verlust von P_2O_5 aus $P_2O_5 \cdot SiO_2$ entstanden.

$P_2O_5 \cdot 2SiO_2$ (?). Entsteht beim Erhitzen aus einem Gemisch von P_2O_5 und SiO_2 im offenen Tiegel bei 800°C in Ggw. von 1 Gew.-% Na-Wolframat oder bei höheren Tempp. im zugeschmolzenen Rohr ohne Wolframat (Röntgendiagramm im Original), T.-Y. TIEN, F. A. HUMMEL (*l. c.*); nach B. LELONG (*Ann. Chim.* [13] **9** [1964] 229/60, 236) handelt es sich bei dieser Verb. um $2P_2O_5 \cdot 3SiO_2$ (s. oben).

Das System P_2O_5–SiO_2–H_2O

P_2O_5–SiO_2–H_2O System

Die Löslichkeit von SiO_2 in H_3PO_4, bestimmt bei 50 und 90°C, fällt mit wachsender H_3PO_4-Konz. und steigt mit zunehmender Temperatur. Bei 90°C bilden sich feste Phasen der variablen Zus. $nSiO_2 \cdot mP_2O_5 \cdot qH_2O$. Zus. der festen Phase in Abhängigkeit von der Zus. der fl. Phase (Angaben in Gew.-%) im Gleichgew.-Diagramm bei 90°C:

fl. Phase	P_2O_5	4.68	6.98	13.51	17.74	26.42	27.52	42.10	42.14
	SiO_2	0.029	0.027	0.019	0.013	0.006	0.007	0.007	0.007
feste Phase	P_2O_5	3.89	7.60	9.20	12.89	20.61	21.90	33.95	36.47
	SiO_2	27.30	32.13	31.53	29.90	30.84	26.37	26.41	25.40

Bei 325 bis 350°C zersetzen sich die Mischkristalle unter Bldg. von krist. „Silicophosphat" (DEBYE-SCHERRER-Diagramm im Original), V. N. SVESHNIKOVA, E. P. DANILOVA (*Žurnal neorgan. Chim.* [russ.] **2** [1957] 928/32; *J. inorg. Chem. USSR* **2** Nr. 4 [1957] 336/43). — In 30 Tagen reagiert ein Kieselsäure-Phosphorsäuregemisch nicht; die Phosphorsäure übt eine stabilisierende Wrkg. auf Monokieselsäurelsgg. aus, H. SIMOLEIT (*Diss. Darmstadt T.H.* 1958, S. 37).

Mit einstellbarer Geschw. hydrolysierende Kieselphosphorsäuren werden erhalten durch Verbrennen von weißem P in Ggw. von amorphem SiO_2 und einstd. Erhitzen des Prod. bei 900°C, FARBWERKE HOECHST A.-G. VORMALS MEISTER LUCIUS & BRÜNING, W. WILBORN, G. SCHÜTZ (*Belg. P.* 610747 [1960/62], *C.A.* **57** [1962] 8191; *D.P.* 1137721 [1960/63]); auf 76% P_2O_5 konzentrierte Phosphorsäure und amorphes SiO_2 werden 10 Tage bei 110°C aufbewahrt, zur Entfernung nicht umgesetzter Phosphorsäure mit einem Äther behandelt und 2 Std. bei 500°C erhitzt, FARBWERKE HOECHST A.-G. VORMALS MEISTER LUCIUS & BRÜNING, G. LORENTZ, W. TESKE, H. THOMAS, W. WILBORN (*D.P.* 1131647 [1960/65]).

Hydrates

Hydrate. Durch Vergleich mit isomorphen Verbb. im System P_2O_5–GeO_2–H_2O, durch Röntgenaufnahmen und durch thermogravimetr. Analyse scheint die Existenz der Verbb. $3P_2O_5 \cdot 2SiO_2 \cdot H_2O$, $P_2O_5 \cdot SiO_2 \cdot 2H_2O$ und $P_2O_5 \cdot SiO_2 \cdot H_2O$ gesichert, B. LELONG (*Ann. Chim.* [13] **9** [1964] 229/260, 237).

$2P_2O_5 \cdot SiO_2 \cdot 4H_2O$. Die Verb. kann als $H_8[Si(PO_4)_4]$ formuliert werden, R. SCHWARZ (*Z. Anorg. Ch.* **176** [1928] 236/40). Eine Verb. der Zus. $2P_2O_5 \cdot SiO_2 \cdot 4H_2O$ bildet sich beim Auflösen von H_3PO_4 in SiO_2-Hydrat, hergestellt aus SiF_4 und H_2O, P. HAUTEFEUILLE, J. MARGOTTET (*C. r.* **104** [1887] 56/57). Zur Erzielung guter Ausbeute wird Kieselsäuregel in auf 200°C erhitztes H_3PO_4 eingetragen und das Gemisch ~300 Std. bei 125°C belassen, bis sich eine Probe in kaltem H_2O klar löst, R. SCHWARZ (*l. c.*). Nach mehrstd. Erhitzen auf 250°C (anstatt 110°C) löst sich SiO_2 nicht mehr in H_3PO_4 (DEBYE-SCHERRER-Diagramme bei verschiedenen Tempp. hergestellter Präpp. s. Original), R. JARY (*Ann. Chim.* [13] **2** [1957] 58/104, 93). Das Hydrat wird durch feuchte Luft und H_2O zersetzt, P. HAUTEFEUILLE, J. MARGOTTET (*l. c.*). In Eiswasser klar lösl., in Ammoniak, Alkalilauge und konz. HCl Zers. unter SiO_2-Bldg., R. SCHWARZ (*l. c.*). — Katalysiert bei 200°C die Zers. von d-Limonen in monomere und polymere KW-Stoffe, V. N. IPATIEFF, H. PINES, V. DVORKOVITZ, R. C. OLBERG, M. SAVOY (*J. org. Chem.* **12** [1947] 34/42).

$2P_2O_5 \cdot SiO_2 \cdot 2H_2O$. Eine als $Si(PO_3)_4 \cdot 2H_2O$ formulierte Verb. entsteht beim Erhitzen von $(CH_3)_2Si(OC_2H_5)_2$ und P_2O_5 oder $POCl_3$ auf dem Ölbad und Abdestillieren der organ. Stoffe. Der Rückstand erstarrt bei 200°C und hat nach Waschen mit Alkohol und Benzol die obige Zus. (DEBYE-SCHERRER-Diagramm im Original). Aus $(CH_3)_2Si(OC_4H_9)_2$ und P_2O_5 entsteht die gleiche Verb., doch müssen die gebildeten Si–C-Bindungen erst durch Kochen mit konz. H_2SO_4, dem etwas konz. HNO_3 zugesetzt wird, zerstört werden, A. P. KRESHKOV, D. A. KARATEEV (*Žurnal prikladnoj Chim.* [russ.] **32** [1959] 369/74; *J. appl. Chem. USSR* **32** [1959] 384/8).

$3P_2O_5 \cdot 2SiO_2 \cdot H_2O$ entsteht, wenn eine Mischung von 5 bis 15% SiO_2 mit Phosphorsäure mehrere Tage bei 200 bis 220°C erhitzt wird, B. LELONG (*Ann. Chim.* [13] **9** [1964] 229/260, 238).

$P_2O_5 \cdot SiO_2 \cdot 2H_2O$ kristallisiert beim Abkühlen einer auf 260°C erhitzten klaren Lsg. von Phosphorsäure und 3% SiO_2 an der Luft. Waschen mit Methylalkohol und Äther. Die Verb. fällt auch bei mehrstündigem Erwärmen von Phosphorsäure mit geringen Mengen SiO_2 zwischen 110 und 180°C aus, B. LELONG (*l. c.* S. 237).

$P_2O_5 \cdot SiO_2 \cdot H_2O$ wird durch Erwärmen von $P_2O_5 \cdot SiO_2 \cdot 2H_2O$ auf 140 bis 200°C erhalten, oder durch längeres Erwärmen bei 110°C, B. LELONG (*l. c.*).

Halogen Compounds

Halogenverbindungen

$2PH_3 \cdot 3SiF_4$ (?). Bildet sich aus 3 Mol SiF_4 und 2 Mol PH_3 bei —22°C unter einem Druck von 50 atm in weißen, glänzenden Kristallen, BESSON (*C. r.* **110** [1890] 80/82).

$2PH_3 \cdot SiCl_4$ (?). Diese Zus. wird bei der Absorption von PH_3 in $SiCl_4$ bei —60°C erreicht; bei —50°C absorbiert $SiCl_4$ nur das 40fache, bei —20°C das 20fache seines Vol. Bei Anwendung von Druck wird eine feste, $SiCl_4$ und PH_3 enthaltende Verb. erhalten, BESSON (*C. r.* **110** [1890] 240/2).

PCl_3–$SiCl_4$, PCl_5–$SiCl_4$, and $POCl_3$–$SiCl_4$ Systems

Die Systeme PCl_3–$SiCl_4$, PCl_5–$SiCl_4$ und $POCl_3$–$SiCl_4$. Fig. 156 gibt das Gleichgew. fest–fl. im System PCl_5–$SiCl_4$ nach therm. und chem. Analysen wieder. Im Bereich niedriger PCl_5-Konzz. sind die Phasen erst nach 20 bis 30 Tagen im Gleichgewicht. Liquidustempp. in Abhängigkeit vom PCl_5-Gehalt:

PCl_5 in Gew.-% . . .	100	84.4	77.6	66.7	43.8	7.8	1.8	1.01	0
PCl_5 in Mol-%	100	81.4	73.8	62.0	38.8	6.44	1.47	0.824	0
Liquidustemp. in °C .	166.4	154.0	149	139.6	122	59.0	17.5	0	—68.8

L. A. NISEL'SON, G. V. SERYAKOV (*Žurnal neorgan. Chim.* [russ.] **5** [1960] 1139/45; *J. inorg. Chem. USSR* **5** I [1960] 548/51).

Figg. 157 und **158** zeigen die Gleichgeww. fl.–dampfförmig für die Systeme PCl_3–$SiCl_4$ und $POCl_3$–$SiCl_4$, berechnet nach Messungen von Dampfdruck und Brechungsindex. Nach dem RAOULTschen Gesetz ber. Werte sind durch gestrichelte Kurven angedeutet. Die relative Flüchtigkeit der Komponenten fällt in beiden Systemen monoton mit abnehmendem $SiCl_4$-Gehalt; sie beträgt bei unendlich kleiner Konz. an PCl_3 1.4, an $POCl_3$ 2.7 (nach dem RAOULTschen Gesetz berechnet 1.78 bzw. 5.75), Sdpp. und $SiCl_4$-Konzz. (in Mol-%) C_{fl} und C_{gasf} der fl. und Dampfphase (Werte in Auswahl), Druck 760 Torr, im System PCl_3–$SiCl_4$:

Sdp. in °C . .	75.3	72.0	70.1	68.5	65.0	63.0	62.2	58.7	57.5	57.2
C_{fl}	0	8.0	14.6	20.0	38.5	52.1	56.0	83.3	94.4	100
C_{gasf}	0	14.9	24.7	32.9	53.0	65.5	67.5	87.5	96.9	100

im System $POCl_3$–$SiCl_4$:

Sdp. in °C . .	107.2	101.4	96.8	86.5	78.2	71.9	66.2	63.7	60.9	57.2
C_{fl}	0	3.0	6.3	15.5	24.7	39.0	55.0	69.0	79.0	100
C_{gasf}	0	18.4	31.3	53.8	68.0	77.8	83.5	89.0	92.0	100

Fig. 156.

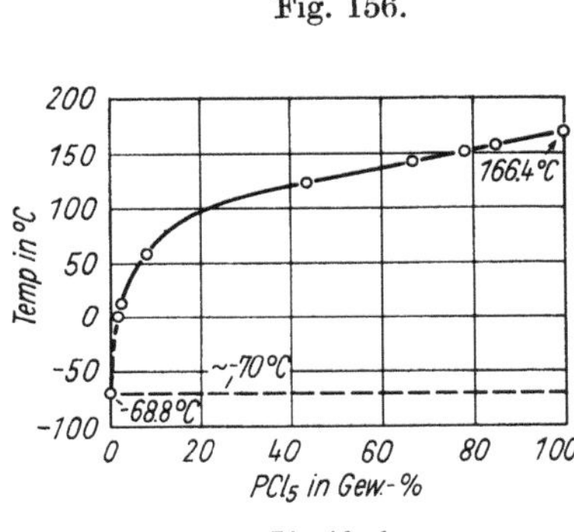

Liquiduskurve im System PCl_5–$SiCl_4$.

Fig. 157.

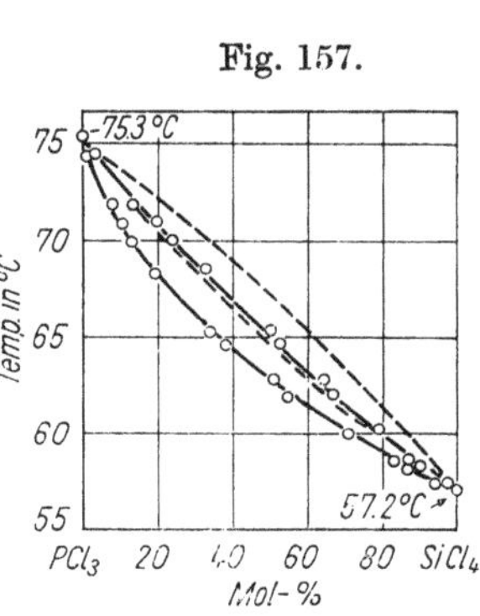

Gleichgew. fl.-dampfförmig im System PCl_3–$SiCl_4$.

Fig. 158.

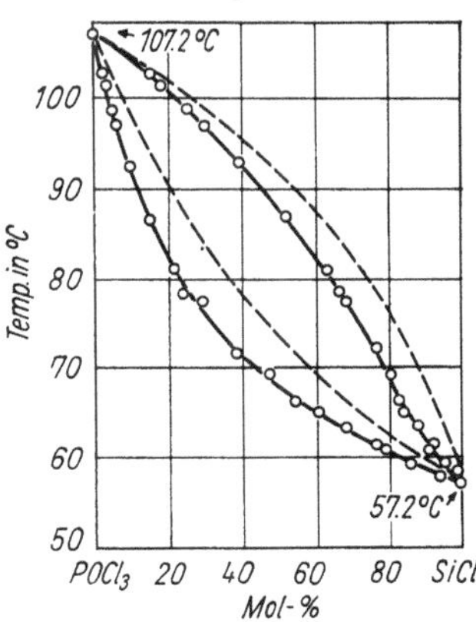

Gleichgew. fl.-dampfförmig im System $POCl_3$–$SiCl_4$.

Brechungszahlen für die Systeme PCl_3–$SiCl_4$ und $POCl_3$–$SiCl_4$:

PCl_3 in Mol-%	0	15.7	26.8	36.0	54.5	74.6	91.8	100.0
n_D^{20}	1.4130	1.4250	1.4352	1.4431	1.4608	1.4805	1.5013	1.5120

$POCl_3$ in Mol-%	0	18.5	34.5	60.2	70.9	83.8	100.0
n_D^{20}	1.4130	1.4208	1.4280	1.4400	1.4450	1.4520	1.4607

L. A. NISEL'SON, G. V. SERYAKOV (*l. c.*). Das Zustandsdiagramm $POCl_3$–$SiCl_4$ deutet nicht auf das Vorliegen einer Verb. zwischen den beiden Stoffen, J. C. SHELDON, S. Y. TYREE (*J. Am. Soc.* **81** [1952] 2290/6, 2291), doch zeigt $SiCl_4$ in $POCl_3$ eine schwache Abnahme der spezif. Leitf. in Abhängigkeit von der Konz. in Übereinstimmung mit kryoskop. Befunden von G. ODDO, M. TEALDI (*Gazz.* **33** II [1903] 427/49), nach denen $SiCl_4$ in $POCl_3$ monomolekular gelöst wird, V. GUTMANN (*Z. Anorg. Ch.* **269** [1952] 279/91, 291). — $POCl_3$ reagiert mit Kieselsäuregel nur zu einem geringen Tl. unter Abspaltung von 2HCl durch Rk. mit 2 benachbarten OH-Gruppen einer Silicageloberfläche, H. SIMOLEIT (*Diss. Darmstadt T. H.* 1958, S. 104).

$SiP_2O_6Cl_2$ (?). Entsteht neben $SiCl_4$ und Äthylchlorid als weißer, amorpher Körper, wenn $SiCl_3OC_2H_5$, $SiCl_2(OC_2H_5)_2$, $SiCl(OC_2H_5)_3$ oder $Si(OC_2H_5)_4$ im geschlossenen Rohr mit überschüssigem $POCl_3$ auf 180°C erhitzt wird. Sehr hygroskopisch, leicht lösl. in H_2O und absol. Alkohol. Zersetzt sich oberhalb 200°C unter Abgabe von $POCl_3$-Dämpfen. Wird durch PCl_5 in $SiCl_4$ und $POCl_3$ übergeführt, H. N. STOKES (*Ber.* **24** [1891] 933/6; *Am. Chem. J.* **13** [1891] 244/53); mit $Si(OC_6H_5)_4$ tritt diese Rk. nicht ein, H. N. STOKES (*Am. Chem. J.* **14** [1892] 545/7).

***$P(SiH_3)J_2$*.** Durch 18std. Erhitzen von 11 g SiH_3J und 43 g weißem P im evakuierten, geschlossenen Röhrchen auf 100°C erhält man 0.6 g der Verb. neben H_2, Monosilan und SiH_2J_2. Schmp. —1.8°C, Sdp. 190 ± 0.5°C. Dampfdruck p in Abhängigkeit von der Temp. t:

t in °C	0	10.1	19.0	36	52	70	94	109
p in Torr	1.2	2.2	3.5	75	88	133	207	299

Verdampfungswärme 9300 cal/Mol.; TROUTONsche Konst. 20.5 cal·mol⁻¹·grd⁻¹; $D^{20} = 2.9 \pm 0.2$ g/cm³, B. J. AYLETT, H. J. EMELÉUS, A. G. MADDOCK (*J. inorg. nuclear Chem.* **1** [1955] 187/93, 190).

***$P(SiH_3)_2J$*.** Entsteht neben PJ_3, $P(SiH_3)_3$, $P(SiH_3)J_2$, H_2, HJ, SiH_4 und PH_3 bei der Rk. von SiH_3J und weißem P bei gewöhnl. Temp. im evakuierten und geschlossenen Röhrchen. Selbstentzündlich an der Luft. Entwickelt bei gewöhnl. Temp. langsam H_2. Wird durch Spuren von H_2O-Dampf hydrolysiert, durch Hg und Hahnfett leicht angegriffen. Mit wss. NaOH-Lsg. werden H_2 und etwas PH_3 entwickelt, B. J. AYLETT, H. J. EMELÉUS, A. G. MADDOCK (*Research* **6** [1953] 30/31 S).

***$P(SiH_3)_4J$ (?)*.** Entsteht wahrscheinlich bei der Rk. von SiH_3J und P bei gewöhnl. Temp., B. J. AYLETT, H. J. EMELÉUS, A. G. MADDOCK (*J. inorg. nuclear Chem.* **1** [1955] 187/93, 191; *Research* **6** [1953] 30/31 S).

Boron Compounds

Borverbindungen

***$PH_2SiH_3 \cdot BH_3$*.** Entsteht durch Kondensation von Diboran und Silylphosphin; fest bei —78°C, schmilzt unterhalb 0°C. Dissoziiert bei gewöhnl. Temp. in SiH_4, PH_3 und B_2H_6, G. E. BAGLEY (*Diss. Philadelphia, Pa.* nach *Diss. Abstr.* **20** [1959] 66/7).

The P_2O_5–B_2O_3–SiO_2 System

Das System P_2O_5–B_2O_3–SiO_2. Mischungen aus Borphosphat, B_2O_3 und SiO_2 mit (in %) 20 P_2O_5, 72 B_2O_3 und 8 SiO_2 oder 27 P_2O_5, 63 B_2O_3 und 10 SiO_2 schmelzen bei 1400°C zu einem klaren Glas, werden aber beim Abkühlen undurchsichtig, J. E. STANWORTH, W. E. S. TURNER (*J. Soc. Glass Technol.* **21** [1937] 368/82 T). — Im Bereich von 30 bis 70 Gew.-% BPO_4 tritt im System BPO_4–SiO_2 ein Eutektikum mit ~62% SiO_2 bei 975 ± 25°C auf (s. Fig. im Original). Gläser mit 30 bis 62% SiO_2 (Rest BPO_4) verwittern und kristallisieren leicht unter Bldg. von BPO_4 als Primärphase. Die Gläser besitzen einen kleinen Ausdehnungskoeff. und niedrigen Erweichungspunkt, W. F. HORN, F. A. HUMMEL (*J. Soc. Glass Technol.* **39** [1955] 113/20 T, 118 T), s. auch W. J. ENGLERT, F. A. HUMMEL (*J. Soc. Glass Technol.* **39** [1955] 121/7 T, 126 T).

Reihenfolge (Systemnummern) der im Gesamtwerk behandelten Elemente

Gmelin System of Elements and Compounds

System-Nr.	Symbol	Element
1		Edelgase
2	H	Wasserstoff
3	O	Sauerstoff
4	N	Stickstoff
5	F	Fluor
6	**Cl**	**Chlor**
7	Br	Brom
8	J	Jod
	At	Astat
9	S	Schwefel
10	Se	Selen
11	Te	Tellur
12	Po	Polonium
13	B	Bor
14	C	Kohlenstoff
15	Si	Silicium
16	P	Phosphor
17	As	Arsen
18	Sb	Antimon
19	Bi	Wismut
20	Li	Lithium
21	Na	Natrium
22	K	Kalium
23	NH_4	Ammonium
24	Rb	Rubidium
25	Cs	Caesium
	Fr	Francium
26	Be	Beryllium
27	Mg	Magnesium
28	Ca	Calcium
29	Sr	Strontium
30	Ba	Barium
31	Ra	Radium
32	**Zn**	**Zink**
33	Cd	Cadmium
34	Hg	Quecksilber
35	Al	Aluminium
36	Ga	Gallium

HCl

$ZnCl_2$

System-Nr.	Symbol	Element
37	In	Indium
38	Tl	Thallium
39	Sc	Scandium
	Y	Yttrium
	La	Lanthan
	Ce–Lu	Lanthanide
40	Ac	Actinium
41	Ti	Titan
42	Zr	Zirkonium
43	Hf	Hafnium
44	Th	Thorium
45	Ge	Germanium
46	Sn	Zinn
47	Pb	Blei
48	V	Vanadium
49	Nb	Niob
50	Ta	Tantal
51	Pa	Protactinium
52	**Cr**	**Chrom**
53	Mo	Molybdän
54	W	Wolfram
55	U	Uran
56	Mn	Mangan
57	Ni	Nickel
58	Co	Kobalt
59	Fe	Eisen
60	Cu	Kupfer
61	Ag	Silber
62	Au	Gold
63	Ru	Ruthenium
64	Rh	Rhodium
65	Pd	Palladium
66	Os	Osmium
67	Ir	Iridium
68	Pt	Platin
69	Tc	Technetium[1])
70	Re	Rhenium
71	Np,Pu...	Transurane[2])

$CrCl_2$

$ZnCrO_4$

Dem einzelnen Element werden alle Verbindungen mit denjenigen Elementen zugeordnet, die im Gmelin-System vor diesem Element stehen. Bei dem Element Zink mit der System-Nr. 32 stehen z. B. alle Verbindungen mit den Elementen der System-Nr. 1 bis 31.

The material under each element number contains all information on the element itself as well as on all compounds with other elements which preceed this element in the Gmelin System.
For example, zinc (system number 32) as well as all zinc compounds with elements numbered from 1 to 31 are classified under number 32.

1) Diese System-Nr. ist im Jahre 1941 unter der Bezeichnung „Masurium" erschienen.
2) Bearbeitung erfolgt im Rahmen des Ergänzungswerkes zur 8. Auflage.

Periodensystem der Elemente mit Gmelin Systemnummern siehe Innenseite des vorderen Deckels

www.ingramcontent.com/pod-product-compliance
Ingram Content Group UK Ltd.
Pitfield, Milton Keynes, MK11 3LW, UK
UKHW050138280726
14058UKWH00006B/699

* 9 7 8 3 6 6 2 1 1 5 5 2 7 *